GENERA PLANTARUM

SECUNDUM

ORDINES NATURALES

DISPOSITA

GENERA PLANTARUM

SECUNDUM

ORDINES NATURALES

DISPOSITA

AUCTORE

STEPHANO ENDLICHER

GYAN

Published by

Gyan Publishing House
5, Ansari Road
Daryaganj, New Delhi-110002
Phone: 011-47034999, 9811692060
E-mail: books@gyanbooks.com

Distribution Network
gyanbooks.com
India, USA, Canada, UK, Australia, France

ISBN : 978-81-212-2241-9 (HB)
First Published, 1836

2nd Impression 2021

Printed at: Gyan Press, Delhi.

The Music of India
Author: Herbert A. Popley

GENERA PLANTARUM

SECUNDUM

ORDINES NATURALES

DISPOSITA

AUCTORE

STEPHANO ENDLICHER

VINDOBONAE

APUD FR. BECK UNIVERSITATIS BIBLIOPOLAM

1836 — 1840

— — *Λέγω δὲ ὑμῖν, ὅτι οὐδὲ Σολομὼν ἐν πάσῃ τῇ δόξῃ αὐτοῦ περιεβάλετο ὡς ἓν τούτων.*

HOC VOLUMEN

ANTONIO LAURENTIO DE IUSSIEU

DUM IN VIVIS VERSARETUR

SACRATUM

EREPTO METHODI NATURALIS PARENTE

TANTI NOMINIS DIGNISSIMO HAEREDI

ADRIANO DE IUSSIEU

DICAT

AUCTOR

Lecturis salutem!

Pauca sunt quae in limine vasti voluminis, cui laetus hodie finem impono, praemonenda habeo, eaque potissimum imperfectiones operis spectant, quod unius hominis humeris fere gravius, audendum tamen putavi; persuasus, non citra scientiae nostrae detrimentum, unam hodierni systematis botanici imaginem diutius posse desiderari. Circumspiciens enim per ornatissimorum virorum coetum, quorum doctrina res herbaria floret, et nostra superbit aetas, vidi plurimos, et laude mea majores, qui acutissimis studiis augendae et amplificandae plantarum cognitioni toti incumbentes, nobilissimis inventis scientiae terminos quotidie proferunt; neminem ita sui oblitum, ut non a labore ingrato, auctori suo inglorio, servilis potius diligentiae et obscurae pertinaciae, quam ingenii aliqualis documento, abhorreret.

Perpensis itaque operis rationibus, quod generum plantarum characteres juxta unam formulam exponeret, cum me suppelectili non facile a quovis paranda instructum viderem, et utut doctrina imparem, improbi tamen laboris constantia nemini secundum sentirem, me devovendum putavi; opus aggressus plenum aleae et mole sua taediosum, in quo nunc ad finem perducto quanta fortuna versatus sim, aequo peritorum judicio relinquo.

Ordinum naturalium dispositio hodiedum fere arbitraria est; meam, mihi ipsi non in omnibus aeque probatam botanicis obtrudere, vel universi regni vegetabilis divisionem et familiarum seriem, hoc loco propositam, prae aliorum auctorum dispunctione commendare, nullus contendo. Res in hoc opere minoris dignitatis est, quod in describendis generibus naturalibus versatur; in quo ipso tamen non reformandum fuit, sed referendum, et ita alienis inventis utendum, ut cunctas hodiernae scientiae botanicae imperfectiones in me unum susciperem. Nullibi enim singulis inhaerendum fuit, sed ita citato et aequali pede per longam metam decurrendum, ut una sisteretur ingentis aedificii imago, et quid in hac mole sanum, quid aegrum, quid erroribus squalidum v. dubiis obscurum, quid denique periti artificis manum prae reliquis exposcat, appareret.

Imperfectiones universi operis et singularum partium naevos nemo, nisi similem librum ad calcem perduxerit annuo labore, me ipso melius perspectos habere potest. His futurae aetatis diligentia medebitur. Mihi in poliendo et perficiendo hoc opere porro quoque desudare propositum est; nam vitae quod superest, emendando et augendo uni, quem cernitis libro impendere, constitui. In hoc autem ita versabor, ut edenda quotannis, vel pro re nata etiam saepius, generum plantarum supplementa, praeter novorum synopsim et veterum mantissam, simul unius vel alterius ordinis retractationem proponant. Hoc itaque consilium viris botanicis iterum commendo, et commendatum fore ab illorum amicitia confido. Ea enim hodierna scientiae dignitas, illa doctorum virorum contentio est, ut singuli posthabitis privatae aemulationis rationibus, in unum scopum et publica quodammodo emolumenta conspirent, aequo animo aliena coepta amplexantes. In quo quidem rei herbariae cultores reliquarum etiam scientiarum alumnis praelucere, vetus fama est, et ego saepe saepius in hoc opere expertus sum; ita ut nullus sit inter omnes, qui per terrarum orbem dispersi habitant, viros scientiae nostrae laude illustres, cujus amicus animus et nobilis benevolentia mihi non esset praedicanda; singulos autem, quorum auxilio res nostra potenter crevit, recensere, botanicorum aetatis nostrae catalogum esset texere. Vobis itaque omnibus viris illustribus et amicis charissimis hoc loco porrigo dexteram, et grates dico, quas scientiae rependere pro virili conabor.

Qui autem, dum in hoc opere desudo, nobis occidistis piae animae! vobis terram levem opto; vestra fama manebit.

Scripsi VINDOBONAE Kal. Januar.
MDCCCXXXXI.

Stephanus Endlicher.

CONSPECTUS DIAGNOSTICUS.

REGIO I. THALLOPHYTA.

Oppositio caulis et radicis nulla. Vasa nulla, organa sexualia nulla. Sporae germinantes undique elongatae.

SECTIO I. PROTOPHYTA.

Sine humo enata, elementum nutriens undique haurientia, fructificationes indefinite explicantia.

Classis I. Algae.

Protophyta aquatica.

I. DIATOMACEAE. Individua crystalliformia, lineis rectis v. rarius curvis circumscripta, plana, fragilia, libera v. varie consociata. *Gen.* 1_24.

1. Diatomeae. Individua lineis rectis circumscripta, fuscescentia. *Gen.* 1_18.

a) FRUSTULIEAE. Individua nuda. *Gen.* 1—12.

b) HYDROLINEAE. Individua tubulis inclusa. *Gen.* 13—18.

2. Dermidieae. Individua cylindrica, viridia. *Gen.* 19_24.

c) MICRASTERIEAE. Individua nuda. *Gen.* 19_21.

d) ECHINELLEAE. Individua muco communi determinata, v. tubulis inclusa. *Gen.* 22—24.

II. NOSTOCHINAE. Gelatina figurata, globulis v. filis farcta. *Gen.* 25_36.

III. CONFERVACEAE. Fila articulata, libera v. reticulatim cohaerentia, simplicia v. ramosa. *Gen.* 37_75.

1. Leptomiteae. Fila arachnoidea, hyalina, obsolete articulata. *Gen.* 37_38.

2. Oscillatorieae. Fila mucosa, demum indurata, e matrice gelatinosa, granulis v. annulis seriatis farcta. *Gen.* 39_47.

3. Batrachospermeae. Fila mucosa, ramos transversos heterogeneos exserentia. *Gen.* 48_52.

4. Conferveae. Fila rigidiuscula, plerumque viridia, libera v. reticulata, sporidiis farcta. *Gen.* 53_56.

5. Ceramieae. Fila rigida, plerumque colorata. Conceptacula v. tubercula ramulis apice intumescentibus innata. *Gen.* 57_74.

IV. CHARACEAE. Tubuli septati, in caules convoluti. Organa propagationis dimorpha, globuli et sporangia apice dentibus quinque coronata. *Gen.* 76_77.

V. ULVACEAE. Frons plana v. tubulosa, ecostata. Sporidia frondi inspersa v. vesiculis inflatis excepta. *Gen.* 78_86.

1. Siphoneae. Sporidia vesiculis excepta. *Gen.* 78_82.

2. Ulveae. Sporidia frondi inspersa. *Gen.* 83_86.

VI. FLORIDAE. Frons plana v. filiformis, corticata, nervosa, purpurea v. rosea. Sporidia purpurea, in apotheciis tuberculiformibus adnatis, v. punctiformibus innatis. *Gen.* 87_103.

VII. FUCACEAE. Frons plana v. filiformis, corticata, nervosa, olivacea. Sporidia nigra, in capsulis receptaculo proprio exceptis v. frondi immersis. *Gen.* 104_122.

Classis II. Lichenes.

Protophyta aërea.

VIII. CONIOTHALAMI. Apothecia primitus aperta, nucleo in sporidia nuda soluto. Thallus pulvereus, nucleo coëtaneus. *Gen.* 123_130.

1. Pulverarieae. Thalli stratum medullare in fructificationem abiens; apothecia nulla. *Gen.* 123_126.

2. Calycieae. Apothecia primitus aperta. *Gen.* 127_130.

IX. IDIOTHALAMI. Apothecia demum aperta, nucleum gelatinosum, sensim indurescentem enitentia. *Gen.* 131_146.

1. Graphideae. Nucleus oblongus v. linearis, e thalli strato corticali erumpens, excipulo proprio, raro obliterato. *Gen.* 131_136.

2. Glyphideae. Nucleus oblongus v. linearis, thalli strato medullari immersus, eodem erumpente exceptus. *Gen.* 137_139.

3. Limborieae. Excipulum proprium orbiculare, e thallo prorumpens v. eidem immersum, excipulo thallode cinctum. *Gen.* 140_144.

4. Pyxineae. Excipulum proprium thallo superficialiter impositum. *Gen.* 145_146.

X. GASTEROTHALAMI. Apothecia semper clausa v. excipulo irregulariter discedente aperta. Nucleus ascigerus, deliquescens v. fatiscens. *Gen.* 147_159.

1. Verrucarieae. Excipulum proprium simplex, corneum, ostiolatum, nucleum includens. *Gen.* 147_150.

2. Trypethelіaceae. Excipulum verrucaeforme, e thalli strato medullari formatum, ostiolato-pertusum, nucleum deliquescentem includens. *Gen.* 151_154.

3. Endocarpeae. Excipulum thallodes ostiolatum, nucleum diffluentem includens. *Gen.* 155_157.

4. Sphaerophoreae. Excipulum thallodes pertusum, nucleus fatiscens. *Gen.* 158_159.

XI. HYMENOTHALAMI. Apothecia aperta. Nucleus persistens, asciger. *Gen.* 160—179.

1. **Collemaceae.** Excipulum gelatinosum, saepe confusum. *Gen.* 160—164.
2. **Lecidineae.** Excipulum nullum v. proprium. *Gen.* 165—169.
3. **Parmeliaceae.** Excipulum thallodes, primum connivens, demum hians. *Gen.* 170—174.
4. **Usneaceae.** Excipulum thallodes, primitus apertum. *Gen.* 175—179.

SECTIO II. HYSTEROPHYTA.

In organismis languescentibus v. emortuis enata, intussusceptione e matrice nutrita, organa omnia simul explicantia, definite pereuntia.

Classis III. Fungi.

Incunabula velata. Sporidia nuda v. ascis inclusa.

XII. GYMNOMYCETES. Sporidia nuda, simplicia v. septata, sub epidermide plantarum v. intra matricem enata, receptaculo e matrice formato v. proprio solido, innato aut superficiali imposita. *Gen.* 180—207.

1. **Entophyti.** Sporidia varia, e parenchymate morboso plantarum sub epidermide orta, hac rupta emergentia, et varie saepius mutata stipata. *Gen.* 180—187.
2. **Sporodermei.** Sporidia in floccos demum dilabentes concatenata, sub epidermide emergentia. *Gen.* 188—192.
3. **Stilbosporei.** Sporidia sub epidermide in nucleum compacta, demum erumpentia. *Gen.* 193—200.
4. **Tubercularini.** Sporidia stromati proprio imposita, in discum denudatum conglutinata. *Gen.* 201—207.

XIII. HYPHOMYCETES. Flocci nudi, tubulosi v. solidi, a matrice discreti. Sporidia e floccorum divisione v. intra floccos enata, saepe intra eorum apices vesiculoso-inflatos (peridiola) contenta, v. stromati floccifero imposita. *Gen.* 208—270.

1. **Sepedoniei.** Sporidia cumulata, matrici incumbentia, floccis discreta. *Gen.* 208—216.
2. **Mucedines.** Sporidia intra floccos tubulosos, pellucidos, saepe septatos enata, iisdem tandem inspersa v. catenatim adhaerentia. *Gen.* 218—229.
3. **Dematiei.** Sporidia e floccis solidis, opacis, corticatis extus enata, v. e floccorum dissolutione orta. *Gen.* 230—241.
4. **Mucorini.** Sporidia intra tubum floccosum genita, demum in capitula terminalia, nunc gelatina obvoluta, nunc vesicula (peridiolo) varie dehiscente excepta, collecta. *Gen.* 242—261.
5. **Cephalotrichei.** Flocci in stroma (receptaculum) verticale v. horizontale coaliti. Sporidia e stromate enata, simplicia, libera. *Gen.* 262—270.

XIV. GASTEROMYCETES. Sporidia intra receptaculum clausum (peridium) libera, in centro collecta v. immersa et concreta, floccis inspersa v. receptaculis propriis (sporangiis) excepta. *Gen.* 271—359.

1. **Perisporiacei.** Peridium subglobosum, apice dehiscens, pulpa gelatinosa farctum. Sporidia in centro collecta, pulpae immersa, libera v. peridiolis inclusa. *Gen.* 271—280.
   - *a*) APIOSPOREI. Peridium thallo vestitum, hic ergo obsoletus. *Gen.* 271—275.
   - *b*) PERISPOREI. Thallus effusus, dissolutus, raro obsoletus. *Gen.* 276—280.
2. **Sclerotiacei.** Peridium carnoso-vesiculosum, cum massa interna sporidia fovente connatum, undique v. solo apice fructificans. Sporidia connata, alia demum libera, subemergentia. *Gen.* 281—290.
   - *c*) SCLEROTIEI. Peridium confusum, semper clausum, intus obscure vesiculosum, sporidiiferum. Sporidia demum emergentia. *Gen.* 281—286.
   - *d*) RHIZOGONEI. Peridium libere evolutum, intus obscure loculosum. Fructificatio saepe obsoleta. *Gen.* 287—298.
3. **Trichodermacei.** Peridium e floccis contextum v. membranaceum, fugax. Sporidia sub peridio in stratum periphericum v. discoideum collecta, plerumque compacta, nullo capillitio genuino intertexta. *Gen.* 291—304.
   - *e*) AEGERITEI. Peridium fere obsoletum. Sporidia compacta, haud discoidea. *Gen.* 291—294.
   - *f*) TRICHODERMEI. Peridium effusum. Sporidia discoidea. *Gen.* 295—299.
   - *g*) ONYGENEI. Peridium capitatum, floccis velatum. Sporidia subperipherica. *Gen.* 300—304.
4. **Trichospermei.** Peridium genuinum, continuum, plerumque duplex, demum dehiscens, sporidia effundens. Sporidia nuda, in centro coacervata, floccis plus minus effiguratis intertexta v. distincta. *Gen.* 305—336.
   - *A.* MYXOGASTERES. Primum mucilaginosi fluxiles, demum varia metamorphosi effigurati. *Gen.* 305—322.
     - *h*) TRICHIACEI. Mucilago primaria plura peridia discreta conjungens. Flocci sporidiiferi liberi, intorti, elastici. *Gen.* 305—309.
     - *i*) STEMIONITEI. Mucilago primaria plura peridia discreta fovens. Flocci sporidiiferi reticulatim connexi, adnati v. innati. *Gen.* 310—314.
     - *k*) PHYSAREI. Mucilago primaria late serpens, in plura peridia abiens. Flocci sporidiiferi adnati, recti, vagi. *Gen.* 315—318.
     - *l*) AETHALINEI. Mucilago primaria in unicum peridium abiens. *Gen.* 319—322.
   - *B.* TRICHOGASTERES. Primum carnosi, indurati. *Gen.* 323—336.
     - *m*) CENOCOCCEI. Capillitium nullum. Sporidia primum conglutinata. *Gen.* 323—324.
     - *n*) PODAXIDEI. Capillitium laxum, columellae centrali adnatum. *Gen.* 325—327.
     - *o*) SCLERODERMEI. Capillitium cellulosum. Sporidia conglomerata. Peridium induratum. *Gen.* 328—331.
     - *p*) LYCOPERDEI. Capillitium effusum. Peridium adnatum. Sporidia discreta. *Gen.* 332—336.
5. **Angiogasteres.** Uterus rotundatus, apice rumpens, receptacula (sporangia) solitaria v. plura, clausa v. aperta fovens. *Gen.* 337—359.
   - *q*) CARPOBOLEI. Uterus sporangium vesiculaeforme solitarium ejiciens. *Gen.* 337—339.
   - *r*) NIDULARIACEI. Uterus demum apertus, sporangiis pluribus clausis liberis foctus. *Gen.* 340—344.
   - *s*) TUBERACEI. Uterus demum apertus, carnosus, sporangiis v. peridiolis inspersis. *Gen.* 345—354.
     - *α*) Tuberei. Uterus intus carnosus, venosus. Sporangia nuda v. peridiolis inclusa, uteri parietibus immersa. *Gen.* 345—352.
     - *β*) Hymenogasterei. Uteri peridium exterius saepe fugax, interius hymenino-cellulosum. Peridiola cellulis peridii interioris imposita. *Gen.* 353—354.

i) PHALLOIDEI. Uterus gelatina distentus, apice rumpens. Receptaculum elastice protrusum, apertum. Sporidia in receptaculi strato mucoso nidulantia. *Gen.* 355—359.

XV. PYRENOMYCETES. Perithecium induratum, primo clausum, deinde poro pertusum v. rimose ruptum, nucleo molliore farctum. Sporidia muco involuta v. ascis basifixis inclusa. *Gen.* 360—397.

1. Xylomacei. Perithecium rumpens. Nucleus sporidiis nudis farctus. *Gen.* 360—364.

2. Cytisporei. Perithecium ostiolatum. Nucleus sporidiis nudis v. ascorum rudimentis inclusis farctus, diffluens *Gen.* 365—368.

3. Phacidiacei. Perithecium ostiolatum. Asci discoidei, erecti, fixi. *Gen.* 369—382.

a) PHACIDIEI. Perithecium subdimidiatum, demum apertum. Nucleus nudus. *Gen.* 369—373.

b) GLONIEI. Perithecium integrum, rimis arcte conniventibus dehiscens. *Gen.* 374—376.

c) DERMEI. Perithecium demum apertum, cum receptaculo flocoso connatum. Nucleus receptaculo impositus. *Gen.* 377—379.

d) TYMPANIDEI. Perithecium marginatum, operculo v. velo clausum. *Gen.* 380—382.

4. Sphaeriacei. Perithecium clausum, demum ostiolato pertusum. Nucleus ascigerus, diffluens. *Gen.* 383—397.

e) DOTHIDINI. Perithecia in stroma celluliferum confluentia. Ostiolum nullum v. subtile, porosum. *Gen.* 383—385.

f) STRIGULINI. Stroma duplex, discretum, in crustam corneam matrici innatam abiens. Ostiolum inaequale, saepe ampliatum. *Gen.* 386—389.

g) DICHAENEI. Perithecium rimose dehiscens. Stroma discretum, matrici adnatum. *Gen.* 390—393.

h) SPHAERINI. Perithecium ostiolo plus minus rotundato, rarius compresso apertum. Stroma adnatum. *Gen.* 394—397.

XVI. HYMENOMYCETES. Asci plus minus perfecti, membranae fructificanti, receptaculum diversae formae obtegenti immersi. *Gen.* 398—453.

1. Tremellini. Hymenium cum receptaculo aperto vago confluens. Asci obsoleti. *Gen.* 398—411.

a) HYMENULI. Receptaculum coriaceo v. ceraceo gelatinosum. Sporidia obsoleta. *Gen.* 398—399.

b) TREMELLEI. Receptaculum gelatinosum. Hymenium amphigenum. *Gen.* 400—403.

c) CUPULARES. Receptaculum gelatinosum v. coriaceum, plerumque cupulaeforme, submarginatum. Hymenium superum, papillosum. *Gen.* 404—406.

d) PILEOLARES. Receptaculum membranaceum, siccum, pileatum, excentrice substipitatum. Hymenium inferum, laeve. *Gen.* 407—411.

2. Clavariei. Receptaculum clavaeforme, simplex v. ramosum. Hymenium amphigenum. Asci sublineares, vix paraphysophori. *Gen.* 412—421.

e) CLAVULATI. Hymenium confluens. Asci abbreviati v. obliterati. *Gen.* 412—415.

f) MITRULINI. Hymenium discretum, receptaculum ambiens. Asci elongati. *Gen.* 416—419.

g) PILEOLATI. Hymenium cum receptaculo effigurato confluens. Asci breves. *Gen.* 420—421.

3. Helvellacei. Receptaculum orbiculatum. Hymenium superum. Asci elongati, clavati, paraphysophori. *Gen.* 422—423.

h) CUPULATI. Receptaculum cupulatum, aequabile. Hymenium discoideum, junius subclausum, marginans. *Gen.* 422—423.

i) CLAVICULARES. Receptaculum lenticulare, apertum. Hymenium marginatum. *Gen.* 424—427.

k) CUPULATI. Receptaculum cupulatum, primo clausum. Hymenium marginatum. *Gen.* 428—431.

l) MITRATI. Receptaculum pileatum, bullatum, primitus apertum, haud marginans. Hymenium concretum, persistens, nudum. *Gen.* 432—435.

4. Pileati. Receptaculum pileatum. Hymenium inferum, subeffiguratum, raro laeve. Asci lineares, fixi, vix paraphysophori. *Gen.* 436—453.

m) AURICULARINI. Hymenium laeve v. papillosum. *Gen.* 436—437.

n) HYDNEI. Hymenium subulatum v. tuberculatum. *Gen.* 438—443.

o) POLYPOREI. Hymenium porosum v. mucosum. *Gen.* 444—448.

p) AGARICINI. Hymenium lamellatum v. plicatum. *Gen.* 449—453.

REGIO II. CORMOPHYTA.

Caulis et radicis oppositio polaris. Vasa et organa propagationis sexu distincta in perfectioribus.

SECTIO III. ACROBRYA.

Caulis incrementum e solo apice, parte inferiore immutata, succos tantum adducente.

COHORS I. ANOPHYTA.

Vasa nulla. Genitalia utriusque sexus. Sporae intra sporangia liberae.

Classis IV. Hepaticae.

Calyptra basi circumcirca soluta, pedicellus evaginatus. Sporangia 2—4valvia v. dentibus dehiscentia. Sporae saepius elateribus mixtae.

XVII. RICCIACEAE. Frondosae. Involucrum nullum. Sporangia irregulariter rumpentia. Elateres nulli. Aquaticae. *Gen.* 454—458.

XVIII. ANTHOCEROTEAE. Frondosae v. foliatae. Involucrum nullum. Sporangia 1—2valvia, columella centrali. Elateres. *Gen.* 459—460.

XIX. TARGIONIACEAE. Frondosae. Involucrum heterogeneum. Sporangia dentibus dehiscentia. Elateres. *Gen.* 461. 462.

XX. MARCHANTIACEAE. Frondosae. Involucrum et involucella. Sporangia dentibus irregulariter dehiscentia, varia. Elateres. Inflorescentia capitata. *Gen.* 463—470.

XXI. JUNGERMANNIACEAE. Frondosae v. foliatae. Involucrum varium, involucella interdum nulla. Sporangia 1—4valvia. Elateres. Inflorescentia sparsa. *Gen.* 471—474.

Classis V. Musci.

Calyptra basi circumscissa, plerumque latere fissa, rarius persistens, medio rumpens. Pedicellus vaginatus. Sporangium operculatum, columna percursum. Sporae absque elateribus.

XXII. ANDREAEACEAE. Calyptra basi circumscissa. Sporangium quadrivalve. Operculum columnae adnatum, valvas post dehiscentiam connectens. *Gen.* 475.

XXIII. SPHAGNACEAE. Calyptra medio rupta, persistens. Operculum dissiliens, stoma nudum, columna sub maturitate obsoleta. *Gen.* 476.

XXIV. BRYACEAE. Calyptra basi circumscissa. Operculum dissiliens, v. rarissime indehiscens. Stoma rarissime nudum, plerumque effiguratum, saepe annulum elasticum dejiciens. Columna manifesta. *Gen.* 477—600.

COHORS II. PROTOPHYTA.

Fasciculi vasorum plus minus perfecti. Genitalia mascula nulla. Sporae intra sporangia uni-plurilocularia, liberae.

Classis VI. Equiseta.

Caules aphylli, articulati, articuli vaginati. Fructificatio terminalis.

XXV. EQUISETACEAE. Sporangia in receptaculis polygonis, in strobilum terminalem collectis, hypogena, unilocularia, polyspora. Sporae basi elateribus geminis involutae. *Gen.* 601—602.

Classis VII. Filices.

Frondes foliaceae in rhizomate sparsae, v. juxta ejus apicem rosaceo-congestae, vernatione circinnatim involutae. Sporangia unilocularia, plerumque dorsalia v. marginalia, venis imposita, in acervolos nudos v. squamula aut margine frondis tectos collecta.

XXVI. POLYPODIACEAE. Sporangia hypophylla, annulo verticali v. excentrico cincta, irregulariter transversim dehiscentia. Indusia varia, saepius nulla. — Frondes simplices v. compositae, stomatiis praeditae. *Gen.* 600—656.

1. Polypodieae. Sporangia pedicellata, annulo verticali. Sporae subglobosae v. oblongae. *Gen.* 603—644.

2. Cyatheaceae. Sporangia sessilia, annulo lato excentrico. Sporae triquetrae v. trilobae. *Gen.* 650—654.

3. Parkerieae. Sporangia sessilia, annulo incompleto, lato, basi approximato, interdum obsoleto. *Gen.* 655—656.

XXVII. HYMENOPHYLLEAE. Sporangia in vena ultra frondis marginem producta sessilia, annulo completo excentrico, transversim dehiscentia. Sporae hinc convexae, inde tetraëdro-pyramidatae. Indusium textura frondis. — Frondes tenerrimae, stomatiis destitutae. *Gen.* 657—658.

XXVIII. GLEICHENIACEAE. Sporangia hypophylla, sessilia, annulo completo lato, transverso v. subobliquo, introrsum transversim dehiscentia. Sporae oblongae v. reniformes. Indusium nullum v. spurium. — Frondes pinnatae, saepissime dichotomae furcatae, stomatiis praeditae. *Gen.* 659—660.

XXIX. SCHIZAEACEAE. Sporangia hypophylla, sessilia, annulo completo verticali, contracto, longitrorsum dehiscentia. Sporae pyramidales v. conicae, sporodermi cristata v. echinata. Indusia varia. — Frondes simplices, dichotomae v. pinnatae, stomatiis praeditae, fertiles contractae. *Gen.* 661—664.

XXX. OSMUNDACEAE. Sporangia hypophylla, v. frondibus contractis paniculata, pedicellata, annulo dorsali, lato, incompleto, vertice dehiscentia. Sporae oblongae v. subglobosae. Indusium nullum. — Frondes bipinnatae, stomatiis praeditae, fertiles saepissime contractae. *Gen.* 665—666.

XXXI. MARATTIACEAE. Sporangia hypophylla, exannulata, distincta v. inter se connata, vertice v. latere aperta. Sporae ellipsoideae. Indusium nullum, superficiale v. cum sporangiis concretum. — Frondes simplices v. pinnatae, stomatiis praeditae. *Gen.* 667—670.

XXXII. OPHIOGLOSSEAE. Sporangia in fronde contracta sessilia, interdum incomplete bilocularia, exannulata, distincta v. inter se connata, semibivalvia. Sporae farinosae. — Frondes geminae, biformes, vernatione strictae, altera expansa sterilis, stomatiis praedita, altera in rhachim contracta. *Gen.* 671—674.

APPENDIX. Filices fossiles. . . . *Gen.* 675—687.

Classis VIII. Hydropterides.

Folia a caule discreta, sessilia v. petiolata, limbo saepius composito, interdum abortivo. Sporocarpia ad basim foliorum, organis dimorphis foeta. — Herbae aquaticae, cylindro vasorum centrali percursae.

XXXIII. SALVINIACEAE. Sporangia in eadem stirpe dimorpha, corpuscula angulata v. globosa includentia, uni-bilocularia, v. sporangiis juxta columellam basilarem pedicellatis, sporas liberas includentibus foeta. — Caulis natans, pinnatim ramosus, foliis alternis, sessilibus. *Gen.* 688—689.

XXXIV. MARSILAEACEAE. Sporocarpia uniformia, bi-quadrilocularia, loculis continuis v. transversim plurilocellatis. Sporangia in loculis locellisve dimorpha, placentis parietalibus affixa, monospora v. granulis in mucilagine natantibus foetae. — Caulis repens, petiolis alternis, vernatione circinnatis, aphyllis v. foliolis quatuor verticillatis termi natis. *Gen.* 690—692.

Classis IX. Selagines.

Truncus foliatus, foliis simplicissimis, sessilibus. Sporocarpia in axillis foliorum v. bractearum saepissime valvata, sporis dimorphis foeta. — Herbae interdum suffrutescentes, fasciculis vasorum centralibus percursae.

XXXV. ISOETEAE. Herbae submersae, trunco abbreviato. Folia subulata, fragilia, trunco excentrice imposita. *Gen.* 693—694.

XXXVI. LYCOPODIACEAE. Herbae terrestres, interdum suffrutescentes. Folia spiraliter trunco inserta, sessilia v. decurrentia, nunquam articulata. *Gen.* 695—698.

XXXVII. LEPIDODENDREAE. Trunci fossiles, areolis rhomboideis, convexiusculis, spiraliter dispositis obsiti. Areolae prope apicem folii cicatrice transversa notatae. *Gen.* 699—703.

Classis X. Zamiae.

Organa utriusque sexus distincta. Antherae apertae. Ovula nuda. Embryo perfectus.

XXXVIII. CYCADEACEAE. Flores dioici. Folia juxta rhachin communem perpendicularia, subtus pollinifera. Folia ovulifera imbricata, crenata, crenaturis uniovulatis, v. in rhachi perpendicularia, disco subtus uni-biovulato. Seminum testa ossea. Embryones antitropi, in axi albuminis carnosi plures; radicula elongata, cotyledones apice connatae, basi subdistinctae. — Truncus arboreus, frondes pinnatisectae, vernatione circinnatae. *Gen.* 704—713.

COHORS II. HYSTEROPHYTA.

Genitalia utriusque sexus perfecta. Semina aëmbrya, polyspora. Vita parasitica.

Classis XI. Rhizantheae.

Plantae parasiticae, acaules v. caudice simplici aut ramoso praeditae. Folia squamaeformia, nunquam viridia, stomatibus destituta. Flores monoici v. dioici, nunc hermaphroditi. Semina in ovarii uni-plurilocularis loculis solitaria, pendula; v. plurima, parietalia.

XXXIX. BALANOPHOREAE. Stipites e rhizomate solitarii v. plures. Flores sexu distincti, in eodem v. in diversis receptaculis. Masculi 1—3—4andri. Perigonii foliola totidem, libera v. gamophylla. Femineis perigonium nullum. Ovaria 1—2locularia, 1—2-styla. Ovula in loculis solitaria, pendula. Fructus coriacei, uniloculares, monospermi. *Gen.* 714—722.

1. **Sarcophyteae.** Receptacula in eodem stipite plura, distincta. Flores triandri; stamina libera. Ovarium uniloculare. Stigma sessile. *Gen.* 714.
2. **Lophophyteae.** Receptacula in eodem stipite plurima. Flores monandri. Ovarium biloculare, distylum. *Gen.* 715—716.
3. **Cynomorieae.** Receptaculum solitarium stipitem terminans. Flores 1—4andri. Stamina libera. Ovarium uniloculare, monostylum. *Gen.* 717—718.
4. **Helosieae.** Receptacula solitaria, stipites terminantia. Flores 3andri. Stamina symphysandra. Ovarium biloculare, distylum. *Gen.* 719—722.

XL. CYTINEAE. Acaules, flore rhizomati imposito v. caulescentes. Flores typice hermaphroditi, abortu unisexuales. Perigonium tubuloso-campanulatum, 3—4—6lobum. Stamina simplici v. duplici loborum perigonii numero, filamentis inter se et cum stylo connatis; antherae bi-multiloculares, loculis appositis, longitudinaliter dehiscentibus. Ovarium inferum, uniloculare, placentis parietalibus plurimis, multiovulatis. *Gen.* 723—724.

XLI. RAFFLESIACEAE. Flores solitarii, aliarum stirpium radicibus epigaeis v. ramis innati, hermaphroditi v. abortu diclines. Perigonium globosum v. campanulatum, limbo quinquepartito. Staminum synnema columnare, perigonii tubo adnatum v. liberum. Antherae plurimae, distinctae, uni-bi- v. concentrice multiloculares, poro verticis dehiscentes. Ovarium inferum, uniloculare, placentis parietalibus plurimis, multiovulatis. *Gen.* 725—727.

SECTIO IV. AMPHIBRYA.

Caulis ambitu crescens. Vegetatio peripherica.

Classis XII. Glumaceae.

Flores in spiculas dispositi, bracteis imbricatis, glumaceis vestiti. Perigonium nunc nullum, nunc squamiforme v. setiforme. Ovarium liberum, uniloculare. Ovulum unicum, parietale amphitropum, v. basilare anatropum. Caryopsis. Embryo ad basim seminis, albumini farinaceo applicitus, v. ab eodem inclusus.

XLII. GRAMINEAE. Ovulum parietale amphitropum, micropyle infera. Pericarpium cum testa connatum. Embryo ad basim seminis albumini farinaceo applicitus. Caules saepissime nodosi, teretes, foliorum vagina fissa, plerumque ligulata. *Gen.* 728—956.

1. Oryzeae. Spiculae nunc 1florae, glumis saepe abortientibus, nunc 2—3florae, floribus inferioribus unipaleaceis, neutris. Paleae chartaceo-rigidae. Flores plerumque diclines, saepissime hexandri. *Gen.* 728—740.

2. Phalarideae. Spiculae hermaphroditae, polygamae, v. rarius monoicae, nunc 1florae, accedente interdum floris superioris rudimento stipitiformi, nunc 2florae, flore utroque hermaphrodito v. masculo, nunc 2—3florae, flore terminali fertili, reliquis incompletis. Glumae plerumque aequales. Paleae saepius nitidae, in fructu induratae. *Gen.* 741—759.

3. Paniceae. Spiculae 2florae, flore inferiore incompleto. Glumae paleis teneriores, inferior saepe, rarissime ambo abortientes. Paleae coriaceae v. chartaceae, plerumque muticae, inferior concava. Caryopsis a dorso compressa. *Gen* 760—792.

4. Stipaceae. Spiculae 1florae. Palea inferior involuta, apice aristata et in fructu plerumque indurata, arista simplici v. trifida, basi saepissime torta et articulata. *Gen.* 793—802.

5. Agrostideae. Spiculae 1florae, accedente interdum floris superioris rudimento subulato. Glumae paleaeque 2, membranaceo-herbaceae, palea superiore saepius aristata. *Gen.* 803—816.

6. Arundinaceae. Spiculae 1florae, accedente interdum floris superioris rudimento, nunc multiflorae. Flores plerumque pilis longissimis, mollibus obsiti v. basi cincti. Glumae et paleae 2, membranaceo-herbaceae, glumae flores saepe aequantes v. superantes, palea inferior aristata v. mutica. *Gen.* 817—826.

7. Pappophoreae. Spiculae 2-multiflorae, superiores tabescentes. Glumae paleaeque 2, membranaceo-herbaceae. Palea inferior tri-multifida, laciniis subulato-aristatis. Inflorescentia capitato-spicata v. paniculata. *Gen.* 827—833.

8. Chlorideae. Spiculae in spicis unilateralès, uni-multiflorae, floribus superioribus tabescentibus. Glumae et paleae 2, membranaceo-herbaceae, paleae muticae v. aristatae; glumae in rhachi persistentes, antica altius inserta. Spicae digitatae v. paniculatae, rarissime solitariae. Rhachis continua, haud articulata. *Gen.* 834—855.

9. Avenaceae. Spiculae 2-multiflorae, flore terminali plerumque tabescente. Glumae paleaeque 2, membranaceo-herbaceae, palea inferior plerumque aristata, arista saepe dorsali, tortili. *Gen.* 856—874.

10. Festucaceae. Spiculae multiflorae, rarius pauciflorae. Glumae et paleae 2, membranaceo-herbaceae, rarius coriaceae, hae plerumque aristatae, aristis haud tortis. Inflorescentia vix non semper paniculata. *Gen.* 875—911.

a) BROMEAE. Gramina herbacea. Stamina 3. *Gen.* 875—903.

b) BAMBUSEAE. Gramina fruticosa v. aborescentia. Stamina 3—6. *Gen.* 904—911.

11. Hordeaceae. Spiculae 3-multiflorae, flore terminali plerumque tabescente. Glumae (rarissimae deficientes) paleaeque 2, herbaceae. Spica simplex, solitaria, rhachi interdum alata. *Gen.* 912—919.

12. Rottboelliaceae. Spiculae 1—2-rarissime 3florae, in rhacheos saepissime exarticulatae excavationibus solitariae v. geminatae, altera tunc pedicellata, saepe tabescente. Flos inferior v. superior plerumque tabescens. Glumae 1 v. 2, interdum plane deficientes, plerumque coriaceae. Paleae membranaceae, muticae v. rarius aristatae. *Gen.* 920—932.

13. Andropogoneae. Spiculae 1—2florae, flore inferiore semper incompleto. Paleae glumis teneriores, semper hyalinae. *Gen.* 933—956.

XLIII. CYPERACEAE. Ovulum basilare anatropum. Pericarpium semini haud adnatum. Embryo in basi albuminis farinacei inclusus. — Caules saepissime enodes, trigoni, foliorum vagina integra, ligula nulla. *Gen.* 957—1002.

1. Cariceae. Spiculae diclines, masculae multiflorae, floribus undique imbricatis, unipaleaceis, femineae uniflorae, accedente saepius spiculae masculae pedicello, biglumes, gluma antica plana, postica bicarinata, marginibus in utriculum coalita. Paleae nullae. *Gen.* 957—959.

2. Elyneae. Spiculae 1florae, unisexuales, v. bi-pluriflorae androgynae, masculae interdum ad pedicellum redactae. Gluma 1, antica. Paleae 2, rhachi parallelae, antica minor in spiculis androgynis deficiens. *Gen.* 960—962.

3. Sclerieae. Spiculae diclines, masculae multiflorae, paleis distiche v. multifariam imbricatis, infimis saepe vacuis; femineae uniflorae, glumis plurimis, multifariam imbricatis v. nullis, paleis 2, oppositis v. suboppositis. *Gen.* 963—965.

4. Rhynchosporeae. Spiculae hermaphroditae v. polygamae, pauciflorae v. 1florae, paleis distiche v. plurifariam imbricatis, infimis summisque saepe vacuis. *Gen.* 966—978.

a) RHYNCHOSPOREAE VERAE. Perigonium setosum distinctum, rarissime fugax v. nullum, stylo tunc apice indiviso v. obsolete bi-tridentato. *Gen.* 966—974.

b) SCHOENOIDEAE. Perigonium nullum. *Gen.* 975—979.

5. Cladieae. Spiculae 1—3florae, paleis multifariam imbricatis, infimis semper vacuis, extremis solum floriferis. *Gen.* 980—984.

6. Chrysitricheae. Spiculae androgynae, monocarpicae, paleis plurimis rhachillae discoideo-depressae multifariam insertis, flore terminali hermaphrodito, masculis plurimis monandris cincto. *Gen.* 985—986.

7. Lipocarpheae. Spiculae hermaphroditae, 1florae, paleis 2—4 v. interdum solitariis. *Gen.* 987—989.

8. Fuireneae. Spiculae hermaphroditae v. rarius polygamae, multiflorae, interdum 1—3florae, paleis di-tristiche v. multifariam imbricatis. *Gen.* 990—991.

a) MELANCRANIDEAE. Spiculae pauciflorae, hermaphroditae v. polygamae, apice masculae, compressae. Paleae distiche v. plurifariam imbricatae, in spicam undique scarioso-bracteatam, v. in capitulum foliaceo-bracteatum disposita, spiculis intra quamvis bracteam solitariis v. geminis. *Gen.* 990—992.

b) HEMICHLAENEAE. Spiculae pauci- v. pluriflorae, hermaphroditae, compressae, paleis distiche imbricatis, terminales v. laterales, solitariae, geminatae v. ternatae, praeter involucrum commune bracteis nullis interstinctae. *Gen.* 993—994.

c) FICINIEAE. Spiculae multiflorae, rarissime uniflorae, hermaphroditae, paleis undique imbricatis. *Gen.* 995—998.

9. Scirpeae. Spiculae hermaphroditae, multiflorae, paleis undique v. rarissime subdistiche imbricatis, omnibus conformibus, infimis sterilibus. *Gen.* 999—1001.

10. Cypereae. Spiculae hermaphroditae, multiflorae, rarius 1—3florae, paleis distiche imbricatis, omnibus conformibus, marginibus plerumque per rhachillae angulos decurrentibus, infimis plerumque vacuis. *Gen.* 1002—1003.

Classis XIII. Enantioblastae.

Flores paleati v. perigoniati, perigonio regulari, biseriato, exteriore paleaceo v. calycino, interiore saepius corollino. Ovaria saepius plura distincta, v. in unum connata, libera. Ovula solitaria v. plura, orthotropa. Fructus capsularis v. nucamentaceus, uni-trilocularis. Embryo antitropus, albumini applicitus.

XLIV. CENTROLEPIDEAE. Perigonium glumaceum, gluma antica v. 2 suboppositae, paleae nullae v. glumis parallelae. Stamen 1. Ovaria plura, unilocularia, supra axin deorsum imbricata. Ovulum 1, pendulum. Utriculus monospermus. *Gen.* 1004—1007.

XLV. RESTIACEAE. Perigonium glumaceum, calyciforme, glumis 2—6 biseriatis. Stamina 2—3. Ovarium 2—3loculare, rarissime 1loculare. Ovula in loculis solitaria, pendula. Capsula 3locularis, loculicida, v. nux monosperma. *Gen.* 1008—1021.

XLVI. ERIOCAULONEAE. Perigonium duplex, exterius rude 2—3phyllum, interius tenerius subtubulosum, 3fidum. Stamina perigonio interiori inserta, duplici loborum numero, alterna saepe castrata. Ovarium 2—3loculare. Ovula in loculis solitaria, pendula. Capsula bi-trilocularis, loculicida. *Gen.* 1022—1024.

XLVII. XYRIDEAE. Perigonium duplex, exterius glumaceum, 3phyllum, interius corollinum, tubulosum v. hypocrateriforme, trifidum. Stamina 6, perigonii interioris tubo inserta, alterna sterilia. Ovarium 1—3loculare. Ovula plurima, horizontalia. Capsula polysperma, 1locularis, ad suturas dehiscens, v. trilocularis loculicida. *Gen.* 1025—1027.

XLVIII. COMMELYNACEAE. Perigonium duplex, utrumque triphyllum, exterius calycinum, interius corollinum. Stamina 6, hypogyna, nonnulla sterilia. Ovarium 3loculare, ovula in loculis pauca, situ varia. Capsula oligosperma, 2—3locularis, loculicida, v. bacca. *Gen.* 1028—1036.

Classis XIV. Helobiae.

Perigonium duplex, rarissime nullum, interius saepius corollinum. Ovaria plura libera, distincta v. subdistincta, unilocularia, uni-multiovulata. Ovula anatropa v. campylotropa. Carpidia follicularia, distincta, mono-polysperma. Embryo exalbuminosus, homotropus.

XLIX. ALISMACEAE. Ovula solitaria v. bina, carpidiorum suturae inserta. *Gen.* 1037—1043.

1. Juncagineae. Perigonium utrumque conforme, interdum nullum. Embryo rectus. *Gen.* 1037—1040.

2. Alismeae. Perigonii foliola interiora petaloidea. Embryo uncinatus. *Gen.* 1041—1043.

L. BUTOMACEAE. Ovula plurima, placentae parietali reticulatim ramosae affixa. *Gen.* 1044—1046.

Classis XV. Coronariae.

Perigonium plerumque corollinum, rarissime glumaceo-scariosum, regulare, biseriatum, serie utraque conformi. Ovarium liberum v. vix adhaerens, 3loculare. Ovula plurima, rarissime definita v. solitaria, directione varia. Capsula v. bacca. Embryo intra albumen inclusus.

LI. JUNCACEAE. Perigonium 6phyllum, glumaceum v. subpetaloideum. Stamina 6, perigonii foliolis ima basi inserta. Ovarium 3loculare, v. septis incompletis 1loculare. Ovula in loculis solitaria v. plurima, erecta, anatropa. Capsula 1—3locularis, loculicide v. septifrago dehiscens. Embryo in basi albuminis carnosi orthotropus, radicula infera. *Gen.* 1047—1050.

* ASTELIEAE. Perigonium semiglumaceum. Ovarium unitriloculare, tri-multiovulatum. Bacca 1-polysperma. *Gen.* 1051—1052.

** RAPATEAE. Perigonium exterius glumaceum, triphyllum, interius corollinum, trifidum. Ovarium 3loculare. Ovula in loculis solitaria, basilaria, anatropa. Capsula trilocularis. *Gen.* 1053.

*** FLAGELLARIEAE. Perigonium coloratum, 6partitum. Ovarium 3loculare, ovulis intra loculos solitariis, basilaribus, anatropis. Drupa monosperma. Embryo lenticularis. *Gen.* 1054.

**** XEROTIDEAE. Perigonium subcoloratum, 6partitum. Ovarium 3loculare, ovulis intra loculos solitariis, amphitropis. Capsula v. bacca 3locularis, 3sperma, seminibus peltatis. *Gen.* 1055—1056.

***** KINGIACEAE. Perigonium 6partitum. Ovarium uniloculare, ovulis tribus, v. triloculare, ovulis intra loculos solitariis, basilaribus, anatropis. Utriculus monospermus. *Gen.* 1057—1058.

****** CALECTASIEAE. Perigonium hypocrateriforme, limbo 6partito. Antherae poris dehiscentes. Ovarium uniloculare, ovulis 3 basilaribus, anatropis. Utriculus monospermus. *Gen.* 1059.

LII. PHILYDREAE. Perigonium corollinum, diphyllum. Stamina 3, basi connata, lateralia castrata, petaloidea, intermedium monantherum. Ovarium 3loculare. Ovula plurima, anatropa? Capsula 3locularis, loculicida. Embryo in axi albuminis carnosi orthotropus? *Gen.* 1060—1061.

LIII. MELANTHACEAE. Perigonium corollinum, hexaphyllum, foliolis aestivatione valvatis v. induplicatis. Stamina 6 v. 9. Ovarium 3loculare. Ovula plurima, anatropa v. amphitropa. Capsula tripartibilis. Embryo intra albumen carnosum v. cartilagineum rectus. *Gen.* 1062—1086.

1. Veratreae. Perigonii foliola libera, sessilia v. breviter unguiculata, interdum in tubum brevissimum cohaerentia. *Gen.* 1062—1083.

2. Colchiceae. Perigonii foliola longissime unguiculata, unguibus plerumque in tubum connatis. *Gen.* 1084—1086.

LIV. PONTEDERACEAE. Perigonium corollinum, hypocrateriforme v. infundibuliforme, limbo 6partito. Stamina perigonii tubo inserta, 6 v. 3 et tunc laciniis interioribus opposita. Ovarium 3loculare, multiovulatum, v. loculis duobus cassis 1loculare, ovulo unico, pendulo, anatropo. Capsula perigonii tubo tunicata, 3locularis, polysperma, loculicida, v. unilocularis, monosperma, indehiscens. Embryo in axi albuminis farinacei orthotropus. *Gen.* 1087—1089.

LV. LILIACEAE. Perigonium corollinum, hexamerum. Stamina hypogyna v. perigyna 6, rarius 3. Ovarium 3loculare. Ovula pauca v. plurima, anatropa v. amphitropa. Capsula pleiosperma, 3locularis, loculicida, rarissime septicida, v. bacca. Embryo intra albumen carnosum homotropus. *Gen.* 1090—1175.

1. Tulipaceae. Perigonii foliola omnino distincta v. ima basi cohaerentia, saepe nectarifera. Stamina hypogyna v. obscure perigyna. Fructus capsularis. Semina anatropa, plerumque compressa, testa pallida, fusca, spongiosa v. dura. Embryo minimus, rectus v. parum incurvus, in basi albuminis inclusus. — Herbae bulbosae. *Gen.* 1090—1099.

2. Agapantheae. Perigonium tubulosum, limbo sexfido. Stamina perigyna. Fructus capsularis. Semina anatropa, compressiuscula, testa membranacea, saepius pallida. Embryo orthotropus. — Herbae perennes, radice tuberosa v. fibrosa. *Gen.* 1100—1112.

3. Aloineae. Perigonium tubulosum v. sexpartitum, interdum subirregulare. Stamina hypogyna v. perigonii tubo inserta. Fructus capsularis v. baccatus. Semina compressa, angulata v. alata, testa membranacea, pallida v. atra. Embryo orthotropus. — Herbae carnosae, interdum frutescentes v. arborescentes, radice fibroso-fasciculata. *Gen.* 1113—1117.

4. Asphodeleae. Perigonium tubulosum v. sexpartitum, regulare. Stamina hypogyna v. perigonii tubo inserta. Fructus capsularis v. baccatus. Semina globosa v. angulata, testa crustacea, atra. Embryo homotropus, rectus v. incurvus. — Herbae radice bulbosa, fasciculato-fibrosa v. tuberosa. *Gen.* 1118—1175.

a) HYACINTHEAE. Perigonium tubulosum v. 6partitum. Stamina perigonio inserta v. rarius hypogyna. Fructus capsularis. Radix bulbosa. *Gen.* 1118—1137.

b) ANTHERICEAE. Perigonium 6partitum, patens. Stamina ut plurimum hypogyna. Fructus capsularis. Radix fibrosa v. tuberosa. *Gen.* 1138—1153.

* CONANTHEREAE. *Gen.* 1154—1158.

** TULBAGHINEAE. *Gen.* 1159.

c) ASPARAGEAE. Perigonium 6partitum, patens v. rarissime tubulosum. Fructus baccatus. Seminum umbilicus saepius strophiolatus. — Herbae, frutices v. arbores, radice tuberosa v. fibrosa. *Gen.* 1160—1167.

* APHYLLANTHEAE. *Gen.* 1168—1173.

** GILLIESIACEAE. *Gen.* 1174—1175.

LVI. SMILACEAE. Perigonium corollinum, hexamerum, rarius tetra-octomerum. Stamina hypogyna v. rarius perigyna. Ovarium tri- rarius bi-quadriloculare. Ovula pauca v. solitaria. Fructus baccatus, oligospermus. Semina globosa, testa membranacea, umbilico nudo. Embryo intra albumen dense carnosum v. cartilagineum rectus. *Gen.* 1176—1188.

1. Parideae. Styli distincti. *Gen.* 1176—1178.

2. Convallarieae. Styli connati. *Gen.* 1179—1188.

1) ASPIDISTREAE. *Gen.* 1189—1191.

2) OPHIOPOGONEAE. *Gen.* 1192—1194.

3) HERRERIEAE. *Gen.* 1195.

4) ERIOSPERMEAE. *Gen.* 1196.

5) ROXBURGHIACEAE. *Gen.* 1197.

6) PHILESIEAE. *Gen.* 1198—1199.

Classis XVI. Artorhizae.

Perigonium herbaceum v. corollinum, regulare, sexpartitum, superum. Stamina 6. Ovarium inferum, uni-triloculare. Ovula pauca, anatropa v. amphitropa. Capsula v. bacca. Embryo intra albumen in regione umbilici.

LVII. DIOSCOREAE. Ovarium triloculare. Ovula in loculis solitaria v. bina anatropa. Capsula v. bacca oligosperma. *Gen.* 1200—1203.

LVIII. TACCACEAE. Ovarium uniloculare, placentis parietalibus 3. Ovula plurima, anatropa v. amphitropa. Bacca polysperma. *Gen.* 1204—1205.

Classis XVII. Ensatae.

Perigonium superum v. semisuperum, regulare v. irregulare, hexamerum. Stamina 3 v. 6, rarius plura, cum stylo haud connata. Ovarium inferum, pluriloculare, triloculare. Ovula plurima, anatropa v. amphitropa. Capsula v. bacca. Embryo exalbuminosus, v. intra albumen inclusus.

LIX. HYDROCHARIDEAE. Stamina 6 v. indefinita. Ovarium 1—6—9loculare. Semina exalbuminosa. *Gen.* 1206—2016.

1. Anacharideae. Ovarium 1loculare. Stigmata 3. — Caulescentes, foliis oppositis v. verticillatis. *Gen.* 1206—1208.

2. Vallisnerieae. Ovarium 1loculare. Stigmata 3. — Acaules scapigerae, foliis radicalibus linearibus. *Gen.* 1209—1210.

3. Stratiotideae. Ovarium pluriloculare. Stigmata 6. — Acaules scapigerae. *Gen.* 1211—1216.

LX. BURMANNIACEAE. Stamina 3, perigonii laciniis exterioribus alterna. Ovarium 1—3loculare. Semina albuminosa. *Gen.* 1217—1219.

LXI. IRIDEAE. Stamina 3, perigonii laciniis exterioribus opposita, antheris extrorsis. Ovarium 3loculare. Semina albuminosa. *Gen.* 1220—1248.

LXII. HAEMODORACEAE. Stamina 6, quorum 3 perigonii laciniis exterioribus opposita saepius ananthera. Ovarium plus minus liberum, 3loculare. Semina albuminosa. *Gen.* 1249—1260.

* **Vellozieae.** *Gen.* 1261—1262.

LXIII. HYPOXIDEAE. Stamina 6. Ovarium 3loculare. Semina albuminosa, strophiolata. *Gen.* 1263—1264.

LXIV. AMARYLLIDEAE. Stamina 6 v. plura, sterilia saepius in coronam coalita. Ovarium triloculare. Semina albuminosa. *Gen.* 1265—1296.

1. Amarylleae. Stamina sterilia nulla. — Scapigerae radice bulbosa. *Gen* 1265—1281.

2. Narcisseae. Stamina sterilia libera v. in coronam faucis coalita. — Scapigerae radice bulbosa. *Gen.* 1282—1290.

3. Anomalae. Caulescentes radice fibrosa, v. bulbosa; rarius scapigerae, rhizomate tuberoso-fasciculato. *Gen.* 1291—1296.

* **Agaveae.** *Gen.* 1297—1298.

LXV. BROMELIACEAE. Perigonii segmenta exteriora calycina. Stamina 6. Ovarium 3loculare, plus minus liberum. Semina albuminosa, saepius comosa. *Gen.* 1299—1315.

Classis XVIII. Gynandrae.

Perigonium corollinum, superum, irregulare. Stamina 3, cum stylo connata, lateralia plerumque sterilia. Ovarium uniloculare, placentis parietalibus 3, v. triloculare. Semina plurima, saepissime scobiformia, exalbuminosa.

LXVI. ORCHIDEAE. Ovarium uniloculare, placentis parietalibus tribus. *Gen.* 1316—1618.

1. Malaxideae. Stamina lateralia sterilia, intermedium fertile. Anthera terminalis v. opercularis. Pollen in massas ceraceas indefinitas cohaerens, stigmati immediate applicitum, tela cellulosa accessoria nulla. *Gen.* 1316—1369.

a) PLEUROTHALLEAE. Columna genitalium erecta, cum ovario continua v. basi parum producta. *Gen.* 1316—1348.

b) DENDROBIEAE. Columna genitalium ovario incumbens, basi longius producta. *Gen.* 1349—1369.

2. Epidendreae. Stamina lateralia sterilia, intermedium fertile. Anthera terminalis, opercularis. Pollen in massas ceraceas, definitas cohaerens, tela cellulosa in caudiculas elasticas pulvereas, saepe replicatas cohaerente; glandula propria nulla. *Gen.* 1370—1397.

3. Vandeae. Stamina lateralia sterilia, intermedium fertile. Anthera terminalis, raro dorsalis, opercularis. Pollen in massas ceraceas definitas cohaerens, sub anthesi lamellae elasticae et stigmatis glandulae adhaerens. *Gen.* 1398—1506.

4. Ophrydeae. Stamina lateralia sterilia, intermedium fertile. Anthera terminalis, erecta v. resupinata, persistens, loculis completis. Pollinis massulae ceraceae, indefinitae, ope axeos arachnoideae, elasticae, glandulae stigmatis adglutinatae in massas binas colligatae. *Gen.* 1507—1543.

5. Gastrodieae. Stamina lateralia sterilia, intermedium fertile. Anthera terminalis, opercularis. Pollen e massulis majusculis, elastice in massas cohaerentibus, axi distincta nulla. *Gen.* 1544—1546.

6. Neottieae. Stamina lateralia sterilia, intermedium fertile. Anthera stigmati parallela, persistens, loculis approximatis. Pollen pulvereum, e granulis laxe cohaerentibus, stigmatis glandulae affixum. *Gen.* 1547—1586.

7. Arethuseae. Stamina lateralia sterilia, intermedium fertile. Anthera terminalis, opercularis. Pollinis massae pulvereae v. e corpusculis angulatis, basi aut infra apicem affixae. *Gen.* 1587—1617.

8. Cypripedieae. Stamina lateralia fertilia, intermedium sterile. *Gen.* 1618.

LXVII. APOSTASIEAE. Ovarium triloculare, placentis centralibus. *Gen.* 1619—1620.

Classis XIX. Scitamineae.

Perigonium corollinum, superum, irregulare, nunc simplex hexamerum cum staminibus senis, nunc duplex, exterius trimerum rudius, interius hexamerum cum stamine unico. Ovarium triloculare. Semina in loculis solitaria v. indefinita, albuminosa.

LXVIII. ZINGIBERACEAE. Perigonium duplex, calyx trimerus et corolla hexamera. Stamen 1, corollae laciniae exteriori posticae insertum. Vitellus carnosus embryonis apicem vaginans. *Gen.* 1621—1640.

1. Globbae. Herbae rhizocarpicae; inflorescentia terminali, laxe paniculata, racemosa v. spicata. *Gen.* 1621.

2. Zingibera. Herbae rhizocarpicae, radicibus carnosis, tuberosis, inflorescentia dense spicata. *Gen.* 1622—1625.

3. Amoma. Herbae perennes, radicibus tuberosis, fasciculatis, v. saepius repentibus, lignosis, inflorescentia plerumque radicali, spicata, nunc terminali, bracteis dense munita. *Gen.* 1626—1630.

4. Alpiniae. Herbae perennes, inflorescentia caulem v. scapum terminante, ut plurimum laxe paniculata v. racemosa. *Gen.* 1631—1637.

5. Costi. Herbae perennes, foliorum vaginis tubulosis, inflorescentia terminali, dense spicata. *Gen.* 1638.

LXIX. CANNACEAE. Perigonium duplex, calyx trimerus et corolla hexamera. Stamen 1, corollae laciniae interiori laterali insertum. Vitellus nullus. *Gen.* 1641—1646.

LXX. MUSACEAE. Perigonium simplex hexamerum. Stamina 6, quorum unum plerumque abortivum, nonnulla interdum castrata. *Gen.* 1647—1658.

1. Heliconieae. Semina in loculis solitaria. Dehiscentia septicida. *Gen.* 1647.

2. Uranieae. Semina in loculis plurima. Dehiscentia loculicida. *Gen.* 1648—1650.

APPENDIX. SCITAMINEAE FOSSILES. *Gen.* 1651—1654.

Classis XX. Fluviales.

Perigonium nullum v. rudimentarium, rarissime perfectum. Ovarium 1 v. plura distincta, libera. Ovulum 1, erectum v. saepius pendulum, orthotropum v. campylotropum, rarissime anatropum. Semina exalbuminosa. Embryonis radicula infera.

LXXI. NAJADEAE. Flores ut plurimum monoici, rarius dioici, in axillis foliorum solitarii v. conferti, v. in stipite spadiciformi alternantes, feminei superiores, rarius masculi cum femineis in florem hermaphroditum combinati. *Gen.* 1655—1664.

* NAJADEAE FOSSILES. *Gen.* 1665—1667.
** LEMNACEAE. *Gen.* 1668.

Classis XXI. Spadiciflorae.

Flores supra spadicem sessiles, feminei inferiores. Ovarium uni-multiloculare. Semina albuminosa v. germinatione incepta exalbuminosa.

LXXII. AROIDEAE. Fructus baccatus, seminum umbilico nudo. Cotyledon rimula pro plumulae emissione instructa. *Gen.* 1669—1708.

1. Araceae. Flores androgyni, perigonio destituti. *Gen.* 1669—1696.

1. PISTIACEAE. Flores masculi a femineo solitario remoti. Ovarium uniloculare. *Gen.* 1669—1670.

2. CRYPTOCORYNEAE. Flores masculi a femineis pluribus, circa basin spadicis verticillatis, et in ovarium pluriloculare connatis remoti. *Gen.* 1671—1672.

3. DRACUNCULINAE. Flores masculi et feminei plures, genitalibus rudimentariis interstincti, spadix appendice nuda desinens. Antherarum loculi connectivo majores. *Gen.* 1673—1681.

a) Arisareae. Filamenta manifesta. Stylus distinctus. *Gen.* 1673—1674.

b) Euaroideae. Antherae congestae, sessiles. Stigma sessile. *Gen.* 1675—1679.

c) Pythonieae. Antherae congestae, substipitatae. Stylus distinctus. *Gen.* 1680—1681.

4. CALADIEAE. Flores masculi et feminei plures, contigui v. genitalibus rudimentariis distincti, spadix saepius appendice nuda terminatus. Antherarum loculi connectivo crassissimo, peltato immersi. *Gen.* 1682—1690.

a) Colocasieae. Spathae tubus persistens. Antherae plures connatae. Ovarium uni-quadriloculare. *Gen.* 1682—1689.

b) Philodendreae. Spatha tota persistens. Antherae liberae. Ovarium multiloculare. *Gen.* 1690.

5. ANAPOREAE. Flores masculi et feminei plures contigui, genitalibus sterilibus saepius cum femineis mixtis, spadix rarissime appendice nuda terminatus. Antherarum loculi connectivo crassissimo, peltato immersi. *Gen.* 1691—1696.

a) Spathicarpeae. Spadix spathae adnatus. Ovaria unilocularia, uniovulata. *Gen.* 1691—1693.

b) Richardieae. Spadix liber. Ovaria uni-trilocularia, ovulis solitariis v. plurimis. *Gen.* 1694—1696.

2. Callaceae. Stamina perfecta cum ovariis in flosculos hermaphroditos, nudos v. perigonio instructos consociata. *Gen.* 1697—1708.

6. CALLEAE. Perigonium nullum. *Gen.* 1697—1699.

7. ORONTIACEAE. Perigonium regulare. Folia plana, integra v. palmati- aut pinnatisecta. *Gen.* 1700—1706.

a) Pothoinae. Spatha foliacea. Filamenta complanata. Stigma sessile. *Gen.* 1700—1703.

b) Dracontieae. Spatha colorata. Filamenta subulata. Stylus distinctus. *Gen.* 1704—1705.

c) Orontiaceae. Spatha nulla. Filamenta complanata. Stigma sessile. *Gen.* 1706.

8. ACOROIDEAE. Perigonium regulare. Folia ensiformia, vernatione amplectentia. *Gen.* 1707—1708.

LXXIII. TYPHACEAE. Fructus drupaceus, seminum umbilico nudo. Embryonis albumine parum brevioris cotyledon integra, extremitas radicularis supera. *Gen.* 1709—1710.

LXXIV. PANDANEAE. Fructus drupaceus v. baccatus, ex ovariis plurimis in phalanges connatis specie multilocularis, seminum umbilico nudo v. strophiolato. Embryonis minimi cotyledon integra, extremitas radicularis infera. *Gen.* 1711—1718.

1. Pandaneae verae. Folia simplicia. Perigonium nullum. — Gerontogeae. *Gen.* 1711—1712.

2. Cyclantheae. Frondes flabellatim partitae v. pinnatae. Flores saepius perigoniati. — Americanae. *Gen.* 1713—1715.

Genera Pandaneis affinia. *Gen.* 1716—1717.
Pandanea fossilia. *Gen.* 1718.

Classis XXII. Principes.

Flores supra spadicem simplicem v. ramosum sessiles v. pedicellati, perigonio duplici perfecto. Ovarium 1—3loculare. Albumen cartilagineum. Embryo in foveola albuminis, in peripheria locatus.

LXXV. PALMAE. Perigonium duplex, calyx et corolla, utrumque trimerum. Ovarium liberum, e carpidiis 1—3 distinctis v. connatis. Ovula in loculis solitaria, rarissime bina, erecta. Fructus baccatus v. drupaceus. — Habitus peculiaris, plerisque arboreus. *Gen.* 1719—1783.

1. **Arecinae.** Ovarium carpidis 3 v. 2 primitus connatis 3—2loculare, rarissime carpidio unico 1loculare. Fructus lobis distinctis, baccatus v. tenuiter drupaceus, endocarpio loculorum distincto, abortivorum a fertilium formatione excluso. *Gen.* 1719—1735.
2. **Lepidocaryinae.** Ovarium carpidiis 3 v. 2 primitus distinctis 3—2loculare. Fructus plerumque abortu monospermus, baccatus, tessellato-corticatus. *Gen.* 1736—1744.
3. **Borassinae.** Ovarium carpidiis 3 v. 2, rarissime 4 primitus distinctis 3—4loculare. Fructus drupaceus v. baccatus, indivisus v. lobatus. *Gen.* 1745—1752.
4. **Coryphinae.** Ovarium carpidiis 3 primitus distinctis triloculare, rarissime carpidio unico uniloculare. Fructus baccatus, lobis distinctis, carpidiis abortivis a fertilium formatione exclusis. *Gen.* 1753—1763.
   a) SABALINAE. Flabellifrondes. *Gen.* 1753—1762.
   b) PHOENICINAE. Pinnatifrondes. *Gen.* 1763.
5. **Cocoinae.** Ovarium carpidiis 3, rarius 2, 4 v. 6 primitus connatis 2—6loculare. Drupa monopyrena, tri-unilocularis, loculis abortivis in fertilium endocarpio osseo v. lapideo inclusis. *Gen.* 1764—1777.

PALMAE FOSSILES. *Gen.* 1778—1783.
APPENDIX. Acrobryae fossiles, dubii ordinis. *Gen.* 1784—1788.

SECTIO IV. ACRAMPHIBRYA.

Caulis apice simul et ambitu crescens. — Vegetatio peripherico-terminalis.

COHORS I. GYMNOSPERMAE.

Ovula nuda, micropyle materiam foecundantem immediatim recipiens.

Classis XXIII. Coniferae.

Flores diclines, perigonio nullo v. rudimentario, in amenta collecti. Ovula squamae v. cupulae apertae inserta. Embryo albuminosus, axilis, di-polycotyledoneus.

LXXVI. CUPRESSINAE. Squamae ovuliferae axi insertae. Ovula erecta, orthotropa. *Gen.* 1789—1794.

LXXVII. ABIETINAE. Squamae ovuliferae axi insertae. Ovula inversa, orthotropa. *Gen.* 1795—1798.

LXXVIII. TAXINEAE. Cupula aperta, uniovulata. Ovulum erectum, orthotropum v. anatropum. Embryo albuminis fere longitudine. *Gen.* 1799—1803.

LXXIX. GNETACEAE. Stamina e perigonio transversim rupto exserta. Cupula aperta, uniovulata. Ovulum erectum, orthotropum. Embryo albumine multo brevior. *Gen.* 1804—1805.

APPENDIX. Coniferae fossiles. *Gen.* 1806—1816.

COHORS II. APETALAE.

Perigonium nullum, rudimentarium v. simplex, calycinum v. coloratum, liberum v. cum ovario connatum.

Classis XXIV. Piperitae.

Flores hermaphroditi v. diclines, spicati, bracteolati. Perigonium nullum. Semina albuminosa. Ovula orthotropa. Embryo antitropus, intra saculum amnioticum extrarius, v. apici albuminis inclusus.

LXXX. CHLORANTHACEAE. Ovarium uniloculare. Ovulum unicum, pendulum. Radicula infera. *Gen.* 1817—1819.

LXXXI. PIPERACEAE. Ovarium uniloculare. Ovulum unicum, erectum. Radicula supera. *Gen.* 1820—1823.

LXXXII. SAURUREAE. Ovarium pluriloculare. Ovula plura, adscendentia. Radicula supera. *Gen.* 1824—1828.

Classis XXV. Aquaticae.

Flores hermaphroditi v. diclines. Perigonium nullum v. rudimentarium. Ovula orthotropa v. amphitropa. Embryo exalbuminosus v. in axi albuminis rectus.

LXXXIII. CERATOPHYLLEAE. Ovarium uniloculare. Ovulum unicum, pendulum. Albumen nullum. Radicula infera. Plumula polyphylla. *Gen.* 1829.

LXXXIV. CALLITRICHINAE. Ovarium quadriloculare. Ovula in loculis solitaria, pendula, amphitropa. Albumen carnosum. Radicula supera. *Gen.* 1830.

LXXXV.* PODOSTEMMEAE. Ovarium bi-triloculare. Ovula plurima, adscendentia, amphitropa. Albumen nullum. Radicula infera. *Gen.* 1831—1835.

Gen. dubia 1836—1837.

Classis XXVI. Juliflorae.

Flores diclines, rarissime hermaphroditi, saepius amentacei. Perigonium nullum v. rudimentarium, rarius perfectum, calycinum. Ovula in ovarii uni-pluriloculaaris loculis plerumque solitaria, situ admodum vario. Fructus ut plurimum monospermus. Embryo exalbuminosus, v. albuminosus intrarius.

LXXXVI. CASUARINEAE. Flores diclines. ♂ Perigonium 2phyllum bibracteolatum. ♀ Bracteolae 2. Perigonium O. Ovarium 1loculare, distylum. Ovulum 1, pendulum, anatropum. Caryopsis monosperma. Semen inversum. Embryo exalbuminosus, radicula supera. — Rami articulati, vaginati, aphylli. *Gen.* 1838.

LXXXVII. MYRICEAE. Flores diclines. ♂ Bracteolae 2. Perigonium O. ♀ Squamae hypogynae 2—6. Ovarium uniloculare, distylum. Ovulum 1, erectum, orthotropum. Drupa monosperma. Semen erectum. Embryo exalbuminosus, radicula supera. — Rami continui, folia alterna, stipulae fugaces, succus aqueus. *Gen.* 1839.

LXXXVIII. BETULACEAE. Flores diclines. ♂ Perigonium squamaeforme v. calyciforme. ♀ Perigonii loco squamae cum fructu increscentes. Ovarium 2loculare, distylum. Ovula in loculis solitaria, pendula, anatropa. Nucula monosperma. Semen inversum. Embryonis exalbuminosi radicula supera. — Rami continui, folia alterna, stipulae fugaces, succus aqueus. *Gen.* 1840—1841.

LXXXIX. CUPULIFERAE. Flores diclines. ♂ Perigonium squamaeforme v. calyciforme, ♀ involucrati. Perigonium adnatum, limbo supero. Ovarium inferum 2—3—6loculare, 2—3—6stylum. Ovula in loculis solitaria v. 2 collateralia, pendula, anatropa. Nux monodisperma. Semen inversum. Embryonis exalbuminosi radicula supera. — Rami continui, folia alterna, stipulae caducae, succus aqueus. *Gen.* 1842—1848.

XC. ULMACEAE. Flores ☿. Perigonium campanulatum. Ovarium liberum, 1—2loculare, distylum. Ovula in loculis solitaria, pendula, anatropa. Samara monosperma. Semen inversum. Embryonis exalbuminosi, recti radicula supera. — Rami continui, folia alterna, stipulae fugaces, succus aqueus. *Gen.* 1849—1850.

XCI. CELTIDEAE. Flores polygami. Perigonium calyciforme. Ovarium uniloculare, distylum. Ovulum 1, basilare, amphitropum. Drupa monosperma. Embryonis in axi albuminis falcati radicula supera. — Rami continui, folia alterna, stipulae fugaces, succus aqueus. *Gen.* 1851—1854.

XCII. MOREAE. Flores diclines. ♂ Perigonium calycinum, ♀ nudi v. involucrati. Perigonium calyciforme. Ovarium uni-biloculare, mono-distylum. Ovulum unicum, parietale, amphitropum. Caryopsis monosperma. Embryo in axi albuminis curvatus, radicula supera. — Rami continui, folia alterna, stipulae fugaces, succus lacteus. *Gen.* 1855—1860.

XCIII. ARTOCARPEAE. Flores diclines. ♂ Perigonium calyciforme, ♀ involucrati. Perigonium calyciforme liberum, v. nullum. Ovarium 1loculare, mono-distylum. Ovulum 1, erectum, orthotropum, v. parietale amphitropum, rarissime pendulum, anatropum. Fructus baccati monospermi, saepe concrescentes. Embryonis exalbuminosi radicula recta v. subinflexa, supera v. centrifuga. — Rami continui, folia alterna, stipulae fugaces, succus lacteus. *Gen.* 1861—1878.

XCIV. URTICACEAE. Flores polygami. ♂ Perigonium calyciforme. ♀ Perigonium calyciforme liberum, saepius rudimentarium v. nullum. Ovarium uniloculare, mono-distylum. Ovulum 1, erectum, orthotropum. Embryonis in axi albuminis recti radicula supera. — Rami continui, folia alterna v. opposita, stipulae persistentes v. fugaces, succus aqueus. *Gen.* 1879—1887.

* CYNOCRAMBEAE *Gen.* 1888.
** GUNNERACEAE *Gen.* 1889.

XCV. CANNABINEAE. Flores diclines. ♂ Perigonium calyciforme. ♀ Perigonium squamaeforme. Ovarium uniloculare, distylum. Ovulum pendulum, campylotropum. Nucula bivalvis, monosperma. Semen pendulum. Embryonis exalbuminosi, uncinati v. spiralis radicula supera. — Rami continui, folia alterna v. opposita, stipulae persistentes v. deciduae, succus aqueus. *Gen.* 1890—1891.

XCVI. ANTIDESMEAE. Flores diclines. ♂ Perigonium calyciforme. ♀ Perigonium calyciforme liberum. Ovarium uniloculare, stigmatibus pluribus. Ovula 2, collateralia, pendula, anatropa. Drupa monosperma. Embryonis in axi albuminis recti radicula supera. — Rami continui, folia alterna, stipulae fugaces, succus aqueus. *Gen.* 1892—1893.

* PUTRANJIVEAE *Gen.* 1894—1895.
** FORESTIEREAE *Gen* 1896.
*** SCEPACEAE *Gen.* 1897—1899.
**** GARRYACEAE *Gen.* 1900.

XCVII. PLATANEAE. Flores diclines. Perigonium nullum. Ovarium uniloculare, monostylum. Ovula 2, collateralia, pendula, orthotropa. Caryopsis monosperma. Embryonis exalbuminosi radicula infera. *Gen.* 1901.

XCVIII. BALSAMIFLUAE. Flores diclines. ♂ Perigonium nullum. Stamina plurima, squamis immixta. ♀ Perigonium nullum. Squamae plurimae, demum cum ovario concrescentes. Ovarium 2loculare, distylum. Ovula plurima, septo adnata. Capsulae in strobilum connatae, biloculares, bivalves. Semina peltata. Embryo in axi albuminis cornei, radicula supera. Rami continui, folia alterna, stipulae caducae, succus resinosus. *Gen.* 1902.

XCIX. SALICINEAE. Flores diclines. Perigonium nullum. Torus glandulaeformis v. urceolaris. Stamina 2 v. plurima. Ovarium uniloculare, distylum, placentis parietalibus duabus. Ovula plurima. Capsula unilocularis, bivalvis, valvis medio placentiferis. Semina plurima, erecta, basi comosa. Embryonis exalbuminosi radicula infera. *Gen.* 1903. 1904.

* HENSLOWIACEAE. Flores diclines. Perigonium urceolatum, quinquefidum. Stamina 5, disco perigyno inserta. Ovarium biloculare. Ovula in placentis septo adnatis plurima, horizontalia, anatropa. Stylus brevis; stigma obsolete bilobum. Fructus ····· Arbuscula, ramis tetragonis, foliis oppositis, integerrimis, exstipulatis, floribus racemosis. *Gen.* 1405.

C. LACISTEMEAE. Perigonium profunde quadripartitum. Stamen unicum, apice bifidum, diantheriferum. Capsula unilocularis, bi-trivalvis, valvis medio seminiferis. Semina pauca, inversa, rhaphe arillaeformi. Embryo in axi albuminis carnosi, radicula supera. *Gen.* 1906. 1907.

Classis XXVII. Oleraceae.

Flores diclines v. hermaphroditi. Perigonium calycinum v. coloratum, regulare. Ovarium uniloculare. Ovulum unicum v. plura. Fructus utricularis v. nucamentaceus. Embryo rectus antitropus, v. curvatus homotropus.

CI. CHENOPODEAE. Perigonium herbaceum, tri-pentaphyllum, saepissime ebracteatum. Ovulum 1, amphitropum. Utriculus monospermus. Embryo annularis v. bicruris, nunc spiralis. *Gen.* 1908—1953.

1. Cyclolobeae. Embryo hippocrepicus v. annularis. Albumen centrale. *Gen.* 1908—1938.

1. SALICORNIEAE. Flores hermaphroditi v. polygami conformes. Seminis verticalis testa membranacea. Caulis articulatus. *Gen.* 1908—1909.

2. ATRIPLICEAE. Flores polygami, perigonio masculo a femineo diverso. Seminis verticalis v. horizontalis testa crustacea v. membranacea. Caulis continuus. *Gen.* 1910—1915.

3. CHENOPODIEAE. Flores hermaphroditi v. polygami conformes. Seminis verticalis v. horizontalis testa crustacea v. membranacea. Caulis continuus. *Gen.* 1916—1938.

a. Camphorosmeae. Flores ebracteolati. Seminis verticalis testa membranacea. *Gen.* 1916—1920.

b. Bliteae. Flores ebracteolati. Seminis verticalis testa crustacea. *Gen.* 1921—1923.

c. Kochieae. Flores ebracteolati. Seminis horizontalis testa crusacea v. membranacea. *Gen.* 1924—1936.

d. Anredereae. Flores bibracteolati. Seminis verticalis testa membranacea. *Gen.* 1937—1938.

2. Spirolobeae. Embryo spiralis. Albumen nullum v. parcum, bipartitum, excentricum. *Gen.* 1939—1949.

1. BASELLEAE. Seminis verticalis testa membranacea. Embryo plano-spiralis. *Gen.* 1939.

2. SVEDINEAE. Seminis horizontalis v. verticalis testa crustacea. *Gen.* 1940—1942.

3. SALSOLEAE. Seminis horizontalis v. verticalis testa membranacea. Embryo conico-spiralis. *Gen.* 1943—1949.

a. Halimocnemideae. Squamulae hypogynae nullae. *Gen.* 1943—1946.

b. Anabaseae. Squamulae hypogynae staminibus alternae. *Gen.* 1947—1949.

* Genera Chenopodeis affinia. *Gen.* 1950—1953.

CII. AMARANTACEAE. Perigonium subscariosum tetra-pentaphyllum, bibracteolatum. Utriculus mono-polyspermus. Embryo annularis v. bicruris. *Gen.* 1953—1978.

1. Gomphreneae. Ovarium uniovulatum. Antherae uniloculares. *Gen.* 1954—1959.

2. Achyrantheae. Ovarium uniovulatum. Antherae biloculares. *Gen.* 1960—1973.

a. Polycnemeae. Flores axillares, solitarii, sessiles, bibracteolati, folio bracteae anticae locum tenente. Utriculus evalvis. *Gen.* 1960—1961.

b. Aërveae. Flores tribracteati, laterales abortivi nulli. Utriculus evalvis. *Gen.* 1962—1868.

c. Desmochaeteae. Flores tribracteati, bracteae praeter florem fertilem abortivos plures, in cristas v. glochides mutatos in axillis foventes. Utriculus evalvis. *Gen.* 1969—1971.

d. Amaranteae. Flores tribracteati, laterales abortivi nulli. Utriculus circumscissus. *Gen.* 1972—1973.

3. Celosieae. Ovarium multiovulatum. Antherae biloculares. *Gen.* 1974—1978.

CIII. POLYGONEAE. Perigonium herbaceum v. subcorollinum. Caryopsis monosperma, semine erecto. Embryonis antitropi recti v. arcuati radicula supera. *Gen.* 1979—1999.

1. Eriogoneae. Involucrum tubulosum, uni-multiflorum. Ovulum erectum. *Gen.* 1979—1982.

2. Polygoneae verae. Involucrum nullum. Ovulum erectum. *Gen.* 1983—1997.

3. Polygoneae spuriae. Involucrum nullum. Ovulum e funiculo brevi basilari pendulum. Semen erectum. *Gen.* 1998—1999.

CIV. NYCTAGINEAE. Perigonium subcoloratum v. plane corollinum. Achenium perigonii basi persistente inclusum, monospermum, semine erecto. Embryonis conduplicati v. recti radicula infera. *Gen.* 2000—2013.

Classis XXVIII. Thymeleae.

Flores hermaphroditi v. diclines. Perigonium saepius corollinum, v. extus rudius, intus coloratum. Ovarium unum v. plura, libera v. inter se connata. Ovula e carpidiorum suturis solitaria v. plura, anatropa. Fructus follicularis, nucamentaceus v. drupaceus. Embryo orthotropus.

CV. MONIMIACEAE. Perigonium calyciforme. Stamina indefinita. Ovaria plura, libera, uniovulata. *Gen.* 2014—2022.

1. Monimieae. Flores diclines. Antherae longitudinaliter dehiscentes. Ovulum pendulum. Drupae monospermae. Embryo in axi albuminis carnoso-oleosi rectus, radicula supera. *Gen.* 2014—2019.

2. Antherospermeae. Flores diclines v. hermaphroditi. Antherae valvulis adscendentibus dehiscentes. Ovulum erectum. Nuculae monospermae, stylis plumosis caudatae. Embryo in basi albuminis mollis rectus, radicula infera. *Gen.* 2020—2022.

CVI. Laurineae. Perigonium calycinum. Stamina simplici v. multiplici loborum perigonii numero, fertilia cum sterilibus alternantia. Antherae valvulis dehiscentes. Ovarium unicum, uniloculare, liberum, uni-triovulatum, ovulis pendulis. Fructus drupaceus v. baccatus, monospermus, semine inverso. Embryonis exalbuminosi radicula supera. *Gen.* 2023—2067.

1. CINNAMOMEAE. Hermaphroditae, staminodiis perfectis, antheris quadrilocellatis, interioribus extrorsis, perigonii limbo articulato, gemmis incompletis, foliis perennantibus, per paria approximatis, tri-v. triplinerviis — Arbores Indiae. *Gen.* 2023.
2. CAMPHOREAE. Hermaphroditae, staminodiis perfectis, antheris quadrilocellatis, interioribus extrorsis, perigonii limbo deciduo, gemmis perulatis, foliis perennantibus, longe petiolatis, triplinerviis, in axillis costarum glandulosis subtusque porosis. — Arbores asiaticae. *Gen.* 2024.
3. PHOEBEAE. Hermaphroditae, staminodiis perfectis, antheris bi- v. quadrilocellatis, interioribus extrorsis, perigonii limbo persistente, in capulam baccae adpressam indurato, gemmis incompletis, foliis perennantibus, penninerviis, venosis. — Arbores indicae, canarienses et antillanae. *Gen.* 2025—2026.
4. PERSEAE. Hermaphroditae v. rarius diclines, staminodiis perfectis, antheris bi-quadrilocellatis, interioribus extrorsis, perigonii limbo v. persistente, fructifero immutato, patulo, v. deciduo, discum orbicularem relinquente, pedicellis fructiferis saepissime incrassatis, gemmis incompletis, foliis perennantibus, penninerviis. — Arbores americanae, canarienses et paucae indicae. *Gen.* 2027—2032.
5. CRYPTOCARYEAE. Hermaphroditae, staminodiis perfectis, antheris bi- v. rarius quadrilocellatis, locellis faciei insertis, interioribus extrorsis, perigonii limbo deciduo v. persistente, fructu sicco v. baccato, perigonii tubo baccato v. durescente plus minus incluso, rarius duro perigonii basi imposito, gemmis incompletis, foliis perennantibus, venosis, in paucis nervosis. — Arbores indicae et australasicae, paucae americanae tropicae. *Gen.* 2033—2039.
6. ACRODICLIDIA. Hermaphroditae, staminodiis nullis v. dentiformibus, compressis, staminibus tribus v. novem, antheris subsessilibus, juxta apicem locellis binis poriformibus dehiscentibus, interioribus extrorsis v. introrsis, fructu primum perigonio laciniis conniventibus clauso v. umbonato recondito, demum emergente, baccante, gemmis incompletis, foliis perennantibus, venosis, cuspidatis. — Arbores Americae tropicae. *Gen.* 2040—2043.
7. NECTANDREAE. Hermaphroditae, staminodiis dentiformibus, rarius subcapitatis, staminibus novem, antheris subsessilibus, latis, loculis basim versus in arcum dispositis dehiscentibus, interioribus extrorsis, perigonii laciniis latiusculis, patentibus, deciduis, exterioribus latioribus, fructu baccante, cupulae profundae truncatae inserto, gemmis incompletis, foliis perennantibus, penninerviis, venosis, in axillis venarum costalium quandoque porosis. — Arbores Americae tropicae. *Gen.* 2044.
8. DICYPELLIA. Dioicae s. polygamae, staminodiis nullis, staminibus ordinum duorum exteriorum in femineis floribus limbi laciniis consimilibus, et cum iisdem persistentibus, calyculum crassum, radiatum sub fructu formantibus, v. cadentibus, antheris interioribus 3—6 sessilibus, quadriporosis, fructu baccato, gemmis incompletis, foliis perennantibus, venosis. — Arbores brasilienses. *Gen.* 2045—2047.
9. OREODAPHNEAE. Dioicae v. polygamae, staminodiis nullis v. subulatis, antheris filamentis distinctis praeditis, bi-quadrilocellatis, fructu baccante v. cupulae profundae immerso, aut perigonio immutato suffulto, nunc pedicello incrassato, subcarnoso imposito, gemmis incompletis, foliis perennantibus, venosis. — Arbores Americae tropicae, mauritianae et canarienses. *Gen.* 2048—2055.
10. FLAVIFLORAE. Dioicae v. polygamae, staminodiis nullis, staminibus novem, antheris bi-quadrilocellatis, introrsis, perigonio rotato, tenui, flavo, bacca pedicello subnudo, interdum incrassato imposita, gemmis perulatis, foliis membranaceis, deciduis. — Arbores boreali-americanae et nepalenses. *Gen.* 2056—2057.
11. TETRANTHEREAE. Dioicae, staminodiis nullis, staminibus novem v. octodecim, antheris bi-quadrilocellatis, introrsis v. rarissime extimis extrorsis, bacca perigonii tubo patelliformi v. explanato imposita, gemmis incompletis, foliis venosis, saepissime perennantibus. — Arbores indicae, europeae et americanae. *Gen.* 2058—2062.
12. DAPHNIDINAE. Dioicae v. hermaphroditae, staminodiis nullis, staminibus novem-novemdecim, antheris bi-quadrilocellatis, omnibus introrsis, bacca perigonii tubo discoideo v. cyathiformi, rarius pedicello nudo imposita, gemmis perulatis, foliis perennantibus, venosis v. nervosis. *Gen.* 2063—2066.
13. CASSYTEAE. Hermaphroditae, staminodiis perfectis, staminibus novem, antheris quadrilocellatis, tribus interioribus extrorsis, caryopsi perigonio baccante inclusa. — Herbae parasiticae, aphyllae, cuscutiformes. *Gen.* 2067.

CVII. GYROCARPEAE. Perigonium intus coloratum. Stamina dimidio loborum perigonii numero. Antherae valvulis dehiscentes. Ovarium cum perigonii tubo connatum, uniloculare, uniovulatum, ovulo pendulo. Drupa monosperma, semine inverso. Embryonis exalbuminosi radicula supera, cotyledones circa plumulam diphyllam spiraliter convolutae. *Gen.* 2068—2069.

CVIII. SANTALACEAE. Perigonium intus coloratum, basi interdum calyculatum. Stamina simplici loborum perigonii numero. Antherae longitudinaliter dehiscentes. Ovarium cum perigonii tubo connatum, uniloculare. Ovula 2—4, ex apice placentae centralis liberae pendula. Drupa v. nucula monosperma, semine inverso. Embryo in apice albuminis carnosi, radicula supera. *Gen.* 2070—2084.

* GRUBBIACEAE. Flores in strobilum connati. Perigonii limbus superus, quadri-quinquepartitus. Stamina 8—10. Ovarium inferum, uniloculare, bi-triovulatum. Nuculae monospermae, connatae. *Gen.* 2085.

* NYSSACEAE. Flores masculi perigonio quinquepartito, staminibus 10, hermaphro-

diti perigonii limbo supero quinquepartito, staminibus 5. Ovarium inferum, uniloculare, uniovulatum. Drupa monosperma, putamine fibroso. Embryo foliaceus. *Gen.* 2086.

* ANTHOBOLEAE. Flores diclines. Stamina libera. Ovarium liberum, uniovulatum (?) Drupa monosperma, semine inverso. *Gen.* 2087—2088.

* PSEUDANTHEAE. Flores diclines. Stamina monadelpha. Ovarium liberum, pluriovulatum. Capsula monosperma, sexfariam dehiscens. *Gen.* 2089.

* HELWINGIACEAE. Flores dioici, epiphylli. Ovarium inferum, tri-quadriloculare, loculis uniovulatis. *Gen.* 2090.

CIX. DAPHNOIDEAE. Perigonium tubulosum, coloratum. Stamina simplici v. duplici loborum perigonii numero, nunc pauciora, sterilia interdum petaloidea. Ovarium liberum, uniloculare. Ovulum unicum v. pauca superposita, pendula. Drupa mono-trisperma, seminibus inversis. Embryonis exalbuminosi cotyledones plano-convexae, carnosae, radicula supera. *Gen.* 2091—2106.

* HERNANDIACEAE. Cotyledones maximae, tuberculatae v. lobato-torulosae. *Gen.* 2107—2108.

CX. AQUILARINEAE. Perigonium tubulosum, coloratum. Capsula obovata, compressa, incomplete bilocularis, bivalvis, mono-disperma. Semina inversa. Embryonis exalbuminosi radicula supera. *Gen.* 2110—2111.

CXI. ELAEAGNEAE. Perigonium calycinum v. intus coloratum. Stamina duplici loborum perigonii numero, v. simplici et tunc iisdem alterna. Ovarium liberum, uniloculare. Ovulum unicum e basi erectum. Fructus perigonii basi indurata inclusus, monospermus, semine erecto. Embryo in axi albuminis parce carnosi, radicula infera. *Gen.* 2112—2115.

CXII. PENAEACEAE. Perigonium coloratum. Stamina simplici loborum numero iisdem alterna. Ovarium liberum, quadriloculare. Ovula in loculis gemina, collateralia, e basi erecta. Capsula quadrilocularis, loculicide quadrivalvis, loculis dispermis. Seminum umbilicus carnosus, cum rhaphe solubilis. *Gen.* 2116—2118.

CXIII. PROTEACEAE. Perigonium coloratum, extus rude. Stamina simplici loborum perigonii numero, iisdem opposita. Ovarium liberum, uniloculare, uni-multiovulatum. Fructus nucamentaceus v. follicularis, mono-polyspermus. Embryonis exalbuminosi radicula infera. *Gen.* 2119—2159.

I. Nucamentaceae. Fructus indehiscens. *Gen.* 2119—2141.

1. PROTEINEAE. Antherae inter se liberae, medio v. apicibus concavis laminarum perigonii insertae. Ovarium uniovulatum. Nux v. Samara. Flores capitati. *Gen.* 2119—2130.

2. CONOSPERMEAE. Antherae primum inter se cohaerentes, vicinarum loculis contiguis loculum unicum constituentibus. Ovarium uniovulatum. Nux. Flores spicati v. capitati. *Gen.* 2131—2133.

3. FRANKLANDIEAE. Antherae perigonii hypocraterimorphis tubo adnatae. Ovarium uniovulatum. Nux. Flores spicati. *Gen.* 2134.

4. PERSOONIEAE. Stamina saepius medio v. basi foliolorum perigonii inserta, rarissime hypogyna. Ovarium uni-biovulatum. Nux, samara v. drupa monosperma, rarissime disperma. Flores spicati. *Gen.* 2135—2141.

II. Folliculares. Folliculus coriaceus v. ligneus, mono-polyspermus. *Gen.* 2142—2159.

1. GREVILLEAE. Ovarium uniloculare. Folliculus unilocularis, mono-polyspermus. *Gen.* 2142—2156.

a. Hakeaeae. Ovarium bi-quadriovulatum. Fructus mono-tetraspermus. *Gen.* 2142—2151.

b. Embothrieae. Ovarium multiovulatum. Fructus polyspermus. *Gen.* 2152—2156.

2. BANKSIEAE. Ovarium uniloculare, biovulatum. Folliculus bilocularis, seminum collateralium testis in dissepimentum liberum, ligneum, bifidum concretis. *Gen.* 2157—2159.

Classis XXIX. Serpentariae.

Perigonium calycinum, coloratum. Stamina in masculis in columnam superne antheriferam concreta, in hermaphroditis styli basi adnata. Ovarium pluriloculare, multiovulatum. Fructus indehiscens v. loculicidus, polyspermus. Semina albuminosa.

CXIV. ARISTOLOCHIEAE. Perigonium superum, saepius coloratum. Stamina styli basi inserta. Embryo in basi albuminis minimus. *Gen.* 2160—2166.

CXV. NEPENTHEAE. Perigonium liberum, calycinum. Stamina in columnam superne antheriferam connata. Embryo axilis, albuminis longitudine. *Gen.* 2167.

COHORS III. GAMOPETALAE.

Perigonium duplex, exterius calycinum, interius corollinum, gamopetalum, rarius abortu deficiens.

Classis XXX. Plumbagines.

Calyx liber. Corolla hypogyna, scariosa, gamopetala v. eleutheropetala. Stamina numero loborum corollae v. pauciora, in gamopetalis hypogyna, in eleutheropetalis petalorum unguibus inserta. Ovarium uni-biloculare, loculis uni-multiovulatis. Embryo intra albumen rectus.

CXVI. PLANTAGINEAE. Ovula amphitropa. Fructus mono-polyspermus. Radicula infera. *Gen.* 2168—2170.

CXVII. PLUMBAGINEAE. Ovulum pendulum, anatropum. Fructus monospermus. Radicula supera. *Gen.* 2171—2177.

1. Staticeae. Corolla pentapetala, unguibus staminiferis. Styli distincti. Pericarpium demum basi solutum, calyptraeforme. *Gen.* 2171—2173.

2. Plumbagineae verae. Corolla gamopetala. Stamina hypogyna. Styli connati, stigmatibus distinctis. Pericarpium subcapsulare. *Gen.* 2174—2176.

* SALVADORACEAE. Bacca monosperma, semine erecto. Embryonis exalbuminosi cotyledones peltatae, radiculam inferam includentes. *Gen.* 2177.

Classis XXXI. Aggregatae.

Corolla supera. Ovarium inferum, uniloculare, uniovulatum, v. triloculare, loculis duobus efoetis. Fructus monospermus.

CXVIII. VALERIANEAE. Stamina corollae lobis plerumque pauciora, libera. Ovarium triloculare, loculis duobus efoetis, tertio uniovulato. Ovula pendula. Embryonis exalbuminosi radicula supera. *Gen.* 2178—2189.

CXIX. DIPSACEAE. Stamina corollae lobis saepe aequalia, libera. Ovarium uniloculare, ovulo unico pendulo. Embryonis albuminosi radicula supera. *Gen.* 2190—2195.

1. Morineae. Corolla ringens. Flores verticillati. *Gen.* 2190.

2. Scabioseae. Corolla saepius inaequalis, haud ringens. Flores supra receptaculum capitati, capitulo involucrato. *Gen.* 2191—2195.

CXX. COMPOSITAE. Stamina corollae lobis numero aequalia, synanthera. Ovarium uniloculare, ovulo unico erecto. Embryonis exalbuminosi radicula infera. *Gen.* 2196—3032.

I. TUBULIFLORAE. Flores qui hermaphroditi tubulosi, regulariter quinque- v. quadridentati. Gen. 2196—2898.

1. Vernoniaceae. Stylus hermaphroditorum cylindraceus, ramis saepius subulatis, elongatis, rarius obtusis, brevibus, semper aequaliter et longe hispidis. Glandularum stigmaticarum series ante medios ramos desinentes. *Gen.* 2196—2251.

1. VERNONIEAE. Capitula homogama, discoidea. *Gen.* 2196—2241.

a. *EUVERNONIEAE.* Antherae ecaudatae. Involucrum haud compressum, polyphyllum. *Gen.* 2196—2230.

α. Ethulieae Pappus nullus v. simplex, coroniformis. *Gen.* 2196—2201.

β. Heterocomeae. Pappus uni-bi-pluriserialis, serie intima nunquam coroniformi. Capitula haud fasciculata. *Gen.* 2202—2221.

γ. Albertinieae. Pappus uni-bi-pluriserialis, serie intima nunquam coroniformi. Capitula saepius oligocephala, in glomerulum fasciculata. *Gen.* 2222—2230.

b. *ELEPHANTOPEAE.* Antherae ecaudatae. Involucrum compressum, squamis alternis conduplicatis. *Gen.* 2231.

c. *ROLANDREAE.* Antherae ecaudatae. Involucrum capituli uniflori oligophyllum, squamis saepe concretis. *Gen.* 2232—2237.

d. *BOJERIEAE.* Antherae bicaudatae. *Gen.* 2238—2241.

2. PECTIDEAE. Capitula heterogama, radiata. *Gen.* 2242—2251.

a. *LIABEAE.* Corollae disci regulariter quinquefidae. Stigmata elongata. Folia eglandulosa, eciliata. *Gen.* 2242—2247.

b. *EUPECTIDEAE.* Corollae disci saepe irregulares. Stigmata abbreviata. Folia glandulosa, basi saepe ciliata. *Gen.* 2248—2251.

2. Eupatoriaceae. Stylus hermaphroditorum cylindraceus, ramis longis, subclavellatis, extus superne puberulo-papillosis. Glandularum stigmaticarum series parum prominulae, saepius ante medios ramos desinentes. *Gen.* 2252—2291.

1. EUPATORIEAE. Capitula homogama. *Gen.* 2252—2283.

a. *ALOMIEAE.* Pappus nullus. *Gen.* 2252—2257.

b. *AGERATEAE.* Pappus paleaceus v. partim squamellatus. *Gen.* 2258—2267.

c. *ADENOSTYLEAE.* Pappus setosus, scaber v. plumosus. *Gen.* 2268—2283.

2. TUSSILAGINEAE. Capitula heterogama v. dioica. *Gen.* 2284—2291.

a. *PETASITEAE.* Flores feminei tubulosi. *Gen.* 2284—2287.

b. *EUTUSSILAGINEAE.* Flores feminei ligulati. *Gen.* 2288—2291.

3. Asteroideae. Stylus hermaphroditorum cylindraceus, ramis linearibus, extus subplanis et superne aequaliter v. minute puberulis. Glandularum stigmaticarum series prominulae, fere usque ad originem pubis exterioris protensae. *Gen.* 2292—2453.

1. ASTERINEAE. Capitula homogama v. heterogama, saepius radiata. Antherae ecaudatae. Folia plerisque alterna. *Gen.* 2292—2392.

a. *AMELLEAE.* Receptaculum paleatum. *Gen.* 2292—2295.

α. Enamelleae. Capitula heterogama, radiata, receptaculo paleato. *Gen.* 2292—2294.

β. Heterothalameae. Capitula dioica, masculorum receptaculo nudo, femineorum paleato. *Gen.* 2295.

b. *ASTEREAE.* Receptaculum epaleatum. Capitula radiata, ligulis heterochromis. *Gen.* 2296—2356.

α. Euastereae. Ligulae uniseriales. Pappus pilosus, disci et radii conformis, uni-pluriserialis, setis aequalibus. *Gen.* 2296—2317.

β. Diplopappeae. Ligulae uniseriales. Pappus disci et radii conformis, biserialis, serie exteriore brevi, subpaleacea, interiore setosa, elongata. *Gen.* 2318—2324.

γ. Erigereae. Ligulae pluriseriales. Pappus pilosus, conformis v. inaequalis. *Gen.* 2325—2334.

δ. Heteropappeae. Ligulae uniseriales. Pappus in disco et radio diversus. *Gen.* 2335—2344.

ε. Bellieae. Ligulae uniseriales. Pappus paleaceus, plurisquamellatus. *Gen.* 2345—2347.

ζ. Bellideae. Ligulae uni-pluriseriales. Pappus nullus v. coroniformis. *Gen.* 2348—2356.

c. *CHRYSOCOMEAE.* Receptaculum epaleatum. Capitula lutea, nunc homogama, nunc radiata, ligulis disco homochromis. *Gen.* 2357—2386.

α. Gymnospermeae. Ligulae uniseriales. Pappus nullus. *Gen.* 2357—2360.

β. Achyrideae. Ligulae uniseriales. Pappus paleaceus. 2361—2364.

γ. Heterotheceae. Ligulae uniseriales. Pappus radii et disci diversus. Gen. 2365.

δ. Psiadieae. Ligulae pluriseriales. Pappus in disco et radio conformis, saepissime uniserialis, v. setis in pappo biseriali similibus. Gen. 2366—2372.

ε. Chrysopsideae. Ligulae uni-bi triseriales. Pappus duplex, exterior brevis, subpaleaceus, interior setosus. Gen. 2373—2374.

ϑ. Solidagineae. Ligulae uniseriales v. nullae. Pappus in disco et radio conformis, uniserialis, pilosus. Gen. 2375—2386.

d. *SOLENOGYNEAE.* Receptaculum varium. Capitulum discoideum, heterogamum. Gen. 2387—2392.

2. BACCHARIDEAE. Capitula heterogama v. dioica, nunquam radiata, floribus femineis filiformibus. Antherae ecaudatae. Folia alterna. Gen. 2393—2410.

a. *CONYZEAE.* Capitula heterogama, monoica. Gen. 2393—2408.

α. Sphaerantheae. Capitula in glomerulos sphaericos congesta, ad bractearum axillas sessilia. Gen. 2393—2395.

β. Grangeineae. Capitula in glomerulum haud congesta. Pappus nullus v. subnullus. Gen. 2396—2400.

γ. Euconyzeae. Capitula in glomerulum haud congesta. Pappus pilosus, uni-biserialis. Gen. 2401—2408.

b. *EUBACCHARIDEAE.* Capitula dioica. Gen. 2409. —2410.

3. TARCHONANTHEAE. Capitula heterogama v. dioica, nunquam radiata, floribus femineis filiformibus. Antherae caudatae. Folia alterna. Gen. 2411—2424

a. *EUTARCHONANTHEAE.* Capitula dioica. Gen. 1411 —2412.

b. *PLUCHEINEAE.* Capitula monoica v. heterogama. Gen. 2413—2424.

4. INULEAE. Capitula plerumque heterogama, floribus radii femineis ligulatis, disco concoloribus, rarius homogama, discoidea, nunquam dioica. Antherae caudatae. Receptaculum nudum v. rarissime paleatum. Folia alterna. Gen. 2425—2438.

a. *EUINULEAE.* Capitula pluri-multiflora, in glomerulum haud concreta. Gen. 2425—2437.

b. *CAESULIEAE.* Capitula uniflora, in glomerulum aggregata. Gen. 2438.

5. BUPHTHALMEAE. Capitula rarissime homogama, saepissime heterogama, floribus radii ligulatis v. rarius tubulosis. Receptaculum paleatum. Antherae caudatae v. rarissime ecaudatae. Pappus coroniformis, lacerus v. piloso-dentatus. Folia alterna. Gen. 2439—2444.

6. ECLIPTEAE. Capitula heterogama, floribus radii ligulatis. Receptaculum paleatum. Antherae ecaudatae. Pappus nullus v. aristatus. Folia alterna. Gen. 2445—2453.

4. Senecionideae. Styli apice cylindracei, hermaphroditorum superne bifidi, ramis apice penicillatis v. truncatis, nunc ultra penicillum in appendiculum v. conum productis. Glandularum stigmaticarum series ad penicillum v. coni aut appendicis originem productae, latiusculae, prominulae. Gen. 2454—2821.

1. MELAMPODINEAE. Flores omnes unisexuales, in iisdem v. distinctis capitulis. Receptaculum vix non semper paleatum. Antherae ecaudatae. Pappus nullus, subcoroniformis v. aristatus, nunquam setosus. Gen. 2454—2491.

a. *EUXENIEAE.* Capitula dioica, discoidea, multiflora. Achenia ecorticata. Gen. 2454—2456.

b. *MILLERIEAE.* Capitula heterogama, floribus femineis paucis, ligulatis v. trifidis. Gen. 2457—2471.

c. *SILPHIEAE.* Capitula heterogama, multiflora, floribus radii ligulatis. Receptaculi paleae liberae. Achenia ecorticata, calva v. biaristata. Gen. 2472—2477.

d. *MELAMPODIEAE.* Capitula heterogama, multiflora, floribus radii ligulatis. Receptaculi paleae liberae v. cum acheniis concretae. Achenia calva. Gen. 2478—2479.

e. *AMBROSIEAE.* Capitula mascula multiflora, feminea uni-pauciflora, involucris saepius gamophyllis. Antherae liberae, approximatae. Gen. 2480—2482.

f. *IVEAE.* Capitula heterogama, discoidea. Antherae liberae, approximatae. Gen. 2483—2486.

g. *HELIANTHEAE.* Capitula heterogama, floribus radii ligulatis, uniseriatis. Achenia heteromorpha. Gen. 2487 —2491.

2. HELIANTHEAE. Capitula heterogama, radiata, floribus disci hermaphroditis, radii femineis v. neutris, rarius discoidea, homogama. Antherae ecaudatae. Stigmata truncata, penicillata, nunc cono v. appendicula lineari superata. Achenia tetragona, teretia v. obcompressa. Pappus nullus v. coroniformis, aristatus aut partim paleaceus, nunquam omnino setosus, nec omnino paleaceus. Folia saepius opposita. Gen. 2492—2570.

a. *HELIOPSIDEAE.* Capitula heterogama, ligulis femineis, rarius homogama, discoidea. Achenia angulata v. compressa, crasse corticata. Pappus nullus v. coroniformis aut setis paucis, rigidulis constans. Gen. 2492—2512.

b. *RUDBECKIEAE.* Capitula heterogama, ligulis neutris. Achenia erostria. Pappus nullus v. coroniformis. Gen 2513—2527.

c. *COREOPSIDEAE.* Capitula heterogama, ligulis neutris. Achenia erostria. Pappus ex aristis 2—4, nunc ex aristis et squamellis constans. Gen. 2528—2539.

d. *BIDENTIDEAE.* Capitula heterogama, ligulis neutris, rarissime homogama, discoidea. Achenia rostrata, plerumque in aristas 1—4 producta, rarius calva. Gen. 2540—2543.

e. *VERBESINEAE.* Capitula heterogama, ligulis femineis, rarius homogama, discoidea. Achenia erostria, compressa v. obcompressa, rarius trigona. Pappus nullus v. aristaeformis, rarius vaginaeformis v. rigidule setosus. Gen. 2544—2570.

3. FLAVERIEAE. Capitula nunc uni-pauciflora, heterogama, flore femineo unico, reliquis hermaphroditis homogamis mixta, nunc multiflora, floribus femineis pluriseriatis, reliquis masculis. Receptaculum in paucifloris nudum, in multifloris paleatum. Stigmata saepissime exappendiculata. Achenia calva, aptera, basi longe attenuata. Folia opposita. Gen. 2571—2574.

4. TAGETINEAE. Capitula multiflora, heterogama, floribus radii femineis, plerumque ligulatis, nunc homogama, discoidea. Receptaculum planum, epaleatum. Achenium erostre, elongatum, basi attenuatum. Pappus ex aristis, squamellis v. setis constans. Folia alterna v. opposita. Gen. 2575—2582.

a. *TAGETEAE.* Capitula saepius heterogama, radiata. Involucri squamae, saltim interiores, omnino connatae. Gen. 2575—2581.

b. *POROPHYLLEAE.* Capitula homogama, discoidea. Involucri squamae liberae, v. basi tantum connatae. Gen. 2582.

5. HELENIEAE. Capitula multiflora, heterogama, floribus radii uniseriatis, femineis v. neutris, ligulatis v. ampliato-tubulosis, rarius homogama. Receptaculum nudum v. paleatum. Stigmata truncata v. cono aut appendice apice pilosa superata. Achenia erostria. Pappus multipaleaceus. Folia alterna, rarius opposita. *Gen.* 2583—2634.

a. *GAILLARDIEAE.* Pappi paleae membranaceae, saepissime integerrimae. Receptaculum epaleatum, nudum sive alveolatum v. fimbrilliferum. *Gen.* 2583—2611.

α. Eugaillardieae. Flores radii ligulati, neutri. *Gen.* 2583—2585.

β. Euheleuieae. Flores radii nulli, v. ligulati, feminei. *Gen.* 2586—2611.

b. *GALINSOGEAE.* Pappi paleae uniseriales, integrae v. plumosae, rarius nullae. Involucri squamae planiusculae. *Gen.* 2612—2627.

α. Eugalinsogeae. Flores radii dum adsunt ligulati, feminei. Pappi squamellae planiusculae. *Gen.* 2612—2625.

β. Sphenogyneae. Flores radii ligulati, neutri. Pappi paleae obtusissimae, contorto-convolutae. *Gen.* 2626—2627.

c. *MADIEAE.* Involucri squamae convolutae v. complicatae, achenia radii includentes. *Gen.* 2628—2634.

6. ANTHEMIDEAE. Capitula saepissime heterogama, ligulis femineis v. neutris. Antherae ecaudatae. Stigmata truncata, barbata, rarissime cono superata. Achenia angulata, teretia, radii obcompressa. Pappus nullus v. coroniformis, rarius squamellis v. pilis capillaribus constans. Folia saepissime alterna. *Gen.* 2635—2710.

a. *EUANTHEMIDEAE.* Receptaculum paleatum. Capitula radiata. *Gen.* 2635—2653

b. *CHRYSANTHEMEAE.* Receptaculum epaleatum. Capitula radiata. *Gen.* 2654—2680.

c. *COTULEAE.* Receptaculum epaleatum. Capitula discoidea, homogama v. heterogama. *Gen.* 2681—2686.

d. *ATHANASIEAE.* Receptaculum paleatum. Capitula discoidea. homogama, corollis omnibus teretibus. *Gen.* 2687—2692.

e. *ARTEMISIEAE.* Receptaculum epaleatum. Capitula discoidea, homogama v. heterogama. Corollae disci teretes, stylo bifido. *Gen.* 2693—2704.

f. *HIPPIEAE.* Receptaculum epaleatum. Capitula monoica, discoidea. Corollae teretes. Stylus disci simplex, clavatus. *Gen.* 2705—2709.

g. *ERIOCEPHALEAE.* Receptaculum paleatum. Capitula monoica, floribus femineis paucis, ligulatis v. tubulosis. Stylus disci simplex, clavato-truncatus. *Gen.* 2710.

7. GNAPHALIEAE. Capitula homogama v. heterogama, discoidea v. rarissime radiata, interdum uniflora. Antherae caudatae. Achenia pappo piloso v. setaceo coronata, rarissime calva. Folia saepius alterna. *Gen.* 2711—2785.

a. *ANGIANTHEAE.* Capitula pauciflora, in glomerum involucro generali cinctum dense aggregata. *Gen.* 2711—2722.

b. *CASSINIEAE.* Capitula haud glomerata. Receptaculum totum v. margine paleatum. *Gen.* 2723—2726.

c. *HELICHRYSEAE.* Capitula haud glomerata. Receptaculum epaleatum, nudum v. fimbrilliferum. *Gen.* 2727—2759.

d. *SERIPHIEAE.* Capitula uniflora, libera v. in glomerulum involucro generali nunquam cinctum aggregata. *Gen.* 2760—2762.

e. *ANTENNARIEAE.* Capitula in glomerulum haud aggregata, multiflora, dioica v. subdioica, aut monoica heterogama, florum masculorum stylo simplicissimo, apice clavato-truncato. Receptaculum epaleatum v. margine tantum paleatum. *Gen.* 2763—2769.

f. *LEYSSEREAE.* Capitula radiata, multiflora, ligulis femineis. Receptaculum epaleatum. Pappus nunquam coroniformis, squamellis aliis paleiformibus, aliis setiformibus. *Gen.* 2770—2774.

g. *RELHANIEAE.* Capitula multi-pauciflora, homogama v. radiata, ligulis femineis v. neutris. Receptaculum nudum, fimbrilliferum v. paleatum. Pappus nullus v. e squamellis distinctis v. plus minus connatis, coroniformis aut multipaleaceus. *Gen.* 2775—2785.

8. SENECIONEAE. Capitula homogama v. saepius heterogama, nunquam dioica, discoidea v. radiata, ligulis ut plurimum uniseriatis. Receptaculum plerumque epaleatum. Antherae ecaudatae. Achenia pappo piloso v. setaceo coronata, exteriora interdum calva. *Gen.* 2786—2821.

a. *NEUROLAENEAE.* Receptaculum paleatum. *Gen.* 2786.

b. *ERECHTITEAE.* Receptaculum nudum v. alveolato-fimbrilliferum. Capitula discoidea, heterogama, floribus radii tubulosis. *Gen.* 2787—2791.

c. *EUSENECIONEAE.* Receptaculum nudum v. alveolato-fimbrilliferum. Capitula discoidea homogama, v. radiata, heterogama, ligulis femineis v. rarissime neutris. Cotyledones planae. *Gen.* 2792—2819.

d. *BALBISIEAE.* Receptaculum nudum. Capitula discoidea homogama, v. radiata, subdioica. Cotyledones involutae. *Gen.* 2820—2821.

5. Cynareae. Styli superne nodoso-incrassati, ad nodum saepe penicillati, ramis concretis v. distinctis, extus puberulis. Glandularum stigmaticarum series in ramorum apice confluentes. *Gen.* 2822—2898.

1. CALENDULACEAE. Capitula multiflora, heterogamo-monoica, floribus radii ligulatis, femineis, fertilibus, disci tubulosis quinquedentatis, hermaphrodito-sterilibus v. masculis. Involucrum uni-pauciseriale. Receptaculum nudum, alveolatum. Antherae basi brevissime barbatae. Stylus radii longe bifidus, disci indivisus, nodulosus, brevissime subbifidus. *Gen.* 2822—2829.

a. *CALENDULEAE.* Capitula radiata, ligulis femineis, uni-triseriatis, floribus disci hermaphroditis, stylorum abortu saepe unisexualibus. Involucri uni-biserialis squamae liberae. Achenia radii fertilia, rostrata, epapposa, diversiformia, disci saepissime sterilia. *Gen.* 2822—2824.

b. *OSTEOSPERMEAE.* Capitula radiata, ligulis femineis, uniseriatis, floribus disci hermaphroditis, stylorum abortu unisexualibus. Involucri pauciseriati squamae liberae. Achenia radii fertilia, erostria, epapposa, forma varia, disci sterilia. *Gen.* 2825.

c. *OTHONNEAE.* Capitula heterogama, floribus marginalibus ligulatis v. tubulosis, femineis, centralibus abortu masculis. Involucri uni-pauciseriati squamae liberae v. plus minus inter se connatae. Achenia papposa, pappo setoso, radii saepius multiseriali, disci uniseriali v. nullo. *Gen.* 2826—2829.

2. ARCTOTIDEAE. Capitula multiflora, homogama, discoidea, v. heterogama, radiata, ligulis uniseriatis, femineis v. neutris, floribus disci hermaphroditis, centralibus saepe sterilibus. Involucrum inerme v. spinosum. Receptaculum epaleatum. Antherae breviter caudatae. Styli rami concreti. Achenia erostria, nunc pappo paleaceo v. setoso, nunc nullo. *Gen.* 2830—2816.

a. *ARCTOTEAE.* Involucri squamae inermes, liberae. Capitula radiata, ligulis femineis v. neutris. Achenia plerumque alata. *Gen.* 2830—2838.

b. *GORTERIAE.* Involucri squamae, saltim exteriores et mediae in spinam productae, plus minus connatae. Capitula discoidea v. radiata, ligulis neutris. Achenia exalata. *Gen.* 2839_2846.

3. ECHINOPSIDEAE. Capitula uniflora, in glomerulum globosum, foliolis plurimis involucratum aggregata, supra receptaculum commune articulato-sessilia. *Gen.* 2847_2848.

4. CARDOPATEAE. Capitula pauciflora, homogama. Involucrum cylindraceum, multisquamosum. Corollae palmato-quinquefidae. Antherarum caudae retrorsum hirtae. Achenia rostrata. Pappus paleaceus, uniserialis. *Gen.* 2849.

5. XERANTHEMEAE. Capitula multiflora, discoidea, floribus in ambitu uniseriatis, femineis. Involucri scariosi squamae multiseriatae, imbricatae, liberae. Corollae hermaphroditorum quinquefidae, feminarum bi-trifidae. Achenia turbinata, hermaphroditorum villosa, feminarum glabra. Pappus paleaceus, longus. *Gen.* 2850_2852.

6. CARLINEAE. Capitula multiflora, nunquam dioica. Involucri squamae multiseriales, distinctae, saepe spinosae. Corollae hermaphroditorum quinquefidae, feminarum v. sterilium varie difformes. Staminum filamenta libera, nuda. Antherarum caudae saepius longe barbatae. Achenia saepius villosa. Pappus unibiserialis, pilosus v. plumosus, rarius ramosus. *Gen.* 2853_2864.

7. CENTAURIEAE. Capitula multiflora, discoidea, floribus marginantibus saepe sterilibus, ampliatis v. irregularibus. Involucri squamae multiseriales, inermes v. spinosae. Staminum filamenta libera. Achenia areola laterali, plus minus antica. Pappus pilosus v. paleaceus, nunquam plumosus, interdum saltim in ambitu nullus. *Gen* 2865_2873.

8. CARTHAMEAE. Capitula multiflora, floribus omnibus hermaphroditis v. exterioribus paucis sterilibus. Involucri multiseriati squamae exteriores bracteiformes. Staminum filamenta medio pilosa v. barbata. Achenia glaberrima, tetragona, areola laterali. Pappus nullus v. multipaleaceus, rarius pilosus. *Gen.* 2874_2877.

9. SILYBEAE. Capitula multiflora, floribus omnibus hermaphroditis v. exterioribus sterilibus. Involucri multiserialis squamae exteriores apice spinosae. Staminum filamenta monadelpha. Antherae ecaudatae. Achenia glabra. Pappus plumosus v. pilosus. *Gen.* 2878_2880.

10. CARDUINEAE. Capitula multi- et aequaliflora, floribus omnibus hermaphroditis v. dioicis. Involucri multiseriati squamae liberae, saepe spinosae. Corollae quinquefidae, lobis exterioribus paullo magis distinctis. Staminum filamenta libera, papillosa v. glabra. Antherae brevi caudatae v. ecaudatae. Achenia glaberrima, areola terminali. Pappus pilosus v. plumosus, setis saepius basi in annulum concretis. *Gen.* 2881_2892.

11. SERRATULEAE. Capitula multiflora, floribus omnibus hermaphroditis v. dioicis, rarius marginalibus paucis femineis. Corollae quinquefidae. Staminum filamenta libera, papillosa v. plumosa. Antherae ecaudatae. Achenia glabra. Pappus pilosus v. plumosus, margine circulari cinctus. *Gen.* 2893_2898.

II. *LABIATIFLOREAE. Flores hermaphroditi saepissime bilabiati. Gen.* 2899_2964.

6. **Mutisiaceae.** Stylus hermaphroditorum superne cylindraceus v. subnodosus, ramis saepius obtusis v. truncatis, extus valde convexis, in parte superiore pube minuta aequali, rarius nulla. *Gen.* 2899_2942.

1. MUTISIEAE. Capitula homogama v. heterogama, floribus femineis uniseriatis, reliquis hermaphroditis. Stylus crassus, stigmata obtusa v. acuta, dorso convexa, hermaphroditorum brevia, extus cum styli parte superiore puberula, v. longiora et tunc glaberrima. *Gen.* 2899_2933.

a. *GERBEREAE.* Antherae ecaudatae. *Gen.* 2899_2907.

b. *EUMUTISIEAE.* Antherae caudatae. *Gen.* 2908_2933.

2. LERIEAE. Capitula heterogama, homocarpa, floribus femineis pluriseriatis, reliquis ovario efoeto masculis. Stylus basi bulbosus, stigmata extus superne pubescentia. *Gen.* 2934_2939.

3. FACELIDEAE. Capitula heterogama, floribus femineis uni-pluriseriatis, masculis v. hermaphroditis paucis, quinquedentatis. Stylus tenerrimus, hermaphroditorum stigmata truncata, inclusa, superne extus puberula. *Gen.* 2940_2942.

7. **Nassaviaceae.** Capitula homogama, radiatiformia. Stylus basi bulbosus, stigmata semicylindracea, truncata, subpenicillata, glandularum stigmaticarum seriebus intus prominentibus, haud confluentibus. *Gen.* 2943. 2964.

1. POLYACHYRIDEAE. Capitula biflora, homogama. *Gen.* 2943.

2. NASSAVIEAE. Capitula subquinqueflora. Involucri foliola subbiseriata, interiora amplexiflora. Receptaculum epaleatum. *Gen.* 2944. _2949.

3. TRIXIDEAE. Capitula quinque-multiflora. Involucri foliola bi-pluriseriata. Receptaculum paleatum v. epaleatum. *Gen.* 2950_2964.

III. *LIGULIFLORAE. Flores omnes hermaphroditi, ligulati. Gen.* 2965_3032.

8. **Cichoraceae.** Stylus superne cylindraceus, superne stigmataque plus minus longa, obtusiuscula aequaliter pubescentia, glandularum stigmaticarum seriebus ante medios ramos desinentibus, nuspiam confluentibus. *Gen.* 2965_3032.

1. SCOLYMEAE Receptaculum paleatum. Pappus coroniformis v. paleaceus. *Gen.* 2965_2966.

2 LAMPSANEAE. Receptaculum epaleatum. Pappus nullus. *Gen.* 2967_2971.

3. HYOSERIDEAE. Receptaculum epaleatum. Pappus coroniformis v. paleaceus, paleis integris, latiusculis, saepissime brevibus. *Gen.* 2972_2983.

4. HYPOCHAERIDEAE. Receptaculum paleatum. Pappus paleaceus, paleis angustissime semilanceolatis, interioribus v. acheniorum in-

teriorum plumoso-pinnatisectis. *Gen.* 2984—2988.

5. SCORZONEREAE. Receptaculum epaleatum. Pappus paleaceus, paleis angustissime semilanceolatis, interioribus v. acheniorum centralium plumosis, rarissime omnibus scabris. *Gen.* 2989—3001.

6. LACTUCEAE. Receptaculum epaleatum v. rarissime paleatum. Pappus piliformis, plerumque inaequalis, mollissimus, fugax, pilis linearibus, nunquam basi dilatatis, nec plumosis. *Gen.* 3002—3022.

7. HIERACIEAE. Receptaculum paleatum v. epaleatum. Pappus piliformis, rigidus, demum saepe sordidus v. flavescens, pilis linearibus, nunquam basi dilatatis nec plumosis. *Gen.* 3023—3032.

CXXI. CALYCEREAE. Stamina corollae lobis numero aequalia, synanthera. Ovarium uniloculare, ovulo unico pendulo. Embryonis exalbuminosi radicula supera. *Gen.* 3033—3036.

Classis XXXII. Campanulinae.

Corolla supera v. rarissime hypogyna. Stamina hypogyna v. perigyna. Ovarium rarissime liberum, plerumque inferum, rarius uniloculare, plerumque pluriloculare. Ovula rarissime definita, plerumque plurima. Fructus capsularis, baccatus v. nucamentaceus, mono polyspermus.

CXXII. BRUNONIACEAE. Stamina hypogyna, libera. Ovarium liberum, uniovulatum. Stigma indusiatum. Utriculus monospermus. Embryonis exalbuminosi radicula infera. *Gen.* 3037.

CXXIII. GOODENIACEAE. Stamina epigyna, libera. Ovarium inferum, uni-pluriloculare, uni-multiovulatum. Stigma indusiatum. Fructus nucamentaceus v. drupaceus, seminibus definitis, v. capsularis, polyspermus. Embryonis exalbuminosi radicula infera. *Gen.* 3038—3050.

1. **Scaevoleae.** Fructus drupaceus v. nucamentaceus, seminibus definitis. *Gen.* 3038—3040.

2. **Goodenieae.** Fructus capsularis, seminibus indefinitis. *Gen.* 3041—3050.

CXXIV. LOBELIACEAE. Corolla irregularis. Stamina epigyna, in tubum connata. Ovarium inferum, uni-triloculare, multiovulatum. Stigma nudum. Fructus capsularis v. baccatus, polyspermus. Embryo albuminosus. *Gen.* 3051—3070.

1. **Clintonieae.** Ovarium uniloculare, placentis 1—2 parietalibus. Capsula operculata v. valvata. *Gen.* 3051—3054.

2. **Lobelieae.** Ovarium bi triloculare, placentis septo adnatis. Capsula loculicide valvata. *Gen.* 3055—3062.

3. **Delisseaceae.** Ovarium biloculare, placentis septo adnatis. Fructus evalvis, siccus v. baccatus. *Gen.* 3063—3070.

CXXV. CAMPANULACEAE. Corolla regularis. Stamina epigyna, libera v. subcohaerentia. Ovarium inferum, pluriloculare, multiovulatum. Stigma nudum. Fructus capsularis. Embryo albuminosus. *Gen.* 3071—3091.

1. **Wahlenbergieae.** Capsula apice dehiscens. *Gen.* 3071—3081.

a. Jasioneae. Antherae connatae. Capsula apice valvatim dehiscens. *Gen.* 3071.

b. Lightfootieae. Antherae distinctae. Capsula apice valvatim dehiscens. *Gen.* 3072—3079.

c. Prismatocarpeae. Antherae distinctae. Capsula elongata, apice rupta v. poro dehiscens. *Gen.* 3080—3081.

2. **Campanuleae.** Capsula latere v. basi poris dehiscens. *Gen.* 3082—3091.

* PONGATIEAE. Capsula circumscissa. *Gen.* 3092.

CXXVI. STYLIDEAE. Stamina epigyna, cum stylo conferruminata. *Gen.* 3093—3095.

Classis XXXIII. Caprifolia.

Corolla supera. Stamina corollae inserta. Ovarium inferum, bi-pluriloculare, loculis uni-multiovulatis. Embryo albuminosus.

CXXVII. RUBIACEAE. Folia stipulata. *Gen.* 3096—3331.

I. COFFEACEAE. *Semina in loculis solitaria v. rarissime gemina. Gen.* 3096—3221.

1. **Opercularieae.** Flores in capitulum concreti. Ovaria unilocularia, uniovulata. Fructus connati, dehiscentes. Radicula infera. *Gen.* 3096—3097.

2. **Stellatae.** Flores distincti. Ovarium biloculare, loculis uniovulatis. Carpidia sicca v. baccata, secedentia, indehiscentia. Stipulae foliiformes, verticillum mentientes. *Gen.* 3098—3104.

3. **Anthospermeae.** Flores distincti. Ovarium biloculare, loculis uniovulatis. Carpidia sicca, secedentia, monosperma. Stipulae parvae, petiolo adnexae. *Gen.* 3105—3109.

4. **Spermacoceae.** Flores distincti, interdum aggregato-capitati, nec tamen connati. Ovarium bi-quadriloculare, loculis uni-biovulatis. Carpidia sicca v. carnosa, secedentia, indehiscentia v. varie dehiscentia. Vagina stipularis setoso-lacera. *Gen.* 3110—3138.

a. Putorieae. Fructus subcarnosus, haud bipartibilis. *Gen.* 3110—3117.

b. Euspermacoceae. Fructus siccus, bi-quadripartibilis. *Gen.* 3118—3137.

c. Cephalantheae. Flores supra receptaculum globosum aggregati, sessiles. Fructus bi-quadripartibilis. *Gen.* 3138.

5. Psychotrieae. Flores distincti, interdum aggregato-capitati, nunquam tamen connati. Ovarium biloculare, loculis uniovulatis. Bacca dipyrena. Albumen corneum. Stipulae utrinque geminae, liberae v. connatae. *Gen.* 3139—3179.

a. Cephaelideae. Flores capitato-fasciculati, involucrato-bracteati. *Gen.* 3139—3144.

b. Coffeeae. Flores haud aggregati, exinvolucrati. *Gen.* 3145—3179.

6. Paederieae. Flores distincti. Ovarium biloculare, loculis uniovulatis. Fructus dicoccus, coccis a calyce solutis, compressis, ex axi filiformi pendulis. *Gen.* 3180—3182.

7. Guettardeae. Flores distincti v. connati. Ovarium bi-multiloculare, loculis uniovulatis. Drupa di-polypyrena. Albumen carnosum. Stipulae utrinque solitariae. *Gen.* 3183—3219.

a. Morindeae. Flores fructusque supra receptaculum dense aggregati, connati. *Gen.* 3183.

b. Euguettardeae. Flores fructusque distincti. *Gen.* 3184—3219.

8. Cordiereae. Flores axillares glomerati, v. terminales involucrati. Ovarium bi-quinqueloculare, loculis uni-biovulatis. Bacca bi-pluriloculares. Albumen carnosum. Stipulae latae. *Gen* 3220—3221.

II. CINCHONACEAE. Semina in loculis plurima. Gen. 3222—3315.

9. Hamelieae. Fructus baccatus, multilocularis. *Gen.* 3222—3233.

10. Isertieae. Fructus drupaceus, pleiopyrenus. *Gen.* 3243—3237.

11. Hedyotideae. Fructus capsularis, loculicide valvatus v. rarissime evalvis. Semina aptera. *Gen.* 3238—3262.

12. Cinchoneae. Fructus capsularis. Semina alata. *Gen.* 3263—3280.

a. Eucinchoneae. Flores distincti, pedicellati. *Gen.* 3263—3279.

b. Naucleae. Flores supra receptaculum globosum aggregati *Gen.* 3280.

13. Gardenieae. Fructus baccatus, bi- v. abortu unilocularis *Gen.* 3281—3315.

a. Sarcocephaleae. Flores in receptaculo communi sessiles, fructibus distinctis v. connatis. *Gen.* 3281—3285.

b. Eugardenieae. Flores in capitulum haud collecti. *Gen.* 3286—3315.

Genera dubiae affinitatis. *Gen.* 3316—3331.

CXXVIII. LONICEREAE. Folia exstipulata. *Gen.* 3332—3342.

a. Lonicereae verae. Corolla tubulosa, limbo regulari v. irregulari. Stylus filiformis. Seminum rhaphe extrorsa. *Gen.* 3332—3339.

b. Sambuceae. Corolla rotata v. breviter tubulosa, regularis. Seminum rhaphe introrsa. *Gen.* 3340—3342.

Classis XXXIV. Contortae.

Corolla hypogyna, regularis. Stamina corollae inserta, ejusdem lobis numero aequalia v. interdum pauciora. Ovarium dimerum. Ovula solitaria v. plurima. Fructus capsularis, follicularis, baccatus v. rarius drupaceus. Embryo albuminosus v. exalbuminosus, rectus. — Folia opposita v. verticillata.

CXXIX. JASMINEAE. Corolla hypocraterimorpha, quinque-octofida. Stamina 2. Ovarium biloculare. Ovula 1 v. 2 collateralia, adscendentia. Bacca, v. capsula septicide bipartibilis. Embryo exalbuminosus. *Gen.* 3342—3345.

CXXX. OLEACEAE. Corolla tetrapetala, v. gamopetala, infundibuliformis v. subcampanulata. Stamina 2. Ovarium biloculare. Ovula in loculis 2 v. plurima, pendula. Bacca, v. capsula indehiscens v. loculicide bivalvis. Embryo exalbuminosus. *Gen.* 3346—3358.

1. Oleineae. Fructus drupaceus v. baccatus. *Gen.* 3346—3352.

2. Fraxineae. Fructus capsularis, indehiscens v. septicide bivalvis. *Gen.* 3353—3358.

CXXXI. LOGANIACEAE. Corolla quadri-decemfida. Stamina corollae lobis numero aequalia, rarissime unicum. Ovarium bi-quadriloculare, loculis uni-multiovulatis. Folia stipulata, v. exstipulata corollae aestivatione tunc valvata, succo aqueo. Embryo exalbuminosus. *Gen.* 3359—3371.

I. Strychneae. Corollae aestivatio valvata. *Gen.* 3359—3363.

1. Eustrychneae. Bacca bilocularis, polysperma. Semina peltata, aptera. *Gen.* 3359—3360.

2. Gardnerieae. Bacca bilocularis, disperma. Semina peltata, aptera. 3361.

3. Antonieae. Capsula bilocularis, bipartibilis, disperma. Semina peltata, alata. *Gen.* 3362.

4. Labordieae. Capsula trilocularis, polysperma. Semina ...... *Gen* 3363.

II. Loganieae. Corollae aestivatio convolutiva. *Gen.* 3364—3371.

5. Euloganieae. Capsula bilocularis, polysperma. Semina peltata, aptera. *Gen.* 3364—3365.

6. Usterieae. Capsula bilocularis, bipartibilis, polysperma. Semina peltata, alata. *Gen.* 3366.

7. Potalieae. Bacca bilocularis, polysperma. Semina peltata, aptera. *Gen.* 3367—3369.

8. Gärtnereae. Bacca dicocca, coccis monospermis. Semina e basi erecta. *Gen.* 3370—3371.

CXXXII. APOCYNACEAE. Corolla quinque- rarius quadrifida. Stamina corollae lobis numero aequalia. Pollen granulosum. Folia exstipulata. Corollae aestivatio contorta v. rarissime valvata. Succus lacteus. Embryo exalbuminosus. *Gen.* 3372—3430.

I. Carisseae. Ovarium simplex, biloculare, placentis dissepimento insertis, v. uniloculare, placentis parietalibus. Fructus baccatus v. rarissime capsularis. *Gen.* 3372—3383.

II. Ophioxyleae. Ovarium duplex. Fructus drupaceus. *Gen.* 3384_3393.

III. Euapocyneae. Ovarium duplex. Fructus bifollicularis, folliculis interdum carnosis, pulposis. *Gen.* 3394—3430.

1. Plumerieae. Semina ecomosa, saepissime peltata. *Gen.* 3394—3407.

2. Alstonieae. Semina peltata, ciliata, ciliis elongatis utraque extremitate comosa. *Gen.* 3408.

3. Echiteae. Semina ad umbilicum basilarem comosa. *Gen.* 3409_3428.

4. Wrightieae. Semina ad extremitatem umbilico oppositam comosa. *Gen.* 3429_3430.

CXXXIII. ASCLEPIADEAE. Corolla quinquefida. Stamina corollae lobis numero aequalia, plerumque in tubum connata. Pollen in massas determinatas, bursiculatas coalescens. Folia exstipulata. Corollae aestivatio contorto-imbricata v. rarissime valvata. Embryo exalbuminosus. Succus lactens. *Gen.* 3431_3527.

I. Periploceae. Filamenta subdistincta v. libera. Antherae 1_4loculares. Pollinis massae 5_20, granulosae, solitarie v. quaternatim apicibus dilatatis corpusculorum stigmatis applicitae. *Gen.* 3431_3440.

II. Secamoneae. Filamenta connata. Antherae biloculares. Pollinis massae 20, quaternatim apicibus corpusculorum stigmatis applicitae. *Gen.* 3441_3443.

III. Asclepiadeae verae. Filamenta connata. Antherae biloculares. Pollinis massae 10, per paria stigmatis processubus sulco longitudinali bipartitis affixae. *Gen.* 3444_3527.

1. Cynancheae. Pollinis massae pendulae, apice v. supra medium lateris affixae. *Gen.* 3444_3493.

a. *Astephaneae.* Corona staminea nulla. Corolla tubo fauceque esquamata. *Gen.* 3444_3446.

b. *Metastelmeae.* Corona staminea nulla. Corolla tubo fauceve squamis instructa. *Gen.* 3447_3454.

c. *Ditasseae.* Corona staminea composita, seriebus 2_3 insertione distinctis. *Gen.* 3455_3459.

d. *Cynoctoneae.* Corona staminea simplex, gamophylla. *Gen.* 3460_3470.

e. *Calotropideae.* Corona staminea simplex, pentaphylla. Corolla subcampanulata. *Gen.* 3471_3478.

f. *Euasclepieae.* Corona staminea simplex, pentaphylla. Corolla subrotata. *Gen.* 3479_3493.

2. Gonolobeae. Pollinis massae transversae, extremitate exteriori affixae, sub stigmate occultatae. *Gen.* 3494_3496.

3. Pergularieae. Pollinis massae erectae v. conniventes, stigmati incumbentes, basi v. infra medium latere affixae. *Gen.* 3497_3527.

1. *HOYEAE.* Antherae appendice membranacea terminatae. *Gen.* 3497—3512.

a. *Sarcolobeae.* Corona staminea nulla. *Gen.* 3497_3498.

b. *Tylophoreae.* Corona staminea pentaphylla. *Gen.* 3499_3512.

2. *STAPELIEAE.* Antherae apice simplices. *Gen.* 3513_3527.

a. *Leptadenieae.* Corona staminea nulla. *Gen.* 3513_3514.

b. *Ceropegieae.* Tubus stamineus extus appendiculatus. *Gen.* 3515—3527.

CXXXIV. GENTIANEAE. Corolla quadri-quinquefida, rarius sex-octofida. Stamina corollae lobis numero aequalia, libera. Pollen granulosum. Ovarium uniloculare, rarius bi- v. pseudo-quadriloculare. Folia exstipulata. Corollae aestivatio contorta v. induplicata. Embryo exalbuminosus. Succus aqueus. *Gen.* 3528—3567.

I. Gentianeae verae. Corollae laciniae aestivatione dextrorsum contortae. Albumen cavum seminis explens. *Gen.* 3528_3561.

1. Chironieae. Capsula unilocularis v. plus minus complete bilocularis, placentis suturalibus. *Gen.* 3528_3556.

2. Sebaeeae. Capsula valvarum marginibus introflexis, placentam centralem unicam, demum liberam prehendentibus bilocularis. *Gen.* 3557_3561.

Genera dubia. *Gen.* 3562_3563.

II. Menyantheae. Corollae aestivatio induplicativa. Albumen cavo seminis minus. *Gen.* 3564_3565.

Genera Gentianeis affinia. *Gen.* 3566—3567.

CXXXV. SPIGELIACEAE. Corolla quinquefida. Stamina corollae lobis numero aequalia. Ovarium biloculare, placentis basilaribus. Folia stipulata. Corollae aestivatio valvata. Succus aqueus. Embryo albuminosus. *Gen.* 3568.

Classis CXXXV. Nuculiferae.

Calyx liber. Corolla hypogyna, gamopetala, regularis v. irregularis. Stamina corollae tubo inserta, ejusdem lobis alterna, numero aequalia v. pauciora. Ovarium saepius tetramerum, rarius monomerum, loculis saepissime monospermis. Fructus nucamentaceus, lobis saepe distinctis, rarissime utriculiformis v. baccatus. Embryo intra albumen homotropus v. exalbuminosus.

CXXXVI. LABIATAE. Corolla irregularis. Stamina 2 v. 4. Achenia quatuor. Semina erecta. Embryonis exalbuminosi radicula infera. Folia opposita v. verticillata. *Gen.* 3569_3682.

I. Ocimoideae. Stamina declinata. Corolla subbilabiata, lobis quatuor superioribus planis, subaequalibus, binisve supremis coalitis, infimo declinato, saepe difformi. Antherae demum saepissime patelliformes. *Gen.* 3569_3585.

1. Moschosmeae. Corollae laciniae subaequilongae, infima angustior, declinata, subplana. *Gen.* 3569_3574.

2. Plectrantheae. Corollae lacinia infima elongata, concava. *Gen.* 3575_3579.

3. Hyptideae. Corollae lacinia infima substipitata, transverse subcallosa, demum saccata, per anthesim abrupte dejecta. *Gen.* 3580_3584.

4. Lavanduleae. Corollae labium superius bilobum, inferius trilobum. Stamina tubo inclusa. *Gen.* 3585.

II. Mentheideae. Stamina distantia, recta v. divergentia, nec per paria approximata. Corolla subcampanulata v. infundibuliformis, tubo calycem vix superante, limbi quadri-quinquefidi lobis subaequalibus. *Gen.* 3586—3596.

1. Pogostemeae. Antherae terminales, confluentim uniloculares. Stamina subdeclinata. *Gen.* 3586—3587.

2. Elsholtzieae. Antherae versatiles, loculis divaricatis, demum confluentibus. Stamina interdum subadscendentia. *Gen.* 3588—3589.

3. Mentheae. Antherae biloculares, loculis parallelis. *Gen.* 3590—3595.

4. Meriandreae. Antherae loculis disjunctis, connectivo filiformi. *Gen.* 3596.

III. Monardeae. Corolla bilabiata. Stamina 2 inferiora fertilia adscendentia. Antherae biloculares, loculis contiguis v. connectivo lineari sejunctis, loculo altero saepius casso. *Gen.* 3597—3603.

1. Salvieae. Stamina 2. Connectivum filiforme, cum filamento articulatum. *Gen.* 3597—3598.

2. Rosmarineae. Stamina 2. Connectivum parvum. *Gen.* 3599—3602.

3. Hormineae. Stamina 4. Connectivum parvum. *Gen.* 3603.

IV. Satureineae. Corollae tubus calycem vix aequans, limbus subbilabiatus, labio superiore integro v. bifido, inferiore trifido. Stamina distantia, recta, divergentia, aequalia v. postica breviora aut abortiva. *Gen.* 3604—3614.

1. Origaneae. Calyx 10—13nervis. Stamina 4 fertilia. *Gen.* 3604—3611.

2. Hyssopeae. Calyx 15nervis. Stamina 4 fertilia. *Gen.* 3612.

3. Cunileae. Stamina 2 inferiora fertilia. *Gen.* 3613—3614.

V. Melissineae. Calyx quinquedentatus, plerumque bilabiatus, rarius aequalis, decem- v. tredecimnervis. Corollae tubus plerumque exsertus, limbi bilabiati labio superiore integro v. bifido, inferiore trilobo. Stamina adscendentia, superiora breviora, interdum abortiva. *Gen.* 3615—3623.

VI. Scutellarineae. Calyx bilabiatus, labio superiore truncato integro v. subtridentato. Corolla tubo exserto, adscendente, intus annulato, nudo. Stamina 4, sub labio superiore adscendentia, inferiora longiora. *Gen.* 3624—3627.

VII. Prostanthereae. Calyx campanulatus, bilabiatus v. aequalis quinquedentatus. Corolla tubo brevi amplo, fauce lata, limbo bilabiato. Stamina 4, corolla breviora, inferiora nonnunquam abortiva, dum adsunt superioribus longiora. Achenia coriacea, rugosa, stylo subpersistente. *Gen.* 3628—3634.

VIII. Nepeteae. Calyx aequalis v. obliquus, subbilabiatus, dentibus superioribus majoribus. Corolla inclusa v. exserta, fauce plerumque inflata, labio superiore subfornicato, inferiore patente. Stamina 4, inferiora longiora, adscendentia v. divergentia. *Gen.* 3635—3639.

IX. Stachydeae. Calyx irregulariter venosus v. quinque-decemnervis, aequalis, obliquus v. rarius subbilabiatus, tri-decemdentatus. Corollae tubus inclusus v. exsertus, intus saepe annulatus, limbi bilabiati labio superiore galeato v. plano, integro v. emarginato, inferiore varie trifido. Stamina 4, adscendentia, superiora breviora, omnia fertilia, v. inferiorum antherae nonnunquam dimidiatae sive efoetae. *Gen.* 3640—3672.

1. Melitteae. Calyx post anthesim inflatus v. bi-quadrilobus. Corolla longe exserta. *Gen.* 3640—3643.

2. Lamieae. Calyx quinquedentatus, limbo haud dilatato. Corolla subplana v. fornicata. Stamina e tubo exserta. *Gen.* 3644—3653.

3. Marrubieae. Stamina corollae tubo inclusa. *Gen.* 3654—3657.

4. Balloteae. Calycis limbus dilatatus v. sex-decemdentatus, nunc ore truncato inter dentes submembranaceo, v. latissime membranaceo campanulatus. Corollae labium superius saepe compresso-galeatum. Stamina e corollae tubo exserta. *Gen.* 3658—3672.

X. Prasieae. Calyx subaequalis. Corolla bilabiata. Stamina 4, adscendentia, inferiora longiora. Achenia subbaccata. *Gen.* 3673—3676.

XI. Ajugoideae. Corollae labium superius nunc brevissimum, nunc fissum, laciniis abbreviatis, rarissime erectum, fornicatum, inferius elongatum. Stamina 2—4, adscendentia, saepissime exserta, labio opposita. Achenia plus minus reticulato-rugosa. *Gen.* 3677—3681.

Genus dubium. *Gen.* 3682.

CXXXVII. VERBENACEAE. Corolla irregularis v. regularis. Stamina 2 v. 4, rarius 5, rarissime plura. Fructus drupaceus, di-tetrapyrenus, pyrenis uni-bilocularibus, rarius baccatus, bi-quadrilocularis. Semina adscendentia. Embryonis exalbuminosi v. subalbuminosi radicula infera. *Gen.* 3683—3716.

1. Lippieae. Fructus drupaceus, maturitate in elementa carpica secedens. *Gen.* 3683—3693.

2. Lantaneae. Fructus drupaceus, haud dilabens. *Gen.* 3694—3710.

3. Aegiphileae. Fructus baccatus. *Gen.* 3711—3716.

Genera dubia. *Gen.* 3718—3720.

* AVICENNIEAE. *Gen.* 3722.

CXXXVIII. STILBINEAE. Corolla subregularis v. bilabiata. Stamina 4 v. 5. Capsula bilocularis, apice quadrifariam dehiscens v. utriculus monospermus. Semina erecta. Embryo in axi albuminis carnosi orthotropus, radicula infera. *Gen.* 3723—3724.

CXXXIX. GLOBULARIEAE. Corolla bilabiata. Stamina 4. Caryopsis semine inverso. Embryo in axi albuminis carnosi orthotropus, radicula supera. *Gen.* 3725.

CXL. SELAGINEAE. Corolla subregularis v. uni-bilabiata. Stamina 2 v. 4. Achenia 2, saepe heteromorpha. Semina inversa. Embryo in axi albuminis carnosi orthotropus, radicula supera. *Gen.* 3726—3732.

CXLI. MYOPORINEAE. Corolla bilabiata v. subregularis. Stamina 4. Fructus drupaceus, loculis mono-tetraspermis. Semina inversa. Embryo in axi albuminis carnosi orthotropus, radicula supera. *Gen.* 3733—3737.

CXLII. CORDIACEAE. Corolla regularis. Stamina corollae lobis numero aequalia. Fructus drupaceus, loculis monospermis. Semina inversa. Embryonis exalbuminosi cotyledones carnosae, longitudinaliter plicatae, radicula supera. *Gen.* 3738.

Genera dubia. 3739—3742.

CXLIII. ASPERIFOLIAE. Corolla regularis v. subbilabiata. Stamina 5. Achenia 4, rarissime per paria coalita. Semina inversa. Embryo exalbuminosus v. albumine tenui inclusus, radicula supera. *Gen.* 3743—3787.

I. Ehretiaceae. Stylus terminalis. *Gen.* 3743—3752

a. Tournefortieae. Semina albuminosa. *Gen.* 3743—3749.

b. Heliotropeae. Semina exalbuminosa. *Gen.* 3750—3752.

II. Borragineae. Stylus inter lobos ovarii transiens. *Gen.* 3753—3786.

a. Anchuseae. Nuces receptaculo affixae. *Gen.* 3753—3778.

b. Cynoglosseae. Nuces styli basi adnatae. *Gen.* 3779—3786.

Genus anomalum, nucibus duabus. 3787.

Classis XXXVI. Tubiflorae.

Calyx liber. Corolla hypogyna, gamopetala, regularis. Stamina corollae tubo inserta, ejusdem lobis numero aequalia et alterna. Ovarium tri-quadri-quinqueloculare, ovulis saepissime indefinitis, anatropis v. amphitropis. Fructus capsularis v. baccatus. Embryo intra albumen rectus v. curvatus.

CXLIV. CONVOLVULACEAE. Ovarium bi-quadriloculare, columna centrali septifera, rarius apocarpum, carpidiis unilocularibus, duobus distinctis v. quatuor per paria connatis. Ovula in loculis solitaria v. gemina collateralia, e basi erecta. Fructus capsularis v. baccatus. Embryo intra albumen mucilaginosum plus minus curvatus, cotyledonibus conduplicato-corrugatis, radicula infera. *Gen.* 3788—3814.

I. Dichondreae. Ovaria apocarpa. *Gen.* 3788—3789.

II. Convolvuleae. Ovaria gamocarpa. *Gen* 3790—3814.

* Erycibeae. Ovarium uniloculare, quadriovulatum. Bacca monosperma. Embryonis carnosi, mucilaginoso albuminosi cotyledones contortuplicatae, radicula infera. *Gen.* 3815

* Cuscuteae. Herbae aphylleae. Capsula circumscissa. Embryo filiformis, indivisus, circa albumen spiraliter convolutus. *Gen.* 3816.

* Nolaneae. Ovaria plura libera, uni-sexlocularia, disco carnoso inserta. Drupae distinctae, monospermae. Embryo filiformis, annularis, albumen carnosum cingens. *Gen.* 3817.

CXLV. POLEMONIACEAE. Ovarium tri-quinqueloculare, columna centrali septifera. Ovula in loculis solitaria v. plurima, biseriata. Fructus capsularis. Embryo intra albumen carnosum rectus. *Gen.* 3818—3826.

CXLVI. HYDROPHYLLEAE. Ovarium uniloculare v. incomplete biloculare, semiseptis placentiferis. Ovula juxta quodvis placentae latus solitaria v. plurima. Fructus capsularis v. subbaccatus. Semina pauca. Embryo intra albumen cartilagineum rectus, axilis v. subexcentricus. *Gen.* 3827—3832.

CXLVII. HYDROLEACEAE. Ovarium bi- rarissime triloculare, loculis multiovulatis. Styli 2, distincti. Capsula septifrage v. loculicide dehiscens. Semina plurima, testa laxe membranacea. Embryo in axi albuminis carnosi rectus. *Gen.* 3833—3837.

CXLVIII. SOLANACEAE. Ovarium bi-quinqueloculare, placentis septo adnatis v. ex angulo centrali porrectis, multiovulatis. Ovula plurima, amphitropa. Stylus simplex. Fructus capsularis v. baccatus. Semina plurima, a latere v. a dorso compressa. Embryo in his intra albumen carnosum axilis, rectus, in illis intra albumen subperiphericus, arcuatus v. spiralis. *Gen.* 3838—3869.

I. Nicotianeae. Embryonis plus minus arcuati cotyledones semicylindricae. Capsula bilocularis, loculicide bivalvis. *Gen.* 3838—3844.

II. Datureae. Embryonis plus minus arcuati cotyledones semicylindricae. Capsula v. bacca incomplete quadrilocularis, dissepimento primario medio v. secus angulum parietalem utrinque placentifero. *Gen.* 3845—3846.

III. Hyoscyameae. Embryonis plus minus arcuati cotyledones semicylindricae. Capsula bilocularis, operculo circumscissa. *Gen.* 3847—3849.

IV. Solaneae. Embryonis plus minus arcuati cotyledones semicylindricae Bacca bi-plurilocularis placentis centralibus, rarissime capsula evalvis. *Gen.* 3850—3864

V. Cestrineae. Embryonis recti cotyledones foliaceae. Bacca bilocularis. *Gen.* 3865—3867.

VI. Vestieae. Embryonis recti cotyledones foliaceae. Capsula bilocularis. *Gen.* 3868—3869.

GENERA DUBIA. 3870—3874.

INCERTAE SEDIS.

* DESFONTAINEAE. 3875.

** RETZIACEAE. 3876—3877.

Classis XXXVII. Personatae.

Calyx liber v. cum ovario connatus. Corolla hypogyna v. perigyna, gamopetala, saepissime irregularis, bilabiata. Stamina corollae tubo inserta, ejusdem lobis saepissime pauciora. Ovarium dimerum, uni-biloculare, ovulis saepissime indefinitis, anatropis v. amphitropis. Fructus capsularis v. rarius baccatus. Embryo intra albumen homotropus v. exalbuminosus.

CXLIX. SCROPHULARINEAE. Fructus capsularis v. rarissime baccatus, superus, bilocularis, dehiscentia varia. Semina exalbuminosa. *Gen.* 3878—4026.

1. Verbasceae. Corolla tubo abbreviato v. subgloboso, limbo explanato, quadri-quinquefido v. bilabiato, haud ringente. Stamina fertilia 2 v. 5, haud declinata. Antherae approximatae v. cohaerentes, uniloculares v. subbiloculares, loculis divaricatis, confluentibus. Capsula septicide bivalvis, valvis saepe bifidis, placentas coadunatas nudantibus. Seminum testa solida. *Gen.* 3878—3883.

2. Hemimerideae. Calyx quinquefidus v. pentaphyllus. Corolla tubo brevissimo, limbo explanato, subrotato, bilabiato v. personato, late quadri-quinquelobo, basi saccato, bifossulato v. uni-bicalcarato. Stylus simplex. Stigma parvum, subcapitatum. Capsula bivalvis, valvulis integris, bifidis v. bipartitis. *Gen.* 3884—3889.

3. Antirrhineae. Corolla tubulosa, limbo personato v. ringente, bilabiato v. rarius aequali. Stamina 4, didyma. Antherae biloculares, per paria approximatae. Capsula bilocularis, dentibus v. operculis dehiscens, rarius plurivalvis, nunc irregulariter rupta. Seminum testa solida, v. laxa, arilliformis. *Gen.* 3890—3897.

4. Salpiglossideae. Corolla tubo saepius elongato, limbo nunc bilabiato, nunc subaequaliter quinquelobo, plano. Stamina fertilia 2, v. saepius 4, didynama, declinata, quintum sterile v. nullum, rarissime aeque fertile, antherae subbiloculares, loculis apice confluentibus. Capsula bilocularis, septifrage bivalvis, valvis integris v. bifidis, dissepimento placentifero parallelis. Embryo rectus v. plus minus arcuatus. *Gen.* 3898—3907.

5. Digitaleae. Corolla tubulosa, saepius ventricosa, limbo bilabiato. Stamina basi declinata, apice saepissime adscendentia, quatuor fertilia, didynama, quintum sterile v. nullum. Antherae biloculares, loculis demum divaricatis, confluentibus. Capsula dura, septicide bivalvis, valvis bifidis v. bipartitis, dissepimento e valvularum marginibus introflexis duplicato, demum bipartibili, placentis adnatis v. tandem solutis. *Gen.* 3908—3917.

6. Gratioleae. Corolla limbo bilabiato v. subaequali, laciniis subplanis. Stamina fertilia 2 v. 4, adscendentia, antherae biloculares, muticae. Capsula bilocularis, loculicide aut septicide, v. septifrage bivalvis, valvis integris v. bifidis, dissepimento placentifero demum libero, rarius baccata. Semina aptera. *Gen.* 3918—3958.

7. Buchnereae. Calyx quinquefidus v. quinquedentatus. Corolla limbo quinquefido v. inaequaliter quadrifido, nunc bilabiato, laciniis omnibus planis. Stamina 4, adscendentia, didynama, rarius duo approximata, antherae uniloculares. Stigma parvum, subcapitatum. Capsula bivalvis, valvis integris v. bifidis, rarissime carnosa, indehiscens. *Gen.* 3959—3970.

a. EUBUCHNEREAE. Capsula loculicide bivalvis, valvis integris. *Gen.* 3959—3963.

b. MANULEAE. Capsula septicide bivalvis, valvis bifidis. *Gen.* 3964—3970.

8. Buddleieae. Corolla tubo recto, limbo plano, patente, aequaliter quadrifido. Stamina 4, omnia fertilia, aequalia, antheris distantibus, bilocularibus. Capsula bilocularis, septicide bivalvis. *Gen.* 3971—3972.

9. Veroniceae. Corolla rotata, infundibuliformis v. rarius irregulariter bilabiata. Stamina 4, aequalia, fertilia, v. saepius 2 postica, sterilium rudimentis nullis. Capsula bilocularis, loculicide bivalvis, valvis saepissime juxta dissepimentum bifidis, nunc septifrage bivalvis. *Gen.* 3973—3989.

10. Gerardieae. Corolla campanulata, infundibuliformis v. tubulosa, limbo quinquefido, laciniis rotundatis, planis. Stamina 4, omnia fertilia, adscendentia. Antherae biloculares, loculis discretis, saepe acuminatis. Capsula bilocularis, loculicide bivalvis, valvis indivisis v. bifidis. Semina nucleo saepissime intra testam laxam, reticulatam, arillaeformem minimo. *Gen.* 3990—4002.

11. Rhinantheae. Corollae limbus bilabiatus, labio superiore concavo, galeato v. lineari, integro v. emarginato, inferiore trifido. Stamina 4 v. rarius 2, adscendentia. Antherae biloculares, loculis discretis, parallelis, saepe acuminatis. Capsula loculicide bivalvis, valvis medio septiferis, saepissime integris. Seminum testa solida, v. laxa arillaeformis, nunc in alam expansa. *Gen.* 4003—4019.

Genera dubia. 4020—4023.

Genera Scrophularineis affinia. 4024—4026.

XL. ACANTHACEAE. Fructus superus, capsularis, bilocularis, loculicide dehiscens, placentatione in axi dissepimenti bipartibilis et ad interiorem ejusdem marginem. Semina retinaculis saepissime subtensa. Embryo exalbuminosus, rectus v. curvatus. Radicula descendens, centripeta. *Gen.* 4027—4103.

I. Thunbergieae. Seminum retinacula in cupulam corneam dilatata, adnata. *Gen.* 4027—4030.

II. Nelsonieae. Seminum retinacula in papillam contracta. *Gen.* 4031—4036.

III. Echmatacanthi. Seminum retinacula uncinata, subtendentia. *Gen.* 4037—4101.

1. HYGROPHILEAE. Corolla ringens. Stamina 4 v. 2. Antherae biloculares, loculis parallelis, muticis. Capsula polysperma. Retinacula brevia. *Gen.* 4037—4040.

2. RUELLIEAE. Corolla limbo aequali v. subbilabiato. Stamina 4 v. rarissime 2. Antherae biloculares, loculis saepissime parallelis. Capsula di-tetra-polysperma. *Gen.* 4041—4059.

3. BARLERIEAE. Calyx quadripartitus, laciniis antica et postica majoribus, lateralibus interioribus, nunc bilabiatus v. quinquepartitus. Corolla infundibulifor-

mia v. bilabiata. Stamina 4, pare altero brevissimo, antherae biloculares. Capsula di-tetrasperma. *Gen.* 4060—4067.

4. ACANTHEAE. Calyx quadripartitus, laciniis antica et postica majoribus. Corolla unilabiata, basi cartilaginea. Stamina 4, subdidynama. Capsula di-tetrasperma. *Gen.* 4068—4072.

5. JUSTICIEAE. Calyx quinquefidus, rarius quadrifidus, lacinia postica saepe minore. Corolla bilabiata v. ringens, rarius regularis. Stamina 2, antheris biloculaaribus, v. 4, antheris omnium v. staminum breviorum unilocularibus. Capsula tetrasperma, rarius pleiosperma. *Gen.* 4073—4090.

a. *Aphelandreae.* Stamina 2 v. rarius 4, antherarum loculis parallelis. Capsula sessilis, tetra-polysperma. *Gen.* 4073—4078.

b. *Gendarusseae.* Stamina 2 v. rarissime 4, antherarum loculis parallelis v. divergentibus. Capsula unguiculata, tetrasperma. *Gen.* 4079—4086.

c. *Eranthemeae.* Stamina 2, antherarum loculis parallelis v. superpositis. Capsula longe unguiculata, ditetrasperma. *Gen.* 4087—4090.

6. DICLIPTEREAE. Calyx quinquepartitus, aequalis. Corolla bilabiata, saepe resupinata. Stamina 2 v. 4, antheris uni-bilocularibus. Capsula tetra-monosperma. *Gen.* 4091—4098.

7. ANDROGRAPHIDEAE. Calyx quinquefidus. Corolla bilabiata v. ringens, saepius resupinata. Stamina 2 v. 4, antheris unilocularibus v. bilocularibus, loculo inferiore barbato. Capsula sessilis, pleiosperma. *Gen.* 4099—4101.

Genera dubia. 4102—4103.

CXLI. BIGNONIACEAE. Fructus superus, capsularis, uni-bi-quadrilocularis, valvis columnam septantem margine seminiferam nudantibus v. rarius nudis placentiferis. Semina saepissime transversa, plerumque alata. Embryonis exalbuminosi, recti radicula plerumque centrifuga. *Gen.* 4104—4133.

I. Sesameae. Capsula valvarum marginibus in dissepimenta introflexis, et nervo medio columnam centralem quadrifariam seminiferam attingentibus quadrilocularis, septicide bivalvis Semina adscendentia v. horizontalia, aptera v. membranaceo marginata. *Gen.* 4104—4105.

II. Eccremocarpeae. Capsula uni-bilocularis, bivalvis, valvis medio semisepta, margine interiore seminifera gerentibus. Semina horizontalia, alata. Radicula centrifuga. *Gen.* 4106—4108.

III. Incarvilleae. Capsula hinc sutura dehiscens, dissepimento contrario, intra margines seminifero. Semina pendula, alata. Radicula supera. *Gen.* 4109—4110.

IV. Tourretieae. Capsula dissepimento tetraptero quadrilocularis, bivalvis, dissepimenti alis oppositis angustioribus, valvis contrariis intra marginem seminiferis. Semina alata, pendula. *Gen.* 4111.

V. Bignonieae. Capsula bilocularis, bivalvis, valvis dissepimento marginibus utrinque seminifero contrariis v. parallelis. Semina transversa, alata v. rarissime aptera. Radicula centrifuga. *Gen.* 4112—4125.

1. ARGYLIEAE. Dissepimentum valvis contrarium. Semina aptera. *Gen.* 4112.

2. TECOMEAE. Dissepimentum valvis contrarium. Semina alata. *Gen.* 4113—4118.

3. EUBIGNONIEAE. Dissepimentum valvis parallelum. *Gen.* 4119—4125.

Genera anomala. 4126—4127.

Genera dubia. 4128—4133.

CLII. GESNERACEAE. Fructus unilocularis, placentatione parietali, superus v. inferus. Semina exalbuminosa v. parce albuminosa. *Gen.* 4134—4170.

I. Cyrtandreae. Semina exalbuminosa. *Gen.* 4134—4154.

1. DIDYMOCARPEAE. Fructus capsularis. *Gen.* 4134—4145.

2. EUCYRTANDREAE. Fructus baccatus. *Gen.* 4146—4150.

Genera dubia. *Gen.* 4151—4154.

II. Gesnereae. Semina exalbuminosa. *Gen.* 4155—4169.

1. BESLEREAE. Ovarium superum. Fructus baccatus. *Gen.* 4155—4159.

2. EPISCIEAE. Ovarium superum. Fructus capsularis. *Gen.* 4160—4164.

3. EUGESNEREAE. Ovarium inferum v. semiinferum. Fructus capsularis. *Gen.* 4165—4169.

Genera dubia. 4170.

* CRESCENTIEAE. *Gen.* 4171—4173.

CLIII. PEDALINEAE. Fructus superus, subcapsularis v. drupaceus, saepe cornutus, uni-bi-quadri-octolocularis. Semina in loculis pauca. Embryo exalbuminosus, orthotropus. *Gen.* 4174—4181.

CLIV. OROBANCHEAE. Fructus superus, capsularis, uni- v. rarissime bilocularis, placentatione parietali Semina plurima. Embryo in axi albuminis carnosi minimus. Herbae parasiticae aphyllae. *Gen.* 4182—4192.

CLV. UTRICULARIEAE. Fructus superus, capsularis, placenta centrali libera. Semina plurima. Embryo exalbuminosus, orthotropus. Herbae aequaticae v. hygrobiae. *Gen.* 4193—4195.

Classis XXXVIII. Petalanthae.

Calyx liber v. rarissime cum ovarii basi connatus. Corolla hypogyna v. rarissime perigyna, gamopetala, regularis. Stamina corollae inserta, ejusdem lobis numero dupla v. multipla, rarius aequalia et tunc saepissime opposita. Antherae biloculares, exappendiculatae. Ovarium uniloculare, loculis multiovulatis, v. pluriloculare, loculis uni-pauciovulatis. Ovula amphitropa v. anatropa. Fructus capsularis v. drupaceus. Embryo intra albumen homotropus v. exalbuminosus.

CLVI. PRIMULACEAE. Calyx liber v. rarissime adnatus. Stamina corollae lobis numero aequalia et iisdem opposita. Ovarium uniloculare, placenta centrali libera. Ovula plurima, amphitropa v. rarius anatropa. Fructus capsularis, polyspermus. Semina albuminosa. Herbae, rarissime suffrutices. *Gen.* 4196—4226.

I. Primuleae. Capsula libera, valvatim dehiscens. Semina amphitropa, umbilico ventrali. *Gen.* 4196—4211.

a. Androsaceae. Acaules. *Gen.* 4196—4203.

b. Lysimachieae. Caulescentes. *Gen.* 4204—4211.

II. Anagallideae. Capsula libera, operculo dehiscens. Semina amphitropa, umbilico ventrali. *Gen.* 4212—4213.

III. Hottonieae. Capsula libera, valvatim dehiscens Semina anatropa, umbilico basilari. *Gen.* 4214.

IV. Samoleae. Capusla basi adnata, vertice libero valvatim dehiscens. Semina anatropa, umbilico basilari. *Gen.* 4215.

Genus Primulaceis affine. *Gen.* 4216.

CLVII. MYRSINEAE. Calyx liber v. rarissime adnatus. Stamina nunc corollae lobis numero aequalia et opposita, antheris introrsis, nunc dupla, alterna lobis opposita fertilia, antheris extrorsis, alterna sterilia squamuliformia. Ovarium uniloculare, placenta centrali libera. Ovula plurima, amphitropa. Fructus drupacens v. baccatus, abortu saepe monospermus. Semina albuminosa. Arbores v. frutices. *Gen.* 4217—4230.

I. Ardisieae. Stamina sterilia nulla. Antherae introrsae. Ovarium liberum. Fructus monospermus. *Gen.* 4217—4226.

II. Maeseae. Stamina sterilia nulla. Antherae introrsae. Ovarium adnatum. Fructus polyspermus. *Gen.* 4227.

III. Theophrasteae. Stamina sterilia cum fertilibus et corollae lobis alternantia. Antherae extrorsae. Ovarium liberum. Fructus polyspermus *Gen.* 4228—4230.

* Genera dubia. *Gen.* 4231—4232.

* AEGICEREAE. *Gen.* 4233.

CLVIII. SAPOTACEAE. Calyx liber. Stamina fertilia nunc corollae lobis numero aequalia et opposita, nunc plura, bi-pluriseriata, sterilia fertilibus alterna, rarissime nulla. Ovarium liberum, pluriloculare. Ovula in loculis solitaria, e basi anguli centralis adscendentia, anatropa. Bacca plurilocularis v. abortu unilocularis, loculis monospermis. Semina nucamentacea. Embryo exalbuminosus, cotyledonibus carnosis, v. exalbuminosus, cotyledonibus foliaceis. Arbores v. frutices, succo lacteo. *Gen.* 4234—4246.

CLIX. EBENACEAE. Calyx liber. Stamina nunc corollae lobis numero aequalia et iisdem alterna, nunc dupla v. quadrupla, sterilia nulla. Ovarium liberum, pluriloculare. Ovula in loculis solitaria, ex apice anguli centralis pendula. Fructus baccatus, mono-oligospermus. Albumen cartilagineum. Arbores v. frutices, succo aqueo, ligno denso. *Gen.* 4247—4251.

* STYRACEAE. *Gen.* 4252—4257.

* HALESIACEAE. *Gen.* 4258.

* SYMPLOCEAE. *Gen.* 4259—4261.

GENERA DUBIAE AFFINITATIS.

* NAPOLEONEAE. *Gen.* 4262—4263.

* COLUMELLIACEAE. *Gen.* 4264—4265.

Classis XXXIX. Bicornes.

Calyx liber v. cum ovario connatus. Corolla annulo hypogyno v. epigyno inserta, gamopetala, regularis. Stamina cum corolla inserta, rarius corollae adnata, ejusdem lobis numero aequalia (rarissime pauciora) et alterna, v. dupla. Antherae simplices v. apice bifidae. Ovarium monopentamerum, placentis centralibus. Semina indefinita v. rarius definita. Embryo intra albumen rectus.

CLX. EPACRIDEAE. Corolla hypogyna. Antherae simplices, receptaculo pollinifero unico, interdum septum completum constituente. *Gen.* 4266—4293.

I. Stypheliеae. Ovula in loculis solitaria, pendula. Fructus saepissime drupaceus. *Gen.* 4266—4280.

II. Epacreae. Ovula in loculis plurima. Fructus capsularis, polyspermus. *Gen.* 4281—4293.

CLXI. ERICACEAE. Corolla hypogyna v. epigyna. Antherae biloculares, loculis basi v. apice discretis. *Gen.* 4294—4354.

I. Ericineae. Corolla hypogyna. Antherae muticae v. dorso aristatae. Fructus capsularis, loculicide v. rarissime septicide dehiscens, rarius baccatus v. drupaceus. — Folia saepissime acerosa. Gemmae nudae. *Gen.* 4294—4328.

1. ERICEAE. Corolla persistens. *Gen.* 4294—4316.

a. *SALAXIDEAE.* Ovarium loculis uniovulatis. Antherae muticae. *Gen.* 4294—4308.

α. Coilostigmeae. Stigma cyathiforme. — Bracteae nullae v. minutissimae. *Gen.* 4294—4298.

β. Symplezeae. Stigma obtusum. — Bracteae saepissime tres. *Gen.* 4299—4308.

b. *EUERICEAE.* Ovarium loculis pluriovulatis. *Gen.* 4309—4316.

2. ANDROMEDEAE. Corolla decidua. *Gen.* 4317—4328.

II. Vaccinieae. Corolla epigyna. Antherae aristatae v. rarius muticae. Fructus drupaceus. — Folia plana. Gemmae squamis imbricatae v. rarius nudae. *Gen.* 4329—4337.

III. Rhododendreae. Corolla hypogyna. Antherae muticae. Fructus capsularis, septicide dehiscens. — Folia plana. Gemmae squamosae, strobiliformes. *Gen.* 4338—4344.

* DIAPENSIACEAE *Gen.* 4345—4346.

* PYROLACEAE. *Gen.* 4347—4349.

* MONOTROPEAE. *Gen.* 4350—4354.

COHORS IV. DIALYPETALAE.

Perigonium duplex, exterius foliolis distinctis v. coalitis, liberum, v. cum ovario connatum, calycinum v. interdum coloratum, interius corollinum, elementis distinctis v. rarissime staminum ope basi cohaerentibus, insertione hypogynum, perigynum v. epigynum, interdum abortu nullum.

Classis XL. Discanthae.

Calyx gamophyllus, tubo cum ovario v. ejus basi connato, rarius libero. Corollae petala disco perigyno, rarius hypogyno inserta, calycis laciniis numero aequalia. Stamina nunc cum petalis inserta, iisdem numero aequalia et alterna v. opposita aut dupla. Ovarium bi-quinqueloculare, loculis uni-pluriovulatis. Fructus loculi monospermi. Embryo albuminosus, orthotropus.

CLXII. UMBELLIFERAE. Calyx cum ovario connatus. Corollae petala 5, disco epigyno inserta, unguiculata, aestivatione involuta. Stamina 5, petalis alterna. Ovarium inferum, biloculare, loculis uniovulatis, ovulis pendulis. Styli 2. Fructus carpidia (mericarpia) 2, maturitate cum calycis tubo a basi secedentia, ex apice columellae pendula. Folia simplicia, saepissime dissecta, petioli basi vaginante. *Gen.* 4355—4549.

I. Orthospermae. Albumen latere interiore planum, nec convolutum nec involutum. *Gen.* 4355—4497.

1. HYDROCOTYLEAE. Fructus a latere contractus. Mericarpia dorso convexa v. rarius acuta, jugis primariis 5, interdum obsoletis, lateralibus marginalibus v. commissuralibus, intermediis plerumque validioribus, secundariis filiformibus, subnullis v. penitus obsoletis. *Gen.* 4355—4367.

2. MULINEAE. Fructus mericarpiis ad suturam valde contractis, quinquejugis, a dorso plano-compressis quadratus v. parallele biscutatus. *Gen.* 4368—4377.

3. SANICULEAE. Fructus subteres. Mericarpia jugis primariis 5, aequalibus, secundariis nullis v. obsoletis. *Gen.* 4378—4389.

4. AMMINEAE. Fructus a latere compressus v. lateribus contractis subdidymus. Mericarpia jugis primariis 5, filiformibus v. alatis, omnibus aequalibus, lateralibus marginantibus. Semen dorso convexum, facie planiusculum v. undique teres. *Gen.* 4390—4415.

5. SESELINEAE. Fructus teres v. teretiusculus. Mericarpia jugis 5, filiformibus v. alatis, lateralibus marginantibus aequalibus v. nonnunquam latioribus. Semen dorso subtereti-convexum, facie planum. *Gen.* 4416—4449.

6. PACHYPLEUREAE. Fructus a dorso lenticulari-compressus, rhaphe marginali v. submarginali. Mericarpia jugis primariis quinque, crassis, subaequalibus; lateralibus marginantibus. Semen dorso convexum, facie planum. *Gen.* 4450—4452.

7. ANGELICEAE. Fructus a dorso compressus, margine dilatato-alato, ob rhaphen centralem v. subcentralem duplicato cinctus. Mericarpia jugis 5, tribus dorsalibus. v. alatis, duobus lateralibus marginalibus, semper in alam dorsalibus latiorem expansis. Semen dorso convexiusculum, facie planiusculum. *Gen.* 4453—4457.

8. PEUCEDANEAE. Fructus a dorso plano v. lenticulari compressus, margine integro, dilatato, laevigato, alato, complanato v. convexiusculo cinctus, rhaphe marginali. Mericarpia jugis 5, filiformibus v. rarius alatis, lateralibus marginantibus v. dilatato-contiguis, nunc in marginem abeuntibus. Semen complanatum, a dorso convexiusculum. *Gen.* 4458—4483.

9. SILERINAE. Fructus a dorso lenticulari-compressus. Mericarpia jugis primariis 5, secundariis 4, minus prominulis. Semen antice planum. *Gen.* 4484—4487.

10. CUMINEAE. Fructus a latere contractus. Mericarpia jugis primariis 5, lateralibus marginantibus, secundariis 4, magis prominulis, omnibus apteris. Semen rectum, antice planiusculum. *Gen.* 4488—4489.

11. THAPSIEAE. Fructus a dorso compressus v. sectione transversali subteres. Mericarpia jugis primariis 5, filiformibus, interdum setulosis, plano commissurali impositis, secundariis 4, filiformibus, exterioribus marginantibus v. omnibus alatis. Semen subcomplanatum v. subtereti-convexum, facie planum. *Gen.* 4490—4494.

12. DAUCINEAE. Fructus a dorso lenticulari compressus v. sectione transversali subteres. Mericarpia jugis primariis 5, filiformibus, setulosis, lateralibus plano commissurali impositis, secundariis 4, magis prominulis, aculeatis, aculeis liberis v. in alam connatis. Semen complanatum v. subsemitereti-convexum, antice planiusculum. *Gen.* 4495—4497.

II. Campylospermae. Albumen marginibus involutis facie interiori sulco v. canali longitudinali notatum. *Gen.* 4498—4544.

13. ELAEOSELINEAE. Fructus cylindraceus, a dorso subcompressus. Mericarpia jugis primariis 5, filiformibus, secundariis 4, dorsalibus, nerviformibus, lateralibus in alam expansis, marginibus nervi- v. jugiformibus. Semen involutum semilunare. *Gen.* 4498—4499.

14. CAUCALINEAE. Fructus a latere contractus v. subteres. Mericarpia jugis primariis 5, setosis v. aculeatis, lateralibus plano commissurali impositis, secundariis 5, magis prominulis, aculeatis, v. aculeorum copia totam valleculam obtegente obliteratis. Semen involutum v. margine inflexum. *Gen.* 4500—4503.

15. SCANDICINEAE. Fructus a latere compressus v. contractus, saepius rostratus. Mericarpia jugis primariis 5, filiformibus, interdum alatis, lateralibus marginantibus, omnibus aequalibus, nonnunquam basi obliteratis et solo apice manifestis. Semen tereti-convexum, facie interiori sulco profundo percursum, v. margine subinvolutum. *Gen.* 4504—4517.

16. SMYRNIEAE. Fructus turgidus, saepius a latere compressus v. contractus. Mericarpia jugis primariis 5, lateralibus marginantibus v. ante marginem sitis, interdum subobliteratis. Semen involutum v. intus sulcatum, semilunare v. complicatum. *Gen.* 4518—4544.

III. Coelospermae. Semen a basi ad apicem involuto-curvatum. *Gen.* 4545—4549.

17. CORIANDREAE. Fructus globosus, v. mericarpiis subglobosis didymus. Mericarpia jugis primariis 5, depressis, flexuosis et sulcum obsoletum formantibus, lateralibus ante marginem accessorium sitis, secundariis nullis v. saepius quatuor, magis prominulis, omnibus apteris. *Gen.* 4545—4549.

CLXIII. ARALIACEAE. Calyx cum ovario connatus. Corollae petala 5 v. 10, disco epigyno inserta, lata basi sessilia, aestivatione valvata. Stamina cum petalis inserta, iisdem numero aequalia et alterna, rarius dupla. Ovarium inferum, bi-multiloculare, loculis uniovulatis, ovulis pendulis. Styli loculorum numero, distincti v. coaliti. Fructus baccatus v. exsuccus. Folia simplicia, integra v. palmatim aut pinnatim composita. *Gen.* 4550—4565.

CLXIV. AMPELIDEAE. Calyx liber. Corollae petala 4 v. 5, disci perigyni margini inserta, aestivatione valvata. Stamina 5, cum petalis inserta, iisdem opposita. Ovarium liberum, bi-tri-sexloculare. Ovula in loculis solitaria, v. gemina collateralia, adscendentia v. erecta. Bacca bi-sexlocularis, loculis mono-dispermis. Folia simplicia, palmata, imparipinnata v. rarius bipinnata. *Gen.* 4566—4569.

I. Viteae. Petala et stamina libera. Ovarium biloculare, loculis biovulatis. — Cirrhi oppositifolii. *Gen.* 4566—4568.

II. Lecaceae. Petala basi cohaerentia. Stamina monadelpha. Ovarium tri-sexloculare, loculis uniovulatis. *Gen.* 4569.

Genera dubia. 4570—4572.

CLXV. CORNEAE. Calyx cum ovario connatus. Corollae petala 4, disco epigyno inserta, aestivatione valvata. Stamina 4, petalis alterna. Ovarium inferum, bi-triloculare, loculis uniovulatis, ovulis pendulis. Stylus simplex. Fructus drupaceus, bi-trilocularis. Folia simplicia, integra. Stipulae nullae. *Gen.* 4573—4574.

GENERA CORNEIS AFFINIA. 3575—4576.

GENERA DUBIA. 4577—4580.

CLXVI. LORANTHACEAE. Calyx cum ovario connatus. Corolla nulla v. petala 4, 6, 8 v. rarissime 3, disco epigyno inserta, libera v. varie coalita, aestivatione valvata. Stamina calycis v. corollae partibus numero aequalia, iisdem opposita et inserta. Ovarium inferum, uniloculare, ovulo unico v. interdum pluribus, ex apice loculis pendulis. Stylus simplex. Bacca monosperma. — Frutices saepissime parasitici, foliis simplicibus, integris. Stipulae nullae. *Gen.* 4581—4587.

CLXVII. HAMAMELIDEAE. Calyx tubo cum ovario connato, limbo supero v. semisupero, quadri-quinquefido. Corolla nulla v. petala calyci inserta, ejusdem laciniis alterna, basi valvata, apice saepe singillatim spiralia. Stamina in apetalis indefinita, in corollatis petalis opposita sterilia, cum totidem fertilibus alternantia. Ovarium semiinferum, biloculare, loculis uni-multiovulatis, ovulis pendulis. Styli 2. Capsula semisupera, bilocularis, septicide bivalvis, loculis monospermis. Folia alterna, bistipulata. *Gen.* 4588—4595.

1. Hamameleae. Ovarii loculi uniovulati. *Gen.* 4588—4593.

a. EUHAMAMELEAE. Flores corolla donati. *Gen.* 4588—4591.

b. FOTHERGILLEAE. Flores apetali. *Gen.* 4592—4593.

2. Bucklandieae. Ovarii loculi pluriovulati, ovulis superioribus difformibus. *Gen.* 4594—4595.

CLXVIII. BRUNIACEAE. Calyx gamophyllus, liber v. cum ovario connatus. Corollae petala 5 v. 4, calycis fauci inserta, aestivatione imbricata. Stamina cum petalis inserta, iisdem alterna. Ovarium uni-bi-triloculare. Ovula in loculis solitaria, v. gemina collateralia, pendula. Fructus capsularis, septicide dehiscens v. nucamentaceus. — Folia acerosa, estipulata. *Gen.* 4596—4604.

GENERA DUBIA. 4605—4606.

Classis XLI. Corniculatae.

Calyx gamophyllus, liber v. cum ovario plus minus connatus. Corollae petala perigyna, interdum basi coalita, quandoque nulla. Stamina cum petalis inserta, iisdem numero dupla v. aequalia et alterna. Ovaria plura, libera v. coalita, pluriovulata v. rarius uniovulata. Embryo albuminosus, orthotropus.

CLXIX. CRASSULACEAE. Calyx liber. Corollae petala imo calyci inserta, ejusdem laciniis numero aequalia, libera v. interdum inferne in tubum coalita. Stamina simplici v. duplici petalorum numero. Ovaria tot quot petala, libera v. in axi coalita, basi extus squamula aucta, ovulis plurimis v. rarius subdefinitis. Capsulae folliculares. — Plus minus carnosae, foliis simplicibus, rarius ternatis v. imparipinnatis. Stipulae nullae. *Gen.* 4607—4625.

1. Crassuleae. Capsulae liberae, angulo interiore dehiscentes. *Gen.* 4607—4623.

1. CRASSULEAE ISOSTEMONES. Stamina petalis numero aequalia. *Gen.* 4607—4615.

a. Eucrassuleae. Petala plane libera. *Gen.* 4607—4611.

b. Rocheae. Petala plus minus inter se coalita. *Gen.* 4612—4615.

2. CRASSULEAE DIPLOSTEMONES. Stamina duplo petalorum numero. *Gen.* 4616—4623.

a. Umbiliceae. Corolla gamopetala. *Gen.* 4616—4621.

b. Sedeae. Petala omnia libera. *Gen.* 4622—4623.

2. Diamorpheae. Carpidia basi v. juxta totam longitudinem in capsulam plurilocularem coalita. *Gen.* 4624—4625.

* FRANCOACEAE. *Gen.* 4626—4627.

* CEPHALOTEAE. *Gen.* 4628.

CLXX. SAXIFRAGACEAE. Calyx liber v. cum ovario connatus. Corollae petala calycis fauci inserta, ejusdem laciniis numero aequalia. Stamina petalis numero aequalia et alterna, rarius dupla, rarissime indefinita. Ovaria 2, rarius 3 v. 5, distincta v. coalita, ovulis plurimis, rarius solitariis. Fructus capsularis v. rarissime nucamentaceus. — Folia simplicia, ternata v. imparipinnata. Stipulae nullae, v. interpetiolares, deciduae. *Gen.* 4629—4678.

I. Saxifrageae. Herbae foliis alternis v. oppositis, exstipulatis v. petiolorum basi dilatata stipuliformi. Flores racemosi, paniculati v. rarius solitarii. *Gen.* 4629—4646.

II. Cunonieae. Frutices v. arbores, foliis oppositis, simplicibus v. compositis, stipulis interpetiolaribus. Calyx liber v. plus minus adhaerens. Corollae petala 4—5, nunc nulla. Ovarium bi-quadriloculare. *Gen.* 4647—4667.

III. Hydrangeae. Frutices foliis oppositis, simplicibus, exstipulatis. Ovarium inferum, rarius liberum. Fructus capsularis aut rarissime baccatus. *Gen.* 4668—4673.

IV. Escallonieae. Frutices v. arbores, foliis alternis, exstipulatis, simplicibus. Ovarium inferum v. liberum. Styli 2—5, in unum connati. *Gen.* 4674—4678.

* ARGOPHYLLEAE. *Gen.* 4679.

* ROUSSEACEAE. *Gen.* 4680.

* BREXIACEAE. *Gen.* 4681.

CLXXI. RIBESIACEAE. Calyx coloratus, tubo cum ovario connato, plus minus supra ovarium producto. Corollae petala calycis fauci inserta, ejusdem laciniis numero aequalia. Stamina petalis numero aequalia et alterna. Ovarium inferum, uniloculare, placentis parietalibus nerviformibus, semiseptis adnatis, multiovulatis. Bacca pulposa. Semina in rhaphe libera reclinata. *Gen.* 4682—4683.

Classis XLII. Polycarpicae.

Calyx liber, deciduus. Corollae petala hypogyna, libera. Stamina indefinita, rarissime monadelpha. Ovaria plura, verticillata v. spicata, libera v. interdum coalita, rarissime solitaria. Fructus capsularis v. baccatus, rarissime drupaceus. Embryo in basi albuminis copiosi minimus, rarius albumen parcum aequans, rarissime exalbuminosus.

CLXXII. MENISPERMACEAE. Flores saepissime unisexuales. Stamina definita, libera v. coalita. Ovaria plura, libera, unilocularia, uni-pluriovulata. Fructus baccati v. drupacei, lunulati, monospermi. *Gen.* 4684—4705.

I. Menispermeae. Ovaria uniovulata. Embryo intra albumen parcum majusculus, rarius exalbuminosus. — Folia simplicia. *Gen.* 4684—4696.

* PHYTOCRENEAE. *Gen.* 4697—4698.

II. Lardizabaleae. Ovaria pluriovulata. Embryo intra albumen copiosum minimus. — Folia composita. *Gen.* 4699—4705.

CLXXIII. MYRISTICEAE. Flores diclines. Calyx bi-quadrifidus, aestivatione valvatus. Corolla nulla. Stamina monadelpha. Ovarium unicum, liberum, uniloculare, ovulo unico v. rarius duobus, e basi erectis. Bacca capsularis, bivalvis. Semen nucamentaceum, erectum, arillo carnoso, multifide lacero. Embryo in basi albuminis ruminati minimus. *Gen.* 4706—4708.

CLXXIV. ANONACEAE. Flores hermaphroditi. Calyx triphyllus. Corollae petala 6, libera. Stamina saepissime indefinita. Ovaria plurima, ovulo unico erecto, v. pluribus adscendentibus. Fructus capsularis v. baccatus. Semina erecta v. horizontalia, arillo nullo. Embryo in basi albuminis ruminati minimus. *Gen.* 4709—4729.

a. Bocageae. Stamina definita. Ovula pauca, suturae ventrali inserta. *Gen.* 4709—4712.

b. Xylopieae. Stamina indefinita. Ovula pauca v. plurima, suturae ventrali inserta. *Gen.* 4713—4718.

c. Anoneae. Stamina indefinita. Ovula in loculis solitaria v. gemina collateralia, e basi erecta. *Gen.* 4719—4724.

* EUPOMATIEAE. *Gen.* 4730.

GENERA DUBIA. 4725—4729.

CLXXV. SCHIZANDRACEAE. Flores diclines. Calyx tri-hexaphyllus. Corollae petala 6—9, libera. Stamina indefinita, libera v. antheris inter se cohaerentia. Ovaria plurima, unilocularia, ovulis geminis, superpositis, pendulis. Fructus baccatus. Embryo in basi albuminis carnosi, aequabilis minimus. — Frutices sarmentosi, foliis integerrimis v. denticulatis, exstipulatis. *Gen.* 4731—4734.

CLXXVI. MAGNOLIACEAE. Flores hermaphroditi. Calyx tri- rarius di-tetra-hexaphyllus. Corollae petala 6 v. plurima, libera. Ovaria plurima, unilocularia, ovulis geminis collateralibus v. superpositis, v. plurimis, pendulis. Capsulae dehiscentes v. indehiscentes, coalitae, mono-pleiospermae. Semina arillo carnoso, saepissime colorato, funiculo extensili. Embryo in basi albuminis aequabilis minimus. — Folia integerrima, stipulata. *Gen.* 4735—4745.

I. Magnolieae. Ovaria secus torum spicata. — Folia epunctata v. obsolete pellucide punctata. Stipulae deciduae. *Gen.* 4735—4740.

II. Illicieae. Ovaria simplici serie verticillata. — Folia pellucide punctata. Stipulae caducae v. nullae. *Gen.* 4741—4745.

CLXXVII. DILLENIACEAE. Flores saepissime hermaphroditi, symmetrici v. staminibus unilateralibus asymmetrici. Calyx liber, pentaphyllus. Corollae petala 5, libera. Stamina indefinita. Ovaria plura, libera, unilocularia, ovulo unico erecto, v. pluribus adscendentibus. Capsulae folliculares v. baccatae, mono-di-polyspermae. Semina saepissime arillata.

Embryo in basi albuminis minimus. *Gen.* 4746—4767.

1. **Dilleneae.** Antherarum connectivum aequale v. apice angustatum, loculi lineares. *Gen.* 4746—4758.

2. **Delimeae.** Antherarum connectivum apice dilatatum, loculi subrotundi. *Gen.* 4759—4767.

CLXXVIII. RANUNCULACEAE. Calyx liber, tri-penta-hexaphyllus, interdum coloratus. Petala nunc nulla, nunc calycis foliolis numero aequalia, dupla v. multipla, forma varia, plana v. varie effigurata. Stamina indefinita. Ovaria pauca v. plurima, libera, unilocularia, uni-pluriovulata. Achenia monosperma, v. capsulae folliculares, pleiospermae. Semina erecta, horizontalia v. inversa. Embryo in basi albuminis cornei minimus. *Gen.* 4768—4804.

1. **Clematideae.** Calyx coloratus, aestivatione valvatus v. induplicatus. Corolla nulla v. petala calyce breviora, plana. Achenia stylis barbato-plumosis caudata. Semen inversum. *Gen.* 4768—4770.

2. **Anemoneae.** Calyx saepissime coloratus, aestivatione imbricatus. Corolla nulla v. petala plana, rarissime ungue tubuloso. Achenia saepe stylis barbatis caudata. Semen inversum. *Gen.* 4771—4781.

3. **Ranunculeae.** Calyx aestivatione imbricatus. Corollae petala ungue tubuloso, bilabiata, labio interiore squamaeformi v. nullo. Achenia sicca. Semen erectum. *Gen.* 4782—4785.

4. **Helleboreae.** Calyx corollinus, aestivatione imbricatus. Corolla nulla v. petala irregularia, saepius bilabiata Capsulae folliculares, polyspermae, liberae v. basi coalitae, sutura ventrali dehiscentes. *Gen.* 4786—4797.

5. **Paeonieae.** Calyx corollinus v. foliaceus, aestivatione imbricatus. Corolla nulla v. planipetala, rarissime petalis basi nectariferis. Ovaria multiovulata, rarius uniovulata. Capsulae dehiscentes v. baccatae, abortu saepe monospermae. *Gen.* 3798—4804.

CLXXIX. BERBERIDEAE. Calyx tri-tetra-enneaphyllus, foliolis uni-triseriatis. Corollae petala basi biglandulosa v. ungue poro instructa. Stamina petalis numero aequalia et opposita, rarius dupla. Antherae extrorsae, biloculares, valvulis a basi revolutis v. rimis longitudinalibus dehiscentes. Ovarium unicum, uniloculare, ovulis juxta placentam parietalem indefinitis, v. e basi erectis definitis. Bacca v. capsula evalvis, v. operculo dimidiato aperta, v. siliquaeformis bivalvis, valvula altera medio seminifera. Embryo in axi albuminis carnosi. *Gen.* 4805—4815.

Classis XLIII. Rhoeadeae.

Calyx liber, deciduus. Corollae petala libera, hypogyna, aequalia v. interdum asymmetrica, rarissime nulla. Stamina hypogyna, indefinita v. definita, libera v. rarissime diadelpha. Ovarium unicum, e carpidiis duobus v. pluribus conflatum, uni-biloculare. Ovula solitaria v. plurima. Fructus capsularis, siliquosus, nucamentaceus v. baccatus. Embryo in basi albuminis minimus, v. exalbuminosus, curvatus.

CLXXX. PAPAVERACEAE. Calyx di- rarissime triphyllus. Petala calycis foliolis dupla v. quadrupla. Stamina indefinita, libera, v. sex diadelpha. Ovarium sessile, uniloculare, placentis intervalvularibus. Capsula v. bacca. Semina albuminosa. *Gen.* 4816—4844.

I. **Papavereae.** Stamina libera. Petala regularia, rarius nulla. Succus lacteus, rarius aqueus. *Gen.* 4816—4832.

a. ARGEMONEAE. Succus saepissime croceus. *Gen.* 4816—4826.

α. Bocconieae. Petala nulla v. aestivatione haud corrugata. *Gen.* 4816—4818.

β. Papavereae verae. Petala aestivatione corrugato-plicata. *Gen.* 4819—4826.

b. HUNNEMANIEAE. Succus aqueus. Capsula bivalvis, valvis margine seminiferis. *Gen.* 4827—4829.

c. PLATYSTEMONEAE. Succus aqueus. Capsula trivalvis, valvis margine seminiferis, v. capsulae plures, liberae, in articulos monospermos secedentes. *Gen.* 4830—4832.

II. **Fumariaceae.** Stamina libera v. in phalanges connata. Petala disparia. — Succus aqueus. *Gen.* 4833—4844.

d. HYPECOEAE. Stamina libera. *Gen.* 4833—4834.

e. FUMARIEAE. Stamina in phalanges duas connata. *Gen.* 4835—4844.

α. Dicentreae. Corollae petalum anticum et posticum conformia, basi saccata v. calcarata. *Gen.* 4835—4837.

β. Corydalideae. Corollae petalum posticum basi saccatum v. calcaratum, anticum planum. *Gen.* 4838—4844.

CLXXXI. CRUCIFERAE. Calyx tetraphyllus. Corollae petala 4. Stamina 6, tetradynama. Ovarium sessile, biloculare v. rarissime uniloculare, placentis intervalvularibus duabus. Fructus siliquosus, siliculosus, nucamentaceus v. lomentaceus. Semina exalbuminosa. Embryo curvatus. *Gen.* 4845—4982.

I. **Pleurorhizeae.** Cotyledones planae, radiculae rimali accumbentes. (O=) *Gen.* 4845—4901.

1. ARABIDEAE. Siliqua elongata v. rarius abbreviata, teres v. compressa, bivalvis v. interdum evalvis, valvis planis, subconvexis aut carinatis. Semina plurima. uni-biseriata. Cotyledones septo parallelae, marginibus placentas spectantes, radicula adscendente placentam oppositam spectante. *Gen.* 4845—4862.

2. ALYSSINEAE. Silicula bivalvis v. rarius indehiscens, septo lato, valvis septo parallelis, planis v. concavis. Cotyledones septo parallelae v. rarissime contrariae. *Gen.* 4863—4883.

* SELENIEAE. *Gen.* 4884.

3. THLASPIDEAE. Silicula bivalvis, septo contrarie compressa, valvis navicularibus. Cotyledones septo

contrariae, radicula ascendente v. interdum descendente, septum v. valvarum carinam spectante. *Gen.* 4885—4891.

* CREMOLOBEAE. *Gen.* 4892—4893.

4. ANASTATICEAE. Silicula oblonga v. ovalis, valvis longitudinaliter dehiscentibus, intus in septula loculos monospermos constituentia productis. Semina pauca, compressa. Cotyledones planae, accumbentes. *Gen.* 4894—4895.

5. EUCLIDIEAE. Silicula indehiscens, valvis concavis, indistinctis v. pertinaciter connatis, septo elliptico, interdum evanido. Cotyledones septo dum adest parallelae. *Gen.* 4896—4898.

6. CAKILINEAE. Siliqua v. silicula transverse in articulos uni-biloculares, mono-dispermos secedens. Cotyledones septo dum adest parallelae. *Gen.* 4899—4901.

II. Notorhizeae. Cotyledones planae, radiculae exacte dorsali incumbentes. (O||) *Gen.* 4902—4947.

7. SISYMBRIEAE. Siliqua elongata v. rarissime abbreviata, bilocularis v. rarissime unilocularis, bivalvis, rarissime indehiscens, valvis planiusculis, concavis v. carinatis. Semina plurima, uni-biseriata. Cotyledones septo parallelae. Radicula adscendens, placentam oppositam spectans. *Gen.* 4902—4917.

8. CAMELINEAE. Silicula ovata v. oblonga, dissepimento parallele compressa v. turgida, bilocularis, bivalvis, valvis planis v. convexis. Semina plurima, biseriata. Cotyledones septo contrariae. Radicula adscendens, placentae oppositae parallela. *Gen.* 4918—4926.

9. LEPIDINEAE. Silicula septo angustissimo, valvis carinatis v. valde concavis. Semina in loculis solitaria v. pauca. Cotyledones septo parallelae. *Gen.* 4927—4935.

10. ISATIDEAE. Silicula indehiscens, abortu monosperma v. rarissime disperma. Semina pendula v. rarissime horizontalia. *Gen.* 4936—4943.

11. ANCHONIEAE. Silicula indehiscens, transversim in articulos clausos, saepissime monospermos secedens. *Gen.* 4944—4947.

III. Orthoploceae. Cotyledones incumbentes, longitudinaliter plicatae, radiculam dorsalem in plicatura foventes. (O>>) *Gen.* 4948—4972.

12. BRASSICEAE. Siliqua elongata, teretiuscula, bivalvis, septo lineari, valvis plerumque concavis. Semina plurima, uni-biseriata. *Gen.* 4948—4956.

13. VELLEAE. Silicula bivalvis, septo lato, elliptico, valvis concavis. Semina in loculis 2 v. 1, rarissime plurima, subglobosa. *Gen.* 4957—4961.

14. PSYCHINEAE. Silicula bivalvis, a latere compressa, septo angustissimo, valvis carinatis v. navicularibus, aut in alam dorsalem expansis. Semina plurima, compressa. *Gen.* 4962—4963.

15. ZILLEAE. Silicula indehiscens, subglobosa, uni-bilocularis, valvis indistinctis. Semina in loculis solitaria, globosa. *Gen.* 4964—4966.

16. RAPHANEAE. Silicula v. siliqua articulata sive lomentacea, rarius subcontinua, plerumque in articulos mono-polyspermos, clausos secedens. Semina saepissime globosa. *Gen.* 4967—4972.

IV. Spirolobeae. Cotyledones lineares, incumbentes, circinnatim convolutae. *Gen.* 4973—4974.

17. BUNIADEAE. Silicula nucamentacea, indehiscens, bilocularis, loculis septo transverso bipartitis, locellis monospermis. Cotyledones circinnatae. *Gen.* 4973.

18. ERUCARIEAE. Siliqua lomentaceo-articulata, articulo inferiore bi-superiore uniloculari, ensiformi. Cotyledones replicatae, subcircinnatae. *Gen.* 4974.

V. Diplecolobeae. Cotyledones lineares, incumbentes, bis transversim plicatae. *Gen.* 4975—4982.

19. SENEBIEREAE. Silicula didyma, valvis ventricosis, clausis, loculis monospermis. *Gen.* 4975—4976.

20. SUBULARIEAE. Silicula ovalis, bivalvis, septo elliptico, valvis convexis, loculis polyspermis. *Gen.* 4977.

21. HELIOPHILEAE. Siliqua elongata, oblonga v. ovalis, bivalvis, septo lineari v. ovali, valvis planis v. compressiusculis, loculis polyspermis. *Gen.* 4978—4979.

* SCHIZOPETALEAE. *Gen.* 4980.

Genera dubia. *Gen.* 4981—4982.

CLXXXII. CAPPARIDEAE. Calycis foliola 4 libera, v. plus minus inter se coalita. Corollae petala 4, rarius 8, saepius nulla. Stamina 6, 8 v. plurima. Ovarium saepissime stipitatum, uniloculare, placentis intervalvularibus duabus v. pluribus. Fructus capsularis siliquaeformis, v. baccatus. Semina exalbuminosa. Embryo arcuatus v. conduplicatus. *Gen.* 4983—5006.

I. Cleomeae. Fructus capsularis. *Gen.* 4983—4990.

II. Cappareae. Fructus baccatus. *Gen.* 4991—5006.

Genera dubia. 5007—5008.

Genera Capparideis affinia. 5009.

CLXXXIII. RESEDACEAE. Calyx quadri-septempartitus. Corollae petala 4—7, rarissime 2, v. nulla, tri-multifida. Stamina 3—40, disco carnoso, postice producto intus inserta. Ovarium sessile v. stipitatum, uniloculare, apice apertum, placentis intervalvularibus 3—6. Capsula polysperma. Semina exalbuminosa. Embryo hippocrepicus. *Gen.* 5010—5014.

CLXXXIV. DATISCEAE. Flores saepissime unisexuales, apetali. Calyx cum ovario connatus. Ovarium uniloculare, vertice saepius hians, placentis in nervo medio foliorum carpicorum sitis. Capsula polysperma. Embryo in axi albuminis carnosi orthotropus. *Gen.* 5015—5016.

Classis XLIV. Nelumbia.

Calyx liber v. mediante toro cum ovario cohaerens. Corollae petala plura, hypogyna, v. toro ovaria includenti diversa altitudine inserta. Stamina plurima, rarissime definita, cum petalis inserta. Ovaria plura, distincta v. coalita. Fructus baccatus v. nucamentaceus. Semina albuminosa v. exalbuminosa. — Herbae aquaticae.

CLXXXV. NYMPHAEACEAE. Petala toro ovaria includenti, ovariis v. simul etiam calyci adnato inserta. Ovaria plura, verticillatim inter se et cum toro in ovarium multiloculare, multiovulatum, coalita. Semina plurima. Embryo intra sacculum nuclei inclusus, albuminis cavitati superficiali immersus. *Gen.* 5017—5022.

1. Euryaleae. Calyx tubo cum ovario connato. Corollae petala libera. *Gen.* 5018—5019.

2. Nupharinae. Calyx liber. Corollae petala libera. *Gen.* 5020—5021.

3. Barclayeae. Calyx liber. Corolla gamopetala. *Gen.* 5022.

* SARRACENIACEAE. *Gen.* 5023.

CLXXXVI. CABOMBEAE. Corollae petala hypogyna. Ovaria 2 v. plurima, libera, unilocularia, ovulis 2—3 juxta suturam ventralem superpositis. Embryo intra sacculum nuclei inclusus, albuminis cavitati superficiali immersus. *Gen.* 5024—5025.

CLXXXVII. NELUMBONEAE. Corollae petala ad basim tori truncati inserta. Ovaria plurima, tori foveolis singillatim immersa, unilocularia, ovulo unico v. duobus in funiculo e basi loculi adscendente pendulis. Embryo exalbuminosus. *Gen.* 5026.

Classis XLV. Parietales.

Calyx liber v. cum ovario connatus. Corollae petala hypogyna v. perigyna, interdum nulla. Stamina definita v. indefinita. Ovarium saepissime uniloculare, placentis parietalibus, saepissime multiovulatis. Fructus nunc superus, capsularis v. baccatus, valvis medio seminiferis, nunc inferus, placentis cum valvis alternantibus. Embryo in axi albuminis rectus, rarius subexcentricus, arcuatus v. spiralis.

CLXXXVIII. Cistineae. Corolla regularis hypogyna. Stamina indefinita. Ovarium liberum, placentis parietalibus 3—5. Stylus simplex. Capsula valvis medio seminiferis. Embryo antitropus. *Gen.* 5027—5032.

CLXXXIX. DROSERACEAE. Corolla regularis hypogyna. Stamina petalis numero aequalia v. dupla, rarius tripla v. quadrupla. Ovarium liberum, placentis parietalibus 3—10. Stylus divisus. Capsula valvis medio seminiferis. Embryo orthotropus. *Gen.* 5033—5038.

* PARNASSIEAE. *Gen.* 5039.

CXC. VIOLARIEAE. Corolla irregularis v. rarius regularis, hypogyna. Stamina petalis numero aequalia. Ovarium liberum, placentis parietalibus tribus. Stylus simplex. Capsula trivalvis, valvis medio seminiferis. Embryo orthotropus. *Gen.* 5040—5049.

1. Violeae. Flores irregulares, petalo postico dissimili, rarius petalis longe unguiculatis subregularis. *Gen.* 5040—5046.

2. Alsodineae. Flores regulares, petalis brevissime unguiculatis, basi oblique imbricatis, apice patentibus. *Gen.* 5047—5049.

CXCI. SAUVAGESIEAE. Calyx quinquepartitus v. pentaphyllus. Corolla regularis, hypogyna. Stamina petalis plura, extima sterilia. Ovarium liberum, placentis parietalibus, v. juxta dissepimenti incompleti marginem superiorem. Stylus simplex. Capsula trivalvis, valvis margine seminiferis. Embryo orthotropus. *Gen.* 5050—5052.

CXCII. FRANKENIACEAE. Calyx longe tubulosus, quadri-quinquefidus. Corollae regularis petala hypogyna, longe unguiculata. Stamina saepissime 6. Ovarium liberum, placentis parietalibus 3 v. 4. Stylus stigmatibus 3 v. 4 distinctis. Capsula tri-quadrivalvis, valvis medio inferne seminiferis. Embryo orthothropus. *Gen.* 5053.

* FOUQUIERACEAE 5054—5055.

CXCIII. TURNERACEAE. Calyx breviter tubulosus. Corollae petala 5, perigyna. Stamina 5, subhypogyna. Ovarium liberum, placentis parietalibus 3. Styli 3. Capsula trivalvis, valvis medio seminiferis. Semina strophiolata. Embryo orthotropus. *Gen.* 5056—5058.

CXCIV. SAMYDEAE. Calyx tubulosus, quadri-quinquefidus. Corolla nulla. Stamina perigyna, calycis laciniis numero dupla, tripla v. quadrupla, basi monadelpha, omnia fertilia v. alterna sterilia. Ovarium liberum, placentis parietalibus 3 v. 5. Stylus simplex v. trifidus. Capsula tri-quinquevalvis, valvis medio seminiferis. Embryo in apice albuminis minimus, orthotropus. *Gen.* 5059—5060.

CXCV. BIXACEAE. Calyx partitus v. foliolis distinctis. Corolla hypogyna v. nulla. Stamina indefinita, hypogyna v. subperigyna. Ovarium liberum, placentis parietalibus duabus v. pluribus. Stylus simplex v. ad basim partitus. Bacca, v. capsula valvis medio seminiferis. Embryo orthotropus. *Gen.* 5061—5084.

1. Bixineae. Stylus simplex. Fructus dehiscens. *Gen.* 5061—5065.

2. Prockieae. Stylus simplex. Fructus indehiscens. *Gen.* 5066—5078.

3. Flacourtianeae. Stylus multiplex. Fructus indehiscens. *Gen.* 5079—5081.

4. Kiggelarieae. Stylus multiplex. Fructus dehiscens *Gen.* 5082—5084.

* PANGIACEAE 5085

CXCVI. HOMALINEAE. Perigonium liberum v. basi cum ovario connatum, laciniis interioribus petaloideis. Stamina calycis fauci inserta, ante limbi lacinias interiores plura, ante exteriores pauciora v. nulla. Ovarium plus minus aduatum, placentis parietalibus, versus basim deliquescentibus. Bacca v. capsula valvis medio seminiferis. Embryo orthotropus. *Gen.* 5086—5092.

CXCVII. PASSIFLOREAE. Perigonium liberum, corollinum. Stamina perigonii fauci v. basi inserta, nunc hypogyna, cum ovarii stipite coalita. Ovarium stipitatum, placentis parietalibus tribus v. quinque. Styli 3 v. 5 apicales. Bacca, v. capsula valvis medio seminiferis. Embryo orthotropus. *Gen.* 5093—5107.

1. Paropsieae. Flores hermaphroditi. Ovarium sessile v. stipitatum. Fructus capsularis. — Caules non scandentes, ecirrhosi. *Gen.* 5093—5095.

2. Passifloreae verae. Flores hermaphroditi. Ovarium stipitatum. Fructus baccatus v. rarius capsularis. — Caulis scandens, pedicellis axillaribus cirrhosis. *Gen.* 5096—5102.

3. Modecceae. Flores unisexuales. Ovarium stipitatum Fructus capsularis. — Caulis scandens, pedicellis cirrhosis. *Gen.* 5103—5107.

CXCVIII. MALESHERBIACEAE. Calyx tubulosus v. campanulatus, corona faucis membranacea. Corollae petala 5, calycis fauci inserta. Stamina 5, hypogyna, cum ovarii stipite coalita. Ovarium stipitatum, placentis parietalibus 3. Styli 3, dorsales. Capsula trivalvis, valvis medio seminiferis. Embryo orthotropus. *Gen.* 5108—5109.

CXCIX. LOASEAE. Calyx tubo cum ovario connato. Corollae petala calycis fauci inserta, ejusdem laciniis saepe dupla, saepissime fornicato-concava. Stamina definite plura, exteriora plerumque in phalanges coalita, interiora sterilia. Capsula infera, (rarissime baccata) placentis intervalvularibus. *Gen.* 5110—5118.

CC. PAPAYACEAE. Flores diclines. Masc. Calyx quinquedentatus. Corolla gamopetala, quinquepartita. Stamina 10, corollae fauci inserta. Fem. Calyx liber. Corolla hypogyna, pentapetala. Ovarium liberum, placentis parietalibus 5. Stylus simplex. Stigma radiato-quinquelobum. Bacca pulposa. *Gen.* 5119—5120.

Classis XLVI. Peponiferae.

Flores saepissime unisexuales. Calyx et corolla pentamera, saepissime gamopetala. Stamina 5 v. pauciora, libera v. coalita, rarissime plura. Ovarium inferum, uni-pluriloculare, uni-multiovulatum. Bacca v. capsula. Semina exalbuminosa v. albuminosa.

CCI. NHANDIRHOBEAE. Stamina 5 v. 10, alterna tunc sterilia. Ovarium inferum v. semiinferum. Styli 3 distincti. Bacca trilocularis, loculis ob columnam crassam parieti admotis, oligospermis, seminibus e basi erectis. Embryonis exalbuminosi cotyledones crassae, carnosae. Cirrhi axillares. *Gen.* 5121—5122.

CCII. CUCURBITACEAE. Stamina 5, nunc 3 v. 4, libera, monadelpha v. per paria coalita. Ovarium inferum, uni-multiloculare, uni-multiovulatum. Bacca. Embryonis exalbuminosi cotyledones foliaceae v. rarius carnosae. Cirrhi e stipula laterali abortiva. *Gen.* 5123—5151.

1. Telfairieae. Carpidiorum margines seminiferi intra loculum porrecti, parietem haud attingentes. Semina plurima, nucamentacea, cotyledonibus carnosis. *Gen.* 5123.

2. Cucurbiteae. Carpidiorum margines revoluti, parietem attingentes. Semina plurima. Cotyledones foliaceae. *Gen.* 5124—5145.

a. Coniandreae. Stamina 5, exserta. Antherae uniloculares, loculo lineari, recto, antice adnato. *Gen.* 5124—5125.

b. Melothrieae. Stamina 2—5. Antherae biloculares, loculis connectivum integrum marginantibus, rectis v. inflexis. *Gen.* 5126—5129.

c. Bryonieae. Stamina 5, saepissime triadelpha. Antherae uniloculares, loculo lineari, connectivum lobatum gyrose marginante. *Gen.* 5130—5136.

d. Cucumerineae. Stamina 5, saepissime triadelpha. Antherae plus minus connatae, loculis linearibus, extus adnatis, sursum et deorsum flexis. *Gen.* 5137—5142.

e. Cyclanthereae. Stamina monadelpha, columnae apice in discum orbiculatum, margine antheriferum dilatato. *Gen.* 5143.

Genera minus nota. *Gen.* 5144—5145.

3. Sicyoideae. Ovarium uniloculare. Ovulum unicum, ex apice loculi pendulum. *Gen.* 5146—5147.

Genera penitus dubia. 5148—5151.

* GRONOVIEAE. *Gen.* 5152.

CCIII. BEGONIACEAE. Stamina plurima. Ovarium inferum, triloculare, multiovulatum. Capsula trialata, loculicide trivalvis, polysperma. Embryo in axi albuminis carnosi. *Gen.* 5153.

Classis XLVII. Opuntiae.

Calyx cum ovario connatus, limbo multiplici, sensim in petala pluri-multiseriata transeunte. Stamina indefinita, libera. Ovarium inferum, uniloculare, placentis ad suturas parietalibus tribus v. plurimis, multiovulatis. Bacca polysperma. Embryo exalbuminosus v. albumine parco inclusus, rectus v. arcuatus.

CCIV. CACTEAE. Arbores v. frutices habitu peculiari, succo aqueo v. lacteo, foliis nullis v. alternis simplicibus. *Gen.* 5154—5162.

1. Tubulosae. Corolla tubo supra ovarium producto. *Gen.* 5154—5159.

2. Rotatae. Corolla rotata, tubo supra ovarium haud producto. *Gen.* 5160—5162.

Classis XLVIII. Caryophyllinae.

Calyx liber v. rarissime cum ovario connatus. Corollae petala et stamina definita v. rarissime indefinita, hypogyna v. perigyna. Ovaria rarissime plura, plerumque unicum, placentis basilaribus e loculorum angulo centrali, rarissime e nervo medio carpidiorum. Ovula saepissime amphitropa. Embryo periphericus, curvatus v. annularis, albumen farinaceum cingens.

CCV. MESEMBRYANTHEMEAE. Calyx tubo cum ovario connato. Corollae petala et stamina indefinita, summo calycis tubo inserta. Ovarium pluriloculare, placentis carpidiorum nervo medio adnatis, fundum loculi occupantibus. Capsula depresso-radiata, multivalvis. *Gen.* 5163.

CCVI. PORTULACACEAE. Calyx liber v. cum ovario connatus, diphyllus v. triquinquefidus. Corolla nulla v. petala definita, basi interdum coalita, tenerrima, fluxa. Stamina hypogyna v. perigyna, calycis laciniis numero aequalia et alterna, v. dupla, tripla aut indefinita. Fructus uni-octolocularis, mono-polyspermus, indehiscens v. operculo aut loculicide dehiscens, interdum calyce adnato drupaceus. *Gen.* 5164—5195.

1. Tetragonieae. Calycis tri-quinquefidi tubus cum ovario connatus. Corolla nulla. Ovarium tri-novemloculare, loculis uniovulatis. Fructus drupaceus v. nucamentaceus, ad angulos costatus v. alatus, uni-novemlocularis. Semina in loculis solitaria, pendula. *Gen.* 5164.

2. Aizoideae. Calyx liber, quadri-quinquefidus v. partitus. Corolla nulla. Styli 2—5. Capsula lignosa, bi-quinquelocularis, abortu interdum unilocularis, ad angulos loculicide dehiscens. Semina in loculis 1—10, ex apice columnae centralis pendula. *Gen.* 5165—5167.

3. Sesuvieae. Calyx quinquefidus, rarius bifidus v. bipartitus, liber v. tubo ovario semiadnato. Corolla nulla, v. rarius petala 4—6. Ovarium uni-quinqueloculare, loculis multiovulatis. Capsula circumscisse dehiscens. *Gen.* 5168—5174.

4. Portulacarieae. Calyx diphyllus, liber, persistens. Corolla persistens. Ovarium uniloculare, ovulo unico basifixo. Stigmata 3. Capsula triptera, indehiscens, monosperma. *Gen.* 5175.

5. Calandrinieae. Calyx liber, diphyllus, bipartitus v. bifidus, rarissime trifidus. Corollae petala libera v. basi in tubum coalita, rarissime nulla. Ovarium uniloculare. Capsula valvata. *Gen.* 5176—5183.

6. Mollugineae. Calyx liber, quinquepartitus, rarius quinquefidus, rarissime quadripartitus, persistens. Ovarium nunc uniloculare, multiovulatum, nunc tri quinqueloculare, loculis uni-multiovulatis. Ovula basilaria v. anguli centralis medio aut omni ejusdem longitudini funiculis distinctis inserta. Capsula loculicide valvata. *Gen.* 5184—5193.

7. Polpodeae. Calyx liber, quadripartitus, laciniis petaloideis, fimbriato-laceris. Corolla nulla. Stamina 4, hypogyna. Capsula obcordata, bilocularis, bivalvis, disperma, seminibus medio columnae centralis insertis. *Gen.* 5194.

8. Adenogrammeae. Calyx quinquepartitus. Corolla nulla. Stamina 5. Ovarium uniloculare, ovulo unico. Stylus filiformis, stigmate capitato. Capsula indehiscens, monosperma. *Gen.* 5195.

Genus Portulaceis affine. 5196.

CCVII. CARYOPHYLLEAE. Calyx liber v. rarissime adnatus, gamophyllus, quadri-quinquedentatus. Corollae petala 4 v. 5, rarius pauciora, interdum nulla. Stamina calycis laciniis numero aequalia et opposita, rarius pauciora, nunc dupla, interiora interdum castrata. Ovarium sessile v. stipitatum, uni-pluriloculare, uni-multiovulatum. Stigmata distincta. utriculus indehiscens v. basi dehiscens, rarisrime fructus nucamentaceus, saepissime capsula valvis v. dentibus dehiscens, quandoque baccata. *Gen.* 5197—5253.

1. Paronychieae. Herbae v. suffrutices, foliis oppositis v. rarius alternis, scarioso stipulatis. *Gen.* 5197—5220.

1. ILLECEBREAE. Flores exappendiculati. Calycis laciniae plerumque rigide mucronatae v. spinescentes. Ovarium uniovulatum. Fructus utricularis v. rarissime nucamentaceus. Seminis chalaza cum umbilico confluens. Embryo annularis, curvatus v. rarissime rectiusculus. *Gen.* 5197—5203.

a. Corrigioleae. Fructus nucamentaceus, calyce membranaceo inclusus. — Folia alterna. *Gen.* 5197.

b. Euparonychieae. Utriculus membranaceus, indehiscens v. a basi in lacinias plures apice cohaerentes apertus, calyce membranaceo v. indurato-cartilagineo inclusus. — Folia inferiora opposita, summa alterna, rarissime pseudo-verticillata. *Gen.* 5198—5203.

Genera non satis nota. *Gen.* 5204—5205.

2. PTERANTHEAE. Flores axillares ternati, appendiculis lateralibus pinnatipartitis, simplicibus v. ramosis. Ovarium uniovulatum. Utriculus membranaceus, indehiscens, calyce inclusus. Seminis chalaza lateralis ab umbilico remota. *Gen.* 5206—5207.

3. POLLICHIEAE. Calyx quinquedentatus, tubo urceolato, fructifero baccato. Ovarium biovulatum, ovulis basilaribus, filo conductorio centrali. Utriculus indehiscens, monospermus, ovulo altero efoeto. *Gen.* 5208.

4. TELEPHIEAE. Calyx quinquepartitus. Ovarium incomplete tri-quadriloculare, pluriovulatum. Folia alterna. *Gen.* 5209.

5. POLYCARPEAE. Ovarium uniloculare, pluri-multiovulatum, columella centrali distincta v. obsoleta. Capsula apice in valvas stylorum numero dehiscens, oligopolysperma. Folia opposita v. pseudo-verticillata. *Gen.* 5210—5220.

a. Löflingieae. Calycis laciniae margine supra basin setaceo appendiculatae. *Gen.* 5210.

b. Sperguleae. Calycis laciniae margine haud appendiculatae. *Gen.* 5211—5220.

2. Sclerantheae. Herbae foliis oppositis, exstipulatis. Stamina tubi calycini fauci inserta. Ovarium uni-biovulatum. Utriculus monospermus, calycis tubo indurato, fauce constricto inclusus. *Gen.* 5221—5223.

3. Alsineae. Herbae v. suffrutices, foliis oppositis, exstipulatis. Stamina perigyna v. subhypogyna. Ovarium pluri- rarissime uniovulatum. Styli a basi distincti. Capsula simplici v. duplici stylorum numero in dentes v. valvas dehiscens. *Gen.* 5224—5242.

1. SABULINEAE. Ovarium uniloculare. Capsula simplici loborum calycis numero in valvas dehiscens, valvis integerrimis. *Gen.* 5224—5230.

a. Sagineae. Styli tot quot calycis laciniae, iisdem alterni. Capsulae valvulae calycis laciniis oppositae. *Gen.* 5224.

b. Eualsineae. Calyx quadri-quinquepartitus. Styli 2—3, interdum 4—5, calycis laciniis in aestivatione exterioribus v. omnibus oppositi. Capsulae valvulae calycis laciniis alternae v. dum iisdem pauciores interioribus oppositae. *Gen.* 5225—5230.

2. MERKIEAE. Ovarium incomplete v. complete tri-quinqueloculare. Capsula in valvas tot quot styli dehiscens, valvis integerrimis. *Gen.* 5231—5232.

3. STELLARINEAE. Ovarium uniloculare. Styli 2—5, calycis laciniis alterni et oppositi. Capsula duplo stylorum numero in valvas integerrimas dehiscens, v. valvis tot quot styli, apice bidentatis bifidisve. *Gen.* 5233—5242.

a. Arenarieae. Styli 2—3, rarissime 4 v. 5, calycis laciniis oppositi. Capsula globosa, ovoidea v. oblonga, rarissime conica. *Gen.* 5233—5240.

b. Cerastieae. Styli 5, rarissime 4 v. 3, calycis laciniis oppositi. Capsula cylindrica v. cylindrico-conica, recta v. incurva, duplo stylorum numero dentibus dehiscens. *Gen.* 5241.

c. Malachieae. Petala bipartita. Styli 5, calycis laciniis alterni. Capsula ovoideo-pentagona, simplici stylorum numero in valvas apice bidentatas, calycis laciniis oppositas dehiscens. *Gen.* 5242.

4. Sileneae. Herbae v. suffrutices, foliis oppositis, exstipulatis. Calyx gamophyllus. Petala cum staminibus gynophori plus minus distincti apici hypogyne inserta. *Gen.* 5243—5253.

a. Diantheae. Capsula apice dentibus v. valvulis dehiscens, polysperma. Semina placentae columellari peltatim affixa. Embryo excentricus, rectus. *Gen.* 5243—5244.

b. Lychnideae. Capsula apice dentibus v. valvulis dehiscens, rarissime baccata, polysperma. Semina umbilico marginali funiculis distinctis affixa. Embryo periphericus, annularis v. hemicyclicus. *Gen.* 5245—5251.

c. Drypideae. Capsula inferne membranacea, superne chartacea v. crustacea, medio transversim irregulariter rumpens, mono-oligosperma. Semina umbilico apicali. Embryo periphericus, annularis v. subspiralis. *Gen.* 5252—5253.

CCVIII. PHYTOLACCACEAE. Calyx liber, quadri-quinquepartitus. Corolla nulla v. petala perigyna 4—5, aut interdum pauciora. Stamina calycis laciniis numero aequalia et alterna, v. plura, interdum indefinita. Ovaria plura verticillata, v. interdum unicum, excentricum, ovulo unico, stylis introrsum lateralibus. Fructus utricularis, baccatus, cocciformis, nucamentaceus v. samaroideus. *Gen.* 5254—5263.

I. Petiverieae. Cotyledones convolutae. Folia stipulata. *Gen.* 5254—5257.

1. Petiverieae verae. Embryo rectus v. curvatus, cotyledonibus convolutis, albumine parco v. nullo. *Gen.* 5254—5255.

2 Rivinieae. Embryonis annularis albumen farinaceum cingentis cotyledon exterior major, interiorem minorem involutam amplectens. *Gen.* 5256—5257.

II. Phytolacceae. Cotyledones planae v. plano-convexae. Folia exstipulata. *Gen.* 5258—5263.

3. Limeae. Seminum testa membranacea. *Gen.* 5258—5259.

4. Giesekieae. Seminum testa crustacea. *Gen.* 5260—5263.

* GYROSTEMONEAE. *Gen.* 5264—5265.

Classis XLIX. Columniferae.

Calyx liber, aestivatione valvatus. Corollae petala hypogyna, calycis laciniis numero aequalia et alterna, aestivatione convolutiva, saepe nulla. Stamina indefinita, saepissime monadelpha, v. definita. Carpidia uni-multiovulata, libera v. cum axi centrali et inter se coalita. Fructus capsularis, rarius baccatus v. nucamentaceus. Embryo albumine parco, mucilaginoso v. carnoso solido inclusus, rarius exalbuminosus. Cotyledones foliaceae, corrugatae v. plicatae aut carnosae.

CCIX. MALVACEAE. Calyx persistens v. rarissime deciduus. Corollae petala 5, saepissime basi unguibus inter se et cum tubo stamineo connata. Stamina indefinita. Antherae simplices, receptaculo pollinifero unico. *Gen.* 5266—5296.

1. Malopeae. Calyx involucello cinctus v. rarius nudus. Carpidia plurima, unilocularia, monosperma, in capitulum congesta. *Gen.* 5266—5268.

2. Malveae. Calyx involucello cinctus. Carpidia 5 v. plurima, verticillata, libera v. in capsulam polycoccam coalita. *Gen.* 5269—5275.

3. Hibisceae. Calyx involucello cinctus. Carpidia 3 v. 5, rarissime 10, in capsulam loculicide dehiscentem v. rarius indehiscentem coalita. *Gen.* 5276—5286.

4. Sideae. Calyx involucello nullo nudus. Carpidia 5 v. plura, verticillata, in capsulam loculicide dehiscentem connata v. in fructum polycoccum obiter coalita. *Gen.* 5287—5295.

Genus dubium. 5296.

CCX. STERCULIACEAE. Calyx deciduus. Corolla saepius nulla, nunc pentapetala. Stamina saepissime indefinita, monadelpha. Antherae biloculares v. subbiloculares. Folia simplicia v. palmatim composita. *Gen.* 5297—5321.

I. Bombaceae. Flores hermaphroditi. Calyx quinquefidus, saepe irregulariter divisus, aestivatione tunc obscura. Corolla regularis, rarissime nulla. Filamenta in tubum ovaria superantem coalita. Antherae solitariae v plures coadunatae, loculis distinctis v. confluentibus, saepe anfractuosis. Ovarium sessile. Fructus e carpidiis coalitis saepissime capsularis. Semina saepissime lana carpica v. pulpa involuta. Folia simplicia v. palmatim composita. *Gen.* 5297—5307.

Genus affine. *Gen.* 5308.
Genera dubia. *Gen.* 5309. 5310.

II. Helictereae. Flores hermaphroditi. Calyx et corolla saepissime irregularis. Stamina in tubum ovaria superantem v. carpophorum ambientem coalita, apicibus distincta. Ovarium sessile v. stipitatum. Fructus e carpidiis distinctis v. coalitis, mono-polyspermis. — Folia simplicia. *Gen.* 5311—5318.

1. MYRODIEAE. Tubus stamineus ultra ovarium sessile longe productus. Antherae sessiles v. subsessiles. *Gen.* 5311—5314.

2. EUHELICTEREAE. Tubus stamineus elongatus, ovarium stipitatum ambiens. Antherae in singulorum filamentorum apicibus liberis singulae. *Gen.* 5315—5316.

3. REEVESIEAE. Tubus stamineus elongatus, ovarium stipitatum ambiens. Antherae plures, supra tubi apicem sessiles. *Gen.* 5317—5318.

III. Sterculieae. Flores abortu unisexuales. Calyx regularis. Corolla nulla. Filamenta in tubum carpophoro connatum coalita. Antherae plus minus perfecte biloculares, curvato-oblongae, ad ovarii perfecti v. efoeti basim. Fructus e carpidiis follicularibus verticillatis, sutura ventrali dehiscentibus v. indehiscentibus. Folia simplicia v. palmatim composita, petioli apice tumido. *Gen.* 5319—5321.

CCXI. BÜTTNERIACEAE. Calyx deciduus v. persistens. Corolla pentapetala v. rarius nulla. Stamina petalis numero aequalia et alterna, nunc dupla v. multipla, sterilia calycis lobis opposita, v. omnia fertilia, varie coalita. Antherae biloculares. ·Folia simplicia. *Gen.* 5322—5357.

I. Lasiopetaleae. Calyx corollinus. Petala 5, minute squamaeformia v. nulla. Stamina libera v. basi coalita, fertilia 5 petalis opposita, sterilia nulla v. fertilibus solitarie alterna. Antherae extrorsae, incumbentes. Ovarium tri-quinqueloculare. Carpidia libera v. in capsulam loculicide dehiscentem coalita. Semina strophiolata. Embryo in axi albuminis carnosi orthotropus, rectus, cotyledonibus foliaceis, planis. *Gen.* 5322—5327.

II. Büttnerieae. Petala 5, sessilia v. unguiculata, concava v. fornicata, superne saepissime in ligulam producta. Tubus stamineus apice in lacinias plures fissus, laciniis sterilibus cum petalis alternantibus, fertilibus iisdem oppositis, mono-triantheriferis. Ovarium quinqueloculare. Fructus capsularis, loculicide v. septicide dehiscens. Semina nuda v. strophiolata. Embryo exalbuminosus, cotyledonibus plicatis v. convolutis, v. in axi albuminis carnosi rectus, cotyledonibus foliaceis, planis. *Gen.* 5328—5334.

* KLEINHOVIAE. 5335.

III. Hermannieae. Petala 5, plana. Stamina 5, petalis opposita, basi monadelpha, sterilia nulla. Ovarium uni-pluriloculare. Capsula loculicide dehiscens. Embryo in axi albuminis carnosi rectus v. homotrope arcuatus, cotyledonibus foliaceis, planis. *Gen.* 5336—5341.

IV. Dombeyaceae. Petala 5, plana. Stamina 15—40, rarissime omnia fertilia, pleromque 5 sterilia, ligulaeformia, petalis suboposita. Ovarium quinque-pluriloculare. Fructus capsularis, loculicide v. septicide dehiscens. Embryo intra albumen carnosum, parcum, cotyledonibus foliaceis, saepe bifidis, contortuplicatis, rarius planis. *Gen.* 5342—5353.

V. Eriolaeneae. Petala 5, plana. Stamina plurima, multiseriata, in columnam connata, omnia fertilia. Antherae biloculares, erectae. *Gen.* 5354—5355.

Genera dubia. 5356—5357.

* PHILIPPODENDREAE. *Gen.* 5358. 5359.

CCXII. TILIACEAE. Calyx deciduus. Corollae petala 4 v. 5, rarissime nulla. Stamina duplo v. multiplo petalorum numero, omnia fertilia v. extima sterilia, libera v. in phalanges connata. Antherae biloculares. Folia simplicia. *Gen.* 5360—5391.

I. Tiliaceae verae. Corolla nulla v. petala integra. Antherae longitudinaliter dehiscentes. *Gen.* 5360—5381.

1. Sloaneae. Corolla nulla. Americanae. *Gen.* 5360—5363.

2. Grevieae. Corollae petala integra. Amphigeae. *Gen.* 5364—5381.

Genera dubia 5382—5383.

II. Elaeocarpeae. Corollae petala incisa v. fimbriato-lacera. Antherae apice valvula transversa apertae. *Gen.* 5384—5391.

1. Elaeocarpeae verae. Fructus drupaceus. *Gen.* 5384—5386.

Genera dubia. 5387—5388.

2. Tricuspidarieae. Fructus capsularis v. baccatus. *Gen.* 5389—5391.

Classis LI. Guttiferae.

Calyx liber v. rarissime ovario adnatus, imbricatus. Corollae petala calycis foliolis numero aequalia et alterna v. plura, rarissime nulla. Stamina indefinita v. rarius definita, saepissime polyadelpha. Carpidia plura, in ovarium uni-pluriloculare coalita. Embryo rectus, saepissime exalbuminosus, rarissime albumine carnoso inclusus.

CCXIII. DIPTEROCARPEAE. Calyx pentamerus, foliolis liberis v. in tubum coalitis, limbi laciniis saepissime inaequalibus, demum inaequaliter auctis. Corollae petala 5, hypogyna, aestivatione convolutiva. Stamina plurima. Ovarium triloculare, loculis biovulatis, ovulis ex anguli centralis apice collateraliter pendulis. Fructus abortu unilocularis, monospermus. Embryonis orthotropi, exalbuminosi cotyledones maximae, saepe inaequales v. subfoliaceae, chrysaloideo-contortuplicatae. — *Folia alterna v. ad basim ramulorum opposita. Gen.* 5392—5396.

* LOPHIRACEAE. *Gen.* 5397.

CCXIV. CHLAENACEAE. Flores involucrati, v. involucello persistente, indurato v. baccato cincti. Calyx triphyllus, liber. Corollae petala 5 v. rarius sex. Stamina saepissime indefinita, rarius duplo petalorum numero. Ovarium triloculare, loculis nunc biovulatis, ovulis ex apice anguli centralis collateraliter pendulis, nunc multiovulatis, ovulis in angulo centrali biseriatis. Capsula trilocularis, loculis dispermis v. abortu unilocularis. Embryo in axi albuminis carnosi v. cornei orthotropus. — *Folia alterna. Gen.* 5398—5402.

* EUCRYPHIEAE. *Gen.* 5403.

* HUGONIACEAE. *Gen.* 5404.

CCXV. TERNSTRÖMIACEAE. Calyx liber v. rarissime inferne cum ovarii basi connatus. Corollae petala hypogyna, calycis foliolis numero aequalia et alterna. Stamina indefinita. Ovarium bi-tri-quinque-pluriloculare. Ovula pauca v. indefinita, pendula v. adscendentia, amphitropa, campylotropa v. anatropa. Fructus indehiscens v. capsularis. Embryo exalbuminosus v. albumine carnoso inclusus. — *Folia alterna v. rarissime opposita. Gen.* 5405—5426.

1. Cochlospermeae. Calyx pentaphyllus. Corolla pentapetala. Antherae basifixae, apice poro unico dehiscentes. Ovarium septis placentiferis incompletis uniloculare. Ovula plurima, amphitropa. Fructus capsularis. Semina reniformia, dense lanata. Embryo in axi albuminis homotrope arcuatus, cotyledonibus planis. — *Folia alterna, palmatiloba, petiolo bistipulato. Gen.* 5405.

2. Ternströmieae. Calyx pentamerus, liber v. cum ovarii basi connatus. Corollae petala 5, rarissime 6, libera v. coalita. Antherae basi insertae, longitudinaliter dehiscentes. Ovarium bi-quinqueloculare. Ovula plurima, campylotropa. Bacca sicca v. capsula irregulariter dehiscens. Embryo cylindricus, homotrope bicruris, exalbuminosus v. albumine carnoso inclusus. — *Folia alterna, integra, exstipulata. Gen.* 5406—5413.

3. Saurauieae. Calyx pentamerus, liber Corollae petala 5, distincta. Antherae incumbantes, loculi basibus discretis sursum spectantibus poro aperti. Ovarium quinqueloculare. Ovula plurima, anatropa. Capsula apice loculicide dehiscens. Semina aptera. Embryo in axi albuminis carnosi orthotropus, subcylindricus. — *Folia alterna, integra, exstipulata. Gen.* 5414—5415.

4. Laplaceae. Calyx tetra pentaphyllus. Corollae petala 4—9. Antherae incumbentes v. erectae, longitudinaliter dehiscentes. Ovarium tri-quinque rarius pluriloculare. Ovula plurima, rarius solitaria, anatropa. Capsula loculicide v. septicide dehiscens, axi seminifero persistente. Semina alata. Embryonis exalbuminosi cotyledones planae. — *Folia integra, alterna v. rarissime opposita, rarissime stipulata. Gen.* 5416—5422.

5. Gordonieae. Calyx pentaphyllus. Corolla gamopetala. Antherae erectae v. versatiles, longitudinaliter dehiscentes. Ovarium quinqueloculare. Ovula pauca. Capsula loculicide dehiscens. Semina pendula, alata. Embryonis exalbuminosi cotyledones longitudinaliter plicatae. — *Folia alterna, integra, exstipulata. Gen.* 5423—5424.

6. Camelliae. Calyx penta-enneaphyllus. Corollae petala 5—9. Antherae incumbentes, longitudinaliter dehiscentes. Ovarium triquinqueloculare. Ovula pauca. Capsula loculicide dehiscens. Semina nucamentacea. Embryonis exalbuminosi cotyledones crassae, carnoso-oleosae, cum radicula brevissima articulatae. — *Folia alterna, integra, exstipulata. Gen.* 5425—5426.

Genera Ternströmiaceis affinia. 5427—5431.

* ARISTOTELIACEAE. *Gen.* 5432.

CCXVI. CLUSIACEAE. Calyx tetrahexaphyllus v. interdum polyphyllus. Corollae petala calycis foliolis numero aequalia, iisdem alterna v. opposita, rarius plura. Stamina indefinita v. rarius subdefinita, libera v. in annulum, phalanges v. tubum coalita. Ovarium unibi-quinque v. pluriloculare. Ovula in loculis solitaria v. gemina, in ovario uniloculari subquaterna v. plurima, orthotropa v. anatropa. Fructus capsularis, drupaceus v. baccatus. Embryo exalbuminosus, rectus. — *Folia opposita, saepissime nervis transversis lineolata, pellucide punctata. Gen.* 5433—5449.

I. Clusieae. Ovarium pluriloculare, loculis unipluriovulatis. Capsula valvata, columnae centralis demum liberae angulis septantibus. *Gen.* 5433—5439.

II. Moronobeae. Ovarium pluriloculare, loculis pluriovulatis. Fructus baccatus, indehiscens, plurilocularis, loculis pleiospermis. *Gen.* 5440—5441.

III. Garcinieae. Ovarium pluriloculare, loculis uniovulatis. Fructus drupaceus v. baccatus, loculis monospermis. *Gen.* 5442—5446.

IV. Calophylleae. Ovarium biloculare, loculis biovulatis, v. uniloculare, uni-triovulatum. Fructus capsularis v. drupaceus, unilocularis, mono-tetraspermus. *Gen.* 5447—5449.

Genera dubia. 5450—5455.

* CANELLACEAE. *Gen.* 5456—5458.

CCXVII. MARCGRAVIACEAE. Calyx di-tetra-hexa-pentaphyllus. Corollae petala calycis foliolis nunc numero aequalia, libera v. basi coalita, nunc plura, in calyptram basi circumscissam coalita. Stamina plerumque indefinita, rarissime calycis foliolis numero aequalia et opposita. Ovarium tri-quinque-pluriloculare. Ovula plurima, anatropa. Fructus capsularis v.

baccatus. Embryo exalbuminosus, homotrope incurvus. — *Folia alterna. Gen.* 5459—5461.

Genus dubium. *Gen.* 5462.

CCXVIII. HYPERICINEAE. Calyx liber, pentamerus v. rarius tetramerus. Corollae petala calycis laciniis numero aequalia et alterna, ungue nudo v. basi intus foveola sive squamula aucto. Stamina plurima, libera, monadelpha v. saepissime in phalanges coalita. Ovarium tri-quinqueloculare v. septis abbreviatis uniloculare. Ovula plurima, anatropa v. rarissime amphitropa. Fructus capsularis. Embryo exalbuminosus, orthotropus. — *Folia opposita v. verticillata. Gen.* 5463—5472.

1. **Hypericeae.** Glandulae inter stamina nullae. *Gen.* 5463—5464.

2. **Elodeae.** Glandulae v. squamulae hypogynae, cum staminum phalangibus alternae. *Gen.* 5465—5472.

Genus dubiae affinitatis. 5473.

* OCHRANTHACEAE. *Gen.* 5474.

CCXIX. ELATINEAE. Calyx tri-quadri-quinquepartitus, liber. Corollae petala 3—5, calycis laciniis alterna. Stamina simplici v. saepius duplici petalorum numero. Ovarium tri-quinqueloculare v. septis abbreviatis uniloculare. Ovula plurima, anatropa. Fructus capsularis. Embryo exalbuminosus, orthotropus v. homotrope incurvus. — *Folia opposita, juniora in axillis fasciculata. Gen.* 5475—5477.

Genus dubium. 5478.

CCXX. REAUMURIACEAE. Calyx quinquefidus v. polyphyllus, liber. Corollae petala 5, nuda v. basi squamulis duabus aucta. Stamina nunc indefinita, polyadelpha, nunc 8 v. 10, basi in annulum coalita. Ovarium placenta basilari septifera inferne bi-quinque- superne uniloculare, pauciovulatum, ovulis adscendentibus. Capsula membranacea, oligosperma. Embryo intra albumen parcum, farinosum orthotropus. — *Folia alterna, plus minus carnosa, resinoso-glandulosa. Gen.* 5479—5481.

CCXXI. TAMARISCINEAE. Calyx pentaphyllus v. rarius tetraphyllus. Corollae petala 5. Stamina 5 v. 10. Ovarium uniloculare, placentis parietalibus 3, rarius 2 v. 4, multiovulatis. Semina ad chalazam apicalem comosa. Embryo exalbuminosus, orthotropus. — *Folia alterna, carnosula. Gen.* 5482—5484.

Classis LII. Hesperides.

Calyx liber, imbricatus. Corollae hypogynae petala calycis laciniis numero aequalia et alterna, valvata v. convolutiva. Stamina duplo v. quadruplo, rarius simplici v. multiplo petalorum numero, libera, monadelpha v. polyadelpha. Ovarium uni-pluriloculare, loculis uni- multiovulatis. Embryo saepissime exalbuminosus, rarius albumine carnoso inclusus.

CCXXII. HUMIRIACEAE. Stamina duplo v. quadruplo petalorum numero, rarius indefinita. Antherarum connectivum in ligulam crassam, obtusam productum. Ovarium quadri-sexloculare, loculis uni-biovulatis, ovulis superposite pendulis, interdum septo secundario segregatis. Drupa monopyrena, putamine uni-quinqueloculari. Semina inversa. Embryo in axi albuminis carnosi orthotropus. — *Folia alterna, simplicia, exstipulata. Gen.* 5485—5487.

CCXXIII. OLACINEAE. Stamina petalis numero aequalia et alterna v. saepius dupla, filamentorum ope petala connectentia, saepissime alterna inter petala sita sterilia. Ovarium uniloculare, columella centrali libera, nunc tri-quadriloculare. Ovula solitaria v. gemina aut rarius terna, collateraliter pendula. Drupa monosperma. Semen inversum. Embryo in axi albuminis carnosi orthotropus. — *Folia alterna, simplicia, exstipulata. Gen.* 5488—5492.

Genera penitus dubia. *Gen.* 5493—5497.

Genus Olacineis affine. *Gen.* 5498.

CCXXIV. AURANTIACEAE. Stamina duplo v. multiplo petalorum numero, monadelpha v. polyadelpha. Ovarium quinque-pluriloculare. Ovula in loculis nunc solitaria, nunc gemina, collateralia v. superposita, nunc plurima, biseriata, pendula v. rarius horizontalia. Bacca mono-polysperma. Embryo exalbuminosus, orthotropus, cotyledonibus amygdalino-carnosis, v. crassis, viridibus, lobatis. — *Folia imparipinnata, saepe trifoliolata v. foliolis lateralibus abortivis unifoliolata. Gen.* 5499—5514.

1. **Limoneae.** Stamina duplo petalorum numero. Ovula in loculis solitaria v. gemina collateralia. *Gen.* 5499_5505.

2. **Clauseneae.** Stamina duplo petalorum numero. Ovula in loculis gemina, superposita. *Gen.* 5506_5511.

3. **Citreae.** Stamina petalis numero dupla v. multipla. Ovula in loculis plurima, biseriata. *Gen.* 5512—5514.

Genus dubium. 5515.

CCXXV. MELIACEAE. Stamina duplo petalorum numero, filamentis latis, complanatis, in tubum coalitis, apice bidentatis v. bifidis. Ovarium bi-pluriloculare. Ovula in loculis solitaria, v. gemina collateralia aut superposita, rarissime quatuor, anatropa, semianatropa, amphitropa v. orthotropa. Fructus capsularis, rarius baccatus v. drupaeformis. Semina in loculis solitaria, saepe arillata. Embryo nunc albumine inclusus, cotyledonibus foliaceis, nunc exalbuminosus, cotyledonibus crassissimis. —

Folia simplicia v. pinnatim composita. Gen. 5516—5545.

1. Melieae. Embryo in axi albuminis tenuis, carnosi, cotyledonibus foliaceis, radicula exserta. — *Folia simplicia v. bipinnata, rarius simpliciter pinnata, foliolis plerumque dentatis. Gen.* 5516—5523.

2. Trichilieae. Embryonis exalbuminosi cotyledones crassae, radicula brevis, plerumque retracta. — *Folia alterna, simpliciter pinnata, foliolis integerrimis. Gen.* 5524—5545.

Genera dubia. 5546—5547.

Genus Meliaceis affine. 5548.

CCXXVI. CEDRELACEAE. Stamina duplo petalorum numero, alterna petalis opposita breviora, nonnunquam anauthera v. penitus deficientia, filamentis coalitis, apice bifidis, v. distinctis, simplicibus. Ovarium triquinqueloculare. Ovula in loculis 4, 6, 8, 12 v. plurima, biseriata, anatropa. Capsula valvis ab axi septifera, persistente solutis. Semina biseriata. Embryo albumine parco inclusus v. exalbuminosus, cotyledonibus planiusculis v. carnosis. *Gen.* 5549—5556.

I. Swietenieae. Corollae aestivatio contorta. Stamina in tubum coalita. Umbilicus in apice alae, rhaphe percursae situs. *Gen.* 5549—5552.

II. Cedreleae. Corollae aestivatio convolutiva v. contorto-convolutiva. Stamina libera. Umbilicus si semen superne in alam productum ad ejus basim situs. *Gen.* 5553—5556.

Genus dubium. *Gen.* 5557.

Classis LIII. Acera.

Calyx liber, imbricatus v. subvalvatus. Corollae petala calycis foliolis numero aequalia v. uno deficiente pauciora, interdum nulla. Stamina petalis numero aequalia v. dupla, rarius multipla. Carpidia saepissime 3, rarius 2, rarissime 4 v. 5, coalita v. subdistincta, nunquam tamen libera, uni-bi-rarissime multiovulata. Embryo curvatus, convolutus v. rarius rectus, exalbuminosus v. interdum albumine carnoso inclusus.

CCXXVII. ACERINEAE. Calyx tetrapentamerus, deciduus, eglandulosus. Corolla nulla v. petala 4—5, breviter unguiculata. Stamina calycis laciniis numero aequalia v. plura. Ovarium biloculare, bilobum, loculis biovulatis, stylo centrali. Ovula superposita, amphitrope pendula. Cocci 2, samaroidei. Embryo exalbuminosus, conduplicatus v. convolutus, radicula descendente. — *Folia opposita, simplicia palmatiloba, v. imparipinnata. Gen.* 5558—5560.

CCXXVIII. MALPIGHIACEAE. Calyx pentamerus, persistens, laciniis saepissime biglandulosis. Corollae petala 5, longe unguiculata. Stamina petalis numero aequalia v. dupla, monadelpha v. rarius libera, alterna v. plura castrata. Ovarium tri- v. rarius bilobum, loculis uniovulatis, stylis centralibus liberis v. coalitis. Ovulum lycotropum. Cocci 3 v. 2, saepissime samaroidei. Embryo exalbuminosus, rectus v. conduplicatus. — *Folia opposita, rarissime ternata v. alterna, simplicia, integerrima, rarius dentata v. lobata. Gen.* 5561—5592.

1. Meiostemones. Stamina petalis numero aequalia et alterna, nonnulla saepissime sterilia, nunc plura, nunquam tamen dupla. Stylus simplex, tribus coalitis v. duobus abortivis, rarius triplex, duobus tunc minoribus. Carpidia varie alata v. aptera, umquam carnosa, saepe filo rhaphaeformi subtensa, et ex eodem solubili pendula. *Gen.* 5561—5565.

2. Diplostemones. Stamina duplo petalorum numero. Styli 2—3, plerumque distincti, rarissime partim v. omnino connati, v. unius aut duorum abortu solitarii. Carpidia nunc alata, ala marginante v. dorsali, nunc aptera, lignosa, coriacea v. carnosa. *Gen.* 5566—5592.

a. Pleuropterygiae. Carpidia alata, ala marginante. *Gen.* 5566—5574.

b. Notopterygiae. Carpidia alata, ala dorsali. *Gen.* 5575—5584.

c. Apterygiae. Carpidia aptera. *Gen.* 5585—5592.

Genera dubia. *Gen.* 5593—5595.

* CORIARIEAE. *Gen.* 5596.

CCXXIX. ERYTHROXYLEAE. Calyx pentamerus, persistens, eglandulosus. Corollae petala 5, basi squamulis duabus sibi invicem impositis et ungui adnatis aucta. Stamina 10, basi in urceolum connata, omnia fertilia. Ovarium bi-triloculare, loculis uniovulatis, v. unico fertili, reliquis efoetis. Ovulum pendulum. Styli 3, distincti v. coaliti. Drupa monosperma. Embryo in axi albuminis cartilaginei, parci orthotropus. — *Folia alterna v. rarissime opposita, simplicia, integerrima. Stipulae intraaxillares. Gen.* 5597.

CCXXX. SAPINDACEAE. Calyx pentamerus, foliolis saepe inaequalibus, duobus posticis non raro in unum coalitis. Corolla nulla, v. petala quinque aut postico deficiente quatuor. Discus in glandulas v. annulum tumens. Stamina duplo loborum calycis numero v. abortu pauciora, rarius plura. Ovarium centrale v. excentricum, tri- rarius bi- v. quadriloculare. Ovula in loculis solitaria, v. gemina, rarius plura. Fructus bi-quadrilocularis, capsularis v. samaroideus. Embryo exalbuminosus, rarissime rectus, saepe curvatus v. spiraliter convolutus. — *Folia alterna v. rarissime opposita, plerumque composita, rarius foliolorum lateralium abortu v. vere simplicia. Pedunculi apice interdum cirrhosi. Gen.* 5598—5630.

1. Sapindeae. Ovula in loculis plerumque solitaria. Embryo curvatus v. rarius rectus. *Gen.* 5598—5621.

2. Dodonaeaceae. Ovula in loculis 2—3. Embryo spiraliter convolutus. *Gen.* 5622—5627.

Genera anomala. *Gen.* 5628—5630.

Genera penitus dubia. *Gen.* 5631—5638.

* MELIOSMEAE. *Gen.* 5639.

* HIPPOCASTANEAE. *Gen.* 5640. 5641.

CCXXXI. RHIZOBOLEAE. Calyx quinque-sexpartitus. Corollae petala 5—8. Stamina indefinita. Ovarium quadri- sexloculare, loculis uniovulatis. Nuces 4—6, v. abortu pauciores, axi cohaerentes. Embryo exalbuminosus, curvatus, radicula maxima. — ***Folia opposita, palmatim tri-quinquefoliolata. Gen.*** 5642—5643.

Classis LIV. Polygalineae.

Flores regulares, calycis aestivatione valvata, petalorum induplicativa, staminibus hypogynis liberis, v. irregulares, aestivatione imbricata, staminibus cum petalis connatis. Ovarium liberum, biloculare, loculis uni-biovulatis. Fructus capsularis v. drupaceus. Semina carunculata. Embryo intra albumen carnosum orthotropus v. rarius exalbuminosus.

CCXXXII. TREMANDREAE. Flores regulares. Antherae extrorsae, biloculares v. quadriloculares, loculis apice in tubulum poro pertusum productis. *Gen.* 5644—5645.

CCXXXIII. POLYGALEAE. Flores irregulares. Antherae uniloculares v. rarius biloculares, apice poro unico v. geminis dehiscentes. *Gen.* 5646—5653.

Genera vix nota. *Gen.* 5654—5655.

Genera anomala. *Gen.* 5656—5658.

* TRIGONIACEAE. *Gen.* 5659.

Classis LV. Frangulaceae.

Calyx liber v. cum ovario connatus. Corollae petala calycis laciniis numero aequalia, libera v. basi subcoalita, rarius nulla. Stamina petalorum numero, iisdem alterna v. opposita, rarius plura. Ovarium bi-tri-quadri-pluriloculare, v. septis incompletis uniloculare, loculis uni-bi- rarissime multiovulatis. Fructus capsularis, baccatus v. drupaceus. Embryo intra albumen orthotropus.

CCXXXIV. PITTOSPOREAE. Calyx liber, pentamerus. Corolla hypogyna pentapetala. Stamina 5, petalis alterna. Ovarium incomplete bi-quinqueloculare, multiovulatum. Fructus capsularis v. baccatus. Embryo in basi albuminis copiosi minimus. — ***Folia alterna, simplicia, exstipulata. Gen.*** 5660—5668.

Genera Pittosporeis affinia. *Gen.* 5669—5670.

CCXXXV. STAPHYLEACEAE. Calyx liber, pentamerus. Corolla perigyna, pentapetala. Stamina 5, petalis alterna. Ovarium bi-trilobum, pluriovulatum, ovulis horizontalibus v. adscendentibus. Fructus capsularis v. baccatus. Embryo intra albumen copiosum magnus. — ***Folia opposita v. rarissime alterna, trifoliolata v. imparipinnata, bistipulata. Gen.*** 5671—5673.

CCXXXVI. CELASTRINEAE. Calyx liber, tetra-pentamerus. Corolla perigyna, tetra-pentapetala. Stamina 4 v. 5, petalis alterna. Ovarium bi-quinqueloculare, loculis uni-bi- v. rarissime pluriovulatis, ovulis adscendentibus. Fructus capsularis v. drupaceus. Semina saepissime arillata, erecta v. adscendentia. Embryo in axi albuminis, ejusdem dimidio longior, cotyledonibus foliaceis. — ***Folia alterna v. rarius opposita, simplicia, stipulis caducis. Gen.*** 5674—5690.

1. Evonymeae. Fructus capsularis, loculicide dehiscens. *Gen.* 5674—5682.

2. Elaeodendreae. Fructus drupaceus. *Gen.* 5683—5690.

Genera dubia. 5691—5698.

Genus affine. 5699.

CCXXXVII. HIPPOCRATEACEAE. Calyx liber, pentamerus. Corolla perigyna, pentapetala. Stamina 3. Ovarium triloculare, pluriovulatum, ovulis adscendentibus. Fructus capsularis v. baccatus. Embryo exalbuminosus. — ***Folia opposita, simplicia. Stipulae caducae. Gen.*** 5700—5702.

Genus affine. 5703.

CCXXXVIII. ILICINEAE. Calyx liber, tetra-hexamerus. Corolla hypogyna, subgamopetala. Stamina 4—6, petalis alterna. Ovarium bi-sex-pluriloculare, loculis uniovulatis, ovulo pendulo. Fructus drupaceus. Embryo in apice albuminis parvus. — ***Folia opposita, simplicia, exstipulata. Gen.*** 5704—5709.

Genera dubia 5710—5711.

Genera affinia 5412—5713.

* NITRARIACEAE. *Gen.* 5714.

CCXXXIX. RHAMNEAE. Calyx liber v. cum ovario connatus, tetra-pentamerus. Corolla perigyna, tetra- pentapetala. Stamina 4 v. 5, petalis opposita. Ovarium bi-quadriloculare, loculis uni- v. collateraliter biovulatis, erectis v. adscendentibus. Fructus drupaceus v. capsularis, septicide in cocca delabens. Embryo intra albumen parcum magnus. — ***Folia***

alterna v. rarius opposita, simplicia, bistipulata. Gen. 5715—5748.

I. Paliureae. Fructus semiinferus, siccus, alatus, nuce lignosa foetus. — *Folia alterna, basi obliqua. Gen.* 5715—5716.

II. Franguleae. Fructus superus v. semiinferus, calycis cupula fultus, drupaceus v. capsularis, coccis indehiscentibus v. intus rima apertis. — *Folia alterna, rarius opposita. Gen.* 5717—5729.

III. Colleticae. Fructus superus, calycis cupula fultus, siccus, apterus. *Folia opposita. Gen.* 5730—5735.

IV. Phyliceae. Fructus inferus, capsularis, apterus, calycis limbo persistente coronatus v. deciduo areolatus. *Folia alterna, ericoidea. Gen.* 5736—5742.

V. Pomaderreae. Fructus capsularis, coccis intus basi foramine membrana tenui velato apertis. *Folia alterna. Gen.* 5743—5744.

VI. Gouanieae. Fructus inferus, capsularis, calyce deciduo areolatus, pyriformis v. trigonus, apterus v. alatus, coccis intus rima apertis. — *Frutices cirrhosi v. herbae. Gen.* 5745—5748.

Genera dubia 5749—5750.

Genera affinia 5751—5756.

CCXL. CHAILLETIACEAE. Calyx liber, pentamerus. Corollae perigynae petala libera v. interne subcoalita. Stamina 5, petalis alterna. Ovarium bi-triloculare, loculis collateraliter biovulatis, ovulis pendulis. Fructus capsularis v. drupaceus. Semina in loculis solitaria, arillata. Embryo exalbuminosus. — *Folia alterna, simplicia, bistipulata. Gen.* 5757—5759.

Classis LVI. Tricoccae.

Flores plerumque unisexuales, saepissime incompleti. Calyx liber. Petala definita v. nulla. Ovarium saepissime tri- rarius bi- multiloculare. Fructus capsularis, septicide in cocca delabens, axi centrali persistente, rarius drupaceus v. baccatus. Semina in loculis solitaria v. gemina collateralia. Embryo in axi albuminis carnosi orthotropus.

CCXLI. EMPETREAE. Drupa baccata di-enneapyrena, pyrenis monospermis. Semina erecta. *Gen.* 5760—5762.

CCXLII. STACKHOUSIACEAE. Fructus tri-pentacoccus, coccis siccis, apteris v. alatis, ab axi persistente solutis, indehiscentibus, monospermis. Semina erecta. *Gen.* 5763—5764.

CCXLIII. EUPHORBIACEAE. Fructus di-tri-polycoccus, capsularis v. rarius baccatus. Semina in loculis solitaria v. gemina collateralia, pendula. *Gen.* 5765—5878.

1. Euphorbieae. Ovarii loculi uniovulati. Flores monoici, apetali, intra involucrum commune masculi cum femineis. *Gen.* 5765—5768.

2. Hippomaneae. Ovarii loculi uniovulati. Flores apetali, spicati, bracteis uni- multifloris. *Gen.* 5769—5781.

3. Acalypheae. Ovarii loculi uniovulati. Flores apetali, glomerato-spicati v. racemosi. *Gen.* 5782—5796.

4. Crotoneae. Ovarii loculi uniovulati. Flores saepissime corollati, funiculati, spicati, racemosi v. paniculati. *Gen.* 5797—5836.

5. Phyllantheae. Ovarii loculi biovulati. Stamina centro floris inserta. *Gen.* 5837—5859.

6. Buxeae. Ovarii loculi biovulati. Stamina sub ovarii rudimento sessili inserta. *Gen.* 5860—5878.

Genera dubia 5879—5888.

Classis LVII. Terebinthineae.

Flores hermaphroditi v. abortu unisexuales, rarissime incompleti v. unisexuales. Calyx liber v. rarissime adnatus. Corollae petala calycis laciniis numero aequalia, hypogyna v. perigyna. Stamina duplo petalorum numero, rarius plura. Ovarium unicum v. plura, libera v. plus minus coalita, uni-bi- rarius multiovulata. Embryo rectus v. curvatus, exalbuminosus v. albumine plus minus copioso inclusus.

CCXLIV. JUGLANDEAE. Flores unisexuales. Masc. Amentacei. Calyx bi-tri-sexpartitus, bracteae squamaeformi complanato-adnatus. Corolla nulla. Stamina 3 v. plurima. Fem. terminales aggregati, bracteolati, v. racemosi, involucello demum adnato cincti. Calyx cum ovario connatus. Corolla nulla v. minuta. Ovarium uniloculare, ovulo unico in apice columellae basi septiferae erectum, orthotropum. Drupa monosperma, epicarpio irregulariter v. subvalvatim secedente, putamine bivalvi. Embryo exalbuminosus, antitropus, cotyledonibus crassis, carnosis bilobis, sinuoso torulosis. — *Folia alterna, impari- v. abrupte pinnata, exstipulata. Gen.* 5889—5892.

CCXLV. ANACARDIACEAE. Flores saepissime abortu unisexuales. Calyx liber v. rarissime cum ovario connatus. Petala calycis laciniis numero aequalia, interdum nulla. Stamina nunc petalis numero aequalia et alterna, nunc dupla, rarius plura. Ovarium nunc unicum uniloculare, nunc plura, distincta, praeter unum efoeta, saepe ad stylum reducta. Ovulum unicum, funiculo e basi loculi adscendenti, libero v. ejusdem parieti aduato insertum. Fructus drupaceus v. rarius exsuccus, monospermus. Embryo exalbuminosus. — *Folia alterna, simplicia composita. Gen.* 5893—5919.

* SPONDIACEAE. Ovaria quinque, in unicum quinqueloculare coalita. *Gen.* 5920—5921.

Genera dubia 5922—5926.

Genus anomalum 5927.

CCXLVI. BURSERACEAE. Flores saepe abortu unisexuales. Calyx liber. Petala calycis laciniis numero aequalia. Stamina duplo petalorum numero. Ovarium bi-quinqueloculare, loculis collateraliter biovulatis, ovulis pendulis. Drupa mono-pentapyrena, pyrenis osseis, monospermis. Embryo exalbuminosus. — *Folia alterna, composita, bistipulata. Gen.* 5928—5939.

Genera vix nota 5940—5946.

* AMYRIDEAE, Putamen chartaceum. *Gen.* 5947.

CCXLVII. CONNARACEAE. Calyx liber. Petala calycis laciniis numero aequalia. Stamina duplo petalorum numero. Ovaria quinque, biovulata, ovulis collateraliter erectis v. adscendentibus. Capsulae quinque, sutura ventrali dehiscentes. Embryo exalbuminosus. — *Folia alterna, composita, exstipulata. Gen.* 5948—5950.

Genera dubia 5951—5952.

* SURIANEAE. *Gen.* 5953—5955.

CCXLVIII. OCHNACEAE. Calyx liber. Petala calycis foliolis numero aequalia v. rarius dupla. Stamina duplo, rarius triplo, quadruplo v. subquintuplo petalorum numero. Antherae apice rimula brevi v. poro dehiscentes. Ovaria 4, 5 v. plura, mediante stylo plus minus coalita, uniovulata. Carpidia drupacea v. baccata, distincta, monosperma. Embryo exalbuminosus, v. albumine parco inclusus. — *Folia alterna, simplicia, bistipulata. Gen.* 5956—5961.

1. **Casteleae.** Antherae introrsae. Semen inversum, exalbuminosum. *Gen.* 5956—5957.
2. **Ochneae.** Antherae introrsae. Semen erectum, albuminosum. *Gen.* 5958—5959.

Genera dubia 5960—5961.

CCXLIX. SIMARUBACEAE. Calyx liber. Petala calycis laciniis numero aequalia. Stamina duplo petalorum numero, filamentis squamulae dorso insertis, antheris longitudinaliter dehiscentibus. Ovaria 4 v. 5, libera, uniovulata. Drupae distinctae, monospermae. Embryo exalbuminosus. — *Folia alterna, composita v. rarius simplicia, exstipulata. Gen.* 5962—5965.

Genera affinia 5966—5967.

CCL. ZANTHOXYLEAE. Flores saepissime unisexuales. Calyx liber. Petala calycis laciniis numero aequalia. Stamina simplici v. rarius duplici petalorum numero, filamentis basi aequalibus v. rarius squamulae dorso insertis. Ovaria plura, libera v. coalita, singula bi- v. rarius quadriovulata. Fructus varius, indehiscens v. carpidiis sutura ventrali dehiscentibus. Embryo in axi albuminis carnosi rectus v. leviter arcuatus. — *Folia alterna v. opposita, simplicia v. composita, exstipulata. Gen.* 5968—5977.

Genera affinia 5978—5980.

Genera dubia 5981—5987.

CCLI. DIOSMEAE. Calyx liber. Petala calycis laciniis numero aequalia, libera v. interdum coalita. Stamina petalis numero aequalia v. dupla, alterna iisdem opposita tunc breviora v. ananthera. Ovaria plura, libera v. plus minus coalita, biovulata, ovulis collateralibus v. oblique superpositis, rarissime quadriovulata. Capsula pleiococca, coccis abortu saepissime monospermis, endocarpio cartilagineo, soluto, elastice bilobo. Embryo albumine inclusus v. exalbuminosus, rectus v. subincurvus. — *Folia alterna v. opposita, simplicia v. composita, saepe glanduloso-punctata, exstipulata. Gen.* 5988—6024.

1. **Cusparieae.** Stamina petalis numero aequalia v. subdupla, plura ananthera. Ovula 2, superposita. Seminum testa coriacea. Embryonis exalbuminosi, curvati cotyledones corrugatae, exterior interiorem involvens, radicula inflexa, inclusa. — *Folia alterna v. rarissime subopposita, uni- v. saepius trifoliolata. Gen.* 5988—5994.
2. **Pilocarpeae.** Stamina petalis numero aequalia v. rarius dupla, omnia fertilia. Ovula 2, superposita v. collateralia. Testa coriacea, crustacea v. membranacea. Embryo exalbuminosus, rectus. — *Folia alterna v. opposita, uni-bi-trifoliolata. Gen.* 5995—6001.

Genus non satis notum. 6002.

3. **Boronieae.** Stamina dupla, rarissime simplici petalorum numero, omnia fertilia. Ovula 2, superposita. Seminum testa crustacea. Embryo in axi albuminis carnosi rectus. — *Folia opposita v. alterna, simplicia, rarius ternata v. imparipinnata. Gen.* 6003—6013.
4. **Eudiosmeae.** Stamina fertilia simplici petalorum numero, saepissime cum totidem sterilibus alterna. Ovula 2, superposita v. collateralia. Seminum testa coriacea, rarius subcrustacea. Embryo exalbuminosus v. rarissime subalbuminosus, rectus. — *Folia alterna v. opposita, simplicia. Gen.* 6014—6023.
5. **Dictamneae.** Stamina duplo petalorum numero, omnia fertilia. Ovula 4. Seminum testa atra, nitida. Embryo intra albumen carnosum rectus. — *Folia alterna, imparipinnata. Gen.* 6024.

CCLII. RUTACEAE. Calyx liber. Corollae petala calycis laciniis numero aequalia, libera. Stamina duplo v. rarissime triplo petalorum numero. Ovarium tri-quinquelobum, loculis bi-quadri-multiovulatis. Capsula loculicide dehiscens, v. septicide in cocca, introrsum dehiscentia soluta. Embryo in axi albuminis plus minus arcuatus v. rectus. — *Folia alterna, simplicia, saepissime lobata v. decomposita, glandulosa, exstipulata v. substipulata.* *Gen.* 6025—6029.

CCLIII. ZYGOPHYLLEAE. Calyx liber. Petala calycis laciniis numero aequalia. Stamina duplo petalorum numero, omnia fertilia, filamenta basi aequalia v. squamulae dorso inserta. Ovarium pluriloculare, loculis bi-multiovulatis, rarissime uniovulatis. Capsula loculicide dehiscens, septicide in cocca bivalvia v. indehiscentia delabens. Embryo exalbuminosus v. albumine corneo-cartilagineo inclusus. — *Folia opposita, impari v. abrupte pinnata, bistipulata.* *Gen.* 6030—6041.

1. **Tribuleae.** Semina exalbuminosa. *Gen.* 6030—6031.

2. **Zygophylleae verae.** Semina albuminosa. *Gen.* 6032—6041.

Genus affine 6042.

* MELIANTHEAE. *Gen.* 6043.

* BIEBERSTEINIEAE. *Gen.* 6044.

Classis LVIII. Gruinales.

Flores hermaphroditi. Calyx liber. Corollae petala calycis laciniis numero aequalia v. pauciora, hypogyna. Stamina hypogyna, petalis numero aequalia v. alterna, v. dupla, rarius tripla, saepe monadelpha, alterna interdum ananthera. Ovarium e carpidiis immediatim coalitis v. axi centrali adnatis compositum. Ovula in loculis solitaria, gemina v. rarius plura. Fructus capsularis v. rarius baccatus. Embryo exalbuminosus v. albumine carnoso inclusus.

CCLIV. GERANIACEAE. Flores regulares v. subirregulares. Carpidia 5, columnae centrali adnata, biovulata. Semina exarillata, exalbuminosa. Embryo curvatus, cotyledonibus plicatis v. convolutis. *Gen.* 6045—6048.

* RHYNCHOTHECEAE. *Gen.* 6049.

* LEDOCARPEAE. *Gen.* 6050—6051.

* VIVIANIEAE. *Gen.* 6052—6055.

CCLV. LINEAE. Flores regulares. Carpidia 4—5, connata, biovulata. Semina exarillata, exalbuminosa. Embryo rectus v. subarcuatus, cotyledonibus planis. *Gen.* 6056—6057.

CCLVI. OXALIDEAE. Flores regulares. Carpidia 5, connata, uniovulata v. multiovulata. Semina arillata, albuminosa. *Gen.* 6058—6059.

CCLVII. BALSAMINEAE. Flores irregulares. Carpidia 5, connata, pauci-multiovulata. Semina exarillata exalbuminosa. Embryo rectus, cotyledonibus plano-convexis. *Gen.* 6060—6061.

CCLVIII. TROPAEOLEAE. Flores irregulares. Carpidia 2 v. 3, coalita, uniovulata. Semina exarillata, exalbuminosa. Embryonis recti cotyledones crassae, inter se conferruminatae, basi biauriculata. *Gen.* 6062—6064.

CCLIX. LIMNANTHEAE. Flores regulares. Carpidia 3 v. 5, coalita, uniovulata. Semina exarillata, exalbuminosa. Embryonis recti cotyledones carnosae, plano-convexae. *Gen.* 6065—6066.

Classis LIX. Calyciflorae.

Calyx liber v. cum ovario connatus, valvatus. Corollae petala calycis fauci inserta, ejusdem lobis numero aequalia v. interdum pauciora. Stamina cum petalis v. infra petala inserta, plerumque duplo eorundem numero, rarius multiplo v. simplici pauciora. Ovarium uni- pluriloculare, loculis uni- multiovulatis. Embryo exalbuminosus v. in axi albuminis carnosi orthotropus.

CCLX. VOCHYSIACEAE. Calyx liber v. rarissime adnatus. Corolla saepissime monopetala. Stamen plerumque unicum. Ovarium liberum, triloculare, multiovulatum, v. adnatum, uniloculare, biovulatum, ovulis erectis. Embryonis exalbuminosi cotyledones foliaceae, corrugatae, v. semicylindricae, rectae. — *Folia opposita v. verticillata, bistipulata v. exstipulata.* *Gen.* 6067—6074.

CCLXI. COMBRETACEAE. Calyx adnatus. Corolla nulla, v. petala calycis laciniis numero aequalia. Stamina simplici, duplici v. rarius triplici petalorum numero. Ovarium inferum, uniloculare, ovulis pluribus, ex apice loculi pendulis. Embryonis exalbuminosi cotyledones foliaceae, spiraliter convolutae v. crassiusculae, secundum longitudinem v. irregulariter replicatae. — *Folia alterna v. opposita, exstipulata.* *Gen.* 6075—6090.

1. **Terminalieae.** Calyx quinquefidus. Corolla saepissime nulla. Stamina 10. Cotyledones foliaceae, spiraliter convolutae. *Gen.* 6075—6086.

2. **Combreteae.** Calyx quadri-quinquefidus. Corollae petala 4 v. 5. Stamina 8 v. 10. Cotyledones crassae, irregulariter v. longitudinaliter plicatae. *Gen.* 6087—6090.

Genera dubia 6091—6095.

CCLXII. ALANGIEAE. Calyx adnatus. Corollae petala calycis laciniis numero aequalia. Stamina simplici, duplici v. quadruplici petalorum numero. Ovarium uni-biloculare, ovulo unico ex apice loculi pendulo. Embryo intra albumen rectus. — *Folia alterna, exstipulata. Gen.* 6096—6097.

CCLXIII. RHIZOPHOREAE. Calyx adnatus. Corollae petala calycis laciniis numero aequalia. Stamina duplo v. triplo, rarius multiplo petalorum numero, saepissime geminatim iisdem opposita. Ovarium bi-tri-quadriloculare, loculis collateraliter biovulatis, v. uniloculare, sexovulatum, ovulis pendulis. Embryonis exalbuminosi, intra pericarpium germinantis radicula longissime exserta. — *Folia opposita, stipulis interpetiolaribus. Gen.* 6098—6104.

CCLXIV. PHILADELPHEAE. Calyx adnatus. Corollae petala calycis laciniis numero aequalia. Stamina duplici v. multiplici petalorum numero. Ovarium tri-multiloculare, placentis centralibus multiovulatis. Embryo in axi albuminis carnosi rectus. — *Folia opposita, exstipulata. Gen.* 6105—6107.

CCLXV. OENOTHEREAE. Calyx adnatus. Corollae petala calycis laciniis numero aequalia. Stamina simplici v. duplici petalorum numero, rarissime iisdem pauciora. Ovarium inferum, pluriloculare, loculis multi- rarissime pauciovulatis. Embryo exalbuminosus, cotyledonibus foliaceis v. subcarnosis, basi saepissime biauriculatis. — *Folia opposita v. alterna, exstipulata. Gen.* 6108—6132.

I. Jussieueae. Calycis tubus ultra ovarium haud productus. Stamina petalis numero aequalia v. dupla. Fructus capsularis, septicide dehiscens. Semina inappendiculata. *Gen.* 6108—6111.

II. Epilobieae. Calycis tubus saepissime supra ovarium plus minus productus. Stamina duplo petalorum numero. Fructus capsularis, loculicide dehiscens, polyspermus. Semina nuda, fimbriata v. papposa. *Gen.* 6112—6122.

III. Montinieae. Calyx tubo supra ovarium producto v. eidem aequali. Fructus capsularis, loculicide dehiscens, polyspermus. Semina alata. *Gen.* 6123—6124.

IV. Fuchsieae. Calyx tubo supra ovarium producto. Stamina duplo petalorum numero. Fructus baccatus, polyspermus. *Gen.* 6125.

V. Lopezieae. Calyx tubo supra ovarium producto. Petala 4, v. interdum nulla. Stamina 2 v. 1. Fructus capsularis, polyspermus. *Gen.* 6126—6128.

VI. Circaeaceae. Calyx tubo ultra ovarium haud producto, limbo bilobo. Petala 2. Stamina 2. Fructus bilocularis, indehiscens. Semina in loculis solitaria. *Gen.* 6130.

VII. Gaureae. Calyx tubo supra ovarium producto. Stamina duplo petalorum numero. Fructus nucamentaceus, mono-tetraspermus. *Gen.* 6131—6132.

Genus dubium 6133.

CCLXVI. HALORAGEAE. Calyx adnatus. Corolla nulla v. petala calycis laciniis numero aequalia. Stamina calycis laciniis numero aequalia v. dupla, interdum duplo numero triente pauciora, nonnunquam unicum. Ovarium uni-pluriloculare, loculis uniovulatis, ovulis pendulis. Embryo in axi albuminis carnosi rectus. — *Folia opposita v. verticillata, rarissime alterna, exstipulata. Gen.* 6134—6139.

* TRAPEAE. Embryonis exalbuminosi cotyledones valde inaequales. *Gen.* 6140.

CCLXVII. LYTHRARIEAE. Calyx liber. Corollae petala calycis fauci inserta. Stamina petalis numero aequalia v. saepius dupla aut tripla. Ovarium bi-pluriloculare, multiovulatum. Embryo exalbuminosus. *Gen.* 6141—6168.

I. Eulythrarieae. Semina aptera. *Gen.* 6141—6160.

II. Lagerströmieae. Semina alata. *Gen.* 6161—6166.

Genera dubia 6167—6168.

Classis LX. Myrtiflorae.

Calyx liber v. cum ovario connatus, valvatus. Corollae petala calycis fauci inserta, ejusdem laciniis numero aequalia. Stamina cum petalis inserta, duplici v. multiplici eorundem numero. Ovarium pluriloculare, rarissime uniloculare. Embryo exalbuminosus.

CCLXVIII. MELASTOMACEAE. Calyx liber v. adnatus. Stamina 8—12, aestivatione induplicata. Antherae longae. — *Folia epunctata. Gen.* 6169—6268.

I. MELASTOMEAE. Antherae apice uni-biporosae. *Gen.* 6169—6262.

1. Lavoisiereae. Antherae uni-biporosae. Ovarium liberum, apice saepissime glabrum. Capsula sicca. Semina recta, ovata v. angulata. *Gen.* 6169—6191.

2. Rhexieae. Antherae uniporosae. Ovarium liberum, vertice plerumque glabrum. Capsula sicca. Semina cochleata. *Gen.* 6192—6206.

3. Osbeckieae. Antherae uniporosae. Ovarium liberum v. adnatum, vertice saepissime setis v. squamis coronatum. Semina cochleata. *Gen.* 6207—6225.

4. Miconieae. Antherae uni-biporosae. Ovarium adnatum. Fructus baccatus. Semina haud cochleata. *Gen.* 6226—6262.

II. CHARIANTHEAE. Antherae rimis longitudinalibus dehiscentes. *Gen.* 6263—6268.

* MEMECYLEAE. *Gen.* 6269—6271.

* OLINIEAE. *Gen.* 6272—6274.

CCLXIX. MYRTACEAE. Calyx adnatus. Stamina saepissime indefinita, aestivatione haud induplicata. — ***Folia pellucido-punctata. Gen.*** 6275—6339.

I. Chamaelaucieae. Ovarium uniloculare, ovulis basilaribus, solitariis v. pluribus. Capsula monosperma, indehiscens v. apice incomplete bivalvis. *Gen.* 6275—6288.

II. Leptospermeae. Ovarium bi-multiloculare, loculis multiovulatis v. rarius uniovulatis. Capsula loculicide v. septicide dehiscens, rarius indehiscens. *Gen* 6289—6311.

III. Myrteae. Stamina libera. Ovarium bipluriloculare, loculis multiovulatis. Bacca bipluriloculari, loculis abortu saepissime monospermis. *Gen.* 6312—6324.

IV. Barringtonieae. Stamina monadelpha. Ovarium bi-pluriloculare, loculis pauci-multiovulatis. *Gen.* 6325—6327.

Genera dubia. 6328—6330.

V. Lecythideae. Stamina in urceolum hinc abbreviatum, illinc in ligulam petaloideam, sterilem v. antheriferam productam coalita. Ovarium pluriloculare, loculis multiovulatis. Fructus siccus v. carnosus, indehiscens v. disco epigyno operculatim secedente apertus. *Gen.* 6331—6334.

Genera penitus dubia. 6335—6339.

* GRANATEAE. *Gen.* 6340.

Classis LXI. Rosiflorae.

Calyx liber v. cum ovario connatus, imbricatus v. rarius valvatus. Corollae petala calycis fauci inserta, ejusdem laciniis numero aequalia et alterna. Stamina cum petalis inserta, saepissime indefinita. Ovaria plura, libera v. inter se et cum calyce connata, uni-multiovulata. Fructus nucamentaceus, drupaceus, baccatus v. follicularis, mono-polyspermus. Embryo exalbuminosus.

CCLXX. POMACEAE. Ovarium inferum, bi-quinqueloculare, rarissime uniloculare. Fructus baccatus. *Gen.* 6341—6354.

CCLXXI. CALYCANTHEAE. Ovaria plurima libera, calycis tubo intus undique inserta, uniovulata. — ***Folia opposita, simplicia, exstipulata. Gen.*** 6355—6356.

CCLXXII. ROSACEAE. Ovaria plurima libera, calycis fundo inserta, uniovulata, rarius bi-multiovulata. — ***Folia alterna, composita, stipulata. Gen.*** 6357—6403.

I. Roseae. Calyx tubo ventricoso, fauce constricto. Stamina indefinita. Ovaria plurima, inclusa, ovulo unico, pendulo. Achenia calyce baccato inclusa. Semen pendulum. — ***Suffrutices v. arbusculae, foliis imparipinnatis, rarissime nullis, stipulis foliiformibus. Gen.*** 6357—6358.

II. Dryadeae. Calyx nudus v. bracteolis adnatis, cum laciniis alternantibus auctus. Stamina indefinita v. rarius definita. Ovaria plurima, rarius pauca v. solitaria, receptaculo convexo v. stipitiformi insidentia, uni-biovulata. Achenia plurima, calyci explanato imposita, rarius pauca v. solitaria, ejusdem tubo inclusa. — ***Herbae v. frutices, foliis digitatim v. pinnatim compositis, rarius simplicibus. Gen.*** 6359—6389.

1. Dalibardeae. Calyx ebracteolatus, saepissime imbricatus. Stamina indefinita. Ovaria plurima. Stylus terminalis v. subterminalis. Radicula supera. *Gen.* 6359—6360.

2. Fragarieae. Calyx valvatus, bracteolis imbricantibus. Stamina indefinita. Ovaria plurima. Stylus lateralis v. terminalis. Radicula supera. *Gen.* 6361—6363.

3. Chamaerhodeae. Calyx valvatus, nudus v. bracteolatus. Stamina 5—10. Ovaria 5—10, v. interdum plura. Styli laterales v. terminales. Radicula supera. *Gen.* 6364—6367.

4. Sanguisorbeae. Calyx valvatus, rarius imbricatus, nudus v. bracteolatus, fructifer clausus, induratus. Corolla saepius nulla. Stamina pauca (1—15), rarius plura. Ovaria 1—2, rarius plura. Styli terminales v. laterales. Radicula supera. *Gen.* 6368—6379.

5. Cercocarpeae. Calyx imbricatus. Stamina plurima. Ovarium unicum. Stylus terminalis. Radicula infera. *Gen.* 6380—6381.

6. Eudryadeae. Calyx valvatus, nudus v. bracteolatus. Stamina plurima. Ovaria plurima. Stylus terminalis. Radicula infera. *Gen.* 6382—6389.

III. Spiraeaceae. Calyx aestivatione imbricatus v. rarius valvatus. Stamina indefinita. Ovaria saepissime 5, verticillata, rarius 2 v. solitaria, bi-multiovulata, ovulis pendulis v. adscendentibus. Folliculi capsulares, dehiscentes, mono-polyspermi. — ***Frutices v. arbusculae, rarius herbae. Gen.*** 6390—6400.

1. Spireae verae. Semina aptera. *Gen.* 6390—6395.

2. Quillajeae. Semina alata. *Gen.* 6396—6400.

IV. Neuradeae. Calyx tubo cum ovario concrescente. Stamina 10. Ovaria 10, coalita. Fructus capsularis, loculis monospermis. Semina pendula. — ***Herbae, foliis sinuato-pinnatifidis v. bipinnatifidis, bistipulatis. Gen.*** 6401—6403.

CCLXXIII. AMYGDALEAE. Ovarium unicum, rarissime plura, libera, biovulata, ovulis collateraliter pendulis. Fructus drupaceus. — ***Folia alterna, simplicia, exstipulata. Gen.*** 6404—6406.

CCLXXIV. CHRYSOBALANEAE. Ovarium unicum, liberum, biovulatum, ovulis e basi erectis, collateralibus. Fructus drupaceus. *Gen.* 6407—6417.

Classis LXII. Leguminosae.

Calyx liber, imbricatus v. rarius valvatus. Corollae perigynae v. rarissime hypogynae petala calycis laciniis numero aequalia v. abortu pauciora, inter se inaequalia imbricata, v. aequalia valvata. Stamina duplo petalorum numero v. indefinita. Ovarium simplex, uniloculare. Legumen v. lomentum. Embryo exalbuminosus aut parce albuminosus, rectus v. curvatus.

CCLXXV. PAPILIONACEAE. Corolla perigyna, irregularis, papilionacea v. subpapilionacea, imbricata. Stamina 10, libera, monadelpha v. diadelpha. Embryo curvatus v. rarius rectus. *Gen.* 6418—6810.

1. Podalyrieae. Corolla papilionacea. Stamina 10, libera. Legumen bivalve, rarissime indehiscens et tunc calyce brevius. Embryonis cotyledones germinatione foliaceae, radicula incurva. — *Folia unifoliolata v. palmatim trifoliolata, rarissime imparipinnata. Gen.* 6418—6450.

1. Eupadalyrieae. Ovarium pluriovulatum. Leguminis suturae haud introflexae. *Gen.* 6418—6432.

2. Pultenaeae. Ovarium biovulatum. Leguminis suturae haud introflexae. *Gen.* 6433—6447.

3. Mirbelieae. Ovarium bi-pluriovulatum. Leguminis suturae introflexae. *Gen.* 6448—6450.

2. Loteae. Corolla papilionacea. Stamina 10, monadelpha. Legumen bivalve, continuum. Embryonis cotyledones germinatione foliaceae, radicula incurva. — *Folia unifoliolata v. palmatim bi-plurifoliolata, saepissime imparipinnata. Gen.* 6451—6577.

1. Genisteae. Legumen uniloculare. Stamina saepissime monadelpha. — *Folia simplicia v. palmata, rarius pinnata. Caulis saepissime fruticosus. Gen.* 6451—6506.

2. Trifolieae. Legumen uniloculare. Stamina diadelpha. — *Folia saepissime palmatim tri-quinquefoliolata, rarissime imparipinnata. primordialia alterna. Caules herbacei, rarius frutescentes. Gen.* 6507—6521.

3. Galegeae. Legumen uniloculare. Stamina saepissime diadelpha. — *Folia pinnatim trifoliolata v. multijuga cum impari, primordialia opposita. Caules fruticosi v. arborei, rarius herbacei. Gen.* 6522—6568.

4. Astragaleae. Legumen sutura altera introflexa longitudinaliter biloculare v. semibiloculare. — *Folia pinnata, primordialia alterna. Caules herbacei v. suffruticosi. Gen.* 6569—6577.

3. Vicieae. Corolla papilionacea. Stamina 10, diadelpha. Legumen bivalve, continuum. Embryonis cotyledones crassae, germinatione hypogeae, radicula incurva. — *Folia saepissime abrupte pinnata, petiolo communi in setam v. cirrhum producto. Gen.* 6578—6583.

4. Hedysareae. Corolla papilionacea. Stamina 10, monadelpha v. diadelpha. Legumen transversim in articulos monospermos secedens. Embryonis cotyledones germinatione foliaceae, radicula incurva. — *Folia uni-trifoliolata v. imparipinnata, saepissime stipellata. Gen.* 6584—6629.

1. Coronilleae. Flores umbellati. Legumen teres v. compressum. *Gen.* 6584—6589.

2. Euhedysareae. Flores racemosi v. spicati. Legumen compressum. *Gen.* 6590—6624.

3. Alhageae. Flores racemosi v. spicati. Legumen teretiusculum. *Gen.* 6625—6629.

5. Phaseoleae. Corolla papilionacea. Stamina 10, monadelpha v. diadelpha. Legumen bivalve, continuum v. isthmis inter semina interceptum, nec tamen in articulos secedens. Embryonis cotyledones crassae, germinatione hypogeae v. epigeae, radicula incurva. — *Folia pinnatim trifoliolata v. rarius plurijuga, saepissime stipellata. Gen* 6630—6699.

1. Clitorieae. Inflorescentia simpliciter v. fasciculato racemosa. Vexillum exappendiculatum, saepius amplum. Stamen vexillare liberum v. medio connatum, nunquam geniculatum. Ovarium pluriovulatum. Semina estrophiolata. *Gen.* 6630—6640.

2. Kennedyeae. Inflorescentia simpliciter v. fasciculato-racemosa. Vexillum biappendiculatum v. exappendiculatum. Stamen vexillare basi connatum v. omnino liberum, haud geniculatum. Ovarium pluriovulatum. Semina saepissime strophiolata. *Gen.* 6641—6645.

3. Glycineae. Inflorescentia saepissime nodoso-racemosa. Vexillum plerumque biappendiculatum. Stamen vexillare basi connatum v. omnino liberum. Ovarium pluriovulatum. Stylus non induratus. Semina estrophiolata. *Gen.* 6646—6656.

4. Diocleae. Inflorescentia saepissime nodoso-racemosa. Vexillum plerumque biappendiculatum. Stamen vexillare ima basi liberum, supra basim cum reliquis connatum. Ovarium pluriovulatum. Stylus non induratus. Semina estrophiolata v. rarius strophiolata. *Gen.* 6657—6664.

5. Erythrineae. Inflorescentia nodoso-racemosa. Vexillum exappendiculatum. Stamen vexillare liberum. Ovarium pluriovulatum. Legumen indehiscens. *Gen.* 6665—6670.

6. Wisterieae. Ovarium pluriovulatum. Inflorescentia racemosa. Vexillum saepissime biappendiculatum. Stamen vexillare liberum. — *Folia bi-multijuga. Gen.* 6671—6673.

7. Euphaseoleae. Ovarium pluriovulatum. Inflorescentia nodoso racemosa. Vexillum biappendiculatum. Stamen vexillare supra basim saepissime geniculatum, liberum, v. rarius medio cum reliquis connexum. Ovarium pluriovulatum. Stylus supra medium induratus. *Gen.* 6674—6684.

8. Cajaneae. Ovarium pluriovulatum. Legumen extus lineis transversis v. obliquis constrictum. *Gen.* 6685—6689.

9. Rhynchosieae. Ovarium biovulatum. *Gen.* 6690—6697.

10. Abrineae. Stamina 9, monadelpha. — *Folia abrupte pinnata. Gen.* 6698.

6. Dalbergieae. Corolla papilionacea. Stamina 10, monadelpha v. diadelpha. Legumen indehiscens, intus saepe isthmis interceptum. Embryonis cotyledones crassae, carnosae, radicula incurva v. rarius recta. — *Folia pinnata, foliolis saepe alternis, rarius unifoliolata. Gen.* 6700—6735.

7. Sophoreae. Corolla papilionacea. Stamina 10, rarius 8 v. 9, libera. Legumen indehiscens v. bivalve. Embryonis cotyledones foliaceae v. crassiusculae, radicula incurva v. recta. — *Folia imparipinnata v. simplicia. Gen.* 6736—6750.

3. Caesalpinieae. Corolla irregularis subpapilionacea, v. fere regularis, interdum nulla. Stamina 10 v. pauciora, libera v. rarius coalita. Embryo rectus. — *Folia impari v. abrupte pinnata, interdum bi-tripinnata, nonnunquam simplicia. Gen.* 6751—6810.

* MORINGEAE. *Gen.* 6811.

CCLXXVI. SWARTZIEAE. Calyx valvatus. Corolla hypogyna, imbricata v. nulla. Stamina hypogyna, definita v. indefinita, libera. Embryo curvatus. *Gen.* 6812—6815.

* DETARIEAE. Corolla nulla. Stamina perigyna. *Gen.* 6816—6817.

CCLXXVII. MIMOSEAE. Calyx valvatus v. rarissime imbricatus. Corolla hypogyna v. subperigyna, valvata v. rarissime imbricata, saepius gamopetala. Stamina hypogyna, rarissime perigyna, saepissime indefinita, libera v. monadelpha. Embryo rectus. *Gen.* 6818—6838.

1. Parkieae. Calycis et corollae aestivatio imbricata staminibus hypogynis, v. subimbricata staminibus perigynis. *Gen.* 6818—6819.

2. Acacieae. Calycis et corollae aestivatio valvata. *Gen.* 6820—6838.

GENERA PLANTARUM.

CONSPECTUS DISPOSITIONIS.

I.

I. THALLOPHYTA.

1. Protophyta.
2. Hysterophyta.

II. CORMOPHYTA.

3. Acrobrya.
    1. Anophyta.
    2. Protophyta.
    3. Hysterophyta.
4. Amphibrya.
5. Acramphibrya.
    1. Gymnosperma.
    2. Apetala.
    3. Gamopetala.
    4. Dialypetala.

II.

REGIO I. THALLOPHYTA.

Sectio 1. Protophyta.

1. Algae. 2. Lichenes.

Sectio 2. Hysterophyta.

3. Fungi.

REGIO II. CORMOPHYTA.

Sectio 3. Acrobrya.

Cohors 1. Anophyta.

4. Hepaticae. 5. Musci.

Cohors 2. Protophyta.

6. Equiseta. 7. Filices. 8. Hydropterides. 9. Selagines. 10. Zamiae.

Cohors 3. Hysterophyta.

11. Rhizantheae.

Sectio 4. Amphibrya.

12. Glumaceae.
13. Enantioblastae.
14. Helobiae.
15. Coronariae.
16. Artorhizae.
17. Ensatae.
18. Gynandrae.
19. Scitamineae.
20. Fluviales.
21. Spadiciflorae.
22. Principes.

Sectio 5. Acramphibrya.

Cohors 1. Gymnosperma.

23. Coniferae.

Cohors 2. Apetala.

24. Piperitae.
25. Aquaticae.
26. Juliflorae.
27. Oleraceae.
28. Thymeleae.
29. Serpentariae.

Cohors 3. Gamopetala.

30. Plumbagines.
31. Aggregatae.
32. Campanulinae.
33. Caprifolia.
34. Contortae.
35. Nuculiferae.
36. Tubiflorae.
37. Personatae.
38. Petalantheae.
39. Bicornes.

Cohors 4. Dialypetala.

40. Discanthae.
41. Corniculatae.
42. Polycarpicae.
43. Rhoeades.
44. Nelumbia.
45. Parietales.
46. Peponiferae.
47. Opuntiae.
48. Caryophyllinae.
49. Columniferae.
50. Guttiferae.
51. Hesperides.
52. Acera.
53. Polygalinae.
54. Frangulaceae.
55. Tricoccae.
56. Terebinthinae.
57. Gruinales.
58. Calyciflorae.
59. Myrtiflorae.
60. Rosiflorae.
61. Leguminosae.

III.

Regio I. Thallophyta.

Sectio I. Protophyta.

CLASSIS I. ALGAE.

1. **Diatomaceae** 1—24.
   1. Diatomeae 1—18.
      a. Frustulieae *1—12.*
      b. Hydrolineae *13—18.*
   2. Desmidieae 19—24.
      c. Micrasterieae *19—21.*
      d. Echinelleae *22—24.*
2. **Nostochinae** 25—36.
3. **Confervaceae** 37—75.
   1. Leptomiteae 37—38.
   2. Oscillatorieae 39—47.
   3. Batrachospermeae 48—52.
   4. Conferveae 53—56.
   5. Ceramieae 57—75.
4. **Characeae** 76—77.
5. **Ulvaceae** 78—86.
   1. Siphoneae 78—82.
   2. Ulveae 83—86.
6. **Floridae** 87—103.
7. **Fucaceae** 104—122.

CLASSIS II. LICHENES.

8. **Coniothalami** 123—130.
   1. Pulverarieae 123—126.
   2. Calycieae 127—130.
9. **Idiothalami** 131—146.
   1. Graphideae 131—136.
   2. Glyphideae 137—139.
   3. Limbarieae 140—144.
   4. Pyxineae 145—146.
10. **Gasterothalami** 147—159.
    1. Verrucarieae 147—150.
    2. Trypetheliaceae 151—154.
    3. Endocarpeae 155—157.
    4. Sphaerophoreae 158—159.
11. **Hymenothalami** 160 179.
    1. Collemaceae 160—164.
    2. Lecidineae 165—169.
    3. Parmeliaceae 170—174.
    4. Usneaceae 175—179.

Sectio II. Hysterophyta.

CLASSIS III. FUNGI.

12. **Gymnomycetes** 180—207.
    1. Entophyti 180—187.
    2. Sporodermei 188—192.
    3. Stilbosporei 193—200.
    4. Tubercularini 201—207.
13. **Hyphomycetes** 208—270.
    1. Sepedoniei 208—216.
    2. Mucedines 217—229.
    3. Dematiei 230—241.
    4. Mucorini 242 261.
    5. Cephalotrichei 262—270.
14. **Gasteromycetes** 271-359.
    1. Perisporiacei 271—280.
       a. Apiosporei *271—275.*
       b. Perisporei *276—280.*
    2. Sclerotiacei 281—290.
       c. Sclerotiei *281—286.*
       d. Rhizogonei *287—290.*
    3. Trichodermacei 291—304.
       e. Aegeritei *291—294.*
       f. Trichodermei *295—299.*
       g. Onygenei *300—304.*
    4. Trichospermei 305—336.
    A. *Myxogasteres* 305—322.
       h. Trichiacei *305—309.*
       i. Stemmonitei *310—314.*
       k. Physarei *315—318*
       l. Aethalinei *319—322.*
    B. *Trichogasteres* 323—336.
       m. Cenococcei *323—324.*
       n. Podaxidei *325—327.*
       o. Sclerodermei *328—331.*
       p. Lycoperdei *332—336.*
    5 Angiogasteres 337—359.
       q. Carpobolei *337—339.*
       r. Nidulariacei *340—344.*
       s. Tuberacei *345—354.*
          α. Tuberei 345—352.
          β. Hymenogasterei 353—354.
       t. Phalloidei *355—359.*
15. **Pyrenomycetes** 360—397.
    1. Xylomacei 360—364.
    2. Cytisporei 365—368.
    3. Phacidiacei 369—382.
       a. Phacidiei *369—373.*
       b. Gloniei *374—376.*
       c. Dermei *377—379.*
       d. Tympanidei *380—382.*
    4. Sphaeriacei 383—397.
       e. Dothidini *383—385.*
       f. Strigulini *386—389.*
       g. Dichaenei *390—393.*
       h. Sphaerini *394—397.*
16. **Hymenomycetes** 398-453.
    1. Tremellini 398—411.
       a. Hymenuli *398—399.*
       b. Tremellei *400—403.*
       c. Cupulares *404—406.*
       d. Pileolares *407—411.*
    2. Clavariei 412—421.
       e. Clavulati *412—415.*
       f. Mitrulini *416—419.*
       g. Pileolati *420—421.*
    3. Helvellacei 422—435.
       h. Cupulati *422—423.*
       i. Claviculares *424—427.*
       k. Cupulati *428—431.*
       l. Mitrati *432—435.*
    4. Pileati 436—453.
       m. Auricularini *436—437.*
       n. Hydnei *438—443.*
       o. Polyporei *444—448.*
       p. Agaricini *449—453.*

Regio II. Cormophyta.

Sectio III. Acrobrya.

Cohors I. Anophyta.

CLASSIS IV. HEPATICAE.

17. **Ricciaceae** 454—458.
18. **Anthoceroteae** 459—460.
19. **Targioniaceae** 461—462.
20. **Marchantiaceae** 463-470.
21. **Jungermanniaceae** 471—474.

CLASSIS V. MUSCI.

22. **Andreaeaceae** 475.
23. **Sphagnaceae** 476.
24. **Bryaceae** 477—600.

Cohors II. Protophyta.

CLASSIS VI. EQUISETA.

25. **Equisetaceae** 601—602.

CLASSIS VII. FILICES.

26. **Polypodiaceae** 603—656.
    1. Polypodieae 603—649.
    2. Cyatheaceae 650—654.
    3. Parkeriaceae 655—656.
27. **Hymenophylleae** 657-58.
28. **Gleicheniaceae** 659—660.
29. **Schizaeaceae** 661—664.
30. **Osmundaceae** 665—666.
31. **Marattiaceae** 667—670.
32. **Ophioglosseae** 671—674.
    * *Filices fossiles* 675—687.

CLASS. VIII. HYDROPTERIDES.

33. **Salviniaceae** 688—689.
34. **Marsileaceae** 690—692.

CLASSIS IX. SELAGINES.

35. **Isoeteae** 693—694.
36. **Lycopodiaceae** 695—698.
37. **Lepidodendreae** 699-703.

CLASSIS X. ZAMIAE.

38. **Cycadeaceae** 704—713.

Cohors III. Hysterophyta.

CLASSIS XI. RHIZANTHEAE.

39. **Balanophoreae** 714—722.
 1. Sarcophyteae 714.
 2. Lophophyteae 715—716.
 3. Cynomorieae 717—718.
 4. Helosieae 719—722.

40. **Cytineae** 723—724.

41. **Rafflesiaceae** 725—727.

Sectio IV. Amphibrya.

CLASSIS XII. GLUMACEAE.

42. **Gramineae** 728—956.
 1. Oryzeae 728—740.
 2. Phalarideae 741—759.
 3. Paniceae 760—792.
 4. Stipaceae 793—802.
 5. Agrostideae 803—816.
 6. Arundinaceae 817—826.
 7. Pappophoreae 827—833.
 8. Chlorideae 834—855.
 9. Avenaceae 856—874.
 10. Festucaceae 875—911.
  a. Bromeae *875—903.*
  b. Bambuseae *904—911.*
 11. Hordeaceae 912—919.
 12. Rottboelliaceae 920—932.
 13. Andropogoneae 933—956.

43. **Cyperaceae** 957—1003.
 1. Cariceae 957—959.
 2. Elyneae 960—962.
 3. Sclericae 963—965.
 4. Rhynchosporeae 966—979.
  a. Rhynchosporeae verae *966-974.*
  b. Schoenoideae *975—979.*
 5. Cladieae 980—984.
 6. Chrysitricheae 985—986.
 7. Lipocarpheae 987—989.
 8. Fuireneae 990—998.
  a. Melancranideae *990—992.*
  b. Hemichlaeneae *993—994.*
  c. Ficineae *995—998.*
 9. Scirpeae 999—1001.
 10. Cypereae 1002—1003.

CL. XIII. ENANTIOBLASTAE.

44. **Centrolepideae** 1004-1007.

45. **Restiaceae** 1008—1021.

46. **Eriocauloneae** 1022-1024.

47. **Xyrideae** 1025—1027.

48. **Commelynaceae** 1028—1036.

CLASSIS XIV. HELOBIAE.

49. **Alismaceae** 1037—1043.
 1. Juncagineae 1037—1040.
 2. Alismeae 1041—1043.

50. **Butomaceae** 1044—1046.

CLASSIS XV. CORONARIAE.

51. **Juncaceae** 1047—1050.
 * *Astelieae* 1051—1052.
 * *Rapateae* 1053.
 * *Flagellarieae* 1054.
 * *Xerotideae* 1055—1056.
 * *Kingiaceae* 1057—1058.
 * *Calectasieae* 1059.

52. **Philydreae** 1060—1061.

53. **Melanthaceae** 1062—1086.
 1. Veratreae 1062—1083.
 2. Colchiceae 1084—1086.

54. **Pontederaceae** 1087-1089.

55. **Liliaceae** 1090—1175.
 1. Tulipaceae 1090—1099.
 2. Agapantheae 1100—1112.
 3. Aloineae 1113—1117.
 4. Asphodeleae 1118—1175.
  a. Hyacintheae *1118—1137.*
  b. Anthericeae *1138—1153.*
  * *Conanthereae 1154—1158.*
  * *Tulbaghineae 1159.*
  c. Asparageae *1160—1167.*
  * *Aphyllantheae 1168—1173.*
  * *Gilliesiaceae 1174—1175.*

56. **Smilaceae** 1176—1188.
 1. Parideae 1176—1178.
 2. Convallarieae 1179—1188.
  * *Aspidistreae* 1189—1191.
  * *Ophiopogoneae* 1192-1194.
  * *Herrerieae* 1195.
  * *Eriospermeae* 1196.
  * *Roxburghiaceae* 1197.
  * *Philesieae* 1198—1199.

CLASSIS XVI. ARTORHIZAE.

57. **Dioscoreae** 1200—1203.

58. **Taccaceae** 1204—1205.

CLASSIS XVII. ENSATAE.

59. **Hydrocharideae** 1206—1216.
 1. Anacharideae 1206—1208.
 2. Vallisnerieae 1209—1210.
 3. Stratiotideae 1211—1216.

60. **Burmanniaceae** 1217—1219.

61. **Irideae** 1220—1248.

62. **Haemodoraceae** 1249—1260.
 * *Vellozieae* 1261—1262.

63. **Hypoxideae** 1263—1264.

64. **Amaryllideae** 1265—1296.
 1. Amarylleae 1265—1281.
 2. Narcisseae 1282—1290.
 3. Anomalae 1291—1296.
 * *Agaveae* 1297—1298.

65. **Bromeliaceae** 1299—1315.

CLASSIS XVIII. GYNANDRAE.

66. **Orchideae** 1316—1618.
 1. Malaxideae 1316—1369.
  a. Pleurothalleae *1316—1348.*
  b. Dendrobieae *1349—1369.*
 2. Epidendreae 1370—1397.
 3. Vandeae 1398—1506.
 4. Ophrydeae 1507—1543.
 5. Gastrodieae 1544—1546.
 6. Neottieae 1547—1586.
 7. Arethuseae 1587—1617.
 8. Cypripedieae 1618.

67. **Apostasieae** 1619—1620.

CLASSIS XIX. SCITAMINEAE.

68. **Zingiberaceae** 1621-1640.
 1. Globbae 1621.
 2. Zingibera 1622—1625.
 3. Amoma 1626—1630.
 4. Alpiniae 1631—1637.
 5. Costi 1638—1640.

69. **Cannaceae** 1641—1646.

70. **Musaceae** 1647—1650.
 1. Heliconieae 1647.
 2. Uranieae 1648—1650.
 * *Scitamineae fossiles* 1651-1654.

CLASSIS XX. FLUVIALES.

71. **Najadeae** 1655—1664.
 * *Najadeae fossiles* 1665—1667.
 * *Lemnaceae* 1668.

CLASSIS XXI. SPADICIFLORAE.

72. **Aroideae** 1669—1708.
 I. Araceae 1669—1696.
  1. Pistiaceae *1669—1670.*
  2. Cryptocoryneae *1671—1672.*
  3. Dracunculineae *1673—1681.*
   a. *Arisareae 1673—1674.*
   b. *Euaroideae 1675—1679.*
   c. *Typhonieae 1680—1681.*
  4. Caladieae *1682—1690.*
   a. *Colocasieae 1682—1689.*
   b. *Philodendreae 1690.*
  5. Anaporeae *1691—1696.*
   a. *Spathicarpeae 1691—1693.*
   b. *Richardieae 1694—1696.*
 II. Callaceae 1697—1708.
  6. Calleae *1697—1699.*
  7. Orontiaceae *1700—1706.*
   a. *Pothoinae 1700—1703.*
   b. *Dracontieae 1704—1705.*
   c. *Orontieae 1706.*
  8. Acoroideae *1707—1708.*

73. **Typhaceae** 1709—1710.

74. **Pandaneae** 1711—1715.
 1. Pandaneae verae 1711—1712.
 2. Cyclantheae 1713—1715.
 * *Genera Pandaneis affinia* 1716—1717.
 * *Pandaneae fossiles* 1718.

CLASSIS XXII. PRINCIPES.

75. **Palmae** 1719—1783.
 1. Arecinae 1719—1735.
 2. Lepidocaryinae 1736—1744.
 3. Borassinae 1745—1752.
 4. Coryphinae 1753—1763.
  a. Sabalinae *1753—1762.*
  b. Phoenicinae *1763.*
 5. Cocoinae 1764—1777.
 * *Palmae fossiles* 1778—1783.
 * *Acrobryae fossiles dubii ordinis* 1784—1788.

Sectio V. Acramphibrya.

Cohors I. Gymnospermae.

CLASSIS XXIII. CONIFERAE.

76. **Cupressinae** 1789—1794.
77. **Abietinae** 1795—1798.
78. **Taxineae** 1799—1803.
79. **Gnetaceae** 1804—1805.

* *Coniferae fossiles* 1806—1816.

Cohors II. Apetalae.

CLASSIS XXIV. PIPERITAE.

80. **Chloranthaceae** 1817—1819.
81. **Piperaceae** 1820—1823.
82. **Saurureae** 1824—1828.

CLASSIS XXV. AQUATICAE.

83. **Ceratophylleae** 1829.
84. **Callitrichinae** 1830.
85. **Podostemmeae** 1831 1837.

CLASSIS XXVI. JULIFLORAE.

86. **Casuarineae** 1838.
87. **Myriceae** 1839.
88. **Betulaceae** 1840—1841.
89. **Cupuliferae** 1842—1848.
90. **Ulmaceae** 1849—1850.
91. **Celtideae** 1851—1854.
92. **Moreae** 1855—1860.
93. **Artocarpeae** 1861—1878.
94. **Urticaceae** 1879—1887.

* *Cynocrambeae* 1888.
* *Gunneraceae* 1889.

95. **Cannabineae** 1890—1891.
96. **Antidesmeae** 1892—1893.

* *Putranjiveae* 1894—1895.
* *Forrestiereae* 1896.
* *Scepaceae* 1897—1899.
* *Garryaceae* 1900.

97. **Plataneae** 1901.
98. **Balsamifluae** 1902.
99. **Salicinae** 1903—1904.

* *Hensloviaceae* 1905

100. **Lacistemmeae** 1906-1907.

CLASSIS XXVII. OLERACEAE.

101. **Chenopodeae** 1908—1938.

I. Cyclolobeae 1908—1038.
1. Salicornieae *1908—1909.*
2. Atripliceae *1910—1915.*
3. Chenopodieae *1916—1936.*
a. *Camphorosmeae 1916-1920.*
b. *Bliteae 1921—1923.*
c. *Kochieae 1924—1936.*
4. Anredereae *1937—1938.*

II. Spirolobeae 1939—1949.
1. Baselleae *1939.*
2. Suedineae *1940—1942.*
3. Salsoleae *1943—1949.*
a. *Halimocnemideae 1943-46.*
b. *Anabaseae 1947—1949.*

* *Genera Chenopodeis affinia* 1950—1953.

102. **Amarantaceae** 1954-1978.

1. Gomphreneae 1954—1959.
2. Achyrantheae 1960—1968.
a. Polycnemeae *1960—1961.*
b. Aerveae *1962—1968.*
3. Desmochaeteae 1969—1971.
4. Amaranteae 1972—1978.

103. **Polygoneae** 1979—1999.

1. Eriogoneae 1979—1982.
2. Polygoneae verae 1983-1997.
3. Polygoneae spuriae 1998—1999.

104. **Nyctagineae** 2000—2013.

CLASSIS XXVIII. THYMELEAE.

105. **Monimiaceae** 2014-2022.

1. Monimieae 2014—2019.
2. Atherospermeae 2020—2022.

106. **Laurineae** 2023—2067.

1. Cinnamomeae 2023.
2. Camphoreae 2024.
3. Phoebeae 2025—2026.
4. Perseae 2027—2032.
5. Cryptocaryeae 2033—2039.
6. Acrodiclidia 2040—2043.
7. Nectandreae 2044.
8. Dicypellia 2045—2047.
9. Oreodaphneae 2048—2055.
10. Flavillorae 2056—2057.
11. Tetranthereae 2058—2062.
12. Daphnidinae 2063—2066.
13. Cassyteae 2067.

107. **Gyrocarpeae** 2068—2069.
108. **Santalaceae** 2070—2084.

* *Grubiaceae* 2085.
* *Nyssaceae* 2086.
* *Anthoboleae* 2087—2088.
* *Helwingiaceae* 2090.

109. **Daphnoideae** 2091-2109.
110. **Aquilarineae** 2110-2111.
111. **Elaeagneae** 2112—2115.
112. **Penaeaceae** 2116—2118.
113. **Proteaceae** 2119—2159.

I. Nucamentaceae 2119—2141.
1. Proteinae *2119—2130.*
2. Conospermeae *2131—2133.*
3. Franklandieae *2134.*
4. Persoonieae *2135—2141.*

II. Folliculares 2142—2159.
1. Grevilleae *2142—2156.*
a. *Hakaeeae 2142—2151.*
b. *Embothrieae 2152—2156.*
2. Banksieae *2157—2159.*

CLASS. XXIX. SERPENTARIAE.

114. **Aristolochieae** 2160—2166.
115. **Nepentheae** 2167.

Cohors III. Gamopetalae.

CLASSIS XXX. PLUMBAGINES.

116. **Plantagineae** 2168-2170.
117. **Plumbagineae** 2171-2176.

* *Salvadoraceae* 2177.

CLASSIS XXXI. AGGREGATAE.

118. **Valerianeae** 2178—2189.
119. **Dipsaceae** 2190—2195.

1. Morineae 2190.
2. Scabioseae 2191—2195.

120. **Compositae** 2196—3032.

I. ***Tubuliflorae*** 2196—2898.

1. Vernoniaceae 2196—2251.
1. Vernonieae *2196—2241.*
a. Euvernonieae *2196—2230.*
α. *Ethulieae 2196—2210.*
β. *Heterocomeae 2202-2221.*
γ. *Albertinieae 2222-2230.*
b. Elephantopeae *2231.*
c. Rolandreae *2232—2237.*
d. Bojerieae *2238—2241.*
2. Pectideae *2242—2251.*
a. Liabeae *2242—2247.*
b. Eupectideae *2248—2251.*

2. Eupatoriaceae 2252—2291.
1. Eupatorieae *2252—2283.*
a. Alomieae *2252—2257.*
b. Agerateae *2258—2267.*
c. Adenostyleae *2268—2283.*
2. Tussilagineae *2284—2291.*
a. Petasiteae *2284—2287.*
b. Eutussilagineae *2288-2291.*

3. Asteroideae 2292—2453.
1. Asterineae *2292—2392.*
a. Amelleae *2292—2295.*
α. *Euamelleae 2292—2294.*
β. *Heterothalameae 2295.*
b. Astereae *2296—2356.*
α. *Euastereae 2296—2317.*
β. *Diplopappeae 2318-2324.*
γ. *Erigereae 2325—2334.*
δ. *Heteropappeae 2335—2344.*
ε. *Bellieae 2345—2347.*
ζ. *Bellideae 2348—2356.*
c. Chrysocomeae *2357—2392.*
α. *Gymnospermeae 2357—2360.*
β. *Achyrideae 2361—2364.*
γ. *Heterotheceae 2365.*
δ. *Psiadieae 2366—2372.*
ε. *Chrysopsideae 2373 2374.*
ζ. *Solidagineae 2375-2392.*
2. Baccharideae *2393—2410.*
a. Conyzeae *2393—2408*
α. *Sphaerantheae 2393-2395.*
β. *Grangeineae 2396—2400.*
γ. *Euconyzeae 2401—2408.*
b. Eubacchariedeae *2409—2410.*
3. Tarchonantheae *2411—2424.*
a. Eutarchonantheae *2411-2412.*
b. Plucheineae *2413—2424.*
4. Inuleae *2425—2438.*
a. Euinuleae *2425—2437.*
b. Caesulieae *2438.*
5. Buphthalmeae *2439—2444.*
6. Eclipteae *2445—2453.*

4. Senecionideae 2454—2821.
1. Melampodineae *2454—2401.*
a. Euxenieae *2454—2456.*
b. Millerieae *2457—2471.*
c. Silphieae *2472—2477.*
d. Melampodieae *2478—2479.*
e. Ambrosieae *2480—2481*

f. Iveae 2482—2486.
g. Partheniene 2487—2491.
2. Heliantheae 2492—2570.
a. Heliopsideae 2492—2512.
b. Rudbeckieae 2513—2527.
c. Coeropsideae 2528—2539.
d. Bidentideae 2540—2543.
e. Verbesineae 2544—2570.
3. Flavericae 2571—2574.
4. Tagetineae 2575—2582.
a. Tageteae 2575—2581.
b. Porophylleae 2582.
5. Heleniene 2583—2634.
a. Gaillardieae 2583—2611.
α. *Eugaillardieae* 2583—2585.
β. *Euhelenieae* 2586—2611.
b. Galinsogeae 2612—2627.
α. *Eugalinsogeae* 2612-2625.
β. *Sphenogyneae* 2626 2627
c. Madieae 2628—2634.
6. Anthemideae 2635—2710.
a. Euanthemideae 2635—2653.
b. Chrysanthemeae 2654—2680.
c. Cotuleae 2681—2686.
d. Athanasieae 2687—2692.
e. Artemisieae 2693—2704.
f. Hippieae 2705—2709.
g. Eriocephaleae 2710.
7. Gnaphalieae 2711—2785.
a. Angiantheae 2711—2722.
b. Cassinieae 2723—2726
c. Helichryseae 2727—2759.
d. Seriphieae 2760—2762.
e. Antennarieae 2763—2769.
f. Leyssereae 2770—2774.
g. Relhanieae 2775—2785.
8. Senecioneae 2786—2821.
a. Neurolaeneae 2786.
b. Erechtiteae 2787—2791.
c. Eusenecioneae 2792—2819.
d. Balbisieae 2820—2821.
5. Cynareae 2822—2898.
1. Calendulaceae 2822—2829.
a. Calenduleae 2822—2824.
b. Osteospermeae 2825
c. Othonneae 2826—2829.
2. Arctotideae 2830—2846.
a. Arctoteae 2830—2838.
b. Gorterieae 2839—2846.
3. Echinopsideae 2847—2848.
4. Cardopateae 2849.
5. Xeranthemeae 2850—2852.
6. Carlineae 2853—2864.
7. Centaurieae 2865—2873.
8. Carthameae 2874—2877.
9. Silybeae 2878—2880.
10. Carduinae 2881—2892.
11. Serratuleae 2893—2898.
II. ***Labiatiflorae*** 2899—2964.
6. Mutisiaceae 2899—2942.
1. Mutisieae 2899—2933.
a. Gerbereae 2899—2907.
b. Eumutisieae 2908—2933.
2. Lerieae 2934—2939.
3. Facelideae 2940—2942.
7. Nassaviaceae 2943—2964.
1. Polyachyrideae 2943.
2. Nassavieae 2944—2949.
3. Trixideae 2950—2964.
III. ***Liguliflorae*** 2965—3032.
8. Cichoraceae 2965—3032.
1. Scolymeae 2965—2966.
2. Lampsaneae 2967—2971.
3. Hyoserideae 2972—2983.
4. Hypochaerideae 2984—2988.
5. Scorzonereae 2989—3001.
6. Lactuceae 3002—3022.
7. Hieracieae 3023—3032.
Genera dubia 1—14.
121. **Calycereae** 3033—3036.

CL. XXXII. CAMPANULINAE.
122. **Bruniaceae** 3037.
123. **Goodeniaceae** 3038 3050.
a. Scaevoleae 3038—3040.
b. Goodenieae 3041—3050.
124. **Lobeliaceae** 3051—3070.
1. Clintonieae 3051—3054.
2. Lobelieae 3055—3062.
3. Delisseaceae 3063—3070.
125. **Campanulaceae** 3071-91.
1. Wahlenbergieae 3071—3081.
a. Jasioneae 3071.
b. Lightfootieae 3072—3079.
c. Prismatocarpeae 3080—3081.
2. Campanuleae 3082—3091.
* *Pongatieae* 3092.
126. **Stylideae** 3093—3095.

CLASSIS XXXIII. CAPRIFOLIA.
127. **Rubiaceae** 3096—3331.
I. Coffeaceae 3096—3221.
1. Opercularieae 3096—3097.
2. Stellatae 3098—3104.
3. Anthospermeae 3105—3109.
4. Spermacoceae 3110—3138.
a. *Putorieae* 3110—3117.
b. *Euspermacoceae* 3118 3137.
c. *Cephalantheae* 3138.
5. Psychotrieae 3139—3179.
a. *Cephaëlideae* 3139—3144.
b. *Coffeaceae* 3145—3179.
6. Paederieae 3180—3182.
7. Guettardeae 3183—3219.
a. *Morindeae* 3183.
b. *Euguettardeae* 3184—3219.
8. Cordiereae 3220—3221.
II. Cinchonaceae 3222—3315.
9. Hamelieae 3222—3233.
10. Isertieae 3234—3237.
11. Hedyotideae 3238—3262.
a. *Hedyoteae* 3238—3241.
b. *Rondeletieae* 3242—3262.
12. Cinchoneae 3263—3280.
a. *Eucinchoneae* 3263—3273.
b. *Naucleeae* 3280.
13. Gardenieae 3281—3315.
a. *Sarcocephaleae* 3281-3285.
b. *Eugardenieae* 3286—3315.
Genera dubiae affinitatis 3316—3331.
128. **Lonicereae** 3332—3341.
I. Lonicereae verae 3332-3339.
II. Sambuceae 3340—3341.

CLASSIS XXXIV. CONTORTAE.
129. **Jasmineae** 3342—3345.
130. **Oleaceae** 3346—3358.
I. Oleineae 3346—3352.
II. Fraxineae 3353—3358.
131. **Loganiaceae** 3359—3371.
I. Strychneae 3359—3363.
a. Eustrychneae 3359—3360.
b. Gardnerieae 3361.
c. Antonieae 3362.
d. Labordieae 3363.
II. Loganieae 3364—3371.
e. Euloganieae 3364—3365.
f. Usterieae 3366.
g. Potalieae 3367—3369.
h. Gärtnereae 3370—3371.
132. **Apocynaceae** 3372—3430.
1. Carisseae 3372—3382.
2. Ophioxyleae 3384—3393.
3. Euapocyneae 3394—3430.
a. Plumerieae 3394—3407.
b. Alstonieae 3408.
c. Echiteae 3409—3428.
d. Wrightieae 3429—3430.
Genera dubia 3431.
133. **Asclepiadeae** 3431—3527.
1. Periploceae 3431—3440
2. Secamoneae 3441—3443.
3. Euasclepiadeae 3444—3527.
a. Cynancheae 3444—3493.
1. *Astephaneae* 3444—3446.
2. *Metastelmeae* 3447—3454.
3. *Dilasseae* 3455—3459.
4. *Cynoctoneae* 3460—3470.
5. *Calotropideae* 3471—3478.
6. *Euasclepieae* 3479—3493.
b. Gonoloheae 3494—3496.
c. Pergularieae 3497—3527.
α. Hoyeae 3497—3512.
1. *Sarcolobeae* 3497—3498.
2. *Tylophoreae* 3499—3512.
β. Stapelieae 3513—3527.
1. *Leptadenieae* 3513—3514.
2. *Ceropegieae* 3515—3527.
134. **Gentianeae** 3528—3567.
1. Gentianeae verae 3528-3563.
α. Chironieae 3528—3556.
β. Sebaeceae 3557—3561.
γ. Genera dubia 3562—3563.
2. Menyantheae 3564—3565.
Genera affinia 3566—3567.
135. **Spigeliaceae** 3568.

CLASSIS XXXV. NUCULIFERAE.
136. **Labiatae** 3569—3682.
1. Ocimoideae 3569—3585.
α. Moschosmeae 3569—3574.
β. Plectrantheae 3575—3580.
γ. Hyptideae 3581—3584.
δ. Lavanduleae 3585.
2. Menthoideae 3586—3596.
a. Pogostomeae 3586—3587.
b. Elscholzieae 3588—3589.
c. Mentheae 3590—3595.
d. Meriandreae 3596.
3. Monardeae 3597—3603.
a. Salvieae 3597—3598.
b. Rosmarineae 3599—3602.
c. Hormineae 3603.
4. Satureinae 3604—3614.
a. Origaneae 3604—3611.
b. Hyssopeae 3612.
c. Cunileae 3613—3614.
5. Melissinae 3615—3623.
6. Scutellarinae 3624—3627.
7. Prostanthereae 3628—3634.
8. Nepeteae 3635—3639.
9. Stachydeae 3640—3672.
a. Melitteae 3640—3643.
b. Lamieae 3644—3653.
c. Marrubieae 3654—3657.
d. Balloteae 3658—3672.
10. Prasieae 3673—3676.
11. Ajugoideae 3677—3681.
Genus dubium 3682.
137. **Verbenaceae** 3683-3722.
1. Lippieae 3683—3693.
2. Lantaneae 3694—3710.
3. Aegiphileae 3711—3716.
Genera dubia 3717—3721.
* *Avicennieae 3722.*

138. **Stilbineae** 3723—3724.
139. **Globularieae** 3725.
140. **Selagineae** 3726—3732.
141. **Myoporineae** 3733—3737.
142. **Cordiaceae** 3738.
Genera dubia 3739—3742.
143. **Asperifoliae** 3743—3787.
1. Ehretiaceae 3743—3752.
a. Tournefortieae *3743—3749.*
b. Heliotropieae *3750—3752.*
2. Borragineae 3753—3787.
a. Anchuseae *3753—3778.*
b. Cynoglosseae *3779—3786.*
Genus dubium 3787.

CLASSIS XXXVI. TUBIFLORAE.

144. **Convolvulaceae** 3788—3814.
1. Dichondreae 3788—3789.
2. Convolvuleae 3790—3814.
* *Erycibeae* 3815.
* *Cuscuteae* 3816.
* *Nolanaceae* 3817.
145. **Polemoniaceae** 3818—3826.
146. **Hydrophylleae** 3827—3832.
147. **Hydroleaceae** 3833-3837.
148. **Solanaceae** 3838—3874.
1. Nicotianeae 3838—3844.
2. Datureae 3845—3846.
3. Hyoscyameae 3847—3849.
4. Solaneae 3850—3864.
5. Cestrineae 3865—3867.
6. Vestieae 3868—3869.
Genera dubia 3870—3874.
* *Desfontaineae* 3875.
* *Retziaceae* 3876—3877.

CLASS. XXXVII. PERSONATAE

149. **Scrophularinae** 3878—4026.
1. Verbasceae 3878—3883.
2. Hemimerideae 3884—3889.
3. Antirrhineae 3890—3897.
4. Salpiglossideae 3898—3907.
5. Digitaleae 3908—3917.
6. Gratioleae 3918—3958.
7. Buchnereae 3959—3970.
a. Eubuchnereae *3959—3963.*
b. Manuleae *3964—3970.*
8. Buddleeae 3971—3972.
9. Veroniceae 3973—3989.
10. Gerardieae 3990—4002.
11. Rhinantheae 4003—4019.
Genera dubia 4020—4023.
Genera affinia 4024—4026.
150. **Acanthaceae** 4027—4103.
1. Thunbergieae 4027—4030.
2. Nelsonieae 4031—4036.
3. Echmatacanthi 4037—4101.
a. Hygrophileae *4037—4040.*
b. Ruellieae *4041—4059.*
c. Barlerieae *4060—4067.*
d. Acantheae *4068—4072.*
e. Justicieae *4073—4090.*
α. Aphelandreae *4073—4078.*
β. Gendarusseae *4079—4086.*
γ. Eranthemeae *4087—4090.*
f. Dicliptereae *4091—4098.*
g. Andrographideae *4099—4101.*
Genera dubia 4102—4103.
151. **Bignoniaceae** 4104-4133.
1. Sesameae 4104—4105.
2. Eccremocarpeae 4106—4108.
3. Incarvilleae 4109—4110.
4. Tourretieae 4111.
5. Bignonieae 4112—4125.
a. Argylieae *4112.*
b. Tecomeae *4113—4118.*
c. Eubignonieae *4119—4125.*
Genera anomala 4126—4127.
Genera dubia 4128—4133.
152. **Gesneraceae** 4134—4169.
1. Cyrtandreae 4134—4154.
a. Didymocarpeae *4134—4145.*
b. Eucyrtandreae *4146—4150.*
Genera dubia 4151—4154.
2. Gesnereae 4155—4169.
a. Beslereae *4155—4159.*
b. Episcieae *4160—4164.*
c. Eugesnereae *4165—4169.*
* *Crescentieae* 4170—4173.
153. **Pedalineae** 4174—4181.
154. **Orobancheae** 4182—4192.
155. **Utricularieae** 4193-4195.

CL. XXXVIII. PETALANTHAE.

156. **Primulaceae** 4196—4216.
1. Primuleae 4196—4211.
a. Androsaceae *4196—4203.*
b. Lysimachieae *4204—4211.*
2. Anagallideae 4212—4213.
3. Hottonieae 4214.
4. Samoleae 4215.
Genus affine 4216.
157. **Myrsineae** 4217.
1. Ardisieae 4217—4226.
2. Maeseae 4227.
3. Theophrasteae 4228—4230.
Genera dubia 4231—4232.
* *Aegicereae* 4233.
158. **Sapotaceae** 4234—4245.
159. **Ebenaceae** 4247—4251.
* *Styraceae* 4252—4257.
* *Halesieae* 4258.
* *Symploceae* 4259—4261.

Dubiae affinitatis.
* *Napoleoneae* 4262—4263.
* *Columelliaceae* 4264—4265.

CLASSIS XXXIX. BICORNES.

160. **Epacrideae** 4266—4293.
1. Styphelieae 4266—4280.
2. Epacreae 4281—4293.
161. **Ericaceae** 4294—4344.
1. Ericinae 4294—4328.
a. Ericeae *4294—4316.*
α. Salaxideae *4294—4308.*
1. *Collostigmeae 4294-4298.*
2. *Sympiezeae 4299—4308.*
β. Ericeae *4309—4316.*
b. Andromedeae *4317—4328.*
2. Vaccinieae 4329—4337.
3. Rhododendreae 4338—4344.
* *Diapensiaceae* 4345—4346.
* *Pyrolaceae* 4347—4350.
* *Monotropeae* 4351—4354.

Cohors IV. Dialypetalae.

CLASSIS XL. DISCANTHAE.

162. **Umbelliferae** 4355—4549.
I. Orthospermae 4355—4497.
1. Hydrocotyleae *4355—4367.*
2. Mulineae *4368—4377.*
3. Saniculeae *4378—4389.*
4. Ammineae *4390—4415.*
5. Seselineae *4416—4449.*
6. Pachypleureae *4450—4452.*
7. Angeliceae *4453—4457.*
8. Peucedaneae *4458—4483.*
9. Silerinae *4484—4487.*
10. Cumineae *4488—4489.*
11. Thapsieae *4490—4494.*
12. Daucineae *4495—4497.*
II. Campylospermae 4498-4544.
13. Elaeoselineae *4498—4499.*
14. Caucalineae *4500—4503.*
15. Scandicineae *4504—4517.*
16. Smyrneae *4518—4544.*
III. Coelospermae 4545—4549.
17. Coriandreae *4545—4549.*
163. **Araliaceae** 4550—4565.
164. **Ampelideae** 4566—4569.
1. Viniferae 4566—4568.
2. Leeaceae 4569.
Genera dubia 4570—4572.
165. **Corneae** 4573—4574.
Corneis affines 4575—4576.
Genera dubia 4577—4580.
166. **Loranthaceae** 4581-4587.
167. **Hamamelideae** 4588-95.
1. Hamameleae 4588—4593.
a. Euhamameleae *4588—4591.*
b. Fothergilleae *4592—4593.*
2. Bucklandieae 4594—4595.
168. **Bruniaceae** 4596—4606.

CLASSIS XLI. CORNICULATAE.

169. **Crassulaceae** 4607—4625.
I. Crassuleae 4607—4623.
1. Isostemones *4607—4615.*
a. *Eucrassuleae 4607—4611.*
b. *Rocheae 4611—4615.*
2. Diplostemones *4616—4623.*
c. *Umbiliceae 4616—4621.*
d. *Sedeae 4622—4623.*
II. Diamorpheae 4624—4625.
* *Francoaceae* 4626—4627.
* *Cephaloteae* 4628.
170. **Saxifragaceae** 4629-4681.
1. Saxifrageae 4629—4646.
2. Cunonieae 4647—4667.
3. Hydrangeae 4668—4673.
4. Escallonieae 4674—4678.
Escallonieis affines.
* *Argophylleae* 4679.
* *Rousseaceae* 4680.
* *Breziaceae* 4681.
171. **Ribesiaceae** 4682—4683.

CLASSIS XLII. POLYCARPICAE.

172. **Menispermaceae** 4684—4705.
1. Menispermeae 4684—4696.
* *Phytocreneae* 4697—4698.
2. Lardizabaleae 4699—4705.

173. **Myristiceae** 4706—4708.

174. **Anonaceae** 4709—4729.
1. Bocageae 4709—4712.
2. Xylopieae 4713—4718.
3. Anoneae 4719—4724.
Genera dubia 4725—4729.
* *Eupomatieae* 4730.

175. **Schizandraceae** 4731—4734.

176. **Magnoliaceae** 4735-4745.
1. Magnolieae 4735—4740.
2. Illicieae 4741—4745.

177. **Dilleniaceae** 4746—4767.
1. Dilleneae 4746—4758.
2. Delimeae 4759—4765.
Genera dubia 4766—4767.

178. **Ranunculaceae** 4768—4804.
1. Clematideae 4768—4770.
2. Anemoneae 4771—4781.
3. Ranunculeae 4782—4785.
4. Helleboreae 4786—4797.
5. Paeonieae 4798—4804.

179. **Berberideae** 4805—4815.

CLASSIS XLIII. RHOEADES.

180. **Papaveraceae** 4816-4844.
I. Papavereae 4816—4832.
1. Argemoneae *4816—4826.*
a. Bocconieae *4816—4818.*
b. Papavereae verae *4819—4826.*
2. Hunnemannieae *4827—4829.*
II. Fumariaceae 4833—4844.
3. Hypecoeae *4833—4834.*
4. Fumarieae *4835—4844.*
a. Dicentreae *4835—4837.*
b. Corydalideae *4838—4844.*

181. **Cruciferae** 4845—4980.
I. Pleurorhizeae 4845—4901.
1. Arabideae *4845—4862.*
2. Alyssineae *4863—4884.*
3. Thlaspideae *4885—4891.*
* *Cremolobeae 4892—4893.*
4. Anastaticeae *4894—4895.*
5. Euclidieae *4896—4898.*
6. Cakilinae *4899—4901.*
II. Notorhizeae 4902—4947.
7. Sisymbrieae *4902—4917.*
8. Camelineae *4918—4926.*
9. Lepidineae *4927—4935.*
10. Isatideae *4936—4943.*
11. Anchonieae *4944—4947.*
III. Orthoploceae 4948—4972.
12. Brassiceae *4948—4956.*
13. Velleae *4957—4961.*
14. Psychineae *4962—4963.*
15. Zilleae *4964—4966.*
16. Raphaneae *4967—4972.*
IV. Spirolobeae 4973—4974.
17. Buniadeae *4973.*
18. Erucarieae *4974.*
V. Diplecolobeae 4975—4980.
19. Senebiereae *4975—4976.*
20. Subularieae *4977.*
21. Heliophileae *4978—4979.*
* *Schizopetaleae 4980.*

182. **CappTrideae** 4983—5010.
1. Cleomeae 4983—4990.
2. Cappareae 4991—5009.
Capparideis affines 5010.

183. **Resedaceae** 5011—5014.

*

184. **Datisceae** 5015—5017.

CLASSIS XLV. NELUMBIA.

185. **Nymphaeaceae** 5018—5022.
1. Euryaleae 5018—5019.
2. Nymphaeaceae 5020—5021.
3. Barclayeae 5022.

* **Sarraceniеae** 5023.

186. **Cabombeae** 5024—5025.

187. **Nelumboneae** 5026.

CLASSIS XLVI. PARIETALES.

188. **Cistineae** 5027—5032.

189. **Droseraceae** 5033—5038.
* **Parnassieae** 5039.

190. **Violarieae** 5040—5049.
1. Jonidieae 5040—5046.
2. Alsodineae 5047—5049.

191. **Sauvagesieae** 5050-5052.

192. **Frankeniaceae** 5053.

* **Fouquieraceae** 5054—5055.

193. **Turneraceae** 5056—5058.

194. **Samydeae** 5059—5060.

195. **Bixaceae** 5061—5084.
1. Bixineae 5061—5065.
2. Prockieae 5066—5078.
3. Flacourtianeae 5079—5082.
4. Erythrospermeae 5083-5084.
* **Pangiaceae** 5085.

196. **Homalineae** 5086—5092.

197. **Passifloreae** 5093—5107.
1. Paropsieae 5093—5095.
2. Passifloreae verae 5096-5101.
3. Modecceae 5103—5107.

198. **Malesherbiaceae** 5108—5109.

199. **Loaseae** 5110—5118.

200. **Papayaceae** 5119—5120.

CLASSIS XLVII. PEPONIFERAE.

201. **Nandhirobeae** 5121-5122.

202. **Cucurbitaceae** 5123-5151.
1. Telfairieae 5123.
2. Cucurbiteae 5124—5145.
1. Coniandreae *5124—5125.*
2. Melothrieae *5126—5129.*
3. Bryonieae *5130—5136.*
4. Cucumerinae *5137—5142.*
5. Cyclanthereae *5143.*
Genera minus nota 5144—5145.
3. Sycioideae 5146—5147.
Genera dubia 5148—5151.
* *Gronovieae* 5152.

203. **Begoniaceae** 5153.

CLASSIS XLVIII. OPUNTIA.

204. **Cacteae** 5154—5162.
1. Cacteae tubulosae 5154—5159.
2. Cacteae rotatae 5160—5162.

CL. XLIX. CARYOPHYLLINAE.

205. **Mesembryanthemeae** 5163.

206. **Portulaceae** 5164—5196.
1. Tetragonieae 5164.
2. Aizoideae 5165—5167.
3. Sesuvieae 5168—5174.
4. Portulacarieae 5175.
5. Calandrinieae 5176—5183.
6. Mollugineae 5184—5193.
7. Polpodeae 5194.
8. Adenogrammeae 5195.
Genus Portulaceis affine 5196.

207. **Caryophylleae** 5197-5253.
I. Paronychieae 5197—5220.
1. Illecebreae *5197—5205.*
1. Corrigioleae 5197.
2. Euparonychieae *5198—5205.*
2. Pterantheae *5206—5207.*
3. Pollichieae *5208.*
4. Telephieae *5209.*
5. Polycarpeae *5210—5220.*
a. Löflingieae *5210.*
b. Sperguleae *5211—5220.*
II. Scleranthеae 5221—5223.
III. Alsineae 5224—5242.
1. Sabulineae *5224—5230.*
1. Sagineae *5224.*
2. Eualsineae *5225—5230.*
2. Merckieae *5231—5232.*
3. Stellarineae *5233—5243.*
1. Arenarieae *5233—5240.*
2. Cerastieae *5241.*
3. Malachieae *5242.*
IV. Sileneae 5243—5253.
1. Diantheae *5243—5244.*
2. Lychnideae *5245—5251.*
3. Drypideae *5252—5253.*

208. **Phytolaccaceae** 5254—5263.
1. Petiverieae 5254—5257.
1. Petiverieae verae *5254-5255.*
2. Rivineae *5256—5257.*
2. Phytolacceae 5258—5263.
3. Limeae *5258—5259.*
4. Giesekieae *5260—5263.*
* *Gyrostemoneae* 5264—5265.

CLASSIS L. COLUMNIFERAE.

209. **Malvaceae** 5266—5296.
1. Malopeae 5266—5268.
2. Malveae 5269—5275.
3. Hibisceae 5276—5286.
4. Sideae 5287—5296.

210. **Sterculiaceae** 5297-5321.
1. Bombaceae 5297—5307.
* *Bombaceis affines* 5308—5310.
2. Helictereae 5311—5318.
1. Myrodieae *5311—5314.*
2. Euhelictereae *5315—5316.*
3. Reevesieae *5317—5318.*
3. Sterculieae 5319—5321.

211. **Büttneriaceae** 5322-5359.
1. Lasiopetalae 5322—5327.
2. Büttnerieae 5328—5334.
* *Kleinhovieae* 5335.
3. Hermannieae 5336—5341.
4. Dombeyeae 5342—5353.
5. Eriolaeneae 5354—5355.
Genera dubia 5356—5357.
* *Philippodendreae* 5358—5359.

212. **Tiliaceae** 5360—5391.
1. Tiliaceae verae 5360—5388.
1. Sloaneae *5360—5363.*
2. Grewieae *5364—5383.*
II. Elaeocarpeae 5384—5391.
3. Elaeocarpeae verae *5384—5388.*
4. Tricuspidarieae *5389—5391.*

CLASSIS LI. GUTTIFERAE.

213. **Dipterocarpeae** 5392—5396.
* *Lophiraceae* 5397.
214. **Chlenaceae** 5398—5402.
* *Eucryphieae* 5403.
* *Hugoniaceae* 5404.
215. **Ternströmiaceae** 5405—5431.
1. Cochlospermeae 5405.
2. Ternströmieae 5406—5413.
3. Sauraujeae 5414—5415.
4. Laplaceae 5416—5422.
5. Gordonieae 5423—5424.
6. Camellieae 5425—5426.
Genera dubia 5427—5431.
* *Aristoteliaceae* 5432.
216. **Clusiaceae** 5433—5458.
1. Clusieae 5433—5439.
2. Moronobeae 5440—5441.
3. Garcinieae 5442—5446.
4. Calophylleae 5447—5449.
Genera dubia 5450—5455.
* *Canellaceae* 5456—5458.
217. **Marcgraviaceae** 5459—5462.
218. **Hypericineae** 5463-5472.
1. Hypericeae 5463—5464.
2. Elodeae 5465—5472.
Genus dubium 5473.
* *Ochranthaceae* 5474
219. **Elatineae** 5475—5478.
220. **Reaumuriaceae** 5479—5481.
221. **Tamariscineae** 5482—5484.

CLASSIS LII. HESPERIDES.

222. **Humiriaceae** 5485—5487.
223. **Olacineae** 5488—5492.
Genera dubia 5493—5497.
Genus Olacineis affine 5498.
124. **Aurantiaceae** 5499-5515.
1. Limoneae 5499—5505.
2. Clauseneae 5506—5511.
3. Citreae 5512—5514.
Genus dubium 5515.
225. **Meliaceae** 5516—5547.
1. Melieae 5516—5523.
2. Trichilieae 5524—5545.
Genero dubia 5546—5547.
Genus Meliaceis affine 5548.
226. **Cedrelaceae** 5549.
1. Swietenieae 5549—5552.
2. Cedreleae 5553—5556.
Genus dubium 5557.

CLASSIS LIII. ACERA.

227. **Acerinae** 5558—5560.
228. **Malpighiaceae** 5561—95.
1. Meiostemones 5561—5565.
2. Diplostemones 5566.
1. Pleuropterygiae *5566—5574.*
2. Notopterygiae *5575—5584.*
3. Apterygiae *5585—5592.*
Genera dubia 5593—5595.
* *Coriarieae* 5596.
229. **Erythroxyleae** 5597.
230. **Sapindaceae** 5598—5638.
1. Sapindeae 5598—5621.
2. Dodonaeaceae 5622—5627.
Genera anomola 5628—5630.
Genera dubio 5631—5638.
* *Meliosmeae* 5639.
* *Hippocastaneae* 5640—5641.
231. **Rhizoboleae** 5642—5643.

CLASSIS LIV. POLYGALINAE.

232. **Tremandreae** 5644-5645.
233. **Polygaleae** 5646—5653.
Genera vix nota 5654—5655.
Genera anomola 5656—5658.
* *Trigoniaceae* 5659.

CLASSIS LV. FRANGULACEAE.

234. **Pittosporeae** 5660—5668.
Genera affinio 5669—5670.
235. **Staphylaeaceae** 5671—5673.
236. **Celastrineae** 5674—5698.
1. Evonymeae 5674—5682.
2. Elaeodendreae 5683—5690.
Genero dubio 5691—5698.
Genus affine 5699.
237. **Hippocrateaceae** 5700—5702.
Genus affine 5703.
238. **Ilicineae** 5704—5711.
Genera dubia 5710—5711.
Genera affinia 5712—5713.
* *Nitrariaceae* 5714.
239. **Rhamneae** 5715—5750.
1. Paliureae 5715—5716.
2. Franguleae 5717—5729.
3. Colletieae 5730—5735.
4. Phyliceae 5736—5742.
5. Pomaderreae 5743—5744.
6. Gouanieae 5745—5748.
Genera dubia 5749—5750.
Genera offinia 5751—5756.
240. **Chailletiaceae** 5757—5759.

CLASSIS LVI. TRICOCCAE.

241. **Empetreae** 5760—5762.
242. **Stackhousiaceae** 5763—5764.
243. **Euphorbiaceae** 5765—5888.
1. Euphorbieae 5765—5768.
2. Hippomaneae 5769—5781.
3. Acalypheae 5782—5796.
4. Crotoneae 5797—5836.
5. Phyllantheae 5837—5859.
6. Buxeae 5860—5878.
Genera dubia 5879—5888.

CL. LVII. TEREBINTHINEAE.

244. **Juglandeae** 5889—5892.
245. **Anacardiaceae** 5893—5919.
* *Spondiaceae* 5920—5921.
Genera dubia 5922—5926.
Genera anomala 5927.
246. **Burseraceae** 5928—5933.
Genera vix nota 5934—5946.
* *Amyrideae* 5947.
247. **Connaraceae** 5948—5950.
Genera dubia 5951—5952.
* *Suriuneae* 5953—5955.
248. **Ochnaceae** 5956—5959.
1. Casteleae 5956—5957.
2. Ochneae 5958—5959.
Genera dubia 5960—5961.
249. **Simarubaceae** 5962-5965.
* *Simarubaceis affines* 5966—5967.
250. **Zanthoxyleae** 5968-5977.
* *Zanthoxyleis affines* 5978—5980.
Genera dubia 5981—5987.
251. **Diosmeae** 5988—6024.
1. Cusparieae 5988—5994.
2. Pilocarpeae 5995—6002.
3. Boronieae 6003—6013.
4. Eudiosmeae 6014—6023.
5. Dictamneae 6024.
252. **Rutaceae** 6025—6029.
253. **Zygophylleae** 6030-6044.
1. Tribuleae 6030—6031.
2. Zygophylleae verae 6032-41.
* *Zygophylleis affines* 6042.
* *Meliantheae* 6043.
* *Biebersteinieae* 6044.

CLASSIS LVIII. GRUINALES.

254. **Geraniaceae** 6045—6048.
* *Rhynchotheceae* 6049.
* *Ledocarpeae* 6050—6051.
* *Vivianieae* 6052—6055.
255. **Lineae** 6056—6057.
256. **Oxalideae** 6058—6059.
257. **Balsamineae** 6060—6061.
258. **Tropaeoleae** 6062—6064.
259. **Limnantheae** 6065—6066.

CLASSIS LIX. CALYCIFLORAE.

260. **Vochysiaceae** 6067—6074.
261. **Combretaceae** 6075 6095.
1. Terminalieae 6075—6086.
2. Combreteae 6087—6090.
Genera dubia 6091—6095.
262. **Alangieae** 6096—6097.

263. **Rhizophoreae** 6098-6101.
* *Legnotideae* 6102—6104.

264. **Philadelpheae** 6105—6107.

565. **Oenothereae** 6108—6133.
1. Jussieveae 6108—6111.
2. Epilobieae 6112—6122.
3. Montinieae 6123—6124.
4. Fuchsieae 6125.
5. Lopezieae 6126—6129.
6. Circaeaceae 6130.
7. Gaureae 6131—6132.
Genus dubium 6133.

266. **Halorageae** 6134—6139.
* *Trapeae* 6140.

267. **Lythrarieae** 6141—6167.
1. Eulythrarieae 6141—6159.
2. Lagerströmieae 6160—6165.
Genera dubia 6166—6167.

CLASSIS LX. MYRTIFLORAE.

268. **Melastomaceae** 6168—6274.
1. Melastomeae 6168—6262.
1. Lavoisiereae *6168—6191.*
2. Rhexieae *6192—6206.*
3. Osbeckieae *6207—6224.*
4. Miconieae *6225—6262.*
2. Chariantheae 6263—6268.
* *Memecyleae* 6269—6271.
* *Olinieae* 6272—6274.

269. **Myrtaceae** 6275—6340.
1. Chamaelaucieae 6275—6288.
2. Leptospermeae 6289—6311.
3. Myrteae 6312—6324.
4. Barringtonieae 6325—6327.
Genera dubia 6328—6330.
5. Lecythideae 6331—6334.
Genera penitus dubia 6335—6339.
* *Granateae* 6340.

CLASSIS LXI. ROSIFLORAE.

270. **Pomaceae** 6341—6354.

271. **Calycantheae** 6355-6356.

272. **Rosaceae** 6357—6403.
1. Roseae 6357—6358.
2. Dryadeae 6359—5390.
1. Dalibardeae *6359—6360.*
2. Fragarieae *6361—6363.*
3. Chamaerhodeae *6364.*
4. Cercocarpeae *6380—6381.*
5. Eudryadeae *6382—6390.*
3. Spiraeaceae 6390—6400.
1. Spiraeaceae verae *6390—6394.*
Genus affine 6395.
2. Quillaieae *6396—6400.*
4. Neuradeae 6401—6403.

273. **Amygdaleae** 6404—6406.

274. **Chrysobalaneae** 6407-14.
Genera dubia 6415—6417.

CLASSIS XLII. LEGUMINOSAE.

275. **Papilionaceae** 6418-6811.
1. Podalyrieae 6418—6450.
1. Eupodalyrieae *6418—6432.*
2. Pulteneae *6433—6447.*
3. Mirbelieae *6448—6450.*
2. Loteae 6451—6577.
1. Genisteae *6451—6506.*
2. Trifolieae *6507—6521.*
3. Galegeae *6522—6568.*
4. Astragaleae *6569—6577.*
3. Vicieae 6578—6583.
4. Hedysareae 6584—6629.
1. Coronilleae *6584—6589.*
2. Euhedysareae *6590—6624.*
3. Alhageae *6625—6629.*
5. Phaseoleae 6630.
1. Clitorieae *6630—6640.*
2. Kennedyeae *6641—6645.*
3. Glycineae *6646—6656.*
4. Diocleae *6657—6664.*
5. Erythrineae *5665—6670.*
6. Wisterieae *6671—6673.*
7. Euphaseoleae *6674—6684.*
8. Cajaneae *6685—6689.*
9. Rhynchosieae *6690—6697.*
10. Abrineae *6698.*
Genera dubia 6699.
6. Dalbergieae 6700—5735.
7. Sophoreae 5736—6750.
8. Caesalpinieae 6751—6810.
* *Moringeae* 6811.

276. **Swartzieae** 6812—6815.
* *Detarieae* 6816—6817.

277. **Mimoseae** 6818—6838.
1. Parkieae 6818—6819.
2. Acacieae 6820—6838.

Genera dubiae sedis.

a. Apetala 6839—6856.
b. Gamopetala 6857—6875.
c. Dialypetala 6876—6895.
* *Genera nondum descripta.*

REGIO I. THALLOPHYTA.

ANANDRAE Link. *in Berl. Magaz. III. 1. ss. VII. 1. ss. Abhandl. Berl. Academ. 1824. p. 154. ss.* ACOTYLEDONEAE Agardh *Aphorism. 72.* HOMONEMEA *Fries syst. orb. veg. Lundae 1825. 8vo.* APHYLLAE *Lindl. introduct. 330.* CRYPTOPHYTA Link. *Handb. 163.*

Thallophyta; pantachobrya arrhiza. Oppositio caulis et radicis nulla. Sporae germinantes undique elongatae. Vasa nulla. Organa sexualia nulla.

Plantae e contextu celluloso imperfecto, irregulari, ad formam regularem angulatam tendente, varie effigurato, compositae. **Vasa** spiralia, lymphatica et propria nulla. **Epidermis** stomatibus destituta. **Substantia** tota homogenea, in perfectioribus subheterogenea, **organis** indistinctis, in thallum (*frondem*) coadunatis. Sexus distinctio nulla. **Sporae** (testa et embryone destitutae) nunc per totam plantae superficiem sparsae, ex ipsius textura emergentes, nunc intra thecas proprias enatae, germinatione undique in filum homogeneum elongatae. Opositio caulis et radicis nulla.

Vegetabilia imperfectiora, per totum orbem sparsa, terram mareque copiosa prole incolunt; plurima aquis innatant, v. submersa oceani vestiunt abyssus, alia primaevis innascuntur saxis, alia in solo v. in organismis languescentibus aut emortuis genita, in summis montium verticibus et in imis cryptarum latebris, locis perfectioris florae soboli inaccessis luxuriant, nec thermarum aestum, nec extremi septemtrionis aeternam fugiunt glaciem, sed a variis momentis cosmicis varie determinata, ubique nobilioribus plantis solum sternunt et viam parant.

Regio seriem animalibus evertebratis analogam constituit, formarum in ipsa sua simplicitate dives. Infimae generatione originaria quottidie enatae v. e partibus organicis in functionibus suis turbatis, et ad propriam vegetationem liberatis evolutae, multimode crescunt et multiplicantur; perfectiores sporis intrinsecus natis absque sexuum concursu propagantur.

SECTIO I. PROTOPHYTA.

Sine humo enata, elementum nutriens undique haurientia, fructificationes indefinite explicantia.

Classis I. Algae.

ALGAE Agardh, *dispositio Algarum Sueciae Lund. 1811. 4to. Algarum decades 1—4. Lund. 1812. 4to. Metamorphosis Algarum Lund. 1820. 8vo. Species Algarum Gryphsw. 1821—1828. 8vo. 2 Vol. Systema Algarum Lund. 1824. 12mo. Icones Algarum ineditae Lund 1820 4to. f 1. 2. Icones Algarum europ Lips 1828 f. 1. 2.* Bory, *in Dict. class. hist. nat. t. 1—17. Histoire des Hydrophytes, recoltees par d'Urville et Lesson. Paris 1829. fol.* — Brognlart, *in Mem. soc h n. Paris. I. 301.* — Dillwyn, *British Confervae. London 1809. 4to. Deutsch von Weber et Mohr. Götting. 1803—1805. 8vo.* — Esper, *Icones Fucorum. Nürenb. 1797. ss. 4to.* — Gaillon, *Essai sur l'etude des Thalassiophytes. Rouen 1820. 8vo. Dict. sc. nat. LIII. 350.* — Girod-Chantrans, *Recherches chimiques etc. Paris 1802. 4to.* — Greville, *Algae Britannicae. Edinb. 1830. 8vo.* — Lamouroux, *Dissert. sur plusieurs especes de Fucus Agen 1805. 4to. Essai sur les genres des Thalassiophytes. Paris 1813. 8vo.* — Lyngbye. *Tentamen Hydrophytologiae danicae. Hafn. 1819. 4to.* — Nees von Esenbeck, *die Algen des süssen Wassers. Bamb. 1814. 8vo.* — Roth, *Catalecta botanica. Lips. 1797—1806. 8vo. Bemerkungen über das Studium der Süsswasseralgen. Hannov. 1797. 8vo. Botanische Bemerkungen. Leips 1807. 8vo* — Ruiz, *de Fuci natantis fructificatione. Matr. 1798 8vo.* — Stakhouse, *Nereis britannica. Bathon. 1801 fol. Edit. 2da. Oxonii 1816. 4to.* — Turner, *Synopsis of the british Fuci. Lond. 1802. 12mo. 2 Vol. Icones Fucorum. Lond. 1807. ss fol. 4 Vol.* — Vaucher, *Histoire des Conferves d'eau douce. Geneve 1803. 4to.*

Protophyta aquatica, contextu filamentoso.

Vegetabilia submersa v. rarius hygrobia, nuda vel in gelatina nidulantia, substantia mucosa, gelatinosa, membranacea v. coriacea, continuo vigentia, contextu toto organico e cellulis variae formae, saepissime elongatis et in fila simplicia v. ramosa, continua v. articulata, libera v. in formam variam consociata, dispositis composito; tota superficie elementum nutriens haurientia; viviparti, partitione v. prolificatione continua, perfectiora **sporidiis** intrinsecus natis, nudis (superficiei inspersis) v. intra **sporangia** inclusis propagata. — *Infimae formae inter vitam animalem et vegetabilem fluctuant, quaedam sub diversis evolutionis stadiis utriusque regni cives.*

Ordo I. Diatomaceae.

DIATOMEAE Agardh *syst. XII. Conspectus Diatomearum, Lund. 1830—33. 8vo.* Kützing *in Linnaea VIII. 529, ss.* DIATOMEARUM pars *Fries pl. hom. 345.* FRAGILLARIEAE et CHAODINEARUM pars Bory *in Dict. class. I. 593.*

Corpuscula crystalliformia, plerumque lineis rectis circumscripta, aciformia, cuneiformia v. quadrangula, rarius lineis curvis inclusa, semper plana, rigida, fragilia, plerumque in muco nidulantia; in varias formas; infima in paral-

lelogramma v. stellatim, summa in filum consociata, demum iterum varie sejuncta. Caespitum color e fusco-luteus, exsiccatione viridi olivaceus, vernicosus; individua hyalina v. lutea aut rarius viridia.

Mare aquasque dulces incolunt Algarum formae infimae, transitum ad regnum inorganicum simulantes, quoad naturam intimam et vitae rationem nondum satis cognitae. Plurimae in sequentibus recensitae rectius fortassis animalculorum microscopicorum primordia v. excuriae erunt habendae.

SUBORDO I. DIATOMEAE Kütz. *in Linnaea VIII. 531.* Individua plerumque lineis rectis circumscripta, plana, fuscescentia, rigida, solitaria v. varie consociata.

TRIBUS I. FRUSTULIEAE. Individua non inclusa.

1. Frustulia *AG.* Individua libera, rigida, medio plerumque longitudinaliter uni-bicarinata, solitaria v. binatim cohaerentia.

Frustulia Agardh *syst. XIII.* Kütz. *in Linnaea VIII. 353.* Cymbella et Frustulia Agardh *consp. 1. et 43.*

a) CYCLOTELLA *Ktz.* Individua sphaerica, medio unibicarinata, solitaria.

Cyclotella Kütz. *l. c.* (*f. 1.*) Fr. operculata Ag.

b) HAPLOTELLA. Individua linearia v. lanceolata, ecarinata, solitaria.

Aplotella Kütz. *l. c.* (*f. 2. 3.*) Cymbellae sp. Ag. Echinella acuta Lyngb. *t. 69.*

c) CYMBELLA *Ktz.* Individua linearia v. cymbiformia, uni-bicarinata, binatim conjuncta.

Cymbella Kütz. *l. c.* (*f. 4—11. 13—15. 17. 18.* Agardh *ic. f. 1. 2.*) Cymbellae sp. Ag. Bacillariae sp. Nitzsch *Bacill. t. 3. f. 15. 16.* — Navicula Bory *in Dict. class. XI. 472.* Turp. *Mem. Mus. XVI. t. 13. f. 1. 2. Atl. t. 1. f. 1. 2.*

* OBS. Pandurellas, Paltonellas et Sigmellas Kütz. *l. c.* animalibus adnumeramus.

2. Styllaria *AG.* Individua libera, cuneiformia plana, longitudinaliter striata, apice eroso-denticulata, solitaria.

Styllaria Agardh *consp. 37.* Rhabdium Wallr. *fl. germ. II. 116.* Echinella cuneata Lyngb. *t. 70.* Frustuliae sect. Sphenella Kütz. *in Linnaea VIII. 336. f. 32.* Styllariae sp. Bory.

3. Meridion *AG.* Individua in muco nidulantia, cuneata, radiatim in circulum plus minus completum, planum, coadunata.

Meridion Agardh *syst. XIV. Consp. 38.* Leibl. *in Flora 1830. t. 1.* Kütz. *in Linnaea VIII. 558. f. 37.* Echinella olivacea Lyngb. *t. 70.* E. circularis Grev. *in Mem. Wern. soc. IV. t. 8. f. 2. Scot. t. 35.*

4. Licmophora *AG.* Individua libera plana, flabelliformia, basi attenuata cohaerentia, apice discreta.

Licmophora Agardh *in Flora 1827. p. 628. Consp. 40. excl. sp.* Exilaria Grev. *scot. t. 298. excl. reliq.* Kütz. *in Linnaea VIII. 559 f. 38—41.* Psygmatella Kütz. *msc.* Echinella fasciculata Lyngb. *t. 70.* Grev. *scot. t. 16.*

* Obs. Aristellam Kütz. *in Linnaea VIII. 563.* f. 42. (Frustulia crinita Martens) animalibus esse adnumerandam, nullus dubitat.

5. Gomphonema *AG.* Individua libera, fila hyalina flexilia, simplicia v. ramosa terminantia.

Gomphonema Agardh *syst. XV.* Leibl. *in Flora 1830. p. 327.* Kütz. *in Linnaea VIII. 564.*

a) CYMBOPHORA *Ktz.* Individua cymbiformia v. elliptica.

Cymbophora Kütz. *l. c.* (*f. 52.* Leibl. *l. c. t. 1. f. 8.*)

b) PALTONOPHORA *Ktz.* Individua fusiformia.

Paltonophora Kütz. *l. c.* (Leibl. *l. c. f. 7.*)

c) SPHENOPHORA *Ktz.* Individua cuneiformia.

Sphenophora Kütz. *l. c.* (*f. 43—51.* Leibl. *l. c. f. 4—6.* Grev. *scot. t. 244.*) — Echinella paradoxa Lyngb. *t. 70.* Grev. *scot. t. 25.* Exilariae sp. Grev. *scot. t. 289. 291.* Licmophorae sp. Ag.

6. Achnanthes *BY.* Individua libera, linearia v. quadrata, in frondem quadratam v. filiformem, stipite laterali sustentam, coadunata.

Achnanthes Bory *in dict. class. I. 79. et 593. c. ic.* Grev. *scot. t. 287. 295.* Kütz. *in Linnaea VIII. 573. f. 53—56.* — Achnanthes et Striatella Agardh *consp 58. 60.* — Diatomatis et Confervae sp. *E. B. t. 1928. 2488.*

7. Isthmia *AG.* Individua libera, rigidiuscula, obliqua, symmetrice intus cellulosa, extremitatibus varie cohaerentia.

Isthmia Agardh *consp. 55.* Kütz. *in Linnaea VIII. 579. f. 59.* Conferva obliquata *E. B. t. 1889.* Diatoma obliquatum Ag. *Lyngb. t. 62.* Biddulphiae sp. Gray.

8. Diatoma *DC.* Individua libera, tetraëdra, plana, primum in laminam v. filum paralleliter coadunata, demum soluta, angulo alternatim cohaerentia.

Diatoma DC. *fl. fr. II. 48.* Agardh *in Swensk Bot. t. 401. Consp. 46.* Kütz. *in Linnaea VIII. 580. f. 60—62. 66.* Grev. *scot. t. 345.* Confervae sp. *E. B. t. 1762. 1883.*

9. Odontella *AG.* Individua libera, quadrata, alternatim angulo in stipitem producto in filum cohaerentia.

Odontella Agardh. *consp. 56.* Diatoma auritum Lyngb. *t. 62. Fl. dan. t 1957.*

10. Fragilaria *LBY.* Individua libera, linearia, transversim in filum coadunata, demum penitus secedentia.

Fragilaria Lyngb. *182. t. 63.* Agardh *syst. XIV.* Kütz. *in Linnaea VIII 586.* Nematoplata Bory *in dict. class. I. 593. XI. 499. c. ic.* Temachium Wallr. *fl. germ. II. 116.* Fragilaria et Grammonema Agardh *consp. 62. 63.* Confervae sp. Dillw. *t. 24. E. B. t. 1611.* Bacillariae sp. Nitzsch *Bacill. t. 6. f. 7.*

11. Lysigonium *LK.* Individua libera, quadrata v. hexagona, medio transversim unistriata, in filum teres coadunata.

Lysigonium Link *in hor. phys. 4.* Melosira Agardh *syst. XIV. Consp. 64.* Kütz. *in Linnaea VIII. 587. f. 68—72.* Gaillonella Bory *in Dict. class. IV. 393. VII. 101.* Fragilaria nummuloides Lyngb. *t. 63.* Confervae sp. Müll. *in Act. Holm. 1783. t. 3. f. 1—5. Fl. dan. t. 1548. f. 1.* E. *B. t. 2287.*

12. Oncobyrsa *AG.* Individua globosa, punctiformia, in stratum coriaceo-gelatinosum coadunata. — *Genus vix notum, affinitatis dubiae.*

Oncobyrsa Agardh *in Flora 1827. p. 629.*

TRIBUS II. HYDROLINEAE. Individua tubulis inclusa.

13. Encyonema *KTZ.* Individua cymbiformia intra filum gelatinosum hyalinum, liberum, simplex, uniseriata. — *Genus cum sequente jungendum?*

Encyonema Kütz. *in Linnaea VIII. 589. f. 73.*

14. Hydrolinum *LNK.* Individua linearia v. elliptica intra fila gelatinosa, simplicia v. ramosa, libera v. in muco nidulantia, uni-pluriseriata.

Hydrolinum Link *in hor. phys. 5.* Schizonema Agardh *syst. XV. Consp. 11. Ic. t. 3.* — Monema Grev. *scot. t 286. 297. 302. 358* Berkeleya Grev. *scot. t. 294.* Girodella Gaill. *in Turp. Atl. I. t. 27. 28.* Spermogonia Bonnemais. *in Journ. Phys. XCIV. 199.* Bangiae sp. Lyngb. *t. 24-26.* Ulvae sp. *E. B. t. 2101.* Confervae sp. Dillw. *t. 27. 104. E. B. t. 1700.* Gloionematis sp. Grev. *scot t. 30.*

15. Homoeocladia *AG.* Individua laureulata, intra frondem tubulosam, ramosam, binatim in series plures distantes disposita.

Homoeocladia Agardh *in Flora 1827. p. 629. Ic. t. 5. Consp. 24.*

16. Gloiodictyon *AG.* Individua globosa, binatim concatenata, filis reticulatis mucosis inclusa.

Gloiodictyon Agardh *consp. 25.*

17. Hydrurus *AG.* Individua globulosa, in filum coadunata, intra frondem tubulosam ramulosam contenta.

Hydrurus Agardh *syst. XVIII.* Schübler *in Flora 1828. p. 65. c. ic.* Cluzella Bory *in Dict. class. III. 14.* Turp. *atl. I. t. 30.* Corradorus Gray *brit. pl. I. 350.* Palmellae sp. Lyngb. *t. 68. f. c.* Ulvae sp. Vauch. *conf. t. 17. f. 3.*

18. Micromega *AG.* Individua lanceolata, intra tubulos seriata, tubuli in frondem gelatinosam v. cartilagineam ramosam coadunata.

Micromega Agardh *in Flora 1827. p. 628. Ic. t. 4. Consp. 22.* Calcothrix Desv. *msc.* Gloionematis sp. Grev. *in Mem. Wern. soc. IV. 215. t. 18. Scot. t. 30.*

SUBORDO II. DESMIDIEAE *KÜTZ. in Linnaea VIII. 591.* Individua plerumque cylindrica, viridia, solitaria v. varie consociata.

TRIBUS III. MICRASTERIEAE. Individua libera.

19. Micrasterias *AG.* Individua polymorpha, stellatim v. radiatim cohaerentia.

Micrasterias Agardh *in Flora 1827. p. 642.* Kütz. *in Linnaea VIII. 599. f. 83—86. 88—92.* Staurastrum Meyen *in N. A. N. C. XVI. t. 43. f. 37. 36.* Pediastrum Meyen *l. c. t. 43. f. 1—5.* Sphaerastrum Meyen *l. c. f. 23. 24.* — ? Helierella Bory *in Dict. class. VIII. 98.* Turp. *in Mem. Mus. XVI. t 13 f. 20—22.* Potarcus Raf. *in Journ. Phys. LXXXIX. 107.* Crucigenia Morren *in Annal. sc. nat. X. t. 15.* Selenaea Nitzsch *msc.* Helliactis Kütz. *msc.*

20. Scenedesmus *MYN.* Individua subglobosa v. fusiformia, transversim seriata.

Scenedesmus Meyen *in N. A. N. C. XV. 772. t. 43. f. 26—35.* Kütz. *in Linnaea VIII. 606. f. 93—100.* Achnanthis sp. Bory, Turp. *in Mem. Mus. XVI. t. 13. f. 4—12.* Tessarthronia Turp. *l. c. f. 18.*

21. Biddulphia *GRY.* Individua seriata, series in articulos ope isthmorum cohaerentes solutae.

Biddulphia Gray *brit. pl. I. 294.* Kütz. *in Linnaea VIII. 610.* Agardh *consp. 54.* Conferva Biddulphiana *E. B. t. 1762.*

OBS. Closterium Nitzsch, Heterocarpellam Turp. et Trochiscian Kütz. partim animalia, partim aliarum Algarum sporas habeo.

TRIBUS IV. ECHINELLEAE. Individua muco communi determinata v. tubulis inclusa.

22. Echinella *ACH.* Individua sphaerica, tubulis cylindricis membranaceis inclusa, tubuli in frondem radiosam, muco communi hyalino obvolutam, consociati.

Echinella Achar. *in Web. et Mohr Beitr. II. 340.* Kütz. *in Linnaea VIII. 611. f. 101.*

23. Gloionema *AG.* Individua cymbiformia v. elliptica, dense seriata, filo mucoso elastico inclusa.

Gloionema Agardh *synops. XXXV. Syst. XVIII. Consp. 30.* Leibl. *in Flora 1830. t. 1. f. 11.* Kütz. *ibid. 1833. p. 513. ss. Linnaea VIII. 612. f. 102.*

24. Desmidium *AG.* Individua geminata, in filum articulatum, tubulo mucoso inclusum, seriata.

Desmidium Agardh *syst. XV.* Grev. *scot. t. 292. 293.* Kütz. *in Linnaea VIII. 613.* Diatoma Swartzii Lyngb. *t. 61.* Agardh *in Swensk Bot. t. 491. f. 1—3.*

Ordo II. Nostochinae.

NOSTOCHINAE Agardh *syst. XV.* CHAODINEARUM pars Bory.

Gelatina figurata, globulis v. filis simplicibus aut ramosis, continuis v. articulatis farcta. — *Nostochinae pleraeque aquis dulcibus innatant; aliae marinae, nonnullae meteoricae, quaedam in inundatis palustribus, aliquae in solo v. saxis roridis, imo in ipsa nive et glacie gignuntur.*

25. Phycomater *FR.* Gelatina inorganica, effusa, granulis nullis. — *Meteoricae.*

Phycomater Fries *pl. hom. 357.*

26. Chlorococcum *GREV.* Granula sphaerica v. ellipsoidea, aggregata, strati expertia.

Chlorococcum Grev. *scot. t. 262. 325.* Olivia Gray *br. pl. I. 349.* Protosphaeria Turp. *Atl. I. t. 4.* Microloa Biasolett. *Alg. microscop. 47. t. 19. 20.* Protococcus Monas Agardh *ic. t. 11.*

27. Haematococcus *AG.* Globuli rubri aggregati, v. vesiculae pellucidae, granulis rubentibus sphaericis farctae. — *In nive aeterna, polari et alpina.*

Haematococcus Agardh *ic. t. 22—24.* Protococcus nivalis Grev. *scot. t. 231.* Uredo nivalis Ferd. Bauer *in Journ. of sc. and arts VII. t. 6.*

28. Protococcus *AG.* Globuli sphaerici, plerumque rubri, saepe in strato submucoso.

Protococcus Agardh *ic. t. 21.* Lepraria kermesina Wrang. *in Act. Holm. 1823. t. 3.* Sphaerella Sommerf. *in Magaz. for Naturwedensk. 1824. IV. 249.* Coccophysium Link *in Berlin. Academ. Abhandl. 1824. p. 184.* Palmella rubra *Fl. dan. t. 1952. f. 2.* Tremella cruenta *E. B. 1800.* — ? Zoogalactina Sette *Memoire. Venez. 1824. 8vo.* Pauls. *in Schweig. Jahrb. 1827. II. 396.* Aërophyton Meyen *Reise I. 54.*

29. Palmella *LYB.* Massa gelatinosa globosa v. expansa, granulis discretis, globulosis v. ellipticis farcta. — *Inundatae, paludosae.*

Palmella Lyngb. *t. 69.* Agardh *Ic. t. 12—14.* Grev. *scot. t. 243. 217.* Coccochloris Spreng. *syst. IV. 314.* Pristleya Meyen *in Linnaea II. 401. excl. synon.* Globulinae sp. Turp. *atl. I. t. 7. 9.* Chaos Bory *in Dict. class. III. 13. excl. sp.* Merettia Gray *brit. pl. I. 349.*

30. Undina *FR.* Frons gelatinosa, subglobosa, filis moniliformibus curvatis farcta. — *Paludosae v. marinae.*

Undina Fries *pl. hom. 348.* Hydrococcus Link *Handb. III. 268.* Nostoc Vauch. *conf. 203. t. 16.* Agardh *syst. XVIII.* Turp. *Atl. I. t. 14.* Grev. *scot. t. 131.* Tremellae sp. Linn. *Fl. dan. t. 1885.*

31. Leathesia *GRY.* Frons gelatinosa inflata, filis subramosis, septatis, apice clavatis, e communi centro radiantibus farcta. — *Marinae.*

Leathesia Gray *br. pl. I. 301.* Corynephora Agardh *syst. XIX.* Grev. *scot. t. 53.* Clavatella Bory *in Dict. class. excl. sp.* Turp. *Atl. I. t. 15. f. 2.* Chaetophora marina Lyngb. *t. 66.*

32. Rivularia *RTH.* Frons gelatinosa, subglobosa solida, filis granulo insidentibus annulatis, e communi centro radiantibus, farcta. — *Palustres v. marinae, saturate virides.*

Rivularia Roth *catalect. I. 212.* Agardh *syst. XXIV. E. B. t. 1798. Fl. dan. t. 1788.* Linckia Lyngb. *194. t. 66. 67.* Gaillardotella Bory *in Dict. class. VII. 100.* Turp. *Atl. I. t. 26.* Stylobasis Schwab *msc.* Stypnion Raf. Tremella natans Hedw. *theor. generat. t. 36. f. 7—15.*

33. Myrionema *GREV.* Frons gelatinosa effusa, filis globulo insidentibus, simplicibus, subarticulatis, clavatis, parallelis farcta.

Myrionema Grev. *scot. t. 300.*

34. Chaetophora *AG.* Frons gelatinosa, globosa v. lobata, filis articulatis ramosis, apice attenuatis, e communi basi radiantibus farcta. — *Palustres v. marinae.*

Chaetophora Schrank. Lyngb. *t. 65. 66. Fl. dan. t. 1728.* Agardh *syst. XIX.* Grev. *scot. t. 150.* Rivularia Bonnemais *in Journ. phys. XCIV. 176.* Myriodactylon Desv. *in Journ. bot. 1809. p. 307.* Anhaltia Schwabe *in Linnaea IX. 127. t. 2. f. 1. 2.* Batrachospermi sp. Vauch. *conf. t. 12. f. 1. 2. t. 13. f. 1. 2.*

35. Hydrocoryne *SCHWB.* Frons gelatinoso-spongiosa, clavata, filis arachnoideis intricatis farcta. — *Palustres.*

Hydrocoryne Schwabe *ex Spreng. syst. IV. 373.* Wallr. *Fl. germ. IV. 13.*

36. Scythymenia *AG.* Frons coriacea, effusa, e filis granulisque immixtis conflata.

Scythymenia Agardh *syst. XX.* Ulva rupestris *E. B. t. 2194.*

Ordo III. Confervaceae.

CONFERVOIDEAE Agardh *syst. XX.* ULVACEARUM pars Fries *pl. hom. 335.*

Fila capillaria, membranacea v. filamentosa, intus v. extus articulata, simplicia v. ramosa, libera (i. e. haud in frondem coalita), interdum tamen reticulatim contexta, viridia v. rarius fusca aut purpurea, in formis infimis hyalina. Sporidia viridia, fila farcientia v. inter articulos vesiculoso-inflatos contenta. — *Aquae marinae et dulcis vulgares hospites, in hemisphaerae borealis undis frigidiusculis maxima copia vigent. Nonnullae viviparae, aliae motu quasi spontaneo vitam animalem mentiuntur.*

TRIBUS I. LEPTOMITEAE Agardh *syst. XXII. excl. gen.* Fila arachnoidea, subhyalina, obsolete articulata, corporibus organicis in aqua solvi incipientibus affixa. — *Tribus multis vexata dubiis, inter Algas et Hyphaceas, Fungorum ordinem valde ambigua.*

37. Hygrocrocis *AG.* Fila in gelatinam amorpham v. membranam tenuem contexta, fluitantia.

Hygrocrocis Agardh *syst. XXIII.* Biasolett. *Alg. microscop. t. 1—12.* Typhoderma Gray *br. pl. I. 558.*

38. Leptomitus *AG.* Fila libera, erecta, fluitantia.

Leptomitus Agardh *syst. XXIII.* Biasolett. *Alg. microscop. t. 13—16.* Confervae sp. Dillw. *t. 30. 79.* — Saprolegnia Nees *in N. A. N. C. XI. 513.* Conferva ferax Gruithuis. *op. cit. X. 437. t. 18.* — Achlya Nees *op. cit. XI. 514.* Hydronema Carus *op. cit. XI. 493—507. t. 58.* — Pythium Nees *op. cit. XI. 515.* Mucor spinosus et imperceptibilis Schrank *in Münchn. Denkschr. 1813. p. 14. t. 1. f. 1—4.* Sphaerotilus Kütz. *in Linnaea VIII. 385. t. 9.*

TRIBUS II. OSCILLATORINAE Agardh *syst. XXIV.* Substantia gelatinosa, elongata in fila subsimplicia, subcontinua, mucosa, demum saepe indurato-cornea, intus granulis v. annulis seriatis farcta, interdum motu oscillante v. ob rapidum incrementum quasi repente donata. — *Tribus inter hunc et praecedentem ordinem media.*

39. Oscillaria *BOSC.* Fila muco obvoluta, oscillantia, simplicia, articulata, articulis quadratis, annulo hinc illinc junctis v. terminatis.

Oscillaria Bosc *ex Bory in Dict. class. I. 594. XII. 457. c. ic.* Oscillatoria Vauch. *conf. t. 15. excl. sp.* Trichophora Bonnemais. in *Journ. Phys. XCIV. 176.* Sphaerozyga Agardh *in Flora 1827. p. 634.* Oscillatoria flexuosa Agardh *ic. t. 10.*

40. Microcoleus *DESMAZ.* Fila libera, e vaginis membranaceis fasciculatim prorepentia, simplicia, transversim lineolata, demum contexta.

Microcoleus Desmaz. *catalog. pl. om. 7.* Bory *in Dict. class. X. 524.* Vaginaria Bory *op. cit. I. 594. c. ic.* Oscillatoria vaginata Vauch. *conf. t. 15. f. 13.*

41. Anabaina *BRY.* Fila libera, repentia, simplicia, moniliformia, articulis ovalibus, diametro aequalibus.

Anabaina Bory *in Dict. class. I. 593. c. ic. excl. sp. (7. f. 7. a. c.)*

42. Lyngbya *AG.* Fila libera, tranquilla, elongata, flexilia, intus lineolata.

Lyngbya Agardh *syst. XXV.* Grev. *scot. t. 303.* Cyclosperma Bonnemais. *in Journ. Phys. XCIV. 179.* Humida Gray *br. pl. I. 281.* Ulothrix Kütz. *in Flora 1833. 519.* Oscillatoriae sp. Agh. Conferva muralis Dillw. *t. 7. E. B. t. 1554.*

43. Calothrix *AG.* Fila libera, tranquilla, brevissima, rigida, stricta, intus obsolete lineolata.

Calothrix Agardh *syst. XXIV.* Grev. *scot. t. 299.* Elisa Gray *br. pl. I. 282.* Confervae sp. *Fl. dan. t. 820.* Dillw. *t. 22. E. B. t. 2577.*

44. Bangia *AG.* Fila libera, tranquilla, plana, flexilia, intus fasciis punctatis notata.

Bangia Lyngb. *t. 24. 25. excl. sp.* Agardh *syst. XXV. Ic. t. 25.* — ? Merizomyria Pollin. *in Biblioth. ital. n. 21. p. 420. t. 7. f. 2. a. b.*

45. Scytonema *AG.* Fila libera, coriacea, intus annulata.

Scytonema Agardh *syst. XXII. excl. sp.* Bory *in Dict. class. IV. 393.* — ? Percursaria Bonnemais. *in Journ. Phys. XCIV. 178.*

46. Stigonema *AG.* Fila libera, coriacea, intus punctis in annulos dispositis notata.

Stigonema Agardh *syst. XXII.* Girardia Gray *br. pl. I. 285.* Confervae sp. Dillw. *t. 25. B.* Bangia atrovirens et mamillosa Lyngb. *t. 25.*

47. Sphaeroplea *AG.* Fila libera, intus globulis lacte coloratis farcta.

Sphaeroplea Agardh *syst. XXV.* Cadmus Bory *in Dict. class. f. 14.* Sphaerogona Link *in Berl. Acad. Abhandl. 1824. p. 190.* Sphaeroplethia Duby *Bot. gall. II. 985.* Conferva annulina Roth *catalect. III. t. 7.*

TRIBUS III. BATRACHOSPERMEAE Agardh *syst. XXIII.* Fila mucosa, articulata, ramos transversos heterogeneos exserentia. Sporidia decoloria.

48. Myxonema *FR.* Fila gelatinosa, farcta, septata, ramosa, massa sporacea intra articulos transversali.

Myxonema Fries *pl. hom. 343.* Nematrix Fries *msc.* Myxotrix Fries *stirp. fems. p. 44.* — ? Conferva ornata Agardh *syst. 104.*

49. Draparnaldia *BY.* Fila gelatinosa cylindrica, articulis zonatis, ramis fasciculato-penicillatis, appendice capillari tenuissimo terminatis.

Draparnaldia Bory *in Annal. Mus. XII. 399. t. 35.* Lyngb. *t. 65.* Charospermum Link *in hor. phys. 5.* Confervae sp. Dillw. *t. 2. E. B. t. 2087.* Batrachospermi sp. Vauch. *t. 11. f. 2. t. 12. f. 1.*

50. Batrachospermum *RTH.* Fila gelatinosa cylindrica, articulis nodulosis, ramis subverticillatis moniliformibus, gemmiparis.

Batrachospermum Roth *germ. III. 480.* Bory *in Annal. Mus. XII. 310. t. 29—31.* Draparnaldina, Moniliua, Thorinia, Lemaulna Bory *in Dict. class. II. 226.* — Gelatinaria Rouss. *Fl. calvad. ex Desv. Journ. Bot. I. 143.* Tornlaria Bonnemais. *in Mem. Mus. XVI. 98.* — ? Aegira Fries *pl. hom. 342.*

51. Mesogloia *AG.* Fila gelatinosa cylindrica, articulis aequalibus, ramis brevissimis moniliformibus, undique radiantibus dense vestita.

Mesogloia Agardh *syst. XXIII.* Lyngb. *t. 65.* Mesogloia et Helminthora Fries *pl. hom. 341. 342.* Dudresneya Bonnemais. *in Journ. Phys. XCIV. 180.* Rivulariae sp. *E. B. t. 1627. 1818. 1819. 2466.*

52. Lemanea *BY.* Fila membranacea, rigida, cylindrica, articulis nodulosis, intus floccos moniliformes penicillatos foventibus.

Lemanea Bory *in Annal. Mus. XII. 181. t. 21. excl. sp. Dict. class. IX. 274.* Agardh *in Act. Holm. 1814. t. 1. Spec. II. 1.* Nodularia Link *in Schrad. Journ. 1809. p. 9.* Lyngb. *t. 29.* Gongycladon Link *in hor. phys. 6.* Trichogonum Palis. *in Journ. bot. 1808. p. 123. excl. sp.* Vertebraria Rouss. *ex Desv. Journ. bot. I. 143.* — Apona Adans. *I. 2.* — Polyspermae sp. Vauch. *t. 1. f. 3. t. 10 f. 1. 2.* Confervae sp. Dillw. *t. 29. E. B. t. 1763.*

TRIBUS IV. CONFERVEAE Agardh *syst. XXV.* Fila articulata, viridescentia, omnino libera v. reticulatim connexa, plerumque entospora.

53. Nodularia *MERT.* Fila mucosa, membranacea, arachnoidea, geniculis tumido-globosis.

Nodularia Mert. *ex Agardh syst. XXV.*

54. Zygnema *AG.* Fila membranacea cylindrica, granulis varie dispositis farcta, primum libera, demum ope tubulorum transversalium granula transfundentium v. reticulatim conjuncta.

Zygnema Agardh *synops. 98.* Lyngb. *170.* Conjugata Vauch. *conf. 37.*

a) SERPENTINARIA *Gry.* Fila geniculata, in geniculis sese copulantia. Globuli in massam grumosam, tubum replentem, condunati.

Serpentinaria Gray *br. pl. I. 299.* Mongeotia Agardh *syst. XXVI.* Conjugata Link *in hor. phys. 5.* Genuflexa Link *Handb. III. 261.* Zygnema Bory *in Dict. class. I. 595. c. ic.* Conjugatae sect. III. Vauch. *t. 8. f. 1—10.* Ledae sp. Bory.

b) STELLULINA *Lnk.* Fila recta. Globuli tandem in massas duas stellatas, in quovis articulo compacta.

Stellulina Link *Handb. III. 261.* Agardhia Gray *l. c.* Globulina Link *in Hor. phys. 5.* Lucernaria Rouss. *ex Desvx. Journ. bot. I. 143.* Tendaridea et Ledae sp. Bory *l. c.* Conjugatae sect. II. Vauch. *t. 6. 7.*

c) SPIROGYRA *Lnk.* Fila recta. Globuli intra articulos in spiras 1—3 dispositi, demum in globum compacti.

Spirogyra Link *II. cc.* Meyen *in Linnaea II. 410.* Choaspis Gray *l. c.* Salmacis Bory *op. cit. XV. 75. c. ic.* Conjugatae sect. I. Vauch. *t. 4. 5.*

55. Hydrodyction *RTH.* Fila membranacea, in rete coadunata, areolis polygonis. Articuli granulis nitentibus, demum in reticulum tandem effusum coëuntibus farcti.

Hydrodyction Roth. *germ. III. 521.* Vauch. *82. t. 9. Fl. dan. t. 1597.* — ? Dictylema Raf. *semiolog. n. 54.*

56. Conferva *AG.* Fila membranacea, libera, simplicia v. ramosa, materia viridi v. rarius colorata farcta.

Conferva Agardh *syst. XXVI.* — Prolifera Vauch. *14.* — Chloronitum Gaill. *in Dict. sc. nat. LIII. 33.* — Oedogonium Link *in Hor. phys. 5.* — Tiresias, Cadmus, Zoocarpa etc. Bory. — Hempelia Meyen *in Flora 1827. p. 715. t. 2.* — Agari sp. Link olim.

TRIBUS V. CERAMIEAE Duby *in Mem. soc. h. n. genev. V. 321. ss. VI. 1. ss. c. icc.* Fila plerumque colorata, articulata, simplicia v. ramosa. Fructificatio varia, nempe conceptacula sessilia v. pedicellata, et tubercula globosa, apicibus ramulorum intumescentibus innata. — *Plurimae marinae, paucae aquarum dulcium incolae, inter hanc et praecedentem tribum mediae.*

57. Leiblinia Fila simplicia, brevissima, stricta, caespitosa, fusco-virescentia, articulis abbreviatis, conceptaculis lateralibus subsessilibus, globosis. — *Marinae.*

Desmaretella Bory *in Dict. class. v. 438.* Duby *in Mem. soc. h. n. genev. V. 341.* Conferva confervicola Dillw. *t. 8. Fl. dan. t. 1484. f. 1. E. B. t. 2576.*

58. Bolbochaete *AG.* Fila dichotomeramosissima, brevia, stricta, virescentia, articulis apice inflatis, alternatim setas elongatas et conceptacula subsessilia ovata exserentibus. — *Aquae dulcis.*

Bulbochaete Agardh *synops. XXIX.* Lyngb. *t. 43.* Duby *Mem. soc. h. n. genev. V. 341.* Conferva vivipara Dillw. *t. 39.* C. setigera Roth *catalect. III. t. 8. f. 1.*

59. Chantransia *FR.* Fila ramosa, brevia, stricta, purpurascentia; conceptacula in ramulis abbreviatis glomerata, lateralia v. terminalia, ovalia. — *Aquae dulcis.*

Chantransia Fries *pl. hom. 972.* (*excl. sp.*) Audainella Bory *in Dict. class. III. 340. excl. sp.* Bonnemais. *in Mem. Mus. XVI. 146. t. 8. f. 10.* Duby *in Mem. soc. h. n. genev. V. 341.* Genicularia Rouss. *ex Desv. Journ. bot. I. 143.* Confervae sp. Roth *catalect. III. t. 8. f. 2.* Dillw. *t. 91. E. B. t. 1996. f. 1.* Ectocarpi sp. Lyngb. *t. 41. Fl. dan. t. 1661. f. 1.*

60. Elachistea *DUB.* Fila simplicia v. basi subramosa, brevissima, viridia, conceptaculis lateralibus oppositis, breviter pedicellatis, clavatis. — *Marinae.*

Elachistea Duby *in Mem. soc. h. n. genev. V. 339.* Conferva scutulata *E. B. t. 2311.*

61. Callithamnion *LBY.* Fila ramosissima, purpurascentia, geniculis pellucidis fasciatis; conceptaculis sphaericis v. ellipticis, sessilibus v. brevissime pedicellatis; peridio hyalino, nucleo homogeneo e centro radiatim 3—4 partito. — *Marinae.*

Callithamnion Lyngb. *129. t. 28—41.* Agardh *spec. II. 156.* Lamourouxia Bonnemais. *msc.* Confervae sp. Dillw. *t. 17. 50. f. 1. 73. 100. 106. E. B. t. 1637. 1741. 1816. 1838. 1915. 2205. 2339. 2352. 2465.* Ceramii sp. Duby *in Mem. soc. h. n. genev. t. VI. tab. 4. f. 4. t. 3. f. 3. 5. 6. 7.*

62. Ceramium *AG.* Fila ramosa, purpurascentia, geniculis elevatis granuliferis; conceptacula globosa, sessilia, saepe involucrata, peridio membranaceo tenaci, nucleo e granulis copiosis angulatis conglobato. — *Marinae.*

Ceramium Agardh *synops. XXVI. Spec. II. 138.* Grev. *scot. t. 318. 353.* Duby *in Mem. soc. h. n. genev. VI. t. 3. f. 0. a. b.* Baryna Gaill. *in Dict. sc. nat. LIII. 394.* Diclidermа Bonnemais. *in Journ. Phys. XCIV. 183.* — ? Amasperma et Episperma Raf. *semiolog. n. 46. 53.* — Catenaria Rouss. *ex Desv. Journ. bot. I. 143.* — ? Gaillonia Rudolph. *in Linnaea VI. 178.* — Confervae sp. Linn. Roth. *E. B. t. 1116. 1742. 2312. 2428.*

63. Griffithsia *AG.* Fila dichotome v. verticillatim ramosa, rosea, geniculis ramuliferis; conceptacula gelatinosa, involucro fibrarum articulatarum cincta. — *Marinae.*

Griffithsia Agardh *synops. XXVIII. Syst. XXIX. Spec. II. 126.* Plumaria Link *in hor. phys. 4.* Polychroma Bonnemais. *in Journ. Phys. XCIV. 191.* Ceramii sp. DC. Duby *in Mem. soc. h. n. genev. VI. t. 4. f. 1—3. t. 5. f. 2. 4.*

64. Wrangelia *AG.* Fila ramosa, rosea, solida, irregulariter cellulosa, apice articulata, e geniculis ramorum emittentia ramellos pedicellatos conceptaculiferos; conceptacula sphaerica, limbo hyalino cincta, tripartita. — *Marinae.*

Wrangelia Agardh *spec. II. 137.*

65. Thorea *AG.* Fila ramosa, olivacea, solida, continua, undique emittentia ramellos abbreviatos, articulatos; conceptacula .... — *Aquae dulcis.*

Thorea Bory *in Ann. Mus. XII. 126. t. 18. (excl. f. 34.) Hydroph. Voy. Duperr. t. 24. f. 3.* Agardh *spec. II. 123.* Polycoma Palis. *in Journ. bot. 108. p. 123.*

66. Dasya *AG.* Fila ramosa, purpurea, continua, ramellos penicillatos, articulatos, dichotomos emittentia; conceptacula rostrata, pedicellata, et alia oblonga, globulos discretos margine hyalinos continentia. — *Marinae.*

Dasya Agardh *syst. XXXIV. Spec. II. 116. Ic. t. 8.* — Stichocarpus Agardh *in Flora 1827. p. 636.* — Rhodonema Mertens *Reise t. 8.* — Asperocaulon Grev. *Fl. edin. 309.* — Grateloupia Bonnemais. *in Journ. Phys. XCIV. 189.* Ellisius Gray *I. 333.* Gaillona Bonnemais. *in Mem. Mus. XVI. 113.* Baillouviana Griselini *Observ. Venet. 1758. 8vo. c. ic.*

67. Champia *LAMX.* Fila ramosa, purpureo-rosea, obsolete articulata, geniculis perviis, ramellis axillaribus aggregatis, granula elliptica v. angulata, ternatim quaternatimve consociata interiori latere immersa ferentibus. — *Marinae.*

Champia Lamx. *ess. 51.* Agardh *Spec. II. 113.* Mertensia Roth *in Schrad. Journ. II. 1. t. 1. Catalect. III. 318. t. 10.* Ulva rugosa Thunb.

68. Naccaria. Fila ramosissima, rubra, obsolete articulata, ramuli tumidi ramellis cooperti; globuli minimi sphaerici in axillis ramellorum aggregati v. in globum intra ramulum inclusum compacti. — *Marinae.*

Chaetospora Agardh *syst. XXIX. Spec. II. 112.* non *R. Br.* — Fucus Wigghii Turn. *in Linn. Transact. VI. 135. Hist. Fuc. t. 102. E. B. t. 1165.*

69. Polysiphonia *GREV.* Fila ramosa, fusco-purpurea, articulata, articulis fasciatis; ramuli apice tumidi subsiliquaeformes, globulis uniseriatis farcti, aut conceptacula lateralia, sphaerica v. subclavata, granula pyriformia, basi affixa foventia. — *Marinae.*

Polysiphonia Grev. *Fl. edinb. 308. Scot. t. 90. 210.* Duby *in Mem. soc. h. n. genev. V. 334.* Hutchinsia Agardh *synops. XXVI. Spec. II. 55.* Lyngb. *t. 33—36.* non *R. Br.* Grammita Bonnemais. *in Journ. Phys. XCIV. 186.* Corradoria Mart. *Fl. Bras. I. 16.* Broussonetia Gratel. *msc.* Vertebrata Gray *br. pl. I. 338.* Hutchinsia, Dicarpella, Brongniartella et Grateloupella Bory *in Dict. class. III. 340.* Confervae sp. Auct. Dillw. *t. 33. 40. 44. 58. 70. 107. E. B. t. 1429. 1686. 1717. 1764. 2340. 2365. 2429. 2589.*

70. Rytiphlaea *AG.* Frons membranacea transversim striata, pinnatifida, purpurea; conceptacula tuberculiformia in pinnularum apicibus, globulos subangulatos includentia. — *Marinae.*

Rytiphlaea Agardh *syst. XXX. Spec. II. 50. Ic. t. 19. 20.* Sphaerococci sp. Mart. *crypt. bras. t. 3.* Fuci sp. Turn. *t. 224.*

71. Ectocarpus *AG.* Fila ramosissima caespitosa, olivacea, articulis diaphanis v. materia grumosa repletis; conceptacula terminalia v. lateralia, sessilia v. pedicellata, sphaerica v. elongata, siliquaeformia.

Ectocarpus Lyngb. *63. t. 43. 44.* Agardh *syst. XXX. Spec. II. 35.* Duby *Mem. soc. h. n. genev. V. 339.* Lyngbya Gaill. *in Dict. sc. nat. LIII.* Macrocarpus Bonnemais. *in Journ. Phys. XCIV. 193.* — ? Oospermum et Calospermum Raf. *somiolog. n. 56. 57.* Ectocarpus, Pylaiella et Audninellae sp. Bory *in Dict. class. IV. 993.* Confervae sp. Dillw. *t. 56. E. B. t. 999. 2290. 2319. 2351. 2311.*

72. Sphacelaria *LBY.* Fila pinnatim ramosa, olivaceo-fuscescentia, articulis fasciatis, ramuli apice incrassati, truncati, pulverem subtilissimum includentes; conceptacula discoidea sessilia, margine hyalino cincta. — *Marinae.*

Sphacelaria Lyngb. *103. t. 30—32.* Agardh *syst. XXX. Spec. II. 17.* Grev. *scot. t. 96.* Duby *in Mem. soc. h. n. genev. V. 333.* Sphacelaria, Delisella et Lyngbyella Bory *in Dict. class. III. 340.* Confervae sp. Dillw. *t. 52. 86. 95. E. B. t. 1552. 2138. 2172. 2229. 2330.*

73. Dasycladus *AG.* Fila articulata, lutescenti-ferruginea, ramellis densissime verticillatis, horizontalibus, ramosissimis; ramuli apice in tuberculum pulvere nigricante repletum intumentes. — *Marinae.*

Dasycladus Agardh. *spec. II. 15.* Botrydium Targ. *ex Bertolon amoen. 309.* Myrsidium Raf. *caratt. t. 20. f. 12.* Conferva claviformis Roth. Spreng. *in Berl. Magaz. 1809. t. 6. f. 8.* Spongia vermicularis Scop. *carn. t. 64.*

74. Cladostephus *LBY.* Fila articulata rigida, simplicia v. ramosa, ramis solidis coriaceis, ramuli verticillati, setiformes, brevissime articulati; conceptacula lateralia, elliptica, pedicellata. — *Marinae.*

Cladostephus Lyngb. *102. t. 30.* Agardh *spec. II. 9.* Duby *in Mem. soc. h. n. genev. V. 332.* Dasytricha Lamx. *ex Bonnemais. in Journ. Phys. XCIV. 185.* Confervae sp. Dillw. *t. 42. 55. E. B. t. 1718. 2427. f. 2.* Fuci sp. Turn. *t. 199.* Stackh. *t. 17.*

CONFERVACEAE FOSSILES.

75. Confervites *BRONGN.* Fila simplicia v. ramosa, septata. — *In creta.*

Confervites Brongn. *hist. veg. foss. I. 86. t. 9.*

Ordo IV. Characeae.

Characeae L. C. Rich. *in Humb. et Bonpl. nov. gen. et sp. I. 45.* Agardh *syst. Alg. XXVII.* Bartl. *ord. nat. 21.* Lindl. *introduct. 325.* Chareae Bischoff *crypt. Gewächs. 1.* Agardh *in Nov. Act. N. C. XIII. 1. 87.* Vaucher *in Mem. soc. h. n. genev. I. 1. 168.* Kaulfuss, *über das Keimen der Charen. Leipzig, 1825. 8vo.*

Algae submersae, vado affixae, annuae vel perennes, e tubulis simplicibus clausis compositae, saepius crusta calcarea munitae. Rhizoma simplex articulatum, articulis tumidis, glandulis vesiculosis obsitis, radiculas tubulosas filiformes simplicissimas protrudentibus. Caules teretes, articulati, nunc e tubulis membranaceis simplicibus, diaphragmate clausis compositi, laeves, ramulis exarticulatis simplicibus vel bifurcis, verticillatim articulationi insertis; nunc ramique e tubo centrali et pluribus exterioribus, spiraliter circa eundem dextrorsum volutis constructi, ramis circa internodia verticillatis, verticillatimque ramulosis. Articuli ramorum nunc circa circum, nunc interiori latere setis quaternis vel octonis, aequalibus v. inaequalibus, interdum subobsoletis donati. Organa propagationis dimorpha, in extremis ramorum axillis vel inter setas, secundum interius ramulorum latus sessilia, subsolitaria: globuli minimi praecoces, cinnabarini, e cellulis cuneiformibus, radiatim convergentibus, membrana decolori, tandem in partes triangulares rumpente, cinctis, compositi, et sporangia, plerumque in iisdem, rarius in diversis individuis, e lamina duplici, nempe exteriore diaphana, apice dentibus quinque coronata v. nuda, et interiore firma, sinistrorsum spiraliter striata, sporas minutissimas, granulosas, conglutinatas includente. SPORAE spiraliter striatae, basi spinulis quinque instructae.

Characeae aquarum dulcium et littorum marinorum per totum fere terrarum orbem vulgares hospites, odore hepatico gravi praeditae esse solent.

E sedimento aquarum dulcium specierum exstinctarum sporangia, interdum etiam caules effodiuntur. Charas fossiles diu pro conchyliis habuerunt palaeontographi, et Gyrogonitum nomine designaverunt.

76. Nitella *AG.* Caules e tubulis simplicibus. Organa propagationis dimorpha, diclinia. Globuli et sporangia setis nullis stipata, vertice nuda.

Nitella Agardh *syst. XXVII.* Charae sp. Linn. et Auct.

77. Chara *AG.* Caules e tubulis pluribus spiraliter circa tubulum centralem volutis. Organa propagationis dimorpha, approximata. Globuli et sporangia setis stipata, coronata.

Chara Agardh *syst. XXVII.* Charae sp. Linn. et Auct.

Ordo V. Ulvaceae.

ULVACEAE Agardh *syst. XXX.* ULVACEARUM PARS Fries *pl. hom. 335.*

FRONS membranacea, continua, plana v. tubulosa, herbaceo-viridis v. rarius purpurea, ecostata. SPORIDIA frondi inspersa, v. vesicula inflata excepta. — *Maris et aquarum dulcium incolae, rarius epigeae.*

SUBORDO I. SIPHONEAE Grev. *Alg. brit. 183.* Sporidia vesiculis (coniocystis *Ag.* propagulis *Mart.* condyliis *Wallr.*) excepta.

78. Hydrogastrum *DESV.* Frons tenuis, radiciformis, hypogaea; propagulum terminale, epigaeum globosum, latice limpido repletum, vetustate collapsum. — *In solo argillaceo post inundationes.*

Hydrogastrum Desv. *Fl. Ang. 19.* Bory *in Dict. class. VIII. 423.* Botrydium Wallr. *Ann. botan. 153.* Grev. *Alg. brit. t. 19. Mart. Fl. bras. I.* — Vaucheria radicata Agardh. Tremella granulata Huds. E. B. *t. 324.*

79. Vaucheria *DC.* Frons tubulosa, membranacea, continua, subramosa, irregulariter aggregata, materia grumosa farcta; propagula subglobosa solitaria v. aggregata, sessilia v. pedunculata, opaca, sporidiis granuliformibus repleta. — *Paludosae.*

Vaucheria DC. *in Vauch. conf. 25.* Lyngb. *75. t. 19—23.* E. B. *t. 1766.* Fl. Dan. *t. 1724—1727.* Grev. *Alg. brit. t. 19.* Ectosperma Vauch. *t. 2. 3.* Unger *in N. A. N. C. XIII. 789. t. 40.* Confervae sp. Dillw. *t. 15. 16. 41. 74.* E. B. *t. 932.*

80. Bryopsis *LAMX.* Frons membranacea, tubulosa, ramosa, ramuli imbricati, nunc distichi pinnatique, humore viridi repleti; propagula . . . . — *Marinae.*

Bryopsis Lamx. *in Annal. Mus. XX. 281. t. 7. Journ. bot. II. t. 1.* Flor. dan. *t. 1063.* Lyngb. *t. 19.* Bory *Hydroph. voy. Duperr. t. 24. f. 1.* Grev. *Alg. brit. t. 19.* Ulvae sp. Huds. E. B. *t. 2375.*

81. Codium *STACKH.* Frons spongiosa viridis, crustacea, globularis, cylindracea v. plana, e filis tubulosis laxe intertextis composita; propagula clavata, ad superficiem frondis subfastigiata. — *Marinae.*

Codium Stackh. *Nereis praef. 24.* Agardh *syst. XXXI. Spec. I. 451.* Lamarkia Olivi *Zoolog. adr. 258. t. 7.* Agardhia Cabrer. *in Act. Soc physiogr. Lund. 1823. p. 99.* Spongodium et Flabellaria Lamx. *in Annal. Mus. XX. 274. t. 12.* Fuci sp. Stackh. *t. 7—12.* Turn. *t. 135. 136.*

82. Nemalion *TARG.* Frons gelatinoso-membranacea, simpliciuscula, compressa, elongata, filis tenuissimis pellucidis obtecta; propagula filis immixta copiosissima, brevia, subclavata, intus materia viridi farcta. — *Marinae.*

Nemalion Targion. *ex Bertolon. Amoen. 300.* Duby *Bot. gall. II. 959.* Fucus Nemalion Bertolon. *l. c. t. 5. f. 9.*

SUBORDO II. ULVEAE. Sporidia frondi inspersa.

83. Caulerpa *LAMX.* Frons stipitata, e surculo cylindrico reptante radicante adsurgens, membranaceo-foliacea, viridis, nitens, pinnata, plana v. e ramentis dense imbricatis composita. Sporidia . . . . — *Marinae.*

Caulerpa Lamx. *Journ. bot. II. 143. t. 2. 3.* Agardh *Spec. I. 433.* Bory *Hydroph. voy. Duperr. t. 22.* Chauvinia Bory *op. cit. 204. t. 23. f. 1. 2.* Fuci sp. Turn. *t. 53—58. 171—175. 195. 200. 229. 230.*

84. Alysium *AG.* Frons membranacea, tubulosa, cava, dichotoma, articulato-strangulata, viridis. Sporidia . . . . — *Marinae.*

Alysium Agardh *syst. XXXI. Spec. I. 433.*

OBSERV. Quid Coccoderma Kunz. *guian. inedit.* a cl. Reichenbach *consp. p. 27.* prope Alysium collocatum.

85. Valonia *AG.* Frons membranacea, hyalina, saccata v. cylindrica, pagina interiori pulvere copioso viridi conspersa . . . . — *Marinae.*

Valonia Ginnan. *op. post. I. 38. t. 45.* Agardh *Spec. I. 428.* Martens *in Flora 1830. p. 681. t. 2.* Gastridium Lyngb. *72. t. 18.* Physydrum Raf.

86. Ulva *LAMX.* Frons cellulosa fistulosa, v. plana membranacea, viridis v. purpurea, substantiâ tenerrimâ; sporidia granuliformia, minutissima, innata, sparsa. — *Marinae et aquarum dulcium.*

Ulva Lamx. *in Annal. Mus. XX. 277.* Phylloma, Tepposa et Zonaria Link *in hor. phys. 6.*

a) ILEA *Fr.* Frons tubulosa, viridis, basi attenuata, contextu celluloso fibris areolato; sporidia densissime aggregata.

Ilea Fries *pl. hom. 336.* Enteromorpha Link *in hor. phys. 5.* Grev. *Alg. brit. t. 18.* Hydrosolen Mart. *Fl. bras. I. . .* Solenia Agardh *syst. 185.* Tubularia Rouss. *l. c.* Fistularia Grev. *edin. 300.* Scytosiphonis sp. Lyngb. *t. 15. 16.* (E. B. *t. 2739.* Fl. dan. *t. 763. f. 1.* Turp. *in Mem. Mus. XVIII. t. 11.*)

b) ULVASTRUM *DC.* Frons membranacea, viridis, plana contextu celluloso; sporidia subquaternata per totam frondem aggregata.

Ulvastrum DC. *Bot. gall. II. 958.* Ulva et Porphyra Agardh *spec. I. 401. Ic. t. 16. 17. 26—28.* Ramularia Rouss. *ex Desv. Journ. bot. I. 143.* Halithridax Targ. *ex Bertolon. amoen. 93.* (*Fl. dan. t. 829. 889.*)

c) TETRASPORA *Ag.* Frons gelatinosa, viridis v. purpurea, tubulosa v. inflata; sporidia quaternata, per totam frondem laxe aggregata.

Tetraspora Agardh *syst. XXXII. Ic. t. 15.* — ? Pexisperma Rafin. *somiolog n. 42.* (Wahlenb. *lapp. t. 30. f. 1.*)

Ordo VI. Floridae.

Floridae Lamx. *ess. 125. Dict. class. IV. 747.* Agardh *syst. XXXIII.* Fries *pl. hom. 330.*

FRONDES continuae, corticatae, nervosae, membranaceae vel coriaceae, purpureae v. roseae, planae v. filiformes, e cellulis minimis aequalibus conflatae, *radice* scutata v. filiformi affixae. Sporidia purpurea, in apotheciis frondi adnatis tuberculiformibus, v. innatis punctiformibus.

Omnes *marinae*, pusillae, annuae, in zona temperata frequentissimae, inter 35° 48° lat. bor. maxima copia, inde versus polum et aequatorem, et universim in hemisphaera australi parcius repertae, ditissimum Algarum ordinem constituunt.

87. Polyides *AG.* Frons cartilagineo-gelatinosa, fusco-purpurascens, filiformis, cylindrica, dichotoma; verrucae laterales spongiosae, fibrosae, sporidia rosea, peridiolo hyalino cincta, fulcientes.

Polyides Agardh *syst. XXXIII. Spec. I. 390.* Fuci sp. Gmel. Turn. *t. 5.* Stackh. *t. 6.* Gigartinae sp. Lamx. Furcellariae sp. Lyngb.

88. Digenea *AG.* Frons cartilaginea purpurea, filiformis continua, setis confervoideis articulatis obtecta . . .

Digenea Agardh *syst. XXXIII. Spec. I. 388.*

89. Ptilota *AG.* Frons cartilagineo-membranacea, purpureo-rosea, pectinato-pinnata; sporidia in globulos, involucris polyphyllis exceptos, congesta.

Ptilota Agardh *synops. 39. Spec. I. 384.* Plocamii sp. Lamx. Fuci sp. Turn. *t. 60. 61.*

90. Rhodomela *AG.* Frons coriaceo-cartilaginea, sordide purpurea, filiformis, cylindracea v. compressa, ramosissima, ad apicem saepe involuta; ramuli extremi saepissime inflati articulati, granula conglobata includentia; sporidia pyriformia caudata apotheciis ovatis immersa.

Rhodomela Aghard *syst. XXXIV. Spec. I 368. Ic. t. 5.* Bory *Hydroph. voy. Duperr. t. 22. f. 1.* Duby *in Mem. h. n. genev. V. 333.* Lophiros Targion. *ex Bertolon. Amoen. 307.* Scorpiura Stackh. Volubilaria Lamx *in Dict. class. V. 387.* Dictyopteris Lamx. *ess. t. 5.* Euspiros Targion. *op. cit. p. 291.* Odonthalia Lyngb. *9. t. 3.* Dictyomenia Grev. *Alg. synops. L.* Plocamii sp. Lamx. Fuci sp. Turn. *t. 2. 8. 11—13. 170. 207. 209. 255.* Stackh. *t. 15.* Labill. *nov. Holl. t. 255.*

91. Chondria *AG.* Frons cartilagineo-gelatinosa, carnea, cylindrica, interdum articulata, vage ramosa, saepe ramentis aucta; granula ternatim conglobata, ramulis immersa; sporidia pyriformia pedicellata v. sphaerica, intra apothecia subglobosa fasciculata.

Chondria Agardh *syst. XXXIV. Spec. I. 336.*

a) LAURENCIA *Lamx.* Frons filiformis ramentis subclavatis v. papillosis. Sporidia pyriformia.

Laurencia Lamx. *in Annal. Mus. XX. 130.* Botrydion, Polyodus, Lasios et Lemniscus Targion. *ex Bertolon. Amoen. 301—308.* Gelidii sp. Lyngb. *t. 9.* Gigartinae sp. Lamx. Fuci sp. Turn. *t. 19. 21. 22. 30. 77. 81. 100. 132. 178. 202. 203.* Stackh. *t. 11. 12.*

b) GASTROPHYCUS *Lnk* Frons filiformis saepe articulato constricta. Sporidia cuneiformia v. subglobosa.

Gastrophycus Link *Handb. III. 240.* Lomentaria Lyngb. *101. t. 30.* Acanthophora Lamx. *op. cit. 308.* Gigartinae sp. Lamx. Gastridii sp. Lyngb. Fuci sp. Turn. *t. 29. 32. 79. 106. 181. 183. 225.* Delile *Aegypt. t. 56. f. 1.* Agardh *Ic. t. 18.*

92. Halymenia *AG.* Frons coriacea v. membranacea, purpureo-rosea, explanata v. tubulosa, integra v. pinnatifida, saepe ramentis aucta; sporidia minima conglobata, in apotheciis tuberculiformibus frondi immersis contenta.

Halymenia Agardh *syst. XXXIV. Spec. I. 199.* Dumontia Lamx. *in Annal. Mus. XX. 133. Dict. class. V. 643.* Turp. *Atl. I. t. 40.* Halymenia, Dumontia et Catenella Grev. *Alg. synops. LXII. t. 17.* Seinaia Bivon. Dawsonia Lamx. *in Dict. class. V. 367.* Bory *Hydroph. voy. Duperr. 82. t. 19. f. 1.* Delesseriae sp. Lamx. Gastridii sp. Lyngb. *t. 17.* Fuci sp. Linn. Turn. *t. 44. 107. 113. 116. 149. 241.* — ? Alsidium Agardh *Ic. t. 9.*

93. Corallopsis *GREV.* Frons cartilaginea, pallide-rosea, articulata, articulis concavis e centro proliferis; sporidia elliptica in filorum glomerulis intra apothecia sparsa frondi immersa nidulantia.

Corallopsis Grev. *Alg. synops. LIII.* Sphaerococcus Salicornia Agardh *Ic. t. 8.*

94. Sphaerococcus *AG.* Frons coriacea v. membranacea, purpurascens, varia; sporidia subrotunda v. angulata, conglobata v. seriata intra apothecia sphaerica discreta, demum saepius poro pertusa.

Sphaerococcus Stackh. *Nereis XXIV.* Agardh *spec. I. 227.* Gymnogongrus Mart. Irideae sp. Bory *Hydroph. voy. Duperr. 100.*

a) PHYLLOPHORA *Grev.* Frons membranacea, subcostata, e disco prolifera. Sporidia minima rotundata. intra apothecia sphaerica. Granula simplicia receptaculis planis foliaceis inspersa.

Phyllophora Grev. *Alg. synops. LVI.* Phyllogenes, Lomation et Cylichnos Targion. *ex Bertolon. Amoen. p. 289—304.* Chondri sp. Lyngb. *t. 3.* Delesseriae sp. Lamx. Fuci sp. Turn. *39. 42. 43. 64. 236.* Fl. dan. *t. 1477.* (Agardh *Ic. t. 17.*)

b) CHONDRUS *Lamx.* Frons cartilaginea plana, dichotoma, segmentis cuneatis v. linearibus, plerumque obtusis. Apothecia hemisphaerica in disco sessilia v. e margine pedicellata.

Chondrus Lamx. *in Annal. Mus. XX. 126.* Cypellon Targion. *op. cit. p. 292.* Delesseriae sp. Lamx. Fuci sp. Turn. *t. 42. 72. 74—76. 147. 152. 215—217. 220. 222. 223.* (Lyngb. *t. 3.*)

c) ERINACEA *Lamx.* Frons gelatinosa, cartilaginea v. cornea, apotheciis lanatis mamillaeformibus obsessa.

Erinacea Lamx. *in Dict. class. V. 387.* Bowiesia Grev. *Alg. synops. LVII.* Delesseriae sp. Lamx. Fuci sp. Turn. *t. 16. 18. 25. 70. 239. 253.* (Lyngb. *t. 5.* Agardh *Ic. t. 18. 19.*)

d) GELIDIUM *Lamx.* Frons cartilagineo-cornea, compressa, pinnata. Apothecia ad apicem ramulorum subimmersa. Granula aggregata, in ramulis sparsa.

Gelidium Lamx. *in Annal. Mus. XX. 128.* Loncharion et Amphiroseus Targion. *op. cit. p. 294—297.* Desmiae sp. Lyngb. *t. 7.* Fuci sp. Turn. *t. 28. 121. 124. 137. 162. 208. 238. 254. 257.*

e) RHODOMENIA *Grev.* Frons membranacea plana. Apothecia hemisphaerica sparsa. Granula ternatim aggregata, per frondem sparsa.

Rhodomenia Grev. *t. C.* Delesseriae sp. Lamx. Gigartinae sp. Lyngb. *t. 11.* Halymeniae sp. Agardh. Mastocarpi sp. Targion. *op. cit. 295.* Fuci sp. Turn. *t. 23. 45. 69. 115. 154. 237.* Bory *Hydroph. voy. Duperr. t. 16. 20.* Grev. *scot. t. 85. 332. 356. 357.*

f) GIGARTINA *Lamx.* Frons cornea v. cartilaginea, filiformis, cylindrica, vage ramosa. Apothecia sphaerica sessilia.

Gigartina Lamx. *op. cit. 134.* Lyngb. *42. t. 11.* Gracilaria Grev. *Alg. Synops. LIV.* Physotris Raf. *Somiolog. n. 42.* Plocaria Nees *in Hor. phys. 42. t. 6.* Hypnea Lamx. *op. cit. 131.* Helminthochortos Link *Handb. III. 245.* Lasios et Mastocarpi sp. Targion. *op. cit. 299. 303.* Fuci sp. Turn. *t. 9. 37. 78. 84. 113. 118. 125. 127. 153. 179. 180. 221. 233. 236.*

95. Botryocarpa *GREV.* Frons cartilaginea, cellulosa, purpureo-rubra, plana; sporidia ternata, apotheciis foliaceis per totam frondem aggregatis excepta.

Botryocarpa Grev. *Alg. synops XLIX.* Fucus botryocarpus Turn. *t. 246.*

96. Thamnophora *AG.* Frons membranacea v. cartilaginea, purpurea, plana, pinnatifida; sporidia alia sphaerica, alia discoidea in cylindrum sibi invicem imposita, intra apothecia filiformia aggregata contenta.

Thamnophora Agardh *syst. XXXIV. Spec. I. 225.* Fuci sp. Linn. Turn. *t. 33. 96. 120.*

97. Grateloupia *AG.* Frons membranaceo-cartilaginea, fusco purpurea, plana, basi ramentifera, sporidia elliptica, intra verrucas ramentorum poro pertusas aggregata.

Grateloupia Agardh *syst. XXXIV. Spec. I. 221.* —? Phoracis Raf. *caratt. 99.* Fuci sp. Linn. Turn. *t. 26. 150.*

98. Bonnemaisonia *AG.* Frons mucoso-membranacea, rubra, filiformis v. plana, pectinato-ciliata; sporidia pyriformia, concatenata, intra apothecia sphaerica apice perforata basi fixa.

Bonnemaisonia Agardh *syst. XXXV. Spec. I. 196.* Delisea Lamx. *ex Turp. Atl. I. t. 42. f. 4.* Plocamii sp. Lamx. Fuci sp. Woodw. *in Linn. Transact. II. t. 6. E. B. t. 571.* Gmel. *Fuc. t. 10. f. 2.*

99. Microcladia *GREV.* Frons membranacea, coccinea, plana, vage ramosa, ramis distichis; sporidia intra apothecia sphaerica, involucro ramuliformi abbreviato excepta; granula ternata intra ramulorum apices intumescentes.

Microcladia Grev. *Alg. Synops. L.* Fucus glandulosus Turn. *t. 38.*

100. Delesseria *LAMX.* Frons membranaceo-cartilaginea, rosea v. purpurea, foliacea v. filiformis, subcostata, venosa; sporidia globosa v. angulata intra apothecia costae v. margini imposita, conglobata; granula ternatim connata frondi sparsim innata.

Delesseria Lamx. *in Ann. Mus. XX. 122. excl. sp.* Agardh *Spec. I. 170.* Delesseria, Nitophyllum et Hymenena Grev. *Alg. Synops. XLVII.* Wormskioldia Spreng. *Syst. IV. 312.* Plocas Targion. *ex Bertolon. Amoen. 305.* Plocamii sp. Lamx. Chondri sp. Lyngb. Fuci sp. Linn. Turn. *t. 14. 15. 36. 36. 39. 68. 71. 80. 138. 144. 160. 184.*

101. Amansia *LAMX.* Frons membranaceo-cartilaginea, rosea v. purpurea, foliacea, costata, transversim dense striata, areolata; sporidia quaternatim connata, apotheciis foliaceis nervis transversalibus affixis excepta.

Amansia Lamx. *in Bullet. philomat. 1809. t. 6.* Agardh *Spec. I. 191.* Fuci sp. L. Turn. *t. 201.*

102. Claudea *LAMX.* Frons membranacea, rosea, e reticulo nervorum articulatorum composita; sporidia ternatim quaternatimque connata, in apotheciis foliaceis utrinque reticuli nervis affixis aggregata.

Claudea Lamx. *in Annl. Mus. XX. 121.* Turp. *Atl. I. t. 41.* Lamourouxia Agardh *Synops. XIV.* Oneillia Agardh *Spec. I. 169.* Fucus Claudei Turn. *t. 243.*

103. Thaumasia *AG.* Frons membranacea, sordide rubra, costis corneis rigidis articulatis reticulatis percursa . . .

Thaumasia Agardh *syst. XXXIII. Ic. t. 10.*

OBSERV. Lingoram Lamx. *Polyp. 240. t. 7.* Agardh *Sp. I. 393.* quae Euscepes Targion. *in Bertolon. Amoenit. 295.* Fuci sp. Turn. *t. 119. Esp. t. 50.* Zoophytis adnumerare, nullus dubito.

Ordo VII. Fucaceae.

Fucoideae Agardh *syst. XXXV.* Fucaceae Lamx. *in Annal. Mus. XX. 35. Dict. class. VII. 66. Annal. scienc. nat. VII.* Fries *pl. hom. 326.* Bartl. *Ord. 10.*

Frondes continuae, corticatae, nervosae, coriaceae v. rarius membranaceae, olivaceae, planae v. filiformes, e cellulis inaequalibus, saepe lacunis interjectis formatae, radice scutata v. filiformi affixae.

Sporidia nigra, nunc capsulis ovatis, limbo hyalino cinctis, et receptaculo proprio exceptis inclusa, nunc in capsulis pyriformibus, frondi immersis, contenta.

Fucaceae omnes marinae, e nullo mari omnino exules. Nonnullae certis latitudinis gradibus inclusae, aliae late per oceanum et littora vulgatae, quaedam eximie sociales insularum instar ponto innatant, aliae annuae parvulae, aliae giganteae perennes, multiplicis in naturae et humani generis oeconomia usus.

Fucacearum mundi primigenii reliquiae paucae in terra transitionis, in calce alpina et jurassica supersunt, plures in creta et calce grossa repertae fuerunt.

104. Asperococcus *LAMX.* Frons membranacea, tubulosa, continua; apothecia paginae exteriori frondis insidentia maculaeformia, apiculos clavatos articulatos, basi hyalinos, apice materia sporacea nigricante repletos, gerentia.

Asperococcus Lamx. *in Annal. Mus. XX. 277.* Bory *Hydroph. voy. Duperr. t. 11. f. 2. 3.* Encoelium Agardh *Syst. XXXVI. Spec. I. 144.* Grev. *Scot. t. 290.* Ulvae sp. Linn. DC.

105. Zonaria *AG.* Frons membranaceo-coriacea, flabelliformis v. cuneata, zonata, interdum costata; apothecia in lamina frondis soriformia, nuda, includentia peridiola coacervata hyalina, sporidiis atris conglobatis repleta.

Zonaria Agardh *Syst. XXXVI. Spec. I. 124.* Dictyota Fries *pl. hom. p. 328.*

a) PADINA *Adans.* Frons flabelliformis, zonata, subintegra; apotheciis in lineas concentricas dispositis.

Padina Adans. *II. 13.* Lamx. *in Ann. Mus. XX. 272.* Bory *in Dict. class. XII. 589. Hydroph. voy. Duperr. t. 21.* Rhipidion, Spyris et Pterigospermum Targion. *in Bertolon. Amoen. 310.* Padina et Cutleria Grev. *Alg. synops. XLIV. t. 10.* Riccia *Fl. flamin. XI. t. 116.* Ulvae sp. Linn. E. B. *t. 1276. 1913.* Mart. *crypt. brasil. t. 1. 2. f. 3.* Fuci sp. Gmel. Turn. *t. 244. 245.* (Link *in Hor. phys. t. 1.* Mart. *op. cit. t. 2. f. 12.*)

b) DICTYOTA *Lamx.* Frons ezonata, ecostata, simplex v. dichotoma, segmentis linearibus; apotheciis sparsis.

Dictyota Lamx. *in Dict. class. V. 483.* Grev. *op. cit. t. 10.* Myxodes et Euyphes Targion. *op. cit. 314.* Punctaria Grev. *op. cit. t. 9.* Ulvae sp. Lyngb. *t. 6.* E. B. *t. 744. 1913.*

c) HALYSERIS *Targ.* Frons linearis costata; apotheciis in lineas longitudinales dispositis.

Halyseris Targion. *ex Bertolon. Amoen. 314.* Agardh *syst. XXXVII. Spec. I. 141.* Grev. *l. c. t. 8.* Dictyopteris Lamx. *in Ann. Mus. XX. 270.* Neurocarpon Weber et Mohr. Fuci sp. Lamx. *diss. t. 24. f. 1.* Stackh. *t. 6.* Turn. *t. 87. 158.* E. B. *t. 1758.*

106. Dictyosiphon *GREV.* Frons membranaceo-coriacea, filiformis, tubulosa, ramosissima, apothecia sparsa . . .

Dictyosiphon Grev. *Alg. brit. 58. t. 8.* Fucus subtilis Turn. *t. 234.* Scytosiphonis sp. Agardh Fl. Dan. *t. 1595. f. 1.*

107. Striaria *GREV.* Frons membranacea, filiformis, cylindrica, ramosa; apothecia soriformia, in lineas frondem transversim ambientes disposita.

Striaria Grev. *Alg. brit. 55. t. 9.* Carmichaelia Grev. *scot. t. 288.* Stilophora Agardh *in Flora 1827. p. 642* — ? Hydroclathrus Bory *in Dict. class. VIII. 419.*

108. Laminaria *LAMX.* Frons coriaceo-cartilaginea, in laminam integram v. digitato-fissam, enervem v. rarius costatam expansa; apothecia maculaeformia sparsa, e lamina frondis tumente, strato duplici, exteriori e granulis pyriformibus formato, interiori sporidia conglobata continente.

Laminaria Lamx. *in Ann. Mus. XX. 40.* Agardh *Spec. I. 107.* Agarum Bory *in Dict. class. IX. 153.* Orgya Stackh. *Nereis t. 20.* Bory *op. cit. XII. 352.* Agarum, Alaria et Costaria Grev. *Alg. Synops. XXXIX.* Fuci sp. Linn. Turn. *t. 117. 226.* E. B. *t. 1759.* Palmaria Link *in Hor. phys. 7.* Fasciata Gray *brit. pl. I. 383.* Phasgonon Walk. *apud Gray l. c.* (Bory *Hydroph. voy. Duperr. t. 10.*) Durvillaea Bory *op. cit. 65. t. 1. 2. f. 1. Dict. class. t. 49.* Fucus antarcticus Chamiss. *in Choris voy. pitt. t. 7.* Lessonia Bory *op. cit. 73. t. 2. f. 2. t. 3. f. 4. 5.*

109. Ecklonia *HORN.* Frons coriacea, in laminam pinnatam enervem expansa; apothecia tuberculiformia, in margine pinnarum alternatim biseriata, sporidiis farcta.

Ecklonia Hornem. *in Act. Hafn. 1828. III. 379. c. ic.* (Fucus buccinalis Linn. Turn. *t. 139.*) — Marginaria A. Rich *Fl. Nov. Zeel. p. 9. t. 3. 4.*

110. Macrocystis *AG.* Frons coriaceo-cartilaginea, plana, ramosa, ramis basi vesiculoso-inflatis, ecostatis; apothecia tuberculiformia frondi immersa, poro pertusa, sporidia numerosissima conglobata includentia.

Macrocystis Agardh *syst. XXXVIII. Spec. I. 46.* Bory *Hydroph. voy. Duperr. t. 6. 9.* Fuci sp. Linn. Turn. *t. 27. 110. 142.*

111. Desmarestia *LAMX.* Frons coriaceo-cornea, plana v. filiformis, distiche ramosa; apothecia e corpusculis clavaeformibus, concentricis, articulatis, plerumque filorum confervoideorum penicillo coronatis composita.

Desmarestia Lamx. *in Annal. Mus. XX. 43.* Sporochnus Agardh *syst. XXXVI. Spec. I. 147. Ic. t. 30.* Spinularia Rouss. *ex Desv. Journ. bot. I. 43.* Dichloria Grev. *Alg. synops. XL.* (Turn. *t. 97.*) Phymatium Link *Handb. III. 232.* (Fl. dan. *t. 1592. f. 2.*) Trinitaria Bory *Hydroph. voy. Duperr. 216. t. 24. f. 2.* Desmiae sp. Lyngb. *t. 7.* Fuci sp. Linn. Turn. *t. 98. 99. 140. 186—189.*

112. Scytosiphon *AG.* Frons membranaceo-coriacea, filiformis, simplex, fistulosa, obsolete septata, tota superficie in fructificationem abeunte, sporidiis pyriformibus obtecta.

Scytosiphon Agardh *disp. 24. Spec. I. 160.* Chorda Lamx. *in Ann. Mus. XX. 46.* Lyngb. *t. 18.* Chordaria Link *in Hor. phys. 8.* Fucus Filum Linn. Turn. *t. 86.*

113. Chordaria *AG.* Frons cartilaginea lubrica, filiformis, dichotome v. vage ramosa, tota in fructificationem soluta, e filis concentricis clavatis, apice in globulum sporidiis farctum tumentibus, composita.

Chordaria Agardh *syst. XXXVI. Spec. I. 164.* Fuci sp. Fl. dan. *t. 650.* Turn. *t. 85.* Scytosiphonis sp. Fl. dan. *t. 1594.* Gigartinae sp. Lamx. Ceramii sp. Fl. dan. *t. 1546.*

114. Furcellaria *LAMX.* Frons cartilaginea, filiformis, dichotoma; apicibus in apothecia intumescentibus, peridiolis hyalinis, sporidiis nigricantibus farctis, in centro coacervatis.

Furcellaria Lamx. *in Ann. Mus. XX. 45.* Agardh *Spec. I. 101.* Fuci sp. Linn. Turn. *t. 6.* Fl. dan. *t. 393. 419. 1544. b.* E. B. *t. 824.*

115. Lichina *AG.* Frons cartilaginea plana, dichotoma; apothecia ex intumescentibus apicibus tuberculiformia, subsphaerica, poro pertusa, tandem explanata, sporidiis, intra massam mucilaginosam in lineas radiantes dispositis, farcta.

Lichina Agardh *synops. 9. Spec. I. 104.* Grev. *scot. t. 219.* Fucus pygmaeus Lightf. Turn. *t. 204. f. a.—h.* E. B. *t. 1332.*

116. Scaberia *GREV.* Frons coriacea, filiformis, cylindrica, ramosa, foliis parvis verrucosis amplexicaulibus dense imbricatis; vesiculae inter folia sparsae, sphaericae, sessiles, densissime verrucosae.

Scaberia Grev. *Alg. synops. XXXVI.*

117. Polyphacum *AG.* Frons coriacea, plana, uninervis, prolifera, spinulosa; apothecia terminalia, pedicellata, siliquaeformia.

Polyphacum Agardh *syst. XXXVII. Spec. I. 106.* Osmundaria Lamx. *in Ann. Mus. XX. 42. t. 1. f. 4—6.*

118. Splachnidium *GREV.* Frons coriacea, cylindrica, tubulosa, subinflata, pinnata; apotheciis tuberculiformibus per totam frondem sparsis, poro pertusis, peridiola hyalina includentibus.

Splachnidium Grev. *Alg. synops. XXXVI.* Fucus rugosus Turn. *t. 185.*

119. Fucus *AG.* Frons coriacea, filiformis v. plana, plerumque dichotoma, saepe costata, vesiculis immersis cavis interdum donata; apothecia unilocularia, tuberculata, tuberculis apice pertusis, peridiola hyalina, sporidiis nigricantibus farcta, includentibus.

Fucus Agardh *Spec. I. 83.*

a) HIMANTHALIA *Lyngb.* Frons urceolato-orbicularis; e centro apothecia elongata linearia dichotoma emittens.

Himanthalia Lyngb. *36. t. 8.* Fucus loreus Linn. Turn. *t. 196.* E. B. *t. 569.*

b) FUCASTRUM *DC.* Frons plana v. cylindrica; apothecia elliptica, lateralia v. terminalia.

Fucastrum DC. *Bot. gall. II. 938.* Virsoon Adans. *II. 13.* Cervina Gray *brit. pl. I. 389.* (Turn. *t. 3. 4. 7. 88—90. 240. 241.* E. B. *t. 726. 823. 1036. 1221. 1685. 2115.*)

120. Cystoseira *AG.* Frons coriacea, plana, pinnata, ramis plerumque filiformibus, vesiculis innatis concatenatis instructis; apothecia tuberculosa, loculosa, tuberculis pertusis peridiola hyalina filis articulatis intermixta continentibus.

Cystoseira Agardh *syst. XXXVIII. Spec. I. 50.*

a) HORMOSIRA. Frons tota fere abiens in apothecia moniliformia.

Moniliformia Lamx. *in Dict. class. VII. 71.* Bory *Hydroph. voy. Duperr. 132.* Monilia A. Rich. *Fl. Nov. Zeel. p. 19.* Fuci sp. Labill. *Nov. Holl. t. 2.* Turn. *t. 1.*

b) COCCOPHORA *Grev.* Rami foliiformes, vesiculae nullae; apothecia sphaerica, racemoso-terminalia.

Coccophora Grev. *Alg. synops. XXXIV.* Fucus Langsdorfii Turn. *t. 165.*

c) SCYTOTHALIA *Grev.* Frons pinnata, ecostata, vesiculae nullae; apothecia e marginibus pinnarum breviter pedicellata, plana.

Scytothalia Grev. *l. c.* Stackhousia Lamx. Fusus doryearpus Turn. *t. 143.*

d) SEIROCOCCUS *Grev.* Frons plana, linearis, ecostata, vesiculae nullae; apothecia marginalia concatenata.

Seirococcus Grev. *l. c.* Fucus axillaris Turn. *t. 146.*

e) CARPODESMIA *Grev.* Frons plana, ecostata, vesiculae nullae; apothecia basi frondis innata.

Carpodesmia Grev. *l. c.* Fucus zosteroides Turn. *t. 231.*

f) HALIDRYS *Lyngb.* Frons compressa linearis, vesiculae lanceolatae, articulatae, pedunculatae; apothecia lanceolata, compressa, pedunculata.

Halidrys Lyngb. *37. t. 8.* Siliquaria Gray *br. pl. I. 391.* Lamx. *Dict. class. VI. 71.* Bory *ibid. XV. 430.* Fucus siliquosus Linn. Turn. *t. 159.* Stackh. *t. 5. 11.*

g) ACINARIA *Targ.* Frons ramosa, ramis superne filiformibus, vesiculae simplices v. subconcatenatae, innatae v. pedicellatae.

Acinaria Targion. *ex Bertolon. Amoen. 284—288.* Mackaia Gray *l. c. I. 391.* Catenaria Raf. *in New-York Medic. Reposit. II. Hex. V. 351.* Fuci sp. Linn. Turn. *t. 34. 82. 112. 131. 155—157. 166. 176. 191. 192. 197. 209. 232. 249—252.*

121. Sargassum *AG.* Frons coriacea, ramosa, ramulis plerumque foliiformibus costatis, integerrimis, serratis v. pinnatifidis, vesiculis axillaribus instructis; apothecia tuberculosa, loculosa, tuberculis pertusis, peridiola hyalina absque filis intermixtis includentia.

Sargassum Agardh *syst. XXXVIII. Spec. I. 1.*

a) CARPOPHYLLUM *Grev.* Apothecia cylindrica, in racemis marginalibus.

Carpophyllum Grev. *Alg. synops. XXXII.* Sargassi sp. Agardh, Fuci sp. Turn. *t. 205. 206.*

b) TURBINARIA *Lamx.* Apothecia cylindrica, ramosa, axillaria.

Turbinaria Lamx. *in Dict. class. VII.* 71. Bory *Hydroph. voy. Duperr.* 116. Fucus turbinatus Linn. Turn. *t.* 24.

c) BACCALARIA *Gray*. Apothecia linearia, racemoso-axillaria.

Baccalaria Gray. *brit. pl. I.* 393. Fuci sp. Linn. Turn. *t.* 17. 46—51. 65—67. 82. 83. 92—95. 103. 104. 111. 129. 130. 132. 167. 165. 177. 190. 194. 210—212. 214. 247. 248. (Rich. *Fl. Nov. Zeel. t.* 5—7.)

APPENDIX. FUCACEAE FOSSILES.

122. Fucoides *BRONGN.* Frondes continuae, nunquam articulatae, simplices v. ramosae, integrae v. lobatae, enerves v. nervis obscuris vage ramosis, nunquam anastomosantibus percursae. — *Terra transitionis.*

a) CAULERPITES *Brongn.* Frons ramosa, ramulis dense imbricatis.

Caulerpites Brongn. *l. c.* (*t.* 2. *f.* 6—19. 22. 23. *t.* 9. *f.* 2. 3. *t.* 9. *bis f.* 1. 2. 5.)

b) AMANSITES *Brongn.* Frons dentato-pinnatifida, enervis.

Amansites Brongn. *l. c.* (*t.* 6. *f.* 7—12.)

c) DICTYOTITES *Brongn.* Frons flabellatim partita, enervis.

Dictyotites Brongn. *l. c.* (*t.* 9. *f.* 1. *t.* 5. *f.* 9. 10. *t.* 7. *f.* 5.)

d) DELESSERITES *Brongn.* Frons pinnatifido-lobata, nervosa.

Delesserites Brongn. *l. c.* (*t.* 7. *f.* 2. 4. *t.* 8. *f.* 2. 3.)

e) GIGARTINITES *Brongn.* Frons ramosa, ramis cylindricis carnosis.

Gigartinites Brongn. *l. c.* (*t.* 4. *f.* 1—6. *t.* 5. *f.* 1. 2. 4—8. *t.* 6. *f.* 3. 4. *t.* 8. *f.* 4.)

f) ENCOELITES *Brongn.* Frons simplex, ventricosa, punctulata.

Encoelites Brongn. *l. c.* (*t.* 6. *f.* 1. 2.)

g) LAMINARITES *Brongn.* Frons simplex integra, margine incrassata, nervo simplici crasso.

Laminarites Brongn. *l. c.* (*t.* 7. *f.* 5.)

h) FUCITES *Brongn.* Frons subplana, ramosa, nervo crasso percursa.

Fucites Brongn. *l. c.* (*t.* 11. *f.* 1—5.)

i) SARGASSITES *Brongn.* Frons ramosa, ramulis foliiformibus, saepius nervosis.

Sargassites Brongn. *l. c.* (*t.* 2. *f.* 24. *t.* 3. *f.* 1.)

Classis II. Lichenes.

ALGAE §. 3. LICHENES Juss. *gen.* 6. Hoffmann, *Plantae lichenosae Lips.* 1798—1790. *Fol.* 3 *Vol.* Acharius, *Prodromus Lichenum Lincöp.* 1798. 8vo. *Methodus Lichenum. Hamb.* 1803. 8vo. *Lichenographia universalis. Götting.* 1810. 4to. *Synopsis Lichenum. Lundae* 1814. 8vo. Eschweiler, *Systema Lichenum. Norimbergae* 1824. 4to. Fée. *Methode lichenographique. Paris* 1825. 4to. *Cryptogames des écorces exotiques. Paris* 1825. 4to. *Dict. class. IX.* 360. G. F. W. Meyer, *Entwickelung, Metamorphose und Fortpflanzung der Flechten. Göttingen* 1825. 8vo. Wallroth. *Naturgeschichte der Flechten. Frankf. a. M.* 1825. 8vo. 2 *Vol.* Fries, *Lichenographia europaea reformata. Lundae* 1831. 8vo.

VEGETABILIA aërea, perennantia, indefinita, simplicia, asymetrica. Structura imperfecte cellulosa, vasis destituta. Cellulae sphaeroideae v. cylindricae, tubulosae v. fibrosae, inanes vel materia grumosa plus minus repletae, inordinate et laxe aggregatae; in parenchymatis strata duo, corticale et medulare, rarissime inter se confusa, dispositae. THALLUS (*blastema*, s. corpus quo pullulante Lichen crescit) nunc irregulariter matrici instratus, vix circumscriptus, granulosus, strato corticali nullo, cellulis omnibus sphaeroideis, intermixtis paucis elongatis, interioribus viridibus (= *Thallus pulveraceus*); nunc effusus v. expansus, matrici totus adnatus, continuus v. areolatus, tuberculatus aut plicatus, margine simplici v. varie effigurato; strato corticali et medulari praeditus, medullaris cellulis omnibus sphaeroideis, extimis, i. e. strato corticali proximis, materia saturate viridi repletis, reliquis plerumque albis, raro citrinis v. rubris (= *Thallus crustaceus*), v. tandem in formam foliaceam, fruticulosam v. filamentosam abiens, strato medullari superne e cellulis sphaeroideis, inferne e tubulosis v. fibrosis, nunc laxe conflatis, nunc constipatis v. penitus conglutinatis, composito (= *Thallus frondosus*). APOTHECIA (*fructus*) componuntur e receptaculo, nunc e thalli substantia formato (*excipulo thallode*), nunc heterogeneo (*excipulo proprio*), nunc duplici (*thallode et proprio*), primitus saepe clauso (*perithecio*), tandemque varie dehiscente, vel origetenus aperto; et e strato prolifero, e sporis nudis, vel intra ascos inclusis, nunc in nucleum conglobatis vel in laminam (*discum*) dispositis, conflato.

LICHENES nunc ipsa terra vel saxis, nunc diversis vegetabilium partibus, sive viventibus sive emortuis, nunquam tamen putrescentibus, truncis potissimum, et sub coelo tropico sempervirentibus foliis, in situ praeprimis septemtrionali et occidentali fulciuntur. Stirpes permultae sine discrimine in terra et vegetabilibus sedem figunt, aliae solo granitico imprimis vel calcareo privae, pauciores plantis propriae.

Vegetationis lichenosae conditiones primariae, humiditas aëris et lux, extensionis terminos definiunt ab ipso circulo aequinoctiali usque ad polaris glaciem, et a littorum marinorum scopulis ad alpium terminum nivalem, ubi ingenti individuorum copia regionem propriam lichenosam constituunt. Stirpes omnes sociales, plurimae late diffusae, aliae endemicae; perfectiores versus aequatorem, crustaceae et fruticulosae versus polum et in montium cacuminibus frequentiores.

Principia in Lichenibus praevalentia gluten peculiare amylo simile, principium amarum et resina cum materia unguinosa pigmentifera, colores purpureos, citrinos et brunescentes praebens. Odor in foliaceis urinosus, sapor plus minus amaricans, in nonnullis amarissimus, rarius subsalsus. Nulla stirps venenata. Usus multiplex.

Ordo VIII. Coniothalami.

Coniothalami Fries *pl. hom.* 275. Hyphopsorae Reichenb. *consp. f.* 19.

APOTHECIA aperta, nucleo in sporidia unda soluto. Thallus pulveraceus, nucleo coetaneus.

SUBORDO I. PULVERARIEAE. Stratum medullare totum vel ex parte in fructificationem abiens. Apothecia nulla. — *Stirpes maximopere dubiae, vix autonomae*

123. Arthronia *ACH.* Thallus nullus. Tubercula solida (*atra*) sub epidermide latentia. — *In corticibus arborum.*

Arthronia Achar. *Lichen. 25. excl. pl.*

124. Incillaria *FR.* Thallus subnullus. Tubercula solida (*alba*) erumpentia, rimose dehiscentia. — *In corticibus arborum.*

Incillaria Fries *pl. hom. 281.*

125. Arthronaria *FR.* Thallus crustaceus tenuissimus (*viridis*), maculis oblongis reticulatis (*nigricantibus*). — *In cortice laevigato diversarum arborum.*

Arthronaria Fries *pl. hom. 282.*

126. Pulveraria *ACH.* Thallus in pulverem v. floccos solutus. — *In fissuris rupium et cortice arborum.*

Pulveraria Achar. *meth. 2.* Lepra *Haller helv. III. 102.* Lepraria Achar. *synops. 329.* Pulina Adans. *fam. II. 3.* Phytoconis Bory *partim.* Leptuberia Raf. *in New York medic. Reposit. II. Hex. V. 350.*

SUBORDO II. CALYCIEAE. Apothecia primitus aperta.

127. Coniocarpon *DC.* Thallus crustaceus adnatus. Apothecia varia, flocculoso-scabra, e sporidiis (*atris*) in caespitulum coacervatis formata, excipulo nullo. — *In saxis, rarius in corticibus.*

Coniocarpon DC. *Fl. fr. II. 323.* Meyer *Flecht. 324.* Fries *Lichen. 378.* Conioloma Flörk. *Lich. germ. II. 3.* Eschweil. *syst. 19. f. 28.* (*Fl. dan. t. 1352. 1472. f. 1.*)

128. Trachylia *FR.* Thallus crustaceus adnatus, subleprosus. Apothecia sessilia (*rotundata v. irregularia*) convexo-plana, e sporidiis prominulis scabra, excipulo nullo. — *In rupibus.*

Trachylia Fries. *pl. hom. 276. Lichen. 402.*

129. Calycium *PERS.* Thallus crustaceus, subgranulosus, obliteratusve. Apothecia crateriformia cornea, excipulo proprio carbonaceo, discum in sporidia coacervata solutum marginante. — *In lignis aridis.*

Calycium Pers. *in Usteri Annal. VII. t. 3. f. 1—3. excl. pl.* Meyer *Flecht. 324.* Fries *Lichen. 384.*

a) CYPHELIUM *Ach.* Apothecia sessilia.

Cyphelium Achar. *in Vet. Acad. Handl. 1814. p. 215. t. 6. 8. 1816. p. 110.* Calycium Chev. Acolium Fée *method. 13. t. 3. f. 15.* (*Fl. dan. t. 1848. f. 2. E. B. t. 810.*)

b) CALYCIUM *Ach.* Apothecia stipitata.

Calycium Achar. *Il. cc. E. B. t. 1465. 1540. 1832. 1865. 2463.* Cyphelium Chev.

130. Coniocybe *ACH.* Thallus crustaceus, subleprosus. Apothecia stipitata sphaerica, immarginata (*suberosa*), e vertice fatiscentia, demum undique sporidiis conspersa, excipulo nullo. — *In cryptis siccis.*

Coniocybe Achar. *in Vet. Acad. Handl. 1816. p. 283.* Fries *Lichen. 382.* Sclerophora Chev. *par. 315. t. 9. f. 19.* Fulgia Chev. *in Journ. de Phys. 1822. t. 1. f. 2.* (*E. B. t. 1539. 2357.*)

Ordo IX. Idiothalami.

Idiothalami Fries *pl. hom. 265.*

APOTHECIA primum clausa, demum aperta, nucleum gelatinosum, sensim indurascentem emittentia.

TRIBUS I. GRAPHIDEAE Fries *pl. hom. 272.* Nucleus solitarius oblongus v. linearis, per thalli stratum corticale erumpens, indurascens, rimosus v. canaliculatus, excipulo proprio, raro obliterato. Thallus crustaceus, adnatus, uniformis. — *Copiosissime in arborum tropicarum corticibus, rarius in temperatis et frigidis vigent.*

131. Coniangium *FR.* Nucleus erumpens, perithecio destitutus, parenchymate in sporas (*coloratas*) collabente, sistens tuberculum rotundato-difforme, nudum. — *In corticibus et lignis.*

Coniangium Fries *in Vet. Acad. Handl. 1821. p. 330. Lichen. 377.*

132. Ustalia *FR.* Nucleus erumpens, perithecio destitutus, solidus; sistens discum depressum, primo (*albido-*) velatum, demum nudum (*rubrum*). — *In arborum tropicarum corticibus.*

Ustalia Fries *dianom. 1817. Plant. hom. 274.* Pyrochroa Eschweil. *syst. 15. f. 9.* Platygramma Meyer *Flecht. 332. partim.*

133. Sclerophyton *ESCHW.* Nucleus immersus, perithecio mere infero fultus, tenuis, lineari-elongatus, ramosus, immarginatus. — *In corticibus arborum regionum calidorum.*

Sclerophyton Eschweil. *syst. 14. f. 8.* Fries *pl. hom. 274.*

134. Lecanactis *ESCHW.* Nucleus disciformis, perithecio infero lateralique (*oblongo-difformi*) immerso, cum thallo submarginante concreto exceptus. — *In corticibus, rarius in saxis.*

Lecanactis Eschweil. *syst. 14. f. 7. Mart. crypt. brasil. t. 7. f. 2—4.* Fries *Lichen. 375.* Lecanotis *Reichenb. consp. 21.*

135. Opegrapha *PERS.* Nucleus rotundatus, elongatusve, indurascens, a perithecio integro dimidiatove, longitudinaliter rimose dehiscente marginatus. — *In corticibus et saxis climatis temperati et tropici.*

Opegrapha Pers. *in Usteri Ann. VII. 29.* Fries *Lichen. 361.*

a) HYSTERINA *Ach.* Nucleus obverse conicus, vel transversim sectus cordatus. Perithecium integrum, marginibus inflexis.

Hysterina Fries *pl. hom.* Opegrapha Eschweil. *syst. 14. f. 4.*

b) OXYSTOMA *Eschw.* Nucleus acute coniens. Perithecium integrum, marginibus conniventibus.

Oxystoma Eschweil. *syst. 14. f. 5.*

c) SCAPHIS *Eschw.* Nucleus disciformis v. semicylindricus. Perithecium integrum, marginibus primum conniventibus, demum distantibus.

Scaphis Eschweil. *syst. 14. f. 6.*

d) LEUCOGRAMMA *Mey.* Nucleus disciformis v. semicylindricus. Perithecium ob basim adnatam dimidiatum, marginibus primum conniventibus, demum patentibus.

Graphis Eschweil. *syst. 13. f. 3.* Achar. *Lichen. 40. t. 3. f. 14. 15.* Fissurina Fée *crypt. cort. 59. t. 13. f. 2. t. 16. f. 4. 5. Method. 20. t. 1. f. 7.* Leucogramma Meyer *Flecht. 331.*

136. Graphis *FR.* Nucleus tetraqueter, disciformi-canaliculatus, primum (*albo-*) velatus. Perithecium dimidiatum, laterale, planum, apertum, cum excipulo thallode clauso, demum dehiscente connatum. — *In corticibus arborum tropicarum.*

Graphis Fries *pl. hom. 272.* Leiorreuma Eschweil. *syst. 13. f. 2. Mart. crypt. brasil. t. 6. f. 2. 3. t. 7. f. 2. 4.* Platygramma Meyer *Flecht. 332. partim.*

TRIBUS II. GLYPHIDEAE Fries *pl. hom. 270.* Nucleus strato medullari thallode immersus, eodem erumpente exceptus, apertus indurascens. Thallus horizontaliter expansus, adnatus, strato medullari fructificante verticaliter elevato.

137. Medusula *ESCHW.* Perithecia lineari-elongata, lateralia, immersa, cum strato medullari maculas subelevatas formante erumpentia, aperta. **Nucleus** asciger, primum velatus, **sporidiis** simplicibus. — *In arborum tropicarum corticibus.*

Medusula Eschweil. *syst. 19. f. 22.* Sarcographa Fée *crypt. cort. 58. t. 16. f. 1—3.* Asterisca Meyer *Flecht. 331.* Pers. *in Wetter. Ann. II. t. 10. f. 1.*

138. Chiodecton *ACH.* **Perithecia** infera, immersa, cum **strato medullari** verrucas depressas formante erumpentia, aperta. **Nucleus** asciger, **sporidiis** simplicibus. — *In arborum americanarum corticibus.*

Chiodecton Achar. *in Linn. Transact. XII. t. 3. f. 2. Act. mosq. V. 170. t. 8. f. 6.* Eschweil. *syst. 19. f. 27.* Fée *crypt. cort. t. 18. f. 20. Ann. sc. nat. XVII. t. 1—3.*

139. Glyphis *ACH.* **Perithecia** infra et lateralia immersa, cum **strato medullari** verrucas depressas formante erumpentia, aperta. **Nucleus** asciger, **sporidiis** annulatis. — *In arborum tropicarum corticibus.*

Glyphis Achar. *in Linn. Transact. XII. t. 3. f. 1.* Eschweil. *syst. 19. f. 26.* Mart. *crypt. brasil. t. 10. f. 2.*

TRIBUS III. LIMBORIEAE Fries *pl. hom. 267.* **Excipulum proprium** (*perithecium*) e thallo prorumpens, v. saepius immersum, **excipulo thallode** corticato simul cinctum, orbiculare; ruptum **nucleum** disciformem subgelatinosum limbo saepius cingens. — **Thallus** horizontalis, adnatus, uniformis. **Apothecia** dispersa. — *Multae tropicae, paucae boreales.*

140. Urceolaria *ACH.* **Thallus** crustaceus subleprosus v. tartareus. **Apothecium** nudum, primo immersum. **Excipulum** thallodes verrucaeforme, rimose dehiscens, **nucleum** disciformem subcarbonaceum marginans. — *In corticibus et ad saxa, imprimis inter tropicos.*

Urceolaria Achar. *Meth. 141. excl. pl.* Eschweil. *syst. 17. f. 17.* Fée *crypt. cort. t. 25. f. 3.* Fries *pl. hom. 269.* Lepropinaciae sp. Vent. Polystroma Clement. *apud Achar. synops. 136.*

141. Thelotrema *ACH.* **Thallus** cartilagineo-crustaceus. **Perithecium** dimidiatum, annulare, **excipulo** thallode verrucaeformi rupto inclusum, **nucleum** depresso-disciformem primo velatum cingens. — *In corticibus, imprimis inter tropicos.*

Thelotrema Achar. *Lichen. 62. t. 6. f. 1.* Eschweil. *syst. 15. f. 12.* Fée *crypt. cort. t. 23. f. 1. 2. 4.* Fries *Lichen. 427.* Volvariae sp. DC. *Fl. fr. II. 374.* Hymenoria Achar. *msc.* Anthrocarpum Meyer *Flecht. 326.* —? Pyrenula et Ascidium Fée *op. cit. t. 23. f. 3 et 5.*

142. Limboria *ACH.* **Thallus** crustaceus. **Perithecium** erumpens immersumve corneum, primo clausum, stellatim dehiscens, limbo laciniato, **nucleum** disciformem carbonaceum ambiens. — *In corticibus, imprimis inter tropicos.*

Limboria Achar. *excl. sp.* Eschweil. *syst. 16. f. 16.* Mart. *crypt. brasil. t. 10. f. 4.*

143. Gyrostomum *FR.* **Thallus** cartilagineus. **Perithecium** erumpens, corneum, primo clausum, deinde ruptum, limbo orbiculato, inflexo, **nucleum** subglobosum gelatinosum cingente. — *In corticibus arborum tropicarum.*

Gyrostomum Fries *pl. hom. 268.*

144. Cliostomum *FR.* **Thallus** crustaceus. **Perithecium** superficiale carbonaceum clausum, collabescendo rugoso-plicatum, rugis demum rimose transversim dehiscens, **nucleum** ceraceo-gelatinosum includens. — *Ad ligna fabrefacta.*

Cliostomum Fries *pl. hom. 116. Lichen. 453.* (Achar. *in Vet. Acad. Handl. 1815. t. 6. f. 5.*)

TRIBUS IV. PYXINEAE Fries *pl. hom. 266.* **Excipulum proprium** (*perithecium*) nudum, thallo superficialiter impositum, primo clausum. **Thallus** horizontalis, foliaceus, subtus liber, discolor, contextu filamentoso.

145. Umbilicaria *HOFFM.* **Thallus** cartilagineus, foliaceus, centro affixus. **Perithecium** superficiale, lineari-elongatum, varie convolutum, gyrose dehiscens, **nucleum** occultans. *Rupestres, versus polos et nivem alpinam frequentiores.*

Umbilicaria Hoffm. *pl. lichen. 1. 9.* Schaerer *in Seringe Mus. Helvet. I. 113. seq.* Fries *Lichen. 347.*

a) LASALLIA *Merat.* **Perithecium** subconcavum, **disco** aequabili.

Umbilicaria Fée *Method. 55. Dict. class. XII. c. ic.* Lasallia Merat. *Fl. paris. 202.* (Hoffm. *pl. lich. t. 28. f. 1. 2. t. 29. f. 4. Fl. dan. t. 597. f. 2. E. B. t. 1283.*)

b) GYROPHORA *Achar.* **Perithecium** convexiusculum, **disco** gyroso.

Gyrophora Achar. *Lichen. 225. Fl. dan. t. 1744. E. B. t. 2066. 2484. 2486.* Fée *Method. 54. Dict. class.* Gyromium Wahlenb. *Fl. suec.* Capnia Vent. *p. 200.* Umbilicaria Merat *l. c.* (Hoffm. *pl. lich. t. 44. f. 1—9. t. 59. f. 2. t. 70. t. 71. f. 1—5.*)

146. Pyxine *FR.* **Thallus** cartilagineus, foliaceus, fibrillis affixus. **Perithecium** superficiale orbiculatum, ore circulari apertum, **nucleum** ceraceum denudans. — *In lignis et corticibus, imprimis inter tropicos.*

Pyxine Fries *pl. hom. 267.*

Ordo X. Gasterothalami.

Gasterothalami Fries *pl. hom. 258.* Myelocarpi Meyer *Flecht. 325.* Gasteropsorae Reichenb. *consp. 20.* Pyrenothalami Bartl. *Ord. pl. 8.*

Apothecia semper clausa v. **excipulo** irregulariter discedente aperta. **Nucleus** inclusus, ascigerus, deliquescens v. fatiscens.

TRIBUS I. VERUCARIEAE Fries *pl. hom. 263.* **Excipulum proprium** (*perithecium*) simplex corneum, ostiolatum, atrum, **nucleum** includens. — **Thallus** horizontalis, expansus, uniformis, subinnatus.

147. Diorygma *ESCHW.* **Thallus** crustaceus. **Perithecium** lineari-elongatum, subramosum, rima apertum. **Nucleus** gelatinosus, inclusus, deliquescens. — *In arborum tropicarum corticibus.*

Diorygma Eschweil. *syst. 13. f. 1.* Mart. *crypt. brasil. t. 6. f. 1.* (Pers. *in Wetter. Annal. II. t. 10. f. 5.*)

148. Pyrenothea *FR.* **Thallus** subleprosus. **Perithecium** corneum, ostiolo apertum, demum scutellato-dilatatum. **Nucleus** gelatinosus, subsolutus, globuli instar erumpens, fatiscens. — *Ad terram, saxa, ligna, cortices.*

Pyrenothea Fries *in Vet. Acad. Handl. 1821. p. 332. Lichen. 449.* Leprantha Dufour. Thrombium Wallr. *Flecht. I. 170. partim.* Gelatinaria Flörk. *msc.* (*E. B. t. 1682.*)

149. Pyrenastrum *ESCHW.* **Thallus** crustaceus. **Perithecia** cornea, in collum elongata, ostiolo communi dehiscentia. **Nucleus** gelatinosus, diffluens. — *In corticibus arborum tropicarum.*

Pyrenastrum Eschweil. *syst. 15. f. 15.* Mart. *crypt. Brasil. t. 8. f. 6. 7. t. 9. f. 1.* Parmentaria Fée *Method. 23. t. 1. f. 14. Crypt. cort. t. 20. f. 1.*

150. Verrucaria *PERS.* **Thallus** crustaceus. **Perithecia** cornea, discreta, ostiolis distinctis dehiscentia. Nucleus gelatinosus, diffluens. — *Ad terram, saxa, cortices.*

Verrucaria Pers. *in Usteri Annal. VII. 22.* Achar. *synops. 87. excl. sp.* Fries *Lichen. 430. E. B. t. 1681. 1711. 1891. Fl. dan. t. 1852.* Pyrenulae sp. Achar. *synops. 117.*

TRIBUS II. TRYPETHELIACEAE Fries *pl. hom. 261.* Excipulum verrucaeforme, e strato medullari thalli formatum, ostiolato-pertusum, nucleum deliquescentem includens. — Thallus horizontalis, crustaceo-adnatus, strato medullari in verrucae formam erumpente etiam verticaliter crescens.

151. Sphaeromphale *REICH.* Nucleus solitarius subglobosus, gelatinoso-fluxilis, intra excipulum simplex, e strato medullari thalli formatum, verrucaeforme (*coloratum*) papillato-ostiolatum. — *In corticibus et saxis.*

Sphaeromphale Reichenb. *consp. 20.* Segestria Fries *pl. hom. 263. Lichen. 429.* Segestrella Fries *Lichen. 460.*

152. Mycoporum *MEY.* Nucleus subglobosus, gelatinosus, perithecio destitutus, in verruca heterogenea multiloculari, prominente, ostiolis distinctis. — *In corticibus arborum tropicarum.*

Mycoporum Meyer *Flecht. 327.* Porothelium Eschweil. *syst. 18. f. 21.* Mart. *crypt. brasil. t. 9. f. 4.* non Fries. Porodothium Fries *pl. hom. 262.*

153. Astrothelium *ESCHW.* Nucleus gelatinosus, peritheciis confluentibus multilocularis, intra verrucam heterogeneam prominentem, ostiolis in porum communem confluentibus. — *In corticibus arborum tropicarum.*

Astrothelium Eschweil. *syst. 18. f. 25.* Mart. *crypt. brasil. t. 9. f. 5. t. 10. f. 1.*

154. Trypethelium *SPRENG.* Nucleus gelatinosus, peritheciis distinctis, intra verrucam heterogeneam prominentem, ostiolo simplici. — *In arborum tropicarum corticibus.*

Trypethelium Spreng. *Anleit. ed. I. tom. III. 350. t. 10. f. 95.* Achar. *Lichen. 58. t. 4. f. 8. 9.* Fée *Meth. 24. t. 1. f. 18. Crypt. cort. t. 18. f. 3. 4. t. 19. f. 2—6.* Eschweil. *syst. 18. f. 24.* Mart. *crypt. brasil. t. 9. f. 6.* Bathelium Achar. *meth. 111. t. 8. f. 3.* Ophthalmidium Eschweil. *syst. 18.* Ocellularia Meyer *Flecht. 327.*

TRIBUS III. ENDOCARPEAE Fries *pl. hom. 258.* Excipulum thallodes ostiolatum. Nucleus diffluens. Thallus horizontaliter expansus, subtus discolor v. adnatus.

155. Pertusaria *DC.* Thallus crustaceus. Nucleus subglobosus, gelatinosus, intra thalli verrucas bullatas, ostiolo apertas, inclusus. — *In corticibus et saxis.*

Pertusaria DC. *Fl. fr. II. 318.* Fries *Lichen. 418.* Porina Achar. *Lichen. 60. t. 7. f. 1. 2.* Fée *crypt. cort. t. 20. f. 2—4. t. 21. f. 5.* Porophora Meyer *Flecht. 326.* (*Linn. Transact. X. t. 10. f. 1. E. B. t. 1731. 2061. 2371.*)

156. Sagedia *ACH.* Thallus subcrustaceus. Nucleus subglobosus, ceraceus, intra thalli verrucas elevatas, ostiolo elongato, apice scutellato-dilatato apertas, inclusus. — *In saxis humentibus.*

Sagedia Achar. *Lichen. 72. t. 6. f. 3—7. excl. reliq.* Fries *pl. hom. 259. Lichen. 412.* Stigmatidium Meyer *Flecht. 328. excl. sp.* Enterographa Fée *meth. 17. t. 1. f. 12.* (*E. B. t. 1752.*)

157. Endocarpon *HEDW.* Thallus foliaceus. Nucleus subglobosus, gelatinosus, intra thalli verrucas superficiales, ostiolo prominente apertas, inclusus. — *Ad terram et saxa.*

Endocarpon Hedw. *stirp. crypt. II. 56. t. 20.* Fries *Lichen. 407.* Dermatocarpon Eschweil. *syst. 259.* (*E. B. t. 593—595. 1698. 2012. 2541.*)

TRIBUS IV. SPHAEROPHOREAE Fries *pl. hom. 258.* Excipulum thallodes pertusum, nucleo fatiscente. Thallus verticaliter elongatus, fruticulosus, erectus v. pendulus, undique concolor, similaris.

158. Siphula *FR.* Apothecia apicibus thalli intumescentibus, demum poro pertusis lacero-dehiscentibus inclusa. Nucleus globosus, tandem explanatus, deliquescens. — *Ad terram et rupes.*

Siphula Fries *pl. hom. 238. Lich. 406.* Dufourea Achar. *Lichen. 103. t. 11. f. 2.* Nees *in Hor. phys. t. 2. f. 2.*

159. Sphaerophoron *PERS.* Apothecia apicibus thalli sphaerico dilatatis, demum lacero dehiscentibus inclusa. Nucleus globosus, floccoso-corticatus, in ambitu pulvereo fatiscens. — *Ad saxa et truncos, intra tropicos nobiliores.*

Sphaerophoron Pers. *in Usteri Annal. VII. 123.* Achar. *Lichen. 585. t. 12. f. 5. 6. E. B. t. 2474.* Fries *Lichen. 404.* Coralloides Hoffm. *pl. lich. t. 31. f. 2. 3.*

Ordo XI. Hymenothalami.

Hymenothalami Fries *pl. hom. 233.* Hymenocarpi Meyer *Flecht. 330.* Hymenopsora e Reichenb. *consp. 21.*

Apothecium apertum. Nucleus disciformis persistens, asciger.

TRIBUS I. COLLEMACEAE Fries *pl. hom. 254.* Apothecia varia, excipulo gelatinoso, saepe confuso. Thallus similaris, gelatinosus v. in filamenta solutus.

160. Micarea *FR.* Thallus e granulis liberis gelatinosis, aggregatis. Apothecia sphaerica, nuda, thallo inspersa. — *Ad saxa et ligna madentia.*

Micarea Fries *pl. hom. 256.*

161. Ephebe *FR.* Thallus filamentosus. Apothecia scutelliformia, superficialia, excipulo thallode discum apertum marginante. — *Ad saxa irrigua.*

Ephebe Fries *pl. hom. 256.*

162. Collema *HOFFM.* Thallus foliaceus v. crustaceus, gelatinosus, contextu filamentoso. Apothecia scutelliformia, superficialia, excipulo thallode (primitus clauso) discum immarginatum cingente. — *Ad terram udam.*

Collema Hoffm. *germ. II. 105.* Fries *pl. hom. 255.* Geissoideae sp. Vent.

163. Leptogium *FR.* Thallus foliaceus, membranaceus, intus cellularis. Apothecia scutelliformia superficialia, excipulo thallode discum erumpentem, primo clausum, marginatum cingente. — *Ad terram udam, potissimum inter tropicos.*

Leptogium Fries *pl. hom. 255.*

164. Coenogonium *EHRENB.* Thallus laxe fibrosus. Apothecia scutelliformia, substipitata, excipulo proprio (colorato) discum convexinsculum marginante. — *In corticibus inter tropicos.*

Coenogonium Ehrenb. *in Hor. phys. 120. t. 27.* Fries *pl. hom. 301.*

TRIBUS II. LECIDINEAE Fries *pl. hom. 247.* Apothecia libera, nuda, excipulo nullo v. proprio. — Thallus duplex, primarius horizontalis, secundarius verticalis.

165. Lecidea *ACH.* Thallus horizontalis macularis, verticalis saepe obliteratus. Apothecia adnata, scutelliformia, exci-

pulo proprio discum concolorem, semper apertum marginante. — *In apricis super saxa et ligna.*

Lecidea Achar. *synops.* 32. Fries *pl. hom.* 252. *Lichen.* 281. Catillaria Achar. *synops.* 11. — Echinoplaca Fée *meth.* 35. *t.* 1. *f.* 25. — Myriotrema Fée *meth.* 34. *Crypt. cort. t.* 25. *f.* 1. 2. — Rhizocarpon Ramond *in DC. Fl. franc. II.* 366.

166. Patellaria *PERS.* **Thallus horizontalis squamuloso-foliaceus v. crustaceus, cum verticali saepe in podetia abeunte confluens. Apothecia discreta solida, nucleo nudo, disco discolori demum convexo, immarginato.** — *Ad terram et ligna uda.*

Patellaria Pers. *in Usteri Annal. VII.* 28. Biatora Fries *dianom.* 1817. *Lichen.* 247. Lepidoma Achar. *synops.* 50. Psora Hoffm. *pl. lich. t.* 22. *f.* 5. 6. *t.* 43. *f.* 1—3. Circinnaria Fée *meth.* 48. *t.* 2. *f.* 12. 14. *Crypt. cort. t.* 30. *f.* 2. 3. — Pulveraria Willd. *Fl. berol.* 10. Verrucaria Hoffm. *enum. t.* 5. *f.* 1. *t.* 8. *f.* 1. — ? Sphaerothallia Nees *in N. A. N. C. XV. II.* 300. Lecanorae sp. Eversm. *Ibid. p.* 350. *t.* 78. Lichen esculentus Pall.

167. Baeomyces *PERS.* **Thallus horizontalis crustaceus, verticalis in podetia solida abiens. Apothecia terminalia convexa, nuda, strato hymenino inducta.** — *Ad terram glareosam.*

Baeomyces Pers. *in Usteri Annal. VII.* 19. *excl. sp.* Fries *pl. hom.* 249. *Lichen.* 246. (Hoffm. *enum. t.* 8. *f.* 3. *E. B. t.* 374. *Fl. dan. t.* 1003. *f* 2.)

168. Cladonia *HOFFM.* **Thallus horizontalis crustaceus v. squamuloso-foliaceus, verticalis in podetia cartilaginea fistulosa abiens. Apothecia terminalia scyphiformia, mox discum, excipulum proprium tandem velantem, protrudentia.** — *In saxis, ad terram et cortices, versus polum frequentiores.*

Cladonia Hoffm. *germ.* 103. Flörke *de Cladoniis comment. I. et II. Rostok.* 1827. 1828. *8vo.* Fries *Lichen.* 205. — α) Cenomyce Achar. *Lichen.* 105. Capitularia Flörke *op. cit.* Scyphophorus et Helopodium DC. *Fl. fr. II.* 338. *et* 341. Cladonia, Schasmaria et Cerannia Achar. Pyxidium Schreb. Pyxidaria Bory *voy.* 3. (*Fl. dan. t.* 1188. *f.* 3. *t.* 1356. *f.* 2. *E. B. t.* 1835. 1836. 1867. 1284. 2439.) — β) Pycnothelia Achar. (*Fl. dan. t.* 180. 539. *E. B. t.* 173. 970. Labill. *Nov. Holl. t.* 254. *f.* 2.)

169. Stereocaulon *SCHREB.* **Thallus horizontalis subgranulosus, verticalis in podetia solida, intus filamentosa abiens. Apothecia terminalia, scutelliformia, excipulo proprio discum demum convexum marginante.** — *Ad saxa et terram, inter tropicos nobiliores.*

Stereocaulon Schreb. *gen. n.* 1668. Achar. *Lichen.* 113. *excl. sp.* Pers. *in Usteri Annal. II. t.* 10. *f.* 5. *Fl. dan. t.* 1721. Fries *Lichen.* 200. A. Rich. *Fl. Nov. Zeel. t.* 9. *f.* 3. 4. Thamnium Vent.

TRIBUS III. PARMELIACEAE Fries *pl. hom.* **240.** Excipulum thallodes, primum connivens, demum hians. — ***Thallus horizontalis, e centro expansus, subtus dissimilis, saepe villosus v. matrici adnatus.***

170. Gyalecta *ACH.* **Thallus crustaceus, subtartareus. Apothecia urceolata, excipulo thallode, discum gelatinosum demum induratum cingente.** — *Ad saxa irrigua.*

Gyalecta Achar. *meth.* 149. Fries *Lichen.* 194. Volvariae sp. DC. *Fl. fr. II.* 373. (Hedw. *stirp. crypt. II. t.* 10. *f. B. E. B. t.* 736. 1184. 1266.)

171. Dirina *FR.* **Thallus crustaceus, cartilagineus. Apothecia tuberculiformia demum scutellata, excipulo thallode discum pruinoso-velatum, strato heterogeneo impositum, marginante.** — *In corticibus imprimis regionum calidiorum.*

Dirina Fries *pl. hom.* 244. *Lichen.* 193. (Achar. *Lichen. t.* 7. *f.* 5.)

172. Parmelia *FR.* **Thallus cartilagineus varius, e centro horizontaliter expansus, bilateralis, hypothallo fultus. Apothecia scutelliformia horizontalia, excipulo thallode discum subceraceum marginante.** — *In apricis, versus polos copiosiores.*

Parmelia Fries *Lichen.* 56. Parmelia, Lecanora, Urceolariae et Gyalectae sp. Achar.

A) SQUAMARIA *DC.* Thallus crustaceus lobatus v. squamuloso-effiguratus. Hypothallus glaber matrici adnatus, saepe cum thallo confusus.

Parmeliae sect. III. Fries. *Lichen.* 99. Squamaria DC. *Fl. fr. II.* 374. *excl. sp.*

α) URCEOLARIA Fries *Lichen.* 176. Phlyctis Wallr. *Flecht.* 527. (Hoffm. *pl. lich. t.* 11. *f.* 2. 3. *E. B. t.* 820. 2156.)

β) PATELLARIA Fries *Lichen.* 131. Patellariae sp. Hoffm. et Auct.

γ) PSORA Fries *Lichen.* 122. Hoffm. *pl. lich. t.* 59. *f.* 1. *t.* 60. *f.* 3. Geissoideae sp. Vent. (*E. B. t.* 1778. 1941.)

δ) PLACODIUM Fries *Lichen.* 99. Placoidii sp. DC. (*E. B. t.* 1893. 2157. *Fl. dan. t.* 1946. 2008. *f.* 1.)

B) ZEORA *FR.* Thallus subfoliaceus, demum in crustam subgranulosam compactus. Hypothallus fibrillosus, supra matricem effusus, raro obsoletus.

Zeora Fries *pl. hom.* 244. *Lichen.* 86. Amphiloma Fries *pl. hom.* 243. Pannaria Delis. *in Dict. class. XIII.* 20. (*E. B. t.* 083.)

C) LOBARIA *HOFFM.* Thallus foliaceus. Hypothallus fibrillosus, matrici adnatus.

Lobaria Hoffm. *germ.* 159. Fries *Lichen.* 57.

α) PHYSCIA Fries *pl. hom.* 242. *Lichen.* 76. — Borrera Achar. *exc. sp.* Hagenia Eschw. *syst.* 20. (*E. B. t.* 1351. 1352. *Fl. dan. t.* 1719.)

β) IMBRICARIA Fries *Lichen.* 57. Imbricariae sp. Auct. — Platisma Hoffm. *pl. Lich. t.* 31. *f.* 1. *t.* 36. *f.* 4. *t.* 38. *f.* 1. *t.* 39. *f.* 1. *t.* 42. *f.* 1. Fée *crypt. cort. t.* 13. *f.* 1. (*E. B. t.* 1375. 1780. 1852. 2049. 2097.)

173. Sticta *SCHREB.* **Thallus foliaceus, coriaceus, e centro expansus, subtus villosus. Apothecia scutelliformia, obliqua, excipulo thallode subtus libero subobliquo, discum ceraceum, primitus conniventem, marginante.** — *Ad terram et truncos, inter tropicos frequentiores.*

Sticta Schreb. *gen. n.* 1668. Delise *Monographie du genre Sticta. Paris*, 1825. *8vo. c. tabb.* Fée *crypt. cort. t.* 31. *f.* 15. *t.* 33. *f.* 1. Hook. *miscell. t.* 13. 14. A. Rich. *Fl. Nov. Zeel. t.* 8. 9. *f.* 1. — Pulmonaria Hoffm. *pl. lich. t.* 1. *f.* 2. *t.* 4. *f.* 2. — Reticularia Baumg. *Fl. lips.* 341. Dermatodeae sp. Vent. (*Fl. dan. t.* 1007. *E. B. t.* 1104. 2359.) — Crocodia Link *Handb. III.* 177. — ? Plectocarpon Fée *meth.* 91. *Crypt. cort.* 49. *t.* 2. *f.* 15.

174. Peltigera *WILLD.* **Thallus foliaceus, coriaceus, e centro expansus, subtus villosus, apothecia peltaeformia, excipulo thallode discum carnosulum innatum primum velante.** — *Ad terram inter muscos, in frigidis imprimis vegetae.*

Peltigera Willd. *Fl. berol.* 347. Fries *Lichen.* 41. Peltidea Achar. *meth.* 98. Antilyssus Hall. *helv. III.* 85.

a) Eriodcrma Fée *crypt. cort.* 145. *t.* 34. *f.* 2.

b) Solorina Achar. *Lichen.* 27. *t.* 1. *f.* 5. 6. Sommerfeltia Flörk. (*Fl. dan. t.* 532. *f.* 3. *t.* 263. *E. B. t.* 288. 494.)

c) Peltidea Achar. *Lichen.* 98. *t.* 10. *f.* 7—8. (*E. B. t.* 887. 888. 1119. 1834. 2299. 2300.)

d) Nephroma Achar. *Lichen.* 101. *t.* 11. *f.* 1. A. Rich. *Fl. Nov. Zeel. t.* 9. *f.* 2. (Jacq. *miscell. II. t.* 10. *f.* 1. *Collect. IV. t.* 12. *f.* 1. *Fl. dan. t.* 466. 764. 1430.)

TRIBUS IV. USNEACEAE Fries *pl. hom.* **232.** Excipulum thallodes primitus apertum. Thallus verticalis, undique similaris.

175. Cetraria *ACHAR.* **Thallus cartilagineo-membranaceus. Apothecia scutelliformia margini thalli oblique affixa, excipulo thallode discum demum inaequabilem oblique marginante.** — *Ad terram inter muscos, in frigidis.*

Cetraria Achar. *Lichen. 96. excl. sp.* Fries *pl. hom. 238. Lichen. 34.*

a) Physcia DC. *Fl. fr. II. 395. excl. sp.* (*Fl. dan. t. 398. E. B. t. 2111.*)

b) Cornicularia Hoffm. *pl. lich. t. 34. f. 1.* (*Fl. dan. t 1126. E. B. t. 1994. 1330.*) — Coelocaulon Link *Handb. III. 165.*

176. Roccella *DC.* Thallus cartilagineus, rigidus. Apothecia scutelliformia lateralia, excipulo proprio cupulari, thallode discum demum convexum inaequabilem marginante, tandem evanescente. — *In rupestribus maritimis.*

Roccella DC. *Fl. fr. II. 334.* Achar. *Lichen. 81. t. 7. f. 8. 9.* Fries *Lichen. 33.* (*E. B. t. 211. 728.*)

177. Ramallina *ACHAR.* Thallus cartilagineus, rigidus. Apothecia orbiculata sparsa, excipulo thallode discum tandem reflexum inaequabilem marginante. — *In arboribus et rupibus.*

Ramallina Achar. *Lichen. 122. t. 13. f. 5—11.* Fries *Lichen. 29.* Platyphyllum Vent. (*E. B. t. 688. 1181.*)

178. Evernia *ACHAR.* Thallus cartilagineus, mollis, intus stuppeus. Apothecia scutelliformia, marginalia, excipulo thallode discum aequabilem marginante. — *Ad truncos.*

Evernia Achar. *Lichen. 84. t. 10. f. 1. 2.* — Borrera Achar. *op. cit. t. 9.* excl. pl. Alectoriae, Corniculariae et Everniae sp. Achar. (*E. B. t. 1853. 1880.*) — Bryopogon Link *Handb. III. 164.* — ? Neuropogon Nees et Flott. *in Linnaea IX. 496.*

179. Usnea *HOFFM.* Thalli stratum corticale crustaceum, a medullari filamentoso solutum. Apothecia peltata terminalia, excipulo thallode discum aequabilem marginante. — *In arboribus, rarius in rupibus.*

Usnea Hoffm. *pl. Lich. t. 30. f. 2. excl. sp.* Fries *Lichen. 17.* Hook. *misc. t. 11. 12.* Reichenbachia Spreng. *ex Fée crypt. cort. 136.* (*Fl. dan. t. 1189. 1137. E. B. t. 257. 258. 872.*)

SECTIO II. HYSTEROPHYTA.

HYSTEROPHYTA Fries *syst. mycolog. I. 20.*

In organismis languescentibus v. emortuis enata, intussusceptione e matrice nutrita, organa omnia simul explicantia, definite pereuntia.

Classis III. Fungi.

Sterebeck, *Theatrum Fungorum Amst. 1675. 4to.* — Marsigli, *de generatione Fungorum. Berol. 1733. 8vo.* — Battara, *Fungorum agri ariminensis historia. Favent. 1755.* — Schaeffer, *Fungorum, qui in Bavaria et Palatinatu nascuntur, historia. Ratisb. 1762. 4to. 4 Part. Edit. nov. curante Persoon Erlang. 1800. 4to. 5 Vol.* — Batsch, *Elenchus Fungorum Halae, 1783. 4to.* — Bolton, *History of Fungusses 1788. 4to. Geschichte der Pilze, übers. von Willdenow, fortges. von Nees v. Esenbeck. Berl. 1799—1820. 4to. 4 Vol.* — Bulliard, *Histoire de Champignons. Paris 1791. fol. 4 Vol.* — Persoon, *observationes mycologicae. Lips. 1796. 8vo. 2 Vol. Tentamen dispositionis methodicae Fungorum Lips. 1797. 8vo. Commentatio de Fungis clavaeformibus. Lips. 1797. 8vo. Icones et descriptiones Fungorum. Lips. 1799. 1800. fol. 2 fasc. Icones pictae specierum rariorum Fungorum. Paris 1804. 4to. 4 fasc. Synopsis methodica Fungorum. Gölting. 1801. 8vo. 2 Vol. Traité sur les Champignons comestibles. Paris 1819. 8vo. Mycologia europaea Erlang. 1822. 8vo. 3 Vol.* — Link *in Berl. Magaz. III.* Nees von Esenbeck *System der Pilze und Schwämme. Würzb. 1817. 4to. 2 Vol.* Kunze und Schmidt, *mycologische Hefte. Leipz. 1817.* Ehrenberg, *sylva mycologica berolinensis. Berol. 1817. 8vo.* Fries *observationes mycologicae. Hafn. 1815. Systema mycologicum Griphswald. 1821—1829. 8vo. 3 Vol. Elenchus Fungorum Lundae, 1828. 8vo. 2 Vol.* Brongniart, *Essai d'une classification naturelle des Champignons. Strassb. 1825. 8vo.*

Vegetabilia anandra, e corporibus organicis putrescentibus sive humo, quatenus ex organismis in sua principia redeuntibus constat, enata; ex iisdem intussusceptione sese nutrientia, in ipso ortu velata, e cellulis plus minus difformibus composita, organa omnia simul explicantia, extremitatibus hinc deffinitis, ad formam sphaericam tendentia, semel fructificantia, definite pereunt. Sporidia nuda v. ascis inclusa.

Fungi inter reliquas plantas maximam gaz azotici quantitatem continentes, unde plures foetidi et venenati, non pauci vero nutritivi, subito faventibus momentis cosmicis oriuntur, et peracta definita vitae periodo brevi pereunt. Ubivis locorum nisu reproductivo ex organismis in functionibus suis turbatis, vel solvi incipientibus generantur, hinc species eximie sociales, plerumque late diffusae, nonnullae tamen, imprimis terestres et hypogeae, endemicae, tropicae nimis paucae hucdum cognitae.

Ordo XII. Gymnomycetes.

CONIOMYCETES Fries *syst. III. 455.* GYMNOMYCETES Link *spec. I. 1.* UREDINEAE DC. et Duby *Bot. gall. II. 877.*

Sporidia nuda, sub epidermide plantarum v. intra matricem enata, simplicia v. septata, receptaculo (*stromati*) spurio ex epidermide matricis (*peridium spurium*), vel proprio solido, superficiali v. innato imposita.

PROLETARII.

Hoc loco nominandi sunt varii status morbosi plantarum, vegetatione autonoma carentes, Entophytorum generationi praeludentes.

a) MYCOMATER *Fr.* Mucus viscidulus e vulneribus arborum profluens, subcoagulescens, interdum granulis minimis v. floccis tenerrimis inspersus.

Mycomater Fries *pl. hom. 200.*

b) NOSOPHLAEA *Fr.* Pulvis rudis, e parenchymatis cellulis dissolutis ortus, saepe epidermide v. cortice tandem varie rupto effusus.

Nosophlaea et Phloeoconis Fries *pl. hom. 199. 200.* Protomyces Unger *Exanthem. 341.*

c) STRUMELLA *Fr.* Tubercula atra e leguminibus protuberantia, in matricis substantiam sensim abeuntia, extus pulvere conspersa.

Strumella Fries *pl. hom. 199.*

d) SPERMOEDIA *Fr.* Semina graminum in corpus fungosum, extus furfure conspersum, tumentia.

Spermoedia Fries *syst. II. 268.* Om *Rost och-Brand Lund 1821. p. 42—48.* Sphacelia Leveill. *in Annal. soc. Linn. paris. V. 578.* Nees *offiz. Pflanz. Suppl. I. t. 24.* Sclerotium Clavus DC. *in Mem. Mus. II. 416. t. 14. f. 8.* Clavi Siliginis et Secalis mater Veter. (Analysin chemicam dedit Vauquelin *in Mem. Mus. III. 189.*)

SUBORDO I. ENTOPHYTI Nees *syst. 9.* Fries *syst III. 461.* Sporidia varia, e parenchymate morboso plantarum vivarum sub epidermide orta, hac rupta erumpentia, et varie saepe mutata stipata.

180. Papularia *FR.* Sporidia simplicia globosa, epidermide tandem secedente nudata.

Papularia Fries *pl. hom. 195.* — ? Physoderma Wallr. *Fl. germ. II. 192.*

181. Uredo *PERS.* Sporidia simplicia, epidermide vage rupta emergentia.

Uredo Pers. *synops. fung. 225.* Caeoma subg. I. Uredo Link *spec. II. 1.*

a) Ustilago Link *in Berlin. Magaz. III. 6.* Dittm. *apud Sturm. III. t. 33. 37.* Reticularia Bull. *t. 472. f. 1.* Endophyllum Levell. *in Bullet. sc. nat. VI. 232. Annal. soc. linn. paris. IV. 202. t. 11.* Aecidii sp. Sowerb. t. 389. f. 3. 4. (Sowerb. t. 139. 398. f. 1. Nees syst. f. 5. 10. Schlecht. in Hor. phys. t. 20. f. 13. Grev. scot. t. 8. 12. 19. 31. 80. 95. 251.)

b) Uromyces Link in Berl. Magaz. VII. 28. Caeomurus Link ibid. III. 7.

182. Aecidium *PERS.* Sporidia simplicia, epidermidem varie transformatam, pseudoperidium praebentem, regulariter rumpentia.

Aecidium Pers. synops. fung. 204.

a) CAEOMA DC. Pseudoperidia cyathiformia. Sporidia effusa.

Caeoma DC. Bot. gall. II. 903. Caeoma subgen. II. Aecidium Link spec. II. 42. Lycoperdi sp. Linn. Jacq. collect. I. t. 4. f. 1. (Grev. t. 7. 62.)

b) ROESTELIA Rebent. Pseudoperidia cylindrica elongata. Sporidia inclusa.

Roestelia Rebent. neomarch. 350. t. 2. f. 9. Caeoma subgen. III. Ceratites Link spec. II. 64. Cronartium Fries obs. I. 220. Lycoperdi sp. Linn. Jacq. Fl. austr. t. 17. Fl. dan. t. 704. 838. 839. (Sowerb. t. 318. 319. Nees syst. f. 1. Grev. scot. t. 4. 97. 180. 209.)

c) PERIDERMIUM Link. Pseudoperidia utriculosa, apice rupta v. basi circumscissa.

Peridermium Link spec. II. 66. (Wallr. Fl. germ. II. 263. Sphaerotheca Desv. Lycoperdi sp. Willd. in Usteri Magaz. II. t. 4. f. 12. Nees f. 4. Grev. scot. t. 7.)

183. Cylindrosporium *GREV.* Sporidia simplicia, cylindrica, utrinque truncata, sub epidermide vage rupta emergentia, in acervum conglutinata.

Cylindrosporium Grev. scot. t. 27. Fries syst. III. 481. in not.

184. Bullaria *DC.* Sporidia oblonga, medio uniseptata, epidermide vage rupta tandem nudata.

Bullaria DC. Fl. fr. II. 226. Fries pl. hom. 195. Uredo bullata Pers. obs. I. t. 2. f. 5. Pucciniae sp. Link.

185. Puccinia *PERS.* Sporidia uni-bi-tri-septata, saepe pedicellata, sub epidermide vage rupta emergentia.

Puccinia Pers. disp. t. 3. f. 4. excl. sp. Link spec. II. 67. Grev. scot. t. 17. 29. 42. 75. Fries syst. III. 509. Dicaeoma Nees syst. 16. f. 11—13. Triphragmium Link sp. II. 84. Aecidii sp. Sowerb. t. 43.

186. Sporidesmium *LNK.* Sporidia multiseptata, saepe pedicellata, stromati effuso imposita. — *In caulibus exsiccatis et ad ligna.*

Sporidesmium Link in Berlin. Magaz. III. f. 64. Nees syst. f. 18. N. A. N. C. IX. 230. t. 5. f. 1. 2. Corda apud Sturm III. t. 17—22. Sporidermium Grev. scot. t. 194.

187. Gymnosporangium *HEDW.* Sporidia uniseptata pedicellata, stromati gelatinoso-vesiculoso adnata. — *E ramis vivis Juniperorum erumpens.*

Gymnosporangium R. Hedw. ex DC. Fl. fr. II. 217.

α) Podisoma Link in Berl. Magaz. III. 9. Nees syst. 18. f. 15. Pucciniae sp. Michel. gen. t. 92. f. 1. Schmidt Analys. III. t. 66. Pers. disp. t. 2. f. 1. a—c. Gymnosporangii sp. DC.

β) Gymnosporangium Link in Berl. Magaz. III. 10. Nees syst. 37. f. 23. a. Tremella juniperina Linn. Jacq. Hoffm. crypt. I. t. 6. f. 4.

SUBORDO II. SPORODERMEI Fries *syst. III. 460.* Sporidia in floccos demum liberos dilabentes concatenata. — *In plantis vivis et mortuis.*

188. Spilocaea *FR.* Sporidia globosa simplicia, sibi invicem et matrici seriatim adnata, sub epidermide plantarum vivarum erumpentia.

Spilocaea Fries Novit. V. 79. Pl. hom. 198. Link spec. II. 86.

189. Torula *PERS.* Sporidia in floccos moniliformes concatenata, demum secedentia, materia grumosa farcta. — *In plantarum partibus emortuis.*

Torula Pers. obs. I. 25. Nees syst. f. 69. Fries syst. III. 495. Corda apud Sturm III. 8. t. 38. 39. 42. 43. 44. 48. Alternaria Nees syst. f. 68. Syncollesia Agardh syst. XXII. Hormiscium Kunz. myc. Heft. t. 1. f. 7. Moniliae sp. Link. Grev. scot. t. 223. — Xenodochus Schlecht. in Linnaea I. 237. t. 3. f. 3. — ? Tetracolium Kunze ex Link sp. I. 125. (N. A. N. C. IX. t. 6. f. 16.)

190. Phragmidium *LNK.* Sporidia in floccos moniliformes longe pedicellatos concatenata, singula globulo solitario farcta, tandem secedentia. — *Sub epidermide plantarum vivarum et emortuarum.*

Phragmidium Link spec. II. 84. Grev. scot. t. 15. 57. Aregma Fries obs. I. 225. Pucciniae sp. Auct. Nees syst. f. 14. Grev. scot. t. 15. 57.

191. Phragmotrichum *KUNZ.* Sporidia rhombea, intus cellulosa, pedicellis cylindricis, in floccos moniliformes, stromati gelatinoso innatos concatenata, demum secedentia. — *In strobilis Abietis.*

Phragmotrichum Kunze myc. Heft. II. 84. t. 2. f. 4. Link sp. II. 126.

192. Conoplea *PERS.* Sporidia subglobosa, simplicia, in floccos moniliformes, primum in tuberculum compactos, deinde liberos dilabentes cohaerentia. — *Sub epidermide plantarum mortuarum erumpentia.*

Conoplea Pers. Myc. europ. I. 12. Fries syst. III. 490. non Auct.

SUBORDO III. STILBOSPOREI Fries *syst. III. 459.* Sporidia sub epidermide matricis in nucleum compacta, demum erumpentia. — *In plantis emortuis.*

193. Melanconium *LNK.* Sporidia globosa, simplicia (*atra*), in acervum compacta, epidermide rupta effusa.

Melanconium Link in Berl. Magaz. III. 9. Spec. II. 89. Nees syst. f. 27. Stilbosporae sp. Pers. obs. I. t. 1. f. 6. t. 2. f. 3. 6. — ? Coccospora Wallr. Fl. germ. II. 176. — ? Sphaerosporium Schwein. in Transact. Americ. philosoph. soc. IV. 303. t. 19. f. 5.

194. Entomycelium *WALLR.* Sporidia fusiformia, simplicia (*atra*), medio sporidiolis farcta, in stratum collecta, epidermide rupta emergentia.

Entomycelium Wallr. Fl. germ. II. 189.

195. Didymosporium *NEES.* Sporidia subglobosa v. oblonga, medio uniseptata (*fusca v. nigricantia*), in acervum conglutinata, epidermide rupta effusa.

Didymosporium Nees syst. 30. f. 29. Link spec. II. 93. Corda apud Sturm. III. t. 23. Stilbosporae sp. Pers. Link. Grev. scot. t. 212. f. 1.

196. Stilbospora *PERS.* Sporidia oblonga, multiseptata (*nigra*), sporidiolis farcta, in acervum et varie inter se conglutinata, epidermide rupta effusa.

Stilbospora Pers. disp. t. 3. f. 13. Nees syst. f. 17. Fries syst. III. 483. Stilbosporae et Melanconii sp. Link. Sporodesmii sp. Corda apud Sturm. III. t. 22. — Asterosporium Kunze in Flora 1819. p. 225. (Hoffm. Fl. germ. t. 13. f. 3.) Cheirospora Moug. ex Fries pl. hom. 365. Rhabdosporium Chev. Fl. paris. 428. t. 11. f. 3. — Ceratosporium Schwein. in Transact. Americ. philosoph. Soc. IV. 300. t. 19. f. 3.

197. Cryptosporium *KUNZ.* Sporidia fusiformia simplicia (*atra*), sub epidermide in nucleum conglutinata, demum libera.

Cryptosporium Kunze myc. Heft. I. 1. t. 1. f. 1. Corda apud Sturm III. t. 49. 51. Fusicoccum Corda op. cit. t. 52.

198. Fusidium *FR.* Sporidia fusiformia simplicia (*colorata*), in nucleum compacta, epidermide demum secedente denudata.

Fusidium Fries *syst. III. 480.*

199. Septoria *FR.* Sporidia fusiformia septata (*colorata*), in nucleum simplicem conglutinata, demum epidermide rupta cum gelatina cirrhose profluentia.

Septoria Fries *Novit. I. 78. Elench. II. 117. Syst. III. 481.* Kunz *Myc. Heft. II. 107.* Grev. *scot. t. 112.* Link *sp. II. 87.* Phloeospora Wallr. *Fl. germ. II. 176.* Stilbosporae sp. DC. *Mem. Mus. III. t. 4. f. 9.*

200. Nemaspora *PERS.* Sporidia subfusiformia, simplicia (*colorata*), in nucleum gelatinosum cellulosum juncta, epidermide rupta cum gelatina cirrhose profluentia.

Nemaspora Pers. *synops. fung. 109.* Fries *pl. hom. 194.* Grev. *scot. t. 345.* Myxosporium Link *spec. II. 98.* Nemaspora et Libertella Desmaz. *in Annal. sc. nat. XIX. t. 5.*

SUBORDO IV. TUBERCULARINI Fries *syst. III. 458.* Sporidia stromati proprio imposita, in discum denudatum conglutinata.

201. Schizoderma *KUNZ.* Sporidia subglobosa, simplicia (*atra*), in acervum erumpentem, supra stroma grumosum conglutinata.

Schizoderma Fries *pl. hom. 194.* Hypodermium Link *sp. II. 88. non in Berlin. Magaz. VII.* Hypoderma Nestl. *msc.* Uredinaria Chev. *paris. 411.* Sorosporium Rudolph. *in Linnaea IV. 116. t. 2.*

202. Dicoccum *CORD.* Sporidia ovata, uniseptata (*atra*), in discum erumpentem conglutinata, stromate obsoleto (?).

Dicoccum Corda *apud Sturm III. 9. t. 55.* Fries *syst. III. 476.*

203. Coryneum *FR.* Sporidia fusiformia, multiseptata (*atra*), pedicellata, erecta, pedicellis basi in stroma coadunatis, parallele in discum erumpentem constipata.

Coryneum Fries *syst. III. 473.*

a) CORYNEUM *Nees.* Sporidia apice obtusa.

Coryneum Nees *syst. 34. f. 31.* Kunz. et Schmidt *myc. Heft. I. t. 2. f. 17. 18.* Link *spec. II. 126.* — ? Clasterisporium Schwein. *in Transact. Americ. philosoph. Soc. IV. 300. t. 19. f. 4.*

b) SEIRIDIUM *Nees.* Sporidia apiculo filiformi terminata.

Seiridium Nees *syst. 23. f. 19.* Link. *spec. II. 126.* Siridium Spreng.

204. Blennoria *MOUG.* Sporidia cylindrica, utrinque truncata, simplicia (*fusca*), supra stroma gelatinosum in discum erumpentem conglutinata.

Blennoria Moug. *ex Fries pl. hom. 366. Syst. III. 472.*

205. Fusarium *NEES.* Sporidia demum fusiformia simplicia (*laete colorata*), supra stroma gelatinosum amorphum erumpens in stratum disposita.

Fusarium Nees *syst. f. 31.* Grev. *scot. t. 10.* Corda *apud Sturm 6. t. 7. 8.* Fries *syst. III. 469.* Fusidii sp. Link.

206. Volutella *TOD.* Sporidia fusiformia septata (*laete colorata*), supra stroma suberosum cupulare erumpens in discum compacta.

Volutella Tode *Meckl. I. 28. t. 5. f. 43.* Fries *syst. III. 466.* Atractii sp. Link. Fusarii sp. Link, Nees *in N. A. N. C. IX. t. 5. f. 7.* Tubercularia ciliata Alb. et Schwein. *consp. t. 5. f. 6.*

207. Tubercularia *TOD.* Sporidia subglobosa simplicia (*colorata*), supra stroma verrucaeforme carnosum erumpens in stratum dense compacta.

Tubercularia Tode *Meckl. t. 18. excl. sp.* Nees *syst. f. 32. 33.* Link *sp. II. 99.* Fries *syst. III. 463.* Tremellae sp. Linn.

Ordo XIII. Hyphomycetes.

HYPHOMYCETES Link *sp. I. 4.* Fries *syst. III. 261.*

Flocci nudi varii, tubulosi v. solidi, a matrice discreti, fertiles saepe a sterilibus distincti. Sporidia e floccorum divisione vel inter floccos enata, saepe intra eorum apices vesiculoso-inflatos (peridiola) contenta, vel stromati floccifero imposita.

SUBORDO I. SEPEDONIEI Fries *syst. III. 436.* Sporidia cumulata, matrici incumbentia, et ab ea saepe enata, floccis discreta. *Mycelium floccosum.*

208. Sporisorium *EHRENB.* Sporidia globosa, simplicia, sub epidermide viva coacervata, erumpentia, floccis paucis intertexta. — *In Sorghi germinibus.*

Sporisorium Ehrenb. *ex Link sp. II. 86.* Fries *syst. III. 454.*

209. Dendrina *FR.* Sporidia globosa, simplicia, matrici innata, floccis tenuissimis effusis in maculam contextis discreta. — *In caulibus emortuis.*

Dendrina Fries *pl. hom. 186. Syst. III. 453.* — ? Chromosporium Corda *apud Sturm III. t. 56.* (floccis evanidis).

210. Aleurisma *LNK.* Sporidia subglobosa simplicia, e matrice enata, primum floccis septatis convergentibus, mox evanidis, velata. — *In caulibus.*

Aleurisma Link *in Berl. Magaz. III. 18.* Nees *syst. f. 48.* Fries *syst. III. 452.*

211. Psilonia *FR.* Sporidia varia, simplicia, e matrice enata, floccis contiguis, in caespitulum erumpentem iunctis, primum convergentibus, persistentibus, velata. — *In corticibus.*

Psilonia Fries *pl. hom. 187. Syst. III. 450.* Desmaz. *in Annal. sc. linn. 1830. t. 5. f. 1.* Menispora Pers. *Myc. europ. I. 32.* Link *sp. I. 32.* Camptosporium Link *in Ehrenb. sylv. Berol. 11.* Circinotrichum Nees *syst. 19. f. 66. a.* Link *sp. I. 35.* Chev. *paris. t. 5. f. 2.* Gyrotrichum Spreng. *syst. IV. 554.*

212. Scolicotrichum *KUNZ.* Sporidia oblonga, medio uniseptata, floccis continuis laxe intricatis velata. — *In ramulis dejectis.*

Scolicotrichum Kunze *myc. Heft. I. 10. t. 1. f. 6.* Link *sp. I. 33.* Fries *syst. III. 449.*

213. Epochnium *LNK.* Sporidia oblonga, apiculata, septata, matrici adnata, floccis effusis intricatis intertexta. — *In plantis putrescentibus.*

Epochnium Link *in Berl. Magaz. III. 18. Spec. I. 32.* Nees *syst. f. 40.* Chev. *paris. t. 4. f. 1.* Fries *syst. III. 448.*

214. Fusisporium *FR.* Sporidia cylindrica vel fusiformia, septata, in acervos matrici incumbentes conglutinata, floccis erectis v. decumbentibus, saepe evanescentibus. — *In plantis putrescentibus.*

Fusisporium Fries *pl. hom. 186. Syst. III. 412.* Fusisporium Link *in Berl. Magaz. III. 17.* Desmaz. *Ann. sc. nat. XIX. t. 18. f. 2.* Nees *syst. f. 40. B.* Fusidium Link *in Berl. Magaz. III. 8. f. 5. Spec. II. 96.* Dittm. *apud Sturm III. t. 17. 18.* Grev. *scot. t. 102.*

215. Collarium *LNK.* Sporidia globosa v. simplicia, in acervum conglutinata, floccis erectis decumbentibusve, saepe evanescentibus cincta v. intertexta. — *In corporibus putrescentibus.*

Collarium Link *in Berl. Magaz. III. 17. f. 11.* Nees *syst. f. 42.* Fries *syst. III. 440.* Coccotrichum Link *sp. I. 25.* Sporotrichi sp. Link.

216. Tuburcinia *FR.* Sporidia subglobosa inaequalia, matrici innata, sporidiolis secedentibus farcta, floccis intertextis mox evanescentibus primum adhaerentia. — *In plantis putridis.*

Tuburcinia Fries *syst. III. 439.* Rhizoctoniae et Sporotrichii sp. Auct.

217. Sepedonium *LNK.* Sporidia globosa, matrici innata, sporidiolis secedentibus farcta, floccis lanaeformibus vagis, mox evanescentibus, primum velata. — *In Fungis putrescentibus.*

Sepedonium Fries *syst. III. 438.* Sepedonii sp. et Mycogone Link *in Berl. Mag. III. 18. Spec. I. 28. 29.* Nees. *syst. f. 38.* Dittm. *apud Sturm IV. t. 53.* Grev. *scot. t. 198.* Mycobanche Pers. *Champ. comest. 13.*

SUBORDO II. MUCEDINES Fries *syst. III. 380.* Sporidia intra floccos tubulosos, pellucidos, saepe septatos enata, iisdem tandem inspersa, vel catenatim adhaerentia.

218. Sporendonema *DESMAZ.* Sporidia globosa, intra floccos caespitosos primum seriata, tandem late effusa. — *In pinguedinibus corruptis.*

Sporendonema Desmaz. *in Annal. sc. nat. XI. t. 21.* Fries *syst. III. 434.* Sepedonii sp. Link. Torulae sp. Corda *apud Sturm III. t. 45.*

219. Bactridium *KUNZ.* Sporidia oblonga, ex articulis ultimis floccorum septatorum secedentia, medio materia grumosa farcta, apicibus hyalinis. — *In lignis putridis.*

Bactridium Kunze *myc. Heft. I. 5. f. 2. 20. 21.* Nees *in N. A. N. C. IX. t. 1. f. 3. t. 2. f. 21.* Fries *syst. III. 433.*

220. Oidium *LNK.* Flocci biformes, septati, evanescentes et moniliformes, erecti v. decumbentes, subramosi, articulis subglobosis pellucidis dilabentibus, materiam sporaceam effundentibus. — *In plantis putridis.*

Oidium Link *in Berl. Magaz. III. 18. Spec. I. 121.* Nees *syst. f. 20.* Fries *syst. III. 427.* Oospora Wallr. *Fl. germ. II. 182.* Acrosporium Nees *syst. f. 49. B.* Grev. *scot. t. 73.* Alysidium Kunze *myc. Heft. I. 18. f. 6.* Farinaria Sowerb. *t. 360. f. 1.*

221. Trichothecium *LNK.* Sporidia uni-biseptata, floccis caespitosis septatis subpersistentibus immixta. — *In plantis emortuis, siccis.*

Trichothecium Link *in Berl. Magaz. III. 18.* Nees *syst. f. 47.* Grev. *scot. t. 172.* Fries *syst. III. 426.* Diplosporium Link *sp. I. 64.* Macrotrichum Grev. *in Edinb. philosoph. Journ. XXV. 64. t. 1.* Cladotrichum Corda *apud Sturm III. t. 20.*

222. Acremonium *LNK.* Sporidia simplicia, vesiculosa, ramulos tenuissimos laterales floccorum septatorum terminantia. — *In plantis putrescentibus.*

Acremonium Link *in Berl. Magaz. III. 15. f. 20.* Nees *syst. f. 39.* Dittm. *apud Sturm III. t. 2.* Grev. *scot. t. 124.* Kunze *myc. Heft. II. f. 23.* Fries *syst. III. 425.*

223. Sporotrichum *LNK.* Sporidia simplicia pellucida, floccis erectis v. caespitoso-convergentibus, ramosis, septatis, primum obtecta v. intertexta, mox iisdem acervatim inspersa. — *In corporibus variis putredini praeludit.*

Sporotichum Link *in Berl. Magaz. III. 12. Sp. I. 1. excl. sp.* Nees *syst. f. 45.* Grev. *scot. t. 108.* Fries *syst. III. 415.* Botrytis sp. Link. Dittm. *apud Sturm III. t. 35. 52.* Alytosporii sp. *Auct.* Grev. *scot. t. 274.* Acladii sp. Link. Nees *syst. f. 50.* Nematogonum Desmaz. *in Nouv. Annal. sc. nat. II. 69. t. 2. f. 1.* — Virgaria Nees *syst. f. 52.* — ? Geotrichum Link *in Berl. Magaz. III. 17.*

224. Dactylium *NEES.* Sporidia oblonga v. clavata, septata, apicibus attenuatis floccorum septatorum simplicium ramosorumve laxe adhaerentia. — *In plantarum partibus putrescentibus.*

Dactylium Fries *syst. III. 414.*

α) DACTYLIUM *Nees.* Flocci simplices. Dactylium Nees *syst. 58. f. 58.* Link *sp. I. 77.* — Sporocephalum Chev. *paris. 59.*

β) CLADOBOTRYON *Nees.* Flocci ramosi. Cladobotryon Nees *syst. 55. f. 54.* Botrytidis sp. Link, Dittm. *apud Sturm III. t. 41. 50.*

225. Monilia *HILL.* Sporidia globosa simplicia, in ramulos floccorum septatorum catenatim cohaerentia, tandem dilabentia. — *In corporibus variis putridis.*

Monilia Hill. *ess. 396.* Fries *syst. III. 409.* Briarea Corda *apud Sturm III. t. 6.* Penicillii sp. Link. Aspergilli sp. Michel. *nov. gen. t. 91. f. 3. 4.* Grev. *scot. t. 32.* Mucor caespitosus Linn.

226. Penicillium *LNK.* Sporidia globosa, simplicia, in soros coacervata, floccorum septatorum ramulis terminalibus penicillatis adspersa. — *In plantis putrescentibus.*

Penicillium Fries *syst. III. 406.* — Penicillium Link *in Berl. Magaz. III. 16. Sp. I. 69.* Nees *syst. f. 59.* Grev. *scot. t. 58.* — Coremium Link *in Berl. Magaz. III. 19.* Nees *syst. f. 86.* Floccaria Grev. *scot. t. 301.*

227. Botrytis *MICH.* Sporidia subglobosa, simplicia, ex apicibus ramulisve floccorum septatorum emergentia, circa eosdem conglomerata. — *In corporibus variis putrescentibus.*

Botrytis Michel. *nov. gen. 212.* Fries *syst. III. 393.*

a) SPOROCEPHALUM *Chev.* Sporidia circa apices floccorum simplicium in capitulum laxe conglomerata, dilabentia.

Sporocephalum Chev. *paris. 60. t. 3. f. 9.* Acladii sp. Ehrenb. Mucor glomerulosus Bull. *champ. t. 504. f. 3.* — Cephalocladium Reichenb. *consp. 6.* Haplotrichum Link *sp. I. 52.* non Eschweil. Acladium capitatum Link *in Berl. Magaz. III. f. 13. a.* Nees *syst. f. 51.*

b) HAPLARIA *Lnk.* Sporidia ad latera floccorum, simplicium v. subramosorum, in spicam interruptam congesta.

Haplaria Link *in Berl. Magaz. III. 11.* Nees *syst. f. 49.* Chev. *paris. t. 4. f. 11.* Fumaginis sp. Pers.

c) POLYACTIS *Lnk.* Sporidia in apicibus multifidis floccorum, simplicium v. parce ramosorum, spicata v. capitato-congesta.

Polyactis Link *in Berl. Magaz. III. 16. f. 22.* non spec. Nees *syst. f. 55.* Chev. *paris. t. 4. f. 15.* Spiculariae sp. Pers. Verticillii sp. Ehrenb. Link. Mucor racemosus Bull. *champ. t. 504. f. 1.* M. Botrytis *Fl. dan. t. 777. f. 1.* (Michel. *t. 91. f. 4.*)

d) SPICULARIA. Sporidia circa apices floccorum umbellatim ramosos spicato-capitata.

Polyactis Link *spec. I. 62.* Spiculariae sp. Pers. Mucor umbellatus Bull. *champ. t. 504. f. 8.* (Michel. *t. 91. f. 1. 2. 3.*)

e) VERTICILLIUM *Nees.* Sporidia subsolitaria, in floccorum ramosissimorum ramis suboppositis verticillatisve terminalia.

Verticillium Nees *syst. 57. f. 55.* Link *sp. I. 75.* Corda *apud Sturm III. t. 8.* Botrytis sp. Link, Nees *syst. f. 63.* — An huc Oncocladium Wallr. *Fl. germ. II. 289.* ?

f) VIRGARIA *Nees.* Sporidia floccorum ramosissimorum ramos dichotomos dense obsidentia.

Virgaria Nees *syst. 54. f. 52.*

228. Stachylidium *LNK.* Sporidia globosa, in ramulis articulatis verticillatis floccorum septatorum sessilia, collabescendo sporidiola effundentia. — *In plantis putredine corruptis.*

Stachylidium Link *in Berl. Magaz. III. 16. f. 21.* Nees *syst. f. 56.* Fries *syst. III. 389.* Grev. *scot. t. 257.* — Spondylocladium Mart. *erlang. 78.* Link *sp. I. 79.* — Sceptromyces et Botryosporium Corda *apud Sturm III. t. 4. 5.*

229. Aspergillus *MICH.* Sporidia globosa, simplicia, in floccorum septatorum apicibus clavatis in capitulum discoideum seriatim conglutinata. — *In rebus variis putridis et siccis.*

Aspergillus Michel. *gen. 212. t. 91. f. 1. 2.* Nees *syst. f. 60.* Link *sp. I. 65.* Fries *syst. III. 383.* Corda *apud Sturm III. t. 7.* Sporodinia Link *sp. I. 94.* Moniliae sp. Pers. Mucoris sp. Linn. Bull. *champ. t. 504. f. 3. 10.*

Sowerb. *t. 378. f. 10.* — ? Dendryphion Wallr. *Fl. germ. II. 300.*

SUBORDO III. DEMATIEI Fries *syst. III. 335.* Sporidia e floccis solidis, corticatis (*fibris*), continuis annulatisve, subopacis, extus enata, vel e floccorum dissolutione orta. — *In plantarum partibus siccis.*

230. Gliotrichum *ESCHW.* Sporidia globosa, simplicia, gelatinae fibris tenerrimis aetate rigescentibus assurgentibus intertextae, immersa. — *In foliis arborum tropicarum.*

Gliotrichum Fries *syst. III. 378.* — Gliotrichum et Haplotrichum Eschw. *in syllog. pl. 166. t. 1. f. 2.* — ? Ascimotrichum Corda *apud Sturm III. t. 21.*

231. Arthrinium *KUNZ.* Sporidia varia, floccis caespitosis, suberectis, annulatis, septis crassiusculis opacis, immixta. — *In foliis Glumaccarum.*

Arthrinium Kunze *myc. Heft. I. 9.* Fries *syst. III. 375.*

a) SPOROPHLEUM *Nees.* Sporidia oblonga, utrinque acuta, minima. — Spreng. *Grundz. t. 5. f. 3.* Link *sp. I. 45.*

b) CAMPTOUM *Lnk.* Sporidia ovata, curvata, minima. — Link *sp. I. 44.*

c) GONIOSPORIUM *Lnk.* Sporidia tri-polygona. Link *sp. I. 45.*

d) ARTHRINIUM *Lnk.* Sporidia fusiformia, septata, maxima. — Link *sp. I. 43.* (Kunze *I. 9. t. 1. f. 4. II. 102.*

232. Macrosporium *FR.* Sporidia erecta, stipitata, multiseptata (*fibrae transformatae*) e mycelio evanescente assurgentia. — *In foliis languidis herbarum.*

Macrosporium Fries *syst. III. 373.* Helmisporii sp. Kunz, Link, Nees *in N. A. N. C. IX. t. 5. f. 12.* Septosporium Corda *apud Sturm III. 11. t. 17.*

233. Cladosporium *LNK.* Sporidia simplicia, seriatim connata, ramulorum instar fibris apice septatis adnata, demum dilabentia. — *In plantarum partibus siccis.*

Cladosporium Link *in Berl. Magaz. VII. 37. Sp. I. 39.* Nees *syst. f. 64. B.* Fries *syst. III. 368.* Acladii sp. Link, *olim.* Dematii sp. Auct. — Azosma Corda *apud Sturm III. t. 18.*

234. Polythrincium *KUNZ.* Sporidia didyma, e stromate spurio fibras clavatas annulatas jungente enata, demum fibris inspersa. — *In foliis languescentibus Trifoliorum.*

Polythrincium Kunze *myc. Heft. I. 13. t. 1. f. 8.* Grev. *scot. t. 215.* Corda *apud Sturm III. 11. t. 9.* Link *sp. I. 43.* Fries *syst. III. 367.* Farinaria Trifolii Sowerb. *t. 396. f. 7.*

235. Dematium *FR.* Sporidia globosa, simplicia, fibris rigidis, strictis, obsolete annulatis, catenatim glomeratimve adspersa. — *In plantarum partibus siccis.*

Dematium Pers. *disp. 41.* Fries *syst. III. 362.* — Chloridium Link *Berl. Magaz. III. 13. spec. I. 38.* Nees *syst. f. 64.* Chaetopsis Grev. *scot. t. 236.* Conoplea et Coelosporium Link *sp. I. 46.* Ceratonema Roth *catalect. II. 252. p. part.* Echinobotryon Corda *apud Sturm. III. t. 26.*

236. Helminthosporium *LNK.* Sporidia septata, sporidiolis farcta, fibris rigidis obsolete annulatis, basi saepe stromate gelatinoso junctis, sparsim adnata, dein secedentia. — *In lignis acrescentibus.*

Helminthosporium Fries *syst. III. 354.*

a) HELMINTHOSPORIUM *Lnk.* Fibrae sporidiiferae. Helminthosporium Link *in Berl. Magaz. III. 34. Spec. I. 47.* Nees *syst. f. 65. N. A. N. C. IX. t. 5. f. 11—13.* Grev. *scot. t. 148.* Corda *apud Sturm III. t. 10—14.* Podosporium Schwein. *in Transact. Americ. philosoph. soc. IV. t. 19. f. 1.* Sarcopodium Corda *apud Sturm III. 9. t. 64.* — ? Stemphylium Wallr. *Fl. germ. II. 300.*

b) EXOSPORIUM *Lnk.* Sporidia stromati imposita.

Exosporium Link *in Berl. Magaz. III. 9. Sp. II. 121. excl. sp.* Nees *syst. f. 30.* Grev. *scot. t. 208.* Conopleae sp. Pers. — Quid Corynodesmium Wallr. *Fl. germ. III. 300 in not.* Cephaloedium Kunze *ex Reichenb. consp. 4.*

237. Helicosporium *NEES.* Sporidia spiraliter involuta, e fibris rigidiusculis apice septatis enata, mox diffluentia. — *In lignis vetustis.*

Helicosporium Nees *syst. 68. f. 69.* Link *sp. I. 51.* Fries *syst. III. 353.* Corda *apud Sturm III. 11. t. 15. 16.* — Helicotrichum Nees *in N. A. N. C. IX. 246. t. 5. f. 15.*

238. Actinocladium *EHRENB.* Sporidia subglobosa, simplicia, intra fibras apice bi-tri-multifidas vage sparsa. — *In truncis vetustis.*

Actinocladium Ehrenb. *in Link Jahrb. I. 32.* Link *sp. I. 51.* Fries *syst. III. 352.*

239. Myxotrichum *KUNZ.* Sporidia simplicia, conglomerata, primitus viscose conglutinata, fibris caespitosis subramosis inspersa. — *In lignis et corticibus.*

Myxotrichum Kunze *myc. Heft. II. 108.* Fries *syst. III. 346.* Gonytrichum Nees *in N. A. N. C. IX. 244. t. 5. f. 14.* Link *sp. I. 32.* Oncidium Fr. Nees *apud Kunze myc. Heft. II. 63. t. 2. f. 1.* Campsotrichum Ehrenb. *in Link Jahrb. I. 32. t. 1. f. 3. Hor. phys. 83. t. 17. f. 2.* Link *sp. I. 72.*

240. Oedemium *LNK.* Sporidia subglobosa, sporidiolis farcta, e fibris rigidis, simplicibus v. subramosis protuberantia. — *In truncis decorticatis.*

Oedemium Link *sp. I. 42.* Corda *apud Sturm III. 6. t. 9.* Fries *syst. III. 344.*

241. Sporocybe *FR.* Sporidia simplicia, in capitula fibras subulatas rigidas terminantia congesta. — *In truncis et caulibus dejectis.*

Sporocybe Fries *pl. hom. 170. Syst. III. 340.* Periconiae sp. Nees *in N. A. N. C. IX. t. 5. f. 9.* Rhacodii et Dematii sp. Auct.

APPENDIX. BYSSI.

Hoc loco aptissime recensenda erunt genera, ab auctoribus e stirpibus cryptophilis, hygrobiis, filamentosis constituta, et ab Algologis, Mycetologis et Lichenologis aeque arrepta, mox iterum repudiata, quarum natura nobis saltim adeo in obscuro est, ut etsi de vera illarum autonomia omnino ambigamus, et plerasque pro primordiis Fungorum, Lichenum degenerationibus, productis mere meteoricis et chemicis, vel morbosis aliarum plantarum statibus habeamus, sicco tamen pede in systemate praeterire nolimus naturae hos vegetativos nisus, solerti et physicorum et botanicorum studio commendandos.

SECTIO I. METEORICI Reichenb. *consp. 5.* Formationes aëreae, vegetatione destitutae. ?

a) LANOSA *Fr.* Fila arachnoidea, fugacissima, haud deliquescentia. — *Ad terram post nives, in vervactis post autumnales nebulas.*

Lanosa Fries *Stirp. Fems. 41. Pl. hom. 317.* Chionyphe Thienem. *msc.*

b) HYPHA *Pers.* Fila arachnoidea, ad tactum deliquescentia. — *In cryptis et fodinis, aëre hydrogenio abundante.*

Hypha Pers. *myc. I. 141.* Fries *pl. hom. 318.* Link *sp. I. 141.* Mesenterica Pers. *synops. 706.* Byssi sp. Humb. *Frib. t. 2. f. 1. t. 4. f. 18.*

SECTIO II. FERMENTATORII. Hyalinae, tandem amorphae, gelatinosae.

c) MYCODERMA *Pers.* Fila hyalina, subarticulata, in gelatinam amorpham vel membranam confluentia. — *In solutionibus chemicis.*

Mycoderma Pers. *myc. europ. I. 96.* Desmaz. *in Anal. soc. Linn. Paris. V. 372. t. 4.* Bory *in Dict. class. XI. 348.*

SECTIO III. DESTRUCTORII Reichenb. *consp. 5.* — E contextu dissoluto plantarum cellularium orti.

d) MYCINEMA *Fr.* Flocci simplices vel ramosi, continui v. septati. — *E contextu Fungorum et Lichenum dissoluto, in cryptis.*

Mycinema Fries *pl. hom.* 312. Lepraria Fries *l. c.*

a) CAPILLARIA Pers. *myc. europ. I.* 50. Link *sp. I.* 21.

b) OZONIUM Link *in Berl. Magaz. III.* 21. *Spec. I.* 138. Rhizomorphae sp. Roth *in Usteri Annal. I.* 8. *t.* 1. *f.* 3. Ceronematis sp. Pers. Byssi et Himantiae sp. Auct.

c) FIBRILLARIA Pers. *op. cit. I.* 52. Link *spec. I.* 40. Rhizomorphae sp. Auct.

d) ALYTOSPORIUM Link *sp. I.* 23. Corticium Pers. *op. cit. I.* 38. Sporotrichi, Byssi, Ozonii et Himantiae sp. Auct.

e) ACROTHAMNIUM Nees *syst. f.* 71. Link *spec. I.* 27.

SECTIO IV. CELLULARII Reichenb. *consp.* 5. — E pilis v. cellulis plantarum vascularium orti.

e) ERINEUM *Link.* Flocci simplices v. subramosi, continui v. subseptati, interdum granulis farcti, caespitosi. — *In foliis et caulibus.*

Erineum Link *spec. I.* 146. Grev. *in Edinb. philosoph. Journ.* 1812. *Jan. p.* 71. Schlechtend. *in Regensb. Denkschr. II.* 73. *ss.*

α) TAPHRINA *Fr.* Flocci clavati, inflati, subrotundi, in maculam sericeam constipati.

Taphrina Fries *pl. hom.* 317. *Syst. III.* 520. Taphria Fries *obs. II. t.* 8. *f.* 3. Grev. *scot. t.* 33. 141. *f.* 1.

β) GRUMARIA *Kunz.* Flocci clavati, abbreviati, apice collapso cupulaeformes, in maculam grumosam conglobati.

Grumaria Kunz. *myc. Heft. I.* 137. Rubigo Link *in Berl. Magaz. III.* 22. Nees *syst. f.* 63. (Grev. *in Edinb. Journ. t.* 3. *f.* 2. 7. 9. 12 14. *Crypt. scot. t.* 141. *f.* 2. *t.* 280.)

γ) PHYLLERIUM *Fr.* Flocci apice attenuati, elongati, in maculam tomentosam contexti.

Phyllerium Fries *obs. II.* 271. (Nees *syst. f.* 62. *N. A. N. C. IX. t.* 5. *f.* 10. Pers. *disp. t.* 3. *f.* 2. Grev. *Edinb. Journ. t.* 2. *f.* 2—5. 8. *t.* 3. *f.* 3. *Crypt. scot. t.* 22. 94. 263.

SECTIO V. RHIZOMORPHEI. E sporis germinantibus Muscorum, fibris v. radicibus et radicellis plantarum vascularium luxuriantibus orti, partitione v. prolificatione multiplicati.

f) PROTONEMA *Ag.* Fila radicantia in stratum velutinum contexta. — *Ad terram humidam.*

Protonema Agardh *syst. XXII.* Herpotrichum Fries *pl. hom.* 313.

g) TOPHORA *Fr.* Fila libera septata, in caespitem contexta. — *In cryptis et fodinis.*

Tophora Fries *pl. hom.* 313. Confervae fodinarum Agardh. — Plegmatium Fries *pl. hom.* 314.

h) BYSSUS *L.* Flocci articulati suberecti, caespitosi, articulis opacis, massa sporacea farctis (?) siccitate fragilibus. — *Saxicoli et lignitales colorati.*

Byssus Linn. *gen. n.* 1208. *Fl. dan. t.* 899. *f.* 1. Fries *pl. hom.* 309. Amphiconium Nees *syst.* 89. *in not.* Chroolepus Agardh *syst.* 34. Syncoelium Wallr. *Fl. germ. II.* 151. ? Trentepohlia Mart. *erlang.* 351. (*E. B. t.* 212. 1639. Lyngb. *t.* 44. *m. n.* Fl. dan. *t.* 718. *f.* 1.) — ? Helicomyces Link *in Berl. Magaz. III.* 21. *Sp. I.* 131. Nees *syst. f.* 37.

i) RHACODIUM *Lnk.* Flocci ramosi continui apicibus moniliformibus in globulos (massam sporaceam foventes ?) implicatis. — *In lignis fabrefactis cryptarum, in regionibus temperatis.*

Rhacodium Pers. *synops.* 701. *excl. sp.* Nees *syst.* 73. Link *sp. I.* 26. Fries *pl. hom.* 304.

k) RHIZOMORPHA *Rth.* Fibrae ramosae continuae, intus stuposae, ramulis tumidis massa sporacea repletis ? — *In lignis defossis.*

Rhizomorpha Roth *catalect. I.* 233. Eschweiler, *Commentatio de fructificatione generis Rhizomorphae. Elberf.* 1822. 4to.

SUBORDO IV. MUCORINI Fries *syst. III.* 2. 96. Sporidia intra tubum flocco-sum genita, dein in capitula terminalia, nunc gelatina obvoluta, nunc vesicula (*peridiolo*) varie dehiscente excepta, collecta. — *Epiphyti.*

242. Clisosporium *FR.* Peridiola membranacea, sessilia, irregulariter tandem hiantia. Sporidia globosa, minima, gelatinosa, mox diffluentia. Flocci obsoleti.

Clisosporium Fries *Novit.* 1819. *p.* 80. *Syst. III.* 334. — Conferva mucoroides Agardh *in Vet. Acad. Handl.* 1814. *t.* 4. *f. B.* Syncollesia Agardh *syst.* 32.

243. Eurotium *LNK.* Peridiola membranacea, sessilia, irregulariter tandem hiantia. Sporidia globosa, minima, gelatinosa, in aqua diffluentia. Flocci e basi peridiolorum radiantes.

Eurotium Link *in Berl. Magaz.* 31. *f.* 44. *Sp. I.* 79. Nees *syst. f.* 91. Grev. *scot. t.* 164. Fries *syst. III.* 331. Pyrobolus Weinm. *msc.*

244. Melidium *ESCHW.* Peridiola globosa, persistentia, in ramulis floccorum lateralibus terminalia. Sporidia quaterna, pellucida. Flocci solidi, erecti, ramosissimi.

Melidium Eschweiler *Rhizomorph.* 33. *f.* 10. Fries *syst. III.* 330.

245. Azygites *FR.* Peridiola oblonga, in floccis lateralia, pedicellos terminantia. Sporidia in globum compacta. Flocci tubulosi, ramosissimi, intricati, ramulis assurgentibus.

Azygites Fries *pl. hom.* 364. *Syst. III.* 330.

246. Syzygites *EHRENB.* Peridiola in floccis lateralia, sessilia, bina opposita tandem copulata, medio globulum sporidiorum includentia. Flocci tubulosi, dichotomi, apicibus post copulationem increscentes.

Syzygites Ehrenb. *in Berl. Verhandl. N. Fr. I.* 91. *t.* 2. 3. Link *sp. I.* 94. Fries *syst. III.* 329.

247. Aërophyton *ESCHW.* Peridiola subglobosa, in floccorum apicibus clavatis sparsa. Sporidia minima. Flocci (*epiphylli*) solidi, articulati, ramosi, albi.

Aërophyton Eschw. *in Syllog. pl. I.* 163. *t.* 1. *f.* 1. Fries *syst. III.* 323.

248. Cephaleuros *KUNZ.* Peridiola ovata, in apicibus floccorum clavatis aggregatim terminalia. Sporidia minima. Flocci (*epiphylli*) tubulosi, continui, simplices, adpressi, radiantes.

Cephaleuros Kunze *ex Fries syst. III.* 327. — ? Dictyonema Agardh *syst. XXVI.* status sterilis.

249. Didymocrater *MART.* Peridiola ovato-cylindrica, ore orbiculari aperta, in apicibus floccorum gemina, sessilia. Sporidia minima. Flocci sparsi, septati, simplices.

Didymocrater Mart. *erlang.* 363. *Nov. A. N. C. X.* 510. *t.* 46. *f.* 8. 8* Link *sp. I.* 100. Fries *syst. III.* 326.

250. Diamphora *MART.* Peridiola cylindrica, operculo dehiscentia, in apicibus floccorum bifurcis geminatim peltata. Sporidia elliptica, globosis mixta. Flocci erecti, basi ramosissimi; ramis intricatis, apice septati cernui.

Diamphora Mart. *in N. A. N. C. X.* 511. *t.* 16. *f.* 9. Fries *syst. III.* 325.

251. Mucor *MICH.* Peridiola subglobosa, membranacea, rimose dehiscentia, in floccis terminalia. Sporidia subglobosa, discreta. Flocci tubulosi, subseptati, basi saepe ramosi, apice indivisi.

Mucor Michel. *nov. gen.* 215. *t.* 95. *f.* 1. *excl. sp.* Schmidt *Analys. III. t.* 52. *f.* 2. Bull. *Champ. t.* 480. *f.* 2. 3. Nees *syst. f.* 76. Grev. *scot. t.* 305. Mart. *in N. A. N. C. X. t.* 46. *f.* 1—3. Fries *syst. III.* 317. — Thamnidium Link *in Berl. Magaz.* 31. *f.* 45. *Sp. I.* 90. Nees *syst. f.* 75. — Thelactis Mart. *in N. A. N. C. X.* 509. *t.* 46. *f.* 4—7. — Rhizopus Ehrenb. *Ibid. X.* 198. *t.* 11.

252. Crateromyces *CORD.* Peridiola ovata, hyalina, ore orbiculari aperta, in floccis terminalia. Sporidia subglobosa, discreta. Flocci septati, simplicissimi.

Crateromyces Corda *apud Sturm III. t.* 30.

253. Hydrophora *TOD.* Peridiolum globosum, primum aqueum, mox turbidum, tandem induratum persistens, in flocci apice aequali. Sporidia conglobata. Flocci saepe ramosi, tubulosi, septati, juniores roridi.

Hydrophora Tode *meckl. II. 5. t. 8. f. 65.* Fries *syst. III. 313.* Mucoris sp. Linn. Link, Nees *syst. f. 77. 78.*

254. Pilobolus *TOD.* Peridiolum globosum, induratum, in flocci apice inflato, mox dissiliens. Sporidia discreta. Flocci tubulosi simplices.

Pilobolus Tode *meckl. I. 41. Berl. Schrift. Nat. Freunde III. 46. t. 1.* Link *in Berl. Magaz. III. 32. f. 50.* Nees *syst. f. 81.* Fries *syst. III. 308.* — Gachet *in Bullet. soc. Linn. Bordeaux II. 159.* Montagne, *Monographie. Lyon. 1829. c. icc.* Hydrogera Web. *Holsat. 110.*

255. Ascophora *TOD.* Peridiolum subglobosum, vesiculosum, in apice flocci fistulosi, collabescendo dehiscens, tandemque reflexum pileolare. Sporidia subglobosa, peridiolo adglutinata. Flocci basi ramosi, apice simplicissimi, septati.

Ascophora Tode *mekl. I. 13. t. 3. f. 22. excl. sp.* Link *in Berl. Magaz. III. 30.* Nees *syst. f. 80.* Grev. *scot. t. 269.* Fries *syst. III. 309.* Pilophora Wallr. *Fl. germ. II. 310.* Mucoris sp. Auct.

256. Phycomyces *KUNZ.* Peridiolum pyriforme, ab apice flocci aequali articulo discretum, umbilicato apertum. Sporidia oblonga maxima. Flocci caespitosi, fistulosi, continui, nitentes.

Phycomyces Kunze *myc. Hefte II. 113. t. 2. f. 9.* Link *sp. I. 48.* Fries *syst. III. 308.* Ulva nitens Agardh.

257. Periconia *TOD.* Peridiolum globosum, vesiculosum, in flocci apice aequali sessile. Sporidia globosa, minima, per peridiolum transsudantia. Flocci solidi, simplicissimi v. ramosi.

Periconia Tode *meckl. I. 2. t. 8. f. 61.* Alb. et Schwein. *consp. 357.* Fries *syst. III. 307.* — ? Chordostylum Tod. *op. cit. I. t. 7. f. 53.*

258. Hemicyphe *CORD.* Peridiolum ovatum, vesiculosum, in flocci apice aequali sessile, circumscissum, basi persistente. Sporidia in globum mox protrusum, tandem deliquescentem, compacta. Flocci simplicissimi, septati.

Hemicyphe Corda *apud Sturm III. t. 28.*

259. Caulogaster *CORD.* Peridiola ovata, membranacea, echinata, in floccis clavatis lateralia. Sporidia globosa, minima, discreta. (?) Flocci solitarii, tubulosi (?) clavati, simplicissimi, flexuosi v. subspirales.

Caulogaster Corda *apud Sturm. III. t. 31.*

260. Stilbum *TOD.* Peridiolum gelatinosum, fluxile, stipitem solidum terminans. Sporidia varia, demum nudata. Flocci continui, in stipitem contexti.

Stilbum Tod. *meckl. I. 10. t. 3. f. 16—21.* Nees *syst. f. 88. 89.* Hoffm. *Fl. germ. II. t. 10. f. 2.* Dittm. *apud Sturm. III. t. 45. 46. 58. 59. 60.* Grev. *scot. t. 281.* Desmaz. *in Annal. sc. nat. XIX. t. 18. f. 1.* Fries *syst. III.* Cilicipodium Corda *apud Sturm III. t. 29.* Atractium Link *in Berl. Magaz. III. 10. f. 11.* Nees *syst. f. 34.*

261. Calyssosporium *CORD.* Peridiolum membranaceum, terminale, stipiti pervium, demum lacerum. Sporidia globosa, compacta. Stipites heterogenei, rigidi, simplicissimi, annulati, subsolitarii.

Calyssosporium Corda *apud Sturm III. t. 27.*

SUBORDO V. CEPHALOTRICHEI Nees *syst. I. 84.* Flocci in stroma (*receptaculum*) verticale vel horizontale coaliti. Sporidia e stromate enata, simplicia, libera.

262. Ceratium *A. SCH.* Receptaculum subcornutum, mucilaginoso-fluxile. Sporidia floccis receptaculum obtegentibus inspersa.

Ceratium Alb. et Schwein. *neisk. 358. t. 2. f. 6. 7.* Link *in Berl. Magaz. III. 19. Sp. II. 118.* Nees *syst. f. 82.* Grev. *scot. t. 168.* Fries *syst. III. 294.*

263. Epichysium *TOD.* Receptaculum hypocrateriforme, e floccis ramosis contextum. Sporidia floccis ramosis, receptaculo intus adnatis, affixa.

Epichysium Tode *meckl. II. 1. t. 8. f. 60.* Alb. et Schwein. *neisk. 356.* Nees *syst. f. 90.* Fries *syst. III. 293.*

264. Dacrina *FR.* Receptaculum caespititium, e floccis conglutinatum, in ramulos articulatos, proliferos, rigidos abiens. Sporidia globosa, superficiem glabram vestientia, mox secedentia.

Dacrina Fries *pl. hom. 172. Syst. III. 291.* Merosporium Corda *apud Sturm III. t. 23.*

265. Scorias *FR.* Receptaculum (2pedale) e fibris rigidis botryoso-ramosis continuis, gelatina conglutinatis, ambitu compactioribus, formatum. Sporidia maxima e ramulis fibrillosis.

Scorias Fries *pl. hom. 171. Syst. III. 290.*

266. Hypochnus *FR.* Receptaculum planum expansum, e floccis contextum, subpruinosum. Sporidia floccis, in globulos villosos adspersos intricatis, cincta.

Hypochnus Fries *obs. II. 281. Syst. III. 289.* Ehrenb. *in Hor. phys. 84. t. 17. f. 3.* Fée *crypt. cort. t. 5. f. 1.* — ? Triclinium Fée *crypt. cort. 147. t. 34. f. 1.*

267. Peribotryon *FR.* Receptaculum rotundatum, sublobatum, e floccis tenerrimis laxis intricatissimis. Sporidia in floccis periphericis, ramosis, racemoso-congesta.

Peribotryon Fries *syst. III. 287.* Byssus Pavoni Duf. (Cfr. Montagne *in Nouv. Annal. sc. nat. II. 375. t. 16. f. 3.*)

268. Anthina *FR.* Receptaculum verticale, elongatum, stipiti rigescenti attenuato continuum, apice dilatatum, e floccis septatis parallele constipatis laxe contextum, floccis apice liberis plumosum v. villosum. Sporidia inspersa, rara.

Anthina Fries *pl. hom. 169. Syst. III. 281.* Ceratonematis sp. Roth *catalect. II. 253. t. 3. f. 1. t. 8. f. 2.* — Pterula Fries *in Linnaea III. 531. t. 11. f. 4.*

269. Cephalotrichum *LNK.* Receptaculum stipitiforme, subulatum, rigidum, capitulo discreto e floccis contortis. Sporidia globosa, floccis capituli interspersa.

Cephalotrichum Link *in Berl. Magaz. III. 19. Sp. II. 114.* Nees *syst. f. 87.* Fries *syst. III. 280.* Periconia Alb. et Schw. *neisk. t. 4. f. 7.* Embolus Hall. *Helv. t. 48. f. 1.*

270. Isaria *PERS.* Receptaculum elongatum, subclavatum, e floccis dense intricatis coalitum. Sporidia floccis patentibus, receptaculum obtegentibus, inspersa.

Isaria Pers. *synops. 687. Ic. et descript. t. 3. f. 1.* Nees *syst. f. 83—85.* Dittm. *apud Sturm III. t. 19. 37. 54—57.* Grev. *scot. t. 3.* Link *sp. II. 112.* Fries *syst. III. 270.* — Amphicorda Fries *pl. hom. 170.* (Chev. *in Journ. Phys. 1822. t. 1. f. 5.*)

Ordo XIV. Gasteromycetes.

GASTEROMYCETES Fries *pl. hom. 125.* LYCOPERDACEAE et CLATHRACEAE Brongn. *in Dict. class. IX. 544. IV. 190.*

Fungi e cellulis concretis determinati, in formam rotundatam tendentes, primo clausi, deinde irregulariter rumpentes v. ostiolo aperti, massa interna demum fatiscente v. deliquescente, fructificante. Integumentum (*peri-*

dium) varium, contextu subvesiculoso; simplex v. duplex, rarius multiplex. Sporidia libera, distincta, in centro collecta, v. immersa et concreta, floccis inspersa vel receptaculis propriis (*sporangiis*) excepta.

Gasteromycetes plerique in corporibus putredine corruptis viventes, elegantissimis formis scrutatoris admirationem excitant, nunc sub terra nati, gulosis aphrodisiacum effodiuntur ferculum. Phalloidei foetidissimi, nauseosi, venenati; Lycoperdei in officinis recepti. — Ordinis diagnosis posita est in peridio, i. e. receptaculo primitus clauso, sporidia nuda, nec ascis inclusa colligente.

SUBORDO I. PERISPORIACEI Fries *syst. III. 220.* Peridium subglobosum, e vesiculis obscuris compositum, persistens, apice dehiscens, pulpa subgelatinosa haud diffluente farctum. Sporidia in centro collecta, pulpae immersa, simplicia, libera v. peridiolis inclusa. — *Fungilli gregarii, paucis subterraneis exceptis, epiphyti, minimi, lente crescentes, diutius persistentes, vernales et aestivales, pauci autumnales.*

TRIBUS I. APIOSPOREI Fries *syst. III. 224.* Peridium thallo vestitum, hic ergo obsoletus. — *Minimi, epiphyti.*

271. Illosporium *MART.* Peridium gelatinosum, fatiscens. Sporidia globosa, pellucida; peridiolo hyalino cincta. — *Fungilli gregarii, rubentes, plerumque in Lichenibus parasitici.*

Illosporium Mart. *Fl. erlang.* 325. Fries *syst. III.* 258. Lichen roseus Schreb. — *Fl. dan. t.* 1243. *f.* 1. Palmella rosea Lyngb. Grev. *scot. t.* 51.

272. Sclerococcum *FR.* Peridium subcorneum, nudum, superne exesum. Sporidia globosa, opaca, inter se et cum peridio in tuberculum connata. — *Fungilli gregarii atri, in crustis Lichenum parasitici, diu pro Lichenum apotheciis habiti.*

Sclerococcum Fries *pl. hom.* 172. *Syst. III.* 257. Spiloma sphaerale Achar. — ? Ostracoccum Wallr. *Fl. germ. II.* 261.

273. Coniosporium *LINK.* Peridium firmum, rotundatum, extus pulvere grumoso conspersum. Sporidia minima, opaca. — *Fungilli opaci, atri v. olivacei, in lignis pineis fabrefactis, et graminum culmis emortuis crescentes.*

Coniosporium Link *in Berl. Magaz. III.* 8. Nees *syst. f.* 22. Fries *syst. III.* 256.

274. Apiosporium *KUNZ.* Peridium firmum, pyriforme, extus pulverulentum. Sporidia globosa, pellucida, pulpae gelatinosae immersa. — *Fungilli opaci, olivacei, in acervulos collecti, in lignis emortuis nati.*

Apiosporium Kunz. *myc. Heft. I.* 8. Fries *syst. III.* 255.

275. Chaetomium *KUNZ.* Peridium membranaceum, subglobosum, pilis opacis vestitum, demum medio apertum. Sporidia simplicia, pellucida, gelatinae immixta. — *Fungilli gregarii, nigricantes, diversis plantarum partibus superficialiter adnati.*

Chaetomium Kunze *myc. Heft. I.* 15. Fries *syst. III.* 253. (Grev. *scot. t.* 230?) Vanhallia Marchand *Crypt. Luxemb.* 261.

OBSERVATIO. Quid Collacystis Kunz. et Podostrombium Kunz. hoc loco a cl. Reichenbach *Consp. p.* 8. nominatae.

TRIBUS II. PERISPORII Fries *syst. III. 228.* Thallus effusus, dissolutus, floccosus, raro obsoletus. — *Minimi, epiphyti.*

276. Perisporium *FR.* Peridium subcarnosum, nudum, apice dehiscens, collabescendo-umbilicatum, intus subgelatinosum. Sporidia globosa, pulpae immersa. — *Fungilli epiphylli v. caulicoli, superficialiter udnati v. liberati, thallo nullo v. maculari.*

Perisporium Fries *pl. hom.* 161. *Syst. III.* 248. Pezizae sp. Alb. et Schwein. *neisk. t.* 12. *f.* 5.

277. Erysibe *REBENT.* Peridium carnosum, globosum, apice dehiscens, collabescendo-subumbilicatum, peridiolo solitario v. pluribus repletum. Sporidia saepius sporidiolis referta. — *Fungilli minimi, in diversis omnium fere plantarum vascularium (Coniferis, Ericineis, succulentis et aquaticis exceptis) partibus vivis, superficiales, libere evoluti; thallo floccoso, nonnisi rarissime deficiente insidentes.*

Erysiphe R. Hedw. *ex DC. Fl. franc. II.* 272. Fries *syst. III.* 234. Erysibe Rebent. *neomarch.* 360. Link *sp. I.* 100. Ehrenb. *in N. A. N. C. X.* 21.

a) AERISMA. Thallus nullus. *Facies Perisporii.*

Erysiphe detonsa Fries *syst. III.* 247.

b) PODOSPHAERIA *Kunz.* Thallus nullus, ejus loco fulcrum e peridio ortum, horizontale.

Podosphaeria Kunz. *myc. Heft. II.* 111.

c) ALPHITOMORPHA *Wallr.* Thallus floccosus; praeterea saepius pili fulcrantes e peridio egressi.

Alphitomorpha Wallr. *in Berl. Verhandl. I.* 31. (*N. A. N. C. X. t.* 12. 13. Grev. *scot. t.* 134. 296.)

278. Lasiobotrys *SPR.* Peridium carnoso-corneum, globosum, nudum, apice collabescens, peridiolo solitario, massa granuloso-gelatinoso repleto, farctum. Sporidia globosa, sporidiolis repleta. — *Fungilli aggregati, nigricantes, in Lonicerarum foliis vivis superficiales v. epidermide secedente liberati, thallo e fibris simplicibus, radiantibus, interdum tamen obsoleto, fulti.*

Lasiobotrys Spreng. *ex Kunz. myc. Heft. II.* 88. Grev. *scot. t.* 191. Fries *syst. III.* 233.

279. Myxothecium *KUNZ.* Peridium tenue, rotundatum, apice dehiscens, subdepressum. Sporidia simplicia, globosa, pulpae gelatinosae immixta. — *Fungilli tropici, nigricantes, plerumque hypophylli, libere evoluti, superficiales, caespitosi, peridia fibris simplicibus, continuis, e stromate subgrumoso exsurgentibus suffulta.*

Myxothecium Kunz. *ex Fries syst. III.* 231.

280. Antennularia *REICH.* Peridium subcorneum, rigidum, indehiscens, aut demum lacerum v. friabile. Sporidia submoniliformi-concatenata, pulpae gelatinosae immersa. — *Fungilli fusco-nigri, in ramis vivis et emortuis viventes, nonnulli cryptophili, thallo nigricante, e floccis ramosis haud continuis dense intricatis, septatis v. moniliformibus contexto, interdum amplissimo, laxo.*

Antennaria Link *in Schrad. N. Journ. III.* 16. *f.* 27. Nees *syst. f.* 228. Fries *syst. III.* 228. Antennularia Reichenb. *consp.* 5. (? Racodium cellare. Pers. Nees *syst. f.* 70. Grev. *crypt. scot. t.* 250.)

SUBORDO II. SCLEROTIACEI Fries *pl. hom. 153.* Peridium carnoso-vesiculosum, cum massa interna sporidia fovente connatum, undique v. solo apice fructificans, intus solidum, similare. Sporidia connata, contextum fere omnem intra corticem constituentia, alia demum libera, subemergentia. — *Fungi plerumque parvuli, brumales et hiberni,* *prioris tribus epiphyti, posterioris hypogaei, epirrhizi.*

TRIBUS III. SCLEROTIEI Fries *pl. hom.* 157. Peridium confusum, semper clausum, intus obscure vesiculosum, sporidiiferum. Sporidia demum emergentia.

281. Sclerotium *TOD.* Peridium subrotundum, cartilagineo-carnosum, intus similare, cortice tenuissimo, membranaceo, inseparabili. Sporidia pruinatim undique emergentia v. obsoleta. — *Fungi parvuli, durissimi, glabri, gregarii, liberati v. adnati, thallo nullo, interdum tamen subiculo villoso sustenti, epiphyti, lignatiles, fimicoli v. rarius subterranei.*

Sclerotium Tode *meckl. I. 2.* DC. *in Mem. Mus. II. 401. excl. sp.* Fries *syst. II. 246.*

a) POMPHOLYX. Epiphylla, difformia, bullata, fuscescentia, contextu subpulveraceo, innata, superne cum epidermide nunquam rupta, basi applanata subconcreta.

Xyloma Link *in Berl. Magaz. III. 35.* Nees *synops. 73.* Sclerotium Xyloma Fries *syst. II 261.* Pezizae sp. Abb. et Schwein. *neisk. t. 12. f. 5.* (DC. *op. cit. t. 14. f. 8.* Fries *observ. II. t. 7. f. 5. a. b.* Grev. *scot. t. 77.*)

b) PHLYCTENE. Entophyta v. caulicola, nigra, intus albida, solida, glaberrima, superficialia, basi adnata, nuda v. matricis epidermide secedente tecta.

Sclerotia subadnata Fries *l. c.* Nees *syst. f. 138.* DC. *op. cit. t. 14. f. 3. 5. 7.* Grev. *scot. t. 1.*

c) COCCOPLEUM *Ehrenb.* Epiphyta, varia, primum inclusa, dein erumpentia, sublibera, globosa v. depressa, glabra.

Coccopleum Ehrenb. *sylv. mycolog. 27.* Sclerotia erumpentia Fries *l. c.* DC. *op. cit. t. 14. f. 2.*

d) SPERMOMORPHA *Lk.* Epiphyta, nuda, subregularia, glabra, primum mollia, pallida, demum nigricantia, undique libera, extus fructificantia.

Spermomorphia Link *in Berl. academ. Abhandl. 1834. p. 178.* Sclerotia libera Fries *l. c.* Nees *syst. f. 138—140.* DC. *op. cit. t. 14. f. 2.* Grev. *crypt. scot. t. 144.*

e) RHIZOGONIA. Epirrhiza, v. in Muscis, Fungis aliisve plantis putrescentibus orta, glaberrima, difformia, plerumque lobata, immutata, vix fructificantia.

Sclerotia libera S. II. Fries *l. c.* Nees *syst. f. 136. 137.* Biv. *stirp. rar. IV. t. 6. f. 1. 2.* Grev. *scot. t. 101.*

282. Dryophilum *SCHWEIN.* Peridium pezizaemorphum, disco depressiusculo v. umbonato, intus similare, cortice durinsculo glabro v. fibris crassiusculis densis tecto. Sporidia . . . — *Fungi parvuli, in foliis Quercuum borealiamericanarum sparsi, spadicei, sessiles v. papilla basilari stipitati.* — *Genus vix notum; an revera hujus loci?*

Dryophilum Schwein. *in Transact. Americ. philosophic. Soc. IV. 268.*

283. Acrospermum *TOD.* Peridium elongatum, subclavatum, saepe stipitatum, cartilagineo-carnosum, intus similare, cortice tenuissimo, membranaceo, persistente. Sporidia ex apice demum intumescente pruinatim emergentia. — *Fungi minuti, rigidi, tenaces, plantis emortuis, imprimis Agaricis, basi subadnati.*

Acrospermum Tode *meckl. I. 8. t. 2. f. 13.* Fries *syst. II. 244.* Grev. *scot. t. 182.* Xyloglossum et Scleroglossum Pers. Clavariae sp. Pers. *clavar. t. 3. f. 4.*

284. Pistillaria *FR.* Peridium elongatum, cylindricum v. subclavatum, laxe carnosum, intus similare, cortice tenuissimo, membranaceo, persistente. Sporidia ex apice pruinatim emergentia. — *Fungi exiles, carnosi, tenues, epiphyti.* — *Genus a praecedente vix distinctum.*

Pistillaria Fries *syst. I. 496. Elech. I. 136.* Phacorrhiza Pers. *myc. europ. I. 193. excl. sp.* Clavariae sp. Hoffm. *crypt. t. 7. f. 2.* Sowerb. *t. 334. f. 1.* Pers. *clavar. t. 3. f. 6.* Nees *syst. f. 154.* Grev. *scot. t. 82.*

285. Periola *FR.* Peridium rotundatum, carnoso-gelatinosum, intus similare, cortice in villos persistentes fatiscente. Sporidia obsoleta, ubique in ambitu dispersa. — *Fungilli gregarii, libere evoluti, in radicibus et Fungis putrescentibus viventes.*

Periola Fries *syst. II. 266.* Sclerotium hirsutum *Flor. dan. t. 1320.* — Chaetostroma Corda *apud Sturm III. t. 61.*

286. Acinula *FR.* Peridium globosum, farinaceo-granulosum, diffluens, nucleum conformem discolorem, vesiculoso carnosum, persistentem includens. Sporidia . . . . — *Fungillus minutus, cortice candido, nucleo fusco, intus pallido, ad folia putrescentia inter nives deliquescentes repertus.*

Acinula Fries *syst. II. 267.* Myxomphalos Wallr. *Fl. germ. II. 320.*

TRIBUS IV. RHIZOGONEI Fries *pl. hom.* 153. Peridium libere evolutum, intus obscure loculosum. Fructificatio saepe obsoleta. — *Terrestres v. subterranei, epirrhizi.*

287. Anixia *FR.* Peridium irregulare, subglobosum, carnosum, intus demum cavum, apice dehiscens. Sporidia simplicia, pulpae carnosae hinc inde immersa. — *Fungus semunicalis, sessilis, v. basi in stipitem attenuatus, villosus, albus, thallo contexto-flocoso in humo radicans.*

Anixia Fries *in Vetensc. Academ. Handl. 1819. p. 111. Syst. III. 226.*

288. Mylitta *FR.* Peridium globosum, induratum, extus verrucoso-furfuraceum, massam siccam heterogeneam corticans. Sporidia in maculis difformibus, indeterminatis, discoloribus, primum subgelatinosis, demum siccis, subcorneis, massam internam variegantibus, nidulantia. — *Fungus subterraneus, fulvus, fibrillis Robiniae Pseudacaciae radicibus adhaerens.*

Mylitta Fries *pl. hom. 154. Syst. III. 225.* —? Splanchnomyces Corda *apud Sturm III. t. 2.*

289. Rhizoctonia *DC.* Peridium difforme, varium, cartilagineo-carnosum, intus similare, cortice tenuissimo membranaceo inseparabili, fibris radiciformibus byssoideis, ex angulis emissis, plura individua conjungentibus. Fructificatio . . . . — *Fungi subterranei, libere evoluti, radicibus diversarum stirpium incumbentes, easque enecantes.*

Rhizoctonia DC. *Mem. Mus. II. 216.* Fries *syst. II. Elench. II. 45.*

a) BRYOCHISIUM *Lk.* Intus obscure tetraëdro-cellulosum. — *Ad radices Muscorum.*

Bryochisium Link *Handb. III. 341.* — Allosphaerium Link *in Berl. academ. Abhandl. 1834. p. 178.* Rhizoctonia muscorum Fries.

b) THANATOPHYTUM *Nees.* Adultum sporangiolis instructum? — *Ad radices plantarum perfectiorum, imprimis cultarum, in bulbis Crocorum et in tuberibus Ipomoeae Batatas famosum.*

Thanatophytum Nees *syst. f. 135.* (DC. *op. cit. t. 8.*)

290. Pachyma *FR.* Peridium difformi subglobosum, lignoso-squamosum v. tuberculosum, nucleum carnoso-suberosum, similarem, corticans. Fructificatio . . . . *Fungi maximi, subterranei, climatum calidiorum, vix noti, a Malayis, Sinis et Americae borealis autochtonibus ob vires medicas laudati.*

Pachyma Fries *syst. II. 242.* Tuber regium Rumph. *Amboin. 120. t. 57. f. 4.* Gemmularia Raf. *in Journ. Phys. LXXXIX. 106.* Lycoperdon solidum Gronov. (*Transact. Linn. soc. XII. 368.*)

SUBORDO III. TRICHODERMACEI Fries *syst. III. 200.* Peridium varium, e floccis plus minus laxe contextum, raro membranaceum, fugax. Sporidia sub peridio in strato peripherico aut discoideo coacervata, simplicia, pulveracea, plerumque compacta, nullo capillitio genuino intertexta.

TRIBUS V. AEGERITEI. Fungi sessiles subsphaerici, peridio fere obsoleto; sporidiis compactis, haud discoideis. *Genera vix nota.*

291. Amphisporium *LNK.* Peridium subglobosum, demum complanatum, membranaceum, tenue. Sporidia globosa sub peridio peripherica, alia in centro collecta fusiformia. — *Fungillus versicolor, ad bulbos Tulipae, in aqua germinantes, semel observatus.*

Amphisporium Link *in Berl. Magaz. VII. 40.* Fries *pl. hom. 150.*

292. Aegerita *PERS.* Peridium subglobosum sessile, tenuissimum, fatiscens. Sporidia globosa, receptaculo grumoso laxe incumbentia. — *Fungilli gregarii, lignatiles, farinacei, peridio squamuloso-fatiscente.*

Aegerita Pers. *disp. 10.* Nees *syst. 30. f. 24.* Grev. *scot. t. 268. f. 1.* Fries *syst. III. 219.*

293. Dichosporium *NEES.* Peridium rotundatum, difforme, membranaceum, strato granuloso corticatum. Sporidia ovata, conglobata. — *Fungillus corticola, albidus, subconfluens.* — *Genus maxime dubium, an Conopleae status?*

Dichosporium Nees *synops. 62. Syst. f. 99.* Fries *syst. III. 218.*

294. Halterophora. Peridium subglobosum, tomentoso-glanduloso subvillosum, appendicibus setiformibus auctum, intus pulveraceum. Sporidia . . . — *Fungillus corticola, fulvus, vix notus.*

Tipularia Chev. *Fl. paris. I. 344. Journ. Phys. 1822. t. 1. f. 3.* Fries *syst. III. 218.*

TRIBUS VI. TRICHODERMEI Fries *syst. III.* 202. Receptaculum effusum v. nullum. — Peridium evanescens. Sporidia discoidea.

295. Myrothecium *TOD.* Peridium indeterminatum, e floccis delicatis laxis contextum, apice fatiscens. Sporidia minima, globosa v. elliptica, primum pulposa, demum in discum coacta. — *Epiphyti, fimicoli.*

Myrothecium Tode *fung. meckl. I. 25. t. 5. f. 38. excl. sp.* Dittm. *apud Sturm III. t. 3. 4.* Nees *syst. f. 98.* Grev. *scot. t. 140.* Fries *syst. III. 216. Fl. dan. t. 2083. f. 1.*

296. Asterothecium *WALLR.* Peridium subglobosum, tenuissime membranaceum, pilis septatis adpressis strigosum, demum apice collabente scutellato-deplanatum. Sporidia globosa, ambitu vesiculifera, angulato-stellata, libera super discum effusa. — *Ad terram glareosam.*

Asterothecium Wallroth *msc. 1816.* Stephanoma Wallroth *Fl. germ. II. 469.*

297. Trichoderma *PERS.* Peridium indeterminatum, subrotundum, e floccis septatis, ramosis, laxe contextum, haud discretum, evanescens. Sporidia minima, sicca, in discum conglobata, floccis immixtis. — *Fungilli polymorphi, compacti, in plantarum partibus emortuis et ad res varius putrescentes nati.*

Trichoderma Pers. *disp. 12. excl. sp.* Nees *syst. f. 74.* Grev. *scot. t. 271.* Fries *syst. III. 215.*

298. Hyphelia *FR.* Peridium effusum, indeterminatum, e villo in pelliculam fragillimam cohaerente contextum, primo discretum, demum evanescens. Sporidia laxa, coacervata, floccis haud intertexta. — *Fungilli lignatiles v. raro terrestres, thallo radiante plerumque fulti.*

Hyphelia Fries *pl. hom. 149. Syst. III. 211.* Trichodermatis sp. Pers. *obs. myc. I. t. 2. f. 8.*

299. Ostracoderma *FR.* Peridium rotundatum, crustaceum, glabrum, tenue, fragile, medio fatiscens. Sporidia laxa, coacervata, floccis haud intertexta. — *Fungus albidus, thallo nullo conspicuo, solo inter Muscos impositus.*

Ostracoderma Fries *pl. hom. 150. Syst. III. 213.*

TRIBUS VII. ONYGENEI. Receptaculum capitatum, superne floccis velatum. Sporidia subperipherica.

300. Institale *FR.* Peridium capitaliforme, sessile, intus solidum. Sporidia in strato supero peripherico, villo fugaci tecto. Thallus fibroso-membranaceus, liber, radiatim expansus. — *Fungi elegantes, fusci, ad truncos arborum reperti, soli Sowerbeio cogniti.*

Institale Fries *syst. III. 210.* Lycoperdon acariforme et radiatum Sowerb. *t. 145. 146.*

301. Onygena *PERS.* Peridium capitatum, stipitatum, e floccis contextis corticatum, varie ruptum, demum evanescens. Sporidia rotundata, in stratum dense compacta. Thallus nullus. — *In animalium exuviis, varius in truncis reperti. Genus verisimiliter dividendum.*

Onygena Pers. *obs. II. 71. t. 6. f. 3. a—c.* Desv. *Journ. Bot. II. 30. t. 2.* Nees *syst. f. 121. Fl. dan. t. 1309. f. 1.* Dittm. *apud Sturm III. t. 12.* Grev. *scot. t. 343.* Chev. *paris. t. 8. f. 8.* Fries *syst. III. 206.* — Piligena Schum. *Fl. sael. II. 211. Fl. dan. t. 1740. f. 2.* Hypochnaea Fries *syst. III. 209.* — Phleogena Link *Handb. IV. 396.*

302. Asterophora *DITTM.* Peridium capitatum, a stipite discretum, e floccis contextum, apice indeterminate rumpens, demum evanescens. Sporidia angulata, in stratum superum dense compacta. Thallus nullus. — *Fungilli gregarii, meteorici, in Agaricis putrescentibus viventes, contextu fibroso; nondum satis explorati.*

Asterophora Dittm. *in Schrad. n. Journ. III. 3. p. 56. t. 2. f. 2. Sturm III. t. 26.* Fries *syst. III. 205.* Fungoidastri sp. Michel. *nov. gen. t. 82. f. 1.* Agarici sp. Bull. *t. 519. f. 1.* Nees *syst. f. 194.* Sowerb. *t. 279.*

303. Pilacre *FR.* Peridium capitatum, stipitatum, ad insertionem stipitis umbilicatum, tenuissime membranaceum, apice fatiscens. Sporidia ovata, in stratum superum dense compacta. Thallus nullus. — *Fungillus gregarius, lignatilis, autumnalis, capitulo lenticulari, primo incarnato, demum fusco.*

Pilacre Fries *syst. III. 204.*

304. Spadonia *FR.* Peridium fugax; receptaculum stipitatum mitraeforme, discretum, superne rugosum. Sporidia in stratum superum, pulveraceum, tenax, dense compacta. Thallus radiculosus. — *Fungus brasiliensis tropicus, phalliformis, stipite celluloso-reticulato.*

Spadonia Fries *syst. III. 203.* ? Foetidaria St. Hil. *in Nouv. Ann. sc. nat. III. 191.*

SUBORDO IV. TRICHOSPERMEI Fries *syst. III. 1.* Peridium genuinum, continuum, plerumque duplex, demum dehiscens, sporidia effundens. Sporidia nuda, majuscula, subglobosa, pulveracea, in centro coacervata, laxa, floccis plus minus effiguratis intertexta v. distincta. Contextus subvesiculosus.

SECTIO I. MYXOGASTERES Fries *syst. III. 67.* Primum mucilaginosi, fluxiles, demum varia metamorphosi effigurati. — *Regionum imprimis temperatarum cives, plurimi meteorici.*

TRIBUS VIII. TRICHIACEI Fries *syst. III.* 76. Mucilago primaria plura peridia discreta conjungens. Flocci liberi, intorti, elastici.

305. Cirrholus *MART.* Peridium simplex, globosum, membranaceum, demum irregulariter ruptum, columella spirali, elastice prosiliente. Sporidia minima, globosa, floccis haud intertexta. — *Fungillus pallide flavus, e rimis lignorum Brasiliae tropicae seriatim propullulans.*

Cirrholus Mart. *in N. A. N. C. X. t. 46. f. 10.* Fries *syst. III. 199.*

306. Licea *SCHRAD.* Peridium varium, tenue, membranaceum, laeve, irregulariter dehiscens. Sporidia coacervata, laxa, nullis floccis intertexta. — *Fungilli polymorphi, lignatiles, thallo mucilaginoso saepe acervatim conjuncti.*

Licea Schrad. *nov. gen. I. 16.* Fries *syst. III. 193.*

a) PHELONITIS *Chev.* Peridia sparsa, rotunda, minima, punctiformia.

Phelonitis Chev. *paris. III. 198. t. 9. f. 21.* ? Myrosporium Corda *apud Sturm III. t. 32.*

b) SERPULARIA *Fr.* Peridia distincta, basi applanata, varia, saepe serpendo elongata.

Serpularia Fries *l. c.* (*Schrad. l. c. t. 6. f. 5. 6.*)

c) TUBULINA *Pers.* Peridia stipato-connata, verticaliter elongata, mucilagine juncta.

Tubulina Pers. *disp. 11.* Tubulifera Gmel. *syst.* Dermodium Nees *syst. f. 103.* Sphaerocarpi sp. Bull. *t. 384. 470. f. 3.* Reticulariae sp. Sowerb. *t. 199.* (Nees *syst. f. 102.* Grev. *scot. t. 308.*)

307. Perichaena *FR.* Peridium varium, simplex, submembranaceum, persistens, nudum, demum saepe circumscissum. Sporidia floccis raris liberis immixta. — *Fungilli lignatiles, aggregati, persistentes, plerumque subglobosi, imprimis autumnales.*

Perichaena Fries *syst. III. 190.* Grev. *scot. t. 252. 275. Fl. dan. t. 2094. f. 3.* Sphaerocarpi sp. Bull. *t. 417. f. 5.* Sowerb. *t. 258.* Trichiae sp. Pers. *obs. I. t. 6. f. 1. 2.* Liceae sp. Auct. Nees *f. 101.* Dittm. *apud Sturm III. t. 20.*

308. Trichia *HALL.* Peridium varium, simplex, membranaceum, persistens, demum apice irregulariter ruptum. Sporidia capillitio dense implexo, floccis versus basim adnatis intortis sese elastice expandentibus, inspersa. — *Fungilli lignatiles, plerique autumnales, habitu vario.*

Trichia Hall. *Helv. III. 114. excl. sp.* Fries *syst. III. 182.*

a) GONIOSPORUM *Lk.* Peridium irregulariter ruptum, capillitium laxiusculum. Sporidia obsolete angulata, saturate flava. *Sessiles, primum albae, mox flavae.*

Goniosporum Link *in Schrad. n. Journ. 1809. p. 18.* Mucilago Michel. *nov. gen. t. 96. f. 4.* Sphaerocarpi sp. Bull. *t. 417. f. 2. 4.* (Pers. *ic. et descript. t. 12. f. 1. t. 14. f. 3.* Nees *syst. f. 11. — Fl. dan. t. 1313. f. 1—3.* Grev. *scot. t. 266.*)

b) HEMIARCYRIA *Fr.* Peridium irregulariter circumscissum, capillitio prominente. Sporidia globosa, fulva v. rubentia. *Stipitatae, rubrae.*

Hemiarcyria Fries *syst. III. 183.* (Sowerb. *t. 400. f. b.* Hoffm. *crypt. II. t. 1. f. 1.* Fl. dan. *t. 1365. f. 2. t. 1680. f. 2.* Nees *syst. f. 112. 113.* Dittm. *apud Sturm III. t. 25.* Chev. *par. t. 9. f. 24.*)

309. Arcyria *HILL.* Peridium varium, simplex, tenue, membranaceum, circumscissum, parte superiore fugaci, inferiore saepe persistente. Sporidia capillitio dense implexo, floccis e basi ascendentibus contortis, elastice expansis, inspersa. — *Fungilli gregarii, lignatiles, hygrophili.*

Arcyria Hill. *hist. 47.* Fries *syst. III. 157.*

a) LACHNOBOLUS *Fr.* Peridium tenerrimum, totum in squamas fatiscens, fugax. *Sessiles.*

Lachnobolus Fries *syst. III. 177.*

b) CLATHROIDES. Peridii pars inferior persistens, calycularis. *Stipitatae.*

Clathroides Michel. *gen. 214. t. 94. f. 1. 2.* Trichiae sp. Bull. *t. 368. 477. f. 3.* Sowerb. *t. 49.* Clathri sp. Linn. Jacq. *miscell. I. t. 6.* (Nees *syst. f. 114.* Fl. dan. *t. 1364. f. 2. t. 1975. f. 1. 2. t. 2090 f. 1—3.* Dittm. *apud Sturm. III. t 8 44.* Grev. *scot. t. 130. 139.*)

TRIBUS IX. STEMIONITEI Fries *syst. III.* 75. Mucilago primaria plura peridia discreta fovens. Flocci reticulatim connexi, adnati v. innati.

310. Cribraria *SCHRAD.* Peridium subglobosum, simplex, membranaceum, fatiscendo dimidiatum, floccis innatis reticulatum, reticulo demum libero. Sporidia coacervata, per reticulum sparsa. — *Fungilli lignatiles, stipitati, sporidiis lacte coloratis.*

Cribraria Schrad. *Nov. gen. I. 2. t. 1. f. 1—5. t. 2. f. 3. 4. t. 3. f. 1—5.* Fries *syst. III. 164.* Fl. dan. *t. 2085. f. 2.*

311. Dictydium *SCHRAD.* Peridium subglobosum, simplex, tenuissime membranaceum, indeterminate dehiscens, floccis innatis venoso nervosum, nervis demum nudatis clathratum. Sporidia intra capillitium coacervata. — *Fungilli lignatiles, stipitati, sporidiis fusco-purpureis.*

Dictydium Schrad. *Nov. gen. I. 11. t. 3. f. 6. t. 4. f. 1. 6.* Nees *syst. 117.* Grev. *scot. t. 153.* Fries *syst. III. 164.* Fl. dan. *t. 2085. f. 2.*

312. Stemonitis *GLED.* Peridium globosum v. cylindricum, tenuissime membranaceum, demum evanescens, capillitium determinatum stipiti setaceo adnatum, illumque reticulatim ambiens, denudans. — *Fungilli lignatiles, stipitati, floccis sporidiisque purpurascenti fuscis.*

Stemonitis Gleditsch *meth. 140.* Fries *syst. III. 156.*

a) COSCINIUM. Peridium subglobosum, subtus umbilicatum, circumscissum, basi persistente.

Trichiae sp. Sowerb. *t. 412. f. 3.*

b) EMBOLIUM. Peridium ventricosum, fugacissimum.

Mucor Embolus Linn. (Pers. *disp. t. 1. f. 4.* Fl. dan. *t. 1494. 2091. f. 1. 2.*)

c) CLATHROIDASTRUM *Mich.* Peridia cylindrica, primum mucilagine juncta.

Clathroidastrum Michel. *nov. gen. 214. t. 94. f. 1. 2.* Embolus Batsch *cont. I. 263. t. 30. f. 176.* (Sowerb. *t. 50.* Ehrenb. *sylv. f. 5—7.* Grev. *scot. t. 170.*)

313. Diachea *FR.* Peridium ovato-oblongum, simplex, membranaceum, frustulatim deciduum; capillitium e columella flocceso-grumosa pulverulenta radiato-reticulatum denudans. Sporidia floccis inspersa. — *Fungillus epiphytus meteoricus, stipite flocceso suffultus, capillitio albo, sporidiis atro-rubris.*

Diachea Fries *syst. III. 155.* Stemonitis elegans Trentep. Trichiae sp. Bull. *t. 502. f. 2.*

314. Enerthenema *BOWN.* Peridium globosum, simplex, membranaceum, demum evanescens, stipitem conicum apice pileolatum, pileo subtus floccos ascendentes intortos ferente, denudans. Sporidia floccis inspera. — *Fungillus stipitatus, thallo membranaceo-gelatinoso, Quercuum ramis decorticatis adnatus.*

Enerthenema Bowman *in Transact. Linn. soc. XVI. 153. t. 16.*

TRIBUS X. PHYSAREI Fries *syst. III.* 75. Mucilago primaria late serpens, in plura peridia abiens. Flocci adnati, recti, vagi. Sporidia fuliginea v. atra.

315. Craterium *TRENTEP.* Peridium varium, simplex, papyraceum, rigidum, persistens, operculo demum deciduo clausum. Capillitium e floccis congestis subloculosum, demum erectum. Sporidia atra, floccis inspersa. — *Fungilli epiphylli, caulicoli, nunquam lignatiles, meteorici.*

Craterium Trentep. *in Roth catalect. II. 224.* Fries *syst. III. 148.* Fungoides Michel. *nov. gen. 204.*

a) APOMA. Operculum tenuissimum. Stipes firmus sulcatus. Flocci ramosi, discreti.

Trichiae sp. Auct. *Fl. dan. t. 1314. f. 2.* Dittmar *apud Sturm III. t. 11.* Grev. *scot. t. 65.* (*Fl. dan. t. 2087. f. 2.*)

b) SPHAEROCARPA *Schum.* Operculum e peridio circumscisso. Flocci conglomerati, interdum obsoleti.

Sphaerocarpa Schum. *sael. t. II. 220.* — ? Cylichnium Wallr. *Fl. germ. II. 267.* Sphaerocarpi sp. Bull. *t. 484. f. 1.* Physari sp. Chev. *paris. t. 9. f. 9.* (*Fl. dan. t. 2093. f. 3.*)

c) CYCLOPOMA. Operculum discretum, cretaceum. Stipes gracilis laevis. Flocci rudes.

Craterium Trentep. *l. c.* Dittm. *apud Sturm t. 9. 10.* Nees *syst. f. 120.*

316. Physarum *PERS.* Peridium varium, regulare, simplex, membranaceum, nudum, irregulariter dehiscens. Sporidia nigro-fuliginosa, floccis peridio adnatis intertexta. — *Fungilli lignatiles, caulicoli, epiphylli, varie colorati.*

Physarum Pers. *disp. 8. excl. sp.* Fries *syst. III. 127.*

a) ANGIORIDIUM *Grev.* Peridia subeffusa, varia, basi applanata adnata, irregularia, saepe confluentia.

Angioridium Grev. *scot. t. 310.* Reticulariae sp. Bull. *t. 446. f. 2.* Sowerb. *t. 6.* Lycogalae sp. Grev. *op. cit. t. 40. 106.* (Pers. *obs. I. t. 1. f. 2.* Fl. dan. *t. 2087. f. 1.*)

b) EUMORPHA. Peridia sessilia, subglobosa, stipitata glomerataque, nunquam confluentia.

Liceae sp. Schrad. *nov. gen. t. 6. f. 4.* (Dittm. *apud Sturm III. t. 40. 61.* Fl. dan. *t. 1980. f. 2.*)

c) ASTYLON. Peridia sessilia v. stipite flaccido decumbente fulta, tenerrima.

Sphaerocarpi sp. Bull. *t. 417. f. 1.* (Pers. *disp. t. 2. f. 4.*) *Fl. dan. t. 2093. f. 1. 2.*

d) EUCORMOS. Peridia lentiformia, sphaerica v. turbinata, stipite discreto erecto fulta.

Sphaerocarpi sp. Bull. *t. 368. f. 2. t. 407. f. 2. 3. t. 481. f. 1. t. 484. f. 2.* (Pers. *disp. t. 1. f. 6.* Dittm. *apud Sturm III. t. 22—24. 41. 62.* Grev. *scot. t. 124. Fl. dan. t. 2095. 2096.*)

317. Didymium *SCHRAD.* Peridium varium, regulare, membranaceum, tenue, irregulariter dehiscens, corticatum, cortice adnato mox in squamulas furfuraceas v. villum farinosum fatiscente. Sporidia fuliginoso-atra, floccis vagis peridio adnatis immixta. — *Fungilli albo-cinerascentes, habitu vario.*

Didymium Schrad. *nov. gen. 22. excl. sp.* Fries *syst. III. 113.*

a) ACIONISCIUM. Peridia adnatu-sessilia, basi applanata. Columella nulla.

Physari sp. Nees *syst. f. 107.*

b) ACORMOS. Peridia subsessilia. Stipes nullus v. minimus. Columella distincta.

Reticulariae sp. Bull. *t. 446. f. 2.* (Schrad. *op. cit. t. 5. f. 5.* Nees *syst. f. 104. Fl. dan. t. 2094. f. 2.*)

c) PSEUDOCORMOS. Peridia congesta, stipitibus spuriis submembranaceis cohaerentibus. Columella nulla.

Didymia botryosa Fries *syst. III. 121.*

d) CIONIUM *Dittm.* Peridium stipite distincto firmo suffultum. Columella plus minus evoluta, raro obsoleta.

Cionium Dittm. *apud Sturm III. t. 7. 43.* Nees *syst. f. 106.* Reticulariae sp. Bull. *t. 446. f. 1.* Sowerb. *t. 12.* Physari sp. Fl. dan. *t. 1454. f. 1. t. 1972. f. 2.* (Schrad. *op. cit. t. 5. f. 6. t. 6. f. 2. 3.* Fl. dan. *t. 2092. f. 1—3. t. 2094. f. 1.*)

318. Diderma *PERS.* Peridium varium, regulare, duplex; exterius crustaceum, discretum, fragile, dehiscens, interius tenerrime membranaceum, evanescens. Sporidia fuliginoso-atra, floccis vagis basi adnatis intercursa. — *Fungilli epiphyti, colorati, meteorici.*

Diderma Pers. *disp. 9.* Fries *syst. III. 96.*

a) PSEUDOSTYLIS. Peridia sparsa v. conglomerata, sessilia, thallo evanido. Columella spuria v. nulla.

(Nees *syst. f. 105.* Dittm. *apud Sturm III. t. 59.* Fl. dan. *t. 1980. f. 1. 2.*)

b) EUSTYLIS. Peridia sparsa v. gregaria, sessilia, thallo evanido. Columella genuina.

Reticulariae sp. Bull. *t. 446. f. 2.* Leangii sp. Grev. *scot. t. 132.* (Dittm. *apud Sturm III. t. 6.* Grev. *op. cit. t. 122.*)

c) LEOCARPUS *Lk.* Peridia congesta, thallo mucilaginoso fulta, stipitibus spuriis laxis, coalescentibus. Columella subnulla.

Leocarpus Link *in Berl. Magaz. III. 25.* Nees *syst. f. 110.* Grev. *scot. t. 111.* Reticulariae sp. Bull. *t. 380. f. 3. t. 424. f. 2.* Sowerb. *t. 280.* (Fl. dan. *t. 1312. f. 2. t. 1973. f. 1. 2. t. 1978. f. 2.*)

d) LEANGIUM *Lk.* Peridia sparsa, stipite discreto solido suffulta. Columella magna.

Leangium Link *in Berl. Magaz. III. 26.* Nees *syst. f. 109.* Dittm. *apud Sturm III. t. 21.* Sphaerocarpi sp. Bull. *t. 311. 484. f. 3.* Didymii sp. Schrad. *nov. gen. t. 5. f. 3. 4.* Physari sp. Pers. *synops. t. 3. f. 11. 12.* (*Fl. dan. t. 1972. f. 1.*)

TRIBUS XI. AETHALINEI Fries *syst. III. 74.* Mucilago primaria in unicum peridium abiens.

319. Spumaria *PERS.* Peridium indeterminatum, simplex, crustaceum, flocculoso-cellulare, fatiscens, floccis internis nullis. Sporidia fuscescentia, plicas membranaceas adscendentes, varie effiguratas, ambeuntia. — *Fungus irregulariter effusus, graminibus aestate adhaerens.*

Spumaria Pers. *synops. 162. t. 1. f. 1.* Nees *syst. f. 94. Fl. dan. t. 1978. f. 1.* Grev. *scot. t. 267.* Fries *syst. III. 94.*

320. Aethalium *LNK.* Peridium indeterminatum, membranoso-cellulare, fragile, fatiscens, externe strato flocc0so evanescente corticatum, intus cellulosum, e floccis in strata membranacea coalitis. Sporidia fuliginosa, in cellulis demum evanescentibus coacervata. — *Fungus effusus, indeterminatus, coloratus, ad ligna mucida jove pluvio calido vegetans.*

Aethalium Link *in Berl. Magaz. III. 24.* Grev. *scot. t. 272.* Fries *syst. III. 92.* Fuligo Hall. *helv. III. 110.* Pers. *synops. 159. Fl. dan. t. 1363. f. 1.* Mucilago Michel. *nov. gen. 217.* Pittocarpium Link *op. cit.* Pecila Lepell. *in Bullet. soc. philomat. 1822. p. 109.*

321. Reticularia *BULL.* Peridium indeterminatum, simplex, nudum, tenue, irregulariter dehiscens, fugacissimum, floccos adnatos ramosos reticulatos denudans. Sporidia fuligineo-atra, laxa. — *Fungi meteorici, super plantarum varias partes emortuas, nec tamen putrescentes effusi, fugaces.*

Reticularia Bull. *champ. 85. t. 446. f. 4. t. 476. f. 1—3. excl. reliq.* Fries *syst. III. 83.* Strongylium Dittm. *apud Sturm III. t. 38.* Diptherium Ehrenb. *sylv. 27. f. 3.* Enteridium Ehrenb. *in Link Jahrb. I. 2. p. 55. c. ic.* Lignidium Link *in Berl. Magaz. III. 24.* Nees *syst. f. 93.*

322. Lycogala *MICHEL.* Peridium determinatum, duplex, utrumque membranaceum, persistens, apice rumpens. Sporidia colorata, floccis peridio undique adnatis, tenerrimis, vagis immixta. — *Fungi terrestres, lignicoli, sessiles, rotundati, varie colorati.*

Lycogala Michel. *gen. 216. excl. sp.* Nees *syst. f. 96. 97.* Grev. *scot. t. 38. Fl. dan. t. 2086. f. 1—3.* Galeperdon Wcb. *holsat. 108.* Lycoperdi sp. Linn. *Fl. dan. t. 720.* Bull. *t. 503.* Sowerb. *t. 52.* Holmsk. *ot. II. t. 31.*

SECTIO II. TRICHOGASTERES Fries *syst. III. 3.* Primitus carnosi, indurati, haud muscilaginosi. Mycelium distinctum, floccis in tubercula rotundata solida abeuntibus, radicellis (*in generibus hypogaeis dificientibus*) et peridii cortice exteriore e mycelio formato. Gleba interior demum subpulposa, tandem exsiccando in sporidia fatiscens. Flocci e peridio enati. Cortex exterior (*peridium exterius*) raro deficiens. — Cocli *cali-*

dioris potissimum proles, plerique terrestres, plurimi arenicoli, nonnulli subterranei.

TRIBUS XII. CENOCOCCEI Fries *syst. III.* 6. Capillitium nullum. Sporidia primum conglutinata.

323. Cenococcum *FR.* Peridium ecorticatum, crassum, suberoso-corneum, indehiscens; intus primum similare dein in sporidia pulverulenta, nullis floccis intertexta fatiscens, centro cavum. — *Fungilli subterranei v. lignatiles, globulares, arrhizi, thallo flocсoso, raro obsoleto, insidentes.*

Cenococcum Fries *pl. hom. 364. Syst. III. 65.* Lycoperdon graniforme Sowerb. *t. 270.*

324. Mitremyces *NEES.* Peridium papyraceo-corneum, ore determinato, squamis coloratis clauso; extus calyptra basi disrupta squamosum, a peridio interiori, solis ostioli squamulis affixo, discretum. Sporidia conglomerata, filis destituta. — *Fungus terrestris, boreali-americanus, hiemalis, sessilis, radice stipitiformi, peridio interiori pendulo, ab exteriori ambitu vacuo discreto.*

Mitremyces Nees *syst. 136. f. 129.* Schwein. *carol. 34.* Fries *syst. III. 63.* Calostoma Desv. *in Journ. bot. 1809. p. 94.* Gyropodium Hitchcok *in Sillim. Americ. Journ. IX. 56.* Lycoperdon heterogeneum Bosc. *in Berl. Magaz. V. 87. t. 6.*

TRIBUS XIII. PODAXIDEI Fries *syst. III.* 5. Capillitium laxum, columellae centrali adnatum.

325. Podaxon *FR.* Peridium simplex a stipite in columellam elongato percursum, basi dehiscens, columellam nudans. Sporidia conglomerata, floccis columellae undique adnatis intertexta. — *Fungi terrestres regionum calidarum, radicantes, stipitati, peridio subclavato.*

Podaxon Fries *syst. III. 62.* Schweinitzia Grev. *in Edinb. philosoph. Journ. XVI. 258. t. 6.*

a) PODAXIS *Desv.* Stipes e fibris contortus.

Podaxis Desv. *in Journ. Bot. 1809. p. 79.* Lycoperdon pistillare Linn. et L. axatum Bosc *in Annal. Mus. I. 47. t. 11.*

b) CATACHYON *Ehrenb.* Stipes laevis.

Catachyon Ehrenb. *ex Fries l. c.* Lycoperdon carcinomale Linn. f.

326. Cauloglossum *FR.* Peridium simplex, cum stipite continuum, demum ad latera lacerato dehiscens, columella floccosa percursum. Sporidia columellae inspersa. — *Fungi terrestres regionum calidarum, clavaeformes, radicantes.*

Cauloglossum Fries *syst. III. 60.* Herculea Fries *syst. II. 278.* Lycoperdon transversarium Bosc *in Berl. Magaz. V. 87. t. 6. f. 9.* Nees *syst. f. 129. B.*

327. Cycloderma *KL.* Peridium globosum, duplex, exterius coriaceum, molle, discretum, interius tenuissime papyraceum. Sporidia globosa, capillitio columellam scyphiformem cum peridio interiori radiatim coniungenti inspersa. — *Fungillus terrestris, nucis Juglandis mole, stipite brevi spongioso, radiciformi, ex India orientali adlatus.*

Cycloderma Klotsch *in Linnaea VII. 203. t. 9. f. 6.*

TRIBUS XIV. SCLERODERMEI Fries *syst. III.* 5. Capillitium cellulosum. Sporidia conglomerata. Peridium induratum.

328. Elaphomyces *NEES.* Peridium suberosum, indehiscens, intus floccis in venas intersecantes contextis loculosum. Sporidia congesta, conglomerata, demum soluta, pulverulenta. — *Fungi subterranei, aestivales, globosi, arrhizi, extus verrucoso-scabri.*

Elaphomyces Nees. Fries. *syst. III. 57.* Vittad. *Tuberac. 62. t. 3. 4.* Hypogaeum Pers. *disp. 7.* Phymatium Chev. *paris. 361.* Ceraunion Wallr. *Fl. germ. II. 405.* Lycoperdon cervinum et L. solidum Linn. Tuberis sp. Nees *syst. f. 147.*

329. Hyperrhiza *BOSC.* Peridium suberosum, irregulariter dehiscens, intus solidum, peridiolis oblongis, contortis, connatis farctum. Sporidia soluta pulverulenta, inter peridiola nidulantia. — *Fungi epigaei, subglobosi, extus fibrillosi, fibrillis saepe in caudicem connatis, rhizoideis.*

Hyperrhiza Bosc. *in Berl. Magaz. V. 88. t. 6. f. 62.* Nees *syst. f. 146.* Fries *syst. III. 56.* — Melanogaster Corda *apud Sturm III. 2. t. 1.* Hysterangium et Octaviania Vittad. *Tuberac. p. 13. 15. t. 3. 4.*

330. Polysaccum *DC.* Peridium simplex, rigidum, indeterminate dehiscens, intus stuposo-fibrosum, sublamellosum, cellulosum. Peridiola inaequalia, discreta, in cellulis nidulantia, sporidia floccis intertexta includentia. — *Fungi terrestres, autumnales, difformi-subglobosi, stipitati, radicanti v. arrhizi sessiles.*

Polysaccum Desp. et DC. *Rapp. Voy. bot. I. 8.* Fries *syst. III. 51.* Pisolithus Alb. et Schwein. *neisk. 82. t. 1. f. 3.* Pisocarpium Link *in Berl. Magaz. III. 33.* Eudacinus Raf. *somiolog. n. 64.* Polypera Ficin. *Fl. dresd. 306. t. 1. f. 51.* — Cilleiocarpus Corda *apud Sturm. III. t. 3.*

331. Scleroderma *PERS.* Peridium firmum, innato-corticatum, irregulariter dehiscens. Flocci peridio adnati, in cellulas coeuntes. Sporidia glomerata, in cellulis nidulantia. — *Fungi subglobosi, terrestres, arenicoli, radicati, sessiles.*

Scleroderma Pers. *synops. 159. excl. sp.* Nees *syst. f. 123.* Fries *syst. III. 44.* Grev. *scot. t. 48. 68.* Fl. dan. *t. 1969. f. 2.* Lycoperdi sp. Linn. et Auct. Bull. *t. 24. 270.* Sowerb. *t. 268. 311.*

TRIBUS XV. LYCOPERDEI Fries *syst. III.* 5. Capillitium effusum. Peridium adnatum. Sporidia discreta.

332. Tulostoma *PERS.* Peridium basi discretum, papyraceum, cortice secedente denudatum, apice determinate dehiscens. Sporidia coacervata, floccis peridio adnatis parce intertexta. — *Fungi stipitati, radicantes, campestres, arenicoli.*

Tulostoma Pers. *disp. 6.* Nees *syst. f. 130.* Fl. dan. *t. 1740. f. 1.* Grev. *scot. t. 340.* Fries *syst. III. 41.* Diplostoma Link *in Berl. Academ. Abhandl. 1824. p. 178.* Schizostoma Ehrenb. *msc.*

333. Lycoperdon *TOURN.* Peridium membranaceum, flaccescens v. superne evanescens, cortice adnato subpersistente, in squamas v. verrucas abeunte. Capillitium molle, densum basi compactae sterili peridioque adnatum. Sporidia laxa, coacervata. — *Fungi terrestres v. rarius truncicoli, radiculati, stipite non discreto.*

Lycoperdon Tournef. *inst. 563.* Schaeff. *t. 184. 186. 189. 190. 193. 294.* Bull. *t. 32. 430. 435. 447. 475.* Sowerb. *t. 332.* Fl. dan. *t. 1120. 1139. 1920.* Nees *syst. f. 124. 125.* Grev. *scot. t. 304.* Fries *syst. III. 26.*

334. Bovista *FR.* Peridium papyraceum v. subsuberosum, persistens, cortice discreto, contiguo, demum secedente. Capillitium compactum, peridio undique adnatum. Sporidia subpedicellata, capillitio inspersa. — *Fungi aestivales, per hiemem persistentes, pratenses v. arvenses, radiculosi, stipite discreto nullo.*

Bovista Fries *syst. III.* Grev. *scot. t. 336.* Lycoperdi sp. Sowerb. *t. 331.* Bull. *t. 192. 950. f. 1.*

335. Diploderma *LK.* Peridium duplex, exterius lignescens, discretum, clausum, interius papyraceum. Capillitium fuscum. Sporidia inspersa. — *Fungus subglobosus, arenicola, Europae australis; peridio externo e fusco luteo, interno albo, floccis et sporidiis badiis.*

Diploderma Link *in Berl. Magaz. VII. 31. Handb. IV. 390.* Nees *syst. 132.*

336. Geaster *MICHEL.* Peridium duplex, utrumque persistens, exterius corticatum, discretum, demum stellatim fissum, patens; interius papyraceum, apice dehiscens. Capillitium laxum, peridio undique adnatum. Sporidia subpedicellata, capillitio inspersa. — *Fungi radiculosi sessiles, peridio interiori tamen saepius pedicellato, ab America tropica usque ad Europa boreales alpes adscendentes, climatis campestris maritimi potissimum proles.*

Geaster Michel. *gen. 220.* Fries *syst. III. 8.*

a) MYRIOSTOMA *Desv.* Peridii interioris os cribrosum, ostiolis ciliatis.

Myriostoma Desv. *in Journ. Bot. 1809. p. 103.* Polystoma Gray *brit. pl. I. 586.* Lycoperdon coliforme Dicks. *crypt. brit. I. t. 3. f. 4.* Sowerb. *t. 313.*

b) PLECOSTOMA *Desv.* Peridii interioris os elongatum, conicum, plicato-sulcatum.

Plecostoma Desv *l. c.* Geastroides Battar. *fung. t. 30. f. 1—4.* Lycoperdi sp. Sowerb. *t. 198.* Schmidl *analys. t. 37. f. 11—14.* (Nees *f. 138.*)

c) GEASTRUM *Desv.* Peridii interioris os depressum, planum, aut late conicum, ciliato-fimbriatum.

Geastrum Desv. *l. c.* (Schmidl *op. cit. t. 46.*)

d) ODONTOSTOMA. Peridii interioris os denticulatum.

(Schmidl *op. cit. t. 43. 53. f. 1—3.* Fl. dan. *t. 1433.* Sowerb. *t. 80.*)

e) ACTINODERMIUM *Nees.* Peridium interius radiato-multifidum.

Sterrebeckia Link *in Berl. Magaz. VII. 34.* Actinodermium Nees *syst. 136.*

Quorsum Rimella Raf. *in Journ. Phys. LXXXIX. 106.* et Acinophora Raf. *in N. York Medic. Reposit. II. Hex. V. p. 350.?*—Quid Laterradea Rasp. *in Annal. Europ. 1824. Octob. p. 233. t. 6.?*

SUBORDO V. ANGIOGASTERES Nees *syst. 138.* Fries *II. 277.* Uterus distinctus, rotundatus, apice rumpens. Receptacula solitaria v. plura, ab utero discreta, determinata, clausa v. aperta. Sporidia globosa, minima, in receptaculis collocata, immersa v. inclusa, nunquam pulverulenta. — *Fungi epiphyti, fimicoli, perfectissimi terrestres, multi ephemeri, meteorici; perfectiores sub coelo tropico, sui generis.*

TRIBUS XVI. CARPOBOLEI Fries *syst. II.* 305. Uterus rotundatus, urceolatus, sporangium vesiculaeforme, solitarium, sporidiis foetum saepe ejiciens. — *Gregarii, minimi, meteorici.*

337. Sphaerobolus *TOD.* Uterus immerso-sessilis, rotundatus, demum stellatim fissus. Peridium duplex, interius membranaceum, tandem elastice inversum, sporangium globosum solidum projiciens. Sporidia in medio coacervata. — *Fungilli gregarii, minimi, epiphyti, innato-sessiles, persistentes.*

Sphaerobolus Tode *meckl. I. 43.* Link *in Berl. Magaz. VII. f. 49.* Nees *syst. f. 122.* Grev. *scot. t. 158.* Desmaz. *in Trav. soc. scienc. de Lille. 1823. p. 225. c. ic.* Fries *syst. II. 309.* Carpobolus Michel. *nov. gen. 221. t. 101. f. 2.* Lycoperdon Carpobolus Linn. *Fl. dan. t. 865.* Sowerb. *t. 22.*

338. Thelebolus *TOD.* Uterus sessilis subrotundus, tandem cupularis. Sporangium vesiculosum, globosum, demum protrusum, ore apertum. Sporidia mucosa, tandem effusa. — *Fungilli gregarii, minimi, terrestres v. fimicoli, carnoso-gelatinosi.*

Thelebolus Tode *meckl. I. 41. t. 5. f. 56.* Alb. et Schwein. *neisk. t. 2. f. 4.* Nees *syst. f. 363. 364.* Fries *syst. II. 306.*

339. Atractobolus *TOD.* Uterus sessilis, cupulaeformis, apertus, operculo umbonato (*velo*) tectus. Sporangium vesiculosum, fusiforme, clausum, demum operculo dejecto prosiliens. Sporidia mucosa. — *Fungillus gregarius, minimus, autumnalis, pezizaeformis.*

Atractobolus Tode *meckl. I. 45. f. 9.* Fries *syst. II. 305. Elench. II. 50.*

TRIBUS XVII. NIDULARIACEI Fries *syst. II.* 296. Uterus varius, demum apertus, sporangiis pluribus foetus. Sporangia clausa, libera, sporidiis referta. — *Epiphyti, autumnales.*

340. Polyangium *LNK.* Uterus hemisphaericus, vesiculoso-floccosus, demum apertus. Sporangia pauca, oblonga, floccis nullis. Sporidia grumosa, compacta. — *Fungilli gregarii, minimi, in truncis projectis roscidis provenientes.*

Polyangium Link *in Berl. Magaz. III. 42.* Dittm. *apud Sturm III. t. 27.* Nees *syst. f. 131.* Fries *syst. II. 304.*

341. Myriococcum *FR.* Uterus difformis, floccoso-furfuraceus, demum evanescens. Sporangia plurima, globosa, floccis intertexta. Sporidia conglobata. — *Fungilli gregarii, subconfluentes, in quisquiliis sylvarum vere nascentes.*

Myriococcum Fries *syst. II. 304.*

342. Arachnion *SCHWEIN.* Uterus subglobosus, peridio exteriore tenui, evanescente, interiori suberoso, irregulariter rupto. Sporangia plurima, globosa, floccis nullis. — *Fungi sericei, nucis minoris mole, ad terram tritam udam Americae borealis reperti.*

Arachnion Schwein. *synops. fung. Carolin. 14. t. 1. f. 2.* Fries *syst. II. 303.* — ? Testicularia Klotzsch *in Linnaea VII. 202. t. 9. f. a.*

343. Nidularia *FR.* Uterus globosus v. difformis, coriaceus, irregulariter rumpens, intus e pulpa exsiccata membranaceo-floccosus. Sporangia lenticularia, margine affixa. Sporidia coacervata. — *Fungi minuti, gregarii, autumno in lignis putridis nascentes.*

Nidularia Fries *symb. 2.* Nees *syst. f. 133. C.* Nidulariae sp. Bull. Roth. *catalect. I. t. 7. f. 2.* Ehrenb. *sylv. berol. f. 8. a—h.*

344. Cyathus *HALL.* Uterus cyathiformis, coriaceus, epiphragmate orbiculari, demum rumpente tectus, intus e gelatina exsiccata vernicosus. Sporangia lenticularia, medio subtus umbilicata, et ope funiculi peridio partiali affixa. Sporidia coacervata. — *Fungi minuti, gregarii, in lignis putridis vel in solo per totum terrarum orbem reperti, mira imagine fructus perfectos ludunt.*

Cyathus Hall. *Helv. III. 127.* Fries *symb. 2.* Nees *syst. f. 132. 133.* Cyathoides Michel. *nov. gen. 222.* Cyathia P. Brown. *Jam. 78.* Nidulariae sp. Bull. *t. 40. 488.* Sowerb. *t. 28—30.* Nidulariae sect. Fries *syst. II. 297.*

TRIBUS XVIII. TUBERACEI Fries *syst. II.* 289. Vittad. *Monograph. Mediol.* 1831. 4to. Uterus rotundatus, sessilis, arrhizus, thallo radicante, clausus v. demum adultus apertus, junior intus pulposus, carnosus, venis marmoratus v. cancellatus. Sporangia v. peridiola minuta, mollia, inspersa. Sporidia minima. — *Fungi terrestres, epirrhizi v. hypogaei. Ceterum genera non nimis acute limitata ultro fatemur.*

SUBTRIBUS I. TUBEREI Vittadini *Tuberac. p. 12.* Uterus intus carnosus, venosus.

Sporangia nuda v. peridiolis inclusa, uteri parietibus (*peridio*) immersa.

345. Endogone *LNK.* Uterus subglobosus, extus floccosus, intus grumosus. Sporangia globosa, minima, membranacea, sporidiis repleta. — *Fungillus Pisi mole, in sylvis abiegnis Muscorum radicibus adhaerens.*

Endogone Link *in Berl. Magaz. III. 33. f. 52.* Nees *syst. f. 195.* Fries *syst. II. 295.*

346. Polygaster *FR.* Uterus subglobosus, extus flocculoso-tuberculosus, intus celluloso-carnosus. Sporangia subglobosa, majuscula, aggregata, sporidiis coacervatis. — *Fungi indici, sesquipollicares, epirrhizi.*

Polygaster Fries *syst. II. 295.* Tuber sampadarium Rumph *Amb. XI. p. 123.*

347. Picoa *VITT.* Uterus subglobosus, extus muricato-scaber, intus carnosus, obsolete venosus. Sporangia sphaerica, vesiculosa, venis immersa, sporidia conglobata, muco involuta includentia. — *Fungus hypogaeus, Avellanae mole in Juniperetis Italiae superioris observatus.*

Picoa Vittadini *Tuberac. p. 54. t. 2. f. 8.*

348. Rhizopogon *FR.* Uterus rotundato-difformis, extus flocculosus, demum irregulariter ruptus, intus carnosus, reticulatim venosus. Sporangia globosa, sessilia, membranacea, venis inspersa, sporidiis primum pulposis, demum distinctis repleta. — *Fungi nucis Juglandis mole, in Europa media et boreali hypogaei, basi fibrillis reticulatis radicantibus obducti, insipidi v. nauseosi.*

Rhizopogon Fries *symb. 5. Syst. II. 293.* Tuber album Bull. *Champ. I. 80. t. 404.*

349. Choiromyces *VITTAD.* Uterus rotundato-difformis, extus laevis, indehiscens, (?) intus carnosus, reticulatim venosus. Peridiola vesiculosa, pyriformia, longissime pedicellata, lateribus venarum imposita, sporangiolis sphaericis echinatis suboctonis farcta. — *Fungi subterranei, maiusculi, candidi, in apricis effodiuntur, iuniores nauseosi, maturi a nonnullis vorantur.*

Choiromyces Vittadini *Tuberac. p. 50. t. 2. f. 1. 2.* — Huc, nisi me omnia fallunt, Tuber album Desf., quod Terfez Leonis Africani *Libr. XI.*

350. Tuber *MICHEL.* Uterus subglobosus, extus laevis v. papilloso-verrucosus, indehiscens, intus coriaceo-carnosus, reticulatim venosus. Peridiola membranacea ovata, subpedicellata, venis undique inspersa, sporangiolis sphaericis echinatis binis-senis farcta. — *Fungi pugni saepe mole, in temperatis totius hemisphaerae borealis hypogaei, a subus avide efossi vorantur, et aphrodisiaca gulosorum condiunt fercula.*

Tuber Micheli *nov. gen. 221.* Nees *syst. f. 147.* Turp. *in Mem. du Mus. XV. 342. t. 13.* Fries *syst. II. 289.* Vittadini *Tuberac. 31. c. icc.* Aschion Wallr. *Fl. germ. II. 864.* Lycoperdi sp. Linn.

351. Balsamia *VITTAD.* Uterus rotundatus v. angulatus, extus verrucosus, indehiscens, intus celluloso-carnosus. Peridiola membranacea, oblonga, pedicellata, in cellularum parietibus seriata, immersa, sporangiolis cylindricis, laevibus, suboctonis farcta. — *Fungi subterranei, cum Tuberibus in Italia efossi, et infami lucro venditi, ubi cum sagina ingeruntur, tormina et ventris profluviem producunt.*

Balsamia Vittadini *Tuberac. p. 30. t. 1. f. 2.*

352. Genea *VITTAD.* Uterus rotundato-difformis, extus plicato-lacunosus, irregulariter dehiscens, intus flocceso-muricatus, centro carnosus. Peridiola membranacea, cylindrica, in centro transversa v. horizontalia, sporangiolis subglobosis, laevibus, suboctonis farcta. — *Fungilli graveolentes, in Italia superiori cum Tuberibus hypogaei v. subemersi.*

Genea Vittadini *Tuberac. 27. t. 2. f. 7. t. 3. f. 13. 18.* — ? Hydnocaryon Wallr. *Fl. germ. II. 860.*

SUBTRIBUS II. HYMENOGASTEREI Vittadini *Tuberac.* 11. excl. gen. Uteri peridium exterius saepe fugax, interius (*receptaculum*) hymenino-cellulosum. Peridiola cellulis peridii interioris imposita.

353. Hymenogaster *VITTAD.* Uterus subglobosus, peridio exteriore laevi, persistente, interius alveolis hymeninis exsculptum obtegente. Peridiola cylindrica, alveolis peridii interioris imposita, sporangiolis fusiformibus, demum emergentibus, farcta. — *Fungi minores lycoperdiformes, hypogaei, maturitate emergentes.*

Hymenogaster Vittadini *Tuberac. 20. t. 2. f. 5. t. 3. f. 2. 5. 9. 15. 17. t. 4. f. 9.* Bullardia Junghun *in Linnaea V. 408.* Argyllum Wallr. *Fl. germ. II. 873.* Tuber moschatum Bulliard *champ. t. 479.*

354. Gautiera *VITTAD.* Uterus rotundato-difformis, peridio exteriore fugacissimo, interius alveolis hymeninis exsculptum denudante. Peridiola fusiformia, alveolis peridii interioris imposita, sporangiolis (?) farcta. — *Fungi minores, morchellaeformes, basi fibrillis radicantibus instructi, in Italia superiore efossi.*

Gautiera Vittadini *Tuberac. p. 25. t. 3. f. 6. t. 4. f. 13.* Quid Pyrispora Rafin. *in N. York medic. Reposit. II. Hex. V. 350.*

TRIBUS XIX. PHALLOIDEI Fries *syst. II.* 281. Uterus sessilis, radicatus, gelatina distentus, apice rumpens. Receptaculum elastice protrusum, ab utero discretum, apertum, forma varium. Sporidia in receptaculi strato mucoso, nudo nidulantia, et cum eo colliquescendo diffluentia. — *Majores, meteorici, aestivi, foetidi, suspecti.*

355. Clathrus *MICHEL.* Uterus sessilis, globosus, laciniato-dehiscens. Receptaculum sessile, globosum, cavum, e ramis clathrato-coniunctis compositum. Sporidia in strato mucoso-gelatinoso interius ramorum latus obducente. — *Fungi receptaculi forma mirabiles, foetidissimi, in Europa australiore et America tropica et subtropica raro obvii.*

Clathrus Micheli *nov. gen. 214.* Fries *syst. II. 287.*

a) LATERNEA *Turp.* Receptaculi rami simplices, basi et apice tantum coniuncti.

Laternea Turp. *atl. f. 2.* Colonnaria Rafin. *in N. York med. Reposit. II. Hex. V. 250.* (Bosc *in Berl. Magaz. V. t. 5. f. 5.* Nees *syst. f. 261.*)

b) COLEUS *Cav. et Sech.* Receptaculi rami simplices, basi in stipitem connati, apice clathratim connati.

Coleus Cavalier et Sechier *in Nouv. Annal. sc. nat. III. 253. t. 8.*

c) CLETHRIA *P. Br.* Receptaculi rami ramosissimi, anastomosantes.

Clethria P. Brown *Jam. 78.* Dictyeia Rafin. *l. c.* (Micheli *op. cit. t. 93.* Bull. *t. 441.* Nees *syst. f. 261.* Turp. *Atl. f. 3.*)

356. Lysurus *FR.* Uterus sessilis, rotundatus, rumpens. Receptaculum stipiti cavo continuum, quinquefidum, laciniis erecto conniventibus. Sporidia in strato mucoso, receptaculi lacinias extus (!) obvestiente. — *Fungus apud Sinas in radicibus Mori coelo tonante nascitur, rapidissimo incremento portentosus.*

Lysurus Fries *syst. II. 285.* Mokusin Cibot *in Nov. Comment. Petropolit. XX. 373. t. 8.*

357. Aseroë *LABILL.* Uterus sessilis, rotundatus, rumpens. Receptaculum stipiti cavo continuum, quadri-quinquefidum, laciniis apice bifidis, stellato-patentibus. **Sporidia** in strato mucoso, receptaculi lacinias supra (*intus!*) obvestiente. — *Fungi elegantissimi, rubentes, in Australasia reperti.*

Aseroë Labill. *voy. 145. c. ic.* Fries *syst. II. 285.* Endl. *Atakt. t. 30.*

358. Phallus *MICHEL.* **Uterus** rotundatus, **peridio** exteriore ab interiore gelatina distento, lobato rumpens. **Receptaculum** capituliforme, stipiti fistuloso continuum v. ab eo discretum. **Sporidia** in strato mucoso, capitulum undique obtegente. — *Fungi majores terrestres v. lignatiles, meteorici, venenati, foetidissimi, aspectu foedi.*

Phallus Micheli *nov. gen. 201.* Fries *syst. II. 281.*

a) CYNOPHALLUS *Fr.* Capitulum stipiti continuum, tuberculosum, impervium.

Cynophallus Fries *l. c.* Huds. — *Fl. dan. t. 1259.* Nees *syst. f. 260.*

b) SIMBLUM *Kl.* Capitulum stipiti continuum, alveolato-cellulosum, impervium.

Simblum Klotzsch *in Hook. bot. misc. II. 164. t. 66.*

c) LEIOPHALLUS *Fr.* Capitulum a stipite discretum, laeve, apice pervium.

Leiophallus Fries *l. c.* Satyrus Bosc *in Berl. Magaz. V. 86. t. 6. f. 8.* Ph. Hadriani Vent. *Mem. Inst. I. 517.* Hymenophalli sp. Nees *syst. f. 258. B.*

d) ITYPHALLUS *Fr.* Capitulum a stipite discretum, reticulatum, apice pervium.

Ityphallus Fries *l. c.* Ph. impudicus L. *Flor. dan. t. 175.* Schaeffer *Gichtschw. t. 1—3.* Bull. *t. 182.* Nees *f. 159.*

e) HYMENOPHALLUS *Nees.* Capitulum indusio stipitem velante subtus discretum, reticulatum, apice pervium.

Hymenophallus Nees *syst. 251. f. 258.* Dictyophora Desv. *in Journ. Bot. 1809. p. 92.* Dictyopeplos Hasselt *in Konst en Letter Bode 1824. p. 227.* Sophronia Pers. *in Gaudich. voy. Freyc. 178. t. 1. f. 2.* Retigerus Radd. (Bosc *l. c. t. 6. f. 7.* Vent. *l. c. t. 7. f. 3.* Hook. *App. to Beechey's Voy. t. 20. Fl. flum. XI. t. 118.*)

359. Battarea *PERS.* **Uterus** subglobosus, peridio exteriore ab interiore gelatina distento, lobato-rumpens. **Receptaculum** pileiforme, a stipite fistuloso discretum. **Sporidia** in pilei superficie villoso-pulverulenta, peridii interioris membrana calyptrata. — *Fungi arenicoli, agariciformes, utero subterraneo, stipite squammoso.*

Battarea Pers. *synops. 129.* Nees *syst. f. 257.* Fries *syst. III. 6.* Montagne *in N. Annal. sc. nat. II. t. 4. f. 1.* Dendromyces Liboschitz *Monographie. Wien 1814. c. ic.* Lycoperdon phalloides Dicks. Woodw. *in Philosoph. Transact. LXXIV. 423. t. 26.* Smith *spic. t. 12.* Sowerb. *t. 390.*

Quid Oedycia, Volvycium et Drupasia Rafin. *in N. York. med. Reposit. II. Hex. V. 350.*

Ordo XV. Pyrenomycetes.

PYRENOMYCETES Fries *pl. hom. 97.* HYPOXYLA DC. *Fl. fr. II. 280.*

Fungi plerumque nigrescentes, indurati, contextu obscure celluloso, solitarii v. aggregati aut connati v. **stromate** (basi communi) juncti, coriacei v. lignoso-indurati, primo clausi, dein apice poro pertusi v rimose rupti, **nucleo** distincto, molliori, subdeliquescente farcti. **Sporidia** muco involuta v. **ascis** elongatis, subcylindricis clavatisve, basi fixis inclusa.

Pyrenomycetes epiphyti, parvuli, ingenti individuorum copia ex omnibus plantarum emortuarum lignosis potissimum partibus, ubique terrarum nascentes, hinc ad Coniomycetes, illinc ad Lichenes accedunt.

TRIBUS I. XYLOMACEI Fries *syst. II. 319.* **Perithecium** rumpens. **Nucleus sporidiis** nudis (i. e. ascis haud inclusis) farctus.

XYLOMACEI ASPORI.

Fructificatio nulla. — *Exanthemata et perfectiorum Pyrenomycetum primordia.*

a) DEPAZEA *Fr.* Puncta minima discoloria, foliis innata.

Depazea Fries *obs. II. 365. t. 5. f. 6. 7. Syst. II. 603.* Phyllosticta Pers. *msc.*

b) ASTEROMA *DC.* Maculae fibrillulosae, foliis innatae.

Asteroma DC. *in Mem. du Mus. III. 329. t. 4. f. 1—5.* Fries *syst. II. 602.* Libert *in Annal. soc. Linn. paris. V. 404. t. 5. f. 2. 3.* Actinonema Pers. *myc. I. 52.*

c) ECTOSTROMA *Fr.* Maculae effusae, foliis innatae.

Ectostroma Fries *syst. II. 601.* Xylomatis sp. DC.

d) XYLOMA *Pers.* Tubercula vesiculoso-indurata, foliis innata.

Xyloma Pers. *synops. 103.* excl. sp. Fries *syst. II. 601.*

360. Leptostroma *FR.* **Perithecium** innatum, dimidiatum, effusum, centro subumbonatum, nec ostiolatum, demum basi circumscissum v. totum a matrice secedens. — *In epidermide variarum stirpium.*

Leptostroma Fries *obs. I. 197. t. 1. f. 6. II. 361. t. 7. f. 4. Syst. II. 597.* Schizoderma Ehrenb. *sylv. 27.* Leptothyrium Kunz. *myc. Heft. II. 79.*

361. Actinothyrium *KUNZ.* **Perithecium** innatum, scutiforme, radiato-fibrosum, apice fatiscens. — *In culmis et foliis graminum.*

Actinothyrium Kunz. *myc. Heft. II. 81.* Fries *syst. II. 597.*

362. Labrella *FR.* **Perithecium** innatum, rotundato-difforme, apice rima dehiscens. **Sporidia** massae gelatinosae immersa. — *In caulibus et foliis variarum stirpium.*

Labrella Fries *elench. II. 140.* non Desmaz.

363. Prosthemium *KUNZ.* **Perithecium** immersum, dimidiatum, apice rumpens. **Sporidia** fusiformia, septata, stromati deplanato primum innata, demum effusa. — *In corticibus.*

Prosthemium Kunz. *myc. Heft. I. 17.*

364. Sphinctrina *FR.* **Perithecium** integrum, ore orbiculari dehiscens. **Sporidia** globosa, in discum coacervata. — *In corticibus.*

Sphinctrina Fries *pl. hom. 120.* Calicium turbinatum Achar. *synops. 56.* Hypoxylon sphinctrinum Bull. *t. 144. f. 1.*

Quid Bryocladium Kunz. et Sphinctosporium Kunz. *a cl. Reichenbachio consp. n. 243. et 333.* commemorata.

TRIBUS II. CYTISPOREI Fries *syst. II. 318.* **Perithecium** ostiolatum. **Nucleus sporidiis** nudis v. inter **ascorum** rudimenta inclusis farctus, dissolutus.

365. Phoma *FR.* **Perithecium** spurium, e matrice formatum, ostiolo pertusum. **Nucleus** grumosus, demum **sporidia** simplicia rejiciens. — *Entophylli, fuscescentes, pustulaeformes.*

Phoma Fries *syst. II. 546. Elench. II. 119.* Naemaspora Ehrenb. *in Hor. phys. t. 18. f. 7.* Sphaeriae sp. Sowerb. *t. 372. f. 1. t. 374. f. 2.* — ? Sacidium Fr. Nees *in Kunz. myc. Heft. II. 64. t. 2. f. 2.*

366. Ceuthospora *FR.* **Perithecium** innatum, in tuberculo vesiculoso-carnoso reconditum, astomum, demum irregulariter dehiscens. **Nucleus** dissolutus. — *In foliis coriaceis.*

Ceuthospora Fries *pl. hom. 119.* Grev. *scot. t. 253. 254.* — ? Helicobolus et Coccobolus Wallr. *Fl. germ. II. 751.* Ascoxyta Libert *crypt. ard. f. 1.*

367. Cytispora *EHRENB.* **Perithecium** innatum, celluloso-multiloculare, loculis difformibus, ostiolo communi elongato apertis.

Sporidia simplicia, cum gelatina demum indurascente cirrhose profluentia. — *Entophylli.*

Cytispora Ehrenb. *sylv. 28.* Fries *syst. II. 540. Elench. II. 116.* Bostrychia Fries *in Vet. Acad. Handl. 1818. p. 119.* Variolariae sp. Bull. *t. 432. f. 2.* Hypoxyli sp. Bull. *t. 487. f. 4.* Sphaeriae sp. Sowerb. *t. 138.* Hoffm. *veg. crypt. t. 5. f. 5.* Naemasporae sp. Pers. Grev. *scot. t. 20.* Cryptosphaeriae sp. Grev. *scot. t. 13.*

368. Sphaeronema *FR.* Perithecium innato-superficiale, ostiolo simplici. Sporidia simplicia, mucosa, sacculo tenuissimo inclusa, erumpentia, in globulum tandem fatiscentem indurata. — *In lignis, imprimis pineis.*

Sphaeronema Fries *obs. I. 187. t. 2. f. 7. 8. Syst. II. 535.* Grev. *scot. t. 189.* — Zythia Fries *pl. hom. 118.* Sphaeriae sp. Tod *meckl. t. 114—119.* Nees *f. 345.* Alb. et Schw. *neisk. t. 8. f. 8. t. 10. f. 5.*

TRIBUS III. PHACIDIACEI Fries *syst. II. 317.* Perithecium ostiolo dehiscens. Asci discoidei, erecti, fixi.

SUBTRIBUS I. PHACIDIEI Fries *pl. hom. 117.* Perithecium subdimidiatum, demum apertum. Nucleus nudus.

369. Excipula *FR.* Perithecium subinnatum, orbiculare, margine inflexo clausum, dein ore orbiculari discoideo-apertum. Nucleus mollis, subdeliquescens. — *Fungilli lignicoli, atri, minimi.*

Excipula Fries *syst. II. 189. Elench. II. 146.* Grev. *scot. t. 334.* Phlyctidium Wallr. *Fl. germ. II. 416. excl. sp.*

370. Hysterium *FR.* Perithecium sessile, ovale vel elongatum, rima longitudinali primum clausa, hians. Nucleus linearis, subpersistens. Asci erecti, fixi, paraphysibus stipati. — *Fungilli epiphyti, gregarii, minuti, nigricantes, persistentes.*

Hysterium Fries *syst. II. 579. Elench. II. 137.*

a) LOPHODERMIUM *Chev.* Innatae, perithecio dimidiato.

Lophodermium Chev. *paris. 436.* Hypodermii sp. DC. (Grev. *scot. t. 26. 60. 87. 88. 129.*)

b) HYSTERIUM *DC.* Superficiales, perithecio integro.

Hysterium DC. *Fl. fr. II. 304.* (Grev. *scot. t. 167. f. 2. t. 233.*)

371. Phacidium *FR.* Perithecium subrotundum, simplex, apice in lacinias plures dehiscens. Nucleus disciformis, subpersistens. Asci erecti, fixi, paraphysibus stipati. — *Fungilli corticoli, lignicoli, epiphylli, nigricantes.*

Phacidium Fries *syst. II. 571. Elench. II. 129.* Pilidium Kunz. *myc. Heft. II. 92.* Sclerotii sp. Fl. dan. *t. 1380.* Xylomatis sp. Pers. *ic. pict. t. 10. f. 1.* Dittm. *apud Sturm II. t. 63.* Triblidium Fries *syst. I. 183. Elench. II. 130.* Chev. *par. t. 8. f. 9.* (Grev. *scot. t. 103.*)

372. Graphiola *POIT.* Perithecium ovale, duplex, exterius crustaceum, apice in lacinias dehiscens; interius membranaceum lacero-multifidum. Nucleus subgrumosus, tandem in pulverem paraphysibus inspersum fatiscens. — *Fungillus elegans, in foliis Phoenicis dactyliferae, etiam in caldariis non infrequens.*

Graphiola Poit. *in Annal. sc. nat. I. 278. t. 26. f. 2.* Kunze *in Flora, 1826. I. 278.* Trichodesmium Chev. *paris. 382. t. 11. f. 1.* — Phacidium Phoenicis Moug. Fries. — ? Elpidophora Ehrenb. *ex Link in Berl. Acad. Abhandl. 1824. p. 172.*

373. Rhytisma *FR.* Perithecium innatum, difforme, rima flexuosa frustulatim apertum. Nucleus placentaeformis, persistens. Asci erecti, fixi, paraphysibus stipati. — *Fungilli epiphyti, pustulaeformes.*

Rhytisma Fries *syst. II. 563. Elench. II. 126.* Corda *apud Sturm III. 2. t. 14—16.* Placuntium Ehrenb. *in Hor. phys. 101.* Xeilaria Libert *crypt. ardenn. exsicc. f. 1.* — ? Cryptomyces Grev. *scot. t. 206.* Xylomatis sp. DC. *Mem. Mus. III. t. 3. f. 8. 9.* Grev. *scot. t. 118.*

SUBTRIBUS II. GLONIEI. Perithecium integrum, rimis arcte conniventibus dehiscens.

374. Actidium *FR.* Perithecium sessile, rotundatum, a centro versus ambitum rimis canaliculatis dehiscens. Asci erecti, fixi, cylindrici, persistentes, sporidiis simplicibus rotundatis. Thallus nullus. — *Fungilli lignatiles, aterrimi, contextu granuloso.*

Actidium Fries *obs. 1. 190. t. 3. f. 1. Syst. II. 596.* Fr. Nees *in Reliq. Haenk. I. 2. t. 1. f. 1.*

375. Lophium *FR.* Perithecium subsessile, elongatum, compressum, rima longitudinali dehiscens. Asci erecti, fixi, cylindrici, fatiscentes, sporidiis simplicibus, rotundatis. Thallus crustaceus v. nullus. — *Fungilli epiphyti, atri, fragiles, conchaeformes.*

Lophium Fries *syst. II. 533.* Grev. *scot. t. 177.* Hysterium mytilinum Pers. Nees *f. 301.*

376. Glonium *MÜHLB.* Perithecium sessile, radiato-ramosum, ramis teretiusculis prostratis, rima longitudinali dehiscentibus. Asci erecti, fixi, clavato-teretes, sporidiis fusiformibus uniseptatis. Thallus byssinus, persistens. — *Fungillus fusco-nigricans, in lignis curiosis Americae borealis repertus.*

Glonium Mühlenb. *catalog. Americ. 101.* Fries *syst. II. 593.* Solenarium Spreng. *pugill. I. 66.* Kunz. *myc. Heft I. 48. t. 2. f. 4.*

SUBTRIBUS III. DERMEI Fries *pl. hom. 114.* Perithecium (*excipulum*) demum apertum, cum receptaculo floccoso connatum. Nucleus disciformis, ascigerus, receptaculo impositus.

377. Heterosphaeria *GREV.* Perithecium integrum, limbo libero connivente cum strato discigero connatum. Asci filiformes, persistentes, sporidia demum in globulum viscidum collecta secernentes. — *Fungilli caulicoli, minuti.*

Heterosphaeria Grev. *scot. t. 103.* Fries *pl. hom. 115.* Sphaeria Patella Tod.

378. Cenangium *FR.* Perithecium integrum, coriaceo-corneum, ore connivente apertum, a strato discigero distinctum. Asci filiformes, persistentes, sporidia discreta explodentes. — *Fungilli polymorphi, epiphyti, fusco-nigri v. atri.*

Cenangium Fries *syst. II. 177. Elench. II. 20.*

a) CLITHRIS *Fr.* Erumpentes, hysteriiformes, rima longitudinali aperti.

Clithris Fries *ll. cc.* Colpoma Wallr. *Fl. germ. II. 422.* Pezizae sp. Auct. Hysterii sp. Tod. *meckl. t. 8. f. 64.* Nees *syst. f. 300.* Sphaeriae sp. Sowerb. *t. 373. f. 3.* Variolariae sp. Bull. *t. 432. f. 4.* (Grev. *scot. t. 197.*)

b) SCLERODERRIS *Pers.* Erumpentes, sphaeriaeformes, ore orbiculari integro aperti.

Scleroderris Pers. Fries *ll. cc.* sphaeriae sp. Auct. Tode *meckl. t. 14. f. 113.* Pezizae sp. Auct. Alb. et Schwein. *neisk. t. 8. f. 2.* Ceratostoma Fries *obs. II. 338.*

c) MICROCRATER. Superficiales, pezizaeformes, ore orbiculari repando aperti.

Peziza Craterium Schwein. *car. p. 9. t. 1. f. 7—12.*

379. Dermea *FR.* Perithecium integrum, suberoso-coriaceum, ore lato apertum, cum strato discigero demum plano confluens. Asci distincti, fixi, persistentes. — *Fungillus nigricans, pezizaemorphus, epiphytus.*

Dermea Fries *pl. hom. 114.* Sphaeriae sp. Pers. *ic. pict. t. 20. f. 1.* Pezizae sp. Roth *catal. II. t. 9. f. 3.*

SUBTRIBUS IV. TYMPANIDEI Perithecium apertum, marginatum, operculo v. velo clausum.

380. Tympanis *TOD.* Perithecium cyathiforme, marginatum, apertum, velo tenui, fatiscente tectum. Discus receptaculo (*strato proprio*) impositus, demum fatiscens. Asci filiformes, fixi. — *Fungilli gregarii, nigricantes, per epidermidem ramulorum erumpentes.*

Tympanis Tod. *meckl. I. 23. t. 4. f. 37.* Fries *syst. II. 173. Elench. II. 17.* Grev. *scot. t. 338.*

381. Lecanidion *ENDL.* Perithecium patellaeforme, marginatum, apertum, velo tenui, cum nucleo confluente tectum. Discus demum ascis annulatis erumpentibus pulverulentus. — *Fungilli epiphyti, erumpentes v. superficiales, gelatinosi v. coriacei.*

Lecanidion Endl. *Fl. pos. p. 46.* Cycledium Wallr. *Fl. germ. II. 510.* Patellaria Fries *syst. II. 158. Elench. II. 15.* non Achar. Patella Chev. *par. 302.* non Zoolog. Pezizae sp. Bull. *t. 438. f. 1.* Nees *f. 265.* Lichenis sp. Hedw. *musc. frond. II. 61. t. 21. f. a.*

382. Stegilla *REICHENB.* Perithecium patellaeforme, marginatum, operculo decidno apertum. Discus ceraceus ex ascis erectis, fixis, cum paraphysibus mixtis, demum diffluentibus. — *Fungilli epiphyti, superficiales v. erumpentes.*

Stegilla Reichenb. *consp. 11.* Sphaerothyrium Wallr. *Fl. germ. II. 431.* Stegia Fries *syst. II. 152. t. 8. f. 2.* non DC. Eustegia Fries *syst. II. 532. Elench. II. 112.* non R. Brown.

TRIBUS IV. SPHAERIACEI Fries *pl. hom. 103.* Perithecium clausum, ostiolo pertusum, nucleo ascigero subdiffluente farctum.

SUBTRIBUS I. DOTHIDINI Fries *pl. hom. 111.* Perithecia in stroma celluliferum confluentia. Ostiolum nullum v. subtile porosum.

383. Ascosphora *FR.* Perithecia innata, ostiolo simplici. Nucleus granuloso-gelatinosus, ascis subglobosis oblongisve farctus, demum diffluens, subcirrhose propulsus. — *Fungilli epiphylli, innati, nigricantes.*

Ascophora Fries *pl. hom. 112.* Sphaeria Aegopodii Pers. *obs. I. 17.*

384. Dothidea *FR.* Perithecium dimidiatum, cum stromate celluloso confusum, ore simplici apertum. Nucleus cereus. Asci erecti, fixi, subpersistentes, paraphysibus stipati. — *Fungilli epiphyti difformes, nigricantes. Genus maximopere nobis dubium, intactum servamus.*

Dothidea Fries *obs. II. 347. Syst. II. 548. Elench. II. 120.* — Polystigma DC. *op. cit. p. 330. t. 3. 4.* Grev. *scot. t. 120.* (Sphaeriae sp. Nees *syst. f. 314. N. A. N. C. IX. t. 6. f. 21.* Xylomatis sp. Fries *obs. I. t. 4. f. 7.*) — Pyrenochia Link *in Berl. Academ. Abhandl. 1824. p. 171.* (D. pyrenophora Fries.) — Sphaeriomorphium Link *l. c.* (D. sphaeroides Fries.) — Typhodium Link *op. cit. p. 176.* (D. typhina Fr.) — ? Sporotheca Corda *apud Sturm. t. 54.* — Exosporii sp. Auct.

385. Vermicularia *TOD.* Perithecium depressum, astomum, lacero-dehiscens. Asci annulati, vermiculati. — *Fungilli epiphyti, setosi. Genus nemini non dubium.*

Vermicularia Tode *meckl. II. 15. f. 8.* Fries *pl. hom. III. Elench. II. 107.* Grev. *scot. t. 345.* — Mydonotrichum, Colletotrichum, Trichostoma et Ospriosporium Corda *apud Sturm III. t. 19. 21. 24.* Exosporii sp. Link.

SUBTRIBUS II. STRIGULINI Fries *pl. hom. 110.* Stroma duplex discretum, in crustam corneam, matrici innatam abiens. Ostiolum inaequale, saepe ampliatum. — *Crustae lichenosae, folia viva arborum tropicarum conspurcantes. Transitus manifestus ad Lichenes. Genera mihi, etiam quo ad locum in systemate, maxime dubia, ex herbario a me saltim non extricanda.*

386. Meliola *FR.* „Perithecia cornea, globosa, fibris septatis innatis imposita, ostiolo longissimo. Asci distincti, convergentes." *Fr.*

Meliola Fries *pl. hom. 111.* ? Tricharia Fée *crypt. cort. t. 3. f. 18.*

387. Strigula *FR.* „Perithecia carbonacea, globosa, farcta, ostiolo rimoso, inaequabili. Nucleus siccus, fatiscens (?) Stroma corneum, subeffiguratum." *Fr.*

Strigula Fries *pl. hom. 111. Elench. II. 114.* Stigmatidium Meyer *Flecht. 328.*

Huc etiam genera „Squammariea epiphylla" a cl. Fée condita:

a) NEMATORA *Fée.* „Thallus byssoideus, expansionibus divergentibus, nodosis, apice turgidis obtusisque. Apotheeia (*tubercula*) in extremitate ramulorum subimmersa, aterrima, intus homogenea."

Nematora Fée *Meth. Lichen. 43. t. 2. f. 4.*

b) RACOPLACA *Fée.* „Thallus membranaceus, laevissimus, in lacinulas angustas anastomosantes partitus. Apothecia (*tubercula*) sparsa, aterrima, nitida, intus homogenea."

Racoplaca Fée *Meth. Lichen. 43. t. 2. f. 5.*

c) PHYLLOCHARIS *Fée.* „Thallus crustaceus, uniformis, orbicularis, e ramulis divergentibus, confluentibus adpressisque formatus. Apotheeia (*tubercula*) sparsa, atra, perforata, intus homogenea, margine obtuso."

Phyllocharis Fée *Meth. Lichen. 44. t. 2. f. 3.*

d) CRASPEDON *Fée.* „Thallus crassus, sublobatorotundus, fimbriatusque, impressionibus punctiformibus, in tota superficie sparsis. Apotheeia (*tubercula*) sparsa, aterrima, nitida, intus homogenea."

Craspedon Fée *Meth. Lichen. 44. t. 2. f. 3.*

e) MELANOPHTHALMUM *Fée.* „Thallus orbicularis, crustaceus, sublobatusque, inaequalis. Apotheeia (*tubercula*) atra, nitida, 4—6 in centro thalli congesta, sed non confluentia."

Melanophthalmum Fée *Meth. Lichen. 45. t. 2. f. 2.*

f) AULAXINA *Fée.* „Thallus orbicularis, membranaceus, striis concentricis notatus. Apothecium (*pseudo-lirella*) triangulare, impressum apertumque, angulis acutis."

Aulaxina Fée *Meth. Lichen. 45. t. 2. f. 7.*

388. Corynelia *ACH.* Perithecium subglobosum, stipiti subclavato cavo impositum, poro demum ampliato inaequali-apertum. Asci clavati, breves, demum in pulverem fatiscentes. — *Fungi caespitoso-gregarii, stromati subrotundo convexo nigro insidentes, in foliis Iridearum capensium.*

Corynelia Achar. *apud Fries obs. II. 343. t. 8. f. 1. Syst. II. 534.* Mucor clavatus Linn.

389. Thamnomyces *EHRENB.* Perithecia subglobosa in stipite cavo terminalia, poro pertusa. Asci irregulares, sporidiis farcti. — *Fungi caespitoso-gregarii stromati subrotunda impositi, nigricantes rigidi, stipite simplici v. ramoso, in corticibus arborum tropicarum viventes.*

Thamnomyces Ehrenb. *in Hor. phys. 79. t. 17. f. 1.* Fries *in Linnaea V. 534.* Montagne *in Nouv. Ann. sc. nat. II. 75. t. 4. f. 4.*

SUBTRIBUS III. DICHAENEI Fries *pl. hom. 108.* Perithecium rimose dehiscens. Stroma discretum, matrici adnatum.

390. Gibbera *FR.* Perithecium rotundatum, velo destitutum, apice rimis irregularibus dehiscens. Asci erecti, convergentes, diu persistentes. — *Epiphyti, solitarii v. aggregati, innati, demum erumpentes.*

Gibbera Fries *pl. hom. 110.* Sphaeriae sp. Sowerb. *t. 373. f. 1.*

391. Ostropa *FR.* Perithecium rotundatum, per velum innatum erumpens, rima transversali marginata fissum. Asci diffluentes. — *In ramis emortuis solitarii, erumpentes.*

Ostropa Fries *pl. hom. 109.* Sphaeria Sclerotium et Sph. barbara Fries *syst. II. 468. et 490.*

392. Hypospila *FR.* Perithecia globosa, velo communi discreto innato tecta, ostiolo oblongo aperta. Asci convergentes, mox diffluentes. — *In ramis languescentibus arborum tropicarum.*

Hypospila Fries *pl. hom. 109.* Spiloma inustum Achar.

393. Dichaena *FR.* Perithecia rotundata, per velum commune discretum innatum erumpentia, irregulariter dehiscentia. Asci erectiusculi, subpersistentes. — *In ramis vivis erumpentes.*

Dichaena Fries *pl. hom. 108. Elench. II. 141.* Polymorphum Chev. *in Journ. Phys. 1822. t. 3. f. 2, 3.* Schizoderma Chev. *paris. 438. t. 11. f. 21.* Phlaeoscoria Wallr. Heterographa Fée *Meth. Lich. 16. Dict. class. VIII. 184.*

SUBTRIBUS IV. SPHAERINI Fries *pl. hom. 103.* Perithecium ostiolo plus minus prominente, rotundato, rarius compresso, apertum. Stroma adnatum.

394. Sphaeria *HALL.* Perithecia ceracea, gelatina diu farcta. Asci subclavati, sporidia simplicia, pellucida, villi v. fumi instar propellentia. — *Epiphyti, innati, primum epidermide tecti, dein erumpentes, velo nullo.*

Sphaeria Hall. *helv. III. 120.* Fries *pl. hom. 108.* Aecidium Hill. *hist. veg. 62.* Pustularia et Perisporularia Rouss. *ex Desv. Journ. bot. I. 143.* — Exormatostoma Gray *br. pl. I. 521.* Cucurbitaria Gray *br. pl. I. 509.* Grev. *scot. t. 50. 84. 135. 195.* Splanchnonema Corda *apud Sturm t. 54.* Cryptosphaeriae sp. Grev. *scot. t. 13. 45.*

395. Valsa *ADANS.* Perithecia membranacea, nucleo fluxili. Asci subclavati, sporidia subsimplicia, pellucida, gelatinae instar propellentia. — *Epiphyti, immersi, demum plus minus erumpentes, velo nullo.*

Valsa Adans *fam. II. 5.* Fries *pl. hom. 108.* Variolaria Rouss. *ex Desv. Journ. Bot. I. 143.* — Eugyzostoma Gray *br. pl. I. 519.* Circinaria Pers. Sphaeriae sp. Nees *syst. f. 321. 329. 331. 332. 333. 336. 337.* Cryptosphaeriae sp. Grev. *scot. t. 67. 201.*

396. Hypoxylon *BULL.* Perithecia subcornea. Asci clavati, sporidia septata, opaca, pulveris instar explodentia. — *Epiphyti, rigidi, nigri, adnato-superficiales, velo pulverulento fugaci.*

Hypoxylon Bull. *champ. 316.* Fries *pl. hom. 116.* Grev. *scot. 324. 327.* — Porouia Willd. *Fl. berol. 400.* Xylaria Pers. *synops. 289.* Grev. *scot. t. 86. 237.* Peripherostoma et Nemania Gray *br. pl. I. 513.* Sphaeriae sp. Auct. Nees *syst. f. 307. 316. 345. 348.-357.* Grev. *scot. t. 6. 39. 47. 82. 138. 152. 175. 186. 324.* Cryptosphaeriae sp. Grev. *scot. t. 78.* Stromatosphaeriae sp. Grev. *scot. t. 32. 135. 204. 215.*

397. Hypocrea *FR.* Perithecia membranacea. Asci filiformes, sporidia simplicia pallida, flocci v. globuli instar prorumpentia. — *Carnosi, laete colorati, epiphyti et epizoi, supra matricem effusi v. floccis adhaerentes.*

Hypocrea Fries *pl. hom. 101.* Sphaeriae sp. Auct. Nees *syst. f. 304. 305. 360—362.* — Quid Eriosporangium Bertero *ex Bullet. sc. nat. XX. III.?*

Ordo XVI. Hymenomycetes.

HYMENOMYCETES Fries *pl. hom. 97.* FUNGI Brongn. *in Dict. class. III. 461.*

Fungi carnosi, suberosi, spongiosi v. gelatinosi, forma globosa, cupulata, clavaeformi v. pileata, contextu vesiculoso homogeneo, v. solido subflocceso, membrana fructificante (*hymenio*) obtecti, cui sporidia intra ascos plus minus evolutos immersa.

Hysterophyta perfectissima, terrestria, lignicola v. fimicola, vix unquam in stirpibus vivis parasitica.

SUBORDO I. TREMELLINI Fries *syst. II. 207.* Receptaculum vagum, gelatinosum, siccitate indurascens, apertum, undique v. superne tantum fructificans. Hymenium glabrum, cum receptaculo confluens. Asci nulli. Sporidia globosa, sub hymenio nidulantia. Contextus vesiculosus v. floccosus, uniformis. *Epiphyti, perfectiores lignicoli, in Europa, Asia et America boreali observati, brumales potissimum et vernales, e patria vix diversi.*

TRIBUS I. HYMENULI Fries *pl. hom. 94.* Receptaculum coriaceo- v. ceraceo-gelatinosum. Sporidia obsoleta.

398. Leioderma *PERS.* Receptaculum cum hymenio confusum, adnatum, applanatum, laeve, tenuissimum, humidum molle subgelatinosum, siccum coriaceum. Sporidia (?) immersa. — *Fungi epiphyti, Sclerotia referentes.*

Leioderma Pers. *myc. europ. 109.* Hymenella Fries *syst. II. 233.* Hymenula Fries *pl. hom. 94.*

399. Agyrium *FR.* Receptaculum compactum, homogeneum, ceraceum, humidum gelatinosum, innato-sessile, sphaericum, laeve, undique fructificans, superficie demum in sporidia fatiscente. — *Fungilli lignatiles, punctiformes, gregarii, flocculoso-contexti.*

Agyrium Fries *syst. II. 231.* Grev *scot. t. 232.* Stictis rufa Pers. *obs. II. t. 6. f. 1.*

TRIBUS II. TREMELLEI Fries *pl. hom. 93.* Receptaculum gelatinosum. Hymenium amphigenum.

400. Pyrenium *TOD.* Receptaculum subrotundum, sessile, pulpa gelatinosa farctum, cortice laevi, tandem sporidiis emergentibus pruinoso. — *Fungillus gregarius, arrhizus, in terra squallida obiter observatus.*

Pyrenium Tode *meckl. I. 35. t. 6. f. 50.* Fries *syst. II. 243. Elench. II. 39.* Grev. *scot. t. 276.*

401. Dacrymyces *NEES.* Receptaculum carnoso-gelatinosum, homogeneum, undique fructificans, glabrum, demum subdeliquescens. Contextus floccosus, floccis assurgentibus, quibus sporidia interspersa. — *Fungi minores, epiphyti, subrotundi v. disciformes, subsessiles.*

Dacrymyces Nees *syst. 89. f. 90.* Fries *syst. II. 228. Elench. II. 35.* Grev. *scot. t. 150.* Tremellae sp. Bull. *t. 455. f. 3.* Pers. *ic. pict. t. 10. f. 1.* — An huc Xylissus, Hypolepia et Hydromyces Raf. *in New-York medic. Reposit. II. Hex. V. 356.*

402. Naematelia *FR.* Receptaculum gelatinosum, undique fructificans, glabrum, nucleum carnosum compactum heterogeneum includens. Sporidia in ambitu dispersa, demum emersa. — *Fungi minores, epiphyti, rotundati, sub-*

pulvinati, immarginati, saepius substipitati, superficie plicata v. gyrosa.

Naematelia Fries *syst. II. 227.* Encephalium Link. Tremella encephala Willd. *in Usteri Magaz. I. 17. t. 4. f. 14.*

403. Tremella *DILL.* Receptaculum gelatinosum, molle, homogeneum, subpellucidum, multiforme; undique fructificans v. hymenii membrana tenui tectum. Sporidia in ambitu utrinque dispersa, subemergentia. — *Fungi epiphyti, libere evoluti, basi saepe rudicantes.*

Tremella Dill. *musc. 41.* Fries *syst. II. 210. Elench. II. 32.* Nostoc Vaill. *bot. paris. 144.*

a) PHYLLOPTA *Fr.* Cartilagineo-foliaceae. — *In Fungis parasiticae.*

Phyllopta Fries *syst. II. 219.* — An huc Amphiphytum Schwein.?

b) CORYNE *Fr.* Carnoso-gelatinosae, subclavatae. — *Ramicolae.*

Coryne Nees *syst. 127. f. 143.* Tremellae sp. Schaeff. *t. 323. f. 1. 3—6.* Bull. *t. 400. f. 5.* Bolt. *t. 101. f. 2.* Pers. *ic. pict. t. 10. f. 1.* Acrospermi sp. Tod. *in Usteri Magaz. IV. t. 12.* Clavaria galeata Holmsk. *ot. I. 25. c. ic.*

c) CEREBRINA. Pulposae, turgidae, primum compactae, e sporidiis pruinosae. — *Ramicolae.*

(Bull. *t. 386. f. a.* Hoffm. *crypt. I. t. 6. f. 4.* E. B. *t. 709. 1870. 2177.* Nees *f. 142.*)

d) MESENTERIUM. Caespitosae, foliaceo-expansae, flaccidae, nudae. — *Ramicolae.*

Gelatina et Hepataria Raf. *in New-York med. Repos. II. Hex. V. 35.* Hoffm. *l. c. t. 7. f. 1.* Jacq. *misc. I. t. 13.* (Bull. *t. 272. 406. f. a. b. d. t. 499.*)

TRIBUS III. CUPULARES Fries *pl. hom.* 92. Receptaculum gelatinosum v. coriaceum, plerumque cupulaeforme, submarginatum. Hymenium superum, papillosum.

404. Exidia *FR.* Receptaculum molle, gelatinosum, homogeneum, horizontale, submarginatum, supra tantum fructificans. Hymenium persistens, papillis duris prominentibus tectum, demum costato-plicatum undulatumve. Sporidia primum ascis plus minus obsoletis inclusa, dein elastice exsudantia. — *Fungi lignatiles, simplices v. caespitosi, libere evoluti, rotundati, concavi vel planiusculi.*

Exidia Fries *syst. II. 220. Elench. II. 33.*

a) SPICULARIA *Chev.* Planiusculae, undulatae, subtus rugosae. Asci obsoleti.

Spicularia Chev. *par. 94.* Tremellae sp. Bull. *t. 420. f. 1.* Fl. dan. *t. 884.* Hoffm. *crypt. I. t. 8. f. 1.*

b) MAGOMYCES. Pezizoideae, plicatae, subtus villosae v. punctato-scabrae. Asci distincti.

Auriculariae sp. Link. *Ehrenb. in Hor. phys. berol. t. 19. f. 9.* Tremellae sp. Linn. *Bull. t. 427. f. 2. t. 460.* Bolt. *t. 107.* Dittm. *apud Sturm t. 13.* Nees *syst. f. 141.* E. B. *t. 2452.* (Fr. Nees *offic. Pflanz. ic.*)

405. Lemalis *FR.* „Receptaculum ceraceo-gelatinosum (*raro coriaceum?*) cupulaeforme, submarginatum. Hymenium superum laeve, demum sporidiis secedentibus pruinosum.“ *Fr.* — *Genus inquirendum.*

Lemalis Fries *pl. hom. 93.*

406. Hirneola *FR.* „Receptaculum coriaceum, cupulaeforme. Hymenium superum, papillosum, pubescens.“ *Fr.* — *Fungillus antillanus, vix notus.*

Hirneola Fries *pl. hom. 93.* Peziza flava Swartz *Fl. Ind. occid. III. 1933.*

TRIBUS IV. PILEOLARES Fries *pl. hom.* 92. Receptaculum membranaceum, siccum, pileatum, excentrice substipitatum. Hymenium inferum, laeve.

407. Laschia *FR.* Receptaculum gelatinosum, expansum pileato-dimidiatum, hymenio nullo discreto, pagina inferiore favoso-reticulata, fructificante. — *Fungillus guineensis, lignatilis, pileo semiorbiculari margine postico adnato, fuscescente.*

Laschia Fries *in Linnaea V. 533.*

408. Guepinia *FR.* Receptaculum cartilagineo-gelatinosum, pileatum, varie tortum. Hymenium discretum, gelatinosum, unilaterale, subinferum, intus obscure tubulosum. — *Fungi terrestres v. lignatiles, sessiles v. substipitati, lacte colorati, inter tropicos ut videtur nobiliores.*

Guepinia Fries *pl. hom. 92. Elench. II. 30.* Gyrocephalus Pers. *in Ann. soc. linn. paris. III. 75.* Tremellae sect. I. Hygromitra Fries *syst. II. 211.* Tremella helvelloides DC. et T. rufa Jacq. *misc. I. t. 14.* Merulii sp. Schwein. *carol. n. 834. t. 2. f. 1—3.*

409. Cyphella *FR.* Receptaculum submembranaceum, concavum, obliquum, cernuum, hymenio nullo discreto, subtus fructificans. Sporidia globosa, majuscula, pulveris instar secedentia. — *Fungi lignatiles v. muscicoli, cupula subsessili v. excentrice stipitata, tandem lacera.*

Cyphella Fries *syst. II. 201. Elench. II. 28.* Pezizae sp. Alb. et Schwein. *neisk. t. 1. f. 5. t. 5. f. 1.*

410. Midotis *FR.* Receptaculum cartilagineum, ovato-oblongum, stipitatum. Hymenium inferum, discretum, separabile, laevissimum, tandem rimosum. Asci immersi, longi, sporidiis uniserialibus farcti. — *Fungus truncicola, rufo-badius, lateraliter stipitatus, Midae aures in mentem revocans.*

Midotis Fries *pl. hom. 363. Elench. II. 29.*

411. Helotium *TOD.* „Receptaculum membranaceum, pileatum, stipite suffultum, integrum, subtus fructificans.“ *Fr.* — *Genus inquirendum.*

Helotium Tode *meckl. I. 22.* Fries *pl. hom. 92.* Perona Pers. *myc. europ. II. 3.*

SUBORDO II. CLAVARIEI Fries *syst. I. 461.* Receptaculum clavaeforme, perpendiculare, subcylindricum, simplex v. ramosum, immarginatum, stipite vix distincto. Hymenium amphigenum, laeve. Asci sublineares, vix paraphysophori. Substantia carnosa. — *Infimi epiphyti, perfectiores terrestres; simplices serotini, ramosi ut plurimum vernales, saepe meteorici. Duratio brevis. Majores in cibariis recepti. Exotici vix noti.*

TRIBUS V. CLAVULATI Fries *pl. hom.* 90. Substantia gelatinoso-cornea v. carnosa. Hymenium confluens. Asci abbreviati v. obliterati.

412. Pterula *FR.* Receptaculum filiformi setaceum, subcoriaceum, cum stipite confluens, undique hymenio cinctum, apice sterili multifido. Asci nulli, sporidia immersa. — *Fungilli terrestres, caespitosi, climatis calidioris.*

Pterula Fries *in Linnaea V. 531. t. 11. f. 4.* Penicillaria Chev. *par. I. 111.* Clavariae sp. Bull. *t. 448. f. 3.*

413. Typhula *FR.* Receptaculum simplex v. ramosum, carnosum, subcylindricum. Hymenium clavaeforme, terminale, a stipite filiformi discretum. Asci obsoleti. — *Fungilli tenaces, in foliis dejectis nascentes.*

Typhula Fries *obs. II. 296. Syst. I. 494. Elench. I. 235.* —? Chordostylum Tode *meckl. t. 6. f. 55.* Cuazonaria Corda *III. t. 23.* Phacorrhizae sp. Grev. *scot. t. 43. 93.* Clavariae sp. Bull. *t. 448. f. 1.* Bolt. *t. 112.* Batsch *cont. I. f. 194.* Sowerb. *t. 253. 386. f. 5. 387. f. 4.* Pers. *synops. t. 2. f. 14.* Clavaria capillaris Holmsk. *t. 3. c. ic.*

414. Calocera *FR.* Receptaculum simplex v. ramosum, corneo-gelatinosum. Hymenium persistens totam superficiem vestiens. Asci tenues. — *Fungilli lignatiles, tenaces, viscosi, radicati, absque stipite discreto, fulvi v. lutei, sporidiis albis.*

Calocera Fries *syst. I. 485. Elench. I. 233.* Clavariae sp. Schaeff. *t. 174. 289.* Sowerb. *t. 40. 199.* Hoffm. *crypt. II. t. 7. f. 1.* Fl. dan. *t. 1305. f. 1. 2.* Clavaria medularis et gelatinosa Holmsk. *ot. I. 80. 81. c. ic.*

415. Clavaria *VAILL.* Receptaculum erectum, cylindricum, homogeneum, cum stipite confusum. Hymenium concretum, laeve, superficiem totam occupans, sed superne tantum ascigerum. Asci tenues, distincti. — *Fungi terrestes v. truncicoli, ramosi, ramis plerumque attenuatis, v. simplices, sursum incrassati.*

Clavaria Vaill. *paris. 39.* Fries *syst. I. 466. Elench. I. 228.* Coralloides Tournef. *inst. 564.*

a) CORYNOIDES. Simplices, solitariae v. caespitosae, basi attenuatae. — *Terrestres, rarius epiphytae.*

Clavariae sp. (Bull. *t. 244. 364. 463.* Sowerb. *t. 224. 235. 253. 277. 333.* Jacq. *misc. II. t. 12. f. 2.* Fl. dan. *t. 775. f. 1. t. 837. f. 1. 2. t. 873. f. 1. t. 1255—1257.*) Nees *syst. f. 155.*

b) RAMARIA *Holmsk.* Ramosae, trunco tenui erecto, basi subfibrilloso, ramis gracilibus. — *Plerumque truncicolae, rarius terrestres.*

Ramaria Holmsk. *ot. 92.* Fries *syst. I. 468.* (Bull. *t. 358. 448. f. 2. t. 496. f. 2.* Sowerb. Fl. dan. *t. 836. f. 2. t. 775. f. 2. t. 1302. 1304. 1376.* Nees *syst. f. 151. 152.* Pers. *clav. t. 1. f. 2. t. 3. f. 1. 5. t. 4. f. 2. 3.* Ehrenb. *in N. A. N. C. X. 213. t. 14.* Grev. *scot. t. 117.*)

c) BOTRYOIDES. Ramosae, trunco crassiusculo, ramis obtusis, fastigiatis v. brevibus difformibus. — *Magnae, terrestres, meteoricae, plurimae edules.*

Clavariae sp. (Jacq. *collect. II. t. 13.* Fl. dan. *1303.* Bull. *t. 222.* Nees *f. 150.* Grev. *scot. t. 64.*)

TRIBUS VI. MITRULINI Fries *pl. hom.* 89. Hymenium discretum, receptaculum ambiens. Asci elongati.

416. Crinula *FR.* Receptaculum erectum, cylindricum, hymenium apicem cingens penetrans. Hymenium heterogeneum, discretum, capituliforme, deliquescens, sporigerum. — *Fungillus rarissimus, corticola, gregarius, stipite subsimplici, corneo, nigricante, capitulo gelatinoso, primum olivaceo, demum albido.*

Crinula Fries *syst. I. 493.* Crinium Fries *novit. F. 79.*

417. Geoglossum *PERS.* Receptaculum erectum, clavaeforme, subcompressum, in stipitem attenuatum. Hymenium concretum, clavulam incrassatam ambiens, a stipite vero discretum, undique ascigerum. Asci elongati. — *Fungi terrestres carnosi, tenaces, nigricantes, rarius laete colorati.*

Geoglossum Pers. *obs. I. 11. t. 5. f. 7. II. t. 3. f. 5.* Fries *syst. I. 487.* Elench. *II. 233.* Nees *syst. f. 157.* Grev. *scot. t. 185. 211.* Clavariae sp. Holmsk. Bull. *t. 872.* Fl. dan. *t. 1076. f. 2. t. 1258. f. 1.* — Heyderia Fries *syst. I. 492.* (Mitrula Heyderi Pers. *disp. t. 3. f. 12.* Fl. dan. *t. 1670. f. 2.*)

418. Mitrula *FR.* Receptaculum erectum, in stipitem discretum attenuatum. Hymenium ovatum, inflatum, basi stipitem arcte cingens. Asci elongati. Sporidia elastice exsudantia. — *Fungilli carnosi, simplices, in foliis dejectis in paludosis subcaespitoso-gregarii, dilute incarnati, vel flavi.*

Mitrula Fries *syst. I. 491. Elench. I. 234.* Leotiae sp. Persoon *synops. t. 3. f. 13.* Fl. dan. *t. 1377.* Grev. *scot. t. 81. 312.*

419. Spathulea *FR.* Receptaculum erectum, in stipitem discretum attenuatum. Hymenium verticale, compressum, utrinque in stipitem decurrens, superne ascigerum. Asci elongati. Sporidia elastice exudantia. — *Fungus epiphytus, carnoso-membranaceus, autumnalis, solitarius, primum albidus, dein subferrugineus.*

Spathulea Fries *pl. hom. 89.* Grev. *scot. t. 165.* Spathularia Pers. *clavar. 54.* Nees *syst. f. 156. a. b.* Fries *syst. I. 490.* Clavaria spathulata Fl. dan. *t. 658.* Schmidl *ic. t. 50. f. 1.*

TRIBUS VII. PILEOLATI Fries *pl. hom.* 88. Receptaculum effiguratum, confluens. Asci breves.

420. Sparassis *FR.* Receptaculum carnosum, ramosissimum, ramis dilatatis, planis, laeviusculis, e membrana hymenina duplici connexa, utrinque ascigera. Asci elongati. Sporidia alba. — *Fungus pedalis, albido-flavus, in pinetis terrestris, carnosus, fragilis, e basi tuberosa ramosus, ramis scrobiculato-rugosis, ramulis compressis crispatis in caespitem globosum intricatis.*

Sparassis Fries *syst. I. 464. Elench. I. 227.* Helvellae sp. Schaeff. *t. 163.* Clavariae sp. Wulff. *in Jacq. misc. II. t. 14. f. 1.*

421. Martella *SCOP.* Receptaculum carnosum, simplex, apice tubulis hymeninis subulatis, undique ascigeris obsitum. Asci tenues, breves. Sporidia . . . — *Fungi magni, epiphyti, carnosi, albi, flavi v. cinerascentes, truncum referunt apice aculeis congestis obsitum.*

Martella Scop. *pl. subterr. 151.* Hericium Fries *pl. hom. 88.* Hydna Gomphi Fries *syst. I. 410.*

SUBORDO III. HELVELLACEI Fries *syst. II. 1.* Receptaculum determinatum, distincte marginatum, circumscriptione orbiculatum, in infimis subobliteratum, in perfectioribus cupulatum; cupula in perfectissimis reflexa pileum faciente. Velum nullum v. floccosum, perithecium distinctum, superum, ascigerum. Asci elongati, clavati, paraphysophori, suboctospori. Contextus flocoso-fibrosus; substantia carnosa v. membranacea, rarissime gelatinosa. *Libere evoluti, e loco natali haud mutati.*

TRIBUS VIII. CUPULATI Fries *syst. II.* 35. Receptaculum cupulatum, aequabile, hymenium discoideum, junius subclausum, marginans.

422. Solenia *PERS.* „Receptaculum elongatum, tubuliforme, simplex, membranaceum, erectum, ore constricto, integro; absque hymenio distincto. Asci nulli. Sporidia elastice secedentia?" *Fr.* — *Fungilli epiphyti, gregarii, conferti, magnopere dubii.*

Solenia Pers. *disp. 36. Myc. europ. t. 12. f. 8. 9.* Hoffm. *crypt. t. 8. f. 9.* Fries *syst. II. 200.*

423. Stictis *PERS.* Receptaculum cupulaeforme, immersum, limbo saepe obliterato. Hymenium laeve, receptaculo immersum. Asci tenues, fixi. Sporidia globosa, secedentia. — *Fungilli epiphyti, minimi, cupula undique adnata, substantia ceraceo-membranacea v. rarius gelatinosa.*

Stictis Pers. *obs. II. 73.* Myc. *europ. 335.* Fries *syst. II. 191.* Elench. *II. 24.*

a) PROPOLIS *Fr.* Hymenium difforme, in pulverem fatiscens.

Propolis Fries *syst. II. 198.* Xylogramma Wallr. *Fl. germ. II. 509.* Tremellae sp. Alb. et Schwein. *nisk. t. 9. f. 7.*

b) XYLOGRAPHA *Fr.* Hymenium ellipticum, deliquescens.

Xylographa Fries *syst. II. 197.* Hysterii sp. Pers. Lichen parellus Achar.

c) EUSTICTIS. Hymenium orbiculare, innatum, ceraceum, persistens.

Pezizae sp. Pers. *ic. pict. t. 8. f. 1. 2. Obs. II. t. 6. f. 7.* Nees *syst. f. 293.* Grev. *scot. t. 227.* Sphaeroboli sp. Tode *meckl. I. t. 7. f. 58* Lycoperdonis sp. Linn.

d) CORTICA *Fr.* Hymenium subliberum, erumpens, gelatinosum, persistens.

Cortica Fries *syst. II. 192.* Melanostroma Corda *apud Sturm. III. t. 61.*

TRIBUS IX. CLAVICULARES Fries *pl. hom.* 86. Receptaculum lenticulare, apertum. Hymenium marginatum.

424. Ditiola *FR.* Receptaculum tuberculatum, suberosum, velo secedente patellatum. Hymenium adnatum, demum corrugato-plicatum, deliquescens. Asci tenerrimi, fixi, diffluentes. Sporidia ovata. — *Fungilli gregarii e lignis exsiccatis, inter quorum fibras radicibus mucedineis late serpunt, erumpentes, distincte stipitati, diu persistentes.*

Ditiola Fries *syst. II. 169.* Tubercularia Tode *meckl. I. 18. t. 4. f. 32—34.* Helotii sp. Nees *syst. f. 161.* Leotiae sp. *Fl. dan. t. 1378. f. 2.*

425. Volutella *TOD.* Receptaculum hypocrateriforme, stipitatum, margine revolutum, apertum, velo partiali. Hymenium unguinosum, in resinam coagulandum. — *Fungillus coriaceus fulvescens in ramulis exsuccis sparsus, soli generis autori notus.*

Volutella Tode *meckl. I. 28. t. 5. f. 43.* Fries *syst. II. 173.*

426. Sarea *FR.* Receptaculum lenticulare, stipitatum, subtus demum exclavatum. Hymenium nudum, plano-convexum. Asci fixi, persistentes. — *Fungilli pezizoidei, lignicoli, stipite simplici v. ramoso, saepius villoso.*

Sarea Fries *pl. hom. 86.* Helotium Pers. *synops. 677.* Fries *syst. II. 155.* Pezizae sp. Pers. *ic. et descript. t. 11. f. 2.* Nees *syst. f. 287.* Leotiae sp. Pers. *obs. II. t. 5. f. 1. 4. 5. t. 6. f. 1. 2.* Helvellae sp. Bull. *t. 473. f. 1.* Bolt. *t. 98. f. 1. t. 176.* Sowerb. *t. 57.* ? Plaucina Fries *syst. II. 158.*

427. Vibrissea *FR.* Receptaculum capitato-pileatum margine primo undique stipiti adnato, mox libero. Hymenium pileum vestiens, nudum, persistens, primum laeve, demum ascis paraphysibusque erumpentibus (*oscillantibus*) velutinum. — *Fungi carnoso-ceracei, gregarii, lignatiles, vernales, olidi, stipite tenui, capitulo hemisphaerico, marginato, subtus concavo.*

Vibrissea Fries *syst. II. 31* Leotiae sp. Alb. et Schwein. *neisk. t. 3. f. 2.* Pers. *myc. europ. I. t. 11. f. 9.*

TRIBUS X. CUPULATI Fries *pl. hom.* 85. Receptaculum cupulatum, primo clausum. Hymenium marginatum.

428. Bulgaria *FR.* Receptaculum orbiculatum, marginatum, ventricoso-turbinatum, mox apertum, planiusculum, intus glutinosum, extus subrugosum. Hymenium discoideum, nudum, persistens. Asci ampli, immersi, demum cum sporidiis elastice erumpentes, paraphysibus persistentibus immixtis. — *Fungi pezizoidei, mucidi, in corticibus sero autumno gregarie erumpentes.*

Bulgaria Fries *syst. II. 166.* Chev. *paris. I. t. 9. f. 4.* Polymorphus Naumb. *diss. Erf. 1732. p. 28.* Burcardia Schmidl *anal. pl. III. 261. t. 69. 70.* Elvelae sp. Schaeff. *t. 158. 323. 324.* Pezizae sp. Bull. *t. 410. f. 1. t. 460. f. 1.* Sowerb. *t. 428.* Fl. dan. *t. 1017.* Octosporae sp. Hedw. *musc. frond. II. t. 6. f. 5. t. 7. f. 6.* Ascoboli sp. Nees *syst. f. 296.*

429. Ascobolus *PERS.* Receptaculum orbiculatum, submarginatum, mox apertum disco patellaeformi. Hymenium discoideum, persistens. Asci ampli, clavati, maturescentes emmersi, discreti, demum elastice dissilientes, paraphysibus evanescentibus. Sporidia (*nigra*) laticî innatantia, uniserialia, ovata. — *Fungi minuti gregarii, molles, fimicoli, post autumnales pluvias copiosi.*

Ascobolus Pers. *disp. 35. Obs. I. t. 4. f. 3—6.* Alb. et Schwein. *neisk. t. 6. f. 6.* Nees *syst. f. 297.* Fries *syst. II. 161.* Grev. *scot. t. 307.* Pezizae sp. Bull. *t. 376.* Sowerb. *t. 18. 389. f. 3—6.* Octosporae sp. Hedw. *musc. frond. II. t. 7. f. a.*

430. Peziza *DILL.* Receptaculum cupulaeforme, marginatum, primo subclausum, mox expansum. Hymenium laeve, persistens, distinctum. Asci ampli, distincti, fixi, sporidia elastice ejicientes, paraphysibus stipati. — *Fungi notissimi epiphyti vel terrestres, cupula centro affixa, saepissime stipita, cava, demum planiuscula, disco discolori.*

Peziza Dill. *gen. 74.* Fries *syst. II. 40. Elench. II. 4.* Peziza et Trombetta Adans. *II. 6.* Encoelia Hill. *syst. II. 56.* Octospora Hedw. *musc. frond. II. 4.* Patella Weber.

A) PHIALA *Fr.* Epiphytae, ceraceae v. membranaceae, rarius gelatinosae, glabrae. Hymenium concretum.

I. Phiala Fries *syst. II. 116.*

a) Patella Fries *syst. II. 149.* Sowerb. *t. 389. f. 8.* Nees *syst. f. 265.* Fries *obs. I. t. 4. f. 1.*

b) Mollisia Fries *syst. II. 137.*

α) Ceracella Fries *syst. II. 146.* (Sowerb. *t. 389. f. 7.* Pers. *ic. et descript. t. 1. f. 6. 7.* Nees *syst. f. 266.*)

β) Cathurgia. Octosporae sp. Hedw. *II. t. 6. f. 6.* (Bull. *t. 376. f. 2. t. 416. f. 1.* Sowerb. *t. 64. 152.* Fl. dan. *t. 779. f. 3. t. 1490. f. 2.* Nees *syst. 267.*)

γ) Rhopalum. (Alb. et Schwein. *neisk. t. 2. f. 3.*)

c) Calyculus. Pezizae calyciuae Nees *syst. 263.* Fries *syst. II. 128.*

α) Helotioides. Octosporae sp. Hedw. *II. t. 9. f. a. t. 22. f. c.* (Bull. *t. 300. 467. f. 2.* Sowerb. *t. 359. f. 6.*)

β) Buccinoides. Octosporae sp. Hedw. *II. t. 8. f. a.* (Sowerb. *t. 116. 150. 347. 369. f. 7.* Holmsk. *ot. II. t. 12.*)

d) Hymenoscyphus Nees *syst. 266.* Fries *syst. II. 117.*

α) Volutellaria. (Batsch *cont. I. f. 148.* Tod. *meckl. I. t. 6. f. 44.*)

β) Cupula. Octosporae sp. Hedw. *II. t. 9. f. b. t. 10. f. a.* (Bull. *t. 416. f. 4.* Fl. dan. *t. 1016. f. 1. t. 1380. f. 1.* Nees *f. 293—295.* Holmsk. *ot. II. t. 22.*)

γ) Ciborium. Octosporae sp. Hedw. *II. t. 9. f. 3.* (Bull. *t. 500. f. 1. 2* Fl. dan. *t. 1016. f. 2.* Holmsk. *ot. II t. 11. 16.*)

B) LACHNUM *Retz.* Subepiphytae, ceraceae, extus pilosae v. villosae. Hymenium distinctum, concretum.

II. Lachnum Retz. *prodr. 329.* Fries *syst. II. 77.*

e) Fibrina Fries *syst. II. 111.* (Alb. et Schwein. *neisk. t. 2. f. 3. t. 3. f. 4. t. 10. f. 7. t. 11. f. 8.* Nees *syst. 264.* Holmsk. *ot. II. t. 17.*)

f) Tapezia Pers. *myc. europ. I. 270.* Fries *syst. II. 105.* (Pers. *ic. et descript. t. 7. f. 1.* Nees *syst. f. 271. 272.*)

g) Dasyscyphus Fries *syst. II. 89.* (Bull. *t. 410. f. 3. t. 416. f. 5. t. 467. f. 1.* Fl. dan. *t. 799. f. 2. t. 1016. f. 4. t. 1440. f. 2. t. 1600.* Nees *syst. f. 270. 283. 284.* Grev. *scot. t. 83.*)

h) Sarcoscyphus Fries *syst. II. 78.* Octosporae sp. Hedw. *II. t. 3. f. a. b.* (Jacq. *Fl. austr. t. 169.* Coll. *t. 10. 204. 467.* Nees *syst. f. 286. 288.* Grev. *scot. t. 171.*

C) ALEURIA *Fr.* Subterrestres, carnosae v. carnoso-membranaceae, pruinosae v. floccoso-furfuraceae.

III. Aleuria Fries *syst. II. 42.*

i) Encoelia Fries *syst. II. 74.* Phibalis Wallr. *Fl. germ. II. 445.* Octosporae sp. Hedw. *II. t. 22.* (Alb. et Schwein. *t. 12. f. 2.* Pers *ic. et descript. t. 8. f. 4.*)

k) Humaria Fries *syst. II. 67.* Octosporae sp. Hedw. *II. t. 4. f. a. t. 5. f. 2.* (Bull. *t. 480. 485. f. 1.* Sowerb. *t. 369. f. 10. 11.* Fl. dan. *t. 656. f. 2.* Holmsk. *ot. II. t. 21.* Nees *syst. f. 268.*)

l) Geopyxis Pers. *myc. 224.* Fries *syst. II. 55.*

α) Catinus Octosporae sp. Hedw. *II. t. 5. f. c. t. 6. f. d.* (Bull. *t. 369. f. 3. t. 438. f. 3.*

Sowerb. *t. 148.* Fl. dan. *t. 655. f. 2.* Pers. *obs. I. t. 6. f. 7.* Holmsk. *ot. II. t. 8.*)

β) Cacabus. Octosporae sp. Hedw. *II. t. 10. f. b. c. t. 19. f. b. c.* (Bull. *t. 196. 457. 485. f. 2. 3.* Fl. dan. *t. 1078. f. 1. t. 1200. f. 2.* Nees *syst. f. 289.* Holmsk. *ot. II. t. 910.* Grev. *scot. t. 70.*)

m) Helvellopsis. Pezizae helvelloideae Fries. *syst. II. 43.*

α) Crucibulum. Octosporae sp. Hedw. *II. t. 6. f. a.* (Sowerb. *t. 3. 4.* Pers. *ic. et descript. t. 8. f. 3.* Grev. *scot. t. 59. 107.*)

β) Cochlidium. (Bull. *154. f. b. t. 474.* Sowerb. *t. 5. 78. 79.* Nees *syst. f. 279* Dittm. *t. 16.* Holmsk. *ot. II. t. 6. 7.*)

γ) Acetabularium. (Bull. *t. 485. f. 4.* Sowerb. *t. 59.* Pers. *synops. t. 5. f. 1.*)

431. Rhizina *FR.* Receptaculum effusum, crustaceum, bullatum, subtus concavum, fibrillis radiciformibus margineque deflexo suffultum. Hymenium totam superficiem superiorem vestiens, laeve, persistens. Asci ampli, fixi. Sporidia ovato-oblonga, sporidiolis duobus. — *Fungi terrestres, subautumnales, rigidi, fragiles, pileo subrotundo-convexo, sessili.*

Rhizina Fries *obs. myc. I. 161. Syst. II. 32.* Octosporae sp. Hedw. *musc. fr. II. t. 5. f. a.* Elvellae sp. Schaeff. *t. 153.*

TRIBUS XI. MITRATI Fries *syst. II.* 3. Receptaculum pileatum, bullatum, nunquam clausum, nec hymenium marginans. Hymenium concretum, persistens, nudum.

432. Leotia *HILL.* Receptaculum pileatum, centro stipitatum, orbiculare, patens, margine subtus revoluto. Hymenium superum, undulatum v. laeve, persistens. Asci fixi, clavato-cylindrici. — *Fungi gregarii, terrestres, aestivales, carnoso-molles, subtremellosi, pileo subirregulari, tandem viscoso margine repando.*

Leotia Hill. *hist. 43.* Fries *syst. II. 25. Elench. II. 3.* Hypolyssus Pers.

a) HYGROMITRA *Fr.* Pileus gelatinosus, margine subtus adnatus. — *Noxiae, flavo-virides.*

Hygromitra Fries *syst. II. 48.* Cucullaria Pers. *myc. europ. 201.* Helvellae sp. Bull. *t. 473. f. 2.* Sowerb. *t. 70.* Phalli sp. Fl. dan. *t. 654. f. 1. t. 719.* (Pers. *myc. t. 9. f. 1—3.* Grev. *scot. t. 56.*)

b) CUCULLARIA *Fr.* Pileus carnosus, margine liber. — *Edules, albo-cinereae v. cinnamomeae.*

Cucullaria Fries *syst. II. 26.* (Pers. *ic. et descript. t. 5. f. —7.*)

433. Verpa *SW.* Receptaculum clavato-pileatum, centro suffultum, deflexum, conicum, subtus concavum, supra undique hymenio tectum. Hymenium laeve l. rugulosum, persistens. Asci fixi. — *Fungi terrestres, meteorici, carnoso-membranacei, stipite cavo, a pileo discreto.*

Verpa Swartz *in Act. Holm. 1815. p. 129. t. 4.* Fries *syst. II. 23.* Corda *apud Sturm I. t. 1—6.* Phalli sp. Fl. dan. t. *651.*

434. Helvella *LINN.* Receptaculum pileatum, centro suffultum, deflexum, subinflatum, sinuosum, subtus concavum, supra margineque hymenio tectum. Hymenium laeve, persistens. Asci fixi. — *Fungi terrestres v. lignicoli, autumnales, persistentes, ceraceo-membranacei, stipite cum centro receptaculi continuo, cavo v. medulla floccosa farcto.*

Helvella Linn. *gen. n. 1214. excl. sp.* Fries *syst. II. 13.*

a) OMPHALOMITRA. Stipes elongatus, tenuis. Pileus liber, umbilicatus, tandem deflexus.

α) Helvellae pezizoideae Fries *syst. II. 19.* Boleto-Lichen Juss. *act. paris. 1728 p. 268.* (Bull. *t. 242.* Sowerb. *t. 154.* Fl. dan. *t. 534. f. 1.* Holmsk. *ot. II. t. 25. 26.*)

b) MITRA *Fr.* Stipes brevis, basi incrassatus. Pileus primum stipiti adnatus, tandem deflexus.

β) Mitra Fries *syst. II. 14.* Phalli sp. Fl. dan. *t. 835.* (Bull. *t. 466.* Fl. dan. *t. 1500.* Holmsk. *ot. II. t. 24.* Nees *syst. f. 163.* Tratt. *essb. Schwämm. t. cc. dd.* Chev. *par. t. 6. f. 5.* Grev. *scot. t. 36.*)

435. Morchella *DILL.* Receptaculum clavatum v. pileatum, rotundatum, centro impervium, suffultum, supra hymenio tectum. Hymenium costis elevatis cellulosum v. lacunosum, persistens. Asci fixi. — *Fungi majores, vernales, terrestres, edules, ceraceo-carnosi, stipite subcavo in pileum transeunte.*

Morchella Dill. *gen. 74.* Fries *syst. II. 5.* Tratt. *essb. Schwämm. t. ee.* Nees *f. 167.* Grev. *scot. t. 63.* Boletus et Phallo-Boletus Mich. *gen. 202. 203.* Gyrocephali sp. Pers. Helvellae sp. Sowerb. *t. 51.* Phalli sp. Linn. Bull. *t. 218.* Vent. *Mem. inst. I. 509. t. 1.* Fl. dan. *t. 53.*

SUBORDO IV. PILEATI Fries *syst. I. 3.* Stipes erectus v. adscendens, subcylindricus, pileo plus minus contiguus, interdum obliteratus. Pileus horizontalis, dilatatus, in formam orbicularem tendens, sensim explanatus, marginatus. Velum saepius praesens. Hymenium inferum, subeffiguratum, raro laeve. Asci lineares, fixi, vix paraphysophori. — *Fungi perfectissimi, extraeuropaei pauci cogniti, plerique aestivales v. autumnales, pauci vernales v. brumales, multi edules, plures venenati.*

TRIBUS XII. AURICULARINI Fries *pl. hom.* 81. et 363. Hymenium papillosum v. laeve.

436. Phlebia *FR.* Hymenium cum pileo homogeneum et concretum, interrupte et irregulariter rugosum, undique ascigerum. Asci lineares, fixi. — *Fungi carnosiusculi, pileo sessili, supra truncos v. muscos effuso, resupinato.*

Phlebia Fries *syst. I. 426. Elench. I. 153.* Grev. *scot. t. 280.* Ricnophora Pers. *myc. europ. II. t. 18. f. 5.* — Oncomyces Klotsch *in Linnaea VII. 195.* Phlebia mesenterica Fries *Elench. I. 154.*

437. Thelephora *EHRH.* Hymenium cum pileo homogeneum et concretum, laeve v. papillis subrotundis, obtusis, sparsis obsitum, undique ascigerum. Asci tenues, subimmersi. — *Fungi lignicoli v. terrestres, pileo sessili, rarissime stipitato, coriaceo, persistente, irregulari, fibroso-flocceso.*

Thelephora Ehrh. *crypt. 178.* Fries *syst. I. 428. Pl. hom. 81. Elench. I. 156.* Zonaria Rouss. *ex Desv. Journ bot. I. 43.* Thelephora et Hyphoderma Wallr. *Fl. germ. II. 576.*

a) LEIOSTROMA *Fr.* Lignicolae, subeffusae, adnatae, grumosae, ascis obsoletis.

Leiostroma Fries *syst. I. 452.* Corticium Pers. *disp. 31.* Sarcopodium Ehrenb. *sylv. 13. 23. f. 4.* Auriculariae sp. Sowerb. 288. Grev. *scot. t. 234.*

b) TERANA *Ad.* Lignicolae, resupinatae, effusae, adnatae, contextu flocceso, ambitu subnudae.

Terana Adans. *II. 5.* (Th. coriacea Fries *Elench. I. 212.* Nees *syst. f. 255.*)

c) HIMANTIA *Fr.* Lignicolae, resupinatae, effusae, subtus fibrillosae, ambitu byssino.

Himantia Fries *syst. I. 450. Elench. I. 200.* Auriculariae sp. Sowerb. *t. 383.* Hypochni sp. Fries *obs. II. 278.*

d) CONIOPHORA *DC.* Lignicolae, resupinatae, effusae, mucedineae, hymenio ex ascis erumpentibus pulverulento.

Coniophora DC *Fl. fr. V. 34.* Fries *Elench. I. 193,* Tomentella Pers. *obs. II. 18.* Athelia Pers. *myc. europ. I. 18.* Auriculariae sp. Sowerb. *t. 214.*

e) PHELLINA. Lignicolae, resupinatae, suberoso-lignosae, marginatae, concentrice sulcatae.

Thelephorae stratosae Fries *Elench. I. 190.*

f) AURICULARIA *Fr.* Lignicolae, resupinatae v. lateraliter adnatae, submarginatae, coriaceo cartilagineae v. suberosae.

Auricularia Fries *Elench. I. 174.* (Nees *syst. f. 252. N. A. N. C. XIII. t. 3.* Grev. *scot. t. 142. 225.* Humb. et Bonpl. *nov. gen. et sp. t. 628.* Klotsch *in Hook. misc. II. t. 84. 84.*)

g) PHYLACTERIA *Fr.* Lignicolae v. terrestres, lateraliter adnatae, submarginatae, carnoso-fibrosae.

Phylacteria Pers. *myc. europ. I. 111.* Fries *Elench. I. 170.* Auriculariae sp. Bull. *t. 436. f. 2. t. 483. f. 6.* Sowerb. *t. 213.* Merulii sp. Holmsk. *ot. II. t. 56.* (Pers. *obs. I. t. 6. f. 8. 10.* Grev. *scot. t. 264.*)

h) STEREUM *Pers.* Lignatiles, lateraliter adnatae, coriaceo-rigidae, extus crustaceae, intus filamentosae.

Stereum Pers. *synops. 566.* Fries *Elench. I. 172.* Auriculariae sp. Sowerb. *t. 25—27. 349.* Bull. *t. 402. 483. f. 5.* (Fl. dan. *t. 1619. f. 1. 2.* Chev. *par. I. t. 7. f. 1.*) Grev. *scot. t. 256.*

i) MERISMA *Pers.* Terrestres, pileo stipiteque confusis, in ramos compressos tuberculososve abeunte.

Merisma Pers. *clavar. 92.* Chev. *par. I. t. 6. f. 4.* Grev. *scot. t. 46.* Craterella Pers. *disp. 23. Ic. et descript. t. 1. f. 3.* Clavariae sp. Bull. *t. 415. f. 1. t. 452. f. 1. 2.* Sowerb. *t. 156. 158.* Telephorae sp. Fries, Grev. *scot. t. 178.*

k) CRATERELLA *Pers.* Terrestres, pileo integro dimidiatove, stipite discreto.

Craterella Pers. *disp. 32. Ic. et descript. t. 1. f. 3.* (Sowerb. *t. 155. 213.* Fl. dan. *t. 1198.* Nees *syst. f. 250.*)

TRIBUS XIII. HYDNEI Fries *pl. hom.* 80. Hymenium subulatum v. tuberculatum.

438. Radulum *FR.* Hymenium hinc inde tuberculosum, tuberculis papillaeformibus v. aculeiformibus, undique ascigerum. — *Fungi epidendri, resupinati, effusi, erumpentes vel cortici interiori innati.*

Radulum Fries *pl. hom. 81. Elench. I. 148.* Grev. *scot. t. 278.*

439. Gyrolophium *KUNZ.* Hymenium inferum, interrupte tuberculosum, tuberculis in fascias concentricas basi coadunatis, undique ascigerum. — *Fungus mauritianus, epiphytus, pileo chartaceo-membranaceo, sessili, zonato.*

Gyrolophium Kunze *in Sieb. crypt. exsic. n. 62.*

440. Irpex *FR.* Hymenium inferum, subulatum, subulis in series vel reticulum dispositis, basi plicis concatenatis, ascigeris. — *Fungi lignicoli, pileo libere evoluto sessili v. postice substipitato, subcoriaceo.*

Irpex Fries *pl. hom. 81. Elench. I. 142.* Xylodon Ehrenb. *sylv. 30.* Sistotrematis sp. Alb. et Schwein. *neisk. t. 6. f. 7.*

441. Sistotrema *FR.* Hymenium a pileo subdiscretum, dentato-lamellosum, lamellulis interruptis, varie gyrosis, utrinque ascigeris. — *Fungus terrestris, stipite centrali lateralive, pileo carnoso, irregulari, continuo.*

Sistotrema Fries *syst. I. 426.* Grev. *scot. t. 245.* Hydni sp. Bull. *champ. t. 453. f. 1.* Sowerb. *t. 112.*

442. Hydnum *LINN.* Hymenium pileo homogeneum et concretum, aculeatum; aculeis clausis, liberis v. basi connatis, extus ascigeris. — *Fungi terrestres, pileo stipitato v. sessili, plerumque irregulari, substantia floccoso-exsucca.*

Hydnum Linn. *gen. n. 1076.* Fries *syst. I. 397.*

a) Erinaceus Mich. *gen. 132.* Odontia Pers. *disp. 30. t. 4. f. 6. 7.* Sistotrematis sp. Pers. *myc. europ. t. 22. f. 3.* Nees *syst. f. 230. 231.* — ? Dicarphus Raf. *in New-York. med. Reposit. II. Hex. V. 353.* (Bull. *t. 481.* Sowerb. *t. 327. 328.* Nees *syst. f. 246—248.*)

b) Apus Fries *l. c.* (Pers. *ic. et descript. t. 14. f. 1.* Sowerb. *t. 14.* Nees *f. 243.*)

c) Hericium Pers. *clavar. 28.* Cerophora Raf. *l. c.* Medusina Chev. *par.* (Bull. *t. 390.* Nees *f. 33.*)

d) Bidona Adans. *II. 5.* Acontia Hill. *syst. II. 41.* Manium Scop. *pl. subterr. t. x.* Priapus Raf. *l. c.* (Jacq. *Fl. austr. t. 239.* Fl. dan. *176. 717. 1020. 1439. 1500.* Sowerb. *t. 73. 176. 267.* Bull. *t. 34. 156. 409. 419. 453.*)

443. Fistulina *BULL.* Hymenium heterogeneum, receptaculi fibris acretum, primo verrucosum; verrucae floccis radiantibus velatae, mox tubulos, tandem apertos, intus ascigeros protrudentes. — *Fungus quercicola, edulis, pileo lobato polymorpho, sessili vel oblique stipitato, molli, succoso, viscido, sed fibris tenacibus percurso.*

Fistulina Bull. *champ. 314. t. 74. 464. 497.* Fries *syst. I. 396. Elench. I. 128.* Grev. *scot. t. 270.* Hypodrys Pers. *Champ. comest. 245.* Buglossus Wahlenb. *upsal. 459.* Boleti sp. Schaeff. *t. 116—120.* Sowerb. *t. 53.* Fl. dan. *t. 1039.*

TRIBUS XIV. POLYPOREI Fries *pl. hom.* 79. Hymenium porosum v. sinuosum.

444. Porotheleum *FR.* Hymenium interruptum, porosum, poris in papillas distinctas, superficiales, collectis. Asci obsoleti. — *Fungi in corticibus resupinati, effusi, immarginati, ambitu byssino, subfimbriato.*

Porotheleum Fries *syst. I. 506. Pl. hom. 80. Elench. I. 125.* Boletus byssinus et subtilis Schrad. *spic. 172. t. 3. f. 1. 2.*

445. Merulius *HALL.* Hymenium heterogeneum, pileo concretum, gyroso-porosum, interrupte ascigerum. — *Fungi truncicoli, pileo sessili, resupinato v. effuso, subfloccoso, tenui.*

Merulius Hall. *helv. 150. excl. sp.* Fries *syst. I. 327. Elench. I. 56.* Fl. dan. *t. 1553.* Grev. *scot. t. 147.* Xylophagus Link *in Berl. Magaz.* Mucilago Hoffm. *crypt. t. 12.* Xylomyzon Pers. *myc. europ. II. 26. t. 14. 16.* Agarici sp. Fl. dan. *t. 776. f. 1.* Boleti sp. Wulf. *in Jacq. misc. II. t. 8. f. 2.* Sowerb. *t. 113. 346.*

446. Daedalea *PERS.* Hymenium pileo homogeneum et concretum, profunde sinuosum, sinubus intus ascigeris. — *Fungi truncicoli, pileo plerumque sessili, rarius stipitato v. effuso, coriaceo v. suberoso.*

Daedalea Pers. *synops. 499.* Fries *syst. I. 331. Elench. I. 64.* Palis. *Fl. owar. t. 25.* Grev. *scot. 238.* Serda, Saesia et Striglia Adans. *II. 10.* Vonkhout Stereb. *n. 128.* Boleti sp. Linn. Bull. *t. 310. 408. 449. 482. 491. f. 1. 501. f. 3.* Sowerb. *t. 193. 194. 325.* Agarici sp. Bull. *t. 352. 442. 537. 541.* Sistotrematis sp. Pers. Nees *f. 228.*

447. Polyporus *FR.* Hymenium pileo homogeneum et concretum, porosum, poris subrotundis, dissepimentis simplicibus, intus ascigeris. — *Fungi terrestres v. lignicoli, pileo carnoso-lento v. suberoso.*

Polyporus Fries *obs. I. 121. Syst. I. 341. Elench. I. 72.*

a) POLYSTICTA *Fr.* Pori superficiales. Pileus resupinatus, effusus.

Polysticta Fries *syst. I. 384. Elench. I. 123.* Mysou Adans. *II. 10.* (Michel. *t. 62. 63.*)

b) PORIA *Hill.* Pori minuti, subrotundi. Pileus resupinatus, effusus, adnatus.

Poria Hill. *syst. II. 40.* Pers. *disp. 29.* Leptopora Raf. *in New-York Medic. Reposit. II. Hex. V. 356.* Physoporus Chevall. *par. I. 230.* Boleti sp. Linn. Bolt. *t. 165. 160.* Jacq. *misc. I. t. 11.* Fl. dan. *t. 716. 1290.* Sowerb. *t. 326. 387.* Pers. *obs. II. t. 4. f. 1. Ic. pict. t. 6. f. 1. Myc. europ. II. t. 6. f. 3. 4.* Nees *syst. f. 223.*

c) AGARICON *Adans.* Pori minuti, subrotundi. Pileus dimidiatus, sessilis, lateralis, horizontalis v. effuse reflexus.

Agaricon Adans. *II. 10.* Retiporus Batsch *Elench. 107.* Boleti sp. Linn. Jacq. *Fl. austr. t. 304. Miscell. II. 164. seq.* Bull. *t. 86. 210. 312. 454. 458. 462. 478. 493. 601. 953.* Sowerb. *t. 88. 132. 135. 190. 195. 211. 212. 226. 228. 229. 250. 354. 387.* Fl. dan. *t. 1130. 1254. 1298.* Nees *syst. f. 221. 222.* Ceratophora Humb. *Fl. frib. 112. t. 1.* (monstr.) (Grev. *scot. t. 14. 229.* Nees *in N. A. N. C. XIII. t. 3.* Fr. Nees *pl. offic. ic.*)

d) CLADOPORUS *Pers.* Pori minuti, subrotundi, saepe laceri. Stipes cum pileo ramoso v. multiplici confluens, interdum obsoletus.

Cladoporus Pers. *Champ. comest. 245.* Flabellaria Chev. *par. I. 239.* Boleti sp. Linn. Fl. dan. *t. 952.* Bull. *t. 366. 418. 429. 486.* Sowerb. *t. 87. 135.* Nees *syst. f. 213. 417. 210. 226.*

e) MICROPORUS *Palis.* Pori minuti, subrotundi. Stipes distinctus, lateralis v. centralis, simplex.

Microporus Palis. *fl. owar. I. 12. t. 43. f. 1.* Monka Adans. *II 1.* Polyporus Michel. *gen. 129.* Milleporus Batsch *Elench. 103.* Boleti sp. Linn. Jacq. *Fl. austr. t. 41. Miscell. I. t. 12. Collect. app. t. 8. 8.* Fl. dan. *t. 1075. 1253 1618.* Bull. *t. 28. 46. 360. 445 469.* Sowerb. *t. 80. 134. 192.* Nees *syst. f. 210—213. N. A. N. C. XIII. t. 3—6.* (Grev. *scot. 245*)

f) PLATYPORUS *Pers.* Pori ampli, angulati, intus laeves. Pileus, sessilis v. stipitatus.

Platyporus Pers. *myc. europ. II. 35.* Hexagona Pollin. *pl. nov. 35.* Phorima Raf. *l. c.* Favolus Palis. *Fl. owar. 12 t. 42. f. 2.* Boleti sp. Linn. Fl. dan. *t. 983. 1196.* Bolt. *t. 164.* Bull. *t. 19. 144. 421.* Bosc. *in Berl. Magaz. 1811. t. 4. f. 1.* Nees *syst. f. 222.* (Grev. *scot. t. 207.*)

g) SCENIDION *Klotsch.* Pori ampli, angulati, intus setosi. Pileus sessilis.

Scenidion Klotsch *in Linnaea VII. 200. t. 10.*

448. Boletus *DILL.* Hymenium heterogeneum, a pileo discretum, e tubulis separabilibus, intus ascigeris conflatum. — *Fungi terrestres v. lignicoli, pileo hemisphaerico, carnoso, molli, stipite centrali, saepius reticulato.*

Boletus Dillen. Fries *syst. I. 385.* Suillus Michel. *gen. 126.*

a) LEUCOSPORUS *Fr.* Sporidia alba. Tubuli albi v. citrini. Stipes cavus, medulla spongiosa fartus. Velum nullum.

Leucosporus Fries *op. cit. I. 395.* (Bull. *t. 369.*)

b) HYPORHODIUS *Fr.* Sporidia rosea. Tubuli albidi. Stipes solidus, subreticulatus. Velum nullum.

Hyporhodius Fries *op. cit. I. 394.* Bull. *t. 379.*

c) DERMINUS *Fr.* Sporidia obscure ferruginea. Tubuli albidi. Stipes solidus, squamosus. Velum fugax.

Derminus Fries *op. cit. I. 393.* (Fl. dan. *t. 833. 1252.* Bolt. *t. 86.* Bull. *t. 132. 236. 489.* Sowerb. *t. 110. 175.*

d) CORTINARIA *Fr.* Sporidia subochracea. Tubuli lutei v. ferruginei. Stipes solidus. Velum praesens, saepe fugax.

Cortinaria Fries *op. cit. I. 386.* Ceriomyces Batt. *hist. 62.* (Bull. *t. 60. 328. 332. 451. 490. 494.* Fl. dan. *t. 1018. 1074. 1135.* Sowerb. *t. 34. 111. 150.* Nees *syst. f. 204. 205.* — Gyrodon Opatawsk. in Wiegm. Journ. 1836. I. 5.

TRIBUS XV. AGARICINI Fries *pl. hom.* 65. Hymenium lamellatum v. plicatum.

449. Cyclomyces *KUNZ.* Hymenium lamellatum, lamellis concentricis, inciso-dentatis, immerse ascigeris. — *Fungus mauritianus truncicola pileo sessili, coriaceo, zonato.*

Cyclomyces Kunze *in Sieb. crypt. exsicc. n. 63.* Fries *in Linnaea V. 512. t. 11. f. 3.* Loxophyllum Klotsch *in Hook. misc. II. 150. t. 79.*

450. Schizophyllum *FR.* Hymenium lamellatum, lamellis radiantibus, flabellatis, longitudinaliter bifidis, lamellulis margine involutis extus ascigeris. — *Fungus cosmopolita, truncicola, pileo sessili, suberoso-coriaceo.*

Schizophyllum Fries *obs. 1. 103. Syst. I. 330.* Schizonia Pers. *myc. europ. III. 14.* Scaphophorum Ehrenb. *in Hor. phys. 94.* Agaricus alneus Linn. Bull. *t. 346. 581.* Nees *syst. f. 181.*

451. Cantharellus *ADANS.* Hymenium plicatum, plicis radiantibus ramosis, subparallelis, undique ascigerum. — *Fungi terrestres v. epiphyti, pileo carnoso v. membranaceo, sessili v. stipitato.*

Cantharellus Adans *fam. II. 11.* Fries *syst. I. 316.* Agarici sp. Linn. Bull. *t. 62. 150. 465 473. f. 3. 498. 505 f. 2. 505. f. 1.* Merulii sp. Nees *syst. f. 233.*

452. Favolus *FR.* Hymenium lamellatum, lamellis in alveolos hexagonos anastomosantibus. — *Fungi truncicoli, ut plurimum tropici, pileo coriaceo lento plerumque dimidiato.*

Favolus Fries *pl. hom. 76. Elench. I. 44. Linnaea V. 511. t. 11. f. 1. 2.* non Palis.

453. Agaricus *LINN.* Hymenium lamellatum, lamellis a pileo discretis, radiantibus, longitudinaliter ascigeris. — *Fungi notissimi, perfectissimi, ubique vigentes, stipite rarissime obsoleto, nunquam reticulato, pileo carnoso v. membranaceo, adulto horizontali, velo vario v. nullo.*

Agaricus Linn. *gen. n. 1674.* excl. sp. Fries *syst. I. 8* Pl. *hom. 65. Elench. I. 2.*

I. GOMPHUS *Fr.* Velum subuniversale glutinosum, pileum velleris instar tegens. Lamellae decurrentes persistentes. Sporidia nigra. — Stipes centralis.

Gomphus Fries *syst. I. 314.* (Pers. *ic. et descript t. 13. f. 1—3.* Fl. dan. *t. 1247.*)

II. COPRINUS *Pers.* Velum universale, concretum, floccosum, fugax. Lamellae liberae, tandem nigricantes cum pileo deliquescentes. Sporidia nigra. — Stipes centralis.

Coprinus Pers. *disp. 62.* Fries *syst. I. 306.* Hydrophorus Batt. *hist. 54.* (Fl. dan. *t. 834. 1070. 1134. 1370. 1671.*)

III. PRATELLA *Pers.* Velum praesens, numquam araneosum. Lamellae decolorantes, nebulosae, dissolubiles. Sporidia fusco-purpurea. — Stipes centralis.

Pratella Pers. *disp. 36. excl. sp.* Pratellus Fries *syst. I. 11.*

a) Coprinarius Fries *syst. I. 300.* Velum marginale fugacissimum. Lamellae subdiffluentes. Sporidia nigricantia. (Fries *Elench. I. 42.* Sowerb. *t. 128. 131.*)

b) Psathyra Fries *syst. I. 295.* Velum marginale fugacissimum. Lamellae adfixae. Pileus stipesque fragiles. (Fl. dan. *t. 1673.*)

c) Psilocybe Fries *syst. I. 289.* Velum marginale fugacissimum. Lamellae adfixae. Pileus stipesque tenaces. (Sowerb. *t. 240. f. 1.* Pers. *ic. et descript. t. 11. f. 1.*)

d) Hypholoma Fries *syst. I. 287.* Velum marginale, fugax. Lamellae emarginatae. Stipes bulbosus. (Fl. dan. *t. 960.* Nees *syst. f. 198.*)

e) Psalliota Fries *syst. I. 280.* Velum anulliforme persistens. Lamellae liberae v. affixae. Stipes firmus, a pileo viscoso v. fibrilloso discretus. (Fl. dan. *t. 704. 1008. f. 2.*

f) Volvaria Fries *syst. I. 277.* Velum universale discretum, stipite tandem protruso laciniato-ruptum. Lamellae liberae, latae, ventricosae. Stipes solidus, a pileo viscidulo discretus. (Sowerb. *t. 1.* Fl. dan. *t. 1676. f. 1.*)

IV. DERMINUS *Fr.* Velum praesens haud araneosum. Lamellae decoloratae subpersistentes. Sporidia ferruginea.

Derminus Fries *syst. I. 10.*

a) Crepidotus Fries *syst. 1. 272.* Velum tenuissimum, fibrillosum. Pileus excentricus vel sessilis. (Fl. dan. *t. 1072. 1073. f. 1. t. 1556.* Nees *syst. f. 175. 179. 180.*)

b) Tapinia Fries *syst. I. 269.* Velum marginale, villosum. Pileus umbilicatus, carnosus, margine involutus. (Sowerb. *t. 98.*)

c) Galera Fries *syst. I. 264.* Velum flocosum, fugacissimum. Pileus membranaceus, campanulatus. Stipes fistulosus (Bulliard *t. 560. f. 1.* Bulta Batt. *58. t. 28. T.*)

d) Naucoria Fries *syst. I. 260.* Velum fugacissimum, cum pilei integumento squamuloso confusum. Lamellae cinnamomeae. (Pers. *ic. et descript. t. 12. f. 13.* Nees *syst. f. 186*)

e) Inocybe Fries *syst. I. 254.* Velum cum fibrillis longitudinalibus pilei continuum, fugacissimum. Lamellae albidae. (Bull. *t. 370. 532. f. 2.* Pers. *ic. et descript. t. 1. f. 5.*)

f) Flammula Fries *syst. I. 250.* Velum marginale, fibrillosum, fugacissimum. Pileus viscidulus. (Bull. *t. 554. f. 1.*)

g) Hebeloma Fries *syst. I. 249.* Velum marginale, floccosum, fugax. Pileus viscosus. (Bull. *t. 308. 546.*)

h) Myxacium Fries *syst. I. 247.* Velum viscosum, fugax. (Bull. *t. 196. f. 1.* Sowerb. *t. 9.*)

i) Pholiota Fries *syst. I. 240.* Velum siccum, annulare, membranaceum v. floccoso-radiatum. (Fl. dan. *t. 1496. 1675.*)

V. CORTINARIA *Fr.* Velum praesens, araneosum. Lamellae decolorantes, arescentes. Sporidia ochracea. — Stipes centralis.

Cortinaria Fries *syst. I. 10.*

a) Dermocybe Fries *syst. I. 217.* Velum siccum, fugacissimum. Lamellae confertae, latiusculae. (Bull.

t. 544. *f.* 2. Sowerb. *t.* 43. Pers. *ic. descript. t.* 4. *f.* 4 —7.)

b) Phlegmatium Fries *syst. I.* 226. Velum viscosum fugax. Lamellae adnato-decurrentes.

c) Inoloma Fries *syst. I.* 217. Velum marginale, in fila libera araneosa solutum, fugax. Lamellae emarginatae. Stipes bulbosus. (Bull. *t.* 250. 598. *f.* 2 *a.*)

d) Telamonia Fries *syst. I.* 210. Velum annuliforme, contextum, subpersistens. Lamellae distantes. (Bull. *t.* 600.)

VI. HYPORHODIUS *Fr.* Velum nullum. Lamellae decolorantes. Sporidia rosea. — Stipes centralis.

a) Eccilia Fries *syst. I.* 207. Pileus umbilicatus. Lamellae adnatae.

b) Nolanea Fries *syst. I.* 204. Pileus membranaceus, campanulatus. (Bull. *t.* 413. *f.* 2. *t.* 526.)

c) Leptonia Fries *syst. I.* 201. Pileus carnoso-membranaceus, convexo-planus. (Pers. *ic. et descript. t.* 6. 7. 5.)

d) Clitopilus Fries *syst. I.* 194. Pileus carnosus, convexus. (Bull. *t.* 534. 547. *f.* 590. Nees *syst. f.* 201. 202.)

e) Muceron Fries *syst. I.* 193. Pileus carnosus, demum depressus. Lamellae longe decurrentes. (Bull. *t.* 142. Sowerb. *t.* 143.)

VII. LEUCOSPORUS *Fr.* Velum varium v. nullum. Lamellae immutabiles. Sporidia alba.

a) Leucosporus Fries *syst. I.* 9. Pleurotus Fries *syst. I.* 178. Velum nullum. Pileus excentricus v. lateralis. (Sowerb. *t.* 242. Fl. dan. *t.* 891. 1292. *f.* 2. Pers. *ic. et descript. t.* 6. *f.* 4. Nees *f.* 176. 177.)

b) Omphalia Fries *syst. I.* 162. Velum nullum. Pileus membranaceus, iunior umbilicatus. — Stipes centralis. (Bull. *t.* 564. *f. a.* Sowerb. *t.* 10. 363. Nees *syst. f.* 192.)

c) Mycena Fries *syst. I.* 140. Velum nullum. Pileus membranaceus, campanulatus. Stipes centralis, fistulosus. (Fl. dan. *t.* 830. *f.* 2. *t.* 1251. 1614. *f.* 1.

d) Collybia Fries *syst. I.* 129. Velum nullum. Pileus carnoso-membranaceus, planiusculus. Stipes centralis. (Fl. dan. *t.* 1613.)

e) Clitocybe Fries *syst. I.* 78. Velum nullum. Pileus carnosus, iunior convexus. Lamellae inaequales, exsuccae. Stipes centralis. (Bull. *t.* 434. 520. 514. *f.* 1. 548. *f. a.* 585. *f.* 1. 587. *f.* 1. 594. Fl. dan. *t.* 1292. Sowerb. *t.* 244. 384. *f.* 3.)

f) Galloriheus Fries *syst. I.* 61. Velum nullum. Pileus carnosus, demum depressus. Lamellae inaequales, lactescentes. Stipes centralis. (Fl. dan. *t.* 1068. 1069. *f.* 1. 1131. 1132.)

g) Russula Pers. *obs. I.* 100. Velum nullum. Pileus carnosus, demum depressus. Lamellae aequales, exsuccae. Stipes centralis. Sporidia in nonnullis lutescentia. (Fries *syst. I.* 54. Bolt. *t.* 1. Sowerb. *t.* 201. Fl. dan. *t.* 1009.)

h) Tricholoma Fries *syst. I.* 36. Velum fugacissimum, flocculosum, marginale. Lamellae emarginatae v. rotundatae. Stipes centralis. (Bull. *t.* 555. *f.* 2. Pers. *ic. et descript. t.* 4. *f.* 4.)

i) Limacium Fries *syst. I.* 31. Velum fugacissimum, viscosum. Lamellae adnato-decurrentes. Stipes centralis. (Sowerb. *t.* 8. 144.)

k) Armillaria Fries *syst. I.* 26. Velum simplex, partiale, discretum, annuliforme, subpersistens. Stipes centralis. — Polymyces, Chamaemyces et Calantrica Batt. *t.* 30—33. (Fl. dan. *t.* 773. 1013.)

l) Lepiota Fries *syst. I.* 19. Velum simplex, universale, concretum, annuliforme, subpersistens. Stipes centralis. (Fl. dan. *t.* 772. 1915.)

m) Amanita Fries *syst. I.* 12. Velum duplex, universale discretum, partiale annuliforme, subpersistens. Stipes centralis. (Bull. *t.* 120. Fl. dan. *t.* 1129. Nees *syst. f.* 165. Vittadini, *Amanitarum illustratio. Mediol.* 1826. 4to.)

REGIO II. CORMOPHYTA.

Cormophyta, chorobrya, phyllophora. Caulis et radicis oppositio polaris. Vasa et organa propagationis sexu distincta in perfectioribus.

Plantae e radice centripeta et e caule centrifugo, nunc solo apice, nunc ambitu, nunc ambitu simul et apice crescente constantes, e contextu celluloso regulari compositae, superiores etiam vasis donatae, omnes foliis plus minus discretis, rarissime deficientibus, semper certo ordine dispositis, in perfectioribus etiam stomatibus pertusis, instructae. Multiplicatio per gemmas extus nascentes, propagatio per sporas v. semina, intra matricem pullulantia, in perfectioribus non citra sexuum concursum ad vitam individuam excitata.

SECTIO III. ACROBRYA.

ACROBRYA H. Mohl *in Mart. pl. crypt. bras. 56.* Mart. *consp. X.*

Caulis incrementum e solo apice, parte inferiore immutata, succos tantum adducente. Vasa in inferioribus nulla, in superioribus plus minus perfecta; folia in infimis vix discreta. Organa propagationis foliis plus minus transformatis, in orbem collectis coadunative stipata; mascula, humorem foecundantem pluentia, in vasculosis nulla. Sporae, testa et embryone destitutae, intra sporangia inclusa, e cellulis parietis interioris sporangii dissolutis, germinatione in fila confervoidea v. laminam (*proembryum*) elongata.

Sectio artificialis, cohortes vere naturales, sed parum inter se affines, diversissimo nempe coelo genitas, colligens. Prior Hepaticas et Muscos complectens, hodiernae quippe telluris soboles, vegetabilia evascularia, sed genitalibus masculis satis perfectis donata complectitur; in posteriore praeter Equisetaceas, Hydropterides, Filices et Selagines colligente, quam e protogaea credimus superstitem, structura intima longe perfectior, cum absentia discriminati sexus combinata est; huic appendicis loco Cycadeas, nullam harum sectionum vere intrantes, et sui omnino juris, anomalas subjungimus. Addimus tertiam (Rhizantheas), vegetatione terminali cum prioribus omnino convenientem, sed organorum utriusque sexus fabrica multo perfectiorem, et tamen quoad crescendi modum et alia vitae phaenomena Thallophytis Hysterophytis analogam, in limine novae periodus vitae vegetabilis constitutam.

COHORS I. ACROBRYA ANOPHYTA.

CELLULARES FOLIATAE DC. *theor. elem. 249.* PSEUDOCOTYLEDONEAE EVASCULARES Agardh *aphorism. 103.* HETERONEMEA Fries *pl. hom. 33.* excl. pl. MUSCOIDEAE Lindl. *introduct. 320.* MUSCINAE Bischoff, *in N. A. N. C. XVII. 2. 958.* Musci Link *Handb. IV. 38.*

Plantae caule et radiculis instructae, vasis destitutae. Folia in inferioribus in frondem coalita, in superioribus discreta, caulem ornantia, stomatibus plerumque destituta, aquam absorbentia. Genitalia mascula utriculiformia, rorem foecundantem secernentia. Sporangia capsulaeformia, a caule et foliis discreta, unilocularia, plerumque definite dehiscentia. Sporae numerosissimae, intra sporangium liberae, sporodermi cinctae.

Classis IV. Hepaticae.

HEPATICAE Juss. *gen. 7.* MUSCI HEPATICI Hedwig *theoria generationis 1798.* — Schwägrichen, *historiae Muscorum hepaticorum prodromus. Lipsiae, 1814. 8vo.* — Weber, *historiae Muscorum hepaticorum prodromus. Kiline, 1815. 8vo.* — Hooker, *the brittish Jungermanniae. London. 1818. fol. 2. Vol.* — Raddi, *Jungermanniographia etrusca. Modena, 1818. 4to. et in Opusc. scientif.* dic. *Bologn. II.* — Dumortier, *Commentationes botanicae. Tournay, 1823. 8vo.* — Lindenberg, *synopsis Hepaticarum europaearum. Bonnae, 1829. 4to.* — Corda, *Monographia Rhizospermearum et Hepaticarum. Pragae, 1829. 4to. Die Gattungen der Lebermose. Prag, 1829. 8vo. Deutschlands Jungermannien. Nürenberg, 1830. 12mo. f. 1. 2. ex Sturm. Flora III. 2.* — Eckart, *Synopsis Jungermanniarum Germaniae. Coburgi, 1832. 4to.* — Nees *Hepaticae javanicae. Wratislawiae, 1831. 8vo. et in Mart. Flor. bras. I. 294—390. Naturgeschichte der europäischen Lebermose. Erstes Bändchen. Berlin. 1833. 8vo.* — Hübener, *Hepaticologia germanica. Mannheim, 1834. 8vo.* Bischoff, *G. W. Bemerkungen über die Lebermose in N. A. N. C. XVII. 2. p. 909.—1088. c. icc.*

Vegetabilia annua v. perennia, contextu celluloso laxiusculo; pleraque procumbentia, radicantia. Folia nunc in frondem enervem, vel nervo valido percursam coalita, nunc discreta, disticha, saepe dentata, vel lobata, interdum stomatibus donata, saepe stipulis (*amphigastriis*) aucta. Multiplicatio per gemmas et propagula varia, propagatio per flores sexu distinctos. Flores masculi (*antheridia*) utriculi membranacei, humore mucilaginoso, saepe in granula coagulescente repleti, sessiles v. stipitati, in frondosis saepe frondi immersi, vel in discum collecti, et margine foliaceo cincti; in foliosis axillares, bracteis stipati. Flores feminei solitarii vel plures, plerumque in receptaculum capituliforme pedunculatum collecti, involucro communi, partialibusque e foliis in orbem collectis, et varie saepius inter se connatis cincti, interdum filis articulatis (*paraphysibus*) mixti. Germen primum intra bracteam membranaceam, calyptratim connatam (*epigonium*, *calyptra*) in processum styliformem, saepius apice stigmatoideo terminatum, liberum, rarissime nudum, tandem in pedicello plus minus longo, interdum brevissimo, elevatum, calyptram apice irregulariter rumpens, pedicello basi calyptrae parte inferiore persistente vaginato. Sporangia capsulaeformia, cava, v. rarissime columella percursa, plus minus complete bi-quadrivalvia, interdum dentibus dehiscentia, vel vertice irregulariter fatiscentia. Sporae numerosissimae, liberae, e spermodermi simplici et nucleo homogeneo compositae, saepissime cellulis elongatis, intus spiraliter striatis, sporangii parieti interiori adnatis (*elateribus*) mixtae.

Hepaticae per totum terrarum orbem innumeris formis dispersae, in humidis umbrosis potissimum vigent, infimae aquis innatant; frondosae prioris regionis memores, Lichenes in mentem revocare videntur.

Diagnosis inter Hepaticas et Muscos posita est in calyptra apice v. latere rupta, nec basi circum circa soluta; in defectu vaginulae pedicellum sporangii cingentis; in sporangio exoperculato, et in sporis elateribus saepius mixtis.

Ordo XVII. Ricciaceae.

RICCIEAE Nees *Leberm. 86. pro part.* Hübener *Hepaticolog. 25.* Bischoff *in N. A. N. C. XVII. 2. 964.*

Plantulae annuae, frondosae, hygrobiae v. natantes. Flores masculi (*antheridia*) frondi immersi. Flores feminei sparsi, exinvolucrati, nudi vel calyptrati. Sporangia membranacea, immersa, sessilia v. breviter pedicellata, irregulariter fatiscentia, vel rumpentia. Sporae absque elateribus. — *In aquis stagnantibus et ad terram argillosam humidam per totum orbem observatae, rarissime tamen fructificant.*

454. Riccia *MICHEL.* Antheridia frondi immersa, cuspidibus exertis, remotis, unipluriseriatis. Flores feminei frondi immersi, calyptra nulla. Sporangium stylo persistente superatum.

Riccia Michel. *nov. gen. 107.* excl. sp. Linn. *gen. n. 1060.* Bischoff *in N. A. N. C. XVII. 2. 1037.*

a) LICHENOIDES *Bisch.* Fructus in frondis pagina superiore protuberantes, demum prorumpentes. Frondis evolutio centrifuga. (Michel. *nov. gen. t. 57. f. 5. 6. 8.* Bischoff *op. cit. t. 71. f. 1—4.*)

b) RICCIELLAE *A. Braun.* Fructus in frondis pagina inferiore protuberantes, demum prorumpentes. *Frondis evolutio centrifuga.*

Ricciella A. Braun *in Flora 1821. II. 757.* (Michel. *nov. gen. t. 4. f. 6.* Bischoff *op. cit. t. 70. f. 5.*)

c) HEMISEUMATA *Bisch.* Fructus immersi, tandem frondis partitione denudati.

Ricciocarpus Corda *apud Sturm Jungerm. 103. excl. ic.* Salviniella Hüben. *Hepaticol. 30.* — ? Hemna Raf. *in N. York Monthl. Magaz. 1817. 1.* (Hook. *Miscell. I. t. 22. f. 3.* Bischoff *op. cit. t. 71. f. 5. 6.*)

455. Sphaerocarpus *MICHEL.* Antheridia globosa, per frondis substantiam sparsa, mutica. Flores feminei superficiales, calyptra pyriformi, apice perforata. Sporangium brevissime pedicellatum, stylo deciduo.

Sphaerocarpus Michel. *nov. gen. 4. t. 3.* Schwein. *in Journ. Acad. philadelph. III. 361. f. 1.* Bischoff *in N. A. N. C. XIII. 392. t. 44. XVII. 2. 1036.*

456. Oxymitra *BISCH.* Antheridia immersa, cuspidibus exsertis lineam immarginatum constituentibus. Flores feminei superficiales, calyptra pyramidata, clausa. Sporangium sessile, stylo persistente superatum.

Oxymitra Bischoff *in Lindenb. synops. 124. 125. N. A. N. C. XVII. 1037. t. 70. f. 2. 3.* Ruppiuia Corda *non Linn.* Ricciae sp. Michel. *t. 57. f. 2.* Raddi *in Opusc. scientif. di Bologn. II. 350. t. 15. f. 3.*

457. Corsinia *RADD.* Antheridia immersa, cuspidibus exsertis lineam utrinque cristato-marginatam constituentibus. Flores feminei superficiales, calyptra globosa, clausa. Sporangium brevissime pedicellatum, stylo deciduo.

Corsinia Raddi *in Opusc. scientif. di Bologna II. 351. t. 15. f. 1.* Bischoff *in N. A. N. C. XVII. 1037. t. 70. f. 1.* Güntheria Trevirau. *in Jahrb. der Gewächsk. III. 157. c. ic.* Brissocarpus Bischoff *in Lindenb. synops. 123.* Ricciae sp. Acut.

458. Sedgwickia *BOWD.* Antheridia superficialia, catervatim utriculis membranaceis, paleis densissime cinctis inclusa. Flores feminei superficiales, sessiles, singuli involucro e paleis plurimis conflato cincti, calyptra nulla. Sporangium sessile, stylo persistente superatum. — *Genus dubium.*

Sedgwickia Bowdich *Madeira 35. c. ic.* Bischoff *in N. A. N C. XVII. 1079. t. 10. f. 4.* Aitonia Forst. *Gen. 147. Comment. Gōtting. IX. 46.* Ruppinia Linn. *Amoen. Academ. X. t. 15. f. 5.* Corsinia lamellosa Nees et Bischoff *in Flora 1830. II. 401.*

Ordo XVIII. Anthoceroteae.

ANTHOCEROTEAE Nees *Leberm. 87.* Hübener *Hepaticolog. 20.* Bischoff *in N. A. N. C. XVII. 2. 962.*

Plantae annuae, frondosae vel foliatae, fronde enervi v. nervosa, suborbiculata, lobata, radicante. Flores masculi (*antheridia*) frondi immersi, demum emergentes. Flores feminei sparsi, exinvolucrati, calyptrati. Sporangium pedicellatum, uni-bivalve, columella centrali. Sporae elateribus mixtae. — Anthoceroteae columellae centralis praesentia ab omnibus Hepaticis distinctissimae, in limosis et super arborum truncos totius terrarum orbis reperiuntur.

459. Anthoceros *MICHEL.* Antheridia aggregata, primum immersa, deinde cum receptaculo cupulaeformi emergentia. Flores feminei sparsi, calyptra tubulosa, apice oblique fissa, persistente. Sporangium pedicellatum, lineare, incomplete bivalve, columna centrali filiformi persistente. Sporae elateribus mixtae. — *Frondosae, enerves, cosmopolitae, terrestres.*

Anthoceros Michel. *gen. 11. t. 7. f. 1. 2.* Hedw. *theor. generat. ed. 2. t. 29. 30.* Schmidl *Ic. t. 19. 47.* Corda *monograph. t. 3.*

460. Monoclea *HOOK.* Antheridia aggregata, receptaculo patellari, marginato, immersa. Flores feminei sparsi, calyptra tubulosa, apice oblique fissa, persistente. Sporangium pedicellatum, lineare, hinc longitudinaliter fissum, columna centrali filiformi persistente. Sporae elateribus mixtae. — *Frondosae, fronde nervosa, v. foliatae; tropicae, in arboribus parasiticae.*

Monoclea Hook. *Musc. exot. t. 174.* (*male*) *Misc. II. . . . t. .* (*opt.*) Nees *Hep. Jav. 4.* Anthoceros univalvis Forst. A. brasiliensis Raddi *Rettili e piante t. 4. f. 4. Crypt. bras. 22.* (? A. crispus Swartz.) (*Antheridia et columellam, ut in Anthocerote, in specie brasiliensi ipse vidi.*)

Ordo XIX. Targioniaceae.

TARGIONIEAE Nees Naturgesch. 85. Hübener *Hepaticolog. 16.* Bischoff *in N. A. N. C. XVII. 2. 961.*

PLANTULAE perennes, frondosae, enerves simplicissimae v. lobatae, prostratae, radicantes. FLORES MASCULI ignoti. FLORES FEMINEI sub apice vel e sinu frondis solitarii, sessiles, involucro heterogeneo cincti, calyptrati. SPORANGIUM subsessile, laciniis inaequalibus v. dentibus dehiscens. SPORAE elateribus mixtae.

Targioniaceae in terra humida aprica per totum fere terrarum orbem observatae, situ floris feminei solitarii subhypophyllo-terminali facile dignoscuntur.

461. Targionia *MICHEL.* Flores feminei sub apice frondis. Involucrum coriaceum, bivalve. Calyptra bivalvis, persistens. Sporangium subglobosum, brevissime pedicellatum, apice irregulariter ruptum. Sporae elateribus mixtae. — *Frons linearis simplicissima, epidermide porosa. Species europeae, americanae, capenses.*

Targionia Michel. *nov. gen. 3. t. 3.* Linn. *gen. n. 1314.* Schreber *im Naturforsch. XV. t. 5. f. 1—17.* Weber et Mohr *crypt. t. 12. f. 4—6.* Corda *apud Sturm Jungerm. t. 30.*

462. Cyathodium *LEHM.* Flores feminei e sinu frondis. Involucrum coriaceum, cyathiforme, bilabiatum. Calyptra . . . . Sporangium globosum, subsessile, apice dentibus subsenis dehiscens. Sporae elateribus mixtae. — *Frondes lobatae, tenerrimae, diaphanae. Species unica, antillana.*

Cyathodium Lehm. *pugill. VI. 17.* — An huc Carpobolus Schweinitz *in Journ. Academ. philadolph. II. 367. fig. 2.?*

Ordo XX. Marchantiaceae.

MARCHANTIEAE Nees *Naturgesch. 84.* Hübener *Hepaticolog. 1.* Bischoff *in N. A. N. C. XVII.* CEPHALOTHECAE Dumort. *comment. 115.*

PLANTAE hygrobiae, perennes, frondosae, fronde lobata, saepe porosa. FLORES MASCULI nunc frondi immersi, nunc disciformes, sessiles; interdum peltiformes, pedicellati. FLORES FEMINEI in capitulo pedunculato, subtus vel rarius ambitu florifero, involucro involucellisque cincti, calyptrati. SPORANGIUM pedicellatum, pedicello saepius immerso, varie dehiscens. SPORAE elateribus mixtae.

Marchantiaceae ubivis terrarum repertae, receptaculo floris feminei pedicellato, subtus v. ambitu florifero facile a Jungermanniaceis et Targioniaceis dignoscuntur.

463. Grimmaldia *RADD.* Flores masculi disciformes, frondi immersi v. in ea sessiles. Capituli feminei rhachis incrassata, hemisphaerica, subtus florifera. Involucrum nullum. Involucella cupuliformia, truncata, inter se distincta, cum rhachi confusa. Calyptra brevis, persistens, sporangii basim cingens. Sporangium circumscissum, pedicello brevissimo, immerso. — *Species in Europa media et australi, Africa boreali et in insulis Antillanis hucdum observatae.*

Grimmaldia Raddi *in Opusculi scientif. di Bologn. II. 356.* Lindenberg *in Flora, 1833. I. 175.* Bischoff *in N. A. N. C. XVII. 971. t. 68. f. 1—3.* Duvallia Nees *in Berl. Magaz. VII. 272. t. 10.* Marchantiae sp. Linn. et Auct. (Michel. *nov. gen. t. 2. f. 3.*)

464. Fimbriaria *NEES.* Flores masculi disciformes, frondi immersi. Capituli feminei rhachis incrassata, hemisphaerica v. conica, subtus florifera. Involucra monantha, tubulosa, truncata, inter se distincta, cum rhachi confusa. Involucellum longe exsertum, multifidum. Calyptra fugax. Sporangium circumscissum, pedicello brevissimo immerso, intra involucellum latitans. — *Species paucae, late per orbem vulgatae.*

Fimbriaria Nees *in Hor. phys. 44. t. 5. f. 3.* Bischoff *in N. A. N. C. XVII. 971. t. 69. f. 2. 3.* Fimbriaria, Hypenantron et Syndonisce Corda *in Opiz Beitr. 648.* Marchantiae sp. Linn. et Auct.

465. Conocephalus *HILL.* Flores masculi disciformes, sessiles, submarginales. Capituli feminei rhachis vix incrassata, umbonulata, subtus florifera. Involucrum nullum. Involucella tubulosa, apice oblique fissa, inter se connata et cum rhachi confusa. Calyptra persistens, apice bi-quinqueloba. Sporangium dentibus quinis-octonis tandem revolutis dehiscens, cum pedicello brevi deciduum. — *Species europeae.*

Conocephalus Hill. *syst. 119.* Dumort. *comment. 115.* Bischoff *in N. A. N. C. XVII. 971. t. 68. f. 4* Fegatella Raddi *in Opusc. scientif. di Bologn. 11. 356.* Marchantiae sp. Linn. et Auct.

466. Lunularia *MICHEL.* Flores masculi disciformes, sessiles, submarginales. Capituli feminei rhachis exigua, convexiuscula, ambitu florifera. Involucrum nullum. Involucella tubulosa, truncata, inter se distincta, cum rhachi confusa. Calyptra subbifidorupta, persistens. Sporangium quadri-octovalve, pedicello exserto. — *Species paucae, per Europam diffusae.*

Lunularia Michel. *nov. gen. 4. t. 4.* Raddi *in Opusc. scientif. di Bologna II. 355.* Nees *in Flora 1830. II. 398.* Bischoff *in N. A. N. C. XVII. 2. 970. t. 67.* Staurophora Willd. *in Berl. Magaz. III. 2. 101.* Marchantiae sp. Linn.

467. Plagiochasma *LEHM.* Flores masculi disciformes, frondi semiimmersi. Capituli feminei rhachis exigua, plana, ambitu florifera. Involucrum nullum. Involucella rhachim velantia, inter se distincta, verticaliter bivalvia. Calyptra inaequaliter rupta, persistens. Sporangium dentibus inaequalibus dehiscens, pedicello subnullo. — *Genus nepalense, a sequente vix nisi rhacheos capituli feminei diversa evolutione distinctum.*

Plagiochasma Lehm. *pugill. IV. 13.* Bischoff *in N. A. N. C. XVII. 2. 970.*

468. Rebouillia *RADD.* Flores masculi disciformes, frondi semiimmersi. Capituli feminei rhachis pileiformis, subquinqueloba, subtus florifera. Involucrum nullum. Involucella inter se distincta, rhachi adnata, rima longitudinali hiantia. Calyptra brevissima, lacera, persistens. Sporangium apice lacero dehiscens, pedicello brevissimo immerso. — *Europa australis.*

Rebouillia Raddi *in Opusc. scientif. di Bologn. II. 337.* Bischoff *in N. A. N. C. XVII. 970. t. 69. f. 1.* Achiton Corda *in Opiz Beitr. 648.* Marchantia hemisphaerica Linn. (Michel. *nov. gen. t. 2. f. 2.*)

469. Dumortiera *NEES.* Flores masculi disciformes, sessiles, marginati, subumbonati. Capituli feminei rhachis dilatata, convexa, quadri-octoloba, subtus florifera. Involucrum nullum. Involucella inter se distincta, rhachi adnata, bivalvia. Calyptra fugax. Sporangium apice irregulariter dehiscens, pedicello brevissimo, immerso. — *Genus inter tropicos late diffusum, a priore vix nisi floribus masculis perfectioribus, et calyptra fugacissima diversum.*

Dumortiera Nees *in N. A. N. C. XII. 410.* Bischoff *ibid. XVII. 2. 969.* Marchantia hirsuta Swartz.

470. Marchantia *MARCH.* Flores masculi disciformes, submarginales, v. peltiformes, limbo crenato aut lobato. Capituli feminei rhachis radiata, radiis membrana frondiformi iunctis, subtus floriferis. Involucra mono-hexantha, radiis alterna. Involucella quadri-quinquefida. Calyptra subbifido rupta, persistens. Sporangium in lacinias demum revolutas dehiscens, pedicello exserto. — *Genus polymorphum, polychorum.*

Marchantia March. *fl. in Act. Paris 1713. p. 307. t. 5.* Bischoff *in N. A. N. C. XVII. 969. t. 68. f. 5. t. 69. f. 4. 5.* (Anatom. Mirbel *in Nouv. Annal. de Mus. I. 55. c. icc.*) Preissia et Chomiocarpon Corda *in Opiz Beitr. 647.* — ? Chlamidium, Rhakiocarpon et Otiona Corda *l. c.*

Ordo XXI. Jungermanniaceae.

JUNGERMANNIEAE Nees *Naturgesch. 84.* Hübener *Leberm. 32.* Bischoff *in N. A. N. C. XVII. 2. 960.*

Plantae annuae v. perennes, frondosae, v. distincte foliatae, surculosae, saepius stipulatae. Flores masculi *(antheridia)* sparsi, liberi, stipitati v. immersi, sessiles. Flores feminei solitarii v. rarius plures intra involucra immediate e caule v. fronde orta, calyptrati. Sporangium rarissime univalve, alias quadrivalve, pedicellatum. Sporae elateribus mixtae.

Jungermanniaceae nobilissimus Hepaticarum ordo, ingenti formarum et individuorum copia, in umbrosis humidiusculis, imprimis super alias plantas sedent.

471. Codonia *DUMORT.* Involucrum floris feminei monophyllum. Involucellum nullum. Calyptra rupta, basi persistente. Sporangium subglobosum, dentibus irregulariter dehiscens. — *Folia succuba.*

Codonia Dumort. *ex Nees Naturgesch. 99.*

472. Gymnomitrium *CORD.* Involucrum floris feminei foliaceum, liberum, v. gamophyllum. Involucellum nullum. Calyptra conica, apice rupta, persistens. Sporangium subglobosum, quadrivalve. — *Frondosae et foliatae.*

a) METZGERIA. Involucrum brevissimum, gamophyllum, subcyathiforme. Calyptra exserta, laevis v. echinata, apice perforata. *Frondosae.*

Metzgeria Raddi *Jungerm. 34.* Fasciola Dumort. Merckia Borkh. Echinomitrium Corda *apud Sturm Jungerm. t. 21. 22. 38.* Nees *Leberm. 99.* Jungermannia furcata Linn. Hook. *Jungerm. t. 55. 56.* — Römeria Raddi *op. cit. 35.* Metzgeria Corda *op. cit. t. 19–24.* Nees *Leberm. 99.* Aneura Dumort. Jungermannia pinguis et multifida Linn. Hook. *Jungerm. t. 45. 46.* — Pellia Raddi *op. cit. 38.* Corda *op. cit. t. 39.* Nees *op. cit. 99.* Scopulina Dumort. J. epiphylla Linn. Hook. *op. cit. t. 47.*

b) SCHISMA *Nees.* Involucrum longius gamophyllum, ore multifido. Calyptra inclusa, apice perforata. *Foliatae, foliis quadrifariis.*

Schisma Dumort. Nees *Leberm. 98.* J. juniperina Swartz. Hook. *Jungerm. t. 4. Suppl. t. 1.*

c) HAPLOMITRIUM. Involucrum pleiophyllum. Calyptra inclusa v. exserta. *Foliatae, foliis distichis tristichisue.*

Gymnomitrium Corda *op. cit. t. 3. 4.* Gymnomitrium et Haplomitrium Nees *op. cit. 98.* Mnlopsis et Schismatis sp. Dumort. J. concinnata Lightf. Hook. *Jungerm. t. 3.* J. Hookeri E. B. *t. 2555.* Hook. *op. cit. t. 34.*

473. Sarcoscyphus *CORD.* Involucrum foliaceum, gamophyllum. Involucellum cum involucro connatum, ore libero eius faucem coronans. Calyptra conica, apice rupta. Sporangium subglobosum, quadrivalve. — *Foliatae, foliis distichis succubis.*

Sarcoscyphus Corda *in Sturm Jungerm. t. 5.* Nees *Leberm. 122.* J. emarginata Ehrh. Hook. *Jungerm. t. 27.* J. Funckii Web. et Mohr. Mart. *erlang. t. 5. f. 35.*

474. Jungermannia *DILL.* Involucrum foliaceum varium, raro obsoletum. Involucellum distinctum, tubulosum, gamophyllum, terminale v. laterale. Calyptra apice rupta. Sporangium subglobosum, quadrivalve. — *Frondosae et foliatae.*

Jungermannia Dillen. Linn. *gen. n. 1662.* excl. sp. Blasia Micheli *n. gen. 14. t. 7.* Schmidel *dissert. Erl. 1759.* Porella Linn. *gen. n. 1180.* (*coll. Dicks. in Linn. Transact. III. 238.*) Dinkleria, Heimea, Nitophyllum et Richardsonia Neck. *elem. 1733—1756.* Jungermannia, Mesophylla, Radula, Jubula, Madotheca, Lejeunia, Phragmicoma, Dilaena, Saccogyna, Cincinnulus et Tricholea Dumort. *comm. bot. ex Nees Leberm. 93—99.* Lejeunia et Jungermannia Libert. *Annal. Bruxell. VI. t. 97.* Bellincinia, Autoiria, Frullania, Caudollea, Jungermannia, Fossombronia, Calypogeia Raddi *Jungerm. etrusc. 7—33.* Frullanoides et Vivianta Radd. *crypt. bras. 13. 18.* Jungermannia, Alliculatia, Cheiloscyphus, Diplomitrion, Sickorea Corda *in Opiz Beitr. 652. 55.* Jungermannia, Ptilidium, Mastigophora, Herpetium, Jubula, Radula, Lejeunia, Diplomitrion, Cordaea, Blasia, Saccogyna, Geocalyx, Calypogeia et Tricholea Nees *Leberm. 93—98.*

OBSERVATIO. Genus ab auctoribus nunc in plurima diremtum, partium valore nondum satis perspecto, et formis pluribus in natura a nobis haud observatis, interim, exclusis speciebus involucello omnino destitutis vel involucello cum involucro connato donatis, intactum servamus; tutius rati in veteribus acquiescere, quam in tanto scriptorum dissensu novos errores erroribus superaddere. Ceterum etsi nulli dubitemus genus e fructu olim esse subdividendum, manibus pedibusque in illustr. Neesii (*Enum. pl. crypt. Jav. p. 5.*) vadimus sententiam: „Genera plura a Raddio et Corda nuper e Jungermannia apprime naturali genere, invita natura procreata."

Classis V. Musci.

MUSCI Dillenius, *Historia Muscorum Oxonii 1741. 4to. Edit. II. 1763. 4to.* Juss. *gen. 10.* Necker, *Methodus Muscorum. Mannh. 1771. 8vo.* Hedwig, *Fundamenta historiae naturalis Muscorum. Lips. 1782. 4to. 2 Vol. — Theoria generationis et fructificationis plantarum cryptogamicarum. Lips. 1784. 4to. Edit. II. Lips. 1798. 4to. — Descriptiones et adumbrationes Muscorum. Lips. 1787—1792. fol. 4 Vol. — Species Muscorum, cur. Schwägrichen. Lips. 1804. 4to. — Supplementum specierum, cur. Schwägrichen. Lips. 1811. ss. 4to. 2 Vol.* — Bridel, *Muscologia recentiorum. Gothae, 1797—1803. 4to. 4 Vol. — Muscologiae recentiorum supplementum Gothae, 1806—1817. 4to. 3 Vol. — Methodus nova Muscorum. Gothae, 1819. 4to. — Bryologia universa. Lips. 1826. 1828. 8vo. 2 Vol.* — Palisot de Beauvois, *Prodrome de la cinquieme et sixieme famille de l'Aethéogamie. Paris, 1805. 8vo. — Muscologie, in Annales de la societe linneénne de Paris. Tom. I. 388. ss.* — Fr. Nees *de Muscorum propagatione. Erlangae, 1818. 8vo.* — Hornschuch *in Nov. A. N. C. X. 413. ss.* — Hooker et Taylor, *Muscologia britannica. Lond. 1818. 8vo.* — Hooker, *Musci exotici. Lond. 1818—1820. 8vo. 2 Vol.* — Fr. Nees, Hornschuch et Sturm, *Bryologia germanica. Norimb. 1823. ss. 8vo. 3. Vol.* — Greville et Walker Arnott, *a new arrangement of the genera of Mosses in Mem. Werner. Societ. IV. 1. 109. ss.* — Walker Arnott *in Mem. soc. hist. nat. de Paris. II. 249. ss.* — Hübener, *Muscologia germanica. Leipz. 1833. 8vo.*

Vegetabilia plerumque perennia, contextu celluloso, laxiusculo, radiculis fibrillulosis, subarticulatis. Caules (*surculi*) teretes, e cellulis elongatis conflati, simplices v. ramosi, abbreviati v. elongati, dense foliosi, erecti v. procumbentes, ex axillis radicantes. Folia sparsa v. disticha, sessilia, obsolete decurrentia, simplicia, integra v. integerrima, nunc dentata aut serrulata, enervia v. uni-binervia; nervis e cellulis elongatis densioribusque compositis, stomatibus porisve destituta. Multiplicatio per gemmas, propagatio per flores sexu distinctos, sexubus nunc dioecis, nunc monoecis, rarissime hermaphroditis.

Flores masculi nunc in foliorum axillis (*flores gemmiformes*), nunc in caulium apicibus (*flores disciformes*), nunc in apice caulis aut pedunculi globoso (*flores capitiformes*), constant e foliis abbreviatis, dilatatis, in orbem collectis (*foliis perigonialibus*), ex antheridiis numero indefinitis, membranaceis, cylindricis, subincurvis, apice incrassatis, poro v. ore plus minus regulariter dentato v. laciniato dehiscentibus, humorem mucoso-granulosum (*pollen*) effundentibus, et ex immixtis filis pellucidis, subclavatis, transversim septatis (*paraphysibus, antheridiis abortivis v. radicellis succedaneis.*)

Flores feminei laterales v. terminales, rarissime solitarii, plerumque tres ad viginti, involucro communi (*perichaetio*), immixtis interdum antheridiis, cincti; singuli primum intra bracteam calyptratim connatam (*calyptram, saeculum, utriculum membranaceum externum* Auct.) reclusi, apice attenuato, infundibuliformi impervio (*stylo* Hedw.) cum bractea connati, ceterum liberi, omnes, unico v. rarissime pluribus exceptis abortivi, persistentes (*adductores* Hedw.), fertilis rarissime sub-sessilis, plerumque in pedunculo gracili (*seta, carpophoro* Auct.), plusminus longo, basi semper membranula annulari (*vaginula, receptaculo proprio, sessili v. rarissime stipitato*), cincto, sensim adscendens, bracteam calyptratam basi circa circum rumpens et secum auferens, quae sporangii grossificatione demum saepe lateraliter fissa, ejus apici adhaeret. Sporangium (*theca, capsula* Auct.) duplex; exterius (*sporangium sensu strictiori*) e foliolis quatuor, pedunculi apici plus minus incrassato (*apophysi* Auct.) continuis, inter se in tubum cylindricum, ventricosum v. angulatum; arctissime connatis, rarissime tandem solutis, tubo columnae centralis extremitate dilatata operculato, nunc inaperto, nunc post operculi lapsum annulum minutissime denticulatum dijiciente. Sporangium interius (*sporangidium*) e foliolis duplo v. multiplo partium exterioris numero, alternatim bi-pluriseriatis, saepissime dissimilibus, inter se et plerumque cum exterioris tubo connatis, summo apice (*peristomio*) inter se distinctis v. per paria cohaerentibus, aut in membranam columnae centrali impositam (*epiphragma*), ab eadem in operculum transeunte et poro pertusam, confluentibus. Columna centralis (*pedunculi continuatio*) teretiuscula, quadrangula, costata, libera v. sporangio interiori costis subadnata, apice in collum, cum operculo variae formae et diversimode rostrato primitus connatum tumens, intus solida. Sporae globosae, numerosissimae, sporangii cavitatem replentes, liberae, nec ejusdem parietibus nec columnae unquam affixae, germinatione in tubulos confervoideos, septatos, ramosos, e ramorum axillis folia evolventes, undique elongatae.

Musci per terrarum qua late patet orbem diffusi, omnem humum avide occupant, et innumera grege incolunt; ita ut eorum beneficio paludes concrescant, arenae foecundentur, saxa vireant, et laborioso mortalium generi fertilis soli primitiae in futuram culturam parentur.

Quamvis in zonae temperatae et frigidae locis editioribus, ob humorum abundantiam cum aurae temperie conjunctam, sint frequentissimi, non tamen deest inprimis in sylvarum, quae sub torrido sidere aeternum virent umbrosis recessibus, nobilioris formae Muscorum ingens caterva. Species plurimae endemicae, multae tamen per omnem hemisphaeram borealem, nonnullae late per orbem vulgatae; leges tamen juxta quas dispunctae, hodie Muscis exoticis vix primis delibatis labiis, et topographiis bryologicis etiam europaeis tantopere imperfectis, haud eruendae.

Dignoscuntur autem Musci ab Hepaticis facillime tum sporangii operculati, e pluribus (duplici saltem) foliorum cyclis conflati, con-

formatione; tum calyptra vix non semper basi undequaque soluta, denique receptaculo fructus in membranam pedicellum vaginantem transeunte.

In sedimento aquarum dulcium Muscorum paucae reliquiae observatae fuerunt.

Ordo XXII. Andreaeaceae.

MUSCI SCHISTOCARPI Brid. *Bryolog. II. 725.* ANDREAEAE Corda *Jungerm. 1. 22.*

Musci habitu Jungermannias aemulantes, caespitosi, erecti, ramosi, rigidiusculi, e rubro v. fusco nigricantes. Folia imbricata, sparsa, crassiuscula, enervia v. uninervia. Calyptra basi circumscissa. SPORANGIA breviter pedicellata, in valvulas quatuor secedentia. Operculum columnae et sporangio pertinaciter adnatum, valvulas post dehiscentiam connectens.

Andreaeaceae inter Muscos et Hepaticas mediae, paucae nonnisi in hemisphaerae borealis regione temperata et frigida, locis potissimum editis, usque ad ipsum nivis aeternae terminum, saxa rupesque denso caespite vestiunt.

475. Andreaea *EHRH.* Flores masculi subterminales. Flores feminei terminales. Calyptra subglobosa, demum latere fissa. Vaginula substipitata apophysiformis, pedicellum brevissimum occultans. Sporangium medio quadrifidum, valvulis basi, et apice operculo persistente junctis.

Andreaea Ehrh. *Beitr. I. 15. 180.* Hedw. *sp. t. 3. f. 2.* Schwägr. *suppl. II. 106.* Web. et Mohr *Taschenb. t. 11. f. 3—8.* Palis. *prodr. 12. t. 1. f. 1.* Hook. *in Linn. Transact. X. 381. t. 31. f. 1—4.* Hook. et Tayl. *Musc. t. 8. E. B. t. 1277. 2507.* Brid. *Bryolog. II. 725.* Corda *Jungerm. t. 2.* Bruch *in Münchn. Denkschr. X. t. 7. f. 13—16.* Petrophila Brid. *msc.* Jungermanniae sp. Linn.

Ordo XXIII. Sphagnaceae.

MUSCI evaginulati cladocarpi Brid. *Bryolog. I. 1.* SPHAGNOIDEAE Corda *Jungerm. 7.*

Musci molles, flaccidi, spongiosi, in sicco erecti, in aquis fluitantes, ramosi; ramis in latere caulis fasciculatis. Folia imbricata, concava, enervia, diaphana. Calyptra basi persistens, medio rupta. SPORANGIA in apice ramorum brevissime pedicellata, exannulata. Operculum planum, dissiliens. Stoma nudum.

Sphagnaceae in turfosis uliginosis et ericetis udis totius orbis tractus ingentes occupant, foecundi solis primordia, Rangiferis pabulum, Hyperboreis panis.

476. Sphagnum *DILL.* Flores terminales; masculi clavati, feminei disciformes. Calyptra medio rupta, persistens. Vaginula apophysiformis, pedicellum brevissimum occultans. Sporangium operculum planum dejiciens, stomate nudo, columella sub maturitate obsoleta.

Sphagnum Dillen. *musc. 240.* Linn. *gen. n. 1187.* Hedw. *fund. 11. 85. t. 3.* Schwägr. *suppl. I. t. 3.* Hook. et Tayl. *musc. t. 4.* Bryolog. *germ. I. 1. f. 1—4.* Brid. *Bryolog. I. 1.* Corda *Jungerm. t. 1.*

Ordo XXIV. Bryaceae.

MUSCI vaginulati Brid. *Bryolog. I. XLII.*

Musci centrales, habitu vario, fructificatione terminali (*acrocarpi*) v. laterali (*pleurocarpi*). Calyptra basi circumscissa. SPORANGIA operculata, annulata, indehiscentia, v. operculo dejecto aperta, stomate vario.

Muscorum numerosa nimis genera, quae segnius a nobis in natura fuisse observata fatemur, Bridelii ductu potissimum hic enumerantur.

477. Archidium *BRID.* Calyptra basi persistens, medio laciniatim rupta. Sporangium indehiscens, columna obsoleta. Pedicellus vaginulae apophysiformi immersus. — *Genus europaeum, plane anomalum, Bryaceas cum Sphagnaceis jungens, rectius fortassis his accensendum.*

Archidium Brid. *Bryolog. I. 747. t. 3.* Bruch et Schimp. *Fragm. bryolog. II c. ic.* Phascum globiferum Bruch *in Flora 1825. p. 281. t. 1.*

478. Phascum *LINN.* Calyptra campanulato-dimidiata, basi integra. Sporangium terminale, basi aequale, indehiscens. — *Pusilli, in temperatis utriusque orbis gregarii, epigaei.*

Phascum Linn. *gen. n. 1189.* Schreb. *dissert. de Phasco Lips. 1770. 4to.* Hedw. *Fund. II. 85. Musc. Frond. t. 9—11. 34. 35.* La Pylaie *in Journ. Bot. I. 177.* Hook. et Tayl. *musc. 5. t. 5.* Schwägr. *Suppl. t. 2. 3. 101.* Hook. *musc. exot. t. 105. Bryolog. germ. I. 1.* Brid. *Bryolog. I. 21. t. 1.* Bruch et Schimp. *Fragm. bryolog. III. c. ic.* Pyxidium Ehrh. *Beytr. IV. 44.*

479. Pleuridium *BRID.* Calyptra cuculliformis, basi lacera. Sporangium laterale, basi aequale, indehiscens. — *Cosmopolitae, terrestres.*

Pleuridium Brid. *mant. 10. Bryolog. II. 160. t. 8.* Phasci sp. Hedw. et Schwägr. *Suppl. t. 10. E. B. t. 2107.*

480. Bruchia *SCHWAEGR.* Calyptra campanulata, basi fissa. Sporangium terminale; apophysatum, rostellatum, indehiscens. — *Muscus pusillus, in nivosis Vogesorum repertus.*

Bruchia Schwägr. *Suppl. II. 91. t. 127.* Bruch et Schimp. *Fragm. bryolog. II. c. ic.* Voitia Moug. et Nestl. *crypt. voges. f. 8,* non Hornsch. Saproma Brid. *Bryolog. I. 52. t. 1.*

481. Physedium *BRID.* Calyptra cuculliformis, basi integra. Sporangium terminale, apophysatum, rostellatum, indehiscens. — *Muscus pusillus, capensis.*

Physedium Brid. *Bryolog. I. 51. t. 1.* Phascum splachnoides Hornsch. *in Hor. phys. Berol. 57. t. 1. 12. f. 1—4.*

482. Voitia *HORNSCH.* Calyptra cuculliformis, sporangio adhaerescens. Sporangium terminale, basi aequale, rostellatum, indehiscens. — *Musci majusculi, caespitosi, ramosi, ad nives alpium Europae mediae, et in insulis Americae hyperboreae observati.*

Voitia Hornsch. *de Voitia et Systylio. Erlang. 1818. p. 5. t. 1.* Hook. *musc. exot. t. 97.* Schwägr. *Suppl. t. 101. 126.* Arnott et Grev. *in Transact. Werner. Soc. IV. 109. t. 7.* Brid. *Bryolog. I. 54. t. 1.* Bruch et Schimp. *Fragm. Bryolog. II. c. ic.*

483. Gymnostomum *HEDW.* Calyptra cuculliformis v. ventricosa, subulata. Sporangium terminale, basi aequale; operculum conicum vel rostratum, stoma nudum. — *Musci gregarii, cosmopoliti, annui v. perennes, terrestres.*

Gymnostomum Hedw. *Fund. II. 87.* Brid. *Bryolog. I. 57. t. 1.* Bryon Adans.

a) GYMNOSTOMUM *Brid.* Calyptra cuculliformis, basi integra.

Gymnostomum Brid. *l. c.* Hedw. *musc. frond. I. t. 6. 30. II. t. 34. Spec. t. 1. f. 1—9. t. 2. f. 1—3. t. 3. f. 1—4. t. 4. f. 1—4 Bryolog. germ. I. t. 9. f. 1—9. t. 10. f. 13—22. t. 11. f. 23. 25—28. 34.* Hook. *musc. exot. t. 42. 154.* Pottia Ehrh. *Beytr. 11. 187.* Anodontium Brid. *Spec. I. 41.*

b) PHYSCOMITRIUM *Brid.* Calyptra ventricoso-subulata, latere fissa, basi lacera.

Physcomitrium Brid. *Bryolog. I. 97.* (Hedw. *Fund. II. 87. t. 1. f. 1—3. t. 2. f. 6. α. β. t. 4. f. 18—24. t. 7. f. 31. — Spec. t. 4. f. 5—8.* Schwägr. *Suppl. t. 8. 105. — Bryolog. germ. t. 9. f. 3. t. 10. f. 10. 11.*)

484. Hymenostomum *R. BR.* Calyptra cuculliformis. Sporangium terminale, basi aequale; operculum conicum; stoma subobliquum edentulum, epiphragmate centro demum evanescente clausum. — *Musci perennes, europaei, epigaei.*

Hymenostomum R. Brown *in Transact. Linn. Soc. XII. 572. — Bryolog. germ. I. 193. t. 12.* Brid. *Bryolog. II. 73.* Gymnostomi sp. Hedw. *musc. frond. III. t. 30. Sp. t. 3. f. 8—11.*

485. Hymenostylium *BRID.* Calyptra cuculliformis. Sporangium terminale, basi aequale; operculum rostratum; stoma edentulum, columellae apice dilatato reclusum. — *Muscus nepalensis, caespitosus, epigaeus.*

Hymenostylium Brid. *Bryolog. I. 81.* Gymnostomi sp. Hook. *musc. exot. t. 153.*

486. Pyramidium *BRID.* Calyptra pyramidata, primum latere fissa, demum basi soluta, sporangio adhaerescens. Sporangium terminale, basi aequale; operculum conicum; stoma nudum. — *Muscus annuus, in Europae mediae arvis caespitosus.*

Pyramidium Brid. *Bryolog. I. 107.* Pyramidula Brid. *Mant. 20. — Bryolog. germ. I. 86. t. 8. f. 1.* Gymnostomi sp. Schwägr. *Suppl. t. 8.*

487. Hyophila *BRID.* Calyptra cuculliformis, basi integra. Sporangium terminale, apophysatum; operculum conicum; stoma nudum. — *Musci perennes, in Indiae orientalis calidis epigaei.*

Hyophila Brid. *Bryolog. I. 760.* Rottleria Brid. *op. cit. I. 105. t. 6.* non Roxb. Gymnostomi sp. Schwägr. *Suppl. t. 3.* Nees et Blum *in Nov. Act. N. C. XI. t. 14. f. 2.*

488. Entosthymenium *BRID.* Calyptra cuculliformis . . Sporangium terminale, apophysatum; operculum . . . stoma edentulum, membrana annulari, tandem laciniulata, munitum. — *Muscus luridus, perennis, in Gallia australi epigaeus.*

Entosthymenium Brid. *Bryolog. I. 761.*

489. Schistidium *BRID.* Calyptra mitraeformis v. campanulato-conica, basi laciniata, v. hinc longitudinaliter fissa. Sporangium terminale, basi aequale; operculum convexiusculum; stoma nudum. — *Musci perennes, in temperatis et calidis totius orbis epigaei.*

Schistidium Brid. *mant. 20. Bryolog. I. 113. — Bryolog. germ. I. 88. t. 8. f. 1—5.* Harrisonia Adans. *fam. II. 14.* Anoectangii sp. Schwägr. *Suppl. t. 12. 105.* Hook. et Tayl. *musc. t. 6.* Hook. *musc. exot. t. 41. 106.* Hedwigiae sp. Hedw. *musc. frond. I. t. 40.* Gymnostomi sp. Hedw. *Spec. t. 3. f. 1—7.*

490. Grimmia *EHRH.* Calyptra mitraeformis, basi sublacera, laevis v. striata. Sporangium terminale, basi aequale; operculum convexiusculo-conicum; persitomii simplicis dentes sedecim, pyramidati, pertusi v. imperforati, reflexiles. — *Musci perennes; in toto orbe epigaei v. rarius truncicoli.*

Grimmia Ehrh. *Beytr. I. 176.* Hedw. *Fund. II. 89. Musc. frond. I. t. 39. III. t. 31. Spec. t. 15 f. 1—13.* Schwägr. *Suppl. t. 23—26. 45. 97. 116.* Hook. *musc. exot. t. 42. 43. 131.* Brid. *Bryolog. I. 160. — Bryolog. germ. II. 1. 64. t. 16—24.* Bryi sp. Linn.

491. Hydropogon *BRID.* Calyptra, mitraeformis, basi integra. Sporangium terminale, basi aequale; operculum planum; peristomii simplicis dentes sedecim, breves, obtusi, solidi, apice bifidi, conniventes. — *Muscus perennis, in Americae tropicae fluviis degens.*

Hydropogon Brid. *Bryolog. I. 769.* Grimmia fontinaloides Hook. *musc. exot. II. t. 11.*

492. Dryptodon *BRID.* Calyptra mitraeformis, basi lacera. Sporangium terminale, basi aequale; operculum convexum, rostellatum; peristomii simplicis dentes sedecim, apice inaequaliter bifidi v. lacero fissi. — *Musci perennes, caespitosi, in temperatis utriusque orbis saxicoli.*

Dryptodon Brid. *Bryolog. I. 191.* Campylopodis sp. Brid. *Mant. 71.* Dicrani sp. Hedw. *musc. frond. III. t. 43. a.* Schwägr. *Suppl. t. 47.* Fissidentis sp. Hedw. *Spec. t. 11. f. 4—6.* Trichostomi sp. Schwägr. *Suppl. t. 37.* Grimmiae sp. Hook. *musc. exot. t. 2. 129.* Bryi sp. Linn. Luidae sp. Adans.

493. Racomitrium *BRID.* Calyptra mitraeformis v. campanulato-subulata, basi lacera. Sporangium terminale, basi aequale; operculum conicum v. acuminatum; peristomii simplicis dentes sedecim, ad basim usque in lacinias plures filiformes fissi. — *Musci perennes, in temperatis hemisphaerae imprimis borealis terricoli, rarius aquatici.*

Racomitrium Brid. *Bryolog. I. 207.* Trichostomi sp. Hedw. *musc. frond. II. t. 25. III. t. 2. 3. 33. Spec. t. 23. f. 1—5.* Schwägr. *Suppl. t. 38. 39.* Hook. et Tayl. *musc. t. 19.* Hypni sp. Hall. Bryi sp. Linn. Luidae sp. Adans.

494. Holomitrium *BRID.* Calyptra angustissima, elongato-conica, basi coarctata, integerrima. Sporangium terminale, basi aequale; operculum aciforme; peristomii simplicis dentes sedecim, usque ad basim bifidi. — *Musci australasici caespitosi, perennes, epigaei, perichaetiis elongatis, pedicellum vaginantibus insignes.*

Holomitrium Brid. *Bryolog. I. 226.* Trichostomi sp. Hook. *musc. exot. t. 64. 73.*

495. Orthotheca *BRID.* Calyptra angusta, conico-mitraeformis, basi coarctata subintegerrima. Sporangium terminale, basi aequale; operculum aciforme; peristomii simplicis dentes sedecim, integri, per paria approximati. — *Musci americani, tropici et extratropici insulares, epidendri.*

Orthotheca Brid. *Bryolog. I. 778.* Dicrani sp. Schwägr. *Suppl. t. 40.*

496. Cinclidotus *PALIS.* Calyptra mitraeformis, basi lacera. Sporangium terminale, basi aequale; operculum conicum; peristomii simplicis dentes sedecim, profunde bi-tri-quadrifidi, cruribus linearibus supra basim anastomosanti-cancellatis, siccitate spiraliter tortis. — *Muscus perennis, in fluviis rivisque Europae lignis saxisque, imprimis calcareis, adhaerens.*

Cinclidotus Palis. *prodr. 28.* Hook. et Tayl. *musc. 29. t. 11.* Brid. *Bryolog. I. 228.* — Sekra Adans. *II. 14.* Trichostomi sp. Hedw. *musc. frond. III. 36. t. 14.* Fontinalis sp. Linn.

497. Tetraphis *HEDW.* Calyptra mitraeformis, sulcata, basi laciniata. Sporangium terminale, basi aequale; operculum conicum; peristomii simplicis dentes quatuor, pyramidati. — *Musci in hemisphaera boreali viventes, habitu vario.*

Tetraphis Hedw. *Fund. II. 87.* Brid. *Bryolog. I. 129. Bryolog. germ. II. 1. t. 13.*

a) TETRODONTIUM *Schwägr.* Caules brevissimi, subnulli. Vita annua.

Tetrodontium Schwägr. *Suppl. II. 102. t. 128.*

b) TETRACMIS *Brid.* Caules elongati. Vita perennis.

Tetracmis Brid. *l. c.* Georgia Ehrh. *Beytr. I. 188.* Tetrapitis Hedw. *Spec. t. 7. f. 1. a. — f. Theor. gen. t. 8.* Mnii sp. Linn.

498. Syrrhopodon *SCHWAEGR.* Calyptra subcampanulata, basi fissa. Sporangium terminale, basi aequale; operculum planiusculum v. rostratum; peristomii simplicis dentes sedecim, horizontales, stoma recludentes. — *Musci in corticibus arborum Indiae orientalis dense caespitosi, perennes.*

Syrrhopodon Schwägr. *Suppl. II. 110. t. 131. 132.* Cleisostoma Brid. *Bryolog. I. 153.* Pterogonii sp. Hook. *in Transact. Linn. Soc. XI. 310. t. 26. f. 4.*

499. Campylopus *BRID.* Calyptra conica, latere fissa v. basi fimbriata. Sporangium terminale, basi aequale v. subapophysatum; operculum cuspidatum; peristomii simplicis dentes sedecim, bifidi v. bifissiles, cruribus aequalibus. — *Musci in temperatis et calidis utriusque orbis supra terram v. in truncis perennantes.*

Campylopus Brid. *Bryolog. I. 468.* Dicrani sp. Hedw. *Spec. t. 24. f. 1—7. t. 37. 38. f. 1—6.* Hook. *musc. exot. t. 138.* Polla Adans. Bryi sp. Linn. — Thysanomitrion Schwägr. *Suppl. II. 1. p. 61. t. 118.*

500. Oedipodium *SCHWAEGR.* Calyptra campanulata, latere fissa. Sporangium terminale, subapophysatum; operculum convexiusculum; stoma edentulum, membrana fugaci reclusum. — *Muscus pusillus, annuus, caespitosus, in montibus frigidis Britanniae repertus.*

Oedipodium Schwagr. *Suppl. II. 15. t. 105.* Brid. *Bryolog. II. 83.* Gymnostomi sp. Smith *E. B. t. 1938.*

501. Orthodon *BORY.* Calyptra mitraeformis, basi laciniata, pilosa. Sporangium terminale, subapophysatum; operculum hemisphaerico-convexum; peristomii simplicis dentes octi, remotiusculi, erecti. — *Muscus in truncis arborum insulae Bourbon et in Nepalia caespitosus, perennans.*

Orthodon Bory *apud Schwägr. Suppl. II. 23. t. 106.* Brid. *Bryolog. I. 231.* Octoblephari sp. Hook. *musc. exot. t. 136.* Splachni sp. Hook. *in Transact. Linn. Soc. IX. 308. t. 26. f. 2.*

502. Eremodon *BRID.* Calyptra campaniformis, basi subintegra. Sporangium terminale, apophysatum; operculum conico-convexum; peristomii simplicis dentes octo v. sedecim, aequidistantes, erecti v. recurvuli, linea longitudinali exarati. — *Musci in uliginosis montium editorum Europae, et in regionibus arcticis antarcticisque perennantes.*

Eremodon Brid. *Bryolog. I. 233. — Bryolog. germ. II. 2. 161.*

a) Cyrtodon R. Brown *Suppl. to Par. voyag. p. 299.* Dissodon Grev. et Arnott *in Annal. Soc. Linn. de Paris 1826. p. 229.* Weisia splachnoides Schwägr. *Suppl. I. t. 63. t. 17.*

b) Aplodon R. Brown *l. c.* Splachni sp. Schwägr. *Suppl. t. 14. t. 108. Fl. dan. t. 1659.*

503. Splachnum *LINN.* Calyptra campanulata, subintegerrima. Sporangium terminale, apophysatum; operculum obtusum; peristomii simplicis dentes sedecim, per paria coadunati, linea longitudinali exarati, tandem reflexi. — *Musci in paludosis et turfosis frigidiusculis utriusque orbis perennes, v. rarius annui.*

Splachnum Linn. *gen. n. 1191.* Brid. *Bryolog. I. 239.*

a) Pycnapophysium Reichenb. *consp. 34.* Apophysis conoidea v. ovoidea. (Hedw. *musc. frond. II. t. 11—13. III. t. 40. Spec. t. 8.* Schwägr. *Suppl. t. 14.*)

b) Discapophysium Reichenb. *l. c.* Apophysis sphaeroidea. (Hedw. *musc. frond. II. t. 15. 16.* Schwägr. *Suppl. t. 15.*)

c) Cystapophysium Reichenb. *l. c.* Apophysis ampullaeformis. (Hedw. *Fund. II. 88. t. 7. f. 33. 34. Musc. frond. II. t. 14.*) Apodanthus La-Pylaie *in Desv. Journ. bot. 1813. p. 20. t. 33. f. 1.* (cfr. Brid. *Bryolog. II. 772.*)

d) Sciadophysium. Apophysis umbraculiformis. (Hedw. *musc. II. t. 17. 18.* Schwägr. *Suppl. t. 109.*)

504. Systylium *HORNSCH.* Calyptra campanulata, apiculata, basi lacera. Sporangium terminale, apophysatum; operculum obtuse conicum, columellae tandem exsertae adnatum; peristomii simplicis dentes triginta duo, breves, per paria approximati, basique connati. — *Muscus elegans, in rupibus madidis alpium editissimarum Germaniae perennans.*

Systylium Hornsch. *Comment. de Voitia et Systylio p. 15. t. 2.* Schwägr. *Suppl. II. 25. t. 107.* Hook. *musc. exot. t. 98.* Brid. *Bryolog. I. 263.*

505. Scouleria *HOOK.* Calyptra campanulato-dimidiata. Sporangium terminale, basi aequale; operculum planum, columellae tandem exsertae adnatum; peristomii simplicis dentes triginta duo, apice fissi, tandem reflexi. — *Muscus in rivulis Americae boreali-occidentalis perennans.*

Scouleria Hook. *Miscell. I. 33. t. 18.*

506. Tayloria *HOOK.* Calyptra campanulata, basi lacera. Sporangium terminale, apophysatum; operculum conoideum, incurvum, a columella tandem exserta dejectum; peristomii simplicis dentes triginta duo, per paria approximati, elongati. — *Muscus in editioribus Europae mediae et borealis in rupibus perennans, motu peristomii oscillante notabilis.*

Tayloria Hook. *musc. exot. t. 172.* Hookeria Schleich. *apud Brid. mant. 103. t. 1. f. 8. Bryolog. I. 265.* Schwägr. *Suppl. t. 100. non* Smith. Phrissotrichia Brid. *musc.*

507. Brachysteleum *REICHENB.* Calyptra mitraeformis, striata, glabra, basi lacera. Sporangium terminale, basi aequale; operculum acuminatum; peristomii simplicis dentes sedecim, aequidistantes, pyramidati, conniventes. — *Muscus in arboribus capensibus perennans.*

Brachysteleum Reichenb. *consp. 34.* Brachypodium Brid. *Bryolog. I. 147.* non Palis. Glyphomitrion Brid. *mant. 30.* non Schwägr. Encalypta crispata Hedw. *Spec. t. 10.* Schwägr. *Suppl. t. 17. f. 1.* Orthotrichi sp. Hook. et Grev. *in Edinb. Journ. of Scienc. 1824. t. 1. p. 115.*

508. Glyphomitrium *SCHWAEGR.* Calyptra campanulata, striata, glabra, hinc fissa, basi lacera. Sporangium terminale, basi aequale; operculum rostratum; peristomii simplicis dentes sedecim, per paria approximati, pyramidati; transversim sulcati, conniventes. — *Musci humiles, perennes, in rupibus maritimis et basalticis Britanniae reperti.*

Glyphomitrium Schwägr. *Suppl. II. 41. t. 113.* Hook. et Grev. *in Edinb. Journ. of Scienc. 1824. t. 1. p. 115. t. 6.* Brid. *Bryolog. I. 267.* Griffithia R. Brown *in Linn. Transact. XII. 2. 275.* Encalyptae sp. Smith *E. B. t. 12. 81.* Grimmiae sp. Hook. et Tayl. *musc. T. 13.*

509. Orthotrichum *HEDW.* Calyptra conica v. campanulata, sulcato-carinata, basi subintegerrima, pilosa. Sporangium terminale, basi aequale, tandem sulcatum; operculum acuminatum; peristomii simplicis dentes sedecim, per paria primum cohaerentes, demum soluti, reflexi, interdum ciliis totidem introrsum horizontalibus distincti. — *Musci perennes, in toto orbe terrarum, imprimis super arborum truncos, rarius in terra gregarii, speciebus pluribus latissime diffusis.*

Orthotrichum Hedw. *musc. frond. II. 96.* Brid. *Bryolog. I. 269.* Navia Borkh. *disp. plant. 151.* Grimmia Hedw. *Fund. II. 89.* Weissia Schreb. *gen. n. 1648.* Dorcadion Adans. *II. 492.*

a) BRACHYTRICHUM *Röhl.* Peristomii dentes ciliis haud distincti.

Brachytrichum Röhl. *in Wetterau. Annal. III. 47.* (Hedw. *musc. frond. II. t. 37.* Schwägr. *Suppl. t. 54. 55.*)

b) ORTHOTRICHUM *Röhl.* Peristomii dentes ciliis octo-sedecim distincti.

Orthotrichum Röhl. *l. c.* Hedw. *musc. frond. II. t. 36.* Schwägr. *Suppl. t. 50—55. 138.* Grev. *scot. t. 105. 137.* Hook. et Tayl. *musc. t. 21.*

510. Ulota *MOHR.* Calyptra conica, laevis, pilosa, basi fimbriato lacera. Sporangium terminale, basi aequale; operculum acuminatum; peristomii simplicis dentes sedecim, per paria primum cohaerentes, demum soluti, reflexi, ciliis linearibus introrsum horizontalibus inter paria interjectis. — *Musci caespitosi, perennes, in toto orbe super arbores, v. rarius in saxis reperti.*

Ulota Mohr *in Web. tab. synopt. musc.* Brid. *Bryolog. I. 298.* — Blankara Adans. *II. 492.* Orthotrichi sp. Hedw. *musc. frond. II. t. 35.* Schwägr. *Suppl. t. 51. 52.* Grev. *scot. t. 115.* Leiotheca Brid. *Bryolog. I. 305. 726.* Orthotrichi sp. Hook. *musc. exot. t. 120.* Hook. et Grev. *in Edinb. Journ. of Scienc. 1824. I. p. 111. t. 4.*

511. Macromitrium *BRID.* Calyptra mitraeformis, campanulato-conica, laevis v. striata, glabra, basi multifida. Sporangium terminale, basi aquale; operculum aciculiforme rectum; peristomium duplex; exterioris dentes sedecim, per paria approximati, interius in coronam membranaceam multifido-laceram confluens, rarissime obsoletum. — *Musci tropici v. subtropici, in arboribus perennantes.*

Macromitrium Brid. *mant. 132. Bryolog. I. 306. 735.* Schwägr. *Suppl. t. 111. 112. 129.* Orthotrichi sp. Hook. *musc. exot. t. 24. 25. 27. 44. 45. 124. 127. 156.* Schlotheimiae sp. Hornsch. *in Hor. phys. Berol. t. 12.*

512. Schlotheimia *BRID.* Calyptra conico-mitraeformis, laevis, glabra, basi apendicibus quaternis senisve aucta. Sporangium terminale, basi aequale; operculum acuminatum; peristomium duplex; exterioris dentes sedecim, per paria approximati, spiraliter revoluti, interius in coronam membranaceam, plicato-conicam, tandem apice irregulariter multifidam coalescens. — *Musci ramosissimi, inter tropicos et in subtropicis hemisphaerii australis super arbores perennantes.* (Columna tandem retracta v. obliterata.)

Schlotheimia Brid. *mant. 114. t. 2. f. 10. Bryolog. I. 320* Schwägr. *Suppl. t. 56. 57. 139.* Hypni sp. Hedw. *Spec. t. 83. f. 4—7.* Orthotrichi sp. Hook. *musc. exot. t. 128.*

513. Orthodontium *SCHWAEGR.* Calyptra .... Sporangium terminale, basi aequale; operculum conicum; peristomium duplex; exterioris dentes octo, aequidistantes, erecti; interioris dentes totidem, exterioribus subconformes, iisque alterni, erectiusculi. — *Musci parvuli, caespitosi, in Brasilia et Capite bonae spei observati, non satis noti.*

Orthodontium Schwägr. *Suppl. II. 125. t. 188.*

514. Zygodon *HOOK.* Calyptra cuculliformis, laevis. Sporangium terminale, subapophysatum; operculum subobliquе rostratum; peristomium duplex; exterioris dentes sedecim; per paria arcte cohaerentes, reflexi; interioris cilia octo, paribus dentium alterna, introrsum subhorizontalia. — *Musci perennes, in arboribus v. rarius in terra climatis temperati utriusque orbis habitantes.*

Zygodon Hook. et Tayl. *musc. brit. 70. t. 3.* Schwägr. *Suppl. 136.* Brid. *Bryolog. I. 590.* Hook. *musc. exot. t. 159.* Amphidium Nees *in Sturm's Flor. germ. II. 17.* Gagea Radd.

515. Codonoblepharum *SCHWAEGR.* Calyptra cuculliformis, laevis. Sporangium terminale, basi aequale; operculum oblique rostratum; peristomium duplex; exterioris dentes sedecim; per paria approximati, reflexi; interioris cilia totidem, coronae membranaceae exsertae imposita, conniventia. — *Muscus ramosus, dense caespitosus, in arboribus Novae Zeelandiae perennans.*

Codonoblepharum Schwägr. *Suppl. II. 142. t. 137.* Brid. *Bryolog. I. 594.* — Quid Grevilleanum L. C. Beck *in Americ. Journ. of sc. and arts XI. 183.?*

516. Weissia *HEDW.* Calyptra cuculliformis. Sporangium terminale, basi aequale; operculum rostellatum; peristomii simplicis dentes sedecim, erecti, aequidistantes. — *Musci caespitosi, ubivis terrarum in terra v. saxis, rarius in arboribus perennantes.*

Weissia Hedw. *Fund. II. 90. Musc. frond. I. 7. 8. 38. II. t. 39. III. t. 5. 34. 35. Spec. 11. 12. 11. 13. Bryolog. germ. II. 2. 7. t. 25—35.* Schwägr. *Suppl. f. 18—20. 26. 114.* Afzelia Ehrh. *crypt. sicc.* Swartzia Ehrh. *l. c.* Cavanillea Borkh. *disp. pl. 251.* Didymodontis sp. Hook. et Tayl. *musc. t. 20.* Hook. *musc. exot. t. 126.* Bryi sp. Linn. — Brachyodus Fürnr. *in Flora 1827. app. 112. 1829. 594. app. 111. Bryolog. germ. II. 2. p. 1. t. 12. f. 29. t. 25.* Brachyodontium Fürnr. *in Flora 1827. app. 37.* Gymnostomum trichodes Weber et Mohr *Archiv I. t. 4. f. 1.* Anoectangii sp. Schwägr. *Suppl. t. 12.*

517. Discelium *BRID.* Calyptra subdimidiata. Sporangium terminale, basi gibbosum; operculum obtuse conicum; peristomii simplicis dentes sedecim, aequidistantes, usque ad medium bifidi, subconniventes. — *Muscus caespitosus, in argillosis juxta rivulos Britanniae et Lapponiae perennans.*

Discelium Brid. *Bryolog. I. 365.* Weissiae sp. Hook. et Tayl. *musc. t. 14.* Schwägr. *Suppl. t. 18.* Wahlenb. *Fl. Lapp. t. 19.*

518. Catascopium *BRID.* Calyptra elongato-conica, apice perforata, in pedunculum defluens. Sporangium terminale, subapophysatum, subhorizontale; operculum convexiusculum, acuminatum; peristomii simplicis dentes sedecim, aequidistantes, acuti, solidi, subconniventes. — *Muscus in turfosis subalpinis Europae mediae caespitose perennis.*

Catascopium Brid. *Bryolog. I. 368. — Bryolog. germ. II. 2. 191. t. 42.* Melania Brid. *msc.* Weissiae sp. Hedw. *musc. frond. III. t. 39.* Hook. et Tayl. *musc. t. 14.*

519. Coscinodon *SPRENG.* Calyptra cuculliformis. Sporangium terminale, basi aequale: operculum rostellatum: peristomii simplicis dentes sedecim, aequidistantes, basi subconnati, perforati, erecti. — *Musci ramosi, caespitosi, perennes, in Europa media et America boreali epigaei.*

Coscinodon Spreng. *Einleit. 281.* Brid. *Bryolog. I. 370.* Leersia Hedw. *Fund. II. 56. t. 23.* Anacalypta Röhl. *Moosgatt. 108. Bryolog. germ. II. 2. 125.* Trimatium Fröhlich *msc.* Encalyptae sp. Hedw. *Spec. 63.* Weissiae sp. Hook. et Tayl. *musc. t. 14.* Schwägr. *Suppl. t. 30. 117.*

520. Mielichhoferia *HORNSCH.* Calyptra cuculliformis. Sporangium terminale, apophysatum; operculum conicum, submucronato-rostellatum; peristomii simplicis dentes sedecim, aequidistantes, e basi lata lanceolati, solidi, incurvi. — *Musci graciles, fastigiato-ramosi, in rupibus udis montium editissimoram Europae mediae perennantes.*

Mielichhoferia Hornsch. *Bryolog. germ. 179. c. ic.* Eurybasis Brid. *Bryolog. I. 384. in not.* Oreas Brid. *l. c. p. 380.* non Cham. nec Zoolog. Anchenangium Brid. *msc.* Weissiae sp. Schwägr. *Suppl. t. 114. 115.* Hook. *musc. exot. t. 42—102.*

521. Calymperes *SWARTZ.* Calyptra persistens, tandem apice soluta, laciniata. Sporangium terminale, basi aequale; operculum rostratum; stoma edentulum, membrana spongiosa obsolete radiato-striata tectum. — *Musci ramosi, in humidis inter tropicos et in regionibus subtropicis, super arbores potissimum perennantes.*

Calymperes Swartz *in Link Jahrb. t. 1. f. 11. 15.* Schwägr. *Suppl. t. 98. 127.* Brid. *Bryolog. II. 85.* Cryphium Palis. *msc.*

522. Octoblepharum *HEDW.* Calyptra longe conica, integra. Sporangium terminale, basi aequale; operculum acuminatum; peristomii simplicis dentes octo, subulati, imperforati, erecti. — *Muscus pusillus, albidulus, in regionibus tropicis subtropicisque latissime diffusus, in terra arboribusque caespitose perennans.*

Octoblepharum Hedw. *musc. frond. III. 15. t. 6.* Brid. *Bryolog. I. 136.* Octoblepharis Schreb. *gen. n. 1640.* Bryi sp. Linn. Luidae sp. Adans.

523. Campylodontium *SCHWAEGR.* Calyptra .... Sporangium laterale, basi aequale; operculum ... peristomii simplicis dentes sedecim, lanceolati, incurvi, primum conniventes, tandem reflexi. — *Muscus pensylvanicus, perennis, vage ramosus.*

Campylodontium Schwägr. *Suppl. t. 211.*

524. Leucophanes *BRID.* Calyptra conico-mitraeformis. Sporangium terminale, subapophysatum; operculum rostratum; peristomii simplicis dentes sedecim, lineares, incurvi. — *Musci albo-glaucescentes, in insulis Oceani indici epigaei.*

Leucophanes Brid. *Bryolog. I. 763.*

525. Oncophorus *BRID.* Calyptra cuculliformis. Sporangium terminale, strumoso-apophysatum; operculum rostratum; peristomii simplicis dentes sedecim, apice incurvo bifidi. — *Musci in uliginosis extratropicis utriusque orbis perennantes.*

Oncophorus Brid. *Bryolog. I. 389.* Dicrani sp. Hedw. *musc. frond. II. t. 29. f. 2. III. t. 32. 37. Spec. t. 32. f. 1—7.* Schwägr. *Suppl. t. 45. 47. 121.* Hook. et Tayl. *musc. t. 17.* Fissidentis sp. Hedw. *musc. frond. II. t. 51. 32.* Cecalyphi sp. Palis *prodr. 51.*

526. Trematodon *RICH.* Calyptra cuculliformis. Sporangium terminale, substrumoso-apophysatum; operculum subulato-rostratum; peristomii simplicis dentes sedecim, lineari-lanceolati, perforati. — *Musci annui, in temperatis hemisphaerae borealis epigaei.*

Trematodon Rich. *in Michx. Flor. amer. bor. II. 289.* Schwägr *Suppl. t. 70.* Palis. *prodr. t. 4. f. 1.* Brid. *Bryolog. I. 385. — Bryolog. germ. II. 2. 198. t. 43.* Dicrani sp. Hedw. *musc. frond. III. t. 36.*

527. Dicranum *HEDW.* Calyptra cuculliformis. Sporangium terminale, basi aequale v. subapophysatum; operculum subulato-rostratum; peristomii simplicis dentes sedecim, arcuato-conniventes, ad medium bi-trifidi, cruribus parallelis subaequalibus. — *Musci erecti, ramosi, perennes, per totum orbem epigaei, rupincoli v. rarius epidendri.*

Dicranum Hedw. *Fund. II. 91. t. 8. Musc. frond. I. t. 26 II. t. 30. 32. 34. III. t. 1. f. 1. t. 9. Spec. t. 28. f. 1—4. t. 29. f. 8—12. t. 30. f. 7—12. t. 31. f. 1—5. t. 32. f. 8—12. t. 33. f. 6—10. t. 34. f. 1—5. t. 35. f. 8—13.* Schwägr. *Suppl. t. 40—48.* Hook. *musc. exot. t. 134. 139. 140. 141. 142. 149.* Brid. *Bryolog. I. 406.* Glaucopis Brid. *msc.* Dicrani et Cecalyphi sp. Palis. Fuscinae sp. Schrank. Bryi sp. Linn.

528. Ceratodon *BRID.* Calyptra cuculliformis. Sporangium terminale, basi substrumoso-apophysatum; operculum rostratum; peristomii simplicis dentes sedecim, basi distincti, apice in crura filiformia, inferne trabeculis transversis juncta, fissi. — *Musci caespitosi, ramosi, ad terram nudam hemisphaerii borealis perennantes.*

Ceratodon Brid. *Bryolog. I. 480.* Aegiceras Green *apud Brid. mant. 69. non Gaertn.* Dicrani sp. Hedw. *Spec. t. 33. f. 1—4. t. 35. f. 1—7. t. 36.* Didymodontis sp. Hook. et Tayl. *musc. t. 20.* Fuscinae sp. Schrank. Mnii sp. Linn. Luidae sp. Adans.

529. Trichostomum *HEDW.* Calyptra cuculliformis. Sporangium terminale, hinc compressum, basi subaequale; operculum elongato-conicum; subobliquum; peristomii simplicis dentes sedecim, distincti, juxta totam longitudinem in crura filiformia bi-tri-quadrifidi. — *Musci caespitosi, in terra nuda vel arborum truncis per totum terrarum orbem perennantes.*

Trichostomum Hedw. *musc. frond. I. t. 27. Spec. t. 24. f. 1—13.* Schwägr. *Suppl. t. 35. 36. 118. 123.* Hook. *musc. exot. t. 150.* Brid. *Bryolog. I. 488.* Dicrani sp. Weber et Mohr *Taschenb. t. 7. f. 12. 13.* Didymodontis sp. Hook. et Tayl. *musc. t. 20.* Bryi sp. Linn.

530. Didymodon *HEDW.* Calyptra cuculliformis. Sporangium terminale, basi aequale; operculum breve, conicum; peristomii simplicis dentes triginta-duo, lineares, per paria approximati, basi interdum trabeculis nexi, imperforati. — *Musci in montibus et alpibus Europae perennantes.*

Didymodon Hedw. *musc. frond. III. 8. t. 4. Spec. t. 23.* Schwägr. *Suppl. t. 29. 124.* Hornsch. *Hor. phys. Berol. t. 12.* Brid. *Bryolog. I. 593.* Ditrichium Timm. *Fl. megap. n. 777.* Swartziae sp. Hedw. *musc. frond. I. t. 28. III. 37. B.* Cynodontii sp. Schwägr. *Suppl. t. 29.*

531. Pilipogon *BRID.* Calyptra cuculliformis, basi ciliata. Sporangium terminale, basi aequale; operculum aciculare; peristomii simplicis dentes sedecim, filiformes, per paria approximati. — *Muscus grandiusculus, in udis regionis temperatae Andium Quindiuensium caespitose perennans.*

Pilipogon Brid. *Bryolog. I. 519.* Didymodon gracilis Hook. *musc. exot. t. 5.*

532. Plaubelia *BRID.* Calyptra cuculliformis. Sporangium terminale, basi aequale; operculum rostratum; peristomium simplex e membrana rudi faucem coronante, apice in lacinias irregulares, indefinitas fissa. — *Muscus antillanus, ramosiusculus, caespitosus, epigaeus, perennis.*

Plaubelia Brid. *Bryolog. I. 552. t. 8.*

533. Desmatodon *BRID.* Calyptra cuculliformis. Sporangium terminale, basi aequale; operculum subulatum; peristomii simplicis dentes sedecim, usque ad basim bifidi, membrana spongiosa juncti. — *Musci ramosi, caespitosi, in hemisphaerio boreali epigaei, perennes.*

Desmatodon Brid. *mant. 86. Bryolog. I. 523.* Dicrani sp. Hedw. *musc. frond. I. t. 33.* Barbulae sp. Hedw. *op. cit. III. t. 31.* Schulz *in N. A. N. C. XI. t. 32. f. 2.*

534. Leucoloma *BRID.* Calyptra cuculliformis (?). Sporangium laterale, basi aequale; operculum subulatum; peristomii simplicis dentes sedecim, usque ad basim bifidi, distincti. — *Muscus elongato-gracilis, in Africae australis insulis tropicis perennans, a Trichostomo sporangii situ et habitu diversus.*

Leucoloma Brid. *Bryolog. II. 218 et 751.* Trichostomi sp. Schwägr. *Suppl. t. 122.* Zygotrichia Brid. *Bryolog. I. 520.* Barbula leucostoma R. Brown *in Append. to Parrys I. Voy. p. 298.*

535. Barbula *HEDW.* Calyptra cuculliformis. Sporangium terminale, basi aequale; operculum subulatum; peristomii simplicis dentes sedecim v. triginta duo, distincti v. basi membrana juncti, spiraliter convoluti. — *Musci in toto terrarum orbe, frequentius tamen in temperatis, magna specierum copia crescentes, perennes, v. rarius annui.*

Barbula Hedw. *Spec. 115.* Schulz *monographia* Barbulae *in N. A. N. C. XI. 192—232. t. 32. 34.* Brid. *Bryolog. I. 527.* Mollia Schrank *Fl. Salisb. n. 832.* Streblotrichum Palis. *prodr. 27.* Tortula Hedw. *Spec. 122.* Hook. et Tayl. *musc. 30.* Hook. et Grev. *in Edinb. Journ. of Scienc. 1824. I. 294.*

536. Syntrichia *WEB. et M.* Calyptra cuculliformis. Sporangium terminale, basi aequale; operculum subulatum; peristomii simplicis dentes sedecim v. triginta duo, capillares, basi in coronam membranaceam, cylindricam, tesselatam conjuncti, apice in spiram contorti. — *Musci perennes, in hemisphaera boreali utriusque continentis, etiam in summis alpibus, et in regionibus hyperboreis in terra v. rarius in arboribus dense caespitosi, perennes.*

Syntrichia Web. et Mohr *Taschenb. 214. t. 8. f. 4. 5.* Brid. *Bryolog. I. 578.* Schulz *monograph. in N. A. N. C. XI.* Tortulae sp. Schwägr. *Suppl. II. 66. t. 24. 120.* Barbulae sp. Hedw. *Spec. 121.* Molliae sp. Schrank. Mnii sp. Linn.

537. Encalypta *HEDW.* Calyptra cylindrico-campanulata, laxa, sporangio longior. Sporangium terminale, basi aequale; operculum aciforme; peristomii simplicis dentes sedecim, angusti, erecti, fugacissimi. — *Musci epigaei, in temperatis et frigidis hemisphaerii borealis caespitose perennantes.*

Encalypta Hedw. *Spec. 82. t. 10. f. 10—18.* Schwägr. *Suppl. t. 16.* Brid. *Bryolog. I. 138. — Bryolog. germ. II. t. 25. t. 14. 15.* Leersia Hedw. *Fund. II. t. 4. f. 19. 24. Musc. frond. I. t. 18. 19. Theor. gen. t. 9.* Bryi sp. Linn.

538. Cynodontium *BRID.* Calyptra cuculliformis. Sporangium terminale, basi aequale; operculum conicum; peristomii simplicis dentes sedecim, lanceolati, per paria approximati, perforati. — *Musci perennes, in montanis alpinisque Europae mediae et borealis epigaei, caespitosi.*

Cynodontium Brid. *Spec. I. 155.* Schwägr. *Suppl. t. 25.* Cynontodium Hedw. *Spec. 58.* Cynodon Brid. *Bryolog. I. 500.* Swartziae sp. Hedw. *musc. frond. II. t. 27.* Didymodontis sp. Hook. et Tayl. *musc. t. 20.* Atteliae sp. Ehrh.

539. Ptychostomum *HORNSCH.* Calyptra cuculliformis. Sporangium terminale, basi aequale; operculum conicum, obtusum; peristomium duplex; exterioris dentes sedecim, erecti, apice hyalini; interius corona membranacea, hyalina, plicata, exterioris dentes in conum, tandem lacerum connectens. — *Musci caespitosi, in alpibus Europa mediae et Indiae orientalis, et in Americae antarcticae insulis perennantes.*

Ptychostomum Hornsch. *in Syllog. plant. II. 62.* Brid. *Bryolog. I. 597.* Schwägr. *Suppl. t. 115.* Cynodontii sp. Hedw. *Spec. t. 9.* — Brachymenium Hook. *apud Schwägr. Suppl. II. 131. t. 135.* Hook. *misc. I. t. 38.* Brid. *Bryolog. I. 601.*

540. Hemisinapsium *BRID.* Calyptra cuculliformis. Sporangium terminale, apophysatum; operculum obstuse conicum; peristomium duplex; exterioris dentes sedecim, acuminati, erecti; interius corona membranacea, basi cum exteriore connata, apice in cilia sedecim, dentibus alterna fissa. — *Musci ramosi, majusculi, in uliginosis insulae Melville reperti.*

Hemisinapsium Brid. *Bryolog. I. 604.* Pohlia bryoides et arctica R. Brown.

541. Cladodium *BRID.* Calyptra cuculliformis. Sporangium terminale, basi aequale; operculum convexiusculum; peristomium duplex, exterioris dentes sedecim, erecti, apice subconniventes; interius corona membranacea, apice in cilia sedecim divisa. — *Musci perennes, in alpibus Europae, et in montibus arcticis insulisque hyperboraeis caespitosi.*

Cladodium Brid. *Bryolog. I. 620.* Pohlia inclinata Swartz *musc. Suec. 45. 96. t. 5. f. 11.* Schwägr. *Suppl. t. 63.*

542. Bryum *LINN.* Calyptra cuculliformis. Sporangium terminale, basi aequale v pseudapophysatum; operculum convexum v. conicum, rarissime rostratum; peristomium duplex; exterioris dentes sedecim, latiusculi, acuti; interius corona membranacea, carinato sulcata, in processus sedecim latiusculos, perforatos, ciliis interjectis producta. — *Musci epigaei, annui vel perennes, per totum terrarum orbem ingenti specierum numero diffusi.*

Bryum Linn. *gen. n. 1194.* Bridel *Bryolog. I. 623.*

a) WEBERA *Hedw.* Flores hermaphroditi.

Webera Hedw. *Spec. t. 41. f. 1—5. Musc. frond. I. t. 3. 3.* Brid. *Bryolog. I. 624.* Bryi sp. Hedw. *Fund. II. t. 3. f. 12. et Auct. plur.* Orthopyxidis sp. Palis. Macranchenium Brid. *Bryolog. I. 45. 843.* Weberae sp. Hedw. *Spec. t. 41. f. 1—5.*

b) BRYUM *Hedw.* Flores monoeci v. dioeci, masculi gemmiformes v. capituliformes.

Bryum Hedw. *Fund. II. t. 6. f. 29. Musc. frond. I. t. 20. III. t. 28. Spec. t. 42. f. 8—12. t. 43. t. 44. f. 1—4.* Schwägr. *Suppl. t. 68—75.* Trentepohlia Hoffm. *Fl. germ. II. 17.* Mnii sp. Hedw. *musc. frond. III. t. 7. 8.*

c) POLLA *Adans.* Flores dioeci, masculi disciformes; rarius hermaphroditi, discoidei.

Polla Adans. *II. 429.* Brid. *Bryolog. I. 688.* Mnii sp. Hedw. *musc. frond. I. t. 58. Spec. t. 40. f. 1—4. t. 45. f. 5—8.* Schwägr. *Suppl. t. 77. 80. f. 158—160.* Bryi sp. Hook. et Tayl. *musc. t. 26. 28—31.* Hook. *musc. exot. t. 133.*

543. Cinclidium *SWARTZ.* Calyptra cuculliformis, angusta. Sporangium terminale, basi aequale; operculum hemisphaericum, mucronulatum; peristomium duplex; exterioris dentes sedecim, inflexi; interius corona membranacea cupuliformis, apice clausa, sedecim radiata, foraminibus totidem oblongis e regione dentium pertusa. — *Muscus in paludibus Alpium et Europae borealis caespitose perennis.*

Cinclidium Swartz *in Schrad. Journ. 1801. I. 25. t. 2.* Schwägr. *Suppl. t. 67.* Brid. *Bryolog. I. 714.* Amblyodon Palis. *prodr. 41.*

544. Leptostomum *R. BR.* Calyptra . . . laevis, glabra. Sporangium terminale, subapophysatum; operculum hemisphaerico-conicum; peristomium simplex, e membrana annulari erectiuscula, integerrima v. obsolete denticulata. — *Musci perennes, caespitosi, terrestres, in hemisphaerio australi extra tropicos, et in archipelagi Sandwicensis insulis observati.*

Leptostomum R. Brown *in Transact. Linn. Soc. X. 130.* Brid. *Bryolog. I. 124. Mant. p. 24. t. 1. f. 1.* Schwägr. *Suppl. t. 104.* Gymnostomi sp. Hook. *musc. exot. I. t. 168. 169. II. t. 5. 22.* Bryi sp. Hedw. *musc. frond. III. t. 10.*

545. Leptotheca *SCHWAEGR.* Calyptra. . . . Sporangium terminale, basi aequale; operculum . . . peristomium duplex, exterioris dentes sedecim, lanceolato-lineares, erecti, sporangii parieti interiori adnati; interius corona membranacea, brevis, tenera, apice in cilia sedecim, dentes aequantia, ciliolorum rudimentis interjectis fissa. — *Muscus perennis, in Nova-Hollandia epigaeus.*

Leptotheca Schwägr. *Suppl. II. 135. t. 137.* Brid. *Bryolog. I. 838.*

546. Megalangium *BRID.* Calyptra cuculliformis. Sporangium terminale, basi apophysi lineari auctum; operculum convexum, mamillatum; peristomium duplex; exterioris dentes sedecim, marginati, obtusi, mucronulati, introflexi; interius e membrana reticulata, carinata, in processus sedecim, profunde bipartitos, cilia interjecta, fissa. — *Muscus perennis, in editissimis Andium Quitensium caespitose epigaeus.*

Megalangium Brid. *Bryolog. II. 28.* Macrothecium Brid. *op. cit. I. XLIV.* Acidodontium Schwägr. *Suppl. t. 190.* Bryum megalacarpon Kunth.

547. Pohlia *HEDW.* Calyptra cuculliformis. Sporangium terminale, apophysatum; operculum convexo-conicum; peristomium duplex, exterioris dentes sedecim, interius corona membranacea elongata, sedecies denticulata. — *Musci teneri, caespitosi, in montibus et alpibus Europae mediae perennantes.*

Pohlia Hedw. *musc. frond. I. 96. t. 36.* Schwägr. *Suppl. t. 64.* Brid. *Bryolog. I. 607.* Amphirhinum Green *msc.* Lagenium Brid. *msc.* Bryi sp. Hook. et Tayl. *musc. t. 30.*

548. Paludella *EHRH.* Calyptra cuculliformis. Sporangium terminale, basi aequale; operculum conicum; peristomium duplex; exterioris dentes sedecim, lanceolati, acuti; interius corona membranacea brevissima, in dentes sedecim imperforatos, puncto prominente intermedio, producta. — *Muscus caespitosus, in paludosis apricis Europae borealis perennans.*

Paludella Ehrh. *phytophyl. 69.* Brid. *Bryolog. II. 1.* Bryum squarrosum Hedw. *Spec. t. 44. f. 6—11.*

549. Mnium *DILL.* Calyptra cuculliformis. Sporangium terminale, basi gibbosum v. subaequale; operculum convexum; subacuminatum; peristomium duplex; exterioris dentes sedecim, latiusculi, erecti; interius membrana carinata, in processus sedecim varie perforatos, saepius tandem bipartibiles fissa. — *Musci perennes, in hemisphaerio boreali utriusque orbis in humidis paludosisque epigaei.*

Mnium Linn. *gen. n. 1193.* Brid. *Bryolog. II. 3.* Orthopyxis Palis. *prodr. 78. part.*

a) AULACOMNION *Schwägr.* Flos masculus terminalis, disciformis.

Aulacomnion Schwägr. *Suppl. t. 215.* Gymnocephalus Schwägr. *Suppl. I. 87.* non Zoolog. Fusiconia Palis. *in Annal. Soc. Linn. de Paris. t. 7. f. 5.* Mnium androgynum Linn. Hedw. *theor. 140. t. 12. f. 48—50.* Bryum Hedw. *fund. musc. I. t. 5. f. 35. 36.* — Peromnion Schwägr. *Suppl. t. 250.*

b) ARRHENOPTERUM *Hedw.* Flos masculus axillaris, gemmiformis.

Arrhenopterum Hedw. *sp. 198. t. 46. f. 1—9.* Maschalacrhena Spreng. Mnium heterostichum et membranaceum Brid.

550. Bartramia *HEDW.* Calyptra cuculliformis. Sporangium terminale, basi subaequale, stomate saepius coarctato, sublaterali; operculum conicum; peristomium duplex; exterioris dentes sedecim, cuneiformes; interius membrana carinata, sedecimpartita, segmentis bifidis, apices dentium introflexos recipientibus. — *Musci erecti, perennes, rupes et sylvarum umbrosos recessus hemisphaerii borealis, vel editissimos regionum calidarum montes caespite amoene virente vestiunt.*

Bartramia Hedw. *musc. frond. III. 111 t. 40.* Schwägr. *Suppl. t. 50. 58. 60. 63. 68.* Brid. *Bryolog. II. 32.* Weberae sp. Hedw. *Fund. II. 95. t. 6. f. 30.* Cephaloxis Palis. *prodr. 31.* Bryi sp. Linn. Luidae sp. Adans.

551. Philonotis *BRID.* Calyptra cuculliformis. Sporangium terminale, basi subinaequale, stomate obliquo; operculum conicum v. convexiusculum; peristomium duplex; exterioris dentes sedecim, acuti, inflexi; interius membrana carinata, in lacinias sedecim integras v. bifidas, ciliis interjectis partita. — *Musci erecti, caespitosi, ramosi, in udis scaturiginosis montanis alpinisque totius orbis terrarum perennes.*

Philonotis Brid. *Bryolog. II. 15.* Bartramiae sp. Schwägr. *Suppl. t. 61.* Hook. et Tayl. *musc. t. 23.* Hook. *musc. exot. I. t. 21. II. t. 19.* Mnii sp. Hedw. *musc. frond. II. t. 19. III. t 38.* Brewer Adans. *II. 492.* Bryi sp. Linn. Cyrtopodium Brid. *Bryolog. II. 30.* Cryptosete Hook. *msc.* Bryum bartramioides Hook. *musc. exot. II. t. 18.*

552. Glyphocarpus *R. BR.* Calyptra cuculliformis. Sporangium terminale, angulatum, basi aequale; operculum conicum; stoma edentulum, membrana laxa, tandem filis sedecim orificio adhaerentibus instructum. — *Musci erecti, ramosi, caespitosi, in saxis et super arbores regionis capensis perennantes.*

Glyphocarpus R. Brown *in Transact. Linn. Soc. XII. 575.* Schwägr. *Suppl. t. 128.* Brid. *Bryolog. II. 90.* Bartramiae sp. Hornsch. *in Hor. phys. Berol. t. 13.* Hook. *musc. exot. I. t. 122.* Gymnostomi sp. Hook. *op. cit. I. t. 165.*

553. Plagiopus *BRID.* Calyptra. . . Sporangium terminale, gibbosum; operculum obtuse conicum; peristomium duplex; exterioris dentes sedecim, lanceolati, acutiusculi, aequidistantes; interius e ciliis totidem filiformibus, erectis, dentes subaequantibus, iisdemque alternis. — *Muscus perennis, in uliginosis alpium Helvetiae densissime caespitosus.*

Plagiopus Brid. *Bryolog. I. 596. t. 5.*

554. Conostomum *SWARTZ.* Calyptra brevissima, conico-subulata, hinc v. utrinque fissa. Sporangium terminale, basi subaequale, sulcatum; operculum conicum, subincurvum; peristomii simplicis dentes sedecim, subulati, in conum persistentem conniventes. — *Musci caespitosi perennes, in summis montium Europae cacuminibus, in Asia Americaque arctica, nec non in America antarctica epigaei.*

Conostomum Swartz *in Schrad n. Journ. I. 3. p. 14. t. 5. 6.* Schwägr. *Suppl. t. 20 et 130.* Hook. et Tayl. *musc. t. 20.* Brid. *Bryolog. I. 150.* *Bryolog. germ. II. 1. 20. t. 13.* Grimmiae sp. Smith *E. B. t. 1135.*

555. Entosthodon *SCHWAEGR.* Calyptra dimidiato-campanulata, subulata. Sporangium terminale, apophysi pyriformi instructum; operculum convexiusculum, mammillatum; periostomii simplicis dentes sedecim, rigidi, imperforati, stomati demissius inserti. — *Muscus* *caespitosus, perennis, in rupibus humentibus riparum Hiberniae observatus.*

Entosthodon Schwägr. *Suppl. I.* 44. *t.* 113. Brid. *Bryolog. I.* 378. 779. Weissia Tempeltoni Hook. et Tayl. *musc. t.* 14.

556. Funaria *HEDW.* Calyptra cuculliformis, ventricosa, basi subtetragona. Sporangium terminale, subinaequale, pyriforme; operculum planiusculum, laeve v. sulcatum; peristomium duplex; exterioris dentes sedecim, obliqui, apice cohaerentes; interioris cilia totidem, basi in coronam membranaceam cohaerentia, dentibus opposita. — *Musci annui, caespitosi, super terram nudam per totum orbem vigentes.*

Funaria Hedw. *Spec.* 172. Schwägr. *Suppl. t.* 65. 66. Hook. et Tayl. *musc. t.* 20. Brid. *Bryolog. II.* 49. Koelreutera Hedw. *Fund. II.* 95. *t.* 10. *f.* 68—69. Strephedium Palis. *prodr.* 89. Mnii sp. Linn.

557. Meesia *HEDW.* Calyptra cuculliformis, angusta. Sporangium terminale, inaequale, pyriforme; operculum convexiusculum; peristomium duplex; exterioris dentes sedecim, brevissimi; interioris cilia totidem, lacunosa, membrana tenera fugaci reticulato-connexa. — *Musci in paludosis turfosis montium hemisphaerii borealis perennes.*

Meesia Hedw. *Fund. II.* 97. *t.* 9. *f.* 56. 57. *Musc. frond. I. t.* 1. 2. *Spec. t.* 41. Brid. *Bryolog. II.* 59. Ambliodum Palis. *prodr.* 41. Bryi sp. Linn. Hook. et Tayl. *musc. t.* 28. Hook. *musc. exot. I. t.* 99.

558. Diplocomium *WEB.* Calyptra cuculliformis. Sporangium terminale, inaequale, pyriforme; operculum obtusum; peristomium duplex; exterioris dentes sedecim, obtusi, brevissimi; interioris cilia sedecim, libera, per paria approximata. — *Musci erecti, caespitosi, radiculoso-tomentosi, in paludosis turfosis, frigidis temperatisque hemisphaerii borealis perennantes.*

Diplocomium Web. et Mohr *Taschenb.* 374. *t.* 9. *f.* 5. Brid. *Bryolog. II.* 65. Tristichis Ehrh. *phytophyl.* 59. Meesia longiseta Hedw. *musc. frond. I. t.* 21. 22.

559. Timmia *HEDW.* Calyptra cuculliformis. Sporangium terminale, inaequale, subapophysatum; operculum convexum, vertice depressum; peristomium duplex; exterioris dentes sedecim, latiusculi, acuminati; interius e membrana sedecies laciniata, laciniis dentibus oppositis irregulariter porosis — *Musci paludosi, rupicoli, in hemisphaera boreali caespitose perennantes.*

Timmia Hedw. *musc. frond. I.* 84. *t.* 31. *Spec. t.* 42. Hessler *Comment. de Timmia. p.* 11. Brid. *Bryolog. II.* 68. Omphalophora Brid. *msc.*

560. Polytrichum *LINN.* Calyptra cuculliformis, minuta, saepe viscosa. Sporangium terminale, angulatum, apophysatum v. subapophysatum; operculum rostellatum; peristomii simplicis dentes triginta duo v. sexaginta quatuor, breves, inflexi, apicibus in membranam aridam confluentes. — *Musci erecti, stricti, in terra arida totius orbis gregarie perennes.*

Polytrichum Linn. *gen. n.* 1192.

a) POLYTRICHUM *Palis.* Calyptra apice villosa. Columella alata.

Polytrichum Hedw. *Fund. I. t.* 9. *f.* 62—64. *II. t.* 7. *f.* 37. *Spec. t.* 18. *f.* 6—10. *t.* 19. *f.* 1. *a* Brid. *Bryolog. II.* 134.

b) POGONATUM *Palis.* Calyptra undique villosa. Columella cylindrica.

Pogonatum Palis. *prodr.* 38. *t.* 11. *f.* 3. Brid. *Bryolog. II.* 107. Polytrichi sp. Hedw. *musc. frond. I. t.* 13. 14 *Spec. t.* 10. *f.* 3—5 *t.* 19. *f.* 2—6. *t.* 21. *f.* 1—9. *t.* 22. *f.* 1—5. Hook. *musc. exot. II. t.* 65. 66.

c) CATHARINEA *Ehrh.* Calyptra pilosa. Columella cylindrica.

Catharinea Ehrh. *Beitr. I.* 178. Web. et Mohr *Taschenb.* 216. *t.* 8. *f.* 6. Oligotrichum DC. *Fl. franc.* Atrichum Palis. *prodr.* 42. Callybrium Web. *werth.* 290. Polytrichi sp. Hedw. *musc. frond. I. t.* 15—19. *Spec. t.* 20. *f.* 1—2. Hook. *musc. exot. t.* 75. Bryi sp. Linn. Pollae sp. Adans.

561. Psilopilum *BRID.* Calyptra cuculliformis, glabra. Sporangium terminale, ventricoso-inaequale, exapophysatum; operculum obtuse conicum; peristomii simplicis dentes sedecim v. triginta duo, brevissimi, inflexi. — *Muscus erectus, epigaeus, in arenosis humidis Europae et Americae arcticae gregarie epigaeus.*

Psilopilum Brid. *Bryolog. II.* 95. Polytrichum laevigatum Wahlenb. *Fl. Lapp. t.* 20. Schwägr. *Suppl. t.* 137.

562. Lyellia *R. BR.* Calyptra cuculliformis, apice setuloso-scabra. Sporangium terminale, hinc planum, inde convexum, apice cylindricum; operculum conicum, rostratum; stoma edentulum, epiphragmate centro columellae crassae, plicato-rugosae adhaerente clausum, mox ejusdem retractione apertum, apertura tandem iterum columellae elongatione obturata. — *Muscus caespitosus, perennis, epigaeus, in Nepalia lectus.*

Lyellia R. Brown *in Transact. Linn. Soc. XII.* 561. Hook. *musc. exot. t.* 161. Schwägr. *Suppl. II.* 170. *t.* 149. Brid. *Bryolog. II.* 93. Gomphophorus Brid. *msc.*

563. Buxbaumia *HALL.* Calyptra mitraeformis, conica, acuta. Sporangium terminale, ovato-gibbosum, subobliquum, apophysi spuria auctum; operculum conicum, acutiusculum; peristomium duplex; exterioris dentes sedecim, squamuliformes, truncati, inaequales, fugaces; interius, corona membranacea apice lacera interposita, conicum, sedecies plicatum, apice tandem pervium. — *Musci annui, habitu abnormi, caule brevissimo bulbiformi, subterraneo, apice foliis minimis, confervoideis vestito, pedunculo scabro, sporangio maximo; in hemisphaerio boreali utriusque orbis in terra vel truncis putrescentibus rari.*

Buxbaumia Hall. *Stirp. helv. n.* 1728. Hedw. *Fund. musc. II.* 96. *t.* 3. *f.* 10. *t.* 9. *f.* 51. Brid. *Bryolog. I.* 328. *t.* 2. *Suppl.* Grevill. *in Mem. Wern. Soc. III.* 442. Bruch et Schimp. *Fragm. bryolog. c. ic.* Saccophorum Palis. *prodr.* 29. Hippopodium Röhl. *Fl. germ. III.* 120.

564. Diphyscium *WEB. ET M.* Calyptra mitraeformis, conica, acuta. Sporangium terminale, ventricoso-ovatum, obliquum, depressiusculum; operculum conicum, acutum; peristomium duplex; exterius e solo stomatis margine obsolete crenulato, interius membrana conica, truncata, sedecies plicata, plicis cum crenulis stomatis alternantibus. — *Muscus annuus, pusillus, Phascum referens, in glareosis et rupestribus hemisphaerii borealis utriusque orbis gregarius.*

Diphyscium Web. et Mohr *Taschenb.* 377. *t.* 11. *f.* 1. Brid. *Bryolog. I.* 325. Bruch et Schimp. *Fragm. bryolog.* Hymenopogon Palis. *prodr.* 60. Buxbaumia foliosa Hedw. *Fund. II.* 95. *t.* 9. *f.* 51.

565. Dawsonia *R. BR.* Calyptra conica, hinc fissa, apice scabra, indumento villoso vestita. Sporangium terminale, hinc planum, inde convexum; operculum rostratum; peristomium simplex, penicillatum, e ciliis numerosissimis ex annulo stomati paullo demissius inserto, et e columellae apice erectis, aequalibus, exarticulatis, basi planis, apice tubulosis. — *Musci simplicissimi, erecti, in Nova Hollandia epigaei, caespitosi, perennes.*

Dawsonia R. Brown *in Transact. Linn. Soc. X. 316. t. 23. f. 1.* Schwägr. *Suppl. t. 150.* Hook. *musc. exot. II. t. 162.* Brid. *Bryolog. II. 156.* Triplocoma La-Pylaie *in Desv. Journ. bot. V. 7.* Styloeomium Brid. *msc.*

566. Hypnum *LINN.* Calyptra cuculliformis, glabra. Sporangium laterale, gibbum, stomate obliquo; operculum conicum, rostratum; peristomium duplex; exterioris dentes sedecim, lanceolati, reflexiles; interius e membrana carinato-sulcata, in cilia totidem perforata v. solida, ciliolis interjectis partita. — *Musci perennes, per totum terrarum orbem epigaei, rarius truncicoli v. aquatici.*

Hypnum Linn. *gen. n. 1195.* Brid. *Bryolog. II. 388. t. 10.*

a) HYPNUM *Brid.* Peristomii interioris cilia imperforata.

Hypnum Brid. *Bryolog. II. 390.* (Hedw. *musc. frond. IV. t. 29. Spec. t. 60—62.* Hook. et Tayl. *musc. t. 34.*)

b) STEREODON *Brid.* Peristomii interioris cilia perforata.

Stereodon Brid. *Bryolog. II. 550.* Hypni sp. Hedw. *musc. frond. IV. t. 18. 23. 24. 25. 30. 31. 32. 34. 36. 37. Spec. t. 64. f. 5—10. t. 70. f. 7. 10. t. 75. f. 4—9. t. 77. f. 1—5.* Schwägr. *Suppl. t. 87. 88. 94. 142. 144. 145.* Hornsch. *in Hor. phys. Berol. t. 13. f. 1—5.*

567. Fabronia *RADD.* Calyptra cuculliformis. Sporangium laterale, basi aequale; operculum convexum; peristomii simplicis dentes sedecim, coriacei, per paria approximati, introrsum flexi, integri v. bifidi. — *Musci tenelli, in terra v. arborum truncis zonae temperatae et subtropicae utriusque hemisphaerii perennes.*

Fabronia Raddi *Atti dell' acad. di Siena IX. 230.* Brid. *Bryolog. II. 168.* Schwägr. *Suppl. t. 99. 247.* Hook. *musc. exot. t. 3. 169.* Sterophyllum Brid. *msc.*

568. Maschalanthus *SCHULZ.* Calyptra cuculliformis. Sporangium laterale, basi aequale; operculum conicum, saepe rostratum; peristomii simplicis dentes sedecim, aequidistantes, solidi, erectiusculi. — *Musci perennes, in temperatis calidisque totius orbis terrarum epigaei v. epidendri.*

Maschalanthus Schulz *Starg. 356.* Pterigynandrum Hedw. *musc. frond. IV. t. 6. f. 8. 9. t. 7. t. 20. Spec. t. 18. f. 1—5. t. 65. f. 1—4.* Brid. *Bryolog. II. 173. t. 8.* Pterogonium Swartz *musc. suec. 26.* Schwägr. *Suppl. 27. 28. 210. 211.* Hook. et Tayl. *musc. t. 14.* Hook. *musc. exot. t. 147. 148.* Maschalocarpus Spreng.

569. Leptohymenium *SCHWAEGR.* Calyptra....... Sporangium laterale, basi aequale; operculum rostratum; peristomium duplex; exterioris dentes sedecim, breves; interius membrana subtilis, dentes conjungens, tandem apice fatiscens. — *Muscus nepalensis caespitosus, truncicola.*

Leptohymenium Schwägr. *Suppl. t. 246.* Haplohymenium Schwägr. *t. 271.* Pterogonium tenue Schwägr. *Suppl. t. 108.* Neckera tenuis Hook. *in Transact. Linn. Soc. IX. t. 27. f. 3.*

570. Anacamptodon *BRID.* Calyptra cuculliformis. Sporangium laterale, basi aequale; operculum obtuse rostratum; peristomium duplex; exterioris dentes sedecim, pyramidati, primum reflexi, tandem sporangii dorso appressi; interioris cilia totidem, capillaria, dentibus breviora et alterna, introflexa. — *Muscus caespitosus, perennis, in Germania media et australi Abietum cortici tenaciter adhaerens.*

Anacamptodon Brid. *mant. 136. t. 2. f. 11. Bryolog. II. 224. t. 9.* Neckerae sp. Schwägr. *t. 182.*

571. Pylaisaea *DESV.* Calyptra cuculliformis. Sporangium laterale, basi aequale; operculum conicum; peristomium duplex; exterioris dentes sedecim, lanceolati, erecti, trabeculato-serrulati; interius membrana dentibus adhaerens, tandem soluta, apice lacero-fissa. *Muscus perennis, repens, in Galliа arborum cortici tenaciter adhaerens.*

Pylaisaea Desv. *Journ. bot. V. 24. t. 33. f. 2.* Brid. *Bryolog. II. 281. t. 8.*

572. Leskia *HEDW.* Calyptra cuculliformis. Sporangium laterale, basi aequale; operculum convexum, saepe rostellatum; peristomium duplex; exterioris dentes sedecim, subulati, inflexi; interius corona membranacea, in cilia v. processus sedecim pyramidatos v. lineares fissa. — *Musci perennes, ramosi, repentes, in toto orbe terrarum epigaei v. truncicoli.*

Leskia Hedw. *Fund. II. 93.* Brid. *Bryolog. II. 283. t. 10.*

a) Leskia Brid. *l. c.* Hedw. *musc. frond. IV. t. 1. 2. 9. 11. 17. 40. Spec. t. 52. f. 1—6. t. 53. f. 8—14. t. 55. f. 1—6. 13—18. t. 56. f. 1—7. 14—18. t. 59. f. 1—10. t. 59. f. 1—5. 8—15.* Schwägr. *Suppl. t. 80. 140.* Hook. *musc. exot. t. 55. 166.*

b) Omalia Brid. *l. c.* (Hedw. *musc. frond. IV. t. 10. f. 62—65. t. 11.*)

c) Hemiragis Brid. *l. c.* (Schwägr. *Suppl. t. 86.*) Helicodontium Schwägr. *Suppl. t. 293. 294.*

573. Isothecium *BRID.* Calyptra cuculliformis. Sporangium laterale, basi aequale; operculum conicum, saepe rostratum; peristomium duplex; exterioris dentes sedecim, acuti, reflexiles; interius corona membranacea, carinato-sulcata, in cilia sedecim, ciliolis interjectis divisa. — *Musci hypnoidei, perennes, plerique epidendri, tropici v. subtropici, paucissimi europaei.*

Isothecium Brid. *Bryolog. II. 355. t. 10.* Hypni sp. Hedw. *musc. frond. IV. t. 8. Spec. t. 58. t. 63. f. 1—3. t. 69. f. 11—14. t. 75. f. 1—3. t. 77. f. 6—9.*

574. Anoectangium *HEDW.* Calyptra cuculliformis. Sporangium laterale, basi aequale; operculum conicum, rostratum; stoma nudum. — *Musci epigaei, in summis Americae aequinoctialis montibus gregarie perennantes.*

Anoectangium Hedw. *Spec. 40.* Brid. *Bryolog. II. 164. t. 8.* Hedwigia Hook. *musc. exot. t. 46. 139.* Schwägr. *Suppl. t. 104.* — Erpodium Brid. *Bryolog. II. 167.*

575. Neckera *HEDW.* Calyptra cuculliformis. Sporangium laterale, basi aequale; operculum conicum, saepe acuminatum; peristomium duplex; exterioris dentes sedecim, lanceolato-lineares, erecti; interioris cilia totidem, filiformia, erecta, dentibus alterna. — *Musci perennes, caespitosi, in temperatis calidisque totius orbis viventes.*

Neckera Hedw. Brid. *Bryolog. II. 226. t. 9.*

1. NECKERA *Röhl.* Folia imbricata. Pedunculus rectus, elongatus.

Neckera Röhl. *Fl. germ. III. 83.* Hedw. *Fund. I. t. 3. f. 11. II. t. 8. f. 49. 50. Spec. t. 47. 48.* Hook. *in Transact. Linn. Soc. IX. t. 27. f. 2. Musc. exot. t. 43.* Eleutheria Palis. *prodr. 56.*

2. CYRTOPUS *Brid.* Folia imbricata. Pedunculus arcuatus, brevis.

Cyrtopus Brid. *Bryolog. II. 235.* (Hedw. *Spec. t. 5. f. 4—6.* Hook. *in Transact. Linn. Soc. IX. t. 28. f. 4. Musc. exot. t. 6. 151. 152.*)

3. DISTICHIA *Brid.* Folia disticha. Calyptra saepe pilosa.

Distichia Brid. *Bryolog. II. 238. 757.* Cryptopodia Röhl. *Deutschl. Flora III. 82.* Neckeriae sp. distichae Hedw. *musc. frond. III. t. 19—23.*

576. Actinodontium *SCHWAEGR.* Calyptra mitraeformis, basi lacinulata. Sporangium laterale, basi aequale; operculum aciculare; peristomium duplex; exterioris dentes sedecim, patentissimi; interioris cilia totidem, dentium longitudine, membrana annulari angusta juncta. — *Muscus javanicus, caespitosus, perennis.*

Actinodontium Schwägr. *Suppl. II. 75. t. 174. f. 12—16.* Brid. *Bryolog. II. 753.* Actinodon Brid. *msc.*

577. Daltonia *HOOK.* Calyptra mitraeformis, cuspidata, basi ciliato-fimbriata. Sporangium laterale, subapophysatum; operculum conico-rostratum; peristomium duplex, exterioris dentes sedecim, latiusculi, trabeculati, hinc inde flexi; interioris cilia totidem, tenerrima, dentibus alterna. — *Muscus humilis, ramosus, perennis, in Britannia et Germania epigaeus.*

Daltonia Hook. et Tayl. *musc. 80. t. 22. f. 1. excl. reliq.* Brid. *Bryolog. II. 255.* Macrodon Arnott *in Annal. Soc. Linn. de Paris.*

578. Regmatodon *BRID.* Calyptra cuculliformis. Sporangium laterale, basi subinaequale; operculum conicum, incurvum; peristomii simplicis dentes sedecim, suberecti, lineari-subulati, rima longitudinali a basi ad medium hiantes. — *Muscus nepalensis, caespitosus, perennis, arborum cortici adhaerens.*

Regmatodon Brid. *Bryolog. II. 204. t. 9.* Pterogonii sp. Hook. *in Transact. Linn. Soc. IX. t. 26. f. 3.*

579. Sclerodontium *SCHWAEGR.* Calyptra cylindrico-subulata, basi fissa. Sporangium laterale, inaequale; peristomii simplicis dentes sedecim, coriacei, distincti, rimis longitudinalibus pertusi. — *Muscus perennis, arborum cortici laxe adhaerens, in Brasilia et Nova-Hollandia observatus.*

Sclerodontium Schwägr. *Suppl. II. 1. p. 124. t. 145.* Brid. *Bryolog. II. 205. t. 9.* Leucodontis sp. Hook. *musc. exot. t. 172. f. 7. 8.*

580. Leucodon *SCHWAEGR.* Calyptra cuculliformis. Sporangium laterale, basi aequale; operculum conicum, subincurvum; peristomii simplicis dentes sedecim, brevissimi, membranacei, stomati demissius inserti, perforati, tandem bifidi. — *Musci caespitosi, in regionibus temperatis utriusque hemisphaerii super arbores, rariusve in terra perennantes.*

Leucodon Schwägr. *Suppl. I. 2. p. 1. II. t. 125. 133.* Hook. et Tayl. *musc. 63. t. 2. 20.* Brid. *Bryolog. II. 207.* Fuscina Schrank. *Fl. Bav. II. 452.* Cecalyphum Palis. *prodr. 51.* Fissidentis sp. Hedw. *Fund. II. t. 8. f. 45. 46.*

581. Leptodon *WEB.* Calyptra cuculliformis, pilosa. Sporangium laterale, basi aequale; operculum conicum, oblique rostratum; peristomii simplicis dentes sedecim, brevissimi, lineari-lanceolati, integri. — *Musci epidendri, in temperatis hemisphaerii borealis perennantes.*

Leptodon Web. *in Mohr obs. 27.*

a) LEPTODON *Brid.* Calyptra basi pilis longissimis hirta.

Leptodon Brid. *Bryolog. II. 197. t. 3. suppl.* Hypni sp. Hedw. Pterogonii sp. Hook. et Tayl. *musc. t. 14.* Schwägr. *Suppl. t. 109.*

b) LASIA *Brid.* Calyptra sursum pilosa.

Lasia Brid. *Mant. 133. Bryolog. 200. t. 8.* Trichomitrium Reichenb. *conspect. n. 565.* Pterigynandri sp. Hedw. *Spec. t. 16. f. 1—6. 9—2.*

582. Dienemon *SCHWAEGR.* Calyptra mitraeformis, apice scabra, basi multifida. Sporangium laterale, inaequale; operculum conicum, rostratum; peristomii simplicis dentes sedecim, basi connati, ultra medium bifidi, cruribus nodosis, incurvis. — *Musci australasici, epidendri, caespitosi, perennes.*

Dienemon Schwägr. *Suppl. II. 1. p. 126. t. 132.* Brid. *Bryolog. II. 215. t. 9.* Eucnemis Brid. *msc.* Hollia Sieb. *in Flora 1826. p. 223.* Brid. *Bryolog. II. 772.* Leucodontis sp. Schwägr. *Suppl. t. 124.* Hook. *musc. exot. t. 17. 20.*

583. Astrodontium *SCHWAEGR.* Calyptra ventricoso-subulata, sporangium includens, latere fissa. Sporangium laterale, basi aequale; operculum rostratum, curvatum; peristomium duplex; exterioris dentes sedecim, lato-lanceolati, parenchymatosi, patentes; interius membrana annularis subhorizontalis, sedecies crenata. — *Muscus perennis, incurvato-ramosus, in insulis Canariis et Madagascaria arbores sylvarum umbrosarum denso caespite vestiens.*

Astrodontium Schwägr. *Suppl. II. 1. p. 128. t. 134.* Brid. *Bryolog. II. 219. t. 9.* Plaubelia Brid. *msc.* Hedwigiae sp. Hook. *musc. exot. t. 170.*

584. Antitrichia *BRID.* Calyptra cuculliformis. Sporangium laterale, basi aequale; operculum oblique rostratum; peristomium duplex; exterioris dentes sedecim, lineari-lanceolati, inflexi; interioris cilia totidem, dentibus opposita, iisque basi adnata, fugacissima. — *Muscus perennis, dense caespitosus, epigaeus, in Europa, Capite bonae spei et Patagonia repertus.*

Antitrichia Brid. *mant. II. 222. Bryolog. II. 222. t. 9.* Anomodon Hook. et Tayl. *musc. 79. t. 22.* Neckerae sp. Hedw. Hypni sp. Linn.

585. Climacium *WEB.* Calyptra cuculliformis. Sporangium laterale, basi aequale; operculum conico-rostratum; peristomium duplex; exterioris dentes sedecim, lineari-lanceolati, inflexi; interioris cilia totidem e corona membranacea scalato-perforata. — *Musci habitu dendroideo insignes, epigaei, perennes, in zona temperata et frigida, et in editissimis montium aequinoctialium jugis gregarii.*

Climacium Web. et Mohr *Taschenb. 225.* Brid. *Bryolog. II. 271.* Luidae sp. Adans.

a) Porotrichum Brid. *l. c.* Rami complanati. (Neckerae sp. Hook. *musc. exot. t. 1. 69.*)

b) Zygotrichia Brid. *l. c.* Rami teretes. (Schwägr. *Suppl. t. 81.* Leskeae sp. Hook. *musc. exot. t. 164.*

586. Trachyloma *BRID.* Calyptra cuculliformis. Sporangium laterale, basi aequale; operculum conico-subulatum; peristomium duplex; exterioris dentes sedecim, filiformes, erecti; interioris cilia totidem, setacea, denticulata, e corona membranacea reticulata. — *Muscus dendroideus, in Oceania gregarie epigaeus, perennis.*

Trachyloma Brid. *Bryolog II. 277.* Neckerae sp. Hedw. *sp. t. 48. f. 1—3.* Hook. *musc. exot. t. 23. f. 3—8.*

587. Hookeria *SMITH.* Calyptra mitraeformis, basi fissa, rarius integra. Sporangium laterale, basi aequale; operculum rostratum; peristomium duplex; exterioris dentes sedecim, lanceolato-lineares; interioris cilia totidem, e corona membranacea solida, rarius ciliolis interjectis distincta. — *Musci perennes, ramosissimi, epigaei v. rarius truncicoli, inter tropicos frequentiores, in temperatis rari, caespitosi, perennes.*

Hookeria Smith *in Transact. Linn. Soc. IX. 275. t. 23.* non Schleich. et alior.

a) PTERYGOPHYLLUM *Brid.* Calyptra glabra.

Pterygophyllum Brid. *mant. 149. Bryolog. II. 431. t. 10.* Hookeria Hook. et Tayl. *musc. t. 3. 27.* Hook. *musc. exot. II. t. 38* (*51. 54. 109.* Hypni et Leskeae sp. Hedw. *Fund t. 1. f. 4—6. Spec. t. 52. f. 7—12. t. 53. f. 1—7. t. 54. f. 13—11. t. 61. f. 1—6. t. 62. f. 1—7.*) — Hypopterygium Brid. *Bryolog. II. 709.* Pterigynandri sp. Hedw. *Spec. t. 22. f. 7—13 t. 51. f. 8—13.* Hookeriae sp. Hook. *musc. exot. II. t. 34. 35.* — Helicophyllum Brid. *Bryolog. II. 771.* Anoectangii sp. Hook. *musc. exot. 41.* Schwägr. *Suppl. t. 103.* — Cyathophorum Palis. *prodr. 52. t. 8. f. 6.* Brid. *Bryolog. II. 721. t. 3. suppl.* Hookeriae sp. Hook. *musc. exot. t. 163.* Leskiae sp. Labill. *Nov. Holl. t. 253. f. 1.* Anoectangii sp. Hedw. *Spec. t. 6. f. 1—5.*

b) CHAETEPHORA *Brid.* Calyptra piloso-hirta.

Chaetephora Brid. *mant. 148.* Hornsch. *in Hor. phys. berol. 65. t. 13. f. 1—7.* Brid. *Bryolog. II. 335. t. 10.* Eriopus Brid. *l. c. II. 339.* Leskeae sp. Hedw. *Spec. t. 49.* (Hook. *musc. exot. t. 53. 121.*)

588. Racopilum *PALIS.* Calyptra mitraeformis campanulata, hinc fissa, basi laciniata. Sporangium laterale, inaequale, sulcatum; operculum rostratum; peristomium duplex; exterioris dentes sedecim, lanceolati, aristati; interius corona membranacea, carinato-sulcata, apice in cilia sedecim, perforata, ciliolis interjectis fissa. — *Musci caespitosi, in uliginosis regionum tropicarum et temperatarum perennantes.*

Racopilum Palis. *prodr. 36. t. 9. f. 6.* Brid. *Bryolog. II. 718. t. 10.* Aubertia Palis. *ms.* Hypni sp. Hedw. *musc. frond. IV. t. 19.*

589. Cryphaea *BRID.* Calyptra mitraeformis, basi subintegra. Sporangium laterale, basi aequale; operculum conicum, acutum; peristomium duplex; exterioris dentes sedecim, lineares, erecti; interioris cilia totidem, filiformia, libera, dentibus alterna. — *Musci perennes, in temperatis tropicisque gregarie epidendri.*

Cryphaea Brid. *mant. 139. Bryolog. II. 249. t. 9.* Daltoniae sp. Hook. et Tayl. *musc. t. 3. f. 1—4.* Neckerae sp. Hedw. *musc. frond. III. t. 15. 16.* — Pilotrichum Palis. *prodr. 37. excl. sp.* Brid. *Bryolog. II. 256. t. 9.* Neckerae sp. Hedw. *musc. frond. III. t. 17. 18.* Schwägr. *Suppl. t. 83. 140.* Hook. *musc. exot. t. 122.* — Meteorium Brid. *l. c.* Neckerae sp. Hook. *musc. exot. t. 157. 158.*

590. Carovaglia Calyptra mitraeformis, subintegra. Sporangium laterale, basi aequale; operculum planiusculum, rostellatum, stomatis limbo marginatum; peristomium duplex; exterioris dentes sedecim stomati incrassato paullo demissius inserti, bicrures, cruribus massa pulposa pertinaciter connexis; interioris cilia totidem, libera, minima, fugacissima, dentibus alterna. — *Muscus ramosus, caespitosus, ex insula Java adlatus.*

Esenbeckia Brid. *Bryolog. II. 753.* non Mart.

591. Lepidopilum *BRID.* Calyptra mitraeformis, integra, squamulosa-scabra. Sporangium laterale, basi aequale; operculum subulatum; peristomium duplex; exterioris dentes sedecim, lineares, erecti; interioris cilia totidem, libera, dentes aequantia, iisque alterna, basi medio fissa. — *Musci americani tropici, epidendri, gregarii, perennes.*

Lepidopilum Brid. *mant. 141. Bryolog. II. 267. t. 9.* Trachypodium Brid. Neckerae sp. Hedw. *Spec. t. 61. f. 7—8.* Schwägr. *Suppl. t. 82.* Hookeriae sp. Hook. *musc. exot. t. 52.*

592. Fontinalis *LINN.* Calyptra mitraeformis, integra. Sporangium laterale, basi aequale; operculum conicum v. subulatum; peristomium duplex; exterioris dentes sedecim, latiusculi, acuti, erecti; interius corona membranacea, conica, reticulata. — *Musci aquatici, in temperatis frigidisque hemisphaerii borealis caespitosi, perennes.*

Fontinalis Linn. *gen. n. 1100.* Hedw. *Fund. II. 97. t. 9. f. 53—55. Musc. frond. III. t. 12. 24.* Hook. et Tayl. *musc. t. 22.* Brid. *Bryolog. II. 654.*

593. Spiridens *NEES.* Calyptra cuculliformis. Sporangium laterale, subinaequale; operculum conicum, elongato-rostratum; peristomium duplex; exterioris dentes sedecim, lanceolato-lineares, apice spiraliter torti; interioris cilia totidem, e membrana reticulata, subsolida, apice libera, conjunctaque. — *Muscus grandis, in excelsis insulae Javae sporadice epigaeus.*

Spiridens Nees *in N. A. N. C. XI. 143. t. 17.* Schwägr. *Suppl. t. 149.* Brid. *Bryolog. II. 279.* Hook. *miscell. t. 1.*

594. Rhizonium *BRID.* Calyptra cuculliformis, subulata. Sporangium terminale, basi aequale; operculum rostratum; peristomium duplex; exterioris dentes sedecim, lanceolati, acuminati; interius corona membranacea; reticulata, apice in cilia sedecim, ciliolis interdum interjectis fissa. — *Musci australasici perennes, pusilli, caulibus dimorphis; sterilibus frondiformibus, foliis distichis, fertilibus brevissimis, subnullis, foliis imbricatis.*

Rhizonium Brid. *Bryolog. II. 663. t. 2. Suppl.* Leskiae sp. Schwägr. *Suppl. t. 83.* Skitophylli sp. La-Pylaie *in Desv. Journ. III. t. 36. f. 17.* Hypni sp. Swartz *in Schrad. Journ. IV. t. 3. f. 1.*

595. Schistostega *WEB.* Calyptra mitraeformis, integra. Sporangium terminale, apophysatum; operculum convexum, obtusum, tandem radiato-ruptum; stoma nudum. — *Muscus annuus, in Europa media epigaeus, rarus, caulibus dimorphis; sterilium foliis in frondem pinnatifidam confluentibus, fertilium pinnatis.*

Schistostega Web. et Mohr *Taschenb. 92. t. 6.* Hook. et Tayl. *musc. t. 8. Bryolog. germ. I. 108. t. 9. f. 1.* Brid. *Bryolog. I. 109. t. 1.* Dicksonia Ehrh. *pl. crypt. 65.* non Herit. Gymnostomi sp. Hedw. *musc. frond. I. t. 29.*

596. Drepanophyllum *RICH.* Calyptra .... Sporangium laterale, basi aequale; operculum conicum, vertice depressum; stoma nudum; orificio interno e membranula brevissima, lacinulata. — *Muscus epidendrus, mascarenus, cauliculo simplicissimo frondiformi, foliis falciformibus, equitantibus, distichis.*

Drepanophyllum Rich. *ex Hook. musc. exot. II. t. 145.* Brid. *Bryolog. II. 668. t. 10.* Dicrani sp. Hook. *musc. exot. I. t. 82.*

597. Phyllogonium *BRID.* Calyptra cuculliformis, pilosiuscula. Sporangium laterale, basi aequale; operculum rostratum; peristomii simplicis dentes sedecim, aequidistantes, subulati, integri. — *Musci tropici, epidendri, aureo-viscidi, foliis dense distichis, equitantibus, complicatis.*

Phyllogonium Brid. *Bryolog. II. 671. t. 3. suppl.*

a) PHYLLOGONIUM Brid. *Bryolog. l. c.* Pedunculus brevis. Folia enervia. Pteriginandri sp. Hedw. *musc. frond. IV. t. 39.*

b) EUSTICHIA Brid. *l. c.* Pedunculus longus. Folia nervosa.

598. Octodiceras *BRID.* Calyptra cuculliformis. Sporangium laterale, basi aequale; operculum conicum, acuminatum; peristomii simplicis dentes octo, bifidi, cruribus aequalibus. — *Musci perennes, in aquis fontanis climatis temperati utriusque orbis rari, foliis laxe distichis, nervosis, duplicato-fissis.*

Octodiceras Brid. *mant. 186. t. 1. f. 7. Bryolog. II. 675. t. 10.* Skitophyll sp. La-Pylaie *in Desv. Journ. III. t. 36. f. 14. t. 39. f. 13.* Fissidentis sp. Auct.

599. Fissidens *HEDW.* Calyptra cuculliformis. Sporangium laterale, subinaequale; operculum conicum, rostratum; peristomii simplicis dentes sedecim, latiusculi, bifidi, cruribus subinaequalibus, divergentibus. — *Musci elegantissimi, foliis dense distichis, equitantibus, duplicatura antica caulem amplectentibus, per totum orbem terrarum epigaei, nullibi copiosi.*

Fissidens Hedw. *Fund. II. 91. Musc. frond. III. 26—30. Spec. t. 3. f. 7—9.* Palis. *prodr. 37. t. 2. f. 3.* Brid. *Bryolog. II. 679. t. 10.* Fuscina Schrank *Fl. Bav. II. 451.* Schistophyllum Palis. *ms.* Skitophylli sp. La-Pylaie *in Desv. Journ. III. t. 35. f. 24. 6. 7. 10. 11. t. 36. f. 8. 9. 15. 18. t. 38. f. 1. t. 39.*

APPENDIX. MUSCI FOSSILES.

600. Muscites *BRONGN.* Caules simplices v. ramosi filiformes, foliis membranaceis sessilibus v. amplexicaulibus, imbricatis v. subpatentibus tectus. — *Sedimentum aquarum dulcium.*

Muscites Brongn. *Hist. veg. foss.* 93.

a) SPHAGNITES. Rami simplices, foliis rhomboideis, obtusis, cauli arcte adpressis, imbricatis, vix nervosis tecti.

Muscites squamatus Brongn. *op. cit. t. 10. f. 3—7.* Lycopodites squamatus Brongn. *in Cuv. et Brongn. Descript. geolog. des env. de Paris. 359. t. 11. f. 3.*

b) HYPNITES. Rami elongati, flexuosi, flagelliformes, foliis patentibus v. laxe imbricatis, subtrifariis, concaviusculis enerviis.

Muscites Tournalii Brongn. *Hist. veg. foss. t. 10. f. 1—2.*

COHORS II. ACROBRYA PROTOPHYTA.

ENDOGENAE CRYPTOGAMAE *DC. theor. elem.* 249. PSEUDOCOTYLEDONEAE VASCULARES Agardh *Aphorism.* 103. HETERONEMEA Fries *pl. hom.* 33. *part.* FILICOIDEAE Lindl. *introduct.* 310.

Plantae caule et radiculis instructae, e contextu celluloso, fasciculis vasorum plus minusve perfectis, centralibus v. periphericis percurso, compositae. Folia in inferioribus nulla, in superioribus discreta, stomatibus donata. Genitalia mascula nulla v. problematica. Sporangia varia, axillaria v. epiphylla, uni-plurilocularia. Sporae plurimae, intra sporangia liberae, sporodermi cinctae.

Classis VI. Equiseta.

Caules aphylli, articulati, striati, articulis vaginatis clausis, centro cavis, ambitu lacunosis, lacunis fasciculis vasorum, vaginarum dentes intrantibus percursis. Fructificatio terminalis.

Ordo XXV. Equisetaceae.

EQUISETACEAE DC. *Fl. fr. II.* 580. Vauch. *in Mem. soc. h. n. genev. I. 2.* 330. Brongn. *hist veg. foss.* 99. Bartl. *ord. nat.* 21. Lindl. *introduct.* 312.

Plantae terrestres, limnobiae, rhizomate subterraneo, repente. Caules teretes, sulcati, rigidi, articulati, simplices v. verticillato-ramosi, articuli clausi, apice foliorum minimorum verticillo, in vaginam membranaceam, scariosam, truncatam denticulatamve connato, stipati, singuli centro cavi, ambitu lacunosi, lacunis extus lineas elevatas, sulcis interstinctas formantibus, lacunis lineisque articulorum contiguorum alternantibus, fasciculo vasorum annulatorum percursis; fasciculo hinc vaginam intrante, illinc in sequentis articuli lacunam deflectente. Rami verticillati, ad basim vaginarum extus nati, structura caulis, centro solidi. Fructificatio terminalis, in caule v. ramis v. scapo decolori, a fertilibus herbaceis distincto. Receptacula plurima, squamaeformia, peltatim stipitata, subpolygona, verticillata, in strobili formam collecta. Sporangia sena v. septena, membranacea, paginae inferiori receptaculorum adnata, unilocularia, sporis plurimis foeta, introrsum longitudinaliter dehiscentia. Sporae liberae, basi elateribus filiformibus binis, utrinque in apices spathulato granulosos desinentibus involutae.

Equisetaceae quo ad veram affinitatem et partium fructificationis naturam summopere dubiae, et ab omnibus hodierni orbis plantis distinctissimae, exstinctae florae gens gigantea, cujus nepotes pygmaei pauci fata tulerunt hodiedum superstites, in temperatis potissimum vigent, in frigidis nonnihil minores, inter tropicos rarae, sed majores, e plerisque hemisphaerii australis regionibus plane exules.

601. Equisetum *LINN.* Caulis cylindricus, laevis, striatus, fistulosus, articulatus, simplex v. verticillato-ramosus. Vaginae erectae, articulos terminantes, caulem arcte cingentes, multidentatae. Fructificatio terminalis.

a) EQUISETUM. Minores, *hodiedum vigentes v. in sedimento superiori sepultae.*

Equisetum Linn. *gen. n.* 1169. E. brachyodon Brongn. *hist. veg. foss. t. 12. f. 11. 12.*

b) ONCYLOGONATUM. Giganteae, *in terra lithanthracum fossiles.*

Oncylogonatum König *in Geolog. Transact. II. ser. II. 300. t. 32. f. 1—6.* (Brongn. *hist. veg. foss. t. 12. 13.*)

602. Calamites *SUCK.* Caulis subcylindricus, sulcatus, articulatus, sulcis articulorum alternantibus, saepius convergentibus. Vaginae patentes, profunde multidentatae v. earum loco in apicibus articulorum tubercula, inter sulcos symmetrice disposita. Fructificatio ignota. — *Giganteae, in lithanthracum fodinis fossiles.*

Calamites Suckow *in Act. Academ. Theod. Palatin. V. 357. t. 15—19.* Schloth. *Petref. t. 20.* Sternberg *Fl. der Vorw. t. 13. f. 3. t. 17. f. 2. t. 22. f. 1. t. 49. f. 5.* Artis *Antediluv. Phytolog. t. 4. 6. 11. 13. 24.* Brongn. *hist. veg. foss. 121. t. 14—27.* Lindl. *foss. Fl. t. 15. 16. 20—22. 77—70.*

Classis VII. Filices.

FILICES Linn. *praelect.* 594. Juss. *gen.* 14. Swartz, *Synopsis Filicum. Kiliae, 1806. 8vo.* Kaulfuss, *enumeratio Filicum. Lipsiae, 1824. 8vo.* Kaulfuss, *das Wesen der Farrenkräuter. Leipz. 1827. 4to.* Raddi, *Filices Brasilienses Florent. 1820.* Hooker et Greville, *Icones Filicum. Londini, 1827—1830. fol. 2 Vol.* Blume, *Flora Javae. Filices. Bruxellis 1829. fol.* Gaudichaud, *Botanique de la Voyage de Freycinet. Paris, 1826.* Brongniart, *Hist. veg. foss. p. 141.* Schott, *Genera Filicum. Vindob. 1835. 4to.* U. Mohl, *de structura caudicis Filicum arborearum, in Martius, Plant. crypt. Brasil. p. 44. 55.*

Plantae herbaceae, rhizomate perennantes, rarius trunco arborescente erecto praeditae; truncus corticatus, e contextu prosenchymatoso, cylindro fasciculorum lignosorum integro in duas partes concentricas diviso, altera angusta inter corticem et lignum posita, altera majori centrali, medullari, ope rimarum cylindri lignosi, versus petiolos vasorum fasciculos emittente, cum exteriore communicante. Folia in rhizomate sparsa, vel in apice caudicis rosaceo-fasciculata, vernatione circinnatim involuta, annua v. perennia, petiolorum parte infima persistente, caudici acrescente; simplicia aut pinnata, integra vel pinnatifida, venosa, venis e cellulis elongatis compositis, saepius stomatibus cutaneis donata. Sporangia in foliorum dorso v. margine venis imposita, in acervulos nudos (*soros*), vel squama membranacea aut folii margine transmutato (*indusio*) tectos collecta, pedicellata v. sessilia, unilocularia, indefinite dehiscentia. Sporae plurimae, liberae, globosae v. angulatae, germinatione primum undique elongatae, deorsum radiculas, sursum cauliculum exserentes.

Filices dum caudicis structura, dum fructuum situ et conformatione, habitu denique peculiaria reliquis plantis distinctissimae, e protogaea proculdubio superstites, in insulis tropico circulo inclusis vel vicinis ingenti specierum et individuorum numero crescunt, in terra continenti parciores; in temperatis imprimis rarescentes, in regionibus veteris continentis frigidioribus, a mari circumdatis, iterum copiosiores. Arborescentes in regionibus extratropicis hemisphaerii borealis haud repertae. Exstinctae plurimae, fossiles.

Ordo XXVI. Polypodiaceae.

GYRATAE Swartz *synops. 1.* FILICES VERAE Willd. *sp. pl. V. 99.* POLYPODIACEAE R. Brown *prodr. 145.* Agardh. *Aphorism. 116.* Kaulf. *enum. 53.* Bory *in Dict. class. VI. 586.*

Sporangia hypophylla, annulo verticali v. excentrico cincta, irregulariter transversim dehiscentia, pedicellata v. sessilia. Frondes simplices v. compositae.

Subordo I. POLYPODIEAE Endl. *prodr. Fl. Norf. p. 7.* Sporangia subglobosa, annulo verticali. Sporae subglobosae v. oblongae.

603. Acrostichum L. Sporangia glomerata, frondis faciem inferiorem v. utramque obtegentia. Indusium nullum. — *Filices inter tropicos utriusque hemisphaerae, rarius in regione subtropica, obviae, caudice repente, simplici v. ramoso, frondibus ternatis, pinnatis, tripinnatisve, fertilibus conformibus v. contractis.*

Acrostichum Linn. *gen. n. 1173.* Swartz *synops. 9.*

a) POLYBOTRYA *Humb.* Sporangia faciem frondis disparis contractae, primo inferioris, deinde utramque dense obtegentia. Frondes pinnatae, steriles interdum simplices.

Polybotrya Humb. et Bonpl. *in Willd. sp. V. 99.* Kunth. *nov. gen. et sp. t. 2.* Kaulf. *enum. 55.* Hook. et Grev. *ic. 81.* Blum. *Fl. Jav. 13. t. 1—3.* Mart. *pl. crypt. Bras. 87. t. 25.* Schott. *gen. Filic. fasc. II. t. 2.* — Olfersia Radd. *synops. Fil. t. 1. — Plant. Bras. t. 14. 15.* Schott. *gen. Filic. fasc. II. t. 1.* Egenolphia Schott *op. cit. fasc. IV. t. 1.* Polybotryae sp. Blum.

b) ACROSTICHUM *Kaulf.* Sporangia frondis immutatae v. vix contractae superficiem inferiorem totam, v. ejus partem dense obtegentia. Frondes simplices v. pinnatae.

Acrostichum Kaulf. *enum. 58.* Blum. *Fl. Jav. 20. t. 4—16.* Bory *in Belang. voy. t. 2. 3.* Hook. et Grev. *ic. t. 1—2. 21—23. 61. 86. 95. 99. 110. 118. 119. 145. 146. 164. 205. 221. 235. 237.* Mart. *pl. crypt. Bras. 83. t. 21—24.* — Gymnopteris Bernh. *in Schrad. n. Journ. 1806. I. 20.* — Poikilopteris Eschw. *in Linnaea II. 117.* (Acrostichum scandens Radd.) — Bolbitis Schott *gen. Fil. fasc. III. t. 3.* (A. serratifolium Mert. A. diversifolium Blum. A. repandum Blum. etc.) — Elaphoglossum Schott *l. c. in not.* (A. simplex, Sw. A. conforme, Sw. A. apodum, Kaulf. A. viscosum, Sw.) — Rhipidopteris Schott *l. c. in not.* (A. flabellatum, Hmb. A. peltatum, Sw.)

c) NEUROPLATYCEROS *Pluckn.* Sporangia frondis immutatae paginam inferiorem totam, v. ejus partem dense obtegentia, squamis peltatis (bulbillis plantae viviparae) mixta. Frondes simplices, lobato-dichotomae.

Neuroplatyceros Pluckn. *Amalth. 151.* Platycerium Desv. *in Annal. soc. Linn. Paris. VI. 171.* Blum. *Fl. Jav. 43. t. 18.* — Alcicornium Gaudich. *voy. Freyc. 48.* — A. alcicorne et flabellatum Sw.

604. Hemionitis *LINN.* Sporangia venulis reticulatis frondis insidentia. Indusium nullum. — *Filices caudice herbaceo, exiguo, hirsutiusculo, fronde cordata, integra, palmato-quinqueloba, villosa (ambitu sinubus bulbillifera), in insulis Caribaeis et in India orientali huedum observatae.*

Hemionitis Linn. *gen. n. 1176. excl. sp.* Kaulf. *enum. 68.* Hook. *exot. Fl. t. 33.* Hook. et Grev. *ic. t. 54.* Schott *gen. Filic. fasc. III. t. 4.*

605. Antrophyum *KAULF.* Sporangia venis primariis, reticulatis impressis immersa. Indusium spurium, e parenchymate circa venas impressas contracto. — *Filices herbaceae, caudice repente, fronde simplici v. sublobata, in tropicis imprimis archipelagi indici, parcius in insulis Oceani et in India occidentali reperiuntur.*

Antrophyum Kaulf. *enum. 197.* Blum. *Fl. Jav. 72.*

a) Antrophyum *Bl.* Sori subcontinui, reticulati. *Gerontogeae et antillanae.*

Antrophyum Blum. *op. cit. t. 30—35.* Hemionitis reticulata Forst. Schkuhr. *crypt. t. 6.* H. immersa Willd. H. plantaginea Cav. H. lanceolata L.

b) LOXOGRAMMA *Bl.* Sori interrupti, lineares, costae obliqui. *Gerontogeae.*

Loxogramma Blum. *op. cit.* (*t. 36. 37.* Hook. et Grev. *ic. t. 16.*) Solenopteris Wall. *msc.*

c) POLYTAENIUM *Desv.* Sori subcontinui, lineares, costae paralleli. *Antillanae.*

Polytaenium Desv. *in Annal. soc. Linn. paris. VI. 218.* Vittaria lanceolata Swartz. Schkuhr *crypt. t. 101. b.*

606. Gymnogramme *DESV.* Sporangia venis primariis furcatis pinnatisve imposita, in soros lineares oblongosve collecta. Indusium nullum. — *Filices in utriusque hemisphaerii regionibus tropicis et subtropicis rarissime in temperatis epigeae, caudice herbaceo plerumque abbreviato, frondibus compositis, decompositisque, rarius simplicibus, saepe pube discolori furfuracea conspersis.*

Gymnogramme Desv. *in Berl. Mag. V. 304. Journ. Bot. I. 25.* Kaulf. *enum.* Schlechtend. *adumbr. t. 6.* Blum. *Fl. Jav. 88. t. 38—44.* Hook. et Grev. *ic. t. 24. 45. 89. 90. 91. 95. 153. 156.* Mart. *pl. crypt. Bras. 88. t. 26.* — Ceterach Adans. *fam. II. 20.* DC. *Fl. fr. II. 566.* (Asplenium Ceterach Linn. *Bolt. fil. t. 12.* E. B. *t. 1244.*)

607. Grammitis *SW.* Sporangia venulis simplicibus v. bifurcarum cruri superiori imposita, in soros lineares v. subrotundos collecta. Indusium nullum. — *Filices in tropicis utriusque hemisphaerii, rarissime in temperatis frigidiusculis hemisphaerii australis obviae, caudicibus repentibus rariusve caespitosis, fronde simplici (rarissime bifida v. pinnata) integerrima repanda v. pinnatifida.*

Grammitis Swartz *synops. 21.* Blume *Fl. Jav. 104.*

a) GRAMMITIS *Kaulf.* Sori lineares, ovales v. subrotundi, costae paralleli.

Grammitis Kaulf. *enum. 84.* Hook. *exot. Fl. t. 78.* Hook. et Grev. *ic. t. 6. 43. 53. 62.* Blum. *Fl. Jav. t. 46. 47. f. 2. t. 48. 49. f. 1. t. 50.*

b) XIPHOPTERIS *Kaulf.* Sori lunulati, margini approximati, eodemque reflexo saepius tecti.

Xiphopteris Kaulf. *enum. 85. excl. sp.* Micropteris Desv. *in Annal. soc. Linn. Paris. VI. 217.* Polypodii sp. Nees *in N. A. N. C. XI. t. 12. f. 3.* — Grammitis sp. Blum. *Fl. Jav. t. 49. f. 2. t. 50. f. 3. 4.* (G. myosuroides Sw. Schkuhr *t. 7.*)

608. Allosurus *BERNH.* Sporangia venis costae obliquis simplicibus furcatisve imposita, in soros lineares subrotundosve collecta.

Indusium spurium, e marginibus frondis involutis. — *Filiculae glabriusculae, frondibus caespitosis bi-tripinnatifidis, centralibus fertilibus contractis, in Europa media, America arctica et in summis Indiae orientalis et Andium americanarum jugis hucdum repertae.*

Allosurus Bernh. *in Schrad. n. Journ. I. 2. p. 36.* Cryptogramma R. Brown. *Append. to Frankl. narrat. 767.* Hook. et Grev. *ic. t. 29. 158.* Phorolobus Desv. *in Annal. soc. Linn. Paris. VI. 291.*

609. Selliguea *BORY.* Sporangia reticulo venularum venis parallelo imposita, in soros lineares, continuos vel interruptos, inter venas solitarios collecta. Indusium nullum. — *Filices in Indiae orientalis terra continente insulisque rarae, caudice repente, fronde simplici stipitata, coriacea v. membranacea.*

Selliguea Bory *in Dict. class. 587. c. ic.* Blum. *Fl. Jav. 122. t. 51—53.* Diagramme Blum. *enum. pl. Jav. II. 118.* Ceterach sp. Hook. et Grev. *ic. t. 5.*

610. Meniscium *SCHREB.* Sporangia venulis transversis imposita, in soros sublunulatos collecta. Indusium nullum. — *Filices pari fere specierum numero in tropicis utriusque orbis obviae, caudice subterraneo repente, in unica specie americana arboreo, erecto, frondibus pinnatis trifoliatisve.*

Meniscium Schreb. *gen. n. 1630.* Schkuhr. *crypt. t. 5.* Hook. et Grev. *ic. t. 120.* Blum. *Fl. Jav. 100. t. 45.* Schott *gen. Filic. fasc. III. t. 2.*

611. Taenitis *SW.* Sporangia in sorum linearem, continuum v. interruptum, utrinque inter costam et marginem solitarium, huic parallelum, venis contrarium collecta. Indusium nullum. — *Filices tropicae, in utroque orbe obviae, caudice herbaceo brevi, fronde in speciebus americanis simplici, in gerontogeis saepius pinnata.*

Taenitis Swartz *synops. 24.* Schkuhr *crypt. t. 66.* Hook. *exot. Fl. t. 77.* Hook. et Grev. *ic. t. 7. 63.* Blum. *Fl. Jav. 68. t. 28. f. 2. t. 29.* Taenitis et Pteropsis Desv. *in Annal. soc. Linn. Paris. VI. 218.*

612. Monogramme *COMM.* Sporangia costae imposita, in sorum linearem apicem costae obtegentem collecta. Indusium spurium, ex apice frondis complicato. — *Filices admodum exiles, caudice hirsuto, repente, fronde lineari simplici v. bifurca, in India occidentali et in insulis Mascarenis hucdum observatae.*

Monogramme Commers. Schkuhr *crypt. 82. t. 87.* Desv. *in Berl. Magaz. V. t. 7. f. 5. Journ. Bot. 1. t. 2. f. 3.* Schott *gen. Filic. fasc. IV. t. 3.* — Cochlidium Kaulf. *enum. 85.* Schott *gen. Filic. fasc. IV. t. 2.* Grammitis graminoides Swartz.

613. Adenophorus *GAUD.* Sporangia extremitati costae incrassatae imposita, in sorum subrotundum, sub apice frondis collecta, glandulis stipitatis mixta. Indusium spurium, ex apice frondis reflexo. — *Filices exiles, frondibus bipinnatifidis, utrinque imprimis subtus rubro glandulosis, in insulis Moluccis et in Polynesia tropica repertae.*

Adenophorus Gaudich. *in Freyc. voy. 365. t. 8.* Hook. et Grev. *ic. t. 174—176.* Amphoradenium Desv. *in Annal. soc. Linn. Paris. VI. 335.* — Onychium Reinw. *in Syllog. II. 2.* — Lecanopteris Reinw. *in Flora 1825. Beilag. 48.* Blum. *enum. pl. Jav. II. 120.*

614. Nothochlaena *R. BR.* Sporangia in sorum linearem, marginalem, continuum v. interruptum, setis pilisve frondis velatum collecta. Indusium nullum. — *Filices caudice herbaceo brevi, frondibus simplicibus, pinnatis, tripinnatisve, hirsutis, inter tropicos utriusque orbis obviae in Europa australiore et regione mediterranea rarae.*

Nothochlaena R. Brown *prodr. 146.* Labill. *Nov. Caled. t. 7.* Presl. *in Reliq. Haenk. t. 1. f. 2.* — Cincinnalis Desv. *in Berl. Magaz. V. p. 310.* — Pteridis sp. Linn. Swartz *synops. t. 2. f. 3.* Schkuhr *crypt. t. 87. 99.* — An huc Marginaria Bory *in Dict. class. VI. 587. X. 176.* Duperr. *Voy. t. 31. f. 2.* (absque analys.) cui auctor sorum ipsi margini impositum, equitantem tribuit?

615. Polypodium *LINN.* Sporangia venis imposita, in soros subrotundos sparsos seriatosve collecta. Indusium nullum. — *Filices caudice repente v. erecto, plerumque herbaceo, rarissime arborescente, fronde simplici, integra v. pinnato-composita et decomposita, per totum orbem sparsae, inter tropicos veteris orbis imprimis copiosae.*

Polypodium Linn. *gen. n. 79.* Blum. *Fl. Jav. 129.*

1. LASTRAEA *Bory.* Venae pinnatae. Sori apici v. medio venarum inserti.

Lastraea Bory *in Dict. class. VI. 588. IX. 232. excl. pl.* Polypodii sp. Linn. Schkuhr. *crypt. t. 25.* — Polypodia spuria *n. 4.* Blum. *l. c. p. 133.*

2. DICRANOPTERIS. *Bl.* Venae furcatae, altero apice sorophorae.

Polypodia spuria *n. 3.* Blum. *l. c.*

3. CTENOPTERIS *Bl.* Venae simplicissimae, apice incrassato monosorae.

Ctenopteris Blum. *l. c. (N. A. N. C. XI. t. 12. f. 2.)*

4. AGLAOMORPHA *Schott.* Venae furcatae, cruribus apice combinatis monosoris.

Aglaomorpha Schott *gen. Fil. fasc. IV. t. 4.*

5. GONIOPHLEBIUM *Bl.* Venae pinnatae rami reticulati, infimo libero apice incrassato monosoro.

Goniophlebium Blum. *l. c.*

6. DRYNARIA *Bory.* Venae reticulatim anastomosantes, ramulis nonnullis liberis uncinatis. Sori ramulis liberis paulo infra apicem v. reticuli ramis decussantibus impositi.

Drynaria Bory *in Annal. sc. nat. V. 464. t. 12—14.* (Schkuhr *t. 13.*) — Dipteris Reinw. *in Syllog. pl. II. 3.* — (Blum. *Fl. Jav. t. 54. f. 2. t. 55. f. 2. t. 56. f. 2. t. 59—65.*) — (Schkuhr *t. 8. d. 9. 17.* Blum. *Fl. Jav. t. 54. f. 1. t. 55. f. 1. t. 56. f. 1. t. 57. 58.* Anaxetum Schott *gen. Fil. fasc. I. t. 1.*

616. Pleopeltis *HUMB.* Sporangia venis reticulatis imposita, in soros rotundos sparsos seriatosve, squamis paleaceis peltatis copiosissimis subimbricatis velatos, collecta. — *Filices caudice repente, frondibus stipitatis, linearibus, integris v. pinnatifidis, utrinque v. subtus paleaceo squamulosis, in America tropica, Capite bonae spei et in insulis Mascarenis observatae.* — *Genus a Polypodio vix diversum.*

Pleopeltis Humb. et Bonpl. *pl. aequinoct. II. 182. t. 140. Nov. gen. et sp. t. 1.* Hook. *exot. Fl. t. 61—63.* Hook. et Grev. *ic. t. 67. 137.* — ? Paragramme Blum. *enum. pl. Jav. II. 119.*

617. Niphobolus *KAULF.* Sporangia papillas frondis ambientia, soros subrotundos confertos sparsosve, pilis stellatis velatos, formantia. Indusium nullum. — *Filices inter tropicos et in regionibus calidioribus veteris orbis provenientes, in America nondum repertae, caudice repente squamoso, frondibus coriaceis, simplicibus, integerrimis, stipitatis costatis, enerviis, subtus incano-lepidotis, apice vel superiore parte fructificantibus.*

Niphobolus Kaulf. *enum. 124.* Blum. *Fl. Jav. 48. t. 19—24.* Hook. et Grev. *ic. t. 44. 93. 94.* Hook. *ad Beechey t. 18.* — Candollea Mirb. *in Buffon edit. Detesv. V. 87.* — Cyclophorus Desv. *in Berl. Magaz. V. 360. t. 7. f. 4. Journ. Bot. I. 19. Annal. soc. Linn. VI. 224.* non Zoolog. — Pyrrhosia Mirb. *in Bullet. soc. philomat. an IX. 70.* Desv. *l. c.*

618. Cheilanthes *SWARTZ.* Sporangia apicibus venularum discretis imposita, in soros subrotundos, margini frondis approximatos collecta. Indusium spurium, e margine frondis reflexo. — *Filices caudice herbaceo v. rarissime arborescente, frondibus pinnatis, pinnatifidis, bipinnatis supradecompositisve, in tropicis subtropicis-*

ve totius orbis, rarius in temperata zona utriusque hemisphaerae vigentes.

Cheilanthes Swartz *synops. 129. t. 3. f. 5—7.* Schkuhr *crypt. t. 123—125.* Hook. et Grev. *ic. t. 134. 151.*

619. Lonchitis *LINN.* Sporangia apicibus venularum anastomosantibus imposita, in soros lunulatos in sinubus frondis collecta. Indusia margini frondis continua, reflexa. — *Filices in utroque orbe tropicae, caudice herbaceo hirsuto v. aculeato, frondibus bipinnatifidis, laciniis crenatis v. sinuatis.*

Lonchitis Linn. *gen. n. 1177.* Schkuhr *crypt t. 86.* Schott *gen. Filic. fasc. III. t. 1.*

620. Adiantum *LINN.* Sporangia apicibus venarum discretis, in receptaculum lineare v. punctiforme intumescentibus imposita, in soros marginales disposita. Indusia margini frondis continua, receptaculo adnata, introrsum libera. — *Filices caudice herbaceo, plerumque repente, frondibus compositis supradecompositisve, rarissime simplicibus, tenerrimis v. coriaceis, nitidis; in tropicis utriusque orbis, imprimis tamen in novo continente copiosae, in temperatis rarae.*

Adiantum Linn. *gen. n. 1180.* Schkuhr *crypt. t. 115—120.* Hook. *exot. Fl. t. 104.* Raddi *pl. Bras. t. 77.* Hook. et Grev. *ic. t. 30. 98. 103. 104. 132. 173. 188. 190.* Mart. *ic. pl. crypt. Brasil. 92. t. 56. 62. 63.*

621. Cassebeera *KAULF.* Sporangia apicibus venularum anastomosantibus imposita, in soros lineares subcontinuos, margini approximatos disposita. Indusia intramarginalia (interdum confluentia) fornicata, introrsum libera. — *Filix brasiliensis, caudice herbaceo repente, frondibus erectis, ternatis pinnatisque, pinnis crenatis.*

Cassebeera Kaulf. *enum. 216. t. 1. f. 11.* Mart. *pl. crypt. Brasil. 91. t. 61.* Adiantum triphyllum Smith *ic. inedit. t. 74.*

622. Pteris *LINN.* Sporangia apicibus venularum, in receptaculum nerviforme frondis marginem ambiens combinatis imposita, sorum marginalem continuum formantia. Indusium margini frondis continuum, scariosum, introrsum liberum. — *Filices habitu admodum vario, caudice repente v. saepius erecto, interdum subarborescente, frondibus compositis v. rarissime simplicibus, climatis tropici et temperati cives, in veteri orbe nonnihil frequentiores.*

Pteris Linn. *gen. n. 1174.* Schkuhr *crypt. t. 88—97.* Labill. *Nov. Holl. t. 244. 245. Nov. Caled. t. 8.* Gaudich. *voy. Freyc. t. 19.* Raddi *pl. bras. t. 63—70.* Hook. et Grev. *ic. t. 8. 28. 107. 116. 126. 130. 142.* A. Rich. *Fl. Nov. Zeel. t. 12.* — Neuropteris Desv. *in Annal. soc. Linn. de Paris VI. 292. t. 8. f. 2.*

623. Jamesonia *HOOK.* Sporangia prope basim costae in sorum subglobosum, pilis velatum collecta. Indusium margini frondis continuum illumque ambiens, introrsum liberum, a soro remotum. — *Filicula peruana, pedalis, fronde pinnata, pinnis reniformibus.* — *Genus imperfecte descriptum.*

Jamesonia Hook. et Grev. *ic. t. 178.* — Pteris imbricata Swartz.

624. Blechnum *LINN.* Sporangia in soros lineares geminos, costae utrinque parallelos continuos collecta. Indusia scariosa, fornicata, continua versus costam libera. — *Filices caudice herbacco, interdum eluto arborescente, frondibus pinnatifidis pinnatisve, rarissime simplicibus, in tropicis subtropicisve obviae, in temperatis rarae, in hemisphaera australi nonnihil frequentiores.*

Blechnum Linn. *gen. n. 1175. Juss. gen. 15.*

a) BLECHNUM *Willd.* Indusia intramarginalia. Frons fertilis vix mutata.

Blechnum Schkuhr *crypt. t. 108. 109. 110. b.* Labill. *Nov. Caled. t. 3.* Raddi *pl. Bras. t. 60. f. 2. 3. t. 62.* Hook. et Grev. *ic. t. 192. 225.* Bory *voy. Duperr. t. 36.* — Sadleria Kaulf. *enum. 161.* (Blechnum Fontanesianum Gaudich. *voy. Freyc. t. 15.*)

b) LOMARIA *Willd.* Indusia submarginalia. Frons fertilis contracta, pagina tota soris obducta.

Lomaria Willd. *sp. V. 289.* Labill. *Nov. Caled. t. 4—6.* Hook. et Grev. *ic. t. 207.* Steganía R. Brown *prodr. 152.* A. Rich. *Fl. Nov. Zeel. t. 13.* Blechni sp. Labill. *nov. Holl. t. 246. 247.* Onocleae sp. Schkuhr *crypt. t. 105. b. 106. 110.* — Quid Leptostegia Don *nep. 14.*

625. Leptochilus *KAULF.* Sporangia in soros lineares, continuos, utrinque juxta costam decurrentes collecta. Indusium textura frondis bivalve, valvula altera margini, altera costae continua. — *Filicula in insulis Philippinis in arboribus parasitica, fronde sterili oblongo lanceolata, fertili axillari stipitata lineari.* — *Genus dubium.*

Leptochilus Kaulf. *enum. 147. t. 1. f. 10.* Acrostichum axillare Cav.

626. Vittaria *SMITH.* Sporangia in soros lineares, continuos, costae parallelos collecta. Indusium textura frondis bivalve. — *Filiculae in tropicis subtropicisque utriusque orbis parce provenientes, frondibus linearibus, integerrimis, soris nunc costae nunc margini approximatis.*

Vittaria Smith *in Mem. Acad. Turin. V. 413. t. 9. f. 5.* Schkuhr *crypt. t. 101. b.* Hook. et Grev. *ic. t. 186. 187.*

627. Hymenolepis *KAULF.* Sporangia venulis reticulatis costae approximatis imposita, in sorum linearem per apicem frondis contractum continuum collecta. Indusium duplex, verum hyalinum, squamatim sedecens; spurium e marginibus frondis involutis. — *Filicula in insulis Mascarenis et Mariannis reperta, fronde simplicissima lanceolata, apice fertili lineari, spicaeformi.*

Hymenolepis Kaulf. *enum. 146.* Belvisae sp. Mirb. Acrostichum spicatum Linn. Smith *ic. inedit. t. 49.*

628. Struthiopteris *WILLD.* Sporangia venis primariis costae obliquis imposita, in soros lineares collecta. Indusium duplex, spurium commune e margine frondis involuto; partialia membranacea, inter soros septiformia. — *Filix bipedalis, frondibus sterilibus bipinnatifidis, fertilibus bipinnatis, in Europa media, in America et Asia boreali habitans.*

Struthiopteris Willd. *sp. V. 288.* Osmunda Struthiopteris Linn.

629. Onoclea *LINN.* Sporangia apicibus venarum imposita, in soros subglobosos collecta. Indusium duplex, commune spurium e margine frondis involuto, in formam baccae coalescente; partialia membranacea, fornicata, soros involventia. — *Filices boreali-americanae, frondibus sterilibus pinnatis, fertilibus bipinnatis, pinnulis recurvato globosis.*

Onoclea Linn. *gen. n. 1170. excl. sp.* Angiopteris Mitchell. *in Act. Nat. Curios. VIII. 29.* Calypterium Bernhard. *in Schrad. Journ. 1801. p. 22. t. 1. f. 9. 10.*

630. Asplenium *LINN.* Sporangia venis transversalibus imposita, in soros lineares collecta. Indusia membranacea, e vena lateraliter orta, versus costam libera. — *Filices habitu admodum vario, in toto orbe, praeter extremum septemtrionem obviae, frondibus simplicibus, interdum amplissimis, pinnatifidis, pinnatis, decompositisque.*

Asplenium R. Brown *prodr. 149.*

a) ASPLENIUM *Juss.* Sori per frondis paginam sparsi, indusiis versus costam liberis.

Asplenium Juss. *gen.* 15. Schkuhr *crypt. t.* 64—81. Rad. *pl. Bras. t.* 51—57. Gaudich. *voy. Freyc. t.* 13. Labill. *Nov. Caled. t.* 2. Hook. et Grev. *ic. t.* 27. 71—73. 88. 92. 100. 114. 136. 137. 147. 150. 152. 165. 172. 186. 189. 195. 217. 220. 228. 239. *Bot. Mag. t.* 3001. Onopteris Neck. *elem. n.* 1721. Belvisiae sp. Mirb.

b) DAREA *Juss.* Sori in lobis pinnularum profunde incisis solitarii, marginales, indusiis respectu lobi extrorsum, respectu costulae introrsum liberis.

Darea Juss. *gen.* 15. Labill. *Nov. Holl. t.* 243. Caenopteris Berg. *in Nov. Act. Petrop. IX. t. d—f.* Schkuhr *crypt. t.* 82. Hook. et Grev. *ic. t.* 193. — Acropteris Link *hort. berol. II.* 55.

631. Allantodia *R. BR.* Sporangia venis imposita, in soros lineares costae obliquos collecta. Indusia membranacea, fornicata, utroque margine costae adnata, introrsum dehiscentia. — *Filices in Nova Hollandia extratropica, insulis Moluccis, India orientali, Japonia et Madera repertae, caudice herbaceo erecto, frondibus bipinnatis, flaccidiusculis.*

Allantodia R. Brown *prodr.* 149. Wallich. *pl. As. rar. t.* 52. Aspidii sp. Swartz. *Schkuhr crypt. t.* 61.

632. Doodia *R. BR.* Sporangia venulis prope costam reticulatis imposita, in soros lineares lunulatosve, costae utrinque parallelos collecta. Indusia membranacea, plana, e venula anastomosante orta, introrsum libera. — *Filices in Nova Hollandia et Oceania intra et extra tropicos viventes, caudice herbaceo erecto, frondibus lanceolatis pinnatifidis pinnatisve, serrulatis.*

Doodia R. Brown *prodr.* 151. Hook. *exot. Fl. t.* 8. 25. Spreng. *N. E. t.* 3. *f.* 1. Gaudich. *voy. Freyc. t.* 14.

633. Woodwardia *SMITH.* Sporangia venulis prope costam reticulatis imposita, in soros oblongos, costae utrinque parallelos collecta. Indusia coriacea, fornicata, venulae anastomosanti utrinque inserta, introrsum dehiscentia. — *Filices caudice herbaceo erecto, frondibus pinnatis, sterilibus interdum pinnatifidis, in hemisphaera boreali, imprimis novi continentis, inter* 25° *et* 42° *lat. bor. obviae, in America tropica rarissimae.*

Woodwardia Smith *in Act. Acad. Tarin. V.* 411. *t.* 9. *f.* 3. Schkuhr *crypt. t.* 111—113.

634. Scolopendrium *SMITH.* Sporangia venarum bifurcarum cruribus imposita, in soros oblongos, e diversarum venarum cruribus contiguis geminatos collecta. Indusia membranacea, e vena lateraliter orta, super soros conniventia, hinc spurie bivalvia. — *Filices in Europa media et australi, in Japonia, Nepalia et America tropica hucdum observatae, frondibus lanceolatis, cordatis hastatisve, integris.*

Scolopendrium Smith *in Mem. Acad. Turin. V.* 410. *t.* 9. *f.* 2. Schkuhr *crypt. t.* 83. 84. Bory *in Duperr. voy. t.* 37. *f.* 1.

635. Onychium *KAULF.* Sporangia reticulo venarum imposita, in soros oblongos, ad costulam utrinque geminos collecta. Indusia e vena anastomosante orta, fornicata, super costulam conniventia, hinc spurie bivalvia. — *Filices flaccidiusculae, caudicibus caespitosis, frondibus tripli-cato-pinnatis decompositisve, in Capite bonae spei et Manilla a Chamissone repertae.*

Onychium Kaulf. *enum.* 144. *t.* 1. *f.* 8.

636. Diplazium *SW.* Sporangia venis furcatis imposita, in soros lineares, juxta venae crura utrinque geminatos collecta. Indusia e vena orta, hinc inter se confluentia, illinc libera. — *Filices inter tropicos utriusque hemisphaerae obviae, caudice repente v. erecto, in nonnullis arborescente, fronde simplici, pinnata bipinnatave.*

Diplazium Swartz *synops.* 91. *t.* 2. *f.* 4. Schkuhr *crypt. t.* 75. *a. b.* 85. Spreng. *in N. A. N. C. X. t.* 17. *f.* 1. 2. Raddi *pl. Bras. t.* 54. *a. c. t.* 57. *f.* 2. Bory *in Belang. voy. t.* 4. Callipteris Bory *voy.* 1. 282.

637. Didymochlaena *DESV.* Sporangia venis subsimplicibus imposita, in soros oblongos, juxta venae extremitatem utrinque geminatos collecta. Indusium soris geminis commune, venae subexcentrice impositum. — *Filix arborescens inter tropicos Americae et in Moluccis observata, frondibus bipinnatis, pinnulis rhombeo-oblongis, apice dentatis.*

Didymochlena Desv. *in Berl. Magaz. V. t.* 7. *f.* 6. *Journ. Bot.* 23. *t.* 2. *f.* 4. Gaudich. *voy. Freyc. t.* 12. *f.* 3. *d. e. f.* Monochlaena Gaudich. *op. cit. p.* 340. Hippodium Gaudich. *msc.* Tegularia Reinw. *in Syllog. II.* 3. Ceramium Reinw. Hysterocarpus Langsdorf. *msc.*

638. Nephrolepis *SCHOTT.* Sporangia receptaculo ex apice ramuli superioris venae intumescenti imposita, sorum subglobosum formantia. Indusium reniforme, hinc sinu affixum. — *Filices in tropicis utriusque orbis obviae, caudice repente, frondibus pinnatis bipinnatisque.*

Nephrolepis Schott *gen. Fil. fasc. I. t.* 3. Aspidium exaltatum Schkuhr *t.* 32. Nephrodii sp. Auct.

639. Nephrodium *RICH.* Sporangia receptaculo e medio venae intumescenti imposita, soros subrotundos, seriatos formantia. Indusium reniforme, hinc sinu affixum. — *Filices in temperatis et tropicis totius orbis obviae, caudice herbaceo, frondibus pinnatis bipinnatisque.*

Nephrodium Rich. *in Michx. Fl. bor. Amer. II.* 266. Bory *in Belang. voy. t.* 6. Hook. et Grev. *ic. t.* 44. 70. 93. 94. 102. 162. 234. Aspidii sp. Swartz. — Neuronia Don *nepol.* 6. (Hook. *exot. Fl. t.* 5.)

640. Aspidium *SW.* Sporangia receptaculo columnari, ex apice, medio v. anastomosi venularum tumescenti imposita, in soros subrotundos sparsos seriatosve collecta. Indusia receptaculo continua, subrotunda, peltata, margine undique libera. — *Filices habitu admodum vario, in tropicis temperatisque totius orbis viventes.*

Aspidium Swartz *synops.* 51. Psidopodium Neck. *elem. n.* 1718. — Tectaria Cav. *praelect. n.* 621. — Hypopeltis Rich. — Oleandra Cav. *praelect. n.* 623. — Ophiopteris Reinw. *in Syllog. II.* 3. — Rumohria Raddi *synops.* 12. *t.* 2. *Pl. Bras. t.* 43. Gaudich. *voy. Freyc.* 344.

a) ASPIDIUM. Sori e venulis anastomosantibus. (Schott *gen. Fil. fasc. I. t.* 2. Hook. et Grev. *ic. t.* 26. 69. 140. 184. 202.)

b) POLYSTICHUM *Roth.* Sori venularum furcatarum cruri superiori medio impositi.

Polystichum Roth. *Fl. germ.* 111. 84. Gaudich. *voy. Freyc. t.* 11. Schott *gen. Fil. fasc. II. t.* 4. Polypodii sp. Linn. (Hook. et Grev. *ic. t.* 59.)

641. Cystopteris *BERNH.* Sporangia receptaculo e medio venae intumescenti imposita, in soros subrotundos, in disco laciniae solitarios collecta. Indusia ovata (hyalina), basi affixa, versus marginem frondis libera. — *Filiculae caudice herbaceo, frondibus bi-tripinnatisque, in temperatis utriusque orbis et in summis Andium jugis observatae.*

Cistopteris Bernh. *in Schrad. n. Journ.* 1806. *p.* 49. *t.* 2. *f.* 7. Desv. *in Annal. soc. Linn. Paris. VI.* 263. Schott *gen. Fil. fasc. II. t.* 3. Polypodii sp. Linn. Jacq. *ic. rar. t.* 642. Schkuhr *crypt. t.* 21. Aspidii sp. Swartz, Schkuhr *t.* 37. 62. — Athyrii sp. Roth? Hymenocystis *A. C. Meyer Verz. caucas.* 229.

642. Lindsaea *SMITH.* Sporangia apicibus venarum imposita, in sorum continuum, marginem frondis ambeuntem collecta. Indusium membranaceum, continuum, frondem ambiens, extrorsum liberum. — *Filices inter tropicos utriusque orbis provenientes, caudice herbaceo, frondibus simplicibus, pinnatis, decompositisve.*

Lindsaea Dryand. *in Linn. Transact. III. 39. t. 7—10.* Smith *in Mem. Acad. Turin. V. 413. t. 9. f. 4.* Labill. *Nov. Holl. t. 248. Nov. Caled. t. 9.* Raddi *pl. Bras. t. 74.* Hook. et Grev. *ic. t. 75. 87. 111. 144. 194. 226.* Bory *in Duperr. voy. t. 37. f. 2.* — Schizoloma Gaudich. *Voy. Freyc. 378. t. 16—18.* — Hymenotomia Gaudich. *l. c.*

643. Davallia *SMITH.* Sporangia apicibus venarum imposita, soros subrotundos, margini approximatos formantia. Indusium venae continuum, lata basi v. etiam marginibus adnatum, vertice extrorsum liberum. — *Filices caudice herbaceo, repente v. erecto, frondibus simplicibus, pinnatis decompositisque, inter tropicos utriusque orbis obviae, in hemisphaera australi frequentiores, in regionibus subtropicis et in America antarctica rarissimae.*

Davallia Smith *in Mem. Acad. Turin. V. 414. t. 9. f. 6.* Schkuhr *crypt. t. 126—129.* Hook. et Grev. *ic. t. 105. 138. 139. 141. 143. 183. 230. 231. 238.* Bory *ad Belang. t. 7.* — Humata Cav. *praelect. 130.* — Wibelia Bernh. *in Schrad. Journ. 1801. p. 122. t. 1. f. 2.* Scyphofilix Thouar. *gen. madagasc. n. 2.*

644. Dicksonia *HERIT.* Sporangia apici venarum imposita, soros subrotundos marginales formantia. Indusium duplex, verum membranaceum venae continuum, spurium e lobulo frondis reflexo alterum equitans. — *Filices caudice erecto, arborescente, frondibus pinnatis, bipinnatis triplicatopinnatisque, inter tropicos utriusque orbis et in regionibus extratropicis hemisphaerii australis obviae, in America boreali rarissimae.*

Dicksonia Herit. *sert. 31.* Schkuhr *crypt. t. 129—131.* Labill. *Nov. Caled. t. 10.* — Balantium Kaulf. *enum. 228. t. 1. f. 13.* Dicksoniae sp. Herit. — Sitolobium Desv. *in Annal. soc. Linn. Paris. VI. 262.* Dicksonia pubescens Schkuhr *crypt. t. 131.*

645. Cibotium *KAULF.* Sporangia apicibus venularum imposita, soros subglobosos, margini approximatos formantia. Indusia coriacea, bivalvia, valvis fornicatis, oris callosis conniventibus, exteriore majore. — *Filix Sandwicensis, caudice arborescente, frondibus bipinnatis.*

Cibotium Kaulf. *enum. 229. t. 1. f. 14.* Pinonia Gaudich. *voy. Freyc. 369. t. 21.* —? Dicksonia antarctica Labill. *Nov. Holl. t. 249.*

646. Woodsia *R. BR.* Sporangia medio venarum imposita, soros subrotundos sparsos formantia. Indusia soris substrata, membranacea, subglobosa, patellaeformia, ore multifido lacero. — *Filiculae caespitosae, frondibus pinnatis, in hemisphaerae borealis temperatis et frigidiusculis, in summis Andium jugis et in America antarctica observatae.*

Woodsia R. Brown *in Linn. Transact. XI. 1. 173.* Hook. et Grev. *ic. t. 68. 191.* Polypodium ilvense Swartz. — Physematium Kaulf. *in Flora 1829. p. 341.*

OBSERVATIO. Hypoderris, genus a cl. R. Brown *in Wall. pl. As. rar. I. 16.* commemoratum, habitu Aspidii trifoliati, differt a Woodsia venularum furcatarum cruribus radiatim confluentibus, sporangiisque anastomosi impositis.

647. Saccoloma *KAULF.* Sporangia apicibus venarum imposita, soros marginales, indusiis pateraeformibus exceptos, formantia. — *Filices caudice erecto, frondibus simpliciter pinnatis, in insulis Sandwicensibus et in Brasilia observatae.*

Saccoloma Kaulf. *enum. 224. t. 1. f. 12.* Deparia Hook. et Grev. *ic. t. 154.*

648. Diacalpe *BLUM.* Sporangia receptaculo punctiformi, e medio venae tumenti imposita, soros subglobosos sparsos formantia. Indusia soris substrata, globosa, medio laceratim dehiscentia. — *Filix javanica, caudice herbaceo, fronde triplicato-pinnata, membranacea, glabra.*

Diacalpe Blum. *enum. pl. Jav. II. 241.*

649. Sphaeropteris *R. BR.* Sporangia receptaculo globoso, e medio venae pedicellato imposita, soros globosos formantia. Indusia receptaculis substrata, globosa, clausa, vertice longitudinaliter bivalvia. — *Filix nepalensis, stipite pedali, fronde membranacea, triplicato-pinnata.*

Sphaeropteris *Wallich pl. As. rar. I. 41. t. 42.* Schott *gen. Filic. fasc. I. t. 4.* Peranema Don *nepal. 12.* Podeilema R. Brown *msc.* Prionopteris Wall. *catalog. n. 184.*

SUBORDO II. CYATHEACEAE Endl.

prodr. Fl. Norf. 15. Sporangia in receptaculo saepe plus minus elevato sessilia, annulo lato excentrico. Sporae triquetrae v. trilobae.

650. Thyrsopteris *KUNZ.* Sporangia in receptaculo breviter pedicellato sessilia, soros globosos formantia. Indusia spuria, e frondis partitionibus contractis formata, primum subglobosa, sensim vertice aperto poculiformia, insertione laterali obliqua. — *Filix in insula S. Juan Fernandez ab. Bertero reperta, frondibus triplicato-pinnatis, pinnulis pinnatifidis, lobulis infimis fertilibus.*

Thyrsopteris Kunze *in Linnaea IX. 507.*

651. Hemitelia *R. BR.* Sporangia receptaculo e latere venae simpliciusculae orto imposita, soros subrotundos sparsos formantia. Indusia receptaculo subtus inserta, extrorsum libera, tandem reclinata. — *Filices in America tropica et in Capite bonae spei obviae, caudice saepissime arborescente, frondibus pinnatis, bipinnatis, tripinnatisve.*

Hemitelia R. Brown *prodr. 158.* Cyatheae sp. Smith., Humb. et Bonpl.

652. Alsophila *R. BR.* Sporangia in receptaculo globoso v. oblongo, e venae bifurcatione v. medio orto sessilia, soros sparsos seriatosve, interdum subconfluentes formantia. Indusia e pilis squamisve laceris receptaculi. — *Filices plerumque arborescentes, inter tropicos utriusque orbis, et in Australasia extratropica obviae, frondibus bipinnatifidis bipinnatisve.*

Alsophila R. Brown *prodr. 158.* Hook. et Grev. *ic. t. 213—215.* Mart. *pl. crypt. Bras. 62. t. 37—51.* Cyatheae sp. Swartz et Auct. — Chnoophora Kaulf. *enum. 250.* Cyathea villosa Humb. et Bonpl. — Trichipteris Presl. *delic. prag. 172.* Schott *gen. Filic. fasc. I. t. 5.* Amphidesmium Schott *l. c. in not.* (Hook. et Grev. *ic. t. 232.*) — Arachniodes Blum. *enum. pl. Jav. II. 241.* — Gymnosphaera Blum. *enum. pl. Jav. II. 242.*

653. Cyathea *SMITH.* Sporangia in receptaculo subgloboso, e venae bifurcatione v. medio orto sessilia; soros hemisphaericos v. subglobosos formantia. Indusia receptaculo substrata, globosa, clausa, demum lacero dehiscentia, v. irregulariter circumscissa. — *Filices habitu et patria ab Alsophilis non diversae.*

Cyathea Smith *in Mem. Acad. Turin. V. 417.* Schkuhr *crypt. t. 132. 133.* Hook. et Grev. *ic. t. 106.* Mart. *pl. crypt. Bras. 75. t. 52—54.* Sphaeropteris Bernh. *in Schrad. Journ. 1800. II. 122. t. 1. f. 1.*

654. Mattonia *R. BR.* Sporangia circa receptaculum ex anastomosi plurium venarum orto uniseriata, soros subglobosos formantia. Indusia depresso-sphaerica, clausa, basi tenuiter membranacea mox evanescente. — *Filix sesquipedalis, fronde pinnata, pinnis linearibus pinnatifidis, in monte Ophir prope urbem Malacca reperta.*

Mattonia R. Brown *in Wall. pl. As. rar. I. 16. t. 16.*

SUBORDO III. PARKERIEAE Hook. et Grev. *ic. 97.* Sporangia hypophylla, tenuissime membranacea, annulo incompleto lato, basi approximato, interdum obsoleto cincta. — *Aquaticae.*

655. Ceratopteris *BRONGN.* Sporangia annulo lato articulato completo cincta, venis longitudinalibus imposita. Sporae globosae, trifariam striatae. Indusium e margine frondis revoluto ortum, hyalinum, sutura longitudinali dehiscens. — *Filices annuae, in aquis stagnantibus Asiae et Africae tropicae crescentes, frondibus crassis succulentis, sterilibus infimis sinuato-pinnatifidis, inferioribus bipinnatifidis, fertilibus tripinnatifidis.*

Ceratopteris Brongn. *in Bullet. soc. philomat. 1821. p. 184. c. ic.* Gaudich. *voy. Freyc. t. 20.* — Ellobocarpus Kaulf. *enum. 147. Entwickl. der Farrenkr. f. 7—9.* — Teleozoma R. Brown *Append. to Frankl. narrat. 767.* — Cryptogenis Rich. *msc.* — Furcaria Desv. *in Annal. soc. Linn. Paris. VI. 292.* — Cryptogramma Grev. ex Desv. *l. c. p. 336.*

656. Parkeria *HOOK.* Sporangia annulo basilari subobsoleto cincta, venis longitudinalibus imposita. Sporae trigonae, concentrice striatae. Indusium e margine frondis revoluto. — *Filices in aquis stagnantibus Americae tropicae observatae, frondibus sterilibus sinuato-pinnatifidis, sinubus bulbilliferis, fertilibus bipinnatifidis.* — *Genus vix satis a praecedente diversum.*

Parkeria Hook. *exot. Fl. t. 147. et 231.* Hook. et Grev. *ic. t. 97.*

Ordo XXVII. *Hymenophylleae.*

HYMENOPHYLLEAE Endl. *prodr. Fl. norf. 16.* Mart *ic. pl. crypt. Bras. 102.*

Sporangia receptaculo e vena ultra frondis marginem producta imposita, sessilia, annulo completo, excentrico, quo ad insertionis punctum transverso. Sporae hinc convexae, inde tetraëdro-pyramidatae. Indusium textura frondis. — Caudex repens, frondes tenerae, subpellucidae, hygrometricae, stomatiis destitutae, vernatione circinnatae.

657. Hymenophyllum *SMITH.* Sporangia circa venam ultra frondis marginem in columellam subclavatam productam sessilia, indusio frondi continuo bivalvi cincta. — *Filiculae tenellae, frondibus lobatis, pinnatis aut decomposito-pinnatifidis, inter tropicos et in hemisphaerae australis regionibus extratropicis temperatis et frigidiusculis obviae, species una cosmopolita.*

Hymenophyllum Smith *Fl. brit. 111. 1141.* Schkuhr *crypt. t. 135.* Labill. *Nov. Holl. t. 250.* Raddi *pl. Bras. t. 79.* Gaudich. *voy. Freyc. t. 5.* Bory *in Duperr. voy. t. 38. f. 3. ad Belang. t. 8.* A. Rich. *Fl. Nov. Zeel. t. 14.* Hook. et Grev. *ic. t. 34. 35. 60. 76. 77. 83. 84. 123. 124. 127—129. 133. 135. 148. 167. 196—198. 208. 219.* Mart. *pl. crypt. Bras. 107. t. 67.*

658. Trichomanes *LINN.* Sporangia circa venam ultra frondis marginem in columellam filiformem productam sessilia, indusio frondi continuo cyathiformi cincta. — *Filiculae caudice repente, frondibus sparsis v. caespitosis, lobatis pinnatis aut decompositis, in tropicis imprimis novi continentis, et in haemisphaerio australi extra tropicos provenientes, species una in Hibernia vivit.*

Trichomanes Linn. *gen. n. 1181. excl. sp.* Schkuhr *crypt. t. 134.* Hook. *exot. Fl. t. 52. 76.* Gaudich. *voy. Freyc. t. 12.* Raddi *pl. Bras. t. 79.* Bory *in Duperr. voy. t. 38. ad Belang. t. 8.* Hook. et Grev. *ic. t. 9. 13. 31—33. 78. 85. 115. 117. 149 155. 166. 179. 199. 201. 204. 206. 211. 218. 236. 240.* Mart. *pl. crypt. Bras. 164. t. 68.* — Didymoglossum Desv. *in Annal. soc. Linn. Paris. VI. 330.* — Hymenostachys Bory *in Dict. class. VIII. 462. c. ic.* Trichomanes elegans Rudg. *guian. t. 35.* (pro parte.) — Feea Bory *in Dict. class. VI. 446. c. ic.* Trichomanes elegans Rudg. *guian. t. 35.* pro part. (frondis parenchymate dissoluto, venis fertilibus superstitibus spicam mentientibus.)

Ordo XXVIII. *Gleicheniaceae.*

GLEICHENEAE R. Brown *prod. 160.* Kaulf. *enum. 36.* GLEICHENIACEAE Mart. *ic. pl. crypt. Bras. 104.*

Sporangia hypophylla, sessilia, annulo completo, lato, striato, transverso v. subobliquo, introrsum transversim dehiscentia. Sporae oblongae v. reniformes. Indusium nullum v. spurium e margine frondis revoluto. Caudex repens, frondes stipitatae, pinnatae, dichotomae, furcatae, pinnis saepissime pinnatifidis.

659. Gleichenia *SMITH.* Sporangia in soros subrotundos collecta. Indusium nullum. — *Frondes furcatae v. dichotomae.*

Gleichenia Smith *in Mem. Acad. Turin. V. 418.* R. Brown *prodr. 160.*

a) GLEICHENIA. Sporangia in soris definita, subimmersa. *Capenses et australasicae.*

Gleichenia Smith *l. c. t. 19. f. 10.* Schkuhr *crypt. t. 149.* Mart. *pl. crypt. Bras. t. 59. fig. III.*

b) MERTENSIA *Willd.* Sporangia in soris subindefinita, pauca, superficialia, globosa v. lenticularia. *Americanae tropicae.*

Mertensia Willd. *sp. V. 73.* Mart. *pl. crypt. Bras. 106. t. 59. f. 1. II. t. 60.* Gleicheniae sp. Hook. et Grev. *ic. t. 15.*

c) DICRANOPTERIS *Bernh.* Sporangia in soris indefinita, multa, superficialia, ovata v. pyriformia. *Americanae, indicae, capenses, australasicae.*

Dicranopteris Bernh. *in Schrad. n. Journ. 1816. t. 3. f. 13.* Mertensiae sp. Auct. Mart. *op. cit. t. 60. f. 2.* Gleicheniae sp. R. Brown. Hook. et Grev. *ic. t. 14.*

660. Platyzoma *R. BR.* Sporangia in sorum punctiformem collecta. Indusium spurium, e margine frondis revoluto. — *Filicula glabra, in Nova Hollandia tropica reperta, caudice repente, frondibus indivisis pinnatis, pinnis orbiculatis, subtus sulphureo, pulverulentis.*

Platyzoma R. Brown *prodr. 160.* Guillem. *ic. lithogr. t. 13.* — Genus a praecedente nullo pacto diversum censeo, G. alpina R. Br. (Hook. et Grev. *ic. t. 58.*) characterem artificialem etiam infringente.

Ordo XXIX. *Schizaeaceae.*

SCHIZAEACEAE Mart. *pl. crypt. Bras. 112.*

Sporangia hypophylla, sessilia, vertice annulo completo, contracto, longitrorsum dehiscentia. Sporae pyramidales v. conicae, sporodermi cristata v. echinata. Indusia varia. — Frondes variae, interdum volubiles, vernatione circinnatae, fertiles contractae.

661. Anemia *SWARTZ.* Sporangia in frondis laciniis lateralibus geminatis, in rhachin multiplicato-paniculatam immarginatam contractis, biseriatim sessilia, nuda, extrorsum longitudinaliter fissa. Indusium nullum. — *Filiculae in*

America tropica et extratropica australi obviae, nuperrime etiam in Capite bonae spei observatae, rhizomate ascendente v. repente, frondibus stipitatis, sterilibus ternatis, pinnatis, bipinnatifidis decompositisve; fertilibus ternato-pinnatis supradecompositisque.

Anemia Swartz *synops.* 155. Schkuhr *crypt. t.* 141. 142. Hook. *exot. Fl. t.* 28. Hook. et Grev. *ic. t.* 16. Raddi *pl. Bras. t.* 8—13. Mart. *pl. crypt. Bras.* 112. *t.* 55. 58. Ornithopteris Bernh. *in Schrad. Journ.* 1806. *I.* 50. *t.* 3.

662. Schizaea *SMITH.* Sporangia in laciniis linearibus membranaceo-marginatis, in apice frondis pectinatim oppositis digitatisve bi-quadriseriatim sessilia, pilis stipata, extrorsum longitudinaliter fissa. Indusium nullum. — *Filices in regionibus tropicis subtropicisque parce provenientes, rhizomate setoso, frondibus simplicibus stipitiformibus v. dichotome partitis aut flabelliformibus.*

Schizaea Smith *in Mem. Acad. Turin. V.* 419. *t.* 9. *f.* 9. Schkuhr *crypt. t.* 136. 137. Kaulf. *enum. t.* 1. *f.* 7. Guillem. *ic. lithogr. t.* 20. Hook. et Grev. *ic. t.* 17. 47. 48. 54. Bory *in Duperr. voy. t.* 27. Mart. *pl. crypt. Bras.* 115. *t.* 55. 56. Lophidium Rich. Rhipidium Bernh. *in Schrad. Journ.* 1802. *II.* 127. *t.* 2. *f.* 3. — Actinostachys Wall. *catal. n.* 1. Schizaea digitata Swartz (cfr. Mart. *l. c.*)

663. Lygodium *SWARTZ.* Sporangia in laciniis marginalibus frondis alternatim biseriata, sessilia, longitudinaliter dehiscentia, singula indusio squamaeformi, cucullato, venis transversim adnato velata. — *Filices in tropicis totius orbis obviae, in regionibus subtropicis admodum rarae, caudice volubili, scandente, frondibus conjugatis, palmatis, lobatis, pinnatisve.*

Lygodium Swartz *in Schrad. Journ.* 1801. *II. t.* 2. *f.* 2. Schkuhr *crypt. t.* 139. 140. Kaulf. *enum. t.* 1. *f.* 6. Hook. et Grev. *ic. t.* 55. A. Rich. *Fl. Nov. Zeel. t.* 15. Hydroglossum Willd. *in Act. Acad. Erfurt.* 1802. *p.* 24. Raddi *pl. Bras. t.* 81. Ugena Cav. *ic. t.* 595. Cteisium Rich. *in Michx. Fl. bor. Amer. II.* 275. Ramondia Mirb. *Bullet. soc. philomat. XI.* 179. Odontopteris Bernh. Gisopteris Bernh. *in Schrad. n. Journ. I.* 129. Valli-Filix Thouar. *gen. madagasc. n.* 1.

664. Mohria *SWARTZ.* Sporangia juxta marginem frondis uniseriata, sessilia, extrorsum longitudinaliter dehiscentia. Indusium spurium e margine frondis revoluto. — *Filicula spithamea, in Capite bonae spei et in insulis Mascarenis habitans, fronde bipinnata, paleacea.*

Mohria Swartz *synops.* 159. *t.* 5. Schkuhr *crypt. t.* 143. Polypodium Caffrorum Linn.

Ordo XXX. Osmundaceae.

OSMUNDACEAE Mart. *consp.* 3.

Sporangia hypophylla, v. frondibus contractis-paniculata, pedicellata, tenuissime membranacea, annulo dorsali lato incompleto, vertice dehiscentia. Sporae oblongae v. subglobosae. Indusia varia. — Frondes bipinnatae, stomatiis praeditae, vernatione circinnatae, fertiles saepissime contractae.

665. Osmunda *LINN.* Sporangia in paniculam v. juxta frondis marginem disposita. — *Filices in temperatis et frigidiusculis utriusque hemisphaerii, borealis potissimum, provenientes, frondibus bipinnatis, fertilibus saepe contractis paniculaeformibus.*

Osmunda Linn. *gen. n.* 1172. *excl. sp.* Swartz *in Schrad. Journ.* 1801. *II. t.* 1. *f.* 4. 5. Schkuhr *crypt. t.* 144—146. Bernh. *in Schrad. n. Journ. I.* 2. *p.* 40. 41. Kunze *in Flora* 1821. *p.* 477. 55. Aphyllocarpa Cav. *Ann. sc. nat. V. n.* 14.

666. Todea *WILLD.* Sporangia venulis frondis imposita. — *Filices in Capite bonae spei, Nova Hollandia extratropica et Nova Zeelandia repertae, frondibus bipinnatis.*

Todea Willd. *in Act. Acad. Erf.* 1802. *p.* 14. Schkuhr *crypt. t.* 147. Kaulf. *enum. t.* 1. *f.* 5. Hook. et Grev. *ic. t.* 101. A. Rich. *Fl. Nov. Zeel. t.* 16.

Ordo XXXI. Marattiaceae.

MARATTIACEAE Kaulf. *enum.* 31. Brongn. *hist. veg. foss.* 144. Gaudich. *voy. Freyc.* 291. MESODMEAE Blum. *enum. pl. Jav. II.* 260.

Sporangia hypophylla, exannulata, sessilia, distincta v. inter se connata, vertice v. latere aperta. Sporae ellipsoideae. Indusium nullum, superficiale v. cum sporangiis concretum. — Frondes simplices, pinnatae v. triplicicato-pinnatae, foliolis semper elongato-lanceolatis integris, stomatiis praeditae, vernatione circinnatae.

667. Kaulfussia *BLUM.* Sporangia venarum anastomosi imposita, radiatim connata, soros subrotundos formantia, vertice rima aperta. Indusium nullum. — *Filix javanica, fronde stipitata, ternata.*

Kaulfussia Blum. *enum. pl. Jav. II.* 260. Hook. et Grev. *ic. t.* 229.

668. Angiopteris *HOFFM.* Sporangia juxta venarum transversarum apicem biseriatia, distincta, soros lineares formantia, latere exteriore rima aperta. Indusium nullum. — *Filix arborescens, frondibus bipinnatis, in Oceania tropica crescens.*

Angiopteris Hoffm. *in Comment. Götting. XII.* 29. *t.* 5. Swartz *in Schrad. Journ.* 1801. *p.* 306. Bernh. *in Schrad. n. Journ. I.* 2. *p.* 42. *t.* 2. Kaulf. *enum. t.* 1. *f.* 4. Hook. et Grev. *ic. t.* 36. Clementea Cav. *praelect. n.* 1161.

669. Danaea *SMITH.* Sporangia juxta venas transversas biseriata, in soros lineares connata, poro aperta. Indusia superficialia, soros cingentia. — *Filices in Americae tropicae littoribus provenientes, caudice erecto, fronde simpliciter pinnata, pinnis integris.*

Danaea Smith *in Mem. Acad. Turin. V.* 420. *t.* 9. *f.* 11. Kaulf. *enum.* 33. *t.* 1. *f.* 3. Hook. et Grev. *ic. t.* 18. 51. 52.

670. Marattia *SWARTZ.* Sporangia juxta venarum transversarum apicem biseriata, inter se connata, soros oblongos formantia, rimula verticali transversim hiantia. Indusia coriacea, cum soris connata, longitudinaliter bivalvia. — *Filices elegantissimae, frondibus stipitatis, bipinnatis triplicato-pinnatisque, in America tropica, Africa extratropica, nec non in Oceania intra et extra tropicos crescentes.*

Marattia Swartz *synops.* 168. Smith *ic. inedit. t.* 47. Schkuhr *crypt. t.* 152. Labill. *Nov. Caled. t.* 13. 14. Raddi *pl. Bras. t.* 81. Mart. *ic. pl. crypt. Bras.* 119. *t.* 69—72. Schott *gen. Filic. fasc. III. t.* 5. Myriotheca Commers. *in Juss. gen.* 15. Celanthera Thouin *Mem. Acad. Paris.* 1786.

OBSERV. Taeniopterides fossiles (*infr. n.* 683.) Marattiaceis esse adscribendas, nullus dubito.

Ordo XXXII. Ophioglosseae.

OPHIOGLOSSEAE R. Brown *prodr.* 163. Kaulf. *enum.* 24.

Sporangia sessilia, unilocularia v. septo transverso incompleto subbilocularia, exannulata, coriacea, evasculosa, distincta v. inter se connata, semibivalvia. Sporae farinaceae. — Frondes caule rhizomatoide exclusae geminae, biformes, vernatione strictae, altera expansa sterilis, stomatiis praedita; altera in rhachin contracta.

671. Ophioglossum *LINN.* Sporangia in spicam distichain articulatam connata, unilocularia, transversim dehiscentia. — *Filiculae in toto orbe terrarum obviae, fronde sterili late ovata, fertilem vaginante.*

Ophioglossum Linn. *gen. n. 1171. excl. sp.* Kaulf. *in Flora 1822. I. 97. ss. Fl. dan. t. 147.* Hook. et Grev. *ic. t. 20. 40. 80.* Mart. *pl. crypt. Bras. 39. t. 49.*

672. Ophioderma *BL.* Sporangia in spicam distichain articulatam connata, incomplete bilocularia, transversim dehiscentia. — *Filix spicis solitariis geminisve pedunculatis, e basi frondis linearis elongatae indivisae v. apice furcatae, ex arboribus Moluccarum et Oceaniae tropicae pendula.*

Ophioderma Blum. *enum. pl. Jav. II. 259.* Ophioglossum pendulum Linn. Hook. et Grev. *ic. t. 19.*

673. Helminthostachys *KAULF.* Sporangia in spicam densam subcylindricam glomeratim connata, unilocularia, semibivalvia. — *Filicula Asiam tropicam incolens, fronde ternatim composita, laciniata.*

Helminthostachys Kaulf. *enum. 28. t. 1. f. 1.* Botryopteris Presl *in Reliq. Haenk. t. 12. f. 1.* Ophiala Desv. *in Annal. soc. Linn. Paris. VI. 195.* Ophioglossum laciniatum Rumph *Amb. VI. t. 68. f. 3.*

674. Botrychium *SW.* Sporangia distincta, in spicam compositam disposita, unilocularia, semibivalvia. — *Filiculae frondibus pinnatis bipinnatisve, in temperatis hemisphaerii borealis obviae, in regionibus antarcticis rarissimae.*

Botrychium Swartz *synops. 171.* Schkuhr *crypt. 154. 158.* Hook. et Grev. *ic. t. 19. 82. 161.* Botrypus Rich. *in Mich. Fl. bor. Amer. II. 274.*

APPENDIX. FILICES FOSSILES.

675. Pachypteris *BRONGN.* Frons pinnata v. bipinnata; pinnulae coriaceae, integerrimae, enerves, v. nervo simplici percursae, basi constrictae, nec rhachi adnatae. Sori. . . — *Oolithes inferior.*

Pachypteris *Brongn. prodr. 50. Hist. veg. foss. 166. t. 45. f. 1. 2.* Sphenopteris lanceolata Phillips *Yorksh. t. 10. f. 6.* Neuropteris laevigata Phillips *op. cit. t. 10. f. 9.*

676. Sphenopteris *BRONGN.* Frons bi-tripinnatifida; pinnulae basi constrictae nec rhachi adnatae, lobatae, lobis inferioribus majoribus, subdivergentibus; nervis bipinnatis, subflabellatis. Sori. . . — *In terra oolithica inferiore, poecili et lithanthraeum.*

Sphenopteris Sternb. Tent. 15. (*Fl. der Vorw. t. 23. f. 2. t. 31. f. 3. t. 36. f. 5. t. 42. f. 4. t. 54. f. 1.*) Brongn. *prodr. 50. Hist. veg. foss. 169. t. 46—58.* Phillips *Yorksh. t. 8. f. 6. 7. t. 10. f. 8.* Lindl. *foss. fl. t. 45—48. 53. 100. 101. 109. 115. 123. 131. 138. 146. 147. 148. 151. 156. 164. 168. 176. a.* Hymenopteris Mantell *Sussex. t. 3. f. 7. t. 3. f. 2. t. 20. f. 1. 2.*

677. Cyclopteris *BRONGN.* Frons simplex, suborbicularis v. reniformis, integerrima, enervis; venis plurimis subflabellatis, dichotomis, aequalibus. Sori. . . — *In terra oolithica inferiore, in terra lithanthracum, et in anthracite transitionis.*

Cyclopteris Brongn. *prodr. 51. Hist. veg. foss. 215. t. 61. t. 61.** Lindl. *foss. fl. t. 64. 90. 91.* (Parkins. *organic. rem. 1. t. 5. f. 5.*)

OBSERV. Cyclopterides plurimae, monente amic. Göppert, aliarum Filicum germinantium protophylla.

678. Otopteris *LINDL.* Frons pinnata; pinnae basi subobliquae, auriculatae, sessiles, integerrimae, enerves; venis flabellatis confertissimis. Sori. . . — *Terra oolothica et calx Gryphitum.*

Otopteris Lindl. *foss. fl. t. 128. 132. 150. 155.* Cyclopteris Beanii Lindl. *op. cit. t. 44.* Neuropteris Dufresnoyi Brongn. *Hist. veg. foss. t. 74. f. 4. 5.*

679. Glossopteris *BRONGN.* Frons simplex, integerrima, sublanceolata, basi sensim angustata; nervo primario valido, apice evanescente, secundariis obliquis, arcuatis, repetito-dichotomis, basi interdum reticulatim anastomosantibus. Sori. . . — *Terra oolithica media, arena calcis Gryphitum, terra lithanthracum.*

Glossopteris Brongn. *prodr. 51. Hist. veg. foss. 222. t. 61.* f. 5. t. 62. 63. f. 2. 3.* Lindl. *foss. fl. t. 63.* Filicites Nilsoniana Brongn. *in Annal. sc. nat. IV. t. 12. f. 1.* (Nils. *in Act. Holm. 1820. I. 115. t. 5. f. 2. 3.*) Pecopteridis sp. Phillips *Yorksh. t. 8. f. 8.*

680. Neuropteris *BRONGN.* Frons uni-bipinnata; pinnulae basi subcordatae, a rhachi distinctae; nervo medio validiusculo apice evanescente, secundariis obliquis arcuatis, repetito-dichotomis. Sori oblongi, paulo supra nervorum bifurcationem siti, indusio ramulo exteriori inserto, introrsum aperto. — *In terra lithanthracum frequens, parcior in terra poecili.*

Neuropteris Brongn. *prodr. 52. Hist. veg. foss. 226. t. 63.* Lindl. *foss. fl. t. 41. 49. 50—52. 68. 69. 83. 103.* Osmunda Scheuchz. *Herb. diluv. t. 10. f. 3.* Sternb. *Fl. der Vorw. t. 32. f. 2.*

681. Odontopteris *BRONGN.* Frons bipinnata; pinnulae tenuissime membranaceae integerrimae, basi lata rhachi adnatae; nervo medio nullo, secundariis tenuissimis, simplicibus v. furcatis, e rhachi nascentibus. Sori. . . — *In terra lithanthracum.*

Odontopteris Brongn. *prodr. 60. Hist. veg. foss. 250. t. 75—78.* Lindl. *foss. fl. t. 40.*

682. Anomopteris *BRONGN.* Frons pinnata; pinnae lineares integerrimae, basi inter se et cum rhachi connatae v. distinctae; nervo medio valido, secundariis suboppositis ad angulum rectum divergentibus, arcuatis; (*folii substantia inter nervos inflata, subbullata.*) Sori subrotundi, in nervulis solitarii. (*Nervuli in apice pinnarum sterili confertiores soros lineares arcuatos mentiuntur.*) — *In terra poecili.*

Anomopteris Brongn. *prodr. 69. Hist. veg. foss. 257. t. 69—71.*

683. Taeniopteris *BRONGN.* Frons simplex, integerrima, sublanceolata, basi angustata; nervo primario valido, apicem attingente, secundariis suboppositis, fere ad angulum rectum divergentibus, simplicibus v. basi bifurcis. Sori punctiformes, remoti, in lineam nervo medio utrinque parallelam dispositi. — *Terra calcarea Gryphitum et thalassico-calcarea vicentina.* — *Genus Marattiaceis affine.*

Taeniopteris Brongn. *prodr. 61. Hist. veg. foss. 262. t. 82.* Lindl. *foss. fl. t. 62. 92. 176. b.*

684. Pecopteris *STERNB.* Frons pinnatifida v. bi-tripinnatifida; pinnulae basi aequali v. dilatata rhachi adnatae, interdum confluentes, rarissime basi contractae; nervo primario valido apicem attingente, secundariis rectiusculis, simplicibus v. furcatis, rarissime pinnatis. Sori subrotundi in nervis secundariis terminales, juxta marginem seriati, interdum subconfluentes. — *In terra lithanthraeum et in Oolithe.* — *Genus dividendum.*

Pecopteris Sternb. *Tent. t. 23. f. 1. t. 26. f. 3. t. 50. f. 5. t. 59. f. 2.* Brongn. *classif. t. 2. f. 3. Annal. sc. nat. IV. t. 19. f. 1. 2. Prodr. 56. Hist. veg. foss. 267. t. 83—129.* Lindl. *foss. fl. t. 37. 38. 60. 84. 94. 106. 107. 119. 120. 122. 126.*

134. 145. 153. 154. 157. 158. 169. 174. Alethopteris Sternb. *Tent. t. 53. f. 2.* Filicites Schloth. *t. 4. f. 7. 8. t. 6. f. 9. t. 8. f. 13. 14. t. 9. f. 16. t. 10. f. 19. t. 11. f. 22. t. 14. f. 27.* Artis *Antediluv. phytolog. t. 4. 17. 21.*

685. Lonchopteris *BRONGN.* Frons bi-tripinnatifida; pinnulae rhachi adnatae; nervo medio apicem attingente, secundariis reticulatis, aequalibus, areolos uniformes formantibus. Sori. . . — *In terra carbonifera, et in sabulo ferruginoso infra cretam.*

Lonchopteris Brongn. *prodr. 59. Hist. veg. foss. 367. t. 131.* Lindl. *foss. fl. t. 171.* Pecopteridis sp. Mantell *in geolog. Transact. II. ser. t. 16. f. 1. t. 17. f. 3.*

686. Phlebopteris *BRONGN.* Frons pinnatifida; pinnae basi coadunatae; nervo primario valido infra apicem evanescente, secundariis juxta costam reticulatis, in nervulos simplices furcatosve excurrentibus. Sori subglobosi, juxta costam utrinque uniseriati. — *Terra oolithica inferior.*

Phlebopteris Brongn. *hist. veg. foss. t. 83. f. a. t. 132. 133.* Lindl. *foss. fl. t. 144.* Dictyophyllum Lindl. *foss. fl. t. 104.*

687. Clathropteris *BRONGN.* Frons pinnatifida; pinnae integerrimae; nervo medio valido apicem attingente, nervis secundariis simplicibus confertis parallelis, costae perpendicularibus, nervulis transversis copiosis in areolos quadratos conjunctis. Sori. . . — *In terra calcarea Gryphitum Scaniae.*

Clathropteris Brong. *prodr. 62. Hist. veg. foss. t. 134.*

OBSERV. Filicum exstinctarum plurimarum fructificationes a cl. Göppert nuper repertae fuerunt. Inventa viri amicissimi propediem cum orbe erudito communicanda, in praesentis operis usum converti nondum potuisse, impense dolemus.

Classis VIII. Hydropterides.

RHIZOCARPAE Batsch *Tab. Affin.* Agardh *Aphorism. 111.* Bartl. *ord. nat. 15.* RHIZOSPERMAE Roth. *DC. Fl. fr. 111. 577.* HYDROPTERIDES Willd. *sp. V. 534.* MARSILEACEAE R. Brown *prodr. 166.* SALVINIEAE Juss. *in Mirb. elem. 833.*

Herbae aquaticae, cylindro vasorum centrali percursae. Folia a caule discreta, sessilia v. petiolata, limbo saepius composito, interdum abortivo. Sporocarpia ad basim foliorum, uni-pluriloculiaria, organis dimorphis foeta.

Ordo XXXIII. Salviniaceae.

SALVINIACEAE Bartl. *ord. nat. 15.* Mart. *pl. crypt. Bras. 123.*

Herbae natantes, pinnatim v. radiatim ramosae, radiculosae, foliis alternis cellulosis, astomis, saepe papillosis. Sporocarpia in eadem stirpe dimorpha, prope foliorum basim sita; alia corpuscula angulata v. globosa (*flores masculos*) includentia, uni-bilocularia; alia sporangiis juxta columellam basilarem pedicellatis, sporas liberas paucas v. solitarias includentibus, foeta.

Salviniaceae Hepaticas aquaticas habitu mirabiliter revocantes, et quo ad partium fructificationis naturam maximopere dubiae, iterum iterumque in examen summendae, in aquis puris climatis temperati et tropici totius orbis terrarum repertae, universim in extratropicis hemisphaerii australis paullo frequentiores esse videntur.

688. Azolla *LAM.* Organa propagationis dimorpha, caulis et ramorum basi adnata, deorsum spectantia. Fem. Sporangia plurima, globosa, longe pedicellata, indusio membranaceo, irregulariter fisso inclusa, granis globosis, pilosis foeta. Masc. (?) discreta v. organi feminei lateri applicita, solitaria aut gemina, intra calyptram demum circumscissam, e vesicula basilari materia grumosa farcta, et e columella huic imposita, vertice cum calyptra concrescente, tricruri, cruribus apice in corpuscula antheriformia tumentibus, axi applicitis ejusque foveolae semiimmersis. — *Plantae pusillae, Jungermanniae facie, in Nova Hollandia et in America a Canada ad Fretum magellanicum aquis purioribus innatantes, pinnatim v. radiatim ramosae, caulibus filiformibus, foliis alternis, imbricatis.*

Azolla Lam. *in Dict. encyclop. I. 343.* R. Brown *gen. Rem. 612. t. 10. Prodr. 166.* Mart. *pl. crypt. Bras. 123. t. 74. 75.* Azolla et Rhizosperma Meyen *Reise I. 337.* — ? Carpanthus Raf. *in New-York medic. Reposit. II. Hex. V. 350.*

OBSERV. Differentia inter Azollas *Lamarkii* americanas (Azolla *Mey.*) et inter Azollas *Brunonis* australasicas (Rhizosperma *Mey.*) teste amicissimo Meyen posita est in crurium columnulae numero, et in granorum sporangii conformatione, in his angulatis, cuspides 2—6 fasciculatos, radiculiformes exserentibus; in illis sphaericis, pilis hyalinis obsessis. — Mihi olim Azollam pinnatam dissecanti flos masculus ita conformatus videbatur, ut illum typice hermaphroditum habuerim, ovario infero efoeto, et synemate triandro donatum; organa pedicellata pro floribus typice femineis descripsi. Corpuscula in cruribus terminalia globulis Salviniae analoga habui.

689. Salvinia *MICH.* Organa propagationis dimorpha, in ramis submersis aphyllis glomerata, radiculis fluitantibus stipata. Fem. Sporangia plura subglobosa, ex apice columnae subclavatae pedicellata, indusio communi subgloboso, e membrana duplici lacunis interjectis connata inclusa, singula spora solida foeta. Masc. (?) Globuli sphaerici, e columella penicillato-ramosissima pedicellata, intra indusium subglobosum, e membrana pariter duplici connata, contenti, materiam mucilaginosam recludentes. — *Herbae aquaticae pusillae, caule natante, filiformi, flexuoso, foliis alternis imbricatis, in hemisphaerio boreali utriusque orbis, et in America tropica pariter ac australi observatae.*

Salvinia Micheli *n. gen. 107. t. 58.* Guettard *in Hist. academ. roy. des sc. 1762. p. 546. ss.* Duvernoy *Dissert. de Salvinia. Tubing. 1825. 4to. c. ic.* Bischoff *in N. A. N. C. XIV. 45. ss. t. 4. 5.* Crypt. *Gewächs. II. 95. t. 9. f. 2—3.* Mart. *pl. crypt. Bras. 129. t. 75. 76.* Marsilaea Neck. *elem. n. 1680.* Marsilaeae sp. Linn.

OBSERV. De organorum, quae sporangia diximus, natura dubitare amplius non licet, postquam sub acutissimorum observatorum oculis spora in his contenta, in novam plantam increvit. Globuli a plerisque pro masculis organis habiti, rectius fortassis sporangia abortiva dicentur. Quid si in hoc genere organum columellae Azollae revera comparandum adhuc interet?

Ordo XXXIV. Marsilaeaceae.

MARSILAEACEAE VERAE Brongn. *in Dict. class. X. 169.* Bartl. *ord. nat. 15.*

Herbae in inundatis paludosis repentes. Caulis filiformis, prostratus, sarmentosus, radicans, intus longitudinaliter lacunosus; compositus e cylindro vasorum centrali, canale medullari percurso, et e strato cellularum hunc ambiente, ope dissepimentorum radiantium cum stratis cellulosis, sub epidermide stomatibus pertusa sitis, conjuncto. FOLIA alterna; petioli caulis structura, vernatione circinnatim involuti, nunc lamina destituti, nunc terminati foliolis quatuor, subverticillatis, haud articulatis, obovatis obcordatisve, stomatibus instructis, flabellatim dichotome venosis.

SPOROCARPIA capsulaeformia, uniformia, in axillis foliorum subsessilia v. juxta petiolum varie disposita, solitaria v. aggregata, globosa v. obovata, coriacea, pilosa, nunc e carpidiis duobus (in foliatis) nunc (in aphyllis) e carpidiis quatuor conflata, marginibus introflexis dissepimenta constituentibus bi- v. quadrilocularia; plus minus complete septicido bi-quadrivalvia; loculi in quadrilocularibus continui, basi aequales, in bilocularibus septis secundariis membranaceis transversim plurilocellati, extus prope basim uno latere gibbi (rudimento carpidii alterius). Placentae parietales, subgelatinosae, plus minus prominulae, in loculis perpendiculares, in locellis horizontales.

SPORANGIA in loculis singulis locellisve dimorpha, perfecta (*sporophora*) et imperfecta (*mascula?*). Sporangia perfecta singula intra tunicam cellulosam, longitudinaliter placentae adnatam contenta, strato gelatinoso corticata, SPORA unica, basi truncata, apiculo mutico, in germinatione vaginam cotyledonarem exserente, instructa, foeta. Sporangia imperfecta (organa mascula?) in placentis perpendicularibus earundem partem superiorem obsidentia, in horizontalibus ad basim singulorum sporangiorum perfectorum binatim v. subquaternatim sessilia aut pedicellata, vesiculosa, globosa v. clavata, tandem irregulariter rupta, granula elliptica v. subglobosa, in mucilagine natantia, aut singula gelatina obvoluta pluentia.

Marsilaeaceae a Salviniaceis et Isoeteis, quibuscum olim confusae, petiolorum vernatione circinnata, et sporocarpiis liberis, uniformibus, valvatis, distinctissimae, in inundatis paludosis et aquis dulcibus omnium climatum hemisphaerae orientalis vivunt, in novo continente nuper primum repertae.

690. Pillularia *LINN.* Sporangia axillaria, subglobosa, sessilia, quadrilocularia. Placentae in loculis perpendiculares. Sporangia perfecta inferiorem, imperfecta superiorem placentae partem obsidentia. — *Herba europaea perennis, caudice repente, radicante, petiolis alternis aphyllis, lineari-subulatis.*

Pillularia Vaill. *bot. paris. t. 15. f. 6.* Linn. *gen. n. 1183.* Hedw. *theor. t. 8.* Spreng. *Anleit. t. 2. f. 40.* Bischoff *cryptogam. 94. t. 8. f. 1—6.* I. G. Agardh, *dissertatio de Pillularia. Lundae, 1833. 8vo.*

691. Marsilaea *LINN.* Sporocarpia juxta basim petiolorum pedicellata v. subsessilia, globosa, hinc gibba, bilocularia, loculis transversim plurilocellatis. Placentae in locellis horizontales. Sporangia perfecta singula basi imperfectis binis quaternisve stipata. — *Herbae perennes, in aquis stagnantibus omnium climatum, arctico et antarctico excepto, parcius tamen in novo continente obviae, caudice repente radicante, petiolis alternis, erectis, foliolis quatuor subverticillatis, haud articulatis terminatis, vernatione circinnatis.*

Marsilaea Linn. *gen. n. 1184.* Spreng. *Anleit. II. t. 2. f. 42.* Delille *Fl. aegypt. t. 50.* Hook. et Grev. *ic. Filic. t. 159. 160.* Bischoff *cryptogam. 95. t. 8. f. 30—37.* A. Brongn. *Dict. class. X. 198. c. icc.* Lemma Juss. *gen. 16.* Zaluzianskia Neck. *elem. n. 1708.*

GENUS FOSSILE, MARSILAEACEIS AFFINE.

692. Sphenophyllum *BRONGN.* Caules simplices v. ramosi, articulati, vestiti foliolis verticillatis senis, octonis, denis duodenisve, cuneiformibus; nunc integris, apice truncatis, denticulatis; nunc bilobis, lobis bipartitis v. laciniatis; nunc bifidis, lobis linearibus angustis. — *Terra lithanthracum.*

Sphenophyllum Brongn. *classif. t. 2. f. 8. Prodr. 68.* — Rotularia Sternb. *Flor. protog. t. 26. f. 4. t. 50. f. 4. t. 55. f. 4.* Bischoff *cryptogam. t. 13. f. 1—3.* Kaulf. et Germ. *in N. A. N. C. XV. 2. t. 65. f. 3. t. 66. f. 1.* Palmacites verticillatus Schloth. *Petref. 396.* Sternb. *t. 2. f. 8.*

OBSERV. Sphenophylla habitu Marsilaeam satis bene quidem referunt, foliorum numero et dispositione distincta, ast vera affinitas, partium fructificationis vestigiis nondum observatis, admodum dubia est.

Classis IX. Selagines.

LYCOPODINEAE Bartl. *ord. nat. 19.* LYCOPODALES Lindl. *introduct. ed. 2. p. 402.*

Truncus foliatus, fasciculis vasorum centralibus percursus. SPOROCARPIA in axillis foliorum v. bractearum, saepissime valvata, sporis dimorphis foeta.

Ordo XXXV. Isoeteae.

ISOETEAE Rich. Bartl. *ord. nat. 16.*

HERBAE submersae, trunco abbreviato, subnullo, discoideo, centro depressiusculo, carnoso, e cellulis hexagonis, materia amylacea repletis, et e vasorum intricatorum glomerulo centrali, fasciculos vasorum versus folia et radices arcuatim radiante compositus. Radices e basi lateribusque trunci fasciculatim enatae, filiformes, radiculosae, cavae, vasorum scalariformium fasciculo excentrico percursae.

FOLIA numerosa, trunco concentrice imposita, subulata, stricta, fragilia, dorso convexiuscula, facie subcanaliculata, e basi dilatata, utrinque membranaceo-auriculata amplectente, sensim angustata, cellulosa; ductibus aëreis quatuor, transversim septatis, versus apicem deliquescentibus, et nervo subexcentrico, e vasis annulatis composito, facie interiori prominula, percursa; stomatibus destituta.

SPOROCARPIA basi foliorum dilatatae, excavato-impressae, sub squamula cordiformi, et processu membranaceo semilunari immersa, plano-convexa, ab apice usque ad medium longitudinis folii nervo medio dorso suo adnata, tenuissime membranacea, intus filis numerosis transversis, e pariete dorsali radiatim exeuntibus multilocellata, repleta nunc SPORANGIIS primitus quaternatim connatis, ovatis, glabris, granulis ovalibus v. ellipticis, linea longitudinali percursis, farctis; nunc corpusculis tetraedris, crusta muricato-granulosa, irregulariter secedente obductis, annulo concentrico inaequaliter bipartitis, medietate superiore majore radiis tribus versus apicem confluentibus percursis, germinatione undique in truncum incrassatis.

Isoeteae genere unico, paucisque speciebus per Europam, Asiam mediam et australem, nec non Americam borealem hucdum repertis, comprehensae, quo ad fructificationis naturam maximis opressae dubiis, ob sporas dimorphas, in diversis receptaculis contentas, et analogam trunci structuram intimam Selaginibus accensentur.

693. Isoetes *LINN.* Sporocarpia basi foliorum immersa, iisque dorso adnata, evalvia, transversim pluriseptata, corpusculis dimorphis foeta. — *Herba acaulis, foliis radicalibus lineari-subulatis, basi dilatatis.*

Isoetes Linn. *gen. n. 1184.* Spreng. *Anleit. t. 2. f. 41.* Wahlenb. *fl. lapp. t. 26.* Tausch *in Flora 1819. p. 501.* DC. *organogr. II. 140. t. 56. 57.* Bischoff *cryptogam. 95. t. 9. f. 35—41.* Delille *in Mem. Mus. XIV. 100. t. 6. 7.* Calamaria Dillen. *musc. 541.*

GENUS FOSSILE, ISOETEIS AFFINE.

694. Stigmaria *BRONGN.* Truncus axi distincto, plerumque excentrico, fasciculos vasorum spiraliter versus folia emittente percursus. Folia simplicia vel bifurcata, linearia (verisimiliter carnosula), basi attenuata, cicatrices rotundatas relinquentia. — *Lithanthrucum fodinae.*

Stigmaria Brongn. *prodr. 87.* Lepidodendron anglicum et Weltheimianum Sternb. *fl. protog. t. 20. f. 3. t. 52. f. 3.* Variolaria ficoides Sternb.

Ordo XXXVI. Lycopodiaceae.

LYCOPODINEAE Swartz *synops. 87.* R. Brown *prodr. 164.* Agardh *aphorism. 112.* Hook. et Grev. *in bot. Misc. II. 360. ss.* Bartl. *ord. nat. 19.* LYCOPODIACEAE DC. *Fl. fr. II. 257.* Brongn. *in Dict. class. IX. 561.* Lindl. *introduct. edit. 2. 403.*

PLANTAE herbaceae perennes, aut suffrutescentes, rarissime annuae; caule erecto v. postrato, tereti, angulato v. compresso, alternatim v. dichtome ramoso, folioso. FOLIA spiratim cauli inserta, saepissime conferta, imbricata, simplicia, semper sessilia v. decurrentia, numquam articulata, plerumque subulata, plana v. lanceolata, uninervia, ex axillis radiculas filiformes emittentia. SPOROCARPIA in axillis foliorum, nunc juxta totam caulis longitudinem v. juxta ejusdem apicem sessilia, aut brevissime pedicellata, nunc in apicibus ramulorum, foliis in bracteas squamiformes mutatis stipata, amenta formantia, tritetracocca, cordiformia v. reniformia, v. subglobosa, uni- v. rarius bi-trilocularia, bitrivalvia, plerumque uniformia, interdum in iisdem individuis biformia; alia bivalvia pulvere farinaceo, e granulis tetraedris glabris vel papilloso-spinulosis quaternatim cohaerentibus, foeta; alia tri-tetracocca, tri-quadrivalvia, corpusculis paucis subglobosis, vertice rhaphe tricruri notatis, foeta.

Lycopodiaceae super terram v. in arborum truncis, rarissime in saxis viventes, inter tropicos copiosissime crescunt, in hemisphaera boreali montium juga celsiora, et regiones frigidiusculas eligunt.

695. Psilotum *R. BR.* Sporocarpia sessilia, uniformia, bi-trilocularia, rima verticali incomplete bi-trivalvia, pulvere farinaceo foeta. — *Herbae perennes; inter tropicos utriusque orbis et in hemisphaerae australis regionibus temperatis saepissime epidendrae, caulibus simplicibus v. furcatis, foliis sparsis, interdum minimis, sterilibus indivisis, fructiferis bipartitis, sporocarpiis sub divisione folii insertis.*

Psilotum R. Brown. *prodr. 164.*

a) TMESIPTERIS *Bernh.* Caulis simplex, angulatus. Folia majuscula. Sporocarpia bilocularia, loculis bivalvibus.

Tmesipteris Bernh. *in Schrad. Journ. 1800. 131. t. 2. f. 5.* Schkuhr *t. 165. b.* Labill. *Nov. Holl. t. 252.*

b) PSILOTUM *Swartz.* Caulis dichotomus, compressus, subtriqueter. Folia minutissima, setiformia. Sporocarpia subglobosa, trilocularia, loculis incomplete bivalvibus.

Psilotum Swartz *in Schrad. Journ. 1800. II. 132. Synops. t. 4. f. 5.* Bischoff *crypt. t. 11. f. 13.* Bernhardia Willd. *Ibid. p. 109.* Hoffmannia Willd. *in Usteri Magaz. VI. 17.* Tristeca Palis. Lycopodium nudum Linn.

696. Lycopodium *LINN.* Sporocarpia unilocularia, uniformia v. biformia; farinifera subreniformia, bivalvia; globulifera subglobosa tri-quadriloba, tri-quadrivalvia. — *Herbae annuae v. plerumque perennes, interdum suffrutescentes, foliis nunc polystichis, omnibus similibus, nunc tristichis v. tetrastichis, lateralibus tunc majoribus; sporocarpiis globuliferis in paucissimis observatis, amentorum partem inferiorem occupantibus.*

Lycopodium Linn. *gen. n. 1185.* Bischoff *crypt. II. t. 10—12.* Hook. et Grev. *Miscell. II. 363. ss.* Mart. *pl. crypt. Bras. 37.*

a) SELAGO *Hook. et Grev.* Sporocarpia indistincte axillaria. Folia polysticha, omnia conformia.

Selago Hook. et Grev. *Misc. l. c.* — Lycopodium Brongn. *in Dict. class. IX. 557.* Huperzia Bernh. Plananthus Palis. *in Annal. soc. Linn. Paris. VI. 180.* (E. B. *t. 233.* Hook. et Grev. *ic. Fil. t. 37. 38. 49. 50. 131. 244.*)

b) LEPIDOTIS *Palis.* Sporocarpia intra bracteas spicatas libera, v. bracteis aut axi adnata. Folia polysticha, omnia conformia.

Lepidotis Palis. *l. c.* Chamaeclinis Mart. *catalog. hort. monac. 1829. p. 3.* (E. B. *t. 224. 239. 1148. 1727.* Labill. *Nov. Holl. t. 251. Nov. Caled. t. 15.* Schlecht. *adumbr. t. 3. 4.* Bory *ad Duperr. t. 26.* Gaudich. *ad Freyc. t. 22. 23.* Hook. et Grev. *ic. Filic. t. 100. 112. 113. 181. 185. 212.*)

c) STACHYGYNANDRUM *Brongn.* Sporangia intra bracteas spicatas libera. Folia oligosticha, minora stipuliformia.

Stachygynandrum Brongn. *l. c.* Hook. et Grev. *l. c.* Stachygynandrum, Diplostachium. Selaginella et Gymnogynum Palis. *l. c.* (Jacq. *Fl. austr. t. 196.* Bory *ad Duperr. t. 25.* Hook. et Grev. *ic. t. 39. 177. 200.*)

LYCOPODIACEAE FOSSILES.

697. Lycopodites *BRONGN.* Rami pinnati, continui, foliis polystichis v. distichis seriebus oppositis, cicatrices vix distinctas relinquentibus. — *In terra lithanthracum.*

Lycopodites Brongn. *prodr. 83.* Lycopodiolithes Schloth. *Petref. t. 22. f. 3.* Walchia Sternb. *Tent. 22.*

698. Selaginites *BRONGN.* Caules dichotomi, foliis polystichis, imbricatis, basi dilatatis, cicatrices vix distinctas relinquentibus. — *In terra lithanthracum.*

Selaginites Brongn. *prodr. 84.*

Ordo XXXVII. Lepidodendreae.

Trunci fossiles, in lithanthracum fodinis obvii, saepe gigantei, repetito dichotomi, areolis convexiusculis, rhomboideis, spiraliter dispositis, sulcis reticulatim interstinctis obsiti. Areolae prope extremitatem superiorem folii cicatrice transversa notati, medio linea longitudinali, plus minus elevata e cicatrice decurrente; nonnuli (vetustiores ut videtur) ramulorum adventitiorum distichorum cicatrices orbiculares monstrantes. Ramuli adventitii strobiliformes abbreviati, foliis dense imbricatis tecti, extremitatibus dichotomiarum saepius incrassatis, confertius foliosis, conformes.

Coni cylindracei, plerumque elongati, e squamis rhomboideis, stipitatis, axi lignoso perpendiculariter insertis et deorsum imbricatis compositi; squamarum stipitibus inverse pyramidatis, utroque margine in alam membranaceam productis, disco planiusculo excavato, corpore molliori, cavitati conformi, ejusdem basi affixo farcto.

Sporangia obcordata, acuminata, dorso convexa, facie plana, binatim faciebus sibi invicem applicata, tandem separata.

Lepidodendrearum nomine colligimus hoc loco diversas plantarum partes fossiles, separatim semper adhucdum repertas, unde nexus earum dubius est. Trunci Lycopodiaceis, strobi Coniferarum strobilis omnino comparandi. Strobos Lepidostrobi nomine descriptos, unico excepto, fortassis et ipso Cycadeaceis accensendo, ramos adventitios, Lycopodiorum gemmis prolificis comparandos, et truncorum crassiorum cicatricibus orbicularibus respondere, credimus.

699. Lepidodendron *BRONGN.* Trunci dichotomi, apice incrassato foliis linearibus lanceolatisve obsiti, cicatricibus foliorum rhomboideis orbiculatisve tecti.

Lepidodendron Brongn. *prodr. 58.*

a) LEPIDODENDRON. Trunci dichotomi, cicatricibus rhomboideis.

Lepidodendron Sternb. *Tent. t. 1—3. 6. 8. 53.* Lindl. *foss. fl. t. 4. 7. 8. 9. 12. 19 — 98. 99. 112. 113. 118. 161.* Sagenaria Brongn. *classif. t. 4. f. 1.*

b) LEPIDOFLOYOS *Sternb.* Trunci dichotomi, cicatricibus orbiculatis.

Lepidofloyos Sternb. *Tent. t. 13. t. 2. f. 2—4.*

700. Lepidophyllum *BRONGN.* Folia sessilia, simplicia, integerrima, lanceolata v. linearia, uni-trinervia.

Lepidophyllum Brongn. *prodr. 87.* Lindl. *foss. fl. t. 7. 152.* Poacites Brongn. *classif. t. 3. f. 2.* Glossopteridis sp. Brongn. *l. c. t. 2. f. 4.*

701. Ulodendron *RHOD.* Trunci simplices (?) foliorum cicatricibus rhomboideis tecti, ramos distichos, strobiliformes, foliis dense imbricatis tectos, deciduos proferentes.

Ulodendron Rhode *Beitr. t. 3. f. 1.* Lindl. *foss. fl. t. 5. 6.* Lepidostrobus Lindl. *op. cit. t. 10. 11. 26. 162. 163.* non Brongn.

702. Lepidostrobus *BRONGN.* Strobi cylindrici, e squamis rhomboideis stipitatis, axi lignoso perpendiculariter insertis, stipite inverse pyramidato, membranaceo-alato, disco planiusculo, excavato.

Lepidostrobus Brongn. *prodr. 87.* (Parkins. *org. rem. I. t. 9. f. 1.*)

703. Cardiocarpon *BRONGN.* Capsulae lenticulares, compressae, obcordatae v. reniformes, acuminatae.

Cardiocarpon Brongn. *prodr. 87.* — ? Lindl. *foss. fl. t. 76.*

Classis IX. Zamiae.

Truncus arboreus, medulla cylindro lignoso cincta farctus. Folia vernatione circinnata. Organa utriusque sexus distincta. Antherae apertae. Ovula nuda. Embryo perfectus, albuminosus.

Ordo XXXVIII. Cycadeaceae.

CYCADEAE L. C. Richard *in Pers. synops. II. 630.* — *De Coniferis et Cycadeis. Paris 1826. p. 172.* R. Brown *prodr. 346. Append. to Capt. King's Voyage 549.* Brongniart *in Annal. sc. nat. XVI. 589.* H. Mohl, *in Denkschr. der Münchner Academ. 1832. X. p. 399—442.* Bartl. *ord. nat. 93.* CYCADACEAE Lindl. *introduct. edit. 2. p. 312.*

Arbores v. arbusculae, habitu Palmas aemulantes. Truncus cylindricus, erectus, simplicissimus, interdum elatus, nonnunquam abbreviatus, subglobosus, extus frondium delapsarum cicatricibus brevibus, latis, squamosus; e corpore medullari amplo, et e cylindro lignoso annulari illud vaginante compositus. Cylinder lignosus e stratis duobus concentricis, ligneo interiori, et libro exteriori constans, strato ligneo radiis medullaribus percurso, e meris vasis spiralibus et scalariformibus conflato; fasciculis sensim extrorsum deflectentibus, cum fasciculis libri (e cellulis brevibus dissepimentis horizontalibus sibim et impositis conflati), intra corticem sursum sese insinuantibus, tandemque in ramulos plurimos fissis, petiolos intrantibus. Frondes apicem trunci coronantes, pinnatisectae, segmentis integerrimis vel dentatis, coriaceis, nervosis, aveniis, basi interdum calloso-constrictis, alternis oppositisve, vernatione circinnatim involutis, saepe hirsutis.

Flores dioeci, nudi, organis utriusque sexus apertis, in strobilos vel conos terminales collectis.

Flores masculi. Folia pollinifera (*antherae*) juxta rhachim communem perpendiculariter inserta, patentia, plana, nervo medio (*connectivo*) rarissime subobsoleto, saepe in stipitem attenuato percursa, apice incrassato inflexo, v. dilatato et reflexo, interdum peltiformia, facie inferiore nunc juxta totam longitudinem, nunc solo apice pollen secernentia, polline saepius a nervo medio quasi in strata duo segregato. Pollinis granula subglobosa, binatim quaternatimve cohaerentia, sulco longitudinali hiantia.

Flores feminei. Folia ovulifera (carpidia) aperta; nunc plana, in formam coni sessilis laxiuscule imbricata, crenata, crenaturis ovula solitaria foventia; nunc juxta rhachim communem collecta, strobilum, saepissime pedunculatum, formantia; singula peltatim stipitata, disco subtus utrinque ovulo unico foeto; ovulis a stipite (*dissepimento*) sejunctis. Ovula orthotropa, lata basi sessilia, erecta v. inversa, nuda vel carpidio circa circum protuberante quasi cupulae immersa, apice attenuato pervia.

Fructus carpidiis laxe patentibus coniformis, v. strobiliformis, carpidiis discretis v. interdum subcohaerentibus syncarpium mentiens.

Seminum testa ossea, epidermide tenuiter carnosa vestita v. carpidii protuberantia fungosa (arillo) excipulaeformi excepta, erecta, v. inversa. Chalaza basilaris lata, fungosa, hilus orbicularis huic e diametro oppositus, saepius impressus, foraminibus pluribus, in cavitates steriles, materia resinosa repletas ducentibus, v. pluribus interdum fecundis exsculptus. Albumen carnosum, duriusculum.

Embryo orthotropus, axilis, albuminis longitudine; radicula in funiculum longissimum, subspiralem, complicatum desinens; cotyledones duae, inaequales, apice inter se connatae, basi subdistinctae, germinatione hypogeae, plumulam conicam includentes.

Cycadeacae in tropicis utriusque orbis, in Africae australis regione subtropica, et in Nova Hollandia extratropica provenientes, vegetatione terminali cum organis utriusque sexus distinctis nudis, et embryone albuminoso dicotyledoneo, saepius multiplici, cum vernatione foliorum circinnata conjuncto, a reliquis plantarum ordinibus distinctissimae, hinc Filicibus conterminae, illinc Acramphibryis gymnospermis (*Coniferis*) affines, nobis sectiones systematis primarias e vegetationis modo ordinantibus, aptissime hoc loco collocantur, ita ut Zamiae quasi in ipso Acrobryarum fastigio positae, Coniferis, tum trunci tum fructus structura analogis, sed vegetationis modo diversissimis, in ipso Acramphibryarum limine constitutis, respondeant.

Plantarum exuviae in terrae stratis secundariis sepultae, ad Cycadeaceas ab auctoribus relatae, magnopere nobis dubiae sunt.

704. Cycas *LINN.* Flores masculi: Antherae apertae, in strobilum terminalem sessilem collectae, undique rhachi communi insertae, singulae oblongo-cuneatae, apice sursum flexo, facie inferiore polliniferae, connectivo plus minus obliterato. Flores feminei: Carpidia plurima, monophylla, aperta, in conum terminalem laxiuscule imbricata, singula elongato-spathulata, plana, crenata, ovulis in crenaturis solitariis, sessilibus, erectis. Fructus e carpidiis patentiusculis v. reflexis. Semina subglobosa, testa ossea, epidermide carnosula cincta. Embryo saepius multiplex, in axi albuminis carnosi inversus, radicula supera. — *Arbores v. arbusculae, in tropicis Asiae, Novae Hollandiae et Oceaniae viventes, frondibus pinnatis, pinnis subdecurrentibus uninerviis.*

Cycas Linn. *gen. n.* 1222. *Praelect.* 55. Juss. *gen.* 16. Smith *in Transact. Linn. soc. VI.* 312. *t.* 29. Thouar's *Pl. il. austr. d'Afr.* 1. *t.* 1. R. Brown *prodr.* 347. Ferd. Bauer *Illustr. pl. Nov. Holl. t.* 382—386. *inedit.* Richard *Conif. et Cycad. p.* 197. *t.* 24—26. Gaudich. *in voy. Freyc. p.* 432—441. Hook. *in bot. Mag. t.* 2963. 2964. — Olus calappoides Rumph *Amb.* 1. 86. *t.* 20—24. Todda panna Rheed. *Malab. III.* 9. *t.* 13—21.

705. Encephalartos *LEHM.* Flores masculi: Antherae apertae, in strobilum terminalem pedunculatum collectae, undique rhachi communi insertae, singulae oblongo-cuneatae, apice incrassato obtusae v. acuminatae, acumine sursum flexo, connectivo plus minus distincto. Flores feminei: Carpidia plurima monophylla, aperta, in strobilos terminales pedunculatos collecta, rhachi communi undique inserta, singula basi in stipitem attenuata, apice in peltam rhomboideam dilatata, pelta subtus utrinque ovulo unico, inverso, foeta. Fructus syncarpium, e carpidiis laxiuscule coalitis. Semina ovoidea, testa ossea, saepius carpidii processu fungoso cupulatim excepta. Embryo inversus, in axi albuminis carnosi, radicula respectu rhacheos communis centripeta. — *Arbores, interdum giganteae, in Africa australi subtropica (regione Caffrorum) et in Nova Hollandia extratropica obviae, frondibus pinnatis, pinnis lata basi sessilibus, multinerviis, apice saepius spinoso-denticulatis. — Genus, praeter levioris momenti characteres, floribus masculis Cycadis cum floribus femineis Zamiae combinatis, optime distinctum.*

Encephalartos Lehmann *pugill. VI.* 3. *t.* 1—3. Zamiae sp. Linn. Jacq. *fragm. t.* 25—31. R. Brown *prodr.* 348. Ferd. Bauer *illustr. pl. Nov. Holl. t.* 387—391. *inedit. Bot. Mag. t.* 2006.

706. Zamia *LINN.* Flores masculi: Antherae apertae, in strobilos terminales, pedunculatos collectae, undique rhachi communi insertae, singulae ovoideae, basi in stipitem attenuatae, apice incrassato peltiformi subbilobae, lobis subtus polliniferis. Flores feminei: Carpidia plurima, monophylla, aperta, in strobilos terminales pedunculatos collecta, rhachi communi undique inserta, singula basi in stipitem attenuata, apice in peltam hexagonam dilatata, pelta subtus utrinque ovulo unico, inverso, foeta. Fructus e carpidiis subdiscretis. Semina ovoideo-subglobosa, testa ossea, epidermide tenuiter carnosa cincta. Embryo inversus, in axi albuminis carnosi, radicula respectu rhacheos communis centripeta. — *Arbusculae in America tropica, imprimis in In-*

diae occidentalis insulis obviae, frondibus pinnatis, pinnis basi calloso-constrictis, multinerviis, nervis simplicibus, indivisis.

Zamia Linn. *gen. n. 1227. excl. sp.* Richard *Conif. et Cycad. 198. t. 27. 28.* Jacq. *ic. rar. t. 633. 636. Hort. Schönbr. t. 397. 398. Bot. Mag. t. 1741. 1838. 1851.* Lehm. *pugill. VI. 3.* Arthrozamia Reichenb. *consp. n. 751.*

CYCADEACEAE FOSSILES.

707. Zamiostrobus. Strobus subcylindricus, utrinque obtusiusculus, e carpidiis rhachi communi spiraliter insertis, apertis, singulis oblongo spathulatis, apice incrassato inflexis, imbricatis, facie superiore infra medium semine unico, inverso, foetis. — *Strobilus in Anglia effossus, generi exstincto inter Encephalartum et Zamiam intermedio adscribendus videtur, carpidiis monospermis, ferme ad modum foliorum in Cycade et Encephalarto polliniferorum conformatis, admodum insignis.*

Zamia macrocephala Henslow *in Lindl. foss. fl. t. 125.*

708. Palaeozamia. Frondes pinnatae, pinnis approximatis sessilibus, basi subconstrictis callosis, apice acutis denticulatis, nervis parallelis v. subdivergentibus. — *Terra jurassica, jurassica schistoidea, et oolithica inferior.*

Zamiae fossiles Brongn. *prodr. 94.* Lindl. *foss. fl. t. 175.* Polypodiolithes pectiniformis Sternb. *Fl. protog. 44. t. 33. f. 1.*

709. Zamites *BRONGN.* Frondes pinnatae, pinnis approximatis, subimbricatis, basi auriculatis cordatisve, apice acutis, nervis divergentibus arcuatis, interdum bifurcatis. — *Terra oolithica et τοῦ Lias.*

Zamites Brongn. *prodr. 94.* Filicites Brongn. *in Annal. sc. nat. IV. 222. t. 19. f. 3—6.* Zamia Lindl. *foss. fl. t. 165.*

710. Pterophyllum *BRONGN.* Frondes pinnatae, pinnis basi tota latitudine insertis, apice truncatis, nervis parallelis. — *Terra oolithica inferior.*

Pterophyllum Brongn. *prodr. 94. Annal. sc. nat. IV. 219. t. 12. f. 6—8.* Lindl. *foss. fl. t. 66. 67. 102.* Algacites filicoides Schloth. *Nachtr. p. 46. t. 4. f. 2.* Osmundites pectinatus Jäger *Pflanzenverst. v. Stuttg. p. 29. t. 7.*

711. Nilsonia *BRONGN.* Frondes pinnatae, pinnis approximatis, basi tota latitudine insertis, apice rotundatis, nervis parallelis, nonnullis validioribus. — *Terra τοῦ Lias.*

Nilsonia Brongn. *prodr. 95. Annal. sc. nat. IV. 218. t. 12. f. 3. 4.*

712. Cycadites *BRONGN.* Frondes pinnatae, pinnis distantibus linearibus, basi tota latitudine sessilibus, apice acutis, uninerviis. — *Creta inferior.*

Cycadites Brongn. *prodr. 93.* (Nilson *in Act. Academ. Holm. 1824. I. 147. t. 2. f. 4—6.*)

713. Mantellia *BRONGN.* Trunci cylindrici v. subsphaeroidei, axi indistincto, cicatricibus frondium rhomboideis, latis, brevibus, exsculpti. — *Terra calcarea portlandica et conchyliifera.*

Mantellia Brongn. *prodr. 96.* (? Lindl. *foss. fl. t. 143.*)

COHORS III. ACROBRYA. HYSTEROPHYTA.

Plantae in aliis stirpibus parasiticae, iisdem saepius implantatae, vasis imperfectis sparsis donatae. Folia nunquam viridia, stomatibus destituta. Genitalia utriusque sexus perfecta. Semina aëmbrya, polyspora.

Classis X. Rhizantheae.

RHIZANTHEAE Blum. *Fl. Jav. Rhizanth. p. 1.* Schott et Endl. *Melet. p. 10.* Lindl. *introduct. edit. II. 389.* Unger, *Beiträge zur Kenntniss der parasitischen Pflanzen, in Annal. des Wiener Museums. Vol. II. inedit.*

Plantae e contextu celluloso, fasciculis vasorum scalarariformium imperfectis, paucis, sparsis, saepius reticulatim connexis, vel deliquescentibus percurso, conflatae; aliarum stirpium partibus hypogaeis v. epigaeis adhaerentes v. iisdem implantatae, nunc acaules, nunc rhizomate repente, interdum etiam caudice erecto, simplici v. rarissime ramoso donatae. Folia squamaeformia, nunquam viridia, stomatibus vasisque orbata, saepius imbricata. Flores utriusque sexus perfecti, saepissime floribus imperfectis mixti, sexubus nunc a se invicem remotis, monoecis v. dioecis, nunc in eodem flore combinatis, et varie inter se connatis; altero tunc plerumque imperfecto. Perigonia plus minus perfecta, v. nulla aut rudimentaria. Semina nunc in ovarii interdum pluriloculearis, loculis solitaria, ex apice pendula, nunc in placentis parietalibus plurima; testa dura, nucleo e tela cellulosa, corpusculis sporidiiformibus scatente.

Ordo XXXIX. Balanophoreae.

BALANOPHOREAE L. C. Richard *in Mem. du Mus. VIII. 428.* Bartl. *ord. nat. 79.* Schott et Endl. *Melet. p. 10.* Mart. *nov. gen. et sp. III. 150.* Lindl. *introduct. edit. 2. p. 393.*

Herbae carnosae, rhizomate hypogaeo subgloboso vel repente, ramoso, aliarum plantarum radicibus adnatae, vel radiculis rhizomatis aliarum stirpium radicibus affixae. Stipites ex eodem rhizomate singuli, vel saepius plures, spatha abbreviato tubulosa, apice plurifida primum inclusi, tandem ima basi cincti, subcylindrici, erecti, simplicissimi aut rarissime apice ramosi, nunc toti floribus obsiti, nunc basi steriles, nudi v. squamis (foliis) dense imbricatis, aut plus minus dissitis vestiti.

Flores unisexuales, monoeci v. dioeci, conferti, masculi rarissime in apice stipitis ramosi subpaniculati, nunc in capitulo solitario stipitem terminante unisexuales, v. masculi femineis mixti, floribus abortivis et squamis peltatis interjectis primum velati; nunc in capitula plura sexubus discretis dispositi, capitulis dioecis v. monoecis, femineis tunc inferioribus, saepius bractea squamaeformi sustentis. Flores masculi sessiles v. subpedicellati, mono-tri-tetrandri. Perigonium in monandris squamaeforme, truncatum, antice rimula superficiali filamentum recipiente exsculptum, vel illud vaginatim ambiens, interdum squamulis pedicello diversa altitudine insertis, subverticillatis, quandoque elongatis stipatum; in tritetrandris tri-tetraphyllum, phyllis liberis, vel basi in tubum plus minus longum connatis, apice distinctis, aestivatione rarissime imbricatis, plerumque valvatis v. induplicatis. **Stamina** numero phyllorum perigonii, iisque opposita, in eleutherophyllis eorundem basi inserta, in gamophyllis tubo imposita. **Filamenta** plus minus longa, in monophyllis et eleutherophyllis discreta, saepius flaccida, in gamophyllis in tubum connata. **Antherae** basi fixae, in triphyllis eleutherandris uniloculares, vertice extrorsum rimula fissae, in monophyllis biloculares, loculis oppositis, subinaequalibus, juxta totam longitudinem apertis; in monadelphis extrorsae, dorso inter se connatae, biloculares, loculis appositis saepius inaequalibus, interdum septo secundario longitudinali bilocellatis, vertice vel juxta totam longitudinem dehiscentibus. **Pollen** subglobosum. **Ovarii** rudimentum in nonnullis intra tubum stamineum latitans.

Flores feminei sessiles v. brevissime stipitati. Ovaria plurima, saepissime paleis interstincta v. interdum contigua et inter se concrescentia, nunc omnino nuda, nunc cellulis parietis exterioris in annulum verticalem tumentibus quasi coronata, rarissime squamis aliquot unilateralibus superata; e carpidio unico v. saepius binis inter se connatis conflata, uni-bilocularia, loculo altero minore, tandem obliterato. **Ovula** in loculis solitaria, apici appensa.

Stylus in ovariis unilocularibus ex eiusdem vertice lateralis, filiformis; **stigmate** subcapitato terminatus caducus v. terminalis brevissimus, in **stigma** disciforme dilatatus persistens, in ovariis bilocularibus styli duo filiformes, e centro verticis erecti, stigmatibus capitatis, decidui.

Fructus coriacei, sicci, rarissime subbaccati, interdum plures inter se connati v. cohaerentes, uniloculares, monospermi. Semen pericarpii cavitati conforme, **testa** coriacea dura v. subossea, nucleo e tela cellulosa, massa sporacea farcta conglobato.

Balanophoreae inter **Rhizantheas** tum florum dispositione, tum habitu et ovarii conformatione distinctissimae, hinc Cytineis proximae, illinc **Aroideis** aliquatenus analogae, in **regionibus tropicis** utriusque orbis, in **Africa australi extratropica**, et in **regione mediterranea** parce hucdum observatae fuerunt.

Tribus I. SARCOPHYTEAE. **Receptacula** in eodem stipite plura, distincta. **Stamina** libera. **Ovarium** uniloculare.

714. Sarcophyte *SPARRM.* **Flores** dioeci: **Masculi** paniculati. **Perigonium** triphyllum, phyllis duobus inter se remotioribus aestivatione tertium amplectentibus. **Stamina** 3, phyllis opposita; **filamenta** libera; **antherae** uniloculares, circumscisse dehiscentes. **Flores feminei**: capitula plurima globosa, subpaniculata. **Perigonium** nullum. **Ovaria** receptaculo subglobosa imposita, inter se concrescentia, unilocularia. **Stylus** terminalis, brevissimus, **stigmate** discoideo-peltato, persistente. **Syncarpium** globosum, subbaccatum. — *Herba fungoso-carnosa, olida, in* ***Capite bonae spei*** *basi carnosa* ***Mimosarum*** *radicibus adhaerens, stipitibus dodrantalibus, basi squamis imbricatis cinctis, bracteis squamaeformibus ramos ramulosque paniculae subtendentibus.*

Sarcophyte Sparrm. *in Act. Holm. XXXVII. 300. t. 7.* Endl. *dissert. inedit.* Ichthyosma Schlechtend. *in Linnaea II. 671. t. 8.*

OBSERVATIO. Sarcophyte, cujus specimina plurima floribus utriusque sexus, et fructibus onusta, benevolentia cl. virorum Lehmanni et Eckionii examini subjicere licuit, genus in ordine nonnihil anomalum, tum perigonii masculi structura, tum styli et stigmatis conformatione, imprimis vero antherarum natura, quae e tubulis plurimis cylindricis polliniferis, filamenti apici continuis, partim inter se conjunctis et membrana communi, primum rimula laterali fissa, mox basi circumscissa, velatis, componuntur; qua quidem fabrica aliqua cum antheris Rafflesiacearum analogia indicatur. Stamina Sarcophytes singula typice pro totidem capitulis masculis, perigonii phylla pro bracteis haberi possent. Nuclei natura eadem quae in reliquis generibus.

Tribus II. LOPHOPHYTEAE. Schott et Endl. *Melet p. 11.* **Receptacula** in eodem stipite plurima. **Stamina** libera. **Ovaria** bilocularia.

715. Lophophytum *SCHOTT et ENDL.* **Flores monoeci**: **Masculi** in capitulis in superiore stipitis parte sessilibus glomerati. **Perigonium** squamula carnosa, antice canaliculata. **Stamen** e canaliculo squamulae perigonialis emergens; **filamentum** flaccidum; **antherae** oblongae, biloculares, loculi oppositi, inaequaliter affixi, rima longitudinali dehiscentes. **Flores feminei** in capitulis hemisphaericis, ad basim stipitis sessilibus. **Perigonium** nullum. **Ovaria** plurima; receptaculo discoideo (?) imposita, bilocularia, vertice nuda. **Styli** duo, filiformes, **stigmatibus** capitatis. — *Herba carnosa, sesquipedalis, in* ***Brasilia tropica*** *matrice fungosa arborum radicibus adnata, stipite simplicissimo, e basi bipollicari sensim attenuato, basi squamis opposite imbricatis vestito, capitulis femineis bracteatis.* — *Genus imperfecte cognitum, ex icone descriptum; an sequenti jungendum?*

Lophophytum Schott et Endl. *melet. 1. t. 1.*

716. Ombrophytum *POEPP.* **Flores monoeci**: Masculi in receptaculis superiorem stipitis partem tegentibus, obcunicis, vertice truncato-dilatato nudis, sessiles. **Perigonium** squamulae carnosae, canaliculatae, inter se connatae. **Stamina** e rimulis squamularum perigonialium emergentia; **filamenta** flaccida; **antherae** oblongae biloculares loculi oppositi, rimula verticali brevi dehiscentes. **Flores feminei** in receptaculis masculifloris conformibus, inferiorem stipitis partem tegentibus. **Perigonium** nullum. **Ovaria** plurima, in receptaculo sessilia, bilocularia, vertice nuda. Styli duo filiformes, stigmatibus capitatis. — *Herba carnosa, assata in modum Fungorum edulis, in sylvis* ***Andinis Peruviae*** *sub primis anni imbribus repente emergens, rhizomate scatuto aliarum stirpium radicibus affixa, stipite pedali* *crassiusculo, basi involucro carioceo-lignoso amplo cyathiformi, apice bi-trifido; volvae instar cincto, receptaculis floriferis, immixtis receptaculis aliis abortivis tandem subsuberosis, tecto, apice sterili truncato dilatato viscosis. — Genus a praecedente praeter staminum dehiscentiam, etiam receptaculorum forma, et involucri stipitem ambientis conformatione differre videtur.*

Ombrophytum Pöppig *in Leipz. Literaturzeit. 1833. p. 1874. Nov. gen. et sp. Vol. II. inedit.*

Tribus III. CYNOMORIEAE Schott et Endl. *melet. p. 11.* Receptaculum solitarium stipitem terminans. Stamina libera v. symphysandra. Ovarium uniloculare.

717. Cynomorium *MICHEL.* Flores masculi in eodem capitulo femineis mixti, paleis numerosis cincti, squamis peltatis mixti. Masculi subsessiles. Perigonium monophyllum, obconico-truncatum, filamenti basim amplectens. Stamen unicum; filamentum filiforme basi a perigonio vaginatum, eique partim adnatum; antherae extrorsae bilocularis loculi oppositi, rima longitudinali dehiscentes. Feminei: Perigonii loco paleae aliquot, Ovarii brevissime pedicellati unilocularis, verticem diversa altitudine uno latere coronantes. Stylus e vertice ovarii lateralis, filiformis, stigmate subcapitato. — *Herba carnosa, coccinea, pedalis, in regione mediterranea tuberibus globosis fruticum littorearum radicibus irradicata, stipite subclavato basi squamis contiguis tecto, floribus paleisque densissime confertis obsesso, floribus inferioribus plerumque abortivis.*

Cynomorium Micheli *gen. 17. t. 12.* Richard *in Mem. Mus. VIII. 420. t. 21.* Fungus typhoides melitensis Boccone *ic. pl. rar. 80. t. 43. Mem. Fisic. 69. t. 1.*

718. Balanophora *FORST.* Flores monoeci, in eodem capitulo, masculi inferiores (?) pauci, feminei superiores plurimi. Masculi pedicellati (?) Perigonium (?) tri-quadrifidum, caducum (?) Stamina plura, symphysandra, antherae extrorsae connatae, rimis longitudinalibus dehiscentes. Feminei circa receptacula glandulaeformia glomerati. Perigonium nullum. Ovaria ovoidea, unilocularia. Stylus terminalis (?) setaceus. — *Plantae carnosae fungoideae, tuberibus carnosis Ficuum radicibus in insulis Asiae tropicae irradicatae, stipite brevi cylindrico basi squamis pareis tecto, parte inferiore sterili, superiore florifero.*

Balanophora Forst. *char. gen. 50. et in Rich. Mem. Mus. VIII. 424.* Blum. *enum. pl. Jav. I. 87. pro part.*

OBSERVATIO. Generis imperfectissime cogniti, et a nobis non visi characterem ad species monoicas, prototypam tannensem a Forstero descriptam, et alteram javanicam a cl. Blumeo indicatam, restrictum, e citatorum auctorum libris exstruximus. Species dioicae ad Cynopsolen nostram pertinere videntur.

Tribus IV. HELOSIEAE. Receptacula solitaria stipites terminantia. Stamina symphysandra. Ovarium biloculare.

719. Cynopsole. Flores dioeci. Masculi sessiles, singuli bractea canaliculata excepti. Perigonium tubulosum, limbo quadrifido, laciniis subinaequalibus aestivatione imbricatis. Stamina 4, symphysandra; synema tubo adnatum et antherae connatae, extrorsae, biloculares, loculis subinaequalibus, longitudinaliter dehiscentibus. Ovarii rudimentum nullum. Flores feminei. . . . *Planta digitalis, carnosa, ex insulis Moluccis adlata, rhizomate tuberoso subglobo-so alienis radicibus innata, stipitibus ex eodem rhizomate pluribus, basi squamis imbricatis cinctis.*

— ? Balanophora elongata Blum. *enum. pl. Jav. I. 87.*

720. Scybalium *SCHOTT et ENDL.* Flores in distinctis stipitibus monoeci. Masculi sessiles, paleis copiosis immixtisque filis elongatis (*floribus femineis abortivis*) stipati. Perigonium tubulosum, limbo trifido, laciniis aestivatione subinduplicato-valvatis. Stamina 3, symphysandra; synema fauci perigonii adnatum; antherae connatae, extrorsae, biloculares, loculi aequales, apice rimula laterali dehiscentes, rimulis loculorum contiguorum diversarum antherarum confluentibus. Ovarii rudimentum receptaculi substantiae intra perigonii tubum semiimmersum. Flores feminei paleis numerosis stipati, filis nullis. Ovaria sessilia, truncata, limbo brevissimo homogeneo coronata, bilocularia. Styli duo terminales, stigmatibus capitatis. *Herbae palmares v. digitales, stipite obconico et disco florifero deplanato Fungum pileatum referentes, rhizomate tuberoso in Americae tropicae sylvis alienis radicibus implantatae, stipitibus ex eodem tubere saepius pluribus, feminifloris interdum masculum ambientibus, squamis imbricatis obsessis, disco florifero plano lato, squamis dimidiato rhomboideis excentrice subpeltatis, mox dejectis, primum velato.*

Scybalium Schott et Endl. *melet. 3. t. 2.* Cynomorii sp. Swartz.

721. Helosis *RICH.* Flores monoeci, in eodem receptaculo masculi femineis (praecocioribus) mixti, paleis plurimis stipati, squamis subrotundis peltatis (claviformibus) primum velati. Masculi: sessiles. Perigonium tubulosum, limbo trifido, laciniis per aestivationem valvatis. Stamina 3, symphysandra; synema fauci perigonii adnatum; antherae connatae extrorsae, biloculares, loculi aequales, apice rimula laterali dehiscentes, rimulis loculorum contiguorum diversarum antherarum confluentibus. Ovarii rudimentum receptaculi substantiae intra perigonii tubum semiimmersum. Flores feminei brevissime pedicellati. Ovaria truncata, limbo brevissimo homogeneo coronata, bi-trilocularia. Styli duo v tres, terminales, stigmatibus capitatis. — *Herbae carnosae, per omnem Americam tropicum observatae, e rhizomate repente ramoso, alienis radicibus adhaerente, stipites plures basi involucro brevissimo subtrifido cinctos, cylindricos, nudos, capitulo ovato-subgloboso terminatos exserentes; flores primum squamis subrotundo peltatis receptaculum dense obsidentibus velati, mox iisdem dejectis primum feminei stylos exserentes, tandem masculi sub ovariorum grossificatione emergentes.*

Helosis Richard *in Mem. Mus. VII. 416. t. 20.* Schott et Endl. *Melet. p. 21.* Martius *Nov. gen. et sp. III. 184. t. 300.* Caldasia Mutis *Semin. Nov. Granad. 1810.* Cynomorii sp. *Flor. mex. ic. inedit.*

722. Langsdorfia *MART.* Flores in distinctis stipitibus mono-dioeci (?) Masculi inter paleas clavatas, basi complanata in modum favi nexas sessiles. Perigonium tubulosum, tubo filiformi, limbo trifido, laciniis aestivatione induplicato-valvatis. Stamina 3, symphysandra; synema fauci perigonii adnatum (*brevissimum*); antherae connatae, extrorsae, biloculares, loculi aequales, juxta totam longitudinem dehiscentes. Ovarii rudimentum (?) Flores feminei (*in diversis stipitibus*) imperfecti, densissime constipati, setiformes, basi subconnati, medio et apice bulloso-granulosi; perfecti . . . . . . —

Herbae brasilienses, carnosae, e rhizomate hypogaeo crassiusculo, repente, subramoso, radiculis filiformibus alienis radicibus affixo, stipites digitales squamis imbricatis obsessos exserentes, receptaculis floriferis subcylindricis v. depressiusculis, esquamatis; floribus femineis perfectis nondum repertis.

Langsdorfia Martius *in Eschweges Journ. von Brasil. II. 179. Nov. gen. et sp. III. 181. t. 299.* Richard *in Mem. Mus. VIII. 412. t. 19.* Schott et Endl. *melet. p. 12.* Pöppig et Endl. *Nov. gen. et sp. Vol. II. inedit.*

Ordo XL. Cytineae.

CYTINEAE Brongn. *in Annal. sc. nat. I. 29.* Bartl. *ord. nat. 80.* Schott et Endl. *melet. 13.* CYTINACEAE Lindl. *introduct. ed. II. 392.* PISTIACEARUM pars Agardh *Aphorism. 240.* ARISTOLOCHIARUM pars Juss., Link, E. Meyer.

Herbae carnosae, in aliarum stirpium radicibus parasiticae; nunc acaules monanthae, e solo floro compositae, nunc stipite bracteis squamaeformibus dense imbricatis obsesso donatae, in axillis bractearum floriferae.

Flores typice hermaphroditi, in genere acauli organa utriusque sexus in eodem flore perfecta, in stipitatis inferiores antherarum abortu feminei, superiores ovario efoeto masculi, singuli basi bi-tribracteolati.

Perigonium tubuloso-campanulatum, limbo tri-quadri-sexlobo, lobis aestivatione imbricatis v. induplicato-valvatis, intus nonnunquam lobulo auctis.

Stamina symphysandra, simplici v. duplo loborum perigonii numero, iisque dum numero aequalia opposita; synema perigonii tubo vel fauci impositum, nunc tubi parieti adnatum, nunc liberum cum ovario efoeto connatum, stylorum rudimentis superatum; antherae extrorsae, biloculares vel multiloculares, loculi oppositi, aequales recti, vel inaequales subflexuosi, longitudinaliter dehiscentes.

Ovarium imo perigonii tubo innatum, uniloculare, placentis parietalibus plurimis membranaceis, interdum subseptiformibus, utraque facie multiovulatis, ovulis sessilibus.

Stylus terminalis, nunc simplex brevissimus, liber, stigmate lato discoideo terminatus; nunc styli plures inter se connati, apicibus stigmatoideis subdistinctis.

Fructus baccatus v. subcoriaceus, unilocularis, intus pulposus.

Semina plurima, in pulpa nidulantia, testa coriacea dura, nucleo e tela mere cellulosa conflato arcte adnata.

Cytineae in regione mediterranea et Africa australi extratropica hucdum observatae, a Rafflesiaceis, quibuscum olim conjungendae, vix nisi antherarum paullo diversa fabrica differunt.

723. Cytinus *LINN.* Flores monoeci, in apice caulis squamis imbricatis tecti, inferiores abortu feminei, superiores masculi, singuli in axilla bracteae, bracteolis stipati. Masculi: Perigonium tubulose campanulatum, limbo patente tri-quadri-sexlobo, lobis aestivatione imbricatis. Stamina symphysandra, duplo loborum perigonii numero; synema cylindricum ultra tubum exsertum, cum stylorum rudimentis connatum, extus membranis septiformibus perigonii lobis alternis cum ejusdem tubo cohaerens; antherae in capitulum stigmatum rudimentis superatum connatae, extrorsae, biloculares, loculi appositi, aequales, longitudinaliter dehiscentes. Flores feminei: Perigonium maris, epigynum. Ovarium inferum, uniloculare, placentis parietalibus octo, multiovulatis. Styli in cylindrum, membranis septiformibus perianthii tubo adhaerentem, stigmate subgloboso terminatum, connati. Bacca mollis, pulposa. — *Herbae palmares vel digitales, in regione mediterranea Cistorum, in regione capensi et insula Bourbon aliarum stirpium radicibus adhaerentes, stipite simplici subclavato, squamis imbricatis tecto, floribus axillaribus sessilibus bi-tribracteolatis.*

Cytinus Linn. *gen. n. 1232.* Tratt. *thesaur. t. 29.* Hook. *exot. Fl. t. 153.* Brongn. *in Annal. sc. nat. I. 29. t. 4.* Hypocystis Tournef. *coroll. 46.* Asari sp. Linn. *sp. 633.* —? Phelypaea Thunb. *nov. pl. gen. V. 91.* Hypolepis Pers. *ench. II. 598.* (coll. Juss. *in Annal. Mus. XII. 439.*)

724. Hydnora *THUNB.* Flos hermaphroditus radicalis, solitarius. Perigonium tubulosum, tubo basi cum ovario connato, limbo trifido, laciniis intus ramentiferis, per aestivationem valvatim induplicatis, apice interdum inter se connatis, basi lobulo auctis. Stamina 3, perigonii lobis opposita; filamenta in annulum tubo adnatum concreta; antherae basi cohaerentes, apice discretae, multiloculares, loculi oppositi, paralleli, elongati, subinaequales, flexuosi, longitudinaliter dehiscentes. Ovarium perigonii tubo innatum, uniloculare, placentis parietalibus plurimis, primum septiformibus margine ovuliferis, mox parietibus dissolutis filorum instar e vertice cavitatis pendulis, multiovulatis. Stylus terminalis, brevissimus, stigmate late pulvinato. Bacca globosa, corticata, cortice ad basim circumscisso, semina plurima in pulpa nidulanta. — *Plantae fungiformes rhizomate repente, in radicibus Euphorbiarum capensium parasiticae.*

Hydnora Thunb. *in Act. Holm. 1775. p. 69. t. 2, 1777. p. 144. t. 4. f. 1.* E. Meyer *in N. A. N. C. XVI. 773. ss. t. 58. 59.* Aphyteia Linn. *Amoen. Academ. VIII. 310.*

OBSERVATIO. Singularis est placentarum in ovario grossificante fabrica, quas post cl. Meyerum filiformes et e vertice cavitatis sub stigmate suspensas vidi. Easdem in ovario virgineo parietales, versus centrum porrectas, cavitatem in loculos plurimos, subcompletos dispartientes observare licuit, septis tenuissime membranaceis, prope marginem utraque tamen facie ovulorum aliquot seriebus, versus apicem confertioribus, basi subdeliquescentibus onustas. Septorum portio sterilis parietibus ovarii contigua, mox destruitur, remanente substantia lacera spongiosa eorum originem indicante, pars vero ovulifera, basi ubi ovula sensim deliquescunt solvitur, quo fit ut placentae filorum instar e vertice pendeant.

Ordo XLI. Rafflesiaceae.

RAFFLESIACEAE Schott et Endl. *melet. p. 14.* Lindl. *introduct. edit. II. 392.*

Plantae e solo flore, minuto vel giganteo, aliarum stirpium radicibus epigaeis v. ramis innato, primum bracteis squamaeformibus velato, constantes.

Flores hermaphroditi, v. abortu unisexuales, interdum diclines. Perigonium globosum v. campanulatum, limbo quinquepartito, laciniis per aestivationem imbricatis v. induplicatis, fauce callis, interdum in annulum confluentibus obsessa; rarius tetraphyllum, phyllis ima basi coalitis, aestivatione imbricatis.

STAMINA symphysandra, synema subglobosum, hypocrateriforme vel columnare pileolatum, basi perigonii tubo adnatum v. ab eo distinctum.

ANTHERAE plurimae, distinctae, v. subconnatae, infra synematis verticem sessiles, horizontales, v. deorsum spectantes, uni-pluriseriatae, uni-biloculares, loculis appositis, poro apicis dehiscentibus, v. concentrice multiloculares, loculis ostiolo communi apertis.

OVARIUM inferum, cum perigonii tubo et synemate connatum, uniloculare.

PLACENTAE parietales plurimae, multiovulatae, ovula pendula. Styli plurimi, conici, inter se intra synema connati, apicibus exsertis, distinctis, synematis verticem obsidentibus. Stigma . . .

FRUCTUS bacca globosa, corticata, durissima, intus pulposa.

SEMINA plurima, in pulpa nidulantia. Testa ossea, areolata. Nucleus solidus, e cellulis immixtisque filis subgrumosis conflatus.

Rafflesiaceae florum mole et structura merito portenta naturae dictae, radicibus epigaeis Cissorum in archipelagi indici insulis innatae, nuper accessione generis paullo heterocliti, in America australi et tropica in Leguminosarum ramis parasitici locupletatae et illustratae fuerunt.

725. Frostia *BERT.* Flores dioeci. Masculi: Perigonium tetraphyllum, phyllis ima basi connatis, aestivatione imbricatis, intus glabris. Synema columnare, vertice pileolari papillosum. Antherae infra verticem sessiles, horizontales, triseriatae, contiguae, uniloculares, apice apertae. Ovarii rudimentum nullum. Flores feminei. . . — *Flores minimi bi-trilineares, e cortice ramulorum Adesmiae arboreae in Chili et Bauhiniarum Brasiliae prorumpentes, bracteis biseriatis, serie exteriori paulo demissius inserta, calycem simulante, perigonio glabro flavo-rubro vestiti.*

Frostia Bertero *Msc. Novemb. 1829. in Herb. Steud. n. 1005.* Pilostyles Guillem. *in Nouv. Annal. sc. nat. II. 21. t. 1.*

OBSERVATIO. FROSTIAM (cujus species duas, alteram prototypam a cl. Steudelio benevole concessam, alteram a b. Pohlio e Brasilia cum ramulis Bauhiniae cujusdam relatam, (Paradoxa bauhiniae folia Pohl *msc. in Herb. Mus. Vindob.*) examinavimus) plantam esse autonam, nec floris papilionacei degenerationem, quisquis plantam viderit concedet. Flores feminei, in utraque specie hucdum desiderati, dubia olim solvent. Ceterum APODANTHEM Poit. (*Annal. sc. nat. III. 421. t. 26. f. 1.*) cui „*Flores dioeci, „♂ ignoti, ♀ perigonium semiadhaerens, 4lobum, „lobis subrotundis coarctatis; squamae 4, epigynae, pe„taliformes, ovato-cordatae, basi appendiculatae, peri„gonii lobis alternae; Ovarium subglobosum, 1locu„lare. placentis parietalibus quatuor, multiovulatis „stylus brevis crassus subconicus; stigma incrassa„tum, truncatum, sub4lobum*" tribuuntur, nisi Frostiae florem femineum suspicari velis, Caseariae macrophyllae florem esse monstrosum, generis auctore ipso id nunc concedente, cl. Kunthio et Meyenio (Cfr. Raspail *in Bullet. sc. nat. IV. 358.* Meyen *in Wigm. Archiv. I. 197.* et Guillem. *in Nouv. Annal. sc. nat. IV. 223.*) facile largior.

726. Brugmansia *BLUM.* Flores hermaphroditi: Perigonium tubuloso-campanulatum, limbo quinquefido, lobis bi-trifidis, aestivatione valvatim induplicatis, corona faucis interrupta. Synema subglobosum, perigonii tubo adnatum, vertice stigmatoideo piloso, centro excavato impresso. Antherae infra verticem sessiles, subhorizontales, uniseriales, connatae, deplanatae, biloculares, loculi oppositi, singuli poro dehiscentes. Ovarium synematis et perigonii fundo innatum, uniloculare, placentis parietalibus plurimis, multiovulatis. Styli cum synemate et ejus vertice stigmatoideo confusi. — *Radicibus Cissorum in insula Java innascuntur flores pugni mole, primum bracteis sordide violaceis velati, mox pandentes perigonium exalbidum, intus ramentis hirtum.*

Brugmansia Blum. *Bijdr. II. 422. Flor. Jav. fasc. I. 17. t. 3—6.*

727. Rafflesia *R. BR.* Flores hermaphroditi v. abortu diclines. Perigonium tubulosum, limbo patente quinquefido, lobis integris, aestivatione imbricatis, corona faucis annulari, integerrima. Synema hypocrateriforme, perigonii tubo adnatum, vertice lato deplanato, marginibus subrevoluto. Antherae sub verticis margine revoluto sessiles, multiloculares, loculis concentricis, poro communi verticali apertis. Ovarium synematis et perigonii fundo innatum, uniloculare, placentis parietalibus plurimis, multiovulatis. Styli cum synemate connati, apicibus interdum exsertis, conicis, discum obsidentibus. — *Species plures, florum diametro tripollicari tripedalive, pariter in radicibus Cissorum in insulis Java et Summatra parasiticae, perigoniis primum bracteis sordide caerulescentibus velatis, Brassicae caput referunt, tandem perigonium pandunt intus ramentosum vel glabrum; colore carneo et odore cadaverino muscas, nuptiarum ministras alliciens.*

Rafflesia R. Brown *in Transact. Linn. soc. XIII. 207. t. 15—22.* Blum. *Fl. Jav. I. 9. t. 1—3.*

OBSERVATIO. Genus e Rhizanthearum caterva monente illustr. R. Brown sistere videtur planta africana tropica, parasitica, ab Isertio (*Reise nach Guinea p. 283*) commemorata, a nobis olim HAEMATOSTROBI nomine donatum.

SECTIO IV. AMPHIBRYA.

MONOCOTYLEDONES *Juss. gen. 21.* Desv. *in Mem. Inst. I. 478.* ENDORHIZEAE Richard *Analyse du fruit. 1808.* ENDOGENAE DC. *Theor. elem. 207.* CRYPTOCOTYLEDONEAE Agardh *Aphorism. 73.*

Caulis e contextu celluloso fasciculisque vasorum longitudinalibus, sparsis, compositus, cortice et canale medullari indistinctis, ambitu crescens. Folia stomatibus donata, saepissime cauli acreta, nec articulatim inserta, plerumque alterna, in paucis opposita v. verticillata, saepissime simplia integra v. integerrima, venis simplicibus parallelis v. rarissime reticulatim ramosis. Organa utriusque sexus perfecta, integumentis floralibus simplicibus, numero saepissime ternario dispositis, quandoque deficientibus. Embryo plerumque albumine inclusus v. suffultus, indivisus, hinc in rostellum (radiculam) radiculas exserentem, illinc in cotyledonem solitarium, gemmulam amplectentem desinens.

Classis XI. Glumaceae.

GLUMACEAE Bartl. *ord. nat.* 25.

HERBAE annuae et perennes, rarius suffrutices. Culmi simplices v. ramosi. Folia alterna, integerrima, basi vaginantia. FLORES in spiculas dispositi, bracteis imbricatis vestiti. PERIGONIUM nullum, nunc squamiforme v. setiforme. OVARIUM liberum, uniloculare, uniovulatum; ovulo erecto. CARYOPSIS. EMBRYO ad basim seminis, albumini farinaceo applicitus.

Ordo XLII. Gramineae.

GRAMINEAE Juss. *gen.* 28. R. Brown *prodr.* 168. *Gen. Rem. app. Flind. II.* 580. Palisot de Beauvois, *Essai d'une nouvelle Agrostographie. Paris*, 1812. 4to. Trinius, *Fundamenta Agrostographiae. Viennae*, 1820. 8vo. *Dissertatio de graminibus unifloris et sesquifloris Petrop.* 1824. 8. *Icones Graminum Petrop.* 1820. 15. 4to. 2. *Vol.* Raspail in *Annal. sc. nat. IV.* 271. 422. *V.* 287. 433. *VI.* 224. 384. *VII.* 335. Link *Hort. berol. edit. II.* 1827. Nees ab Esenbeck, *Agrostographia brasiliensis in Mart. Fl. bras. Stuttg.* 1829. 8vo. Kunth *Mem. du Mus. II.* 62. *ss. Revision des Graminees. Paris* 1830. *fol.* 2 *Vol.* — *Agrostographia synoptica. Stuttg.* 1833—35. 8vo. 2 *Vol.* — Petermann, *de flore gramineo dissertatio. Lips.* 1835. 8vo.

HERBAE plerumque humiles, annuae vel perennes, saepissime caespitosae, rarius sublignosae frutescentes v. arborescentes. Rhizoma nunc abbreviatum et in fibras solutum (*radix fibrosa*) vel repens, ex articulis radicantibus stolones emittens (*radix repens*). Caulis (*culmus*) cylindraceus, rarius compressus, fistulosus v. interdum farctus, articulatus, nodis annularibus tumidis, plerumque coloratis, rarissime (*in Molinia*) contractis, distinctus; simplex vel interdum ramosus, gemmae axillaris nudae foliolo primario tunc dorso suo caulem spectante. Folia e nodis orienda, distiche alterna; petiolus complanatus, caulem vaginatim ambiens, interdum in tubum connatus; stipula axillaris cum petiolo connata, nonnisi apice libera (*ligula*); lamina plerumque angusta, linearis, rarius oblongolanceolata v. ovata, parallelinervis; nervis rectis v. curvis, medio plerumque fortiori, margine integro, saepissime scabro.

FLORES hermaphroditi, interdum monoeci v. rarissime dioeci aut polygami, spicati; spiculae in apice caulis et ramorum paniculatae, racemosae v. spicatae, interdum rhachi incrassatae immersae, rarissime plures fasciculatim congestae v. inter se connatae, spatha propria exceptae.

CALYX et COROLLA nulla. FLOSCULI bracteis binis (*paleis*, *corolla* Linn. *calyce* Juss. *stragulo* Palis. *gumellae valvulis* Link) suboppositis, anticum et posticum ab axi latus spectantibus tecti; tres v. plures pedicello communi alternatim impositi, distichi, spiculam (*locustam* Palis.) uni-multifloram constituentes; flosculus superior v. inferior, rarius ambo cujusvis spiculae incompleti, infimus v. bini infimi vix non semper ad bracteam anticam redacti, (quo casu bracteae anticae tamquam communes spiculae spathae: *gluma* Juss. *calyx* Linn. *lepicena* Rich. *tegmen* Palis. *glumae valvae* Link audiunt), rarius plane obliterati.

PALEARUM (*vaginarum transformatarum*) antica uni-trinervis, saepissime carinata, dorso vel apice arista (*lamina folii superstite*) instructa vel mutica; postica paullo altius inserta, plerumque binervis et mutica, intus interdum ad basim utrinque squamula, (*ligulae bifidae vestigio*) auriculata, nonnunquam penitus evanescens.

SQUAMULAE hypogynae (*nectaria* Schreb. *corolla* Michel. *lodicula* Palis. *parapetala* Link) succulentae, irregulares, duae v. tres interdum inter se connatae, saepissime minimae v. penitus obliteratae.

STAMINA hypogyna, definita, v. rarius in floribus masculis indefinita, sex vel saepissime abortu pauciora, rarissime quatuor (in *Tetrarrhena et Microlaena*) plerumque tria, vel rarius duo aut unicum, in floribus hexandris circa ovarium verticillata, in triandris anticam ovarii faciem et ejus latera stipantia, anticum longius et praecocius, in floribus diandris obliteratum, lateralia in monandris suppressa. Filamenta filiformia libera, v. interdum basi connata. Antherae lineares, incumbentes, biloculares, loculi oppositi, utraque extremitate discreti, per totam longitudinem vel solo apice dehiscentes. Pollinis granula libera, subglobosa, laevia.

OVARIUM unicum, (duorum abortu constanti), uniloculare, liberum, uniovulatum; ovulum ovarii parieti posticae per totam longitudinem v. basi affixum, rarissime infra apicem suspensum. Styli duo, interdum basi connati, rarius tres, alterius nempe stigmate bifido v. umbone ovarium terminante in stigma converso. Stigmata unum ad tria, indivisa, plumosa v. hispidula, pilis simplicibus vel ramosis, saepe dentatis.

FRUCTUS caryopsis libera, vel paleis adnata. Pericarpium SEMINI adnatum, tenue, chartaceo-membranaceum, rarissime crustaceum. Hilus instar maculae basilaris vel lineae longitudinalis hinc pericarpium cum testa connectens. Albumen farinaceum copiosum.

EMBRYO albuminis lateri antico versus basin applicitus. Cotyledon (*vitellus* Gärtn. *hypoblastus* Rich.) scutelliformis, carnosus, extus sulco longitudinali exaratus, sulci marginibus interdum in tubulum connatis. Corculum (plumula et radicula, *blastus* Rich.)

fusiformi cylindraceum, cotyledonis sulco plus minusve receptum, interdum inclusum et adnatum, utraque extremitate vel solo apice liberum, nonnunquam antice versus medium appendice unguiformi (*epiblasto* Rich.) auctum; extremitas terminalis (plumula; *cotyledon* Rich.) conica, primum undique clausa, foliorum convolutorum primordia occultans, sub germinatione in vaginulam tubulosam, foliis erumpentibus apice fissam producta; extremitas basilaris (radicula; *radiculoda* Rich.) obtusata, in germinatione tubulis aliquot intus latentibus, in totidem radicellas excrescentibus perforata.

Gramina ubique terrarum sociatim vigent, laeta praebent pecudibus pascua et humano generi annonam. Regiones temperatae specierum nonnihil feraciores; ***Paniceae***, ***Chlorideae***, ***Sacchariineae***, ***Oryzeae***, ***Olyreae*** *et* ***Bambuseae*** in zona torrida, ***Bromeae***, ***Hordeaceae***, ***Agrostideae*** *et* ***Stipaceae*** majori copia in temperata vigent.

Tribus I. ORYZEAE. Kunth *gram.* 5. »Spiculae nunc uniflorae, glumis saepe »abortientibus; nunc bi-triflorae, floribus in»ferioribus unipaleaceis, neutris, terminali so»lo fertili. Paleae chartaceo-rigidae. — *Flo»res saepe diclines, plerumque hexandri.* — »*Phalarideis affines.*« *Kunth.*

728. Leersia *SOL.* Spiculae hermaphroditae uniflorae. Glumae 0. Paleae 2, compresso-carinatae, subaequilongae, inferior latior, muticae. Stamina 3—6 v. 1. Ovarium sessile. Styli 2; stigmata plumosa, pilis ramosis. Caryopsis compressa, paleis obtecta. — *Gramina in America tropica copiosa, in Europa rarissima, panicula simplici v. ramosa, spiculis racemosis, breviter pedicellatis subunilateralibus, cum pedicello articulatis, caryopsi cotyledoni contrarie compressa.*

Leersia Soland. *msc.* Swartz *Fl. Ind. occid. I. 119.* Host. *gram. I. t. 35.* Trin. *agrost. 113.* Nees *in Mart. Fl. Bras. II. 510.* Kunth *gram. 5. t. 1. 2.* *Agrost. 5.* Asprella Schreb. *gen. 105.* Palis. *agrost. 2. t. 4. f. 2.* Homalocenchrus Mieg *ex Pollich. palat. 56.* Phalaridis sp. Linn.

729. Oryza *LINN.* Spiculae hermaphroditae uniflorae. Glumae 2, parvae, concaviusculae. Paleae 2, compresso-carinatae subaequilongae, inferior latior, apice plerumque arista recta basi subarticulata. Squamae 2, glabrae. Stamina 6. Ovarium sessile. Styli 2; stigmata plumosa, pilis ramosis. Caryopsis compressa, paleis inclusa. — *Gramina tropica, foliis planis, paniculis ramosis, spiculis racemosis pedicellatis, compressis, hispidis, caryopsi cotyledoni contrarie compressa, paleis arcte inclusa, nec tamen adnata.*

Oryza Linn. *gen. n. 448.* Mill. *illustr. t. 19.* Lam. *t. 264.* Palis. *agrost. t. 7. f. 7.* Trin. *agrost. 197.* Nees *in Mart. Fl. Bras. II. 517.* Kunth *gram. 6. t. 4. 101.* *Agrost. 7.* — Maltebrunia Kunth *gram. 6. t. 3.* (solo aristae defectu differt.)

730. Potamophila *R. BR.* Spiculae polygamae, superiores nunc hermaphroditae uniflorae, v. biflorae, flore inferiore neutro unipaleaceo, nunc masculae; inferiores femineae, uni-biflorae, floribus sessilibus perfectis, staminibus effoetis. Glumae 2, parvae, concavae. Paleae 2, concavae, subaequales, inferior quinquenervis, superior trinervis saepe longior, muticae. Squamulae 2 glabrae. Stamina 6. Ovarium sessile. Styli 2; stigmata plumosa, pilis bifidis v. subdichotomis. Caryopsis compressiuscula libera. — *Gramen in Novae Hollandiae orientalis fluviis caespites densos efformans, culmis subramosis, foliis angustis subinvolutis, ligula longa lacera, panicula effusa erecta, spiculis pedicellatis, basi cum pedicello articulatis.*

Potamophila R. Brown *prodr. 211.* Kunth *gram. 6. t. 5.* *Agrost. 8.*

731. Hydrochloa *P. B.* Spiculae monoicae, femineae in eadem cum masculis panicula superiores; uniflorae. Masc. Glumae 0. Paleae 2 concavae, subaequilongae, inferior mucronata quinquenervis, superiorem trinervem involvens. Squamulae 2, glabrae. Stamina 6. Ovarii rudimentum. Fem. Glumae rudimentum cupuliforme, orbiculatum. Paleae 2, lineares, inferior in aristam longam desinens, trinervis, superiorem angustiorem uninervem involvens. Squamulae 2, glabrae. Staminum rudimenta. Caryopsis cylindrica, rostrata, paleis inclusa. — *Gramina aquatica boreali-americana, foliis planis, paniculae ramosae ramis inferioribus femineis, spiculis pedicellatis, racemosis.*

Hydrochloa Palis. *agrost. 169.* Hydropyrum Link *hort. berol. I. 252.* Kunth *gram. 7.* *Agrost. 9.* Melinum Link *Handb. I. 96.* Zizania aquatica Lamb. *in Transact. Linn. soc. VII. t. 13.*

732. Zizania *LINN.* Spiculae monoicae, femineae in eadem cum masculis panicula superiores; uniflorae. Masc. Glumae 2, minutissimae rotundatae, in cupulam orbicularem connatae. Paleae 2, concavae, subaequilongae, inferior mucronata quinquenervis, superiorem trinervem involvens. Stamina 6. Ovarii rudimentum nullum Fem. Glumae 0. Paleae 2, oblongae, inferior in aristam desinens septemnervis, superiorem trinervem involvens. Squamulae bilobae subfalcatae. Stamina 0. Ovarium breviter stipitatum. Stylus 1; stigmata plumosa, pilis simplicibus. Caryopsis stipitata, lenticulari compressa, libera. — *Gramen aquaticum, boreali-americanum, foliis involuto-canaliculatis, paniculae ramosissimae patentis ramis inferioribus masculis, superioribus femineis, spiculis pedicellatis, pedicellis apice clavato-incrassatis.*

Zizania Linn. *gen. n. 1062.* Link *hort. berol. I. 251.* Kunth *gram. 7.* *Agrost. 9.* Zizania miliacea Rich.

733. Hygroryza *NEES.* Spiculae hermaphroditae, uniflorae. Glumae 2, subaequales, inferior caudato-setigera, superior acuta. Palea 1, tenerrima, apice denticulata. Squamulae 0. Stamina 3. Ovarium breviter stipitatum. Stylus 1; stigmata plumosa, pilis ramosis. Caryopsis stipitata, compressiuscula, mucronata. — *Gramen pedule, indicum, foliis oblongo-lanceolatis, basi rotundatis, racemis approximatis, subfastigiatis, spiculis pedicellatis.*

Hygroryza Nees *in Edinb. n. philos. Journ. Juli. 1833. p. 380.* Pharus ciliatus et aristatus Retz *obs. V. 23.*

734. Caryochloa *TRIN.* Spiculae monoicae, in eadem panicula uniflorae. Masc. Glumae 2, muticae. Paleae 0. Stamina 6. Fem. Glumae 2, muticae. Paleae 0. Ovarium sessile. Styli 2; stigmata plumosa Caryopsis globosa, libera. — *Gramen brasiliense tropicum, culmis caespitosis, panicula terminali.*

Caryochloa Trin. ex Nees *in Mart. fl. Bras. II. 299.* Arrozia Schrad. *msc.* Kunth *agrost. 11.* (Arroz de Mato *Brasil.*)

735. Luziola *JUSS.* Spiculae monoicae, femineae in distinctis paniculis, multo quam masculae minores uniflorae. Masc. Glumae 0. Paleae 2, subaequales, concavae, nervosae, muticae. Squamulae 3. Stamina 6—11. Ovarii rudimentum nullum. Fem. Glumae 0. Paleae 2, ut in masc. Squamae 2. Stamina 0. Ovarium sessile. Styli 2; stigmata villoso-plumosa, pilis simplicibus. Caryopsis elliptica, libera, paleis obtecta. — *Gramen americanum tropicum, aquaticum, caespitosum, ramosum, foliis planis, panicula mascula terminali, femineis 1—3 brevioribus, e vaginis foliorum inferiorum erumpentibus.*

Luziola Juss. *gen. 33.* Palis. *agrost. 136. t. 24. f. 1.* Kunth *in Humb. et Bonpl. nov. gen. et sp. I. 190. Gram. 8. Agrost. 10.* Nees *in Mart. fl. Bras. II. 300.*

736. Ehrharta *THUNB.* Spiculae triflorae, floribus approximatis, inferioribus neutris, terminali hermaphrodito. Glumae 2, muticae. Neutr. Palea 1, carinata, mutica, mucronata v. subulato-aristata. Hermaphr. Paleae 2, carinatae, muticae, inferior latior. Squamulae 2, bifidae, glabrae v. ciliatae (c. paleis alternantes). Stamina 3 v. 6. Ovarium sessile. Styli 2; stigmata plumosa, pilis simplicibus. Caryopsis compressa, libera, paleis obtecta. — *Gramina capensia, culmo basi saepius bulboso, simplici v. ramoso, foliis planis, paniculis ramosis, spiculis pedicellatis, caryopsi embryoni contrarie compressa.*

Ehrharta Thunb. *in Act. Holm. 1779. p. 216. t. 8.* Swartz *in Transact. Linn. soc. VI. 47. t. 34.* Smith *ic. inedit. t. 35.* Palis. *agrost. 60. t. 12. f. 2.* Schrad. *in Götting. Anzeig. 1821. Nr. 208.* Kunth *gram. 9. t. 6. Agrost. 11.* Brongn. *in Duperr. voy. t. 24.* Trochera Rich. *in Roz. Journ. XIII. 225. t. 3.* Palis. *agrost. 61. t. 12. f. 3.* Airae sp. Linn. f. Melicae sp. Thunb.

737. Tetrarrhena *R. BR.* Spiculae triflorae, floribus distiche imbricatis, inferioribus neutris, terminali hermaphrodito. Glumae 2, parvae, concavae, inaequales. Neutr. Palea 1, floris inferioris ovato-elliptica truncata, carinato-concava, septemnervis, floris superioris paleae floris hermaphroditi conformis. Hermaphr. Paleae 2, naviculares, inferior ovato-oblonga rotundato emarginata, superior brevior angustior, uninervis. Squamulae 2, glabrae (c. paleis alternantes) Stamina 4. Ovarium sessile. Styli 2; stigmata plumosa, pilis simplicibus. Caryopsis compressa, libera, paleis obtecta. — *Gramina australasica, culmis simplicibus v. ramosis, foliis planis, spica racemosa simplici.*

Tetrarrhena R. Brown *prodr. 209.* Kunth *gram. 9. Agrost. 15.* Ehrhartae sp. Labill. *Nov. Holl. t. 117.*

738. Microlaena *R. BR.* Spiculae triflorae, floribus approximatis; inferioribus neutris, terminali hermaphrodito. Glumae 2, parvae, concavae, inaequales, a floribus remotae. Neutr. Palea 1, linearis subulato, aristata-quinquesulca, floris superioris major. Hermaphr. neutris brevior Paleae 2, inferior carinata, acuminata, superior triplo brevior, linearis, hyalina. Squamulae 2, glabrae, (c. paleis alternantes.) Stamina 4. Ovarium sessile. Styli 2; stigmata plumosa, pilis simplicibus. Caryopsis linearis, compressa, libera, paleis obtecta. — *Gramen pusillum, e Nova Hollandia extratropica et insula Diemen adlatum, culmo filiformi, foliis brevibus, ligula incisa, racemo nutante, floribus intra glumam pedicello barbato sustentis.*

Microlaena R. Brown *prodr. 210.* Kunth *gram. 10. Agrost. 16.* Ehrharta stipoides Labill. *Nov. Holl. t. 118.*

739. Pharus *P. BR.* Spiculae uniflorae monoicae, geminae, feminea major ad basim pedicelli masculi sessilis. Masc. Glumae 2, parvae, concavae, inaequales. Paleae 2, inferior acuta, trinervis, superior binervis. Squamulae 2, glabrae. Stamina 6. Ovarii rudimentum. Fem. Glumae 2, parvae, concavae, subaequales. Paleae 2, elongatae, inferior indurata tereti-involuta, superiorem angustam binervem includens. Stamina et squamulae nullae. Ovarium sessile. Stylus 1; stigmata 3, pilosa. Caryopsis linearis, acuta, hinc sulcata, palea inferiore laxe inclusa. — *Gramina americana tropica elata, foliis planis, latis, nervosis, petiolatis, paniculae terminalis ramis simplicibus subfastigiatis, spiculis spicatis.*

Pharus P. Brown *Jam. 344.* Lam. *t. 769.* Palis. *agrost. 125. t. 22. f. 8.* Kunth *gram. 10. Agrost. 16.* Nees *in Mart. fl. Bras. II. 201.*

740. Leptaspis *R. BR.* Spiculae uniflorae monoicae. Masc. Glumae 2, parvae. . . . Paleae 2, inferior ovata, concava, superior linearis plana. Squamulae nullae. Stamina 6. Ovarii rudimentum? . . . . Fem. Glumae 2, parvae. Paleae 2, inferior ventricosa, subglobosa, apertura apicis angustata; superior minuta, linearis. Stamina et squamulae nullae. Ovarium sessile. Stylus 1; stigmata 3, villosa. Caryopsis palea inferiore demum aucta inflata obtecta. — *Gramina australasica tropica, foliis lanceolato-ensiformibus, paniculae rarae ramis strictis, paucifloris.*

Leptaspis R. Brown *prodr. 211.* Kunth *11. Agrost. 17.*

Tribus II. PHALARIDEAE Kunth *gram. 12.* Spiculae hermaphroditae, polygamae v. rarius monoicae; nunc uniflorae, cum v. absque rudimento stiptiformi floris alterius superioris; nunc biflorae, flore utroque hermaphrodito v. masculo, nunc bi-triflorae, flore terminali fertili, reliquis incompletis. Glumae plerumque aequales. Paleae saepius nitidae, in fructu induratae. Styli v. stigmata in plerisque elongata. — ***Oryzeis simillimae, hinc Agrostideis per Crypsim, illinc Avenaceis mediante Hierochloa affines.***

741. Lygeum *LINN.* Spiculae biflorae, hermaphroditae, floribus oppositis connatis; folio spathaeformi involutae. Glumae 2, basi carnosae, in tubum extus villosum connatae, apice liberae. Palea 1, postica, duorum florum dorso inter se connatae et glumis adnatae. Squamulae nullae. Stamina 3. Ovarium brevissime stipitatum. Stylus 1. Stigma simplex, glabrum, hinc convexum, latere plano basi poro infundibuliformi. Caryopsis oblonga, hinc convexa, in loculo glumarum cum paleis connatarum inclusa. — *Gramen mediterraneum junceum, culmis simplicibus caespitosis, basi vaginis aphyllis obtectis, foliis tereti-subulatis, ligula elongata instructis, spatha terminali solitaria, spiculam unicam includente; genitalibus elongatis exsertis.*

Lygeum Linn. Löfl. *it. 285. t. 2.* Rich. *in Mem. soc. h. n. paris. p. 28. t. 3.* Palis. *agrost. t. 25. f. 6.* König *Ann. of bot. II. 546. t. 15.* Kunth *gram. 12. Agrost. 18. t. 2.*

742. Zea *LINN.* Flores monoici, masculi terminales racemosi, feminei axillares dense spicati, vaginis aphyllis involuti. Masc. Spiculae biflorae, floribus perfectis sessilibus. Glumae 2, concavae, inferior trinervis, superior binervis. Squamulae 2, collaterales, glabrae. Stamina 3. Fem. Spiculae biflorae, flore inferiore neutro. Glumae 2, latissimae, inferior emarginato-subbiloba. Neutr. Paleae 2. Fem. perf. Paleae 2—3, concavae. Squamulae et stamina nulla. Ovarium sessile, obliquum. Stylus 1; stigmata 2, subulata, pubescentia. Caryopsis reniformis, glumis paleisque cincta. — *Gramen annuum, in America tropica indigenum, cultura cosmopolitum, culmo crasso farcto, foliis latis planis, ligula brevi ciliata, racemo masculo simplici vel basi subramoso, spiculis geminis pedicellatis, spicis femineis sessilibus, spiculis multiseriatis, per paria approximatis.*

Zea Linn. *gen. n. 1042.* Palis. *agrost. 136. t. 24. f. 3.* Kunth *gram. 12. Agrost. 19.* Nees *in Mart. Fl. Bras. II. 311.*

743. Coix *LINN.* Flores monoeci spicati; spiculae 3, basilares, media sessilis feminea, laterales pedicellatae neutrae, involucro ovato apice perforato, demum lapidescente inclusae, masculae in spica v. panicula ex involucro exserta. Masc. Spiculae biflorae, flore utroque sessili. Glumae 2, muticae, inferior planiuscula, marginibus carinato-alatis, superior trigono-concava. Paleae 2, muticae, superior bicarinata. Squamulae 2, glabrae. Stamina 3. Neutri. Spiculae minimae, saepe ad pedicellum redactae. Fem. Spiculae biflorae, flore inferiore neutro. Glumae 2, carnosae, concavae, muticae. Neutr. Palea 1. Fem. perf. Paleae 2, carnosae, superior binervis. Squamulae nullae. Stamina efoeta, minuta. Ovarium sessile. Stylus 1; stigmata 2—3, elongata, pilosa. Caryopsis subglobosa, demum intra involucrum libera. — *Gramen indicum, annuum, ramosum, culmo farcto, foliis latiusculis planis, spicis fasciculatis, pedunculatis.*

Coix Linn. *gen. n. 1043.* Palis. *agrost. 137. t. 24. f. 5.* Kunth *gram. 13. Agrost. 20. t. 3 et 4.* Nees *in Mart. Fl. Bras. II. 310.* Lithagrostis Gaertn. *I. 7. t. 1.*

744. Cornucopiae *LINN.* Spiculae hermaphroditae uniflorae, fasciculatae, involucro membranaceo, infundibuliformi-campanulato exceptae. Glumae 2, subaequales, carinatae, basi connatae. Palea 1, basi quinquenervis, apice biloba, marginibus usque ad medium connatis, infra medium dorsum aristata. Squamulae nullae. Stamina 3. Ovarium sessile. Styli 2; stigmata 2, elongata, pubescentia. Caryopsis lenticularis, libera. — *Gramen annuum, orientali-mediterraneum, culmis caespitosis, foliis planis, vaginis ventricosis, pedunculis in apice ramulorum solitariis vel geminis, sulcatis, superne incrassatis, incurvatis.*

Cornucopiae Linn. *gen. n. 72.* Schreb. *II. t. 41.* Smith *spic. t. 14. Linn. Transact. VII. t. 12. f. 1.* Sibth. *Fl. graec. t. 51.* Palis. *agrost. 3. t. 4. f. 3. 4.* Kunth *gram. 14. Agrost. 21.*

745. Crypsis *AIT.* Spiculae hermaphroditae, uniflorae. Glumae 2, carinatae, muticae, inferior paullo minor. Paleae 2, muticae, inferior compresso-carinata. Squamulae nullae. Stamina 2—3. Ovarium sessile. Styli 2; stigmata 2, elongata, plumosa. Caryopsis libera. — *Gramina annua, caespitosa, in Europa imprimis orientali et Asia media provenientia, foliis planis, paniculis coarctatis spicaeformibus, folio spathaeformi sustentis.*

Crypsis Ait. *Hort. kew. I. 48.* Kunth *gram. 14. Agrost. 21.*

a) ANTITRAGUS *Gaert.* Flos intra glumam brevissime pedicellatus. Palea superior uninervis. Stamina 2.

Antitragus Gaertn. *II. 7. t. 80.* Pallasia Scop. *introduct. 62.* Schoenus aculeatus Linn. (Panz. *Ideen I. 24. t. 8. f. 4. a. d.* Host *gram. I. t. 31.* Palis. *t. 6. f. 12.*)

b) HELEOCHLOA *Host.* Flos sessilis. Palea superior binervis. Stamina 3.

Heleochloa Host *gram. I. 23. t. 29.* Palis. *t. 7. f. 3.* Panz. *Ideen t. 8. f. 3. a. d.* (Delile *aegypt. t. 9.*)

746. Mibora *ADANS.* Spiculae hermaphroditae uniflorae. Glumae 2, carinatae, rotundato-truncatae, inferior paullo brevior. Paleae 2, truncatae, inferior latissima quinquenervis, superiorem obsolete binervem includens. Squamulae 2, glabrae. Stamina 3. Ovarium sessile. Styli 2, stigmata elongata, pilosiuscula. Caryopsis elliptica, compressa, paleis obtecta. — *Gramen pusillum, annuum, in Europa media et occidentali observatum, culmis capillaribus, caespitosis, foliis complicatis, obtusis, spica simplici, spiculis brevissime pedicellatis, unilateralibus.*

Mibora Adans. *II. 495.* Palis. *agrost. 29. t. 8. f. 4.* Knappia Smith *E. B. t. 1127.* Sturmia Hopp. *in Sturm's Fl. germ. VII. c. ic.* Chamagrostis Borkh. *apud Schrad. Fl. germ. I. 158.* Kunth *gram. 15.*

747. Alopecurus *LINN.* Spiculae hermaphroditae uniflorae. Glumae 2, naviculares, subaequales, basi connatae. Paleae 2, inferior carinata, marginibus inter se connatis v. distinctis, dorso plerumque aristata, superior brevior uninervis vel nulla. Squamulae nullae. Stamina 3. Ovarium sessile. Styli 2 (basi saepius connati); stigmata 2, pubescenti-plumosa. Caryopsis elliptica, compressa, inter glumas induratas paleasque libera. — *Gramina plerumque perennia, in Europa imprimis meridionali, Asia mediterranea et media, America boreali, nec non et in regione Magellanica observata, foliis planis, paniculis simplicibus confertis, spicaeformibus, cylindricis.*

Alopecurus Linn. *gen. n. 78.* Kunth *gram. 16. Agrost. 23.*

a) ALOPECURUS. Glumae basi connatae, aequales. Paleae inferioris margines connati, superior nulla.

Alopecurus Palis. *agrost. 5. t. 4. f. 5. 6.* Fl. dan. *t. 679. 861. 1565.* Host. *gram. II. t. 31. 32. III. t. 12.* Jacq. f. *Eclog. II. t. 15.* Trin. *ic. IV. t. 37—44.* Kunth *gram. t. 7.* Brongn. *ad Duperr. 16.*

b) COLOBACHNE. Glumae basi subconnatae. Paleae inferioris margines distincti, superior uninervis.

Colobachne Palis. *22. t. 6. f. 9.* Sibth. *Fl. graec. t. 64.* Trin. *ic. 45. 46.*

c) TOZZETTIA. Glumae basi connatae, ventricoso-gibbosae. Paleae inferioris margines connati, superior nulla.

Tozzettia Savi *in Usteri Annal. XXIV. 50. Memor. matemat. della soc. ital. VIII. 2. 477.* Phlei sp. Jacq. *ic. t. 301.* Sibth. *Fl. graec. t. 63.* Host. *III. t. 7.* Trin. *ic. I. t. 1. 2.*

748. Limnas *TRIN.* Spiculae hermaphroditae, uniflorae. Glumae 2, naviculares, angulato-tricostatae, inferior paullo minor. Paleae 2, inferior compressa, acuta, infra medium aristata; superior minor, arista tortili. Squamulae 2, laterales, elongatae. Stamina 3. Ovarium sessile. Stylus bifidus; stigmata plumosa. Caryopsis. . . — *Gramen camtschatkicum, Cenchri facie; culmis caespitosis, foliis setaceis, radicalibus elongatis, panicula simplici pauciflora, pedicellis apice incrassatis, cum spicula articulatis.*

Limnas Trin. *fund. 116. t. 6. Ic. t. 18.* Kunth *agrost. 521.*

749. Beckmannia *HOST.* Spiculae biflorae, floribus hermaphroditis sessilibus. Glumae 2, obovatae, naviculares, aequales. Paleae 2, inferior ovata, acuta, trinervis, superiorem binervem, apice bifidam marginibus amplectens. Squamulae 2, bifidae, glabrae. Stamina 3. Ovarium sessile. Styli 2; stigmata plumosa. Caryopsis teres, libera. — *Gramen perenne, in Europa orientali, Asia media et America boreali observatum; foliis planis, ligula elongata, spicis sessilibus alternis, in apice culmi spicatis, spiculis sessilibus, unilateralibus, biseriatis.*

Beckmannia Host *gram. III. t. 6.* Kunth *gram. 17. Agrost. 27.* Joachimia Tenor. *neap. 16. t. 5.* Bruchmannia Nutt. *gen. I. 48.* Phalaris erucaeformis Linn.

750. Phleum *LINN.* Spiculae biflorae, hermaphroditae. Glumae 2, carinatae, muticae, acuminatae vel in aristam productae. Paleae 2, inferior truncata, mutica, mucronata v. dorso aristata; superior bicarinata, basi saepe rudimento stipitiformi alterius floris aucta. Squamulae 2, inaequaliter bilobae, glabrae. Stamina 3. Ovarium sessile. Styli 2; stigmata plumosa. Caryopsis oblique elliptica, teretiuscula, libera. — *Gramina ut plurimum annua, in Europa mediterranea et orientali potissimum provenientia, in Asia media et boreali parce reperta, in America septemtrionali rarissima; foliis planis, paniculis confertis spicaeformibus, cylindricis.*

Phleum Linn. *gen. n. 77.* Trin. *agrost. 101.* Kunth *gram. 17. Agrost. 27.* Stelephurus Adans. *II. 31.*

a) CHILOCHLOA *Palis.* Glumae acuminatae. Rudimentum floris neutri.

Chilochloa Palis. *agrost. 37. t. 7. f. 2.* Phalaridis sp. Linn. Host *gram. II. t. 34. 37. IV. t. 20.* (Fl. dan. *t. 915.* Host *II. t. 35.*)

b) PHLEUM *Palis.* Glumae truncatae, aristatae. Rudimentum floris neutri nullum.

Phleum Palis. *24. t. 7. f. 4.* Schrad. *Fl. germ. t. 1. f. 2.* Host *III. t. 10. 11. IV. t. 21.*

c) ACHNODONTON *Palis.* Glumae obtusae. Rudimentum floris neutri nullum.

Achnodonton Palis. *25. t. 7. f. 5.* Achnodon Link *Hort. berol. I. 65.* Phalaridis sp. Linn. Host *II. t. 36.*

751. Fingerhuthia *NEES.* Spiculae bi-triflorae, floribus pedicellatis, inferioribus hermaphroditis, superiore neutro. Glumae 2, carinatae, aristatae. Hermaphr. Paleae 2, inferior carinata, ex apice obtuso brevi setigera, quinque-septemnervis; superior brevior, carinata, obtuse bidentata, binervis. Squamulae 0. Stamina 3. Ovarium sessile. Styli 2, elongati; stigmata villosa. Caryopsis. . . . Neutr. Palea 1, obcordata, complicata, e sinu obtuso breviseta. — *Gramen capense; spica oblonga, spiculis cum pedicello articulatis deciduis, floris neutri pedicello in canalem paleae superioris floris hermaphroditi recepto.*

Fingerhuthia Nees ex Lindl. *introduct. edit. II. p. 448.*

752. Hilaria *H. B. K.* Spiculae monoecae, basi ternatim connatae, anteriores duae masculae, uni-triflorae; postica feminea, uniflora. Masc. Glumae 2, carinatae, inaequilaterae, inaequales; inferior brevior, apice bifido aristata; superior mucronata. Paleae 2, apice rotundato-emarginatae; inferior brevior carinata, superior bicarinata. Squamulae 0. Stamina 3. Fem. Glumae 2, oppositae, aequales, naviculares, inaequilaterae, bilobae, inter lobos aristatae. Paleae 2, compressae, apice angustatae, rotundato-emarginatae; inferior trinervis, superior longior, angustior, binervis, bicarinata. Squamulae 0. Staminum rudimenta. Ovarium sessile. Styli 2; stigmata pubescentia. Caryopsis compressa, intra paleas libera. — *Gramen perenne, mexicanum, ramosum, repens; foliis planis, ligula abbreviata, laciniata, spicis terminalibus solitariis, simplicibus, spiculis ternatim rhachcos dentibus alternis insidentibus, cum rhachi articulatis, hispidulis.*

Hilaria Humb. et Kunth *nov. gen. et sp. I. t. 37. Gram. 18. Agrost. 30.* Hexarrhena Presl *in Reliq. Haenk. I. 326. t. 45.*

753. Phalaris *LINN.* Spiculae triflorae, floribus duobus inferioribus squamaeformibus minimis, neutris, summo hermaphrodito. Glumae 2, naviculares, carina plerumque alatae, subaequales. Paleae 2, naviculares, muticae, inferior major, superiorem involvens. Squamulae 2, glabrae. Stamina 3. Ovarium sessile. Styli 2; stigmata plumosa. Caryopsis oblonga, lenticulari-compressa, intra paleas demum arcte reclusas libera. — *Gramina perennantia; foliis planis, paniculis spicaeformibus, coarctatis v. diffusis, spiculis pedicellatis. Species in regione mediterranea imprimis occidentali frequentiores, nonnullae late diffusae, una nepalensis, altera americana tropica, tertia chilensis, paucae boreali-americanae.*

Phalaris Linn. *gen. n. 74.* Kunth *gram. 19. Agrost. 31.*

a) PHALARIS *P.* Glumarum carina alata. Panicula coarctata.

Phalaris Palis. *agrost. 36. t. 7. f. 1.* Trin. *ic. t. 74. 82.* Sibth. *Fl. graec. t. 55—58.* Host. *gram. II. t. 38—40.*

b) DIGRAPHIS *Tr.* Glumarum carina aptera. Panicula diffusa.

Digraphis Trin. *agrost. 127.* Baldingera Gaertn. *Fl. wetter. 99.* Typhoides Mönch *meth. 201.* Arundinis et Calamagrostidis sp. Auct. E. B. *t. 402.* (Host *II. t. 33.* Fl. dan. *t. 259*)

754. Holcus *LINN.* Spiculae biflorae, floribus pedicellatis, inferiore hermaphrodito, superiore masculo. Glumae 2, naviculares, subaequales. Hermaphrodit. Paleae 2, inferior navicularis, mutica; superior bicarinata. Squamulae 2, bilobae, glabrae. Stamina 3. Ovarium sessile, pyriforme. Styli 2; stigmata plumosa. Caryopsis libera. Masc. Palea inferior subapice aristata; reliqua ut in hermaphrodito. Ovarium effoetum (rarissime fertile.) — *Gramina potissimum perennia, per Europam et Americam borealem vagantia; foliis planis, paniculis ramosis, spiculis pedicellatis, interdum trifloris. — Species indicae ab auctoribus commemoratae verisimiliter e genere eliminandae.*

Holcus Linn. *gen. n. 1146.* Palis. *agrost. 87. t. 17. f. 10.* Host *gram. I. t. 2. 3.* Fl. dan. *t. 1181.* Kunth *gram. 20. Agrost. 34.*

755. Hierochloa *GMEL.* Spiculae triflorae, floribus sessilibus, duobus inferioribus masculis, summo hermaphrodito. Glumae 2, carinatae, subaequales. Masc. Paleae 2, inferior carinata; superior bicarinata, saepe aristata. Squamulae 2, bilobae. Stamina 3. Hermaphr. Paleae 2, carinatae, muticae. Squamulae 2, bilobae. Stamina 2. Ovarium sessile. Styli 2; stigmata plumosa. Caryopsis elliptica, subcompressa, libera, paleis obtecta. — *Gramina perennantia, odorem aromaticum spargentia, inter* 40^0 — 75^0 *L. B. et inter* 35^0—54^0. *L. A. observata; foliis planis, paniculis diffusis v. coarctatis, spiculis pedicellatis.*

Hierochloa Gmel. *sibir. I. 100.* Palis. *agrost. 62. t. 12. f. 5.* Kunth *gram. 20. t. 8. Agrost. 35.* Brongn. *in Duperr. voy. t. 23.* Disarrhenum Labill. *Nov. Holl. II. 83. t. 232.* Dimeria Raf. *in Journ. Phys. LXXXIX. t. 12. f. 7.* Holci sp. Linn. Host *gram. I. t. 4. III. t. 3.* Fl. dan. *t. 963. 1508.*

756. Anthoxanthum *LINN.* Spiculae triflorae, floribus duobus inferioribus neutris, summo hermaphrodito. Glumae 2, carinatae, inferior brevior uninervis, superior trinervis. Neutr. Palea 1, canaliculata, apice emarginata, dorso aristata. Hermaphr. Paleae 2, naviculares, muticae; inferior superiorem uninervem involvens. Squamulae nullae. Stamina 2. Ovarium sessile. Styli 2; stigmata distiche plumosa. Caryopsis teretiuscula, intra paleas arcte reclusas libera. — *Gramina aromatica, perennia, in Europa media, australi et orientali indigena, in Americam borealem transfuga; foliis planis, ligula elongata, panicula simplici conferta, spicaeformi.*

Anthoxanthum Linn. *gen. n. 42.* Palis. *agrost. 64. t. 12. f. 8.* Host *gram. I. t. 5.* Fl. dan. *t. 666.* Trin. *ic. II. t. 13—16.* Kunth *gram. 21. Agrost. 37.*

757. Ataxia *R. BR.* Spiculae triflorae, flore inferiore masculo, intermedio neutro, terminali hermaphrodito. Glumae 2, inaequales. Masc. Paleae 2 .... Neutr. Palea 1 ..... Hermaphr. Paleae 2. .... — *Gramen habitu Anthoxanthi, ex insula Java in Angliam allatum, a R. Brownone obiter indicatum, necdum descriptum.*

Ataxia R. Brown *Chlor. Melv. 35.* Kunth *gram. 22. Agrost. 39.*

758. Reynaudia *KUNTH.* Spiculae uniflorae, flore sessili. Glumae 2, carinatae, apice bifidae, aristatae, inferior paullo brevior. Paleae 2, carinatae, inferior apice bifida, breviter aristata, subquinquenervis; superior mucronata, binervis. Squamulae 4, duae exteriores in filum productae. Stamina 2, unilateralia. Ovarium sessile. Styli 2; stigmata penicilliformia. Caryopsis . . . — *Gramen domingense, perenne, caespitosum; foliis setaceis, panicula simplici spicaeformi.*

Reynaudia Kunth *gram. 28. t. 9. Agrost. 39.*

759. Despretzia *KUNTH.* Spiculae tri-quadriflorae, flore inferiore femineo, superioribus masculis, remotis, summo tabescente. Glumae 2, subaequales, clausae, muticae, apice trilobae, reticulato-nervosae, inferior septemnervis; superior trinervis. Fem. Paleae 2, inferior concava, apice quadriloba, novemnervis; superior paulo longior, bicarinata. Squamulae et stamina 0. Ovarium sessile. Stylus 1; stigmata 2, plumosa. Caryopsis compressiuscula, libera. Masc. Paleae 2, inferior concava, emarginata, quinquenervis; superior bicarinata. Squamulae 2, collaterales. Stamina 3. Ovarii rudimentum. — *Gramen mexicanum, caespitosum; foliis ovatis, basi rotundatis, petiolatis, nervosis, vaginis fissis, ligula obliterata, paniculae ramosae, depauperatae, patentissimae spiculis pedicellatis, cernuis.*

Despretzia Kunth *gram. t. 157. Agrost. 39.*

TRIBUS III. PANICEAE Kunth *gram. 23.* Spiculae biflorae, flore inferiori incompleto. Glumae paleis teneriores; inferior saepe, rarissime ambae abortientes. Paleae plus minus coriaceae v. chartaceae, plerumque muticae, inferior concava. Caryopsis a dorso compressa. *Kunth.*

760. Reimaria *FLUEGG.* Spiculae biflorae, flore inferiore neutro, superiore hermaphrodito. Glumae 0. Neutr. Palea subulata trinervis. Hermaphr. Paleae 2, lanceolatae, inferior trinervis, superiorem obsolete binervem involvens. Squamulae 2. Stamina 2. Ovarium sessile. Styli 2, terminales; stigmata aspergilliformia, pilis simplicibus. Caryopsis oblonga, compressiuscula, intra paleas libera. — *Gramen amazonicum, repens; spicis quaternis quinisve, rhachi continua, spiculis unilateralibus sessilibus.*

Reimaria Flügg. *Monograph. Pasp. 213.* Kunth *in Humb. et Bonpl. nov. gen. et sp. t. 21. Gram. 23. Agrost. 40.*

761. Paspalum *LINN.* Spiculae biflorae, cum pedicello articulatae, flore inferiore neutro, superiore hermaphrodito. Gluma 1, v. rarissime 2, inferior minuta, superior (antica) florem neutrum aequans. Neutr. Palea membranacea, mutica. Hermaphr. Paleae 2, coriaceae, muticae, inferior concava, superiorem binervem amplectens. Squamulae 2, carnosae, breves. Ovarium sessile. Styli 2, terminales; stigmata aspergilliformia, pilis subsimplicibus, denticulatis. Caryopsis oblonga, compressiuscula, intra paleas induratas libera. — *Gramina, ut plurimum tropica; rhachi spicata, continua, spiculis unilateralibus.*

Paspalum Linn. *gen. n. 73.* Jacq. *ic. t. 11. 302.* Flügg. *monogr.* Lecoute *in Journ. Phys. XCI. 284.* Palis. *Fl. owar. t. 84. 92.* Rudg. *guian. t. 26.* Kunth. *in Humb. et Bonpl. nov. gen. et sp. t. 23—27. Gram. t. 164. Agrost. 40.* Trin. *ic. t. 97—163.* Axinopus Röm. et Schult. *syst. II. 14.* Ceresia Pers. *synops. I. 85.* Jacq. *fragm. 86.* Subsab Adans. *II. 31.* — Garnotia Brongn. *ad Duperr. 132. t. 21.*

762. Milium *LINN.* Spiculae biflorae, pedicello continuae, flore inferiore neutro, superiore hermaphrodito. Gluma 1, antica, membranacea, concava. Neutr. Palea membranacea, concava. Hermaphr. Paleae 2, subcoriaceae, muticae, inferior concava, superiorem binervem amplectens. Squamulae 2, carnosae, longae. Stamina 3. Ovarium sessile. Styli 2, terminales, brevissimi; stigmata plumosa, pilis distichis denticulatis, apice bifidis. Caryopsis oblonga, compressiuscula, intra paleas induratas libera. — *Gramina per Europam, Asiam mediam et Americam tropicam diffusa, erecta; foliis planis convolutisve, paniculis ramosis, diffusis, spiculis pedicellatis.*

Milium Linn. *gen. n. 79.* Host. *gram. t. 22.* Palis. *agrost. t. 5. f. 5. 6.* Kunth. *in Humb. et Bonpl. nov. gen. et sp. t. 29. Gram. t. 163. Agrost. 65.* Millarium Mönch. *meth. 204.* Leptocoryphium Nees *in Mart. Fl. bras. II. 83.* Paspali sp. Kunth *in Humb. et Bonpl. nov. gen. et sp. t. 29.*

763. Amphicarpum *RAFIN.* Spiculae monoecae, biflorae; flore inferiore neutro; femineae radicales, masculae terminales paniculatae. Masc. Gluma 1, antica, membranacea, concava. Paleae 2, concavae, muticae, inferior superiorem binervem amplectens. Squamulae 2, carnosae, truncato-trilobae, collaterales. Stamina 3. Ovarium efoetum. Fem. Gluma 1, antica, membranacea, concava. Paleae 2, ut in mare. Squamulae 2, carnosae, truncato-bilobae, collaterales. Stamina efoeta. Ovarium sessile. Styli 2, terminales, brevissimi; stigmata plumosa, pilis denticulatis, simplicibus bifidisve. Caryopsis oblonga, teretiuscula, intra paleas libera. — *Gramen boreali-americanum, caespitosum; foliis planis vaginaque pilosis, paniculae masculae, simpliciter ramosae spicatis pedicellatis, pedicello continuis, pedunculis femineis fasciculatis, unifloris, vaginatis, fructiferis subterraneis.*

Amphicarpum Raf. *in Americ. Monthl. Magaz. Jan. 1818.* Kunth *gram. 28. Agrost. 67.* Milium amphicarpum Pursh *fl. bor. amer. I. 62. t. 2.*

764. Olyra *LINN.* Spiculae monoecae in eadem panicula, masculae inferiores. Masc.

Spiculae uniflorae. Glumae 0. Paleae 2, membranaceae, concavae, antica acuminato-aristata; postica mutica, binervis. Squamulae 3, subcarnosae. Stamina 3. Ovarii rudimentum nullum. Fem. Spiculae biflorae, flore inferiore unipaleaceo, neutro. Gluma 1, antica, membranacea, concava, acuminato-aristata. Paleae 2, coriaceae; inferior concava, superiorem conformem involvens. Stamina 0. Squamulae 3, carnosiusculae, glabrae. Ovarium sessile. Stylus 1; terminalis; stigmata 2, pilosa, pilis ramosis, pubescentibus. Caryopsis glabra, intra paleas libera. — *Gramina americana tropica; foliis membranaceis, latis, paniculis terminalibus vel axillaribus, spiculis cum pedicello articulatis.*

Olyra Linn. *gen. n. 1045.* Palis. *agrost. 124. t. 22. f. 7.* Schlechtend. *in Berlin. Magaz. VIII. 147. ss.* Kunth *gram. 29. t. 12. Agrost. 68.* Brongn. *in Duperr. voy. t. 22.* Nees *in Mart. fl. bras. II. 303.* Lithachne Palis. *Agrost. 135. t. 24. f. 2.* Raddia Bertol. *in opusc. scientif. di Bologn. III. 40.*

765. Strephium *SCHRAD.* Spiculae in distinctis racemis monoecae, biflorae. Masc. Glumae 0. Paleae 2, lineari-lanceolatae, inferior acuminata. Squamulae. . . . . Stamina 3. Fem. Glumae 2, ovato-lanceolatae, acuminatae. Paleae 2, cartilagineae. Squamulae. . . Ovarium. . . . Stylus 1; stigmata 2. Caryopsis ovata, paleis corticata. — *Gramen brasiliense, caespitosum; foliis subdistichis, racemis axillaribus paucifloris.*

Strephium Schrad. ex Nees *in Mart. fl. bras. II. 298.*

766. Thrasya *KUNTH.* Spiculae biflorae, flore inferiore masculo, superiore hermaphrodito. Glumae 2, membranaceae, muticae, antica minor, interdum abortiens. Masc. Paleae 2, inferior bifida; superior integra, binervis. Squamulae 2, carnosae, lobato-truncatae. Stamina 3. Hermaphr. Paleae 2, membranaceo-chartaceae, muticae, inferior superiorem involvens. Squamulae 2, collaterales, carnosae, integrae. Stamina 3, v. abortu 2. Ovarium sessile. Styli 2, terminales, elongati; stigmata aspergilliformia, pilis simplicibus. Caryopsis oblonga, intra paleas libera. — *Gramina americana tropica; culmis simplicibus v. ramosis, foliis latiusculis, planis, spicis solitariis, rhachi membranacea, complicata, ciliata, spiculis unilateralibus, imbricato-uniserialis.*

Thrasya Kunth *in Humb. et Bonpl. nov. gen. et sp. I. 121. t. 39. Gram. 29. t. 102. Agrost. 70.* Nees *in Mart. fl. bras. II. 93.* Trin. *ic. t. 151.*

767. Eriochloa *KUNTH.* Spiculae biflorae, cum pedicello articulatae, flore inferiore masculo v. neutro, superiore hermaphrodito. Glumae 2, antica minutissima v. abortiens. Masc. Paleae 2. Stamina 3; interdum palea superiore et staminibus obliteratis neuter. Hermaphr. Paleae 2, coriaceae, concavae, inferior mucronata. Squamulae 2, truncato-emarginatae. Stamina 3. Ovarium sessile. Styli 2, terminales; stigmata penicilliformia, pilis denticulatis bifidisque. Caryopsis elliptica, compressa, cum paleis decidua. — *Gramina planifolia, inter tropicos totius mundi, frequentissime tamen in America reperta, in Asia extratropica rara; spicis paniculatis, interdum geminis, rhachi continua.*

Eriochloa Kunth *in Humb. et Bonpl. nov. gen. et sp. I. 95. t. 30. 31. Gram. 30. t. 13. Agrost. 71.* Oedipachne Link *Hort. berol. I. 51.* Helopus Trin. *fund. 103. t. 4.* Milii sp. Linn. Piptatheri sp. Palis. *t. 5. f. 11.* Monachnes sp. Palis. *t. 10. f. 9.* Paspali sp. Thunb. *jap. t. 8.* Trin. *ic. t. 133. 155. 156.* Panici sp. Raddi *Trin. ic. t. 178.*

768. Urochloa *PALIS.* Spicae biflorae, flore inferiore neutro, superiore hermaphrodito. Glumae 2, concavae, muticae, inaequales. Neutr. Palea 1, mutica. Hermaphr. Paleae 2, concavae, inferior apice mucronato-aristata. Squamulae 2, subtrilobae. Stamina 3. Ovarium sessile. Styli 2, terminales; stigmata penicilliformia, pilis simplicibus. Caryopsis elliptica, compressa, intra paleas libera. — *Gramina planifolia, tropica; spicis geminatis, digitatis v. racemosis, rhachi saepe setis diaphanis vestita.*

Urochloa Palis. *agrost. 52. t. 11. f. 1.* Kunth *gram. 31. t. 14. 103. Agrost. 73.* Axonopus Palis. *agrost. 12.* Caridochloa Nees *in Edinb. n. philosoph. Journ. Juli 1832.* Panici sp. Lam., Brown, Trin. *ic. t. 183.*

769. Rhynchelytrum *NEES.* Spiculae biflorae, flore inferiore masculo, superiore hermaphrodito. Glumae 2, inferior minima; superior ventricosa, apice bidentata, inter dentes aristata. Masc. Paleae 2, inferior glumae superiori conformis; superior binervis, canaliculata. Stamina 3. Hermaphr. Paleae 2, demum induratae. Squamulae 2, bifidae. Stamina 3. Ovarium sessile, in stylum rostriformem attenuatum; stigmata elongata, plumosa. Caryopsis compressa, paleis inclusa. — *Gramen capense, nondum satis cognitum, a generis statore inter Urochloam et Thrasyam collocatum, ex ejus tamen sententia nulli Panicearum generi propinquum, sed Holco aut Hierochloae quodammodo affine.*

Rhynchelytrum Nees ex Lindl. *introduct. ed. II. p. 446.*

770. Panicum *LINN.* Spiculae biflorae, flore inferiore masculo v. neutro, superiore hermaphrodito. Glumae 2, inaequales, concavae, muticae. Masc. Paleae 2; stamina 3, interdum palea superiore et staminibus abortivis neuter. Hermaphr. Paleae 2, subaequales, concavae, inferior superiorem parinervem amplectens. Squamulae 2, collaterales, dolabriformes, v. truncato-bi-trilobae. Stamina 3. Ovarium sessile. Styli 2, terminales, elongati; stigmata penicillata, pilis simplicibus denticulatis. — *Gramina planifolia, floribus spicatis paniculatisve, rhachi continua, in tropicis utriusque orbis copiosa, extra tropicos rara, species nonnullae late diffusae.*

Panicum Linn. *gen. n. 76.* Kunth *agrost. 75. Gram. icc.* Trin. *icc.* Digitaria Scop. *carn. I. 52.* Dactylon Vill. *Delph. II. 69.* Syntherisma Schrad. *fl. germ. 160. t. 3. f. 7.* Hymenachne Palis. *agrost. 49. t. 10. f. 8.* Streptostachys Palis. *agrost. 49. t. 10. f. 11.* Monachne Palis. *agrost. 168. t. 10. f. 10.* Aulaxanthus Elliot *carol. 1. 103.* Aulaxia Nutt. *gen. 1. 47.* Thalasium Spreng. *cur. post. 30.* Trichachne Nees *in Mart. Fl. Bras. II. 85.* — Otachyrium Nees *in Mart. fl. bras. II. 173.* Panicum pterygodium Trin. Kunth.

771. Ichnanthus *PALIS.* Spiculae biflorae, flore inferiore masculo v. neutro, superiore hermaphrodito. Glumae 2, inaequales, concavae, muticae. Masc. Paleae 2, inaequales. Stamina 3, v. abortu nulla. Hermaphr. Paleae 2, inaequales, involuto-concavae, inferior major, basi utrinque squamula, in pedicellum decurrente aucta; superior binervis. Squamulae 2, truncatae. Stamina 3. Ovarium sessile. Styli 2, terminales; stigmata aspergilliformia, pilis simplicibus. Caryopsis. . . — *Gramina americana tropica, ramose paniculata, a Panico solis paleae inferioris squamulis in flore hermaphrodito diversa.*

Ichnanthus Palis. *agrost. 56. t. 12. f. 1.* Kunth *gram. 41. t. 34. 168. Agrost. 134.* Brongn. *in Duperr. voy. 118. t. 18.* Navicularia e sp. Raddi *agrost. bras. 40.* Panici sp. Nees, Trinius *ic. t. 217.*

772. Bluffia *NEES.* Spiculae biflorae, flore inferiore masculo, superiore hermaphrodito. Glumae 2, inaequales, subulato-acuminatae. Masc. Paleae 2, inferior subulata; superior tenerior bifida, laciniis acuminatis, antrorsum auriculatis, genitalia amplectentibus. Squamulae 2, membranaceae, repandae. Stamina 3. Hermaphr. Paleae 2, chartaceo-coriaceae, subaequales, inferior convexa, acuminato-aristata, superior mucronata, basi utrinque auriculata, genitalia amplectens. Squamulae 2. Stamina 3. Ovarium sessile. Styli 2; stigmata plumosa. Caryopsis. . . . — *Gramen capense; racemis digitatis, spiculis geminatis, cum rudimento mucroniformi spiculae tertiae abortientis.*

Bluffia Nees ex Lindl. *introduct. ed. II. p. 447.*

773. Isachne *R. BR.* Spiculae biflorae, flore inferiore masculo v. hermaphrodito, superiore femineo, interdum hermaphrodito. Glumae 2, subaequales, concavae, obtusissimae. Masc. Paleae 2, subaequales, concavae, inferior superiorem binervem amplectens. Squamulae 2, collaterales, truncatae. Fem. Paleae ut in flore masculo. Staminum rudimenta. Ovarium sessile. Styli 2, terminales; stigmata plumosa. Caryopsis intra paleas induratas libera. — *Gramina in Asia tropica indigena, hygrobia, glabra; foliis latis, planis, vaginae collo barbato, spiculis pedicellatis, paniculatis, pedicello continuis.*

Isachne R. Brown *prodr. 196.* Trin. *ic. t. 85. 86.* Kunth *gram. 42. t. 33. 117. Agrost. 135.* Meneritaria Herm. *Zeyl. 24.*

774. Stenotaphrum *TRIN.* Spiculae biflorae, flore inferiore masculo, superiore hermaphrodito conformi. Glumae 2, concavae, muticae, inferior minima. Paleae 2, subaequales, inferior concava, superiorem bicarinatam amplectens. Squamulae 2, collaterales, truncatae. Stamina 3. Ovarium sessile, inter stylos acutatum. Styli 2, terminales, elongati; stigmata penicilliformia, pilis simplicibus elongatis. Caryopsis libera. — *Gramina in tropicis subtropicisque totius orbis parce reperta, repentia, ramosa; foliis planis, spica compressa, sinubus secundis alternis exsculpta, spiculis in sinubus geminis, una sessili, altera pedicellata, tabescente, v. quaternis senisve, spicatis, omnibus fertilibus.*

Stenotaphrum Trin. *fund. 125.* Nees *in Mart. Fl. bras. II. 91.* Kunth *gram. 42. Agrost. 137.* Rottboella Swartz *in Berl. Magaz. IV. 88. t. 3.* Palis. *agrost. 180. t. 21. f. 8.* Panici et Rottboellae sp. Linn. Lam. *t. 48. f. 1.*

775. Acratherum *LINK.* Spiculae biflorae, flore inferiore neutro, superiore hermaphrodito. Glumae 2, inaequales, muticae, inferior minor. Neutr. Paleae 2, laeves, exterior trinervis, interiorem minorem recludens. Hermaphr. Paleae 2, pilosae, exterior aristata, arista torta, geniculata, interiorem obtusam semibifidam includens. Squamulae 2, truncatae, subdenticulatae. Stamina 3. Ovarium sessile. Styli 2; stigmata plumosa. Caryopsis. . . . . — *Gramen e seminibus nepalensibus in horto berolinensi enatum; culmo bi-tripedali, foliis scabris, basi pilosis, paniculae ramis racemosis, strictis, confertis, ramulis brevibus.*

Acratherum Link *hort. berol. I. 230.*

776. Melinis *PALIS.* Spiculae biflorae, cum pedicello articulatae, flore inferiore neutro, superiore hermaphrodito. Glumae 2, inaequales, muticae, inferior minima. Neutr. Palea apice bifida, aristata. Hermaphr. Paleae 2, subaequales, muticae, concavae, inferior apice biloba. Squamula flabellato-truncata. Stamina 3. Ovarium sessile. Styli 2, terminales; stigmata penicilliformia, pilis simplicibus, denticulatis. Caryopsis. . . . — *Gramen ramosum, in campis Brasiliae tropicae repens; foliis planis vaginisque viscidulo-villosis, paniculis ramosis, contractis.*

Melinis Palis. *agrost. 54. t. 11. f. 4.* Nees *in Mart. Fl. Bras. II. 407.* Kunth *gram. 43. Agrost. 138.* Suardia Schrank *hort. monac. II. t. 58.* Tristegis Nees *in Hor. phys. 47. t. 7.*

777. Chaetium *NEES.* Spiculae biflorae, flore inferiore neutro, superiore hermaphrodito. Glumae 2, inferior setiformis, superior lanceolata, apice rostrato-setigera. Neutr. Palea rostrato-setigera. Hermaphr. Paleae 2, subaequales, inferior setigera, superiorem binervem amplectens. Squamulae 2, collaterales, bifidae. Stamina 3. Ovarium sessile, inter stylos acuminatum. Styli 2, terminales, elongati; stigmata plumosa, pilis simplicibus. Caryopsis tridentata, intra paleas libera. — *Gramen brasiliense caespitosum; foliis planis, racemo composito spicaeformi, pedicellis fasciculatis, subsecundis, medio articulatis.*

Chaetium Nees *in Mart. Fl. Bras. II. 269.* Oplismeni sp. Kunth.

778. Oplismenus *PALIS.* Spiculae biflorae, flore inferiore masculo v. neutro, superiore hermaphrodito. Glumae 2, inaequales, concavae v. subcarinatae, saepissime aristatae. Masc. Paleae 2, inferior aristata. Stamina 3, interdum palea superiore et staminibus abortivis neuter. Hermaphr. Paleae 2, subaequales, inferior acuminata, mucronata, superiorem parinervem amplectens. Squamulae 2, collaterales, truncatae. Stamina 3. Ovarium sessile. Styli 2, terminales, elongati; stigmata plumosa, pilis simplicibus. Caryopsis intra paleas libera. — *Gramina planifolia, per totum orbem diffusa, inter tropicos et universim in novo continente frequentiora; spiculis spicatis, spicis racemosis paniculatisve, rhachi continua.*

Oplismenus Palis. *Fl. owar. II. 14.* Kunth *gram. 43. Agrost. 138.*

a) ORTHOPOGON *R. Br.* Glumae subaequales, carinatae, aristatae. Spicae racemosae, alternae, secundae, interdum pauciflorae.

Orthopogon R. Brown *prodr. 194.* Oplismenus Palis. *Pl. owar. t. 67. Agrost. 53. t. 11. f. 3.* Hippagrostis Rumph *amboin. VI. t. 5. f. 2.* Panici sp. Linn. Host *III. t. 52.* Trin. *ic. t. 187. 191—193.*

b) ECHINOCHLOA *Palis.* Glumae inaequales, concavae, muticae, floris neutri arista valida. Spicae paniculatae v. rarius racemosae.

Echinochloa Palis. *agrost. 53. t. 11. f. 2.* Panici sp. Linn. Host *gram. II. t. 19. III. t. 51.* Jacq. f. *Eclog. t. 20.* Trin. *ic. t. 160—162. 164. 166.*

779. Berchtoldia *PRESL.* Spiculae biflorae, flore inferiore neutro, superiore hermaphrodito. Glumae 2, lanceolatae, arista elongata recta terminatae; inferior basi in formam stipitis barbati convoluta. Neutr. Palea glumis conformis, aristato-mucronata. Hermaphr. Paleae 2, inferior ovalis, aristato-mucronata, superiorem obtusam, versus apicem denticulatam marginibus involvens. Squamulae. . . . Stamina 3. Ovarium sessile. Styli 2, terminales, elongati; stigmata aspergilliformia. Caryopsis cylindrica, apice bicornis. — *Gramen mexi-*

canum, erectum; foliis planis, hirsutis, panicula simplici, subsecunda, contracta, spiculis infimis geminatis, superioribus solitariis, pedicellatis, rhachi continua.

Berchtoldia Presl *in Reliq. Haenk. I. 323. t. 43.*

780. Chamaeraphis *R. BR.* Spiculae biflorae, arista basilari elongata, persistente fultae, flore inferiore masculo, superiore femineo. Glumae 2, inaequales, muticae, inferior minima. Masc. Paleae 2, membranaceae, aequilongae, muticae. Squamulae 2, collaterales, obtusae. Stamina 3. Fem. Paleae 2, chartaceae, concavae, muticae, inferior superiorem binervem amplectens. Squamulae 2, collaterales, obtusae. Stamina 2, antheris efoetis, difformibus. Ovarium sessile. Styli 2—3, terminales; stigmata plumosa, pilis simplicibus. Caryopsis intra paleas cartilagineas libera. — *Gramina australasica, perennia; foliis planis, spicis simplicibus, spiculis subsessilibus pedicellatisve, pedicellis juxta apicem intus arista longissima instructis.*

Chamaeraphis R. Brown *prodr. 194.* Kunth *gram. 45. t. 26. Agrost. 148.* Panicum paradoxum Brown. Kunth *gram. t. 32.* Gaudich. *ad Freyc. t. 24.*

781. Pennisetum *RICH.* Spiculae biflorae, aristis pedicellorum basim v. apicem stipantibus involucratae, flore inferiore masculo v. neutro, superiore hermaphrodito. Glumae inaequales, concavae, muticae. Masc. Paleae 2, membranaceae, et stamina 3; nunc paleae superioris et staminum abortu flos neuter. Hermaphr. Paleae 2, coriaceae, concavae, muticae, inferior superiorem parinervem amplectens. Stamina 3. Squamulae 2, collaterales, truncatae, interdum minimae v. obliteratae v. emarginato-bilobae. Ovarium sessile. Styli 2, terminales, elongati, basi interdum connati; stigmata plumosa, pilis simplicibus. Caryopsis compressa, intra paleas libera. — *Gramina per totum orbem diffusa, inter tropicos copiosa; culmis simplicibus v. saepius ramosis, foliis planis, paniculis spicaeformibus confertis v. rarius diffusis, rhachi continua.*

Pennisetum Rich. *in Pers. ench. I. 71.* R. Brown *prodr. 51.*

a) SETARIA *Palis.* Involucrum unilaterale persistens. Squamulae carnosae, truncatae, obtusae. — *Paniculae diffusae v. confertae.*

Setaria Palis. *agrost. 51. t. 13. f. 3. Fl. owar. II. 81. t. 110.* Kunth *gram. 46. t. 37. 118. Agrost. 149.* Jacq. f. *Eclog. t. 22. 25. 27.* Panici sp. Linn. Host *gram. II. t. 13—17. IV. t. 14.* Trin. *ic. t. 95. 96. 195. 196. 198. 201. 202.*

b) GYMNOTHRIX *Palis.* Involucrum completum, deciduum. Squamulae integrae v. irregulariter bilobae. — *Spicae cylindricae.*

Gymnothrix Palis. *agrost. 59. t. 13. f. 6.* Kunth *in Humb. et Bonpl. nov. gen. et sp. t. 678. Gram. 48. t. 38. Agrost. 158.* Brongn. *in Duperr. voy. t. 10. 11.* Nees *in Mart. Fl. Bras. II. 277.* Cataterophora Steudel *in Flora 1829. II. 265.* Alopecuri sp. Linn. Panici sp. Willd. Penniseti sp. Trin. *ic. t. 19.*

c) PENNISETUM *Palis.* Involucri completi decidui setae interiores basi plumosae. Squamulae minimae v. obliteratae. — *Spicae cylindricae.*

Pennisetum Rich. *apud Pers. ench. I. 71.* Palis. *agrost. 59. t. 13. f. 5.* Kunth *in Humb. et Bonpl. nov. gen. et sp. I. 114. t. 34. Gram. 48. t. 39—41. 119. Agrost. 160.* Trin. *ic. t. 20.*

782. Penicillaria *SWARTZ.* Spiculae biflorae, aristis pedicelli apicem stipantibus involucratae, flore inferiori breviore, abortu saepius masculo, superiore hermaphrodito. Glumae 2, brevissimae, hyalino-membranaceae. Paleae 2, muticae; inferior herbacea, superiorem teneriorem breviorem quadrinervem amplectens. Stamina 3, antherarum loculis apice barbatis. Squamulae 0. Ovarium sessile, apice ad basim styli latere interiore cuspidatum. Stylus 1, terminalis, elongatus; stigma bifidum, plumosum, pilis simplicibus papilloso-denticulatis. Caryopsis . . . . — *Gramen annuum, inter tropicos veteris continentis diffusum; foliis planis, crassinerviis, paniculae subspicatae cylindricae ramis verticillatis, apice spiculas 1—2 gerentibus, involucellis dimidiatis, setaceis, scabris.*

Penicillaria Swartz *in Schrad. n. Journ. II. 2. p. 40.* Palis. *agrost. 58. t. 13. f. 4.* Jacq. f. *Eclog. t. 17.* Kunth *gram. 50. Agrost. 165.* Holcus spicatus L. Pennisetum typhoideum Delile *aegypt. t. 8.*

783. Cenchrus *LINN.* Spiculae biflorae, flore inferiore masculo v. neutro, superiore hermaphrodito; nunc solitariae, nunc geminae v. plures, intra involucrum multifidum, extus setis stipatum, cum fructu induratum et deciduum congestae. Glumae 2, inaequales, membranaceae. Masc. hermaphrodito subconformis, interdum paleae superioris et staminum abortu neuter. Hermaphr. Paleae 2, subcoriaceae, concavae, inferior superiorem amplectens. Stamina 3. Squamulae 0. Ovarium sessile. Styli 2, elongati, interdum basi subconnati; stigmata plumosa, pilis simplicibus, denticulatis. Caryopsis compressiuscula, intra paleas libera. — *Gramina ut plurimum annua, in tropicis utriusque orbis, imprimis Americae obvia, in regionibus subtropicis rara; culmis saepissime ramosis, foliis planis, spicis terminalibus simplicibus, spiculis sessilibus, rhachi continua.*

Cenchrus Linn. *gen. n. 1149.* Gärtn. *II. t. 8. f. 3.* Cav. *ic. t. 461. 462.* Palis. *agrost. 57. t. 13. f. 7.* Labill. *Nov. Caled. t. 19.* Kunth *in Humb. et Bonpl. nov. gen. et sp. I. 115. t. 35. 36. Gram. 50. Agrost. 165.* Nees *in Mart. Fl. Bras. II. 287.* Panicastrella Michel. *gen. 37.* Roram Adans.

784. Trachyozus *REICHENB.* Spiculae biflorae, flore inferiore neutro, superiore hermaphrodito; juxta rhachin congestae, fertiles minoribus efoetis mixtae. Glumae 2, planiusculae, lanceolato-subulatae, rigidae, inferior brevior, indurata. Neutr. Paleae 2, inferior maxima, ovata, acuminata, rigida, multinervis, margine undulata, superiorem minutam membranaceam includens, et flosculum hermaphroditum amplectens. Squamulae 2, hyalinae, truncatae. Genitalia nulla. Hermaphr. Paleae 2, subaequales, concavae, acutae, chartaceae, inferior superiorem binervem amplectens. Squamulae 2, hyalinae, truncatae. Stamina 3, filamentis elongatis. Ovarium sessile. Styli 2, terminales, elongati, basi subconnati; stigmata plumosa, pilis simplicibus. Caryopsis oblonga, compressiuscula, intra paleas induratas libera. — *Gramen ramosum, annuum, in India orientali indigenum; foliis planis, mollibus, spicis terminalibus conjugatis, spiculis fasciculatim rhacheos membranaceo-dilatatae, articulatae, excavatae, dentibus subdichotome multifidis, unilateralibus insidentibus.*

Trachyozus Reichenb. *consp. 48.* Trachys Pers. *ench. I. 85.* Palis. *agrost. 107. t. 21. f. 7.* Kunth *gram. 32. Agrost. 168.* Trachystachys Dietr. *sp. pl. II. 16.* Cenchrus muricatus L. Schreb. *gram. II. t. 34.* Panicum squarosum Retz *obs. IV. V. t. 1.* Roxb. *corom. t. 206.*

785. Anthephora *SCHREB.* Spiculae biflorae, flore inferiore neutro, superiore hermaphrodito; quaternatim basi connatae, duae plerumque efoetae, ad glumas redactae. Glumae 2, inaequales, inferior (exterior) flores superans, coriacea, acuta, planiuscula, multinervis, superiorem (interiorem) brevem, lanceolato-subulatam, membranaceam, carinatam basi amplectens. Neutr. Palea 1, membranacea, florem hermaphroditum amplectens. Hermaphr. Paleae 2, subaequales, chartaceae, concavae. Squamulae 0. Stamina 3. Ovarium sessile. Styli 2, terminales, elongati, basi connati; stigmata plumosa, pilis simplicibus. Caryopsis elliptica, compressiuscula, intra paleas libera. — *Gramen annuum, in America tropica indigenum; culmo ramoso, foliis planis, spica terminali simplici, rhachi continua, spiculis quaternis, fasciculatis, basi connatis, fasciculis breviter pedicellatis, pedicello basi articulato.*

Anthephora Schreb. *gram. t. 34.* Palis. *agrost. 58. t. 13. f. 8.* Kunth *gram. 31. Agrost. 169.* Nees *in Mart. Fl. Bras. II. 289.* Colladoa Pers. *synops. I. 107.* non Cav. Tripsacum hermaphroditum Linn. *dec. 17. t. 9.* Lam. *t. 750. f. 2.*

786. Lappago *SCHREB.* Spiculae uniflorae, geminae v. quinae pedicello brevi insidentes. Glumae 2, inferior (interior) minuta, plana, tenuiter membranacea, superior (exterior) concava, subcartilaginea, echinata. Paleae 2, oblongae, acutae, chartaceo-membranaceae, concavae, inferior superiorem breviorem binervem amplectens. Squamulae 2, hyalinae, securiformes. Stamina 3. Ovarium sessile. Styli 2, terminales, divaricati; stigmata plumosa, pilis simplicibus denticulatis. Caryopsis oblonga, compressiuscula, intra paleas libera. — *Gramen annuum, diffusum, repens, inter tropicos latissime diffusum, nec in Europa australi et Asia media rarum; foliis planis, racemis terminalibus solitariis, haud articulatis, ramulis brevibus terminatis, spiculis binis quinisve, superioribus saepissime effoetis, minoribus.*

Lappago Schreb. *gen. 131.* Host *gram. I. t. 36.* Sibth. *Fl. graec. t. 101.* Kunth *gram. 32. Agrost. 169.* Tragus Hall. *helv n. 1413.* Palis. *agrost. 23. t. 6. f. 13.* Nees *in Mart. Fl. Bras. II. 286.* Nazia Adans. *II. 31.*

787. Holboellia *WALL.* Flores monoeci v. polygami, racemosi. Spiculae uniflorae. Glumae 0. Paleae 2, lateraliter compressae, acute carinatae, carina cristatae, inferior (exterior?) bicristata, basi inflato-globosa, galeaeformis; superior (interior?) multo minor, unicristata, infra apicem dente valido instructa. Squamulae ... Stamina ... Ovarium ... Styli 2; stigmata plumosa. Caryopsis paleis induratis tecta, oblonga, subacuminata, basi superne gibba, inferne depressa. — *Gramen ex Indiae montibus relatum, radice fibrosa annua, culmis caespitosis, e basi decumbente erectis, foliosis, vaginatis, foliis planis rigidiusculis, undulatis, cartilagineo-marginatis, supremo subtendente racemum terminalem, simplicem, lineari-cylindraceum, multiflorum, rhachi stricta, scabriuscula, pedicellis sursum incrassatis, utrinque ciliatis, basi geniculatis articulatisque, florem unicum caput aviculae simulantem ferentibus.* — *Genus vix notum, an Leersiae affine?*

Holboellia Wallich *in Hook. misc. II. 144. t. 76.*

788. Latipes *KUNTH.* Spiculae uniflorae, quaternae ramo brevi complanato, apice bifido per paria insidentes, altera cujusvis paris tabescens, ad glumam redacta, spiculae contiguae glumam inferiorem constituens. Gluma superior (exterior in una, interior in altera cujusvis rami spicula fertili), coriacea, acuminata, canaliculata, tuberculato-echinata; inferioris loco spiculae contiguae tabescentis gluma superior. Paleae 2, gluma breviores, inferior ovata, naviculari-carinata, ciliata, membranacea, interdum infra apicem mucronata, superior dimidio brevior, lanceolata, hyalina. Squamulae 2, hyalinae, truncato-bilobae. Stamina 3. Ovarium sessile. Styli 2, terminales, distincti; stigmata pilosa, pilis simplicibus. Caryopsis oblonga, compressa, intra paleas libera. — *Gramen senegambicam, planifolium; racemo terminali, rhachi continua, ramis sparsis brevibus, complanatis, tandem reflexis.*

Latipes Kunth *gram. 33. t. 42.*

789. Echinolaena *DESV.* Spiculae biflorae, flore inferiore masculo, superiore hermaphrodito. Glumae 2, coriaceo-induratae, naviculari-concavae, inaequales, papilloso-pilosae, inferior saepius glabra. Masc. major. Paleae 2, subcoriaceae, muticae. Stamina 3. Hermaphr. Paleae 2, coriaceae, muticae, concavae, inferior superiorem binervem amplectens. Squamulae 2, collaterales, carnosulae, rotundatae v. truncato bi-trilobae. Stamina 3. Ovarium sessile. Styli 2, terminales, distincti; stigmata plumosa, pilis simplicibus. Caryopsis hinc plana, illinc convexa, paleis arcte inclusa. — *Gramina americana tropica, ramosa, diffusa; foliis planis, spicis terminalibus solitariis, basi geniculato-inflexis, spiculis sessilibus unilateralibus, vel spicis pluribus distantibus, spiculis pedicellatis.*

Echinolaena Desv. *Journ. Bot. III. 75.* Kunth *gram. 34.*

a) ECHINOLAENA *Kunth.* Spica solitaria. Spiculae unilaterales, sessiles. Glumae ambae papillosae, papillis piliferis.

Echinolaena Kunth *in Humb. et Bonpl. nov. gen. et spec. t. 38.* Cenchri sp. Rudg. *guian. t. 25.*

b) NAVICULARIA *Bertol.* Spicae plures, distantes. Spiculae pedicellatae. Gluma superior echinato-glochidata. Inferior glabra.

Navicularia Bertol. *in opusc. scientif. di Bologn. III. 408.* Raddi *agrost. bras. 38.* Panici sp. Nees, Trin. *ic. t. 157. 210. 216. 224.*

790. Thouarea *PERS* Spiculae biflorae, flore inferiore (interiore) in infimis cujusvis spicae spiculis masculo, superiore (exteriore) hermaphrodito, ambobus in spiculis superioribus masculis. Gluma superior (exterior) ovato-oblonga, concava, membranacea, floribus brevior, inferior deficiens. Masc. Paleae 2, membranaceae, inferior ovata, acuta, superiorem bicarinatam amplectens. Squamulae 2. Stamina 3. Hermaphr. Paleae 2, subaequales, chartaceae, muticae, inferior concava, superiorem binervem amplectens Squamulae 2, carnosae, truncato-subemarginatae. Stamina 3. Ovarium sessile, inter stylos in acumen productum. Styli 2, terminales, distincti; stigmata plumosa, pilis simplicibus, longis, densis. Caryopsis elliptica, compressiuscula, intra paleas libera. — *Gramina in Madagascaria, Nova Hollandia et Oceania tropica provenientia; culmis repentibus elongatis, ramis erectis simplicibus, foliatis, foliis planis, spica terminali solitaria, vagina aphylla spathaeformi velata, spiculis unilateralibus, uniseriatis, sessilibus, infimis fertilibus fractiferis, a rhachi canaliculata, coriacea, continua demum involutis.*

Thouarea Pers. *ench. I. 110.* Palis. *agrost. 127. t. 22. f. 9.* R. Brown *prodr. 197.* Kunth *gram. 34. t. 35. Agrost. 173.* Microthouarea Thouar. *gen. madagasc. n. 9.*

791. Spinifex *LINN.* Flores polygamo-dioeci, spiculis masculis solitariis, ad basim rhacheos elongato-subulatae; androgynis spicatis in distincta planta. Masc. Spiculae biflorae flores subaequales. Glumae 2, membranaceae, canaliculatae, superior paullo longior. Paleae 2, membranaceae, inferior oblonga, canaliculata, superior bicarinata, carinis ciliata. Squamulae 2, carnosae, integrae. Stamina 3. Androgyn. Spiculae biflorae, flore inferiore masculo v. neutro, superiore hermaphrodito. Glumae 2, subaequales membranaceae, ovatae, concavae. Masc. Paleae 2, membranaceae; stamina 3, nunc paleae inferioris et staminum abortu flos neuter. Hermaphr. Paleae 2, coriaceae, oblongae, concavae, inferior superiorem binervem amplectens. Squamulae 2, carnosae. Stamina 3, filamentis elongatis. Ovarium sessile. Styli 2, terminales, elongati, basi subcohaerentes; stigmata plumosa, pilis elongatis, simplicibus. Caryopsis oblonga, compressa, intra paleas libera. — *Gramina suffrutescentia, ramosissima, in Novae Hollandiae et rarius in Indiae orientalis littoribus arenosis repentia; spicis masculis ad basim rhacheos apice nudae, in acumen pungens productae, haud articulatae, umbellato congestis; femineis fasciculatis, fasciculis in capitulum congestis.*

Spinifex Linn. *mant. 300.* Palis. *agrost. 137. t. 25. f. 1.* Labill. *Nov. Holl. t. 230. 231.* R. Brown *prodr. 198.* Kunth *gram. 55. Agrost. 174.*

792. Neurachne *R. BR.* Spiculae biflorae, flore exteriore neutro, interiore hermaphrodito. Glumae 2, coriaceae, nervosae, acutae, hispidae, exterior paullo minor, fructiferae induratae. Neutr. Paleae 2, exterior glumis subsimilis. Hermaphr. Paleae 2, hyalino-membranaceae. Squamulae 2. Stamina 3. Ovarium sessile. Styli 2; stigmata plumosa. Caryopsis libera, e paleis delabens. — *Gramen perenne, in Novae Hollandiae littore australi observatum, culmo multiplici erecto, ad genicula sericeo-barbato, foliis planis, brevibus, spica terminali, ovata.*

Neurachne R. Brown *prodr. 196.* Kunth *gram. 56. Agrost. 175.*

TRIBUS IV. STIPACEAE Kunth *gram. 57.* Spiculae uniflorae. Palea inferior involuta, apice aristata et in fructu plerumque indurata; arista simplici v. trifida, saepissime torta et basi articulata. Ovarium stipitatum. Squamulae plerumque tres. — Mediante Oryzopsi et Piptathero Paniceis, imprimis Urochloae et Milio proximae; per Lasiagrostidem Deyeuxiae, Calamagrostidi et Avenae affines. *Kunth.*

793. Oryzopsis *RICH.* Spiculae uniflorae, flore breviter stipitato. Glumae 2, membranaceae, subaequales, flore paullo breviores. Paleae 2, coriaceae, subaequales; inferior convexa, marginibus involuta, apice aristata, arista simplici basi articulata, decidua; superior binervis. Squamulae 2, lanceolato-cultiformes, apice ciliatae. Stamina 3, antheris apice integris, piloso-barbatis. Ovarium brevissime stipitatum, apice puberulum. Styli 2, terminales; stigmata plumosa, pilis simplicibus. Caryopsis .... — *Gramen perenne, in America boreali indigenum; foliis planis, panicula depauperata, spiculis pedicellatis, haud articulatis.*

Oryzopsis Rich. *in Michx Fl. bor. Amer. I. 51. t. 9.* Palis. *agrost. t. 6. f. 5.* Nutt. *in Journ. Acad. nat. sc. Philadelph. III. 125. excl. sp.* Kunth *gram. 57. Agrost. 176.* Dilepyrum Raf. *in New-York Medic. Reposit. II. Hex. V. 350.*

794. Piptatherum *PALIS.* Spiculae uniflorae, flore sessili. Glumae 2, membranaceae, subaequales, muticae, flore paullo majores. Paleae 2, subcoriaceae, inferior convexa, superiorem binervem involvens, apice aristata; arista simplici, basi articulata, decidua. Squamulae 3, interior minor, difformis. Stamina 3, antherarum loculis apice distinctis, saepius barbatis. Ovarium stipitatum, glabrum. Styli 2, terminales, breves; stigmata intus plumosa, pilis simplicibus. Caryopsis elliptica, hinc convexa, illinc plana, sulcata, cum paleis decidua. — *Gramina perennia, in regione mediterranea et Asia media provenientia; culmis erectis, foliis planis, paniculis ramosis, diffusis, spiculis pedicellatis, sparsis.*

Piptatherum Palis. *agrost. 18. t. 5. f. 10.* Kunth *gram. 57. Agrost. 176.* Urachne Trin. *fund. 110.* Ledeb. *Fl. alt. t. 221.* Milii sp. Scop. Desf. Lapeyr. *Fl. pyren. t. 54.* Host *gram. I. t. 28.* Agrostidis sp. Linn. Host *III. 45.*

795. Lasiagrostis *LINK.* Spiculae uniflorae, flore breviter stipitato. Glumae 2, membranaceae, muticae, florem superantes, inferior paulo major. Paleae 2, membranaceae, inferior subcarinata, extus hirsuta, apice bifida, inter lobos aristata; arista simplici, basi haud articulata, vix torta, medio subgeniculata; superior brevior, involuta, binervis. Squamulae 3, subcultriformes, membranaceae, ovarii stipiti adnatae, interior lanceolata. Stamina 3, filamentis ovarii stipiti adnatis, antherarum loculis utrinque distinctis, apice barbatis, basi mucronatis. Ovarium stipitatum, apice glabro bilobum. Styli 2, terminales, breves; stigmata intus plumosa, pilis simplicibus. Caryopsis fusiformis, intus obsolete sulcata, intra paleas libera. — *Gramina in regione mediterranea et Asia media observata, elata; foliis planis, paniculis ramosis, diffusis.*

Lasiagrostis Link *Hort. berol. I. 99.* Kunth *gram. 58. Agrost. 177.* Arundo speciosa Schrad. *Fl. germ. t. 5. f. 8.* Calamagrostis speciosa Host *gram. IV. t. 45.*

796. Dichelachne *ENDL.* Spiculae uniflorae, flore breviter stipitato, stipitulo barbato. Glumae 2, membranaceae, acuminatae, florem aequantes, inferior paullo minor. Paleae 2, inferior membranacea, scabra, apice bifida, inter lobos aristata; arista simplici haud articulata, subtorta, medio curva; superior brevior, tenerrima, linearis, apice bidentata, dentibus inciso-denticulatis. Squamulae 3, subfalcatae, interior conformis, tenerior. Stamina 3, antherarum loculis utrinque distinctis, obtusis, imberbibus. Ovarium sessile. Styli 2, terminales, distincti; stigmata plumosa, pilis simplicibus. Caryopsis fusiformis, intra paleas libera. — *Gramen sesquipedale, ex insula Norfolk adlatum; foliis convolutis, panicula coarctata.*

Dichelachne Endl. *prodr. Fl. norf. p. 24.*

797. Macrochloa *KUNTH.* Spiculae uniflorae, flore stipitato. Glumae 2, membranaceae, lanceolatae, acutato-subulatae, concavae, trinerves, subaequales, flore majores. Paleae 2, membranaceae, extus sericeo-hirsutae, inferior quinquenervis, involuta, apice bifida, inter lobos aristata; arista simplici elongata, torta, basi articulata; superior binervis, apice bicuspidata. Squamulae 3, integrae, basi ovarii stipiti adnatae, exteriores subcarnosae, interior membranacea. Stamina 3, filamentis basi ovarii stipiti adnatis, antherarum lobis apice distinctis, barbatis. Ovarium stipitatum, apice glabro bilobum. Styli 2, brevissimi; stigmata intus plumosa, pilis simplicibus. Caryopsis . . . . — *Gramina in Europa mediterranea et occidentali indigena, elata; foliis convolutis, panicula ramosa, conferta v. divaricata.*

Macrochloa Kunth *gram. 58. Agrost. 178.* Stipa tenacissima Linn. Desf. *Fl. atl. t. 30.* Stipa arenaria Brot. *lusit. t. 7. 8.*

798. Stipa *LINN.* Spiculae uniflorae, flore stipitato, stipitulo vario. Glumae 2, membranaceae, canaliculatae, florem superantes, subaequales. Paleae 2, coriaceae, cylindraceo-involutae; inferior apice aristata, arista simplici torta, basi articulata; superior brevior, binervis. Squamulae 3, carnosae, ovarii stipiti basi adnatae, interior saepe difformis. Stamina 3, antherarum loculis apice plerumque barbatis. Ovarium stipitatum, glabrum. Styli 2, terminales, breves; stigmata plumosa, pilis simplicibus. Caryopsis teretiuscula, paleis arcte involuta. — *Gramina perennantia, in temperatis utriusque orbis obvia, inter tropicos rara; foliis planis v. convolutis, spiculis pedicellatis, paniculatis.*

Stipa Linn. *gen. n. 90.* Trin. *in nov. Act. Petropolit. VI. 1. p. 72. excl. sp.* Kunth *gram. 59. Agrost. 179.*

a) NASELLA *Trin.* Floris stipitulus planiusculus, brevissimus. Paleae oblongae.

Nasella Trin. *l. c. part.* Piptochaetium Presl *in Reliq. Haenk. I. 222. t. 37. f. 1.* Stipa trichotoma Nees. St. panicoides Lam. Kunth *t. 121. 122.*

b) ARISTELLA *Trin.* Floris stipitulus planiusculus. Paleae cylindraceae.

Aristella Trin. *l. c. part.* Sibth. *Fl. graec. t. 87.* Host *gram. IV. t. 34.* Cav. *ic. t. 467. f. 2.*

c) STIPA *Trin.* Floris stipitulus conicus. Paleae cylindraceae.

Stipa Trin. *l. c. part.* Host *gram. III. t. 5. IV. t. 33.* Jarava Ruiz et Pav.

799. Eriocoma *NUTT.* Spiculae uniflorae, flore subsessili. Glumae 2, membranaceae, inflato-gibbae, apice coarctatae, cuspidatae, florem superantes, subaequales. Paleae 2, coriaceae, villosae; inferior apice aristata, arista (brevi) simplici haud torta, basi articulata; superior brevior binervis. Squamulae 3. . . Stamina 3, antherarum loculis apice barbatis. Ovarium . . Styli 2, basi connati; stigmata plumosa. . . Caryopsis subglobosa. — *Gramen boreali-americanum; foliis involutis, spiculis longe pedicellatis, paniculatis.*

Eriocoma Nutt. *gen. I. 40.* Stipa membranacea Pursh.

800. Streptachne *R. BR.* Spiculae uniflorae, flore stipitato. Glumae 2, laxae, muticae. Paleae 2, inferior cylindraceo-involuta; arista terminali, basi torta, haud articulata. Squamulae. . . Stamina 3. . . Ovarium. . . Styli 2. . . stigmata plumosa. Caryopsis. . . — *Gramen in Nova Hollandia tropica indigenum, facie Aristidae v Stipae, a qua, monente generis auctore, arista haud articulata differt.*

Streptachne R. Brown *prodr. 174.* Kunth *gram. 60. Agrost. 180.*

801. Aristida *LINN.* Spiculae uniflorae, flore stipitato. Glumae 2, membranaceae, inaequales, inferior ut plurimum brevior. Paleae 2, inferior coriacea, tereti-involuta, apice aristata; arista tripartita v trifida, basi plerumque articulata; superior membranacea, minima, mutica. Squamulae 2, integrae. Stamina 3, filamentis basi ovarii stipiti adnatis. Ovarium stipitatum, glabrum. Styli 2, terminales, distincti, stigmata plumosa, pilis simplicibus. Caryopsis teres, intra paleas libera. — *Gramina in temperatis tropicisque totius orbis obvia, in America frequentiora; foliis involutis, spiculis pedicellatis, racemosis v. paniculatis.*

Aristida Linn. *gen. n. 94.* Kunth *gram. 61. Agrost. 187.*

a) CHAETARIA *Palis.* Arista tripartita, paleae continua.

Chaetaria Palis. *agrost. t. 8. f. 5. 6.* Nees *in Mart. Fl. Bras. II. 380.* — Curtopogon Palis. *agrost. t. 8. f. 7.* Aristida dichotoma Rich. Spreng. *in Mem. Acad. Petersb. 1810. II. t. 6.*

b) PSEUDACHNE. Aristae trifidae, paleae continuae, lobi laterales minimi.

Streptachne Kunth *in Humb. et Bonpl. nov. gen. et sp. I. 124. t. 40.*

c) ARTHRATHERUM *Palis.* Arista trifida, cum palea articulata.

Arthratherum Palis. *agrost. t. 8. f. 8. 9.* Aristida Palis. *t. 8. f. 10.* Kunth *gram. t. 171—174.* Vahl *symb. I. t. 3.* Desf. *Fl. atl. t. 35.* Kielbul Adans. *II. 31.*

802. Stipagrostis *NEES.* Spiculae uniflorae, flore stipitato. Glumae 2, membranaceae, subaequales (flore longiores). Paleae 2, inferior chartaceo-membranacea, tereti-involuta, apice emarginato-biloba, inter lobos aristata, arista trifida basi articulata; superior brevior, obtusa. Squamulae 2, membranaceae, spathulato-cochleariformes. Stamina. . . Ovarium. . . Caryopsis subcylindrica, hinc sulcata, intra paleam induratam libera. — *Gramen capense; foliis teretiusculis, spiculis pedicellatis, paniculatis.*

Stipagrostis Nees *in Linnaea VII. 291.* —? Aristida obtusa Del. *Fl. aegypt. t. 13. f. 2.*

TRIBUS V. AGROSTIDEAE Kunth *gram. 63.* Spiculae uniflorae, rarissime cum rudimento subulato floris secundi superioris. Glumae paleaeque duae, membranaceo-herbaceae; palea superior saepius aristata. Stigmata plerumque sessilia. Mediante Mühlenbergia Stipaceis affines. *Kunth.*

803. Mühlenbergia *SCHREB.* Spiculae uniflorae, flore sessili, basi barbato. Glumae 2, inaequales, flore plerumque breviores, muticae v. breviter aristatae. Paleae 2, herbaceae, demum induratae, inferior apice in aristam simplicem producta; superior bicarinata. Squamulae 2, membranaceae, integrae. Stamina 3, filamentis basi cum ovarii stipite connatis. Ovarium stipitatum, glabrum. Styli 2, terminales; stigmata plumosa, pilis simplicibus. Caryopsis teretiuscula, intra paleas libera. — *Gramina in America cis aequatorem in regionibus temperatis tropicisque obvia, trans aequatorem admodum rara; culmis caespitosis, saepe ramosis, spiculis pedicellatis, haud articulatis, paniculatis.*

Mühlenbergia Schreb. *gram. II. t. 30. 51.* Trin. *unifl. t. 5.* Kunth *agrost. 198.* Podosaemum Kunth *in Humb. et Bonpl. nov. gen. et sp. t. 681—683.* Trichochloa Trin. *fund. 117.* Roem. et Schult. *syst. II. 18.* Dilepyrum Michx. *Fl. bor. Amer. I. 40.* Cleomena Palis. *agrost. 28. t. 7. f. 10.* Brachyelytrum Palis. *agrost. 39.*

804. Lycurus *H. R. K.* Spiculae geminae, uniflorae, flore sessili; hermaphrodita pedicellata, et mascula sessilis, minor, caeterum conformis. Glumae 2, subaequales, flore breviores, inferior apice in aristas 2—3 producta; superior apice bidentata, inter dentes in aristam producta. Paleae 2, inferior apice in aristam producta, superior mutica, binervis. Squamulae 2, truncatae. Stamina 3. Ovarium sessile. Styli 2, terminales; stigmata plumosa, pilis simplicibus, denticulatis. Caryopsis intra paleas libera. — *Gramina mexicana; culmis ramosis, foliis linearibus planis, spicis terminalibus simplicibus, rhachi continua.*

Lycurus Kunth *in Humb. et Bonpl. nov. gen. et sp. I. 142. t. 45. Gram. 64. Agrost. 203.*

805. Coleanthus *SEID.* Spiculae uniflorae. Glumae 0. Paleae 2, membranaceae, inferior ovata, uninervis, carinata, apice in acumen aristaeforme producta; superior dimidio brevior, binervis, bicarinata, apice acute biloba. Squamulae 0. Stamina 2. Ovarium sessile; stigmata 2, sessilia, elongata, denticulis subulatis obsita. Caryopsis oblonga, teretiuscula, basi paleis stipata. — *Gramen pusillum, annuum, in paludosis Bohoemiae vivens; culmis filiformibus, foliis linearibus, canaliculatis, subfalcatis, vagina inflata, paniculis terminalibus, subsimplicibus, spiculis pedicellatis, subfasciculatis.*

Coleanthus Seidel *apud Röm. et Schult. syst. II. 11.* Kunth *gram. 65. Agrost. 204.* Schmidtia Tratt. *Fl. austr. I. 12. t. 451.* Sternb. *in Flora 1819. t. 1.* Willibalda Sternb. *l. c.*

806. Phippsia *R. BR.* Spiculae uniflorae. Glumae 2, membranaceae, concavae, muticae, nanae, inaequales; inferior minima, enervis, interdum evanescens, superior obsolete uninervis. Paleae 2, membranaceae, muticae, inferior concava, obsolete trinervis, acutiuscula; superior nonnihil brevior, binervis, bicarinata, apice tri-quadridentata. Squamulae 2, minimae, membranaceae, integrae. Stamina 1—3. Ovarium sessile; stigmata 2, sessilia, pilosa. Caryopsis oblonga, teres. — *Gramen arcticum, hygrobium, pusillum, caespitosum, glabrum; culmis erectis basi subramosis, foliis linearibus planis, panicula simplici, ramis pedicellisque semiverticillato-fasciculatis, spiculis pedicellatis, pedicello continuis.*

Phippsia Trin. *in Spreng. N. E. II. 37.* R. Brown *suppl. to Parrys voy. 285.* Kunth *gram. 65. Agrost. 204.* Agrostis algida Wahl. *Fl. lapp. t. 1.* Fl. dan. *t. 1515.* Vilfae sp. Trin. *ic. t. 83. 84.*

807. Colpodium *TRIN.* Spiculae uniflorae, flore subsessili, accedente interdum floris alterius superioris rudimento setuliformi. Glumae 2, membranaceae, acutae, subcarinato-concavae, superior paullo major, flore brevior. Paleae 2, membranaceae, apice hyalinae; inferior carinato-concava, trinervis, apice rotundato-emarginata, dorso interdum mucronato-subaristata; superior nonnihil brevior, concava, apice rotundata, binervis. Squamulae 2, laterales, semibifidae, membranaceae, ovarium aequantes. Stamina 3. Ovarium sessile. Styli 2, terminales, brevissimi; stigmata dense plumosa, pilis imbricato-papillosis, integris bi-trifidisque. Caryopsis. . . . — *Gramina glabra, pusilla, in Asia et America arctica, nec non in summis Asiae mediae alpibus hucdum reperta, foliis planis, paniculae coarctatae ramis semiverticillatis, spiculis pedicello continuis.*

Colpodium Trin. *fund. 119. f. 7.* R. Brown *suppl. to Parrys voy. 286.* Kunth *gram. 66. Agrost. 205.* Ledeb. *Fl. alt. t. 226.* Agrostis versicolor Stev.

808. Cinna *LINN.* Spiculae uniflorae, flore pedicellato v. sessili, accedente interdum floris alterius superioris rudimento stipitiformi. Glumae 3, carinatae v. convexae, flore breviores. Paleae 2, inferior acuta, apice v. infra apicem mucronato-aristata, superior binervis. Squamulae 2. Stamina 1—3. Ovarium sessile. Styli 2, terminales, brevissimi; stigmata elongata, plumosa, pilis simplicibus. Caryopsis libera. — *Gramina planifolia, ramosa, in America cis aequatorem, nonnulla e genere fortassis melius eliminenda in Nova Hollandia viventia; paniculis confertis, interdum spicaeformibus, spiculis pedicello continuis.*

Cinna Linn. *gen. n. 15.* Abola Adans. *fam. II. 31.*

a) CINNA. Glumae carinatae. Flos pedicellatus. Paleae basi nudae, inferior infra apicem mucronata. Panicula conferta. *Boreali-Americanae.*

Cinna arundinacea Linn. *Schreb. gram. t. 49.* Palis. *agrost. 31. t. 7. f. 12.*

b) EPICAMPES *Presl.* Glumae convexae. Flos sessilis. Paleae basi pilosae, inferior paullo infra apicem aristata. Panicula spicaeformis. *Mexicanae.*

Epicampes Presl. *in Reliq. Haenk. I. 238. t. 39.* Agrostis pubescens et lanata Humb.

c) ECHINOPOGON *Palis.* Glumae carinatae. Flos subsessilis. Paleae basi pilosae, inferior infra apicem aristata, superior basi rudimento setuliformi floris alterius aucta. Panicula ovata, spicaeformis. — *Australasicae.*

Echinopogon Palis. *agrost. 40. t. 9. f. 5.* Agrostis ovata Forst. Labill. *Nov. Holl. t. 21.*

809. Sporobolus *R. BR.* Spiculae uniflorae. Glumae 2, carinatae, inferior minor. Paleae 2, muticae, inferior acutiuscula; superior minor, bicarinata. Squamulae 2. Stamina 2—3. Ovarium sessile. Styli 2, terminales; stigmata plumosa, pilis simplicibus. Caryopsis libera (epicarpio laxo, solubili.) — *Gramina in regionibus tropicis subtropicisque totius orbis obvia, in temperatis rarissima; paniculis diffusis v. spicato-confertis, spiculis pedicellatis, minutis.*

Sporobolus R. Brown *prodr. 170.* Palis. *agrost. 26. t. 6. f. 11. Fl. owar. t. 80.* Kunth *gram. 67. t. 45. 46. 123—127. Agrost. 209.* Brongn. *in Duperr. voy. t. 4.* Heleochloa Palis. *agrost. 24.* Agrosticula Raddi *agrost. bras. 33. t. 1. f. 2.* — Calotheca Steudel *in Flora 1829. p. 488.* Agrostidis sp. Schreb. *gram. t. 27. f. 3.* Jacq. *ic. rar. t. 26.* Cav. *ic. t. 114.* Delil. *aegypt. t. 10.* Labill. *Nov. Holl. t. 23.* Vilfae sp. Auct. Kunth. *in Humb. et Bonpl. n. g. et sp. t. 684. 685.* Trinc. *ic. t. 10—12. 13. 24. 47. 48. 56—60.*

810. Agrostis *LINN.* Spiculae uniflorae, interdum floris superioris pedicello accedente. Glumae 2, subaequales, carinatae, muticae, flore majores. Paleae 2, inferior mutica v. dorso aristata, superior bicarinata, interdum minima v. plane obliterata. Squamulae 2, subintegrae. Stamina 3. Ovarium glabrum. Stigmata 2, subsessilia, plumosa. Caryopsis libera. — *Gramina caespitosa, in regionibus temperatis et frigidiusculis totius orbis obvia, in calidioribus admodum rara; culmis simplicibus v. ramosis, foliis planis aut interdum involutis, paniculis diffusis v. rarius contractis, ramis fasciculato-verticillatis.*

Agrostis Kunth *gram. 68. Agrost. 217.* Agrostis, Apera, Trichodium, Vilfa Auct.

a) AGROSTIS. Floris superioris rudimentum nullum.

Agrostis Host *gram. IV. t. 49—58.* Trin. *ic. t. 25—36.* Kunth *gram. t. 128—130. 169.*

b) ANEMAGROSTIS. Floris superioris pedicellus ad basim paleae superioris.

Anemagrostis Trin. *fund. 118.* Apera Palis. *agrost. 31.* (Host. *gram. III. t. 47.*)

811. Gastridium *PALIS.* Spiculae uniflorae. Glumae 2, subaequales, basi ventricosae, flore multo majores, clausae. Paleae 2, inferior apice truncato-dentata, mutica v. infra apicem aristata, superiorem binervem, bicarinatam amplectens. Squamulae 2, integrae, ovario majores. Stamina 3. Ovarium sessile; stigmata 2, subsessilia, plumosa. Caryopsis elliptica, compressiuscula, intra paleas libera. — *Gramina mediterranea, annua; foliis planis, paniculis contractis, spicaeformibus, spiculis pedicellatis, pedicellis clavatis, compressiusculis.*

Gastridium Palis. *agrost. 21. t. 6. f. 6.* Kunth *gram. 71. Agrost. 230.* Milium lendigerum Schreb. *gram. I. t. 23. f. 3.* Host *gram. III. t. 24.* Sibth. *Fl. graec. t. 65.* Agrostis australis Linn.

812. Nowodworskya *PRESL.* Spiculae uniflorae. Glumae 2, subaequales acutato-mucronatae, carinatae, carina pectinato-spinulosae, flore multo majores, basi clausae, apice patulae. Paleae 2, inferior ovata, apice truncata, mucronato-dentata, infra apice, aristata, arista caduca; superior multo minor, enervis, concava, apice truncata, denticulata. Squamulae 2, subcultriformes, ovarium superantes. Stamina 3. Ovarium sessile; stigmata 2, subsessilia, plumosa. Caryopsis hinc convexa, inde plana, intra glumas paleasque libera. — *Gramen chilense; foliis planis, panicula interrupte glomerata, spiculis fasciculatis, pedicello hispidulo clavato continuis.*

Nowodworskya Presl *in Reliq. Haenk. I. 351. t. 40.* Raspailia Presl *op. cit. p. 239.* — Chaetotropis Kunth *gram. 72. t. 47. Agrost. 231.*

813. Polypogon *DESF.* Spiculae uniflorae. Glumae 2, subaequales, carinatae, aristatae, flore multo majores. Paleae 2, inferior apice truncato-emarginata, sub apice aristata v. mutica; superior bicarinata. Squamulae 2, subfalcatae, ovarium superantes. Stamina 3. Ovarium sessile. Stigmata 2, subsessilia, plumosa. Caryopsis obovato-elliptica, intra paleas libera. — *Gramina annua, in littoribus temperatis utriusque hemisphaerii provenientia; foliis planis, paniculis ramosissimis, saepe contractis spicaeformibus, spiculis pedicello continuis.*

Polypogon Desf. *Fl. atl. I. 66.* Palis. *agrost. 17. t. 6. f. 8.* Panz. *Ideen 29. t. 9. f. 2. a. d.* Kunth *in Humb. et Bonpl. nov. gen. et sp. t. 44. Gram. 72. Agrost. 232.* Santia Savi *in Memor. matemat. d. soc. ital. VIII. 2. 479.* Alopecuri sp. Linn. Phlei sp. Schreb. Sibth. *Fl. graec. t. 62.*

814. Chaeturus *LINK.* Spiculae uniflorae. Glumae 2, subaequales, inferior aristata, superior acuta, flore paullo majores. Paleae 2, muticae, inferior superiorem multo minorem involvens. Squamulae 2, integrae, ovarium superantes. Stamina 3. Ovarium sessile; stigmata 2, subsessilia, plumosa. Caryopsis. . . — *Gramen ibericum, caespitosum, planifolium; panicula simplici, spiculis in apice ramorum geminis v. ternis, sessilibus.*

Chaeturus Link *in Schrad. Journ. 1796. II. 313.* Palis. *agrost. 15. t. 5. f. 7.* Panz. *Ideen 29. t. 9. f. 1. a—d.* Kunth *gram. 73. Agrost. 234.* Polypogon subspicatus Willd.

815. Aegopogon *WILLD.* Spiculae uniflorae, flore stipitato; geminae v. ternae, laterales saepe tabescentes v abortu masculae. Glumae 2, subaequales, apice bifidae, aristatae, flore breviores. Paleae 2, inferior trinervis, apice triaristata, superior binervis, apice biaristata. Squamulae 2, subbilobae. Stamina 3. Ovarium sessile. Styli 2, terminales; stigmata plumosa. Caryopsis libera. — *Gramen americanum tropicum; culmis caespitosis, ramosis, foliis planis, spicis secundis, rhachi continua.*

Aegopogon Willd. *sp. IV. 899.* Kunth *in Humb. et Bonpl. nov. gen. et sp. I. 132. t. 42. 43. Gram. 73. Agrost. 235.*

816. Pereilema *PRESL.* Spiculae uniflorae, flore sessili, basi piloso; binae v. quaternae involucro e setis pedicelli apicem obsidentibus involucratae. Glumae 2, subaequales, carinatae, apice bifidae, inter lacinias aristatae, flore breviores. Paleae 2, superior trinervis, apice aristata; inferior binervis, acuta. Squamulae. . . Stamina 3. . . Ovarium. . . Caryopsis. . . — *Gramen panamense, annuum; foliis planis, panicula spicaeformi interrupta, spiculis glomerato-congestis.*

Pereilema Presl *in Reliq. Haenk. I. 233. t. 37.*

TRIBUS VI. ARUNDINACEAE Kunth *gram. 73.* Spiculae nunc uniflorae, cum v. absque rudimento flosculi superioris, nunc multiflorae. Flores plerumque pilis longis mollibus obsiti v. basi cincti. Glumae et paleae duae, membranaceo-herbaceae, illae saepe flores aequantes v. superantes, ex his inferior aristata v. mutica. Gramina plerumque elata. *Kunth.*

817. Calamagrostis *ADANS.* Spiculae uniflorae, flore sessili, basi pilis longis stipato. Glumae 2, subaequales, canaliculatae, acutatae vel subulatae, florem longe superantes. Paleae 2, inferior apice v. infra apicem aristata, rarissime mutica; superior binervis. Squamulae 2, integrae. Stamina 3. Ovarium sessile; stigmata 2, subsessilia, pilosa. — *Gramina in Europa et Asia media indigena, elata, planifolia; panicula ramosa.*

Calamagrostis Adans. *fam. II. 31.* Roth *Fl. germ. V. 34.* Palis. *agrost. 15.* Schrad. *Fl. germ. t. 4. f. 1—4.* Trin. *unifl. t. 4. f. 2.* Host *gram. IV. t. 42. 44. 47.* Arundinis sp. Linn.

818. Deyeuxia *CLAR.* Spiculae uniflorae, flore inferiore hermaphrodito sessili, basi barbato, superiore ad pedicellum plumosum redacto. Glumae 2, subaequales, canaliculatae, muticae, florem subsuperantes. Paleae 2, inferior dorso aristata, arista torta; superior bicarinata. Squamulae 2, inaequaliter bilobae. Stamina 3. Ovarium sessile. Styli 2, breves; stigmata plumosa Caryopsis libera. — *Gramina planifolia, ramose paniculata, in temperatis et frigidiusculis totius orbis reperta, in America tropica alpicola.*

Deyeuxia Clarion *apud Palis. agrost. t. 10. f. 9. 10.* Kunth *in Humb. et Bonpl. nov. gen. et sp. t. 46. 686. Agrost. 239.* Calamagrostidis sp. Host *IV. t. 46. 48. 49.* Trin. *unifl. t. 4. f. 10—12.* Lachnagrostis Trin. *fund. 128.*

819. Pentapogon *R. BR.* Spiculae uniflorae, flore stipitato, basi barbato. Glumae 2, subaequales, carinatae, muticae, flore minores. Paleae 2, inferior apice quadridentata, quinquearistata, arista intermedia majore tortili; superior minor, mutica. Squamulae. . . Stamina 3. Ovarium sessile. Stigmata 2, sessilia, plumosa. Caryopsis. . . . — *Gramen in insula Diemen indigenum; foliis planis, spiculis paniculatis.*

Pentapogon R. Brown *prodr. I. 173.* Kunth *gram. 76. Agrost. 239.* Agrostis quadrifida Labill. *Nov. Holl. t. 22.* Palis. *agrost. t. 8. f. 11.*

820. Ammophila *HOST.* Spiculae biflorae, flore inferiore hermaphrodito, stipitato, basi barbato, superiore ad pedicellum plumosum redacto Glumae 2, aequilongae, inferior uni-superior trinervis, carinatae, muticae, flore majores. Paleae 2, inferior carinata, quinquenervis, infra apicem bifidum mucronata v. breviter aristata; superior bicarinata. Squamulae 2, lanceolatae, acuminatae, ovario multo longiores. Stamina 3. Ovarium sessile; stigmata 2, sessilia, plumosa. Caryopsis libera. — *Gramina in littoribus arenosis Europae et Americae borealis repentia; foliis convolutis, panicula coarctata spicaeformi.*

Ammophila Host *gram. IV. t. 41.* Kunth *gram. 77. Agrost. 245.* Psamma Palis. *agrost. t. 6. f. 1.* Arundo arenaria Linn. Fl. dan. *t. 917.* E. B. *t. 520.* Amagris Raf. *in Journ. Phys. LXXXIX. 262.*

821. Arundo *LINN.* Spiculae bi-quinqueflorae, floribus distichis, remotiusculis, hermaphroditis, summo tabescente. Glumae 2, subaequales, canaliculato-carinatae, acutatae, int r se remotae. Paleae 2, inferior apice bifida, inter lobos subulatos breviter aristata, extus, imprimis basi sericeo-pilosa; superior brevior, bicarinata. Squamulae 2, carnosae. Stamina 3. Ovarium sessile, glabrum. Styli 2, terminales, elongati; stigmata plumosa. Caryopsis libera. — *Gramina hygrobia, elata, interdum frutescentia, in temperatis et calidis totius orbis modico specierum numero obvia; foliis planis, paniculis ramosissimis, diffusis.*

Arundo Linn. *gen. n. 93. excl. sp.* Kunth *gram. 78. t. 48. 49. Agrost. 246.* Host. *gram. IV. t. 38.* — Donax Palis. *agrost. 79. t. 16. f. 5. excl. sp.* Scolochloa Koch *Fl. germ.* — Trichoon Roth *catalect. II. 2.*

822. Ampelodesmos *LINK.* Spiculae bi-quadriflorae, floribus distichis, remotiusculis, hermaphroditis, summo tabescente. Glumae 2, subaequales, canaliculato-carinatae, subulatae. Paleae 2, inferior acutata, extus sparsim pilosa; superior brevior, bicarinata, apice breviter bifida. Squamulae 2, lanceolatae, ciliatae. Stamina 3. Ovarium sessile, apice pilosum. Styli 2, terminales, breves; stigmata plumosa. Caryopsis libera. — *Gramen elatum, Africam et Europam mediterraneam incolens; foliis involutis subulatis, paniculis ramosissimis, laxis.*

Ampelodesmos Link *Hort. berol. I. 136.* Kunth *gram. 79. Agrost. 249.* Arundo tenax Vahl. Cyrill. *neap. II. t. 12.* — ? Brongn. *ad Duperr. t. 6.*

823. Graphephorum *DESV.* Spiculae bi-quinqueflorae, floribus distichis, remotiusculis, hermaphroditis, summo tabescente. Glumae 2, carinatae, acutae, superior major. Paleae 2, pilis rhacheos involutae, inferior concava, acuta; superior brevior, bicarinata, carinis ciliatis. Squamulae 2, inaequaliter bilobae. Stamina 3. Ovarium sessile. Styli 2, terminales, brevissimi; stigmata plumosa. Caryopsis libera. — *Gramen boreali americanum; foliis planis, scabriusculis, panicula subsimplici, coarctata.*

Graphephorum Desv. *Journ. Bot. I. 71.* Palis *agrost. 77. t. 15. f. 8.* Kunth *gram. 79. Agrost. 250.* Agrostis melicoides Michx.

824. Phragmites *TRIN.* Spiculae tri-sexflorae, floribus distichis, remotiusculis, infimo masculo, reliquis hermaphroditis. Glumae 2, carinatae, acutae, superior major (interdum monandra). Paleae 2, inferior elongata, angustato-subulata; superior bicarinata. Squamulae 2, integrae. Stamina 3. Ovarium sessile. Styli 2, terminales, elongati; stigmata plumosa. Caryopsis libera — *Gramina elata, potamobia, latissime per omnes regiones temperatas diffusa; foliis latis, planis, paniculis ramosissimis, diffusis.*

Phragmites Trin. *fund. 134.* Kunth *gram. 80. t. 50. Agrost. 250.* Czernya Presl *gram. sicul. 22.* Arundo Phragmites Linn. Host *gram. IV. t. 39.*

825. Amphidonax *NEES.* Spiculae bi-triflorae, geminatae, abortu polygamo-monoicae, floribus subsessilibus. Glumae 2, carinatae, acutae, superior major. Paleae 2, basi hirsutae, inferior acuminato-subulata, superior obtusa. Squamulae 2, bilobae. Stamina 3. Ovarium sessile. Styli 2, terminales, elongati; stigmata aspergilliformia. Caryopsis libera. — *Gramen bengalense; foliis angustis demum complicatis subuliformibus; panicula ramosa, diffusa.*

Amphidonax Nees ex Lindl. *introduct. ed. II. p. 449.*

826. Gynerium *H. B. K.* Spiculae biflorae, dioecae, flore altero sessili, altero pedicellato. Masc. Glumae 2, carinatae, acutae, superior triente longior. Paleae 2, glabrae, inferior acutata, uninervis; superior brevior, bicarinata, mutica. Squamulae 2, collaterales, minutae. Stamina 2—3. Fem. Glumae 2, canaliculatae, apice angustato-subulatae, superior triplo longior. Paleae 2, inferior angustato-subulata, basi pilosa; superior multo minor, bicarinata, carinis pectinato-ciliatis. Squamulae 2, integrae, ciliatae. Stamina 2, effoeta. Ovarium sessile. Styli 2, terminales; stigmata plumosa. Caryopsis. . . . — *Gramina americana tropica; culmis elatis, caespitosis, foliis elongatis, spinuloso-serrulatis, paniculis ramosissimis, diffusis.*

Gynerium Humb. et Bonpl. *pl. aequinoct. t. 115.* Palis. *agrost. 138. t. 24. f. 6.* Nees *in Mart. Fl. Bras. II. 461.* Kunth *gram. 80. Agrost. 251.*

TRIBUS VII. PAPPOPHOREAE Kunth *gram. 82.* Spiculae bi-multiflorae, superiores tabescentes. Glumae paleaeque duae, membranaceo-herbaceae. Palea inferior trimultifida, laciniis subulato-aristatis. Inflorescentia capitato-spicata v. paniculata. *Kunth.*

827. Amphipogon *R. BR.* Spiculae uniflorae, flore sessili v. stipitato, glumas superante. Glumae 2, concavae, muticae, inferior brevior. Paleae 2, inferior tri-superior bifida, laciniis lanceolatis, subulato-aristatis, aristis rectis, subaequalibus. Squamulae 2, integrae. Stamina 3. Ovarium sessile. Styli 2, terminales, basi subconnati; stigmata pilosa. Caryopsis . . . . — *Gramina Novam-Hollandiam extratropicam incolentia, caespitosa; foliis setaceis, floribus spicatis, saepius capituliformibus, spiculis extimis sterilibus verticillatis, involucrantibus.*

Amphipogon R. Brown *prodr. 175.* Kunth *gram. 82. Agrost. 252.* Aegopogonis sp. Palis.

828. Diplopogon *R. BR.* Spiculae uniflorae, flore stipitato, glumis recluso. Glumae 2, subaequales, laxae, aristatae (hirsutae). Paleae 2, inferior apice triaristata; arista intermedia dissimili, tortili, interiorem biaristatam involvens. Squamulae 2, integrae. Stamina 3. Ovarium sessile. Styli 2, terminales, basi connati; stigmata plumosa. Caryopsis. . . . . — *Gramen e Novae Hollandiae ora meridionali relatum; culmis caespitosis, foliis setaceis, spica ovata subcapitata, spiculis extimis sterilibus verticillatis, involucrum praebentibus.*

Diplopogon R. Brown *prodr. 176.* Kunth *gram. 83. Agrost. 253.* Dipogonia Palis. *agrost. 125.*

829. Trirhaphis *R. BR.* Spiculae trimultiflorae, floribus distichis, infimis hermaphroditis, reliquis abortu masculis v. neutris. Glumae 2, aequales, muticae. Paleae 2, inferior apice trifida, laciniis subulato-aristatis, elongatis, rectis, intermedia longiore; superior bicarinata, mutica. Squamulae 2, obovato-cuneatae. Stamina 3. Ovarium sessile. Styli 2, terminales; stigmata plumosa. Caryopsis. . . . — *Gramina in Nova Hollandia tropica et Africa media indigena; spiculis paniculatis.*

Trirhaphis R. Brown *prodr. 185.* Palis. *agrost. 83.* Kunth *gram. 83. Agrost. 253.*

830. Pappophorum *SCHREB.* Spiculae bi-quadriflorae, flore infimo hermaphrodito, reliquis tabescentibus. Glumae 2, muticae, flores superantes, inferior brevior. Paleae 2, inferior apice in aristas 9—13, subulatas, rectas producta; superior longior, bicarinata. Squamulae 2, truncatae. Stamina 2—3. Ovarium sessile. Styli 2, terminales; stigmata plumosa. Caryopsis intra paleas libera. — *Gramina in regionibus tropicis subtropicisque provenientia; foliis planis, paniculis coarctatis, spicaeformibus.*

Pappophorum Schreb. *gen. n. 1715.* Kunth *gram. 83. t. 51. Agrost. 254.* Nees *in Mart. fl. bras. II. 410.*

a) ENNEAPOGON *Desv.* Spiculae biflorae. Glumae tri-septemnerves. Paleae inferioris aristae novem, plumosae. — *Species potissimum australasicae, paucae capenses, una ex Arabia felici dubia.*

Enneapogon Desv. *in Journ. Bot. III. 70.* Palis. *agrost. t. 16. f. 11.*

b) POLYRHAPHIS *Trin.* Spiculae tri-quadriflorae. Glumae uninerves. Paleae inferioris aristae subtredecim, denticulatae. — *Americanae tropicae.*

Polyrhaphis Trin. *in Act. Petrop. VI. 1. p. 5.* (Palis. *agrost. t. 17. f. 1.* Vahl *symb. III. t. 51.* Kunth *gram. t. 131. 132.*)

c) EURHAPHIS *Trin.* Spiculae sexflorae. Glumae. . . Paleae inferioris aristae in flore infimo quinque, in secundo septem, in reliquis novem. — *Species unica e Persia, an revera hujus generis?*

Eurhaphis Trin. *l. c.* P. Pumilio Trin.

831. Cottaea *KUNTH.* Spiculae sex-novemflorae, floribus distichis, distantibus, hermaphroditis, summo tabescente. Glumae 2, concavae, apice trilobae, lobis acutato-mucronatis, superior paullo minor, apice interdum integra. Paleae 2, inferior apice quinquefida, in aristas subundenas, rectas, inaequales producta; superior bicarinata, apice bifida, lobis acute mucronatis. Squamulae 2, subdolabriformes. Stamina 3. Ovarium sessile. Styli 2, terminales; stigmata plumosa. Caryopsis intra paleas libera, (epicarpio membranaceo, solubili). — *Gramen peruvianum, planifolium, ramosum; paniculae ramosae ramis diffusis, spiculis breviter pedicellatis, sparsis, subracemosis.*

Cottaea Kunth *gram. 84. t. 52. Agrost. 256.*

832. Echinaria *DESF.* Spiculae biflorae, flore superiore pedicellato, saepe tabescente, v. ad pedicellum redacto. Glumae 2, carinatae, inferior biaristata, superior longior, uniaristata; aristis rectis, subulatis, interdum evanescentibus. Paleae 2, inferior concava, apice quinquefida, laciniis subulatis, rigidis, divaricatis, intermedia majore, marginibus tenuiter membranaceis, crenatis, superiorem apice bifido-subulatam amplectens. Squamulae 2, subdolabriformes. Stamina 3. Ovarium sessile, apice pilosum. Styli 2, terminales, elongati; stigmata glabra. Caryopsis intra paleas libera. — *Gramen mediterraneum, annuum; culmis caespitosis simplicibus, foliis planis, spicis capitato-subglobosis.*

Echinaria Desf. *Fl. atl. II. 385.* Palis. *agrost. 83. t. 17. f. 2.* Kunth *gram. 84. Agrost. 256.* Cenchrus capitatus Linn. Sibth. *Fl. graec. t. 100.* Sesleriae sp. Host *gram. III. t. 8.* Panicastrella Mönch *meth. 206.*

833. Cathestecum *PRESL.* Spiculae ternae, laterales inferiores sessiles, biflorae, intermedia pedicellata quadriflora; floribus omnibus hermaphroditis. Spiculae laterales: Glumae 2, lineari-lanceolatae, subcarinatae, setoso-hispidae, inferior major (colorata). Paleae 2, inferior ovata, apice bifida, inter lacinias et utroque margine aristata, aristis rectis, plumosis; superior multo minor, obtusa, binervis, nervis marginalibus, sub apice in mucronem excurrentibus. Squamulae . . Stamina 3. Ovarium sessile. Styli 2, terminales, elongati. Caryopsis . . . . . Spicula intermedia. Glumae 2, oppositae, inferior apice bifida, inter lacinias aristata, superior brevior, apice emarginata, sinu aristata; aristis plumosis. Paleae 2, inferior quadrifida, inter lacinias aristata, aristis ternis plumosis; superior et genitalia ut in spiculis lateralibus. — *Gramen mexicanum, prostratum, ramosum, radicans; foliis planis, spicis pedunculatis, subsecundis, paucifloris.*

Cathestecum Presl *in Reliq. Haenk. I. 295. t. 42.*

TRIBUS VIII. CHLORIDEAE Kunth *gram. 86.* Spiculae in spicis unilaterales, uni-multiflorae; floribus superioribus tabescentibus. Glumae et paleae duae, membranaceo-herbaceae, hae muticae v. aristatae, illae in rhachi persistentes, antica altius inserta. Spicae digitatae v. paniculatae, rarissime solitariae. Rhachis continua, haud articulata. *Kunth.*

834. Microchloa *R. BR.* Spiculae uniflorae, flore sessili. Glumae 2, oblongae, acutiusculae, muticae, subaequales, inferior subcarinata. Paleae 2, hyalinae, extus pilosae, inferior late ovata, truncata, submucronata, mucrone membranaceo, concava, trinervis; superior bicarinata. Squamulae 2, paleae superiori semiadnatae. Stamina 2—3. Ovarium sessile. Styli 2, terminales; stigmata plumosa. Caryopsis . . . . — *Gramen pusillum, caespitosum, inter tropicos totius orbis repertum; foliis angustis, complicato-falcatis, spica terminali solitaria, falcata, spiculis unilateralibus subbiseriato-imbricatis.*

Microchloa R. Brown *prodr. 208.* Palis. *agrost. 115. t. 20. f. 8.* Kunth *in Humb. et Bonpl. nov. gen. et sp. t. 22. Gram. 86. Agrost. 258.* Nees *in Mart. Fl. Bras. II. 441.* Nardus indica Linn. Rottboella setacea Roxb. *corom. t. 132.*

835. Schoenefeldia *KUNTH.* Spiculae uniflorae, flore sessili, basi barbato. Glumae 2, subaequales, acutato-subulatae, carinatae. Paleae 2, inferior sub apice elongato-aristata, concava; superior canaliculata, dorso ciliata. Squamulae 2, minimae. Stamina . . . Ovarium . . . Caryopsis fusiformis, libera, (epicarpio diaphano, solubili). — *Gramen senegambicum; foliis angustis, involuto-filiformibus, spicis terminalibus solitariis ternisve, sessilibus, spiculis biseriatis, glumis persistentibus.*

Schoenefeldia Kunth *gram. 86. t. 53. Agrost. 258.*

836. Cynodon *RICH.* Spiculae uniflorae, flore inferiore hermaphrodito sessili, superiore ad pedicellum subuliformem redacto, interdum deficiente. **Glumae 2**, carinatae, muticae, subinaequales, superior inferiorem amplectens. **Paleae 2**, inferior carinata, acuta, mutica v. sub apice mucronata, superior bicarinata. **Squamulae 2**, carnosae, plerumque connatae. **Stamina 3.** **Ovarium** sessile. **Styli 2**, terminales; **stigmata** plumosa. **Caryopsis** libera. — *Gramina ut plurimam tropica, nonnulla per totam fere orbem diffusa, repentia, ramosa; foliis planis, spicis digitatis, geminatis racemosisve, spiculis unilateralibus.*

Cynodon Rich. *in Pers. ench. I. 85.* Palis. *agrost. 37. t. 9. f. 1.* Kunth *gram. 87. t. 133. Agrost. 259.* Digitaria Juss. *gen. 29.* Fibigia Köel. *gram. 308.* Capriola Adans. *II. 31.* Cabrera Lagasc. *diagn. 5.* Panici sp. Linn. Host *gram. II. t. 18.* Sibth. *Fl. graec. t. 60.*

837. Dactyloctenium *WILLD.* **Spiculae** bi-multiflorae, floribus distichis, hermaphroditis, summo tabescente. **Glumae 2**, carinato-compressae, flore breviores, superior aristata, inferiorem muticam amplectens. **Paleae 2**, inferior carinato-navicularis, acutato-mucronata, superior bicarinata. **Squamulae 2**, truncato-bitrilobae. **Stamina 3.** **Ovarium** sessile. **Styli 2**, terminales; **stigmata** plumosa. **Caryopsis** libera, (epicarpio membranaceo, laxo, solubili). — *Gramina repentia, planifolia, per regiones tropicas subtropicasque dispersa; spicis digitato-fasciculatis v. rarissime solitariis, spiculis unilateralibus.*

Dactyloctenium Willd. *enum. II. 1029.* Palis. *agrost. 72. t. 15. f. 2.* Kunth *gram. 87. Agrost. 261.* Nees *in Mart. Fl. Bras. II. 436.* Trin. *ic. t. 69.* Cynosurus aegyptius Linn.

838. Eustachys *DESV.* **Spiculae** biflorae, flore inferiore hermaphrodito, sessili, superiore stipitato, tabescente. **Glumae 2**, superior apice emarginato-biloba, mucronato-aristata, inferiorem minorem muticam amplectens. **Paleae 2**, inferior carinata, sub apice mucronata, superior bicarinata. **Squamulae 2**, emarginatae. **Stamina 3.** **Ovarium** sessile. **Styli 2**, terminales; **stigmata** penicilliformia. **Caryopsis** . . — *Gramina planifolia, in America tropica et temperata utriusque hemisphaerii, nec non in Capite bonae spei observata; culmis compressis, ramosis, repentibus, spicis digitato-fasciculatis, spiculis unilateralibus.*

Eustachys Desv. *in Journ. Bot. III. 69.* Nees *in Mart. Fl. Bras. II. 418.* Kunth *gram. 88. t. 54. Agrost. 262.* Schultesia Spreng. *pug. II. 17.* Chloris petraea Thunb. Jacq. f. *Eclog. t. 11.*

839. Chloris *SWARTZ.* **Spiculae** bi-multiflorae, floribus distichis, inferioribus hermaphroditis, aristatis v. mucronatis, superioribus neutris, aristatis v. muticis. **Glumae 2**, carinatae, acutatae, muticae v. superior brevissime aristata, rarissime utraque mucronata. **Paleae 2**, inferior trinervia, trigono-carinata, sub apice aristata v. mucronata; superior bicarinata, apice in aristam rectam, rarissime abortientem producta. **Squamulae 2**, integrae. **Stamina 3.** **Ovarium** sessile. **Styli 2**, terminales; **stigmata** plumosa. **Caryopsis** libera, (epicarpio tenui solubili). — *Gramina tropica, pleraque americana, paucissima asiatica et africana; culmis simplicibus v. ramosis, foliis planis, spicis digitato-fasciculatis, rarissime solitariis v. geminatis, spiculis unilateralibus, sessilibus.*

Chloris Swartz *prodr. 25. excl. sp.* Palis. *agrost. 79.* Durand *disquisit. de Chloridis speciebus. Montp. 1808. 4to.* Nees *in Mart. Fl. Bras. II. 420.* Kunth *gram. 88. Agrost. 263.*

a) APOGON. **Spiculae** biflorae; palea inferiore floris hermaphroditi sub apice submucronata, flore superiore neutro unipaleaceo.

Chloris submutica Humb. et Bonpl. *nov. gen. et sp. t. 50.*

b) EUCHLORIS. **Spiculae** tri-quadriflorae, flore infimo hermaphrodito, aristato, reliquis sterilibus aristatis, summo plerumque mutico.

Kunth *apud Humb. et Bonpl. t. 49.* Jacq. f. *Eclog. t. 8. 9.* Panz. *Ideen t. 10. f. 2. a. f.*

c) ACTINOCHLORIS. **Spiculae** bi-octoflorae, flore infimo hermaphrodito, reliquis sterilibus, omnibus aristatis.

Panz. *l. c. t. 10. f. 3. a. e.* Kunth *gram. t. 55. 56. 134. 178—180.*

d) GEOPOGON **Spiculae** tri-quadriflorae, floribus inferioribus hermaphroditis aristatis, summo tabescente mutico, difformi.

C. distachya Kunth *gram. t. 57.*

e) TETRAPOGON *Desf.* **Spiculae** quadriflorae, flores duo inferiores hermaphroditi, superiores neutri unipaleacei, omnes aristati, accedente interdum quinto, ad aristam redacto.

Tetrapogon Desf. *Fl. atl. II. 389. t. 255.* (Kunth *gram. t. 58.*)

840. Leptochloa *PALIS.* **Spiculae** bi-multiflorae, floribus distichis, omnibus hermaphroditis v. summis tabescentibus. **Glumae 2**, carinatae, muticae, superior inferiorem amplectens. **Paleae 2**, inferior trinervis, carinata, mutica, mucronata v. aristata; superior bicarinata, apice in aristam rectam producta. **Squamulae 2**, integrae. **Stamina 3.** **Ovarium** stipitatum. **Styli 2**, terminales; **stigmata** penicilliformia. **Caryopsis** libera. — *Gramina ut plurimam tropica, potissimam americana, pauca gerontogea, late diffusa; foliis planis, spicis plurimis racemosis, spiculis unilateralibus, sessilibus.*

Leptochloa Palis. *agrost. 71. t. 15. f. 1.* Trin. *agrost. 133.* Nees *in Mart. Fl. Bras. II. 431.* Kunth *gram. 90. t. 135. Agrost. 268.* Leptostachys Meyer *Essequeb. 73.* Oxydenia Nutt. *gen. I. 76.* Rhabdochloae sp. Palis. *agrost. 84.* Chloridis sp. Humb. et Bonpl. Dinebrae sp. Jacq. *fragm. t. 121. f. 1.* Delile *aegypt. t. 11. f. 3.* Eleusines sp. Jacq. f. *Eclog. t. 4.* Cynosuri sp. Linn. — Diplachne Palis. *agrost. 80. t. 16. f. 9.* Link *Hort. berol. I. 154.* Festucae sp. Linn., Michx. Delile *aegypt. t. 11. f. 1.*

841. Eleusine *GAERTN.* **Spiculae** biflorae, floribus distichis, omnibus hermaphroditis. **Glumae 2**, carinatae, muticae, superior inferiorem amplectens. **Paleae 2**, muticae, inferior carinata, superior bicarinata. **Squamulae 2**, emarginato-bilobae. **Stamina 3.** **Ovarium** sessile. **Styli 2**, terminales; **stigmata** plumosa. **Caryopsis** libera, (epicarpio membranaceo, solubili). — *Gramina annua, latissime per regiones tropicas dispersa; foliis planis, spicis digitato-fascicalatis, spiculis unilateralibus.*

Eleusine Gaertn. *I. 8. t. 1.* Lam. *t. 48.* Palis. *agrost. 72. t. 15. f. 3.* Kunth *gram. 91. Agrost. 272.* Nees *in Mart. Fl. Bras. II. 439.* Trin. *ic. t. 70—72.* Cynosuri sp. Linn. Schreb. *gram. II. t. 35.*

842. Harpochloa *KUNTH.* **Spiculae** quadriflorae, flore inferiore hermaphrodito, superioribus tabescentibus **Glumae 2**, carinatae, muticae, superior inferiorem triplo breviorem amplectens. **Paleae 2**, muticae, inferior obovata, carinata, superior bicarinata. **Squamulae 2.** **Stamina** . . . **Ovarium** sessile. **Styli 2**, terminales; **stigmata** elongata, plumosa. — *Gramen capense; foliis complicato-falcatis, rigidis, spica terminali subfalcata, spiculis imbricato-biseriatis.*

Harpochloa Kunth *gram. 92. Agrost. 274.* Cynosurus falcatus Thunb. Chloris falcata Swartz *in Berl. Verhandl. III. 159. t. 1. f. 1.* Campuloae sp. Desv. Campulosi sp. Palis.

843. Ctenium *PANZ.* Spiculae quadri-quinqueflorae, floribus duobus inferioribus neutris, uni-bipaleaceis, tertioque hermaphrodito, aristatis, reliquis tabescentibus, muticis. Glumae 2, superior medio tuberculata, tuberculo nudo v. aristato, arista horizontaliter divaricata, inferiorem multo breviorem, muticam amplectens. Paleae 2, inferior trigono-carinata, sub apice mucronata v. aristata; superior longior, bicarinata. Squamulae 2. Stamina 3. Ovarium sessile. Styli 2, terminales; stigmata elongata, plumosa. Caryopsis. . . . *Gramina in America boreali et tropica, nec non in Senegumbia reperta, gracilia, planifolia; spica unica subfalcata, spiculis unilateralibus, imbricato-biseriatis.*

Ctenium Panz. *Ideen 36. t. 13. f. 3. a—f.* Kunth *gram. 92. t. 59. 136. 137. Agrost. 274.* Campulon Desv. *in Journ. Bot. III. 69.* Campulosus Palis. *agrost. 73. t. 13. f. 1.* Monocera Elliot. *carol. I. 176.* Monothera Raf. *in Journ. Phys. LXXXIX. 262.* Chloris monostachya Michx. Nardus Gangitis Linn.

844. Chondrosium *DESV.* Spiculae biflorae, flore inferiore sessili, hermaphrodito, superiore pedicellato, tabescente, triaristato. Glumae 2, carinatae, acutato-subulatae, superior inferiorem breviorem amplectens. Paleae 2, inferior trinervis, carinato concava, apice trifida, laciniis lateralibus subulato-aristatis, intermedia sub apice bifido aristata, aristis rectis, haud articulatis, quandoque abortientibus; superior bicarinata. Squamulae 2. Stamina 3. Ovarium sessile. Styli 2, terminales, elongati; stigmata penicilliformia v. plumosa. — *Gramina americana tropica, caespitosa; foliis linearibus planis, spicis plerumque solitariis, subfalcatis, geniculatis, spiculis unilateralibus sessilibus, imbricato-biseriatis.*

Chondrosium Desv. *in Journ. Bot. III. 69.* Palis. *agrost. 41. t. 9. f. 7.* Kunth *in Humb. et Bonpl. nov. gen. et sp. t. 56—58. Gram. 93. Agrost. 275.* Actinochloa Willd. *apud Röm. et Schult. syst. II. 22.* Bouteloua Lagasc. *diagn. 5.* Atheropogonis sp. Jacq. f. *Eclog. t. 12.* Dinebrae sp. Humb. *t. 53.*

845. Opizia *PRESL.* Spiculae triflorae, flore inferiore hermaphrodito sessili, superioribus pedicellatis, difformibus, inter se connatis, triaristatis. Glumae 2, inferior ovata, quinquedentata; dentibus tribus intermediis in aristas productis, lateralibus obtusis, superiorem multo minorem, muticam amplectens. Paleae 2, ovatae, inferior apice bifida, lobis muticis, obtusis; superior minor, integra, bicarinata, abruptim acuminata. Squamulae. . . . Stamina. . . Ovarium sessile. Styli 2, basi connati; stigmata villosa. — *Gramen mexicanum, annuum, repens; foliis linearibus, planis, spicis terminalibus, solitariis, spiculis subsecundis.*

Opizia Presl *in Reliq. Haenk. I. 293. t. 41. f. 1.*

846. Spartina *SCHREB.* Spiculae uniflorae, flore sessili, imberbi. Glumae 2, carinatae, muticae, superior inferiorem multo minorem amplectens. Paleae 2, muticae, inferior compresso-carinata; superior longior, navicularis, binervis. Squamulae 2, interdum deficientes. Stamina 3. Ovarium sessile. Styli 2, terminales, elongati, inter se connati v. apice distincti; stigmata elongata, plumosa. Caryopsis intra paleas libera. — *Gramina maritima, paucissima tropica, caespitosa, repentia, rigidiuscula; foliis plerumque involutis, spicis racemosis, spiculis unilateralibus, sessilibus, arcte imbricato-biseriatis, rhacheos apice nudo rigido.*

Spartina Schreb. *gen. n. 98.* Palis. *agrost. 25. t. 7. f. 6.* Panz. *Ideen 27. t. 10. f. 4. a—f.* Trin. *agrost. 115.* Kunth *gram. 94. Agrost. 277.* Brongn. *ad Duperr. voy. t. 2.* Nees *in Mart. Fl. Bras. II. 408.* Limnetis Rich. *in Pers. ench. I. 73.* Host *gram. IV. t. 66.* Trachynotia Michx. *Fl. Bor. Amer. I. 74.* Poucceletia Thouar. *Fl. aguan. 36.*

847. Eutriana *TRIN.* Spiculae bi-multiflorae, floribus inferioribus hermaphroditis, summo tabescente, triaristato v. ad pedicellum subulatum redacto. Glumae 2, carinatae, muticae, superior inferiorem breviorem amplectens. Paleae 2, inferior apice trifida, laciniis in flore inferiore subulatis, in superiore subulato-aristatis; superior bicarinata. Squamulae 2. Stamina 3. Ovarium sessile Styli 2, terminales; stigmata plumosa Caryopsis. . . . — *Gramina americana, pleraque tropica, ramosa, diffusa; foliis planis, spicis racemosis abbreviatis, spiculis unilateralibus, sessilibus, alternis, rhacheos apice subulato, nudo.*

Eutriana Trin. *agrost. 161. Gram. unifl. 137.* Kunth *gram. 95. Agrost. 28.* Nees *in Mart. Fl. Bras. II. 413.*

a) ATHEROPOGON *Mühlenb.* Spiculae biflorae, flore superiore ad pedicellum redacto; laciniae paleae inferioris floris hermaphroditi subulatae.

Atheropogon Mühlenb. *apud. Willd. sp. IV. 937.* Jacq. f. *Eclog. t. 7.* Pans. *Ideen 39. t. 9. f. 4. a—k.* Dineba curtipendula DC. Palis. *agrost. t. 16. f. 1. a—d.* Bouteloua e sp. Lagasc.

b) ARISTIDIUM. Spiculae biflorae, flore superiore tabescente, triaristato; laciniae paleae inferioris floris hermaphroditi subulatae.

Dinebra aristoides Kunth *in Humb. et Bonpl. nov. gen. et sp. t. 695.*

c) HETEROSTEGA *Desv.* Spiculae triflorae, flore terminali tabescente triaristato v. ad pedicellum redacto; laciniae paleae inferioris floris infimi subulatae, floris superioris aristatae.

Heterostega Desv. *Journ. Bot. III. 68.* Dinebrae sp. Kunth *apud Humb. et Bonpl. t. 51. 52.* Boutelouae sp. Lagasc. — ? Enteropogon Nees ex Lindl. *introduct. ed. II. p. 448.*

d) TRIPLATHERA. Spiculae quadri-multiflorae, flore infimo hermaphrodito, triaristato, superioribus sterilibus, in fasciculum longissime multiaristatum congestis.

E. multiseta Nees. Kunth *gram. t. 138.*

848. Triathera *DESV* Spiculae biflorae, flore inferiore hermaphrodito sessili, superiore breviter pedicellato tabescente, ad aristas tres elongatas redacto. Glumae 2, carinatae, acuminato-subulatae, superior inferiorem breviorem amplectens. Paleae 2, inferior oblongo-lanceolata, apice trifida, laciniis subulatis; superior lanceolata, bicarinata, apice bifida. Squamulae 2, subdolabriformes. Stamina 3. Ovarium sessile. Styli 2, terminales; stigmata plumosa. Caryopsis. . . . — *Gramen domingense, ramosissimum; foliis involuto-setaceis, rigidis, spica solitaria, simplici, spiculis sessilibus, alternis, distichis, rhachi continua.*

Triathera Desv. *in Journ. Bot. III. 67.* Palis. *agrost. 39. t. 9. f. 4.* Kunth *gram. 96. Agrost. 283.*

849. Gymnopogon *PALIS.* Spiculae biflorae, flore inferiore hermaphrodito sessili, basi barbato, superiore pedicellato, tabescente, aristato. Glumae 2, carinatae, lanceolato-subulatae, subaequales. Paleae 2, inferior cylindraceo-involuta, sub apice bilobo aristata, superior bicarinata. Squamulae 2, truncato-bilobae. Stamina 3. Ovarium sessile. Styli 2, terminales; stigmata penicilliformia. Caryopsis libera. — *Gramina boreali-americana et brasiliensia; paniculae simplicis ramis alternis, subfastigiatis, simplicibus, spiculis subsessilibus, remotis, alternis.*

Gymnopogon Palis. *agrost. 41. t. 9. f. 3.* Kunth *gram. 96. t. 139. Agrost. 284.* Anthopogon Nutt. *gen. I. 82.* Aloëatheros Elliot. *carol. I. 145.*

850. Polyodon *H. B. K.* Spiculae biflorae, flore inferiore hermaphrodito, sessili, superiore breviter pedicellato, sterili. Glumae 2, muticae, subaequales. Hermaphr. Paleae 2, inferior quinquedentata, dentibus lateralibus et intermedio in aristas productis, superior bicarinata, apice acute bifida. Squamulae. . . Stamina . . . Ovarium. . . . Caryopsis libera. Neutr. Paleae 2, inferior septemdentata, dentibus alternis in aristam productis; superior minima, subaristata. — *Gramen pusillum Quitense; culmo ramoso, foliis planis, rhachi spicata, apice bifida, nuda, spicis brevibus, racemosis, distichis, spiculis unilateralibus, sessilibus.*

Polyodon Kunth *in Humb. et Bonpl. nov. gen. et sp. I. 175. t. 55. Gram. 170. Agrost. 282.*

851. Pentarrhaphis *H. B. K.* Spiculae triflorae, flore infimo hermaphrodito, sessili, medio masculo sessili, summo sterili ad pedicellum aristaeformem redacto. Glumae 2, inferior ex aristis quinque, basi subconnatis composita; superior bidentata, inter dentes in aristam brevem producta. Hermaphr. Paleae 2, inferior septemdentata, dente medio lateralibusque in aristas productis; superior bicarinata, truncato-denticulata. Squamulae. . . . Stamina 3. Ovarium. . . . Caryopsis intra paleam superiorem reclusa. Masc. Paleae 2, inferior quinquedentata, dentibus lateralibus et intermedio in aristam productis; superior apice integra, acuta. Stamina 3. — *Gramen mexicanum perenne, erectum, ramosum; foliis planis, spica terminali solitaria, rara, spiculis alternis, sessilibus.*

Pentarrhaphis Kunth *in Humb. et Bonpl. nov. gen. et sp. I. 175. t. 60. Gram. 170. Agrost. 282.*

852. Polyschistis *PRESL.* Spiculae biflorae, flore inferiore hermaphrodito sessili, superiore neutro, pedicellato. Glumae 2, inferior quadripartita, laciniis lineari-subulatis; superior linearis, acuta. Hermaphr. Paleae 2, inferior quinquedentata, dente medio lateralibusque in aristas productis; superior linearis, plana, apice bidentata. Squamulae. . . . Stamina 3. Ovarium sessile. Styli 2, terminales; stigmata pilosa. Neutr. Paleae 2, inferior quinquefida, laciniis subulato-aristatis; superior bicarinata, apice bidentata. — *Gramen manillense, annuum, caespitosum, erectum; foliis planis, spicis terminalibus, solitariis v. quinis, spiculis alternis sessilibus, secundis.* — *An genus a praecedente revera diversum?*

Polyschistis Presl *in Reliq. Haenk. I. 294. t. 41.*

853. Triaena *H. B. K.* Spiculae biflorae, flore inferiore hermaphrodito sessili, superiore neutro, triaristato. Glumae 2, subaequales, inferior basi aristata, arista usque ad medium adhaerente. Paleae 2, acuminatae, muticae, superior paullo brevior. Squamulae. . . Stamina 3. Ovarium sessile. Styli 2, terminales; stigmata plumosa. Caryopsis intra paleam superiorem libera. — *Gramen mexicanum, annuum, ramosum; foliis planis, spicis terminalibus solitariis, spiculis alternis, remotiusculis, pedicellatis, distichis.*

Triaena Kunth *in Humb. et Bonpl. nov. gen. et sp. I. 179. t. 61. Gram. 170. Agrost. 284.*

854. Triplasis *PALIS.* Spiculae quadriflorae, floribus distichis remotis, inferioribus hermaphroditis, summo sterili setiformi. Glumae 2, acuminatae, inferior paullo brevior. Paleae 2, inferior bifida, inter lacinias subulatas longissime aristata; superior multo minor, apice integra reflexo pilosa. Squamulae. . . . Stamina. . . . Ovarium sessile. Styli 2, terminales, basi connati; stigmata plumosa. Caryopsis . . . . — *Gramen boreali americanum, non satis notum, spiculis racemosis.*

Triplasis Palis. *agrost. 81. t. 16. f. 10.*

855. Pleurhaphis *TORREY.* Spiculae ternatae, uniflorae, laterales masculae, intermedia hermaphrodita, basi villis involucratae. Masc. Glumae 2, apice integrae, inferior mutica, superior paullo major, medio dorso aristata. Paleae 2, muticae. Squamulae. . . Stamina 3. Hermaphr. Glumae 2, subaequales, cuneatae, emarginato-bilobae, quinquearistatae. Paleae 2, inferior apice truncata, in aristam producta; superior binervis, apice bifida, mutica. Squamulae . . . . Stamina 3. Ovarium sessile. Styli 2, terminales; stigmata plumosa. Caryopsis . . . . — *Gramen boreali-americanum; foliis angustissimis, spica terminali simplicissima.*

Pleurhaphis Torrey *in Ann. Lyc. New-York. I. 148. t. 10.?* — Hymenothecium quinquesetum Lagasc.

TRIBUS IX. AVENACEAE Kunth *gram. 97.* Spiculae bi-multiflorae, flore terminali plerumque tabescente. Glumae paleaeque duae, membranaceo-herbaceae; palea inferior plerumque aristata; arista saepe dorsalis, tortilis. *Kunth.*

856. Corynephorus *PALIS.* Spiculae biflorae, floribus hermaphroditis. Glumae 2, carinatae, muticae, subaequales, flores superantes. Paleae 2, inferior integra, supra basim aristata, arista recta medio geniculata, ad geniculum barbata, apice clavata; superior basi bicarinata, apice triloba, mutica. Squamulae 2, bifidae. Stamina 3. Ovarium sessile. Stigmata 2, subsessilia, plumosa. Caryopsis paleis cohaerens. — *Gramina in Europa media et australi indigena, caespitosa, ramose paniculata; spiculis pedicellatis.*

Corynephorus Palis. *agrost. 90. t. 18. f. 2.* Kunth *gram. 97. Agrost. 286.* Weingaertneria Bernh. *erford 51.* Airae sp. Linn. E. B. *t. 1190.* Fl. dan. *t. 1023.* Desf. *atl. t. 13.*

857. Deschampsia *PALIS.* Spiculae bi-triflore, floribus distichis, hermaphroditis, summo saepius tabescente. Glumae 2, carinatae, muticae, subaequales, floribus breviores. Paleae 2, inferior supra basim aristata, arista brevi recta, apice truncato-quadridentata; superior bicarinata, apice bifida, mutica. Squamulae 2, integrae. Stamina 3. Ovarium sessile; stigmata 2, subsessilia, plumosa. Caryopsis libera. — *Gramina in Europa et Asia media, in America boreali et arctica indigena, ramose paniculata, spiculis pedicellatis.*

Deschampsia Palis. *agrost. 9. t. 18. f. 3.* Kunth *gram. 97. Agrost. 286.* Campella Link *hort. berol. I. 122.* Avenae sp. Host *gram. II. t. 42.* Fl. dan. *t. 210.* Airae sp. Auct.

858. Dupontia *R. BR.* Spiculae bitriflorae, floribus distantibus hermaphroditis, summo saepe tabescente, clavato v. setiformi. Glumae 2, concavae, muticae, subaequales, flores aequantes. Paleae 2, subaequales, basi barbatae, muticae; inferior concava, trinervis; superior angustior, binervis. Squamulae 2, apice eroso-denticulatae. Stamina 3. Ovarium sessile;

stigmata 2, subsessilia, plumosa. Caryopsis . . — *Gramen hyperboreum, glabrum, erectum; foliis linearibus planis, panicula simplici coarctata, fusco-purpurascente, spiculis pedicello continuis, floribus cum rhachilla articulatis.*

Dupontia R. Brown *in Parry's voy. 101.* Kunth *gram. 98. Agrost. 288.* Melica Fischeri Spreng.

859. Aira *LINN.* Spiculae biflorae, floribus hermaphroditis, sessilibus. Glumae 2, carinatae, muticae, subaequales, floribus majores. Paleae 2, inferior apice bifida, dorso aristata v. rarissime mutica, arista basi torta; superior bicarinata. Squamulae 2, acutatae v. inaequaliter bilobae. Stamina 3. Ovarium sessile. Stigmata 2, sessilia, subterminalia, plumosa. Caryopsis libera. — *Gramina in hemisphaerae borealis temperatis frigidisque obvia, versus polum frequentiora, in America australi extratropica rarissima, caespitosa; foliis planis v. involuto-setaceis, paniculis ramosis, diffusis v. rarius coarctatis, spiculis pedicello continuis.*

Aira Kunth *gram. 98. Agrost. 288.* Host *gram. II. t. 43. 44. IV. 35.* Fl. dan. *t. 157. 961.* —? Periballia Trin. *fund. 132.* (Cav. *ic. t. 44. f. 1.*) —? Poidium Nees *in Lindl. introduct. edit. II. p. 450.*

860. Airopsis *DESV.* Spiculae biflorae, floribus hermaphroditis, sessilibus. Glumae 2, naviculares, floribus majores. Paleae 2, muticae, subaequilongae, inferior lata, obsolete triloba, concava, extus pilosa; superior planiuscula, bicarinata. Squamulae 2, falcato-lanceolatae. Stamina 3. Ovarium sessile, compressum. Stigmata 2, subsessilia, terminalia, plumosa. Caryopsis suborbiculata, plano-convexa, paleis adhaerens. — *Gramen in Hispania et Gallia observatum; foliis involutis, panicula ramosa, stricta, spiculis cum pedicellis apice clavatis continuis.*

Airopsis Desv. *Journ. Bot. I. 200. excl. sp.* Aira globosa Thore *op. cit. p. 197. t. 7. f. 3. 4. II. 208.* Milium tenellum Cav. *ic. t. 247. f. 1.*

861. Trisetaria *FORSK.* Spiculae biflorae, flore inferiore hermaphrodito, breviter stipitato, basi barbato, superiore longius pedicellato, tabescente, ad aristam redacto. Glumae 2, carinatae, subulatae, inaequilaterae, floribus majores. Paleae 2, inferior lanceolata, tereti involuta, apice biseta, infra apicem aristata, arista subgeniculata; superior bicarinata. Squamulae 2, emarginato-bilobae. Stamina 3. Ovarium sessile. Stigmata 2, terminalia, plumosa. Caryopsis. . . — *Gramen annuum, in Syria et Aegypto indigenum; culmis strictis, foliis planis, panicula contracta, spicaeformi.* — *Genus vix a sequente diversum.*

Trisetaria Forsk. *aegypt. 27.* Delile *aegypt. t. 12.* Kunth *gram. 100. Agrost. 294.* Trisetum arenarium Labill. *pl. syr. V. t. 7.*

862. Lagurus *LINN.* Spiculae biflorae, floribus pedicellatis, flore inferiore hermaphrodito, basi barbato, superiore abortivo subuliformi. Glumae 2, canaliculatae, subulato-aristatae, subaequales, floribus majores. Paleae 2, inferior concava, apice biaristata, arista tertia infraapicali, longiore subgeniculata; superior brevior, bicarinata. Squamulae 2, integrae v. apice lobatae. Stamina 3. Ovarium sessile; stigmata 2, terminalia, pilosa. Caryopsis oblonga, libera. — *Gramen in Europa australiore et Asia mediterranea obvium, annuum, molle; foliis planis, panicula coarctata spicaeformi, ovato-oblonga, subcylindrica, glumis plumosis.*

Lagurus Linn. *gen. n. 92.* Host *gram. II. t. 46.* Sibth. *Fl. graec. t. 90.* E. B. *t. 1334.* Kunth *gram. 101. Agrost. 294.*

863. Trisetum *KUNTH.* Spiculae biquadriflorae, floribus hermaphroditis v. summo tabescente. Glumae 2, carinatae, muticae, subaequales, floribus breviores. Paleae 2, inferior apice bidentata v. bisubulata, dorso aristata v. rarius mutica, arista tortili; superior bicarinata. Squamulae 2, integrae v. lobatae. Stamina 3. Ovarium sessile. Stigmata 2, terminalia, villoso-plumosa. Caryopsis compressa, libera. — *Gramina plerumque monticola v. alpicola, in Europa et America tropica observata; foliis planis, paniculis spicato-confertis v. rarius diffusis.*

Trisetum Kunth *gram. 102. Agrost. 299.* Trin. *in Act. Petrop. VI. 1. p. 44.*

a) COLOBANTHUS *Trin.* Palea inferior mutica v. brevissime aristata.

Colobanthus Trin. *l. c.* Koeleria pensylvanica DC. Aira pensylvanica Spreng. *in Mem. Acad. Petersb. 1810. p. 299. t. 7.*

b) ROSTRARIA *Trin.* Palea inferior bidentata, dentibus et arista abbreviatis.

Rostraria Trin. *l. c.* Koeleria Link *Hort. berol.* Koeleriae sp. DC. Festucae sp. Auct. Host *gram. III. t. 21.* (Kunth *op. cit. t. 60.*)

c) TRICHAETA *Palis.* Paleae inferioris dentes subulati, arista reflexo-patens.

Trichaeta Palis. *agrost. 86.* Bromus ovatus Cav. *ic. t. 591. f. 2.*

d) ACROSPELION *Bess.* Paleae inferioris dentes subulati, arista recta.

Acrospelion Bess. *apud Trin. l. c.* Ventenata Koel. *gram. 273.* Avenae sp. Linn. et Auct. Host *gram. II. t. 55. III. t. 28—40. 45.* Desf. *Fl. atl. t. 31. f. 2. t. 32. Berl. Magaz. II. t. 8. f. 3. 4.* Kunth *gram. t. 142.*

864. Avena *LINN.* Spiculae triflorae, floribus remotis hermaphroditis, summo tabescente. Glumae 2, muticae, subaequales. Paleae 2, inferior apice plerumque bicuspidata, dorso supra basim aristata, arista torta; superior bicarinata, mutica. Squamulae 2, bifidae, majusculae. Stamina 3. Ovarium sessile, apice hirsutum. Stigmata 2, distantia, villoso-plumosa. Caryopsis teretiuscula, hinc sulcata, apice pilosa, paleae superiori adhaerens. — *Gramina caespitosa, in hemisphaerae borealis temperatis copiosa, inter tropicos et universim in novo continente admodum rara; foliis planis, rariusve involuto-setaceis, spiculis paniculatis, racemosis v. spicatis.*

Avena Linn. *gen. n. 91.* Host *gram. II. t. 50—52. 56—59. III. t. 39. 41—44. IV. t. 30—32.* Sibth. *Fl. graec. t. 88.* Kunth *gram. t. 175. Agrost. 299.* —? Leptopyrum Raf. *in New-York Med. Reposit. V. 350.* — Gaudinia Palis. *agrost. 95. t. 19. f. 5.* Arthrostachya Link *Hort. berol. II. 151.* (Host *II. t. 54.* Sibth. *t. 88.* Kunth *op. cit. t. 61.*)

865. Arrhenatherum *PALIS.* Spiculae triflorae, flore infimo masculo, secundo hermaphrodito, tertio sterili, filiformi. Glumae 2, concavae, muticae, superior longior, flores aequans. Masc. Paleae 2, inferior concava, dorso prope basim aristata, arista elongata, basi torta; superior bicarinata, mutica. Squamulae. . . Stamina 3. Ovarium efoetum. Hermaphr. Paleae 2, inferior concava, apice brevissime bifida, dorso infra apicem aristata, arista brevi, recta; superior bicarinata. Squamulae 2, elongato-lineares, integrae. Stamina 3. Ovarium sessile, apice pilosum. Stigmata 2, terminalia, villoso-plumosa. Caryopsis teretiuscula, hinc sulcata, paleae superiori adnata. — *Gramina elata, per omnem Europam diffusa, foliis planis,* *paniculae ramosae, diffusae ramis verticillatis, basi bulboso-incrassatis; spiculis pedicellatis.*

Arrhenatherum Palis. *agrost.* 55. *t.* 11. *f.* 5. Kunth *gram.* 104. *Agrost.* 307. Avena elatior Linn. Host *gram. II. t.* 49.

866. Tristachya *NEES.* Spiculae biflorae, flore inferiore sessili, masculo v. neutro, superiore pedicellato, hermaphrodito, basi barbato. Glumae 2, canaliculatae, superior longior, floribus majores. Masc. Paleae 2, muticae, inferior trinervis; superior brevior, binervis. Squamulae 2, carnosae, integrae. Stamina 2, v. nulla. Ovarii rudimentum lineare v. nullum. Hermaphr. Paleae 2, subaequales, inferior cylindraceo-convoluta, superiorem involvens, apice bifida, inter lobos elongato-aristata; arista basi articulata, torta; superior sulcato-binervis. Squamulae 2, carnosae, integrae. Stamina 2—3. Ovarium sessile, glabrum. Styli 2, terminales, elongati; stigmata plumosa. Caryopsis. . . . *Gramina americana tropica et capensia* (?); *foliis planis v. convolutis, paniculae simplicis ramis elongatis.*

Tristachya Nees *in Mart. Fl. Bras. II.* 459. Kunth *gram. t.* 140. 141. *Agrost.* 308. Monopogon Presl *in Reliq. Haenk. I.* 328. *t.* 44.

867. Anisopogon *R. BR.* Spiculae biflorae, flore inferiore hermaphrodito pedicellato, superiore neutro setiformi. Glumae 2, subaequales, muticae, flore majores. Paleae 2, inferior cylindraceo-involuta, apice bifida, lobis aristatis, arista tertia inter lobos media, elongata, basi torta; superior longior, dorso sulcata, apice bifida. Squamulae 3; laterales cultriformes, basi incrassatae, tertia oblonga, concava. Stamina 3. Ovarium stipitatum, compressum, apice pilosum. Stigmata 2, terminalia, plumosa. Caryopsis. . . . — *Gramen tripedale, in Novae Hollandiae ora orientali extratropica indigenum, Avenae facie; foliis involutis, panicula effusa.*

Anisopogon R. Brown *prodr.* 176. Kunth *gram.* 105. *t.* 62. *Agrost.* 308. Danthonia Anisopogon Trin. *ic. t.* 61.

868. Trichopterya *NEES.* Spiculae triflorae, flore infimo masculo, secundo hermaphrodito, tertio rudimentario. Glumae 2, muticae, floribus majores, inferior minor. Masc. Paleae 2, muticae. Stamina 3. Hermaphr. Paleae 2, apice bifidae, laciniis setigeris, interjecta arista, basi complanata torta. Squamulae 2, obconicae, emarginatae. Stamina 3. Ovarium sessile, glabrum. Styli 2, terminales; stigmata. . . . Caryopsis. . . . — *Gramen capense, angustifolium, vix notum; panicula angusta, pedicellis infra spiculas barbatis, haud articulatis.*

Trichopterya Nees *in Lindl. introduct. edit. II. p.* 449.

869. Eriachne *R. BR.* Spiculae biflorae, floribus sessilibus, hermaphroditis. Glumae 2, aequales, muticae. Paleae 2, barbatae, inferior apice in aristam producta, v. mutica; superior bicarinata. Squamulae 2, integrae v. obsolete emarginato-bilobae. Stamina 3. Ovarium sessile, glabrum. Styli 2, terminales; stigmata plumosa. Caryopsis libera. — *Gramina in Nova Hollandia tropica indigena, plerumque pubescentia; foliis angustis planis, spiculis paniculatis.*

Eriachne R. Brown *prodr.* 183. Kunth *gram.* 105. *Agrost.* 309.

a) ACHNERIA *Palis.* Palea inferior mutica.

Achneria Palis. *agrost.* 93. (Kunth *l. c. t.* 63.)

b) ERIACHNE *Palis.* Palea inferior apice in aristam producta.

Eriachne Palis. *agrost.* 72. (Kunth *l. c. t.* 64.)

870. Brandtia *KUNTH.* Spiculae biflorae, floribus sessilibus, inferiore hermaphrodito, superiore femineo. Glumae concavae, muticae, inferior major. Hermaphr. Paleae 2, inferior concava, apice rotundata, mutica; superior minor. Squamulae 2, cuneato-dolabriformes. Stamina 3. Ovarium sessile, glabrum. Styli 2, terminales; stigmata plumosa. Caryopsis elliptica, compressa, libera. Fem. Paleae 2, inferior concava, superiorem involvens, apice aristata, arista torta, geniculata. Squamulae, ovarium et caryopsis ut in hermaphrodito. — *Gramen indicum; foliis planis, paniculae ramosae, erectae spiculis pedicellatis v. subsessilibus, basi articulatis.*

Brandtia Kunth *gram. II.* 511. *t.* 170. *Agrost.* 310.

871. Danthonia *DC.* Spiculae bi-multiflorae, floribus distichis, summo tabescente. Glumae 2, subcarinatae, muticae, subaequales, flores aequantes v. superantes. Paleae 2, inferior concava, multinervis, apice bifida, inter lacinias muticas v. aristato-subulatas aristata; arista basi complanata, spiraliter torta, v. brevissima, recta; inferior bicarinata. Squamulae 2, integrae, glabrae v. apice pilosae. Stamina 3. Ovarium stipitatum, glabrum. Styli 2, terminales; stigmata plumosa. Caryopsis compressa, libera. — *Gramina caespitosa, in Europa media et australi, Nova Hollandia et Africa australi extratropica obvia, in America boreali rarissima; foliis planis, spiculis pedicellatis, racemosis v. paniculatis, palea inferiore barbata.*

Danthonia DC. *Fl. f.* 2. *III.* 32. Kunth *gram.* 106. *Agrost.* 311.

a) SIEGLINGIA *Bernh.* Paleae inferioris arista brevis v. brevissima, dentiformis, recta.

Sieglingia Bernh. *erford.* 44. Triodia Palis. *agrost.* 76. Festucae sp. Linn. Poae sp. Schrad. Host *II. t.* 72. Avenae sp. Vahl, Delile *aegypt. t.* 12. (Trin. *ic. t.* 49.)

b) DANTHONIA *Palis.* Paleae inferioris arista elongata, basi torta.

Danthonia Palis. *agrost.* 92. Avenae sp. Linn. et Auct. Arundinis sp. Labill. *Nov. Holl. t.* 33. 34. (Kunth *gram. t.* 65. 176. 177.) Trin. *ic. t.* 51 — 54. 62. 65. 67. 68. — Tripogon Röm. et Schult. *syst. II.* 600. Roth *nov. sp.* 79. Triathera Roth *msc.* — Pentameris (Palis. *agrost.* 93. *t.* 18. *f.* 8. Kunth *gram.* 107. *t.* 66. *Agrost.* 315. Nees *in Linnaea VII.* 310. Danthoniae sp. Schrad. Trin. *ic. t.* 50. 63. 64. 66.) „fructu elliptico, teretiusculo, apice truncato, „intus ad basim sulco notato, pericarpio crustaceo, semine „libero" differre dicitur. — Quid Chaetobromus Nees *in Lindl. introduct. edit. II. p.* 449. ?

872. Uralepis *NUTT.* Spiculae multiflorae, floribus hermaphroditis, distichis, summo tabescente. Glumae 2, subcarinatae, muticae, inaequales, floribus breviores. Paleae 2, inferior trinervis, concava, apice bifida, laciniis interdum extus denticulo subulato, auctis, inter lacinias aristata, arista brevi subulata complanata, recta; superior bicarinata. Squamulae 2, truncato-rotundatae. Stamina 3. Ovarium stipitatum, glabrum. Styli 2, terminales; stigmata plumosa. Caryopsis teres v. plano-convexa. — *Gramina repentia, Americam cis aequatorem incolentia; foliis angustis, carinatis v. convolutis, spiculis in apice culmi racemosis paniculatisve.*

Uralepis Nutt. *gen. I.* 62. Kunth *gram.* 108. *Agrost.* 317.

a) DIPLOCEA *Raf.* Paleae inferioris laciniae edentulae. Caryopsis teres.

Diplocea Raf. *in Sillim. Journ. I. 232.* Aira purpurea Walt. Triodia Kunth *in Humb. et Bonpl. nov. gen. et sp. t. 47. 48.* (Kunth *gram. t. 67.*)

b) WINDSORIA *Nutt.* Paleae inferioris laciniae dente subulato auctae. Caryopsis plano-convexa.

Windsoria Nutt. *gen. I. 70.* Tricuspis Palis. *agrost. 77.* Tridens Röm. et Schult. *syst. II. 599.* Triodia Jacq. f. *eclog. t. 16.* (Kunth *gram. t. 68.*)

873. Triodia *R. BR.* Spiculae bi-multiflorae, floribus distichis, hermaphroditis. Glumae 2, concavae, muticae, subaequales. Paleae 2, inferior tridentata, dentibus subaequalibus, muticis; superior integra. Squamulae 2 . . . Stamina 3. Ovarium sessile. Styli 2, terminales; stigmata plumosa. Caryopsis . . . — *Gramina in Nova Hollandia tropica indigena, perennia, rigida; foliis planis v. involutis, spiculis paniculatis.*

Triodia R. Brown *prodr. 182.* Kunth *gram. 108. Agrost. 319.*

874. Pomereulla *LINN. FIL.* Spiculae subsexflorae, floribus arcte imbricatis, duobus inferioribus neutris, unipaleaceis, superioribus hermaphroditis similibus, summo tabescente. Glumae 2, a floribus remotae, inaequales, inferior lanceolata, concava, trinervis, mutica; superior minima, subulata. Paleae 2, inferior concava, trinervis, apice quadrifida, dorso divaricato-aristata; laciniis interioribus lanceolato-subulatis, mucronato-aristatis, exterioribus majoribus alaeformibus; superior bicarinata, binervis, acuta. Squamulae 2, subfalcatae. Stamina 3. Ovarium sessile. Styli 2, terminales. Stigmata plumosa. Caryopsis elliptica, plano-convexa, libera. — *Gramina indica, repentia; ramis erectis foliosis, foliis distichis, spicis terminalibus solitariis, folio spathaeformi involutis.*

Pomereulla Linn. f. *nov. gen. gram. 31.* Roxb. *corom. t. 131.* Kunth *gram. 109. Agrost. 320.* Annal. sc. nat. *XXIII. t. 7.*

TRIBUS X. FESTUCACEAE. Kunth *gram. 110.* Spiculae multiflorae, rarius pauciflorae. Glumae et paleae duae, membranaceo-herbaceae, rarius coriaceae, hae plerumque aristatae, aristis haud tortis. — Inflorescentia vix non semper paniculata. *Kunth.*

SUBTRIBUS I. BROMEAE. Gramina herbacea. Stamina tria.

875. Sesleria *ARD.* Spiculae bi-sexflorae, floribus distichis, hermaphroditis. Glumae 2, muticae v. mucronatae, inaequales. Paleae 2, inferior carinata, aristato-mucronata, saepe triquinquedentata, dentibus mucronatis; superior bicarinata, apice bifida. Squamulae 2, integrae, v. bi-quinquefidae. Stamina 3. Ovarium sessile, glabrum v. apice pilosum. Styli 2, terminales; stigmata elongata, plumosa. Caryopsis libera. — *Gramina europaea, monticola et alpestria, caespitosa; foliis planis, interdum setiformibus, spicis simplicibus, confertis, globosis, oblongis v. linearibus, basi interdum bracteatis.*

Sesleria Arduin. *specim. II. 18.* Kunth *gram. 110. Agrost. 321.*

a) OREOCHLOA *Link.* Glumae muticae. Palea inferior mucronata, superior mutica.

Oreochloa Link *Hort. berol. I. 44.* Poa disticha Wulf. Jacq. *ic. rar. t. 19.* Host *gram. II. t. 76.*

b) SESLERIA *Link.* Glumae mucronatae. Palea inferior aristata, superior mutica.

Sesleria Link *Hort. berol. I. 200.* Host *gram. II. t. 97—99. IV. t. 22.* Sibth. *Fl. graec. t. 72.* Cynosuri sp. Linn.

c) PSILATHERA *Link.* Glumae mucronatae. Palea inferior quinquedentata, superior bifida, dentibus mucronatis.

Psilathera Link *Hort. berol. I. 121.* (Sesleria tenella Host *gram. II. t. 100.*)

876. Poa *LINN.* Spiculae bi-multiflorae, floribus distichis, hermaphroditis. Glumae 2, muticae, subaequales. Paleae 2, muticae, inferior carinata v. concava; superior bicarinata. Squamulae 2, integrae v. bifidae. Stamina 1—3. Ovarium sessile, glabrum. Styli 2, terminales; stigmata plumosa. Caryopsis libera v. paleae superiori adhaerens. — *Gramina per totum orbem diffusa, in extratropicis frequentiora; foliis planis, spiculis pedicellatis, paniculatis v. rarius racemosis, interdum sessilibus, spicatis, paniculatis contractis v. effusis, floribus abortu saepius dioicis.*

Poa Linn. *gen. n. 83. excl. sp.* Kunth *gram. 110. Agrost. 324.*

a) AELUROPUS *Trin.* Spiculae multiflorae, compressae, spicato-racemosae. Palea inferior coriacea, multinervis, ecarinata, nervis haud prominentibus, margine membranacea.

Aeluropus Trin. *fund. 143.* Brizopyrum Link *Hort. berol. I. 160. p. parte.* Distichlis Raf. Dactylis sp. Linn. Host *gram. IV. t. 28.* Uniolae sp. Linn. Labill. *Nov. Holl. t. 24.* Festucae sp. Sibth. *Fl. graec. t. 80.* (Kunth *gram. t. 180. 181.*)

b) ERAGROSTIS *Palis.* Spiculae quinque-multiflorae, compressae, paniculatae. Palea inferior membranacea, trinervis, superior bicarinata, carinis ciliata, diutius persistens. Caryopsis libera, cum palea inferiore decidua.

Eragrostis Palis. *agrost. 71.* Megastachya Palis. *op. cit. 74.* (Jacq. *Hort. Vind. III. 56. Ic. rar. t. 17. 18. 304.* Cav. *ic. t. 93.* Desf. *Fl. atl. t. 17.* Delile *aegypt. t. 10. f. 2. 3.* Host *gram. II. t. 69.* Sibth. *Fl. graec. t. 73.* Jacq. *fil. Eclog. t. 3.* Gaudich. *ad Freyc. t. 25.* Kunth *in Humb. et Bonpl. nov. gen. et sp. t. 692. Gram. t. 146—149. 183—190.*)

c) POA *Palis.* Spiculae pauciflorae, compressae, paniculatae, floribus remotiusculis, basi plerumque villosis. Palea inferior herbacea, diaphana, uni-quinque-septemnervis.

(Host *gram. II. t. 61—67. 70. 71. 91. III. 13—15. IV. 26. 27.* E. B. *t. 365. 1003. 1004. 1072. 1123. 1141. 1720.* Ledebour *Fl. alt. t. 224. 225.* Kunth *gram. t. 83. 150—153.*)

877. Centotheca *DESV.* Spiculae triflorae, compressae, floribus remotis hermaphroditis, summo tabescente. Glumae 2, carinatae, muticae, subaequales. Paleae 2, inferior carinata, mutica, in flore superiore margine versus apicem tuberculata, tuberculis retrorsum setosis; superior brevior, bicarinata. Squamulae 2, sinuato-emarginatae. Stamina 2, ovarii stipitulo inserta. Ovarium stipitatum, glabrum. Styli 2, terminales; stigmata plumosa. Caryopsis oblique ovata, compressiuscula, glabra. — *Gramen inter tropicos Asiae et Oceaniae diffusum, erectum, simplex; paniculae simplicis ramis fasciculato-semiverticillatis, spiculis racemosis, pedicellatis.*

Centotheca Desv. *Journ. Bot. III. 70.* Palis. *agrost. 69. t. 14. f. 7.* Kunth *gram. 117. t. 70. Agrost. 366.* Cenchrus lappaceus Linn.

878. Glyceria *R. BR.* Spiculae multiflorae, floribus imbricato-distichis, hermaphroditis. Glumae 2, concavae, obtusae, inferior brevior. Paleae 2, subaequilongae, inferior ovato-elliptica, rotundato-obtusa v. obsolete triloba, septemnervis; superior bicarinata. Squamulae 2, truncatae, plus minus inter se connatae. Stamina 2—3. Ovarium sessile. Styli 2, terminales, elongati; stigmata plumosa. Caryopsis oblonga, libera. — *Gramina aquatica, repentia, in regionibus temperatis utriusque hemisphae-*

rae obvia; foliis planis, paniculae simplicis v. ramosae ramis fasciculato-semiverticillatis.

Glyceria R. Brown *prodr.* 179. Kunth *agrost.* 367. Hydrochloa Hartm. *gram. suec.* 8.

a) GLYCERIA *Link.* Spiculae cylindricae, flosculis basi callosis, cum rhachilla articulatis. Squamulae connatae.

Glyceria R. Brown *l. c.* Link *Hort. berol.* 1. 172. Devauxia Palis. *msc.* Festuca fluitans Linn. Host *gram. II. t.*77.

b) HYDROCHLOA *Link.* Spiculae compressae, flosculis ecallosis, rhachillae continuis. Squamulae distinctae.

Hydrochloa Link *l. c.* Exydra Endl. *Fl. pos.* 119. Poa aquatica Linn. Host *gram. II. t.* 16.

879. Pleuropogon *R. BR.* Spiculae multiflorae, floribus remotis, hermaphroditis. Glumae 2, muticae, inferior ovata, superior obovata, longior. Paleae 2, subaequilongae, inferior obtusissima, concava, quinque-septemnervis, infra apicem scariosum mucronulata; superior profunde emarginata, binervis, bicarinata, nervis aristis geminis superpositis, superioribus brevioribus instructis. Squamulae 2, collaterales, truncatae. Stamina 3. Ovarium sessile. Styli 2, terminales; stigmata laxe plumosa. Caryopsis compressa, libera. — *Gramen elegans, Americam hyperboream incolens; foliis angustis, planis, racemis simplicibus, spiculis cernuis, purpureis, nitentibus.*

Pleuropogon R. Brown *in Parrys voy.* 189. *t. d.* Kunth *gram.* 118. *Agrost.* 368.

880. Eatonia *RAF.* Spiculae biflorae, flore inferiore sessili hermaphrodito, superiore ad pedicellum clavatum redacto. Glumae 2, carinatae, subaequilongae, inferior lineari-lanceolata, acuta, uninervis, superior obovata, obtusa, trinervis. Paleae 2, inferior obovato-oblonga, compresso-carinata, uninervis; superior brevior, bicarinata, emarginato-biloba. Squamulae 2, truncatae. Stamina .... Ovarium .... Caryopsis linearis, mucronata, palea inferiore inclusa. — *Gramen in America boreali indigenum, gracile; culmo erecto, foliis angustis planis, paniculae ramosae contractae ramis semiverticillatis, spiculis subracemosis, cum pedicello articulatis.*

Eatonia Raf. *in Journ. phys. LXXXIX.* 104. Reboulea Kunth *gram. I.* 341. *t.* 84. *Agrost.* 368. Aira obtusa Michx. —? Chondrachyrum Nees ex Lindl. *introduct. edit. II. p.* 449.

881. Catabrosa *PALIS.* Spiculae biflorae, floribus hermaphroditis, inferiore sessili, superiore pedicellato. Glumae 2, concavae, parvae; inferior oblonga, uninervis; superior obovata, trinervis, apice crenata v. eroso-dentata. Paleae 2, oblongae, subaequilongae, inferior trinervis, apice truncato-rotundata, trigono-carinata; superior binervis, concavo-bicarinata, apice subtrilobo-rotundata. Squamulae 2, subtruncatae. Stamina 3. Ovarium sessile, glabrum. Caryopsis breviter stipitata, intra paleas libera. — *Gramen in aquosis regionum temperatarum hemisphaerae borealis repens; ramis erectis, simplicibus, foliis planis, paniculae ramosae diffusae ramis verticillatis, spiculis pedicellatis, floribus articulatis, deciduis.*

Catabrosa Palis. *agrost.* 97. *t.* 19. *f.* 8. Kunth *gram.* 118. *Agrost.* 369. Aira aquatica Linn. Host *gram. II. t.* 41. Hydrochloae sp. Hartm.

882. Coelachne *R.BR.* Spiculae biflorae, flore inferiore sessili hermaphrodito, superiore pedicellato, femineo. Glumae 2, subrotundae, ventricoso-concavae, subaequales. Paleae 2, subaequilongae, muticae; inferior ovato-subrotunda, obtusa, ventricoso-concava; superior enervis, subbicarinata. Squamulae 2, truncato-subbilobae. Stamina 3. Ovarium sessile, glabrum. Styli 2, terminales; stigmata plumosa. Caryopsis fusiformis, libera. Fem. Paleae 2, subaequales, ovatae, obtusiusculae, muticae, inferior concava, superior bicarinata, carinis ciliatis. Ovarium et caryopsis ut in hermaphrodito. — *Gramen in Nova-Hollandia tropica indigenum, tenellum, glaberrimum; foliis planis, ligula obsoleta, panicula angusta, spiculis parvis.*

Coelachne R. Brown *prodr.* 187. Palis. *agrost.* 39. Kunth *gram.* 119. *t.* 143. *Agrost.* 370.

883. Briza *LINN.* Spiculae multiflorae, floribus hermaphroditis, imbricato-distichis. Glumae 2, subrotundae, compresso-concavae, ventricosae. Paleae 2, inferior subrotunda, compresso-concava, basi cordata, apice rotundata, superior multo minor, bicarinata. Stamina 3. Ovarium sessile. Squamulae 2, integrae v. subbilobae. Styli 2, terminales; stigmata plumosa. Caryopsis compressa, libera v. paleae superiori adnata. — *Gramina elegantia, in Europa media et australi obvia, quaedam latissime per terrarum orbem diffusa; foliis planis, paniculis simplicibus v. ramosis, spiculis pedicellatis, rhachilla tandem articulata.*

Briza Linn. *gen. n.* 84. Palis. *agrost.* 67. Host *gram. II. t.* 28—30. Sibth. *Fl. graec. t.* 75—77. Kunth *gram.* 120. *Agrost.* 371. —? Neuroloma Raf.

884. Chascolytrum *DESV.* Spiculae multiflorae, floribus hermaphroditis, imbricato-distichis. Glumae 2, naviculares, inaequales. Paleae 2, inferior subrotunda, basi cordata, dorso convexa, apice mucronato-aristata; superior multo brevior, planiuscula, utroque margine carinata. Squamulae 2, emarginato-bilobae. Stamina 1—3. Ovarium sessile, glabrum. Styli 2, terminales; stigmata elongata, plumosa. Caryopsis subrotunda, plano-convexa, libera. — *Gramina in America tropica et australi extratropica indigena, foliis planis, paniculae simplicis v. ramosae ramis solitariis, geminis v. semiverticillatis, spiculis pedicellatis, subrotundo-ellipticis, rhachilla articulata.*

Chascolytrum Desv. *Journ. Bot. III.* 71. Kunth *gram.* 120. *t.* 86—88. *Agrost.* 373. Calothecae sp. Palis. *agrost. t.* 17. *f.* 6. Brizae sp. Lam.

885. Calotheca *KUNTH.* Spiculae multiflorae, floribus imbricato-distichis, hermaphroditis, summo tabescente. Glumae 2, obovato-oblongae, concavae, inferior trinervis, superior paullo major, quinquenervis. Paleae 2, inferior concava, utroque latere supra basim in alam falciformem producta, apice bifida et breviter aristata; superior multo brevior, plana, bicarinata, carinis ciliata, apice producto diaphano subspathulato. Squamulae 2, lobulo laterali auctae. Stamina 3. Ovarium sessile, glabrum. Styli 2, terminales; stigmata elongata, pilosa. Caryopsis trigona, libera. — *Gramina caespitosa, in America australi tropica et extratropica indigena; foliis convolutis, panicula simplici depauperata, spiculis pedicellatis, rhachilla articulata.*

Calotheca Kunth *gram.* 121. *Agrost.* 374. Calothecae sp. Palis. *agrost. t.* 17. *f.* 7. Bromus brizoides Lam.

886. Anthochloa *NEES.* Spiculae triquadriflorae, floribus inferioribus hermaphroditis, summis abortivis. Glumae 2, muticae, inferior paullo minor. Paleae 2, inferior maxima, subrotunda; superior minor bifida, laciniis bifidis. Squamulae 2, acutae. Stamina ... Ovarium ..... Styli 2, terminales; stigmata maxima, plumosa. Caryopsis .... — *Gramen peruanum andinum; paniculae racemulosae ramis fasciculatis, paucifloris.*

Anthochloa Nees *in Lindl. introduct. edit. II. p. 450.*

887. Melica *LINN.* Spiculae tri-quinqueflorae, floribus duobus infimis hermaphroditis, reliquis tabescentibus. Glumae 2, concavae, muticae, inaequales. Paleae 2, muticae, inferior concava; superior bicarinata. Squamulae 2, liberae v. inter se connatae. Stamina 3. Ovarium sessile, glabrum. Styli 2, terminales; stigmata plumosa. Caryopsis teres, libera. — *Gramina in Europa et Asia media obvia, in America tropica et extratropica, nec non in Capite bonae spei rarius provenientia; foliis planis, paniculis simplicibus v. ramosis, spiculis pedicellatis.*

Melica Linn. *gen. n.* 82. Palis. *agrost. t.* 14. *f.* 5. Host *gram. II. t.* 9—12. *IV.* 23. Sibth. *Fl. graec. t.* 71. Cav. *ic. t.* 472. 473. Kunth *in Humb. et Bonpl. nov. gen. et sp. t.* 693. *Gram. t.* 89. *Agrost.* 375. — Bulbilis Raf. *in Americ. Magaz.* 1819. Sesleria dactyloides Nutt.

888. Molinia *MOENCH.* Spiculae biquinqueflorae, floribus hermaphroditis, summo tabescente. Glumae 2, concavae, muticae, inaequales. Paleae 2, inferior convexo-semiteres, obtusa, mutica v. subaristato-mucronata, superiorem bicarinatam, subaequilongam involvens. Squamulae 2, dolabriformes. Stamina 3. Ovarium sessile, glabrum. Styli 2, terminales; stigmata plumosa. Caryopsis subfusiformis, libera. — *Gramina in Europa et in Asia media indigena, rigida; culmorum nodis vaginis velatis insignia, paniculis ramosis contractis v. diffusis, spiculis pedicellatis, rhachilla articulata.*

Molinia Mönch. *meth.* 183. Palis. *agrost.* 68. *t.* 14. *f.* 6. Kunth *gram.* 123. *Agrost.* 379. Ledeb. *Fl. alt. t.* 227. Enodium Link *enum. I.* 79. Melica coerulea Linn. Host *gram. II. t.* 8. Hydrochloa sp. Hartm.

889. Koeleria *PERS.* Spiculae biseptemflorae, floribus distichis, hermaphroditis. Glumae 2, carinatae, muticae, inaequales. Paleae 2, inferior acuta, mutica v. apice aut infra apicem breviter aristata; superior bicarinata, apice bifida. Squamulae 2, inaequales, bi-trifidae. Stamina 3. Ovarium sessile, glabrum. Styli 2, terminales; stigmata plumosa. Caryopsis teretiuscula, libera. — *Gramina in Europa media et australi obvia, in Asia et America septemtrionali rara; culmis caespitosis, foliis planis, paniculis confertis, spicaeformibus, spiculis pedicellatis.*

Koeleria Pers. *ench. I.* 97. Kunth *gram.* 123. *Agrost.* 381.

a) AIROCHLOA *Link.* Palea inferior mutica.

Airochloa Link *Hort. berol. I.* 127. *excl. sp.* Airae sp. Linn. *E. B. t.* 648. *Fl. dan. t.* 1566.

b) KOELERIA *Link.* Palea inferior apice v. sub apice aristata.

Koeleria Link *l. c.* Collinaria Ehrh. *phyt.* 31. Aegialitis Trin. *fund.* 127. *t.* 9. Aegialina Schult. *mant. II.* 222. Alophochloa Reichenb. *fl. excurs.* 12. Festucae sp. Host *gram. III. t.* 21.

890. Schismus *PALIS.* Spiculae quinque-septemflorae, floribus distichis, remotiusculis, hermaphroditis. Glumae 2, ovato-oblongae, acutiusculae, concavae, subaequales, inferior quadri-septemnervis; superior tri-quinquenervis. Paleae 2, subaequilongae, inferior obovata, apice bifida, mutica v. mucronata, novemnervis; superior oblongo-spathulata, acuta, binervis. Squamulae 2, truncato-dolabriformes. Stamina 3. Ovarium stipitatum, glabrum. Styli 2, terminales; stigmata pilosa. Caryopsis obovata, compressiuscula, intra paleas libera. — *Gramina mediterranea, caespitosa; foliis pilosiusculis, rudicalibus involutis, caulinis planis, panicula simplici, coarctata.*

Schismus Palis. *agrost.* 74. *t.* 15. *f.* 4. Kunth *gram.* 124. *Agrost.* 384. Festucae sp. Linn. Cav. *ic. t.* 44. *f.* 2. Hemisacris Steud. *in Flora* 1829. *II.* 490.

891. Wangenheimia *MOENCH.* Spiculae quadriflorae, floribus hermaphroditis. Glumae 2, subunilaterales, carinatae, muticae, flores superantes, inferior minor. Paleae 2, inferior acuta, carinato-concava, uninervis; superior brevior, bicarinata. Squamulae 2, bilobae. Stamina 3. Ovarium stipitatum, glabrum. Styli 2, terminales; stigmata plumosa. Caryopsis ..... — *Gramen ibericum, pusillum; culmis caespitosis, foliis angustissimis involutis, spicis solitariis, spiculis unilateralibus, sessilibus, imbricatis, rhachi continua.*

Wagenheimia Mönch *meth.* 200. Kunth *gram.* 125. *Agrost.* 385. Cynosurus Lima Löfl. Cav. *ic. t.* 91.

892. Dactylis *LINN.* Spiculae bi-septemflorae, floribus hermaphroditis. Glumae 2, subinaequilaterae, carinatae, mucronato-aristatae, apice unilaterales, inaequales; superior saepe minor, enervis et concava. Paleae 2, inferior quinquenervis, carinata, mucronato-aristata, carina ciliata; superior bicarinata. Squamulae 2, bifidae. Stamina 3. Ovarium sessile, glabrum. Styli 2, terminales; stigmata plumosa. Caryopsis libera. — *Gramina in Europa media et australi, nec non in America et Asia septemtrionali indigena; foliis carinatis, paniculis glomeratis, secundis.*

Dactylis Linn. *gen. n.* 86. Palis. *agrost.* 85. Host *gram. II. t.* 94. E. B. *t.* 335. Panz. *Ideen t.* 8. *f.* 2. *a. d. e.* Kunth *gram.* 125. *Agrost.* 385.

893. Lasiochloa *KUNTH.* Spiculae tri-quadriflorae, floribus hermaphroditis, distichis, basi callosis. Glumae 2, muticae, extus papilloso-hispidae, subaequales. Paleae 2, inferior concava, acuta v. mucronata, novemnervis; superior brevior, bicarinata. Squamulae 2, dolabriformes. Stamina 3, summo ovarii stipiti inserta. Ovarium stipitatum, glabrum. Styli 2, terminales; stigmata plumosa. Caryopsis ... — *Gramina capensia, caespitosa; foliis planis v. convoluto-filiformibus, paniculis glomeratis, rhachilla articulata.*

Lasiochloa Kunth *gram. II.* 555. *t.* 192—193. *Agrost.* 387. Dactylidis sp. Thunb. Schrad.

894. Cynosurus *LINN.* Spiculae biquinqueflorae, floribus hermaphroditis, immixtis spiculis sterilibus, pectiniformibus, e solis glumis compositis. Glumae 2, lanceolatae, carinatae, breviter aristatae. Paleae 2, inferior apice mucronata v. aristata; superior bicarinata, apice bifida. Squamulae 2, subintegrae. Stamina 3. Ovarium sessile, glabrum. Styli 2, terminales; stigmata plumosa. Caryopsis libera. — *Gramina mediterranea, habitu et spiculis sterilibus a Festuca diversa; foliis planis, paniculis confertis, spicaeformibus, secundis.*

Cynosurus Linn. *gen. n.* 87. Kunth *gram.* 126. *Agrost.* 388.

a) CYNOSURUS *Palis.* Spiculae mucronatae.

Cynosurus Palis. *agrost. t.* 14. *f.* 1. Host *gram. II. t.* 96.

b) CHRYSURUS *Palis.* Spiculae aristatae.

Chrysurus Palis. *agrost.* 123. *excl. sp.* (Host *II. t.* 95. Sibth. *Fl. graec. t.* 78. Desf. *Fl. atl. t.* 17.)

895. Lamarckia *MOENCH.* Spiculae fertiles sterilibus crebris mixtae: fertiles biflorae; floribus remotis, altero hermaphrodito, altero rudimentario, basi arista fulto. Glumae 2, lanceolato-subulatae, a flore remotae. Paleae 2, inferior cylindraceo-convoluta, infra apicem bifidum aristata; arista recta; superior bicarinata. Squamulae 2, minutissimae. Ovarium sessile, glabrum. Styli 2, terminales; stigmata pubescentia. Caryopsis oblonga, compressa, paleae superiori adhaerens. Spiculae steriles quinque-octoflorae, floribus remotis. Glumae 2, lunulato-subulatae, a flore remotae. Palea 1, ovato-subrotunda, concava, mutica, apice eroso-denticulata. — *Gramen mediterraneum, annuum; foliis planis, paniculae simplicis, confertae spiculis pedicellatis.*

Lamarckia Mönch *meth.* 201. Kunth *gram.* 127. *Agrost.* 389. Cynosurus aureus Linn. Sibth. *Fl. graec. t.* 79. Chrysuri sp. Palis. *t.* 22. *f.* 5. — Pterium Desv. *in Journ. Bot. III.* 75.

896. Ectrosia *R. BR.* Spiculae multiflorae, floribus distichis, remotis, infimo hermaphrodito, reliquis tabescentibus masculis v. neutris, longius aristatis. Glumae 2, carinatae, muticae, subaequales, floribus breviores. Paleae 2, inferior trinervis, carinata, apice biloba, inter lacinias aristata, arista recta; superior bicarinata, mutica. Squamulae 2, cuneatae, emarginatae. Stamina 3, ovarii stipiti inserta. Ovarium stipitatum, glabrum. Styli 2, terminales; stigmata plumosa. Caryopsis fusiformis, libera. — *Gramina in Nova-Hollandia tropica indigena; foliis convolutis, paniculae ramosae, coarctatae, spicalis pedicellatis.*

Ectrosia R. Brown *prodr.* 186. Kunth *gram.* 127. *t.* 69. *Agrost.* 390.

897. Lophatherum *BRONGN.* Spiculae multiflorae, flore inferiore sessili, hermaphrodito, superioribus pedicellatis, neutris, unilateralibus. Glumae 2, obtusae, muticae, inferior brevior. Hermaphr. Paleae 2, inferior ovato-oblonga, convoluta, septemnervis, apice in aristam brevem, rectam producta; superior anguste-oblonga, obtusa, binervis. Squamulae 2, truncatae. Stamina 3. Ovarium sessile, glabrum. Styli 2, terminales; stigmata. . . . Caryopsis . . . Neutr. Paleae 2, inferior ovato-oblonga, septemnervis, apice in aristam rectam, rigidam producta; superior binervis, brevior, in floribus superioribus abortiva. — *Gramen amboinense; foliis lanceolatis, petiolatis, paniculae ramis alternis, simplicibus, distantibus, spiculis sessilibus, subunilateralibus, apice incurvatis.*

Lophatherum Brongn. *in Duperr. voy.* 49. *t.* 8.

898. Elytrophorus *PALIS.* Spiculae tri-multiflorae, floribus distichis, hermaphroditis. Glumae 2, carinatae, subulato-aristatae, subaequales. Paleae 2, inferior carinata, trinervis, apice subulato-aristata; superior dimidio brevior, bicarinata, carinis membranaceo-alatis, apice triloba. Squamulae 2, integrae. Stamen 1. Ovarium stipitatum, glabrum. Styli 2, terminales; stigmata elongata, puberula. Caryopsis teretiuscula, libera. — *Gramen in Asia et Africa tropica observatum; foliis planis, panicula conferta, glomerato-spicata, cylindrica.*

Elytrophorus Palis. *agrost.* 67. *t.* 14. *f.* 2. Kunth *gram.* 128. *t.* 154. *Agrost.* 391. Echinalysium Trinius *fund.* 142.

899. Festuca *LINN.* Spiculae bi-multiflorae, floribus hermaphroditis, distichis. Glumae 2, carinatae, muticae, inaequales. Paleae 2, inferior ecarinata, apice acuta, mucronata v. in aristam producta; superior bicarinata. Squamulae 2, acute bifidae. Stamina 1—3. Ovarium sessile, plerumque glabrum. Styli 2, terminales; stigmata plumosa. Caryopsis plano-convexa, glabra, libera v. paleae superiori adhaerens. — *Gramina in hemisphaerae borealis temperatis copiosa, in hemisphaera australi admodum rara, inter tropicos rarissima; foliis planis v. setaceis, spicalis ut plurimum pedicellatis, paniculatis v. racemosis, rarius sessilibus, spicatis, rhachilla articulata.*

a) SCLEROCHLOA *Palis.* Spiculae pedicellatae, floribus obtusis v. mucronatis.

Sclerochloa Palis. *agrost.* 98. Sphenopus Trin. Poae sp. Linn. Host *gram. II.* 63. 74. *III. t.* 17.

b) CATAPODIUM *Link.* Spiculae sessiles, spicatae, floribus muticis.

Catapodium Link *Hort. Berol. I.* 45. Brachypodium Palis. *agrost.* 100. *excl. sp.* Poae sp. Linn. Jacq. *ic. rar. t.* 303. Tritici sp. Linn. Host *gram. II. t.* 27.

c) VULPIA *Gmel.* Spiculae pedicellatae, floribus longe aristatis.

Vulpia Gmel. *Bad. I.* 215. Link *Hort. berol. I.* 146. Mygalurus Link *enum. I.* 92. Bromi sp. Linn.

d) FESTUCA. Spiculae pedicellatae, floribus mucronatis v. breviter aristatis.

Festuca et Schoenodorus Palis. *agrost.* 99. Host *gram. II. t.* 79—91. *III.* 18—20. *IV.* 60—62.

900. Bromus *LINN.* Spiculae tri-multiflorae, floribus hermaphroditis, distichis. Glumae 2, plerumque carinatae, muticae, inaequales. Paleae 2, inferior dorso convexa, mutica v. sub apice, interdum fisso, aristata; superior bicarinata, carinis pectinato-ciliatis. Squamulae 2, integrae. Stamina 3. Ovarium sessile, apice hirsutum. Stigmata 2, laterali-terminalia, plumosa. Caryopsis plano-convexa, apice villosa. — *Gramina planifolia, in toto terrarum orbe obvia, in temperatis hemisphaerae borealis imprimis copiosa, inter tropicos rara; paniculis effusis v. confertis, spiculis pedicellatis, rhachilla tandem articulata.*

Bromus Linn. *gen. n.* 89. Host *gram. I. t.* 7. 9. 10. 12—17. Schrad. *Fl. germ. t.* 6. *f.* 3. Desf. *Fl. atl. t.* 25. 26. Sibth. *Fl. graec. t.* 82. 83. Jacq. f. *Eclog. t.* 15 — Ceratochloa Palis. *agrost.* 75. *t.* 15. *f.* 7. Libertia Lejeune *in N. A. N. C. XII.* 757. *t.* 65. Michelaria Dumort. *agrost.* 77. *t.* 16.

901. Orthoclada *PALIS.* Spiculae triflorae, floribus remotis, inferioribus hermaphroditis, summo tabescente. Glumae 2, carinatae, muticae, subaequales. Paleae 2, inferior carinata, acutato-mucronata; superior naviculari-compressa, bicarinata, basi carinis rhachillae adnata. Squamulae 2, subdolabriformes. Stamina 2. Ovarium sessile, glabrum. Styli 2, terminales; stigmata plumosa. Caryopsis oblonga, compressa, paleis reclusa. — *Gramina brasiliensia; foliis planis, petiolatis, paniculae terminalis ramis semiverticillatis, fastigiatis, spiculis longe pedicellatis, cum pedicello articulatis, compressis.*

Orthoclada Palis. *agrost.* 69. *t.* 14. *f.* 9. Kunth *gram.* 136. *t.* 71. *Agrost.* 423. Nees *in Mart. Fl. Bras. II.* 520. Aira laxa Rich.

902. Uniola *LINN.* Spiculae multiflorae, floribus distichis, infimis abortivis unipaleaceis, reliquis hermaphroditis. Glumae 2, carinatae, muticae, subaequales. Paleae 2, inferior carinato-compressa; superior bicarinata, carinis alatis, alis saepius apice solutis, divergentibus.

Squamulae 2, acute bifidae. Stamina 1—3. Ovarium sessile, glabrum. Styli 2, terminales; stigmata plumosa. Caryopsis libera. — *Gramina boreali-americana; foliis latiusculis, planis, paniculae ramosae spiculis pedicellatis, cum pedicello articulatis, compressis.*

Uniola Linn. *gen. n. 90.* Kunth *gram. 136. t. 72. Agrost. 424.* Chasmanthium Link *Hort. berol. I. 159.* Trisiola Raf.

903. Diarrhena *PALIS.* Spiculae multiflorae, floribus distichis, hermaphroditis, summis sterilibus. Glumae 2, concavae, muticae, inferior brevior. Paleae 2, inferior ovata, dorso convexa, trinervis, acuminato-mucronata; superior brevior, bicarinata. Squamulae 2, subrhomboideae, ciliatae. Stamina 2. Ovarium stipitatum, subobliquum, apice emarginatum. Stigmata 2, terminalia, plumosa. Caryopsis libera. — *Gramen boreali-americanum, elatum; foliis late linearibus, planis, panicula simplici.*

Diarrhena Palis. *agrost. 142. t. 25. f. 2.* Kunth *gram. 137. Agrost. 425.* Diarina Raf. Roemeria Zea *apud Röm. et Schult. syst. II. 287.* Corycarpus Zea *in Act. matr. 1806.* Lagasc. *Elench. 4.* Festuca diandra Michx. *Fl. Bor. Amer. t. 10.*

SUBTRIBUS II. BAMBUSEAE Nees *Linnaea IX. 461.* Gramina fruticosa v. arborescentia. Stamina 3—6.

904. Arundinaria *RICH.* Spiculae multiflorae, floribus imbricato-distichis, remotiusculis, hermaphroditis v. masculis. Glumae 2, concavae, muticae, parvae, inferior multo minor. Paleae 2, inferior ovata, concava, acutato-mucronata, multinervis; superior bicarinata. Squamulae 3, acutae, subciliatae, ovario longiores. Stamina 3. Ovarium sessile, glabrum. Styli 3, terminales; stigmata plumosa. Caryopsis oblonga, subarcuata, teres, libera. — *Gramina arborescentia, in Asia et America tropica et boreali calidiore indigena, ramosa; ramis fasciculato-semiverticillatis, spiculis paniculatis v. racemosis, multifloris.*

Arundinaria Rich. *apud Michx. Fl. Bor. Amer. I. 74.* Palis. *agrost. 144. t. 25. f. 7.* Nees *in Mart. Fl. Bras. II. 523.* Kunth *gram. 137. t. 155. 156. Agrost. 426.* Miegia Pers. *ench. I. 102.* Ludolfia Willd. *in Berl. Verh. 1808. p. 320.* Triglossum Fisch. *Catalog. Gorenk. 1812.* Röm. et Schult. *syst. II. 846.* Macronax Raf. *in New-York Med. Repos. V. 350.*

905. Streptogyna *PALIS.* Spiculae tri-quinqueflorae, floribus distichis, hermaphroditis, summis tabescentibus. Glumae 2, involutae, acutatae, inferior dimidio brevior. Paleae 2, inferior involuta, tereti-compressiuscula, septemnervis, apice in aristam producta; superior aequilonga, involuta, compressiuscula, dorso bicarinata, apice bifida. Squamulae 3, lanceolatae, acutae. Stamina 3. Ovarium sessile, glabrum. Styli 3, terminales, basi connati; stigmata elongata, spiraliter torta, piloso-hispida. Caryopsis. . . . — *Gramen in America calidiore indigenum, arborescens; foliis planis, spiculis breviter pedicellatis, racemosis.*

Streptogyna Palis. *agrost. 80. t. 16. f. 8.* Poir. *illustr. t. 912.*

906. Chusquea *KUNTH.* Spiculae triflorae, floribus imbricato-distichis, inferioribus neutris, summo hermaphrodito. Glumae 2, carinato-concavae, muticae, floribus multo breviores Neutr. Palea concava, mucronata. Hermaphr. Paleae 2, subaequilongae, inferior subcarinato-concava, mucronata; superior parinervis, dorso superne sulcato-bicarinata, apice emarginato-bifida. Squamulae 3, integrae, glabrae v. ciliatae, tertia minor. Stamina 3. Ovarium sessile, glabrum. Styli 2, terminales; stigmata intus plumosa. Caryopsis lineari-oblonga, compressa, libera. — *Gramina gigantea, in Americae tropicae regione montana per arborum truncos adscendentia; ramis pendentibus fasciculatis, foliis planis, paniculis terminalibus, ramosis, diffusis, spiculis pedicellatis.*

Chusquea Kunth *synops. I. 254. Gram. 138. t. 77. 78. 191. Agrost. 427.* Rettbergia Raddi *agrost. brasil. 17. t. 1. f. 1.* — Platonia Kunth *gram. 139. t. 76. Agrost. 428.*

907. Merostachys *SPRENG.* Spiculae biflorae, flore inferiore breviter stipitato, hermaphrodito, superiore longius pedicellato, tabescente, minutissimo, sulco dorsali floris inferioris recepto. Glumae 2, inaequales, inferior parva, subulata; superior oblongo-lanceolata, acutato-subulata. Paleae 2, subaequilongae, inferior ovato-elliptica, acutata, cylindraceo-involuta; superior dorso bicarinata. Squamulae 3, integrae, ciliatae. Stamina 3. Ovarium sessile, glabrum. Styli 2, terminales; stigmata intus piloso-plumosa. Caryopsis. . . . — *Gramina arborescentia, in Brasilia indigena; ramis e culmi nodis fasciculatis, foliis distichis, planis, spicis terminalibus, solitariis, basi vagina aphylla spathaeformi involutis, spiculis unilateralibus, imbricato-subbiseriatis, lanceolato-oblongis.*

Merostachys Spreng. *syst. I. 132.* Nees *in Mart. Fl. Bras. II. 527.* Kunth *gram. 139. t. 79. Agrost. 429.*

908. Nastus *JUSS.* Spiculae multiflorae, floribus imbricato-distichis; inferioribus neutris, unipaleaceis, glumaeformibus, sensim minoribus, summo hermaphrodito, basi flore pedicellato tabescente aucto. Glumae 2, concavae, muticae. Paleae 2, subaequilongae, carinato-naviculares, muticae, superior dorso sulcato-bicarinata. Squamulae 3, integrae, ciliatae. Stamina 6. Ovarium sessile, glabriusculum. Stigmata 3, subsessilia, terminalia, intus plumosa. Caryopsis libera, stigmatum basibus induratis cuspidata. — *Gramen borbonicum, arboreum; ramis e nodis fasciculato-verticillatis, apice floriferis, spiculis paniculatis, oblongis, compressis.*

Nastus Juss. *gen. 34.* Kunth *gram. 140. Agrost. 429.* Stematospermum Palis. *agrost. 144. t. 25. f. 5.* Bambusa alpina Bory *voy. t. 12.* — N. capitatus Kunth *gram. t. 75.* et N. Tjankorrch Schult. *syst. VII. 1358.* verisimiliter sui generis. — ? Schizostachyum Nees *in Mart. Fl. Bras. II. 135.* Schult. *syst. VII. 1355.*

909. Bambusa *SCHREB.* Spiculae multiflorae, floribus imbricato-distichis, infimis neutris, unipaleaceis, glumaeformibus, reliquis hermaphroditis v. nonnullis abortu masculis. Glumae 2, concavae, muticae. Paleae 2, subaequilongae, inferior concava, acuto-mucronata v. subulata; superior angustior, bicarinata. Squamulae 3, integrae, ciliatae. Stamina 6. Ovarium sessile, apice pubescens. Stylus terminalis, elongatus, apice bi-trifidus; stigmata plumosa. Caryopsis intra paleas libera. — *Gramina arborescentia, in Asia, America et Africa australi tropica indigena; culmis caespitosis, nodosis, e nodis ramos ramosissimos, interdum spinescentes emittentibus, spiculis verticillato-spicatis, spicis paniculatis.*

Bambusa Schreb. Roxb. *corom. t. 79. 80.* Kunth *gram. 140. t. 73. 74. Agrost. 430.* Bambos Retz *obs. V. 24.* Arundinis sp. Linn. — Guadua Kunth *synops. I. 253. Agrost. 433. Gram. 141.* Bambusae sp. Humb. et Bonpl. *pl. ae-*

quin. t. 20. 21. — Dendrocalamus Nees *in Linnaea IX. 466.* est Bambusa floribus omnibus perfectis, (staminibus tribus ?)

910. Beesha *RHEED.* Spiculae tri-multiflorae, floribus distichis, inferioribus masculis v. neutris unipaleaceis. Glumae. . . . . Paleae 2, acutatae, muticae. Squamulae. . . . Stamina 6. Ovarium glabrum (?) Stylus terminalis; stigmata 3, villosa. Pericarpium maximum, baccatum, ovatum, acuminatum. — *Gramen indicum, non satis notum; culmo arboreo, inermi, foliis latis, ciliato-setosis, spicis e nodis fuscicalatis, spathis spicatas involucruntibus.*

Beesha Rheede *Malab. V. 119. t. 60.* Kunth *gram. 141. Agrost. 434.* Melocanna Röp. et Trin. *in Spreng. N. E. II. 43.* Bambusa baccifera Roxb. *corom. t. 243.*

911. Streptochaeta *NEES.* Spiculae uniflorae, bracteatae. Glumae 3, lanceolatae, inaequales, exterior in aristam longissimam, apice spiralem desinens, interiores minores, acuminatae, muticae. Paleae 3, aequales, lanceolatae, muticae, altera alteram imbricatim a tergo involvens, intima genitalia amplectens. Squamulae . . . . Stamina 5—6, filamentis connatis, basi germen ambientibus, apice liberis. Ovarium. . . Stylus terminalis simplex; stigmata 3. Caryopsis. . . — *Gramen brasiliense, admodum paradoxum, vix rite descriptum; foliis planis, spica terminali, solitaria.*

Streptochaeta Nees *in Mart. Fl. Bras. II. 536.* Lepideilema Trin. *Act. Petropolit. 1830. I. 93.*

TRIBUS XI. HORDEACEAE Kunth *gram. 142.* Spiculae tri-multiflorae, nonnunquam uniflorae. Flos terminalis tabescens. Glumae (rarissime deficientes) paleaeque duae, herbaceae. Stigma sessile. Ovarium plerumque pilosum. Inflorescentia spicata, spica simplex solitaria; rhachis interdum alata. *Kunth.*

912. Lolium *LINN.* Spiculae multiflorae, floribus distichis, imbricatis. Glumae 2, subaequales, muticae, postica saepius deficiens. Paleae 2, inferior concava, mutica v. sub apice aristata, superior bicarinata. Squamulae 2, acutae; integrae v. bilobae. Stamina 3. Ovarium sessile, glabrum. Styli 2, terminales; stigmata plumosa. Caryopsis paleae superiori adhaerens. — *Gramina annua v. perennia, in hemisphaerae borealis temperatis indigena, nunc per totam orbem sparsa, nonnulla, unico in toto ordine exemplo, venenata; foliis planis, spicis simplicibus, spiculis sessilibus, rhachi continuae contrariis.*

Lolium Linn. *gen. n. 95.* Palis. *agrost. 102. t. 20. f. 3.* Host *gram. I. t. 25. III. t. 25.* Fl. dan. *t. 160.* Kunth *gram. t. 200. Agrost. 435.* Craepalia Schrank *Fl. Bav. I. 382.*

913. Triticum *LINN.* Spiculae tri-multiflorae, floribus distichis. Glumae 2, subopositae, subaequales, muticae v. aristatae. Paleae 2, inferior mutica, mucronata v. aristata, superior bicarinata, carinis aculeato-ciliata. Squamulae 2, integrae, saepius ciliatae. Stamina 3. Ovarium sessile, apice pilosum. Stigmata 2, terminalia, plumosa. Caryopsis libera v. paleis adnata. — *Gramina in hemisphaerae borealis regionibus temperatis obvia, in regione mediterranea orientem versus copiosiora, in America australi extratropica et Nova Hollandia admodum rara, inter tropicos in America cis aequatorem vix reperta; foliis planis, spiculis sessilibus spicatis, v. rarissime subracemosis, rhachi continuae parallelis, rhachilla tandem plerumque articulata.*

Triticum Linn. *gen. n. 913.* Kunth *agrost. 438.*

a) SPELTA. Glumae ventricoso-concavae, ovato-oblongae, obtusae v. truncatae.

Triticum Palis. *agrost. 103.* Host *gram. II. t. 47. III. t. 26—32. IV. t. 5—8.* Sibth. *Fl. graec. t. 97.*

b) AGROPYRUM *Palis.* Glumae lanceolatae v. lineari-oblongae, acutatae v. obtusae. Spiculae sessiles, spicatae.

Agropyrum Palis. *agrost. 101.* (Host *II. t. 21. 22. IV. t. 33.* Sibth. *t. 99.* Kunth *t. 90.*

c) BRACHYPODIUM *Palis.* Glumae lanceolatae, acutatae. Spiculae pedicellatae, solitariae, geminae v. racemosae.

Brachypodium Palis. *agrost. 100. excl. sp.* Bromi sp. Linn. Host *I. t. 21. 22. IV. t. 17. 18.* Sibth. *t. 84.* — Trachynia Link *Hort. berol. I. 42.* Bromus distachyos Linn. Host *I. t. 20.*

914. Secale *LINN.* Spiculae biflorae, floribus distichis, hermaphroditis, cum rudimento lineari floris tertii terminalis. Glumae 2, subopositae, subaequales, carinatae, muticae v. aristatae. Paleae 2, inferior aristata, carinata, inaequilatera, latere exteriore latiore, crassiore; superior brevior, bicarinata. Squamulae 2, ciliatae. Stamina 3. Ovarium sessile. Stigmata 2, subterminalia, plumosa. Caryopsis apice pilosa, libera. — *Gramina planifolia, in Europae austro-orientalis et Asiae conterminae planitiebus indigena; spicis simplicibus, spiculis rhachi saepius articulatae parallelis.*

Secale Linn. *gen. n. 97.* Palis. *agrost. 105.* Host *gram. II. t. 48. IV. t. 11.* Kunth *gram. 145. Agrost. 449.*

915. Elymus *LINN.* Spiculae bi-multiflorae, floribus distichis, summo tabescente. Glumae 2, subsecundae, inaequilaterae, inaequales, muticae v. apice in aristam productae. Paleae 2, inferior concava, mutica v. in aristam producta; superior bicarinata. Squamulae 2, integrae v. inaequaliter bilobae, ciliatae v. apice pilosae, rarius glabrae. Stamina 3. Ovarium stipitatum, apice pilosum. Stigmata 2, subterminalia, plumosa. Caryopsis apice pilosa, paleis adhaerens. — *Gramina planifolia, in haemisphaerae borealis temperatis obvia, in America trans capricornum admodum rara; spicis simplicibus v. rarissime ramosis.*

Elymus Linn. *gen. n. 96.* Kunth *gram. 146. Agrost. 449.*

a) PSAMMOCHLOA. Glumae paleaeque muticae. Squamulae integrae, pilosae.

(Host *gram. IV. t. 12.* E. B. *t. 1586.* Delile *Fl. aegypt. t. 13. f. 1.*)

b) ELYMUS. Glumae paleaque inferior aristatae. Squamulae glabrae v. rarius ciliatae, nunc integrae, nunc lobulo laterali auctae.

(Schreb. *gram. I. t. 21. f. 1. t. 24. f. 1. 2.* Host *I. t. 27. 28.*) Cuviera Koel. *gram. 328.* —? Sitanion Raf. *in Journ. phys. LXXXIX. 103.*

916. Gymnostichum *SCHREB.* Spiculae triflorae, floribus remotis, summo tabescente. Glumae 2, rudimentariae, denticuliformes, altera interdum in setulam producta. Paleae 2, inferior canaliculata, apice in aristam producta, superiorem bicarinatam involvens. Squamulae 2, inaequaliter bilobae, ciliatae. Stamina 3. Ovarium sessile, apice pilosum. Stigmata 2, terminalia, plumosa. Caryopsis apice pilosa, paleis adhaerens. — *Gramen perenne, planifoliam, in Oriente et America boreali repertum; spicis simplicibus, distichis, rhachi continua, spiculis geminatis.*

Gymnostichum Schreb. *gram. t. 43.* Asprella Humb. ex Willd *enum. 133.* Kunth *gram. 147. Agrost. 454.*

Hystrix Mönch *meth.* 295. Elymus Hystrix Linn. (Jacq. *ic. rar. t.* 305.)

917. Hordeum *LINN.* Spiculae biflorae, flore superiore ad rudimentum subulatum redacto, ternatae, laterales plerumque tabescentes. Glumae 2, lineari-lanceolatae, subulato-aristatae, paleis contrariae, subunilaterales, anticae. Paleae 2, inferior concava, apice in aristam producta; superior bicarinata. Squamulae 2, integrae v. inaequaliter bilobae, ciliatae v. pilosae, rarius glabrae. Stamina 3. Ovarium sessile, apice pilosum. Styli 2; stigmata plumosa. Caryopsis apice pilosa, paleis adhaerens v. rarius libera. — *Gramina in Europa et Asia mediterranea, necnon in Africa et America trans cancrum indigena, unum late per littora vulgatum; foliis planis, spicis simplicibus, rhachi tandem saepius articulata.*

Hordeum Linn. *gen. n.* 96. Kunth *gram.* 148. *Agrost.* 454.

a) ZEOCRITON *Palis.* Spiculae ternatae, laterales abortu masculae v. neutrae.

Zeocriton Palis. *agrost.* 114. *t.* 21. *f.* 1. (Host *gram. I. t.* 33. 34. *III. t.* 36. 37. Desf. *Fl. atl. t.* 37.)

b) HORDEUM *Palis.* Spiculae ternatae, laterales aeque fertiles.

Hordeum Palis. *agrost.* 114. *t.* 21. *f.* 2. (Host *III. t.* 34. 35. Sibth. *Fl. graec. t.* 98.) — Critesium Raf. (H. jubatum Linn.)

918. Aegilops *LINN.* Spiculae tri-quinqueflorae, flore terminali tabescente. Glumae 2, collaterales, anticae, subaequales, concavae, apice truncato bi-quadridentatae, dentibus muticis v. subulato-aristatis. Paleae 2, inferior concava, apice truncato bi-tridentata, dentibus omnibus v. intermedio subulato-aristatis. Squamulae 2, integrae, apice pilosae. Stamina 3. Ovarium sessile, apice pilosum. Stigmata 2, subterminalia, plumosa. Caryopsis apice villosa, libera. — *Gramina planifolia, annua, in Europa et Asia mediterranea indigena; spicis simplicibus, spiculis solitariis, distiche alternis, rhachi tandem saepius articulatae parallelis.*

Aegilops Linn. *gen. n.* 1150. Host *gram. II. t.* 5—7. Sibth. *Fl. graec. t.* 93—95. Kunth *gram.* 148. *Agrost.* 457.

919. Pariana *AUBL.* Spiculae uniflorae, verticillatae, geminae v. senae, exteriores pedicellatae, masculae, centralis sessilis feminea. Masc. Glumae 2, collaterales, lanceolatae, muticae. Paleae 2, muticae, inferior concava, trinervis, superior quadri-sexnervis. Squamulae 4, duae anteriores ciliatae. Stamina plurima. Fem. Glumae 2, carinato-naviculares, subaequales, muticae. Paleae 2, aequales, muticae. Squamulae 3, apice acuto ciliatae. Ovarium sessile, glabrum. Stigmata 2, terminalia, plumosa. Caryopsis glumis paleisque obtecta. — *Gramina americana tropica, suffrutescentia; foliis latis, breviter petiolatis, spicis terminatibus simplicibus, rhachi articulata.*

Pariana Aubl. *guian. II.* 877. *t.* 337. Palis. *agrost.* 121. *t.* 22. *f.* 2. Kunth *gram.* 148. *Agrost.* 459. Nees *in Mart. Fl. Bras. II.* 291.

TRIBUS XII. ROTTBOELLIACEAE Kunth *gram.* 150. Inflorescentia spicata, rhachis in plurimis articulata. Spiculae uni-bi-rarissime triflorae, in rhacheos excavatione locatae; nunc solitariae, nunc geminae, altera pedicellata, saepe tabescens. Flos alter cujuslibet spiculae, inferior v. superior saepe incompletus. Gluma una v. duae, interdum plane deficientes, plerumque coriaceae. Paleae membranaceae, muticae v. rarius aristatae. Stylus unicus v. duo, interdum brevissimi v. nulli. *Kunth.*

920. Nardus *LINN.* Spiculae uniflorae. Glumae 0. Paleae 2, inferior lanceolata, trigono-carinata, apice subulato-aristata, marginibus membranaceis superiorem breviorem, lineari-lanceolatam, bicarinatam amplectens. Squamulae 0. Stamina 3. Ovarium sessile, glabrum. Stylus simplex; stigmate lineari, pubescente. Caryopsis linearis, teretiuscula, paleae superiori adhaerens. — *Gramen pusillum caespitosum, rigidum, in Europae mediae et australis nec non in Asiae caucasicae montibus habitans; foliis convolutis, subulatis, spicis simplicibus, spiculis secundis alternis, rhacheos illinc convexae, hinc excavatae dentibus membranaceis insidentibus.*

Nardus Linn. *gen. n.* 69. Leers *Fl. herb. t.* 1. *f.* 7. Host *gram. II. t.* 4. Fl. dan. 1022. Kunth *gram.* 150. *Agrost.* 460.

921. Psilurus *TRIN.* Spiculae biflorae, flore inferiore sessili hermaphrodito, superiore pedicellato tabescente, saepe ad pedicellum redacto. Gluma 1, antica, minuta, ovata, mutica. Paleae 2, inferior (postica) uninervis, apice in aristam producta, superiorem paullo longiorem, bicarinatam involvens. Squamulae 2, bifidae, glabrae. Stamen 1. Ovarium stipitatum, glabrum. Stigmata 2, terminalia, pubescentia. Caryopsis linearis, trigona, paleae superiori adhaerens. — *Gramen caespitosum annuum, in Europae littoribus mediterrancis indigenum; foliis filiformibus involutis, spica filiformi, teretiuscula, articulata, articulis alternatim excavatis, spiculis sessilibus, in quovis articulo solitariis v. inferioribus geminis, altera tunc pedicellata, tabescente.*

Psilurus Trin. *fund.* 93. Kunth *gram.* 150. *Agrost.* 461. Asprella Host *gram. IV. t.* 29. Monerma Palis. *agrost.* 117. Nardus aristata Linn. Rottboella monandra Cav. *ic. t.* 39. *f.* 1.

922. Lepturus *R. BR.* Spiculae bi-triflorae, flore inferiore (postico) sessili, hermaphrodito, superiore pedicellato tabescente v. ad pedicellum redacto, rarius aeque perfecto, floris tertii rudimento tunc interjecto. Glumae 2, acutato-subulatae, subaequales, in flore terminali semper oppositae, in lateralibus rarius oppositae, plerumque collaterales, anticae, v. inferior deficiens. Paleae 2, muticae, glumis breviores, inferior (postica) superiorem binervem involvens. Squamulae 2, integrae, glabrae. Stamina 3. Ovarium sessile, glabrum. Styli 2, terminales, brevissimi; stigmata plumosa. Caryopsis libera. — *Gramina in regione mediterranea et in Europa austro-orientali finitimaque Asia, nec non in Nova Hollandia et America tropica indigena; culmis ramosis, erectis v. procumbentibus, saepe repentibus, foliis angustissimis, planis, spicis gracilibus rectis v. arcuatis, articulatis, spiculis rhacheos excavationibus immersis, solitariis.*

Lepturus R. Brown *prodr.* 207. Kunth *gram.* 151. *Agrost.* 461.

a) MYURUS. Glumae 2, in spiculis lateralibus collaterales, anticae. Floris superioris rudimentum lineare. Squamulae acutae. Styli subnulli.

Rottboellae sp. Linn. Cav. *ic. t.* 213. Sibth. *Fl. graec. t.* 91. Host *gram. I. t.* 23. Savi *giorn. Pisan. IV.* 230. *f.* 5. 6. Ophiuri sp. Palis.

b) MICRURUS. Gluma in spiculis lateralibus solitaria, antica. Floris superioris rudimentum subnullum. Squamulae acutae. Styli longiusculi.

Monerma Palis. *agrost. 117. part.* Rottboella subulata Savi *l. c. f. 4. 8.*

c) SYURUS. Gluma in spiculis lateralibus solitaria, antica. Floris superioris rudimentum clavatum. Squamulae truncato-emarginatae. Styli longiusculi.

R. repens Forst. Brongn. *in Duperr. voy. t. 16.*

d) PHOLIURUS *Trin.* Glumae in spiculis lateralibus 2, oppositae, rhachi contrariae. Flos superior aeque perfectus, interjecto tertii floris rudimento. Squamulae acutae. Styli breves.

Pholiurus Trin. *fund.* 131. Rottboella pannonica Host *I. t. 24.* — Leptocercus Raf. *in Journ. phys. LXXXIX.* 262. Lepturus paniculatus Nutt.

923. Oropetium *TRIN.* Spiculae biflorae, flore inferiore hermaphrodito sessili, superiore ad callum pilosum redacto. Glumae 2, muticae, inferior (postica) minuta, ovata, superior lanceolata, convexiuscula, flore longior. Paleae 2, muticae, subaequilongae, inferior (postica) carinato-navicularis; superior bicarinata. Squamulae 2, subcuneatae, glabrae. Stamina 3. Ovarium sessile, glabrum. Styli 2, terminales; stigmata subpenicilliformia. Caryopsis. . . . — *Gramen pusillum, in India orientali indigenum; foliis setaceis, culmis apice fasciculato-ramosis, spica compressa, continua, bifaria, spiculis rhacheos compressae, flexuosae excavationibus marginalibus immersis, solitariis, sessilibus.*

Oropetium Trin. *fund.* 98. Kunth *gram.* 152. *Agrost.* 463. Nardus Thomaea Linn. Rottboellae sp. Roxb. *corom. t.* 133.

924. Ophiurus *GAERTN.* Spiculae biflorae, floribus sessilibus, exteriore masculo v. neutro, interiore hermaphrodito. Glumae 2, muticae, exterior cartilaginea, interior concava, membranacea. Paleae 2, membranaceae, muticae, glumis minores. Squamulae. . . . Stamina 3. Ovarium. . . . Caryopsis. . . . — *Gramen ramosum, planifolium, pubescens, in Malabaria et Nova Hollandia tropica observatum; spicis gracilibus, brevibus, subfasciculatis, spathis foliaceis semiinclusis, teretibus, articulatis, spiculis articulorum excavationibus immersis, solitariis, sessilibus.*

Ophiurus Gärtn. *f. carp. III.* 4. R. Brown *prodr.* 206. Kunth *gram.* 152. *Agrost.* 464. Rottboella corymbosa Linn. Roxb. *corom. t.* 181.

925. Hemarthria *R. BR.* Spiculae biflorae, flore inferiore unipaleaceo neutro, superiore hermaphrodito. Glumae 2, rhachi parallelae, oblongae, acutatae, inaequales. Paleae 2, muticae, glumis breviores. Squamulae 2, truncatae, glabrae. Stamina 3. Ovarium sessile, glabrum. Styli 2, terminales; stigmata plumosa. Caryopsis. . . . — *Gramina ramosa, in Europa mediterranea occidentali, America boreali, Nova Hollandia, India orientali et in Capite bonae spei indigena; foliis planis, ramulis apice monostachyis subfasciculatis, spicis subulatis, compressiusculis, semiarticulatis, spiculis in quovis articulo geminatis, fertilibus, altera sessili mediante gluma postica rhachi adnata, altera pedicellata pedicello cum rhachi conferruminato, glumis liberis.*

Hemarthria R. Brown *prodr.* 207. Kunth *gram.* 153. *Agrost.* 464. Brongn. *in Duperr. voy. t.* 15. Lodicularia Pal. *agrost.* 108. *t.* 11. *f.* 6. Rottboelliae sp. Linn. Roxb. *t.* 156.

926. Mnesithea *KUNTH.* Spiculae triflorae, floribus duobus inferioribus neutris unipaleaceis, terminali hermaphrodito. Gluma 1, antica, oblique oblonga. Neutr. Palea 1, elliptico-oblonga. Hermaphr. Paleae 2, inferior elliptico-oblonga, concava, superiorem involvens. Squamulae 2, truncatae, glabrae. Stamina 3. Ovarium sessile, glabrum. Styli 2, terminales; stigmata plumosa. Caryopsis. . . . — *Gramen tranquebaricum, vix notum, planifolium; spicis teretibus, articulatis, spiculis in quovis articulo geminis oppositis, septo perforato.*

Mnesithea Kunth *gram.* 153. *Agrost.* 465. Rottboella laevis Retz. —? Rottboella perforata Roxb. *corom. t.* 182. — Thyridostachyum Nees *in Lindl. introduct. edit. II. p.* 379.

927. Rottboellia *R. BR.* Spiculae biflorae, flore inferiore masculo v. neutro et unipaleaceo, superiore hermaphrodito. Glumae 2, subaequilongae, inferior (antica) concava, superior carinato-navicularis, quandoque deficiens. Paleae 2, inferior concava; superior bicarinata. Squamulae 2, oblique truncatae, glabrae. Stamina 3. Ovarium sessile, glabrum. Styli 2, terminales; stigmata plumosa. Caryopsis. . . . — *Gramina in Asia, Nova Hollandia et Oceania tropica, nec non et in Aegypto indigena, erecta, saepius exaltata, planifolia; spicis teretibus, articulatis, spiculis in quovis articulo geminis, rhachi adpressis v. immersis, altera sessili, altera pedicellata, tabescente, pedicello saepius cum rhachi connuto.*

Rottboellia R. Brown *prodr.* 1. 206. Kunth *gram.* 154. *Agrost.* 466.

a) HEMIPUS. Spiculae rhachi immersae. Gluma postica deficiens.

R. formosa R. Brown. Kunth *gram. t.* 91.

b) STEGOSIA *Lour.* Spiculae rhachi immersae. Glumae 2.

Stegosiae sp. Lour. *Fl. cochinch. I.* 206. Rottboellae sp. R. Brown. Roxb. *corom. t.* 157. Brongn. *in Duperr. voy. t.* 14. —? Cymbachne Retz *obs. VI.* 36.

c) COELORHACHIS *Brongn.* Spiculae rhachi adpressae. Glumae 2.

Coelorhachis Brongn. *in Duperr. voy.* 63. *t.* 14. Rottboella Coelorhachis Forst. Labill. *Nov. Caled. t.* 20. R. hirsuta Vahl. Delile *aegypt. t.* 14. *f.* 1. R. muricata Retz. Spreng. *in Mem. Academ. Petersb.* 1810. *II. t.* 7.

928. Ratzeburgia *KUNTH.* Spiculae biflorae, flore inferiore neutro, unipaleaceo, superiore hermaphrodito. Glumae 2, inferior (antica) convexiuscula, reticulato-scrobiculata, apice membranaceo-producta, biloba, margine dentata; superior subaequilonga, planiuscula. Paleae 2, muticae, superior minuta, triloba. Squamulae 2, dolabriformes, repando-bilobae. Stamina. . . . Ovarium sessile, glabrum. Styli 2, terminales; stigmata plumosa. Caryopsis. . . . — *Gramen in India orientali indigenum, caespitosum, procumbens, stoloniferum; culmis simplicibus, monostachyis, spicis linearibus spiculis parallele compressis, rhachi vero directione contraria geniculato-flexuosa, spiculis in quovis articulo ternis, lateralibus sessilibus, fertilibus, contiguis, intermedia pedicellata, tabescente.*

Ratzeburgia Kunth *gram. t.* 158. *Agrost.* 468. Wallich *pl. as. rar. III.* 46. Aikinia Wall. *op. cit. t.* 273.

929. Xerochloa *R. BR.* Spiculae biflorae, flore inferiore masculo, superiore femineo conformi. Glumae 2, muticae, inferior (antica) minor. Paleae 2, glumis longiores, subulatae, muticae. Squamulae 0. Stamina 3. Ovarium sessile, glabrum. Styli 2, terminales, basi connati; stigmata. . . . Caryopsis oblonga, teretiuscula, styli basi mucronata, intra paleam superiorem libera. — *Gramina in Nova Hollandia tropica indigena, juncea, arida; foliis subulatis, strictis, vaginis culmum terminantibus alternis, spathaceis, singulis includentibus spicas aliquot abbreviatas, paucifloras, spiculis rhachi parallelis, ejusque excavationibus semi-immersis.*

Xerochloa R. Brown *prodr.* 197.

930. Tripsacum *LINN.* Spiculae diclines, monoicae. Masc. biflorae, flore utroque perfecto, femineae aeque biflorae, flore inferiore neutro, bipaleaceo Glumae 2, muticae, inferior (antica) concava; superior navicularis. Paleae 2, muticae, inferior concava, superior bicarinata. Squamulae 2, truncato-bilobae, glabrae. Stamina 3. Ovarium sessile, glabrum. Stylus terminalis, simplex; stigmata 2, elongata, dense villosa. Caryopsis. . . . — *Gramina boreali-americana, planifolia; spicis solitariis ternisve, articulatis, basi femineis, apice masculis, spiculis femineis solitariis, articuli longitudine, masculis geminis in quovis articulo illoque longioribus.*

Tripsacum Linn. *gen. n. 1044.* Willd. *Hort. berol. t. 1.* Palis. *agrost. 118. t. 22. f. 1.* Kunth *gram. 155. Agrost. 468.*

931. Prionachne *NEES.* Spiculae biflorae, flore utroque hermaphrodito. Glumae 2, complicato-cultriformes, inaequilaterae, muricatae. Paleae 2, glumis minores, inferior major, acuta; superior linearis, apice bidentata. Squamulae 2, truncatae, repandae. Stamina 3. Ovarium sessile, glabrum. Styli 2, terminales; stigmata penicilliformia. Caryopsis. . . . — *Gramen capense, annuum; foliis convolutis, spicis racemosis, spiculis laxe imbricatis.*

Prionachne Nees *in Lindl. introduct. edit. II. p. 447.*

932. Manisuris *LINN.* Spiculae geminae uniflorae, inferior hermaphrodita, superior neutra v. mascula. Spicula hermaphrodita. Glumae 2, inferior suborbiculata, saccato-concava, superior minor, planiuscula. Paleae 2, minimae, tenuissimae. Squamulae. . . Stamina 3. Ovarium sessile, glabrum. Styli 2, terminales; stigmata plumosa. Caryopsis paleis plerumque obtecta. Spicula sterilis. Glumae 2, subaequales. Paleae et genitalia nulla. — *Gramina inter tropicos totius fere mundi diffusa, ramosa, planifolia; spicis in ramulis solitariis, basi folio spathaeformi involutis, spiculis unilateralibus.*

Manisuris Linn. *gen. n. 1334.* Palis. *Fl. owar. t. 14.* Roxb. *corom. t. 117. 118.* Kunth *gram. 155. Agrost. 469.* Peltophorus Desv. *in Journ. Bot. III. 73.* Palis. *agrost. t. 21. f. 11.*

TRIBUS XIII. ANDROPOGONEAE Kunth *gram. 156.* Spiculae biflorae, flore inferiore semper incompleto. Paleae glumis teneriores, plerumque hyalinae. *Kunth.*

933. Perotis *AIT.* Spiculae uniflorae, flore sessili. Glumae 2, subaequales, longe aristatae. Paleae 2, minutae, muticae. Squamulae 2, integrae, glabrae. Stamina 3. Ovarium sessile, glabrum. Styli 2, terminales, basi connati; stigmata plumosa. Caryopsis cylindrica, intra glumas libera. — *Gramina in tropicis subtropicisque veteris orbis indigena, planifolia; spiculis spicatis, breviter pedicellatis.*

Perotis Ait. *Hort. kew. 2. I. 136.* R. Brown *prodr. 172.* Kunth *gram. t. 92. Agrost. 470.* Xystidium Trin. *fund. 102.*

934. Leptothrium *KUNTH.* Spiculae uniflorae, flore sessili. Glumae 2, acutato-subulatae, inferior brevior, subcarinata, inaequilatera; superior involuta, lateribus compressiuscula. Paleae 2, inferior ovata, subcarinata, uninervis; superior triplo brevior. Squamulae 2, truncatae, glabrae. Stamina 3. Ovarium sessile, glabrum. Styli 2, terminales, distincti; stigmata penicilliformia. Caryopsis. . . . — *Gramen americanum tropicum, caespitosum, rigidum, glabrum; foliis involutis, ciliolatis, spicae simplicis rhachi triangulari, flexuosa, spiculis breviter pedicellatis, alternis, pedicello cum rhachi articulato.*

Leptothrium Kunth *gram. 156. Agrost. 470.* Zoysia rigida Willd. *herb.*

935. Zoysia *WILLD.* Spiculae uniflorae, flore sessili. Gluma 1, antica, carinato-complicata, mutica v. mucronato-aristulata, marginibus basi connata. Paleae 2, muticae, inferior (postica) ovato-oblonga, uninervis, carinato-complicata; superior brevior, enervis, carinata, interdum deficiens. Stamina 3, duo ante paleam superiorem, unum ante inferiorem situm. Squamulae 0. Ovarium sessile, glabrum. Styli 2, terminales, elongati; stigmata plumosa. Caryopsis glabra, libera. — *Gramen pusillum, rigidum, in littoribus Indiae orientalis et Novae Hollandiae obvium; foliis distichis, canaliculatis, spica simplici, racemosa, continua, spiculis imbricatis.*

Zoysia Willd. *in Berl. Verhandl. III. 442.* R. Brown *prodr. 208.* Palis. *agrost. t. 4. f. 1.* Kunth *gram. 156. Agrost. 471.* Matrella Pers. *ench. I. 73.* Osterdamya Neck. *elem. n. 1593.* Agrostis Matrella Linn.

936. Dimeria *R. BR.* Spiculae uni-biflorae, flore inferiore neutro, unipaleaceo, quandoque nullo, superiore hermaphrodito. Glumae 2, subaequales, carinato-naviculares, muticae, basi barbatae, exterior crassior, latior. Paleae 2, exterior carinata, apice bifida, inter lobos aristata; superior minor, mutica. Squamulae 2. Stamina 2—3. Ovarium sessile, glabrum. Styli 2, terminales; stigmata plumosa. Caryopsis cylindrica, intra glumam exteriorem libera. — *Gramina in Australasia et India orientali indigena, tenella; foliis planis, spiculis alternis bifariis, sessilibus, omnibus fertilibus.*

Dimeria R. Brown *prodr. 204.* Kunth *gram. 157. Agrost. 471.*

a) HAPLACHNE *Presl.* Spiculae uniflorae, flore hermaphrodito, diandro.

Haplachne Presl *in Reliq. Haenk. I. 235. t. 38.* D. ornithopoda Trin. *fund. t. 14.*

b) DIMERIA. Spiculae biflorae, flore inferiore neutro, unipaleaceo; superiore hermaphrodito, triandro. D. acinaciformis R. Brown *prodr. 204.*

937. Pleuroplitis *TRIN.* Spiculae biflorae, flore inferiore neutro, unipaleaceo, superiore hermaphrodito. Glumae 2, inaequales, concavae, muticae. Paleae 2, glumis breviores, inferior basi aristata. Squamulae 2, subdolabriformes, glabrae. Stamina 2. Ovarium sessile, glabrum. Styli 2, terminales; stigmata plumosa. Caryopsis fusiformis, intra glumas libera. — *Gramen japonicum, planifolium; spicis subfasciculato-confertis, spiculis sessilibus.*

Pleuroplitis Trin. *fund. 175. f. 16.* — Lucaea Kunth *gram. II. 489. t. 159. Agrost. 472.*

938. Eriochrysis *PALIS.* Spiculae uniflorae, flore sessili. Glumae 2, subaequales, ellipticae, muticae, pilosae. Paleae 2, ciliatae, inferior elliptica, obtusa, concava; superior brevior, oblonga, acuta. Squamulae 2, truncatae, glabrae. Stamina 3. Ovarium sessile, glabrum. Styli 2, terminales; stigmata penicilliformia. Caryopsis subgloboso-acuta, libera. — *Gramen in America tropica indigenum, caespitosum, planifolium; paniculae ramosissimae, coarctatae ramis articulatis, spiculis geminis, altera sessili, altera pedicellata, terminalibus ternis, omnibus hermaphroditis.*

Eriochrysis Palis. *agrost.* 8. *t.* 4. *f.* 11. Turp. *atl. II.* Kunth *gram.* 157. *Agrost.* 473. Nees *in Mart. Fl. Bras. II.* 312. Plazerium Willd. *msc.*

939. Saccharum *LINN.* Spiculae biflorae, basi sericeo-pilosae, flore inferiore neutro unipaleaceo, superiore hermaphrodito. Glumae 2, subaequales, muticae. Paleae 3, minutae, muticae, inaequales. Squamulae bi-trilobae, interdum in tubum connatae. Stamina 1—3. Ovarium sessile, glabrum. Styli 2, terminales, elongati; stigmata plumosa. Caryopsis... — *Gramina elata, in Asia pureiusque in America tropica indigena, ramosissime paniculata; spiculis geminatis, ultera sessili, altera pedicellata, omnibus fertilibus, basi articulatis.*

Saccharum Linn. *gen. n.* 73. Kunth *gram.* 158. *Agrost.* 474. Nees *in Mart. Fl. Bras. II.* 317. Phragmites Adans.

a) SACCHAROPHORUM *Neck.* Squamulae distinctae. Stamina 3. — *Asiaticae.*

Saccharophorum Neck. *elem. n.* 1576. (Tussac *Fl. antill. t.* 23—25. Hook. *miscell. I.* 95. *t.* 26.) — Trichalaena Schrad. *in Schult. mant. II.* 163. Sacchari sp. Roxb.

b) ERIOPOGON. Squamulae in tubum connatae. Stamen 1. — *Americanae.*

Saccharum contractum et S. dubium *H. B. K.*

940. Imperata *CYRILL.* Spiculae biflorae, flore inferiore neutro, unipaleaceo, superiore hermaphrodito. Glumae 2, subaequales, muticae, extus elongato sericeo-pilosae. Paleae 2, subaequales, muticae. Squamulae 0. Stamina 2. Ovarium sessile, glabrum. Styli 2, terminales, elongati; stigmata plumosa. Caryopsis oblonga, libera. — *Gramen in regione mediterranea, Senegambia, India orientali et America australi occidentali indigenum; panicula contracta, spicaeformi, cylindrica, spiculis geminis, sessili et pedicellata, utraque fertili, basi articulata.*

Imperata Cyrill. *ic. rar. II. t.* 11. Host *gram. IV. t.* 40. Palis. *agrost.* 165. Kunth *gram.* 139. *Agrost.* 477. Laguri sp. Linn.

941. Pogonatherum *PALIS.* Spiculae biflorae, flore inferiore mutico, masculo v. neutro et tunc unipaleaceo, quandoque plane obliterato, superiore aristato, hermaphrodito v. femineo. Glumae 2, inaequales, inferior concava, mutica; superior carinato-concava, sub apice longissime aristata. Paleae 2, glumis breviores, inferior (in floribus hermaphroditis) sub apice longissime aristata. Squamulae 0. Stamina 1—2. Ovarium sessile, glabrum. Styli 2, terminales, elongati; stigmata plumosa. Caryopsis oblonga, compressiuscula, intra paleas libera. — *Gramen in India orientali indigenum, caespitosum, ramosum; spicis in ramulis solitariis, simplicibus, articulatis, spiculis geminis, alterius sessilis flore inferiore masculo v. neutro, superiore hermaphrodito; alterius pedicellatae flore inferiore neutro, quandoque plane obliterato, superiore staminibus efoetis femineo.*

Pogonatherum Palis. *agrost.* 176. *t.* 11. *f.* 7. Kunth *gram.* 159. *t.* 161. 162. *Agrost.* 477. Brongn. *in Duperr. voy. t.* 17. Homoeplitis Trin. *fund.* 166. Saccharum paniceum Lam. *t.* 40. *f.* 3.

942. Erianthus *RICH.* Spiculae pilis sericeis involucratae, uniflorae, flore inferiore neutro unipaleaceo, superiore hermaphrodito. Glumae 2, subaequales, muticae. Paleae 2, glumis breviores, inferior floris hermaphroditi apice in aristam producta, superior mutica. Squamulae 2, integrae, glabrae. Stamina 2—3. Ovarium sessile, glabrum. Styli 2, terminales, elongati; stigmata plumosa. Caryopsis libera. — *Gramina in regione mediterranea, America boreali et tropica, nec non in Nova Hollandia et Oceania tropica provenientia, ramose paniculata; spiculis geminis, sessili et pedicellata, utraque aeque fertili, basi articulata.*

Erianthus Rich. *in Michx. Fl. Bor. Amer. I.* 55. Palis. *agrost.* 14. *t.* 5. *f.* 8. Kunth *gram.* 160. *Agrost.* 478. Nees *in Mart. Fl. Bras. II.* 313. Ripidium Trin. *agrost.* 169. Sacchari sp. Linn. et Auct. Host *gram. III. t.* 1. —? Microstegium Nees *in Lindl. introduct. edit. II. p.* 447.

943. Eulalia *KUNTH.* Spiculae biflorae, flore inferiore rudimentario, superiore hermaphrodito. Glumae 2, muticae, inferior concava, superiorem naviculari-carinatam involvens. Paleae 2, inferior longissime aristata, superior mutica. Squamulae 0. Stamina 3. Ovarium sessile, glabrum Styli 2, terminales, elongati; stigmata plumosa. Caryopsis elliptica, intra glumas induratas libera. — *Gramen borbonicum, repens, planifolium; spicis fasciculato-digitatis, articulatis, spiculis geminis, altera sessili, altera pedicellata, conformibus.*

Eulalia Kunth *gram.* 160. *t.* 93. *Agrost.* 479. Brongn. *in Duperr. voy. t.* 19. Erianthus aureus Palis.

944. Elionurus *KUNTH.* Spiculae biflorae, flore inferiore neutro, superiore hermaphrodito, utroque unipaleaceo. Glumae 2, inferior apice bifida, lobis muticis v. in aristas productis; superior integra, mutica. Paleae 2, muticae. Squamulae 2, truncatae. Stamina 3. Ovarium sessile, glabrum. Styli 2, terminales; stigmata plumosa Caryopsis oblonga, libera. — *Gramina aromatica, therebinthinam redolentia, ramosa, planifolia, in America tropica et Senegambia reperta; spicis terminalibus solitariis, spiculis geminis, altera sessili, fertili, altera pedicellata, tabescente.*

Elionurus Kunth *in Humb. et Bonpl. nov. gen. et sp. I.* 154. *t.* 62. 63. *Gram.* 161. *t.* 94. *Agrost.* 480. Nees *in Mart. Fl. Bras. II.* 355.

945. Anthistiria *LINN.* Spiculae septenae, quatuor inferiores verticillatae, plerumque sessiles, neutrae, reliquas involucrantes, tres centrales, e quibus duae laterales pedicellatae, masculae v. neutrae, intermedia ut plurimum sessilis, biflora; flore inferiore neutro, unipaleaceo, superiore hermaphrodito. Glumae 2, tandem induratae, muticae, inferior superiorem involvens. Paleae 2, glumis breviores, inferior floris hermaphroditi in aristam longissimam, tortam producta. Squamulae 2, eroso-truncatae, glabrae. Stamina 3. Ovarium sessile, glabrum. Styli 2, terminales; stigmata plumosa. Caryopsis libera. — *Gramina in tropicis subtropicisque totius orbis, imprimis tamen Asiae, nec non in omnibus Novae Hollandiae oris obvia, ramosissime paniculata; foliis planis, superioribus spathaeformibus.*

Anthistiria Linn. *gen. n.* 1359. Gärtn. *II.* 465. *t.* 175. Desf. *in Journ. Phys. XL.* 292. *t.* 1. 2. *Fl. atl. t.* 254. Cav. *ic. t.* 459. Lam. *t.* 841. Kunth *gram.* 161. *Agrost.* 481. Nees *in Mart. Fl. Bras. II.* 368. Themeda Forsk. *aegypt.* 178. Calaminae sp. Palis.

946. Perobachne *PRESL.* Spiculae subduodenae, quatuor inferiores geminatae, subverticillatae, sessiles, involucrantes, superiores geminatae v. ternatae, centralis sessilis, hermaphrodita, reliquae masculae. Glumae 2, inaequales, acutatae, setoso-pilosae. Paleae 2, glumis breviores, lanceolatae, muticae, inferior superiorem breviorem amplectens. Squamulae 2, truncatae, emarginatae. Stamina 3. Ovarium sessile, glabrum. Styli 2, terminales; stigmata elongata, plumosa. Caryopsis. . . — *Gramen in Moluccis et Philippinis repertum, ramosissime paniculatum; vaginis supremis spicularum fascicułos ambientibus, subcoloratis.*

Perobachne Presl *in Reliq. Haenk. I. 348. t. 48.* — Androscepia Brongn. *in Duperr. voy. 77.* Anthistiria gigantea Cav. *ic. t. 458.*

947. Diectomis *KUNTH.* Spiculae biflorae, flore inferiore neutro, unipaleaceo, superiore hermaphrodito, geminae v. ternae, fertilis sessilis, reliquae pedicellatae, steriles difformes. Spiculae perfectae. Glumae 2, inferior lineari-lanceolata, mutica, superior compresso-navicularis, sub apice longissime aristata. Paleae 2, inferior (floris hermaphroditi) sub apice bifido longe aristata. Squamulae 2, oblique truncatae, glabrae. Stamina 3. Ovarium breviter stipitatum, glabrum. Styli 2, terminales; stigmata plumosa. Caryopsis hebetate tetragona, intra glumas paleasque libera. Spiculae steriles: Glumae aristatae, inferior subfalcato-oblonga, multinervis. Paleae muticae. — *Gramina americana tropica, planifolia, ramosa; spicis terminalibus solitariis, vagina aphylla suffultis, articulatis.*

Diectomis Kunth *in Humb. et Bonpl. nov. gen. et sp. I. 155. t. 64. Gram. 166. Agrost. 510.* Nees *in Mart. Fl. Bras. II. 339.* non Palis. Andropogonis sp. Swartz. Polliniae sp. Spr.

948. Apluda *LINN.* Spiculae biflorae, flore inferiore masculo, superiore hermaphrodito, ternatae, bracteatae, intermedia sessilis, fertilis, laterales pedicellatae, tabescentes. Glumae 2, muticae, inferior lanceolata, subcanaliculata, apice bifida, superior carinato-navicularis. Paleae 2, glumis breviores, inferior (floris hermaphroditi) infra apicem bifidum aristata. Squamulae 2, truncato-sublobatae, glabrae. Stamina 3. Ovarium sessile, glabrum. Styli 2, terminales; stigmata plumosa. Caryopsis teretiuscula, intra glumas paleasque libera. — *Gramina in Asia tropica et in Capite bonae spei observata, planifolia, ramosissime panicalata; spiculis in ramulis terminalibus ternis, bractea spathaeformi suffaltis.*

Apluda Linn. *gen. n. 1147.* Schreb. *gram. II. t. 42.* Kunth *gram. 166. Agrost. 516.* Diectomis Palis. *agrost. 133. t. 23. f. 6.* non Kunth. Calaminae sp. Palis.

949. Lepeocercis *TRIN.* Spiculae biflorae, geminae, flore inferiore neutro, unipaleaceo, superiore in spicula sessili hermaphrodito, in pedicellata masculo. Gluma 1, ovata, truncata. Paleae 2, inferior floris hermaphroditi in aristam tortilem desinens, in flore masculo mutica. Squamulae 3. Stamina. . . Ovarium. . . . — *Gramen non satis notum, in India orientali indigenum; spica simplici, rhachi articulata, articulis barbatis, spiculis in quovis articulo geminis.*

Lepeocercis Trin. *fund. 203. f. 18.* Andropogon serratus Retz.

950. Andropogon *LINN.* Spiculae biflorae, flore inferiore neutro unipaleaceo, superiore hermaphrodito v. unisexuali, geminae v. ternae, intermedia sessilis fertilis, reliquae pedicellatae, steriles. Glumae 2, tandem induratae, muticae. Paleae 2, glumis breviores, inferior floris perfecti mutica v. in aristam producta, superior minor, mutica, quandoque deficiens. Squamulae 2, truncatae, plerumque, glabrae. Stamina 1—3. Ovarium sessile, glabrum. Styli 2, terminales; stigmata plumosa. Caryopsis intra glumas libera. — *Gramina in tropicis temperatisque totius orbis obvia; rhachi spicata v. paniculata, spicis solitariis, conjugatis, fasciculatis v. panicalatis.*

Andropogon Linn. *gen. n. 1145. excl. sp. pl.*

a) ANATHERUM *Palis.* Flos superior hermaphroditus, unisexualis, muticus. Palea superior saepe nulla.

Anatherum Palis. *agrost. 128. t. 22. f. 10. 11.* Nees *in Mart. Fl. Bras. II. 320.* — Cymbopogon Spreng. *pugill. II. 15.* Link *enum. I. 107.* — Hypogynium Nees *op. cit. p. 364.* — Agenium Nees ex Lindl. *introduct. edit. II. p. 447.*

b) TRACHYPOGON. Flos superior hermaphroditus. Palea inferior plus minus profunde bifida, inter lobos aristata, superior saepe nulla.

Trachypogon Nees *in Mart. Fl. Bras. II. p. 341.* Schizachyrium Nees *op. cit. p. 331.* Pithecurus Willd *msc.* Sorghum Pers. *ench. I. 101.* Link *Hort. Berol. I. 80.* Blumenbachia *Koel. gram. 29.* (Kunth *gram. t. 195. 196. 199.*)

c) ANDROPOGON *Nees.* Flos superior hermaphroditus. Palea inferior integra, apice in aristam producta.

Andropogon Nees *op. cit. p. 326.* — Pollinia Spreng. *excl. sp.* Link *Hort. Berol. I. 243.* Chrysopogon Trin. *fund. 161.* — ? Rhaphis Loureir. *cochinch. 676.* Trin. *ic. t. 8. 9.* Centrophorum Trin. *fund. 106. f. 5.*

d) HETEROPOGON *Pers.* Flos superior masculus v. femineus. Palea inferior floris masculi mutica, floris feminei apice in aristam producta.

Heteropogon Pers. *ench. II. 533.* Palis. *agrost. 134. t. 23. f. 8.* Nees *op. cit. p. 361.*

951. Ischaemum *LINN.* Spiculae biflorae, flore utroque bipaleaceo, inferiore masculo v. neutro, superiore hermaphrodito. Glumae 2, muticae v. interdum subaristatae, tandem induratae. Paleae 2, glumis breviores, inferior floris hermaphroditi aristata. Squamulae 2, oblique truncatae, sublobatae, glabrae. Stamina 3. Ovarium sessile, glabrum. Styli 2, terminales; stigmata plumosa. Caryopsis intra glumas libera. — *Gramina habitu et patria praecedentis generis, in hemisphaerio tamen orientali nonnihil frequentiora, ab Andropogone nonnisi flore inferiore etiam bipaleaceo differant.*

Ischaemum Linn. *gen. n. 1148.* R. Brown *prodr. 294.* Kunth *gram. t. 98—100.* Brongn. *ad Duperr. t. 12. 13.* Sehima Forsk. *descript. 118.* Ischaemum et Meoschium Palis. *agrost. 107 et 111. t. 21. f. 4. 5.* Arthraxon Palis. *op. cit. t. 21. f. 6.* Colladoa Cav. *ic. t. 460.* Spodiopogon Trin. *fund. 192. f. 17.* Nees *in Mart. Fl. Bras. II. 339.* Arundinella Radd. *agrost. Bras. 37.* Nees *op. cit. II. 465.* Goldbachia Trin. *in Spr. N. E. II. 81.* Riedelia Trin. *msc.* Thysanachne Presl *symb. I. t. 6.*

952. Pogonopsis *PRESL.* Spiculae uniflorae, geminae, pilis involucratae, altera sessilis feminea, altera pedicellata mascula. Masc. Glumae 2, inferior ovato-lanceolata, acuta; superior ovata, apice in aristam producta. . . Fem. Glumae 2, inferior obovata, acuminata, superior ovata, apice in aristam producta. Palea 1, glumae superiori opposita, ovato-lanceolata, apice bifida, inter lobos aristata. . . Ovarium sessile glabrum. Styli 2, terminales; stigmata aspergilliformia. Caryopsis. . . — *Gramen mexicanum, tenerum, caespitosum, imperfecte descriptum et vix notum, e generis statore Andropogonibus Heteropogonibus propinquum; spicis terminalibus solitariis, longe pedicellatis, lateralibus intra vaginas subinclusis.*

Pogonopsis Presl *in Reliq. Haenk. I. 333. t. 46.*

953. Thelepogon *ROTH.* Spiculae triflorae, floribus sessilibus, intermedio hermaphrodito, lateralibus masculis. Glumae 2, subaequales, muticae. Hermaphr. Paleae 2, subaequales. Squamulae. . . . Stamina 3. Ovarium . . . Styli. . . ; stigmata 2, subincrassata. Caryopsis. . . Masc. Paleae 2, exterior floris interioris arista longa tortili, geniculata instructa. Stamina saepius efoeta. Ovarium 0. — *Gramen indicum, pessime descriptum; involucro monophyllo cartilagineo apresso, spiculas includente, gluma exteriore apice bidentata, papilloso aculeata, extus undique gibbosa, elegantissime undulato papillosa, papillis compressis.*

Thelepogon Roth *nov. sp. 62.* Rottboellae sp. Heyne *msc.*

954. Arthropogon *NEES.* Spiculae biflorae, basi villosae, flore inferiore masculo, superiore hermaphrodito. Glumae 2, inferior subulata; superior naviculari-carinata, apice bifida, breviter aristata. Masc. Paleae 2, inferior navicularis, obtusa, quinquenervis; superior enervis, apice bifida. Squamulae. . . . . Stamina 3. Ovarium efoetum. Hermaphr. Paleae 2, inferior carinata, acuminata, uninervis; superior enervis, apice bidentata. Squamulae 2, dolabriformes, glabrae. Stamina 3. Ovarium sessile, glabrum. Styli 2, terminales; stigmata plumosa. Caryopsis. . . — *Gramen brasiliense caespitosum, planifolium; paniculae simplicis, erectae ramis erecto-patulis, spiculis cum pedicello articulatis, omnibus conformibus.*

Arthropogon Nees *in Mart. Fl. Bras. II. 320.* Kunth *gram. t. 200. Agrost. 319.*

955. Zeugites *P. BR.* Spiculae triflorae, flore inferiore femineo, sessili, masculis pedicellatis. Glumae 2, exterior latior, concava, truncata, interior angustior, carinata. Masc. Paleae 2, aequales, ovato-oblongae, compressae, muticae. Squamulae. . . Stamina 3. Fem. Palea 1, oblonga, concava, apice margine dilatato scarioso cincta, arista terminali recta. Squamulae. . . . Ovarium sessile. Styli 2; stigmata villosa. Caryopsis oblonga. — *Gramen antillanum, elatum; foliis latis, planis, panicula ramosa.*

Zeugites P. Brown *Jam. 341. t. 4. f. 3.* Willd. *sp. IV. 204.* Kunth *agrost. 320.* Apluda Zeugites Linn. *amoen. VI. 412.* Swartz *observ. 384.*

956. Alloteropsis *PRESL.* Spiculae quaternae, duae hermaphroditae sessiles dimorphae, duae pedicellatae neutrae; bracteis quatuor glumaeformis involutae. Spicula hermaphrodita inferior. Glumae 2, ovato-lanceolatae, apice bifido-dentatae. Paleae 2, inferior ad aristam longam, fractam, tortilem redacta, superior obtusissima, glumis brevior. Squamulae. . . Stamina. . . Ovarium. . . Styli 2, terminales; stigmata plumosa. Caryopsis oblonga, stylorum basi rostrata, intra glumas paleasque libera. Spicula hermaphrodita superior. Glumae 2, subaequales, ovatae, inferior apice mucronato-aristata, arista recta. Paleae 2, glumis breviores, muticae. Stamina. . . Ovarium. . . Caryopsis ut in spicula inferiore. — *Gramen californicum, non rite descriptum, planifolium; spicis geminis spicatis, pedicellatis, alternis, spiculis neutris e sola gluma absque paleis compositis.*

Alloteropsis Presl *in Reliq. Haenk. I. 344. t. 47.*

GENERA PENITUS DUBIA.

a) PTERIUM *Desv.* Spiculae uniflorae. Glumae 2, hyalinae, subaequales, aristato-setosae. Paleae 2, coriaceae, inferior longissime aristato-setosa, superior acuta. . . . . *Gramen annuum, in Oriente indigenum; foliis planis, spicis subglobosis, spiculis subunilateralibus, involucro pectinato-setoso.*

Pterium Desv. *in Journ. Bot. 1813. p. 75.*

b) RYTACHNE *Desv.* Spiculae biflorae, rhacheos excavationibus immersae, flore inferiore hermaphrodito, superiore masculo. Gluma 1, coriacea, transverse rugosa, aristata. Paleae 2, ovatae, aristatae. Stamina 3. — *Gramen antillanum, subcaespitosum, erectum, foliis involuto-setaceis, glabris, spica solitaria terminali.*

Rytachne Desv. ex Hamilt. *prodr. fl. Ind. occid. 12.*

c) XENOCHLOA *Lichtenst.* Spiculae subbiflorae. Glumae 2. Paleae 2, basi lanatae. . . . *Gramen capense, arundinaceum, quinquepedale; culmis articulatis, glabris, leviter striatis, foliis linearibus involutis, panicula fusiformi conferta.*

Xenochloa Lichtenst. ex Röm. et Schult. *syst. II. 501.*

d) CARYOCHLOA *Spr.* Spiculae. . . . Glumae 2, aristatae. Paleae 2, cum fructu concrescentes. Arista lateralis, torta, elongata. Stamina 3. Caryopsis grandis, dura, tuberculosa. — *Gramen montevidense, cubitale, glabrum; foliis filiformibus, spiculis paniculatis.*

Caryochloa Spreng. *cur. post. 30.*

Ordo XLIII. Cyperaceae.

CYPEROIDEAE Juss. *gen. 26.* Link *Hort. berol. edit. II. p. 275.* CYPERACEAE DC. *Fl. fr. III. 99.* R. Brown *prodr. 212.* Kunth *in Mem. Mus. II. 147.* Lestiboudois *Essai* ex Röm. et Schult. *mant. II. 1. 33.* Bartling *ord. nat. 32.* Nees von Esenbeck, *Uebersicht der Cyperaceen-Gattungen, in Linnaea IX. p. 273. ss.* Lindl. *introduct. edit. II. p. 384.* Fenzl, *dissert. msc. 1836.*

Herbae annuae v. perennes, plerumque caespitosae, nunquam frutescentes. Rhizoma nunc abbreviatum et in fibras solutum (radix fibrosa), nunc repens, ex articulis radicantibus stolones vaginatos, extremitatibus in tubera nodosa tunicata (caulium nondum evolutorum bases hypogaeas) incrassatos, emittens. Caules (culmi) ancipites, triangulares v. triquetri, saepe cylindrici, rarius multangulati, nodosi; nodis paucis plerumque constrictis, ad infimam caulis partem hypogaeam saepissime restrictis, internodio ultimo elongato, solo epigaeo; hinc ut plurimum simplices, rarissime ramosi, primum farcti, parenchymate tandem fatiscente lacunas septaque transversa formante. Folia e nodis oriunda, disticke alterna; petiolus in vaginam clausam, rarius fissam, saepe lamina destitutam, longiusque mucronatam connatus; lamina linearis plana, canaliculato-triquetra, rarius a latere compressa, ensiformis, equitans, rarissime lanceolata, parallelinervis, transversim venulosa, crassiuscula v. subcarnosa, margine integerrimo, saepissime scabro v. aculeato. Ligula nulla, sed margo vaginae laminae oppositus nonnunquam incrassatus, coloratus.

Flores hermaphroditi v. unisexuales, monoici v. polygami, rarissime dioici, spicati; spiculae vel solitariae, terminales, vel in apice culmi fasciculatae, glomerato-capitatae, aut spicatae v. paniculatae, involucris bracteisque polymorphis fultae.

Flosculi bracteis solitariis v. rarius binis (paleis *Juss.* squamis *Linn.*, *R. Br. Nees*, glumis *Kunth*, valvis *Link*), tecti, solitarii vel plures pedicello communi (*rhachillae*) alternatim di-tri-tetrastiche v. plurifariam impositi; spiculam uni-multifloram efformantes, bracteis infimis saepissime sterilibus, rarius heteromorphis, spiculae spatham (*glumam*) constituentibus.

Paleae naviculares, rhachillae parallelae v. contrariae, saepissime uni-rarius bicarinatae, muticae v. mucronatae, apice integrae, interdum emarginatae, v. rarissime trifidae, marginibus nonnunquam in rhachillam decurrentibus, v. interdum a basi ad apicem inter se in utriculum connatis.

Perigonium nullum v. ejus loco setae tenues, rarius membranaceae v. cartilagineae, nunc inter se distinctae, nunc basi in annulum coalitae, scabrae v. fimbriatae aut rarissime nudae, numero variae, fugaces aut persistentes.

Stamina hypogyna, setis dum iisdem numero aequalia, opposita, plerumque tria, rarius pauciora, rarissime plura, quatuor, novem v. duodecim; in floribus triandris unum anticum et duo postica, haec in monandris suppressa. Filamenta filiformia v. complanata, libera, marcescentia. Antherae basifixae, introrsae, biloculares, lineares, erectae; loculi oppositi, longitudinaliter dehiscentes; connectivum obliteratum, v. in apiculum loculos superans excurrens. Pollinis granula elliptica, rimula simplici.

Discus hypogynus (urceolus staminodiorum, perigynium *Schrad.*, *Nees*) stipitem ovarii cingens, plus minusve in nonnullis distinctus, saepius nullus, in fructu manifestior, membranaceus, integer v. lobatus, vel tumidus pubescens, aut cartilagineus minimus.

Ovarium unicum (duorum abortu constanti) brevissime stipitatum v. sessile, liberum, uniloculare, uniovulatum. Ovulum basi affixum. Styli duo v. tres, basi inter se connati, saepe incrassati et dilatati, et cum ovario articulati, rarissime sublaterales, quandoque in unum conferruminati, plerumque apice distincti; cruribus intus stigmatosis, simplicibus v. interdum bifidis.

Fructus caryopsis libera, basi saepissime disco stipata. Pericarpium semini haud adnatum, chartaceum, crustaceum v. osseum, rarissime drupaceum, putamine fragili a nucula facile secedente, rugulosum, tesselatum, tuberculatum v. regulariter scrobiculatum, apice nudum v. styli basi persistente tuberculatum aut rostratum.

Semen pericarpio conforme, erectum; testa tenera, rhaphe subtilissima ad chalazam apicalem procurrente. Albumen farinaceum v. carnosiusculum.

Embryo hilo basilari admotus, albumine inclusus, minimus. Cotyledon lenticularis, carnosus, indivisus, plumula haud manifesta, extremitas radicularis (*rostellum*) obtusa.

Cyperaceae ubique terrarum sociatim vigent, littora maris, paludes, ripas et prata humidiuscula, arida desertaque planitierum et montium cacumina praediligentes, amyli et sacchari fere expertes, vile pecudibus pabulum; sed radices nonnullarum ob vires tonico-solventes et roborantes inter pharmaca receptae. In regionibus arcticis antarcticisque pari fere cum Gramineis numero proveniunt, inde versus aequatorem numero minuuntur, inter tropicos iterum abunde, multo tamen minori quam Gramina copia vegetant. Cariceae et Scirpineae zonam frigidam et temperatam, reliquae torridam praediligunt.

TRIBUS I. CARICEAE Nees *in Linnaea IX. 305.* Spicae diclines v. androgynae, rarissime dioicae, involucro foliaceo v. spathaeformi exceptae. Spicae masculae simplices, multiflorae, floribus undique imbricatis, unipaleaceis. Perigonium nullum. Stamina 3, v. rarius 2. Spicae femineae simplices v. compositae, spiculis undique imbricatis, androgynis, abortu plerumque unifloris, femineis. Glumae 2, antica plana, postica bicarinata, marginibus a basi ad apicem in utriculum apice bidentatum, cum fructu persistentem (nectarium *Linn.*, corollam *Willd.*, tunicam *Juss.*, urceolum *DC.*, perianthium *R. Br.*, perigynium *Nees*) coalescens, ovarium et pedicellum sterilem, setiformem, rarissime fertilem, masculiflorum includens. Paleae et perigonium nullum. Stylus bi-trifidus. Caryopsis a latere compressa v. trigona, angulo rhachim spectante. — *Herbae perennes v. rarissime annuae, glabrae v. rarius pubescentes aut piloso-hirtae, ut plurimum caespitosae; culmis simplicissimis foliatis, apice lateribusque spicigeris. Spicae mono- v. diclines, in apice culmi fasciculatae, glomeratae v. solitariae, interdum spicatae; femineae saepissime solitariae, axillares, pedicello intra folii vaginam recondito. Cariceae potissimum in hemisphaerae borealis temperatis frigidisque vigent, paucissimae tropicae, plures in hemisphaerae australis regionibus extratropicis et antarcticis indigenae.*

957. Carex *MICH.* Spicae diclines, androgynae v. dioicae. Masc. Spiculae uniflorae. Palea 1. Stamina 2—3. Fem. Spiculae uniflorae, absque pedicello accessorio. Glumae 2, exterior paleae floris masculi simillima, interior in utriculum ovarium includentem connata. Stylus bi-trifidus. Caryopsis trigona, biconvexa v. plano-convexa, chartacea. — *Genus vastum, nemini non cognitum, trecentenas fere species amplectens, e quibus denae circiter inter tropicos, vicenae in hemisphaera australi extra tropicos vivunt, reliquae Europam, Asiam Americamque borealem incolunt.*

Carex Micheli *nov. gen. 33.* Linn. *gen. n. 1046.* R. Brown *prodr. 241.* Link *Hort. berol. I. 333.* Schkuhr *Riedgraeser Leipzig, 802.* Sturm, *Carices.* A. Rich. *Fl. Nov. Zeel. t. 21.* Brongn. *ad Duperr. t. 25. 28.* Kunth *in Wiegm. Archiv. II. 352. t. 6. f. 3.* — Carex Palis. *msc.* Nees jun. *gen. pl. fasc. IX. t. 21.* (stigmatibus 3.) — Vignea Palis. *l. c.* Nees *op. cit. t. 22.* (stigmatibus 2.) — Schelhammeria Mönch . . . (Carex cyperoides Linn. Schkuhr *car. t. a. f. 5.* Host *gram. I. t. 43.* Vignea cyperoides Nees *op. cit. t. 22.* Stigmatibus 3, utriculo apice bifido.) — Carex Rafin. *in Journ. Phys. LXXXIX. 106.* (utriculo bidentato; stylo bifido.) — Scuria Rafin. *l. c.* (utriculo integro; stylo bifido.) — Triplima Rafin. *l. c.* (utriculo integro; stylo trifido.) — Triodea Rafin. *l. c.* (utriculo bi-tridentato; stylo trifido.) — Trasus Gray *brit. pl. II. p. 3.* (stylo trifido.)

958. Uncinia *PERS.* Spicae diclines v. androgynae. Masc. Spiculae uniflorae. Palea 1. Stamina 3. Fem. Spiculae abortu uniflorae, flore femineo sessili, masculorum abortivorum pedicello setiformi, apice plerumque uncinato. Glumae 2, exterior paleae floris masculi simillima; interior in utriculum ovarium et pedicellum accessorium includentem connata. Stylus trifidus. Caryopsis trigona, chartacea. — *Genus habitu Caricum; spicis elongatis, in Oceani insulis antarcticis potissimum proveniens, species paucissimae americanae tropicae, unica europaea.*

Uncinia Pers. *ench. II. 534.* R. Brown *prodr. 241.* Thouars *Flor. Aguanat. t. 5. 6.* Kunth *in Wiegm. Archiv. II. 352. t. 6.* Caricis sp. Linn. Schkuhr *car. t. G. f. 30.* Cavan. *ic. t. 464.*

959. Schoenoxyphium *NEES.* Spiculae androgynae, multiflorae, flore inferiore (postico) femineo, masculis anticis pedicellatis, saepe abortientibus ad pedicellum setiformem redactis. Glumae 2, exterior plana, interior in utriculum ovarium et florum masculorum pedicellum v. ejus rudimentum recipientem connata. Ovarium sessile, stylo trifido. Caryopsis trigona, chartacea, stylo persistente rostrata. Flores masculi juxta apicem pedicelli undique imbricati. Palea 1. Stamina 3. — *Herbae capenses, habitu Caricis; spicis in apice caulis fasciculatis, v. axillaribus solitariis.*

Schoenoxyphium Nees *in Linnaea VII. 531. IX. 305.* Kunth *in Wiegm. Archiv. II. 352. t. 6.* Carex indica Schkuhr *car. t. B. B. f. 86.* (*excl. f. 1. k. l.*)

TRIBUS II. ELYNEAE Nees *in Linnaea IX. 304.* Kobresieae Lestiboud. *Cyper. IV. n. 10.* Spicae mono-diclines, spiculis unifloris, unisexualibus, v. bi-plurifloris androgynis, masculis interdum ad pedicellum redactis. Gluma 1, antica. Paleae 2, rhachi parallelae, in floribus unisexualibus binae, postica inferior major amplectens, antica superior minor, in spiculis androgynis deficiens. Perigonium nullum, v. multisetum, setis laevissimis, mollibus, paleis brevioribus. Stamina 3. Discus hypogynus nullus. Caryopsis trigona, plerumque styli basi rostrata. — *Herbae habitu caricino, spicis androgynis v. dioicis, spicatis v. fasciculatis, rarius alaribus, longe pedicellatis. Genera primo dempto Europae alpestris incolae.*

960. Trilepis *NEES.* Spiculae uniflorae, unisexuales. Masc. Gluma 1, antica. Paleae 2, rhachi parallelae, inferior (*postica*) superiorem minorem, quandoque deficientem, amplectens. Perigonium nullum. Stamina 2—3. Fem. Glumae et paleae maris. Perigonium multisetum, setae paleis breviores, laeves, inaequilongae. Discus nullus. Ovarium stylo bi-trifido. Caryopsis rostrata. — *Herbae pusillae, habitu Caricis, in Himalaya et Brasiliae montibus repertae; spicis diclinibus v. androgynis, simplicibus compositisque aut laxe paniculatis, bractea spathacea scariosa exceptis.*

Trilepis Nees *in Edinb. new philosoph. Journ. July 1834. p. 267. Linnaea IX. 305.*

a) DILEPIS. Floris masculi palea inferior (*antica*) saepius nulla. Stamina 3. Spicae androgynae.

Tr. Royleana Nees *l. c.*

b) TRILEPIS. Flores masculi bipaleacei. Stamina 2. Spicae diclines.

Tr. Lhotzkiana Nees *l. c.* Endl. *Atakt. t. 49.*

961. Elyna *SCHRAD.* Spiculae androgynae biflorae, flore inferiore (postico) femineo sessili, masculo (antico) brevissime stipitato. Gluma 1, antica. Masc. Palea 1, glumae contigua. Perigonium 0. Stamina 3. Fem. Palea 1, rhachi contigua, florem masculum includens. Perigonium et discus 0. Ovarium stylo bi-trifido. Caryopsis chartacea, hebetate triangularis, styli basi mucronulata. — *Herba perennis, Europae mediae et arcticae alpes graniticas incolens; spica lineari, terminali.*

Elyna Schrad. *Fl. germ. I. 155.* Nees jun. *gen. pl. fasc. X. t. 19.* Fröhlichia Wulf. *msc.* Carex Bellardi Allioni, Host *gram. IV. t. 77.* C. hermaphrodita Gmelin, Schkuhr *caric. D. n. 16.*

962. Kobresia *WILLD.* Spiculae polygamae distichae, inferiores androgynae v. abortu femineae, suprema mascula multiflora. Spiculae androgynae flore inferiore (postico) femineo, masculis anticis pedicellatis, saepe abortientibus ad pedicellum subuliformem redactis. Gluma 1, antica. Paleae 1, postica, bicarinata, marginibus pedicellum masculiflorum v. ejus rudimentum amplectens. Perigonium et discus nullus. Ovarium stylo trifido. Caryopsis chartacea, trigona, styli basi mucronata. Spiculae masculae multiflorae, floribus undique imbricatis, unipaleaceis. Perigonium 0. Stamina 3. — *Herbae spicis in apice culmi congestis, in Europae mediae monticolae.*

Kobresia Willd. *sp. pl. IV. 205.* Nees jun. *gen. pl. fasc. IX. t. 20.* Caricis sp. Allioni *ped. t. 89. f. 5.* Schkuhr *Caric. t. Rrr. f. 161.* — Schoenus monoicus Smith *E. B. t. 1410.*

TRIBUS III. SCLERIEAE Nees *in Linnaea IX. 302.* Spiculae diclines, masculae multiflorae, paleis distiche v. plurifariam imbricatis, infimis nonnunquam vacuis. Stamina 1, v. 3, rarissime 5. Spiculae femineae uniflorae, glumae plurimae, multifariam imbricatae, interdum nullae. Paleae 2, oppositae v. suboppositae. Perigonium nullum. Discus plus minus manifestus. Caryopsis saepius ossea, scrobiculata v. cancellata. — *Caules foliati, angulati, plerumque foliaque scabri aut adpresse villosi, simplices v. apice in ramos floriferos paniculatos cymososve soluti. Folia plana v. canaliculato-triquetra, interdum ternata, vaginis saepius alatis. Inflorescentia paniculata, cymosa, fasciculata v. spicaeformis, spiculis diversi sexus plerumque remotis, solitariis, geminatis, ternatis quinatisque.* — *Americae et*

Asiae tropicae potissimum indigenae, paucissimae Australasiam extratropicam et Americam borealem incolunt.

963. Diplacrum *R. BR.* Spiculae diclines, masculae laterales pauciflorae, feminea in eodem fasciculo centralis, uniflora. Spiculae masculae pauciflorae. Paleae membranaceae undique imbricatae. Perigonium 0. Stamen 1. Spiculae femineae uniflorae. Paleae 2, oppositae, apice trifidae, lobo intermedio longiori acuminato, conniventes, clausae. Perigonium 0. Discus planus, obsoletus. Ovarium stylo continuo, apice trifido. Caryopsis sphaerica, costata, styli basi mucronata, paleis inclusa. — *Herbae pusillae, in humidis Moluccarum, Ceylonae et Novae Hollandiae tropicae repertae; caulibus prostratis, foliosis, vaginis integris, fasciculis spicularum subglobosis, axillaribus, pedunculo e vaginis vix exserto.*

Diplacrum R. Brown *prodr. 241.* Brongn. *ad Duperr. 159. t. 26.* Nees *in Linnaea IX. 304.*

964. Scleria *BERG.* Spiculae diclines, masculae multiflorae, femineae uniflorae. Masculae. Paleae distiche v. plurifariam imbricatae. Perigonium 0. Stamen 1, v. rarissime 5. Femin. Glumae plurimae, multifariam imbricatae, sensim majores. Paleae 2, integrae, suboppositae. Perigonium 0. Discus varius, subcylindricus, lobatus v. annularis, persistens. Ovarium stylo continuo, bi-trifido. Caryopsis ossea, subglobosa, lageniformis v. lenticularis, laevis v. tesselata, paleis patentibus cincta. — *Herbae perennes, ut plurimum tropicae, habitu vario.*

Scleria R. Brown *prodr. 240.*

a) SCLERIA Glumae distiche v. tristiche imbricatae, inferiores minores, rarissime majores, alato-carinatae. Discus distinctus, cyathiformis, subcylindricus v. pateriformis, lobatus, repandus aut truncatus, coriaceus, suberosus v. membranaceo-chartaceus, interdum setoso-pubescens, caryopsi ut plurimum firmiter adhaerens. Caryopsis globosa v. ovoidea, nuda, scrobiculata, rugosa v. cancellata, ut plurimum nitida, alba v. atro-purpurea. — *Caules superne cymosi aut paniculati, rarissime simplices, foliis interdum ternatis vaginisque alatis.*

Scleria Bergius *in Act. Holm. 1765. p. 149. t. 4. 5.* Gaertn. *I. 13. t. 2. f. 7.* Cavan. *ic. t. 457.* Elliot *carol. 2. t. 12.* Brongn. *ad Duperr. p. 164.* — Cylindropus Nees *in Edinb. new philosoph. Journ. July 1834. p. 266. Linnaea. IX. 303* (species disco subcylindrico-truncato.).

b) BEQUERELA. Glumae plurifariam imbricatae, supremae inferioribus semper majores, quandoque floriformes. Discus annularis v. disciformis, margine angustissimo, subcartilagineo, fere obsoletus, nonnisi delapsa caryopsi conspicuus. Caryopsis ovoidea, lageniformis v. depresso-trigona aut lenticularis. — *Spiculae masculae plures ad basim femineae.*

Bequerela Brongn. *in Duperr. voy. p. 161. t. 27.* (disco annulari, caryopsi trigono-depressa) — Lagenocarpus Nees *in Linnaea IX. 304.* disco obsoleto, caryopsi lageniformi) — ? Calyptrocarya Nees *in Linnaea. IX. 304.* (floribus masculis pentandris, disco obsoleto, glumis infimis bracteolae contrariis ?)

c) HYPOPORUM *Nees.* Glumae plurifariam imbricatae, subaequales. Discus caryopsi delapsa conspicuus, substipitatus, pateriformis v. discoideus, margine obsolete triangulari, angustissimo, cartilagineo. Caryopsis sulcata, porosa v. cartilaginea.

Hypoporum Nees *in Edinb. new philosoph. Journ. July 1834. p. 266. Linnaea IX. 303.* Sclerine sp. Auct.

965. Aulacorhynchus *NEES.* Spiculae diclines, masculae multiflorae, femineae uniflorae. Masc. Paleae multifariam imbricatae, infimae steriles. Perigonium 0. Stamina 3. Fem. Glumae plurimae, multifariam imbricatae, sensim majores. Paleae 2, integrae, suboppositae. Perigonium nullum. Discus annularis, obsoletus. Ovarium stylo elongato, basi bulboso, apice trifido. Caryopsis chartacea, lageniformis, venuloso-nervosa, rostro trisulco, solido. — *Herba capensis, a Scleriis vix nisi pericarpii indole diversa; culmis compressis foliatis, foliis filiformi-triquetris, scaberrimis, spiculis masculis in apice culmi fasciculato-capitatis, femineis in eadem stirpe solitariis v. geminis, in axillis foliorum vagina velatis.*

Aulacorhynchus Nees *in Linnaea IX. 305.*

TRIBUS IV. RHYNCHOSPOREAE Nees *in Linnaea IX. 294.* Spiculae hermaphroditae v. polygamae, pauciflorae v. uniflorae, paleis distiche v. plurifariam imbricatis, infimis summisque nonnunquam vacuis. Perigonium e setis scabris, ciliatis v. plumosis, liberis v. basi inter se, interdum etiam cum disco connatis, rarius obsoletis. Stamina 3. Discus saepe obsoletus, plerumque cum caryopsi connatus. Caryopsis cartilaginea v. crustacea, styli basi varie dilatata superata. — *Stirpes per totum orbem diffusae, plurimae tamen tropicae, habitu et inflorescentia varia; spiculis in plerisque teretiusculis v. compressis, anguste lanceolatis v. linearibus, rigidulis aut subpungentibus, nonnunquam paleis apice patentibus turbinatis, rarissime ovalibus, obtusissimis, involucris variis anthodia arctissime imbricata referentibus cinctis.*

SUBTRIBUS I. RHYNCHOSPOREAE VERAE. Perigonium setosum, distinctum, rarissime fugax v. nullum, stylo tunc apice indiviso vel obsolete bi-tridentato.

966. Haplostylis *NEES.* Spiculae pauciflorae, polygamae, flore inferiore plerumque femineo, reliquis masculis. Paleae polystiche imbricatae. Perigonii setae scabrae, ciliatae v. plumosae, interdum fugaces v. obsoletae. Stamina 3. Ovarium stylo simplici, apice bidentato, elongato. Caryopsis compressiuscula, styli basi incrassata, bulbosa aut mitraeformi rostrata. — *Herbae in America tropica, rariusque in India orientali observatae; inflorescentia plerumque terminali, capituliformi, spiculis involucro polyphyllo squamoso, imbricato inclusis.*

a) MORISIA *Nees.* Perigonii setae solitariae v. obsoletae. Caryopsis styli basi tuberculiformi superata. — *Herbae nepalenses.*

Morisia Nees *in Edinb. new philosoph. Journ. July 1834. p. 265. Linnaea IX. 295.* Rhynchosporae sp. Wallich catalog. *n. 3422. a.*

b) MITROSPORA *Nees.* Perigonii setae fugaces. Caryopsis styli basi crassa, mitraeformi, discreta coronata. — *Species americanae.*

Mitrospora Nees *in Linnaea IX. 295.* Rhynchospora polyphylla Vahl.

c) HAPLOSTYLIS *Nees.* Perigonii setae capillares v. anguste lineares, distinctae. Caryopsis basi styli rostrata. — *Species asiaticae et americanae.*

α) Styli basis in angulos caryopsis decurrens. Haplostylis Nees *in Edinb. new philosoph. Journ. July 1834. f. 265.* Pterotheca Presl *symb. I. 55. t. 35.* Chaetosporae, Rhynchosporae et Scirpi sp. Auct.

β) Styli basis crassa, calyptraeformis. Calyptrostylis Nees *in Linnaea IX. 295.*

γ) Styli basis lata, lunata. Cephaloschoenus Nees *l. c.*

δ) Styli basis aristaeformis. Diplochaete Nees *l. c.*

d) CERATOSCHOENUS *Nees.* Perigonii setae cartilagineae, basi connatae. Caryopseos rostrum longum, incurvum. — *Patria?* Ceratoschoenus Nees *in Linn. IX. 296.*

967. Rhynchospora *VAHL.* Spiculae pauciflorae, hermaphrodito-polygamae. Paleae polystiche imbricatae. Perigonii setae rigidae, denticulatae. Stamina 3. Ovarium stylo bifido. Caryopsis basi styli discreta longirostris. — *Plantae inflorescentia varia, paniculata, corymbosa v. spicato-capitata, in America tropica et boreali calidiore potissimum provenientes, in India orientali et Nova Hollandia rarae, unica species europaea.*

Rhynchospora Vahl *enum. II. 229.* R. Brown *prodr. 229.* Nees *in Linnaea IX. 297.* Nees jun. *Gen. pl. IX. t. 15.* Schoeni sp. Linn et Auct. Rottboell *gram. t. 21. f. 1.* Rudge *guian. t. 18.* Host *gram. IV. t. 72.* Schkuhr *Handb. t. 7.*

968. Chaetospora *R. BR.* Spiculae uni-triflorae, hermaphrodito-polygamae. Paleae distiche v. polystiche imbricatae. Perigonii setae ciliatae v. plumosae. Stamina 3. Ovarium stylo trifido. Caryopsis triquetra, styli basi continua mucronata. — *Stirpes rigidiusculae, in Capite bonae spei, Nova Hollandia extratropica et America antarctica, una etiam in Europa indigena; foliorum vaginis saepe ustulatis, spiculis fasciculatis v. capitatis, rariusve paniculatis.*

a) CARPHA *Banks et Sol.* Spiculae uni-biflorae, subdistichae. Setae, stamina stylusque in angulos caryopseos decurrens elongatus.

Carpha Banks et Sol. ex R. Brown *prodr. 230.* Nees *in Linnaea IX. 300.* Brongn. *in Duperr. voy. 169. t. 30.*

b) CHAETOSPORA *R. Br.* Spiculae pauciflorae, distichae v. polystichae. Setae staminaque paleis breviores.

Chaetospora R. Brown *prodr. 232.* Nees *in Linnaea IX. 299.* Schrad. *Analect. 31. t. 3. f. 2. 4.* Schoeni sp. Auct. (Setae rigidae, saepius plumosae, caryopsis subglobosa.) — Streblidia Link *Hort. berol. I. 276.* Nees *in Linnaea IX. 299.* Nees jun. *Gen. pl. IX. t. 17.* Schoenus ferrugineus Schrad. *Fl. germ. I. t. 1. f. 4.* (Setae scabrae, caryopsis obsolete trigona.) — Asterochaete Nees *in Linnaea IX. 300.* (Setae brevissimae, apice scabrae, caryopsis granulata, mucronata.) —? Cyathocoma Nees *l. c.* (Setae basi in urceolum connatae, stamina 5 v. 6.)

969. Trianoptiles *FENZL.* Spiculae biflorae, hermaphroditae. Paleae subdistichae. Perigonii setae tres, lineares, plumoso-ciliatae, apice trifidae, lacinulis aristaeformibus, nudis, intermedia longiora. Stamina 3. Discus callosus, minimus. Ovarium stylo bifido. Caryopsis, disco cincta, styli basi dilatata, mucronata. — *Herba capensis, habitu Caricis pulicaris v. obtusatae; culmis simplicibus, foliatis, spiculis terminalibus lateralibusque congestis, spathaceo-involucratis.*

Trianoptiles Fenzl *gen. Cyperac.* Ecklonia Steudel *in Flora 1829. p. 138.* Schrad. *Analect. p. 34.* Nees *in Linnaea IX. 299.* non Hornem. Uncinia spartea Spreng. Carex Ecklon *n. 853. 854.*

970. Nomochloa *PALIS.* Spiculae bi-multiflorae, hermaphroditae. Paleae subdistiche imbricatae. Perigonii setae tres v. sex, plumosae. Stamina 3. Discus obsoletus. Ovarium stylo usque ad basim bipartito. Caryopsis lenticularis, styli rudimento superata. — *Stirpes in America tropica et septemtrionali calidiore indigenae; culmis erectis, foliosis, spiculis in racemos v. paniculas parvas contractas, axillares, foliis multo breviores dispositis.*

Nomochloa Palis. ex Lestiboud. *Cyperac.* in Röm. et Schult. *mant. II. p. 5.*

a) NOMOCHLOA *Nees.* Caryopsis mucronulata.

Nomochloa Nees *in Linnaea IX. 299.*

b) PLEUROSTACHYS *Brongn.* Caryopsis obtusa.

Pleurostachys Brongn. *in Duperr. voy. 172. t. 31.* Nees *in Linnaea IX. 299.*

971. Machaerina *VAHL.* Spiculae uni-biflorae, hermaphroditae. Paleae polystiche imbricatae. Perigonii setae 3, minimae. Discus obsoletus. Stamina 3. Ovarium stylo trifido, continuo. Caryopsis styli basi in angulos decurrente triptera, brevirostris. — *Herba antillana; foliis elongatis, ensiformibus, equitantibus, spiculis aggregatis, bracteis dense vaginatis, in paniculas plures terminalesque dispositis.*

Machaerina Vahl *enum. II. 238.* Link *Hort. berol. I. 300.* Nees *in Linnaea IX. 298.* Schoeni sp. Auct.

OBSERV. Machaerinae genus Chaetosporis nimis affine, habitu Elynanthi speciebus foliis equitantibus (Baumeis Brongn.) ita accedit, ut vix nisi perigonii praesentia ab iisdem differat.

972. Bueckia *NEES.* Spiculae bi-triflorae, flore infimo hermaphrodito sterili, secundo fertili, tertio masculo. Paleae distichae. Perigonii setae 6, annuli cartilaginei trilobi lobis bidentatis adnatae, capillares, sursum scabriusculae, deciduae. Discus . . . . Stamina 3. Ovarium stylo bi-trifido, lobis interdum bifidis. Caryopsis hebetate trigona, basi styli rugosa coronata. — *Herba capensis, rigidula; culmis teretibus, basi vaginatis, vaginis foliiferis, foliis teretibus, farctis, basi canaliculatis, spiculis in rhachi compressa, undatim flexa alternatim fasciculatis, pedicellis brevibus, rigidis, spathaceo-involucratis, caryopsi decidua.*

Bueckia Nees *in Linnaea IX. 300. X. 190.* Schoenus punctorius Vahl.

973. Lepidosperma *LABILL.* Spiculae bi-triflorae, flore infimo hermaphrodito sterili, secundo fertili, tertio masculo. Paleae undique imbricatae. Perigonii setae 6, subulatae, planiusculae, basi in annulum membranaceum, demum cartilagineum, connatae, apice nudae, ciliatae v. scabrae. Stamina 3. Discus . . . . Ovarium stylo bi-trifido, deciduo. Caryopsis cartilaginea, ventricosa, mutica. — *Stirpes in Australasia extratropica et in Capite bonae spei indigenae; culmis simplicibus aphyllis v. foliatis, foliis basi equitantibus, vaginis interdum fissis, fibroso-cancellatis cinctis, paniculis vel spicis, saepius compositis, terminalibus.*

Lepidosperma Labill. *Nov. Holl. I. 14.* R. Brown *prodr. 230.* Lepidotosperma Röm. et Schult. *syst. I. 1.*

a) LEPIDOSPERMA *Nees.* Setae chartaceo-membranaceae, apice laeves. — *Australasicae.*

Lepidosperma Labill. *op. cit. t. 11—17.* Nees *in Linnaea IX. 302.*

b) SCLEROCHAETIUM *Nees.* Setae demum cartilagineae, apice scabrae v. ciliatae. — *Capenses.*

Sclerochaetium Nees *in Linnaea VII. 511. IX. 302.* Lepidosperma Schrad. *Analect. 35. t. 4. f. 4. 5.* Schoeni sp. Rottb. *Gram. t. 18. f. 2. t. 19. f. 1.*

974. Oreobolus *R. BR.* Spiculae uniflorae, terminales. Glumae 2, ancipites, spathaceae. Palea 1, interdum deficiens. Perigonii setae 6, lanceolatae, cartilagineae, persistentes. Stamina 3. Discus nullus. Ovarium stylo trifido, deciduo. Caryopsis crustacea, globosa, mutica. — *Herbae pusillae, in insula Diemen et in Maclovianis monticolae, caespites densos, convexos efformantes; culmis vaginatis,* *basi divisis, foliis strictis, imbricatis, scapis brevibus, axillaribus, compressis v. angulatis, unifloris.*

Oreobolus R. Brown *prodr.* 235. Gaudich. *in Annal. sc. nat. V.* 99. *t.* 2. *f.* 1.

SUBTRIBUS II. SCHOENOIDEAE. Spiculae uni-pauciflorae, rarius multiflorae. Paleae subdistiche v. plurifariam imbricatae, infimae vacuae. Perigonium nullum. Caryopsis mutica, v. styli basi persistente superata.

975. Spermodon *PALIS.* Spiculae uni-pauciflorae, floribus hermaphroditis v. polygamis. Paleae subdistichae. Perigonium nullum. Stamina 1—3. Discus stipitiformis, cum basi caryopseos coalitus. Ovarium stylo bi-trifido. Caryopsis cartilaginea, transversim rugosa, retusa, angulis prominentibus obsolete bitridentata, styli basi bulbosa, inter dentes rostrata. — *Stirpes Americam tropicam et borealem calidiorem incolentes, habitu Rhynchosporarum, a quibus vix nisi perigonii defectu recedunt; culmis foliosis, spiculis terminalibus, fasciculatis.*

Spermodon Palis ex Lestibond. *cyperac. n. V.* Röm. et Schult. *mant. II.* 3. Nees *in Linnaea IX.* 296. Schoeni sp. Bergius *Act. Helv. VII. t.* 9. Rottboell *Gram. t.* 21. *f.* 2. — Triodon Rich. *ex Pers. ench. I.* 60. *n.* 48. Scleria hirtella Mich. *non Sw.*

976. Dichromena *RICH.* Spiculae uni-pluriflorae, floribus hermaphroditis v. polygamis. Paleae bi-trifariam imbricatae. Perigonium nullum. Stamina 3. Discus annularis, v. obsoletus. Ovarium stylo bi-trifido. Caryopsis crustacea, v. cartilaginea, transversim rugosa, styli basi discreta lata rostrata. — *Herbae Americam tropicam, imprimis transaequatorem, paucissimae borealis plagam calidiorem incolentes; culmis foliosis, inflorescentia varia, habitu Rhynchosporas v. Cyperi species capituligeras plane referentes.*

Dichromena Richard *in Michx. Fl. bor. amer. I.* 37. Vahl *enum. II.* 240.

a) ZOSTEROSPERMUM *Palis.* Spiculae pauciflorae, acutae. — *Habitus Rhynchosporarum.*

Zosterospermum Palis. *in Hamilt. prod. Fl. Ind. occid.* p. 14. Röm. et Schult. *mant. III.* 4. Nees *in Linnaea IX.* 297. Styli basis persistens utrinque sulcata. — Echinoschoenus Nees *in Meyen Reise I.* 116. *Linnaea IX.* 297. Schoeni sp. Auct. Styli basis persistens, compressa. — Haloschoenus Nees *in Linnaea IX.* 296. Rhynchosporae et Schoeni sp. Auct. Styli basis persistens, lunata.

b) DICHROMENA *Nees.* Spiculae pluriflorae, ovatae, obtusiusculae, capitatae, involucro foliaceo, basi colorato cinctae. — *Habitus Schoeni mucronati v. Cyperi specierum capituligerarum.*

Dichromena Richard *l. c.* Nees *in Linnaea IX.* 291. Presl *Reliq. Haenk. I.* 197. *t.* 32. *f.* 2. Schoeni sp. Kunth. Meyer.

977. Elynanthus *PALIS.* Spiculae subuniflorae, hermaphroditae v. polygamae. Paleae subdistiche imbricatae, naviculares. Perigonium nullum. Stamina 1—3. Discus obsoletus. Ovarium stylo trifido. Caryopsis trigona, styli basi persistente incrassata, simplici v. in angulos decurrente apice corticata v. rostrata. — *Herbae aphyllae v foliosae, Africam australem extratropicam tropicamque potissimum incolentes; foliis rigidis, angustis, vaginis saepius fissis, cancellato-fibrosis, v. latis, ensiformibus, equitantibus; spiculis ut plurimum lateralibus, rarius terminalibus, fasciculatis, interdum paniculatis v. umbellatis.*

Elynanthus Palis. *in Lestiboud. Cyperac.* ex Röm. et Schult. *mant. II.* 4.

a) ELYNANTHUS *Nees* Styli basis in angulos caryopseos decurrens. Folia angusta, rariusve equitantia.

Elynanthus Nees *in Linnaea IX.* 298. Schoeni sp. Auct. Rottboell. *Gram. t.* 18. *f.* 2. 4. (Styli basis bulbosa.) — Trasi Palis. *l. c.* Nees *l. c.* Vincentia Gaudich. *ad Freyc. p.* 417. (Styli basis trigona, non bulbosa, folia saepius equitantia.)

b) CHAPELLIERA *Nees.* Styli basis in angulos caryopseos haud decurrens. Folia ensata, equitantia.

Chapelliera Nees *in Linnaea IX.* 298. (Styli basis haud rostriformis, glabra.) — Baumea Gaudich. *ad Freyc.* 416. *t.* 29. Brongn. *in Duperrey voy. II.* 167. Scirpus anceps et lavarum Poir. Sc. iridifolius Bory *voy. ins. Afr. austr. II.* 34. *t.* 23. (Styli basis rostriformis mucronata, saepius pubescens.)

978. Schoenus *LINN.* Spiculae unipauciflorae, floribus hermaphroditis. Paleae distiche v. plurifariam arctissime imbricatae. Perigonium nullum. Stamina 3. Discus nullus. Ovarium stylo trifido, basi simplici, pyramidata v. bulboso-incrassata, decidua. Caryopsis trigona, mutica v. mucronulata, styli rudimento nullo. — *Stirpes rigidae, europaeae et australasicae, paucae americanae tropicae et extratropicae; culmis aphyllis v. foliatis, spiculis capitato-congestis vel fasciculatis, nunc spicatim confertis, paniculatisque.*

Schoenus Linn. *gen. n.* 65. Juss. *gen. p.* 27.

a) SCHOENUS *Lestib.* Stylus cum basi haud incrassata deciduus.

Schoenus Lestib. *Cyperac.* ex Röm. et Schult. *mant.* 5. Host. *gram. III. t.* 54. *E. B. t.* 1121. Labill. *Nov. Holl. t.* 18. 10. Schrad. *Analect, t.* 14. *f.* 1. Nees *in Linnaea IX.* 298. Nees jun. *Gen. pl. fasc. IX. t.* 16. — Torulinium Desv. in Hamilt. *prodr. Fl. Ind. Occid. p.* 15. Cyperus ferox Rich. — ? Schoenopsis Lestib. *l. c.* Cladii sp. R. Br.

b) GUSSONEA *Presl.* Styli basis incrassata, decidua.
Gussonea Presl *in Reliq. Haenk. I.* 183. *t.* 33. Brongn. *in Duperr. voy. II. p.* 171. *t.* 34. Schoenopsis Nees *in Linnaea IX.* 298. — Arthrostylis R. Brown *prodr.* 229. (Paleae plurifariam imbricatae.)

979. Remirea *AUBL.* Spiculae uniflorae, flore hermaphrodito terminali. Glumae distichae, nervosae. Paleae 2, inferior (antica) demum suberosa, colorata, a superiore (postica) longiore inclusa. Perigonium nullum. Stamina 3. Discus 0. Caryopsis trigona, mutica, intra paleas inclusa. — *Gramen ramosum, in littoribus intertropicis totius mundi repens; ramis adscendentibus, foliis densis, rigidis, apice patulis, spiculis in spicas capitatas, terminales conglobatis, spicis involucro polyphyllo cinctis, confertissimis.*

Remirea Aubl. *Guian.* 45. *t.* 16. *R.* Brown *prodr.* 256. Palis. *Fl. d'Owar. II.* 22. *t.* 73. Nees *in Linnaea IX.* 286. Miegia Schreb. *gen. n.* 1713. non Pers.

TRIBUS V. CLADIEAE Nees *in Linnaea IX.* 297. Spiculae uni-triflorae. Paleae multifariam imbricatae, inferiores semper vacuae, extremae solum floriferae. Perigonium nullum. Stamina 2—12, plerumque 3—6, post anthesim plerumque elongata, transversim plicata et caryopsi adhaerentia. Discus nullus. Ovarium stylo bi-trifido, ramis saepius bifidis, rarissime basi bulboso, ut plurimum penitus deciduo. Caryopsis ossea, crassa, durissima, apice saepe incrassata, nuda v. styli basi tenui coronata, nunc drupacea putamine fragili, ab endocarpio crustaceo solubili, rarissime crustacea, ventricosa, styli bulbo coronata. — *Herbae ut plurimum rigidae, interdum aphyllae, plerum-*

que foliatae, foliis saepissime elongatis planis, vel involutis culmisque scabris, culmis superne paniculatis, rarius spicis aggregatis sessilibus terminatis. — Tribus a praecendente caryopseos indole, et staminum numero vario potissimum dignoscenda.

980. Cladium *P. BR.* Spiculae subuniflorae, floribus hermaphroditis. Paleae multifariam imbricatae, inferiores minores. Perigonium nullum. Stamina 2—3; filamentis persistentibus, haud elongatis. Ovarium stylo bi-trifido, deciduo; stigmatibus indivisis. Caryopsis globosa v. obsolete trigona, drupacea, styli basi aequali mucronulata, endocarpio rugoso trisulco, putamini demum suberoso plus minus adhaerente. — *Herbae potissimum australasicae, unica europaea, quae tamen etiam in America tropica reperta fuit; caulibus foliosis v. vaginatis, inflorescentia varia, paniculata v. subspicata, spiculis ut plurimum aggregatis.*

Cladium P. Brown *Jam. 114.* R. Brown *prodr. 236. excl. sp.* Schrad. *Fl. germ. t. 5.* Link *Hort. Berol. I. 295.* Nees *in Linnaea IX. 301.* Nees jun. *Gen. pl. fasc. IX. t. 18.* Schoeni sp. Linn. et Host *Gram. III. t. 53. Fl. dan. t. 1202.* Swensk Bot. *t. 275. E. B. t. 950.*

981. Lamprocarya *R. BR.* Spiculae uniflorae, flore hermaphrodito, terminali. Paleae multifariam imbricatae. Perigonium nullum. Stamina plerumque 4, nunc 3—6; filamentis demum elongatis, convolutis, fructum delabentem suspendentibus. Ovarium stylo trifido, stigmatibus indivisis. Caryopsis ossea, styli basi suspidata, putamine apice incrassato, nucleo laevi vel medio obsolete constricto. — *Herbae australasicae; culmis foliatis, spiculis congestis paniculatis, paniculis foliosis.*

Lamprocarya R. Brown *prodr. 238.* Nees *in Linnea IX. 301.* — Morelotia Gaudich. *ad Freyc. 416. t. 28.* Melachne Schrad. *in Schult. syst. VII. p. LXXXV.* Dimonema Presl *Symb. I. 6. t. 3.* Epiandria Presl *in Okens Isis 1828. p. 270.* Gahniae sp. Labill. *Nov. Holl. 1. t. 118.*

982. Gahnia *FORST.* Spiculae uniflorae, flore hermaphrodito, terminali. Paleae multifariam imbricatae. Perigonium nullum. Stamina 3—6; filamentis demum elongatis. Ovarium stylo trifido; stigmatibus indivisis v. bifidis. Caryopsis ossea, putamine aequabili, nucleo transversim pluries constricto. — *Herbae australasicae; culmis foliosis, foliis elongatis, asperis, involutis, paniculis compositis, foliatis.*

Gahnia Forst. *gen. n. 26. excl. sp.* Gärtn. *III. 181. t. 8.* Labill. *Nov. Holl. 1. 89. excl. sp.* R. Brown *prodr. 238.* Nees *in Linnaea IX. 301.*

a) MELANOGAHNIA. Stamina 3. Stigmata indivisa. G. melanocarpa R. Brown *prodr. 239.*

b) EUGAHNIA. Stamina 6. Stigmata bifida. Gahniae verae R. Brown *l. c.* G. psittacorum Labill. *Nov. Holl. t. 115.*

983. Caustis *R. BR.* Spiculae subuniflorae, flore hermaphrodito, terminali. Paleae multifariam imbricatae, subfasciculatae. Perigonium nullum. Stamina 3—5. Ovarium stylo basi dilatato, bi-trifido; stigmatibus indivisis. Caryopsis crustacea, ventricosa, styli basi bulbosa rostrata, nucleo laevi. — *Herbae australasicae extratropicae, Restiacearum quarundam habitu; culmis aphyllis, vaginis integris, sphacelatis, hinc in mucronem subulatum concolorem productis, inferne indivisis, teretibus, superne bi-trichotome paniculatis, semiteretibus, ramulis ultimis subulatis, compressis, foliiformibus, spiculis in ramis paniculatis axillaribus terminalibusve solitariis v. pluribus, pedunculatis, pedunculis vagina inclusis, paleis inferioribus vacuis superiores aequantibus v. subsuperantibus, hinc quasi fasciculatis.*

Caustis R. Brown *prodr. 239.* Nees *in Linnaea IX. 301.* Guillem *ic. lithogr. t. 14.*

984. Evandra *R. BR.* Spiculae subuniflorae, floribus hermaphroditis, terminalibus. Paleae multifariam imbricatae. Perigonium nullum. Stamina 12, v. plura. Ovarium. . . Caryopsis crustacea, cylindrica, nucleo laevi. — *Herbae elatiores, in paludosis Novae Hollandiae meridionalis observatae; culmis foliosis v. aphyllis, inflorescentia composita, spiculis solitariis geminisve sessilibus, nunc in spicam, nunc in paniculam terminalem vel axillarem dispositis, turbinatis, squarrosis, paleis extus nigricantibus, superioribus intus subsericeis, dissimilibus.*

Evandra R. Brown *prodr. 230.* Nees *in Linnaea IX. 301.*

TRIBUS VI. CHRYSITRICHEAE Nees *in Linnaea IX. 288.* Spiculae androgynae, monocarpicae. Paleae numerosae, rhachillae discoideo-depressae multifariam insertae, arctissime imbricatae, interiores ab exterioribus majoribus inclusae, monandrae, infimarum una alterave vacua. Flos hermaphroditus terminalis, paleis intimis 3—12 monandris, tanquam perigonio paleaceo polyandro cinctus. Perigonium proprium et discus nullus. Ovarium stylo bi-quinquefido. Caryopsis crustacea, globosa, rugosa, vertice nudo. — *Herbae in Africa australi tropica et extratropica, nec non in Nova Hollandia inter tropicos indigenae, habitu Juncos et Sisyrinchia aemulantes, cum Evandra et Causti ad Restiaceas monospermas tendentes, habitu et spicularum conformatione ab omnibus Cyperaceis recedentes; culmis simplicissimis, basi foliatis, foliis teretibus farctis, v. ancipitibus, equitantibus, inflorescentia infra apicali composita, spicam strobiliformem solitariam, squamato-bracteatam, v. capitulum subglobosum, spiculis conglobatis ebracteatis exhibens.*

985. Chrysithrix *LINN. FIL.* Spiculae multiflorae, polygamo-dioicae. Paleae plurimae, in rhachi discoideo-depressa confertae, ecarinatae, lineares, monandrae, staminibus cassis. Floris hermaphroditi stamina 12, v. plura, antherarum connectivo in setam longe producto. Ovarium stylo quadri-quinquefido, crasso, cum basi deciduo. Caryopsis stipitata, membranacea, basi conico-contracta, vertice obtuso radiatim costato. — *Herba habitu Sisyrinchii, in arenosis planitierum Capitis bonae spei indigena; rhizomate repente, culmis foliisque basi confertissimis, equitantibus, ancipitibus; spicula solitaria infra apicem culmi erumpente, tubo urceiformi, bracteisque cartilagineis, cymbiformibus, apice circinnatis, confertissime imbricatis, demum delabentibus inclusa.*

Chrysithrix Linn. fil. *gen. gram.* 27. *f.* 1. 2. Thunb. *Fl. cap. p.* 431. Lam. *illustr. t.* 842. Nees *in Linnaea IX.* 288. *X.* 144.

986. Lepironia *RICH.* Spiculae multiflorae, polygamae. Paleae plurimae, in rhachilla brevissima imbricato-fasciculatae, monandrae. Floris hermaphroditi stamina 3—6. Ovarium stylo bifido, deciduo. Caryopsis crustacea, globosa v. compressa, poroso-rugulosa. — *Herbae paludosae, Juncorum habitu, in Africa australi tropica, et in Nova Hollandia intra et extra tropicos indigenae; culmis simplicissimis foliisque teretibus, farctis, septis transversis nodosis, spiculis infra culmi apicem in capitulum bracteolatum v. nudum aggregatis, nunc in spicam lateralem, squamis cartilagineis, arctissime imbricatis bracteatum, strobiliformem dispositis.*

Lepironia L. C. Richard *in Pers. ench. I.* 70.

a) CHONDRACHNE *R. Br.* Spiculae in spicam cartilagineo-bracteatam, strobiliformem dispositae. *Australasicae et africanae.*

Chondrachne R. Brown *prodr.* 220. Nees *in Linnaea IX.* 288. Lepironia Rich. *l. c.* Restio articulatus Retz. Scirpus coniferus Poir.

b) CHORIZANDRA *R. Br.* Spiculae bracteis nullis v. paleaceis obsoletis distinctae, capitato-glomeratae. — *Australasicae.*

Chorizandra R. Brown *prodr.* 221. Nees *in Linnaea IX.* 288.

Tribus VII. HYPOLYTREAE Nees *in Linnaea IX. 287. excl. gen.* Spiculae hermaphroditae, uniflorae, paleis 2—4, interdum solitariis. Perigonium et discus nullus. Stamina 2—3, v. 6—8. Ovarium stylo bifido. Caryopsis compressa, apice nuda v. suberoso-incrassata, nunc styli basi persistente compressa rostrata. Spiculae singulae in spicas capitato-congestas v. cymoso-paniculatas, arctissime imbricato-bracteatas dispositae, singulae sub bractea glumacea absconditae. — *Species spicis capitato-congestis Kyllingias, reliquae Fuirenas aut Cladia habitu aemulantes.*

987. Lipocarpha *R. BR.* Spiculae hermaphroditae. Paleae 2, aequilongae, ecarinatae, inferior (postica) plana, superior (antica) convexiuscula, interdum deficiens. Perigonium nullum. Stamina 2—3. Ovarium stylo bifido, deciduo. Caryopsis crustacea, teretiuscula, vertice nuda. — *Herbae habitu Kyllingiae, inter tropicos totius orbis obviae; culmis triquetris, basi foliatis, spicis globulosis v. ovoideis, in capitulum involucro foliaceo tri-pentaphyllo cinctum aggregatis.*

Lipocarpha R. Brown *Congo p.* 459.

a) HEMICARPHA *Nees.* Palea 1, postica.

Hemicarpha Nees *in Linnaea IX.* 287.

b) LIPOCARPHA *Nees.* Paleae 2.

Lipocarpha Nees *in Linnaea IX.* 287. Hypoelyptum R. Brown *prodr.* 219. Hypelytrum Link *Hort. Berol. I.* 327. Hypelypti sp. Vahl et Auct. Hypolytri sp. Rich. Kunth. Presl. Tungae sp. Roxb.

988. Hypolytrum *RICH.* Spiculae hermaphroditae. Paleae 2—4, bracteae contrariae, marginibus interdum antice v. postice, nonnunquam utrinque inter se coalitae. Stamina 2—3. Ovarium stylo bifido, deciduo. Caryopsis crustacea, ovoidea, compressa, apice suberoso-incrassata, mutica. — *Herbae Fuirenae v. Cladii habitu, in America, Africa et India tropica obviae; culmis foliosis, spicis cuneatis v. turbinatis, undique imbricatim bracteatis, per paniculas cymosas v. corymbiformes squarrosas dispositis.*

Hypolytrum L. C. Richard *in Pers. ench. I.* 70. *excl. sp.* Nees *in Linnaea IX.* 287. Beesa Palis. *in Lestib. Cyperac. ex Röm. et Schult. mant. II.* 3. Albikia Presl *in Reliq. Haenk. I.* 284. *t.* 34. 35. Hypoelytrum nemorum et Schoeni sp. Palis. *Fl. Owar. t.* 76. Hypelypti sp. Vahl. Scirpi sp. Auct.

989. Diplasia *RICH.* Spiculae hermaphroditae. Paleae 4, duae inferiores bracteae contrariae, carinatae, duae superiores bracteae parallelae, planae. Perigonium nullum. Stamina 6—8. Ovarium stylo bifido, basi dilatata, compressa, persistente. Caryopsis oblonga, compressa, styli basi hirsuta longe rostrata. — *Herba guianensis; foliis Stratiotis aloidis, spicis primum cuneatis, fructiferis turbinatis, in paniculam rigide squarrosam dispositis.*

Diplasia L. C. Richard *in Pers. ench. I.* 70. Nees *in Linnaea IX.* 288. Scirpus bromeliaefolius Rudge *Guian. t.* 24.

TRIBUS VIII. FUIRENEAE Fenzl *msc.* Spiculae hermaphroditae v. rarissime polygamae, multiflorae, rarius uni-triflorae. Paleae di-tristiche v. multifariam imbricatae. Perigonium nullum v. interdum setosum aut membranaceum. Stamina fertilia 2—3. Discus plus minus distinctus, membranaceus, cyathiformis, truncatus v. lobatus, aut in staminodia distincta explicatus, stipitem caryopseos cingens v. eidem adnatus, margine libero, basi fructus adpresso. Ovarium stylo bi-trifido, rarissime simplici, apice tridentato. Caryopsis crustacea v. cartilaginea, trigona, disco excepta v. cincta. — *Herbae habitu vario, ut plurimum capenses, paucissimis inter tropicos totius orbis et in Americae borealis plaga calidiore indigenis; culmis foliatis v. aphyllis, simplicissimis v. rarissime ramosis, vaginis foliorum saepius ultra laminae originem in ligulam convolutam, hyalino-membranaceam, flaccidam, interdum elongatam productis, spiculis in spicam v. capitulum terminale, squamoso-aut herbaceo-bracteatum condensatis, v. ebracteatis solitariis, aut varie confertis, rarissime fasciculato-paniculatis.*

SUBTRIBUS I. MELANCRANIDEAE Fenzl *msc.* Spiculae pauciflorae, hermaphroditae v. polygamae, apice masculae, compressae. Paleae disticha v. plurifariam imbricatae, in spicam undique scarioso-bracteatam, vel in capitulum foliaceo-bracteatum dispositae, spiculis intra quamvis bracteam solitariis v. geminis.

990. Melancranis *VAHL.* Spiculae hermaphroditae, bi-triflorae. Paleae plurifariam imbricatae, infimae duae vacuae. Perigonium nullum. Stamina 3. Discus cyathiformis, trilobus. Ovarium stylo bi-trifido, deciduo. Caryopsis crustacea, disco basi stipata. — *Herbae capenses; culmis simplicibus, basi foliatis, spica terminali involucrata, scarioso-bracteata, spiculis intra bracteas solitariis.*

Melancranis Vahl *enum. II.* 239. Schrad. *Analect. p.* 49. *t.* 2. *f.* 4. Nees *in Linnaea IX.* 287. — Hypolepis

Palis. ex Lestiboud. *apud Röm. et Schult. mant. II. p. 4.* Nees *in Linnaea VII. 821. excl. sp.*

991. Sickmannia *NEES.* Spiculae polygamae, superne masculae. Paleae plurifariam imbricatae, omnes fertiles. Perigonium nullum. Stamina 3. Discus cyathiformis, truncatus, margine denticulatus. Ovarium stylo simplici, apice bi-tridentato, deciduo. Caryopsis cartilaginea, disco demum subsuberoso basi cincta. — *Herba capensis; culmo humili, foliisque longis, canaliculatis, rigidis, spiculis in capitulum foliaceo-bracteatum collectis, solitariis v. geminis, intra bracteas radiantes occultatis.*

Sickmannia Nees *in Linnaea IX. 292. X. 183.* Melancranis radiata Vahl Schoenus radiatus Linn.

992. Anosporum *NEES.* Spiculae multiflorae, hermaphroditae. Paleae distiche imbricatae, omnes fertiles. Perigonium nullum. Stamina 3. Discus utricularis, caryopseos stipitem constituens, apice evanescens. Ovarium stylo simplici, apice integerrimo, deciduo. Caryopsis cartilaginea, disco spongioso basi stipata. — *Herba indica, culmo triquetro, basi foliato, spiculis ovatis, incurvis, intra bracteam ovato-cordatam solitariis, in spicas imbricato-bracteatas in capitulum foliaceo-involucratum confertas dispositis.*

Anosporum Nees *in Edinb. new philosoph. Journ. July 1834. p. 262. in Linnaea IX. 287.* Cyperus monocephalus Roxb.

SUBTRIBUS II. HEMICHLAENEAE Fenzl *msc.* Spiculae hermaphroditae, pauci-v. pluriflorae, compressae, paleis distiche imbricatis, terminales v. laterales, solitariae aut geminatae v. ternatae, praeter involucrum commune bracteis nullis interstinctae.

993. Hemichlaena *SCHRAD.* Spiculae pauci-multiflorae, hermaphroditae. Paleae distiche imbricatae, carinatae, infimae vacuae. Perigonium nullum. Stamina 3. Discus cyathiformis, limbo truncato, crenulato vel trilobo. Ovarium stylo trifido, deciduo. Caryopsis crustacea, disco stipata. — *Herbae capenses; culmis ramosis, foliatis, foliis linearibus setaceis v. capillaceis, vaginis brevibus, fissis, spiculis terminalibus lateralibusque solitariis, pedunculatis, involucro nullo v. bracteaeformi suffultis.*

a) HEMICHLAENA *Schrad.* Spiculae multiflorae. Discus trilobus. Involucrum nullum.

Hemichlaena Schrad. *analect. 40. t. 3. f. 1.* Schoenus caricoides Steudel *in Flora 1829. I. 137.*

b) ACROLEPIS *Schrad.* Spiculae bi-triflorae. Discus truncatus, crenulatus. Involucrum monophyllum.

Acrolepis Schrad. *analect. 42. t. 2. f. 5.* — Hypophialium Nees *Advers. in Sieb. herb. cap. n. 95. in Linnaea VII. 530.*

994. Pleurachne *SCHRAD.* Spiculae pauciflorae, hermaphroditae. Paleae distiche imbricatae, carinatae, inferiores vacuae. Perigonium nullum. Stamina 3. Discus cyathiformis, trilobus. Ovarium stylo trifido, deciduo v. basi persistente. Caryopsis crustacea, disco stipata, mutica v. mucronata. — *Herbae capenses; calmis simplicibus, basi foliatis, vaginis laxis, fissis, margine hyalinis, inferioribus superiores longiores arcte involventibus, spiculis spicatis, unilateralibus, sessilibus, remotiusculis, bracteatis.*

Pleurachne Schrad. *analect. 47. t. 4. f. 3.* Schoeni sp. Vahl et Lam.

SUBTRIBUS III. FICINIEAE Fenzl *msc.* Spiculae hermaphroditae, multiflorae, rarissime uniflorae, paleis undique imbricatis. Perigonium trisetum, v. membranaceum triphyllum, rarissime nullum. Discus membranaceus in staminodia distincta explicatus, v. cyathiformis lobatus aut dentatus, cum caryopsi deciduus.

995. Fuirena *ROTTB.* Spiculae multiflorae, hermaphroditae. Paleae undique imbricatae, omnes fertiles, plerumque aristatae. Perigonii setae 3, fugacissimae, parvae, retrorsum scabrae, interdum obsoletae. Stamina 3. Discus staminodiis 3, spathulatis. Ovarium stylo trifido. Caryopsis triquetra, staminodiis inclusa. — *Herbae inter tropicos et in America boreali calidiore provenientes, habitu Scirpi sylvatici; culmis simplicibus foliatis v. rarius vaginatis, foliis nervoso-striatis, vaginis integris, ligula membranacea brevi instructis, spiculis subumbellatis, axillaribus terminalibusque, in radios inaequilongos squarroso-confertis.*

Fuirena Rottboell *gram. 70. t. 19. f. 3.* R. Brown *prodr. 220.* Nees *in Linnaea IX. 288.* — Vaginaria L. C. Richard *ex Pers. ench. I. 70.* (perigonii setis manifestis.)

996. Vauthiera *A. RICH.* Spiculae uniflorae, hermaphroditae. Paleae undique imbricatae, vacuae, extrema solum fertilis. Perigonium triphyllum, foliolis lanceolatis, hyalinis. Stamina 3. Discus cupulaeformis, sexlobus. Ovarium stylo trifido. Caryopsis obsolete triquetra, disco stipata, styli basi sphacelato-acuminata. — *Herba rigida, in Nova Zeelandia indigena; culmis caespitosis foliisque semiteretibus, vaginis fissis, spiculis in spicas geminas, approximatas, spathaceo-involucratas dispositis.*

Vauthiera A. Richard *Flor. Nov. Zeel. t. 20.*

997. Ficinia *SCHRAD.* Spiculae multiflorae, hermaphroditae. Paleae undique imbricatae, infima vacua. Perigonium nullum. Stamina 3. Discus cyathiformis lobatus, v. stipitiformis margine obsoleto, undulato. Ovarium stylo bi-trifido, cum basi deciduo. Caryopsis crustacea, trigona, disco stipata. — *Herbae capenses; culmis simplicibus, basi foliatis v. rarius aphyllis, vaginis nunc truncatis, nunc laxis, in ligulam interdum praelongam, fissam, tenerrimam, convolutam productis, majorem culmi partem includentibus, spiculis terminalibus vel lateralibus, capitato-congestis, rarius solitariis, terminalibus, involucro diphyllo, rigido, erecto cinctis.*

Ficinia Schrad. *analect. 43. t. 2. f. 3.* Nees *in Linnaea IX. 292.* — Schoenidium Nees *Linnaea IX. 291. X. 166.* (F. aphylla Nees *in Endl. atakt. t. 12.*) disci lobis bidentatis. Schoeni et Scirpi sp. Auct.

998. Fimbristylis *VAHL.* Spiculae multiflorae, hermaphroditae Paleae undique imbricatae, infima vacua. Perigonium nullum. Stamina 3. Discus membranaceus, integer, vix manifestus. Ovarium stylo bi-trifido, basi bulboso-incrassata persistente. Caryopsis crustacea, nuda v. granulato-echinulata, compressa v. trigona, disco sphacelato, exiguo, stipata. — *Stirpes in tropicis totius orbis obviae, paucae usque ad 40° L. B. repertae; culmis enodibus, basi foliatis v. vaginatis, foliis angustis, saepius canaliculatis, marginibusque asperis, spiculis solitariis, capitatis v. in umbellam inaequaliter radiatum dispositis, involucro abbreviato, bracteaeformi v. foliaceo suffultis.*

Fimbristylis Vahl *enum. II. 285.* R. Brown *prodr. 225.* Nees *in Linnaea IX. 290.* Nees jun. *Gen. pl. fasc. IX. t. 8.* Scirpi sp. Linn. et Auct. Host *gram. III. t. 63.* Isolepidis sp. Kunth *in Humb. et Bonpl. nov. gen. t.*

68. — Trichelostylis Lestiboud. et Nees part. — Dichelostylis. Palis. *in Lestiboud. Cyperac.* ex Röm. et Schult. *mant. II. 2.* — Echinolytrum Desv. *in Journ. Bot. 1808. p. 20. et 176. t. 1.* Nees *in Linnaea IX. 289.* (caryopsi echinulata.)

TRIBUS IX. SCIRPEAE Nees *in Linnaea IX. 289.* Spiculae hermaphroditae, paleis undique v. rarissime subdistiche imbricatis, omnibus conformibus, infimis sterilibus. Perigonium nullum v. setosum, setis capillaribus, retrorsum scabris, nunc laevissimis, post anthesim elongatis, rarius compressis, linearibus. Discus nullus. Stylus bi-trifidus, basi saepius bulboso-incrassata, persistente. Caryopsis crustacea, bulbo styli plerumque coronata. — *Stirpes culmis simplicibus, aphyllis v. foliatis, spiculis varie dispositis, saepius terminalibus solitariis, v. lateralibus conglobatis.*

999. Isolepis *R. BR.* Spiculae multiflorae, hermaphroditae. Paleae undique imbricatae, infimae vacuae. Perigonium nullum. Stamina 3 Ovarium stylo tri-v. rarissime bifido, cum basi simplici v. bulboso-incrassata deciduo. Caryopsis crustacea, trigona, mutica v. compressa, mucronulata. — *Herbae potissimum in Capite bonae spei, Nova-Hollandia et India orientali, paucae in America et Europa indigenae; culmis simplicibus v. caespitosis, basi foliatis, rhizomate unius speciei fluitante ramoso, spiculis terminalibus v. lateralibus, solitariis, aggregatis, capitatis, umbellatis v. cymosis, involucratis.*

Isolepis R. Brown *prodr. 221.*

a) ISOLEPIS Stylus bi-trifidus, basi haud articulatus. Caryopsis compressa v. trigona.

Isolepis R. Brown *l. c.* Link *Hort. Berol. I. 285.* Nees *in Linnaea IX. 290.* Schrad. *analect. 14. t. 1. f. 1—7.* Nees jun. *Gen. pl. fasc. IX. t. 5.* A. Richard *Flor. Nov. Zeel. t. 18. 19.* Holoschoenus Link *Hort. Berol. I. 293.* Nees jun. *Gen. pl. fasc. IX. t. 6.* Eleogiton Link. *l. c.* Nees jun. *op. cit. IX. t. 14.* Scirpi sp. Linn et Auct. Jacq. *Fl. austr. t. 448.* Host. *gram. III. t. 62. 64. 65.* Rottboell *gram. t. 17. f. 2. 4.*

b) TRICHELOSTYLIS. Stylus bi-trifidus, cum basi bulbosa deciduus.

Trichelostylis Lestiboud. Nees *in Linnaea IX. 290.* excl. sp. Dichostylis Palis. Nees *op. cit. IX. 289.* Nees jun. *Gen. pl. fasc. IX. t. 7.* Scirpi sp. Auct. Host *gram. III. t. 69.* Cyperi sp. Linn. Rottboell *gram. t. 14. f. 4. 5.*

1000. Scirpus *LINN.* Spiculae multiflorae, hermaphroditae. Paleae undique v. rarius subdistiche imbricatae, infimae vacuae. Perigonii setae capillares v. lineares, hispidae v. puberulae. Ovarium stylo bi-trifido, cum basi simplici v. bulbosa articulato. Caryopsis crustacea, compressiuscula v trigona, basi styli coronata. — *Herbae per totum orbem diffusae, ut plurimum aquaticae v. hygrobiae, culmis aphyllis v. foliatis, foliis planis, canaliculato-linearibus v. setaceis, spiculis solitariis terminalibus, spicatis v. glomeratis, sessilibus paniculatisque.*

Scirpus Linn. *gen. n. 67.* R. Brown *prodr. 223.*

a) PTEROLEPIS *Schrad.* Paleae multifariam imbricatae. Perigonii setae 2—6, membranaceae, lineares v. filiformes, compressae, pubescentes v. fimbriato-ciliatae.

Pterolepis Schrad. *in Göttinger Anzeig. 1821. p. 2071. Analect. 30.* Malacochaete Nees *in Linnaea IX. 292.* Nees jun. *Gen. pl. fasc. IX. t. 4.* Hymenochaete Palis. *in Lestiboud. Cyperac.* Schult. *Mant. II. 2.* Nees *in Linnaea IX. 293.* Elytrospermum C. A. Meyer *in Mem. Academ. Petersb. VI. 1. p. 200. t. 2.* Scirpi sp. Auct. Schrad. *Flor. germ. t. 5. f. 7.*

b) SCIRPUS. Paleae multifariam imbricatae. Perigonii setae capillares, retrorsum hispidae.

α) Scirpus Palis. Caryopsis papillata aut mucronata. Spiculae glomeratae, paniculatae. Scirpus Palis. *ex Lestiboud. Cyperac. l. c.* Nees *in Linnaea IX. 293.* Nees jun. *Gen. pl. fasc. IX. t. 3.* Host *gram. III. t. 61. 66—69.* E. B. *t. 666. 2321.*

β) Blysmus Panz. Caryopsis cuspidata. Spiculae per spicam distícham dispositae. — Blysmus Panzer *ex Röm. et Schult. mant. II. 41.* Nees *in Linnaea IX. 293.* Nees jun. *Gen. pl. fasc. IX. t. 9.* Schoeni sp. Linn. Scirpi sp. Auct. Host *gram. III. t. 87.* Fl. Dan. *t. 1504. 1622.* Schrad. *Flor. germ. t. 1. f. 3.*

γ) Baeothryon Nees. Caryopsis mucronata. Spiculae solitariae, terminales. Baeothryon Nees jun. *Gen. pl. fasc. IX. t. 12.* Limnochloa Reichenb. *Flor. excurs p. 78.* Eleocharis sp. Link Nees.

c) ELEOCHARIS *R. Br.* Paleae multifariam v. rarissime subdistiche imbricatae. Perigonii setae 8—9, interdum pauciores, fugaces, retrorsum hispidae. Caryopsis styli basi discreta, suberosa v. cartilaginea coronata.

Eleocharis R. Brown *prodr. 224.* Nees *in Linnaea IX. 294.* Link *Hort. Berol. 1. 289.* Nees jun. *Gen. pl. fasc. IX. t. 11.* Eleogenus Nees *in Linnaea IX. 294.* Limnochloae sp. Palis. Nees. Chaetocyperus Nees *in Linnaea IX. 289.* Scirpidium Nees *op. cit. p. 293.* Nees jun. *Gen. pl. fasc. IX. t. 13.* Scirpi sp. Linn. Host *gram. III. t. 55. 56. 60.* Rottboell *gram. t. 15. f. 2. 3.*

1001. Eriophorum *LINN.* Spiculae multiflorae, hermaphroditae. Paleae undique imbricatae, infimae vacuae. Perigonium multisetum, setis laevissimis, demum increscentibus. Stamina 1—3. Ovarium stylo filiformi, trifido. Caryopsis trigona, mucronulata, perigonii setis papposis condensatis inclusa. — *Herbae in uliginosis Europae et Americae borealis obviae, in America australi extratropica rarissimae; culmis angulatis teretibusve, foliatis v. aphyllis, spiculis solitariis v. glomeratis terminalibus, v. umbellato paniculatis.*

Eriophorum Linn. *gen. n. 68.* Host *gram. I. t. 38—40. IV. t. 73. 74.* Nees jun. *Gen. pl. fasc. IX. t. 10.* Linagrostis Lam. *Fl. fr. III. p. 1164.* — Trichophorum Pers. *ench. I. 69.* Nees *in Linnaea IX. 298.* Scirpi sp. Vahl, Michx. (perigonii setis subsenis, brevibus.)

TRIBUS X. CYPEREAE Nees *in Linnaea IX. 282.* Spiculae hermaphroditae, multiflorae, rarius uni-triflorae, paleis distiche imbricatis, omnibus conformibus, marginibus plerumque per rhachillae angulos decurrentibus. Perigonium rarissime praesens, setosum, setis retrorsum hispidis. Discus nullus. Stylus bi-trifidus, rarissime basi bulbosus, deciduus. Caryopsis crustacea, compressa, apice nuda v. mucronulata, rarissime cuspidata. — *Herbae per totum orbem dispersae, plurimae tropicae; caulibus simplicibus basi plerumque foliatis, rarius aphyllis, inflorescentia terminali, polymorpha, involucro polyphyllo plerumque cincta, rarissime spiculis terminalibus solitariis.*

1002. Dulichium *RICH.* Spiculae multiflorae, hermaphroditae, infimae vacuae, conformes. Paleae distiche imbricatae, carinatae. Perigonii setae 6—8, retrorsum hispidae, persistentes. Stamina 2—3. Ovarium stylo bi- rarissime trifido, basi latiore. Caryopsis anceps, stylo cuspidata. — *Herba boreali ame-*

ricana, culmo foliorum vaginis exserto, spiculis unguste linearibus, remote racemoso-spicatis.

Dulichium L. C. Richard *in Pers. ench. I. 65.* Elliot *carol. t. 2. f. 3.* Link *Hort. Berol. I. 322.* Nees *in Linnaea IX. 283.* Pleuranthus Rich. *msc.* Schoeni et Cyperi sp. Linn. Scirpi sp. Michx.

1003. Cyperus *LINN.* Spiculae multiflorae, rarius uni-triflorae, hermaphroditae. Paleae distiche imbricatae, infimae vacuae, interdum minores. Perigonium nullum. Stamina 2–3. Ovarium stylo bi-trifido, deciduo, rarissime basi bulboso. Caryopsis crustacea, trigona v. compressa, obtusa v. mucronulata. — *Herbae cosmopolitae; culmis simplicibus aphyllis v. basi foliatis, vaginatis, inflorescentia varia, involucrata.*

a) CYPERUS *Linn.* Spiculae multiflorae. Rhachilla nuda v. ad angulos membranaceo marginata. Stylus basi aequalis.

Cyperi sp. Linn. Rottboell *gram. t. 5—15.* Host *gram. III. t. 70—75.* Jacq. *ic rar. t. 293—299.* Cav. *ic. t. 204. f. 1. t. 568. f. 2.* Desf. *Fl. atl. t. 7—9.* Sibthorp *Fl. graec. t. 44—48.* Palis. *Fl. owar. t. 20.* Rudge *guian. t. 19.* Schrad. *analect. t. 2. f. 2.* Presl *Reliq. Haenk. t. 32.* A. Richard *Fl. Nov. Zeel. t. 17.* Nees jun. *Gen. pl. fasc. IX. t. 1.* — Pycreus Palis *Fl. owar. II. 48. t. 86. f. 2.* Nees *in Linnaea IX. 283.* Nees jun. *gen. pl. fasc. IX. t. 2.* Cyperi sp. Rottboell *gram. t. 14. f. 4. 5. t. 6. f. 3.* Sibthorp *Fl. graec. t. 49.* (stylo bifido.) — Torreya Raf. *in Journ. Phys. LXXXIX. 105.* (species diandrae stylo bifido.) — Distimus Raf. *l. c.* (species triandrae stylo bifido.) — Comostemum Nees *in Linnaea IX. 283.* (species staminibus paleas superantibus.) — Papyrus Willd. *in Abhandl. der Berl. Academ. 1812—1813. p. 72. Enumerat. ed. II. 1. 82.* Thouars ex Humb. et Bonpl. *nov. gen. et sp. I. 217.* Nees *in Linnaea IX. 286.* (Cyrillo, *Monographia Papyri. Neap. 1796. fol.*)

b) KYLLINGIA *Linn.* Spiculae uni-triflorae. Paleae 2, infimae steriles, reliquis multo minores.

α) Mariscus Vahl. Spiculae bi-triflorae. Stylus trifidus. Mariscus Vahl *enum. II. 372.* Kunth *in Humb. et Bonpl. nov. gen. et sp. t. 65—67.* Turpin *in Mem. Mus. V. t. 30. f. 19.* Nees *in Linnaea IX. 286.* — Adulpa Bosc *msc.* Kyllingiae sp. Jacq. *ic. rar. t. 300.* Rottboell *gram. t. 4. f. 2.* Schoeni sp. Jacq. *ic. rar. t. 10.* Scirpi sp. Linn. Gärtn. *t. 2. f. 5.* — Courtoisia Nees *in Edinb. new philosoph. Journ. Juli 1834. p. 261.* videtur Mariscus spiculis singulis bracteola distinctis, pressione mutua eidem contrariis. — Opetiola Gärtn. *I. 14. t. 2. f. 8.* est umbella Marisci cujusdam, spiculis omnibus delapsis, rhachilla nodulis paleisque singulis adhaerentibus exasperata.

β) Kyllingia Linn. Spiculae uni-subbiflorae. Stylus bifidus. Kyllingia Linn. fil. *suppl. p. 11.* Rottboell *gram. t. 4. f. 4. 6.* R. Brown *prodr. 218.* Palis. *Fl. owar. t. 8. f. 1. t. 31.* Nees *in Linnaea IX. 286.* Tryocephalon Forst *gen. 65.* Scirpi sp. Jacq. *Hort. Vindob. t. 97.*

c) ABILGAARDIA *Vahl.* Spiculae multiflorae, paleis torsione rhachillae apice trifariam imbricatis. Stylus trifidus, basi pyramidato-bulbosa caryopsim coronans.

Abilgaardia Vahl *enum. II. 296.* R. Brown *prodr. 229.* Palis *Fl. owar. t. 86. f. 1.* Nees *in Linnaea IX. 289.* excl. sp. Iria Richard ex Pers. *ench. I. 65.* Cyperi sp. Linn. Rottboell *gram. t. 13. f. 3.* (Sloane *gram. t. 79. f. 2.*)

GENERA PENITUS DUBIA v. DELENDA.

a) MAPANIA *Aubl.* Spiculae uniflorae. Paleae 6, ovatae acutae, dentatae, concavae. Perigonium nullum. Stamina 3, ovarii receptaculo inserta; antherae oblongae, tetragonae. Ovarium stylo longo, stigmatibus tribus. Fructus. . . . . — *Herba in sylvis inundatis Guianae proveniens, culmis triangularibus aphyllis, basi dense vaginatis, spiculis capitatis, involucratis, involucro monophyllo trifoliolato, foliolis amplissimis, ovatis, acutis, glabris, nervoso-striatis.*

Mapania Aubl. *guian. I. 47. t. 17.*

b) DIAPHORA *Lour.* Spicae androgynae, spiculis unifloris, infimis femineis, reliquis masculis. Masc. Glumae 3, acutae, breves, intima aristata. Paleae 2, oblongae, muticae, glumis longiores. Stamina 10, filamentis subnullis, receptaculo paleolis, paleas aequantibus obsito insistentia, antherae apice caudato acuto, discolore. Fem. Glumae et paleae maris. Ovarium trigonum, stigmatibus tribus, sessilibus, filiformibus. Caryopsis. . . . — *Herba cochinchinensis agrestis; culmis triquetris, foliosis, foliis subulatis, asperis, basi pilosis, spicis paniculatis.*

Diaphora Loureir. *Fl. cochinch. ed. Willd. p. 708.*

c) HAPLOSTEMUM Rafin. *in Journ. Phys. LXXIX. 105.* Scirpi sp. monandrae, stylo trifido.

d) DIPLARRHINUS Rafin. *l. c.* Scirpi sp. diandrae, stylo trifido.

e) DISTICHMUS Rafin. *l. c.* Scirpi sp. triandrae, stylo bifido.

f) NEMUM Palis. ex Desv. *prodr. Fl. Ind. occid. 13.* Squamae horizontales apice latiores, quadrifariam imbricatae. Styli duo. Semina minutissima, atro nitentia.

g) TETRARIA Palis. et CATAGYNA Palis. ex Lestiboud. *Cyperac. apud. Röm. et Schult. mant. II. 2.* unice nobis nomine tenus cognita genera, alterum octandrum, alterum inter Elyneas locandum.

Classis XIII. Enantioblastae.

ENANTIOBLASTAE Mart. *conspect. 8.*

HERBAE annuae v. perennes. Caules simplices v. ramosi. Folia alterna, integerrima, basi vaginantia. FLORES paleacei v. perigoniati; PERIGONIO regulari, biseriato, exteriore paleaceo, interiore saepius corollino. OVARIA libera, plura, rarissime solitaria, interdum distincta, plerumque tria in unicum coalita; ovulis solitariis v. indefinitis. Fructus capsularis v. nucamentaceus, uni-pluriloculares; dehiscens. SEMINA orthotropa. EMBRYO parvus antitropus, in extrimitate seminis umbilico opposita, albumini applicatis.

Ordo XLIV. Centrolepideae.

CENTROLEPIDEAE Desv. *in Annal. sc. nat. XIII. 36.* Desvauxieae Bartl. *ord. nat. 36.* Lindl. *Nixus p. 23. Introduct. edit. II. p. 386.* Mart. *conspect. n. 38.* Restiacearum genera R. Brown.

HERBAE australasicae, pusillae, Cyperi v. Scirpi parvuli facie; radicibus fibrosis v. fasciculato-fibrosis. Culmi filiformes, indivisi, nudi. Folia radicalia, filiformi-setacea, basi vaginantia.

SPICULAE hermaphroditae, distichae, uniflorae, v. terminales solitariae, uni-multiflorae. Gluma unica antica, v. duae suboppositae, rudes. Paleae nullae v. tenerae, unica v. binae, glumis parallelae.

STAMEN unicum, anticum. Filamentum filiforme, simplex. Anthera introrsa, unilocularis, dorso supra basim affixa.

OVARIUM nunc unicum sessile, nunc plura axi communi diversa altitudine adnata, deorsum imbricata, unilocularia. Ovulum unicum, apici ovarii appensum, orthotropum, micropyle basim ovarii spectante. Styli filiformes simplices, basi inter se connati. Stigmata simplicia v. barbato-plumosa.

Utriculi membranacei, latere longitudinaliter dehiscentes.

Semen orthotropum, pendulum. Testa coriacea, durinscula. Albumen carnosum, copiosum.

Embryo antitropus, lenticularis, in extremitate seminis umbilico opposita albumini applicitus, extremitate radiculari papillaeformi basim carpicam spectante.

Ordo perparvus, a Restiaceis quibuscum seminis et embryonis fabrica convenit, floris structura simpliciore, perigonii defectu, stamine solitario, indefinito ovariorum numero, et insolita dispositione distinctus; hinc mediante Aphelia genere monogyno Cyperaceas, illinc per Gaimardiam, quam ad ordinis calcem extra generum seriem collocamus, Restiaceas attingens; mediante Paepalantho etiam Eriocauloneis conterminus.

1004. Aphelia *R. BR.* Spiculae distichae, uniflorae. Gluma antica, mucronata, paleam muticam, posticam includens. Stamen unicum, anticum. Ovarium unicum, sessile. Stylus filiformis; stigma simplex. Utriculus hinc longitudinaliter dehiscens. Semen compressum. — *Herba in Novae Hollandiae ora meridionali indigena, caespitosa; foliis radicalibus filiformibus, basi vaginantibus, scapis nudis indivisis, spicae terminalis glumis hispidis, acuminatis, inferioribus saepe sterilibus, longioribus.*

Aphelia R. Brown *prodr.* 251. Desv. *in Annal. sc. nat. XIII.* 42. *t.* 2. *f.* 1.

1005. Alepyrum *R. BR.* Spicula terminalis, uni-pauciflora. Glumae 2, suboppositae, inferior elongata, superiorem breviorem amplectens. Paleae nullae. Stamen unicum, anticum. Ovaria 6—18, axi communi adnata, subsecunda. Styli simplices, basi connati; stigmata barbato-plumosa. Utriculi hinc longitudinaliter dehiscentes. Semina teretia. — *Herbae caespitosae, minimae, in Novae Hollandiae ora meridionali indigenae; radicibus fasciculato-fibrosis, foliis radicalibus setaceis, basi semivaginantibus, scapis filiformibus indivisis, spicula solitaria terminatis. — Genus a sequente solo palearum defectu, et spiculis saepius unifloris diversum.*

Alepyrum R. Brown *prodr.* 253. Desv. *in Annal. sc nat. XIII.* 42. *t.* 2. *f.* 2.

1006. Centrolepis *LABILL.* Spicula terminalis, multiflora. Glumae 2, subaequales, approximato-alternae. Paleae 2, membranaceae, aequales. Stamen unicum, anticum. Ovaria 2—12, axi communi undique adnata v. subsecunda. Styli simplices, distincti v. basi inter se connati; stigmata barbata. Utriculi extrorsum longitudinaliter dehiscentes. Semina teretia. — *Herbae caespitosae, in Nova Hollandia tropica, orientali et meridionali, nec non in insula Diemen indigenae; radicibus fasciculato-fibrosis, foliis radicalibus setaceis, basi semivaginantibus, scapis filiformibus, simplicissimis, spicula solitaria terminatis, glumis hispidis, muticis v. aristatis, flosculis interdum squamula minore interstinctis.*

Centrolepis Labill. *Nov. Holl. I.* 7. *t.* 1. Rudge *Linn. Transact. X. t.* 12. Desv. *in Annal. sc. nat. XIII. t.* 2. *f.* 3. 4. Desvauxia R. Brown *prodr.* 252. Guillem. *ic. lithograph. t.* 17. Mart. *in N. A. N. C. XVII. t.* 2 *f.* 2.

GENUS CENTROLEPIDEIS AFFINE.

1007. Gaimardia *GAUDICH.* Spiculae terminales, uni-biflorae. Glumae 2, inferi[or] superiorem minorem amplectens. Paleae nulla[e]. Stamina 2, glumis opposita, filamenta fil[i]formia, antherae uniloculares, medio dors[o] affixae. Ovaria 2, stipitata, in unicum bilocular[e] connata. Ovula in loculis solitaria, apici appens[a] orthotropa. Stigmata 2, sessilia, subulata, i[n]tus papillosa. Utriculi 2, membranacei, faci[e]bus primum cohaerentes, mox soluti, dorso lo[n]gitudinaliter fissi. Semen teres, pendulum, em[bryone] antitropo, in extremitate umbilico opposit[a] albumini carnoso applicito. — *Herba pusilla, in insulis maclovianis indigena, glabra, caespitosa; caulibus erectis, subfastigiatis, apice ramosis, dense foliosis, foliis imbricatis, subulato-triquetris, basi vaginantibus, ramis sparsis foliosis spicula solitaria terminatis, spiculis unifloris, accedente interdum floris secundi ovario effoeto.*

Gaimardia Gaudich. *in Freyc. voy.* 418. *t.* 30.

Ordo XLV. Restiaceae.

RESTIACEAE R. Brown. *prodr.* 243. *excl. gen.* Palis[ot] *ex Annal. sc. nat. XIII.* 41. Nees *in Linnaea V.* 627. Martiu[s] *in N. A. N. C. XIII.*

Herbae v. suffrutices, rhizomate squamato, repente. Caules ramosi, nodosi, v. scapiformes simplices. Folia nunc omnia radicalia conferta, nunc caulina alterna, simplicia, integra, basi vaginantia, vagina hinc fissa, lamina saepius abortiva v. anguste lineari.

Flores spicati, racemosi v. paniculati, bracteis scariosis interstincti, regulares, unisexuales v. rarius hermaphroditi.

Perigonium glumaceum, quadri- v. plerumque sexglume, glumae biseriatae, exteriorum duae respectu bracteae laterales et una postica, interiores saepius minores v. majores, persistentes, interdum cum fructu increscentes.

Stamina 2—3, tot quot perigonii glumae interiores, iisque opposita. Filamenta filiformia libera, vel rarissime inter se connata. Antherae terminales, uniloculares, peltatae, rarius biloculares, didymae, utrinque bifidae.

Ovarium rarissime uniloculare, uniovulatum; plerumque bi-triloculare, e carpidiis loculorum numero conflatum, marginibus introflexis dissepimenta constituentibus. Ovula in loculis solitaria; anguli interioris apici appensa, orthotropa, micropyle basim carpicam spectante. Styli loculorum numero, carpidiis continui, liberi v. basi connati, intus stigmatosi, persistentes.

Fructus capsularis, trilocularis, loculicido dehiscens, v. nucamentaceus, abortu unilocularis, indehiscens.

Semina in loculis solitaria, apici cavitatis appensa. Testa coriacea dura, umbilico crassiusculo nudo, v. strophiolato. Albumen copiosum, carnosum.

Embryo antitropus, lenticularis, in extremitate seminis umbilico opposita albumini applicitus, extremitate radiculari in fructu infera.

Restiaceae in Capite Bonae spei et Madagascaria, necnon in Nova Hollandia intra et extra tropicos obviae, habitu peculiari Cyperaceas aemulantes, perigonii conformatione a Centrolepideis et Xyrideis nullo negotio distinguuntur, ab Eriocauloneis tum habitu, tum inflorescentia et perigonio rudiori diversae. A Junceis staminum numero et eorundem ante interiora perigonii foliola situ, antherarum in plerisque fabrica, embryone denique antitropo, albumini applicito, nec ab eodem incluso differunt.

1008. Leptocarpus *R. BR.* Flores dioici. Perigonium sexglume, aequale. Masc. Stamina 3; antherae uniloculares, peltatae. Fem. Ovarium uniloculare. Stylus simplex; stigmata 2—3. Utriculus monospermus, basi styli coronatus. — *Herbae aphyllae, in Nova Hollandia tam tropica quam meridionali provenientes; culmis ut plurimum simplicissimis, vaginatis, vaginis hinc fissis, floribus fasciculatis, fasciculis subspicatis.*

Leptocarpus R. Brown *prodr.* 250. Restionis sp. Forst. Schoenodum tenax femina Labill. *Nov. Holl. t.* 229.

1009. Loxocarya *R. BR.* Flores dioici. Masc. . . . Fem. Perigonium quadriglume, bibracteolatum. Ovarium uniloculare. Stylus subulatus, simplex; stigma indivisum. Folliculus monospermus, margine convexo dehiscens. — *Herba in Novae Hollandiae ora meridionali vegetans; culmis aphyllis, vaginatis, pubescentibus, basi tereti simplicibus, superne paniculatis, ramis flexuosis, filiformibus, vaginis hinc fissis, altero margine equitantibus, floribus femineis ramulos terminantibus, bracteolis mucronatis, pubescentibus, perigoniis muticis.*

Loxocarya R. Brown *prodr.* 249.

1010. Chaetanthus *R. BR.* Flores dioici. Masc. . . . . Fem. Perigonium sexglume, glumis tribus interioribus minimis, setaceis. Ovarium uniloculare. Stylus simplex; stigma indivisum. Nux monosperma, perigonio parum aucto cincta. — *Herba in Novae Hollandiae ora meridionali indigena, habitu Leptocarpi.*

Chaetanthus R. Brown *prodr.* 251.

1011. Hypolaena *R. BR.* Flores dioici. Perigonium sexglume, aequale. Masc. Stamina 3; antherae uniloculares, peltatae. Fem. Ovarium . . . . Stylus bi-tripartitus, deciduus. Nux ossea, calva, monosperma, basi perigonio cincta. — *Herbae in Novae Hollandiae ora meridionali indigenae, Restionis habitu; culmis ramosis, floribus masculis amentaceis, femineis in spica imbricata terminalibus, solitariis.*

Hypolaena R. Brown *prodr.* 251. — Cucullifera Nees *in Lindl. introduct. edit. II. p.* 451. planta capensis, fortassis ob bracteam spicae femineae penultimam floriferam, terminalem longe unguiculatam, cucullatim convolutam, olim distinguenda.

1012. Willdenowia *THUNB.* Flores dioici. Masc. Perigonium sexglume, glumis tribus interioribus minoribus. Stamina 3; antherae uniloculares, peltatae. Fem. Perigonium disco lobato, demum increscente osseo impositum. Ovarium . . . . . Stylus bi-trifidus, deciduus. Nux ossea, monosperma, perigonio et disco cincta. — *Herbae capenses, habitu et inflorescentia varia, non satis notae.*

Willdenowia Thunb. *in Act. Holm.* 1790. *p.* 28.

a) WILLDENOWIA *Nees.* Spicae utriusque sexus uniflorae, bracteis inferioribus vacuis, terminali sola fertili.

Willdenowia Thunb. *l. c. t.* 2. *f.* 2. 3. Nees *in Linnaea V.* 664. — Nematanthus Nees *in Linnaea V.* 661.

b) HYPODISCUS *Nees.* Spicae masculae multiflorae, bracteis plerisque fertilibus, femineae uniflorae, bracteis infimis vacuis, terminali solum fertili. Discus crenatus v. repandus, laevis.

Hypodiscus Nees ex Lindl. *introduct. edit. II. p.* 450.

c) LEUCOPLOEUS *Nees.* Spicae masculae multiflorae, bracteis omnibus fertilibus, femineae uniflorae, bracteis inferioribus vacuis v. flores abortivos includentibus, terminali solum fertili. Discus spongioso-echinulatus.

Leucoploeus Nees ex Lindl. *introduct. edit. II. p.* 450.

d) MESANTHUS *Nees.* Spicae masculae multiflorae, bracteis omnibus fertilibus, femineae pauciflorae, bracteis infimis vacuis, mediis fertilibus, summis flores abortivos includentibus. Discus acetabuliformis, laevis.

Mesanthus Nees ex Lindl. *introduct. edit. II. p.* 451. (Genus fortassis ob stylos duos distinctos, epigynio umbraculiformi, ut in Cyperaceis quibusdam impositos, olim distinguendum.)

1013. Anthochortus *NEES.* Flores dioici. Masc. Perigonium infundibuliforme, sexpartitum, laciniis aequilongis, exterioribus angustioribus (!) Stamina 3; antherae uniloculares, peltatae. Fem. . . . *Herbae capenses, vix notae; culmis aphyllis, filiformibus, fasciculatim ramosis, floribus masculis subracemosis.*

Anthochortus Nees ex Lindl. *introduct. edit. II. p.* 451.

1014. Ceratocaryum *NEES.* Flores dioici. Perigonium sexglume, glumis tribus interioribus minoribus. Stamina 3; antherae uniloculares, peltatae. Fem. Ovarium . . . . Styli 2, rigidi, intus spongioso-stigmatosi, demum divaricati. Nux coriacea, stylis cornuta, bilocularis, mono-disperma, perigonio cincta. — *Herba capensis, non satis nota; culmis simplicibus aphyllis, spicis masculis thyrsoideis, femineis in apice culmi spicatim approximatis, bracteis inferioribus sterilibus, terminali solum fertili.*

Ceratocaryum Nees ex Lindl. *introduct. edit. II. p.* 451.

1015. Lepidanthus *NEES.* Flores dioici. Masc. Perigonium triglume, bi-tribracteolatum. Stamina 3, glumis opposita; antherae biloculares, versatiles. Fem. . . *Genus capense, vix notum, summopere dubium; culmis simplicissimis, aphyllis, floribus masculis terminalibus, spicatis.*

Lepidanthus Nees *in Linnaea V.* 665.

1016. Anarthria *R. BR* Flores dioici. Perigonium sexglume, subaequale. Masc. Stamina 3; filamenta libera, antherae biloculares, utrinque bifidae. Ovarium triloculare. Styli 3; stigmata simplicia. Capsula trilocularis, triloba, trisperma. — *Herbae perennes, in Novae Hollandiae ora meridionali indigenae;*

culmis compressis, simplicibus v. rarius polifero-ramosis, simplicibus enodibus, vaginis nullis, foliis distichis verticalibus, equitantibus, spicis terminalibus compositis, ramis bractea spathacea, caduca subtensis, vel simplicibus floribusve solitariis, capsula in quibusdam nucamentacea vix dehiscente.

Anarthria R. Brown *prodr.* 248.

1017. Lyginia *R. BR.* Flores dioici. Perigonium sexglume, aequale. Stamina 3; filamenta in tubum connata; antherae biloculares, utrinque bifidae. Fem. Ovarium triloculare. Stylus tripartitus. Capsula trilocularis, triloba, trisperma, angulis salientibus dehiscens. — *Herbae in Novae Hollandiae ora meridionali indigenae; rhizomate squamato, repente, culmis simplicibus, teretibus, aphyllis, vaginatis, ad nodos solubilibus, spica terminali e fasciculis approximatis, singulis spatha vaginaeformi subtensis, femineis nonnunquam solitariis, unifloris.*

[] Lyginia R. Brown *prodr.* 248. — Schoenodum tenax mas Labill. *Nov. Holl.* t. 229.

1018. Lepyrodia *R. BR.* Flores dioici v. hermaphroditi. Perigonium sexglume, subaequale, uni-bibracteolatum. Masc. Stamina 3; antherae uniloculares, peltatae. Ovarii rudimentum. Fem. Ovarium triloculare. Styli 3. Capsula trilocularis, triloba, trisperma, angulis salientibus dehiscens. — *Herbae perennes, in Novae Hollandiae ora orientali et meridionali provenientes; culmis simplicibus, aphyllis, vaginatis, spicis compositis, rariusve simplicibus, floribus tunc hermaphroditis.*

Lepyrodia R. Brown *prodr.* 247. Palis. *in Annal. sc. nat. XIII.* t. 3. f. 3.

1019. Thamnochortus *BERG.* Flores dioici. Perigonium sexglume, glumis duabus exterioribus compresso-carinatis, carina alatis. Stamina 3; antherae uniloculares, peltatae. Fem. Ovarium triloculare. Stylus indivisus; stigma simplex. Nux monosperma, perigonio bialato inclusa. — *Herbae capenses; culmis vaginatis, aphyllis, floribus spicatis, spicis racemosis fasciculatisve.*

Thamnochortus Berg. *Fl. cap.* 353. t. 5. R. Brown *prodr.* 244. Restionis sp. Auct.

1020. Elegia *THUNB.* Flores dioici. Masc. Perigonium sexglume, glumis tribus interioribus majoribus. Stamina 3; antherae uniloculares, peltatae. Fem. Perigonium sexglume, aequale. Ovarium triloculare. Stylus tripartitus, lobis intus stigmatosis. Capsula trilocularis, triloba, trisperma, angulis salientibus dehiscens. — *Herbae capenses; culmis simplicibus v. ramosis, aphyllis, vaginatis, vaginis basi solubilibus, floribus paniculatis v. racemosis spicatisque, spathis laxis ramulos subtendentibus, floribus ebracteolatis.*

Elegia Thunb. *Fl. cap.* p. 81. Linn. *mant.* 292. Chondropetalum Rottb. *Progr.* 1772. p. 12. *Descript. et ic.* t. 3. f. 2. 3. Restionis sp. Auct.

1021. Restio *LINN.* Flores dioici v. hermaphroditi. Perigonium quadri-sexglume, aequale. Stamina 2—3; antherae uniloculares, peltatae. Ovarium bi-triloculare. Stylus bitripartitus, lobis intus stigmatosis. Capsula bilocularis, bi-triloba, di-trisperma, angulis salientibus dehiscens. — *Herbae in Capite bonae spei, Madagascaria et Nova Hollandia obviae; culmis junceis, aphyllis, vaginatis, vaginis hinc fissis, simplicibus v. ramosis, floribus in amento spicata v. paniculata collectis.*

Restio Linn. *gen.* n. 1331. *expl. sp.* R. Brown *prodr.* 244. Labill. *Nov. Holl.* t. 226. 227. Calorophus Labill. *op. cit.* t. 228. Caunomois Palis. *in Annal. sc. nat. XIII.* 43 t. 3. f. 1. Calopsis Palis. *l. c.* t. 3. f. 2.

Ordo XLVI. Eriocauloneae.

ERIOCAULONEAE L. C. Richard *in Annal. du Mus. XVII.* 52. Kunth *in Humb. et Bonpl. nov. gen. et sp. I.* 261 Desv. *in Annal. sc. nat. XIII.* 35. Mart. *in N. A. N. C. XVII* 1. ss. Lindl. *introduct. edit. II.* p. 387.

Herbae perennes, paludosae, acaules, scapigerae v. rarius caulescentes, interdum suffrutescentes. Folia linearia, acuta, basi semivaginantia, carnosula, interdum lacunosa; radicalia conferta, caulina dum adsunt alterna.

Flores minimi, densissime capitati, unisexuales, plerumque in eodem capitulo monoici, masculi in centro v. ambitu, rarius feminei per paria oppositi, interdum dioici; singuli brevissime stipitati, unibracteati, ebracteolati, pilis palcisve stipati, perigonio biseriato, exteriore rudiore, interiore subcorollino membranaceo, saepe discolore.

Flores masculi. Perigonium exterius diphyllum, foliolis respectu bracteae lateralibus, v. triphyllum, foliolis duobus lateralibus, tertio postico. Perigonium interius tubulosum, subcampanulatum, limbo bifido, v. tridentato aut trifido, dentibus v. laciniis cum perigonii exteriori foliolis alternantibus, aestivatione imbricatis, aequalibus v. lacinia antica majore.

Stamina tubo perigonii interioris inserta, duplici laciniarum ejusdem numero, majora iisdem opposita, alterna minora, saepe castrata v. rudimentaria. Filamenta subulata, aestivatione introrsum flexa. Antherae introrsae, biloculares, ovatae v. subglobosae, loculis oppositis, longitudinaliter dehiscentibus. Pollinis granula simplicia, rima simplici aperta.

Ovariorum rudimenta minima, glandulaeformia.

Flores feminei. Perigonium utrumque triphyllum, interioris foliola plerumque teneriora, latiora, interdum in fasciculos pilorum soluta, nonnunquam basi angustata distincta, apice cohaerentia v. connata.

Ovarium liberum, bi-triloculare, e carpidiis 2—3 conflatum, accedente interdum carpidiorum serie secunda efoeta, fertili superposita. Ovula in loculis solitaria, angulo interiori prope apicem affixa, orthotropa. Stylus terminalis, brevissimus, simplex. Stigmata loculorum numero, indivisa v. bifida.

Capsula bi-trilocularis, stylo superata, perigonio persistente cincta, loculicido dehiscens.

Semina in loculis solitaria, angulo interiori affixa, teretiuscula. Testa coriacea, nitida, pilorum tenuissimorum seriebus longitudinalibus dense cristata. Albumen copiosum, farinaceum.

Embryo antitropus, in extremitate seminis umbilico e diametro opposita albumini applicitus, subglobosus v. trochlearis, extremitate radiculari basim carpicam spectante.

Eriocauloneae hinc Restiaceis, a quibus inflorescentia, perigonii conformatione et antheris bilocularibus facile distinguuntur, illinc Xyrideis, quae ovulorum seminumque numero, et perigonio interiori magis adhuc elaborato differunt, proximae, per Paepalanthum ad Centrolepideas, alias satis diversas accedunt.

Specierum duae tertiae Americae tropicae continentem incolunt, reliquarum pars dimidia in Nova Hollandia tropica indigena est, in India orientali tropica, Madagascaria et Sechellis admodum rarae. America borealis usque ad 44° Lat. Bor. specierum paullo feracior est, quarum una etiam in insula Skye, Hiberniae adsita, reperta fuit.

1022. Eriocaulon *GRONOV.* Flores dioici, masculi in centro, feminei in ambitu capituli. Masc. Perigonium exterius di-triphyllum, interius tubulosum, limbo bilobo v. tridentato. Stamina perigonii interioris tubo inserta, simplici v. duplici loborum ejusdem numero 2—6, omnia fertilia, longiora iisdem opposita. Fem. Perigonium utrumque di-triphyllum. Ovarium bi-triloculare. Stigmata 2—6. Capsula bi-trilocularis, loculicida. — *Herbae annuae v. perennes, acaules v. interdum caulescentes aut suffrutescentes, inter tropicos Asiae, Americae et imprimis Novae Hollandiae copiosae, in America boreali rarae, in Europa solum unica species in Hibernia reperta, paludosae; foliis radicalibus rosulatis, linearibus, acutis, carnosulis, caulinis nullis v. alternis, basi vaginantibus, capitulis scapos pedunculosve terminantibus solitariis v. rarissime aggregato-capitatis, globosis, floribus bracteatis, bracteis extimis saepe sterilibus, involucrantibus.*

Eriocaulon Linn. *gen. n. 100.* Juss. *gen. 44.* Gärtn. *II. 14.* R. Brown *prodr. 253.* Bongard *in Mem. Academ. Petersb. VI. 1. 601. ss.* Mart. *in N. A. N. C. XVII. 8.*

a) NASMYTHIA *Huds.* Masc. Perigonium exterius diphyllum, interius tubulosum, bilobum. Stamina 2—4. Fem. Perigonium utrumque diphyllum. Ovarium biloculare. Stigmata 2, simplicia. — *Species in America boreali et tropica, in Nova Hollandia et Europa repertae.*

Nasmythia Huds. *Fl. scot.* Mart. *in N. A. N. C. XVII. 13.* Randalia Petiv. *Gazophyl. t. 53.* Palis. *in Annal. sc. nat. XIII. t. 5. f. 2.* Sphaerochloa Palis. *op. cit. t. 5. f. 1.* (Bongard. *Eriocaul. t. 4.*)

b) ERIOCAULON *Mart.* Masc. Perigonium exterius triphyllum, interius tubulosum, tridentatum v. trifidum. Stamina 6, vel rarissime 3. Fem. Perigonium utrumque triphyllum. Ovarium triloculare. Stigmata 3, simplicia v. bifida. — *Species australasicae et indicae, paucae americanae.*

Eriocaulon Mart. *in N. A. N. C. XVII. 13. t. 1. f. 2.* et *in Wall. pl. as. rar. t. 248. 249.* Kunth *in Humb. et Bonpl. nov. gen. et sp. t. 69. 70.* Bongard *Eriocaul. t. 14—17. 19. 20. 24. 22. 25. 27.* — Leucocephala Roxb. *Flor. Ind. ed. II. 3. p. 612.*

c) PAEPALANTHUS *Mart.* Masc. Perigonium exterius triphyllum, interius tubulosum, tridentatum. Stamina 3, et interdum ovariorum rudimenta. Fem. Perigonium utrumque triphyllum. Ovarium triloculare. Stigmata 3, simplicia v. bifida, cum carpidiis tribus abortivis superpositis alternantia. — *Americanae tropicae.*

Paepalanthus Mart. *in N. A. N. C. XVII. 13. t. 1. 2.* (Bongard *Eriocaul. t. 1—3. 5—13. 18. 21. 23. 26.*)

1023. Tonina *AUBL.* Flores monoici masculi et feminei in eodem capitulo per paria opposita. Masc. Perigonium exterius triphyllum, interius tubulosum, tridentatum. Stamina 6, perigonii interioris tubo inserta, 3 fertilia ejusdem dentibus opposita, totidem sterilibus alterna. Fem. Perigonium exterius triphyllum, interioris loco fasciculi tres pilorum. Ovarium triloculare. Stylus elongatus; stigmata 3. Capsula trilocularis, loculicida. — *Herba aquatica, in America tropica indigena; caulibus fluitantibus, dense foliatis, foliis lanceolatis, patentibus, capitulis axillaribus breviter pedicellatis, folio brevioribus.*

Tonina Aubl. *guian. II. 856. t. 330.* Palis. *in Annal. sc. nat. XIII. t. 5. f. 4.* (mal.) Mart. *in N. A. N. C. XVII. 15. t. 4.* Hyphydra Schreb. *gen. pl. n. 1484.* Eriocauli sp. Rottboell *pl. surin. 7. t. 1. f. 1.*

1024. Philodice *MART.* Flores monoici, masculi in ambitu, feminei in centro capituli. Masc. Perigonium exterius triphyllum, interius tubulosum, limbi trifidi lacinia antica longiore. Stamina 3, perigonii interioris tubo inserta, duo ejusdem laciniis minoribus opposita fertilia; tertium anticum sterile. Fem. Perigonium utrumque triphyllum, interioris foliola spathulata, unguibus liberis, laminis connatis. Ovarium triloculare. Stigmata 3, bipartita. Capsula trilocularis, loculicida. — *Herba brasiliensis, caulescens; foliis linearibus flaccidis, pedunculis in apice caulis fasciculatis.*

Philodice Mart. *in N. A. N. C. XVII. 16. t. 3.* — ? Symphachne Palis. *in Annal. sc. nat. XIII. t. 5. f. 3.*

Ordo XLVII. Xyrideae.

XYRIDEAE Kunth *in Humb. et Bonpl. nov. gen. et sp. I. 255.* Agardh *Aphorism. 158.* Desv. *in Annal. sc. nat. XIII. 49.* Bartl. *ord. nat. 38.* Mart. *consp. p. 8.* XYRIDACEAE Lindl. *introduct. edit. II. p. 288.*

Herbae perennes, paludosae, scapigerae, radicibus fibrosis. Folia radicalia ensiformia v. filiformia, basibus dilatatis, scariosis, equitantia. Scapi radicales simplicissimi, basi vaginati, nudi vel medio bibracteolati. Capitula terminalia, solitaria, scarioso-bracteata, bracteis densissime imbricatis, unifloris, inferioribus nonnunquam vacuis, dissimilibus.

Flores hermaphroditi, regulares. Perigonium duplex, utrumque triphyllum, exterius glumaceum, foliolis duobus respectu bracteae lateralibus, naviculari-concavis, persistentibus, tertium majus et tenerius anticum, perigonium interius calyptratim obtegens v. involvens, mox caducum, includentibus. Perigonii interioris foliola tria, petaloidea, unguiculata, lamina lata, ovata, unguibus ima basi vel juxta totam longitudinem in corollam tubulosam v. hypocrateriformem connata.

Stamina 3—6, perigonii interioris (corollae) tubo inserta, tria ejusdem lobis opposita fertilia, totidem sterilia iisdem alterna, penicillata, quandoque deficientia. Filamenta filiformia, libera. Antherae extrorsae, terminales, biloculares, loculi appositi, longitudinaliter dehiscentes.

Ovarium sessile, liberum, e carpidiis tribus conflatum, carpidiorum marginibus placentiferis nunc simpliciter applicitis uniloculare, nunc iisdem basi v. juxta totam longitudinem in dissepimenta introflexis incomplete v. complete triloculare. Ovula plurima, sessilia, v. e funiculis longiusculis erecta, orthotropa, micropyle ovarii verticem v. funiculis demum nonnihil introrsum flexis ejusdem centrum spectantibus. Stylus terminalis, plusminus profunde trifidus. Stigmata bi-trimultiloba.

Capsula unilocularis, ad suturas dehiscens, v. trilocularis, loculicida; interdum basi trilocularis, valvulis a dissepimentis solutis fenestrata, apice uniloculari operculata.

Semina plurima, angulata, sessilia; v. subglobosa, e funiculis erecta; testa coriacea dura, costato-striata. Albumen copiosum, carnosum.

Embryo lenticularis, minimus, antitropus, in extremitate seminis umbilico e diametro opposita albumini applicitus.

Xyrideae Irideas habitu nonnihil aemulantes, in Asia tropica, Nova Hollandia intra et extra tropicos, potissimum autem in America tropica et boreali calidiore indigenae, hinc Eriocauloneis proximae, illinc perigonii interioris natura plane corollina, et ovulorum numero ad Commelynaceas accedunt, ab utroque ordine antheris posticis, a priore seminum pluralitate, a posteriore habitu, inflorescentia et perigonio exteriori glumaceo, nec calycino foliaceo, facillime distinguendae.

1025. Xyris *LINN.* Perigonii exterioris glumacei foliola 3, anticum calyptraeforme caducum, lateralia navicularia, minora, persistentia. Perigonium interius corollinum, trifidum, lobis in unguem attenuatis, lamina lata. Stamina 6, tria fertilia, perigonii interioris unguibus inserta, tria alterna sterilia, penicillata, tubo continua. Ovarium uniloculare, v. basi incomplete triloculare; ovula in placentis parietalibus e funiculis erecta. Stylus trifidus; stigmata indivisa v. multifida, obtusa. Capsula teretiuscula, unilocularis, ad suturas dehiscens, v. incomplete trilocularis, basi fenestrata. Semina globosa, plurima. — *Herbae paludosae; foliis radicalibus ensiformibus v. filiformibus, basi dilatata equitantibus, scapis nudis capitulo solitario terminatis, floribus flavis. Specierum duae tertiae americanae, reliquae paucis asiaticis exceptis australasicae.*

Xyris Linn. *gen. n. 64.* Juss. *gen. p. 44.* R. Brown *prodr. 111.* Mart. *in Wallich pl. as. rar. III. 27.*

a) EUXYRIS. Capsula unilocularis, placentis parietalibus, ad suturas dehiscens.

Xyridis sp. Gärtn. *I. 52. t 15.* Willd. *phytogr. 1. t. 1.* Rudge *in Linn. Transact. X. t. 15.*

b) POMATOXYRIS. Capsula placentis basi unitis incomplete trilocularis, basi fenestrata, apice operculata.

X. operculata Labill. *Nov. Holl. t. 10.* Bot. Mag. *t. 1158.*

1026. Abolboda *HUMB.* Perigonii exterioris glumacei foliolum anticum convolutum, caducum, lateralia navicularia, minora, persistentia. Perigonium interius corollinum, hypocrateriforme, tubo filiformi, limbi patentis trilobi lobis nudis vel cristato-barbatis. Stamina 3, perigonii interioris tubo inserta, ejusdem lobis opposita. Ovarium triloculare; ovula in loculorum angulo interiori sessilia, erecta. Stylus trifidus; stigmata simplicia v. bi-triloba. Capsula triquetra, trilocularis, loculicida, columella seminifera tandem libera. Semina angulata, pauca. — *Herbae in montanis Americae tropicae paludicolae; foliis radicalibus gramineis, distichis, scapis nudis v. medio bibracteolatis, capitulo solitario terminatis, floribus caeruleis.*

Abolboda Humb. et Bonpl. *plant. aequinoct. II. 110. t. 114.* Kunth *nov. gen. et sp. I. 256.* Chloerum Willd. ex Link *Jahrb. III. 74.*

GENUS XYRIDEIS AFFINE.

1027. Mayaca *AUBL.* Perigonium hexaphyllum, exterius calycinum, interius corollinum, persistens. Stamina 3, perigonii exterioris foliolis opposita, persistentia; filamenta filiformia; antherae introrsae, uniloculares, vertice rima dehiscentes. Ovarium uniloculare, placentis parietalibus tribus, pauciovulatis. Stylus terminalis, simplex, stigma obtusum. Capsula unilocularis, trivalvis, valvis medio seminiferis. Semina globosa, reticulato-scrobiculata. Embryo antitropus, subfungiformis, infra papillam umbilico oppositam albumini carnoso applicitus. — *Herbae pusillae, musciformes, in paludibus Americae tropicae et borealis calidioris indigenae; caulibus prostratis, vage ramosis, dense foliosis, foliis ternatim verticillatis, lineari-lanceolatis, sessilibus, pedunculis axillaribus, solitariis, unifloris, basi vaginatis, floribus violaceis.*

Mayaca Aubl. *guian. 1. 42. t. 15.* Juss. *gen. 45.* Eliot. *carol. I. 50.* Schott et Endl. *Melet. p. 23. t. 3.* Biaslia Vandelli ex Römer *script. 72. t. 6. f. 2.* Syena Schreb. *gen. n. 88.* Michx. *Fl. bor. amer. 1. 73.* Nuttal *gen. 1. 28.*

Ordo XLVIII. Commelynaceae.

EPHEMERAE Batsch. *Tab. affin. 135.* pro part. COMELINEAE R. Brown *prodr. 268.* Rich. *in Humb. et Bonpl. nov. gen. et sp. 1. 258.* COMELINACEAE Bartl. *ord. nat. 39.* Lindl. *introduct. ed. II. p. 354.*

Herbae annuae v. perennes, radice fibrosa v. tuberosa. Caules teretes, nodosi, simplices v. ramosi, erecti v. procumbentes. Folia alterna, simplicia, integra, nervosa, plana v. canaliculata, basi vaginantia, vaginis integris.

Flores hermaphroditi v. ovariorum abortu polygami, regulares v. subirregulares, flavi v. caerulei, solitarii, fasciculati, umbellati v. subracemosi, bracteati, interdum involucris spathaeformibus, cucullatis v. complicatis, mono-diphyllis inclusi.

PERIGONIUM liberum, duplex, utrumque triphyllum, exterius calycinum, foliolis distinctis v. basi cohaerentibus, persistentibus; interius corollinum, caducum v. marcescens, interdum demum carnoso-incrassatum; foliolis sessilibus v. unguiculatis, distinctis aut basi in tubum brevem connatis, uno saepius difformi, nano v. abortiente.

STAMINA 6, hypogyna, perigonii foliolis opposita, v. ternatim approximata, rarissime abortu pauciora 3—5, nonnulla saepius castrata, decidua v. rarissime persistentia. Filamenta filiformia, libera, plerumque barbata, apice in connectivum dilatata. Antherae introrsae, biloculares, loculis plerumque connectivum marginantibus, discretis, rarius eidem antice adnatis, parallelis, subcontiguis, semper longitudinaliter dehiscentibus, nunc omnes fertiles, nunc plures castratae, difformes.

OVARIUM sessile, liberum, e carpidiis tribus conflatum, carpidiorum marginibus in dissepimenta introflexis triloculare. Ovula in loculorum angulo centrali in placentis nerviformibus biseriata, pauca v. rarissime plurima, orthotropa, peltata, v. bina basifixa collateralia, v. alterum erectum, alterum pendulum. Stylus terminalis simplex; stigma indivisum, v. dilatatum, obsolete trilobum, interdum excavatum.

CAPSULA saepius perigonio stipata, v. eodem baccante indusiata, tri- vel abortu bilocularis, loculicido bi-trivalvis, valvis medio septiferis, rarissime indehiscens bacciformis, pericarpio fragili.

SEMINA in loculis pauca, interdum abortu bina v. solitaria, ovata, compressa, v. angulata aut quadrata, peltata v. basifixa. Testa membranacea, duriuscula, reticulato-scrobiculata v. rugosa, albumini arcte adhaerens, umbilico ventrali impresso v. basilari lato, interdum arillo carnoso, placentae continuo velato, papilla embryotega hinc opposita, plus minus elevata.

EMBRYO antitropus, in foveola albuminis umbilico e diametro opposita, infra papillam supra testam prominulam, eidem applicitus, trochlearis, extremitate radiculari plerumque centrifuga, rarius verticem v. basim carpicam spectante.

COMMELYNACEAE in hemisphaera orientali inter Cancrum et 35° L. A. inclusae, in hemisphaera occidentali et Asiae orientalis insulis usque 40° L. B. ascendunt, inter ipsos circulos tropicos copiosissimae.

Vis peculiaris inesse videtur fere nulla; diureticam in Tradescantiae specie laudant Brasiliae medici populares. Plurimae ornamenti causa in hortis coluntur.

Xyrideis proxime affines et mediante Mayaca omnino conterminae sunt. Genera omnia denuo in examen revocanda, staminum situs accuratius in plerisque definiendus, involucrorum pondus perpendendum.

1028. Commelyna *DILLEN.* Perigonii exterioris foliola 3, extus calycina, persistentia; interiora 3 v. 2, petaloidea, unguiculata, decidua, tertio saepius dissimili v. abortivo. Stamina 6, filamenta glabra, in connectivum reniforme dilatata, antherae loculis divaricatis, connectivum marginantibus, 3 (vel 2—4) dissimiles, cassae. Ovarium triloculare, loculis pauciovulatis. Stylus filiformis, simplex; stigma indivisum. Capsula trilocularis, loculicido-trivalvis, valvis medio septiferis. Semina in loculis solitaria v. bina, raro plura, subquadrata. — *Herbae in America tropica et boreali, in India orientali et Nova Hollandia indigenae, diffusae; foliis ovatis v. lanceolatis, floribus fasciculatis involucratis, v. nudis vage paniculatis.*

Commelyna Dillen. *Hort. elth. 93.* Linn. *gen. n. 62.*

a) COMMELYNA *R. Brown.* Involucrum monophyllum, conduplicatum v. cucullatum, baseos marginibus connatum. Pedunculus apice fasciculatim multiflorus, floribus hermaphroditis, altero exteriore unifloro masculo saepius stipatus.

Commelyna R. Brown *prodr. 269.* Gärtn. *I. 49. t. 15. f. 1. 2. 3.* excl. sp. Schmid. *ic. t. 30. 41. 49.* Jacq. *ic. t. 293. 294.* Ruiz et Pav. *Fl. per. t. 272. 273.* Redout. *Liliac. t. 108. 206. 207. 359. 367. 390.* Andr. *Reposit. t. 399.* Bot. Mag. *t. 1431. 2744.* Hedwigia Medik. *in Act. Acad. palat.* Lechea Loureir. *cochinch. I. 76.* Ananthopus Raf. *Fl. ludo. 21.*

b) ANEILEMA *R. Br.* Involucrum nullum. Inflorescentia vage paniculata.

Aneilema R. Brown *prodr. 270.* Palis. *owar. t. 38. 87.* Hook. *exot. fl. t. 204.* Bot. Reg. *t. 659.* Aphilax Salisb. Commelynae sp. Palis. *Fl. owar. t. 93. 101.*

OBSERVATIO. Commelyna ambigua Palis. *Fl. owar. t. 15.* cl. Reichenbach *consp. 59.* Palisoti observationibus freto, genus a Commelyna distinctum, quod Palisotae nomine salutat, cui *perigonium Commelynae, stamina 3, perigonii laciniis basi inserta, unum majus, ovario adhaerens, filamento crasso, anthera lata crassa, cantheriformi, subdidyma, medio affixa, alia duo tenuia, graciliora, filamentis filiformibus, antheris lanceolatis, acutis, angustis, setae plurimae, breviores, basi perigonii inter stamina insertae, ovarium Commelynae et habitus Aneilematis.*

1029. Pollia *THUNB.* Perigonii exterioris foliola 3, calycina, persistentia; interiora 3, petaloidea, sessilia, marcescentia. Stamina 6, filamenta glabra, in connectivum dilatata, antherae loculis parallelis connectivo antice adnatis, 3 glanduliformes, cassae. Ovarium triloculare, loculis multiovulatis. Stylus subulatus, simplex; stigma indivisum. Bacca trilocularis, exsucca, polysperma. Semina angulata. — *Herbae in Asia tropica indigenae, Commelynarum exinvolucratorum habitu, non satis notae.*

Pollia Thunb. *nov. gen. I. 12. Ic. t. 25.* Aclisia E. Meyer *in Reliq. Haenk II. 138. t. 25.* Lamprocarpus Blum. *in Schult. syst. VII. 1615. 1726.*

1030. Callisia *LOEFL.* Perigonii exterioris foliola 3, calycina, persistentia; interiora 3, petaloidea, sessilia, persistentia. Stamina 3, perigonii exterioris foliolis opposita, filamenta barbata, apice in laminam subrotundam dilatata, antherae globosae, loculis parallelis, filamenti laminae antice adnatis, nonnullae saepius cassae. Ovarium triloculare, Ovula. . . Stylus capillaris, simplex; stigmata 3, penicellata. Capsula bi-trilocularis, loculicida. Semina in loculis solitaria, excentrice peltata, subquadrata.

— *Herbae americanae tropicae; caulibus basi procumbentibus, foliis vaginatis, lanceolatis, margine saepius cartilagineo-serratis, umbellis florum geminis axillaribus v. terminalibus, aphyllis, bracteatis.*

Callisia Löfl. *it. p. 392.* Linn. *gen. n. 63.* Lam. *t. 35.* Ruiz et Pav. *Fl. peruv. t. 73.* Hapalanthus Jacq. *Amer. t. 11. pict. t. 14.*

1031. Tradescantia *LINN.* Perigonii exterioris foliola 3, calycina, persistentia, demum conniventia; interiora 3, petaloidea, sessilia, persistentia. Stamina 6; filamenta barbata v. rarius glabra, apice in connectivum dilatata, antherae loculis parallelis, connectivum marginantibus, omnes fertiles. Ovarium triloculare, loculis multiovulatis. Stylus filiformis, glaber; stigma obtusum, trigonum v. suborbiculato-dilatatum, obsolete trilobum. Capsula bi-trilocularis, loculicido-trivalvis, valvis medio septiferis. Semina pauca, subquadrata, peltata. — *Herbae in America tropica et boreali calidiore obviae, in Asia tropica et Africa australi extratropica rariores, habitu Commelynae; floribus terminalibus v. axillaribus, umbellatis v. racemosis, nudis v. involucratis.*

Tradescantia Linn. *gen. n. 398.* Gärtn. *I. 51. t. 15.* Jacq. *amer. t. 64. pict. t. 95. Ic. rar. t. 354. 355.* Cav. *ic. t. 74. 75.* Smith *ic. pict. t. 10.* Vent. *cels. t. 24.* Redout. *Liliac. t. 93. 95. 168.* Humb. et Bonpl. *nov. gen. et sp. t. 672. 673.* Roxb. *Corom. t. 109.* Link et Otto *ic. select. t. 7.* Martius *Amoen. monac. t. 7.* Bot. Mag. *t. 105. 1192. 1340. 1597. 1598. 2330. 2935.* Bot. Reg. *t. 482. 1055.* Ephemerum Tournef. *instit. t. 193.*

1032. Cyanotis *DON.* Perigonii exterioris foliola 3, calycina, basi connata, persistentia, demum conniventia; interiora 3, petaloidea, unguiculata, unguibus in tubum connata, caduca. Stamina 6, perigonii interioris tubo inserta; filamenta barbata, apice in connectivum reniforme dilatata, antherae loculis divaricatis, connectivum marginantibus, omnes fertiles. Ovarium triloculare, ovula in loculis bina, insertione collateralia, alterum erectum, alterum pendulum. Stylus apice incrassatus, pilosus; stigma excavatum. Capsula trilocularis, loculicido-trivalvis, valvis medio septiferis. Semina in loculis bina, v. abortu solitaria, angulata, subpeltata. — *Herbae annuae v. perennes, pubescentes, v. lanatae, rarius glabrae, in Asia tropica indigenae; caulibus e basi procumbente erectis, foliis ovato-lanceolatis, vaginis laxis, inflorescentia spathaceo-bracteata.*

Cyanotis Don *nep. 45.* Zygomenes Salisb. *in Hortic. Transact. I. 271.* Tradescantiae sp. Linn. Jacq. *Hort. vind. t. 137.* Roxb. *corom. t. 107. 108.* Bot. Mag. *t. 1435.*

1033. Campelia *RICH.* Perigonii exterioris foliola 3, calycina, basi connata, persistentia, demum conniventia; interiora 3, petaloidea, sessilia, persistentia, demum baccantia. Stamina 6; filamenta barbata, apice in connectivum subhorizontale dilatata, antherae loculis divaricatis, connectivi crura marginantibus, omnes fertiles. Ovarium triloculare, loculis pauciovulatis. Stylus glaber, declinatus; stigma subcapitatum, obsolete trilobum. Capsula perigonio baccante indusiata, trilocularis, trivalvis, valvis medio septiferis. Semina pauca, ovata, compressa, peltata. — *Herbae in America et Asia tropica indigenae; caule erecto, foliis lato-lanceolatis, subtus pubescentibus, vaginis laxis, pedunculis oppositifoliis, medio geniculatis, umbellis congestis, bracteis geminis, ovatis, involucrantibus.*

Campelia Rich. *analys. du fr. 46.* Nees et Mart. *in N. A. N. C. XI. t. 2.* Zanonia Plum. *gen. 38.* Sternb. *in Flora 1822. p. 161.* non Linn. Comelina Zanonia Linn. Gärtn. *t. 15. f. 1. 4.* Redout. Liliac. *t. 192.*

1034. Dichorisandra *MIK.* Perigonii exterioris foliola 3, calycina, persistentia, supremum interdum crassius; interiora 3, petaloidea, sessilia, persistentia, demum subbaccantia, anticum paullo minus. Stamina 6 (v. interdum 5) ternatim approximata; filamenta glabra, apice aequalia, antherae loculis parallelis, connectivo antice adnatis, omnes fertiles. Ovarium triloculare, loculis multiovulatis. Stylus filiformis, glaber; stigma simplex. Capsula perigonio subbaccante indusiata, trilocularis, trivalvis, valvis medio septiferis. Semina in loculis pauca, angulata, peltata, umbilico lato, carnoso. — *Herbae brasilienses; foliis lanceolatis, acuminatis, saepius vaginisque villosis, racemis terminalibus v. subradicalibus, bracteatis, floribus nonnullis ovarii abortu masculis.*

Dichorisandra Mikan *delect. t. 3.* Nees et Mart. *in N. A. N. C. XI. 13. t. 2.* Bot. Mag. *t. 1721.* Bot. Reg. *t. 682.*

1035. Cartonema *R. BR.* Perigonii exterioris foliola 3, calycina, persistentia; interiora 3, petaloidea, persistentia. Stamina 6, persistentia; filamenta imberbia, scabriuscula, antherae basi fixae, loculis parallelis, omnes fertiles. Ovarium triloculare, loculis pauciovulatis. Stylus filiformis, persistens; stigma barbatum. Capsula trilocularis, trivalvis valvis medio septiferis. Semina in loculis subbina, angulata, peltata. — *Herba perennis, in Nova Hollandia tropica indigena, pubescens; pilis luxis, facie fere Philydri, radice infra fibras tuberosa, caule simplici v. parum ramoso, foliato, foliis linearibus, elongatis, amplexicaulibus, spica multiflora, terminali, floribus sessilibus, bibracteatis, bractea altera subtendente, altera interiore laterali, utraque foliacea persistente.*

Cartonema R. Brown *prodr. 271.* Ferd. Bauer *illustr. pl. Nov. Holl. t. 7.*

1036. Forrestia *A. RICH.* Perigonii exterioris foliola 3, subcolorata, persistentia, interiora 3, petaloidea, spathulata, caducissima. Stamina 6, hypogyna; filamenta filiformia, glabra, antherae, loculis lateralibus, subooppositis. Ovarium triloculare. Ovula in loculis bina, superposita. Stylus terminalis simplex; stigma obsolete trilobum. Capsula trilocularis, trivalvis, valvis medio septiferis. Semina in loculis 2, excentrice peltata, testa rugosa. Albumen subcartilagineum. Embryo. . . . — *Herba bipedalis, simplex, in sylvis Novae Guineae nuper reperta; foliis elliptico lanceolatis, glabris, basi attenuatis vaginantibus, vaginis integris hispido-lanuginosis caulem velantibus, floribus rubris, supra vaginum exsertis dense capitatis, hermaphroditis v. abortu unisexualibus, bracteis interstinctis.*

Forrestia A. Richard *Sert. Astrolab. p. 1. t. 1.*

Classis XIV. Helobiae.

Herbae perennes v. rarissime annuae, aquaticae, scapigerae. Folia radicalia, petiolis basi vaginantibus, lamina integerrima, cordato-ovata v. saepius abortiva. Flores regulares. Perigonium hexamerum, biseriatum, interius saepe corollinum, rarius perigonium nullum. Ovaria plura libera, distincta v. subdistincta, unilocularia, uni-multiovulata. Ovula anatropa v. campylotropa. Carpidia follicularia, distincta, mono-polysperma. Embryo exalbuminosus, homotropus.

Ordo XLIX. Alismaceae.

ALISMACEAE R. Brown *prodr. 342.* Bartl. *ord. nat. 73.* ALISMACEAE et JUNCAGINEAE L. C. Richard *in Mem. Mus. I. 365.* Lindley *introduct. edit. II. p. 355 et 367.*

Herbae perennes v. rarissime annuae, paludosae, scapigerae, rhizomate repente carnoso. Folia radicalia congesta, petiolis basi vaginantibus, lamina lata, plana, integerrima, nervosa, nervis curvis apice convergentibus, venis ramosis conjunctis, interdum abortiva, petiolis phyllodia linearia constituentibus.

Flores hermaphroditi v. monoici, regulares, pedicellati, racemosi, interdum verticillati, v. rarius paniculati; interdum sessiles, spicati, perigonio tunc nullo.

Perigonium (rarissime nullum, genitalibus tunc sola bractea stipatis) plerumque hexaphyllum, regulare, foliolis tribus interioribus altius insertis, vel petaloideis, aestivatione imbricatis v. involutis, caducis, exterioribus saepius foliaceis et persistentibus.

Stamina hypogyna v. perigonii foliolis basi inserta, iisdem numero aequalia, dupla, tripla v. multipla. Filamenta filiformia, libera. Antherae introrsae v. extrorsae, biloculares, basi v. medio dorso affixae, loculis parallelis, contiguis v. connectivum marginantibus, longitudinaliter dehiscentibus.

Ovaria 3, 6, v. plurima, rarissime solitaria, verticillata v. capitatim congesta, nunc omnino distincta, nunc ventre aut basi inter se v. etiam cum axi centrali cohaerentia, unilocularia, interdum in ovarium pluriloculare connata, loculis alternis tunc saepius cassis. Ovula in loculis solitaria, basilaria, nunc bina collateralia, v. suturae ventrali affixa superposita, alterum erectum, alterum horizontale, anatropa v. campylotropa. Styli ovariorum numero, iisdem continui, interdum brevissimi, subnulli. Stigmata simplicia v. interdum barbato-plumosa.

Carpidia ovariorum numero, plus minus distincta, coriacea, demum inter se et ab axi soluta, sutura ventrali aperta, interdum basi firmius inter se cohaerentia, supra eandem circumscisse soluta, unilocularia.

Semina in loculis solitaria, erecta, v. bina, alterum erectum, alterum horizontale, recta v. uncinatim incurva. Testa coriacea, in anatropis rhaphe ab umbilico ad chalazam apicalem protensa percursa, in campylotropis transversim rugosa.

Embryo exalbuminosus, homotropus, rectus v. curvatus, extremitate radiculari umbilico proxima, in fructu infera v. centripeta.

Alismaceae in tropicis temperatisque totius orbis obviae, nullibi copiosae, aquas fluentes stagnantesque, nonnulla prata subsalsa incolunt.

Herba plurium acrida, vires problematicae. Rhizoma nonnullarum edule. Alisma Plantago olim in Hydrophobia commendatum.

SUBORDO I. JUNCAGINEAE L.C. Richard *in Mem. Mus. I. 365.* Perigonium utrumque conforme, interdum nullum. Antherae extrorsae. Ovula solitaria v. bina collateralia, anatropa. Embryo rectus. — Foliorum lamina abortiva.

1037. Lilaea *HUMB. et BONPL.* Flores monoici. Masc. spicati, singuli unibracteati. Perigonium 0. Stamen 1, filamentum brevissimum; anthera extrorsa, basi fixa. Feminei alii spicati, singuli unibracteati, alii solitarii in foliorum axillis ebracteati. Perigonium nullum. Ovaria unilocularia, spicata vertice nuda, stylo brevi; axillaria apice bi-quadridentata, stylo elongato; stigma capitatum. Ovulum solitarium, basilare, anatropum. Caryopsis membranacea. Semen erectum. Embryo exalbuminosus, orthotropus, radicula infera. — *Herba acaulis, in paludosis regni Novogranatensis reperta; foliis radicalibus confertis, teretibus, apice subulatis, vaginantibus, glabris, spicis subglobosis scapos simplicissimos terminantibus, solitariis, floribus femineis solitariis, in axillis foliorum exteriorum sessilibus.*

Lilaea Humb. et Bonpl. *pl. aequinoct. I. 222. t. 63. Nov. gen. et sp. I. 244.*

1038. Tetroncium *WILLD.* Flores dioici. Perigonium hexaphyllum, foliolis subcoloratis, ovato-concavis, tribus interioribus altius insertis. Stamina 6, foliolorum perigonii basi inserta, filamenta brevissima, antherae extrorsae, medio dorso affixae. Fem. Perigonium maris. Stamina 0. Ovarium. . . . Styli 4, subulati; stigmata simplicia. Capsula quadrilocularis, stylis persistentibus mucronata. Semina in loculis solitaria. . . . — *Herba magellanica, tripollicaris; foliis lineari-ensiformibus, margine membranaceo-vaginantibus, scapo tereti, spica densa, floribus minutis, capsulis reflexo-adpressis.* — *Genus imperfecte descriptum, mihi incognitum, floribus dioicis et fructu tetramero, vix aliis nobis a sequente diversum.*

Tetroncium Willd. *in Berl. Magaz. II. 17.* Cathanthes Richard *in Mem. du Mus. I. 365.* Triglochin magellanicum Vahl.

1039. Triglochin *LINN.* Flores hermaphroditi. Perigonium hexaphyllum, deciduum, foliolis subcoloratis, ovato-concavis, tribus interioribus altius insertis, rarissime deficientibus. Stamina 6, foliolorum perigonii basi inserta, filamenta brevissima; antherae extrorsae, medio dorso affixae. Ovarium sexloculare, loculis alternis interdum sterilibus. Ovula in loculis solitaria, basilaria, anatropa. Styli 3—6, brevissimi, v. subnulli; stigmata adnata, plumosa. Capsula subclavata tri-sexlocularis, carpidia axi filiformi adnata (alterna interdum sterilia, septiformia), a basi soluta, sulco ventrali demum aperta. Semina in loculis solitaria, erecta, testa coriacea. Embryo exalbuminosus, orthotropus, radicula infera. — *Herbae scapigerae, in paludosis, nonnullae in subsalsis zonae temperatae et frigidae utriusque hemisphaerae obviae; foliis gramineis, planis v. teretiusculis, floribus spicatis, parvis.*

Triglochin Linn. *gen. n. 453.* Juss. *gen. 47.* Gärtn. *II. 26. t. 84.* Schkuhr *t. 102.* Lam. *t. 114.* Fl. dan. *t. 307.* E. B. *t. 255.* Jacq. *ic. rar. t. 454.* Bot. Mag. *t. 1445.* Hook. *Flor. Lond. icc.* Nees jun. *gen. pl. fasc. II. t. 8.* Juncago Tournef. *inst. t. 142.* — Tristemon Rafin. *in Monthl. Magaz. 1819.* (species trigynae). — De germinatione fr. Mirbel *in Annal. du Mus. XVI. t. 16.* et L. C. Richard *Ibid. XVII. 231. t. 5. f. 24.*

1040. Scheuchzeria *LINN.* Flores hermaphroditi. Perigonium sexpartitum, persistens, subcoloratum, laciniis tribus interioribus angustioribus. Stamina 6, hypogyna; filamenta brevia, antherae extrorsae, basi fixae, connectivo excurrente apiculatae. Ovaria 3, ventre leviter cohaerentia, unilocularia. Ovula 2, collateralia, erecta, anatropa. Stigmata papillosa, vertici extrorsum adnata. Carpidia 3, distincta patentia, unilocularia, sutura ventrali dehiscentia, mono-disperma. Semina erecta, testa coriacea crassa. Embryo exalbuminosus, orthotropus, radicula infra. — *Herba in paludosis turfosis Europae et Americae borealioris parce proveniens; caule erecto, flexuoso, foliis gramineis basi late vaginantibus, apice poro instructis, floribus parvis, racemosis.*

Scheuchzeria Linn. *gen. n. 452.* Juss. *gen. 47.* Schkuhr *t. 100.* Lam. *t. 268.* Fl. dan. *t. 76.* E. B. *t. 1801.* Nees jun. *gen. pl. fasc. II. t. 9.*

SUBORDO II. ALISMEAE L. C. Richard *l. c.* Perigonii foliola interiora petaloidea. Antherae in hermaphroditis introrsae. Ovula solitaria, v. bina superposita, campylotropa. Embryo uncinatus. — Foliorum lamina nervosa.

1041. Alisma *JUSS.* Flores hermaphroditi. Perigonii exterioris foliola 3, calycina, persistentia; interiora 3, petaloidea, aestivatione involuta, decidua. Stamina 6—9—12, rarius plura, hypogyna; filamenta filiformia, antherae introrsae, dorso affixae. Ovaria plurima, disco depressiusculo imposita, verticillata v. subcapitata, distincta, unilocularia, uniovulata. Ovulum basilare, campylotropum. Stylus ventralis brevissimus; stigma terminale obtusum. Carpidia plurima, verticillata v. subcapitata, distincta, coriacea, evalvia, monosperma. Semen basilare uncinato-complicatum, testa membranacea, tenui. Embryo exalbuminosus, homotropus, radicula infera. — *Herbae aquaticae v. paludosae, scapigerae, in zona temperata hemisphaerii borealis vulgares, inter tropicos novi continentis (carpidiis subcapitato-congestis insignes) paullo frequentiores; radicibus fibrosis, foliis ovalibus subcordatisve, nunc lamina abortiva linearibus, nervosis; floribus albis v. rubescentibus, saepe verticillato-paniculatis.*

Alisma Linn. *gen. n. 460. excl. sp.* Juss. *gen. 46.* Gärtn. *II. 22. t. 84.* Fl. dan. *t. 122. 561. 1573.* Cav. *ic. t. 55.* Redout. *Liliac. t. 268. 285.* Hook. *Fl. Lond. t. 28.* Reichenb. *ic. t. 63.* Nees jun. *gen. pl. fasc. VI. t. 18.* — Echinodorus L. C. Richard *in Mem. du Mus. I. 365.* (sp. polyandrae.) — De germinatione cfr. Tittmann *in Regensb. Denkschrift. II. 111.* et Mirbel *in Annal. du Mus. XVI. t. 18.*

1042. Sagittaria *LINN.* Flores monoici. Masc. Perigonii exterioris foliola 3, calycina, persistentia; interiora 3, petaloidea, aestivatione imbricata, decidua. Stamina plurima; filamenta filiformia, antherae extrorsae, basi fixae. Fem. Perigonium maris. Ovaria plurima, supra receptaculum hemisphaericum capitato-congesta, distincta, unilocularia, uniovulata. Ovulum basilare, campylotropum. Stylus ventralis brevissimus; stigma terminale, obtusum. Carpidia plurima, capitato-congesta, distincta, membranacea, evalvia, monosperma. Semen basilare, uncinato-complicatum, testa membranacea, tenuissima. Embryo exalbuminosus, homotropus, radicula infera. — *Herbae aquaticae, saepius scapigerae, in temperatis hemisphaerae borealis, imprimis Americae obviae, inter tropicos rarae, trans cancrum nondum visae; foliis hastatis, cordatis, oblongis linearibusve, floribus albis v. rubentibus, superioribus masculis, inferioribus femineis. — Genus vix servandum, Alismati olim jungendum, characteribus, si corollae aestivationem imbricatam dempseris, nullius sane ponderis nixum, nam antherarum loculi sublaterales, connectivum antice marginantes, in floribus mere masculis haud magni faciendi sunt.*

Sagittaria Linn. *gen. pl. n. 1067.* Juss. *gen. p. 46.* Gärtn. *II. 21. t. 84.* Fl. dan. *t. 172.* Martius *amoen. monac. t. 3.* Bot. Reg. *t. 1141.* Nees jun. *gen. pl. fasc. VI. t. 19.* (Geminatio apud Mirbel *in Annal. Mus. XVI. t. 18.*, umbilico perperam locato).

1043. Damasonium *JUSS.* Flores hermaphroditi. Perigonii exterioris foliola 3, calycina, persistentia; interiora 3, petaloidea, aestivatione imbricata (?) decidua. Stamina 6, hypogyna; filamenta filiformia, antherae introrsae, dorso affixae. Ovaria 6—8, disco plano imposita, verticillata, ventre connata, apice distincta, patentia, unilocularia, biovulata. Ovula 2, campylotropa, alterum basilare, alterum e suturae ventralis apice horizontale. Stylus ventralis brevissimus; stigma simplex. Carpidia 6—8, ventre connata, acuminata, stellata, coriacea, evalvia, unilocularia, mono-disperma, tandem ab axi persistente soluta. Semina 2, v. abortu 1, uncinato-complicata, inferius erectum, superius horizontale, testa membranacea, rugosa. Embryo exalbuminosus, homotropus, radicula centripeta. — *Herbae aquaticae, scapigerae; foliis natantibus, cordato-oblongis, nervosis, floribus parvis, lilacinis, verticillatis. Species duae, quarum una ab Anglia ad Siciliam et Africam borealem diffusa, ex Europa media et orientali exul, altera in Nova Hollandia orientali reperta fuit.*

Damasonium Juss. *gen. 52.* Actinocarpus R. Brown *prodr. 343.* Alisma Damasonium Linn. *E. B. t. 1615.* Redouté *Liliac. t. 289.* (De germinatione cfr. L. C. Richard *in Annal. Mus. XVII. 232. t. 5. f. 31.*)

Ordo L. Butomaceae.

BUTOMEAE L. C. Richard *in Mem. Mus. I. 364.* Bartl. *ord. nat. 74.* BUTOMACEAE Lindl *introduct. edit. II. p. 355.*

Herbae perennes, paludosae, scapigerae, glabrae, nonnullae latescentes. Folia radicalia, conferta, petiolata, petiolis basi semivaginantibus, lamina ovata, lata, nervosa, integerrima, interdum abortiva. Scapi simplices, uni-multiflori.

FLORES hermaphroditi, regulares, in apice scapi solitarii, v. umbellati, pedicellis membranaceo-bracteatis, albi, flavi v. rosei.

PERIGONIUM hexaphyllum, foliola biseriata, exteriora 3 calycina, interdum subcolorata, in aestivatione tria interiora, petaloidea, decidua, v. rarissime persistentia, imbricata, includentia.

STAMINA plurima, subhypogyna, rarius subdefinita, perigonii foliolis exterioribus per paria, interioribus singillatim opposita, exteriora in polyandris saepius ananthera. Filamenta filiformia, libera. Antherae introrsae, biloculares, terminales, lineares; loculi sublaterales, paralleli, contigui v. connectivo interposito discreti, longitudinaliter dehiscentes.

OVARIA 6, v. plurima, verticillata, unilocularia, inter se distincta v. sutura ventrali aut basi leviter cohaerentia, multiovulata. Ovula plurima, placentae parietali reticulatim ramosae undique affixa, erecta, funiculis brevissimis sustenta, anatropa, v. rarissime sessilia, campylotropa. Styli brevissimi rostellares, ovariis continui, distincti, introrsum stigmatosi, interdum nulli; stigmatibus ovariis tunc extrorsum adnatis.

CARPIDIA ovariorum numero, distincta, coriacea, stylis saepissime rostrata, sutura ventrali dehiscentia, interdum, ut videtur, dorso aperta vel fortassis indehiscentia, semper unilocularia, polysperma.

SEMINA numerosa, reticulo placentari parietes intus vestienti affixa, erecta, nunc recta, testa membranacea, funiculo brevi et rhaphe umbilicum basilarem chalazae terminali jungente percursa; nunc uncinatim incurva, immediate placentae affixa, testa crustacea, transversim elevato-rugosa. Albumen nullum.

EMBRYO homotropus, rectus v. uncinatus, extremitate radiculari umbilico admota, basim carpicam spectante.

Butomaceae in temperatis tropicisque regionibus indigenae, nullibi copiosae, ab Alismaceis arcte affinibus placentis parietalibus reticulatim ramosis facillime distinguuntur. Hydrocleis succo lacteo inter Amphibryas anomala.

1044. Butomus *TOURNEF.* Perigonii exterioris foliola 3, subcolorata, persistentia; interiora 3, petaloidea, aestivatione imbricata, persistentia. Stamina 9; filamenta filiformia, antherae lineares, basifixae, loculis contiguis. Ovaria 6, verticillata, ventre cohaerentia, unilocularia. Ovula plurima, placentae parietali reticulatim ramosae affixa, erecta, anatropa. Styli rostellares, distincti; stigma sulciforme, ventrale. Carpidia 6, coriacea, rostrata, basi cohaerentia, sutura ventrali aperta, unilocularia, polysperma. Semina parietalia, erecta, testa membranacea, longitudinaliter sulcata. Embryo exalbuminosus, orthotropus, radicula infera. — *Herbae paludosae, scapigerae, in temperatis utriusque hemisphaerii obviae; foliis radicalibus linearibus elongatis, basi vaginantibus, floribus umbellatis, roseis, staminibus sex perigonii exterioris foliolis per paria oppositis, tribus interioribus ante foliola interiora sitis.*

Butomus Tournef. *inst. t. 143.* Linn. *gen. n. 507.* Juss. *gen. 47.* Gärtn. *I. 47. t. 19.* Schkuhr *t. 111.* E. B. *t. 651.* Fl. dan. *t. 604.* L. C. Richard *in Mem. Mus. I. 366.* Nees jun. *gen. pl. fasc. VI. t. 20.*

1045. Hydrocleis *RICH.* Perigonii exterioris foliola 3, calycina, persistentia; interiora 3, petaloidea, aestivatione imbricata, decidua. Stamina plurima, exteriora saepius castrata; filamenta filiformia, antherae lineares, basifixae, loculis lateralibus, connectivo sejunctis. Ovaria 6—9, verticillata, ventre cohaerentia, unilocularia. Ovula plurima, placentae parietali reticulatim ramosae affixa, erecta, anatropa. Styli rostellares distincti; stigmate linguaeformi ventrali. Carpidia. . . — *Herbae aquaticae americanae tropicae, stoloniferae, lactescentes; foliis radicalibus ovato-cordatis, nervosis, nervo medio cavo, aerifero, scapis unifloris, floribus flavis.* — *Genus imprimis perigonio interiore nobiliore deciduo, et stigmatibus magis elaboratis, vix aliis notis a praecedente diversum, semina, si ex ovulo judicamus, Butomi.*

Hydrocleis L. C. Richard *in Mem. Mus. I. 368. t. 18.* Limnocharis Humboldtii Richard *op. cit. p. 368. t. 19. f. 1.* Bot. Mag. *t. 3248.* Bot. Reg. *t. 1640.*

1046. Limnocharis *HUMB. et B.* Perigonii exterioris foliola 3, calycina, persistentia; interiora 3, petaloidea, aestivatione imbricata, decidua. Stamina plurima, exteriora castrata; filamenta filiformia, antherae lineares, basifixae, loculis lateralibus, contiguis. Ovaria 15—20, verticillata, distincta, unilocularia. Ovula plurima, placentae parietali reticulatim ramosae affixa, erecta, campylotropa. Stylus nullus; stigmata papillosa, vertici ovarii extrorsum adnata. Carpidia 15—20, coriacea, distincta, (indehiscentia? dorso aperta?) unilocularia, polysperma. Semina parietalia, erecta, uncinato complicata, testa crustacea, transversim rugosa. Embryo exalbuminosus, homotropus, radicula infera. — *Herba americana tropica, scapigera; foliis ovato-cordatis, nervosis, floribus umbellatis flavis.* — *Genus, quod ad unicam speciem restrinxi, altera ad Hydroclein relata, seminum fabrica inter Butomaceas anomalum, ad Alismaceas tendens.*

Limnocharis Humb. et Bonpl. *pl. aequinoct. I. 116. t. 34.* Richard *in Mem. Mus. I. 370. t. 19. f. 2.* (excl. fig. 1.) *t. 20.* Kunth *synops. I. 260. excl. sp.*

Classis XV. Coronariae.

HERBAE annuae v. perennes, interdum suffrutescentes. Caules simplices v. ramosi, basi ut plurimum bulbosi v. tuberosi. Folia alterna, integerrima, basi vaginantia, vel plus minus distincte petiolata. FLORES perigonio ut plurimum corollino, rarius glumaceo scarioso, regulari, biseriato, exteriore interiori conformi. OVARIA libera, vel vix ima basi adhaerentia, tria in unum coalita. OVULA plerumque indefinita, rarius definita v. solitaria. FRUCTUS capsularis dehiscens, v. baccatus indehiscens. Semina varia. EMBRYO ut plurimum parvus, cylindricus, ab albumine inclusus, directione varia.

Ordo LI. Juncaceae.

JUNCI Juss. *gen. p. 43. excl. pl.* JUNCEAE DC. *Fl. fr. III.* 155. R. Brown *prodr.* 257. *Gen. rem. II.* 577. Laharpe *in Mem. soc. h. n. de Paris. III.* 89. Lindl. *introduct. edit. II. p.* 356. JUNCACEAE Agardh *Aphorism.* 156. *excl. pl.* Bartling *ord. nat.* 37.

HERBAE perennes, v. rarius annuae, rhizomate saepius squamoso repentes. Caules nodosi, simplices v. interdum ramosi, foliati v. abbreviati, vaginati, scapos floriferos exserentes. Folia alterna, integra, nunc plana, aversa, nunc canaliculata v. cylindracea, nunc lateraliter compressa, verticalia, nervoso-striata, saepius integerrima, glabra, interdum pilosa v. serrata, basi vaginantia, lamina saepius abortiva.

FLORES hermaphroditi v. abortu diclines, regulares, cymosi, spicati v. capitato-congesti, rarissime solitarii, singuli bracteolati.

PERIGONIUM hexaphyllum, foliola biseriata, aequalia, scarioso-glumacea v. subpetaloidea, persistentia.

STAMINA 6, perigonii foliolis opposita, eorumque basibus inserta, rarius subhypogyna, interdum 3, ante foliola exteriora sita. Filamenta filiformia, libera, v. ima basi subcohaerentia. Antherae basifixae, introrsae, biloculares, loculi oppositi, paralleli, contigui, longitudinaliter dehiscentes.

OVARIUM sessile, liberum, e carpidiis tribus conflatum, nunc carpidiorum marginibus introflexis axim attingentibus, triloculare, nunc iisdem plus minus incompletis, nempe basi integris versus apicem deliquescentibus, uniloculare. Placentae nerviformes, carpidia marginantes, centrales v. parietales. Ovula tria basilaria, v. plurima placentis affixa, e funiculis erecta, anatropa. Stylus terminalis, simplex; stigmata tria, filiformia, distincta v. rarissime cohaerentia.

CAPSULA uni-trilocularis, trivalvis, valvis medio septiferis, interdum basi reunitis, rarius septifrage dehiscens, valvis nempe septorum altius tenaciusque unitorum portionem tantum auferentibus, parte superstite columnam trialatam mentiente.

SEMINA tria v. plurima, erecta. Testa membranacea, utrinque saepius relaxata, vel ad chalazam apicalem, ope rhapheos longitudinalis umbilico basilari junctam, in filum producta.

EMBRYO in basi albuminis dense carnosi inclusus, extremitate radiculari incrassata, umbilico proxima, basim carpicam spectante.

Juncaceae habitu et perigonio glumaceo Restiaceis affines, nec tamen a Coronariis segregandae, per totum orbem sparsae, maxima in regionibus temperatis copia vigent.

Genera ad ordinis calcem recensita, denuo quo ad affinitatem scrutanda.

1047. Luzula *DC.* Perigonium glumaceum, hexaphyllum, foliolis omnibus planis. Stamina 6, perigonii foliolis opposita, interiorum basi inserta. Ovarium liberum, uniloculare. Ovula 3, basilaria, e funiculis crassiusculis erecta, anatropa. Stylus brevissimus; stigmata 3, filiformia, undique villosa. Capsula unilocularis, trivalvis. Semina 3, erecta, testa utrinque incrassata, relaxata. Embryo in basi albuminis dense carnosi inclusus, extremitate radiculari umbilico proxima. — *Herbae perennes, in montosis sylvaticis hemisphaerae borealis, imprimis Europae obviae, in America boreali et australi extratropica rariores, in excelsis Americae tropicae jugis rarissimae, nonnullae late per regiones temperatas utriusque hemisphaerae vulgatae; foliis planis margine, pilosis, saepissime serratis, apice callosis, vaginis clausis, ore pilosis, paniculae ramis filiformibus saepius semiverticillatis, floribus bibracteatis.*

Luzula DC. *Fl. fr. III.* 158. Desvaux *Journ. Bot. I.* 136. *c. ic.* Meyer *Synopsis Luzularum. Gotting.* 1823. Laharpe *in Mem. soc. h. n. Paris. III.* 159. Nees jun. *gen. pl. fasc. II. t.* 6. Luciola Smith *Fl. Brit. II.* 177. Junci sp. Tournef. Linn. Host *gram. III. t.* 94. E. B. *t.* 1293. Wahlenb. *Lapp. t.* 4.

1048. Prionium *E. MEY.* Perigonium glumaceum, hexaphyllum, exterioris foliolis duobus oppositis carinatis, tertio incluso, plano. Stamina 6, hypogyna, perigonii foliolis opposita. Ovarium liberum, triloculare. Ovula in loculorum angulo centrali plurima, e funiculis brevibus adscendentia, anatropa. Stylus brevissimus; stigmata 3, plumosa. Capsula trilocularis, trivalvis, valvis medio septiferis, septa basi bilamellata, medio seminifera. Semina plurima, adscendentia, testa pubescente fragili, ambitu relaxata. Embryo albuminis farinacei basi relaxatae semiimmersus. — *Herba capensis, non satis nota; culmo folioso, foliis ensiformibus, planis, serratis, subtus canescentibus, caule paniculato, bracteis sub ramis ochreaeformibus, laxis.*

Prionium E. Meyer *in Linnaea VII.* 130. Juncus serratus Thunb. Acorus Palmita Lichtenst. *Reise.*

1049. Juncus *DC.* Perigonium glumaceum, hexaphyllum, foliolis 3 exterioribus carinatis. Stamina 6, perigonii foliolis basi inserta, interdum 3, foliolis exterioribus opposita. Ovarium liberum, triloculare. Ovula in angulo loculorum interiori plurima, e funiculis brevibus erecta, anatropa. Stylus brevissimus; stigmata 3, filiformia, villosa. Capsula trilocularis v. dissepimentis saepissime retractis, subunilocularis, trivalvis, valvis medio septiferis, septis basi reunitis. Semina plurima, testa nucleo conformi, utrinque laxata interdum elongata. Embryo minimus, in basi albuminis carnosi inclusus, extremitate radiculari umbilico proxima. — *Herbae annuae v. perennes, paludosae v. hygrophilae, in temperatis frigidisque totius orbis obviae, in regionibus subtropicis rarae,* *inter tropicos praeter species quasdam cosmopolitas rarissimae; foliis glabris, cylindraceis v. carinatis, nunc planis adversis, nunc plano-compressis verticalibus, paniculis lateralibus terminalibusve, saepissime contractis, floribus bibracteatis.*

Juncus DC. *Fl. fr. III. p. 162.* Meyer *Junci generis monographiae specimen. Gótting. 1819. Synopsis Juncorum. Götting. 1823.* Laharpe *in Mem. soc. h. n. Paris. III. 104.*

a) JUNCUS *Desv.* Capsulae trivalvis valvae medio septiferae. Seminum testa nucleo conformis.

Juncus Desv. *in Journ. Bot. I. 321.* Host *gram. t. 84. 86. 88. 89.* Fl. dan. *t. 817. 1094.* Swensk. *Bot. t. 470.* E. B. *t. 665. 836. 2143. 2144. 2174.* Desf. *Fl. atl. t. 91. 92.* Nees *gen. pl. fasc. II. t. 5.* — Rostkovia Desv. *op. cit. t. 12. f. 1.*

b) MARSIPPOSPERMUM *Desv.* Capsulae trivalvis valvae medio septiferae. Seminum testa utrinque in sacculum relaxata.

Marsippospermum Desv. *op. cit. t. 12. f. 1.* (Host *gram. t. 80. 93.* Fl. dan. *t. 107.* Jacq. *Fl. vind. t. 4. f. 1. 2.* Smith *ic. inedit. t. 55.* E. B. *t. 898—900. 1614.*)

c) CEPHALOXYS *Desv.* Capsula trilocularis septifraga, septis placentiferis paullo altius junctis, columellam trialatam mentientibus.

Cephaloxys Desv. *op. cit. t. 11.* Juncus repens Michx.

1050. Narthecium *MOEHR.* Perigonium subcoloratum, sexpartitum, laciniis subaequalibus, persistentibus. Stamina 6, tria hypogyna, perigonii laciniis exterioribus opposita, tria lacinarum internarum basi inserta; filamenta subulata, barbata; antherae oblongae, dorso supra basim affixae, biloculares. Ovarium liberum, triloculare. Ovula in loculis plurima, dissepimentorum basibus incrassatis affixa, e funiculis longis erecta, anatropa. Stylus terminalis, conicus; stigma obtusum. Capsula acuminata, trilocularis, apice loculicido-trivalvis. Semina plurima, longe filiformia, funiculo crassiusculo elongato, rhaphe lata in chalazam apicalem in acumen filiforme productam excurrente, nucleo minuto. Embryo minimus, intra albumen carnosum prope umbilicum inclusus, extremitate radiculari basim fructus spectante. — *Herbae perennes, in Europa et America borealiore indigenae; foliis gramineis, vaginantibus, florum racemo terminali.*

Narthecium Möhring *Ephemerid. N. C. 1742. p. 389. t. 5. f. 1.* E. B. *t. 535.* Hook. *Fl. Lond. t. 139.* Bot. Mag. *t. 1805.* Nees jun. *gen. pl. fasc. IV. t. 1.* Abama Adans. *fam. II. p. 47.* DC. *Fl. fr. III. 170.* Laharpe *in Mem. soc. h. n. Paris. III. 179.* Anthericum ossifragum Linn. Fl. dan. *t. 42.*

GENERA JUNCACEIS AFFINIA.

* ASTELIEAE.

1051. Astelia *BANKS et SOL.* Flores abortu polygamo-dioici. Perigonium sexpartitum, semiglumaceum, persistens. Stamina 6, imo perigonio inserta. Ovarium triloculare, v. dissepimentis incompletis uniloculare, placentis parietalibus tribus. Ovula plurima. Stylus nullus; stigmata 3, obtusa. Bacca uni-trilocularis, polysperma. — *Herbae in Insula Diemen, in Nova Zeelandia, in America antarctica et in insulis Sandwich observatae, habitu fere Tillandsiae, et saepius pariter in arborum truncis vivis vel emortuis parasiticae; radice fibrosa, foliis radicalibus imbricatis, lanceolato-linearibus v. ensiformibus, carinatis, utrinque v. subtus adpresse villosis, basi sericeo-lunatis, caule nullo v. brevi planifolio, floribus racemosis v. paniculatis, rariusve subsolitariis, pedicellis haud articulatis, unibracteatis, floribus extus sericeis.*

Astelia Banks et Sol. ex R. Brown *prodr. 291.* Hook. *Miscell. I. 5. t. 3.* Gaudich *ad Freyc. t. 31.* Hamelinia A. Richard *Flor. Nov. Zeel. p. 158. t. 24.* — Funkia Willd. *in Berl. Magaz. II. 19.* Melanthium pumilum Forst. *in Comment. Götting. IX. 30. t. 6.* (Fructu capsulari?)

1052. Hanguana *BLUM.* Flores dioici. Masc.... Fem. Perigonium sexpartitum, persistens. Ovarium triloculare, loculis uniovulatis. Stylus nullus; stigmata 3, plana. Bacca globosa, monosperma. — *Suffrutex in insula Java monticola, e generis statura Asteliae affinis; rudicibus fibrosis, caule simplici procumbente, foliis lanceolatis, trifariam approximatis, junioribus infra tomentosis, petiolis elongatis, carinatis, vaginantibus, spicis paniculatis terminalibus subtomentosis.*

Hanguana Blume *enum. plant. Jav. I. 15.*

** RAPATEAE.

1053. Rapatea *AUBL.* Perigonii exterioris multibracteati foliola 3, glumacea; interioris corollini limbus trifidus. Stamina 6, perigonii interioris tubo inserta, inclusa; filamenta brevia, dilatata, antherae basifixae, tetragonae, biloculares, loculi oppositi laterales, paralleli, bilocellati, locello postico apice productiore, longitudinaliter dehiscentes. Ovarium brevissime stipitatum, subglobosum, triloculare. Ovula in loculis solitaria, basilaria, anatropa. Stylus terminalis, trigonus; stigmata 3, in spiram convoluta. Capsula trilocularis, trivalvis, valvis medio septiferis. Semina.... — *Herbae americanae tropicae, paludosae; foliis radicalibus lato-linearibus, basi vaginantibus, scapo ancipiti, floribus capitato-congestis, involucro diphyllo, ovato longe-acuminato; v. fasciculatis unilateralibus, involucri foliacei spathacei nervo medio insertis, perigonio exteriore squamis glumaceis multifarium imbricatis bracteato.*

Rapatea Aubl. *guian. I. 305. t. 118.* Schult. *f. syst. VII. 1149.* Pöppig et Endl. *nov. gen. et sp. Vol. II. inedit.* Mnasium Schreb. *gen. 544.* — ? Rudge *Guian. t. 12.* Rapatea et Spathanthus Desvaux *in Annal. sc. nat. XIII. p. 45. t. 4.* (Mnasium unilaterale Rudge *Guian. t. 11.*)

OBSERVATIO. Genus seminum fabrica nondum cognita quo ad veram affinitatem dubium, a Commelynaceis ad quas nuper a cl. Lindley (*introduct. edit. II. p. 355.*) relatum fuit, ovulis anatropis basilaribus et habitu omnino alienum. Antherarum fabrica in speciebus duabus a me examinatis paullo diversa, nempe in Rapatea gracili *Pöpp. et Endl.* locelli postici, dorso inter se confluentes, supra locellos anticos producuntur in acumen aeque polliniferum, in Rapatea paludosa *Aubl.* locelli postice supra anticos producti, dorso facieque inter se confluunt in acumen obtusum, antice convexum, postice concavum, sterile, nigricans, antheram ovatam filamento tetragono impositam mentiens.

*** FLAGELLARIEAE.

1054. Flagellaria *LINN.* Perigonium coloratum, sexpartitum, persistens, laciniis interioribus majoribus. Stamina 6, hypogyna; filamenta filiformia, libera, antherae oblongae, medio dorso affixae, biloculares, longitudinaliter dehiscentes. Ovarium sessile, liberum, triloculare. Ovula in loculis solitaria, basilaria, sessilia, anatropa. Stigmata 3, sessilia, filiformia, patula. Drupa pisiformis, stigmatibus coronata, monosperma, epicarpio carnoso ab endocarpio osseo solubili. Semen subglobosum, testa membranacea tenui, umbilico basilari, chalaza terminali late orbiculari. Embryo lenticularis minimus, albuminis farinacei foveolae basilari semiimmersus, extremitate radiculari punctiformi umbilicum attingente, infera. — *Herbae perennes, in Asia et Nova Hollandia tropica indigenae; caule sarmentoso, foliis basi vaginantibus,* *vaginis connatis, caulem velantibus, lamina lanceolata nervosa, basi contracta, apice in cirrhum spiralem desinente, floribus paniculatis, bracteolatis, abortu saepe unisexualibus. — Genus embryone lenticulari nec penitus incluso in classe anomalum, Coronarias cum Enantioblastis jungens.*

Flagellaria Linn. *gen. n. 450.* Juss. *gen. p. 41.* Gärtn. *I. 61. t. 16. f. 9.* Redouté *Liliac. t. 257.* R. Brown *prodr. 264.* Schult. *fil. syst. VII. 1492.*

**** XEROTIDEAE.

1055. Susum *BLUM.* Perigonium coloratum, sexpartitum, persistens, laciniis interioribus majoribus, tenerioribus. Stamina 6, disco hypogyno trigono, perigonii laciniis interioribus adhaerenti extrorsum inserta; filamenta filiformia, antherae ovatae, medio dorso affixae, biloculares, longitudinaliter dehiscentes. Ovarium sessile, liberum, triloculare, ovula in loculorum angulo centrali solitaria, amphitropa (?). Stigmata 3, sessilia, obtusa, patentia. Bacca stigmatibus coronata, trilocularis, trisperma. Semina peltata (?). . . . — *Herba javanica, paludosa, anthelminthica; foliis radicalibus late lanceolatis, acuminatis, erecto-patentibus, scapo ramosissime paniculato, bracteis foliaceis ramos subtendentibus, floribus spicatis, minutis, bibracteolatis. — Genus non satis notum, Xeroti ut videtur proximum.*

Susum Blume ex Schult. *f. syst. VII. n. 1526. p. 1493.*

1056. Xerotes *R. BR.* Flores dioici. Masc. Perigonium sexpartitum, subcoloratum, foliolis omnibus, v. interioribus basi cohaerentibus. Stamina 6, perigonio inserta; antherae peltatae. Ovarii rudimentum. Fem. Perigonium sexpartitum, subcoloratum, foliolis distinctis, persistentibus. Stamina efoeta. Ovarium triloculare. Ovula in loculis solitaria, angulo centrali prope basim affixa, amphitropa. Styli 3, basi connati. . . . Capsula cartilaginea v. subbaccata, trilocularis, trivalvis, valvis medio septiferis. Semina peltata, testa laxiuscula, interdum arilliformi. Embryo longitudinalis, rectus, in basi albuminis cartilaginei. — *Herbae perennes, in omnibus Novae Hollandiae oris obviae, aridae, rigidae, habitu peculiari Juncum v. Cyperum aliquatenus simulantes; florum structura et albuminis consistentia Palmis nonnihil affines; radice fibrosa, caule nullo v. brevissimo, interdum ramoso, folioso; foliis gramineis linearibus, planis, canaliculatis v. interdum filiformibus, basi dilatata scariosa semivaginantibus, apice nonnunquam dentatis, floribus in apice scapi v. caulis paniculatis, racemosis, spicatis v. capitatis, sessilibus, bracteis scariosis imbricatis munitis, pedicellatis, ebracteatis, masculorum perigonio interiore magnitudine et consistentia saepe dissimili, capsulae cortice demum ab endocarpio solubili, interdum subbaccato.*

Xerotes R. Brown *prodr. 259.* Brongn. *ad Duperr. t. 35.* Lomandra Labill. *Nov. Holl. t. 119. 120.* Dracaenae sp. Thunb.

***** KINGIACEAE.

1057. Kingia *R. BR.* Perigonium sexpartitum, glumaceum, persistens. Stamina 6, imo perigonio inserta; filamenta filiformia, antherae biloculares, basifixae, longitudinaliter dehiscentes. Ovarium triloculare. Ovula in loculis solitaria, angulo interiori prope basim affixa, erecta, anatropa. Stylus trigonus; stigmata 3, denticuliformia. Pericarpium monospermum, exsuccum, indehiscens, perigonio cinctum. Semen obovatum, testa membranacea. Albumen dense carnosum. Embryo subglobosus, rostello acutiusculo, in basi albuminis semiimmersus. — *Planta in Novae Hollandiae ora meridionali reperta, habitu Xanthorrhoeae, cui pluribus etiam notis affinis, caudice arborescente, erecto, simplicissimo, cicatricibus basibusque foliorum exasperato, foliis caudicem terminantibus confertissimis, elongatis, linearibus, subtriquetris, undique patulis, pedunculis plurimis foliis brevioribus, bracteis vaginantibus tectis, primum terminalibus erectis, mox caudicis elongatione et foliis novellis productis lateralibus et divaricatis v. deflexis, capitulo dense globoso terminatis, floribus tribracteatis.*

Kingia R. Brown *in King's Voyages of Discovery. II. p. 530. t. c.*

1058. Dasypogon *R. BR.* Perigonium duplex, exterius tubulosum, trifidum, interius triphyllum, foliolis semipetaloideis, oblongo-spathulatis. Stamina 6, imo perigonio inserta; filamenta apice incrassata, antherae biloculares, incumbentes, longitudinaliter dehiscentes. Ovarium uniloculare. Ovula 3, basilaria, anatropa. Stylus subulatus; stigma simplex. Utriculus monospermus, perigonii exterioris tubo indurato inclusus. Semen subglobosum, testa simplicissima, connata, chalaza apicali vix manifesta. Albumen carnosum. Embryo. . . . — *Planta suffruticosa, in Novae Hollandiae ora meridionali indigena; caule simplicissimo, tereti, foliato, setis denticulatis reversis tecto, foliis gramineis, radicalibus confertis, caulinis sparsis, brevioribus, sessilibus, omnibus mucronatis, glabris, marginibus denticulato-asperis, capitulo terminali solitario, globoso, bracteis subulatis patulis involucrato, floribus sessilibus, bracteolis paleaceis lanceolatis immixtis.*

Dasypogon R. Brown *prodr. 263. Gen. Rem. 608. t. 8.* Labarpe *in Mem. soc. h. n. de Paris. III. p. 93.*

OBSERVATIO. Genus pluribus notis ad Bromeliaceas accedens, nullo tamen pacto ab affini Kingia separandum.

****** CALECTASIEAE.

1059. Calectasia *R. BR.* Perigonium tubulosum, hypocrateriforme, limbo petaloideo, sexpartito. Stamina 6, fauci perigonii inserta; filamenta filiformia, antherae biloculares, basifixae, conniventes, apice poro gemino dehiscentes. Ovarium uniloculare. Ovula 3, basilaria, anatropa. Stylus filiformis; stigma simplex. Utriculus monospermus, perigonii tubo indurato inclusus. Semen pyriforme, testa simplicissima, connata, chalaza apicali incrassata. Albumen carnosum. Embryo. . . . — *Fruticulus Novae Hollandiae oram meridionalem cum praecedentibus generibus incolens, ramosissimus; foliis acerosis, basi vaginantibus, dense confertis vestitus, floribus in ramulis brevibus terminalibus, solitariis, perigonii tubo foliorum vaginis incluso, limbi stellati azurei laciniis tribus exterioribus disco pubescentibus.*

Calectasia R. Brown *prodr. 263. Gen. Rem. 609. t. 9.* Poiret *illustr. t. 939.*

Ordo LII. Philydreae.

PHILYDREAE R. Brown *Not. 1835.* Mart. *consp. p. 8.* Lindl. *introduct. edit. II. p. 357.*

HERBAE perennes, in paludosis humidisque Novae Hollandiae et Chinae australis vegetantes, glabrae v. lanuginosae, radicibus fasciculato-fibrosis. Caules erecti, simplicissimi, foliati. Folia subcellulosa, basibus semivaginantibus, radicalia ensiformia, equitantia, caulina alterna, minora.

Flores in spica terminali simplici v. parum divisa, solitarii in axilla bracteae spathaceae sessiles, hermaphroditi, flavi, inodori.

Perigonium corollinum, diphyllum, marcescens, foliola bracteae parallela, aequalia, anticum in aestivatione a postico marginibus amplexum.

Staminum filamenta 3, basi inter se connata, perigonii foliolo antico inserta, lateralia plana, petaloidea, integra v. inciso-dentata, intermedium e basi plana sensim teres, monantherum. Anthera introrsa, bilocularis, loculi oppositi, discreti, reniformes v. lineares, basi divaricati, apice contiguo extrorsum spiraliter involuti, longitrorsum dehiscentes.

Ovarium sessile, liberum, e carpidiis tribus compositum, carpidiorum marginibus introflexis dissepimenta constituentibus, triloculare. Ovula plurima, placentis filiformibus loculorum angulo interiori adnatis, vel margini dissepimentorum in cavitatem porrecto placentifero, hinc in quovis loculo duplici, affixa, horizontalia, anatropa (?) Stylus terminalis, simplex, marcescens; stigma capitatum.

Capsula trilocularis, loculicido-trivalvis, valvis medio septiferis et placentiferis, nunc valvis septa auferentibus, columellam placentiferam centralem nudantibus.

Semina plurima, horizontalia, minima, subcylindrica, utrinque obtusa; testa coriacea crassiuscula, nunc laevis haud effigurata, nunc spiraliter striata, ad umbilicum excavata, et in altera extremitate umbilico opposita, (chalaza ?) incrassata, pileoliformis.

Embryo cylindricus, rectus, in axi albuminis carnosi, extremitate radiculari umbilico proxima ?

Philydreae monente illustr. R. Brown floris structura ab omnibus distinctissimae, aliquam cum Xyride et Burmannia analogiam ostendunt, in quibusdam, quae ad structuram seminis et staminis spectant, cum Orchideis, alioquin diversissimis, convenientes. Nobis ob embryonem inclusum pone Juncaceas collocandae videntur.

1060. Hetaeria. Perigonium diphyllum. Staminum filamenta 3, basi connata, perigonii foliolo exteriori inserta, lateralia sterilia, petaloidea, intermedium monantherum, antherae loculis reniformibus. Ovarium liberum, triloculare. Stylus simplex; stigma capitatum. Capsula trilocularis, placenta centrali filiformi, demum libera. Semina laevia, apice simplici. — *Herba pusilla, glabra, in humidis orae meridionalis Novae Hollandiae reperta.*

Philydrum pygmaeum R. Brown *prodr. 264.*

1061. Philydrum *BANKS.* Perigonium diphyllum Staminum filamenta 3, basi connata, perigonii foliolo exteriori inserta, lateralia sterilia, petaloidea, intermedium monantherum, antherae loculis spiralibus. Ovarium liberum, triloculare. Stylus simplex; stigma capitatum. Capsula trilocularis, placentis dissepimentorum angulo interiori adnatis, bilobis, recurvis, facie exteriore seminiferis. Semina spiraliter striata, apice pileolata. — *Herba bi-tripedalis, in Chinae australis et Novae Hollandiae tropicae et orientalis paludibus vegetans, spicis cum perigoniis capsulisque lanatis.*

Philydrum Banks *apud Gärtn. I. 62. t. 16.* R. Brown *prodr. 263. excl. sp.* Guillem. *ic. lithogr. t. 5.* Garciana Loureiro *Fl. cochinch. edit. Willd. I. 19.*

Ordo LIII. Melanthaceae.

MELANTHEAE Batsch *tab. affinit. 1802.* COLCHICACEAE DC. *Fl. fr. III. 192.* Bartling *ord. nat. 51.* MELANTHACEAE R. Brown *prodr. 272.* Lindley *introduct. edit. II. p. 347. excl. gen.* VERATREAE Salisbury *in Transact. Hortic. Soc. I. 328.* Agardh *Aphorism. 166.*

Herbae perennes, radicibus bulbosis, tuberoso-carnosis v. fasciculato-fibrosis. Caulis nunc abbreviatus, subnullus, nunc simplex, vel rarius ramosus. Folia omnia radicalia, congesta, v. caulina alterna, simplicia, integerrima, saepius nervosa, basi amplexicauli vaginantia.

Flores hermaphroditi v. abortu polygami, regulares, radicales vel in scapo aut caule nunc axillares, nunc saepius terminales, paniculati v. racemoso-spicati, nudi v. bracteati, bracteolis interdum calyciformibus stipati.

Perigonium liberum v. rarissime ovarii basi subadhaerens, corollinum, hexaphyllum; foliola nunc omnino distincta, sessilia v. saepissime unguiculata, decidua, nunc basi cohaerentia, vel in tubum interdum praelongum coalita, saepissime persistentia, tria interiora exterioribus conformia, raro minora v. submajora, aestivatione plerumque induplicata, exteriora saepius valvata, nunc omnia induplicata, stamina ante anthesim segregantia, plerumque basi aequalia, rarius saccato-excavata, mellifera, saepissime ad ungues poris v. foveolis nectariferis instructa.

Stamina numero foliolorum perigonii, sex, rarissime novem, nempe ante foliola exteriora gemina, v. staminodiis singulis staminibus interjectis; nunc imis foliolis inserta, nunc iisdem supra unguem imposita, rarissime obscure hypogyna. Filamenta filiformia, libera. Antherae biloculares, loculis linearibus ovatis, parallelis, contiguis, longitudinaliter dehiscentibus, nunc dorso adnatae et extrorsae, nunc dorso peltatim affixae, versatiles, in alabastro plerumque extrorsae, sub anthesi ut plurimum introrsum directae.

Ovarium liberum, vel ima basi cum perigonio cohaerens, sessile v. interdum fortassis brevissime stipitatum, e carpidiis tribus follicularibus, perigonii foliolis exterioribus oppositis, rarissime abortu paucioribus, ad axim nunc immediate, nunc ope columellae centralis, demum obsolete cohaerentibus conflatum, triloculare. Ovula placentis folliculos marginantibus, simplici v. multiplici serie affixa, hinc in loculis plurima, rarissime definita, ut plurimum placentatione immediata orthotropa, v. semicampylotropa, interdum anatropa. Styli tres, nunc carpidiis continui persistentes, saepissime patuli; nunc centrales, e columellae productione, plerumque basi in unum coaliti, apice in stigmatis ramos tres, intus papillosos soluti.

Fructus ut plurimum capsularis, trilocularis, in clementa carpica solutus, hinc tripartibilis, carpidiis demum sutura ventrali plus minus profunde apertis, rarissime loculicido-trivalvis, valvis medio septiferis, interdum baccatus, trilocularis, indehiscens, v. abortu nonnunquam unilocularis.

Semina plurima, v. rarissime definita aut abortu solitaria, globosa, angulata v. compressa. Testa membranacea, tenuis; umbilicus basilaris interdum carnosus. Albumen carnosum v. cartilagineum, copiosum.

Embryonis intra albumen inclusi subcylindrici directio varia, extremitate radiculari umbilico proxima v. ab eodem plus minus remota, interdum e diametro opposita.

Melanthaceae e perigonii conformatione satis commode in tribus duas dividuntur. Colchicaceae perigonii tubo elongato donatae, maxima copia in Europa mediterranea gignuntur, parcius in Europa media, in Caucaso, in Oriente et Africa septemtrionali proveniunt. Veratrearum, quae foliolis perigonii omnino liberis, saepissime unguiculatis et nectariferis v. in tubum brevissimum cohaerentibus facile dignoscuntur, una tertia pars Americam borealem, altera Africam australem extratropicam incolit, reliquae per Indiam orientalem, Africae borealis littus atlanticum, Novam Hollandiam, Europam subalpinam et alpinam, Asiam mediam et per extremum septemtrionem sunt dispersae. Paucissimae in excelsis Americae tropicae montibus repertae fuerunt.

Radices plurimarum specierum qualitate pollent vehemente narcotica et emetica. In nonnullis principium peculiare alkalicum (Veratrin) chemia recentior detexit.

Ordo perigonii aestivatione, antherarum directione et seminum testa ab Asphodeleis satis distinctus, prioribus notis et ovarii simul structura a Smilaceis, quibus alias affinis, diversus; genera tamen fortassis adhuc nimis heterogenea colligens, et repurgandus. Stirpes plurimae quoad principales characteres, perigonii videlicet aestivationem, antherarum directionem, ovarii internam fabricam, fructus dehiscentiam et embryonis directionem prorsus incognita, autoptis monographis, imprimis botanicis boreali-americanis summopere commendendae. Anne genera baccifera, non obstante antherarum directione in quibusdam certe extrorsa ad Smilaceas repellenda, anne australasica loculicide-trivalvia in propriam tribum Tulipaceis propinguam colligenda? An fortassis genera stylis columnaribus donata, a reliquis stylis carpellaribus insignitis seggreganda?

TRIBUS I. VERATREAE Nees et Ebermayer *Handb. I. 150.* Perigonii foliola libera, sessilia v. breviter unguiculata, v. in tubum brevissimum cohaerentia.

1062. Tofieldia *HUDS.* Involucrum caliciforme remotiusculum, trifidum persistens. Perigonium coloratum, hexaphyllum, foliolis sessilibus, subaequalibus, persistentibus. Stamina 6, perigonii foliolis basi inserta; antherae versatiles. Ovarium triloculare. Ovula in loculorum angulo centrali plurima, anatropa. Styli 3, brevissimi, loculos terminantes; stigmata capitata. Capsula trilocularis, tripartibilis, introrsum dehiscens. Semina in placentis septa marginantibus plurima, cymbiformia. Embryo orthotropus, in basi albuminis carnosi inclusus, extremitate radiculari umbilico proxima. — *Herbae perennes, in Europa imprimis frigidiore obviae, sed in America boreali copiosiores, etiam in summis Andium Peruviae jugis observatae; radice tuberoso-fibrosa, foliis gramineis, plerisque radicalibus, floribus inconspicuis racemoso-spicatis, alternis v. oppositis, terminatisve subverticillatis.*

Tofieldia Hudson *Fl. angl. 157.* Smith *in Transact. Linn. soc. XII. 205. t. 8.* Redouté *Liliac. t. 256. 324.* Hook. *Fl. Lond. l. 100.* Sternb. *in Regensb. Denkschrift. I. 153. c. icc.* Nees jun. *gen. pl. fasc. II. t. 11.* Hook. *ad Beechey t. 29.* Narthecium Gerard *Galloprov. 142.* Juss. *gen. 47.* Lam. *illustr. t. 268.* Wahlenb. *Act. Holm. XXVI. 24.* non Möhring. Helonias Willd. *sp. II. 274.* Heritiera Schrank *Flor. bavar. 580.* Hebelia Gmel. *Fl. Bad. II. 117. c. icc.* Isidrogalvia Ruiz et Pav. *Fl. peruv. III. 69. t. 302. f. 6.* Triantha Nuttall *gen. americ. 1. 236.*

1063. Pleea *RICH.* Perigonium corollinum, hexaphyllum, foliola sessilia, subaequalia. . . . Stamina 9, hypogyna (?), antherae versatiles. Ovarium triloculare. Ovula. . . . Styli 3, brevissimi, loculos terminantes; stigmata. . . . Capsula trilocularis, tripartibilis, introrsum dehiscens. Semina in placentis septa marginantibus plurima, teretiuscula, funiculo crassiusculo, elongato, rhaphe lata, in chalazam apicalem in acumen filiforme productam excurrente. — *Herba in America boreali calidiore indigena; foliis linearibus gramineis, basi vaginantibus, caule simplici, floribus spicatis, spathaceo-bracteatis.* — *Genus Narthecio affine.*

Pleea L. C. Richard *in Michaux Flor. Bor. Amer. I. 246. t. 25.* Bot. Mag. *t. 1950.*

1064. Nolina *RICH.* Perigonium coloratum, hexaphyllum, foliola sessilia, subaequalia, persistentia (?). Stamina 6, perigonii foliolis basi inserta, antherae versatiles. Ovarium triloculare. Ovula. . . . Stylus terminalis, brevissimus; stigmata 3, brevia, recurva. Capsula trilocularis, tripartibilis, loculis monospermis, duobus saepe sterilibus. Semen prope loculi basim peltatim affixum, angulatum (?) — *Herba in Americae borealis siccis sylvaticis ad flumen Savannah observata, vix nota; bulbo tunicato; foliis linearibus gramineis, margine scabris, caule ramoso, floribus parvis racemoso-aggregatis.*

Nolina L. C. Richard *in Michaux Fl. Bor. Amer. I. 207.* Nuttall *gen. I. 231.* Nolinea Pers. *ench. I. 399.*

1065. Xerophyllum *RICH.* Perigonium corollinum, hexaphyllum, foliola sessilia, interiora minora, persistentia. Stamina 6, perigonii foliolis basi inserta, filamentis inferne dilatatis contigua; antherae versatiles(?). Ovarium triloculare. Ovula. . . . Stigmata 3, centralia, filiformia, recurva. Capsula trilocularis, apice loculicido-trivalvis. Semina in loculis 2, basilaria, collateralia erecta. — *Herbae boreali-americanae; foliis lineari-subulatis, canaliculatis, radicalibus congestis, racemo florum terminali.*

Xerophyllum L. C. Richard *in Michaux Fl. Bor. Amer. I. 210.* Nuttall *gen. I. 234.* Bot. Reg. *t. 1513.* Heloniae sp. Linn. Pursh *Fl. Bor. Amer. t. 9.* Bot. Mag. *t. 748. 1850.*

1066. Helonias *LINN.* Perigonium corollinum, hexaphyllum, foliola sessilia, subaequalia, persistentia. Stamina 6, perigonii foliolis basi inserta; filamenta inferne haud dilatata, antherae posticae. Ovarium trigonum, triloculare. Ovula. . . . Styli tres corniformes, loculis continui, patentes. Capsula trilocularis, tripartibilis, apice tricornis, introrsum dehiscens. Semina in loculis solitaria, pauca v. plurima, globosa v. compressa. — *Herbae boreali-americanae; foliis radicalibus lato lanceolatis, caulinis linearibus, floribus spicato-racemosis, abortu saepius polygamo-dioicis. — Genus ex elementis ut videtur heterogeneis compositum, omnino revidendum.*

Helonias Linn. *gen. n. 458. excl. sp.* Redouté *Liliac. t. 13.* Bot. Mag. *t. 747. 803. 1540.* Anthericі sp. Jacq. *ic. rar. t. 419.* Cyanotris Raf. *in Americ. Monthl. Magaz. 1819.* Abalon Adans. *fam II. p. 47.* — Chamaelirium Willd. *in Berl. Magaz. II. 19.* Ophiostachys Delile *in Redouté Liliac. t. 464.* (Jacq. *ic. rar. t. 453.* Bot. Mag. *t. 1062.*)

1067. Veratrum *TOURNEF.* Perigonium corollinum, hexaphyllum, foliola sessilia, persistentia. Stamina 6, perigonii foliolis basi inserta; antherae reniformes, posticae. Ovarium triloculare. Ovula in loculorum angulo centrali plurima, adscendentia, anatropa. Styli tres, loculis continui, divergentes, corniformes; stigmata obsoleta. Capsula trilocularis, tripartibilis, apice tricornis, introrsum dehiscens. Semina plurima, compressa, testa laxa, supra rhaphen umbilicum basilarem chalazae apicali jungentem in alam producta. Embryo linearis, basi albuminis carnosi inclusus, extremitate radiculari incrassata, umbilico proxima. — *Herbae perennes, in montibus editis Europae, Americae borealis et tropicae cis aequatorem indigenae; radicibus repentibus, foliis ovatis v. ovato-lanceolatis, acuminatis, floribus paniculatis, abortu saepe polygamis.*

Veratrum Tournef. *inst. t. 145.* Linn. *gen. n. 1146.* Gärtn. *I. 71. t. 18.* Jacq. *Fl. austr. t. 335. 336.* Fl. dan. *t. 420.* Bot. Mag. *t. 963. 1096.* Nees jun. *Gen. pl. fasc. II. t. 10. Plant. offic. suppl. t. 2.* Heloniae sp. Don *in Edinb. new philosoph. Journ. 1832. Octob. p. 234.*

1068. Zygadenus *RICH.* Perigonium corollinum, hexaphyllum, foliola unguiculata, supra unguem biglandulosa, persistentia. Stamina 6, unguibus foliolorum perigonii inserta; antherae reniformes, extrorsae. Ovarium triloculare. Ovula. . . . Styli 6, loculis continui, divergentes, corniformes; stigmata obsoleta. Capsula trilocularis, tripartibilis, apice tricornis, introrsum dehiscens. Semina in loculis 3—6, placentis dissepimenta marginantibus affixa, compressa, membranaceo-alata. — *Herbae boreali americanae; foliis oblongo-lanceolatis, acutis, floribus paniculatis, abortu saepius polygamis.*

Zygadenus L. C. Richard *in Michaux Flor. Bor. Amer. I. 214. t. 22.* Redouté *Liliac. t. 416.* Don *in Edinb. new philosoph. Journ. Octob. 1832. p. 233.* — Leimanthium Willd. *in Berl. Mag. II. 24.* Melanthii sp. Linn. Heloniae sp. Bot. Mag. *t. 985. 1680. 1703.*

1069. Burchardia *R. BR.* Perigonium corollinum, hexaphyllum, foliola subunguiculata, supra unguem foveola nectarifera decidua. Stamina 6, imis foliolis perigonii inserta; antherae peltatae, extrorsae. Ovarium trigonum, triloculare, ovula in loculis plurima, biseriata. Styli tres, loculis continui; stigmata acuta. Capsula trilocularis, tripartibilis, introrsum dehiscens. Semina plurima. . . . — *Herba in Novae Hollandiae ora orientali extratropica indigena; radice e fibris crassis fasciculata, caule simplici, foliis linearibus, vagina integra, supremis semivaginantibus, floribus umbellatis albis, pedicellis basi unibracteatis.*

Burchardia R. Brown *prodr. 272.*

1070. Erythrostictus *SCHLECHT.* Perigonium corollinum, hexaphyllum, foliola subunguiculata, erecto-patentia, supra unguem punctis duobus nectariferis, decidua. Stamina 6, perigonii foliolis infra puncta nectarifera inserta; antherae extrorsae. Ovarium triloculare. . . Styli 3, subulati. . . . Capsula trilocularis, tripartibilis. . . . — *Herbae boreali-africanae; radice bulbosa, foliis radicalibus lanceolatis v. lineari-subulatis, congestis, scapis subterraneis, floribus inter folia latentibus.*

Erythrostictus Schlechtend. *in Linnaea I. 90.* Melanthium gramineum et punctatum Cav. *in Annal. scienc. nat. III. 49. 50. t. 26. f. 1. t. 27. f. 1. Ic. rar. t. 587. 588.*

1071. Ornithoglossum *SALISB.* Perigonium corollinum, hexaphyllum, foliola subunguiculata, patentia v. reflexa, supra unguem foveola nectarifera instructa, decidua. Stamina 6, perigonii foliolis infra foveolam nectariferam inserta; antherae extrorsae. Ovarium triloculare, loculis multiovulatis. Styli tres subulati, centrales; stigmata obtusa. Capsula trilocularis, trivalvis, valvis medio septiferis. Semina plurima, in placentis dissepimenta marginantibus, angulato-subglobosa. Embryo antitropus, respectu umbilici transversus, ab albumine inclusus, extremitate radiculari seminis angulo umbilico opposito proxima. — *Herbae capenses; radice bulbosa, caule flexuoso, foliis ovato-lanceolatis, acuminatis, undulatis, floribus racemoso-corymbosis, bracteatis.*

Ornithoglossum Salisb. *parad. t. 54.* Schlechtend. *in Linnaea I. 81.* Lichtensteinia Willd. *in Berl. Magaz. II. 20.* Cymation Spreng. *syst. II. 142.* Melanthium viride Linn. Bot. Mag. *t. 994.* Andr. *Reposit. t. 233.*

1072. Anguillaria *R. BR.* Perigonium corollinum, hexaphyllum, foliola unguiculata, stellato-patentia, ungue vittato v. biglanduloso, decidua. Stamina 6, basi foliolorum perigonii inserta; antherae extrorsae. Ovarium triloculare, multiovulatum. Styli 3, centrales. Capsula trilocularis, trivalvis, valvis medio septiferis. Semina in placentis dissepimenta marginantibus plurima, subglobosa. . . . — *Herbae habitu Melanthiorum capensium, in India tropica et Nova Hollandia indigenae, charactere vix ab Ornithoglosso diversae.*

Anguillaria R. Brown *prodr. 273.* Wallich *pl. as. t. 239.* Melanthium indicum Linn.

1073. Melanthium *LINN.* Perigonium corollinum, hexaphyllum, foliola unguiculata, basi subcucullata v. supra unguem bisaccata, nectarifera, decidua. Stamina 6, foliolorum perigonii basi inserta; antherae extrorsae. Ovarium triloculare, multiovulatum. Styli 3, filiformes, centrales. Capsula trilocularis, tripartibilis, loculis apice distinctis, tricornis, introrsum dehiscens. Semina in loculorum angulo centrali biseriata, plurima, triangularia. . . . *Herbae capenses; radice bulbosa, foliis linearibus v. lanceolatis, vaginantibus, saepe ciliatis, planis v. rarissime canaliculato-triquetris, floribus spicatis.*

Melanthium Linn. *gen. n. 454. excl. sp.* Schlechtend. *in Linnaea I. 80.*

a) CRIOCEPHALUS *Schlecht.* Perigonii foliola basi subcucullata, sicca.

Criocephalus Schlechtend. *in Linnaea I. 80.* (Lam. *illustr. t. 269. f. 2.* Thunb. *in Act. soc. Hafn. II. t. 8.*)

b) MELIGLOSSUS *Schlecht.* Perigonii foliola basi bisaccata, foveolis nectariferis.

Meliglossus Schlechtend. *l. c.* Dipidax Laws. *catalog. 8.* (Jacq. *ic. rar. t. 451.* Bot. Mag. *t. 558.*)

1074. Androcymbium *WILLD.* Perigonium corollinum, hexaphyllum, foliola unguiculata, supra unguem convoluto-cucullata, cucullo nectarifero, decidua. Stamina 6, cucullo nectarifero foliolorum perigonii inserta; antherae extrorsae. Ovarium triloculare, multiovulatum. Styli tres, conici, loculis continui. Capsula trilocularis, tripartibilis, apice introrsum dehiscens. Semina in loculorum angulo centrali plurima, biseriata. . . . — *Herbae capenses; radice bulbosa, foliis ovato-lanceolatis v. linearibus, basi cucullatis, florum spica abbreviata, intra bracteas foliaceas recondita.*

Androcymbium Willd. *in Berl. Magaz. II. 21.* Schlechtend. *in Linnaea I. 81.* Sweet *Fl. gard. t. 131.* Cymbanthes Salisb. *in Horticult. Transact. I. 329.* Melanthii sp. Linn. Thunb. Jacq. *ic. rar. t. 452.* Bot. Mag. *t. 641.*

1075. Wurmbea *THUNB.* Perigonium corollinum, campanulatum, limbo sexfido, persistens. Stamina 6, basi laciniarum perigonii inserta; antherae extrorsae. Ovarium triloculare, multiovulatum. Styli tres conici, loculis continui. Capsula trilocularis, tripartibilis, perigonio persistente tunicata. Semina. . . . *Herbae capenses; radice bulbosa, foliis lineari-lanceolatis, basi vaginantibus, floribus spicatis.*

Wurmbea Thunb. *nov. gen. 18.* Lam. *illustr. t. 270.* Schlechtend. *in Linnaea I. 82.* Melanthii sp. Bot. Mag. *t. 694. 1291.*

OBSERVATIO. In Wurmbea campanulata *Willd.* ovula ovato-cylindrica, e funiculis recte protensa, micropyle umbilico e diametro opposita, unde embryonem antitropum divinare licet.

1076. Ledebouria *ROTH.* Perigonium corollinum, hexaphyllum, foliola sessilia, basi sicca, campanulato-conniventia, apice patentia, decidua. Stamina 6, basi laciniarum inserta; antherae extrorsae. Ovarium substipitatum, triloculare. Ovula. . . Stylus centralis, simplex; stigma obsolete trilobum. Capsula trilocularis, tripartibilis, loculis duobus saepius abortientibus. Semina in loculis solitaria, subglobosa. — *Herba in India orientali indigena, imperfecte cognita, sed a cl. Royle propediem illustranda; radice bulbosa, foliis radicalibus lato-lanceolatis, basi vaginantibus, scapis simplicissimis, florum racemo terminali.*

Ledebouria Roth *nov. sp. 195.* Bot. Mag. *t. 3226.* Melanthium hyacinthinum Heyne *msc.*

1077. Baeometra *SALISB.* Perigonium corollinum, hexaphyllum, foliola subsessilia, patentia, basi sicca, decidua. Stamina 6, perigonii foliolis basi inserta; antherae extrorsae. Ovarium cylindricum, triloculare, multiovulatum. Stigmata 3, patenti-recurva, ovarii angulos terminantia. Capsula elongata, cylindrica, trilocularis, tripartibilis, apice introrsum dehiscens. Semina in loculorum angulo centrali biseriata, plurima, compressiuscula, tetragona, angulo inferiore affixa. Embryo minimus, intra albumen carnosum seminis angulo interiori supero admotus. — *Herba capensis, spithamea v. pedalis; radice bulbosa, foliis lanceolato-linearibus, basi vaginantibus, floribus spicatis.*

Baeometra Salisbury *in Transact. Horticult. Soc. I. 330.* Kolbea Schlechtend. *in Linnaea I. 80.* Jania Schult. f. *syst. VII. XCVIII.* Melanthii sp. Jacq. *ic. rar. t. 450.* Bot. Mag. *t. 767.* Tulipa Breyniana Linn.

1078. Schelhammera *R. BR.* Perigonium corollinum, hexaphyllum, foliola unguiculata, basi foveolata, campanulato-conniventia, decidua. Stamina 6, perigonii foliolis basi inserta; antherae extrorsae. Ovarium clavatum, triloculare. Ovula plurima, biseriata, anatropa. Stylus centralis, simplex; stigmata 3, recurvo-patentia. Capsula trilocularis, trivalvis, valvis medio septiferis. Semina pauca, subglobosa, ad umbilicum carnosa. Embryo minimus, intra albumen carnosum umbilico proximus. — *Herba perennis, in Nova Hollandia orientali extra tropicos indigena; radice fibrosa, caule basi subfrutescente, foliis latiusculis, nervosis amplexicaulibus, floribus terminalibus solitariis, longe pedunculatis, ebracteatis.*

Schelhammera R. Brown *prodr. 273.* Bot. Mag. *t. 2712.*

1079. Kreysigia *REICHENB.* Perigonium corollinum, hexaphyllum, foliola unguiculata, basi campanulato-conniventia, decidua. Stamina 6, perigonii foliolis basi inserta, staminodiis brevissimis apice trifidis stipata; antherae extrorsae. Ovarium subglobosum, triloculare. Ovula. . . . Stylus trifidus. . . . Fructus. . . . — *Herba Novae Hollandiae, habitu Schelhammerae; pedunculis axillaribus solitariis.*

Kreysigia Reichenbach *Ic. exot. t. 229. excl. syn.* — Genus ut videtur distinctissimum, et accessoria staminodiorum grege in ordine toto anomalum; sed mihi magnopere dubium; planta a cl. Reichenbachio depicta et obiter descripta certe a Schelhammera multiflora R. Brown e Nova Hollandia tropica, quae monente illustri auctore a Schelhammera undulata fortassis separanda, toto coelo differt.

1080. Uvularia *LINN.* Perigonium corollinum, hexaphyllum, foliola subunguiculata, basi rima nectarifera, campanulato-conniventia, decidua. Stamina 6, hypogyna; antherae extrorsae. Ovarium subglobosum, triloculare. Ovula in loculis plurima, biseriata, anatropa. Stylus centralis, simplex; stigmata 3, revoluta. Capsula trilocularis, trivalvis, valvis medio septiferis. Semina pauca, subglobosa, umbilico carnoso. Embryo cylindricus, minimus, intra albumen carnosum umbilico proximus. — *Herbae in America boreali et in Indiae orientalis montibus vigentes, suffrutescentes, simplices v. ramosae; foliis latiusculis nervosis, amplexicaulibus, pedunculis axillaribus solitariis, unifloris, medio unibracteatis.*

Uvularia Linn. *gen. n. 412.* excl. sp. Smith *Exot. Bot. t. 49—52.* Barton *Fl. Bor. Amer. t. 54. f. 1.* Wallich *pl. as. t. 269.*

1081. Tricyrtis *WALL.* Perigonium corollinum, hexaphyllum, foliola subunguiculata, campanulato-conniventia, tria exteriora basi gibboso-saccata. Stamina 6, perigonii foliolis basi inserta; antherae versatiles. Ovarium oblongum, triloculare. Ovula in loculis plurima, uniseriata. Stylus centralis, divaricato-trilobus; stigmata 6, uncinata. Capsula prismatica, trilocularis, apice loculicido-trivalvis. Semina in loculorum angulo centrali densissime imbricata, ovata, testa laxiuscula (atra) rugosa. Embryo minutus, antitropus, in albuminis cavitate submucosa umbilico opposita. — *Herba nepalensis, erecta, villis mollibus conspersa; foliis alternis ovato-cordatis, amplexicaulibus, florum panicula terminali, pauciflora, foliolosa, pilosa.*

Tricyrtis Wallich *Flor. nep. II. 61. t. 46.* Compsoa Don *nep. 51.* Compsanthus Spreng. *cur. post. 137.*

1082. Disporum *SALISB.* Perigonium corollinum, hexaphyllum, foliola basi carinata, subsaccata, in tubum angulatum cohaerentia, apice campanulato-conniventia, decidua. Stamina 6, perigonii foliolis basi inserta; antherae extrorsae. Ovarium subglobosum, loculis biovulatis. Stylus centralis, simplex; stigmata 3, revoluta. Capsula trilocularis, trivalvis, valvis medio septiferis. Semina in loculis 2. — *Herbae habitu Uvulariae, in India orientali indigenae; foliis brevissime petiolatis, pedunculis axillaribus paucifloris.*

Disporum Salisbury ex Don *nep. 50.* Uvularia chinensis Ker *in Bot. Mag. t. 916.*

1083. Drapiezia *BLUM.* Perigonium corollinum, hexaphyllum, foliola basi saccato-calcarata, campanulato-conniventia, decidua. Stamina 6, perigonii foliolis basi inserta; antherae extrorsae. Ovarium triloculare, loculis biovulatis. Stylus centralis, simplex; stigmata 3, revoluta. Bacca uni-trilocularis. Semina in loculis solitaria, reniformia. Embryo in albumine carnoso umbilico oppositus. — *Herba javanica, perennis; radice fibrosa, caule ramoso, ramis dichotomis, foliis brevissime petiolatis, nervosis, pedunculis oppositifoliis, medio foliaceo-bracteatis, pedicellis subumbellatis, unifloris, floribus purpurascentibus.*

Drapiezia Blume *enum. pl. Jav. I. 8.* Schult. f. *syst. VII. 1672.* Letheae sp. Noronha *msc.*

TRIBUS II. COLCHICEAE Nees et Ebermeyer *Handb. I. 50.* Perigonii foliola longissime unguiculata, unguibus plerumque in tubum connatis.

1084. Monocaryum *R. BR.* Perigonium corollinum, hypocrateriforme, tubo elongato, limbo patente, sexpartito, laciniis subaequalibus. Stamina 6, basi laciniarum limbi inserta; filamenta subulata, alterna breviora, antherae versatiles. Ovarium simplex, uniloculare. Ovula ad suturam parietalia. Stylus filiformis, indivisus; stigma simplex. — *Herba orientalis, bulbosa; foliis radicalibus vaginantibus, lineari-lanceolatis, acutis, spatha radicali, floribus aggregatis basibus hypogaeis.*

Monocaryum R. Brown *Append. to Denham et Clappert. p. 241.* Hypoxis fascicularis Linn. (Russel *Aleppo p. 34. t. 2.*)

1085. Bulbocodium *LINN.* Perigonium corollinum, hexaphyllum; foliola longissime unguiculata, in tubum conniventia, ad faucem denticulis lateralibus inter se connexa, laminis aequalibus, erecto-patentibus. Stamina 6, perigonii foliolis supra ungues inserta; filamenta filiformia, antherae incumbentes. Ovarium triloculare. Ovula plurima, multiseriata, anatropa (?) Styli tres, terminales, distincti v. inter se connati. Capsula trilocularis, tripartibilis, apice introrsum dehiscens. Semina. . . . — *Herbae in Europa australi et orientali indigenae, habitu Colchici.*

Bulbocodium Linn. *gen. n. 407.*

a) MERENDERA *Ram.* Styli tres distincti.

Merendera Ramond *in Bullet. soc. philomat. 1798. n. 43. t. 12.* Redouté *Liliac. t. 25.* Bieberst. *pl. ross. t. 50.* Geophila Beregeret *Pyren. II. 184.* Colchici sp. Brot. *phytogr. lusit. t. 50.*

b) BULBOCODIUM *Linn.* Styli tres in unicum connati.

Bulbocodium Redouté *Liliac. t. 187.* Bot. Mag. *t. 153.* Colchici sp. Bot. Reg. *t. 571.*

1086. Colchicum *TOURNEF.* Perigonium corollinum, infundibuliforme; tubo longissimo, anguloso, gracili, limbo subcampanulato, sexpartito. Stamina 6, tubi fauci imposita; filamenta subulata, antherae versatiles. Ovarium triloculare. Ovula in loculis plurima, bi-quadriseriata, orthotropa. Styli tres, filiformes, elongati; stigmata subclavata. Capsula trilocularis, tripartibilis, introrsum dehiscens. Semina plurima, subglobosa, testa rugosa, ad umbilicum ventralem carnoso-incrassata. Embryo minutus, subcylindricus, in extremitate seminis ab umbilico remota, in albumine carnoso inclusus. — *Herbae in Europa media et in regionibus mediterraneis indigenae; floribus radicalibus, foliis ut plurimum serotinis, saepius cum fructu emergentibus.*

Colchicum Tournef. *inst. t. 181. 182.* Linn. *gen. n. 457.*

a) COLCHICUM. Perigonii lobi intus nudi. Semina in loculis saepius quadriseriata.

(Gärtn. *I. 20. t. 18.* Steven *in Act. Mosq. VII. 65. t. 13. 14.* Redouté *Liliac. t. 228.* Waldst. et Kit. *pl. Hung. t. 179.* Sibth. *Fl. graec. t. 350.* Bot. Reg. *t. 451.* Bot. Mag. *t. 1082. 1122. 2673.* —? Geanthia Raf. *in N. York Med. Reposit. V. 350.*

b) HERMODACTYLUS *R. Br.* Perigonii lobi intus basi bicristati. Ovula in loculis biseriata.

Colchicum (Hermodactylus) Ritchiei R. Brown *Append. to Denh. et Clappert. p. 241.*

Ordo LIV. Pontederaceae.

PONTEDEREAE Kunth *in Humb. et Bonpl. nov. gen. et sp. I. 211.* Agardh *Aphorism. 169.* Mart. *nov. gen. et sp. I. 7.* Raspail *in Mem. du Mus. XIV. 100.* PONTEDERACEAE A. Richard *Nouv. elem. edit. IV. 427.* Lindl. *introduct. edit. 2.*

Herbae aquaticae v. paludosae, rhizomate repente perennantes. Folia omnia radicalia, petiolis basi dilatata vaginantibus, lamina plerumque lata, ovata, cordata v. sagittata, nervosa, integerrima, interdum abortiva, petiolis tunc complanatis dilatatisque, phyllodia linearia constituentibus.

Flores e vaginis tubulosis oblique truncatis, v. e fisso foliorum petiolo exserti, nunc solitarii, nunc in spicam, racemum v. umbellam dispositi; singuli primum spathaceo-bracteati, hermaphroditi, subregulares, caerulei v. rarius flavi.

Perigonium corollinum, marcescendo persistens, hypocrateriforme v. infundibuliforme, tubo elongato v. brevi angulato, limbo sexfido; laciniis biseriatis subinaequalibus, interioribus saepe minoribus, quinque superioribus plerumque approximatis, lacinia antica interdum intensius colorata, omnibus aestivatione spiraliter involutis.

Stamina sex, v. tria, et tunc perigonii laciniis interioribus opposita, nunc omnia conformia, nunc tertium v. sextum anticum dissimile; filamento plerumque longiore, et anthera majore heteromorpha v. saltim heterochroa instructum. Filamenta in floribus hexandris filiformia teretia, alternatim summo et medio tubo, rarius omnia imo tubo inserta, in triandris summo tubo imposita, et duo saepius medio incrassata et inflexa, tertium teres, patens. Antherae introrsae, biloculares, basifixae, lineares v. ovatae, aut subsagittatae, loculis parallelis, contiguis.

Ovarium sessile, liberum, vel demum cum perigonii tubo partim concrescens, triloculare, v. septis axim vix attingentibus incomplete triloculare, nunc loculis duobus cassis minimis, subuniloculare.

Ovula in placentis dissepimenta marginantibus plurima, biseriata, erecta v. inversa, anatropa; nunc in ovarii subunilocularis cavitate fertili unicum, apici appensum. Stylus simplex, terminalis. Stigma crassiusculum, obsolete trilobum.

Capsula perigonii tubo emarcido tunicata, vel interdum cum eodem concrescens, trilocularis, polysperma, loculicido-trivalvis, valvis medio septiferis et seminiferis; v. unilocularis, monosperma, indehiscens.

Semina adscendentia v. inversa, ovata. Testa chartacea, costato-striata, umbilico basilari et chalaza terminali crassiuscula notata. Albumen dense farinaceum.

Embryo orthotropus, axilis, albuminis fere longitudine, extremitate radiculari incrassata, umbilicum attingente, verticem v. basim carpicam spectante.

Pontederaceae in America inter 40° L. B. et 30° L. A. non infrequentes, in Asia et Africa tropica multo rariores, aquas stagnantes et prata paludosa incolunt; perigonii aestivatione circinnata, et habitu peculiari ab ordinibus conterminis facillime distinguendae.

1087. Heteranthera *RUIZ et PAV.* Perigonium corollinum, persistens, hypocrateriforme; tubo filiformi, elongato, limbi sexpartiti laciniis interioribus paullo minoribus, basi maculatis, quinque superioribus magis approximatis. Stamina 3, perigonii fauci inserta, limbi lobis interioribus opposita, aequalia v. tertium dissimile. Ovarium cylindraceo-fusiforme, triloculare. Ovula plurima, in loculorum angulo interiori pluriseriata, anatropa. Stylus terminalis, filiformis, elongatus; stigma capitato-trigonum. Capsula perigonio emarcido inclusa, dissepimentis vix axim attingentibus incomplete trilocularis, trivalvis, valvis medio septiferis. Semina plurima, in placentis septa marginantibus biseriata, ovata, erecta, testa chartacea, costato-striata. Embryo cuneatus, in axi albuminis dense farinacei, extremitate radiculari infera. — *Herbae aquaticae, molles, in America inter 40° L. B. et 30° L. A. obviae; foliis reniformibus v. ovatis, petiolatis, petiolis vaginantibus, nunc laminis abortivis complanatis, phyllodineis.*

Heteranthera Vahl *enum. I. p. 42.* Leptanthus Pers. *ench. p. 56.* Nuttall *gen. I. 29.*

a) LEPTANTHUS *L. C. Rich.* Stamina aequalia; filamentis teretibus, antheris linearibus.

Leptanthus L. C. Richard *in Michaux Fl. Bor. Amer. I. 24. t. 5. f. 2.* excl. sp. Hook. *exot. Flor. t. 94.* Schollera Willd. *in Berl. Verhandl. III. 438.* (Presl. *Symb. t. 10.*)

b) HETERANTHERA *Ruiz et Pav.* Stamina inaequalia; filamentis duorum superiorum medio incrassatis antherisque ovatis, inflexis, tertio tereti longiore, anthera sagittata v. saltim heterochroa.

Heteranthera Ruiz et Pav. *prodr. p. 9. t. 2. Flor. peruv. I. 43. t. 71.* Humb. et Bonpl. *nov. gen. et sp. I. 211.* Martius *nov. gen. et sp. I. 7. t. 3.* Heterandra Palis. *in Americ. philosoph. Transact. IV. 173.*

1088. Pontederia *LINN.* Perigonium corollinum, persistens, infundibuliforme; tubo angulato, saepius incurvo; limbo sexfido subaequali v. subbilabiato. Stamina 6, inaequalia, summo et medio, vel omnia summo tubo inserta. Ovarium subtrigonum, triloculare, loculis omnibus fertilibus, multiovulatis, v. duobus cassis, tertio uniovulato. Ovula pendula, anatropa. Stylus terminalis, subulatus; stigma incrassatum, obsolete trilobum. Capsula perigonii persistentis basi tunicata, v. interdum cum eadem concrescens, trilocularis, loculicido-trivalvis, polysperma; vel unilocularis, monosperma, indehiscens. Semina ovata, inversa, testa chartacea, costato-striata. Embryo orthotropus, in axi albuminis dense farinacei, extremitate radiculari incrassata, verticem fructus spectante. — *Herbae perennes, aquaticae, in America tropica et boreali temperata non infrequentes, in Asia et Africa tropica rariores; radicibus fibrosis, foliis omnibus radicalibus, petiolis basi dilatata vaginantibus, lamina ovata, cordata v. sagittata, integerrima, nervosa, floribus spicatis, racemosis v. subumbellatis, e fisso foliorum petiolo exsertis, singulis spathaceo-bracteatis.*

Pontederia Linn. *gen. n. 399.* Juss. *gen. p. 55.* Kunth *in Humb. et Bonpl. nov. gen. et sp. I. 266.* Martius *nov. gen. et sp. I 9. t. 4.* Raspail *in Mem. du Mus. XIV. 169.* Blume *enum. pl. Jav. I. 32.* Schult. fil. *syst. VII. n. 1462.*

a) UNISEMA *Raf.* Ovarium triloculare, loculis duobus cassis. Ovulum in loculo fertili unicum, apici apensum. Utriculus monospermus, basi perigonii tubo adhaerens. — *Species americanae.*

Unisema Rafinesque *in Journ. Phys. LXXXIX. 261.* P. cordata Linn. Redouté *Liliac. t. 72.* Bot. Mag. *t. 1156.* Mirbel *in Annal. du Mus. XVI. t. 16.* Raspail *in Mem. Mus. XIV. t. 9. f. 1—6. 11.* ¡P. angustifolia Pursh. P. cordifolia Mart.

b) PONTEDERIA. Ovarium triloculare, multiovulatum. Capsula perigonii tubo tunicata, nec ei adhaerens, trilocularis, polysperma. — *Americanae et asiaticae.*

α) Pontederia Presl *Reliq. Haenk. I. 116.* Stamina summo et medio tubo inserta, subaequalia. — P. crassipes Mart. *nov. gen. et sp. t. 4.* P. azurea Swartz. Hook. Bot. Mag. *t. 2932.*

β) Monochoria Presl. *op. cit. p. 172.* Stamina imo tubo inserta, anticum majus. — *Asiaticae.* P. vaginalis et hastata Roxb. *corom. t. 110. 111.* Raspail *in Annal. du Mus. XIV. t. 9. f. 7—9. 12.*

1089. Reussia *ENDL.* Perigonium corollinum, persistens, infundibuliforme; tubo brevi, limbo sexfido, subbilabiato, lobis quatuor superioribus subaequalibus, duobus inferioribus brevioribus, postice superioribus cohaerentibus, antice distinctis. Stamina 6, medio tubo biseriatim inserta, inclusa. Ovarium subglobosum, triloculare, loculis duobus cassis, nerviformibus, tertio uniovulato. Ovulum apici loculi fertilis appensum, anatropum. Stylus terminalis, incurvus; stigma bilabiato-trilobum. Utriculus monospermus, cum perigonii tubo concretus. Semen subglobosum; testa membranacea, costato-striata. Embryo orthotropus, in axi albuminis dense farinacei, extremitate radiculari cuneata, verticem fructus spectante. — *Herba brasiliensis, aquatica; caule fluitante, radicante, foliis petiolatis, ellipticis, natantibus; petiolis basi in vaginas membranaceas latas, caulem velantibus, dilatatis, spathis foliiformibus, longe petiolatis, e foliorum vaginis exsertis, basi antice in tubum brevissimum connatis, trifloris, floribus flavis, duobus lateralibus pedicellatis, intermedio sessili.*

Reussia Endlicher *Atakta t. 26.*

Ordo LV. Liliaceae.

LILIACEAE et NARCISSORUM pars Juss. *gen. 48. 54.* HEMEROCALLIDEAE, ASPHODELEAE R. Brown *prodr. 274.* LILIACEAE, TULIPACEAE et ASPHODELEAE DC. ASPHODELEAE Bartl. *ord. nat. 49.* LILIACEAE Lindl. *introduct. edit. II. 351.* excl. pl.

Herbae bulbosae v. tuberibus perennantes, interdum annuae, nonnunquam arborescentes v. suffrutescentes, trunco e foliorum vaginis conflato, cicatrisato. Caulis simplex v. apice ramosus, nunc foliatus, nunc aphyllus, scapiformis. Folia simplicia, integra, plerumque linearia, basi vaginantia v. amplexicaulia, radicalia congesta, caulina saepius sessilia, canaliculata v. teretia, interdum lamina dilatata nervosa praedita.

Flores hermaphroditi, regulares v. rarissime subirregulares, vix non semper terminales, nunc solitarii, nunc in racemos, spicas, umbellas v. capitula collecti, interdum paniculati, bracteis scariosis saepissime fulti, interdum bracteis spathaceis involucrati.

Perigonium corollinum, deciduum v. marcescendo-persistens, hexaphyllum; foliola biseriata, libera, v. in corollam tubulosam campanulatamve, limbo sexdiviso donatam connata, sicca v. basi saepius mellifera.

Stamina 6, perigonii foliolis opposita, nunc distincte hypogyna, nunc perigonii basi inserta, rarius abortu tria, v. plura, serie una v. altera tunc sterili. Filamenta filiformia v. plana, libera v. cum perigonii tubo plus minus connata, simplicia v. apice trifida aut tridentata, dentibus lateralibus sterilibus. Antherae introrsae, terminales, erectae, v. medio dorso affixae, versatiles, biloculares; loculi oppositi, paralleli, connectivo obsoleto contigui, longitudinaliter dehiscentes. Pollinis granula pulveracea, laevia, rima simplici hiantia.

Ovarium e carpidiis tribus conflatum, carpidiorum marginibus introflexis axim plus minus distinctam attingentibus triloculare. Ovula in loculis pauca v. saepius plurima, biseriata, anatropa v. amphitropa. Styli terminales, centrales, plerumque in unicum connati, stigmatibus interdum distinctis.

Pericarpium capsulare, triloculare, loculicido-trivalve, valvis medio septiferis, rarius septicidum, v. carnosum, indehiscens.

Semina plurima, v. rarius abortu pauca aut subsolitaria, directione varia, funiculis ut plurimum brevissimis sustenta, v. placentatione immediata sessilia. Testa membranacea, pallida et interdum marginata, v. saepissime crustacea, fragilis et atra, umbilico basilari cum chalaza terminali ope rhapheos plus minus manifestae juncto, v. ventrali lato, cum chalaza confluente. Albumen carnosum, copiosum.

Embryo in axi albuminis, rarissime excentricus, longitudine varia, homotropus, rectus v. curvatus, extremitate radiculari umbilico proxima, directione carpica varia.

Liliaceae ab affinibus Smilaceis aegre separandae, per totum terrarum orbem sparsae, universim in vetere continente, et in regionibus temperatis subtropicisque paulo frequentibus habitant.

SUBORDO I. TULIPACEAE. Perigonii foliola omnino distincta v. ima basi cohaerentia, saepe nectarifera. Stamina hypogyna v. obscure perigyna. Fructus capsularis. Semina anatropa, plerumque compressa, testa pallida, fusca, spongiosa v. dura. Embryo minimus, rectus v. parum incurvus, in basi albuminis inclusus. — *Herbae bulbosae.*

1090. Erythronium *LINN.* Perigonium corollinum, persistens, hexaphyllum; foliola basi campanulato-conniventia, medio patula, tria interiora basi bicallosa. Stamina 6, exteriora hypogyna, interiora basi foliolorum perigonii adhaerentia. Ovarium brevissime pedicellatum, triloculare. Ovula in loculis plura, biseriata, anatropa. Stylus terminalis, simplex; stigma breviter trilobum. Capsula triquetra, trilocularis, loculicido-trivalvis, polysperma. Semina ovoidea, inversa, testa fusca, rhaphe longitudinali percursa, ad chalazam terminalem in caudiculam elongatam, basi tumidam relaxata. Embryo minimus, rectus, umbilico proximus. — *Herbae bulbosae, in Europa australiore et in America boreali temperata indigenae; foliis radicalibus paucis, ovato-oblongis lanceolatisve, scapo unifloro, flore nutante.*

Erythronium Linn. *gen. n. 414.* Jacq. *Fl. austr. app. t. 9.* Redouté *Liliac. t. 104.* Bot. Mag. *t. 1113.* Nees jun. *gen. pl. fasc. IV. t. 5.* Bernhardi *in Flora 1835. p. 597.* Dens canis Tournef.

1091. Tulipa *TOURNEF.* Perigonium corollinum, deciduum, hexaphyllum; foliola campanulato-conniventia, subaequalia. Stamina 6, hypogyna. Ovarium triloculare. Ovula in loculis plurima, biseriata, anatropa. Stigma terminale, sessile, trilobum, lobis patentibus, complicatis. Capsula trigona, trilocularis, loculicido-trivalvis. Semina plurima, horizontalia, compresso-plana, testa rufescente, rhaphe et chalaza vix manifestis. Embryo rectus, dimidio albumine brevior, extremitate radiculari incrassata, umbilico proxima. — *Herbae bulbosae, in Europa australiore et in Asia media indigenae; foliis radicalibus ovato-oblongis lanceolatisve, scapis unifloris, floribus erectis.*

Tulipa Tournef. *inst. t. 199. 200.* Linn. *gen. n. 415.* Gärtn. *I. 64. t. 17.* Sibth. *Fl. graec. t. 329. 330.* Redouté *Liliac. t. 38. 111. 219.* Ledebour *Fl. alt. t. 85.* Bot. Mag. *t. 2762.* Bot. Reg. *t. 1106. 1143.* Nees jun. *gen. pl. fasc. IV. t. 3.* Bernhardi *in Flora 1835. p. 597.*

1092. Orithyia *DON.* Perigonium corollinum, deciduum, hexaphyllum; foliola campanulato-conniventia, interiora in unguem angustata. Stamina 6, hypogyna. Ovarium triloculare. Stylus terminalis, simplex; stigma obsolete trilobum. Capsula trigona, trilocularis, loculicido-trivalvis. Semina plurima, horizontalia, plano-compressa. — *Herba bulbosa, in Asia media indigena, habitu Tulipae.* — *Genus ob stylum manifestum, vix ob perigonii foliola interiora basi in unguem angustata, a Tulipa separandum, nullo modo Gageae, ob habitum alienum et perigonium deciduum jungendum.*

Orithyia D. Don *in Sweet Brit. Fl. gard. t. 336.* Ornithogalum uniflorum Linn. Laxmann *in Nov. Act. Petropolit. XVIII. 529. t. 6. f. 3.* O. oxypetalum Ledeb. *Fl. alt. t. 380.* Tulipa altaica Gebler *msc.*

1093. Gagea *SALISB.* Perigonium corollinum, persistens, hexaphyllum; foliola patentiuscula, subaequalia. Stamina 6, perigonii foliolis basi adhaerentia. Ovarium triloculare. Ovula in loculis plura, biseriata, pendula, anatropa. Stylus terminalis, trigonus; stigma trilobum, depressiusculum. Capsula trilocularis, loculicido-trivalvis. Semina in loculis pauca, inversa, subglobosa, testa flavida, rhaphe carnosiuscula percursa. Embryo rectus, dimidio albumine longior, extremitate radiculari attenuata, umbilicum attingente. — *Herbae bulbosae, scapigerae, in Europa et Asia media obviae, in Africa mediterranea rarae; floribus umbellatis, umbellis foliaceo-bracteatis.*

Gagea Salisbury *in Annals of Botany II. 555.* Reichenbach *pl. crit. t. 117. 228. 329.* Nees jun. *gen. pl. fasc. IV. t. 15.* Bernhardi *in Flora 1835. p. 596.* Ornithoxanthum Link *Handb. I. 161.* Ornithogali sp. Linn. Fl. dan. *t. 378. 612. 1313.* Desf. *Fl. atl. t. 84.* Sibth. *Fl. graec. t. 331.* Redouté *Liliac. t. 302.*

1094. Lloydia *SALISB.* Perigonium corollinum, persistens, hexaphyllum; foliola patentia, subaequalia, basi plica nectarifera transversa. Stamina 6, perigonii foliolis basi adhaerentia. Ovarium triloculare. Ovula in loculis plurima, biseriata, horizontalia, anatropa. Stylus terminalis, subclavatus; stigma subtrigonum, vertice depressum. Capsula triquetra, trilocularis, apice loculicido-trivalvis. Semina in loculis plurima, subhorizontalia, compresso-plana, testa fusca, membranaceo-marginata, rhaphe hinc per marginem decurrente. Embryo minimus, umbilico proximus. — *Herbae bulbosae, in Europa media et australi, in Asia boreali et in America arctica observatae; foliis linearibus basi dilatatis, caule unifloro v. subcorymboso.*

Lloydia Salisbury *msc.* Reichenbach *Fl. excurs. 102.* Nees jun. *gen. pl. fasc. IV. t. 10.* Bernhardi *in Flora 1835. p. 596.* Rhabdocrinum Reichenbach *consp. 65.* Nectaribothrium Ledebour *Fl. alt. II. 36.* Anthericum serotinum et A. graecum Linn. Jacq. *Fl. austr. app. t. 38.* Redouté *Liliac. t. 270.* Sibth. *Fl. graec. t. 436.*

1095. Calochortus *PURSH.* Perigonium corollinum, deciduum, hexaphyllum; foliola sessilia v. subunguiculata, supra basim fovea nectarifera, exteriora minora, omnia v. interiora tantum intus barbata. Stamina 6, perigonii foliolis basi adhaerentia. Ovarium triloculare. Ovula in loculis plurima, biseriata, horizontalia, anatropa. Stigmata 3, subsessilia, libera v. basi coalita, reflexa, canaliculata. Capsula subgloboso-trigona, trilocularis, septicido-trivalvis, valvis demum bifidis. Semina in loculis plurima, subuniseriata, horizontalia, compressiuscula, testa fusca, membranacea, laxiuscula, hinc rhaphe percursa. Embryo rectus, teres, excentricus (?). — *Herbae in America boreali occidentali, et in terris mexicanis indigenae, bulbosae, simplices; foliis ensiformibus vaginantibus, floribus speciosis umbellatis v. racemosis, purpureis v. albidis.*

Calochortus Pursh *Flor. Bor. Amer. I. 240.* Schultes f. *in van Hall Bijdr. IV. 127.* Bernhardi *in Flora 1835. p. 595.*

a) CALOCHORTUS *Pursh.* Perigonii foliola exteriora subcalycina, linearia, imberbia, interiora petaloidea, subunguiculata, exterioribus multo latiora, intus barbata.

Calochortus Pursh *l. c.* Lindl. *in Bot. Reg. t. 1152. 1567. 1669. 1670.* Douglas *in Hort. Transact. VII. 276. t. 8. 9.* Bentham *op. cit. II. I. t. 15.*

b) CYCLOBOTHRA *Don.* Perigonii foliola sessilia, subaequalia, exteriora breviora, omnia intus barbata.

Cyclobothra Don *in Sweet Fl. Gard. t. 20.* Bot. *Reg. t. 1661—1663.* Fritillaria barbata Kunth *in Humb. et Bonpl. nov. gen. et sp. t. 677.* Calochorti sp. Schultes.

1096. Fritillaria *LINN.* Perigonium corollinum, deciduum, hexaphyllum; foliola subaequalia, campanulato-conniventia, intus supra basim linea nectarifera. Stamina 6, perigonii foliolis basi adhaerentia. Ovarium triloculare. Ovula in loculis plurima, biseriata, horizontalia, anatropa. Stylus terminalis, subclavatus; stigma tripartitum. Capsula trigona, vel hexagona, angulis acutis, trilocularis, loculicido-trivalvis. Semina in loculis plurima, biseriata, horizontalia, compresso-plana, testa fusca, membranaceo-alata, rhaphe hinc per marginem decurrente. Embryo minimus, umbilico proximus. — *Herbae in Europa australiore et Asia media indigenae, bulbosae, caulescentes; foliis alternis v. subverticillatis, floribus axillaribus plerumque maculatis, nutantibus.*

Fritillaria Linn. *gen. n. 411.* Bernhardi *in Flora 1835. p. 595.*

a) FRITILLARIA *Tournef.* Capsula trigona, laevis, angulis obtusis.

Fritillaria Tournef. *inst. t. 197. 198. 201.* Juss. *gen. p. 48.* Jacq. *Fl. austr. app. t. 32.* Sibth. *Fl. graec. t. 328.*

Bieberst. *pl. ross. t. 21.* Ledeb. *Fl. alt. t. 2.* Bot. Mag. *t. 194. 664. 853. 857. 952. 962. 1207. 1215. 1216. 1537. 1538. 3083. 3280.* Nees jun. *gen. pl. fasc. IV. t. 4.*

b) PETILIUM *Linn.* Capsula hexagona, angulis acutis. Petilium Linn. *Hort. cliff. 119.* Imperialis Juss. *gen. p. 49.* Corona imperialis Tournef. *inst. 498—499.* (Gärtn. *I. 63. t. 17.* Redouté *Liliac. t. 131.*)

1097. Rhinopetalum *FISCH.* Perigonium corollinum, deciduum, hexaphyllum; foliola patentia, subaequalia, basi fovea nectarifera excavata, supremi fovea profundiore, in cornu adscendens producta. Stamina 6, perigonii foliolis basi adhaerentia. Ovarium triloculare. Ovula in loculis plurima, biseriata, obovato ventricosa. Stylus terminalis, filiformis; stigma indivisum, truncatum. Capsula. . . . — *Herba uralensis, bulbosa; caule simplici, foliis lanceolatis, subconvolutis, flore terminali solitario, pallide lilacino.*

Rhinopetalum Fischer *ex Edinb. new philos. Journ. Jan. 1830. p. 19.* Don *in Sweet Fl. Gard. t. 283.*

1098. Lilium *LINN.* Perigonium corollinum, deciduum, hexaphyllum; foliola basi subcohaerentia, infundibuliformi-campanulata, apice patentia v. revoluta, intus sulco nectarifero instructa. Stamina 6, perigonii foliolis basi subadhaerentia. Ovarium triloculare. Ovula plurima, biseriata, horizontalia, anatropa. Stylus terminalis, subclavatus, rectus v. subcurvatus; stigma subtrilobum. Capsula trigona, sexsulca, trilocularis, loculicido-trivalvis. Semina plurima, biseriata, horizontalia, plano-compressa, testa lutescente, subspongiosa, membranaceo-marginata, rhaphe hinc per marginem decurente. Embryo in axi albuminis carnosi rectus v. sigmoideus, extremitate radiculari umbilico proxima. — *Herbae in Europa et Asia media et septentrionali, in Japonia et in Indiae montibus, nec non in America boreali indigenae, bulbosae; foliis alternis v. subverticillatis, floribus magnis, speciosis, erectis v. nutantibus.*

Lilium Linn. *gen. n. 410.*

a) AMBLIRION *Raf.* Perigonii foliola sessilia, conniventia, sulco nectarifero obsoleto.

Amblirion Rafin. *in Journ. de Phys. LXXXIX. 102.* Lilia fritillaroidea Schult. *syst. VII. 399.*

b) MARTAGON. Perigonii foliola sessilia, revoluta, sulco nectarifero distincto.

(Gärtn. *t. 83. f. 3. f. i.* Jacq. *Fl. austr. t. 351. App. t. 20.* Redouté *Liliac. t. 145. 378.* Bot. Mag. *t. 3140.*)

c) PSEUDOLIRIUM. Perigonii foliola unguiculata, campanulato-conniventia, sulco nectarifero distincto. (Bot. Mag. *t. 259. 519.* Bot. Reg. *t. 594.*)

d) EULIRION. Perigonii foliola sessilia, campanulato-conniventia, sulco nectarifero distincto.

(Gärtn. *t. 93. f. 3. a—e.* Jacq. *Fl. austr. t. 226.* Redouté *Liliac. t. 199*)

e) CARDIOCRINUM. Perigonii foliola sessilia, campanulato-conniventia, sulco nectarifero distincto, basi subsaccato.

(Wallich *Flor. nep. t. 12. 13.* Banks *ic. Kaempf. t. 46.*) Hemerocallis cordata Gärtn. *t. 179.*

1099. Methonica *HERM.* Perigonium corollinum, hexaphyllum, marcescens; foliola subaequalia, undulata, caudata, reflexa. Stamina 6, perigonii foliolis basi inserta, subhorizontalia. Ovarium triloculare. Ovula plurima, biseriata, horizontalia, anatropa. Stylus terminalis, oblique declinatus; stigma trifidum. Capsula subgloboso-turbinata, trilocularis, tripartibilis. Semina plurima, biseriata, subglobosa, testa carnoso-spongiosa, coccinea, rhaphe filiformi umbilicum basilarem chalazae terminali (nigrae) jungente. Embryo in basi albuminis carnosi uncinato-complicatus, extremitate utraque umbilico proxima. — *Herbae scandentes, ramosae, in Asia et Africa tropica indigenae; radice tuberosa, foliis sparsis, sub ramis oppositis vel ternatim verticillatis, sessilibus, lanceolatis, acuminatis v in cirrhum productis, pedunculis unifloris, axillaribus terminalibusque.*

Methonica Herm. *Lugdbat. 689.* Juss. *gen. 48.* Lam. *t. 247.* Redouté *Liliac. t. 26.* Gloriosa Linn. *gen. n. 410.* Gärtn. *I. 69. t. 18.* Bot. Reg. *t. 77.* Bot. Mag. *t. 2539.* Bernhardi *in Flora 1835. p. 549.*

SUBORDO II. AGAPANTHEAE. Perigonium tubulosum, limbo sexfido. Stamina perigyna. Ovarium triloculare. Ovula anatropa. Fructus capsularis. Semina compressiuscula, testa membranacea, saepius pallida. Embryo orthotropus. — *Herbae perennes, radice tuberosa v. fibrosa.*

1100. Funkia *SPR.* Perigonium corollinum, tubulosum; tubo brevi, limbo sexpartito, subbilabiato, connivente v. patentiusculo. Stamina 6, basi limbi inserta, subfasciculatim declinata. Ovarium triloculare. Ovula plurima, biseriata, adscendentia, anatropa. Stylus filiformis, declinatus; stigma subtrigonum, laeve. Capsula oblongo-prismatica, trilocularis, loculicido-trivalvis. Semina plurima, adscendentia, plano-compressa; testa membranacea, nigra, laxa, in alam apice longiorem producta, rhaphe intra testam libera, adscendente. Embryones plures, dimidio albumine longiores, intra communem cavitatem axilem paralleli, extremitatibus radicularibus incrassatis, umbilico proximis. — *Herbae in China et Japonia obviae; radice fibroso-fasciculata, foliis radicalibus petiolatis, ovatis cordatisve, acuminatis, plicato-nervosis, caulinis nullis v. subsessilibus, floribus racemosis, candidis v. caeruleis.*

Funkia Spreng. *syst. II. 41.* Hosta Trattinik *Tabular. t. 89.* Thesaur. *t. 51. 52.* Bryocles Salisbury *in Hort. Transact. I. 335.* Niobe Salisb. Saussurea Salisb. *in Linn. Transact. VIII. 11.* Libertia Dumort. Hemerocallis japonica et caerulea Auct. Vent. *Malmais. t. 18.* Redouté *Liliac. t. 3. 106.* Bot. Mag. *t. 894. 1433.*

1101. Phormium *FORST.* Perigonium corollinum, tubulosum; tubo brevissimo, limbi sexpartiti laciniis interioribus longioribus, apice patentibus. Stamina 6, imo tubo inserta, alterna breviora, filamenta adscendentia. Ovarium triloculare. Ovula plurima, biseriata, adscendentia, anatropa. Stylus trigonus, adscendens; stigma simplex. Capsula oblonga, trigona, torta, trilocularis, loculicido-trivalvis. Semina plurima, adscendentia, plano-compressa, testa chartacea, atra, laxa, in alam apice longiorem producta, rhaphe intra alam libera, adscendente. Embryo axilis, dimidio albumine longior, extremitate radiculari umbilico proxima. — *Herba in Nova Zeelandia boreali, et in insula Norfolk indigena; radice tuberoso-carnosa, foliis radicalibus distichis, coriaceis, tenacissimis, lineari-lanceolatis, basi equitantibus, scapo ramoso, paniculato, ramis bracteatis, floribus flavis.*

Phormium Forst. *char. gen. t. 24.* Thouin *in Annal. Mus. II. 228.* Faujas de St. Fond *Ibid. XIX. 401. t. 20.* Redouté *Liliac. t. 448. 449.* Thiebaud *in Annal. soc. Linn. Paris. IV. 57. t. 7.* Cunningh. *in Bot. Mag. t. 3199.* Chlamidia Banks et Sol. *apud Gärtn. I. 71. t. 18.*

1102. Agapanthus *HERIT.* Perigonium corollinum, tubulosum; tubo brevi, limbo sexpartito, aequali, patente. Stamina 6, basi limbi inserta; filamenta inaequalia, subdeclinata. Ovarium triloculare. Ovula plurima, biseriata, adscendentia, anatropa. Stylus filiformis, declinatus; stigma subtrigonum, laeve. Capsula oblongo-trigona, trilocularis, septicido-trivalvis. Semina plurima, adscendentia, plano-compressa; testa membranacea, spadicea, superne in alam producta. Embryo minutus, in basi albuminis umbilico proximus. — *Herbae capenses, scapigerae; radice tuberosa, foliis radicalibus linearibus, florum umbella terminali, spathaceo-bibracteata.*

Agapanthus Herit. *Sert.* 18. Redouté *Liliac. t.* 6. Bot. Mag. *t.* 500. Abumon Adans. *fam. II. p.* 54. Mauhliae sp. Thunb. Crinum africanum Linn.

1103. Polianthes *LINN.* Perigonium corollinum, infundibuliforme; tubo longo incurvo, limbi sexfidi laciniis aequalibus, patentibus. Stamina 6, fauci inserta; filamenta brevissima, crassa, erecta. Ovarium triloculare. Ovula plurima, biseriata, adscendentia, anatropa. Stylus filiformis; stigma incrassatum, trilobum. Capsula trilocularis, loculicido-trivalvis. Semina plurima, plana. . . . — *Herba inter tropicos totius orbis reperta; radice tuberoso-bulbosa, foliis radicalibus linearibus elongatis, caulinis squamaeformibus, floribus spicatis, spathaceo-bracteatis.*

Polianthes Linn. *gen. n.* 426. Juss. *gen.* 56. Redouté *Liliac. t.* 147. Bot. Reg. *t.* 63. Link et Otto *ic. select. t.* 24. Mart. *Amoen. monac. t.* 16. Amica nocturna Rumph *amboin. V.* 285. *t.* 98.

1104. Blandfordia *SMITH.* Perigonium corollinum, tubuloso-campanulatum, limbo breviter sexlobo, aequali. Stamina 6, basi tubi inserta; filamenta filiformia, inclusa. Ovarium pedicellatum, triloculare. Ovula plurima, biseriata, horizontalia, anatropa. Stylus subulatus; stigma simplex. Capsula prismatica, trilocularis, tripartibilis, introrsum dehiscens. Semina in placentis suturas marginantibus plurima, horizontalia, testa laxa, pubescente. Embryo rectus, dimidio albumine longior, extremitate radiculari umbilico proxima. — *Herbae in Nova Hollandia orientali extratropica indigenae; radice fibrosa, foliis radicalibus linearibus elongatis, caulinis distantibus abbreviatis, racemo terminali abbreviato, pedicellis bibracteatis, bractea altera interiore laterali minore, floribus puniceis, cernuis.*

Blandfordia Smith *exot. Bot. I.* 5. *t.* 4. R. Brown *prodr.* 295. Bot. Reg. *t.* 286. 911. Aletris punicea Labill. *Nov. Holl. t.* 111.

1105. Leucocoryne *LINDL.* Perigonium corollinum, hypocrateriforme, limbo sexfido. Stamina 3 fertilia, medio tubo inserta, antheris subsessilibus, 3 sterilia, carnosa, teretiuscula, fauci imposita, limbi lobis interioribus opposita. Ovarium sessile, triloculare. Ovula plurima. . . . Stylus terminalis, cum ovario articulatus; stigma simplex. Fructus. . . . — *Herbae chilenses, scapigerae; radicibus tuberosis, foliis linearibus, floribus umbellatis candidis v. cyaneis, pedicellatis, umbellis basi membranaceo-bibracteatis, perigonio cum pedicello continuo.*

Leucocoryne Lindl. *in Bot. Reg. t.* 1293. — Brodiaea Ixioides Hook. Bot. Mag. *t.* 2382.

1106. Brodiaea *SMITH.* Perigonium corollinum, campanulatum, angulatum, limbo sexfido. Stamina 6, perigonii fauci imposita, 3 fertilia, filamentis brevissimis planis; 3 sterilia, squamaeformia, limbi lobis exterioribus opposita. Discus hypogynus carnosus, trilobus. Ovarium breviter pedicellatum, triloculare. Ovula plurima. . . . Stylus terminalis, ovario continuus; stigma trilobum. Capsula pedicellata, perigonio cincta, trilocularis, loculicido-trivalvis. Semina in loculis 4—5, obovata, compressa, testa membranacea, atra. Embryo orthotropus, in axi albuminis carnosi. — *Herbae scapigerae, in Americae borealis ora occidentali repertae; foliis linearibus, floribus umbellatis, pedicellatis, caeruleis, umbellis basi membranaceo-bracteatis, perigonio cum pedicello continuo.*

Brodiaea Smith *in Linn. Transact. X.* 2. *t.* 1. Hook. *in Bot. Mag. t.* 2877. Lindl. *in Bot. Reg. t.* 1183. Hookera Salisb. *parad. t.* 98. 117.

1107. Triteleia *HOOK.* Perigonium corollinum, hypocrateriforme, limbo sexpartito. Stamina 6, omnia fertilia, filamentis brevibus, 3 medio tubo inserta, 3 fauci imposita, limbi laciniis interioribus opposita. Discus hypogynus obsoletus. Ovarium longe pedicellatum; triloculare. Ovula plurima. . . . Stylus terminalis, ovario continuus; stigma trifidum. Capsula. . . . — *Herbae scapigerae, in America occidentali, australi et boreali indigenae; foliis linearibus, floribus pedicellatis, umbellatis, involucris di-triphyllis, foliaceis v. membranaceis, perigonio cum pedicello continuo.*

Triteleia Hook. ex Lindl. *Bot. Reg. n.* 1293. *t.* 1685. Bentham *in Hort. Transact. I.* 413. *t.* 15.

1108. Tristagma *POEPP.* Perigonium corollinum, tubulosum, limbo sexfido. Stamina 6, omnia fertilia, filamenta brevissima, tubo medio biseriatim inserta. Discus hypogynus obsoletus. Ovarium subsessile, triloculare, vertice poris 3 lateralibus, melliferis. Ovula plurima, anatropa. Stylus terminalis, ovario continuus; stigma indivisum. Capsula trilocularis, polysperma. — *Herba scapigera, in Chile australis summis jugis observata; foliis linearibus, floribus paucis terminalibus umbellatis, involucro diphyllo, spathaceo, perigonio cum pedicello continuo.*

Tristagma Pöppig *Fragm. synops. p.* 8.

1109. Milla *CAV.* Perigonium corollinum, hypocrateriforme, tubo elongato-campanulato, limbi plani sexfidi laciniis obtusis, exterioribus angustioribus, sinu obtuso sejunctis. Stamina 6, fauci perigonii inserta; filamentis subnullis, antheris in conum conniventibus. Ovarium subpedicellatum, triloculare. Ovula plurima. . . . Stylus cum ovario continuus, teres; stigma trilobum, fimbriato-papillosum. Capsula trilocularis, trivalvis. . . . Semina plurima, atra, crustacea, angulata. . . . — *Herba mexicana, radice fasciculato-carnosa; foliis radicalibus cylindraceis, fistulosis, floribus scapum terminantibus, umbellatis, longe pedunculatis, albis.*

Milla Cav. *ic. II.* 76. *t.* 196. Lindl. *in Bot. Reg. t.* 155. — Genus dubiae affinitatis, mihi ignotum. — Milla biflora Hook. *in Bot. Mag. t.* 3327. certe non hujus generis.

1110. Hesperoscordum *LINDL.* Perigonium corollinum, campanulatum, sexfidum, laciniis exterioribus acuminatis, carinatis, interioribus obtusis. Stamina 6, fauci imposita, omnia fertilia, filamenta membranacea, dilatata, aequalia. Ovarium sessile, triloculare. Ovula plurima. . . . Stylus cum ovario articulatus, teres; stigma simplex. Capsula trilocularis, loculicido-trivalvis. Semina plurima, angulata, subcrustacea, nigra. — *Herba boreali-americana; cormo indaviato, floribus umbellatis, perigonio cum pedicello articulato.*

Hesperoscordum Lindl. *in Bot. Reg. n. 1293.* Brodiaea grandiflora Nuttall *gen. 215.*

1111. Calliprora *LINDL.* Perigonium corollinum, campanulatum, sexpartitum; laciniis patentibus, aequalibus. Stamina 6, fauci imposita, omnia fertilia, filamenta petaloidea, biloba, alterna breviora, antheris inter filamentorum lobos sessilibus. Ovarium pedicellatum, triloculare. Ovula plurima. . . . Stylus ovario continuus, teres; stigma trilobum. Capsula membranacea, triptera. . . . — *Herba californica; foliis radicalibus lineari-ensiformibus, floribus in scapo terminalibus, umbellatis, luteis, perigonio cum pedicello continuo.*

Calliprora Lindl. *in Bot. Reg. t. 1590.*

1112. Bessera *SCHULT.* Perigonium corollinum, campanulatum, limbo sexpartito. Stamina 6, in coronam faucis cylindricam sexdentatam connata, filamentis cum coronae dentibus alternis, exsertis. Ovarium sessile, triloculare. Ovula plurima, biseriata, adscendentia, anatropa. Stylus terminalis, ovario continuus; stigma capitato-depressum, fimbriatum. Capsula perigonio stipata, trilocularis, septicido-trivalvis. Semina plurima, biseriata, adscendentia, compressa, testa membranacea, atra. — *Herba mexicana, scapigera; radice bulboso-tuberosa, foliis radicalibus anguste linearibus, semicylindricis, florum umbella terminali, spathaceo-involucrata, perigonio cum pedicello continuo.*

Bessera Schult. fil. *in Linnaea 1829. p. 121. Syst. VII. 996.* Pharium W. Herbert *in Bot. Reg. t. 1546.*

SUBORDO III. ALOINEAE. Perigonium tubulosum v. sexpartitum, interdum subirregulare. Stamina hypogyna, vel tubo inserta. Ovarium triloculare; ovula anatropa. Fructus capsularis v. baccatus. Semina compressa, angulata v. alata, testa membranacea, pallida v. atra. Embryo orthotropus. — ***Herbae carnosae, interdum frutescentes v. arborescentes, radice fibroso-fasciculata.***

1113. Sanseviera *THUNB.* Perigonium corollinum, infundibuliforme; tubo longo, rectiusculo, limbo sexfido, laciniis patentibus v. revolutis. Stamina 6, fauci inserta; filamenta filiformia. Ovarium triloculare. Ovula in loculis solitaria. . . . Stylus filiformis; stigma obtusum, obsolete trilobum. Bacca trilocularis, trisperma, v. abortu uniloclaris monosperma. Semina. . . . — *Herbae in Africa tropica et extratropica, nec non in Asiae insulis tropicis observatae; rhizomate crasso, repente, foliis radicalibus equitantibus, carnosis, saepe maculatis, caulinis squamaeformibus, floribus racemosis v. thyrsoideis.*

Sanseviera Thunb. *nov. gen. 121.* Redouté *Liliac. t. 290. 323.* Ker *in Bot. Reg. t. 160.* Roxburgh *corom. t. 184.* Bot. Mag. *t. 1180. 2634.* Andr. *Bot. Reposit. t. 361.* Acyntha Commel. *Hort. II. t. 21.* Medicus *Theodor. 96.* Salmia Cav. *ic. III. 24. t. 246.* Aletris sp. Linn. Jacq. *Hort. Vindob. t. 84.* —? Gärtn. *I. 54. t. 15. f. 6.*

1114. Kniphofia *MOENCH.* Perigonium corollinum, campanulato-cylindricum; limbo brevi, sexdentato. Stamina 6, hypogyna, filamenta exserta, alterna elongata. Ovarium triloculare. Ovula plurima, biseriata, horizontalia, anatropa. Stylus terminalis, filiformis; stigma obsolete trilobum. Capsula cartilaginea, ovata, obsolete trigona, trilocularis, septicido-trivalvis. Semina plurima, biseriata, horizontalia, angulata. . . . — *Herbae capenses, scapigerae; foliis radicalibus linearibus, canaliculatis, distichis, floribus spicato-racemosis, nutantibus.*

Kniphofia Mönch *meth. 631.* Tritoma Ker *in Bot. Mag. t. 744. 758. 764.* Bot. Reg. *t. 1745.* Tritomanthe Link *enum. I. 333.* Tritomium Link *Handb. I. 170.* Aletris sp. Linn. Andr. *Bot. Reposit. t. 54.* Veltheimiae sp. Willd. Redouté *Liliac. t. 184.* Aloes sp. Linn.

1115. Aloë *TOURNEF.* Perigonium corollinum, tubulosum, fundo nectariferum, sexfidum; limbo regulari patulo v. recurve bilabiato, laciniis ligulatis, exterioribus interiores subaequales v. longiores imbricatim obtegentibus. Stamina 6, hypogyna; filamenta adscendentia, subaequalia, inclusa v. exserta. Ovarium triloculare. Ovula plurima, biseriata, subhorizontalia, anatropa. Stylus terminalis, trigonus; stigma obsolete trilobum. Capsula scarioso-membranacea, teretiuscula v. trigona, trilocularis, loculicido-trivalvis. Semina plurima, biseriata, plano compressa v. angulata, testa membranacea, laxa, alata. Embryo axilis, albumine parum brevior, extremitate radiculari umbilico proxima. — *Plantae ut plurimum capenses, paucissimae africanae tropicae, asiaticae v. americanae; caudice plerumque frutescente, foliis succulentis, imbricatis, margine et superficie saepe spinosis, spicis racemisve axillaribus aut terminalibus, simplicibus aut ramosis.*

Aloë Tournef. *inst. t. 190.* Linn. *gen. n. 430.* Juss. *gen. 52.*

a) APICRA *Haw.* Perigonium regulare, cylindricum, limbi laciniis brevibus, conformibus, apice rotundatis, patulis. — *Suffrutices capenses, rigidissimi; foliis induratis, confertissimis, acutissimis, saepe spiraliter tortis, floribus erectis.*

Apicra Haworth *Suppl. 61. Philosoph. Magaz. 1824. Octob. p. 300.* Catevala Medik. *Theodor. 68.* (DC. *pl. gr. t. 45.* Jacq. *Fragm. t. 108. 109. 141.*)

b) HAWORTHIA *Duv.* Perigonii tubus rectus, limbus bilabiatus. Stamina perigonii basi adglutinata. Capsula costata. — *Fruticuli capenses, vix caulescentes, floribus erectis.*

Haworthia Duval *Pl. succ. hort. Alanç. p. 7.* Haworth *Synops. 90. suppl. 70. Philosoph. Magaz. 1824. Octob. p. 301.* Apicra Willd. *in Berl. Magaz. V. 271.* excl. sp. (Jacq. *Hort. schönbr. t. 422. Fragm. t. 112. f. 1.* DC. *Pl. gr. t. 16.* Bot. Reg. *t. 1353. 1354.* Bot. Mag. *t. 455. 756. 802. 814. 815. 1314. 1337. 1345. 1353. 1454. 1360. 1361. 1417. 1452.*)

c) GASTERIA *Duv.* Perigonii tubus curvus, basi ventricosus. Stamina perigonii basi adglutinata. Capsula subcostata. — *Fruticuli capenses, vix caulescentes, scapis remote spathaceo-bracteatis, floribus pendulis.*

Gasteria Duval *Pl. succ. hort. Alanç. p. 6.* Haworth *Synops. 83. Revis. 40. Philosoph. Mag. 1824. Oct. p. 282. 1827. Nov. p. 348.* (Jacq. f. *Eclog. t. 31.* DC. *Pl. gr. t. 63. 68. 91.* Bot. Mag. *t. 765. 837. 838. 979. 1322. 1331. 2304. 2369.*)

d) RHIPIDODENDRON *Willd.* Perigonii tubus rectus, basi aequalis, limbi laciniis oblongis, subconformibus, erectis. Stamina perigonio haud adglutinata. Capsula. . . . — *Capenses, caudice arboreo, dichotome-ramoso.*

Rhipidodendron Willd. *in Berl. Magaz. V. 164.* Haworth *Revis. 45.* Kumara Medik. *Theodor. 74. t. 4.* (DC. *Pl. gr. t. 75.* Bot. Mag. *t. 457.*)

e) BOWIEA *Haw.* Perigonium sexpartitum, laciniis subringenti-bilabiatis. Stamina cum stylo declinato flexuoso-adscendentia. Capsula. . . . — *Herbae capenses, succulentae.*

Bowiea Haworth *in Philosoph. Magaz. 1824. Octob. p. 299. 1826. p. 132.*

f) ALOE *Duv.* Perigonii tubus cylindraceus, rectus, limbus regularis. Stamina recta, perigonii basi adglutinata. Capsula subcostata. — *Herbae succulentae v. frutices, plerique capenses, pauci americani, nonnulli arabici, unus sinensis, caulibus floriferis spathaceo-bracteatis, floribus cernuis.*

Aloë Duval *Pl. succ. hort. Alanç. p. 6.* Haworth *Synops. 76. Revis. 203. Philosoph. Magaz. 1824. Octob. p. 298.* (DC. *Pl. gr. t. 15. 21. 27. 39. 44. 80. 85. 91.* Jacq. f. *Eclog. t.*

61. Bot. Mag. t. 457. 472. 513. 757. 828. 1270. 1278. 1306. 1323. 1332. 1346. 1355. 1362. 1415. 1460. 1474. Bot. Reg. t. 996.

g) PACHIDENDRON *Haw.* Perigonii tubulosi subincurvi limbus falcatim adsurgens. Stamina basi perigonii adglutinata. — *Arbusculae capenses, foliis terminalibus congestis, floribus in spica terminali nutantibus.*

Pachidendron Haworth *Revis.* 35. Bot. Mag. t. 2517. Agriodendron Haworth *l. c.* (DC. *Pl. gr.* t. 32. Bot. Mag. t. 1975.)

1116. Lomatophyllum *WILLD.* Perigonium corollinum, tubulosum, fundo siccum, sexpartitum; limbo regulari, laciniis exterioribus interiores subaequales imbricatim obtegentibus Stamina hypogyna; filamenta aequalia, inclusa. Ovarium triloculare. Ovula plurima. . . . Stylus filiformi-setaceus; stigma simplex. Bacca coriaceo-carnosa, trisulca, trilocularis. Semina plurima, oblonga, angulosa, horizontalia, testa cartilaginea, nigro-splendente. — *Plantae in insula Borbonia indigenae, palmoideo-arborescentes; foliis lanceolato-elongatis, in apice caudicis congestis, margine cartilagineis, spinuloso-serratis, pedunculis axillaribus paniculato-racemosis.*

Lomatophyllum Willd. *in Berl. Magaz. V.* 166. Phylloma Ker *in Bot. Mag.* t. 1585.

1117. Yucca *LINN.* Perigonium hexaphyllum; foliola aequilonga, interiora latiora, campanulato-conniventia, ima basi connata, marcescendo-persistentia. Stamina 6, perigonii foliolis basi inserta, filamenta brevia, plana, apice latiora. Ovarium triloculare. Ovula in loculis plurima, horizontalia, biseriata, anatropa; stigmata 3, sessilia, basi subconnata, apice patentia. Capsula oblonga, obtuse hexagona, subbaccata, vertice primum forata, demum loculicido-subtrivalvis, trilocularis, v. septis secundariis incomplete sexlocularis. Semina plurima, biseriata, v. septis secundariis interpositis discreta, uniseriata, horizontalia, obovata, compressiuscula. Testa coriacea, nigra. Embryo axilis, dimidio albumine brevior, extremitate radiculari umbilico proxima. — *Plantae in America tropica cis aequatorem, et in boreali calidiore indigenae; caudice saepius arborescente, interdum hypogaeo, foliis in apice caudicis confertis, lineari-lanceolatis, crassis, rigidis, margine saepius spinuloso-serrulatis, scapo e foliorum centro bracteato, paniculato.*

Yucca Linn. *gen. n.* 429. Juss. *gen.* 49. Gärtn. *II.* 54. t. 85. DC. *Pl. gr.* t. 20. Redouté *Liliac.* t. 277. 326. 327. 401. 402. Bot. Mag. t. 900. 1260. 1700. 2222. 2236. 2262. Bot. Reg. t. 1690. 1895.

SUBORDO IV. ASPHODELEAE. Perigonium tubulosum v. sexpartitum, regulare. Stamina 6, hypogyna v. perigonio inserta. Ovarium triloculare. Ovula plurima v. subdefinita, anatropa v. amphitropa. Fructus capsularis v. baccatus. Semina globosa v. angulata, testa crustacea atra. Embryo homotropus, rectus v. incurvus, radicula umbilicum spectante. — *Herbae radice bulbosa, fasciculato-fibrosa v. tuberosa.*

TRIBUS I. HYACINTHEAE. Perigonium tubulosum v. sexpartitum. Stamina perigonio inserta v. rarius hypogyna. Fructus capsularis. — *Radix bulbosa.*

1118. Muscari *TOURNEF.* Perigonium corollinum, globoso-tubulosum, fauce constricta, limbo brevissimo, sexdentato. Stamina 6, perigonii tubo inserta, filamenta filiformia brevissima, inclusa. Ovarium triloculare. Ovula pauca, subhorizontalia, anatropa. Stylus brevis rectus; stigma subtrigonum, papillosum. Capsula membranacea, acute triquetra, trilocularis, loculicido-trivalvis. Semina in loculis subbina, subglobosa, testa crustacea atra, umbilico nudo. Embryo axilis, dimidio albumine longior, extremitate radiculari umbilicum attingente. — *Herbae in Europa media et australi, in Asia media et mediterranea, nec non in Africa boreali indigenae, bulbosae, scapigerae; foliis radicalibus linearibus, racemo terminali simplici, floribus superioribus saepe sterilibus.*

Muscari Tournef. *inst.* t. 180. Desf. *atl. I.* 309. Bot. Reg. t. 1085. Nees jun. *gen. pl. fasc. IV.* t. 9. Hyacinthi sp. Linn. Jacq. *Fl. austr.* t. 126. 187. Bot. Mag. t. 157. Redouté *Liliac.* t. 132.

1119. Bellevalia *LAP.* Perigonium corollinum, angulato-campanulatum, semisexfidum, laciniis erectis, extus apice plicatis. Stamina 6, perigonii tubo inserta; filamenta basi dilatata, inclusa. Ovarium triloculare. Ovula pauca, horizontalia, anatropa. Stylus brevis, rectus; stigma acutum. Capsula membranacea, acute triquetra, trilocularis, loculicido-trivalvis. Semina in loculis pauca, subglobosa, testa crustacea atra, umbilico nudo. Embryo axilis, dimidio albumine longior, extremitate radiculari umbilico contigue parallela. — *Herba bulbosa in Europa australiore indigena; florum racemo simplici scapum terminante.*

Bellevalia Lapeyrouse *in Journ. de Phys. LXVII.* 425. t. 1. Nees jun. *gen. pl. fasc. IV.* t. 8. Hyacinthus romanus Linn. Sibth. *Fl. gr.* t. 340. Redouté *Liliac.* t. 334.

1120. Hyacinthus *LINN.* Perigonium corollinum, infundibuliformi-campanulatum; limbo sexfido, laciniis patentibus. Stamina 6, perigonii tubo inserta; filamenta brevissima, tubo adnata. Ovarium triloculare. Ovula in loculis pauca, horizontalia, anatropa. Stylus brevis, trisulcus; stigma obtusum. Capsula membranacea, triquetra, trilocularis, loculicido trivalvis. Semina in loculis bina, subglobosa, testa crustacea atra, umbilico carnoso-incrassato. Embryo axilis, dimidio albumine longior, extremitate radiculari umbilico proxima. — *Herbae in Europa australi, in Asia media et mediterranea indigenae, bulbosae, scapigerae; florum racemo terminali simplici*

Hyacinthus Linn. *gen. n.* 1427. excl. sp. pl. Redouté *Liliac.* t. 14. 465. Bot. Reg. t. 995. Nees jun. *gen. pl. fasc. IV.* t. 7.

1121. Veltheimia *GLED.* Perigonium corollinum, cylindraceo-tubulosum, limbo brevissimo, sexdentato. Stamina 6, medio tubo inserta; filamenta filiformia, inclusa. Ovarium triloculare. Ovula pauca, horizontalia, anatropa. Stylus subulato-filiformis, declinatus; stigma cuspidatum. Capsula diaphano-membranacea, alato-triquetra, loculicido-trivalvis. Semina in loculis subsolitaria, testa crustacea, atra. . . . — *Herbae capenses, bulbosae; foliis radicalibus lanceolatis, undulatis, racemo simplici scapum terminante, floribus nutantibus.*

Veltheimia Gleditsch *in Act. Berolin.* 1769. p. 66. Jacq. *Hort. schönbr.* t. 77. 78. Redouté *Liliac.* t. 193. 440. Bot. Mag. t. 1091. Aletris sp. Linn. Bot. Mag. t. 505.

1122. Uropetalum *KER.* Perigonium corollinum, infundibuliforme, profunde sexfidum, laciniis apice patentibus, interioribus brevioribus. Stamina 6, fauci imposita; filamenta basi dilatata, inclusa. **Ovarium** triloculare. **Ovula** plurima, uniseriata, horizontalia, anatropa. **Stylus** rectus, trigonus; **stigma** obtusinsculum. **Capsula** membranacea, acute triquetra, trilocularis, apice loculicido-dehiscens. **Semina** plurima, horizontalia, plano-compressa, **testa** crustacea, atra, endopleura crassa, spongiosa **Embryo** axilis, dimidio albumine longior, **extremitate radiculari** umbilico proxima. — *Herbae bulbosae, in Europa australi et in Capite bonae spei indigenae; racemo simplici scapum terminante, bracteis pedicellos superantibus.*

Uropetalum Ker *in Bot. Reg. t. 156. 974.* Nees jun. *Gen. pl. fasc. IV. t. 16.* Polemannia Berg. *in Linnaea I. 250.* Zuccagnia Thunb. *Fl. cap. 328.* Dipcadi Mönch *Suppl. 267.* Hyacinthi sp. Linn. Gärtn. *I. 38. t. 12.* Cav. *Ic. t. 30.* Jacq. *ic. rar. t. 66.* Redouté *Liliac. t. 202. 203.*

1123. Agraphis *LINK.* **Perigonium** corollinum, sexpartitum, **laciniis** campanulato-conniventibus, apice reflexo-patentibus **Stamina** 6, mediis perigonii laciniis inserta; **filamentis** adnato-decurrentibus, alternis saepe longioribus subexsertis. **Ovarium** triloculare. **Ovula** plurima, biseriata, horizontalia, anatropa. **Stylus** trigonus, rectus; **stigma** obtuse trigonum, papillosum. **Capsula** membranacea, obtuse trigona, trilocularis, apice loculicido-dehiscens. **Semina** pauca, subglobosa, **testa** crustacea, atra, **umbilico** nudo. **Embryo** axilis, **extremitate radiculari** umbilicum attingente. — *Herbae in Europa australi et in Capite bonae spei indigenae, bulbosae, floribus in racemo simplici scapum terminante nutantibus, pedicellis bibracteatis.*

Agraphis Link *Handb. III. 106.* Reichenbach *Fl. germ. 105.* Nees jun. *Gen. pl. fasc. IV. t. 12.* Hyacinthi sp. Linn. Scillae sp. Smith. Redouté *Liliac. t. 221. 355.* Bot. Mag. *t. 128. 1102. 1461.*

1124. Lachenalia *JACQ.* **Perigonium** corollinum, sexpartitum, **laciniis** campanulato-conniventibus, exterioribus brevioribus erectis, interioribus tenerioribus subinaequalibus, apice patentibus. **Stamina** 6, basi laciniarum perigonii inserta; **filamenta** filiformia, conniventi-adscendentia. **Ovarium** triloculare. **Ovula** plurima, biseriata, subhorizontalia, anatropa. **Stylus** subulatus, rectus; **stigma** obsolete trigonum. **Capsula** membranacea, alato-triquetra, trilocularis, apice loculicido-dehiscens. **Semina** pauca, subglobosa, atra ... — *Herbae capenses, bulbosae; foliis radicalibus geminis v. pluribus, racemo simplici scapum terminante, floribus ut plurimum cernuis, pedicellis unibracteatis.*

Lachenalia Jacq. *ic. rar. t. 381—404.* Schönbr. *t. 82. 83.* Bot. Mag. *t. 82. 314. 588. 590. 735. 745. 766. 817. 993. 1020. 1097. 1269. 1372. 1373. 1401. 1497. 1517. 1611. 1704.*

1125. Drimia *JACQ.* **Perigonium** corollinum, sexpartitum, **laciniis** aequalibus reflexis, apice cucullatis. **Stamina** 6, basi laciniarum perigonii inserta, **filamenta** basi dilatata, conniventia, tria superiora paullo breviora. **Ovarium** triloculare. **Ovula** plurima, biseriata, horizontalia, anatropa. **Stylus** rectus, trigonus; **stigma** obtusum, muricatum. **Capsula** membranacea, acute triquetra, apice loculicido-dehiscens. **Semina** pauca, subglobosa. ... — *Herbae capenses, bulbosae; foliis radicalibus oblongo-linearibus, racemo scapum (saepius praecocem) terminante simplici, pedicellis unibracteatis.*

Drimia Jacq. *ic. rar. t. 373.—377.* Jacq. f. *Eclog. t. 30.* Bot. Reg. *t. 1346.* Schrad. *Comment. Gölting. IV. p. 114.* Bot. Mag. *t. 643. 822. 1074. 1444* Lachenaliae sp. Jacq. *ic. rar. t. 402.* Andr. *Bot. Reposit. t. 291.* Bot. Mag. *t. 1360.*

1126. Massonia *LINN.* **Perigonium** corollinum, subhypocrateriforme, **tubo** subcylindrico, recto, **limbo** sexpartito, patente v. reflexo. **Stamina** 6, **coronae** cylindricae tubo continuae, integrae v. incompletae imposita; **filamenta** filiformia, alterna saepius longiora, exserta v. inclusa. **Ovarium** triloculare. **Ovula** plurima, biseriata, horizontalia, anatropa. **Stylus** subulatus, declinatus; **stigma** punctiforme, hirsutinsculum, v. obsolete trilobum. **Capsula** membranacea, diaphana, alato-triquetra, trilocularis, loculicido-trivalvis. **Semina** plurima, subglobosa, biseriata, **testa** crustacea, atra. — *Herbae capenses, bulbosae; foliis radicalibus paucis, saepe humo adpressis, rarius pluribus erectis, spica florum abbreviata, subumbellata, inter folia subsessili, involucro scarioso, multivalvi cincta.*

Massonia Linn. *gen. n. 1381.* Schult. fil. *syst. VII. 987.*

a) ASTEMMA Corona staminea subnulla. *Folia erecta.*

Massoniae sp. Redouté *Liliac. t. 386. 392.* Bot. Mag. *t. 554.* Mauhliae sp. Thunb. Agapanthi sp. Willd. Polianthis sp. Jacq. *ic. rar. t. 380.*

b) MASSONIA Corona staminea conspicua. *Folia bina, humi adpressa.*

Massoniae sp. Jacq. *Hort. Schönbr. t. 454—461.* Redouté *Liliac. t 183.* Bot. Mag. *t. 559. 736. 848.* Bot. Reg. *t. 694. 958.*

1127. Daubenya *LINDL.* **Perigonium** corollinum, tubulosum, **limbo** bilabiato, labio superiore tridentato, nano; inferiore majore tripartito. **Stamina** 6, fauci inserta; **filamenta** inaequalia, declinata, basi subconnata. **Ovarium** triloculare. **Ovula** plurima. ... **Stylus** filiformis; **stigma** capitatum. — *Herba capensis, bulbosa; foliis geminis oblongis, carnosiusculis, humi adpressis, umbellam sessilem sinu foventibus, floribus luteis radiato-umbellatis, labio inferiore in floribus radii maximo, in floribus disci depauperato.*

Daubenya Lindl. *in Bot. Reg. t. 1813.*

1128. Eucomis *HERIT.* **Perigonium** corollinum, sexpartitum, rotato-patens. **Stamina** 6, perigonii foliolis inserta; **filamenta** basi dilatata, **membrana** brevi ejusdem disco adnata, connexa. **Ovarium** triloculare. **Ovula** plurima, adscendentia, anatropa. **Stylus** setaceus, incurvus; **stigma** obsoletum. **Capsula** coriacea, alato-triquetra, trilocularis, loculicido-trivalvis. **Semina** in loculis pauca, adscendentia, **testa** crustacea, atra. ... — *Herbae capenses, bulbosae; foliis radicalibus paucis, lato-lanceolatis, racemo simplici scapum terminante, apice sterili comoso-folioso.*

Eucomis Herit. *Sert. angl. 17.* Redouté *Liliac. t. 175. 208.* Bot. Mag. *t. 840. 913. 1083. 1495. 1539.* Basilaea Juss. *gen. 52.*

1129. Cyanotris *RAF.* **Perigonium** corollinum, hexaphyllum, **foliola** aequalia, quinque superiora adscendentia, sexto deflexo. **Stamina** 6, hypogyna, aequalia; **filamenta** filiformia, adscendentia. **Ovarium** triloculare. **Ovula** in loculis plurima, anatropa. **Stylus** filiformis, declinatus; **stigma** obsolete tridentatum. **Capsula** membranacea, trilocularis, loculicido-trivalvis. **Semina** in loculis sena, subglobosa, **testa** nigra, nitida, **rhaphe** et **chalaza** corrugatis. ... — *Herba bulbosa, in America boreali indigena; foliis linearibus acuminatis, canaliculatis, racemo simplici scapum terminante, pedicellis scarioso-bracteatis, floribus caeruleo-purpurascentibus. — Bulbi ab Americae borealis autochtonibus edantur.*

Cyanotris Rafin. *in Americ. Monthl.* Magaz. *1819.* Camassia Lindl. *in Bot. Reg. t. 1486.* Phalangium Quamash Pursh.

1130. Scilla *LINN.* Perigonium corollinum, sexpartitum, campanulatum, rotato-patens. Stamina 6, perigonii laciniis basi inserta; filamenta aequalia, subulata. Ovarium triloculare. Ovula in loculis plurima, biseriata, horizontalia, anatropa. Stylus filiformis, rectus; stigma obtusum. Capsula obtuse trigona, trilocularis, loculicido-trivalvis. Semina in loculis pauca, horizontalia, subglobosa, testa crustacea, juxta rhaphen incrassata, atra v. pallescente-fusca. Embryo axilis, dimidii albuminis longitudine, extremitate radiculari umbilico parallele contigua. — *Herbae bulbosae, in Europa media, in regione mediterranea et Capite bonae spei obviae; racemo laxo scapum terminante, pedicellis bracteatis, floribus albis v. caeruleis.*

Scilla Linn. *gen. n. 419.* excl. sp. Nees jun. *gen. pl. fasc. IV. t. 11.* Jacq. *Fl. austr. t. 117. 210.* Waldst. et Kit. *pl. Hung. t. 189.* Redouté *Liliac. t. 106. 167. 190. 205. 298. 304. 317. 321.* Bot. Mag. *t. 663. 749. 1140. 1574. 1999. 2023. 2774.*

1131. Urginea *STEINH.* Perigonium corollinum, sexpartitum, patens. Stamina 6, perigonii laciniis basi inserta; filamenta aequalia, subulata. Ovarium triloculare. Ovula plurima, biseriata, adscendentia. Stylus filiformis, rectus; stigma obtusum. Capsula obtuse trigona, trilocularis, loculicido-trivalvis. Semina plurima, adscendentia, compressa, testa spongiosa, nigra, laxiuscula, rhaphe intra eandem libera, adscendente. Embryo axilis, dimidii albuminis longitudine, extremitate radiculari umbilico parallele contigua. — *Herbae in Europa et Africa mediterranea indigenae, bulbosae; racemo scapum terminante, pedicellis bibracteatis.*

Urginea Steinheil *in Annal. sc. nat. 1834. I. p. 321.* Nees jun. *gen. pl. fasc. X. t. 4.* — Stellaris Mönch *meth. 303.* Scilla maritima Linn.

1132. Ornithogalum *LINK.* Perigonium corollinum, hexaphyllum, foliolis patentibus. Stamina 6, hypogyna; filamenta subulata. Ovarium triloculare. Ovula in loculis plurima, biseriata, horizontalia, anatropa. Stylus triqueter, rectus. Stigma obtusum, trigonum. Capsula membranacea, obtuse trigona, trilocularis, apice loculicido-dehiscens. Semina in loculis pauca, subglobosa v. angulata, testa atra, rugosa, hinc rhaphe percursa. Embryo axilis, dimidii albuminis longitudine, extremitate radiculari umbilicum attingente. — *Herbae bulbosae, in Europa imprimis mediterranea et in Capite bonae spei indigenae; racemo corymboso scapum terminante, pedicellis bracteis membranaceis suffultis, floribus albis.*

Ornithogalum Link *Handb. I. 160.* Nees jun. *gen. pl. fasc. IV. t. 13.* Reichenbach *pl. crit. t. 265.* Ornithogali sp. Linn. Jacq. *Fl. austr. t. 103. 343. Hort. Schönbr. t. 91. Ic. rar. t. 423—438.*

1133. Albuca *LINN.* Perigonium corollinum, hexaphyllum v. sexpartitum, laciniis exterioribus patentibus, interioribus erectis, apice incrassato subfornicatis. Stamina 6, hypogyna, alterna saepius sterilia, filamenta basi alato-dilatata. Ovarium triloculare. Ovula. . . . Stylus pyramidatus; stigma trigonum, papilloso-hirtum. Capsula trilocularis, loculicido-trivalvis. . . . Semina plana, alata. . . . — *Herbae bulbosae, Ornithogali facie, in Capite bonae spei indigenae.* — *Genus reformandum.*

Albuca Linn. *gen. n. 416.* Jacq. *ic. rar. t. 63. 64. 439—446.* Redouté *Liliac. t. 21. 69. 70. 195.* Bot. Mag. *t. 720. 804. 871. 1046. 1329. 1481. 1656.* Bot. Reg. *t. 277. 311.*

1134. Myogalum *LINK.* Perigonium hexaphyllum, foliolis campanulato-conniventibus, aequalibus. Stamina 6, hypogyna, omnia fertilia; filamenta petaloideo-dilatata, marginibus alternatim imbricata, apice biloba, inter lobos antherifera. Ovarium triloculare. Ovula plurima, biseriata, horizontalia, anatropa. Stylus crassiusculus, rectus; stigma subincrassatum, obtuse trigonum, papillosum. Capsula carnosiuscula, obsolete trigona, trilocularis, loculicido-trivalvis. Semina in loculis pauca, horizontalia, subglobosa, testa atra, foveolata, ad rhaphen incrassata. Embryo axilis, dimidio albumine parum brevior, extremitate radiculari umbilico contigue parallela. — *Herba bulbosa, in Europa media et australi obvia; floribus in racemo scapum terminante albidis, nutantibus.*

Myogalum Link *Handb. I. 164.* Albucea Reichenb. *Consp. n. 1307. c. Flor. germ. p. 109.* Nees jun. *gen. pl. fasc. IV. t. 14.* Honorius Gray *Br. pl. II. 177.* Ornithogalum nutans Linn. Jacq. *Fl. austr. t. 301.* Hook. *Fl. Lond. t. 94.*

1135. Puschkinia *ADAMS.* Perigonium corollinum, sexpartitum, basi subcampanulatum, limbi patentis laciniis aequalibus. Stamina 6, filamenta in tubum cylindricum perigonii faucem coronantem connata, tubo apice sexlobo, lobis intus antheriferis. Ovarium triloculare. Ovula plurima, biseriata, horizontalia, anatropa. Stylus filiformis, rectus; stigma obtusum. Capsula. . . . — *Herba bulbosa, in jugis Ararat indigena, Scillae facie; foliis lanceolatis, racemo laxiusculo scapum terminante.*

Puschkinia Adams *in Nov. Act. Petrop. XIV. 164. t. B.* Bieberst. *Pl. ross. II. t. 91.* Bot. Mag. *t. 2244.* Lindl. *Collect. t. 24.* Adamsia Willd. *in Berl. Magaz. II. 16.*

1136. Barnardia *LINDL.* Perigonium corollinum, hexaphyllum, foliolis aequalibus, patentibus. Stamina 6, imis perigonii foliolis inserta; filamenta basi in alam ovatam dilatata. Ovarium triloculare. Ovula in loculis solitaria, e basi erecta. Stylus subulatus, rectus; stigma simplex. Capsula. . . . — *Herbae bulbosae, in China et Japonia indigenae, Scillae facie; foliis linearibus, cuspidatis, floribus racemosis, roseis.*

Barnardia Lindl. *in Bot. Reg. t. 1029.* Ornithogalum japonicum Thunb.

1137. Allium *LINN.* Perigonium corollinum, hexaphyllum v. sexpartitum, foliolis aequalibus, patentibus v. campanulato-conniventibus. Stamina 6, imis perigonii foliolis inserta; filamenta filiformia, aut basi dilatata subcohaerentia, alterna interdum complanata, apice tridentata, dente intermedio anthérifero. Ovarium triloculare, v. septis obsoletis uniloculare. Ovula pauca, placentae subbasilari affixa, amphitropa. Stylus filiformis; stigma simplex. Capsula membranacea, trigona, v. vertice depressiuscula triloba, trilocularis, v. unilocularis, loculicido-trivalvis, stylo super placentam brevissimam columnarem persistente. Semina in loculis subbina v. solitaria, ovato-reniformia, umbilico ventrali, testa atra, rugosa. Embryo in axi albuminis, homotropus, subfalcatus, extremitate radiculari umbilico approximata. — *Herbae bulbosae, olidae, sed mortalibus plurimis gratae, et maximi in oeconomia gentium nonnullarum momenti, in zona temperatu hemisphaerae borealis obviae, in regione mediterranea, Europa orientali et finitima Asia imprimis copiosae, in hemisphaerio australi rarae, inter tropicos in summis montibus rarissimae; caulibus foliosis simplicibus, v. saepius nudis, solidis v. fistulosis, foliis* *semi-cylindricis v. teretibus, plerumque cavis, interdum planis, florum umbella terminali, spatha unibivalvi v. varius multifida cincta, pedicellis bracteolatis, ovariis saepissime in bulbillos mutatis.*

Allium Linn. *gen. n. 409.* Juss. *gen. p. 53.* Haller *Monograph. Götting. 745. 4.* Treviranus *Monograph. All.* Wratisl. 1822. 4. Don *in Mem. Wern. soc. VI. 1—102.*

a) MOLY *Mönch.* Stamina omnia aequalia, filiformia v. subulata. Ovarium triloculare.

Moly Mönch. meth. *p. 286.* Mönchia Medik. *in Act. Academ. Palat. VI. 343.* Saturnia Maratti *Diss. 18.* Allium Tournef. *inst. t. 206.* Redouté *Liliac. t. 72. 102. 213. 256 300.* Reichenb. *Pl. crit. t. 615. 659. 671.* Nees jun. *Gen. pl. fasc. IV. t. 16.*

b) OPHIOSCORODON *Wallr.* Stamina omnia aequalia, subulata. Ovarium uniloculare.

Ophioscorodon Wallr *Sched. crit. I. 129.* Allium ursinum Linn. Redouté *Liliac. t. 305.* E. B. *t. 122.*

c) CODONOPRASUM *Reichenb.* Stamina omnia aequalia, basi in annulum perigonii foliola connectentem connata. Ovarium triloculare.

Codonoprasum Reichenb. *Fl. germ. 114.* Gethiojdes Columna *Ecphr. II. t. 7. f. 2.* (Redouté *Liliac. t. 110. 272. 316. 352. 368.* Reichenb. *Pl. crit. t. 601. 602. 603. 604. 616. 617.*)

d) SCHOENOPRASUM *Kunth.* Stamina alterna tricuspidata, dente medio antherifero. Ovarium triloculare.

Schoenoprasum Kunth *in Humb. et Bonpl. nov. gen. et sp. III. 277.* Porrum Tournef. *inst. t. 204.* Cepa Tournef. *inst. t. 205.* Scorodoprasum Micheli *Nov. gen. t. 24. f. 2.* (Gärtn. *t. 16. f. 2.* Sibth. *Fl. graec. t. 312. 316.* Redouté *Liliac. t. 385. 391.* Gaudin. *Fl. Helv. II. t. 10. 11.* Nees jun. *Gen. pl. fasc. IV. t. 17.*)

TRIBUS II. ANTHERICEAE. Perigonium patens. Ovula plerumque amphitropa. Fructus capsularis. *Radix fibrosa v. tuberosa.*

1138. Sowerbaea *SMITH.* Perigonium corollinum, sexpartitum, laciniis aequalibus, patentibus. Stamina 6, imo perigonio inserta, tria laciniis exterioribus opposita sterilia; filamenta filiformia, glabra. Ovarium triloculare. Ovula in loculis 2, peltata. . . . Stylus filiformis, persistens; stigma simplex. Capsula membranacea, trilocularis, loculicido-trivalvis. Semina in loculis subsolitaria, peltata. — *Herba perennis, in Nova Hollandia orientali extratropica indigena; radice fascicalato-fibrosa, foliis radicalibus filiformibus, basibus dilatatis, scariosis, distiche equitantibus, supra in stipulam intrafoliaceam solutam productis, scapo simplicissimo, nudo, umbella congesta capituliformi, bracteis membranaceis, exterioribus integris subscriecis, interioribus lacero-multifidis, pedicellis sensim erumpentibus, apice cum perigonio roseo articulatis.*

Sowerbaea Smith *in Linn. Transact. V. 160. t. 6.* Andr. *Bot. Reposit. t. 81.* Ker *in Bot. Mag. t. 1104.* R. Brown *prodr. 285.* Redouté *Liliac. t. 341.*

1139. Anemarrhena *BUNG.* Perigonium corollinum, hexaphyllum, foliola oblongo-linearia, canaliculata, interiora paullo breviora et latiora. Stamina 3; filamenta nulla, antherae perigonii foliolis interioribus medio inserta. Ovarium triloculare. . . . Stylus filiformis; stigma simplex. Capsula hexagona, trilocularis, loculicido-trivalvis. Semina in loculis 1—2, oblonga, subalato-tri-tetraquetra, nigra. . . . — *Herba Asphodeli facie, in summis Chinae borealis montibus reperta; rhizomate horizontali, repente, foliis radicalibus lanceolato-linearibus, acuminatissimis, caule inferne foliis latis subulatis, superne bracteis hyalinis vestito, racemo terminali simplici, elongato, floribus glomerato-sparsis, subsessilibus, bractea suffultis, minutis, lilacinis.*

Anemarrhena Bunge *Enum. pl. Chin. boreal. 66.*

1140. Eremurus *BIEBERST.* Perigonium corollinum, hexaphyllum, foliola aequalia, patentia, mox involuta. Stamina 6, hypogyna; filamenta filiformia, glabra, primum induplicata, demum exserta, elongata. Ovarium triloculare. Ovula in loculis 2, collateralia, amphitropa. Stylus filiformis, reflexus; stigma simplex. Capsula membranacea, subglobosa, trilocularis, loculicido-trivalvis. Semina in loculis 2, triquetra, testa crustacea atra, laevi, umbilico ventrali lineari. Embryo axilis, umbilico parallelus, albuminis longitudine, extremitate radiculari infera. — *Herba taurico-caucasica; radice e fibris crassis fasciculata, foliis radicalibus linearibus, scapo nudo, florum racemo elongato.*

Eremurus Bieberst. *Pl. ross. II. t. 61.* Asphodelus altaicus Pallas *Act. petrop. 1779. p. 258. t. 10.*

1141. Asphodelus *LINN.* Perigonium corollinum, hexaphyllum, foliola aequalia, patentia. Stamina 6, hypogyna, alterna breviora; filamenta basi fornicato-dilatata, declinato-adscendentia. Ovarium triloculare. Ovula in loculis 2, collateralia, amphitropa. Stylus filiformis v. subclavatus; stigma capitato-trilobum. Capsula membranacea, subglobosa, trilocularis, loculicido-trivalvis. Semina in loculis 2, v. abortu solitaria, triquetra, testa crustacea atra, transversim rugosa, umbilico ventrali, lineari. Embryo axilis, umbilico parallelus, albuminis longitudine, extremitate radiculari infera. — *Herbae perennes, Europam australiorem incolentes; radice fibroso-fasciculata, fibris saepe tuberoso-incrassatis, foliis radicalibus subulatis, triquetris, v. lineari-lanceolatis, floribus in scapo simplici v. ramoso nudo laxe racemosis, bracteatis, albis.*

Asphodelus Linn. *gen. n. 421.* excl. sp. Sibthorp. *Fl. graec. t. 334. 335.* Redouté *Liliac. t. 178.* Reichenb. *Fl. germ. 117.* Nees jun. *Gen. pl. fasc. IV. t. 20.* Asphodeloides Mönch *meth. p. 634.*

1142. Asphodeline *REICHENB.* Perigonium corollinum, sexpartitum, tubo brevissimo, subgloboso, limbi laciniis reflexo patentibus. Stamina 6, perigonii tubo inserta, alterna breviora; filamenta basi fornicato-dilatata, supra basim geniculata, adscendentia. Ovarium triloculare. Ovula in loculis 2, collateralia, amphitropa. Stylus filiformis; stigma simplex. Capsula carnosa, trilocularis, loculicido-trivalvis. Semina in loculis 2, triquetra, testa crustacea, fuscescente, umbilico ventrali, lineari. Embryo axilis, umbilico parallelus, albuminis longitudine, extremitate radiculari infera. — *Herbae in Europa australi indigenae, perennes; radice e tuberibus oblongis, fasciculatis, caule dense folioso, foliis subulato-triquetris, brevibus, basi lata vaginantibus, floribus flavis v. albis, in racemum simplicem, densum dispositis, bracteatis.*

Asphodeline Reichenb. *Fl. germ. 116.* Nees jun. *Gen. pl. fasc. IV. t. 1.* Asphodeli sp. Linn. Jacq. *Hort. Vindob. t. 77.* Jacq. f. *Eclog. t. 77.* Redouté *Liliac. t. 223.* Bot. Mag. *t. 773. 2626.*

1143. Hemerocallis *LINN.* Perigonium corollinum, infundibuliforme, tubo brevi, limbo sexpartito, patente. Stamina 6, fauci inserta, filamenta filiformia, declinato-adscendentia. Ovarium triloculare. Ovula in loculis plurima, biseriata, horizontalia, anatropa. Stylus filiformis, cum staminibus adscendens; stigma subcapitatum. Capsula carnoso-coriacea, obtuse trigona, trilocularis, loculicido-trivalvis. Semina in loculis pauca, angulato-subglobosa, testa crustacea, atra, hinc rhaphe percursa. Embryo axilis, dimidio albumine longior, extremitate radiculari umbilicum attingente. — *Herbae in Europa occidentali et in Asia media indigenae; foliis linearibus carinatis, scapo radicali ramoso, floribus magnis, flavis.*

Hemerocallis Linn. *gen. n. 433.* excl. sp. Gärtn. *II. 14. t. 83.* Jacq. *Hort. Vindob. t. 139.* Bot. Mag. *t. 19. 64. 873.* Andr. *Bot. Reposit. t. 244.* Redouté *Liliac. t. 15. 16.* Lilio-Asphodelus Tournef. *inst. t. 179.*

1144. Cyanella *LINN.* Perigonium corollinum, sexpartitum, foliola aequalia, subbilabiato-inflexa. Stamina 6, imo perigonio inserta; filamenta glabra, quinque superiora filiformia adscendentia, sextum complanatum, propendens, anthera difformi. Ovarium triloculare. Ovula plurima. . . . Stylus filiformis, geniculato-adscendens; stigma simplex. Capsula membranacea, subgloboso-trigona, farcto-nodulosa, trilocularis, loculicido-trivalvis. Semina plurima, angulata. . . . — *Herbae capenses; radice tuberoso-bulbosa; foliis radicalibus lanceolato-ellipticis v. linearibus, basi vaginantibus, scapo ramoso, floribus racemosis, bracteatis, caeruleis v. flavis.* — *Genus dubiae affinitatis, recognoscendum.*

Cyanella Linn. *gen. n. 240.* Jacq. *Hort. Vindob. t. 35. Ic. rar. t. 447.* Redouté *Liliac. t. 373.* Bot. Mag. *t. 568. 1252.*

1145. Anthericum *LINN.* Perigonium corollinum, hexaphyllum, foliola aequalia, patentia v. campanulato-conniventia. Stamina 6, hypogyna; filamenta filiformia, glabra v. barbata. Ovarium triloculare. Ovula in loculis plurima, biseriata, amphitropa. Stylus filiformis, declinato-adscendens; stigma subcapitatum, obtusum. Capsula membranacea, subglobosa, trilocularis, loculicido-trivalvis. Semina in loculis pauca, angulata, dorso convexa, testa crustacea, atra, punctato-rugosa. Embryo axilis, parum curvatus, albuminis longitudine, extremitate radiculari incrassata, infera. — *Herbae in Europa media et australi, in Nova Hollandia et in Capite bonae spei indigenae; radicibus fasciculato-fibrosis, foliis radicalibus filiformibus, v. lineari-lanceolatis, interdum carnosis, saepe pilosis, floribus in scapo radicali racemosis v. paniculatis, albis, pedicellis articulatis.*

Anthericum Linn. *gen. n. 422.*

a) ANTHERICUM *Schult.* Perigonium patens. Stamina glabra.

Anthericum Schult. f. *syst. VII. n. 1394.* Phalangium Juss. *gen. 52.* Redouté *Liliac. t. 269. 287.* Antherici sp. Linn. Jacq. *Fl. austr. t. 161. Hort. Vindob. t. 83.* Gärtn. *I. 55. t. 16.* Nees jun. *Gen. pl. fasc. IV. t. 18.*

b) CZACKIA *Andr.* Perigonium campanulato-conniveus. Stamina glabra.

Czackia Andr. *Dissert. Krziem. 1818. 4to.* c. ic. Nees jun. *Gen. pl. fasc. VI. t. 2.* Allobrogia Tratt. *Fl. austr. 184.* Liliastrum Link *Handb. II. 173.* Anthericum Liliastrum Linn. Redouté *Liliac. t. 255.*

c) BULBINE *Linn.* Perigonium patens. Stamina omnia v. alterna barbata.

Bulbine Linn. *Hort. Cliff. 122.* Willd. *Enum. 372.* Anthericum Juss. *gen. 52.* R. Brown *prodr. 273.* Antherici sp. Jacq. *Ic. rar. t. 403—409. Hort. Vindob. t. 181.* Redouté *Liliac. t. 283. 379. 423.* DC. *Pl. gr. t. 8. 14. 36.* Bot. Mag. *t. 816. 1317. 1451. 1454. 3017. 3124.*

1146. Arthropodium *R. BR.* Perigonium corollinum, sexpartitum, foliola patentia, tria interiora margine undulata v. fimbriata. Stamina 6, imo perigonio inserta; filamenta barbata. Ovarium triloculare. Ovula in loculis plurima. . . . Stylus filiformis; stigma hispidulum. Capsula membranacea, subglobosa, trilocularis, loculicido-trivalvis. Semina pauca, subangulata, umbilico nudo. . . . Embryo curvatus. — *Herbae australasicae extratropicae, glabrae; radice e fibris fasciculatis crassis, v. e bulbis pedicellatis composita, foliis linearibus flaccidis, racemis laxis, pedicellis aggregatis v. solitariis, medio articulatis, floribus pendulis, purpurascentibus v. albidis, perigonio post anthesim conniventе, mox supra basim persistentem cyathiformem circumscisso.*

Arthropodium R. Brown *prodr. 276.* Bot. Mag. *t. 1421. 2350.* Bot. Reg. *t. 709. 866.* Antherici sp. Redouté *Liliac. t. 58.* Phalangii sp. Redouté *t. 360.*

1147. Chlorophytum *KER.* Perigonium corollinum, sexpartitum, patens. Stamina 6, hypogyna; filamenta filiformia, glabra. Ovarium triloculare. Ovula plurima, biseriata, amphitropa. Stylus filiformis, rectus; stigma capitellatum. Capsula membranacea, lobato-triquetra, trilocularis, loculicido-trivalvis. Semina in loculis 2—4, reniformia, compressa, testa crustacea, atra, umbilico ventrali. Embryo axilis, parum incurvus, extremitate radiculari infera. — *Herbae in Africa et Australasia tropica, nec non in Capite bonae spei indigenae; radicibus fasciculatis, fibris saepius carnosis, foliis radicalibus linearibus v. lanceolatis, nervosis, racemis simplicibus v. paniculatis, bracteatis, albis, pedicellis medio articulatis.*

Chlorophytum Ker *in Bot. Mag. t. 1071. 1223.* R. Brown *prodr. 277.* Lindl. *in Bot. Reg. t. 813.* Phalangii sp. Redouté *Liliac. t. 191.* Asphodeli sp. Linn. Mill. *Ic. t. 56.* Hartwegia Nees *in N. A. N. C. XVII. 372.*

1148. Trichopetalum *LINDL.* Perigonium corollinum, sexpartitum, laciniis recurvato-patentibus, tribus interioribus fimbriato-barbatis. Stamina 6, imo perigonio inserta; filamenta filiformia, glabra. Ovarium triloculare. Ovula plurima, biseriata, amphitropa. Stylus filiformis, rectus; stigma obtusum, obsolete trigonum. Capsula membranacea, oblonga, trigona, trilocularis, loculicido-trivalvis. Semina plurima, reniformia, compressa, testa crustacea, atra, umbilico ventrali. Embryo axilis, parum incurvus, extremitate radiculari infera — *Herbae chilenses; radicibus fasciculatis, carnosis, foliis lineari-ensiformibus gramineis, floribus albis, extus herbaceis, subsolitariis, racemosis v. spicatim paniculatis.*

Trichopetalum Lindl. *in Bot. Reg. t. 1535.* Bottionaea Colla *Plant. Chil. I. 7. t. 1.* Anthericum plumosum Ruiz et Pavon *Fl. peruv. t. 300. f. 6.* Bot. Mag. *t. 3084.*

1149. Stypandra *R. BR.* Perigonium corollinum, sexpartitum, foliola patentia, aequalia. Stamina 6, imo perigonio inserta; filamenta basi attenuata, curvata, glabra, apice stupposo-barbata. Ovarium triloculare. Ovula in loculis plurima. . . . Stylus filiformis; stigma simplex. Capsula membranacea, subglobosa, trilocularis, loculicido-trivalvis. Semina pauca, ovalia, laevia, umbilico nudo. . . . Embryo rectus. . . . — *Herbae australasicae extratropicae, perennes; rhizomate repente, foliis lineari-ensiformibus strictis, basi semivaginantibus, floribus paniculato-corymbosis, caeruleis v. albicantibus, pedicellis cum perigonio articulatis, antheris demum revolutis.*

Stypandra R. Brown *prodr. 278.* — ? Antherici sp. Ruiz et Pavon *Fl. peruv. t. 299. f. a.*

1150. Thysanotus *R. BR.* Perigonium corollinum, sexpartitum, laciniis patentibus, tribus interioribus latioribus, fimbriato-ciliatis. Stamina 6, vel rarius 3, hypogyna v. imo perigonio inserta; filamenta filiformia, adscendentia, glabra, antherae lineares, interiores saepius elongatae, reclinatae. Ovarium triloculare. Ovula in loculis bina, superposita, anatropa, inferius erectum, superius pendulum. Stylus filiformis, declinatus; stigma simplex. Capsula oblonga, trilocularis, loculicido-trivalvis. Semina in loculis 2, ovata, compressiuscula, alterum erectum, alterum pendulum, testa crustacea, atra, funiculo brevi, basi in rhaphen introrsum lateralem transeunte, strophiolo cyathiformi cincto. Embryo excentricus, subfalcatus, in seminis latere rhaphe opposita, extremitate radiculari umbilicum attingente. — *Herbae perennes, in Nova-Hollandia, imprimis meridionali indigenae; radicibus fibrosis v. e bulbis carnosis, fasciculatis composita, foliis angaste-linearibus, saepius canaliculatis, nunc filiformibus v. abbreviatis, floribus terminalibus umbellatis, rarius sparsis, pedicellis medio articulatis, perigonio extus herbaceo, intus caerulescente.*

Thysanotus R. Brown *prodr.* 282. Bot. Reg. *t.* 655. 656. Chlamysporum Salisb. *Parad. t.* 103. Ornithogali sp. Labill. *Nov. Holl. t.* 109. 110. (Structura ovuli e Th. junceo, seminis et embryonis in Th. dichotomo et volubili observata.)

1151. Caesia *R. BR.* Perigonium corollinum, sexpartitum, foliola patentia, aequalia. Stamina 6, imo perigonio inserta; filamenta utrinque angustata, glabra. Ovarium triloculare. Ovula in loculis bina, collateralia, e basi erecta, anatropa. Stylus filiformis; stigma simplex. Capsula trilocularis, evalvis, apice toroso-lobata, interdum abortu unilocularis, clavata. Semina in loculis bina v. abortu solitaria, e basi erecta, ovata, testa crustacea, atra, umbilico basilari strophiolato. Embryo. . . . — *Herbae in Nova Hollandia tropica orientali, meridionali, et in insula Diemen indigenae; radice fasciculata, e fibris crassiusculis tuberibusve oblongis, saepius annua, foliis gramineis, racemis divisis v. simplicibus, pedicellis aggregatis v. solitariis, cum perigonio articulatis, floribus albicantibus v. caeruleis, erectis v. rarissime nutantibus, perigoniis defloratis spiraliter convolatis, mox decidais.*

Caesia R. Brown *prodr.* 277.

1152. Chloopsis *BLUM.* Perigonium corollinum, sexpartitum, foliola patentia, aequalia. Stamina 6, imo perigonio inserta; filamenta complanata, glabra. Ovarium triloculare. Ovula in loculis bina, collateralia, erecta. . . . Stylus subulatus; stigma obsolete-tricuspidatum. Capsula evalvis, alte sexloba, abortu bitriloba, lobis subglobosis, carnosis. Semina in loculis solitaria, subglobosa. . . . Embryo basilaris. . . . — *Herbae javanicae, subacaules, glabrae; radice fibrosa, foliis fasciculatis, gramineis, nervosis, floribus racemosis, azareis, pedicellis medio articulatis, perigonio marcescente.* — *Genus imperfecte cognitum, an satis a praecedente distinctam?*

Chloopsis Blume *Enum. pl. Jav. I.* 14. Schult. fil. *Syst. VII.* 1691.

1153. Tricoryne *R. BR.* Perigonium corollinum, sexpartitum, foliola aequalia, patentia. Stamina 6, imo perigonio inserta; filamenta filiformia, penicillato-barbata. Ovarium trilobum, lobis basi stylo junctis. Ovula in loculis bina, collateralia, e basi erecta, anatropa. Stylus filiformis; stigma simplex. Carpidia 3, v. abortu pauciora, clavata, evalvia, monosperma. Semina in loculis solitaria, erecta, ovata, testa crustacea, atra, umbilico basilari nudo. Embryo axilis, dimidii albuminis longitudine, extremitate radiculari umbilicum attingente. — *Herbae in Novae Hollandiae ora tropica, orientali et australi repertae; radice fibrosa, annua v. saepius perenni, foliis gramineis angustis, caule saepius ramoso, ramis stipula introrsum laterali auctis, floribus umbellatis, erectis, flavis, perigoniis cum pedicello articulatis, defloratis spiraliter convolatis, mox deciduis.*

Tricoryne R. Brown *prodr.* 278. Ferd. Bauer *Illustr. pl. Nov. Holl. t.* 11.

GENERA ANTHERICEIS AFFINIA.

* CONANTHEREAE.

1154. Zephyra *DON.* Perigonium corollinum, hypocrateriforme, tubo cylindraceo ovarii basi adhaerente, limbi sexpartiti laciniis patentibus. Stamina 6, perigonii fauci inserta, 2 sterilia, longiora; filamenta compressa, glabra, antherae basifixae, distinctae, loculo altero basi productiore, apice poro gemino dehiscentes. Ovarium semiadhaerens, triloculare. Ovula in loculis plurima. Stylus filiformis. Stigma simplex. Fructus. . . — *Herba peruviana; caulibus erectis ramosis, glabris, basi foliorum rudimentis scariosis obvolutis, floribus paniculatis, azureis, pedicellis filiformibus, bracteatis, summo apice dilatato cum perigonio articulatis, perigonii tubo supra basim cum ovarii parte inferiore cohaerente, circumscisse deciduo.*

Zephyra Don *in Edinb. new philosoph. Journ. July* 1832. *p.* 236.

1155. Cummingia *DON.* Perigonium corollinum, campanulatum, tubo ovarii basi adhaerente, limbi sexpartiti laciniis patentibus. Stamina 6, perigonii tubo inserta; filamenta compressa, brevissima, glabra, antherae basifixae; conniventes, loculo altero basi productiore, apice bisetae, poro simplici apertae. Ovarium semiadhaerens, triloculare Ovula plurima, amphitropa. . . . Stylus subulatus; stigma simplex. Capsula membranacea, trilocularis, loculicido-trivalvis. Semina in loculis pauca, angulata, testa membranacea, cellulosa, fusca, umbilico ventrali lineari. Embryo axilis, umbilico parallelus, extremitate radiculari infera. — *Herbae chilenses; tabere bulboso, fibrose tunicato, foliis lineari-lanceolatis, nervosis, scapo ramoso bracteato, floribus paniculatis caeruleis, nutantibus, perigonii tubo cam ovarii basi cohaerente, mox supra eandem circumscisse decidao.* — *An genus satis a sequente distinctum?*

Cummingia Don *in Loudon's Magaz. of nat. hist.* 1828. *Nov. p.* 362. *f.* 169. *a.* Sweet *Brit. Fl. Gard. t.* 88. Conantherae sp. Hook. *exot. Fl. t.* 214. Bot. Mag. *t.* 2476. Bot. Reg. *t.* 1193.

1156. Conanthera *RUIZ et PAV.* Perigonium corollinum, sexpartitum, basi ovarii adhaerens, laciniis reflexo-patentibus. Stamina 6, imo perigonio inserta; filamenta compressa, brevissima, glabra, antherae basifixae, in conum conniventes, loculo altero basi productiore, apice unisetae, poro simplici apertae. Ovarium semiadhaerens, triloculare. Ovula plurima. . . . Stylus filiformis; stigma simplex. Capsula oblongo-globosa, trilocularis, loculicido-trivalvis. Semina pauca, subglobosa. . . . — *Herbae chilenses; tuberc bulboso, fibrose tunicato, foliis lineari-lanceolatis, nervosis, scapo ramoso, bracteato, floribus caeruleis, paniculatis, perigonio post anthesim spiraliter convoluto, mox supra basim cum ovario cohaerentem circumscisse deciduo. — An genus Arthropodio proximum?*

Conanthera Ruiz et Pav. *Fl. peruv. III. 68. t. 301.*

1157. Pasithea *DON.* Perigonium corollinum, sexpartitum, basi cum ovario cohaerens, laciniis reflexo-patentibus. Stamina 6, imo perigonio inserta; filamenta subulata, glabra, antherae incumbentes, longitudinaliter dehiscentes. Ovarium cum perigonii basi cohaerens, triloculare. Ovula plurima. . . . Stylus filiformis; stigma trifidum, lobis recurvis. Fructus. . . . — *Herbae chilenses; radice fasciculato-fibrosa, caule ramoso, glabro, foliis radicalibus lineari-lanceolatis, distichis, floribus cyaneis, diffuse paniculatis, perigoniis post anthesim spiraliter convolutis, mox supra basim cum ovario cohaerentem circumscissis.*

Pasithea Don *in Edinb. new philosoph. Magaz. July 1832. p. 236.* Anthericum caeruleum Ruiz et Pav. *Fl. peruv. III. 67. t. 299. f. 6.*

1158. Echeandia *ORTEG.* Perigonium corollinum, hexaphyllum, foliola patentia, interiora majora. Stamina 6, imo perigonio inserta, filamenta clavata, hispidula, antherae basifixae, in conum connatae, intus longitudinaliter dehiscentes. Ovarium liberum, triloculare. Ovula plurima, biseriata, anatropa. Stylus filiformis, medio articulatus, stigma subglobosum. Capsula subglobosa, membranacea, trilocularis, loculicido-trivalvis. Semina plurima, orbiculata, compressa, testa membranacea, atra. . . . — *Herba mexicana; radice fibroso-fasciculata, foliis radicalibus lineari-ensiformibus, basi vaginantibus, scapo simplicissimo, racemo elongato, laxo, terminali, floribus flavis nutantibus, binis ternisve ex eadem bractea. — Genus Conantherae haud nimis propinquum, sed quo ad verum affinitatem omnino dubium.*

Echeandia Ortega *Dec. pl. 90.* DC. et Redouté *Liliac. t. 313.* Conantherae sp. Pers., Link et Otto *Ic. rar. t. 33.* Antherici sp. Cav. *Ic. t. 241.*

** TULBAGHIEAE.

1159. Tulbaghia *LINN.* Perigonium corollinum, urceolato-infundibuliforme, tubo cylindrico, limbi sexfidi laciniis aequalibus patentibus. Corona faucis triphylla, foliolis bifidis, distinctis v. in annulum connatis. Stamina 6, tria fauci, tria tubo inserta, filamentis brevissimis. Ovarium triloculare Ovula. . . . Stylus teres; stigma turbinatum, depressum. Capsula perigonio fauce constricto vestita, membranacea, ovata, trigona, trilocularis, loculicido-trivalvis. Semina in loculis 2, superposita, triquetra, testa crustacea, atra, umbilico ventrali. Embryo axilis, subsigmoideus, albuminis longitudine. — *Herbae capenses, Allii odore; radice e fibris tuberoso-incrassatis, fasciculatis, foliis radicalibus linearibus v. filiformibus, florum umbella scapum simplicissimum terminante spathaceo-bibracteata.*

Tulbaghia Linn. *gen. n. 1300.* Juss. *gen. p. 54.* Gärtn. *I. 57. t. 16.* Bot. Mag. *t. 806.*

TRIBUS III. ASPARAGEAE. Perigonium patens v. rarissime tubulosum. Fructus baccatus. Semina umbilico saepius strophiolato. — *Herbae, frutices v. arbores; radice tuberosa v. fibrosa.*

1160. Dianella *LAM.* Perigonium corollinum, sexpartitum, aequale, patens. Stamina 6, imo perigonio inserta; filamenta curvata, apice incrassata, stupposa, antherae basifixae, lineares, strictae. Ovarium triloculare. Ovula plurima, anatropa. Stylus filiformis; stigma simplex. Bacca globosa, polysperma. Semina ovalia, testa crustacea, atra, splendente, umbilico nudo. Embryo rectus, minimus, in basi albuminis. — *Herbae perennes, in Asia tropica et in Nova Hollandia intra et extra tropicos indigenae; radice fibrosa, foliis gramineis elongatis, basi semivaginantibus, floribus paniculatis baccisque caeruleis, pedicellis cernuis, juxta apicem articulatis, basi bracteola unilaterali stipatis.*

Dianella Lam. *Illustr. t. 250.* Jacq. *Hort. Schönbr. t. 94.* Redouté *Liliac. t. 179* Bot. Mag. *t. 505. 1408.* Bot. Reg. *t. 743. 751.* Diana Commers. *msc.* Dracaenae sp. Linn. Gärt. *t. 16. f. 4.* — Excremis Willd. *msc.* ex Schult. *Syst. VII. 354.* Dianella dubia Kunth *in Humb. et Bonpl. nov. gen. et sp. t. 675.* habitu et patria magis quam characteribus diferre videtur.

1161. Rhuacophila *BLUM.* Perigonium corollinum, sexpartitum, patens, foliola subaequalia, apice pubescentia. Stamina 6, hypogyna; filamenta utrinque angustata, antherae basifixae, lineares, strictae. Ovarium quadriloculare. Ovula. . . . Stylus quadrisulcus; stigma obtusum. Capsula subglobosa, tri-quadrisulca, tri-quadrilocularis. Semina plurima, parva, testa. . . . umbilico strophiolato. Embryo umbilico approximatus. — *Suffrutices ramosi, circa Moluccarum crateres vulcanicos reperti; radicibus fibrosis, foliis gramineis, lineari-elongatis, subcarinatis, distichis, nervoso-striatis, pedunculis axillaribus et terminalibus divisis, pedicellis subfasciculatis, versus basim unibracteatis, cum perigonio articulatis, floribus caeruleis.*

Rhuacophila Blume *Enum. pl. Jav. I. 13.* Schult. f. *Syst. VII. 1672.*

1162. Eustrephus *R. BR.* Perigonium corollinum, sexpartitum, patens, foliolis interioribus fimbriatis. Stamina 6, hypogyna; filamenta brevissima, distincta v. basi connata, antherae basifixae, lineares, strictae. Ovarium triloculare. Ovula plurima, amphitropa. Stylus filiformis; stigma trigonum. Capsula baccata, trilocularis, loculicido-trivalvis. Semina plura, angulato-subglobosa, testa crustacea, atra, umbilico ventrali. Embryo excentricus, subcurvatus, extremitate radiculari infera. — *Suffrutices volubiles, in Nova Hollandia tropica et orientali indigeni; foliis ellipticis v. lineari-lanceolatis, nervosis, pedicellis axillaribus terminalibusque aggregatis, medio articulatis, floribus dilute purpurascentibus, capsula subglobosa, flava.*

Eustrephus R. Brown *prodr. 281.* Bot. Mag. *t. 1245.*

1163. Geitonoplesium *A. CUNNINGH.* Perigonium corollinum, sexpartitum, patens, aequale, glabrum. Stamina 6, basi laciniarum inserta; filamenta filiformia, apice curvato-conniventia, antherae basifixae, sagittatae. Ovarium triloculare. Ovula pauca, amphitropa. Stylus filiformis, trisulcus; stigma simplex. Bacca globosa, monosperma. Semina subglobosa, testa coriacea, atra, umbilico ventrali, nudo. Embryo subexcentricus, curvatus, extremitate radiculari incrassata, infera. — *Suffrutices volubiles in Nova Hollan-*

diu tropica et orientali, et in insula Norfolk indigeni, foliis elliptico-lanceolatis, nervoso-striatis, floribus cymosis v. umbellatis, terminales axillaresque, pedicellis cum perigonii basi attenuata articulatis, baccis nigris.

Geitonoplesium A. Cunningham *in Bot. Mag. t. 3131.* Endl. *prodr. Fl. norf. 29.* Luzuriaga R. Brown *prodr. 281.* non Ruiz et Pav.

1164. Asparagus *LINN.* Perigonium corollinum, sexpartitum, aequale, campanulato-connivens, apice patens. Stamina 6, basi laciniarum affixa; filamenta subulata, antherae peltatae. Ovarium triloculare. Ovula in loculis 2, superposita, amphitropa. Stylus brevis, trisulcus; stigma trilobum. Bacca globosa, trilocularis. Semina in loculis 2, angulato-subglobosa, testa coriacea, atra, umbilico ventrali, punctiformi, nudo. Embryo excentricus subcurvatus, dimidio albumine longior, extremitate radiculari vaga. — *Herbae perennes, saepius suffrutescentes, ramosae, in temperatis subtropicisque, rarius inter tropicos veteris orbis indigenae, in novo continente nondum visae, ramis saepius spinescentibus, foliis angustis, in axillis ramorum fasciculatis, floribus saepius axillaribus solitariis, rarius racemosis, pleramque abortu dioicis, pedicellis medio articulatis.*

Asparagus Linn. *gen. n. 424.* Juss. *gen. 41.* Gärtn. *I. 581. t. 16.* Fl. dan. *t. 805.* Waldst. et Kit. *pl. Hung. t. 201.* Redouté *Liliac. t. 407.* Sibth. *Fl. graec. t. 238. 239.* Bresler, *generis Asparagi historia naturalis atque medica. Berolini 1826. 8vo.* Nees jun. *Gen. plant. fasc. II. t. 14.* (De germinatione cfr. Mirbel, *in Annal. du Mus. XIII. 156. t. 14. f. 28—38.* et Cruse, *de Asparagi officinalis germinatione. Regiom. 1828. 8vo.*)

1165. Myrsiphyllum *WILLD.* Perigonium corollinum, sexpartitum, aequale, campanulato-connivens, apice patens. Stamina 6, basi laciniarum affixa; filamenta subulata, antherae peltatae, erectae. Ovarium pedicellatum, triloculare. Ovula in loculis 2, superposita, amphitropa. Styli 3, contigui, stricti, intus stigmatosi. Bacca globosa, trilocularis. Semina in loculis 2, angulato-subglobosa, testa coriacea atra, umbilico ventrali, punctiformi, nudo. Embryo. . . . — *Suffrutices capenses, volubiles; foliis breve petiolatis, ovato-lanceolatis, basi subcordatis, nervosis, floribus ad basim folii ex axilla squamulae scariosae geminis vel ternis, pedicellis nutantibus, medio articulatis*

Myrsiphyllum Willd. *in Berl. Magaz. II. 25.* Medeolae sp. capenses Linn. Redouté *Liliac. t. 393. 442.*

1166. Cordyline *COMMERS.* Perigonium corollinum, campanulatum, limbo sexfido, patente. Stamina 6, perigonii fauci inserta; filamenta subulata, antherae versatiles, basi bifidae. Ovarium triloculare. Ovula plurima, anatropa. Stylus filiformis; stigma trilobum. Bacca globosa, trilocularis. Semina in loculis plura, v. abortu solitaria, testa. . . . umbilico strophiolato. Embryo axilis, extremitate radiculari centripeta. — *Plantae per regiones tropicas subtropicasque, imprimis hemisphaerii australis dispersae; caudice frutescente, interdum elato, foliis in apice caudicis congestis, elongato-lanceolatis, nervoso-striatis, petiolatis v. sessilibus, panicula terminali e spicis alternis multifloris, floribus bibracteolatis, bracteola altera interiore, sessilibus v. pedicellatis, perigonio cum pedicello articulato.*

Cordyline Commers. R. Brown *prodr. 280.* Dracaenae sp. Linn. Forst. Bot. Mag. *t. 2575. 2835.* Bot. Reg. *t. 956. 1749.* Charlwoodia Sweet *Fl. austral. t. 13.*

1167. Dracaena *VANDELL.* Perigonium corollinum, sexpartitum, aequale, laciniis subrevolutis. Stamina 6, imo perigonio inserta; filamenta medio incrassata, antherae versatiles, basi bifidae. Ovarium pedicellatum, triloculare. Ovula. . . Stylus angulatus; stigma trifidum. Bacca globosa, sexsulca, trilocularis. Semina in loculis solitaria. . . . — *Arbores giganteae, in India orientali tropica et in insulis Canariis vigentes; caudice elato, crasso, molli, dichotome-ramoso, foliis in apice ramorum confertis, ensiformibus, apice spinescentibus, florum racemo terminali, ramoso, foliaceo-bracteato, pedicellis infra apicem articulatis.*

Dracaena Vandelli *monograph. Ulissip. 1768.* Gleditsch *Verm. Bemerk. 1. 180.* Behrens, *Dissert. Götting. 1779.* Meyer *in Nouv. Mem. Academ. Berol. 1796. p. 29.* Berthelot *in N. A. N. C. XV. 773. t. 35—39.* Störkia et Oedera Crantz *de duobus arboribus Draconis Vindob. 1768.* Taetsia Medikus *Theodor. 82.*

GENERA ASPHODELEIS AFFINIA.

* APHYLLANTHEAE.

1168. Alania. Perigonium membranaceum, hexaphyllum, aequale, patens, persistens. Stamina 6, hypogyna; filamenta filiformia, glabra, antherae. . . . Ovarium triloculare. Ovula plurima, horizontalia, biseriata, anatropa. Stylus filiformis; stigma. . . . Capsula coriacea, trilocularis, loculicida-trivalvis. Semina in loculis pauca, ovata, horizontalia, testa crustacea, atra, nitida, umbilico nudo. Albumen copiosum, carnoso-oleosum. Embryo. . . — *Herba a cl. Alan Cunningham in campis aridis prope montes caeruleos Novae Hollandiae anno 1818 detecta; caulibus procumbentibus, dense foliosis, foliis gramineis, aridis, patentibus, basi dilatata scariosa ustulata semivaginantibus, scapis terminalibus, ancipiti-filiformibus, capitulo bracteolarum ovato, bracteis aliquot brevissimis involucrato, bracteolis scariosis glabris, exteriore interiorem latiorem pedicellum vaginatim amplexuntem includente, floribus minutis, pedicellis filiformibus subfastigiatis, haud articulatis.*

Genus novum, inter Laxmanniam et Boryam A. Cunningham *msc. in Herb. Mus. Vindob.*

1169. Laxmannia *R. BR.* Perigonium membranaceum, hexaphyllum, basi connivens, persistens. Stamina 6, tria exteriora imis, tria interiora mediis perigonii foliolis inserta; filamenta subulata, glabra, antherae peltatae, subglobosae. Ovarium triloculare. Ovula in loculis pauca, amphitropa. Stylus filiformis, cum ovario articulatus; stigma obtusum. Capsula perigonio persistente inclusa, trilocularis, loculicido-trivalvis Semina in loculis bina, superposita, peltata, testa atra, umbilico nudo. Embryo dorsalis, umbilico parallelus. — *Herbae perennes, in omnibus Novae Hollandiae oris et in insula Timor observatae, facie Polycarpeae; radice fibrosa, caulibus procumbentibus filiformibus, foliatis; foliis acceroso-filiformibus, radicalibus confertis, caulinis alternis, medio vaginae brevis scariosae, margine lanatae et apice fissae insertis, minorum fasciculis axillaribus, capitulis axillaribus sessilibus v. pedunculo brevi terminali, scapiformi sustentis, floribus subsessilibus, unibracteatis, parvis, purpurascentibus v. albis.*

Laxmannia R. Brown *prodr. 285.* Decaisne *in Nouv. Annal. du Mus. III. t. 16.*

1170. Borya *LABILL.* Perigonium membranaceum, infundibuliformi-tubulosum, limbo sexpartito, aequali, marcescendo-deciduum. Stamina 6, perigonii fauci coarctatae inserta; filamenta filiformia, glabra, antherae basifixae. Ovarium triloculare. Ovula. . . Stylus filiformis; stigma obtusum. Capsula trilocularis, loculicido-trivalvis. Semina pauca, testa crustacea atra, albumine carnoso, suboleoso. Embryo. . . . — *Herbae perennes, aridae, in Nova Hollandia meridionali et occidentali indigenae; radicibus fibrosis longis, tenacibus, caulibus simplicibus v. divisis et repentibus, foliis acerosis, confertissimis, mucronatis, basibus dilatatis scariosis, semivaginantibus, scapo terminali, simplici, capitulo subgloboso, bracteis aliquot foliaceis involucrato, squamis floralibus scariosis, glabris, exteriore interiorem minorem, perigonium amplexantem includente.*

Borya Labillardiere *Nov. Holl. I. 81. t. 107.* R. Brown *prodr. 286.* non Willd. Daviesia Lam. *illustr. Suppl. 10.* Baumgartenia Spreng. *syst. II. 91.*

1171. Aphyllanthes *TOURNEF.* Perigonium corollinum, sexpartitum, aequale, laciniis basi in tubum conniventibus, apice patulis, marcescendo-deciduum. Stamina 6, perigonio supra basim inserta; filamenta filiformia, glabra, antherae peltatae. Ovarium triloculare. Ovula in loculis solitaria, basilaria, anatropa. Stylus filiformis; stigma trilobum. Capsula membranacea, trilocularis, loculicido-trivalvis. Semina in loculis solitaria, basilaria, testa crustacea, atra, umbilico nudo. Embryo axilis, dimidio albumine longior, extremitate radiculari infera. — *Herba perennis, in aridis Europae australis obvia; scapis caespitosis aphyllis, basi vaginatis, capitulis terminalibus paucifloris v. unifloris, floribus squamis glumaceis imbricatis basi inclusis.*

Aphyllanthes Tournef. *inst. 657.* Linn. *gen. n. 408.* Juss. *gen. 145.* DC. *in Redouté Liliac. t. 483.* Ker *in Bot. Mag. t. 1132.* Salisbury *Parad. t. 9.*

1172. Johnsonia *R. BR.* Perigonium corollinum, sexpartitum, aequale, connivens, marcescendo-deciduum. Stamina 3, imo perigonio inserta, laciniis interioribus opposita; filamenta basibus dilatatis inter se connata, antherae basifixae. Ovarium triloculare. Ovula in loculis 2, anatropa, alterum erectum, alterum pendulum. Stylus filiformis; stigma obtusum. Capsula membranacea, trilocularis, loculicido trivalvis. Semina in loculis 2, apici columellae centralis gracilis, capsula brevioris, demum liberae affixa, testa crustacea, atra, umbilico strophiolato. Embryo. . . — *Herba perennis, in Novae Hollandiae ora meridionali indigena; radice fibrosa, foliis distichis, aversis, linearibus, basi dilatata semivaginantibus, scapo simplici infra apicem monostachyo, spica oblonga, nutante, bracteis undique imbricatis, coloratis, infimis sterilibus, nanis, reliquis unifloris, flores parvos, sessiles, bracteola laterali interiore stipatos velantibus.*

Johnsonia R. Brown *prodr. 287.* Ferd. Bauer *illustr. t. 1.*

* *

1173. Xanthorrhoea *SMITH.* Perigonium sexpartitum, subaequale, persistens; foliola interiora concava, basi conniventia. Stamina 6, imo perigonio inserta; filamenta linearia, glabra, exserta, antherae versatiles. Ovarium triloculare. Ovula plurima, amphitropa, micropyle prope umbilicum laterali. Stylus cylindraceus, trisulcus; stigma simplex. Capsula triquetra, cartilagineo-lignea, trilocularis, loculicido-trivalvis. Semina in loculis 1—2, ovata, compressa, testa crustacea, atra, marginata, ad umbilicum basilarem nudum emarginata. Embryo linearis, transversus, sigmoideus v. uncinatus. — *Plantae in Nova Hollandia indigenae, habitu proprio et ubi abundant, regioni characterem proprium impertientes; caudice saepius resinifero, nunc elevato, et interdum diviso, crasso, nunc brevissimo v. subnullo; foliis longissimis gramineis, angustis, linearibus, subtriquetris v. ancipitibus, confertissimis, undique patulis apicibusve recurvis, basibus dilatatis, semivaginantibus; scapo terminali, cylindraceo, simplicissimo, tereti, saepius elongato, spica terminali, cylindracea, typhoidea, scapum quandoque aequante, floribus sessilibus, confertissimis, albis, parvulis, multibracteatis, bracteis indefinitis, imbricatis, unguiculatis, interioribus sensim minoribus, capsulis exsertis, nitidis.*

Xanthorrhoea Smith *in Linn. Transact. IV. 219.* R. Brown *prodr. 287.*

*** GILLIESIACEAE Lindl.

1174. Gilliesia *LINDL.* Involucrum exterius pentaphyllum, foliolis duobus posticis, uno antico majore, duobusque lateralibus multo minoribus interioribus; interius indefinite polyphyllum. Perigonium brevissimum, carnosum, triphyllum, foliolo antico labelliformi, basi utrinque appendiculato, duobus posticis minutis linearibus. Stamina 6, basi perigonii adnata et inter se in cyathum connata, tria postica anantherа. Ovarium liberum, triloculare, multiovulatum. Stylus filiformis; stigma capitatum, simplex. Capsula trilocularis, polysperma, trivalvis, valvis medio septiferis. Semina plurima, horizontalia, funiculo crassiusculo, testa crustacea, atra. Embryo curvatus (?) in axi albuminis carnosi. — *Herbae chilenses, bulbosae, glabrae; foliis radicalibus linearibus, flaccidis, scapo tereti subdecumbente, floribus virescentibus, inconspicuis, umbellatis, umbella basi foliaceo-bibracteata, pedicellis cernuis, haud articulatis.*

Gilliesia Lindl. *in Bot. Reg. t. 992. Introduct. edit. II. p. 351.* Hook. *in Bot. Mag. t. 2716.*

1175. Miersia *LINDL.* Involucrum exterius hexaphyllum, petaloideum, interioris foliola totidem bifida, colorata, depauperata. Perigonium regulare, urceolatum, subobliquum, carnosum, limbo constricto, sexdentato. Stamina 6, minima, fauci perigonii inserta. Ovarium triloculare. Ovula. . . Stylus filiformis; stigma capitatum. Capsula triquetra, truncata, trilocularis, vertice trivalvis. Semina plurima. . . . — *Herba chilensis, bulbosa, glabra; foliis radicalibus linearibus, erectis, obtusis, scapo nudo brevioribus, floribus virescentibus, inconspicuis, umbellatis, umbella pauciflora, basi foliaceo-bibracteata, pedicellis brevibus, haud articulatis.*

Miersia Lindl. *in Miers Travel's in Chili II. 529.* Bot. Reg. *n. 992.*

Ordo LVI. Smilaceae.

ASPARAGI Juss. *gen. 40.* excl. pl. SMILACEAE R. Brown *prodr. 292.*

Herbae v. suffrutices, rhizomate ut plurimum repente perennantes. Folia alterna v. verticillata, simplicia, integerrima, nervosa, nervis saepius venulis transversis inter se combinatis, sessilia v. basi interdum vaginantia, nunc petiolata, saepius abortiva, squamaeformia, ramis tunc foliaceo-dilatatis, folia vera simulantibus.

FLORES regulares, hermaphroditi v. abortu diclines, axillares v. terminales, solitarii, racemosi, fasciculati v. subumbellati, pedicellis saepissime bracteolatis, articulatis.

PERIGONIUM corollinum, liberum; biseriatum, aequale, saepissime sexpartitum, rarius quadri-octopartitum.

STAMINA hypogyna, v. perigonio inserta, eiusdem segmentis opposita et numero aequalia, iisque basi saepissime adglutinata. Filamenta libera, v. rarius plus minusve monadelpha. Antherae introrsae, v. rarissime in monadelphis extrorsae, biloculares, basi vel dorso affixae, erectae, loculi appositi, contigui, interdum filamento ultra eosdem producto utrinque adnati, longitudinaliter dehiscentes.

OVARIUM sessile, liberum, tri-v. interdum bi-quadriloculare. Ovula placentis centralibus affixa, saepissime pauca, rarissime in loculis solitaria v. indefinita, unibiseriata, amphitropa v. orthotropa, interdum anatropa. Styli loculorum numero, in unicum connati, v. interdum distincti. Stigmata distincta, simplicia.

PERICARPIUM baccatum, indehiscens, tri-v. bi-quadriloculare, loculis mono-oligospermis; rarius abortu uniloculare, monospermum.

SEMINA subglobosa, loculorum angulo centrali affixa. Testa membranacea, tenuis, umbilico nudo. Albumen dense carnosum v. cartilagineo-corneum.

EMBRYO parvus, in cavitate albuminis saepe ab umbilico remota locatus, extremitate radiculari vaga.

SMILACEAE maxima copia in novo continente gignuntur, specierum duabus tertiis a Canada ad fretum magellanicum diffusis, frequentissime tamen, (nempe specierum omnium pars dimidia) Americam borealem inhabitant. Reliquarum pars altera Europam et Asiam sub eadem latitudine incolit, altera per Indiam tropicam et Australasiam est dispersa. Rusci species Thunbergianae a genere et ordine alienae, et Smilaceae ex Africa omnino exulare videntur. In terra lacustri palaeotherica, imo in psammitica poecili, quaedam hujus ordinis vestigia superesse videntur.

Ordo ab Asphodeleis bacciferis aegre, et nonnisi testa membranacea, nec atra et crustacea, et albumine densiore distinguendus, habitu fere dicotyledoneo magis quam characteribus recedens; unde Asparagineas veras Liliaceis Asphodeleis adscribere, et Smilaceas ad mentem Brownei arctioribus limitibus circumscribere, consultum duximus.

Convallaricarum nonnulla genera ob virtutem demulcentem diureticam magini in medicina facta. Parideae qualitatibus emeticis et narcoticis pollent.

TRIBUS I. PARIDEAE. Styli distincti.

1176. Paris *LINN.* Flores hermaphroditi. Perigonium subherbaceum, octo-decaphyllum, foliola patentissima v. reflexa, persistentia, interiora multo angustiora, quandoque nulla. Stamina 8—10, imo perigonio inserta; Filamenta subulata, basibus dilatatis inter se cohaerentia, connectivo saepius ultra antherae loculos lineares marginales, in acumen elongatum producto. Ovarium quadri-quinqueloculare. Ovula plurima, biseriata, adscendentia, anatropa. Styli 4—5, distincti; stigmata obsoleta. Bacca quadri-quinquelocularis. Semina plurima, obovata, horizontalia v. adscendentia, testa coriacea, fuscescente, umbilico basilari, ope rhapheos filiformis cum chalaza apicali conjuncto. Embryo minimus, in albumine carnoso prope umbilicum inclusus, extremitate radiculari centripeta. — *Herbae perennes, in Europa et Asia media et boreali indigenae; radicibus repentibus, caule annuo simplicissimo, foliorum sessilium v. subsessilium, ovato-ellipticorum, nervosorum verticillo unico, flore terminali solitario, pedunculato, pedunculo nudo.*

Paris Linn. *gen. n.* 500. Juss. *gen.* 42. Ledebour *Monographia generis Paridum Dorpat 1827. fol.*

a) DEMIDOVIA *Hoffm.* Perigonii foliola interiora nulla. Antherae loculi subterminales, connectivo haud superati.

Demidovia Hoffm. *Hort. mosq. f.* 2. Paris incompleta Bieberst.

b) PARIS. Perigonium completum. Antherae loculi a connectivo plus minus longo superati.

Gärtn. *II.* 19. *t.* 83. Schkuhr *t.* 109. Wallich *pl. as. t.* 128. Ledeb. *Fl. alt. t.* 16. Nees jun. *gen. pl. fasc. II. t.* 19.

1177. Trillium *MILL.* Flores hermaphroditi. Perigonium hexaphyllum, patens v. reflexum, persistens; foliola 3 calycina, interiora majora petaloidea. Stamina 6, perigonii foliolis basi inserta; filamenta filiformia, libera, connectivo ultra antherae loculos lineares, marginales in acumen breve producto. Ovarium triloculare. Ovula plurima, biseriata, adscendentia, anatropa. Styli 3, distincti, v. rarissime basi connati, patentes, recurvi; stigmata obsoleta. Bacca trilocularis. Semina plurima, obovato-subglobosa, horizontalia, testa coriacea, fuscescente, umbilico basilari, ope rhapheos filiformis cum chalaza apicali conjuncto. Embryo minimus, in albumine dense carnoso prope umbilicum inclusus, extremitate radiculari centripeta. — *Herbae perennes, in America boreali obviae, in Asia arctica et summis Indiae jugis rarissimae; caule simplicissimo, foliis verticillatis, sessilibus, ovatis, nervosis, flore terminali solitario, inter folia sessili v. pedicellato, pedicello nudo.*

Trillium Linn. *gen. n.* 456. Lam. *illustr. t.* 267. Redouté *Liliac. t.* 133. Salisb. *Parad. t.* 1. Willdenow *hort. berol. t.* 35. Reichenb. *ic. exot. t.* 29. Bot. Mag. *t.* 40. 470. 954. 3002. 3097. Phyllantherum, Trillium et Delostylis Rafin. *in Journ. Phys. XCI.* 72.

1178. Medeola *GRONOV.* Flores hermaphroditi. Perigonium subcorollinum, sexpartitum, aequale, deciduum, laciniis revolutis. Stamina 6, imo perigonio inserta; filamenta filiformia, antherae lineares, incumbentes. Ovarium triloculare. Ovula plurima, biseriata, adscendentia, anatropa. Styli tres, subulati, divaricati; stigmata obsoleta. Bacca trilocularis. Semina in loculis 5—6, angulata. . . — *Herba boreali-americana; rhizomate repente, nodoso-tuberoso, caule erecto, annuo, pubescente, foliis verticillatis sessilibus, elliptico-lanceolatis, nervosis, floribus terminalibus umbellatis, foliorum verticillo stipatis, pedicellis ebractealis, haud articulatis, cernuis.*

Medeola Gronov. *Virgin. p. 55.* Lam. *illustr. t. 266. f. 2. Bot. Mag. t. 1316.* Gyromia Nuttall *gen. I. 238.*

TRIBUS II. CONVALLARIEAE. Styli connati.

1179. Drymophila *R. BR.* Flores hermaphroditi. Perigonium corollinum, patens, aequale, deciduum. Stamina 6, hypogyna; filamenta filiformia, antherae ovatae, basifixae. Ovarium triloculare. Ovula plurima, biseriata, subhorizontalia, anatropa. Stylus brevis, crassus; stigmata 3, filiformia, revoluta. Bacca subglobosa, trilocularis. Semina plurima, ovata, testa membranacea, flavida, cum nucleo connata, umbilico basilari punctiformi, rhaphe obsoleta, chalaza terminali. Embryo axilis, dimidio albumine longior, extremitate radiculari umbilicum attingente, centripeta. — *Herba perennis, in insula Diemen indigena; radice repente, nodosa, caule inferne simplici, erecto, aphyllo, stipulis semivaginantibus distantibus vestito, superne foliato, porrecto v. diviso, foliis distichis sessilibus, anguste lanceolatis, acutis, e bascos coarctatae torsione resupinatis, pedunculis axillaribus terminalibusque unifloris, ebracteatis, inarticulatis, floribus albis, baccis pendulis, caeruleis.*

Drymophila R. Brown *prodr. 292.*

1180. Streptopus *L. C. RICH.* Flores hermaphroditi. Perigonium corollinum, sexpartitum, campanulatum, apice patens, deciduum, laciniis interioribus carinato-complicatis. Stamina 6, basi laciniarum inserta; filamenta brevissima, subulata, antherae cordatae, basifixae. Ovarium triloculare. Ovula plurima, biseriata, pendula, anatropa. Stylus filiformis; stigma obtuse capitatum. Bacca trilocularis. Semina plurima, obovata, testa membranacea, albida, cum nucleo connata, umbilico basilari, punctiformi, rhaphe lineari cum chalaza apicali conjuncto. Embryo minutus, subclavatus, intra albumen carnosum prope umbilicum inclusus, extremitate radiculari supera. — *Herbae perennes, in Europa et America boreali monticolae; rhizomate horizontali repente, foliis ovato-oblongis, amplexicaulibus, nervosis, reticulato-venosis, subtus saepius lanuginosis, floribus axillaribus extrauxillaribusve subsolitariis, pedunculo ebracteato, medio geniculato.*

Streptopus L. C. Richard *in Michaux Flor. Bor. Amer. I. 201. t. 8.* Redouté *Liliac. t. 259.* Nees jun. *gen. pl. fasc. II. t. 8.* Hekorima Rafin. *in N. York Medic. Reposit. V. 350.* Uvulariae sp. Linn. Waldst. et Kit. *pl. hung. t. 167. Bot. Mag. t. 1489. 1490.*

1181. Polygonatum *TOURNEF.* Flores hermaphroditi. Perigonium corollinum, infundibuliformi-tubulosum, limbo breviter sexfido, lobis erectis. Stamina 6, medio tubo inserta; filamenta filiformia, inclusa, antherae subsagittatae, basifixae. Ovarium triloculare. Ovula in loculis 2, superposita, horizontalia, orthotropa. Stylus trigono-filiformis; stigma obtusum, trigonum. Bacca globosa, trilocularis. Semina in loculis 2, v. rarius abortu solitaria, subglobosa, testa membranacea, albida, cum nucleo conferruminata, umbilico basilari, lato. Embryo antitropus, minimus, in extremitate albuminis dense carnosi, umbilico opposita inclusus, extremitate radiculari centrifuga. — *Herbae perennes, in temperatis et frigidis hemisphaerae borealis indigenae; foliis sessilibus v. amplexicaulibus, alternis verticillatisque, nervosis, floribus axillaribus solitariis v. racemosis, nutantibus, inodoris.*

Polygonatum Tournef. *inst. t. 14.* Desf. in *Annal. du Mus. IX. 48.* Redouté Liliac. *t. 229. 243. 244. 258.* Nees jun. *gen. pl. fasc. II. t. 16.* Axillaria Rafin. *in Journ. Phys. LXXXIX. 102.* Convallariae sp. Linn. Jacq. *Fl. austr. t. 232.* Hook. *Fl. Lond. t. 37. 38. Exot. Fl. t. 125.* Ledeb. *Fl. alt. t. 1.*

1182. Convallaria *DESF.* Flores hermaphroditi. Perigonium corollinum, campanulatum, limbo sexfido, revoluto-patente, deciduum. Stamina 6, subhypogyna; filamenta filiformia, libera, inclusa, antherae subsagittatae, basifixae. Ovarium triloculare. Ovula in loculis 2, superposita, horizontalia, orthotropa. Stylus brevis, crassus; stigma obtusum, subtrigonum. Bacca globosa, trilocularis. Semina in loculis abortu subsolitaria, globosa v. angulata, testa membranacea, albida, cum nucleo conferruminata, umbilico basilari, magno. Embryo antitropus, parvus, in extremitate albuminis dense carnosi umbilico opposita inclusus, extremitate radiculari centrifuga. — *Herba in Europa, Asia et America boreali indigena; foliis radicalibus geminis, ellipticis, nervosis, glabris, scapo simplici, floribus racemosis, subsecundis, nutantibus, suaveodoris, pedicellis basi membranaceo-bracteatis.*

Convallaria Desf. *in Annal. du Mus. IX. 54.* Redouté *Liliac. t. 227.* Curtis *Fl. Londin. t. 303.* Nees jun. *gen. pl. fasc. II. t. 15.* Convallaria majalis Linn. Lilium Convallium Tournef. *inst. t. 14.* Mönch *meth. 636.*

1183. Smilacina *DESF.* Flores hermaphroditi. Perigonium corollinum, quadri- v. sexpartitum, aequale, patens, deciduum. Stamina 4 v. 6, basi laciniarum inserta; filamenta filiformia, antherae ovatae, incumbentes. Ovarium bi-triloculare. Ovula in loculis 1—2, angulo interiori affixa, horizontalia, orthotropa. Stylus brevis, crassus. Stigma obtusum, obsolete bi-trilobum. Bacca globosa, pulposa, abortu mono-disperma. Semina subglobosa, testa membranacea, albida, cum nucleo conferruminata, umbilico basilari magno. Embryo antitropus, minimus, in extremitate albuminis dense carnosi, umbilico opposita inclusus, extremitate radiculari centrifuga. — *Herbae in hemisphaerae borealis temperatis et frigidis, imprimis Americae indigenae; foliis alternis sessilibus vel petiolatis, ovatis cordatisve, nervosis, florum racemo terminali.*

Smilacina Desfont. *in Annal. du Mus. IX. 54.* Convallariae sp. Linn.

a) MAJANTHEMUM. *Mönch.* Perigonium quadripartitum. Stamina 4. *Folia petiolata.*

Majanthemum Mönch *meth. 638.* Redouté *Liliac. t. 216.* Nees jun. *gen. pl. fasc. II. t. 17.* Unifolium Hall. *helv. II. 117.* Evallaria Necker *elem. n. 1551.* Bifolium

Fl. wetteraw. I. 209. Sciophila Heller *wirceb. 165.* Styrandra Rafin. *in Journ. Phys. LXXXIX. 102.*

b) SMILACINA *Desf.* Perigonium sexpartitum. Stamina 6. *Folia sessilia v. amplexicaulia.*

Smilacina Desf. *op. cit. t. 8, 9.* Redouté *Liliac. t. 230.* Bot. Mag. *t. 1155. 1403.* Wallich *pl. as. t. 144. 257.* Clintonia Rafin. *in Journ. Phys. LXXXIX. 102.* Sigillaria Rafin. *l. c.* Tovaria Neck. elem. *n. 1552.*

1184. Smilax *TOURNEF.* Perigonium corollinum, hexaphyllum, patens, deciduum, foliolis exterioribus latioribus. Stamina 6, perigonii foliolis basi inserta; filamenta filiformia, libera, antherae lineares, basifixae. Ovarium triloculare. Ovula in loculis solitaria, apici anguli affixa, orthotropa. Stylus brevissimus; stigmata 3, crassiuscula, patentia. Bacca uni-trilocularis, mono-trisperma. Semina globosa, testa membranacea, albida, cum nucleo conferruminata, umbilico basilari magno, colorato. Embryo antitropus, minimus, in extremitate albuminis cornei umbilico opposita inclusus, extremitate radiculari centrifuga. — *Suffrutices sempervirentes, scandentes, in regionibus temperatis, calidioribus tropicisque utriusque hemisphaerii obvii; radicibus tuberosis vel fibrosis, caule saepissime aculeato, foliis alternis petiolatis, cordatis v. hastatis, nervosis, reticulato-venosis, stipulis intrapetiolaribus cirrhiferis, saepius acutis, floribus supra receptaculum globosum sessilibus, subcapitatis v. pedicellatis, umbellatis, pedicellis haud articulatis, umbellulis pedunculatis, axillaribus, racemosis corymbosisve, rarius solitariis v. geminatis.*

Smilax Tournef. *inst. t. 421.* Linn. *gen. n. 1120.* Juss. *gen. p. 42.* Gärtn. *I. 59. t. 16.* Jacq. *Amer. t. 179.* Schkuhr *t. 328.* R. Brown *prodr. 293.* Labill. *Nov. Caled. t. 22. 23.* Bot. Mag. *t. 1846. 1920.* Blume *enum. pl. Jav. I. 17.* Nees jun. *gen. pl. fasc. II. t. 12.*

1185. Ripogonum *FORST.* Flores hermaphroditi, basi bibracteolati. Perigonium corollinum, hexaphyllum, patens, deciduum, foliola aequalia. Stamina 6, perigonii foliolis basi inserta; filamenta subulata, libera, antherae sagittatae, basifixae. Ovarium triloculare. Ovula in loculis solitaria, apici anguli affixa, amphitropa. Stylus brevissimus; stigmata 3, crassiuscula, patentia. Bacca uni-bilocularis, monodisperma. Semina globosa, testa membranacea, albida, cum nucleo conferruminata, umbilico basilari magno, colorato. Embryo excentricus, subtransversus, extremitate radiculari vaga. — *Suffrutices in Nova Hollandia orientali et in Nova Zeelandia indigeni, volubiles; caule saepius aculeato, ramis inermibus, foliis oppositis v. suboppositis, nunc verticillatis v. alternis, petiolatis, cordatis, triplinerviis, reticulato-venosis, petiolis ecirrhosis, tortis, racemis axillaribus terminalibusque, simplicibus vel ramosis, pedicellis ebracteatis, haud articulatis.*

Ripogonum Forst. *gen. 25. t. 25.* R. Brown *prodr. 239.*

1186. Luzuriaga *RUIZ* et *PAV.* Flores hermaphroditi. Perigonium corollinum, hexaphyllum, aequale, patens, deciduum. Stamina 6, hypogyna; filamenta brevissima, plana, basi submonadelpha, antherae tetragonae, basifixae. Ovarium triloculare. Ovula in loculis 2, superposita, amphitropa. Stylus triqueter; stigma triangulare. Bacca trilocularis. Semina in loculis 2, v. abortu solitaria, subreniformia; testa membranacea. . . . — *Suffrutices chilenses et peruviani, ramosissimi, per truncos arborum reptantes, radicantes; foliis alternis, acuminatis, nervosis, venosis, pedunculis axillaribus solitariis, articulatis, apice umbellato-divisis, floribus exalbido-lutescentibus, purpureo-punctatis.*

Luzuriaga Ruiz et Pav. *Fl. peruv. III. 66. t. 293.*

1187. Callixene *COMMERS.* Flores hermaphroditi. Perigonium corollinum, sexpartitum, patens, deciduum, laciniis aequilongis, tribus interioribus basi biglandulosis. Stamina 6, basi laciniarum inserta; filamenta libera, basi dilatata, antherae ovatae, incumbentes. Ovarium triloculare. Ovula in loculis pauca, amphitropa. Stylus crassus, trisulcus; stigma obsolete trilobum. Bacca trilocularis, pulposa. Semina in loculis subterna, subglobosa, testa membranacea, tenui, cum nucleo connata, umbilico ventrali punctiformi. Embryo excentricus, in basi albuminis carnosi respectu umbilici semitransversus, extremitate radiculari centripeta. — *Suffrutex magellanicus, ramosus, basi nodosus, aphyllus, squamatus, superne foliatus; foliis alternis, semiamplexicaulibus, ellipticis nervosis, coriaceis, margine crassioribus, floribus terminalibus solitariis, folio stipatis, pedicellis brevibus, basi squamis 2—4 cinctis.*

Callixene Commers. ex Juss. *gen. 41.* Lam. *illustr. t. 248.* Gaudich. *in Annal. sc. nat. V. t. 2. f. 2.* Enargea Solander *apud Gärtn. I. 283. t. 59. f. 3. (pess.)*

1188. Ruscus *TOURNEF.* Flores dioici. Perigonium corollinum, hexaphyllum, patens, persistens, foliolis interioribus paullo minoribus. Stamina 3 v. 6, in cylindrum ventricosum connata; antherae apici cylindri adnatae, reniformes, loculis divaricatis, in floribus femineis nullae. Ovarium (in floribus masculis effoetum) triloculare. Ovula in loculis gemina, collateralia, amphitropa. Stylus brevissimus, stigma obtuse capitatum. Bacca globosa, abortu unilocularis, submonosperma. Semen subglobosum, testa membranacea, albida, cum nucleo conferruminata, umbilico majusculo, colorato. Embryo antitropus, minimus, in extremitate albuminis cornei umbilico opposita inclusus, extremitate radiculari infera. — *Suffrutices sempervirentes, in Europa australiore indigeni; foliis squamaeformibus, ramulis foliaceo-dilatatis, margine v. medio floriferis, pedicellis aggregatis, squamoso-bracteatis, nunc ramulis sterilibus, floribus ex axilla folii squamaeformis racemosis.*

Ruscus Tournef. *inst. t. 15.* Linn. *gen. n. 1139.* Juss. *gen. 42.*

a) RUSCUS *Link.* Antherae 3. Flores ramulis foliaceis insidentes.

Ruscus Link *Handb. II. 274.* Schkuhr *t. 340.* Endl. *Fl. pos. t. 1.* Bot. Mag. *t. 1898. 2049.* Nees jun. *gen. pl. fasc. II. t. 13.*

b) DANAIDA *Link.* Antherae 6. Flores racemosi, ex axilla folii squamaeformis, hinc respectu ramuli foliiformis extraaxillares.

Danaida Link *l. c.* Danäe Medikus. — Ruscus racemosus Linn. Gärtn. *t. 16.*

GENERA SMILACEIS AFFINIA.

* ASPIDISTREAE.

1189. Rhodea *ROTH.* Flores hermaphroditi, dense spicati. Perigonium corollinum, truncato-subglobosum, ore brevissime sexfido, lobis incurvis. Stamina 6, perigonii tubo inserta; filamenta brevissima, adnata, antherae subglobosae, loculis connectivum antice marginantibus. Ovarium subglobosum, triloculare, v. septis incompletis uniloculare. Ovula in loculis 2, superposita, amphitropa. Stigma sessile, radiato-trifidum. Bacca monosperma. Semen subglobosum, testa membranacea, umbilico laterali. Embryo cylindricus, in axi albuminis cornei, umbilico parallelus, extremitate radiculari supera. — *Herba japonica, acaulis, glabra; rhizomate repente, foliorum vaginantium basibus cicatrisato, foliis bifariis, oblongo-lanceolatis, nervoso-striatis, scapo e foliorum vaginis exserto, floribus dense spicatis, in rhacheos excavationibus sessilibus, bractea squamacea suffultis, primum sordide virescentibus, demum lutescentibus.*

Rhodea Roth *nov. sp. 179.* Blume *in Hoeven et Friese Tijdschrift. 1824. I. 83. t. 3. f. a. b.* Orontium japonicum Thunb. Lam. *illustr. t. 251. f. 1.* Bot. Mag. *t. 898.*

1190. Tupistra *KER.* Flores hermaphroditi, dense spicati. Perigonium corollinum, campanulatum, sex-octofidum, laciniis patentibus. Stamina 6—8, perigonii tubo inserta; filamenta adnata v. distincta, antherae dorso affixae. Ovarium subcylindricum, minimum, tri-quadriloculare. Ovula in loculis 2, subcollateralia, amphitropa. Stylus ovario continuus, crassus; stigma deplanatum, radiato-tri-quadrilobum. Fructus. . . . — *Herbae indicae, acaules, glabrae; rhizomate crasso, tuberoso, foliorum basibus annulato, foliis bifariis, petiolatis, oblongo-lanceolatis, nervoso-striatis, scapo centrali, floribus sordide violaceis, unibracteatis obsesso.*

Tupistra Ker *in Bot. Mag. t. 1655. Bot. Reg. t. 704. 1223.* Blume *in Hoeven et Friese Tijdschrift. 1834. I. 82. t. 3. f. c.*

1191. Aspidistra *KER.* Flores hermaphroditi, solitarii. Perigonium corollinum, campanulatum, sex-octofidum, laciniis patentibus. Stamina 6—8, perigonii tubo inserta; filamenta adnata, antherae dorso affixae. Ovarium minimum, subcylindricum, tri-quadriloculare. Ovula in loculis 2, superposita, amphitropa. Stylus ovario continuus, brevis, crassus; stigma discoideum, maximum, radiato-tri-quadrilobum, perigonii faucem recludens. Fructus. . . . — *Herbae acaules, glabrae, in China australi et Japonia observatae; rhizomate annulato, sobolifero, foliis subbifariis solitariisve, petiolatis, vaginatis, oblongo-lanceolatis, nervoso-striatis, pedunculis radicalibus unifloris, squamoso-bracteatis, floribus sordide purpureis.*

Aspidistra Ker *in Bot. Reg. t. 629.* Blume *in Hoeven et Friese Tijdschrift. 1834. I. 84. t. 3. f. d. t. 4.* Macrogyne Link et Otto. *Ic. select. 69. t. 31.*

** OPHIOPOGONEAE.

1192. Ophiopogon *AIT.* Flores hermaphroditi. Perigonium corollinum, basi ovario adnatum, limbo sexpartito, rotato. Stamina 6. perigonii basi inserta; filamenta brevissima, inferne dilatata, antherae sagittatae, basifixae, mucronatae. Ovarium cum perigonii basi cohaerens, triloculare. Ovula in loculis 2, basilaria, anatropa. Stylus trigono-pyramidatus, stigma brevissime trifidum. Bacca unilocularis, monosperma, v. semina plura, ovario mox disrupto nuda, maturescentia. . . . — *Herbae in Asia austro-orientali indigenae; foliis lineari-ensiformibus, basi vaginantibus, florum racemo subsecundo scapum ancipitem terminante.*

Ophiopogon Ait. *hort. Kew. II. 281.* Don. *nep. 47.* Bot. Mag. *t. 1063.* Bot. Reg. *t. 593.* Flüggea Richard *in Schrad. n. Journ. II. 1. p. 1—9.* Slateria Desvaux *Journ. bot. I. 244.* Polygonastrum Mönch. *meth. suppl. 268.* Liriope Loureir. *Fl. cochinch. I. 200.* Sansevieila Reichenb. *consp. n. 783.* Convallariae *sp.* Linn. Redouté *Liliac. t. 80.*

1193. Bulbospermum *BLUM.* Perigonium corollinum, sexpartitum. Stamina 6; filamenta in urceolum denticulatum connata, antherae introrsum adnatae. Ovaria 3, monostyla, subcoalita, unilocularia, quadriovulata. Stigmata simplicia. Ovula basi affixa. Baccae plures, monospermae, perigonio cinctae. . . . — *Herba japanica, acaulis, habitu ad Eucomidem et Peliosanthidem aliquatenus accedente; radice fibrosa, foliis radicalibus longe petiolatis, sapo simplici, superne bracteis subimbricatis unifloris obsesso, floribus virescentibus, pedicellatis.* — *Genus non satis notum, nonne semina ut in Ophiopogone et Peliosanthide ovario disrupto nuda, pro baccis distinctis descripta?*

Bulbospermum Blum. *enum. pl. Jav. I. 15.*

1194. Peliosanthes. *ANDR.* Perigonium corollinum, basi ovario adnatum, limbo rotato, sexfido, fauce corona annulari constricta. Stamina 6; filamenta subnulla, antherae faucis coronae subtus adnatae. Ovarium cum perigonii basi cohaerens, apice liberum, triloculare. Ovula in loculis 2, collateralia, basifixa. . . . Stylus trigonus, crassus, ovario continuus; stigma radiato-trifidum. Semina 1-3, ovario mox dirupto nuda, maturescentia. — *Herbae indicae, glabrae; rhizomate repente, foliis radicalibus longe petiolatis, vaginantibus, oblongo-lanceolatis, plicato-nervosis, scapis simplicibus erectis, floribus racemosis, viridibus, bracteatis, bracteis subtrifloris.*

Peliosanthes Andrews *Bot. Reposit. t. 605. 634.* Ker *in Bot. Mag. t. 1302. 1532.* Redouté *Liliac. t. 415.* R. Brown *in Transact. Linn. soc. XII. 147.* Reichenb *pl. cult. t. 14.* Teta Roxb. *Fl. ind. I. 165.*

*** HERRERIEAE.

1195. Herreria *RUIZ et PAV.* Flores hermaphroditi. Perigonium herbaceum, sexpartitum, aequale; patens, persistens. Stamina 6, imo perigonio inserta; filamenta subulata, antherae incumbentes, basi bifidae. Ovarium triquetrum, triloculare. Ovula in loculis plurima, horizontalia. . . . Stylus trigonus, crassus, ovario continuus; stigma trilobum, papillosum. Capsula membranacea, triptera, trilocularis, loculicido-trivalvis. Semina in loculis pauca, compressa, testa membranacea, nitida, atra. . . . — *Suffrutices in Brasilia et Chili indigeni, scandentes; rhizomate tuberoso, caule aculeato, foliis verticillato-fasciculatis, lanceolatis v. linearibus, nervoso-striatis, racemis axillaribus multifloris, floribus parvis, odoris.* — *Genus dubiae affinitatis, inter Asphodeleas et Smilaceas ambiguum, huc ob habitum relatum.*

Herreria Ruiz et Pav. *Fl. peruv. III. 70. t. 303. f. a.* Lindl. *in Bot. Reg. t. 1042* Salsa Feuill. *II. 716. t. 7.*

**** ERIOSPERMEAE.

1196. Eriospermum *JACQ.* Flores hermaphroditi. Perigonium corollinum, sexpartitum, subaequale, campanulato-connivens, persistens. Stamina 6, imo perigonio inserta; filamenta plana, basi dilatata, antherae sagittato-didymae, incumbentes. Ovarium triloculare. Ovula pauca, placentis in loculorum angulo imo brevibus affixa, adscendentia, anatropa. Stylus filiformi-triqueter; stigma subcapitatum, obsolete trifidum. Capsula membranacea, ovato-trilobo-trigona, trilocularis, loculicido-trivalvis, valvis medio septiferis, demum stellato-patentibus. Semina in loculis pauca, v. rarius solitaria, e basi erecta, lanceolata, funiculo brevi, apice in arillum papposum nucleo longiorem fisso. — *Herbae capenses; tubere magno perennantes, foliis praecocibus involuto-petiolatis, lato-ovatis, coriaceis, nervosis, reticulato-venosis, lamina subtus saepius bulbillifero-gemmifera, scapo post foliorum interitum emergente, simplicissimo, tereti, stricto, floribus racemosis, pedicellis unifloris, basi scarioso-unibracteatis. — Genus dubiae affinitatis, an Roxburghiae comparandum?*

Eriospermum Jacq. *Collect. suppl. 81. f. 1. Ic. rar. t. 420. 422. Hort. schönbr. t. 264. 265.* Andr. *Bot. Reposit. t. 521.* Ker *in Bot. Mag. t. 1382. Bot. Reg. t. 394. 795.*

**** ROXBOURGHIACEAE *WALL.*

1197. Roxbourghia *JON.* Flores hermaphroditi. Perigonium corollinum, octophyllum, foliola exteriora lata, patentia, interiora elliptica, acuminata, erecta. Antherae 4, biloculares, loculi lineares appositi, discreti, perigonii foliolis interioribus facie adnati, connectivo, in apiculum uncinatum liberum producto, conjuncti, demum ex eodem penduli, longitudinaliter dehiscentes. Ovarium sessile, e carpidiis duobus conflatum, uniloculare. Ovula in placentis geminis, prope basim parietalibus, cum suturis alternantibus, plurima, e funiculis longiusculis erecta, anatropa. Stigma.... Capsula unilocularis, bivalvis. Semina in placentis parietalibus ad basim valvularum plurima, e funiculis elongatis, apice in arillum stuppeum solutis erecta, teretiuscula, cinnamomea, testa suberosa, costato-striata, ad chalazam apicalem, ope rhapheos filiformis cum umbilico basilari junctam, in acumen rectum obtusum producta. Embryo rectus, filiformis, in axi albuminis carnosi, extremitate radiculari incrassata, umbilicum attingente. — *Suffrutices scandentes, in India tropica et in Japonia reperti; radice tuberosa, foliis oppositis v. verticillatis, rarissime alternis, petiolatis, ovato-cordatis, nervosis, pedunculis axillaribus, petiolaribus vel foliaribus, uni-pauci floris, floribus magnis. — Anne genus Methonicae aliquatenus affine?*

Roxburghia Jones. *msc.* Smith *exot. Bot. I. t. 57.* Roxb. *corom. I. 29. t. 32.* Blume *enum. pl. Jav. I. 8.* Lindl. *in Wallich pl. asiat. rar. III. 40. t. 282.* Stemona Loureiro *Fl. cochinch. II. 490.* Ubium Rumph *Amboin. V. 364. t. 129.*

***** PHILESIEAE *LINDL.*

1198. Philesia *COMMERS.* Flores hermaphroditi. Perigonium corollinum, sexpartitum; laciniis exterioribus acuminatis, interioribus duplo longioribus, obtusis. Stamina 6, imis perigonii laciniis inserta; filamenta subulata, basi inter se connata, antherae lineares, versatiles. Ovarium uniloculare, placentis tribus parietalibus brevibus, ad basim suturarum. Ovula.... Stylus simplex; stigmata 3. Bacca trigona, polysperma.... — *Suffrutex magellanicus, Buxi facie; ramulis axillaribus flexuosis, basi bisquamatis, foliis alternis, ovato-ellipticis, margine revolutis, petiolo brevi, amplexicauli, floribus solitariis, terminalibus, magnis, pedicello brevi, squamis distiche imbricatis tecto. — Genus vix notum, an satis a sequente diversum?*

Philesia Commers. *ex Juss. gen. 41.* Lam. *illustr. t. 248.* Lindl. *introduct. edit. II. p. 360.* — Capia Domb. ex Jussieu apud *Poiret suppl. V. 269.* a Philesia nonnisi perigonii laciniis omnibus aequalibus differre dicitur, an Lapageriae congener, an Luzuriagae species?

1199. Lapageria *RUIZ et PAV.* Flores hermaphroditi. Perigonium corollinum, hexaphyllum, campanulato-connivens, foliola exteriora basi concavo-carinata, interiora latiora, subunguiculata. Stamina 6, imis perigonii foliolis inserta, alterna paulo majora; filamenta subulata, libera, antherae basifixae. Ovarium uniloculare, placentis parietalibus tribus, ad suturas longitudinalibus. Ovula plurima, muco involuta, orthotropa. Stylus cylindricus; stigma clavatum. Bacca ovato-oblonga, unilocularis, polysperma. Semina obovata, truncata, cornea, luteo-fulvescentia, in pulpa nidulantia. — *Suffrutex chilensis, volubilis; radice fasciculata, elongata, caule teretiusculo, foliis alternis, ovato-lanceolatis, cuspidatis, nervosis, reticulato-venosis, pedunculis axillaribus solitariis, unifloris, squamoso-bracteatis.*

Lapageria Ruiz et Pav. *Flor. peruv. III. 65. t. 297.* Lindl. *introduct. edit. II. p. 360.*

Classis XVI. Artorhizae.

Herbae v. suffrutices, saepe scandentes. Caules v. scapi simplices aut ramosi, saepius volubiles, basi plerumque tuberoso-incrassati; folia alterna v. opposita, petiolata, integerrima, nervosa, saepius reticulato-venosa, nunc omnia radicalia, palmata vel pinnatifida. Flores abortu saepius dioici, perigonio supero, regulari, sexpartito, biseriato, herbaceo v. subcorollino. Ovarium inferum, uni-triloculare. Ovula plura, anatropa. Fructus capsularis v. baccatus. Semina compressa v. teretia, embryone intra albumen incluso, umbilico approximato.

Ordo LVII. Dioscoreae.

DIOSCOREAE R. Brown. *prodr. 294.* Agardh *aphorism. 169.* Bartl. *ord. nat. 53.* DISCOREACEAE Lindl. *introduct. edit. II. p. 359.*

Herbae perennes v. suffrutices, sinistrorsum volubiles, radice in plerisque tuberosa, carnosa, nonnunquam lignosa, maxima. Folia alterna, v. interdum opposita, petiolata, simplicia, palmatinervia, venosa, integra v. integerrima; rarius palmatisecta, petiolis basi saepius biglandulosis.

Flores ex axillis foliorum spicati v. racemosi, regulares, parvi, inconspicui, abortu dioici.

Perigonium herbaceum v. subcorollinum, tubo in floribus masculis brevissimo, in femineis cylindrico v. acute trigono, cum ovario connato, limbo supero, sexfido, laciniis subaequalibus, persistentibus, biseriatis.

Stamina 6, basi laciniarum perigonii inserta, in femineis nulla v. rudimentaria, glandulaeformia. Filamenta filiformia v. subulata, libera. Antherae ovato-subglobosae, dorso paulo supra basim affixae, introrsae, biloculares; loculi oppositi, contigui, longitudinaliter dehiscentes.

Ovarium e carpidiis tribus conflatum, cum perigonii tubo connatum, triloculare.

Ovula in loculis solitaria, v. plerumque bina, angulo interiori appensa, superposita, anatropa. Styli tres, approximati, v. basi inter se connati, apice distincti. Stigmata obsoleta, v. rarius emarginato-biloba.

Fructus nunc perigonii tubo ovario immediate adhaerente membranaceus, capsularis, acute trigono-trilobus, lobis compressis, trilocularis, loculicido ad angulos salientes dehiscens, v. loculis duobus abortivis nerviformibus, et tertio fertili, in alam dorsalem producto unilocularis, indehiscens; nunc parenchymate carnoso inter perigonii tubum et ovarium evoluto baccatus, indehiscens, trilocularis, v. septis demum obliteratis subunilocularis.

Semina ovulorum numero, in loculis bina v. rarius abortu solitaria, in capsularibus foliaceo-compressa, aptera v. testa membranacea undique producta, alata; in baccatis subglobosa; umbilico semper nudo, cum chalaza apicali vasculosa ope rhapheos filiformis conjuncto. Albumen cartilagineum, v. dense carnosum, aequabile v. prope umbilicum cavitate hians.

Embryo minutus, ovato-subglobosus, in cavitate albuminis prope umbilicum situs, nec tamen eandem replens, extremitate radiculari sursum centripeta.

Dioscoreae in regionibus tropicis subtropicisque totius orbis obviae, in temperatis admodum rarae, Smilaceis proxime affines, ab iisdem ovario infero, fructu capsulari, et seminis structura satis differunt; cum Taccaceis ovarii cum perigonio cohaesione, et seminis structura etiam convenientes, ab Aristolochieis structura caulis anatomica, magis quam characteribus floris et fructus diversae.

Tamum, quamvis a Dioscorea fructu baccato recedat, arctissime generi capsulari affinem habeo, facillime enim in ovario grossificante horizontaliter secto capsulam membranaceam, Dioscoreae more trigonam, ope parenchymatis carnosi cum perigonii tubo illam ambiente conjunctam, conspicimus; ita ut differentia potius in tubi perigonalis conformatione, in hoc teretis, in illis angulati posita sit, a quo simul charactere reliqua seminis globosi et compressi, albuminis aequalis et basi cavitate majoris hiantis diversitas pendet.

Dioscoreae nonnullae, ob radices tuberosas edules, magni in vita gentium sub torrido sidere degentium momenti.

1200. Rajania *LINN.* Flores dioici. Perigonium herbaceum, tubo inaequaliter triptero, cum ovario connato, limbo supero, sexpartito, subcampanulato, persistente. Stamina 6, basi perigonii inserta; filamenta subulata, antherae subglobosae. Ovarium cum perigonii tubo connatum, triloculare, loculis duobus minoribus. Ovula in loculis solitaria, anatropa. Styli 3, approximati; stigmata obtusa. Capsula membranacea, abortu unilocularis, loculis duobus sterilibus, nerviformibus, fertili compresso, in alam producto, indehiscente. Semen unicum, compressiusculum, apterum. Embryo minimus, in cavitate albuminis cartilaginei majore prope umbilicum situs. — *Suffrutices antillani, habitu Dioscoreae; caule sinistrorsum volubili, floribus axillaribus spicatis.*

Rajania Linn. *gen. n. 1121.* Juss. *gen. 43.* Janraja Plum. *ic. 255. f. 1.*

1201. Dioscorea *PLUM.* Flores dioici. Perigonium herbaceum, tubo triptero cum ovario connato, limbo supero sexpartito, persistente. Stamina 6, basi perigonii inserta; filamenta subulata, antherae subglobosae. Ovarium cum perigonii tubo connatum, triloculare. Ovula in loculis 2, superposita, anatropa. Styli 3, distincti; stigmata obsoleta. Capsula membranacea, trilocularis, triangularis, compressa, angulis salientibus loculicido-dehiscens. Semina in loculis 2, compressa, membranaceo-alata. Embryo minimus, in albuminis cartilaginei cavitate majore prope umbilicum situs. — *Herbae perennes v. suffrutices, sinistrorsum volubiles, in regionibus tropicis subtropicisque totius orbis obvii; rhizomate tuberoso, interdum maximo, quandoque lignoso, foliis petiolatis, alternis v. nonnunquam oppositis, plerumque cordatis v. hastatis, nervosis, venosis, saepius integerrimis, interdum palmatifidis, floribus axillaribus spicatis v. racemosis.*

Dioscorea Plum. *gen. t. 26.* Linn. *gen. n. 1122.* Gärtn. *I. 66. t. 17.* Bot. Mag. *t. 2825.* — Testudinaria Salisbury. Burchell *trav. II. 147.* (Tamus elephantipes Ait. Bot. Mag. *t. 1347.*) nonnisi rhizomate epigaeo, maximo, subgloboso, suberoso-lignoso differt.

1202. Tamus *LINN.* Flores dioici. Perigonium subcorollinum, tubo tereti cum ovario connato, limbo supero, sexpartito, campanulato, patente. Stamina 6, basi limbi inserta; filamenta filiformia, antherae subglobosae. Ovarium trigonum, cum perigonii tubo connatum, triloculare. Ovula in loculis 2, superposita, pendula, anatropa. Stylus trifidus; stigmata dilatata, emarginato-biloba. Bacca trilocularis, v. demum dissepimentis obsoletis unilocularis. Semina in loculis 2, v. abortu solitaria, subglobosa, pendula. Embryo minimus, intra albumen dense carnosum, prope umbilicum collocatus. — *Herbae sinistrorsum volubiles, in Europa et Asia temperata indigenae; radice tuberosa, foliis cordatis, venosis, longe petiolatis, petiolis basi saepe biglandulosis, floribus axillaribus, racemosis.*

Tamus Linn. *gen. n. 1119.* Schkuhr *t. 327.* Nees jun. *gen. pl. fasc. II. t. 20.* Tamnus Tournef. *inst. t. 28.* Juss. *gen. 43.*

1203. Oncus *LOUREIR.* Flores hermaphroditi; basi bibracteolati. Perigonium pilosum, tubo basi cum ovario cohaerente, limbo parvo, sexfido, laciniis subulatis. Stamina 6, basi laciniarum perigonii inserta ... Ovarium basi cum perigonii tubo connatum, sexsulcum. Ovula. ... Stylus brevis, tripartitus; stigmata oblonga. Bacca oblonga, trilocularis. Semina plurima, subglobosa. — *Suffrutex cochinchinensis, volubilis; radice tuberosa, maxima, farinosa, eduli, foliis alternis, petiolatis,* *cordatis, acuminatis, spicis terminalibus laxis. — Genus vix notum, an Ripogono magis affine?*

Oncus Loureiro *Fl. cochinch. I. 240.*

Ordo LVIII. Taccaceae.

TACCEAE J. S. Presl *in Reliq. Haenk. I. 149.* Bartl. *ord. nat. 82.* TACCACEAE Lindl. *introduct. edit. II. p. 331.*

HERBAE scapigerae, radice tuberosa perennantes. Folia omnia radicalia, petiolata, petiolis basi semivaginantibus, nunc integerrima, nunc palmatisecta v. bipinnatifida, nervosa, venosa.

FLORES hermaphroditi, regulares, in apice scapi radicalis, simplicissimi, teretis v. angulati umbellati, umbellae basi involucro foliaceo tetraphyllo stipatae; involucri foliis integris, subdecussantibus; pedicellis longis, nudis, sterilibus filiformibus, elongatis, intermixtis.

PERIGONIUM corollinum; tubo cylindrico nervoso, cum ovario connato, limbo supero, sexpartito, laciniis biseriatis, interioribus paullo majoribus, omnibus patentibus v. reflexis, persistentibus.

STAMINA 6, imis limbi corollini laciniis inserta. Filamenta petaloidea, apice concava v. fornicato-cucullata. Antherae introrsae, biloculares; loculi discreti, paralleli, concavitati filamentorum intus adnati, apice liberi, erecti v. inflexi, longitudinaliter dehiscentes.

OVARIUM inferum, placentis parietalibus tribus, simplicibus uniloculare, v. iisdem bilobis, axim fere attingentibus incomplete triloculare. Ovula in placentis plurima, multiseriata, subadscendentia anatropa, v. horizontalia amphitropa. Stylus brevis, crassus, trisulcus. Stigma orbiculatum, vel depressiuscule capitatum, radiato-trifidum, lobis emarginato-bilobis.

BACCA perigonio persistente umbilicata, unilocularis, vel incomplete trilocularis.

SEMINA plurima, ovata, angulata vel lunata; testa coriacea, striata, ab endopleura tenuissime membranacea solubili, umbilico parvo basilari v. ventrali, nudo. Embryo ovoideus, in basi albuminis carnosi inclusus, umbilico basilari proximus v. a ventrali remotus.

Taccaceae in humidis maritimis Asiae et Oceaniae tropicae indigenae, nonnullae ob tuber radicale fecula nutriente scatens etiam cultae, hinc Dioscoreis, illinc ob foliationis habitum Aroideis alias diversissimis affines, ab Aristolochieis vix nisi structura anatomica, in utroque ordine diversissima differunt.

1204. Tacca *FORST.* Flores hermaphroditi. Perigonii corollini tubus cum ovario connatus, limbus superus, sexpartitus, subaequalis, patens, persistens. Stamina 6, basi laciniarum limbi inserta; filamenta lata, superne cucullata, antherae introrsae, biloculares, loculis discretis parallelis, cucullo intus adnatis, apicibus solutis deorsum spectantes. Ovarium cum perigonii tubo connatum, uniloculare; placentis parietalibus tribus. Ovula plurima, horizontalia, anatropa. Stylus brevis, crassus, trisulcus; stigma orbiculatum, stellato-sexradiatum, lobis emarginatis. Bacca unilocularis, polysperma. Semina ovata, angulata, testa coriacea, striata. Embryo minimus, in basi albuminis carnosi, umbilico proximus. — *Herbae in maritimis Asiae et Oceaniae tropicae spontaneae, glabrae; radice tuberosa, subglobosa, foliis omnibus radicalibus longe petiolatis, palmatis v. bipinnatifidis, venosis, scapo radicali indiviso, umbella terminali simplici, involucro foliaceo subtetraphyllo, floribus longe pedicellatis, pedicellis sterilibus filiformibus intermixtis.*

Tacca Rumph. amb. *V. 328. t. 114. 115.* Forst. *gen. n. 35. Plant. esc. 28.* Linn. *suppl. 251.* Gärtn. *I. 43. t. 14.* Lam. *illustr. t. 232.* R. Brown *prodr. 340.* Blume *enum. pl. Jav. I. 82. excl. sp.* J. S. Presl *in Reliq. Haenk. I. 149.*

1205. Ataccia *J. S. PRESL.* Flores hermaphroditi. Perigonii corollini tubus cum ovario connatus, limbus superus, sexpartitus, laciniis interioribus majoribus, reflexis, persistentibus. Stamina 6, basi laciniarum limbi inserta; filamenta lata, superne concava, antherae introrsae, biloculares, loculis discretis, parallelis, concavitati intus adnatis, erectis. Ovarium cum perigonii tubo connatum; placentis parietalibus tribus, bilobis, axim fere attingentibus, subtriloculare. Ovula plurima, amphitropa. Stylus brevis, crassus, trisulcus; stigma capitato-trilobum, lobis emarginatis. Bacca semitrilocularis, polysperma. Semina lunata. Embryo minimus, in basi albuminis carnosi ab umbilico remotus. — *Herba in Indiae orientalis humidis vigens; radice tuberosa, subconica, foliis omnibus radicalibus, petiolatis, ovato-oblongis, acuminatis, venosis, integerrimis, petiolis canaliculatis, basi subvaginantibus, scabris, scapo basi foliorum vaginis velato, indiviso, umbella terminali simplici, involucro subtetraphyllo foliaceo, floribus pedicellatis, pedicellis filiformibus sterilibus intermixtis. — An genus satis a praecedente diversum?*

Ataccia J. S. Presl *in Reliq. Haenk. I. 149.* Tacca integrifolia Ker *in Bot. Mag. t. 1488.* Roxb. *corom. t. 257.*

Classis XVII. Ensatae.

HERBAE perennes, interdum suffrutescentes. Caules simplices v. ramosi, basi saepius tuberosi, rarius bulbosi. Folia integra, saepissime ensiformia, basi vaginantia, equitantia. Perigonium cum ovario plus minus connatum, limbo saepius omnino supero, regulari v. irregulari, tri- v. sexpartito, laciniis exterioribus saepius calycinis, interioribus corollinis, nunc omnibus petaloideis. STAMINA dimidio v. simplici laciniarum perigonii numero, rarius plura, nunquam tribus pauciora v. quina, semper a stylis distincta. OVARIUM cum perigonii tubo connatum v. omnino inferum, placentis plerumque centralibus. Ovula plerisque anatropa, indefinita. Fructus capsularis v. baccatus. Semina nonnisi in primo ordine exalbuminosa, in reliquis albuminosa, embryone intra albumen incluso.

Ordo LIX. Hydrocharideae.

HYDROCHARIDES Juss. *gen.* 67. excl. gen. HYDROCHARIDEAE DC. *Fl. fr. III.* 265. R. Brown *prodr.* 344. L. C. Richard *in Mem. de l' Institut* 1811. *p.* 1. 55. Agardh *Aphorism.* 137. Bartl. *ord. nat.* 74. Lindl. *introduct.* 354.

Herbae aquaticae, ut plurimum perennes. Caules nunc abbreviati, repentes, scapos exserentes, nunc elongati, nodoso-articulati, teretes. Folia plerumque radicalia, conferta, rarius remota, opposita v. verticillata, fluitantia v. natantia, interdum etiam emersa, petiolata, lamina integerrima, nervose-venosa, vernatione convolutiva, petiolo interdum basi vaginante, saepius laminae abortu in phyllodium longitudinaliter nervosum, plerumque margine denticulatum, dentibus setula terminatis mutato.

Flores dioici v. rarius hermaphroditi, regulares, ante anthesim spatha inclusi; spatha membranacea v. herbacea, sessilis aut pedunculata, mono-diphylla, interdum tubulosa v. hinc longitudinaliter fissa.

Flores masculi intra spatham monodiphyllam plerumque plures, rarius solitarii, singuli pedicellati, interdum spathilla propria muniti, raro sessiles.

Perigonium hexaphyllum; foliolis tribus exterioribus calycinis, basi subconnatis, per aestivationem margine leviter imbricatis; tribus interioribus petaloideis, rarissime deficientibus, exterioribus plerumque longioribus, interdum etiam latioribus, aestivatione irregulariter contortuplicatis.

Stamina fundo perigonii inserta, nunc simplici laciniarum perigonii exterioris numero, iisque opposita, nunc duplo, triplo v. quadruplo, pluriseriata, nonnulla interdum sterilia. Filamenta libera, v. ima basi breviter coalita, brevia, teretia v. compressa, quandoque clavata, nonnunquam apice bifurca, lobo uno antico, altero postico, saepius ananthero. Antherae introrsae, vel in filamenti bifurci lobo postico etiam extrorsae, biloculares, ovato-globosae v. lineares; loculi appositi, filamento saepius ultra eosdem in acumen brevissimum producto adnati, longitudinaliter dehiscentes.

Ovarii rudimentum, centrum floris occupans.

Flores feminei et hermaphroditi intra spatham plerumque tubulosam, interdum hinc longitudinaliter fissam solitarii, ut plurimum sessiles.

Perigonii tubus cum ovario connatus, limbus superus, sexpartitus, ut in floribus masculis biseriatus, serie exteriore calycina, interiore petaloidea.

Stamina imo limbo inserta, rarissime fertilia, plerumque sterilia, filamentosa.

Ovarium cum perigonii tubo connatum, inferum, e carpidiis pluribus conflatum, uni- v. sexloculare. Ovula placentis parietalibus affixa, adscendentia, anatropa. Stylus brevissimus, vix manifestus, vel elongatus, cum perigonii tubo connatus. Stigmata 3 v. 6, omnia plerumque plus minus profunde bifida, intus glanduloso-papillosa. Processus filiformis, e vertice ovarii inter stigmata (ut in Nelumboneis) saepius exsertus.

Fructus submersus, subulatus, linearis, oblongus v. ovoideus, saepius costatus, apice nudus v. rarius perigonii limbo persistente coronatus. Epicarpium coriaceo-carnosum, indehiscens, maceratione tandem dissolutum, cavitate modo simplici, modo processubus membranaceis simplicibus stigmatum numero iisque oppositis, a pariete ad idealem axim porrectis tri-sex- v. pluriloculare. Placentae parietibus partimque septis adnatae, gelatinoso-pulposae.

Semina indefinita, adscendentia. Testa membranacea, duriuscula, filis brevissimis, cylindricis, apice saepius inflatis echinata, umbilico basilari nudo, cum chalaza terminali in acumen clavatum, cylindricum v. difforme producta, ope rhapheos filiformis juncto. Endopleura membranacea, tenuissima, e basi testae brevissime stipitata, et eidem nonnisi ad chalazam adhaerens. Albumen nullum. Embryo orthotropus, ovoideus v. cylindricus, extremitate radiculari umbilicum attingente, gemmula in plerisque manifesta, versus mediam illius longitudinem plus minus laterali.

Hydrocharidearum species paucae hucdum cognitae, per totius orbis aquas quietas dulces vulgatae, nonnullae etiam in aestuariis subsalsis repertae, quaedam late diffusae; Ottelia Nilum, Gangem et Australasiae rivulos custodit; Vallisneria, oestri venerei miraculum, exiguo Europae australis angulo inclusa, in India et Australia reperta fuit. Hydrocharis et Stratiotes in Europa boreali copiosae, in australi parcissime reperiuntur, rarissime fructum maturant. Bootiam, genus insigne, nuper ex India superiore tulit Wallichius. Enhali, plantae marinae, fructus edulis. Bootiae folia juniora inter olera ab Avanis laudantur.

Ordo primum a Candolleo suis circumscriptus limitibus, reliquae Ensatarum seriei minus arcte affinis, a cunctis **Amphibryis**, duplici ovarii inferi et seminum exalbuminosorum charactere, facillime distinguendus.

Embryonis situm orthotropum contra cl. Richard, qui illum antitropum, extremitate radiculari umbilico e diametro opposita describit, in plerisque generibus confirmare licuit.

TRIBUS I. ANACHARIDEAE. Ovarium uniloculare. Stigmata tria. — *Caulescentes, foliis oppositis verticillatisve.*

1206. Udora *NUTT.* Flores hermaphroditi. Spatha sessilis tubulosa, ore obliquo, uniflora. Perigonii tubus filiformis elongatus, basi cum ovario connatus, limbus superus, sexpartitus, lobis ovalibus, exterioribus calycinis; interioribus petaloideis, omnibus conformibus. Stamina 3, limbi laciniis exterioribus opposita; filamenta subulata, antherae cordatae, basifixae, loculis contiguis. Ovarium inferum, cum basi tubi perigonialis connatum, uniloculare; placentis parietalibus tribus. Ovula plurima, adscendentia, anatropa. Stylus setiformis, elongatus, cum perigonii tubo connatus; stigmata 3, staminibus alterna, oblongo-cuneiformia, apice breviter bifida. Bacca subtrigona, unilocularis, polysperma. Semina parietalia, cylindrica, erecta. Embryo exalbuminosus, orthotropus, extremitate radiculari infera. — *Herbae annuae, caulescentes, graciles, a rivulis Canadae ad Orinocci fluenta diffusae; foliis verticillatis, sessilibus, lineari-lanceolatis, serratis, spathis axillaribus, perigonii laciniis exterioribus purparascentibus, interioribus candidis.*

Udora Nuttal *gen. II.* 242. Elodea L. C. Richard *in Michaux Fl. bor. amer. I.* 20. *Mem. de l'Instit.* 1811. *II.* 61. *t.* 1. Humb. et Bonpl. *pl. aequinoct. II.* 150. *t.* 128. Philotria Rafin. *in Americ. Monthl. Magaz.* 1819.

1207. Anacharis *RICH.* Flores dioici. Masc. Spatha sessilis, tubulosa, ore inflato bifido, uniflora; flore pedicellato. Perigonium sexpartitum, laciniis exterioribus calycinis ovato-oblongis; interioribus petaloideis oblongo-linearibus. Stamina 9; filamenta basi in columnam brevem connata, antherae oblongae, basifixae, loculis connectivo angusto sejunctis. Fem. . . . — *Herba montevideensis, annua, caulescens; foliis oppositis, sessilibus, linearibus, serrulatis, spathis axillaribus, perigonio reflexo, natante.*

Anacharis L. C. Richard *in Mem. de l'Instit.* 1811. *II.* 61. *t.* 2.

1208. Hydrilla *RICH.* Flores dioici. Masc. Spatha sessilis, subglobosa, irregulariter rupta, uniflora; flore pedicellato. Perigonium sexpartitum, laciniis exterioribus calycinis ovalibus; interioribus petaloideis cuneato-oblongis. Stamina 3, perigonii laciniis exterioribus opposita; filamenta brevia, filiformia, antherae subovatae, loculis contiguis. Fem. Spatha sessilis, tubulosa, ore obliquo, uniflora; flore sessili. Perigonii tubus filiformis, elongatus, basi cum ovario connatus, limbo sexpartito, laciniis exterioribus calycinis spathulato-oblongis; interioribus petaloideis conformibus, paullo minoribus. Ovarium cum basi tubi perigonialis connatum, uniloculare; placentis parietalibus tribus. Ovula plurima, adscendentia, anatropa. Stylus setiformis, elongatus, cum perigonii tubo connatus; stigmata 3, lineari-lanceolata, indivisa. Bacca subtrigona, unilocularis. Semina pauca, cylindrica, adscendentia. Embryo exalbuminosus, orthotropus, extremitate radiculari infera. — *Herba caulescens, gracilis, annua, in Indiae orientalis fluviis reperta; foliis verticillatis, sessilibus, ovalibus v. oblongis, serrulatis, spathis axillaribus, perigoniis natantibus, marium reflexo, feminarum patulo.*

Hydrilla L. C. Richard *in Mem. de l'Instit.* 1811. *II.* 61. *t.* 2. Serpicula verticillata Roxb. *corom. t.* 164.

TRIBUS II. VALLISNERIEAE. Ovarium uniloculare. Stigmata tria. — *Acaules scapigerae; foliis radicalibus (phyllodiis) linearibus.*

1209. Vallisneria *MICHEL.* Flores dioici. Masc. Spatha scapum brevissimum terminans, ovata, inaequaliter trivalvis, multiflora; floribus brevissime pedicellatis, supra receptaculum conicum congestis. Perigonium calycinum, tripartitum, lobis obovatis, concavis, aestivatione valvatis. Staminodia 4, petaliformia, tria perigonii lobis opposita, inaequalia, quartum iisdem alternum. Stamina 3, perigonii laciniis alterna, abortu interdum 2 v. 1; filamenta semiteretia, antherae subglobosae, basifixae, loculis contiguis. Fem. Spatha scapum longissimum filiformem terminans, tubulosa, ore bifido; flore solitario sessili. Perigonii tubus cum ovario connatus, limbus tripartitus, lobis ovalibus. Staminodia 3, perigonii laciniis alterna, unum saepius bifidum. Ovarium cum perigonii tubo connatum uniloculare; placentis parietalibus tribus. Ovula plurima, adscendentia, anatropa. Stylus subnullus; stigmata 3, maxima, ovalia, saepe bifida. Bacca cylindrica, perigonii limbo coronata, unilocularis. Semina plurima, cylindrica, adscendentia. Embryo exalbuminosus, orthotropus, extremitate radiculari infera. — *Herbae perennes, acaules, stoloniferae, in Europae australioris, Americae borealis, Indiae orientalis et Novae Hollandiae aquis stagnantibus et lente fluentibus observatae, nullibi copiosae; foliis linearibus elongatis, basi vaginantibus, apice serrulatis. Flores miris famosi sponsalibus, masculi minimi, innumeri, primum spatha scapo brevi sub vado retenta inclusi, mox ruptis valvarum claustris et a pedicellorum vinculis soluti, aquae superficiem petunt, perigonium pandunt, ratemque faventibus credentes ventis, feminae laxata longissimi scapi spira emergenti catervatim adnatant, copioso polline prona irroraturi stigmata. Postquam satis litatum est, admissariorum grex perit, mater scapo revoluto gravidum sub unda recondit alvum, in profundo copiosam enixura sobolem.*

Vallisneria Micheli *gen. n.* 10. Juss. *gen.* 67. L. C. Richard *in Mem. de l'Instit.* 1811. *II.* 62. *t.* 3. Jacq. fil. *Eclog. t.* 1. Wight *in Hook. Miscell. suppl. t.* 23. 24. L. C. Treviranus *symb. phytolog.* 74. Nees jun. *gen. pl. fasc. VI. t.* 17. Physkium Loureir. *Fl. cochinch. I.* 814. — ? Vallisneria alternifolia Roxb. *corom. t.* 165. Wight *in Hook. Misc. III.* 344. *t.* 11. Hydrillae sp. Hamilt. *in Brewster's Journ. I.* 34.

1210. Blyxa *THOUAR.* Flores dioici. Masc. Spatha scapum brevem terminans, tubulosa, ore bifido, multiflora; floribus pedicellatis, pedicellis inaequalibus. Perigonium sexpartitum, laciniis exterioribus calycinis oblongis spathulatisve, interioribus petaloideis lineari - oblongis. Stamina 3—8; filamenta filiformia, antherae oblongae, apiculatae, loculis connectivo angusto junctis. Ovarii superi rudimentum subglobosum, stylo setaceo trifido. Fem. Spatha ut in mare, uniflora; flore sessili. Perigonii tubus elongatus, basi cum ovario connatus, limbus ut in mare. Ovarium cum perigonii tubo connatum, uniloculare; placentis parietalibus tribus. Ovula plurima, adscendentia, anatropa. Stylus filiformis elongatus, cum perigonii tubo connatus, apice breviter exserto, libero; stigmata tria, linearia, integra. Bacca cylindrica, unilocularis. Semina plurima, adscendentia. Embryo orthotropus, extremitate radiculari infera. — *Herbae perennes, stoloniferae, Indiae orientalis et Madagascariae rivulos incolentes; foliis radicalibus basi vaginantibus, linearibus, integerrimis, scapis ancipitibus, floribus emersis.*

Blyxa Thouars *gen. madagasc. n. 14.* L. C. Richard *in Mem. de l'Instit. 1811. II. 63. t. 4. 5.* Saivala Wallich *catalog. n. 5047.* Vallisneria octandra Roxb. *corom. t. 165.*

TRIBUS III. STRATIOTIDEAE. Ovarium pluriloculare. Stigmata sex. — *Acaules, scapigerae.*

1211. Stratiotes *LINN.* Flores dioici. Masc. Spatha scapum terminans, diphylla, multiflora, florum pedicellis basi spathilla monophylla munitis. Perigonium sexpartitum, laciniis exterioribus calycinis ovatis; interioribus petaloideis obovato - orbiculatis. Stamina plurima, exteriora (23—25) sterilia lineari - ligulata, interiora (12—13) fertilia; filamenta brevia, subulata, antherae lineares, loculis discretis, connectivum marginantibus. Fem. Spatha maris, uniflora. Perigonii tubus cum ovario connatus, limbus sexpartitus ut in mare. Stamina sterilia plurima. Ovarium cum perigonii tubo connatum, placentis parietalibus sex axim attingentibus sexloculare. Ovula plurima, dissepimentorum parietibus affixa, adscendentia, anatropa. Stylus brevis cylindricus, cum perigonii tubo connatus; stigmata 6, linearia, bifida. Bacca ovata, hexagona, sexlocularis. Semina in loculis pauca, dissepimentis parietalibus affixa, oblonga, erecta. Embryo exalbuminosus, orthotropus, extremitate radiculari infera. — *Herba perennis, stolonifera; foliis radicalibus confertis, basi vaginantibus, latolinearibus, elongatis, spinuloso - serratis, in Europae imprimis borealis aquis stagnantibus purioribus obvia. Feminae a maribus longissimo saepe terrarum intervallo remotae, unde multiplicatio per semina rarior, per stolones frequens et copiosa. Embryonis plumula ut in Hydrocharide lateralis.*

Stratiotes Linn. *gen. n. 691.* Gärtn. *I. 48. t. 14. (mal.)* Fl. dan. *t. 337.* Engl. *Bot. t. 374.* Schkuhr *t. 335. a. b.* L. C. Richard *in Mem. de l'Instit. 1811. II. 64. t. 6.* Nolte *Bemerkungen über Stratiotes und Sagittaria. Kopenh. 1825. 4to. c. icc.* L. C. Treviranus *symb. phytolog. 76.* Nees jun. *gen. pl. fasc. VI. t. 16.* Aloides Boerh. *Lugd. Batav. II. 172.*

1212. Enhalus *L. C. RICH.* Flores dioici. Masc. . . . Fem. Spatha scapum terminans, diphylla, carina fibrillosa, uniflora. Perigonii tubus cum ovario connatus, limbus sexpartitus, laciniis exterioribus (coloratis) oblongis, interioribus linearibus. Stamina sterilia 12, lineari - ligulata. Ovarium inferum. . . Stigmata 4—6. Fructus ovatus, compressus, drupaceus, plurilocularis. Semina quatuordecim. — *Herba in aestuariis Indiae insularis a patribus observata; foliis radicalibus confertis, linearibus, obtusis, apice serratis, basi vaginiferis, edulibus, drupa ovata, compressa, fibrillosa.*

Enhalus L. C. Richard *in Mem. de l'Instit. 1811. II. 64.* Stratiotes acoroides Linn. f. *suppl. 268.* Acorus marinus Rumph *amboin. VI. 91. t. 75. f. 2.*

1213. Ottelia *PERS.* Flores hermaphroditi. Spatha scapum terminans, tubuloso-alata, ore bifido, uniflora; flore sessili, perigonii limbum exserente. Perigonii tubus cum ovario connatus, limbus sexpartitus, laciniis exterioribus calycinis oblongis; interioribus petaloideis obovatis, singulis glandulae depressae basi extrorsum insertis. Stamina 6—12; filamenta cuneato-oblonga, antherae basifixae lineares, loculis connectivo angusto sejunctis. Ovarium cum perigonii tubo connatum, placentis parietalibus sex v. octo ad axim tendentibus incomplete sex- v. octoloculare. Ovula plurima, dissepimentorum parietibus affixa, adscendentia, anatropa. Stigmata 6, sessilia, linearia, bifida v. bipartita. Bacca perigonii limbo coronata, oblonga, teretiuscula, incomplete sex- v. octolocularis. Semina plurima, dissepimentorum parietibus affixa, ovata, adscendentia. Embryo exalbuminosus, orthotropus, extremitate radiculari infera. — *Herbae perennes, ad ostia Nili, Gangis et in Australasia observatae; foliis radicalibus longe petiolatis, cordatis, nervosis, petiolis basi dilatatis, vaginantibus, fructu intra spatham recondito.*

Ottelia Pers. *ench. I. 400.* L. C. Richard *in Mem. de l'Instit. II. 1811. 64. t. 7.* Damasonium Schreb. *gen. n. 624.* Roxb. *corom. t. 185.* Bot. Mag. *t. 1201.* Hymenotheca Salisb. Stratiotes alismoides Linn. Smith *exot. Bot. t. 15.* Ottel-Ambel Rheede *malab. IX. 95. t. 46.*

1214. Bootia *WALL.* Flores dioici. Masc. Spatha scapum terminans, tubulosa, inflata, ore contracto multidentato, multiflora; floribus pedicellatis, pedicellis inaequalibus, nudis. Perigonium sexpartitum, laciniis exterioribus calycinis oblongis; interioribus petaloideis obovatis. Stamina 12, exteriora breviora; filamenta subulata, antherae ovatae, loculis linearibus discretis, connectivum marginantibus. Ovarii superi rudimentum subgloboso - trilobum, stigmatibus bifidis. Fem. Spatha scapum terminans, tubulosa, cylindrica, ore multidentato, uniflora; flore sessili. Perigonii tubus cum ovario connatus, limbus sexpartitus ut in mare, laciniis petaloideis, singulis basi glandulae depressae extrorsum insertis. Stamina sterilia linearia. Ovarium cum perigonii tubo connatum, placentis parietalibus novem axim attingentibus novemloculare. Ovula plurima, dissepimentorum parietibus affixa. . . . Stigmata 9, bifida. Fructus. . . . — *Herba perennis, in ripis fluvii Irravadi regni Avae observata; foliis radicalibus, aliis submersis elongato lineari - lanceolatis, aliis natantibus longe petiolatis cordatis multinerviis, scapis elongatis emersis.*

Bootia Wallich *pl. as. rar. I. 51. t. 65.*

1215. Limnobium *L. C. RICH.* Flores dioici. Masc. Spatha scapum terminans, diphylla, pauciflora; floribus pedicellatis, pedicellis basi spathilla monophylla munitis. Perigonium sexpartitum, laciniis exterioribus calycinis oblongo-ovalibus; interioribus petaloideis columnae stamineae paullo altius insertis, oblongo-linearibus. Stamina 6—9; filamenta in columnam centralem solidam connata, antherae basifixae, lineares, loculis discretis connectivum marginantibus. Ovarii superi rudimentum bi-trisetum, columnam stamineam terminans. Fem. Spatha radicalis diphylla, uniflora; flore pedicellato, pedicello nudo. Perigonii tubus cum ovario connatus, limbus sexpartitus, laciniis exterioribus calycinis oblongo-ovalibus; interioribus petaloideis disco epigyno paullo altius insertis, oblongo-linearibus. Stamina sterilia 3—6, subulato-setacea, solitaria v. gemina ad basim laciniarum interiorum perigonii. Ovarium cum perigonii tubo connatum, placentis parietalibus sex axim attingentibus sexloculare. Ovula plurima, dissepimentorum parietibus affixa, adscendentia, anatropa. Stigmata 6, subulata, bifida v. bipartita. Bacca ovata, teretiuscula, sexlocularis. Semina plurima, dissepimentorum parietibus affixa, ovata, adscendentia. Embryo exalbuminosus, orthotropus, extremitate radiculari infera. — *Herba perennis, stolonifera, in Americae borealis aquis stagnantibus inter 10 et 40° L. B. observata; foliis radicalibus confertis, petiolatis, orbiculato-reniformibus, nervosis, subtus spongioso-reticulatis, petiolis basi dilatatis, semivaginantibus, floribus masculis parvulis, femineis majoribus, pedunculo fructifero cernuo.*

Limnobium L. C. Richard *in Mem. de l'Instit. 1811. II. 66. t. 8.* Hydromistria G. F. W. Meyer *Essequeb. 152.* Jalambicea Llave et Lexarz. *nov. gen. II. 12.* — Hydrocharis Spongia Bosc.

1216. Hydrocharis *LINN.* Flores dioici. Masc. Spatha scapum brevem terminans, diphylla, subtriflora; floribus pedicellatis, pedicellis nudis. Perigonium sexpartitum, laciniis exterioribus calycinis ovalibus; interioribus petaloideis suborbiculatis, columnae stamineae paullo altius insertis. Stamina 12; filamenta basi in columnam brevem connata, apice bicruria, crure postico saepius ananthero (floribus tunc hex-enneandris), antherae basifixae, ovatae, loculis discretis, connectivum marginantibus. Ovarii superi rudimentum trilobum, columnam stamineam terminans. Fem. Spatha radicalis monophylla; flore longe pedicellato. Perigonii tubus cum ovario connatus, limbus sexfidus, laciniis exterioribus calycinis ovalibus; interioribus petaloideis orbiculatis, singulis glandulae epigynae depressae basi extrorsum insertis. Stamina abortiva 6, subulata, perigonii lobis exterioribus per paria opposita. Ovarium cum perigonii tubo connatum, placentis parietalibus sex axim attingentibus sexloculare. Ovula plurima, dissepimentorum parietibus affixa, adscendentia, anatropa. Stylus brevissimus crassus; stigmata 6, oblongo-cuneata, divaricato-bicornia. Bacca ovata, teretiuscula, sexlocularis. Semina plurima, dissepimentorum parietibus affixa, adscendentia. Embryo exalbuminosus orthotropus, extremitate radiculari infera. — *Herba europaea, perennis, stolonifera, florifera natans, fructifera demersa; foliis petiolatis reniformibus, petiolis basi in vaginam biauritam dilatatis. Testa seminum laxa, carnosula, verrucis e cellulis spiralibus formatis obsita; embryonis plumula lateralis exserta.*

Hydrocharis Linn. *gen. n. 1126.* Fl. dan. *t. 878.* Engl. *Bot. t. 808.* Schkuhr *t. 333.* L. C. Richard *in Mem. de l'Instit. 1811. II. 67. t. 9. Annal. du Mus. XVII. 248.* Nees jun. *gen. pl. fasc. VI. t. 13.* Stratiotes Dillen. *gen. 9.* Morsus Ranae Tournef. *inst. t. 4.* Microleuconymphaea Boerh.

Ordo LX. Burmanniaceae.

BURMANNIAE Spreng. *syst. I. 123.* Lindl. *introduct. 357.* BURMANNIACEAE Blum. *enum. pl. Jav. I. 27.* Bartl. *ord. nat. 41.*

Herbae annuae graciles, radice fasciculato-fibrosa, fibris interdum carnosis, in tubera oblonga incrassatis. Caulis simplex, quandoque aphyllus v. squammatus. Folia radicalia graminea, conferta, interdum nulla, caulina nulla v. brevissima, simplicia, alterna, remota, sessilia, semiamplexicaulia.

Flores hermaphroditi regulares, terminales; solitarii, bini v. quaterni, rarius in spicis bifidis secundi v. congesti, subcapitati, albi, flavi v. coerulei.

Perigonii corollini tubus cum ovario connatus, cylindraceus, teretiusculus v. triqueter, saepe in alas tres membranaceas, longitudinales, plus minus prominentes productus; limbus superus, minutus, sexfidus; laciniae inaequales, tres majores exteriores, alis tubi continuae, tres minores his alternae, introflexae, interdum deficientes.

Stamina tria, perigonii laciniis majoribus alterna, hinc minoribus dum adsunt opposita, tubo infra faucem peltatim affixa. Filamenta brevissima, elliptica v. subtriangularia, apice emarginato-biloba. Antherae introrsae, biloculares, loculi oppositi, sejuncti, utrinque filamenti margini infra medium affixi, transversim hiantes. Pollen oblongum, sulco longitudinali exaratum.

Ovarium perigonii tubo adnatum, e carpidiis tribus, perigonii laciniis exterioribus oppositis conflatum; carpellorum marginibus nunc in dissepimenta introflexis, axim attingentibus triloculare; nunc iisdem simpliciter applicitis uniloculare. Placentae in ovariis trilocularibus e loculorum angulo centrali tumentes; in unilocularibus parietales, perigonii alis oppositae, multiovulatae. Ovula .... Stylus simplex, filiformis, triqueter v. trisulcus. Stigmata tria, globosa v. dilatata, petaloidea, interdum biloba et staminibus adhaerentia.

Capsula perigonio marcescente coronata, polysperma, nunc unilocularis, apice irregulariter dehiscens; v. trilocularis, valvis irregulariter aut fenestratim solutis.

Semina minutissima, oblongo-linearia, utrinque attenuata, longitudinaliter striata, arillata? Albumen carnosum? Embryo minimus, axilis?

Burmanniaceae inter tropicos utriusque orbis in udis pinguibus graminosis, saxis irriguis vel super arborum putrescentium radices repertae, in novo continente, ubi usque 35° lat. bor. adscendunt, frequentius habitare videntur.

Ordo seminum fabrica nondum satis explorata, quoad locum in serie lineari paulisper dubius. Haemodoraceis staminum situ convenit, ab Irideis, quae perigonii et stigmatum structura similes, staminum ante perigonii lacinias interiores situ, et antherarum directione introrsa diversus. Brownius affinitatem Burmanniae cum Xyride et Philydro indigitat, longius distare censet ab Hypoxideis et a Bromeliaceis, quas inter Burmanniam Jussieus militare olim jusserat. Gonyanthis semina arillo setiformi inclusa dicuntur, qua nota revera ad Tillandsiam accederet singulare hocce genus.

1217. Gymnosiphon *BLUM.* Perigonii corollini tubus cum ovario connatus, teres, limbus superus trifidus. Stamina 3, perigonii laciniis alterna. Ovarium uniloculare, placentis tribus parietalibus. Stylus trigonus; stigmata 3, dilatata. Capsula unilocularis, apice irregulariter dehiscens, polysperma. Semina minima, striata. — *Herbula javanica, aphylla; facie Burmanniae, scapo ramoso, squamoso, floribus spicatis secundis.*

Gymnosiphon Blum. *enum. pl. Jav. p. 29.*

1218. Gonyanthes *BLUM.* Perigonii corollini tubus cum ovario connatus, triquetter, limbus superus trifidus. Stamina 3, perigonii laciniis alterna. Ovarium triloculare, placentis tribus centralibus, semibifidis, perigonii angulis oppositis. Stylus trisulcus; stigmata 3, dilatata, cum staminibus cohaerentia. Capsula trilocularis, valvis tribus loculicidis fenestratim aperta, polysperma. Semina minima, arillo membranaceo setiformi inclusa. — *Herba pusilla subcarnosa, tota albida, in radicibus arborum putridarum insulae Javae parasitica; radice fibrosa, fibris subcarnosis, tuberibus oblongis intermixtis, caule simpliciusculo, aphyllo, squamis paucis alternantibus vestito, superne corymboso bi-quinquefloro.*

Gonyanthes Blum. *enum. pl. Jav. p. 29.*

1219. Burmannia *LINN.* Perigonii corollini tubus cum ovario connatus, teres vel tripterus, limbus sexfidus. Stamina 3, perigonii laciniis interioribus opposita. Ovarium triloculare, placentis tribus centralibus bilobis, perigonii alis oppositis. Stylus filiformis; stigmata 3, globosa, dilatata v. biloba. Capsula trilocularis, apice incomplete loculicido-trivalvis, polysperma. Semina minima, fusiformia, striatula. — *Herbae in udis pinguibus regionum calidarum utriusque hemisphaerae provenientes; foliis radicalibus gramineis confertis, caulinis nullis vel brevissimis, scapis apice uni-bifloris, v. spicam bifidam multifloram gerentibus.*

Burmannia Linn. *gen. n. 542.* Roxb. *corom. t. 242.* Mart. *nov. gen. et sp. I. 9. t. 5.* Blum. *enum. pl. Jav. p. 27.* — Tripterella Rich. *in Michx. Fl. Bor. Amer. I. 19. t. 3.* — Vogelia Gmel. *syst. 107.* — Maburnia Thouars *gen. madagasc. n. 13.*

OBSERVATIO. Quartum genus ineditum javanicum commemorat Blume *famil. exposit. p. 4.*

Ordo LXI. Irideae.

IRIDES Juss. *gen. 57.* ENSATAE Ker *in Annal. of Botany I. 219.* IRIDEAE R. Brown *prodr. 302.* Ker *Iridearum genera. Bruxellis 1827. 8vo.* Bartl. *ord. nat. 44.* IRIDACEAE Lindl. *introduct. edit. II. 332.*

Herbae v. rarius suffrutices, rhizomate tuberoso v. bulboso, interdum radice fibrosa perennantes, glabrae, v. pube simplici vestitae. Folia saepissime omnia radicalia, aversa, equitantia, disticha, ensiformia v. linearia, angulata, nervosa, integerrima, caulina alterna, vaginantia. Caulis centralis articulatus v. enodis, interdum scapiformis v. subnullus, nunc simplex, nunc ramosus v. ramosissimus.

Flores hermaphroditi regulares v. irregulares, terminales, spicati, corymbosi v. laxe paniculati, rarius solitarii, saepius majusculi speciosi, polychroi, plerumque fugacissimi, singuli bracteis duabus spathaceis v. rarius pluribus, ut plurimum scariosis cincti, spatha communi diphylla subfoliacea.

Perigonium corollinum superum, tubuloso-sexfidum v. hexaphyllo-partitum, laciniis aequalibus v. interioribus saepius minoribus dissimilibus, interdum subnullis v. rarissime majoribus, regularibus v. bilabiatis, ut plurimum caducissimum, nonnunquam post anthesim spiraliter convolutum, marcescens.

Stamina 3, epigyna v. perigonii tubo laciniarumve basi inserta, semper laciniis exterioribus opposita, erecta v. subsecunda, exserta v. inclusa. Filamenta filiformia, subulata v. subclavata, libera v. basi aut juxta totam longitudinem in tubum connata. Antherae extrorsae, oblongae, ovatae v. sagittatae, basifixae v. medio dorso insertae, versatiles; loculi oppositi, contigui v. basi discreti, juxta longitudinem dehiscentes.

Ovarium inferum, vel rarius vertice exserto semisuperum, trigonum v. prismaticum, rarius teres v. subglobosum, triloculare. Ovula in loculis plurima, rariusve pauca, bi-pluriseriata v. interdum uniseriata, angulo interiori immediatim, vel columnae centrali in loculos prominenti inserta; ut plurimum horizontalia, interdum adscendentia v. pendula, anatropa. Stylus simplex. Stigmata 3, staminibus alterna v. opposita, saepissime petaloideo-dilatata v. convoluta, integra, bitrifida v. bilabiata.

Capsula membranacea v. coriacea, interdum cartilaginea, trigona v. gibboso-triloba, trilocularis, loculicido-trivalvis, valvis medio septiferis; placentis nerviformibus dissepimentorum margini adnatis, v. in columnam centralem, a dissepimentis solutam persistentem connatis.

Semina plurima, rariusve pauca, subglobosa v. pressione mutua angulata, aut in situ horizontali saepius plano-compressa, marginata v. alata. Testa membranacea, saepius laxa v. chartacea, aut interdum coriacea v. carnosa, umbilico basilari ope rhapheos saepius liberae v. solubilis cum **chalaza** apicali, vix non semper manifesta, conjuncto. **Albumen** copiosum, carnosum v. cartilagineum, imo subcorneum.

Embryo axilis, v. in seminibus pressione mutua deformatis etiam sublateralis, albumine plerumque brevior, **extremitate radiculari** umbilicum attingente, in fructu ut plurimum centripeta, rarius ve infera v. supera.

Irideae in temperatis subtropicisque totius orbis obviae, ingenti copia in **Capite bonae spei** crescunt, inter tropicos rarae.

Ordo staminum ante perigonii lacinias exteriores situ, antherarumque directione extrorsa et stigmatum fabrica distinctissimus, hinc **Burmanniaceis**, quae antherarum situ et dehiscentia, illinc **Haemodoraceis**, quae vel staminum numero v. eorundem ante perigonii lacinias interiores situ facillime distinguuntur, proxime conterminae.

Genera nimis fortassis multiplicata, et difficillime circumscribenda, denuo sub incudem revocanda sunt.

Rhizomata nonnullarum viribus stimulantibus, aliarum catharticis pollent. Crocorum stigmatibus principium peculiare colorans (Polychroit) inest.

1220. Sisyrinchium *LINN.* **Perigonium** corollinum superum, hexaphyllo-partitum, **laciniis** subaequalibus patentibus v. basi in tubum conniventibus. **Stamina** 3, imo perigonio inserta; **filamenta** basi v. juxta totam longitudinem in tubum connata, **antherae** basi emarginata insertae. **Ovarium** inferum, obtuse trigonum, triloculare. **Ovula** plurima, in loculorum angulo centrali bi-pluriseriata, horizontalia, anatropa. **Stylus** brevis; **stigmata** 3, involuto-filiformia, acuta, staminibus alterna. **Capsula** membranacea, obovato-clavata, trilocularis, loculicido-trivalvis. **Semina** plurima, subglobosa v. angulata, **testa** coriacea dura, **rhaphe** obsoleta. **Embryo** axilis v. sublateralis, **albumine** cartilagineo parum brevior, **extremitate radiculari** umbilicum attingente, centripeta. — *Herbae in* **America tropica et temperata** *obviae, in* **Nova Hollandia** *rarissimae; radice ut plurimum fibrosa, foliis bifariis vaginantibus, caule saepius ramoso, ancipiti, spathae communis bivalvis, partiales plures includentis valva exteriore saepe foliiformi, floribus inconspicuis, fugacissimis.*

Sisyrinchium Linn. *gen. n. 1017.* Cavanilles *Dissert. VI. 190. 192.* Jacq. *hort. schönbr. t. 11. 12* Willd. *hort. berol. t. 91. 92.* Bot. Mag. *t. 94. 464. 2116. 2117. 2312. 2787. 2965.* Bot. Reg. *t. 646. 1067. 1090. 1915.* Bermudiana Tournef. *inst. t. 32.* Gärtn. *I. 208. t. 11.* Syorhynchium Hoffmansegge *Nachtr. II. 216.* Maricae sp. Bot. Mag. *t. 655. 983.* Souza *Flor. Flumin. VII. t. 1—3.* — Orthrosanthus Sweet *Fl. austral. t. 11.*

1221. Libertia *SPRENG.* **Perigonium** corollinum superum, hexaphyllo-partitum, **laciniis** exterioribus subherbaceis, interioribus majoribus basi saepius unguiculato-angustatis, patentibus. **Stamina** 3, imo perigonio inserta; **filamenta** basi connata v. distincta, apice patentia, **antherae** ovatae, dorso supra basim affixae. **Ovarium** inferum, obtuse trigonum, triloculare. **Ovula** plurima, in loculorum angulo centrali biseriata, adscendentia, anatropa. **Stylus** brevissimus; **stigmata** 3, involuto-filiformia, acuta, staminibus alterna. **Capsula** membranacea, obovato-clavata, trilocularis, loculicido-trivalvis. **Semina** plurima, angulata. . . . — *Herbae in* **hemisphaerae australis regionibus extratropicis** *sylvicolae; rhizomate repente v. radice fibrosa, foliis gramineis laxis, nervosis, caule teretiusculo, simplici v. subramoso, inflorescentia subpaniculata, fasciculis alternis, umbellatis, spathis persistentibus, floribus albis.*

Libertia Sprengel *syst. I. 168.* Bot. Mag. *t. 3294.* Bot. Reg. *t. 1630.* Renealmia R. Brown *prodr. 590.* Sweet *Fl. gard. I. t. 64.* Nematostigma Dietrich *syst. Willd. n. 228.*

1222. Cipura *AUBL.* **Perigonium** corollinum superum, tubo brevissimo, limbi sexpartiti **laciniis** interioribus minoribus. **Stamina** 3, perigonii tubo inserta; **filamenta** distincta, **antherae** oblongae basifixae. **Ovarium** inferum, obtuse trigonum, triloculare. **Ovula plurima**, in loculorum angulo centrali biseriata, adscendentia, anatropa. **Stylus** brevissimus; **stigmata** 3, petaloideo-dilatata indivisa, staminibus alterna, erecta v. patentia. **Capsula** membranacea, obovato-clavata, trilocularis, loculicido-trivalvis. **Semina** plurima, angulata. . . . — *Herbae* **americanae tropicae et subtropicae**; *radice bulbosa, foliis ensiformibus nervosis, spathis terminalibus elongatis, imbricatis*

Cipura Aubl. *guian. I. 38. t. 13.* Kunth *in Humb. et Bonpl. nov. gen. et sp. I. 257.* Marica Schreb. *gen. n. 81.* Bot. Mag. *t. 646. 654.* —? Trimeriza, Hydastylis et Galathea Salisb. *in Transact. Hortic. Soc. I. 280.*

1223. Vieusseuxia *ROCHE.* **Perigonium** corollinum superum, hexaphyllo-rotatum, **laciniis** exterioribus basi unguiculato-angustatis, saepe barbatis, interioribus multo minoribus subulatis vel tricuspidatis. **Stamina** 3, disco epigyno imposita; **filamenta** in tubum connata, **antherae** oblongae, basifixae. **Ovarium** inferum, oblongo-prismaticum, triloculare. **Ovula** plurima, in loculorum angulo centrali biseriata, horizontalia, anatropa. **Stylus** brevis, filiformis; **stigmata** 3, petaloideo-dilatata, biloba, staminibus opposita. **Capsula** coriacea, obtuse trigona, trilocularis, loculicido-trivalvis. **Semina** plurima. . . . — *Herbae* **capenses**; *rhizomate tuberoso, foliis paucis ensatis, caule tereti, paniculatim ramoso, floribus intra spathas diphyllas herbaceas solitariis, pedicellatis.*

Vieusseuxia de la Roche *Dissert. Lugd. Batav. 1776. 4to.* DC. *in Annal. du Mus. II. 137.* Redouté *Liliac. t. 42.* Iridis sp. Linn. Jacq. *hort. schönbr. t. 10.* Moraeae sp. Jacq. *hort. vindob. t. 20. Ic. rar. t. 224.* Bot. Mag. *t. 571. 593. 696. 702. 772. 1047. 1247.* —? Freuchenia Eckl. *Verz. 14.*

1224. Moraea *LINN.* **Perigonium** corollinum superum, tubo brevissimo, limbi sexpartiti patentis **laciniis** interioribus minoribus, post anthesim convolutis. **Stamina** 3, perigonii tubo inserta; **filamenta** distincta, **antherae** oblongae, basifixae. **Ovarium** inferum, oblongo-prismaticum. **Ovula** plurima, in loculorum angulo centrali biseriata, horizontalia, anatropa. **Stylus** triqueter gracilis; **stigmata** 3, petaloideo-dilatata, bi-trifida, staminibus opposita. **Capsula** membranacea, obtuse trigona, trilocularis. **Semina** plurima, angulata. . . . — *Herbae* **capenses**; *rhizomate repente v. tuberoso-bulboso, foliis bifariis ensatis, spathis elongatis, subimbricatis.*

Moraea Linn. *gen. n. 60. excl. sp.* Salisb. *parad. t. 10.* Andr. *Bot. Reposit. t. 45. 83.* Bot. Mag. *t. 577. 587. 613. 712. 750. 771. 1012. 1045. 1061. 1238. 1276. 1284. 1407.* Bot. Reg. *t. 312.* — Homeria Vent. *Dec. nov. gen. 2.* Sweet *Fl. gard. I. t. 152. 178.* (Jacq. *hort. schönbr. t. 12.* Bot. Mag. *t. 1033. 1133. 1283. 1612.*) — ? Dietes Salisb. Moraea iridioides Jacq. *hort. schönbr. t. 196.* Bot. Mag. *t. 693.* Bot. Reg. *t. 1074.*

1225. Diplarrhena *LABILL.* Perigonium corollinum superum, sexpartitum, laciniis interioribus minoribus, postica dissimili fornicata. Stamina 3, imo perigonio inserta, duo sub lacinia interiore postica conniventia, tertium castratum. . . . Ovarium. . . . Stigma tripartitum, bilabiatum. Capsula oblonga, trigona. Semina plano-depressa, in loculis uniseriata. — *Herba in insula Diemen reperta, perennis, glabra; radice fibrosa, caule foliato simplici, foliis ensiformibus, caulinis alternis brevioribus vaginantibus, spatha communi bivalvi foliacea, partialibus inclusis, confertis, scariosis, floribus pedunculatis, albis, laciniis interioribus pictis.*

Diplarrhena Labill. *voy. I. 157. t. 15. Nov. Holl. II. 117.* R. Brown *prodr. 304.*

1226. Iris *LINN.* Perigonium corollinum superum, tubo brevi, limbi sexpartiti laciniis exterioribus saepissime reflexis et basi barbatis v. rarius nudis; interioribus erectis, saepe minoribus v. nonnunquam minimis. Stamina 3, perigonii laciniis exterioribus basi inserta; filamenta filiformia v. subulata, antherae oblongae, basifixae. Ovarium inferum, obsolete trigonum, triloculare. Ovula plurima, in loculorum angulo centrali biseriata, horizontalia, anatropa. Stylus triqueter, basi saepius cum perigonii tubo connatus; stigmata 3, petaloideo-dilatata, supra carinata, subtus canaliculata, plica transversa bilabiata, staminibus opposita. Capsula coriacea tri-hexagona, trilocularis, apice loculicido-trivalvis. Semina plurima, horizontalia, compresso-plana, marginata, rhaphe tenui intra testam laxam libera. Embryo axilis, albumine carnoso multo brevior, extremitate radiculari umbilicum attingente, infera. — *Herbae perennes; in hemisphaerae borealis temperatis obviae, nonnullae aquaticae; rhizomate tuberoso v. rarius bulboso, foliis gramineis, interdum quadrangularibus, saepissime ensatis, equitantibus, caule saepius compresso, ramoso, floribus speciosis magnis, terminalibus, solitariis v. spicatis, spathis uni-multifloris.*

Iris Linn. *gen. n. 59.* Juss. *gen. 57.* Gärtn. *I. 38. t. 13.* Nees Jun. *gen. pl. fasc. V. t. 18.* Redouté *Liliac. t. 18. 236. 263. 293. 336. 360.* Bot. Mag. *t. 1. 9. 16. 21. 50. 58. 61. 91. 187. 412. 531. 669 — 671. 679. 681. 685 — 687. 703. 787. 870. 986. 1113. 1123. 1131. 1261. 1393. 1496. 1504. 1514. 1515. 2239. 2326. 2331. 2435. 2528. 2861. 2886.* Bot. Reg. *t. 549. 801. 1218.* Iris, Xiphion, Hermodactylus et Sisyrinchium Tournef. *inst. t. 186. 187.* Isis Trattinick *Tabular. 668.*

1227. Herbertia *SWEET.* Perigonium corollinum superum, hexaphyllo-partitum, laciniis exterioribus triangularibus acutis reflexis; interioribus aequilongis, apice rotundatis erectis. Stamina 3, perigonii laciniis exterioribus basi inserta; filamenta basi conniventia, apice dilatata, reflexa, antherae. . . . Ovarium inferum, teretiusculum. . . . Stylus filiformis; stigmata 3, trifida, laciniis recurvis, intermedia minore. Capsula. . . . — *Herbae pusillae, in America australi subtropica indigenae, mihi penitus incognitae; foliis radicalibus ungulatis, scapum apice fasciculatim multiflorum aequantibus.*

Herbertia Sweet *Fl. gard. I. t. 222.* Ferraria pusilla Link et Otto *ic. pl. select. t. 59.*

1228. Cypella *HERB.* Perigonium corollinum superum, hexaphyllo-partitum, laciniis basi concavis, exterioribus majoribus patentibus; interioribus minutis, convolutis, apice reflexis. Stamina 3, perigonii laciniis exterioribus basi inserta, filamenta brevissime coalita, subulata, antherae oblongae, basifixae, loculis connectivum marginantibus. Ovarium inferum, oblongo-prismaticum, triloculare. Ovula plurima, in loculorum angulo centrali biseriata. . . . Stylus brevis, filiformis; stigma dilatatum, trilobum, lobis erectis, trifidis, basi transverse appendiculatis. Capsula membranacea, oblongo-prismatica, trilocularis, loculicido-trivalvis. Semina plurima, angulata. . . . — *Herbae perennes, in America tropica et australi subtropica indigenae; rhizomate bulboso-tuberoso, caule erecto, folioso, apice ramoso, foliis late lineari-lanceolatis, plicato nervosis, floribus laxe paniculatis, magnis, speciosis, spathis diphyllis, unifloris.*

Cypella Herbert *in Bot. Mag. n. 2637.* Sweet *Fl. gard. II. t. 33.* Tigridia Herberti Bot. Mag. *t. 2599.* Moraea Herberti Lindl. *in Bot. Reg. t. 949.* Maricae sp. Ker.

1229. Tigridia *JUSS.* Perigonium corollinum superum, tubo brevissimo, limbi sexpartiti patentissimi laciniis exterioribus majoribus; interioribus minoribus subpanduraeformibus. Stamina 3, perigonii tubo continua; filamenta in tubum longissimum connata, antherae loculis connectivo antice adnatis. Ovarium inferum, triloculare. Ovula plurima, in loculorum angulo centrali biseriata, horizontalia, anatropa. Stylus filiformis, tubi staminei longitudine; stigmata 3, filiformia, bipartita. Capsula membranacea, trilocularis, loculicido-trivalvis. Semina plurima. . . . — *Herba mexicana; bulbo radicali tunicato, foliis bifariis ensiformibus, basi vaginantibus, plicato-nervosis, floribus in caule cylindrico terminalibus, magnis, speciosis, purpureis, disco maculatis, spatha bivalvi cinctis.*

Tigridia Juss. *gen. 57.* Ker *in Annal. of Bot. I. 246. Gen. Irid. 25.* Ferraria pavonia Linn. Cav. *diss. VI. t. 189.* F. Tigridia Ker *in Bot. Mag. t. 532.* Aeoloxochitl Hernand. *Hist. 276.*

1230. Ferraria *LINN.* Perigonium corollinum superum, sexpartitum, laciniis oblongis, undulatis, patentibus v. reflexis; exterioribus latioribus. Stamina 3, imo perigonio inserta; filamenta in tubum connata, antherae basifixae, ovato-didymae. Ovarium inferum, triloculare. Ovula plurima, in loculorum angulo centrali biseriata, horizontalia, anatropa. Stylus filiformis; stigmata 3, petaloideo-dilatata, conniventia, bifida, lobis penicillato-multifidis. Capsula coriacea, trigona, trilocularis, loculicido-trivalvis. Semina plurima, baccata, orbiculato-ovata, ad chalazam terminalem umbilicato-impressa. — *Herbae capenses, glaucescentes; rhizomate tuberoso, foliis bifariis ensiformibus, crassiusculis, nervosis, caule imbricatim folioso, simplici vel paniculatim ramoso, inflorescentia aggregata, spathis plurivalvibus, floribus caducissimis.*

Ferraria Linn. *gen. n. 1018.* Cav. *dissert. VI. t. 190. f. 1.* Redouté *Liliac. t. 28.* Andr. *Bot. Reposit. t. 285.* Bot. Mag. *t. 144. 751.* Sweet *Fl. gard. I. t. 148. 161. 192.*

1231. Pardanthus *KER.* Perigonium corollinum superum, hexaphyllo-rotatum laciniis aequalibus, basi unguiculata-angustatis. Stamina 3, epigyna, subsecunda; filamenta subulata, antherae oblongae, basifixae, conniventes. Ovarium inferum, subclavatum, triloculare. Ovula plurima, in columna centrali biseriata, horizontalia, anatropa. Stylus clavatus, apice trifidus; stigmata 3, petaloideo-subdilatata. Capsula coriacea, trilocularis, apice loculicido-trivalvis, valvis tandem a columna centrali solutis. Semina plurima, biseriata, globosa, testa carnosa. . . . — *Herba in arenosis Indiae, Chinae et Japoniae proveniens, ubique in hortis culta; rhizomate carnoso stolonifero, foliis bifariis ensiformibus, nervosis, caule flexuoso, folioso, paniculato-dichotomo, floribus laxe aggregatis, pedicellatis, speciosis, perigonio flavo, atro-purpureo maculato, mox spiraliter contorto, persistente.*

Pardanthus Ker *in Annal. of Bot. I. 246. Gen. Irid. 15.* Belemcanda Rheede *malab. XI. 308. t. 7.* Redouté *Liliac. t. 121.* Ixia chinensis Linn. Bot. Mag. *t. 171.*

1232. Aristea *SOLAND.* Perigonium corollinum superum, sexpartitum, laciniis patentissimis aequalibus, v. interioribus multo majoribus. Stamina imo perigonio inserta, erecta v. subsecunda, inclusa; filamenta subulata, antherae oblongae, basifixae. Ovarium inferum, obsolete trigonum, triloculare. Ovula pauca v. plurima, in loculorum angulo centrali uniseriata, subhorizontalia, anatropa. Stylus erectus, subclavatus; stigmata 3, subcapitata v. cucullato-dilatata. Capsula membranacea, oblongo-prismatica, trilocularis, loculicido-trivalvis. Semina in loculis bina v. plurima, horizontalia, compressa. . . . — *Herbae capenses; radice tuberosa saepius lignescente, foliis ensatis equitantibus, caule ancipiti, saepius ramoso, spathis fasciculatis diphyllis, scariosis v. rarius herbaceis, perigonio tandem in spiram contorto, persistente.*

Aristea Solander *in Ait. Hort. kew. I. 67.* Redouté *Liliac. t. 464.* Andrews *Bot. Reposit. t. 10. 160.* Bot. Mag. *t. 458. 520. 605. 1231.* Ker *Irid. gen. 10.* Cleanthe Salisb. Moraeae sp. Linn. Thunb. — ? Bobartia Linn. *Fl. zeyl. 41.* Schumacher *in Act. soc. h. n. hafn. III. 9. t. 1.* Moraeae sp. Thunb. Linn. *t. 33. f. 2.* Bot. Reg. *t. 229.* — ? Wredowia Eckl. *Verz. 16.*

1233. Witsenia *THUNB.* Perigonium corollinum superum v. semisuperum, tubulosum, limbi sexfidi laciniis aequalibus, patentibus v. conniventibus. Stamina 3, perigonii fauci inserta, inclusa; filamenta filiformia, brevissima, antherae sagittatae, basifixae. Ovarium inferum v. semiinferum, obsolete trigonum, triloculare. Ovula plurima, in loculorum angulo centrali biseriata, horizontalia, anatropa. Stylus filiformis exsertus; stigma tridentatum v. brevissime trifidum. Capsula cartilaginea, ovato-trigona, trilocularis, loculicido-trivalvis. Semina plurima, angulata. . . . — *Suffrutices capenses; radice tuberosa, caudice erecto, lignescente, ancipiti, foliorum reliquiis cicatrisato, saepius supra basim stolonifero, foliorum ensatorum nervosorum coma disticha terminato, scapo herbaceo simplici v. paniculato, nunc corymboso, laxe folioso, interdum abbreviato subnullo, spathis diphyllis unifloris.*

Witsenia Thunb. *nov. gen. II. 34.* Smith *exot. Bot. t. 68.* Redouté *Liliac. t. 245.* Bot. Mag. *t. 895.* Bot. Reg. *t. 5.* Ker *Irid. gen. 1.* — Nivenia Vent. *Dec. nov. gen. n. 5.* Genlisia Reichenb. *consp. 60.* non St. Hil. — Sophronia Lichtenst. *in Röm. et Schult. syst. I. 482.* genitalibus exsertis, antheris incumbentibus (?) stigmatibus discretis, habitu et florum colore a Witsenia differe dicitur. — Tapeinia Commers. ex Juss. *gen. 59.* quae Ixia pumila Forst. *in Comment. götting. IX. 20. t. 8.* herba magellanica, bipollicaris, caule ancipiti, foliis ut in Witsenia dispositis minimis, floribus parvulis, solitariis, terminalibus, inter folia, quorum tria superiora spatharum aemula, sessilibus, perigonio tubuloso, limbo profunde sexpartito aequali, stigmate trifido, sui ut videtur generis, inquirenda.

1234. Patersonia *R. BR.* Perigonium corollinum superum, hypocrateriforme, tubo longo gracili, limbi sexpartiti laciniis interioribus minutis. Stamina 3, perigonii fauci inserta; filamenta in tubum brevem connata, antherae ovatae, loculis connectivum marginantibus. Ovarium inferum, prismaticum. Ovula plurima, in loculorum angulo centrali biseriata, adscendentia, anatropa. Stylus capillaris, apice saepius incrassatus; stigmata 3, laminaeformia, subcucullato-convoluta, indivisa. Capsula membranacea, prismatica, trilocularis, loculicido-trivalvis. Semina plurima, oblongo-angulata, testa coriacea, rugosa, rhaphe tenui umbilicum basilarem chalazae apicali incrassatae jungente. Embryo axilis, albumine carnoso brevior, extremitate radiculari umbilicum attingente, infera. — *Herbae perennes, in oris apricis aridis Novae Hollandiae extratropicae provenientes; radice fibrosa, caule nunc nullo, nunc simplici abbreviato v. rarius ramoso, foliis angaste ensiformibus, compactis, scapo radicali v. caulem terminante simplici ebracteato, spatha communi bivalvi, partialibus pluribus inclusis, confertis, unifloris, floribus sensim erumpentibus speciosis, caeruleis, fugacissimis.*

Patersonia R. Brown *prodr. 303.* Bot. Mag. *t. 1041. 2677.* Bot. Reg. *t. 51.* Ker *Irid. gen. 14.* Sweet *Fl. austral. t. 15. 39.* Genosiris Labill. *Nov. Holl. t. 9.*

1235. Galaxia *THUNB.* Perigonium corollinum superum, infundibuliforme, tubo tereti gracili, limbi sexpartiti laciniis aequalibus, oblongo-cuneatis; exterioribus basi foveola nectarifera. Stamina 3, perigonii fauci inserta; filamenta in tubum brevem connata, antherae sagittatae, basifixae. Ovarium inferum, obtuse trigonum, triloculare. Ovula plurima, in loculorum angulo centrali biseriata, adscendentia, anatropa. Stylus filiformi-triqueter, clavatus; stigmata 3, lamellaria, convoluto-cucullata, fimbriata. Capsula membranacea, trisulco-trigona, trilocularis, loculicido-trivalvis. Semina plurima, globosa. . . — *Herbae capenses pusillae; rhizomate bulboso-tuberoso, in stipitem apice foliis floribusque onustum producto, foliis terminalibus, bifariis, angustis, convolutis, plurimis, extimis brevioribus, spathis univalvibus folio interstinctis, perigoniis mox involutis emarcescenti-persistentibus.*

Galaxia Thunberg *nov. gen. II. 50. c. ic.* Cav. *Dissert. VI. t. 189. f. 2. 3.* Jacq. *collect. II. t. 18. f. 2. Ic. rar. t. 291.* Andr. *Bot. Reposit. t. 94. 164.* Bot. Mag. *t. 1292.*

1236. Ovieda *SPRENG.* Perigonium corollinum superum, infundibuliforme, tubo filiformi-triquetro, ad faucem constricto, limbi sexpartiti erecti v. patentis laciniis aequalibus. Stamina 3, fauci perigonii inserta, erecta v. subsecunda; filamenta subulata, antherae oblongae, basifixae. Ovarium inferum, triquetrum, triloculare. Ovula plurima, in loculorum angulo centrali biseriata, adscendentia, anatropa. Stylus filiformis; stigmata 3, anguste linearia, conduplicata, bipartita, lobis revolutis. Capsula membranacea, trilobo-triquetra, trilocularis, loculicido-trivalvis. Semina plurima, tripolyedra. — *Herbae in Africa australi indi-*

genae; rhizomate bulboso-tuberoso, caule ancipiti v. triquetro, simplici v. ramosissimo, foliis paucis v. plurimis collateralibus, gladiatis v. bifariis canaliculatis, nervosis, saepius rigidis et margine scubris, exterioribus plerumque falcatis, caulinis decurrentibus, sensim decrescentibus, florum spica terminali solitaria, interdum in fasciculum contracta, spathis bivalvibus, herbaccis, saepius sphacelatis.

Ovieda Spreng. *syst. I. 147.* Lapeyrousia Pourret *in Act. Academ. Tolos. III. 79. t. 6.* Ker *in Annals of Bot. I. 238. Gen. Irid. 107.* Bot. Mag. *t. 595. 1246.* Bot. Reg. *t. 1903.* Sweet *Fl. gard. I. t. 143. II. t. 39.* non Thunb. Peyrousia Sweet *Hort. Brit. 499.* non DC. Merisostigma Dietrich Willd. *sp. pl. n. 227.* Ixiae, Gladioli et Galaxiae sp. Linn. Jacq. *ic. rar. t. 268. 270. 288. 291.*

1237. Anomatheca *KER.* Perigonium corollinum superum, hypocrateriforme, tubo filiformi triquetro, ad faucem constricto, limbi sexpartiti laciniis oblongis, cuneatis, patentibus, tribus posticis approximatis. Stamina 3, fauci perigonii inserta, subsecunda; filamenta brevia, filiformia, antherae oblongae basifixae. Ovarium inferum, ovato-subglobosum, triloculare. Ovula plurima, in loculorum angulo centrali biseriata, subhorizontalia, anatropa. Stylus filiformis; stigmata 3, anguste linearia, complicata, bifida. Capsula ovato-subglobosa, papilloso-aspera, trilocularis, apice loculicido-trivalvis. Semina plurima, subglobosa. . . . — *Herbae capenses; rhizomate bulboso-tuberoso, foliis bifariis ensatis, caule tereti subjunceo, paniculato-multifloro, floribus spicatis, subsecundis, spathis herbaccis brevibus diphyllis.*

Anomatheca Ker. *in Annal. of Bot. I. 2I7. Gen. Irid. 111.* Bot. Reg. *t. 1369.* Anomaza Laws. *cat. 2.* Gladiolus junceus Linn. Jacq. *hort. schönbr. t. 491.*

1238. Babiana *KER.* Perigonium corollinum superum, infundibuliforme, tubo brevi ad faucem dilatato, limbi sexpartiti regularis v. subbilabiati laciniis aequalibus. Stamina 3, perigonii fauci inserta, erecta v. subsecunda; filamenta subulata, antherae versatiles. Ovarium inferum, ovatum, triloculare. Ovula plurima, in loculorum angulo centrali biseriata, horizontalia, anatropa. Stylus filiformis; stigmata 3, cuneato-ligularia, conduplicata, indivisa. Capsula coriacea, subovata, trilocularis, loculicido-trivalvis. Semina pauca, globosa, baccata. — *Herbae capenses, humiles, ut plurimum villosae; rhizomate bulboso-tuberoso, foliis bifariis ensatis, plicato-nervosis, basi fistuloso-vaginantibus, caule simplici v. ramoso, spica laxa subsecunda, v. densa bifaria, spathae bivalvis valva interiore bipartita, floribus majusculis speciosis, in nonnullis suaveolentibus.*

Babiana Ker *in Annal. of Bot. I. 234. Gen. Irid. 148.* Bot. Mag. *t. 410. 576. 583. 621. 626. 637. 638. 680. 1019. 1052. 1053.* Acaste Salisb. *msc.* Ixiae sp. Linn. Jacq. *ic. rar. t. 233. 237. 253. 264. 284. 287.*

1239. Gladiolus *TOURNEF.* Perigonium corollinum superum, irregulare, tubo teretiusculo, limbi sexpartiti bilabiati laciniis inaequalibus. Stamina 3, perigonii tubo inserta, erecta v. subsecunda, inclusa v. exserta; filamenta filiformia, antherae lineares, dorso supra basim affixae. Ovarium inferum, obtuse trigonum, triloculare. Ovula plurima, in loculorum angulo centrali pluriseriata, pendula, anatropa. Stylus filiformis; stigmata 3, petaloideo-dilatata. Capsula membranacea, trilocularis, loculicido-trivalvis. Semina plurima, pendula, compresso-plana, alata, v. rarius globosa, subbaccata, testa laxa v. carnosa, rhaphe intra testam libera, valida. Embryo axilis, albumine carnoso parum brevior, extremitate radiculari umbilicum attingente, supera. — *Herbae in Europa media et in regione mediterranea rariores, in Capite Bonae spei copiosae, multiformes; radice bulboso-tuberosa, foliis distichis equitantibus, floribus in spica simplici secundis, saepius nutantibus, spatha bivalvi persistente.*

Gladiolus Linn. *gen. n. 57.* Jacq. *ic. rar. t. 233. 242. 244. 248. 256.* Sibthorp *Fl. graec. t. 37.* Bot. Mag. *t. 86. 135. 272. 450. 538. 556. 562. 569. 574. 578. 582. 591. 592. 602. 610. 625. 632. 647. 648 719. 727. 874. 992. 1042. 1483. 1564. 1585. 1665. 2608.* Nees jun. *gen. pl. fasc. V. t. 19.* Hebea et Lemonia Pers. *ench. I. 44. part.* Homoglossum Salisb. *msc.* Synotia Sweet *Fl. gard. I. t. 50.* (Gladiolus galeatus Jacq. *ic. rar. t. 258.*) — Streptanthera Sweet *Fl. gard. I. t. 209.* Bot. Mag. *t. 3512.* Bertera Sweet *hort. brit. 501.* Gl. segetum *Fl. graec. t. 38.* — Antholyza Linn. *gen. n. 58.* Ker *Gen. Irid. 154.* Redouté *Liliac. t. 110. 387.* Bot. Mag. *t. 561.* — Cunonia Buttn. de Cunon. *Amst. 1750.* Anisanthus Sweet *Hort. brit. 500.* Antholyza Cunonia Linn. Redouté *Liliac. t. 12.* Bot. Mag. *t. 343.* Gärtn. *I. 31. t. 11. f. 4.* — Petameues Salisb. *msc.* Gladiolus quadrangularis Ker. Bot. Mag. *t. 567.*

1240. Watsonia *MILL.* Perigonium corollinum superum, tubo brevi, ad faucem saepe plicato, limbi sexpartiti laciniis subaequalibus v. bilabiatis. Stamina 3, infra faucem perigonii inserta, erecta v. subsecunda; filamenta subulata, antherae versatiles. Ovarium inferum, oblongo-teretiusculum, triloculare. Ovula plurima, in loculorum angulo centrali biseriata, pendula, anatropa. Stylus filiformis; stigmata 3, linearia, conduplicata, bipartita, lobis filiformibus. Capsula cartilaginea, elongata, teretiuscula, trilocularis, apice loculicido-trivalvis. Semina plurima, deorsum imbricata, polyedra, undique v. antice membranaceo-marginata. . . . — *Herbae capenses; rhizomate bulboso-tuberoso saepius gummifero, foliis collateralibus angustissimis v. late ensatis, spicis laxis grandifloris, vel densissime minutifloris, spathis bivalvibus rigidis.*

Watsonia Mill. *ic. 276. t. 294. f. 2.* Ker *in Annal. of Bot. I. 299. Gen. Irid. 122.* Bot. Mag. *t. 418. 441. 523. 533. 537. 553. 600. 601. 608. 631. 1012. 1193. 1406. 1530.* — Micranthus Pers. *ench. I. 46.* Phalangium Houttuyn *syst. II. 129. t. 8. f. 2.* Meriana Trew *Ehret. II. t. 49.* Gladioli et Ixiae Jacq. *hort. schönbr. t. 6. 13. Ic. rar. t. 229—231. 264. 235.* — ? Neuberia Eckl *Verz. 37.*

1241. Sparaxis *KER.* Perigonium corollinum superum, infundibuliforme, tubo brevi gracili, limbi ampli sexpartiti laciniis subaequalibus, stellato-patentibus. Stamina 3, tubo perigonii inserta, adscendentia, inclusa; filamenta subulata, antherae lineares, dorso supra basim affixae. Ovarium inferum, obtuse trigonum, triloculare. Ovula plurima, in loculorum angulo centrali biseriata. . . . Stylus filiformis; stigmata 3, linearia, complicato-carinata, recurva. Capsula membranacea, obsolete trigona, subtorulosa, trilocularis, loculicido-trivalvis. Semina plurima, subglobosa. . . . — *Herbae capenses; rhizomate bulboso-tuberoso, reticulato-tunicato, foliis ensatis nervosis, caule simplici v. paniculato, floribus spicatis, magnis, speciosis, intra spatham bivalvem membranaceam, aristato-laceram, plerumque sphacelatam solitariis, sessilibus.*

Sparaxis Ker *in Annal. of Bot. I. 225. Gen. Irid. 19.* Bot. Reg. *t. 1361.* Sweet *Fl. gard. 131.* — Ixiae sp. Jacq. *hort. schönbr. t. 17. Ic. rar. t. 273. 274.*

1242. Montbretia *DC.* Perigonium corollinum superum, subcampanulatum v. tubulosum, limbo sexfido regulari v. subbilabiato, laciniis basi callosis. Stamina 3, infra faucem perigonii inserta, subsecunda; filamenta filiformia, antherae versatiles. Ovarium ovatum, teretiusculum, triloculare. Ovula plurima, in loculorum angulo centrali biseriata. . . . Stylus filiformis; stigmata 3, ligularia, angusta, complicata, integra v. breviter bifida. Capsula coriacea, subclavata, trigibba, trilocularis, loculicido-trivalvis. Semina plurima, subglobosa. . . . — *Herbae capenses; rhizomate bulboso-tuberoso, foliis collateralibus ensatis, caule junceo, tereti, gracili, simplici v. ramoso, floribus spicatis, saepius resupinatis.*

Montbretia DC. *in Bullet. soc. philomat. n. 89.* Redouté *Liliac. t. 83.* Hexaglottis Vent. *Dec. nov. gen. n. 3.* Tritonia Ker *in Annal. of Bot. I. 228.* Waizia Reichenb. *consp. 60.* Houttuynia Houtt. *syst. XII. 448. t. 85.* Freesa Ecklon *Verz. 30.* Bellendenia Rafin. — Gladioli sp. Jacq. *Ic. rar. t. 241. 261. 267. 289.* Ixiae sp. Linn. Jacq. *Hort. schönbr. t. 24.* — ?

1243. Ixia *LINN.* Perigonium corollinum superum, hypocrateriforme, tubo gracili, limbi sexpartiti patentis laciniis aequalibus. Stamina 3, fauci perigonii inserta; filamenta filiformia abbreviata, antherae versatiles. Ovarium inferum, ovatum, trigonum, triloculare. Ovula plurima, in loculorum angulo centrali biseriata, horizontalia, anatropa. Stylus filiformis; stigmata 3, anguste linearia, conduplicata, recurva. Capsula membranacea ovato-subglobosa, trigibba, trilocularis, loculicido-trivalvis. Semina plurima, subglobosa. . . . — *Herbae capenses; rhizomate bulboso-tuberoso, foliis collateralibus ensatis, caule tereti gracili, simplici v. subramoso, floribus spicatis dissitis, majusculis, diutius persistentibus, spatha bivalvi cinctis.*

Ixia Linn. *gen. n. 56.* excl. sp. Jacq. *Hort. schönbr. t. 18. 20. 21. Ic. rar. t. 275. 278.* Redouté *Liliac. t. 86. 476.* Andr. *Bot. Reposit. t. 23. 155. 159.* Bot. Mag. *t. 128. 539. 542. 589. 599. 623. 624. 630. 846. 1173. 1285. 1379.* Ker *Gen. Irid. 96.* — ? Morphixia Ker *Gen. Irid. 105.* Hyalis Salisb. (Ixiae sp. Jacq. *Ic. rar. t. 281. 282.* Bot. Mag. *t. 570. 617. 1013.*) Eurydice Pers. *ench. I. 48.* Agretta Ecklon *Verz. 23.*

1244. Diasia *DC.* Perigonium corollinum superum, sexpartitum, aequale, patens, laciniis cuspidatis. Stamina 3, imis laciniis inserta, subsecunda; filamenta filiformia, antherae oblongae basifixae, conniventes. Ovarium inferum, triloculare. Ovula. . . . Stylus filiformis adscendens; stigmata 3, anguste linearia, conduplicata, recurva. Capsula chartacea, turbinato-subglobosa, triloba. Semina pauca, subglobosa. . . . — *Herbae capenses; rhizomate bulboso-tuberoso, foliis collateralibus ensatis, caule tereti paniculato, foliis infra ramos ternatis, floribus in rhacheos capillaris elasticae sinubus secundis, spathae bivalvis valvis divaricatis, extima disco herbacea, margine membranaceo cincta.*

Diasia DC. *in Bullet. soc. philomat. n. 80.* Redouté *Liliac. t. 54. 163.* Aglaea Pers. *ench. I. 46.* Melasphaerula Ker *in Annal. of Bot. t. 231. Gen. Irid. 157.* Phalangium Burm. *Cap. n. 3.* Gladioli sp. Jacq. *ic. rar. t. 236.*

1245. Hesperantha *KER.* Perigonium corollinum superum, hypocrateriforme, limbi sexpartiti tubum aequantis laciniis aequalibus, patentibus. Stamina 3, tubo perigonii inserta; filamenta filiformia, antherae versatiles. Ovarium inferum, triloculare. Ovula in loculorum angulo centrali biseriata. . . . Stylus filiformis; stigmata 3, elongata, anguste linearia, conduplicata, reclinata. Capsula trigona, torulosa. Semina plurima, polyedra. — *Herbae capenses; rhizomate bulboso-tuberoso, foliis collateralibus ensatis, floribus laxe spicatis, vespere expansis odorem suavem exhalantibus, interdiu clausis inodoris, spathae bivalvis vulva exteriore tubum perigonii aequante v. superante.*

Hesperantha Ker *in Annal. of Bot. I. 225. Gen. Irid. 88.* Hesperanthus Salisb. *msc.* Ixiae sp. Jacq. *Ic. rar. t. 276. 279. 280.*

1246. Geissorhiza *KER.* Perigonium corollinum superum, infundibuliforme, tubo brevi, limbi ampli sexpartiti laciniis subaequalibus, basi poro nectarifero instructis, erecto-patentibus. Stamina 3, tubo perigonii inserta, suberecta, inclusa; filamenta filiformia, antherae lineares, basifixae. Ovarium inferum, obtuse trigonum, triloculare. Ovula plurima, in loculorum angulo centrali biseriata, subhorizontalia, anatropa. Stylus filiformis, declinatus; stigmata 3, cuneato-linearia, conduplicata, margine subfimbriata. Capsula membranacea, prismatico-trigona, trilocularis, loculicido-trivalvis. Semina plurima, minima. . . . — *Herbae in Capite bonae spei indigenae, etiam in Abyssinia repertae; rhizomate bulboso-tuberoso, exuviis crustaceis v. scariosis deorsum imbricatis tunicato, foliis radicalibus paucis setaceis, lineari- v. lanceolato-ensatis, saepius nervosis, caule simplici v. ramoso, spica saepe flexuosa, secundiflora, floribus majusculis, singulis intra spatham bivalvem sessilibus.*

Geissorhiza Ker *in Annal. of Bot. I. 224.* Bot. Mag. *t. 672. Gen. Irid. 83.* Ixiae sp. Jacq. *Ic. rar. t. 277.* — ? Weihea Ecklon *Verz. 22.* Ixia excisa Thunb. — ? Spatalanthus Sweet *Fl. Gard. I. t. 300.*

1247. Trichonema *KER.* Perigonium corollinum superum, infundibuliforme, tubo brevi, limbi sexpartiti laciniis aequalibus, patentibus. Stamina 3, tubo perigonii inserta; filamenta erecta, inclusa, antherae oblongae, basifixae. Ovarium inferum, obtuse trigonum, triloculare. Ovula plurima, in loculorum angulo centrali biseriata, adscendentia, anatropa. Stylus filiformis; stigmata 3, linearia, conduplicata, bipartita, laciniis brevibus, recurvis. Capsula membranacea, gibboso-subtriloba, trilocularis, loculicido-trivalvis. Semina plurima, adscendentia, angulato-subglobosa, testa coriacea, rhaphe valida solubili ad chalazam apicalem impressam procurrente. Embryo axilis v. sublateralis, albumine carnoso parum brevior, extremitate radiculari umbilicum attingente, infera. — *Herbae pusillae, in regione mediterranea rarae, in Capite bonae spei copiosae; rhizomate bulboso-tuberoso, foliis angustis subtetraquetris, scapi teretis inter folia absconditi ramis exsertis, basi folio brevi stipatis, flore solitario, intra spatham bivalvem tubum perigonii velantem sessili terminatis.*

Trichonema Ker *in Annal. of Bot. I. 224. Gen. Irid. 79.* Nees jun. *gen. pl. fasc. V. t. 20.* Romulea Maratti *Dissert. Rom. 1772. 8vo.* Ixiae sp. Sibth. *Fl. graec. t. 36.* Jacq. *Ic. rar. t. 270. 200.*

1248. Crocus *TOURNEF.* Perigonium corollinum superum, infundibuliforme, tubo elongato, limbi sexpartiti laciniis interioribus paullo minoribus, erecto patentibus. Stamina 3, fauci perigonii inserta, erecta, inclusa; filamenta filiformia, antherae sagittatae basifixae. Ovarium inferum, obtuse trigonum triloculare. Ovula plurima, in loculorum angulo centrali biseriata, adscendentia, anatropa. Stylus filiformis elongatus; stigmata 3, dilatata, cuneata, carnosa, apicibus cucullata et denticulata. Capsula membranacea, trigona, trilocularis, loculicido-trivalvis. Semina plurima, subglobosa, testa coriacea carnosula, ad umbilicum rugulosa, rhaphe tenui ad chalazam apicalem excurrente. Embryo axilis, albumine corneo multo brevior, extremitate radiculari umbilicum spectante infera. — *Herbae in Europa et Asia media et in regione mediterranea indigenae, acaules; foliis anguste linearibus, floribus radicalibus magnis speciosis, ovariis subhypogaeis, nonnullae ob peculiares stigmatum qualitates etiam cultae.*

Crocus Tournef. *inst. t. 183. 184.* Linn. *gen. n. 55.* E. B. *t. 343. 344. 491. 2645.* Bot. Mag. *t. 45. 652. 845. 860. 1110. 1111. 1267. 1384. 2240. 2646. 2655.* Nees jun. *gen. pl. fasc. V. t. 21.*

Ordo LXII. Haemodoraceae.

HAEMODORACEAE R. Brown *prodr. 299.* Bartl. *ord. nat. 43.* Lindl. *introduct. edit. II. 330.*

Herbae perennes, radicibus fasciculato fibrosis. Caules simplices v. subramosi, interdum abbreviati v. subnulli.

Folia alterna, plerumque disticha, integerrima, ensiformia, equitantia, basi vaginantia.

Flores hermaphroditi regulares, racemosi v. corymbosi, pedicellis continuis, bracteolatis.

Perigonium tubulosum, coloratum, extus saepissime rude, lanatum v. pilosum, intus glabrum, tubo libero v. cum ovario plus minus connato, nunc supra ovarium producto, nunc statim expanso in limbum regulariter sexfidum, aequalem, erecto patentem, vel laciniis biseriatis interdum supra subsecundis antice fissum.

Stamina 6, perigonii laciniis basi inserta, tria exterioribus opposita saepissime ananthera v. plane deficientia, interdum e fertilibus unum difforme. Filamenta filiformia v. subulata, libera v. perigonii laciniis partim adnata, interdum easdem marginantia. Antherae introrsae biloculares, dorso v. basi affixae, loculi appositi, saepissime connectivo crassiusculo dorsali adnati, longitudinaliter dehiscentes.

Ovarium liberum v. cum perigonii tubo ejusve basi plus minus connatum, e carpidiis tribus, perigonii laciniis interioribus oppositis, marginibus introflexis dissepimenta axim attingentia constituentibus triloculare, rarissime dissepimentis incompletis uniloculare. Ovula in placentis e loculorum angulo centrali tumentibus solitaria, bina v. rarius indefinita, peltatim affixa, amphitropa, v. rarius anatropa. Stylus ovario continuus, simplex, basi interdum pyramidata cava; stigma indivisum.

Capsula supera, perigonio stipata; v. infera saepius limbo persistente superata, trilocularis, apice v. juxta totam longitudinem loculicido-trivalvis, valvis septa auferentibus, v. columnam septiferam nudantibus, rarius nucamentacea indehiscens, unilocularis, monosperma.

Semina in loculis solitaria, bina v. indefinita, peltatim v. basi affixa. Testa chartacea, durinscula, glabra v. pilosula. Albumen cartilagineum durum.

Embryo rectus, inclusus, albumine multo brevior, extremitate radiculari plerumque ab umbilico remota.

Haemodoraceae in America boreali, Africa australi extratropica, et in Nova Hollandia obviae, nullibi copiosae, Irideis conterminae censentur. Vellosieae Haemodoraceis arcte affines, ad calcem ordinis recensentur. Genera ovario libero donata, quamvis a reliquis nequaquam avellenda, denuo scrutanda sunt.

Radices nonnullarum rubro tingentes.

* Stamina 3—6. Ovarium liberum.

1249. Hagenbachia *NEES et MART.* Perigonium membranaceum, glabrum, sexpartitum, laciniis exterioribus patulis, interioribus latioribus basi glanduloso-callosis, apice conniventibus. Antherae 3, in marginibus laciniarum interiorum perigonii subsessiles, loculis appositis secedentibus. Ovarium liberum, trigonum, triloculare. Ovula. . . . Stylus filiformis; stigma simplex, incrassatum. Capsula subglobosa, trisulca, trilocularis. . . . Semina in loculis 2, compressa. . . . — *Herba brasiliensis; radice fasciculato-fibrosa, foliis radicalibus ensiformibus, elongatis, laxis, scapo triquetro, virgato ramoso, floribus fasciculatis, fasciculis basi unibracteatis, pedicellis brevibus, basi bracteolatis, medio articulatis. — Genus non satis notum, huc ex auctorum sententia collocatum, Asphodeleis fortassis magis affine.*

Hagenbachia Nees et Martius *N. A. N. C. XI. 18. t. 2.*

1250. Xiphidium *AUBL.* Perigonium corollinum, hexaphyllum, foliolis patentibus, exterioribus dorso puberulis, interioribus paullo minoribus glabris. Stamina 3, hypogyna, perigonii foliolis interioribus opposita; filamenta filiformia, antherae basifixae. Ovarium liberum, trigonum, triloculare. Ovula in placentis e loculorum angulo centrali tumentibus plurima, amphitropa. Stylus filiformis; stigma capitato-trilobum. Capsula subglobosa, carnoso-mollis, trilocularis. . . . Semina plurima, subglobosa. . . . — *Herba perennis, in America tropica cis aequatorem obvia; radice fibrosa, caule simplici hirsutiusculo, basi folioso, foliis ensiformibus equitantibus, acuminatis, integerrimis v. subserrulatis, floribus paniculatis, subsecundis, nutantibus.*

Xiphidium Löffl. *it. 179.* Aubl. *guian. t. 11.* Swartz *Fl. Ind. occid. I. 19. t. 2.*

1251. Wachendorfia *BURM.* **Perigonium** corollinum, extus rude, sexpartitum, laciniis patentibus tribus, **superioribus** magis approximatis, exterioribus basi subsaccatis, postica extima in calcar saepe pedicello adnatum producta. **Stamina** 6, imo perigonio inserta, tria perigonii laciniis exterioribus opposita sterilia v. interdum deficientia; **filamenta** filiformia, adscendentia, divaricata, **antherae** incumbentes. **Ovarium** liberum, acute trigonum, triloculare. **Ovula** in placentis e loculorum angulo centrali tumentibus solitaria, anatropa (?) **Stylus** filiformis adscendens; **stigma** simplex. **Capsula** chartacea, turbinata, acute triquetra, trilocularis, loculicido - trivalvis. **Semina** in loculis solitaria, compressiuscula, peltata, basi attenuata, **testa** membranacea alata, paleaceo - hirta. **Embryo** minimus, in basi **albuminis** farinosi inclusus, **extremitate radiculari** infera. — *Herbae capenses; radice tuberosa trinacata, foliis radicalibus basi vaginantibus, plicato - nervosis, caulinis squamaeformibus sphacelatis, caule tereti, pubescente, saepius cavo, apice paniculato - ramoso racemoso-multifloro, pedicellis bractea subspathacea suffultis, perigoniis post anthesim spiraliter contortis, sero deciduis.*

Wachendorfia Burm. *Wachendorfia, Amst. 1757. fol.* Linn. *gen. n. 61.* Juss. *gen. 59.* Gärtn. *I. 52. t. 15.* Redouté *Liliac. t. 92. 93.* Bot. Mag. *t. 614. 616. 1060 1166. 2610.* Pedilonia Presl *Monograph. Pragae 1830. 4to. c. ic.* (coll. Tausch *in Flora 1830. p. 536.*) — Wachendorfia orinocensis Kunth *in Humb. et Bonpl. nov. gen. et sp. t. 698.* perigonio basi aequali, antheris basifixis, et ovarii loculis multiovulatis a speciebus capensibus diversa, distincti generis, fortassis inter Xiphidium et Wachendorfiam intermedii, typus.

1252. Lophiola *KER.* **Perigonium** corollinum, extus lanatum, sexfidum, **tubo** brevi tereti, **limbi** refracto patentis laciniis tribus interioribus disco barbatis. **Stamina** 6, imo perigonio inserta; **filamenta** filiformia, **antherae** basifixae. **Ovarium** liberum, ovato - pyramidalum, triloculare. **Ovula** in placentis e loculorum angulo centrali tumentibus plurima, biseriata. . . . **Stylus** subulatus tripartibilis; **stigma** simplex. **Capsula** basi cum perigonii tubo connata, triquetra, trilocularis, apice loculicido - trivalvis. **Semina** plurima, oblongo - subcylindrica, basi inserta, striata. . . . — *Herba borcali americana; radice repente, foliis radicalibus distichis, lineari - ensatis, pube rara adspersis, caulinis paucis squamaeformibus, caule tereti stricto, lanato, apice paniculato, floribus cymosis subsecundis, pube simplici.*

Lophiola Ker *in Bot. Mag. t. 1596.* Conostylis aurea Pursh *Fl. Bor. Amer. t. 7.*

** Stamina 3. Ovarium inferum. Semina definita, peltata.

1253. Haemodorum *SMITH.* **Perigonium** corollinum glabrum, **tubo** cum ovarii basi connato, **limbi** superi sexpartiti laciniis angustis, persistentibus. **Stamina** 3, perigonii laciniis interioribus basi inserta; **filamenta** subulata, **antherae** loculis connectivo antice adnatis. **Ovarium** basi cum perigonii tubo connatum, orbiculato-depressiusculum, obsolete trilobum, triloculare. **Ovula** in placentis e loculorum angulo centrali exsertis fungoso - subglobosis bina, peltata, amphitropa (?) **Stylus** filiformis; **stigma** simplex. **Capsula** semisupera, triloba, trilocularis, loculicido - trivalvis. **Semina** in loculis bina, compressa, marginata; **testa** membranacea, umbilico ventrali peltatim affixa. **Embryo** minimus, in basi **albuminis** carnosi, **extremitate radiculari** infera. — *Herbae australasicae perennes, glabrae; radice e tuberibus fasciculatis, fusiformibus, coccineis, caulibus simplicibus foliatis, foliis aversis, planis v. teretiusculis, basi semivaginantibus, floribus corymbosis v. ramis spicatis.*

Haemodorum Smith *in Linn. Transact. IV. 213.* R. Brown *prodr. 300.* Bot. Mag. *t. 1610.*

1254. Dilatris *BERG.* **Perigonium** corollinum extus hirsutum, **tubo** cum ovario connato, **limbi** superi sexpartiti laciniis erectis, persistentibus. **Stamina** 6, perigonii laciniis basi inserta, tribus sterilibus minimis, fertilium uno **filamento** breviori, **anthera** maxima difformi. **Ovarium** cum perigonii tubo connatum, triloculare. **Ovula** in loculis solitaria, placentae columnaris triquetrae faciebus inserta, peltata, amphitropa. **Stylus** filiformis; **stigma** simplex. **Capsula** infera, subglobosa - trigona, trilocularis, loculicido - trivalvis, valvis placentam columnarem nudantibus. **Semina** in loculis solitaria, plano compressa, **testa** membranacea, **umbilico** ventrali peltatim affixa. **Embryo** minimus, in basi **albuminis** carnosi, **extremitate radiculari** infera. — *Herbae capenses, interdum suffrutescentes; radicibus fibrosis, rubris, foliis radicalibus ensiformibus basi vaginantibus, floribus corymbosis. — Genus Wachendorfiae affine, olim dividendum.*

Dilatris Bergius *Flor. cap. 9. t. 3. f. 5.* Linn. *suppl. 10.* Lam. *t. 34.* Gärtn. f. *III. 11. t. 182.* Smith *exot. Bot. t. 16.*

1255. Lachnanthes *ELLIOT.* **Perigonium** corollinum extus lanatum, **tubo** basi cum ovario connato, **limbi** superi sexpartiti laciniis erectis, persistentibus. **Stamina** 3, perigonii laciniis interioribus inserta, subaequalia; **filamenta** filiformia, exserta, **antherae** lineares, versatiles. **Ovarium** cum perigonii tubo connatum, triloculare. **Ovula** in placentis subglobosis e loculorum angulo centrali tumentibus pauca (6—7), peltata, amphitropa. **Stylus** filiformis declinatus; **stigma** brevissime trifidum. **Capsula** infera, subglobosa - trigona, trilocularis, loculicida - trivalvis, valvis placentas auferentibus. **Semina** rotundato-compressa, peltata. . . . — *Herbae boreali americanae; radice fibrosa, rubra, caule erecto simplici lanato, foliis alternis ensiformibus basi vaginantibus, floribus paniculato - corymbosis.*

Lachnanthes Elliott *Carolin. I. 47.* Heritiera Gmel. *syst. 113.* Redouté *Liliac. t. 247.* Michaux *Fl. Bor. Amer. t. 4.* Gyrotheca Salisb. *msc.* Dilatris sp. Pers. Nutt.

*** Stamina 6. Ovarium inferum. Semina indefinita.

1256. Lanaria *THUNB.* **Perigonium** corollinum extus plumoso - lanatum, **tubo** basi cum ovario connato, **limbi** superi sexpartiti laciniis patentibus, persistentibus. **Stamina** 6, perigonii laciniis basi inserta; **filamenta** filiformia, **antherae** basi emarginatae, versatiles. **Ovarium** cum perigonii tubo connatum, triloculare. **Ovula**. . . **Stylus** filiformis; **stigma** brevissime bi - trifidum. **Capsula** infera, trilocularis. . . . **Semina** in loculis 2—3. . . . — *Herba capensis; radice fibrosa, fibris crassis fasciculatis, foliis radicalibus ensiformibus canaliculatis,* *nervosis, caulinis abbreviatis basi semivaginantibus, caule simplici v. corymbose ramoso, florum panicula terminali decomposita densa, plumoso-lanata.*

Lanaria Thunb. *prodr. 63.* Argolasia Juss. *gen. 60.* Lam. *t. 34.* Augea Retz *obs. V. 3.*

1257. Anigosanthus *LABILL.* Perigonium corollinum extus lanatum, tubo basi cum ovario connato, elongato, tandem deciduo, limbi sexfidi laciniis subaequalibus supra secundis. Stamina 6, fauci perigonii inserta, adscendentia; filamenta filiformia, antherae loculis connectivo antice adnatis. Ovarium cum perigonii tubo connatum, triloculare. Ovula in placentis e loculorum angulo centrali prominentibus plurima. . . . Stylus filiformis; stigma simplex. Capsula infera, subglobosa, trilocularis, apice loculicido-trivalvis. Semina plurima. . . . — *Herbae perennes, in Novae Hollandiae ora meridionali indigenae; radicibus e fibris crassis fasciculatis, caule simplici v. apice ramoso, piloso-lanato, foliis ensiformibus aversis, basi semivaginantibus, floribus magnis, speciosis, subcorymbosis, e spicis brevibus, bracteis suboppositifloris, perigoniis extus lanatis, pilis ramulosis coloratis.*

Anigosanthus Labill. *voy. I. 411. t. 22. Nov. Holl. II. 119.* Redouté *Liliac. t. 176.* Bot. Mag. *t. 1151.* Salisb. *parad. t. 97.* R. Brown *prodr. 301.* Sweet *Fl. gard. II. t. 265.* Anigozia Salisb. *msc.* Anoegosanthus Reichenbach *consp. 60.* Schwägrichenia Sprengel *syst. II. 26.*

1258. Conostylis *R. BR.* Perigonium coloratum, extus piloso-lanatum, tubo cum ovario connato, limbi superi subcampanulati sexfidi laciniis erectis, persistentibus. Stamina 6, imis perigonii laciniis inserta; filamenta brevissima, antherae loculis connectivo antice adnatis. Ovarium inferum, triloculare. Ovula in placentis subglobosis e loculorum angulo centrali prominentibus plurima. . . . Stylus conico-dilatatus, cavus; stigma simplex. Capsula infera, stylo cavo tripartibili coronata, trilocularis, apice loculicido-trivalvis, valvis a columna centrali placentifera solutis. Semina plurima. . . — *Herbae perennes, in Novae Hollandiae ora meridionali indigenae; radice fasciculato-fibrosa, foliis radicalibus distichis, aversis, ensiformibus, basi semivaginantibus, equitantibus, floribus scapum saepius simplicem terminantibus capitatis, corymbosis v. subspicatis.*

Conostylis R. Brown *prodr. 300.* Bot. Mag. *t. 2989.* A. Richard *Sert. Astrolab. t. 28.*

1259. Aletris *LINN.* Perigonium coloratum, extus bullato-lepidotum, tubo cum ovarii basi connato, limbi semisuperi infundibuliformis sexfidi laciniis erectis, persistentibus. Stamina 6, imis perigonii laciniis inserta; filamenta complanato-subulata, antherae subsagittatae, adnatae. Ovarium basi cum perigonii tubo connatum, triloculare. Ovula in placentis subglobosis e loculorum angulo centrali prominentibus plurima. . . . Styli tres filiformes, basi distincti, apice stigmate simplici connexi. Capsula semiinfera, trilocularis, tricocca, coccis placentas auferentibus. Semina plurima, minutissima, arcuata, striata. . . — *Herbae perennes, boreali-americanae; radice fibrosa, foliis radicalibus distichis aversis, subensiformibus, basi vaginantibus, caule simplici, racemo terminali spicato. — Genus non satis mihi notum, an revera hujus loci?*

Aletris Linn. *gen. n. 428.* Ker *in Bot. Mag. t. 1418.* Bigelow *Fl. Bor. Amer. t. 50.*

**** **Stamina 6. Ovarium inferum. Nux monosperma.**

1260. Phlebocarya *R. BR.* Perigonium imberbe, tubo cum ovario connato, limbo supero sexpartito persistente. Stamina 6, basi laciniarum perigonii inserta; antherae tetragonae, subsessiles. Ovarium cum perigonii tubo connatum, uniloculare. Ovula 3. . . . Stylus filiformis; stigma simplex. Nux corticata, perigonio coronata, monosperma. . . . — *Herba in Novae Hollandiae ora meridionali reperta, perennis, subacaulis; foliis distichis, equitantibus, angusto-ensiformibus, ciliatis, panicula subsessili foliis breviore, floribus parvis, imbricatis.*

Phlebocarya R. Brown *prodr. 301.*

***** **VELLOZIEAE** D. Don *in Edinb. n. philosoph. Journ. 1830. I. 164.*

Stamina 6 v. indefinita, disco perigonii limbum basi vestientem inserta; filamenta simplicia v. apice tridentata, dente medio antherifero. Ovarium inferum, triloculare, dissepimentis e carpidiorum marginibus introflexis duplicatis, angulo centrali utrinque in placentam tumentibus. Ovula plurima, horizontalia semianatropa. Capsula apice incomplete loculicido-trivalvis, valvis septa et placentas auferentibus. Semina plurima, cuneata, testa coriacea, umbilico basilari incrassato, ope rhaphis filiformis chalazae laterali impressae conjuncto. Embryo axilis, rhaphi parallelus, albumine carnoso multo brevior, extremitate radiculari umbilicum attingente, in fructu centripeta. — *Caudices saepissime arborei, dichotome ramosi, foliorum rudimentis vestiti, apice foliosi. In Brasiliae montibus primaevis inter 10—23° L. A. magna copia, rarissime in Madagascaria et in insula Franciae repertae.*

1261. Barbacenia *VAND.* Perigonium corollinum infundibuliforme, extus piloso-resinosum, tubo basi cum ovario connato, limbi sexfidi laciniis aequalibus, erecto-patentibus. Stamina 6, imis limbi laciniis inserta, erecta, inclusa; filamenta plano-compressa, apice tridentata, dente medio minore antherifero, antherae lineares, medio dorso v. prope basim affixae. Ovarium inferum, triloculare. Ovula in placentis e loculorum angulo centrali exsertis plurima. . . . Stylus triqueter, tripartibilis; stigma capitato-trigonum. Capsula infera, subtrigona, trilocularis, loculicido-trivalvis, valvis medio septigeris, placentas auferentibus. Semina plurima, angulata. — *Herbae perennes, in Brasilia inter 14° et 23° L. A. in siccis apricis montium primaevorum obviae; caudice simplici vel dichotome ramoso, brevissimo v. bi-tripedali, foliorum exuviis dense tunicato, foliis spiraliter dispositis terminalibus semiamplexicaulibus, erecto-patentibus, angustis, acutis, carinatis, duriusculis, basi succo visco-resinoso conglutinatis, pedunculis s. scapis inter folia solitariis v. pluribus, unifloris, teretiusculis v. trigonis, apicem versus pilis resiniferis v. glandulis clavatis obsessis, rarius simpliciter pubescentibus v. glabriusculis, floribus magnis, extus* *in scapi modum vestitis, pulcherrime viridibus, rubris v. flavis, intus glabris, saepe discoloribus.*

Barbacenia Vandelli *in Römer script. 98. t. 6. f. 9.* Martius *nov. gen. et sp. I. 18. t. 10—14.* Bot. Mag. *t. 2777.* Visuea Steud.

1262. Vellosia *MART.* Perigonium corollinum, tubo rudi cum ovario connato, limbi glabri hexaphyllo-partiti campanulati foliolis aequalibus. Stamina imis limbi foliolis inserta, nunc 6 libera, nunc indefinita, in phalanges plures nudas, v. basi squamula auctas coalita; filamenta filiformia brevia, antherae lineares, basi emarginata insertae. Ovarium inferum, triloculare. Ovula in placentis e loculorum angulo centrali exsertis plurima, horizontalia, semianatropa. Stylus triqueter, tripartibilis; stigma capitato-trigonum. Capsula subglobosa, clavata v. trigona, trilocularis, loculicido-trivalvis, valvis medio septigeris, dissepimenta auferentibus. Semina plurima, horizontalia, cuneata, testa coriacea, umbilico basilari incrassato, ope rhaphis filiformis chalazae laterali impressae conjuncto. Embryo axilis, rhaphi parallelus, albumine carnoso multo brevior, extremitate radiculari umbilicum attingente, in fructu centripeta — *Plantae in Madagascaria rarissimae, in Brasilia, ubi in apricis siccis montium adamantiferorum abundantius proveniunt, regioni characterem peculiarem impertientes, caudicibus foliorum exuviis exaridis tunicatis, plerumque erectis, dichotome ramosis, et ramis erecto-patentibus, subdichotomis apice foliiferis, foliis spiraliter v. trifariam dispositis, rarius alternatim distichis, linearibus v. lineari-lanceolatis, rarius accrosis, rigidis, serrulatis v. integerrimis, carinatis, erecto-patentibus, basi succo resinoso-viscoso conglutinatis, floribus solitariis nunc in ramorum innovatione sessilibus, nunc in scapis terminalibus versus apicem saepius hispidulis, floribus albis, caeruleis v. violaceis magnis, erectis aut rarius nutantibus, perigonii tubo saepius pilis densis hispido, tandem echinato, rarius scabriusculo v. glabro, nitido.*

Vellosia Martius *nov. gen. et sp. I. 13.* Pohl *pl. Brasil. I. 20.*

a) XEROPHYTA *Commers.* Stamina 6. — *Brasilienses et Madagascaricae.*

Xerophyta Commers. *in Juss. gen. 50.* Schult. *f. syst. VII. 289.* Vellosiae sp. Mart. *op cit. t. 6. 9.* Pohl *op. cit. t. 94. 97.*

b) VELLOSIA *Vand.* Stamina 12, 15, 18, 24, in phalanges tres v. sex, nudas v. basi squamula auctas coalita. — *Brasilienses.*

Vellosia Vandelli *in Römer script. 112.* Mikan *delect. II. t. 2.* Martius *op. cit. t. 7. 8.* Pohl *op. cit. t. 93. 95. 96. 98—100.* Campderia A. Richard *in Bullet. soc. philomat. 1822. p. 79.* Radia A. Richard *in Kunth synops. I. 360.*

Ordo LXIII. Hypoxideae.

HYPOXIDEAE R. Brown *in Flinders Voyage II. 577.* Bartl. *ord. nat. 43.* Lindl. *introduct. edit. I. 257.*

Herbae perennes, scapigerae, radice tuberosa v. fibrosa. Folia omnia radicalia, linearia, integerrima, plicata. Scapi simplices v. apice ramosi, teretiusculi, quandoque abbreviati subnulli.

Flores hermaphroditi v. rarissime abortu polygami, regulares, nunc radicales sessiles, nunc in scapo elevati, solitarii, fasciculati v. paniculati, uni-bibracteati.

Perigonium corollinum, tubo cum ovario connato, limbi superi sexpartiti patentis v. decidui laciniis biseriatis, exterioribus saepe rudioribus.

Stamina 6, basi laciniarum limbi inserta. Filamenta libera. Antherae introrsae, biloculares, erectae; loculi subоppositi, paralleli, basi sagittatim divergentes, longitudinaliter dehiscentes.

Ovarium cum perigonii tubo connatum, triloculare, loculis perigonii laciniis exterioribus oppositis. Ovula loculorum angulo centrali affixa, plurima, bi-pluriseriata, amphitropa. Stylus terminalis, simplex. Stigmata 3, distincta v. styli angulis adnata.

Fructus indehiscens, siccus v. baccatus, tri-v. abortu uni-bilocularis.

Semina plurima, subrotunda; testa crustacea, atra, umbilico laterali rostelliformi, ab endopleura tenui membranacea solubilis. Albumen molle, carnosum.

Embryo rectus, axilis, albuminis fere longitudine; extremitate radiculari ab umbilico remota, supera.

Hypoxideae nullibi copiosae, in Africa australi et Nova Hollandia extratropica, in India orientali, in America boreali et tropica repertae fuerunt.

Ordo seminum fabrica ab Amaryllideis, ab Haemodoraceis etiam carpidiorum situ diversus, ab Asphodeleis, quibus testae indole et habitu accedit, umbilici processu laterali et ovario cum perigonii tubo connato facillime distinguitur.

1263. Curculigo *GAERTN.* Perigonium corollinum, tubo basi ventricoso cum ovario, apice filiformi cum stylo connato persistente, limbo sexpartito, plano, deciduo. Stamina 6, limbi laciniis demissius inserta. Ovarium inferum, triloculare. Ovula plurima, bi-pluriseriata, amphitropa. Stylus basi cum perigonii tubo connatus, apice liber. Stigmata 3, angulis styli adnata, rarius distincta. Bacca perigonii tubo apiculata, abortu uni-bilocularis. Semina pauca, strophiolis carnosis pulposis distincta, umbilico laterali rostelliformi. — *Herbae perennes, in Africa australi extratropica, in Nova Hollandia tropica et in India orientali indigenae; radicibus tuberosis, carnosis, foliis omnibus radicalibus ensiformibus, floribus radicalibus aut in scapo simplici fasciculatis v. subspicatis, spatha membranacea monophylla convoluta exceptis.*

Curculigo Gärtn. *I. 63. t. 16.* Roxb. *corom. t. 13.* R. Brown *prodr. 289.* Labill. *Nov. Caled. t. 24.* Bot. Mag. *t. 1076.* Bot. Reg. *t. 345. 754. 770.* Forbesia Ecklon *Verz. 4.* Molineria Colla *hort. ripul. opp. II. 333. t. 18.* Fabriciae Thunb. *in Fabric. it. Norveg. 29.* Hypoxidis sp. Linn. Gethyllidis sp. Jacq. *hort. schönbr. t. 80.* — Genus verisimiliter olim, fructus et seminis fabrica in pluribus speciebus explorata, dividendum. Species una *capensis* (Forbesia Eckl.) a speciebus quinque indicis et duabus australasiaticis huсdum indicatis, corollae tubo longissimo potissimum differre videtur.

1264. Hypoxis *LINN.* Perigonium corollinum, tubo cum ovario connato, limbo sexpartito plano persistente. Stamina 6, limbi laciniis mediante disco epigyno inserta. Ovarium inferum, triloculare. Ovula plurima, biseriata, amphitropa. Stylus liber; stigmata 3, angulis styli adnata, rarius distincta. Capsula limbo emarcido coronata, trilocularis, evalvis. Semina plurima; umbilico laterali rostelliformi. — *Herbae perennes, habitu Curculiginis, floribus spatha bivalvi, bracteaeformi v. subglumacea exceptis. E speciebus circiter quinquaginta, olim fructu in omnibus rite examinato in sectiones v. genera distribuendis, plurimae capenses sunt, paucae americanae et australasiaticae, indica vix genuina.*

Hypoxis Linn. *gen. 417.* excl. sp. Gärtn. *I. 33. t. 11.* R. Brown *prodr. 288.* Jacq. *ic. rar. t. 367—372.* Smith *spicileg. t. 16.* Labill. *Nov. Holl. t. 108.* Redouté *Liliac. t. 170.* Barton *Fl. Am. bor. t. 35.* Andr. *Bot. Reposit. t. 171. 195.* Bot. Mag. *t. 662. 709—711. 1223.* Bot. Reg. *t. 169. 663.* Fabriciae sp. Thunb. *in Fabric. it. Norveg. 29.* Niobaea et Coelanthus Willd. *Reliq. ex Schult. syst. VII. XLVI. et 762.*

Ordo LXIV. Amaryllideae.

NARCISSORUM sectio II. Juss. *gen. 54.* NARCISSEAE Agardh *Aphorism. 173.* AMARYLLIDEAE R. Brown *prodr. 296.* Bartl. *ord. nat. 45.* Lindl. *introduct. edit. II. 328.* excl. sect. 1.

Herbae perennes, bulbosae, scapigerae, rarissime radicibus fasciculatis caulescentes. Folia radicalia simplicia, integerrima, linearia, amplexicauli-vaginantia, striata. Scapus nudus, teres v. angulosus, solidus v. fistulosus.

Flores hermaphroditi, regulares v. irregulares, solitarii v. umbellati, plerumque magni, speciosi, bracteis spathaceis inclusi.

Perigonium corollinum epigynum, deciduum v. marcescenti-persistens, hexaphyllum, v. infundibuliformi-tubulosum, limbi sexpartiti regularis v. ringentis laciniis biseriatis, exterioribus imbricatis, interiores saepius dissimiles obtegentibus.

Stamina disco epigyno imposita, v. perigonii tubo faucive inserta, ejusdem laciniis numero aequalia et opposita, nunc plura rarissime fertilia, saepius sterilia in coronam perigonii fauci impositam connata. Filamenta libera v. basi dilatata inter se connata, erecta aequalia, v. declinata inaequalia. Antherae introrsae, biloculares, oblongae v. lineares, basi v. medio affixae, erectae v. plerumque incumbentes, loculi oppositi contigui, v. rarissime connectivo antice adnati, interdum septo secundario bilocellati, juxta totam longitudinem v. apice dehiscentes.

Ovarium inferum triloculare, v. rarissime septis incompletis uniloculare; loculi perigonii laciniis exterioribus oppositi. Ovula plurima, in loculorum angulo centrali biseriata, interdum definita, in ovario uniloculari parietalia, ut plurimum horizontalia, nunc pendula v. rarius adscendentia, semper anatropa. Stylus terminalis simplex, erectus v. declinatus. Stigma trilobum v. indivisum.

Fructus plerumque capsularis, trilocularis, loculicido-trivalvis, valvis medio septigeris, polyspermis, nunc abortu uni-bilocularis, oligo- v. monospermus, riusve baccatus.

Semina horizontalia v. pendula, aut rarissime adscendentia, globosa v. compressa aut angulata, saepius abortiva, bulbiformia. Testa tenuis membranacea, saepius in marginem v. alam producta, nunc crassa, carnosa, nigra, fusca v. badio variegata, umbilico basilari ope rhaphis immersae v. saepius carnosae cum chalaza apicali conjunctus.

Embryo axilis, rectiusculus, albumine plerumque multo brevior, extremitate radiculari umbilicum attingente.

Amaryllideae in regionibus tropico circulo inclusis copiosissimae, universim in hemisphaera orientali frequentius (specierum omnium fere $^2/_3$) habitant. Amarylleae, quo nomine genera perigonio simplici nec coronato donata in unum colligimus, in Europa australi et media rarissimae, candidae veris nuntiae, per Africam australem extratropicam et Americam tropicam ac meridionalem pari fere copia, (utroque loco specierum fere $^1/_3$) superbiunt, Adonistarum deliciae; parcissime in Nova Hollandia, Africa tropica et America boreali gignuntur. Narcisseae (perigonio coronato donatae) in Europa media et per regionem mediterraneam magno numero luxuriant (specierum omnium $^3/_4$), in America utraque minus copiosae, in India orientali et Australasia rarissimae, ex Africa trans cancrum plane exules. Genera plurima endemica, europaea, capensia, americana, australasica, nonnulla tamen late per littora vulgata. Species nimis a scriptoribus multiplicatae, ob foecundam hybridarum sobolem dificillime extricantur.

Bulbi plurimarum specierum qualitate pollent acri, amaricante et emetica, nonnulli insigniter venenati Africae meridionalis autochtonibus perniciosa largiuntur tela.

Amaryllideae Haemodoraceis Irideisque proxime affines, ab his v. staminum numero et antherarum directione, ab illis perigonii aestivatione, albuminis indole et embryonis directione facillime distinguntur.

* AMARYLLEAE. Stamina sterilia nulla. *Scapigerae. Radix bulbosa.*

1265. Galanthus *LINN.* Perigonium corollinum superum, hexaphyllum, campanulatum, foliolis exterioribus concavis, semipatentibus, interioribus brevioribus, erectis, cuneiformibus, emarginatis. Stamina 6, disco epigyno inserta; filamenta brevissima, antherae erectae, convergentes, subtetragonae, apice in setam productae, ibidem dehiscentes. Ovarium inferum, triloculare. Ovula plurima, in loculorum angulo centrali biseriata, horizontalia, anatropa. Stylus rectus, filiformis; stigma simplex, acutum. Capsula carnosa, demum loculicido-trivalvis. Semina plurima, subglobosa, testa membranacea, rhaphe carnosa umbilicum basilarem chalazae terminali jungente. Embryo minimus, in basi albuminis carnosi, extremitate radiculari umbilicum attingente. — *Herbae in Europa media et australi, nec non in Asia caucasica nive deliquescente florentes; bulbo radicali ovali, acri, foliis radicalibus paucis, linearibus carinatis v. lanceolatis margine plicatis, basi vaginatis, scapo compressiusculo subunifloro, spatha monophylla, latere plano fissa, flore pedunculato candido, capsula maturescente scapum prosternente, sub terra dehiscente.*

Galanthus Linn. *gen. n.* 401. Jacq. *Fl. austr.* t. 313. Schkuhr t. 89. Hook. *Fl. Lond.* t. 14. Redouté *Liliac.* t. 200. Bot. Reg. t. 545. Bot. Mag. t. 2162. Nees jun. *gen. pl. fasc.* VI. t. 3. Erangelia Renealm. *spic.* t. 96.

1266. Leucojum *LINN.* Perigonium corollinum superum, hexaphyllum, campanulatum, foliolis subaequalibus, ovatis, basi coalitis, apice incrassatis. Stamina 6, disco epigyno inserta; filamenta brevia, antherae erectae, tetragonae, ab apice juxta totam longitudinem dehiscentes. Ovarium inferum, triloculare. Ovula plurima, in loculorum angulo centrali biseriata, horizontalia, anatropa. Stylus rectus, clavatus v. rarius filiformis; stigma simplex. Capsula carnosa, demum loculicido-trivalvis. Semina pauca, globosa, testa crustacea atra, laxiuscula, rhaphe vix manifesta. Embryo axilis, dimidii albuminis longitudine, extremitate radiculari umbilicum attingente. — *Herbae in Europa media et in regione mediterranea indigenae; bulbo radicali globoso, tunicato, foliis lato-linearibus v. filiformibus, scapo angulato solido v. fistuloso, spatha monophylla, oblonga, compressa, latere plano fissa, multiflora, floribus albis.*

Leucojum Linn. *gen. n.* 402. Jacq. *Fl. austr.* t. 203. 312. Schkuhr t. 89. Redouté *Liliac.* t. 180. 217. Salisb. *Parad.* t. 21. 74. Bot. Mag. t. 46. 960. 1993. 1210. Bot. Reg. t. 545. Reichenb. *ic.* t. 703. 704. Nees jun. *gen. pl. fasc.* VI. t. 4. Nivaria Mönch *Meth.* 280. Acis Sweet *Fl. gard.* I. t. 297. (De germinatione cfr. Mirbel *in Annal. Mus.* XVI. t. 17.)

1267. Lapiedra *LAGASC.* Perigonium corollinum superum, hexaphyllum, patens. Stamina 6. . . . filamenta erecta, antherae sagittatae, incumbentes. Ovarium inferum, triloculare. . . . — *Herba iberica, obiter descripta, vix nota; bulbo radicali tunicato, foliis lineari ligulatis obtusis, fascia longitudinali alba, scapo ancipiti brevioribus, spatha di-triphylla, umbella suboctoflora, floribus erectis, pedicellis triquetris spatha brevioribus, perigonio intus albo, marcescente.*

Lapiedra Lagasc. *nov. gen. et sp.* 14.

1268. Carpolyza *SALISB.* Perigonium corollinum superum, infundibuliformi-campanulatum, tubo brevi, limbi regularis sexfidi laciniis exterioribus subulato-mucronatis, interioribus paullo angustioribus. Stamina 6, tubo perigonii biseriatim inserta; filamenta subulata, brevissima, antherae erectae, ovatae, basi sagittatae. Ovarium inferum, globoso-triquetrum, triloculare. Ovula. . . . Stylus rectus, filiformi-triqueter; stigmata 3, filiformia, recurvata. Capsula membranacea, trisulca, trilocularis, loculicido-trivalvis. Semina in loculis 2—6, angulato-subglobosa. . . . — *Herba capensis, digitalis; bulbo radicali ovato, tunicato, foliis linearibus recurvatis, scapo basi spiraliter convoluto, spathae bivalvis valvulis linearibus, floribus albis nutantibus.*

Carpolyza Salisb. *parad.* t. 63. Hessea Bergius *in Linnaea* I. 252. Strumaria spiralis Ait. Bot. Mag. t. 1383. Crinum tenellum Jacq. *ic. rar.* t. 363. Crinum spirale Andr. *Bot. Reposit.* t. 92.

1269. Strumaria *JACQU.* Perigonium corollinum superum, hexaphyllo-partitum, stellatim patens, laciniis omnino distinctis v. basi in tubulum brevissimum cohaerentibus. Stamina 6, perigonii disco inserta, filamenta subulata, libera v. inter se aut cum styli basi dilatata inferne cohaerentia, antherae oblongae, versatiles. Ovarium inferum, globoso-triquetrum, triloculare. Ovula plurima, in loculorum angulo centrali biseriata, anatropa. Stylus rectus, infra medium incrassato-strumosus, sulcato v. alato-triqueter; stigmata 3, acuta, replicata. Capsula membranacea, subgloboso-turbinata, trilocularis, loculicido-trivalvis. Semina in loculis pauca, subglobosa v. compressiuscula. . . . — *Herbae capenses; bulbo radicali tunicato, fibroso, foliis e vagina radicali linearibus planis v. filiformibus, umbella scapum teretiusculum terminante laxa v. congesta, multiflora, spatha foliacea umbella breviore.*

Strumaria Jacq. *ic. rar.* t. 356—361. *Hort. schönbr.* t. 71. Ker *in Bot. Mag.* t. 1363. 1620. Bot. Reg. t. 440. Amaryllidis sp. Jacq. *Hort. schönbr.* t. 72. Leucoji sp. Thunb. Crini sp. Linn.

1270. Sternbergia *WALDST.* et *KIT.* Perigonium corollinum superum, infundibuliforme, tubo recto sensim ampliato, limbi sexpartiti regularis laciniis erectis subaequalibus v. exterioribus paullo majoribus. Stamina 6, summo tubo inserta; filamenta filiformia, recta, alterna breviora, antherae subcordatae, versatiles. Ovarium inferum, triloculare. Ovula plurima, in loculorum angulo centrali biseriata, horizontalia, anatropa. Stylus filiformis, erectus; stigma trigonum v. obsolete trilobum. Capsula baccata, oblongo-trigona, trilocularis, indehiscens. Semina plurima, subglobosa, testa crustacea, atra, rhaphe carnosa cristaeformi, umbilicum basilarem chalazae in altero seminis latere infra apicali jungente. Embryo dimidia albuminis carnosi longitudine, subexcentricus, extremitate radiculari umbilicum attingente. — *Herbae pusillae, colchiciformes, acaules, in Europa australi indigenae; foliis linearibus v. filiformibus, floribus solitariis in scapo brevi, v. radicalibus, spatha tubulosa, apice hinc fissa.*

Sternbergia Waldst. et Kit. *pl. Hung.* II. 172. t. 159. Nees jun. *gen. pl. fasc.* VI. t. 5. Oporanthus et Sternbergia Herb. *app.* 38. Amaryllidis sp. Linn. Sibthorp *Fl. graec.* t. 311. Redouté *Liliac.* t. 148. Rafin. *caratt.* t. 18. f. 2. Bot. Mag. t. 290.

1271. Haylockia *HERB.* Perigonium corollinum superum, infundibuliforme, tubo recto sensim ampliato, limbi sexpartiti regularis laciniis subaequalibus, semipatentibus. Stamina 6, limbi laciniis basi biseriatim inserta; filamenta brevissima, antherae lineares incumbentes. Ovarium inferum, triloculare. Ovula plurima. . . . Stylus filiformis, rectus; stigma trifidum, laciniis apice recurvatis. Capsula trigona, trisulca, trilocularis, loculicido-trivalvis. Semina plurima, deorsum imbricata, hinc complanata inde convexa, testa nigra. . . . — *Herbae in Americae meridionalis extratropicae littore orientali observatae, habitu omnino Sternbergiae, ovario cum tubi parte hypogaeo, capsula matura tandem protrusa.*

Haylockia Herb. *in Bot. Reg. t. 1371.* Sternbergia americana Hoffmansegg. *Verz. 197. f. 5.*

1272. Cooperia *HERB.* Perigonium corollinum superum, tubo elongato gracili ad faucem ampliato, limbi sexpartiti regularis laciniis aequalibus, patentibus. Stamina 6, fauci inserta; filamenta brevissima, antherae subulatae, dorso supra basim affixae, conniventes. Ovarium inferum, triloculare. Ovula plurima. . . . Stylus filiformis rectus, inclusus; stigma incrassatum, obsolete trilobum. Capsula. . . . Semina plurima, complanata, testa tenui nigra foliaceo-alata. . . . — *Herbae ex Americae borealis regione Texas nuper relatae; bulbo radiculi tunicato, foliis linearibus, canaliculatis, scapo fistuloso unifloro, spatha tubulosa apice hinc fissa.*

Cooperia Hook. *in Bot. Mag. t. 3482.*

1273. Amaryllis *LINN.* Perigonium corollinum superum, tubo brevi v. nullo, limbi sexpartiti subringentis laciniis subaequalibus recurvatis, fauce saepius squamulosa. Stamina 6, fauci perigonii inserta; filamenta libera, declinata v. erecta subaequalia, v. alterna situ et longitudine inaequalia, antherae versatiles. Ovarium inferum, triloculare. Ovula plurima, loculorum angulo centrali biseriatim inserta, subhorizontalia, anatropa. Stylus filiformis, elongatus, staminum directione; stigma hians v. trifidum, lobis recurvis. Capsula membranacea, oblongo-trigona, v. depresso-sphaerica teres, trilocularis, loculicido-trivalvis. Semina plurima, globosa v. paleaceo-compressa, marginata v. alata, interdum carnoso-baccata, abortu solitaria loculum totum v. omnem capsulam explentia. Embryo axilis, dimidii albuminis longitudine, extremitate radiculari umbilicum attingente. — *Herbae in regionibus tropicis, subtropicisque australibus Americae obviae, in Capite bonae spei minus frequentes, in India rarae, bulbo radicali tunicato, foliis scapo coëtaneis v. serotinis, spatha uni-bivalvi, uni-multiflora, pedicellis nudis v. basi bracteatis.*

Amaryllis Linn. *gen. n. 406.* Lilio-Narcissus Tournef. *inst. 207.*

a) ZEPHYRANTHES *Herb.* Perigonium infundibulare aequale. Stamina basi laciniarum limbi inserta, uno saepius sejuncto. Stylus declinatus; stigma trifidum. Capsula trilobo-trisulca. Semina in loculis biseriata, compressiuscula, deorsum imbricata, testa crustacea, atra. — *Americanae, tropicae; foliis serotinis, scapo cavo uni-bifloro, spatha cylindrica v. in bifloris bifida.*

Zephyranthes Herb. *append. 36.* Bot. Mag. *t. 2583. 2593.* Bot. Reg. *t. 902. 1361.* (Schkuhr *t. 90.* Bot. Mag. *t. 239. 1586.* Bot. Reg. *t. 724.*)

b) PYROLIRION *Herb.* Perigonium infundibulare, tubo apice ventricoso, limbi laciniis aequalibus. Stamina fauci inserta, erecta, aequalia. Stylus declinatus; stigma trifidum. Capsula. . . . — *Peruvianae; foliis angustis suberectis, scapo cavo unifloro, spatha bifida.*

Pyrolirion Herb. *app. 37.* (Ruiz et Pav. *Fl. peruv. t. 286. f. a. b.*)

c) HABRANTHUS *Herb.* Perigonium campanulatum, tubo brevi ad faucem incrassato, squamuloso, limbi laciniis subaequalibus. Stamina fauci inserta, fasciculata, valde inaequalia. Stylus declinatus, sursum curvatus; stigma trifidum. Capsula trisulca. Semina in loculis biseriata, compressa, horizontalia, testa crustacea, atra. — *Americae tropicae et australis extratropicae indigenae; foliis angustis, bifariis, flaccidis, scapo cavo multifloro, spatha apice bifida.*

Habranthus Herb. *in Bot. Mag. t. 2464. 2485. 2597. 2639.* Sweet *Fl. gard. II. t. 107.* (Bot. Reg. *t. 1125. 1148.*)

d) SPREKELIA *Heist.* Perigonium ringens, tubo brevissimo, limbi laciniis inaequalibus, postica recta, reliquis deflexis, genitalia amplectentibus. Stamina fauci inserta, basi membrana fimbriata juncta, declinata, apice sursum curvata. Stylus directione staminum; stigma trifidum. — *Herba in Americа meridionali et insula St. Helenae ut videtur indigena, per saecula in hortis nostris culta, foliis serotinis, lorato-elongatis, canaliculatis, scapo cavo, uni-bifloro, spatha bivalvi, foliolo altero lineari incluso, altero folliculoso apice bifido, floribus magnis, puniceis, speciosissimis.*

Sprekelia Heist. Trew *Ehret. pict. t. 24.* Herb. *app. 34.* Sweet *Fl. gard. II. t. 144.* Amaryllis formosissima Linn. Bot. Mag. *t. 47. 1450.* Redouté *Liliac. t. 4.*

e) HIPPEASTRUM *Herb.* Perigonium subinfundibulare, tubi fauce coarctata intus laevi, gibbosa v. fimbriata, limbi laciniae inaequales. Stamina fauci inserta, declinata, apice sursum curvata, inaequalia. Stylus directione staminum; stigma trilobum v. trifidum. Capsula trisulca. Semina in loculis uniseriata, imbricata, testa nigra saepe marginata. — *Herbae Americanae, ut plurimum tropicae; foliis bifariis, scapo cavo, bi-multifloro, spatha bifida.*

Hippeastrum Herb. *app. 33.* Bot. Mag. *t. 2273. 2278. 3542. 3549.* Amaryllis Sweet *Hort. brit. ed. II. p. 506.* — Coburgia Herb. *app. 34.* Leopoldia Herb. *in Hort. Transact. IV. 181.* Amaryllidis sp. Redouté *Liliac. t. 23. 38. 164. 226.* Lindl. *collect. t. 11. 12.* Bot. Mag. *t. 365. 543. 657. 876. 2278. 2315. 2475. 2573.* Bot. Reg. *t. 23. 38. 164. 199. 226. 234. 352. 444. 1038.* (De germinatione cfr. Mirbel *in Annal. Mus. XIII. 76. t. 3. f. 37.* et Poiteau *ibid. t. 28. f. 27.*)

f) VALLOTA *Herb.* Perigonium infundibulare, tubo intus costato, fauce ampliata, limbi lacinis inaequalibus. Stamina fauci (alterna demissius) inserta, conniventia. Stylus declinatus; stigma trigonum, indivisum. Capsula triquetra. Semina in loculis biseriata, compressa, nigra, foliaceo-alata. — *Capenses; foliis distichis, perennantibus, scapo cavo, umbella 4—5flora, spatha bifida.*

Vallota Herb. *app. 29.* (Jacq. *Hort. schönbr. t. 62.* Bot. Mag. *t. 552. 1430.*)

g) BELLADONNA *Sweet.* Perigonium infundibulare, tubo costato, limbi laciniis undulatis patentibus, alternis brevioribus. Stamina fauci inserta, recta v. adscendentia. Stylus declinatus; stigma trilobum, fimbriatum. Capsula trisulca. Semina globosa, magna, carnosa, capsulam rumpentia. — *Capenses; foliis praecocibus v. serotinis, scapo solido, umbella multiflora, spatha diphylla.*

Belladonna Sweet *Hort. brit. edit. II. 506.* Amaryllis Herb. *app. 15.* Calliroë Link *Handb. I. 193.* Amaryllis Belladonnae Linn. Redouté *Liliac. t. 180.* Bot. Mag. *t. 783.* Bot. Reg. *t. 714.*

h) LYCORIS *Herb.* Perigonium infundibuliforme, tubo trigono, fauce ampliata nuda v. coronata (?), limbi laciniis undulatis sursum curvatis, alternis brevioribus. Stamina fauci inserta, assurgentia, curvata, alterna longiora. Stylus sursum curvatus; stigma simplex, fimbriatum. — *Africanae et Indicae; foliis distichis, scapo solido, umbella multiflora.*

Lycoris Herb. *app. 20.* (Jacq. *Hort. schönbr. t. 73.* Bot. Mag. *t. 409.* Bot. Reg. *t. 596. 611.*)

i) NERINE *Herb.* Perigonium regulare, hexaphyllum. Stamina imis foliolis inserta, subaequalia, filamenta basi dilatata, gibbosa. Stylus suberectus; stigma bifidum, fimbriatum. Capsula bisulca. Semina angulata. — *Capenses; foliis bifariis, scapo solido, umbella multiflora.*

Nerine Herb. *app. 18.* Bot. Mag. *t. 1089. 1090. 2124. 2407.* Galathea Herb. *in Bot. Mag. n. 2113.* (Jacq. *Hort. schönbr. t. 66. 67. 69.* Redouté *Liliac. t. 33. 274. 449.* Bot. Mag. *t. 294. 369. 725. 726.* Bot. Reg. *t. 172.*)

1274. Brunsvigia *KER.* Perigonium corollinum superum sexpartitum, urceolato-campanulatum v. infundibuliforme, limbo aequali

v. irregulari. **Stamina** 6, imo perigonio inserta; **filamenta** declinata v. suberecta, libera v. basi cum perigonii tubo connata, **antherae** versatiles. **Ovarium** inferum, triloculare. **Ovula**. . . **Stylus** filiformis directione staminum; **stigma** simplex, vel obsolete trilobum. **Capsula** membranacea, subdiaphana, turbinatim trilobo-trigona, lobis depressis v. alatis, trilocularis, loculicido-trivalvis. **Semina** in loculis pauca, oblonga, testa nigra, saepius tuberosa, fuscescente. — *Herbae capenses; bulbo radicali globoso, saepius scarioso-tunicato, foliis crassiusculis spathulato-oblongis v. ligulatis, serotinis v. rarius scapo varie compresso coaetaneis, umbella multiflora, pedicellis bracteis scariosis plerumque interstinctis, spatha communi bivalvi.*

Brunsvigia Ker *in Ait. Hort. Kew. ed. 2. II. 230.* Bot. Reg. *n. 192.*

a) Imhofia *Herb.* Perigonii tubus brevissimus rectus, limbi laciniae subundulatae, reflexae. Filamenta erecta, subfasciculata. Stylus rectus; stigma obtusum, trigonum.

Imhofia Herb. *app. 18.* Amaryllis marginata Jacq. *Hort. schönbr. t. 65.*

b) BRUNSVIGIA *Herb.* Perigonii tubus subinfundibuliformis, limbi laciniae haud undulatae, curvatae, alternae minores. Filamenta sursum curvata, alterna basi tubo adnata. Stylus apice sursum curvatus; stigma obtusum, trigonum. Capsula trisulca.

Brunsvigia Herb. *app. 18.* Bot. Reg. *t. 192. 193. 954. 1335.* Bot. Mag. *t. 1619. 2578.* Coburgia Herb. *in Hortic. Transact. IV. 181.* Amaryllidis sp. Jacq. *Hort. schönbr. t. 68. 70. 74.*

c) BUPHANE *Herb.* Perigonii tubus subinfundibuliformis, subtrigonus, limbi laciniae haud undulatae, apicibus reflexae, alternae minores. Stamina patentia. Stylus rectus; stigma obsolete trilobum.

Buphane Herb. *in Bot. Mag. n. 2578.* Boophane Herb. *app. 18.* Amaryllidis sp. Linn. Haemanthi sp. Jacq. *fragm. t. 39. 40. f. 1. t. 41. f. 2.* Bot. Mag. *t. 1217.*

d) AMMOCHARIS *Herb.* Perigonii tubus subinfundibuliformis, subtrigonus, limbi laciniae haud undulatae, subpatentes, apice reflexae, alternae minores. Filamenta declinata, apice sursum curvata. Stylus declinatus, apice sursum curvatus; stigma brevissime trilobum.

Ammocharis Herb. *app. 17.* Amaryllidis sp. Ait. Ker *in Bot. Reg. t. 139. 1219.* Crini sp. Jacq. *Hort. vindob. III. t. 60.* (Bot. Mag. *t. 1448.*)

1275. Griffinia *KER.* **Perigonium** corollinum superum, **tubo** brevi, **limbo** sexpartito inaequali subbilabiato. **Stamina** 6, summo tubo inserta; **filamenta** filiformia, unum adsurgens, reliqua declinata, **antherae** versatiles. **Ovarium** inferum, triloculare. **Ovula** in loculis 2 collateralia, ex anguli interioris basi adscendentia, anatropa. **Stylus** trisulcus; **stigma** indivisum v. obsolete trilobum. **Capsula** membranacea, trisulca, trilocularis. . . . **Semina** in loculis subsolitaria, obovata, erecta, **testa** ochroleucea, nitida, **rhaphe** filiformi immersa, **umbilicum** basilarem **chalazae** apicali fuscae jungente. **Embryo** axilis, dimidii albuminis longitudine, **extremitate radiculari** umbilicum attingente, infera. — *Herbae basilienses; bulbo radicali tunicato, foliis paucis coriaceis, petiolatis, lamina oblonga, costato-nervosa, reticulato-venosa, scapo subcylindrico solido, umbella multiflora, spatha bivalvi, arida.*

Griffinia Ker *in Bot. Reg. n. 444. t. 511. 990.* Amaryllidis sp. Bot. Reg. *t. 163.*

1276. Crinum *LINN.* **Perigonium** corollinum superum, **tubo** elongato gracili fauce haud ampliato, **limbi** sexpartiti laciniis subaequalibus, erectis, patentibus v. reflexis. **Stamina** 6, summo tubo inserta; **filamenta** filiformia patentia v. declinata, **antherae** lineares, versatiles. **Ovarium** inferum, triloculare. **Ovula** plurima, in loculorum angulo centrali biseriata, horizontalia, anatropa. **Stylus** filiformis, inclinatus; **stigma** obtusum v. obsolete trilobum. **Capsula** membranacea, depresso-sphaerica, tri- v. abortu uni-bilocularis, irregulariter rumpens. **Semina** pauca v. solitaria, angulato-subglobosa, saepe in bulbillos carnosos mutata. — *Herbae inter tropicos veteris orbis obviae, in America aequinoctiali minus frequentes, in Capite Bonae spei et in Nova Hollandia extratropica parce repertae; bulbo radicali columnari v. sphaerico, foliis multifariis, scapo solido, umbella multiflora, spatha bivalvi, pedicellis bracteis ramentaceis interstinctis.*

Crinum Linn. *gen. n. 405.* excl. sp. R. Brown *prodr. 297.* Jacq. *Hort. schönbr. t. 200. 202. 428. 494. 495. Ic. rar. t. 362.* Bot. Mag. *t. 1034. 1073. 2121. 2133. 2180. 2268. 2217. 2231. 2292. 2301. 2352. 2355. 2397. 2463. 2466. 2522. 2531. 2592. 2635. 2636. 2684. 2688. 2908.* Bot. Reg. *t. 52. 171. 179. 597. 1049. 1297.* Hook. *exot. Flor. t. 200.* — De seminibus bulbiformibus cfr. R. Brown *l. c.* et A. Richard *in Annal. sc. nat. II. 12. t. 1.*

1277. Collania *SCHULT. F.* **Perigonium** corollinum superum, **tubo** basi gracili, cylindrico, superne late ventricoso, **limbi** urceolato-campanulati sexfidi regularis laciniis brevibus, patentiusculis. **Stamina** 6, imo tubo inserta; **filamenta** filiformia, exserta, erecta v. adscendentia, **antherae** ovatae, versatiles. **Ovarium** inferum, triloculare. **Ovula** plurima. . . **Stylus** filiformis; **stigma** trigonum. **Capsula** ovato-trigona, trisulca, trilocularis. . . . **Semina** plurima. . . . — *Herbae americanae tropicae, Haemanthi habitu; bulbo radicali tunicato, foliis subbinis, crassis, latis, scapo solido flexuoso, umbella terminali pauciflora, spathae polyphyllae foliolis lineari-lanceolatis, exterioribus majoribus marcescentibus.*

Collania Schult. fil. *syst. VII. 4111. 893.* Urceolaria Herb. *app. 28.* non alior. Urceolina Reichenb. *consp. 61.* non Zoolog. Crinum urceolatum Ruiz et Pav. *Fl. peruv. t. 287. f. 6.* — ? Haemanthus dubius Humb. et Bonpl.

1278. Haemanthus *LINN.* **Perigonium** corollinum superum, **tubo** brevi, **limbi** regularis sexfidi laciniis erectis v. patentibus. **Stamina** 6, summo tubo inserta, erecta, exserta; **filamenta** filiformia, **antherae** ovato-oblongae, dorso supra basim affixae. **Ovarium** inferum, triloculare. **Ovula** in loculis pauca, e loculorum angulo centrali adscendentia v. pendula, anatropa. **Stylus** filiformis, rectus; **stigma** simplex, v. obsolete trilobum. **Bacca** globosa v. oblonga, abortu uni-bilocularis. **Semina** in loculis solitaria, loculum replentia; **testa** membranacea adnata, **rhaphe** immersa, **umbilicum** basilarem **chalazae** apicali discolori jungente. **Embryo** minimus, in basi albuminis dense carnosi, **extremitate radiculari** umbilicum attingente. — *Herbae, paucis africanis tropicis exceptis, capenses, glabrae v. pubescentes; bulbo tunicato, saepius bifariam squamoso, foliis paucis, saepius binis, coriaceis, crassiusculis, plerumque planis, orbiculatis, erectis v. humistratis, rarius angustis elongatis, canaliculatis, rarissime petiolatis, petiolis vaginantibus, lamina oblonga, scapo brevi basi saepius bracteis 2 radicalibus, interdum coloratis stipato, umbella terminali, multiflora, spatha ut plurimum polyphylla, foliolis erectis coloratis, umbella longioribus, rarius diphylla v. reflexa.*

Haemanthus Tournef. *inst. t. 433.* Linn. *gen. n. 400.* Gärtn. *I. 31. t. 11. f. 4.* Jacq. *Hort. schönbr. t. 57—61. 407—412.* Bot. Mag. *t. 961. 1075. 1523. 1705. 1618. 1995.* Bot. Reg. *t. 187. 382. 509. 984.* Tristegia et Polystegia Reichenbach *consp. 61.*

1279. Cyrtanthus *AIT.* Perigonium corollinum superum, infundibuliformi-tubulosum, tubo longo curvo, sensim dilatato, interdum ventricoso, limbi brevis sexfidi laciniis subaequalibus, erectis v. patentiusculis. Stamina 6, fauci inserta, inclusa; filamenta filiformia, conniventia, alterna breviora, antherae ovatae, incumbentes. Ovarium inferum, triloculare. Ovula plurima, in loculorum angulo centrali biseriata, horizontalia, anatropa. Stylus filiformis, erectus v. declinatus; stigma breviter trifidum. Capsula trigono-ovata, trilocularis, loculicido-trivalvis. Semina plurima, paleaceo-compressa, testa nigra. . . — *Herbae capenses; foliis bifariis angustis elongatis, umbella terminali multiflora, spatha bivalvi, pedicellis bracteis scariosis interstinctis.*

Cyrtanthus Ait. *Hort. kew. I. 144.* Timmia Gmel. *syst. I. 538.* — Cyrtanthus Herb. *app. 79.* Cyrtanthus obliquus Jacq. *Hort. schönbr. t. 75.* Redouté *Liliac. t. 381.* Bot. Mag. *t. 1133,* Amaryllis umbrella Herit. *sert. t. 16.* Crini sp. Linn. — Monella Herb. *app. 29.* (Jacq. *Hort. schönbr. t. 76.* Redouté *Liliac. t. 182.* Bot. Mag. *t. 271. 2471. 2534.* Bot. Reg. *t. 162. 167. 503.*) — Gastronema Herb. *app. 30.* Bot. Mag. *t. 2291.* Amaryllidis sp. Herit. (Bot. Reg. *t. 168.*)

1280. Sphaerotele *PRESL.* Perigonium corollinum superum, infundibuliformi-tubulosum, tubo recto sensim ampliato, limbi sexfidi erecti laciniis aequalibus, obtusis. Stamina 6, fauci inserta; filamenta filiformia, erecta, exserta, antherae. . . Ovarium inferum, trigonum, triloculare. Ovula plurima. . . Stylus filiformis; stigma capitato-hemisphaerium. . . . — *Herba peruviana, radix et folia ignota, scapus teretiusculus, umbella terminalis quinqueflora, spatha diphylla. — Genus maximopere dubium, anne idem ac Chrysiphiala?*

Sphaerotele Presl *in Reliq. Haenk. I. 119. t. 16. f. 2.*

1281. Chlidanthus *LINDL.* Perigonium corollinum superum, infundibuliformi-tubulosum, tubo recto sensim ampliato, limbi sexfidi laciniis aequalibus, subbilabiato-patentibus. Stamina 6, fauci inserta; filamenta basibus dilatatis connata, alterna limbi laciniis exterioribus opposita breviora, bidentata, alterna subulata simplicia, antherae oblongae, loculis connectivo crassiusculo antice adnatis. Ovarium inferum, triloculare. Ovula plurima, in loculorum angulo centrali biseriata. . . Stylus filiformis, rectus; stigma trilobum. Capsula subcartilaginea, trilocularis, loculicido-trivalvis. Semina plurima, testa brunea, membranaceo-marginata. — *Herbae chilenses; bulbo radicali tunicato, foliis serotinis, linearibus, scapo tereti, umbella terminali, pauciflora, spatha scariosa, mono-diphylla, floribus magnis, luteis.*

Chlidanthus Lindl. *Collect. t. 34.* Bot. Reg. *t. 640.* — Clinanthus Herb. *app. 40.*

** NARCISSEAE. Stamina sterilia libera, v. in coronam faucis connata. — *Scapigerae, radice bulbosa.*

1282. Eustephia *CAV.* Perigonium corollinum superum, tubo brevissimo, limbi sexpartiti convoluto clausi laciniis apice subringentibus. Stamina fauci inserta, 6 fertilia; filamenta filiformia declinata, antherae oblongae, incumbentes, totidem sterilia subuliformia brevissima, libera v. cum fertilibus et inter se basi connata. Ovarium inferum, triloculare. Ovula plurima, in loculorum angulo centrali biseriata. . . . Stylus filiformis, declinatus; stigma simplex, incrassatum. Capsula trilocularis, loculicido-trivalvis. Semina plurima, complanata, testa cinerea, membranaceo-marginata. — *Herbae in America australi extratropica indigenae; bulbo radicali atro-tunicato, foliis linearibus, canaliculatis, scapo tereti, umbella terminali multiflora, spatha bi-quadrivalvi, floribus rubris v. purpureis.*

Eustephia Cavan. *ic. III. 20. t. 238.* Phycella Lindl. *in Bot. Reg. n. 928. t. 1341. Hortic. Transact. VI. 88. VII. 1. 74.* Sweet *Fl. Gard. II. t. 121.* Amaryllidis sp. Bot. Reg. *t. 809.* Bot. Mag. *t. 2390.* — Quid Placea Miers *Travels in Chili p. 520.* quod genus Phycellae proximum dicitur.

1283. Eucrosia *KER.* Perigonium corollinum superum, tubo brevi obliquo, limbi sexpartiti subringentis laciniis exterioribus angustioribus. Stamina 6, fauci inserta; filamenta filiformia, longe exserta, declinata, inferne in tubum postice fissum, basi intus sexglandulosum inaequaliter connata; antherae oblongae, incumbentes. Ovarium inferum, triloculare. Ovula plurima, in loculorum angulo centrali biseriata. . . . Stylus filiformis, directione staminum; stigma obtusum. Capsula ovata, trisulca, trilocularis. . . . — *Herba in America australi extratropica indigena; bulbo radicali tunicato, foliis lanceolatis breve petiolatis, scapo compressiusculo, umbella terminali pauciflora, spatha plurivalvi membranacea.*

Eucrosia Ker *in Bot. Reg. t. 207.* Herb. *in Bot. Mag. t. 2490.* Hook. *exot. Fl. t. 209.*

1284. Chrysiphiala *KER.* Perigonium corollinum superum, infundibuliforme, tubo medio constricto, limbi brevis sexfidi regularis laciniis erectis v. patentibus. Corona faucis turbinata, cylindrica, inclusa v. subexserta, sexdentata, dentibus subulatis antheriferis; antherae oblongae, incumbentes. Ovarium inferum, triloculare. Ovula plurima, in loculorum angulo centrali biseriata. . . . Stylus supra basim fusiformi-incrassatus; stigma clavatum, obtusum. Capsula oblonga, acute trigona, trilocularis, loculicido-trivalvis. Semina plurima, compressiuscula, testa nigra. . . . — *Herbae americanae tropicae; bulbo radicali tunicato, foliis linearibus canaliculatis, v. petiolatis, lanceolato-oblongis, scapo tereti, umbella terminali pauciflora, spatha membranacea, di-polyphylla, floribus luteis. — Anne potius Pancratii sectio?*

Chrysiphiala Ker *in Bot. Reg. t. 778.* Hook. *exot. Flor. t. 132.* — Stenomesson Herb. *app. 40.* Bot. Mag. *t. 2640. 2641.* Pancratii sp. Ruiz et Pav. *Fl. peruv. t. 284. f. a. t. 285. f. b.* Redouté *Liliac. t. 157.* — Carpodetes Herb. *app. 40.* Pancratium recurvatum Ruiz et Pav. *Fl. peruv. t. 285. f. a.* — Leperiza Herb. *app. 40.* Pancratium latifolium Ruiz et Pav. *l. c. t. 284. f. 6.*

1185. Coburgia *SWEET.* Perigonium corollinum superum, infundibuliforme, tubo elongato, angulato, incurvo, supra medium ventricoso-dilatato, limbi sexfidi regularis laciniis imbricato-patentibus. Corona faucis subcampanulata, duodecimdentata, dentibus alternis brevissimis, bifidis, alternis subulato-filiformibus, antheriferis; antherae lineares, incumbentes. Ovarium inferum, triquetrum, triloculare. Ovula plurima, in loculorum angulo centrali biseriata. . . . Stylus filiformis; stigma incrassatum, obtuse trigonum. Capsula oblonga, trilocularis. . . . Semina plurima, alato-marginata? . . . . — *Herbae peruvianae; bulbo radiculi tunicato, foliis linearibus glaucescentibus, scapo ancipiti, umbella terminali pauciflora, spatha membranacea ditetraphylla, floribus aurantiaceis, magnis, speciosis.*

Coburgia Sweet *Fl. Gard. II. t.17.* Pancratium incarnatum Humb. et Bonpl.

1286. Eurycles *SALISB.* Perigonium corollinum superum, infundibuliforme, tubo brevi, limbi sexpartiti regularis laciniis patentibus. Corona faucis ad basin sexpartita, laciniis tridentatis, dente medio elongato, antherifero; antherae sagittatae, versatiles. Ovarium inferum, triloculare. Ovula in loculorum angulo centrali gemina, collateralia, anatropa, alterum erectum, alterum pendulum. Stylus filiformis, rectus; stigma simplex. Capsula tricostata, dissepimentis incompletis subunilocularis. Semina pauca, bulbiformia. . . . — *Herbae in Asiae insularis tropicae et Novae Hollandiae extratropicae orientalis littoribus obviae; bulbo radicali tunicato, foliis petiolatis cordato-subrotundis, costato-nervosis, venosoreticulatis, scapo teretiusculo, umbella terminali pauciflora, spatha bi-trivalvi, floribus candidis.*

Eurycles Salisb. *in Hortic. Transact. I. 337.* Bot. Reg. *t. 1506.* Proiphys Herb. *app. 42.* Pancratium amboinense Linn. Redouté *Liliac. t. 384.* Salisb. *parad. t. 84.* Bot. Mag. *t. 1419.* Bot. Reg. *t. 715.*

1287. Calostemma *R.BR.* Perigonium corollinum superum, infundibuliforme, tubo brevi, limbi sexpartiti regularis laciniis patentibus. Corona faucis tubulosa, exserta, ore duodecimdentato, dentibus alternis subulatis antheriferis; antherae oblongae, versatiles. Ovarium inferum, uniloculare. Ovula 2—3, parietalia, superposita, anatropa. Stylus filiformis rectus; stigma obtusum. Bacca mono-disperma. Semina bulbiformia. — *Herbae in Nova Hollandia orientali extratropica indigenae, habitu Pancratii; floribus parvis, luteis v. purpureis.*

Calostemma R. Brown *prodr. 298.* Bot. Mag. *t. 2100. 2101.* Bot. Reg. *t. 421. 422.*

1288. Pancratium *LINN.* Perigonium corollinum superum, infundibuliforme, tubo longo gracili, limbi sexpartiti regularis v. rarissime irregularis laciniis patentibus v. reflexis. Corona faucis tubulosa, exserta, libera v. perigonio adnata, varie dentata, dentibus v. intus staminifera; filamenta aequalia v. alterna breviora, erecta, conniventia v. declinata, antherae oblongae, incumbentes. Ovarium inferum, triloculare. Ovula plurima, in loculorum angulo centrali biseriata, horizontalia, anatropa. Stylus filiformis, staminum directione; stigma simplex. Capsula membranacea, trilocularis, loculicido-trivalvis. Semina plurima, subglobosa v. abortu pauca, bulbiformia, perfectorum testa crustacea atra, umbilico basilari ope rhapheos carnosae chalazae apicali juncto. Embryo axilis, dimidio albumine parum longior, extremitate radiculari umbilicum attingente. — *Herbae ut plurimum littorales, in America tropica copiosae, in India orientali et in regione mediterranea rariores; bulbo tunicato, foliis linearibus v. lanceolatis, nunc petiolatis, lamina late ovata, scapo tereti v. anguloso, umbella terminali unipauciflora, spatha uni-bi-v. rarius plurivalvi.*

Pancratium Linn. *gen. n. 404.*

a) HYMENOCALLIS *Herb.* Perigonii tubus rectus, limbi laciniae flaccidae. Coronae sexdentatae dentes in filamenta aequalia elongati. Semina pauca, bulbiformia. — *Americae tropicae et subtropicae cives.*

Hymenocallis Herb. *app. 43.* Bot. Mag. *t. 2621.* Bot. Reg. *t. 940.* (Jacq. *Hort. vindob. III. t. 10. 15.* Salisb. *in Linn. Transact. II. t. 10. 12. 13.* Redouté *Liliac. t. 155. 156. 358. 380. 412. 414.* Bot. Mag. *t. 825—827. 1453. 1467. 1879. 1941.* Bot. Reg. *t. 43. 221. 265.*)

b) SCHIZOSTEPHANIUM *Reichenb.* Perigonii tubus rectus, limbi laciniae patentiusculae. Corona sexdentata, filamenta aequalia, dentibus coronae integris bifidisve alterna. Semina plurima. — *Mediterraneae et indicae.*

Schizostephanium Reichenbach *Fl. germ. I. 89.* Halmyra Salisb. *in Hortic. Transact. I. 336.* Pancratium Herb. *app. 39.* Redouté *Liliac. t. 8. 153. 471.* Sibth. *Fl. graec. t. 309.* Salisb. *l. c. t. 9. 14.* Bot. Reg. *t. 161. 174. 413. 927.* Bot. Mag. *t. 718. 2538.* Nees jun. *Gen. pl. fasc. X. t. 5.*

c) ISMENE *Herb.* Perigonii tubus incurvus, limbi laciniae patentes. Corona duodecimdentata, dentibus alternis emarginatis, sinu staminiferis. Semina pauca, bulbosa. — *Americanae tropicae.*

Ismene Herb. *in Bot. Mag. n. 2685.* Narcissi sp. Ruiz et Pav. *Fl. peruv. t. 281. f. a.* (Redouté *Liliac. t. 352.* Bot. Mag. *t. 1224. 1561.*)

d) LIRIOPSIS *Reichenb.* Perigonii tubus rectus, limbi laciniae ringentes. Corona declinata, basi intus staminifera, filamenta declinata. — *Americanae tropicae.*

Liriopsis Reichenb. *consp. 61.* Liriope Herb. *app. 41.* Pancratium ringens Ruiz et Pav. *Fl. peruv. t. 283. f. 6.*

1289. Narcissus *LINN.* Perigonium corollinum superum, hypocrateriforme, tubo subcylindrico recto, limbi sexpartiti laciniis aequalibus, patentibus v. reflexis. Corona faucis infundibuliformis, campanulata v. rotata, integra v. lobata, tubo brevior v. longior. Stamina 6, summo perigonii tubo infra coronam biseriatim inserta, inclusa; filamenta brevissima, libera v. tubo adnata; antherae oblongae, incumbentes. Ovarium inferum, triloculare. Ovula in loculorum angulo centrali plurima, pluriseriata, horizontalia, anatropa. Stylus filiformis; stigma obtusum. Capsula membranacea, obtuse trigona, trilocularis, loculicido-trivalvis. Semina plurima v. pauca, subglobosa, testa atra rugosa, rhaphe immersa. Embryo axilis, rectus v. subincurvus, albumine carnoso parum brevior, extremitate radiculari umbilicum attingente. — *Herbae mediterraneae; bulbo radiculi tunicato, scapo tereti v. anguloso, spatha monophylla hinc fissa, uniflora, floribus speciosis, albis v. flavis, saepius nutantibus.*

Narcissus Linn. *gen. n. 403.* Salisb. *in Hortic. Transact. I. 337.* Loiseleur *in Mem. Sav. etrang. II. 502.* Haworth *in Linn. Transact. V. 242.* Sprengel *N. E. II. 1. 55.*

a) Corbularia Haw. *suppl. 121.* (Bot. Mag. *t. 88.*)

b) Ajax Haw. *suppl. 111.* (Redouté *Liliac. t. 188.* Bot. Mag. *t. 6. 51. 301. 924 1187. 1300. 1301.*)

c) Diomedes Haw. *in philosoph. Magaz. 1823. Dec. 440.* (Bot. Mag. *t. 2588.* Bot. Reg. *t. 762.*)

d) Queltia Haw. *suppl. 123.* (Redouté *Liliac. t. 117. 220. 410.* Bot. Mag. *t. 121. 123.*)

e) Schizanthes Haw. *suppl. 123.* N. orientalis Linn.

f) Ganymedes Haw. *suppl. 133.* (Bot. Mag. *t. 48. 945.*)

g) Philogyne Haw. *suppl. 132.* (Redouté *Liliac. t. 428.* Bot. Mag. *t. 78. 934.*)

h) Hermione Haw. *suppl. 139.*

α) Jonquillia DC. (Bot. Mag. *t. 15. 379.* Bot. Reg. *t. 816.*)

β) Tazetta DC. (Bot. Mag. *t. 940. 946. 947. 1185. 1298. 1299.*)

i) Chloraster Haw. *in philosoph. Magaz. 1824. Febr. p. 103.* N. viridiflorus Schousb. Bot. Mag. *t. 1687.*

k) Narcissus Haw. *suppl. 148.* Redouté *Liliac. t. 16.* E. B. *t. 276.* Bot. Mag. *t. 193.*

1290. Gethyllis *LINN.* Perigonium corollinum superum, tubo filiformi elongato, limbi sexpartiti laciniis aequalibus, patentibus. Stamina fauci imposita 6—12—18; filamenta subulata, libera v. basi per paria aut ternatim connata; antherae lineares basifixae, rectae v. apice producto inflexae, aut spiraliter tortae. Ovarium inferum, triloculare. Ovula in loculorum angulo centrali plurima, pluriseriata, subadscendentia, anatropa. Stylus cum perigonii tubo connatus, apice exserto libero; stigma capitato-trigonum. Bacca trilocularis. Semina plurima subcompressa, sphaeroidea, in pulpa gelatinosa nidulantia, testa laxa hyalina. Embryo axilis, albumine carnoso graveolente, parum brevior, extremitate radiculari umbilicum attingente. — *Herbae capenses; rhizomate bulboso, imbricatim tunicato, foliis radicalibus serotinis, linearibus, saepe spiraliter convolutis, basi scarioso vaginatis, floribus radicalibus, perigonii tubo pedunculum mentiente, bacca clavato-cylindrica, diaphana, eduli, primum hypogaea, demum emergente, embryonis plumula valde evoluta.*

Gethyllis Linn. *gen. n. 590.* Jacq. *Hort. schönbr. t. 70.* Bot. Mag. *t. 1088.* Papyria Thunb. *Act. soc. Lund. I. 2. p. 111. c. ic.* Abapus Adans. *fam. II. 57.*

*** AMARYLLIDEAE ANOMALAE. Caulescentes; radice fibrosa aut bulbosa, rarius scapigerae; rhizomate tuberoso-fasciculato.

1291. Clivia *LINDL.* Perigonium corollinum superum, hexaphyllum, foliolis in tubum conniventibus, imbricatis, basi subconnatis, exterioribus paullo brevioribus. Stamina 6, perigonii foliolis basi inserta, aequalia, subexserta; filamenta subulata, antherae lineares, versatiles. Ovarium inferum, triloculare. Ovula plurima. . . . Stylus filiformis, rectus; stigma trilobum. Bacca abortu monosperma. Semen adscendens, subgloboso-compressum, testa carnosa areolata, umbilico et chalaza lateralibus rhaphe brevi elevata conjunctis. Embryo axilis, albumine carnoso copioso dimidio brevior, extremitate radiculari umbilico parallele contigua, infera. — *Herba capensis, radicibus fibrosis fasciculatis, fibris carnosis tuberoso-incrassatis, foliis radicalibus distichis, scapo plano-convexo, apice umbellatim multifloro, floribus nutantibus.*

Clivia Lindl. *in Bot. Reg. t. 1182.* Imatophyllum Hooker *in Bot. Mag. t. 2856.* Himantophyllum Spreng. *gen. pl. n. 1433.*

1292. Bravoa *LLAV. et LEXARZ.* Perigonium corollinum superum, infundibuliforme, fauce ampliata, limbo brevissime sexfido. Stamina 6, imo perigonii tubo inserta, subexserta; filamenta filiformia libera, antherae lineares. Ovarium inferum, triloculare. Ovula plurima. . . Stylus filiformis; stigma dilatatum, subinfundibuliformi-excavatum. Capsula trilocularis, loculicido-trivalvis. Semina plurima, reniformia. . . . — *Herba mexicana; rhizomate bulboso, foliis radicalibus linearibus carinatis, caulinis alternis basi vaginantibus, caule tereti, pedicellis axillaribus geminis, racemosis, basi scarioso bibracteolatis, floribus nutantibus, extus puniceis, intus lutescentibus.*

Bravoa Llave et Lexarza *Nov. veget. descript. I. 6.* Caetocapnia Link et Otto *Ic. pl. rar. 35. t. 18.*

1293. Ixiolirion *FISCH.* Perigonium corollinum superum, hexaphyllo-partitum, subcampanulato-patens, laciniis exterioribus angustioribus, mucronulatis. Stamina 6, imis perigonii foliolis inserta, inclusa; filamenta subulata, alterna breviora, antherae oblongae, basifixae, demum revolutae. Ovarium inferum, triloculare. Ovula plurima. . . . Stylus filiformis; stigmata 3, patentim recurva. Capsula oblonga, basi angustata, multistriata, trilocularis, loculicido-trivalvis. Semina plurima, ovali-oblonga. . . . — *Herbae in Libano, in Tauria et Sibiria observatae; bulbo radiculi ovato, foliis radicalibus anguste linearibus subulatis, caule flexuoso oligophyllo, spathis axillaribus subunifloris, terminali polyphylla multiflora.*

Ixiolirion Fischer *msc.* Herb. *app. 18.* Amaryllidis sp. Pallas *it. app. t. D. f. 1.* Labill. *Syr. dec. II. t. 1.* Redouté *Liliac. t. 241.*

1294. Campynema *LABILL.* Perigonium corollinum superum, hexaphyllo-partitum, foliolis elliptico-lanceolatis, aequalibus, patentibus, persistentibus. Stamina 6, imis perigonii foliolis inserta; filamenta recurva, antherae cordatae, versatiles. Ovarium inferum, triloculare. Ovula plurima. Styli tres, recurvi; stigmata simplicia. Capsula oblonga, trisulca, trilocularis, septicido-tripartibilis, intus dehiscens. Semina plurima, uniseriata, depressa, testa spongiosa. . . . — *Herba in insula Diemen indigena, glabra; radice fasciculata, fusiformi, foliis gramineis, semiamplexicaulibus, floribus terminalibus paucis.*

Campynema Labill. *Nov. Holl. I. 93. t. 121.* R. Brown *prodr. 290.* Campylonema Poir. *illustr. t. 940.* — *Genus dubiae affinitatis, soli Billardiero notum, Amaryllideis e cl. R. Brown sententia vix associandum, fortassis Melanthaceis, non obstante ovario infero, propius accedens, non solum propter habitum haud dissimilem, stylum partitum et capsulam tripartibilem, sed quantum ex icone Billardieri judicare licet, perigonii aestivationem.*

1295. Alstroemeria *LINN.* Perigonium corollinum superum, sexpartitum, subcampanulatum, regulare v. subbilabiatum, foliola interiora angustiora, duo basi subtubulosa. Stamina 6, imo perigonio inserta; filamenta erecta v. declinata, antherae ovales, erectae. Ovarium inferum, triloculare. Ovula in loculis plurima, horizontalia, anatropa. Stylus filiformis, directione staminum; stigma trifidum, lobis replicatis. Capsula oblonga v. globosa, trisexcostata, trilocularis, loculicido-trivalvis v. rarius baccata indehiscens. Semina in loculis plura, subglobosa, horizontalia, testa membranacea, rugosa, rhaphe immersa umbilicum basilarem chalazae apicali tuberculiformi jungente. Embryo axilis, albumine carnoso dimidio brevior, extremitate radiculari umbilicum attingente. — *Herbae in America tropica et australi extratropica indigenae; radicibus tuberoso-fasciculatis, caule folioso, erecto, scandente v. volubili, floribus terminalibus umbellatis.*

Alströmeria Linn. *gen. n. 432.* Gärtn. *I. 41.*

a) BOMAREA *Mirb.* Caule scandente v. volubili, staminibus, capsula depresso-globosa.

Bomarea Mirbel *in Poiret suppl. I. 677.* (Cav. *Ic. t. 76.* Bot. Mag. *t. 1613. 2848.* Tussac. *Fl. antill. t. 14.*)

b) ALSTRÖMERIA *Mirb.* Caule erecto, staminibus declinatis erectis, capsula oblonga v. globosa.

Alströmeria Mirbel *l. c.* Gärtn. *I. t. 13.* Bot. Mag. *t. 125. 139. 421. 3033. 3040. 3105. 3350.* Hook. *exot. Flor. t. 64. 65. 181.* Bot. Miscell. *t. 95.*

1296. Doryanthes *CORREA.* Perigonium corollinum superum, sexpartitum, infundibuliforme, deciduum, laciniis tribus interioribus basi latioribus. Stamina 6, basi laciniarum perigonii inserta; filamenta subulata, antherae tetragonae, basi cava insertae, erectae. Ovarium inferum, triloculare. Ovula plurima, in loculorum angulo centrali biseriata, horizontalia. . . . Stylus trisulcus; stigma trigonum. Capsula turbinato-trigona, corticata, intus lignosa, loculicido-trivalvis, septis demum bifidis. Semina in loculis biseriata, plano reniformia, testa rugosa, nucleo unilaterali subtriquetro. Embryo axilis, fungiformis, albumine carnoso dimidio brevior, extremitate radiculari umbilicum attingente. — *Herba in Novae Hollandiae ora orientali extratropica indigena; radicibus fasciculatis, caule excelso, tereti, folioso, foliis radicalibus late ensiformibus, caulinis multoties minoribus, capitulo terminali e spicis suboppositis confertis paucifloris composito, floribus alternis, puniceis, breviter pedunculatis, bracteis semivaginantibus pedunculisque coloratis.*

Doryanthes Correa *in Linn. Transact. VI. 211. t. 23. 24.* R. Brown *prodr. 298.* Ferd. Bauer *illustr. t. 13—15.* Bot. Mag. *t. 1685.*

**** AGAVEAE.

1297. Agave *LINN.* Perigonium corollinum superum, infundibuliforme, persistens, limbi sexpartiti laciniis subaequalibus. Stamina 6, tubo perigonii inserta; filamenta filiformia, aestivatione inflexa, sub anthesi exserta, antherae lineares, versatiles. Ovarium inferum, triloculare. Ovula plurima, in loculorum angulo centrali biseriata, horizontalia, anatropa. Stylus filiformis, exsertus, cavus, apice pervius, stigma capitato-trigonum. Capsula coriacea, trigono-triquetra, trilocularis, loculicido-trivalvis. Semina plurima, plano-compressa, testa chartacea marginata, rhaphe laterali umbilicum prope basim lateralem chalazae subapicali jungente. Embryo cylindricus, axilis, albuminis carnosi longitudine, extremitate radiculari umbilicum spectante. — *Herbae acaules v. caulescentes, interdum giganteae, longaevae, sed semel florentes, in America tropica et subtropica cis aequatorem indigenae, quaedam nunc a mortalibus late diffusae; foliis radicalibus carnosis, interdum maximis, marginibus spinosis, floribus in scapo radicali bracteato paniculatis, numerosissimis.*

Agave Linn. *gen. n. 431.*

a) AGAVE. Perigonii laciniae erectae.

Agave Jacq. *Ic. rar. t. 378.* Redouté *Liliac. t. 328. 329. 485.* Andr. *Bot. Reposit. t. 438.* Bot. Mag. *t. 1157.* Zuccarini *in N. A. N. C. XVI. t. 49—51.*

b) LITTAEA *Tagliab.* Perigonii laciniae revolutae.

Littaea Tagliabue *in Biblioteca italian. I. 100.* Bonapartea Willd. *enum. suppl. 18.* non Ruiz et Pav. Agave geminiflora Brandes *Journ. of sc. III. t. 1.* Turpin *Atlas. II. t. 55.* Bot. Reg. *t. 1145.*

1298. Furcroya *VENT.* Perigonium corollinum superum, deciduum, hexaphyllo partitum, foliolis aequalibus, patentiusculis. Stamina 6, epigyna; filamenta basi cuneato-dilatata, aestivatione erecta, sub anthesi inclusa, antherae ovatae, medio dorso affixae, erectae. Ovarium inferum, triloculare. Ovula plurima, in loculorum angulo centrali biseriata, horizontalia. . . . Stylus triqueter, basi strumoso-incrassatus, subexsertus, cavus, apice pervius; stigma obtusum, fimbriatum. Capsula coriacea, trilocularis, loculicido-trivalvis. Semina plurima, plano-compressa. . . . — *Herbae in America calidiore cis aequatorem indigenae, longaevae, semel florentes, caudice interdum giganteo, apice folioso, scapo terminali paniculatim ramoso, multifloro.*

Furcroya Vent. *in Usteri Annal. XIX. 54.* DC. *pl. gr. t. 126.* Zuccarini *in N. A. N. C. XVI. t. 48.* Agaves sp. Jacq. *Amer. pict. t. 260.*

Ordo LXV. Bromeliaceae.

BROMELIEAE Juss. *gen. 49.* BROMELIACEAE Lindl. *in Bot. Reg. n. 1068. Introduct. edit. II. p. 334.* Bartl. *ord. nat. 49.*

Herbae nonnunquam suffrutescentes, saepius acaules, caudice perennantes, radicibus fibrosis, plurimae in truncis arborum pseudoparasiticae. Folia rigida, canaliculata, basi vaginantia, margine plerumque spinoso-dentata, epidermide saepius squamosa, secedente, saepissime omnia ad basim caulis congesta.

Flores hermaphroditi, regulares subirregularesve, spicati, racemosi v. paniculati, singuli bractea scariosa suffulti.

Perigonium liberum, semisuperum v. omnino superum, sexpartitum, biseriatum, exterius calycinum, laciniis duabus posticis saepius inter se connatis, tertia antica interdum breviore, omnibus per aestivationem erectis, valvatis v. rarius spiratim imbricatis; interius corollinum, laciniis inferne plus minus cohaerentibus v. connatis, basi intus saepius squama aut crista nectarifera instructis, per aestivationem spiraliter contortis v. rarissime valvatis, marcescentibus.

Stamina sex, epigyna, perigyna v. etiam hypogyna. Filamenta subulata, basi saepius dilatata, libera v. inter se et cum perigonii foliolis interioribus plus minus cohaerentia, nunc superne latiora, in annulum connata. Antherae introrsae, biloculares, basi v. medio dorso affixae, erectae v. incumbentes, loculi oppositi, paralleli, basi interdum discreti, rima longitudinali dehiscentes.

Ovarium omnino liberum, nunc semisuperum v. plane inferum, triloculare, e carpidiis tribus, marginibus introflexis dissepimenta constituentibus inter se connatis. Ovula nunc plurima, in placentis in loculorum angulo centrali sitis biseriata, adscendentia v. horizontalia, nunc definita v. subdefinita, e placentis e summo v. imo angulo tumentibus pendula v. erecta, semper anatropa. Stylus simplex, trigonus, interdum tripartibilis. Stigmata tria, distincta, simplicia v. rarissime bifida, interdum carnosa v. petaloideo-dilatata, erecta v. spiratim contorta.

Fructus trilocularis, baccatus, indehiscens, v. plerumque capsularis, septicido- v. rarius loculicido-trivalvis, valvis saepius endocarpio membranaceo mox soluto duplicatis.

Semina in loculis plerumque plurima, raro pauca, oblongo-ovata, apice saepissime ad chalazam abruptim acuminata, basi funiculo plus minus longo, interdum in comam semini parallelam fatiscente sustenta. Testa coriacea, ut plurimum fuscescens. Albumen farinosum, copiosum.

Embryo in basi albuminis parvus, rectus v. uncinatus, extremitate radiculari incrassata, umbilicum attingente.

Bromeliaceae in America calidiori indigenae, inter ipsos circulos tropicos frequentissime habitant.

Ordo Ensatarum seriem claudens, hinc Hydrocharideis conterminus, illinc mediantibus generibus ovario libero donatis in Liliaceas transit.

* Ovarium inferum. Fructus baccatus.

1299. Ananassa *LINDL.* Perigonii superi sexpartiti laciniae exteriores calycinae erectae, interiores petaloideae erectae, ligulatae, basi intus bisquamosae, squamis tubulosis. Stamina 6, epigyna, perigonii laciniis interioribus opposita; filamentis inter earundem squamas retentes, antheris linearibus erectis. Ovarium inferum, triloculare. Ovula in placenta palmatifida, ex apice anguli centralis loculorum protuberante pendula. Stylus filiformis; stigmata 3, carnosula, erecta, fimbriata. Baccae inter se et cum bracteis in syncarpium conferruminatae, loculis plerumque abortivis aspermis, rarissime bi-triloculares. Semina in loculis solitaria, ex apice loculorum pendula, ovoidea, compressiuscula, testa membranacea, fusca, striata, rhaphe fasciaeformi alba umbilicum basilarem chalazae apicali tuberculiformis jungente. Embryo minimus, in basi albuminis farinacei rectus, extremitate radiculari umbilicum attingente, supera. — *Herbae americanae (?), per tropicos totius orbis diffusae, foliis linearibus integerrimis v. spinuloso-serratis, florum spica densa, demum carnosa, connata, saepe coma foliorum terminatu.*

Ananassa Lindl. *in Bot. Reg. n. 1068. t. 1081.* DC. *in Mem. soc. h. n. Genev. VII. 161. t. 1. 2.* Ananas Tournef. *t. 426—428.* Bromeliae sp. Linn. Redouté *Liliac. t. 454. 456.*

1300. Bromelia *LINN.* Perigonii superi sexpartiti laciniae exteriores calycinae erectae, carinatae, interiores petaloideae convolutae, erectae v. apice patentes, basi intus nudae. Stamina 6, imo perigonio inserta; filamentis brevibus, crassiusculis, basibus dilatatis, plerumque inter se et cum laciniis connatis, antheris linearibus subsagittatis, erectiusculis. Ovarium inferum, triloculare. Ovula in placentis e loculorum angulo centrali prominulis plurima, versus apicem confertiora, horizontalia, anatropa. Stylus brevis, trigonus; stigmata 3, brevia, carnosa, erecta. Bacca oblonga v. ovata, trilocularis, pulposa. Semina plurima, ovata, testa coriacea fusca, rhaphe lineari concolore, umbilicum basilarem chalazae apicali tuberculiformi jungente. Embryo parvus, in basi albuminis dense farinosi uncinatus, extremitate radiculari incrassata, centripeta. — *Herbae americanae tropicae, acaules v. caulescentes; foliis radicalibus linearibus canaliculatis, dentato-v. ciliato-spinulosis, floribus laxe spicatis v. dense corymbosis, bracteatis.*

Bromelia Linn. *gen. n. 395.* excl. sp. Lindl. *in Bot. Reg. n. 1068.* Jacq. *Hort. vindob. I. t. 31. 32. III. t. 73. 74. Hort. schönbr. t. 55. Ic. rar. t. 60.* Salisb. *parad. t. 40.* Lindl. *collect. t. 1.* Bot. Mag. *t. 2302.* Bot. Reg. *t. 766.* Karatas Plum. *gen. p. 10.* Ananas Gärtn. *I. 30. t. 11.*

1301. Aechmea *RUIZ. et PAV.* Bracteae sub singulo fare cyathiformes. Perigonii superi sexpartiti laciniae exteriores calycinae, aequales, spiraliter convolutae, aristatae v. muticae, apice hinc oblique dilatatae, interiores petaloideae, exterioribus multo longiores, inferne convolutae, basi intus squamosae v. rarius nudae. Stamina 6, imo perigonio inserta; filamenta filiformia, tria laciniarum interiorum basi adnata, antherae ovatae, dorso affixae, subincumbentes. Ovarium inferum, triloculare. Ovula plurima, e loculorum angulo centrali pendula, anatropa Stylus filiformis; stigmata 3, linearia v. petaloidea, spiraliter convoluta. Bacca ovato-subglobosa, trilocularis. Semina plura, ex apice loculorum pendula, testa coriacea fusca, umbilico filo brevi gracili appendiculato. Embryo minimus, rectus, in basi albuminis dense farinacei, extremitate radiculari umbilicum attingente, supera. — *Herbae americanae tropicae, saepe in arborum truncis pseudoparasiticae; foliis radicalibus ligulatis v. ensiformibus, crassis, coriaceis, integerrimis v. spinuloso-serrulatis, scapo ramoso paniculato, rhachi flexuosa, bracteis sub singulo flore cyathiformibus spinoso-aristatis, integerrimis v. tricrenatis, floribus terminalibus abortivis.*

Aechmea Ruiz et Pav. *prodr. 47. t. 8. Flor. peruv. III. 37. t. 264.* Lindl. *in Bot. Reg. n. 1068.* Schult. fil. *syst. VII. 1271.* Bot. Mag. *t. 3186.* Oechmea Juss. *in Jeaume St. Hil. exposit. fam. I. 103.*

1302. Billbergia *THUNB.* Perigonii superi sexpartiti laciniae exteriores calycinae, aequales, ecarinatae, erectae v. spiraliter convolutae, aristatae v. muticae, apice hinc oblique dilatatae, interiores petaloideae, exterioribus multo-longiores, apice patentes v. erectae, intus basi squamosae v. bicristatae, rarius nudae. Stamina 6, epigyna; filamenta filiformia, tria plerumque perigonii laciniis interioribus adnata, antherae ovatae, dorso affixae, incumbentes v. suberectae. Ovarium inferum, triloculare. Ovula plurima, e loculorum angulo centrali pendula, anatropa. Stylus filiformis; stigmata 3, petaloidea, convoluta, v. linearia crispa. Bacca subglobosa, trilocularis. Semina plura, nuda v. umbilicum filo gracili appendiculata. . . . — *Herbae americanae tropicae, saepius super arborum truncis pseudoparasiticae, exscapae v. scapigerae, foliis ligulatis, linearibus v. ensiformibus, ut plurimum spinuloso-serrulatis, floribus spicatis, paniculatis, v. racemoso-paniculatis, spathis floralibus nunc nullis, nunc parvis v. amplis, coloratis.*

Billbergia Thunb. et Holm. *Dec. pl. bras. III. 30.* Lindl. *in Bot. Reg. t. 1068. 1181.* Bot. Mag. *t. 2892.* Bromeliae sp. Ruiz et Pav. *Flor. peruv. t. 255.* Bot. Mag. *t. 1732. 2686.* Bot. Reg. *t. 203. 344. 766. 1732,* Hook. *exot. Flor. t. 41. 42. 143.* Reichenb. *Magaz. t. 94.*

1303. Hohenbergia *SCHULT. FIL.* Perigonii superi sexpartiti laciniae exteriores calycinae, pyramidato-trigonae, posticae complicatae, alato-carinatae, antica brevior dorso convexa; interiores petaloideae, exterioribus longiores, basi nudae v. minute squamulosae, demum spiraliter contortae. Stamina 6, annulo epigyno calloso inserta; filamenta linearia, tria perigonii laciniis interioribus basi adnata, apice incrassata, antherae lineares, medio dorso affixae, erectiusculae. Ovarium inferum, triloculare. Ovula plurima, e placenta ex apice anguli centralis loculorum tumente pendula. Stylus filiformis; stigmata 3, linearia, spiraliter convoluta. Bacca globosa, triquetra, trilocularis. Semina plura, oblonga, pendula, ad umbilicum filo gracili appendiculata. — *Herbae brasilienses; foliis radicalibus coriaceis, carinatis, spinoso-dentatis, scapis simplicibus v. ramosis, floribus dense spicatis, singulis spathaceo-bracteatis.*

Hohenbergia Schult. fil. *syst. VII. LXXI. 1251.* — ? Billbergiae sp. Lindl. *in Bot. Reg. t. 1130.*

** Ovarium semisuperum. Fructus capsularis.

1304. Brocchinia *SCHULT. FIL.* Perigonii semisuperi sexpartiti laciniae exteriores calycinae, oblongae, concavae, obtusae, dorso rotundatae, interiores petaloideae, exterioribus aequilongae, unguiculatae, fornicato-concavae, basi intus nudae. Stamina 6, imo perigonio inserta; filamentis inter se et cum ejusdem laciniis ad medium fere connatis, antherae erectae, ovato-sagittatae. Ovarium semiinferum, triloculare. Ovula in loculorum angulo centrali plurima, biseriata, horizontalia. . . . Stylus brevis trigonus; stigmata 3, brevia, patentia. Capsula clavato-cylindrica, dura, trilocularis, apice septicido-trivalvis. Semina plurima, horizontalia, oblonga, utrinque appendice ensiformi subulata. . . . — *Herba brasiliensis, foliis late ligulatis abruptim acuminatis, in spinam callosam desinentibus margine integerrimis, panicula pyramidata furfuraceo-squamulosa, spathis infra ramos acuminatis pungentibus, floribus spicato-racemosis subdistichis.*

Brocchinia Schult. fil. *syst. VII. LXX. 1250.*

1305. Pitcairnia *HERIT.* Perigonii semisuperi sexpartiti laciniae exteriores calycinae, basi inter se connatae, lanceolatae, acuminatae, carinatae, erectae, interiores petaloideae, longiores, inferne in tubum approximatae, apice galeatim incumbentes v. aequaliter patentes, basi intus squamosae v. rarius nudae. Stamina 6, annulo perigyno inserta; filamenta libera, subulata, antherae lineares, basi sagittatae. Ovarium semiinferum triloculare. Ovula in loculorum angulo centrali plurima, adscendentia, anatropa. Stylus filiformis; stigmata 3 linearia, spiraliter contorta. Capsula semisupera, ovato-pyramidata, trilocularis, apice septicido-trivalvis, valvis introrsum demum fissis. Semina plurima, adscendentia, teretiuscula, testa fusca scrobiculata, chalaza late discolore umbilicum setiformem chalazae apicali in acumen longe productae jungente. Embryo minimus rectus in basi albuminis dense farinosi, extremitate radiculari umbilicum attingente, infera. — *Herbae americanae tropicae, foliis linearibus v. ligulatis saepe spinoso-dentatis, caule erecto, simplici, floribus racemosis, bracteatis.*

Pitcairnia Herit. *sert. angl. VII. t. 11.* Ruiz et Pav. *Fl. peruv. t. 258—260.* Redouté *Liliac. t. 73—76.* Jacq. fil. *Eclog. t. 79.* Andr. *Bot. Reposit. t. 249.* Bot. Mag. *t. 824. 856. 1416. 1462. 1547. 2411. 2642. 2656. 2813.* Bot. Reg. *t. 1011. 1069. 1092.* E. Meyer *in Reliq Haenk. II. t. 23.* Schrad. *in Comment. Götting. VI. 110. t. 3.* Hepetis Swartz *prodr. 56.* Spirastigma Herit. *msc.*

*** Ovarium liberum. Fructus capsularis.

1306. Tillandsia *LINN.* Perigonii liberi sexpartiti laciniae exteriores calycinae, aequales basi cohaerentes spiraliter convolutae, duo altius inter se connatae, tertia minor, interiores petaloideae, inferne in tubulum convolutae v. connatae, superne patentes, basi intus nudae v. rarius squamosae. Stamina 6, hypogyna; filamenta linearia, alterna saepius perigonii laciniis interioribus adhaerentia; antherae incumbentes, basi sagittato-emarginatae. Ovarium liberum, triloculare. Ovula in loculorum angulo centrali prope basim plura, biseriata, adscendentia, anatropa. Stylus filiformis; stigma trifidum, lobis abbreviatis v. filiformibus aut apice dilatatis, rectis v. contortis. Capsula cartilaginea, linearis v. ovata, trilocularis, loculicido-trivalvis, valvis endocarpio mox soluto duplicatis, explanatis v. tortis. Semina plurima e basi dissepimentorum erecta, lineari-clavata, stipitata, stipite pilis papposis cincto, testa dura, chalaza terminali mamillari. Embryo in basi albuminis farinosi rectus, extremitate radiculari infera. — *Herbae in America tropica et extratropica calidiore indigenae; ut plurimum pseudoparasiticae, lepidotae, caulibus foliosis simplicibus v. rarius ramosis, floribus spicatis v. paniculatis, rarius solitariis, bracteatis.*

Tillandsia Linn. *gen. n. 369.* Ruiz et Pav. *Flor. peruv. t. 265—271.* Lindl. *in Bot. Reg. n. 1068.* Bot. Mag. *t. 1529. 2841. 3275.* Bot. Reg. *t. 105. 749. 1157. 1338. 1357.* Hook. *exot. Flor. t. 154. 173. 205. 218.* Rudge *guian. t. 50.* Rossi *Catalog. hort. madoet. t. 1—3.* Presl *in Reliq. Haenk. t. 24.* Leconte *in Annal. Lyc. n. h. New-York. 1826. II. 129.* Brongn. *ad Duperr. t. 36.* Renealmia Plum. *gen. 37.* — Strepsia Nuttall *gen. I. 208.* Amalia *Hort. Hisp.*

OBSERVATIO. In Tillandsia bicolore ex observatione cl. Brongniart *l. c.* „semina erecta margini interiori „dissepimenti affixa, lineari-clavata, e basi papposa; pappus „e strato exteriori testae lacerato-efformatus, filamentis simplicibus denticulatis; testa elongato-cylindrica tubulosa, „in apice paullulum inflato nucleum, membrana interiore „libera apiceque perforata inclusum, chalaza suspensum continens: nucleus ovato-oblongus, membrana tenui, apice „chalazae opposito mamilla superatus; perispermium farinaceum, partem superiorem nuclei occupans; embryo obconicus, superne truncatus, dimidiam partem inferiorem „omnino repleus."

1307. Caraguata *PLUM.* Perigonii liberi sexpartiti laciniae exteriores calycinae, aequales, basi cohaerentes, suberectae, interiores petaloideae, in tubum apice breviter trilobum connatae, basi intus nudae. Stamina 6, perigonii interioris tubo adnata, apice filamentorum brevi libero; antherae erectiusculae, basi sagittato-emarginatae. Ovarium liberum, triloculare. Ovula in loculorum angulo centrali prope basim plura, biseriata, adscendentia, anatropa. Stylus filiformis; stigmata 3, brevia, obtusa, erecta. Capsula cartilaginea, oblonga, trilocularis, loculicido-trivalvis, valvis endocarpio mox soluto duplicatis, explanatis v. tortis. Semina plurima, e basi dissepimentorum erecta, pilis papposis cincta. . . . — *Herbae antillanae, in arborum truncis pseudoparasiticae, foliis lingulatis acutis basi saepius ventricoso-dilatatis, florum spica simplici, apice interdum comosa.*

Caraguata Plum. *gen. 10.* Lindl. *in Bot. Reg. t. 1068.* Devillea Bertero *msc.* Tillandsiae sp. Jacq. *amer. t. 62. edit. pict. t. 92.*

1308. Guzmannia *RUIZ et PAV.* Perigonii liberi sexpartiti laciniae exteriores calycinae aequales, basi cohaerentes, spiraliter convolutae, interiores petaloideae, inferne teneriores in tubum convolutae, apice firmiores, erectae, basi intus nudae. Stamina 6, hypogyna; filamenta basi perigonii laciniis interioribus agglutinata, superne latiora, apice connata, antherae dorso affixae, utrinque acutae, in cylindrum coalitae. Ovarium liberum, triloculare. Ovula in loculorum angulo centrali prope basim plurima biseriata, adscendentia, anatropa. Stylus filiformis; stigmata 3, linearia, brevia, erecta. Capsula cartilaginea, oblongo-cylindracea, trilocularis, loculicido-trivalvis, valvis endocarpio mox soluto duplicatis, explanatis v. tortis. Semina plurima, e basi dissepimentorum erecta, oblonga, acuminata, pilis papposis stipata. . . . — *Herba americana tropica, foliis radicalibus lineari-ensiformibus cartilagineis planis, basi involutis, scapo inferne squamoso, floribus spicatis inter bracteas latentibus.*

Guzmannia Ruiz et Pav. *Flor. peruv. III. 38. t. 261.* Lindl. *collect. t. 8.* Hook. *exot. Flor. t. 163.*

1309. Bonapartea *RUIZ et PAV.* Perigonii liberi sexpartiti laciniae exteriores calycinae, aequales, basi cohaerentes, spiraliter convolutae v. duo altius inter se connatae, tertia minor, interiores petaloideae, inferne in tubum convolutae, apice lineari-lanceolatae, patentes, basi intus nudae. Stamina 6, hypogyna; filamenta subulata, antherae exsertae, versatiles, basi sagittato-emarginatae. Ovarium liberum, triloculare. Ovula plurima, in loculorum angulo centrali biseriata, adscendentia, anatropa. Stylus filiformis; stigmata 3, lineari-oblonga, fimbriata, spiraliter convoluta. Capsula membranacea, ovato-pyramidata, trilocularis, loculicido-trivalvis, valvis columnam trialatam sinubus placentiferam nudantibus. Semina plurima, linearia, basi attenuata, chalaza apicali in setam producta. — *Herbae americanae tropicae, pube furfuracea conspersae; foliis radicalibus subulatis v. ensiformibus, basi convolutis, scapo squamato, spicae simplicis strobiliformis v. thyrsoideae floribus bracteatis.*

Bonapartea Ruiz et Pav. *Flor. peruv. III. 38. t. 262. 263.* Schult. f. *syst. VII. 1197.* Acanthospora Sprengel *Anleit. II. 255.* Misandra Dietrich.

1310. Navia *MART.* Perigonii liberi sexpartiti laciniae exteriores calycinae, naviculari-oblongae, basi cohaerentes, superne valvatae, superiores complicatae, acute carinatae, inferior brevior, obtuse carinata; interiores petaloideae, inferne in tubum conniventes, apice patentes, basi intus nudae. Stamina 6, hypogyna; filamenta filiformia, erecta, demum flexuosa v. nutantia, antherae lineari-tetragonae, incumbentes, basi emarginatae. Ovarium liberum, ovato-trilobum, triloculare. Ovula in loculorum angulo centrali 5—6. . . . Stylus subulatus, tripartibilis; stigmata 3, filiformia, suberecta, demum flexuosa, patentia. Capsula membranacea, trilocularis, loculicido-trivalvis, septis demum bifidis. Semina pauca, rotundato-ovata, nuda, costata. — *Herbae brasilienses tropicae; caudice simplici v. subracemoso, apice folioso, foliis lanceolatis acuminatis dense congestis v. rosulato-patentibus, scapo simplici lanato v. tomentoso, floribus in bractearum axillis dense fa[s]ciculato-congestis, bracteolatis.*

Navia Martius *in Schult. fil. syst. II. LXV. 1195.*

1311. Cottendorfia *SCHULT. FIL.* Pe[rigonii] liberi sexpartiti laciniae exterior[es] calycinae erectae, superiores paullo brevi[o]res, interiores petaloideae, exteriorib[us] longiores, erecto-patentes, basi intus nuda[e]. Stamina 6, hypogyna; filamenta subulat[a] glabra, antherae subincumbentes, ovata sagittato-emarginatae. Ovarium liberum, pyr[a]midato-trilobum, triloculare. Ovula in locul[o]rum angulo centrali prope basim 3—6. Stylu[s] subnullus; stigmata 3, filiformia, semipatenti[a] spiraliter torta. Capsula. . . . — *Herba brasi[l]iensis rupicola; foliis radicalibus linearib[us] subulato-acuminatis, acumine convoluto, scap[o] elato, squamuloso-tomentoso, panicula ampla, laxa.*

Cottendorfia Schult. fil. *syst. VII. LXIV. 1193.*

1312. Dyckia *SCHULT. FIL.* Perigo[nii] liberi sexpartiti laciniae exteriores caly[ci]nae, subaequales, erectae, ellipticae, conca[v]ae, interiores petaloideae, urceolato-cam[pa]nulatae, ovato-rhomboideae crassiusculae, ba[si] intus nudae. Stamina 6, hypogyna (?); fila[m]enta lanceolata, acuminata, in cylindrum basi laciniarum interiorum perigonii adnatum coa[]lita, antherae erectae, ovato-lanceolatae, bas[i] sagittato-emarginata insertae. Ovarium liberum pyramidato-trilobum, triloculare. Ovula pluri[]ma, in loculorum angulo centrali biseriata. . . Stylus brevissimus, tripartibilis; stigmata 3 patentia, apice bifida. Capsula. . . . — *Herbae brasilienses monticolae; foliis radicalibus lanceolatis v. lineari-lanceolatis, acuminatis, scapo simplici spicato-multifloro, bracteis spinuloso-denticulatis.*

Dyckia Schult. fil. *syst. VII. LXV. 1195.* Bot. Mag. *t. 3449.* Bot. Reg. *t. 1782*

1313. Encholirium *MART.* Perigonii liberi sexpartiti laciniae exteriores calycinae, aequales, breves, erectae, interiores petaloideae, rectiusculae. Stamina 6, hypogyna; filamenta basi dilatata, plana, demum excrescentia, arcuatim convoluta, antherae lineares, suberectae. Ovarium liberum, pyramidato-trigonum, triloculare. Ovula plurima. . . Stylus trigonus; stigmata 3 crassiuscula, ovato-oblonga, contorta. Capsula. . . . Semina oblongo-compressa, membranaceo-marginata. . . . — *Herba brasiliensis scapigera; foliis radicalibus rosulatis, lineari-lanceolatis, margine spinosis, floribus racemosis bracteatis.*

Encholirium Mart. *in Schultes f. syst. VII. LXVIII. 1233.*

1314. Pourretia *RUIZ et PAV.* Perigonii liberi sexpartiti laciniae exteriores calycinae, aequales, subconvolutae, interiores petaloideae, inferne convolutae, apice patentim reflexae, marcescendo spiraliter convolutae. Stamina 6, hypogyna; filamenta subulata, antherae incumbentes, lineares, basi emarginatae. Ovarium liberum, trigonum, triloculare. Ovula plurima, in loculorum angulo centrali biseriata, horizontalia, anatropa. Stylus filiformis; stigmata 3, linearia, spiraliter contorta. Capsula cartilaginea, pyramidato-trigona, trilocularis, loculicido-trivalvis. Semina plurima, compressa, hinc anguste membranaceo-marginata. . . . — *Herbae in America tropica et australi extratropica monticolae; caule sim-*

plici interdum subarborco folioso, foliis angustis spinosis, spicis bracteatis, solitariis v. paniculatis.

Pourretia Ruiz et Pav. *Flor. peruv. III. 33. t. 256. 257.* Pöppig et Endl. *nov. gen. et sp. t. 141.* Puya Molina *Chili p. 176.* Juss. *gen. 447.* Schult. f. *syst. VII. n. 1480.* Achupalla Humboldt *Vues des Cordill. t. 30.*

GENUS DUBIUM.

1315. Weldenia *SCHULT. FIL.* Perigonium corollinum liberum, hypocrateriforme, tubo filiformi longissimo, limbi tripartiti laciniis subaequalibus obovatis obtusis, patentibus, demum reflexis. Stamina 6, perigonii fauci inserta, alterna limbi laciniis opposita paullo majora; filamenta filiformia, antherae ovatae, basi bifida insertae. Ovarium liberum, oblongum, triloculare. Ovula in loculis 3—4, angulo centrali affixa, subglobosa. . . . Stylus filiformis, erectus; stigma trigono-capitatum. Fructus. . . . — *Herba mexicana; foliis radicalibus congestis, imbricatis, lineari-lanceolatis, integerrimis, glaberrimis, floribus plurimis albis in centro foliorum subsessilibus, spathis tubulosis apicem versus dilatatis, demum hinc longitudinaliter fissis, unifloris.*

Weldenia Schult. fil. *in Flora 1829. p. 1. t. 1.*

Classis XVIII. Gynandrae.

Herbae v. suffrutices, radicibus fibrosis, tuberiferis, v. rhizomate repente perennantes. Caules simplices v. ramosi, saepe aphylli, foliis radicalibus basi varie saepius connatis inclusi. Folia integra, basi vaginantia, parallele venosa. Perigonium corollinum superum, hexaphyllum, irregulare, foliolo interiore postico plus minus dissimili. Stamina 3, cum stylo connata (gynandra); rarissime 2 v. 3, plerumque unicum fertile, reliqua abortiva, rudimentaria. Ovarium inferum, uniloculare, placentis parietalibus tribus; rarissime triloculare, placentis centralibus. Ovula plurima, anatropa. Fructus capsularis v. rarius baccatus. Semina plerumque scobiformia, exalbuminosa, embryone homogeneo.

Ordo LXVI. Orchideae.

ORCHIDES Juss. *gen. 64.* ORCHIDEAE R. Brown *prodr. 309. Observations on the sexual organs of Orchideae and Asclepiadeae. London, 1831. 4to.* L. C. Richard *de Orchideis europaeis adnotationes. Parisiis, 1818. 4to.* et *in Mem. du Mus. IV. 23. 55* Bartling *ord. nat. 54.* Lindley, Orchidearum *sceletos. Lond. 1826. 8vo.* et *in Linnaea II. 527. The genera and species of Orchideous plants. London, 1830—1833. 8vo. Part. 1—4. The genera and species of Orchideous plants illustrated by drawings on stone from the sketches of Francis Bauer. London. 1830—1834. 4to. Part. 1—9.* ORCHIDACEAE Lindley *introduct. edit. II. p. 336.*

Herbae radicibus fasciculato-fibrosis, nonnunquam tuberculiferis, v. rhizomate repente perennantes, rarius suffrutescentes, nunc acaules foliorum basibus in truncum brevem (pseudobulbum) connatis, scapis radicalibus v. terminalibus, nunc caulescentes, pube rara, dum adest saepius glandulosa. Caules v. scapi saepissime simplices, teretes v. angulati, nunc aphylli, vaginati. Folia plerumque ad basim caulis conferta, caulina alterna v. subopposita, basi vaginantia, carnosa v. membranacea, integerrima, parallele nervosa, rariusve reticulato-venosa.

Flores hermaphroditi, irregulares, plerumque speciosi, spicati, racemosi v. corymbosi, rarius paniculati, nunc solitarii terminales, pedicellati v. sessiles, bractea solitaria fulti.

Perigonium superum, corollinum, v. rarius herbaceum, nunc membranaceum v. interdum carnosum, persistens v. deciduum, e foliolis sex compositum, ut plurimum irregulare, saepissime ringens, rarius subaequale v. aequale. Foliola biseriata, libera v. plusminusve inter se coalita, tria exteriora, (*sepala* auct.) non raro rudiora, nempe duo lateralia, basi saepius inaequalia, interdum postice approximata et in unum connata, et unum anticum (*supremum*) ovarii v. pedicelli torsione plerumque posticum, saepe lateralibus conforme et subaequale, directione ut plurimum dissimile; interiora 2, inter exteriora lateralia et anticum sita, iisdem conformia, paullo dissimilia v. aequalia v. plerumque minora aut rarius majora, nunc libera, nunc cum foliolis exterioribus interdum etiam cum columna genitalium connata, quandoque admodum nana, rarissime plane deficientia; tertium posticum (*labellum*), pedicelli torsione saepissime anticum, inter exteriora lateralia situm, a reliquis substantia, forma, directione et magnitudine plus minus diversum, basi columnae genitalium adnatum v. liberum, ejusdem basi productae continuum v. cum eadem articulatum, unguiculatum v. sessile, basi saepe saccatum v. calcaratum, limbo plano, cucullato, integro v. saepius trilobo, disco nudo, calloso v. lamellato.

Columna genitalium e stylo staminibusque in corpus solidum conferruminatis (*gynostemio*) conflata, ita ut stylina materies ejusdem faciem anticam, labello obversam stigmate, staminea dorsalem antheris terminatam constituat, recta v. basi plus minusve producta, in ovarii vertice obliqua v. prona.

Stamina tria: anticum, perigonii foliolo exteriori antico, et lateralia, duobus interioribus lateralibus opposita, haec vix non semper abortiva, v. rudimentaria, illud plerumque solum fertile, v. dum lateralia perfecta abortivum. Anthera bilocularis, nunc septo incompleto unilocularis, nunc loculis septis secundariis plus minusve completis quadrilocularis, v. loculis etiam transverse plurilocellatis, erectiuscula v. in foveola, in quam saepius columnae apex excavatur (*clinandrio*) prona, nunc dorso columnae continua, nunc ejusdem in filamentulum brevissimum contractione stipitata, v. sessilis, per angustam baseos partem postico clinandrii margini immediate affixa, v. marginalis, ipso clinandrii margini inserta, v. intramarginalis, i. e. intra interiorem clinandrii marginem affixa. Pollinis granula in massas 2—4 v. 8 (*pollinia*), figurae determinatae conglobata, massae nunc e globulis (*massulis*) plurimis angulosis, materia glutinosa cohaerentibus formatae, nunc circa axim cellulosam conglobatae, subpulvereae, lamelliformes, e granulis facile solubilibus compositae, nunc ceraceae et laeves, stigmati v. immediatim applicitae et supra illud deliquescentes, nunc ope prolongationis axeos (*caudiculae*) glandulae stigmatis affixae.

Ovarium inferum, uniloculare, saepissime tortum, longitudinaliter sexcostatum, costis alternis crassioribus perigonii foliolis exterioribus oppositis, tribus alternis intus placentas parietales nerviformes multiovulatas gerentibus. Ovula plurima, in funiculis brevibus anatropa? Stylus cum staminibus connatus, columnae faciem labello obversam occupans, apice infra antheras in processum carnosum, rarissime plus minusve horizontalem (rostellum) productus. Stigma (gynixus) in columnae facie obliquum, concavum, mucilaginosum, cum columnae cavitate communicans, apice lateribusve glandula simplici v. duplici, nuda v. stigmatis plicatura (*bursicula*), duplici glandulae communi v. pro singulis singula, pollinis massas affigente, instructum.

Capsula membranacea v. coriacea, rarissime intus pulposa, sublignosa, unilocularis, fenestratim trivalvis, valvae medio placentiferae, a costis tribus validioribus persistentibus, basi apiceque cohaerentibus, solutae.

Semina plurima, parietalia, minutissima, integumento laxo reticulato, utrinque attenuato scobiformia, rarissime solida. Albumen nullum. Embryo carnosus, solidus.

Orchideae mira multiformis floris conformatione, et anomala genitalium structura a reliquis plantis distinctissimae, et inter Acramphibryas Asclepiadeis analogae, hinc mediantibus Apostasieis cum Scitaminearum classe conterminae, illinc per genera nonnulla, perigonio subregulari donata, Irideas spectantia, juxta naturales generum tribus per universi orbis climata diffusae, maximo numero in zonae tropicae sylvis humidis gignuntur, ubi innumera specierum copia imprimis super arborum truncos vegetant, in hemisphaerae borealis temperatis et frigidis epigaeae, v. in radicibus parasiticae, multo minori copia obviae, versus polos et in alpibus numero imminuuntur, in hemisphaerae australis regionibus sub tropicis temperatisque pariter ut plurimum epigaeae, triplo quam in isothermis hemisphaerae borealis regionibus frequentiores.

Plantae ob mirum florum leporem singulari quidem pratis lucisque, imprimis montanis regionum temperatarum, et sylvarum tropicarum secessibus ornamento, et nunc hortorum nostrorum deliciae, sed parci in oeconomia generis humani usus; nonnullae tamen (*Eulophiae sp.*) ob radices succulentas principio peculiari nutriente (Banorin) scatentes, magni faciendae, aliae (*Vanillae*) etiam ob capsulas pulpa aromatica suavissima repletas cultae, et verisimiliter plurimis vires adhucdum nos latentes insunt.

De floris orchidei morphonomia variae auctorum sententiae, nos vulgatissimam, quae labellum pro simplici perigonii interioris foliolo postico (pedicelli v. ovarii torsione ut plurimum antico) habet, in ordinis descriptionem recepimus quidem, sed monemus, labelli singularem structuram ejusque varium situm, variamque cum columna genitalium cohaesionem, vix e sola folioli perigonialis metamorphosi satis posse explicari, et huic organo tantopere vario, et quo ad singularum partium intimam significationem per singula genera perpendendo, aliquid naturae stamineae et stylineae inesse. Certe in flore orchideo, in axi sua plus minusve excentrico, stamina tria cum stylo dimidiato conferruminata, nequaquam tribus perigonii foliolis exterioribus respondent, sed solum fertile perigonii foliolo exteriori postico, (*sepalo supremo*) est oppositum, sterilia (*staminodia*) ante foliola interiora lateralia, (i. e. ante petala, nec ante sepala exteriora, ut vulgaris est opinio) sita sunt, unde, etiam *Apostasieis* nihil in contrarium probantibus, conjecturae locus est, stamina postica, quorum situs necessario ante foliola exteriora lateralia et interius posticum esset, cum hoc foliolo, nisi in plurimis plane est suppressum, in labellum transfigurari, stylina materie e columnae basi etiam plus minusve in illud transeunte, superiorem labelli faciem centro floris obversam occupante.

Generum, quorum plurima a me visa non sunt, characteres in prioribus subordinibus e *cl. Lindl.* monographia classica mutuatus sum.

SUBORDO I. MALAXIDEAE Lindley *Orchid. 1.* Pollen in massas ceraceas definitas cohaerens, stigmati immediate applicitum, tela cellulosa accessoria nulla. Anthera terminalis v. opercularis. — *Herbae terrestres v. epiphytae, foliorum basibus v. caulibus saepius incrassatis. Malaxideae pleraeque Indiae orientalis terram* *continentem et insulas incolentes, in archipelago malayano imprimis copiosae. Pauciores Americam tropicam, Africae australis insulas et littus occidentale tropicum, nonnullae Novam Hollandiam et Oceaniam incolunt, paucissimae in hemisphaera boreali, America videlicet septemtrionali, Sibiria et Europa, ubi 68° L. B. petunt, vigent; e regione mediterranea, Africa capensi et America australi extratropica omnino exules.*

TRIBUS I. PLEUROTHALLEAE Lindl. *Orchid. 3.* Columna erecta, ovario continua, v. basi parum producta.

1316. Pleurothallis *R. BR.* Perigonii foliola exteriora conniventia, subaequalia, lateralia v. omnia connata; interiora minora. Labellum liberum, columnae parallelum, difforme, integerrimum. Columna elongata, ovario continua, libera, aptera. Anthera bilocularis, apice membranacea. Pollinia 2, saepius caudicula pulverea apice juncta. — *Herbae americanae tropicae, epiphytae; rhizomate filiformi, repente, caulibus filiformibus monophyllis, floribus axillaribus solitariis, fasciculatis v. racemosis, herbaceis v. fuscis.*

Pleurothallis R. Brown *in Hort. Kew. ed. 2. V. 211.* Hook. *exot. Fl. t. 123. 197.* Bot. Reg. *t. 1298. 1797. 1825.* Bot. Mag. *t. 3030.* Lindley *Orchid. 4.* Pöppig et Endlicher *nov. gen. et sp. t. 82—87.* Epidendri sp. Linn. Jacq. *amer. t. 133. f. 3.*

1317. Cadetia *GAUDICH.* Perigonii foliola exteriora patentia, lateralia obovata, labello supposita et adnata, superius oblongum, galeatum; interiora lineari-subulata, arcuata. Labellum concavum, calcaratum, trilobum, lobis lateralibus minimis, calcare retuso-didymo. Columna ovario continua, semiteres, aptera, utrinque appendice subuliformi, clinandrio bidentato. Anthera unilocularis, apice membranacea. Pollinia 2. . . . — *Herba moluccana, pusilla, epiphyta; caulibus fasciculatis, simplicibus vaginatis apice monophyllis, folio carnoso, enervi, plano, cum vagina articulato, floribus terminalibus pedicellatis, fasciculatis, albis, capsula obovata, echinato-tuberculosa.*

Cadetia Gaudich. *ad Freyc. 422. t. 33.*

1318. Specklinia *LINDL.* Perigonii foliola exteriora conniventia, aequalia, omnia distincta, lateralia basi saccata, extus gibbosa; interiora multo minora. Labellum liberum, conforme, basi saccatum. Columna nana, ovario continua, libera, membranaceo-alata. Anthera bilocularis, oblique terminalis. Pollinia 2, caudiculae communi insidentia. — *Herbae in America tropica epidendrae, pusillae; caulibus filiformibus monophyllis, foliis coriaceis, pedunculis axillaribus uni-paucifloris.*

Specklinia Lindley *Orchid. 8.* Pöppig et Endl. *nov. gen. et sp. t. 89. 90.* Epidendri sp. Swartz. Hook. *exot. Fl. t. 109.* Dendrobii sp. Swartz.

1319. Physosiphon *LINDL.* Perigonii foliola exteriora in tubum ventricosum, apice trifidum connata; interiora in fundo tubi nana, carnosa. Labellum nanum, foliolis interioribus subconforme. Columna ovario continua, nana, mutica. Anthera. . . . Pollinia 2, sphaerica. — *Herbae americanae tropicae, epiphytae, habitu Pleurothallidis.*

Physosiphon Lindley *in Bot. Reg. n. 1797.* Pleurothallis tubata Loddig. *Bot. Cab. t. 1601.*

1320. Myoxanthus *PÖPP. et ENDL.* Perigonii foliola basi in cyathum connata, aequalia, elongato-filiformia, exteriora lateralia altius cohaerentia, basi saccata; interiora conformia. Labellum nanum cum columnae pede articulatum. Columna brevis, ovario continua, basi producta, aptera, apice marginata. Anthera unilocularis, opercularis. Pollinia 2, caudicula nulla. — *Herba in sylvis elatioribus Peruviae epidendra; rhizomatis fibris in caespitem intertextis, caulibus caespitosis monophyllis, floribus axillaribus sessilibus, in capitulum subglobosum aggregatis, pubescentibus.*

Myoxanthus Pöppig et Endl. *nov. gen. et sp. I. 50. t. 88.*

1321. Aspegrenia *PÖPP. et ENDL.* Perigonii foliola libera, conniventia, exteriora lateralia labello supposita; interiora aequalia. Labellum cum columnae basi continuum breviter unguiculatum, erectum, trifidum, laciniis lateralibus filiformibus, intermedia lata, triloba. Columna ovario continua, basi vix producta, nana, semiteres. Anthera quadrilocularis, terminalis, nuda. Pollinia 8, collateralia. — *Herba peruana epiphyta; caulibus teretibus vaginatis scirpoideis, floribus lateralibus fasciculatis, paleaceo-bracteatis.*

Aspegrenia Pöppig et Endl. *nov. gen. et sp. II. 12. t. 116.*

1322. Octomeria *R. BR.* Perigonii foliola exteriora patentia, aequalia, basi breviter cohaerentia, lateralia cum basi columnae producta connata; interiora conformia. Labellum cum pede columnae articulatum, basi saccatum, subtrilobum, patens. Columna elongata, ovario continua, basi leviter producta, semiteres. Anthera quadrilocularis, terminalis, crista callosa. Pollinia 8, collateralia, quaternatim cohaerentia. — *Herbae americanae tropicae; caulibus teretibus articulatis, fibroso-vaginatis, monophyllis v. rarius foliosis, foliis coriaceis, floribus axillaribus fasciculatis v. solitariis, interdum terminalibus racemosis, pedicellis imbricato-bracteatis.*

Octomeria R. Brown *in Hort. Kew. 2. V. 211.* Hook. *Bot. Mag. t. 2764. 2823.* Lindl. *Orchid. 9.* Franc. Bauer *gen. t. 4.* Kuhl et Hasselt *Orchid. edid. Breda t. 5. 11. 12.* Epidendri sp. Linn.

OBSERVATIO. BRYOBIUM, genus novum Octomeriae affine, floribus parvis herbaceis, pseudobulbis, foliis carnosis, columna nana, polliniis octo incumbentibus, et anthera biloculari diversum, a cl. Lindley *introduct. edit. II. p. 446.* commemoratur.

1323. Evelyna *PÖPP. et ENDL.* Perigonii foliola exteriora erecta, libera; interiora subaequalia. Labellum cum pede columnae continuum, circa eandem convolutum, obcordatum, basi saccata bicallosum, disco nudum. Columna ovario continua, basi parum producta, semiteres, clavata, medio antice processu brevi aucta. Anthera terminalis, bilocularis, loculis incomplete quadrilocellatis. Pollinia 8, collateralia, basi quaternatim subcohaerentia. — *Herbae peruanae epiphytae; caulibus vaginatis foliosis, floribus spicatis v. subcapitatis, imbricato-bracteatis.*

Evelyna Pöppig et Endlicher *nov. gen. et sp. I. 32. t. 56—58.*

1324. Lepanthes *SWARTZ.* Perigonii foliola exteriora patentia, aequalia, lateralia paullo altius connata; interiora nana, libera. Labellum columnae adnatum, bilobum.

Columna elongata, teres. . . . Anthera. . . . Pollinia 2. . . . — *Herbae antillanae, epiphytae, caulibus filiformibus monophyllis vaginatis, spicis axillaribus, floribus minutissimis, luteis v. sanguineis, columna semper sanguinea. — Genus maximopere dubium.*

Lepanthes Swartz *in Act. acad. Upsal. VI. p. 85.* Lindl. *Orchid. 10.* Bot. Reg. *t. 1762.* Hook. *Journ. of Bot. t. 94.*

1325. Stelis *SWARTZ.* Perigonii foliola exteriora globoso-conniventia, valvata, basibus subconnata; interiora nana. Labellum conforme, aequilongum. Columna nana, ovario continua, mutica. Anthera unilocularis. Pollinia 2, ceracea, ovata, distincta, vel apice materia viscida cohaerentia. — *Herbae americanae tropicae epiphytae, habitu Pleurothallidis.*

Stelis Swartz *in Schrad. Journ. 1799. p. 239. t. 2. f. 3.* Hook. *exot. Fl. t. 158.* Lindl. *Bot. Reg. t. 935. Orchid. 11.* Pöppig et Endl. *nov. gen. et sp. t. 79—81.* Humboldtia Ruiz et Pav. *prodr. 121. t. 27.* Epidendri sp. Linn. Jacq. *Amer. t. 133. f. 2.*

1326. Osyricera *BLUM.* Perigonii foliola exteriora subringentia, basi subconnata, lateralia omnino concreta; interiora minora. Labellum cum columnae ungue calloso articulatum, ventricosum, indivisum, limbo convexo, glanduloso. Columna ovario continua, brevis, semiteres, apice bialata, alis tricuspidatis. Anthera semibilocularis, antice in laminam glandulosam expansa. Pollinia 2, pulposo-ceracea, ovalia, basi cohaerentia. — *Herba javanica, epiphyta; foliis lineari-lanceolatis, e pseudobulbis moniliformibus, spicis radicalibus, floribus purpurascentibus.*

Osyricera Blume *Bijdr. 307. f. 58.* Lindl. *Orchid. 13.*

1327. Chrysoglossum *BLUM.* Perigonii foliola exteriora ringentia, basi leviter coalita, lateralia labello supposita; interiora subaequalia. Labellum ungui columnae calloso elastice affixum, basi auriculatum, intus lineis prominentibus cristatum, limbo sublobato, patente. Columna ovario continua, semiteres, basi alata et callosa, apice utrinque in cornu producta. Anthera bilocularis. Pollinia 2, subgloboso-angulata, libera. — *Herbae terrestres, javanicae; radicibus repentibus, annulatis, fibrilliferis, foliis in pseudobulbis subsolitariis, pedunculis radicalibus, floribus laxe spicatis, pedicellatis, bracteatis.*

Chrysoglossum Blume *Bijdr. 337. fig. 7.* Lindley *Orchid. 13.*

1328. Gastroglottis *BLUM.* Perigonii foliola exteriora patentia, lateralia latiora labello supposita basique connata; interiora conformia. Labellum cum basi columnae connatum, limbo erecto, semitrifido. Columna ovario continua, superne libera, apice attenuata. Anthera denticulo dorsali affixa, bilocularis. Pollinia 4, obovata, per paria pilis glutinosis cohaerentia. — *Herba javanica terrestris; radicibus fibrosis, caule simplici erecto, foliis oblongo-lanceolatis, plicatis, pedunculo terminali, elongato, apice multifloro, floribus parvis sessilibus, flavo-virentibus.*

Gastroglottis Blume *Bijdr. 397.* Lindl. *Orchid. 14.*

1329. Restrepia *KUNTH.* Perigonii foliola exteriora patentia, lateralia labello supposita, omnino connata; interiora filiformia, basi triangulari breviter connata. Labellum liberum conforme, basi biauriculatum v. bicorne patens. Columna ovario subincumbens, brevis, semiteres, apice in alam producta. Anthera antica, unilocularis. Pollinia 2, ceracea, oblonga. — *Herbae americanae tropicae parasicae; caulibus caespitosis monophyllis, floribus axillaribus solitariis v. fasciculatis, majusculis.*

Restrepia Kunth *in Humb. et Bonpl. nov. gen. et sp. I. 367. t. 94.* Lindl. *Orchid. 14.* Pöppig et Endl. *nov. gen. et sp. I. 34. t. 59.*

1330. Oberonia *LINDL.* Perigonii foliola exteriora patentia v. reflexa, subaequalia, libera; interiora minora, conformia v. linearia, interdum erosa. Labellum liberum, adscendens, cum columna haud articulatum, varium, saepius elongatum, plus minus distincte quadrilobum, lobis lateralibus dentiformibus, intermediis fere connatis. Columna ovario continua, minima, stigmate elevato. Anthera bilocularis. Pollinia 2, solida, pyriformia. — *Herbae in India orientali, imprimis insulari saxicolae et epidendrae, saepius acaules; foliis semper distichis, scapis ut plurimum ancipitibus, floribus nunc in racemo elongato verticillatis, nunc alternis, viridibus v. luteis.*

Oberonia Lindl. *Orchid. 15.* Brongn. *ad Duperr. t. 40.* A. Rich. *sert. Astrolab. t. 2. 3.* Pleurothallidis sp. A. Rich. *Mem. soc. h. n. paris. IV. t. 8. f. 1.*

1331. Titania *ENDL.* Perigonii foliola exteriora lateralia reflexa, supremum angustius, patens; interiora minora, conformia. Labellum posticum, adscendens, trilobum. Columna ovario continua, minima, teres, apice utrinque unidentata. Anthera bilocularis. Pollinia 4, incumbentia. — *Herba pusilla in insula Norfolk indigena, habitu Oberoniae; foliis distichis, scapis angulatis, floribus racemosis, coccineis, minutissimis.*

Titania Endl. *prodr. Flor. Norfolk. 31.*

1332. Carteretia *A. RICH.* Perigonii foliola exteriora lateralia basi obliqua, adscendentia, acuta, supremum paullo angustius subconcavum, obtusum; interiora paullo minora, obtusa. Labellum columnae parallelum, concavum, basi in calcar productum, tripartitum, laciniis erectis, intermedia trifida. Columna ovario continua, brevis, semiteres. Anthera bilocularis, antice apiculata. Pollinia 2, subglobosa. — *Herba in Nova Hibernia parasitica; foliis pedalibus, scapo ramoso vaginatim bracteato, floribus racemosis parvulis, virescentibus.*

Carteretia A. Richard *Sert. Astrolab. 10. t. 4.*

1333. Empusaria *REICHENB.* Perigonii foliola exteriora patentia, lateralia basi inaequalia, labello supposita eique inferne oblique connata; posticum et interiora linearia, patentia. Labellum erectum, cucullatum, basi auriculatum et cum columna connatum, bituberculatum, limbo patente indiviso. Columna ovario continua, elongata, semiteres, arcuata, apice utrinque alata. Anthera bilocularis. Pollinia 4, collateralia. — *Herba nepalensis, epidendra; caule peduli membranaceo-alato, foliis membranaceis, plicatis, racemo terminali multifloro, floribus ochroleucis.*

Empusaria Reichenb. *consp. p. 69.* Empusa Lindl. *Bot. Reg. 825. Orchid. 17.*

1334. Platystylis *BLUM.* Perigonii foliola exteriora patentia, libera, lateralia labello supposita, angustiora; interiora filiformia. Labellum liberum adscendens, integrum, medio sulcatum, etuberculatum. Columna ovario continua, erecta, compresso-dilatata, disciformis, stigmate marginato. Anthera bilocularis, parva. Pollinia 4, collateralia. — *Herbae javanicae in arborum truncis parasiticae, pseudobulbis ovatis compressis, pedunculis erectis vel nutantibus, floribus racemosis v. in apice pedunculi confertis, bracteatis.*

Platystylis Lindl. *Orchid. 18.* Malaxis *sect. 2.* Platystylis Blume *Bijdr. 389. fig. 54.*

1335. Microstylis *NUTT.* Perigonii foliola exteriora patentia, libera, lateralia basi aequalia, saepius breviora; interiora filiformia v. linearia, patentia. Labellum patentissimum, basi excavatum, sagittatum v. auriculatum, integerrimum v. denticulatum, etuberculatum. Columna ovario continua, minima v. paullo producta, apice bidentata v. biaurita. Anthera bilocularis. Pollinia 4, collateralia, apice per paria cohaerentia. — *Herbae terestres v. epiphylae, inter tropicos utriusque hemisphaerae, in Europa et America boreali et frigida parce obviae; foliis plicatis v. membranaceis, basi interdum incrussatis, floribus herbaceis, flavescentibus v. discoloribus.*

Microstylis Nutt. *gen. II. 196.* Lindl. *Orchid. 18.* Bot. Reg. *t. 1290.* Pöppig et Endl. *nov. gen. et sp. t. 110.* Crepidium Blume *Bijdr. 387. fig. 63.* Monorchis Mentz. *pug. t. 5. f. 12.* Achroanthes Raf. *in New-York medic. Reposit. V. 350.* Pterochilus Hooker ad Beechey *t. 17.* Ophrydis sp. Linn. Jacq. *collect. IV. t. 13. f. 2.* Malaxidis sp. Swartz. Loddig. *Bot. Cab. t. 116.*

1336. Dienia *LINDL.* Perigonii foliola exteriora patentia, libera, lateralia basi aequalia, saepius breviora; interiora filiformia, patentia. Labellum erectum, basi columnae adnatum, nunc concavum membranaceum, acute trilobum, nunc excavatum, margine callosum, apice trilobum v. indivisum. Columna ovario continua, recta, semiteres, clavata, elongata, v. cum labello concavo minutissima. Anthera bilocularis. Pollinia 4, collateralia, apice per paria cohaerentia. — *Herbae terestres, in America tropica et in Asia tropica et boreali repertae; foliis basi subincrussatis, membranaceis, plicatis, scapo tereti v. angulato, uptero, floribus terminalibus racemosis v. spiculis, parvis, herbaceis v. fuscis, fructus angulis saepius crispatis.*

Dienia Lindl. *Bot. Reg. t. 825. Orchid. 22.* Pedilea Lindl. *Orchid. scelet. p. 27. cum ic.*

1337. Malaxis *SWARTZ.* Perigonii foliola exteriora patentia, libera, subaequalia; interiora duplo minora, conformia. Labellum posticum conforme, adscendens, concavum, integerrimum, etuberculatum. Columna ovario continua, minima, teres, apice utrinque dentata. Anthera bilocularis. Pollinia 4, incumbentia. — *Herba in paludosis turfosis Europae mediae et borealis obvia; foliis paucis, venosis, basi carnosis, floribus racemosis luteo-virescentibus.*

Malaxis Swartz *Act. Holm. 1800. p. 233. t. 3.* Lindley *Orchid. 23.* Hook. *Lond. t. 197.* Franc. Bauer *Orchid. t. 1.*

1338. Nephelaphyllum *BLUM.* Perigonii foliola exteriora linearia, patentia v. reflexa, libera aequalia; interiora conformia. Labellum liberum, columna parallelum, calcaratum, linea media elevata, integerrimum. Columna ovario continua, recta, semiteres. Anthera bilocularis, triangularis, carnosa. Pollinia 8, subquadrata, quaternatim incumbentia. — *Herbae javanicae, terrestres, subcaulescentes, glabrae; foliis ovatis, petiolatis, plicatis, supra nebuloso-pruinosis, subtus purpurascentibus, pedunculo terminali multifloro, floribus purpurascentibus.*

Nephelaphyllum Blume *Bijdr. 372. fig. 22.*

1339. Corallorhiza *HALL.* Perigonii foliola conniventia, libera, exteriora oblongo-linearia, interioribus conformibus subaequalia. Labellum basi columnae adnatum, patens, ecalcaratum, basi subsaccatum, trilobum, lobis lateralibus minimis, basi callis duobus linearibus, disco nudum. Columna ovario continua, recta, semiteres. Anthera terminalis bilocularis, loculis subtransversis. Pollinia 4, subglobosa, incumbentia. — *Herbae aphyllae, in Europa media et America boreali indigenae; rhizomate corallino, e tuberibus subpalmatis, scapo vaginato, floribus spicatis.*

Corallorhiza Hall. *Helv. II. 159. t. 44.* R. Brown *in Ait. Hort. Kew. II. 5. 209.* L. C. Richard *Orchid. europ. 31.* Nees jun. *Gen. plant. fasc. VI. t. 9.* Ophrys Corallorhiza Linn. *Flor. dan. t. 451.* Hooker *Flor. Lond. ic.* — Aplectrum Nuttall *gen. II. 197.* (Corallorhiza hiemalis) labello unguiculato, anthera infrapicillari, polliniisque lenticularibus diferre dicitur.

1340. Liparis *L. C. RICH.* Perigonii foliola exteriora patentia, libera, lateralia basi aequalia, saepius breviora; interiora linearia v. filiformia, raro aequalia. Labellum erectum v. adscendens, columnae pedi breviter adnatum, supra basim saepius bituberculatum, integrum v. mucronibus aliquot instructum. Columna ovario continua, elongata, semiteres, incurva, apice marginata. Anthera bilocularis. Pollinia 4, collateralia. — *Herbae in India orientali obviae, in hemisphaerae borealis temperatis frigidiusculis rarae, terrestres v. epiphytae; foliis basi saepissime in pseudobulbum concretis, nunc membranaceis, plicatis, nunc subcoriaceis, venis minus distinctis, scapo tereti, ungulato v. ancipiti, floribus parvis, racemosis, herbaceis, ramis luteis v. albis.*

Liparis L. C. Richard *Orchid. europ. 30. f. 10.* Lindl. *Orchid. 26.*

a) STURMIA *Reichenb.* Folia membranacea plicata. — *Pleraeque terrestres.*

Sturmia Reichenb. *consp. n. 1564.* Ophrydis sp. Linn. E. B. *t. 47.* Fl. dan. *t. 877.* Malaxis Thouars *Orchid. afr. t. 25—27.* Bot. Mag. *t. 2004.* Cymbidii sp. Hook. *exot. Fl. t. 116.* (Richard *op. cit. f. 10.* Bot. Reg. *t. 1175.*)

b) CESTICHIS *Thouars.* Folia subcoriacea, haud plicata. — *Plures epiphytae, scapis ancipitibus.*

Cestichis Thouars *op. cit. t. 90.* Malaxidis sp. Thouars *op. cit. t. 89. 90.* (Bot. Reg. *t. 882. 2709.* Wallich *Pl. as. rar. t. 35.*)

1341. Dendrochilum *BLUM.* Perigonii foliola patentia, libera; exteriora et interiora conformia. Labellum liberum, subconforme, integerrimum, basi concavum, carinatum v. cristatum. Columna ovario continua, brevis, semiteres, antice bicornis, apice dentata v. rostrata. Anthera infrapicillaris, bilocularis, valvis anticis nullis. Pollinia 4, libera, incumbentia. — *Herbae javanicae, epiphytae; foliis coriaceis, in pseudobulbis ut plurimum solitariis, spicis terminalibus v. lateralibus, filiformibus, multifloris, floribus junioribus inter bracteas bifariam imbricatas latentibus.*

Dendrochilum Blume *Bijdr. 398. fig. 52.* Lindl. *Orchid. 34.* Bolbophylli sp. Thouars *Orchid. t. 93. 94.*

1342. Otochilus *LINDL.* Perigonii foliola patentia, libera, exteriora et interiora conformia. Labellum trilobum, lobis lateralibus brevibus columnam amplectentibus, intermedio elongato, patente, ecristato. Columna ovario continua, elongata, semiteres, clavata. Anthera terminalis, bilocularis, septo medio bipartibili bivalvis, valvis anticis et posticis medio septiferis. Pollinia 4, incumbentia, basi materia granulosa cohaerentia. — *Herbae in India borealiore super arborum truncis repentes; rhizomate nullo, pseudobulbis ex apice lateraliter soboliferis, racemis multifloris e pseudobulbis lateralibus, basi vaginatis, stigmatis labio superiore ovato, producto.*

Otochilus Lindl. *Orchid. 35.* Wallich *Pl. asiat. t. 68.* Broughtonia Wallich *msc.*

1343. Coelia *LINDL.* Perigonii foliola exteriora patentia, libera; interiora paullo minora. Labellum unguiculatum, basi columnae continuum, integerrimum. Columna ovario continua, basi leviter producta, nana. Antherae bilocularis loculi connectivo tenui cohaerentes, ovati, inappendiculati. Pollinia 4, per paria cohaerentia, oblonga, extus convexa, intus cava. — *Herba jamaicensis, epiphyta, acaulis; foliis plicatis et scapo radicali e squamis subcoriaceis erumpentibus, ovariis novemalatis.*

Coelia Lindl. *Orchid. 36.* Franc. Bauer *gen. t. 3.* Epidendrum tripterum Smith *Ic. pict. t. 14.*

1344. Pholidota *LINDL.* Perigonii foliola in globum conniventia, libera, exteriora interioribus paullo majora. Labellum liberum, columnae parallelum, cucullatum v. ventricosum, trilobum v. indivisum. Columna ovario continua, semiteres v. alata, clinandrio cucullato. Anthera bilocularis, bi-quadrivalvis, valvis anticis, dehiscentia solutis. Pollinia 4, globosa, distincta. — *Herbae indicae, epiphytae; rhizomate carnoso articulato, v. pseudobulbifero, foliis plicatis, spicis terminalibus, saepius imbricatis, nutantibus.*

Pholidota Lindl. *in Hook. exot. Fl. t. 138.* Bot. Reg. *t. 1213. 1777. Orchid. 36.* Wallich *Pl. asiat. t. 230.* Ptilocnema Don *prodr. nep. 33.* Crinonia Blume *Bijdr. 338.*

1345. Dilochia *LINDL.* Perigonii foliola exteriora conniventia, libera; interiora subaequalia. Labellum columnae continuum, cucullatum, trilobum, basi subsaccatum, trilamellatum. Columna ovario continua, clavata, alata, apice cucullata, dentata. Anthera quadrilocularis, ovata, cristata. Pollinia 4. — *Herba indica, caulescens; foliis coriaceis, acutis, distichis, subcostatis, racemo terminali e squamis coriaceis erumpente, bracteis coriaceis, distantibus, divaricatis, persistentibus, floribus speciosis, perigonii foliolis interioribus tenerioribus.*

Dilochia Lindley *Orchid. 38.*

1346. Earina *LINDL.* Perigonii foliola exteriora erecta, aequalia, acuta, membranacea, carinata; interiora carnosa, obtusata. Labellum posticum, columnae continuum et subparallelum, carnosum, cucullatum, trilobum, disco nudo. Columna nana, teres, stigmatis obliqui labio inferiore prominulo, clinandrio declivi. Anthera bilocularis. Pollinia 4, per paria cohaerentia, collateralia. — *Herba Novae Zeelandiae caulescens; rhizomate articulato, repente, foliis linearibus distichis, vaginantibus, floribus parvis, articulatis, bracteis cartilagineis, striatis, cucullatis.*

Earina Lindley *in Bot. Reg. n. 1699.* Epidendrum autumnale Forst.

1347. Coelogyne *LINDL.* Perigonii foliola exteriora conniventia v. patentia, libera, aequalia; interiora conformia v. linearia. Labellum cucullatum, saepius trilobum, lineis disci elevatis v. cristatis, nunc integerrimum, ecristatum. Columna erecta, libera, alata, apice dilatata v. cucullata; stigmate bilabiato. Anthera infrapicilaris, bilocularis, septo medio haud partibili. Pollinia 4, incumbentia, libera v. basi materie granulosa cohaerentia. — *Herbae indicae, in arborum truncis et supra saxa vigentes; rhizomate nunc crasso squamoso, nunc fere obsoleto, foliorum basibus in pseudobulbos dilatatis, foliis coriaceis saepe venosis, venis aequalibus, nunc quibusdam crassioribus costata v. plicata, racemis terminalibus v. radicalibus, e squamis corneis erumpentibus, floribus speciosis, saepe odoratis.*

Coelogyne Lindley *collect. p. 33. Orchid. 38.*

a) CHELONANTHERA *Blume.* Labellum cristatum, trilobum. Columna apice dilatata. Pollinia libera.

Chelonanthera Sect. 2 et 3. Blume *Bijdr. 382.* (Bot. Reg. *t. 868.* Wallich *Pl. asiat. t. 38. 53. 54. 218.*)

b) GOMPHOSTYLIS *Wall.* Labellum fimbriatum, basi saccatum. Columna apice petaloidea, cucullata. Pollinia materie granulosa cohaerentia.

Gomphostylis Wallich *msc.* Pleione Don *prodr. nep. p. 37.* Epidendri sp. Smith *exot. Bot. t. 97. 98.*

c) PANISEA *Lindl.* Labellum integerrimum, ecristatum, perigonii foliolis conforme. Columna alatomarginata.

Panisea Lindley *op. cit. 44.* Dendrobium demissum Don.

1348. Hexisea *LINDL.* Perigonii clausi foliola exteriora angusta, lateralia ab invicem discreta, basi columnae adnata; interiora libera, subaequalia. Labellum posticum, cum columna connatum, refractum, inapendiculatum, integerrimum, perigonii foliolis exterioribus conforme. Columna ovario continua, erecta, apice biaurita. Anthera dorso convexa, quadrilocularis, valvulis membranaceis longitudinaliter dehiscentibus. Pollinia 4, collateralia, materie parca, granulosa stigmati annexa. — *Herba peruana, epiphyta; caulibus teretibus, adscendentibus, articulatis, foliis linearibus coriaceis, apice emarginatis, racemis terminalibus paucifloris, bracteis magnis membranaceis, e squamis cartilagineis imbricatis erumpentibus.*

Hexisea Lindley *in Hooker Journ. of Bot. 7.* — ? Eleanthes Presl *in Reliq. Haenk. 97.*

TRIBUS II. DENDROBIEAE Lindley

Orchid. 45. Columna ovario incumbens, basi longius producta.

1349. Cochlia *BLUM.* Perigonii foliola exteriora erecta, lateralia basi connata; interiora minora. Labellum cum pede columnae articulatum, adscendens, superne in limbum semilunatum, margine revolutum et verrucosum dilatatum. Columna in ovario recumbens, apice bicornis. Anthera columnam postice terminans, semibilocularis. Pollinia 2, libera, ovata. — *Herba javanica, epiphyta; caulibus vaginis scariosis imbricatis, foliis coriaceis, ovato-ellipticis, supra convexis, subtus concavis, pedunculis lateralibus, solitariis, floribus capitatis violaceis.*

Cochlia Blume *Bijdr. 320. fig. 59.*

1350. Lyraea *LINDL.* Perigonii foliola exteriora conniventia, inaequalia, lateralia inter se et cum pede columnae connata; interiora nana, spathulata. Labellum pedi columnae continuum, bilobum. Columna in ovario recumbens, nana. Anthera. . . . Pollinia 2, in unum connata. — *Herba mauritiana, epiphyta et saxicola; foliis geminis coriaceis e pseudobulbo subtetragono, scapo radicali gracili, basi squamato, floribus lutescentibus, in spicam raram* *dispositis, ex axilla bracteae semicordatae, amplexicaulis.*

Lyraea Lindl. *Orchid. 46.* Bulbophyllum prismaticum Thouars *Orchid. t. 109.* A. Rich. *in Mem. soc. h. n. paris. IV. t. 8. f. 3.*

1351. Megaclinium *LINDL.* Perigonii foliola exteriora erecta, inaequalia, lateralia minora, cum columna connata; interiora nana. Labellum cum basi columnae elastice articulatum, integerrimum, nanum. Columna in ovario prona, nana, marginata, basi vix producta. Anthera obsolete bilocularis. Pollinia 4, aequalia, per paria cohaerentia. — *Herbae africanae tropicae, epiphytae; rhizomate repente pseudobulbifero, foliis coriaceis, aveniis, racemis radicalibus, rhachi dilatata, compressa, labello oscillante.*

Megaclinium Lindl. *Bot. Reg. t. 989. Orchid. 47.*

1352. Bolbophyllum *THOUAR.* Perigonii foliola exteriora erecta, acuminata, subaequalia, lateralia basi obliqua, cum pede columnae connata; interiora nana v. rarissime exterioribus subaequalia. Labellum cum pede columnae articulatum, unguiculatum, saepius integrum et posticum. Columna nana, antice bidentata v. bicornis. Anthera uni-bilocularis. Pollinia 4, valde inaequalia, per paria cohaerentia v. connata, altero cujusvis paris minuto, lobuliformi. — *Herbae gerontogeae, tropicae, epiphytae; rhizomate repente pseudobulbifero, foliis coriaceis, aveniis, racemis radicalibus.*

Bolbophyllum Thouars *Orchid. t. 95—97. 99—108.* A. Rich. *Mem. soc. h. n. paris. IV. 53. t. 8. f. 5.* Wallich *Pl. asiat. t. 69.* Lindl. *Orchid. 47.* Diphyes Blume *Bijdr. 310. fig. 66.* Odontostylis Blume *Fl. Jav. praef. p. VIII.* Kuhl et Hasselt *Orchid. edid. Breda t. 4.* Tribrachia Lindley *Collect. 61. f. a.* Bot. Reg. *t. 963.* Gersinia Neraud *ex Gaudich. ad Freyc. p. 27.* Anisopetalum Hook. *exot. Fl. t. 149.* Dendrobii sp. Wallich *Fl. nepal. I. t. 28.*

1353. Cirrhopetalum *LINDL.* Perigonii foliola exteriora ringentia, lateralia multo longiora, acuminatissima, valde obliqua, columnae basi productae adnata; interiora nana. Labellum integrum, cum basi columnae articulatum. Columna minima, basi longe producta, apice cornubus duobus petaloideis. Anthera bilocularis. Pollinia 4, duo interiora multo minora lamelliformia. — *Herbae indicae, epiphytae; rhizomate repente, pseudobulbis monophyllis, foliis coriaceis, aveniis, floribus dense racemosis v. in apice scapi radicalis umbellatis.*

Cirrhopetalum Lindl. *in Bot. Reg. t. 832. Orchid. 58.* Aerides Roxb. *msc.* Zygoglossum Reinwardt *in Flora. 1825. II. 4.* —? Ephippium §. 1. Blume *Bijdr. 309. fig. 65.* —? Sestochilus Kuhl et Hasselt *Orchid. edid. Breda t. 3.* Bolbophylli sp. Thouars *Orchid. t. 98.*

1354. Trias *LINDL.* Perigonii foliola exteriora patentia, aequalia, ovata, basibus connata, pedi columnae vix cohaerentia; interiora minima, erecta. Labellum minimum, indivisum, cum basi columnae articulatum et eidem incumbens, margine subdentatum. Columna basi leviter producta, nana, semiteres, marginata. Anthera bilocularis, apice in membranam petaloideam, cuneatam, emarginatam producta. Pollinia 4, duo interiora minora. — *Herbae indicae, pusillae; pseudobulbis subglobosis, glabris, in caespitem compactis, foliis parvis coriaceis, aveniis, pedunculis radicalibus erectis, foliis brevioribus, unifloris, floribus majusculis, viridi-fuscis, apertis triangulum formantibus.*

Trias Lindl. *Orchid. 60.* Wallich *Pl. asiat. t. 70.*

1355. Macrostomium *BLUM.* Perigonii foliola exteriora reflexa, lateralia cum basi producta et inter se in calcar breve connata; interiora reflexa. Labellum ecalcaratum, unguiculatum, pedi columnae continuum, medio dilatatum, concavum, limbo elongato, spathulato, emarginato, supra columnam fornicato. Columna nana, canaliculata. Anthera bilocularis, convexa, denti dorsali columnae inserta. Pollinia 2, bipartibilia, ovato-oblonga, stigmatis margini ligulato adhaerentia. — *Herba javanica, epiphyta, nondum descripta.*

Macrostomium Blume *Bijdr. 335. fig. 37.* Lindley *Orchid. 60.*

1356. Microcoelia *LINDL.* Perigonii foliola exteriora libera, aequalia; interiora conformia, paullo minora. Labellum cum columna articulatum, calcaratum, calcare ventricoso, limbo indiviso, nano. Columna ovario continua, libera, minima. Anthera bilocularis, stipitata, apice membranacea. Pollinia 2, libera, medio foveata. — *Herba madagascariensis, ut videtur aphylla, caulescens; radicibus numerosissimis intricatis, spicis plurimis filiformibus adscendentibus, floribus minutissimis.*

Microcoelia Lindl. *Orchid. 60.*

1357. Epicrianthes *BLUM.* Perigonii foliola exteriora integra, patentia; interiora multifida, laciniis clavatis, carnosis, appendiciformibus. Labellum breve, cum columnae pede incurvo articulatum, integrum, margine revolutum, glanduloso-tumidum. Columna simplex. Anthera semibilocularis. Pollinia 2, ovata. — *Herba javanica, epiphyta; caulibus scandentibus vaginatis, pseudobulbiferis, pseudobulbis tetragonis, monophyllis, foliis ovalibus supra convexis, subtus concavis, pedunculis unifloris e caule ad basim foliorum ortis.*

Epicrianthes Blume *Fl. Jav. praef. p. VI.* Epicranthes Blume *Bijdr. 306. fig. 8.* Lindl. *Orchid. 61.*

1358. Monomeria *LINDL.* Perigonii foliola exteriora ringentia, lateralia a supremo valde remota, interstitio denticulato, basi inter se et cum columnae pede connata, intus barbata; interiora nulla. Labellum cum pede columnae articulatum, incumbens, ovatum, trilobum, disco lamellis quatuor parallelis, lobis lateralibus antrorsum falcatis, apice bidentatis. Columna basi longe producta, semiteres, apice minute bicornis. Anthera unilocularis, cristata. Pollinia 4, in massam unicam cohaerentia. — *Herba nepalensis; rhizomate crasso, repente, pseudo-bulbigero, foliis solitariis, coriaceis, aveniis, racemis radicalibus multifloris.*

Monomeria Lindley *Orchid. 61.*

1359. Stenoglossum *H. B. K.* Perigonii foliola exteriora conniventia, lateralia cum basi columnae connata, aequilatera; interiora conformia, minora. Labellum posticum, cum columna in urceolum connatum, limbo spathulato longe unguiculato. Columna. . . Anthera bilocularis. Pollinia 4, libera. — *Herba novogranatensis, epiphyta, caulescens; caule folioso simplici, floribus terminalibus racemosis, bracteatis.*

Stenoglossum Kunth *in Humb. et Bonpl. nov. gen. et sp. I. 356. t. 87.* Lindl. *Orchid. 62.*

1360. Diglyphis *BLUM.* Perigonii foliola exteriora subringentia; interiora latiora. Labellum columnae pedi elastice adhaerens, adscendens, concavum, intus membranaceo-cristatum, limbo indiviso, patente. Columna semiteres, apice incurva. Anthera bilocularis, convexa, antice bifida. Pollinia 2, angulata, compressa. — *Herba javanica, epigaea, ebulbis; rhizomate repente fibroso, caule tereti, subcarnoso, apice monophyllo, folio membranaceo, nervoso, elliptico-lanceolato, glabro, pedunculo radicali basi vaginato, apice racemoso multifloro, pedicellis bracteatis.*

Diglyphis Blume *Fl. Jav. praef. p. VI.* Diglyphosa Blume *Bijdr. 336. fig. 60.* Lindl. *Orchid. 62.*

1361. Mycaridanthes *BLUM.* Perigonii foliola exteriora conniventia v. patentia, aequalia v. inaequalia, extus lanata, lateralia basi aequalia, pedi columnae adnata; interiora minora. Labellum cum pede columnae articulatum, trilobum, cucullatum, disco cristato v. appendiculato. Columna nana, basi longe producta, marginibus alatis, introflexis. Anthera bilocularis, terminalis, loculis quadrilocellatis. Pollinia 8, ovata, parva. — *Herbae in arboribus et rupibus insulae Javae crescentes, caulescentes; foliis carnosis v. coriaceis, haud plicatis, racemis terminalibus multifloris.*

Mycaridanthes Blume *Fl. Jav. praef. p. VII.* Mycaranthes Blume *Bijdr. 352. fig. 57.* Lindley *Orchid. 62.* Eriae sp. Lindley *Collect. t. 41. B.*

1362. Phreatia *LINDL.* Perigonii foliola exteriora conniventia, subaequalia, lateralia cum pede columnae connata; interiora minora, conformia. Labellum integrum, carnosum, cum pede columnae articulatum. Columna nana, margine membranaceo subintegro, clinandrio immerso. Anthera bilocularis, intra cliandrium recondita, loculis obsolete quadrilocellatis. Pollinia 8, sphaerica, materie viscida cohaerentia. — *Herbae indicae, epiphytae, caespitosae, pseudobulbosae; foliis membranaceis, coriaceis v. carnosis, scapis radicalibus.*

Phreatia Lindley *Orchid. 63.* Dendrolirii sp. Blume.

1363. Eria *LINDL.* Perigonii foliola exteriora semipatentia v. clausa, inaequalia, extus lanata v. glabra, lateralia basi valde obliqua, cum pede columnae connata, calcar simulantia; interiora exteriori postico aequalia v. minora. Labellum cum pede columnae articulatum, trilobum, raro subintegrum, cucullatum, disco calloso v. cristato. Columna basi longe producta. Anthera bilocularis, terminalis v. dorsalis, loculis obsolete quadrilocellatis. Pollinia 8, omnino libera, v. materie elastica glandulam mentiente cohaerentia. — *Herbae indicae, epiphytae; caulibus carnosis, vaginatis, foliorum rudimentis cicatrisatis, foliis saepius plicato-nervosis, racemis simplicibus, erectis, bracteis saepius dilatatis, floribus tunc inconspicuis.*

Eria Lindley *in Bot. Reg. t. 904. Orchid. 65.*

a) DENDROLIRIUM *Blume.* Anthera terminalis. Pollinia omnino libera.

Dendrolirium Blume *Bydr. 343. fig. 69.* excl. sp. Bot. Reg. *t. 904.* Wallich *Pl. asiat. t. 36. 134. 169. 197.* Dendrobii sp. Hook. *exot. Fl. t. 124.*

b) PINALIA *Hamilt.* Anthera dorsalis. Pollinia apice materia viscida cohaerentia. (Columna teres, clavata. Stigma prominens.)

Pinalia Hamilt. ex Don *prodr. nep. p. 31.* Lindley *Orchid. scelet. p. 23. cum ic.*

1364. Aporum *BLUM.* Perigonii foliola exteriora carnosa, erecta, lateralia majora, obliqua, cum pede columnae connata; interiora minora. Labellum cum pede columnae articulatum, posticum, indivisum v. trilobum, limbo cristato, calloso v. nudo. Columna semiteres, basi longe producta. Anthera bilocularis, sessilis, apice interdum membranacea. Pollinia 4, per paria collateralia. — *Herbae epiphytae, indicae, caulescentes; foliis distichis, equitantibus, ancipitibus, floribus subsolitariis, e paleis membranaceis erumpentibus, saepius herbaceis.*

Aporum Blume *Bijdr. 334. fig. 39.* Lindl. *Orchid. 70.* Brongn. *ad Duperr. t. 42.* Schismoceras Presl *in Reliq. Haenk. I. 96. t. 13. f. 2.*

1365. Oxystophyllum *BLUM.* Perigonii foliola exteriora erecta, lateralia majora, obliqua, cum pede columnae connata; interiora exteriori postico subaequalia. Labellum cum pede columnae articulatum, indivisum, limbo carnoso, subtus tuberculato. Columna semiteres, basi longe producta, clinandrio marginato. Anthera bilocularis, columnae denti dorsali insidens, convexa. Pollinia 2, non partibilia. — *Herbae javanicae, epiphytae, caulescentes; foliis equitantibus, ensiformibus, basi vaginatis, rigidis v. carnosis, floribus subcapitatis, axillaribus, sessilibus, paleis cinctis.*

Oxystophyllum Blume *Bijdr. 335. fig. 38.* Lindley *Orchid. 71.*

1366. Polystachya *HOOK.* Perigonii foliola exteriora erecta, acuta, lateralia majora, cum pede columnae connata; interiora minora. Labellum sessile, cum pede columnae articulatum, trilobum. Columna brevis semiteres. Anthera bilocularis. Pollinia 4, collateralia, aequalia, per paria cohaerentia. — *Herbae in Africa et America tropica observatae, epiphytae, caulescentes, v. pseudobulbosae; foliis leviter nervosis, floribus paniculatis, parvis, alabastris trigonis.*

Polystachya Hook. *exot. Fl. t. 103.* Lindl. *Orchid. 72.* Bot. Reg. *t. 851.* Dendrobii sp. Thouars *Orchid. t. 85. 86. 87.*

1367. Metachilum *LINDL.* Perigonii foliola exteriora conniventia, subaequilonga, lateralia cum columnae pede connata; interiora nana. Labellum ventricosum, integrum, cum margine pedis columnae connatum, intus appendiculatum. Columna pede elongato, stigmate prominente, apice membranaceo-bilobo. Anthera bilocularis, dorsalis. Pollinia . . . . — *Herba indica, epiphyta; caulibus pendulis, teretibus, distiche foliosis, floribus parvis, lateralibus terminalibusque spicatis, capsulis reflexis.*

Metachilum Lindley *Orchid. 74.*

1368. Macrolepis *A. RICH.* Perigonii membranacei foliola erecta, exteriora e basi lata acuminata, lateralia paullo majora cum columnae pede connata; interiora conformia, nana. Labellum cum pede columnae articulatum, erectum, oblongo-lineare, carnosum, anceps, basi dilatata subconcavum, utrinque lobulis duobus subobsoletis auctum. Columna basi longe producta, elongata; semiteres, apice antrorsum bicornis. Anthera bilocularis. Pollinia 2? . . . — *Herba in insula Vani-Koro, epiphyta; rhizomate repente pseudobulbifero, pseudobulbis monophyllis, foliis planis coriaceis ellipticis, acutis, scapo laterali tereti elongato, floribus spicatis, bracteis coriaceis lobis amplexicaulibus stipatis.*

Macrolepis A. Richard *Sert. Astrolab. 25. t. 19.*

1369. Dendrobium *SWARTZ.* Perigonii membranacei foliola exteriora erecta v. patentia, lateralia majora, obliqua, cum pede columnae connata; interiora conformia, exteriore postico majora v. minora. Labellum cum pede columnae articulatum v. connatum, sessile, indivisum v. trilobum, saepius appendiculatum. Columna semiteres, basi longe producta. Anthera bilocularis. Pollinia 4, per paria collateralia. — *Herbae indicae, epiphytae, caulescentes, v. rhizomate repente pseudobulbifero; foliis planis saepius venosis, floribus solitariis, fasciculatis v. racemosis, majusculis, speciosis.*

Dendrobium Swartz *Nov. Act. Upsal. VI. p. 82. t. 5. f. 5.* R. Brown *prodr. 332.* Lindley *Orchid. 74.* Smith *exot. Bot. t. 10. 11.* Hook. *exot. Fl. t. 9. 71. 184.* Bot. Reg. *t. 548. 1291. 1290. 1314. 1315. 1610. 1691. 1756. 1779. 1865.* Bot. Mag. *t. 2906. 3418.* Wall. *Pl. asiat. t. 29. 39. 40. 195. 196.* A. Rich. *Fl. nov. Zeel. t. 26. Sert. astrolab. t. 5—9.* Brongn. *ad Duperr. t. 41.* Franc. Bauer *gen. t. 5. 6.* — Onychium Blume *Bijdr. 323. fig. 10.* — Pedilonium Blume *op. cit. 320. fig. 36.* — Desmotrichum Blume *op. cit. 329. fig. 35.* — Sarcostoma Blume *op. cit. 339. fig. 45.* — Gastridium Blume *op. cit. 333.* — Ceraja Lour. *Fl. coch. II. 518.* — Keranthus Lour. *in Herb. Banks.* — Bontia Petiv. *gazoph. t. 44. f. 10.*

SUBORDO II. EPIDENDREAE Lindl.

Orchid. 95. Pollen in massas ceraceas (pollinia) definitas cohaerens, tela cellulosa in candiculas elasticas pulvereas, saepe replicatas cohaerente, glandula propria nulla. Anthera terminalis, opercularis. — *Herbae epiphytae v. terrestres, saepe caulescentes, nunc foliorum basibus v. caulibus incrassatis, rarissime radicibus carnosis lobatis. — Species vix non omnes novi continentis regiones intratropicas incolunt, paucae in Asia torrida vigent, paucissimae Indiam borealem vicinasque imperii sinensis plagas inhabitant, unica in Florida et Carolina meridionali reperta fuit.*

1370. Collabium *BLUM.* Perigonii foliola exteriora patentia v. reflexa, lateralia basi in calcar obtusum connata; interiora conformia. Labellum ecalcaratum, ungue brevi perigonii foliolis exterioribus lateralibus adnatum, limbo plano semilunato, basi intus bicalloso columnam amplectente. Columna obtusa, tortuosa, aptera. Anthera bilocularis. Pollinia 2, ovato-globosa, caudiculis elasticis affixa. — *Herba juvanica, terrestris; rhizomate repente annulato, foliis radicalibus remotis, petiolatis, elliptico-oblongis, nervosis, membranaceis, nebulosis, pedunculis radicalibus indivisis, elongatis, floribus racemosis, nutantibus.*

Collabium Blume *Bijdr. 337.* Lindl. *Orchid. 97.*

1371. Epidendrum *LINN.* Perigonii foliola exteriora patentia, subaequalia; interiora aequalia v. angustiora, aut rarius latiora. Labellum ungue cum marginibus columnae omnino v. partim concretum, limbo integro v. partito, disco saepius calloso, costato v. tuberculato, interdum in calcar ovario adnatum productum. Columna elongata, clinandrio marginato, saepius fimbriato. Anthera carnosa, bi-quadrilocularis. Pollinia 4, caudiculis totidem replicatis. — *Herbae americanae tropicae, epiphytae; caule nunc basi v. apice pseudobulboso, nunc elongato, apice folioso, foliis carnosis v. rarissime striato-venosis, floribus spicatis, racemosis, corymbosis v. paniculatis, terminalibus lateralibusve.*

Epidendrum Linn. *gen. n. 1016.* excl. sp. Swartz *Nov. Act. Upsal. VI. 66. t. 5. f. 2.* Jacq. *Ic. rar. t. 605.* Redouté *Liliac. t. 85.* Bot. Mag. *t. 572. 611. 2844. 2980. 3200. 3457. 3534. 3543. 3557.* Bot. Reg. *t. 784. 1623. 1765. 1867. 1870. 1879. 1881. 3233. 3208. 1898.* Hook. *exot. Fl. t. 50. 207. Journ. of Bot. t. 98.* Brongn. *ad Duperr. t. 43.* Pöppig et Endl. *nov. gen. et sp. t. 101—103.* Lindl. *Orchid. 96.* Auliza et Amphiglottis Salisb. *in Transact. Hortic. Soc. I. 261.* Encycliae sp. Hook. *in Bot. Mag. t. 3013.*

1372. Dinema *LINDL.* Perigonii foliola herbacea, patentia, subaequalia, exteriora et interiora conformia. Labellum majus, membranaceum, indivisum, unguiculatum, cum basi columnae connatum. Columna nana, bicornis. Anthera bilocularis. Pollinia 4, per paria caudiculis duabus replicatis adnata. — *Herba in Antillis et in Mexico observata, epiphyta; rhizomate repente, annulato, pseudobulbifero, foliis coriaceis, floribus terminalibus solitariis, pedunculo vaginato.*

Dinema Lindley *Orchid. 111.* Epidendrum polybulbon Swartz. Hook. *exot. Fl. t. 112.*

1373. Diothonea *LINDL.* Perigonii foliola exteriora conniventia, distincta, lateralia paullo longiora; interiora supremo concavo conformia et subaequalia. Labellum cum cyatho e columnae lateribus dilatatis membranaceis formato articulatum, obsolete lobatum, basi bilamellatum, foliolis lateralibus multo longius, dependens. Columna erecta, clinandrio cucullato. Anthera obsolete quadrilocularis. Pollinia 4, solida, pyriformia, apice materie pulverea cohaerentia. — *Herba epiphyta, peruana, ramosa, ebulbis; foliis lineari-lanceolatis, striatis, cartilagineo-marginatis, racemis multifloris, floribus majusculis.*

Diothonea Lindl. *in Hooker Journ. of Bot. 12.*

1374. Encyclia *HOOK.* Perigonii foliola patentia, subaequalia, exteriora et interiora conformia. Labellum posticum, cucullatum, columnam involvens, apice trilobum, basi callosum. Columna libera, semiteres, clavata. Anthera quadrilocularis, septis marginatis. Pollinia 4, collateralia, caudiculis totidem revolutis. — *Herba brasiliensis, epiphyta; pseudobulbis ovatis, scarioso-vaginatis, foliis ensiformibus bifariis, subrecurvis, panicula terminali, multiflora.*

Encyclia Hook. *in Bot. Mag. t. 2831.* (excl. *t. 3013.*) Lindley *Orchid. 111.* Pöppig et Endlicher *nov. gen. et sp. t. 113. 114.*

1375. Isochilus *R. BR.* Perigonii foliola exteriora conniventia, subaequalia, libera, v. lateralia basi paullo dilatata, breviter connata; interiora conformia. Labellum cum columna articulatum, indivisum, perigonii foliolis interioribus plerumque conforme. Columna clavata, semiteres, bi-tricornis. Anthera quadrilocularis. Pollinia 4, collateralia, caudiculis ligulatis, replicatis. — *Herbae americanae tropicae, epiphytae; caule tereti, distiche folioso v. basi pseudobulboso, apice folioso, floribus parvulis, albis v. purpureis.*

Isochilus R. Brown *in Hort. Kew. V. 209.* Kunth *in Humb. et Bonpl. nov. gen. et sp. I. 340. t. 78.* Bot. Reg. *t. 745. 825.* Lindl. *Orchid. 112.* Epidendri sp. Linn. Jacq. Cymbidii sp. Swartz.

1376. Arophyllum *LLAV. et LEXARZ.* Perigonii foliola patentia, exteriora lateralia basi in gibber connata; interiora multo angustiora. Labellum cum columnae basi producta articulatum, indivisum, concavum, breviter calcaratum. Columna erecta. Anthera. . . . Pollinia 8, pyriformia, manipulis glutinosis colligata. — *Herba mexicana, ebulbis, vix nota et affinitatis dubiae; scapo e sinu folii coriacei orto, floribus parvis, dense spicatis.*

Arpophyllum Llave et Lexarz. *nov. veg. II. 19.* Lindley *Orchid. 151.*

1377. Ponera *LINDL.* Perigonii membranacei foliola exteriora conniventia, lateralia paullo majora, basi in saccum connata; interiora multo angustiora. Labellum posticum, ungue concavo, cum basi producta foliolorum perigonii exteriorum articulato, ascendente, lamina refracta lineari, subsagittata, truncata, subemarginata. Columna ovario continua, semiteres. Anthera bilocularis. Pollinia 4, collateralia, caudiculis totidem reflexis. — *Herba mexicana, epiphyta; caule erecto, simplici, filiformi-tereti, foliis linearibus canaliculatis, secundis, racemo ex axilla folii terminalis subbifloro, floribus parvis, bracteis ovatis, acutis.*

Ponera Lindley *Orchid. 113.*

1378. Brassavola *R. BR.* Perigonii foliola subaequalia, libera, acuminata, exteriora et interiora conformia. Labellum cucullatum, integrum, columnam involvens. Columna clavata, marginata, stigmate infundibulari, clinandrio postice tridentato. Anthera quadrilocularis, septis marginatis, loculis semipartitis. Pollinia 8, subaequalia, aliis minoribus intermixtis. — *Herbae americanae tropicae, epiphytae, caulescentes, apice mono- v. oligophyllae; foliis semicylindricis carnosis, supra sulcatis, apice subulatis, floribus terminalibus magnis, speciosis.*

Brassavola R. Brown *in Hort. Kew. V. 216.* Hook. *in Bot. Mag. t. 2878. 3008.* Bot. Reg. *t. 1465. 1914.* Lindley *Orchid. 114.* Pöppig et Endl. *nov. gen. et sp. t. 104.* Epidendri sp. Linn. Jacq. Cymbidii sp. Swartz.

1379. Laelia *LINDL.* Perigonii foliola explanata, exteriora lanceolata, aequalia; interiora majora, subdifformia, carnosa. Labellum posticum, tripartitum, lamellatum, circa columnam convolutum. Columna carnosa, aptera, antice canaliculata. Anthera. . . . Pollinia 8, caudiculis 4, elasticis. — *Herbae mexicanae, epiphytae; rhizomate pseudobulbifero, foliis carnosis, scapis terminalibus pauci-multifloris, floribus speciosis, odoratis.*

Laelia Lindley *Orchid. 115.* Bot. Reg. *t. 1751.* Bletiae sp. Llave.

1380. Cattleya *LINDL.* Perigonii foliola exteriora membranacea v. carnosa, patentia, aequalia; interiora saepius majora. Labellum cum columna articulatum, cucullatum, integrum v. trilobum, columnam involvens. Columna clavata, elongata, semiteres, marginata. Anthera quadrilocularis carnosa, septorum marginibus membranaceis. Pollinia 4, caudiculis totidem replicatis. — *Herbae americanae tropicae, epiphytae, pseudobulbiferae; foliis solitariis geminisve coriaceis, floribus terminalibus magnis, speciosis, saepe e spatha magna erumpentibus.*

Cattleya Lindley *Collect. t. 33. 37.* Bot. Reg. *t. 953. 1172. 1406. 1859. 1919.* Lindley *Orchid. 116.* Hook. *exot. Fl. t. 157.* Bot. Mag. *t. 2851. 3265.* Mart. *Amoen. monac. t. 10.* Melaenia Dumort. *Dissert. Bruxell. 1834. 4to.*

1381. Broughtonia *R. BR.* Perigonii foliola exteriora patentia, angusta, lateralia basi obliqua, cum labelli basi connata et decurrentia; interiora latiora. Labellum indivisum, adscendens, cum columnae basi connatum, in calcar lineare ovario adnatum decurrens. Columna brevis, crassa, apice dilatata. Anthera quadrilocularis, septorum marginibus membranaceis. Pollinia 4, caudiculis totidem replicatis. — *Herba pseudobulbosa, in insulae Jamaicae arboribus littoreis parasitica; foliis carnosis, scapo terminali racemoso, multifloro.*

Broughtonia R. Brown *in Hort. Kew. V. 217.* Loddig. *Bot. Cab. t. 793.* Bot. Mag *t. 3536.* Lindley *Orchid. 118.* Epidendrum sanguineum Swartz.

1382. Leptotes *LINDL.* Perigonii foliola patentia, linearia, exteriora et interiora subaequalia. Labellum posticum, columnae parallelum, trilobum, laciniis lateralibus minoribus, circa columnam convolutis, intermedia oblonga, marginibus reflexis. Columna brevis, crassa, semiteres. Anthera. . . . Pollinia 6, incumbentia, duo superiora pyriformia, obliqua, compressa, quatuor inferiora inaequalia, tenuiora, anteriora duplo minora. — *Herba brasiliensis; caulibus brevibus, teretibus, squamis vaginatis, foliis teretiusculis, scapo terminali racemoso-trifloro.*

Leptotes Lindley *in Bot. Reg. t. 1625.*

1383. Tetramicra *LINDL.* Perigonii foliola lineari-oblonga, patentia, subaequalia; exteriora et interiora conformia. Labellum columnae parallelum, explanatum, tripartitum, lacinia intermedia subunguiculata, disco lineata, basi in calcar ovario adnatum decurrens. Columna alata, in labellum prona. Anthera octolocularis, loculis quatuor minoribus. Pollinia 8, alterna minima, caudiculis quatuor cohaerentia. — *Herba domingensis; scapo elongato, tereti, squamoso, apice racemoso, foliis brevibus, linearibus, carnosis, recurvis.*

Tetramicra Lindley *Orchid. 119.* Bot. Reg. *t. 1627.* Cymbidium rigidum Willd. (Plum. *Ic. 181. f. 1.*)

1384. Spathoglottis *BLUM.* Perigonii foliola exteriora patentia, libera, aequalia; interiora paullo latiora, patentia v. conniventia. Labellum cum basi columnae articulatum, saepius saccatum, tripartitum, lacinia intermedia unguiculata, basi tuberculata v. cristata, saepius utrinque unidentata. Columna alata, petaloidea. Anthera bilocularis. Pollinia 8. . . . — *Herbae indicae, epigaeae; cormis subterraneis, foliis ensiformibus, plicatis, scapis racemosis.*

Spathoglottis Blume *Bijdr. 400. fig. 76.* Lindl. *Orchid. 119.* Wall. *Pl. asiat. rar. t. 203.* Bletiae sp. Gaudich. *ad Freyc. t. 32.*

1385. Bletia *RUIZ et PAV.* Perigonii foliola exteriora patentia, aequalia; interiora subaequalia, patentia v. conniventia. Labellum cum columnae basi articulatum, cucullatum, saepius saccatum, trilobum, disco saepius lamellato v. tuberculato. Columna elongata, semiteres. Anthera octolocularis, carnosa. Pollinia 8, aequalia, caudiculis quatuor pulvereis cohaerentia. — *Herbae americanae tropicae, subterrestres; foliis ensiformibus plicatis, scapis racemosis, multifloris, floribus saepius magnis, speciosis.*

Bletia Ruiz et Pav. *prodr. t. 26.* R. Brown *in Hort. Kew. V. 206.* Bot. Mag. *t. 2710. 3319. 3518.* Bot. Reg. *t. 1401. 1681. 1760.* Lindley *Orchid. 120.* Pöppig et Endl. *nov. gen. et sp. t. 95.* Gyas Salisb. *in Transact. Hortic. Soc. I. 261.* Tankarvillia Link *Handb. I. 251.* Thiebaudia Colla Limodori sp. Jacq. *Ic. rar. t. 602.* Thunb. *Pl. jap. t. 9.*

Cymbidii sp. Swartz. — ? Pachystoma Blume *Bijdr. 376.* Pachychilus Blume *Fl. Jav. praef. VI.*

1386. Ipsea *LINDL.* Perigonii foliola exteriora pubescentia, explanata, aequalia, lateralia basi obliqua, cum pede columnae connata, saccum mentientia; interiora subaequalia. Labellum ungue brevi saccato cum pede columnae articulatum, eidem parallelum, concavum, trilobum, lamellatum. Columna elongata, semiteres, subclavata. Anthera bilocularis, membranacea, basi intus tuberculis duobus carnosis. Pollinia octo, caudiculis quatuor pulvereis per paria cohaerentia, altero cujusvis paris minore. — *Herba in montibus insulae Ceylon epigaea; radice carnosa, subbiloba, lateralibus fibrosis, foliis serotinis, ensiformibus, plicatis, scapo simplici vaginato, flore terminali solitario specioso, pubescente.*

Ipsea Lindley *Orchid. 124.*

1387. Arundina *BLUM.* Perigonii foliola exteriora patula, lineari-lanceolata, subaequalia, basi breviter connata; interiora conformia. Labellum columnae continuum, circa eandem convolutum, trilobum v. integrum, disco cristatum v. elevato-lineatum, lobis plicatis. Columna recta, labello parallela, semiteres, clavata. Anthera quadrilocularis. Pollinia 8, aequalia. — *Herbae indicae, epigaeae, caulescentes; foliis distichis, ensiformibus, plicatis, floribus purpureis, magnis.*

Arundina Blume *Bijdr. 401. fig. 73.* Lindl. *Orch. 125.*

1388. Phajus *LOUREIR.* Perigonii foliola subaequalia, patentia, exteriora interioribus conformia. Labellum saepius cucullatum, basi columnae adnatum, calcaratum, integrum v. trilobum, disco saepius carinatum, lamellosum v. cristatum. Columna erecta, elongata, semiteres, marginata. Anthera octolocularis. Polinia 8, subaequalia. — *Herbae indicae, epigaeae, acaules v. caulescentes; foliis latis, plicato-nervosis, scapis radicalibus, floribus magnis.*

Phajus Loureir. *Fl. cochinch. II. 529.* Lindl. *Orchid. 126.* Wall. *Pl. as. rar. t. 158. 198.* Pachyne Salisbury *in Transact. Hortic. Soc. I. 261.* Bletiae sp. R. Brown. Bot. Mag. *t. 2719.* Fr. Bauer *Illustr. orchid. t. 6.* Limodori sp. Ait. Pers.

1389. Cytheris *LINDL.* Perigonii foliola exteriora patentia, subaequalia, lateralia basi labelli calcari adnata; supremum interioribus latioribus membranaceis parallelum, recurvum. Labellum posticum, planum, calcaratum, disco cristatum. Columna brevis, clavata, alata. Anthera bilocularis, membranacea. Pollinia octo, aequalia. — *Herba terrestris, indica, spithamea; foliis petiolatis, cordatis, scapo terminali, floribus parvulis.*

Cytheris Lindley *Orchid. 128.*

1390. Tylostylis *BLUM.* Perigonii foliola exteriora erecto-patentia, lateralia subtus connata; interiora paullo angustiora. Labellum cum columnae pede calloso, incurvo elastice articulatum, parvum, integrum, disco callosum. Columna incurva, clavata. Anthera bilocularis, loculis quadrilocellatis. Pollinia 8, compressiuscula, caudiculis elasticis connata. — *Herba javanica, epiphyta, caulescens; caulibus radiciformibus pseudobulbiferis, foliis lanceolatis, oblique retusis, rigidis, scapis terminalibus, spicato-multifloris.*

Tylostylis Blume *Fl. Jav. praef. VI.* Callostylis Blume *Bijdr. 340. fig. 74.* Lindley *Orchid. 129.*

1391. Ania *LINDL.* Perigonii foliola lineari-lanceolata, aequalia, conniventia; exteriora interioribus conformia. Labellum cum basi columnae interdum producta in calcar v. saccum connatum, trilobum, planum, medio lamellatum. Columna erecta, elongata, alata. Anthera sex-octolocularis. Pollinia 8, aequalia v. alterna minora. — *Herbae indicae, epiphytae; rhizomate repente, foliis plicatis, membranaceis, solitariis, scapis multifloris.*

Ania Lindley *Orchid. 129.*

1392. Cylindrolobus *BLUM.* Perigonii foliola exteriora subringentia, lateralia pedi columnae oblique inserta, erecto-patentia; interiora breviora, erecto-conniventia. Labellum cum columnae pede articulatum, adscendens, concavum, intus cristatum, limbo semitrilobo, undulato, fornicato. Columna erecta, semiteres. Anthera quadrilocularis. Pollinia octo, alterna minima, caudiculis elasticis colligata. — *Herba javanica, epiphyta, caulescens; caule simplici, foliis sessilibus, lanceolatis, coriaceis, spicis oppositifoliis solitariis, floribus bracteatis.*

Cylindrolobus Blume *Fl. Jav. praef. VI.* Ceratium Blume *Bijdr. 341. fig. 46.* Lindley *Orchid. 130.*

1393. Apaturia *LINDL.* Perigonii foliola exteriora pubescentia, patula, lateralia interdum majora, basi obliqua; interiora angustiora, patentia. Labellum unguiculatum, cum pede columnae plus minus producto articulatum, basi ventricosum, carnosum, apice trilobum, disco cristatum. Columna teres, clavata, arcuata, clinandrio alato. Anthera quadri-octolocularis. Pollinia 8. . . . — *Herbae indicae, epigaeae, aphyllae; scapis vaginis scariosis, filamentosis vestitis, bracteis membranaceis, floribus racemosis, nutantibus, pubescentibus.*

Apaturia Lindley *Orchid. 130.*

1394. Trichotosia *BLUM.* Perigonii foliola exteriora pubescentia, erecta, lateralia pedi columnae adnata, calcar mentientia; interiora conformia, glabra. Labellum unguiculatum, pedi columnae basi adnatum, limbo integerrimo v. sublobato. Columna erecta, semiteres, basi longe producta. Anthera bilocularis, loculis quadrilocellatis. Pollinia 8, aequalia, basi materie elastica cohaerentia. — *Herbae javanicae, epiphytae, caulescentes, pilosiusculae; caulibus simplicibus, foliis sessilibus, coriaceis v. subcarnosis, pedunculis oppositifoliis, solitariis, paucifloris, floribus bracteatis.*

Trichotosia Blume *Bijdr. 342. fig. 11.* Lindley *Orchid. 131.*

1395. Mitopetalum *BLUM.* Perigonii foliola exteriora ringentia, acuminatissima, lateralia labello supposita, pedi columnae adnata; interiora conformia. Labellum cum columnae pede articulatum, indivisum, acuminatum, intus lineatum, perigonii foliolis brevius. Columna recta, semiteres, basi producta. Anthera carnosa bilocularis, loculis obsolete quadrilocellatis. Pollinia octo, materie elastica, pulverea quaternatim cohaerentia. — *Herba javanica, terrestris, glabra; caule radicante, foliis membranaceis plicatis, longe petiolatis, petiolis basi bulboso-tumidis, scapo laterali spicato-multifloro.*

Mitopetalum Blume *Fl. Jav. praef. VIII.* Tainia Blume *Bijdr. 354. fig. 48.* Lindley *Orchid. 132.*

1396. Plocoglottis *BLUM.* Perigonii foliola exteriora ringentia, lateralia labello supposita, basi connata; interiora minora, apice incurva. Labellum basi utrinque plicis membranaceis inflexis columnae connatum, limbo convexo, indiviso, patente, demum erecto. Columna erecta, apice libera. Anthera bilocularis. Pollinia 4, subglobosa, caudiculis duabus longis, crassiusculis, replicatis cohaerentia. — *Herba javanica, epigaea; foliis in petiolo tumido solitariis, oblongo-lanceolatis, plicatis, scapo radicali erecto, multifloro, floribus pedicellatis, bracteolatis.*

Plocoglottis Blume *Bijdr. 380. fig. 21.* Lindley *Orchid. 152.*

1397. Sophronitis *LINDL.* Perigonii foliola patentia, exteriora aequalia libera; interiora conformia, paullo angustiora. Labellum basi cum columna connatum, integrum, cucullatum, linguaeforme, medio crista transversa simplici. Columna apice utrinque alata, alis integris supra cristam labelli conniventibus. Anthera terminalis, octolocularis, cardine crasso. Pollinia 8, antice et postice parallela, caudicula duplici pulverea. — *Herba brasiliensis, epiphyta, pusilla, monophylla, ebulbis; racemis axillaribus effusis paucifloris, floribus majusculis.*

Sophronitis Lindley *in Bot. Reg. t. 1129.*

TRIBUS III. VANDEAE Lindley *Orchid. 135.* Pollen in massas ceraceas definitas cohaerens, sub anthesi lamellae elasticae (caudiculae) et stigmatis glandulae affixum. Anthera terminalis, raro dorsalis, opercularis. — Herbae epiphytae v. terrestres, nunc (imprimis americanae), pseudobulbis oligophyllis gaudentes, nunc (praesertim asiaticae) caulescentes. — *Tribus vix non tota tropicis circulis inclusa, formarum dives, speciebus per Asiam et Americam pari fere numero distributis. Calypso utriusque orbis extremum incolit septemtrionem.*

1398. Nanodes *LINDL.* Perigonii foliola exteriora ringentia, posticum fornicatum, lateralia labello subopposita, eique basi connata; interiora lateralibus conformia et subparallela, libera. Labellum cum columna connatum, carnosum, indivisum. Columna clinandrio alato. Anthera bilocularis, rostrata. Pollinia 4, compressa, collateralia, in glandula ovata sessilia. — *Herba brasiliensis, epiphyta, caespitosa, caulescens, humilis; foliis coriaceis, vaginantibus, distichis, approximatis, floribus in apice caulis inter folia solitarie sessilibus.*

Nanodes Lindley *in Bot. Reg. t. 1541. Orchid. 139.*

1399. Aspasia *LINDL.* Perigonii foliola patentia, aequalia, exteriora lateralia libera; posticum cum interioribus basi connatum. Labellum oblongum, concavum, ecalcaratum, obsolete quadrilobum, columnae semiconnatum. Columna labello parallela, semiteres, marginata. Anthera. . . . Pollinia 2, pyriformia, postice sulcata, caudicula plana, cuneata, glandula parva. — *Herba in America tropica occidentali indigena, epiphyta, caulescens, pseudobulbosa; foliis subcoriaceis, spicis radicalibus brevibus.*

Aspasia Lindley *Orchid. 139.* Bot. Reg. *t. 1907.*

1400. Ornithidium *SALISB.* Perigonii foliola clausa, libera, aequalia, exteriora et interiora conformia. Labellum cum basi columnae connatum, cucullatum, disco callosum. Columna labello parallela, teretiuscula, rostello brevissimo. Anthera bilocularis. Pollinia 2, bipartibilia, lobis incumbentibus, in glandula parva, triangulari sessilia. — *Herbae antillanae, epiphytae, caulescentes; caulibus ramosis, in axillis pseudobulbiferis, foliis subcoriaceis, racemis sessilibus, axillaribus, effusis, nutantibus.*

Ornithidium Salisb. *in Hortic. Transact. I. 293.* Hook. *exot. Flor. t. 38.* Bot. Mag. *t. 3306.* Lindley *Orchid. 139.* Pöppig et Endl. *nov. gen. et sp. t. 96.* Epidendrum coccineum Linn. Jacq. *Americ. t. 135.* Cymbidium coccineum Swartz. Bot. Mag. *t. 1437.*

1401. Acriopsis *BLUM.* Perigonii foliola patula, subaequalia, exteriora lateralia labello supposita, in unicum connata; interiora conformia. Labellum cum basi columnae in tubum connatum, limbo patente cordato, cristato. Columna erecta, utrinque cornubus duobus porrectis, apice glandulosis. Anthera bilocularis, intra clinandrium cucullatum abscondita. Pollinia 2, fusiformia, caudicula filiformi glandulae parvae subglobosae insidentia. — *Herba javanica, epiphyta; foliis in pseudobulbis sessilibus, lineari-lanceolatis, obtusis, pedunculis radicalibus paniculatis, floribus pedicellatis.*

Acriopsis Blume *Bijdr. 376. fig. 71.* Reinwardt *in Flora 1825. II. 4.* Lindl. *Orchid. 140.*

1402. Trizeuxis *LINDL.* Perigonii subglobosi foliola exteriora lateralia labello supposita, inter se, supremum interioribus conformibus connata. Labellum posticum, basi columnae brevissime adnatum, integrum, concavum, acutum. Columna labello parallela, teres, clavata; stigmate longitudinali. Anthera unilocularis, carnosa. Pollinia 2, basi discreta, solida, caudicula maxima, oblonga, glandula parva, ovali. — *Herbula antillana, epiphyta, acaulis; foliis falcatis, distichis, scapis paniculatis, floribus aggregatis, minutis.*

Trizeuxis Lindley *Collect. t. 2. Orchid. 140.*

1403. Ornithocephalus *HOOK.* Perigonii patentis foliola exteriora obtusa, lateralia reflexa, supremum fornicatum; interiora conformia, incurva. Labellum posticum, ecalcaratum, unguiculatum, acuminatissimum, perigonii foliolis exterioribus longius. Columna brevis, aptera, rostello elongato, subulato. Anthera quadrilocularis, rostello conformis. Pollinia 4, solida, caudiculae longissimae, subulatae cruciatim affixa; glandula parva, ovalis. — *Herba antillana, epiphyta, acaulis; foliis equitantibus, carnosis, spicis axillaribus, bracteis amplexicaulibus, floribus inconspicuis.*

Ornithocephalus Hook. *exot. Flor. t. 127.* Lindley *Orchid. 141.*

1404. Cirrhaea *LINDL.* Perigonii patentis foliola libera, exteriora aequalia; interiora multo angustiora, linearia, flexuosa. Labellum columnae continuum, longe unguiculatum, tripartitum, laciniis angustis, intermedia minore. Columna erecta, teres, clavata; stigmate subquadrato horizontali, rostello cirrhato. Anthera dorsalis, membranacea, incomplete bilocularis. Pollinia 2, parallela, oblonga, compressa, elastice prosilientia, caudicula brevi cornea, glandula nulla. — *Herbae brasilienses, epiphytae, pseudo-bulbosae,* *foliis plicatis, racemis radicalibus pendulis, multifloris, floribus magnis, variegatis.*

Cirrhaea Lindley *in Bot. Reg. n. 930. t. 1539. 1889. Orchid. 141.* Gongorae sp. Hook. Bot. Mag. *t. 2978.*

1405. Sarcochilus *R. BR.* Perigonii patentis foliola exteriora lateralia cum ungue labelli subtus connata; interiora libera, conformia. Labellum posticum, ungui columnae continuum, ecalcaratum, calceiforme, lobo intermedio carnoso, solido. Columna. . . . Anthera. . . . Pollinia 2, in glandula deltoidea sessilia. — *Herba in Nova Hollandia orientali extratropica epiphyta, acaulis v. brevissime caulescens; foliis distichis, lineari-lanceolatis, falcatis, racemis axillaribus paucifloris, secundis, bracteis brevibus, late ovatis, floribus speciosis.*

Sarcochilus R. Brown *prodr. 332.* Lindley *Orchid. 142.* Bot. Reg. *t. 1832.*

1406. Trigonidium *LINDL.* Perigonii campanulati foliola exteriora aequalia, semiherbacea, in cyathum trigonum conniventia, apice patula; interiora petaloidea, duplo minora, venosa. Labellum cum columna articulatum, nanum, trilobum, medio carnosum. Columna libera, nana, semiteres. Anthera unilocularis. Pollinia 4, cohaerentia, dorsalia minora, glandulae triangulari, stigma parvum triangulare tegenti, insidentia. — *Herbae americanae tropicae, epiphytae; rhizomate repente florifero et pseudobulbifero, foliis coriaceis, pedunculis erectis unifloris, vaginatis.*

Trigonidium Lindley *in Bot. Reg. t. 1923.*

1407. Maxillaria *RUIZ. et PAV.* Perigonii patentis v. conniventis foliola exteriora lateralia cum basi producta columnae in saccum connata; interiora subconformia. Labellum cum basi producta columnae articulatum, sessile, trilobum, cucullatum. Columna semiteres, aptera. Anthera incomplete bilocularis, opercularis. Pollinia 2, bipartibilia v. integra, caudiculis brevibus glandulae transversae affixa. — *Herbae americanae tropicae, epiphytae, pseudobulbosae, caulescentes v. saepius acaules; foliis plicatis v. coriaceis, pedunculis radicalibus axillaribus v. terminalibus, uni-multifloris.*

Maxillaria Ruiz et Pav. *prodr. 116. t. 25.* Lindley *Orchid. 142.* Pöppig et Endl. *nov. gen. et sp. I. 36.*

a) COLAX *Lindl.* Labellum anticum. *Pedunculi radicales.*

Colax Lindley *in Bot. Reg. t. 987.* Dendrobii sp. Kunth *in Humb. et Bonpl. nov. gen. et sp. t. 88.* Hooker *exot. Flor. t. 119. 120.* Cymbidii sp. Link et Otto *Ic. pl. rar. t. 32.* (Bot. Mag. *t. 2729. 2789. 2806. 3146. 3154. 3173.* Bot. Reg. *t. 1428. 1510. 1802.* Hook. *exot. Flor. t. 217. 219.* Loddig. *Bot. Cab. t. 1318. 1612. 1824.* Pöppig et Endl. *op. cit. t. 62—67.*)

b) XYLOBIUM *Lindl.* Labellum posticum. *Pedunculi radicales.*

c) EUMAXILLARIA *Lindl.* Labellum anticum. *Pedunculi axillares.*

Eumaxillaria Lindl. *Orchid. 142.* Dendrobii sp. Hook. *exot. Flor. t. 142.*

d) NOTHIUM *Lindl.* Labellum anticum. *Pedunculi terminales e spatha vaginante erumpentes. Caules cylindracei haud bulbosi.*

Nothium Lindl. *Orchid. 151.*

1408. Epiphora *LINDL.* Perigonii explanati foliola exteriora libera, acuta, lateralia basi aequalia; interiora breviora, obovata. Labellum posticum, cum columnae basi producta articulatum, sigmoideo-unguiculatum, carinatum, trilobum. Columna basi paullo producta, dorso prona, inversa; stigmate verticali, margine trituberculato. Anthera unilocularis. Pollinia 4, caudiculae lineari affixa. — *Herba capensis, epiphyta, subbulbosa; foliis binis, oblongo-linearibus, planis, apice paullo obliquis, racemo terminali.*

Epiphora Lindley *in Bot. Mag. Compan. II. 201.*

1409. Siagonanthus *PÖPP. et ENDL.* Perigonii ringentis foliola exteriora lateralia patentia, basi cum columnae pede connata; interiora supremo conformia, erecta. Labellum cum pede columnae articulatum, unguiculatum, adscendens, medio infractum, integrum. Columna basi producta, clavata, arcuata. Anthera bilocularis, carnosa. Pollinia 2, postice biloba, caudicula brevi glandulae deltoideae affixa. — *Herba peruana, epiphyta, pseudobulbifera; pedicellis axillaribus fasciculatis, unifloris.*

Siagonanthus Pöppig et Endl. *nov. gen. et sp. I. 40. t. 96.*

1410. Trichocentrum *PÖPP. et ENDL.* Perigonii patentiusculi foliola libera, exteriora et interiora aequalia. Labellum basi cum marginibus columnae connatum, elongato-calcaratum, erectum, integrum, disco callosum. Columna nana, semiteres, apice truncato ciliato-fimbriata. Anthera postica, bilocularis, pilosa. Pollinia 2, integra, caudicula bifida, glandula ovali convexa. — *Herba peruana, epiphyta, ebulbis; foliis radicalibus basi incrassata cavis, uninerviis, pedunculis radicalibus brevissimis, unifloris, floribus magnis, speciosis.*

Trichocentrum Pöppig et Endl. *nov. gen. et sp. II. 11. t. 115.*

1411. Bifrenaria *LINDL.* Perigonii patentis foliola libera, exteriora subaequalia, lateralia basi producta columnae adnata vix obliqua; interiora duplo minora. Labellum cum pede columnae mucronato articulatum, cucullatum, trilobum, medio callosum. Columna brevis, semiteres, mutica. Anthera bilocularis, subcristata, mutica. Pollinia 4, per paria incumbentia, caudiculis duabus distinctis, rostelli materiae viscidae adhaerentia. — *Herba brasiliensis, epiphyta; bulbis ovatis, tetragonis, foliis oblongo-lanceolatis, plicatis, racemis radicalibus trifloris, floribus atropurpureis, odoratissimis.*

Bifrenaria Lindley *Orchid. 152.* Bot. Reg. *t. 1875.* Maxillaria atropurpurea Loddig. *Bot. Cab. t. 1877.*

1412. Batemania *LINDL.* Perigonii ringentis foliola exteriora patentia, lateralia labello subopposita, unguiculata, basi aequalia; interiora latiora, basi obliqua, pedi producto columnae adnata. Labellum cum pede columnae articulatum, trilobum, cucullatum. Columna elongata, semiteres, basi producta, clinandrio marginato. Anthera bilocularis, parva, membranacea. Pollinia 2, postice biloba, glandula triangulari, caudicula nulla. — *Herba americana tropica, epiphyta; pseudobulbis ovatis subtetragonis, foliis obovato-oblongis, plicatis, racemo radicali pendulo, bracteis rhombeis, cucullatis, inflatis, floribus longe pedicellatis, fusco-purpureis.*

Batemania Lindley *in Bot. Reg. t. 1714.*

1413. Scaphyglottis *PÖPP. et ENDL.* Perigonii conniventis foliola exteriora lateralia basi paullo producta, cum pede columnae connata, labello subopposita, supremum lineare, convexum; interiora conformia, paullo breviora. Labellum columnae pedi parum producto continuum, eique parallelum, oblongum, canaliculatum, margine subrepandum. Columna marginata. Anthera bilocularis. Pollinia 4, teretia, in glandula cuneata sessilia. — *Herbae americanae tropicae, epiphytae, caulescentes v. ex axillis pseudobulbosae; foliis coriaceis angustis, floribus axillaribus parvis, pedunculis dense vaginatis.*

Scaphyglottis Pöppig et Endl. *nov. gen. et sp. I. 58. t. 97—100.* Lindley *in Bot. Reg. t. 1901.* Cladobium Lindley *introduct. edit. II. p. 446.*

1414. Dicrypta *LINDL.* Perigonii foliola erecta, libera, exteriora aequalia; interiora conformia, paullo minora. Labellum cum columna articulatum, oblongum, obsolete trilobum, carnosum, callo disci interrupto. Columna ovario continua, semiteres, ad basim antice clavata, clinandrio convexo. Anthera incomplete bilocularis. Pollinia 4, complanata, incumbentia, postica minora, caudicula brevi lineari glandulae lunatae affixa. — *Herbae americanae tropicae, epiphytae, acaules v. caulescentes; foliis coriaceis, ligulatis, distichis, pedunculis axillaribus, solitariis, brevissimis, unifloris, basi vaginatis.*

Dicrypta Lindl. *Orchid. 44 et 152.* Pöppig et Endl. *nov. gen. et sp. I. 39. t. 68.* Heterotaxis Lindl. *in Bot. Reg. t. 1028.*

1415. Govenia *LINDL.* Perigonii bilabiati foliola exteriora lateralia falcata, labello supposita, basi paululum connata, supremo nonnihil majora; interiora breviora, obliqua, retrorsum conniventia. Labellum cum basi producta columnae articulatum, sessile, integerrimum, concavum, ecalcaratum. Columna basi parum producta, subfusiformi-teres, apice utrinque marginata. Anthera unilocularis, calyptraeformis. Pollinia 4, solida, incumbentia, caudicula communi brevi glandulae minutae triangulari affixa. — *Herba mexicana, epigaea; foliis plicatis, spicis radicalibus multifloris, floribus aurantiacis, sanguineo-maculatis.*

Govenia Lindl. *in Loddig. Bot. Cab. t. 1709. Orchid. 153.* Bot. Reg. *t. 1795.* Pöppig et Endl. *nov. gen. et sp. t. 107.* Maxillaria superba Llav. et Lexarz.

1416. Alamania *LLAV. et LEX.* Perigonii patentis foliola aequalia, exteriora lateralia basi in calcar connata. Labellum conforme, basi glandulosum v. tuberculatum. Columna carnosa, tricuspidata, basi in calcar tubulosum producta. Anthera quadrilocularis. Pollinia 4, pedicellata. — *Herbula mexicana, epiphyta, vix cognita; pseudobulbis diphyllis, scapis simplicibus multifloris, floribus puniceis, speciosis.*

Alamania Llav. et Lexarz. *Nov. veget. descript. II. 31.* Lindl. *Orchid. 153.*

1417. Psittacoglossum *LLAV. et LEX.* Perigonii patentis foliola exteriora elongata, lanceolata, lateralia infra labellum subconnata; interiora conformia, angustiora, incurva. Labellum crassum, scabrum, obsolete articulatum, ad unguem tuberculo concavo instructum. Columna clavata, subtriquetra, incurva. Anthera bilocularis, petaloideomitrata (?) Pollinia 4, lenticularia, exteriora majora. . . . — *Herba mexicana, epiphyta; pseudobulbis ancipitibus monophyllis, scapo unifloro, squamis membranaceis, distiche imbricatis tecto, flore magno, atropurpureo.*

Psittacoglossum Llav. et Lexarz. *Nov. veg. descript. II. 29.* Lindley *Orchid. 154.*

1418. Cycnoches *LINDL.* Perigonii explanati foliola exteriora lanceolata, lateralia infra labellum subconnata, supremum angustius; interiora latiora, falcata, decurva. Labellum columnae continuum, liberum, lanceolatum, ecalcaratum, integerrimum, ungue abrupto calloso. Columna elongata, arcuata, teres, apice clavata, clinandrio utrinque falcato-auriculato. Anthera bilocularis. Pollinia 2, postice sulcata, subpedicellata, caudicula lineari glandulae grossae affixa. — *Herba surinamensis, epiphyta, pseudobulbosa; scapis radicalibus, floribus racemosis.*

Cycnoches Lindley *Orchid. 154.* Bot. Reg. *t. 1742.*

1419. Zygostates *LINDL.* Perigonii membranacei foliola exteriora reflexa; interiora multo majora, dilatata, fimbriata, patula. Labellum membranaceum, cum columna articulatum, cymbiforme, patens, basi intus cornutum aut dentatum. Columna teres, antice excavata, basi utrinque brachio lineari patentissimo, apice globoso, perigonii foliola exteriora aequante, rostello longissimo, subulato, arcuato. Anthera rostrata, unilocularis. Pollinia 2, caudicula subulata, glandula minima. — *Herbae brasilienses, epiphytae, acaules; racemis pendulis, floribus parvis, viridi-luteis.*

Zygostates Lindley *in Bot. Reg. n. 1927.*

1420. Catasetum *L. C. RICH.* Perigonii globoso-conniventis v. explanati foliola exteriora et interiora subaequalia. Labellum crassum, carnosum, nudum, ventricosum v. explanatum, fimbriatum, sub apice saccatum, obsolete trilobum. Columna erecta, libera, aptera, apice vel basi utrinque cirrhosa aut mutica. Anthera incomplete bilocularis, antice truncata. Pollinia 2, postice biloba v. sulcata, caudicula maxima nuda, demum elastice contractili, glandula cartilaginea, subquadrata. — *Herbae americanae tropicae, epiphytae v. epigaeae, caulibus brevibus fusiformibus, foliorum exuviis vestitis; foliis basi vaginantibus plicatis, scapis radicalibus, floribus speciosis, racemosis, viridibus, interdum purpureo-maculatis.*

Catasetum L. C. Richard *in Kunth synops. pl. aequinoct. I. 330.* Lindley *collect. bot. t. 40. Orchid. 155.* Bot. Reg. *t. 840. 966. 1667. 1708.* Hook. *exot. Flor. t. 90. 91. 151. 213.* Bot. Mag. *t. 3269. 3329. 3388.* Loddig. *Bot. Cab. t. 1344.* Nees *pl. hort. Bonn. rar. t. 1.* Anguloae sp. Link *in Verhandl. des preuss. Gart. Ver. I. t. 6.*

Cataseti generis merae varietates accidentales, cl. Lindley in litteris monente, sunt:

Monachanthus Lindley *in Bot. Reg. t. 1538. Orchid. 157.* — Myanthus Lindley *in Bot. Reg. t. 1538. 1721. 1778. 1896. Orchid. 154.* Bot. Mag. *t. 3514.* et Mormodes Lindley *in Bot. Reg. t. 1861.*

1421. Stanhopea *HOOK.* Perigonii membranacei patentissimi v. reflexi foliola exteriora libera, subundulata; interiora conformia, angustiora. Labellum liberum, anticum, ecalcaratum, carnosum, utrinque cornutum, dimidia parte superiore (epichilio) convexo, inferiore (hypochilio) excavato. Columna elongata, petaloideo-marginata. Anthera bilocularis. Pollinia 2, elongata, fissa, caudicula brevi glandulae stipitatae bilobae affixa. — *Herbae americanae tropicae, epiphytae, pseudobulbosae; foliis pli atis, scapis radicalibus vaginatis, paucifloris, floribus maximis, maculatis.*

Stanhopea Hook. *in Bot. Mag. t. 2948. 2949. 3359.* Lindl. *in Bot. Reg. t. 1529. 1800. 1837. Orchid. 157.* Ceratochilus Lindl. *in Loddig. Bot. Cab. t. 1414. 1764.* non Blume.

1422. Gongora *RUIZ. et PAV.* Perigonii patentis foliola exteriora lateralia libera, divaricata, supremum columnae dorso adnatum; interiora minora, columnae medio connata. Labellum cum basi columnae continuum, liberum, ungniculatum, dimidio inferiore (hypochilio) explanato, utrinque cornuto, superiore (epichilio) verticali, ancipiti, (faciebus oppositis complicatis, connatis) acuminato. Columna elongata, arcuata, clavata, marginata. Anthera incomplete bilocularis. Pollinia 2, linearia, in caudicula cuneata sessilia. — *Herbae peruanae, epiphytae, pseudobulbosae; foliis plicatis, racemis elongatis flexuosis, multifloris.*

Gongora Ruiz et Pav. *prodr. 117. t. 25.* Hook. *exot. Flor. t. 178.* Lindl. *Orchid. 158.* Bot. Reg. *t. 1616.*

1423. Coryanthes *HOOK.* Perigonii patentissimi foliola exteriora dilatata, flexuosa, conduplicata, lateralia maxima, basi distincta; interiora multo minora, erecta. Labellum columnae basi continuum, ungniculatum, maximum, galeatum, tridentatum, in medio unguis appendice poculiformi circumdatum. Columna elongata, teres, basi bicornis, apice recurva, bialata; stigmate transverso rimaeformi. Anthera bilocularis. Pollinia 2, compressa, postice sulcata, caudicula lineari arcuata, glandulae lunatae apicibus recurvato-approximatis. — *Herbae americanae tropicae, epiphytae, pseudobulbosae; foliis striatis, racemis pendulis, floribus maximis.*

Coryanthes Hook. *in Bot. Mag. t. 3102.* Lindl. *Orchid. 159.* Bot. Reg. *t. 1793. 1841.* Gongorae sp. Hooker *in Bot. Mag. t. 2755.* Bot. Misc. *t. 80.*

1424. Anguloa *RUIZ. et PAV.* Perigonii globoso-conniventis foliola exteriora basi inter se connata, lateralia labello supposita, ejusdem ungui adnata; interiora minora. Labellum cum columnae basi continuum, longe unguiculatum, lamina adscendente columnae parallela, calceiformi, apice inaequaliter triloba. Columna brevis clavata, marginata. Anthera bilocularis, terminalis, carnosa. Pollinia 2, solida, hinc sulcata, in glandula stigmatis pedunculata pendula, sessilia. — *Herbae peruanae, epiphytae v. terrestres, pseudobulbosae; foliis plicatis, scapis unifloris v. spicato-multifloris.*

Anguloa Ruiz et Pav. *prodr. 118. t. 26.* Kunth *in Humb. et Bonpl. nov. gen. et sp. I. 343. t. 73.* Lindl. *Orchid. 160.* Pöppig et Endl. *nov. gen. et sp. I. 43. t. 74.*

1425. Peristera *HOOK.* Perigonii globosi foliola exteriora concava, subconnata, lateralia labello supposita; interiora libera. Labellum columnae continuum, erectum, medio articulatum, epichilio pulvinato obovato, truncato, hypochilio bicorni. Columna erecta, semiteres, basi magna, dilatata. Anthera bilocularis, erecta. Pollinia 2, postice fissa, glandula sessili nuda, rostellum involvente. — *Herba panamensis, epigaea, pseudobulbosa; foliis pluribus plicatis, scapis radicalibus vaginatis, multifloris, floribus speciosis.*

Peristera Hook. Bot. Mag. *t. 3116. 3479.* Lindl. *Orchid. 160.*

1426. Eucnemis *LINDL.* Perigonii bilabiati foliolum exterius posticum cum interioribus parallelum, galeatum, lateralia labello indiviso simplici supposita, cum columnae pede brevi connata. Columna alato-marginata. Anthera. . . Pollinia 4, collateralia, per paria connata, caudicula lineari, glandula parva. — *Herba mexicana; foliis plicatis, membranaceis, ex ochrea infundibulari exsertis, scapo terminali remote vaginato, multifloro.*

Eucnemis Lindley *Orchid. 161.*

1427. Cymbidium *SWARTZ.* Perigonii explanati foliola libera, exteriora et interiora subaequalia. Labellum sessile, liberum, cum basi columnae articulatum v. leviter connatum, indivisum v. trilobum. Columna erecta, semiteres. Anthera bilocularis. Pollinia 2, saepius postice biloba, in glandula subtriangulari subsessila. — *Herbae epiphytae, inter tropicos obviae, in veteri continente paullo frequentiores, pseudobulbiferae v. caulescentes.*

Cymbidium Swartz *in Nov. Act. Upsal. VI. 70.* Lindl. *Orchid. 161.*

a) EUCYMBIDIUM *Lindl.* Acaules, ebulbes; foliis saepius ensiformibus, floribus galeatis. Labelli lamella duplici.

Eucymbidium Lindl. *l. c.* Epidendri sp. Smith *spicileg. t. 21.* Andr. *Bot. Reposit. t. 216.* Bot. Mag. *t. 888. 1751.* Roxburgh *Corom. t. 44.* Limodori sp. Thouars *Orchid. t. 39. 40.* (Bot. Reg. *t. 529.* Hook. *exot. Flor. t. 51.*)

b) LUISA *Gaudich.* Caulescentes, ebulbes; floribus patentibus.

Luisa Gaudich. *ad Freyc. 427. t. 37.* Mesoclastes Lindl. *Orchid. 44.* Pseudo-Vanda Lindl. *op. cit. 167.* Vanda trichorhiza Hook. *exot. Flor. t. 72.*

c) CAMARIDIUM *Lindl.* Caulescentes; axillis pseudobulbiferis, floribus haud galeatis.

Camaridium Lindl. *in Bot. Reg. t. 844. Orchid. 168.* Cymbidii sp. Kunth.

d) BOLBIDIUM *Lindl.* Rhizoma repens, pseudobulbos mono-diphyllos gerens.

Bolbidium Lindley *l. c.* Limodorum diurnum Jacq. *Ic. rar. t. 603.* Maxillariae sp. Loddig. *Bot. Cab. t. 1837.* (Bot. Reg. *t. 1530.*)

e) ANGIDIUM *Lindl.* Acaules, tuberosae; foliis plicatis, columna alata, labello nudo, pollinis 2, integris.

Angidium Lindley *l. c.* Limodorum utriculatum Jacq. *Fragm. bot. t. 32.*

1428. Grobya *LINDL.* Perigonii foliola exteriora lateralia labello supposita, basi connata, sigmoidea, supremo erecto breviora; interiora dilatata hoc multo majora, erecta, conniventia. Labellum liberum, nanum, cum basi columnae articulatum, lobatum, nudum, adscendens. Columna erecta, semiteres, arcuata, basi incrassata. Anthera in stigma fornicatum proclivis. Pollinia 2, postice lobata, caudiculis duabus brevibus glandulae ovali adnatis. — *Herba brasiliensis, epiphyta, pseudobulbosa; foliis gramineis, racemis radicalibus pendulis.*

Grobya Lindley *in Bot. Reg. t. 1740.*

1429. Acropera *LINDL.* Perigonii foliola exteriora patentia, supremum galeatum, lateralia divaricata; interiora nana, obliqua, apice truncata, subpatentia. Labellum cum columnae basi elastice articulatum, unguiculatum, trilobum, lobo intermedio minore, saccato. Columna erecta, marginata, basi producta saccato-concava. Anthera bilocularis, rostello subulato. Pollinia 2, linearia, convoluta, caudicula lineari-subulata, glandula minuta. — *Herba mexicana, epiphyta, pseudobulbosa; racemis radicalibus cernuis, multifloris.*

Acropera Lindl. *Orchid. 172.* Maxillaria galeata Lindl. *in Loddig. Bot. Cab. t. 1645.*

1430. Cremastra *LINDL.* Perigonii foliola exteriora interioribus subaequalia, omnia libera, basi tubulose conniventia, apice patentia. Labellum columnae parallelum, longe unguiculatum, apice dilatatum, trifidum, appendice ad basim limbi carnoso, naviculari, adscendente. Columna elongata, semiteres, erecta, libera. Anthera. . . Pollinia 4, ovata, plana, caudicula. . . glandula dilatata. — *Herba nepalensis, rupincola v. epidendra; pseudobulbis annulatis, aggregatis, foliis membranaceis, subplicatis, scapo vaginato, floribus racemoso-congestis, pendulis.*

Cremastra Lindl. *Orchid.* 172. Cymbidium appendiculatum Don.

1431. Grammatophyllum *BLUM.* Perigonii explanati patentis foliola exteriora et interiora subaequalia. Labellum cum columna articulatum, nanum, trilobum, cucullatum. Columna arcuata, erecta, semiteres, basi callosa. Anthera subbilocularis. Pollinia 2, globosa, basi sulcata, in apicibus glandulae lunatae sessilia. — *Herbae indicae, epiphytae, caulescentes; caulibus simplicibus incrassatis, foliis linearibus, distichis, striatis, pedunculis radicalibus elongatis multifloris, floribus magnis, speciosis.*

Grammatophyllum Blume *Bijdr.* 377. *fig.* 20. Lindley *Orchid.* 173. Gabertia Gaudich. *ad Freyc.* 425. Epidendrum scriptum Linn. Angraecum scriptum Rumph. *Amboin. VI.* 95. *t.* 42.

1432. Trichoceros *H. B. K.* Perigonii explanati foliola exteriora, interiora et labellum subaequalia. Columna nana, villosa, utrinque processu petaloideo piloso, rostello acuminato. Anthera unilocularis, in dorso rostelli. Pollinia 2, solida, obovata, caudicula simplici, elongata. — *Herbae americanae tropicae, epiphytae, pseudobulbosae, caulescentes; scapis vaginatis multifloris, floribus mediocribus.*

Trichoceros Kunth *in Humb. et Bonpl. nov. gen. et sp. I.* 337. *t.* 76. Lindl. *Orchid.* 174. Epidendrum antenniferum Humb. et Bonpl. *pl. aequinoct. t.* 28.

1433. Geodorum *JACKS.* Perigonii conniventis foliola libera, subsecunda, exteriora et interiora subaequalia. Labellum columnae continuum, sessile, cucullato-ventricosum, versus basim saccatum. Columna brevis, erecta, semiteres. Anthera bilabiata. Pollinia 2, postice biloba, caudicula communi brevissima, glandula transversa. — *Herbae in India orientali et in Nova Hollandia tropica indigenae, radicibus tuberosis, foliis plicatis, racemis multifloris, apice recurvis.*

Geodorum Jackson *in Bot. Reposit. t.* 626. R. Brown *in Ait. hort. Kew. II.* 5. 207. Lindl. *Orchid.* 175. Bot. Reg. *t.* 1687. Otandra Salisb. *in Horticult. Transact. I.* 261. Cistella Blume *Bijdr.* 293. *fig.* 55. Limodori sp. Roxb. *Corom. t.* 39. 40.

1434. Acanthephippium *BLUM.* Perigonii ventricosi foliola exteriora conglutinata, lateralia ungui columnae adnata, supremum cum interioribus spathulatis fornicatum. Labellum cum pede columnae longe producto elastice articulatum, unguiculatum, limbo trilobo, complicato, disco lamellato. Columna. . . Anthera carnosa, bilocularis. Pollinia 8, inaequalia, sessilia. — *Herbae indicae, epigaeae, subcaulescentes; caule inferne bulboso, vaginato, foliis oblongo-lanceolatis, plicatis, pedunculo vaginato, paucifloro, floribus speciosis.*

Acanthephippium Blume *Bijdr.* 353. *fig.* 47. Lindley *Orchid.* 177. Bot. Reg. *t.* 1730.

1435. Doritis *LINDL.* Perigonii explanati foliola exteriora lateralia basi valde obliqua, cum columnae pede longe producto connata, superius interioribus obtusis conforme. Labellum cum columnae pede elastice articulatum, unguiculatum, deflexum, lamina hastato-triloba, linea media clavata. Columna alato-marginata, rostello proboscideo porrecto. Anthera ovata, acuminata. Pollinia 2, postice biloba, caudicula subulata, elongata, glandula parva, ovata. — *Herba indica, epiphyta, caulescens, undique rhizophora; foliis distichis, spicis axillaribus strictis, multifloris.*

Doritis Lindley *Orchid.* 178.

1436. Chelonanthera *BLUM.* Perigonii patentis foliola exteriora ovalia v. oblonga; interiora linearia. Labellum cum basi columnae articulatum, emarginatum, utrinque dente inflexo auctum. Columna erecta, petaloidea, infra apicem antherifera. Anthera bilocularis, (quadrivalvis transversim dehiscens). Pollinia 4, hemisphaerica, cava, caudiculis duabus filiformibus, glandula hamata. — *Herbae javanicae, epiphytae, pseudobulbosae; pedunculis multifloris, floribus bracteatis, distichis.*

Chelonanthera Blume *Bijdr.* 382. *fig.* 51. *excl. sect.* 2. Lindley *Orchid.* 178.

1437. Acanthoglossum *BLUM.* Perigonii patuli foliola subconformia, exteriora latiora. Labellum basi ventricosum, limbo reflexo-patente, bilobo, interne bicalloso. Columna superne libera, membranaceo-marginata. Anthera bilocularis, infrapicillaris, rostello emarginato incumbens. Pollinia 4, obovata, glandula hamata. — *Herba javanica, epiphyta, pseudobulbosa; pedunculis multifloris, floribus bracteatis, distichis.*

Acanthoglossum Blume *Bijdr.* 381. Lindley *Orchid.* 179.

1438. Sunipia *BUCHAN.* Perigonii ringentis foliola exteriora aequalia, basi discreta, lateralia labello supposita; interiora nana. Labellum (cum columna articulatum?) posticum, integrum, erectum, perigonii foliolis interioribus majus. Columna nana. Anthera dorso affixa, bilocularis, loculis discretis, verticaliter dehiscentibus. Pollinia 4, per paria caudiculis duabus glandulae communi affixa. — *Herbae nepalenses, epiphytae, pseudobulbis monophyllis; foliis carnosis, spicis radicalibus distichis, multifloris, floribus parvis, bracteis longis spathaceis stipatis.*

Sunipia Buchanan *in Rees cyclop. art. Stelis.* Lindley *Orchid.* 179.

1439. Calypso *SALISB.* Perigonii patentis foliola exteriora et interiora aequalia, secunda. Labellum concavum, sub apice saccatum, trilobum, lobis lateralibus connatis, intermedio dilatato barbato suppositis. Columna erecta, petaloidea. Anthera bilocularis, infrapicillaris. Pollinia 2, bipartita, in glandula membranacea subquadrata, transversa, sessilia — *Herba terrestris, in Europa, Asia et America boreali inter* 60 *et* 68° *L. B. indigena; rhizomate bulboso, foliis solitariis plicatis, flore terminali unico specioso.*

Calypso Salisb. *Parad. t.* 89. Hook. *exot. Flor. t.* 12. Bot. Mag. *t.* 2763. Lindl. *Orchid.* 180. Orchidium Swartz *Swenks Bot. t.* 518. Norna Wahlenb. *Flor. suec.* 561. Cypripedium bulbosum Linn.

1440. Eulophia *R. BR.* Perigonii explanati foliola exteriora et interiora subaequalia, libera v. cum columnae pede plus minus producto connata. Labellum sessile, cornutum v. breviter calcaratum, trilobum vel indivisum, venis cristatis, barbatis v. omnino laevibus. Columna semiteres, marginata. Anthera uni-bilocularis. Pollinia 2, postice biloba v. cava, caudicula brevi lineari, glandula transversa. — *Herbae in India orientali et in Africa tropica et australi indigenae, epigaeae, pseudobulbosae; foliis longis, membranaceis, plicatis v. costatis, scapis radicalibus multifloris.*

Eulophia R. Brown *in Bot. Reg. n. 578. 686.* Lindl. *in Bot. Reg. t. 1147. 1821. Orchid. 180.* Limodori sp. Thouars *Orchid. 1. 43. 45—47.* Roxb. *Corom. t. 38.*

1441. Dipodium *R. BR.* Perigonii patentis foliola exteriora et interiora aequalia. Labellum subconforme, basi saccatum et cum columna connatum, utrinque infra medium auriculatum, disco barbatum. Columna erecta, semiteres, marginata. Anthera bilocularis, membranacea. Pollinia 2, oblique biloba, caudiculis duabus glandulae communi affixa. — *Herbae in Nova Hollandia orientali extratropica, in insula Diemen et in Nova-Caledonia observatae, epigaeae, aphyllae; radice crassa, ramosa, caule squamato, racemo multifloro, floribus speciosis.*

Dipodium R. Brown *prodr. 330.* Lindl. *Orchid. 186.* Dendrobium punctatum Smith *exot. Bot. I. t. 12.* —? Armodorum Kuhl et Hasselt *Orchid. edid. Breda. t. 6.*

1442. Galeandra *LINDL.* Perigonii patentis v. conniventis foliola exteriora et interiora aequalia, adscendentia, libera. Labellum sessile, infundibuliforme, calcaratum, indivisum, intus laeve, margine saepius fimbriato. Anthera galeaeformis, crista recurva dorso clinandrii affixa. Pollinia 2, postice excavata, caudicula brevi, cum glandula elongata, basi divergenti-biloba articulata. — *Herbae africanae tropicae, epigaeae; foliis plicatis, scapis radicalibus v. racemis terminalibus multifloris.*

Galeandra Lindl. *in Franc. Bauer illustr. Orchid. t. 8. Orchid. 186.* Eulophia gracilis Lindl. *in Bot. Reg. t. 742.*

1443. Zygopetalum *HOOK.* Perigonii explanati foliola exteriora et interiora subaequalia, adscendentia, cum columnae pede producto connata. Labellum anticum, indivisum, patens, ungue adscendente, crista magna, transversa, carnosa. Columna brevis, arcuata, semiteres. Anthera incomplete bilocularis. Pollinia 2, bipartibilia, in glandula transversa subsessilia. — *Herbae americanae tropicae, epigaeae, subacaules; foliis plicatis patentibus, floribus magnis, speciosis, labello discolore.*

Zygopetalum Hook. *in Bot. Mag. t. 2748.* Lindl. *in Bot. Reg. t. 1433. 1857. Orchid. 187.* Loddig. *Bot. Cab. t. 1664. 1776. 1687.*

1444. Cyrtopodium *R. BR.* Perigonii explanati foliola exteriora et interiora aequalia, libera. Labellum pedi producto columnae continuum, unguiculatum, tripartitum, explanatum, ecalcaratum. Columna erecta, semiteres. Anthera bilocularis. Pollinia 2, postice biloba, caudicula lineari, brevi, glandula ovata. — *Herba Indiae orientalis epigaea, suffruticosa; caulibus fusiformibus carnosis, foliis plicatis, scapis radicalibus vaginatis, floribus flavis, speciosis.*

Cyrtopodium R. Brown *in Ait. hort. kew. II. 5. 216.* Bot. Mag. *t. 1800. 3507.* Lindl. *Orchid. 188. excl. sp. amer.* Cymbidium Andersonii *Bot. Reposit. t. 651.*

1445. Chysis *LINDL.* Perigonii foliola exteriora basi paullo cohaerentia, lateralia pedi columnae producto adnata, calcar simulantia; interiora libera, conformia. Labellum patulum, trilobum, venis basi callosis. Columna marginata, canaliculata, mutica, rostello laminato, convexo. Anthera opercularis, subrotunda, glabra. Pollinia 8, in laminam luteam confusa, quatuor exteriora tenuia, quatuor interiora crassiora abscondentia. — *Herba americana tropica, ex arboribus pendula; caulibus Cyrtopodii depauperatis, foliis nervosis, basi vaginantibus, racemis lateralibus multifloris.*

Chysis Lindley *in Bot. Reg. t. 1937.*

1446. Cyrtopera *LINDL.* Perigonii explanati foliola exteriora et interiora subaequalia, adscendentia, cum columnae pede longe producto connata. Labellum ecalcaratum, concavum, subventricosum, trilobum, venis longitudinalibus callosis, cristatis v. tuberculosis. Columna semiteres, marginata. Anthera uni-bilocularis. Pollinia 2, postice biloba, caudicula brevi, subtriangulari. — *Herbae terrestres, in America tropica, India orientali, Madagascaria et in Capite bonae spei observatae; caulibus carnosis, nunc abbreviatis, nunc fusiformibus elongatis, foliis plicatis, floribus racemosis, speciosis, scapis radicalibus.*

Cyrtopera Lindley *Orchid. 189.* Cyrtopodii sp. Bot. Mag. *t. 1814.* Bot. Reg. *t. 1508.* Limodori sp. Thouars *Orchid. t. 41. 42.*

1447. Lissochilus *R. BR.* Perigonii explanati foliola exteriora herbacea, libera, parva, reflexa, v. uti interiora maxima, alaeformia, patentia. Labellum liberum v. cum columnae basi connatum, saccatum, concavum, subintegrum v. trilobum. Columna brevis, erecta, semiteres. Anthera bilocularis, cristata. Pollinia 2, postice biloba, caudicula brevi, lineari, glandula triangulari. — *Herbae in Africa tropica et extratropica, imprimis australi indigenae, terrestres, acaules, pseudobulbosae; foliis striatis v. plicatis, racemis radicalibus multifloris, floribus speciosis.*

Lissochilus R. Brown *in Bot. Reg. t. 573.* Lindley *Collect. t. 31. Orchid. 191.* Eulophiae sp. Bot. Reg. *t. 1002.* Bot. Mag. *t. 2931.*

1448. Notylia *LINDL.* Perigonii explanati foliola exteriora et interiora aequalia, lateralia connata, labello supposita. Labellum liberum, ecalcaratum, patentissimum, integrum, medio callosum. Columna erecta, teres, acuminata, stigmatis rima verticali. Anthera unilocularis, dorsalis, stigmati parallela, clinandrio plano, antice calloso, postice marginato. Pollinia 2, integra, caudicula elongato-cuneata, glandula minuta. — *Herbae americanae tropicae, epiphytae; foliis solitariis, striatis, ut in Pleurothallide stipitatis, spicis radicalibus, floribus inconspicuis.*

Notylia Lindley *in Bot. Reg. n. 930.* Pleurothallidis sp. Ker *in Bot. Reg. t. 759.* Kunth *in Humb. et Bonpl. nov. gen. et sp. t. 91.* Gomezae sp. Loddig. *Bot. Cab. t. 806.*

1449. Masdevallia *RUIZ. et PAV.* Perigonii foliola exteriora in tubum connata, apice libero longe ligulata; interiora libera, nana. Labellum cum columna articulatum, sessile, oblongum, concavum, nanum. Columna incurva, semiteres. Anthera bilocularis, terminalis, opercularis. Pollinia 2, integra, caudiculis duabus filiformibus, elastice replicatis, glandulae conicae affixa. — *Herbae peruanae, epiphytae; rhizomate parvo repente, foliis oblongo-lanceolatis, basi in petiolum angustatis, scapis radicalibus unifloris, floribus majusculis.*

Masdevallia Ruiz et Pav. *prodr.* 122. *t.* 27. Kunth *in Humb. et Bonpl. nov. gen. et sp. I.* 361. *t.* 89. Lindley *Orchid.* 192. Pöppig et Endl. *nov. gen. et sp. II.* 6. *t.* 108.

1450. Cryptochilus *WALL.* Perigonii tubulosi, fauce contracti, basi antice gibbosi foliola exteriora connata, apice breviter distincta; interiora paullo minora, libera. Labellum columnae basi productae continuum, liberum, indivisum. Columna semiteres, clinandrio quadridentato. Anthera bilocularis. Pollinia 8, per paria glandulae communi adhaerentia. — *Herba nepalensis, terrestris; pseudobulbis aggregatis, foliis semicoriaceis striatis, spica secunda multiflora, floribus sanguineis, pollicaribus, pubescentibus.*

Cryptochilus Wallich *Tent. Flor. nepal.* 36. *t.* 26. Lindley *Orchid.* 193.

1451. Trichopilia *LINDL.* Perigonii patentis foliola exteriora et interiora aequalia, linearia, crispa. Labellum magnum, convolutum, columnae parallelum, trilobum, lobo intermedio subbilobo, planiusculo, intus nudum. Columna teres, clavata, clinandrio cucullato, trilobo, villoso-fimbriato. Anthera unilocularis, compressa, antice convexa. Pollinia 2, postice sulcata, caudiculae tenui cuneatae adhaerentia, glandula minima. — *Herba mexicana, terrestris (?); pseudobulbis carnosis, vaginis maculatis tectis, monophyllis, foliis coriaceis, planis v. leviter complicatis, floribus axillaribus, solitariis.*

Trichopilia Lindley *in Bot. Reg. t.* 1863.

1452. Jonopsis *H. B. K.* Perigonii clausi foliola exteriora lateralia inferne approximata, cum basi labelli connata; interiora conformia. Labellum multo majus, basi saccatum, ungue calloso columnae parallelo, lamina explanata patente, biloba. Columna erecta, semiteres, aptera, rostellata. Anthera unilocularis, rostrata. Pollinia 2, postice sulcata, caudicula lineari inclusa, glandula obovata. — *Herbae americanae tropicae, epiphytae, acaules; foliis coriaceis, scapis paniculatis, vaginatis, floribus parvis, pallidis.*

Jonopsis Kunth *in Humb. et Bonpl. nov. gen. et sp. I.* 348. *t.* 83. Lindl. *Orchid.* 103. Bot. Reg. *t.* 1904. Jantha Hook. *exot. Flor. t.* 113. Cybelion Sprengel *syst. III.* 721.

1453. Diadenium *PÖPP. et ENDL.* Perigonii patuli foliola exteriora angusta, basi cohaerentia, lateralia in unicum connata, cum supremo in calcar longum producta; interiora latiora, erecta, apice patentia, basi cum columna connata. Labellum columnae continuum et parallelum, basi eandem amplectens, panduriformi-oblongum, disco subtus incrassatum. Columna clavata, semiteres, basi biaurita, clinandrio marginato. Anthera unilocularis, convexa. Pollinia 2, caudiculae basi operculatae, apice dilatatae, biglandulosae affixa. — *Herba peruana, epiphyta, ebulbis; rhizomate repente, tortuoso, foliis paucis, oblongo-lanceolatis, nervosis, scapo tereti, remote bracteato, paniculatim ramoso, floribus racemosis, pedunculis brevibus, sigmoideis.*

Diadenium Pöppig et Endl. *nov. gen. et sp. I.* 41. *t.* 71.

1454. Comparettia *PÖPP. et ENDL.* Perigonii conniventis foliola exteriora angusta, basi cohaerentia, lateralia in unicum connata, basi in calcar producta, supremum inferne columnae adnatum; interiora paullo latiora, libera. Labellum posticum, cum columna unguiculatum, ungue basi subtus in cornua duo intra calcar abscondita producto, lamina reniformi, integra v. basi bidentata, convexa, emarginata, disco cristata. Columna semiteres, membranaceo-marginata, medio inflata. Anthera bilocularis, membranacea. Pollinia 2, caudiculis duabus filiformibus elasticis, glandulae ovali convexiusculae adhaerentibus. — *Herbae peruanae, epiphytae, pseudo-bulbiferae; pseudobulbis exiguis, monophyllis, folio oblongo, obtusiusculo, nervoso, racemis radicalibus simplicibus v. ramosis, subsecundis, bracteatis.*

Comparettia Pöppig et Endl. *nov. gen. et sp. I.* 42. *t.* 72. 73.

1455. Rodriguezia *RUIZ. et PAV.* Perigonii patentis subaequalis foliola exteriora lateralia connata, labello supposita. Labellum unguiculatum, integrum, basi cornutum, medio callosum, ungue cum columna parallelo. Columna teres, apice barbata. Anthera unilocularis, carnosa, clinandrio nudo, retrorsum declivi. Pollinia 2, postice excavata, caudicula elastica. — *Herbae americanae tropicae, epiphytae, pseudobulbosae; foliis coriaceis v. membranaceis, plicatis, spicis secundis, floribus speciosis.*

Rodriguezia Ruiz et Pav. *prodr.* 115. *t.* 25. Kunth *in Humb. et Bonpl. nov. gen. et sp. I.* 367. *t.* 92. Lindley *Orchid.* 194. Hook. *in Bot. Mag. t.* 3497. 3504. 3524. *Transact. Hortic. soc. VII.* 67. Gomeza R. Brown *in Bot. Mag. t.* 1748. Bot. Cab. *t.* 660. Pleurothallidis sp. Hook. *in Bot. Mag. t.* 2746.

1456. Bourlingtonia *LINDL.* Perigonii membranacei, convoluti, obliqui foliola unguiculata, exteriora lateralia labello supposita, inter se connata, basi subsaccata; interiora exterioribus aequilonga, sed paullo latiora. Labellum unguiculatum, foliolis majus, apice dilatatum, bilobum, basi brevissime calcaratum v. aequale, ungue cum columna parallelo, canaliculato, lamellato. Columna teres, longe clavata, apice interdum appendicibus duabus coloratis (staminodiis) aucta, clinandrio retrorsum declivi, stigmate utrinque cornuto. Anthera unilocularis. Pollinia 2, caudicula refracta, apice dilatato-bifida, glandulae naviculari affixa. — *Herbae americanae tropicae, epiphytae, pseudobulbosae; pseudobulbis basi foliatis, apice mono-diphyllis, floribus racemosis, speciosissimis.*

Burlingtonia Lindley *in Bot. Reg. t.* 1927. — Rodriguezia Batemani Lindley *msc.* Pöppig et Endl. *nov. gen. et sp. t.* 70.

1457. Macradenia *R. BR.* Perigonii explanati foliola libera, exteriora et interiora subaequalia. Labellum sessile, cucullatum, concavum, integrum, acuminatum. Columna erecta, labello aequalis, semiteres, clavata, lobis lateralibus apicis in cucullum antheram amplexantem conniventibus, rostello longo, subulato. Anthera bilocularis, rostro producto rostellum involvente. Pollinia 2, solida, caudicula cuneata, basi longe angustata, glandula ovali. — *Herba antillana, epiphyta, pseudobulbosa; foliis coriaceis, scapis radicalibus multifloris, floribus luteo-viridibus, intus fusco-purpureo maculatis.*

Macradenia R. Brown *in Bot. Reg. t. 612.* Lindley *Orchid. 195.* Bot. Reg. *t. 1815.*

1458. Cryptarrhena *R. BR.* Perigonii explanati foliola libera, exteriora interioribus obovatis aequilonga. Labellum unguiculatum, dependens, ecalcaratum, limbo convexo, truncato, utrinque bicorni. Columna nana, tumida, aptera. Anthera columnae apice cucullato inclusa. Pollinia 4. . . . — *Herba jamaicensis, acaulis; foliis caespitosis, coriaceis, scapo terminali multifloro, floribus parvis, luteis.*

Cryptarrhena R. Brown *in Bot. Reg. t. 153.* Lindley *Orchid. 195.*

1459. Cuitlauzinia *LLAV.* et *LEX.* Perigonii explanati foliola exteriora et interiora subrotunda, carnosa, ut plurimum irregularia. Labellum unguiculatum, ungue canaliculato, limbo bilobo, undulato, rugoso. Columna brevis, tumida, apice auriculis tribus, petaloideis. Anthera unilocularis, petaloidea, cucullata. Pollinia 2, pyriformia, cava, caudicula communi juncta. — *Herba mexicana, epiphyta; pseudobulbis depressis, rugatis, diphyllis, foliis coriaceis, scapo radicali pendulo, nudo, multifloro, floribus speciosis, odoratissimis.*

Cuitlauzinia Llave et Lexarz. *Nov. veg. II. 32.* Lindley *Orchid. 169.*

1460. Oncidium *SWARTZ.* Perigonii explanati foliola exteriora saepius undulata, lateralia libera v. sub labello connata; interiora conformia. Labellum maximum, columnae continuum, ecalcaratum, lobatum, basi tuberculatum v. cristatum. Columna erecta, semiteres, apice utrinque alata. Anthera incomplete bilocularis, rostello abbreviato v. elongato, rostrato. Pollinia 2, postice sulcata, caudicula plana, glandula oblonga. — *Herbae americanae tropicae, epiphytae, saepius pseudobulbosae; foliis coriaceis, planis, complicatis, triquetris v. teretibus, scapis panicalatis, vaginatis, rariusve simplicibus, floribus speciosis, ut plurimum luteis, saepe maculatis, rarius albis.*

Oncidium Swartz *in Act. Holm. 1800. p. 239.* R. Brown *in Ait. Hort. kew. II. 5. 215.* Kunth *in Humb. et Bonpl. nov. gen. et sp. t. 79—82.* Lindley *Collect. t. 27. Orchid. 196.* Bot. Mag. *t. 1491. 2203. 2773. 2795. 2990. 3109. 3393. 3486. 3499.* Bot. Reg. *t. 910. 920. 1007. 1050. 1542. 1569. 1651. 1698. 1758. 1787. 1789. 1830. 1851. 1887. 1901. 1920. 1929.* Fr. Bauer *Gen. orchid. t. 7.* Pöppig et Endl. *nov. gen. et sp. t. 60.* Epidendri sp. Jacq. *Amer. t. 131. f. 2. t. 133. f. 4. t. 141. 142.* Bot. Mag. *t. 777.*

1461. Fernandezia *RUIZ.* et *PAV.* Perigonii patentis foliola exteriora libera; interiora conformia, retro columnam conniventia. Labellum anticum v. posticum, liberum, ecalcaratum, trilobum, disco tuberculatum. Columna brevis, utrinque aurita. Anthera bilocularis Pollinia 2, solida, obovata. . . . — *Herbae americanae tropicae, epiphytae, caulescentes; foliis distichis, equitantibus, imbricatis, racemis lateralibus terminalibusve paucifloris, floribus parvis, luteis.*

Fernandezia Ruiz et Pav. *syst. 239. excl. sp. Prodrom.* Lindley *in Loddig. Bot. Cab. t. 1214. Orchid. 207.* Bot. Reg. *t. 1806.* Lockhartia Hook. *in Bot. Mag. t. 2715.*

1462. Pachyphyllum *H. B. K.* Perigonii conniventis foliola libera, acuta, exteriora interioribus aequalia. Labellum liberum, indivisum, sessile, basi uni-apice bituberculatum. Columna petaloidea. Pollinia 8. . . . — *Herba peruana, epiphyta, caulescens; foliis distichis, spicis axillaribus recurvis, bifariam imbricatis, floribus inconspicuis, capsulis echinatis.*

Pachyphyllum Kunth *in Humb. et Bonpl. nov. gen. et sp. I. 339.* Lindl. *Orchid. 208.* Fernandeziae sp. Ruiz et Pav. *prodr. t. 27. f. 2—4.* (excl. f. 1.)

1463. Dichaea *LINDL.* Perigonii conniventis foliola libera, acuta, exteriora interioribus aequalia. Labellum cum columna articulatum, unguiculatum, nudum, ecalcaratum, deltoideum. Columna erecta, teres, aptera. Anthera bilocularis. Pollinia 4, geminata, collateralia, caudicula cuneata, glandula minuta. — *Herbae americanae tropicae, epiphytae, caulescentes, repentes; foliis parvis, distichis, floribus axillaribus, solitariis, minutis.*

Dichaea Lindley *in Hook. Journ. of Bot. p. 5. Orchid. 208.* Pöppig et Endl. *nov. gen. et sp. t. 105. 106.* Epidendri et Cymbidii sp. Swartz. Limodori sp. Aubl. *guian. t. 322.* Isochilii sp. Hook. *exot. Flor. t. 106.* Fernandeziae sp. Ruiz et Pav. *prodr. t. 27. f. 1.*

1464. Phymatidium *LINDL.* Perigonii patentis foliola membranacea, libera, exteriora et interiora subaequalia. Labellum subunguiculatum, indivisum, basi callosum. Columna libera, alato-marginata, basi tumida. Anthera. . . . — *Herbae brasilienses, epiphytae, acaules, ebulbes; foliis gracilibus brevibus, floribus disticha racemosis.*

Phymatidium Lindley *Orchid. 209.*

1465. Cyrtochilum *H. B. K.* Perigonii explanati foliola libera, exteriora lateralia unguiculata; interiora paullo minora. Labellum cum basi columnae continuum, ungue tuberculato, ecalcaratum, indivisum. Columna brevis, alata. Anthera bilocularis. Pollinia 2, caudicula filiformi, glandula minuta. — *Herbae americanae tropicae, epiphytae v. terrestres, pseudobulbosae; foliis coriaceis, scapis radicalibus paniculatis, floribus speciosis.*

Cyrtochilum Kunth *in Humb. et Bonpl. nov. gen. et sp. I. 349. t. 84.* Lindley *Orchid. 210.* Bot. Reg. *t. 1687.* Pöppig et Endl. *nov. gen. et sp. t. 61.*

1466. Odontoglossum *H. B. K.* Perigonii explanati foliola angusta, acuminata, libera, exteriora et interiora aequalia. Labellum unguiculatum, cum columnae basi continuum, ecalcaratum, indivisum, lamina patente, basi cristata. Columna erecta, membranaceo-marginata, apice utrinque alata. Anthera bilocularis. Pollinia 2, solida, caudicula lineari, glandula hamata. — *Herbae americanae tropicae, epiphytae, pseudobulbiferae; foliis plicatis, scapo terminali vaginato, floribus speciosis.*

Odontoglossum Kunth *in Humb. et Bonpl. nov. gen. et sp. I. 351. t. 85.* Lindley *Orchid. 211.*

1467. Brassia *R. BR.* Perigonii explanati foliola libera, angusta, exteriora interioribus aequalia v. majora. Labellum columnae continuum, ecalcaratum, planum, indivisum, basi bicristatum Columna nana, libera, aptera. Anthera unilocularis. Pollinia 2, postice sulcata, caudicula brevi, glandula crassa. — *Herbae americanae tropicae, epiphytae, pseudobulbosae; foliis rigide membranaceis, scapis radicalibus vaginatis, floribus spicatis, speciosis.*

Brassia R. Brown *in Ait. Hort. kew. II. 5. 215.* Bot. Mag. *t. 1691. 3451.* Lindley *in Bot. Reg. t. 832. 1754. Orchid. 212.* Pöppig et Endl. *nov. gen. et sp. t. 117.* Link et Otto *Ic. t. 12.* Epidendrum caudatum Linn.

1468. Tetrapeltis *WALL.* Perigonii subpatentis foliola exteriora libera, aequa lia; interiora angustissima, aequilonga. Labellum liberum, sessile, saccatum, geniculatum, trilobum, lobis lateralibus abbreviatis, intermedio indiviso. Columna erecta, semiteres, clavata, clinandrio cucullato, rostello recto rostriformi. Anthera. . . . Pollinia 4, globosa, postice foveata, per paria caudiculis duabus angustis, glandulae communi adhaerentia. — *Herba nepalensis, epiphyta, caulescens; caulibus squamoso-vaginatis, curvis, foliis geminatis, lanceolatis, plicatis, spica erecta, multiflora, foliis breviore, floribus albis.*

Tetrapeltis Wallich *msc.* Lindley *in Bot. Reg. n.* 1522. *Orchid.* 212.

1469. Phalaenopsis *BLUM.* Perigonii explanati patentis foliola exteriora libera, aequalia; interiora multo majora. Labellum columnae pedi parum producto continuum, liberum, basi callosum, trilobum, lobis lateralibus recurvato-adscendentibus, intermedio angustiore, bicirrhoso. Columna in ovario recumbens, semiteres, rostello gladiato. Anthera bilocularis. Pollinia 2, subglobosa, caudicula plana, spathulata, glandula maxima cordata. — *Herba moluccana, epiphyta; caulibus simplicibus, radicantibus, foliis rigidis, lutolanceolatis, apice oblique retusis, floribus paniculatis, magnis, albis.*

Phalaenopsis Blume *Bijdr.* 294. *fig.* 44. Lindley *Orchid.* 213. Epidendrum amabile Linn. (Rumph. *Amboin. VI.* 99. *t.* 13.)

1470. Trichoglottis *BLUM.* Perigonii patentiusculi foliola exteriora aequalia, lateralia labello supposita; interiora paullo minora. Labellum cum marginibus columnae connatum, saccatum, utroque margine cornutum, limbo carnoso, indiviso, basi callo saccum claudente. Columna erecta, basi unicornis. Anthera bilocularis. Pollinia 2, globosa, biloba, caudicula unica lineari, glandula parva, hamata v. peltata. — *Herbae javanicae, epiphytae, subramosae, radicantes; foliis coriaceis aut carnosis, pedunculis lateralibus v. oppositifoliis, brevissimis, uni-paucifloris.*

Trichoglottis Blume *Bijdr.* 359. Lindley *Orchid.* 213.

a) TRICHOGLOTTIS. Labellum intus pubescens, limbo patente, basi utrinque dente inflexo aucto. Columna apice utrinque dente instructa. Pollinia inaequalia.

Trichoglottis Blume *op. cit. fig.* 8.

b) ATRICHOGLOTTIS. Labellum imberbe, limbo abbreviato, subfornicato, basi utrinque dente obtuso. Columna obtusa. Pollinia aequalia, basi sulcata.

Trichoglottis rigida Blume.

1471. Telipogon *H. B. K.* Perigonii explanati foliola exteriora angusta, acuta; interiora late ovata. Labellum foliolis interioribus conforme, paullo majus. Columna teres, pilosa, clinandrio postice processu subulato uncinato instructo. Anthera unilocularis, alte bivalvis, stipitulo elongato, fistuloso, uncinato, clinandrii processui affixa. Pollinia 4, caudicula . . . ., glandula. . . . — *Herbae americanae tropicae, epiphytae; caulibus foliosis, floribus terminalibus paucis, subspicatis, pedicellatis, flavescentibus.*

Telipogon Kunth *in Humb. et Bonpl. nov. gen. et sp. I.* 336. *t.* 75. Lindley *Orchid.* 214.

1472. Vanda *R. BR.* Perigonii explanati patentis foliola exteriora et interiora subaequalia. Labellum cum basi columnae continuum, saccatum v. obconico-calcaratum, subtrilobum, lobo medio carnoso. Columna abbreviata, crassa, libera, rostello obtuso. Anthera bilocularis Pollinia 2, oblique biloba, caudicula lineari, glandula subrotunda. — *Herbae indicae, epiphytae, caulescentes; foliis distichis, coriaceis, spicis oppositifoliis, floribus speciosis.*

Vanda R. Brown *in Bot. Reg. t.* 506. Lindley *Collect. t.* 38. *Orchid.* 215. Bot. Reg. *t.* 1809. Bot. Mag. *t.* 3416. — Kuhl et Hasselt *Orchid. edid. Breda t.* 13. — Fieldia Gaudich. *ad Freyc.* 424. *t.* 36. Epidendri sp. Linn.

1473. Renanthera *LOUREIR.* Perigonii explanati, patentis foliola exteriora linearia, lateralia saepius majora; interiora conformia, subaequalia. Labellum cum columna elastice articulatum, liberum, nanum, medio saccato-concavum, trilobum, lobo intermedio carnoso. Columna erecta, abbreviata, aptera. Anthera bilocularis. Pollinia 2, biloba, caudicula unica, glandula subtriangulari peltata — *Herbae in Moluccis, China australi et Japonia indigenae, epiphytae; caulibus radicantibus, ramosis, scandentibus, foliis coriaceis, floribus paniculatis, speciosissimis.*

Renanthera Loureiro *Fl. cochinch. II.* 521. Lindley *in Bot. Reg. t.* 1131. *Orchid.* 217. Bot. Mag. *t.* 2097. 2998. Aërides Swartz *in Schrad. Journ.* 1799. *II.* 233. *t.* 2. *f.* 4. Blume *Bijdr.* 366. *f.* 24. non Loureiro. — Arachnis Blume *Bijdr.* 365. *fig.* 26. Arachnanthe Blume *Flor. Jav. praef. VI.* Epidendrum Flos aëris Linn.

1474. Diplocentrum *LINDL.* Perigonii subclausi foliola libera, exteriora lateralia paullo obliqua, supremo multo majora; interiora nonnihil minora. Labellum cum columna articulatum, indivisum, bicalcaratum. Columna minuta, semiteres, rostello obtuso. Anthera. . . . Pollinia 2 (?), caudicula subulata, glandula maxima, concava. — *Herba indica, epiphyta, caulescens; foliis complicatis, carnosis, racemisque paniculatis recurvis, floribus minutis, calcaribus brevibus, obconicis, incurvis.*

Diplocentrum Lindley *in Bot. Reg. n.* 1552. *Orchid.* 218.

1475. Microsaccus *BLUM.* Perigonii patentiusculi foliola exteriora linearia, lateralia labello adnata; interiora conformia. Labellum columnae antice adnatum, basi saccatum, limbo abbreviato, fornicato. Columna nana, aptera, obtusa. Anthera incomplete bilocularis. Pollinia 4, obovata, basi foveata, caudicula communi juncta. — *Herba javanica, pusilla, epiphyta; caulibus simplicibus compressis, foliis scalpelliformibus, equitantibus, rigidis, pedunculis intrafoliaceis, paucifloris.*

Microsaccus Blume *Bijdr.* 367. Lindl. *Orchid.* 218.

1476. Camarotis *LINDL.* Perigonii explanati foliola exteriora lateralia inter se et cum dorso labelli connata, apice distincta; interiora paullo minora, libera. Labellum obovatum, canaliculatum, apice sub appendicula subulata inflexa calcaratum. Columna erecta, terès, libera, longissime sigmoideo-rostrata. Anthera dorsalis, apiculata, incomplete bilocularis. Pollinia 2, caudicula elongata, subulata, glandula forficata. — *Herba indica, caulescens; foliis distichis, coriaceis, oblongo-linearibus, apice emarginatis, racemis axillaribus, multifloris.*

Camarotis Lindley *Orchid.* 219.

1477. Chiloschista *LINDL.* Perigonii subpatentis foliola exteriora lateralia, cum interioribus multo majoribus columnae basi longe productae adnata. Labellum cum columnae basi articulatum, bipartitum, medio cristatum. Columna minima, erecta, semiteres. Pollinia 2, caudicula brevi, subulata, glandula minuta. — *Herba nepalensis epiphyta, humilis, hirsuta, aphylla; radicibus complanatis viridibus, subfoliaceis, racemis erectis, floribus albis, odoratis, ovariis pubescentibus.*

Chiloschista Lindley *in Bot. Reg. n.* 1522. *Orchid.* 219. Epidendrum usneoides Don.

1478. Gunnia *LINDL.* Perigonii herbacei ringentis foliola lateralia subfalcata, erecta, ungui labelli adnata; interiora sublanceolata, obtusa, libera, exteriori supremo pendulo parallela. Labellum carnosum, ungue longe producto, lineari, erecto, cum basi columnae continuo, bilobum, antice cornutum, mucrone inflexo, disco tuberculato. Columna semiteres, nana, aptera, rostello bifido. Anthera. . . . Pollinia 4, in paria subglobosa coadunata, caudicula lineari. — *Herba in insula Diemen epiphyta; rhizomate longo, tortuoso, repente, foliis lanceolatis, falcatis, distichis, basi articulatis, racemo simplici stricto, foliorum longitudine.*

Gunnia Lindley *in Bot. Reg. n.* 1699.

1479. Micropera *LINDL.* Perigonii patentis foliola aequalia, exteriora lateralia basi labelli adnata. Labellum cum basi columnae continuum, calceiforme, leviter trilobum, lobo intermedio minimo, lateralibus majoribus, erectis. Columna brevis, rostello maximo, inflexo. Anthera. . . . Pollinia 2, caudicula subulata. — *Herba indica, epiphyta, caulescens; foliis distichis, linearibus, arcuatis, apice emarginatis, aequalibus, racemis lateralibus horizontalibus, foliis brevioribus, floribus citrinis.*

Micropera Lindley *in Bot. Reg. n.* 1522. *Orchid.* 219. Aërides pallidum Roxb.

1480. Saccolabium *LINDL.* Perigonii explanati patentis foliola aequalia, v. exteriora lateralia saepius majora. Labellum basi columnae adnatum, indivisum, calcaratum. Columna erecta, semiteres, rostello subulato. Anthera incomplete bilocularis. Pollinia 2, subglobosa, caudicula elongata, glandula minuta. — *Herbae indicae, epiphytae, caulescentes; foliis distichis, coriaceis, apice saepius obliquis, floribus axillaribus racemosis v. solitariis.*

Saccolabium Lindley *Orchid.* 220. Bot. Reg. *t.* 1552. Saccolabium Blume *Bijdr.* 292. *fig.* 50. Saccochilus Blume *Flor. Jav. praef. VII.* — Gastrochilus Don *nepal.* 32. non Wall. — Robiquetia Gaudich. *ad Freyc.* 426. *t.* 34. — Gussonea A. Rich. *in Mem. soc. h. n. Paris. IV.* 67. *t.* 11. *f.* 1. (Thouars *Orchid. t.* 72. 73.) Rhynchostylis Blume *Bijdr.* 285. *fig.* 49. Epidendri *sp.* Roxb. Sarcanthi *sp.* Bot. Reg. *t.* 1443.

1481. Taeniophyllum *BLUM.* Perigonii conniventis foliola exteriora basi connata, lateralia labello adnata; interiora aequalia. Labellum calcaratum, basi columnae adnatum, limbo integro, calcare inappendiculato. Columna erecta, nana, rostello ovato. Anthera incomplete bilocularis. Pollinia 4, caudicula capillari, glandula minutissima. — *Herbae javanicae, epiphytae, pusillae, acaules; foliis fasciculatis, linearibus, planis, fasciatis, floribus minutissimis, spicatis, bracteolatis.*

Taeniophyllum Blume *Bijdr.* 225. Lindl. *Orchid.* 226.

1482. Cleisostoma *BLUM.* Perigonii patentis foliola libera, exteriora linearia, labello supposita; interiora aequalia. Labellum calcaratum, basi columnae adnatum, limbo tridentato, calcaris ore dente clauso. Columna erecta, semiteres. Anthera incomplete bilocularis. Pollinia 2, biloba, subglobosa, caudicula filiformi, glandula minuta, hamata. — *Herbae indicae, epiphytae, caulescentes; caulibus radicantibus, foliis distichis, rigidis, subcarnosis, spicis oppositifoliis, subramosis.*

Cleisostoma Blume *Bijdr.* 362. Lindley *Orchid.* 226. Polychilos Kuhl et Hasselt *Orchid. edid. Breda t.* 1.

1483. Appendicula *BLUM.* Perigonii clausi foliola exteriora basi subconnata, lateralia columnae pedi longe producto oblique adnata, calcar obtusum aemulantia, supremum subfornicatum; interiora minora. Labellum pedi columnae longe producto affixum, liberum, concavum, indivisum, basi appendiculatum v. margine elevato cinctum. Columna nana. Anthera dorsalis, bilocularis, loculis subquadrilocellatis. Pollinia 8, v. abortu pauciora, clavata, basi attenuata, ecaudiculata, glandula longa. — *Herbae javanicae, epiphytae, simplicicaules v. ramosae; foliis distichis, ut plurimum membranaceis, pedunculis spicato-multifloris rariusve solitariis.*

Appendicula Blume *Bijdr.* 297. *fig.* 40. Lindley *Orchid.* 227.

1484. Cryptoglottis *BLUM.* Perigonii clausi foliola exteriora basi connata, lateralia cum pede columnae in calcar longum, basi didymum producta, supra medium inter se cohaerentia; interiora paullo minora. Labellum inclusum, cum pede columnae elastice articulatum, unguiculatum, integerrimum. Columna nana, in ovario recumbens, rostello subulato, erecto. Anthera fere dorsalis, bilocularis. Pollinia 4, clavata, inaequalia, sterilibus quibusdam intermixtis, caudicula tenui, brevi, glandula hamata. — *Herba javanica, epiphyta, pusilla, subramosa; foliis linearibus, cuspidatis, pedunculis terminalibus subsolitariis, paucifloris, floribus parvis, bracteolatis, albidis.*

Cryptoglottis Blume *Bijdr.* 230. *fig.* 42. Lindley *Orchid.* 230.

1485. Ceratostylis *BLUM.* Perigonii clausi foliola exteriora inferne connata, lateralia basi producta, calcar breve obtusum aemulantia, supremum et interiora subaequalia. Labellum subinclusum, ungue longo incurvo, limbo indiviso, concavo, crasso. Columna brevis, basi longe producta, libera. Anthera bilocularis, loculis quadrilocellatis. Pollinia 8, in glandula sessilia. — *Herbae javanicae, epiphytae, caulescentes, ebulbes; pedunculis unifloris ad basim foliorum, paleis cinctis.*

Ceratostylis Blume *Bijdr.* 304. *fig.* 66. Lindley *Orchid.* 230.

1486. Ephippium *BLUM.* Perigonii subringentis foliola exteriora latiora, cum columnae pede producto connata, supremum fornicatum, interioribus aequale. Labellum cum columnae pede elastice articulatum, parvum, integrum, scabelliforme. Columna in ovario recumbens, nana, antice bicornuta. Anthera bilocularis. Pollinia 2, bipartibilia, caudicula clavata. — *Herbae javanicae, epiphytae; caulibus radiciformibus, foliis solitariis, ut plurimum pseudobulbo insidentibus, coriaceis, pedunculis e basi pseudobulborum inferne vaginatis, apice pauci- v. multifloris, floribus subpedicellatis, bracteatis, purpurascentibus.*

Ephippium Blume *Bijdr.* 308. *fig.* 65. excl. sect. 1. Lindley *Orchid.* 231.

1487. Ceratochilus *BLUM.* Perigonii patentis foliola exteriora aequalia, lateralia labello supposita; interiora angustiora. Labellum parvum, cum columna connatum, sacco v. calcare compresso, fauce biglandulosum, limbo trifido v. integro. Columna nana. Anthera bilocularis. Pollinia 2, globosa, biloba, caudicula filiformi, glandula hamata. — *Herbae javanicae, pusillae, epiphytae; caulibus simplicibus v. subramosis, foliis distichis, crassis, linearibus, subtriquetris, floribus pedunculatis, solitariis.*

Ceratochilus Lindley *Orchid.* 232.

c) CERATOCHILUS *Blum.* Labelli calcar ventricosum; lamina subulata. — *Caules simplices.*

Ceratochilus Blume *Bijdr.* 358. *fig.* 25.

b) OMOEA *Blum.* Labelli calcar compressum, emarginatum; laminae trifidae lacinia media erecta, incrassata. — *Caules subramosi, flexuosi.*

Omoea Blume *Bijdr.* 359.

1488. Echioglossum *BLUM.* Perigonii explanati patentis foliola libera, exteriora et interiora subaequalia. Labellum cornutum, trilobum, lobis lateralibus erectis, intermedio difformi, utrinque calloso, in ligulam bifidam patentem producto, cornu dente clauso. Columna semiteres, aptera. Anthera bilocularis. Pollinia 2, bipartibilia, caudicula filiformi medio auriculata, glandula arcuata, dilatata. — *Herba javanica, epiphyta, caulescens; foliis distichis, lineari-lanceolatis, cuspidatis, rigidis, spica oppositifolia, pubescente.*

Echioglossum Blume *Bijdr.* 364. *fig.* 28. Lindley *Orchid.* 233.

1489. Sarcanthus *LINDL.* Perigonii explanati patentis foliola libera, exteriora et interiora subaequalia. Labellum breve, calcaratum, cum columna articulatum, trilobum, calcare intus semibiloculari. Columna erecta, semiteres. Anthera bilocularis. Pollinia 2, postice lobata, caudicula glandulaque variis. — *Herbae sinicae, epiphytae, caulescentes; foliis distichis, planis v. teretibus, racemis oppositifoliis, floribus speciosis.*

Sarcanthus Lindley *Collect. t.* 39. *B.* Bot. Reg. *t.* 1014. *Orchid.* 233. Franc. Bauer *Orchid. gen. t.* 9. Vandae sp. R. Brown. Lindley *Collect. t.* 6.

1490. Podochilus *BLUM.* Perigonii clausi foliola exteriora inferne cohaerentia, lateralia latiora, cum v. sub pede columnae producto connata; interiora angustiora, libera. Labellum cum columnae pede elastice articulatum, integrum, unguiculatum. Columna in ovario recumbens, clinandrio membranaceo, bicorni. Anthera bilocularis, subdorsalis. Pollinia 4, caudiculis duabus membranaceis, convolutis. — *Herbae indicae, epiphytae, caulescentes; foliis distichis, parvis, floribus exiguis, solitariis v. spicatis, saepe terminalibus.*

Podochilus Blume *Bijdr.* 295. *fig.* 12. Lindley *Orchid.* 234. Platysma Blume *Bijdr.* 295. *fig.* 43. Placostigma Blume *Flor. Jav. praef. VI.* — Apista Blume *Bijdr.* 296.

1491. Adenoncos *BLUM.* Perigonii foliola exteriora et interiora erecta, subaequalia. Labellum concavum, carnosum, intus glanduloso-tumidum, erectum, limbo indiviso. Columna brevis, obtusa. Anthera incomplete bilocularis. Pollinia 4, (2, bipartibilia?) globosa, compressiuscula, caudicula brevi, glandula peltata. — *Herba javanica, e minoribus, epiphyta; caulibus simplicibus, foliis distichis, linearibus, acutis, carnosis, superne canaliculatis, pedunculis oppositifoliis, solitariis paucifloris, floribus sessilibus, virentibus.*

Adenoncos Blume *Bijdr.* 381. Lindley *Orchid.* 235.

1492. Oeceoclades *LINDL.* Perigonii patentis, ringentis v. conniventis foliola libera, exteriora et interiora subaequalia. Labellum liberum, sessile, cum columna articulatum, nudum v. basi bilamellatum, calcaratum, calcare curvo, saepe obconico, lamina lobata, cucullata, complicata v. concava. Columna plerumque elongata, semiteres. Anthera bilocularis. Pollinia 2, postice sulcata, caudicula angusta, glandula minuta. — *Herbae epiphytae, ut plurimum indicae, paucae americanae et africanae tropicae, acaules v. caulescentes, nonnullae pseudobulbosae; foliis coriaceis v. rarius membranaceis, nunquam plicatis, floribus plerumque minutis.*

Oeceoclades Lindley *in Bot. Reg. n.* 1522. *Orchid.* 235. Angraeci sp. Thouars *Orchid. t.* 60. 77. Lindley *Collect. t.* 15. Geodori sp. Link et Otto *Abbild. t.* 14.

1493. Aërides *LOUR.* Perigonii patentis v. clausi foliola subaequalia, exteriora lateralia basi saepius obliqua, cum pede producto columnae connata; interiora.... Labellum cum pede columnae articulatum, saccatum v. calcaratum, trilobum, lobis lateralibus nanis, limbo cucullato v. subulato, nunc abbreviato-tumido v. subfornicato. Columna in ovario recumbens, brevis, aptera. Anthera bilocularis. Pollinia 2, postice sulcata, caudicula lata v. filiformi, glandula peltata, subrotunda. — *Herbae indicae, epiphytae, caulescentes, subsimplices, radicantes; foliis distichis, coriaceis v. subcarnosis, floribus racemosis v. spicatis.*

Aërides Loureiro *Flor. cochinch.* 525. Lindley *Orchid.* 238. Dendrocolla Blume *Bijdr.* 286. *fig.* 67.

a) CUCULLA *Blum.* Labelli limbus cucullatus v. rarius expansus. — *Spicae bracteis carinatis, saepius carnosis.*

Cuculla Blume *l. c.* (Bot. Reg. *t.* 1485.

b) TUBERA *Blum.* Labelli limbus callosus, abbreviatus. — *Spicae bracteis coalitis v. scrobiculatis.*

Tubera Blume *l. c.* Epidendri sp. Roxb. *corom. t.* 42.

c) FORNICARIA *Blum.* Labelli limbus fornicatus, abbreviatus. — *Spicae superne bracteis subulatis, congestis.*

Fornicaria Blume *l. c.*

d) PILEARIA *Lindl.* Labellum pileiforme, appendicula tubulari carnosa e dorso calcaris. — *Racemi flexuosi.*

Pilearia Lindley *Orchid.* 242.

e) ORNITHOCHILUS *Wall.* Labelli lamina biloba, dilatata, unguiculata. — *Racemi stricti.*

Ornithochilus Wallich *msc.* ex Lindley *l. c.*

1494. Schoenorchis *BLUM.* Perigonii clausi foliola exteriora et interiora aequalia, labello multo minora. Labellum basi columnae adnatum, calcaratum v. saccatum, limbo obsolete trilobo. Columna semiteres, aptera, basi bicornis, rostello cornuto. Anthera incomplete bilocularis, cornuta. Pollinia 2, bipartibilia, globosa, caudicula filiformi, glandula parva, hamata. — *Herbae javanicae, epiphytae, caulescentes; caulibus teretibus, subramosis, foliis linearibus v. subulatis, carnosis, spicis simplicibus v. ramosis.*

Schoenorchis Blume *Bijdr.* 361. Reinwardt *in Sylloge plant. II.* 4. Lindley *Orchid.* 243.

1495. Aëranthus *LINDL.* Perigonii conniventis foliola exteriora acuminata, lateralia majora, basi obliqua, pedi producto columnae adnata; interiora supremo paullo minora,

Labellum cum pede columnae articulatum, integrum, cucullatum, calcaratum, foliolis interioribus conforme. Columna brevis, in ovario recumbens, apice alata. Anthera bilocularis. Pollinia 2, globosa, hinc perforata, caudicula nulla, glandulis duabus. — *Herbae madagascarienses, epiphytae, caulescentes; foliis distichis, emarginatis, scapis radicalibus squamosis, unifloris.*

Aëranthus Lindley *in Bot. Reg. t. 817. Orchid. 243.* Angraeci sp. Thouars *Orchid. t. 66. 67.* Dendrobii sp. Thouars *op. cit. t. 88.*

1496. Cryptopus *LINDL.* Perigonii explanati foliola exteriora libera, spathulata, aequalia; interiora paullo majora, unguiculata, lobata. Labellum cum basi columnae connatum, calcaratum, quadripartitum. Columna brevis, erecta, teres. Anthera bilocularis. Pollinia 2, obovata, postice sulcata, caudiculis duabus apice excavatis, glandulis 2, dimidiatis, villosis. — *Herba madagascariensis, epiphyta, caulescens; foliis coriaceis, distichis, paniculis multifloris lateralibus, floribus speciosis.*

Cryptopus Lindley *in Bot. Reg. n. 817. Orchid. 244.* Hook. *Journ. of Bot. 45. t. 95.* Beclardia A. Richard *in Mem. soc. h. n. Paris. IV. 69. t. 11. f. 3. excl. reliq.* Angraecum elatum Thouars *Orchid. t. 79. 80.*

1497. Oeonia *LINDL.* Perigonii explanati foliola libera, exteriora et interiora aequalia. Labellum sessile, horizontale, cucullatum, trilobum, calcaratum. Columna erecta, nana. Anthera bilocularis. Pollinia 2, postice biloba, caudicula nulla, glandulis duabus. — *Herbae madagascarienses et borbonicae, epiphytae, caulescentes; foliis distichis, coriaceis, spicis oppositifoliis multifloris, floribus speciosis.*

Oeonia Lindley *in Bot. Reg. n. 817. Orchid. 244.* Beclardiae sp. A. Richard *in Mem. soc. h. n. Paris. t. 11 f. 2.* Epidendri sp. Thouars *Orchid. t. 81. 83. 84.*

1498. Angraecum *THOUAR.* Perigonii patentis foliola libera, exteriora et interiora subaequalia. Labellum basi columnae continuum, sessile, carnosum, indivisum, perigonii foliolis multo latius, calcare recto cornuto, saepius cylindrico, perigonio multo longiore, rarius obconico. Columna nana, subteres, rarius elongata, semiteres. Anthera bilocularis, truncata Pollinia 2, bipartibilia, caudicula brevi, angusta, glandula triangulari. — *Herbae madagascarienses et borbonicae, nonnullae fortussis capenses, epiphytae, caulescentes; foliis coriaceis, ligulatis, apice obliquis, floribus solitariis v. racemosis, albis, citrinis v. herbaceis.*

Angraecum Thouars *Orchid. t. 48—58. 62—65. 68—71. 75. 76. 78. excl. reliq.* A. Richard *in Mem. soc. h. n. Paris. IV. t. 10.* Lindley *in Bot. Reg. t. 1522. 1772. 1781. 1844. Orchid. 245.* Hook. *Journ. of Bot. t. 46. 47.* Aërobion Sprengel *syst. III. 716.*

1499. Mystacidium *LINDL.* Perigonii patentis foliola libera, exteriora et interiora aequalia. Labellum cum columna articulatum, calcaratum, indivisum. Columna brevis, recta, semiteres, carnosa, apice utrinque processu longo lineari aucta, rostello ovato, elongato, convexo, nudo. Anthera bilocularis, membranacea. Pollinia 2, dorso excavata, caudicula bicruri, cruribus glandulis membranaceis peltatim insertis. — *Herba capensis, epiphyta, brevissime caulescens; foliis distichis obtusis, oblique emarginatis, racemo multifloro, subsecundo.*

Mystacidium Lindley *in Bot. Mag. compan. p. 205.*

1500. Agrostophyllum *BLUM.* Perigonii explanati foliola exteriora lata, aequalia, lateralia labello supposita; interiora linearia. Labellum cum basi columnae connatum, saccatum, medio constrictum, limbo indiviso, truncato. Columna erecta, semiteres. Anthera bilocularis, loculis bilocellatis. Pollinia 8, cuneata, sessilia. — *Herba javanica, epiphyta, caulescens; foliis linearibus, acuminatis, floribus capitutis, terminalibus, bracteis paleaceis cinctis.*

Agrostophyllum Blume *Bijdr. 368. fig. 53.* Lindley *Orchid. 53.*

1501. Calanthe *R. BR.* Perigonii explanati foliola exteriora et interiora subaequalia, libera v. lateralia labello paululum adnata. Labellum cum columna connatum, lobatum v. integrum, calcaratum v. muticum, disco lamellatum v. tuberculatum. Columna brevis, rostello saepius rostrato. Pollinia 8, basi valde attenuata, quaternatim glandulae bipartibili adhaerentia. — *Herbae indicae, terrestres; scapis erectis, multifloris, foliis latis, plicatis, floribus albis, lilacinis v. rarius luteis.*

Calanthe R. Brown *in Bot. Reg. t. 720.* Lindley *Orchid. 249.* Bot. Reg. *t. 1646.* Centrosia A. Rich. *in Mem. soc. h. n. Paris. IV. 39. t. 7. f. 3.* Alismorchis Thouars *Orchid. t. 35. 36.* Amblyglottis Blume *Bijdr. 370. fig. 65.* Styloglossum Kuhl et Hasselt *Orchid. edid. Breda t. 7.*

1502. Anthericlis *RAF.* Perigonii patentis foliola exteriora obovata; interioribus conformibus latiora. Labellum liberum, nanum, trilobum, longe calcaratum. Columna erecta, marginata, labello aequalis. Anthera bilocularis. Pollinia 2, bipartita, caudicula lineari, glandula parva, transversa. — *Herba boreali-americana, terrestris; pseudobulbis caespitosis, monophyllis, folio plicato, floribus racemosis, viridi-purpurascentibus.*

Anthericlis Rafinesque *in Journ. Phys. LXXXIX. 261.* Tipularia Nuttall *gen. II. 195.* Lindley *Orchid. 252.* Orchis discolor Pursh.

1503. Limatodes *BLUM.* Perigonii erecto-patentis foliola libera, exteriora et interiora subaequalia. Labellum liberum, indivisum, calcaratum, limbo intus tumido. Columna erecta, semiteres. Anthera bilocularis, loculis subquadrilocellatis. Pollinia 8, obovata, caudicula brevi, filiformi, glandula minuta. — *Herba javanica, terrestris; caulibus basi tumidis, foliis lato-lanceolatis, nervosis, membranaceis, pedunculis lateralibus solitariis, paucifloris, floribus albis.*

Limatodes Blume *Bijdr. 375. fig. 62.* Lindley *Orchid. 252.*

1504. Glomera *BLUM.* Perigonii clausi foliola exteriora lateralia latiora, carinata, labello supposita; interiora angusta. Labellum liberum, indivisum, saccatum, columnam amplectens. Columna brevis, carnosa, versus apicem dilatata. Anthera truncata, bilocularis, loculis incomplete bilocellatis. Pollinia 8, ovata, compressa, in glandula sessilia. — *Herba javanica, epiphyta, caulescens; caulibus simplicibus, elongatis, compressiusculis, foliis lineari-lanceolatis, oblique emarginatis, coriaceis, floribus terminalibus dense capitatis, paleaceo-bracteatis.*

Glomera Blume *Bijdr. 372. fig. 68.* Lindl. *Orchid. 253.*

1505. Oxyanthera *BRONGN.* Perigonii erecti foliola libera, subaequalia, exteriora ovato-triangularia; interiora ovato-lanceolata, angustiora. Labellum conforme erectum, integrum, concavum. Columna brevis, subquadrangularis, lateribus laminis membranaceis subquadratis appendiculata. Anthera erecta, e latere postico columnae brevissime stipitata, superne in acumen triangulare producta, bilocularis, loculis discretis. Pollinia 6 (?) apice materie granulosa cohaerentia. — *Herba moluccana, epiphyta, dubiae affinitatis; radicibus fasciculatis, filiformibus, caule brevissimo subnullo, foliis distichis, lineari-oblongis, membranaceis, scapis axillaribus, floribus spicatis.*

Oxyanthera Brongniart *ad Duperr. 197. t. 37. b.*

1506. Thelasis *BLUM.* Perigonii clausi foliola exteriora basi connata; interiora minora, libera. Labellum liberum, ecalcaratum, indivisum, concavum, columnae parallelum. Columna semiteres, rostello elongato, cornuto. Anthera dorsalis, bilocularis, rostrata. Pollinia 8, subglobosa, caudicula longa, filiformi, glandula hamata. — *Herbae javanicae, epiphytae, sociales; foliis subcarnosis, saepius in pseudobulbis sessilibus, floribus in scapo radicali spicatis.*

Thelasis Blume *Bijdr. 385. fig. 75.* Lindl. *Orchid. 253.*

TRIBUS IV. OPHRYDEAE Lindley *Orchid. 257.* Pollen e massulis ceraceis innumeris cohaerentibus, ope axeos arachnoideae elasticae, glandulae stigmatis adglutinatae, in massas binas colligatis. Anthera terminalis, erecta v. resupinata, persistens, loculis completis. — *Herbae epigaeae; radicibus tuberiferis, in regionibus temperatis subtropicisque totius orbis obviae, in Europa media et mediterranea, deinde in Africa australi extratropica imprimis copiosae, inter ipsos circulos tropicos nullibi quidem desunt, rarius tamen observatae fuerunt. — Genera hujus tribus minus bene circumscripta videntur.*

1507. Orchis *LINN.* Perigonii galeati foliola subaequalia, exteriora lateralia convergentia v. reflexa, supremum cum interioribus conformibus in fornicem connivens. Labellum anticum, cum basi columnae connatum, integrum v. tri-quadrilobum, basi calcaratum. Anthera erecta, loculis contiguis, parallelis. Pollinia glandulis 2 distinctis, stigmatis plicaturae cucullatae biloculari (bursiculae) inclusis. — *Herbae terrestres, per veteris continentis regiones temperatas frigidiusculasque late diffusae; radicibus tuberiferis, foliis plerisque radicalibus mollibus, subsucculentis, floribus spicatis.*

Orchis Linn. *gen. n. 1009.* excl. sp. Swartz *in Act. Holm. 1800. p. 205.* R. Brown *in Ait. hort. kew. edit. II. 5. 188.* L. C. Richard *Orchid. 25. f. 2.* Lindley *Orchid. 258.*

a) ANDRORCHIS. Perigonii foliola exteriora lateralia patentia v. reflexa.

Orchides masculae Lindley *l. c.* Jacq. *Fl. austr. t. 45. 108. Ic. rar. t. 180. 181.* Fl. dan. *t. 266. 876. 933.* E. B. *t. 631. 632. 2308.* Desfont. *Flor. atl. t. 248.* Tenore *Flor. neapolit. t. 86—88.* Reicheub. *Ic. crit. t. 563. 564. 566. 770. 808—810. 831. 848.* Bot. Reg. *t. 1701.*

b) HERORCHIS *Lindl.* Perigonii foliola exteriora in galeam conniventia.

Herorchis s. Orchides militares Lindley *l. c.* Jacq. *Flor. austr. t. 122. 176. 265. Ic. rar. t. 182. 183. 598. 599.* E. B. *t. 168. 2059. 2075.* Desfont. *Flor. atl. t. 246. 247.* Reicheub. *Ic. crit. t. 569. 701.* Bot. Mag. *t. 1932. 1944.* Bot. Reg. *t. 202. 537. 367. 375. 1155.*

1508. Anacamptis *L. C. RICH.* Perigonii galeati foliola subaequalia, exteriora lateralia patentia, supremum cum interioribus conformibus erecto-connivens. Labellum anticum, cum basi columnae connatum, trilobum, basi calcaratum et lamellis duabus parallelis prominentibus instructum. Anthera erecta, loculis contiguis, parallelis. Pollinia caudiculis distinctis, glandulae communi bursiculae simplici inclusae affixa. — *Herbae habitu Orchidum, in Europa media et australi indigenae.*

Anacamptis L. C. Richard *Orchid. europ. 25.* Nees jun. *Gen. pl. fasc. V. t. 2* Lindley *Orchid. 274.* Orchis pyramidalis Linn. Orchidis sp. Tenore *Flor. neapol. t. 89.* Bivona *pl. sic. I. t. 1. f. 2.*

1509. Gymnadenia *R. BR.* Perigonii galeati foliola subaequalia, exteriora lateralia patentia, supremum cum interioribus paullo brevioribus fornicato-connivens. Labellum anticum v. posticum, basi columnae adnatum, trilobum, calcaratum. Anthera erecta, loculis contiguis, parallelis, inferne cucullatis, a rostello marginatis. Pollinia glandulis duabus distinctis lateralibus, ebursiculatis. — *Herbae in hemisphaerae borealis temperatis utriusque continentis obviae, Orchidum habitu.*

Gymnadenia R. Brown *in Ait. hort. kew. edit. 2. V. 191.* L. C. Richard *Orchid. europ. 26. fig. 5.* excl. sect. 2. Nees jun. *Gen. plant. fasc. V. t. 6.* excl. *f. 13—20.* Lindley *Orchid. 275.* — Sieberia Spreng. *Anleit. II. 282.* Orchidis sp. Linn. Jacq. *Flor. austr. t. 138. 264.* Fl. dan. *t. 224.* E. B. *t. 10.* Tenore *Flor. neapol. t. 90.* Hooker *exot. Flor. t. 81.* Reicheub. *Ic. crit. t. 814.*

1510. Perularia *LINDL.* Perigonii carnosi foliola exteriora lateralia reflexa, supremum rotundatum, crenulatum, cum interioribus retusis erectum. Labellum anticum, calcaratum, carnosissimum, indivisum, medio tuberculatum. Anthera recumbens, nana. Pollinia glandulis duabus, in bursiculis distantibus, bivalvibus. — *Herba sibirica; foliis radicalibus binis, obovatis, spica laxa, multiflora.*

Perularia Lindley *in Bot. Reg. t. 1701. Orchid. 281.* Orchis fuscescens Linn. (Gmelin *Sibir. I. t. 4. f. 2.*)

1511. Nigritella *L. C. RICH.* Perigonii membranacei foliola exteriora et interiora aequalia, patentia. Labellum posticum, ovato-acuminatum, concavum, basi scrotiformi-calcaratum. Anthera erecta, loculis parallelis, contiguis. Pollinia glandulis duabus distinctis, bursiculae integrae loculos antrorsum singillatim occludentibus, hinc seminudis — *Herbae in Europa media alpicolae; radicibus bituberiferis, foliis gramineis, floribus spicato-capitatis.*

Nigritella L. C. Richard *Orchid. europ. 26. fig. 4.* Nees jun. *Gen. plant. fasc. X. t. 8.* Reichenbach *Ic. crit. f. 1009. 1010.* Lindl. *Orchid. 281.* Satyrium nigrum Linn. Jacq. *Flor. austr. t. 368.*

1512. Aceras *R. BR.* Perigonii foliola exteriora cum interioribus multo angustioribus conniventia. Labellum brevissime saccato-calcaratum v. gibbosum, tripartitum, patens v. pendulum. Anthera erecta, bilocularis, loculis parallelis, basi approximatis. Pollinia caudiculis distinctis, glandulae communi, bursiculae simplici insertae, affixa. — *Herbae in Europa media et australi, nec non in regione caucasica parce obviae, in India orientali* *rarissimae; radicibus carnosis, fasciculatis, lobo uno alterove incrassato, floribus laxe spicatis, luteo-herbaceis v. obscure violaceis, labello saepius discolore, maculato, nonnunquam longissimo.*

Aceras R. Brown *in Ait. hort. kew. 2. V. 191.* Lindley *Orchid. 282.* Bot. Reg. *t. 1525.* Nees jun. *Gen. plant. fasc. V. t. 4.* Loroglossum L. C. Richard *Orchid. europ. 32.* Nees *op. cit. t. 3.* Himantoglossum Sprengel *syst. III. 694.* Satyrii sp. Linn. E. B. *t. 34.* Ophrydis sp. Linn. E. B. *t. 29.*

1513. Holothrix *L. C. RICH.* Perigonii foliola exteriora aequalia, conniventia; interiora multo majora, libera, patula. Labellum cum columna connatum, calcaratum, lobatum, concavum. Anthera erecta, loculis parallelis. Pollinia 2, glandulis distinctis, in bursiculis duabus segregatis inclusis. — *Herbae capenses, parvulae; foliis radicalibus minutis, scapo esquamato, floribus herbaceis, minutis.*

Holothrix L. C. Richard *Orchid. europ. 33.* Lindley *Orchid. 283.* Orchis hispidula Linn.

1514. Glossaspis *LINDL.* Perigonii galeati foliola exteriora et interiora conformia. Labellum tripartitum, laciniis lateralibus elongatis, calcare brevi inflato. Rostellum maximum, plicatum. Pollinia glandulis distinctis, cucullis duobus discretis inclusis. — *Herba chinensis; foliis Orchidis, floribus parvis, viridibus.*

Glossaspis Sprengel *syst. III. 694.* Lindley *Orchid. 284.* Glossula Lindley *in Bot. Reg. t. 862.*

1515. Platanthera *L. C. RICH.* Perigonii galeati foliola subaequalia, exteriora et interiora conformia. Labellum elongatum, indivisum v. tripartitum, calcare filiformi. Anthera erecta, loculis basi divergentibus, rostello plano antherae adnato, canalibus ejus bases recipientibus, processubus carnosis nullis. Pollinia glandulis duabus sublateralibus, nudis. — *Herbae in hemisphaerio boreali utriusque continentis obviae, inter tropicos veteris orbis rarae; caulibus monophyllis v. foliosis, floribus spicatis.*

Platanthera L. C. Richard *Orchid. europ. 35.* Lindley *Orchid. 284.* Reichenb. *pl. crit. t. 1143—1135.* Nees jun. *Gen. plant. fasc. V. t. 7.* Habenariae sp. R. Brown. Hooker *exot. Flor. t. 93. 145.* Orchidis sp. Linn. Fl. dan. *t. 333.* E. B. *t. 22.* Smith *exot. Bot. t. 100.* —? Mecosa Blume *Bijdr. 403.*

1516. Hemipilia *LINDL.* Perigonii galeati foliola subaequalia, exteriora patentiuscula; interiora paullo minora. Labellum cum basi columnae connatum, elongato-calcaratum, oblongum, trilobum. Anthera subhorizontalis, basibus divergentibus, adnatis, rostello fornicato libero, ultra antherae loculos producto, processubus carnosis nullis. Pollinia glandulis distinctis, apicibus canalium cucullis dimidiatis exceptis. — *Herba boreali-indica; folio unico, cordato, amplexicauli, florum racemo secundo.*

Hemipilia Lindley *Orchid. 296.*

1517. Peristylus *BLUM.* Perigonii campanulati foliola subaequalia, exteriora et interiora conformia. Labellum integrum v. tripartitum, calcare brevissimo scrotiformi. Anthera erecta, loculis basi divergentibus, rostello plano antherae adnato, canale ejus bases recipiente, processubus carnosis nullis. Pollinia glandulis duabus sublateralibus, nudis. — *Herbae habitu Platantherae, per veteris orbis regiones tropicas et boreales temperatas frigidiusculasque dispersae, rectius fortassis cum Platanthera, a qua sola perigonii forma, et labelli calcare brevissimo recedunt, conjungendae.*

Peristylus Blume *Bijdr. 404. fig. 30.* Lindley *Orchid. 297.* Benthamia A. Richard *in Mem. soc. h. n. Paris. IV. 37. t. 7.* Satyrii sp. Linn. E. B. *t. 94. 505.* Fl. dan. *t. 115.* Thouars *Orchid. t. 10.* Orchidis sp. Willd. Salisb. *parad. t. 110.* Habenariae sp. R. Brown. Bot. Mag. *t. 3164.* Nees jun. *Gen. plant. fasc. V. t. 8.* Thouars *Orchid. t. 16.* A. Richard *l. c. t. 3.* Hooker *exot. Flor. t. 175.* Bot. Misc. *t. 55.* Herminii sp. Lindley Bot. Reg. *t. 1499.*

1518. Saccidium *LINDL.* Perigonii foliola exteriora conniventia, lateralia labello supposita et saccata; interiora carnosa, spathulata, duplo longiora. Labellum posticum, magnum, convolutum, basi breviter calcaratum, apice carnosum et divisum. Anthera reclinata, loculis basi distantibus, adnatis. Pollinia parva, glandula vix a caudicula crassa distinguenda. — *Herba capensis, pilosissima; spica longa, cylindracea, densissima, floribus parvis.*

Saccidium Lindley *Orchid. 301.*

1519. Pachites *LINDL.* Perigonii foliola exteriora patentia, supremum paullo majus; interiora angustiora. Labellum posticum, ecalcaratum, perigonii foliolis interioribus conforme. Anthera stipitata, resupinata, loculis basi fere adnatis, haud elongatis, divergentibus, rostello subquadrato crassissimo, utrinque brachiis duobus canaliculatis. Polliniorum glandulae nudae. — *Herbae capenses, rigidae; foliis radicalibus gramineis, spica crassa, rigida, floribus parvis.*

Pachites Lindley *in Bot. Reg. t. 1701. Orchid. 301.*

1520. Coeloglossum *LINDL.* Perigonii foliola exteriora conniventia, aequalia, libera; interiora conformia, ungui labelli adnata. Labellum carnosum, unguiculatum, calcaratum, tripartitum, disco saepius tuberculatum, ungue carnosissimo, concavo, adscendente, margine eroso et glanduloso, saepius processubus duobus carnosis, clavatis, parallelis, ex ore calcaris ortis, adnatis, aucto. Anthera parva, lobis basi adscendentibus, rostello brevi tridentato adnatis. Pollinia glandulis nudis. — *Herbae indicae; radicibus testiculatis, caule folioso v. vaginato, floribus spicatis, minutis.*

Coeloglossum Lindley *in Bot. Reg. n. 1701. Orchid. 302.*

1521. Monotris *LINDL.* Perigonii foliola exteriora membranacea, postice connata, lateralia antice distincta; interioribus carnosis, acuminatis duplo minora. Labellum foliolis interioribus aequilongum, liberum, basi cornutum, apice carnosum, trifidum, cucullatum. Anthera libera, erecta, loculis basi divergentibus, valvulis exterioribus dilatatis, incurvis, polliniorum glandulas tegentibus. — *Herba capensis; radicibus testiculatis, folio radicali minimo, caule retrorsum hispido, floribus parvis, secundis, bracteis et perigonii foliolis exterioribus margine hispidis.*

Monotris Lindley *in Bot. Reg. n. 1701. Orchid. 303.*

1522. Scopularia *LINDL.* Perigonii foliola membranacea, exteriora conniventia, lateralia minora; interiora lacero-multifida, circa labellum convoluta. Labellum membranaceum, erectum, convolutum, basi calcaratum, apice lacero-multifidum. Anthera libera, erecta, loculis approximatis, parallelis, basi dilatatis, adscendentibus, cucullum magnum inaequilaterum, polliniorum glandulas tegentem formantibus. — *Herba capensis; radicibus testiculatis,* *foliis radicalibus membranaceis, caule aphyllo, spica elongata, subsecunda.*

Scopularia Lindley *in Bot. Reg. n. 1701. Orchid. 303.*

1523. Aopla *LINDL.* Perigonii bilabiati foliola exteriora lateralia deflexa, supremum erectum, cum interioribus aglutinatis galeam formans. Labellum lineare, ecalcaratum. Anthera erecta, lobis brevibus adscendentibus, rostello decurvo, elongato. Polliniorum glandulae nudae. — *Herba indica; radicibus testiculatis, folio radicali solitario, spica laxa, secunda, floribus herbaceis.*

Aopla Lindley *in Bot. Reg. n. 1701. Orchid. 304.*

1524. Herminium *R. BR.* Perigonii campanulati foliola exteriora membranacea, subaequalia; interiora angustiora, medio bidentata, subcarnosa. Labellum basi saccatum, hastato-trifidum. Anthera erecta, loculis basi divergentibus, processu rostellari nullo; staminodiis squamaeformibus. Polliniorum caudiculae brevissimae, glandulae maximae, cucullato-concavae, nudae. — *Herba in Europae et Asiae finitimae pratis subalpinis proveniens; radice bituberata, tubere altero juniore remoto, foliis radicalibus binis, ovato-oblongis, spica cylindrica, densa.*

Herminium R. Brown *in Ait. hort. kew. 2. V. 191.* L. C. Richard *Orchid. europ. 27.* Hooker *Flor. Lond. ic.* Nees jun. *Gen. plant. fasc. V. t. 9.* Ophrys Monorchis Linn. E. B. *t. 71.*

1525. Habenaria *WILLD.* Perigonii galeati foliola subaequilonga, exteriora cum interioribus multo angustioribus, integris bi-trifidisve, conniventia. Labellum elongatum, pendulum, integrum bi-trifidumve, elongato-calcaratum. Anthera erecta, loculis solutis, basi divergentibus, canalibus stigmaticis adhaerentibus, rostello plano, antherae adnato, processubus duobus stigmaticis, variis, saepius ori stigmatis adnatis. Polliniorum glandulae nudae. — *Herbae habitu Orchidis, majusculae, inter tropicos totius orbis obviae, in America, ubi etiam in extratropicis utriusque hemisphaerii occurrunt, frequentiores, in Asia temperata rarae.*

Habenaria Willd. *sp. IV. 44.* Thouars *Orchid. t. 17. 18.* A. Richard *in Mem. soc. h. n. Paris. IV. 18. t. 1. 2.* Hook. *Bot. Mag. t. 2726. 2957. Exot. Flor. t. 136.* Lindley *Orchid. 306.* Pöppig et Endl. *nov. gen. et sp. t. 75—78.*

1526. Ate *LINDL.* Perigonii galeati foliola exteriora lateralia reflexa, supremum cum interioribus angustioribus, bifidis, pubescentibus connivens. Labellum pubescens, pendulum, trifidum, calcare filiformi. Anthera erecta, loculi basibus divergentibus canalibus stigmaticis adnati, processubus carnosis, liberis, lamina cornea, spathulata, deflexa, interposita. Staminodia e basi lata angustata, apice incrassata, antheram aequantia. Polliniorum glandulae nudae. — *Herba in peninsula Indiae orientalis monticola; radice tuberculifera, caule folioso, racemo laxo, secundo, floribus bracteatis, herbaceis.*

Ate Lindley *Orchid. 326.*

1527. Bonatea *WILLD.* Perigonii galeati foliola exteriora lateralia patentia, supremum cum interioribus integris bifidisve, glabris v. pubescentibus connivens. Labellum pendulum, tripartitum, calcare filiformi. Anthera erecta, loculis solutis, basi divergentibus, canalibus stigmaticis adhaerentibus, rostello libero, elongato, cucullato v. complicato, processubus stigmaticis carnosis, longissimis v. abbreviatis. Polliniorum glandulae. . . . — *Herbae habitu Orchidis, sola rostelli evolutione ab Habenariis diversae, in Capite Bonae spei, Madagascaria et Brasilia observatae.*

Bonatea Willd. *sp. IV. 43.* Lindl. *Orchid. 327.* Franc. Bauer *Orchid. t. 12. 13.* Bot. Mag. *t. 2926.* — Bilabrella Lindley *in Bot. Reg. n. 1701.*

1528. Diplomeris *DON.* Perigonii campanulati foliola exteriora aequalia; interioribus breviora. Labellum perigonii foliolis interioribus aequale, indivisum, calcaratum. Anthera horizontalis, basibus loculorum elongatis, liberis, distantibus, rostella maximo, membranaceo, dilatato, plano, processubus duobus carnosis collateralibus, nunc cohaerentibus, stigmatis labium inferius simulantibus. Polliniorum glandulae nudae. — *Herbae indicae, humiles, paucifoliae; radicibus tuberculiferis, caulibus nudis v. unisquamatis, bracteis cucullatis, subsolitariis.*

Diplomeris Don *nepal. 26.* Lindl. *Orchid. 330.* Diplochilus Lindley *in Bot. Reg. n. 1499.* Paragnathis Sprengel *syst. III. 694.*

1529. Cynorchis *THOUAR.* Perigonii foliola exteriora subaequalia, conniventia, interiora sub supremo conglutinata. Labellum columnae connatum, calcaratum, saepius quadripartitum, perigonii foliolis majus et textura diversissimum. Anthera horizontalis v. resupinata, loculis distantibus, elongatis, rostello plano, dilatato, tripartito, stigmatis labis duobus carnosis, rostelli lobis lateralibus suppositis. Polliniorum glandulae nudae. — *Herbae madagascarienses et mauritianae; radicibus testiculatis, caule saepius medio squama vaginato, floribus coloratis.*

Cynorchis Thouars *Orchid. t. 13—15.* Lindley *Orchid. 330.* Amphorchis calcarata Thouars *op. cit. t. 4.* Gymnadeniae sp. A. Richard *in Mem. soc. h. n. Paris. IV. t. 5. 6. f. 1. 2.*

1530. Tryphia *LINDL.* Perigonii foliola exteriora herbacea, conniventia, aequalia; interiora membranacea, linearia, exterioribus longiora, faciei baseos labelli adnata, eique similia. Labellum membranaceum, cum columna connatum, breviter calcaratum, tripartitum. Anthera erecta, nana, lobis divergentibus, rostello ovato, utrinque leviter plicato. Polliniorum glandulae inter rostelli plicas jacentes. — *Herba capensis; radicibus testiculatis, foliis membranaceis, radicalibus, racemo secundo.*

Tryphia Lindley *in Bot. Reg. n. 1701. Orchid. 333. Bot. Mag. Comp. II. 209.*

1531. Bucculina *LINDL.* Perigonii ringentis foliola exteriora galeata, lateralia basi labelli oblique adnata, supremum minus; interiora duplo majora, carnosa, erecta, dentata, conniventia (an cohaerentia?). Labellum concavum, quinquepartitum, laciniis linearibus, calcaratum, disco barbatum, columnae marginibus productis ejusdem faciei adnatis. Anthera. . . . — *Herba capensis, acaulis; radicibus testiculatis, foliis orbiculatis, horizontalibus, scapo evaginato, glabriusculo.*

Bucculina Lindley *in Bot. Mag. Comp. II. 209.*

1532. Arnottia *A. RICH.* Perigonii foliola exteriora inaequalia, lateralia majora alaeformia, patula, supremum minus, erectum; interiora angustiora, adscendentia. Labellum posticum, ecalcaratum, foliolis interioribus basi coalitum et conforme. Anthera resupinata, loculis subparallelis, basi divergentibus, rostello ovato, plano. Polliniorum glandulae nudae. — *Herba mauritiana; radice tuberculifera, caule monophyllo, floribus spicatis.*

Arnottia A. Richard *in Mem. soc. h. n. Paris. IV. 29. t. 7. f. 1.* Lindley *Orchid. 333.* Amphorchis inermis Thouars *Orchid. t. 5.*

1533. Stenoglottis *LINDL.* Perigonii foliola exteriora conniventia, libera, aequalia; interiora teneriora, fimbriato-serrulata, libera, concava. Labellum lineare, canaliculatum, ecalcaratum, basi tuberculo instructum, apice trifidum. Anthera erecta, loculis basi divergentibus, rostello minimo, tridentato, utrinque leviter saccato, stigmatis labio inferiore elongato, linguaeformi. Polliniorum glandulae retro rostelli sacculos absconditae. — *Herba capensis; radicibus fasciculatis, foliis rosulatis, scapo vaginato.*

Stenoglottis Lindley *in Bot. Mag. Comp. II. 209.*

1534. Bartholina *R. BR.* Perigonii ringentis foliola exteriora basi in tubum antice connata, laciniis aequalibus secundis; interiora exterioribus parallela, falcata, labello subconnata. Labellum calcaratum, explanatum, patens, trilobum, lobo medio multifido, lateralibus trilobis, laciniis omnibus filiformibus. Anthera erecta, elongata, lobis parallelis, cucullatis, cucullis distinctis, inter valvularum bases inflexas absconditis. Pollinia parva, caudiculis elongatis, canaliculatis, glandulis intra cucullos inclusis. — *Herba capensis, hirsuta, pusilla; radicibus tuberculiferis, folio solitario reniformi, caule unifloro, ovario intra bracteam cucullatam abscondito.*

Bartholina R. Brown *in Ait. hort. kew. 2. V. 194.* Ker *in Brandes Journal IV. 204. t. 5. f. 2.* Bot. Reg. *t. 1653.* Orchis Burmanniana Linn. Swartz *in Weber et Mohr Archiv. I. 55. t. 3.*

1535. Bicornella *LINDL.* Perigonii foliola exteriora inaequalia, lateralia majora, labello extus oblique adnata; interiora cum supremo in galeam convexam conglutinata. Labellum columnae nanae adnatum, calcaratum, indivisum, angustum, canaliculatum. Anthera subhorizontalis, lobis adscendentibus, basi elongatis, rostelli trifidi lobis lateralibus extus appendice linguaeformi (staminodio) auctis, adnatis, lobo intermedio ovato, plano, abbreviato. Pollinia minima, caudiculis longis, linearibus, inferne antherarum basibus elongatis tectis. — *Herba madagascariensis; caule folioso v. subfolioso, floribus spicatis, parvis.*

Bicornella Lindl. *in Bot. Reg. n. 3701. Orchid. 334.*

1536. Satyrium *SWARTZ.* Perigonii foliola basi connata, antrorsum dependentia, exteriora interioribus paullo minora. Labellum posticum, sessile, erectum, fornicato-concavum, basi bisaccatum v. bicalcaratum. Columna teres, elongata, arcuata. Anthera horizontalis, lobis basi adscendentibus, clinandrio indiviso incumbentibus. Pollinia biloba, caudiculis brevibus canaliculatis, glandulis peltatis, nudis. — *Herbae in Africa australi extratropica indigenae; radice tuberosa, caule folioso, floribus spicatis, bracteis laxis.*

Satyrium Swartz *in Act. Acad. Holm. 1800. 214.* et *in Schraders n. Journ. I. t. 1. C.* Ker *in Journal of sc. and arts VIII. t. 3. f. 1.* Bot. Reg. *t. 416. 703.* Franc. Bauer *Illustr. Orchid. t. 11—13.* Diplectrum Thouars *Orchid. t. 21. 22.* Orchidis sp. Linn. Jacq. *Hort. schönbr. t. 179.* Andr. *Bot. Reposit. t. 315.*

1537. Disa *BERG.* Perigonii foliola exteriora libera, patentia, supremum galeatum, basi in calcar productum; interiora nana, basi columnae adnata. Labellum basi columnae insertum, porrectum, sessile v. unguiculatum, lamina indivisa v. triloba. Columna bialata, alis petaloideis, clinandrio dilatato, antice supra stigma prominente, trilobo, lobo medio inflexo. Anthera verticalis, loculis basi divaricatis, adscendentibus, clinandrio incumbentibus. Pollinia sulcata, caudiculis distinctis, glandulis nudis. — *Herbae capenses; tubere radicali tunicato, caule folioso, foliis lato-lanceolatis v. anguste linearibus, florum spica densa v. saepius laxa, pauciflora, bracteis latiusculis, coloratis, saepius cucullatis.*

Disa Bergius *Flor. cap. 348. t. 4. f. 7.* Swartz *in Act. Acad. Holm. 1800. p. 208. t. 3. f. b.* et *in Schrad. Journ. I. t. 1. B.* Ker *in Journal of sc. and arts IV. t. 6. f. 1. 3. V. t. 1. f. 1. VI. t. 1. f. 1.* Bot. Reg. *t. 219. 324. 926.* Franc. Bauer *Illustr. Orchid. t. 14.*

OBSERVATIO. Genera a Disa distincta tria commemorat cl. Lindley, quorum autem descriptiones nondum evulgatae sunt, et characteres e speciminibus nostris siccis mancisque eruere haud licet, sunt autem:

a) REPANDRA Lindley *in Bot. Reg. n. 926.* = Disa cornuta Thunb. columna aptera a Disa differre dicitur.

b) MONADENIA Lindley *Introduct. edit. II. p. 446.* = Disa rufescens Willd.

c) PENTHEA Lindley *l. c.* = Disa patens Willd. D. filicornis Thunb. D. melaleuca Willd. D. tenuifolia Willd.

1538. Serapias *LINN.* Perigonii foliola exteriora in galeam cucullatam connata, interiora e basi dilatata longe cuspidata. Labellum basi columnae insertum, sessile, basi bilamellatum, disco pilosum, subtrilobum, lobis lateralibus adscendentibus, terminali elongato, deflexo. Columna elongata, aptera, clinandrio postice in acumen petaloideum producto, antice supra stigma prominente, indiviso, in cucullum plicato. Anthera verticalis, loculis basi adscendentibus, clinandrio incumbentibus. Pollinia sulca, caudiculis distinctis, glandula communi intra bursiculam recondita. — *Herbae mediterraneae; radice bituberata, caule folioso, floribus laxe spicatis, bracteis magnis, cucullatis, coloratis.*

Serapias Linn. *gen. n. 1012.* excl. sp. Swartz *in Act. Academ. Holm. 1800. p. 223. t. 3. f. h.* et *in Schraders n. Journ. I. t. 1. H.* L. C. Richard *Orchid. europ. 25.* Andr. *Bot. Reposit. t. 475.* Hook. *exot. Flor. t. 11.* Lindley *in Bot. Reg. t. 1189.* Nees jun. *Gen. plant. fasc. X. t. 7.* Helleborine Pers. *synops. II. 512.* Tenore *Flor. neap. t. 98.*

1539. Pterygodium *SWARTZ.* Perigonii foliola exteriora lateralia patentia, concava, supremum galeatum, cum interioribus connivens. Labellum columnae adnatum, bilabiatum. Columna brevis, aptera, clinandrio antice supra stigma prominente, in bursiculas duas distinctas excavato. Anthera horizontalis. Pollinia 2, caudiculis glandulisque distinctis, bursiculis divaricatis reconditis. — *Herbae capenses; caule folioso, floribus dense spicatis, bracteatis.*

Pterygodium Swartz *in Act. Academ. Holm. 1800. p. 217. t. 3. f. c.* et *in Schraders n. Journ. I. t. 1. E.* Ker *in Journ. of sc. and arts VI. t. 1. f. 3. VIII. t. 3. f. 2.* Ophrydis sp. Linn.

1540. Corycium *SWARTZ.* Perigonii foliola exteriora lateralia in unum connata, supremum anguste galeatum, adscendens;

interiora latiora, basi ventricosa, patentia. Labellum apici columnae insertum, subunguiculatum, lamina replicata, patente. Columna brevis, apice bialata. Anthera columnae sub labello adnata. Pollinia 2, caudiculis glandulisque distinctis, bursiculis remotis, ala utraque tectis. — *Herbae capenses; foliis distichis carinatis, v. alternis cucullatis, apice undulato crispis, spica densa, bracteata.*

Corycium Swartz *in Act. Academ. Holm. 1800. p. 220. t. 3. f. g.* et *in Schraders n. Journ. I. t. 1. G.* Ker *in Journ. of sc. and arts VI. t. 1. f. 1. VIII. t. 3. f. 3.* Franc. Bauer *Illustr. Orchid. t. 15.* Ophrydis sp. Linn. Arethusae sp. Thunb.

1541. Chamaerepes *SPRENG.* Perigonii conniventis foliola exteriora aequalia; interiora paullo minora. Labellum columnae basi insertum, sessile, planum, obsolete trilobum, deflexum. Columna brevis, aptera, antice incrassata, clinandrio bibursiculato. Anthera verticalis, mutica. Pollinia caudiculis rectis, glandulis distinctis inter bursiculas reconditis. — *Herba parvula, in Europa media alpicola; radice bituberata, foliis gramineis, basi vagina inclusis, spica foliosa.*

Chamaerepes Sprengel *syst. III. 702.* Nees jun. *Gen. plant. fasc. X. t. 9.* Chamorchis Richard *Orchid. europ. 27.* Ophrys alpina Linn.

1542. Ophrys *LINN.* Perigonii foliola exteriora lateralia patentia, supremum galeatum; interiora distincta, minora. Labellum columnae basi insertum, sessile, cartilagineo-rigidum, planiusculum, carinatum v. saepe lobatum. Columna brevis, aptera, clinandrio antice fisso, bibursiculato. Anthera verticalis, mutica. Pollinia caudiculis rectis, glandulisque distinctis intra bursiculas reconditis. — *Herbae in Europa media rarae, in regione mediterranea obviae, habitu Orchidis; floribus laxe spicatis, labello varie picto.*

Ophrys Linn. *gen. n. 1011.* excl. sp. L. C. Richard *Orchid. europ. 26.* Jacq. *Ic. rar. t. 184. 185.* E. B. *t. 64. 65. 383.* Andr. *Bot. Reposit. t. 470.* Hooker *exot. Flor. t. 10.* Bot. Reg. *t. 205. 370. 1071. 1087. 1093. 1197.* Bot. Mag. *I. 2516.* Tenore *Flor. neap. t. 94 — 96.* Nees jun. *Gen. plant. fasc. V. t. 5.*

1543. Disperis *SWARTZ.* Perigonii foliola exteriora lateralia patentia, basi saccata v. calcarata, supremum cum interioribus galeatum. Labellum basi columnae insertum, erectum, unguiculatum. Columna brevis, aptera, clinandrio antice longe producto, reclinato. Antherae loculi basi divaricati, adscendentes. Pollinia 2, caudiculis glandulisque distinctis, bursiculis remotis. — *Herbae capenses; caule mono-diphyllo, glabro v. puberulo, uni-bifloro, rarius spicatim multifloro.*

Disperis Swartz *in Act. Academ. Holm. 1800. p. 218. t. 3. f. 5.* et *in Schraders n. Journ. I. t. 1. F.* Ker *in Journ. of sc. and arts V. t. 1. f. 2. 3. VI. t. 1. f. 4. 5.* Dipera Sprengel *syst. III. 696.* — ? Dryopeia Thouars *Orchid. t. 1 — 3.* A. Richard *in Mem. soc. h. n. Paris IV. 30.*

SUBORDO IV. GASTRODIEAE Lindl.

scelet. 7. Pollen e massulis majusculis, elasticе in massas cohaerentibus, axi distincta nulla. Anthera terminalis, opercularis. — *Herbae in radicibus aliarum plantarum parasiticae, aphyllae, admodum rarae, in Europa et Asia media, in insula Java et in Nova Hollandia extratropica observatae.*

1544. Gastrodia *R. BR.* Perigonium tubulosum, basi ventricosum, limbi breviter quinquelobi lobis antrorsum subsecundis. Labellum posticum, inclusum, liberum, unguiculatum, marginibus undulatum, columnae incumbens. Columna elongata, teres, apice cavo, basi antice incrassata, stigmatosa. Anthera terminalis, mobilis, decidua, loculis approximatis. Pollinia 4, per paria cohaerentia. — *Herbae in Nova Hollandia extratropica orientali et in insula Javae observatae, supra radices parasiticae; rhizomate carnoso, ramoso, articulato, scapo aphyllo vaginato, floribus racemosis, porrectis, albicantibus v. ochroleucis.*

Gastrodia R. Brown *prodr. 330.* Epiphanes Blume *Bijdr. 421.*

1545. Epipogium *GMEL.* Perigonii ringentis foliola exteriora aequalia, linearia, patentia; interiora conformia, paullo latiora. Labellum posticum, sessile, erectum, trilobum, lobis lateralibus parvis, patentibus, intermedio maximo, integerrimo, concavo, intus glanduloso, basi in calcar inflatum, adscendens producto. Columna longa, semiteres, apice cavo, basi antice incrassata, stigmatosa. Anthera terminalis, stipitata, antice mucronata, persistens. Pollinia 2, caudiculis duabus basi cohaerentibus, rostelli subfornicati glandulae affixis. — *Herba in Europa et Asia media, in umbrosis montanis inter folia putrida rarius obvia; rhizomate ramoso, carnoso, corallino, scapo aphyllo, vaginato, basi tumido incrassato, floribus racemosis, majusculis.*

Epipogium Gmelin *Sibir. I. 11.* R. Brown *prodr. 330.* Richard *Orchid. europ. 28.* Nees jun. *Gen. plant. fasc. X. t. 10.* Limodorum Epipogium Linn.

*

1546. Hysteria *REINW.* Perigonii foliola exteriora canaliculata; interiora unguiculata. Labellum unguiculatum, indivisum, reflexum. Columna teres, stigma sagittatum, bifidum. Anthera postica, persistens, apice dehiscens. Pollinium bipartitum, granulare, botryoideum. — *Herba javanica, epigaea, caulescens, veratrifolia; spica terminali, obiter descripta, vix hujus loci, ubi interim ob pollinis massam granularem collocatur.*

Hysteria Reinwardt *in Sylloge plant. II. 5.*

SUBORDO V. NEOTTIEAE Lindley

scelet. 7. Pollen pulvereum, e granulis laxe cohaerentibus, stigmatis glandulae affixum. Anthera stigmati parallela, persistens, loculis approximatis. — *Herbae terrestres, radicibus fibrosis, fasciculatis, tuberosis v. bulbosis, acaules v. rarius caulescentes. — Neottieae in temperatis tropicisque totius orbis repertae, in Africa rarissimae, in Asiae summis montibus et in Nova Hollandia extratropica frequentissime habitant.*

1547. Spiranthes *L. C. RICH.* Perigonii foliola exteriora lateralia labello supposita, basi aequalia v. in saccum brevem decurrentia, supremum cum interioribus conniveus, v. plus minus connatum. Labellum breviter unguiculatum, canaliculatum, columnam inferne amplectens, lamina integerrima v. fimbriata. Columna brevis. Anthera terminalis, stipitata, bilocularis, rostello laminato, recto, apice bifido incumbens. **Pollinia** 2, lineari-clavata, glandulae communi affixa. — *Herbae epigaeae, inter tropicos et in temperatis totius orbis observatae; radicibus fasciculato-tuberosis, foliis radicalibus lanceolatis v. ovatis, membranaceis, nervosis v. venosis, scapo vaginato, spica multiflora, saepissime spirali, floribus bracteatis, ut plurimum secundis.*

a) SPIRANTHES *L. C. Rich.* Perigonii foliola exteriora lateralia basi aequalia, supremum et interiora approximata.

Spiranthes L. C. Richard *Orchid. europ. 37.* Lindley *Collect. t. 30.* Bot. Reg. *t. 823. 1043. 1934.* Nees jun. *Gen. plant. fasc. V. t. 13.* Pöppig et Endl. *nov. gen. et sp. II. 7. t. 110.* Gyrostachys Pers. *ench. II. 511.* Ibidium Salisb. *in Transact. Hortic. Soc. I. 261.* Ophrydis sp. Linn. E. B. *t. 541.* Neottiae sp. R. Brown. Bot. Mag. *t. 1562. 2026.* — ? Stenoptera Presl *in Reliq. Haenk. I. 65. t. 14.*

b) CYCLOPOGON *Presl.* Perigonii foliola exteriora lateralia basi aequalia, supremum et interiora connata.

Cyclopogon Presl *in Reliq. Haenk. I. 93. t. 13. f. 1.*

c) STENORHYNCHUS *L. C. Rich.* Perigonii foliola exteriora lateralia basi in saccum decurrentia, supremum et interiora connata.

Stenorhynchus L. C. Richard *Orchid. europ. 37.* Pöppig et Endl. *nov. gen. et sp. II. 7. t. 109.* Neottiae sp. Hooker *exot. Flor. t. 39. 226.* Bot. Mag. *t. 1374. 2707. 3403.*

d) SARCOGLOTTIS *Presl.* Perigonii foliola exteriora basi in saccum decurrentia, supremum et interiora fornicato-conniventia.

Sarcoglottis Presl *in Reliq. Haenk. I. 95. t. 15.*

1548. Adenostylis *BLUM.* **Perigonii** conniventis **foliola exteriora** lateralia labello supposita, supremum cum **interioribus** connivens, fornicatum. **Labellum** cum columna connatum, basi ventricosum, intus pubescens, limbo spathulato, incrassato, indiviso, patente. **Columna** brevis, apice emarginata, utroque latere glanduloso-tumida. **Anthera** dorsalis, bilocularis, ovata. **Pollinia** 2, ovata, subbiloba, caudicula communi, glandula. . . . — *Herba javanica; caule basi radicante, foliis linearibus acuminatis, spica spirali, floribus sessilibus, bracteatis, albidis.*

Adenostylis Blume *Bijdr. 414. fig. 17.* — Cionisaccus Kuhl et Hasselt *Orchid. edid. Breda t. 8.*

1549. Ulantha *HOOK.* **Perigonii foliola exteriora** erecta, lateralia obovata, crispata, papillosa, supremum ovatum, planum; **interiora** lateralibus subconformia. **Labellum** breviter unguiculatum, late oblongum, crispatum, papillosum, disco lamellatum. **Columna** erecta, semiteres. **Anthera** terminalis, apiculata. **Pollinia** 4, basi recurvata, apice cohaerentia. — *Herba antillana; caule erecto, folioso, foliis oblongo-lanceolatis, striatis, floribus spicatis, magnis, speciosis.*

Ulantha Hooker *in Bot. Mag. t. 2990.* Neottia grandiflora Hooker *in Bot. Mag. t. 2956.*

1550. Plexaure *ENDL.* **Perigonii foliola exteriora** lateralia labello supposita, basi obliqua, patentia, supremum fornicatum; **interiora** breviora, subunguiculata, falcata, adscendentia. **Labellum** ungue cum pede columnae connatum, lamina porrecta, saccata, limbo reflexo. **Columna** brevis. **Anthera** terminalis, stipitata, bilocularis, rostello lamellari, apice bidentato incumbens. **Pollinia** 8, caudiculae communi affixa. — *Herba pusilla, in insula Norfolk indigena, dubiae affinitatis; radicibus fibroso-fasciculatis, foliis equitantibus, lineari-lanceolatis, carnosulis, scapo teretiusculo, squamato, floribus dense spicatis, minimis.*

Plexaure Endl. *prodr. Flor. Norfolk. 30.*

1551. Neottia *LINN.* **Perigonii** conniventis **foliola** conformia, **exteriora et interiora** subaequalia. **Labellum** pendulum, basi saccatum, trilobum, lobis lateralibus minimis, intermedio bifido. **Columna** brevis. **Anthera** terminalis, bilocularis, clinandrio abbreviato, rostello lamellari, indiviso incumbens. **Pollinia** 2, glandula communi juncta. — *Herba in sylvis Europae mediae et borealis vegetans; radicibus fibrosis, carnosis, fasciculatis, scapo vaginato, testaceo, demum fuscescente, spica densa, floribus flavo-virescentibus.*

Neottia R. Brown *in Hort. kew. 2. V. 201.* Neottidium Link *Handb. I. 249.* Nees jun. *Gen. plant. fasc. V. t. 15.* Diostomaea Spenn. *Fl. Frib.* Ophrys Nidus avis Linn. E. B. *t. 48.* Fl. dan. *t. 181.* Listera Nidus avis Hooker *Flor. Lond. t. 58.*

1552. Listera *R. BR.* **Perigonii** subconniventis **foliola** conformia, **exteriora interioribus** paullo latiora. **Labellum** pendulum, basi aequale, bifidum. **Columna** brevissima. **Anthera** intramarginalis, bilocularis, clinandrio elongato abscondita, rostello lamellari indiviso incumbens. **Pollinia** 2, glandula communi juncta. — *Herbae in Europa, America et Asia boreali indigenae; radicibus fibroso-fasciculatis, caule vaginato, basi bifolio, floribus spicatis, viridibus.*

Listera R. Brown *in Hort. kew. 2. V. 201.* Nees jun. *Gen. plant. fasc. V. t. 14.* Diphyllum Rafin. *in Journ. Phys. LXXXIX. 261.* Neottiae sp. L. C. Richard. Ophrys ovata et cordata Linn. E. B. *t. 353. 1548.*

1553. Epipactis *HALL.* **Perigonii** patentis **foliola** conformia, **exteriora et interiora** subaequalia. **Labellum** patens, interruptum, hypochilio concavo nectarifero, epichilio latiore basi bicalloso. **Columna** erecta, teres. **Anthera** terminalis, bilocularis, stigmatis subquadrati rostello lamellari incumbens. **Pollinia** 2, glandulae communi affixa. — *Herbae in Europa media et australi indigenae; rhizomate repente, caule folioso, floribus laxe spicatis, virescentibus v. coloratis, puberulis.*

Epipactis Hall. *enum. stirp. Helv. I. 277.* Hook. *Fl. Lond. t. 89.* Nees jun. *Gen. plant. fasc. V. t. 10.* Waldst. et Kit. *plant. Hung. t. 270.* Serapias Pers. *ench. II. 512.* Serapiadis sp. Linn. E. B. *t. 267. 269.* Fl. dan. *t. 811.* Schkuhr *t. 274.*

1554. Pelexia *POIT.* **Perigonii** ringentis **foliola exteriora** lateralia dependentia, labello supposita et basi adnata, supremum cum **interioribus** connivens. **Labellum** sessile, porrectum, indivisum, columnae parallelum, et eandem marginibus amplectens, basi in calcar ovario connatum productum. **Columna** brevis. **Anthera** terminalis, stipitata, bilocularis, rostello laminato recto incumbens. **Pollinia** 2, lineari-clavata, glandulae communi affixa. — *Herbae americanae tropicae; foliis radicalibus ovato-lanceolatis, nervosis, scapo basi vaginato, apice piloso, florum spica laxiuscula.*

Pelexia Poiteau ex Richard *Orchid. europ. 37.* Lindley *in Bot. Reg. t. 985.* Collea Lindley *in Bot. Reg. n. 760.* Neottia adnata Swartz.

1555. Sauroglossum *LINDL.* **Perigonii** conniventis **foliola exteriora** lateralia linearia, arcuatim patentia, basi valde obliqua, in ovarium decurrentia, supremum cum **interioribus** subconformibus conglutinatum. **Labellum** anticum, lineare, canaliculatum, ecallosum, basi dilatatum. **Columna** elongata, semiteres, basi producta, apice subspathulata, clinandrio declivi, immarginato, rostello acuto. Anthera. . . Pollinia 2, bisulca, caudicula brevi, glandula ovali. — *Herbae americanae tropicae; radicibus carnosis, foliis omnibus radicalibus, oblongo-lanceolatis, scapo foliaceo-vaginato, floribus racemosis.*

Sauroglossum Lindley *in Bot. Reg. t. 1618.*

1556. Eucosia *BLUM.* Perigonii conniventis foliola exteriora interioribus latiora. Labellum foliolis exterioribus conforme, intus villosum, columnam amplectens. Columna brevis, obtusa, indivisa. Anthera bilocularis, denti dorsali affixa, acuminata. Pollinia 2, biloba, caudiculis binis, apice connexis, nudis. — *Herba javanica, carnosa, caulescens; caule inferne radicante, foliis alternis, petiolatis, ovatis, nervosis, membranaceis, spica terminali, villosa, pauciflora, basi bracteis duabus alternis, floribus alternantibus, sessilibus, bracteatis, carneis, extus pubescentibus.*

Eucosia Blume *Bijdr. 415. fig. 18.*

1557. Georchis *LINDL.* Perigonii cylindrici, conniventis, basi ventricosi foliola subaequalia. Labellum anticum, sessile, basi intus pilosum, cucullatum, apice convolutum. Columna brevissima, clinandrio elongato, acuminatissimo, immarginato. Anthera acuminatissima. Pollinia 4, minuta, caudiculis totidem longissimis, setaceis, separabilibus. — *Herbae indicae, nondum descriptae.*

Georchis Lindley *in Wallich Catalog. n. 7379.* Bot. Reg. *n. 1618.*

1558. Aetheria *BLUM.* Perigonii ringentis foliola exteriora lateralia latiora, labello supposita, supremum cum interioribus conglutinato-fornicatum. Labellum basi ventricoso-productum, intus biglandulosum, limbi indivisi, subfornicati, incrassati marginibus involutis, glandulosis. Columna brevis, crassa, apice semitrifida, lacinia intermedia profunde emarginata. Anthera dorsalis, bilocularis. Pollinia 2, oblonga, subbiloba, caudiculis brevibus, glandula communi columnae emarginaturae intermediae affixa. — *Herbae javanicae; caulibus inferne radicantibus, foliis alternis, nervosis, membranaceis, floribus spicatis, extus saepius glanduloso-pubescentibus.*

Aetheria Blume *Bijdr. 409. fig. 14.*

1559. Goodyera *R. BR.* Perigonii subringentis foliola exteriora patentia, interiora angustiora, cum supremo conformi conniventia. Labellum sessile, basi excavatum, in ligulam brevem canaliculatam acuminatum. Columna semibifida, rostello erecto, bicorni. Anthera cernua, mutica. Pollinia 2, indivisa, glandulae subquadratae inter rostelli cornua affixa. — *Herbae in hemisphaerae borealis temperatis provenientes; radicibus fasciculato-tuberosis, foliis radicalibus membranaceis, floribus spicatis.*

Goodyera R. Brown *in Hort. kew. edit. 2. V. 198.* L. C. Richard *Orchid. europ. 27.* Bot. Mag. *t. 2540.* Loddig. *Bot. Cab. t. 952.* Hooker *exot. Flor. t. 39.* Lindley *Collect. t. 25.* Gonogona Link *Handb. I. 248.* Tussaca Rafin. *in Journ. Phys. LXXXIX. 261.* Neottiae sp. Willd. Bot. Reg. *t. 659.* E. B. *t. 289.* —? Platylepis A. Richard *in Mem. soc. h. n. Paris. IV. 34. t. 6. f. 4.* Goodyera occulta Thouars *Orchid. t. 28.*

1560. Haemaria *LINDL.* Perigonii explanati foliola exteriora lateralia reflexa, supremum et interiora conniventia. Labellum anticum, liberum, basi bicallosum, testiculato-saccatum, apice obliquum, unguiculatum, subsagittatum, planum. Columna teres, clavata, clinandrio carnoso, cucullato, oblique torto, rostello acuminato. Anthera bilocularis, acuminata, clinandrii cucullo semioccultata. Pollinia 2, sulcata. . . . — *Herba brasiliensis; rhizomate carnoso, repente, foliis crassiusculis ovalibus, subtus purpureis, scapo hirto, bracteato, floribus laxe spicatis, majusculis.*

Haemaria Lindley *Scelet. p. 9. Bot. Reg. n. 1618.* Goodyera discolor Ker *in Bot. Reg. t. 271.*

1561. Hylophila *LINDL.* Perigonii conniventis foliola lateralia oblique recurva, subuncinata, supremum arcuatum; interiora . . . Labellum anticum, nanum, liberum, saccatum, dependens, apiculatum. Columna brevissima, clinandrio proclivi, rostello curvo, subulato. Anthera subulata. Pollinia 2, caudicula subulata. — *Herbae indicae, nondum descriptae.*

Hylophila Lindley *in Wallich Catalog. n. 7396.* Bot. Reg. *n. 1618.*

1562. Microchilus *PRESL.* Perigonii subringentis foliola exteriora lateralia lineari-lanceolata, patentia, supremum cum interioribus in fornicem apice tridentatum connatum. Labellum subpendulum, basi angustum, in calcar scrotiforme productum, apice dilatatum, bilobum. Columna. . . Anthera acuminata, bilocularis. Pollinia. . . . — *Herbae peruanae; rhizomate elongato, repente, foliis lato-lanceolatis v. ovali-ellipticis, scapo basi folioso, spica lineari, elongata, floribus parvis.*

Microchilus Presl *in Reliq. Haenk. II. 94. Symb. t. 15.* —? Physurus L. C. Richard *msc.*

1563. Erythrodes *BLUM.* Perigonii foliola erecto-conniventia, exteriora subaequalia, lateralia labellum amplectentia; interiora unguiculata, angustiora. Labellum basi in calcar subdidymum productum, limbo brevi, rotundato-emarginato, reflexo. Columna brevis, setaceo-acuminata, emarginata. Anthera dorsalis, bilocularis. Pollinia 2, oblonga, caulita, glandulae hamatae affixa. — *Herba javanica; caule inferne radicante, foliis alternis, petiolatis, nervosis, membranaceis, lato-ovatis, floribus spicatis, bracteatis, extus rufo-pubescentibus.*

Erythrodes Blume *Bijdr. 410.* Psychechilos Kuhl et Hasselt *Orchid. edid. Breda. t. 9.*

1564. Synassa *LINDL.* Perigonii conniventis (?) foliola exteriora labello supposita, basi in calcar cum ovario connatum producta, superius cum interioribus conglutinatum. Labellum cum columna omnino connatum, apice crispum, dilatatum, callis duobus infra apicem acuminatum. Columna. . . . Anthera. . . . Pollinia 2, bisulca. . . . — *Herba peruana, corymbosa, nondum descripta.*

Synassa Lindley *Scelet. n. 21. Bot. Reg. n. 1618.*

1565. Tropidia *LINDL.* Perigonii conniventis foliola exteriora lateralia majora, basi oblique producta, calcar mentientia, supremum et interiora. . . . Labellum liberum, sessile, ventricosum, compressum, lateribus reflexis lamellatis, apice constrictum, cucullatum. Columna teres, clinandrio longe infra stigma excavato (?). Anthera dorsalis, mutica. Pollinia 4, in massas duas bilobas cohaerentia, caudicula brevi. — *Herbae indicae, nondum descriptae.*

Tropidia Lindley *in Wallich Catalog. n. 7386. Bot. Reg. n. 1618.*

1566. Cnemidia *LINDL.* Perigonii conniventis foliola exteriora lateralia semiconnata, basi in calcar spurium producta; interiora. . . . Labellum posticum, liberum, calcaratum, canaliculatum, acuminatum. Columna teres, apice acuminata, clinandrio declivi immarginato. Anthera subulata. Pollinia 2, caudicula subulata. — *Herbae indicae, nondum descriptae.*

Cnemidia Lindley *in Bot Reg. n. 1618.* Decaisnea Lindley *in Wallich Catalog. n. 7388.* non Brongn.

1567. Galera *BLUM.* Perigonii conniventis foliola exteriora interioribus angustiora. Labellum basi obtuse calcaratum, concavum, limbo indiviso, undulato. Columna brevis, crassa, fornicata. Anthera intramarginalis, turbinata, carnosa, bilocularis, loculis bilocellatis. Pollinia 2, subbiloba, caudiculis arcuatis, ad antherae latus exterius affixis. — *Herba javanica, caulescens; radice tuberosa, caule aphyllo vaginato, apice spicato-multifloro, floribus pedicellatis, bracteatis, nutantibus, ovariis infra florem in collum attenuatis.*

Galera Blume *Bijdr. 415.*

1568. Herpysma *LINDL.* Perigonii conniventis foliola exteriora lateralia a supremo paullo sejuncta, cum interioribus antrorsum arcuata. Labellum anticum, calcaratum, cum columna connatum, basi dilatatum, apice abrupte rotundatum, sub apice bicallosum. Columna semiteres, clinandrio marginato. Anthera. . . . Pollinia 2, caudiculis distinctis, polline sectili. — *Herbae indicae, nondum descriptae.*

Herpysma Lindley Bot. Reg. *n. 1618.*

1569. Anoectochilus *BLUM.* Perigonii ringentis foliola exteriora latiora, labello supposita, et basi leviter connata, supremum cum interioribus minoribus inaequilateris in galeam conglutinatum. Labellum cum columna connatum, basi ventricoso-productum, apice canaliculato-unguiculatum, limbo dilatato, semibilobo, patente. Columna brevis, superne incurva, attenuato-emarginata, utroque latere callosa, antice appendicula bilamellata. Anthera terminalis, bilocularis. Pollinia 2, subbiloba, caudiculis brevissimis, glandula communi oblonga. — *Herbae javanicae, caulescentes, basi radicantes; foliis membranaceis, nervosis, floribus spicatis, bracteatis.*

Anoectochilus Blume *Flor. Jav. praef. VI.* Anoectochilus Blume *Bijdr. 411. fig. 15.* Chrysobaphus Wallich *Fl. nepal. t. 17.* (Rumph *Amboin. VI. t. 41. f. 3.*) — Orchipedum Kuhl et Hasselt *Orchid. edid. Breda. t. 10.*

1570. Myoda *LINDL.* Perigonii reflexi foliola exteriora lateralia libera, supremum cum interioribus conglutinatum. Labellum anticum, cum columna connatum, apice unguiculatum, hastato-tripartitum. Columna teres, clavata, clinandrio carnoso, cucullato, rostello acuminato, obliquo, stigmate parvo, punctiformi, bilabiato. Anthera ovata. Pollinia 2. . . . — *Herbae indicae, nondum descriptae.*

Myoda Lindley *in Wallich Catalog. n. 7390.* Bot. Reg. *n. 1618.*

1571. Cheirostylis *BLUM.* Perigonii bilabiati foliola exteriora basi in tubum ventricosum connata; interiora libera, aequalia. Labellum multo majus, unguiculatum, intus bicallosum, limbo dilatato, profunde bilobo, patente. Columna brevis, longe rostrata, rostro emarginato. Anthera intramarginalis, bilocularis, loculis bilocellatis. Pollinia 2, biloba, caudicula communi crassiuscula. — *Herba javanica; caule remote trifoliato, superne pubescente, foliis lanceolatis, nervosis, membranaceis, spica basi bi-tribracteata, floribus sessilibus parvis, albidis.*

Cheirostylis Blume *Bijdr. 413. fig. 16.*

1572. Tripleura *LINDL.* Perigonii explanati cruciati, quasi tetraphylli, foliola exteriora lateralia linearia, patentissima, supremum cum interioribus conglutinatum. Labellum posticum, liberum, concavum. Columna brevissima, teres, antice processubus duobus membranaceis corniformibus (staminodiis) aucta. Anthera terminalis, subrotunda, apiculata. — *Herbae indicae, nondum descriptae.*

Tripleura Lindley *in Wallich Catalog. n. 7391.* Bot. Reg. *n. 1618.*

1573. Ponthieva *R. BR.* Perigonii foliola exteriora patentia, supremum cum interioribus connatum. Labellum basi columnae insertum, concavum, indivisum. Columna brevissima, subulata. Anthera postica, linearis, quadrilocularis, rostello incumbens. Pollinia 4, lineari-clavata, glandula communi juncta. — *Herbae americanae tropicae; foliis petiolatis, ellipticis, scapo tereti, glabro v. piloso, bracteato, floribus laxe spicatis.*

Ponthieva R. Brown *in Ait. Hort. kew. 2. V. 197.* Lindley *in Bot. Reg. t. 760.* Neottia glandulosa Sims *in Bot. Mag. t. 842.*

1574. Cranichis *SWARTZ.* Perigonii ringentis foliola conformia, exteriora interioribus subaequalia. Labellum erectum, fornicatum, concavum. Columna medio dilatata, apice emarginata. Anthera postica, incomplete quadrilocularis. Pollinia 4, glandula communi juncta. — *Herbae americanae tropicae; radiculis fasciculatis, foliis ovato-ellipticis v. lanceolatis, petiolatis, caulibus vaginatis, rariusve foliatis, floribus spicatis, bracteatis, virescentibus v. albidis.*

Cranichis Swartz *in Act. Academ. Holm. 1800. p. 226. t. 3. f. k.* Kunth *Synops. I. 324.* Ophrydis sp. Humb. et Bonpl. *nov. gen. et sp. t. 74.*

1575. Prescottia *LINDL.* Perigonii foliola exteriora aequalia, reflexa; interiora minora, erecta v. reflexa. Labellum posticum, erectum, cucullatum, integerrimum, carnosum. Columna nana, teres, clavata. Anthera opercularis, rotundata, loculis connectivo crasso divaricatis. Pollinia 4, geminata. — *Herbae in Brasilia et Peruvia observatae; foliis radicalibus solitariis v. paucis, ovato-oblongis, caulinis nullis v. paucis, floribus herbaceis, parvis, ut plurimum densissime spicatis.*

Prescottia Lindley *in Hook. exot. Flor. t. 113.* Bot. Reg. *t. 1916.*

1576. Altensteinia *H. B. K.* Perigonii foliola basi cohaerentia, exteriora aequalia; interiora paullo angustiora, omnia revoluta. Labellum foliolis majus, sessile, erectum, indivisum. Columna brevis, erecta, teres, apice emarginata, denticulata. Anthera loculis discretis, apici columnae extus longitudinaliter adnatis, stigmati oppositis. Pollinia 2, pedicellata. — *Herbae quitenses; radice tuberosa, caule foliato, floribus dense spicatis.*

Altensteinia Kunth *in Humb. et Bonpl. nov. gen. et sp. I. 332. t. 72. 73.*

1577. Zeuxine *LINDL.* Perigonii conniventis foliola exteriora lateralia connata, supremum basi saccatum; interiora. . . . Labellum anticum, basi membranaceum, bicallosum, cum columna connatum, apice unguiculatum, carnosum, dilatatum, concavum. Columna brevissima, teres, clinandrio membranaceo antheram involvente. Anthera. . . . Pollinia 4 (an 8), in duas massas connata, caudicula brevi ligulata, glandula uncinata. — *Herba indica, nondum descripta.*

Zeuxine Lindley *Scelet. n. 18. Bot. Reg. n. 1618.*

1578. Rophostemon *BLUM.* Perigonii conniventis foliola exteriora carinata; interiora minora. Labellum ecalcaratum, concavum, erectum, limbo sublobato. Columna clavata, apice profunde excavata. Anthera columnae denti dorsali affixa, bilocularis, carnosa. Pollinia 2, subbiloba, caudiculis brevissimis margini stigmatis insidentia. — *Herbae javanicae, acaules; radice tuberosa, folio radicali petiolato, ovato-cordato, nervoso, pedunculo radicali basi vaginante, nutante, floribus laxe racemosis, cernuis.*

Rophostemon Blume *Flor. Jav. praef. VI.* Cordyla Blume *Bijdr. 416.*

1579. Cryptostylis *R. BR.* Perigonii foliola patula, exteriora lineari-subulata; interiora conformia, paullo minora. Labellum magnum, posticum, carinatum, basi ventricosa columnam occultans. Columna brevissima, crassa, clinandrii margine calloso. Anthera dorsalis, bilocularis. Pollinia 2, biloba, glandula communi affixa. — *Herbae in Nova Hollandia extratropica, et etiam in insula Javae indigenae; bulbis radicalibus fasciculatis, foliis radicalibus planis, petiolatis, paucis, nervosis, membranaceis, scapo vaginato, floribus terminalibus spicatis, sordide rufis, inodoris.*

Cryptostylis. R. Brown *prodr. 317.* — Zosterostylis Blume *Bijdr. 418.* Malaxidis sp. Labill. *Nov. Holl. t. 212.*

1580. Calochilus *R. BR.* Perigonii ringentis foliola exteriora lateralia labello supposita; interiora sessilia, erecta, minora. Labellum sessile, perigonii foliolis longius, acuminatum, disco intus marginibusque barbatum. Columna teres, nana, basi nuda v. bituberculata. Anthera mutica, loculis approximatis. Pollinia 2, biloba. — *Herbae glabrae, in Nova Hollandia extratropica indigenae; bulbis radicalibus indivisis, nudis, foliis caulinis paucis, linearibus, infimo canaliculato, elongato, reliquis abbreviatis, spica racemosa, rara, pauciflora, floribus porrectis, rufis, majusculis.*

Calochilus R. Brown *prodr. 320.* Bot. Mag. *t. 3187.*

1581. Prasophyllum *R. BR.* Perigonii ringentis foliola exteriora distincta, v. basi cohaerentia; interiora inaequilatera. Labellum posticum, unguiculatum, adscendens, indivisum, ecalcaratum. Columna trifida, laciniis lateralibus (staminodiis) membranaceis, integris bifidisve. Anthera mutica, mucronata aut rostrata, loculis approximatis. Pollinia 2, biloba, apici stigmatico affixa. — *Herbae in Nova Hollandia extratropica indigenae; bulbis indivisis, caule monophyllo, basi vaginis aliquot brevibus instructo, folio tereti, fistuloso, quandoque abbreviato, vagina longissima instructo, floribus spicatis.*

Prasophyllum R. Brown *prodr. 317.*

1582. Genoplesium *R. BR.* Perigonii ringentis foliola exteriora lateralia longiora, interiora basi cum columna connata. Labellum posticum, indivisum, ecalcaratum, basi cucullatum. Columna semibifida, laciniis lateralibus nullis. Anthera loculis approximatis. Pollinia. . . . — *Herba in Nova Hollandia orientali extratropica indigena, habitu Prasophylli.*

Genoplesium R. Brown *prodr. 319.*

1583. Orthoceras *R. BR.* Perigonii ringentis foliola exteriora lateralia linearia, erecta; interiora sessilia, nana, sub supremo ovato galeato conniventia. Labellum sessile, trifidum, ecalcaratum. Columna brevis, utrinque lobo petaloideo (staminodio) aucta. Anthera mutica, loculis approximatis. Pollinia 2, biloba. — *Herba in Nova Hollandia orientali extratropica indigena, habitu Diurium, a quibus sola perigonii conformatione differt.*

Orthoceras R. Brown *prodr. 316.*

1584. Diuris *SMITH.* Perigonii subringentis foliola exteriora lateralia linearia, elongata, labello trifido supposita, supremum multo latius, subfornicatum; interiora unguiculata, patula. Labellum sessile, trifidum, ecalcaratum. Columna brevis, utrinque lobo petaloideo (staminodio) aucta. Anthera mutica, loculis approximatis. Pollinia 2, biloba. — *Herbae in Nova Hollandia et in Nova Zeelandia indigenae, glabrae; bulbis radicalibus indivisis, foliis radicalibus linearibus paucis, scapo vaginato, floribus majusculis, spicato-racemosis.*

Diuris Smith *in Linn. Transact. IV. 222. Exot. Bot. I. t. 9. 30.* R. Brown *prodr. 315.* Bot. Mag. *t. 3156.* A. Rich. *Flor. Nov. Zeel. t. 25. f. 1.*

1585. Epiblema *R. BR.* Perigonii subregularis foliola exteriora et interiora aequalia, patula. Labellum unguiculatum, ecalcaratum, ungue canaliculato, marginibus callosis e columnae basi productis, lamina integra, basi processubus filiformibus fasciculatis. Columna petaloideo-marginata. Anthera intramarginalis, mutica. Pollinia 2, biloba. — *Herbae in Novae Hollandiae ora australi indigenae, habitu Thelymitrae, floribus caeruleis, speciosis.*

Epiblema R. Brown *prodr. 315.*

1586. Thelymitra *FORST.* Perigonii regularis foliola exteriora interioribus aequalia, semipatentia. Labellum sessile, ecalcaratum, perigonii foliolis conforme. Columna bifida, clinandrio petaloideo cucullato, apice trifido, lobis lateralibus (staminodiis) penicillatis barbatisve aut rarius nudis. Anthera intramarginalis, clinandrii lobo intermedio demissius inserta, mutica v. mucronata, loculis bilocellatis. Pollinia 4, stigmatis glandulae affixa. — *Herbae in Nova Hollandia extratropica et in Nova Zeelandia indigenae, glabrae; radicibus fasciculatis bulbiferis, caule foliato, vaginato, foliis linearibus canaliculatis, floribus laxe spicatis, majusculis, speciosis, ut plurimum caeruleis, albis v. carneis, rarius flavis.*

Thelymitra Forst. *char. gen. 49.* Smith *exot. Bot. I. t. 29.* Swartz *Act. Holm. 1800. p. 228. t. 3. f. l.* R. Brown *prodr. 314.* Blume *Bijdr. 419.* A. Richard *Flor. Nov. Zeel. t. 25. f. 2.*

SUBORDO VI. ARETHUSEAE Lindl. *Orchid. Scelet. 10.* Pollinis massae pulvereae, v. e corpusculis angulatis, basi aut infra apicem affixae. Anthera terminalis, opercularis. — *Herbae terrestres, acaules* *v. caulescentes, radicibus fibrosis v. bulbosis. — Arethuseae maxima copia in hemisphaerae australis regionibus extratropicis temperatis obviae, in regionibus tropicis utriusque continentis, et sub coelo temperato hemisphaerae borealis rarius obviae sunt.*

1587. Decaisnea *BRONGN.* Perigonii foliola subaequalia, basi inter se connata, exteriora lateralia labello supposita, inferne gibbosa, labello adhaerentia; interiora supremo aequalia. Labellum conforme, basi foliolis lateralibus connatum, limbo libero incluso, indiviso, concavo. Columna brevis, compressa, clinandrio postice membranaceo, biaurito. Anthera terminalis, opercularis, loculis discretis. Pollinia 2, stigmatis apici soluto affixa. — *Herba brasiliensis; radice e fibris clavatis, foliis radicalibus rosulatis, ovatis, membranaceis, nervosis, basi vaginantibus, caulinis lanceolatis, squamaeformibus, spica cylindrica densa, floribus parvis, confertis, bracteatis.*

Decaisnea Brongniart *ad Duperr. 192. t. 39.*

1588. Microtis *R. BR.* Perigonii ringentis foliola exteriora lateralia sessilia, labello supposita, supremum galeatum; interiora lateralibus subconformia, adscendentia. Labellum cum columnae basi producta subunguiculatum, oblongum, indivisum v. bilobum, basi callosum. Columna infundibuliformis, apice biaurita. Anthera terminalis, persistens, mutica, loculis discretis. Pollinia 4, stigmatis apici soluto affixa. — *Herbae glabrae, in Novae Hollandiae extratropicae ora orientali et meridionali indigenae; bulbo radicali indiviso, nudo, folio caulino unico fistuloso, tereti, longe vaginato, spica multiflora, densa, floribus parvis, virescentibus v. albis.*

Microtis R. Brown *prodr. 320.* Hooker *in Bot. Mag. t. 3377. 3378.*

1589. Acianthus *R. BR.* Perigonii subringentis foliola exteriora aristata, lateralia angustiora, labello supposita; interiora minora, erectiuscula v. reflexa. Labellum dissimile, foliolis brevius, porrectum, indivisum, basi bicallosum, disco inappendiculato. Columna semiteres, arcuata, aptera. Anthera terminalis, persistens, loculis approximatis. Pollinia 4, distincta v. per paria cohaerentia. — *Herbae tenerae, glabriusculae, in Nova Hollandia extratropica orientali indigenae; bulbis radicalibus nudis, indivisis, novellis pedicellatis, caule unifolio basi vagina brevi incluso, superne ebracteato, folio profunde cordato, acuto, trinervio, reticulato-venoso, subtus rufo, floribus racemosis v. solitariis, rufis.*

Acianthus R. Brown *prodr. 321.*

1590. Cyrtostylis *R. BR.* Perigonii bilabiati folia mutica, exteriora lateralia cum interioribus subaequalibus patula, supremum erectum. Labellum dissimile, foliolis paullo brevius, porrectum, indivisum, basi bicallosum, disco inappendiculato. Columna semiteres, apice dilatato-auriculato. Anthera terminalis, persistens, loculis approximatis. Pollinia 4, compressa, distincta. — *Herba in Nova Hollandia orientali extratropica indigena; habitu Acianthi, a quo vix nisi columnae apice dilatato differt; folio reniformi multinervi, reticulato-venoso.*

Cyrtostylis R. Brown *prodr. 322.* Hooker *Journal of Bot. t. 135.*

1591. Chiloglottis *R. BR.* Perigonii bilabiati foliola exteriora lateralia labello supposita et basi adnata, canaliculata, apice teretia, supremum apicem versus dilatatum, in acumen desinens; interiora lanceolata, reflexa. Labellum unguiculatum, basi bicallosum, disco laminae glanduloso, basi appendicula ligulata. Columna arcuata, apice auriculato-bifida. Anthera terminalis, persistens, loculis approximatis. Pollinia 4, compressa. — *Herbae glabrae, in Nova Hollandia extratropica orientali indigenae; bulbo solitario nudo, caudicem descendentem radicantem terminante, foliis radicalibus binis, approximatis, ovalibus, multinerviis, basibus angustatis vagina scariosa inclusis, scapo unifloro, medio unibracteato, flore rufo, ebracteolato.*

Chiloglottis R. Brown *prodr. 322.* Ferd. Bauer *Illustr. t. 8.*

1592. Eriochilus *R. BR.* Perigonii bilabiati foliola exteriora lateralia unguiculata, labello supposita, deflexa, supremum cum interioribus minoribus sibi conformibus erectum. Labellum unguiculatum, ungue cum columna parallelo, inappendiculato, lamina patente, disco pubescente, eglandulosa. Columna erecta, semiteres, apice simplici. Anthera terminalis, persistens, mutica, loculis approximatis. Pollinia 8, quaternatim cohaerentia, incumbentia, antica minora. — *Herba in Nova Hollandia extratropica orientali et meridionali observata; bulbo subgloboso nudo, caudicem descendentem terminante, folio radicali unico, subovato, nunc cucullato, basi vagina scariosa incluso, scapo uni-trifloro, bracteis praeter florales nullis, floribus albis purpurascentibusve, extus ovariisque pube subglandulosa brevissima conspersis.*

Eriochilus R. Brown *prodr. 323.* Epipactis cucullata Labill. *Nov. Holl. II. 61. t. 211. f. 2.*

1593. Caladenia *R. BR.* Perigonii foliola subaequalia, exteriora lateralia cum interioribus in labium inferius patentia, supremum erectum. Labellum unguiculatum, cucullatum, subtrilobum v. apice angustatum, disco glandulis seriatis ornatum. Columna membranaceo-dilatata. Anthera terminalis, persistens, saepissime mucronata, loculis approximatis. Pollinia 2, a latere compressa, semibiloba, lobo antico minore. — *Herbae pulcherrimae, in Nova Hollandia intra et extratropicos, nec non in insula Diemen indigenae, glanduloso-pubescentes, pilis simplicibus intermixtis; bulbo indiviso caudicem descendentem terminante, lamelloso-tunicato, folio unico subradicali, saepius lineari, basi vagina incluso, scapo bractea praeter florales unica instructo, uni-trifloro, floribus inodoris, colore vario, extus glanduloso-pubescentibus.*

Caladenia R. Brown *prodr. 323.*

a) EUCALADENIA. Perigonii foliola subaequalia, quatuor labium inferius efformantia.

Caladeniae verae R. Brown *l. c.*

b) LEPTOCERAS. Perigonii foliola exteriora lateralia labium inferius efformantia, interiora elongata, adscendentia, angustata.

Leptoceras R. Brown *l. c.*

1594. Glossodia *R. BR.* Perigonii foliola patentia, exteriora et interiora aequalia. Labellum dissimile, brevius, sessile, indivisum, eglandulosum. Appendix ligularis inter labellum et columnam. Columna membranaceo-dilatata. Anthera terminalis, persistens, mucronata, loculis approximatis. Pollinia 4, compressa. — *Herbae pilosae, in Nova Hollandia orientali extratropica indigenae; bulbo radicali indiviso, lamelloso-tunicato, folio radicali unico, basi vagina membranacea incluso, scapo uni- v. rarius bifloro, medio unibracteato.*

Glossodia R. Brown *prodr. 325.*

1595. Pterostylis *R. BR.* Perigonii ringentis foliola exteriora lateralia labello supposita, et inferne adhaerentia, basi inter se connata, supremum inferne columnae adhaerens, galeatum; interiora paullo minora, libera. Labellum unguiculatum, subinclusum, lamina indivisa, basi appendiculata v. gibbosa. Columna basi cum galea connata, superne libera, apice late auriculato-alata, medio stigmatosa. Anthera terminalis, persistens, loculis approximatis. Pollinia 4, compressa. — *Herbae glabrae, in Nova Hollandia extratropica orientali, et in insula Diemen indigenae; bulbis nudis indivisis, caudicem descendentem radiciformem terminantibus, foliis nunc omnibus radicalibus stellatis, membranaceis, nervosis, scapo aphyllo, bracteato, nunc caulinis alternis, radicalibus tunc nullis, floribus solitariis rariusve racemosis, ochroleucis v. viridirufis, saepius majusculis.*

Pterostylis R. Brown *prodr. 326.* Ferd. Bauer *Illustr. t. 2.* Guillem. *Ic. lithogr. t. 2. 6.* Bot. Mag. *t. 3085. 3086. 3172. 3400. 3401.* Hooker *Journal of Bot. t. 36.*

1596. Lyperanthus *R. BR.* Perigonii ringentis foliola exteriora lateralia cum interioribus subaequalibus patentia, supremum latius, fornicatum. Labellum foliolis brevius, marginibus columnae parallele adscendentibus semicucullatum, disco glanduloso v. papuloso, margine integro v. fimbriato. Columna linearis, arcuata. Anthera terminalis, persistens, acutiuscula, loculis approximatis. Pollinia 4. — *Herbae in Nova Hollandia extratropica orientali et meridionali indigenae; bulbo nudo, indiviso, caudicem descendentem, supra bulbum radicantem terminante, caule juxta basim monophyllo, supra bracteis praeter florales duabus, vaginantibus instructo, floribus racemosis, atro-rufis, saepius resupinatis, glabris.*

Lyperanthus R. Brown *prodr. 325.*

1597. Corysanthes *R. BR.* Perigonii ringentis foliola exteriora lateralia linearia, cum interioribus subaequalibus deflexa, a labello occultata, supremum maximum, galeatum. Labellum maximum, cucullatum v. tubulosum, basi muticum v. bicalcaratum. Columna brevis, semiteres. Anthera terminalis, unilocularis, semibivalvis, persistens. Pollinia 4. — *Herbae pusillae, glabrae, in Nova Hollandia extratropica orientali indigenae, admodum rarae, bulbis radicalibus nudis, indivisis, folio radicali unico subrotundo, quandoque sublobato, flore subsessili, pro statura plantulae maximo, saturate rufo.*

Corysanthes R. Brown *prodr. 326.*

a) CORYSANTHES. Labellum ecalcaratum, inferne cucullatum, superne dilatatum, marginibus inflexis fimbriatum. Galea sessilis.

Corysanthes fimbriata R. Brown *l. c.* et *Gen. Rem. t. 10.*

b) STELEOCORYS. Labellum ecalcaratum, tubulosum, apice aperto obliquo. Galea unguiculata.

Corysanthes unguiculata R. Brown.

c) CORYBAS *Salisb.* Labellum tubulosum, apicis aperti dilatati marginibus reflexis, basi bicalcaratum. Galea sessilis.

Corybas Salisb. *Parad. t. 83.* Corysanthes bicalcarata R. Brown.

1598. Caleya *R. BR.* Perigonii foliola linearia, subaequalia, exteriora lateralia labello supposita, supremum cum interioribus adscendens v. reflexum. Labellum unguiculatum, lamina peltata, cava, extrorsum aperta. Columna petaloideo-dilatata. Anthera terminalis, persistens, loculis approximatis. Pollinia 4. — *Herbae glabrae, in Nova Hollandia orientali extratropica indigenae; bulbo radicali indiviso, caudicem descendentem supra fibrosum terminante, novello pedicellato, folio radicali unico, lineari, basi vagina incluso, scapo bractea praeter florales unica v. nulla, paucifloro, floribus fusco-viridibus, labello irritabili columnaque rufis.*

Caleya R. Brown *in Ait. Hort. kew. 2. V. 204.* Caleana R. Brown *prodr. 329.*

1599. Calcearia *BLUM.* Perigonii ringentis foliola basi connata, exteriora lateralia linearia, cum interioribus conformibus erecto patula, supremum spathulatum, fornicatum. Labellum sessile, maximum, basi scrotiformi columnam amplectens, lamina patente subbiloba, intus bicallosa. Columna brevis aptera, obtusa, clinandrio antice in dentem producto. Anthera terminalis, persistens, unilocularis. Pollinia 2, biloba. — *Herba pusilla, in insula Javae monticola; radicibus tuberosis foliis radicalibus cordatis, membranaceis, reticulato-nervosis, floribus solitariis sessilibus, unibracteatis, purpureis.*

Calcearia Blume *Bijdr. 418.*

1600. Calopogon *R. BR.* Perigonii erecto-conniventis foliola subaequalia, exteriora lateralia basi obliqua; interiora nonnihil angustiora. Labellum posticum, unguiculatum, patentiusculum, lamina disco barbata. Columna semiteres, incurva, apice alata. Anthera terminalis, loculis approximatis. Pollinia 2, angulata. — *Herba boreali americana; foliis radicalibus lanceolatis, scapo elato, floribus laxe spicatis, purpureis.*

Calopogon R. Brown *in Ait. Hort. kew. 2. V. 204.* Sweet *Fl. gard. t. 115.* Cathea Salisb. Cymbidium pulchellum Willd. Limodori sp. Bot. Mag. *t. 116.*

1601. Pogonia *JUSS.* Perigonii erecto-conniventis foliola exteriora et interiora aequalia. Labellum sessile v. unguiculatum, cucullatum, lamina disco papilloso cristata. Columna semiteres, apice clavata, marginata. Anthera terminalis, loculis divaricatis. Pollinia 2, sulcata. — *Herbae in America boreali et antarctica indigenae; radicibus tuberosis v. fasciculatis, caule monophyllo v. oligophyllo, foliis saepius subradicalibus verticillatis, uni-trifloro.*

Pogonia Juss. *gen. 65.* R. Brown *in Hort. kew. 2. V. 203.* Bot. Reg. *t. 148. 908.* Hooker *exot. Flor. t. 70.* Pöppig et Endl. *nov. gen. et sp. t. 123.* Pogonia et Triphora Nuttall *Gen. II. 192.* Nervilia Commers. ex Gaudich. *ad Freyc. 421. t. 35.* Odonectis Rafin. *in New-York medic. Reposit. II. Hex. V. 350.* Isotria Rafin. *in Journ. Phys. LXXXIX. 261.* (Arethusa verticillata et medeoloides Linn.) Arethusae sp. Linn. Calopogon Lessonii Brongn. *ad Duperr. t. 37. a.*

1602. Arethusa *GRONOV.* Perigonii foliola aequalia, basi cohaerentia, exteriora lateralia basi in gibber brevissimum producta, cum supremo et interioribus in galeam conniventia. Labellum basi columnae adnatum, superne cucullatum, disco intus cristatum. Columna linearis, apice petaloideo-dilatata. Anthera terminalis, loculis approximatis. Pollinia 4, angulata. — *Herba boreali americana, aphylla, radice tuberosa, scapo simplicissimo vaginato, flore terminali solitario, roseo.*

Arethusa Gronov. *Virgin.* 184. R. Brown *Hort. kew.* 2. *V.* 205. Hooker *exot. Flor.* t. 170. Bot. Mag. t. 2204.

1603. Haplostellis *A. RICH* Perigonii foliola exteriora anguste linearia, patentia; interiora subaequalia. Labellum sessile, erectum, apice dilatato truncatum. Columna recta, longiuscula, aptera. Anthera terminalis, mobilis, bilocularis. Pollinia 4, subglobosa. — *Herba mauritiana, vix nota, simplex, aphylla, tri-quadripollicaris; radice fibrosa, scapo medio unibracteato, flore terminali solitario, erecto.*

Haplostellis A. Richard *in Mem. soc. h. n. Paris.* IV. 36. Arethusa simplex Thouars *Orchid.* t. 24.

1604. Chloraea *LINDL.* Perigonii membranacei foliola exteriora subaequalia, lateralia labello supposita, apice incrassata, deflexa, supremum cum interioribus conformibus in galeam connivens. Labellum sessile, cucullatum, integrum v. trifidum, disco cristatum, saepius incrassatum. Columna elongata, semiteres, marginata. Anthera terminalis, loculis incomplete bilocellatis, stigmati in apice columnae transverso incumbens. Pollinia 2, bipartita, postice cohaerentia. — *Herbae austro-americanae, extratropicae, in terris chilensibus a maris littore ad Andium nives perpetuas repertae; radicibus fasciculatis, carnosis, grumoso-farinaceis, scapis simplicibus ima basi foliosis, superne bracteis reticulatis vaginatis, foliis oblongis, nervosis, venosis, praecocibus, floribus spicatis magnis, speciosis, albis, virescentibus, flavidis v. croceis, perigonii foliolis membranaceis reticulato-venosis, venis intensius coloratis, saepe nigricantibus.*

Chloraea Lindley *in Brandes n. Journ. of sc.* 1827. p. 43. Pöppig et Endl. *nov. gen. et sp.* I. 28. t. 46—50. 52—55. (*excl.* t. 51.) Brongn. *ad Duperr.* t. 44. Epipactis Feuill. *Peru.* II. t. 18. 19.

1605. Asarca *LINDL.* Perigonii membranacei foliola exteriora lateralia labello supposita, patentia v. deflexa, supremum et interiora paullo minora, erecta v. patula. Labellum unguiculatum, trilobum, basi bicallosum, lobo medio cristato. Columna arcuata, membranaceo-marginata, apice dilatata, stigmate antico convexo. Anthera terminalis, opercularis, loculis incomplete bilocellatis. Pollinia 2, bipartita, postice cohaerentia. — *Herbae austro-americanae, extratropicae, habitu omnino Chloreae, a qua perigonio, labello et columna leviter differunt.*

Asarca Lindley *in Brandes n. Journ. of sc.* 1827. p. 52. Pöppig et Endl. *nov. gen. et sp.* II. t. 118—120. Gavilea et Asarca Pöppig *Fragm.* 18. 19. Epipactis Feuill. *Peruv.* t. 17.

1606. Bipinnula *COMMERS.* Perigonii membranacei foliola exteriora lateralia labello supposita, elongata, fimbriata, supremum multo minus galeatum, cum interioribus subaequalibus connivens. Labellum sessile, cucullatum, integrum, cristatum, appendicibus filiformibus fimbriatum. Columna elongata, semiteres, marginata. Anthera terminalis, opercularis, bilocularis. Pollinia 2, bipartita, postice cohaerentia. — *Herbae austro-americanae, extratropicae; radicibus fasciculatis, foliis planis radicalibus, scapis squamosis, floribus spicatis, v. aphyllae, scapo unifloro. — Genus vix a Chloraea satis diversum.*

Bipinnula Juss. *gen.* 65. Lindley *in Brandes Journ. of sc.* 1827. p. 43. Arethusa biplumata Linn. Smith *Ic. inedit.* t. 23. —? Chloraea fimbriata Pöppig et Endl. *nov. gen. et sp.* t. 51.

1607. Limodorum *TOURNEF.* Perigonii foliola exteriora aequalia, conniventia, supremum subfornicatum; interiora multo angustiora. Labellum unguiculatum, erectum, ungue basi in calcar longum producto, lamina articulata, indivisa, columnam amplectens. Columna elongata, semiteres. Anthera terminalis mobilis, persistens, loculis approximatis. Pollinia 2, integra. — *Herba pedalis, in Europa media et australi raro obvia; radice fibrosa, scapo aphyllo vaginato, florum spica elongata, laxiuscula.*

Limodorum Tournef. *instit.* 437. L. C. Richard *Orchid. europ.* 20. Nees jun. *Gen. plant. fasc.* V. t. 11. Orchis abortiva Linn. Jacq. *Fl. austr.* t. 193.

OBSERVATIO. Anthogonium Wallich. *Cat. n.* 7398. a cl. Lindley *Introduct. edit.* II. p. 341. pone Limodorum collocatum, mihi omnino incognitum est.

1608. Cephalanthera *L. C. RICH.* Perigonii foliola semipatentia, exteriora et interiora aequalia. Labellum sessile, interruptum, hypochilio saccato-concavo, cum epichilio apice recurvo articulato. Columna elongata, semiteres. Anthera terminalis, stipitata, mobilis, persistens, loculis incomplete bilocellatis. Pollinia 2, biloba. — *Herbae in Europa media et australi sylvicolae; radicibus fibrosis, caule folioso, foliis lanceolatis, nervosis, spica laxa, foliosa v. bracteata.*

Cephalanthera L. C. Rich. *Orchid. europ.* 21. Nees jun. *Gen. plant. fasc.* V. t. 12. Serapidis sp. Linn. E. B. t. 271. 437. 494.

1609. Crybe *LINDL.* Perigonii clausi foliola conniventia, exteriora et interiora aequalia, lateralia basi obliqua. Labellum majus, basi cum columna connatum, membranaceum, cucullatum, erectum. Columna clavata, membranacea, medio bidentata. Anthera terminalis, opercularis. . . — *Herba mexicana; foliis ex apice pseudobulbi epigaei erumpentibus, pedalibus, lanceolatis, plicatis, scapo laterali, vaginato, racemo paucifloro, floribus majusculis, nutantibus.*

Crybe Lindley *in Bot. Reg.* t. 1872.

1610. Cyathoglottis *PÖPP. et ENDL.* Perigonii clausi foliola conniventia, exteriora et interiora inter se, lateralia etiam basi aequalia. Labellum minus, facie inferne cum columnae basi connatum, marginibus eandem amplexans, lamina indivisa, plana. Columna clavata, membranaceo-marginata. Anthera terminalis, opercularis. . . . — *Herbae peruvianae, andicolae, in truncis arborum parasiticae; radicibus repentibus caespitosis, caulibus suffruticosis, foliis oblongo-lanceolatis, rigidis, nervosis, floribus spicatis v. racemosis, fugacissimis, croceis v. candidis.*

Cyathoglottis Pöppig et Endl. *nov. gen. et sp.* I. 55. t. 94.

1611. Sobralia *RUIZ et PAV.* Perigonii foliola exteriora patentia v. reflexa, lateralia labello supposita; interiora erecta, angustiora. Labellum sessile, liberum, indivisum, circa columnam in tubum convolutum, disco plicato barbatum. Columna semiteres, anguste alata, infra stigma bituberculata, apice trifida, lobo medio antherifero. Anthera terminalis, stipitata, persistens, loculis approximatis, incomplete bilocellatis. Pollinia 4, compressa, basi retroplicata. — *Herbae in rupestribus apricis calidissimis Peruviae saepius dumeta densa efficientes; radicibus simplicibus, fibrosis, caulibus suffruticosis, interdum triorgyalibus, simplicibus v. ramosis, foliosissimis, floribus in racemum terminalem v. axillarem dispositis, niveis, roseis, sanguineis v. violaceis, magnis.*

Sobralia Ruiz et Pav. *prodr. 120. t. 120.* Pöppig et Endl. *nov. gen. et sp. I. 53. t. 93.*

1612. Epistephium *H. B. K.* Perigonii basi calyculo urceolato denticulato excepti foliola exteriora patentia v. reflexa, lateralia labello supposita; interiora erecta, angustiora. Labellum sessile, liberum, indivisum, circa columnam in tubum convolutum, disco barbatum cristatumve. Columna semiteres, anguste alata, infra stigma bituberculata, apice trifida, lobo medio cucullato, antherifero. Anthera terminalis, persistens, loculis approximatis, incomplete bilocellatis. Pollinia 4, compressa, basi retroplicata. — *Herbae in America aequinoctiali epigaeae, Sobraliae habitu, a qua nonnisi calyculo accessorio ovarii apici continuo, unico inter Orchideas exemplo, differunt.*

Epistephium Kunth *in Humb. et Bonpl. nov. gen. et sp. VII. 158. t. 632.* Pöppig et Endl. *nov. gen. et sp. I. 52. t. 91. 92.*

1613. Cyrtosia *BLUM.* Perigonii conniventis foliola conformia, exteriora et interiora subaequalia. Labellum carnosum, concavum, intus discoideum, cum columna inferne connexum, limbo rotundato v. emarginato, recto. Columna subincurva, superne dilatata aut subalata. Anthera carnosa, bilocularis, columnam postice terminans. Pollinia 2, reniformia, farinoso-pulposa, libera. Capsula siliquaeformis, carnosa. Semina scobiformia. — *Herbae javanicae, epigaeae, caulescentes; radicibus tuberosis, conglobatis, difformibus, caulibus aphyllis (stipulis instructis?) floribus spicatis v. paniculatis, bracteatis.*

Cyrtosia Blume *Bijdr. 396. fig. 6.* Lindley *Orchid. 25.*

1614. Vanilla *SWARTZ.* Perigonii cum ovario articulati foliola erecto-patentia, conformia, exteriora et interiora aequalia. Labellum columnae adnatum, planum, apice convolutum. Columna rectiuscula, aptera. Anthera terminalis, opercularis. Pollinia 2, granulosa. Capsula siliquaeformis, carnosa. Semina globosa, testa solida. — *Herbae in America et Asia tropica indigenae, in fissuris rupium crescentes, et super arbores altissime scandentes, nonnullae ob capsulas pulpa armatica, oleo essentiali et acido benzoico scatente repletas, in America cultae; foliis oblongis, nervosis, floribus spicatis.*

Vanilla Swartz *Flor. Ind. occid. III. 1518.* R. Brown *Hort. kew. 2. V. 220.* Andr. *Bot. Reposit. t. 538.* Nees jun. *Plant. offic.* Franc. Bauer *Illust. Orchid. t. 8.* Epidendrum Vanilla Linn.

GENERA DUBIAE AFFINITATIS.

1615. Macrostylis *KUHL et HASS.* Perigonii patentis foliola libera, exteriora et interiora aequalia. Labellum posticum, unguiculatum, erectum, columnam amplectens. Columna elongata, teres, recta, apice incrassata. Anthera postica. Pollinia 2, in lobulos sectilia, in caudiculam communem, stigmatis denticulis duobus retentam desinentia. Capsula dehiscens, columna persistente terminata. — *Herba terrestris, javanica; caule erecto, decempedali, foliis distichis, lanceolatis, plicatis, racemis axillaribus.*

Macrostylis Kuhl et Hasselt *Orchid. edidit Breda t. 2.*

*

1616. Thelychiton *ENDL.* Perigonii erecto-patentis foliola libera, exteriora et interiora aequalia. Labellum sessile, conforme, planum, ecarinatum. Columna brevissima, annularis, stigma centrale sessile ambiens, limbo subbilabiato, labio antico intus proscolla, postico anthera terminato. Anthera terminalis, opercularis, bilocularis, loculis bilocellatis. Pollinia 4, pulverea, basi subcohaerentia. — *Herbae in insula Norfolk ut videtur epiphytae, pseudobulbosae v. caulescentes; pseudobulbis mono-triphyllis, scapis radicalibus paucifloris, v. racemo terminali subcorymboso. — Genus distinctissimum, sed difficulter collocandum.*

Thelychiton Endl. *prodr. Flor. Norfolk. p. 32.*

*

1617. Acronia *PRESL.* Perigonii patentis foliola exteriora lateralia inter se, supremum cum interioribus connata, elongato-acuminata. Labellum usque ad basim bifidum, laciniis linearibus, divergentibus. Columna brevis, erectiuscula, apice orbiculato-dilatata. Anthera sessilis, decidua. Pollinia 2, pulverea. — *Herba peruana, ut videtur epigaea; scapo solitario, erecto, monophyllo, folio late ovato, nervoso, amplexicauli, spica terminali laxa, floribus majusculis, purpurascentibus.*

Acronia Presl *Reliq. Haenk. I. 104. Symb. II. 9. t. 57.*

OBSERVATIO. Callista Loureir. *Flor. cochinch. II. 633.* Galeola Loureir. *op. cit. 635.* et Thrixspermum Loureir. *op. cit. 634.* collocari nequeunt.

SUBORDO VII. CYPRIPEDIEAE

Lindl. *Scelet. p. 7.* Antherae laterales fertiles, intermedia sterilis, petaloidea.

1618. Cypripedium *LINN.* Perigonii patentis foliola exteriora lateralia uninervia, labello supposita, libera v. inter se connata, supremum conforme, quinquenerve; interiora angustiora. Labellum maximum, inflatum, calceiforme. Columna brevis, cernua, apice trifida, lobis lateralibus subtus antheriferis, intermedio sterili, petaloideo-dilatato. Antherae loculis discretis, subbivalves. Pollen pulticeogranulosum. Stigma deltoideum, columnae faciem infra antheras occupans. Capsula unilocularis, placentis parietalibus tribus. Semina plurima, scobiformia. — *Herbae in hemisphaerae borealis temperatis et frigidiusculis obviae, in America nonnihil frequentiores; radicibus fibrosis, caulibus foliosis, floribus magnis, speciosis.*

Cypripedium Linn. *gen. n. 1015.* Salisb. *in Linn. Transact. I. t. 2. 3.* E. B. *t. 1.* Andr. *Bot. Reposit. t. 338.* Bot. Mag. *t. 192. 216. 324. 911. 2938. 3024. 3412.* Bot. Reg. *t. 788. 1534. 1666.* Redouté *Liliac. t. 19.* Lindley *Collect. t. 32.* Hooker *exot. Flor. t. 34. 35.* Sweet *Brit. Fl. Gard. t. 71. 80. 213. 240. II. 1.* — Criosanthes Rafin. *in Journal Phys. LXXIX. 102.*

Ordo LXVII. Apostasieae.

APOSTASIEAE R. Brown *in Wallich pl. As. rar. I. 74.* Blume *Nov. famil. exposit. 7.* Lindley *introduct. edit. II. p. 324.*

Herbae terrestres, laeves, rigidusculae, Indiae orientalis terram continentem et insulas parce incolentes. Radices fibrosae. Caules graciles, cylindrici, indivisi v. simpliciter ramosi. Folia numerosa, alterna, approximata, graminea, quinquenervia, multilineata, e basi amplexicauli vaginante angustata. Racemi in summorum foliorum alis v. terminales, multiflori, nutantes.

Flores hermaphroditi, regulares (in Apostasia) v. irregulares (in Neuwiedia), parvuli, inconspicui, fragrantes, breviter pedicellati; pedicelli bracteis persistentibus, carinatis, saepius demum incrassatis fulti, interdum bracteolis imbricatis obsiti.

Perigonium corollinum, superum, subobliquum, hexaphyllum, deciduum; folia sublinearia, planiuscula, basi conniventia, apice patentia, biseriata, exteriora anticum et duo lateralia; interiora subangustiora, duo lateralia et unum posticum, aliquando (in Neuwiedia) dissimile, labelliforme.

Stamina 3, duo perigonii foliolis interioribus lateralibus opposita, stylo paullo supra ejus basim inserta, eidem parallele adscendentia, tertium e regione folioli antici, stylo paullo altius adnatum, rarissime aeque fertile (in Neuwiedia), plerumque castratum v. plane deficiens. Filamenta brevissima, subulata. Antherae introrsae, biloculares, dorso paullo supra basim affixae, erectae, oblongae, filamento duplo longiores; loculi appositi, sulco longitudinali discreti, basi aequales v. oblique acutati, longitudinaliter dehiscentes. Pollen e granulis distinctis.

Ovarium inferum, oblongo-cylindricum, obsolete trigonum, triloculare, multiovulatum. Ovula loculorum angulo centrali inserta. Stylus teres, gracilis, stamina aequans vel paullo superans. Stigma terminale, obtusum, trigonum v. obsolete trilobum.

Capsula membranacea, trilocularis, loculicido-trivalvis, valvis medio septiferis, basi et apice cohaerentibus.

Semina plurima, minutissima, ovata, testaque nucleo conformi; v. scobiformia, testa membranacea, utrinque relaxata.

Ordo Gynandrarum classim absolvit, Orchideas cum Burmanniaceis et Irideis connectens, a quibus tamen, non solum staminum cum stylo symphysi, sed etiam eorundem ante perigonii foliola interiora lateralia et anticum seriei exterioris situ, optime distinguitur.

1619. Apostasia *BLUM.* Perigonii corollini superi foliola 6, aequalia. Stamina 3, duo ante perigonii foliola interiora lateralia antherifera, tertium extimo antico oppositum, sterile v. plane deficiens; filamenta stylo inserta, antherae biloculares. Ovarium inferum, triloculare. Ovula in loculorum angulo centrali plurima. Stylus simplex; stigma obsolete trilobum. Capsula trilocularis. Semina plurima, ovata, testa nucleo conformi. — *Herbae per Indiae continentem insulasque diffusae; caulibus gracilibus, foliosis, racemis terminalibus axillaribusque nutantibus.*

Apostasia Blume *Bijdr.* 423. *Nov. famil. exposit.* 9. R. Brown *in Wallich pl. As. rar. I.* 74.

a) ADACTYLUS. Staminis tertii vestigium nullum. Antherarum loculi basi aequales. — *Pulo-Penang.*

Apostasia nuda R. Brown *in Wallich pl. As. rar. t.* 85. Franc. Bauer *Illustr. orchid. t.* 10.

b) MESODACTYLUS *Wall.* Staminis tertii filamentum anantherum. Antherarum loculi basi inaequales. — *Nepalia, Java, Nova Guinea.*

Mesodactylus Wallich *msc.* Apostasia odorata Blume *Bijdr.* 423. *fig.* 5. et A. Wallichii R. Brown *op. cit. t.* 84.

1620. Neuwiedia *BLUM.* Perigonii corollini superi foliola 6, intimum posticum (labellum) difforme. Stamina 3, aeque fertilia; filamenta stylo inserta, antherae biloculares. Ovarium inferum, triloculare. Ovula in loculorum angulo centrali plurima. Stylus simplex; stigma trigonum. Capsula trilocularis. Semina plurima, scobiformia, testa membranacea, utrinque relaxata. — *Herba javanica; caule simplici inferne radicante, foliis lato-lanceolatis, nervoso-plicatis, racemo terminali puberulo, floribus breviter pedicellatis, unibracteatis, flavescentibus.*

Neuwiedia Blume *Nov. famil. exposit.* 12.

Classis XIX. Scitamineae.

Herbae interdum arboriformes. Caules simplices, foliati, interdum abbreviati, nulli. Folia basi vaginantia, lamina integerrima, uninervis, nervulis plurimis simplicibus, obliquis v. transversis, apice incurvis. **Perigonium** epigynum, irregulare, simplex hexaphyllum cum **staminibus** senis; v. duplex, exterius (calyx) trimerum saepius rudius, interius (corolla) hexamerum cum **stamine** unico. **Ovarium** inferum, uni-triloculare. Ovula in loculis solitaria, basilaria, v. plurima, horizontalia, campylotropa v. anatropa. **Fructus** capsularis v. rarius baccatus. **Semina** albuminosa. **Embryo** axilis, homotropus, extremitate radiculari infera v. centripeta.

Ordo LXVIII. Zingiberaceae.

ZINGIBERACEAE L. C. Richard *Anal. du Fruit.* 36. Lindley *introduct. edit. II. p.* 322. SCITAMINEAE R. Brown *prodr.* 305. AMOMEAE Juss. *in Mirbel Elem.* 854. Bartl. *ord. nat.* 60. ALPINIACEAE Link *Handb. I.* 228.

Herbae rhizomate repente v. tuberoso, rarius fibroso perennantes, acaules v. caulescentes; caule dum adest simplici, foliato, e foliorum vaginis scapum ambientibus conflato. Folia nunc omnia radicalia, nunc caulina, alterna, simplicia, petiolata, petiolo vaginam longitudinaliter fissam, rarissime clausam, ore ligula instructam v. nudam formante, lamina plana, lata, integerrima, nervo medio valido, utrinque nervos secundarios simplicissimos, obliquos v. fere transversos, apice incurvos exscrente. Inflorescentia radicalis v. terminalis, densius laxiusve spicata, racemosa v. paniculata.

Flores hermaphroditi, irregulares, in axillis bractearum spathiformium, membranacearum, nudi v. saepius bracteati.

Perigonium duplex, utrumque epigynum, exterius (*calyx*) brevius, plerumque coloratum, tubulosum, tubo integro v. hinc fisso, limbo tridentato v. plus minus profunde trifido; interius (*corolla*) corollinum, tubulosum, tubo plus minus longo, limbi sexpartiti laciniis biseriatis, tribus exterioribus subaequalibus, v. duabus lateralibus inter se aequalibus, tertia antica (resupinatione postica) situ formaque nonnihil diversa, interioribus lateralibus rarissime exterioribus conformibus, plerumque minimis, denticuliformibus v. plane abortivis, postica (*labello*) majore v. maxima, plana v. interdum saccata, integra v. bi-triloba.

Stamen unicum, corollae laciniae exteriori posticae e regione labelli insertum. Filamentum lineare, planum v. carinatum, saepius ultra antherarum loculos longe lateque productum, indivisum v. lobatum, marginibus nudum v. appendicibus auctum, basi liberum v. cum corollae laciniis interioribus cohaerens, aut etiam antice cum labelli basi tubulatum. Anthera bilocularis, terminalis, erecta v. incumbens, aut plerumque filamento demissius inserta; loculis parallelis, plus minus a se remotis, marginalibus v. intramarginalibus, toto dorso adnatis, basi solutis muticis, v. in appendicem brevem calcariformem productis, longitudinaliter dehiscentibus. Pollinis granula globulosa, laevia.

Ovarium inferum, triloculare, rarissime bi- v. uniloculare. Ovula plurima, in loculorum angulo centrali bi-pluriseriata, horizontalia, anatropa, in ovariis uni-bilocularibus solitaria, e basi erecta. Stylus filiformis, inter antherae loculos transiens, et saepius ab iisdem retentus, basi glandulis carnosis epigynis, ut plurimum duobus plus minus distinctis, rarius in annulum vaginulaeformem confluentibus, stipatus. Stigma terminale, capitato-incrassatum, saepissime infundibuliformi-excavatum.

Capsula infera, perigonii rudimentis superata, membranacea v. rarius crustacea, interdum baccata, trilocularis, loculicido-trivalvis, dissepimentis saepissime centralibus demum ab axi valvularum solutis, substantia diversis, rarissime bi- v. unilocularis, indehiscens.

Semina in fructu uni-biloculari in loculis solitaria, e basi erecta et eosdem replentia; in fructu triloculari plurima; subrotunda, pressione mutua angulata, nuda v. arillo brevi carnoso, umbilicum basilarem excavatum recludente stipata. Testa cartilaginea, saepius rugulosa, rhaphe et chalaza vix manifestis. Albumen farinaceum, substantia radiata, versus umbilicum deficiens. Vitellus carnosus, subinfundibuliformis, umbilico contrarius, basi pro exsertione extremitatis radicularis embryonis perforatus.

Embryo orthotropus, axilis, teretiusculus, apice a vitello vaginatus, nec ei cohaerens, extremitate radiculari umbilicum attingente, e vitello exserta, nec ab albumine inclusa.

Amomeae omnes tropicae, plurimae asiaticae, pauciores americanae, in Africa rarissimae, ob tubera et rhizomata succis propriis aromaticis v. resinosis scatentia, et embryonis vitellum in plurimis aromaticum celebrantur. — Genera omnia denuo accurate examinanda.

SECTIO I. GLOBBAE Blume *Enum. plant. Jav. I. 62.* Herbae rhizocarpicae; inflorescentia terminali, laxe paniculata, racemosa v. spicata.

1621. Globba *LINN.* Calyx laxe tubulosus, trifidus. Corollae tubus gracilis, limbi laciniae exteriores subaequales, interiores laterales angustae v. minimae denticuliformes; labellum majus, integrum, cum filamento tubulatum. Filamentum lineare, carinatum, elongatum, ultra antheram nudam v. basi varie appendiculatam haud productum. Ovarium inferum, septis incompletis uniloculare. Ovula in placentis parietalibus tribus plurima, adscendentia, anatropa. Stylus filiformis, inter antherae loculos transiens; stigma infundibuliforme. Capsula unilocularis, trivalvis, valvis medio seminiferis. Semina plurima, arillata. — *Herbae asiaticae tropicae, annuae, humiles; foliis distichis, membranaceis, lanceolatis, vaginis fissis, inflorescentia terminali, laxe fasciculata, racemosa v. spicata.*

Globba Linn. *gen. n.* 1287. Rosc. *in Linn. Transact. VIII. 355. Scitam. t. 40.* Bot. Mag. *t. 1428.* Smith *exot. Bot. t. 117. f a. c.* Roxb. *Corom. t. 228. 229. Asiat. Research. XI. t. 8.* Blume *Enumerat. pl. Jav. I. 62.* Catimbium Juss. *gen. 62.* — Hura Konig *in Retz. observ. III. 49.* — Colebrookia Don *Cat. hort. cantabr. 1.* Ceratanthera Hornem. *Hort. hafn. I. 2.* et 5. Globba marantina Linn. Smith *exot. Bot. t. 103.* Fischer *in Act. Mosq. I. 23. t. 2. f. e.* Rosc. *Scitam. t. 64.* — Mantisia Curtis *in Bot. Mag. t. 1320.* Globbae sp. Roxb. *Corom. t. 230.* Rosc. *Scitam. t. 16.* Bot. Reposit. *t. 117.*

SECTIO II. ZINGIBERA Blume *Enum. plant. Jav. I. 41.* Herbae rhizocarpicae; radicibus carnosis, tuberosis, inflorescentia dense spicata.

1622. Zingiber *GÄRTN.* Calyx tubulosus, hinc fissus. Corollae tubus brevis, limbi laciniae exteriores aequales, interiores laterales nullae; labellum trilobum. Filamentum supra antheram muticam in rostrum simplex incurvatum elongatum. Ovarium inferum, triloculare. Ovula in loculorum angulo centrali plurima, horizontalia, anatropa. Stylus filiformis, filamento obvolutus; stigma infundibuliforme. Capsula subbaccata, trilocularis, loculicido-trivalvis. Semina plurima, arillata, in pulpa nidulantia. — *Herbae in India orientali tropica indigenae; radicibus tuberosis, articulatis, repentibus perennantes, caulibus annuis, foliorum membranaceorum distichorum vaginis inclusis, spicis strobiliformibus, radicalibus v. rarius terminalibus, solitariis, e bracteis imbricatis unifloris compositis.*

Zingiber Gärtner *I. 33. t. 12.* Blume *Enumerat. pl. Jav. I. 41.* Smith *exot. Bot. t. 112.* Roxb. *Corom. t. 253. Asiat. Research. X. t. 5.* Rosc. *in Linn. Transact. X. t. 20. f. 7. Scitam. t. 7. 22. 37. 46. 71. 79. 87. 94. 95.* Wallich *Pl. As rar. t. 53.* — Cassumunar Colla *Dissert. Taurin. 1830. c. icc.* (Bot. Mag. *t. 1426.*) — Lampujang Rumph *Amboin. V. t. 64. f. 1.* Amomi sp. Linn. Jacq. *Hort. Vindob. t. 54. 78.* Fischer *in Comment. Mosq. I. t. 2. f. d. t. 4. f. f.*

1623. Curcuma *LINN.* Calyx tubulosus, tridentatus. Corollae tubus sursum dilatatus, limbi laciniae exteriores interioribus lateralibus conformes; labellum majus, patens. Filamentum petaloideo-dilatatum, carinatum, apice trilobum, lobo intermedio anthera bicalcarata terminato. Ovarium inferum, triloculare. Ovula in loculorum angulo centrali plurima, horizontalia, anatropa. Stylus filiformis; stigma capitatum. Capsula trilocularis, loculicido-trivalvis. Semina plurima, arillata. — *Herbae in India orientali tropica indigenae, acaules; radicibus palmato-tuberosis perennantes, foliis herbaceis, petiolis vaginantibus, bifariis, scapo simplici laterali v. centrali, spica simplici, erecta, comosa, inferne bracteis saccatis subimbricata, floribus flavescentibus, intra quamvis bracteam ternis quinisve approximatis, bracteolatis.*

Curcuma Linn. *gen. n. 6.* Blume *Enumerat. plant. Jav. I. 43.* Roxb. *Corom. t. 151. 201. Asiat. Research. XI, t. 3.* Rosc. *Scitam. t. 15. 23. 24. 39. 48. 56. 72. 88. 96.* Wallich *Pl. As. rar. t. 9. 10. 57.* Bot. Reg. *t. 886.* Bot. Mag. *t. 1546.* Zerumbet Rumph. *Amboin. V. t. 68.* Amomi sp. Linn. Jacq. *Hort. Vindob. III. t. 4.*

1624. Kämpferia *LINN.* Calyx tubulosus, hinc fissus. Corollae tubus elongatus, filiformis, limbi laciniae exteriores angustae, aequales, laterales patentes, postica fornicata, interiores multo majores; labellum planum. Filamentum breve, carinatum, supra antheram muticam in cristam bifidam expansum. Ovarium inferum, triloculare. Ovula in loculorum angulo centrali plurima, horizontalia, anatropa. Stylus filiformis, a filamento receptus; stigma urceolatum, ciliatum. Capsula trilocularis, loculicido-trivalvis. Semina plurima, arillata. — *Herbae Indiae orientalis tropicae, habitu Curcumae; bracteis saepius bifariam imbricatis, rarius saccatis.*

Kämpferia Linn. *gen. n. 7.* Blume *Enumerat. plant. Jav. I. 47.* Jacq. *Hort. schönbr. t. 317.* Fischer *in Comment. Mosq. I. t. 1. f. 6. t. 11. f. c.* Hegetschw. *Scitam. t. 13—17.* Redouté *Liliac. t. 49. 144. 389.* Roxb. *Corom. t. 278.* Rosc. *Scitam. t. 8. 14. 31. 38. 62.* Wallich *Pl. As. rar. t. 56.* Bot. Mag. *t. 850.* Bot. Reg. *t. 173. 1212.* Soncorus Rumph. *Amboin. V. t. 69. f. 2.*

1625. Roscoea *SMITH.* Calyx tubulosus. Corollae tubus sursum dilatatus, limbi laciniae exteriores laterales angustae, patentes, postica fornicata, erecta; interiores laterales breves, postice conniventes; labellum majus, bilobum. Filamentum brevissimum, carinatum, anthera incurva, basi bicalcarata terminatum. Ovarium inferum, triloculare. Ovula in loculorum angulo centrali plurima, horizontalia, anatropa. Stylus filiformis; stigma globulare, perforatum. Capsula trilocularis, loculicido trivalvis. Semina plurima, arillata. — *Herbae nepalenses; radice e tuberibus fasciculatis, caule erecto, folioso, spica subcapitata, bracteata.*

Roscoea Smith *in Linn. Transact. XII. 460. Exot. Bot. t. 108.* Hooker *exot. Flor. t. 144.* Rosc. *Scitam. t. 86.* Wallich *Pl. As. rar. t. 242. 255.*

SECTIO III. AMOMA Blume *Enum. plant. Jav. I. 41.* Herbae perennes; radicibus tuberosis, fasciculatis, v. saepius repentibus, lignosis. Inflorescentia ut plurimum radicalis, spicata, v. terminalis, bracteis dense munita.

1626. Amomum *LINN.* Calyx tubulosus, apice trifidus. Corollae tubus brevis, limbi laciniae exteriores laterales postica angustiores; interiores laterales nullae; labellum maximum, explanatum. Filamentum complanatum, lateribus apiceque ultra antheram muticam productum, lobulis duobus auctum, lobo terminali bifido. Ovarium inferum, triloculare. Ovula in loculorum angulo centrali plurima, horizontalia, anatropa. Stylus filiformis, inter antherae loculos receptus; stigma infundibuliforme. Capsula saepius baccata, trilocularis, loculicido-trivalvis. Semina plurima, arillata. — *Herbae inter tropicos veteris orbis indigenae, species americanae dubiae; radicibus articulatis, repentibus, foliis bifariis, membranaceis, vaginis fissis, inflorescentia radicali, spicata, laxe imbricata.*

Amomum Linn. *gen. n. 2.* excl. sp. Sonner. *voy. t. 137.* Smith *exot. Bot. t. 11.* Roxb. *Corom. t. 227. Asiat. Research. XI, t. 4.* Sims *in Annal. of Bot. t. 13.* Rosc. *Scitam. t. 112.* Presl *Reliq. Haenk. t. 19.* Bot. Reg. *t. 929.* Wallich *Pl. As. rar. t. 920.* Ruiz et Pav. *Fl. peruv. t. 1. f. 6. t. 2.* — Cardamomum Rumph. *Amboin. V. t. 5. f. 1.* Marenga et Alexis Salisb. Hornstedtia Retz *Observ. VI. 18.*

1627. Elettaria *RHEED.* Calyx tubulosus, tridentatus. Corollae tubus elongatus, filiformis, limbi laciniae exteriores laterales postica angustiores; interiores laterales minimae, dentiformes; labellum maximum, explanatum. Filamentum complanatum, indivisum, truncato-emarginatum, supra antherae muticae loculos lateraliter adnatus haud productum. Ovarium inferum, triloculare. Ovula in loculorum angulo centrali plurima, horizontalia, anatropa. Stylus filiformis, inter antherae loculos transiens; stigma infundibuliforme. Capsula trilocularis, loculicido-trivalvis. Semina plurima, arillata. — *Herbae in India orientali tropica indigenae; habitu Amomi, inflorescentia radicali, densius laxiusve spicata, bracteata.*

Elettaria Rheede *Malab. XI. 9. t. 4. 5.* Dav. White et Matton *in Linn. Transact. X. 229.* Blume *Enumerat. plant. Jav. I. 50.* Mattania Smith *in Rees Cyclop.*

a) CARDAMOMUM *Salisb.* Inflorescentia laxe spicata.

White *l. c. t. 4. 5.* Alpiniae sp. Roxb. *Corom. t. 27. 254. 326.* Amomi sp. Sonnerat *Voy. t. 136.*

b) GEANTHUS *Reinw.* Inflorescentia dense spicata v. capitata bracteisque imbricata.

Geanthus Reinwardt ex Blume *Enumerat. plant. Jav. I. 51.*

1628. Donacodes *BLUM.* Calyx tubulosus, tridentatus. Corollae tubus elongatus, filiformis; limbi laciniae exteriores laterales postica angustiores, interiores laterales minimae, denticuliformes; labellum maximum, explanatum. Filamentum complanatum, ultra antheram muticam in lobulum brevissimum, rotundatum, integerrimum productum. Ovarium inferum, triloculare. Ovula in loculorum angulo centrali plurima, horizontalia, anatropa. Stylus filiformis, inter antherae loculos transiens; stigma infundibuliforme. Capsula trilocularis, loculicido-trivalvis. Semina plurima, arillata. — *Herbae moluccanae, Amomi et Eletturiae habitu; inflorescentia radicali, dense spicata, bracteata, e rhizomatibus ut plurimum epigaeis, repentibus erumpente.*

Donacodes Blume *Enumerat. plant. Jav. I. 54.*

1629. Diracodes *BLUM.* Calyx tubulosus, tridentatus. Corollae tubus brevis, limbi laciniae exteriores laterales postica angustiores, interiores laterales nullae; labellum angustum, indivisum. Filamentum petaloideum, apice supra antheram muticam producto bilobum. Ovarium inferum, triloculare. Ovula in loculorum angulo centrali plurima, horizontalia, anatropa. Stylus filiformis, inter antherae loculos transiens; stigma infundibuliforme. Capsula trilocularis, loculicido-trivalvis. Semina plurima, arillata. — *Herbae moluccanae, Amomi habitu; inflorescentia terminali, dense spicata, bracteis lineari-lanceolatis cincta.*

Diracodes Blume *Enumerat. plant. Jav. I. 55.*

1630. Hedychium *KÖN.* Calyx tubulosus, tridentatus. Corollae tubus elongatus, gracilis, limbi laciniae exteriores angustae, aequales, interiores conformes, paullo breviores; labellum majus indivisum, v. saepius emarginatum aut bifidum. Filamentum filiforme anthera terminalis, incumbens, utrinque emarginata. Stylus filiformis; stigma infundibuliforme. Ovarium inferum, triloculare. Ovula in loculorum angulo centrali plurima, horizontalia, anatropa. Capsula trilocularis, loculicido-trivalvis. Semina plurima, arillata. — *Herbae in Asia tropica obviae, caulescentes; radicibus tuberosis, articulatis, horizontalibus, foliis in vaginis semiamplexicaulibus subsessilibus, inflorescentia terminali, spicata, spathis imbricata, floribus fasciculatis, bracteis involutis.*

Hedychium Konig *in Retz observ. III. 73.* Blume *Enumerat. plant. Jav. I. 55.* Jacq. *Fragm. t. 130. 137. f. 1.* Redouté *Liliac. t. 436.* Roxb. *Corom. t. 251.* Hooker *exot. Flor. t. 46.* Rosc. *Scitam. t. 3. 4. 12. 13. 19. 20. 28. 29. 35. 36. 44. 45. 53. 60. 77. 85.* Bot. Mag. *t. 708. 2078. 2300. 2378. 3637. 2969. 3039.* Bot. Reg. *t. 157. 526. 767. 774. 1022. 1209.* Wallich *Pl. as. rar. t. 285.* Gandsulium Rumph. *Amboin. V. t. 69. f. 3.*

SECTIO IV. ALPINIAE Blume *Enum. plant. Jav. I. 41.* Herbae perennes; inflorescentia caulem v. scapum terminante, ut plurimum laxe paniculata v. racemosa.

1631. Renealmia *LINN.* Calyx tubulosus, laxus, tridentatus. Corollae tubus brevis, limbi lacinae exteriores aequales, erectae, subconvolutae, interiores denticuliformes; labellum erectum, filamentum amplectens. Filamentum complanatum, brevissimum, ultra antherae muticae loculos laterales haud productum. Ovarium inferum, triloculare. Ovula in loculorum angulo centrali plurima, horizontalia, anatropa. Stylus filiformis, inter antherae loculos transiens; stigma capitato-trigonum. Capsula trilocularis, loculicido-trivalvis. Semina pauca, arillata. — *Herbae americanae tropicae; rhizomate repente, foliis distichis, inflorescentia scapum radicalem v. caulem terminante, ut plurimum laxe racemosa, floribus singulis saepius intra involucrum calyciforme, inferum.*

Renealmia Linn. *Suppl. 7.* Rosc. *Scitam. t. 108.* Alpinia Plum. *gen. 11.* Gärtn. *I. 36. t. 12.* Pöppig et Endl. *nov. gen. et sp. II. t. 134—136.* Gethyra Salisb. *in Hortic. Transact. I. 282.* Peperidium Lindl. *introduct. edit. II. 446.* (Bot. Reg. *t. 777.* Bot. Mag. *t. 2494.*)

1632. Alpinia *LINN.* Calyx tubulosus, laxus, apice rumpens. Corollae tubus brevis, limbi laciniae exteriores aequales, erectiusculae, interiores laterales denticuliformes v. nullae; labellum magnum, explanatum, integrum v. bi-trilobum. Filamentum lineare, ultra antherae muticae, emarginatae loculos haud productum. Ovarium inferum, triloculare. Ovula in loculorum angulo centrali plurima, horizontalia, anatropa. Stylus filiformis, inter antherae loculos transiens; stigma capitato-trigonum. Capsula baccata, trilocularis, indehiscens. Semina plurima, v. abortu pauca, arillata. — *Herbae asiaticae tropicae; radicibus crassis, tuberosis, horizontalibus, caulibus pluribus, perennantibus, foliis bifariis, lanceolatis, vagina fissa, ligulata, inflorescentia caulem terminante, paniculata v. laxe racemosa aut spicata.*

Alpinia Linn. *gen. n. 4.* excl. sp. Blume *Enumerat. plant. Jav. I. 58.* Roxb. *Corom. t. 27. 254. 326.* Rosc. *Scitam. t. 5. 6. 21. 54. 61. 87. 93. 102. 103.* Bot. Reg. *t. 141. 428.* Zerumbet Jacq. *Fragm. t. 68.* Wendl. *Hort. herrenh. t. 19.* Costus Pers. *Synops. I. 3.* Ethanium Salisb. *in Hortic. Transact. I. 282.* Allughas Linn. *Fl. zeyl. 448.* Galanga Rumph. *Amboin. V. t. 63.*

OBSERVATIO. Alpinam magnificam Rosc. Bot. Mag. *t. 3192.* cl. Lindley *introduct. edit. II. p. 446.* Phaeomeriae nomine designat, sed charactere nullo distinguit; nobis plantae, ex icone solum cognitae, structura vix satis ab Alpiniis recedere videtur.

1633. Leptosolena *PRESL.* Calyx tubulosus, apice bifidus. Corollae tubus elongatus, filiformis, limbi laciniae exteriores patentes, aequales, interiores laterales brevissimae, inter se in squamam filamentum postice stipantem connatae; labellum majus, indivisum, dependens. Filamentum brevissimum, truncatum, ultra antherae loculos apice divergentes haud productum. Ovarium inferum, triloculare. Ovula in loculorum angulo centrali plurima, horizontalia, anatropa. Stylus filiformis, inter antherae loculos transiens; stigma infundibuliforme. Capsula trilocularis loculicido-trivalvis. Semina plurima, arillata. — *Herba luconensis; caule erecto, folioso, foliis oblongis, acuminatis, in vagina fissa ligulata sessilibus, panicula florum sessili, terminali, ramosa, basi bracteata.*

Leptosolena Presl *Reliq. Haenk. I. 111. t. 18.*

1634. Gastrochilus *WALL.* Calyx tubulosus, hinc fissus. Corollae tubus elongatus, filiformis, limbi laciniae exteriores aequales, patentes, interiores laterales latiores, basi cum filamento in tubum connatae; labellum maximum, saccatum. Filamentum lineare, ultra antherae muticae loculos connectivo longiores haud productum. Ovarium inferum, triloculare. Ovula in loculorum angulo centrali plurima, horizontalia, anatropa. Stylus filiformis; stigma capitato-convexum. Capsula. . . . — *Herbae indicae, acaules v. caulescentes; radice* *repente v. fibroso-ramosa, tuberibus subsessilibus fasciculatis, spica radicali v. terminali imbricata, floribus nutantibus.*

Gastrochilus Wallich *Pl. As. rar. I. 22. t. 24. 25.*

1635. Hellenia *WILLD.* Calyx tubulosus, apice bi-tridentatus. Corollae tubus brevis, limbi laciniae exteriores laterales patentes, postica major, erecta, interiores laterales minimae, denticuliformes; labellum majus, patens. Filamentum lineare, ultra antheram marginalem muticam in lobulum brevissimum, rotundatum, integrum v. bilobum productum. Ovarium inferum, triloculare. Ovula in loculorum angulo centrali plurima, horizontalia, anatropa. Stylus filiformis, inter antherae loculos transiens; stigma infundibuliforme. Capsula crustacea, trilocularis, loculicido-trivalvis. Semina plurima, arillata. — *Herbae Alpiniae habitu, in Asia tropica indigenae, in Novam Hollandia extratropicam orientalem evagantes; inflorescentia paniculata v. laxe racemosa, caulem terminante.*

Hellenia Willd. *sp. I. 5.* R. Brown *prodr. I. 308.* Blume *Enumerat. plant. Jav. I. 60.* Rosc. *Scitam. t. 30.* Presl *in Reliq. Haenk. t. 21.* Heritiera Retz *Observ. VI. 17. t. 1.* Languas König *apud Retz op. cit. III. 67.* (De germinatione cfr. Mirbel *in Annal. du Mus. XVI. t. 19. f. 2. 1—8.*)

1636. Monolophus *WALL.* Calyx tubulosus, hinc fissus. Corollae tubus elongatus, filiformis, limbi laciniae exteriores angustae, aequales, laterales erectae, postica deflexa, interiores laterales latiores, patentes; labellum bifidum. Filamentum lineare, complanatum, supra antheram muticam in ligulam obtusam, indivisam, reflexam productum. Ovarium inferum, triloculare. Ovula. . . . . Stylus filiformis; stigma infundibuliforme. Capsula. . . . — *Herba indica, caulescens; radice simplici, fibrosa, foliis oblongis, petiolatis, spica terminali, basi spatha nervosa involuta.*

Monolophus Wallich *Pl. As. rar. I. 24.* Kämpferia elegans Wallich *op. cit. t. 27.*

1637. Cenolophon *BLUM.* Calyx. . . . . Corollae tubus . . . . limbi laciniae exteriores . . . . ., interiores laterales minimae, denticuliformes; labellum maximum, concavum. Filamentum compressum, ultra antheram in cristam subrotundam, cucullatam, obsolete quadridentatam productum. Ovarium inferum, triloculare. Ovula plurima. . . Stylus. . . . . Capsula trilocularis. . . . Semina plurima. . . . — *Herba celebica, habitu Alpiniae; caulibus maximis, foliis oblongo-lanceolatis, subtus villosis, inflorescentia terminali, racemosa.*

Cenolophon Blume *Enumerat. plant. Jav. I. 60.*

SECTIO V. COSTI Blume *Enumerat. plant. Jav. I. 41.* Herbae perennes, foliorum vaginis tubulosis. Inflorescentia terminalis, dense spicata.

1638. Costus *LINN.* Calyx tubulosus, trifidus. Corollae tubus infundibuliformis, limbi laciniae exteriores aequales, conniventes, interiores laterales nullae; labellum maximum, campanulatum, dorso fissum. Filamentum petaloideum, supra antheram intramarginalem longe lateque productum. Ovarium inferum, triloculare. Ovula in loculorum angulo centrali plurima, horizontalia, anatropa. Stylus filiformis, inter antherae loculos transiens; stigma bilamellatum, basi cornicculis binis instructum. Capsula trilocularis, loculicido-trivalvis. Semina plurima, arillata. — *Herbae inter tropicos totius orbis, imprimis tamen Asiae repertae; radicibus tuberosis repentibus, foliis subcarnosis, vaginis petiolaribus supra folii insertionem in ochream oblique truncatam productis, inflorescentia spicata, terminali v. rarius radicali, bracteis imbricata.*

Costus Linn. *gen. n. 3.* Blume *Enumerat. plant. Jav. I. 61.* Jacq. *Ic. rar. t. 1.* Rosc. *Scitam. t. 7. 32. 35. 104. 110. 111.* Bot. Reg. *t. 683. 899.* Hegetschw. *Scitam. t. 3. f. 18—22.* Tsjana Gmel. *Syst. 9.* Banksea Konig *apud Retz Obs. III. 75.* Hellenia Retz *Obs. VI. 18.* Glissanthe Salisb. Alpiniae sp. Jacq. *Amer. t. 1. Ic. rar. t. 202. Hort. schönbr. t. 1.*

GENERA DESCISCENTIA.

1639. Monocystis *LINDL.* Calyx tubulosus, apice constrictus, limbo brevissimo, trilobo, reflexo. Corollae tubus brevis, limbi laciniae exteriores aequales, lineares, apice cucullatae, erecto-patentes, interiores laterales minimae, denticuliformes; labellum majus suborbiculatum, complicatum, apice emarginatum, margine crispum. Filamentum lineare, ultra antherae erectae loculos arcuatim convergentes haud productum. Ovarium inferum, spongiosum, uniloculare. Ovulum unicum, e basi erectum. Stylus filiformis, inter antherae loculos transiens; stigma trigonum, carnosum, cucullatum. Fructus. . . — *Herba chinensis, caulescens; foliis ovali-lanceolatis, acuminatis, ligula biloba, racemo terminali brevi, simplici.*

Monocystis Lindley *introduct. edit. II. p. 445.* Hellenia abnormis Lindley *in Hortic. Transact. VII. 60.*

1640. Kolowratia *PRESL.* Calyx tubulosus, hinc fissus. Corollae tubus brevis, limbi laciniae exteriores aequales, laterales revolutae, postica erecta, fornicata, interiores minimae, denticuliformes; labellum erectum, apice patens, trilobum. Filamentum lineare, ultra antherae muticae loculos in lobulum brevissimum, obtusum productum. Ovarium inferum. . . . Ovula. . . . Stylus filiformis, inter antherae loculos transiens; stigma infundibuliforme. Capsula lineari-lanceolata, compressa, bilocularis. Semina in loculis solitaria, linearia, e basi erecta. — *Herba luzonensis; caule erecto, foliorum distichorum vaginis obtecto, racemo terminali simplicissimo, pendulo, floribus distantibus, bracteatis.*

Kolowratia Presl *in Reliq. Haenk. I. 113. t. 20.*

OBSERVATIO. Quid Nyctophylax? genus novum ex Amomearum ordine, in Nova-Guinea a Zippelio detectum, et *in Flora 1829. p. 286.* nominatum. Hitchenia Wallich. a cl. Lindley *introduct. edit. II. p. 324.* inter Amomum et Zingiber collocata, mihi penitus ignota est.

Ordo LXIX. Cannaceae.

CANNEAE R. Brown *prodr. I. 307.* Lindley *in Bot. Reg. 932.* CANNACEAE Agardh *Aphorism. 181.* Bartl. *ord. nat. 61.* MARANTACEAE Lindley *introduct. edit. II. p. 324.*

Herbae rhizomate repente v. saepius radice fibrosa perennantes. Caules simplices v. apice ramosi, e vaginis scapum ambientibus conflati. Folia alterna, simplicia, petiolata, petioli basi vaginantes, vaginae ore nudo, ad apicem saepius nodoso incrassati, geniculati, lamina plana, lata, integerrima, nervo medio valido, utrinque nervos secundarios, simplicissimos, obliquos v. transversos, apice incurvos exserente. Inflorescentia terminalis, v. e foliorum vaginis lateralis, racemosa v. paniculata.

Flores hermaphroditi, irregulares, bracteis suffulti, involucro communi spathaceo nullo.

Perigonium duplex, utrumque epigynum, exterius calycinum triphyllum; interius corollinum sexpartitum, laciniis biseriatis, exterioribus subaequalibus, interioribus inter se plus minusve dissimilibus, varie cohaerentibus, nonnullis interdum minimis v. plane abortivis.

Stamen unicum, corollae laciniae interiori laterali insertum. Filamentum filiforme v. lineare, petaloideum. Anthera unilocularis (loculo altero abortivo), terminalis v. lateri filamenti adnata, longitudinaliter dehiscens. Pollinis granula globulosa, laevia v. echinata.

Ovarium inferum, triloculare, v. rarissime uniloculare. Ovula in loculis ut plurimum solitaria, angulo centrali prope basim inserta, campylotropa, rarius plurima, in loculorum angulo centrali biseriata, horizontalia, anatropa. Stylus crassiusculus, saepius uncinatus, v. linearis, petaloideus. Stigma terminale incrassatum, v. laterale adnatum.

Capsula unilocularis, v. ut plurimum trilocularis, loculicido-trivalvis; loculis monospermis v. polyspermis.

Semina, dum in loculis solitaria uncinato-subglobosa, dum plurima angulato-subglobosa; testa coriacea, dura, umbilico basilari excavato-impresso, arillo nullo. Albumen farinaceum v. corneum, cavitate centrali homotropa, i. e. recta v. uncinata, pro lectulo embryonis exsculptum, rarius cavitatibus pluribus parallelis, centrali solum embryonifera, lateralibus vacuis.

Embryo in seminibus anatropis orthotropus, axilis, cylindricus, albuminis fere longitudine, extremitate radiculari albumen perforante et umbilicum attingente, colyledonari apice sub inflexa; in seminibus campylotropis nunc homotropus, uncinatus, extremitate radiculari umbilicum attingente, cotyledone lectuli embryonalis crus alterum plus minus replente, nunc rectus, totus in lectuli crure radiculari locatus, cavitatis crure altero plane vacuo, unde in semine excentricus.

Cannaceae a Zingiberaceis staminis in corollae lacinia interiore laterali situ, et vitelli defectu distinctae, ut plurimum Americam tropicam et subtropicam incolunt, in Asiae et Africae regionibus tropicis multo rariores, aromatico principio carent, sed rhizoma plurimarum fecula nutriente scatet.

1641. Thalia *LINN.* Calyx triphyllus. Corollae sexpartitae laciniae exteriores subaequales, interiorum lateralium altera unguiculata, altera basi processubus binis filiformibus; labellum semicirculare, cucullatum. Filamentum filiforme, corollae laciniae laterali bisetosae insertum; anthera laterali. Ovarium inferum, uniloculare. Ovulum unicum, basilare, campylotropum. Stylus crassus, spiralis; stigma concavum, inflexum, perforatum, subbilabiatum, labio inferiore elongato. Capsula unilocularis, monosperma. Semen uncinato-subglobosum, testa crustacea, fusca, opaca. Albumen corneum. Embryo homotropus, uncinatus, extremitate radiculari umbilicum attingente; cavitates duae vacuae, embryonis lectulo parallelae. — *Herbae in America boreali calidiore et tropica indigenae; foliis petiolatis, pruinosis, scapo pulverulento, spica florum composita, floribus intra spatham bivalvem ut plurimum geminis, nudis v. bracteolatis.*

Thalia Linn. *gen. n. 8.* Fraser et Sowerb. *Monogr. Rosc. Scitam. t. 75. 76.* R. Brown *prodr. 307.* Bot. Mag. *t. 1690.* Nees *in Linnaea VI. 309. t. 4.* Peronia DC. Redouté *Liliac. t. 342.*

1642. Maranta *PLUM.* Calyx triphyllus. Corollae sexpartitae laciniae exteriores aequales, profundius distinctae, interiores laterales minores; labellum bifidum. Filamentum petaloideum, bipartitum, hinc antheriferum, illinc stylum involvens. Ovarium inferum, uniloculare. Ovulum unicum, basilare, campylotropum. Stylus carnosus, incurvus; stigma subtrigonum. Bacca monosperma. Semen uncinato-subglobosum, testa dura, rugosa. Albumen corneum. Embryo homotropus, uncinatus, extremitate radiculari umbilicum attingente, cotyledone lectuli crure breviore. — *Herbae in America tropica indigenae, in Asia rarissimae; caule herbaceo v. suffrutescente, paniculato, infloresceentia terminali, spicata v. racemosa.*

Maranta Plum. *gen. 36.* Linn. *gen. n. 5.* Hegetschw. *Scitam. t. 4. f. 23—28.* Rosc. *in Lin. Transact. VIII. t. 20. f. 2.* Nees *in Linnaea VI. t. 3.* Wallich *Pl. As. rar. t. 286.* Bot. Mag. *t. 2398.*

1643. Phrynium *WILLD.* Calyx triphyllus. Corollae sexpartitae laciniae exteriores subaequales, interiores laterales majores, inter se subinaequales; labellum minus, bilobum. Filamentum breve, in corollae lacinia interiori laterali insertum, anthera terminalis. Ovarium inferum, triloculare. Ovula in loculis solitaria, basilaria, campylotropa. Stylus superne uncinatus; stigmate incurvo, subinfundibuliformi. Capsula trilocularis, loculicido-trivalvis. Semina in loculis solitaria, uncinata. Albumen corneum. Embryo rectus, excentricus, extremitate radiculari umbilicum attingente, lectuli embryonalis homotropi crure altero vacuo. — *Herbae perennes, inter tropicos Asiae et Americae indigenae; radice repente, foliis longe petiolatis, caule nullo v. apice monophyllo aut folioso, inflorescentia radicali v. terminali, spicato-capitata v. laxe capitata aut paniculata.*

Phrynium Willd. *sp. I. 17.* Roxb. *in Asiat. Research. XI. t. 3.* Pöppig et Endl. *nov. gen. et sp. t. 125—128.* Phyllodes Loureiro *Fl. cochinch. I. 16.*

1644. Calathea *G. F. W. MEYER.* Calyx triphyllus. Corollae sexpartitae laciniae exteriores lanceolatae, interiores obtusae; labellum concavum, hinc dente auctum. Filamentum petaloideum, anthera lineari, adnata. Ovarium inferum, triloculare. Ovula in loculis solitaria, basilaria, campylotropa. Stylus petaloideus; stigma trigonum. Capsula trilocularis, trisperma, v. abortu unilocularis, monosperma. Semen uncinato-oblongum, umbilico basilari foveato, testa coriacea. Albumen farinosum. Embryo rectus, excentricus, extremitate radiculari umbilicum attingente, lectuli embryonalis crure altero vacuo. — *Herbae in America tropica indigenae, excelsae; foliis longe petiolatis, radicalibus maximis, spicis terminalibus, imbricato-bracteatis.*

Calathea G. F. W. Meyer *Esseq.* 6. Bot. Reg. *t.* 932. 968. 1210. Pöppig et Endl. *nov. gen. et sp. t.* 129—131. Göppertia N:es *in Linnaea VI.* 337. Marantae sp. Auct. Bot. Reg. *t.* 485. 786. Bot. Mag. *t.* 1926. Rosc. *Scitam. t.* 59.

1645. Myrosma *LINN. F.* Calyx triphyllus. Corollae limbus exterior tripartitus, interior bilabiatus, labio superiore bifido breviore, inferioris trifidi laciniis longioribus, apice trilobis. Filamentum subulatum, labii inferioris laciniae mediae margini adnatum, anthera ovata, compressa. Ovarium inferum, triloculare. Ovula in loculorum angulo centrali plurima, horizontalia, anatropa. Stylus crassus, trigonus, deflexus, longitudinaliter fissus; stigma bilabiatum. Capsula trilocularis, loculicido-trivalvis. Semina plurima, angulata. . . . — *Herbae americanae tropicae; caule apice monophyllo, racemis solitariis lateralibus, bracteis alternis diphyllis, bifloris, dense imbricatis.*

Myrosma Linn. fil. *Suppl.* 8. Phrynii sp. Rosc. *Scitam. t.* 94.

1646. Canna *LINN.* Calyx triphyllus. Corollae limbus exterior trifidus, interior bilabiatus, labio superiore bi-tripartito, v. abortu nullo, inferiore indiviso. Filamentum petaloideum, anthera marginali. Ovarium inferum, triloculare. Ovula in loculorum angulo centrali plurima, horizontalia, anatropa. Stylus petaloideus; stigma lineare, margini adnatum. Capsula membranacea, papilloso muricata, trilocularis, loculicido-trivalvis. Semina plurima, subglobosa, testa coriacea, dura. Albumen carneum. Embryo orthotropus, axilis, cylindricus, albuminis longitudine, extremitate radiculari albumen perforante, umbilicum attingente, cotyledonis apice subinflexo. — *Herbae americanae, ut plurimum tropicae, paucae asiaticae, perennes, paludosae; caule simplici, foliis longe petiolatis, late-ovatis, spica terminali laxa, floribus bracteatis.*

Canna Linn. *gen. n.* 1. Gärtn. *I.* 37. *t.* 12. Redouté *Liliac. t.* 33 106. 200. 201. 354. Ruiz et Pav. *Fl. peruv. t.* 1. Hooker *exot. Flor. t.* 47. 48. 53. Mirbel *in Annal. du Mus. XVI. t.* 16 *f.* 1—8. Hegetschw. *Scitam. t.* 1. Rosc. *Scitam. t.* 1. 9. 10. 17. 18. 25. 26. 33. 34. 41. 42. 49. 50. 55. 56. 57. 58. 74. 81. 82. 89. 105. Bot. Mag. *t.* 444. 1968. 2085. 2302. 2316. 2317. 2323. 2498. Bot. Reg. *t.* 206. 470. 576. 609. 771. 772 775. 776. 1231. 1276. 1311. 1358. Cannacorus Tournef. *inst.* 192.

Ordo LXX. Musaceae.

MUSAE Juss. *gen.* 61. MUSACEAE Agardh *Aphorism.* 180. Bartl. *ord. nat.* 62. L. C. Richard *de Musaceis Commentatio botanica, ab A. Richard terminata. Wratisl. et Bonnae* 1831. 4to. Endl. *prodr. Flor. norf.* 34. Lindl. *introduct. edit. II. p.* 236.

Herbae perennes, saepius giganteae. Caulis simplex, truncum arboreum referens, e foliorum delapsorum vaginis distinctis v. coalitis formatus, saepius abbreviatus v. subnullus. Folia alterna, petiolata, simplicia, integra; petiolis basi dilatatis, vaginantibus, lamina vernatione convoluta, plerumque elongata, interdum abortiva, uninervi: nervo prominente, valido, utrinque nervos secundarios, obliquos v. transversos, apice subincurvos confertissime emittente. Pedunculi radicales v. axillares, bracteis alternis, distichis, spathaeformibus, acutis, amplis onusti.

Flores in axilla spathae sessiles v. pedicellati, nudi v. bracteolati, irregulares, hermaphroditi, speciosi.

Perigonium epigynum, corollinum, simplex, hexaphyllum; foliolis inaequalibus, saepe dissimilibus, biseriatis, foliola tria exteriora: anticum (plerumque maximum, saepe carinatum), et duo postica; tria alterna, interiora, duo nempe lateralia, saepe minora, et unum posticum, semper minimum, labelliforme; nunc omnia inter se distincta (in *Ravenala* et *Heliconia*), nunc varie inter se connata; interiora nempe lateralia (in *Strelitzia*) in tubum postice fissum, genitalia recipientem coeuntia, v. (in *Musa*) tria exteriora cum lateralibus interioribus in tubum postice apertum, apice quinquelobum concrescentia.

Stamina sex, perigonii foliolis opposita, iisque basi v. ovarii vertici inserta, posticum (perigonii foliolo postico interiori oppositum) plerumque abortivum, nonnulla interdum castrata. Filamenta libera, planiuscula. Antherae introrsae, biloculares: loculi suboppositi, elongati, filamento ultra eosdem in acumen v. appendicem membranaceum producto utrinque adnati, paralleli, longitudinaliter dehiscentes. Pollinis granula globulosa.

Ovarium inferum, triloculare; loculi perigonii foliolis interioribus oppositi. Ovula nunc (in *Uranieis*) plurima, angulo centrali loculorum bi-pluriseriatim inserta, nunc (in *Heliconieis*) in loculis solitaria, e basi erecta, anatropa. Stylus terminalis, simplex, teres, filiformis v. crassiusculus. Stigma tripartitum, laciniis linearibus, intus papillosis, v. obtuse sexlobum, excavatum.

Fructus apice perigonii delapsi cicatrice umbilicatus, trilocularis, loculis mono-polyspermis, nunc (in *Musa*) carnosus, indehiscens; seminibus in pulpa nidulantibus, aut subdrupaceus, epicarpio coriaceo-carnoso, endocarpio osseo, loculicido in valvas tres, medio seminiferas (in *Ravenala*),

v. septicido in cocca tria monosperma (in *Heliconia*) dehiscens.

Semina ovoidea, altera extremitate v. centro affixa, funiculo subnullo, v. in arillum membranaceum, lacerum aut pilosum (in *Ravenala* oleo essentiali scatentem) fatiscente. Testa coriacea, dura, laevis v. rugulosa, chalaza umbilico e diametro opposita, rhaphe vix manifesta. Albumen album, farinaceo-carnosum.

Embryo orthotropus, axilis, oblongo-linearis v. fungiformis; extremitate radiculari brevi, obtusa, albumen perforante, umbilicum attingente, in fructu infera v. centripeta.

Musaceae florae tropicae eximia decora, ob nonnullarum fructus sapidissimos, et multiplicem foliorum usum, maximi in humani generis oeconomia momenti. Uranieae, paucissimis demtis, in veteri orbe sunt indigenae, tropicis potissimum inclusae circulis. Musae species nonnullae, olim in Americam introductae, nunc per utrumque continentem vulgatae. Heliconieae solam Americam tropicam incolunt.

Ordo Scitaminearum classim absolvit, staminibus omnibus perfectis, et principii aromatici defectu ab Amomeis et Cannaceis distinctus, ab Amaryllidis perigonio irregulari potissimum diversus.

TRIBUS I. HELICONIEAE A. Richard *Musac. 13.* Semina in loculis solitaria. Dehiscentia septicida.

1647. Heliconia *LINN.* Perigonii epigyni foliola exteriora aequalia, basi inter se concrescentia, interiora lateralia subconformia, approximata, genitalia amplectentia, posticum nanum. Stamina 5, sexto postico abortiente, basi perigonii adnata. Ovarium inferum, triloculare. Ovula in loculis solitaria, e basi axeos adscendentia, anatropa. Stylus filiformis; stigma depressiusculum, obsolete sexlobum. Capsula subdrupacea, tricocca, coccis osseis, indehiscentibus. Semina in coccis solitaria, obovato-subglobosa, basifixa, testa ab endocarpio vix solubili. Embryo orthotropus, linearis, in axi albuminis farinaceo-carnosi, extremitate radiculari umbilicum attingente, infera. — *Herbae americanae tropicae; foliis longe petiolatis, petiolis basi vaginantibus, scapum radicalem saepe velantibus, spathis pluribus distichis, in axilla floriferis.*

Heliconia Linn. *gen. n. 1297.* Jacq. *Hort. schönbr. t. 48. 49.* Bot. Mag. *t. 502.* Bot. Reg. *t. 374. 1648.* Hook. *exot. Flor. t. 190.* Richard *Musac. 13. t. 8—12.* Bihai Plum. *gen. 50. ic. 59.*

TRIBUS II. URANIEAE A. Richard *Musac. 11.* Semina in loculis plurima. Dehiscentia loculicida.

1648. Musa *TOURNEF.* Perigonium epigynum, bilabiatum; labium inferius tubulosum, postice usque ad basim fissum, apice quinquelobum, superius concavum, nanum amplectens. Stamina 5, sexto postico abortivo. Ovarium inferum, triloculare. Ovula in loculorum angulo centrali plurima, biseriata, horizontalia, anatropa. Stylus crassus; stigma infundibuliformi-clavatum, breviter sexlobum. Bacca oblonga, angulata, trilocularis; seminibus plurimis in pulpa nidulantibus, saepius efoetis farcta. Semina depressiuscule subglobosa, testa crustacea, atra, ad umbilicum impressa. Embryo orthotropus, fungiformis, in axi albuminis subfarinosi, extremitate radiculari umbilicum attingente, centripeta. — *Herbae gerontogaeae tropicae et subtropicae, in Americam introductae, giganteae; trunco e petiolorum vaginis longissimis, scapum radicalem, solo apice liberum, floriferum velantibus conflato, lamina foliorum amplissima, valide nervosa, floribus in axilla spatharum confertis, ebracteatis.*

Musa Tournef. *inst. 3.* Linn. *gen. n. 1477.* Gärtn. *I. 28. t. 2.* Jacq. *Hort. schönbr. t. 445. 446.* Redouté *Liliac. t. 307. 308.* Bot. Reg. *t. 706.* Andr. *Bot. Reposit. t. 47.* Desv. *Journ. Bot. II. 1—45.* R. Brown *Congo 411.* Tenore *in Act. Academ. pontan. 1832.* A. Richard *Musac. 11. t. 11.* (De germinatione cfr. Mirbel *in Annal. du Mus. XVI. t. 18.*)

OBSERVATIO. Flores Musae abortu saepius unisexuales, masculorum staminibus 5, perigonium subsuperantibus, femineorum staminibus totidem, perigonio dimidio brevioribus. Semina in speciebus cultis evanida, in M. Sapientum depressiuscule subglobosa, testa crustacea, atra, ad umbilicum tubulose impressa, in altera extremitate, umbilico e diametro opposita incrassata, et processu obtuso homogeneo intra albumen sese insinuans. Embryo parvus, fungiformis, in centro albuminis subfarinosi, friabilis, a testae processibus utrinque umbilicati locatus, extremitate radiculari umbilicum attingente.

1649. Strelitzia *BANKS.* Perigonii epigyni foliola exteriora subaequalia, anticum carinatum; interiora lateralia exterioribus subconformia, inter se connata, acuminata, latere versus medium auriculata, genitalia amplectentia, posticum nanum, concavum. Stamina 5, sexto postico abortiente. Ovarium inferum, triloculare. Ovula in loculorum angulo centrali plurima, biseriata, horizontalia, anatropa. Stylus filiformis; stigma tripartitum, laciniis linearibus. Capsula trilocularis, loculicido-trivalvis. Semina plurima, subglobosa, funiculo brevi, in arillum stupposum fatiscente affixa, testa fuliginea, laevi. Embryo orthotropus, linearis, in axi albuminis farinaceo-cornei, extremitate radiculari umbilicum spectante, centripeta. — *Herbae capenses; foliis radicalibus maximis, distichis, longe petiolatis, petiolis canaliculatis, basi dilatatis, vaginantibus, scapo radicali vaginis velato, floribus e spatha terminali obliqua erectis.*

Strelitzia Banks *in Ait. Hort. kew. I. 285. t. 2.* Ker *Strelitziae pictae.* Redouté *Liliac. t. 77. 78.* Bot. Mag. *t. 119. 120.* Bot. Reg. *t. 516.* Richard *Musac. 12. t. 2—3.* —? Heliconia Gärtn. *II. 270. t. 130.*

1650. Ravenala *ADANS.* Perigonii epigyni foliola exteriora aequalia, anticum carinatum; interiora paullo minora, lateralia aequalia, approximata, genitalia amplectentia, posticum subconforme, nonnihil brevius. Stamina 6, omnia perfecta. Ovarium inferum, triloculare. Ovula in loculorum angulo centrali plurima, biseriata, horizontalia, anatropa. Stylus crassiusculus; stigma infundibuliformi-subclavatum, apice brevissime sexdentatum. Capsula lignosa, trilocularis, loculicido-trivalvis. Semina plurima, depresso-sphaerica, mediante tuberculo umbilicali, in arillum pulposum (azureum) semen obvolventem fatiscente affixa, testa fuliginea, laevi. Embryo orthotropus, fungiformis, altero latere truncatus, in axi albuminis subcornei, extremitate radiculari umbilicum spectante, centripeta. — *Planta madagascariensis, ordinis sui longe nobilissima; trunco palmiformi, e foliorum vaginis conflato, foliis longe petiolatis, basi dilatata vaginantibus, alterne distichis, pedunculis terminalibus distichis, floribus in axillis spatharum distiche alternantium glomeratis, bracteolatis.*

Ravenala Adans. *Fam. II. 67.* Sonnerat *Voy. II. 223. t. 124.* Jacq. *Hort. schönbr. t. 93.* Urania Schreb. *gen. n. 539.* Richard *Musac. 12. t. 4. 5.*

OBSERVATIO. Ravenalae characterem ad speciem gerontogaeam, caudice palmiformi, seminibus in loculis biseriatis, depressis, fere disciformibus, tuberculo (*funiculo*) umbilicali brevissimo, arillo pulposo azureo, exsiccatione membranaceo, lacero-fibrilliso, e coeruleo in colorem thalassinum vergente, embryone denique revera fungiformi, sed altero latere superiori minus expanso, quasi dimidiato insignem, restrinximus. Musaceae americanae capsulares polyspermae, quarum flores videre nondum contigit, typum distincti generis (Pheuakospermum Endl. *prodr. Flor. Norf. 34. in not.* Urania guianensis Richard *Musac. t. 6. 7.*), sistere videntur, habitu Heliconiae donati, a Ravenala seminibus in loculis pluriseriatis, obovato-subglobosis, funiculo longiusculo rigido, in arillum comoso-stuposum, hinc semen, illinc funiculum obvolventem fatiscente, embryone denique lineari, recta protenso distincti.

APPENDIX. SCITAMINEAE FOSSILES.

1651. Cannophyllites *BRONGN.* Folia simplicia, integerrima, nervo centrali valido, secundariis obliquis, simplicibus, parallelis, inter se aequalibus. — *Terra carbonifera.*

Cannophyllites Brongn. *prodr. 130.*

1652. Amomocarpum *BRONGN.* Fructus trigonus, depressus, apice perigonii cicatrice umbilicatus, faciebus planis medio suturae longitudinalis vestigio notatis. — *Argilla insulae Sheppey.*

Amomocarpum Brongn. *prodr. 120 et 137.*

1653. Trigonocarpum *BRONGN.* Fructus ovoideus, basi ad pedicelli insertionem impressus, sexcostatus, costis basi incrassatis, tribus validioribus, apice areola magna, hexagona, centro a styli insertione umbilicata exsculptus. — *Terra carbonifera.*

Trigonocarpum Brongn. *prodr. 137.* Palmacites Sternb. *t. 56. f. 6. 7. t. 58. f. 3.* (Parkins. *Org. rem. t. 1. t. 7. f. 6—8.*)

1654. Musocarpum *BRONGN.* Fructus cylindricus, basi attenuatus, pedicello continuus, sexcostatus, apice areola magna, hexagona, centro a styli insertione umbilicata exsculptus. — *Terra carbonifera.*

Musocarpum Brongn. *prodr. 137.*

Classis XX. Fluviales.

Herbae aquaticae, foliis alternis v. rarissime oppositis, simplicibus. Flores monoici v. dioici, rarius hermaphroditi. Perigonium nullum v. rudimentarium, rarissime perfectum. Stamina simplici laciniarum perigonii numero. Ovaria solitaria v. in eodem flore plura, libera, uniovulata. Ovulum erectum v. saepius pendulum, orthotropum v. campylotropum, rarissime anatropum. Fructus capsulares v. nucamentacei, monospermi. Semina exalbuminosa. Embryo macropodus, antitropus v. homotropus, extremitate radiculari infera.

Ordo LXXI. Najadeae.

NAJADES Juss. *gen. 18.* excl. sp. FLUVIALES Vent. *Tabl. II. 80.* POTAMOPHILAE L. C. Richard. NAJADEAE A. Richard *elem. 416.* Bartl. *ord. nat. 71.*

Herbae aquaticae, submersae, nonnullae sub florescentia emergentes, annuae v. saepius perennes, caule tereti v. compresso, nodoso articulato, saepissime repente, radicante, ramis adscendentibus, fluctuantibus. Folia alterna, saepissime approximata, rarissime opposita, petiolata, plana, integerrima, nervosa, venosa, petiolo basi amplexicauli v. vaginante, saepissime laminae abortu in phyllodium lineare, latum v. angustissimum, integrum v. denticulatum mutato. Stipulae intrapetiolares membranaceae, amplexicaules.

Flores ut plurimum monoici, rarius dioici, in axillis foliorum solitarii v. conferti, v. in stipite spadiciformi alternantes, feminei superiores, rarissime masculi cum femineis in florem hermaphroditum combinati.

Perigonium in masculis saepissime nullum, nunc ejus loco tunica membranacea cellulosa, simplex, antheras extus vestiens, irregulariter rumpens, v. apice subregulariter fatiscens, rarius cupuliforme, antheram basi recipiens, interdum squamiforme, squamis intus antheriferis, cum ovariis combinatis, floris hermaphroditi perigonium praebentibus.

Antherae filamento brevi v. plus minus longo sustentae, nunc omnino sessiles, nunc uniloculares evalves, apice ruptae, v. bivalves, nunc bi-quadriloculares, loculis ut plurimum connectivo plus minusve crasso sejunctis, longitudinaliter dehiscentibus. Pollen globosum, v. e filis confervoideis, dense compactis.

Ovaria nunc solitaria, nunc duo v. quatuor approximata, dorso convexa, facie plana, contigua sed libera, rarissime basi cupula annulari cincta, sessilia, v. interdum suspensa, v. singula tandem pedicellata, semper unilocularia. Ovulum unicum, rarissime erectum et tunc anatropum, ut plurimum e sutura ventrali pendulum, orthotropum micropyle infera, v. campylotropum, micropyle supera. Stylus simplex, v. styli 2—3 ovario continui, interdum brevissimi, nulli. Stigma lineare, v. discoideo-peltatum.

Fructus unilocularis, monospermus, nucamentaceus v. capsularis, aut rarius baccatus indehiscens, v. irregulariter ruptus, rarissime bivalvis, epicarpio membranaceo saepius secedente.

Semen exalbuminosum, erectum v. pendulum, rectum v. uncinatum, testa membranacea tenuissima.

Embryo macropodus, homotropus, orthotropus v. uncinatus, extremitate radiculari incrassata, umbilico proxima, v. embryo antitropus et extremitas radicularis umbilico e diametro opposita, infera v. supra, extremitas cotyledonaris nunc recta, nunc super radicularem prona v. etiam spiraliter convoluta, saepius rimula laterali pro emissione plumulae valde evolutae instructa.

Najadeae in aquis fluentibus stagnantibusque dulcibus, et in aestuariis marinis omnium climatum repertae, nulli ordini arcte affines sunt, praeterquam Aroideis, quae cotyledonis rimula pro exsertione plumulae quodammodo conveniunt, alias diversissimae, et Hydrocharideis, Butomeis Alismaceisque (Juncaginearum imprimis subordini), quae utut embryone pariter exalbuminoso donatae, perigonii et genitalium multo elaboratiori fabrica recedunt. In universum ordines amphibryii aquatici, Najadeae videlicet, Alismaceae, Butomeae et Hydrocharideae, a cl. Bartling in Helobiarum classim combinatae, nobis potius certam vegetationis periodum historicam designare, quam revera inter se arctiori affinitate connexi esse videntur.

1655. Caulinia *WILLD.* Flores monoici, in axillis foliorum glomerati. Anthera elliptica, evalvis, basi in filamentum crassiusculum attenuata, intra tunicam cellulosam, tubulosam, medio ventricosam, apice apertam et denticulatam inclusa, polline globoso foeta. Ovarium sessile, oblongum, cum tunica cellulosa connatum, uniloculare. Ovulum unicum, e basi erectum, anatropum. Styli 2—3, ovario continui, subulati, introrsum stigmatosi. Nucula monosperma, tunica cellulosa tecta. Semen e basi erectum, ellipticum, testa tenui, longitudinaliter striata. Embryo exalbuminosus, macropodus, orthotropus, extremitate radiculari umbilicum spectante, infera. — *Herbae aquaticae, submersae, in stagnis Europae et Americae borealis rarius obviae; caulibus simplicibus v. ramosis, foliis oppositis, junioribus in axillis fasciculatis, basi dilatatis, integerrimis v. saepius serrulatis.*

Caulinia Willd. *in Act. Academ. Berolin. 1798. p. 87.* non DC. et R. Br. Nees jun. *Gen. plant. fasc. VI. t. 9.* Ittnera Gmel. *Flor. bad. III. t. 4.* Najadis sp. Allion. Schkuhr *t. 296.*

1656. Najas *WILLD.* Flores dioici, in axillis foliorum subsolitarii. Masc. Tunica duplex, exterior calyptraeformis, apice bicuspidata, hinc fissa, interior demum pedicellata, apice in lacinias quatuor rupta. Anthera sessilis, tetragona, abruptim apiculata, quadrilocularis, polline globoso foeta. Fem. Tunica nulla. Ovarium sessile, oblongum, uniloculare. Ovulum unicum, e basi erectum, anatropum. Styli 2—3, subulati, ovario continui, introrsum stigmatosi. Nucula monosperma, epicarpio membranaceo, secedente. Semen e basi erectum, ellipticum, testa membranacea, tenuissima. Embryo exalbuminosus, macropodus, orthotropus, extremitate radiculari umbilicum spectante, infera. — *Herba aquatica, submersa, in lacubus Europae mediae obvia; foliis alternis approximatis, linearibus, basi dilatatis, serrulatis, mucronatis.*

Najas Willd. *in Act. Academ. Berolin. 1798. p. 87.* Najas major Linn. Fl. dan. *t. 2121.* Nees jun. *Gen. plant. fasc. VI. t. 10. f. 1—21.* Fluvialis Michel. *nov. gen. t. 8.*

1657. Cymodocea *KÖN.* Flores dioici, in pedicello primum folii vagina incluso, mox exserto elongato solitarii. Perigonium nullum. Masc. Antherae 2, biloculares, oppositae, dorso inter se connatae, loculis linearibus basi apiceque distinctis, longitudinaliter dehiscentibus, polline confervoideo foetis. Fem. Ovaria 2, libera, approximata, dorso convexa, facie plana, sessilia, unilocularia. Ovulum unicum, pendulum, campylotropum. Stylus filiformis, ovario continuus; stigmata 2, filiformi-subulata. Capsulae 2, membranaceae, compressae, approximatae, bivalves, monospermae. Semen pendulum, uncinatum, cruribus subaequalibus, testa tenuissime membranacea. Embryo exalbuminosus, macropodus, homotropus, extremitate cotyledonari acuminata, radiculari incrassatae parallela. — *Herba in maris mediterranei aestuariis vegetans; caule sarmentoso, radicante, articulato, foliis ad articulos congestis, linearibus, obtusis, integerrimis, basi vaginantibus.*

Cymodocea König *Annal. of Bot. II. 96. t. 7.* Phucagrostis major Cavolini *Monograph. 13. t. 1.*

OBSERVATIO. A Cymodocea, si quid e solis floribus masculis a Cl. Gaudichaud *ad Freyc. t. 40.* depictis judicare licet, vix differre videtur Amphibolis Agardh *syst. Alg. 192.* quae Graumüllera Reichenb. *consp. 43.* sive Ruppia antarctica Labill. *Nov. Holl. t. 40.*

1658. Thalassia *SOLAND.* Flores dioici. Masc. Spatha scapum terminans, monophylla, bifida, laciniis oblongis, obtusis. Perigonium triphyllum, foliolis ovato-oblongis, obtusis. Antherae 9, sessiles, perigonio breviores, conniventes. . . . Fem. . . . — *Herbae vix notae, in mari mexicano et rubro observatae; foliis in apice caudicis congestis, linearibus, obtusissimis, basi vaginantibus, integerrimis v. serrulato-ciliatis, scapo e centro foliorum exserto.*

Thalassia Solander ex König *Annal. of Bot. II. 96.* Zosterae sp. Forsk. Vahl.

1659. Zostera *LINN.* Flores monoici. Spatha e folii parte ima longitudinaliter dehiscente, superne in laminam producta. Spadix compresso-planus, membranaceus, dorso nudus, antice staminibus ovariisque alternatim biseriatis onustus, saepius appendiculis lateralibus inflexis auctus. Antherae filamento brevissimo peltatim affixae, oblongae, uniloculares, rimula longitudinali dehiscentes, polline confervoideo foetae. Ovaria antheris pauciora, iisdem oblique apposita, dorso prope apicem affixa, unilocularia. Ovulum unicum, e puncto insertionis ovarii pendulum, orthotropum. Stylus ovario continuus, subulatus, persistens; stigmata 2, capillaria. Utriculi membranacei, monospermi, penduli, irregulariter rumpentes. Semen pendulum, subglobosum, testa membranacea, longitudinaliter striata. Embryo exalbuminosus, macropodus, antitropus, extremitate radiculari infera, rima laterali, pro receptione cotyledonis elongatae, inflexo-curvatae. — *Herbae in aestuariis maris septentrionalis, atlantici et indici vegetantes; caule repente, radicante, foliis anguste linearibus elongatis, obtusis, integerrimis, basi vaginantibus.*

Zostera Linn. *gen.* 1032. excl. sp. Gärtn. *I.* 76. *t.* 19. Fl. dan. *t.* 2041. Nees jun. *Gen. plant. fasc. VI. t.* 14. Phucagrostis minor Cavolini *Monograph. cit.*

1660. Posidonia *KÖN.* Flores hermaphroditi, in spadicibus intra spatham foliaceam bivalvem congestis, singulis spathilla bivalvi cinctis, 3—6 floris, floribus inferioribus alternis, extremo terminali. Perigonium nullum. Stamina 4, hypogyna, antherae filamentis dilatatis aristatis basi extus affixae, biloculares, loculis linearibus discretis, longitudinaliter dehiscentibus, polline confervoideo foetis. Ovarium uniloculare. Ovulum unicum, parietale, amphitropum, micropyle infera. Stigma terminale, subsessile, villosum. Capsula baccata, monosperma. Semen longitudinaliter adnatum. Embryo exalbuminosus, macropodus, extremitate radiculari infera, rima laterali pro receptione cotyledonis elongatae, inflexo curvatae. — *Herbae in aestuariis mariis mediterranei et indici vegetantes; caule repente, radicante, ramoso, foliorum exuviis vestito, foliis in apice ramorum congestis, basi vaginantibus, linearibus, elongatis, obtusissimis, integerrimis v. serrulatis, scapo lineari crassiusculo, e foliorum centro exserto, spatha diphylla foliacea, basi dilatata, spathillas pluras fovente terminato.*

Posidonia Konig *Annal. of Bot.* 93. *t.* 6. Caulinia DC. *Flor. fr. III.* 156. R. Brown *prodr.* 339, non Willd. Kernera Willd. *sp. IV.* 947. Zostera oceanica Linn. Cavolini *Monogr. cit.*

1661. Ruppia *LINN.* Flores hermaphroditi, duo v. plures in spadice axillari filiformi, primum folii vagina incluso, mox exserto, alterni, sessiles. Perigonium nullum. Stamina 2, opposita; filamenta brevissima, squamulaeformia, antherae magnae, extrorsae, biloculares, medio dorso affixae, loculis parallelis, discretis, facile secedentibus, rima longitudinali dehiscentibus, polline curvato trihilato foetis. Ovaria 4, libera, dorso carinata, facie contigua, primum sessilia, demum stipitata, unilocularia. Ovulum unicum, pendulum, campylotropum. Stigma terminale, sessile, peltatum, umbilicatum. Drupae 4, v. abortu pauciores, longiuscule stipitatae, compressiusculae, gibbosae. Semen pendulum, uncinatum, cruribus inaequalibus, testa tenuissime membranacea. Embryo exalbuminosus, macropodus, homotropus, extremitate cotyledonari acuminata, supra radicularem incrassatam, superam prona. — *Herba in aestuariis Europae et Americae borealis vegetans; caule filiformi ramoso, foliis lineari setaceis, basi dilatato-fornicata vaginantibus.*

Ruppia Linn. *gen.* 175. Gärtn. *II.* 23. *t.* 84. Reichenb. *Iconogr. t.* 306. Nees jun. *Gen. plant. fasc. VI. t.* 12.

1662. Zannichellia *MICHEL.* Flores polygami, masculi et hermaphroditi in axillis foliorum solitarii, sessiles, stipula intrapetiolari membranacea fulti. Perigonium nullum. Masc. Stamen unicum; filamentum filiforme, teres, anthera bilocularis, loculis oblongis, discretis, oppositis, connectivo excurrenti utrinque adnatis, basi sagittatim divergentibus, polline subgloboso foetis. Hermaphr. Stamen unicum, laterale. Ovaria 4, libera, dorso convexa, facie contigua, sessilia, basi cupula communi, brevi, membranacea excepta, unilocularia. Ovulum unicum, pendulum, orthotropum. Stylus brevis, ovario continuus; stigma peltatum, disciforme, introrsum sublaterale. Nuculae 4, coriaceae, sessiles, dorso subcrenatae, uniloculares. Semen oblongum, pendulum, testa membranacea, tenui. Embryo exalbuminosus, macropodus, antitropus, extremitate cotyledonari elongata, circinnatim inflexa, supra radicularem incrassatam inferam prona. — *Herbae in fossis et rivulis Europae et Americae borealis obviae; foliis approximatim alternis, junioribus subfasciculatis, filiformibus, stipulis intrafoliaceis, membranaceis, latis, amplexicaulibus.*

Zannichellia Micheli *gen. t.* 34. *f.* 1.2. Linn. *gen. n.* 1034. Reichenb. *Iconogr. t.* 756—760. Nees jun. *Gen. pl. fasc. VI. t.* 11.

1663. Althenia *PETIT.* Flores monoici, in axillis foliorum. Masc. pauci, infra femineos solitarii, in pedicello filiformi terminales. Cupula calycina cyathiformis, tridentata. Anthera unica, sessilis, elongato-linearis, incurva, unilocularis, rima longitudinali dehiscens, valvis divaricato-patentibus, tandem a connectivo crasso persistente solutis. Fem. in apice pedicellorum terni, approximatim alterni, singuli basi bractea foliacea stipati. Perigonium nullum. Ovaria subfusiformia, compressiuscula, unilocularia. Ovulum unicum, pendulum, orthotropum. Stylus filiformis, longiusculus, ovario continuus; stigma peltatum, disciforme, introrsum sublaterale. Capsula compressa, alato marginata, unilocularis, inaequaliter bivalvis, valvis epicarpio membranaceo, tandem fatiscente connexis. Semen oblongum, compressum, pendulum, testa membranacea, tenui. Embryo exalbuminosus, macropodus, antitropus, extremitate cotyledonari elongata, circinnatim involuta, radiculari crassa, infera. — *Herba tenella, caespitosa, in lacubus maritimis Galliae australis nuper reperta; caulibus repentibus, nodoso-articulatis, foliis ad nodos alternatim congestis, brevibus, basi lata nervosis, vaginantibus, nervo medio elongato excurrente aristatis, floralibus muticis.*

Althenia Felix Petit *in Annales sc. observ. I.* 451. *c. ic.* Reichenb. *Iconograph. t.* 753. Bellevalia Delile.

1664. Potamogeton *LINN.* Flores hermaphroditi, spicati. Perigonium calycinum, tetraphyllum, foliolis brevissime unguiculatis, aestivatione valvatis, sub anthesi patentibus. Stamina 4, unguibus foliolorum perigonii inserta; filamenta brevissima, antherae biloculares, loculis oppositis, connectivo incrassato plus minus sejunctis, longitudinaliter dehiscentibus, polline globoso foetis. Ovaria 4, libera, sessilia, dorso convexa, facie contigua, unilocularia. Ovulum unicum, suturae ventrali infra apicem affixum, adscendens campylotropum. Stylus terminalis, brevissimus v. nullus; stigma peltatum, introrsum obliquum. Nuculae 4, compressae, putamine coriaceo v. lignoso, monospermae. Semen uncinatum, testa membranacea, tenui. Embryo exalbuminosus, macropodus, homotropus, extremitate radiculari incrassata, infera. — *Herbae in aquis stagnantibus et fluentibus regionum temperatarum et frigidiuscularum totius orbis obviae, in zona* *tropica rarae; caulibus repentibus radicantibus, nodosis, ramis demersis, compressis teretibusve, foliis distichis alternis v. rarissime oppositis, membranaceis, pellucidis, integris, polymorphis, stipulis intrafoliaceis, liberis v. folio basi vaginanti adnatis, ligulaeformibus, spicis florum axillaribus pedunculatis, emersis, basi stipula intrafoliacea ceu spatha stipatis.*

Potamogeton Tournef. *inst. 103.* Linn. *gen. n. 174.* Gärtn. *II. 23. t. 8.* Treviranus *Entwickl. des Embr. 11. 12. t. 1. f. 12—15.* Tittm. *Keim. 43. t. 6. f. 2.* Mirbel *in Annal. du Mus. XVI. 444. XVII. 233.* L. C. Richard *Endorhiz. 11. t. 1. f. 34. 37.* E. B. *t. 163. 215. 323. 377. 397. 418. 1012. 1285. 1286. 1822. 1985. 2253.* Chamisso *in Linnaea II. 157. t. 4—6.* Nees jun. *Gen. plant. fasc. VI. t. 13.* Peltopsis Rafin.

OBSERVATIO. Epigynanthus genus novum e Najadearum ordine in epistola cl. Blume ad Neesium *in Flora 1825. p. 679.* solum nominatur. — Halophila Thouars (Barkania *Ehrenb.*), quam huc referre solent auctores, longe aliena, inter Podostemmeas recensetur.

APPENDIX. NAJADEAE FOSSILES.

1665. Caulinites *BRONGN.* Caules ramosi, cicatricibus semiannularibus, in seriebus duabus oppositis alternantibus, punctis minimis aequalibus notatis. — *Calx grossa.*

Caulinites Brongn. *prodr. 115.* Amphytoites parisiensis Desm.

1666. Zosterites *BRONGN.* Folia oblonga v. linearia, nervis paucis aequalibus crassiusculis, secundariis nullis. — *Terra glauconia sabulosa, et sedimentum superius.*

Zosterites Brongn. *prodr. 114. Mem. soc. h. n. Paris. I. 317. t. 21. f. 5—8.* Amphibolis sp. fossiles Agardh *in Act. Holm. 1823. p. 111. t. 2. f. 8.*

1667. Potamophyllites *BRONGN.* Folia elliptica, nervis plurimis, convergentibus, nervulis transversis conjunctis, nervo centrali fortiori nullo. — *Terra aquae dulcis, infra calcem grossam.*

Potamophyllites Brongn. *prodr. 114.* Phyllites multinervis *Descript. des envir. de Paris. 360. t. 10. f. 2.*

* LEMNACEAE.

1668. Lemna *LINN.* Flores hermaphroditi v. abortu dioici, in fissura marginali frondis lenticularis, cellulosae. Spatha inclusa, tenuissime membranacea, subbivalvim rupta, valvula inferiore majore. Stamina 2, hypogyna, exserta; filamenta filiformia, inaequalia, antherae biloculares, didymae, loculis discretis, globosis, transversim late hiantibus, polline globoso papilloso foetis. Ovarium sessile, ovatum, membranaceum, uniloculare. Ovula basilaria, nunc unicum semianatropum, horizontale, nunc 2—4 anatropa, erecta. Stylus cylindricus, brevis; stigma subtruncatum, depressum, papillosum. Utriculus membranaceus, indehiscens, mono-tetraspermus. Semen horizontale v. erectum, testa membranaceo-coriacea, costata. Embryo exalbuminosus, orthotropus v. semiantitropus. Cotyledon crassa, farinacea, versus basim viridescens, inferne excavata, radiculam compressam v. lunulatam includens, infra centrum plumulam ovato-subglobosam, minimam involvens, secundum axim a chalaza usque ad plumulam perforata, tuboque membranaceo, sinuoso, globulis densis repleto (sacculi amniotici v. quintinae rudimento?) percursa. — *Herbae parvulae, nemini non cognitae, in aquis stagnantibus et lente fluentibus climatis temperasi et frigidiusculi totius orbis innumera grege natantes; frondibus parvis, lenticularibus, solitariis v. margine proliferis, supra laevigatis, subtus spongiosis, radiculis simplicibus, spongilla majuscula terminatis.*

Lemna Linn. *gen. n. 1038.* Wolf *Comment. de Lemna Norimb. 1804. 4to.* L. C. Richard *in Guillem. Archiv. Bot. I. 200.* Brongn. *Ibid. II. 97.* Nees jun. *Gen. plant. fasc. VI. t. 9.* Lenticula Micheli *Gen. 11.*

a) WOLFIA *Hork.* Ovarium uniovulatum. Ovulum basilare, semianatropum. Utriculus monospermus. Semen horizontale, transversum, juxta mediam longitudinem insertum, rhaphe inde ad chalazam alteram seminis extremitatem occupantem percursa. Embryonis extremitas radicularis chalazae e diametro opposita, a puncto insertionis seminis remota, centrifuga.

Wolfia Horkel *msc.* Horkelia Reichenb. ex Bartl. *ord. nat. 176.* non Cham. — Lemna minor Linn. Hook. *Fl. Lond. t. 120.* Brongn. *l. c. t. 12. f. 1.*

b) LENTICULA. Ovarium bi-quadriovulatum. Ovula basilaria, anatropa. Utriculus mono-tetraspermus. Semina erecta, basifixa, rhaphe juxta totam seminis longitudinem ad chalazam apicalem procurrente. Embryonis extremitas radicularis chalazae e diametro opposita, umbilico proxima, infera.

Lemna gibba Linn. Schkuhr *t. 281.* L. C. Richard *op. cit. t. 6.* Brongn. *op. cit. t. 12. f. 2.* L. trisulca Linn. Hook. *op. cit. t. 119.*

Classis XXI. Spadiciflorae.

Herbae acaules v. caulescentes, rarius suffrutices, saepius scandentes. Folia nunc omnia radicalia, nunc caulina, alterna, congesta v. spiraliter disposita, interdum laminae abortu phyllodinea, saepius petiolata, petiolis basi vaginantibus, lamina lata, palmati- v. pedatinervi, rarissime penninervi, integra v. dissecta aut decomposita. Flores in spadice, spatha foliacea plus minusve transformata munito sessiles, unisexuales, monodioici v. hermaphroditi. Perigonium nullum v. rudimentarium, squamaeforme, saepius asymetricum. Stamina in perigoniatis simplici partium ejusdem numero, iisque opposita. Ovaria uni-multilocularia. Ovula in loculis solitaria, basilaria v. parietalia, orthotropa v. anatropa. Fructus baccatus v. drupaceus. Semina albuminosa, rariusve germinatione incepta exalbuminosa. Embryo axilis, orthotropus v. antitropus, saepissime rimula laterali pro plumulae plus minus evolutae exsertione instructus.

Ordo LXXII. Aroideae.

AROIDEAE Juss. *gen. 23.* R. Brown *prodr. 333.* Blume *Rumph. 73. ss.* ARACEAE Schott. *Melet. 16.* Lindl. *introduct. edit. II. p. 363.* CALLACEAE Bartl. *ord. nat. 44.*

Plantae ut plurimum herbaceae, succo decolori v. lacteo foetae, caustico volatili scatentes, tuberibus v. rhizomate repente perennantes, nunc acaules, nunc caulescentes v. suffrutescentes, caudice a petiolorum basibus dilatatis cicatrisato. Folia rarius e rhizomate solitaria, saepius supra rhizoma v. in apice caudicis conferta, alterna; petioli basi dilatata vaginantes, lamina saepius maxima, valide nervosa, nervis palmatis, pedatis peltatisve, basi saepius excisa, cordata v. hastata, integerrima v. parenchymate inter nervos fatiscente pertusa v. varie dissecta, aut etiam decomposita, vernatione convoluta. **Scapus** radicalis v. axillaris, simplicissimus, basi foliorum vaginis inclusus, partimque iisdem adnatus, in **spadicem** indivisum desinens. **Spadix** simplicissimus, in axilla **spathae** monophyllae (e folii lamina ope petioli cum scapo concreti ortae), varie convolutae, saepissime coloratae, persistentis v. deciduae, sessilis v. stipitatus, liber v. etiam spathaë nervo medio plus minus adnatus, nunc totus floribus obsitus, nunc in appendicem sterilem desinens.

Flores saepissime unisexuales, rarius hermaphroditi, plerumque androgyni, **feminei** in inferiori, **masculi** in superiore spadicis parte sessiles, continui vel interstitio sterili sejuncti, **genitalibus rudimentariis** flores fertiles utriusque sexus discriminantibus, interdum etiam supra masculos praesentibus v. rarius cum femineis mixtis.

Perigonium nunc omnino nullum, nunc in floribus hermaphroditis rudimentarium, squamaeforme, saepius asymetricum.

Stamina plurima, libera v. varie inter se connata, in perigoniatis perigonii squamis opposita, **antheris** extrorsis, in reliquis saepius bilocularibus, **loculis connectivo** crasso truncato ut plurimum immersis, longitudinaliter v. rimula aut poro verticis dehiscentibus, saepius **pollen** catenatim conglutinatum continuo secernentibus.

Ovaria saepissime aggregata, libera v. inter se connata, uni-bi-tri-multilocularia. **Ovula** nunc solitaria, nunc plura v. plurima, basilaria v. parietalia, erecta, sessilia, v. e funiculis adscendentia, aut in iisdem inversa, orthotropa v. campylotropa, rarius anatropa.

Stylus nullus v. simplex. **Stigma** capitatum v. discoideum, indivisum v. lobatum.

Fructus baccatus, indehiscens, uni-plurilocularis, mono-polyspermus.

Semina subglobosa v. angulata, **testa** coriacea, saepius crassa, **umbilico** basilari micropyles cicatrici opposito, v. ope **rhapheos** cum **chalaza** apicali conjuncto. **Albumen** carnosum, farinosum, copiosum, rarissime parcissimum v. germinatione incepta nullum.

Embryo homotropus, v. antitropus, axilis, rectus, teres, **extremitate radiculari** obtusa umbilicum spectante, v. eidem e diametro opposita, supera, infera v. centrifuga, **cotyledone** hinc rimula brevi longitudinali, extremitati radiculari aproximata. **Plumula** di-triphylla, foliolis margine involutis, exteriore cotyledoni opposito ab ejusdem rimae marginibus amplexo, plus minus denudato, interiora opposita amplexante.

Aroideae inter tropicos totius orbis frequentissime obviae, in temperatis rarissimae, usque ad 64° L. B. gradum proveniunt, in **Americae** aequinoctialibus sylvis primaevis calentibus, et in **regione andina** temperata frequentibus imbribus irrigata copiosissimae, in **Asiae** nemoribus humidis nonnihil ut videtur rariores, sed pluribus et nobilioribus formis ludentes.

Principium inest acre, corrosivum, cujus multiplex in medicina populorum asiaticorum usus. Caudices et tubera nonnullarum specierum, repetita maceratione et exsiccatione excocti, Asiae australioris et Oceaniae incolis praetiosam largiuntur annonam. Diagnosim ordinis facillimam a **Najadeis** et **Lemnaceis** praebet habitus, et albuminis in plerisque praesentia; a **Typhaceis** foliorum forma et antherarum figura; a **Pandaneis** facies, fructus et embryonis conformatio.

SUBORDO I. ARACEAE. **Flores** nudi, androgyni.

TRIBUS I. PISTIACEAE Blume *Rumph. 76.* **Spadix** cum **spatha** connatus, indistinctus. **Flores masculi a femineo** solitario remoti. **Antherae** in apice v. in latere spadicis sessiles. **Ovarium** uniloculare. **Ovula** plurima, in placenta basilari v. sublaterali erecta, orthotropa. **Stylus** distinctus. **Genitalia rudimentaria** nulla. **Semina** albuminosa. **Embryo** antitropus. — *Herbae rhizomate flagellifero v. tuberoso, foliorum lamina integra, plurinervi, spadicibus inodoris.*

1669. Pistia *LINN.* **Spatha** basi tubulosa, spadici connata, limbo patente, processu spadicem superne involucrante aucto. **Spadix** interrupte androgynus, basi femineus, apice libero masculus. **Antherae** 3—8, spadicis apici incrassato adnatae, subglobosae, sulco transverso dehiscentes. **Ovarium** unicum, spadicis basi adnatae oblique insidens, uniloculare. **Ovula** plurima, e placenta prope basim parietali subhorizontalia, orthotropa. **Stylus** terminalis, crassus; **stigma** subcyathiforme. **Bacca** unilocularis. **Semina** plurima, v. abortu pauca, subcylindrica, **testa** coriacea, crassa, **umbilico** basilari funiculo brevissimo patelliformi insidentia. **Embryo** minimus, in apice albuminis inclusus, **extremitate radiculari** umbilico e diametro opposita. — *Herbae aquaticae, **inter tropicos totius orbis** obviae, natantes, flagelliferae; radicibus fibrosis, foliis sessilibus, rosacco-expansis, obovatis, integerrimis, retusis, nervosis, subtus radiato-cristatis, spadicibus axillaribus solitariis, breviter pedunculatis.*

Pistia Linn. *Flor. zeyl. 152. Gen. n. 912.* A. Rich. *in Dict. class. XIII. 633.* Turp. *Atl. II. t. 7.* Blume *Rumph. 77.* Zala Loureiro *Flor. cochinch. II. 491.*

1670. Ambrosinia *BASS.* **Spatha** basi convoluta, superne cucullata, a spadice adnato longitudinaliter biloculata. Spadix complanatus, in appendiculum liberum desinens, antice basi femineus, postice superne masculus. Antherae 10, transversim biseriatae, longitudinaliter bivalves. Ovarium unicum, uniloculare. Ovula plurima, in placenta basilari deplanata, e funiculis longiusculis erecta, orthotropa. Stylus terminalis, longiusculus; stigma discoideum. Bacca unilocularis. Semina plurima, testa striata. . . . — *Herbae in Europa mediterranea indigenae; rhizomate tuberoso, ramoso, stolonifero perennantes, foliis congestis, petiolis basi tubuloso-vaginantibus, lamina integerrima, convergenti nervosa, scapo e folii intimi vagina erumpente, spatha terminali.*

Ambrosinia Bassi *Dissert. Bonon. 1763. 4to.* Lam. *t. 737.* Schott *Melet. 16.* Blume *Rumph. 81. t. 36. f. B.* Ucria Targioni ex Röm. *Arch. 70.* Ari sp. Linn.

TRIBUS II. CRYPTOCORYNEAE Blume *Rumph. 83.* Spadix spathae inclusus et apice cum ea connatus, v. exsertus liber. Flores masculi a femineis pluribus remoti. Antherae in apice spadicis sessiles, v. filamentis brevibus stipitatae. Carpidia plura, circa basim spadicis verticillata, in ovarium pluriloculare connata. Ovula in loculorum angulo centrali plura, horizontalia v. adscendentia, orthotropa. Styli carpidiorum numero distincti. Genitalia rudimentaria nulla, v. vix distincta. Semina albuminosa. Embryo antitropus. — *Herbae rhizomate stolonifero, foliorum lamina sub-uni- v. palmatinervia, integra, lanceolata, v. rarius basi excisa.*

1671. Cryptocoryne *FISCH.* Spatha basi breviter tubulosa, limbo elongato, plica tubum claudente cum spadicis vertice connata transversim bilocularis. Spadix inclusus, interrupte androgynus, medio nudus. Antherae plurimae, in spadicis apice confertim sessiles, deplanatae, vertice biporosae. Carpidia sex v. plura, circa basim spadicis verticillata, in ovarium sex-pluriloculare connata. Ovula in loculorum angulo centrali plura, subhorizontalia, orthotropa. Styli loculorum numero, distincti, radiatim divergentes; stigmatibus discoideis, extrorsum sublateralibus. Bacca plurilocularis, umbilicata. Semina in loculis plura, testa fungosa, umbilico basilari funiculo brevi affixa. Embryo in axi albuminis antitropus, extremitate radiculari umbilico e diametro opposita. — *Plantae indicae, paludosae, glabrae; rhizomate tuberoso, stolonifero perennantes, foliis subbifariam dispositis, petiolatis, oblongis, integerrimis, obsolete convergentim penninerviis, inflorescentia solitaria, inter petiolorum basim vaginantem subsessili, aut in scapo magis minusve manifesto elevata, spatha interne transversim rugosa, limbo marcescente, parte tubulosa cum fructu maturo decidua.*

Cryptocoryne Fischer ex Wydler *in Linnaea V. 428.* Schott *Melet. 16.* Blume *Rumph. 83. t. 36. f. C.* Ambrosinia ciliata Roxb. *Corom. t. 262.* Arum spirale Retz. Bot. Mag. *t. 2220.*

1672. Stylochaeton *LEPR.* Spatha basi longe tubulosa, limbo brevi subfornicato. Spadix apice exsertus, interrupte androgynus, medio nudus. Stamina plurima, in apice spadicis conferta; filamenta brevia, distincta, antherae tetragonae, biloculares, longitudinaliter dehiscentes. Carpidia sex, v. plura, circa basim spadicis verticillata, in ovarium sex-pluriloculare connata, superne disco demum perforato velata. Ovula in loculorum angulo centrali plura, adscendentia, orthotropa. Styli loculorum numero distincti, e basi geniculata erecti; stigmatibus capitatis. Bacca plurilocularis. . . . Semina. . . . — *Planta humilis, in Senegambiae collibus arenosis observata; rhizomate carnoso, stolonifero, foliis longe petiolatis, hastatis, nervosis, spatha inter petiolorum basim vaginantem sessili, squamis emarcidis cincta, sordide violacea, persistente, fructu hypogaeo.*

Stylochaeton Leprieur *in Nouv. Annal. sc. nat. 1834. II. 184. t. 5.* Blume *Rumph. 97.*

TRIBUS III. DRACUNCULINAE Schott *Melet. 16.* Spadix liber, v. rarissime imae spathae adnatus, interrupte androgynus v. rarius dioicus, medio plerumque genitalibus rudimentariis auctus, appendice nuda terminatus. Antherae liberae v. rarissime coadunatae, loculis turgidis, connectivo majoribus. Ovaria plurima, libera, unilocularia. Ovula solitaria v. plura, orthotropa. Stylus brevis v. stigma sessile. Semina albuminosa v. rarissime exalbuminosa. Embryo antitropus. — *Herbae rhizomate saepius tuberoso v. incrassato, foliorum lamina valide palmati- v. pedatinervia, integra, cordata, hastata v. sagittata, aut palmati- v. pedatipartita, spadicibus saepissime foetidis.*

SUBTRIBUS I. ARIŠAREAE Schott *Melet. 16.* Spadix liber, monoicus v. dioicus. Stamina laxiuscula, filamentis manifestis, antheris peltatis, transversim sive poris dehiscentibus. Ovaria ovulis plurimis paucisve, e placenta basilari v. prope basim parietali erectis. Stylus plerumque distinctus. Organa rudimentaria subnulla.

1673. Arisarum *TOURNEF.* Spatha basi tubulosa, limbo fornicato. Spadix inferne continuo androgynus, genitalibus rudimentariis nullis, superne nudus. Staminum filamenta discreta, conoidea, antherae hemisphaericae, transversim inaequaliter semibivalves. Ovaria pauca, unilateralia, unilocularia. Ovula plurima in funiculis brevibus e placenta basilari erecta, orthotropa. Stylus distinctus; stigma subcapitato-peltatum. Baccae di-octospermae. Semina subglobosa, erecta, testa coriacea, crassiuscula, elevato-striata, hilo basilari lato. Embryo in axi albuminis antitropus, extremitate radiculari umbilico e diametro opposita. — *Herbae mediterraneae; rhizomate tuberoso subgloboso v. ramoso, repente, foliis longe petiolatis, basi vaginantibus, cordatis hastatisve, nervosis, spatha scapum solitarium terminante, livido-purpurea.*

Arisarum Tournef. *inst. 131.* Kunth *in Mem. Mus. IV. 438.* Martius *in Flora 1831. 458.* Schott *Melet. 16.* L. C. Richard *in Guillem. Arch. Bot. II. 20. t. 2.* Blume *Rumph. 89.* Arum Arisarum Linn. Jacq. *Hort. schönbr. t. 192.* A. proboscideum Linn. Boccone *Mus. II. t. 50.*

1674. Arisaema *MART.* Spatha basi convoluta, limbo fornicato v. planiusculo. Spadix inferne unisexualis, superne genitalibus rudimentariis, interdum plane deficientibus auctus, apice exserto v. incluso nudus. Antherae in filamentis distinctis verticillatae, loculis discretis v. appositis, poro v. rima subtransversali dehiscentibus. Ovaria plurima, libera. Ovula 2_6, rariusve plura, in funiculis brevibus e placenta basilari erecta, orthotropa. Stylus brevis v. subnullus; stigma capitato-peltatum, v. depresso-hemisphaericum. Baccae mono-oligospermae. Semina subglobosa, testa coriacea v. membranacea, umbilico basilari lato. Embryo in axi albuminis antitropus, extremitate radiculari umbilico e diametro opposita. — *Plantae perennes, in Asiae tropicae montibus, deinde in Asia extratropica orientali et in America boreali indigenae; rhizomate tuberoso, acaules v. foliorum petiolis basi vaginantibus cum scapo centrali concretis caulescentes, lamina rarissime indivisa, nunc peltatisecta, nunc pedati- v. palmatipartita, segmentis sessilibus v. stipitatis, integerrimis v. rarius eroso-serratis, subreticulato-venosis.*

Arisaema Martius *in Flora 1831. p. 459.* Schott *Melet. 16.* Blume *Rumph. 92. t. 27. 28. 37. f. E.* Ari sp. Linn. et Auct. Wallich. *Flor. nepal. t. 18_20. Pl. As. rar. t. 114. 135. 136.* Bot. Mag. *t. 950.* Bot. Reg. *t. 608.*

SUBTRIBUS II. EUAROIDEAE Schott *Melet. 16.* Spadix liber, monoicus. Antherae congestae, subsessiles, rima v. poris dehiscentes. Ovaria ovulis solitariis v. pluribus, placentae basilari v. parietali insertis. Stylus nullus. Genitalia rudimentaria infra et supra stamina, rarissime nulla.

1675. Biarum *SCHOTT*. Spatha basi tubulosa, limbo plano patente. Spadix inferne interrupte androgynus, genitalibus rudimentariis subuliformibus, supra v. etiam infra stamina raris, apice longe exserto nudus. Antherae sessiles, confertae, loculis oppositis, rima v. poro dehiscentibus. Ovaria plurima, libera. Ovulum unicum, basilare, sessile, orthotropum. Stylus distinctus; stigma subcapitatum. Baccae monospermae. Semen subglobosum, testa coriacea, umbilico basilari lato. Embryo in axi albuminis antitropus, extremitate radiculari umbilico e diametro opposita. — *Herbae in regione mediterranea et in Syria indigenae, humiles, acaules; rhizomate tuberoso, foliis longe petiolatis, lineari-lanceolatis s. ovatis, indivisis, convergenti-penninerviis, petiolis basi membranaceo-dilatatis, vaginantibus, scapo solitario v. rarius pluribus, spatha extus sordide viridi, intus plerumque cum spadicis apice nudo atro-purpurea.*

Biarum Schott *Melet. 17.* Blume *Rumph. 111.* Homaid Adans. *fam. II. 170.*

a) BIARUM *Sch.* Spatha tubo manifesto. Genitalia rudimentaria infra et supra stamina. Antherae rimis dehiscentes. Styli brevissimi. — *Europeae.*

Biari sp. Schott *l. c.* Arum tenuifolium Linn. Bot. Reg. *t. 512.* et A. gramineum Lam.

b) ISCHARUM *Bl.* Spatha tubo brevissimo. Genitalia rudimentaria supra stamina nulla. Antherae poris dehiscentes. Styli distincti. — *Orientalis.*

Ischarum Blume *l. c.* Biari sp. Blume *op. cit. t. 29.*

1676. Arum *LINN*. Spatha basi convoluta. Spadix inferne interrupte androgynus, genitalibus rudimentariis supra v. etiam infra stamina confertis v. raris, apice clavato nudus. Antherae distinctae v. connatae, loculis bilateralibus, rima brevi dehiscentibus. Ovaria plurima, libera. Ovula 2_6, parietalia, superposita, horizontalia, orthotropa. Stigma sessile, depresso-hemisphaericum, subexcentricum. Baccae mono-oligospermae. Semina subglobosa, horizontalia v. erectiuscula, testa subcoriacea, crassa, umbilico basilari lato, funiculis brevissimis affixa. Embryo in axi albuminis subobliquus, antitropus, extremitate radiculari umbilico opposita. — *Herbae in Europa media et australi, nec non in Asia contermina indigenae, acaules; rhizomate tuberoso perennantes, foliis longe petiolatis, nervosis, cordatis v. hastatis, integris, scapo inter bases petiolorum vaginantes enato, spatha concolori aut discolori, saepius maculata terminato.*

Arum Linn. *gen. n. 1028.* excl. sp. plur. Schott *Melet. 17.* Blume *Rumph 116.*

a) GIGARUM *Caesalp.* Genitalia rudimentaria supra et infra stamina. Ovaria multiovulata. — *Europeae et orientales.*

Ar. maculatum, italicum, pictum etc. L. C. Richard *in Guillem. Archiv. Bot. I. 11. t. 1.* Nees jun. *Gen. plant. fasc. II. t. 3.* Bot. Mag. *t. 2432.*

b) EMINIUM *Blum.* Genitalia rudimentaria infra stamina. Ovaria pauciovulata. — *Orientales.*

1677. Typhonium *SCHOTT*. Spatha basi convoluta. Spadix inferne interrupte androgynus, genitalibus rudimentariis infra stamina confertis, apice subulato nudus. Antherae distinctae, loculis oppositis, longitudinaliter dehiscentibus. Ovaria plurima, libera. Ovulum unicum, basilare, e funiculo longiusculo erectum, orthotropum. Stigma terminale sessile, depresso-hemisphaericum. Baccae monospermae. Semen subglobosum, erectum, testa coriacea, crassa, rugoso-papillosa, umbilico basilari lato sessilia. Embryo in axi albuminis, rectus, dimidia ejus longitudine, antitropus, extremitate radiculari umbilico e diametro opposita, supera. — *Herbae indicae, acaules; rhizomate tuberoso perennantes, foliis longe petiolatis, nervosis, cordatis hastatisve integris, scapo e foliorum basibus vaginantibus longe exserto, spatha concolore.*

Typhonium Schott *in Wiener Zeitschrift 1829. III. 72. Melet. 17.* Martius *in Flora 1831. p. 454.* Blume *Rumph. t. 36. f. a.* Ari sp. Linn. Roxb. Wight *in Hook. Misc. Append. t. 3.* Bot. Mag. *t. 359. 2324.* Bot. Reg. *t. 450.*

1678. Sauromatum *SCHOTT*. Spatha basi tubulosa, limbo plano, patente. Spadix inferne interrupte androgynus, genitalibus rudimentariis infra stamina sparsis, apice subclavato nudus. Antherae distinctae, loculis oppositis, rimula brevi, subobliqua dehiscentibus. Ovaria plurima, libera, unilocularia. Ovula 2, basilaria, e funiculis brevibus erecta, orthotropa. Stigma terminale, sessile, depresso-hemisphaericum. Baccae monospermae. Semen. . . . — *Herbae indicae; tubere radicali globoso, carnoso, maximo, scapo radicali brevissimo, subsolitario, basi squamoso, spatha maculata, folio serotino, pedatipartito, multilobo.*

Sauromatum Schott *Melet. 17.* Arum pedatum Link. *Hort. berol. t. 8.* A. guttatum Wallich *Pl. As. rar. t. 115.*

1679. Dracunculus *TOURN*. Spatha basi convoluta, limbo plano, patente. Spadix inferne continuo androgynus, genitalibus rudimentariis infra et supra stamina, apice subclavato nudus. Antherae in phalanges connatae, loculis bilateralibus, apice rimula brevi, subobliqua dehiscentibus. Ovaria plurima, libera, unilocularia. Ovula parietalia 3_7, infimum basifixum, reliqua subhorizontalia, orthotropa. Stigma terminale, sessile, depresso-hemisphaericum.

Baccae mono-oligospermae. Semina subglobosa v. angulata, erectiuscula, testa coriacea crassa, umbilico basilari lato, fungoso. Embryo in axi albuminis rectus, antitropus, extremitate radiculari umbilico opposita. — *Plantae in Europa australi indigenae, acaules; tubere radicali subgloboso perennantes, foliis annotinis pedatipartitis, segmentis confluenti-latinerviis.*

Dracunculus Tournef. *inst. 160. t. 70.* Schott *Melet. p. 27.* Blume *Rumph. 123. t. 27. f. g.* A. Dracunculus et A. crinitum L. Bot. Reg. *t. 831.*

SUBTRIBUS III. PYTHONIEAE. Spadix liber, monoicus. Antherae congestae, substipitatae, poris dehiscentes. Ovaria ovulis solitariis v. paucis, placentae basilari insertis. Stylus manifestus. Genitalia rudimentaria nulla.

1680. Pythonium *SCHOTT.* Spatha basi convoluta, limbo fornicato. Spadix inferne continuo androgynus, genitalibus rudimentariis nullis, apice obtuso, nudo, corrugato-tuberculata. Antherae distinctae, filamento brevissimo, loculis quatuor, bilateralibus, poris quatuor dehiscentes. Ovaria plurima, libera, unilocularia. Ovulum unicum, basilare, e funiculo brevi erectum, orthotropum. Stylus subulatus; stigma valvato-trilobum. Baccae monospermae. Semen. . . . — *Herbae nepalenses; tubere radicali subgloboso, foliis simultaneis, bipinnatifido-compositis, scapo erecto, longiusculo, basi vaginato, spatha reticulata, spadicem includente.*

Pythonium Schott *Melet. 17.* Thomsonia Wallich *Pl. As. rar. I. 83. t. 99.* Arum bulbiferum Roxb. Bot. Mag. *t. 2508.*

1681. Amorphophallus *BLUM.* Spatha basi convoluta, limbo plano, patente. Spadix inferne continuo androgynus, genitalibus rudimentariis nullis, appendice sterili elongata, laevigata v. depresso-dilatato, granuloso-verrucosa. Antherae distinctae, filamento brevissimo, loculis duobus appositis, apice poro duplici dehiscentes. Ovaria plurima, libera, bi-tri-quadrilocularia. Ovula in loculis solitaria, basilaria, anatropa. Stylus distinctus v. nullus; stigma capitato-indivisum, v. emarginato- aut depresso-lobatum. Baccae mono-oligospermae. Semina exalbuminosa (?). Embryo. . . — *Herbae indicae; tubere radicali carnoso, scapo radicali brevi, foliis serotinis, subsolitariis, bipinnatifido-decompositis.*

Amorphophallus Blume *in Diar. Batav. 1825.* Rumph. *t. 32—35. 37. f. II.* Dec. *in Nouv. Annal. Mus. III. 366.* Candarum Reichenb. *Consp. 44.* Schott *Melet. 17.* Pythion Martius *in Flora 1831. p. 455.* Arum campanulatum Roxb. *Corom. t. 272.* Hooker *in Bot. Mag. t. 2812.* Arum Rumphii Gaudich. *ad Freyc. t. 39.* — Genus rectius fortassis inter Anaporeas collocandum.

TRIBUS IV. CALADIEAE Schott *Melet. 18.* Spadix liber, continuo v. interrupte androgynus, medio plerumque genitalibus rudimentariis auctus, saepius appendice nuda terminatus. Antherae liberae v. saepius connatae, loculis connectivo crassissimo peltato immersis. Ovaria plurima, libera, uni-multilocularia. Ovula plura, orthotropa. Styli breves, v. stigma sessile. Semina albuminosa. Embryo antitropus. — *Herbae rhizomate tuberoso v. caulescente, interdum scandente subarborescente, foliorum lamina peltati- v palmati nervia.*

SUBTRIBUS I. COLOCASIEAE Schott *Melet. 18.* Spathae tubus persistens. Spadix medio saepius denudatus, appendice sterili interdum obsoleta v. nulla. Antherae plures connatae. Ovarium uni-quadriloculare. — *Herbae ut plurimum lactescentes, rhizomate tuberoso v. caulescente, foliis confertis, pedunculis post foecundationem recurvis, vaginis petiolaribus elongatis, stipularibus nullis, spathis suarcolentibus.*

1682. Remusatia *SCHOTT.* Spatha basi convoluta, limbo refracto, expanso. Spadix abbreviatus, interrupte androgynus, genitalibus rudimentariis infra ovaria et stamina, appendice sterili nulla. Antherae uniloculares, plurimae, connectivis clavatis truncatis verticillatim adnatae, discretae, poro verticali dehiscentes. Ovaria plurima, conferta, libera, septis tribus incompletis, apice coadunatis incomplete trilocularia. Ovula plurima, septis affixa, e funiculis brevibus horizontalia, orthotropa. Stylus brevissimus, attenuatus; stigma capitatum, siccum. Baccae. . . . — *Herba indica; succo decolori, rhizomate tuberoso, ramos elongatos, aphyllos, bulbilliferos exserente, foliis serotinis, peltatis, pedunculo bracteato brevi, spatha lutea.*

Remusatia Schott *Melet. 18.* Caladium viviparum Nees.

1683. Colocasia *RAY.* Spatha recta v. cucullata. Spadix interrupte androgynus, genitalibus rudimentariis infra v. etiam supra stamina, appendice sterili clavata v. acuminata. Antherae biloculares, plurimae, connectivis conoideis, truncatis, sessilibus v. substipitatis verticillatim adnatae, discretae, loculis contiguis, apice poro communi apertis. Ovaria plurima, conferta, libera, unilocularia. Ovula in loculis subsena, placentis parietalibus tribus prope basim affixa, erecta, orthotropa. Stylus brevissimus; stigma subcapitatum. Bacca. . . — *Herbae indicae; rhizomate tuberoso v. caulescente, foliis simultaneis, peltatis, pedunculis subsolitariis v. ex eadem axilla pluribus, abbreviatis, vaginatis.*

Colocasia Ray *Meth. 157.* Schott *Melet. 18.*

a) EUCOLOCASIA *Schott.* Spatha recta, undulata. Genitalia rudimentaria infra stamina. Spadicis appendix acuminata, laevis. Connectiva stipitellata. Ovaria. . . . — *Herbae indicae, in Aegypto cultae; foliis simultaneis, peltatis, supra laevigatis, venulis infra adscendentibus, margine anastomosantibus, pedunculis abbreviatis, vaginatis, ex una axilla pluribus, spatha flavescente.*

Eucolocasia Schott *l. c.* Arum Colocasia et Arum esculentum Linn. (Rumph. *Amb. V. t. 100. f. 1. 109.*)

b) ALOCASIA *Schott.* Spatha cucullata, incurva. Genitalia rudimentaria infra et supra stamina. Spadicis appendix incrassata, corrugato-venosa, obtusa. Connectiva sessilia. Ovaria unilocularia, ovulis subsenis. — *Herbae indicae; rhizomate caulescente, foliis simultaneis, peltatis, costa venisque utrinque prominentibus, pedunculis subsolitariis, brevibus, vaginatis, spatha glaucescente.*

Alocasia Schott *l. c.* Brongn. *in Nouv. Annal. Mus. III. t. 7.* — Arum macrorhizum Linn. (Herm. *parad. t. 73.*) Caladium cucullatum Pers.

1684. Caladium VENT. Spatha convoluta, recta. Spadix interrupte androgynus, genitalibus rudimentariis infra stamina, appendice sterili nulla. Antherae uniloculares, plurimae, connectivis clavatis truncatis verticillatim adnatae discretae, poro apicis dehiscentes. Ovaria plurima, conferta, libera, bilocularia. Ovula in loculis 2—4, dissepimento affixa, e funiculis brevibus adscendentia, orthotropa. Stigma terminale, sessile, discoideum. Baccae uni-biloculares, oligospermae. Semina angulata, testa coriacea, crassiuscula, umbilico basilari lato. Embryo in axi albuminis antitropus, extremitate radiculari umbilico e diametro opposita, supera. — *Herbae americanae tropicae; rhizomate tuberoso, foliis simultaneis peltatis, hastatis, supra laevigatis, i. e. costa venisque ad superficiem haud productis, venulis subtus reticulatim anastomosantibus, scapis ebractealis, solitariis, elongatis, spatha albida.*

Caladium Vent. *Cels. t. 30.* excl. reliq. Schott *Melet. 18.* Bot. Mag. *t. 2543.* Hooker *exot. Flor. t. 26.*

1685. Peltandra *RAFIN.* Spatha elongata, undulata, apice recurva. Spadix interrupte androgynus, genitalibus rudimentariis infra stamina, appendice sterili brevissima, nuda Antherae uniloculares, plurimae, abbreviatae, connectivis clavatis truncatis verticillatim adnatae, discretae, poro apicis dehiscentes. Ovaria plurima, sparsa, unilocularia. . . . Ovula 5—6. . . . Stylus brevissimus; stigma subcapitatum. . . . — *Herba boreali-americana; rhizomate tuberoso, foliis simultaneis sagittatis, nervosis, scapo e petiolorum vagina exserto, solitario, elongato, spatha viridi.*

Peltandra Rafinesque *in Journ. Phys. LXXXIX. 31.* excl. sp. Schott *Melet. 18.* Caladium virginicum Hooker *exot. Flor. t. 182.* Ari sp. Linn.

1686. Xanthosoma *SCHOTT.* Spatha basi convoluta, recta. Spadix interrupte androgynus, genitalibus rudimentariis infra stamina, appendice sterili nulla. Antherae biloculares, plurimae, connectivis conoideis truncatis verticillatim adnatae, discretae, loculis contiguis, apice rimulis transversis apertae. Ovaria plurima, conferta, stylis crassissimis placentaeformibus cohaerentia, subquadrilocularia. Ovula in loculis plurima, medio axi inserta, horizontalia. . . . Stigma latum, depressum, lobatum, flavo-glutinosum. Bacca. . . . — *Herbae antillanae; rhizomate caulescente, erecto, foliis simultaneis, sagittatis, pedunculis subsolitariis vaginatis, spatha flavescente.*

Xanthosoma Schott *Melet. 19.* Arum xanthorhizum et sagittifolium Jacq. *Hort. schönbr. t. 188. Hort. Vindob. t. 157.* Caladii sp. Vent.

1687. Acontias *SCHOTT.* Spatha basi convoluta, recta. Spadix interrupte androgynus, genitalibus rudimentariis infra stamina, appendice sterili nulla. Antherae biloculares, plurimae, connectivis conoideis truncatis verticillatim adnatae, discretae, loculis contiguis, apice rimulis transversis apertae. Ovaria plurima, conferta, stylis crassissimis placentaeformibus inter se cohaerentia, subtrilocularia. Ovula in loculis plurima, medio axi inserta, adscendentia. . . . Stigma minutum, orbiculare, flavo-glutinosum. Bacca. . . . — *Herbae brasilienses; rhizomate tuberoso, foliis simultaneis, lobato-pedatis, pedunculis nudis, elongatis, spatha viridi.*

Acontias Schott *Melet. 19.* Arum helleborifolium Jacq. *Ic. rar. t. 631.* Caladii sp. Vent.

1688. Syngonium *SCHOTT.* Spatha basi convoluta, recta, genitalibus rudimentariis infra stamina rarissimis, appendice sterili nulla. Antherae quatuor v. quinae biloculares, connectivo truncato angulato adnatae, loculis in angulis salientibus oppositis, apice poris dehiscentibus. Ovaria plurima, omnino inter se connata, unilocularia. Ovula solitaria, basilaria, sessilia, orthotropa. Stigmata distincta, sessilia, albo-glutinosa. Baccae plurimae, concretae, monospermae. . . . — *Herbae Americanae tropicae; rhizomate in caulem elongatam scandentem mutato, foliis pedatopartitis, pedunculis brevibus, nudis, spatha sordide flavo-virente.*

Syngonium Schott *in Wiener Zeitschr. 1829. III. 780. Melet. 19.* Martius *in Flora 1831. p. 457.* Arum auritum Jacq. *Hort. schönbr. t. 191.*

1689. Culcasia *PALIS.* Spatha recta, hians, abbreviata. Spadix interrupte androgynus, genitalibus rudimentariis et appendice sterili nulla. Antherae sessiles, duo ex eodem puncto. . . . Ovaria plurima, conferta, libera, unilocularia, uniovulata. Ovulum basilare, sessile. . . . Stigma capitatum. Baccae. . . . — *Herba africana tropica; foliis ovatolanceolatis, acuminatis, vaginis petiolaribus longis, scapum aequantibus, spatha sordide ex albo fuscescente.* — *Genus vix notum, an hujus loci?*

Culcasia Palis. *Fl. Ovar. t. 3.* Denhamia Schott *Melet. 19.*

SUBTRIBUS II. PHILODENDREAE

Schott *Melet. 19.* Spatha tota persistens, peracta florescentia reclusa. Spadix continuo androgynus, appendice sterili nulla. Antherae liberae. Ovarium multiloculare. — *Herbae succo decolori, rhizomate caulescente, vaginis petiolaribus abbreviatis, stipularibus elongatis, oppositifoliis, deciduis.*

1690. Philodendron *SCHOTT.* Spatha basi convoluta, recta, post florescentiam reclusa. Spadix continuo androgynus, genitalibus rudimentariis infra stamina, appendice sterili nulla. Antherae biloculares, [distinctae, 2—7 dorso per areolas dispositae,] loculis intra connectivum delitescentibus, apice apertis. Ovaria plurima, conferta, libera, 5—15 locularia. Ovula plurima, e loculorum angulo centrali adscendentia, orthotropa. Stylus brevissimus, nullus; stigma capitatum, truncatum v. radiato-sublobatum. Baccae discretae, polyspermae. . . . — *Herbae americanae tropicae; rhizomate in caulem elongatum scandentem v. subarborescentem mutato, foliis remotis maximis, saepius lobato-laceris, vaginis petiolaribus brevissimis, stipularibus oppositifoliis, elongatis, deciduis.*

Philodendron Schott *in Wiener Zeitschr. 1830. III. 780. Melet. 19.* Martius *in Flora 1834. 456.*

a) EUPHILODENDRON *Schott.* Antherarum loculi latiusculi. Ovula in loculis subterna, ad basim axeos inserta. Stigma sessile, capitatum. — *Spatha alba.*

Euphilodendron Schott *Melet. 19.* Caladii sp. Jacq. *Hort. schönbr. t. 187. 190.* Bot. Mag. *t. 2643.*

b) CALOSTIGMA *Schott.* Antherarum loculi latiusculi. Ovula in loculis subterna, diversa altitudine affixa; stigma sessile, truncatum. — *Spatha flava.*

Calostigma Schott *l. c.* Ph. imbè Schott.

c) MECONOSTIGMA *Schott.* Antherarum loculi angusti, elongati. Ovula in loculis subterna, diversa altitudine affixa. Stylus brevis. Stigma convexum, radiato-lobatum. — *Spatha rubra.*

Meconostigma Schott *l. c.* Ph. speciosum Schott.

d) SPHINCTEROSTIGMA *Schott.* Antherarum loculi angusti, elongati. Ovula in loculis subterna, diversa altitudine affixa. Stigma sessile, sphincteriforme, disco convexum, spongiolosum, annulo laevi, sulcato-crenato cinctum. — *Spatha extus fusco-purpurea, intus alba.*

Sphincterostigma Schott *l. c.* Ph. bipinnatifidum Schott.

TRIBUS V. ANAPOREAE Schott *Melet. 20.* Spadix liber v. spathae adnatus, androgynus v. genitalibus rudimentariis saepius cum femineis mixtis, rarissime appendice sterili terminatus. Antherae liberae v. saepius connatae, connectivo crasso immersae, poris dehiscentes. Ovaria plurima, libera, uni-paucilocularia. Ovula plura v. solitaria, orthotropa. Stylus brevis v. stigma sessile. Semina albuminosa. Embryo antitropus. — *Herbae rhizomate nodoso, acaules v. caulescentes, vaginis petiolaribus elongatis, stipularibus nullis.*

SUBTRIBUS I. SPATHICARPEAE Schott *Melet. 20.* Spadix spathae adnatus. Ovaria unilocularia, uniovulata.

1691. Spathicarpa *HOOK.* Spatha involuta. Spadix totus spathae adnatus, floribus triseriatis, serie intermedia mascula, lateralibus femineis. Stamina plurima, antherae 6—8 uniloculares, ovatae, connectivo peltato, longe stipitato subtus adnatae, medio poro dehiscentes. Ovaria plurima, staminodiis lentiformibus mixta, libera, unilocularia. Ovulum unicum, basilare, sessile, orthotropum. Stylus elongatus; stigma capitatum. Baccae uniloculares, monospermae. — *Herba austro-americana, ad fluvium Uraguai reperta; folio radicali solitario, hastato-trilobo, scapo gracili erecto, folium superante, spatha lato-lineari.*

Spathicarpa Hooker *Miscell. II. 146. t. 77.* Schott *Melet. 20.*

1692. Dieffenbachia *SCHOTT.* Spatha convoluta. Spadix inferne pseudohermaphroditus, spathae adnatus, superne masculus, liber, appendice sterili nulla. Stamina plurima, antherae 3—4, biloculares, oblongae, connectivo truncato verticillatim adnatae, loculis parallelis, apice poro communi dehiscentibus. Ovaria plurima, libera, singula staminodiis tribus clavatis, basi subconnatis cincta, unilocularia. Ovulum unicum, prope basim parietale, e funiculo brevi adscendens, orthotropum. Stigma discoideum, sessile. Baccae uniloculares, monospermae. Semen subglobosum, testa coriacea, crassiuscula, umbilico basilari lato. Embryo in axi albuminis antitropus, extremitate radiculari umbilico e diametro opposita, supera. — *Planta antillana; trunco crassiusculo e foliorum vaginis conflato, erecto v. basi procumbente, foliis oblongo-ovatis, cuspidatis, nervosis, ad costam saepius pictis, primum confertis, tandem remotis, pedunculo brevi, fructifero recurvo, spatha viridi.*

Dieffenbachia Schott *in Wiener Zeitschr. 1829. III. 830. Melet. 20.* Martius *in Flora 1831. p. 457.* Caladium Seguinum Vent. Bot. Mag. *t. 2606.* Hooker *exot. Flor. t. 1.* (quoad ovarii internam fabricam male.)

1693. Atherurus *BLUM.* Spatha basi hians, superne convoluta. Spadix interrupte androgynus, parte feminea spathae adnata, a mascula, basi membrana septiformi spatham antice claudente libera sejuncta, genitalibus rudimentariis nullis, apendice sterili filiformi longe exserta. Antherae plurimae, confertae, sessiles, biloculares, loculis appositis, longitudinaliter bivalvibus. Ovaria plurima, conferta, libera, unilocularia. Ovulum unicum, basilare, e funiculo longiusculo erectum, orthotropum. Stylus filiformis; stigma depresso-hemisphaericum. Baccae uniloculares, monospermae. Semen oblongum. Embryo cylindricus, in axi albuminis antitropus, extremitate radiculari umbilico e diametro opposita, supera. — *Herba nondum descripta.*

Atherurus Blume *Rumph. t. 37. f. F.* — Generis nondum descripti, et nobis plane incogniti, characterem ex icone analytica a cl. Blume edita, etiam cum erroris periculo mutuare, quam plantam memoratu dignissimam silentio in hoc opere praeterire, maluimus.

SUBTRIBUS II. RICHARDIEAE Schott *Melet. 20.* Spadix liber. Ovaria uni-trilocularia, ovulis solitariis v. plurimis.

1694. Aglaonema *SCHOTT.* Spatha hians, tandem clausa. Spadix continuo androgynus, staminibus rudimentariis cum ovariis mixtis, appendice sterili nulla. Antherae plurimae, liberae, sessiles, quadriloculares, loculis connectivo cuneato, superne in discum repandum dilatato immersis, per paria oppositis, poro infra verticem dehiscentibus. Ovaria plurima, libera, unilocularia. Ovulum unicum, basilare, anatropum. Stigma late discoideum, sessile. Baccae uniloculares, monospermae. Semen . . . — *Herba indica, non satis nota, erecta; petiolis fere usque ad apicem vaginantibus, laminis oblongis, nervosis, pedunculis brevissimis, spatha albida, suaveolente.*

Aglaonema Schott *in Wiener Zeitschr. 1829. III. 892. Melet. 20.* Blume *Rumph. t. 36. f. D.* Arum integrifolium Link.

1695. Homalonema *SCHOTT.* Spatha hians, tandem reclusa. Spadix androgynus, staminibus rudimentariis cum ovariis mixtis, appendice sterili nulla. Antherae plurimae, sessiles. . . . Ovaria plurima, libera, trilocularia. Ovula plurima, e loculorum angulo centrali adscendentia, orthotropa. Stigma sessile, trifidum, concavum. Baccae. . . . — *Herbae indicae, subcaulescentes; foliis cordatis v. sagittatis, pedunculis brevibus, spatha aromatica.*

Homalonema Schott *Melet. 20.* Calla aromatica Auct. C. occulta Lour. Dracontium cordatum Houtt.

1696. Richardia *KUNTH.* Spatha basi convoluta, limbo expanso marcescente. Spadix continuo androgynus, staminibus rudimentariis ovaria stipantibus, appendice sterili nulla. Antherae plurimae, liberae, sessiles, biloculares, loculis connectivo late cuneato, superne in discum convexum glandulosum dilatato, prope marginem biporoso utrinque adnatis, vertice poro dehiscentibus. Ovaria plurima, conferta, libera, placentis parietalibus tribus axim attingentibus incomplete trilocularia, staminodiis truncato-clavatis stipata. Ovula in placentis parietalibus, gelatinosis pauca, superposita, e funiculis longiusculis anatrope pendula. Stylus brevis; stigma convexiusculum, glandulosum. Baccae uniloculares, oligospermae. Semina obovata; e funiculo longiusculo, testa crassae carnosae adpresso inversa, umbilico tuberculiformi. Embryo in axi albuminis antitropus, eoque dimidio brevior, extremitate radiculari incrassata, umbilico e diametro opposita, infera. — *Herba capensis; foliis radicalibus erectis, longe petiolatis, subhastato-cordatis, nervosis, petiolis basi vaginantibus, scapum centralem, subtrigonum inferne amplexantibus, spatha maxima, candida.*

Richardia Kunth *in Mem. du Mus. IV. 437. t. 20.* Martius *in Flora 1831. p. 457.* Schott *Melet. 20.* Zantedeschia Spreng. *syst. III. n. 3056.* excl. sp. Calla aethiopica Linn. Bot. Mag. *t. 832.*

SUBORDO II. CALLACEAE. Stamina perfecta, cum ovariis in flosculos hermaphroditos consociata.

TRIBUS VI. CALLEAE Schott *Melet. 21.* Spatha persistens v. decidua. Spadix ovariis circumpositisque staminibus tectus, perigonio nullo. Staminum filamenta planiuscula, antherae biloculares, loculis longitudinaliter dehiscentibus. Ovaria uni-pauciloculària. Ovula e basi erecta, anatropa v. campylotropa. Semina albuminosa v. exalbuminosa. Embryo orthotropus, axilis, v. homotropus, uncinatus, extremitate radiculari infera. — *Herbae caule elongato, saepe flagelliformi, foliis subbifariis, demum remotis, vaginis stipularibus petiolo adnatis v. solutis et oppositifoliis, spathis spadice longioribus.*

1697. Calla *LINN.* Spatha explanata, persistens. Spadix stipitatus, inferne hermaphroditus, apice masculus. Stamina plurima, in spadicis parte inferiore ovariis indefinite circumposita; filamenta filiformia, apice compresso dilatata, antherae biloculares, didymae, loculis oppositis, filamenti apici adnatis, longitudinaliter dehiscentibus. Ovaria unilocularia. Ovula plurima, e placenta basilari erecta, extrorsum anatropa. Stigma sessile, disciforme. Baccae distinctae, uniloculares, oligospermae. Semina basilaria, sessilia, erecta, testa coriacea crassa, costata, nigro punctata, hinc rhaphe valida umbilicum basilarem chalazae apicali conjungente percursa. Albumen carnoso-corneum. Embryo orthotropus, axilis, albumine parum brevior, extremitate radiculari umbilicum attingente, infera. — *Herba in Europae et Americae borealis temperatis aquatica; caule procepente, natante, foliis cordatis, petiolis vagina apice soluta munitis, spatha intus alba.*

Calla Linn. *gen. n. 1030.* excl. sp. C. palustris Linn. Schkuhr *t. 278.* Fl. dan. *t. 422.* Bot. Mag. *t. 1831.* L. C. Richard *in Guillem. Archiv. Bot. I. 15. t. 2.* Nees jun. *Gen. plant. fasc. 11. t. 4.*

1698. Monstera *ADANS.* Spatha hians, tandem decidua. Spadix sessilis, basi femineus, superne hermaphroditus. Stamina in spadicis parte superiore ovariis subindefinite circumposita; filamenta linearia, complanata, antherae terminales, ovatae, biloculares, loculis oppositis, longitudinaliter dehiscentibus. Ovaria bilocularia. Ovula in loculis bina, in dissepimenti basi subcollateralia, adscendentia, anatropa. Stylus brevissimus; stigma capitatum. Baccae inter se connatae, epicarpium tandem abjicientes. . . . — *Herbae americanae tropicae; caule scandente, foliis ovato-oblongis, integris v. perforatis, petiolorum vagina laxiuscula, dilatata, spatha exalbido-flava, ovariis rhaphidophoris.*

Monstera Adans. *fam. II. 470.* Schott *Melet. 21.* Dracontium pertusum Jacq. *Hort. schönbr. t. 184. 185.* Arum ligulatum Linn. (Plum. *Ic. 26. t. 37.*) Pothos cannaefolius Rudge. Bot. Mag. *t. 603.*

1699. Scindapsus *SCHOTT.* Spatha hians, demum expansa, decidua. Spadix sessilis, basi femineus, superne hermaphroditus. Stamina in spadicis parte superiore ovariis subindefinite circumposita; filamenta cuneata, compressa, antherae terminales, biloculares, loculis divaricatis, adnatis, longitudinaliter dehiscentibus. Ovaria unilocularia. Ovula solitaria v. bina, basilaria, erecta, campylotropa. Stigma sessile, oblongum. Baccae monospermae. Semen uncinatum. Embryo exalbuminosus, homotropus, hippocrepiformis. — *Herbae indicae; caule scandente, foliis perforatis v. laciniatis, pinnatifidis, petiolis canaliculatis, vaginis stipularibus folio oppositis, deciduis v. stuppose decompositis, spathis flavescentibus v. sordide purpureis, florescentia tota rhaphidophora.*

Scindapsus Schott *Melet. 21.* Pothos officinalis Roxb. *Flor. ind. I. 431.* et P. glaucus Wallich *Pl. As. rar. t. 156.* —? P. decursivus Roxb. P. Pepla Roxb. P. pertusus Roxb. P. pinnatus Roxb. P. pinnatifidus Roxb. P. giganteus Roxb.

TRIBUS VII. ORONTIACEAE R. Brown *prodr. 337.* Spatha persistens v. rarius nulla. Spadix floribus hermaphroditis, perigonio instructis obsitus. Stamina simplici loborum perigonii numero. Ovaria paucilocularia. Semina albuminosa v. exalbuminosa. Embryonis directio in plerisque ignota. — *Herbae acaules v. caulescentes, saepe scandentes, foliis spiratim alternis, confertis v. remotis subsolitariisque, integris v. palmati-aut pinnatisectis, aut etiam pedato-decompositis, vaginis stipularibus petiolo adnatis v. oppositifoliis, nunc cum petiolo alternis, spatha spadice breviore v. longiore.*

SUBTRIBUS I. POTHOINAE Schott *Melet. 21.* Spatha foliacea persistens. Filamenta complanata, inclusa. Stigma sessile. Embryo in indicis exalbuminosus, in americanis albuminosus.

1700. Pothos *LINN.* Spatha reflexa, persistens. Spadix stipitatus, subglobosus, floribus hermaphroditis obsitus. Perigonium tetraphyllum. Stamina 4, perigonii foliolis opposita; filamenta linearia, complanata, antherae biloculares. Ovarium uniloculare. Ovula 1—3, basilaria, campylotropa. Stigma sessile, umbilicatum. Bacca mono-disperma. Semina exalbuminosa. — *Plantae indicae, flagellis longis tenacissimis ex arboribus dependentes; foliis integris, vaginatis, petiolis apice dilatatis, pedunculis axillaribus solitariis, spadicibus reflexis.*

Pothos Linn. *gen. n. 1031.* excl. sp. Schott *Melet. 21.* Pothos scandens Linn. Bot. Reg. *t. 1337.*

1701. Lasia *LOUR.* Spatha elongata, hians, tandem reclusa. Spadix sessilis, abbreviatus, cylindricus, floribus hermaphroditis obsitus. Perigonium tetraphyllum. Stamina 4, perigonii foliolis opposita; filamenta linearia, complanata, antherae biloculares. Ovulum unicum, ex apice loculi pendulum, campylotropum. Stigma sessile, subtruncatum. Baccae muricatae, uniloculares, monospermae. Semen exalbuminosum. — *Herbae indicae, subacaules, erectae v. decumbenti-prorepentes, undique aculeis curvis horridae; foliis pinnatifidis, petiolis basi vaginatis.*

Lasia Loureiro *Fl. conchinch. I. 103.* Schott *Melet. 21.* Pothos Lasia et P. heterophylla Roxb. *Fl. ind. I. 437. 438.*

1702. Anthurium *SCHOTT.* Spatha abbreviata, reflexa, persistens. Spadix subsessilis, cylindricus, floribus hermaphroditis obsitus. Perigonium tetraphyllum. Stamina 4, perigonii foliolis opposita; filamenta linearia, complanata, antherae biloculares. Ovula in loculis bina, collateralia, ex apice axeos pendula, anatropa. Stigma sessile, oblongum. Bacca bilocularis, di-tetrasperma. Semina albuminosa, inversa. Embryo in axi albuminis parce carnosi orthotropus, extremitate radiculari supera. — *Herbae americanae tropicae, subacaules, erectae v. scandentes; foliis palmatis, digitatis, v. saepius lobis lateralibus abortivis specie integris, petiolis apice tumidis, vaginis stipularibus (in speciminibus floriferis) cum petiolo alternantibus, persistentibus.*

Anthurium Schott *in Wiener Zeitschr. 1829. III. 828. Melet. 22.* Lindl. *in Bot. Reg. t. 1635.* Pothi sp. americanae Auct. Jacq. *Ic. rar. 609. 611.* Kunth *in Humb. et Bonpl. nov. gen. et sp. t. 18—20.* Hook. *exot. Fl. t. 35. 210. 211.* Bot. Mag. *t. 1375. 2801. 2953. 2987.*

1703. Spathiphyllum *SCHOTT.* Spatha foliaris, persistens. Spadix pedicellatus, abbreviatus, floribus hermaphroditis obsitus. Perigonium penta-octophyllum. Stamina 5—8, perigonii foliolis opposita; filamenta lineari-lanceolata, complanata, antherae biloculares. Ovarium triloculare. Ovula in loculis gemina, collateralia, axi appensa. Stigma sessile, trilobum. Bacca trilocularis, loculis mono-dispermis. Semina albuminosa. — *Herbae americanae tropicae, acaules; foliis oblongis sagittatisve integris, petiolis longis, longe vaginatis, apice geniculatis, spadicibus suaveolentibus.*

Spathiphyllum Schott *Melet. 22.* Dracontium lanceaefolium Jacq. *Ic. rar. t. 612.*

SUBTRIBUS II. DRACONTIEAE Schott *Melet. 22.* Spatha colorata, persistens. Filamenta subulata, exserta v. inclusa. Stigma stylo impositum. Semina exalbuminosa. — *Folia serotina.*

1704. Dracontium *LINN.* Spatha cucullata. Spadix subsessilis, cylindricus, floribus hermaphroditis obsitus. Perigonium quinque-octofidum. Stamina 5—8, basi laciniarum perigonii inserta; filamenta lineari-subulata, exserta, antherae biloculares, loculis transversis. Ovarium triloculare. Ovula in loculis solitaria, apici axeos appensa. Stylus subulatus, elongatus; stigma terminale, trigonum. Baccae distinctae, mono-trispermae. Semina exalbuminosa. — *Herbae americanae tropicae, acaules; rhizomate tuberoso, placentiformi, sobolifero, foliis radicalibus subsolitariis, pedato-decompositis, petiolo elongato, spatha radicali subsessili, floribus foetidissimis.*

Dracontium Linn. *gen. n. 1029.* excl. sp. Schott *Melet. 22.* Dracontium polyphyllum Linn. Bot. Reg. *t. 700.*

1705. Symplocarpus *SALISB.* Spatha cucullato-conchiformis, acuminata. Spadix pedunculatus, subglobosus, floribus hermaphroditis obsitus. Perigonium tetraphyllum, demum baccatum. Stamina 4, perigonii foliolis opposita; filamenta linearia, complanata, inclusa, antherae biloculares, loculis parallelis. Ovarium uniloculare. Ovulum unicum. Stylus tetragono-pyramidalis; stigma terminale, minutum. Baccae coadunatae, uniloculares, monospermae. Semen exalbuminosum. — *Herbae in America et Asia boreali subaquaticae, acaules; foliis integris, petiolis vaginatis, spatha subsessili, floribus Allium redolentibus.*

Symplocarpus Salisb. ex Nuttall *Gen. I. 105.* Schott *Melet. 22.* Hooker *in Bot. Mag. t. 3224.* Ictodes Bigelov *Med. Bot. II. 41. t. 24.* Spathyema Rafin. *in New-York. Med. Reposit. II. Hex. V. 173.* Dracontium foetidum et D. camtchatcense Linn.

SUBTRIBUS III. ORONTIEAE Schott *Melet. 22.* Spatha nulla. Filamenta complanata, inclusa. Stigma sessile. Embryo exalbuminosus.

1706. Orontium *LINN.* Spatha nulla. Spadix caniens, scapo continuus, floribus hermaphroditis obsitus. Perigonium hexaphyllum, foliolis fornicato-concavis. Stamina 6, hypogyna, perigonii foliolis opposita; filamenta lata, plana, antherae biloculares, terminales, loculis divaricatis, transversim dehiscentibus. Ovarium uniloculare. Ovulum unicum, basilare, transversum, excentrice amphitropum. Stigma minutum, obtuse conicum. Utriculus-monospermus. Semen exalbuminosum. — *Herba aquatica, boreali-americana; foliis ovatis, parallele nervosis, venosis, natantibus, scapo cylindrico, apice incrassato.*

Orontium Linn. *gen. n. 435.* excl. sp. Lam. *t. 252. f. 2.* Nuttall *Gen. I. 226.* Schott *Melet. 22.* Orontium aquaticum Linn. Hook. *exot. Flor. t. 19.*

TRIBUS VIII. ACOROIDEAE Schott *Melet. 22.* Spatha phyllodinea, e phyllodio cum pedunculo connato, continua, haud convoluta. Flores hermaphroditi, perigoniati, spadicem tegentes. Stamina simplici loborum perigonii numero, iisque opposita. Ovaria uni-trilocularia. Ovulum solitarium v. plurima, ex apice loculorum pendula, orthotropa. Bacca mono-trisperma. Semina albuminosa. Embryo axilis, antitropus, extremitate radiculari infera. — *Herbae oleo aromatico scatentes; rhizomate articulato, foliis ensiformibus, vernatione amplectentibus.*

1707. Gymnostachys *R. BR.* Spatha minuta, carinata. Spadix pedunculatus. Perigonium tetraphyllum. Stamina 4, perigonii foliolis basi inserta; filamenta lata, complanata, antherae terminales, biloculares, oblongo-didymae. Ovarium uniloculare. Ovulum unicum, ex apice cavitatis pendulum, orthotropum. Stigma sessile, subcapitatum. Bacca nuda, monosperma. Semen inversum, albuminosum. Embryo axilis, antitropus, extremitate radiculari incrassata infera. — *Herba perennis, in Nova Hollandia orientali extratropica indigena; ra-*

dice e tuberibus fusiformibus, fasciculatis, foliis radicalibus gramineis, elongatis, nervosis, scapo ancipiti, nudo, spadicibus versus apicem scapi alternatim fasciculatis, gracilibus, pedunculatis, singulis spatha carinata, acuta, pedunculum vix superante subtensis, baccis caeruleis.

Gymnostachys R. Brown *prodr.* 337.

1708. Acorus *LINN.* Spatha elongata, compressa. Spadix lateralis sessilis. Perigonium hexaphyllum. Stamina 6, perigonii foliolis basi inserta; filamenta linearia complanata; antherae terminales, biloculares, globoso-didymae. Ovarium bi-triloculare. Ovula plurima, ex apice axeos pendula, orthotropa. Stigma punctiforme. Bacca perigonio persistente stipata, unilocularis, mono-trisperma. Semina inversa, albuminosa. Embryo antitropus, axilis, extremitate radiculari infera. — *Herbae indicae, una nunc per Europae paludes diffusa; rhizomate repente aromatico, foliis ensiformibus basi triquetris, scapo semicylindrico in acumen foliaceum ceu spatham producto, spadice solitario, baccis rubris.*

Acorus Linn. *gen. n.* 434. Gärtn. *II.* 27. *t.* 84. Schkuhr *t.* 97. Fl. dan. *t.* 1158. E. B. *t.* 356. L. C. Richard *in Guillem. Arch. Bot. I.* 22. *t.* 3. Nees jun. *Gen. pl. fasc. II. t.* 5. De Acori Calami patria cfr. Dierbach *in Flora* 1828. *p.* 545—552.

Ordo LXXIII. Typhaceae.

TYPHAE Juss. *gen.* 25. Aroidearum sec. III. R. Brown *prodr.* 338. TYPHINAE Agardh *Aphorism.* 139. TYPHACEAE DC. *Bot. Gall.* 482. Lindl. *introduct. edit. II. p.* 335. Bartl. *ord. nat.* 69. A. Richard *in Guillem. Archiv. de Bot. I.* 198. TYPHOIDEAE et SPARGANIOIDEAE Link *Handb. I.* 132. 133. (Cyperacearum tribus.)

Herbae perennes, aquaticae v. paludosae, rhizomate crasso, repente. Caules cylindrici, enodes, farcti, simplices v. ramosi. Folia alterna, linearia, integra, nervoso-striata, ad basim caulis conferta, vaginantia, summa ramos subtendentia, v. spadices ante anthesim involucrantia.

Flores unisexuales, monoici, in spicam nunc continuam, per intervalla spathis foliaceis caducissimis interstinctam, nunc interruptam dispositi, superiores masculi, inferiores feminei, omnes rhachi immediatim, v. parvulis ejusdem protuberantiis insidentes.

Flores masculi. Perigonium nullum, ejus loco fila simplicia v. squamulae membranaceae (in Sparganio) inordinate staminibus intermixtae.

Stamina plurima, e spadice immediate propullulantia. Filamenta filiformia, flaccida, simplicia v. apice brevissime bi-trifurca. Antherae oblongae, erectae, basifixae, biloculares; loculi appositi v. oppositi et bilocellati, longitudinaliter ab apice versus basim dehiscentes, connectivo ultra eosdem in acumen conicum producto. Pollen globosum.

Flores feminei. Perigonium nullum, ejus loco setae subclavatae, plurimae (ovaria abortiva?), v. squamae ternae hypogynae (in Sparganio), singula ovaria stipantes, aestivatione imbricatae, persistentes.

Ovaria nunc immediatim e rhachi oriunda, nunc juxta parvas ejusdem protuberantias spicata, nunc sessilia, libera v. interdum bina inter se connata, nunc tandem in stipite longissimo elevata, unilocularia, uniovulata. Ovulum ex apice loculi pendulum, anatropum. Stylus simplex, ovario continuus, longiusculus. Stigma linguaeforme, unilaterale, elongatum.

Fructus subdrupacei, stylo persistente superati, pressione mutua angulati. Epicarpium membranaceum v. subspongiosum, maturitate hinc fissum; endocarpium coriaceum v. sublignosum, cum testa conferruminatum.

Semen inversum; testa membranacea, tenuissima, endocarpio adhaerens, ad chalazam incrassatam, umbilico e diametro oppositam cum eodem connatum, rhaphe obsoleta, unde semen in fructu maturo e basi erectum videtur. Albumen copiosum, subcarnosum. Embryo orthotropus, axilis, albumine parum brevior, extremitate radiculari incrassata, verticem fructus spectante.

Typhaceae per totum terrarum orbem sparsae; summa necessitudine hinc Aroideis, illinc Cyperaceis contiguae, proxime ad Pandaneas accedunt, a quibus vix nisi simpliciori fructus structura, et seminum situ differunt, ita ut Pandaneas Typhas tropicas terrestres facile dixeris.

1709. Typha *TOURNEF.* Flores monoici. Spica mascula culmum terminans, continua v. spathis caducissimis interstincta. Stamina plurima, e spadice pullulantia, setis stipata; filamenta filiformia, flaccida, simplicia v. apice brevissime bi-trifurca; antherae basifixae, oblongae, biloculares, quadrilocellatae. Spica feminea infra masculam continue culmum obvestiens. Ovaria plurima, immediatim e rhachi oriunda et juxta parvas ejusdem protuberantias spicata, setis plurimis subclavatis (ovariis abortivis) stipata, primum sessilia, tandem in stipite setis consito elevata, unilocularia. Ovulum unicum, ex apice loculi pendulum, anatropum. Stylus simplex, ovario continuus, stigmate unilaterali, linguaeformi. Fructus subdrupaceus, minimus, epicarpio membranaceo, tandem hinc fisso, endocarpio lignoso, cum testa cohaerente. Semen inversum, basi cum endocarpio connatum, situm erectum mentiens. Embryo cylindricus, in axi albuminis carnosi, extremitate radiculari incrassata, supera. — *Herbae paludosae, per totum terrarum orbem sparsae, in zonae temperatae frigidiusculis nonnihil frequentiores; radicibus repentibus, culmo enodi, foliis alternis, linearibus, strictis, basi dilatata vaginantibus, spica terminali clavata, compacta.*

Typha Tournef. *inst. t.* 301. Linn *gen. n.* 1040. Gärtn. *I.* 8. *t.* 2. Fl. dan. *t.* 645. Schkuhr *t.* 281. L. C. Richard *in Annal. du Mus. XVII. t.* 5. *f.* 8. 9. *Archives de Bot. I.* 193. *t.* 5. Nees jun. *Gen. plant. fasc. II. t.* 1.

OBSERVATIO. In Typhis endocarpium epicarpio sponte primum hinc fisso, tandem undique soluto, sulcis longitudinalibus exaratum, tuberculisque minimis (mesocarpii residuo), exasperatum apparet. Seminibus in matre sponte germinantibus, radicula pericarpii apicem perforat. et cotyledone intra albumen adhuedum latente, solum petit. Filamentorum bi-trifurcorum singula crura pro flore integro habenda, et hanc antherarum dispositionem cum ovariorum in stipite situ esse comparandam, optime monuit divus Richardus.

1710. Sparganium TOURNEF. Flores monoici, in capitula dense congesti, capitulis bracteis foliaceis interstinctis, superioribus masculis. Stamina in receptaculo hemisphaerico plurima, squamis membranaceis difformibus (staminibus abortivis) interjectis; filamenta brevissima; antherae basifixae, oblongae, biloculares, loculis indivisis. Ovaria plurima, in receptaculo hemisphaerico sessilia, libera v. bina inter se connata, singula perigonio e squamis 3, imbricatis cincta, unilocularia. Ovulum unicum, ex apice loculi pendulum, anatropum. Stylus simplex, ovario continuus; stigmate unilaterali, linguaeformi. Fructus drupaceus, uni-bilocularis, epicarpio spongioso, endocarpio lignoso, apice pertuso, cum testa cohaerente. Semen inversum, basi cum epicarpio connatum, situm erectum mentiens. Embryo cylindricus, in axi albuminis carnosi, extremitate radiculari vix incrassata, supera. — *Herbae aquaticae, per totum orbem dispersae; foliis linearibus strictis, basi dilatata vaginantibus, capitulis in ramis simplicibus v. ramulosis.*

Sparganium Tournef. *inst. t. 302.* Linn. *gen. n. 1041.* Gärtn. *I. 73. t. 19.* Schkuhr *t. 282.* Mirbel *in Annal. du Mus. XVI. t. 18.* L. C. Richard *Ibid. XVII. t. 5. f. 7.* Nees jun. *Gen. pl. fasc. II. t. 2.* Platanaria Gray *brit. pl. II. 39.*

Ordo LXXIV. Pandaneae.

PANDANEAE R. Brown *prodr. 340.* Agardh *Aphorism. 133* Bartl. *ord. nat. p. 69.* Schott *Melet. 15.* Martius *consp. p. 5.* PANDANACEAE Lindley *introduct. edit. II. p. 361.* CYCLANTHEAE Poiteau in *Mem. Mus. IX. 34.* Schott *l. c.* Martius *l. c.* CYCLANTHACEAE Lindley *op. cit. p. 362.* PHYTELEPHANTEAE Martius *l. c.*

Plantae caudice saepius arborescente stricto, rarius debili decumbente, interdum stolonifero v. radicante, rariusve abbreviato, subnullo praeditae. Folia plurima, confertim alterna, saepius imbricata, elongata, simplicia, nunc pinnata v. palmatifida, petiolo basi dilatato semivaginantia.

Flores monoici v. dioici, aut etiam polygami, supra spadices simplices v. etiam ramosos, spatha mono-pleiophylla, saepius colorata, persistente v. decidua stipato, dense conferti.

Floribus masculis: Perigonium nullum, v. regulare. Stamina plurima. Filamenta filiformia. Antherae terminales, bi-quadriloculares, longitudinaliter dehiscentes. Pollen globosum.

Floribus femineis: Ovaria ut plurimum nuda, rarius perigonio regulari, libero v. adnato cincta, unilocularia. Ovula solitaria, placentae suturali inserta, v. in placentis parietalibus plurima, adscendentia, anatropa. Stylus nullus, v. interdum ex ovarii basi lateralis. Stigma ut plurimum terminale, sessile, indivisum.

Fructus baccatus v. drupaceus, saepius ex ovariis plurimis in phalanges connatis compositus, hinc specie multilocularis, loculis monospermis v. polyspermis, interdum ovariorum parietibus destructis unilocularis.

Semina ut plurimum parvula, saepius rhaphe carnosa, strophiolaeformi instructa. Albumen copiosum, carnosum v. corneum.

Embryo (in paucissimis cognitus) parvulus, in basi albuminis inclusus, extremitate radiculari umbilico proxima, infera.

Pandanearum genera, characteribus utut diversissimis a se invicem distincta, arctissima tamen affinitate connexa, in duas series abeunt; harum altera in veteri orbe, Asia videlicet tropica, et in Oceania intra et extra tropicos, indigena, foliis simplicibus et perigoniorum defectu ab altera Americana, frondibus flabellatim partitis pinnatisve, et floribus perigonio instructis ad Palmas transitum praebente, distincta est. His accedunt Phytelephas, genus americanum, nemini rite cognitum, cui asiaticam Nipam, a cl. Martius nuper e Palmarum ordine ejectam, a nobis nunquam exploratam, ob aliquam habitus similitudinem, et albumen osseum subjunximus.

*PANDANEAE VERAE. Folia simplicia. Perigonium nullum. — *Gerontogeae.*

1711. Pandanus LINN. F. Flores dioici. Masc. Spadix compositus, thyrsoideus. Stamina plurima, conferta; filamenta filiformia; antherae biloculares. Fem. Spadix simplex. Ovaria plurima, dense conferta, libera v. in phalanges connata, unilocularia. Ovulum unicum, e placentae parietalis basi adscendens, anatropum. Stigmata sessilia, distincta. Drupae fibrosae, in phalanges connatae, putamine osseo, uniloculares. Semen solitarium, e basi placentae parietalis erectum, testa membranacea, rhaphe filiformi, obsoleta. Embryo in basi albuminis dense carnosi minimus, orthotropus, extremitate radiculari umbilicum attingente, infera. — *Plantae in Asia et Oceania tropica obviae; caudice arboreo stricto, saepius stolonifero, foliis phyllodineis trifariam imbricatis, elongato-lineari-lanceolatis, amplexicaulibus, margine saepius spinosis, spathis confertis, saepe coloratis, ex axilla spadices exserentibus.*

Pandanus Linn. f. *suppl. 64.* R. Brown *prodr. 341.* Jacq. *Fragm. t. 14 f. 2.* Roxb. *corom. t. 94—96.* Mirbel *in Annal. Mus. XVI. t. 17.* Schott *Melet. 15.* Arthrodactylis Forst. *charact. gen. n. 57.* Keurva Forsk. *aegypt. 172.*

1712. Freycinetia GAUDICH. Flores pseudopolygami. Masc. Spadix simplex, typhoideus. Stamina plurima; filamenta filiformia; antherae biloculares. Fem. Spadix simplex. Ovaria plurima, staminibus effoetis stipata, in phalanges connata, unilocularia. Ovula plurima, in placentis tribus parietalibus linearibus bi-triseriata, e funiculis brevibus adscendentia, anatropa. Stigmata sessilia, distincta. Baccae carnosulae, polyspermae, ex ovariis plurimis connatis multiloculares, nunc ovariorum parietibus percuntibus uniloculares. **Semina** plurima, parietalia, e funiculis brevibus erecta; **testa** membranacea, **rhaphe** laterali carnosa, strophiolaeformi. **Embryo** in basi albuminis dense carnosi minimus, orthotropus, **extremitate radiculari** umbilico proxima, infera. — *Plantae in Asia et Oceania tropica, nec non extra tropicos in insula Norfolk et in Nova Zeelandia indigenae; caudice arborescente, saepissime radicante v. scandente, Pandanorum habitu.*

Freycinetia Gaudich. *ad Freyc. 431. t. 41-43.* Schott. *Melet. 16.* Endl. *Flor. norf. 24.* Blume *Rumph. p. 156. t. 39—43.*

** **CYCLANTHEAE.** **Frondes** flabellatim partitae v. pinnatae. **Flores** saepius perigoniati. — *Americanae.*

1713. Carludovica *RUIZ et PAV.* **Flores** monoici in eodem spadice. **Spatha** tri-tetraphylla, foliolis imbricatis. **Spadix** cylindricus, floribus dense obtectus. **Masculi** quaternatim aggregati, femineos solitarios stipantes. **Perigonium** obverse pyramidatum, basi carnosum, limbi brevissimi multifidi lobis biseriatis, aestivatione imbricatis. **Stamina** plurima, perigonii parietibus inserta; **filamenta** filiformia, brevissima; **antherae** lineares, biloculares, loculis oppositis, longitudinaliter dehiscentibus. **Flores feminei. Perigonium** cum ovario cubico connatum, limbo supero, quadrifido, persistente. **Staminodia** 4, limbi laciniis opposita et basi adnata, filiformia, elongata, decidua. **Ovarium** inferum, uniloculare, placentis parietalibus quatuor. **Ovula** plurima, horizontalia, anatropa. **Stigma** sessile, cruciforme. **Bacca** tetragona, perigonii limbo superata, unilocularis. **Semina** plurima, oblongo-cylindrica. . . . — *Plantae americanae tropicae, caulescentes v. rarissime acaules; caulibus ut plurimum lignescentibus, saepissime scandentibus, radiculis aëreis arborum cortici adhaerentibus, interdum ex iisdem funium ad instar pendulis, semper tamen in solo radicantibus, foliis coriaceis in petiolum attenuatis, bi-v. rarius flabellatim tri-quinquepartitis, spadicibus axillaribus v. radicalibus pedunculatis, spathis membranaceis, albis v. roseis, floribus masculis caducissimis, femineorum staminodiis longissimis, primum lineis daedaleis circa spadicem flexis et eidem appressis, mox pendulis, cito deciduis.*

Carludovica Ruiz et Pav. *prodr. 136. t. 31.* Kunth *in Humb. et Bonpl. nov. gen. et sp. I. 79.* Poiteau *in Mem. Mus. IX. 27. t. 1.* Schott *Melet. 15.* Pöppig *Dissert. msc. c. ic.* Ludovia Pers. *ench. II. 576* *Bot. Mag. t. 2950. 2951.* Salmia Willd. *in Berl. Magaz. V. 399.*

1714. Cyclanthus *POIT.* **Flores** monoici, spiraliter spadicem ambientes, seriebus masculis cum femineis alternantibus. **Spatha** tetraphylla, foliolis imbricatis. **Masc. Stamina** plurima, florum femineorum receptacula multiplici serie ambientia; **filamenta** filiformia, brevissima; **antherae** oblongae, lineares, quadriloculares, longitudinaliter dehiscentes **Flores feminei.** Ovaria plurima, intra **laminam** duplicem spadicem ambientem, basi conniventem, apice patulam biseriatim sessilia, unilocularia. **Ovula** plurima, e placenta parietali adscendentia, anatropa. **Stylus** brevis; stigma spathulatum. **Fructus** carnosus, spiralis, ovariorum confluentium parietibus obliteratis unilocularis, polyspermus. **Semina** plurima, compressa, placentis cristaeformibus, persistentibus, ope funiculi brevis affixa, **rhaphe** arillaeformi cincta. . . . — *Plantae americanae tropicae, acaules; foliis radicalibus longe petiolatis, bifidis, pedunculo radicali brevi, spathis integris v. apice bilobis, deciduis.*

Cyclanthus Poiteau *in Mem. Mus. IX. 35. t. 2. 3.* Pöppig *Dissert. msc. c. ic.* Cyclosanthes Poppig *in Froriep's Notiz. XXXI. 312.*

1715. Wettinia *PÖPP.* **Flores** monoici, in diversis spadicibus. **Spatha** coriacea, diphylla, hispida, rumpens. **Spadices** cylindrici, floribus dense obtecti, pannoso-villosi. **Masc. Perigonium** basi bracteolis 4-5 squamaeformibus munitum, tri-tetraphyllum, foliolis linearibus acuminatis, cartilagineis, aestivatione valvatis. **Stamina** 12 v. 16, perigonii foliolis basi quaternatim inserta; **filamenta** brevissima, filiformia; **antherae** oblongo-lineares, connectivo in acumen setiforme excurrente apiculatae, loculis oppositis, bilocellatis, longitudinaliter dehiscentibus, valvulis coriaceis, demum patentibus tetrapterae. **Pollen** globosum, laeve. **Fem. Perigonium** basi bracteolatum, tri-tetraphyllum, ut in mare. **Ovarium** sessile, inverse pyramidatum, obsolete pentagonum, villosum, uniloculare. **Ovulum** unicum, prope basim parietale, adscendens, anatropum, **rhaphe** crassa, carnosa. **Stylus** prope basim eodem cum ovulo latere insertus, rectus, ovarii longitudine; **stigmata** 3, anguste lanceolata, semipatentia, irregulariter convoluta. **Bacca** coriacea, villosa, unilocularis, monosperma. **Semen**. . . . — *Planta palmiformis, a Pöppigio in sylvis montanis ad ripam borealem fluminis Tocache (Conversiones del Huallaga alto) Peruviae frequentissime reperta, et ibidem ab indefesso peregrinatore pulcherrime depicta, et egregie descripta; rhizomate pyramidato 4—5 pedali, e radicibus arcte sibi invicem impositis conflato, caudice 25—35 pedali, diametro 5—6 pollicari, strictissimo, frondium cicatribus annularibus obsoletis laevigato, juniore frondibus pinnatis alternis per totam longitudinem obsesso, frondibus in adultiore stirpe terminalibus, patulis, sex-octo pedalibus, pinnis 18—20 jugis, alternis, planis, cuneatis, praemorsis, spadicibus 8—15, versus apicem caudicis unico verticillo, a frondibus duorum v. trium pedum spatio remoto erumpentibus, masculis cum femineis mixtis, pedunculatis, primum deflexis, tandem erectis v. pedunculi torsione nutantibus, pedunculis vaginis coriaceis, remotis munitis, vagina suprema maxima, cyathiformi, integra v. dentata, spatha coriacea, rumpente, diphylla, pilis setosis hispidis adpressis dense vestita, rhachi spadicis cylindrica, pannosa, pro florum insertione irregulariter areolata.*

Wettinia Pöppig *Diar. msc. V. 2058. et Dissert. inedit. c. icc.* — Generis a Pandaneis ad Palmas transitum praebentis, et rectius fortassis olim his adnumerandi, characterem e manuscripto ab amicissimo *Pöppigio*, una cum spadicum utriusque sexus particulis benevole communicato, mutuati sumus.

GENERA PANDANEIS AFFINIA.

1716. Phytelephas *RUIZ et PAV.* **Flores** polygamo-dioici, hermaphroditi v. abortu masculi. **Spatha** monophylla. **Spadices** simplices, clavati, floribus dense obsessi. **Perigonium** urceolatum, obsolete multidentatum. **Stamina** plurima. **Ovaria**. . . . **Stylus** quinquesexfidus. **Drupae** aggregatae, muricato-angulatae, quadriloculares, loculis monospermis. **Semina** albumine osseo. — *Plantae peruanae, palmiformes, vix cognitae, acaules v. caulescentes; foliis longis, pinnatis, in apice caudicis confertis.*

Phytelephas Ruiz et Pav. *Syst. Flor. peruv. 299.* Kunth. *in Humb. et Bonpl. nov. gen. et sp. I. 83.* Elephantusia Willd. *sp. IV. 1156.*

1717. Nipa *THUNB.* Flores monoici, in spadice ramoso, ramis spatha cinctis, lateralibus amentiformibus masculis, femineis superioribus, in capitulum compactis. Masc. Perigonium unibracteatum, hexaphyllum, foliolis linearibus, reflexis. Stamina 3; filamenta in columnam connata; antherae sex extrorsae, biloculares, synemate supra easdem producto. Fem. Perigonium nullum. Ovaria plurima, in capitulum compacta, oblique truncata, glabra, unilocularia(?) Stigmata tria, sessilia. Drupae irregulares, fibrosae, uniloculares, monospermae(?). Semen osseum. Embryo basilaris. — *Planta indica palmiformis, non satis cognita; caudice humili torroso, frondibus terminalibus pinnatis, inermibus, pinnis aceroso-dentatis, floribus masculis minutissimis, fructibus in capitulum magnum aggregatis.*

Nipa Thunb. *in Act. Holm. 1782. p. 231. Nov. gen. 91.* Juss. *gen. 38.* Schreb. *gen. n. 1698.* Labill. *in Mem. Mus. V. p. 297. t. 21. 22.* Martius *Progr. Palm. 12.* Nypa Rumph *Amboin. I. 72. t. 16.*

PANDANEA FOSSILIS.

1718. Pandanocarpum *BRONGN.* Drupae conicae, tetra-hexagonae, basi lata lacerae, apice truncato nudae, uniloculares, monospermae. — *Sedimentum superius.*

Pandanocarpum *Brongn. prodr. 138.*

Classis XXI. Principes.

Plantae arborescentes, caudice e gemma terminali frondescente. Folia alterna, petiolis basi vaginantibus, pinnato v. palmato-multifida, aut simpliciter fissa, vernatione plicata. Spadices floriferi plerumque laterales, spatha unica pluribusve cincti. Flores regulares polygami, mono-dioici, rariusve hermaphroditi. Perigonium duplex; calyx et corolla, utrumque trimerum. Stamina 3 v. 6, aut ternato multipla. Ovarium liberum, e carpidiis 1 — 3, connatis v. distinctis. Ovula in carpidiis solitaria, rarissime bina, angulo interiori paullo supra basim inserta, erecta, plus minusve complete anatropa. Fructus drupaceus v. baccatus, uni-trilocularis, saepius abortu unilocularis, monospermus. Albumen cartilagineum, solidum v. centro cavum, aequabile v. ruminatum. Embryo in foveola albuminis in peripheria seminis locatus, rectus, situ varius, extremitate radiculari infera, supera v. centrifuga.

Ordo LXXV. Palmae.

PALMAE Linn. *Method. sexual. edit. 1737. p. 22. Praelectiones, edid. Giseke p. 21 — 122.* Jussieu *gen. 37.* R. Brown. *prodr. 266.* Martius *Palmarum familia ejusque genera denuo illustrata. Monachii 1824. 4to. Palmae brasilienses. Monachii 1834 — 1837. fasc. 1. — 6. Fol. Synopsis generum Palmar. Msc.* Bartling *ord. nat. 63.* PALMACEAE Lindley *introduct. edit. II. p. 343.*

Plantae lignescentes, acrobryae, habitu peculiari. Radix palaris, mox evanida; radiculae plurimae, cylindricae, simplices v. ramosae, fibrillosae, in molem conicam, saepe ex parte hypogaeam dense compactae. Truncus (sive caudex) saepissime arboreus, plerumque simplicissimus, raro parte hypogaea caespitoso-ramosus, rarissime dichotomus, teres, subcylindricus, interdum ventricosus, cortice tenui, substantia versus peripheriam duriore, interdum fere cornea, enodis, foliorum basibus horizontaliter annulatus v. eorundem basibus persistentibus horridus, plerumque verticaliter erectus, non raro elatus, e gemma terminali, ut plurimum solitaria frondescens.

Folia (frondes) alterna, basi vaginali plerumque in reticulum v. fibrillitium solvenda, caudicem circa circum horizontaliter amplectentia, petiolo inferne convexo, superne postice concavo, antice semitereti v. ancipiti aut pentagono, faciebus duabus lateralibus parallelis, duabus superioribus angulo acuto conniventibus. Lamina pinnatim v. palmatim divisa, rarius simpliciter fissa; pinnae basi callosa in rhachi plerumque oblique sessiles, omnino discretae v. basi cohaerentes, longitudinaliter nervosae, rarissime venosae, vernatione plicatae, induplicatae v. reduplicatae, demum saepius secundum nervos secundarios longitudinaliter fissae, nervis interdum filorum specie persistentibus, indumento plerumque pannoso-tomentoso, aut lepidoto, rariusve simpliciter piloso aut nullo.

Spadix ex ala frondis basi amplexicaulis, plerumque spathis pedunculo adnatis, solitariis pluribusve distichis, nunc completis inclusus, nunc incompletis tectus, v. ad ramificationes stipatus. Inflorescentia varia.

Flores pro ratione stirpium parvuli, numerosissimi, plerumque alterius sexus abortu polygamo-dioici v. monoici, rarius hermaphroditi, breviter pedicellati v. sessiles, aut etiam spadicis foveolis plus minusve immersi; bractea bracteolisque duabus oppositis, liberis v. connatis, nunc ad calli speciem redactis v. plane deficientibus.

Perigonium duplex: calyx et corolla subcalycina, utrumque trimerum, persistens. Calyx triphyllus, foliolis liberis v. plus minus inter se connatis, saepe carinatis. Corolla tripetala, petalis cum calycis foliolis alternantibus, distinctis v. in corollam gamopetalam connatis, aestivatione in floribus masculis plerumque valvatis, in femineis saepius imbricato-convolutivis, longitudinaliter nervosis.

Stamina in toro carnosulo hypogyna, v. imo perigonio connata perigyna, plerumque sex, biseriatim calyci et corollae opposita, rarius ternatim multipla, rarissime tria, calycis foliolis opposita, in floribus femineis non raro rudimentaria. Filamenta libera v. basi plus minusve inter se in tubi v. urceoli speciem coalita, aestivatione erecta. Antherae introrsae, biloculares, lineares, dorso affixae, loculis appositis v. suboppositis, longitudinaliter dehiscentibus. Pollen ellipticum v. ellipsoideo-sphaericum, longitudinaliter rimatum, interdum echinulatum.

Ovarium liberum, e carpidiis tribus, rariusve binis aut unico compositum, carpidiis ad axim inter se coalitis v. primitus subdistinctis, serius concrescentibus subglobosum v. trilobum, uni-triloculare, loculis duobus in ovario triloculari saepius efoetis, in floribus masculis plerumque rudimentarium. Ovula in loculis rarissime bina, collateralia, plerumque unicum, axi paullo supra basim affixum, erectum, orthotropum micropyle supera, v. plus minus complete anatropum micropyle ovarii parietem spectante, v. pone ovuli insertionem infera. Styli loculorum numero, brevissimi, in unicum coaliti v. rarius subdistincti. Stigmata simplicia, indivisa.

Fructus perigonio persistente, saepius coriaceo-indurato ima basi stipatus, baccatus v. drupaceus, aut solitarius trilocularis, interdum trilobus, rarius bi-v. unilocularis, trispermus v. rarissime dispermus, aut loculorum abortu unilocularis, monospermus, v. tres in flore distincti. Sarcocarpium carnosum v. fibrosum. Endocarpium chartaceum, fibrosum, lignoso-osseum v. lapideum, putamine in drupaceis mono-tripyreno.

Semen loculum replens, ovatum v. sphaericum, erectum v. lateraliter subappensum. Testa cum endocarpii superficie interna plerumque plus minusve coalita, ejusque vasis adhaerentibus venosa, rhaphe ad medium v. apicem pertingente saepius notata.

Albumen densum, nucleum replens, aequabile v. fibroso-radiatum, cartilagineum, corneum v. subligneum, lacteum, siccum v. oleosum, solidum v. cavitate ventrali aut centrali exsculptum, saepius plicis testae et vasis endocarpii ei adnexis ruminatum.

Embryo indivisus, conicus v. cylindricus, in foveola propria albuminis juxta seminis peripheriam, varia a puncto insertionis distantia locatus, albuminisque strato tenui tamquam operculo tectus; extremitate radiculari seminis peripheriam spectante, juxta basim, peripheriam v. apicem fructus directa.

Palmae plantarum principes, sub totius orbis coelo fervido regali decore super aliarum stirpium catervam eminentes, in novi continentis solo, fecundi Phoebi irruptis exosculato radiis frequentissime gignuntur, in hemisphaera orientali imprimis e virgineo insularum pullulantes gremio, in veteri Asiae et Africae tellure multo rariores. Limes borealis stirpium, quas nobis novercum invidet sidus, in America 36°, in Europa 44°, in Asia 34° L. B. In hemisphaera australi usque 38° L. A. diffunduntur. Species plurimae adhucdum latent, plures, protogaeae decora, exstinctae.

Usus in generis humani oeconomia multiplex, utilitas ingens.

Genera hoc loco enumerantur ex illius, qui semper cum Palmis nominabitur Martii sententia, eorum characteres partim ex editis viri amicissimi voluminibus, partim e manuscriptis ejus schedis, pro eo, quo est in nos animo communicatis, exponuntur.

TRIBUS I. ARECINAE Mart. *Palm. 157.* Ovarium e carpidiis tribus, rariusve duobus, primitus connatis, tri-v. biloculare, rarissime carpidio unico uniloculare. Ovula in loculis solitaria, rarissime bina, erecta v. lateraliter appensa, saepius in uno alterove loculo omnino deficientia. Fructus trilocularis, profunde trilobus, vel saepius loculorum abortu uni-bilocularis, baccatus v. tenuiter drupaceus, endocarpio cujusvis carpidii distincto, aut abortivorum a fertilis formatione excluso. Stamina hypogyna.— *Frondes pinnatae v. pinnatofissae, rarius bipinnatae, pinnae reduplicatae. Flores in rhachi laevigata v. scrobiculata sessiles. Spathae plures, rarius unica, rarissime nulla.*

1719. Chamaedorea *WILLD.* Flores dioici, in spadice ramoso sessiles, ebracteati, spathis pluribus membranaceis compressis, persistentibus. Masc. Calyx cupularis, trilobus. Corolla tripetala; petalis rotundatis, erecto-conniventibus, aestivatione valvatis. Stamina 6, e fundo calycis; filamenta teretia, brevia, antherae lineari-oblongae. Ovarii rudimentum. Fem. Calyx cupularis, tripartitus. Corolla tripetala, ut in mare. Staminum rudimenta nulla. Ovarium triloculare. Stigmata 3, sessilia. Bacca monosperma. Albumen aequabile, corneum. Embryo lateralis. — *Palmae minores, in Americae continente inter octavum utriusque latitudinis gradum sylvas umbrosas suffocatas incolentes; caudice arundinaceo, annulato, frondibus terminalibus v. lateralibus, pinnato-fissis v. pinnatis, pinnis rhachi subverticaliter adnatis, pluniusculis, spadicibus parce et vage ramosis, infra frondium vaginas longiusculas sessilibus, fructiferis corallino-rubentibus, spathis membranaceis, spadice increscente apice perfossis, in ejus pedunculo plus minus persistentibus, floribus flavescentibus v. virescentibus, baccis globosis v. subglobosis, minusculis.*

Chamaedorea Willd. *in Act. Academ. Berolin. 1804. p. 40. Sp. pl. IV. 638.* Martius *Palm. 3. t. 3. 157. t. 126. 138. et t. H.* Nunnezharia Ruiz et Pav. *prodr. 147. t. 31.* Nunnezia Willd. *sp. IV. 1154.* Borassi sp. Iacq. *Hort. Schönbr. t. 247. 248.*

1720. Hyospathe *MART.* Flores monoici, in eodem spadice, spathis duabus, interiore incompleta, ebracteati, masculi plerumque bini ad basim cujusvis feminei. Masc. Calyx cupularis, trifidus. Corolla tripetala; petalis lanceolatis, aestivatione valvatis. Stamina 6, basi petalorum inserta; filamenta filiformia; antherae breves, lineari-oblongae. Ovarii rudimentum. Fem. Calyx tripartitus. Corolla tripetala, petalis ovatis, aestivatione concavis. Staminum rudimenta nulla. Ovarium triloculare, loculis duobus minoribus. Stigmata 3, sessilia. Bacca monosperma. Albumen aequabile, corneum. Embryo subbasilaris. — *Palmae brasilienses, humiles, in sylvis udis sub aequatore degentes; caudice arundinaceo, annulato, frondibus terminalibus v. lateralibus pinnato-fissis, pinnis verticaliter adnatis, planiusculis, spadicibus simpliciter ramosis, infra frondium vaginas longiusculas enatis, spathis membranaceis, floribus pallidis, fructibus olivaeformibus.*

Hyospathe Martius *Palm. 1. et 161. t. 1. 2.*

1721. Morenia *RUIZ et PAV.* Flores dioici, in spadicibus ramosissimis, spathis pluribus basilaribus, apice apertis cinctis, sessiles, ebracteati. Masc. Calyx cupularis, tridenticulatus. Corolla tripetala, petalis carnosulis, late ovatis, aestivatione valvatis. Stamina 6, e fundo corollae; filamenta filiformia; antherae oblongae, basifixae. Ovarii rudimentum. Fem. Calyx cupularis, tridentatus. Corolla gamopetala, rotato-campanulata, tubo brevi, limbi trilobi laciniis ovatis acutiusculis, aestivatione valvatis. Staminum rudimenta 6. Ovarium ovato-subglobosum, triloculare. Stigmata 3, sessilia, deltoidea. Bacca monosperma, parce carnosa. Albumen aequabile, corneum. Embryo supra basim dorsalis. — *Palmae peruanae, rupicolae; caudice tenero arundinaceo, annulato, frondibus terminalibus pinnatis, pinnis planis aut leviter reduplicatis, inermibus, laevigatis, glabris, spadicibus infra comam verticillatis, simpliciter ramosis, spathis membranaceis, primum spadicis ramos omnino obtegentibus, tandem in pedunculo persistentibus, floribus albis v. flavidis, baccis olivaeformibus, viridibus.*

Morenia Ruiz et Pav. *prodr. 150. t. 32.* Martius *Palm. 161. t. 140. 141.*

1722. Kunthia *H. et B.* Flores monoici, in distinctis spadicibus, spathis pluribus basilaribus coriaceis, tubulosis, apice apertis cinctis sessiles, vix bracteati. Masc. Calyx membranaceus, trifidus, laciniis acutiusculis. Corolla tripetala, petalis carnosulis, ovali-oblongis. Stamina 6, e fundo corollae; filamenta subulata, basi leviter cohaerentia; antherae lineares. Ovarii rudimentum. Fem. Calyx campanulatus, tridentatus. Corolla tripetala, ut in mare. Staminum rudimenta nulla. Ovarium triloculare. Stigmata 3, sessilia, acuta, revoluta. Bacca monosperma, parce carnosa. Albumen aequabile, cartilagineum. Embryo basilaris. — *Palma vigintipedalis, in temperatis Cordillerarum Novo-Granatensium sub ipso aequatore observata; caudice arundinaceo, annulato, frondibus terminalibus pinnatis, pinnis planis, acuminatis, spadicibus infra frondes verticillatis, simpliciter ramosis, spathis persistentibus, floribus albis.*

Kunthia Humb. et Bonpl. *Plant. aequinoct. II. 128. t. 122. Nov. Gen. et sp. I. 303.* Martius *Palm. 163. t. 101. f. 6. 7. t. 142.*

1723. Hyophorbe *GÄRTN.* Flores dioici, in spadicibus distinctis, spatha basilari unica (?) cinctis, v. masculi pauci femineis interspersi, subebracteati. Masc. Calyx trigono-campanulatus, trilobus. Corolla gamopetala, trifida, laciniis ovato-oblongis, aestivatione valvatis. Stamina 6, e fundo corollae; filamenta subulata, basi leviter cohaerentia; antherae ovatae, dorso affixae. Ovarii rudimentum. Fem. Calyx et corolla, ut in mare. Staminum rudimentum cupulare, sexfidum. Ovarium ovatum, triloculare. Stigmata 3, sessilia. Bacca monosperma, sarcocarpio fibroso-carnoso. Albumen aequabile, cartilagineum. Embryo verticalis. — *Palma borbonica; caudice arundinaceo, elato, annulato, frondibus terminalibus pinnatis, pinnis longis, acutis, planis v. nonnihil reduplicatis, spadicibus simpliciter ramosis, infra frondes nascentibus, spathis membranaceis basilaribus solitariis, v. fortassis pluribus, floribus albidis, baccis olivaeformibus.*

Hyophorbe Gärtn. *II. 186. t. 120.* Martius *Palm. 164. t. 143. f. 1. t. 154.* Sublimia Commers. *Msc.* Areca lutescens Bory.

1724. Leopoldinia *MART.* Flores monoici, in eodem spadice paniculato-ramosissimo, spathis universali et partialibus destituto, in foveis ramulorum sessiles, bracteati et bibracteolati. Masc. Calyx triphyllus, foliolis ovalibus, aestivatione imbricatis. Corolla tripetala, petalis ovatis, aestivatione valvatis. Stamina 6, e fundo corollae, inclusa; filamenta complanata, basi connata; antherae ovatae, bilobae, erectae. Ovarii rudimentum minimum. Fem. Calyx triphyllus, foliolis late ovatis. Corolla tripetala, petalis ovatis. Staminum rudimenta nulla. Ovarium turbinato-subtrigonum, triloculare, loculis duobus minimis. Stigmata 3, brevissima, patentia. Bacca drupaeformis orbicularis, monosperma, sarcocarpio e fibris ramosis lignescentibus. Albumen aequabile corneum, medio cavum. Embryo prope basim lateralis. — *Palmae mediocres, in intimis continentis Americae ad fluvium Amazonum prope aequatorem sylvarum loca humidiuscula ornantes; caudice extus fibrillitio reticulato circumtexto, intus molli, rubello, frondibus terminalibus pinnatis, inermibus, pinnis reduplicatis, spadice paniculato-ramosissimo, tomento ferrugineo, bracteas bracteolasque saepe penitus velante obtecto, floribus minimis, rubellis, facile defluentibus, baccis compresso-globosis, flavo-virentibus.*

Leopoldinia Martius *Palm. 58. et 165. t. 52. 53.*

1725. Euterpe *MART.* Flores monoici, in eodem spadice, spatha duplici, interiore minore cincto sessiles, bracteati, masculi plures in parte ramorum superiore, v. bini juxta femineos singulos. Masc. Calyx triphyllus, foliolis ovatis, carinato-concavis, aestivatione imbricatis. Corolla tripetala, petalis ovatis v. lanceolatis, erectis, aestivatione valvatis. Stamina 6, e fundo floris; filamenta subulata, libera v. basi confluentia, antherae lineares, subsagittatae, basifixae. Fem. Calyx triphyllus et corolla tripetala, aestivatione convoluto-imbricata. Staminum rudimenta nulla. Ovarium triloculare, loculis duobus minimis. Stigmata 3, sessilia. Bacca unilocularis, monosperma, stigmatibus excentricis coronata, grumoso-fibrosa, endocarpio tenui membranaceo, cum nucleo connato. Albumen ruminatum. Embryo lateralis v. subbasilaris. — *Palmae brasilienses sylvicolae, gregariae; caudice elato, gracili, apice saepius flexuoso, annulato, laevigato, intus fibroso, molli, frondibus omnibus terminalibus, petiolis basi longe vaginanti-*

bus, pectinato-pinnatis, pinnis acuminatis, spadicibus infra frondes simpliciter ramosis, ramis fructiferis divaricato-patentibus, tomento granuloso aut furfuraceo, fuscidulo v. albo inductis, spathis membranaceo-coriaceis, floribus imprimis inferioribus sive femineis distincte bracteatis bibracteolatisque, ochroleucis v. roseis, fructibus globosis, sordide violaceis.

Euterpe Martius *Palm. 28_34. et 165. t. 28_31.* non Gärtn.

1726. Oenocarpus *MART.* Flores monoici, in eodem spadice, spatha duplici, interiore incompleta cincto, in scrobiculis sessiles, bracteis haud distinctis cum rhachi coalitis, masculi gemini femineos stipantes v. antice solitarii. Masc. Calyx tripartitus, laciniis carinatis. aestivatione valvatis. Corolla tripetala; petalis ovatis v. oblongis, aestivatione valvatis. Stamina sex, e fundo floris; filamenta subulata, libera v. basi confluentia; antherae lineares, sagittatae, dorso affixae. Ovarii rudimentum. Fem. Calyx triphyllus, foliolis orbicularibus, et corolla e tripetalae petala conformia, aestivatione convoluto-imbricata. Staminum rudimenta nulla. Ovarium triloculare, loculis duobus minimis. Stigmata 3, sessilia. Bacca unilocularis, monosperma, stigmatibus excentricis coronata, grumoso-fibrosa, endocarpio carnoso, cum nucleo connato. Albumen ruminatum v. radiatum. Embryo exacte basilaris. — *Palmae elatae, in America inter octavum atriusque latitudinis gradum in pingui sylvarum humo, rariusque in sicco camporum solo crescentes; caudice annulato, intus molli, frondibus omnibus terminalibus pinnatis, pinnis subcrispis, spadicibus infra frondes simpliciter v. fastigiato-ramosissimis, ramis pendulis tomento granuloso fusco tenui obductis, spathis lignescentibus, floribus ochroleucis, baccis ovalibus, obscure violaceo-rubentibus, pruinosis.*

Oenocarpus Martius *Palm. 21_27. et 165. t. 22_27.*

1727. Oreodoxa *WILLD.* Flores monoici, in eodem spadice, spatha duplici, utraque completa cincto sessiles, bracteati et bibracteolati, masculi superiores v. inferne bini femineos singulos stipantes. Masc. Calyx triphyllus, foliolis late ovatis, imbricatis, tandem coalescentibus. Corolla tripetala, petalis oblongo-lanceolatis, aestivatione valvatis. Stamina 6_9_12, e fundo corollae; filamenta subulata; antherae lineares, dorso affixae. Ovarii rudimentum. Fem. Calyx et corolla, ut in mare. Stamina rudimentaria, in cupulam sexdentatam coalita. Ovarium triloculare. Stigmata 3, sessilia, conniventia. Drupa baccata, sarcocarpio fibroso, putamine crustaceo tenui. Albumen aequabile, corneum. Embryo basilaris. — *Palmae in Americae tropicae insulis et continente vigentes, nonnullae ob medullitium edule etiam cultae; caudice gracili, procero, annulato, frondibus terminalibus pinnatis, petiolorum parte basilari cylindrica longe vaginante, pinnis pectinatim expansis, apice inaequaliter bifidis, lacinia postica minore, spatha interiore sublignosa, omnes spadicis ramos obvolvente, vertice demum aperta, floribus pallidis, bracteis minutis, drupis ovalibus.*

Oreodoxa Willdenow *in Mem. Academ. Berolin. 1804. p. 34.* Kunth. *in Humb. et Bonpl. Nov. Gen. et p. I. 304.* Martius *Palm. 166. t. 156. 163.* Areca oleracea Jacq. *Amer. 278. t. 170. Edit. pict. 135. t. 235.*

1728. Areca *LINN.* Flores monoici, in eodem spadice, spatha duplici utraque completa cincto, in rhacheos scrobiculis sessiles, bracteati, masculi superiores v. inferne bini femineos singulos stipantes. Masc. Calyx tripartitus, laciniis carinatis. Corolla tripetala, petalis lanceolatis, aestivatione valvatis. Stamina 3_6 _12, e fundo corollae; filamenta subulata, ima basi cohaerentia; antherae ovatae, sagittatae. Ovarii rudimentum. Fem. Calyx triphyllus et corolla tripetala, aestivatione convoluto-imbricati. Staminum rudimenta. Ovarium ovatum, triloculare. Stigmata 3, sessilia, patentia. Drupa baccaeformis, monosperma, sarcocarpio fibroso, putamine tenui, crustaceo v. membranaceo, cum testa connato. Albumen ruminatum v. rarius subaequabile, corneum. Embryo basilaris v. prope basim lateralis. — *Palmae inter tropicos Asiae, imprimis insularis, vulgares, una in insulis extratropicis usque ad 38° L. A. reperta, ordinis limitem australem attingens; caudice ut plurimum valido, elato, rarius arundinaceo, gracili, stricto v. subflexuoso, annulato, laevigato, inermi v. aculeato, frondibus omnibus terminalibus, pinnatis, pinnis pectinato-patentibus, lanceolatis, acuminatis, superioribus saepe confluentibus et apice praemorsis, rhachi inermi v. aculeata, petiolis basi cylindrica longe vaginantibus, spadicibus ut plurimum infra frondes inferiores enatis ramosis, v. duplicato ramosis, ramis fastigiatis, spathis membranaceis v. fibroso-coriaceis, bracteis bracteolatisque interdum inconspicuis, fructibus ovalibus v. rarius globosis, colore vario.*

Areca Linn. *gen. n. 1225.* Gärtn. *I. 19. t. 7. f. 2.* Lam. *t. 895.* Roxb. *Corom. t. 75.* Martius *Palm. 169. t. 102. 149. 155. 158. f. 4. 5.* Euterpe Gärtn. *I. 24. t. 9. f. 3. II. 269. t. 139. f. 4.* Lam. *t. 895.* non Mart. Pinanga Rumph *Amboin. I. 26.* Sublimiae sp. Commers.

1729 Dypsis *NORONH.* Flores monoici, in eodem spadice, spatha incompleta simplici v. duplici cincto sessiles, bracteolati, masculi superiores, v. inferne bini femineos singulos stipantes. Masc. Calyx triphyllus, foliolis suborbicularibus, imbricatis. Corolla tripetala, petalis ovatis, acutis, aestivatione valvatis. Stamina 6, e fundo corollae; filamenta subulata, basi cohaerentia; antherae subglobosae. Ovarii rudimentum. Fem. Calyx triphyllus et corolla tripetala, aestivatione convoluto-imbricati Staminum rudimenta nulla. Ovarium bi-triloculare. Stigmata 2_3, subsessilia. Bacca monosperma, fibrosa. Albumen ruminatum, corneum. Embryo dorsalis — *Palmulae madagascarienses, tenerae, arundinaceae; frondibus pinnatis, saepe connexis, tandemque fissis, v. summis confluentibus, spadicibus tenuibus, ramosis, spathis membranaceis, apice apertis, floribus parvis, bracteis bracteolisque inconspicuis.*

Dypsis Noronha *ex Thouar's Melang. 2.* Martius *Palm. 180. t. 143. f. 2. t. 158 f. 1.*

1730 Seaforthia *R. BR.* Flores polygamo-monoici, in spadice ramoso, spathis pluribus incompletis stipato sessiles, bracteolati, masculi superiores et inferne bini femineos singulos stipantes Masc. Calyx triphyllus, foliolis ovatis, imbricatis. Corolla trifida, laciniis oblongis, aestivatione valvatis. Stamina plurima, e fundo corollae; filamenta filiformia, libera; antherae lineares, subsagittatae. Ovarii rudimentum. Fem. Calyx et corolla maris, imbricato-convoluti. Staminum rudimenta nulla. Ovarium uniloculare. Stylus brevissimus, terminalis; stigmata 3, patentia. Bacca monosperma, fibrosa. Albumen ruminatum. Embryo basilaris. — *Palmae elegantes, in Novae Hollandiae littore* *orientali tropico, et Asiae insulis finitimis provenientes; frondibus pinnatis, pinnis reduplicatis, crosis, baccis ovalibus, parvis.*

Seaforthia R. Brown *prodr. 267.* Martius *Palm. t. 105. 106. 109, 128. 129.* — ? Ptychosperma Labillard. *in Mem. de l'Instit. 1800. p. 251.*

1731. Orania *BLUM.* Flores monoici, in diversis spadicibus, spathis pluribus basilaribus incompletis cinctis sessiles, bracteolati. Masc. Calyx triphyllus, foliolis margine imbricatis. Corolla tripetala, petalis aestivatione valvatis. Stamina plurima; filamenta filiformia, libera; antherae lineares. Floris feminei rudimentum inter duos masculos. Fem. Calyx triphyllus. Corolla urceolata, trifida. Staminum rudimenta nulla. Ovarium biloculare. Stigmata 2, sessilia, acuta. Bacca disperma. Semina hinc convexa, inde plana. Albumen aequabile, cartilagineum. Embryo dorsalis, extra medium positus. — *Palmae elegantes, in insula Java et Nova Guinea indigenae; caudice gracili inermi, annulato, frondibus simpliciter pinnatis, pinnis cuneatis, sublobatis, eroso-denticulatis, nervis primariis solitariis v. pluribus, secundariis valde approximatis.*

Orania Blume *apud Zippelium et Macklok in Bijdr. tot de nat. Wet. V. 142. in Ferrusac Bullet. sc. nat. XVIII. 92. Flora 1829. p. 285.* Martius *Palm. t. 157. Synops. msc.*

1732. Harina *HAMILT.* Flores monoici, in eodem spadice, spathis pluribus basilaribus incompletis cincto sessiles, bracteati; feminei inferne inter masculos plurimos bibracteolati. Masc. Calyx incrassatus, subcylindricus, tridenticulatus. Corolla tripetala, petalis aestivatione valvatis. Stamina 6; filamenta brevia, libera; antherae lineares. Ovarii rudimentum nullum. Fem. Calyx urceolatus, trifidus. Corolla tripetala. Staminum rudimenta nulla. Ovarium bi- v. rarius triloculare. Stigmata 2—3, connata. Bacca di-trisperma. Semina hinc convexa, inde plana. Albumen aequabile, cartilagineum. Embryo dorsalis, extra medium positus. — *Palmae indicae; caudice subterraneo, frondibus pinnatis, pinnis cuneatis praemorsis, spadicibus simpliciter ramosis, ramis pendulis, floribus ochroleucis, parvulis, baccis fuscis, siccis.*

Harina Hamilton *in Mem. Wern. Soc. V. p. 312.* Martius *Palm. t. 136. Synops msc.* Wallichia Roxb. *Corom. III. 91. t. 295.* non DC. Wrightea Roxb. *Flor. Ind. III. 621.* non R. Br.

1733. Iriartea *RUIZ. et PAV.* Flores monoici, in eodem spadice, spathis pluribus membranaceis v. coriaceis, imbricatis, interioribus completis, clausis, cylindricis, exterioribus in completis, apice apertis. Masc. Calyx triphyllus, foliolis ovatis, concavis. Corolla tripetala, petalis ovatis, erectis. Stamina 12—24, corollae fundo inserta; filamenta brevissima, teretia, antherae tetragonae. Ovarii rudimentum. Fem. Calyx triphyllus, foliolis orbicularibus, imbricato-convolutis. Corolla tripetala, petalis foliolis calycinis conformibus. Staminum rudimenta nulla. Ovarium triloculare, loculis duobus efoetis. Stigmata 3, sessilia. Bacca monosperma, endocarpio fibroso-gelatinoso. Albumen aequabile, subosseum. Embryo basilaris. — *Palmae pulcherrimae, parvo numero per vastissimum Americae aequinoctialis interioris tractum, inter 6° L. A. et 3° L. B. effusae, in udis depressis sylvarum solitarie degentes; caudice plerumque radicibus e terra emersis et in conum conniventibus sustento, elato, annulato, inermi, medio saepius tumido, frondibus elegantibus pinnatis, petiolorum basibus cylindraceo-convolutis, tandem uno latere longitudinaliter apertis atque defluentibus, pinnis subdeltoideis, antice truncatis, dentatis v. erosis, spadicibus infra frondes sessilibus simpliciter ramosis, tomento detergibili adspersis, spathis plurimis, cito deciduis rariusve persistentibus, floribus dense confertis, ochroleucis, bracteis bracteolatisque obsoletis, baccarum epidermide virescenti-fusca, carne parca albida, subgelatinosa, nucleo violaceo-fuscescente.*

Iriartea Ruiz et Pav. *prodr. 139. t. 32.* Martius *Palm. 35. t. 33—37.* — Ceroxylon Humb. et Bonpl. *Pl. aequinoct. I. 1. t. 1. 2.*

1734. Arenga *LABILL.* Flores monoici, in distinctis spadicibus, spathis aliquot basilaribus completis cinctis sessiles, bracteati et bracteolati. Masc. Calyx triphyllus, foliolis ovatis, imbricatis. Corolla tripetala, petalis oblongis, aestivatione valvatis. Stamina plurima; filamenta filiformia, libera; antherae lineares, cuspidatae. Floris feminei rudimentum bibracteolatum inter duos masculos. Fem. Calyx triphyllus, foliolis aestivatione convolutivo-imbricatis. Corolla tripetala, petalis aestivatione valvatis. Staminum rudimenta nulla. Ovarium triloculare. Stigmata 3, conica, basi connata. Drupa di-tripyrena. Pyrenae trigonae. Albumen aequabile. Embryo dorsalis. — *Palma indica; caudice crasso, procero, petiolis delapsis irregulariter annulato v. eorundem basi persistente squamato, rete fibrarum crassarum passim incompte vestito, frondibus omnibus terminalibus, obscure viridibus, subtus pallidioribus, concinne pinnatis, pinnis reduplicatis, basi medio angustata sessilibus, auriculatis, spadicibus inter frondium bases emergentibus, simpliciter ramosis, ramis virgatis, basi spathis nonnullis deciduis vestitis, pendulis, masculis pluribus, tandem deorsum evolvendis, femineo unico terminali, floribus majusculis virescentibus, drupis globosis, flavescentibus.*

Arenga Labillard. *Mem. de l'Inst. IV. 209.* Martius *Palm. t. 108. 147. 148. Synops. msc.* Saguerus et Gomutus Rumph. *Amboin. I. 57. t. 13.* Saguerus Roxb. *Flor. Ind. III. 623.* Gomutus Spreng. *Gen. pl. n. 2222.*

1735. Caryota *LINN.* Flores monoici, in distinctis spadicibus, spathis aliquot basilaribus completis cinctis, sessiles, bracteolati. Masc. Calyx triphyllus, foliolis ovatis, imbricatis. Corolla tripetala, petalis oblongis, aestivatione valvatis. Stamina plurima; filamenta brevissima, basi in urceolum connata; antherae oblongae, acutae. Fem. Calyx triphyllus et corolla tripetala, aestivatione imbricato-convolutivi. Staminum rudimenta nulla. Ovarium triloculare. Stigmata 3, sessilia, depressa, connata. Bacca bilocularis, disperma. Semina hinc convexa, inde plana. Albumen cartilagineum, ruminatum. Embryo dorsalis. — *Palmae indicae; caudice mediocri, annulato, frondibus bipinnatis, pinnis praemorsis, petiolis basi vaginantibus, spadicibus magnis, simpliciter fastigiato-ramosis, floribus coriaceis, baccis purpureo-nigricantibus.*

Caryota Linn. *gen. n. 1228.* Gärtn. *I. 20. t. 7.* Mirbel *in Annal. du Mus. XIII. t. 3. f. 29.* Martius *Progr. 18. Palm. t. 107. 108.* Seguaster major Rumph *Amboin. I. 64. t. 14.*

TRIBUS II. LEPIDOCARYINAE Mart.

Synops. msc. Ovarium e carpidiis tribus v. rarissime duobus, primitus connatis compositum, tri-v. biloculare. Ovulum in quovis loculo unicum, erectum. Fructus plerumque abortu monospermus, rarissime bi-trispermus, baccatus, tessellato-corticatus, squamulis primum erectis, deinde resupinatis, imbricatis, corneis. Stamina hypogyna aut perigyna. — *Flores plerumque diclines, sessiles, saepe bracteis circumcirca clausis, bracteolisque perfoliatis, spathaceo-unitis, quasi amentacei. Spadices ramosi. Spathae plerumque plures, raro unica, completa. Frondes pinnatae aut palmato-flabelliformes, pinnis reduplicatis.*

** PINNATIFRONDES.

1736. Calamus *LINN.* Flores dioici, v. polygamo-dioici, in spadicis, spathis pluribus incompletis vaginati, amentis spathellulati Masc. Calyx tridentatus aut trifidus. Corolla tripartita v. fere tripetala. Stamina 6; filamenta basi connata; antherae sagittatae. Ovarii rudimentum. Fem. Calyx et corolla maris. Stamina 6 rudimentaria, in urceolum connata. Ovarium triloculare. Stigmata 3, sessilia. Bacca monosperma, squamis retrorsis loricata. Albumen corneum, superficie pustulatum, aequabile, v. superficie laevigatum et ruminatum. Embryo subbasilaris. — *Palmae indicae et africanae tropicae; caudicibus saepe caespitosis, gracilibus, debilibus, longissimis, super arbores fruticesque plerumque longe lateque vagantibus, alternatim et remote foliosis, frondibus lateralibus longe vaginantibus, rhachibus laxis, saepe omnino aphyllis, cirrhos rectos graciles (funem) exhibent, v. in acumen cirrhiforme attenuatis, spadicibus terminalibus, succrescente caudice lateralibus, spathis incompletis vaginatis, paniculato-ramosis, apice saepe pariter ac frondes in funem extenuatis, floribus in ramulis ultimis distichis, bracteis bracteolisque spathaceformibus, quasi amentaceis distinctis, parvulis, roseis aut virentibus, baccis globosis aut ellipticis, fuscis aut lutescentibus.*

Calamus Linn. *gen. n 436.* Gärtn. *II. 267. t. 139.* Palis. *Flor. Owar. t. 9. 10.* Martius *Palm. t. 113. 114. 116. 128. 160. Synops. msc.* Nees *Pl. offic. t. 39. 40.* Palmijuncus Rumph *Amboin. V. t. 51. 53. 55. 56. 57. f. 1. 58. f. 1.* Tsjeru Tsjurel et Kadu Tsjurel Rheed. *Malab. XII. t. 64. 56.*

1737. Zalacca *REINW.* Flores dioici, in spadice ramoso, spathis pluribus partialibus, primum clausis, singula amenta teretia obvolventibus. Masc. per paria dispositi, intra bracteas spathaceo-connatas bracteolati, bracteolis barbatis. Calyx trifidus. Corolla tubulosa, trifida. Stamina 6; filamenta basi connata; antherae lineares. Fem. solitarii intra bracteam et bracteolas duas, naviculari connatas. Calyx tripartitus. Corolla tripetala. Stamina 6 sterilia, in cupulam connata. Ovarium triloculare. Stigmata 3, subsessilia. Bacca corticata, intus carnosa, subunilocularis, mono-di-trisperma. Albumen aequabile, corneum, fossa centrali a vertice usque ad medium pertingente, testae substantia repleta exsculptum. Embryo basilaris. — *Palma indica, acaulis; frondibus magnis, copiosis, congestis, petiolis rhachibusque subtus aculeis longis palmatis horridis, spadicibus ramosis e sinu inferiorum frondium, spathis basilaribus apice apertis, et partialibus primum completis clausisque, demum siccis laceris persistentibus involucratis, floribus rosaceo aut flavescenti-rubellis, fructibus fuscis.*

Zalacca Reinwardt *in Sylloge pl. II.* Blume *in Schultes syst. VII. 1333.* Martius *in Wallich Pl. As. rar. t. 222. —224. Palm. t. 118. 119. 123. 159. fig. 3.* Calamus Zalacca Gärtn. *II. 267. t. 139. f. 1.* Palmijuncus Zalacca Rumph *Amboin. V. 115. t. 57. f. 2.*

1738. Plectocomia *MART.* Flores dioici, in spadice elongato, in spicam simplicem v. ramosam dispositi, sub spathis incompletis squamaeformibus, distiche imbricatis reconditi. Masc. Calyx trifidus. Corolla tripartita. Stamina 6; filamenta subulata, basi cohaerentia; antherae lineares, fere basifixae. Ovarii rudimentum nullum. Fem. Calyx et corolla maris. Stamina sterilia in cupulam hypogynam coalita. Ovarium triloculare, loculo uno alterove saepe efocto. Stigmata 3, subsessilia, subulata. Bacca squamis retrorsum imbricatis loricata, unilocularis, monosperma. Albumen aequabile, corneum. Embryo basilaris. — *Palma javanica; habitu Calami, frondium rhachi spinis palmatis horrente, spadicibus lateralibus elongatis, ramosis, spathis coriaceis dimidiatis vestitis, floribus flavescentibus.*

Plectocomia Martius et Blume *in Schultes f. syst. VII. 1333.* Martius *Palm. t. 114. Synops. msc.* Calamus maximus Reinwardt.

1739. Ceratolobus *BLUM.* Flores polygamo-monoici, in eodem spadice, spatha completa siliquaeformi, ancipite, longe pedunculata cincto, masculi et hermaphroditi solitarii, spathellato-bracteati. Masc. breviter pedicellati. Calyx tridentatus. Corolla subtripetala. Stamina 6; filamenta subulata, cum corollae basi confluentia; antherae lineares, basifixae. Ovarii rudimentum. Hermaphr. sessiles. Calyx et corolla maris. Stamina 6; filamenta altius cum corolla coalita; antherae efoetae (?). Ovarium triloculare. Stigmata 3, sessilia, subulata. Bacca squamis retrorsum imbricatis loricata, unilocularis, monosperma. Albumen ..... Embryo ..... — *Palma javanica; caudice debili sarmentoso-scandente, frondium alternarum vaginis elongatis, dense et patentim aculeatis obtecto, frondibus pinnatis, pinnis cuneato-rhombeis, antice crenato-dentatis, subtus flavescentibus, spadicibus lateralibus, pedunculo tenui, longo, frondium interiori superficiei adnato, floribus intra spatham demum irregulariter rumpendum inclusis, paniculatis, spathellis sub ramificationibus et infra flores vagis.*

Ceratolobus Blume *in Schultes f. syst. VII. LXXX. et 1334.* Martius *Palm. t. 117. 125. Synops. msc.*

1740. Daemonorops *BLUM.* Flores monoici, in eodem spadice paniculato, spathis pluribus completis vaginato, sub ramis spathellatho, solitarii, spathellulati. Masc. Calyx campanulatus, tridentatus. Corolla tripartita. Stamina 6; filamenta basi coalita; antherae lineares, basifixae. Ovarii rudimentum nullum. Fem. Calyx et corolla maris. Stamina 6; filamenta anantherа, in cupulam hypogynam coalita. Ovarium triloculare. Stylus brevissimus; stigmata 3, subulata, recurva. Bacca monosperma, squamis retrorsum imbricatis loricata. Albumen ruminatum. Embryo subbasilaris. — *Palma javanica; habitu Calami, a quo spathis pluribus completis, et floribus in spadice paniculato sparsis, nec in ramulos ultimos amentiformes conglomeratis differt.*

Daemonorops Blume *in Schultes f. syst. VII. 1333.* Martius *Palm. t. 117 et 125. f. 1. Synops. msc.* Calamus niger Willd. Palmijuncus niger Rumph *Amboin. V. t. 52.*

1741. Sagus *GAERTN.* Flores monoici, in eodem spadice ramoso, absque spatha communi pluribus incompletis vaginato, in amentis compressis distichis, bractea et bracteola cupularibus cincti. Masc. Calyx tridenticulatus. Corolla tripetala. Stamina 6 v. 12; filamenta compressiuscula, basi dilatata; antherae lineares, erectae. Ovarii rudimentum nullum. Fem. Calyx tridenticulatus. Corolla campanulata, trifida. Staminum urceolus sexdentatus, antheris effoetis, sagittatis. Ovarium triloculare. Stigmata 3, subulata, connata. Bacca squamis retrorsis loricata, monosperma. Albumen ruminatum. Embryo supra fossam umbilicalem dorsalis. — *Palmae in depressis maritimis inter tropicos Asiae, Africae et Americae sparsae vel gregariae, sylvas constituentes; caudice crasso, mediocris altitudinis, intus molli, rubello, frondibus terminalibus robustis, pinnatis, subcrispis, petiolorum basibus margine in fibras fissilibus, spadicibus magnis inter frondium bases pendulis, ramosis, perennantibus, floribus fuscescentibus, coriaceis, persistentibus, petalis subtortis, fructibus strobiliformibus, nitidis, fuscis v. castaneis, parce flavescenti-carnosis, seminibus durissimis.*

Sagus Rumph *Amboin. I. 72. t. 17. 18.* Gärtn. *I. VI. t. 10.* Jacq. *Fragm. t. 4.* Martius *Palm. t. 45. 48. Synops. msc.* Raphia Palis. *Fl. Owar. t. 44—45.* Desvaux *Journ. Bot. 1809. p. 84.*

1742. Metroxylon *ROTTB.* Flores monoici, in eodem spadice ramoso, absque spatha communi pluribus incompletis vaginato, in amentis teretibus bractea squamaeformi distincti, et bracteola cupulari densissime villoso-barbata cincti. Masc. Calyx trifidus. Corolla tripartita. Stamina 6; filamenta subulata basi connata; antherae dorso affixae. Ovarii rudimentum nullum. Fem. Calyx et corolla maris. Staminum urceolus hypogynus, dentatus, anantherus. Ovarium triloculare. Stigmata 3, tandem in pyramidem connata. Bacca squamis retrorsis loricata, monosperma. Albumen ruminatum. Embryo dorsalis. — *Palma africana tropica, habitu Sagi; caudice crassiusculo, frondibus omnibus terminalibus robustis, pinnatis, petiolis saepe spinis longis armatis, pinnis margine spinulosis, spadicibus e sinu frondium pendentibus, distiche ramosis, spathis tubulosis antice apertis distiche vaginatis, floribus rubello-flavescentibus.*

Metroxylon Rottboell *in Act. soc. Hafn. 1783. II. p. 525.* König *Annals of Bot. I. 193. t. 4.* Martius *Palm. t. 102. 159. Synops. msc.*

** FLABELLIFRONDES.

1743. Mauritia *LINN. F.* Flores polygamo-dioici, in spadice distiche ramoso intra squamas amentorum teretium spathellati, coriaceo membranacei, spatha universali nulla, partialibus pluribus incompletis. Masc. Calyx cyathiformis, tridenticulatus. Corolla tripetala, petalis lanceolatis, erectis. Stamina 6; filamenta planiuscula; antherae lineares erectae. Ovarii rudimentum nullum. Hermaphr. Calyx campanulatus, tridentatus v. trifidus. Corolla ad medium tripartita, laciniis lanceolatis, erectis. Stamina 6; filamenta complanata, subpyramidalia; antherae ovatae, basi subbilobae. Ovarium tesselatum, triloculare. Stigma sessile, trilobum. Bacca monosperma, tessellato-corticata. Semen rhaphe unilaterali v. semicirculari, chalaza verticali, mamillaeformi v. rostrata. Albumen aequabile, osseum. Embryo supra basim lateralis, extremitate radiculari raphen spectans. — *Palmae elegantissimae, in Americae tropicae humidis depressis, inter 1° L. B. et 16° L. A. gregariae; caudice elato v. mediocri, laevigato, inermi v. spinis conicis horrido, intus spongioso-molli, rubello, frondibus flabelliformi-pinnatifidis, spadicibus saepius perennantibus, inter frondes e spatharum incompletarum sinu pendulis, distiche ramosis, ramis amentiferis, spathaceo-articulatis, floribus coriaceis, rubello-fuscis, fructu strobiliformi fusco-nitido, carne tenui flavescente.*

Mauritia Linn. *f. suppl. 1436.* Humboldt *Ansichten der Nat. 26. 131.* Martius *Palm. 42. t. 38—44.* Le Bache Aubl. *Guian. Append. 103.*

1744. Lepidocaryum *MART.* Flores polygamo-dioici, in spadice distiche ramoso, inter squamas amentorum compressorum spathellati, coriaceo-membranacei, spatha universali nulla, partialibus pluribus incompletis. Masc. Calyx campanulatus, subtrigonus, ore truncato, obiter tridentato. Corolla tripetala, petalis lanceolatis, acutis, erectis. Stamina 6, inclusa; filamenta crassiuscula; antherae oblongae, dorso adnatae. Ovarii rudimentum nullum. Hermaphr. Calyx campanulatus, subtrigonus, ore truncato, obiter tridentato. Corolla basi subcampanulata, tripartita, laciniis lanceolatis, acutis, erectis. Stamina 6; filamenta compresso-plana; antherae parvae, oblongae, dorso adnatae. Ovarium tessellatum, loculis duobus rudimentariis uniloculare. Stigmata 3, linearia, erecta, basi connata. Bacca monosperma, tessellato-corticata. Semen rhaphe semicirculari. Albumen aequabile, osseum. Embryo lateralis, extremitate radiculari a rhaphe aversa. — *Palmae humiles, elegantes, in Americae uliginosis flumini Amazonum conterminis, sub ipso aequatore parce habitantes; caudice tenui, stricto v. flexuoso, intus duriusculo, rubello, petiolorum basibus persistentibus, vaginantibus vestito, obiter annulato, frondibus flabelliformibus, irregulariter fissis, margine spinulosis, spadicibus inter frondes patentibus, articulato vaginatis, floribus roseo-rubellis, fructibus rubro-fuscis, parce carnosis.*

Lepidocaryum Martius *Palm. 50. t. 45—47.*

TRIBUS III. BORASSINAE Martius *Synops. msc.* Ovarium e carpidiis plerumque tribus, rarius duobus v. quatuor primitus connatis compositum, tri- v. rarius bi-quadriloculare. Ovula in loculis solitaria, adscendentia v. resupinata. Fructus drupaceus v. rarius baccatus, indivisus v. lobatus. Stamina hypogyna. — ***Flores plerumque dioici, masculi textura quasi glumacea, spadicis foveolis e squamarum coalitione ortis immersi, sub anthesi emergentes, quasi amentacei. Spathae aut incompletae spadices articulato-vaginantes, aut rarius completae, eosque omnino cooperientes. Frondes palmato-flabelliformes aut pinnatae, pinnis in flabelliformibus induplicatis.***

* FLABELLIFRONDES.

1745. Borassus *LINN.* Flores dioici, in spadice spathis incompletis vaginato. Masc. Amenta cylindrica, e coalitione squamarum, floribus bracteatis biseriatim in foveis aggregatis, sensim emergentibus. Calyx trifidus. Corolla tripartita. Stamina 6; filamenta libera; antherae sagittatae. Fem. intra amenti squamas subsolitarii. Calyx triphyllus et corolla hexa-enneapetala sibi arcte imbricato-convoluti. Stamina abortiva 6 — 9, filamentis basi coalitis, antheris efoetis. Ovarium tri-rarius bi-quadriloculare. Stigmata 3, v. 2 — 4, sessilia. Drupa tripyrena, pyrenis obcordatis fibrosis, apice poro pertusis. Albumen aequabile, demum cavum Embryo verticalis. — *Palmae indicae; caudice elato, annulato-cicatrisato, intus duro, nigricante, frondibus omnibus terminalibus, palmato-flabelliformibus, petiolis spinoso-serratis, spadicibus inter frondes emergentibus, masculis ramosis femineis minus divisis aut subsimplicibus, floribus masculis parvis, rubello-flavescentibus, drupa magna, fusca.*

Borassus Linn. *gen. n. 1220.* Roxb. *Corom. t. 71. 72.* Martius *Palm. t. 121. Synops. msc.* Lontarus Rumph *Amboin. I. t. 10.* Gärtn. *I. 21. t. 8.* — Observatio. Cl. Blume in *Schult. f. syst. VII. 1308.* monente Lontarus sylvestris altera Rumph *65. t. 12.* novum genus sistit, Pholidocarpus dicendum, fructibus tessellatis, nuces 2—4 duras foventibus insigne, cui verosimiliter Borassus tunicatus Loureir. erit adnumerandus.

1746. Lodoicea *LABILL.* Flores dioici, in spadice spathis incompletis vaginato. Masc. Amenta cylindrica, e coalitione squamarum, floribus bracteatis, biseriatim in foveis amenti aggregatis, sensim emergentibus. Calyx et corolla profunde tripartita. Stamina 24 — 36; filamenta basi coalita; antherae lineares, obtusae. Fem. intra amenti squamas subsolitarii. Calyx triphyllus et corolla tripetala, convoluto-imbricati. Staminum rudimenta nulla. Ovarium triloculare, rarius bi-quadriloculare. Stigmata 3, v. 2 — 4, sessilia, pyramidato-conniventia. Drupa ingens, fibrosa, plerumque monopyrena, rarius di-tripyrena, pyrena ossea, fibris adhaerentibus capillata, biloba, didyma v. pyrenarum coalitione et loborum abortu triloba. Albumen aequabile. Embryo in conjugatione loborum basilaris. — *Palma Sechellarum; caudice crasso, procero, annulato, frondibus terminalibus palmato-flabelliformibus, spadicibus inter frondes emergentibus maximis, fuscis, floribus masculis flavescentibus, drupa olivaceo-viridi.*

Lodoicea Labillardiere *in Annal. du Mus. IX. 140. t. 13.* Hooker *Bot. Mag. t. 2734—2738.* Martius *Palm. t. 109. 122. et X. Synops. msc.*

1747. Latania *COMMERS.* Flores dioici, in spadice spathis incompletis vaginato. Masc. Amenta cylindrica, e coalitione squamarum, floribus solitariis ex amenti foveis sub anthesi emergentibus. Calyx triphyllus et corolla tripetala, marginibus imbricatis. Stamina 15 (16) — 30 (32); filamenta basi coalita; antherae lineares, sagittatae, fere basifixae. Fem. in amentis paucifloris (?). Calyx triphyllus et corolla tripetala (?). Ovarium triloculare. Stigmata 3, brevissima, sessilia. Drupa tripyrena, pyrenis extus ramoso-rugosis. Albumen aequabile. Embryo dorsalis. — *Palmae indicae; caudice mediocri frondium annulis cicatrisato, frondibus omnibus terminalibus palmato-flabelliformibus, spadicibus inter frondes emergentibus, masculis ramosis, ramis distichis vaginato-squamatis, e sinu squamarum ramulos alternos apice amenta digitata v. pedata ferentes exserentibus, floribus masculis flavis, drupis lutescentibus.*

Latania Commers. *ex Juss. gen. 39.* Martius Palm. *t. 154. 162. 148. f. IV. Synops. msc.* Cleophora Gärtn. *II. 185. t. 120.*

1748. Hyphaene *GÄRTN.* Flores dioici, in spadice spathis incompletis vaginato, distiche ramoso, ramis masculis amenta subterna ferentibus, femineis plerumque paucioribus. Masc. Calyx tripartitus. Corolla tripetala. Stamina 6; filamenta libera; antherae lineares, basi sagittata affixae. Ovarii rudimentum nullum. Fem. Calyx triphyllus et corolla tripetala, marginibus imbricata. Stamina 6, rudimentaria. Ovarium tri-rarius biloculare. Stigmata 3. v. 2, sessilia. Drupa abortu simplex v. bi-triloba, sarcocarpio fibroso, putamine ligneo. Albumen corneum, aequabile, cavum. Embryo verticalis. — *Palma aegyptiaca; caudice mediocri, annulato, dichotome ramoso, frondibus in caudice adhuc simplici et in ramis terminalibus, palmato-flabelliformibus, filis inter lacinias plerumque pendulis, spadicibus inter frondes erumpentibus, floribus pallide flavis v. rubescenti-ochroleucis, fructibus pruinosis, lutescenti-fuscis.*

Hyphaene Gärtn. *II. 13. t. 82.* Martius *Palm. 131. 132. 133. Synops. msc.* Cucifera Delile *Flor. Aegypt. I. 57. t. 1. 2.* Douma Lam. *Dict. t. 900.* Coryphae sp. Linn.

** PINNATIFRONDES.

1749. Bentinckia *BERRY.* Flores monoici, in distinctis spadicibus, spatha simplici cinctis. Masc. Calyx tridentatus. Corolla tripetala. Stamina 6. Fem. Calyx bibracteolatus, tridentatus. Corolla tripetala. Stamina 6, rudimentaria. Ovarium triloculare, loculis duobus efoetis. Stigmata. . . . Bacca monosperma, sphaerica, succulenta. Albumen. . . . Embryo basilaris. — *Palma elegans, in montibus Travancore Indiae orientalis observata, non satis nota, et forsan a sequente genere haud distincta; caudice arundinaceo, frondibus terminalibus pinnatis, spadicibus decompositis, infra frondes lateralibus.*

Bentinckia Berry *ex Roxb. Flor. Ind. III. 621.* Martius *Palm. 165.*

1750. Keppleria *MART.* Flores dioici, in spadice spathis duabus (v. pluribus?) membranaceis basilaribus completis cincto, e foveis rhacheos bilabiatis emergentes, masculi nonnulli alternatim distichi, feminei subsolitarii. Masc. Calyx triphyllus. Corolla tripetala. Stamina 6; filamenta distincta; antherae lineares. Ovarii rudimentum. Fem Calyx et corolla maris. Stamina 6, ananthera. Ovarium triloculare. Stigmata 3, sessilia. Drupa monosperma, stigmatibus excentricis, subbasilaribus, sarcocarpio e fibris lignosis, ramosis, endocarpio papyraceo, nucleo sulcato. Albumen solidum, aequabile. Embryo subbasilaris. — *Palma indica; caudice tenui, arundinaceo (?), frondibus pinnatis, pinnis conduplicatis, spathis et spadicibus Geonomae, fructibus parvulis*

Keppleria Martius *Palm. t. 139. Synops. msc.*

1751. Geonoma *WILLD.* Flores monoici, spadicibus diversi sexus in eadem stirpe v. androgynis, rarius dioicis, in foveolis rhacheos immersi, spatha duplici, exteriore concava, interiore compressa v. fusiformi. Masc. Calyx triphyllus, foliolis carinato-concavis. Corolla tripetala, petalis planis. Stamina 6; filamenta inferne in cylindrum connata, apice libera, antherarum loculis divaricatis. Ovarii rudimentum. Fem. Calyx triphyllus. Corolla gamopetala, trifida. Urceolus sexdentatus, ovarium ambiens. Ovarium triloculare. Stylus basilaris, stigmatibus 3, revolutis. Bacca monosperma. Albumen aequabile. Embryo sublateralis v. basilaris. — *Palmae Americae tropicae sylvas primaevas, inter 20° L. A. et 10° L. B. copiosius incolentes; caudice rarius nullo, dum adest arundinaceo, gracili, stricto, annulato, laevigato, frondibus primum simplicibus, mox in pinnas irregulares, integerrimas fissis, petiolis vaginantibus, partim caudici lateraliter insidentibus v. omnibus terminalibus, spadicibus inter frondes emergentibus, spicatis saepiusve paniculatis, spathis ut plurimum jam ante anthesim obliteratis, floribus primum in rhacheos excavationibus latentibus, stramineis v. purpurascentibus, baccis ovatis v. subglobosis, coloris obscuri, parce carnosis, insipidis.*

Geonoma Willd. *sp. IV. 593.* Martius *Palm. 6. t. 4—20.* Gynestum Poiteau *in Mem. Mus. IX. 385. t. 16—20.*

1752. Manicaria *GAERTN.* Flores monoici, in eodem spadice, spatha simplici fusiformi, reticulato-fibrosa, dilatabili, sub grossificatione irregulariter rupta cincto, alveolis densis immersi, bracteati, infimi ramorum feminei. Masc. Calyx triphyllus, foliolis scariosis, ovato-suborbiculatis, imbricatis. Corolla tripetala; petalis coriaceis, oblongis. Stamina 24—30; filamenta filiformia; antherae lineares, subsagittatae, erectae. Fem. Calyx triphyllus, foliolis scariosis, ovatis, imbricatis. Corolla tripetala, petalis coriaceis, oblongo-lanceolatis. Stamina rudimentaria 12. Ovarium turbinatum, trigonum, sulcatum v. angulatum, triloculare. Stigmata 3, sessilia, ovato-triangularia, demum patentia. Drupa tricocca, rarius abortu mono-dicocca, cortice suberoso, angulato-echinato, putaminibus crustaceis, fibris reticulatis obvolutis, basi oblique foratis. Albumen corneum, aequabile, centro cavum. Embryo basilaris. — *Palma in America inter 3° L. A. et 5° L. B. in sylvis inundatis, limosis, submaritimis proveniens; caudice grosso, mediocris altitudinis, inermi, intus spongioso-molli, frondibus omnibus terminalibus, firmis, integris, oblongis, in toto ut videtur ordine maximis et robustissimis, spadice in ramos plurimos, simplices, dense florigeros diviso, inter frondes persistentes erumpente, nutante v. pendulo, fusco-tomentoso, floribus roseo-ochroleucis majusculis, fructibus magnis, suberosis, testaceis.*

Manicaria Gärtn. *II. 468. t. 176.* Martius *Palm. 139. t. 198.—199.* Pilophora Jacq. *Fragm. 32. t. 35. 36.* Willd. *in Berliner Akadem. Abhandl. 1815. p. 1.*

TRIBUS IV. CORYPHINAE Martius *Synops. msc.* Ovarium e carpidiis tribus primitus distinctis, demum aut distinctis v. in unum connatis, omnibus v. uno alterove evolutis, rarissime carpidium unicum. Ovula in loculis solitaria, erecta, lateralia v. resupinata. Fructus baccatus triplex, profunde trilobus, v. abortu duplex aut simplex, carpidiis abortientibus a formatione evoluti exclusis, rarissime solitarius. Stamina hypogyna v. perigyna. — *Spathae plures, vagae, incompletae, rariusve completae. Caudex inermis. Frondes plerumque palmato-flabelliformes, rarissime (in Phoenice) pinnatae, pinnis induplicatis. Flores sessiles, plerumque hermaphroditi v. polygamo-dioici.*

SUBTRIBUS I. SABALINAE Martius *l. c.* Flabellifrondes.

1753. Corypha *LINN.* Flores hermaphroditi, in spadice spathis pluribus incompletis vagis cincto sessiles, v. subsessiles, bracteati. Calyx cupularis, tridenticulatus. Corolla tripetala, aestivatione valvata. Stamina 6; filamenta basi dilatata, hypogyne cohaerentia; antherae ovatae. Ovarii carpidia tria, cohaerentia. Styli subulati, coalescentes, stigmate simplici. Bacca plerumque unica, monosperma. Albumen aequabile. Embryo verticalis. — *Palmae in Asia tropica indigenae, procerae, spectabiles; caudice annulato, frondibus omnibus terminalibus, amplis, palmato-flabelliformibus, laciniis apice fissis, spadice in speciebus monocarpicis (an in omnibus?) terminali, amplissimo, spathis pluribus incompletis vaginato, floribus parvulis virescentibus, baccis lutescentibus.*

Corypha Linn. *gen. n. 221.* Roxb. *Corom. t. 255. 256.* Martius *Palm. t. 102. et 127. excl. reliq. Synops. msc.* Taliera Martius *Progr. 10.* Gembanga Blume *in Flora 1825. p. 580 et 678.* Codda-pana Rheede *Malab. III. 1o t. 1—12.*

1754. Livistona *R. BR.* Flores hermaphroditi, in spadice spathis pluribus incompletis basilaribus cincto sessiles, bracteati. Calyx trifidus. Corolla tripartita. Stamina 6; filamenta in discum hypogynum coalita; antherae cordato-oblongae. Ovarii carpidia tria, intus cohaerentia. Styli coalescentes; stigmatibus connatis v. distinctis. Bacca plerumque unica, monosperma. Albumen cavitate ventrali testae radio horizontali ruminatum. Embryo dorsalis. — *Palmae in Nova Hollandia et in Asia tropica observatae; caudice mediocri, frondium basibus persistentibus squamato, frondibus flabelliformibus, laciniis apice bifidis, saepe filis interjectis distinctis.*

Livistona R. Brown *prodr. III. 123.* Martius *Palm. t. 110. 111. 145. 146. Synops msc.* Latania chinensis Jacq. *Fragm. p. 16. t. 11. f. 1.*

1755. Licuala *RUMPH.* Flores hermaphroditi, in spadice alternatim ramoso, spathis pluribus incompletis vaginato sessiles, aut brevissime pedicellati, bracteati. Calyx campanulatus, tridentatus. Corolla tripartita. Stamina 6; filamenta in cupulam subrepandam connata, apice brevissime libera; antherae sagittatae. Ovarii carpidia tria, basi et vertice leviter cohaerentia. Stylus trigonus; stigma tridentatum. Drupa abortu unica, monosperma, putamine tenui. Albumen corneum, parte ventrali spongioso- aut farinaceo-ruminatum. Embryo dorsalis. — *Palmae asiaticae tropicae, plerumque humiles; caudice subarundinaceo, frondibus omnibus terminalibus, digitato- aut palmato-flabelliformibus, spadice plerumque hirsuto, floribus saepius sericeo-pubescentibus.*

Licuala Rumph *Amboin. I. 44. t. 9.* Thunb. *in Act. Holm. 1782. p. 284.* Blume *in Schultes syst. VII. LXXVII. et 1301.* Martius *Synops. msc.* Saribus Rumph *Amboin. I. 42. t. 8.* Coryphae sp. Lour.

1756. Brahea *MART.* Flores hermaphroditi, in spadice spathis aliquot basilaribus (?) incompletis cincto sessiles, bractea bracteolisque duabus minimis, inter spadicis villum latentibus cincti. Calyx triphyllus, foliolis margine imbricatis. Corolla tripartita. Stamina 6; filamenta in cupulam hypogynam connata; antherae cordato-ovatae. Ovarii carpidia tria, arcte connata. Styli prismatico-connati; stigma simplex. Bacca plerumque unica, rarius binae v. ternae. Albumen a basi ad verticem strato testae perfossum. Embryo dorsalis. —

Palma in Andibus Peruviae cum quercubus et Coniferis mixta; caudice medioeri, frondibus flabelliformibus, pinnis induplicatis, filis saepe interjectis, spadice magno cerunoideo-multiramoso, floribus parvulis virescentibus, baccis lutescentibus.

Brahea Martius *Palm. t. 137. Synops. msc.* Corypha dulcis Humb.

1757. Copernicia *MART.* Flores hermaphroditi v. polygami, in spadice ramoso, spathis incompletis vagis stipato sessiles. Calyx cupularis, tridenticulatus. Corolla campanulata, trifida. Stamina 6; filamenta in cupulam perigynam (corollae adnatam) coalita; antherae cordato-ovatae. Ovarii carpidia tria, minus cohaerentia. Stylus brevis; stigma capitatum. Bacca abortu unica, monosperma. Albumen aequabile, medio cavum. Embryo subbasilaris. — *Palmae in America tropica obviae; caudice medioeri, superne frondium basibus persistentibus vestito, frondibus flabelliformibus, pinnis induplicatis, saepe filis interjectis, spadice e sinu frondium ramoso, villosulo, floribus parvulis virescentibus, puberulis, baccis lutescentibus, ellipticis.*

Copernicia Martius *Palm. t. 50. A. Synops. msc.* Corypha e sp. Humb. et Kunth. Martius Palm. *t. 49. 50.* Caranaiba Marcgr. Piso.

1758. Sabal *ADANS.* Flores hermaphroditi, in spadice ramoso, spathis pluribus incompletis vaginato sessiles, bracteati. Calyx cupularis, trifidus. Corolla tripetala. Stamina 6, hypogyna; filamenta subdiscreta, subulata; antherae cordato-ovatae. Ovarii carpidia tria, primitus distincta, demum coalescentia. Stylus trigonus; stigma capitatum. Bacca simplex v. profunde lobata, duplex aut triplex. Albumen aequabile. Embryo dorsalis. — *Palmae boreali-americanae, inter 29-41° L B. provenientes, et borealem ordinis limitem in novo continente attingentes, deorsum crescentes, gemma laterali, caudice cum frondium basibus persistentibus extra terram lateraliter porrecto aut partim immerso, in aliis tandem mediocri, frondibus flabelliformibus, pinnis induplicatis, spadicibus infra frondes enatis, ramosis, floribus parvulis, albidis aut virescentibus.*

Sabal Adans. *Fam. II. 495.* Guerns. *in Bullet. soc. philomat. n. 67. t. 25.* Bot. Mag. *t. 1434.* Nuttall *gen. I. 231.* Martius *Palm. t. 103. 130. 163. Synops. msc.* Corypha e sp. Jacq. *Hort. Vindob. III. t. 8.*

1759. Chamaerops *LINN.* Flores polygamo-dioici, alii hermaphroditi, alii masculi in eadem v. in diversa stirpe, in spadice spathis duabus v. quaternis, quarum interior completa cincto sessiles, bracteati. Masc. Calyx tripartitus. Corolla tripetala. Stamina 6—9; filamenta basi connata; antherae oblongae. Hermaphr. Calyx et corolla ut in mare. Stamina 6; filamenta in cupulam hypogynam connata; antherae ovatae v. oblongae. Ovarii carpidia tria v. rarius plura, distincta. Stigmata subulata, subsessilia. Baccae tres v. raro plures, interdum abortu pauciores, monospermae. Albumen ruminatum. Embryo dorsalis. — *Palmae in India boreali et in regione mediterranea indigenae, borealem ordinis limitem (15° Cels. Isotherm.) in veteri continente attingentes, caudice in specie asiatica elato, in mediterranea humili, declinato v. erecto aut nullo, frondibus densis rigidiusculis, flabelliformibus, petiolis plerumque serrato-spinosis, floribus dense confertis, flavescentibus, baccis olivaeformibus.*

Chamaerops Linn. *gen. n. 1219.* Lam. *t. 900.* Meyer *in Mem. Academ. Berolin. 1796. p. 5.* Lambert *in Linn. Transact. X. 262. t. 8.* Bot. Reposit. *t. 599.* Martius *Palm. t. 120. 124. 125. Synops. msc.* Wallich *Pl. As. rar. t. 211.* Nees jun. *gen. pl. fasc. X. t. 2. 3.* Chamaeriphes Ponteder. *Antholog. 10.* Gärtn. *I. 26. t. 9.* Phoenix Cav. *ic. II. 12. t. 115.*

1760. Trithrinax *MART.* Flores hermaphroditi v. abortu polygami, in spadice ramosissimo, spathis pluribus incompletis stipato subsessiles. Calyx cupularis, trifidus. Corolla tripetala, petalis margine imbricatis. Stamina 6; filamenta subulata, libera v. basi subconnata; antherae lineares. Ovarii carpidia tria, distincta. Styli subulati; stigmatibus simplicibus. Bacca abortu unica, monosperma. Albumen aequabile (?). Embryo prope verticem dorsalis. — *Palma in Brasiliae meridionalis campis a Sellowio reperta; caudice mediocri, frondibus terminalibus palmato-flabelliformibus, pinnis induplicatis, spadice expanso, floribus numerosissimis, parvulis onusto.*

Trithrinax Martius *Palm. 149. t. 104. Synops msc.*

1761. Rhapis *LINN. F.* Flores polygamo-dioici, in spadice spathis aliquot incompletis vaginato sessiles, bracteati. Masc. Calyx cupularis, trifidus. Corolla campanulato-trifida. Stamina 6; filamenta filiformi-triquetra, corollae adnata, alterna crassiora, profundius distincta; antherae ovatae, extrorsae. Hermaph. Calyx cupularis, trifidus. Corolla tripetala (?). Stamina 6.... Ovarium e carpidiis tribus distinctis.... Bacca unica?... Albumen.... Embryo.... — *Palma in China et Japonia indigena, in hortis nostris solum flores masculos proferens; caudice brevi fibrillitio tecto, frondibus terminalibus et sublateralibus, palmato-divisis, pinnis in margine plicisque aculeato-denticulatis, floribus rubescenti-fuscis, crassiusculis.*

Rhapis Linn. fil. *msc.* Ait. *hort. Kew. III. 474.* Herit. *Stirp. II. t. 100.* Jacq. *Hort. Schönbr. t. 316.* Bot. Mag. *t. 1371.* Martius *Progr. 8.* Sjuro, Sodio et Soo-Tsiku Kämpf. *Amoen. exot. 898.*

1762. Thrinax *LINN. F.* Flores hermaphroditi, in spadice alterne et duplicato-ramoso, spathis pluribus incompletis cincto breviter pedicellati, bracteati. Calyx profunde sexfidus. Corolla nulla. Stamina 6-12; filamenta subulata, basi connata; antherae oblongae, utrinque bifidae, erectae. Ovarium e carpidio unico, uniovulato. Stylus sursum in stigma concavum tubuloso-ampliatus. Bacca monosperma. Albumen aequabile aut subruminatum. Embryo subverticalis v. dorsalis. — *Palmae antillanae; caudice mediocri, tenui, frondibus terminalibus, palmato-flabelliformibus, petiolorum basibus vaginantibus in reticulum solutis, floribus minimis.*

Thrinax Linn. fil. *in Schreber. gen.* Swartz *prodr. 57. Flor. Ind. occid. I. 614.* Martius *Progr. 8. Synops. msc.*

SUBTRIBUS II. PHOENICINAE

Martius *l. c.* Pinnatifrondes.

1763. Phoenix *LINN.* Flores dioici, in spadice ramoso, spatha simplici cincto sessiles. Calyx urceolatus, tridentatus. Corolla tripetala Stamina 6 v. 3; filamenta brevissima, subnulla; antherae lineares. Fem. Calyx urceolatus, tridentatus. Corolla tripetala, petalis convolutis. Ovarii carpidia tria, distincta, unicum maturescens. Stigmata uncinata. Drupa monosperma. Semen hinc sulco longitudinali exaratum. Albumen reticulatum. Embryo dorsalis. — *Palmae in India orientali et Africa borealiore indigenae, per regionem mediterraneam cultae; caudice mediocri annulato, frondibus pinnatis, pinnis linearibus, spadice inter frondes erumpente, spatha sublignosa, ancipiti cincto, floribus ochroleucis, fructu eduli, molli, fulvo-fusco.*

Phoenix Linn. *gen. n.* 1224. Juss. *gen.* 38. Gärtn. *I.* 23. *t.* 9. Roxb. *Corom. t.* 74. *et* 273. Martius *Palm. t.* 120. 124. 136. 164. Elate Ait. *Hort. Kew. III.* 477.

TRIBUS V. COCOINAE Martius *Synops. msc.* Ovarium e carpidiis tribus, rarius duobus, quaternis v. senis, primitus coalitis conflatum, triloculare, v. rarius bi-quadri-sexloculare. Ovula in quovis loculo solitaria, erecta v. resupinata. Fructus drupaceus, monopyrenus, trilocularis aut saepissime unilocularis, loculis abortivis in fertilis putamine seu endocarpio osseo v. lapideo inclusis. Nucleus testae vasis reticulatis cum endocarpio plus minus cohaerens. Stamina hypogyna, filamentis basi confluentibus. — *Flores intra spatham solitariam v. plures, quarum intima completa primum reclusi, bracteati, sessiles, v. bracteis in opus foveolatum connatis foveis immersi, diclines, ochroleuci. Sarcocarpium fibrosum. Endocarpium crassum. Nucleus oleosus, albumine aequabili. Caudices inermes v. aculeati, frondes pinnatae, pinnis reduplicatis.*

* ACULEATAE.

1764. Desmoncus *MART.* Flores monoici, in eodem spadice, spatha duplici, exteriore brevi, coriacea, apice aperta, interiore cylindrica, ventre demum fissa, sublignosa cincta, in ramis flexuosis sessiles, feminei inferiores, solitarii. Masc. Calyx membranaceus, triangularis v. obiter trifidus, laciniis acutiusculis carinatis. Corolla tripetala, petalis ovatis, acutiusculis, calyce crassioribus. Stamina 6, e fundo floris; filamenta filiformia; antherae lineares, erectae. Fem. Calyx cupularis, ore truncato v. obiter tridenticulato, basi pervius. Corolla gamopetala, urceolaris, ore truncato, obiter tridentato, basi pervia. Ovarium ovatum, loculis duobus rudimentariis uniloculare. Stylus brevis; stigmata 3, acuta, revoluta, exserta. Drupa ovata v. subglobosa, monosperma, carne tenera, putamine tenui, vertice triporoso. Albumen aequabile, corneum. Embryo intra porum apicalis. — *Palmae debiles, in Americae continente inter aequatorem et capricornum loca calida, umbrosa, virgultosa incolentes; caudice gracili subarundinaceo, flaccido, flexuoso, aliis plantis sustento v. interdum scandente, undique aculeis magnis, rectis v. hamatis horrido, frondibus per omnem caudicem sparsis, petiolis longe vaginantibus, remote pinnatis, pinnis parum reduplicatis, margine haud ciliatis, sed noduloso inaequalibus, rhachi longe in cirrhum producta, ubique uncis recurvatis validis munita, spadicibus inter frondes axillaribus solitariis, simpliciter ramosis, ramis subflexuosis, fastigiatis, spatha interiore crassiore, plerumque aculeata, drupae rubrae carne parca, putamine nigro.*

Desmoncus Martius *Palm.* 85. *t.* 66. 69. 89. 71. *f.* 5. Atitara Marcgrav. L'Avoira savane Aubl.

1765. Bactris *JACQ.* Flores monoici, in eodem spadice, spatha duplici, exteriore breviore, apice aperta, membranacea, interiore fusiformi, ventre tandem fissa, coriacea v. sublignosa cincto sessiles, bracteolati, feminei imprimis in parte inferiore masculis pluribus interspersi. Masc. Calyx tener, tripartitus v trifidus, laciniis sublanceolatis, carinatis. Corolla tripetala, petalis calyce crassioribus, ovatis, planiusculis, longitudinaliter striatis. Stamina 6—9—12, e toro basilari crassiusculo, basi saepius petalis adnata; filamenta subulata; antherae lineares, subsagittatae, erectae. Fem. masculis firmiores. Calyx urceolaris v. rarius annuliformis, ore truncato, integerrimo v. obsolete tridenticulato. Corolla gamopetala, urceolaris v. cylindrica, ore truncato, tridenticulato. Ovarium ovatum v. prismatico-trigonum, loculis duobus rudimentariis uniloculare. Stigmata 3, sessilia, pyramidato-acuta, primum conniventia, mox revoluta. Drupa ovata v. subglobosa, monosperma, cortice coriaceo, carne pulposa, putamine osseo, versus apicem triporoso. Albumen aequabile corneum. Embryo intra porum apicalis. — *Palmae americanae tropicae, imprimis sub aequatore sylvicolae, ad fluviorum ripas et in inundatis et paludosis frequentes; caudice mediocri v. humili, rariusve elato, arborescente v. arundinaceo, caespitibus et radicibus sobolifero, aculeis nigris aut fuscescentibus armato v. inermi, frondibus per totum caudicem sparsis vel sursum frequentioribus, patentibus, petiolorum basibus longe vaginatis, superstitibus caudicem involventibus, aculeatis v. etiam postice aculeatissimis, pinnatis, pinnis pectinatis v. sparsis, aut etiam connexis, spadicibus lateralibus et terminalibus simplicibus, v. simpliciter ramosis, spathis armatis, floribus ochroleucis, femineis saepius virentibus aut roseis, drupis obscure ceruleo-nigricantibus v. rarius dilutis, pulpa gelatinoso-sub floccosa, albida, acidula scatentibus.*

Bactris Jacq. *Amer.* 279. Gärtn. *II.* 269. *t.* 139. *excl. sp.* Martius *Palm.* 92. *t.* 60. 70. 74.

1766. Guilielma *MART.* Flores monoici, in eodem spadice, spatha duplici, exteriore brevi cylindrica, apice bifida, interiore lignescente fusiformi, demum ventre aperta cincto sessiles, minute bracteolati. Masc. Calyx planiusculus, triangularis, angulis acutiusculis, tenere membranaceis. Corolla gamopetala, subglobosa, profunde tripartita, laciniis suborbicularibus v. obovatis. Stamina abortu 6, corollae laciniis per paria opposita; filamenta subulata; antherae lineari-oblongae, incumbentes. Ovarii rudimentum. Fem. inter mares sparsi. Calyx membranaceus, annuliformis, limbo obiter tridenticulato, basi pervius. Corolla coriacea, globoso campanulata v. turbinata, ore truncato. Ovarium subglobosum, loculis duobus rudimentariis uniloculare. Stigmata 3, sessilia. Drupa ovata, monosperma, fibroso-carnosa, putamine osseo, vertice triporoso. Albumen aequabile, cartilagineum. Embryo intra porum apicalis. — *Palma elata, in umbrosis udis inter Orinocum et Amazonum fluvium degens, ab Indis Orinocci accolis etiam culta; caudice annulato, aculeis horrido, intus duro, atro, frondibus omnibus terminalibus, pinnatis, petiolis aculeatis, pinnis linearibus appro* *ximatis, aculeato-ciliatis, spadicis simpliciter ramosi ramis crassiusculis, fusco-tomentosis, floribus carnosiusculis, masculis ochroleucis, femineis virescentibus, drupae flavo-rubrae carne crassa, amylacea, eduli.*

Guilielma Martius *Palm. 81. t. 66. 67.* Bactris Gasipaes Humb.

1767. Martinezia *RUIZ et PAV.* Flores monoici, in eodem spadice, spatha duplici cincto sessiles. Masc. Calyx triphyllus. Corolla tripetala. Stamina 6. Ovarii rudimentum. Fem. Calyx triphyllus. Corolla tripetala. Staminum abortivorum urceolus membranaceus, subsexdentatus, ovarium ambiens. Ovarium triloculare (?). Stigmata 3, sessilia. Drupa monosperma. Albumen aequabile. Embryo...... — *Palma peruana, non satis nota; caudice aculeato, frondibus pinnatis, pinnis cuneatis, apice truncatis, erosis, spadice simpliciter ramoso.*

Martinezia Ruiz et Pav. *prodr. 138. t. 2. excl sp. plur.* Kunth *in Humb. et Bonpl. Nov. gen. et sp. t. 245.* Martius *Progr. 21.*

1768. Acrocomia *MART.* Flores monoici, in eodem spadice, spatha simplici, lanceolata, lignescente incluso. Masc. in superiore ramorum parte densissimi, in foveolis sessiles. Calyx parvus, triphyllus, foliolis ovatis. Corolla tripetala, prismatico-cylindrica, petalis lanceolato-oblongis. Stamina 6, inclusa; filamenta compressa; antherae lineari-oblongae, subsagittatae. Ovarii rudimentum. Fem in inferiore ramorum parte remotiusculi, sessiles. Calyx triphyllus, foliolis ovato-suborbicularibus. Corolla tripetala, petalis ovatis, aestivatione imbricatis. Cupula annularis, sexdentata, ovarium ambiens. Ovarium ovatum, triloculare, hirsutum. Stylus brevis; stigmata 3, lanceolata, revoluta. Drupa globosa, monosperma, epicarpio cartilagineo, mesocarpio mucilaginoso-fibroso, putamine crasso, lenticulari, lateribus triporoso, poris duobus coecis. Albumen aequabile, durum. Embryo intra porum lateralis. — *Palma procera, in campis siccioribus, rarius in sylvis Americae tropicae obvia; caudice saepius medio ventricoso, aculeato, intus fusco, nigro, fibroso, frondibus pinnatis, subcrispatis, petiolis spathisque aculeatis, spadicibus inter frondes inferiores persistentibus, simpliciter ramosis, primum erectis deinde pendulis, floribus masculis flavis, drupis olivaceo-fuscis, putamine duro, spadiceo-nigro.*

Acrocomia Martius *Palm. 66. t. 56. 57. 100. f. 5.* Cocos aculeata Jacq. *Amer. t. 169. (Edit. pict. t. 154.)* Palmier Mocaya Aubl. Correa *in Annal. Mus. X. 158. t. 10. f. 2.* Bactris minor Gärtn. *I. 22. t. 9. f. 1.*

1769. Astrocaryum *C. W. G. MEY.* Flores monoici, in eodem spadice, spatha simplici, fusiformi, ventre aperta, lignescente, diu persistente cincta. Masc. in superiore ramorum parte densi, in alveolis sessiles. Calyx tripartitus v. trifidus, laciniis triangularibus, acutis. Corolla gamopetala, tripartita, laciniis oblongo-lanceolatis, erectis, membranaceis v. versus basim carnosiusculis. Stamina abortu 6, petalis per paria opposita, raro plura, inclusa; filamenta filiformia, erecta; antherae lineari-subsagittatae, incumbentes. Ovarii rudimentum. Fem. infra masculorum spicas solitarii, in rhachi v. in pedunculi parte dilatata sessiles. Calyx urceolatus, obiter tridentatus, siccinsculus. Corolla gamopetala, urceolata, carnosa, ore contracto subtridentato, tandem irregulariter trifido, intus basi in annulum membranaceum elevata, uti calyx foramine orbiculari pervia. Ovarium ovatum, loculis duobus rudimentariis uniloculare. Stylus conicus; stigmata 3, in corpus flocceso-gelatinosum, conicum v. lobatum confluentia. Drupa ovata v. subglobosa, monosperma, carne valide fibrosa, putamine osseo, vertice triporoso. Albumen aequabile, corneum, centro cavum. Embryo intra porum apicalis. — *Palmae mediocris altitudinis v. rarius etiam acaules, in Americae tropicae locis sylvaticis, humentibus, calidis spursae, v. subcaespitosé degentes; caudice exceptis annulis undique aculeis validis, atris horrido, frondibus terminalibus pinnatis, petiolis aculeatis, pinnis linearibus aproximatis, aculeato-ciliatis, subtus plerumque argenteo-albis, spadicibus simpliciter ramosis, aculeis v. setis horridis, saepius albo-tomentosis, spathis lignescentibus, aculeatis inclusis, inter frondes persistentibus, floribus masculis flavescentibus, femineis virescenti-v. ochroleuco-pallidis, drupis flavis v. aurantiacis, fibroso-carnosis, perigonio persistente stipatis, inermibus v. spinulosis.*

Astrocaryum C. W. G. Meyer *Essequeb. 265.* Martius *Palm. 70. t. 58 — 64.* Toxophoenix Schott *in Brasil. Nachricht. II. App. 12.*

** INERMES.

1770. Attalea *H. B. K.* Flores monoici, in eodem spadice, spatha simplici cincto sessiles, bracteati, masculi superiores, feminei versus basim ramorum pauciores. Masc. Calyx triphyllus, foliolis liberis v. ima basi coalitis. Corolla tripetala, petalis membranaceis v. carnosulis, oblongo-lanceolatis, erectis. Stamina e toro basilari 10 — 24, conferta; filamenta subulata, subinaequilonga; antherae sublineares, erectae. Fem. Calyx triphyllus, foliolis ovatis, imbricato-convolutis. Corolla tripetala, petalis foliolis calycinis similibus, inclusis. Ovarium triloculare, raro quadri-v. quinqueloculare, rarissime biloculare. Drupa ovata v. elliptica, subrostrata, cortice fibroso-lignoso, putamine lapideo, bi-quinqueloculari, loculis basi porosis. Albumen subsolidum, amygdalino-oleosum. Embryo intra fossam basilaris. — *Palmae per omnem Americam tropicam diffusae, sylvas calidas praediligentes, rarius in montes adscendentes, procerae v. mediocres, aut interdum acaules; caudice crassiusculo, extus irregulariter cicatrisato, intus molli, fusco-rubello, frondibus terminalibus pinnatis, amplis, petiolis latiusculis, pinnis glabriusculis, reduplicatis, spadicibus inter bases frondium emergentibus, patentibus, simpliciter ramosis, fructiferis nonnunquam maximis, nutantibus, floribus ochroleucis, fructibus fuscis, seminibus edulibus.*

Attalea Kunth *in Humb. et Bonpl. Nov. gen. et sp. I. 310. t. 95. 96.* Martius *Palm. 136. t. 41. 75. 95. — 97.*

1771. Elaeis *JACQ.* Flores monoici, in diversis spadicibus corymboso-ramosis, spatha duplici, utraque completa, tandem in fibras longitudinales secedente, exteriore compressa, margine subancipiti, apice ab interiore lanceolata perforata cinctis, e rhacheos foveolis emergentes. Masc. Calyx papyraceo-aridus, triphyllus, foliolis linearibus v. lanceolatis. Corolla membranacea, tripetala, petalis lanceolatis, erecto-conniventibus. Stamina 6, inclusa; filamenta in urceolum apice sexfidum connata; antherae oblongae v. ovatae, patentes. Ovarii rudimentum. Fem. Calyx membranaceus, triphyllus, foliolis ovatis imbricato-convolutis. Corolla membranacea, tri-hexapetala, petalis ovatis v. ovato-oblongis, imbricato-convolutis. Staminum rudimenta nulla. Ovarium ovatum v. subcylindricum, triloculare, loculis duobus effoetis. Stigmata 3, magna, uncinato-patentia. Drupa ovato-angulata, monosperma, sarcocarpio fungoso-oleoso, fibroso, putamine vertice triporoso. Albumen aequabile, corneum. Embryo prope verticem lateralis. — *Palmae inter tropicos Africae et Americae locis calidis, campestribus provenientes, solo argillaceo et calcareo gaudentes, africana species etiam in America culta; caudice mediocri, crasso, erecto v. decumbente, petiolorum basibus coronato v. cicatrisato, frondibus amplis, petiolis crassis, margine spinoso-serratis, pinnatis, pinnis rigidiusculis, spadicibus dense corymboso-ramosis, tomento subpulverulento, fusciduto adspersis, floribus e ramorum foveolis emergentibus, masculis densissime imbricatis, femineis laxius sparsis, stramineo-fuscis, drupis carnosis, amoene flavis, miniatis v. rubris.*

Elaeis Jacq. *Amer. t. 172.* (*Edit. pict. t. 257.*) Gärtn. *I. 17. t. 6.* Lam. *t. 896.* Martius *Palm. 62. t. 54. — 56.* Alfousia Kunth *in Humb. et Bonpl Nov. gen. et sp. I. 246.* Corozo Jacq. *Amer. 171. f. 4.*

1772. Cocos *LINN.* Flores monoici, in eodem spadice, spatha simplici lignosa, fusiformi v. clavata, ventre aperta et lanceolata cincto sessiles, bracteati, masculi in parte superiore plures, feminei in inferiore frequentiores. Masc. Calyx triphyllus, foliolis lanceolatis, carinatis, basi saepius connatis. Corolla tripetala, petalis membranaceis v. carnosiusculis, erectis v. conniventibus. Stamina 6, e toro basilari; filamenta subulata, subaequilonga; antherae lineares, subsagittatae, erectae. Ovarii rudimentum minimum v. nullum. Fem. Calyx triphyllus, foliolis suborbicularibus v. ovatis, imbricato-convolutis. Corolla tripetala, petalis membranaceis, suborbicularibus, imbricato-convolutis, ut plurimum calyce inclusis. Ovarium ovatum v. depresso-globosum, loculis duobus rudimentariis uniloculare. Stylus brevissimus v. nullus; stigmata 3, pyramidato-triquetra, primum conniventia, demum revoluta. Drupa ovata, elliptica v. ovato-subtrigona, monosperma, mesocarpio crasso, fibroso, putamine osseo, basi triporoso. Albumen aequabile v. obsolete radiatum, amygdalinum v. cartilagineum. Embryo intra porum basilaris. — *Palmae inter tropicos Americae frequentes, sylvaticae v. plures campestres, in Asia rarae, pelagi viciniam amantes, in Africam introductae; caudice excelso v. mediocri, inermi, annulato v. cicatrisato, interdum nonnihil flexuoso, saepius petiolorum basibus persistentibus squamato v. coronato, intus molli, spongioso, frondibus omnibus terminalibus, saepius vastis, pinnatis, petiolis basi fibroso-pannosa amplexicaulibus, nonnunquam spinoso-serratis, pinnis reduplicatis, saepius aggregatis, subrecto patentibus v. crispis, crassiuscule membranaceis, glabris, spadicum inter bases frondium exteriorum sessilium, patentium rhachi teretiuscula, scorbiculata, in ramos plurimos simplices divisa, spatha mucronata, dorso longitudinaliter sulcata, floribus masculis ochroleucis v. flavescentibus, femineis virescentibus, fructibus quandoque maximis, sicciusculis, fuscis v. rubro-flavescentibus.*

Cocos Linn. *gen. n. 1223.* Gärtn. *I. 15. t. 4. 5.* Roxb. *Corom. t. 73.* Martius *Palm. 114. t. 78-88. 101. 102.* Langsdorfia Raddi *in Mem. soc. ital. XVIII 340. c. ic.*

1773. Syagrus *MART.* Flores monoici, in eodem spadice, spatha duplici, exteriore breviore, teneriore, apice aperta, interiore fusiformi, sublignosa, ventre aperta, tandem lanceolata cincto sessiles, bracteolati, masculi in parte superiore plures, in inferiore plerumque femineos geminos stipantes. Masc. Calyx triphyllus, foliolis triangularibus, membranaceis. Corolla tripetala, petalis carnosiusculis, lanceolatis, carinato-cristatis, erecto-conniventibus. Stamina 6, inclusa; filamenta subulata, subaequilonga; antherae lineares, subsagittatae, erectae. Ovarii rudimentum minimum. Fem. Calyx triphyllus, foliolis ovatis, carinatis, margine imbricatis. Corolla tripetala, petalis oblongis, calycem superantibus, imbricatis. Ovarium ovato-globosum, loculis duobus abortivis uniloculare. Stigmata 3, sessilia, pyramidato-trigona, conniventia. Drupa oblonga, monosperma, mesocarpio fibroso, putamine osseo, triporoso. Albumen aequabile, centro cavum, cartilagineum. Embryo intra porum basilaris. — *Palma humilis, in campis Amazonum fluvio adsitis crescens; caudice inferne annulato, apice frondium rudimentis capitato, intus pallido, lento, frondibus omnibus terminalibus, laxiusculis, pinnatis, spadicibus inter frondes interiores provenientibus, parce et simpliciter ramosis, spathis dorso sulcatis, floribus masculis ochroleucis, fructibus sicciusculis, flavescenti-viridibus.*

Syagrus Martius *Palm. 129. t. 89. 90.* Genus monente cl. Martius fortassis cum praecedente combinandum.

1774. Diplothemium *MART.* Flores monoici, in eodem spadice, spatha duplici, exteriore breviore, apice aperta, membranacea v. coriacea, interiore clavata v. cylindrica, mucronata, ventre demum fissa, dorso sulcata, lignosa cincto quincunciatim dispositi, masculi in parte inferiore verucis callosis, hemisphaericis super femineos impositi, in superiore solitarii, sessiles, bracteis flores masculos geminos v. intermedio femineo sociatos cingentibus, favoso-connatis. Masc. subcarnoso-coriacei. Calyx triphyllus, foliolis anguste lanceolatis, carinatis, ima basi connatis. Corolla tripetala, petalis ovatis, subcarinatis, erectis v. conniventibus. Stamina 6-12, v. indefinita, e toro basilari; filamenta subulata, inaequilonga; antherae sagittatae v. sublineares, erectae. Ovarii rudimentum minutissimum. Fem. coriacei, striati. Calyx triphyllus, foliolis ovatis, carinatis, imbricato-convolutis. Corolla tripetala, petalis ovatis, carinatis, integerrimis v. repando-dentatis. Ovarium globoso-trigonum, loculis duobus rudimentariis uniloculare. Stigmata 3, sessilia, triquetra, pyramidato-conniventia, demum subpatentia. Drupa ovata v. obovata, monosperma, cortice fibroso, putamine lapideo, basi triporoso. Albumen aequabile, cartilagineum. Embryo intra porum basilaris. — *Palmae in Brasilia inter 23 et 10° L. A., in maritimis sabulosis, v. in campis siccis, herbidis, ventosis usque 1400 ped. elevationem sparse v. gregarie crescentes, plerumque acaules, rarius caudicem crassiusculam inermem, annulatum elevantes; frondibus pinnatis, breviter petiolatis, petiolorum basi vaginante fibroso-panniformi, tandem lacera, pinnis angustis, firmis, rigide patentibus v. crispis, interrupte aggregatis, subtus argenteis v. glauco-viridis, spadicibus simplicibus, antice dense florigeris, spatha exteriore intra frondium bases latente, floribus majusculis, druparum flavescentium carne fibrosa, eduli.*

Diplothemium Martius *Palm. 108. t. 70. 75 — 78.*

1775. Maximiliana *MART.* Flores monoici, sessiles, bracteolati, spadicibus in eadem stirpe aliis androgynis, aliis masculis, spathis simplicibus, crassis, lignosis, oblongis, longe rostratis, sulcatis cinctis. Masc. Calyx triphyllus, foliolis membranaceis, ovato-triangularibus. Corolla tripetala, petalis lanceolatis, subcoriaceis. Stamina 6, imae corollae inserta; filamenta subulata; antherae lineares, dorso adnatae. Ovarii rudimentum minimum. Fem. Calyx triphyllus, foliolis membranaceis, ovatis, imbricato-convolutis. Corolla tripetala, petalis ovatis, imbricato-convolutis, calyce parum longioribus. Cupula membranacea, ovarium cingens. Ovarium ovato-conicum, loculis duobus rudimentariis uniloculare. Stylus brevis, teres; stigmata 3, revoluto-patentia, intus glanduloso-viscosa. Drupa ovata, monosperma, cortice fibroso, sicco, putamine osseo, basi triporoso. Albumen aequabile, amygdalinum v. cartilagineum, centro saepius cavum. Embryo intra porum basilaris. — *Palmae speciosae, Brasiliae sylvas inter aequatorem et 5° L. A. incolentes; caudice mediocri v. elato, recto, subregulariter annulato, laevigato, intus helvolo, lento, frondibus pinnatis, pinnis aggregatis, spathis inter frondes erumpentibus, persistentibus, crassis, spadicibus simpliciter ramosis, floribus dense compactis ochroleucis, drupis fuscescentibus.*

Maximiliana Martius *Palm. 131. t. 91 — 94.*

1776. Jubaea *H. B. K.* Flores monoici, in eodem spadice (?) spatha simplici cincto. Masc. paniculato-pedicellati. Calyx tripartitus, laciniis lineari-lanceolatis. Corolla tripetala, petalis ovatis, acutis, concavis. Stamina plurima, imae corollae inserta; filamenta filiformia, brevia, libera; antherae lineares. Fem. Calyx et corolla maris. Ovarium loculis duobus rudimentariis uniloculare. Stigmata 3, patula. Drupa obovata, monosperma, cortice fibroso, putamine vertice triporo. Albumen centro cavum. Embryo intra porum verticalis. — *Palma chilensis; caudice excelso, crasso, petiolorum rudimentis squamato, frondibus pinnatis, floribus in spadice ramoso ochroleucis.*

Jubaea Kunth *in Humb. et Bonpl. Nov. gen. et sp. I. 308. t. 96.* Molinaea Bertero *ex Sillim. Americ. Journ. XIX. 63.* Coquito de Chile Americ.

1777. Orbignya *MART.* Flores monoici, spadicibus aliis masculis, aliis femineis in eadem stirpe, spatha simplici completa cinctis. Masc. Calyx.... Corolla di-tripetala, petalis dentatis. Stamina 12, antheris spiraliter contortis. Fem. Calyx triphyllus. Corolla tripetala. Ovarium conicum. Stigmata 3, bifida, sessilia. Drupa putamine vertice triporo, triloculari, loculis monospermis. Albumen.... Embryo. .... — *Palma austro-americana; caudice elato, frondibus pinnatis erectiusculis phalerato, spatha profunde sulcata, ventre longitudinaliter aperiunda, spadice masculo simpliciter ramoso, floribus masculis in ramis distiche sessilibus, aut etiam spadici femineo admixtis?*

Orbignya Martius *Synops. msc.* Palmier Cuci Orbigny *Msc. e. ic.*

OBSERVATIO. Quid Drymophloeus Zippelius *in Flora 1829 I. 185.* et Alagoptera Nees *in Neuwied Reise, I. 67?*

PALMAE FOSSILES.

1778. Palmacites *BRONGN.* Trunci cylindrici simplices, petiolorum semiamplexicaulium basibus obtecti. — *Terra calcis grossae inferior.*

Palmacites Brongn. *prodr. 120.* Endogonites echinatus Brongn. *Descript. des envir. de Paris. 356. t. 10. f. 1.*

1779. Flabellaria *STERNB.* Frondes petiolatae, flabellifidae, lobis linearibus basi plicatis. — *Terra carbonifera, calcis grossae et lacustris palaeotherica.*

Flabellaria Sternb. *Tent. II. 27. t. 18. et 21.* Brongn. *prodr. 120.* Palmacites parisiensis Brongn. *Descript. des envir. de Paris 364. t. 8. f. 2.*

1780. Phoenicites *BRONGN.* Frondes petiolatae, pinnatae, pinnis linearibus geminatim approximatis, nervis tenuissimis, obsoletis. — *Sedimentum superius.*

Phoenicites Brongn. *prodr. 121.*

1781. Nöggerathia *STERNB.* Frondes petiolatae, pinnatae, pinnis obovali-cuneiformibus, lateribus petioli applicitis, versus apicem dentatis, nervis tenuibus, divergentibus. — *Terra carbonifera.*

Nöggerathia Sternb. *Tent. II. t. 20.* Brongn. *prodr. 121.*

1782. Zeugophyllites *BRONGN.* Frondes petiolatae, pinnatae, pinnis oppositis oblongis v. ovalibus, integerrimis, nervis validis, paucis, aequalibus, basi et apice confluentibus. — *Terra carbonifera.*

Zeugophyllites Brongn. *prodr. 121.*

1783. Burtinia. Fructus ovoidei, obsolete trigoni, basi triporosi. — *Sedimentum superius.*

Cocos Brongn. *prodr. 121.* (Burtin *Oryctogn. de Bruxelles t. 30. f. a.* Parkins. *Org. Rem. I. t. 7. f. 1—3.* Faujas *Annal. du Mus. I. 445. t. 29.*)

APPENDIX. ACROBRYAE FOSSILES, DUBII ORDINIS.

1784. Bucklandia *BRONGN.* Caulis fibris reticulatis obsitus, foliis imbricatis haud amplexicaulibus vestitus, petiolis usque ad basim distinctis. — *Terra jurassica schistoidea.*

Bucklandia Brongn. *prodr. 128.* Conites Bucklandi Sternb. *Tent. t. 30.*

1785. Clathraria *MANT.* Caulis ex axi fibris reticulatis obsita, et e cortice e petiolorum basibus insertione rhomboidalibus, omnino connatis formato constans. — *Terra glauconia sabulosa.*

Clathraria Brongn. *prodr. 128.* Mantell *in Transact. Geolog. Soc. Ser. I. p. 423. t. 45. f. 1. 2. 3. t. 46. f. 5. t. 47. f. 4.* Bucklandia Sternb. *Tent. 33.*

1786. Smilacites *BRONGN.* Folia cordiformia v. hastata, nervo medio valido, secundariis utrinque binis v. ternis margini parallelis, tertiariis reticulatis. — *Terra lacustris palaeotherica.*

Smilacites Brongn. *prodr. 128.*

1787. Convallarites *BRONGN.* Folia linearia, parallelinervia, cauli recto vel curvato verticillatim inserta. — *Terra poecilis.*

Convallarites Brongn. *prodr. 128.*

1788. Poacites *BRONGN.* Folia linearia, parallelinervia, venis aequalibus, transversis nullis. — *Terra carbonifera.*

Poacites Brongn. *prodr. 128.*

SECTIO V. ACRAMPHIBRYA.

Caulis apice simul et ambitu crescens. — *Vegetatio peripherico terminalis.*

COHORS I. GYMNOSPERMAE.

Ovula nuda, in folio carpellari aperto v. in disco pervio, micropyle materiam foecundantem immediatim recipiente.

Classis XXII. Coniferae.

Coniferae Juss. *gen. p. 411.* L. C. Richard *Commentatio botanica de Coniferis et Cycadeis. edid. A. Richard. Stutgardiae, 1826. 40.*

Arbores v. Frutices ramosi, ligno saepius vasis spiralibus destituto, e cellulis elongatis porosis conflato, succis resinosis inter vasa propria corticalia receptis scatentes. Folia sparsa, opposita v. fasciculata, saepe rigida, acerosa. Flores diclines, amentacei. Perigonium nullum. Ovula in squamis apertis nuda, v. intra discum pervium sessilia, erecta v. inversa, orthotropa, rarissime anatropa. Fructus disco accrescente subdrupaceus, v. squamis indurescentibus strobilaceus. Semina nuda, albuminosa. Embryo axilis, antitropus v. rarissime orthotropus, cotyledonibus 2, v. saepius pluribus, verticillatis.

Ordo LXXVI. Cupressinae.

CUPRESSINAE L. C. Richard *Conif. 137.* Bartl. *Ord. nat. 95.*

Arbores saepius excelsae v. Fructices ramosissimi, ramis plerumque sparsis. Folia opposita, verticillata v. sparsa, perennantia, rigida, anguste linearia, parva, saepius seriatim imbricata.

Flores monoici v. dioici, staminibus et squamis ovuliferis (foliis carpicis apertis) axi communi insertis, imbricatis, ebracteatis, amenta terminalia v. lateralia, solitaria aut rarius conferta, interdum spicata constituentibus.

Amenta mascula. Stamina plurima, nuda, axi undique inserta, subhorizontalia. Filamenta brevissima, crassa, in connectivum squamaeforme, excentrice peltatum, margine superiore angustius productum. Antherae loculi quatuor ad duodecim, connectivi margini inferiori subtus adnati, ovati v. oblongi, paralleli, discreti, longitudinaliter dehiscentes. Pollen globosum.

Amenta feminea. Squamae ovuliferae paucae, circa axim abbreviatam verticillatae, imbricatae, v. juxta axim plus minus elongatam undique insertae, peltatae, ebracteatae. Ovula ad basim squamarum v. juxta earundem stipitem solitaria, gemina v. indefinita, sessilia, erecta, orthotropa, apice pertusa et saepius in collum styliformem, peracta foecundatione obliteratum producta

Fructus squamis carnoso-incrassati, v. lignoso-induratis, drupaceus v. strobilaceus, squamis plus minus inter se connatis v. arcte reclusis, maturitate saepius ad suturas dehiscentibus.

Semina ad basim squamarum solitaria, gemina v. plurima, erecta. Testa membranacea, lignosa v. ossea, interdum angulata, saepius utrinque in alam membranaceam producta. Albumen carnosum, parcum.

Embryo antitropus, axilis, albuminis ut plurimum longitudine. Cotyledones duae, rarius tres ad novem, oblongae, obtusae. Radicula cylindrica, apice cum albumine concrescens, verticem seminis spectans, puncto insertionis ejusdem e diametro opposita, ideoque respectu squamae supera.

Cupressineae ab affinibus Abietineis antherarum loculis connectivo peltato subtus adnatis, et ovulis erectis facillime distinguendae, climatis temperati coelum mitius praediligunt, Europam mediam et mediterraneam, Asiam imprimis maxime orientalem, Americam borealem, Caput bonae spei et Novam Hollandiam incolentes.

1789. Juniperus *LINN.* Flores dioici, rarius in diversis ramis monoici. Masc. Amenta axillaria v. subterminalia, globosa, minima. Stamina plurima, nuda, axi undique inserta; filamenta excentrice peltata, imbricata; antherae loculis ternis v. senis longitudinaliter dehiscentibus, margini inferiori subtus adnatis. Fem. Amenta axillaria, ovata, basi imbricato-bracteata. Involucrum e squamis 3—6, basi coalitis, uni-triovulatum. Ovula e basi involucri erecta, orthotropa, lageniformia, apice pertusa. Fructus drupaceus, basi squamosus, involucro baccato, apice umbilicato et seminibus osseis. Semina 1—3, erecta, subtriquetra; testa ossea, versus basim foveolis resiniferis instructa. Embryo in axi albuminis carnosi antitropus, ejusdem longitudine, cotyledonibus 2, oblongis, radicula cylindrica, supera. — *Arbores v. arbusculae, in montanis regionum temperatarum veteris orbis obviae, in America boreali rarissimae; ramis erectis sive pendulis, foliis lineari-lanceolatis, rigidis, saepius minutis, squamaeformibus, gemmis nudis.*

Juniperus Linn. *gen. n. 1134.* Gärtn. *II. 62. t. 91.* Schkuhr *t. 338.* L. C. Richard *Conif. 137. t. 5. 6.* Labill. *Syr. dec. II. t. 8.* Nees jun. *Gen. pl. II. 12.* Juniperus et Cedrus Tournef. *inst. 361.*

1790. Thuja *TOURNEF.* Flores in diversis ramis monoici. Masc. Amenta terminalia, ovoidea, minima Stamina plurima, nuda, axi inserta; filamenta excentrice peltata, laxe imbricata; antherae loculis quatuor, longitudinaliter dehiscentibus, margini inferiori subtus insertis. Fem. Amenta terminalia, depressiuscula, minima. Squamae quadrifariam imbricatae, patentes. Ovula ad basim squamarum gemina, sessilia, erecta, orthotropa, lagenaeformia, apice pertusa. Strobilus e squamis imbricatis, sub apice retorto mucronatis, ligneseentibus, primum clausis, mox patulis. Semina sub squamis 2, e basi erecta; testa ossea v. membranacea, utrinque in alam angustam producta. Embryo in axi albuminis carnosi antitropus, ejusdem longitudine, cotyledonibus 2, oblongis, radicula cylindrica, supera. — *Arbores sempervirentes, in Asia et America boreali obviae; ramis compressis, foliis minimis, dense plurifariam imbricatis, gemmis nudis.*

Thuja Tournef. *inst. 358.* Linn. *gen. n. 1078.* Gärtn. *II. 61. t. 91.* Schkuhr *t. 309.* Lambert *Pin. t. 67. 68.* L. C. Richard *Conif. 139. t. 7. 8.* Nees jun. *Gen. pl. II. 11.*

1791. Cupressus *TOURNEF.* Flores in diversis ramis monoici. Masc. Amenta terminalia, elliptica. Stamina plurima, nuda, axi inserta; filamenta excentrice peltata; antherae loculis 2—4, longitudinaliter bivalvibus, margini inferiori subtus insertis. Fem. Amenta subglobosa, terminalia Squamae peltatae, axi quadrifariam insertae. Ovula in stipite squamarum plurima, biseriatim sessilia, erecta, orthotropa, lagenaeformia, apice pertusa. Strobilus e squamis lignescentibus, centro mucronatis, primum arcte conniventibus, demum hiscentibus. Semina plurima, in stipite squamarum erecta, angulata; testa utrinque in alam membranaceam angustam producta. Embryo in axi albuminis parci, carnosi antitropus, ejusdem longitudine, cotyledonibus 2—3, obtusis, radicula incrassata, supera. — *Arbor in regione mediterranea orientali, imprimis insulari spontanea, nunc per omnem Europam meridionalem dispersa, statura mediocri, „natu morosa, fructu su-„pervacua, baccis torva, folio amara, odore violenta, „ac ne umbra quidem gratiosa, Diti sacra, materie ra-„ra sed durabili" ramis erectis pyramidatis, foliis minutis, squamaeformibus, appresso-imbricatis, gemmis nudis.*

Cupressus Tournef. *inst. 358.* Linn. *gen. n. 1070.* Gärtn. *II. 64. t. 91. f. 5.* Lambert *Pin. t. 65. 66.* L. C. Richard *Conif. 142. t. 9.* Nees jun. *Gen. pl. II. 10.*

1792. Callitris *VENT.* Flores in diversis ramis monoici. Masc. Amenta terminalia, ovoidea. Stamina plurima, nuda, axi inserta; filamenta excentrice peltata, laxe imbricata; antherae loculis 2—5, longitudinaliter bivalvibus, stipiti infra peltam insertis. Fem. Receptaculum terminale brevissimum. Squamae 4—6 receptaculum cingentes, biseriatim oppositae v. ternatim verticillatae, paribus sive verticillis forma et ovulorum numero inter se diversis. Ovula ad basim cujusvis squamae 3 v. 9, sessilia, erecta, orthotropa, apice aperta. Strobilus e squamis lignescentibus, sub apice mucronatis, arcte conniventibus, demum in valvas 4—6 dehiscentibus. Semina e basi erecta; testa membranacea, utrinque in alam latam producta. Albumen.... Embryo.... — *Arbusculae cupressiformes, in Africa mediterranea orientali, et in Nova Hollandia extratropica repertae, ramosissimae; ramis articulatis, striatis, foliis minimis squamaeformibus, ad basim articulatis, striatis, oppositis v. ternatim verticillatis, gemmis nudis.*

Callitris Vent. *Dec. Nov. gen. 1808.* R. Brown. *in L. C. Richard Conif. 114. t. 8. et 18.* Brongn. *in Annal. sc. nat. XXX. 189. Fresnelia* Mirbel *in Mem. Mus. XIII. 30.* Thuja articulata Desf. *Fl. atl. t. 252.*

1793. Pachylepis *BRONGN.* Flores monoici? Masc.... Fem. Receptaculum terminale, depressum. Squamae 4, conformes, valvato-verticillatae. Ovula ad basim cujusvis squamae 5—10, uni-biseriata, sessilia, erecta, orthotropa, apice pertusa. Strobilus subglobosus, e squamis lignescentibus sub apice mucronatis, arcte conniventibus, apice subconnatis, basi tandem apertis. Semina abortu pauca, e basi erecta, testa utrinque in alam membranaceam latam expansa. Albumen..... Embryo. — *Arbores Africae australis extratropicae continentem et insulas incolentes; foliis alternis, lineari-lanceolatis, imbricatis.*

Pachylepis Brongn. *in Annal. sc. nat. XXX. 189.* Thuja cupressoides Linn. et Cupressus juniperoides Linn.

1794. Taxodium *L. C. RICH.* Flores monoici, in iisdem ramis. Masc. Amenta plurima, in spicam terminalem pyramidatam disposita. Stamina pauca, versus apicem axeos basi nudae inserta; filamenta squamaeformia, excentrice peltata, remotiuscula; antherae loculis 2—5 longitudinaliter bivalvibus, margini inferiori subtus insertis. Fem. Amenta ovata, ad basim spicae masculae gemina. Squamae plurimae, axi insertae, imbricatae, acutae, apice recurvato-patulae. Ovula ad basim cujusvis squamae 2, sessilia, erecta, orthotropa, apice pertusa. Strobilus subglobosus, e squamis lignescentibus, subpeltatis, angulatis compositus. Semina e basi erecta; testa lignosa, irregulariter angulata. Embryo in axi albuminis parci, carnosi antitropus, ejusdem longitudine, cotyledonibus 6—9 linearibus, radicula cylindrica, supera. — *Arbores Americam borealem et Japoniam incolentes; ramis saepius pendulis, foliis linearibus, membranaceis, caducis, in ramulis alternantibus, distichis, folium pinnatum mentientibus, e radice repente nonnunquam exostoses conicas, bi-sexpedales protrudentes.*

Taxodium L. C. Richard *in Annal. Mus. XVI. 298. Conif. 143. t. 10.* Lambert *Pin. t. 63. 64.* Schubertia Mirbel *in Bullet. Soc. Philomat. 1813. p. 121.* Cupressus disticha Linn. C. japonica Thunb.

Ordo LXXVII. Abietinae.

ABIETINAE L. C. Richard *Conif. 145.* Bartl. *ord. nat. 94.*

Arbores ut plurimum excelsae, saepius giganteae, trunco conico, ramosissimo, rarius Frutices divaricato-ramosissimi. Folia saepissime perennia, rigida, linearia, angusta, sparsa v. fasciculata, fasciculis basi vagina scariosa cinctis, rarissime lato-elliptica, phyllodinea.

Flores monoici v. rarissime dioici, staminibus et squamis ovuliferis (carpidiis apertis), saepissime bractea adnata, persistente v. mox evanescente stipatis, circa axim communem imbricatis, amenta terminalia v. lateralia, solitaria, conferta v. spicata constituentibus.

Amenta mascula. Stamina plurima, ebracteata, axi undique plus minus dense inserta. Filamenta brevissima, crassiuscula, superne in connectivum squamaeforme lacerum, erectum v. inflexum producta. Antherae nunc biloculares, loculis ovato-oblongis, appositis, connectivo interposito angusto separatis, et eodem producto superatis, longitudinaliter dehiscentibus, v. rarius transversim ruptis; — nunc tri-multiloculares, loculis cylindricis, e connectivo supra eosdem producto simplici v. duplici serie dependentibus, inter se liberis, sulco longitudinali apertis. Pollen globosum.

Amenta feminea. Squamae ovuliferae plurimae, axi plus minus elongatae undique insertae, imbricatae, apice incrassatae v. aequales, interdum acuminatae v. infra apicem mucronatae, rarissime (in sola Dammara) nudae, plerumque bractea libera v. saepius adnata, persistente v. mox obliterata stipatae. Ovula sub quavis squama gemina collateralia, v. rarissime terna aut solitaria, basi iisdem versus medium adnata, rarissime (in Araucaria) juxta totam longitudinem connata, inversa, orthotropa, apice deorsum spectante in collum mox obliteratum producta et pertusa, margine exteriore in alam membranaceam, e basi sursum directam dilatata.

Fructus strobilaceus, e squamis lignescentibus v. coriaceis, apice incrassatis, areolatis v. saepius attenuatis, persistentibus, aut rarius tandem basi solutis compositus, bracteis inter squamas obsoletis vel interdum persistentibus, easdem velantibus.

Semina ovulorum numero, bina v. terna, sub squamarum basi pro eorumdem receptione excavata, v. rarissime solitaria, et tunc cum squama connata, inversa. Testa coriacea v. lignosa, basi latere exteriore, rarius utrinque in alam membranaceam, persistentem et cum semine deciduam, interdum squamae pertinacius adhaerentem, et maturitate a semine solvendam producta. Albumen carnoso-oleosum.

Embryo (saepissime in eodem semine embryones plures), antitropus, axilis, albuminis fere longitudine. Cotyledones 3—15, v. rarius 2, oblongo-lineares, acutiusculae v. obtusae. Radicula cylindrica, apice cum albumine concrescens, verticem seminis spectans, puncto insertionis e diametro opposita, ideoque respectu apicis squamae infera.

Abietinae ob truncos plurimarum specierum elatos, nonnullarum giganteos, et lignum resina terebinthina scatens, nec non et semina quarundam edulia, magni in gentium oeconomia momenti, nullum clima penitus fugiunt, e sola Africa ut videtur exules, in hemisphaerae borealis temperatis imprimis copiosae reperiuntur.

1795. Pinus *LINN.* Flores monoici. Masc. Amenta solitaria v. spicata. Stamina plurima, axi inserta; filamenta brevissima; antherae biloculares, connectivo squamulaeformi superatae, loculis appositis, longitudinaliter dehiscentibus v. transversim irregulariter ruptis. Fem. Amenta solitaria v. conferta. Squamae imbricatae, bractea saepius adnata stipatae. Ovula ad basim squamarum gemina, collateralia, inversa, orthotropa, apice deorsum spectante lacero-pertusa. Strobilus e squamis lignescentibus, basi pro receptione seminum excavatis. Semina ad basim squamarum gemina, collateralia, inversa, nuculiformia; testa lignosa v. coriacea, basi hinc in alam membranaceam producta. Embryo in axi albuminis carnoso-oleosi antitropus, ejusdem longitudine, cotyledonibus 3—12 linearibus, radicula cylindrico-conica, infera. — *Arbores excelsae v. rarius arbusculae humiles, in temperatis et frigidiusculis hemisphaerae borealis, a maris littore ad terminum vegetationis arboreae provenientes, in regione montana elatiore sylvas vastas constituentes; foliis solitariis, sparsis aut distichis v. fasciculatis, fasciculis basi vaginula scariosa cinctis.*

Pinus Linn. *gen. edit. 2. n. 879.* Lambert. *Pinus Lond. 1803. fol. Edit. II. Ibid. 1837. 8. 2 Vol.* Pinus et Abies Linn. *gen. edit. 1.* Juss. *gen. 414.* Richard *Conif. 145.147.* Pinus, Abies et Larix Tournef. *inst. t. 353. 355. 357.*

a. PINUS. *LINK.* Amenta mascula in spicam terminalem disposita. Antherae loculi longitudinaliter dehiscentes. Amenta feminea terminalia, 2—3 v. solitaria. Bracteae mox evanescentes. Squamae apice incrassatae, superne infra apicem mucrone deciduo. Strobilus conicus, e squamis lignescentibus, apice incrassato angulatis, basi excavatis, tandem divaricatis, persistentibus. Seminum testa lignosa, ala decidua. — *Folia fasciculata, sempervirentia, fasciculis vagina scariosa cinctis, vernatione intra gemmas elongatas, perulis squamaeformibus cinctas curvativa.*

Pinus Link *Handbuch II. 476.* Nees jun. *Gen. pl. II. 6.* Pinus sylvestris Linn. Richard. *Conif. t. 11. etc.* (Jäger *Observationes de quibusdam Pini sylvestris monstris. Stuttg. 1828. 8.*)

b. PICEA *LINK.* Amenta mascula prope apicem ramorum sparsa, lateralia v. terminalia. Antherarum loculi longitudinaliter dehiscentes. Amenta feminea terminalia, solitaria. Bracteae mox evanescentes. Squamae apice attenuatae. Strobilus oblongus, e squamis lignescentibus, apice haud incrassatis, laevibus, basi excavatis, tandem divergentibus, persistentibus. Seminum testa lignosa, ala persistens. — *Folia binatim connata, haud fasciculata, vernatione curvativa.*

Picea Link *l. c.* Nees jun. *op. cit. II. 7.* Pinus Abies Linn. Richard *op. cit. t. 16. etc.*

c. ABIES *TOURN.* Amenta mascula axillaria, versus apicem ramulorum aggregata. Antherarum loculi transversim laceri. Amenta feminea lateralia, sparsa. Bracteae persistentes. Squamae apice attenuatae. Strobilus oblongus, e squamis sublignescentibus, apice attenuatis, laevibus, basi haud excavatis, cum seminibus ab axi solutis. Seminum ala persistens. — *Folia sempervirentia, solitaria, sparsa v. disticha.*

Abies Tournef. *inst. t. 353.* Nees jun. *op. cit. II. 8.* Pinus excelsa Linn. Richard *op. cit. t. 14. 15. etc.*

d. LARIX *TOURN.* Amenta mascula gemmiformia, in ramulis lateralia, squamis in urceolum persistentem coalitis cincta. Antherarum loculi longitudinaliter dehiscentes. Amenta feminea basi scariosa. Bracteae coloratae, persistentes. Squamae apice attenuatae. Strobilus e squamis lignescentibus, apice attenuatis, basi excavatis, persistentibus. Seminum ala persistens. — *Folia acerosa, annua, e gemmis subglobosis, apice tantum hiantibus prodeuntia, gemmis tandem in ramulos gemmis onustos excrescentibus.*

Larix Tournef. *inst. 357.* Nees jun. *op. cit. II. 9.* Pinus Larix Linn. Richard *op. cit. t. 13. etc.*

1796. Cunninghamia *R. BR.* Flores in diversis ramis monoici. Masc. Amenta terminalia, ovata. Stamina plurima, axi inserta, imbricata; filamenta brevissima, in connectivum latissimum squamaeforme producta; antherae loculis 3, cylindricis, e basi connectivi pendulis, liberis. Fem. Amenta terminalia, subovata. Squamae acuminatae, imbricatae, bractea adnata stipatae. Ovula sub squamis terna, collateralia, inversa, orthotropa, apice deorsum spectante pertusa. Strobilus ovatus, e bracteis coriaceo-lignosis, squamas induratas velantibus, dense imbricatis. Semina sub squamis terna, collatera lia, inversa; testa coriacea, utrinque in alam membranaceam angustam producta. Embryo in axi albuminis carnosi antitropus, ejusdem longitudine, cotyledonibus 2, obtusis, radicula cylindrica, infera. — *Arbor sinica; ramis cylindricis, foliis alternis, confertis, angusto-lanceolatis, acutis, rigidis, subspinescentibus.*

Cunninghamia R. Brown *ex L. C. Richard Conif.* 80. *et* 149. *t.* 18. Bot. Mag. *t.* 2743. Belis Salisbury *in Linn. Transact. VIII.* 315. Pinus lanceolata Lamb. *Pin. t.* 34.

1797. Araucaria JUSS. Flores dioici. Masc. Amenta terminalia, ovato-cylindrica. Stamina plurima, axi inserta, imbricata; filamenta compressa, in connectivum squamaeforme, recurvato-lanceolatum producta; antherae loculis 12—20, cylindricis, e basi connectivi duplici serie pendulis, subcohaerentibus, longitudinaliter dehiscentibus. Fem. Amenta terminalia, ovoidea. Squamae bractea adnata stipatae, dense imbricatae, apice recurvato-lanceolatae. Ovulum sub squama unicum, inversum, orthotropum, eidem longitudinaliter adnatum, apice deorsum spectante liberum, pertusum. Strobilus ovoideus v. subglobosus, e squamis coriaceis vel sublignosis, cum semine concretis, tandem ab axi solutis. Semina squamis solitarie connata, inversa; testa coriaceo-lignosa, aptera. Embryo in axi albuminis carnosi antitropus, ejusdem longitudine, cotyledonibus 2—4, linearibus, obtusis, radicula cylindrica, infera. — *Arbores giganteae, pyramidatae, in reipublicae Chilensis terris australioribus et in insula Norfolk extra tropicos, deinde in Nova Hollandia orientali, in Nova Caledonia et in Brasilia inter tropicos sylvas vastas constituentes; ramis verticillatis, patulis, foliis sessilibus, lanceolatis v. lineari-subulatis, rigidis, dense imbricatis, aliquando variis.*

Araucaria Juss. *gen.* 413. L. C. Richard *Conif. t.* 20. 21. Lambert *Pin. I. t.* 39. 40. *II. t.* 4. 6. 5. Dombeya Lamark. *Dict. t.* 828. Colymbea et Eutassa Salisbury *in Linn. Transact. VIII.* 315.

1798. Dammara RUMPH. Flores dioici, Masc. Amenta extraaxillaria. Stamina plurima, axi inserta, imbricata; filamenta brevissima, in connectivum crassum, cuneatum producta; antherae loculis 8—15 cylindricis, e basi connectivi duplici serie pendulis, liberis. Fem. Amenta terminalia, subovata. Squamae ebracteatae, dense imbricatae. Ovula sub squamis solitaria, inversa, orthotropa, apice deorsum spectante pertusa. Strobilus ovato-globosus, e squamis coriaceo-lignosis, dense imbricatis, demum ab axi solutis. Semina sub squamis solitaria, inversa; testa coriacea, utrinque in alam membranaceam producta, ala altera angusta, altera latissima. Embryo in axi albuminis carnosi antitropus, ejusdem longitudine, cotyledonibus 2, obtusis, radicula cylindrica, infera. — *Arbores excelsae, in Asia tropica et in Nova Zeelandia observatae; foliis sparsis, oblongo-lanceolatis, integerrimis, coriaceis striatis, utrinque angustatis.*

Dammara Rumph *Amboin. II.* 174. *t.* 57. Lambert *Pin. t.* 54. 55. Agathis Salisbury *in Linn. Transact. VIII.* 311. *t.* 15. L. C. Richard *Conif.* 83. *et* 151. *t.* 19.

Ordo LXXVIII. Taxineae.

TAXINEAE L. C. Richard *Conif.* 124. Bartl. *Ord. nat.* 95. Martius *consp.* 58. TAXACEAE Lindl. *introduct. edit. II. p.* 316.

Arbores excelsae v. Frutices, ramis sparsis, continuis, foliatis, ligno zonato. Folia sparsa v. disticha, simplicia, integra, rigida, sempervirentia, rarius fasciculata, in phyllodia subflabelliformia, apice lobata, basi squamula stipata connata.

Flores dioici v. monoici, sexubus in diversis ramulis nascentibus, feminei solitarii, masculi in amenta axillaria v. terminalia collecti.

Flores masculi. Amenta filiformia v. ovata, nuda v. basi bracteis squamaeformibus cincta. Stamina plurima, juxta axim disposita, nuda. Filamenta brevissima v. subnulla, in connectivum ovato-lanceolatum v. squamulaeforme lacerum producta, rarius in connectivum peltatum dilatata. Antherae ut plurimum biloculares, loculis connectivo supra eosdem producto adnatis, parallelis v. transversis, nunc e connectivo pendulis; rarius tri-octoloculares, loculis connectivo peltato subtus adnatis, longitudinaliter dehiscentibus.

Flores feminei solitarii, basi bracteis imbricatis cincti, erecti v. ex apice bracteae inversi, v. in pedunculo nudo terminales.

Discus carnosus, cupulaeformis, plus minus apertus, ore integro, v. rarius solidus, limbo inaequaliter trilobo. Ovulum solitarium, in centro disci sessile, et ab eodem plus minus velatum, orthotropum, micropyle terminali magis minusve manifesta; rarius disci trilobi lobo postico insertum, anatropum, rhaphe valida, chalaza rostelliformi, micropyle infera.

Fructus drupaceus, e disco plus minusve incrassato carnoso, semen nuciforme cingente v. includente compositus.

Semen nuciforme, erectum; testa ossea, rarissime ubi rhaphe adest, ab eadem carnose incrassata, velata. Albumen farinaceo-carnosum, copiosum.

Embryo axilis, antitropus, cotyledonibus duabus, radicula puncto insertionis seminis (umbilico) e diametro opposita, supera; vel rarissime orthotropus, radicula umbilico contigue parallela, infera.

Taxineae florum femineorum situ a Cupressineis et Abietineis diversissimae, in temperatis totius orbis vigent, in hemisphaera australi multo frequentiores, inter tropicos veteris orbis rarae.

1799. Taxus TOURN. Flores dioici, axillares. Masc. Amenta subglobosa, basi bracteis imbricatis, interioribus majoribus cincta. Stamina 6—14, ad apicem axeos conferta; filamenta brevissima; antherae loculis 3—8, connectivo peltato deplanato sublobato subtus adnatis, longitudinaliter dehiscentibus. Fem. Amenta gemmiformia, uniflora, bracteis imbricatis cincta. Discus cupuliformis, obsoletus, demum increscens. Ovulum solitarium, in centro disci sessile, orthotropum, apice pertusum. Fructus subdrupaceus, disco aereto, carnoso, semen laxe involvente, apice ostiolo orbiculari aperto. Semen nuciforme, erectum; testa ossea. Embryo in axi albuminis farinaceo-carnosi antitropus, cotyledonibus duabus brevissimis, radicula crassiuscula, apice attenuata, supera. — *Arbores v. frutices, in temperatis et frigidiusculis hemisphaerae borealis utriusque continentis habitantes; foliis angusto-lanceolatis, rigidis, sempervirentibus, sparsis, gemmis axillaribus sessilibus, imbricato-bracteatis, foliis vernatione appressis.*

Taxus Tournef. *inst. t. 362.* Linn. *gen. n. 1135.* Gärtn. *II. 65. t. 91.* Schkuhr *t. 339.* Kämpf. *Amoen. exot. 814.* L. C. Richard *Conif. 131. t. 2.* Nees jun. *Gen. pl. II. 14.*

1800. Podocarpus *HERIT.* Flores dioici. Masc. Amenta terminalia aggregata, filiformia. Antherae plurimae juxta axim sessiles, reniformi-biloculares, valvula semicirculari a basi ad apicem apertae. Fem. axillares, solitarii, ebracteati. Discus calyciformis, carnosus, solidus, apice inaequaliter trilobus. Ovulum unicum, disci lobo postico insertum, anatropum, rhaphe lata, chalaza apicali rostelliformi, micropyle infera. Fructus subdrupaceus, disco rhapheque carnoso-incrassatis. Semen nuciforme; testa ossea, a rhaphe carnosa abscondita. Embryo orthotropus, in apice albuminis farinacei inclusus, cotyledonibus duabus brevibus, radicula umbilico-basilari contigua, infera. — *Arbores in Americae tropicae et extratropicae australis montibus celsioribus, nec non in Capite bonae spei, India orientali et Nova Zeelandia indigenae; foliis lanceolatis angustis, integerrimis, sempervirentibus, sparsis.*

Podocarpus Herit. *msc.* Kunth *in Humb. et Bonpl. Nov. gen. et sp. II. 2. t. 97.* L. C. Richard *Conif. 124. t. 1. et 29.* A. Richard *Fl. Nov. Zeel. t. 39.* Taxi sp. Thunb. Willd.

1801. Dacrydium *SOL.* Flores dioici, terminales. Masc. Amenta ovoidea, basi bracteis imbricatis cincta. Stamina plurima, juxta axim imbricata; filamenta brevissima, in connectivum ovato-lanceolatum dilatata; antherae biloculares, loculis connectivi basi transversim adnatis, rima dehiscentibus. Fem. solitarii, in ramuli folio terminali subcymbiformi sessiles, ex ejus apice semi-inversi. Discus cupuliformis, carnosus, apice apertus, ovulum includens Ovulum solitarium, in fundo disci sessile, orthotropum, apice pertusum Fructus drupaceus, disco carnoso, apice pervio, semen includente. Semen nuciforme, erectum; testa ossea. Embryo in axi albuminis farinosi antitropus, cotyledonibus duabus brevibus, radicula supera. — *Arbores excelsae, in India orientali et Nova Zeelandia indigenae, sempervirentes, ramosissimae; ramis saepius pendulis, foliis minimis, acerosis, cruciatim oppositis, gemmis nudis.*

Dacrydium Solander *ex Forst. pl. esc. 80.* Lambert *Pin. 93. t. 69.* L. C. Richard *Conif. 127. t. 2.*

1802. Phyllocladus *L. C. RICH.* Flores monoici, in diversis ramulis terminales. Masc. Amenta spicaeformia, basi bracteis imbricatis cincta. Stamina plurima, juxta axim disposita; filamenta brevissima, connectivo in squamulam laceram producto; antherae biloculares, loculis connectivo adnatis, longitudinaliter dehiscentibus. Fem. Amenta subglobosa, e bracteis imbricatis, floribus terminalibus subternis, intermedio abortivo. Discus cupuliformis, carnosus, ovuli basim cingens. Ovulum solitarium, in centro disci sessile, orthotropum, apice attenuato oblique pertusum. Fructus subdrupaceus, disco carnoso, apice pervio, semen cingente. Semen nuciforme, erectum; testa ossea. Embryo in apice albuminis farinaceo-carnosi inclusus, parvus, antitropus, cotyledonibus duabus brevissimis, radicula supera. — *Arbores Novae Hollandiae, elatae; phyllodiis rhomboideis, flabellatim venosis, apice dentato laceris.*

Phyllocladus L. C. Richard *Conif. 129. t. 3.* Thalamia Spreng. *Anleit. II. 218.* Brownetera L. C. Rich. *msc.* Podocarpus asplenifolia Lab. *Nov. Holl. t. 221.*

1803. Salisburia *SMITH.* Flores dioici, axillares. Masc. Amenta filiformia, pedunculata, nuda. Stamina plurima, juxta axim disposita; filamenta brevia, connectivo in squamulam laceram producto; antherae biloculares, loculis e connectivo pendulis, demum divaricato-patentibus, longitudinaliter dehiscentibus. Fem. in pedunculis simplicibus v. fasciculatim ramosis solitarii, terminales. Discus cupuliformis, e pedunculi apice incrassato, ovuli basim cingens. Ovulum solitarium, in centro disci sessile, orthotropum, apice umbilicato-pertusum. Fructus subdrupaceus, basi cupula carnosa cinctus. Semen nuciforme; testa ossea. Embryo in axi albuminis dense carnosi antitropus, ejusdem longitudine, cotyledonibus duabus linearibus elongatis, radicula brevissima, incrassata, supera. — *Arbor magna, in Japonia indigena, apud Sinas passim culta; ramis divaricatis, phyllodiis alternis v. subfasciculatis, longe petiolatis, lato-rhomboideis, subflabelliformibus, coriaceis, inciso-bifidis v. lobatis, nervoso-striatis.*

Salisburia Smith *in Linn. Transact. III. 330.* L. C. Richard *Conif. 133. t. 3. a. et b.* Ginko Kämpf. *Amoen. exot. 811.* Jacq. fil. *in Oesterr. Medic. Jahrb. 1819. c. ic.*

Ordo LXXIX. Gnetaceae.

GNETEAE Blume *Nov. famil. exposit. 23.* GNETACEAE Lindley *introduct. edit. II. p. 311.*

Arbores v. Arbusculae ramosissimae, aut Frutices sarmentosi, ramis oppositis v. fasciculatis, nodoso-articulatis. Folia opposita, nunc minima, squamaeformia, nunc late ovata, integra et integerrima, penninervia.

Flores monoici v. dioici, in amentis cylindricis v. capituliformibus, bracteis decussatim oppositis, basi v. omnino connatis.

Floribus masculis: Perigonium membranaceum, tubulosum, primum undique clausum, deinde vertice transversim bivalve. Stamen e centro floris erectum, solitarium, v. plura in columnam indivisam aut apice ramosam coalita. Antherae uni-quadriloculares, loculis contiguis v. sejunctis, adnatis, ac apice versus basim rimula brevi oblonga apertis.

Flores feminei omnino nudi, v. gemini involucri diphylli foliolis oppositis velati. Ovarium sessile, apice pervium, uniloculare. Ovulum unicum, e basi erectum, orthotropum, sub anthesi apicem in styli formam attenuatum et perforatum ex ovarii ore exserens.

Fructus subdrupacei, nunc gemini involucri foliolis baccatis inclusi, nunc solitarii nudi, initio apice aperti, ex ovuli grossificantis apice exserto apiculati, mox ore reserrato mutici.

Semen unicum, e basi erectum, testa membranacea v. coriacea, endopleura tenui. Albumen copiosum, carnosum.

Embryo in axi albuminis antitropus, ejusdem fere longitudine, v. multo brevior, in superiore seminis parte collocatus. Cotyledones duae, ovatae, distinctae, v. in corpus solidum, apice bidenticulatum connatae. Radicula brevis, cylindrica, supera.

Ordo perparvus, genera duo, habitu valde dissimilia, alterum cosmopolitum extratropicum, alterum tropicum amplectens, perigonii in floribus masculis analogo, ovulo intra cupulam (ovarium) exiguo ore apertam, mox reserratam recondito, et foliis in altero genere late ovatis, penninerviis, Coniferarum classim absolvit, hinc per generis aphylli habitum et flores femineos ad Casuarineas, illinc mediante genere foliato ad Cloranthaceas tendens.

1804. Ephedra *LINN.* Flores dioici v. rarius in diversis ramis monoici. Masc. Amenta ovoidea, e bracteis quadrifariam imbricatis, floribus in bractearum axillis solitariis. Perigonium membranaceum, compressum, transversim bifidum. Stamina solitaria v. suboctona; filamenta in columnam apice ramosam coalita; antherae terminales, bi-quadriloculares, loculis apice poro oblongo dehiscentibus. Flores feminei in pedicellis axillaribus terminales, intra involucrum diphyllum, bracteis decussatim oppositis cinctum gemini. Ovaria 2, contigua, libera, apice aperta. Ovulum solitarium e basi ovarii erectum, orthotropum, apice in styli formam attenuato, exserto, perforato. Galbulus basi squamosus, ex involucri squamis carnosoincrassatis, et e carpidiis duobus coriaceis, dorso convexis, facie complanatis. Semina intra carpidia solitaria, e basi erecta; testa tenuiter membranacea. Embryo in axi albuminis carnosi antitropus, ejusdem fere longitudine, cotyledonibus 2, oblongis, radicula cylindrica supera. — *Arbusculae ramosissimae, in arena maritima climatis temperati utriusque hemisphaerae crescentes; ramis gracilibus, erectis v. pendulis, subfasciculatis, articulatis foliis squamaeformibus, minimis, ad articulos oppositis, basi in vaginam connatis.*

Ephedra Linn. *gen. n. 1136.* L. C. Richard *Conif. 135. t. 4. et 29.* Nees jun. *Gen. pl. II. 13.*

1805. Gnetum *LINN.* Flores dioici v. monoici, in iisdem verticillis. Amenta cylindrica, interrupte verticillata, articulata, verticillis singulis involucro abbreviato, cupuliformi cinctis, floribus paleis fasciculatis, subarticulatis immersis. Masc. Perigonium membranaceum, clavato-prismaticum, apice transversim bivalve. Stamen unicum; filamentum simplex v. apice bifidum, anthera bilocularis, didyma, loculis contiguis v. in filamenti cruribus sejunctis, apice poro oblongo dehiscentibus. Fem. nudi, involucro proprio et perigonio destituti. Ovarium sessile, apice pervium. Ovulum solitarium, e basi ovarii erectum, orthotropum, apice in styli formam attenuato, longe exserto, pertuso. Drupa baccata, monosperma. Semen e basi erectum; testa coriacea. Embryo in apice albuminis carnosi antitropus, corpore cotyledonari ovato, apice bidentato, radicula cylindrica, supera. — *Arbores erectae v. frutices sarmentosi, in Asia tropica et in Gaiuna Americae provenientes; ramis geniculato-nodosis, foliis oppositis, exstipulatis, ovatis, penninerviis, integerrimis, glabris, amentis axillaribus et terminalibus pedunculatis.*

Gnetum Linn. *Mant. 125.* Brongn. *ad Dupperr. 3. t. 1.* Blume *Nov. famil. exposit. 25.* Thoa Aublet *Guian. II. 874. t. 336.* Abuta Loureir. *Fl. cochinch. II. 775.* Gnemon Rumph *Amboin. I. t. 71. 72. V. t. 7. 8.* Ula Rheede *Malab. VII. t. 22.*

APPENDIX. CONIFERAE FOSSILES.

1806. Pinites *LINDL.* Trunci e medulla centrali, ligni stratis concentricis, cortice et radiis medullaribus compositi, vasis destituti. Fibrae lignosae parietes reticulatae. — *Terra carbonifera.*

Pinites Lindl. *Foss. Flor. I. XXXIX.*

1807. Peuce *LINDL.* Trunci e medulla centrali, ligni stratis concentricis, cortice et radiis medullaribus compositi, vasis destituti. Fibrae lignosae parietes areolis oblongis deciduis, centro foramine orbiculari instructis notatae. — *Terra carbonifera et oolithica.*

Peuce Lindl. *Foss. Flor. I. XXXIX.*

1808. Araucarites. Trunci e medulla centrali, ligni stratis concentricis, cortice et radiis medullaribus compositi. Fibrae lignosae parietes areolis suborbicularibus biseriatis notatae. — *Terra carbonifera.*

1809. Pytys. Folia 2-3-5-fasciculata, basi vagina cincta. Coni e squamis imbricatis, apice in discum rhomboideum dilatatis. — *Terra sedimenti superioris.*

Pinus Brongn. *prodr. 107.*

1810. Elate. Folia solitaria, seriebus novem duplici spira inserta, saepius inaequilonga et disticha. Coni e squamis imbricatis, apice haud dilatatis. — *Terra oolithica et strata tertiaria.*

Abies Brongn. *prodr. 107.*

1811. Voltzia *BRONGN.* Rami pinnati. Folia undique inserta, sessilia et subdecurrentia v. basi dilatata, fere conica, saepius disticha. Coni e squamis laxe imbricatis, apice plus minus profunde trilobis. — *Terra psammitica poecilis.*

Voltzia Brongn. *prodr. 108.* Lindl. *Foss. Flor. t. 195.*

1812. Cupressites *BRONGN.* Rami inordinate sparsi. Folia seriebus 6—7 spiraliter inserta, basi lata sessilia. Masc. Amenta terminalia, sessilia, ovato-oblonga. Antherae . . . Pollinis granula rotundiuscula, poris tribus marginalibus, aequidistantibus notata. Strobili squamae peltatae, centro areola conica instructae. — *Terra carbonifera.*

Cupressites Bronn *in Leonhard Zeitschr. f. Mineralog. 1828. p. 509. t. 4. Lethea II. 42. t. 8. f. 5.* Brongn. *prodr. 109.* Göppert *Dissert. msc.*

1813. Thuyites *STERNB.* Rami alterni. Folia opposita, quaterna serie decussantia. Strobili squamae imbricatae, in discum superne in acumen interdum recurvum productum desinentes. — *Terra lignitum et jurassica schistoidea.*

Thuyites Sternberg *Tent. t. 33. f. 2. 3. t. 35. f. 4. t. 37. f. 1. 4. t. 38. f. 1. 2. t. 39.* Lindl. *Foss. Flor. t. 167.* Thuya et Thuyites Brongn. *prodr. 109.*

1814. Juniperites *BRONGN.* Rami sparsi. Folia opposita, quaterna serie decussantia, basi lata inserta. — *Terra lignitum.*

Juniperites Brongn. *prodr. 108.* Thuyites alienus *t. 45. f. 1.*

1815. Taxites *BRONGN.* Folia brevipetiolata, articulata, spiraliter disposita, subdisticha. — *Terra lignitum et lacustris palaeotherica.*

Taxites Brongn. *prodr. 108.*

1816. Brachyphyllum *BRONGN.* Rami pinnati, sparsi. Folia brevissima, conica, spiraliter disposita. — *Terra oolithica inferior.*

Brachyphyllum Brongn. *prodr. 109.* Lindl. *Foss. Flor. t. 188.*

COHORS II. APETALAE.

Perigonium nullum, rudimentarium v. simplex, calycinum v. coloratum, liberum v. cum ovario connatum.

Classis XXIII. Piperitae.

Herbae v. Suffrutices. Caules nodoso-articulati, teretes v. angulati. Folia opposita aut verticillata, rarius alterna, integra. Stipulae intrapetiolares v. nullae. Flores hermaphroditi v. diclines, dense spicati, bracteolati. Perigonium nullum. Stamina libera v. cum basi ovarii connata. Ovarium unicum, v. 2—4 connata. Ovula solitaria, erecta v. pendula, aut in sutura plura, adscendentia, orthotropa. Fructus baccatus, drupaceus v. capsularis. Semina albuminosa. Embryo antitropus, extrarius, intra sacculum proprium reconditus, v. in apice albuminis inclusus.

Ordo LXXX. Chloranthaceae.

CHLORANTHEAE R. Brown *in Bot. Mag. n. 2190.* Lindley *Collect. 17.* E. Meyer *de Houttuynia et Saurureis 51.* Blume *Flor. Jav. fasc. 8.* Bartling *Ord. nat. 85.* CHLORANTHACEAE Lindley *introduct. edit. II. p. 183.*

Suffrutices aut Arbusculae, rarius herbae annuae, glabrae, odore et sapore aromatico praeditae, ramis oppositis, nodoso-articulatis, foliatis. Folia opposita, petiolata, simplicia, penninervia, serrata v. rarius integerrima, petiolis basi in vaginam brevem amplexicaulem, utrinque bistipulatam connatis.

Inflorescentia spicata, terminalis v. rarius axillaris, rhachi saepius ramosa, ramulis subarticulatis.

Flores parvi, hermaphroditi, dense spicati; v. diclines, masculi spicati, feminei subpaniculati, sessiles, singuli bracteae naviculari subimmersi v. rarius nudi.

Perigonium nullum. Stamina in masculis solitaria, axi inserta, rara et basi bractea parva sustenta, v. conferta imbricata, nuda; filamento brevissimo; anthera biloculari, loculis linearibus connectivum marginantibus, longitudinaliter dehiscentibus; in hermaphroditis stamen unicum v. tria, cum dorso ovarii conferruminata; filamentis carinatis, basi inter se connatis, lateralibus minoribus, anthera uniloculari, intermedio longiore anthera biloculari instructis; loculis introrsis, oppositis, longitudinaliter apertis.

Ovarium unicum, sessile, trigonum v. subglobosum, uniloculare. Ovulum unicum, apici cavitatis apensum, orthotropum. Stigma terminale, sessile, obtusum v. depressum, sulcato-emarginatum v. sublobatum, deciduum.

Drupa baccata, subglobosa v. triquetra, monosperma, putamine tenui, fragili.

Semen pendulum. Testa tenuissime membranacea. Albumen copiosum, carnosum.

Embryo antitropus, minutus, in apice albuminis inclusus. Cotyledones duae brevissimae, divaricatae. Radicula puncto insertionis seminis e diametro opposita, infera.

Chloranthaceae Indiam, Oceaniam et Americam tropicam incolentes, foliis oppositis basi in vaginam commissis, ovulo pendulo, et embryone intra albumen incluso, sacculo proprio destituto, a Piperaceis et Saurureis nullo negotio distinguuntur.

Vires insunt aromaticae, stimulantes.

1817. Hedyosmum *SWARTZ.* Flores monoici v. dioici. Masc. monandri, dense spicati, ebracteati. Antherae subsessiles, patentes, oblongo-cuneatae, biloculares, in connectivum obtusum desinentes, loculi marginales, suboppositi, longitudinaliter dehiscentes. Fem. solitarii vel quaterni glomerati, sessiles, bracteati. Ovarium triangulare, uniloculare. Ovulum pendulum, orthotropum. Stigma sessile marginatum, depressum, indivisum v. obsolete lobatum. Drupa monosperma, putamine crustaceo, interdum plures bracteis carnoso-incrassatis coadunatae. Semen pendulum; testa membranacea. Embryo antitropus in apice albuminis carnosi inclusus, radicula infera. — *Frutices v. arbusculae americanae tropicae, fragrantes, resiniferae; ramulis oppositis, nodoso-articulatis, foliis oppositis, petiolatis, penninerviis, serratis, petiolis basi cum stipulis intrapetiolaribus geminis in vaginam laxam amplexi caulem connatis, floribus axillaribus et terminalibus, masculis spicatis, spicis indivisis solitariis v. fasciculatis, femineis paniculato racemosis.*

Hedyosmum Swartz *prodr. 84. Flor. Ind. occid. II. p. 957. t. 18.* Kunth *in Humb. et Bonpl. Nov. gen. et sp. VII. 164. t. 634. 635.* Tafalla Ruiz et Pav. *prodr. t. 29.*

1818. Ascarina *FORST.* Flores dioici. Masc. monandri, laxe spicati, unibracteati. Filamentum brevissimum; anthera oblonga, quadrisulca. Fem. laxe spicati, unibracteati. Ovarium globosum, uniloculare. Ovulum unicum . . . Stigma sessile, depressum, obsolete trilobum. Drupa? . . . — *Arbor in Societatis insulis indigena, vix nota; foliis oppositis petiolatis, serratis, petiolis basi in vaginam amplexicaulem combinatis.*

Ascarina Forster *Char. gen. n. 59.*

1819. Chloranthus *SWARTZ.* Flores hermaphroditi, laxe spicati, singuli intra bracteam navicularem sessiles. Stamina 3, ovario supra basim antice inserta; filamenta carinata, basi connata, lateralia minora, anthera uniloculari, saepe abortiva; intermedium anthera biloculari, loculis introrsis appositis longitudinaliter dehiscentibus. Ovarium ovatum, uniloculare. Ovulum pendulum, orthotropum. Stigma sessile, subcapitatum v. depressum, sulcato-emarginatum. Drupa monosperma, staminis cicatrice gibbosa, putamine tenui, fragili. Semen pendulum; testa membranacea. Embryo antitropus, in apice albuminis carnosi inclusus, radicula infera. — *Herbae annuae v. suffrutices, Asiam tropicam incolentes, ramosi; ramis nodoso-articulatis, foliis oppositis petiolatis, reticulato-venosis, integerrimis v. serratis, petiolis basi dilatatis cum stipulis intra axillaribus in ochream laxiusculam connatis, spicis axillaribus v. terminalibus simplicibus aut ramosis.*

Chloranthus Swartz *in Philosoph. Transact. LXXVIII. p. 359.* R. Brown *in Bot. Mag. t. 2190.* Blume *Flor. Jav. fasc. 8. t. 1. 2.* Nigrina Thunberg. *Nov. gen. 58. Act. Upsal. VII. 142.* Creodus Loureir. *Flor. Cochinch. I. 112.* Cryphaea Hamilt. *in Edinb. Journ. of sc. 1823. II. p. 9.* Peperidia Reichenb. *consp. 212.* Stropha Noronha *msc.*

Ordo LXXXI. Piperaceae.

PIPERACEAE L. C. Richard *in Humboldt, Bonpl. et Kunth Nov. gen. et sp. I. 39.* E. Meyer *de Houttuynia et Saurur. 9.* Bartling *Ord. nat. 85.* Lindley *introduct. edit. II. p. 185.*

Herbae annuae v. perennes, saepius succulentae, vasorum fasciculis intra caulem sparsis, v. frutices vasorum fasciculis intra medullam solitariis, in ligno radiatis, zonis annotinis vix distinguendis. Caules simplices v. ramosi, teretes, nodoso-articulati, ramis axillaribus solitariis v. oppositifoliis, nunquam verticillatis. Folia opposita v. verticillata, aut interdum folio altero abortivo alterna, simplicia, integra et integerrima, nervosa, reticulato-venosa, vernatione semel complicata v. convoluta. Petioli, interdum brevissimi, basi vaginantes. Stipulae nullae.

Flores hermaphroditi v. abortu staminum dioici, nudi (perigonio destituti), bractea peltata v. adnato-decurrente suffulti, in spadice carnoso subcylindrico sessiles, v. ejusdem foveolis semiimmersi, rarissime pedicello brevissimo crassiusculo insidentes. Spadices solitarii v. fasciculati, terminales aut oppositifolii, nudi v. spatha brevi foliacea (petioli vagina) stipati.

Stamina duo, dextrum sinistrumque latus ovarii stipantia, v. rarius tria, duo lateralia et tertium posticum, saepius plura, sena v. indefinita, nonnulla tunc abortiva, difformia. Filamenta brevissima, linearia, basi cum ovario connata. Antherae ovatae, extrorsae, biloculares v. rarius uniloculares, loculis adnatis, appositis v. oppositis, longitudinaliter dehiscentibus. Pollinis granula laevia, subglobosa, pellucida.

Ovarium unicum, sessile, ovato-subglobosum, uniloculare. Ovulum unicum, basilare, orthotropum, micropyle verticem ovarii spectante. Stylus nullus. Stigma terminale v. subobliquum, breve v. subulato-elongatum v. orbiculatum, indivisum v. tri-quadrilobum, glabrum v. hispidum.

Fructus baccatus, monospermus, parce carnosus.

Semen e basi erectum, subglobosum, testa tenui, cartilaginea. Albumen dense carnosum v. fere cartilagineum, centro saepius cavum.

Embryo in apice seminis antitropus, in cavitate albuminis superficiali contentus, et intra sacculum amnioticum persistentem inclusus, parvus, turbinatus v. lenticularis. Cotyledones duae brevissimae, crassiusculae. Radicula seminis umbilico basilari e diametro opposita, supera.

Piperaceae inter tropicos utriusque hemisphaerae obviae, terrestres v. super arborum truncis pseudoparasiticae, in regionibus subtropicis hemisphaerae australis et etiam in Africa tropica rarae, insolita caulis inter plantas Acramphibryas structura notabiles, hinc Urticaceis, illinc Polygonaceis affines sunt, a quibus perigonii defectu et embryone respectu albuminis extrario superficiali, intra sacculum amnioticum incluso differunt. A Chloranthaceis et Saurureis proxime affinibus ovario simplici, ovulum unicum e basi orthotropum continente, embryonisque radicula supera facillime distinguuntur.

Qualitates insunt aromaticae stimulantes. Nonnullarum ingentes in organismum animalem vires.

1820. Piper *LINN.* Spadix floribus tectus. Bracteae peltatae v. adnato-decurrentes. Stamina 2 v. plura; antherae extrorsae, unibiloculares, loculis appositis. Ovarium uniloculare. Ovulum unicum, basilare, orthotropum. Stigma sessile, capitatum v. depressum, indivisum v. trilobum, pubescens. Bacca monosperma. Semen erectum. Embryo in apice albuminis antitropus, radicula supera. — *Herbae v. suffrutices, ut plurimum tropici, erecti v. scandentes, interdum repentes v. rarius acaules; foliis oppositis, alternis v. verticillatis, spadicibus oppositifoliis v. axillaribus, in acaulibus radicalibus, solitariis, geminis v. interdum fasciculatis aut subracemosis.*

Piper Linn. *gen. n. 43.* Gärtn. *II. 67. t. 92.* Jacq. *Ic. rar. 212—216.* Bot. Mag. *t. 2943.* Hook. *Exot. Flor. t. 21 — 23. 58. 60 67. 92. 164. 165.* Wallich *Pl. As. rar. t. 91.* Blume *in Verhandl. Batav. Genotsc. IX. 169.* Piper et Peperomia Ruiz et Pav. *Flor. Peruv. t. 44—64.* Kunth *in Humb. et Bonpl. Nov. gen. et sp. t. 3.*

a. PEPEROMIA *Gaudich.* Bracteae peltatae crassae. Stigma capitato-globosum, villosum.
Peperomia Gaudich. *ad Freyc. 313.*

b. DUGAGELIA *Gaudich.* Bracteae foliaceae, sessiles. Stigma capitato-subglobosum, pilosum.
Dugagelia Gaudich. *ad Freyc. 513.*

c. PIPER *Gaudich.* Bracteae foliaceae peltatae, sessiles v. decurrentes. Stigma tri-quadrifidum, puberulum.
Piper Gaudich. *ad Freyc. 113.*

1821. Zippelia *BLUM.* Flores hermaphroditi dense spicati, in axilla bracteae membranaceae, cucullato-concavae brevissime pedicellati. Perigonium nullum. Stamina 6; filamenta brevia, basi cum ovario connata; antherae introrsae, biloculares, ovato-oblongae, a medio ad basim rimula duplici dehiscentes. Ovarium basi cum staminibus connatum, muricatum, uniloculare. Ovulum unicum, basilare, orthotropum. Stylus terminalis, brevis, crassiusculus pentagonus, stigma quinquedentatum. Bacca exsucca, setis glochidatis hispida, monosperma. Semen erectum, testa membranacea. Embryo in apice albuminis carnoso-farinacei excavato antitropus, parvus, turbinatus, radicula supera. — *Planta javanica, rhizomate repente, radicante perennans; caulibus herbaceis pluribus, simplicibus, geniculato-flexuosis, foliis alternis, petiolatis, unistipulatis, ovato-oblongis, acuminatis, basi oblique cordatis, nervoso-reticulatis, membranaceis, glabris, spicis longe pedunculatis, solitariis, oppositifoliis, simplicissimis.*

Zippelia Blume *in Schult. f. syst. VII. 1614. et 1651.* — Pateg Koboh et Serug-diuh *Javan.*

GENERA DUBIA.

1822. Laurea *GAUDICH.* Spadix subcylindricus, floribus undique tectus. Flores hermaphroditi, bracteis 2 v. pluribus squamaeformibus villosis mixti. Stamina 2; antherae biloculares, subglobosae, loculis lateralibus oppositis, longitudinaliter dehiscentibus. Ovarium ovato-oblongum, uniloculare. Ovulum . . . Stigma elongato-subulatum, villosum. Bacca? . . . — *Frutices v. arbores, in Guyana indigenae; ramis nodosis, foliis oppositis integerrimis, acuminatis, basi subcordatis, supra glabris, subtus subtomentosis, stipulis petiolaribus geminis, spadicibus axillaribus.*

Laurea Gaudich. *ad Freyc. 513.* Piper tiliaefolium Desv. msc.

1823. Ottonia *SPRENG.* Flores amentacei, racemosi, squamis distincti. Perigonium nullum. Stamina 4; filamenta brevissima, decidua; antherae biloculares, ovatae, deciduae. Ovarium subglobosum, uniloculare? Ovulum . . . Stigmata 4, reflexa. Achenium quadrangulare . . . Semen . . . Embryo in axi albuminis cornei linearis, cotyledonibus patulis, radicula supera. — *Frutex brasiliensis; ramis flexuosis, striatis, pubescentibus, nodosis, foliis alternis, brevissime petiolatis, oblongo-lanceolatis, integerrimis, oblique cordatis, glabris, nervis venisque subtus pubescentibus, racemis oppositifoliis, erectis.* — An Urticea?

Ottonia Sprengel. *Neue Entdeck. I. 255. Grundzüge t. 3. f. 45.*

Ordo LXXXII. Saurureae.

SAURUREAE L. C. Richard *Annal. du Fr. 1808.* E. Meyer *de Houttuynia et Saurureis. Regiomonti 1827. 8.* Bartl. *Ord. nat. 84.* SAURURACEAE Lindley *introduct. edit. II. p. 184.*

Herbae aquaticae v. paludosae, rhizomate repente squamoso, v. tuberibus perennantes. Caules nunc simplices v. parce ramosi, nodoso-articulati, teretes, foliati, nunc abbreviati, subnulli, scapos exserentes. Folia in scapigeris omnia radicalia, congesta, in caulescentibus alterna, petiolata, simplicia, integra et integerrima, reticulato-venosa. Petioli vaginae intrapetiolari hinc longitudinaliter fissae adnati, rarius intus nudi, inferne dilatati, vaginantes.

Flores hermaphroditi, dense in spadicem congesti, v. racemosi aut spicati, spicis terminalibus, solitariis v. interdum conjugatis, nudis aut basi spathis pluribus coloratis stipatis, singuli bractea unica v. binis collateralibus, ut plurimum coloratis, perigonium corollinum mentientibus muniti.

Perigonium nullum. Stamina 3 — 6, v. plura, circa ovarium serie simplici verticillata, libera, hypogyna v. cum ovarii basi connata. Filamenta subulata v. subclavata et tunc bracteis longiora. Antherae introrsae, biloculares, ovatae v. oblongae, loculis oppositis, contiguis v. connectivum crassiusculum filamento continuum marginantibus, longitudinaliter dehiscentibus.

Ovarium centrale, e carpidiis 3 — 5 follicularibus, basi vel juxta omnem fere longitudinem cohaerentibus tri-quinqueloculare, plus minus profunde tri-quinquelobum. Ovula ad carpidiorum suturas, i. e. respectu ovarii in loculorum angulo centrali biseriatim superposita, pauca, adscendentia, sessilia, orthotropa. Stigmata e carpidiorum apice libero attenuato, intus stigmatoso.

Fructus siccus v. subbaccatus, carpidiis follicularibus introrsum dehiscentibus.

Semina intra carpidia abortu pauca, v. interdum solitaria, quasi basilaria, erecta v. adscendentia, pericarpii cavitati fere conformia, ovato-subglobosa v. cylindrica. Testa crasse coriacea, umbilico parvo, basilari. Albumen farinosum v. corneum, apice cavitate superficiali exsculptum, centro interdum cavum.

Embryo in apice seminis antitropus, intra albuminis cavitatem locatus, et intra sacculum amnioticum persistentem inclusus, obcordatus. Cotyledones duae, brevissimae, crassiusculae. Radicula seminis umbilico basilari e diametro opposita, supera.

Saurureae a Piperaceis ovario multiplici distinctae, in paludibus et aquis fluentibus Asiae tropicae, Capitis bonae spei et Americae, tam intertropicae quam borealis calidioris, parvo numero reperiuntur.

1824. Saururus *LINN.* Flores dense racemosi, pedicello cum bracteae navicularis basi connato. Perigonium nullum. Stamina 6 (interdum 4, 7, 8) hypogyna; filamenta libera, elongato-subclavata; antherae loculis suboppositis, connectivum marginantibus. Ovarium triquadriloculare, tri-quadrilobum, in stigmata totidem desinens. Ovula in loculorum angulo centrali 2 — 4, adscendentia, orthotropa. Bacca triquadriloba, lobis mono-dispermis. Semina e basi erecta, ovato-subglobosa, testa coriacea, rugosa. Embryo minimus, in apice excavato albuminis farinosi intra sacculum carnosum antitropus, dicotylis, radicula supera. — *Herbae in paludo-*

sis Americae borealis temperatae rhizomate repente-perennantes; caulibus annuis, geniculato flexuosis, teretibus, foliis alternis, petiolatis, late-cordatis nervosis, puberulis, vagina stipulari petiolo adnata, summo apice libera, racemis ramo axillari in caulem succrescente oppositifoliis, solitariis, exinvolucratis, erectis, apice cernuis.

Saururus Linn. *gen. n. 464.* Schkuhr *t. 103.* L. C. Richard *in Michaux Flor. Bor. Amer. I. 218.* Mirbel *in Annal. du Mus. XVI. t. 10. Jacq. f. Eclog. t. 18.* E. Meyer *de Houtt. et Saur. p. 13.* A. Richard *in Dict. class. XV. 195. c. ic.* Mattuschia Gmel. *syst. 589.*

1825. Houttuynia *THUNB.* Flores in spadice cylindrico pedunculato, involucro tri-quadripartito colorato persistente cincto dense sessiles, singuli bractea subuliformi, rarius in laminam coloratam expansa stipati. Perigonium nullum. Stamina 3, perigyna; filamenta subulata, brevia, usque ad medium ovario adnata; antherae loculis appositis, connectivum marginantibus. Ovarium triloculare, trirostre, in stigmata totidem recurvata, velutina desinens. Ovula in loculorum angulo centrali 4—8, adscendentia, orthotropa. Capsula trifida, carpidiorum marginibus introflexis retractis uniloculari, placentis parietalibus tribus, duplicatis, polysperma. Semina adscendentia, obovata, testa coriacea, laevi. Embryo minimus, in apice excavato albuminis farinosi intra sacculum carnosum antitropus, dicotylis, radicula supera. — *Herba in Asiae tropicae et Japoniae paludibus rhizomate repente, articulato perennans; caulibus caespitosis, annuis, simplicibus, geniculato-flexuosis, teretibus, foliis alternis, petiolatis, lato-cordatis, acuminatis, nervosis, reticulato-venosis, subtus lepidotis, stipula intrafoliacea basi vaginante, cum petiolo connata, in ligulam obtusam producta, spadice terminali, solitario.*

Houttuynia Thunb. Flor. *japon. 12. 234.* Lam. *t. 739.* E. Meyer *de Houttuyn. p. 1.* Roxburgh *Flor Indic. edit. Wallich I. 360.* Hooker *in Bot. Mag. t. 2731.* Polypara Loureiro *Flor. Cochinch. I. 77.*

1826. Spathium *LOUREIR.* Flores in spadice angulato pedunculato, involucro monophyllo colorato caduco cincto dense sessiles, singuli bracteis geminis collateralibus coloratis stipati. Perigonium nullum. Stamina 6, hypogyna; filamenta libera, subulata, patentia; antherae loculis oppositis, contiguis. Ovarium tri-quadriloculare, tri-quadrirostre, rostris erectis, intus stigmatosis. Ovula in loculorum anguli centralis basi 2—4, adscendentia, orthotropa. Capsula tri-quadrilocularis, tri-quadrifida, introrsum dehiscens, loculis mono-tetraspermis. Semina erecta, ovata, acuminata, testa coriacea, laevi. Embryo .... — *Herbae in paludibus Asiae tropicae rhizomate bulboso perennantes; foliis longe petiolatis, lineari-oblongis, basi cordatis, nervosis, natantibus, scapo obsolete trigono, involucro monophyllo petiolato, cordato, bracteis cuneatis, capsulis laevibus v. echinatis.*

Spathium Loureiro *Flor. cochinch. I. 270.* Aponogeton monostachys Linn. *suppl. 214.* Andr. *Bot. Reposit. t. 406.* Lam. *t. 276. f. 1.* Roxb. *Corom. t. 81.* Saururus natans Linn. *mant. 227.*

1827. Aponogeton *THUNB.* Flores in spicis terminalibus conjugato-binatis, involucro diphyllo cum spicis alternante colorato, persistente stipatis introrsum secundi, sessiles, remoti, singuli bractea solitaria v. geminis collateralibus, coloratis fulti, terminales tribracteati, infimus in spicarum dichotomia sessilis. Perigonium nullum. Stamina 6—18, obsolete perigyna; filamenta subulata, imae ovarii basi adnata, nonnulla interdum abortiva; antherae loculis appositis, connectivum marginantibus. Ovarium tri-quinqueloculare, tri-quinquerostre, in stigmata totidem subrecurvata desinens. Ovula e loculorum anguli centralis basi 2—4, adscendentia, orthotropa. Capsula tri-quinquelocularis, tri-quinquefida, introrsum dehiscens, loculis mono-tetraspermis. Semina erecta, oblonga, testa coriacea, laevi. Embryo minimus, in apice excavato albuminis cartilaginei, intra sacculum carnosum antitropus, dicotylis, radicula supera. — *Herbae in Capite bonae spei et in Africa tropica indigenae, natantes, rhizomate tuberoso perennantes; foliis radicalibus longe petiolatis, oblongis, nervosis, natantibus, petiolorum marginibus vaginantibus, scapo flaccido, tereti, apice in spicam bifurcam desinente.*

Aponogeton Thunberg *Nov gen. 72. excl. sp.* Lam. *t. 256. f. 2.* Andr. *Bot. Reposit. t. 290.* Bot. Mag. *t. 1268. 1292.* E. Meyer *de Houttuyn. p. 16.*

GENUS DUBIUM.

1828. Ouvirandra *THOUAR.* Flores spicati, bracteis tribus coloratis stipati. Perigonium nullum. Stamina 6; filamenta basi dilatata; antherae terminales. Ovaria 3, stigmatibus sessilibus. Folliculi 3, introrsum dehiscentes. Semina 2, basi affixa. Embryo exalbuminosus (?); folium primarium plicatum in lobo. — *Herba madagascariensis, aquatica; radice tuberosa, oblonga, foliis radicalibus petiolatis, demersis, pertusis, parallelogrammice fenestratis, scapo radicali medio inflato, spiculis aliquot terminato, floribus roseis, odoratis.* — Anne Alismacea?

Ouvirandra Thouars *Gen. madagasc. n. 3.* Hydrogeton Pers. *encheir. I. 400.* Ouvirandron Madagasc. (Folii figura apud Mirbel *Elem. t. 26. f. 4.*)

Classis XXIV. Aquaticae.

Herbae aquaticae, habitu vario. Flores hermaphroditi v. diclines. Perigonium nullum v. rudimentarium. Ovarium uni-pluriloculare. Ovula solitaria v. plura, anatropa v. amphitropa. Embryo exalbuminosus, v. in axi albuminis situs, dicotylis, radicula supera.

Classis mere artificialis, ordines vix inter se affines, sed nec aliis classibus commode subjungendos complectens.

Ordo LXXXIII. Ceratophylleae.

CERATOPHYLLEAE Gay *Arrangm. II. 554.* DC. *prodr. III. 73.* Bartling *Ord. nat. 418.* Lindley *introduct. edit. II. p. 178.*

Herbae submersae, ramosissimae, rigidae, caule ramisque teretibus, nodoso-articulatis. Folia verticillata, sessilia, exstipulata, dichotome multisecta, laciniis filiformibus, acutis, subserratis.

Flores monoici, in axillis sessiles. Masculis: Involucrum multifidum, laciniis 10—12, linearibus, aequalibus, integris v. incisis. Perigonium nullum.

Antherae indefinitae, in centro involucri sessiles, dense congestae, ovato-oblongae, biloculares, loculis intra massam cellulosam immersis, collateralibus, demum irregulariter laceris, apice tricuspidatae. Pollinis granula parca, ovata.

Femineis: Involucrum ut in masculis. Ovarium unicum, sessile, liberum, paullo supra basim utrinque in cuspidem brevissimum productum, uniloculare, uniovulatum. Ovulum apici cavitatis appensum, orthotropum. Stylus cuspis terminalis, ovario continuus, apice abruptim patente hinc stigmatosus.

Nucula monosperma, coriacea, involucro persistente stipata, cuspidibus basilaribus excrescentibus, patentibus aculeata, stylo persistente apiculata.

Semen apici cavitatis appensum. Testa tenuissime membranacea, ad umbilicum incrassata. Albumen nullum.

Embryo antitropus, viridis. Cotyledones quatuor, verticillatae, duabus oppositis latioribus ovatis, duabus anguste linearibus. Plumula brevissime stipitata, polyphylla, cotyledonum fere longitudine. Radicula brevissima, infera.

Ceratophylleae unico genere, paucisque speciebus Europae et Americae borealis aquas stagnantes et lente fluentes incolentibus comprehensae, nulli ordini arctius affines, Najadeas quodammodo repetere videntur. Ab Onagrariis et Urticaceis longius recedere censeo.

1829. Ceratophyllum *LINN.* Flores monoici Masc. Involucrum axillare, multifidum, sessile. Antherae plurimae, sessiles, biloculares, indehiscentes. Fem. Involucrum ut in mare. Ovarium unicum, sessile, uniloculare. Ovulum unicum, pendulum, orthotropum. Stylus terminalis, apice hinc stigmatosus. Nucula coriacea basi aculeata, stylo apiculata. Semen unicum, pendulum. Embryo exalbuminosus, cotyledonibus 4 verticillatis, per paria inaequilatis, plumula polyphylla, radicula brevissima, infera. — *Herbae in Europa et America boreali sub aquis demersae; foliis verticillatis, rigidulis, di-trichotome multifidis, involucris axillaribus solitariis.*

Ceratophyllum Linn. *gen. n. 1055.* Gärtn. *I. 211. t. 44.* Lam. *t. 775.* Schkuhr *t. 297.* E. Bt. *679. 947.* Chamisso *in Linnaea IV. 503. t. VI. 336.* Nees jun. *Gen. pl. II. 1.* Hydroceratophyllum Vaillant *in Act. Academ. Paris. 1719. t. 2. f. 2.* Dichotophyllum Dillen. *Gen. 91. t. 3.*

Ordo LXXXIV. Callitrichinae.

CALLITRICHINAE Leveille *in Annal. soc. Linn. Paris. 1824. p. 229.* CALLITRICHACEAE Lindley *introduct. edit. II. p. 191.*

Herbae annuae, tenellae, simplices v. ramosae, natantes. Caules teretes. Folia opposita, sessilia, inferiora saepius linearia, superiora ovalia, integerrima, uni-trinervia, summa emersa, saepissime rosulato-congesta. Stipulae nullae.

Flores hermaphroditi, v. abortu dioici aut monoici, in axillis foliorum solitarii, sessiles.

Bracteolae 2, subcoloratae, carnosulae, subfalcatae, oppositae, respectu folii laterales, persistentes v. deciduae. Perigonium nullum.

Stamen unicum, hypogynum, posticum, interdum stamina duo, anticum et posticum ab axi floris latus tenentia. Filamentum filiforme, elongatum. Anthera reniformis, basifixa, unilocularis, apice sutura hippocrepiformi dehiscens.

Ovarium primum sessile, demum saepius plus minus stipitatum, e carpidiis quatuor conflatum, quadriloculare, quadrilobum, interdum compressum, lobis per paria approximatis. Ovula in loculis solitaria, angulo centrali prope apicem affixa, amphitropa, parte superiore breviore, et micropyle infra apicem introrsum laterali. Styli 2, centrales, patentiusculi, stigmate acuto terminati.

Capsula carnoso-membranacea, indehiscens, quadrilocularis, quadriloba, v. loculis per paria compressis biloba, mutica v. carpidiorum dorso in alam angustam producta.

Semina in loculis solitaria, angulo centrali prope apicem appensa, testa tenuissime membranacea. Albumen carnosum, copiosum.

Embryo rectus, axilis, albuminis fere longitudine. Cotyledones duae, brevissimae. Radicula longiuscula, umbilico parallele contigua, verticem fructus spectans.

Callitrichinae ob fructus indolem et perigonii defectum nullo modo cum Halorageis coadunandae, quo ad veram affinitatem magnopere dubiae sunt. Anne quaedam cum Euphorbiaceis affinitas?

1830. Callitriche *LINN.* Flores hermaphroditi v. abortu polygami. Bracteolae 2, laterales. Perigonium nullum. Stamen hypogynum posticum, rarissime 2, anticum et posticum; filamentum filiforme; anthera reniformis, unilocularis. Ovarium quadriloculare, quadrilobum Ovula in loculis solitaria, pendula, amphitropa. Styli 2, centrales. Capsula indehiscens, quadrilocularis. Semina in loculis solitaria, pendula. Embryo in axi albuminis carnosi rectus, dicotylis, radicula supera. — *Herbae aquaticae, in Europa et America boreali obviae; foliis oppositis, integerrimis, superioribus rosulato-congestis, floribus axillaribus solitariis, sessilibus.*

Callitriche Linn. *gen. n. 13.* Gärtn. *I. 330. t. 68.* Schkuhr. *t. 1.* A. Richard *in Dict. class. III. 39.* DC. *prodr. III. 70.* Kützing *in Reichenb. Ic. crit. n. 1179—1220.* Nees jun. *Gen. plant. II. 4.* Stellaria Dillen. *Gen. 119. t. 6.*

Ordo LXXXV. Podostemmeae.

PODOSTEMMEAE L. C. Richard *in Humb. et Bonpl. Nov. gen. et sp. I. 197.* Martius *Nov. gen. et sp. I. 7.* Bartling *ord. nat. 72.* PODOSTEMMACEAE Lindley *introduct. edit. II. p. 190.* PHILOCRENACEAE Bongard *in Mem. Academ. St. Petersb. VI. 3. p. 72.*

Herbae aquaticae, submersae, caulibus innovando proliferis, plerumque fluitantibus.

Folia alterna, quandoque imbricata, laciniata v. integra, laciniis saepius capillaribus, tenerrima, in caule ramisque decurrentia et cum eo colliquescentia, nec articulata, stomatibus destituta.

Flores hermaphroditi v. abortu unisexuales, axillares vel terminales, solitarii v. aggregati, disticle spicati v. subracemosi, parvuli.

Spatha sessilis, simplex, tubulosa, demum irregulariter rupta, aut bi-tri-polyphylla, florem solitarium primum sessilem includens, deinde saepissime flore in stipite plus minus longo elevato, pedicelli basim vaginans.

Perigonium nullum, nunc bi-tri-polyphyllum, foliolis liberis, membranaceis, concaviusculis, angustis, acutis, interdum unilateralibus.

Stamen unicum, duo v. indefinita, hypogyna, ovarium cingentia v. unilateria, ovario adpressa. Filamenta libera, v. basi inter se cohaerentia, aut etiam in tubum coalita, compressa, acuta, apice interdum bifurca, nonnulla saepe castrata. Antherae introrsae, biloculares, dorso supra basim affixae v. etiam basi insertae, erectae, ovatae v. oblongae; loculi oppositi, nonnunquam connectivo interposito sejuncti, rimis longitudinalibus dehiscentes.

Ovarium globosum v. ellipticum, bi-triloculare, placentis e loculorum angulo centrali late tumentibus, v. septis incompletis uniloculare, placentis parietalibus, valvularum marginibus adnatis. Ovula plurima, adscendentia, amphitropa, micropyle prope umbilicum fere basilari. Styli loculorum numero, indivisi v. bifidi, persistentes, intus stigmatosi.

Capsula costata, stylis persistentibus superata, bi-trilocularis, septifrago bi-trivalvis, valvis placentas in columnulam persistentem coalitas nudantibus.

Semina minutissima, in placentae foveolis erecta, imbricata. Testa tenuis, pellucida, laxa, cellulosa, mucilaginosa, membrana interior solida, fuscescenti-brunea. Albumen nullum. Embryo dicotylis orthotropus, cotyledonibus plano-convexiusculis. Radicula brevissima, umbilico proxima, infera.

Podostemmeae, quarum nonnullae Muscos et Jungermannias habitu mirabiliter ludunt, aliae foliis capillaceo-multifidis et capsulis costatis distylis Umbelliferas referunt, v. fronde cum caule coalita lobata Fucos quosdam simulant, inter tropicos totius mundi aquas quietas et aestuaria incolunt, radiculis minimis scopulis v. arborum truncis submersis affixae.

Ordo diu cum Nayadeis Juncagineisque confusus, quo ad locum suum magnopere dubius, interim donec meliora nos doceat natura hoc loco collocatus.

1831. Mniopsis *MART.* Spatha tubuloso-campanulata, apice irregulariter fissa. Flos pedicellatus. Perigonium nullum. Stamina 3, collateralia, basi connata; filamenta lateralia anantheria, subulata, breviora, intermedium lineare, apice bifidum, cruribus singulis antheras 2, oppositas, biloculares gerentibus, dente filiformi inter crura interjecto. Ovarium biloculare. Stigma depressum, bi trifidum, lobis bifidis. Capsula ecostata bilocularis, bivalvis, valvula altera minore dissiliente, altera deorsum involuta persistente, dissepimentum placentiferum orbiculare, compresso-planum, valvis parallelum eructante. Semina plurima, imbricata. — *Plantula brasiliensis Jungermanniae facie, radiculis minimis in saxis submersis firmata, erecta, caespitoso-ramosa, foliosa; ramis subdichotomis, erectis, innovando-fastigiatis, foliis amplexicaulibus distiche imbricatis, subsemiorbicularibus, serrulatis, adnato-decurrentibus.*

Mniopsis Martius *Nov. gen. et sp. I. 1. t. 1.* Crenias Sprengel *Cur. post. 246.*

1832. Podostemon *L. C. RICH.* Spatha diphylla. Flos pedicellatus. Perigonium squamulae 2, collaterales. Stamen 1, inter perigonii squamulas insertum; filamentum filiforme apice bifurcum, cruribus singulis antheram unicam bilocularem gerentibus. Ovarium biloculare. Stigmata 2, subulata, divaricata, indivisa. Capsula costata, bilocularis, bivalvis, valvulae aequales, dissepimentum placentiferum orbiculare, medio tumidum, valvulis parallelum et persistens denudantes. Semina plurima, imbricata. — *Herbae tenellae, in confluentibus Orinocci et Ohio, nec non in rivulis Madagascariae saxis arborumve truncis demersis adnascentes, pendulae, dichotome ramosae; foliis capillaceo-multifidis, floribus axillaribus et terminalibus solitariis v. fasciculatis.*

Podostemon L. C. Richard *in Michaux Flor. Bor. Amer. II. 164. t. 44.* Kunth *in Humb. et Bonpl. Nov. Gen. et sp. I. 246.* Dicraeia Thouars *Gen. Madagasc. n. 4.*

1833. Mourera *AUBL.* Spatha tubuloso-campanulata, apice irregulariter fissa. Flos pedicellatus. Perigonium squamulae 2, collaterales, v. plures indefinitae, verticillatae. Stamina 2 unilateria, v. 8—12 verticillata, perigonii foliolis alterna; filamenta filiformi-subulata, libera, indivisa; antherae terminales lineari-sagittatae, biloculares. Ovarium biloculare. Stigmata 2, subulata, divaricata, indivisa. Capsula costata, bilocularis, bivalvis, valvulae aequales, dissepimentum placentiferum orbiculare, medio tumidum, valvulis parallelum et persistens denudantes. Semina plurima, imbricata. — *Herbae americanae tropicae, demersae; foliis multifidis, lobatis v. integris, imbricatis, floribus axillaribus v. terminalibus, solitariis v. congestis, rarissime spicatis.*

Mourera Aublet *Guian. I. 582.* Chamisso *in Linnaea IX. 503.* Lacis Schreb. *gen. n. 924.* Martius *Nov. gen. et sp. I. 4.* Bongard *in Mem. Academ. St. Petersb. VI. 3. p. 73. excl. sp.*

a. NEOLACIS *Cham.* Perigonii squamae binae collaterales. Stamina 2, unilateralia. — *Flores axillares subsolitarii.*

Neolacis Chamisso *l. c. t. 5.* Lacis Martius *op. cit. t. 2.* Bongard *op. cit. t. 3. et 5.*

b. MARATHRUM *H. et B.* Perigonii squamae 4—8 verticillatae. Stamina totidem, perigonii squamis alterna. — *Flores axillares solitarii, v. terminales congesti.*

Marathrum Humb. et Bonpl. *Pl. aequinoct. I. 40 t. 11.* Kunth *in Humb. et Bonpl. Nov. gen. et sp. I. 246.* Cham. *l. c. t. 6.* Bongard *op. cit. t. 2. et 4.*

c. MOURERA *Aubl.* Perigonii squamulae plurimae, verticillatae. Stamina plurima, perigonii squamulis alterna. — *Flores spicati.*

Mourera Aublet *op. cit. t. 233.*

1834. Lacis *LINDL.* Spatha tubuloso-campanulata, apice irregulariter fissa. Flos subsessilis. Perigonium nullum. Stamina 6—12, verticillata; filamenta in tubum membranaceum laxiusculum connata, apice libera; antherae terminales, oblongo-subsagittatae, biloculares. Ovarium biloculare. Stigmata 2, subulata, divaricata, indivisa. Capsula costata, bilocularis, bivalvis, valvulae aequales, dissepimentum placentiferum orbiculare, medio tumidum, valvulis parallelum et persistens denudantes. Semina plurima, imbricata. — *Herbae brasilienses submersae, acaules; foliis oblongis, apice laciniato-lobatis, spica radicali, stipitata, disticha.*

Lacis Lindley *introduct. edit. II. p. 442.* Lacis monadelpha Bongard *in Mem. Academ. St. Petersb. VI. 3. p. 78. t. 1.*

1835. Tristicha *THOUAR.* Spatha diphylla, foliolis oppositis. Flos pedicellatus. Perigonii foliola 3, membranacea, concava, duo approximata. Stamen unicum, perigonii foliolis approximatis alternum; filamentum filiforme, patentiusculum, indivisum; anthera terminalis, oblongo-linearis, bilocularis. Ovarium triloculare. Stigmata 3, subulata, patentiuscula, indivisa. Capsula costata, trilocularis, septifrago-trivalvis, valvis basi et apice cohaerentibus, a placenta centrali trigona, membranaceo-alata solutis. Semina plurima, imbricata. — *Herbulae musciformes, inter tropicos totius mundi in rivulis submersae; caule dichotome ramoso, foliis plurifariam imbricatis, subsemiorbicularibus, adnato-decurrentibus, integerrimis v. minute denticulatis, floribus axillaribus, solitariis.*

Tristicha Thouars *Gen. madagasc. n. 8.* Presl *in Reliq. Haenk. p. 86.* Dufourea Bory *in Willd. sp. V. 55.* St. Hilaire *Plant. Brasil. I. 82.* A. Richard *in Dict. class. V. 635.* non Kunth nec Achar. Philocrena Bongard *in Mem. Academ. St. Petersb. VI. 3. p. 80. t. 6.*

GENERA DUBIA.

1836. Hydrostachys *THOUAR.* Flores dioici, dense spicati. Masc. Perigonium squama axi perpendicularis, apice recurva. Stamen unicum; anthera sessilis, loculis duobus distinctis. Fem. Perigonii squama ut in mare. Ovarium sub squama latens .... Styli 2. Capsula ovata, hinc compressa, unilocularis, bivalvis. Semina plurima, parietibus affixa. — *Herbae madagascarienses aquaticae; foliis variis, scapis centralibus, floribus in amenta spicaeformia dispositis.*

Hydrostachys Thouars *Gen. madagasc. n. 5.*

1837. Halophila *THOUAR.* Flores dioici, in axillis foliorum solitarii, sessiles. Perigonium spathaceum diphyllum, foliolis oppositis, subaequalibus, tenuiter membranaceis, concavis. Masc. Stamina 3; filamenta in tubum brevem, demum elongatum connata; antherae liberae, extrorsae, uniloculares, apertae foliaceae, oblongae, nervo medio percursae, patentes. Pollen viscido conglutinatum. Fem. Ovarium pedicellatum, ovale, uniloculare. Ovula placentis tribus (?) parietalibus inserta, adscendentia. Stylus elongato-filiformis, ovario continuus, stigmata 3—5, filiformia, penicillata. Capsula membranacea, unilocularis, indehiscens (?). Semina parietalia, plurima, depresso subglobosa, albida, umbilico basilari, fusco; testa membranacea, reticulata, endopleura laevis, nitens. Albumen copiosum, farinosum. Embryo fusiformis, spiraliter tortus, in regione umbilici albumini inclusus, indivisus (?). — *Herbulae in littoribus inundatis Madagascariae, maris rubri et Mariannarum observatae; caule filiformi, ramoso, repente, ad nodos radicante, foliis oppositis, longe petiolatis, ellipticis, trinerviis, integerrimis, pellucidis, stipula ad basim petiolorum extrorsum laterali, ovali, concava, floribus axillaribus, solitariis, sessilibus.*

Halophila Thouars *Gen. madagasc. n. 6.* Gaudich. *ad Freyc. 429. t. 40. f. 1.* Barkania Ehrenb. *msc.* — ? Caulinia ovalis R. Brown. *prodr. 339.*

OBSERVATIO. Quid Lemnopsis Zippel *in Flora 1829. I. 284.* solum nominata?

Classis XXV. Juliflorae.

Arbores v. frutices, rarius herbae, succo aqueo v. interdum lacteo foetae. Folia alterna aut in paucissimis opposita, sessilia v. petiolata, simplicia, integra aut rarius palmatiloba, rarissime nulla, ramis tunc articulatis, vaginatis. Stipulae liberae, persistentes v. deciduae. Flores saepissime typice unisexuales v. abortu polygami, rarissime hermaphroditi; amentacei v. in receptaculis glomerati. Perigonium nullum v. calyciforme, plus minusve perfectum, in floribus femineis saepius minus perfectum, interdum cum ovario connatum. Ovarium uni-pluriloculare. Ovula in loculis solitaria v. plura, directione admodum varia. Fructus nucamentaceus v. baccatus aut rarissime capsularis, plerumque abortu monospermus, rarius oligospermus v. polyspermus. Semina albuminosa v. saepius exalbuminosa. Embryo rectus v. curvatus, in seminibus albuminosis inclusus, radicula rarissime basim v. ambitum, plerumque verticem fructus spectante.

Ordo LXXXVI. Casuarineae.

CASUARINEAE Mirbel *in Annal. du Mus. XVI. 451.* R. Brown *in Flinders Voy. II. 571.* Bartling *Ord. nat. 97.*

Arbores v. rarius frutices, Equiseti habitu, ramosissimae, ramis ramulisque verticillatis, nodoso-articulatis, sulcato-striatis. Folia nulla. Vaginae breves, multidentatae, striatae.

Flores monoici v. dioici, masculi in spicas, feminei in capitula terminalia dispositi.

Flores masculi intra vaginas ramulorum supremas erumpentes, singuli basi bractea parva, persistente muniti.

Perigonium diphyllum, bibracteolatum, rigide membranaceum. Bracteolae dextrum et sinistrum ab axi floris latus occupantes, foliola anticum et posticum, bracteolis minora, primum ab iisdem inclusa, apice calyptratim cohaerentia, demum a stamine increscente dejecta

Stamen unicum, centrum floris occupans. Filamentum primum brevissimum, mox elongatum, filiforme, basi incrassatum. Anthera bilocularis, incumbens, loculi suboppositi, basi et apice discreti, longitudinaliter dehiscentes.

Flores feminei in apice ramulorum abbreviatorum capitati, singuli in axilla bracteae persistentis sessiles, bracteolis duabus navicularibus, primum patentibus, demum basi inter se concrescentibus, clausis, fructum primum recondentibus, tandem iterum apertis stipati.

Perigonium nullum. Ovarium sessile, lenticulari-compressum, uniloculare. Ovulum unicum, apici loculi appensum, anatropum. Stylus brevissimus, terminalis. Stigmata 2, filiformia, elongata.

Fructus e bracteis bracteolisque in formam strobili connatis. Caryopsis compressa, apice in alam membranaceam desinens, primum bracteolis inclusa, demum iisdem apertis nudata.

Semen unicum, apici loculi appensum. Testa endocarpio cohaerens, ab endopleura tenuissime membranacea interpositis vasis spiralibus plurimis longitudinalibus sejuncta. Albumen nullum.

Embryo orthotropus. Cotyledones oblongae, planae. Radicula minima, umbilicum attingens, verticem fructus spectans.

Casuarineae habitu insignes, maxima copia Novam Hollandiam, imprimis tropico circulo vicinam incolunt, parcius in Indiae terra continente et insulis, nec non in Oceania tropica reperiuntur.

1838. Casuarina *RUMPH.* Flores mono-dioici. Masc. Perigonium diphyllum, bibracteolatum, foliolis calyptratim cohaerentibus. Stamen 1; filamentum filiforme; anthera bilocularis. Fem. Bracteolae 2, perigonium nullum. Ovarium uniloculare. Ovulum unicum, pendulum, anatropum. Stylus brevissimus; stigmata 2, filiformia. Caryopsis lenticularis. Semen inversum. Embryo exalbuminosus, orthotropus, radicula brevissima, supera. — *Arbores v. frutices, ramis ramulisque verticillatis, nodoso-articulatis, aphyllis, articulis vaginatis, floribus masculis in spicas, femineis in capitata terminalia dispositis.*

Casuarina Rumph *Amboin. III. 87. t. 58.* Forst. *char. gen. t. 52.* Gärtn. *II. 63. t. 91.* Lam. *t. 746.* Labill. *Nov. Holl. t. 218.* Andr. *Bot. Reposit. t. 846.* Vent. *Cels. t. 64.* Turpin *Atl. t. 200. 300.*

Ordo LXXXVII. Myriceae.

MYRICEAE L. C. Richard *Annal. du Fr. 193.* Blume *Flor. Jav. fasc. 17.* Bartling *Ord. nat. 98.* Lindley *introduct. edit. II. p. 179.*

Frutices v. arbusculae, ramis teretibus, haud articulatis, sparsis. Folia alterna, simplicia, integra, plerumque serrata v. incisa, rarius integerrima, venulosa, punctis resinosis conspersa. Stipulae nullae v. fugaces.

Flores in amentis axillaribus v. terminalibus, simplicibus aut paniculato-racemosis, monoicis v. dioicis, rarius androgynis, inferne nempe femineis, superne masculis, inter bracteas concavas, in amentis nondum explicatis imbricatas solitarii, sessiles.

Masculi in amentis filiformibus. Bracteolae 2, utrumque squamae floriferae latus stipantes, quandoque deficientes.

Stamina duo, quatuor, sex v. rarissime octo, in axilla squamae floriferae, unum alterumve saepius abortivum. Filamenta filiformia, brevia, saepe inaequalia, libera vel basi in stipitem brevem connata. Antherae extrorsae, biloculares, basifixae, subrotundo-didymae; loculi suboppositi, latere juxta longitudinem dehiscentes. Pollen ovato-trigonum, angulis papillas diaphanas exserens.

Flores feminei in amentis ovatis v. cylindricis. Squamae hypogynae duae ad sex, interdum peltatae v. basi intus glandula carnosa auctae.

Ovarium unum, lenticulari-compressum v. subglobosum, basi cum squamis hypogynis connatum, uniloculare. Ovulum unicum, e basi ovarii erectum, orthotropum. Stylus brevissimus. Stigmata duo, elongata, subulata v. lanceolata, papillosa, patula.

Fructus siccus, indehiscens v. squamis hypogynis auctis tectus, drupaceus, monospermus.

Semen erectum, basilare. Testa tenuissime membranacea. Albumen nullum.

Embryo antitropus. Cotyledones ovatae, plano-convexae, carnosae. Radicula teretiuscula, umbilico e diametro opposita, verticem fructus spectans.

Myriceae arcta affinitate Casuarineis, quae habitu facillime dignoscuntur, et Betulaceis, quae vix nisi ovario biloculari et ovuli situ differunt, junctae, per totum orbem sparsae, in America boreali copiosae, in veteri continente imprimis in Africa australi extratropica, in montibus Tibetanis et in insula Javae observatae fuerunt. Unica species Europam, praeprimis occidentalem et borealem inhabitat.

Qualitate pollent aromatica et adstringente. Drupae nonnullarum ceram exsudant, aliarum sapide acidulae.

1839. Myrica *LINN.* Flores mono-dioici. Masc. Amenta filiformia. Bracteae uniflorae, bibracteolatae. Stamina 2—8; filamenta libera v. basi inter se connata; antherae biloculares. Fem. Amenta ovata v. cylindrica. Bracteae uniflorae, bibracteolatae. Squamulae hypogynae cum ovarii basi concrescentes. Ovarium uniloculare. Ovulum unicum, basilare, orthotropum. Stylus brevissimus, stigmata 2, elongata. Drupa monosperma. Semen erectum. Embryo exalbuminosus, antitropus, radicula supera. — *Frutices vel arbusculae resinosae; foliis alternis, in-*

tegris, serratis v laciniatis, aut interdum pinnatifido-incisis.

Myrica Linn. *Gen. n. 1107. excl. sp.* Blume *Flor. Jav. fasc. 17. p. 5.*

a. CLARISIA *Ruiz et Pav.* *Flores masculi diandri. Squamae hypogynae, peltatae.*

Clarisia Ruiz et Pav. *Prodr. 128. t. 28.*

b. GALE *Tourn.* Flores masculi tetra-octandri. Squamae hypogynae sessiles intus nudae.

Gale Tournef. *inst. t. 3.* Myricae sp. Linn. Gärtn. *I. 190 t. 39.* Schkuhr *t. 322.* Flor. dan. *t. 327.* E. B. *t. 562* Jacq. *Ic. rar. t. 625. Fragm. bot. II. t. 1. f. 4.* Duhamel *Arbr. edit. nov. III. t. 55. 56.* Humb. et Bonpl. *Nov. gen. et sp. t. 98.* Mirbel in *Mem. Mus. XIV. t. 27. 28.* Blume *Flor. Jav. 17. t. 1.* Nees jun. *gen. plant. II. . . .*

c. COMPTONIA *Banks.* Flores masculi hexandri. Squamae hypogynae basi intus glandula auctae.

Comptonia Banks *apud Gärtn. II. 58. t. 90.* Watson *Dendrolog. t. 166.* Liquidambaris sp. Linn.

Ordo LXXXVIII. Betulaceae.

AMENTACEARUM genera Juss. *gen. 407.* BETULINAE L. C. Richard *ex A. Richard Elem. bot. edit. IV. p. 562.* BETULACEAE Bartling *ord. nat. 99.* Lindley *introduct. edit. II. p. 171.*

ARBORES V. FRUTICES, ramis teretibus, haud articulatis, sparsis. Folia alterna, simplicia, dentata v. serrata. Stipulae liberae, caducae.

FLORES monoici, in amentis terminalibus v. lateralibus, saepius in racemum dispositis, in axillis bractearum binati ternative, sessiles.

Floribus masculis: BRACTEA peltata, utrinque bracteolis squamaeformibus stipata, triflora.

PERIGONIUM squamaeforme monophyllum, v. calyciforme tetraphyllum.

STAMINA quatuor, perigonii basi inserta ejusque foliolis opposita. Filamenta brevissima, libera. Antherae basifixae, uniloculares v. biloculares, loculis oppositis, longitudinaliter dehiscentibus.

Floribus femineis: BRACTEAE sessiles, integrae v. trilobae, cum fructu increscentes, bi-triflorae.

PERIGONIUM nullum, v. ejus loco squamae ovariorum basim stipantes, demum saepius lignescentes et cum fructu concrescentes.

OVARIA infra quamvis bracteam bina v. terna, libera, bilocularia. Ovula in loculis solitaria, dissepimento paullo infra apicem affixa, e funiculo longiusculo erecta, micropyle tunc ovarii verticem spectante, mox supra funiculum extrorsum reclinata, pendula. Stylus nullus, stigmata 2, terminalia, elongata, filiformia, patula.

FRUCTUS: Nuculae cum bracteis in strobili speciem coalitae, angulatae v. alatae, abortu uniloculares, monospermae.

SEMEN inversum. Testa tenuissima, cum endocarpio concrescens. Albumen nullum.

EMBRYO orthotropus. Cotyledones planiusculae, germinatione epigaeae, foliaceae. Radicula umbilicum attingens, verticem fructus spectans.

Betulaceae in hemisphaerae borealis regionibus temperatis potissimum vigent, nonnullae extremum septemtrionem et summa montium cacumina petunt, paucissimae in Asiae et Americae tropicae jugis excelsis reperiuntur. Corticis qualitas adstringens.

1840. Betula *TOURNEF.* Flores monoici. Masc. Amenti squamae peltatae, bibracteolatae, subtus triflorae. Perigonium monophyllum, squamaeforme. Stamina 4; filamenta brevissima; antherae oblongae, uniloculares, sulco longitudinali dehiscentes. Fem. Amenti squamae trilobae, imbricatae. Perigonium nullum. Ovaria sub quavis squama 3, sessilia, bilocularia. Ovula in loculis solitaria, e dissepimenti apice pendula, anatropa. Stigmata 2, filiformia. Strobilus e squamis membranaceis, scariosis. Nuculae lenticulares, utrinque alatae (samaroideae) abortu uniloculares, monospermae. Semen pendulum; testa tenuissime membranacea. Embryo exalbuminosus, orthotropus; cotyledones planiusculae, oblongae, radicula brevis, exserta, umbilicum contingens, supera. — *Arbores et frutices sylvestres, in Europa et Asia boreali ac media obviae, in America boreali paullo frequentiores, in summis Asiae jugis rariores, in America antarctica rarissimae; foliis alternis, integris, annuis, gemmis perulatis folia plicata equitantia foventibus, amentis cylindricis, gracilibus, masculis terminalibus et lateralibus, hyeme nudis, femineis lateralibus, contra brumae intemperiem perulatis.*

Betula Tournef. *inst. t. 360.* Gärtn. *II. 54. t. 90. f. 2.* Schkuhr *t. 288.* Fl. Dan. *t. 91, 1467.* E. B. *t. 2198. 2326.* Wats. *Dendrolog. t. 94 — 97. 151 — 154.* Pallas *Flor. ross. I. t. 39.* Willd. *Arbr. t. 2.* Wallich *Pl. As. rar. t. 109.* Nees jun. *Gen. plant. I. 10.*

1841. Alnus *TOURNEF.* Flores monoici. Masc. Amenti squamae peltatae, quinquebracteolatae subtus, triflorae. Perigonium quadripartitum. Stamina 4, perigonii lobis basi inserta, iisque opposita; filamenta brevissima; antherae ovatae, biloculares, loculis oppositis longitudinaliter dehiscentibus. Fem. Amenti squamae imbricatae, carnosae. Perigonium tetraphyllum, foliolis squamaeformibus, cum amenti basi connatis. Ovaria sub quavis squamula 2, sessilia, bilocularia. Ovula in loculis solitaria, e dissepimenti apice pendula, anatropa. Stigmata 2, filiformia. Strobilus e squamulis lignescentibus, concrescentibus. Nuculae lignosae, compressae, angulatae, apterae, abortu uniloculares, monospermae. Semen pendulum; testa tenuissime membranacea. Embryo exalbuminosus, orthotropus; cotyledones planiusculae, cordato suborbiculatae, radicula brevis, exserta, umbilicum attingens, supera. — *Arbores v. frutices, in hemisphaerae borealis temperatis obviae, in celsioribus Americae tropicae jugis rarae; foliis alternis, integris, annuis, gemmis pedicellatis, e squama unica, folia conduplicata, plicata fovente, amentis hyeme exsertis, masculis elongatis cylindricis, cum femineis brevibus, ovatis v. oblongis in racemum compositis.*

Alnus Tournef. *inst. t. 359.* Hook. *Flor. Lond. t. 59.* Wallich *Pl. as. rar. t. 108.* Eichwald *Pl. caucas. t. 2.* Tenore *Flor. neap. t. 99.* Nees jun. *Gen. plant. I. 11.* Betulae sp. Linn. Gärtn. *II. 54. t. 90. f. 1.* E. B. *t. 1508.*

OBSERVATIO. Betulacearum amenta fossilia, in Geanthrace (*Lignite*) ad pagum Salzhausen prope Niddam Weteraviae nuper a cl. Göppert inventa, a nostris Betula et Alno vix quidem genere differunt, sed liceat characteres generum Alnites et Betulites ab amicissimo viro mecum in litteris communicatos, hoc loco inserere.

BETULITES *Göpp.* Flores monoici. Masc. Amenta cylindrica. Squamae peltatae, subtus utrinque squamula auctae. Perigonium .... Stamina 4, interiori squamarum parti inserta; filamenta brevissima, singula biantherifera; antherae (albidae) linerares, oblongae, sulco longitudinali notatae. Pollinis granula flavescentia, pellucida, subtrigona, ellipsoidea, in angulis poris tribus aequidistantibus instructa. Fem. Amenta..... squamae trilobae .... Strobili.....

ALNITES *Göpp.* Flores monoici, amentis utriusque sexus in racemum compositum junctis. Masc. Amenta oblonga, cylindrica. Squamae peltatae. Perigonium quadripartitum. Stamina 4; filamenta brevissima; antherae (albidae) subovatae. biloculares, longitudinaliter sulcatae. Pollinis granula planiuscula, flavescentia, pellucida, quinqueangularia, rotundiuscula, in angulis poris quinque aequidistantibus instructa. Fem. Amenta .... Strobili e squamis lignescentibus compositi. Nuculae (fuscae) compressae, angulatae, apterae, monospermae.

Ordo LXXXIX. Cupuliferae.

CASTANEAE Adans. *Fam. 366.* CUPULIFERAE Richard *Anal. du Fr. 32. et 92.* Blume *Flor. Jav. fasc. 11. et 12.* Bartling *Ord. nat. 99.* Lindley *introduct. edit. II. p. 170.* CORYLACEAE Mirbel *Elem. II. 906.* QUERCINAE Jussieu *in Dict. sc. nat. suppl. II. 18.*

Arbores saepissime vastae et procerae, rarius Frutices ramosissimi, ramis sparsis, teretiusculis, continuis. Folia plerumque alterna, simplicia, penninervia, saepius dentata, sinuata, lobata v. incisa, rarius integerrima. Stipulae petiolares, liberae, caducae.

Flores monoici v. rarius dioici.

Masculi in amentis cylindraceis v. rarius subglobosis, bractea squamaeformi suffulti, sessiles v. breviter pedicellati.

Perigonium squamaeforme, simplex, monophyllum trifidum; v. calyciforme quadri-sexfidum, laciniis per aestivationem valvatis.

Stamina tot quot lobi perigonii v. duplo triplove eorundem numero, uniseriata, perigonio intus circa discum glandulosum inserta, in perigoniis monophyllis pluriseriatim imbricata. Filamenta brevia v. elongata, inaequalia, in alabastro erecta v. geniculatim infracta, basi interdum inter se coalita, bina, terna v. etiam plura usque ad medium inter se connata. Antherae introrsae, uni-biloculares, erectae, dorso v. basi affixae, oblongo-lineares v. globoso-didymae; loculis suboppositis, parallelis, rima longitudinali lateraliter dehiscentibus; connectivo supra loculos producto, glandulaeformi v. complanato, interdum inflexo, saepe barbato.

Flores feminei amentacei aut fasciculati, interdum spicati, nunc solitarii, nunc bini v. terni rariusve plures sessiles intra involucrum commune foliaceum v. cyathiforme, extus saepe squamosum v. echinatum, demum increscens, membranaceum, coriaceum v. lignosum, fructum nunc includens, nunc basi cupulatim cingens.

Perigonium ovario adnatum, limbo minuto, denticulato, saepius demum evanido.

Staminum rudimenta perigonii denticulis in nonnullis opposita et alterna.

Ovarium cum perigonio connatum, dissepimentis a pariete ad centrum porrectis demum plerumque evanescentibus, bi-tri v. rarius sexloculare. Ovula in loculis solitaria v. gemina collateralia, loculorum angulo centrali apice v. parum infra apicem affixa, pendula, anatropa.

Stylus columnaris, teres v. trigonus, apice divisus in stigmata loculorum ovarii numero, rigida, cartilaginea, teretiuscula v. compressa, longitudinaliter sulcata, erecta v. recurva, persistentia, rarissime punctiformia, in apice styli indivisi sessilia.

Fructus nucamentaceus, indehiscens, coriaceus v. osseus, loculorum abortu unilocularis, plerumque monospermus, basi lata in fundo involucri cupuliformis v. capsuliformis sessilis, eodem basi cinctus v. penitus inclusus.

Semen solitarium (v. rarissime per anomaliam bina v. plura) pendulum, apice saepius ovulorum abortivorum exuviis stipatum. Testa membranacea tenuis, rhaphe longitudinali et chalaza apicali notata. Albumen nullum.

Embryo orthotropus. Cotyledones foliaceae, per germinationem epigaeae; v. crassae, carnosae, facie interna interdum coalitae, hypogaeae. Radicula brevis, conica, plus minus retracta, verticem fructus spectans.

Cupuliferae, sylvarum decora, in hemisphaerae borealis temperatis abundant, ita ut specierum hactenus cognitarum duae fere tertiae cis aequatorem habitent, novi imprimis continentis cives, ex Asia boreali omnino exules. Rarescunt versus aequatorem et alta montium petunt juga, in America tropica 6000—9000 ped. supra mare elevatione ab Humboldtio et Bonplandio repertae, et in India et Moluccis 4000—6000 pedum elevatione a Wallichio et Blumeo non parva nuper copia detectae. Africa, si regionem mediterraneam occidentalem Quercuum species quasdam proferentem demseris, nullam Cupuliferarum stirpem gignit. Trans Capricornum inventae fuerunt Fagi species aliquot humiles, in Andium jugis et in regione Magellanica, parcissime in insula Diemen et in Nova Zeelandia vigentes, in Nova Hollandia nondum visae.

Castanearum exuviae in terrae sedimento superiori obviae. Comptoniae fossiles Brongniartii (Asplenioptcris Sternb.) in argilla lignitum superstites, ad Fagum fortassis trahendae sunt.

Semina plurimarum edulia, nascentis humani generis pabulum. Qualitate pollent omnes plus minusve adstringente, hinc in varios usus technicos et medicos conversae. In nonnullarum specierum cortice suberoso principium peculiare (Suberin), residet. In Fagi pericarpiis substantiam venenatam latere dicunt.

Floris feminei involucrum diagnosim facillimam a Betulaceis praebet.

1842. Ostrya *MICHEL.* Flores monoici. Masc. Amenta cylindrica, elongata, lateralia et terminalia. Perigonii monophylli squamae simplices ebracteatae, imbricatae. Stamina 12, v. plura, basi squamae perigonialis inserta; filamenta ramosa; antherae ovatae, uniloculares, apice pilosae. Fem. Amenta terminalia laxa, bracteis parvis, deciduis, involucri squamis geminatis, basi pilosis, margine coalescentibus, uni-bifloris. Perigonii limbus superus, brevissime tubulosus, indivisus, ciliatus. Ovarium inferum, biloculare. Ovula in loculis solitaria, apici dissepimenti appensa, anatropa. Stylus brevis; stigmata 2, elongata, filiformia. Strobilus ex involucri squamis membranaceis, nervosis, in utriculos connatis. Nuculae intra utriculos solitariae, minutae, ovatae, laeves, apice pilosae, monospermae. Semen pendulum; testa tenuissime membranacea. Embryo exalbuminosus, orthotropus; cotyledonibus obovatis, plano-convexis; radicula brevi, exserta, supera. — *Arbusculae v. frutices, in Europa australiore et in America boreali temperata provenientes; foliis alternis ovatis v. oblongis, serratis, annuis, vernatione inter gemmas perulatas plicatis, amentis coaetaneis.*

Ostrya Micheli *Nov. gen. 223. t. 104.* Watson *Dendrolog. t. 143.* Nees jun. *Gen. plant. II. 20.* Carpini sp. Linn.

1843. Carpinus *LINN.* Flores monoici. Masc. Amenta cylindrica, lateralia. Perigonii monophylli squamae simplices ebracteatae, imbricatae. Stamina 12, v. plura, basi squamae perigonialis inserta; filamenta simplicia; antherae ovatae, uniloculares, apice pilosae. Fem. Amenta terminalia, laxa, bracteis parvis deciduis, involucri biflori foliolis geminis petiolatis trilobis, lobis lateralibus minoribus. Perigonii limbus superus, cupulaeformis, denticulatus. Ovarium inferum, biloculare. Ovula in loculis solitaria, apici dissepimenti appensa, anatropa. Stylus brevis; stigmata 2, elongata, filiformia. Racemus fructifer laxus, ex involucri foliolis membranaceis, nervosis, trilobis, nuculam a latere cingentibus. Nuculae intra involucra solitariae, ovatae, compressae, costatae, perigonii limbo apiculatae, monospermae. Semen pendulum; testa tenuissime membranacea. Embryo exalbuminosus, orthotropus; cotyledonibus obovatis carnosis; radicula immersa, supera. — *Arbores in temperatis frigidiusculisque Europae et Americae borealis sylvicolae; foliis alternis, ovatis v. oblongis, integerrimis, annuis, vernatione intra gemmas perulatas plicatis, amentis coaetaneis.*

Carpinus Linn. *gen. n. 1073.* excl. sp. Gärtn. *II. 53. t. 89.* Schkuhr *t. 307.* E. B. *t. 2032.* Watson *Dendrolog. t. 98. 157.* Nees jun. *Gen. plant. II. 20.*

1844. Corylus *TOURNEF.* Flores monoici. Masc. Amenta cylindrica, e squamis bractealibus imbricatis. Perigonii squamae 2, collaterales, bracteis subtus et basi inter se connatae. Stamina 8, squamarum perigonii suturae versus basim diversa altitudine insertae; filamenta brevissima, filiformia, simplicia; antherae ovatae, uniloculares, apice setosae. Fem. Gemmae in ramulis terminales, bracteis integris, involucri uni-biflori foliolis 2—3, minutis, laceris, villosis, basi cohaerentibus. Perigonii limbus superus, minutissimus, denticulatus, villosus. Ovarium inferum, biloculare. Ovula in loculis solitaria, dissepimenti apici appensa, anatropa. Stigmata 2, elongata, filiformia. Nuculae intra involucra magna foliacea, basi tubulosa, apice lacera solitariae, ovatae, osseae, monospermae. Semen pendulum; testa tenuissime membranacea, rhapheos et chalazae vasis ramosis hinc percursa. Embryo exalbuminosus, orthotropus; cotyledonibus ellipticis, plano-convexis; radicula immersa, supera. — *Arbores v. frutices, in Europa et America boreali temperata obvii, nuper etiam in India superiore observati; foliis alternis, serotinis.*

Corylus Tournef. *inst. 347.* Linn. *gen. n. 1074.* Gärtn. *II. 53. t. 89.* Schkuhr *t. 305.* Fl. dan. *t. 1466.* Willd. *Baumz. t. 1. f. 2.* Wangenh. *Amer. t. 29. f. 36.* Turp. *Atl. V. t. 302. 303.* Wallich *Pl. As. rar. t. 87.* Nees jun. *Gen. pl. II. 22.*

1845. Quercus *LINN.* Flores monoici. Masc. Amenta gracilia, pendula, ebracteata. Perigonium calycinum, sex-octopartitum, laciniis inaequalibus, ciliatis, nonnullis interdum bifidis. Stamina 6—10, perigonii basi circa discum glandulosum inserta; filamenta filiformia, simplicia, inaequalia; antherae biloculares, didymae, loculis subappositis. Fem. Gemmae axillares v. in rhachi communi sessiles, bracteis et involucri uniflori squamulis conformibus multiseriatim imbricatis, in cupulam floris basim recipientem connatis. Perigonii limbus superus, sexfidus, v. obsolete denticulatus. Ovarium inferum, triquadriloculare. Ovula in loculis gemina, collateralia, apici anguli interioris appensa, anatropa. Stylus brevissimus crassus; stigmata loculorum numero teretiuscula v. compressa, abbreviata, obtusa, erecta v. patula. Nucula ovata v. oblonga, coriaceo-lignosa, involucro in cupulam lignescentem indurato cincta v. plus minus inclusa, monosperma. Semen pendulum; testa membranacea, tenui. Embryo exalbuminosus, orthotropus; cotyledonibus plano-convexis, crassis, carnosis; radicula immersa, supera. — *Arbores v. rarius frutices, imprimis borealem Novi Continentis plagam, ab aequatore ad 45° L. B. magna copia incolentes, versus septemtrionem frequentiores, in Europa usque ad 56° L. B. obviae, in regione mediterranea paullo copiosiores, nec in montibus Indiae et Archipelagi moluccani rarae; foliis alternis, integerrimis v. saepius dentatis, sinuatis, lobatis v. incisis, deciduis v. sempervirentibus, vernalibus pubescentibus mollibus, autumnalibus coriaceis saepe glabris, stipulis petiolaribus geminis, minutis, fugacissimis, inflorescentia plerumque coaetanea in axillis superioribus v. terminali.*

Quercus Linn. *gen. n. 1070.* Gärtn. *I. 182. t. 37.* Schkuhr *t. 301. 302.* Secondat, *Mem. sur l'hist. nat. du Chêne. Paris 1785. fol. c. icc.* Michaux *Arbr. II. t. 1—26. Histoire des Chênes de l'Amerique. Paris 1801. fol. c. icc.* Duhamel *Arbr. t. 123. 124.* Watson *Dendrolog. t. 89—93.* Humb. et Bonpl. *Pl. aequinoct. II. t. 75—96. 129—131.* Roxb. *Corom. t. 129.* Blume *Flor. Jav. fasc. 13. 14. t. 1—19.* Wallich *Pl. As. rar. t. 46. 149. 150. 174.* Eichwald *Cauc. t. 1.* Nees jun. *Gen. pl. II. 23.* Quercus, Ilex et Suber Tournef. *inst. 349. 350 p. 584.*

1846. Lithocarpus *BLUM.* Flores monoici. Masc. Amenta filiformia, floribus interrupte glomerulatis, glomerulis bracteatis. Perigonium calycinum, cupuliforme, sexfidum. Stamina 12—20, basi perigonii inserta; filamenta filiformia, simplicia, inaequalia; antherae biloculares, didymae, loculis oppositis, e connectivi apice pendulis. Fem. Gemmae ovatae, in rhachi communi sessiles, bracteis et involucri uniflori squamis conformibus pluriseriatis, imbricatis, florem cingentibus. Perigonii limbus superus, minutissimus. Ovarium inferum, triloculare. Ovula in loculis solitaria(?) ex apice loculorum pendula, anatropa. Stylus brevis, crassus; stigmata 3, punctiformia. Nux rugosa, ossea, involucri squamis lignescentibus in gyrum connatis inclusa et conferruminata, monosperma. Semen pendulum. Embryo exalbuminosus, orthotropus; cotyledonibus maximis, plano-convexis, basi sublobato-depressis; radicula brevi, supera.— *Arbor javanica excelsa; foliis alternis, integerrimis, perennantibus, amentis terminalibus v. in axillis superioribus, femineis supra masculos collocatis.*

Lithocarpus Blume *Flor. Jav. fasc. 13. 14. p. 34. t. 20.* SYNAEDRYS Lindl. *introduct. edit. II. p. 441.* Nux in foro Cantoniensi venalis, ossea, maxima pro parte cupulae immersa, apice depresso medio subtomentoso, basi intus semiquinquelocularis, monosperma, seminis inversi, exalbuminosi cotyledonibus maximis, in lobos loculorum numero divisis, radicula supera.—Lithocarpi fortassis species.

1847. Fagus *TOURNEF.* Flores monoici. Masc. Capitula longe pedunculata, pendula, squamis bractealibus minutis, deciduis. Perigonium calycinum, campanulatum, quinquesexfidum. Stamina 8—12, basi perigonii circa discum glandulosum inserta; filamenta filiformia, simplicia; antherae biloculares, loculis oppositis, a connectivo interposito et excurrente sejunctis. Fem. Gemmae in ramulis terminales, subglobosae, bracteis plurimis linearibus, inaequalibus, cum involucro bifloro urceolato-subquadrilobo connatis. Perigonii limbus superus, elongatus, laciniatus. Ovarium inferum, triquetrum, triloculare. Ovula in loculis solitaria, ex apice anguli centralis pendula, anatropa. Styli tres filiformes; stigmatibus lateralibus rimulaeformibus. Fructus capsulaeformis, involucro lignoso, echinato, demum quadrivalvi, nuculis duabus foeto. Nuculae acute triquetrae, perigonii limbo piloso superatae, monospermae, epicarpio coriaceo, endocarpio villoso. Semen pendulum; testa membranacea, tenui. Embryo exalbuminosus, orthotropus; cotyledonibus crassis, carnosis, intus irregulariter plicatis, arcte cohaerentibus; radicula subexserta, supera.— *Arbores v. frutices, in Europa majorem sylvarum montanarum partem formantes, in America boreali et antarctica, necnon in Nova-Zeelandia rarae; foliis alternis, grosse serratis v. repando-undulatis, floribus coaetaneis.*

Fagus Tournef. *inst. 351.* Gärtn. *I. 182. t. 37.* Schkuhr *t. 303.* Michaux *Arbr. II. t. 8. 9.* Mirbel *in Mem. Mus. XIV. t. 23—26.* Nees jun. *Gen. pl. II. 24.* — An huc Asplenioptéris Sternb. *Flor. protog. t. 21. f. 2. t. 24. f. 1.* Comptoniae sp. Brongn.

1848. Castanea *TOURNEF.* Flores monoici v. rarissime hermaphroditi. Masc. indefinite glomerati, rhaches axillares circumsedentes, rarius solitarii, bracteolati Perigonium calycinum, profunde quinque-sexpartitum. Stamina 8—15, basi perigonii circa discum glandulosum inserta; filamenta filiformia, elongata, simplicia; antherae biloculares, incumbentes, loculis oppositis. Fem. et Hermaphr. Gemmae axillares, subsolitariae, bracteis plurimis linearibus, inaequalibus, cum involucro campanulato, uni-trifloro connatis. Perigonii limbus superus, quinque-octofidus. Stamina 5—12, saepissime abortiva, minima. Ovarium inferum, tri-sexloculare. Ovula in loculis solitaria, ex apice anguli centralis pendula, anatropa. Stylus brevissimus, crassus; stigmata loculorum numero, setiformia, patentia. Fructus capsulaeformis, involucro coriaceo echinato, nuculis duabus, tribus v. unica foeto. Nuculae ovato-trigonae v. subangulatae, monospermae, epicarpio coriaceo, endocarpio fibroso. Semen pendulum; testa membranacea, plicis intra nuclei rimas sese insinuans. Embryo exalbuminosus, orthotropus; cotyledonibus maximis, crassis, farinaceis, saepe inaequalibus, plicatis, arcte cohaerentibus; radicula immersa, supera. — *Arbores v. arbusculae elegantes, in Europa australi, Asia media, in America boreali et in excelsis Archipelagi moluccani montibus indigenae; foliis alternis, integerrimis v. serratis, floribus coaetaneis.*

Castanea Tournef. *inst. 352.* Gärtn. *I. 181. t. 37.* Michaux *Arbr. II. t. 6. 7.* Turpin *Atl. V. t. 304. 305.* Blume *Flor. Jav. fasc. 13. t. 21—24.* Wallich *Pl. As. rar. t. 107.* Nees jun. *Gen. pl. II. 25.* Fagi sp. Linn.

Ordo XC. Ulmaceae.

ULMACEAE Mirbel *Elem. 905.* Lindley *introduct. edit. II. p. 178.* exclusis Celtideis.

Arbores v. frutices, foliis alternis, simplicibus, penninerviis, serratis, scabriusculis. Stipulae fugaces.

Flores in ramulis laterales, fasciculati, sessiles, hermaphroditi v. rarius abortu polygami.

Perigonium calycinum, liberum, turbinato-campanulatum, limbo erecto, quadri-quinquefido v. rarius octofido, lobis aestivatione imbricatis.

Stamina perigonii basi inserta, ejusque lobis numero aequalia et opposita, rarius plura. Filamenta filiformia, libera. Antherae introrsae, biloculares, dorso connectivo dilatato paullo supra basim affixae; loculi oblique appositi, longitudinaliter dehiscentes.

Ovarium liberum, e carpidiis duobus conflatum, carpidiorum marginibus introflexis dissepimentum constituentibus biloculare, v. iisdem axim haud attingentibus uniloculare. Ovula in loculis solitaria, septo prope apicem affixa, v. in ovario uniloculari apici cavitatis appensa, anatropa. Styli duo, carpidiis continui, divaricato-patentes, intus juxta totam longitudinem stigmatosi.

Fructus basi perigonio persistente stipatus, membranaceus, samaroideus, v. coriaceus, laevis aut squamulosus, abortu unilocularis, monospermus.

Semen pendulum. Testa membranacea, rhaphe elevata laterali ad chalazam apicalem procurrente notata. Albumen nullum.

Embryo orthotropus. Cotyledones planae. Radicula brevis, umbilicum attingens et verticem fructus spectans.

Ulmaceae per hemisphaerae borealis regiones temperatas diffusae, hinc ob ovarium biloculare et semina exalbuminosa praecedentibus ordinibus propinquae, illinc Celtideis, seminibus campylotropis et albuminis etsi parci praesentia satis distinctis, affines sunt.

1849. Planera *GMEL.* Flores hermaphroditi v. abortu polygami. Perigonium membranaceum, turbinato-subcampanulatum, quadri-quinquefidum. Stamina 4—5. Ovarium ovoideum, uniloculare. Ovulum unicum, apici cavitatis appensum, anatropum. Styli 2, divaricato-patentes, intus stigmatosi. Capsula coriacea, indehiscens, laevis v. squamulosa, unilocularis, monosperma. Semen inversum. Embryo exalbuminosus, orthotropus; radicula supera. — *Arbusculae v. frutices, in America boreali, et a Graecia ad mare caspicum reperti; foliis alternis ovatis, crenato-serratis, scabriusculis, floribus fasciculatis, fasciculis inferioribus masculis, superioribus hermaphroditis v. rarius femineis*

Planera Gmelin *syst. 305.* L. C. Richard in *Michaux Flor. bor. Am. II. 247.*

a) ABELICEA *Hon. Belli.* Capsula laevis. *Folia subsessilia. — Graecia, Mare caspicum.*

Abelicea Honorius Belli *in Clus. Hist. plant. II. 302.* Pona *Mont. Bald. p. 112.* Smith *in Linn. Transact. IX. 126.* Rhamni sp. Pallas *Flor. ross. I. t. 60. II. t. 10.* Ulmi sp. Sibth. Jacq. *hort. Schönbr. t. 262.*

b. PLANERA. Capsula scabra. *Folia petiolata. — America borealis.*

Planera Gmelin *l. c.* Watson Dendrolog. *t. 106.*

1850. Ulmus *LINN.* Flores hermaphroditi. Perigonium membranaceum, turbinato-campanulatum, quadri-quinque-v. octofidum. Stamina 4, 5 v. 8. Ovarium ovoideum, compressum, biloculare. Ovula in loculis solitaria, dissepimenti apici appensa, anatropa. Styli 2, divaricato-patentes, intus stigmatosi. Samara membranacea, compressa, peripterygia, monosperma. Semen inversum. Embryo exalbuminosus, orthotropus; radicula supera. — *Arbores v. frutices, per hemisphaerae borealis regiones temperatas diffusae; foliis alternis, serratis, scabriusculis, floribus praecocibus fasciculatis.*

Ulmus Linn. *gen. n. 316.* Gärtn. *I. 224. t. 49.* Schkuhr *t. 57.* E. B. *t. 1886. 1887. 2161. 2248. 2542.* Pallas *Flor. ross. I. t. 48.* Michaux *Arbr. III. t. 5. 6.* Roxb. *Corom. t. 78.* Wallich *Pl. As. rar. t. 200.* Turpin *Atlas t. 281. 282.* Nees jun. *Gen. plant. II. 34.*

Ordo XCI. Celtideae.

Arbores v. frutices, succo aqueo, ramis alternis, saepius aculeis axillaribus horridis. Folia alterna, saepissime trinervia, integerrima v. serrata, glabra v. pubescenti-scabra. Stipulae deciduae.

Flores hermaphroditi v. abortu ovarii masculi, in axillis foliorum solitarii, pedicellati, v. cymoso-paniculati, aut racemosi.

Perigonium calycinum, pentaphyllum v. quinquepartitum, persistens, foliolis ovatis concavis, aestivatione imbricatis, sub anthesi patentibus.

Stamina 5, imo perigonio inserta, ejusque foliolis opposita. Filamenta teretiuscula, ut plurimum brevia, apice primum incurva, demum elastice erecta. Antherae introrsae biloculares, ovatae v. cordato-acuminatae, dorso affixae et cum filamento articulatae, in alabastro saepius extrorsum versae; loculi subappositi, juxta totam longitudinem v. etiam incomplete dehiscentes.

Ovarium ovatum, uniloculare, saepius inaequilaterum. Ovulum unicum, parieti prope apicem affixum, amphitropum, micropyle ovarii verticem spectante. Stigmata 2 terminalia, elongato-subulata, indivisa v. bifida, aut lobis abbreviatis, incurvatis in unicum confluentia.

Drupa monosperma, parce carnosa.

Semen pendulum, arcuatum. Albumen carnosum, parcum v. subnullum.

Embryo in axi albuminis homotropus, uncinatus, v. sub-exalbuminosus. Cotyledones planiusculae v. conduplicatae, radiculae longiusculae, verticem fructus spectanti incumbentes.

Celtideae in Asia et America, tam inter tropicos quam sub caelo temperata calidore provenientes, Moreis proxime affines videntur, a quibus succo aqueo, inflorescentia, florum hermaphroditismo, stigmatis structura et fructu drupaceo differunt. Ab Ulmaceis ovuli directione, et seminis fabrica longius recedunt.

1851. Celtis *TOURNEF.* Flores polygami, hermaphroditi v. ovarii abortu masculi. Perigonium pentaphyllum, persistens, foliolis aequalibus, concavis, aestivatione imbricatis. Stamina 5, perigonii foliolis opposita; filamenta teretiuscula, apice incurva, demum rectiuscula; antherae introrsae, biloculares, cordato-acuminatae, dorso affixae. Ovarium ovatum, uniloculare. Ovulum unicum, parieti prope apicem appensum, amphitropum, micropyle supera. Stigmata 2, terminalia, elongato-acuminata, patentia v. recurva, glanduloso-pubescentia. Drupa carnosa, laevis. Semen pendulum, arcuatum. Embryo homotropus; cotyledonibus conduplicatis apice emarginatis, albumen centrale subgelatinosum includentibus; radicula crassiuscula, incumbens, supera. — *Arbores in hemisphaerae borealis temperatis calidioribus indigenae; foliis alternis, nervosis, serratis, floribus axillaribus solitariis, pedicellatis.*

Celtis Tournef. *inst. 383.* Linn. *gen. n. 1143. excl. sp.* Schkuhr *t. 354.* Gärtn. *I. 374. t. 77.* Nees jun. *Gen. pl. II. 35.*

1852. Sponia *COMMERS.* Flores polygami, hermaphroditi v. ovarii abortu masculi. Perigonium pentaphyllum, persistens, foliolis aequalibus, concavis, aestivatione imbricatis. Stamina 5, perigonii foliolis opposita; filamenta teretiuscula; antherae introrsae, biloculares, connectivo cum filamento articulato extrorsum refractae. Ovarium ovato-cylindricum, subexcentricum, uniloculare. Ovulum unicum, parieti prope apicem appensum, amphitropum, micropyle supera. Stigma terminale bifidum, incurvatum. Drupa carnosula, inaequilatera, hinc unicostata. Semen pendulum, arcuatum. Embryo in axi albuminis tenuis homotropus, falcatus; cotyledonibus crassiusculis; radicula elongata, supera. — *Arbores v. frutices, in Asia tropica et in australi extratropica insulari, nec non in America calida provenientes; foliis alternis subtrinerviis, integerrimis v. serratis, glabris v. pubescenti scabris, floribus axillaribus cymoso-paniculatis.*

Sponia Commers. *msc ex Lam. Dict. IV. 138. No. 5.* Decaisne *in Nouv. Annal. Mus. III. 498.* Solenostigma Endlicher *Flor. Norf. 41.* Celtidis sp. Linn. et Auct. Brongn. *ad Duperr. t. 48.* — Nomen nostrum, etsi aequo jure contra Commersonianum, e Lamarkii nota postliminio exhumatum, defendendum, retractavimus.

1853. Mertensia *H. B. K.* Flores polygami, hermaphroditi v. ovarii abortu masculi. Perigonium quinquepartitum, laciniis aequalibus, concavis, aestivatione imbricatis. Stamina 5, perigonii laciniis opposita; filamenta teretiuscula, elastice prosilientia; antherae introrsae, biloculares. Ovarium ovatum, uniloculare. Ovulum unicum, parieti prope apicem appensum, amphitropum, micropyle supera. Styli 2 terminales bifidi, lobis stigmatosis. Drupa baccata. Semen pendulum, arcuatum. Embryo ..... — *Arbores americanae tropicae; ramis aculeis axillaribus horridis, foliis alternis, basi aequalibus, trinerviis, integerrimis, racemis axillaribus, ramosis.*

Mertensia Kunth *in Humb. et Bonpl. Nov. gen. et sp. II. 31. t. 103.* Celtidis sp. Auct.

GENUS DUBIUM.

1854. Bosea *LINN.* Flores polygamodioici. Perigonium membranaceum, bibracteolatum, quinquepartitum, laciniis aequalibus, concavis, imbricatis. Stamina 5, imo perigonio inserta, ejusque laciniis opposita; filamenta filiformia, brevia; antherae ovatae. Ovarium ovatum, uniloculare, uniovulatum. Ovulum ..... Stigmata 3, linearia, indivisa, revoluta. Drupa subglobosa, parce carnosa, putamine crustaceo. Semen globosum hippocrepicum; testa membranacea. Embryo homotropus, curvatus, albumen farinaceum involvens; cotyledonibus foliaceis, ovato-oblongis; radicula crassiuscula, infera. — *Frutex canariensis, dubiae affinitatis; ramis virgatis glabris, foliis alternis, exstipulatis, petiolatis, ovalis, acuminatis, nitidis, penninerviis, racemis axillaribus et terminalibus, floribus minutis.*

Bosea Linn. *gen. n. 315.* Gärtn. *I. 376. t. 77.* Jacq. f. *Eclog. t. 25.* Yerva Mora Ludewig.

Ordo XCII. Moreae.

MOREAE Endlicher *Prodr. Flor. Norf. 40.* BROUSSONETIEAE, MOREAE, CHLOROPHOREAE, FICEAE et DORSTENIEAE Gaudich. *ad Freyc. 509.*

Arbores v. frutices lactescentes, saepius scandentes, rarius Herbae acaules, foliis omnibus radicalibus, indivisis v. lobatis. Folia in caulescentibus alterna, integra v. juniora imprimis saepius lobata. Stipulae saepius in cornu gemmam velans convolutae, persistentes v. deciduae, nonnunquam cicatricem semiannularem relinquentes.

Flores dioici v. monoici. Masculi saepius spicati v. racemosi, feminei densius spicati v. in receptaculis globosis conferti, nunc masculis mixti, in receptaculo plano, patente, v. pyriformi-clauso, apice pervio contenti.

Floribus masculis. Perigonium calycinum, tri-quadripartitum, foliolis ovatis, concavis, aestivatione imbricatis, sub anthesi plus minus patentibus.

Stamina 3—4, imo perigonio inserta, ejusque lobis opposita. Filamenta filiformia v. subulata, laevia v. transversim rugosa, primum inflexa, demum patentia, perigonii foliolis paullo longiora. Antherae introrsae, biloculares, ovatae v. subglobosae, dorso affixae, erectae v. incumbentes, loculis subappositis, longitudinaliter dehiscentibus. Ovarii rudimentum plus minus manifestum v. nullum.

Floribus femineis. Perigonium calycinum, tetraphyllum v. quinquefidum, foliolis concavis, opposite biseriatis, exterioribus saepius majoribus.

Ovarium sessile v. gynophoro plus minusve manifesto impositum, ovatum, uniloculare, v. rarissime biloculare, loculo altero minimo sterili. Ovulum unicum, mediae parieti insertum, amphitropum, incurvum, micropyle verticem ovarii spectante. Stylus terminalis bifidus, cruribus saepius inaequalibus, intus stigmatosis, v. excentricus, indivisus, hinc stigmatosus.

Achenia v. utriculi monospermi, perigoniis baccatis, liberis v. in syncarpium coalitis inclusi, aut intra receptacula carnosa contenti, rarius in gynophoro baccato elevati, et ejusdem marginibus cincti.

Semen unicum, pericarpium replens, uncinatum. Testa crustacea, fragilis v. tenuissime membranacea, umbilico ventrali. Albumen carnosum, plus minus copiosum.

Embryo intra albumen homotropus, uncinatus. Cotyledones oblongae, planiusculae, incumbentes. Radicula plus minus longa, verticem fructus spectans.

Moreae ob fructus sapidos, dulces, et varios ligni, libri et foliorum usus, inter quos Bombycis serici pabulum eminet, celebratae, in regionibus tropicis calidioribusque totius orbis sponte proveniunt, in veteri continente nonnihil ut videtur frequentiores, arcta affinitate Artocarpeis, quae tamen embryone exalbuminoso et varia ovuli directione distinguuntur, et Urticeis, quae embryone recto et succi lactei defectu differunt, conterminae.

Dorstenia habitu et perigonii obliteratione diversa, Fico nihilominus proxime affinis videtur.

1855. Epicarpurus *BLUM.* Flores dioici. Masc. spicato-amentacei. Perigonium tetraphyllum, bibracteolatum. Stamina 4, perigonii foliolis opposita; filamenta elongata; antherae ..... Fem. subsolitarii. Perigonium tetraphyllum, persistens, demum increscens. Ovarium stipitatum, uniloculare. Ovulum parieti styligerae appensum, amphitropum. Stylus lateralis, profunde bifidus, laciniis filiformibus stigmatosis. Bacca perigonio stipata. Semen parietale, orbiculatum, compressum. Embryo in axi albuminis carnosi curvatus; cotyledonibus crassiusculis, inaequalibus, contortuplicatis; radicula supera. — *Arbores indicae, lactescentes, ramosae; trunco saepius spinoso, foliis alternis, breviter petiolatis, oblongis, serrulatis, rigidiusculis, stipulis subulatis, deciduis.*

Epicarpurus Blume *Bijdr. 488.* Decaisne *in Nouv. Annal. du Mus. III. 499. t. 21.* Albrandia Gaudich. *ad Freyc. 509.* Trophis aspera Wallich *Catalog. n. 4640.* Urtica spinosa Blum. *op. cit. 507.*

1856. Morus *TOURNEF.* Flores monoici, dense spicati. Masc. Perigonium quadripartitum, laciniis ovatis, aestivatione imbricatis, demum patentibus. Stamina 4, perigonii laciniis opposita; filamenta filiformi-subulata, transversim rugosa, elastica; antherae introrsae, biloculares, dorso affixae. Ovarii rudimentum. Fem. Perigonium tetraphyllum, foliolis ovatis, concavis, oppositis, exterioribus majoribus. Ovarium sessile, ovatum, biloculare, loculo altero minore. Ovula in loculis solitaria, dissepimento prope apicem affixa, amphitropa, micropyle supera. Stigmata 2, terminalia, elongato-filiformia, intus villosa. Achenium membranaceum v. subcarnosum, uniloculare, monospermum, perigonio immutato stipatum v. eodem baccante inclusum. Semen pendulum, uncinatum; testa dura, fragili. Embryo in centro albuminis carnosi homotropus, uncinatus; cotyledonibus oblongis, incumbentibus; radicula longiuscula, umbilico contigua, supera. — *Arbores v. frutices lactescentes, in regionibus tropicis et calidioribus totius orbis provenientes; foliis alternis, integris v lobatis, stipulatis, spicis axillaribus solitariis, masculis elongatis, femineis brevibus ovalis v. subglobosis, fructibus nonnullarum edulibus.*

Morus Tournef. *inst. t. 362.* Linn. *gen. n. 1055.* Schkuhr *t. 290.* Gärtn. *II. 199. t. 126.* Pallas *Ross. II. t. 52.* Jacq. *Ic. rar. t. 617.* Guillem. *Archiv. Bot. I. t. 7.* Endlich. *Atakt. t. 32.* Nees jun. *Gen. pl. II. 32.*

OBSERVATIO. Apud cl. Gaudichaud *ad Freyc. 509.* adhuc a Moro distinguitur genus nobis prorsus incognitum:

FATOUA *Gaudich.* Flores masculi et feminei in eodem receptaculo orbiculari, margine ramoso-laciniato. Calyx fructifer membranaceus. Ovarium obliquum, stigmatis bifidi lobo altero minuto. — Urtica japonica Thunb. et Parietaria aspera Leschen.

1857. Maclura *NUTT.* Flores dioici. Masc. racemosi. Perigonium quadripartitum, laciniis ovatis, aestivatione imbricatis, demum patentibus. Stamina 4, perigonii laciniis opposita; filamenta filiformia; antherae introrsae, biloculares, dorso affixae. Ovarii rudimentum. Fem. super receptaculum globosum dense capitato-congesti. Perigonium tetraphyllum, foliolis oppositis, oblongis, cucullato-concavis, exterioribus majoribus. Ovarium sessile, lenticulari-compressum, uniloculare. Ovulum unicum, medio parieti affixum, amphitropum, incurvum, micropyle supera. Stylus terminalis bifidus, crure altero elongato longe exserto, intus stigmatoso, altero nano v. abortivo. Achenia monosperma, perigoniis baccatis inter se concrescentibus inclusa. Semen .... *Arbor boreali-americana; ligno croceo, succo lacteo, ramis alternis teretibus, spinis infra axillaribus, foliis alternis, petiolatis, ovalibus, acuminatis, integerrimis, supra glabris, subtus pubescentibus, stipulis deciduis, capitulis femineis axillaribus, breve pedunculatis, syncarpiis globosis, aurantiacis, tessellatis, sapidis.*

Maclura Nuttall *Gen. II. 234.* Lambert *Pin. II. App. t. 12.* Joxylon Rafin. — ? Morus tinctoria Sloane *Jamaic. II. 3.* Chlorophora Gaudich. *ad Freyc. 509.*

1858. Broussonetia *VENT.* Flores dioici. Masc. dense spicati, bracteati. Perigonium quadripartitum, laciniis ovatis, acuminatis, aestivatione imbricatis, demum patentibus. Stamina 4, perigonii laciniis opposita; filamenta filiformi-subulata, elastica; antherae introrsae, biloculares, dorso affixae. Fem. super receptaculum globosum dense capitato-congesti, squamis pilosis (floribus abortivis) mixti. Perigonium urceolatum, tri-quadridentatum. Ovarium ovatum, uniloculare, gynophoro clavato demum elongato oblique impositum. Ovulum unicum, parietale, amphitropum, micropyle supera. Stylus filiformis, excentricus, hinc stigmatosus. Achenium subcarnoso-gelatinosum, gynophoro baccato, basi perigonio cincto, longe exserto elevatum, ejusque marginibus inaequaliter productis inclusum. Semen pendulum, uncinatum; testa tenuissime membranacea. Embryo intra albumen parcum carnosum homotropus, uncinatus; cotyledonibus oblongis, incumbentibus; radicula umbilico contigua, supera. — *Arbor elata, lactescens, per Asiam insularem a Japonia ad Novam Zeelandiam diffusa; foliis alternis, supra scabris, subtus villosis, junioribus tri-quinquelobis, adultioribus subrotundo-ovatis, indivisis.*

Broussonetia Vent. *Tabl. du reg. veget. 3. p. 547.* Andrews *Bot. Reposit. t. 488.* Papyrius *Lam. t. 762.* Morus papyrifera Linn.

1859. Ficus *TOURNEF.* Receptaculum carnosum, clausum, globosum v. pyriforme, basi squamoso-bracteatum, ore squamulis clauso. Flores plurimi minimi, in superficie interna receptaculi pedicellati, conferti, dioici, v. superiores masculi, reliqui feminei. Masc. Perigonium tripartitum. Stamina 3, perigonii laciniis opposita; filamenta capillaria; antherae introrsae, biloculares, incumbentes. Fem. Perigonium quinquefidum, tubo in pedicellum decurrente. Ovarium gynophoro brevi sublateraliter impositum, uniloculare. Ovulum unicum, parieti styligerae appensum, amphitropum, micropyle supera. Stylus lateralis gynophoro continuus, filiformis; stigmate breviter bifido. Receptaculum fructiferum succulentum, utriculis membranaceis, exaridis, perigonii rudimentis stipatis foetum. Semen parietale, uncinatum; testa dura fragili. Embryo in centro albuminis carnosi homotropus, uncinatus; cotyledonibus ellipticis, incumbentibus; radicula elongata, umbilico contigua supera — *Arbores interdum excelsae v. frutices scandentes, lactescentes, inter tropicos totius orbis copiosissime provenientes, in regionibus extratropicis calidioribus rarissime crescentes, una species ob fructus sapidos culta, in Europa australi subspontanea; foliis alternis, integerrimis v. lobatis, stipulatis, stipulis magnis convolutis, gemmas terminales velantibus, deciduis v. persistentibus, receptaculis axillaribus solitariis v. confertis, rarissime terminalibus racemosis*

Ficus Tournef. *inst. t. 420.* Linn. *gen. n. 1168.* Schkuhr. *t. 358.* Gärtn. *II. 66. t. 91.* Roxb. *Corom. t. 123 — 125.* Hook. *exot. Flor. t. 111.* Bot. Mag. *t. 2939. 3282. 3305.* A. Richard *Sert. Astrolab. t. 17.* Nees jun. *Gen. plant. II. 33. Plant. offic. Suppl. V. t. 8.* — Erosma Both. *Catalog. 113.* Ficus radicans. — Character e Ficu carica sumptus, vix atque ne vix quidem in numerosas generis species, difficillime in musels excutiendas quadrat.

1860. Dorstenia *PLUM.* Receptaculum carnosum, concavo-planum Flores plurimi, in alveolis membranaceo-marginatis laceris receptaculi, masculi femineis mixti. Masc. Alveoli superficiales. Perigonium nullum. Stamina 2, v. plura; filamenta filiformia; antherae biloculares, globoso-didymae. Fem. in foveolis receptaculi solitarii. Perigonium nullum. Ovarium breviter stipitatum, ovatum, uniloculare. Ovulum unicum, parieti styligerae appensum, amphitropum, micropyle supera. Stylus lateralis, filiformis; stigmate bifido. Receptaculum fructiferum subsucculentum, utriculos demum circumscissos includens. Semen parietale, uncinatum; testa crustacea. Embryo in centro albuminis carnosi homotropus, uncinatus; cotyledonibus ovatis incumbentibus; radicula longiuscula, umbilico contigua, supera. — *Herbae acaules, americanae tropicae; foliis radicalibus palmati- v. pinnatifidis, receptaculo scapum terminante quadrangulo v. subrotundo, aut interdum lineari.*

Dorstenia Plumier *gen. t. 119.* Linn. *gen. n. 158.* A. Richard *in Dict. class. V. 600.*

a. SYCHINIUM. *Desv.* Receptaculum bifurcum lineare, apice substerili ramoso pinnatum.

Sychinium Desvaux *in Annal soc. Linn. de Paris IV. 216. t. 12.*

b. DORSTENIA. Receptaculum subrotundum v. quadrangulum.

Dorstenia Jacq. *Ic. rar. t. 614.* Sprengel *in Röm. Archiv. I. t. 7. f. 1.* Schrader *Journ. 1800. I. t. 1. 2.* Hooker *Exot. Flor. t. 6.* Bot. Mag. *t. 2017. 2476. 2804.*

OBSERVATIO. Anquam huc referre solent vere congener Kosaria Forsk. *Aegypt. 164.* ? Herba lactescens, caulescens, foliis sparsis, involucris axillaribus pedunculatis 10—12 dentatis, intus carnosis, multifloris, floribus pressis, pulpae immersis, supra verrucaeformibus, verrucis conico-truncatis, aliis masculis bi-triandris, aliis femineis promiscuis, ovario monostylo monospermo, semine intra pulpam latente.

Ordo XCIII. Artocarpeae.

ARTOCARPEARUM pars DC. Bartling *Ord. nat. 104.*

Arbores v. frutices lactescentes, ramis alternis, teretibus, nonnunquam nodosis, inter nodos fistulosis. Folia alterna, petiolata, simplicia, integra, v. integerrima aut serrata v. pinnati-aut palmatiloba. Stipulae liberae, caducae.

Flores monoici v. dioici, supra receptacula carnosa, nuda v. involucrata conferti, rariusve spicati.

Masculi rarissime perigonio destituti, staminibus squamisque peltatis supra receptaculum globosum dense confertis; plerumque perigoniati, receptaculo globoso v. clavato, aut interdum ramoso impositi v. plus minus dense capitati v. spicati, nudi v. bracteolati, saepius in receptaculo plano v. convexo, involucro polyphyllo cincto sessiles.

Perigonium calycinum di-tri-tetraphyllum, foliolis rarissime distinctis, plerumque in tubum conniventibus v. connatis, limbo minuto.

Stamina tot quot perigonii lobi, v. interdum pauciora, iisdem basi inserta et opposita. Filamenta filiformia v. linearia, libera aut interdum inter se connata, rarius brevissima v. subnulla. Antherae biloculares, erectae v. incumbentes, longitudinaliter dehiscentes, rarissime peltatae, bilamellatae, lamellis toto ambitu solutis apertae.

Flores feminei nunc intra involucrum urceolato-tubulosum v. polyphyllum solitarii, v. rarius plures perigonio destituti aut interdum perigoniati, nunc involucro orbati et perigonio instructi, circa receptaculum globosum dense conferti v. capitati, rariusve laxius spicati, ebracteati, imperfecti saepius perfectis mixti, interdumque basi v. etiam juxta longitudinem concrescentes.

Perigonium tubulosum, limbo bi-tri-quadrifido v. etiam integro.

Ovarium unicum, sessile, liberum, uniloculare. Ovulum unicum, nunc basilare erectum, orthotropum, nunc parietale amphitropum, micropyle supera, v. ex apice loculi pendulum, anatropum. Stylus terminalis v. lateralis, saepius bifidus, lobis stigmatosis, aut indivisus, stigmate simplici laterali v. radiato-multifido terminatus.

Fructus varius, involucro baccato v. sicco cinctus, v. perigoniis carnosis concrescentibus compositus, acheniis v. utriculis plurimis foetus.

Achenia sicca v. Utriculi membranacei, monospermi.

Semen e basi erectum, v. e pariete aut ex apice loculi pendulum. Testa coriacea, crassiuscula. Albumen nullum.

Embryo antitropus v. respectu umbilici lateralis transversus, aut rarius orthotropus. Cotyledones crassae, carnosae, saepius valde inaequales. Radicula brevis, recta v. incurva, verticem v. parietem fructus ab umbilico remotam spectans.

Artocarpeae inter tropicos Asiae et Americae indigenae, in novo continente nonnihil frequentiores, ob succos albos aut flavicantes, lacteos; in aliis insigniter venatos, in aliis innoxios, multiciplis usus technici et oeconomici, et fructus nonnullorum generum in annonam conversos valde memorabiles, embryone exalbuminoso cum succi lactei praesentia combinato, ab affinibus distingui possunt.

Genera plurima verisimiliter adhucdum nos latent, quibus olim cognitis ordinis diagnosis certior stabilietur a Moreis, quae utut arctissime affines, albuminis praesentia satis nobis distinctae videntur.

1861. Brosimum *SWARTZ.* Flores dioici Masc. super receptaculum globosum, squamis peltatis tectum congesti. Perigonium nullum. Stamina solitaria, intra receptaculi squamas erumpentia; filamenta brevia; antherae terminales, orbiculatae, peltatae, bilamellatae, toto ambitu dehiscentes. Fem. Involucrum biflorum, urceolatum, squamulis peltatis v. setis obsitum. Perigonium nullum. Ovaria cum involucro et inter se connata, unilocularia. Ovulum unicum, parietale, peltato-orthotropum. Stylus terminalis, bifidus, cruribus filiformibus integris v. in lobos plumosos stigmatosos partitis. Bacca sicciuscula, ex involucro increscente muricata v. echinata. Semen subglobosum; testa membranacea tenuissima, umbilico ventrali lato. Embryo exalbuminosus, antitropus; cotyledonibus crassissimis carnosis, inaequalibus; radicula umbilico e diametro opposita, brevissima, super cotyledonis dorsum incurva. — *Arbores americanae tropicae, lactescentes; foliis alternis, petiolatis, stipulatis, oblongo-lanceolatis, integerrimis v. serratis, glabriusculis v. pubescentibus, pedunculis axillaribus solitariis v. geminatis, indivisis.*

Brosimum Swartz *Flor. Ind. occid. I. 15. t. 1.* Tussac *in Jour. de Bot. 1808. p. 202. t. 8.* Pöppig *Nov. gen. et sp. II. t. 148.* Piratinera Aublet *Guian. II. 888. t. 340.* — Galactodendrum Humboldt *Relat. hist. II. 106. 130.* Kunth *Nov. gen. et sp. VII. 163.* Palo de Vacca Humboldt *in Annal. du Mus. II. 180.* Boussingault et Rivero *in Annal. de Chemie XXIII. 219.*

1862. Antiaris *LESCHEN.* Flores monoici. Masc. Involucrum multiflorum, polyphyllum, foliolis plurifariam imbricatis, basi connatis, receptaculum orbiculare, planum v. convexum, subtus concavum cingentibus. Flosculi sessiles, dense congesti. Perigonium tri-tetraphyllum, foliolis subspathulatis, apice conniventibus. Stamina 3—4, perigonii foliolis opposita; filamenta brevissima, subnulla; antherae extrorsae, biloculares, loculis appositis. Fem. Involucrum uniflorum, urceolatum, apice multifidum. Perigonium nullum. Ovarium cum involucro connatum, uniloculare. Ovulum unicum, ex apice loculi pendulum, anatropum. Stylus terminalis, bifidus, cruribus filiformibus stigmatosis. Drupa ex involucro baccato formata. Semen pendulum. Embryo exalbuminosus, orthotropus; cotyledonibus maximis carnosis, ovatis, plano-convexis, laevibus; radicula brevissima, supera. — *Arbores v. frutices in Moluccis et in Nova Hollandia boreali tropica crescentes, lactescentes; foliis alternis, brevissime petiolatis, stipulatis, inaequilatere subcordato-oblongis, integerrimis, repandis v. denticulatis, costato-venosis, pedunculis axillaribus v. ob folia delapsa lateralibus, subsolitariis, simplicibus v. subramosis.*

Antiaris Leschenault *in Annal. du Mus. XVI. 476. t. 22.* R. Brown *in Flinders Voy. II. 602. t. 5.* Blume *Rumph. 56. t. 22. 23.* Arbor toxicaria Ipo mas Rumph *Amboin II. 263. t. 87.* Ipo s. Hipo Camelli *in Rai Hist. App. III. 87.* Ipo Pers. *ench. II. 566.* Antschar Horsfield *in Verhandl. Batav. Genotsc. VII. 8.* Antjar s. Antsjar *Javan.* Pohon Upas *Malai.* Ipo *Macass. et Tagal.* — Arboris famosae historiam pluribus more suo elegantissime exposuit cl. Blume *op. cit. p. 46 — 59.*

1863. Olmedia *RUIZ et PAV.* Flores dioici. Masc. Involucrum multiflorum, polyphyllum, foliolis plurifariam imbricatis, receptaculum orbiculare planum v. convexum subtus concavum cingentibus. Flosculi sessiles, dense conferti. Perigonium tubulosum, bi-quadrifidum, laciniis erectis, conniventibus. Stamina 2—4, perigonii laciniis opposita; filamenta fusiformi-cylindrica; antherae introrsae, biloculares, ovatae, incumbentes. Fem. Involucrum uniflorum, polyphyllum, foliolis dense imbricatis. Perigonium tubulosum, e basi ventricosa in collum angustum attenuatum, ore obsolete quadridentato. Ovarium ovatum, uniloculare. Ovulum unicum, ex apice loculi pendulum, anatropum. Stylus terminalis, bifidus, cruribus filiformibus elongatis, apice stigmatoso terminatis. Drupa perigonio baccato inclusa, involucro stipata. Semen pendulum. Embryo exalbuminosus, orthotropus; cotyledonibus magnis carnosis, plano-convexis, laevibus v. rugosis; radicula brevissima, supera. — *Arbores peruvianae, lactescentes; foliis alternis, breve petiolatis, oblongis, scabriusculis, nervosis, integerrimis v. dentatis, stipulis lanceolatis, deciduis, pedunculis axillaribus indivisis, subfasciculatis.*

Olmedia Ruiz et Pav. *Prodr. 129. t. 28.* Kunth *in Humb. et Bonpl. Nov. gen. et sp. VII. 162. t. 623.* Pöppig *Nov. gen. et sp. II. t. 143—146.* Maquira Aublet *Guian. II. t. 389.*

1864. Sorocea *ST. HIL.* Flores dioici. Masc. ..... Fem. Involucrum uniflorum, ovato-tubulosum, obscure quinquedentatum, apice hinc fissum. Perigonium nullum. Ovarium liberum, uniloculare. Stylus terminalis, bifidus; lobis intus stigmatosis. Ovulum parieti prope apicem appensum ..... Bacca ex involucro demum accrescente, stylo coronata. Semen pendulum. Embryo exalbuminosus, rectus; cotyledone altera minima; radicula brevissima, umbilico proxima, supera. — *Arbor brasiliensis; foliis alternis, simplicibus, serratis, floribus femineis axillaribus racemosis.*

Sorocea St. Hilaire *in Mém. du Mus. VII. 473.*

1865. Cecropia *LINN.* Flores dioici, densissime spicati. Masc. ebracteolati. Perigonium turbinato-angulatum, obtusum, apice biporosum. Stamina 2; filamenta filiformia, brevia, e perigonii poris exserta; antherae biloculares, oblongo-tetragonae. Fem. ebracteolati. Perigonium campanulatum, bidentatum. Stamina 2 sterilia, perigonii dentibus alterna. Ovarium ovatum, uniloculare. Ovulum ... Stigma terminale, subsessile, capitatum. Achenium perigonio persistente tectum, monospermum. Semen ..... — *Arbores americanae tropicae, lactescentes; ramis nodosis, inter nodos fistulosis, foliis ad nodos alternis, cordato-peltatis, palmatilobis, subtus saepius discoloribus, junioribus stipulis spathaeformibus involutis, spicis fasciculato-umbellatis, masculis plurimis, femineis paucioribus, basi bractea spathaeformi instructis.*

Cecropia Löffling *It. 272.* Jacq. *Observ. II. t. 46. f. 4.* Juss. *gen. 402.* Lam. *t. 800.*

OBSERVATIO. Musanga Chr. Smith, genus africanum tropicum, monente cl. R. Brown *in Tuckey Congo 453* inter Cecropiam et Cussaponam medium, Cecropiae habitu proximum, structura et dispositione florum masculorum monandrorum, nec non amenti feminei forma diversum, inflorescentia et floris masculi conformatione et habitu etiam ad Myrianthum accedens.

1866. Coussapoa *AUBL.* Flores dioici, capitato-congesti. Masc. Bracteolae 3—4 spathulatae, erectae, perigonium cingentes. Perigonium tubuloso-clavatum, cylindricum, bracteis aequilongum, ore minutissime bidentato. Stamina 2, e fundo perigonii; filamenta in unum connata, apice brevissime exserto libera; antherae extrorsae, biloculares, cordatae, pyramidato-conniventes. Fem. Bracteolae nullae. Perigonium e foliolis 4, arcte connatis ventricoso-tubulosum, ore angusto pervium. Ovarium ovatum, uniloculare. Ovulum unicum, basilare, orthotropum. Stylus terminalis, simplex; stigma setaceo multifidum, radiatum. Drupae perigoniis baccatis inclusae, ovatae, dense congestae. Semen erectum. Embryo exalbuminosus, antitropus.

cotyledonibus crassis, carnosis, subinaequalibus; **radicula** brevissima, supera. — *Arbores americanae tropicae, lacte scatentes, primum fruticosae, super alias arbores parasitice scandentes, ex earum cacumine ramos in solum demittentes, qui mox in truncum coaliti, nutrice stirpe quam circumdant suffocata, truncum arboreum formant, intus cavum, extus inaequaliter sulcatum, coalitionis suae vestigia prodentem, apice ramosum; ramis fungosis, ramulis cavis, foliis alternis, longe petiolatis, cordatis, ovatis v. obovatis, nervosis, tomentosis v. rarius glabris, integerrimis v. crenatis, floribus axillaribus, capitulis masculis paniculatis, femineis solitariis, longe pedunculatis.*

Coussapoa Aublet *Guian. II. 955. t. 362. 363.* Juss. *gen. 406.* Pöppig *Nov. gen. et sp. II. t. 147.*

1867. Myrianthus *PALIS.* **Flores** monoici. **Masc.** in receptaculo planiusculo ramoso conferti. **Perigonium** tetraphyllum, foliolis ovatis, concavis. **Stamina** 3, e fundo floris; **filamenta** in columnam connata, apice brevissime libera; **antherae** terminales, biloculares. **Fem.** . . . . . **Syncarpium** baccatum, apice strangulatum, radiatim 12—14 loculare. **Achenia** (?) intra loculos plurima, villosa, membrana alaeformi cincta. **Embryo** exalbuminosus; **cotyledonibus** ellipticis, planis; **radicula** brevissima, infera. (?) — *Arbor mediocris, in Africa tropica obiter observata; foliis alternis, petiolatis, digitatis, foliolis sex inaequalibus lanceolatis, inaequaliter dentatis, supra pallide viridibus, subtus albidis, petiolis teretiusculis canaliculatis, basi inflatis, floribus masculis minimis in receptaculis paniculas nudas, laxas terminantibus dense confertis, syncarpiis pugni mole.*

Myrianthus Palisot *Flor. Owar. 16. t. 11. et 12.* Genus vix notum, hujus loci svadente cl. R. Brown *App. to Tuckey Congo 449.*

1868. Artocarpus *LINN.* **Flores** monoici. **Masc.** supra receptaculum clavatum amentiforme dense congesti, ebracteolati. **Perigonium** di-triphyllum, foliolis erectis, subinaequalibus, basi plus minus cohaerentibus. **Stamen** unicum; **filamentum** lineare, complanatum; **anthera** terminalis, bilocularis, loculis oppositis. **Fem.** supra receptaculum globosum dense capitato-congesti, concrescentes. **Perigonium** tubuloso-cylindricum, limbo-pyramidato, indiviso, ore pro styli exsertione pervio. **Ovarium** liberum, uniloculare. **Ovulum** unicum, parieti styligerae affixum, amphitropum, micropyle supera, introrsum sublaterali. **Stylus** lateralis, elongato-filiformis, exsertus; **stigmate** terminali, indiviso v. bifido. **Syncarpium** baccatum, ex utriculis inter perigonia carnoso-incrassata, sterilibus plurimis intermixtis, dense conferruminata, perigoniorum apicibus pyramidatis liberis muricatum. **Utriculi** membranacei, styli vestigio laterali notati, longitudinaliter rupti. **Semen** ovatum, parietale, umbilico ventrali affixum. **Embryo** exalbuminosus, respectu umbilici transversus; **cotyledonibus** maximis crassis, valde inaequalibus; **radicula** brevissima supera, cotyledonum dorso incumbente. — *Arbores lactescentes, in Asia et Oceania tropica indigenae, in Americam introductae, et in annonam etiam in patria cultae; foliis alternis, breve petiolatis, obovatis, integerrimis, v. cuneato-obovatis, pinnatifido-lobatis, subtus scabriusculis, stipulis maximis, coriaceis, convolutis, gemmas velantibus, demum deciduis, pedunculis axillaribus, primum stipulis spathaeformibus, mox deciduis inclusis, foliorum lapsu lateralibus.*

Artocarpus Forst. *Pl. esc. 53.* Linn. f. *suppl. 61.* Sitodium Banks *apud Gärtn. I. 345.* Rademachia Thunb. *Act. Holm. XXXVI. 252.* Soccus Rumph *Amboin. I. 104 110.*

a. JACA. Stigma lineare indivisum. — *Folia integra.*

Artocarpus integrifolia Linn. Roxburgh *Corom. t. 250.* Hook. *Bot. Mag. t. 2833. 2834.* Rademachia integra Thunb. *l. c.* Sitodium Banks *apud Gärtn. l. c. t. 71. et 72.* Polyphema Loureir. *Fl. cochinch. II. 346.* Iridaps Commers. *msc.*

b. PUSSAR. Stigma discoideum peltatum. — *Folia integra.*

Artocarpus rigida Blume. *Bijdr. 482.*

c. RIMA. Stigma bifidum. — *Folia pinnatifido-lobata.*

Artocarpus incisa Linn. Hooker *Bot. Mag. t. 2869—2871.* A. communis Forst. *Monograph. 1784.* Rademachia incisa Thunb. *l. c.* Rima Sonnerat *Voy. 99. t. 57—60.*

1869. Conocephalus *BLUM.* **Flores** dioici, capitato-spicati. **Masc.** **Perigonium** tubulosum, tri-quadrifidum, laciniis erectis, carnosulis, subcucullatis. **Stamina** 3—4, perigonii laciniis opposita; **filamenta** carnosa, pyramidata; **antherae** introrsae, exsertae, biloculares, cordatae, loculis basi divaricatis. **Ovarii rudimentum.** **Fem.** **Perigonium** tubulosum, tri-quadrifidum, laciniis saepe inaequalibus. **Ovarium** oblongum, uniloculare. **Ovulum** unicum . . . **Stylus** simplex; **stigmate** oblongo, laterali. **Achenia** perigoniis subbaccatis tecta, compressiuscula, dense congesta. **Semen** pendulum; **testa** subchartacea. **Albumen** parcum, demum evanidum. **Embryo** rectus; **cotyledonibus** subfoliaceis, plano-convexis; **radicula** brevi, supera. — *Frutices indici, scandentes; foliis alternis, elliptico-oblongis, repandis, capitulis subcorymbosis axillaribus, v. foliorum lapsu lateralibus.*

Conocephalus Blume *Bijdr. 483.* Lindley *in Bot. Reg. t. 1203. A et B.* Urtica naucleiflora Roxb. — Ovuli et seminis situs in hoc et in sequenti genere ab auctoribus non indicatur.

1870. Gynocephalium *BLUM.* **Flores** dioici, capitato-congesti. **Masc.** **Perigonium** quadripartitum. **Stamina** 4, perigonii laciniis opposita; **filamenta** longa; **antherae** . . . . **Ovarii rudimentum.** **Fem.** **Perigonium** tubulosum, subquadrifidum. **Ovarium** cylindricum, uniloculare. **Ovulum** . . . **Stylus** brevis, semibifidus. **Drupae** perigoniis baccatis inclusae, angulatae, dense congestae. **Semen** . . . . **testa** fragili. **Albumen** nullum. **Embryo** rectus; **cotyledonibus** maximis, contortuplicatis; **radicula** supera. — *Frutex javanicus, scandens; foliis alternis, cordatis, integerrimis, floribus femineis in receptaculis globosis, masculis in capitulis spicato-paniculatis.*

Gynocephalium Blume *Bijdr. 483.* — Genus praecedenti affine dicitur, perigonio floris masculo, stylo bifido et cotyledonibus corrugatis diversum.

1871. Trophis *P. BROWN.* **Flores** dioici, laxe spicati. **Masc.** **Perigonium** tetraphyllum, foliolis ovatis, patentibus. **Stamina** 4, perigonii foliolis opposita et longiora; **filamenta** filiformia; **antherae** introrsae, biloculares, ovatae. **Fem.** **Perigonium** tetraphyllum. **Ovarium** ovatum, uniloculare. **Ovulum** unicum, parieti prope verticem appensum, amphitropum. **Stylus** terminali-excentricus, brevis; **stigmate** bifido. **Drupa** monosperma. **Semen** globosum, pendulum. **Embryo** exalbuminosus; **cotyledonibus** crassis, carnosis, valde inaequalibus; **radicula** brevi inflexa, supera. — *Arbores lactescentes, Asiam et Americam tropicam incolentes; foliis alternis, integris, spicis axillaribus.*

Trophis P. Browne *Jam. 357. t. 37. f. 1.* Linn. *gen. n.* 1103. Swartz *observ. 372.* Linn. *t. 806.* Roxburgh *Flor. Ind. IV. 760.* Streblus Loureir. *Fl. cochinch. 734.* Achymus Soland. *msc.* — Species americanae ab asiaticis verisimiliter genere diversae.

GENERA VIX NOTA.

1872. Pourouma *AUBL.* Flores dioici. Masc. ...... Fem. Perigonium ...... Ovarium hirsutum. Stigma sessile, peltatum, striatum. Capsula ovata, subhirsuta, uniloculari-, bivalvis. Semen unicum, parietale. — *Arbores guianenses et peruanae; foliis alternis, trilobis v. palmatis, junioribus stipula terminali spathaeformi tectis, pedunculis axillaribus corymboso-multifloris.*

Pourouma Aublet *Guian. II. 891. t. 341.* Juss. *gen. 406.*

1873. Bruea *GAUDICH.* Flores dioici. Masc. ..... Fem. Perigonium tubulosum, irregulariter quadridentatum, hinc fissum, caducum. Ovarium obliquum. Stigma laterale sessile, longissimum, hinc papilloso fimbriatum. Capsula (?) hispida — *Frutex bengalensis; foliis alternis, ovato-subcordatis, serratis (?) villoso-tomentosis, floribus terminalibus pedunculatis, bracteatis, bracteis foliaceis, glandulosis.*

Bruea Gaudich. *ad Freyc. 511.*

1874. Perebea *AUBL.* Flores dioici. Masc. ..... Fem. in receptaculo multifloro, coriaceo, extus squamoso, margine dentato, primo concavo, demum reflexo-pileiformi sessiles. Perigonium tubulosum, quadridentatum. Ovarium ovatum, liberum. Stylus terminalis, cylindricus; stigma bilobum. Fructus monospermus, perigonio baccato tectus. — *Arbor guianensis; foliis alternis, coriaceis, serratis, junioribus stipulis mox caducis involutis.*

Perebea Aublet *Guian. II. 952. t. 361.* Juss. *gen. 402.*

1875. Bagassa *AUBL.* ..... Syncarpium subglobosum, extus granulatum, achaeniis ovatis, acuminatis, circa receptaculum centrale nidulantibus. — *Arbor guianensis lactescens; ramis foliisque oppositis, ovatis, trilobis, stipulis caducis, syncarpiis aurantiiformibus, edulibus.*

Bagassa Aublet *Guian. II. suppl. 15. t. 376.* Juss. *gen. 406.* An Maclurae species?

1876. Castilloa *CERV.* Flores monoici, in eodem ramo masculi femineis alterni. Masc. Perigonium (involucrum?) hemisphaericum, gamophyllum, squamis ovatis, acutis, imbricatis. Stamina plurima, perigonii parieti interiori inserta; Filamenta filiformia, exteriora sensim longiora; antherae subrotundae. Fem. Perigonium maris, squamis paullo latioribus et crassioribus, demum expansis. Ovaria plurima (15—20) ovata. Styli 2, v. rarius 3, divergentes, persistentes, apicibus revolutis stigmatosi. Drupae 15—20, basi connatae, obsolete triangulares, apice excavatae; nuce ovata, uniloculari foetae. — *Arbor mexicana lactescens; ramis alternis, ramulis pilosis, foliis alternis, oblongis, basi cordatis, utrinque villosis, obsolete serratis, stipulis membranaceis, floribus axillaribus, femineis solitariis sessilibus, masculis binis v. ternis pedicellatis.*

Castilloa Cervantes *in Gazeta de literat. de Mexico. 2. Jul. 1794. c. ic.* Cavanilles *Annales de Hist. Nat. 1800. II. 126.* — Arbol de Ule, Holguabuitl Mexic.

1877. Aporosa *BLUM.* Flores dioici. Masc. densissime spicati. Perigonium profunde quadripartitum, laciniis biseriatis. Stamina 2, brevia, antherarum loculis subrotundis. Ovarii rudimentum centrale Fem. ..... — *Frutex javanicus; foliis alternis, oblongis, basi acutis, integerrimis, venosis, subtus scabriusculis, spicis masculis confertis, axillaribus, pedunculatis.*

Aporosa Blume *Bijdr. 514* — Genus ex cl. auctore Cecropiae affine, an Urticaceis propinquius?

1878. Sciaphila *BLUM.* Flores monoici. Masc. Perigonium sexpartitum, laciniis reflexis, apice villosiusculis. Antherae 6, perigonii laciniis adnatae Fem. Perigonium ut in maribus. Antherae steriles. Ovaria plura, receptaculo convexo imposita, unilocularia. Ovulum unicum .... Stigma sessile, punctiforme. Baccae plures, glandulis pellucidis tectae. Semen subtriquetrum; testa subcoriacea. .... *Herba javanica, tenerrima, carnosa, aphylla; scapo simplicissimo, erecto, stipulis alternis, ovatis, floribus racemosis, nutantibus, superioribus masculis.*

Sciaphila Blume *Bijdr. 514.* — Affinitas plane obscura.

Ordo XCIV. Urticaceae.

URTICEAE *DC. Flor. franc. III. 517.* Bartling *Ord. nat. 105. excl.* Cannabineis.

Herbae v. frutices interdum arborescentes, succo in plerisque aqueo, rarissime lacteo. Folia opposita v. alterna, simplicia, petiolata, penninervia, integra, dentata v. serrata, rarius palmatinervia, lobata, plerumque ut et reliquae stirpium partes pilis nunc urentibus nunc fusiformibus adnatis, villo interspersis munitae. Stipulae petiolares liberae, integrae v. lobatae, ut plurimum persistentes, rarius deciduae v. omnino nullae.

Flores polygami, masculi ovarii abortu unisexuales, monoici v. dioici, spicati, capitati v. paniculati, nunc receptaculo carnoso impositi, saepius involucro communi libero v. gamophyllo cincti, bracteolati v. nudi.

Masc. Perigonium calycinum, tetra-pentaphyllum, liberum, v. gamophyllum, quadri-quinquepartitum, laciniis aequalibus, concavis, aestivatione imbricatis, sub anthesi patentibus, rarissime abortu (floribus masculis in ambitu receptaculi communis collocatis) monophyllum.

Stamina imo perigonio inserta, ejusdem lobis numero aequalia et opposita. Filamenta plerumque transversim rugosa, libera, filiformia v. subulata, rarissime basi petaloideo dilatata, aestivatione inflexa, sub anthesi elastice prosilientia, plus minus irritabilia. Antherae introrsae, biloculares, medio dorso affixae, loculis oppositis contiguis, basi et apice interdum discretis, longitudinaliter dehiscentibus.

Ovarii rudimentum sessile v. stipitatum, basi v. apice pilosum, interdum ovulo imperfecto foetum.

Fem. Perigonium calycinum, di-tetrapentaphyllum, foliolis plerumque inaequalibus, nonnullis quandoque rudimentariis, rarius omnibus abortivis, saepissime gamophyllum, tubuloso-ventricosum, limbo bi-quadridentato v. partito. Stamina nulla v. rarius rudimenta squamaeformia, inflexa, perigonii laciniis opposita.

Ovarium sessile, liberum, ovatum, uniloculare. Ovulum unicum, basilare, sessile, orthotropum, saepissime hinc paullo infra micropylem superam cum ovarii pariete styligera, ope vasorum textus conductricis primum cohaerens, post foecundationem plerumque liberum. Stylus terminalis v. sublateralis, simplex; stigmate subcapitato v. penicillato terminatus, nunc uno latere stigmatosus, interdum brevissimus, v. nullus, stigmate tunc sessili, laciniato-multipartito.

Fructus nudus, v. perigonio persistente, membranaceo-sicco v. interdum baccato inclusus, membranaceus v. crustaceus, evalvis, indehiscens, epicarpio laevi v. tuberculato, interdum compresso v. anguste membranaceo-alato.

Semen e basi erectum. Testa tenuissime membranacea, saepius cum endocarpio connata. Albumen carnosum, plus minus copiosum.

Embryo in axi albuminis antitropus, ejusdem fere longitudine. Cotyledones ovatae, planae. Radicula brevis cylindrica, umbilico basilari e diametro opposita, verticem fructus spectans.

Urticaceae inter tropicos totius mundi, et in regionibus subtropicis copiosae, in temperatis rarae, nec ab hominum stationibus multum remotae, ab affinibus ordinibus succo vix non in omnibus aqueo, et principali ovuli basilaris, et embryonis in axi albuminis antitropi recti charactere facillime distinguuntur.

Genera, in quibus circumscribendis styli et stigmatis conformationi vix multum tribuendum esse videtur, difficillime definiuntur, accuratiori adhuc examini commendanda.

1879. Urtica *TOURN.* Flores monoici v. dioici, spicati v. glomerato-capitati. Masc. Perigonium calycinum regulare, qua dri-quinquepartitum, laciniis per aestivationem valvatis, sub anthesi patentibus. Stamina 4 v. 5, perigonii laciniis opposita; filamenta filiformia, primum inflexa, deinde patentia; antherae biloculares, ellipticae, incumbentes. Ovarii rudimentum. Fem. Perigonium tetraphyllum, foliolis erectis, cruciatim oppositis, exterioribus minoribus, interdum abortivis, interioribus persistentibus, interdum baccatis. Ovarium liberum, uniloculare. Ovulum unicum, e basi erectum, orthotropum. Stigma sessile, subcapitatum, villosum, penicillatum v. elongato-filiforme. Achenium oblongum, compressiusculum, laeve v. tuberculatum, nudum v. perigonio baccato inclusum. Semen erectum; testa cum epicarpio connata. Embryo in axi albuminis carnosi antitropus; cotyledonibus ovatis; radicula cylindrica, supera. — *Herbae cosmopolitae, annuae v. interdum suffrutescentes, pilis urentibus, interdum adnatis fusiformibus mixtis obsitae; foliis alternis v. oppositis, inciso-serratis, floribus in paniculis v. racemis axillaribus, rarissime capitatis.*

Urtica Tournef. *inst. 308.* Linn. *gen. n. 1054.*

a. URTICA *Gaudich.* Masc. Perigonium quadripartitum. Stamina 4. Fem. Perigonii tetraphylli foliola interiora maxima, foliacea. Stigma penicillatum. Achenium rectum, lenticulari-compressum, laeve, perigonii foliolis interioribus immutatis inclusum. — *Folia opposita.*

Urtica Gaudich. *ad Freyc. 496.* Urticae sp. oppositifoliae Linn et Auct. — Nees jun. *Gen. plant. II. 28.*

b. URERA *Gaudich.* Masc. Perigonium quadri-quinquepartitum. Stamina 4 v. 5. Fem. Perigonii foliola interiora majora, exteriorum unum saepius abortivum. Stigma penicillatum. Achenium oblique ovatum, compressiusculum, laeve, perigonii foliolis interioribus baccatis inclusum. — *Folia alterna.*

Urera Gaudich *ad Freyc. 496.* Urticae sp. alternifoliae Linn. et Auct.

c. LAPORTEA *Gaudich.* Masc. Perigonium quinquepartitum. Stamina 5. Fem. Perigonii foliola interiora majora, foliacea. Stigma elongato-subulatum. Achenium oblique ovatum, compressiusculum, subtuberculatum, perigonii foliolis interioribus immutatis inclusum. — *Folia alterna.*

Laportea Gaudich. *ad Freyc. 498.* Urtica canadensis Linn. etc.

d. FLEURYA. *Gaudich.* Masc. Perigonium quadripartitum. Stamina 4. Fem. Perigonii bi-quadripartiti foliola inaequalia. Stigma elongato-filiforme. Achenium oblique ovatum, compressiusculum, ala angusta marginatum, nudum. — *Folia alterna.*

Fleurya Gaudich. *ad Freyc. 497. excl. sp.* Urtica divaricata L. U. aestuans L. U. racemosa L.

e. GIRARDINIA *Gaudich.* Masc. Perigonium quadripartitum. Stamina 4. Fem. Perigonii quadripartiti laciniae inaequales, tres basi connatae, quarta libera. Achenium oblique ovatum, lenticulari-compressum, laeve. — *Folia alterna.*

Girardinia Gaudich. *ad Freyc. 498.* Urtica palmata Leschen.

1880. Elatostemma *FORST.* Flores monoici v. rarius dioici, in capitulis sexu distinctis, bracteato-involucratis, in receptaculo plano subcarnoso sessiles v. pedicellati, uni-bi-tribracteolati. Masc. Perigonium quadri-quinquepartitum, foliolis aequalibus, concavis, sub anthesi patentibus. Stamina 4—5, perigonii foliolis opposita; filamenta filiformia, primum inflexa, deinde patentia; antherae introrsae, biloculares, dorso affixae, loculis appositis. Ovarii rudimentum. Fem. Perigonium bi-tri-tetraphyllum, foliolis inaequalibus, saepe minimis, interdum nullis. Ovarium liberum, ovato-ellipticum, uniloculare. Ovulum unicum, basilare, sessile, orthotropum. Stigma terminale, sessile, laciniis multipartitis. Achenia elliptica, receptaculo carnoso insidentia, bracteolis involuta. Semen erectum. Embryo in axi albuminis carnosi antitropus; cotyledonibus ovatis; radicula brevi, supera. — *Herbae v. suffrutices, in insulis Asiae australis et in Oceania obviae; succo aqueo, foliis alternis obliquis, integerrimis, grosse dentatis, tuberculoso-asperis, stipulatis, capitulis axillaribus sessilibus v. breve pedunculatis.*

Elatostemma Forst. *Char. 53.* Brongn. *ad Duperr. 206.*

a. SCIOPHILA *Gaudich.* Involucrum rudimentarium. Flores feminei bractea cucullato-concava stipati. Perigonium abortivum. — *Folia integerrima.*

Sciophila Gaudich. *ad Freyc. 493. t. 120.* Procris Commers. et Auct. excl. pl.

b. ELATOSTEMMA *Forst.* Involucrum plus minus perfectum. Flores feminei bi-tribracteolati. Perigonium di-tri-tetraphyllum, foliolis inaequalibus. — *Folia grosse dentata.*

Elatostemma Forst. *op. cit. t. 53.* Brongn. *ad Duperr. t. 45 46.* Elatostemma et Langeveldia Gaudich. *ad Freyc. 493. 494.* Vaniera Loureiro *Flor. cochinch. II. 690.*

1881. Schychowskya *ENDL.* Flores monoici, masculi in apicibus ramulorum receptaculis carnoso-grumosis ramosis impositi, bracteis deciduis interstincti, feminei glomerati. Masc. Perigonium quadripartitum, foliolis aequalibus, concavis, sub anthesi patentibus. Stamina 4, perigonii foliolis opposita; filamenta basi petaloideo-dilatata, apice filiformi primum inflexo; antherae introrsae, biloculares, dorso adnatae, loculis oppositis. Fem. Perigonium quadrifidum, laciniis inaequalibus. Ovarium ...... Achenium oblique ovatum, stylo sublaterali rostratum, compressum, membranaceo-alatum, tuberculosum. Semen erectum. Embryo in axi albuminis carnosi antitropus; cotyledonibus ovatis; radicula brevi, supera. — *Herba oceanica, basi suffruticosa; foliis alternis, longe petiolatis, crenato-serratis, tuberculoso-asperis, racemis axillaribus paniculatis.*

Schychowskya Endlicher *in Annal. des Wien. Mus. I. 187. t. 13.* Urtica ruderalis Forst.

1882. Pilea *LINDL.* Flores monoici, masculi et feminei in eadem panicula, bracteati. Masc. Perigonium quadripartitum, foliolis aequalibus, concavis, sub anthesi patentibus. Stamina 4, perigonii foliolis opposita; filamenta filiformia, transversim sulcata, primum inflexa, demum elastice prosilientia; antherae introrsae, biloculares, dorso affixae, loculis oppositis. Fem. Perigonium trilobum, lobo uno maximo, cucullato, mutico, duobus collateralibus minoribus planis. Stamina rudimentaria 3, squamaeformia, perigonii foliolis opposita, inflexa. Ovarium liberum, ovato-ellipticum, uniloculare. Ovulum unicum, basilare, sessile, orthotropum. Stigma terminale, sessile, laciniato-multipartitum. Achenia perigoniis carnosulis inclusa, laevia v. tuberculosa. Semen erectum. Embryo in axi albuminis carnosi antitropus; cotyledonibus ovatis; radicula brevi, supera. — *Herbae tropicae et subtropicae cosmopolitae; foliis oppositis, saepius longe petiolatis, stipulatis, integerrimis v. dentatis, glabriusculis v. pilis fusiformibus saepius adnatis obsitis, floribus in paniculis axillaribus glomeratis.*

Pilea Lindley *Collect. t. 4.* Dubrueilia Gaudich. *ad Freyc. 495.* Haynea Schumach. *in Act. soc. Havn. IV. 180.* Urticae et Parietariae sp. Auct.

1883. Pellionia *GAUDICH.* Flores dioici? Masc. ...... Feminei in receptaculo axillari carnoso glomerato-pedicellati, bractea minuta stipati. Perigonium quinquepartitum, laciniis fornicato-concavis, sub apice elongato mucronatis, erecto-patentibus. Stamina rudimentaria 5, lineari-squamaeformia, perigonii foliolis opposita, inflexa. Ovarium liberum, ovatum, uniloculare. Ovulum unicum, basilare, sessile, orthotropum. Stigma terminale, sessile, laciniato multipartitum. Achenium nudum, tuberculosum. Semen erectum. Embryo in axi albuminis carnosi antitropus; cotyledonibus ovatis; radicula brevi, supera. — *Herbae moluccanae; foliis alternis basi obliquis, serratis, glabris.*

Pellionia Gaudich. *ad Freyc. 494. t. 119.*

1884. Böhmeria *JACQ.* Flores dioici v. rarissime monoici, masculi spicati, feminei in axillis conferti. Masc. Perigonium quadri-quinquefidum, foliolis aequalibus, concavis, sub anthesi patentibus. Stamina 4—5, perigonii foliolis opposita; filamenta subulata, primum inflexa, deinde patentia; antherae introrsae, biloculares, dorso affixae, loculis appositis. Ovarii rudimentum. Fem. Perigonium tubuloso-ventricosum, ore subquadridentato. Ovarium liberum, sessile v. brevissime stipitatum, ovato-ellipticum, uniloculare. Ovulum unicum, basilare, sessile, orthotropum. Stigma terminale, elongato-lineare, unilaterale, villosum. Achenium ellipticum v. depresso-conicum, stigmate apiculatum, laeve v. tuberculatum, perigonio membranaceo v. baccato tectum. Semen erectum. Embryo in axi albuminis carnosi antitropus; cotyledonibus ovatis; radicula brevi, supera. — *Suffrutices v. arbusculae, intertropicos totius orbis communes; succo aqueo v. lactescente, foliis alternis v. oppositis, serratis, villosis, floribus masculis spicatis v. glomerato-spicatis, femineis axillaribus congestis, v. super receptaculum carnosum e folii axilla tumens conferti.*

Böhmeria Jacq. *Amer. t. 157.* Böhmeria et Neraudia Gaudich. *ad Freyc. 499.*

a. BÖHMERIA *Gaudich.* Flores feminei axillares glomerati. Perigonium fructiferum siccum. Achenium ellipticum. — *Americanae oppositifoliae, succo aqueo.*

Böhmeria Jacq. *Amer. t. 157.* Bonpl. *Nav. t. 13.* — Böhmeria et Duretia Gaudich. *l. c.* Urticae sp. Linn. Herit. *stirp. t. 20.*

b. PROCRIS *Commers.* Flores feminei in receptaculo axillari carnoso conferti. Perigonium fructiferum siccum. Achenium ellipticum. — *Gerontogaeae alternifoliae, succo aqueo.*

Procris Commers. *ex Juss. gen. 403. excl. sp.* Gaudich. *ad Freyc. t. 118.*

c. NERAUDIA *Gaudich.* Flores feminei axillares glomerati. Perigonium fructiferum baccatum. Achenium depresso-conicum. — *Oceanicae alternifoliae, succo lacteo.* Neraudia Gaudich. *ad Freyc. 500. t. 117.*

1885. Parietaria *TOURNEF.* Flores monoici, fasciculati v. cymosi, involucro communi di-triphyllo v. multipartito. Masc. Perigonium tetra-pentaphyllum, foliolis subaequalibus, concavis, sub anthesi patentibus. Stamina 4—5, perigonii foliolis opposita; filamenta filiformia, transversim rugosa, primum inflexa, sub anthesi elastice prosilientia; antherae introrsae, biloculares, dorso affixae, loculis appositis. Ovarii rudimentum stipitatum, ovulo inani foetum. Fem. Perigonium ventricoso-tubulosum, nervosum, limbo quadridentato, dentibus subaequalibus v. duobus oppositis minimis. Ovarium liberum, sessile, ovatum, uniloculare. Ovulum unicum, basilare, sessile, orthotropum. Stylus terminalis, brevissimus v. nullus; stigma capitato-penicillatum, v. lineare, unilaterale, villosum. Caryopsis perigonio immutato arido v. carnosulo, interdum compresso et alato cincta. Semen e basi erectum; testa membranacea tenuissima. Embryo in axi albuminis carnosi antitropus; cotyledonibus ovatis, planis; radicula cylindrica, supera. — *Plantae herbaceae v. suffrutescentes, glabrae v. villosae, in temperatis et calidis totius orbis obviae, in regione mediterranea, America boreali et in Asia tropica imprimis copiosae; foliis alternis et oppositis, floribus utriusque sexus axillaribus, involucro communi cinctis.*

Parietaria Tournef. *inst. 289.* Linn. *gen. n. 1152.*

a. PARIETARIA. *Gaudich.* Involucrum polyphyllum. Perigonium floris feminei teretiusculum, limbo quadridentato. Stylus filiformis; stigma capitato-villosum. — *Folia alterna.*

Parietaria Gaudich. *ad Freyc. 501.* P. officinalis L. et P. judaica L. Schkuhr *t. 346.* Gärtn. *119.* Nees jun. *Gen. plant. II. 29.*

b. FREIREA *Gaudich.* Involucrum tri-polyphyllum. Perigonium floris feminei tubulosum, quadripartitum, fructiferum chartaceum. Stylus brevis; stigma capitato-villosum. — *Folia alterna.*

Freirea Gaudich. *ad Freyc. 502.* P. lusitanica L. P. filiformis Tenor.

c. THAUMURIA *Gaudich.* Involucrum quinquefidum, subtriflorum, laciniis duabus alternis majoribus, alaeformibus. Perigonium floris feminei tubulosum, angulatum, limbo quadridentato. Stylus brevis; stigma capitato-villosum. — *Folia alterna.*

Thaumuria Gaudich. *ad Freyc. 502.* P. cretica Linn.

d. GESNOUINIA *Gaudich.* Involucrum campanulatum, sexfidum, bi-triflorum, laciniis alternis minoribus. Perigonium floris feminei ovale, limbo quadrilobo. Stigma lineare, elongatum, hinc villosum. — *Folia alterna.*

Gesnouinia Gaudich. *ad Freyc. 502.* Urtica arborea Linn. Böhmeria rubescens Jacq. B. arborea Ait.

e. POUZOLZIA *Gaudich.* Involucrum polyphyllum, floribus interdum dioicis. Perigonium femineum tubulosum, limbi quadridentati dentibus duobus minimis, fructiferum sulcato-angulatum v. complanato-bialatum, inferne cristatum, gibbum v. aequale. Stigma lineare, elongatum, hinc villosum. — *Folia alterna v. rarius opposita.*

Pouzolzia Gaudich. *ad Freyc. 503.* P. indica Linn. P. laevigata Poir.

f. ROUSSELIA *Gaudich.* Involucrum polyphyllum, floribus femineis binis inferne cohaerentibus, masculis racemosis. Perigonium fructiferum complanato-quadrialatum, alis duabus inferioribus obsoletis. Stigma subsessile, capitato-villosum. — *Folia alterna.*

Rousselia Gaudich. *ad Freyc. 503.* Urtica lappulacea Swartz.

1886. Soleirolia *GAUDICH.* Flores dioici, solitarii. Masc. Involucrum trifidum. Perigonium quadripartitum, laciniis subaequalibus, concavis, sub anthesi patentibus. Stamina 4, perigonii laciniis opposita; filamenta filiformia, transversim rugosa, primum inflexa, sub anthesi elastice prosilientia; antherae introrsae, biloculares, dorso affixae, loculis appositis. Ovarii rudimentum basi lanatum. Fem. Involucrum tubuloso-ventricosum, trialatum, trifidum. Perigonium tubuloso-ventricosum, limbo quadrilobo. Ovarium liberum, sessile, ovatum, uniloculare. Ovulum unicum, basilare, sessile, orthotropum. Stylus terminalis, filiformis, brevis; stigma capitato-oblongum, hinc villosum. Caryopsis perigonio persistente, fauce recluso cincta. Semen e basi erectum; testa membranacea, tenuissima. Embryo in axi albuminis carnosi antitropus; cotyledonibus ovatis, planis; radicula cylindrica, supera. — *Herbae mediterraneae, pusillae; foliis alternis, stipulatis, oblique rotundatis, integris, villosis, pilis fusiformibus adnatis conspersis.*

Soleirolia Gaudich. *ad Freyc. 504.* Helxine Requien. *Annal. sc. nat. V. 384.* Parietaria lusitanica Viviani *Flor. cors. App. t. 1. f. 1.*

1887. Forskolea *LINN.* Flores androgyni, in receptaculo lanato, involucro subcampanulato quinque-sexfido cincto, masculi peripherici, feminei centrales, sessiles. Masc. Perigonium monophyllum, canaliculato-concavum, apice galeatum. Stamen unicum; filamentum filiforme, transversim rugosum, elastice prosiliens; anthera extrorsa bilocularis, dorso affixa, loculis appositis. Fem. Perigonium tubuloso-ventricosum, lanatum, limbo integerrimo. Ovarium ellipticum, uniloculare. Ovulum unicum, basilare, sessile, orthotropum. Stylus terminalis, brevis; stigma lineare, unilaterale, hinc villosum. Utriculus membranaceus, perigonio persistente inclusus. Semen e basi erectum, testa tenuissime membranacea. Embryo in axi albuminis carnosi antitropus; cotyledonibus ovatis, planis; radicula cylindrica, supera. — *Herbae arabicae, asperae, tenaces v. subpungentes; foliis alternis, stipulatis, involucris axillaribus sessilibus, confertis.*

Forskolea Linn. *gen. n. 1262.* Juss. *gen. 403.* Schkuhr *t. 125.* Gärtn. *I 332. t. 68.* Jacq. *Hort. vindob. I. t. 48.* Murray *Comment. Götting. t. 2.* Gaudich. *ad Freyc. 504.* Caidbeja Forsk. *Aegypt. 82.*

OBSERVATIO: Forskoleae arcte affinia genera, a cl. Gaudichaud paucis verbis indicata, nobis prorsus incognita:

DROGUETIA Gaudich. *ad Freyc. 505.* Involucrum integrum, biflorum, flore altero masculo, altero hermaphrodito. — Herbae mauritianae; foliis alternis, punctulato-granulosis, floribus spicatis. — Urtica leptostachys Pers.

AUSTRALINA Gaudich. *ad Freyc. 505.* Involucrum subnullum, floribus masculis 1—2, et femineis 2—3 in eadem axilla. — Herba australasica pusilla; caulibus filiformibus ramosis, repentibus, foliis alternis, floribus subsolitariis pedunculatis, ebracteatis? — Urtica pusilla Herb. Desf.

URTICACEIS AFFINES.

* CYNOCRAMBEAE.

1888. Thelygonum *LINN.* Flores monoici in diversis axillis. Masc. ebracteati, 2—3 sessiles. Perigonium diphyllum, foliolis anticum et posticum ab axi floris latus occupantibus, aestivatione sibi invicem applicitis, demum revolutis. Stamina indefinita (2—20), imis perigonii foliolis inserta; filamenta tenerrime capillaria, libera; antherae lineares, versatiles, biloculares, loculis longitudinaliter dehiscentibus. Fem. plerumque terni v. rarius plures, sessiles, bractea postica, bracteolisque duabus anticis, totidemque lateralibus stipati, flore intermedio saepius majore, lateralibus quandoque efoetis. Perigonium cum ovario connatum, limbo subexcentrice supero, tubuloso, subclavato, apice a stylo perforato, sub grossificatione demum laterali. Ovarium inferum, uniloculare. Ovulum unicum, basilare, situ amphitropum, directione campylotropum. Stylus lateralis; stigmate clavato, indiviso. Drupa monosperma. Semen hippocrepicum; testa tenuissime membranacea. Embryo in axi albuminis carnosi homotropus, uncinatus; cotyledonibus linearibus incumbentibus; radicula cylindrica, infera. — *Herba annua, subsucculenta, glabra, in regione mediterranea obvia; foliis petiolatis, inferioribus oppositis, superioribus alternis integerrimis, penninerviis, stipulis incisis, petiolorum bases connectentibus.*

Thelygonum Linn. *gen. n. 1068.* Lam. *t. 777.* Delile *in Annal. sc. nat. XIX. 370. t. 13.* Nees jun. *Gen. pl. II. 60.*

** GUNNERACEAE.

1889. Gunnera *LINN.* Flores hermaphroditi v. dioici. Perigonium ovario adnatum, limbo supero quadripartito, laciniis duabus minutis dentiformibus, duabus alternis petaloideis, caducis, interdum abortientibus. Stamina 2, epigyna, perigonii lobis duobus minoribus alterna. Ovarium inferum, uniloculare. Ovulum unicum (?) ex apice loculi pendulum, anatropum. Stigmata 2, sessilia, elongata, plumoso-villosa. Achenium drupaceum. Semen unicum, pendulum. Embryo minutus, in axi albuminis celluloso-carnosi, radicula umbilico proxima, supera. — *Herbae succo aqueo, in Africa et America australi extratropica, nec non in excelsis Americae tropicae et Archipelagi Sandwicensis montibus observatae, acaules; foliis radicalibus longe petiolatis, suborbiculato reniformibus, crenatis, pilosis, floribus in scapo radicali composite spicato, ad ramulos bracteato, dense spicatis ebracteatis.*

Gunnera Linn. *gen. n. 1272.*

a. MISANDRA *Commers.* Flores dioici. Perigonii lobi duo petaloidei abortientes.

Misandra Commers. *ex Juss. gen. 405.* Gaudich. *ad Freyc. 512.* Disomene Banks et Sol. Gunnera magellanica Lam. *ill. t. 801. f. 2.*

b. PERPENSUM *Burm.* Flores hermaphroditi. Perigonii lobi duo petaloidei, caduci.

Perpensum Burmann *prodr. 26.* Gunnera Linn. *Amoen. Academ. VII. 495.* Jussieu *gen. 405.* Lam. *t. 801. f. 1.* Ruiz. et Pav. *Flor. peruv. t. 44. f. a.* Kunth *in Humb. et Bonpl. Nov. gen. et sp. II. 44.* Bot. Mag. *t. 2376.* Gaudich. *ad Freyc. 512.* Panke Feuillé *Observ. II. t. 30.*

Ordo XCV. Cannabineae.

Herbae annuae erectae, v. perennes volubiles, succo aqueo, fibris tenacibus, foliis oppositis v. superioribus alternis, incisis v. lobatis, serratis, hispidulis, stipulis persistentibus incisis v. deciduis.

Flores dioici. Masculi racemosi v. paniculati.

Perigonium herbaceum, pentaphyllum, foliolis subaequalibus, aestivatione imbricatis, sub anthesi patentibus.

Stamina 5, imo perigonio inserta, ejusque foliolis opposita. Filamenta filiformia, brevia v. brevissima. Antherae terminales oblongae, biloculares, loculis oppositis quadrisulcae, muticae v. connectivo excurrente apiculatae, longitudinaliter dehiscentes.

Flores feminei spicato-glomerati, unibracteati, v. amentacei, bracteis foliaceis plurifariam imbricatis, bifloris.

Perigonium monophyllum, ovarium amplectens, v. conplicato-convolutum, basi ventricosa ovarium includens.

Ovarium subglobosum v. ovatum, compressiusculum, uniloculare. Ovulum unicum, e basi loculi erectum, orthotropum. Stylus terminalis brevissimus v. nullus. Stigmata 2, elongato-filiformia v. subulata, pubescentia.

Caryopsis unilocularis, bivalvis, indehiscens, laevis, v. Achenia glanduloso-resinosa, perigoniis tandem increscentibus strobilum membranaceum formantibus inclusa.

Semen unicum, erectum. Testa tenuissime membranacea, umbilico basilari, endopleura carnosula albumen mentiente.

Embryo exalbuminosus, uncinatus v. spiralis. Cotyledones rectae v. spiraliter convolutae; radiculae superae incumbentes.

Cannabineae in Asia et Europa media, nec non in America boreali indigenae, multiplicis usus.

Urticaceis proximae, embryonis exalbuminosi directione heterotropa facillime distinguuntur.

1890. Cannabis *TOURNEF.* Flores dioici. Masc. racemosi. Perigonium pentaphyllum, foliolis subaequalibus, aestivatione imbricatis, anthesi patentibus. Stamina 5, perigonii foliolis opposita; filamenta filiformia, brevia; antherae terminales, magnae, oblongae, pendulae, biloculares, loculis oppositis-quadrisulcae, longitudinaliter hiantes. Ovarii rudimentum nullum. Fem. spicato-glomerati, unibracteati. Perigonium monophyllum, complicato-convolutum, basi ventricosa ovarium includens. Ovarium subglobosum, uniloculare. Ovulum unicum, e basi loculi erectum, orthotropum. Stylus brevis, terminalis; stigmata 2, elongato-filiformia, pubescentia. Caryopsis unilocularis, bivalvis, indehiscens. Semen erectum, uncinatum; testa viridi tenuissime membranacea, umbilico colorato notata. Embryo exalbuminosus, heterotropus, uncinatus; cotyledonibus incumbentibus, dorso convexis; radicula longa, umbilico opposita, supera. — *Herba annua, in Asia media indigena, nunc ob multiplicem fibrarum tenacissimarum usum per omnem Europam culta; caule erecto, foliis inferioribus oppositis, superioribus alternis, incisis, hispidulis.*

Cannabis Tournef. *inst. 1308.* Linn. *gen. n. 901.* Gärtn. *I. 357. t. 75.* Schkuhr *t. 325.* Nees jun. *Gen. plant. II. 30.*

1891. Humulus *LINN.* Flores dioici. Masc. racemosi v. paniculati. Perigonium pentaphyllum, foliolis aequalibus, aestivatione imbricatis, anthesi patentibus. Stamina 5, perigonii foliolis opposita; filamenta filiformia, brevissima; antherae terminales, magnae, oblongae, erectae, biloculares, loculis oppositis, connectivo excurrente apiculatae, longitudinaliter dehiscentes. Ovarii rudimentum nullum. Fem. amentacei, bracteis foliaceis plurifariam imbricatis, bifloris. Perigonium monophyllum, squamaeforme, ovarium amplectens, demum increscens. Ovarium ovatum, compressiusculum, uniloculare. Ovulum unicum, e basi loculi erectum, orthotropum. Stigmata 2, terminalia, elongato-subulata, pubescentia. Strobilus membranaceus, e squamis perigonialibus imbricatis increscentibus. Achenia unilocularia, indehiscentia, resinoso-glandulosa. Semen erectum; testa tenuissime membranacea. Embryo exalbuminosus, heterotropus; cotyledonibus linearibus spiraliter involutis; radiculae incurvae superae incumbentibus. — *Herba volubilis, in Europa media et America boreali indigena, ob pericarpiorum glandulas principio resinoso amaricante foetas etiam culta, hispida; foliis oppositis, cordatis, tri quinquelobis, serratis, stipulis ovatis, integris v. bifidis.*

Humulus Linn. *gen. 902.* Schkuhr *t. 326.* Nees jun. *Gen. plant. II. 31.* Lupulus Tournef. *inst. 309.* Gärtn. *t. 73.* De glandulis Lupulinis cfr. Raspail *Nouv. systeme de Chimie organique.*

Ordo XCVI. Antidesmeae.

STILAGINEAE Agardh *Aphorism.* 199. Lindley *Introduct. edit. II. p.* 179. ANTIDESMEAE Sweet *Hort. Brit. edit. II. p.* 460.

Arbores v. frutices, ramis haud articulatis, teretiusculis. Folia alterna, petiolata, coriacea, integerrima v. angulato-dentata. Stipulae caducae.

Flores unisexuales, dioici, regulares, in spicas axillares, amentiformes dispositi, bracteati.

Floribus masculis: Perigonium calycinum, tri-quinquepartitum.

Stamina numero loborum perigonii v. interdum pauciora, iisdem opposita. Filamenta filiformia, exserta, libera v. basi toro glanduloso minimo conjuncta. Antherae introrsae, biloculares, loculi connectivo incrassato sejuncti, eidem horizontaliter adnati, verticaliter aperti.

Ovarii rudimentum.

Floribus femineis. Perigonium maris deciduum.

Ovarium sessile, liberum, basi annulo glanduloso cinctum, uniloculare. Ovula 2, collateralia, ex apice loculi pendula, anatropa. Stigma terminale sessile, depressum, radiato-triquinquelobum.

Drupa baccata, stigmate persistente coronata, unilocularis, monosperma. Putamen osseum, extus scrobiculis punctisque impressis, intus spinulas processusve in semen penetrantes efformantibus notatum.

Semen inversum. Testa membranacea et albumen copiosum carnosum a putaminis processubus scrobiculatum.

Embryo orthotropus, axilis; cotyledonibus magnis, foliaceis; radicula parvula, umbilico proxima, verticem fructus spectante.

Antidesmeae antherarum loculis solo apice affixis, disco annulari et putaminis indole facile ab ordinibus affinibus distinguendae, Indiam orientalem et Madagascariam inhabitant.

Pyrenacantha genus ovarii et fructus structura optime Antidesmati conveniens, staminibus cum perigonii lobis alternantibus, antherarum loculis oppositis, et succo lacteo valde anomalum, an revera affine?

Ad calcem ordinis genera plura, seminis albuminosi structura Antidesmeis affinia, enumeravimus.

Drupae nonnullarum sapide acidulae, edules.

1892. Antidesma *LINN.* Flores dioici. Masc. Perigonium tri-quinquepartitum. Stamina 2, 3 v. 5, disco annulari inserta; filamenta filiformia; antherae biloculares, loculis divaricato-patentibus. Ovarii rudimentum. Fem. Perigonium maris. Discus annularis ovarii basim cingens. Ovarium ovatum, liberum, uniloculare. Ovula 2, ex apice loculi pendula, collateralia, anatropa. Stigma sessile, tri-quinqueradiatum. Drupa monosperma, stigmate coronata, putamine intus spinuloso. Semen pendulum. Albumen crassum, carnosum, putaminis processubus scrobiculatum. Embryo orthotropus, axilis; cotyledonibus magnis foliaceis; radicula brevi, supera. — *Arbores v. frutices indici et madagascarienses, haud lactescentes; foliis alternis breve petiolatis, coriaceis, integerrimis v. angulato-dentatis, stipulis caducis, floribus axillaribus spicato-amentaceis.*

a. STILAGO *Linn.* Perigonium tripartitum. Stamina 2—3. Stigma triradiatum.

Stilago Linn. *gen. n.* 1273. Roxb. *Corom. t.* 166. *Flor. Ind. III.* 315.

b. ANTIDESMA *Linn.* Perigonium quinquefidum. Stamina 5. Stigma quinqueradiatum.

Antidesma Linn. *gen. n.* 1110. Gärtn. *I.* 188. *t.* 39. Roxb. *Corom. t.* 167. *Flor. Ind. III.* 354.

*

1893. Pyrenacantha *HOOK.* Flores dioici. Masc. spicati, bractea laterali. Perigonium calycinum, quadripartitum, patens. Stamina 4, perigonii laciniis alterna et aequilonga; filamenta basi dilatata, complanata; antherae subrotundae, terminales, biloculares, loculis appositis, longitudinaliter dehiscentibus. Ovarii rudimentum. Fem. spicato-capitati, bracteolati. Perigonium calycinum, quadri-quinquepartitum. Ovarium ovatum, liberum, uniloculare. Stigma sessile, multiradiatum. Ovula 2, ex apice loculi pendula, collateralia, anatropa. Drupa monosperma, putamine fragili, intus spinis plurimis obtusis muricato. Semen pendulum. Albumen crassum, carnosum, putaminis spinulis perforatum. Embryo orthotropus, axilis; cotyledonibus magnis, foliaceis; radicula brevi, supera. — *Frutex indicus, lactescens; caule filiformi, tereti, scandente, foliis alternis, petiolatis, oblongo-ellipticis, retusis, integerrimis, scabriusculis, spicis supraaxillaribus.*

Pyrenacantha Hooker *Bot. Misc. II.* 108. *Suppl. t.* 9. 10.

ANTIDESMEIS AFFINES.

* PUTRANJIVEAE.

1894. Putranjiva *WALL.* Flores dioici. Masc. ex axillis foliorum glomerato-capitati. Perigonium calycinum, tetra-pentaphyllum, foliolis parvis, inaequalibus. Stamina 3; filamenta filiformia, exserta, omnia v. bina inter se connata, tertio libero; antherae extrorsae, biloculares, magnae, subglobosae, loculis appositis, longitudinaliter dehiscentibus. Fem. ex axillis foliorum longe pedicellati, solitarii. Perigonium pentaphyllum, foliolis subaequalibus, apice incisis. Ovarium ovato-oblongum, triloculare. Ovula in loculis gemina, collateralia, ex apice anguli interioris pendula, anatropa. Styli 3, filiformes; stigmata foliaceo-dilatata, subpeltata. Drupa baccata, monosperma. Semen inversum. Embryo in axi albuminis carnosi orthotropus; cotyledonibus lato-ovatis, foliaceis; radicula supera. — *Arbor hindostanica; ligno duro, albido, foliis alternis, petiolatis, oblongo-lanceolatis, minute serrulatis, glabris, stipulis minutis, villosis.*

Putranjiva Wallich *catal. n.* 6814. Royle *Himalay. t.* 100. Nageia Putranjiva Roxb. *Flor. Ind. III.* 766. Pongolam Rheed. *Malab. VII. t.* 59.

1895. Nageja *GÄRTN.* Flores dioici, amentacei. Perigonium di tetraphyllum. Stamina 4. ...... Ovarium ...... Styli duo.

Drupa baccata, monosperma. Semen inversum. Embryo in axi albuminis carnosi orthotropus; cotyledonibus ellipticis, plano convexis; radicula elongata, crassa, supera. — *Arbuscula japonica, vix nota; foliis oppositis lanceolatis, integerrimis, aveniis.*

Nageja Gärtn. *I. 191. t. 39.* Nagi Kämpf. *Amoen. exot.* 874. Myrica Nagi Thunb.

** FORESTIEREAE.

1896. Forestiera *POIR.* Flores dioici. Amenta gemmiformia axillaria, e squamulis membranaceis decussatim multiseriatis, interioribus majoribus. Masc. inter intimas amenti squamas, terni senive fasciculati, pedicellati. Perigonium tetraphyllum minimum, sub anthesi caducum. Stamina 2—4, summo pedicello imposita; filamenta subulato-filiformia, longiuscula; antherae biloculares, oblongae, basifixae, loculis oppositis, longitudinaliter dehiscentibus. Ovarii rudimentum ovatum, stylo filiformi stamina subaequante, stigmate subcapitato. Fem. inter intimas amenti squamas solitarii, v. bini rariusve plures pedicellati. Perigonium tetraphyllum, minimum, foliolis duobus oppositis majoribus, duobus quandoque deficientibus, omnibus sub anthesi deciduis. Ovarium ovatum, biloculare. Ovula in loculis bina, collateralia, apici septi appensa, anatropa. Stylus terminalis cylindricus; stigma depresso-capitatum, obsolete emarginato-bilobum. Bacca coriacea, ovata, subinaequilatera, abortu unilocularis, monosperma. Semen e dissepimento pericarpii parieti applicito pendulum, oblongum; testa coriacea, longitudinaliter sulcata, rhaphe lineari et chalaza apicali notata. Embryo in axi albuminis dense carnosi orthotropus; cotyledonibus oblongis, planis; radicula longiuscula, supera. — *Frutices in America boreali calidiore provenientes; ramulis saepius spinescentibus foliisque oppositis, integerrimis v. obiter serratis, coriaceis, glabris.*

Forestiera Poiret *Suppl. II. 664.* Bigelowia Smith *in Rees Cyclop. non alior.* Borya Willdenow *sp. IV. 711.* non Labillard. Adelia L. C. Richard *in Michaux Flor. Bor. Amer. II. 223. t. 48.* non P. Browne.

*** SCEPACEAE.

1897. Scepa *LINDL.* Flores dioici. Masc. amentacei. Perigonium tetraphyllum, foliolis minimis, membranaceis, aestivatione imbricatis. Stamina 2, libera; filamenta brevissima; antherae biloculares, loculis appositis, longitudinaliter dehiscentibus. Fem. in racemis axillaribus brevibus. Perigonium hexaphyllum, foliolis biseriatis, integris v. interioribus trilobis. Ovarium liberum, biloculare. Ovula in loculis 2, collateralia, e dissepimenti apice pendula, laminis e placenta pro singulo ovulo late prominentibus micropylen superam velantibus, basi villis e loculi fundo surgentibus immersa. Stigmata 4, sessilia, fimbriata. Fructus ...... — *Arbores indicae; foliis alternis, petiolatis, coriaceis, glabris v. villosis, stipulis membranaceis, junioribus gemmas velantibus.*

Scepa Lindley *introduct. ed. II. p. 441.* Lepidostachys villosa Wallich *Catalog. n. 7298.*

1898. Lepidostachys *WALL.* Flores dioici. Masc. amentacei. Perigonium pentaphyllum, foliolis minimis, membranaceis, aestivatione imbricatis. Stamina 5, libera; filamenta brevissima; antherae biloculares, loculis appositis, longitudinaliter dehiscentibus. Fem. in racemis axillaribus, brevibus. Perigonium tetra-hexaphyllum, foliolis biseriatis. Ovarium liberum, biloculare. Ovula in loculis 2, collateralia, e dissepimento prope apicem pendula, lamina conductrice pro singulo ovulorum pari late prominente, micropyles superas velante. Stigmata 2, sessilia, emarginata, integerrima. Capsula subglobosa, bilocularis, quadrivalvis, endocarpio tenui, rigido, a sarcocarpio friabili secedente. Semina in loculis bina v. saepius abortu solitaria, axillo succulento involuta. Embryo viridis, in axi albuminis carnosi orthotropus; cotyledonibus planiusculis obovatis; radicula umbilico proxima, supera. — *Arbor indica; foliis alternis, petiolatis, coriaceis, integerrimis, glabris, stipulis falcatis, ciliatis.*

Lepidostachys Wallich *Catalog. n. 6816.* excl. reliq. Lindley *introduct. edit. II. p. 441.* Alnus dioica Roxb *Flor Ind. III. 580.*

1899. Hymenocardia *WALL.* Flores monoici? dioici? Masc. in amentis sessilibus. Perigonium diphyllum. Stamina 5, monadelpha; antheris oblongis, basi acutis. Fem. fasciculati, gemmacei. Perigonium quinquepartitum. Ovarium liberum, biloculare. Ovula in loculis 2, collateralia, appensa, basi attenuata et post foecundationem dilatata. Stigmata 2, sessilia, setacea. Fructus compressus, membranaceus, bialatus, bilocularis. ...... *Arbor indica; foliis alternis, petiolatis, oblongis, integerrimis, junioribus villosis, adultis glabriusculis.*

Hymenocardia Wallich *Catalog n. 3549.* Lindley *introduct. edit. II. p. 441.*

**** GARRYACEAE.

1900. Garrya *DOUGL.* Flores dioici, in amentis axillaribus, elongatis, intra bracteas decussantes connatas, ternati. Masc. Perigonium calycinum, tetraphyllum, foliolis linearibus, patentibus. Stamina 4, perigonii foliolis alterna et breviora; filamenta libera, aequalia; antherae introrsae, biloculares, basifixae, loculis oppositis, longitudinaliter dehiscentibus. Fem. Perigonium cum ovario connatum, limbo supero, bilobo, lobis setiformibus, brevissimis. Ovarium inferum, uniloculare. Ovula 2, collateralia, funiculis brevibus cavitatis apici appensa, anatropa. Styli 2, perigonii lobis alterni, subulati, basi connati, intus juxta totam longitudinem stigmatosi. Fructus baccatus, stylis persistentibus superatus, unilocularis, dispermus. Semina 2, pendula, oblonga; testa tenuis transversim rugosa, raphe elevata laterali ad chalazam apicalem excurrente. Albumen copiosum, carnosum. Embryo minimus, orthotropus, axilis; cotyledonibus 2, germinatione hypogaeis; radicula supera. — *Frutex californicus; ligno ezonato, ramulis tetragonis, foliis oppositis, breve petiolatis, integerrimis, penninerviis, sempervirentibus, petiolis basi coadunatis, stipulis nullis.*

Garrya Douglas *ex Lindley in Bot. Reg. t. 1686.*

OBSERVATIO. Garryae, obscurae omnino affinitatis, lignum, monente cl. Lindley, zonas nullas ostendit concentricas, sed maxima ex parte constat e tubulis lignosis, granulis olivaceo-fuscis punctatis, qui circa medullam copiosum, in lamellas processubus medullaribus crassis separatas radiatim dispositi sunt, vasis paucis annulatibus reticulatisve inter lignum sparsis, punctatis nullis interjectis. Affinitate proximam censet Garryam Cupuliferis et Chloranthaceis, ab his perigonii praesentia et stipularum defectu, ab illis trunci ezonali structura, foliis oppositis et perigonio femineo supero distinctam. Nobis stamina perigonii lobis alterna imprimis paradoxa sunt.

Ordo XCVII. Plataneae.

PLATANEAE Lestiboud. *ex Martius Hort. Monac. p. 46.* Martius *consp. 12.* PLATANACEAE Lindley *introduct. edit. II. p. 187.*

Arbores saepius elatae, succo aqueo; foliis alternis, petiolatis, palminerviis, palmatilobis. Stipulae nullae. Gemmae intra petioli basim latentes.

Flores monoici, masculi et feminei in diversis ramulis, super receptacula globosa, lateralia et terminalia dense conferti.

Masculi. Perigonium nullum.

Stamina plurima, squamis subclavatis (staminibus abortivis) irregulariter mixta, dense conferta. Filamenta brevissima; antherae biloculares, loculis oblongis, connectivo-subclavato, apice peltatim truncato subapposite adnatis, contiguis, longitudinaliter dehiscentibus. Pollinis granula globulosa.

Flores feminei. Perigonium nullum.

Ovaria plurima, inverse conica, dense conferta, sterilia squamaeformia fertilibus mixta, basi pilosa, unilocularia. Ovulum unicum v. gemina superposita, e pariete styligera pendula, filiformia, orthotropa, micropyle infera. Stylus sublateralis, elongato-subulatus, apice hinc stigmatosus.

Nucula coriacea, basi pilis articulatis papposis prurientibus stipata, unilocularis, monosperma.

Semen oblongo-cylindricum, pendulum. Testa tenuiter membranacea, umbilico obsolete piloso.

Embryo in axi albuminis parce carnosi antitropus; cotyledonibus planiusculis, ellipticis; radicula longa, cylindrica, infera.

Plataneae in Asia mediterranea et in America boreali indigenae, Balsamifluis proxime affines, ab Artocarpeis succo aqueo, et seminis structura longius distant.

1901. Platanus *LINN.* Flores monoici, super receptacula globosa conferti. Perigonium nullum. Masc. Stamina plurima, squamis subclavatis mixta; filamenta brevissima; antherae biloculares. Fem. Ovaria plurima, inverse pyramidata, squamis mixta, unilocularia. Ovulum solitarium, v. 2 superposita, parieti appensa, orthotropa. Stylus sublateralis, elongato-subulatus, hinc stigmatosus. Nuculae coriaceae, basi pappesae, monospermae. Semen pendulum. Embryo in axi albuminis parci carnosi antitropus; radicula infera. — *Arbores v. frutices; foliis alternis, palminerviis, palmatilobis, estipulatis.*

Platanus Linn. *gen. n. 1075.* Gärtn. *II. 57. t. 90.* Nees jun. *Gen. plant. II. 17.* Moricand *Plant. Americ. t. 13.*

Ordo XCVIII. Balsamifluae.

BALSAMIFLUAE Blume *Fl. Jav. fasc. XVII. XVIII.*

Arbores procerae, e cortice succos balsameos stillantes, ramis alternis. Folia alterna, petiolata, integra v. lobata, glanduloso-serrata. Petioli basi stipulis geminis, fugacibus muniti. Gemmae florales terminales, squamosae, foliis praecociores.

Flores in amentis unisexualibus monoici. Involucrum tetraphyllum, caducum; foliolis concavis, per aestivationem imbricatis.

Amenta mascula conica, elongata v. subglobosa, interdum subramosa, laxiuscula.

Stamina plurima, squamulis minutis intermixta. Filamenta brevia, subulata, distincta, inter antherae loculos transeuntia. Antherae majusculae, oblongo-didymae, biloculares, loculi oppositi, filamento infra apicem adnati, longitudinaliter dehiscentes.

Amenta feminea globosa. Squamulae parvae, numero indefinitae, ovariis circumpositae, plus minus inter se coalitae, demum increscentes.

Ovarium biloculare, e carpidiis duobus conflatum, carpidiorum marginibus introflexis dissepimentum constituentibus. Ovula plurima, dissepimento affixa, amphitropa. Styli duo, carpidiis continui, elongati, subulati, primum approximati, demum divergentes, recurvati, intus longitudinaliter papilloso-stigmatosi.

Capsulae squamulis coalitis, apice induratis inclusae, in strobili speciem connatae, obcordato-subbilobae, coriaceae, biloculares, stylorum basi persistente rostratae, inter stylos longitudinaliter introrsum dehiscentes.

Semina ovulis plerisque abortientibus pauca perfecta, compressa, margine membranaceo angusto, plus minusve completo cincta, dissepimento peltatim affixa. Testa membranacea in marginem producta, cum endopleura arcte cohaerens. Albumen parcum, cartilagineum.

Embryo rectus. Cotyledones foliaceae. Radicula parva, verticem fructus spectans.

Ordo perparvus, unico adhucdum genere comprehensus, cujus tres species innotuerunt, quarum una Americam borealem, altera minorem Asiam incolit, tertia ex insula Java in Cochinchinam et maris rubri insulas evagatur.

Truncus et ramuli incisi v. igne cocti resinam largiuntur balsameam, Balsamo peruano succedaneam, inter pharmaca stimulantia, aromatica receptam.

Balsamifluae hinc Plataneis, illinc Salicineis proxime affines, embryonis radicula supera facillime distinguuntur.

1902. Liquidambar *LINN.* Flores in amentis unisexualibus, involucro tetraphyllo, caduco cinctis, monoici. Amenta mascula conica v. subglobosa. Antherae plurimae subsessiles, axi communi insertae. Amenta feminea subglobosa, e squamulis minutis ovaria cingentibus, inter se coalitis, demum increscentibus. Ovarium biloculare. Ovula in dissepimento plurima, amphitropa. Styli 2, subulati. Capsulae obcordato-bilobae, biloculares, in strobili speciem coalitae, inter stylos dehiscentes. Semina pauca, peltata. Embryo in axi albuminis parci cartilaginei rectus; cotyledonibus foliaceis; radicula supera. — *Arbores foliis alternis, petiolulatis, integris v. lobatis, glanduloso serratis, stipulis ad basim petiolorum geminis, amentis terminalibus racemosis, femineis in racemo paucioribus, inferioribus longius pedunculatis, pendulis.*

Liquidambar Linn. *gen. n. 1076.* Gärtn. *II. 57. t. 90.* Schkuhr *t. 307.* Michaux *Arbr. III. t. 4.* Nees *Pl. offic. Suppl. II. t. 12.* Blume *Flor. Jav. fasc. 17. p. 6. t. 1. 2.* Altingia Noronh. *in Batav. Verhandl. V. 1 — 10.*

Ordo XCIX. Salicineae.

AMENTACEARUM genera *Juss. 407.* SALICINAE L. C. Richard *msc.* A. Richard *Elem. edit. IV. p. 560.* Bartling *Ord. nat. 119.* Lindley *introduct. edit. II. p. 186.*

ARBORES excelsae v. FRUTICES humiles, ramis alternis, teretibus. Folia alterna, simplicia, integra, integerrima v. saepe serrata aut dentata, penninervia, in petiolum attenuata, decidua. Stipulae squamosae, deciduae, v. foliaceae, persistentes.

FLORES dioici, in amenta in ramulis terminalia dispositi, singuli sessiles v. breviter pedicellati, bractea membranacea persistente, integra v. lobata suffulti.

Flores masculi. PERIGONIUM nullum. Torus in glandulam, annulum v. urceolum oblique truncatum tumens.

STAMINA e centro tori exserta, duo v. saepius plurima. Filamenta filiformia, libera v. saepius basi, nonnunquam juxta totam longitudinem monadelpha. Antherae biloculares, basifixae; loculi appositi, paralleli, connectivo obliterato contigui, longitudinaliter dehiscentes. Ovarii rudimentum nullum.

Flores feminei. PERIGONIUM nullum. Torus glandulaeformis v. urceolatus.

OVARIUM liberum, sessile, e carpidiis duobus conflatum, carpidiorum marginibus valvatim connatis v. plus minus inflexis, nec tamen axim idealem attingentibus uniloculare. Placentae lineares, breves, carpidiorum axi prope basim adnatae. Ovula plurima, adscendentia, anatropa. Styli duo, brevissimi, plus minusve inter se connati, singuli stigmate bi-trilobo terminati.

CAPSULA unilocularis, bivalvis, polysperma, valvulis apice solutis, demum revolutis, basi medio seminiferis.

SEMINA plurima, erecta, minima. Testa membranacea. Umbilicus basilaris, truncatus. Funiculus brevissimus, crassus, in comam lanuginosam adscendentem, totum semen obvolventem fatiscens. Albumen nullum.

EMBRYO orthotropus. Cotyledones plano convexae, ellipticae. Radicula minima, basim fructus spectans.

Salicineae diu cum reliquis Juliflorarum ordinibus amentaceis confusae, fructus et seminis fabrica distinctissimae, optime monente cl. Bartling, cujus descriptionem ordinis mutatis paucis recepimus, Tamariscineis fortassis propiores sunt quam Amentaceis. Nobis etiam Proteaceis aliquatenus affines esse videntur.

In temperatis et frigidiusculis hemisphaerae borealis utriusque continentis Salicis imprimis species numerosis formis luxuriant, botanicorum crux et scandalum. Nonnullae species, adeo humiles ut herbaceas dixerint, extremum septemtrionem et summas alpes incolunt, paucae in Africa mediterranea et tropica, nec non in Indiae continente reperiuntur. Nonnullae in America aequinoctiali vivunt, quarum una late diffusa, etiam trans Capricornum observata fuit.

Populi Europam mediam et australem, nec non Africam mediterraneam parce inhabitant, majori copia in America septemtrionali vigent, alibi non visae.

Principium peculiare adstringens febrifugum (Salicin) e Salicum cortice chemia recentior elicuit; Populi plures resinam plorant balsameam. Vis vitalis in omnibus ordinis stirpibus ingens.

1993. Salix *TOURNEF.* Flores dioici, amentacei. Masc. Amenti bracteae indivisae. Perigonium nullum. Torus glandulaeformis. Stamina 2, 3 — 5; filamenta libera v. basi cohaerentia, rarissime in columnam connata. Fem. Amenti bracteae indivisae. Ovarium uniloculare. Ovula in placentis prope basim parietalibus plurima, anatropa. Stylus brevissimus; stigmata 2, biloba. Capsula unilocularis, bivalvis, valvis prope basim medio seminiferis. Semina plurima, erecta, comosa. Embryo exalbuminosus, orthotropus; radicula infera. — *Arbores procerae v. frutices, in locis editis alpium depressi, repentes, in temperatis et frigidis hemisphaerae borealis magno numero fluviorum et amnium ripas, et uda montium loca innumera grege accolentes, in Africa mediterranea, tropica et australi, in India orientali et America tropica et extratropica australi parce habitantes; foliis alternis, integris, serratis v. integerrimis, stipulis foliaceis persistentibus, v. squamaceis deciduis, gemmis squama simplici tectis, folia plano-imbricata foventibus, amentis sessilibus v. pedunculatis, coaetaneis aut praecocibus.*

Salix Tournef. *inst. 365.* Linn. *gen. n. 1097.* Gärtn. *II. 56. t. 90.* Schkuhr. *Handb. t. 317.* Humb. et Bonpl. *Pl. aequinoct. t. 99 — 102.* Mirbel *in Mem. du Mus. XIV. t. 20.* Hoffmann, *Historia Salicum. Lipsiae. 1785. fol.* Seringe, *Monographie des Saules. Berne, 1815. 8.* Dumortier, *Verhandeling over het geschlacht der Wilgen. Amsterd. 1825. 8.* Host, *Salix. Vindobonne, 1828. fol.* Koch. *de Salicibus europaeis commentatio. Erlangae, 1828. 8.* M. Sadler, *Synopsises Salicum Hungariae. Pesthini, 1831. 8.* Nees jun. *Gen. pl. II. 15.*

1904. Populus *TOURNEF.* Flores dioici, amentacei. Masc. Amenti bracteae laciniatae, fimbriatae. Perigonium torus urceolaris, antice oblique productus. Stamina 8 — 12, v. plura; filamenta libera. Fem. Amenti bracteae laciniatae, fimbriatae. Perigonium torus urceolaris, antice longior. Ovarium uniloculare.

Ovula in placentis prope basim parietalibus plurima, anatropa. Stylus brevissimus; stigmata 2, elongata, bipartita. Capsula unilocularis, bivalvis, valvis prope basim medio seminiferis. Semina plurima, erecta, comosa. Embryo exalbuminosus, orthotropus; radicula infera. — *Arbores saepius excelsae, interdum pyramidatae, in Europa et America boreali obviae; foliis alternis, angulato-dentatis, stipulis squamaceis, deciduis, gemmis imbricato-squamosis balsamiferis, folia involuta foventibus, amentis praecocibus v coaetaneis.*

Populus Tournef. *inst.* 365. Linn. *gen. n.* 1123. Schkuhr *t.* 330. Gärtn. *II.* 56. *t.* 90. Nees jun. *Gen. plant. II.* 16.

SALICINEIS AFFINES.

* HENSLOWIACEAE Lindl.

1805. Henslowia *WALL.* Flores dioici. Masc. Perigonium calycinum, urceolatum, quinquefidum, lobis aestivatione valvatis. Stamina 5, disco glanduloso perigyno imposita, perigonii lobis alterna; filamenta filiformia, longa, aestivatione inflexa; antherae introrsae, biloculares, loculi connectivum latum, crassiusculum, truncatum oblique marginantes, longitudinaliter dehiscentes. Ovarii rudimentum. Fem. Perigonium maris. Discus.... Ovarium liberum, biloculare. Ovula in placenta crassiuscula septo adnata plurima, horizontalia, anatropa. Stylus terminalis, brevis, cylindricus; stigma convexiusculum, obsolete bilobum. Fructus .....— *Arbusculae in India tropica indigenae; ramis oppositis, tetragonis, foliis oppositis, petiolatis, simplicibus, integerrimis, coriaceis, estipulatis, floribus minutis, dense racemosis, bibracteolatis.*

Henslowia Wallich *Pl. As. rar. III.* 14. *t.* 221. Griffith *in Lindley introduct. edit. II. p.* 173.

Ordo C. Lacistemeae.

LACISTEMEAE Martius *Nov. gen. et sp. I.* 154. LACISTEMACEAE Lindley *introduct. edit. II. p.* 183.

Arbores v. frutices, distiche ramosi. Folia alterna, simplicia, coriacea, integerrima v. obiter serrata, sempervirentia. Stipulae membranaceae, deciduae.

Flores in amentis cylindricis axillaribus hermaphroditi v. abortu monoici, bracteis concavis coriaceis unifloris, bracteolisque duabus lateralibus membranaceis, rarius quatuor verticillatis stipati.

Perigonium profunde quadripartitum, subregulare, minimum, laciniis acutis, erectis, saepe ciliato-serratis.

Discus subcarnosus, genitalia cingens v. anticus, interdum obsoletus.

Stamen unicum, hypogynum, anticum. Filamentum complanatum, erectum, apice bifidum, diantheriferum. Antherae uniloculares, in filamenti cruribus sessiles, transversim subverticaliter dehiscentes.

Ovarium liberum, sessile, ovato-subglobosum, bi-triloculare, v. septis incompletis uniloculare. Ovula e placentis parietalibus in mediis carpellis plura, pendula, anatropa. Styli 2—3, in unum coaliti v. rarius distincti, brevissimi v. subnulli. Stigmata distincta, subulata, reflexo-patentia.

Capsula in quovis amento unica v. paucae, perigonio persistente basi stipata, substipitata, unilocularis, bi-trivalvis, valvulis coriaceis v. subcarnosis, medio placentas lineares gerentibus.

Semen in quavis valvula unicum v. rarius plura, e placentae apice pendulum. Testa crustacea; umbilico basilari cum chalaza apicali ope rhapheos, in arillum carnosum semen obvolventem tumentis, juncta. Albumen copiosum.

Embryo orthotropus, axilis. Cotyledones planae, incumbentes. Radicula cylindrica, umbilicum attingens, verticem fructus spectans.

Lacistemeae quoad veram affinitatem valde dubiae, sed certe a Piperitis longe alienae, Americae tropicae sylvas humidas, locis depressis, imprimis versus aequatorem inhabitant.

1806. Synzyganthera *RUIZ et PAV.* Flores amentacei, abortu polygamo-monoici. Bracteae uniflorae, bracteolae quatuor verticillatae. Perigonium quadripartitum. Discus hypogynus nullus. Stamen 1, anticum; filamento bicruri, diantherifero. Ovarium triloculare. Ovula.... Stigmata 3, subulata. Capsula baccata, trilocularis, mono-trisperma. Semen..... — *Frutex peruvianus; foliis alternis, oblongo-lanceolatis, acuminatis.*

Synzyganthera Ruiz et Pav. *Prodr.* 137. *t.* 30. Didymandra Willd. *sp. IV.* 971.

1807. Lacistema *SWARTZ.* Flores amentacei, hermaphroditi. Bracteae uniflorae, bracteolae 2, laterales. Discus hypogynus carnosus. Stamen 1, anticum; filamento bicruri, diantherifero. Ovarium uniloculare. Ovula plura, e placentis parietalibus pendula, anatropa. Stigmata 2—3, subulata. Capsula unilocularis, abortu tri-monosperma, trivalvis, valvulis medio-placentiferis. Semina ex apice placentae pendula; testa crustacea; rhaphe longitudinali in arillum semen obvolventem tumente. Embryo in axi albuminis carnosi orthotropus; cotyledonibus foliaceis; radicula supera. — *Arbores v. frutices Americam tropicam incolentes; foliis alternis, integerrimis v. obiter serratis, coriaceis, amentis axillaribus, aggregato-fasciculatis.*

Lacistema Swartz *Flor. Ind. occid. II. t.* 21. *Icon. t.* 1. Kunth *Synops. IV.* 264. Martius *Nov. gen. et sp. I.* 156. *t.* 94. 95. Nematospermum L. C. Richard *in Act. soc. h. n. Paris. I.* 105. Guillemin *in Dict. class. XI.* 499. Piperis sp. Berg. *Act. Helv. VII. t.* 10. Rudge *Guian. t.* 4.

Classis XXVII. Oleraceae.

Herbae annuae v. perennes, rarius frutices v. arbores. Folia alterna v. rarius opposita, sessilia v. petiolata, simplicia, integra v. laciniata. Stipulae nullae v. in vaginam amplexicaulem coalitae. Flores saepissime typice hermaphroditi, haud raro abortu unisexuales, rarius sexubus typice diversis. Perigonium calyciforme v. coloratum, foliolis liberis v. plus minus inter se coalitis, regulare. Ovarium unicum, uniloculare. Ovulum unicum, rarius plura, placentae basilari inserta, amphitropa v. orthotropa. Fructus utricularis v. nucamentaceus, nudus v. perigonio varie mutato stipatus, interdum etiam cum illo concrescens. Semina albuminosa v. rarius sub maturitate exalbuminosa. Embryo rectus antitropus, v. homotropus curvatus, interdum spiralis, excentricus, albumen cingens aut involvens, v. intra illud lateralis, rarissime centralis; radicula infera, supera v. centrifuga.

Classis satis naturalis, directa serie in Caryophyllinas abiens, quas inter ordines apetali carpellorum circa axim centralem pluralitate typica, etiam in monocarpicis styli insertione sublaterali manifesta, distinguuntur.

Ordo CI. Chenopodeae.

ATRIPLICES Juss. *gen. 83.* CHENOPODEAE Vent. *Tabl. II. 253.* DC. *Fl. fr. III. 380.* R. Brown *prodr. 405.* Bartling *Beitr. II. 141. Ord. nat. 296.* C. A. Meyer *in Ledebour Fl. Alt. I. 370.* Moquin Tandon *in Annal. sc. nat. XXIII. 207. 274. Nouv. Annal. I. 203. IV. 209.* Lindley *introduct. edit II. 208.*

Herbae annuae v. perennes, interdum frutescentes, radicibus fibrosis v. napiformibus. Caules continui; teretes v. angulati, foliati, erecti v. rarius volubiles, interdum articulati, aphylli. Folia alterna v. rarius opposita, interdum vermicularia, carnosa, nunc plana dilatata, simplicia, integerrima v. dentata, aut irregulariter incisa, sessilia v. petiolata. Stipulae nullae.

Flores inconspicui, hermaphroditi v. abortu polygami, interdum etiam typice diclines, regulares, nunc axillares solitarii v. glomerati, nunc paniculati, cymosi v. spicati, nudi v. bracteati, rarissime etiam bibracteolati.

Perigonium calycinum, saepissime tri-tetra-pentaphyllum, in floribus typice femineis diphyllum, foliolis rarius liberis, plerumque plus minus coalitis, quadri-quinquefidum, persistens, post anthesim saepius mutatum, increscens, siccum v. baccatum, foliolis demum haud raro carinatis v. dorso transversim appendiculatis aut spinescentibus.

Stamina numero partium perigonii, iisque opposita, interdum per abortum pauciora, nunquam plura, receptaculo v. basi perigonii mediante disco ejusdem parieti adhaerente, plus minus manifesto inserta. Filamenta filiformia v. subulata, libera, perigonio raro longiora. Antherae introrsae, biloculares, ovatae v. oblongae, basi v. dorso affixae, longitudinaliter dehiscentes. Squamulae hypogynae nullae, v. in paucis generibus staminibus alternae.

Ovarium ovatum v. oblongum, verticaliter compressum v. horizontaliter depressum, uniloculare, liberum v. rarissime primitus basi cum perigonii tubo cohaerens. Ovulum unicum, placentae basilari insertum, v. ex funiculo brevi pendulum, amphitropum; micropyle basim, verticem v. ambitum ovarii spectante. Stigmata 3—4, libera, filiformia, omnino distincta v. basi in stylum plus minus manifestum connata.

Fructus perigonio plerumque varie mutato, interdum baccato stipatus, inclusus v. etiam connatus, utricularis, compressus v. depressus, evalvis v. rarissime operculatim dehiscens, pericarpio ut plurimum membranaceo, rarius coriaceo v. interdum etiam baccato.

Semen unicum, verticale erectum v. inversum, aut horizontale decumbens, reniforme. Testa crustacea, atra v. fusca, endopleura membranacea, v. testa membranacea, endopleura haud manifesta. Albumen farinaceum, copiosum, parcum v. interdum sub maturitate evanescens. Embryo homotropus annularis v. bicruris periphericus, albumen plus minus complete cingens, radiculae apice albuminis ambitu absoluto interdum exserto; v. plano-spiralis, albuminis massas duas segregans, v. albumine omni consumto spirali-conicus (cochleatus), radicula extimum gyrum conficiente, dorsali v. marginali, basim aut rarius apicem, in semine decumbente ambitum fructus spectante, umbilico proxima.

Chenopodeae hinc Amarantaceis conterminae, illinc inter Caryophyllinas Scleranthaceis, Paronychieisque analogae, pelagi et lacuum salsorum littora, et deserta olim undis marinis tecta praediligunt, in regione mediterranea et Asia rossica imprimis copiosae. Aliae circa ruderata et hominum domicilia sedem figunt, montes salutusque exhorrentes, nullibi longius a mortalium consortio evagantes, in regionibus tropicis, quas affinium Amarantacearum gens magno incolit numero, in universum rarae.

Plurimae sudant salem, aliae oleo essentiali scatent, nonnullae per omnem vitam gaz ammoniacum exhalare dicuntur, aliarum vires anthelminticae et emeticae celebrantur. Non paucae ob herbam v. radices edules ubique coluntur.

SUBORDO I. CYCLOLOBEAE C. A. Meyer *in Ledebour Flor. Alt. I. 369.* Embryo annularis v. hippocrepicus. Albumen plus minus copiosum, centrale.

TRIBUS I. SALICORNIEAE C. A. Meyer *in Ledebour Flor. Alt. I. 371.* Flores hermaphroditi v. polygami, conformes, ebracteolati, spicati. Squamulae hypogynae nullae. Seminis verticalis testa membranacea. — *Caulis articulatus.*

1908. Salicornia *TOURNEF.* Flores hermaphroditi v. abortu polygami, rhacheos excavationibus immersi, ad quemvis articulum terni, decussatim oppositi, ebracteati. Perigonium monophyllum, utriculato-peltatum, medio apertum, rima denticulata, demum fungosum. Stamina 1—2, receptaculo inserta. Squamulae hypogynae nullae. Ovarium ovatum, uniloculare, uniovulatum. Stigmata 2, basi coalita, indivisa v. lacinulata. Utriculus compressus, tenuissime membranaceus. Semen verticale, rostellatum; testa membranacea, pubescente. Embryo hemicyclicus, periphericus, albumen farinaceum, parcum cingens; radicula infera. — *Plantae in littoribus maris et lacuum subsalsorum totius orbis provenientes, inter tropicos rariores, articulatae, herbaceae v. fruticosae, glabrae, aphyllae, succulentae; ramis oppositis, articulis basi vagina brevissima cinctis, florum spicis terminalibus.*

Salicornia Tournef. *inst.* 485. Linn. *gen. n.* 10. excl. sp. Schkuhr *t.* 1. Fl. dan. *t.* 303. 1621. Pallas *Illustr. t.* 1. 2. *f.* 1. *t.* 3. 6. 7. C. A. Meyer *in Ledebour Fl. Alt. I.* 2. Nees jun. *Gen. pl. II.* 68.

1909. Halocnemum *BIEBERST.* Flores hermaphroditi, sub amenti bracteis decussatim oppositis bini v. terni. Perigonium triphyllum, foliolis squamaeformibus adpressis, demum haud mutatis. Stamen 1, receptaculo insertum. Squamulae hypogynae nullae. Ovarium ovatum, uniloculare, uniovulatum. Stylus simplex, apice bi-trifidus. Utriculus compressus, laxe membranaceus. Semen verticale, rostellatum; testa membranacea. Embryo hemicyclicus, periphericus, albumen farinaceum, parcum cingens; radicula infera. — *Fruticuli littorales articulati, glabri, aphylli; floribus in amenta terminalia collectis.*

Halocnemum Bieberst. *suppl.* 3. C. A. Meyer *in Ledebour Flor. Alt. I.* 5. Salicorniae sp. Pallas *Illustr. t.* 4. *Gärtn. t.* 127.

TRIBUS II. ATRIPLICEAE C.A.Meyer *in Ledebour Flor. Alt. I. 371.*

Flores polygami, ebracteati; perigonio masculo a femineo diverso. Squamulae hypogynae nullae. Seminis verticalis, v. rarissime in floribus hermaphroditis horizontalis, testa crustacea v. membranacea. — *Caulis continuus.*

1910. Ceratocarpus *BUXB.* Flores monoici axillares, masculi aggregati, brevissime pedicellati, feminei solitarii, sessiles, ebracteati. Masc. Perigonium hyalinum, tubulosum, apice bilobum, lobis carinatis, obtusis. Stamen 1, receptaculo insertum, exsertum. Squamulae nullae. Fem. Perigonium calycinum compressum, apice bilobum, lobis carinatis, setaceis, demum reclusis in cornua excrescentibus. Ovarium ovatum, uniloculare, uniovulatum. Styli 2, setacei. Utriculus membranaceus, compressus, perigonio cuneiformi omnino clauso, lobis excrescentibus divaricatis setaceo-bicornuto reclusus. Semen verticale, compressum, ovato-oblongum; testa membranacea. Embryo hippocrepiformis, periphericus, albumen farinaceum cingens; radicula infera. — *Herba annua, in arenosis Asiae mediae indigena, divaricato-ramosissima; foliis alternis, anguste lanceolatis, integerrimis, floribus masculis in ramulorum divisionibus brevissime pedicellatis, quaternis v. quinis, femineis in foliorum axillis solitariis, sessilibus.*

Ceratocarpus Buxbaum *in Comment. Petropolit. I.* 244. *t.* 9. Linn. *gen. n.* 1035. Güldenstaedt *in Nov. Comment. Petropolit. XVI.* 553. *t.* 17. *f.* 7—12. Gärtn. *II.* 209. *t.* 126. C. A. Meyer *in Ledebour Flor. Alt. IV.* 198.

1911. Eurotia *ADANS.* Flores monoici, masculi spicati, feminei axillares, sessiles, ebracteati. Masc. Perigonium quadripartitum, laciniis aequalibus, inappendiculatis. Stamina 4, receptaculo inserta, perigonii laciniis opposita. Squamulae nullae. Fem. Perigonium tubulosum, semibifidum, dense villosum, demum bicorne. Ovarium ovatum, uniloculare, uniovulatum. Stigmata 2, filiformia, exserta. Utriculus compressus, herbaceus, villosus, perigonio persistente inclusus. Semen verticale, compressum, ovato-oblongum; testa membranacea. Embryo hippocrepiformis, periphericus, albumen farinaceum cingens; radicula infera. — *Fruticuli erecti, pube stellata vestiti, in aridis Europae orientalis et Asiae mediae provenientes; foliis alternis, petiolatis, membranaceis, oblongis, integerrimis.*

Eurotia Adans. *Fam. II.* 260. C. A. Meyer *in Ledebour Flor. Alt. IV.* 238. Diotis Schreber *gen. n.* 1423. Nees jun. *Gen. pl. II.* 65. Ceratospermum Person *Synops. II.* 552. Güldenstaedtia Neck. *elem. II.* 204. Krascheninnikovia Güldenstaedt *in Nov. Comment. Petropolit. XVI.* 545. *et* 555. *t.* 17. *f.* 1—6. *et f.* 13. Axyris ceratoides Linn. Gärtn. *t.* 128. Lam. *t.* 753. *f.* 1.

1912. Atriplex *LINN.* Flores polygami, mono-dioici, masculi et hermaphroditi femineis mixti, ebracteati. Hermaphr. et Masc. Perigonium tri-quinquepartitum, laciniis aequalibus, inappendiculatis. Stamina 3—5, receptaculo inserta, perigonii laciniis opposita. Squamulae nullae. Ovarium depressum, saepius abortivum. Utriculus depressus. Semen horizontale. Fem. Perigonium diphyllum, compressum, foliolis liberis v. plus minus inter se connatis. Ovarium ovatum, compressum, uniloculare, uniovulatum. Stigmata 2, filiformia. Utriculus membranaceus, compressus, perigonio aucto, saepissime muricato-verrucoso inclusus v. partim adnatus. Semen verticale; testa coriacea v. subcrustacea. Embryo annularis, periphericus, albumen farinaceum includens; radicula infera adscendente v. supera exserta. — *Herbae annuae v. suffrutices, in regionibus temperatis totius orbis obvii, saepissime squamulis membranaceis lepidoti; foliis sparsis v. oppositis, petiolatis rariusve sessilibus, dilatatis, planis, integerrimis v. sinuatis, floribus sessilibus v. rarissime pedunculatis.*

Atriplex Linn. *gen. n.* 1153. R. Brown. *prodr.* 406. C. A. Meyer *in Ledebour Flor. Alt. IV.* 304.

a. EUATRIPLEX *C. A. Meyer.* Flores polygami. Perigonii feminei foliola libera, integerrima, fructifera laevia, utriculum includentia. Seminis testa subcrustacea. Radicula infera, sublateralis, vix adscendens.

Euatriplex C. A. Meyer *l. c.* (Gärtn. *t.* 75. *f.* 8. infer. Schkuhr *t.* 349. Nees jun. *Gen. pl. II.* 63. *f.* 18—21.)

b. SCHIZOTHECA *C. A. Meyer.* Flores monoici. Perigonii feminei foliola basi connata, denticulata, fructifera saepius muricata, utriculum includentia. Seminis testa coriacea. Radicula lateralis, adscendens.

Schizotheca C. A. Meyer *l. c.* (Gärtn. *l. c. fig. super.* Schkuhr *t.* 347. 348. 350. Nees jun. *l. c. f.* 1—17. Ledebour *Ic. t.* 41—43. 46.)

c. OBIONE *Gärtn.* Flores monoici v. dioici. Perigonii feminei foliola basi connata, fructifera subbaccata, muricata, utriculum includentia. Seminis testa subcrustacea. Radicula supera, exserto-porrecta.

Obione Gärtn. *II.* 198. *t.* 126. C. A. Meyer *l. c.* Atriplex sibiricum Linn. Schkuhr *t.* 150.

d. HALIMUS. *Wallr.* Flores monoici. Perigonii feminei foliola juxta totam longitudinem connata, apice triloba, fructifera muricata, basi cum utriculo concrescentia.

Seminis testa membranacea. Radicula supera, exserto-porrecta.

Halimus Wallroth *Sched. crit. 117.* Nees jun. *Gen. pl. II. 64.* C. A. Meyer *l. c.* Atriplex pedunculatum Linn. Schkuhr *t. 149.*

1913. Axyris *LINN.* Flores monoici, masculi terminales, spicati, ebracteati, feminei axillares, bracteolati. Masc. Perigonium tri-quadripartitum, laciniis aequalibus, inappendiculatis. Stamina 3—4, receptaculo inserta, perigonii laciniis opposita. Squamulae nullae. Fem. Perigonium triphyllum, foliolis aequalibus. Ovarium ovatum, uniloculare, uniovulatum. Stigmata 2, filiformia. Utriculus compressus, membranaceus, perigonio immutato inclusus. Semen verticale, compressum; testa crustacea Embryo hippocrepiformis, periphericus, albumen farinaceum cingens; radicula infera. — *Herbae annuae, ramosae, pube stellata canescentes, in Asia media indigenae; foliis alternis, petiolatis, planis, dilatatis, integerrimis.*

Axyris Linn. *gen. n. 1047.* excl. sp. Schkuhr *t. 285. 6* Lam. *t. 753.* C. A. Meyer *in Ledebour. Flor. Alt. IV. 237.*

1914. Acnida *MITCH.* Flores dioici, ebracteati. Masc. Perigonium pentaphyllum, laciniis aequalibus, inappendiculatis. Stamina 5, receptaculo inserta, perigonii laciniis opposita. Squamulae nullae. Fem Perigonium triphyllum, foliolis aequalibus. Ovarium ovato oblongum, tri-pentagonum, uniloculare, uniovulatum. Stigmata 3 v. 5, linearia, revoluta. Achenium tri-pentagonum, perigonio persistente basi stipatum. Semen verticale, compressum; testa crustacea. Embryo hippocrepiformis, periphericus, albumen farinaceum cingens; radicula infera. — *Herbae borcali americanae, subpaludosae; foliis alternis, oblongo-lanceolatis, integerrimis, racemis axillaribus, fructiferis nutantibus.*

Acnida Mitchell *Gener. 28.* Linn. *gen. n. 1114.* Gärtn. *II. 197. t. 126.* Michaux *Flor. Bor. Amer. II. 233. t. 50.*

1915. Spinacia *TOURNEF.* Flores dioici, ebracteati. Masc. Perigonium tetra-pentaphyllum, foliolis aequalibus, inappendiculatis. Stamina 4 v. 5, receptaculo inserta, perigonii foliolis opposita. Squamulae nullae. Fem Perigonium ventricoso-tubulosum, bi-tridentatum. Ovarium ovatum, uniloculare, uniovulatum. Stylus brevissimus; stigmata 4, elongato-filiformia. Achenium perigonio turgido, immutato v. dorso tri-bicornuto inclusum. Semen verticale, rostellatum, compressum; testa membranacea. Embryo annularis, periphericus, albumen farinaceum cingens; radicula infera. — *Herbae orientales, ab Arabibus primum in Hispaniam introductae, nunc ubique inter olera cultae; foliis alternis, hastatis, angulato-dentatis, floribus axillaribus, glomeratis*

Spinacia Tournef. *inst. 308.* Linn. *gen. n. 1112.* Schkuhr *t. 324.* Gärtn *II. 198. t. 126.* Gleichen. *Pflanzenr. t. 25.* Nees jun. *Gen. pl. II. 66.*

TRIBUS III. CHENOPODIEAE C. A. Meyer *in Ledebour Flor. Alt. I. 371.* Flores hermaphroditi v. polygami, ebracteolati v. rarissime bibracteolati, conformes. Squamulae hypogynae nullae. Seminis verticalis v. horizontalis testa crustacea v. membranacea. — *Caulis continuus.*

SUBTRIBUS I. CAMPHOROSMEAE. Flores ebracteolati. Seminis verticalis testa membranacea.

1916. Camphorosma *LINN.* Flores hermaphroditi. Perigonium quadrifidum, laciniis duabus majoribus carinatis, demum haud mutatis. Stamina 4, imo perigonio inserta, ejusque laciniis opposita. Squamulae hypogynae nullae. Ovarium compressum, uniloculare, uniovulatum. Stylus bi-trifidus, laciniis setaceis. Utriculus membranaceus, compressus, perigonio haud mutato inclusus. Semen verticale, compressum; testa membranacea. Embryo annularis, periphericus, albumen parcum, farinaceum includens; radicula infera. — *Herbae v. suffrutices in Europae australioris et Asiae mediae aridis subsulsis provenientes, ut plurimum pilosae; foliis linearibus aut subulatis, alternis v. fasciculatis, floribus axillaribus glomeratis, ebracteatis.*

Camphorosma Linn. *gen. n. 164.* Gärtn. *t. III. 175. t. 213.* (*mal.*) Lam. *t. 86.* Schkuhr *t. 26.* Waldst. et Kit. *Pl. Hung. t. 63.* C. A. Meyer *in Ledeb Fl. Alt. I. 150.* Nees jun. *Gen. pl. II. 60.* Camphorata Mönch. *Meth. 162.*

1917. Panderia *FISCH. et MEYER.* Flores hermaphroditi v. ovarii abortu polygami. Perigonium urceolatum, quinquedentatum, demum dorso transversim appendiculatum. Stamina 5, imo perigonio inserta, ejusque lobis opposita. Squamulae hypogynae nullae. Ovarium compressum, uniloculare, uniovulatum. Stylus bifidus, laciniis acutis. Utriculus membranaceus, compressus, perigonio transversim appendiculato inclusus. Semen verticale, compressum; testa membranacea. Embryo annularis, periphericus, albumen farinaceum includens; radicula infera. — *Herba annua, pilosa, in Asia media indigena; foliis sparsis, linearibus v. lineari-lanceolatis, membranaceis, floribus in axillis foliorum binatim v. quaternatim sessilibus, ebracteatis.*

Panderia Fischer et C. A. Meyer *Index sem. hort. Petropolit. 1835. II. 46.* Pterochlamys Fisch. msc.

1918. Sclerolaena *R. BR.* Flores hermaphroditi. Perigonium quinquefidum, laciniis dorso immutatis, demum induratis, apice muticis v. spinescentibus. Stamina 5, imo perigonio inserta, ejusque laciniis opposita. Squamulae hypogynae nullae. Ovarium compressum, uniloculare, uniovulatum. Stylus bipartitus. Utriculus membranaceus, compressus, perigonio nucamentaceo, exsucco, laciniis muticis v. spinosis inclusus. Semen verticale, compressum; testa membranacea. Embryo annularis, periphericus, albumen copiosum, farinaceum includens; radicula supera. — *Suffrutices incano-lanati, in Novae Hollandiae littore orientali provenientes; foliis alternis, anguste linearibus, floribus axillaribus solitariis v. glomeratis.*

Sclerolaena R. Brown. *prodr. 410.*

1919. Anisacantha *R. BR.* Flores hermaphroditi. Perigonium quadrifidum, laciniis dorso demum in spinas inaequales productis. Stamina 3—4 imo perigonio inserta, ejusque labis opposita. Squamulae hypogynae nullae. Ovarium compressum, uniloculare, uniovulatum. Stylus bipartitus. Utriculus membranaceus, compressus, perigonio nucamentaceo exsucco, infra apicem inaequaliter quadrispinoso inclusus. Semen verticale, compressum; testa membranacea. Embryo annularis, periphericus, albumen copiosum, farinaceum includens; radicula supera. — *Fruticulus glaber, Novae Hollandiae littus australe incolens; foliis alternis, teretiusculis, floribus axillaribus sessilibus, ebracteatis.*

Anisacantha R. Brown *prodr. 410.*

1920. Threlkeldia *R. BR.* Flores hermaphroditi. Perigonium urceolatum, squamis tribus membranaceis intra marginem truncatum. Stamina 3, hypogyna, perigonii squamis opposita. Ovarium .... Utriculus perigonio drupaceo-baccato inclusus. Semen verticale, ovatum, albuminosum. Embryo periphericus; radicula supera. — *Suffrutex australasicus, littoreus, diffusus, glaber; foliis alternis, semiteretibus, floribus axillaribus, solitariis, sessilibus, ebracteatis.*

Threlkeldia R. Brown *prodr. 409.*

SUBTRIBUS II. BLITEAE. Flores ebracteolati. Seminis verticalis testa crustacea.

1921. Blitum *LINN.* Flores hermaphroditi v. staminum abortu polygami. Perigonium tri-quinquefidum, demum baccatum. Stamen 1, v. rarius plura, receptaculo inserta, perigonii foliolis opposita, brevissima. Squamulae hypogynae nullae. Ovarium ovatum, uniloculare, uniovulatum. Stigmata 2, subulato-filiformia. Utriculus membranaceus, compressus, perigonio baccato et colorato inclusus. Semen verticale, lenticulari-compressum; testa crustacea. Embryo hemicyclicus, periphericus, albumen copiosum, farinaceum cingens; radicula infera. — *Herbae annuae, carnosulae, glabrae, Europam et Asiam mediam incolentes; foliis alternis, triangularibus, sinuatis, floribus dense glomerato-capitatis, ebracteatis, glomerulis axillaribus petiolo adnatis terminalibusve, fructiferis baccam compositam mentientibus.*

Blitum Linn. *gen. n. 14.* Gärtn. *II. 200. t. 126.* Schkuhr *t. 1.* Lam. *t. 5.* Nees jun. *Gen. pl. II. 58.* Morocarpus Scopoli *Carn. I. 6.* Chenopodii sp. Linn. Fl. dan. *t. 1149.* E. B. *t. 1721.* Curtis *Fl. Lond. II. t. 65.* Orthospori sp. Nees jun. *Op. cit. II. 57. f. 1—10.*

1922. Agathophytum *MOQ.* Flores hermaphroditi v. staminum abortu polygami. Perigonium quinquepartitum, laciniis ecarinatis, demum haud mutatis. Stamina 5, imo perigonio inserta, ejusque laciniis opposita. Squamulae hypogynae nullae. Ovarium ovatum, uniloculare, uniovulatum. Stylus brevis, crassus; stigmata 2—4, elongato-subulata, patentia. Utriculus membranaceus, perigonio sicco immutato involutus. Semen verticale, lenticulari-compressum; testa crustacea. Embryo annularis, periphericus, albumen copiosum, farinaceum cingens; radicula infera. — *Herba perennis, per omnem hemisphaeram borealem diffusa; caule angulato, foliis alternis, hastatis, floribus in spicum terminalem dispositis, superioribus saepe abortu femineis.*

Agathophytum Moquin Tandon *in Nouv. Annal. sc. nat. I. 291. t. 10. f. c.* Orthospori sp. Nees *Gen. pl. II. 57. f. 11—24.* Orthosporum Bliti sectio C. A. Meyer *in Ledebour Flor Alt. I. 11. pro parte.*

OBSERVATIO. Orthosporum R. Brown *prodr. 407.* Chenopodii sectio, Ch. carinatum et Ch. Pumilionem, species a nobis haud visas complectens, a Chenopodio semine verticali et stamine unico, ab Agathophyto perigonii quinquepartiti laciniis alato-carinatis, hispidis differt.

1923. Roubieva *MOQ.* Flores hermaphroditi v. staminum abortu feminei. Perigonium urceolatum, quinquefidum, laciniis concavis, demum transversim rugosis, coalescentibus. Stamina 5, imo perigonio inserta, ejusque laciniis opposita. Squamulae hypogynae nullae. Ovarium ovatum, compressum, uniloculare, uniovulatum. Stylus brevissimus; stigmata 3, elongato-subulata. Utriculus membranaceus, compressus, punctato resinosus, perigonio capsulaeformi reclusus. Semen verticale, lenticulari compressum; testa crustacea. Embryo annularis, periphericus, albumen copiosum, farinaceum cingens; radicula infera. — *Herba austro-americana, prostrata, diffusa, pubescens; foliis alternis, pinnato-multifidis, laciniis dentatis, floribus axillaribus glomerulatis, glomerulis subverticillatis.*

Roubieva Moquin Tandon *in Nouv. Annal. sc. nat. I. 293. t. 10. f. 6.* Chenopodium Payco Molina *Chili 283.* Ch. multifidum Linn.

SUBTRIBUS III. KOCHIEAE. Flores ebracteolati. Seminis horizontalis testa crustacea v. membranacea.

1924. Beta *TOURNEF.* Flores hermaphroditi. Perigonium urceolatum, quinquefidum, demum basi induratum, laciniis immutatis. Stamina 5, annulo carnoso ad faucem tubi brevis inserta, limbi laciniis opposita. Squamulae hypogynae nullae. Ovarium depressum, uniloculare, uniovulatum. Stigmata 2, brevia, basi connata. Utriculus subglobosus, perigonii tubo drupaceo inclusus, et limbo carnoso tectus. Semen horizontale, depressum; testa membranacea. Embryo annularis, periphericus, albumen farinaceum cingens; radicula centrifuga. — *Herbae in Europa australiore spontaneae, ob radices napiformes passim cultae; foliis alternis, ovato-oblongis, undulatis, floribus spicato-glomeratis, fructibus saepe concrescentibus.*

Beta Tournef. *inst. 286.* Linn. *gen. n. 310.* Gärtn. *I. 359. t. 75.* E. B. *t. 285.* Waldst. et Kit. *Plant. Hung. t. 35.* Nees jun. *Gen. pl. II. 67.*

1925. Enchylaena *R. BR.* Flores hermaphroditi. Perigonium urceolatum, semiquinquefidum, demum baccatum. Stamina 5, imo perigonio inserta, ejusque laciniis opposita. Squamulae hypogynae nullae. Ovarium depressum, uniloculare, uniovulatum. Stigmata 2—3, filiformia. Utriculus membranaceus, depressus, perigonio baccato, connivente inclusus. Semen horizontale, depressum; testa membranacea. Embryo annularis, periphericus, albumen farinaceum cingens; radicula centrifuga. — *Suffrutices australasici, procumbentes, ramosissimi; foliis alternis, carnosis, floribus axillaribus, ebracteatis, solitariis, sessilibus.*

Enchylaena R. Brown *prodr. 407.*

1926. Londesia *FISCH. et MEY.* Flores monoici Masc. Perigonium urceolatum, quinquedentatum, demum induratum, haud appendiculatum. Stamina 5, rarius 2, 3 v 4, imo perigonio inserta, ejusdem dentibus opposita. Squamulae hypogynae nullae. Ovarii rudimentum. Fem. Perigonium maris, demum induratum, haud appendiculatum. Staminum rudimenta nulla. Ovarium depressum, uniloculare, uniovulatum. Stylus bi-trifidus, laciniis elongatis. Utriculus depressus, perigonio villosissimo inclusus et arcte concretus. Semen horizontale, depressum; testa membranacea. Embryo annularis, periphericus; albumen copiosum, farinaceum cingens; radicula centrifuga — *Herba annua, ramosa, in maris Caspii littore orientali proveniens; foliis sparsis, sessilibus, oblongis, acutis, integerrimis, membranaceis, villis albidis adspersis, ramulis floriferis in foliorum axillis brevissimis, florum capitulo piloso villosissimo, foliis* *involucrato terminatis, floribus in foliorum floralium axillis sessilibus, parvis, ebracteatis.*

Londesia Fischer et C. A. Meyer *Index Sem. hort. Petropolit. 1835. p. 40.*

1927. Echinopsilon *MOQ.* Flores hermaphroditi v. staminum abortu polygami. Perigonium urceolatum, quinquefidum, laciniis dorso demum in appendices spinulosas, patulas excrescentibus. Stamina 5, imo perigonio inserta, ejusque laciniis opposita. Squamulae hypogynae nullae. Ovarium depressiusculum, uniloculare, uniovulatum. Stylus bifidus, laciniis divaricatis. Utriculus membranaceus, intra perigonium subchartaceum, depresso-orbiculare, radiato-quinquespinosum inclusus. Semen horizontale, orbiculatum; testa membranacea. Embryo hippocrepicus (viridis); albumen farinaceum, parcum v. saepius evanidum cingens; radicula centrifuga. — *Herbae perennes v. suffrutices, per regionem mediterraneam et taurico-caucasicam provenientes; caulibus elongatis, gracilibus, foliis villosis, anguste linearibus, planis v. semiteretibus et carnosis, floribus axillaribus, sessilibus, binis ternisve glomerulatis, subspicatis, terminalibus interdum abortivis.*

Echinopsilon Moquin Tandon *in Nouv. Annal. sc. nat. II. 127.* Willemeta Maerklin *in Schraders Journ. I. 2. p. 321. III. p. 330.* excl. sp. Moquin Tandon *in Nouv. Annal. sc. nat. I. 206. t. 9. f. 6.* Bassia Allioni *Misc. Taurin. III. 177. t. 4. f. 2.* Kochia R. Brown *prodr. 409. in not.* Suaeda Reichenb *Flor. excurs. 580.* Kochiae sp. spinosae Auct. Schrader *Halophyt. t. 3.* Trattinick *Tabular. t. 24.* Nees jun. *Gen. pl. II. 59. f. 18—24.* Chenopodii sp. Linn. Salsolae sp. Pallas *It. t. 1. et M. f. 1. 2.* Waldst. et Kit. *Pl. Hung. t. 106.* Suaedae sp. Pallas *Illustr. t. 32.—37. 45.*

1928. Kochia *ROTH.* Flores hermaphroditi. Perigonium urceolatum, quinquefidum, laciniis dorso demum in alas membranaceas transversas excrescentibus. Stamina 5, imo perigonio inserta, ejusque laciniis opposita. Squamulae hypogynae nullae. Ovarium depressiusculum, uniloculare, uniovulatum. Stylus bifidus, laciniis divaricatis. Utriculus membranaceus, intra perigonium subchartaceum, depresso-orbiculare, radiato-pentapterum inclusus. Semen horizontale, ellipticum; testa membranacea. Embryo annularis, periphericus, albumen parcum, farinaceum includens; radicula centrifuga. — *Herbae v. suffrutices, Europam et Asiam mediam et Novam Hollandiam australem incolentes; caulibus prostratis, glabris v. pilosis, foliis sessilibus, anguste linearibus, planis v. teretibus, rarius nullis, floribus axillaribus, solitariis v. glomerulatis, ebracteatis.*

Kochia Roth. part. R. Brown *prodr. 409.* Kochiae sectio I. Schrader *Halophyt. t. 3. f. B.* Nees jun. *Gen. pl. II. 59. f. 1—17.* Willemetia R. Brown *l. c. in not.* Salsolae sp. Linn. Pallas *Illustr. t. 10. 11.*

1929. Cyclolepis *MOQ.* Flores hermaphroditi v. ovarii abortu polygami. Perigonium urceolatum, quinquefidum, laciniis dorso demum transversim appendiculatis, appendicibus scariosis in alam circularem coalitis. Stamina 5, imo perigonio inserta, ejusque lobis opposita. Squamulae hypogynae nullae. Ovarium suborbiculare, depressum, villoso-arachnoideum, uniloculare, uniovulatum. Stylus trifidus, laciniis acutis. Utriculus membranaceus, pubescens, perigonio pentagono clauso, ala transversa circulari appendiculato inclusus. Semen horizontale, orbiculatum, compressissimum; testa crustacea. Embryo annularis, periphericus, albumen copiosum, farinaceum includens; radicula centrifuga. — *Herba boreali-americana, annua, pubescens; caule striato, foliis alternis, sinuato-dentatis, post anthesim deciduis, floribus terminalibus v. axillaribus solitariis, aut binis ternisve glomeratis, subcorymboso-paniculatis.*

Cyclolepis Moquin Tandon *in Nouv. Annal. sc. nat. I. 203. t. 9. f. a.* Salsola platyphylla Michaux. S. radiata Desfont. *in Annal. Mus. II. 28. t. 34.* Kochia atriplicifolia Roth. K. dentata Willd. Chenopodium radiatum Schrad. *Halophyt. t. 1. f. 2.*

1930. Chenopodium *LINN.* Flores hermaphroditi. Perigonium quinquefidum, laciniis dorso demum longitudinaliter carinatis. Stamina 5, imo perigonio inserta, ejusque laciniis opposita. Squamulae hypogynae nullae. Ovarium depressum, uniloculare, uniovulatum. Stigmata 2, filiformia, brevissima. Utriculus membranaceus, depressus, perigonio connivente, pentagono inclusus. Semen horizontale, lenticulari-depressum; testa crustacea. Embryo annularis, periphericus, albumen copiosum, farinaceum cingens; radicula centrifuga. — *Herbae annuae v. rarissime suffrutescentes, in temperatis utriusque hemisphaerae obviae, plerumque glandulis farinaceis adspersae; foliis alternis, petiolatis, dilatatis, sinuatis v. dentatis, floribus glomeratis, ebracteatis.*

Chenopodium Linn. *gen. n. 309.* excl. sp. pl. Gärtn. *I. 360. t. 75. f. 1.* E. B. *t. 1480. 1723. 1724. 199.* Fl. dan. *t. 1153.* Ledebour *Ic. t. 10.* Nees jun. *Gen. pl. II. 56.*

1931. Oligandra *LESS.* Flores hermaphroditi. Perigonium pentaphyllum, foliolis ecarinatis. Stamina 2, receptaculo ante perigonii foliola opposita inserta. Squamulae hypogynae nullae. Ovarium depressum, uniloculare, uniovulatum. Stylus brevissimus; stigmata 2, filiformia. Utriculus depressus, tuberculato-reticulatus, perigonio immutato stipatus. Semen horizontale, lenticulari depressum; testa crustacea. Embryo annularis, periphericus, albumen copiosum, farinaceum cingens; radicula centrifuga. — *Herba caucasica, humilis, annua; foliis oppositis, petiolatis, dilatatis, floribus glomeratis, ebracteatis.*

Oligandra Lessing *in Linnaea IX. 199.*

1932. Rhagodia *R. BR.* Flores hermaphroditi v. staminum abortu polygami. Perigonium quinquepartitum, laciniis demum haud mutatis. Stamina 1—5, imo perigonio inserta, ejusque laciniis opposita. Ovarium depressum, uniloculare, uniovulatum. Stylus bifidus. Acinus depressus, perigonio immutato stipatus. Semen horizontale depressiusculum; testa crustacea. Embryo annularis, periphericus, albumen copiosum, farinaceum cingens; radicula centrifuga. — *Frutices v. rarius herbae, Novam Hollandiam incolentes; foliis alternis, floribus spicatis v. glomeratis, ebracteatis.*

Rhagodia R. Brown *prodr. 408.* Chenopodium baccatum Labill. *Nov. Holl. t. 96.*

1933. Teloxys *MOQ.* Flores hermaphroditi. Perigonium quinquepartitum, laciniis demum haud mutatis, vix carnatis. Stamina 5, imo perigonio inserta, ejusque laciniis opposita, filamenta basi dilatata. Discus annularis, ovarii basim cingens, demum haud mutatus. Ovarium depressum, uniloculare, uniovulatum. Stylus crassiusculus, apice breviter et inaequaliter bifidus. Utriculus membranaceus, depressus, perigonio angulato, haud clauso cinctus. **Semen** horizontale, depressiusculum; **testa** crustacea, marginata. **Embryo** annularis, periphericus, **albumen** copiosum, farinaceum cingens; **radicula** centrifuga. — *Herba Sibiriam et Americam borealem incolens, ramosissima, glabra; foliis alternis, planis, linearibus v. lanceolato-linearibus, integerrimis, ramis floriferis cymosis, ramulis sterilibus aristato-setaceis, floribus minutissimis in ramulorum axillis solitariis.*

Teloxys Moquin Tandon *in Nouv. Annal. sc. nat. I. 289. t. 10. f. 1.* Chenopodium aristatum Linn.

1934. Lecanocarpus *NEES.* **Flores** hermaphroditi. **Perigonium** quinquepartitum, laciniis erectis, acutis, demum haud mutatis, vix carinatis. **Stamina** 1—2, imo perigonio inserta, ejusque laciniis contiguis opposita; **filamenta** basi aequalia. **Squamulae** hypogynae nullae. **Ovarium** depressum, uniloculare, uniovulatum. **Stigmata** 2, subulato-filiformia. **Utriculus** membranaceus, depresso-pateriformis, basi perigonio stipatus, transversim marginatus, circumscisse dehiscens. **Semen** horizontale, depressum; **testa** crustacea. **Embryo** annularis, periphericus, **albumen** copiosum, farinaceum cingens; **radicula** centrifuga. — *Herba nepalensis, erecta, annua; foliis alternis, deltoideis, inaequaliter dentatis, cymis axillaribus, ramulis sterilibus aristato-setaceis, floribus minimis, solitariis.*

Lecanocarpus Nees *Amoenit. Bonn. II. 4. t. 2.* Acroglochin Schrader *Catalog. Hort. Götting. 1824.* Blitantus Reichenbach *Catalog. Hort. Dresd. 1824.* Amarantus diander Spreng. *N. E. III. 20.*

1935. Hablitzia *BIEBERST.* **Flores** hermaphroditi v. abortu polygami. **Perigonium** rotato-quinquepartitum, laciniis cuneato-oblongis, obtusis, demum haud mutatis, ecarinatis. **Stamina** 5, imo perigonio inserta, ejusque laciniis opposita; filamenta filiformia. **Squamulae** hypogynae nullae. **Ovarium** depressum, uniloculare, uniovulatum. **Stylus** simplex; stigmate trilobo. **Utriculus** membranaceus, depresso-pateriformis, perigonio patentissimo stipatus, transversim marginatus, circumscisse dehiscens. **Semen** horizontale, depressum, hinc rostellatum; **testa** crustacea. **Embryo** annularis, periphericus, **albumen** farinaceum cingens; **radicula** centrifuga. — *Herba perennis, caucasica; radice napiformi, caule volubili, foliis alternis, cordatis, integerrimis, cymis axillaribus, ramulis fertilibus.*

Hablitzia Bieberst. *Cent. pl. ross. II. t. 54.* Reichenb. *Iconogr. t. 754.* Eichwald *Pl. caucus t. 23.*

*

1936. Cryptocarpus *H. B. K.* **Flores** hermaphroditi, ebracteolati. **Perigonium** campanulatum, quadri-quinquedentatum. **Stamina** 4—5, receptaculo inserta, perigonii dentibus opposita; **filamenta** filiformia, exserta, basi subconnata; **antherae** globoso-didymae. **Squamulae** hypogynae nullae. **Ovarium** obovatum, compressum, uniloculare, uniovulatum. **Stylus** simplex, subexcentricus; **stigma** acutum. **Achenium** compresso-subglobosum, cartilagineum, perigonio acuto connivente inclusum. **Semen** verticale; **testa** membranacea. **Embryo** annularis, periphericus, **albumen** copiosum, farinaceum cingens; **radicula** infera. — *Herbae americanae tropicae, procumbentes; foliis alternis, rhombeo-ovatis, integerrimis, floribus axillaribus spicatis, subsessilibus.*

Cryptocarpus Kunth *in Humb. et Bonpl. Nov. gen. et sp. II. 187. t. 123. 124.*

Generis affinitas plane dubia, anne svadente styli insertione sublaterali, non obstantibus staminibus, quae in iconibus citatis e regione dentium perigonii pinguntur, ad Phytolaccaceas referendum?

SUBTRIBUS IV. ANREDEREAE. **Flores** bibracteolati. **Seminis** verticalis **testa** membranacea.

1937. Anredera *JUSS.* **Flores** hermaphroditi, bibracteolati, **bracteolis** minutis, concavis. **Perigonium** membranaceum, quinquepartitum, laciniis duabus exterioribus carinatis, dorso longitudinaliter alatis, interioribus paullo brevioribus, concavis. **Stamina** 5, imo perigonio inserta, ejusque laciniis opposita; **filamenta** subulata; **antherae** oblongae, sagittatae. **Squamulae** hypogynae nullae. **Ovarium** ovatum, uniloculare, uniovulatum. **Styli** 3, distincti; **stigmata** simplicia. **Utriculus** coriaceus, perigonio sicco, diptero inclusus. **Semen** verticale; **testa** membranacea. **Embryo** annularis, periphericus, **albumen** copiosum, farinaceum cingens; **radicula** infera. — *Herbae Antillanae scandentes; foliis alternis, floribus spicatis, axillaribus.*

Anredera Jussieu *Gen. 84.* Gärtn. *f. III. 176. t. 213.* Kunth *in Humb. et Bonpl. Nov. gen. et sp. II. 190.* Polygonum scandens Linn. Fagopyrum scandens Sloane *Jam. t. 90. f. 1.* Basella vesicaria Lam. *t. 215. f. 1.*

1938. Boussingaultia *H. B. K.* **Flores** hermaphroditi, bibracteati et bibracteolati, **bracteolis** florem subaequantibus, carinato-concavis, inferne dorso longitudinaliter membranaceo-subalatis. **Perigonium** quinquepartitum, laciniis aequalibus, concavis, ecarinatis. **Stamina** 5, imo perigonio inserta, ejusque laciniis opposita; **filamenta** subulata; **antherae** oblongae, basi bifidae. **Squamulae** hypogynae nullae. **Ovarium** elliptico-trigonum, uniloculare, uniovulatum. **Stylus** terminalis, persistens, basi conico-incrassatus; **stigma** trilobum. **Utriculus** membranaceus, perigonio sicco, immutato inclusus. **Semen** verticale, lenticulari-compressum; **testa** membranacea. **Embryo** annularis, periphericus, **albumen** copiosum, farinaceum cingens; **radicula** infera. — *Frutices quitenses et mexicani, volubiles; foliis alternis, integerrimis, aveniis, carnosis, petiolis basi articulatis, racemis axillaribus geminis v. ternis, simplicibus aut racemosis, floribus pedicellatis, albis, pedicellis basi uni-apice bibracteatis.*

Boussingaultia Humb. Bonpl. et Kunth *Nov. gen. et sp. VII. 194. t. 645.*

OBSERVATIO. In Boussingaultia fide speciei ineditae mexicanae distinguimus: bracteam rami (pedicelli), bracteas inflorescentiae (bracteolas Kunth) ad florem unicum terminalem (ramulis quippe lateralibus abortivis) redactae, et bracteolas floris, tanquam perigonii septempartiti limbum exteriorem a cl. Kunth descriptas.

SUBORDO II. SPIROLOBEAE C. A. Meyer *in Ledebour Flor. Alt. I. 370.* **Embryo** spiralis. **Albumen** nullum v. parcum, bipartitum, excentricum.

TRIBUS I. BASELLEAE. **Flores** bracteolati. **Perigonium** baccatum, cum caryopsi cartilaginea concrescens. **Squamulae** hypogynae nullae. **Seminis** verticalis **testa** membranacea. **Albumen** parcum, in massulis duabus excentricis. **Embryo** planospiralis. — *Caulis continuus, volubilis.*

1939. Basella *LINN.* Flores hermaphroditi, bibracteolati. Perigonium urceolatum, quinquefidum, demum baccatum. Stamina 5, medio perigonio inserta, ejusque laciniis opposita; filamenta basi dilatata. Squamulae hypogynae nullae. Ovarium ovatum, basi cum perigonii tubo connatum, uniloculare, uniovulatum. Stylus filiformis, apice in stigmata 3, linearia, patentia divisus. Caryopsis cartilaginea, perigonio baccato inclusa et basi adnata. Semen verticale subrostellatum; testa membranacea. Embryo plano-spiralis, albuminis farinacei massulas duas excentricas segregans; radicula marginali, infera. — *Herbae in America et Asia tropica indigenae; radicibus fibrosis v. tuberosis, caule dextrorsum volubili; foliis alternis, integerrimis, carnosis, spicis axillaribus, floribus pedicellatis.*

Basella Rheede *Malab. VII. 45. t. 24.* Linn. *gen. n. 382.* Gärtn. *II. 200. t. 126.* Kunth *in Humb. et Bonpl. Nov. gen. et sp. II. 188.* Gandola Rumph *Amboin. V. t. 154.*

TRIBUS II. SUEDINEAE Moquin Tandon *in Nouv. Annal. sc. nat. IV. 215.* Flores bracteolati. Perigonium siccum, utriculum membranaceum includens, v. basi cum eo connatum. Squamulae hypogynae nullae. Seminis horizontalis v. verticalis testa crustacea. Albumen nullum v. parcum, in massulis duabus excentricis. Embryo plano-spiralis. — *Caulis continuus, folia saepius vermicularia.*

1940. Schanginia *C. A. MEY.* Flores hermaphroditi v. staminum abortu polygami, bracteolati. Perigonium tubuloso-urceolatum, subquinquefidum, laciniis demum haud mutatis. Stamina 5, medio perigonio inserta, ejusque laciniis opposita, in floribus femineis ananthera. Squamulae hypogynae nullae. Ovarium ovatum, basi cum perigonii tubo connatum, apice liberum, uniloculare, uniovulatum. Stylus conicus, apice in stigmata 2—3 subulata, patentia divisus. Utriculus basi perigonii tubo adnatus, apice liber, limbi laciniis stellato-patentibus cinctus. Semen verticale, lenticulari-pyriforme, subrostellatum; testa crustacea. Embryo plano-spiralis, exalbuminosus; radicula marginali, infera. — *Herba altaica, glaucescens, glabra; foliis alternis, linearibus, carnosiusculis, floribus sessilibus, solitariis v. in glomerulos binos senosve dispositis, bracteolis minutissimis, squamaeformibus.*

Schanginia C. A. Meyer *in Ledebour Flor. Alt. I. 394.* Moquin Tandon *in Annal. sc. nat. XXIII. 319. t. 21. Nouv. Annal. sc. nat. IV. 218.* Suaeda linifolia Pallas *Illustr. t. 40.*

1941. Suaeda *FORSK.* Flores hermaphroditi, bracteolati. Perigonium urceolatum, quinquepartitum, laciniis crassiusculis, carnosis, demum inflatis, interdum subcarinatis, haud appendiculatis. Stamina receptaculo v. imo perigonio inserta, ejusque laciniis opposita. Squamulae hypogynae nullae. Discus annularis parvus, quandoque obsoletus. Ovarium compressum v. depressum, uniloculare, uniovulatum. Stylus apice in stigmata 2—5, divaricata divisus. Utriculus membranaceus, depressus v. compressus, perigonio plus minus inflato inclusus. Semen lenticulare, horizontale v. verticale; testa crustacea. Embryo plano spiralis, exalbuminosus; radicula externa. — *Herbae glabrae v. suffrutices, in litoribus mediterraneis et in Asiae mediae desertis salsis provenientes; foliis alternis subteretibus, carnosis, floribus axillaribus, interdum basi foliorum adnatis, saepius glomerulatis, bracteolis minutissimis, squamulaeformibus, hyalinis.*

Suaeda Forsk. *Aegypt. 69.* Pallas *Illustr. t. 39. 41—47.* Moquin Tandon *in Annal. sc. nat. XXIII. 303. t. 19—22. Nouv. Annal. sc. nat. IV. 210.* Lerchia Haller *Hort. Götting. 21.* Cochliospermum Lagasca. — Chenopodii et Salsolae sp. Linn. Sibthorp *Fl. graec. t. 255.* Schrader *Halophyt. t. 1. f. 3.* Schoberiae sp. Ledebour *Ic. t. 44. 45.* Nees jun. *Gen. pl. II. 62.*

1942. Schoberia *C. A. MEY.* Flores hermaphroditi, bracteolati. Perigonium profunde quinquefidum, laciniis subinaequalibus, demum cucullatis, dorso bicorniculatis. Stamina 5, receptaculo inserta, perigonii laciniis opposita. Squamulae hypogynae et discus nullus. Ovarium depressum, uniloculare, uniovulatum. Stylus bifidus. Utriculus membranaceus, depressus, perigonio clauso, irregulariter stellato inclusus. Semen horizontale, lenticulari-depressum; testa crustacea. Embryo plano-spiralis, albuminis parci, farinacei massulas duas distinctas segregans; radicula externa. — *Herba altaica, glabra; foliis alternis, semicylindricis, depressis, carnosis, floribus axillaribus glomeratis, bracteolis minutis, squamaeformibus.*

Schoberia C. A. Meyer *in Ledebour Flor. Alt. I. 399. Ic. t. 195.* excl. reliq. Moquin Tandon *in Annal. sc. nat. XXIII. 321. t. 22. Nouv. Annal. sc. nat. IV. 216.*

TRIBUS III. SALSOLEAE Moquin Tandon *in Nouv. Annal. sc. nat. IV. 209.* Flores bracteolati. Perigonium siccum, utriculum membranaceum includens. Squamulae hypogynae nullae. Seminis horizontalis v. verticalis testa membranacea. Albumen nullum. Embryo conico-spiralis (cochleatus). — *Caulis continuus v. articulatus, folia saepius semiteretia.*

SUBTRIBUS I. HALIMOCNEMIDEAE Squamulae hypogynae nullae.

1943. Traganum *DEL.* Flores hermaphroditi, bibracteolati. Perigonium pentaphyllum, foliolis demum incrassatis, haud appendiculatis. Stamina 5, receptaculo inserta, perigonii foliolis opposita; filamenta crassiuscula, compressa, superne dilatata, apice truncata; antherae sagittatae, acutae. Squamulae hypogynae nullae. Ovarium depressum, uniloculare, uniovulatum. Styli 2, filiformes, basi coaliti. Utriculus depressus, perigonio sublignoso nucaeformi inclusus. Semen horizontale, orbiculatum; testa membranacea. Embryo exalbuminosus, depresso-cochleatus; radicula extraria. — *Frutex in Aegypto et in insulis Canariis observatus; foliis alternis, parvis, subamplexicaulibus, subtriquetris, floribus axillaribus sessilibus, binis ternisve glomerulatis, villis involutis.*

Traganum Delile *Flor. Aegypt. 312. t. 22. f. 1.* Moquin Tandon *Nouv. Annal. sc. nat. IV. 215.*

1944. Salsola *LINN.* Flores hermaphroditi, bibracteolati. Perigonium pentaphyllum, foliolis dorso demum transversim alatis. Stamina 5, v. rarius 3, annulo depresso v. cyathulo hypogyno inserta, perigonii foliolis opposita; antherae ovatae, muticae. Squamulae hypogynae nullae. Ovarium depressum, uniloculare, uniovulatum. Styli 2, basi plerumque connati, rarissime nulli; stigmata subcapitata, subsessilia. Utriculus depressus, perigonio capsulaeformi exsucco v. subbaccato, stellato-quinquealato reclusus. Semen horizontale, subglobosum; testa tenuissime membranacea. Embryo exalbuminosus, cochleatus; radicula extraria. — *Herbae v. suffrutices, glabrae aut pubescentes, in littoribus regionum temperatarum totius orbis obviae, inter tropicos rarae, nonnullae etiam per continentes vagantes; foliis alternis v. oppositis, subcylindricis, raro planiusculis, rarissime nullis, floribus axillaribus sessilibus, perigonii fructiferi alis maximis v. parvulis, saepius inaequalibus, striatis, scariosis, interdum coloratis, raro crassiusculis, unguiformibus.*

Salsola Linn. *gen. n. 311.* excl. sp. Gärtn. *I. 359. t. 75.* Pallas *Illustr. t. 12—30.* Schkuhr *t. 257.* Hook. *Flor. Lond.* Eichwald *Pl. caucas. I. 24—31.* Moquin Tandon *in Nouv. Annal. sc. nat. IV. 214.* Kali Tournef. *inst. 286.* Caroxylon Thunb. *Nov. gen. II. 38.* Juss. *gen. 85.*

1945. Halimocnemis *C. A. MEY.* Flores hermaphroditi, bibracteolati. Perigonium di-pentaphyllum, foliolis demum induratis, haud appendiculatis. Stamina 1—5, receptaculo inserta, ejusque foliolis opposita; antherae muticae v. connectivo in rostrum ligulare v. cucullatum producto superatae. Squamulae hypogynae nullae. Ovarium compressiusculum, uniloculare, uniovulatum. Styli 2, setacei, basi plerumque coaliti. Utriculus compressus, subchartaceus, perigonio membranaceo-indurato, exappendiculato inclusus. Semen verticale, suborbiculare; testa membranacea. Embryo exalbuminosus, cochleatus; radicula dorsali. — *Herbae v. rarissime suffrutices, pubescentes v. interdum glabri, in regione tauro-caucasica, in Sibiria et Arabia provenientes; foliis alternis v. oppositis, plus minus cylindricis, succulentis, floribus axillaribus, solitariis, bracteolis foliis conformibus, cum perigonio fructifero persistentibus et illud includentibus.*

Halimocnemis C. A. Meyer *in Ledebour Flor. Alt. I. 381.* Moquin Tandon *in Nouv. Annal. sc. nat. IV. 212.* Anabaseos sectio II. Schrad. Polycnemi sp. Pallas *Illustr. t. 48—55.*

1946. Halogeton *C. A. MEY.* Flores hermaphroditi, bibracteolati. Perigonium tri-pentaphyllum, foliolis demum induratis, dorso transversim alatis. Stamina 5, receptaculo inserta, perigonii foliolis opposita, nunc pauciora, 3—1; antherae connectivo excurrente mucronatae. Squamulae hypogynae nullae. Ovarium compressiusculum, uniloculare, uniovulatum. Styli 2, setacei, basi cohaerentes. Utriculus compressus, subchartaceus, perigonio tri-quinquealato, membranaceo, interdum supra crassiusculo inclusus. Semen verticale, suborbiculare; testa membranacea. Embryo exalbuminosus, cochleatus; radicula dorsali. — *Herbae v. suffrutices, glabri aut pubescentes, in regione mediterranea, taurico-caucasica, in Persia et Sibiria provenientes; foliis alternis v. oppositis, semiteretibus, carnosis, floribus axillaribus, glomerulatis, perigonii fructiferi alis subinaequalibus, patentibus.*

Halogeton C. A. Meyer *in Ledebour Flor. Alt. I. 378. Ic. t. 40.* Moquin Tandon *in Nouv. Annal. sc. nat. IV. 211.* Salsolae sp. Pallas *Illustr. I. 24. 27.* Labillard. *Syr. Dec. II. t. 5.* Anabaseos sp. Cav. *Ic. t. 283.* Bieberst. Schrad.

SUBTRIBUS II. ANABASEAE. Squamulae hypogynae staminibus alternae.

1947. Nanophytum *LESS.* Flores hermaphroditi, bibracteolati. Perigonium pentaphyllum, foliolis demum induratis, haud appendiculatis. Stamina 5, receptaculo inserta, perigonii foliolis opposita; antherae connectivo excurrente apiculatae. Squamulae hypogynae 5, staminibus alternae. Ovarium compressiusculum, uniloculare, uniovulatum. Styli 2, setacei, basi coaliti. Utriculus compressus, subchartaceus, perigonio membranaceo-indurato, inappendiculato inclusus. Semen verticale, suborbiculare; testa membranacea. Embryo exalbuminosus, cochleatus; radicula dorsali. — *Suffrutex caspicus, glaber; foliis alternis, imbricatis, subulato-pungentibus, squamularum hypogenarum praesentia ab Halimocnemidibus diversus.*

Nanophytum Lessing *in Linnaea IX. 197.*

1948. Cornulaca *DEL.* Flores hermaphroditi, bibracteolati. Perigonium pentaphyllum, foliolis demum indurato-siccis, uno dorso spinifero. Stamina 5, receptaculo inserta, perigonii foliolis opposita; antherae muticae. Squamulae hypogynae 5, staminibus alternae. Ovarium compressiusculum, uniloculare, uniovulatum. Styli 2, filiformes, basi coaliti. Utriculus compressus, membranaceus, perigonio capsulaeformi, unispinoso inclusus. Semen verticale, suborbiculare; testa membranacea. Embryo exalbuminosus, cochleatus; radicula dorsali. — *Suffrutex aegyptiacus, haud articulatus; foliis alternis, subtriquetris, carnosis, floribus villis involutis, squamulis hypogynis membranaceis, sublinearibus, erectis, inferne cum filamentis coalitis, perigonii fructiferi spina longa, rigida, subverticali.*

Cornulaca Delile *Flor. Aegypt. 312. t. 22. f. 3.* Moquin Tandon *in Nouv. Annal. sc. nat. IV. 211.*

1949. Anabasis *LINN.* Flores hermaphroditi, bibracteolati. Perigonium pentaphyllum, foliolis demum v. omnibus dorso transversim appendiculatis, v. duobus bracteolis oppositis apteris. Stamina 5, receptaculo inserta, perigonii foliolis opposita; antherae muticae. Squamulae hypogynae 5, staminibus alternae. Ovarium compressum, uniloculare, uniovulatum. Styli 2, brevissimi, divaricati. Utriculus compressus, succulentus v. subchartaceus, perigonio tri-quinquealato, subpulposo inclusus. Semen verticale, suborbiculare; testa membranacea. Embryo exalbuminosus, cochleatus, radicula dorsali. — *Frutices v. suffrutices articulati, aphylli v. foliolis parvulis, basi connatis instructi, in regione mediterranea occidentali rarissimi, in orientali et regione taurico-caucasica, nec non in Asia media frequentiores; foliis sessilibus, oppositis v. abortu interdum alternis, squamulis hypogynis ciliatis v. villosis, a staminibus distinctis, perigonii alis suberectis.*

Anabasis Linn. *gen. n. 312.* Gärtn. *I. 374. t. 77.* Pallas *Illustr. t. 8. 9.* Ledebour *Ic. t. 39. 47.* Moquin Tandon *in Nouv. Annal. sc. nat. IV. 210.* — Brachylepis C. A. Meyer *in Ledebour Flor. Alt. I. 370. Ic. t. 48.* teste Tandonio non differt, perigonio fructifero revera alato, sed alis minutis, colore perigonii, et ad ejus apicem applicatis, hinc vix conspicuis.

OBSERVATIO. Monolepis Schrader *Ind. sem. hort. Gótting. 1830.* Chenopodea boreali-americana, cui ex auctore: „Flores polygami monandri, perigonium squamaeforme, „utriculus compressus, semen verticale includens," ob descriptionem mancam collocari haud potest.

GENERA CHENOPODEIS AFFINIA.

1950. Agriophyllum *BIEBERST.* Flores hermaphroditi. Perigonium nullum. Stamen 1; filamentum filiforme; anthera bilocularis. Ovarium compressum, uniloculare, uniovulatum. Stigmata 2, filiformia. Utriculus membranaceus, dorso prope basim foraminulo orbiculari fenestratim dehiscens. Semen verticale, lenticulari-compressum; testa crustacea. Embryo hemicyclicus, periphericus, albumen farinaceum cingens; radicula infera. — *Herba annua, tauro-caucasica; foliis alternis, lineari-lanceolatis, nervosis, bracteisque subulatis pungentibus, spicis axillaribus brevissimis, squarrosis.*

Agriophyllum Bieberst. *Flor. taur. cauc. III. 5.* Corispermum squarrosum Linn. Pallas *Flor. Ross. II. t. 99.* C. pungens Vahl. Rhagrostis Buxb. *Cent. III. 30. t. 55.*

1951. Corispermum *ANT. JUSS.* Flores hermaphroditi, ebracteati. Perigonii loco squamulae 3, scariosae, rarius unica v. nulla. Stamina 1—5, receptaculo inserta. Ovarium ovatum, compressum, marginatum, uniloculare, uniovulatum. Stigmata 2, filiformia, erecta. Caryopsis compressa, hinc plana inde convexa, marginata, pericarpio tenuissime membranaceo. Semen verticale, compressum; testa crustacea. Embryo annularis, periphericus, albumen copiosum, farinaceum cingens; radicula infera. — *Herbae in Europa imprimis orientali et in Asia media provenientes, annuae, ramosae, lanuginosae; foliis alternis, sessilibus, linearibus, integerrimis, floribus in axillis foliorum solitariis, sessilibus.*

Corispermum Ant. Jussieu *in Act. Paris. 1712.* Linn. *gen. n. 12.* Gärtn. *I. 361. t. 75.* Lam *t. 5.* Pallas *Illustr. t. 59.* C. A. Meyer *in Ledebour Fl. Alt. I. 9.* Nees jun. *Gen. pl. II. 75.*

1952. Anthochlamys *FENZL.* Flores hermaphroditi. Perigonium quinquefidum, campanulatum, coloratum, hyalino-membranaceum, laciniis apice bilobis, subserrulatis. Stamina 4—6, hypogyna, perigonii laciniis opposita (!); filamenta subulata, basi subconnata; antherae biloculares, oblongo-lineares, basi et apice bifido-mucronulatae. Ovarium lenticulari-compressum, uniloculare, uniovulatum. Stylus bipartitus; stigmatibus filiformibus. Caryopsis compressa, monosperma, anguste alato-marginata. Semen .. — *Herba persica, annua, diffuse ramosa, glabra; foliis ellipticis, uninerviis, mucronulatis, floralibus abbreviatis, spica densa, demum elongata, floribus roseis, ebracteolatis.*

Anthochlamys Fenzl *msc.* Corispermum polygaloides Fischer et C. A Meyer *Index sem. hort. Petropolit. I. 24.*

*

1953. Dysphania *R. BR.* Flores polygamo-monoici. Hermaphr. Perigonium tripartitum, coloratum, foliolis cochleariformibus. Stamina 2, distincta, imo perigonio inserta. Stylus indivisus; stigmate simplici. Fem. Perigonium et pistillum ut in hermaphrodito. Pericarpium turbinatum, semini adnatum, perigonio aucto cinctum. Semen albuminosum. Embryo periphericus; radicula supera. — *Herba pusilla, prostrata, glabra, in Nova Hollandia tropica indigena; foliis alternis, exstipulatis, integerrimis, glomerulis axillaribus, floribus minutissimis, vicenis vix caput aciculae aequantibus, brevissime pedicellatis, ebracteatis, albis, extimo hermaphrodito, reliquis femineis.*

Dysphania R. Brown *prodr. 411.*

Ordo CII. Amarantaceae.

AMARANTI Juss. *gen. 87.* AMARANTACEAE R. Brown *Prodr. 413.* Martius *Nov. Gen. et sp. II. 1. ss. N. A. N. C. XIII. 210. ss.* Bartling *Ord. nat. 297.* Lindley *introduct. edit. II. p. 207.*

Herbae v. suffrutices, interdum arborescentes, caule ramisque saepe diffusis, teretiusculis aut rarius angulatis, nudis v. plerumque pube plus minus copiosa consitis. Folia opposita v. alterna, simplicia, integra, saepius subintegerrima, sessilia v. breviter petiolata, uninervia, venosa. Stipulae nullae.

Flores hermaphroditi v. abortu polygamo-monoici, aut rarissime dioici, glomerati, capitati v. spicati, tribracteati, bractea antica majore, rarissime (ubi flos in folii axilla solitarius sessilis) deficiente, lateralibus (*bracteolis*, *calyce* Mart.) minoribus, saepissime carinatis v. concavis, persistentibus, saepius plus minus scariosis, nunquam foliaceis, interdum flores laterales abortivos, in cristam v. glochides mutatos in axilla foventibus.

Perigonium (*corolla* Mart.) siccum, subscariosum, herbaceum v. coloratum, tetra-pentaphyllum, foliolis liberis v. interdum basi plus minusve inter se coalitis, glabris v. pube demum aucta instructis, nunc omnibus aequalibus, nunc tribus interioribus v. postico paullo dissimili.

Stamina hypogyna, quinque fertilia, perigonii foliolis opposita, raro pauciora, sterilia nulla v. fertilibus alterna, lobuli- v. dentiformia, libera v. basi in cupulam aut tubum plus minus longum coalita. Filamenta fertilia filiformia v. subulata aut dilatata, interdum trifida, sterilia (staminodia) integerrima v. fimbriata, plana v. rarissime fornicata. Antherae introrsae, medio dorso affixae, nunc uniloculares, nunc biloculares, didymae, loculis longitudinaliter dehiscentibus. Pollinis granula plurima, minutissima, globulosa.

Ovarium unicum, ovatum, compressum v. rarius depressiusculum, uniloculare. Ovulum nunc unicum, nunc plura, funiculis liberis, et si plura inter se distinctis, e fundo ovarii erectis singillatim appensa, amphitropa, micropyle basim ovarii respiciente. Stylus terminalis simplex, nunc longiusculus, nunc brevis v. brevissimus aut subnullus. Stigma capitatum v. emarginato-bilobum, aut bitrifidum, cruribus filiformibus v. cylindricis, rarius multifidum.

Fructus utriculus membranaceus, mono-polyspermus, evalvis et irregulariter rumpens, v. rarius operculo transversim dehiscens, interdum caryopsis, rarissime bacca.

Semina lenticulari-reniformia, compressa, verticaliter appensa. Testa crustacea, nigra v. fusca, umbilico nudo v. rarissime arillato. Endopleura tenuissime membranacea. Albumen centrale, farinaceum.

Embryo arcuatus v. cyclicus, albumen cingens. **Cotyledones** plano-convexae, incumbentes. **Radicula** umbilico proxima, infera adscendens, apicem carpicum respiciens.

Amarantaceae Chenopodeis proximae, et vix charactere diagnostico ab iisdem distinguendae, quamvis notarum pluralite simul et habitu abunde diversae, **inter tropicos utriusque orbis** maxima copia gignuntur, in **regionibus subtropicis** non admodum rarae, in **temperatis** parcissime provenientes, e climate frigido omnino exules.

Virtutes insunt nutrientes, emollientes, radicis in una vis tonica, stimulans laudatur.

TRIBUS I. GOMPHRENEAE. **Ovarium** uniovulatum. **Antherae** uniloculares.

1954. Iresine *WILLD.* **Flores** hermaphroditi v. abortu polygami, tribracteati. **Perigonium** pentaphyllum. **Stamina** 5, libera v. basi in cupulam connata; **filamenta** filiformia; **antherae** uniloculares; **denticulis** interjectis nullis. **Ovarium** uniloculare, uniovulatum. **Stylus** brevis; **stigmata** 2 v. 3, teretiuscula. **Utriculus** evalvis, monospermus. **Semen** lenticulari-reniforme; **testa** crustacea **Embryo** arcuatus, periphericus, **albumen** farinaceum cingens; **radicula** supera. — *Herbae erectae v. procumbentes, ramosae, in America tropica et subtropica obviae, in Nova-Hollandia inter tropicos rarae; foliis oppositis, floribus laxe paniculatis v. dense spicato-capitatis.*

a. IRESINE *Kunth.* Flores polygamo-dioici, paniculati.

Iresine Kunth *in Humb. et Bonpl. Nov. gen. et sp. II.* 198. Martius *Nov. gen. et sp. II.* 57. *t.* 153. 154. *N. A. N. C. XIII.* 306. Rosea Martius *Nov. gen. et sp. II.* 59. *t.* 155. *N. A. N. C. XIII.* 305. — Crucita Löffling *It.* 203. vix nisi floribus tetrameris diferre videtur, sed adeo imperfecte descriptum genus, et a nemine post auctorem visum, in systemate nec recepi, nec collocari potest.

b. PHILOXERUS *R. Br.* Flores hermaphroditi, spicato-capitati.

Philoxerus R. Brown *prodr.* 416. Kunth *op. cit. II.* 203. Martius *N. A. N C. XIII.* 305.

1955. Trommsdorffia *MART.* **Flores** hermaphroditi, tribracteati. **Perigonium** pentaphyllum. **Stamina** 5, basi in cupulam connata; **filamenta** filiformia, **lobulis** minimis rotundatis interjectis; **antherae** uniloculares. **Ovarium** uniloculare, uniovulatum. **Stigma** subsessile, capitato-bilobum. **Utriculus** evalvis, monospermus. **Semen** lenticulari-reniforme; **testa** crustacea. **Embryo** arcuatus, periphericus, **albumen** farinaceum cingens; **radicula** supera. — *Herbae v. suffrutices, Americam tropicam incolentes; foliis oppositis, floribus terminalibus v. lateralibus in capitula congestis.*

Trommsdorfia Martius *Nov. gen. et sp. II.* 40. *t.* 139. *N. A. N. C. XIII.* 308. Alternantherae sp. Kunth.

1956. Alternanthera *FORSK.* **Flores** hermaphroditi, tribracteati. **Perigonium** pentaphyllum. **Stamina** 5, basi in cyathum connata; **filamenta** filiformia, nonnulla saepius ea strata; **antherae** uniloculares; **staminodia** interjecta dentiformia, integra v. trifida, interdum obsoleta. **Ovarium** uniloculare, uniovulatum. **Stylus** brevis; **stigmate** capitato. **Utriculus** evalvis, monospermus. **Semen** lenticulari-reniforme; **testa** crustacea. **Embryo** arcuatus v. annularis, **albumen** farinaceum cingens; **radicula** supera. — *Herbae tropicae et subtropicae, amphigaeae, decumbentes; caulibus subgeniculatis, radicantibus, villosiusculis, foliis oppositis, brevissime petiolatis, floribus in capitula axillaria congestis.*

Alternanthera Forskael *Aegypt.* 28. R. Brown *prodr.* 417. Martius *Nov. gen. et sp. II.* 53. *t.* 152. *N. A. N. C. XIII.* 316. Allaganthera Martius *Hort. Erlang.* 69. Gomphrenae et Illecebri sp. Linn.

1957. Telanthera *R. BR.* **Flores** hermaphroditi, tribracteati. **Perigonium** pentaphyllum. **Stamina** 5 fertilia, basi in tubum connata; **filamenta** filiformia; **antherae** uniloculares; **staminodia** interjecta ligulaeformia, inciso-dentata. **Ovarium** uniloculare, uniovulatum. **Stylus** brevis; **stigmate** capitato. **Utriculus** evalvis, monospermus. **Semen** lenticulari-reniforme; **testa** crustacea. **Embryo** arcuatus, periphericus, **albumen** farinaceum cingens; **radicula** supera. — *Herbae rarius suffrutescentes tropicae, pleracque americanae, paucae amphigaeae, erectae v. decumbentes, ramosissimae, villosiusculae, foliis oppositis, breve petiolatis, floribus in capitula terminalia v. rarius axillaria dispositis.*

Teleianthera R. Brown *in Tuckey Congo p.* 477. *in not.*

a. BUCHOLZIA *Mart.* Perigonii foliola 3 exteriora paullo majora. Tubus stamineus antheris quinque, staminodiis dilatatis, inciso-dentatis. — *Capitula axillaria et terminalia.*

Bucholzia Martius *Nov. gen. et sp. II.* 49. *t.* 147—151. *N. A. N. C. XIII.* 314. Illecebri sp. Herit. *stirp. t.* 37.

b. BRANDESIA *Mart.* Perigonii cum pedicello brevissimo vix articulati foliola subaequalia. Tubus stamineus antheris quinque, staminodiis dilatatis, inciso-dentatis. — *Capitula depresso-globosa v. spiciformia, longe pedunculata.*

Brandesia Martius *Nov. gen. et sp. II.* 25. *t.* 125. 128. *N. A. N. C. XIII.* 313. Achyranthis sp. Jacq. *Hort. Schönbr. t.* 330. Bot. Mag. *t.* 830.

c. MOGIPHANES *Mart.* Perigonii cum pedicello brevi columnari quinqueglanduloso articulati foliola aequalia. Tubus stamineus antheris quinque, staminodiis dilatatis, inciso-dentatis. — *Capitula v. spicae longe pedunculatae.*

Mogiphanes Martius *Nov. gen. et sp. II.* 29. *t.* 129—134. *N. A. N. C. XIII.* 312. Gomphrenae sp. Jacq. *Ic. rar. t.* 346.

1958. Gomphrena *LINN.* **Flores** hermaphroditi v. abortu polygami, tribracteati. **Perigonium** pentaphyllum. **Stamina** 5, in cupulam v. tubum connata; **filamenta** dilatata, apice trifida, lobo intermedio antherifero, lateralibus indivisis v. fimbriatis; **antherae** uniloculares. **Ovarium** uniloculare, uniovulatum. **Stigma** sessile, capitatum, indivisum v. bilobum, lobis abbreviatis obtusis, v. elongato-linearibus. **Utriculus** evalvis, monospermus. **Semen** lenticulari-reniforme; **testa** crustacea. **Embryo** annularis, periphericus, **albumen** farinaceum cingens; **radicula** supera. — *Suffrutices v. herbae, in America tropica copiosae, in Asia et Nova Hollandia rarae, glabrae v. villosae; foliis oppositis, petiolatis, floribus in capitula aut spicas axillares v. terminales, densus v. laxas et paniculatas dispositis.*

Gomphrena Linn. *gen. n.* 314. R. Brown *prodr.* 415.

a. SERTURNERA *Mart.* Flores polygamo-monoici. Stamina in cupulam connata, filamenta ciliata, lobis sterilibus minutis. Stigma capitatum, emarginato-bilobum. — *Flores in capitulis subglobosis, terminalibus, aphyllis.*

Serturnera Martius *Nov. gen. et sp. II.* 36. *t.* 136—138. *N. A. N. C. XIII.* 310. Alternantherae sp. Kunth.

b. PFAFFIA *Mart.* Flores hermaphroditi. Stamina in tubum connata, filamentorum lobi laterales fimbriati, antheris longiores. Stigma capitatum, indivisum. — *Flores in capitulis v. spicis terminalibus, aphyllis.*

Pfaffia Martius *Nov. gen. et sp. II. 20. t. 122.—124. N. A. N. C. XIII. 311.* Gomphrenae sp. Vahl, Spreng.

c. HEBANTHE *Mart.* Flores hermaphroditi. Stamina in cupulam connata, filamentorum lobi laterales nudi, intermedio antherifero breviores. Stigma capitatum-emarginato-bilobum. — *Flores in spicas laxas, paniculatas dispositi.*

Hebanthe Martius *Nov. gen. et sp. II. 42. t. 140.—145. N. A. N. C. XIII. 304.*

d. GOMPHRENA *Mart.* Flores hermaphroditi. Stamina in tubum elongatum connata, filamentorum lobi laterales integerrimi v. fimbriati, antheris longiores. Stigma bifidum, lobis cylindricis. — *Flores in spicas v. capitula aphylla aut foliosa, axillaria v. terminalia conferti.*

Gomphrena Martius *Nov. gen. et sp. II. 1. t. 101—121. N. A. N. C. XIII. 297.* St. Hilaire *Pl. us. t. 31, 32.* Bot. Mag. *t. 2815.* Schultesia Schrader *in Götting. Anz.* — Bragantia Vandelli *in Römer Script. 50.* non Loureir.

1959. Frölichia *MÖNCH.* Flores hermaphroditi, tribracteati. Perigonium tubulosum, apice quinquefidum. Stamina 5, in tubum elongatum, apice quinquefidum connata, laciniis medio antheriferis; antherae uniloculares. Ovarium uniloculare, uniovulatum. Stigma sessile, pennicillato-multifidum. Utriculus evalvis, monospermus, perigonio indurato, basi bicristato inclusus. Semen ovato-reniforme; testa crustacea. Embryo annularis, periphericus, albumen farinaceum cingens; radicula supera. — *Herbae in America tropica et boreali calidiore observatae, adscendentes v. erectae, diffusae, plerumque ramosae; foliis oppositis, brevissime petiolatis, floribus in pedunculis terminalibus axillaribusque elongatis, spicatis, spicis oppositis verticillatisque, primum capituliformibus.*

Frölichia Mönch. *Meth. 50.* Hoplotheca Nuttall *gen. II. 78.* Martius *Nov. gen. et sp. II. 47. t. 146. N. A. N. C. XIII. 295.* Bot. Mag. *t. 2603.* Gomphrenae sp. Herit. *Stirp. I. t. 3.* Kunth, DC. Celosiae sp. Jacq. *Ic. rar. t. 51.*

TRIBUS II. ACHYRANTHEAE. Ovarium uniovulatum. Antherae biloculares.

SUBTRIBUS I. POLYCNEMEAE. Flores axillares solitarii sessiles, bibracteati, folio bracteae anticae locum tenente. Utriculus evalvis.

1960. Polycnemum *LINN.* Flores hermaphroditi, axillares, solitarii, sessiles, bibracteolati. Perigonium pentaphyllum, foliolis utrinque concoloribus. Stamina 1—5, saepius 3, ima basi coalita; filamenta filiformia, antherae biloculares. Ovarium uniloculare, uniovulatum. Stylus brevissimus; stigmata 2, brevia. Utriculus evalvis, monospermus. Semen lenticulari-reniforme; testa crustacea. Embryo annularis, periphericus, albumen farinaceum cingens; radicula infera adscendente. — *Herba annua, in Europa imprimis orientali et in Asia media obvia, ramosa, puberula, minute verruculosa; foliis alternis, sessilibus, subulatis, integerrimis, mucronatis, inferioribus gemmarum abortivarum bracteis pseudo-stipulatis, bracteis scariosis.*

Polycnemum Linn. *gen. n. 53.* Gärtn. *II. 211. t. 128.* Schkuhr *t. 5.* Jacq. *Fl. austr. t. 365.* Nees *Jun. Gen. pl. II. 76.* Moquin Tandon *in Nouv. Annal. sc. nat. VII. 41.*

1961. Hemichroa *R. BR.* Flores hermaphroditi, axillares, solitarii, sessiles, bibracteolati. Perigonium pentaphyllum, foliolis intus coloratis. Stamina 2 v. 5, ima basi connata; filamenta filiformia; antherae biloculares. Ovarium uniloculare, uniovulatum. Stylus brevissimus; stigmata 2, brevia. Utriculus evalvis, monospermus. Semen lenticulari-reniforme; testa crustacea. Embryo hemicyclicus, periphericus, albumen farinaceum cingens; radicula infera, adscendente. — *Suffrutices in Nova Hollandia australi littorei; foliis alternis, semiteretibus, exstipulatis.*

Hemichroa R. Brown. *prodr. 409.* Moquin Tandon *in Nouv. Annal. sc. nat. VII. 41.*

SUBTRIBUS II. AERVEAE. Flores tribracteati, laterales abortivi nulli. Utriculus evalvis.

1962. Psilotrichum *BLUM.* Flores hermaphroditi, tribracteati. Perigonium pentaphyllum, foliolis lanceolatis. Stamina 5, basi in cyathum connata; filamenta filiformia; antherae biloculares; staminodia interjecta nulla. Ovarium uniloculare, uniovulatum. Stylus simplex; stigma capitatum. Utriculus evalvis, monospermus, perigonii foliolis conniventibus, nudis inclusus. Semen .... — *Herba javanica, ramosa, decumbens; ramis geniculatis, trichotomis, foliis oppositis, radicalibus spathulatis, reliquis lanceolatis, floribus spicato-capitatis, axillaribus et terminalibus.*

Psilotrichum Blume *Bijdr. 544.* — Genus monente cl. auctore vix a sequente diversum. Anne huc Leiospermum Wallich *Catalog. n. 6923,* sive Achyranthes ferruginea Roxb. *Flor. Indic. edit. Wallich II. 502.*

1963. Trichinium *R. BR.* Flores hermaphroditi, tribracteati. Perigonium pentaphyllum, foliolis linearibus. Stamina 5, basi connata; filamenta filiformia; antherae biloculares; staminodia interjecta nulla. Ovarium uniloculare, uniovulatum. Stylus simplex; stigma capitatum. Utriculus evalvis, monospermus, perigonii foliolis basi conniventibus, apice patulis, plumosis inclusus. Semen lenticulari-reniforme; testa crustacea. Embryo annularis, periphericus, albumen farinaceum cingens; radicula centrifuga. — *Herbae annuae v. perennes, in Nova Hollandia intra et extra tropicos provenientes; foliis alternis, floribus terminalibus, capitatis v. spicatis, bracteis scariosis, nitentibus.*

Trichinium R. Brown *prodr. 415.* Gaudich. *ad Freyc. t. 49.* Martius *in N. A. N. C. XIII. 317.*

1964. Ptilotus *R. BR.* Flores hermaphroditi, tribracteati. Perigonium pentaphyllum, foliolis lanceolatis. Stamina 5, ima basi connata; filamenta filiformia; antherae biloculares; staminodia interjecta nulla. Ovarium uniloculare, uniovulatum. Stylus simplex; stigma capitatum. Utriculus evalvis, monospermus, perigonii foliolis tribus interioribus medio lana cohaerentibus, apice patentibus, nudis inclusus. Semen lenticulari-reniforme; testa crustacea. Embryo annularis, periphericus, albumen farinaceum cingens; radicula centrifuga. — *Herbae annuae, glabrae, in Moluccis et in Nova Hollandia tropica observatae; foliis alternis, angustis, floribus terminalibus, subcapitatis, bracteis scariosis, nitentibus.*

Ptilotus R. Brown *prodr. 415.* Martius *in N. A. N. C. XIII. 318.*

1965. Nyssanthes *R. BR.* Flores hermaphroditi, tribracteati, bracteis spinescentibus.

Perigonium tetraphyllum, foliolis duobus exterioribus inaequalibus, spinescentibus. Stamina 2—4, basi connata; filamenta filiformia; antherae biloculares; staminodia interjecta ligulata. Ovarium uniloculare, uniovulatum. Stylus simplex; stigma capitatum. Utriculus evalvis, monospermus. Semen lenticulari-reniforme; testa crustacea. Embryo annularis, periphericus, albumen farinaceum cingens; radicula supera. — *Herbae v. suffrutices, in Nova Hollandia tropica et orientali provenientes; foliis oppositis, spicis glomeruliformibus, axillaribus et terminalibus.*

Nyssanthes R. Brown *prodr. 418.* Martius *in N. A. N. C. XIII. 318.*

1966. Achyranthes *LINN.* Flores hermaphroditi, tribracteati, bracteis spinescentibus. Perigonium tetra-pentaphyllum, foliolis aequalibus. Stamina 4—5, basi in cupulam connata; filamenta filiformia; antherae biloculares; staminodia interjecta dentata v. fimbriata, plana. Ovarium uniloculare, uniovulatum. Stylus simplex; stigma capitatum. Utriculus evalvis, monospermus. Semen lenticulari-reniforme; testa crustacea. Embryo annularis, periphericus, albumen farinaceum cingens; radicula supera. — *Herbae v. suffrutices, interdum arborescentes, in regionibus tropicis et subtropicis veteris orbis provenientes; foliis oppositis, floribus laxe spicatis, plerumque reflexis.*

Achyranthes Linn. *gen. n. 288.* excl. sp. R. Brown *prodr. 417.* Sibthorp. *Fl. graec. t. 244.* Miller *Ic. t. 11. f. 2.* Martius *in N. A. N. C. XIII. 319.*

1967. Centrostachys *WALL.* Flores hermaphroditi, tribracteati, bracteis muticis. Perigonium pentaphyllum, foliis spinescentibus, postico augustiore, longiore. Stamina 5, basi in cupulam connata; filamenta subulata; antherae biloculares; staminodia interjecta apice fimbriata, medio lacinula bifida fornicato-appendiculata. Ovarium uniloculare, uniovulatum. Stylus simplex; stigma capitatum. Utriculus evalvis, monospermus. Semen lenticulari-reniforme. Embryo annularis, periphericus, albumen farinaceum cingens; radicula supera. — *Herba indica, aquatica; foliis oppositis, lanceolatis, floribus dense spicatis, post anthesim patentissimis v. reflexis.*

Centrostachys Wallich *in Roxb. Flor. Ind. II. 497.* Achyranthes aquatica Roxb.

1968. Aerva *FORSK.* Flores hermaphroditi, tribracteati. Perigonium pentaphyllum, foliolis aequalibus, lanatis. Stamina 5, basi in cupulam connata; filamenta subulata; antherae biloculares; staminodia interjecta plana, dentata. Ovarium uniloculare, uniovulatum. Stylus brevis; stigma bifidum. Utriculus evalvis, monospermus. Semen lenticulari-compressum; testa crustacea. Embryo arcuatus, periphericus, albumen farinaceum cingens; radicula supera. — *Herbae v. suffrutices erecti, albo-tomentosi, in Asia tropica et in Africa boreali obvii; foliis alternis, floribus minutis in spicas axillares v. terminales densas congestis.*

Aerva Forskel *Aegypt. 170.* Martius *in N. A. N. C. XIII. 290.* Blume *Bijdr. 547.* Illecebri sp. Linn. Mill. *Ic. t. 11. f. 2.* Achyranthis sp. Willd.

SUBTRIBUS III. DESMOCHAETEAE. Flores tribracteati. Bracteae laterales praeter florem fertilem abortivos plures, in cristas v. glochides mutatos in axillis foventes. Utriculus evalvis.

1969. Digera *FORSK.* Flores hermaphroditi ternati, tribracteati, laterales steriles, in cristam horizontalem mutati, intermedius fertilis. Perigonium pentaphyllum. Stamina 5, libera; filamenta subulata; antherae biloculares; staminodia interjecta nulla. Ovarium uniloculare, uniovulatum. Stylus brevis; stigmata 2, teretiuscula. Caryopsis tuberculata. Semen .... — *Herbae in Aegypto, Arabia et in India orientali observatae, erectae, glabriusculae; foliis alternis, petiolatis, floribus racemoso-spicatis.*

Digera Forskael *Aegypt. 65.* Martius *in N. A. N. C. XIII. 285.* Achyranthis sp. Retz. Lam. Desmochaetae sp. DC.

1970. Desmochaeta *DC.* Flores hermaphroditi ternati, tribracteati, laterales steriles in glochides mutati, intermedius fertilis. Perigonium pentaphyllum. Stamina 5, basi in cupulam connata; filamenta subulata; antherae biloculares; staminodia interjecta nulla. Ovarium uniloculare, uniovulatum. Stylus simplex; stigma capitatum. Utriculus evalvis, monospermus. Semen lenticulari-reniforme; testa crustacea. Embryo annularis, periphericus, albumen farinaceum cingens; radicula supera. — *Suffrutices in Asia tropica provenientes, erecti, patuli; foliis oppositis, floribus glomerulatis, glomerulis in spicas confertis.*

Desmochaeta DC. Catalog. *Hort. Monsp. 1813. p. 102.* excl. sp. Achyranthis sp. Linn. Lam. Pupaliae sp. Juss. Wellia Codivell Rheede *Malab. X. 117. t. 59.*

1971. Pupalia *MART.* Flores hermaphroditi binati v. ternati, tribracteati, laterales steriles in glochides mutati, intermedius fertilis. Perigonium pentaphyllum. Stamina 5, basi in cupulam connata; filamenta subulata; antherae biloculares; staminodia interjecta lobuliformia, dentata. Ovarium uniloculare, uniovulatum. Stylus simplex; stigma capitatum. Utriculus evalvis, monospermus. Semen oblongum; testa crustacea. Embryo annularis, periphericus, albumen farinaceum cingens; radicula supera. — *Herbae in America et Asia tropica indigenae, erectae v. prostratae, foliis oppositis, petiolatis, floribus spicatis.*

Pupalia Martius *Nov. gen. et sp. II. 60. t. 156. 158.* Desmochaeta Kunth *in Humb. et Bonpl. Nov. gen. et sp. II. 1971.* Cyathula Loureiro *Fl. cochinch. I. 125.* Blume *Bijdr. 548.* Pupaliae sp. Juss.

OBSERVATIO. Desmochaetearum subtribui adnumeranda videntur genera sequentia, b auctoribus indicata, nobis proh dolor! penitus incognita.

a. SALTIA R. Brown *in Wallich Pl. As. rar. I. 17.* (non in *App. to Salt Abyss.*) — Achyrantes papposa Forsk. *msc.* Genus Pupaliae proximum dicitur.

b. POLYSCALIS Wallich *Catalog. n. 6939. 6940.* Desmochaeta sequax Wallich *in Roxburgh Flor. Ind. II. 506* cui cl. auctor bracteas et perigonii foliola exteriora glochidata, et utriculum basi regulariter (transversim ?) dehiscentem, tribuit.

SUBTRIBUS IV. AMARANTEAE. Flores tribracteati, laterales abortivi nulli. Utriculus circumscissus.

1972. Amarantus *LINN.* Flores polygamo-monoici, tribracteati. Perigonium tripentaphyllum. Stamina 3 v. 5, rarius 2 v. 4, libera; filamenta subulata; antherae biloculares; staminodia nulla. Ovarium uniloculare, uniovulatum. Stylus brevis; stigmata 2—3, filiformia. Utriculus circumscissus. Semen lenticulari-reniforme, erectiusculum; testa crustacea, umbilico nudo. Embryo hemicyclicus, periphericus, albumen farinaceum cingens; radicula infera. — *Herbae inter tropicos totius orbis obviae, in temperatis rarae, annuae, erectae v. diffusae; foliis alternis in petiolos decurrentibus, floribus minutis in spicis v. glomerulis glomerulatis.*

Amarantus Linn. *gen.* n. 1060. Willdenow, *Historia Amarantorum. Turici, 1790. fol.* Martius *in N. A. N. C. XIII.* 288. Nees jun. *Gen. pl. II.* 71. Reichenb. *pl. crit. t.* 471 — 475. Polychroa Loureir. *Flor. cochinch.* 684.

1973. Chamissoa *H. B. K.* Flores hermaphroditi, tribracteati. Perigonium pentaphyllum. Stamina 5, basi in cupulam connata; filamenta subulata; antherae biloculares; staminodia interjecta nulla. Ovarium uniloculare, uniovulatum. Stylus simplex; stigmata 2, filiformia. Utriculus circumscissus. Semen lenticulari-reniforme; testa crustacea, arillo brevi albo umbilicum lateraliter cingente. Embryo annularis, periphericus, albumen farinaceum cingens; radicula supera. — *Herbae tropicae, glabrae v. pubescentes; foliis alternis, floribus in spicis axillaribus terminalibus aut globoso-capitatis, foliis floralibus nullis.*

Chamissoa Kunth *in Humb. et Bonpl. Nov. gen. et sp. II.* 158. *t.* 125. Martius *in N. A. N. C. XIII.* 286. Charpentiera Gaudich. *ad Freyc.* 444. *t.* 47. 48.

OBSERVATIO. Chamissoae indicae Mart. nobis prorsus ignotae, Allemaniae R. Br. nomine in Wallichii *Catalog.* n. 6890—6892 laudantur.

TRIBUS III. CELOSIEAE. Ovarium multiovulatum. Antherae biloculares.

1974. Cladostachys *DON.* Flores hermaphroditi, tribracteati. Perigonium pentaphyllum, demum squarroso-patulum. Stamina 5, libera; filamenta filiformia; antherae biloculares; staminodia nulla. Ovarium uniloculare, multiovulatum. Stigmata 3, linearia, revoluta. Utriculus(?) evalvis. Semina plurima. — *Frutex indicus, ramosissimus, diffusus, glaber; foliis alternis, petiolatis, ovatis, acutis, spicis elongatis, paniculatis, floribus parvis, albis.*

Cladostachys Don *Nep.* 76. Martius *in N. A. N. C. XIII.* 294. Achyranthes muricata Linn. Blitum frutescens Rumph *Amboin. V.* 235. *t.* 83. *f.* 2.

1975. Celosia *LINN.* Flores hermaphroditi, tribracteati. Perigonium pentaphyllum. Stamina 5, basi in cupulam connata; filamenta filiformia; antherae biloculares; staminodia interjecta nulla. Ovarium uniloculare, multiovulatum. Stylus brevis; stigmate capitato v. bi-trilobo. Utriculus circumscissus. Semina plurima, lenticulari-reniformia; testa crustacea. Embryo annularis, periphericus, albumen farinaceum cingens; radicula umbilico proxima. — *Herbae in Asia et Africa tropica obviae, in America rarae, erectae, glabrae, interdum suffrutescentes; foliis alternis, in petiolos decurrentibus, floribus spicatis, nitide scariosis.*

Celosia Linn. *gen.* n. 289. Martin *Cent. t.* 7. Jacq. *Hort. Schönbr. t.* 15. *Ic. rar. t.* 339. Martius *Nov. gen. et sp. II.* 62. *t.* 157. 158. *N. A. N. C. XIII.* 292.

1976. Lestibudesia *THOUAR.* Flores hermaphroditi, tribracteati. Perigonium pentaphyllum. Stamina 5, basi in cupulam connata; filamenta filiformia; antherae biloculares; staminodia dentiformia interjecta. Ovarium uniloculare, multiovulatum. Stigmata 3—4, sessilia, filiformia, revoluta. Utriculus circumscissus. Semina plurima, lenticulari-reniformia; testa crustacea. Embryo annularis, periphericus, albumen farinaceum cingens; radicula umbilico proxima. — *Frutex madagascariensis; foliis alternis, floribus in glomerulis spicatis.*

Lestibudesia Thouars *Gen. Madagasc.* n. 17. *Veg. Ins. Afr.* 53. *t.* 16. Martius *in N. A. N. C. XIII.* 294.

1977. Langia. Flores hermaphroditi, tribracteati. Perigonium pentaphyllum. Stamina 5, basi in tubum connata; filamenta complanata, trifida, lobo medio antherifero; antherae biloculares. Ovarium uniloculare, multiovulatum. Stylus brevis; stigmata 3, subcylindrica. Utriculus circumscissus. Semina plurima, lenticulari-reniformia; testa crustacea. Embryo annularis, periphericus, albumen farinaceum cingens; radicula umbilico proxima. — *Herba capensis, erecta, ramosa, cano-glauca; foliis alternis, floribus in capitula terminalia, globoso-ovata, aphylla confertis, glabris.*

Berzelia Martius *in N. A. N. C. XIII.* 292. non Brongn. Celosia glauca Wendland *Hort. Herrenh. t.* 2.

1978. Deeringia *R. BR.* Flores hermaphroditi, tribracteati. Perigonium pentaphyllum. Stamina 5, basi in cyathum connata; filamenta filiformia; antherae biloculares; staminodia interjecta nulla. Ovarium uniloculare, multiovulatum. Stylus brevis; stigmata 3, semicylindrica. Bacca inflata. Semina plurima, lenticulari-reniformia; testa coriacea. Embryo annularis, periphericus, albumen farinaceum cingens; radicula umbilico proxima. — *Frutices glabri, debiles, super arbores et alios frutices decumbentes, in India orientali et Nova Hollandia indigeni; foliis alternis, spicis terminalibus et e summis alis.*

Deeringia R. Brown *prodr.* 413. Bot. Mag. *t.* 2717. Martius *in N. A. N. C. XIII.* 286. Celosia baccata Retz. *Obs. V.* 23.

Ordo CIII. Polygoneae.

POLYGONEAE Jussieu *gen.* 82. R. Brown *prodr.* 418, Bartling *Ord. nat.* 107. POLYGONACEAE Lindley *introduct. edit. II. p.* 211.

HERBAE annuae aut perennes, v. FRUTICES interdum arborescentes, erecti v. volubiles, inter herbas plures paludosae v. aquaticae. Caules et rami teretes v. sulcato angulati, nodoso-articulati, foliosi, rarius aphylli, v. scapiformes. Folia alterna v. ad basim caulis congesta, rarissime opposita, simplicia, integra, integerrima v. interdum undulata aut incisa, saepissime penninervia, juniora marginibus revoluta, rarius sessilia, plerumque plus minus longe petiolata, petiolo basi vaginante, v. saepius stipulae intrapetiolari vaginanti clausae (ochreae), herbaceae v. coriaceae aut membranaceae, plus minus laxae v. cauli adpressae, partimque adnatae, quandoque fere obsoletae inserto.

FLORES hermaphroditi v. abortu unisexuales, e foliorum aut bractearum foliacearum v. ochreaeformium axillis solitarii, fasciculati v. verticillati, racemosi v. spicati, nunc paniculati v. cymosi, interdum in capitula contracti, nudi aut rarius singuli aut plures involucro tubuloso vel cyathiformi inclusi.

PERIGONIUM calycinum herbaceum, v. corollinum subcoloratum, album v. roseum, tri-tetra-penta-hexaphyllum, foliolis liberis v. basi cohaerentibus, interdum in tubum connatis, uni-biseriatis, per aestivationem imbricatis, aequalibus v. plus minus connatis, interioribus non raro majoribus, saepe demum increscentibus, fructum involventibus, nunc omnibus marcescenti-persistentibus v. rarius deciduis.

STAMINA tori margini angusto, imo perigonio adnato, rarius in annulum glandulosum incrassato inserta, ejusdem foliolis opposita, rarissime alterna, plerumque ante perigonii foliola exteriora geminata v. terna, ante interiora solitaria, hinc numero varia, nunquam tamen indefinita. Filamenta filiformia v. subulata, libera v. interdum basi cohaerentia, exserta v. inclusa. Antherae introrsae biloculares, ovatae, globosae v. oblongae, ut plurimum incumbentes et versatiles, rarius erectae, basifixae, loculi oppositi, longitudinaliter dehiscentes.

OVARIUM unicum, e carpidiis duobus, saepius tribus rariusve quaternis compositum, carpidiorum marginibus simpliciter applicitis uniloculare, lenticulari-compressum v. saepius trigonum rariusve tetragonum, liberum v. ima basi interdum perigonii tubo cohaerens, demumve concrescens. Ovulum unicum, basilare, sessile, orthotropum, hinc interdum prope micropylem verticem ovarii spectantem ejusdem parieti ope textus conductricis cohaerens, rarissime ex apice funiculi basilaris longiusculi liberi inversum, micropyle deorsum spectante, demum erectum. Styli angulorum ovarii numero 2, 3 v. 4, liberi v. basi connati, interdum brevissimi v. subnulli. Stigmata simplicia, capitata v. discoidea, interdum penicillato-plumosa.

CARYOPSIS v. ACHENIUM monospermum, lenticulari-compressum v. triquetrum, aut rarissime tetraquetrum, angulis costaeformibus v. membranaceo-marginatis, interdum in alam, rarissime duplicem productis, nunc omnino nudum, nunc perigonio emarcido v. increscente tectum v. saepius ejusdem foliolis interioribus conniventibus inclusum, quandoque cum tubo baccante concrescens.

SEMEN unicum, cavitati subconforme, erectum, liberum v. cum pericarpio concrescens. Testa membranacea, umbilico basilari lato.

Albumen farinaceum, rarissime subcarnosum, plus minus copiosum.

EMBRYO antitropus, albuminis lateri applicitus, rectus v. plus minus arcuatus, nunc intra albumen inclusus, centralis v. excentricus, albuminis fere longitudine. Cotyledones lineares v. ovatae, incumbentes v. accumbentes, interdum late foliaceae, flexuosae, albumen bipartientes. Radicula elongata, umbilico basilari e diametro opposita, verticem fructus spectans.

Polygoneae per totum terrarum orbem diffusae, in regionibus temperatis veteris orbis paullo frequentiores, inter tropicos novi continentis arborescentes, hinc Chenopodeis, Amarantaceis et Nyctagineis proximae, illinc ad Piperitas accedentes, ab illis embryonis radicula ab umbilico remota, partium floris numero saepe ternario, perigonio in plurimis colorato, ochrearum praesentia et habitu facillime distinguuntur, ab his genitalium et perigonii nobiliori fabrica, et embryonis nudi, nec saeculo amniotico inclusi forma diversae.

Herbae nonnullarum edules, aliae ob albuminis farinacei copiam cultae, quarundam radices amaricantes, magni in medicina usus.

TRIBUS I. ERIOGONEAE. Involucrum tubulosum, uni-multiflorum. Ovulum basilare, sessile, orthotropum. Semen erectum. Embryonis antitropi radicula supera.

1979. Pterostegia *FISCH. et MEY.* Involucrum uniflorum, diphyllum, fructiferum ampliatum, dorso cristatum. Flores hermaphroditi, interdum polygami (?) intra involucra solitarii, subsessiles. Perigonium herbaceum, quinquesexpartitum, persistens. Stamina 5 v. 6, perigonii basi inserta ejusque laciniis opposita; filamenta .... Ovarium trigonum, uniloculare. Ovulum unicum, basilare, orthotropum. Styli 3 brevissimi; stigmatibus capitatis. Caryopsis triquetra, involucro inclusa. Semen erectum. Embryo in axi albuminis farinacei antitropus; cotyledonibus ..... radicula supera. — *Herba californica, annua, facie Drymariae, ramosissima, prostrata, pilis minutis simplicibus adspersa, subglabra; ramis elongatis, filiformibus, subdichotomis, foliis omnibus oppositis, obovato-spathulatis, subreniformibus v. suborbiculatis, in petiolum attenuatis, integerrimis, apice emarginatis, ochreis nullis, floribus axillaribus subsessilibus, minutis, involucri diphylli foliolis primum parvis, demum ampliatis, membranaceis, reticulato-venosis, inaequilateris, dorso cristato-alatis.*

Pterostegia Fischer et Meyer *Index sem. hort. Petropolit. 1835. II. 48.*

1980. Mucronea *BENTH.* Involucrum uniflorum, tubulosum, compressum, bidentatum, dentibus subulato-aristatis, inaequilongis. Flores hermaphroditi, intra involucra solitarii, subexserti. Perigonium herbaceum, sexpartitum, laciniis tribus exterioribus majoribus. Stamina 9, imo perigonio inserta, ejusdem lobis exterioribus geminatim, interioribus singillatim opposita; filamenta filiformi-subulata, basi coalita; antherae ..... Ovarium trigonum, uniloculare. Ovulum ..... Styli 3 brevissimi; stigmatibus capitatis. Achenium triquetrum. — *Herba annua, californica, spithamea, pilosiuscula; ramis dichotomis, divaricatis, foliis inferioribus petiolatis, oblongo-linearibus, basi breviter va-*

ginantibus, bracteis ad dichotomias et sub floribus amplexicaulibus, stellato-trilobis, lobis lato-ovatis apice aristulatis, involucris sessilibus, subverticillatis.

Mucronea Bentham *in Linn. Transact. XVII. 419. t. 20.*

1981. Chorizanthe *R. BR.* Involucrum uniflorum, tubulosum, trigonum, sexdentatum, dentibus aequalibus v. inaequalibus, muticis v. mucronato-aristatis. Flores hermaphroditi, intra involucra solitarii, inclusi v. subexserti. Perigonium herbaceum, tubulosum, limbi sexlobi lobis subaequalibus, biseriatis. Stamina 9, imo perigonio inserta, limbi lobis exterioribus geminatim, interioribus singillatim opposita; filamenta filiformisubulata, inclusa, basi coalita; antherae ovatae, versatiles. Ovarium trigonum, uniloculare. Ovulum unicum, basilare, orthotropum. Styli 3, filiformes; stigmatibus capitatis. Achenium triquetrum, intra involucrum latens. Semen trigonum, erectum. Embryo intra albumen subcarnosum excentricus, rectus, antitropus; cotyledonibus ovatis, planis; radicula elongata, supera. — *Herbae californicae et suffrutices chilenses; foliis alternis, ad basim caulis confertis et secus ramos subfasciculatis, saepe villosis, petiolis basi vix vaginantibus, inflorescentia cymosa, laxiuscula v. in capitula contracta.*

Chorizanthe R. Brown *msc.* Bentham *in Linn. Transact. XVII. 416. t. 17. f. 11. t. 19.*

1982. Eriogonum *L. C. RICH.* Involucrum multiflorum, tubulosum, campanulatum v. cyathiforme, vix angulatum, subaequaliter sexdentatum. Flores hermaphroditi, intra involucra plurimi, e receptaculo bracteolis instructo pedicellati, exserti. Perigonium subherbaceum, profunde sexfidum, laciniis biseriatis, interioribus minoribus. Stamina imo perigonio inserta, ejusdem laciniis exterioribus geminatim, interioribus singillatim opposita; filamenta filiformia, exserta, basi subcoalita; antherae ovatae, versatiles. Ovarium trigonum, uniloculare. Ovulum unicum, basilare, orthotropum. Styli 3, filiformes; stigmatibus capitatis. Achenium triquetrum, perigonio emarcido stipatum. Semen trigonum erectum. Embryo intra albumen subcarnosum excentricus, rectus, antitropus; cotyledonibus ovatis, planis; radicula elongata, supera. — *Herbae v. suffrutices boreali-americani, saepissime lanuginosi; foliis radicalibus congestis, caulinis alternis v. subfasciculatis, petiolis basi vix vaginantibus, v. rarissime in ochream dilatatis, pedunculis di-trichotome v. umbellatim ramosis, involucris solitariis v. glomeratis.*

Eriogonum L. C. Richard *in Michaux Flor. Bor. Amer. I. 246. t. 24.* Nuttall *in Journ. Acad. Nat. Sc. Philadelp. VII. 50. t. 8.* Bentham *in Linn. Transact. XVII. 405. t. 17. f. 10. t. 18.* Espinosa Lagasc.

TRIBUS II. POLYGONEAE VERAE.

Involucrum nullum. Ovulum basilare, sessile, orthotropum. Semen erectum. Embryonis antitropi radicula supera.

1983. Oxyria *HILL.* Flores hermaphroditi. Perigonium herbaceum, tetraphyllum, foliolis duobus interioribus latioribus. Stamina 6, perigonii foliolis exterioribus geminatim, interioribus singillatim opposita; filamenta brevia; antherae oblongae, versatiles. Ovarium uniloculare, compressum, marginatum. Ovulum unicum, basilare, orthotropum. Stigmata 2, subsessilia, penicillata. Achenium lenticulare membranaceum, utrinque late alatum, perigonii foliolis interioribus persistentibus basi stipatum. Semen achenio contrarie compressum, erectum. Embryo in axi albuminis farinosi antitropus, rectus; cotyledonibus planis, ellipticis; radicula elongata, supera. — *Herbae perennes, humiles, in alpibus Europae et Asiae et in regionibus arcticis obviae; foliis omnibus radicalibus petiolatis, cordato-reniformibus, scapis subramosis, ochreis sub ramis brevibus, oblique truncatis, florum verticillis dimidiatis, laxiusculis, basi unibracteatis, pedicellis articulatis.*

Oxyria Hill. *veg. syst. 10. p. 24.* Campdera *Rum. p. 153. t. 3. f. 3.* R. Brown *in App. Parry Voy. p. 281.* Meisner *in Wallich Pl. As. rar. III. 64.* Nees *jun. Gen. pl. II. 53.* Donia R. Brown *in Ross Voy. Edit. I. p. 42.* Rumex digynus Linn. Gärtn. *II. 180. t. 119.* E. B. *t. 910.* Fl. Dan. *t. 14.* Rheum digynum Wahlenb. *Fl. lapp. t. 9.*

1984. Rheum *LINN.* Flores hermaphroditi. Perigonium herbaceum, sexpartitum, laciniis aequalibus, marcescens. Stamina 9, perigonii foliolis exterioribus geminatim, interioribus singillatim opposita; filamenta subulata; antherae ovatae, versatiles. Ovarium trigonum, uniloculare. Ovulum unicum, basilare, orthotropum. Stigmata 3, subsessilia, integra, subdiscoidea, patula. Caryopsis late alato-triquetra, basi perigonio emarcido stipata. Semen erectum, triquetrum. Embryo in axi albuminis farinacei rectus, antitropus; cotyledonibus planis marginibus caryopsidis facies spectantibus; radicula brevi, supera. — *Herbae perennes, in Asiae mediae montibus indigenae, ob radicum amaricantium vires celebratae; foliis omnibus radicalibus v. caulinis alternis, amplis, basi vaginantibus, floribus paniculatis v. spicato-racemosis.*

Rheum Linn. *gen. n. 401.* Gärtn. *II. 177. t. 191. f. 1.* Schkuhr *t. 110.* Lam. *t. 324.* Desfont. *Annal. Mus. II. t. 49.* Meisner *Polygon. t. 2. f. d.* Wallich *Pl. As. rar. III. 65.* Royle *Himalay. t. 78.* Ledebour *Ic. t. 491.* Nees jun. *Pl. offic. Suppl. II. 4—6. V. 5. 6.* Reichenb. *Ic. exot. t. 117. 127.* Sweet *Fl. Gard. II. t. 270.* Bot. Mag. *t. 3508.* — Rhabarbarum Tournef. *inst. 18.*

1985. Königia *LINN.* Flores hermaphroditi. Perigonium herbaceum, triphyllum, foliolis aequalibus. Stamina 3, perigonii foliolis alterna; filamenta filiformia; antherae ovatae, incumbentes. Ovarium uniloculare, compressum. Ovulum unicum, basilare, orthotropum. Stigmata 2—3, subcapitata. Caryopsis lenticularis, perigonio persistente cincta. Semen compressum, erectum. Embryo intra albumen farinaceum lateralis, antitropus, arcuatus; cotyledonibus orbicularibus; radicula elongata, supera. — *Herba pusilla, in uliginosis maritimis et alpinis Islandiae et Lapponiae vegetans; foliis alternis, obovatis, subsucculentis, basi in ochream brevem commissis, floralibus confertis, floribus terminalibus subfasciculatis, bracteis membranaceis interstinctis.*

Königia Linn. *gen. n. 1241.* Flor. dan. *t. 418.* Lam. *t. 51.* Gärtn. *II. 212. t. 128.* Wahlenb. *Flor. Lapp. p. 45.*

1986. Polygonum *LINN.* Flores hermaphroditi v. abortu polygami. Perigonium saepissime coloratum, quinquefidum, rarius triquadrifidum, laciniis interdum inaequalibus, demum plerumque auctum. Stamina 5 v. 8, perigonii laciniis singillatim v. interioribus etiam geminatim opposita, rarissime 4 v. 9; filamenta subulata; antherae ovatae, didymae, versatiles. Glandulae perigynae v. rarius hypogynae, staminibus alternae, interdum nullae. Ovarium uniloculare, compressum v. triquetrum. Ovulum unicum, basilare, orthotropum. **Styli** bi-trifidi, interdum subnulli; **stigmata** capitata. **Achenium** lenticulare v. triquetrum, perigonio inclusum. **Semen** achenio conforme, erectum. **Embryo** albuminis farinacei v. cornei angulum ambiens, antitropus, leviter arcuatus; **cotyledonibus** incumbentibus anguste linearibus, v. accumbentibus foliaceis latis, albuminis sulco receptis; **radicula** longiuscula, supera.— *Herbae cosmopolitae, inter tropicos rariores, annuae v. perennes, interdum suffrutescentes, nonnullae aquaticae, quaedam volubiles; foliis alternis, petiolatis v. sessilibus, integerrimis v. sinuatis, interdum crispato-undulatis, nonnumquam pellucido-punctatis, ochreis membranaceis laxiusculis, floribus spicatis, racemosis v. paniculatis, interdum subcapitatis, bracteis nunc ochreis conformibus, nunc infundibuliformi-turbinatis.*

Polygonum Linn. *gen. n. 391.* excl. sp. Meisner, *Monographiae generis Polygoni prodromus. Genevae, 1826. 4. et in Wallich Pl. As. rar. III. 53.*

a. BISTORTA *Tournef.* **Perigonium** coloratum, profunde quinquefidum. **Stamina** 8, rarissime 9. **Styli** 3, longi; **stigmatibus** exiguis. **Achenium** triquetrum. **Cotyledones** accumbentes. — *Rhizoma lignosum, repens, caules annotini herbacei, subsimplicissimi, folia nunquam pellucido-punctata, racemi spiciformes, simplices, bracteae paleaceae ochreaeque tenerae, oblique truncatae, nunquam ciliatae.*

Bistorta Tournef. *inst. 551.* Meisner *Polygon. 50.* Wallich *Pl. As. rar. III. 53. t. 287.* (E. B. *t. 509. 660.* Royle *Himalaya t. 80. f. 2. 3.*)

b. AMBLYGONON *Meisn.* **Perigonium** coloratum, profunde quinquefidum. **Stamina** 7, rarius 5 v. 6. **Stylus** medio divaricato-bifidus, staminibus brevior; **stigmatibus** capitatis. **Achenium** lenticulare, compressum, obtusangulum, acuminatum, perigonio reconditum. **Cotyledones** incumbentes, lineares. — *Radices fibrosae, herbaeque annuae, folia integerrima, spicae lineari-cylindricae, confertiflorae, bracteae turbinatae ochreaeque foliaceae, cylindricae.*

Amblygonon Meisn. *Polygon. 53. t. 3. f. k.* Wallich *Pl. As. rar III. 54.* (Gärtn. *II. 182. t. 119. f. 3.* Bot. Mag. *t. 213.*) **Lagunea** Loureiro *Fl. cochinch. I. 272.*

c. PERSICARIA *Tournef.* **Perigonium** coloratum, profunde quinquefidum. **Stamina** 6 v. 8, rarius 5, rarissime 4. **Stylus** semi-bi-trifidus; **stigmatibus** exiguis. **Achenium** lenticulare v. triquetrum, obtusangulum, intra perigonium reconditum. **Cotyledones** accumbentes. — *Radices fibrosae herbaeque annuae, rarius perennes, folia integerrima, ochreae cylindricae, circumscisso-truncatae, flores racemoso-spicati, bracteae membranaceae, subinfundibuliformes.*

Persicaria Tournef. *inst. 509.* Gärtn. *II. 180. t. 119. f. 3.* Meisner *Polygon. 66.* Wallich *Pl. As. rar. II. 55.* **Towara** Adans. *Fam. II. 276.* **Antenoron** Rafinesque *Flor. Ludov. 28.* (Fl. dan. *t. 182. 702.* E. B. *t. 436. 756. 989. 1043. 1382.* Nees jun. *Gen. pl. II. 52. f. 1—5. et 7—13.*) — ? **Polygonella** Michaux *Flor. Bor. Amer. II. 240.* **Lyonia** Rafinesque *in New-York Medic. Reposit. II. Hex. V.*

d. ECHINOCAULON *Meisn.* **Perigonium** coloratum, quinquefidum, immutatum. **Stamina** 5, 6 v. 8. **Stylus** a medio bi-trifidus; **stigmatibus** exiguis. **Achenium** lenticulare v. triquetrum. **Cotyledones** accumbentes. — *Caules debiles, saepe tetragoni, retrorsum aculeati, folia basi cordato-incisa, ochreae cylindricae, circumscisso-truncatae, basi strigis v. aculeis retrorsis munitae. Spicae laxae, filiformes, v. compactae, subcapituliformes, saepissime geminatae.*

Echinocaulon Meisn. *in Wallich Pl. As. rar. III. 58.* (Lam. *t. 315. f. 3.*)

e. CEPHALOPHILON *Meisn.* **Perigonium** coloratum, infundibuliforme, rarius compresso-urceolatum, apice breviter quinquefidum v. rarius quadrifidum, saepius achenio demum agglutinatum. **Stamina** 8, rarius 5 v. 6. **Stylus** semi-bi trifidus; **stigmatibus** parvis. **Achenium** triquetrum v. rarius lenticulare. **Cotyledones** accumbentes. — *Flores subsessiles, capitati, bracteae paleaceae v. scariosae, rarissime ciliatae.*

Cephalophilon Meisn. *in Wallich Pl. As. rar. III. 59.* Sectionis Persicariae et Aconogoni §§. 2. Meisn. *Polygon. 59. et 82.*

α. **Didymocephalon** Meisn. *in Wallich l. c.* **Capitula** geminata, rarius solitaria. **Ochreae** circumscisso-truncatae. — Meisn. *Polygon. t. 7. f. 1. 2.*

β. **Corymbocephalon** Meisn. *in Wallich l. c.* **Capitula** conferta, pedunculis subdichotomis, corymbosis, corymbis subpaniculatis. **Ochreae** oblique truncatae. — Meisn. *Polygon. t. 6.*

f. ACONOGONON *Meisn.* **Perigonium** coloratum, profunde quinquefidum, laciniis patentibus, planis. **Stamina** 8. **Stylus** trifidus. **Achenium** triquetrum, acutangulum, basi perigonio stipatum. **Cotyledones** accumbentes latae, albuminis rimae immersae. — *Herbae v. suffrutices monticoli. Ochreae cylindricae, nudae, flores racemosi, racemis paniculatis.*

Aconogonon Meisn. *Polygon. 45. t. B. f. g.* excl. §. 2. Wallich *Pl. As. rar. III. 61.* (Gmelin *Sibir. III. t. 8—10.* Allion. *Pedemont. t. 68. f. 1.* Ledeb. *Ic. t. 361.*)

g. AVICULARIA *Meisn.* **Perigonium** coloratum, quinquepartitum. **Stamina** 8, rarius 5. v. 6. **Stigmata** 3, subsessilia, globosa, discreta. **Achenium** triquetrum, perigonio parum aucto inclusum. **Cotyledones** incumbentes. — *Radices annuae v. interdum perennes. Ochreae tenerae, basi solum vaginantes, plerumque bipartitae, laciniis fimbriato-laceris, flores axillares, subsolitarii v. fasciculati, in ramorum apice saepius aphyllo, interdum spicas interruptas mentientes.*

Avicularia Meisn. *Polygon. 85.* Wallich *Pl. As. rar. III. 61.* **Polygonum** Tournef. *inst. t. 290.* Jacq. *Observ. III. t. 58.* Allion. *Pedemont. t. 90. f. 2.* Waldst. et Kit. *Pl. Hung. t. 67.* Sibthorp. *Fl. graec. t. 364.* Tenore *Fl. neap. t. 3.* Ledebour *Ic. t. 444.* Barton *Med. Bot. t. 95.* Nees jun. *Gen. pl. II. t. 52. f. 14. 15.*

h. TINIARIA *Meisn.* **Perigonii** subcolorati quinquepartiti foliola inaequalia, tria exteriora dorso carinata, saepe in alam membranaceam demum auctam producta. **Stamina** 8. **Stigmata** 3, sessilia, incrassata, medio confluentia. **Achenium** triquetrum, perigonio aucto totum reconditum. **Cotyledones** accumbentes. — *Radices fibrosae, caules teretes, inermes, volubiles, folia cordato-sagittata, petiolata, bracteae ochreaeque conformes, pellucido-membranaceae, oblique truncatae, inconspicuae, flores pedicellati, nunc in axillis fasciculati, nunc racemosi v. paniculati.*

Tiniaria Meisn. *Polygon. 62. t. 5. f. 18. 20.* excl. §. 2. Wallich *Pl. As. rar. III. 63.* **Helxine** Linn. *gen. plant. edit. I. p 116.* **Fagopyri** sp. Tournef. Mönch. (Fl. dan. *t. 744.* E. B. *t. 941.* Barton *Med. Bot. t. 100. 101.* Nees jun. *Op. cit. f. 16—21.*)

1987. Fagopyrum *TOURNEF.* **Flores** hermaphroditi v. abortu diclines. **Perigonium** coloratum, profunde quinquefidum, **laciniis** aequalibus, demum haud auctis, marcescentibus. **Stamina** 8, perigonii laciniis exterioribus geminatim, interioribus singillatim opposita; **filamenta** filiformi-subulata; **antherae** ovatae, versatiles. **Glandulae** 8, hypogynae, staminibus alternae. **Ovarium** trigonum, uniloculare. **Ovulum** unicum, basilare, orthotropum. **Styli** 3, longiusculi; **stigmata** capitata. **Achenium** triquetrum, perigonio emarcido stipatum. **Semen** achenio conforme, erectum. **Embryo** in axi albuminis farinosi bipartiti antitropus; **cotyledonibus** latis, foliaceis, palmatinerviis, contortuplicatis, albumen partim involventibus; **radicula** inclusa, supera. — *Herbae annuae, in Asia media indigenae, per Europam cultae; foliis sessilibus cordato-hastatis, ochreis semicylindricis, floribus cymoso-paniculatis.*

Fagopyrum Tournef. *inst. t. 290.* excl. sp. Gärtn. *I. 182. t. 119.* Campdera *Rum. 18.* Meisn. *in Wallich Pl. As. rar. III. 63.* Nees jun. *Gen. pl. II. 53.* Polygoni sectio Fagopyrum Meisn. *Polygon. 61.* Bot. Reg. *t. 1065.*

1988. Oxygonum *BURCH.* Flores monoici. Masc. Perigonium coloratum, quadrifidum..... Stamina 8; filamenta, filiformia leongata; antherae ovatae. Fem. ..... Caryopsis oblongo-trigona, angulis membranaceo-alatis. Semen .... — *Herba capensis, annua, vix nota; foliis lanceolatis, incisis v. integris, floribus spicatis, pedunculatis, pluribus in spicae articulis.*

Oxygonum Burchell *Travels I. 548.* Lindley *Introduct. edit. II. p. 443.*

1989. Calligonum *LINN.* Flores hermaphroditi. Perigonium coloratum, quinquepartitum, laciniis inaequalibus, duabus exterioribus paullo majoribus, marcescens. Stamina 12 v. 15, perigonii laciniis ternatim v. interioribus geminatim opposita; filamenta subulata, basi cohaerentia; antherae ovatae, versatiles. Ovarium ovato tri-tetraquetrum, uniloculare. Ovulum unicum, basilare, orthotropum. Styli 3. v. 4, distincti; stigmatibus capitatis. Nux ossea, late tri-tetraquetra, angulis apteris costaeformibus v. in alam membranaceam duplicem expansis, inter angulos nuda v. setosa. Semen oblongo-tetraquetrum, erectum. Embryo ad latus albuminis farinacei rectus, antitropus; cotyledonibus linearibus; radicula supera. — *Frutices in regione mediterranea orientali et in Asia media indigeni, aphylli; ramis dichotomis, articulatis, articulis vagina brevi membranacea, oblique truncata cinctis, floribus e vagina pedicellatis, pedicello medio articulato.*

Calligonum Linn. *gen. n. 600.* Heritier *in Linn. Transact. I. 179.*

a. CALLIGONUM *Linn.* Nux angulis in alam duplicem spinuloso-laceram expansis, spinulis apice trifidis, cancellato-intertextis tecta.

Calligonum Linn. *l. c.* Juss. *gen. 83.* Lam. *t. 410.* Gärtn. *f. III. 28. t. 184. coll. p. 200. t. 215. f. 9. G.* Polygonoides Tournef. *R. II. 147. c. ic.*

b. CALLIPHYSA *Fisch. et Mey.* Nux angulis apteris, rotundatis, costaeformibus, dense obtecta setis apice in membranam nucem vesicae instar includentem expansis.

Calliphysa Fischer et Meyer *Index Sem. hort. Petropolit. 1835. I. 24.*

c. PTEROCOCCUS *Pall.* Nux angulis in alam duplicem membranaceam, argute serratam expansis, inter angulos nuda.

Pterococcus Pallas *R. II. App. 738. t. 5.* Pallasia Linn. f. *suppl. 252.* Gärtn. f. *III. 200. t. 215.*

1990. Coccoloba *JACQ.* Flores hermaphroditi. Perigonium subcoloratum, quinquepartitum, subaequale, demum increscens. Stamina 8, perigonii laciniis exterioribus geminatim, interioribus singillatim opposita, uno inter interiora contigua sito; filamenta subulata, basi cohaerentia; antherae globoso-didymae, versatiles. Ovarium trigonum, basi cum perigonio connatum, uniloculare. Ovulum unicum, basilare, orthotropum. Styli tres distincti; stigmatibus capitatis. Caryopsis triquetra, spongiosa, perigonio baccato tecta partimque connata. Semen triquetrum, erectum. Embryo in axi albuminis farinacei antitropus; cotyledonibus latiusculis undulatis; radicula supera. — *Arbores americanae tropicae; ramis vaginatis, foliis alternis sessilibus v. pedicellatis, ochreis herbaceis oblique truncatis, racemis v. spicis oppositifoliis elongatis, bracteis ochreis conformibus.*

Coccoloba Jacq. *Amer. t. 77. 78. Observ. 18. t. 8. 9.* Gärtn. *I. 214. t. 45.* Hook. *exot. Flor. t. 102.* Bot. Mag. *t. 3130.* Nees Jun. *Pl. offic. Suppl. I. 9.* Meisner *Polygon. t. 2. f. B. C.*

1991. Ceratogonon *MEISN.* Flores polygami, masculi et feminei ex eadem axilla. Masc. Perigonium coloratum, profunde quinquepartitum, foliolis aequalibus, obtusis, planis. Stamina 8; filamenta subulata; antherae versatiles. Hermaphr. Perigonium hexaphyllum, foliola tria exteriora coriacea, post anthesim aucta, dorso acute carinata, connata in tubum trigonum, medio dilatatum, utrinque acute attenuatum, apice brevissime tridentatum, angulis e medio in spinam patentem acutam excrescentibus; foliola tria interiora petaloidea, exterioribus alterna et inter eorum dentes e tubo exserta, patula, marcescentia. Stamina 8, perfecta. Ovarium ...... Styli ...... Achenium perigonii tubo inclusum, eique accretum. Semen erectum, trigonum, perigonii tubo conforme, angulis medio in dentem obtusum productis. Embryo rectus, in axi albuminis farinosi antitropus; cotyledonibus planis, sibi invicem adpressis, late ovalibus, obtusis, trinerviis, inter angulum seminis et mediam ejus faciem huic angulo oppositam expansis, hinc albumen in duas partes secantibus; radicula supera. — *Herba ut videtur annua, incertae originis, in horto calcuttensi culta; caule adscendente tereti, foliis petiolatis, ovato-triangularibus v. hastatis, ochreis cylindricis, ore circumscisso setaceo-ciliatis; spicis extraaxillaribus solitariis, laxissimis, filiformibus, bracteis cylindricis ciliatis, trifloris, pedicellis bractea subtriplo longioribus, sub flore articulatis, demum deflexis.*

Ceratogonon Meisner *in Wallich. Pl. As. rar. III. 63.* Polygonum atriplicifolium Wallich.

1992. Emex *NECK.* Flores polygamo-monoici. Masc. Perigonium herbaceum, quinque-sexfidum, laciniis aequalibus, patentibus. Stamina 4—6, perigonii foliolis exterioribus geminatim opposita; filamenta brevia; antherae oblongae, utrinque emarginatae, basifixae. Fem. Perigonium urceolato-infundibuliforme, demum incrassatum, limbi sexdentati dentibus exterioribus subspinescentibus, tandem reflexo-patentibus, interioribus minoribus, pyramidato-conniventibus. Ovarium uniloculare, obsolete triquetrum. Ovulum unicum, basilare, orthotropum. Styli 3, breves, erectiusculi; stigmata penicillata. Caryopsis obsolete triquetra, perigonio incrassato trigono-costato inclusa, ejusdem dentibus exterioribus recurvatis mucronata, interioribus conniventibus pyramidata. Semen turbinato-triquetrum, erectum. Embryo cyclicus, albumini farinaceo circumpositus; cotyledonibus elliptico-oblongis; radicula exserta, supera. — *Herba mediterranea, annua, etiam in Capite bonae spei observata; caule spithameo, flexuoso, dichotomo, foliis alternis ovato-deltoideis, undulatis, nodis floriferis, ochrea pellucida, caduca, floribus verticillatis, pedicellis haud articulatis.*

Emex Necker *Elem. II. 214.* Campdera *Rum. 57. t. 1. f. 1.* Vibo Mönch *Method. 318.* Centropodium Burchell *Travels I. 340.* Lindley *Introduct. edit. II. p. 442.* Rumex spinosus Linn. Gärtn. *II. 180. t. 119.* Mirbel *in Annal. du Mus. XIII. 4. f. 44.* Sibthorp *Fl. graec. t. 347.*

1993. Rumex *LINN.* Flores hermaphroditi v. abortu diclines. Perigonium hexaphyllum, foliolis tribus exterioribus herbaceis basi cohaerentibus, interioribus subcoloratis, majoribus, demum auctis, nudis v. granulatis, conniventibus. Stamina 6, perigonii foliolis exterioribus geminatim opposita; filamenta brevissima, filiformia; antherae oblongae, basifixae. Ovarium triquetrum, uniloculare. Ovulum unicum, basilare, orthotropum. Styli 3; filiformes, liberi v.

ovarii angulis adnati; stigmatibus penicillato-multifidis. Caryopsis triquetra, intra perigonii foliola interiora valvatim conniventia libera. Semen conforme, erectum. Embryo albuminis farinacei angulum ambiens, antitropus, leviter arcuatus; cotyledonibus angustis, incumbentibus; radicula elongata, supera. — *Herbae annuae v. perennes, interdum suffrutescentes, acidae v. insipidae, in temperatis et frigidis utriusque haemisphaerae provenientes, inter tropicos rarissimae; foliis alternis, basi vaginantibus, floribus parvis, verticillato-racemosis, pedicellis articulatis.*

Rumex Linn. *gen. n. 357.* excl. sp. Campdera, *Monographie du genre Rumex. Paris 1819. 4.* Meisner *in Wallich Pl. As. rar. III. 63.*

a. LAPATHA *Campd.* Flores hermaphroditi v. polygami, rarissime dioici. Perigonii foliola interiora erecto-divergentia, extus plus minus granulata. Styli liberi; stigmatibus multifidis. Seminis testa albicans v. sublutescens. — *Herbae foliis penninerviis, vix acidis, verticillis multifloris, floribus 2—3—5serialibus, pedicellis basi articulatis.*

Lapatha Campd. *op. cit. t. 1. f. 2. 3. t. 2. f. 1.* (E. B. *t. 725. 1533. 1576. 1932. 1998. 2104.* Curtis *Fl. Lond. III. t. 21—23.* Fl. dan. *t. 1208. 1334.* Reichenb. *Ic. crit. t. 345. 368—370. 486. 516. 576.* Nees jun. *Pl. offic. Suppl. III. 7—8.* Meisner *Polygon. t. 2. f. E.* Nees jun. *Gen. pl. II. 54. f. 1—16.*)

b. RUMASTRA *Campd.* Flores hermaphroditi v. rarius monoici. Perigonii foliola interiora vix v. minime granulata. Styli superne ovarii angulis adnati; stigmatibus paucifidis. Seminis testa purpurascens. — *Suffrutices. foliis palmatinerviis, vix acidis v. plane insipidis, verticillis paucifloris, floribus uni-biserialibus, pedicellis medio articulatis.*

Rumastra Campd. *op. cit. t. 3. f. 7.* (Jacq. *Hort. Vindob. III. t. 93.* Mirbel *in Annal. Mus. XIII. t. 4. f. 46.*)

c. ACETOSAE *Campd.* Flores hermaphroditi, monoici v. dioici. Perigonii foliola interiora extus laevia v. parum granulata, nonnunquam abortiva. Styli superne ovarii angulis adnati; stigmatibus multifidis. Seminis testa purpurascens v. albicans. — *Herbae. suffrutices v. frutices; foliis penni- v. palmatinerviis, verticillis paucifloris. floribus uni-biserialibus, pedicellis saepe ad basim articulatis.*

Acetosae Campd. *op. cit. t. 2. f. 3. 6. 7.* (E. B. *t. 127. 1674.* Sibth. *Fl. graec. t. 345—349. Cav. ic. t. 41. f. 1.* Jacq. *Ic. rar. t. 67.* Mirbel *in Annal. Mus. XIII. t. 4. f. 43.* St. Hilaire *in Mém. Mus. II. t. 4. f. 23.* Nees jun. *Op. cit. II. 54. f. 17. 18.*)

1994. Tragopyrum *BIEBERST.* Flores hermaphroditi. Perigonium coloratum, pentaphyllum, foliolis tribus interioribus majoribus. Stamina 8, perigonii foliolis exterioribus geminatim, interioribus singillatim opposita, uno inter interiora contigua sito; filamenta subulata; antherae subrotundae, versatiles. Ovarium triquetrum, uniloculare. Ovulum unicum, basilare, orthotropum. Styli 3, brevissimi, distincti v. basi connati; stigmatibus capitatis. Caryopsis triquetra, perigonii foliolis interioribus conniventibus inclusa, exterioribus reflexis stipata. Semen triquetrum, erectum. Embryo albuminis farinacei angulum ambiens, antitropus, leviter arcuatus; cotyledonibus incumbentibus; radicula elongata, supera. — *Frutices in Asia media indigeni, ramosi, divaricati; ramis muticis v. apice spinescentibus, foliis alternis, oblongis v. ellipticis, integerrimis, coriaecis, breve petiolatis, ochreis tenuissime membranaceis, apice bifido-laceris, floribus racemosis, pedicellis nutantibus, medio articulatis.*

Tragopyrum Bieberst. *Fl. Taur. Caucas. III. 284.* Ledeb. *Ic. t. 422. 426.* Polygonum frutescens Linn. Gmelin *Sibir. t. 12. f. 1. 2.* Gärtn. *t. 119.*

1995. Atraphaxis *LINN.* Flores hermaphroditi. Perigonium coloratum, tetraphyllum, foliolis duobus interioribus majoribus. Stamina 6, perigonii foliolis exterioribus geminatim, interioribus singillatim opposita; filamenta subulata, basi incrassata; antherae subrotundae, dorso affixae. Ovarium uniloculare, compressum, haud marginatum. Ovulum unicum, basilare, orthotropum. Styli 2, brevissimi; stigmatibus capitatis. Caryopsis lenticularis, compressa, perigonii foliolis duobus interioribus arcte conniventibus inclusa, exterioribus reflexis stipata. Semen compressum, erectum. Embryo intra albumen farinosum lateralis, antitropus, subcurvatus; cotyledonibus planis, ellipticis; radicula elongata, supera. — *Frutices in Asia media et in Capite bonae spei indigeni, ramosissimi, divaricati, rigidi; ramis saepe spinescentibus, foliis alternis, ovatis, integerrimis, coriaceis, axillaribus fasciculatis, ochreis petiolorum margini adnatis, utrinque in appendicem subulatam liberam productis, floribus in apicibus ramulorum axillaribus fasciculatis, albis v. pallide rubellis, pedicellis filiformibus medio articulatis, supra articulum paullo incrassatis, perigonii foliolis reticulato-nervosis.*

Atraphaxis Linn. *gen. n. 356.* Gärtn. *II. 181. t. 119.* Herit. *Stirp. I. 27. t. 14.* Lam. *t. 265.* Meisner *Polygon. t. 2. f. F.* Ledeb. *Ic. t. 411.*

1996. Podopterus *H. et B.* Flores hermaphroditi. Perigonium coloratum, sexpartitum, laciniis tribus exterioribus concavis, dorso late alatis, alis in pedunculum decurrentibus, tribus interioribus lineari-oblongis, planiusculis. Stamina 6, perigonii lobis singillatim opposita; filamenta subulata, basi cohaerentia; antherae oblongae, incumbentes. Ovarium uniloculare, triquetrum. Ovulum unicum, basilare, orthotropum. Styli 3, brevissimi; stigmata capitata. Caryopsis triquetra, perigonii foliolis exterioribus conniventibus, triptero-clavatis inclusa. Semen triquetrum, erectum. Embryo.... — *Frutex mexicanus spinosus; foliis fasciculatis, integerrimis, penninerviis, basi in ochream brevem dilatatis, floribus fasciculato-racemosis.*

Podopterus Humb. et Bonpl. *Pl. aequinoct. II. 89. t. 107. Nov. gen. et sp. II. 181.* Poiret *Suppl. t. 940.*

1997. Triplaris *LINN.* Flores monodioici. Masc. Perigonium subcoloratum, sex-octopartitum, laciniis interioribus paullo angustioribus. Stamina 9, perigonii laciniis interioribus geminatim, exterioribus singillatim opposita, v. in perigonio octopartito geminatim ante ejusdem lacinias interiores sita; filamenta filiformia; antherae oblongae, dorso affixae. Fem. Perigonium membranaceum, coloratum, tubo ventricoso, limbi sexpartiti laciniis tribus exterioribus maximis alaeformibus, interioribus minimis, quandoque nullis. Stamina 3, sterilia, squamaeformia v. filiformia, perigonii laciniis exterioribus alterna, hypogyna v. medio tubo adnata. Ovarium uniloculare, triquetrum. Ovulum unicum, basilare, orthotropum. Styli 3, breves; stigmatibus oblongis. Caryopsis alato-triquetra, perigonii tubo inclusa, ejusque limbo longe superata. Semen triquetrum, erectum. Embryo ...... — *Arbores v. frutices, interdum scandentes, in America tropica indigeni; foliis alternis, breve petiolatis, integerrimis, penninerviis, ochreis brevissimis oblique truncatis, floribus racemoso-spicatis, bracteatis, pubescentibus.*

Triplaris Linn. *gen. n. 103.* Jacq. *Americ. t. 173. f. 5.* Aubl. *Guian. t. 347.* Rottboell *Surinam 7. t. 3.* Chamisso *in Linnaea III. 55. ss. VIII. 136. 55.* Blochmannia

Weigelt *Herbar. Surinam.* — Genus fortassis dividendum, sed species plurimae tantum fructiferae cognitae.

TRIBUS III. POLYGONEAE SPURIAE. Involucrum nullum. Ovulum e funiculo umbilicali libero inversum, demum erectum. Semen erectum. Embryonis antitropi radicula supera.

1998. Brunnichia *BANKS.* Perigonium herbaceum, campanulatum, quinquepartitum, laciniis oblongis, concaviusculis, aequalibus, apice conniventibus. Stamina 8 v. 10, imo perigonio inserta; filamenta filiformia, libera; antherae ovatae, versatiles. Ovarium perigonii fundo immersum, liberum, uniloculare, triquetrum. Styli 3, distincti, recurvati; stigmata capitata, emarginata. Ovulum e funiculo basilari libero pendulum, micropyle infera, demum erectum. Achenium triquetrum, intra perigonii tubum coriaceum subcarnosum, fauce constrictum, limbo revoluto coronatum, pedicello compresso hinc bisulco continuum, liberum. Semen pyramidatum, sexsulcum, erectum, sessile. Embryo excentricus, intra albumen farinaceum antitropus, leviter curvatus; cotyledonibus foliaceis, lineari-lanceolatis, subflexuosis, accumbentibus; radicula longiuscula, supera. — *Frutex boreali-americanus, volubilis; foliis alternis, cordato-ovatis, ramisque glabris, petiolis semiamplexicaulibus, margine annulari puberulo caulem ambeuntibus, racemis paniculatis, apice cirrhosis, floribus primum confertis, demum remote racemosis, in axillis bractearum solitariis v. subternis, pedicellis medio articulatis.*

Brunnichia Banks *apud Gärtn. I. 213. t. 45.* Nuttall *Gen. I. 256.*

1999. Antigonon. Perigonium coloratum, pentaphyllum, foliolis inaequalibus, duobus exterioribus late cordatis, tertio semi-interiore obliquo, intimis oblongis, omnibus demum increscentibus. Stamina 8; filamenta subulata, aequilonga, basi in cupulam carnosulam connata; antherae oblongae, versatiles. Ovarium uniloculare, triquetrum. Ovulum e funiculo basilari libero pendulum, micropyle infera, demum erectum. Styli 3, distincti, recurvati; stigmata capitato-reniformia. Achenium perigonio aucto emarcido stipatum, ovoideo-triquetrum. Semen basilare, e funiculo umbilicali erectum, pyramidatum. Embryo in axi (?) albuminis farinacei antitropus rectus, (?), radicula supera. — *Suffrutices mexicani scandentes; ramis angulatis foliisque subtus subtomentosis, foliis alternis, cordato-ovatis, penninerviis, petiolis basi semiamplexicaulibus, ochreae rudimento squamaeformi oppositifolio, ramo tota facie adnato auctis, racemis apice cirrhosis, pedunculis ternis quinisve in axillis bractearum squamaeformium fasciculatis, apice articulatis.*

Anrederae sp. Andrieux *Plant. mexic. exsicc.*

Ordo CIV. Nyctagineae

NYCTAGINEAE Jussieu *gen. 90. Annal. du Muséum II. 269.* R. Brown *prodr. 421.* Bartling *Ord. nat. 109.* NYCTAGINACEAE Lindley *introduct. edit. II. p. 213.*

Herbae annuae v. saepius perennes, radicibus interdum tuberosis, nunc frutices v. arbores, ramis teretiusculis, nodoso-articulatis, ramulis saepe spinescentibus. Folia opposita, altero ramum subtendente saepius minore, nunc alterna, simplicia, penninervia, integra, plerumque integerrima, petiolata. Stipulae v. vaginae nullae.

Flores hermaphroditi v. rarissime abortu dioici, axillares v. terminales, solitarii v. aggregati, saepissime involucro calyciformi, interdum colorato, polyphyllo v. gamophyllo, deciduo v. persistente, demum interdum aucto, uni-plurifloro cincti, rarius cymosi v. paniculati, pedicellis apice sub flore bi-tribracteolatis, rarius basi bracteolatis, bracteolis minutis, persistentibus v. deciduis.

Perigonium subcoloratum, extus saepe rudius et hirtum v. plane corollinum, cito marcescens, tubulosum, infundibuliforme v. hypocrateriforme, tubo basi saepe inflato et herbaceo, supra basim deciduo v. persistente, limbo quadri-quinque v. decem-partito, nunc truncato, obsolete dentato, per aestivationem plicato, plerumque cum tubi parte superiore deciduo, rarius persistente.

Stamina hypogyna, perigonii laciniis plicisve pauciora v. plura, rarius iisdem numero aequalia, interdum unilateralia. Filamenta filiformia, libera v. mediante disco hypogyno plus minusve manifesto basi connata, interdum etiam perigonii tubo inferne adglutinata, saepissime inaequilonga, inclusa v. rarius exserta, in alabastro incurva. Antherae introrsae, biloculares, basifixae, oblongae, ovatae v. subgloboso-didymae, loculis appositis, parallelis, basi et saepius etiam apice distinctis, longitudinaliter dehiscentibus. Pollinis granula globosa, scabriuscula.

Ovarium sessile v. interdum brevissime substipitatum, liberum, uniloculare. Ovulum unicum, erectum, sessile, micropyle infera. Stylus simplex, terminalis v. sublateralis, in alabastro involutus, stigmate simplici, acuto v. clavato aut subcapitato; rarissime nullus, stigmate tunc sessili, penicillato-multifido.

Achenium intra perigonii basim v. tubum muticum v. limbo persistente coronatum, apice ore angusto pervium, induratum, costatum v. angulatum, nudum aut involucro cinctum, liberum, membranaceum.

Semen erectum, testa cum achenii endocarpio connata.

Embryo nunc conduplicatus, cotyledonibus foliaceis latiusculis, albumen amylaceum plus minus copiosum, rarissime parcissimum involventibus, radicula extraria descendente; nunc rectus, cotyledonibus albumen pariter obvolventibus, radicula brevi, infera.

Nyctagineae plurimis characteribus et etiam interna caulis structura distinctissimae, nec ulli ordini arctius affines, ob aliquam cum Polygoneis et Chenopodeis similitudinem hoc loco collocatae, **inter tropicos totius orbis**, imprimis tamen **Americae** proveniunt, in regionibus extratropicis **Africae et Australasiae** rarae, in **America** extratropica cis aequatorem paullo frequentiores.

2000. Boerhavia *LINN.* **Involucrum** polyphyllum, multiflorum, foliolis squamaeformibus deciduis. **Perigonium** coloratum, tubulosum, **tubo** medio coarctato, **limbo** subintegro, plicato, deciduo. **Stamina** hypogyna 1—4, libera, subexserta. **Ovarium** uniloculare. **Ovulum** unicum, erectum, micropyle infera. **Stylus** simplex; **stigma** obtusum. **Achenium** intra perigonii tubum induratum angulato-clausum liberum. **Semen** erectum; **testa** endocarpio connata. **Embryonis** conduplicati **cotyledones** albumen amylaceum involventes; **radicula** extraria, infera. — *Herbae v. suffrutices, **inter tropicos totius orbis** obviae; foliis oppositis, umbellis paniculatis.*

Boerhavia Linn. *gen. n.* 38. Jussieu *gen.* 91. *Annal. du Mus. II.* 274. Jacq. *Hort. Vindob. I. t.* 4. 7. Gärtn. *II.* 208. *t.* 127. R. Brown *prodr.* 422.

2001. Colignonia. **Involucrum** polyphyllum, multiflorum, foliolis deciduis. **Perigonium** coloratum, infundibuliforme, **tubo** basi aequali, **limbi** profunde quinquefidi persistentis laciniis oblongis, apice inflexis. **Stamina** 5, hypogyna, libera, subexserta; **antherae** subglobosae. **Ovarium** uniloculare. **Ovulum** .... **Stylus** simplex; **stigma** pennicillato-multifidum. **Achenium** perigonii tubo incrassato-pentagono tectum, **limbo** coronatum. **Semen** erectum; **testa** cum endocarpio connata. **Embryonis** conduplicati **cotyledones** albumen amylaceum involventes; **radicula** extraria, infera. — *Herba **peruviana**, andicola; foliis oppositis, subrotundo-ovatis, obtusis, umbellis axillaribus solitariis, terminalibus congestis.*

Abronia parviflora Kunth *in Humb. et Bonpl. Nov. gen. et sp. II.* 216. *t.* 126.

2002. Abronia *JUSS.* **Involucrum** pentaphyllum, multiflorum, persistens. **Perigonium** coloratum, hypocrateriforme, **tubo** basi inflato, **limbi** patentis quinquelobi lobis obovatis deciduis. **Stamina** 5, hypogyna, inclusa, basi in vaginam brevem, perigonii tubo adglutinatam connata; **antherae** oblongae. **Ovarium** uniloculare. **Ovulum** unicum, erectum, micropyle infera. **Stylus** simplex; **stigma** clavatum. **Achenium** intra perigonii basim induratam, angulato-pentapteram, tubo apiculatam liberum. **Semen** erectum; **testa** cum endocarpio connata. **Embryonis** conduplicati **cotyledones** albumen amylaceum involventes; **radicula** extraria, infera. — *Herbae **californicae**; foliis oppositis, petiolatis, integerrimis, capitulis axillaribus solitariis, longe pedunculatis.*

Abronia Jussieu *gen.* 448. *Annal. du Mus. II.* 274. Lam. *t.* 105. Gärtn. f. *III. t.* 214. Hooker *Exot. Fl. t.* 193. 194. Bot. Mag. *t.* 2879. Tricratus Heritier *Monogr. inedit.*

2003. Mirabilis *LINN.* **Involucrum** calyciforme, campanulatum, quinquefidum, uniflorum, persistens. **Perigonium** corollinum, infundibuliforme, **tubi** elongati basi ventricosa herbacea persistente, **limbo** plicato-quinquedentato, deciduo. **Stamina** 5, urceolo hypogyno inserta, subexserta. **Ovarium** uniloculare. **Ovulum** unicum, erectum, micropyle infera. **Stylus** simplex; **stigma** capitatum. **Achenium** intra perigonii basin induratam pentagono-subglobosam, involucro immutato inclusam liberum. **Semen** erectum; **testa** cum endocarpio connata. **Embryonis** conduplicati **cotyledones** albumen amylaceum involventes; **radicula** extraria, infera. — *Herbae **americanae tropicae**; radice tuberosa, caule tereti, di-trichotomo, foliis oppositis, floribus terminalibus et axillaribus subcorymbosis, speciosis, cito marcescentibus.*

Mirabilis Linn. *gen. n.* 175. Gärtn. *II. t.* 127. Smith *Exot. Bot. I. t.* 23. Nyctago Juss. *gen.* 90. *Annal. du Mus. II.* 274. Jalapa Tournef. *inst.* 50.

2004. Oxybaphus *HERIT.* **Involucrum** calyciforme, campanulatum, quinquefidum, uni-tri-quinqueflorum, persistens. **Perigonium** corollinum, infundibuliforme, **tubi** brevissimi basi ventricosa, persistente, fauce constricta, **limbo** plicato-quinquelobo, deciduo. **Stamina** 3, hypogyna, basi in annulum brevissimum connata, exserta. **Ovarium** uniloculare. **Ovulum** unicum, erectum, micropyle infera. **Stylus** simplex; **stigma** capitatum. **Achenium** intra perigonii basim induratam, pentagonum, involucro scarioso demum aucto et explanato cinctam liberum. **Semen** erectum; **testa** cum endocarpio connata. **Embryonis** conduplicati **cotyledones** albumen amylaceum involventes; **radicula** extraria, infera. — *Herbae **americanae tropicae et subtropicae**, superne dichotomae; foliis oppositis, floribus in apice ramulorum corymbosis.*

Oxybaphus Heritier *Monogr. inedit.* Jussieu *in Annal. du Mus. II.* 274. Calyxhymenia Ortega *Decad. V. t.* 1. 8. 11. Ruiz et Pav. *Flor. peruv. t.* 75. Calymenia Nuttall *Gen. I.* 25. Vittmannia Turra.

2005. Allionia *LINN.* **Involucrum** calyciforme, campanulatum, quinquedentatum v. triphyllum, triflorum, persistens **Perigonium** corollinum, infundibuliforme, **tubi** brevis basi ventricosa persistente, **limbo** hinc fisso, quadrilobo. **Stamina** 4, hypogyna, libera, inclusa. **Ovarium** uniloculare. **Ovulum** unicum, erectum, micropyle infera. **Stylus** simplex; **stigma** capitatum. **Achenia** intra perigoniorum bases incrassatas angulatas, dorso spinulosas, facie planiusculas sibi invicem applicitas involucro immutato inclusas, libera. **Semen** erectum; **testa** cum endocarpio connata. **Embryonis** conduplicati **cotyledones** albumen amylaceum involventes; **radicula** extraria, infera. — *Herbae **americanae tropicae**; foliis oppositis, pedunculis axillaribus, solitariis.*

Allionia Linn. *gen. n.* 117. Jussieu *gen.* 198. *Annal. du Mus. II.* 274. Kunth *in Humb. et Bonpl. Nov. gen. et sp. II.* 214.

a. ALLIONIA *Löffl.* **Involucrum** campanulatum, quinquedentatum.

Allionia Löffling *It.* 181. A. violacea Linn.

b. WEDELIA *Löffl.* **Involucrum** triphyllum.

Wedelia Löffling *It.* 180. A. incarnata Linn. Heritier *stirp. t.* 31. Lam. *t.* 58. Gärtn. *f. III.* 182. *t.* 214.

2006. Okenia *SCHIEDE.* **Involucrum** triphyllum, minimum, uniflorum. **Perigonium** corollinum, hypocrateriforme, **tubi** basi ventricosa persistente, fauce dilatata, et **limbo** quinquelobo patente, deciduo. **Stamina** 15—18, hypogyna, basi in vaginam brevem perigonii tubo adglutinatam connata, inclusa. **Ovarium** uniloculare. **Ovulum** unicum, erectum, micropyle infera. **Stylus** simplex; **stigma** peltatum. **Achenium** intra perigonii basim oblongam, suberoso-incrassatam clausam, longitudinaliter decem-costatam, inter costas transversim plicatam liberum. Semen erectum; testa cum endocarpio connata. Embryonis conduplicati cotyledones albumen amylaceum involventes; radicula extraria, infera. — *Herba mexicana, prostrata, caule foliisque oppositis glutinosis, pedunculis axillaribus unifloris, fructiferis hypogaeis.*

Okenia Schiede *in Linnaea V. 92.*

2007. Tricycla *CAVAN.* Involucrum triphyllum, coloratum, uniflorum. Perigonium corollinum, tubulosum, medio constrictum, limbi quinquelobi persistentis lobis crenatis. Stamina 5, hypogyna, libera, subexserta. Ovarium uniloculare. Ovulum unicum, erectum. Stylus simplex, brevis; stigma subulatum. Achenium intra perigonii tubum induratum, angulatum, limbo coronatum, involucro persistente reconditum liberum. Semen erectum; testa cum endocarpio connata. Embryonis conduplicati cotyledones albumen amylaceum involventes; radicula extraria, infera. — *Arbor in America australi extratropica orientali observata; ramulis alternis spinescentibus, foliis alternis, fasciculatis, oblongo-spathulatis, floribus e foliorum fasciculis solitariis, breve pedunculatis.*

Tricycla Cavanilles *Ic. VI. 79. t. 598. Annales de ciencias naturales. V. 63. t. 40.* Jussieu *in Annal. du Mus. II. 275.*

OBSERVATIO. Tricyclae congener v. certe affine, si tamen ex hoc ordine, soli auctori notum genus: TORREYA, *Spreng.* Involucrum (calyx) quinquelobum coloratum, uniflorum, patens. Perigonium (corolla) tubulosum, limbo quinquefido reflexo. Stamina 5, tubo adnata, exserta, spiralia, antherae didymae. „Pistillum simplex, stigmate filiformi. Ovarium nucem referens, valvis introrsum flexis." — *Frutex (?) brasiliensis; „foliis oblongis, in petiolum decurrentibus triplinerviis, venosis, superioribus lanceolatis sensim angustioribus, tandem in bracteas stipulasve paniculae ramis subjectas abeuntibus, paniculae ramis dichotomis, pubescentibus, patentibus."*

Torreya Sprengel *Neue Entdeck. II. 121.*

2008. Bugenvillea *COMMERS.* Involucrum triphyllum, coloratum, foliorum nervo medio prope basim unifloro triflorum. Perigonium corollinum, tubulosum, fauce angustatum, limbo plicato, obsolete quinque- v. decemdentato, persistente. Stamina 7—8, hypogyna, libera, inclusa. Ovarium uniloculare. Ovulum unicum, erectum. Stylus simplex; stigma clavatum. Achenium intra perigonii tubum induratum angulatum, intra involucrum persistens reconditum liberum. Semen erectum; testa cum endocarpio connata. Embryonis conduplicati cotyledones albumen amylaceum involventes; radicula extraria, infera. — *Frutices americani tropici; foliis alternis, ovatis, spinis axillaribus, pedunculis axillaribus et terminalibus, simplicibus v. apice divisis.*

Bugenvillea Commerson *ex Jussieu gen. 91. Annal. du Mus. II. 273.* Lam. *t. 294.* Humboldt et Bonpl. *Pl. aequinoct. I. 173. t. 49.* Gärtn. f. *III. 206. t. 216.* Josepha *Flor. Flum. IV. t. 13.*

2009. Reichenbachia *SPRENG.* Involucrum nullum. Perigonium coloratum, hypocrateriforme, tubo brevi, limbo plicato, quinquedentato, persistente. Stamina 2, hypogyna, opposita, libera, inclusa. Ovarium uniloculare. Ovulum unicum, erectum. Stigma sessile, penicillatum. Achenium intra perigonii tubum induratum, costatum, limbo involuto angulato coronatum liberum. Semen erectum. Embryonis conduplicati cotyledones albumen parcissimum includentes; radicula extraria, infera. — *Frutices brasilienses, pube stellata obsiti, demum glabrati; foliis alternis, floribus axillaribus corymbosis, pedicellis basi bibracteolatis.*

Reichenbachia Sprengel *in Bullet. Soc. Philomat. 1823. p. 54. t. 1.*

2010. Salpianthus *H. et B.* Involucrum nullum. Perigonium coloratum, tubulosum, limbo plicato, quadridentato, persistente. Stamina 3 v. 4, hypogyna, unilateralia, basi subconnata, exserta. Ovarium uniloculare. Ovulum unicum, erectum. Stylus simplex; stigma acutum. Achenium intra perigonii tubum induratum, costatum, limbo coronatum liberum. Semen erectum; testa cum endocarpio connata. Embryonis conduplicati cotyledones albumen subcorneum includentes; radicula extraria, infera. — *Suffrutices v. herbae mexicanae, cano-pubescentes; foliis alternis, floribus axillaribus et terminalibus, glomeratis v. corymbosis, ebracteatis.*

Salpianthus Humboldt et Bonpl. *Pl. aequinoct. I. 155. t. 44.* Kunth *in Humb. et Bonpl. Nov. gen. et sp. II. 218.* Boldoa Cavanilles *Hort. Madrit. t. 7.* Lagasca *Diagn. 10.*

2011. Neea *RUIZ et PAV.* Involucrum nullum. Perigonium coloratum, tubulosum, fauce constrictum, limbo quadri-quinquefido patente, persistente. Stamina perigonii laciniis plura, 5—8 hypogyna, libera, inaequilonga, inclusa. Ovarium uniloculare. Ovulum unicum, erectum. Stylus simplex; stigma acutum. Achenium intra perigonii tubum coriaceo-induratum, obsolete costatum, limbo coronatum, liberum. Embryonis conduplicati cotyledones albumen amylaceum includentes; radicula extraria, infera. — *Arbores v. frutices americanae tropicae; foliis oppositis, floribus paniculatis vel corymbosis, basi uni-bitribracteolatis.*

Neea Ruiz et Pav. *Prodr. 52. t. 9.* Jussieu *in Annal. du Mus. II. 275.* — Mitscherlichia Kunth *in Berl. Acad. Abhandl. 1831. p. 209. et 1832. t. 3.*

2012. Pisonia *PLUM.* Flores abortu dioici. Involucrum nullum. Perigonium subcoloratum, infundibuliforme, limbo quinqueplicato, truncato v. semiquinquelobo, persistente. Stamina 6—10 hypogyna, libera, inaequilonga, exserta. Ovarium uniloculare. Ovulum unicum, erectum. Stylus simplex; stigma capitatum. Achenium intra perigonii tubum induratum, angulatum, subclavatum, angulis saepe muricato-glandulosum, limbo persistente coronatum liberum. Semen erectum; testa cum endocarpio connata. Embryonis recti cotyledones albumen amylaceum includentes; radicula infera. — *Arbores v. frutices in regionibus tropicis totius orbis provenientes; foliis alternis et oppositis, deciduis, floribus subcymosis, basi minutissime uni-bibracteolatis.*

Pisonia Plumier *Ic. edit. Burm. t. 227. f. 1.* Linn. *gen. n. 897.* Jussieu *gen. 91. Annal. du Mus. II. 275.* Gärtn. *I. t. 76.* R. Brown *prodr. 422.* Calpidia Thouars *Hist. plant. Afr. aust. 23. t. 8.* Pallavia *Flor. Flum. IV. t. 12.*

GENUS DUBIUM.

2013. Epilithes *BLUM.* Flores monoici. Masc. Calyx brevis, quadridentatus. Petala 4, alterna. Stamina 8, calyci inserta; filamenta brevissima; antherae lineares, biloculares. Glandulae in fundo calycis. Fem. Calyx maris, superus, persistens. Petala nulla. Ovarium uniovulatum. Styli nulli. Stigmata 4, lateralia, penicilliformia, persistentia. Drupa baccata, costata, monosperma. — *Herba javanica, tenella, facie Euphorbiae thymifoliae, rupes obtegens; foliis sparsis, lanceolatis, serrutis, floribus femineis sessilibus, axillaribus, masculis pedunculatis intermixtis.*

Epilithes Blume *Bijdr.* 734.

OBSERVATIO. Axia *Lour.* a cl. Jussieu huc relata, nobis est genus inter Valerianeas dubium, Triplostegiae *Wallich* aliquatenus fortassis affine.

Classis XXVII. Thymelaeae.

ARBORES v. FRUTICES, rarius HERBAE, succo aqueo foetae. Folia alterna v. opposita, interdum verticillata, simplicia, integra aut rarius pinnatifida v. varie dissecta, plerumque coriacea, perennantia. Stipulae nullae. FLORES hermaphroditi v. per abortum unisexuales, rarius typice diclines. PERIGONIUM simplex, extus saepe rudius, intus coloratum v. totum corollinum, basi plus minus tubulosum, limbo regulari v. interdum irregulari, liberum v. cum ovario connatum. STAMINA perigyna v. rarius hypogyna, sterilia saepe petaloidea. OVARIUM unicum v. plura, distincta aut inter se connata, libera v. perigonio connata. Ovula e carpelli sutura solitaria, raro plura, situ varia, directione anatropa. FRUCTUS follicularis, nucamentaceus v. drupaceus, mono-pleiospermus. Semina albuminosa v. exalbuminosa. EMBRYO orthotropus, intra albumen si adest inclusus, radicula parva umbilico proxima, basim v. apicem aut ambitum fructus spectante.

Ordo CV. Monimiaceae.

MONIMIEAE Jussieu *in Annal. du Museum XIV.* 130. Bartling *Ord. nat.* 103. MONIMIEAE et ATHEROSPERMEAE R. Brown *in Flinders Voyage II.* 553. MONIMIACEAE et ATHEROSPERMACEAE Lindley *Introduct. edit. II. p.* 188. 189.

ARBORES v. FRUTICES, saepius aromatici. Folia opposita v. rarius alterna, petiolata, penninervia, integra, integerrima v. serrata, serraturis saepe glandulosis, interdum pellucido punctata, sempervirentia, glabra v. subtus tomentosa. Stipulae nullae.

FLORES unisexuales, mono-dioici, v. rarius hermaphroditi, racemosi v. cymosi.

PERIGONIUM calyciforme subglobosum, quadri-quinquefariam fissum, v. plano-rotatum aut tubuloso-campanulatum, limbo quadri-decemfido, laciniis uni-biseriatis, interioribus saepe tenerioribus.

STAMINA in floribus masculis indefinita, perigonii parieti interiori undique inserta v. fundo imposita, in hermaphroditis fauci affixa. Filamenta nulla v. brevissima, nunc plus minus longa, basi nuda v. squamulis glandulisque juxta basim utrinque aucta, saepissime nonnulla anantheга, petaloideo-dilatata. Antherae biloculares; loculi oppositi connectivo interdum ultra eosdem in acumen producto adnati, ovati v. oblongi, rima longitudinali v. valvula adscendente dehiscentes. Stamina sterilia in floribus femineis nulla v. squamiformia.

OVARIA in floribus femineis plurima, perigonii parieti internae undique inserta, v. fundo imposita, distincta, unilocularia. Ovulum unicum, e basi ovarii erectum v. ex ejusdem apice pendulum, anatropum. Stylus simplex, terminalis si ovulum pendulum, v. lateralis aut basilaris si ovulum erectum. Stigma simplex.

DRUPAE monospermae, semine inverso; v. NUCULAE seminiformes, stylis plumosis caudatae, semine erecto, perigonii tubo saepe aucto reconditae, v. eidem regulariter fisso et expanso, aut interdum irregulariter rupto impositae.

SEMEN inversum, embryone orthotropo, in axi albuminis carnoso-oleosi majusculo, cotyledonibus ellipticis planis, radicula supera; v. SEMEN erectum, embryone orthotropo, intra basim albuminis carnoso mollis minimo, cotyledonibus brevissimis, divaricato-patentibus, radicula crassiuscula, infera.

Monimiacearum nomine plantas seminis et antherarum fabrica utut distinctissimas, Monimieas videlicet et Atherospermeas, praeeunte Jussieo adhucdum conjungendas putavimus, imprimis propter Ruiziam, calycinam perigonii naturam etiam in Monimieis nobis demonstrantem. Caeterum ordinis affinitas etsi paullo obscurior, commodissime tamen hoc loco pone Laurineas collocandus videtur.

Monimieae inter tropicos Asiae, Africae insularis et Americae proveniunt. Genus unum Chilense transitum ad Atherospermeas, in America australi extratropica et in Australasia indigenas, parat.

SUBORDO I. MONIMIEAE R. Brown *l. c.* Flores diclines. Antherae longitudinaliter dehiscentes. Ovulum pendulum. Drupae monospermae. Embryo in axi albuminis carnoso-oleosi rectus, radicula supera.

2014. Ambora *JUSS.* Flores monoici. Masc. Perigonium ovato-subglobosum, demum quadrifariam fissum, patens. Stamina plurima, perigonium intus dense vestientia; filamenta brevissima, nuda; antherae biloculares, basifixae, loculis suboppositis, longitudinaliter dehiscentibus. Fem. Perigonium tubuloso-subglobosum, apice umbilicato-pervium, ore nudo. Ovaria plurima, perigonii parieti undique immersa, unilocularia. Ovulum unicum, pendulum, anatropum. Stylus terminalis, brevis, filiformis; stigmate simplici. Drupae plurimae, perigonio baccato inclusae, monospermae. Semen inversum. Embryo in axi albuminis carnoso-oleosi rectus; cotyledonibus planis, ellipticis; radicula supera. — *Arbores in Madagascaria et in insula Mauritii indigenae; foliis suboppositis, integerrimis, sempervirentibus, subtus stellato-*

pubescentibus, floribus racemosis, rariusve solitariis, trunco et imis ramis innascentibus, femineis rario-ribus, masculis mixtis.

Ambora Juss. *gen. 41. Annal. du Mus. XIV. 130.* Tambourissa Sonnerat *Voy. II. t. 134.* Mithridatea Commers. *msc.* Schreb *gen. n. 1706.*

2015. Monimia *THOUAR.* Flores dioici. Masc. Perigonium ovato-subglobosum, demum quadri-quinquefariam fissum, patens. Stamina plurima, perigonium intus dense vestientia; filamenta filiformia, nuda; antherae biloculares, basifixae, loculis suboppositis, longitudinaliter dehiscentibus. Fem. Perigonium tubuloso-subglobosum, apice pervium, intus ramentaceo-pilosum. Ovaria 5—6 follicularia, e fundo perigonii breviter stipitata, unilocularia. Ovulum unicum, pendulum, anatropum. Styli ovariis continui, hinc stigmatosi, ex ore perigonii breviter exserti, stellato-patentes. Drupae abortu paucae, perigonio baccato, demum lacero inclusae, monospermae. Semen inversum. Embryo in axi albuminis carnoso-oleosi rectus; cotyledonibus planis, ellipticis; radicula supera.— *Frutices borbonici; foliis suboppositis, integerrimis, scabris, subtus stellato-pubescentibus, floribus axillaribus, racemosis.*

Monimia Thouars *Plant. Afric. 21. t. 7.*

2016. Kibara. Flores monoici. Perigonium turbinatum, basi bibracteolatum, ore squamis quatuor subconniventibus clauso. Stamina 5—7, perigonii parieti inserta, filamenta brevia, nuda; antherae biloculares, basifixae, longitudinaliter dehiscentes. Fem. Perigonium ut in mare. Ovaria plurima, perigonio intus inserta, pyramidata, unilocularia. Ovulum unicum, pendulum. Stigma sessile, obtusum. Baccae perigonio demum fisso convexiusculo umbellatim insidentes, monospermae. Semen inversum. Embryo in axi albuminis carnosi rectus; radicula supera.— *Arbor javanica, procera; foliis suboppositis, elliptico-oblongis, versus apicem repando-serratis, racemis axillaribus lateralibusve compositis.*

Brongniartia Blume *Bijdr. 435.* non Kunth.

2017. Citrosma *RUIZ et PAV.* Flores dioici. Masc. Perigonium urceolato-campanulatum, fauce coarctatum, limbo quadri-octolobo. Stamina indefinita, perigonii tubo inserta; filamenta brevissima, nuda, connectivo dilatato; antherae biloculares, loculis oppositis, longitudinaliter dehiscentibus. Fem. Perigonium maris. Ovaria 3—10, tubo perigonii inserta, unilocularia. Ovulum unicum, pendulum. Styli subulati, exserti; stigmate simplici. Drupae abortu paucae, intra perigonium baccatum demum elastice inaequaliter dehiscens nidulantes, monospermae. Semen....— *Arbores v. frutices, Americam tropicam incolentes; ramis patulis, ad articulationes compressiusculis, foliis oppositis, integerrimis v. serratis, racemis axillaribus paucifloris.*

Citrosma Ruiz et Pav. *prodr. 134. t. 29.*

2018. Hedycarya *FORST.* Flores dioici. Masc. Perigonium plano-rotatum, octo-decemfidum. Stamina plurima; filamenta nulla; antherae in fundo perigonii sessiles, cordatae, biloculares, apice pilosae, loculis appositis, longitudinaliter dehiscentibus. Fem. Perigonium maris. Ovaria plurima, breviter stipitata, perigonii basi lanatae inserta, unilocularia. Ovulum unicum, pendulum. Stigma sessile, obtusum. Drupae abortu paucae, stipitatae, subverticillatae, perigonio immutato stipatae, monospermae. Semen inversum. Embryo in axi albuminis dense carnosi rectus; cotyledonibus planis, ellipticis; radicula brevi, supera. — *Arbores in Nova Hollandia orientali extratropica, et in Nova Zeelandia indigenae; foliis oppositis, sempervirentibus, glaberrimis, denticulato-serratis, racemis axillaribus, corymbosis.*

Hedycarya Forst. *Char. gen. t. 64.* A. Richard *Flor. Nov. Zeel. 355.* Zauthoxyllum Novae Zeelandiae A. Richard *op. cit. t. 33.*

2019. Ruizia *PAV.* Flores dioici. Masc. Perigonium campanulatum, limbi quinquefidi laciniis patentibus, intus coloratis. Squamae faucis petaloideae 5, limbi laciniis alternae et aequales. Stamina plurima, perigonii tubo et fauci inserta; filamenta complanata, supra basim utrinque auriculata; antherae biloculares, loculis connectivo dilatato opposite adnatis, longitudinaliter dehiscentibus. Fem. Perigonium maris, faucis squamis angustioribus. Stamina abortiva glandulaeformia, juxta faucem et per perigonii tubum sparsa. Ovaria 2—9, conica, e perigonii fundo brevissime stipitata, conniventia, apice subcohaerentia, unilocularia. Ovulum unicum, pendulum. Styli filiformes, distincti; stigmata simplicia. Drupae 2—9, perigonio demum deciduo nudae, monospermae. Semen inversum. Embryo in axi albuminis carnosi rectus; cotyledonibus planis, ellipticis; radicula supera. — *Arbor chilensis aromatica; foliis oppositis, breve petiolatis, ovato-oblongis, coriaceis, sempervirentibus, integerrimis, papilloso-scabris, racemis axillaribus.*

Ruizia Pavon *prodr. 135. t. 29.* non Cav. Boldoa Jussieu *in Annal. XIV. 134.* non Cav. Peumus Pers. *Ench. II. 629.* Peumus Boldus Molina *Chil. p. 200. Feuill. Observ. III. 11. t. 6.*

OBSERVATIO. Mollinedia *Ruiz et Pav.* ab auctoribus huc relata, nobis est genus inter Anonaceas dubium.

SUBORDO II. ATHEROSPERMEAE R. Brown *l. c.* Flores diclines v. hermaphroditi. Antherae valvulis adscendentibus dehiscentes. Ovulum erectum. Nuculae monospermae, stylis plumosis caudatae. Embryo in basi albuminis mollis rectus, radicula infera.

2020. Atherosperma *LABILLARD.* Flores monoici. Masc. Perigonium campanulatum, tubo brevissimo, limbi octofidi laciniis brevibus, obtusis, biseriatis, interioribus tenerioribus, minoribus. Squamulae faucis nullae. Stamina 10—20, perigonii fundo inserta, fertilia sterilibus squamaeformibus mixta; filamenta brevia, complanata, basi obsolete bisquamosa; antherae biloculares, loculi oblongi, connectivo mutico utrinque adnati, valvulis adscendentibus dehiscentes. Fem. Perigonium maris, limbo deciduo; squamulis faucis imbricato-pluriseriatis persistentibus. Ovaria plurima, oblonga, sessilia, distincta, unilocularia. Ovulum unicum, erectum, anatropum. Stylus terminali-lateralis, filiformis, villosus; stigma acutum. Nuculae plurimae, monospermae, stylis plumosis caudatae, perigonii tubo incrassato-cupulaeformi, explanato, et faucis squamulis persistentibus radiato impositae. Semen erectum. Embryo in basi albuminis carnoso mollis minimus; cotyledonibus divaricatis; radicula infera. — *Arbor Novae Hollandiae extratropicae orientalis, aromatica; ramulis tetragonis, foliis oppositis, ovato-oblongis* *glanduloso-serratis, reticulato-venosis, junioribus subtus pilosiusculis, pedicellis axillaribus unifloris, floribus bibracteolatis, bracteolis deciduis et perigonio villosulis.*

Atherosperma Labillardière *Nov. Holland. II. 74. t. 224.*

2021. Pavonia *RUIZ.* Flores monoici. Masc. Perigonium campanulatum, tubo brevissimo, limbi sexfidi laciniis patentibus, interioribus tenerioribus. Squamulae faucis petaloideae 6, limbi laciniis alternae et aequales, v. minimae et rudimentariae. Stamina 6 v. 12, perigonii tubo inserta, pluriseriata; filamenta brevia, complanata, basi bisquamosa; antherae biloculares, loculi oblongi, connectivo mutico utrinque adnati, valvulis totidem adscendentibus dehiscentes. Ovaria rudimentaria. Fem. Perigonium maris, tubo longiore, limbo deciduo. Squamulae plurimae, faucem et tubum perigonii vestientes. Ovaria plurima, oblonga, sessilia, distincta, unilocularia. Ovulum unicum, erectum, anatropum. Stylus terminali-lateralis, subulatus, villosus; stigma obtusum. Nuculae plurimae, monospermae, stylis plumosis caudatae, intra perigonii tubum incrassatum, ovato-cylindricum, mox quadrifariam dehiscentem liberae. Semen erectum. Embryo in axi albuminis carnosi mollis minimus; cotyledonibus divaricatis; radicula infera. — *Arbor chilensis; foliis oppositis, obovatis, in petiolum attenuatis, glanduloso-serratis, glaberrimis, cymis axillaribus paucifloris hirtellis, cymulis basi bibracteatis, trifloris, floribus pedicellatis, subfastigiatis, ebracteolatis.*

Pavonia Ruiz *prodr. 127. t. 28.* non Cav. Laurelia Jussieu *in Annal. Mus. XIV. 134.* Thiga Molina.

2022. Doryphora. Flores hermaphroditi. Perigonium campanulatum, tubo brevi, limbi sexfidi decidui laciniis longe lanceolatis, acutis, biseriatis, aequalibus. Stamina 6, perigonii fauci inserta, limbi laciniis opposita; filamenta brevia, basi late bisquamosa; antherae biloculares, loculi ovati, connectivo in acumen subulato-filiforme elongatum producto utrinque adnati, valvulis adscendentibus dehiscentes. Staminodia subduodena staminibus fertilibus alterna, subulata, basi bisquamata. Ovaria plurima (5—20) ovata, brevissime stipitata, distincta, unilocularia. Ovulum unicum, erectum, anatropum. Stylus prope basim lateralis, medio incrassatus, villosus, stigmate filiformi nudo. Nuculae plurimae, monospermae, stylis plumosis basilaribus caudatae, intra perigonii tubum incrassatum, costatum, basi ventricosum, apice constrictum, demum inferne hinc fissum, liberae. Semen erectum. Embryo in basi albuminis carnosi mollis minimus; cotyledonibus divaricatis; radicula infera. — *Arbor Novae Hollandiae orientalis interioris, quinquaginta interdum pedes alta; ramulis oppositis, tetragonis, foliis oppositis, oblongo-lanceolatis, glanduloso-serratis, reticulato-venosis, pedunculis axillaribus solitariis trifloris, apice bibracteatis, floribus lateralibus in axillis bractearum subsessilibus, raro fructum maturantibus, intermedio pedicellato, pedicello basi bibracteolato, bracteis bracteolisque deciduis et perigonio villosis.*

Atherosperma Sassafras A. Cunningham *msc. 1818.*

Ordo CVI. Laurineae.

LAURI Juss. *gen. 80. Annal. Mus. VI. 197.* LAURINAE Vent. *tabl. II. 243.* R. Brown *prodr. 401.* Bartl. *Ord. nat. 111.* Nees *in Wall. Pl. As. II. 62. ss. Linnaea VIII. 1. ss. — Programma, Plantarum Laurinarum secundum affinitates naturales expositio. Vratislaviae. 1833. 4. Systema Laurinarum. Berolini, 1836. 8.* LAUREACEAE Lindley *Introduct. edit. II. p. 200.*

Arbores saepe excelsae, frondosae, rarius suffrutices, nonnullae herbae aphyllae, parasiticae, volubiles.

Folia alterna, saepius approximata, in verticillos imperfectos coëuntia vel pseudo-opposita, simplicia, integra, nervosa v. penninervia, venuloso-reticulata, integerrima, plerumque coriacea, perennantia, interdum subtus glandulifera vel punctata. Stipulae nullae.

Flores hermaphroditi v. abortu unisexuales, regulares, racemosi v. paniculati, nunc in umbellis axillaribus involucrati, v. rarissime spicati, tribracteati, pedicellis demum saepe increscentibus.

Perigonium simplex, calycinum, gamophyllum, quadri-sexfidum, laciniis alternatim biseriatis, trinerviis, intus saepe pubescentibus, crassiusculis, quandoque fere obsoletis, aestivatione imbricatis. Discus carnosus, perigonii fundo adnatus, cum ejusdem basi persistens, et saepius cum fructu increscens.

Stamina perigyna, disci margini inserta, quadruplici laciniarum perigonii numero v. abortu triplici, duplici v. interdum simplici, tuncque iisdem opposita, nonnunquam quintuplici v. etiam sextuplici. Filamenta libera, glabra vel hirta, apice saepissime dilatata, interiora plerumque, rarissime exteriora, latere glandulis sessilibus stipitatisve stipata. Antherae nunc omnes extrorsae, nunc staminum exteriorum introrsae, interiorum extrorsae, intimorum saepe abortivae, filamento toto dorso adnatae, nunc biloculares, loculis appositis parallelis continuis, nunc iisdem dissepimento transverso divisis quadrilocellares, loculis locellisve singulis valvula longitudinali a basi ad apicem soluta, persistente dehiscentibus.

Ovarium e carpidiis tribus valvatim connatis, uniloculare, liberum, placentis nerviformibus ad carpidiorum margines omnibus praeter unicam saepissime abortientibus, uniovulatum, rarissime placentis geminis contiguis superstitibus biovulatum. Ovulum ex apice loculi pendulum, anatropum. Stylus simplex, crassiusculus. Stigma obtuse bi-trilobum.

Fructus baccatus v. drupaceus, pedicello incrassato exceptus v. perigonii basi increscente ampliata cupulatim cinctus, v. eodem persistente marcido tectus, semper monospermus.

Semen inversum. Testa chartacea, umbilico transversali in parte seminis angustiore sito, raphe obliqua ad chalazam in altera ejusdem extremitate sitam prorepente. Endopleura tenuis. Albumen nullum.

Embryo orthotropus. Radicula ad umbilicum directa, verticem fructus spectans. Cotyledones magnae, plano-convexae, juxta basim peltatae. Plumula diphylla.

Ordo singulari antherarum structura Atherospermeis propinquus, et etiam Berberideis nonnihil affinis, qualitate Myristiceis, androecei et seminis fabrica abunde distinctis comparandus.

Laurineae inter tropicos utrinsque hemisphaerae potissimum proveniunt, in montibus subfrigidis sylvas struentes. Paucae in America boreali, insulis Canariis et Europa mediterranea vigent, ex Asia boreali et Africae terra continente, praeter Cassytham, omnino exules.

Cassytha habitu et vivendi ratione a reliquis distinctissima, et Cuscutam simulans, ob floris fructusque fabricam mirum in modum conformem, ab ordine numquam removeri poterit, et invita plane natura ab Agardhio inter Loranthaceas collocata fuit.

Gyrocarpus Jacq. diu Laurineis adscriptus, nunc sub proximo ordine militat.

Cortice foliisque aromaticis v. camphoratis Laurineae pleraeque pollent. Sassafras lignum odore et sapore foeniculaceo est insigne.

TRIBUS I. CINNAMOMEAE Nees *Laurin. 29.* Flores hermaphroditi v. polygami. Perigonii limbus articulatus. Staminodia perfecta. Antherae quadrilocellatae, interiores extrorsae. — *Gemmae incompletae.*

2023. Cinnamomum *BURM.* Flores hermaphroditi v. polygami. Perigonium coriaceum, sexfidum, limbi parte superiore v. toto limbo a tubo cupuliformi deciduo. Stamina 12, quadriseriata, 9 exteriora fertilia, 3 intima sterilia; fertilium tria intima staminodiis binis sessilibus glandulaeformibus ad basim stipata; antherae ovatae, in serie 1 et 2 introrsae, in serie 3 extrorsae, omnes quadrilocellatae, valvulis totidem adscendentibus dehiscentes, locellis inferioribus magis lateralibus; sterilium capitula ovata. Ovarium uniloculare, uniovulatum. Stigma discoideum. Bacca monosperma, perigonii basi cupuliformi, subsexfida stipata. — *Arbores Indiae orientalis, ob corticem aromaticum celebres; foliis nervosis, per paria approximatis v. suboppositis, floribus paniculatis rariusve fasciculatis, exinvolucratis, gemmis nudis.*

Cinnamomum Burmann *Flor. Zeyl. 62.* R. Brown *prodr. 401. in not.* Wallich *Pl. As. rar. II. 73. Progr. 9. Laur. 31. Blume Bijdr. 570. Tijdscrft. I. 63. Rumphia 25. t. 10—21.* Hayne *Arzn. Gew. t. 20—24.* Nees jun. *Pl. offic. suppl. IV. t. 8—10. Hooker Exot. Flor. t. 126.* Malabathrum Burmann *Fl. Ind. 214.* Lauri sp. Linn. Gärtn. *II. t. 92.* Nees *Amoen. Bot. t. 2. f. a. t. 3. t. 4. f. 1. 2.*

TRIBUS II. CAMPHOREAE Nees *Laurin. 85.* Flores hermaphroditi. Perigonii limbus articulatus. Staminodia perfecta. Antherae quadrilocellatae, interiores extrorsae. — *Gemmae perulatae.*

2024. Camphora *NEES.* Flores hermaphroditi. Perigonium chartaceum, sexfidum, limbo deciduo. Stamina 15, quadriseriata, 9 exteriora fertilia, 6 interiora sterilia; fertilium triaeintima staminodiis binis stipitatis, compressis ad basim stipata; antherae in serie 1 et 2 introrsae, in serie 3 extrorsae, interdum efoetae, omnes ovatae, quadrilocellatae, valvulis totidem adscendentibus dehiscentes; sterilium capitulo ovato-glanduloso v. distinctius antheriformi. Ovarium uniloculare, uniovulatum. Stigma discoideum. Bacca monosperma, perigonii basi obconicae, integrae insidens. — *Arbores indicae, ob resinam ingentium in organismum animalem virium celebratae; foliis alternis, triplinerviis, ramorum axillis in plerisque glandula immersa, poro subtus dehiscente instructis, gemmis foliorum axillaribus et terminalibus, perulatis, imbricato-multisquamosis, florum paniculis parvis subtrichotomis, exinvolucratis.*

Camphora Nees *in Wallich Pl. As. rar. II. 61. et 72. Progr. 9. Laur. 87.* Cinnamomi sp. Nees jun. *Pl. offic. t. 127.* Lauri sp. Jacq. *Collect. IV. t. 3. f. 2.*

TRIBUS III. PHOEBEAE Nees *Laurin. 93.* Flores hermaphroditi. Perigonii limbus persistens, in cupulam baccae adpressam indurascens. Staminodia perfecta. Antherae bi- v. quadrilocellatae, interiores extrorsae. — *Gemmae incompletae.*

2025. Apollonias *NEES.* Flores hermaphroditi. Perigonium sexfidum, subaequale, laciniis membranaceis, demum in cupulam fructus induratis. Stamina 12, quadriseriata, 9 exteriora fertilia, 3 interiora sterilia; fertilium tria intima staminodiis binis stipitatis ad latera stipata; antherae in serie 1 et 2 introrsae, in serie 3 extrorsae, omnes oblongae, bilocellatae, valvulis totidem adscendentibus dehiscentes; sterilia stipitata, capitulo globoso, quandoque in antheram mutato, glandulis geminis stipitatis ad basim v. infra capitulum sessilibus aucta. Ovarium uniloculare, uniovulatum. Stigma depresso-capitatum. Bacca monosperma, basi perigonio in cupulam regularem sexfidam indurato conniventique immersa. — *Arbor in insulis Canariis crescens, habitu Lauri nobilis; foliis alternis, sempervirentibus, obsolete venosis, penninerviis, gemmis parvis bivalvibus, floribus anguste paniculatis, nudis.*

Apollonias Nees *Progr. 10. Laurin. 95.* Laurus canariensis Willd.

2026. Phoebe *NEES.* Flores hermaphroditi. Perigonium sexfidum, subaequale, subcoriaceum, laciniis tuboque demum in cupulam fructus induratis. Stamina 12, quadriseriata, 9 exteriora fertilia, 3 interiora sterilia; fertilium tria intima utrinque staminodio glandulaeformi, substipitato, collaterali, libero praeditae; antherae in serie 1 et 2 introrsae, in serie 3 extrorsae, omnes oblongae, quadrilocellatae, valvulis totidem adscendentibus dehiscentes; sterilia stipitata, capitulo cordato-triangulari, dorso eglandulosa. Ovarium uniloculare, uniovulatum. Stigma depressum, discoideum. Bacca monosperma, basi perigonio in cupulam regularem sexfidam indurato conniventique immersa. — *Arbores in India orientali et occidentali indigenae; foliis penninerviis, gemmis parvis, squamis paucis, carinatis, foliaceis hiantibus, inflorescentia paniculata v. subcorymbosa, axillari.*

Phoebe Nees *Laurin. 98.* Ocoteae sp. Blum. Nees *olim.* Lauri sp. Swartz.

TRIBUS IV. PERSEAE Nees *Laurin. 120.* Flores hermaphroditi v. rarius diclines. Perigonii limbus v. persistens et fructifer haud mutatus, v. deciduus discum orbicularem relinquens. Staminodia perfecta. Antherae bi-quadrilocellatae, interiores extrorsae. Pedicelli fructiferi saepissime incrassati, succulenti v. subcarnosi. — *Gemmae incompletae.*

2027. Persea *GÄRTN.* Flores hermaphroditi v. rarius diclines. Perigonium profunde sexpartitum, subaequale v. inaequale (pubescens) persistens, demum ad basim usque evanescens. Stamina 12, quadriseriata, 9 exteriora fertilia, 3 interiora sterilia; fertilium filamenta filiformia villosa, tria intima staminodiis binis glandulaeformibus, globosis ad basim stipata; antherae in serie 1 et 2 introrsae, in serie 3 extrorsae, omnes oblongae, quadrilocellatae, locellis oblongis, inaequalibus, valvulis totidem adscendentibus dehiscentes; sterilia stipitata, capitulo distincto cordato-triangulari. Ovarium uniloculare, uniovulatum. Stigma discoideo-dilatatum. Bacca monosperma, pedicello plus minus incrassato carnoso, perigonio immutato primum coronato, demum denudato insidens. — *Arbores in Asia et America tropica indigenae; foliis alternis, costato-penninerviis, gemmis bivalvibus, compressis, inflorescentia paniculata aut thyrsoidea, in nonnullis depauperata et pauciflora, e squamarum gemmae axillaris v. terminalis fugacium axillis, ramulis subumbellifloris, minute bracteolatis.*

Persea Gärtn. *III.* 222. Nees *in Wallich Pl. As. rar. III.* 32. *Linnaea VIII.* 40. *Progr.* 10. *Laurin.* 123.

a. GNESIOPERSEA *Nees.* Perigonii laciniae aequales, v. duae minores. Stamina tertiae seriei ad basim glandulis geminatis, collateralibus, substipitatis; quartae seriei sterilia apice nuda. — *Americanae et asiaticae.*

Gnesiopersea Nees *Laurin.* 124. (Wendl. *Observ. bot. t. 3. f. 22.*)

b. ERIODAPHNE *Nees.* Perigonii laciniae exteriores minores. Stamina 3 seriei glandulis geminatis sessilibus stipata; quartae seriei sterilia apice barbata. — *Americanae.*

Eriodaphne Nees *Laurin.* 143. (Catesb. *Carolin. t. 63.*)

2028. Machilus *NEES.* Flores hermaphroditi. Perigonium sexpartitum, chartaceum, aequale, persistens. Stamina 12, quadriseriata, 9 exteriora fertilia, 3 interiora sterilia; fertilium tria intima glandulis binis stipitatis liberis utraque laterae stipata; antherae in serie 1 et 2 introrsae, in serie 3 extrorsae, omnes oblongae, quadrilocellatae, locellis inferioribus duplo majoribus, valvulis totidem adscendentibus dehiscentes; sterilia stipitata, capitulo acuto antheriformi, dorso eglandulosa. Ovarium uniloculare, uniovulatum. Stigma discoideum. Bacca monosperma, perigonio haud mutato, patenti v. reflexo insidens, pedicello fructifero non incrassato. — *Arbores indicae, monticolae; foliis alternis, penninerviis, subtiliter venosis, gemmis perulatis, imbricato-squamosis, inflorescentia paniculata, paniculis ad basim gemmae terminalis v. axillaris alternatim aggregatis, corymbosis, nudis, squamis bractealibus deciduis.*

Machilus Nees *in Wallich Pl. As. rar. II.* 61. excl. sp. *Progr.* 11. *Laurin.* 171.

2029. Boldu *FEUILL.* Flores hermaphroditi. Perigonium sexfidum, subaequale, rotatum, laciniis chartaceis, haud mutatis, persistentibus. Stamina 12, quadriseriata, 9 exteriora fertilia, 3 interiora sterilia; fertilium 3 intima glandulis geminis sessilibus stipata; antherae in serie 1 et 2 introrsae, in serie 3 extrorsae, omnes subovatae, bilocellatae, valvulis totidem adscendentibus dehiscentes, locellis apicem antherae haud attingentibus; sterilia subsessilia, triangulari-subulata. Ovarium uniloculare, uniovulatum. Stigma discoideum. Bacca monosperma, perigonio haud mutato subrigescente basi cincta, pedicello incrassato imposita. — *Arbor chilensis; foliis suboppositis, reticulatis, venoso-penninerviis, gemmis bivalvibus, florum paniculis parvis, rigidulis, in axillis foliorum superiorum suboppositis.*

Boldu Feuillée *Chil. II.* 13. *t. 6. f.* 2. Nees *Progr.* 11. *Laurin.* 177. Peumus Boldus Molina *Hist. nat.* 160. et 311. Boldus chilensis Molina *Sagg.* 158.

2030. Alseodaphne *NEES.* Flores hermaphroditi. Perigonium sexfidum, chartaceum, limbo deciduo. Stamina 12, quadriseriata, 9 exteriora fertilia, 3 interiora sterilia; fertilium 3 intima glandulis binis stipitatis compressis ad basim stipata, filamenta plerumque dilatata; antherae in serie 1 et 2 introrsae, in serie 3 extrorsae, omnes oblongae, quadrilocellatae, valvulis totidem adscendentibus dehiscentes; sterilia stipitata, capitulo introrso, sagittato-lanceolato, dorso eglandulosa. Ovarium uniloculare, uniovulatum. Stigma discoideum. Bacca monosperma, perigonii basi integrae, orbiculari, explanatae insidens. — *Arbores indicae; foliis alternis, penninerviis, nervis primariis venosis v. costaeformibus, gemmis compactis, squamis paucis hiantibus tectis, paniculis e squamarum gemmae terminalis axillis subcorymbosis, ramis nonnunquam subumbellifloris.*

Alseodaphne Nees *in Wallich Pl. As. rar. II.* 61. *Progr.* 11. *Laurin.* 181.

2031. Hufelandia *NEES.* Flores hermaphroditi. Perigonium sexfidum, laciniis aequalibus, deciduis. Stamina 12, quadriseriata, 9 exteriora fertilia, 3 interiora sterilia; fertilium 3 intima glandulis binis sessilibus, compressis ad basim aucta, filamenta brevissima, lata; antherae ovatae, biloculares, valvulis adscendentibus dehiscentes, in serie 1 et 2 introrsae, planae, locellis mediis, in serie 3 extrorsae, tetragonae, locellis magis inferis; sterilia triangularia, stipite brevi latoque. Ovarium uniloculare, uniovulatum. Stylus brevis; stigma obtusum. Bacca monosperma, perigonii basi truncatae insidens. — *Arbores antillanae; foliis alternis, penninerviis, florum paniculis axillaribus.*

Hufelandia Nees *Progr.* 11. *t.* 1. 2. Laurin. *t.* 187. Laurus pendula Swartz.

2032. Dehaasia *BLUM.* Flores hermaphroditi v. abortu monoici. Perigonium sexfidum, laciniis inaequalibus, tribus exterioribus nanis. Stamina 9 v. 12, tri-quadriseriata, 9 exteriora fertilia, 3 interiora sterilia, quandoque nulla; fertilium 3 intima basi extrorsum glandulis geminis sessilibus instructa; antherae subrotundae, bilocellatae, valvulis totidem adscendentibus sublateraliter dehiscentes, in serie 1 et 2, introrsae, in serie 3 extrorsae; sterilia triangularia, sessilia, saepissime nulla. Ovarium uniloculare, uniovulatum. Stigma discoideo-triangulatum. Bacca monosperma, pedicello carnoso-incrassato-imposita. — *Arbores in India, imprimis insulari provenientes; foliis alternis, penninerviis* *reticulatis, paniculis florum viridulorum ad ramulorum continuationem terminalem dispositis.*

Dehaasia Blume *Rumph. 161. t. 44—47.* Haasia Blume apud Nees *Laurin. 372. 675.*

TRIBUS V. CRYPTOCARYEAE Nees *Laurin. 191.* Flores hermaphroditi. Perigonii limbus deciduus v. persistens, demum carnoso-incrassatus v. induratus. Staminodia perfecta, interdum nulla. Antherae bi-quadrilocellatae, locellis facie insertis, interiores extrorsae. Fructus siccus v. baccatus, perigonii tubo baccato v. indurato inclusus, rarius perigonii basi persistenti impositus. — *Gemmae incompletae.*

2033. Endiandra *R. BR.* Flores hermaphrodito-polygami. Perigonium sexfidum, aequale, limbo deciduo. Stamina 12, quadriseriata, 6 exteriora rudimentaria, glandulaeformia, distincta v. in annulum faucis confluentia, 3 interiora fertilia, intima sterilia v. nulla, fertilium filamenta brevia; antherae extrorsae, subquadratae, biloculares, valvulis totidem adscendentibus dehiscentes; sterilia stipitata, capitulo subgloboso, saepissime nulla. Ovarium uniloculare, uniovulatum. Stylus brevissimus, stigma subglobosum. Bacca monosperma, perigonii tubo truncato immersa. — *Arbores Novae Hollandiae; foliis alternis, penninerviis, reticulatis, gemmis parvis laxis, e squamis foliaceis, carinatis, paniculis axillaribus, nutantibus.*

Endiandra R. Brown *prodr. 422.* Nees *Progr. 12. Laurin. 193.*

2034. Beilschmiedia *NEES.* Flores hermaphroditi v. dioici. Perigonium sexpartitum, aequale, limbo deciduo. Stamina 12, quadriseriata, 9 exteriora fertilia, 3 interiora sterilia; fertilium series 2, v. interdum etiam 1, staminodiis glandulaeformibus stipitatis liberis antice stipata; antherae oblongae, bilocellatae, valvulis totidem adscendentibus, in serie 3 lateralibus subextrorsis; sterilia ovata, substipitata. Ovarium semibiloculare, uniovulatum. Stigma depressum, subdiscoideum. Bacca coriacea, monosperma, cum dissepimenti vestigio, perigonii basi persistenti imposita. — *Arbores indicae; foliis alternis, venosis, inflorescentia axillari, pedunculo communi brevi articulato, primum squamis imbricatis uni-pauciflorls tecto, floribus post squamarum lapsum racemosis.*

Beilschmiedia Nees *in Wallich Pl. As. rar. II. 61. Progr. 12. Laurin. 197.*

2035. Cecidodaphne *NEES.* Flores hermaphroditi (?). Perigonium subinfundibuliforme, sexfidum, aequale, limbo deciduo. Stamina 12, quadriseriata, 9 exteriora fertilia, 3 interiora sterilia; fertilium 3 intima glandulis binis capitatis ad basim aucta; antherae in serie 1 et 2 introrsae, in serie 3 extrorsae, omnes ovatae, quadrilocellatae, valvulis totidem adscendentibus dehiscentes; sterilia capitulo antheriformi, subulato. Ovarium ..... Stigma disciforme. Fructus ..... — *Arbor indica; foliis alternis, venosis, paniculis multifloris brevibus, e gemmae in ramo v. ramulo terminalis, crassae, dense squamosae, squamis singulis, paniculam densam, thyrsoideam, subglobosam constituentibus.*

Cecidodaphne Nees *in Wallich Pl. As. rar. II. 61. Progr. 12. Laurin. 202.*

2036. Cryptocarya *R. BR.* Flores hermaphroditi. Perigonium subinfundibuliforme, sexfidum, aequale, limbo deciduo. Stamina 12, quadriseriata, 9 exteriora fertilia, 3 interiora sterilia; fertilium 3 intima glandula stipitata, libera ad utrumque latus instructa; antherae in serie 1 et 2 introrsae, in serie 3 extrorsae, omnes oblongae, bilocellatae, valvulis totidem adscendentibus dehiscentes; sterilia substipitata, capitulo angusto, acuto. Ovarium tubo perigonii immersum, uniloculare, uniovulatum. Stigma capitatum. Caryopsis monosperma, intra perigonii tubum drupaceum subclausum libera. — *Arbores amphigacae, tropicae, in Nova Hollandia etiam extra tropicos observatae; foliis alternis, penninerviis, gemmarum squamis paucis, foliaceis, carinatis, inflorescentia paniculata, axillari v. subterminali, laxiuscula, in plerisque flexuosa.*

Cryptocarya R. Brown *prodr. 402.* Nees *in Wallich Pl. As. rar. II. 61. Progr. 12. Laurin. 203.*

a. EUCRYPTOCARYA. Glandulae ad basim staminum tertiae seriei, et stamina sterilia quartae seriei stipitata. Drupa intra perigonii tubum, limbo orbatum et reclusum latens. — *Gemmae herbaceae, squamis paucis.*

Cryptocaryae genuinae Nees *Laurin. 206.*

b. GYMNOCARYA Nees. Glandulae ad basim staminum tertiae seriei et stamina sterilia quartae seriei sessilia. Drupa intra perigonii tubum ore apertum, et limbi laciniis reflexis, diu persistentibus coronatum latens. — *Gemmae subulatae, bivalves.*

Gymnocarya Nees *Laurin. 220.*

c. Peumus Nees. Glandulae ad basim staminum tertiae seriei et stamina sterilia quartae seriei sessilia. Fructus .... — *Gemmae perulatae, squamis pluribus.*

Peumus Nees *Laurin. 222.* Laurus Peumo Dombey, Lam. *Dict. III. 455.* — Gomortega Ruiz et Pav. *Syst. 108.* Adenostemon Pers. *ench. I. 467.* Nees *Laurin. 651.* Keulia Molina.

2037. Caryodaphne *BLUM.* Flores hermaphroditi. Perigonium infundibuliforme, tubo obconico, limbo sexfido, aequali, deciduo. Stamina 12, quadriseriata, 9 exteriora fertilia, 3 interiora sterilia; fertilium 3 intima glandula stipitata libera ad utrumque latus instructa; antherae in serie 1 et 2 introrsae, in serie 3 extrorsae, omnes oblongae (apice glandulosae) bilocellatae, locellis oblongis ab apice antherae distantibus, valvulis totidem adscendentibus dehiscentes; sterilia stipitata, capitulo longo, acuto. Ovarium tubo perigonii immersum, uniloculare, uniovulatum. Stigma discoideum. Drupa monosperma, tubo perigonii truncato, clauso, drupaceo tecta et eidem connata. — *Arbores javanicae; foliis trinerviis v. triplinerviis, gemmis axillaribus pedicellatis, squamis paucis subcoriaceis, carinatis, paniculis axillaribus rigidulis brevibus, trichotomis et subcorymbosis v. subsimpliciter racemosis.*

Caryodaphne Blume *in Nees Laurin. 225.*

2038. Agathophyllum *JUSS.* Flores hermaphroditi. Perigonium infundibuliforme, fauce constrictum, limbo sexfido, aequali, persistente v. deciduo. Stamina 12, quadriseriata, 9 exteriora fertilia, 3 interiora sterilia; fertilium 3 intima glandulis geminis sessilibus subglobosis ad utrumque latus instructa; antherae in serie 1 et 2 introrsae, ovatae, apice membranaceae, in serie 3 extrorsae, apice subulatae, omnes bilocellatae, valvulis totidem adscendentibus dehiscentes; sterilia subsessilia, triangulari-acuminata. Ovarium uniloculare, uniovulatum. Stylus crassiusculus; stigma capitatum. Caryopsis monosperma, tubo perigonii nudo v. laciniis persistentibus coronato, coriaceo, incrassato, intus quinque-sexplicato inclusa, basi angulato-lobata. Cotyledones conformes, basi lobatae. — *Arbor madagascariensis; foliis alternis, confertis, gemmis stipitatis bivalvibus, paniculis terminalibus, contractis.*

Agathophyllum Juss. *gen.* 431. Nees *Progr.* 12. *Laurin.* 231. Evodia Gärtn. *II.* 101. *t.* 103. Lam. *t.* 404. Ravensara Sonnerat *Voy. II.* 226. *t.* 127.

2039. Mespilodaphne *NEES.* Flores dioici (?). Perigonium infundibuliforme, tubo obconico, limbo sexfido, aequali, persistente. Stamina 9 v. 12, tri-quadriseriata, 9 exteriora fertilia, 3 interiora sterilia, quandoque nulla; fertilium 3 intima basi utrinque glandulis subglobosis sessilibus stipata; antherae in serie 1 et 2 ovatae, introrsae, in serie 3 angustiores, extrorsae, omnes quadrilocellatae, valvulis totidem adscendentibus; sterilia breviter stipitata, capitulo cordato-lanceolato, quandoque nulla. Ovarium uniloculare, uniovulatum. Stigma ...... Bacca monosperma, perigonii tubo carnoso-suberoso crasso recondita, laciniis primum umbonatim conniventibus, mox deciduis verticeque deraso subemersa. — *Arbores brasilienses; foliis alternis, venosis, floribus in thyrsos v. paniculas axillares dispositis.*

Mespilodaphne Nees *in Linnaea VIII.* 45. *Progr.* 12. *Laurin.* 235. Laurus Canellila Willd.

TRIBUS VI. ACRODICLIDIA Nees *Laurin.* 243. Flores hermaphroditi. Perigonii limbus persistens v. deciduus. Staminodia nulla v. dentiformia, compressa. Stamina fertilia 3 v. 9. Antherae locellis binis poriformibus juxta apicem dehiscentes, subsessiles, interiores interdum extrorsae. Fructus baccatus, primum perigonio laciniis conniventibus clauso aut umbonato reconditus, demum emersus, cupulae crassae, truncatae v. appendiculatae profunde immersus.

2040. Aydendron *NEES et MART.* Flores hermaphroditi. Perigonium infundibuliforme, sexfidum, limbi laciniis aequalibus, inaequaliter deciduis. Stamina 12, quadriseriata, 9 exteriora fertilia, 3 interiora sterilia, quandoque obsoleta; fertilium 3 intima glandulis compressis, sessilibus utrinque stipata; antherae bilocellatae, valvulis totidem adscendentibus dehiscentes, in serie 1 et 2 introrsae, latiores, brevissimae, ostiolis poriformibus infraapicalibus, in serie 3 extrorsae, minores, ostiolis magis lateralibus; sterilia compresso-subulata, obtusa, sessilia, squamiformia, quandoque obsoleta. Ovarium uniloculare, uniovulatum. Stylus brevis; stigma truncatum. Bacca monosperma, perigonii tubo incrassato, laciniis conniventibus recluso primum immersa, demum perigonio irregulariter truncato calyculata, glandiformis. — *Arbores americanae tropicae; foliis alternis, penninerviis, paniculis ad basim innovationum ramorum axillaribus, primum squamoso-bracteolatis, mox denudatis.*

Aydendron Nees et Martius *in Linnaea VIII.* 36. Nees *Progr.* 13. *Laurin.* 245. — ? Ocotea Pichurim Humb.

2041. Evonymodaphne *NEES.* Flores hermaphroditi. Perigonium subrotatum, patens, tubo brevi, limbo sexfido, aequali, persistente (?). Stamina 9, tubi apici inserta, eglandulosa, 6 exteriora sterilia, antheris petaloideis, in serie 1 sessilibus, in serie 2 unguiculatis, 3 interiora fertilia; antherae sessiles, depresso-tetragonae, in columnam repando-triangularem contiguae, (hirtae) vertice truncato in poros binos orbiculares, valvulis erectis introrsum dehiscentes. Ovarium tubo perigonii immersum, uniloculare, uniovulatum. Stylus conicus; stigma parvum, discoideum. Fructus...... — *Arbor peruviana subandina; foliis alternis, penninerviis, floribus parvis in racemos v. cymas simplices, graciles, in ramulo proprio apice gemmiparo axillares dispositis.*

Evonymodaphne Nees *Laurin.* 263.

2042. Acrodiclidium *NEES.* Flores hermaphroditi. Perigonium urceolatum, limbo quinquefido, inflexo, persistente. Stamina 9, tubi apici inserta, brevissima, 6 exteriora sterilia, petaloidea, eglandulosa, 3 interiora fertilia, dorso basi glandulis geminis subquadratis stipata; antherae sessiles, truncato-tetragonae, conniventes, vertice in poros binos orbiculares, valvulis erectis extrorsum dehiscentes. Ovarium tubo perigonii immersum, uniloculare, uniovulatum. Stigma simplex, acutum. Caryopsis monosperma, perigonio increscenti, ventricoso-urceolato immersa. — *Arbores americanae tropicae; foliis alternis, penninerviis, floribus in thyrsulos axillares dispositis.*

Acrodiclidium Nees *Progr.* 13. *Laurin.* 266. Laurus triandra Swartz.

2043. Misanteca *SCHLECHTEND.* Flores hermaphroditi. Perigonium obconico-turbinatum, angulatum, limbo brevi sexlobo, inaequali, deciduo. Stamina 9, triseriata, tubi apici inserta, 6 exteriora sterilia, brevia, truncata v. retusa, eglandulosa, 3 interiora fertilia majora; antherae sessiles, in columnam quadrangularem basi obsolete glandulosam connatae, vertice in poros binos orbiculares, valvulis erectis extrorsum dehiscentes. Ovarium intra perigonii et antherarum tubum delitescens, uniloculare, uniovulatum. Stylus cylindricus; stigma depresso-capitatum. Bacca (?) perigonii tubo cyathiformi, crasso, angulato, truncato, obtuse multidentato profunde immersa, mucronulata. — *Arbor mexicana; foliis alternis, penninerviis, pedunculis ad basim gemmae innovationis aggregatis, cymam in capitulum densum multiflorum contractam formantibus.*

Misanteca Schlechtendal *in Linnaea VI.* 367. Nees *Progr.* 13. *Laurin.* 272.

TRIBUS VII. NECTANDREAE Nees *Laurin.* 275. Flores hermaphroditi. Perigonii laciniae latiusculae, patentes, deciduae, exteriores latiores. Staminodia dentiformia, rarius subcapitata. Stamina fertilia 9. Antherae locellis basim versus in arcum dispositis dehiscentes, interiores extrorsae. Fructus baccatus, cupulae profundae, truncatae insertus. — *Gemmae incompletae.*

2044. Nectandra *ROTTB.* Flores hermaphroditi. Perigonium sexpartitum, rotatum, laciniis deciduis, tribus exterioribus paullo latioribus. Stamina 12, quadriseriata, 9 exteriora fertilia, 3 interiora sterilia; fertilium 3 intima glandulis geminis globosis dorso ad basim aucta; antherae in serie 1 et 2 introrsae, in serie 3 extrorsae, omnes ovatae, subsessiles, locellis quaternis in arcum dispositis, ab apice antherae distantibus, valvulis totidem adscendentibus dehiscentes, sterilia dentiformia, basi biglandulosa, v. eglandulosa, capitulo parvo, ovali. Ovarium uniloculare, uniovulatum. Stylus brevissimus; stigma parvum, truncatum. Bacca monosperma, perigonii tubo in cupulam truncatam integram expanso plus minus immersa. — *Arbores Americanae tropicae; foliis alternis, penninerviis, inflorescentia paniculata v. corymbosa, axillari, laxiuscula, ampla.*

Nectandra Rottboell *in Act. Hafn. I. 279. Nees in Linnaea VIII. 46. Progr. 14. Laurin. 277.*

a. POMATIA *Nees.* Stamina quartae seriei sterilia, dentiformia, conniventia, basi biglandulosa. — *Folia costata, reticulata, hirta v. tomentosa, inflorescentia strictior, flores ampliores, tomentosi v. sericei.*

Pomatia Nees *Laurin 277.* Oeoteae sp. Humb.

b. POROSTEMA *Schreb.* Stamina quartae seriei sterilia, subcapitata, eglandulosa. — *Folia costata, hirta v. glabriuscula, inflorescentia laxa, flores minores, sericei, puberuli v. glabri.*

Porostema Schreber *Gen. pl. n. 1226.* Nees *Laurin. 298.* Nectandrae sp. Rottb. Oeoteae sp. Humb. Mart. Borboniae sp. Plumier, Gärtn. *t. 222.* Lauri sp. Aubl. Jacq. *Collect. II. t. 6. f. 2.*

TRIBUS VIII. DICYPELLIA *Nees. Laurin. 341.* Flores dioici v. polygami. Staminodia in masculis nulla, in femineis laciniis perigonii subconformia et cum iisdem persistentia, calyculum crassum, radiatum sub fructu formantia. Antherae interiores 3—6 sessiles, quadriporosae. Fructus baccatus. — *Gemmae incompletae. Tribus monente auctore non satis cognita, olim dissolvenda.*

2045. Dicypellium *NEES.* Flores dioici. Masc. ...... Fem. Perigonium profunde sexpartitum, explanatum, laciniis aequalibus, persistentibus. Stamina sterilia 12, quadriseriata, 3 exteriora perfecte petaloidea, seriei 2 petaloideo-unguiformia, infra apicem inflexum quadriscrobiculata, seriei 3 sessilia, truncata, utrinque infra verticem biscrobiculata, a tergo glanduloso-bigibbosa, intima minima squamaeformia. Ovarium uniloculare, uniovulatum. Stylus brevis; stigma acutum. Bacca sicca, perigonio subcarnoso-rugoso, incrassato, patulo, staminibusque sterilibus auctis induratisque calyculata, disco dilatato sexangulari imposita. — *Arbor brasiliensis; foliis alternis, penninerviis, reticulato-venosis, racemis simplicibus, paucifloris.*

Dicypellium Nees *Progr. 14. Laurin. 343.* — ? Licaria Aublet *Guian. I. 313. t. 121.*

2046. Petalanthera *NEES.* Flores hermaphroditi (?). Perigonium sexfidum, laciniis aequalibus, persistentibus. Stamina 9 v. 12, tri-quadriseriata, 3 v. 6 exteriora sterilia, petaloidea, sessilia v. unguiculata, 6 v. 9 interiora breviora, fertilia, filamenta angusta, basi biglandulosa; antherae ovato-triangulares, quadrilocellatae, locellis inaequalibus, valvulis totidem adscendentibus introrsum sublateraliter dehiscentes. Ovarium uniloculare, uniovulatum. Stylus brevis; stigma subcapitatum. Fructus ..... — *Arbor brasiliensis; foliis alternis, penninerviis, costatis, venoso reticulatis, floribus primum in capitula squamis bracteolibus tecta collectis, bracteis mox defluentibus nudis, glomeratis.*

Petalanthera Nees *Progr. 15. Laurin. 346.*

2047. Pleurothyrium *NEES.* Flores hermaphroditi. Perigonium sexfidum, tubo obconico, trigono, limbi laciniis patentibus oblongis, subaequalibus, crassiusculis, deciduis. Glandulae 6, triangulares, introrsum carinatae, perigonii laciniis alternae. Stamina 12, quadriseriata, 9 exteriora fertilia, subconformia, filamenta brevia, in serie 3 basi obsolete biglandulosa; antherae subcubicae, quadrilocellatae, locellis lateralibus ovatis, parallelis, pare altero extrorsum, altero introrsum spectante, valvulis totidem adscendentibus dehiscentes, 3 intima sterilia, brevia, dentiformia, basi a tergo biglandulosa. Ovarium uniloculare, uniovulatum. Stylus brevis, crassus; stigma discoideum, indivisum. Bacca monosperma, perigonii tubo suburceolato, margine repando-crenato immersa. — *Arbores brasilienses; foliis alternis, costatis, thyrsis v. paniculis axillaribus strictis, ramulis florum fasciculo terminatis v. cymoso-bifidis.*

Pleurothyrium Nees *Laurin. 349.*

TRIBUS IX. OREODAPHNEAE Nees *Laurin. 353.* Flores dioici v. polygami. Perigonii campanulati v. rotati laciniae subaequales, angustae. Stamina 6 v. 9, rarius duodecim, omnia fertilia v. intima sterilia. Antherae filamento distincto praeditae, biquadrilocellatae, loculis in quadrilocellatis per paria superpositis, in serie 3 et 4 extrorsis. Fructus baccatus, cupulae immersus, v. perigonio immutato suffultus. — *Gemmae incompletae.*

2048. Teleiandra *NEES.* Flores dioici. Masc. Perigonium rotatum, profunde sexfidum, laciniis inaequalibus. Stamina 12, omnia fertilia, filamenta brevissima, lata, 6 exteriora eglandulosa, 6 interiora basi glandulis geminis globosis, sessilibus ad basim stipata; antherae in illis introrsae, in his extrorsae, omnes quadrilocellatae, locellis per paria sibi superpositis, valvulis totidem adscendentibus dehiscentes. Ovarii rudimentum nullum. Fem. ...... — *Arbor brasiliensis; foliis alternis, penninerviis, paniculis ad basim ramulorum et innovationum nudis, parvis, cymulosis.*

Teleiandra Nees *in Linnaea VIII. 46. Progr. 15. Laurin. 355.*

2049. Leptodaphne *NEES.* Flores hermaphroditi v. abortu dioici. Perigonium infundibuliforme, limbi sexfidi laciniis aequalibus, deciduis. Stamina 9, triseriata, 6 exteriora fertilia, 3 interiora sterilia, quandoque obsoleta; fertilium alterna basi utrinque v. uno latere denticulo erecto aucta; antherae ovales, introrsae, quadrilocellatae, locellis per paria sibi superpositis, valvulis totidem adscendentibus dehiscentes; sterilia stipitata, infra apicem biglandulosa, quandoque rudimentaria v. obsoleta. Ovarium uniloculare, uniovulatum. Stylus brevis; stigma compresso-capitatum, subquadrilobum. Bacca monosperma, perigonii tubo truncato-cyathiformi, integerrimo, subcarnoso basi immersa. — *Arbores brasilienses; foliis alternis, venoso-reticulatis, paniculis laxis, nudis, axillaribus v. circa bases innovationum positis.*

Leptodaphne Nees *Progr. 16. Laurin. 358.*

2050. Ajovea *AUBL.* Flores hermaphroditi. Perigonium infundibuliforme, sexfidum, limbi laciniis aequalibus, persistentibus

Stamina 6, biseriata, perigonii laciniis opposita; **filamenta** filiformia, elongata, 3 interiora glandulis geminis subglobosis sessilibus hirtis ad basim stipata; **antherae** introrsae, ovales, bilocellatae, valvulis totidem adscendentibus dehiscentes. **Ovarium** ..... **Stylus** longiusculus; **stigma** sexfidum. **Bacca** monosperma, perigonii immutati laciniis erectis basi cincta. — *Arbor guianensis, soli Aubletio nota; foliis alternis, venosis, paniculis laxis axillaribus v. subterminalibus, bracteis cito defluentibus denudatis.*

Ajovea Aublet *Guian. I. 310. t. 20.* Nees *Progr. 16. Laurin. 262.* Douglassia Schreber *gen. n. 1761.* Colomandra Necker *Elem. n. 831.* Ehrhardia Scopoli *Introduct. n. 277.* Laurus hexandra Swartz.

2051. Goeppertia *NEES.* **Flores** polygamo-dioici. **Perigonium** rotatum, sexfidum, laciniis aequalibus membranaceis, latiusculis, tandem deciduis. **Stamina** 9, triseriata, omnia fertilia; **filamenta** brevia, linearia, plana, in serie 1 et 2 eglandulosa, in serie 3 glandulis geminis dorsalibus compressis, substipitatis instructa; **antherae** bilocellatae v. quadrilocellatae, locellorum pari superiore imperfecto, poriformi, valvulis adscendentibus dehiscentes; 6 **exteriores** suborbiculatae, trigonae v. quadratae, ostiolis magnis, subrotundis v. ovatis, introrsis; 3 **interiores** majores, ovatae v. trigonae, ostiolis ovatis oblongisve, extrorsis. **Ovarium** uniloculare, uniovulatum. **Stylus** brevis; **stigma** truncatum. **Bacca** monosperma, glandiformis, perigonii tubo indurato, hemisphaerico imposita. — *Arbores brasilienses et antillanae; foliis alternis, pube patula v. sericea vestitis, penninerviis, paniculis angustis, ramulis apice bi-trifloris.*

Goeppertia Nees *Laurin. 365.* Endlicheria Nees *in Linnaea VIII. 37. Progr. 16.* Schauera Nees *in Lindley Introduct. edit. II. p. 202. in not.*

2052. Oreodaphne *NEES.* **Flores** hermaphroditi, dioici v. polygami. **Perigonium** sexfidum, limbo demum evanido. **Stamina** 9 v. 12, tri-quadriseriata; 9 **exteriora** fertilia, 3 **interiora** sterilia, quandoque nulla, **fertilium** tria intima basi biglandulosa; **filamenta** brevia angusta; **antherae** oblongae, quadrilocellatae, locellis per paria sibi superpositis, valvulis totidem adscendentibus dehiscentes, in serie 1 et 2 introrsae, in serie 3 extrorsae. **Ovarium** uniloculare, uniovulatum. **Stylus** brevis; **stigma** discoideum. **Bacca** monosperma, perigonii tubo in cupulam profundam, crassam converso truncatoque plus minus immersa. — *Arbores americanae tropicae; foliis alternis, penninerviis, inflorescentia paniculata v. racemosa, saepe densa v. brevi et thyrsoidea, interdum umbellulata.*

Oreodaphne Nees *in Linnaea VIII. 39. Progr. 16. Laurin. 380.*

a. APERIPHRACTA *Nees.* **Flores** hermaphroditi. **Perigonium** rotatum, sexfidum, laciniis paullo supra basim deciduis. **Stamina** 9, fertilia, tria intima glandulis binis, subglobosis ad basim stipata; **antherarum** locelli paralleli, subaequales. sterilia nulla. **Stigma** discoideum. — *Flores majusculi, plerique tomentosi v. sericei, paniculae ampliores.*

Aperiphracta Nees *Laurin. 381.* Ocoteae sp. Kunth. Martius.

b. AGRIODAPHNE *Nees.* **Flores** dioici v. polygami. **Perigonium** rotatum v. campanulatum, raro subinfundibuliforme, limbo sexfido, aequali, deciduo. **Stamina** 9, fertilia, tria intima glandulis binis subglobosis ad basim stipata; **antherarum** locelli paralleli, subaequales. sterilia nulla. **Stigma** discoideum. — *Flores parvi, glabri v. strigilosi, paniculae minores v. racemuli axillares rariusve infraterminales.*

Agriodaphne Nees *Laurin. 394.* Ocotea Gärtn. f. *III. 227. t. 222.* Ocoteae, Lauri, Perseae et Cryptocaryae sp. Auct.

c. CERAMOPHORA *Nees.* **Flores** dioici v. polygami. **Perigonium** masculum rotatum, femineum subinfundibuliforme, tubo in pedicellum continuato, limbo sexfido, aequali, deciduo. **Stamina** 12, exteriora fertilia, interiora 3 sterilia, fertilium tria intima basi glandulis binis sessilibus capitatisve stipata, v. iisdem in collare connatis circumcincta; **antherarum** locelli paralleli, subaequales, sterilia filiformia pilosa vel capitulo cordato, unum alterumve interdum anthera uni-biloculari praeditum. **Stigma** peltatum. — *Paniculae ad basim v. apicem ramuli breves, pedunculatae, squamis bractealibus defluentibus.*

Ceramophora Nees *Laurin. 433.* Lauri et Ocoteae sp. Auct.

α. Ceramophorae genuinae Nees *Laurin. 434.* Glandulae filamentorum seriei 3 liberae, mediocres.

β. Adenotrachelium Nees *Laurin. 456.* Glandulae filamentorum seriei 3 maximae, confluentes, filamentum ad antheram usque involventes.

d. UMBELLULARIA *Nees.* **Flores** hermaphroditi. **Perigonium** brevi-campanulatum, ultra medium sexfidum, laciniis rigidulis, aequalibus, deciduis. **Stamina** 12, exteriora 9 fertilia, interiora sterilia, fertilium 3 intima glandulis geminis magnis, filamentum a tergo tegentibus, **antherarum** in serie 3 locelli 2 superiores introrsi, inferiores extrorsum laterales; sterilia filiformia. **Stigma** peltatum, subrepandum. — *Umbellulae axillares, involucro clauso, globoso primum tectae et interstinctae, involucri foliolis alternatim approximatis, sub anthesi caducis, latiusculis.*

Umbellularia Nees *Laurin. 462.* Laurus californica Arnott.

2053. Camphoromoea *NEES.* **Flores** dioici. **Perigonium** sexfidum, laciniis aequalibus, persistentibus. **Stamina** 9, *triseriata*, omnia fertilia; **filamenta** linearia, in serie 1 et 2 eglandulosa, in serie 3 glandulis geminis dorsalibus, subglobosis, sessilibus instructa; **antherae** subquadratae, quadrilocellatae, locellis subrotundis, subaequalibus, per paria superpositis, valvulis totidem adscendentibus in 6 exterioribus introrsum, in 3 interioribus lateraliter dehiscentes. **Ovarium** uniloculare, uniovulatum. **Stylus** brevis; **stigma** depresso-capitatum. **Bacca** monosperma, perigonio una cum pedicello intumescenti, in cupulam brevem, rigidam, aequaliter sexfidam mutato basi immersa. — *Arbores brasilienses; foliis alternis, paucicostulatis, subtripli-quintuplinerviis, in aliis venuloso-reticulatis, membranaceis, racemulis simplicibus v. paniculaeribus, axillaribus subterminalibusque.*

Camphoromoea Nees *Progr. 16. Laurin. 465.*

2054. Ocotea *AUBL.* **Flores** dioici v. polygami. **Perigonium** sexfidum, laciniis aequalibus, persistentibus. **Stamina** 9, triseriata, omnia fertilia; **filamenta** brevia, in serie 1 et 2 eglandulosa, in serie 3 glandulis geminis dorsalibus, subglobosis, sessilibus instructa; **antherae** 6 exteriorum ovatae, introrsae, 3 interiorum oblongae, extrorsae, omnes quadrilocellatae, locellis subaequalibus, per paria superpositis, valvulis totidem adscendentibus dehiscentes. **Ovarium** uniloculare, uniovulatum. **Stylus** brevis, persistens; **stigma** depresso-capitatum. **Bacca** monosperma, perigonio persistente explanato, nonnihil increscente, pedunculoque incrassato suffulta. — *Arbores americanae tropicae; ramis angulatis, foliis alternis, penninerviis, paniculis in ramuli brevissimi gemmipari axillaris v. in innovationis basi parvis, parum compositis.*

Ocotea Aublet *Guian. II. 780. t. 310.* excl. descript. Fruct. Nees *Laurin. 471.* Strychnodaphne Nees *in Linnaea VIII. 39. Progr. 17.*

2055. Gymnobalanus *NEES.* Flores dioici. Perigonium sexpartitum, laciniis subaequalibus, totum deciduum. Masc. ····· Stamina 9, triseriata, omnia fertilia; filamenta brevia, in serie 1 et 2 eglandulosa, in serie 3 glandulis geminis dorsalibus, subglobosis, sessilibus instructa; antherae 6 exteriores introrsae, 3 interiores extrorsae, omnes quadrilocellatae, locellis per paria superpositis, valvulis totidem adscendentibus dehiscentes. Ovarium efoetum. Stylus elongatus. Fem. Stamina 9, efoeta. Ovarium uniloculare, uniovulatum. Stylus brevis; stigma discoideo-umbilicatum. Bacca monosperma, pedicello incrassato imposita, nuda v. imo perigonio brevi et angusto stipata. — *Arbores americanae tropicae; foliis alternis, venosis, thyrsulis axillaribus, in stirpibus femineis subspicatis.*

Gymnobalanus Nees *in Linnaea VIII. 38. Progr. 17. Laurin. 479.*

TRIBUS X. FLAVIFLORAE Nees *Laurin. 484.* Flores dioici v. polygami. Perigonium rotatum, tenue, flavum. Stamina 9 fertilia, sterilia nulla. Antherae bi-quadrilocellatae, omnes introrsae. Bacca pedicello subnudo, quandoque incrassato imposita. — *Gemmae perulatae.*

2056. Sassafras *NEES.* Flores dioici, nudi. Perigonium sexpartitum, membranaceum, laciniis aequalibus, basi persistentibus. Masc. Stamina 9, triseriata, omnia fertilia; filamenta filiformia, 3 intima glandulis geminis, stipitatis, liberis stipata; antherae introrsae, lineares, quadrilocellatae, locellis inferioribus lateralibus, superioribus a valvulis inferiorum adscendentibus tectis. Ovarii rudimentum nullum. Fem. Stamina sterilia 9 v. pauciora, interiora saepe cum glandulis in unum corpus coalita. Ovarium uniloculare, uniovulatum. Stylus subulatus; stigma discoideum. Bacca monosperma, pedicello apice incrassato carnosoque imposita, et perigonii laciniis immutatis distractis stipata. — *Arbores Americam borealem et Indiam orientalem incolentes; foliis alternis, deciduis, inflorescentia praecoci, racemosa, subcorymbosa, pedunculata v. fasciculata, floribus flavis.*

Sassafras Nees *Progr. 17. Laurin. 487.* Laurus Sassafras Linn. Nees jun. *Plant. offic. t. 131.* Evosmi sp. Nuttall.

2057. Benzoin *NEES.* Flores dioici, involucro tetraphyllo deciduo cincti. Perigonium sexpartitum, membranaceum, laciniis aequalibus, persistentibus. Masc. Stamina 9 fertilia, triseriata; filamenta filiformia; antherae introrsae, ovatae, bilocellatae, valvulis totidem adscendentibus dehiscentes; sterilia 6 v. 9 bi-triseriata, capitulo reniformi-emarginato, compresso, fertilibus serierum 2 et 3 v. omnium alterna. Ovarii rudimentum. Fem. Stamina sterilia 15—18, filiformia, acuta, cum spathulatis minoribus alternantia. Ovarium uniloculare, uniovulatum. Stylus brevis; stigma bilobum. Bacca monosperma, perigonio persistenti, sexfido insidens. — *Arbores Americam borealem et Nepaliam incolentes; foliis alternis, deciduis, floribus umbellatis, umbellulis pedunculatis et fasciculatis, v. in pedunculo communi brevi umbellatis.*

Benzoin Nees *Progr. 17. Laurin. 493.* Evosmi sp. Nuttall. Lauri sp. Linn. et Auct. Bot. Mag. *t. 1470.*

TRIBUS XI. TETRANTHEREAE Nees *Laurin. 501.* Flores dioici. Perigonii laciniae numero diminutae v. nullae, in stamina conversae. Stamina 9 v. 18 fertilia, sterilia nulla. Antherae bi-quadrilocellatae, omnes introrsae, v. rarissime interiores extrorsae. Bacca perigonii tubo patelliformi v. explanato imposita. — *Gemmae incompletae.*

2058. Cylicodaphne *NEES.* Flores dioici, involucrati. Perigonium sex- v. octofidum, laciniis subaequalibus, deciduis. Masc. Stamina 12 v 18, quadriseriata, seriei 1 et 2 perfectiora, basi nuda; antheris introrsis, quadrilocellatis, seriei 3 et 4 breviora, glandulis subgeminis, capitatis, compressis basi stipata; antheris extrorsis, subbilocellatis, omnium ovatis, mucronatis, valvulis loculorum numero adscendentidehiscentibus. Ovarii vestigium nullum. Fem. Stamina sterilia, interiora basi glandulis stipata. Ovarium perigonii tubo immersum, uniloculare, uniovulatum. Stylus brevis, crassus; stigma depresso-peltatum. Bacca monosperma, perigonii tubo cyathiformi, truncato immersa. — *Arbores indicae; foliis penninerviis, crassis, inflorescentia umbellulata, umbellulis involucratis, racemosis.*

Cylicodaphne Nees *in Wallich Pl. As. rar. II. 61. Progr. 18. Laurin. 503.*

2059. Tetranthera *JACQ.* Flores dioici, rarius hermaphroditi, involucrati. Perigonium sexpartitum, laciniis subaequalibus, deciduis, nunc paucioribus, parvis, petaloideis, nunc omnino nullis. Stamina in flore sexfido 9, triseriata, fertilia, in petaloideo nudo 12—15—21, intima basi glandulis geminis sessilibus v. stipitatis munita; antherae omnium introrsae, ovatae, quadrilocellatae, valvulis totidem adscendentibus dehiscentes. Ovarium perigonii tubo immersum, uniloculare, uniovulatum. Stylus brevis; stigma peltatum. Bacca monosperma, perigonii tubo explanato, interdum laciniarum residuis praedito imposita. — *Arbores Asiam tropicam incolentes, in America rarissimae; foliis alternis v. nonnunquam suboppositis, penninerviis, sempervirentibus v. deciduis, inflorescentia umbellulata, axillari, aggregata, nuda v. e squamis gemmae prodiente, involucris deciduis.*

Tetranthera Jacq. *Hort. Schönbr. I. 59. t. 113.* Gärtn. *f. III. 225. t. 222. f. 2.* Roxburgh *Corom. t. 147, 148.* Nees *in Wallich Pl. As. rar. II. 64. Progr. 18. Laurin. 508.* Litsea Lam. *Dict. III. 574.* et Auct. Tomex Thunberg *Jap. 190.* Berrija Klein. msc. Sebifera et Hexanthus Loureiro *Fl. cochinch. II. 241. 783.* Glabraria Linn. *Mant. 156.* Fiwa Gmelin *syst. 745.* Lauri sp. Michx. Bot. Mag. *t. 1471.*

2060. Polyadenia *NEES.* Flores dioici, involucrati Perigonium sexpartitum, laciniis aequalibus, deciduis. Masc. Stamina 6 v. 9, bi-triseriata, omnia fertilia, circa basim biglandulosa; antherae introrsae, breves, bilocellatae, valvulis totidem adscendentibus dehiscentes. Ovarii rudimentum. Fem. Stamina sterilia 6, omnia basi biglandulosa, v. 9, quorum tria exteriora eglandulosa. Ovarium uniloculare, uniovulatum. Stylus brevis; stigma peltato-bi-trilobum. Bacca monosperma, perigonii basi disciformi, integra suffulta. — *Arbores indicae; foliis alternis, reticulatis, subtus subtomentosis, umbellulis pedunculatis, fasciculato agglomeratis v. solitariis, involucris tetraphyllis.*

Polyadenia Nees *in Wallich Pl. As. rar. II. 61. Progr. 18. Laurin. 571.*

2061. Laurus *TOURNEF.* Flores dioici v. hermaphroditi, involucrati. Perigonium quadripartitum, laciniis aequalibus, deciduis. Masc. Stamina 12, triseriata, omnia fertilia, medio vel supra medium biglandulosa; antherae introrsae, oblongae, bilocellatae, valvulis totidem adscendentibus dehiscentes. Ovarii rudimentum nullum. Fem. Stamina sterilia 2 v. 4, basi dilatata, ovarium cingentia. Ovarium uniloculare, uniovulatum. Stylus brevis, crassus; stigma subcapitatum. Bacca monosperma, perigonii fundo irregulari insidens. — *Arbor statura mediocris, facie nobilis, in Asia minori indigena, jam per omnem regionem mediterraneam diffusa; foliis alternis, venoso-reticulatis, umbellulis axillaribus pedunculatis, involucratis.*

Laurus Tournef. *inst. 367.* Nees *in Wallich Pl. As. rar. II. 61. Progr. 18. Laurin. 579.* Laurus nobilis Linn. Gärtner *II. 68. t. 92.* Sibthorp *Fl. graec. t. 365.* Nees jun. *Plant. offic. t. 132. Gen. pl. II. 43.*

2062. Lepidadenia *NEES.* Flores hermaphroditi, involucrati. Perigonium sexpartitum, laciniis subaequalibus. Stamina 12, quadriseriata, interiora sensim minora, seriei 3 et 4 a tergo laminis geminis sessilibus obvallata; antherae introrsae, quadrilocellatae, valvulis totidem adscendentibus dehiscentes. Ovarium .. Fructus .... — *Arbor indica; foliis alternis, costatis, umbellulis involucratis, pedicellatis.*

Lepidadenia Nees *in Edinb. n. philosoph. Journ. 1833. p. 379. Progr. 19. Laurin. 582.*

TRIBUS XII. DAPHNIDINAE Nees *Laurin. 583.* Perigonii laciniae subaequales, deciduae. Stamina 9—19 fertilia, sterilia nulla. Antherae bi-quadrilocellatae, omnes introrsae. Bacca pedicello nudo v. perigonii tubo discoideo aut cyathiformi imposita. — *Gemmae perulatae.*

2063. Dodecadenia *NEES.* Flores hermaphroditi, e gemma squamata solitarii. Perigonium sex-novempartitum, laciniis subaequalibus, deciduis. Stamina 12 v. 15, quadriseriata, 6 v. 9 exteriora basi nuda, 6 interiora glandulis binis capitatis ad basim stipata; antherae oblongae, introrsae, quadrilocellatae, valvulis totidem adscendentibus dehiscentes. Ovarium uniloculare, uniovulatum. Stylus brevis; stigma infundibuliforme, dentatum Bacca monosperma, perigonio orbiculari-explanato imposita. — *Arbor nepalensis; foliis alternis, penninerviis, venosis, inflorescentia gemmiformi, squamis imbricata.*

Dodecadenia Nees *in Wallich Pl. As. rar. II. 61. Progr. 19. Laurin. 587.*

2064. Actinodaphne *NEES.* Flores dioici, e gemma imbricata plures. Perigonium sexfidum, laciniis aequalibus, membranaceis v. chartaceis, lacero persistentibus v. juxta basim deciduis. Masc. Stamina 9, triseriata, omnia fertilia; 6 exteriora basi nuda, 3 interiora glandulis binis sessilibus v. stipitatis ad basim stipata; antherae oblongae, introrsae, quadrilocellatae, valvulis totidem adscendentibus dehiscentes. Ovarii rudimentum. Fem. Stamina sterilia spathulata, semisagittata v. petaloidea. Ovarium uniloculare, uniovulatum. Stylus crassiusculus; stigma discoideum, repandum. Bacca monosperma, perigonii tubo cyathiformi, limbi laceris appendiculato imposita. — *Arbores indicae; foliis rarius alternis, plerumque per intervalla aggregatis v. verticillatis, penninerviis aut subtripli-multiplinerviis, floribus paniculatis aut racemosis vel fasciculatis, fasciculorum umbellulis ante anthesim gemmae axillaris squamulis involutis.*

Actinodaphne Nees *in Wallich Pl. As. rar. II. 68. et III. 31. Progr. 19. Laurin. 590.* Jozoste Nees *in Wallich Pl. As. rar. II. 63. Progr. 19.* Tetrantherae sp. Wallich, Litsaeae sp. Blume.

2065. Daphnidium *NEES.* Flores dioici, involucrati. Perigonium sexpartitum, laciniis aequalibus, deciduis. Masc. Stamina 9, triseriata, omnia fertilia, 6 exteriora basi nuda, 3 interiora glandulis binis sessilibus v. stipitatis ad basim stipata; antherae oblongae, introrsae, bilocellatae, valvulis totidem adscendentibus dehiscentes. Ovarii rudimentum. Fem. Stamina 9, sterilia. Ovarium uniloculare, uniovulatum. Stylus crassiusculus; stigma incrassatum. Bacca monosperma, perigonii fundo irregulariter persistenti insidens. — *Arbores indicae; foliis alternis, nervosis v. penninerviis, floribus fasciculatis axillaribus, ante anthesim squamis gemmae tectis v. umbellulatis et involucratis.*

Daphnidium Nees *in Wallich Pl. As. rar. II. 61. et 63. Progr. 19. Laurin. 606.*

2066. Litsaea *JUSS.* Flores dioici, squamis gemmae tecti. Perigonium quadri-quinque sexpartitum, deciduum. Masc. Stamina 6, quorum quatuor v. duo interiora basi biglandulosa; antherae introrsae, quadrilocellatae, valvulis totidem adscendentibus dehiscentes. Fem. Stamina sterilia 4 v. 6, apice subincrassata, perigonii laciniis opposita. Glandulae 4, sessiles, submucronatae, ovarium cingentes v. per paria approximatae, aut filamento sterili quinto et sexto adjectae. Ovarium uniloculare, uniovulatum. Stylus brevis; stigma discoideo-lacerum. Bacca monosperma, nuda, pedicello apice incrassato imposita. — *Arbores indicae; foliis alternis, nervosis, floribus axillaribus fasciculatis, gemmis floralibus sessilibus, geminis v aggregatis, squamis dense imbricatis, deciduis tectis.*

Litsaea Jussieu *Dict. sc. nat. XXVII. 79.* pro parte. Nees *Amoenit. Bonn. I. t. 5. 6. f. 6. 7. Laurin. 621.* Tetradenia Nees *in Wallich Pl. As. rar. II. 61. Progr. 19.* non Benth.

TRIBUS XIII. CASSYTEAE Nees *Laurin. 639.* Flores hermaphroditi. Staminodia perfecta. Stamina 9, antheris intimorum extrorsis. Caryopsis perigonii tubo baccato, limbi laciniis conniventibus coronato inclusa. — *Herbae parasiticae, aphyllae, cuscutiformes.*

2067. Cassyta *LINN.* Flores hermaphroditi, basi bibracteati. Perigonium sexfidum, tubo demum baccato, limbi laciniis persistentibus, tribus exterioribus nanis. Stamina 12, triseriata, 9 exteriora fertilia, 3 interiora sterilia; fertilium 3 intima basi biglandulosa; antherae in serie 1 et 2 introrsae, in serie 3 extrorsae, omnes bilocellatae, valvulis totidem adscendentibus dehiscentes; sterilia glanduliformia, stipitata. Ovarium uniloculare, uniovulatum. Stylus brevissimus; stigma parvum, discoideum, umbilicatum. Caryopsis monosperma, subcarnosa, perigonii tubo baccato, apice pervio, limbi laciniis persistentibus coronato inclusa. — *Herbae v. suffrutices volubiles, aphylli, radiculis papillaeformibus in aliis* *stirpibus parasitici, in* Asia *et* Nova Hollandia tropica *obvii, in* Africa australi extratropica, Nova Hollandia orientali *et* America aequinoctiali *rariores, florum spica simplici v. composita aut glomeruliformi, basi bracteolis minutis membranaceis praedita.*

Cassyta Linn. *gen. n.* 505. Jacq. *Amer. t.* 116. Gärtner *II.* 133. *t.* 122. R. Brown *prodr.* 403. Hooker *Exot. Flor. t.* 167. Nees *in Wallich Pl. As. rar. II.* 69. *Progr.* 20. *Laurin.* 641. Volutella Forsk. *Aegypt.* 84. Calodium Loureiro *Fl. cochinch. I.* 302.

OBSERVATIO. De generis inter Laurineas loco dubium esse nequit, affinitas cum Loranthaceis certe nulla, nisi vitam parasiticam, diversissimo certe modo in Cassyta et in Loranthaceis sustentatam, vel antherarum in Visco structuram quasi aliquam analogiae umbram, argutius quam acute urgere quis velit.

Ordo CVII. Gyrocarpeae.

GYROCARPEAE Dumortier *Analyse* 14. Nees *Progr.* 20. ILLIGEREAE Blume *Nov. famil. exposit.* 12. Nees *Laurin.* 695. ILLIGERACEAE Lindley *Introduct. edit. II. p.* 202. Laurinearum genus R. Brown.

Arbores excelsae v. frutices erecti, aut saepius scandentes, ramis angulatis, in Asia et Australasia inter tropicos indigeni, in America tropica rarissimi. Folia alterna, longe petiolata, plerumque lobata v. ternatim secta, rarius indivisa. Stipulae nullae.

Flores hermaphroditi v. abortu polygami, regulares, in paniculas cymosas, axillares dispositi, pedicellis bracteolatis sustenti.

Perigonium calycinum, intus saepe coloratum, tubo cum ovario connato, limbo supero, quadri-sex-octo-decemlobo, lobis biseriatis, aestivatione induplicatis, deciduis v. nonnullis persistentibus, cum fructu increscentibus.

Stamina summo perigonii tubo imposita, ejusdem lobis exterioribus numero aequalia et opposita. Filamenta distincta, basi utrinque glandula stipitata, nunc filamento adnata, nunc ab eodem distincta stipata. Antherae introrsae, biloculares, loculi appositi, paralleli, contigui, valvula longitudinali, a basi ad apicem soluta, persistente dehiscentes.

Ovarium cum perigonii tubo connatum, uniloculare, uniovulatum. Ovulum lateri prope apicem appensum, anatropum. Stylus simplex; stigmate peltato v. obtuso subobliquo terminatus.

Fructus drupaceus, interdum perigonii lobis aliquot persistentibus, increscentibus apice alatus, monospermus.

Semen inversum. Testa cartilaginea, dura. Albumen nullum.

Embryo orthotropus; cotyledones petiolatae, spiraliter circa plumulam diphyllam convolutae, radicula brevis, verticem fructus spectans.

Ordo perparvus, nuper primum ab illustri Blumeo distinctus, perigonii, antherarum structura et ovuli situ Laurineis proximus, a quibus tamen perigonii cum ovario cohaesione, et embryonis conformatione facillime distinguitur. Remotior est Gyrocarpi cum Combretaceis affinitas, et aliqua saltim cum Dipterocarpeis analogia.

Species paucae, omnes tropicae, unica americana, reliquae Asiam, imprimis insularem incolunt.

Illigerae, quae habitu Cucurbitaceam v. Passifloram referre dicitur, semen nondum satis exploratum, anne genus Asarineis affine?

Gyrocarpi embryonem perperam erectum pinxit Gärtnerus.

2068. Gyrocarpus *JACQ.* Flores polygami. Hermaphr. Perigonii tubus cum ovario connatus, limbus superus, quadri-sex-octolobus, lobis duobus oppositis persistentibus, demum increscentibus. Stamina 4, filamenta glandulis stipitatis, distinctis v. utrinque adnatis interposita; antherae valvulis dehiscentes. Ovarium adhaerens, uniloculare, uniovulatum. Ovulum ex apice loculi pendulum, anatropum. Stylus brevis; stigma capitatum, subobliquum. Drupa apice bialata, monosperma. Semen inversum, testa cartilaginea. Embryo orthotropus, exalbuminosus. Cotyledones petiolatae, plumulae spiraliter circumvolutae. Masc. Perigonium liberum, et androecium ut in hermaphrodito. — *Arbores; foliis alternis, integris lobatisve, paniculis florum cymosis, praecocibus, floribus hermaphroditis alaribus solitariis, reliquis masculis. Species quatuor, quarum una* americana *certe congener, si tamen specie ab* indica *distincta.*

Gyrocarpus Jacq. *Amer.* 282. *t.* 178. *f.* 80. Gärtn. *II.* 92. *t.* 97. (pessime.) R. Brown *prodr.* 404. Roxb. *Corom. t.* 1. Nees *in Wallich Pl. As. rar. II.* 68. *Progr.* 20. *Laurin.* 699. Blume *Nov. famil. exposit.* 13.

2069. Illigera *BLUM.* Flores hermaphroditi. Perigonii tubus cum ovario connatus, limbus superus, decemlobus, lobis biseriatis, coloratis, deciduis. Stamina 5, perigonii lobis exterioribus opposita; filamenta basi utrinque glandula v. auricula aucta; antherae valvulis dehiscentes. Ovarium adhaerens, uniloculare, uniovulatum. Stylus longus; stigma peltatum, lobulato-repandum. Drupa tetragona, aptera, monosperma .... — *Frutices* javanici, *scandentes; ramis enodibus, subangulato-striatis, foliis alternis, coriaceis, longe petiolatis, ternati-sectis, laciniis ansatis, integerrimis, penninerviis, paniculis axillaribus cymosis, pedicellis bracteolatis.*

Illigera Blume *Bijdr.* 1153. *Nov. famil. exposit.* 14. Nees *Laurin.* 703.

OBSERVATIO. Illigerae pulchrae fructus immaturi semen monstrarunt cl. Blumeo unicum, undecumque testae durae inclusum, e massa foliacea, contortuplicata constantem.

Ordo CVIII. Santalaceae.

SANTALACEAE R. Brown. *prodr.* 350. *Gen. Rem.* 568. Jussieu *in Dict. sc. nat. XLVII.* 287. Bartling *Ord. nat.* 112. Lindley *Introduct. edit. II. p.* 193.

Herbae annuae v. perennantes, frutices v. arbores, ramis alternis v. oppositis, teretibus v. saepius angulatis, haud articulatis. Folia alterna v. interdum in inferiore ramulorum parte subopposita, simplicia, indivisa, integerrima, penninervia, coriacea v. interdum carnosula, quandoque squamaeformia, minima v. nulla. Stipulae nullae.

FLORES hermaphroditi v. abortu polygamo-mono-dioici, parvi, racemosi v. spicati, interdum paniculati, v. axillares solitarii, bracteati bracteolatique.

PERIGONIUM simplex v. rarissime calyculo accessorio munitum, intus coloratum, tubulosum, tubo cum ovario connato, interdum plus minus super illud producto, limbo quadri-quinquefido, persistente v. saepius deciduo, lobis per aestivationem valvatis, saepe intus basi incrassatis, glabris v. barbatis.

DISCUS carnosus varius, nunc ultra ovarii et tubi perigonialis symphysim haud productus, nunc in laminam epigynam plus minus crassam, lobatam, lobis cum limbi laciniis alternantibus tumens, v. juxta tubi parietem productus in glandulas plus minus manifestas, interdum petaloideas, limbi laciniis alternas, quandoque etiam retro stamina in lobulos glabros v. ut plurimum fasciculato-pilosos solutus.

STAMINA perigonii lobis numero aequalia, iisque opposita et basi inserta. Filamenta brevia, subulata, vix limbo longiora, glabra v. fasciculato-pilosa. Antherae introrsae, biloculares, v. rarissime quadriloculares, longitudinaliter dehiscentes.

OVARIUM inferum, uniloculare. Ovula 2—4, saepissime 3, (vix solitaria?) ex apice placentae centralis liberae, filiformis v. columnaris crassiusculae pendula, anatropa. Stylus terminalis simplex, brevis. Stigma capitatum, breviter bi-trilobum, rarissime radiatum.

FRUCTUS nucamentaceus v. drupaceus, baccatus aut siccus, ut plurimum perigonii limbo persistente, nonnunquam etiam disco increscente styloque coronatus, rarius calvus, umbilicatus v. marginatus, putamine crustaceo v. interdum subosseo, semper monospermo.

SEMEN inversum, placenta extenuata et repressa, nonnunquam etiam testa tenuissime membranacea cum endocarpio connata situm erectum mentiens. Albumen dense carnosum, copiosum.

EMBRYO intra apicem albuminis orthotropus, rectus v. nonnihil obliquus, brevis, rarissime dimidio albumine paullo longior; cotyledonibus cylindricis; radicula brevi supera, verticem fructus spectante v. sursum centrifuga.

SANTALACEAE olim fortassis Loranthaceis Olacineisque approximandae, nullibi copiosae, per regiones temperatas utriusque hemisphaerae, et per Asiam et Australasiam tropicam dispersae, in Capite bonae spei et in Nova Hollandia paullo frequentius habitare videntur, ex America et Africa tropica plane exules, in Europa et Asia media et in America trans Capricornum herbaceae, in regione mediterranea suffrutescentes, in Novi continentis regionibus temperatis, et in hemisphaera australi ut plurimum arboreae.

Ordinis diagnosis facillimam praebet ovarium inferum cum ovulorum in placenta centrali libera situ, fructus monospermus, et embryonis intra albumen carnosum cylindrici radicula supera.

Genera quaedam ad ordinis calcem rejecta, novorum ordinum pignora. Grubbia staminum numero, Anthobolus et Exocarpus ovario libero, Nyssa ovulo unico verticí ovarii appenso, et embryonis cotyledonibus foliaceis differunt. Pseudanthus et Helwingia pluribus notis longius recedunt.

Lignum nonnullarum aromaticum, in Oriente celebre.

2070. Quinchamalium *JUSS.* Flores hermaphroditi. Perigonium calyculo brevi urceolato, adnato, quadridentato, dente uno majore, basi cinctum, superum, tubulosum, limbo quinquefido, deciduum. Discus epigynus carnosus, annularis, integerrimus. Stamina 5, perigonii fauci inserta, limbi laciniis opposita; filamenta brevissima; antherae oblongae, biloculares. Ovarium inferum, uniloculare. Ovula 3, ex apice placentae centralis crassiusculae liberae pendula, anatropa. Stylus cylindricus, gracilis; stigma depresso-capitatum. Nucula monosperma, calyculi limbo et disco increscente coronata. Semen inversum. Embryo in apice albuminis carnosi rectus v. subobliquus; radicula brevi supera v. sursum centrifuga. — *Herbae chilenses, annuae v. perennes, glabrae; radice palari simplici, caule e basi ramoso, ramis prostratis, adscendentibus v. erectis, foliis alternis, linearibus v. lineari-lanceolatis, subcarnosis, floribus ad apicem ramorum dense spicatis, sessilibus, subcapitatis.*

Quinchamalium Jussieu *gen. 75.* Ruiz et Pav. *Flor. peruv. II. t. 107.* Brongn. *ad Duperr. 228. t. 51. 52.*

2071. Arjoona *CAV.* Flores hermaphroditi. Perigonium basi bibracteolatum, superum, tubulosum, limbo quinquefido, deciduum. Discus epigynus carnosus, annularis, integerrimus. Stamina 5, perigonii fauci inserta, et squamulae totidem pilosae minimae, limbi laciniis oppositae; filamenta brevissima; antherae oblongae, biloculares. Ovarium inferum, uniloculare. Ovula 3, ex apice placentae centralis liberae pendula, anatropa. Stylus filiformis; stigma obsolete trilobum. Bacca monosperma, ... — *Fruticulus chilensis; radice palari fusiformi, fibris tuberculiferis, foliis alternis, lineari-lanceolatis, semiamplexicauli-sessilibus, nervosis, glabris, confertis, floralibus lanuginosis, floribus ad apicem ramorum dense spicatis, subcapitatis.*

Arjoona Cavanilles *Ic. IV. 57. t. 383. Lam. t. 921.*

2072. Thesium *LINN.* Flores hermaphroditi. Perigonium basi cum ovario connatum, limbo supero infundibuliformi, quinquepartito v. quinquefido, eglanduloso, intus glabro v. dense villoso, persistente. Discus epigynus nullus. Stamina 5, perigonii lobis opposita; filamenta brevia, subulata, nuda vel dorso fasciculato-barbata; antherae biloculares. Ovarium inferum, uniloculare. Ovula 2, ex apice placentae centralis filiformis liberae pendula, anatropa. **Stylus** filiformis, simplex; **stigma** capitatum. **Nux** monosperma, corticata, perigonii limbo coronata. **Semen** inversum. **Embryo** in apice albuminis carnosi rectus; **radicula** brevi, supera. — *Herbae v. suffrutices in Europa et Capite bonae spei provenientes; foliis alternis, planis v. triquetris, floribus spicatis, racemosis v. paniculatis.*

Thesium Linn. *gen. n. 292.* Juss. *gen. 75.* Alchimilla Tournef. *inst. 289.*

a. THESIUM *R. Br.* Perigonii limbus infundibuliformis v. hypocrateriformis, intus glaber. Stamina extus fasciculo tenui villorum munita. — *Europaeae.*

Thesium R. Brown *prodr. 353.* Thesii sp. Schkuhr *t. 51.* Jacq. *Fl. austr. t. 416.* Gärtn. *t. 86.* Reichenb. *Pl. crit. t. 452—458. 708.* Nees jun. *Gen. pl. II. 48.*

b. THESIOSYRIS *Reichenb.* Perigonii limbus quinquepartitus, intus glaber. Stamina extus fasciculo tenui villorum munita. — *Capenses.*

Thesiosyris Reichenb. *consp. 80.* Thesii sp. capenses Auct. Th. squarrosum, fragile, strictum, spinosum, sparteum, ericoides, euphorbioides. *Coll. R. Brown prodr. 353.*

c. FRISCA *Reichenb.* Perigonii limbus profunde quinquefidus, intus barba densa, deflexa. Staminum filamenta imberbia. — *Capenses.*

Frisca Reichenb. *consp. 80.* Thesii sp. capenses Auct. Th. Frisca, crassifolium, funale, spicatum, teretifolium, debile, capitatum, ciliatum, scabrum et divaricatum. *Coll. R. Brown l. c.*

2073. Nanodea *BANKS.* **Flores** hermaphroditi. **Perigonium** tubo hemisphaerico, cum ovario connato, **limbo** supero, quadripartito, eglanduloso, laciniis subdeltoideis, basi constrictis, persistentibus. **Discus** epigynus nullus. **Stamina** 4, perigonii lobis opposita, imberbia; **filamenta** brevissima, subulata; **antherae** biloculares. **Ovarium** inferum, uniloculare. **Ovulum** unicum (?) placentae centrali filiformi, liberae affixum ······ **Stylus** brevis, bisulcus; **stigma** bilobum. **Drupa** baccata, monosperma, perigonii limbo coronata, putamine osseo. **Semen** inversum. **Embryo** in apice albuminis carnosi rectus; **radicula** conica, supera. — *Herbula magellanica, sediformis; caule simplici, tereti, foliis sparsis, linearibus, crassiusculis, floribus terminalibus paucis, congestis, violaceis.*

Nanodea Banks *apud Gärtn. f. III. 251. t. 225.* Gaudich *in Annal. sc. nat. V. 101. t. 2. f. 3. Voy. Freyc. 442.* Balexerdia Commers. *msc.*

2074. Choretrum *R. BR.* **Flores** hermaphroditi. **Perigonium** calyculo minutissimo, quinquedentato munitum, **limbo** supero, quinquepartito, persistente, laciniis fornicatis, carina interiore descendente. **Stamina** 5, cavitate laciniarum inclusa; **filamenta** brevissima; **antherae** quadriloculares, quadrivalves. **Ovarium** inferum, uniloculare. **Ovula** ····· **Stylus** brevissimus; **stigma** stellatum. **Nucula** monosperma, perigonii limbo aucto coronata. **Semen** inversum. **Embryo** ······ — *Frutices Novae Hollandiae, spartei, ramosissimi, habitu Leptomeriae; foliis sparsis, minutis, remotis, flores et ramulos solum subtendentibus, floribus parvis, albis, axillaribus v. terminalibus, solitariis v. aggregatis, quadribracteatis.*

Choretrum R. Brown *prodr. 354.*

2075. Leptomeria *R. BR.* **Flores** polygamo-monoici. **Perigonium** tubo cum ovario connato, **limbo** supero, quadri-quinquepartito, rotato, persistente, nudiusculo. **Discus** epigynus quadri-quinquelobus; lobis cum limbi laciniis alternantibus, adnatis v. solutis. **Stamina** 4—5, perigonii laciniis opposita; **filamenta** brevia, subulata, nuda; **antherae** biloculares. **Ovarium** inferum, uniloculare. **Ovula** ····· **Stylus** brevissimus; **stigma** bi-quinquefidum. **Drupa** baccata v. exsucca, monosperma, perigonii limbo coronata. **Semen** ······ — *Frutices Novae Hollandiae; foliis sparsis, minutis, quandoque nullis, floribus minimis, albis, rufis v. virescentibus, spicatis, unibracteatis, bracteis deciduis, quandoque axillaribus ebracteatis.*

Leptomeria R. Brown *prodr. 353.*

a. XEROMERIA. Flores quinquefidi. Stigma emarginatum, obtusum. Drupa exsucca. — *Foliatae, floribus spicatis bracteatis, v. axillaribus ebracteatis.*

Leptomeriae sectio III. R. Brown *l. c.*

b. OMPHACOMERIA. Flores quadrifidi. Stigma bilobum, obtusum. Drupa baccata. — *Aphylla, floribus glomeratis v. solitariis.*

Leptomeriae sectio II. R. Brown *l. c.*

c. OXYMERIA. Flores quinquefidi. Stigma stellatim quinquefidum, acutum. Drupa baccata. — *Subaphyllae v. aphyllae, floribus spicatis.*

Leptomeriae sectio I. R. Brown *l. c.* Thesium drupaceum Labillard. *Nov. Holl. t. 93.*

2076. Comandra *NUTT.* **Flores** hermaphroditi. **Perigonium** tubo cum ovario connato, **limbo** campanulato, supero, quinquefido, persistente. **Discus** epigynus quinquelobus, lobis cum limbi laciniis alternantibus. **Stamina** 5, perigonii lobis opposita; **filamenta** brevia, subulata; **antherae** biloculares, pilorum fasciculo dorsali limbi lobis adhaerentes. **Ovarium** inferum, uniloculare. **Ovula** ······ **Stylus** teres, simplex; **stigma** capitatum. **Nux** monosperma, corticata, perigonii limbo coronata. **Semen** inversum. **Embryo** in apice albuminis carnosi rectus; **radicula** brevi, supera. — *Herba boreali-americana, perennis; foliis alternis, oblongo-ovatis, integerrimis, reticulato-venosis, floribus interdum quadri-sexfidis, terminalibus, corymbuloso-paniculatis.*

Comandra Nuttall *gen. I. 157.* Thesium umbellatum Linn. Pursh *Flor. Bor. Amer. I. t. 13.*

2077. Fusanus *LINN.* **Flores** polygamo-monoici. **Perigonium** tubo cum ovario connato, **limbo** supero, profunde quadrifido, rotato, laciniis intus glabris, basi incrassatis, deciduis. **Discus** epigynus quadrilobus, adnatus, lobis cum limbi laciniis alternantibus. **Stamina** 4, perigonii laciniis opposita; **filamenta** brevia, subulata, nuda; **antherae** biloculares. **Ovarium** inferum, uniloculare. **Ovula** 2—3, ex apice placentae centralis liberae pendula, anatropa. **Stylus** brevissimus, simplex; **stigma** quadrilobum. **Drupa** baccata, globosa, monosperma, calva. **Semen** ·· — *Frutices v. arbusculae glabrae, in Capite bonae spei et in Nova Hollandia australi provenientes; ramis ramulisque oppositis, foliis oppositis v. superioribus alternis, planis, crassiusculis, floribus axillaribus v. terminalibus subspicatis.*

Fusanus Linn. *syst. 13. 765.* Juss. *gen. 75.* R. Brown *prodr. 355.* Lam. *t. 73. et 842.* Colpoon Berg. *Flor. cap. 38. t. 1.* Thesium Colpoon Thunb.

2078. Osyris *LINN.* **Flores** dioici. Masc. **Perigonium** tri-quadripartitum. **Discus** carnosus, depressus, perigonii fundum replens, tri-quadrilobus. **Stamina** 3—4, disco extus inserta, perigonii lobis opposita, imberbia; **filamenta** brevia, subulata; **antherae** biloculares. Fem. **Perigonium** turbinatum, tubo cum ovario connato, **limbo** supero, tri-quadripartito.

Discus epigynus tri-quadrilobus, lobis cum limbi laciniis alternantibus. Stamina 3—4, efoeta, perigonii lobis opposita. Ovarium inferum, uniloculare. Ovula 3—4, ex apice placentae centralis filiformis, liberae pendula, anatropa. Stylus cylindricus, cum disco confluens; stigmata 3—4, patula, obtusa. Drupa monosperma, perigonii limbo coronata, putamine crustaceo. Semen inversum. Embryo in apice albuminis carnosi subobliquus; radicula brevissima, sursum centrifuga. — *Frutices mediterranei, ramosissimi, glabri; foliis alternis, exstipulatis, integerrimis, lanceolatis, coriaceis, floribus masculis racemosis, ramulis subtrifloris, bibracteatis, femineis axillaribus, subsolitariis.*

Osyris Linn. *gen. n. 1101.* Schkuhr *t. 319.* Gärtn. *f. III. 204. t. 216.* Nees jun. *Gen. pl. II. 49.* (Chalaza perperam pro umbilico descripta.) Decaisne *in Nouv. Annal. sc. nat. VI. 65. t. 6.* Casia Tournef. *inst. 488.*

2079. Sphaerocarya *WALL.* Flores hermaphroditi. Perigonium tubo clavato, cum ovario connato, limbo supero, quinquepartito, persistente. Glandulae faucis 10, biseriatae, 5 exteriores petaloideae, limbi laciniis alternae, 5 interiores minutissimae, ciliatae, inter stamina et limbi lacinias sitae. Stamina 5, limbi laciniis opposita; filamenta brevia; antherae biloculares. Ovarium inferum, uniloculare. Ovulum unicum (?) placentae centrali filiformi liberae affixum. Stylus simplex; stigma obsolete bilobum. Drupa pyriformis, monosperma, perigonii limbo coronata. Semen inversum. Embryo in apice albuminis carnosi brevis, subobliquus; radicula conica, sursum centrifuga. — *Arbores indicae; foliis alternis, ovato-oblongis, acuminatis, integerrimis, penninerviis, floribus racemosis, pedicellis brevibus, crassis, ebracteolatis.*

Sphaerocarya Wallich *in Roxburgh Flor. Indic. II. 371.* Don *Syst. II. 27.* Wight *in Edinb. new philosoph. Journ. XV. 180.*

2080. Santalum *LINN.* Flores hermaphroditi. Perigonium basi cum ovario connatum, limbo supero, tubuloso-ventricoso, quadrifido, deciduo. Glandulae 4, compressae, fauci insertae, limbi lobis alternantes. Stamina 4, fauci inserta, limbi lobis opposita; filamenta subulata, postice fasciculo pilorum instructa; antherae biloculares. Ovarium semiinferum, uniloculare. Ovula 2, ex apice placentae centralis liberae pendula, anatropa. Stylus filiformis, simplex; stigma obsolete bi-trilobum. Drupa baccata, monosperma, apice marginata. Semen inversum. Embryo in apice albuminis carnosi rectus; radicula supera. — *Arbores v. frutices glabri, in Asia et Australasia tropica provenientes; foliis oppositis, planis, latiusculis, floribus in pedunculis opposite ramosis, ternis, bracteis caducis.*

Santalum Linn. *gen. n. 215.* non Herbar. Linn. Willdenow *sp. I. 691.* R. Brown *prodr. 355.* Bot. Mag. *t. 3235.* Turpin *Atl. ic.* Gaudich *ad Freyc. t. 45.* Sirium Linn. *gen. n. 203.* Roxburgh *Corom. t. 2.* Lam. *t. 74.*

2081. Mida *A. CUNNINGH.* Flores dioici? Masc. Perigonium tubo brevi hemisphaerico, limbo quadripartito. Glandulae faucis 8, biseriatae, 4 exteriores minimae, limbi laciniis alternae, 4 interiores majores, ciliatae, inter stamina et limbi lacinias sitae. Stamina 4, limbi laciniis opposita; filamenta subnulla; antherae biloculares. Ovarii rudimentum. Fem. Perigonium tubo clavato, cum ovario connato, limbo supero, quadrifido, rotato, deciduo. Discus epigynus quadrilobus. Stamina efoeta 4, limbi laciniis opposita. Ovarium inferum, uniloculare. Ovula 3, ex apice placentae centralis liberae pendula. Stylus brevis, cylindricus; stigmata 3, patula, obtusa. Drupa baccata, monosperma, umbilicata. Semen ...... — *Arbores Novae Zeelandiae; foliis alternis, integerrimis, coriaceis, floribus axillaribus racemosis*

Mida A. Cunningham *msc. 1826. in Herbar. Mus. Vindob.*

GENERA DUBIA.

2082. Pyrularia *L. C. RICH.* Flores dioici. Masc. Perigonium tubo subhemisphaerico, limbi quinquefidi laciniis revolutis. Glandulae faucis 5, rotundato-obtusae, limbi laciniis alternae. Stamina 5, limbi laciniis opposita; filamenta brevissima, subulata; antherae biloculares. Fem. Perigonium tubo turbinato, cum ovario connato, limbi superi quinquefidi laciniis revolutis, persistentibus. Discus epigynus, in glandulas 5 limbi laciniis alternas expansus. Ovarium semiinferum, uniloculare. Ovula .. Stylus brevis, crassus; stigma depresso-capitatum. Drupa pyriformis, putamine tenui, subgloboso, monospermo. Semen albuminosum. — *Frutex boreali-americanus; ramulis foliisque alternis, ovali-oblongis, acuminatis, integerrimis, pubescentibus, floribus perpusillis, spicatis.*

Pyrularia L. C. Richard *in Michaux Flor. Bor. Amer. II. 231.* Hamiltonia Mühlenb. *ex Willd. sp. IV. 1114.* Calinux Rafinesq.

*

2083. Octarillum *LOUREIR.* Flores hermaphroditi. Perigonium tubo brevi tetragono, cum ovario connato, limbo supero, quadripartito, laciniis acutis, carnosis. Stamina 4, fauci inserta; filamenta brevissima; antherae oblongae, biloculares, incumbentes. Ovarium inferum .... Stylus turbinatus, staminibus longior; stigma crassiusculum. Drupa baccata, oblongo-ovata, monosperma, putamine octogono, membranaceo, tenaci. Semen ...... — *Frutex cochinchinensis, erectus; ramis scandentibus, inermibus, foliis alternis, lanceolatis, glabris, integerrimis, pedunculis axillaribus, solitariis, baccis rubris.*

Octarillum Loureiro *Flor. cochinch. 113.*

*

2084. Myoschilos *RUIZ et PAV.* Flores hermaphroditi (?) tribracteati. Perigonium tubo cum ovario connato, limbo supero, quinquepartito, colorato, persistente. Stamina 5, limbi lobis opposita; filamenta subulata; antherae subrotundae. Ovarium, inferum .... Ovula ..... Stylus trigonus, brevis; stigma trigonum. Drupa oblonga, perigonii limbo persistente coronata, putamine subgloboso, monospermo. Semen .... — *Frutex chilensis; ramulis alternis, basi gemmae squamis persistentibus stipatis, foliis in ramulis alternis, approximatis, obovato-oblongis crispato-undulatis, spicis densis, cylindricis, amentiformibus, cum ramulis alternantibus.*

Myoschilos Ruiz et Pavon *Prodr. 41. t. 34.*

GENERA SANTALACEIS AFFINIA.

* GRUBBIACEAE.

2085. Grubbia *BERG.* Flores hermaphroditi, unibracteati, in strobilum subglobosum, basi involucro diphyllo cinctum connati, involucri foliolis minimis, carinatis. Perigonium tubo obconico, cum ovario connato, limbo supero quadri-quinquepartito extus lanato, patente. Discus epigynus depressus, hirtus. Stamina 8 v. 10, disco extus inserta, perigonii laciniis per paria opposita; filamenta brevia, subulata; antherae biloculares. Ovarium inferum, uniloculare. Ovula 2 v. 3, ex apice placentae centralis columnaris liberae pendula. Stylus brevissimus; stigma truncatum, obsolete bi-trilobum. Nuculae monospermae, connatae. — *Frutices capenses; ramis tetragonis, foliis oppositis, breve petiolatis, lineari-lanceolatis, coriaceis, integerrimis, margine revolutis, subtus discoloribus, florum strobilis axillaribus, gemmaeformibus*

Grubbia Bergius *in Act. Academ. Holm. 1767. t. 2. Flor. cap. t. 2.* Ophira Linn. *gen. n. 6 2.* Lam. *t. 293.*

** NYSSACEAE.

2086. Nyssa *LINN.* Flores polygamo-dioici. Masc. Perigonium tubo brevi, limbo quinquepartito, deciduo. Stamina 10, disco planiusculo, perigonii fundum explenti extus inserta, limbi laciniis opposita et alterna; filamenta subulata, limbo breviora; antherae biloculares, didymae. Hermaphr. Perigonium tubo cum ovario connato, limbo supero, quinquepartito, deciduo. Stamina 5, disco epigyno planiusculo extus inserta, limbi laciniis opposita; filamenta subulata; antherae simplices, efoetae (?). Ovarium inferum, uniloculare. Ovulum unicum, ex apice loculi pendulum, anatropum. Stylus subulatus, incurvus; stigma simplex. Drupa baccata, monosperma, putamine angulato, fibroso. Semen inversum. Embryo in axi albuminis parci, carnosi rectus; cotyledonibus foliaceis, undulatis; radicula brevi, teretiuscula, supera. — *Arbores boreali-americanae, ad rivulos aquasque stagnantes crescentes; foliis alternis, integerrimis v. angulato-dentatis; subtus glabris, reticulato-venosis v. tomentosis, floribus axillaribus, masculis racemosis v. subcapitatis, pedunculis femineis solitariis, uni-trifloris.*

Nyssa Gronov. *Virgin. 162.* Linn. *gen. n. 116.* Jussieu *Dict. sc. nat. gen. 75.* Lam. *t. 851.* Michaux *Arbr. forest. t. 19—22.* Gärtner f. *III. 201. t. 216.* Tupelo Adans. *Fam. II. 80.*

*** ANTHOBOLEAE.

2087. Anthobolus *R. BR.* Flores dioici. Masc. Perigonium triphyllum. Stamina 3, perigonii laciniis basi inserta; filamenta brevissima; antherae biloculares. Ovarii rudimentum nullum. Fem. Perigonium triphyllum, deciduum. Ovarium liberum, uniloculare. Ovula ...... Stigma sessile, trilobum. Drupa monosperma. Semen inversum. Embryo in axi albuminis carnosi orthotropus, teres; radicula supera. — *Frutices in Nova Hollandia tropica indigeni, glabri, ramosissimi, spartei, habitu Osyridis; ramis ramulisque articulatim insertis, foliis sparsis, exstipulatis, sessilibus, cum ramulo articulatis, angustis, subfiliformibus, pedunculis axillaribus, masculis umbellatim tri-quadrifloris, femineis uni-trifloris, pedicellis simplicibus medio, ramosis ad divisuram articulatis, ibique bibracteolatis, bracteolis caducis, floribus parvis, flavicantibus.*

Anthobolus R. Brown *prodr. 357.*

2088. Exocarpus *LABILL.* Flores hermaphroditi v. abortu polygami. Perigonium quadri-quinquepartitum. Stamina 4—5, basi laciniarum perigonii inserta; filamenta brevia, complanata; antherae biloculares. Ovarium liberum, uniloculare. Ovula ..... Stylus brevissimus; stigma capitatum. Nux corticata, monosperma, pedunculo ampliato, baccato basi inserta. Semen inversum. Embryo in axi albuminis carnosi orthotropus, teres; radicula supera. — *Arbores mediocres v. frutices, in Nova Hollandia intra- et extratropica, parcius in insulis Moluccis provenientes; ramis ramulisque articulatim insertis, ultimis quandoque foliaceo-dilatatis; foliis sparsis, exstipulatis, saepius minutis, denticuliformibus, nunc majoribus, planis, integris, spicis axillaribus, flosculis minimis, subsessilibus, bracteis caducis, pedicello post fecundationem increscente, ampliato, baccato.*

Exocarpus Labillardiere *Voy. I. 115. t. 14. Nov. Holland. II. 123.* R. Brown *prodr. 356. Gen. Rem. 569.* Xylophyllos ceramica Rumph *Amboin. VII. 19. t. 12.*

**** PSEUDANTHEAE.

2089. Pseudanthus *SIEB.* Flores monoici. Masculi in apicibus ramulorum glomerati, singuli unibracteati. Perigonium coloratum, tubo brevissimo, limbi sexfidi laciniis linearibus, biseriatis, erectis. Stamina 6, e centro floris; filamenta inaequilonga, libera v. juxta totam longitudinem connata; antherae extrorsae, biloculares, loculis appositis, adnatis, basi divergentibus, juxta totam longitudinem dehiscentibus. Flores feminei in foliorum inferiorum axillis solitarii, sessiles. Perigonium calycinum, hexaphyllum, persistens, foliolis biseriatis. Ovarium liberum, sessile, e carpidiis tribus valvatim connatis uniloculare. Placentae tres filiformes, ad carpidiorum suturas duplicatae. Ovula plurima, biseriata, pendula, anatropa (?). Stigma sessile, tricorne. Capsula unilocularis, monosperma, costata, sexfariam dehiscens, valvis coriaceis, tandem spiraliter revolutis. Semen unicum, parieti prope apicem funiculo brevissimo appensum. Testa cartilaginea. Albumen copiosum, carnosum. Embryo axilis, orthotropus, albumine parum brevior, cotyledonibus ellipticis; radicula brevi, sursum centrifuga. — *Fruticuli australasici, ericoidei, ramosi; ramis ramulisque oppositis verticillatisque, foliis alternis, dense imbricatis, coriaceis, sessilibus, utrinque stipula adnata, in caulem decurrente munitis.* — *Affinitas obscura.*

Pseudanthus Sieber *ex Spreng. cur. post. 25.* Guillem. *in Dict. hist. nat. XIV. 318.* Endlicher *Atakt. p. 11. t. 11.*

**** HELWINGIACEAE.

2090. Helwingia *WILLD.* Flores dioici, epiphylli, in nervo medio solitarii v. fasciculati, pedunculati, pedunculis basi bracteolatis. Masc. Perigonium calycinum, tri-quadripartitum, laciniis ovatis, aestivatione valvatis, demum patentibus. Stamina 3—4, circa discum obscure tri-quadriangulatum inserta, perigonii laciniis alterna; filamenta libera; antherae introrsae, basifixae, biloculares, loculis discretis, longitudinaliter dehiscentibus. Ovarii rudimentum punctiforme. Fem. Perigonium cum ovario connatum, limbo supero, tri-quadrilobo, deciduo. Ovarium basi turbinatum, disco epigyno coronatum, tri-quadriloculare. Ovula in loculis solitaria, apici interno appensa, anatropa. Stylus terminalis brevissimus, crassus; **stigmata** loculorum numero, brevia, subulata, recurva, verruculoso-papillosa. **Fructus** exsuccus, styli discique reliquiis apiculatus, tri-tetracoccus, coccis lenticulari-compressis, chartaceis, rugosis, monospermis. **Semina** compressa, inversa, e funiculis brevibus pendula, rhaphe ad chalazam apicalem excurrente marginata. **Embryo** albuminosus (?) orthotropus. — *Suffrutex japonicus, a Sieboldio in hortum Bruxellensem introductus, ramosus, glaber, trunco ramisque subangulatis, medulla suberosa repletis; foliis alternis, petiolatis, ovatis v. ovato-oblongis, acuminatis, setaceo-serratis, reticulato-penninerviis, tenuibus, laete viridibus, stipulis petiolaribus angustissimis, setaceis aut setaceo-fissis, deciduis, floribus parvis medio nervo paginae superioris foliorum insertis, solitariis vel subfasciculatis, masculis minoribus, longius pedunculatis, pedunculis unifloris, ima basi bracteolatis.*

Helwingia Willd. *sp. pl. IV. 716.* Morren et Decaisne *Observ. pl. Jap. Brux. 1836. p. 5. Nouv. Annal. sc. nat. VI. 68. t. 7.* Osyris japonica Thunb. *Fl. jap. 31. Ic. Dec. III. t. 1.*

OBSERVATIO. Genus dubiae affinitatis, e cl. *Decaisne* Araliaceis et Hamamelideis affine, fortassis etiam cum Celastrineis et Rhamneis comparandum, et certe Dulongiae analogum. Interim ob aliquam etiam cum Santalaceis affinitatem, hoc loco inter genera dubiae affinitatis collocandum putavimus.

Ordo CIX. Daphnoideae.

THYMELEAEAE Jussieu *gen. 76.* R. Brown *prodr. 358.* Bartling *Ord. nat. 114.* Kunth *in Linnaea V. 667.* DAPHNOIDEAE Vent. *Tabl. II. 235.* DAPHNACEAE Lindl. *introduct. edit. 2. p. 194.*

Frutices v. arbusculae, rarissime herbae annuae, libro in frutescentibus tenaci, **ramis** teretibus, articulatis. **Folia** sparsa v. opposita, simplicia, integra et integerrima, saepe nervosa, epunctata. **Stipulae** nullae.

Flores hermaphroditi, interdum abortu dioici, regulares v. rarissime limbo subirregulari, axillares v. terminales, nunc solitarii, nunc fasciculati, spicati v. capitati, quandoque involucrati, saepe bibracteolati, albi, flavi, rubri v. rarissime caerulei.

Perigonium simplex, coloratum, tubulosum, **limbo** quadri- v. rarius quinquefido, v. interdum fere obsoleto (in *Dirca*), laciniis plerumque aequalibus, v. duobus exterioribus oppositis paullo majoribus, per aestivationem alternatim imbricatis, persistens v. saepius deciduum, **tubo** interdum supra basim articulato, articulo inferiore persistente. Discus perigynus carnosus, perigonii basi adnatus, interdum obsoletus.

Stamina definita, perigonii tubo fauceve inserta, inclusa v. exserta, nunc limbi laciniis numero aequalia, iisque ut plurimum alterna, (in *Drapete, Diarthrone* et *Struthiola*) v. rarissime opposita (in *Cansjera*), nunc panciora, ante lacinias exteriores inserta (in *Pimelea*), saepissime numero duplo octo v. decem, biseriata, serie superiore laciniis opposita. **Filamenta** libera, filiformia, interdum brevissima, aestivatione erecta. **Antherae** introrsae, biloculares, erectae, ovatae v. oblongae, loculis parallelis, contiguis, antice v. lateraliter juxta totam longitudinem dehiscentibus.

Squamulae petaloideae (stamina abortiva) summae perigonii fauci insertae, nunc limbi laciniis numero aequales et alternae, nunc duplae iisdem per paria oppositae, saepissime nullae.

Squamulae hypogynae quatuor v. octo, liberae v. in tubulum coalitae, plerumque nullae.

Ovarium liberum, unicum, uniloculare, simplex, uno latere plerumque subobliquum, altero rectum styligerum.

Ovulum unicum, parieti styligerae prope apicem appensum, anatropum, rarissime (in *Lagetta*) ovula duo v. tria, superposita. **Stylus** simplex, lateralis v. subterminalis, plerumque brevis et inclusus, interdum nullus. **Stigma** capitatum.

Fructus drupaceus aut nucamentaceus, nudus v. perigonii basi persistente tunicatus, unilocularis, monospermus, v. rarissime bi-trispermus.

Semen pendulum, **testa** tenui, **rhaphe** lineari ad **chalazam** apicalem producta percursa. **Albumen** nullum, v. parcum carnosum.

Embryo orthotropus, albumine dum adest inclusus. **Cotyledones** plano-convexae, parallelae, carnosae. **Radicula** brevis v. brevissima, supera. **Plumula** inconspicua.

Daphnoideae **Santalaceis** et **Aquilarineis** proxime affines, ab his ovarii et fructus structura, ab illis ovulorum numero et origine, ovario libero, et albuminis defectu v. parca copia facile distinguendae, in temperatis calidioribus et tropicis utrinsque hemisphaerae proveniunt, in hemisphaera australi, imprimis in **Capite bonae spei** et in **Nova Hollandia** frequentius habitantes, in **America** in universum rarae.

Daphnoideae principio acri caustico foetae, varii in medicina usus. Liber nonnullarum tenax in usus technicos convertitur.

Inocarpus et Hernandia ad ordinis calcem collocatae, praeter alias notas involucro et cotyledonum forma distinctae sunt; genera ovario biloculari et fructu dicocco donata dubia, ad Aquilarineas aliquantisper accedunt.

2091. Dirca *LINN.* **Flores** hermaphroditi. **Perigonium** coloratum, turbinato-campanulatum, limbo indiviso, subobliquo. **Stamina** 8, perigonii tubo biseriatim inserta, exserta, alterna breviora. **Squamulae** hypogynae nullae. **Ovarium** uniloculare. **Ovulum** unicum, pendulum, anatropum. **Stylus** terminalis, filiformis, exsertus; **stigma** capitatum, emarginato-subbilobum. **Drupa** baccata, monosperma, nuda. **Semen** inversum. **Albumen** nullum. **Embryo** orthotropus; **cotyledonibus** plano-convexis, **radicula** brevi, supera. — *Frutex boreali-americanus,* *paludosus; cortice tenaci, ramis virgatis, foliis alternis, integerrimis, gemmis axillaribus trifloris, floribus pallide flavis.*

Dirca Linn. *gen. n.* 486. *Amoen. Academ. III.* 12. *t. 1. f.* 7. Schkuhr *t.* 107. 6. Lam. *t.* 293. Duhamel *Arbr. I. t.* 212.

2092. Daphne *LINN.* Flores hermaphroditi. Perigonium infundibuliforme, limbo quadrifido, fauce esquamata. Stamina 8, tubo prope faucem biseriatim inserta, inclusa. Squamulae hypogynae nullae. Ovarium uniloculare. Ovulum unicum, pendulum, anatropum. Stylus terminalis brevissimus; stigma capitatum. Drupa baccata, monosperma, nuda, putamine crustaceo. Semen inversum. Albumen nullum. Embryo orthotropus; cotyledonibus plano-convexis; radicula brevi, supera. — *Frutices v. arbusculae, in Europa et in Asia tam media quam tropica obviae, in Australasia et in America tropica et australi temperata rarae; foliis sparsis v. oppositis, floribus axillaribus v. terminalibus, saepius glomeratis.*

Daphne Linn *gen. n.* 483. Jussieu *gen.* 77. Lam. *t.* 290. Schkuhr *t.* 107. Wikström *Dissert. de Daphne. Stockholm.* 1820. 4. Smith. *Ic. inedit. II. t.* 34. *Spicileg. t.* 18. Jacq. *Flor. austr. t.* 126. 183. *Hort. Schönbr. t.* 351. Pallas *Flor. Ross. t.* 35. Bot. Mag. *t.* 313. 428. 1282. 1587. 1875. 1917. Bot. Reg. *t.* 822. 1177. Desfont. *Annal. du Mus. X. t.* 20. Trattinik *Archiv. t.* 133. Hooker *ad Beechey t.* 13. Nees jun. *Gen. pl. II.* 46. Capura Linn. *Mant.* 224. Scopolia Linn. f. *suppl.* 409. Thymelaea Scop. *carn. I.* 276. Gärtn. *I.* 188. *t.* 39.

OBSERVATIO. Genera duo brasiliana ut videtur affinia, a cl. Martius (*nov. gen. et sp. I.* 65.) indicata, e characteribus nimis brevibus collocari nequeunt.

a. DAPHNOPSIS *Mart.* Flores dioici. Masc. Perigonium quadrifidum. Stamina 8. Ovarii rudimentum. Squamulae nullae. Fem. Perigonium quadrifidum, ad basim drupae persistens. Stylus brevissimus. Stigma capitato-bilobum. Drupa sicca, nuce fibrosa.

b. SCHOENOBIBLOS *Mart.* Flores dioici. Masc. Perigonium infundibuliforme, limbi laciniis quatuor, reflexis. Stamina 4, exserta. Squamulae nullae. Fem. ignot.

2093. Dais *LINN.* Flores hermaphroditi. Perigonium coloratum, infundibuliforme, tubo basi ventricoso, limbo quadri-quinquefido, fauce esquamata. Stamina 8 v. 10, tubo prope faucem biseriatim inserta, inclusa. Squamulae hypogynae nullae. Ovarium uniloculare. Ovulum unicum, pendulum, anatropum. Stylus lateralis, filiformis; stigma capitatum. Drupa baccata, monosperma, perigonio persistente inclusa, putamine osseo. Semen inversum. Albumen parcum, carnosum. Embryo orthotropus; cotyledonibus ovatis, subfoliaceis; radicula longiuscula, supera. — *Frutices v. arbusculae, in Capite bonae spei, in Asia tropica et media observatae; foliis alternis v. oppositis, floribus capitatis involucro quadri-quinquepartito cinctis, v. spicatis nudis.*

Dais Linn. *gen. n.* 540. Jussieu *gen.* 77. Burm. *Flor. ind. t.* 32. *f.* 2. Lam. *t.* 368. Gärtn. *I.* 187. *t.* 39. Jacq. *Ic. rar. t.* 77. Bot. Mag. *t.* 147. Endlicher *Sert. cabul. t.* 3.

2094. Lachnaea *LINN.* Flores hermaphroditi. Perigonium coloratum, tubulosum, limbo quadrifido subirregulari, fauce esquamata. Stamina 8, fauci biseriatim inserta, exserta. Squamulae hypogynae nullae. Ovarium uniloculare. Ovulum unicum, pendulum, anatropum. Stylus lateralis, sursum incrassatus; stigma capitatum. Nux monosperma, perigonio persistente inclusa. Semen inversum. Albumen copiosum, carnosum. Embryo orthotropus axilis, teretiusculus, cotyledonibus linearibus; radicula longiuscula, supera. — *Frutices capenses; foliis alternis, confertis, imbricatis, floribus capitatis, capitulo lanato.*

Lachnaea Linn. *gen. n.* 490. Juss. *gen* 77. Lam. *t.* 292. Gärtn. f. *III.* 193. *t.* 215.

2095. Passerina *LINN.* Flores hermaphroditi v. abortu dioici. Perigonium coloratum, infundibuliforme, tubo urceolato v. cylindrico, limbo quadripartito, fauce nuda. Stamina 8, tubo prope faucem biseriatim inserta, subinclusa. Squamulae hypogynae nullae. Ovarium uniloculare. Ovulum unicum, pendulum, anatropum. Stylus lateralis filiformis; stigma capitatum. Utriculus monospermus, perigonio persistente inclusus. Semen inversum; testa lignosa. Albumen nullum. Embryo orthotropus; cotyledonibus plano convexis; radicula brevi, supera. — *Frutices v. rarissime herbae annuae, in Europa et Asia media parce provenientes, in Capite bonae spei frequentes; foliis alternis, floribus axillaribus solitariis v. confertis, bracteolatis.*

Passerina Linn. *gen. n.* 489. Juss. *gen.* 77. Lam. *t.* 291. Gärtn. *III.* 197. *t.* 215. Ledebour *Ic. t.* 374. Nees jun. *Gen. pl. II.* 47. Stellera Linn. *gen. n.* 488. Juss. *gen.* 77. Lam. *t.* 293. Gärtn. *I.* 186. *t.* 39. Jacq. *Ic. rar. t.* 68.

2096. Diarthron *TURCZAN.* Flores hermaphroditi. Perigonium tubo herbaceo, fauce nuda, limbo colorato, quadridentato, deciduo. Stamina 4, fauci inserta, limbi dentibus alterna. Squamulae hypogynae nullae. Ovarium uniloculare. Ovulum unicum, pendulum, anatropum. Stylus sublateralis; stigma clavatum. Nux (?) monosperma, perigonii tubo persistente turbinato inclusa. Semen inversum. Albumen tenue. Embryo orthotropus; cotyledonibus crassis; radicula supera. — *Herba annua, in Mongolia chinensi reperta; caule erecto, ramoso, folioso, glabro, foliis sparsis, lineari-lanceolatis, obtusis, breviter petiolatis, glabris, ciliolatis, racemis spicaeformibus, ebracteatis, lateralibus et terminalibus, floribus breviter pedicellatis, pedicello clavato, cum flore articulato.*

Diarthron Turczaninow *Decad. plant. Mongol. et Chin. p.* 25.

2097. Drapetes *LAM.* Flores hermaphroditi. Perigonium coloratum, infundibuliforme, limbo quadrifido, fauce esquamata. Stamina 4, fauci inserta, perigonii laciniis alterna, exserta. Squamulae hypogynae nullae. Ovarium uniloculare. Ovulum ..... Stylus terminalis (?) simplex; stigma capitatum. Nux monosperma, perigonii basi persistente inclusa. Semen inversum ..... — *Fruticulus magellanicus, tri-quadripollicaris; caulibus filiformibus, caespitosis, erectis v. basi decumbentibus, ramosis, inferne nudis, cicatrisatis, superne foliosis, foliis decussatim oppositis, sessilibus, ovatis, obtusis, integerrimis, sesquilineam longis, dorso apiceque pilosobarbatis, fasciculis terminalibus pedunculatis, involucro diphyllo deciduo cinctis, floribus brevissime pedicellatis, pedicellis apice barbato-pilosis.*

Drapetes Lamarck *Journ. hist nat. I.* 189. *t.* 10. Banks *apud Gärtner f. III.* 199. *t.* 215.

2098. Pimelea *BANKS et SOL.* Flores hermaphroditi v. dioici. Perigonium coloratum, infundibuliforme, limbo quadrifido, fauce esquamata. Stamina 2, fauci inserta, perigonii laciniis exterioribus opposita, exserta. Squamulae hypogynae nullae. Ovarium uniloculare. Ovulum unicum, pendulum, anatropum. Stylus lateralis; stigma capitatum. Nux monosperma, corticata, raro baccata. Semen inversum. Albumen parcum, carnosum. Embryo orthotropus; cotyledonibus plano-convexis, carnosulis; radicula brevi, supera. — *Frutices in Nova Hollandia insulisque conterminis provenientes; foliis oppositis v. rarissime alternis, floribus capitatis, terminalibus, foliis involucrantibus rameis similibus v. dissimilibus, interdum connatis, rarius spicatis v. axillaribus, perigonii tubo saepissime medio articulato, articulo inferiore persistente.*

Pimelea Banks et Soland. *ex Gärtn. I. t. 39.* Dryander *Annal. of Bot. II. 505.* Smith *Nov. Holland. I. 31.* R. Brown *prodr. 359.* Banksia Forst. *Char. gen. n. 4.* Cookia Gmelin. *syst. I. 24.*

a. THECANTHES *Wickstr.* Involucrum monophyllum infundibuliforme, quadrifidum, floribus pedicellis membranaceo-dilatatis impositis. — *Folia opposita.*

Thecanthes Wiekström *in Act. Holm. 1818. p. 271.* Pimelea Cornucopiae Vahl et P. punicea R. Brown.

b. HETEROLAENA. Involucri tetraphylli folia rameis dissimilia. — *Folia opposita.*

Pimeleae sectio I. R. Brown *l. c.* excl. sp. *1. et 2.* (Smith *Nov. Holl. I. t. 11.* Bonpl. *Malmais. t. 31.* Labillard. *Nov. Holland. t. 4. 5.* Bot. Mag. *t. 891. 1458. 3459.* Bot. Reg. *t. 1578. 1827.*)

c. PHYLLOLAENA. Involucri di-polyphylli folia rameis subsimilia. — *Folia opposita.*

Pimeleae sectio II. R. Brown *l. c.* (Labillard. *op. cit. t. 6. 7.* Bot. Mag. *t. 3276. 3281.* Bot. Reg. *t. 1268. 1439. 1582.*)

d. CHORISTACHYS. Involucrum nullum. Flores spicati. — *Folia opposita.*

Pimeleae sectio III. R. Brown. *l. c.*

e. MALISTACHYS. Flores axillares 2—4. — *Folia opposita.*

Pimeleae sectio IV. R. Brown *l. c.*

f. EPALLAGE. Flores capitati. — *Folia alterna.*

Pimeleae sectio V. R. Brown *l. c.* (Rudge *in Linn. Transact. X. t. 13. f. 1.*)

2099. Struthiola *LINN.* Flores hermaphroditi. Perigonium basi bibracteolatum, coloratum, infundibuliforme, limbo quadrifido, faucis squamulis octo, limbi laciniis per paria oppositis. Stamina 4, tubo inserta, inclusa, limbi laciniis alterna. Squamulae hypogynae nullae. Ovarium uniloculare, uniovulatum. Ovulum unicum, pendulum, anatropum. Stylus lateralis; stigma capitatum. Nux monosperma, perigonii basi persistente inclusa. Semen inversum. Albumen carnosum. Embryo orthotropus; cotyledonibus plano-convexis; radicula supera. — *Fruticuli capenses; foliis alternis v. oppositis, floribus axillaribus solitariis, perigonii tubo gracili.*

Struthiola Linn. *gen. n. 1244.* Jussieu *gen. 77.* Lam. *t. 78.* Gärtn. *I. III. 194. t. 215.* Smith *Exot. Bot. I. t. 46.* Andr. *Bot. Reposit. t. 43. 49.* Bot. Mag. *t. 222. 1212. 2138.*

2100. Gnidia *LINN.* Flores hermaphroditi v. abortu dioici. Perigonium coloratum, infundibuliforme, limbo quadrifido, faucis squamulis quatuor integris v. bilobis, cum laciniis alternantibus. Stamina 8, tubo v. fauci biseriatim inserta, inclusa v. alterna subexserta. Squamulae hypogynae nullae. Ovarium uniloculare. Ovulum unicum, pendulum, anatropum. Stylus lateralis; stigma capitatum, hispidum. Nux monosperma, perigonii basi persistente inclusa. Semen inversum. Albumen parcum, carnosum. Embryo orthotropus; cotyledonibus planoconvexis; radicula brevi, supera. — *Frutices capenses; foliis alternis v. rarius oppositis, confertis, floribus terminalibus capitatis, foliis involucrantibus interdum rameis dissimilibus, perigonii tubo supra ovarium articulato, articulo inferiore persistente.*

Gnidia Linn. *gen. n. 487.* Juss. *gen. 77.* Bot. Reg. *t. 2. 19. 624.* Bot. Mag. *t. 812. 1902. 2016.* Canalia F. W. Schmidt *Neue Pflanz. Prag. 1793. n. 3. f. a. b.*

2101. Thymelina *HOFFMANS.* Flores hermaphroditi. Perigonium coloratum, infundibuliforme, limbo quadrifido, faucis squamulis octo, limbi laciniis per paria oppositis. Stamina 8, biseriata, quatuor fauci inserta limbi laciniis opposita, exserta, quatuor alterna intra tubum inclusa. Squamulae hypogynae nullae. Ovarium uniloculare, uniovulatum. Ovulum unicum, pendulum, anatropum. Stylus lateralis; stigma subclavatum, hispidulum. Nux monosperma, perigonii basi persistente inclusa. Semen inversum. — *Frutices capenses; foliis sparsis v. oppositis, floribus terminalibus capitatis, foliis involucrantibus rameis similibus.*

Thymelina Hoffmansegg *Verzeichn. I. 198. f. 2.* Nectandra Bergius *Flor. cap. 131. excl. sp.* Juss. *gen. 77.* non Roland. Gnidia tomentosa Linn. non Willd. Bot. Mag. *t. 2761.* Bot. Reg. *t. 757.* Gnidia imberbis Dryand. Bot. Mag. *t 1463.*

2102. Linostoma *WALL.* Flores hermaphroditi. Perigonium coloratum, tubulosum, limbo quinquepartito, squamulis faucis decem subclavatis, laciniis per paria oppositis. Stamina 10, fauci biseriatim inserta, longe exserta. Ovarium uniloculare. Ovulum unicum, pendulum, anatropum. Stylus terminalis; stigma capitatum. Drupa sicca, monosperma, nuda. Semen inversum. Albumen carnosum, parcum. Embryo orthotropus; cotyledonibus semiorbicularibus; radicula conica, supera. — *Frutex indicus; foliis oppositis; breve petiolatis, lanceolatis, integerrimis, glabris, florum umbella terminali, pedunculata.*

Linostoma Wallich *Catalog. n. 4203.* Nectandra Roxburgh *Flor. ind. II. 425.* non alior.

2103. Cansjera *JUSS.* Flores hermaphroditi. Perigonium coloratum, urceolatum, limbo quadridentato, fauce nuda. Stamina 4, imo perigonio inserta, ejusdem dentibus opposita, inclusa. Squamulae hypogynae 4, staminibus alternae, denticulatae, ovario adpressae. Ovarium uniloculare. Ovulum unicum, pendulum, anatropum. Stylus terminalis; stigma capitatum. Drupa baccata, nuda, monosperma. Semen inversum. Embryo ...... — *Frutex indicus, scandens; foliis alternis, breve petiolatis, late lanceolatis, integerrimis, glabris, spicis axillaribus solitariis v. pluribus, densis, floribus flavescentibus, parvis, bracteis ovatis, adpressis, perigonio dimidio brevioribus.*

Cansjera Jussieu *gen. 448.* Roxburgh *Corom. II. t. 103.* Scheru-valli Caniram Rheede *Malab. VII. p. 7. t. 4.* Tsjeru Caniram Rheede *l. c. p. 3. t. 2.*

2104. Eriosolena *BLUM.* Flores hermaphroditi. Perigonium coloratum, extus villosum, infundibuliforme, limbo quadrifido, laciniis alternis brevioribus, fauce nuda. Stamina 8, perigonii tubo superne biseriatim inserta, alterna subexserta. Tubulus ovarium vaginans. Ovarium uniloculare. Ovulum unicum ..... Stylus brevis; stigma capitatum. Drupa baccata, monosperma. Semen ...... — *Frutex javanicus; foliis alternis, oblongo-lanceolatis, subtus glaucis, capitulis axillaribus solitariis, longe pedunculatis, bibracteatis.*

Eriosolena Blume *Bijdr. 651.*

2105. Wickströmia *ENDL.* Flores hermaphroditi. Perigonium coloratum, infundibuliforme, limbo quadrifido, aequali, fauce nuda. Stamina 8, perigonii tubo superne biseriatim inserta, inclusa. Squamulae hypogynae 4, lineares, basi subcoalitae. Ovarium uniloculare. Ovulum unicum, pendulum, anatropum. Stylus terminalis brevissimus; stigma capitatum. Drupa baccata, monosperma, nuda. Semen inversum. Albumen nullum. Embryo orthotropus; cotyledonibus plano-convexis, carnosis; radicula brevi, supera. — *Frutex in insula Norfolk indigenus; foliis oppositis, integerrimis, glabris, subtus venoso-reticulatis, racemo terminali, simplici.*

Wickströmia Endlicher *Prodr. Fl. Norfolk. 47.*

2106. Lagetta *JUSS.* Flores hermaphroditi v. dioici. Perigonium coloratum, tubulosum, limbo quadrifido, fauce hispida. Stamina 8, perigonii tubo superne biseriatim inserta, inclusa. Squamulae hypogynae 8, lineares, distinctae v. basi per paria connatae. Ovarium uniloculare. Ovulum unicum, rarius 2 v. 3, pendula, anatropa. Stylus terminalis; stigma capitatum, emarginatu subbilobum. Drupa perigonio baccatu villoso tunicata, mono-tripyrena, putamine crustaceo, fragili. Semina 1—3, inversa. Albumen nullum. Embryo orthotropus; cotyledonibus plano-convexis; radicula brevissima, supera. — *Frutices v. arbores dense ramosae, in America tropica indigenae; libro tenaci, deductili, foliis oppositis v. alternis, integerrimis, floribus terminalibus spicatis v. racemosis.*

Lagetta Jussieu *gen. 77.* Lam. *t. 289.* Martius *Nov. gen. et sp. I. 64. t. 39.* Funifera Leandro de Sacram. *msc.* Daphne Lagetto Swartz.

GENERA DAPHNOIDEIS AFFINIA.

* HERNANDIACEAE.

2107. Inocarpus *FORST.* Flores hermaphroditi, solitarii, calyculo tubuloso, bifido, deciduo cincti. Perigonium corollinum, tubulosum, limbo quinque-sexpartito, deciduum. Stamina 10 v. 12, tubo corollae inserta, biseriata; filamenta brevissima; antherae biloculares, didymae, latere longitudinaliter dehiscentes. Ovarium sessile, liberum, uniloculare. Ovulum unicum, ex apice cavitatis pendulum, anatropum. Stigma subsessile, excavatum. Drupa monosperma, obovato-compressa, nuda, putamine reticulato-fibroso. Semen inversum. Embryo exalbuminosus, orthotropus; cotyledonibus maximis, carnosis, tuberculatis; radicula brevissima, supera, plumula polyphylla. — *Arbores resinosae, in Asia et Oceania tropica provenientes; foliis alternis, petiolatis, subcordatis, integerrimis, floribus axillaribus, spicatis, seminibus edulibus.*

Inocarpus Forster *Char. gen. 66. Pl. esc. n. 18.* Gärtn. f. *III. 114. t. 199. 200.* Roxburgh *Corom. t. 263.* Blume *Bijdr. 551.* Aniotum Solander *msc.*

2108. Hernandia *PLUM.* Flores monoici, intra involucrum tetraphyllum terni, laterales masculi, breviter pedicellati, nudi, intermedius femineus, sessilis, calyculatus. Masc. Perigonium corollinum, sexpartitum, laciniis biseriatis, interioribus majoribus. Stamina 3, perigonii laciniis exterioribus opposita; filamenta brevia, erecta, basi dilatata, utrinque glandula pedicellata stipata et subcohaerentia: antherae biloculares, loculis connectivum latiusculum marginantibus, longitudinaliter dehiscentibus. Fem. Perigonium tubulosum, calyculo brevissimo, urceolato, caduco cinctum, tubo ventricoso, fauce coarctata cum stylo cohaerente, limbi octopartiti, decidui laciniis biseriatis, exterioribus rudioribus. Stamina 4, rudimentaria, glandulaeformia, fauci inserta, inter se in annulum cum stylo cohaerentem coadunata. Ovarium sessile, liberum, uniloculare. Ovulum unicum, ex apice cavitatis pendulum, anatropum. Stylus terminalis, simplex, elongatus, cum tubi fauce cohaerens, apice clavatus; stigma infundibuliforme, fimbriato-quadrilobum. Drupa monosperma, octo-costata, perigonii tubo inflato-ventricoso inclusa, intus spongiosa. Semen inversum, subglobosum; testa crustacea, rhaphe annulari. Embryo exalbuminosus, orthotropus; cotyledonibus maximis, lobatis, torulosis; radicula brevi, supera. — *Arbores in Asia et America tropica indigenae, excelsae, dense ramosae, foliosae; ramis teretiusculis, sparsis, foliis alternis, petiolatis, subpeltatis, integerrimis, stipulis nullis, floribus axillaribus, corymbosis.*

Hernandia Plumier *gen. 40.* Linn. *gen. n. 1049.* Juss. *gen. 81.* Jacq. *Amer. 245.* Aublet *Guian. t. 329.* Lam. *t. 755.* Gärtn. *I. 193. t. 40.* Blume *Bijdr. 550.* Arbor ovigera Rumph *Amboin. III. 193. t. 123.*

** GENERA DUBIA.

2109. Phaleria *W. JACK.* Flores hermaphroditi. Perigonium coloratum, tubulosum, limbo quadripartito, fauce nuda. Stamina 8, fauci inserta; filamenta exserta; antherae bilobae. Tubulus nectarifer membranaceus, ovarii basim vaginans. Ovarium liberum, biloculare. Ovula in loculis solitaria, ex eorundem apice pendula, anatropa. Stylus brevis, simplex; stigma capitatum, papillosum. Bacca corticata, bilocularis, disperma. Semina inversa. Albumen nullum. Embryo orthotropus; cotyledonibus plano-convexis; radicula brevi, supera. — *Frutex summatrensis; foliis alternis v. suboppositis, breve petiolatis, ovato-lanceolatis, acuminatis, acutis, integerrimis, pedunculis axillaribus, solitariis, brevibus, floribus umbellatis, umbella involucrato-bracteolata.*

Phaleria W. Jack. *Malay. Miscell. ex Hooker Comp. Bot. Mag. I. 156.* — ? Drimyspermum Reinwardt *in Sylloge plant. II. 15.* (verisimiliter cotyledonibus pro albumine, radicula pro embryone descripta). Huc etiam probabiliter revocandae: Dais disperma Forst. *prodr. n. 192.* et Dais purpurea Gaudich *ad Freyc. t. 44.* — Genus vix a Daphnoideis removendum, ad Aquilarineas quodammodo transitum parat.

Ordo CX. Aquilarineae.

AQUILARINEAE R. Brown *in Tuckey Cong.* . . . . DC. *prodr. II. 59.* AQUILARIACEAE Lindley *Introduct. edit. II. p. 196.*

Arbusculae indicae, ramis teretiusculis, laevibus, libro tenaci. Folia alterna, breve petiolata, integerrima, juniora puberula, adulta glabra, lucida, reticulato-venosa. Stipulae nullae.

Flores hermaphroditi, in foliorum axillis fasciculati, vel in umbellas alares aut terminales dispositi.

Perigonium simplex, coloratum, tubulosum, tubo longo basi attenuato v. urceolato, intus laevi v. retrorsum hispido, limbo quinquepartito, persistente, laciniis aestivatione imbricatis.

SQUAMULAE faucis quinque v. decem (stamina sterilia), obsolete bilobae, in urceolum subexsertum coalitae.

STAMINA quinque, perigonii lobis opposita, v. decem biseriata, tubo prope faucem inserta. Filamenta compressiuscula, brevissima v. subnulla. Antherae introrsae, biloculares, oblongae, dorso supra basim affixae, loculis appositis, contiguis, juxta totam longitudinem dehiscentibus.

OVARIUM unicum, liberum, sessile v. stipitatum, e carpidiis duobus valvatim connatis, planiusculis conflatum, placentis duabus ventralibus, axim haud attingentibus incomplete biloculare, compressum. Ovula duo, ex apice cujusvis placentae pendula, extrorsum v. introrsum anatropa. Stylus terminalis filiformis, v. nullus. Stigma capitatum, simplex.

CAPSULA lignosâ v. coriacea, obovata, compressa, incomplete bilocularis, bivalvis, valvis medio placentiferis, disperma v. abortu monosperma.

SEMINA inversa, plano-convexa, rhaphe filiformi ventrali, v. membranacea dorsali (?), umbilicum basilarem superum cum chalaza apicali descendente fungoso-suberosa, arillaeformi conjungente. Albumen nullum.

EMBRYO orthotropus. Cotyledones hemisphaericae, carnosae. Radicula brevis, umbilico proxima, supera.

Ordo perparvus, indicus, ob Aloës lignum celebris, a Daphnoideis ovario e carpidiis duabus cônflato, et chalazae evolutione facile distinguendus. Chaillетiaceae fructu drupaceo et foliis stipulatis dignoscuntur.

2110. Gyrinops *GÄRTN.* Flores hermaphroditi. Perigonium coloratum, longe tubulosum, basi attenuatum, tubo intus laevi, limbo quinquepartito, patente. Squamulae faucis 5, obsolete bilobae, in urceolum subexsertum coalitae. Antherae 5, fauci insertae, perigonii lobis oppositae, dorso affixae, sessiles. Ovarium longe stipitatum, subfusiforme, compressum, uniloculare, placentis parietalibus duabus. Ovula 2, infra apicem placentarum solitarie pendula, anatropa. Stylus terminalis, filiformi-conicus; stigma compresso-subglobosum. Capsula coriacea, stipitata, obovata, compressa, unilocularis, bivalvis, valvis medio placentiferis. Semina 2, v. abortu solitaria, inversa, hinc convexa inde plana; rhaphe ventrali filiformi, in chalazam apicalem suberoso-fungosam, triquetro-subulatam, elongatam excurrente. Embryo exalbuminosus, orthotropus; cotyledonibus carnosis; radicula brevi, supera. — *Arbuscula zeylanica, tota colore aurantiaco suffusa; libro tenaci, foliis alternis, breve petiolatis, elliptico-oblongis, acuminatis, floribus axillaribus fasciculatis.*

Gyrinops Gärtn. *II. 276. t. 140.* DC. *prodr. I. 60.* Arnott *in Lindl. Introduct. edit. II. p. 442.* Hooker *Ic. t. 5.*

2111. Aquilaria *LAM.* Flores hermaphroditi. Perigonium coloratum, urceolatum, tubo intus retrorsum hirto, limbo quinquepartito, patente. Squamulae faucis decem, obsolete bilobae, in urceolum exsertum coalitae. Stamina 10 biseriata, fauci inserta, 5 perigonii lobis opposita paullo longiora; filamenta breviuscula, compressa. Ovarium sessile, obovatum, compressiusculum, uniloculare, placentis parietalibus duabus. Ovula 2, infra apicem placentarum solitarie pendula, anatropa. Stigma sessile, convexiusculum. Capsula lignosa, sessilis, obovata, compressa, unilocularis, bivalvis, valvis medio placentiferis. Semina 2, v. abortu solitaria, plano convexa; raphe dorsali (?) membranacea; chalaza elongata, spongiosa, descendente. Embryo ...... — *Arbusculae indicae; foliis alternis, breve petiolatis, lanceolatis, acuminatis, umbellis axillaribus et terminalibus.*

Aquilaria Lamarck *Dict. I. 49. t. 356.* Cavanill. *Dissert. VII. 377. t. 224.* DC. *prodr. II. 59.* Royle *Himalay. 173. t. 36.* Arnott *in Lindley Introduct. edit. II. p. 442.* Hooker *Ic. t. 6.* — ? Ophispermum Loureiro *Flor. cochinch. I. 344.*

Ordo CXI. Elaeagneae.

ELAEAGNEAE R. Brown *prodr. 350.* A. Richard *in Mém. Soc. h. n. Paris. I. 374.* Bartl. *Ord. nat. 113.* Lindley *Introduct. edit. II. p. 194.*

FRUTICES, ARBUSCULAE V. ARBORES, ramulis interdum spinescentibus, haud articulatis. Folia alterna v. opposita, breviter petiolata, simplicia, integra, integerrima v. dentata, uninervia, utrinque, imprimis subtus squamis scariosis, discoideis, peltatim affixis, margine stellato-dentatis v. incisis bruneo- v. argenteo-lepidota. Stipulae nullae.

FLORES regulares, diclines, hermaphroditi v. abortu polygami, in axillis foliorum solitarii, spicati v. racemoso-paniculati.

FLORES MASCULI (in Hippophaë) in amentum spicaeforme dispositi, singuli intra bracteam squamaeformem sessiles.

PERIGONIUM calycinum diphyllum (in Hippophaë), foliolis liberis, bracteae et axi oppositis, v. tetraphyllum (in Shepherdia) foliolis basi cohaerentibus in tubum brevissimum, toro in glandulas octo, foliolis oppositas et alternas producto repletum.

STAMINA 4—8, nempe duplo foliolorum perigonii numero, iisdem alterna et opposita, tori margini inserta. Filamenta brevissima, subnulla. Antherae introrsae, biloculares, erectae, basi v. dorso paullo supra basim affixae; loculi subоppositi, paralleli, lateraliter longitrorsum dehiscentes. Pollinis granula compressa, obsolete trigona.

FLORIBUS HERMAPHRODITIS, staminum v. ovarii abortu saepe unisexualibus et FEMINEIS:

PERIGONIUM tubulosum, liberum, extus rude, lepidotum, intus saepe coloratum, villosum, tubus interdum circa apicem constrictus, globoso-ventricosus, limbus regularis, campanulatus, bi-quadri-quinquefidus, laciniis per aestivationem imbricatis, vel conicus (in *Conuleo*) apice perforatus, circumscisse deciduus.

Torus in laminam perigonii tubum vestientem effusus, ad faucem in annulum glandulosum v. (in *Conuleo*) in conum carnosum, apice stylo pervium, perigonii limbum excedentem tumens; in floribus typice, nec abortu femineis (in Hippophaë) nullus.

Stamina summo toro ad perigonii faucem v. inter ejusdem lobos inserta, iisdem numero aequalia et alterna, v. dupla, per vices alterna et opposita. Filamenta et antherae uti in floribus masculis.

Ovarium sessile, perigonii tubo obtectum, sed omnino liberum, uniloculare, uniovulatum. Ovulum ovarii lateri prope basim insertum, e funiculo crasso, brevi erectum, anatropum. Stylus terminalis, simplex, elongatus, linguaeformis, uno latere longitudinaliter stigmatosus.

Fructus perigonii basi persistente, demum incrassata, carnosa v. indurata, subossea, apice umbilicata vestitus, neque tamen cum ea cohaerens, ovoideus v. compressiusculus, monospermus, indehiscens. Epicarpium crustaceo-membranaceum, tenue, longitudinaliter costatum.

Semen adscendens, fructus cavitati conforme. Testa membranacea tenuis, v. cartilaginea dura, umbilico basilari, per rhaphen lateralem prominulam cum chalaza apicali conjuncto. Albumen carnosum, tenue, in basi seminis incrassatum.

Embryo orthotropus, axilis. Cotyledones crassae. Radicula brevis, conica, basim fructus spectans.

Elaeagneae ab Europa media per omnem Asiam temperatam et tropicam diffusae, in America boreali et tropica trans aequatorem rarissimae, in hemisphaerae australis regionibus extratropicis nondum repertae fuerunt.

Baccae nonnullarum acido malico scatentes, a Lothophagis, Persis et Indis inter cibaria receptae.

Ordo apprime naturalis, diu in ancipiti positus, olim praeter Santalaceas, Combretaceas plerasque complexus, a Roberto Brown primum circumscriptus, et ab Achille Richardo egregie illustratus; differt a Daphnoideis arcte affinibus ovuli solitarii situ, a Proteaceis perigonio regulari et fructu indehiscente monospermo, a Santalaceis ovario libero et ovuli insertione. Combretaceae petalorum praesentia, ovulorum numero et situ, embryonis denique conformatione longius distant.

2112. Hippophaë *LINN.* Flores dioici. Masc. Perigonium diphyllum. Stamina 4. Fem. Perigonium tubulosum, limbo erecto, bifido. Torus nullus. Achenium perigonio baccato tectum. — *Arbuscula Europam mediam et austro-orientalem sparsim inhabitans; foliis alternis, lanceolatis, subtus argenteo-lepidotis, spinis axillaribus, floribus masculis in amentum breve dispositis, singulis intra bracteam sessilibus, femineis axillaribus, solitariis.*

Hippophaë Linn. *gen. n. 1106.* excl. sp. Gärtn. *I. 199. t. 42.* Schkuhr *t. 332.* Fl. dan. *t. 265. E. B. t. 425.* A. Richard *in Mém. Soc. h. n. Paris I. 387. t. 24. f. 2.* Nees jun. *Gen. pl. II. 44.*

2113. Shepherdia *NUTT.* Flores dioici. Masc. Perigonium brevissime tubulosum, quadrifidum. Stamina 8, toro perigonii tubum replenti inserta. Fem. Perigonium tubulosum, limbo quadripartito. Torus in glandulas octo perigonii faucem obturantes tumens. Achenium perigonii tubo baccato tectum. — *Arbusculae boreali-americanae; foliis oppositis, lanceolatis, subtus argenteo- v. ferrugineo-lepidotis, ramulis apice spinescentibus, floribus in apice ramulorum subracemosis.*

Shepherdia Nutt. *gen. II. 241.* A. Richard *in Mém. Soc. h. n. Paris I. 386. t. 24. f. 3.* Lepargyrea Rafin. *in Americ. Montal. Magaz. 1819.* Hippophaës sp. Linn. Pursh.

2114. Conuleum *L. C. RICH.* Flores dioici. Masc. ...... Fem. Perigonii tubus cylindricus, limbus conicus, apice perforatus, circumscisse deciduus. Torus ad perigonii faucem in conum stylo pervium, limbum subexcedentem tumens. Fructus ..... — *Arbuscula guianensis, inermis; foliis oppositis, obovali-acuminatis, integerrimis, lepidoto-argenteis, floribus in axillis dichotome racemosis.*

Conuleum L. C. Richard ex A. Richard *in Mém. Soc. h. n. Paris I. 391. t. 25.*

2115. Elaeagnus *LINN.* Flores hermaphroditi v. polygami. Perigonium basi tubulosum, limbo campanulato, regulari, quadri-sexfido. Stamina 4—6, limbi laciniis basi inserta, iisque alterna. Discus annularis v. conicus, tubi fauci impositus. Achenium perigonii tubo incrassato, carnoso, intus osseo, apice umbilicato tectum. — *Arbores v. arbusculae, ab Europa media per Asiam temperatam et tropicam usque ad Japoniam, ubi imprimis copiosae esse videntur, diffusae; foliis alternis, lepidotis, integerrimis, ramulis saepius spinescentibus, floribus axillaribus, pedicellatis.*

Elaeagnus Linn. *gen. n. 159.* Gärtn. *t. III. 203. t. 216.* Pallas *Fl. ross. I. t. 4. 5.* Thunb. *Flor. jap. t. 14.* A. Richard *in Mém. Soc. h. n. Paris. I. 381. t. 24. f. 1.* Turp. *Alt. Dict. sc. nat. III. t. 7.* Bot. Reg. *t. 1156.* Nees jun. *Gen. plant. II. 43.*

Ordo CXII. Penaeaceae.

PENAEACEAE R. Brown *ex Sweet Hort. brit. 347.* Guillem. *in Dict. hist. nat. XIII. 171.* Kunth *in Linnaea V. 676.* Lindley *Introduct. edit. II. p. 203.*

Frutices capenses, sempervirentes. Folia opposita, simplicia, integerrima, coriacea, imbricata. Stipulae nullae.

Flores hermaphroditi, regulares, axillares v. terminales, bracteolis duabus lateralibus oppositis, interdum bifidis, raro pluribus muniti.

Perigonium simplex, coloratum, persistens, basi ventricosum, apice plus minusve profunde quadrifidum, lobis per aestivationem valvatis.

Stamina perigonii limbo inserta, ejusque lobis numero aequalia et alterna. Filamenta brevia, erecta, libera v. mediante margine disciformi angustissimo, perigonii limbum vestiente basi conjuncta. Antherae introrsae, biloculares, erectae, loculi oppositi, dorso connectivo crasso, carnoso adnati, nunc illud longitudine aequantes et eodem interposito sejuncti, nunc contigui, a connectivo dilatato superati, longitudinaliter dehiscentes.

Ovarium quadriloculare, liberum, constans e carpidiis quatuor, marginibus introflexis dissepimenta constituentibus, columna centrali nulla. Ovula in quovis loculo duo, collateralia, ex anguli interioris basi adscendentia, anatropa. Styli quatuor, in unicum conferruminati, teretes v. angulati, angulis cum carpidiorum dorso continuis. Stigma terminale, simplex, capitatum v. obsolete quadrilobum.

Capsula intra perigonium persistens recondita, tetragona, quadrisulca, quadrilocularis, loculicido-quadrivalvis, valvulae coriaceae, medio septiferae.

Semina in loculis duo, collateralia, erecta, oblonga, extus convexiuscula, intus subcomplanata, nonnulla pleruinque abortiva. Testa dura, fragilis, v. coriacea, crassa, endopleura tenuis, membranacea. Umbilicus basilaris, fungosus, arillum mentiens, cum rhaphe lineari, crassa, carnosa, ad latus seminis exterius decurrente continuus et solubilis. Nucleus carnosus, indivisus. Embryo . . . .

Ordo perparvus, capensis, ob seminis interiorem fabricam non rite cognitam, et frustra in speciminibus exsiccatis a nobis exploratam, quoad locum subdubius, interim ob aliquam cum Thymeleis et Proteaceis affinitatem hoc loco collocatus, cum Rhamneis olim fortassis comparandus.

Species pleraeque vix cognitae, et e Thunbergii phrasibus haud eliciendae. Penaeae Loureirianae ab ordine longe recedunt.

Plurimae resinam fundunt viscidam, nauseosam, principio peculiari (*Sarcocollim* v. *Collechair*) cum acido nitrico in acidum oxalicum coeunte foetam, ab Arabibus inter vulneraria pharmaca receptam.

Geissoloma genus ob fructus et seminis fabricam incognitam, quoad locum suum nobis magnopere dubium, a typo, qualem Penaea et Sarcocolla exhibent, perigonii aestivatione, staminum numero, antherarum fabrica et ovulorum situ recedit, interim e cl. Lindley sententia ad hujus ordinis calcem collocatum, Bruniaceis fortassis olim approximandum.

2116. Penaea *LINN.* Perigonium coriaceum, coloratum, campanulatum, limbi quadripartiti lobis triangulari-ovatis, aestivatione valvatis. Stamina 4, summo perigonii tubo inserta, ejusque lobis alterna; filamenta libera; antherae loculis connectivo crasso antice adnatis illoque brevioribus. Ovarium quadriloculare. Ovula in loculis bina collateralia, erecta, anatropa. Stylus tetrapterus, apice quadrifidus; stigmata truncato-rotundata. Capsula perigonio persistente tecta, tetragona, quadrisulca, quadrilocularis, loculicido-quadrivalvis, valvis coriaceis, medio septiferis. Semina in loculis 2, e basi erecta; testa dura, fragili; umbilico fungoso; rhaphe lineari, crassa. — *Frutices capenses, ramosissimi; foliis oppositis, coriaceis, integerrimis, floribus terminalibus solitariis v. paucis congestis, bracteis coloratis.*

Penaea Linn. *gen. n. 138.* excl. sp. Gärtn. f. *III. 243. t. 225.* Kunth *in Linnaea V. 676.* — P. mucronata L. P. myrtilloides et fructiculosa Thunb. (Vent. *Malm. t. 87.* Bot. Mag. *t. 2809.*)

2117. Sarcocolla *KUNTH.* Perigonium coriaceum, coloratum, tubulosum v. campanulatum, limbi quadripartiti lobis subrotundo-ovatis, basi latioribus, aestivatione imbricatis. Stamina 4, summo perigonii tubo inserta, ejusque lobis alterna; filamenta libera v. mediante disci margine angusto brevissime conjuncta; antherae loculis connectivo crasso, aequilongo antice adnatis. Ovarium quadriloculare. Ovula in loculis bina, collateralia, erecta, anatropa. Stylus filiformis; stigma capitatum, integrum v. obsolete quadrilobum. Capsula perigonio persistente tecta, tetragona, quadrisulca, quadrilocularis, loculicido-quadrivalvis, valvis coriaceis, medio septiferis. Semina in loculis 2, e basi erecta; testa coriacea, crassa; umbilico fungoso; rhaphe lineari, incrassata. — *Frutices capenses, viscoso-resinosi; foliis oppositis, imbricatis, coriaceis, integerrimis, floribus terminalibus, solitariis v. paucis congestis, sessilibus, bracteatis.*

Sarcocolla Kunth *in Linnaea V. 678.* Penaeae sp. Linn. Thunb. *in Berl. Magaz. I. t. 3. f. 1.* Lam. *t. 78. f. 1. 2.* Meerb. *t. 51. f. 1.* Bot. Reg. *t. 106.*

GENUS ANOMALUM.

2118. Geissoloma *LINDL.* Perigonium coriaceum, coloratum, quadripartitum, laciniis ovatis, aequalibus, aestivatione imbricatis, sub anthesi patentibus. Stamina 8, imo perigonio inserta, eoque breviora, quatuor ejusdem laciniis opposita reliquis paullo longiora; filamenta subulata, basi disci margine angusto breviter conjuncta; antherae ellipticae, apiculatae, basi bifidae, dorso affixae, demum reflexae. Ovarium quadriloculare. Ovula in loculis 2, collateralia, pendula, anatropa. Stylus subulatus; stigma simplex. Capsula ..... — *Frutices capenses; foliis oppositis, integerrimis, pedicellis axillaribus, solitariis, bracteolatis.*

Geissoloma Lindley *ex Kunth in Linnaea V. 678.* Penaea marginata Linn. — ? Penaeae sp. Thunb. *in Berl. Magaz. I. t. 3. f. 2. 3.*

Ordo CXIII. Proteaceae.

PROTEAE Jussieu *gen. 78.* PROTEACEAE R. Brown *in Linn. Transact. X. 45. et. Prodrom. 363. Supplementum primum prodromi Lond. 1830. 8.* Knight et Salisbury *Proteaceae Lond. 1810. 8.* Bartling *Ord. nat. 115.* Lindley *Introduct. edit. II. p. 197.*

Frutices v. Arbores vix excelsae, rarissime Herbae. Rami in plerisque annotino - umbellati. Folia alterna, rarius opposita v. verticillata, persistentia, coriacea, indivisa v. varie dentata seu incisa, aut profundius laciniata, rarissime composita, glandulis cutaneis in pluribus amphigenis. Stipulae nullae.

Flores in plerisque hermaphroditi, in paucissimis abortu unisexuales, subspicati, modo laxius in racemum v. corymbum dispositi, saepe geminati, modo densius in capitulum congesti, v. supra receptaculum planiusculum aggregati, receptaculo involucro persistente, saepius imbricato subtenso, in nonnullis quasi abortione unifloro, involucro tunc calyculum simulante. Bracteae dum flores geminati singulis paribus communes, in capitatis persistentes, saepius demum auctae et induratae, rarius connatae, in aggregatis nanae, plerumque deciduae, quandoque nullae.

Perigonium simplex, coloratum, subcoriaceum, avenium, extus saepe pubescens, intus glabrum, rariusve barba ut plurimum partiali instructum, tetraphyllum, foliolis valvatis, distinctis v. saepius plus minus arcte cohaerentibus tubulosum, limbo quadrifido, aequali, laciniis subspathulatis, rarius irregulari, laciniis nempe pluribus cohaerentibus v. rarius inaequalibus; post anthesim deciduum v. marcescens, tubo saepius a basi tandem quadrifida secedente, quandoque basi integra diutius persistente.

Stamina quatuor (uno interdum abortivo), perigonii foliolis opposita, iisdemque ut plurimum inserta, in plerisque juxta apicem rarius prope medium v. basim, rarissime hypogyna, nunquam perigonio longiora. Filamenta brevissima v. mediocria, rarissime pro parte inter se cohaerentia. Antherae introrsae, biloculares, adnatae, loculis linearibus, longitudinaliter dehiscentibus, contiguis v. loculis discretis bilobae, lobis contiguis vicinarum inter se connatis loculumque primitus unicum, tandem bivalvem formantibus, altero lobo tunc in nonnullis abortivo. Pollen triangulare, angulis pellucidis, v. ellipticum aut lunulatum, raro sphaericum.

Squamulae v. Glandulae hypogynae nunc quatuor, perigonii foliolis alternae, liberae v. inter se connatae, nonnunquam etiam perigonii tubo basi intus adnatae, nunc pauciores, unilaterales, interdum nullae, rarissime staminuliformes.

Ovarium liberum, sessile v. stipitatum, rarissime cum stipitulo articulatum, e carpidio unico compositum, uniloculare. Ovulum unicum v. bina collateralia, nunc plura biseriata, suturae prope loculi basim medium v. apicem affixa, varie anatropa, micropyle infera, saepe elongata, priminua nempe hinc longitudinaliter fissa, nucleum partim denudante. Stylus terminalis, filiformis, simplex, perigonio in pluribus longior, persistens v. a basi aut supra basim deciduus. Stigma plerumque indivisum, nunc emarginatum v. rarissime bifidum, saepe obliquum, figura varium, in plerisque glabrum, nunc papulosum, hispidulum v. tomentosum.

Fructus varius: Nux, samara v. drupa monosperma aut rarius disperma, nunc folliculus coriaceus v. ligneus, raro monospermus, plerumque dispermus v. polyspermus, unilocularis, v. ovulorum collateralium priminis in dissepimentum liberum bipartibile concrescentibus pseudobilocularis.

Semina suturae immediatim affixa, in nucamentaceis saepius ventricosa, in folliculatis ut plurimum compressa, saepissime alata, testa in pleiospermis plerumque hinc soluta, membranam seminibus interpositam sistente, umbilico basilari v. laterali, chalaza venosa apicem v. latus umbilico oppositum occupante, rhapheos in nonnullis fere obsoletae, in aliis bicruris directione varia. Albumen nullum.

Embryo rectus, dicotyledoneus v. rarius polycotyledoneus; radicula umbilico proxima v. parallela, semper infera. Plumula vix conspicua.

Proteaceae ob stirpium habitum mire formosum, et florum elegantem speciem regionum ubi abundant ornamenta, et viridariorum nostrorum svavissimae deliciae, imprimis in hemisphaerae australis regionibus extratropicis, in Capite bonae spei et Nova Hollandia imprimis australi copiosissimae proveniunt, in Nova Zeelandia et America australi extratropica rariores. In regionibus tropicis Novae Hollandiae et Americae transaequatorem parce proveniunt, cis aequatorem inter tropicos Indiae et Americae orientalis rarissimae, unica ex Abyssinia relata, ex hemisphaerae borealis regionibus extratropicis omnino exules.

SUBORDO I. NUCAMENTACEAE.

Fructus indehiscens.

TRIBUS I. PROTEINAE. Antherae inter se liberae, medio v. apicibus concavis laminarum perigonii inserta. Ovarium uniovulatum. Nux v. Samara. — *Flores capitati*

2119. Aulax *BERG.* Flores abortu dioici. Masc. racemosi. Perigonium tetraphyl lum regulare. **Stamina** 4, medio foliolorum perigonii inserta. **Ovarium** abortivum. **Fem. Capitulum** multiflorum, bracteis subulatis. **Perigonium** maris. **Squamulae** 4 hypogynae. **Ovarium** uniloculare, uniovulatum. **Stylus** filiformis; **stigma** obliquum, clavatum, hispidulum, emarginatum. **Nux** monosperma, exserta, ventricosa, barbata. — *Frutices capenses, glaberrimi; foliis alternis, integerrimis, floribus terminalibus, unibracteatis, masculis in racemis aggregatis, nudis, femineis in capitulo solitario, cincto foliolis intus auctis appendiculo aceroso-multifido, capitulo quasi abortivo, racemis exterioribus maris analogo.*

Aulax Bergius *Flor. cap.* 33. R. Brown *in Linn. Transact.* X. 49. Proteae sp. Linn. Thunb. Andr. *Bot. Reposit. t.* 76. 248.

2120. Leucadendron *HERM.* **Flores** abortu dioici, capitati, bracteis dilatatis. **Perigonium** tetraphyllum, regulare **Stamina** 4, apicibus concavis laciniarum perigonii inserta. **Squamulae** 4 hypogynae, interdum obsoletae. **Ovarium** uniloculare, uniovulatum. **Stylus** filiformis; **stigma** obliquum, clavatum, emarginatum, hispidulum. **Nux** v. **samara** monosperma, strobili squamis (interdum cohaerentibus) inclusa. — *Frutices v. interdum arbores capenses, saepe sericeo-tomentosae; foliis alternis, integerrimis, capitulis terminalibus solitariis, bracteis imbricatis v. foliis verticillatis et subcoloratis plerumque cinctis.*

Leucadendron Hermann ex Plucken. Phyt. *t.* 200. *f.* 1. R. Brown *in Linn. Transact.* X. 50. Conocarpodendron Boerh. *Lugd. Bat. t.* 195. 197. 200. 202—204. Conocarpus Adans. *Fam. II.* 284. Euryspermum Salisbury *Parad. t.* 75. Gissonia et Chasme Salisb. *Parad.* 67. Proteae sp. Linn. Gärtn. *t.* 51. Wendl. *Hort. Herrnh. t.* 14. Andr. *Bot. Reposit. t.* 307. 429. 461. 541. 572.

2121. Petrophila *R. BR.* **Capitulum** indefinite multiflorum, bracteis persistentibus imbricatis. **Perigonium** quadrifidum, totum simul deciduum. **Stamina** 4, apicibus concavis laciniarum immersa. **Squamulae** hypogynae nullae. **Ovarium** uniloculare, uniovulatum. **Stylus** filiformis, basi persistente; **stigma** fusiforme, apice attenuato. **Nux** lenticularis monosperma, hinc comosa, v. **samara** basi barbata. — *Frutices in Nova Hollandia, imprimis meridionali provenientes, rigidi; foliis glabris, variis, filiformibus v. planis, indivisis, lobatis v. pinnatifidis, quandoque in eadem stirpe diversiformibus, amentis ovatis v. oblongis, terminalibus et axillaribus, interdum aggregatis, strobili fructiferi squamis imbricatis, distinctis v. connatis.*

Petrophila R. Brown *in Linn. Transact.* X. 67. *Prodr.* 363. *Suppl.* 1. Petrophile Knight et Salisb. *Prot.* 92. Atyli sp. Salisb.

a. ARTHROSTIGMA. Stigma articulatum, articulo inferiore angulato, glabro, superiore tomentoso. Nux lenticulari-compressa, intus marginibusque comosa. Strobilus squamis distinctis. — *Folia filiformia, indivisa.*

Petrophilae sect. I. R. Brown *prodr.* 364. (Bot. Mag. *t.* 3469.)

b. PETROPHILE. Stigma inarticulatum, hispidiusculum. Nux lenticulari-compressa, intus marginibusque comosa. Strobilus squamis distinctis. — *Folia filiformia, bipinnatifida.*

Petrophilae sect. II. R. Brown *l. c.* Proteae sp. Schrader *Sert. Hannover.* 11. *t.* 7. Cavanill. *Ic. t.* 550. 551. Bot. Mag. *t.* 796. (Guillem. *Ic. lithogr. t.* 18.)

c. SYMPHYOLEPIS. Stigma inarticulatum, hispidiusculum. Samara foliacea, dilatata. Strobilus squamis connatis. — *Folia plana, bipinnatifida.*

Petrophilae sect. III. R. Brown *l. c.*

d. XEROSTOLE. Stigma inarticulatum, hispidiusculum. Samara planiuscula. Strobilus squamis distinctis. — *Folia plana, ternatim divisa.*

Petrophilae sect. IV. R. Brown *l. c.*

2122. Isopogon *R. BR.* **Capitulum** indefinite multiflorum, bracteis persistentibus imbricatis, v. receptaculum planum, paleis deciduis subinvolucratum. **Perigonium** quadrifidum, tubo gracili diutius persistente. **Stamina** 4, apicibus concavis laciniarum perigonii immersa. **Squamulae** hypogynae nullae. **Ovarium** uniloculare, uniovulatum. **Stylus** filiformis, a basi deciduus; **stigma** fusiforme v. cylindraceum. **Nux** monosperma, sessilis, undique comosa. — *Frutices rigidi, in Nova Hollandia, imprimis meridionali indigeni; foliis glabris, planis v. filiformibus, divisis v. integerrimis, floribus nunc densissime imbricatis, in strobilum collectis, nunc fastigiatis, receptaculo communi planiusculo, subinvolucrato imposilis, paleis deciduis, congestis intermixtis.*

Isopogon R. Brown *in Linn. Transact.* X. 70. *Prodr.* 365. *Suppl.* 7. Knight et Salisbury *Prot.* 93. Atyli sp. Salisb.

a. EUSTROBILUS. Flores imbricati, strobilo globoso, squamis densis serius deciduis. — *Folia omnia v. rarissime inferiora tantum divisa.*

Isopogonis sect. I. R. Brown *prodr.* 365. Proteae sp. Cavanill. *Ic. t.* 548. 549. Bot. Mag. *t.* 697. Andr. *Bot. Reposit. t.* 332. (Bot. Reg. *t.* 900. 1288. Bot. Mag. *t.* 3421.)

b. HYPSANTHUS. Flores supra receptaculum planum v. convexiusculum subinvolucratum fastigiati, paleis confertis, caducis. — *Folia indivisa v. rarissime fruticis adulti trifida.*

Isopogonis sect. II. R. Brown *l. c.* (Guillem. *Ic. lithogr. t.* 19. Bot. Mag. *t.* 3450. 3539.)

2123. Protea *LINN.* **Involucrum** imbricatum polyphyllum, persistens, receptaculum multiflorum, paleis abbreviatis, persistentibus obsessum cingens. **Perigonium** bipartibile, inaequale, labii latioris laminis tribus cohaerentibus. **Stamina** 4, apicibus concavis laminarum perigonii inserta. **Squamulae** 4 hypogynae. **Ovarium** uniloculare, uniovulatum. **Stylus** subulatus; **stigma** angustius, cylindraceum. **Nux** monosperma, undique barbata, stylo persistente caudata. — *Frutices capenses, etiam in Abyssinia reperti, modo proceriores, fere arborescentes, modo subacaules; foliis integerrimis, capitulis terminalibus v. rarius lateralibus, receptaculo planiusculo v. interdum convexo, saepissime glabro, nonnunquam paleis connatis alveolato, involucro magno, colorato, turbinato v. hemisphaerico, perigonii labio latiore saepe bi-triaristato.*

Protea Linn. *gen. edit.* 1. *n.* 59. R. Brown *in Linn. Transact.* X. 74 Smith *Exot. Bot. I. t.* 44. *II. t.* 81. Andr. *Bot. Reposit. t.* 132. 133. 144. 270. 288. 289. 409. 437. 442. 453. 469. 500. 526. 532. Bot. Mag. *t.* 346. 933. 1713. 2065. 2447. 2720. Bot. Reg. *t.* 20. 47. Leucadendron Linn. *gen. edit.* 2. *n.* 74. Lepidocarpodendron Boerh. *Lugd. Bat.* 55. Scolymocephalus Hermann *Dendr. t.* 9. Erodendrum Salisb. *Parad.* 67. 70. 108. Pleuranthe Salisb. — Gaguedi Bruce *Abyss. V.* 52. *c. ic.*

2124. Leucospermum *R. BR.* **Involucrum** imbricatum polyphyllum, capitulum indefinite multiflorum, amentaceum v. depressum cingens. **Perigonium** irregulare, bilabiatum, unguibus tribus, rarius omnibus cohaerentibus, laminis distinctis. **Stamina** 4, apicibus concavis laminarum perigonii inserta. **Squamulae** 4 hypogynae. **Ovarium** uniloculare, uniovulatum. **Stylus** filiformis, deciduus; **stigma** incrassatum, glabrum, interdum inaequilaterum. **Nux** monosperma, ventricosa, sessilis, laevis. — *Frutices capenses, saepe humiles, quandoque arborescentes.*

plerumque tomentosi v. hirsuti; foliis integerrimis v. apice calloso-dentatis, capitulis terminalibus, floribus flavis, nunc imbricatis, bracteis persistentibus, induratis, nunc supra receptaculum planiusculum fastigiatis, paleis angustis, non mutatis, deciduis.

Leucospermum R. Brown *in Linn. Transact. X. 95.*

a. CONOCARPODENDRON *Boerh.* Capitulum amentaceum, bracteis persistentibus subimbricatis.

Conocarpodendron Boerh. *Lugd. Bat. II. 196. 198.* Proteae sp. Thunb. Linn. Andr. *Bot. Reposit. t. 17.* Lam. *t. 53. f. 3.* Leucadendri sp. Linn.

b. DIASTELLA *Salisb.* Receptaculum planiusculum, paleis angustis, deciduis.

Diastella Salisb. Proteae sp. Thunb.

2125. Mimetes *SALISB.* Involucrum imbricatum polyphyllum, receptaculum multiflorum planum, paleis angustis deciduis obsessum cingens. Perigonium quadripartitum, aequale, laciniis distinctis. Stamina 4, apicibus concavis laciniarum perigonii inserta. Squamulae 4 hypogynae. Ovarium uniloculare, uniovulatum. Stylus filiformis, deciduus; stigma cylindraceum, gracile. Nux monosperma, ventricosa, sessilis, laevis. — *Frutices capenses; foliis integerrimis v. calloso-dentatis, capitulis axillaribus, in quibusdum folio superiore cucullato amplexis, interdum terminalibus, involucris membranaceis, raro coriaceis, nunc dimidiatis, ovariis perigonia post anthesim flaccida superantibus, stigmatibus in plerisque acutis.*

Mimetes Salisb. *Parad. 67.* R. Brown *in Linn. Transact. X. 105.* Reichenb. *Hort. bot. I. t. 92. 93.* Hypophyllocarpodendron Boerh. *Lugd. Bat. II. 206.* Lepidocarpodendri sp. Boerh. *op. cit. II. 194.* Proteae et Leucadendri sp. Linn.

2126. Serruria *SALISB.* Capitulum indefinite multiflorum, paleis persistentibus imbricatis, involucratum v. nudum. Perigonium quadrifidum, subaequale, unguibus distinctis. Stamina 4, apicibus concavis laciniarum perigonii immersa. Squamulae 4 hypogynae. Ovarium uniloculare, uniovulatum. Stylus filiformis, deciduus; stigma verticale, glabrum. Nux monosperma, brevissime pedicellata, glabriuscula v. barbata. — *Frutices capenses; foliis filiformibus, trifido-pinnatifidis rariusve integris, capitulis terminalibus v. e summis alis, simplicibus v compositis, partialibus congestis, v. pedunculo communi diviso corymbosis, involucro imbricato, membranaceo, capitulo saepe breviore, in paucis longiore, quandoque nullo, floribus semper sessilibus, purpureis, ovariis perigonia aequantibus, stigmatibus clavatis rariusve cylindraceis, nucibus ovalibus, tenuiter pubescentibus, modo barbatis, aliquando glabriusculis.*

Serruria Salisb. *Parad. 67.* R. Brown *in Linn. Transact. X. 112.* Serraria Burmann *Afr. 264.* Proteae et Leucadendri sp. Linn. Andr. *Bot. Reposit. t. 264. 349. 447. 507.*

2127. Nivenia *R. BR.* Involucrum simplici serie tetraphyllum, quadriflorum, fructiferum induratum, receptaculo plano, epaleato. Perigonium quadrifidum, aequale, totum deciduum. Stamina 4, apicibus concavis laciniarum perigonii inserta. Squamulae 4 hypogynae. Ovarium uniloculare, uniovulatum. Stylus filiformis, deciduus; stigma clavatum, verticale. Nux monosperma, ventricosa, nitens, sessilis, basi integra. — *Frutices capenses; foliis sparsis, inferioribus bipinnatifidis, filiformibus, superioribus in quibusdam indivisis, planis, involucris in spicam rariusve in capitulum terminale digestis, sessilibus, bractea unica subtensis, floribus purpurascentibus.*

Nivenia R. Brown *in Linn. Transact. X. 133.* Paranomus Salisb. *Parad. 67.* Proteae sp. Linn. Andr. *Bot. Reposit. t. 243.*

2128. Sorocephalus *R. BR.* Involucrum subsimplici serie tri-hexaphyllum, definite pauciflorum v. uniflorum, fructiferum haud mutatum, receptaculum epaleatum. Perigonium quadrifidum, aequale, totum (?) deciduum. Stamina 4, apicibus concavis laciniarum perigonii inserta. Squamulae 4 hypogynae. Ovarium uniloculare, uniovulatum. Stylus filiformis, deciduus; stigma verticale, clavatum. Nux monosperma, ventricosa, brevissime pedicellata v. basi emarginata. — *Frutices capenses; ramis virgatis, foliis sparsis, filiformibus v. planis, indivisis, infimis interdum bipinnatifidis, involucris subsessilibus, unibracteatis, in spicum capituliformem, nudam v. basi bracteis imbricatis subtensam congestis, floribus purpurascentibus.*

Sorocephalus R. Brown *in Linn. Transact. X. 139.* Soranthe Salisb. Spatallae sp. Salisb.

a. MISCHOCARYON. Spica nudiuscula. Involucra uni-triflora. Nux brevissime pedicellata, basi integra. — *Folia filiformia, indivisa.*

b. CARDIOCARYON. Spica subinvolucrata. Involucra quadri-sexflora. Nux basi emarginata. — *Folia filiformia v. plana, rarissime infima bipinnatifida.*

Protea lanata et P. imbricata Thunb. *Prot. t. 3. et t. 5.* Andr. *Bot. Reposit. t. 527.*

2129. Spatalla *SALISB.* Involucrum simplici seriei di-tetraphyllum, uniflorum, v. definite pauciflorum, fructiferum haud mutatum, receptaculo epaleato. Perigonium quadrifidum, lacinia interiore plerumque majore, totum deciduum. Stamina 4, apicibus concavis laciniarum perigonii immersa. Squamulae 4 hypogynae. Ovarium uniloculare, uniovulatum. Stylus filiformis, deciduus; stigma obliquum, dilatatum. Nux monosperma, ventricosa, brevissime pedicellata. — *Frutices capenses; foliis sparsis, filiformibus, indivisis, involucris terminalibus, spicatis v. racemosis, unibracteatis, floribus purpurascentibus, anthera perigonii laciniae majori inserta proportionatim majore, in quibusdam sola fertili.*

Spatalla Salisbury *Parad. 67. excl. sp.* R. Brown *in Linn. Transact. X. 143.*

a. COILOSTIGMA. Involucrum uniflorum. Perigonium inaequale. Stigma concavum, cochleariforme.

Protea prolifera Thunberg *Prot. t. 4.*

b. CYRTOSTIGMA. Involucrum tri-quadriflorum. Perigonium subaequale. Stigma convexiusculum.

Protea incurva et P. caudata Thunberg *Prot. t. 2. 3.*

2130. Adenanthos *LABILLARD.* Involucrum tetra-octophyllum, uniflorum. Perigonium quadrifidum, basi circumscissum. Stamina 4, apicibus concavis laciniarum perigonii inserta. Squamulae 4 hypogynae, perigonii basi persistenti adnatae. Ovarium uniloculare, uniovulatum. Stylus filiformis, perigonio longior; stigma verticale. Nux monosperma, ventricosa, sessilis. — *Frutices Novae Hollandiae austro-occidentalis; foliis sparsis, indivisis v. trifidis, involucris axillaribus solitariis, floribus rubicundis, rarius terminalibus subaggregatis, floribus lutescentibus.*

Adenanthos Labillard. *Nov. Holland. I. 28. t. 36—38.* R. Brown *in Linn. Transact. X. 151. Prodr. 367. Suppl. 9.*

TRIBUS II. CONOSPERMEAE. Antherae primum inter se cohaerentes, vicinarum lobis contiguis loculum unicum constituentibus. Ovarium uniovulatum. Nux. — *Flores spicati v. capitati.*

2131. Synaphaea *R. BR.* Perigonium tubulosum, ringens, limbi quadrifidi lacinia postica latiore. **Stamina** 4, basi laciniarum inserta, inclusa; **filamenta** brevia, posticum anantherum; fertilium **antherae** bilobae, lobo altero lateralium abortivo, intermedii antici ambobus perfectis, omnibus primum cohaerentibus, vicinarum lobis contiguis synantherii bilocularis loculum unum constituentibus, tandem discretis. **Squamulae** hypogynae nullae. **Ovarium** turbinatum, uniloculare, uniovulatum. **Stylus** curvatus, sursum incrassatus; **stigma** dilatatum, obliquum, hinc stamini sterili connatum, inde bicorne v. acutum. **Nux** obovata, monosperma, papposa. — *Frutices humiles, in Novae Hollandiae ora austro-occidentali provenientes; foliis sparsis, planis, pulcherrime reticulatis, circumscriptione cuneiformibus, lobatis v. inferioribus etiam indivisis, glandulis cutaneis amphigenis, petiolorum basi dilatata semivaginante, spicis axillaribus v. terminalibus, simplicibus v. ramosis, floribus alternis, solitariis, sessilibus, unibracteatis, perigonio flavo, deciduo, quadripartibili, bractea cucullata, persistente.*

Synaphaea R. Brown *in Linn. Transact.* X. 155. *Prodr.* 369. *Gen. Rem.* 606. *t.* 7. *Suppl.* 11.

2132. Conospermum *SMITH.* **Perigonium** tubulosum, ringens, limbi quadrifidi lacinia postica fornicata. **Stamina** 4, basi laciniarum inserta, inclusa; **filamenta** brevia, anticum anantherum; fertilium **antherae** bilobae, lobo altero lateralium abortivo, intermedii postici ambobus perfectis, omnibus primum cohaerentibus, vicinarum lobis contiguis synantherii bilocularis loculum unum constituentibus, tandem discretis. **Squamulae** hypogynae nullae. **Ovarium** obconicum, uniloculare, uniovulatum. **Stylus** filiformis, sursum incrassatus; **stigma** obliquum, liberum. **Nux** obconica, monosperma, papposa. — *Frutices in Nova Hollandia orientali et meridionali provenientes; foliis sparsis, integerrimis, planis rariusve filiformibus, glandulis cutaneis amphigenis, spicis axillaribus v. terminalibus, compositis, sensim florentibus, hinc corymbosis, floribus solitariis sessilibus, unibracteatis, albis v. caerulescentibus, perigonio deciduo, bractea cucullata, persistente.*

Conospermum Smith *in Linn. Transact.* IV. 213. *Exot. Bot.* t. II. 45. R. Brown *in Linn. Transact.* X. 153. *Prodr.* 368. *Suppl.* 9.

a. EUCONOSPERMUM. Perigonii ringentis laciniae acutae, tubo vix longiores, postica multo latior.
Conosperma vera R. Brown *prodr.* 368. (Smith *Exot. Bot.* II. *t.* 82. Bot. Mag. *t.* 2724. 2850.)

b. CHILURUS *R. Br.* Perigonii subregularis laciniae caudatae, tubo longiores, postica basi paullo latior.
Chilurus R. Brown *prodr.* 369.

c. ISOMERIUM *R. Br.* Perigonii laciniae lineares obtusae, aequales, intus convexae, tubum postice gibbum paullo superantes.
Isomerium R. Brown *suppl.* 11.

2133. Stirlingia. **Perigonium** regulare, tetraphyllum, unguibus cohaerentibus, laminis reflexis. **Stamina** 4, perigonii foliolis supra medium inserta, exserta; **filamenta** complanata, geniculata, omnia fertilia; **antherae** bilobae, primum cohaerentes, vicinarum lobis contiguis synantherii quadrilocularis loculum unum constituentibus, tandem discretae. **Squamulae** hypogynae nullae. **Ovarium** obconicum, uniloculare, uniovulatum. **Stylus** filiformis; **stigma** dilatatum, concavum. **Nux** obconica, monosperma, pilosa. — *Frutices Novae Hollandiae meridionalis humiles, glabri; foliis alternis, filiformibus, repetito-dichotomis, laciniis aversis, glandulis cutaneis amphigenis, petiolorum basi dilatata, capitulis globosis, parvis, terminalibus, racemosis v. paniculatis, involucro brevi v. nullo, floribus flavis, glabris.*

Simsia R. Brown *in Linn. Transact.* X. 155. *Prodr.* 369. *Suppl.* 9.

TRIBUS III. FRANKLANDIEAE. **Antherae** tubo perigonii hypocrateriformis adnatae. **Ovarium** uniloculare. **Nux.** — *Flores spicati.*

2134. Franklandia *R. BR.* **Perigonium** hypocrateriforme, limbi quadrifidi decidui laciniis aestivatione induplicatis, tubi basi persistente. **Stamina** 4, medio tubo inserta, inclusa, limbi laciniis opposita; **filamentis antherisque** linearibus longitudinaliter perigonio arcte adnatis. **Squamulae** 4 perigynae, basi in vaginulam tubo inferne accretam connatae. **Ovarium** fusiforme, uniloculare, uniovulatum. **Stylus** filiformis; **stigma** turbinatum. **Nux** fusiformis, pedicellata, monosperma, tubi basi persistente stipata, apice dilatato papposa. — *Frutex Novae Hollandiae austro-occidentalis, humilis, glaber, glandulis aurantiacis pustilliformibus undique conspersus; foliis alternis, filiformibus, dichotomis, laciniis aversis, spicis axillaribus indivisis, floribus alternis, unibracteatis, sordide flavis.*

Franklandia R. Brown *in Linn. Transact.* X. 157. *Prodr.* 370. *Gen. Rem.* 604. *t.* 6. *Suppl.* 11.

TRIBUS IV. PERSOONIEAE. **Stamina** saepius medio v. basi foliolorum perigonii inserta, rarissime hypogyna. **Ovarium** uni-biovulatum. **Nux**, **Samara** v. **Drupa** monosperma, rarissime disperma. — *Flores spicati.*

2135. Symphyonema *R. BR.* **Perigonium** tetraphyllum, regulare, foliolis basi cohaerentibus. **Stamina** 4, medio foliolorum perigonii inserta; **filamenta** apice inter se cohaerentia; **antherae** distinctae. **Glandulae** hypogynae nullae. **Ovarium** sessile, uniloculare, biovulatum. **Stylus** filiformis. **Stigma** subtruncatum. **Nux** monosperma, cylindracea. — *Suffrutices v. herbae, in Nova Hollandia orientali provenientes, glabrae v. parce glanduloso-pilosae; foliis inferioribus oppositis, superioribus alternis, omnibus tripartitis, lobis divisis, glandulis cutaneis hypogenis, spicis terminalibus et e summis foliorum alis simplicibus, floribus alternis, sessilibus, unibracteatis, perigonio flavo, deciduo, bracteis cucullatis, persistentibus.*

Symphyonema R. Brown *in Linn. Transact.* X. 157. *Prodr.* 370. *Suppl.* 11. Reichenb. *Hort. Bot.* t. 107.

2136. Agastachys *R. BR.* **Perigonium** tetraphyllum, regulare, foliolis basi cohaerentibus. **Stamina** 4, medio foliolorum perigonii inserta; **filamenta** distincta. **Glandulae** hypogynae nullae. **Ovarium** sessile, trigonum, uniloculare, uniovulatum. **Stylus** filiformis; **stigma** bilobum. **Fructus** ...... — *Frutex insulae Diemen glaberrimus; foliis sparsis, integerrimis, planis, glandulis cutaneis hypogenis, spicis plurimis, terminalibus et e summis foliorum alis, floribus alternis, sessilibus, unibracteatis, perigonio flavescente, deciduo, stylo staminibus breviore, bracteis cucullatis, persistentibus.*

Agastachys R. Brown *in Linn. Transact.* X. 158. *Prodr.* 371. *Suppl.* 11.

2137. Cenarrhenes *LABILLARD.* **Perigonium** tetraphyllum, regulare, foliolis apice angustatis. **Stamina** 4, basi perigonii inserta, distincta. **Glandulae** 4 hypogynae, staminuliformes. **Ovarium** sessile, uniloculare, uniovulatum. **Stylus** filiformis; **stigma** simplex. **Drupa** baccata, monosperma. — *Arbor insulae Diemen glabra; foliis alternis, planis, dentato-serratis, nitidis, glandulis cutaneis hypogenis, spicis axillaribus, simplicibus, floribus alternis, sessilibus, unibracteatis, perigonio deciduo.*

Cenarrhenes Labillard. *Nov. Holl. I. 36. t. 50.* Jussieu *in Annal. du Mus. V. 224.* R. Brown *in Linn. Transact. X. 158. Prodr. 371. Suppl. 12.*

OBSERVATIO. Generibus praecedentibus affinis videtur stirps madagascariensis, non satis nota, a. cl. Thouars ad Laurineas relata:

POTAMEIA *Thouar.* **Perigonium** urceolatum, quadrilobum. **Stamina** 4, lobis perigonii affixa; **filamenta** brevia, lata; **antherae** loculis distinctis. **Glandulae** hypogynae 4, subrotundae. **Ovarium** simplex. **Stylus** subnullus. **Drupa** ovata, versus basim attenuata, monosperma, putamine fragili. **Embryo** exalbuminosus; **cotyledonibus** crassis; **radicula** laterali, infera. — *Frutex in insula Madagascar secundum amnes crescens, expansus; ramis erectis, foliis alternis, lineari-lanceolatis, floribus axillaribus paniculatis, parvis, globulosis.*

Potameia Thouars *Gen. madagasc. n. 16.*

2138. Persoonia *SMITH.* **Perigonium** tetraphyllum, regulare, foliolis supra recurvis. **Stamina** 4, medio foliolorum perigonii inserta, exserta. **Glandulae** 4 hypogynae. **Ovarium** stipitatum, uniloculare, uni-biovulatum. **Stylus** filiformis; **stigma** obtusum. **Drupa** baccata, putamine uni-biloculari, mono-disperma. — *Frutices v. arbusculae Novae Hollandiae, cortice in quibusdam scarioso-lamelloso; foliis sparsis, integerrimis, planis, glandulis cutaneis amphigenis, pedunculis axillaribus, solitariis, ebracteatis, v. racemosis unibracteatis, floribus flavis, stipitulo ovarii in nonnullis articulato, cotyledonibus saepe pluribus.*

Persoonia Smith *in Linn. Transact. IV. 215.* Exot. Bot. *II. t. 83.* R. Brown *in Linn. Transact. X. 160. Prodr. 371. Suppl. 12.* Labillard. *Nov. Holl. t. 45.* Vent. *Malm. t. 32.* Andr. *Bot. Reposit. t. 74. 77. 208.* Bot. Mag. *t. 760.* Gärtn. f. *III. 218. t. 220.* Pentadactylon Gärtn. *l. c.* Linkia Cavanilles *Ic. IV. 61. t. 389.*

2139. Brabeium *LINN.* **Perigonium** tetraphyllum, regulare. **Stamina** 4, basi perigonii inserta. **Squamulae** hypogynae in vaginulam connatae. **Ovarium** sessile, uniloculare, uniovulatum. **Stylus** filiformis; **stigma** verticale. **Drupa** exsucca, monosperma, putamine osseo. — *Arbor capensis; foliis verticillatis, serrato-dentatis, spicis axillaribus, floribus fasciculatis ternis v. pluribus, bractea communi subtensis, plerisque ovario effoeto masculis.*

Brabeium Linn. *Mant. 168.* Jussieu *gen. 79.* Lam. *t. 847.* R. Brown *in Linn. Transact. X. 164.* Brabyla Linn. *Mant. 137.*

2140. Guevinia *MOLIN.* **Perigonium** tetraphyllum, irregulare, foliolis tribus revolutis, quarto erecto. **Antherae** 4, apicibus concavis foliolorum perigonii immersae. **Glandulae** 2 hypogynae, anticae. **Ovarium** uniloculare, biovulatum. **Stylus** filiformis; **stigma** obliquum. **Drupa** monosperma, putamine osseo. — *Arbor chilensis; foliis alternis, pinnatis, racemis axillaribus, floribus geminis, pedicellatis, paribus unibracteatis, perigonio tomentoso, deciduo, drupa parum carnosa, nucleo amygdalino.*

Guevinia Molina *Chil. 198.* Jussieu *gen. 424.* R. Brown *in Linn. Transact. X. 165.* Eschholtz *in Mém. Academ. Petropolit. X. 281* Quadria Ruiz et Pavon *Prodr. 10. t. 33. Flor. Peruv. I. 63. t. 99. f. 6.* Gärtn. f. *III. 220. t. 220.* Nebu Feuillée *Observ. III. 46. t. 33.*

2141. Bellendenia *R. BR.* **Perigonium** tetraphyllum, regulare, patens. **Stamina** 4, hypogyna. **Glandulae** hypogynae nullae. **Ovarium** stipitatum, uniloculare, uniovulatum. **Stylus** filiformis; **stigma** simplex. **Samara** aptera, mono-disperma. — *Frutex in insula Diemen monticolus, glaberrimus; foliis planis, sparsis, apice trifidis, glandulis cutaneis amphigenis, spica racemosa, terminali, floribus sparsis, raro geminatis, perigonio albo, cito deciduo, ovario cum pedicello articulato, samara colorata, margine altero sulcata*

Bellendenia R. Brown *in Linn. Transact. X. 166. 374. Supplem. 16.* Guillemin *Ic. lithogr. t. 7.*

SUBORDO II. FOLLICULARES. **Folliculus** coriaceus v. ligneus, mono-polyspermus.

TRIBUS I. GREVILLEAE. **Ovarium** uniloculare. **Folliculus** unilocularis, mono-polyspermus.

SUBTRIBUS I. HAKEAEAE. **Ovarium** bi-quadriovulatum. **Fructus** mono-tetraspermus.

2142. Anadenia *R. BR.* **Perigonium** tetraphyllum, foliolis subspathulatis, pateutiusculis. **Antherae** 4, foliolorum perigonii apicibus concavis immersae. **Glandulae** hypogynae nullae. **Ovarium** stipitatum, uniloculare, biovulatum. **Stylus** declinatus; **stigma** conicum. **Folliculus** coriaceus, abortu monospermus. **Semen** apterum. — *Frutices Novae Hollandiae australis, glabri v. pube medio affixa vestiti; foliis pinnatifidis v. lobatis, circumscriptione cuneiformibus, glandulis cutaneis hypogenis, spicis terminalibus v. lateralibus, floribus parvulis, geminatis, paribus unibracteatis, summis quandoque praecocibus.*

Anadenia R. Brown *in Linn. Transact. X. 165. Prodr. 374. Suppl. 16.*

2143. Grevillea *R. BR.* **Perigonium** tetraphyllum v. quadripartitum, irregulare, laciniis subspathulatis, secundis, revolutis. **Antherae** 4, laciniarum apicibus concavis immersae. **Glandula** hypogyna unica, dimidiata. **Ovarium** sessile v. stipitatum, uniloculare, biovulatum. **Stylus** adscendens; **stigma** obliquum depressum, v. subverticale conicum. **Folliculus** coriaceus v. ligneus, unilocularis, dispermus. **Semina** marginata v. apice brevissime alata. — *Frutices v. arbores per omnem Novam Hollandiam observati, pube dum adest medio affixa; foliis alternis, indivisis v. pinnatifidis bipinnatifidisque, glandulis cutaneis hypogenis v. rarius amphigenis, spicis nunc elongatis, racemosis, nunc abbreviatis, corymbosis v. fasciculiformibus, pedicellis geminatis, raro pluribus, paribus fasciculisve unibracteatis, perigoniis rubicundis v. flavis, in nonnullis oblique insertis.*

Grevillea R. Brown *in Linn. Transact. X. 168. Prodr. 375. Suppl. 17.*

a. LISSOSTYLIS *R. Br.* **Ovarium** sessile v. stipitatum. **Stylus** glaber. **Stigma** obliquum. **Folliculus** coriaceus, ecostatus, stylo stigmateque superatus. **Semina** ovalia, angustissime marginata, apice brevissime alata. — *Folia integerrima, rarissime juniora pinnatifida, in plerisque marginibus refractis v. replicatis pseudotrinervia. Flores fasciculati v. in racemo abbreviato.*

Lissostylis R. Brown *prodr. 376.* Embothrii sp. Smith *Nov. Holland. t. 9.* Cavanilles *Ic. t. 386.* Andr. *Bot. Reposit. t. 272.* Lysanthe Knight et Salisb. *Prot. 118. part.* (Bot. Reg. t. 1089 1319. 1383. Guillem.

Ic. lithogr. t. 8. Reichenb. *Hort. Bot. t. 104.* Sweet *Flor. Austral. t. 7.*)

b. PTYCHOCARPA *R. Br.* Ovarium sessile. Stylus hirsutus; stigma obliquum. Folliculus coriaceus, costatus, stylo stigmateque superatus. Semina ovalia, angustissime marginata, apice brevissime alata. — *Folia omnia integerrima. Flores fasciculati v. in racemo abbreviato, superiores praecociores.*

Ptychocarpa R. Brown *prodr. 378.* Lysanthe Knight et Salisb. *Prot. 117. part.* (Hooker *Exot. Flor. t. 216.* Sweet *Flor. Austral. t. 30.* Bot. Mag. *t. 3185. 3285.*)

c. ERIOSTYLIS *R. Br.* Ovarium stipitatum, lanatum. Stylus hirtus; stigma obliquum. Folliculus coriaceus, ecostatus, stylo stigmateque superatus. Semina ovalia, angustissime marginata, apice brevissime alata. — *Folia omnia integerrima. Flores fasciculati, subumbellati.*

Eriostylis R. Brown *prodr. 378.* Stylurus Knight et Salisb. *Prot. 115. 116.* Embothrii sp. Smith *Nov. Holl. t. 10.* Cavanilles *Ic. t. 387.* Andr. *Bot. Rep. t. 218.*

d. PLAGIOPODA *R. Br.* Ovarium stipitatum, stipitulo pedunculi apici obliquo, cui utrinque duo perigonii foliola, unum supra alterum inserta acreta. Stigma obliquum. Folliculus coriaceus, ecostatus, stylo stigmateque superatus. Semina ovalia, angustissime marginata, apice brevissime alata. — *Folia integerrima v. pinnatifida. Racemus thyrsiformis.*

Plagiopoda R. Brown *prodr. 379.* (Guillem. *Ic. lithogr. t. 11. 16.*)

e. CONOGYNE *R. Br.* Ovarium stipitatum. Stigma verticale, conicum. Folliculus coriaceus . . . . . — *Folia triternata.*

Conogyne R. Brown *Suppl. 21.* Anadeniae sp. A. Cunningh.

f. CALOTHYRSUS *R. Br.* Ovarium sessile v. stipitatum. Stigma obliquum. Folliculus ecostatus, stylo stigmateque superatus. Semina ovalia, angustissime marginata, apice brevissime alata. — *Folia pinnatifida, rarius passim indivisa. Racemus thyrsiformis.*

Calothyrsus R. Brown *in Linn. Transact. X. 175.* Grevillea stricte sic dicta R. Brown *prod. 379.* (Ferd. Bauer *Illustr. t. 9.* Bot. Mag. *t. 2807. 3133.* Gaudich. *ad Freyc. t. 46.*)

g. CYCLOPTERA *R. Br.* Ovarium sessile v. stipitatum. Stigma obliquum v. verticale, truncatum aut conicum. Folliculus ligneus, subrotundus. Semina undique latius alata. — *Folia integerrima, pinnata bipinnatifidave. Racemi thyrsoidei.*

Cycloptera R. Brown *prodr. 381.* (Bot. Mag. *t. 3184.*)

2144. Hakea *SCHRAD.* Perigonium tetraphyllum, irregulare, foliolis subspathulatis, secundis. Antherae 4, foliolorum perigonii apicibus concavis immersae. Glandula hypogyna unica, dimidiata, rarissime biloba. Ovarium stipitatum, uniloculare, biovulatum. Stylus adscendens; stigma subobliquum, e basi dilatata mucronatum. Folliculus ligneus, pseudobivalvis, excentrice unilocularis, dispermus. Semina apice in alam nucleo longiorem producta. — *Frutices rigidi, v. interdum arbores mediocres, in Nova Hollandia extratropica obvii, inter tropicos rarissimi, pube dum adest medio affixa; foliis sparsis, variis, in eadem stirpe diversis, glandulis cutaneis amphigenis, fasciculis v. racemulis saepissime axillaribus, gemmae floriferae squamis scariosis, caducis primum involucratis, pedicellis coloratis, in racemosis geminatis, paribus unibracteatis, floribus parvis, albis v. ochroleucis.*

Hakea Schrader *Sert. Hannover. 27. t. 17.* Cavanilles *Ic. 6. 24. t. 533—535.* Labillard. *Nov. Holland. t. 40. 41.* R. Brown *in Linn. Transact. X. 178. Prodr. 381. Suppl. 25.* Bot. Mag. *t. 2446. 2579. 3424.* Bot. Reg. *t. 1489.* Sweet *Flor. Australas. t. 27. 43. 45.* Conchium Smith *in Linn. Transact. IV. 215.* Ventenat *Malmais. t. 110. 111.* Gärtn. f. *III. 216. t. 219.* Embothrii sp. Andr. *Bot. Reposit. t. 215.* Banksiae sp. Smith. Gärtn. *1. 221. t. 47. f. 2.* Lambertiae sp. Gärtn. f. *III. t. 217.*

2145. Lambertia *SMITH.* Perigonium tubulosum, quadrifidum, laciniis spiraliter revolutis. Stamina 4, perigonii laciniis inserta, exserta. Glandulae hypogynae 4, distinctae v. in vaginulam connatae. Ovarium stipitatum, uniloculare, biovulatum. Stylus filiformis; stigma subulatum. Folliculus coriaceo-ligneus, apice hinc cuspidatus, inde bicornis v. muticus, unilocularis, dispermus. Semina marginata. — *Frutices speciosissimi, in Nova Hollandia extratropica viventes; ramis verticillatis, foliis ternis, saepius integerrimis, glandulis cutaneis hypogenis, floribus terminalibus involucratis, involucris solitariis, coloratis, imbricatis, unifloris v. plerumque septemfloris, deciduis, receptaculo plano, nudo.*

Lambertia Smith *in Linn. Transact. IV. 214. t. 20.* Cavanilles *Ic. VI. 31. t. 547.* R. Brown *in Linn. Transact. X. 188. Prodr. 386. Suppl. 30.* Protea nectarina Wendl. *Sert. IV. 5. t. 21.*

2146. Xylomelum *SMITH.* Perigonium tetraphyllum, regulare, foliolis subspathulatis, apice revolutis. Stamina 4, perigonii foliolis infra apicem inserta, iisque recurvatis exserta. Glandulae hypogynae 4, distinctae. Ovarium stipitatum, uniloculare, biovulatum. Stylus filiformis, deciduus; stigma verticale, clavatum, obtusum. Folliculus incrassato-ligneus, obpyriformis, excentrice unilocularis, dispermus. Semina apice in alam elongatam producta. — *Arbores Novae Hollandiae extratropicae; foliis oppositis, junioribus dentatis, adultis integerrimis, glandulis cutaneis amphigenis v. hypogenis, spicis axillaribus, oppositis, amentaceis, florum paribus unibracteatis, infimis hermaphroditis, superiorum ovario effoeto, folliculo unico maturescente, tomentoso, crassissimo, intus sutura dehiscente, tandem partibili.*

Xylomelum Smith *in Linn. Transact. IV. 214.* R. Brown *Ibid. X. 189. Prodr. 387. Suppl. 31.* Banksia pyriformis Gärtn. *1. 220. t. 47. f. 1.* Hakea pyriformis Cavan. *Ic. VI. 25. t. 536.*

2147. Orites *R. BR.* Perigonium tetraphyllum, regulare, foliis subspathulatis, apice recurvis. Stamina 4, perigonii foliolis infra apicem inserta, iisdem recurvatis exserta. Glandulae hypogynae 4, distinctae. Ovarium sessile, uniloculare, biovulatum. Stylus strictus; stigma verticale, obtusum. Folliculus coriaceus, unilocularis, loculo subcentrali, dispermo. Semina apice v. utrinque in alam membranaceam producta. — *Frutices in Nova Hollandia orientali et in insula Diemen monticoli; foliis alternis, planis, integerrimis aut dentatis, v. teretibus supra sulcatis, spicis axillaribus v. terminalibus brevibus, florum paribus unibracteatis, omnibus hermaphroditis.*

Orites R. Brown *in Linn. Transact. X. 189. Prodr. 387. Suppl. 31.*

a. ORITES *R. Br.* Antherae exsertae. Semina apice alata. — *Folia plana, glandulis cutaneis hypogenis.*

Orites R. Brown *prodr. 287.* A. Rich. *Sert. Astrol. t. 25. f. 2.*

b. AMPHIDERRIS *R. Br.* Antherae laminis foliolorum perigonii inclusae. Semina utrinque alata. — *Folia teretia, superne sulcata, undique glandulifera.*

Amphiderris R. Brown *Suppl. 32.* Oritina R. Brown *in Linn. Trans. X. 224.* (A. Richard *l. c. t. 25. f. 1.*)

2148. Rhopala *AUBL.* Perigonium tetraphyllum, regulare, foliolis apice revolutis. Stamina 4, perigonii foliolis supra medium inserta, iisque recurvatis exserta, v. apicibus concavis immersa. Glandulae hypogynae 4, distinctae. Ovarium uniloculare, biovulatum. Stylus filiformis, persistens; stigma verticale clavatum. Folliculus ligneo-coriaceus, unilocularis, dispermus. Semina utrinque alata, marginata, nucleo centrali. — *Arbores americanae tropicae; foliis alternis, rariusve verticillatis, simplicibus, integerrimis v. dentatis, rarius pinnatis v. ternatis in eodem ramo, spicis axillaribus v. interdum terminalibus, racemosis, florum paribus unibracteatis.*

Rhopala Schreb. *gen. n. 144.* R. Brown *in Linn. Transact. X. 190. excl. sp.* Kunth *in Humb. et Bonpl. Nov. gen. et sp. t. 118—120.* Pohl *Plant. Brasil. t. 86—90.* Roupala Aublet *Guian. 1. 83. t. 32.* Lam. *t. 55.* Gärtn. f. *III. 212. t. 217.* Leinkeria Scopoli *Introduct. n. 1607.* Dicknekaria *Flor. Flum. I. t. 105.* Embothrii sp. Ruiz et Pav. *Flor. Peruv. t. 98. 99.*

2149. Andripetalum *SCHOTT.* Perigonium tetraphyllum, regulare, foliolis apice revolutis. Stamina 4, imo perigonio inserta, filamentis lineari-complanatis, perigonii foliola aequantibus. Glandulae 4 hypogynae, inter se connatae. Ovarium uniloculare, biovulatum. Stylus filiformis; stigma verticale, clavatum. Folliculus ...... — *Arbores brasilienses; foliis alternis, integerrimis, spicis axillaribus racemosis, florum paribus unibracteatis.*

Andripetalum Schott *msc.* Andriapetalum Pohl *Plant. Brasil. t. 91. 92* Rhopalae sp. Kunth *t. 121.*

2150. Helicia *LOUREIR.* Perigonium tetraphyllum, regulare, foliolis subspathulatis, apice revolutis. Stamina 4, perigonii foliolis infra apicem inserta, iisdem revolutis exserta. Glandulae hypogynae 4, distinctae v. connatae. Ovarium stipitatum, uniloculare, biovulatum, ovulis adscendentibus. Stylus filiformis; stigma clavatum, aequilaterum. Folliculus coriaceo-lignosus, unilocularis, indehiscens (?) abortu monospermus. Semen subglobosum, apterum. — *Frutices v. arbores Asiae tropicae terram continentem et insulas decorantes; foliis alternis, simplicibus, integerrimis v. plerumque dentatis, racemis simplicibus, axillaribus lateralibusve, florum paribus unibracteatis, omnibus hermaphroditis.*

Helicia Loureiro *Flor. cochinch. I. 105.* R. Brown *Suppl. 32.* Blume *in Nouv. Annal. sc. nat. I. 214.* non Pers. Helitophyllum Blume *Bijdr. 652.* Rhopalae sp. asiaticae Roxb. R. Brown olim.

2151. Knightia *R. BR.* Perigonium tetraphyllum, regulare, foliolis subspathulatis, apice revolutis. Stamina 4, perigonii foliolis infra apicem inserta, iisdem revolutis exserta. Ovarium sessile, uniloculare, quadriovulatum. Stylus filiformis; stigma verticale, subclavatum. Folliculus coriaceus, stylo mucronatus, unilocularis, tetraspermus. Semina apice in alam arachnoideam producta. — *Arbor Novae Zeelandiae excelsa; foliis sparsis, serratis, racemis axillaribus, floribus geminatis, paribus unibracteatis, folliculis oblongis, tomentosis.*

Knightia R. Brown *in Linn. Transact. X. 193. t. 2*— Congener ex R. Brown *Suppl. 32.* sed sectionem propriam (Eucarpha) ob bracteas maximas, stylum deciduum et fortassis etiam seminum structuram efformans: Embothrium strobilinum Labillard. *Nov. Holland. II. 116. t. 265.*

SUBTRIBUS II. EMBOTHRIEAE. Ovarium multiovulatum. Fructus polyspermus.

2152. Embothrium *FORST.* Perigonium irregulare, hinc longitudinaliter fissum, apice quadrifidum. Stamina 4, perigonii apicibus concavis immersa. Glandula hypogyna unica, semiannularis. Ovarium pedicellatum, uniloculare, multiovulatum. Stylus filiformis, persistens; stigma verticale, clavatum. Folliculus oblongus, unilocularis, polyspermus. Semina apice in alam arachnoideam producta, pellicula interposita distincta. — *Frutices v. arbusculae glabrae, in America antarctica provenientes; ramulis quandoque gemmarum squamis persistentibus obsitis, foliis sparsis, integerrimis, racemis terminalibus, corymbosis, paribus pedicellorum unibracteatis, involucro communi nullo, floribus coccineis, glaberrimis.*

Embothrium Forster *Gen. 16. t. 8. lit. g. m. excl. reliq.* Lam. *t. 55. f. 2.* Ruiz et Pav. *Flor. peruv. t. 96.* R. Brown *in Linn. Transact. X. 195.*

2153. Oreocallis *R. BR.* Perigonium irregulare, hinc longitudinaliter fissum, apice quadridentatum. Stamina 4, perigonii apicibus concavis immersa. Glandula hypogyna nulla. Ovarium pedicellatum, uniloculare, multiovulatum. Stylus filiformis; stigma obliquum, orbiculato-dilatatum, concaviusculum. Folliculus cylindraceus, unilocularis, polyspermus. Semina apice in alam membranaceam producta. — *Frutex speciosus, in Peruvia monticola; foliis sparsis, integris, subtus discoloribus, racemo thyrsoideo, terminali, exinvolucrato, paribus pedicellorum unibracteatis, floribus coccineis, glaberrimis.*

Oreocallis R. Brown *in Linn. Transact. X. 196.* Embothrium emarginatum Ruiz et Pav. *Flor. peruv. t. 95.*

2154. Telopea *R. BR.* Perigonium irregulare, hinc longitudinaliter fissum, apice quadrifidum. Stamina 4, perigonii apicibus concavis immersa. Glandula hypogyna unica, semiannularis. Ovarium pedicellatum, polyspermum. Stylus filiformis, persistens; stigma obliquum, clavatum, convexum. Folliculus cylindraceus, unilocularis, polyspermus. Semina apice in alam arachnoideam, hinc immarginatam, inde vasculosam producta, membrana interposita sejuncta. — *Frutices Novae Hollandiae orientalis et insulae Diemen; foliis sparsis, dentatis v. integris, glandulis cutaneis hypogenis, racemis terminalibus corymbosis, involucro imbricato, deciduo cinctis, paribus pedicellorum unibracteatis, floribus coccineis.*

Telopea R. Brown *in Linn. Transact. X. 197. Prodr. 388. Suppl. 32.* Bot. Reg. *t. 1128.* Hylogyne Knight et Salisb. *Proteac. 126.* Embothrii sp. Smith *Nov. Holland. t. 7.* Bot. Mag. *t. 1128.* Gärtn. f. *III. t. 218. fig. super.* Cavan. *Ic. t. 388.* Labillard. *Nov. Holland. t. 44.*

2155. Lomatia *R. BR.* Perigonium irregulare, tetraphyllum, foliolis ovatis, secundis. Stamina 4, apicibus concavis foliolorum perigonii immersa. Glandulae hypogynae 3, secundae. Ovarium pedicellatum, multiovulatum. Stylus filiformis, persistens; stigma obliquum, dilatatum, subrotundum, planiusculum. Folliculus ovali-oblongus, unilocularis, polyspermus. Semina apice in alam arachnoideam marginatam, disco evasculosam producta, v. utrinque alata, pellicula interposita sejuncta. — *Frutices in Nova Hollandia et in Americae australis extratropicae littore occidentali indigeni; foliis alternis, pinnatifidis bipinnatifidisve, rarius integris, dentatis, quandoque integerrimis, nonnunquam in eadem stirpe variis, glandulis cutaneis hypogenis, racemis terminalibus v. interdum axillaribus, elongatis, laxis, aut abbreviatis corymbosis, exinvolucratis, pedicellorum paribus unibracteatis, floribus ochroleucis.*

Lomatia R. Brown *in Linn. Transact. X. 199. Prodr. 389. Suppl. 33.*

a. EULOMATIA. Semina apice alata, nucleus farina sulphurea conspersus. — *Novae Hollandiae.*

Tricondylus Knight et Salisb. *Prot. 121.* Embothrii sp. Labillard. *Nov. Holland. t. 42. 43.* Gärtn. f. III. *t. 218. fig. infer.* (Bot. Reg. *t. 1272.*)

b. AMPHILOMA. Semina utrinque alata, nucleus nudus. — *Chilenses.*

Embothrii sp. Cavanilles *Ic. t. 385.* Ruiz et Pav. *Flor. peruv. t. 94. a. 97.*

2156. Stenocarpus *R. BR.* Perigonium irregulare, tetraphyllum, foliolis secundis. Stamina 4, apicibus concavis foliolorum perigonii immersa. Glandula hypogyna unica, semiannularis Ovarium pedicellatum, uniloculare, multiovulatum. Stylus filiformis, deciduus; stigma obliquum, orbiculato-dilatatum, planiusculum. Folliculus linearis, unilocularis, polyspermus. Semina basi in alam arachnoideam producta, pellicula interposita sejuncta. — *Frutices glaberrimi, in Nova Hollandia orientali et in Nova Caledonia indigeni; foliis alternis, integerrimis, glandulis cutaneis hypogenis, umbellis axillaribus v. terminalibus pedunculatis, exinvoluceratis, floribus ochroleucis.*

Stenocarpus R. Brown *in Linn. Transact. X. 201. Prodr. 390. Suppl. 34.* Labillard *Nov. Caled. t. 26.* Cybele Knight et Salisb. *Prot. 123.*

TRIBUS II. BANKSIEAE. Ovarium uniloculare, biovulatum. Folliculus bilocularis, seminum collateralium testis in dissepimentum liberum ligneum bifidum concretis.

2157. Banksia *LINN. FIL.* Flores in amentum exinvolucratum collecti, paribus tribracteatis. Perigonium quadripartitum v. quadrifidum. Stamina 4, apicibus concavis laciniarum perigonii immersa Squamulae hypogynae 4. Ovarium uniloculare. Ovula 2, collateralia, supra medium marginis affixa, priminae latere exteriore longitudinaliter fisso, nucleum nudante. Stylus filiformis; stigma clavatum. Folliculus ligneus, bilocularis, ovulorum priminis in dissepimentum ligneum liberum bipartibile concretis. Semina 2, utrinque dissepimenti basi excavatae adplicita, superne in alam cuneatam producta. — *Frutices v. arbores mediocres, in Nova Hollandia extratropica passim obviae, in littore intratropico rarissimae; ramis umbellatis, foliis sparsis, raro verticillatis, integris, serratis v. pinnatifido-incisis, in eadem stirpe saepe variis, glandulis cutaneis hypogenis, amentis solitariis, terminalibus v. raro lateralibus, cylindraceis v. interdum abbreviatis, bracteis aliquot brevibus, angustis subtensis, florum bracteis persistentibus majoribus solitariis, minoribus geminatis, collateralibus, interioribus, amenti fructiferi rhachi ut plurimum incrassata, et eum folliculorum basibus conferruminata.*

Banksia Linn. fil. *Suppl. 127.* Gärtn. *I. 221.* R. Brown *in Linn. Transact. X. 202.* Prodr. *391. Suppl. 34.*

a. BANKSIAE VERAE *R. Br.* Stylus perigonio longior, hinc unguibus citius solutis basi arcuatus; stigmate laminis serius dehiscentibus inclusa. — *Amentum floriferum cylindraceum, fructiferum folliculis transversis pluribus.*

Banksiae verae R. Brown *l. c.* (Gärtn. *t. 221.* Cavanilles *Ic. t. 537. 546.* Smith *New Holl. I. t. 4.* Wendl. *Hort. Herrenh. t. 8.* Labillard. *Voy. t. 23.* Bonpl. *Navarr. t. 48.* Bot. Mag. *t. 2270. 2803. 3052. 3060. 3120, 3535.* Bot. Reg. *t. 1316. 1363. 1430. 1572. 1728.* Hooker *Exot. Flor. t 96.* Sweet *Flor. Austral. t. 14. 56.*)

b. ISOSTYLIS *R. Br.* Stylus perigonio paullo brevior, laminis citius dehiscentibus, unguibus longitudinaliter cohaerentibus exsertus. — *Amentum floriferum abbreviatum, floribus subfastigiatis, fructiferum folliculo verticali subsolitario v. interdum transversis pluribus.*

Isostylis R. Brown *l. c.* Banksia ilicifolia R. Brown.

2158. Dryandra *R. BR.* Flores supra receptaculum planum, involucro polyphyllo imbricato cinctum indeterminatim conferti, paleis angustis rarisve nullis. Perigonium quadripartitum v. quadrifidum Stamina 4, apicibus concavis laciniarum perigonii immersa. Squamulae hypogynae 4. Ovarium uniloculare. Ovula 2, collateralia, supra medium marginis affixa. Stylus filiformis; stigma clavatum. Folliculus ligneus, ovulorum priminis in dissepimentum liberum membranaceum b'partibile concrescentibus bilocularis, vel iisdem leviter cohaerentibus unilocularis. Semina 2, apice in alam producta. — *Frutices plerumque humiles, in Novae Hollandiae ora australi provenientes, ramis dum adsunt sparsis v. umbellatis; foliis sparsis, pinnatifidis v. incisis, glandulis cutaneis hypogenis, involucris solitariis terminalibus, raro lateralibus, sessilibus, foliis confertis, interioribus quandoque nanis obvallatis, hemisphaericis, bracteis adpressis, nonnunquam apice appendiculatis.*

Dryandra R. Brown *in Linn. Transact. X. 211. Prodr. 396. Suppl. 37.* Josephia Knight et Salisb. *Prot. 110.*

a. DIPLOPHRAGMA *R. Br.* Dissepimentum e laminis membranaceis duabus planis, separabilibus, quibus extus semina conformia, apice in alam membranaceam persistentem producta applicita sunt.

Diplophragma R. Brown *Suppl. 37.* (R. Brown *in Linn. Transact. t. 3.* Bot. Mag. *t. 3236. 3500. 3509. 3513.* Sweet *Flor. Austral. t. 3. 53.*) Banksiae sp. Labillard. *Voy. t. 24.*

b. APHRAGMA *R. Br.* Dissepimentum nullum, semina leviter cohaerentia, apice in alam arachnoideam persistentem producta, ala e stratis binis solubilibus, interiori membranaceo pellucido, exteriore crustaceo.

Aphragma R. Brown *Suppl. 37.* Dryandra nervosa R. Brown. Sweet *Flor. Austral. t. 22.* Bot. Mag. *t. 3063.*

2159. Hemiclidia *R. BR.* Flores supra receptaculum planum, involucro polyphyllo imbricato cinctum indeterminatim conferti, paleis angustis. Perigonium quadrifidum. Stamina 4, apicibus concavis laciniarum perigonii immersa. Squamulae hypogynae 4. Ovarium uniloculare. Ovula 2, collateralia, supra medium marginis affixa Stylus filiformis; stigma clavatum. Fructus suberustacens, undique barbatus, hinc apice dehiscens, inde rumpens, ovulorum priminis in dissepimentum arachnoideo-membranaceum haud bipartibile concretis bilocularis. Semen maturum unicum, ventricosum, apterum, a dissepimento illinc cum ovulo abortivo basi alato cohaerente solutum. — *Frutex Novae Hollandiae meridionalis, habitu omnino Dryandrae, erectus, ramosissimus; foliis pinnatifidis, lobis mucronatis, pungentibus, glandulis cutaneis hypogenis, involucris terminalibus solitariis, foliis confertis, interioribus nanis obvallatis.*

Hemiclidia R. Brown *Suppl. 40.* Bot. Reg. *t. 1475.* Dryandra falcata R. Brown *prodr. 397.*

OBSERVATIO. Genus cochinchinense, summopere dubium, ab auctoribus ad Proteaceas relatum, e sententia Königii (*Annal. of Bot. I. 392.*) ab Olea non diversum (cfr. tamen R. Brown *in Linn. Transact. X. 224.*) est:

CYLINDRIA Loureir. *Fl. cochinch. I. 86:* „Calyx inferus, tubulosus, brevis, persistens, quadrifidus, laciniis „acutis, coloratis, patentibus. Corolla tubulosa, quadrifida, „laciniis linearibus, acutis, carnosis, in tubum cylindraceum „conjunctim protensis; filamenta subnulla, antherae 4, „biloculares, subrotundae, compressae, cucullis laciniarum „inclusae. Germen ovatum. Stylus brevissimus; stigma quadrifidum. Bacca parva, subrotunda, exsucca, monosperma. Semen unum, globosum, lanuginosum. — *Arbor mediocris, ramis adscendentibus; folia lanceolata, „subserrata, glabra, opposita, flos ruber, parvus, multus, „pedunculis subterminalibus, multifloris, bacca nigra.*"

Classis XXIX. Serpentariae.

Herbae perennes, acaules v. caulescentes, saepius frutescentes, ligno ezonato. Folia alterna, simplicia. Flores hermaphroditi v. unisexuales. Perigonium nunc liberum, calycinum, nunc tubo cum ovario connato, limbo supero obscure colorato. Stamina nunc in columnam superne antheriferam connata, nunc in hermaphroditis disco epigyno inserta, partimque etiam styli basi acreta, antheris extrorsis, bilocularibus. Ovarium pluriloculare. Ovula in loculis indefinita, horizontalia v. adscendentia, anatropa. Fructus plurilocularis, coriaceus, indehiscens, v. capsularis loculicido dehiscens, polyspermus. Semina albuminosa. Embryo in axi v. basi albuminis, ut plurimum minimus, radicula umbilico proxima, infera v. centripeta.

Ordo CXIV. Aristolochieae.

ARISTOLOCHIAE Jussieu *gen.* 72. R. Brown *prodr.* 349. ASARINAE Bartling *Ord. nat.* 81. ARISTOLOCHIACEAE Lindley *Introduct. II. p.* 208.

Herbae saepius acaules, rhizomate repente v. tuberibus perennantes, nunc suffrutices v. frutices non raro volubiles, ligno ezonato. Caules dum adsunt simplices v. ramosi, teretes v. angulati, sulcati, nodoso-articulati, ad nodos saepe tumidi, foliati. Folia alterna, petiolata, simplicia; petiolo basi saepissime dilatato, semiamplexicauli, lamina admodum varia, lineari v. lanceolata aut ovata, plerumque cordata, integerrima, indivisa v. interdum pedatifida, penninervia v. saepius pedatinervia, ut plurimum reticulato-nervosa. Stipula nulla v. oppositifolia, squamaeformis aut interdum subfoliacea.

Flores in axillis foliorum solitarii v. fasciculati, interdum racemosi, pedicellati, hermaphroditi v. unisexuales.

Perigonii tubus teres v. angulatus, cum ovario connatus, herbaceus, limbus superus, coloratus, ut plurimum luridus, coriaceus, interdum amplissimus, intus saepissime pilosus v. ramentaceus, nunc basi ventricosus v. incurvo-tubulosus, in ligulam obliquam productus, v. ringenti bilabiatus, deciduus, nunc regularis trifidus v. rarius quinque-sexfidus, persistens, laciniis per aestivationem valvatis aut induplicatis.

Stamina disco epigyno annuliformi v. cum styli basi confluente inserta, sex v. duodecim, rarius novem in phalanges tres disposita, rarissime indefinita. Filamenta brevissima, subnulla, styli basi adnata. Antherae extrorsae, biloculares, interdum connectivo in acumen producto superatae, loculis appositis, longitudinaliter dehiscentibus.

Ovarium inferum, v. rarissime apice subexserto semisuperum, sexloculare v. rarius tri- aut quadriloculare, carpidiorum marginibus introflexis, dissepimenta constituentibus. Ovula plurima, loculorum angulo centrali simplici v. duplici serie affixa, adscendentia v. horizontalia, anatropa. Stylus terminalis, brevissime columnaris. Stigmata sex, radiatim supra stamina expansa.

Fructus umbilicatus v. perigonii limbo superatus, capsularis v. interdum baccatus, subglobosus, trigonus v. interdum tetragono-siliquaeformis, tri-quadri-sexlocularis, loculicido-dehiscens, v. interdum indehiscens.

Semina in loculis plurima, rarissime per abortum pauca v. subsolitaria, horizontalia v. adscendentia, angulata, bracteata, testa membranacea, dorso saepissime convexa. ventre excavata ibique rhaphe carnosa v. suberoso-fungosa, umbilicum basilarem chalazae apicali, interdum glandulosae jungente percursa. Albumen dense carnosum v. subcorneum.

Embryo minimus, in basi axeos albuminis inclusus; cotyledonibus brevissimis, ante germinationem vix manifestis, radicula umbilico proxima, infera v. centripeta.

Aristolochieae nulli ordini praeter Nepentheas, quae tamen ovario libero et embryone perfectiori differunt, arctius affines, Dioscoreis, Tacceis, Rafflesiaceis imo Cucurbitaceis multis characteribus bene conveniunt, a quibus tamen omnibus notarum summa adeo sunt diversae, ut hisce ordinibus analogae quidem haberi, nunquam conterminae dici possint.

Maxima copia in America tropica provenientes, in temperatis utriusque hemisphaerae et in India rarius gignuntur, in regione mediterranea paullo frequentius obviae, e regione Capensi et e Nova Hollandia extratropica omnino exules.

Vires plurimis tonicae et stimulantes.

2160. Asarum *TOURNEF.* Flores hermaphroditi. Perigonium coloratum, urceolatum v. campanulatum, tubo cum ovario connato, fauce nuda, limbo trifido, aestivatione valvato, persistente. Stamina 12, disco epigyno inserta; filamenta brevia, libera; antherae omnes extrorsae, biloculares, connectivo subulato superatae. Ovarium inferum, sexloculare. Ovula plurima, loculorum angulo centrali biseriatim affixa, adscendentia, anatropa. Stylus brevis, columnaris; stigma sexpartitum. Capsula coriacea, perigonii persistentis limbo superata, sexlocularis, irregulariter dehiscens. Semina in loculis pauca, adscendentia, hinc convexa, inde concava, rhaphe ventrali carnosa, in chalazam apicalem glandulosam desinente. Embryo in basi albuminis cartilaginei minimus; radicula infera. — *Herbae in Europa et America boreali obviae, rhizomate repente perennantes; caulibus abbreviatis, basi squamosis, dichotomo-diphyllis, foliis cordato-reniformibus, pedunculo in dichotomia unifloro, perigonio coriaceo, pubescente.*

Asarum Tournef. *inst.* 286. Linn. *gen. n.* 589. Jussieu *gen* 73. Gärtn. *I. 47. t.* 14. Schkuhr *t.* 127. Flor. dan. *t.* 633. Nees Jun. *Gen. pl. II.* 51.

2161. Heterotropa *MORR. et DECAISN.* Flores hermaphroditi. Perigonium coloratum, urceolatum, tubo late ventricoso, basi cum ovario connato, fauce angustata, annulo introflexo plicato, limbi trifidi laciniis cordatis, aestivatione induplicatis. Stamina 12, disco perigyno, ovarii parti liberae adnato inserta; 6 exteriora (stigmatibus opposita) filamentis triangularibus, antherarum loculis subintrorsis, connectivo submutico interposito sejunctis, 6 interiora alterna, filamentis nullis, antherarum sessilium loculis extrorsis, connectivo dorsali in acumen lanceolatum producto contiguis. Ovarium semiinferum, sexloculare. Ovula in loculorum angulo centrali plurima, adscendentia. Styli 6, connati, stellatim expansi, singuli obcordati, inferne stigmatiferi; stigmata ovato-attenuata, papillosa. Fructus ...... — *Herba japonica, habitu Asari, perennis; foliis binis profunde cordatis, obtusis, albo-maculatis, floribus axillaribus solitariis v. geminis, breviter pedicellatis, folio abortivo bracteatis, intus sordide fuscis, faucis annulo albido.*

Heterotropa Morren et Decaisne *in Nouv. Annal. sc. nat. II. 314. t. 10.* Asarum virginicum Thunberg. non alior.

2162. Aristolochia *TOURNEF.* Flores hermaphroditi. Perigonium coloratum, tubulosum, tubo inferne cum ovario connato, supra ovarium ventricoso, recto v. curvato, limbo obliquo, ligulato, nunc bi-trifido. Stamina 6, disco epigyno inserta; filamenta brevissima, subnulla, antherae extrorsae, biloculares, dorso stylo adnatae. Ovarium inferum, sexloculare. Ovula plurima, loculorum angulo centrali uniseriatim affixa, horizontalia, anatropa. Stylus brevis; stigma radiato-sexpartitum. Capsula coriacea, nuda, sexlocularis, septicido-sexvalvis. Semina plurima, bracteata; testa coriacea, membranaceo-marginata, rhaphe lata, fungoso-suberosa, infera, in chalazam apicalem impressam desinente. Embryo in basi axeos albuminis dense carnosi v. cornei minimus; radicula centripeta. — *Herbae v. frutices, erecti, prostrati, scandentes v. volubiles, inter tropicos obvii, nec in regionibus extratropicis temperatis rari, e Capite bonae spei exules; foliis alternis, integris, integerrimis, v. lobatis, pedunculis axillaribus uni-bi-multifloris, floribus quandoque maximis, ut plurimum luridis.*

Aristolochia Tournefort *inst. t. 71.* Linn. *gen. n. 1022.* Jussieu *gen. 73.* Gärtn. *I. 45. t. 14.*

a. CLEMATITIS. Perigonii limbus ligulatus.
Glossula Rafinesq. *Med. Bot. n. 10.* (Flor. dan *t. 1235.* Nees jun. *gen. pl. II. 50.* Kunth *in Humb. et Bonpl. Nov. gen. et sp. t. 110—117.* Martius *Nov. gen. et sp. t. 51—54.* Bot. Mag. *t. 1115. 1116.* Bot. Reg. *t. 1680. 1824.*

b. PISTOLOCHIA. Perigonii limbus bilabiatus, ringens.
Pistolochia Rafinesq. *l. c.* (Vahl symbol. *t. 47.* Martius *op. cit. t. 48—50.* Bot. Mag. *t. 2545.* Bot. Reg. *t. 689. 1399. 1453. 1543.* Link *Ic. select. t. 13.* Jacq. f. *Eclog. t. 26.*)

c. SIPHO Perigonii limbus aequaliter trilobus.
Hocquartia Dumort. *Comment. p. 30.* Siphisia Rafinesq. *l. c.* (Herit. stirp. *t. 7.* Bot. Mag. *t. 534. 1369.*)

OBSERVATIO. Aristolochiae sectiones h. l. propositae vix satis naturales, provisorie admittendae, donec specierum exoticarum genitalia accuratius indagata fuerint. Genera quaedam ab Aristolochia a Rafinesquio separata, mihi penitus incognita sunt:
ENDODACA Raf. l. c. Stamina 12. A. dodecandra et A. Serpentaria Bigelow non Alior.
EINOMENIA Raf. l. Stamina 5. Capsula quinquelocularis. A. pentandra Jacq. Amer. *t. 147.*

2163. Bragantia *LOUREIR.* Flores hermaphroditi (?). Perigonium tubo filiformi-tetragono, cum ovario connato, limbo supero campanulato-trifido, intus colorato, deciduo. Stamina 6, disco epigyno inserta; filamenta brevissima, basi styli adnata, antherae extrorsae, biloculares. Ovarium inferum, quadriloculare. Ovula in loculorum angulo centrali plurima, uniseriata, horizontalia, anatropa. Styli 4, basi connati; stigmata obtusa. Fructus siliquaeformis, tetragonus, quadrilocularis, indehiscens. Semina plurima, triquetra, rugosa. Embryo ...... — *Fruticuli Asiam tropicam incolentes; foliis alternis, coriaceis, ovali-oblongis, venosis, integerrimis, floribus racemosis, axillaribus v. lateralibus.*

Bragantia Loureiro *Flor. cochinch. II. 645.* Blume *Enum. pl. Jav. I. 81.* Ceramium Blume *Bijdr. 1134.* Vanhallia Schult. f. *syst. VII. p. XVIII.* Munnickia Reichenb. *Consp. 85.*

2164. Thottea *ROTTB.* Flores hermaphroditi. Perigonium tubo tetragono, herbaceo, cum ovario connato, limbo supero campanulato-trifido, colorato, nervoso, extus hamato-piloso, intus tomentoso. Stamina 30—40, annulo epigyno carnoso bisulco, cum stylo connato, biseriatim extus adnata; antherae extrorsae, biloculares, didymae. Ovarium inferum .... Stylus brevis, crassus, cum annulo staminifero connatus; stigmata in discum depressum, multiradiatum connata. Fructus siliquaeformis, tetragonus, villosus, bilocularis (?). Semina ... — *Frutex asiaticus; caule flexuoso, articulato, ad nodos tumido, foliis alternis, coriaceis, ovatis, integerrimis, nervosis, subtus venosis, racemo alternifolio paucifloro, floribus maximis.*

Thottea Rottboell *in Dansk. Vidensk. Selsk. Skrift. nye Saml. II. 530. t. 2.*

GENERA NON SATIS NOTA.

2165. Trichopodium *LINDL.* Flores dioici (?). Masc. ...... Fem. Perigonium basi tubulosum, limbo supero, sexfido. Stamina, sterilia 6, foveis totidem inserta. Stylus simplex; stigmata 3, bipartita. Ovarium .... Capsula triquetra, angulis membranaceis, undulatis, trilocularis, indehiscens. Semina in loculis solitaria v. gemina, superposita, adscendentia (?), angulata; testa membranacea, sulco ventrali. Embryo in basi albuminis cornei minimus; radicula infera. — *Herbae indicae; foliis alternis, cordatis, ovato-lanceolatis, rariusve linearibus.*

Trichopodium Lindley *in Bot. Reg. n. 1543.* Trichopus Gärtn. *I. 44. t. 14.*

2166. Trimeriza *LINDL.* Flores dioici? Masc. Perigonium quinquepartitum. Stamina 9, in phalanges tres disposita. Stigmatis rudimentum urceolare, sexdentatum. Fem. Perigonium ...... Ovarium ...... Capsula siliquaeformis, quadrilocularis, quadrivalvis, polysperma. Semina ...... — *Herba zeylanica; caule flexuoso, ad nodos tenuido, foliis alternis, ovato-lanceolatis, triplicostatis, subtus reticulatis, pubescentibus, racemis axillaribus, brevissimis, paucifloris.*

Trimeriza Lindley *in Bot. Reg. n. 1543.*

Ordo CXV. Nepentheae.

NEPENTHINAE Aristolochiarum sect. Link *Handb. I. 369.* — NEPENTHEAE Blume *Enum. Pl. Jav. I. 84.* Bartling *Ort. nat. 81.* in not. R. Brown *in Edinb. philosoph. Magaz. 1832. Sept.* NEPENTHACEAE Lindley *Introduct. Edit. II. p. 204.*

Plantae suffruticosae, caulibus decumbentibus v. sarmentosis, ligno ezonato, vasis spiralibus numerosissimis, per medullam et librum sparsis, lignum lato annulo circumdantibus. Folia alterna, petioli foliaceo-dilatati, lanceolati, nervosi, basi angustata brevissime vaginantes, cirrho nunc aphyllo, nunc in ascidium amplum dilatato terminati, lamina cum ascidii ora articulata, illud recludens.

Flores plurimi, in racemum v. paniculam subterminalem, tandem succrescente caule lateralem dispositi, dioici.

Floribus masculis: Perigonium simplex, calycinum, profunde quadripartitum, laciniis subovatis, extus hirsutis, intus foveolis minutis exsculptis, aestivatione alternatim imbricatis, duabus oppositis exterioribus paullo majoribus, internas obtegentibus.

Stamina in columnam centralem solidam connata. Antherae subsedecim, extrorsae, in capitulum sphaericum congestae, biloculares, loculis appositis, contiguis, longitudinaliter dehiscentibus.

Floribus femineis: Perigonium ut in masculis.

Ovarium liberum, tetragonum, e carpidiis quatuor, perigonii lobis oppositis, valvatim connatis, medio septiferis quadriloculare, columna centrali nulla. Ovula plurima, septis utrinque multiplici serie affixa, adscendentia. Stigma sessile, discoideum, obsolete cruciatim quadrilobum; lobis septis respondentibus.

Capsula coriacea, tetragona, truncata, stigmate coronata, quadrilocularis, loculicido-quadrivalvis, valvis medio septa simplicia, faciebus seminifera gerentibus.

Semina plurima, septorum parietibus utrinque multiplici seriei immediatim affixa, elongato-fusiformia, adscendentia, imbricata. Testa membranacea, cellulosa, utrinque relaxata, longe tubulosa, umbilico prope basim laterali, rhaphe filiformi, intra testae basim adscendente, libera, supra medium adnata, ibique in chalazam, nucleum subglobosum, liberum suspendentem desinens.

Embryo in axi albuminis carnosi orthotropus, ejusdem fere longitudine, subcylindricus v. fusiformis. Cotyledones lineares, planoconvexae. Radicula brevis, umbilicum spectans, infera.

Nepentheae, prout et reliqui ordines petiolis ascidiophoris operculatis instructi, unico genere paucisque speciebus, per Asiae tropicae continentem et insulas, nec non Madagascariam dispersis comprehenduntur, summa affinitatis necessitudine Aristolochieis conterminae, a quibus pluribus notis, ovario nempe libero, staminibus monadelphis, embryoneque elaboratiore commodissime distinguuntur.

2167. Nepenthes *LINN.* Flores dioici. Masc. Perigonium calycinum, profunde quadrifidum. Stamina in columnam centralem connata; antherae 16, in capitulum subsphaericum congestae, biloculares, longitudinaliter dehiscentes. Fem. Perigonium maris. Ovarium liberum, subtetragonum, quadriloculare. Ovula plurima, septorum parietibus adscendentim affixa, anatropa. Stigma sessile, discoideum, obsolete quadrilobum. Capsula quadrilocularis, loculicido-quadrivalvis, valvis medio septiferis. Semina plurima, setaceo-fusiformia, adscendentia, imbricata; testa membranacea, utrinque relaxata; nucleo centrali inverso, subgloboso. Embryo in axi albuminis carnosi cylindricus, orthotropus; radicula brevi, infera. — *Suffrutices in Asia tropica et in Madagascaria indigeni; petiolis alternis, basi brevissime vaginantibus, foliaceo-dilatatis, apice cirrhosis, cirrho ascidiophoro, lamina articulata ascidium claudente, floribus racemosis v. paniculatis.*

Nepenthes Linn. *gen. n. 1019.* Jussieu *gen. 441.* Gärtn. *I. 18. t. 83.* Brongn. *in Annal. sc. nat. I. 42. t. 8.* (fig. 3. certe invertenda). Nees *Ibid. IV. 365. t. 19. 20.* Bot. Mag. *t. 2629. 2798.* Graham *in Edinb. new philosoph. Journ. Jan. 1830. t. 6.* Blume *Enum. pl. Jav. I. 84.* Phyllamphora Loureiro *Flor. cochinch. II. 744.* Cantharifera Rumph *Amboin. V. 121. t. 59.* Bandura Burm. *Thes. zeylan. t. 17.* Amramatico Flacourt *Madagasc. f. 43.*

OBSERVATIO. De radiculae situ infero, chalazae e diametro opposito et umbilicum externum spectante, e male intellecta Richardi figura (*Ann. sc. nat. I. t. 8. f. 3.*) in dubium vocata, post repetitam diversarum specierum explorationem ambigi nequit.

COHORS III. GAMOPETALAE.

Perigonium duplex, exterius calycinum, liberum v. cum ovario connatum; interius corollinum, gamopetalum: hypogynum, perigynum v. epigynum, rarissime abortu nullum.

Classis XXX. Plumbagines.

Herbae acaules v. caulescentes, rarius suffrutescentes. Folia in acaulibus radicalia, conferta, in caulinis alterna v. opposita, simplicia, integerrima v. incisa. Flores hermaphroditi v. rarius diclines. Calyx gamophyllus v. divisus, liber. Corolla hypogyna, scariosa, tubulosa v. eleutheropetala, petalorum unguibus basi cohaerentibus. Stamina numero loborum corollae v. pauciora, in gamopetalis tubo inserta et limbi laciniis alterna, in eleutheropetalis unguibus petalorum inposita. Ovarium liberum, uniloculare, v. biloculare. Ovulum unicum v. plurima, anatropa v. amphitropa. Embryo intra albumen rectus, radicula infera, supera v. centrifuga.

Ordo CXVI. Plantagineae.

PLANTAGINES Juss. *gen. 89.* PLANTAGINEAE Vent. *Tabl. II. 269.* R. Brown *prodr. 423.* Rapin, *Esquisse de l'histoire naturelle de Plantaginées, in Mém. soc. Linn. Paris. 1827. I. 437. ss.* Bartling *Ord. nat. 125.* PLANTAGINACEAE Lindley *Introduct. edit. II. p. 267.*

HERBAE perennes v. rarius SUFFRUTICES, caule in plurimis abbreviato, subterraneo, pedunculos scapiformes exserente, nunc elongato, ramoso, tereti. Folia in plurimis omnia radicalia, rosulato-congesta, in aliis caulina, opposita v. alterna, simplicia, nervosa, integerrima, dentata v. pinnatim incisa, in nonnullis carnosa, semiteretia, nunc sessilia, nunc in petiolum basi saepissime dilatatum attenuata.

FLORES unisexuales, monoici, polygami v. hermaphroditi, masculi in pedunculo scapiformi medio unibracteato, basi femineis pluribus sessilibus stipato solitarii, hermaphroditi immixtis interdum floribus abortu femineis in spicam densam, simplicissimam, elongatam v. abbreviatam, capituliformem, pedunculo scapiformi radicali v. terminali sustentam congesti, singuli bractea unica, plus minus lata, marginibus scarioso-membranacea stipati.

CALYX herbaceus, quadrifidus, laciniis subinaequalibus, margine scariosis, per aestivationem imbricatis, persistens, in floribus femineis triphyllus, foliolis subunilateralibus.

COROLLA hypogyna, scariosa, tubulosa, limbo quadrifido, v. rarius trilobo, aequali v. interdum subinaequali, in floribus femineis urceolaris, ore contracto, et inaequaliter tri-quadrifido, persistens, tandem saepius a fructu grossificante per medias limbi lacinias fissa.

STAMINA quatuor v. rarissime unicum, in floribus hermaphroditis medio corollae tubo inserta, in masculis hypogyna, limbi laciniis alterna. Filamenta filiformia, in alabastro inflexa, sub anthesi longe exserta, flaccida, persistentia. Antherae introrsae, biloculares, basi v. supra basim affixae, versatiles, deciduae; loculi oppositi, contigui, longitudinaliter dehiscentes.

OVARIUM liberum, in floribus femineis uniloculare; ovulo unico e placenta basilari brevissima crassiuscula erecto, amphitropum, v. eidem peltatim affixo, transversim amphitropo, in floribus hermaphroditis biloculare; ovulis placentae dissepimentum constituenti peltatim affixis, amphitropis, micropyle infera, in quovis loculo solitariis v. geminis collateralibus, aut indefinite plurimis. Stylus terminalis, exsertus, simplex; stigmate indiviso v. rarissime obsolete bifido.

NUCULA ossea, monosperma, semine erecto v. peltatim transverso, vel CAPSULA membranacea, bilocularis, loculis mono-di-polyspermis, quandoque loculis inter semina collateralia septulo secundario plus minusve completo bilocellatis spurie quadrilocularis, circumscisse dehiscens, dissepimento demum libero, faciebus seminifero.

SEMINUM testa membranacea v. mucilaginosa; umbilico ventrali, rarissime prope basim laterali. Albumen dense carnosum.

EMBRYO in axi albuminis rectus, cylindricus, ejusdem fere longitudine, rarissime subarcuatus, supra albumen transversim periphericus. Cotyledones plano-convexae. Radicula cylindrica, ab umbilico remota v. interdum eidem parallele contigua, infera, rarissime centrifuga.

Plantagineae e nullo climate exules, imprimis hemisphaerae borealis regiones temperatas incolunt, in regione mediterranea et in America boreali imprimis copiosae, trans aequatorem in America paullo frequentius observatae.

Affinitas ordinis, e generibus utut fructus fabrica diversissimis, attamen arctissime cognatis conflati, paullo obscurio. Cum Plumbagineis imprimis corollae textura, cum Primulaceis ovulorum directione, capsulae in nonnullis dehiscentia transversa convenit; prioribus quamvis ovulorum situ et radiculae directione satis distinctis, certe affinis, a posterioribus longius distare videtur.

2168. Littorella *LINN.* Flores monoici, masculi in pedunculo axillari solitarii, feminei ad basim pedicelli masculi gemini v. terni, sessiles. Masc. Calyx quadripartitus, laciniis aequalibus. Corolla hypogyna, tubulosa, scariosa, limbo quadripartito. Stamina 4, hypogyna, corollae laciniis alterna; filamenta longe exserta, flaccida, antherae introrsae, biloculares, loculis oppositis, contiguis, longitudinaliter dehiscentibus. Ovarii rudimentum. Fem. Calyx triphyllus, foliolis linearibus, inaequalibus, unilateralibus. Corolla scariosa, urceolata, ore contracto, inaequaliter tri-quadrifido, persistens. Ovarium liberum, uniloculare. Ovulum unicum erectum. Stylus terminalis, filiformis, longe exsertus; stigma indivisum. Nucula ossea, monosperma. Semen erectum; testa membranacea. Embryo in axi albuminis dense carnosi rectus, cylindricus, ejusdem fere longitudine; cotyledonibus ellipticis, plano-convexis; radicula infera. — *Herba aquatica, in Europa imprimis borealiore indigena; radice stolonifera, foliis omnibus radicalibus, lineari-subulatis, carnosulis, basi dilatata canaliculatis, pedunculis masculis folia subaequantibus, supra medium unibracteatis.*

Littorella Linn. *gen. n. 1328.* Schkuhr *t. 287.* Hook. *Fl. Lond. t. 168.* Plantago uniflora Linn.

2169. Bougueria *DECAISNE.* Flores polygami, hermaphroditi cum femineis spicato-capitati, singuli bractea medio carnosa, marginibus late membranacea tecti. Calyx quadripartitus, persistens, laciniis anticis paullo majoribus. Corolla hypogyna, tubulosa, scariosa, limbo brevi, irregulariter tri-quadrilobo. Stamen unicum, corollae tubo medio inter limbi lobos insertum; filamentum longe exsertum, flaccidum, anthera bilocularis, basi emarginata affixa, apice brevissime mucronata, loculis longitudinaliter dehiscentibus. Ovarium liberum, rotundo-compressum, uniloculare. Ovulum unicum, placentae brevi crassiusculae peltatim affixum, amphitropum. Stylus filiformis, longe exsertus, superne papilloso-stigmatosus. Nucula ossea, monosperma, compressa, medio utrinque costata, styli rudimento mucronata. Semen peltatum, reniforme; testa tenui, atrovirente. Embryo subarcuatus, supra albumen carnosum transversim periphericus; cotyledonibus oblongis, carnosis, radiculam teretem aequantibus. — *Herba andicola, bipollicaris, perennis; radice crassa, caespitosa, foliis linearibus, integerrimis, carnosulis, glabratis, junioribus albo-pilosis, pedunculis axillaribus, foliis brevioribus, floribus spicato-capitatis, hermaphroditis paucis cum femineis pluribus absque ordine mixtis, bracteis latis, calycibus pilosis.*

Bougueria Decaisne *in Nouv. Annal. sc. nat. V. 132.*

2170. Plantago *LINN.* Flores hermaphroditi, spicati, singuli unibracteati. Calyx quadripartitus, laciniis subaequalibus. Corolla hypogyna, tubulosa, scariosa, limbo quadripartito, persistens. Stamina 4, tubo corollae inserta, limbi laciniis alterna; filamenta longe exserta, flaccida, antherae introrsae, biloculares, loculis oppositis, contiguis, longitudinaliter dehiscentibus. Ovarium liberum, biloculare. Ovula dissepimento peltatim affixa, amphitropa, micropyle infera, in loculis solitaria, v. gemina collateralia, aut indefinita. Stylus terminalis, simplex; stigmate indiviso v. rarissime breviter bilobo. Capsula membranacea, bilocularis, v. loculis inter semina collateralia septulo secundario bilocellatis spurie quadrilocularis, circumscisse dehiscens, dissepimento demum libero, faciebus seminifero. Semina in loculis solitaria, bina v. indefinita; testa mucilaginosa, umbilico ventrali. Embryo in axi albuminis dense carnosi rectus, cylindricus, ejusdem fere longitudine; cotyledonibus ellipticis, plano-convexis; radicula infera. — *Herbae cosmopolitae, in regionibus temperatis hemisphaerae borealis frequentius obviae, acaules v. caulescentes, rarissime suffrutescentes, glabrae v. pubescentes, aut lanatae; foliis in acaulibus confertis, in caulescentibus alternis v. oppositis, integris v. dentatis aut pinnatifido-incisis, nunc planis et nervosis, nunc semiteretibus, pedunculis scapiformibus, indivisis, axillaribus v. rarius terminalibus, floribus dense spicatis, spicis cylindricis, rariusve subglobosis.*

Plantago Linn. *gen. n. 142.* DC. *Fl. fr. III. 408.* R. Brown *prodr. 424.*

a. PSYLLIUM. Capsula bilocularis, loculis monospermis. — *Caulescentes v. acaules.*

Psyllium Endlicher *Flor. pos. 212.* Psyllium et Plantaginis sp. Tournef. Juss. (Jacq. *Ic. rar. t. 28. Hort. Vindob. t. 126. 258. Fragm. t. 183.* Allion. *Pedemont. t. 85. f. 3.* Flor. dan. *t. 243. 437. 581.* Waldst. et Kit. *Plant. Hung. t. 151. 203.* Cav. *Ic. t. 135. 249. f. 1.* Vent. *Cels. t. 29.* Ruiz et Pav. *Flor. peruv. t. 79.* Humb. et Bonpl. *nov. gen. et sp. t. 126. f. 2.* Hook. *Fl. Lond. t. 193.* Endlich. *Sert. Cabul. t. 1.*)

b. CORONOPUS. Capsula bilocularis, loculis dispermis, inter semina collateralia septulo plus minusve completo bilocellatis spurie v. incomplete quadrilocularis. — *Acaules, foliis dentatis v. pinnatifido-incisis.*

Coronopus Tournef. *inst. t. 49.* (Fl. dan. *t. 272.* E. B. *t. 892.* Jacq. *Ic. rar. t. 27.* Humb. et Bonpl. *nov. gen. et sp. t. 127.*)

c. ARNOGLOSSON. Capsula bilocularis, loculis polyspermis. — *Acaules.*

Arnoglosson Endlicher *Flor. pos. 211.* (Schkuhr *t. 24.* Flor. dan. *t. 461.* Jacq. *Ic. rar. t. 26.* Ruiz et Pav. *Fl. peruv. t. 78.* Gaudich *ad Freyc. t. 50.*)

Ordo CXVII. Plumbagineae.

PLUMBAGINES Jussieu *gen. 92.* PLUMBAGINEAE Vent. *Tabl. II. 276.* R. Brown *prodr. p. 425.* Bartling *Ord. nat. 126.* PLUMBAGINACEAE Lindley *Introduct. edit. II. p. 269.*

Herbae perennes v. frutices, acaules v. caulescentes. Folia nunc in apice rhizomatis multicipitis conferta, simplicia, integerrima, subamplexicaulia, v. in caule nodoso-articulato, ramoso, tereti v. irregulariter angulato alterna, interdum in petiolum basi dilatatum, amplexicaulem attenuata, marcescentia. Stipulae nullae.

Flores hermaphroditi, in pedunculis saepissime scapiformibus, simplicibus v. ramosis, nunc spicati, spicis saepissime secundis, v. paniculati, aut in capitulum involucratum collecti, bracteis sub quovis flore ternis v. rarius binis, plerumque scariosis.

Calyx tubulosus, scariosus, coriaceus v. herbaceus, interdum coloratus, quinqueplicatus, quinquedentatus, rarissime pentaphyllus, persistens.

Corolla hypogyna, tenera, nunc gamopetala, hypocrateriformis, tubo angusto, angulato, limbo quinquepartito, aequali; v. pentapetala, petalis distincte unguiculatis, unguibus ima basi saepe cohaerentibus, laminis v. limbi lobis aestivatione contortis.

Stamina quinque, corollae lobis v. petalis opposita, eorundem unguibus supra basim inserta, v. in gamopetalis hypogyna. Filamenta filiformia, in alabastro erecta. Antherae introrsae, biloculares, incumbentes, loculis parallelis, contiguis, basi distinctis, juxta totam longitudinem dehiscentibus.

Ovarium liberum, sessile, uniloculare. Ovulum unicum, ex apice placentae filiformis liberae, e fundo ovarii adscendentis pendulum, anatropum. Styli 5, rarius 3 v. 4, terminales, distincti v. in unicum connati; stigmatibus totidem distinctis, simplicibus, capillaribus, interdum glandulis capitatis ramosis, rarissime capitatis.

Fructus membranaceus, monospermus, calyce inclusus, nunc capsularis, apice valvis quinque dehiscens, nunc utricularis, evalvis, a basi lacero secedens.

Semen inversum, placenta filiformi saepius testae adnata situm erectum mentiens. Albumen farinaceum, parcum, germinatione quandoque intra pericarpium incepta consumptum.

Embryo intra albumen orthotropus; cotyledonibus planis, radicula brevi, supera.

Plumbagineae staminum ante petala situ et insertione in diversis generibus varia, ovulo unico e placenta libera pendulo, et stylorum pluralitate distinctissimae, in littoribus maritimis climatis temperati, et in desertis salsis olim submarinis copiosissime gignuntur.

TRIBUS I. STATICEAE. Calyx scariosus v. coriaceus. Corolla pentapetala, unguibus staminiferis. **Styli** distincti. **Pericarpium** demum basi solutum, calyptraeforme.

2171. Armeria *WILLD.* **Capitulum** involucratum, vagina reversa, receptaculo paleaceo. **Calyx** infundibuliformis, limbo quinquedentatus, quinqueplicatus, margine scariosus. **Corolla** hypogyna, pentapetala, petalorum unguibus basi villis cohaerentibus. **Stamina 5**, imis petalorum unguibus inserta. **Ovarium** uniloculare. **Ovulum** unicum, e placenta filiformi libera pendulum, anatropum. **Styli** terminales quinque distincti, apice intus stigmatosi. **Utriculus** membranaceus, monospermus, calyce inclusus, demum a basi multifido solutus, calyptraeformis. **Semen** inversum. **Embryo** intra albumen farinaceum parcum orthotropus; **radicula** supera. — *Herbae perennes acaules, in Europa media et australi provenientes; foliis radicalibus congestis, linearibus v. lanceolatis, nervosis, pedunculis scapiformibus monocephalis.*

Armeria Willd. *Hort. berol.* 333. Statice Tournef *inst. t.* 177. Statices spec. Linn. Schkuhr *t.* 87. E. B. *t.* 226. Fl. dan. *t.* 1092. Hooker *Flor. Lond. t.* 226.

2172. Statice *WILLD.* **Flores** in spicis secundis bi-tri-bracteati. **Calyx** infundibuliformis, limbo quinquedentato, quinque-plicato margine scarioso. **Corolla** hypogyna, pentapetala v. quinquepartita. **Stamina 5**, imis petalorum unguibus inserta. **Ovarium** uniloculare. **Ovulum** unicum e placenta filiformi libera pendulum, anatropum. **Styli** terminales quinque, distincti, apice intus stigmatosi. **Utriculus** membranaceus monospermus, calyce inclusus, demum a basi multifido-solutus, calyptraeformis. **Semen** inversum. **Embryo** intra albumen farinaceum parcum orthotropus; **radicula** supera. — *Herbae v. suffrutices, in Europa australi et orientali nec non in Asia media copiosae, in Nova Hollandia rarae; foliis omnibus radicalibus congestis dilatatis spathulatis, integerrimis v. dentatis, aut linearibus, acicularibus, congestis, scapis ramosis spicis secundis.*

Statice Willd. *Hort. berol.* 333. Sibthorp *Flor. graec.* 299. Reichenb. *Plant. crit. t.* 162. 163. 172. 173. 186—188. 225. 226. 237. 291. 717—721. 751. 752. Ledebour *Ic. t.* 252. 258. 314. Limonium Tournef. *inst. t.* 177. Taxanthema Necker *elem. n.* 202. R. Brown *prodr.* 426. Statices sp. Linn.

*

2173. Aegialitis *R. BR.* **Flores** spicato-paniculati, tribracteati. **Calyx** coriaceus, tubulosus, plicato-angulatus, quinquedentatus. **Corolla** hypogyna, pentapetala, unguibus basi connatis. **Stamina 5**, unguibus petalorum inserta. **Ovarium** uniloculare, uniovulatum. **Ovulum** unicum, ex apice placentae crassiusculae liberae pendulum, anatropum. **Styli** quinque, terminales, distincti; **stigmatibus** capitatis. **Utriculus** coriaceus, exsertus, subangulato-cylindraceus, a semine germinante apice ruptus. **Semen** intra fructum germinans, exalbuminosum; embryonis **radicula** supera, plumula diphylla, majuscula. — *Frutex humilis, glaberrimus, in Novae Hollandiae littore tropico cum Rhizophoris crescens; ramis teretibus, fragilibus, cicatricibus petiolorum annulatis, foliis alternis, exstipulatis, planis, coriaceis, ovatis, integerrimis, petiolo late marginato basique dilatato vaginante, spicis paniculatis, floribus alternis, subimbricatis, tribracteatis, albis.*

Aegialitis R. Brown *prodr.* 426. Gaudich. *ad Freyc. t.* 51.

TRIBUS II. PLUMBAGINEAE VERAE. **Calyx** herbaceus. **Corolla** gamopetala. **Stamina** hypogyna. **Pericarpium** subcapsulare. **Styli** connati; **stigmatibus** distinctis.

2174. Plumbago *TOURNEF.* **Calyx** tubulosus, quinquedentatus, plicatus, costis glandulosis. **Corolla** gamopetala, hypocrateriformis, limbo quinquepartito. **Stamina 5**, hypogyna, corollae lobis opposita, inclusa; **filamenta** basi dilatata, fornicata, **antherae** ovatae. **Ovarium** uniloculare. **Ovulum** unicum, e placenta filiformi adscendente libera pendulum, anatropum. **Stylus** terminalis, filiformis; **stigmata 5**, acuta. **Capsula** calyce persistente inclusa, unilocularis, pentagona, apice quinquevalvis. **Semen** inversum. **Embryo** intra albumen farinaceum parcum orthotropus; **radicula** supera. — *Herbae v. suffrutices caulescentes, in regionibus tropicis subtropicisque totius orbis, etiam in regione mediterranea provenientes, nullibi copiosae; foliis alternis, amplexicaulibus, spicis terminalibus, floribus tribracteatis, roseis v. albo-lilacinis.*

Plumbago Tournefort *inst. t.* 8. Linn. *gen. n.* 213. Juss. *gen.* 92. Gärtn. *I.* 234. *t.* 50. Schkuhr *t.* 36. Bot. Mag. *t.* 1249. Sibth. *Fl. graec. t.* 191. — ? Thela Loureir. *Flor. cochinch. I.* 147.

2175. Ceratostigma *BUNGE.* **Calyx** tubulosus, quinquedentatus, quinquecostatus, costis transversim rugulosis, eglandulosis. **Corolla** gamopetala, hypocrateriformis, limbi quinquepartiti lobis obcordatis, denticulatis. **Stamina 5**, hypogyna, corollae lobis opposita, inclusa; **filamenta** filiformia, **antherae** lineares, basi bifidae. **Ovarium** uniloculare. **Ovulum** unicum ...... **Stylus** terminalis, filiformis; **stigmata 5**, elongato-filiformia, glandulis stipitatis ramosa. **Utriculus** (?) monospermus. **Semen** ...... — *Herba perennis, circa Peking lecta; foliis obovatis, acutis, rigide ciliatis, floribus terminalibus, congesto-capitatis, late caeruleis.*

Ceratostigma Bunge *Enum. pl. Chin.* 55.

2176. Vogelia *LAM.* **Calyx** pentaphyllus, foliolis late ovatis, transversim sulcato-rugosis. **Corolla** gamopetala, tubulosa, gracilis, plicata, limbo quinquelobo. **Stamina 5**, hypogyna, corollae lobis opposita, inclusa; **filamenta** filiformia, **antherae** ovatae. **Ovarium** uniloculare. **Ovulum** unicum, e placenta filiformi adscendente libera pendulum. **Stylus** terminalis, filiformis; **stigmata 5**, acuta. **Fructus** ...... — *Frutex capensis; ramis gracilibus, foliis alternis, subsessilibus, obcordatis, tuberculatis, integerrimis, floribus spicatis, arcte imbricatis.*

Vogelia Lamark *Illustr. t.* 149.

* SALVADORACEAE.

2177. Salvadora *LINN.* **Calyx** parvus, tetraphyllus. **Corolla** gamopetala, quadripartita, membranacea. **Stamina 4**, perigyna, corollae lobos connectentia; **antherae** introrsae, biloculares, subglobosae, longitudinaliter dehiscentes. **Ovarium** liberum, uniloculare. **Ovulum** unicum, e basi erectum, anatropum. **Stigma** sessile, indivisum. **Bacca** monosperma. **Semen** erectum. **Embryonis** exalbuminosi cotyledones carnosae, plano-convexae, peltatae, **radiculam** inferam includentes. — *Frutices glabri, glauco-pruinosi, per Asiam mediam, ab India superiore ad* *mare mediterraneum, et per Africam borealem a Nilo ad Senegambiam observati; caule articulato, articulis subtumidis, foliis oppositis, petiolatis, integerrimis, coriaceis, obsolete venosis, floribus minutis, laxe paniculatis.*

Salvadora Linn. *gen. n. 163.* Juss. *gen. 84.* Vahl *Symb. I. t. 4.* Roxburgh *Corom. t. 26.* Lindley *Introduct. edit. II. p. 269.*

Classis XXXI. Aggregatae.

Herbae, arbores v. frutices. Folia alterna v. opposita. Stipulae nullae. Flores hermaphroditi v. abortu unisexuales, plerumque aggregato-capitati. Calyx tubo cum ovario connato, limbo supero, rarissime liber. Corolla epigyna, v. rarissime hypogyna, gamopetala, limbo saepe irregulari. Stamina corollae inserta, ejusdem lobis alterna. Ovarium inferum, uniloculare, v. triloculare, loculis duobus vacuis. Ovulum unicum, erectum v. inversum anatropum. Fructus monospermus. Semen albuminosum v. exalbuminosum. Embryo in albuminosis intrarius, orthotropus, radicula supera v. infera.

Ordo CXVIII. Valerianeae.

VALERIANA Linn. *gen. n. 44.* DIPSACEARUM sectio II. Jussieu *gen. 195.* VALERIANAE DC. *Flor. fr. IV. 416. Collect. Memoir. VII. Paris. 1832. c. icc. Prodr. IV. 623* Jussieu *in Annal. du Mus. X. 308.* Du Fresne *Hist. nat. et médic. des Valerianées. Montpell. 1811. 4.* Kunth *in Desvaux Journ. Bot. II. 171.* Bartling *Ord. nat. 130.* VALERIANACEAE Lindley *Introduct. edit. II. p. 265.*

Herbae annuae; radice gracili inodora, v. perennes interdum suffrutescentes, erectae v. volubiles, rhizomate sublignoso, crassiusculo, saepe aromatico. Folia radicalia congesta, caulina opposita, simplicia, integra v. pinnatifida aut pinnatisecta, subamplexicauli-sessilia v. petiolata, petiolo basi dilatato, semiamplexicauli. Stipulae nullae.

Flores hermaphroditi v. abortu unisexuales, mono-dioici, nunc in cymis dichotomis subfastigiati, v. in ramorum dichotomiis solitarii v. fasciculato-corymbosi, bracteati, rarissime singuli involucro duplici gamophyllo cincti, albi, rosei aut caerulescentes, rarissime purpurei v. flavi.

Calycis tubus cum ovario connatus, limbus superus tri-quadrifidus, aequalis v. inaequalis, aestivatione rectus, post anthesim saepe auctus, persistens, v. sub aestivatione involutus, per anthesim in lacinias plurimas setiformes, papposas evolutus, deciduus.

Corolla gamopetala, disco epigyno inserta, decidua, infundibuliformi-tubulosa, tubo cylindraceo v. obconico, basi aequali v. antice in gibber aut calcar cavum producto, limbo plerumque quinquelobo, aequali v. interdum subbilabiato, rarius tri-quadrilobo, lobis obtusis, aestivatione imbricatis.

Stamina tubo corollae prope basim v. infra medium inserta, ejusque lobis alterna, rarissime quinque, plerumque postico deficiente quatuor, nunc lateralium uno simul suppresso tria, v. postico solum praesente unicum. Filamenta inter se distincta, e tubo corollae porrecta, in alabastro apice plerumque incurva. Antherae introrsae, biloculares, incumbentes, loculi parallele oppositi, longitudinaliter dehiscentes.

Ovarium calycis tubo connatum, triloculare, loculis duobus vacuis, plerumque minoribus, quandoque minimis, tertio fertili. Ovulum unicum, ex apice loculi pendulum, anatropum. Stylus simplex, filiformis; stigmata 2—3, libera v. in unum connata.

Fructus indehiscens, coriaceus v. membranaceus, apice nudus v. calycis limbo coronatus, nunc loculorum sterilium ovarii suppressione unilocularis, nunc iisdem superstitibus, plerumque minoribus trilocularis, v. interdum iisdem confluentibus bilocularis, semper monospermus.

Semen inversum. Testa membranacea, tenuis, endopleura in nonnullis tumida. Albumen nullum.

Embryo orthotropus; cotyledonibus oblongis crassiusculis, radicula brevi; obtusiuscula umbilico proxima, supera multoties longioribus.

Valerianeae in veteri continente Europam mediam, regionem mediterraneam, et florae taurico-caucasicae territorium maximo numero incolunt, unde in Orientem, Sibiriam, Nepaliam, ipsamque Japoniam parva copia evagantur, inter tropicos et trans Capricornum, si Valerianam capensem, magnopere dubiam demseris, nondum visae. In novo autem continente montium imprimis tractus juxta orientale littus porrectos, et tropico subjectos sideri magna copia inhabitant, inde copiosae per oram chilensem diffusae, regionem magellanicam et insulas maclovianas petentes, cis Cancrum paucissimae vigent, unica species arctica utriusque orbis floram connectit.

Ordo Dipsaceis proximus, a quibus imprimis albuminis defectu, et ovario triloculari distinguitur.

Specierum perennium radices principio amaro, aromatico, varii in medicina usus scatent, annuarum folia juniora in acetariis gratae.

Triplostegia, genus involucro praeter calycem duplici, inter hunc et sequentem ordinem ambigit, ovarii et seminis fabrica nondum explorata, nobis quoad veram affinitatem subdubium, interim ob inflorescentiam et staminum numerum, et Wallichii et Candollei auctoritatem ad Valerianearum calcem collocatum.

2178. Patrinia *JUSS.* Calyx tubo cum ovario connato, limbo supero, erecto, brevissimo, quinquedentato v. nullo. Corolla epigyna, tubulosa, regularis, ecalcarata, limbo quinquelobo, obtuso. Stamina 4, v. rarissime 5, corollae tubo prope basim inserta. Ovarium inferum, triloculare, loculis duobus minoribus, vacuis. Ovulum unicum, ex apice loculi majoris pendulum, anatropum. Stylus terminalis, simplex; stigma trigono-capitatum. Fructus membranaceus, calycis limbo coronatus, saepius bracteae paleaeformi adnatus, trilocularis, loculis duobus vacuis, cylindricis, tertio fertili planiusculo, monospermo. Semen inversum. Embryo exalbuminosus, orthotropus; radicula supera. — *Herbae perennes, in Asia media indigenae; foliis radicalibus congestis, caulinis oppositis, pinnatilobis, floribus corymbosis, aureis.*

Patrinia Jussieu *in Annal. du Mus. X. 311.* Dufresne *Valer. 33.* Sweet *Fl. Gard. t. 154.* Reichenb. *Ic. exot. t. 20. 83. 94.* Mouffeta Necker *elem. n. 210.* Gytonanthus Rafinesq. *in Annal. gen. sc. phys. VI. 88.* Fedia Adanson *Fam. II. 152.* Fediae sp. Vahl. Gärtn. *t. 86. f. 3.* Valerianae sp. Pallas. Bot. Mag. *t. 714.* Thunberg *Jap. t. 6.*

2179. Nardostachys *DC.* Calyx tubo cum ovario connato, limbo supero, quinquepartito, lobis ovato-oblongis foliaceis, denticulatis, persistentibus. Corolla epigyna, tubulosa, regularis, ecalcarata, limbo quinquelobo, obtuso. Stamina 4, corollae tubo prope basim inserta. Ovarium inferum, triloculare, loculis duobus minoribus vacuis. Ovulum unicum, ex apice loculi majoris pendulum, anatropum. Stylus terminalis, simplex; stigma capitatum. Fructus membranaceus, monospermus, calycis limbo coronatus. Semen ...... — *Herbae nepalenses, perennes, habitu Scorzoneram humilem referentes; radice odoratissima ad collum fibrillis erectis vestita, foliis oblongis, integerrimis v. dentatis, radicalibus elongatis, caulinis sessilibus oppositis, basi sublatioribus, caule simplici, floribus corymboso-fasciculatis, involucratis, corollis purpureis.*

Nardostachys DC. *Mém. Valerian 4. t. 1. 2. Prodr. IV. 624.* Royle *Himalay. t. 54.* Nees jun. *Pl. offic. Suppl. III. t. 12.* Patrinia Don. *nep. 159.* Nardus Indica Veterum.

2180. Dufresnia *DC.* Calyx tubo cum ovario connato, limbo supero, tripartito, laciniis inaequalibus, ovatis, acutis, reticulatis, serratis, demum increscentibus. Corolla epigyna, obconico-tubulosa, regularis, ecalcarata, limbo quinquelobo, obtuso. Stamina 3? ..... Ovarium inferum ...... Stylus ...... Fructus membranaceus, extus villosissimus, calycis limbo aucto, scarioso coronatus, trilocularis, loculis duobus vacuis cylindraceis, inflatis, tertio fertili monospermo, complanato. Semen inversum. Embryo exalbuminosus, orthotropus; radicula supera. — *Herba persica, humilis; caule basi suffruticuloso, simplici, foliis oppositis, oblongis, obtusis, integerrimis, cymis confertis subcapitatis, bracteis oblongis, patulis, serratis, floribus parvis, fortassis staminum abortu monoicis, ex sicco roseis.*

Dufresnia DC. *Mém. Valerian. 8. t. 3. f. 1. Prodr. IV. 624.*

2181. Valerianella *MÖNCH.* Calyx tubo cum ovario connato, limbo supero, dentato. Corolla epigyna, tubulosa, regularis, ecalcarata, limbo quinquelobo, obtuso. Stamina 3, corollae tubo prope basim inserta. Ovarium inferum, triloculare, loculis duobus vacuis, tertio fertili. Ovulum unicum, ex apice loculi pendulum, anatropum. Stylus terminalis, simplex; stigma indivisum v. trifidum. Fructus submembranaceus, indehiscens, calycis limbo varie dentato et aucto coronatus, trilocularis, loculis duobus vacuis interdum septo evanido confluentibus bilocularis, tertio monospermo. Semen inversum. Embryo exalbuminosus, orthotropus; radicula supera. — *Herbae annuae, parvae, in Europa media rarae, in regione mediterranea et in regione taurico-caucasica frequentes; caule apice dichotomo, foliis oppositis, oblongis aut linearibus, indivisis, v. basi dentatis, aut superioribus pinnatifidis, floribus in dichotomis solitariis aut fasciculato-corymbosis, bracteatis, parvis, albis v. roseis.*

Valerianella Mönch. *Meth. 486.* Betcke *Animadvers. in Valerianellas. Rostochii, 1826. 4.* DC. *Mém. Valerian. 10. Prodr. IV. 625.* Polypremum Adanson *Fam. II. 152.* excl. sp. Odontocarpa Necker *elem. n. 200.* Fediae sp. Vahl. Gärtn. Reichenb. non Adans. et Mönch.

a. SELENOCOELAE DC. *l. c.* Fructus trilocularis, antice late sulcatus, loculo fertili dorso haud incrassato, sterilibus duobus fertili latioribus, curvis, sectione transversali lunulatis. — (DC. *Mém. Valerian. t. 3. f. 9. 10.* Dufresne *Valerian. t. 3. f. 1.* Willemet *in Archiv. Bot. II. t. 20. f. 12.* Reichenbach *Ic. crit. t. 61. 67.*)

b. PLATYCOELAE DC. *l. c.* Fructus trilocularis, antice sulcatus, loculo fertili dorso haud incrassato, sterilibus duobus fertili diametro latioribus aut subaequalibus contiguis, sectione transversali orbiculatis. — (DC. *Mém. Valerian. t. 3. f. 6—8.* Dufresne *l. c. t. 3. f. 3—5.* Willemet *l. c. t. 20. f. 7—11.* Sibthorp *Fl. graec. t. 34.* Gaudin *Flor. Helvet. t. 4.* Reichenb. *Ic. crit. t. 63. 64. 66. 70. 113. 116.*)

c. PSILOCOELAE DC. *l. c.* Fructus trilocularis, antice planiusculus, loculo fertili dorso haud incrassato, sterilibus duobus filiformibus, fertili multo angustioribus, saepe dissitis, nerviformibus. — (DC. *Mém. Valerian. t. 3. f. 45.* Dufresne *l. c. t. 3. f. 4. 6.* Willemet *l. c. t. 20. f. 2—6.* Desvaux *Journ. Bot. II. t. 11. f. 2. E. B. t. 1370.* Reichenb. *Ic. crit. t. 62. 63. 65. 68. 69. 115.*)

d. LOCUSTAE DC. *l. c.* Fructus bi-trilocularis, loculo uno fertili, dorso celluloso-gibboso, duobus sterilibus fertili aequalibus aut latioribus, nunc distinctis, nunc septo-evanido coadunatis. — (DC. *Mém. Valerian. t. 3. f. 2. 3.* Dufresne *l. c. t. 3. f. 8.* Willemet *l. c. t. 20. f. 1.* Reichenb. *Ic. crit. t. 60.*)

2182. Astrephia *DC.* Calyx tubo cum ovario connato, limbo supero, brevissime quinquedentato v. subcampanulato. Corolla epigyna, infundibuliformis, basi hinc gibba, subcalcarata, limbo quinquelobo. Stamina 3, corollae tubo prope basim inserta. Ovarium inferum, biloculare, loculo altero majore incomplete bilocellato vacuo. Ovulum unicum, ex apice loculi minoris pendulum, anatropum. Stylus terminalis, apice trifidus; stigmatibus gracilibus. Fructus membranaceus, calycis limbo coronatus, bilocularis, loculo altero vacuo extus medio sulco impresso, altero monospermo. Semen inversum. Embryo exalbuminosus, orthotropus; radicula supera. — *Herbae peruanae, annuae; foliis radicalibus subrhombeo-incisis, caulinis oppositis, imparipinnatisectis, segmentis ovali-oblongis, inciso-dentatis, floribus paniculatis aut corymbosis, albis.*

Astrephia DC. *Mém. Valerian. 12. Prodr. IV. 629.* Hemesotria Rafinesq. *in Annal. gen. sc. phys. VI. 88.* Oligacoce Willd. *msc.* Astrephiae sp. Dufresne *Valerian. 50.* Valerianae sp. Smith *Ic. inedit. III. t. 53.* Ruiz et Pav. *Fl. peruv. t. 69 f. a.* Fediae sp. Kunth.

2183. Fedia *MÖNCH* Calyx tubo cum ovario connato, limbo supero, brevi, recto, lobis quatuor, subulatis, inaequalibus. Corolla epigyna, tubo filiformi, ecalcarato, limbo inaequaliter quinquefido, subringente. Stamina 2, corollae tubo inserta. Ovarium inferum, triloculare, loculis duobus minoribus, vacuis. Ovulum unicum, ex apice loculi majoris pendulum, anatropum. Stylus terminalis simplex; stigma bifidum. Fructus subfungosus, loculis duobus vacuis, angustis, tertio latiore monospermo. Semen inversum. Embryo exalbuminosus, orthotropus; radicula supera. — *Herbae mediterraneae, annuae, glabrae; foliis oppositis, integerrimis aut dentatis, floribus capitato-corymbosis v. cymosis, roseis v. purpureis, bracteis adpressis.*

Fedia Mönch. *Meth.* 486. Jussieu *in Annal. Mus.* X. 311. Dufresne *Valerian.* 54. *t.* 1. DC. *Prodr.* IV. 630. Mitrophora Necker *elem. n.* 208. Valeriana Cornucopiae Linn. Sibthorp *Fl. graec. t.* 32. Fediae sp. Gärtn. *II.* 36. *t.* 86. Polypremi sp. Adans.

2184. Plectritis *DC.* Calyx tubo cum ovario connato, limbo supero, recto, integerrimo. Corolla epigyna, tubo basi breviter calcarato, antice gibboso, limbo quinquefido, bilabiato. Stamina 3, corollae tubo inserta. Ovarium inferum, triloculare, loculis duobus vacuis. Ovulum unicum, ex apice loculi fertilis pendulum, anatropum. Stylus terminalis, simplex; stigma capitatum. Capsula calycis limbo coronata, cartilaginea, trilocularis, loculis duobus sterilibus apertis alaeformibus, fertili monospermo. Semen inversum... — *Herba californica, annua, glabra; foliis ..... floribus verticillato congestis, roseis, monoicis, bracteis multifidis, laciniis subulatis.*

Plectritis DC. *Mém. Valerian.* 13. *Prodr.* IV. 631. Valerianella congesta Lindl. *in Bot. Reg. t.* 1095.

2185. Centranthus *DC.* Calyx tubo cum ovario connato, limbo supero, involuto, demum in pappum plumoso-multisetum, deciduum evoluto. Corolla epigyna, tubo obconico, basi calcarato, limbo regulari, quinquefido. Stamen 1, tubo corollae insertum. Ovarium inferum, triloculare, loculis duobus minimis vacuis, tertio fertili. Ovulum unicum, ex apice loculi pendulum, anatropum. Stylus terminalis, simplex; stigma capitatum. Fructus membranaceus, nudus, unilocularis, monospermus. Semen inversum. Embryo exalbuminosus, orthotropus; radicula supera. — *Herbae mediterraneae, perennes v. rarius annuae, glaberrimae; foliis oppositis, indivisis v. pinnatisectis, floribus rubris v. albis, secus paniculae corymbosae ramos unilateralibus.*

Centranthus DC. *Fl. fr.* IV. 238. *Mém. Valerian.* 14. *Prodr.* IV. 631. Kentranthus Necker *elem. n.* 207. Valerianae sp. Linn. Sibthorp *Fl. graec. t.* 29. 30. Cavanill. *Ic. t.* 353. E. B. *t.* 1532.

2186. Valeriana *NECK.* Calyx tubo cum ovario connato, limbo supero, involuto, demum in pappum plumoso-multisetum, deciduum evoluto. Corolla epigyna, tubo obconico v. cylindrico, basi aequali aut gibbo, ecalcarato, limbo obtuse quadri-quinquefido v. rarius trifido. Stamina 3, tubo corollae inserta. Ovarium inferum, triloculare, loculis duobus minimis, vacuis. Ovulum unicum, ex apice loculi pendulum, anatropum. Stylus terminalis, simplex; stigma capitatum. Fructus membranaceus, nudus, unilocularis, monospermus. Semen inversum. Embryo exalbuminosus, orthotropus; radicula supera. — *Herbae v. suffrutices, in America tropica, imprimis andina, et in australi extratropica temperata copiosissime provenientes, in Europa media et India orientali rariores, in America boreali rarissimae, acaules v. caulescentes; foliis radicalibus congestis, caulinis oppositis v. verticillatis, integris v. pinnatifidis, saepe in eadem stirpe diversis, floribus corymbosis, capitatis aut paniculatis, in plurimis albis, rarius caerulescentibus, rubris, roseis aut flavis.*

Valeriana Necker *elem. n.* 208. DC. *Mém. Valerian.* 14. *Prodr.* IV. 632.

a. PHYLLACTIS. *Pers.* Corollae limbus trifidus. — *Caulis nullus. Folia omnia radicalia. Flores dense aggregati, involucellati et involucrati.*

Phyllactis Persoon *ench.* I. 39. DC. *prodr.* IV. 623. (Ruiz et Pav. *Flor. peruv. t.* 65. *f. c. d. t.* 68. *f.* 6.)

b. ARETIASTRUM *DC.* Corollae tubus elongatus, limbo quadri-quinquefido. — *Caules fructiculosi. Folia imbricata, crasso-coriacea, integerrima, flores flavi, pauci, inter folia suprema occultati.*

Aretiastrum DC. *l. c.* V. aretioides Kunth. V. sedoides Urv.

c. PHU *DC.* Corollae limbus quinquefidus. — *Caules fruticosi v. herbacei, erecti aut scandentes. Folia omnia indivisa, nunc radicalia integra, caulinis tripartitis v. pinnatisectis, v. omnia pinnatisecta.*

Phu DC. *l. c.* (Jacq. *Flor. austr. t.* 219. 267—269. *Miscell.* II. *t.* 17. *Collect.* I. *t.* 24. Sibthorp *Fl. graec. t.* 33. Desfont. *Corollar. t.* 41. E. B. *t.* 1591. Hayne *Pl. offic.* III. *t.* 31—33. Nees *Pl. offic. suppl.* III. *t.* 9—11. Smith *Ic. inedit.* III. *t.* 51. 52. Ruiz et Pav. *Flor. peruv. t.* 65. *f. a. b. t.* 66. *f. a. b. t.* 67. *f. a. c. t.* 68. *f. a. c. t.* 69. *f. b. t.* 70. *f. a. b.* Cavanill. *Ic. t.* 456. DC. *Mém. Valerian. t.* 4. Ledebour *Ic. pl. t.* 19. Hooker *Flor. Bor. Amer. t.* 101.)

2187. Betckea *DC.* Calyx tubo cum ovario connato, limbo supero, unidentato (?) deciduo. Corolla epigyna, infundibuliformis, limbo quinquelobo. Stamina 3, ... Ovarium inferum ...... Fructus nudus, unilocularis, triqueter, monospermus. Semen loculum replens. — *Herba chilensis, annua, glabra, simplex, erecta; foliis indivisis, inferioribus obovato-oblongis, summis ovato-subrotundis, sessilibus, amplexicaulibus, cymis parvis, ad axillas foliorum breve pedunculatis, floribus parvis, albidis.*

Betckea DC. *Mém. Valerian.* 18. *Prodr.* IV. 642. Valeriana s. Fedia samolifolia Bertero. — Planta a me non examinata.

* GENUS ANOMALUM.

2188. Triplostegia *WALL.* Flores singuli involucro duplici, exteriore quadripartito, quadricarinato, interiore tubuloso, octocostato, octodentato inclusi. Calyx tubo cum ovario connato, limbo supero, minimo, quadridentato. Corolla epigyna, tubulosa, regularis, ecalcarata, limbo quinquefido. Stamina 3, tubo corollae infra medium inserta, antheris subexsertis. Ovarium inferum ...... Ovulum ...... Stylus terminalis, simplex; stigma capitatum. Utriculus monospermus, rostratus, calycis limbo coronatus, involucro duplici tectus. Semen ..... — *Herba nepalensis; radice perennante, longa, fibrillosa, inodora, caule gracili, obsolete quadrisulcato, simplici aut parce ramoso, superne pilis longiusculis, articulatis, apice glanduliferis obsesso, foliis ad basim caulis approximatis, petiolatis, ovato-lanceolatis, dentatis, basi pinnatifidis, supra pubescentibus, subtus villosulis, caulinis paucis, minoribus, pinnatifidis, corymbo glanduloso-pubescente, floribus parvis, ternatis, puberulis.*

Triplostegia Wallich *in DC. Mém. Valerian.* 19. *t.* 4. *Prodr.* IV. 642.

GENUS DUBIUM.

2189. Axia *LOUREIR.* Calyx triphyllus, foliolis acutis, brevibus, inaequalibus, deciduis. Corolla campanulata, minima, limbo decemfido, aequali, plano, laciniis obtusis. Stamina 3; filamenta filiformia, corollam aequantia, antherae didymae, lobis globosis. Ovarium inferum, ovatum, sulcatum. Stylus filiformis; stigma crassiusculum. Achenium ovatum, sulcatum, hirsutum. — *Fruticulus cochinchinensis, bipedalis; radice subfusiformi, radici Jin-seng succedanea, caule ligneso, multiplici, ramosissimo, nodoso, procumbente, rubente, foliis oppositis, ovato-lanceolatis, suberenatis, tomentosis, parvis, inaequalibus, racemis subterminalibus, floribus minusculis, albo-rubris.*

Axia Loureiro *Flor. cochinch. I. 43.*

Ordo CXIX. Dipsaceae.

DIPSACEAE Jussieu *gen. 194. excl. sect. II.* DC. *Fl. fr. IV. 221. Prodr. IV. 643.* Coulter. *Mémoire sur le Dipsacées. Genève, 1823. 4.* Bartling *Ord. nat. 129.* Lindley *Introduct. edit. II. p. 264.*

Herbae annuae v. perennes, interdum suffrutescentes. Caules ramique nodoso-articulati, teretes. Folia opposita v. rarissime verticillata, simplicia, in eadem stirpe saepius varia, radicalia a caulinis diversa, integra, lyrata, pinnatifida v. bipinnatifida, sessilia et amplexicaulia, interdum basibus inter se connata, aut in petiolum basi amplexicaulem dilatata. Stipulae nullae.

Flores hermaphroditi, irregulares v. subregulares, in capitulum densum, involucratum, supra receptaculum nudum v. bracteis singulorum paleatum collecti, rarissime in axillis foliorum superiorum aggregato-verticillati. Bracteae sive paleae capituli exteriores interdum steriles; corollarum series extima saepe radians.

Involucellum singulis floribus calyciforme, turbinatum, tubo superne foveolato v. juxta totam longitudinem sulcato, limbo scarioso, integro v. dentato, persistens.

Calyx gamophyllus, tubulosus, tubo cum ovario connato, v. inferne libero superne adhaerente, v. apice in collum cum styli basi connatum angustato, limbo supero, cyathiformi, subintegerrimo v. dentato, saepius in lacinias setiformes, numero varias, nudas v. barbato-plumosas, papposas desinente.

Corolla summo calycis tubo inserta, gamopetala, tubulosa, limbo quinquefido, vel lobis duobus superioribus connatis quadrifido, rarissime ringente, saepe inaequali, lacinia infima majore laterales, supremas tegentes, per aestivationem includente.

Stamina 4, imo corollae tubo inserta, ejusque laciniis alterna, supremum inter corollae lacinias posticas saepissime deficiens. Filamenta libera v. rarissime binatim juxta totam longitudinem connata, porrecta, saepe didynama, nempe staminum inferiorum breviora, interdum ananthera, omnia in alabastro incurvata. Antherae introrsae, biloculares, lineares, incumbentes, deciduae; loculi appositi, contigui, longitudinaliter dehiscentes. Pollinis granula laevia, tetraëdra.

Ovarium uniloculare, intra calycis tubum apice reclusum liberum, vel eidem totum aut saltim superne adnatum. Ovulum unicum, apici cavitatis appensum, anatropum. Stylus terminalis filiformis, simplex, basi cum calycis collo connatus; stigma simplex, clavatum v. brevissime bifidum, lobo altero interdum longiore.

Utriculus monospermus, intra calycis tubum involucello cinctum, limbo scarioso v. setoso aut papposo coronatum liber, v. eidem plus minus adnatus.

Semen inversum, testa tenuissime membranacea, ab endocarpio vix solubili. Albumen parcum, carnosum.

Embryo in axi albuminis orthotropus, ejusdem fere longitudine, cotyledonibus ellipticis, subfoliaceis, radicula brevi, supera.

Dipsaceae a Valerianeis proxime affinibus inflorescentia, involucello, ovario constanter uniloculari, saepius intra tubum calycis libero et semine albuminoso facillime distinguendae, in regionibus temperatis et calidioribus extratropicis hemisphaerae borealis veteris orbis, nec non in Capite bonae spei gignuntur, in regione mediterranea orientali paullo frequentius obviae.

TRIBUS I. MORINEAE DC. *Prodr. IV. 644.* Corolla ringens, limbo quinquefido. Stamina 4, libera, didynama v. binatim concreta. — *Flores verticillati.*

2190. Morina TOURNEF. Flores aggregato-verticillati, bracteati. Involucellum tubuloso-campanulatum, efoveolatum, limbo inaequaliter spinoso-dentato. Calyx tubo ovario superne adnato, limbo foliaceo-bifido, lobis oblongis, integris v. bifidis. Corolla epigyna, tubo elongato, limbi ringentis labio superiore bi-inferiore trifido. Stamina 4, libera, didynama, v. per paria juxta totam longitudinem connata. Ovarium inferum, uniloculare, uniovulatum. Stylus filiformis; stigma peltato-capitatum. Utriculus monospermus, involucello inclusus, calycis limbo coronatus. Semen inversum. Embryo in axi albuminis carnosi orthotropus; radicula supera. —*Herbae orientales, a Parnasso per Syriam et Persiam in Indiam borealem diffusae, perennes, simplices, erectae; foliis oppositis v. verticillatis, oblongis, sinuatis, dentato-spinosis, rariusve integerrimis, floribus in foliorum superiorum axillis aggregato-verticillatis, pedicellatis, pedicellis apice bibracteatis.*

Morina Tournefort *Corollar. 48.* Linn. *gen. n. 41.* Juss. *gen. 194.* Coulter *Dipsac. 21.* DC. *Prodr. IV. 644.* Diototheca Vaillant *in Mém. Academ. Paris. 1722. p. 184.*

a. DIOTOCALYX *DC.* Calycis limbus bilobus, lobis oblongis, apice plus minus emarginatis, inermibus. Stamina binatim (an in omnibus) connata. — *Folia sinuata, spinoso-dentata.*

Diotocalyx DC. *Prodr. IV. 644.* Lam. *t. 21.* Sibthorp *Flor. graec. t. 28.* Coulter *Dipsac. t. 1. f. 1.* Royle *Himalay. t. 55. f. 1.*

b. ACANTHOCALYX *DC.* Calycis limbus obliquus, irregulariter spinoso-dentatus. Stamina 4, libera, didynama. — *Folia caulina integerrima, floralia basi spinoso-dentata.*

Acanthocalyx DC. *Prodr. IV. 645.*

TRIBUS II. SCABIOSEAE DC. *Prodr. IV. 645.* Corolla limbo quadri-quinquefido, saepissime inaequali, haud ringente. Stamina 4—5, libera, subaequalia. — *Flores supra receptaculum capitati, saepissime paleaceo-bracteati, capitulis involucratis.*

2191. Dipsacus *TOURNEF.* Flores capitati, involucro polyphyllo, paleas receptaculi subfoliaceas, acuminatas superante. Involucellum tetraëdrum, octosulcatum. Calyx tubo cum ovario connato, limbo supero subcyathiformi v. discoideo. Corolla epigyna, quadrifida. Stamina 4. Ovarium inferum, uniloculare, uniovulatum. Stylus filiformis; stigma longitudinale. Utriculus monospermus, involucello inclusus, calycis limbo subtetragono coronatus. Semen inversum. Embryo in axi albuminis carnosi orthotropus; radicula supera. — *Herbae biennes, in Europa et Asia media, nec non in India boreali obviae, erectae, pilosae v. aculeolatae; foliis oppositis, in pluribus basi connatis, dentatis laciniatisve, capitulis terminalibus subglobosis v. pyramidatis, corollis lilacinis, flavescentibus v. albidis.*

Dipsacus Tournefort *inst. 265.* Linn. *gen. n. 114.* Gärtn. *II. 39. t. 86.* Jacq. *Flor. austr. t. 248. 402. 403.* Fl. dan. *t. 965.* E. B. *t. 877. 1032. 2080.* Tratt. *Tabular. t. 235.* Coulter *Dipsac. 21. f. 2—4.* DC. *Prodr. IV. 645.* Galedragon Gray *Brit. pl. II. 475.*

2192. Cephalaria *SCHRAD.* Flores capitati, involucro polyphyllo, paleis receptaculi muticis v. aristatis breviore. Involucellum tetraëdrum, octosulcatum, corona quadri-octodentata. Calyx tubo cum ovario connato, limbo supero cyathiformi v. discoideo. Corolla epigyna, quadrifida. Stamina 4. Ovarium inferum, uniloculare, uniovulatum. Stylus filiformis; stigma longitudinale. Utriculus monospermus, involucello inclusus, calycis limbo tetragono coronatus. Semen inversum. Embryo in axi albuminis carnosi orthotropus; radicula supera. — *Herbae perennes, inermes, a Dipsacis vix nisi involucro breviore diversae, in Europa media et in Asia boreali et mediterranea, nec non in Capite bonae spei indigenae; foliis oppositis, dentatis v. pinnatifidis, capitulis terminalibus, subglobosis, paleis exterioribus sterilibus, corollis albidis, ochroleucis v. lilacinis.*

Cephalaria Schrader *Index sem. Götting. 1814.* Römer et Schult. *syst. III. n. 406.* Coulter *Dipsac. 24. f. 5—9.* DC. *Prodr. IV. 647.* Lepicephalus Lagasc. *gen. et sp. 1816. p. 7.* Cariomanthus Schott msc. Succisa Vaillant *Mém. Academ. Paris. 1722. p. 174.* Wallroth *Sched. crit. 46.* Pycnocomon Wallr. *msc.* Scabiosae sp. Linn. Jacq. *Hort. Vindob. t. 111.* Waldst. et Kit. *Plant. Hung. t. 13. 230.* Sibthorp *Flor. graec. t. 103.* Reichenb. *Hort. Bot. t. 17. Ic. crit. t. 121. 301. 314. 315. 356.*

2193. Knautia *COULT.* Flores capitati, involucro polyphyllo, receptaculo hirsuto, epaleato. Involucellum breviter stipitatum, compressum, quadrifoveolatum, denticulatum, dentibus duobus majoribus. Calyx tubo cum ovario connato, limbo supero, cyathiformi. Corolla epigyna, quadri-quinquefida. Stamina 4. Ovarium inferum, uniloculare, uniovulatum. Stylus filiformis; stigma emarginatum v. bifidum. Utriculus monospermus, involucello arcte reclusus, calycis limbo ciliato v. breviter setoso aristato coronatus. Semen inversum. Embryo in axi albuminis carnosi orthotropus; radicula supera. — *Herbae annuae v. perennes, erectae, ramosae, saepius villosae, in Europa imprimis orientali, nec non in Asia finitima provenientes: foliis oppositis, omnibus integerrimis v. saepius inferioribus pinnatifidis, capitulis terminalibus, saepe radiantibus, floribus rubris v. rubro-caeruleis.*

Knautia Coulter *Dipsac. 28.* DC. *Prodr. IV. 650.*

a. LYCHNOIDES *DC.* Involucrum erectum, cylindricum, hexa-decaphyllum. Flores supra receptaculum angustum pauci, 5—10. Involucellum brevissime multidentatum, dentibus duobus paullo majoribus. Corollae valde irregulares. Calycis fructiferi limbus obsolete ciliatus. — *Herbae annuae, floribus dilute rubris.*

Lychnoides DC. *Prodr. IV. 650.* Lychni-Scabiosa Boerhave *Lugd. Bat. 191.* Knautia Linn. *gen. n. 116.* Schkuhr *t. 22.* Lam. *t. 58.* Coulter *Dipsac. t. 1. f. 11.*

b. TRICHEROIDES *DC.* Involucrum patens, decadodecaphyllum. Flores pauci v. plurimi. Involucellum bidentatum. Corollae parum irregulares. Calycis fructiferi limbus ciliatus, subevanidus. — *Herbae annuae, floribus caerulescenti-roseis.*

Tricheroides DC. *Prodr. IV. 650.* Scabiosae sp. Auct. Sibthorp. *Flor. graec. t. 104.* (Coulter *Dipsac. t. 1. f. 10. 12.*)

c. TRICHERA *Schrad.* Involucrum patens, polyphyllum. Flores plurimi, receptaculo dilatato impositi. Involucellum apice subtruncatum. Calycis fructiferi limbus in setas 8—10 aristaeformes divisus. Corollae subregulares. — *Herbae perennes, floribus purpureo-caerulescentibus.*

Trichera Schrader *Index sem. Götting. 1814. DC l. c.* Scabiosae sp. Linn. E. B. *t. 659.* Jacq. f. *Eclog. t. 60.* Waldst. et Kit. *Pl. Hung. t. 5.* Reichenb. *Ic. crit. t. 273. 332.* (Coulter *Dipsac. t. 1. f. 13.*)

2194. Pterocephalus *VAILL.* Flores capitati, involucro biseriatim tetra-hexaphyllo, multifloro, receptaculo villoso seu paleaceo. Involucellum quadrifoveatum, dentatum v. aristatum. Calyx tubo cum ovario connato, limbo supero, aristato. Corolla epigyna, quinquefida. Stamina 4, rarius 2 v. 3. Ovarium inferum, uniloculare, uniovulatum. Stylus filiformis; stigma emarginatum. Utriculus monospermus, involucro inclusus, calycis limbo in pappum multiradiatum, plumoso-setosum desinente coronatus. Semen inversum. Embryo in axi albuminis carnosi orthotropus; radicula supera. — *Herbae annuae v. suffrutescentes, in regione mediterranea provenientes; foliis oppositis, integris v. omnibus aut saltem superioribus pinnatifidis, capitulis terminalibus multifloris.*

Pterocephalus Vaillant *Act. Academ. Paris. 1722. p. 184. t. 13. f. 23. 24.* Wallroth *Sched. crit. 47.* Coulter *Dipsac. 31. t. 1. f. 14—17.* DC. *Prodr. IV. 652.* Scabiosae et Knautiae sp. Linn. Gärtn. *t. 86.* Sibthorp *Fl. graec. t. 111. 112.*

2195. Scabiosa *RÖM. et SCHULT.* Flores capitati, involucro polyphyllo, multifloro, receptaculo paleaceo. Involucellum cylindricum, quadri-octofoveolatum, muticum. Calycis tubus cum ovario connatus, limbus longus, colliformis, in setas aristaeformes 5, vel abortu pauciores desinens. Corolla epigyna, quadri-quinquefida. Ovarium inferum, uniloculare, uniovulatum. Stylus filiformis; stigma emarginatum. Utriculus monospermus, calycis limbo colliformi, elongato, subquinqueseto coronatus. Semen inversum. Embryo in axi albuminis carnosi orthotropus; radicula supera. — *Herbae perennes v. suffrutices, in regione mediterranea obviae, in Europa* *et Asia media, in Capite bonae spei et in India boreali rarae; foliis integris v. pinnatifidis, capitulis terminalibus, depressis.*

Scabiosa Römer et Schult. *syst. III. 2.* Coulter *Dipsac. 33.* DC. *Prodr. IV. 654.* Asterocephalus Vaillant *in Act. Academ. Paris. 1722. p. 178.* Wallroth *Sched. crit. 46.* Sclerostemma Schott *msc.* Scabiosae sp. Linn.

a. ASTEROCEPHALUS *Coult.* Involucelli basis teres nec plicata, tubus octofoveolatus, corona ampla, membranacea, patula aut erecta. Calycis fructiferi setae 5, exsertae.

Asterocephalus Coult. *l. c. t. 2. f. 1—10.* (Jacq. *Ic. rar. t. 24. Hort. Vindob. t. 15. 96.* Desfont *Fl. Atl. t. 39. Choix t. 40.* Sibthorp *Fl. graec. t. 107. 114.* Kitaibel *Pl. Hung. t. 188.* Bot. Mag. *t. 886.* Bot. Reg. *t. 835.* Reichenb. *Ic. crit. t. 326.* Fenzl *Sert. Cabul. t. 4.*)

b. VIDUA *Coult.* Involucelli basis rotundata, plicata, tubi foveolis saepe obliteratis, coronae limbo inflexo, spongioso. Calycis fructiferi setae 5, exsertae.

Vidua Coult. *l. c. p. 37. t. 2. f. 11.* Spongostemma Reichenb. *Flor. excurs. 194.* (Desfont. *Flor. Atl. t. 38.* Bot. Mag. *t. 247.* Gärtn. *t. 86. f. 4.*)

c. SUCCISA *Coult.* Involucellum foveolis a basi ad coronam brevem patulam, membranaceam exaratum. Calycis fructiferi setae 5, nunc nonnullae nunc omnes abortivae.

Succisa Coult. *op. cit. 37. t. 2. f. 12—18.* Columbaria Thuill. *Fl. fr. I. 72.* (Jacq. *Flor. Austr. t. 439. Hort. Vindob. t. 185.* Cav. *Ic. t. 183.* E. B. *t. 878. 1311.* Bot. Reg. *t. 711.* Kitaib. *Pl. Hung. t. 53. 138.* Jacq. f. *Eclog. t. 59.* Tenore *Flor. neap. t. 7. 8.* Reichenb. *Ic. crit. t. 383. 384. 381.*)

Ordo CXX. Compositae.

COMPOSITAE Vaillant *in Act. Academ. Paris. 1718—1721.* Linn. *Ord. nat. 21.* Adanson *Fam. II. 103.* R. Brown *in Linn. Transact. XII. 76.* Lessing *Synopsis generum Compositarum. Berolini, 1832. 8.* DC. *Prodr. V. 4.* Lindley *Introduct. edit. II. p. 251.* SYNANTHERAE L. C. Richard *in Marth. Catalog. hort. bot. 1801. p. 85.* Cassini *Opusc. phytolog. I. 1. Dict. sc. nat. LI. 443.* Bartling *Ord. nat. 120.*

Herbae ut plurimum perennes, interdum suffrutices, rarius arborescentes, succo aqueo, v. in nonnullis lacteo. Caules ramique ut plurimum teretes, nunc irregulariter angulati, scapiformes v. foliati, rami saepius corymbosi, centrales praecociores. Folia alterna v. opposita aut interdum verticillata, admodum varia, simplicia, integra v. varie dissecta, nunquam vere composita. Stipulae nullae, earum loco petioli interdum auriculis stipulaeformibus praediti.

Flores hermaphroditi v. abortu unisexuales aut neutri, in capitulum v. glomerulum, supra receptaculum seu rami apicem planum, sive conicum aut elongatum, involucro vario cinctum collecti, exteriores sive inferiores praecociores, interioribus sensim evolutis.

Capituli (*floris compositi* Vet. *calathidis* Mirb. *anthodii* Ehrh. *cephalanthii* Rich.) flores aut omnes hermaphroditi (*capitulum homogamum*); vel exteriores neutri s. feminei, interiores hermaphroditi v. masculi (*capitulum heterogamum*), nunc omnes corollis tubulosis (*capitulum discoideum* v. *flosculosum*) v. ligulatis (*capitulum ligulatum s. semiflosculosum*) praediti, v. corollis in margine seu radio ligulatis, in centro sive disco tubulosis (*capitulum radiatum*), v. omnibus bilabiatis (*capitulum falso-discoideum*), v. in margine ligulatis, in centro bilabiatis (*capitulum falso-radiatum s. radiatiforme*), marginalibus capituli discoidei et falso discoidei nonnunquam conformibus sed majoribus (*capitulum coronatum*) donati. Capitula ejusdem stirpis floribus masculis femineisque aequaliter praedita (*capitula monoica*), v. alia in eadem planta mascula alia feminea (*capitula heterocephala*), nunc juxta sexum per stirpes seggregata (*capitula dioica*).

Involucri (*calycis communis* Veter. *perigynandrae communis* Neck. *periclinii* Mirb. *periphoranthii* Rich.) squamae plures, uni-pluriseriatae, liberae v. dum simplici serie adsunt margine interdum inter se coalitae, siccae, scariosae, coriaceae, carnosae, spinosae, rariusve foliaceae, saepe appendice auctae, seriebus aequalibus v. saepe inaequalibus, imbricatis v. calyculatis, interdum varie et subinordinate elongatis.

Glomeruli (*capitulum* Cass.) e capitulis pluribus, uni-paucifloris, involucris propriis instructis, dense et varie aggregatis et involucro generali cinctis, receptaculo communi insidentibus, capitulis centralibus saepe praecocioribus, exterioribus serius v. inordinate florentibus.

Receptaculum (*phoranthium* Rich. *clinanthium* Cass. *rhachis* Less.) nunc spica contracta, paleis (*bracteolis* Less.) involucri squamas referentibus et ad latus cujusvis floris externum sitis, supra basim articulatis, (quandoque in folia vera mutatis) obsessum (*receptaculum paleaceum*); v. in ambitu tantum paleis donatum (*receptaculum semipaleaceum*); aut iisdem plane destitutum (*receptaculum nudum v. epaleaceum*); nunc umbella contracta, singulis floribus tanquam involucello proprio alveoli basi squamosa, apice saepe in laminas v. setas irregulares desinente (*receptaculum fimbrilliferum*), v. alveolis brevibus in setas non productis sed saepe denticulatis (*receptaculum alveolatum*), aut areola pentagona (*receptaculum areolatum*) cinctis.

Calyx tubo cum ovario connato, nunc aequali, nunc supra illud plus minus producto, limbo supero (pappo), nunc omnino nullo v. ad marginem minimum reducto, nunc rarissime foliaceo, plerumque scarioso, integro, dentato, lobato v. plerumque expanso in squamulas paleaceas, v. setas piliformes, simplices v. ramosas, denticulatas aut plumosas, uni-bi-multiseriales, persistentes v. deciduas.

Corolla gamopetala, disco epigyno inserta, petalis singulis nervis duobus marginalibus donatis, in tubo geminatim concretis (corolla nervamphipetala), adjectis interdum accessoriis, medium lobum occupantibus, in paucissimis solis obviis. Tubus longitudine varius, faux saepius ampliata, limbus saepius quinquelobus, rarius quadri-tri-aut bilobus, lobis per aestivationem valvatis, nunc omnibus aequalibus, nunc subaequalibus v. irregularibus, inaequalibus sive palmatis, nunc bilabiatis, labii exterioris tribus, interioris duobus, v. exterioris quatuor, interioris unico, nunc ad latus interius distinctis, illinc in ligulam quinquedentatam planam concretis. Corollarum color xanthicus v. cyanicus, capitula homochroma v. heterochroma, ligulis in heterochromis semper cyanicis, tubulis xanthicis.

Stamina quinque v. rarius quatuor, in floribus femineis neutrisve nulla aut rudimentaria, tubo corollae inserta, ejusque lobis alterna, nervis ideo congruentia. Filamenta tubo inferne adnata, superne liberata, aut omnino inter se distincta aut in tubum concreta, et monadelpha, versus apicem articulata, articulo superiore connectivi locum tenente. Antherae erectae, uniseriales, rarissime distinctae, vix non semper in tubum stylo pervium concretae (*syngenesae v. synantherae*), lineares, introrsae, biloculares, rimis longitudinalibus dehiscentes, quadrivalves, apice saepissime in appendicem sive alam, forma, magnitudine et consistentia variam productae, basi saepissime in caudas plus minus longas desinentes. Pollen globosum v. ellipticum, laeve vel echinulatum.

Ovarium inferum, uniloculare, uniovulatum. Ovulum e basi erectum, anatropum. Discus epigynus annularis, nectarium alveolare cingens. Stylus terminalis, teres v. rarius basi tumidus (*bulbosus*), in floribus masculis si adest simplicissimus, in femineis et hermaphroditis superne bifidus, ramis (vulgo *stigmata* dictis) superne planis, subtus convexis, nunc omnino liberis, nunc plus minusve inter se concretis. Glandulae stigmaticae (*stigmata* sensu strictiori) biseriales, in pagina superiore ramorum styli seriebus continuis marginalibus, scabriusculis, plus minusve prominulis v. confluentibus distinctis. Pili collectores rigidi, in floribus masculis et neutris obsoleti.

Achenium supra receptaculum articulatum, ut plurimum sessile, rarius stipitatum, areola basilari v. laterali instructum, tubo calycis supra ovarium interdum producto rostratum, v. eodem ovarium haud superante erostre, pappo persistente v. deciduo superatum.

Semen unicum, e funiculo brevissimo erectum, testa cum endocarpio saepissime cohaerente, endopleura (*albumen* Less.) crassiuscula, tenera, diaphana, rhaphe bifida percursa.

Embryo orthotropus, cotyledonibus plano-convexis v. rarissime curvatis; radicula brevi infera, plumula in plurimis vix conspicua.

Compositarum ordo plantarum vascularium vastissimus, per totum terrarum orbem obvius, decimam fere regni vegetabilis partem comprehendit, speciebus in regionibus temperatis hemisphaerae borealis copiosioribus, in America tropica copiosissimis, in Africa et Asia tropica paullo rarioribus, in regionibus frigidis parce provenientibus. Species herbaceae in climate frigido et temperato, frutescentes in calidioribus proveniunt, insulae nonnullae tropicae longius a continentibus remotae, v. australes patenti adjacentes oceano Compositis arborescentibus superbiunt.

Vires insunt variae, nondum satis exploratae. Sapor saepius amarus, adstringens et aromaticus.

In generibus exponendis et ordinandis Candolleum pressŏ pede aetas nostra sequetur.

SUBORDO I. TUBULIFLORAE. Flores hermaphroditi, corollis regularibus quinque- v. rarius quadridentatis.

TRIBUS I. VERNONIACEAE Lessing *Synopsis 145.* Capitula uni-pauci-multiflora, plerumque homogama, discoidea, floribus omnibus hermaphroditis v. rarissime dioicis; rarius heterogama, radiata, floribus radii ligulatis, femineis. Receptaculum alveolatum, fimbrilliferum v. nudum, rarissime paleaceum. Flores cyanici, rarissime xanthici. Corolla quinquefida, plerumque regularis, interdum subbilabiata v. palmata. Stylus superne cylindricus, stigmatibus aequaliter hispidis, longis, subulatis, rarius brevibus et obtusis, glandulis stigmaticis in series prominulas, angustas dispositis, supra medios ramos desinentibus.

SUBTRIBUS I. VERNONIEAE Cassini *Tabl. XX.* Capitula discoidea. Styli rami elongati v. acuminati. — *Folia alterna v. rarius opposita. Flores albi, caerulei v. purpurei.*

DIVISIO I. EUVERNONIEAE DC. *Prodr. V. 10.* Capitula discoidea, plerumque multiflora, rarissime uni- v. pauciflora. Involucrum teres, multiseriale, imbricatum. Receptaculum nudum v. alveolatum, interdum fimbrilliferum. Corolla tubulosa, regularis aut subpalmata. Antherae ecaudatae. Styli rami semisubulati. — *Folia alterna v. in paucissimis opposita.*

SUBDIVISIO I. ETHULIEAE DC. *Prodr. V. 10.* Capitula uni-multiflora, distincta. Pappus nullus v. coroniformis, uniserialis.

2196. Adenocyclus *LESS.* Capitulum uniflorum. Involucrum oblongo-cylindraceum, squamis coriaceis, interioribus multo longioribus. Receptaculum punctiforme. Corolla regularis, limbi quinquefidi, a tubo vix distincti lobis acuminatis. Achenium obconicum, laeve, sulcatum, nectario alveolari, disco epigyno orbe glandularum notato. Pappus nullus. — *Frutex antillanus; ramis junioribus petiolisque pubescentibus, foliis alternis, petiolatis, ovato-oblongis, acuminatis, subintegerrimis, glabris, corymbis terminalibus repetito-dichotomis, condensatis, corollis roseis.*

Adenocyclus Lessing *in Linnaea V. 337. fig. 39—41. Synops. 151.* DC. *Prodr. V. 10.* Eupatorium condensatum Reichenb.

2197. Odontoloma *H. B. K.* Capitulum uniflorum. Involucrum cylindraceum, imbricatum, squamis coriaceis, interioribus longioribus. Receptaculum punctiforme. Corolla regularis, limbi quinquefidi laciniis acuminatis. Achenia obconica, glaberrima, nectario alveolari, disco epigyno magno. Pappus uniserialis, coroniformis, coriaceus, brevis, apice inaequaliter acute multifido-dentatus. — *Arbuscula caraccasana; ramis fuscescenti-tomentosis, foliis sparsis, petiolatis, ovatis, integerrimis, acuminatis, supra glabris, subtus pulverulento-tomentosis, corymbis terminalibus, subsessilibus, ramosissimis, capitulis fasciculato-congestis.*

Odontoloma Kunth *in Humb. et Bonpl. Nov. gen. et sp. IV. 43. t. 319.* Lessing *in Linnaea IV. 337. f. 29. Synops. 147.* DC. *Prodr. V. 11.*

2198. Oiospermum *LESS.* Capitulum multiflorum, discoideum. Involucrum imbricatum, patens, squamis scariosis, acutis, basi foliis inaequalibus, capitulo longioribus cinctum. Receptaculum latum, nudum. Corollae regulares, limbi quinquefidi, a tubo vix distincti laciniis acuminatis. Achenia apice rotundata, sulcata, hispidula, nectario alveolari, disco epigyno parvo. Pappus nullus. — *Herba brasiliensis, ramosa, glabriuscula, repens; ramis adscendentibus, foliis alternis, petiolatis, ovato-lanceolatis, utrinque angustatis, serratis, capitulis solitariis, longe pedunculatis, oppositifoliis, corollis pallide rubentibus.*

Oiospermum Lessing *in Linnaea IV. 339. f. 69. 71. 72. 78. Synops 148.* DC. *Prodr. V. 11.* excl. sp. indicis. Ethuliae sp. Nees et Mart. Calydermi sp. Spreng.

2199. Sparganophorus *VAILL.* Capitulum multiflorum, discoideum. Involucrum imbricatum, teres, squamis scariosis, squarrosis. Receptaculum nudum. Corolla regularis, limbi brevissimi, tri- v. rarissime quadrifidi, a tubo vix distincti lobis acuminatis. Achenia oblique obpyramidata, tri quinquecostata, glabra, glandulosa, collo apicali magno. Pappus brevis, coroniformis, uniserialis, cartilagineus. — *Herbae annuae, in America et Africa tropica littorali indigenae; foliis alternis, ellipticis, breve petiolatis, serratis, capitulis axillaribus sessilibus.*

Sparganophorus Vaillant *Act. Academ. Paris. 1719. p. 308.* Gärtn. *II. 396. t. 165.* Cassini *in Dict. sc. nat. L. 71.* Lessing *in Linnaea IV. 335. Synops. 147.* DC. *Prodr. V. 11.* Struchium P. Browne *Jam. 312. t. 34. f. 2.* Jussieu *gen. 184.* Palisot *Flor. Owar. t. 48.* Ethuliae sp. Linn. Flor. Flumin. VIII. *t. 90.*

2200. Ethulia *CASS.* Capitulum multiflorum, discoideum. Involucrum pluriseriale, teres, squamis subfoliaceis, acutis. Receptaculum nudum. Corollae regulares, limbi campanulati, quinquefidi laciniis acuminatis, brevibus. Achenia obpyramidata, tetraquetra, quadricostata, glabra, apice truncato tetra-pentagono. Pappus coroniformis, minimus, carnosus, integerrimus. — *Herbae in Africa tropica et extratropica indigenae, ramosae, erectae; foliis alternis, oblongis, utrinque attenuatis, serratis v. integerrimis, pellucido-punctatis, capitulis parvis, corymbosis, corollis roseis v. purpureis.*

Ethulia Cassini *in Dict. sc. nat XV. 7. t. 487.* Lessing *in Linnaea IV. 336. f. 26. 27. 35. 43. Synops. 148.* DC. *Prodr. V. 12.* Kahiria Forsk. *Aegypt. 153.* Pierarda Adanson *Fam. II. 499.* Leighia Scopoli *Introduct. n. 412.* Ethuliae sp. Linn. f. *Dec. I. t. 1.*

2201. Herderia *CASS.* Capitulum multiflorum, discoideum. Receptaculum planum, nudum. Involucrum campanulatum, biseriale, squamis foliaceis, oblongis, aequalibus. Receptaculum nudum. Corollae regulares, limbi campanulati, quinquefidi laciniis acuminatis, brevibus, extus pubescentibus. Achenia tritetraquetra, prismatica, glabra, angulis nerviformibus, annulo cupulari coronata. Pappus uniserialis, biformis, paleis 8—10 crassiusculis, oblongis, obtusis emarginatisque, ciliatis, demum stellato-patentibus, et setis 2—3 elongatis, rigidis, scabris, cum achenii angulis continuis. — *Herbae senegambicae ripariae, ramosae v. ramosissimae; foliis alternis, obovatis, obtusis, apice subdenticulatis, capitulis terminalibus solitariis, floribus purpureo-violaceis, dense intra involucra confertis.*

Herderia Cassini *in Dict. sc. nat. LX. 586. 599.* DC. *Prodr. V. 13.*

SUBDIVISIO II. HETEROCOMEAE

DC. *Prodr. V. 14.* Capitula uni-bi-multiflora, distincta. Pappus uni-bi-pluriserialis, exterior setiformis, squamellatus aut rarissime coroniformis, interior semper setiformis.

2202. Pacourina *AUBL.* Capitulum globosum, multiflorum, discoideum. Involucrum floribus subaequale, imbricatum, squamis latis, parallelinerviis, margine membranaceis, exterioribus foliaceis, spina terminatis, interioribus scariosis, obtusis. Receptaculum planum, carnosum, nudum. Corollae regulares, tubo brevi, limbi cylindrici, breviter quinquefidi lobis subacuminatis. Achenia longe cylindracea, glabra, cortice crasso, enervio Pappus brevis, pluriserialis, pilis rigidis, crassiusculis, denticulatis, interioribus basi subconcretis. — *Herbae Americam aequinoctialem incolentes, glabrae; caule tereti, foliis alternis, ovalibus aut oblongis, in petiolum marginatum, subamplexicaulem angustatis, capitulis oppositifoliis lateralibusve, sessilibus, solitariis, corollis purpureis.*

Pacourina Aublet *Guian. II. 800. t. 316.* Kunth *in Humb. et Bonpl. Nov. gen. et sp. IV. 23.* DC. *Prodr. V. 14.* Pacourinopsis Cassini *Bullet. soc. philomat. Sept. 1817. p. 151. Dict. sc. nat. XXXVII. 212.* Lessing *in Linnaea IV. 318.* Pacourina Vernoniae sect. Lessing *in Linnaea VI. 680. Synops. 146.* Meisteria Scopoli *Introduct. n. 383.* Haynea Willd. *sp. III. 1787.*

2203. Heterocoma *DC.* Capitulum multiflorum, discoideum Involucrum campanulatum, teretiusculum, imbricatum, squamis coriaceis, subscariosis, plurinerviis, interioribus sublongioribus, subpungentibus. Receptaculum paleis involucri squamas referentibus obsitum, alveolis in palearum axillis unifloris. Corollae regulares, limbi quinquefidi laciniis linearibus, tubo tereti longioribus. Achenia oblongo-cylindracea, glabra, disco epigyno magno, nectario alveolari. Pappus biserialis, exterior brevis, coronaeformis, cartilagineus, crenatus, interior e setis filiformibus, apice serratis, longis, rigidis, caducis. — *Suffrutex brasiliensis; foliis alternis, semiamplexicaulibus, oblongo-lanceolatis, utrinque albotomentosis, capitulis axillaribus, sessilibus.*

Heterocoma DC. *in Annal. Mus. XVI. 191. t. 7. Prodr. V. 14.* Lessing *in Linnaea IV. 339. f. 50—52. Synops. 150.*

2204. Vernonia *SCHREB.* Capitulum uni-pluri-multiflorum, discoideum. Involucrum imbricatum, floribus brevius, squamis interioribus longioribus. Receptaculum nudum v. rarius alveolato-subfimbrillosum. Corollae regulares limbi quinquefidi lobis tubum subaequantibus. Achenia callo basilari cartilagineo, disco epigyno magno. Pappus ut plurimum biserialis, rarius aequalis, plerumque serie interiore setiformi exteriorem saepissime paleaceam superante. — *Herbae erectae v. frutices, interdum arborescentes, inter tropicos totius orbis obviae, habitu vario; foliis alternis v. rarissime oppositis, saepe glandulosis, inflorescentia varia, saepius scorpioidea, floribus in involucris rarissime solitariis, saepius paucis, plerumque plurimis, corollis purpureis, roseis v. albis.*

Vernonia Schreber *gen. II. 541.* Swartz *Flor. Ind. occid. III. 317.* Lessing *in Linnaea IV. 244. Synops. 146.* excl. sp. DC. *Prodr. V. 15.*

a. ACILEPIS *Don.* Capitula multiflora, sessilia. Involucri squamae multiseriales, imbricatae, subpungentes. Receptaculum alveolatum. Achenia angulato-villosa. Pappus biserialis, serie exteriore brevissima. — *Herbae indicae.*

Acilepis Don *nep. 169.* DC. *Prodr. V. 15.*

b. HOLOLEPIS *DC.* Capitula multiflora, ramulos axillares terminantia. Involucri squamae coriaceae, adpresse imbricatae, exteriores breves, ovatae, interiores sensim elongatae. Receptaculum latum, planum, alveolatum, fimbrilliferum. Achenia glaberrima. Pappi paleae plurimae, uniformes, filiformes, rigidae, barbellulatae. — *Herbae americanae tropicae.*

Hololepis DC. *in Annal. du Mus. XVI. 190. Prodr. V. 16.* Cassini *Dict. sc. nat. XXI. 308.* Proteopsis Martius *msc.*

c. LEPTOSPERMOIDES *DC.* Capitula multiflora, solitaria, terminalia. Achenia sericeo-villosa. Pappi series inaequales, exterior brevis, paleacea. — *Suffrutices americani tropici et madagascarienses.*

Leptospermoides DC. *Prodr. V. 17.*

d. VANILLOSMA *Less.* Capitula pauciflora, aggregata, fasciculata, fasciculis axillaribus, folio brevioribus. Achenia glabra v. pilosa. — *Frutices americani tropici, foliis petiolatis, penninerviis; subtus saepissime incanis.*

Vanillosma Lessing *in Linnaea VI. 630.* DC. *Prodr. V. 18.* Carphobolus Schott *in Spreng. Cur. post. 409.*

e. STROBOCALYX *Blum.* Capitula tri-quinqueflora, involucri teretiusculi squamis imbricatis, ovatis, obtusis, floribus multo brevioribus. Pappus uniserialis v. subbiserialis, exterior setis paucis. — *Arbores indicae et africanae, foliis petiolatis, planis, penninerviis.*

Strobocalyx Blume *ex DC. Prodr. V. 21.*

f. TRIANTHEA *DC.* Capitula tri- v. rarius quadriflora, oblonga, in corymbum dichotomum disposita. — *Americae tropicae, trans aequatorem incolae.*

Trianthea DC. *Prodr. V. 23.* Pollalesta Kunth *in Humb. et Bonpl Nov. gen. et sp. IV. 36. t. 321.* Oliganthes Cassini *in Dict. sc. nat. XXXVI. 18.* Gymnanthemi sp. Cass.

g. TEPHRODES *DC.* Capitula pauciflora, involucri squamis imbricatis, lanceolato-linearibus, interioribus sensim longioribus, demum reflexo-patentibus. Pappus exterior brevissimus, regularis, interior uniserialis tenuissimus. — *Herbae gerontogaeae, ut plurimum annuae, cinerascentes.*

Tephrodes DC. *Prodr. V. 24.* Isomeria Don *msc.*

h. LEPIDAPLOA *Cass.* Capitula plusquam quadriflora, in paniculas dichotomas s. fasciculos v. cymas scorpioideas disposita, rarius solitaria, involucri squamis apice simplicibus. — *Herbae annuae v. perennes, suffrutescentes v. interdum arborescentes, inter tropicos totius orbis obviae.*

Lepidaploa DC. *Prodr. V. 25.* Lepidaplonae et Vernoniae sp. Cass. Vernoniae propriae Lessing. Bot. Mag. *t. 2477.* Bot. Reg. *t. 522.*

i. ASCARICIDA *Less.* Capitula terminalia, solitaria v. pauca, corymbosa, involucri campanulati squamis foliaceis aut apice appendiculatis, plus minus patentibus et inter se dissimilibus. — *Herbae tropicae et boreali-americanae.*

Ascaricida Lessing *in Linnaea VI. 675.* DC. *Prodr. V. 60.* Ascaricida et Centrapalus Cassini *in Dict. sc. nat. Suppl. III 38. VII. 383.* Baccaroides Linn. *Flor. zeyl. 196.* Mönch. *Meth. 578.*

2205. Decaneurum *DC.* Capitulum multiflorum, discoideum. Involucrum imbricatum, pluriseriale, foliaceo-bracteatum v. nudum, squamis exterioribus brevioribus, aristato-cuspidatis, intimis apice scariosis v. muticis. Receptaculum planum, nudum v. fimbrilliferum. Corollae regulares, limbi quinquefidi lobis tubum aequantibus. Achenium nervis decem prominulis angulatum, glabrum. Pappus uniserialis, setis crassis, rigidis, dense barbellatis, junioribus basi in annulum connatis, demum seorsum deciduis. — *Herbae v. suffrutices Indiam incolentes; foliis alternis, petiolatis, dentatis, capitulis saepius ad apicem ramulorum solitariis, rarius corymbosis, pedunculatis, floribus purpurascentibus.*

Decaneurum DC. *in Guillemin Archiv. Bot. II. 516. et in Wight Contribut. 3. Prodr. V. 66.*

a. PHYLLOCEPHALUM *Blum.* Capitula bracteis foliaceis amplis arcte cincta. Achenia basi aequalia.

Phyllocephalum Blume *Bijdr. 888.* DC. *Prodr. V. 66.* Wightia Spreng. *msc.* Rolfinkia Zenk. *Pl. Ind. t. 14.*

b. GYMNANTHEMUM *Cass.* Capitula omnino ebracteata, v. bracteolis paucissimis, involucri squamas interiores referentibus instructa. Achenia elongato-turbinata v. basi attenuata.

Gymnanthemum Cassini *in Bullet. soc. philomat. 1817. p. 10. Dict. sc. nat. XX. 108.* excl. sp. DC. *Prodr. V. 67.*

2206. Cyanopis *BLUM.* Capitulum multiflorum, discoideum. Involucrum pluriseriale, hemisphaericum, squamis imbricatis, rigidulo-aristatis, apice laxiusculis. Receptaculum planum, alveolato-subfimbrilliferum. Corollae regulares, limbi quinquefidi laciniis tubum aequantibus. Achenia prismatico-pentagona, glabra, areola terminali lata, subcupulata. Pappus uniserialis, setis rigidis, scabriusculis, basi distinctissimis, deciduis. — *Herbae indicae, annuae, erectae, ramosae; foliis alternis, petiolatis, ovatis aut lanceolatis, supra glabris, subtus plus minus villosis, capitulis ad apices ramorum paucis, pedicellatis, ebracteatis, corymbosis, floribus caerulescentibus.*

Cyanopis Blume *msc. ex DC. Prodr. V. 69.* Cyanthillium Blume *Bijdr. 889.* Isonema Cassini *Bullet. philomat. 1817. p. 152. Dict. sc. nat. XXIV. 25.* non R. Br. Centratheri sectio Lessing *in Linnaea IV. 320.* Vernoniae et Conyzae sp. Auct.

2207. Centratherum *CASS.* Capitulum multiflorum, discoideum. Involucrum imbricatum, campanulatum, foliaceo-bracteatum, squamis siccis, brevibus, adpressis, muticis v. spinoso-dentatis. Receptaculum planum, nudum. Corolla regularis, limbi quinquefidi laciniis acuminatis, tubo gracili brevioribus. Achenia oblonga, subcylindracea, glandulosa, glabra, collo apicali parum prominulo. Pappus uniserialis, setis inaequalibus, rigidis, serrulatis, caducissimis. — *Suffrutices v. herbae, in America tropica indigenae; foliis alternis, ovatis aut oblongis, serratis, capitulis in ramulis terminalibus pedunculatis, floribus purpureo-caeruleis.*

Centratherum Cassini *in Bullet. soc. philomat. 1817. p. 31. Dict. sc. nat. VII. 383. Journ. Phys. LXXXIX. 24.* DC. *Prodr. V. 70.* Ampherephis Kunth *in Humb. et Bonpl. Nov gen. et sp. IV. 24. t. 314. 315.* Link et Otto *Ic. select. t. 29.* Spixia Schrank *Hort. monac. t. 18.*

2208. Bechium *DC.* Capitulum multiflorum, homogamum, floribus exterioribus subpalmatis. Involucri squamae bi-triseriales, subimbricatae, subaequilongae, exteriores hirtae, interiores angustiores, glabrae, apice subcoloratae. Receptaculum alveolare. Corollae disci regulares, tubulosae, quinquefidae. Achenia teretiuscula, villosa. Pappus uniserialis, pilosus, scabridus. — *Herbae madagascarienses; foliis alternis v. omnibus radicalibus, ovali-oblongis, subsessilibus, subintegerrimis, supra scabris, capitulis terminalibus corymbosis, involucri squamis apice subscariosis floribusque purpureis.*

Bechium DC. *Prodr. V. 70.*

2209. Stockesia *HERIT.* Capitulum multiflorum, homogamum, radiatiforme. Involucrum subglobosum, basi bracteatum, pluriseriatum, imbricatum, squamis adpressis, exterioribus in appendicem foliaceam, patulam, ciliato-spinulosam productis, interioribus ciliatis. Receptaculum carnosum, nudum. Corollae palmatae, glandulis conspersae, exteriores capituli majores, intus profundius fissae. Antherae inclusae. Stigmata semisubulata. Achenia brevia, tetragona v. rarius trigona, areola terminali lata, tetragona. Pappus uniserialis, paleis 4—5 deciduis, longis, planis, scariosis, integerrimis. — *Herba caroliniana; perennis, erecta, ramosa, glaucescens, glabriuscula; caule apice villoso-tomentoso, foliis alternis, inferioribus ovalibus, integerrimis, in petiolum longe attenuatis, superioribus semiamplexicaulibus, lanceolatis, ad basim serrato-spinosis, capitulis ramos terminantibus solitariis, floribus caeruleis.*

Stockesia Heritier *Sert. angl. 27.* DC. *in Annal. Mus. XVI. 154. Prodr. V. 71.* Cassini *Dict. sc. nat. LI. 64.* Lessing *in Linnaea IV. 321. Synops. 148.* Cartesia Cassini *Bullet. soc. philomat. 1816. p. 198.* Carthamus laevis Hill *Kew. 57. t. 5.*

2210. Platycarpha *LESS.* Capitulum multiflorum, discoideum. Involucri squamae pluriseriales, lanceolatae, elongatae, submembranaceae, integrae, acutae, interiores angustiores, receptaculi paleas simulantes. Corollae tubo elongato, extus praesertim ad apicem hispidulo, laciniis quinque linearibus, aequalibus. Staminum filamenta glabra, laevia; antherae apice obtusae et subaequaliter appendiculatae, basi ecaudatae. Stigmata elongata, apice divergentia, teretiuscula, fere undique papillosa. Achenia glabra, subcylindracea. Pappus persistens, paleis septem v. novem scariosis, albis, linearibus, acuminatis, integerrimis. — *Herba capensis, perennis, acaulis; foliis radicalibus longe petiolatis, pinnatipartitis, subtus albo-tomentosis, supra et in petiolo arachnoideis, lobis ovatis, dentatis, inferioribus dissitis, parvis, extremis majoribus, confluentibus, capitulis plurimis radicalibus, congestis, corollis violaceis.*

Platycarpha Lessing *in Linnaea VI. 688. Synops. 148.* DC. *Prodr. V. 71.* Cynara Thunberg *Flor cap. 622.*

2211. Odontocarpha *DC.* Capitulum pluriflorum, discoideum. Involucri oblongo-cylindrici squamae imbricatae, adpressae. Receptaculum angustum, nudum. Corollae tubo brevi, fauce lata, limbi quinquelobi laciniis acutiusculis. Staminum filamenta glabra, brevia; antherae ecaudatae. Stigmata breviter exserta, subulata, hispidula. Achenia subcylindracea, striata, adpresse sericeo-villosa. Pappus uniserialis, persistens, paleis septem v. octo lanceolatis, acutis, apice serratis. — *Herba suffruticulosa, in Chile a Pöppigio detecta, gracilis, erecta, ramosa; ramis apice monocephalis, foliis alternis, anguste linearibus, acutiusculis, enerviis, basi ciliolatis, capitulis oblongis, foliis aliquot paucis stipatis, corollis purpureis.*

Odontocarpha DC. *Prodr. V. 71.*

2212. Webbia *DC.* Capitula pluriflora, discoidea, dioica. Involucrum imbricatum, tri-quinqueseriale, disco brevius. Receptaculum alveolatum, alveolorum marginibus subexsertis, erosis. Masc. Corollae tubulosae, breviter quinquedentatae. Antherae lineares, inclusae. Stylus indivisus v. apice brevissime bifidus. Ovarium effoetum, villosum, pappo pauciseriali, setis vix dentatis. Fem. Corollae tubulosae, limbi quinquelobi, lobis elongatis, angustis, crassiusculis. Antherae nullae v. effoetae. Stylus e tubo exsertus, lobis corollae brevior; stigmatibus elongatis, crassiusculis, extus styloque apice indiviso pilosiusculis. Achenia teretia, seu turbinata, pluricostata, erostria, costis villosissimis, sulcis glandulosis. Pappus pluriserialis, setis crassiusculis, dense barbellatis, exterioribus brevioribus. — *Herbae suffruticosae, in Africa tropica et in Capite bonae spei observatae; caule erecto, basi simplici, apice corymboso, foliis alternis, linearibus, margine subrevolutis, supra glabriusculis, subtus cum caule et involucris canescentibus, capitulis octo-decemfloris, corollis stigmatibusque purpureis.*

Webbia DC. *Prodr. V. 72.* Conyzae sp. Thunb. Erigerontis sp. Houttuyn *Pfl. syst. X. 629. t. 69. f. 2.* Vernoniae sp. Lessing.

2213. Hoplophyllum *DC.* Capitulum quinqueflorum, homogamum. Involucri ovato-oblongi squamae latae, imbricatae, obtusae, apice spinuloso-mucronatae. Receptaculum angustum, fimbrilliferum. Corollae tubulosae, glabrae, limbi profunde quinquefidi lobis linearibus, aequalibus. Staminum filamenta brevia, glabra; antherae ecaudatae. Styli a medio setis erectis hispidi; stigmatibus elongatis, per totam longitudinem hispidis. Achenia crassa, subtrigona, villosissima, apice glabra, sub pappo paulo constricta. Pappus multiserialis persistens, squamellis rigidulis, exterioribus lineari-filiformibus, interioribus basi membranaceis, latioribus, sensim acuminatis. — *Suffrutex capensis, glaber, rigidus; ramis teretibus, striatis, foliis alternis, rigidis, spinescentibus, integerrimis, vel hinc inde ad basim spinuloso-dentatis, crassiusculis, patulis, utrinque* *regulariter striatis, capitulis in supremorum foliorum axillis solitariis, sessilibus, inter folia approximata speciε capitato-congestis, corollis pallidis.*

Hoplophyllum DC. *Prodr. V. 73.* Pteronia spinosa Linn. f.

2214. Piptocoma *CASS.* Capitulum pluriflorum, homogamum. Involucri ovato-cylindrici, imbricati squamae coriaceae, siccae, ovato-aut obovato-oblongae. Receptaculum angustum, nudum. Corollae tubulosae glabrae, tubo elongato, limbi quinquefidi lobos acuminatos, glandulosos superante. Antherae inclusae. Stigmata semisubulata. Achenia obcompressa, angulata, glabra, disco epigyno magno, nectario styliformi. Pappus biserialis, serie exteriore brevissima, cartilaginea, crenata, interioris paleis plurimis, caducis, longis, planiusculis, subserratis, saepe tortis. — *Suffrutices antillani et brasilienses; ramis plurimis, teretibus, tomentosis, foliis alternis, integerrimis, uninerviis, supra glabris, subtus tomentosis, capitulis plurimis ad apices ramorum subsessilibus, in glomerulum subumbellatum aggregatis, floribus purpureis v. roseis.*

Piptocoma Cassini *in Bullet. soc. philomat. 1817. p. 10. 1818. p. 50. Dict. sc. nat. XLI. 111.* Lessing *in Linnaea IV. 315. f. 7. 8. 10. 12. Synops. 147.* DC. *Prodr. V. 74.*

2215. Distephanus *CASS.* Capitulum multiflorum, homogamum. Involucri imbricati squamae appendiculatae. Receptaculum areolatum, areolis in dentes seu fimbrillas breves productis. Corollae regulares, limbi quinquefidi lobis tubum subaequantibus. Antherae ecaudatae. Achenia villosa. Pappus biserialis, seriei utriusque paleis subdenis, lamellatis, coriaceis, exterioribus nunc interiores subaequantibus, nunc dimidio brevioribus, latioribus, denticulatis, interioribus linearibus, barbellatis. — *Frutices mauritiani et madagascarienses; ramulis foliisque alternis, integerrimis, tomentosis, capitulis dense corymbosis.*

Distephanus Cassini *in Bullet. soc. philomat. 1817. p. 76. Dict. sc. nat. XIII. 361.* DC. *Prodr. V. 74.* Conyzae sp. Lam. Vernoniae sp. Lessing.

2216. Strophopappus *DC.* Capitulum multiflorum ...... Involucri imbricati squamae ovali-oblongae, obtusae, extus apice subtomentosae. Receptaculum vix alveolatum. Corollae ...... Achenia villosissima. Pappus biseriatus, utriusque seriei paleis planis, nitentibus, aequalibus, elongatis. — *Frutex brasiliensis, non satis notus; ramis teretiusculis, junioribus tomentosis, foliis alternis, sessilibus, oblongis, obtusis, coriaceis, subintegerrimis, supra glabris, subtus tomentosis, capitulis secus ramos ad axillas et apicem sessilibus, geminis, folio brevioribus.*

Strophopappus DC. *Prodr. V. 75.* Stilpnopappus bicolor Mart. *msc.*

2217. Blanchetia *DC.* Capitulum pluriflorum, homogamum. Involucri ovati squamae imbricatae, ovatae, mucrone acuminatae. Receptaculum angustum, epaleaceum. Corollae regulares, limbo profunde et aequaliter quinquefido. Antherae exsertae, basi obtusae, apice acute appendiculatae. Stigmata exserta, acuminata, hispida. Achenia glaberrima, obovato-oblonga, subpentagona, striatula. Pappi paleae subbiseriales, subaequales, caducissimae, lineares, rigidulae, subciliatae. — *Herba brasiliensis, suffruticulosa, erecta, alterne ramosissima; caule, ramis et petiolis tomento brevi, subrufescente, setisque rigidis, nigris, patulis vestitis, foliis in caule alternis, ramorum sterilium saepius oppositis, petiolatis, ovali-oblongis, basi longe cuneatis, subintegerrimis, aut hinc inde denticulatis, supra pube stellata parca, subtus tomento denso canescenti-rufis, capitulis in cymam umbellatam, foliosam dispositis, subsessilibus, confertis, ovatis, subaraneosis, corollis purpurascentibus, pappo albo.*

Blanchetia DC. *Prodr. V. 75.*

2218. Stilpnopappus *MART.* Capitulum multiflorum, homogamum. Involucri campanulati squamae subbiseriales, aequales, acuminatae. Receptaculum alveolatum, fimbrilliferum. Corollae regulares, limbo profunde et aequaliter quinquefido. Antherae .... Achenia villosa. Pappus biserialis, paleaceus, planus, nitidus, seriei exterioris paleis brevibus, interioris vix pluribus, duplo longioribus. — *Herbae brasilienses, annuae; caule ramoso, villoso v. tomentoso, foliis alternis, subintegerrimis, subtus cano-tomentosis.*

Stilpnopappus Martius *msc. ex* DC. *Prodr. V. 76.*

2219. Dialesta *H. B. K.* Capitulum biflorum, homogamum. Involucri imbricati cylindracei foliola sicca, uninervia, interiora longiora. Receptaculum minimum, nudum. Corollae regulares, limbi quinquefidi lobis acuminatis, tubo brevioribus. Antherae caudatae. Stigmata semisubulata. Achenia subcylindracea, multicostata, apice pilosiuscula, nectario styliformi. Pappus biserialis, paleaceus, serratus, seriei exterioris paleis minimis, multis, inaequalibus, interioris elongatis, paucissimis, tortis. — *Arbor (?) novo-granatensis; ramis canescenti- v. fuscescenti-tomentosis, foliis alternis, petiolatis, oblongis, integerrimis, supra glabris, subtus albido-ferrugineis, capitulis pedicellatis, solitariis, in corymbum terminalem approximatis, corollis albidis.*

Dialesta Kunth *in Humb. et Bonpl. Nov. gen. et sp. IV. 35. t. 320.* Cassini *Tabl. XX. 40.* Lessing *in Linnaea IV. 315. f. 9. Synops. 146.* DC. *Prodr. V. 76.*

2220. Monosis *DC.* Capitula uniflora, distincta. Involucri oblongi squamae imbricatae, obtusae, flore multo breviores. Receptaculum punctiforme. Corollae tubulosae, quinquefidae. Antherae ecaudatae. Stigmata longe exserta. Achenia glabra, teretiuscula. Pappus bi-triserialis, setis rigidulis, scabris, aequalibus, v. aequilatis sed inaequilongis. — *Suffrutices indici et mexicani; foliis alternis, breviter petiolatis, obovato-cuneatis, acutiusculis, subintegerrimis, supra glabris, subtus cum petiolis ramisque tomentosis, paniculae nudae ramis apice capitula plurima, subumbellata, subsessilia, conferta gerentibus.*

Monosis DC. *in Guillem. Archiv. bot. II. 515.* et in Wight *Contribut. 1. Prodr. V. 77.*

a. EUMONOSIS *DC.* Pappi series exterior ab interiore haud discrepans. — *Frutex indicus.*

Eumonosis DC. *Prodr. V. 77.* Conyza Wightiana Wallich.

b. EREMOSIS *DC.* Pappi series exterior brevior, aequilata. — *Frutices mexicani.*

Eremosis DC. *l. c.* —? Turpinia Llav. et Lexarz. *Nov. veget. I. 24.*

2221. Shawia *FORST.* Capitula uniflora, distincta. Involucri squamae quinque v. sex, regulariter imbricatae, adpressae, coriaceae, extus glandulosae, exteriores ovales, interiores oblongo-lanceolatae. Receptaculum punctiforme.

Corolla infundibuliformis, limbo quinquefido. Stigmata gracilia, exserta, divergentia. Achenia subcylindracea, villoso-subtomentosa. Pappus achenio longior, paleolis filiformibus, inaequalibus, plurimis, basi subnudis, apice barbellulatis. — *Frutex Novae Zeelandiae; foliis alternis, ovali-oblongis, petiolatis, integerrimis, subtus ramis pedunculisque tomentosis, capitulis in paniculam dispositis.*

Shawia Forst. *char. gen. 95. t. 48.* Cassini *in Dict. sc. nat. XXXIV. 40.* Lessing *Synops. 156.* A. Richard *Flor. Nov. Zeel. 243.* DC. *Prodr. V. 78.*

SUBDIVISIO III. ALBERTINIEAE DC. *Prodr. V. 78.* Capitula uni-pauciflora, rarissime multiflora, in glomerulum aggregata. Pappus uni-bi-pluriserialis, paleaceus aut setiformis.

2222. Haplostephium *MART.* Capitula uniflora, in glomerulum globosum aggregata, bracteis paucis foliaceis sub glomerulo. Involucra partialia oblonga, squamis imbricatis, sublinearibus, acutis, coriaceo-scariosis, glabris. Receptaculum nudum. Corolla regularis, quinquefida. Achenium obovatum, glaberrimum, nervis decem costulatum, umbone prominulo. Pappus uniserialis, paleis caducissimis, linearibus, spiraliter tortis. — *Frutex brasiliensis, Lychnophorae facie; ramis teretibus subverticillatis, adpresse sericeis, demum glabriusculis, foliis confertis, sessilibus, patulis, subrecurvis, basi subdilatata fere adnatis, lanceolato-linearibus, acuminatis, integerrimis, supra glabris, subtus sericeo-canis.*

Haplostephium Martius *msc. ex DC. Prodr. V. 78.*

2223. Lychnophora *MART.* Capitula uni-quadriflora, homogama, in glomerulum subglobosum, nudum v. foliaceo-bracteatum dense aggregata. Involucra partialia oblonga, squamis bi-triserialibus, lineari-oblongis, imbricatis, coriaceo-subscariosis. Receptacula nuda v. alveolaria. Corollae regulares, quinquefidae. Achenia glaberrima, teretiuscula, multicostata. Pappus biserialis, utriusque seriei late paleaceus, exterioris paleis multo brevioribus, interioris tortis. — *Arbusculae brasilienses, habitu peculiari; trunco inferne simplici, superne fastigiato-ramoso, ramisque teretibus densissime lanuginoso-tomentosis, foliis sessilibus, confertis, uninerviis, coriaceis, margine revolutis, subtus saepe cano-tomentosis, glomerulis ramos terminantibus, corollis pallide roseis v. lilacinis.*

Lychnophora Martius *in Regensb. Denkschrift. II. 149.* DC. *Prodr. V. 78.*

a. EULYCHNOPHORA DC. *Prodr. V. 79.* Capitula uniflora.
Lychnophora Lessing *in Linnaea IV. 316.* (Martius *op. cit. t. 9.*)

b. LYCHNOPHOROIDES DC. *Prodr. V. 79.* Capitula biquadriflora.
Vernoniae sectio Lychnophora Lessing *in Linnaea IV. 248.* (Martius *op. cit. t. 4—8. et 10.*)

2224. Albertinia *SPRENG.* Capitula uni-triflora, homogama, densissime in glomerulum subglobosum, rarius nudum, plerumque involucro universali, brevi, polyphyllo cinctum collecti. Involucra partialia squamis erectis, adpressis, saepe pressione ad alveolarum rudimenta reducta. Receptacula alveolaria. Corollae regulares, quinquefidae. Achenia glabra v. pilosiuscula. Pappus bi-pluriserialis, setis omnibus filiformibus, subscabris, saepius coloratis. — *Frutices brasilienses; foliis alternis, petiolatis, ellipticis, integerrimis, glabriusculis v. subtus albido-subtomentosis, glomerulis ramos terminantibus.*

Albertinia Sprengel *Neue Entdeck. II. 133.* DC. *Prodr. V. 80.*

a. ANISOTRICHIA *DC.* Capitula uni-triflora. Pappi series exterior interiore duplo triplove brevior.
Anisotrichia DC. *Prodr. V. 80.*

b. ISOTRICHIA *DC.* Capitula uni-triflora. Pappi series exterior interiori aequilonga et aequilata.
Isotrichia DC. *Prodr. V. 82.* Eremanthus Lessing *in Linnaea IV. 317. VI. 682. Synops. 147.* non Cass.

2225. Pycnocephalum *DC.* Capitula bi-pluriflora, homogama, plurima in glomerulum terminalem subglobosum, squamis paucis ovalibus, multistriatis involucratum collecta. Involucra partialia squamis oblongo-lanceolatis, trinerviis, subciliatis. Receptacula nuda. Corollae regulares, quinquefidae, glabrae. Achenia sericeo-villosa. Pappus pluriserialis, setaceus, scaber, setis exterioribus paucis, brevioribus, sensim interiores aequantibus. — *Herbae brasilienses, scapigerae, perennes; foliis radicalibus lineari-lanceolatis v. spathulato-oblongis, integerrimis, junioribus pubescentibus v. tomentosis, adultis glabriusculis, scapo simplici, tomentoso.*

Pycnocephalum DC. *Prodr. V. 83.* Vernoniae sectio Pycnocephalum Lessing *in Linnaea VI. 630.*

2226. Lychnocephalus *MART.* Capitula octoflora, homogama, ovali-oblonga, plurima, densissime conferta in glomerulum terminalem subglobosum, involucro generali nullo, bracteis sub singulis capitulis foliaceis, etiam in medio glomerulo hinc inde conspicuis. Involucra partialia oblongo-cylindracea, lanae immersa, squamis plurimis, glabriusculis, obtusis. Corollae regulares, quinquefidae, glabrae. Achenia glabra, striato-sulcata. Pappus biseriatus, paleaceus, paleis exterioribus brevibus, acutis, persistentibus, interioribus elongatis, spiraliter tortis, caducissimis. — *Frutex brasiliensis; ramis teretibus, dense tomentosis, foliis petiolatis, ovali-oblongis, obtusis, basi cuneatis, coriaceis, integerrimis, supra glabris, subtus petiolisque dense tomentosis.*

Lychnocephalus Martius *ex DC. Prodr. V. 83.*

2227. Chronopappus *DC.* Capitula octo-decemflora, homogama, pauca, in glomerulum axillarem conferta, bracteis foliaceis cincta. Involucra partialia ovalia, squamis imbricatis, acutis, lanceolato-linearibus, dorso tomentosis, interioribus angustissimis, subbrevioribus. Receptacula nuda. Corollae regulares, limbi quinquelobi lobis dorso hirsutis. Achenia brevia, angulata, glaberrima. Pappus duplex, uterque persistens, exterioris paleis brevibus, oblongis, acutis, interioris setis elongatis, serratis. — *Frutex brasiliensis; ramis teretibus apice subcompressis, valde lanuginosis, foliis petiolatis, ovatis, obtusis, integerrimis, adultis supra glabris, eminentiis duris prismaticis muricatis, subtus petiolisque cano-lanuginosis, glomerulis in axillis superioribus subsessilibus, spicam compositam, interruptam fere constituentibus.*

Chronopappus DC. *Prodr. V. 84.* Heterocoma bifrons DC. *in Annal. du Mus. XVI. t. 8.* Serratula bifrons Pers.

2228. Pithecoseris *MART.* Capitula tri-quadriflora, heterogama (?), in glomerulum ovatum dense congesta, sessilia, subspicata, ebracteata. Involucra oblonga, squamis erectis, glabriusculis, acuminatis, exterioribus carinatis, interioribus planis, lanceolato-linearibus. Receptacula nuda. Corollae regulares, tubo extus hirsuto, limbi quinquelobi lobis glabris. Achenia dimorpha, alia (sterilia?) sericeo-villosa, pappo duplici, exteriore brevissimo paleaceo, interiore pluriseriali setaceo; alia (fertilia?) glaberrima, oblonga, compressa, pappo setiformi pluriseriali, caducissimo. — *Herba brasiliensis, grandis, glabriuscula; caule tereti, ramis apice fistulosis, nudis, foliis sessilibus, aurito-semiamplexicaulibus, irregulariter pinnatilobatis, lobis ovatis, triangularibus, dentatis subsinuatisve, terminali majore, glomerulo ovato, glabro.*

Pithecoseris Martius *msc. ex* DC. *Prodr. V.* 84.

2229. Stachyanthus *DC.* Capitula subdodecantha, secus rami apicem sessilia, spicata, subconferta, rhachi scrobiculata, bracteis nullis. Involucra squamis oblongis, adpressis, obtusis, interioribus submucronatis. Corollae .... Achenia sericeo-villosa. Pappus pluriserialis, setaceus, serie exteriore brevi, basi flavida. — *Herba brasiliensis, suffruticosa, pube brevi adpressa sericeo-canescens; caule tereti, ramoso, foliis petiolatis, ovato-rhombeis, basi integris, cuneatis, a medio ad apicem angulato-dentatis, pedunculis longissimis, nudis, glomerulo ovato-globoso terminatis.*

Stachyanthus DC. *Prodr. V.* 84.

2230. Chresta *ARRAB.* Capitula triquadriflora, homogama, in glomerulos terminales sphaericos, ebracteatos collecta. Involucra squamis siccis, acuminatis, paucis. Receptacula nuda. Corollae regulares, quinquefidae, glabrae. Achenia sericeo-villosissima. Pappus multiserialis, setosus, serie exteriore breviore. — *Herbae brasilienses, velutinae v. pubescenti-tomentosae; foliis alternis, sessilibus v. petiolatis, coriaceis, integerrimis v. dentatis, ramis nudis, glomerulo subgloboso terminatis.*

Chresta Arrabo *Flor. Flum. VIII, t.* 150. DC. *Prodr. V.* 85. Vernoniae sp. Mart.

DIVISIO II. ELEPHANTOPEAE Cassini *Tabl. XX. n. 111.* Capitula discoidea, pauciflora. Involucrum compressum, pluriseriale, foliolis cujusvis seriei quaternis, alternis planis. Receptaculum nudum v. alveolatum. Corollae palmatae. Antherae ecaudatae. Stigmata semisubulata. — *Folia alterna.*

2231. Elephantopus *LINN.* Capitula tri-quinqueflora, homogama, in glomerulos axillares nudos, v. terminales foliis dense cinctos aggregata. Involucra compressa, octophylla, foliolis biseriatis, siccis, oblongis, alterne planis et conduplicatis, interioribus saepius trinerviis. Receptacula nuda v. obsolete alveolata. Corollae limbus quinquefidus, laciniis acuminatis, sinu uno reliquis profundiore palmatus. Staminum filamenta laevia. Antherae ecaudatae. Styli rami semisubulati. Achenia compressiuscula, multicostata, oblonga, pilosa. Pappus paleis plurimis, uni-biseriatis, basi dilatatis, aequalibus v. nonnullis interdum longioribus. — *Herbae perennes, erectae, pilosae, in America tropica obviae, in Carolina rarissimae, una per tropicos veteris orbis diffusa; foliis alternis, sessilibus, penninerviis, glomerulis ramos terminantibus, corymbosis v. axillaribus, spicam interruptam constituentibus.*

Elephantopus Linn. *gen. n.* 997. Gärtn. *II.* 41?

a. EUELEPHANTOPUS Pappus uniserialis, paleis omnibus aequalibus, rectis, serralis. — *Glomeruli in ramulis terminales, subcorymbosi, involucrati.*

Euelephantopus Cassini *in Dict. sc. nat. XIV. p* 341. Lessing *in Linnaea IV.* 323. *Synops.* 149. DC. *Prodr. V.* 85. (Gärtn. *t.* 165. *f.* 1.)

b. ELEPHANTOSIS *Less.* Pappus biserialis, paleis angustissimis, omnibus aequalibus, rectis v. interioribus tortis. — *Glomeruli secus caulis apicem spicatim dispositi.*

Elephantosis Lessing *in Linnaea IV.* 322. *f.* 14 — 17. *Synops.* 149. DC. *Prodr. V.* 87.

c. PSEUDELEPHANTOPUS *Rohr.* Pappus uniserialis, paleis duabus caeteris longioribus plicato-conduplicatis. — *Glomeruli in foliorum axillis subsessiles, spicam interruptam formantes.*

Pseudelephantopus Rohr *in Kiobenh. Selsk. Skrift. N. Saml. II.* 2. *p.* 213. Distreptus Cassini *in Bullet. Soc. philomat.* 1817. *p.* 66. *Dict. sc. nat. XIII.* 366. Lessing *in Linnaea IV.* 327. *f.* 19. 31. 34. *Synops.* 149. DC. *Prodr. V.* 87. Matamoria Llav. et Lexarz. *Nov. Veg. I.* 8.

DIVISIO III. ROLANDREAE Cassini *Tabl. XX. sect. 5.* Capitula uniflora, in glomerulum bracteatum collecta. Involucrum uniseriale, ad summum tetra-pentaphyllum, saepissime gamophyllum, rarissime diphyllum, basi breviter bracteolatum. Corollae regulares, quinquefidae. Pappus brevis, saepissime coroniformis. — *Tribus monente cl. Decandolle fortassis artificialis.*

2232. Gundelia *TOURNEF.* Capitula uniflora, in bractearum axillis quinque v. septem, inter se ad apicem fere concreta, centrale solum fertile, reliqua sterilia. Involucra uniserialia, gamophylla, flore breviora, apice spinosa demum inter se concrescentia. Corollae regulares, glabrae, limbo tubo longiore. Antherae inclusae. Stigmata semisubulata, extus pilis erectis hispida, intus plana, glabra. Achenia glabra, compresso-subtetragona, nectario alveolari, basi pyramidato, disco epigyno magno. Pappus uniserialis, coroniformis, limbo brevi, spinuloso. — *Herba perennis, orientalis, Dipsaci facie, lactescens; foliis alternis, sessilibus, semi-amplexicaulibus, pinnatilobatis, lobis dentatis, spinosis, capitulis in capitulum generale ovatum, exinvolucratum collectis, corollis purpurascentibus.*

Gundelia Tournef. *It. II.* 251. *Corollar.* 51. *Inst.* 486. Linn. *gen. n.* 1000. Gärtn. *II.* 386. *t.* 163. Miller *Ic. t.* 287. Cassini *in Dict. sc. nat. XX.* 93. Lessing *in Linnaea IV.* 334. *f.* 43. 47. 68. 74. 76. 79—83. *Synops.* 151. DC. *Prodr. V.* 88. Hacub Vaillant *Act. Academ. Paris.* 1718. *p.* 150. Gundelsheimera Cassini *Tabl. XX. n.* 52.

2233. Corymbium *LINN.* Capitulum uniflorum. Involucrum cylindraceum, diphyllum, squamis canaliculatis, liberis, basi foliolis aliquot exiguis calyculatum. Receptaculum punctiforme. Corolla carnosula, regularis, limbo quinquepartito. Antherae inclusae (in sicco subliberae). Stigmata semicylindracea. Achenium teres, oblongum, basi longe attenuatum, extus undique pilis longis dense obsitum. Pappus uniserialis, brevis, membranaceus, in lacinias piliformes fissus. — *Herbae capenses; radice crassa, perenni, collo lanuginoso, foliis radicalibus phyllodineis, linearibus, parallele plurinerviis, caule subnudo, foliis parvis subamplexicaulibus, apice ramoso-corymboso.*

Corymbium Linn. *gen. n.* 1004. Lam. *t.* 723. Gärtn. *II.* 42. *t.* 86. Cassini *in Dict. sc. nat. X.* 580. Lessing *in Linnaea IV.* 330. *f.* 13. 20—25. *et VI.* 691. *Synops.* 150. DC. *Prodr. V.* 88. Contarena Adans. *Fam. II.* 120.

2234. Rolandra *ROTTB.* Capitula uniflora, supra receptaculum generale piloso-fimbrilliferum, globosum aggregata. Involucra bivalvia, compressa, valvis membranaceis, carinatis, aristatis, exteriore longiore. Receptaculum punctiforme. Corolla regularis, glabra, limbo subinflato, tri-quinquefido, ut plurimum quadrifido. Staminum filamenta laevia. Stigmata semisubulata. Achenium oblongo-teretiusculum, quadricostatum, glabrum, glandulosum. Pappus uniserialis, coroniformis, brevis, dentatus, denticulis ciliatis. — *Suffrutex in humidis Americae tropicae cis aequatorem crescens; foliis alternis, breve petiolatis, oblongis, utrinque attenuatis, supra glabris, submuricatis, subtus araneoso-villosis, albis, capitulis generalibus globosis, ramulos terminantibus, saepius ramulis abbreviatis pseudo-axillaribus, corollis albis.*

Rolandra Rottboell *Collect. hafn. II. 256.* Swartz *Flor. Ind. occid. p. 1368. t. 17.* Cassini *in Dict. sc. nat. XLVI. 170.* Lessing *in Linnaea IV. 332. f. 44. 75. Synops. 150.* DC. *Prodr. V. 90.* Echinops fruticosus Linn.

2235. Spiracantha *H. B. K.* Capitula uniflora, in glomerulum ovatum, bracteatum aggregata, in bractearum axillis solitaria, sessilia, bracteis subdistiche imbricatis, basi concavis, in spinam desinentibus. Involucra tetra-pentaphylla, foliolis lanceolatis, diaphano-membranaceis, subaequalibus. Corolla regularis, glabra, tubo gracili, fauce infundibuliformi, limbi quinquelobi laciniis lineari-lanceolatis. Staminum filamenta laevia. Stigmata brevissima, acuta. Achenium obovato-cuneatum, laeve. Pappus uniserialis, paleolis piliformibus brevibus, integris, scabridis. — *Suffrutex novo-granatensis humilis, ramosissimus; ramulis subpubescentibus, filiformibus, foliis alternis, breve petiolatis, oblongis, utrinque attenuatis, integerrimis, supra glabris, subtus pube adpressa albis, glomerulis ramos ramulosque axillares terminantibus, corollis purpureis.*

Spiracantha Kunth *in Humb. et Bonpl. Nov. gen. et sp. IV. 28. 313.* Lessing *Synops. 150.* DC. *Prodr. V. 90.* Acosta DC. *msc.*

2236. Trichospira *H. B. K.* Glomerulus multiflorus, bracteis imbricatis, margine scariosis, apice fimbriatis, basi uni-apice trinerviis, in axilla unifloris. Involucra propria nulla. Corollae regulares, glabrae, tubo tereti, fauce campanulata, limbi quadrilobi lobis obtusis. Staminum filamenta laevia, antherae semiexsertae. Stigmata semisubulata, exserta. Achenia compressa, oblongo-obovata, basi acuminata, puberula, medio utrinque tricostata. Pappus uniserialis, aristis duabus divaricatis, nunc quaternis v. quinis multo minoribus adjectis. — *Herbae annuae v. perennes, Filaginis facie, in America tropica indigenae; foliis alternis v. oppositis, subtus albo-lanato-tomentosis, sessilibus, integerrimis, penninerviis, glomerulis axillaribus et oppositifoliis, sessilibus.*

Trichospira Kunth *in Humb. et Bonpl. Nov. gen. et sp. IV. 13. t. 312.* Lessing *in Linnaea IV. 342. f. 57. 58. 63. 65. 66. 70. Synops. 150.* DC. *Prodr. V. 90.*

2237. Lagascea *H. B. K.* Capitula uniflora, plurima, in glomerulum bracteatum collecta. Involucra uniserialia, gamophylla, tubulosa, quadri-quinquedentata. Corollae regulares, extus pubescentes, tubo gracillimo, fauce dilatata, cylindracea, limbi quinquelobi lobis acuminatis. Staminum filamenta papillosa. Stigmata semisubulata. Achenia obcompresso-tetragona, pluricostata. Pappus uniserialis, coroniformis, membranaceus, subinteger v. dentatus. — *Herbae v. suffrutices, Americam tropicam incolentes; foliis oppositis, saepius triplinerviis, glomerulis terminalibus, bracteis plurimis, exterioribus oppositis obvallatis, corollis albis, flavidis v. rubris.*

Lagascea Kunth *in Humb. et Bonpl. Nov. gen. et sp. IV. 24.* Lessing *in Linnaea IV. 333. f. 36—38. 45. 46. 48. 78* DC. *Prodr. V. 91.* Noccaea Cassini *in Dict. sc. nat. XXV. 102.* non Mönch.

a. LAGASCA *Cav.* Pappus coroniformis, minimus, subinteger, ciliatus. — *Herbae annuae; foliis petiolatis, glomerulis ad apicem pedunculi elongati, nudi solitariis, corollis albis.*

Lagasca Cavanill. *Annal. sc. nat. VI 333. t. 44.* Desvaux *Journ. Bot II. 28. t. 2.* DC. *Prodr. V. 91.* Nocca Jacq. *Fragm. 58. t. 85. f. 1.* Lessing *Synops. 151.* non alior.

b. NOCCA *Cav.* Pappus paleis brevibus, subdentatis. — *Herbae perennes v. suffrutices mexicani; foliis sessilibus v. vix petiolatis, glomerulis aggregatis, foliaceo-bracteatis, corollis albidis, ochroleucis v. purpurascentibus.*

Nocca Cavanill. *Ic. III. 12. t. 224.* Noccaea Cassini *l. c.* Sweet *Fl. Gard. t. 215. II. t. 26.* DC. *l. c.* Lagascea Lessing *Synops. 132.* (Kunth *op. cit. t. 311.*)

DIVISIO IV. BOJERIEAE DC. *Prodr.* V. 92.

Capitula pluriflora, homogama. Antherae basi bicaudatae. Pappus setis uniserialibus. — *Herbae, frutices v. arbores, omnes madagascarienses.*

2238. Synchodendron *BOJ.* Capitulum pluriflorum, homogamum. Involucri obconici squamae multiseriales, imbricatae, coriaceae, siccae, glabrae, exteriores brevissimae, intimae longiores, lineares. Receptaculum angustum, nudum. Corollae tubulosae, aequales, quinquefidae. Antherae exsertae, basi longe caudatae. Stigmata brevia, glabriuscula. Achenia teretiuscula, subvillosa. Pappus uniserialis, setis rigidulis, integris, sublaminatis, corollas aequantibus. — *Arbor quinquagintapedalis, Compositarum maxima, in vallibus Madagascariae circa pagos culta, florescentia sua tempus Oryzae colendae indicans; ramis junioribus, petiolis foliisque pube brevi velutino-tomentosis, foliis alternis, petiolatis, integerrimis, orbiculatis aut obovatis, superne demum glabrulis, capitulis ante folia, secus ramos juniores et crassos sessilibus, fasciculatis, duas lineas longis.*

Synchodendron Bojer *msc. ex DC. Prodr. V. 92.*

2239. Centauropsis *BOJ.* Capitulum pluriflorum, homogamum. Involucri oblongi squamae multiseriales, arcte imbricatae, coriaceae, obtusae, exteriores brevissimae, interiores elongatae, sublineares. Receptaculum angustum, areolatum, paleis linearibus, paucis, deciduis onustum. Corollae tubulosae, fauce vix dilatata, limbo quinquedentato, exteriores majores, incurvae. Antherae loculis basi in appendices polliniferas productis. Stigmata longa, exserta, divergentia, recurvato-reflexa, setis hispida. Achenia teretiuscula, gracilia, striata, glaberrima, erostria. Pappus uniserialis, e margine calyculi coroniformis, achenium coronantis ortus, rigidus, setis inaequalibus brevibus, acheniorum marginalium brevissimis v. subnullis. — *Frutices madagascarienses, sylvicoli; foliis alternis, breviter petiolatis, subintegerrimis, obovatis v. ovalibus, basi cuneatis, penninerviis, capitulis corymbosis v. solitariis, obovato-oblongis, duodecim-viginti floris, corollis purpurascentibus.*

Centauropsis Bojer *msc. ex DC. Prodr. V. 93.*

2240. Tecmarsis *DC.* Capitulum subsexflorum, homogamum. Involucri oblongi, ante anthesim acuti squamae arcte imbricatae, exteriores breves, obtusae, interiores lineares, subacutae. Receptaculum angustum, nudum. Corollae tubulosae, filiformes, inconspicuae. Antherae ...... Stigmata .... Achenia gracilia, subangulata, striata, glabra, erostria. Pappus uniserialis, setis basi in tubum concretis, subinaequalibus, erectis, subrigidulis, achenium subaequantibus, involucrum subsuperantibus. — *Frutex Madagascariensis, debilis; ramis teretibus, procumbentibus, apice setoso-ciliatis villosisque, foliis alternis, fasciculatis, glabris, obovato-oblongis, acutis, basi cuneatis, paucidentatis, petiolis ciliato-villosis, brevibus, capitulis corymbosis, pedunculis ramosis, nudis, involucris glabris.*

Tecmarsis DC. *Prodr. V. 93.*

2241. Bojeria *DC.* Capitulum multiflorum, homogamum. Involucri campanulati squamae plurimae, multiseriales, subaequilongae, acutae, exteriores lineari-lanceolatae, foliaceae, dorso villosae, interiores lineares, glabriusculae. Receptaculum planum, subalveolatum. Corollae tubulosae, limbo quinquefido. Antherae basi bicaudatae. Stylus basi bulbosus; stigmata exserta, teretia, pube minima scabrida. Achenia striato-subangulata, glabra, calyce cum pappo a pericarpio tereti solubili. Pappus uniserialis, setis longis, subscabris, basi inter se varie breviter connatis. — *Herba Madagascariensis elata; caule tereti, subdecempedali, ramoso, imprimis ad apices dense villoso, foliis caulinis alternis, amplexicaulibus, ovato-lanceolatis, integris, supra sparse puberulis, subtus subtomentosis, capitulis ad apices ramorum solitariis, diametro pollicari, floribus numerosissimis, corollis purpureis.*

SUBTRIBUS II. PECTIDEAE Lessing *in Linnaea V. 134.* Capitula radiata, heterogama. Stigmata floris hermaphroditi obtusa. — ***Herbae v. frutices americani; folia saepissime opposita, flores ut plurimum flavi.***

DIVISIO I. LIABEAE Cassini *Tabl. 28.* Corollae disci regulariter quinquefidae. Stigmata longiuscula. — ***Herbae v. frutices; foliis saepius oppositis, eglandulosis, basi haud ciliatis, subtus tomentosis.***

2242. Xanthisma *DC.* Capitulum multiflorum, radiatum, floribus radii ligulatis, neutris, an femineis (?), disci hermaphroditis, tubulosis. Involucri hemisphaerici squamae imbricatae, coriaceae, fere ovales, obtusissimae, adpressae. Receptaculum fimbrilliferum, fimbrillis laceris, achenia superantibus. Corollae disci tubulosae, limbi quinquefidi lobis erectis, radii ligulatae, integrae. Styli radii breves, indivisi, tubo inclusi, disci apice bifidi; stigmatibus linearibus, inclusis, obtusis, breviter hispidis. Achenia obovata, obsolete angulata, pubescentia. Pappus paleis elongatis, acuminatis, inaequalibus, exterioribus paullo brevioribus et angustioribus. — *Herba mexicana, annua, glabra, simplex, apice laxe ramosa, subcorymbosa; ramis erectis, foliosis, foliis caulinis alternis, sessilibus, oblongis v. linearibus, uninerviis, rigidulis, integerrimis v. apice acute serratis, floribus luteis.*

Xanthisma DC. *Prodr. V. 94.*

2243. Hectorea *DC.* Capitulum multiflorum, radiatum, floribus radii duodenis v. quindenis ligulatis, femineis, disci hermaphroditis, tubulosis. Involucri pluriserialis squamae acuminatae, subimbricatae. Receptaculum alveolatum. Corollae glabrae, disci tubulosae, limbo quinquedentato, radii ligulatae, ligula apice tridentata. Stylus basi aequalis; stigmatibus teretibus, hispidulis. Achenia teretia, villosa. Pappus biserialis, serie exteriore paleacea, brevi (alba), interiore elongata, setiformi, scabra (rufa). — *Herba mexicana, basi suffruticosa, simplex, erecta, tota cano-villosa; caule tereti, ad apicem usque folioso, foliis alternis, confertis, erectis, oblongo-lanceolatis, integris, mucrone culloso superatis, capitulis ad apicem caulis breviter pedicellatis, subcorymbosis, floribus flavis.*

Hectorea DC. *Prodr. V. 95.*

2244. Andromachia *HUMB. et BONPL.* Capitulum pauci-multiflorum, heterogamum, floribus radii uniseriatis, ligulatis, femineis, disci hermaphroditis, tubulosis. Involucri squamae imbricatae, siccae, acuminatae. Receptaculum breviter paleaceo-fimbrilliferum. Corollae glabrae, disci tubulosae, limbi quinquefidi lobis acuminatis, revolutis, tubo paullo brevioribus, radii ligulatae, tubo longo, ligula oblonga. Styli basi bulbosi; stigmatibus semicylindraceis. Achenia cylindracea, multicostata, valleculis hirsutis, nectario styliformi. Pappus biserialis, paleaceus, paleis seriei exterioris multo brevioribus et subulatioribus. — *Herbae v. frutices Americae tropicae; foliis oppositis, petiolatis, subtus tomentosis, dentatis, capitulis corymbosis.*

Andromachia Humb. et Bonpl. *Pl. aequinoct. II. 105.* Kunth *in Humb. et Bonpl. Nov. gen. et sp. IV. 99.* excl. sect. 1. Lessing *in Linnaea IV. 318.* DC. *Prodr. V 95.* Oligactis Cassini *in Dict. sc. nat. XXXVI. 16.* Diplostephii sp. Spreng.

a. PLEIONACTIS *DC.* Capitulum multiflorum, ligulis radii multis. — *Herbae caulibus foliisque subtus canotomentosis, radio flavo.*

Pleionactis DC. *Prodr. V. 95.* Andromachiae verae Kunth *op. cit. t. 337.* Vivtania Willd. *msc.* non alior. (Humb. et Bonpl. *op. cit. t. 112.* Lessing *in Linnaea IV. f. 1—3. 6.*)

b. OLIGACTIS *Kunth.* Capitulum pauciflorum, ligulis radii 3—7. — *Frutices ramis glabris, radio pallido, an albo?*

Oligactis Kunth *op. cit. IV. 101.* DC. *Prodr. V. 96.*

2245. Liabum *ADANS.* Capitulum multiflorum, radiatum, floribus radii uniseriatis, ligulatis, femineis, disci hermaphroditis, tubulosis. Involucri squamae imbricatae, subulatae. Receptaculum fimbrillis membranaceis, subulatis hispidum. Corollae glabrae, disci tubulosae, limbi quinquefidi lobis linearibus, tubo brevioribus, radii ligulatae, longe lineares, apice integrae. Styli disci basi aequales; stigmatibus semiteretibus, gracilibus, parce hispidis. Achenia cylindracea, striata, callo basilari. Pappus uniserialis, setis filiformibus, barbellatis, subinaequalibus. — *Herbae americanae tropicae, saepissime incano-lanatae, caulescentes v. acaules; foliis oppositis, triplinerviis, subdentatis, floribus flavis.*

Liabum Adans. *Fam. II. 131.* excl. sp. Cassini *in Dict. sc. nat. XXVI. 203.* excl. sp. Lessing *in Linnaea IV. 319.* DC. *Prodr. V. 96.*

a. CHRYSACTINIUM *Kunth.* Capitula solitaria.

Chrysactinium Andromachiae sectio Kunth *in Humb. et Bonpl. Nov. gen. et sp. IV. 98. t. 336.*

b. STARKEA *Willd.* Capitula plurima, corymbosa.

Starkea Willd. *sp. III. 2216.* Starkia Jussieu *in Dict. sc. nat. 1. 403.* Andromachia Cassini *in Bullet. soc. philomat. 1817. p. 184.* non Humb. et Bonpl. Amelli sp. Linn. Solidago P. Browne. Lam. *t. 33. f. 2.*

2246. Alibum *LESS.* Capitulum multiflorum, heterogamum, floribus radii uniseriatis, ligulatis, femineis, disci hermaphroditis, tubulosis. Involucri squamae biseriales, aequales, oblongo-ellipticae, mucronatae, plurinerves. Receptaculum planum, nudum. Corollae ······ Styli ····· Achenia turbinata, hirsuta. Pappus disci biserialis, serie exteriore coroniformi, dentata, interiore multiseta, radii uniserialis, coroniformis, dentatus. — *Herba ad Pomalecte Americae tropicae ab Humboldtio lecta, trichotoma, erecta; ramis teretibus, hirsutis, foliis oppositis, obsolete auriculatis, basi connatis, ovato-ellipticis, integris v. basi pinnatifidis, supra hirsutiusculis, subtus tenuiter albo-tomentosis, capitulis solitariis, nutantibus.*

Alibum Lessing *Synops. 152.* DC. *Prodr. V. 97.*

2247. Cacosmia *H. B. K.* Capitulum multiflorum, heterogamum, floribus radii uniseriatis, ligulatis, femineis, disci tubulosis, hermaphroditis. Involucri teretis squamae plurimae, imbricatae, siccae, plurinerves, interiores longiores. Receptaculum nudum. Corollae glabrae, disci tubulosae, limbi quinquefidi lobis acuminatis, revolutis, tubo brevioribus, radii ligulatae, ligula late oblongo-elliptica, apice trierenulata, tubum duplo superante. Stigmata semicylindracea. Achenia obpyramidata, tetraquetra, truncata, glaberrima, nectario styliformi. Pappus nullus. — *Herba peruana andicola, suffruticosa, graveolens; ramis tenuiter lanatis, foliis oppositis, subpetiolatis, basi connatis, ovato-oblongis, trinerviis, remote dentatis, supra rugosis, subtus pubescenti-canis, corymbis ad apices ramorum axillarium, corollis flavis.*

Cacosmia Kunth *in Humb. et Bonpl. Nov. gen. et sp. IV. 280. t. 404.* Cassini *Tabl. XX. n. 4.* Lessing *in Linnaea IV. 338. f. 31. 53—54. Synops. 152.* DC. *Prodr. V. 97.* Xantholepis Willd. *msc.*

DIVISIO II. EUPECTIDEAE DC. *Prodr. V. 98.* Corollae disci subbilabiatae v. rarissime regulariter quinquedentatae. Stigmata brevia, semicylindracea. — *Herbae ut plurimum annuae; foliis oppositis, basi subconnatis, pellucido-punctatis v. denticulis setigeris ciliatis, rarius apice pellucido-punctatis.*

2248. Pectidopsis *DC.* Capitulum pluriflorum, heterogamum, floribus radii uniseriatis, ligulatis, femineis, disci hermaphroditis, tubulosis. Involucrum cylindraceum, octophyllum, uniseriatum. Receptaculum nudum. Corollae disci regulares, limbo quinquedentato, radii ligulatae. Stigmata disci semicylindracea, brevia. Achenia angulata, striata, callo basilari. Pappus paleaceus, uniseriatus, coroniformis, quinquedentatus. — *Herba annua, basi ramosa, diffusa, laevis, in Americae borealis montibus scopulosis proveniens; foliis anguste linearibus, basi dentato-ciliatis, capitulis brevissime pedicellatis, radio septem-octofloro.*

Pectidopsis DC. *Prodr. V. 98.* Pectis angustifolia Torrey *in Annal. Lyc. New-York. II. 214.*

2249. Pectidium *LESS.* Capitulum pauciflorum, heterogamum, floribus radii uniseriatis, ligulatis, femineis, disci hermaphroditis, paucissimis, tubulosis. Involucri cylindracei, pentaphylli foliola aequalia, amplexiflora, dorso glandulosa. Receptaculum nudum. Corollae disci regulares, limbo quinquedentato, radii ligulatae, ligula tubo breviore. Stigmata disci semicylindracea, brevia. Achenia angulata, striata, callo basilari. Pappi setae paucae, subulatae, rigidae, corneae, laeves, nudae, demum divergentes. — *Herba antillana, annua, glabra, erecta, di-trichotoma; foliis linearibus, utrinque basi ciliis solitariis v. binis instructis, ad utrumque nervi medii latus grosse glandulosis, capitulis longe pedicellatis, solitariis.*

Pectidium Lessing *in Linnaea VI. 706. Synops. 152.* DC. *Prodr. V. 98.* Pectis Cassini *in Dict. sc. nat. XXXVIII. 202.* Pectis punctata Jacq. *Amer. t. 128.* P. linifolia Gärtn. *II. t. 171.* non Linn.

2250. Pectis *LINN.* Capitulum pluriflorum, heterogamum, floribus radii uniseriatis, ligulatis, femineis, disci hermaphroditis, bilabiatis. Involucri cylindracei, penta-octophylli foliola aequalia, amplexiflora, dorso glandulosa. Receptaculum nudum. Corollae disci bilabiatae, labiis subfastigiatis, exteriore quadri- v. rarius tridentato latiore, inferiore lineari, radii ligulatae, ligula tubo longiore. Stigmata disci semicylindracea, brevia. Achenia angulata, striata, callo basilari. Pappus in disco et radio conformis, uniserialis, paleis basi scariosis, latis, apice setiformibus, serrulatis, saepius inaequalibus. — *Herbae americanae tropicae, annuae v. rarius perennantes; foliis glabris, margine angustissime cartilagineis, capitulis ramulos nudos aut medio unibracteatos terminantibus, aut subsessilibus, inter folia plus minus occultatis.*

Pectis Linn. *gen. n. 965.* excl. sp. Lessing *in Linnaea VI. 708. Synops. 153.* DC. *Prodr. V. 98.* Cavanill. *Ic. t. 324.* Kunth *in Humb. et Bonpl. Nov. gen. et sp. t. 392.* Lorentea Lagasc. *Nov. gen. 28.* Cassini *in Dict. sc. nat. XXVII. 202.* non alior. Chthonia Cassini *in Bullet. soc. philom. 1817. p. 33.*

2251. Lorentea *LESS.* Capitulum pluri-multiflorum, heterogamum, floribus radii uniseriatis, ligulatis, femineis, disci hermaphroditis, bilabiatis. Involucri cylindracei, penta-octophylli foliola aequalia, amplexiflora, dorso glandulosa. Receptaculum nudum. Corollae disci bilabiatae, labiis subfastigiatis, exteriore quadridentato latiore, inferiore lineari, radii ligulatae, ligula tubo longiore. Stigmata disci semicylindracea, brevia. Achenia angulata, striata, callo basilari. Pappus disci biserialis, serratus, longus, inaequalis, serie exteriore breviore, capillacea, interiore setaceo-paleacea, radii acuminato-setiformis v. dimidiatus, auriculaeformis v. nullus. — *Herbae americanae tropicae, interdum basi suffruticulosae; capitulis pedicellatis v. rarissime sessilibus.*

Lorentea Lessing *in Linnaea VI. 717. Synops. 153.* DC. *Prodr. V. 101.* non alior. Pectidis sp. Linn.

a. CRYPTOPETALUM *Cassini.* Pappus radii e paleis plurimis, acuminato-setiformibus, pappo disci brevior.
Cryptopetalum Cassini *in Dict. sc. nat. XII. 123. XXVII. 206.*

b. STAMMARIUM *Willd.* Pappus radii nullus, v. dimidiatus, auriculaeformis, brevis.
Stammarium Willd. *msc.* Lorentea Lessing *in Linnaea V. 135. f. 7—12.* Pectidis sp. Kunth *in Humb. et Bonpl. Nov. gen. et sp. t. 393.*

TRIBUS II. EUPATORIACEAE Lessing *Synops. 154.* Capitula pauci- v. multiflora, nunquam uniflora, homogama, floribus tubulosis; v. heterogama, floribus radii tubulosis v. ligulatis. Corolla staminigera regularis, quinquedentata, dentibus saepius erectis. Antherae ecaudatae. Pollen globosum, echinulatum. Stylus floris hermaphroditi superne cylindraceus; stigmatibus longis, teretibus s. clavatis, extus superne papillosis, rarius puberulis, floris masculi indivisis v. breviter bifidis, clavulatis; glandulae stigmaticae in series angustas dispositae, parum prominulae, ante medios ramos desinentes, rarius apicem attingentes, rarissime confluentes. — *Herbae v. frutices; foliis saepissime oppositis, floribus (paucissimis exceptis) cyanicis.*

SUBTRIBUS I. EUPATORIEAE DC. *Prodr. V. 104.* Capitula homogama. — *Flores nunquam stricto sensu flavi.*

DIVISIO. I. ALOMIEAE Lessing *Synops. 154.* Pappus nullus. — *Divisio monente cl. Decandolle artificialis.*

2252. Orsinia *BERTOL.* Capitulum sex-septemflorum, homogamum. Involucri ovati squamae sex v. septem ovales, erectae, aequales. Receptaculum nudum. Corollae tubulosae, hirtellae, limbi tri-quinquelobi lobis ciliatis. Antherae inclusae, exappendiculatae. Stigmata exserta, muriculata, obtusa. Achenia obcompressa, apice villosa. Pappus nullus. — *Herba brasiliensis, suffruticans; caule tereti, pubescenti-velutino, apice ramoso-corymboso, foliis oppositis et alternis, breviter petiolatis, ovatis, rigidis, acutiusculis, acute serratis, penninerviis, reticulatis, supra scabridis, subtus secus nervos nervulosque dense hirtis, corymbis terminalibus, ramis hirsutis, capitulis subsessilibus, involucri squamis late ovalibus, subconcavis, pallidis, dorso puberulis, corollis albis.*

Orsinia Bertoloni *msc.* ex DC. *Prodr. V. 104.* non Annal. sc. nat. Eupatorium Armani Balbis *Plant. rar. hort. Taurin. 1810. p. 27. t. 6.*

2253. Piqueria *CAV.* Capitulum tri-quinqueflorum, homogamum. Involucrum tripentaphyllum, uniseriale, oblongum. Receptaculum nudum, planum, parvum. Corollae tubulosae, saepius hirtae, tubo brevi subdilatato, limbo quinquefido. Antherae appendice terminali subnullo. Stigmata obtusa. Achenia juniora compressa, adulta pentagona, glabra, cum stipite brevi articulata. Pappus nullus. — *Herbae v. suffrutices, in Andibus peruanis, rarius in temperatis Mexici provenientes; foliis oppositis, plerumque trinerviis, cupitulis corymbosis aut paniculatis, parvis, corollis albis.*

Piqueria Cavanilles *Ic. III. 19.* Willd. *sp. III. 1748.* Cassini *in Dict. sc. nat. XLI. 115.* Lessing *Synops. 154.* DC. *Prodr. V. 104.*

a. EUPIQUERIA *DC.* Capitula quadriflora. Involucri squamae obtusae, mucronatae. Corollae tubus hirsuto-barbatus. — *Caules herbacei.*

Eupiqueria DC. *Prodr. V. 104.* (Cavanill. *Ic. t. 235.* Jacq. f. *Eclog. t. 48.*)

b. PIQUERIOIDES *DC.* Capitula quinqueflora. Involucri squamae striatae, in appendicem subulatam desinentes. — *Caules fruticosi, folia triloba.*

Piquerioides DC. *Prodr. V. 105.*

h. ARTEMISIOIDES *DC.* Capitula tri-quadriflora. Involucri squamae acuminatae v. obtusae. Corollae glabrae, tubo longiusculo, basi supra ovarium subdilatato. — *Caules fruticosi, glabri v. summo apice pubescentes aut glutinosi. Folia petiolata, glabra.*

Artemisioides DC. *Prodr. V. 105.* Flaveriae sp. Juss.

2254. Alomia *H. B. K.* Capitulum multiflorum, homogamum. Involucri campanulati squamae imbricatae, angustae, acutae. Receptaculum nudum, convexum. Corollae tubo gracili, glabro, limbo quinquedentato. Antherae in appendices ovato-oblongas, obtusas desinentes. Stigmata elongata, obtusa. Achenia quinquangularia, glabra. Pappus nullus. — *Herba mexicana, glabriuscula; caule erecto, ramosissimo, foliis oppositis, petiolatis, ovatis, serratis, floribus corymbosis, albis.*

Alomia Kunth *in Humb. et Bonpl. Nov. gen. et sp. IV. 151. et 312. t. 354.* Lessing *Synops. 154.* DC. *Prodr. V. 105.*

2255. Phalacraea *DC.* Capitulum multiflorum, homogamum. Involucri squamae subbiseriales, aequales, trinerviae. Receptaculum nudum. Corollae tubus basi piloso-hispidus, faux ampliata, limbus quinquefidus. Antherae apice vix appendiculatae. Stigmata exserta, apice clavata. Achenia compresso-angulata, glabra. Pappus nullus. — *Herba peruana, pube brevi (viscida?) conspersa; foliis oppositis, petiolatis, late ovatis, basi truncatis, ad petiolum subcuneatis, grosse et interdum duplicato-dentatis, pedunculis nudiusculis, apice corymbosis, capitulis pedicellatis, corollis purpurascentibus.*

Phalacraea DC. *Prodr. V. 105.* — ? Ageratum latifolium Cavanill. *Ic. t. 357.*

2256. Gymnocoronis *DC.* Capitulum multiflorum, homogamum. Involucri squamae uniseriales, acuminatae, subenerves. Receptaculum nudum. Corollae tubo glabro, fauce haud dilatata, limbi quinquelobi lobis brevibus, conniventibus. Antherae ······ Stigmata exserta, clavata. Achenia compressa, dorso nervoso-subangulata, glabra. Pappus nullus. — *Herbae brasilienses, erectae, glabrae; caulibus inferne sulcatis, foliis oppositis, petiolatis, oblongolanceolatis, acuminatis, dentatis, capitulis pedicellatis, subpuberulis, floribus albis.*

Gymnocoronis DC. *Prodr. V. 106.*

2257. Isocarpha *R. BR.* Capitulum multiflorum, homogamum Involucri squamae subbiseriatae, conduplicatae. Receptaculum conicum, paleis acuminatis, involucri squamas referentibus. Corollae tubulosae, limbo quinquedentato. Stigmata elongata, extus convexa, hispidula, acuta. Achenia prismatica, glabra. Pappus nullus. — *Herbae Americae tropicae, erectae; foliis oppositis, integerrimis v. rarius dentatis, capitulis terminalibus.*

Isocarpha R. Brown *in Linn. Transact. XII. 110.* excl. synon. Lessing *in Linnaea V. 141. t. 2. f. 14—16. VI. 405. Synops. 154.* DC. *Prodr. V. 106.* Bidentis, Spilanthis et Caleae sp. Linn.

DIVISIO II. AGERATEAE Lessing *Synops. 155.* Pappi paleae membranaceae v. rigidae, distinctae v. plus minus in coronam concretae.

2258. Coelestinia *CASS.* Capitulum multiflorum, homogamum. Involucrum cylindraceo-hemisphaericum, polyphyllum, subimbricatum. Receptaculum convexum, paleaceum v. nudum. Corollae tubulosae, quinquefidae. Stigmata cylindracea, obtusiuscula. Achenia pentagona. Pappus coroniformis, membranaceus, inaequaliter dentatus. — *Herbae mexicanae, erectae, annuae, ramosae; caule tereti, foliis oppo-*

sitis, breviter petiolatis, dentatis, capitulis corymbosis, approximatis, pedicellatis, corollis caeruleis v. purpurascentibus.

Coelestina Cassini *in Dict. sc. nat. VI. suppl. 8. et XXVI. 237.* Kunth *in Humb. et Bonpl. Nov. gen. et sp. IV. 150.* Lessing *Synops. 155.* DC. *Prodr. V. 107.*

a. ISOCARPHOIDES *DC.* Receptaculum paleis linearibus obsitum.

Isocarphoides DC. *Prodr. V. 107.*

b. AGERATOIDES *DC.* Receptaculum nudum.

Ageratoides DC. *Prodr. V. 108.* Ageratum coelestinum Bot. Mag. *t. 1730.*

2259. Ageratum *LINN.* Capitulum multiflorum, homogamum, subglobosum. Involucri polyphylli, imbricati squamae lineares, acuminatae. Receptaculum nudum. Corollae tubulosae, quinquefidae. Stigmata elongata, cylindracea, obtusiuscula. Achenia subpentagona, basi attenuata. Pappus paleaceus, paleis quinque subserratis, acuminatis, aristatis, v. decem pectinato-ciliatis. — *Herbae ut plurimum annuae, tropicae, potissimum americanae, una amphigaea; foliis oppositis, petiolatis, ovatis, dentatis, capitulis corymbosis, floribus caeruleis v. albis.*

Ageratum Linn. *gen. n. 936.* Gärtn. *III. 398.* DC. *Prodr. V. 108.* Carelia Adans. *Fam. II. 123.* non Less.

a. EUAGERATUM *DC.* Pappi paleae 5, ad basin usque distinctae, subserratae, apice acuminatae, aristatae.

Euageratum DC. *Prodr. V. 108.* (Gärtn. *t. 165.* Schkuhr *t. 238.* Lam. *t. 672.* Hooker *Exot. Flor. t. 15.* Bot. Mag. *t. 2524.*)

b. PECTINELLUM *DC.* Pappi paleae circiter 10, distinctae, per totam fere longitudinem pectinato-ciliatae.

Pectinellum DC. *Prodr. V. 109.*

2260. Anisochaeta *DC.* Capitula multiflora, dioica (?). Involucri ovati, imbricati squamae lineari-lanceolatae, adpressae, disco breviores. Receptaculum nudum. Corollae tubulosae, profunde quinquefidae, glabrae. Stigmata inclusa abortiva, in paucis floribus exserta, cylindracea, subclavata, vix papillosa. Achenia teretiuscula, vix puberula, erostria (abortiva?). Pappus paleis saepius tribus, rarius quatuor v. quinque, erectis, squamellosis, angustis, acuminatissimis, inaequalibus. — *Frutex capensis, non satis notus, subscandens; caule tereti, striato, subpubescente, ramis patulis, foliis alternis, petiolatis, late ovatis, basi subtruncatis, tri-quinquenerviis, grosse inciso-dentatis, glabris, petiolo nervisque pubescentibus, paniculis ramos terminantibus subnudis, laxis, bracteolis secus pedicellos minimis, corollis albis.*

Anisochaeta DC. *Prodr. V. 110.*

2261. Adenostemma *FORST.* Capitulum multiflorum, homogamum. Involucri campanulati, flores vix aequantis, demum reflexi squamae uniseriatae, foliaceae, oblongae. Receptaculum planum, nudum, foveolatum. Corollae tubulosae, fauce vix ampliata, limbo quinquelobo, infra lobos villoso. Stigmata longe exserta, apice dilatata, colorata. Achenia obovato-oblonga, subangulata. Pappi aristae tres v. quinque, breves, rigidae, glandula globosa v. clavata terminatae. — *Herbae tropicae, amphigaeae, in Asia communes, in America rarae, glanduloso-pilosae v. glabriusculae; foliis oppositis, petiolatis, ovatis s. rhomboideo-triplinerviis, dentatis, capitulis pedunculatis, corymboso-paniculatis, floribus albis.*

Adenostemma Forst. *char. 45.* Cassini *in Dict. sc. nat. XXV. 560.* Lessing *Synops. 156.* DC. *Prodr. V. 110.* Lavenia Swartz *Prodr. 112. Flor. Ind. occid. 1329.* Verbesinae et Cotulae sp. Linn.

2262. Sclerolepis *CASS.* Capitulum multiflorum, homogamum. Involucri squamae biseriales, lineares, aequales. Receptaculum nudum. Corollae tubulosae, glabrae, fauce vix a tubo distincta, limbo quinquedentato. Stigmata exserta, cylindraceo-clavata. Achenia quinquangularia. Pappi paleae quinque, uniseriales, subcorneae, breves, obtusiusculae, aequales. — *Herba boreali-americana, simplex, glabra; foliis verticillatis, linearibus, capitulis saepius solitariis, rarius binis v. ternis, ramos superne aphyllos, breves terminantibus, corollis pallide purpureis.*

Sclerolepis Cassini *in Dict. sc. nat. XXV. 365. XXVI. 277. et 233. XLVIII. 155.* Lessing *Synops. 130.* DC. *Prodr. V. 114.* Sparganophorus verticillatus Michx. Nutt.

2263. Phania *DC.* Capitulum pluriflorum, homogamum. Involucri octo-dodecaphylli squamae uni-biseriales, haud imbricatae. Receptaculum nudum. Corollae tubulosae, glabrae, limbi quinquefidi lobis acuminatis. Stigmata exserta, cylindraceo-clavata. Achenia angulata, glabra. Pappus paleis quinque v. octo, oblongo-linearibus, ciliatis. — *Suffrutices americani tropici, glabriusculi; ramis tenuibus, foliis oppositis, ovalibus, integerrimis v. subdentatis, basi subattenuatis, involucris puberulis, capitulis paucis, pedicellatis, corollis albis.*

Phania DC. *Prodr. V. 114.*

a. EUPHANIA *DC.* Corollae pappi longitudine, tubo subnullo, fauce obovata, limbi lobis brevibus, subacutis. — *Suffrutex multicaulis, foliis trifidis v. trisectis.*

Euphania DC. *l. c.*

b. OXYLOBUS Moc. Corollae pappum triplo fere superantes, limbi lobis acuminatis. — *Frutices mexicani, foliis integerrimis v. subdentatis.*

Oxylobus Mocino *Flor. mex. inedit. e DC. l. c.* — Ageratum arbutifolium Kunth.

2264. Stevia *CAV.* Capitulum quinqueflorum, homogamum. Involucri cylindracei squamae quinque v. sex, acutae, acuminatae, subaequales. Receptaculum nudum. Corollae tubulosae, quinquefidae. Stigmata exserta, cylindraceo-clavata. Achenia striato-nervosa v. angulata. Pappus paleis uniserialibus, nunc omnibus scariosis, planis, parvis, nunc in eadem saepius stirpe aliis (plerumque alternis) in aristas (1—5) rigidas, margine scabras abeuntibus, v. omnibus in aristas (5—20) mutatis. — *Herbae v. suffrutices in America tropica copiose, in australi extratropica parce provenientes; foliis inferioribus oppositis, superioribus alternis v. oppositis, aut rarissime ternato-verticillatis, lineari-lanceolatis aut ovatis, saepius triplinerviis, integerrimis, serratis v. rarissime trifidis, capitulis in corymbum densum v. laxum dispositis, rarius subsparsis, longius pedicellatis, corollis albis, roseis v. purpureis, interdum ochroleucis.*

Stevia Cavanill. *Ic. IV. 33.* Lagasc. *Nov. gen. et sp. 26.* Kunth *in Humb. et Bonpl. Nov. gen. et sp. IV. 139.* Cassini *in Dict. sc. nat. XXVI. 227.* Lessing *Synops. 135.* DC. *Prodr. V. 115.*

a. ACHAETOSTEVIA. Pappus exaristatus, paleaceo-scariosus, paleis 5—6, liberis v. in coronulam dentatam concretis.

Steviae exaristatae DC. *l. c.* (Kunth *op. cit. t. 353.*)

b. CHAETOSTEVIA. Pappus e paleis paucis, scariosis, brevibus, et ex aristis 1—5 rigidulis, scabrido-serrulatis constans.

Steviae paleaceo-aristatae DC. *l. c.* (Cavanill. *Ic. t. 354. 355.* Kunth *op. cit. t. 351. 352.*) Agerati sp. Jacq. *Hort. Schönbr. t. 300.*

c. POLYCHAETE. Pappus paleis nullis v. subnullis, ex aristis 6—20 constans.

Steviae multiaristatae DC. *l. c.*

2265. Palafoxia *LAGASC.* Capitulum pluriflorum, homogamum. Involucri oblongi v.

campanulati, vix imbricati squamae octo ad quatuordecim, fructiferae stellato-patentes. Receptaculum nudum. Corollae tubulosae, quinquefidae. Stigmata elongata, obtusa, semiteretia, dorso papillis elongatis subhispida. Achenia angulata, exteriora involucri squamis involuta. Pappi paleae octo ad duodecim, uninerves, pinnato-striatae, siccae, uniseriales, alternae breviores, v. biseriatae, exteriores breviores. — *Frutices v. herbae, terras mexicanas et Americae borealis provincias calidiores incolentes, Steviae habitu; foliis inferioribus oppositis et superioribus alternis indivisis, capitulis laxe corymbosis, corollis albis, carneis v. purpureis.*

Palafoxia Lagasca *Nov. gen. et sp. 26.* Sims *Bot. Mag. t. 2132.* DC. *Prodr. V. 124.* Hook. *Ic. t. 148.* Paleolaria Cassini *in Bullet. soc. philomat. 1816. p. 198. 1818. p. 47. Dict. sc. nat. Suppl. I. 59. XXXVII. 256.* Lessing *Synops. 155.* Polypteris Nuttall *Gen. II. 139.* non Less. Steviae et Agerati sp. Auct.

2266. Carelia *LESS.* Capitulum multiflorum, homogamum. Involucri campanulati squamae ovali-oblongae, bi-triseriales, margine membranaceae. Receptaculum convexum, pilosiusculum. Corollae tubulosae, quinquedentatae. Stigmata exserta, cylindraceo-clavata. Achenia pentagona. Pappus biserialis, aequalis, paleis brevibus, obtusis, enerviis, apice serrulatis. — *Fruticulus brasiliensis, villoso-canescens; foliis oppositis, oblongo-ovatis, petiolatis, basi obtusis, capitulis dichotome corymbosis.*

Carelia Lessing *Synops. 156.* DC. *Prodr. V. 125.* non alior.

2267. Agrianthus *MART.* Capitulum subvigintiflorum. Involucri squamae uni-biseriales, lineares, acuminatae, subaequales. Receptaculum nudum. Corollae tubulosae, cylindraceae, limbo obtuse quinquedentato. Stigmata longe exserta, cylindracea, obtusa. Achenia acute pentagona, secus angulos scabra, areola basilari prominula. Pappus uniserialis (corolla brevior), squamellis lineari-lanceolatis, acuminatis, rigidulis, inaequalibus, dense barbellato-ciliatis. — *Frutices brasilienses, humiles, ramosi, glabriusculi; ramis teretibus, foliis confertis, subimbricatis, alternis, rigidis, lineari-lanceolatis v. acerosis, capitulis in axillis supremis subsessilibus aut breviter pedicellatis, in corymbum densum, capitatum aggregatis, corollis pallide purpurascentibus.*

Agrianthus Martius *ex DC. Prodr. V. 125.*

DIVISIO III. ADENOSTYLEAE DC. *Prodr. V. 126.* Pappus pilosus, barbellatus v. plumosus.

2268. Kuhnia *LINN.* Capitulum multiflorum, homogamum. Involucri squamae pauciseriales, adpressae. Receptaculum nudum. Corollae tubulosae, fauce haud ampliata, limbo quinquefido. Antherae interdum liberae v. saepius abortivae. Stigmata exserta, cylindracea, obtusa. Achenia elongata, sessilia v. stipitata. Pappus uniserialis, plumosus v. rarius barbellatus. — *Herbae v. suffrutices, in America tropica et boreali provenientes; foliis alternis, uninerviis, rarius triplinerviis, linearibus v. lanceolatis, capitulis paniculato-corymbosis, pedicellatis, corollis purpurascentibus v. albis.*

Kuhnia Linn. *sp. 1662.* Vent. *Cels. 91.* Cassini *in Dict. sc. nat. XXIV. 515.* Lessing *Synops. 157.* DC. *Prodr. V. 126.*

a. STRIGIA *DC.* Achenia teretiuscula, multistriata. Pappus plumosus. — *Involucri squamae imbricatae, exteriores breviores.*

Strigia DC. *Prodr. V. 126.* Critonia Gärtn. *II. 411. t. 147.* non R. Br. (Linn. f. *Decad. II. t. 11.* Vent. *Cels. t. 91.*)

b. TRICHOGONIA *DC.* Achenia pentagona, angulis piloso-scabris. Pappus plumosus. — *Involucri squamae aequales, haud imbricatae.*

Trichogonia DC. *Prodr. V. 126.* (Kunth *in Humb. et Bonpl. Nov. gen. et sp. t. 393.*)

c. LEIOGONIA *DC.* Achenia pentagona, omnino laevia. — Pappus barbellatus. *Involucri squamae paucae, subimbricatae.*

Leiogonia DC. *Prodr. V. 127.*

2269. Clavigera *DC.* Capitulum quinque-vigintiflorum, homogamum. Involucri pluriserialis, imbricati squamae longitudinaliter striatae, exteriores brevissimae, intimae elongatae, lineares. Receptaculum angustum, nudum. Corollae tubulosae, cylindraceae, brevissime quinquedentatae, dentibus extus glanduliferis. Antherae apice appendiculatae. Stigmata teretia, inclusa v. subexserta. Achenia subcylindracea, glabra. Pappus uniserialis, setis breviter barbellato-plumosis. — *Suffrutices mexicani, erecti, ramosissimi; foliis alternis, integerrimis v. dentatis, linearibus aut oblongis, uninerviis, capitulis in panicalam spicaeformem v. corymbosam dispositis, floribus albis.*

Clavigera DC. *Prodr. V. 127.*

2270. Liatris *SCHREB.* Capitulum quinque-multiflorum, homogamum. Involucrum pauciseriale, imbricatum. Receptaculum nudum. Corollae tubulosae, fauce ampliata, limbi quinquelobi lobis elongatis. Stigmata exserta, cylindracea. Achenia subdecemcostata, subcylindracea. Pappus uni-triserialis, setis plumosis v. barbellatis. — *Herbae v. rarius frutices, in America boreali indigenae; radicibus tuberosis, resinosis, caulibus elongatis, simplicibus, foliis alternis, integerrimis v. in paucissimis dentatis, capitulis spicatis, racemosis, paniculatis v. corymbosis, corollis purpureis, roseis, rariusve variantibus albis.*

Liatris Schreber *gen. n. 1263.* Nuttall *gen. II. 131.* Lessing *Synops. 157.* DC. *Prodr. V. 128.* non Don. Anonymos Walter *carolin. 196.*

a. EULIATRIS *DC.* Pappus uniserialis, longe plumosus. — *Herbae, radice globoso-tuberosa, deorsum vix subfibrillosa, caulibus simplicibus, capitulis spicatis v. simpliciter racemosis.*

Euliatris DC. *Prodr. V. 128.* Liatris Cassini *in Dict. sc. nat. XXVI. 235.* Serratulae sp. Linn. Eupatorii sp. Vent. *Cels. t. 79.* (Sweet *Fl. Gard. t. 44.* Hooker *Flor. Bor. Amer. t. 105.*)

b. SUPRAGO *Gärtn.* Pappus uni-triserialis, setis dense sed breviter barbellatis. — *Herbae, radice globoso-tuberosa, deorsum vix subfibrillosa, caulibus simplicibus, capitulis spicatis v. racemosis.*

Suprago Gärtn. *II. 402. t. 167.* excl. sp. Cassini *in Dict. sc. nat. LI. 385.* DC. *Prodr. V. 129.* Serratulae sp. Linn. (Andr. *Bot. Reposit. t. 401.* Bot. Mag. *t. 1411. 1709.* Bot. Reg. *t. 393.* Sweet *Fl. Gard. t. 49. 87.*)

c. TRILISA *Cass.* Pappus uni-triserialis, setis breviter et remote barbellatis. — *Herbae v. suffrutices, radicibus e trunco subfibroso tuberosis, capitulis corymbosis v. paniculatis.*

Trilisa Cassini *in Dict. sc. nat. LV. 310.* DC. *Prodr. V. 131.* (Andr. *Bot. Reposit. t. 633.*)

2271. Carphephorus *CASS.* Capitulum multiflorum, homogamum. Involucri squamae triseriales, imbricatae, adpressae. Receptaculum paleaceum, paleis involucri squamas referentibus, flore brevioribus, deciduis. Corollae tubulosae, quinquefidae. Stigmata clavata, obtusa. Achenia cylindracea v. decemcostata, basi attenuata. Pappus uni-pluriserialis, setis crassis, plumosis, v. grosse et irregulariter barbellatis. — *Herbae perennes, in Asia boreali* *et media indigenae; caule simplici, foliis alternis, linearibus v. lanceolatis, integerrimis v. dentatis, capitulis corymbosis aut racemosis, corollis purpureis.*

Carphephorus Cassini *in Bullet. soc. philomat. 1816. p. 198. Dict. sc. nat. VII. 149.* Lessing *Synops. 158.* DC. *Prodr. V. 132.*

2272. Decachaeta *DC.* Capitulum vigintiflorum, homogamum. Involucri ovati, imbricati squamae tri-quadriseriales, substriatae, caducae, exteriores ovatae, interiores oblongae, obtusiusculae. Receptaculum subconvexum, paleis linearibus, caducissimis inter flores onustum. Corollae tubulosae, glabrae, quinquefidae. Stigmata clavata, obtusa, longe exserta. Achenia acute pentagona, glabra, areola terminali convexa. Pappus uniserialis, setis decem persistentibus, basi vix scabris, apice subclavellatis. — *Suffruticulus mexicanus, erectus, glaber; ramis teretibus, foliis alternis, subpetiolatis, oblongo-lanceolatis, utrinque acuminatis, serratis, penninerviis, tenuiter reticulatis, thyrso terminali, ramis axillaribus apice capitula racemoso-congesta, sessilia gerentibus.*

Decachaeta DC. *Prodr. V. 133.*

2273. Chromolaena *DC.* Capitulum multiflorum, homogamum. Involucri squamae innumerae, erectae, laxiusculae, imbricatae, oblongae, obtusae, subscariosae, apice coloratae, venis subelevatis, parallelis substriatae. Receptaculum paleis paucis, linearibus, apice coloratis inter flores conspersum. Corollae tubulosae, cylindricae, limbo quinquefido. Antherae in appendicem ovatam, subpetaloideam, coloratam desinentes. Stigmata crassa, elongata, glandulosa. Achenia pentagona, basi attenuata, glaberrima. Pappus uniserialis, setosus, scaber. — *Herba brasiliensis, perennis, tota exceptis capitulis hirsuto-tomentosa; radicibus fibrosis, caule tereti, basi simplici, apice parce opposite ramoso, foliis oppositis, lanceolatis, breviter petiolatis, basi integerrimis, a medio ad apicem dentato-serratis, capitulis cymosis ad apicem caulium, medio subsessili praecociore, ramis ex hujus basi ortis mono- v. oligocephalis, involucris lacte roseo-violaceis, forma capitula Humuli Lupuli, colore bracteas Salviae Hormini referentibus.*

Chromolaena DC. *Prodr. V. 133.*

2274. Ooclinium *DC.* Capitulum multiflorum, homogamum. Involucri squamae bi-pluriseriatae, imbricatae, deciduae. Receptaculum nudum, involucro delapso oviforme. Corollae tubulosae, fauce vix dilatata, limbo quinquefido. Antherae inclusae. Stigmata cylindracea, obtusa, exserta. Achenia angulata, glabra. Pappus uniserialis, setosus, scaber. — *Herbae americanae tropicae, suffruticosae, rarissime annuae; foliis oppositis, dentatis v. integerrimis, pedunculis saepius elongatis, monocephalis, corollis purpureis.*

Ooclinium DC. *Prodr. V. 133.* Eupatorium rigidum Swartz. — ? Praxelis Cassini *in Dict. sc. nat. X. 261.*

2275. Conoclinium *DC.* Capitulum multiflorum, homogamum. Involucri campanulati squamae bi-triseriales, lineares, acutae, subaequales. Receptaculum nudum, conicum. Corollae tubulosae, fauce vix dilatata, limbo quinquefido. Antherae inclusae. Stigmata cylindracea, obtusa, exserta. Achenia angulata, glabra. Pappus uniserialis, pilosus, scaber. — *Herbae v. suffrutices, in America tropica et boreali provenientes; caulibus teretibus, striatis, foliis oppositis, petiolatis, dentatis, corymbis terminalibus confertis, corollis caeruleis v. purpureis.*

Conoclinium DC. *Prodr. V. 135.* Eupatorii sp. Linn. et Auct.

2276. Hebeclinium *DC.* Capitulum multiflorum, homogamum. Involucri campanulati squamae pluriseriales, laxe subimbricatae, saepe in appendicem subcoloratam productae. Receptaculum elevatum, superne plano-convexum, pube brevi conferta hirtum, fere piloso-fimbrilliferum. Corollae tubulosae, fauce vix dilatata, limbo quinquefido. Antherae inclusae. Stigmata cylindracea, obtusa, exserta. Achenia angulata. Pappus uniserialis, piloso-scaber. — *Herbae americanae tropicae, pubescentes; caulibus teretibus, foliis oppositis, petiolatis, cordatis, acuminatis, dentatis, corymbis terminalibus compositis, confertis, corollis albis v. roseis.*

Hebeclinium DC. *Prodr. V. 136.*

a. AMBLYLEPIS. Involucri squamae exappendiculatae. Eupatorium macrophyllum Linn.

b. UROLEPIS *DC.* Involucri squamae omnes v. pleraeque in appendicem subcoloratam productae. Urolepis DC. *Prodr. V. 136.*

2277. Campyloclinium *DC.* Capitulum multiflorum, homogamum. Involucri campanulati squamae bi-triseriales, inaequales, exteriores ovales, interiores angustiores. Receptaculum convexum, hemisphaericum, nudum. Corollae tubulosae, fauce vix dilatata, limbo quinquefido. Antherae inclusae. Stigmata cylindracea, obtusa, exserta. Achenia angulata, glabra. Pappus uniserialis, piloso-scaber. — *Herbae, rarius suffrutices, in America tropica provenientes, pilosi; foliis oppositis, petiolatis, integerrimis v. dentatis, capitulis pedicellatis, in corymbum panicalatum dispositis aut solitariis, corollis purpurascentibus aut albidis.*

Campyloclinium DC. *Prodr. V. 136.* Eupatorii sp. Auct. Smith *Ic. inedit. III. t. 68.*

2278. Bulbostylis *DC.* Capitulum decem-vigintiquinqueflorum, homogamum. Involucri squamae bi-triseriatae, laxe imbricatae, lineari-lanceolatae, acuminatae, striatae. Receptaculum planum, angustum, nudum. Corollae tubulosae, basi dilatatae, limbo brevissime quinquedentato. Antherae inclusae. Stylus basi bulbosus; stigmata cylindracea, obtusa, exserta. Achenia teretiuscula, striata, sessilia. Pappus uniserialis, setosus, scaber. — *Suffrutices mexicani; ramis teretibus, foliis oppositis v. superioribus alternis, petiolatis, lanceolatis v. ovatis, serratis, glabris v. puberulis, subtus saepe glandulosis, nec pellucido-punctatis, paniculis subthyrsoideis, foliosis, capitulis oblongis.*

Bulbostylis DC. *Prodr. V. 138.* Coleosanthus Cassini *in Dict. sc. nat. X. 37.* excl. sp. Eupatorii sp. Auct. Cavanill. *Ic. t. 98.* Kunth *in Humb. et Bonpl. Nov. gen. et sp. t. 441.*

2279. Critonia *P. BROWN.* Capitulum tri-quinqueflorum, homogamum. Involucri oblongi, bi-triserialis squamae imbricatae, oblongae, striatae, obtusae. Receptaculum angustum, nudum. Corollae tubulosae, fauce vix dilatata, limbo quinquefido. Antherae inclusae. Stylus basi aequalis; stigmata cylindracea, obtusa, exserta. Achenia acute pentagona, basi attenuato-stipitata, inter angulos hispidula v. glandulifera. Pappus uniserialis, setosus, scaber. — *Frutices antillani et mexicani, glabri, elegantes; ra-*

mis teretibus, striatis, foliis oppositis, petiolatis, ovalibus, utrinque acuminatis, subserratis, membranaceis, punctatis, glanduloso-pellucidis, perforatis, contritis suaveolentibus, corymbis compositis, capitulis stramineis, ad apices ramorum corymbi congestis.

Critonia P. Browne *Jam. 490. t. 34. f. 1.* DC. *Prodr. V. 140.* non Gärtn. nec Cass. Dalea P. Browne *Jam. 314.* non Linn. Wikströmia Spreng. *syst. III 434.* non Alior. Eupatorium Dalea Linn. Jacq. *Hort. Schönbr. t. 146.*

2280. Eupatorium *TOURN.* Capitulum tri-multiflorum, homogamum. Involucri oblongi, bi-triserialis squamae aequales v. inaequales, laxe v. plus minus arcte imbricatae. Receptaculum planum, nudum. Corollae tubulosae, fauce vix dilatata, limbo quinquefido. Antherae inclusae. Stigmata exserta, cylindracea, obtusa. Achenia angulata v. striata. Pappus uniserialis, pilosus, scaber. — *Herbae v. suffrutices, in regionibus extratropicis rarissimae, inter tropicos veteris orbis rarae, in America copiosissimae; foliis saepius oppositis, rarius alternis v verticillatis, integerrimis v. dentatis aut incisis, capitulis saepius corymbosis v. paniculatis, corollis cyanicis.*

Eupatorium Tournefort *inst. 455.* Linn. *gen. n. 935.* Gärtn. *II. 401. t. 166.* Smith *Ic. inedit. III. t. 67. 69.* Vahl *symb. III. t. 72. 73.* Aublet *Guian. t. 314.* Jacq. *Ic. rar. t. 170. Hort. Vindob. t. 164.* Willd. *Hort. Berol. t 32.* Vent. *Malm. t. 3.* Fl. dan. *t. 745.* E. B. *t. 478.* Kunth *in Humb. et Bonpl. Nov. gen. et sp. t. 340. 342—345. 347. 349.* Schrank *Hort. Monac. t. 85.* Cassini *in Dict. sc. nat. XVI. 2. XXV. 432. XXVI. 228.* Lessing *Synops. 157.* DC. *Prodr. V. 141.* Tragantha Wallr. *msc.*

2281. Nothites *CASS.* Capitulum quinqueflorum, homogamum. Involucri oblongi, pentaphylli squamae uniseriatae, erectae, oblongolanceolatae. Receptaculum angustum, nudum. Corollae tubo brevi, fauce elongata, angusta, limbo quinquefido. Antherae subinclusae, appendicibus obtusiusculis. Stigmata exserta, cylindracea, obtusa. Achenia subpentagona, hispidiuscula. Pappi setae denae-vicenae, uniseriales, filiformes, apice barbellatae, basi membrana angustissima marginatae. — *Herbae americanae tropicae; foliis oppositis v. rarius alternis, ut plurimum sessilibus, dentatis, corymbis terminalibus.*

Nothites Cassini *in Dict. sc. nat. XXXV. 163.* DC. *Prodr. V. 186.* Mikaniae sp. Willd. Eupatorii sp. Lam. Less.

2282. Mikania *WILLD.* Capitulum quadriflorum, homogamum. Involucrum tetraphyllum, basi v. infra basim unibracteatum. Receptaculum angustum, nudum. Corollae tubus brevis, faux dilatata, limbus quinquelobus. Antherae subexsertae. Stigmata exserta, cylindracea, obtusa. Achenia angulata. Pappus uniserialis, pilosus, scabridus. — *Frutices v. herbae, saepissime scandentes, in America tropica copiosissime provenientes, in Madagascaria et Capite bonae spei rarae, in India rarissimae; foliis oppositis, saepius petiolatis, basi coadunatis, interdum ad basim petioli auriculatis, limbo saepius cordato v. ovato, multiformi, capitulis spicatis, racemosis, corymbosis v. paniculatis, corollis albidis v. pallide flavescentibus.*

Mikania Willd. *sp. III. 1452.* Humb. et Bonpl. *Pl. aequinoct. t. 105. 106.* Kunth *in Humb. et Bonpl. Nov. gen. et sp. IV. 134.* Lessing *Synops. 157.* DC. *Prodr. V. 187.* Eupatorii sp. Linn. et Auct. Jacq. *Ic. rar. t. 169.* — ? Cacaliae sp. Flor. Flum. *VIII. t. 53—63.*

2283. Adenostyles *CASS.* Capitulum pauciflorum, homogamum. Involucri cylindracei squamae paucae, uniseriales. Receptaculum angustum, nudum. Corollae tubulosae, limbo campanulato, quinquedentato. Antherae subexsertae; stigmata longe exserta, semicylindracea, undique papilloso-glandulosa. Achenia teretiuscula, striata. Pappus pluriserialis, setis piliformibus, scabris. — *Herbae in Europae mediae et australis montibus et alpibus perennantes; foliis alternis, petiolatis, saepe basi auriculatis, reniformibus, capitulis pedicellatis, in corymbum compositum, nudum dispositis, floribus purpurascentibus v. albidis.*

Adenostyles Cassini *in Dict. sc. nat. I. suppl. 59.* Lessing *Synops. 157.* DC. *Prodr. V. 203.* Cacalia Tournefort *inst. 451.* Gärtn. *t. 266. f. 2.* Jacq. *Flor. austr. t. 234. 235.*

SUBTRIBUS II. TUSSILAGINEAE

Lessing *Synops. 158.* Capitula heterogama v. subdioica.

DIVISIO I. PETASITEAE DC. *Prodr. V. 204.*

Capitula heterogama v. subdioica, corollis femineis tubulosis. — ***Flores albidi v. purpurascentes.***

2284. Homogyne *CASS.* Capitulum multiflorum, subheterogamum, floribus radii uniseriatis femineis discique tubulosis. Involucri cylindracei squamae subuniseriales, oblongo-lineares, acutae, disco paullo breviores. Receptaculum nudum. Corollae radii filiformes, disci tubulosae, quinquefidae. Stigmata floris feminei et hermaphroditi conformia. Achenia oblongo-cylindracea, sulcata, glabra. Pappus pilosus, multiserialis. — *Herbae in Europae montibus perennantes; foliis plerisque radicalibus, petiolatis, cordato-orbiculatis, dentatis v. angulatis, scapo monocephalo, ima basi uni-bifoliato, apice parce squamoso subcoaetaneis, floribus purpurascentibus v. albis.*

Homogyne Cassini *in Dict. sc. nat. XXI. 412.* Lessing *Synops. 158.* DC. *Prodr. V. 204.* Tussilago sylvestris Linn. Jacq. *Fl. austr. t. 246.* Schkuhr *t. 242.* T. discolor Jacq. *op. cit. t. 247.* T. sylvestris Scop. Jacq. *op. cit. append. t. 12.*

2285. Nardosmia *CASS.* Capitula multiflora, subdioica, submascula floribus radii uniseriatis, femineis, ligulatis, disci abortu masculis tubulosis, pluribus; subfeminea floribus radii pluriseriatis, femineis, minutissime ligulatis, disci paucis (1—5) tubulosis. Involucri squamae uniseriales, floribus breviores v. subaequales. Receptaculum nudum, planum. Corollae masculae tubulosae, quinquedentatae, femineae ligula brevissima integerrima. Stigmata ...... Achenia teretiuscula, glabra. Pappus pilosus, florum femineorum brevior, rarior. — *Herbae perennes, in Europa australi, in Asia et America boreali indigenae; foliis radicalibus petiolatis, basi cordatis, dentatis, scapo squamoso in thyrsum fastigiatum desinente subcoaetaneis, floribus purpurascentibus v. albidis.*

Nardosmia Cassini *in Dict. sc. nat. XXXIV. 186.* Lessing *Synops. 159.* Hooker *Flor. Bor. Amer. I. 307.* DC. *Prodr. V. 205.* Tussilaginis sp. Linn. Flor. dan. *t. 61.* Ait. *Hort. kew. t. 11.*

2286. Petasites *TOURNEF.* Capitula multiflora, subdioica, submascula floribus radii uniseriatis paucis (1—5) femineis, discique ovario exovulato masculis tubulosis; subfeminea floribus radii pluriseriatis femineis, discique paucis (1—5) masculis. Involucri subuniserialis, basi saepe bracteolati squamae floribus breviores. Receptaculum nudum, planum. Corollae masculae tubo ad faucem dilatato, limbo quinquedentato, femineae filiformes, limbo truncato. Stigmata .... Achenia cylindracea, glabra. Pappus pilosus, marium multo rarior. — *Herbae perennes, in humidis Europae crescentes; scapo praecoci saepe tomentoso, squamis membranaceis, glabriusculis onusto, in thyrsum polycephalum desinente, foliis serotinis, reniformibus v. cordatis, dentatis, amplis, floribus purpurascentibus v. albidis.*

Petasites Tournefort *inst. 451.* Gärtn. *II. 406. t. 166.* Cassini *in Dict. sc. nat. XXXIX. 199.* Lessing *Synops. 159.* Tussilaginis sp. Linn. Fl. dan. *t. 524. 842.*

2287. Adenocaulon *HOOK.* Capitulum novem-decemflorum, heterogamum, floribus radii uniseriatis femineis, discique masculis tubulosis. Involucri uniseriati foliola plura, demum reflexa. Receptaculum nudum, planum. Corollae tubulosae, limbo quadri-quinquedentato. Stigmata ...... Achenia oblongo-obovata, superne glandulis stipitatis consita. Pappus nullus. — *Herbae perennes, in Americae occidentali, boreali et australi observatae; caule albo-tomentoso, inferne folioso, superne aphyllo, laxe paniculato, glandulis stipitatis consperso, foliis alternis, petiolatis, penninerviis, subtrilobis, angulato-dentatis, v. subrotundo-ellipticis, cordatis, subintegerrimis, supra glabris, subtus tomentosis.*

Adenocaulon Hooker *in Bot. Misc. I. 19. t. 15. Flor. Bor. Amer. I. 308.* Lessing *in Linnaea VI. 107. Synops. 159.* DC. *Prodr. V. 207.*

DIVISIO II. EUTUSSILAGINEAE DC. *Prodr. V. 207.* Capitula heterogama, radiata, floribus radii ligulatis, femineis; disci tubulosis, masculis. — ***Flores lutei, radii rarissime rosei.***

2288. Tussilago *TOURNEF.* Capitulum multiflorum, heterogamum, floribus radii pluriseriatis, ligulatis, femineis, disci paucis, tubulosis, masculis. Involucri subuniserialis squamae oblongae, obtusae. Receptaculum nudum. Corollae radii ligulatae, ligula angustissima, integerrima, disci tubulosae, limbo campanulato, quinquedentato. Stylus disci inclusus, abortivus, radii stigmata teretiuscula. Achenia radii oblongo-cylindracea, glabra, disci abortiva. Pappus radii pluriserialis, disci uniserialis, setis tenuissimis. — *Herba perennis, in argillosis humidiusculis Europae totius, Tauriae, Sibiriae, Persiae et Indiae superioris obvia; rhizomate crassiusculo, hypogaeo, scapo praecoci, monocephalo, tomentoso, squamis alternis, oblongis, adpressis, involucri squamas referentibus onusto, foliis serotinis, petiolatis, cordatis, angulatis, subtus discoloribus, floribus flavis.*

Tussilago Tournefort *inst. 487.* Gärtn. *II. t. 170.* Cassini *in Dict. sc. nat. XXXIV. 190.* excl. sp. Lessing *Synops. 159.* DC. *Prodr. V. 208.* Tussilago Farfara Linn. Flor. dan. *t. 595.* E. B. *t. 429.*

2289. Celmisia *CASS.* Capitulum multiflorum, heterogamum, floribus radii uniseriatis, ligulatis, femineis, disci tubulosis, hermaphroditis. Involucri pluriserialis squamae inaequales, acutae, disco paullo longiores. Receptaculum latum, nudum v. alveolatum. Corollae radii ligulatae, disci tubulosae, quinquedentatae. Achenia oblongo-cylindracea, basi attenuata. Pappus pluriserialis, paleis filiformibus, inaequalibus, barbellatis. — *Herbae Novae Hollandiae; caule erecto, simplici, nudo, monocephalo, foliis radicalibus oblongis, floribus disci luteis, radii roseis.*

Celmisia Cassini *in Dict. sc. nat. XXXVII. 259.* (non VII.) Gaudich. *ad Freyc. 170. t. 91.* DC. *Prodr. V. 209.*

2290. Alciope *DC.* Capitulum multiflorum, heterogamum, floribus radii uniseriatis, ligulatis, antherarum abortu femineis, disci tubulosis, hermaphroditis. Involucri pluriserialis squamae subimbricatae, adpressae. Receptaculum nudum, latum. Corollae radii ligulatae, ligula oblonga, obsolete dentata, disci tubulosae, limbo quinquedentato. Stigmata brevia, obtusa, parce papillosa, glabra, disci et radii subconformia. Achenia oblongo-cylindracea, subobcompressa. Pappus pluriserialis, setis scabridis, ima basi breviter concretis. — *Herbae capenses, suffrutescentes, erectae, ramosae; foliis alternis, petiolatis, integerrimis v. denticulatis, supra glabris, subtus petiolis et involucris cano-lanatis, capitulis ramos terminantibus, flavifloris.*

Alciope DC. *Prodr. V. 209.* Celmisia Cassini *in Dict. sc. nat. VII. 357.* (non XXXVII.) Arnica tabularis, lanata et grandis Thunb. Ligulariae sp. Less.

2291. Brachyglottis *FORST.* Capitulum subdecemflorum, heterogamum, floribus radii uniseriatis, paucis, subligulatis, femineis, disci tubulosis, hermaphroditis (?). Involucri oblongo-cylindrici, extus calyculato-bracteolati squamae lineares, uniseriales. Receptaculum nudum. Corollae radii brevissime ligulatae v. oblique tubulosae, disco fere breviores, disci tubulosae, limbo quinquedentato. Stigmata radii exserta, revoluta, apice clavellata, obtusa, disci abbreviata, subinclusa, abortiva (?). Achenia oblonga, basi non attenuata. Pappus uniserialis, setis densis, scabris, basi in annulum concretis. — *Arbusculae Novae Zeelandiae; foliis alternis, petiolatis, ovalibus v. subrotundis, subtus tomentosis, corymbo paniculato.*

Brachyglottis Forster *Char. gen. 46.* Cassini *in Dict. sc. nat. XLVIII. 464.* DC. *Prodr. V. 210.* Senecionis sp. Less. Cinerariae sp. Willd.

TRIBUS III. ASTEROIDEAE Lessing *Synops. 161.* Capitula heterogama, rarius homogama v. dioica. Corollae pellucidae, staminigerae tubulosae, regulariter dentatae. Pollen globosum, echinulatum. Stylus floris hermaphroditi superne cylindricus; stigmata duo, longiuscula, linearia, extus subplana, saepius subacuminata, rarius obtusa, glandulae stigmaticae angustae, prominulae, usque ad originem pubis externae extensae.

SUBTRIBUS I. ASTERINEAE Nees *Ast. 3.* Capitula homogama v. heterogama, saepius radiata. Receptaculum nudum v. rarius paleaceum. Antherae ecaudatae. — ***Folia in plurimis alterna.***

DIVISIO I. AMELLEAE DC. *Prodr. V. 213.* Capitula heterogama, radiata, rarissime dioica. Receptaculum paleaceum.

SUBDIVISIO I. EUAMELLEAE DC. *Prodr. V. 213.* Capitula heterogama, radiata.

2292. Amellus *CASS.* Capitulum multiflorum, saepius heterogamum, floribus radii subuniseriatis, ligulatis, femineis, disci tubulosis, hermaphroditis, rarius homogamum, discoideum. Involucri ovati squamae pluriseriales, imbricatae, rigidae, acuminatae, interiores sensim in paleas receptaculi abeuntes. Receptaculum subconicum, paleis inter flores confertis. Corollae radii ligulatae, ligula brevi, lanceolata, mox revoluta, disci tubulosae, limbo quinquedentato. Antherae ecaudatae. Stigmata radii linearia, disci apice conico-incrassato hirtula. Achenia cuneiformia, compressa, radii subtetragona, scabra, disci laevia, apice subdentata. Pappus radii paleis brevibus, uniseriatis, disci duplex, exterior paleaceus, pappo radii subconformis, interior quadrisetus, scaber. — *Fruticuli v. herbae capenses; foliis inferioribus oppositis, superioribus alternis, oblongis, integerrimis v. parce dentatis, strigillosis aut canescentibus, pedunculis terminalibus, subsquamulosis, monocephalis, floribus radii caeruleis, disci extus pubescentibus, luteis.*

Amellus Linn. *gen. n. 978*, excl. sp. Lam. *t. 682. f. 1.* Jacq. *Collect. V. t. 10. f. 1.* Cassini *in Dict. sc. nat. VIII. 577. XVI. 210. XXXVII. 463. et 489.* Nees *Ast. 241.* Lessing *Synops. 161.* DC. *Prodr. V. 213.* Buphthalmi et Verbesinae sp. Linn. Asteris sp. Thunb.

2293. Corethrogyne *DC.* Capitulum multiflorum, heterogamum, floribus radii uniseriatis, ligulatis, neutris, disci tubulosis, hermaphroditis. Involucri squamae bi-triseriales, lanceolato-lineares, subaequales. Receptaculum planum, paleis linearibus, apice scabridis inter flores. Corollae radii ligulatae, ligula angusta, disci tubulosae, tubo brevi, fauce cylindrica, limbo brevissime quinquedentato. Antherae ecaudatae. Stigmata exserta, basi linearia, margine glandulosa, apice setas rigidas v. penicilliformes gerentia. Achenia turbinata, dense sericea, villis apicis pappum exteriorem simulantibus. Pappus pluriserialis, setosus, scabridus. — *Herba in California a Douglasio reperta, multicaulis, tota molliter incano-tomentosa; foliis alternis, acutis, inferioribus oblongo-lanceolatis, basi attenuatis, apice serratis, superioribus linearibus, integerrimis, capitulis ad apices ramorum solitariis, involucris parce villosis, radio purpureo, disco flavo, pappo rubente.*

Corethrogyne DC. *Prodr. V. 215.*

2294. Chiliotrichum *CASS.* Capitulum multiflorum, heterogamum, floribus radii uniseriatis, ligulatis, femineis, disci tubulosis, hermaphroditis. Involucri squamae bi-triseriales, imbricatae, oblongae, acutae. Receptaculum convexum, paleis linearibus, apice barbatis inter flores. Corollae radii ligulatae, ligula oblongo-lanceolata, mucronulata, disci tubulosae, quinquedentatae. Antherae ecaudatae. Stigmata disci subulato-linearia, elongata, puberula. Achenia gracilia, cylindracea, angulato-striata. Pappus pluriserialis, setis filiformibus scabridis, inaequalibus, persistentibus. — *Frutex parvus, ramosus, in America antarctica indigenus; foliis alternis, sessilibus, coriaceis, integerrimis, margine revolutis, supra glabris, subtus plus minus tomentosis, pedunculis solitariis monocephalis, tomentosis, ligulis albis subtus purpurascentibus, disco flavo.*

Chiliotrichum Cassini *in Bullet. soc. philomat. 1817 p. 69. Dict. sc. nat. IV. suppl. 576. VIII. 576. XXXVII. 463. et 489.* Lessing *Synops. 162.* Nees *Ast. 239.* DC. *Prodr. V. 216.* Tropidolepis Tausch *in Flora 1829. p. 68.* Amellus diffusus Forst.

SUBTRIBUS II. HETEROTHALAMEAE DC. *Prodr. V. 216.* Capitula dioica, masculorum receptaculo nudo, ligulis uniseriatis, femineorum receptaculo paleaceo, ligulis pluriseriatis.

2295. Heterothalamus *LESS.* Capitula multiflora, radiata, dioica. Involucri pluriserialis squamae siccae, lanceolatae, aequales, disco subbreviores. Masc. Receptaculum planum, nudum. Corollae radii ligulatae, uniseriales, minimae, ovario effocto neutrae, disci tubulosae, limbo quinquedentato. Antherae ecaudatae. Stigmata imperfecta. Achenia effocta. Pappus uniseriatus, setis subclavatis, caducis. Fem. Receptaculum conicum, paleis involucri squamas referentibus obsitum. Corollae fere omnes ligulatae, breves, femineae, centrales paucissimae quinquedentatae, masculae? Achenia angulata, glaberrima, basi attenuata. Pappus uniseriatus, setis apice acutis, caducus. — *Frutices in Brasilia australiore indigeni, erecti, glaberrimi; foliis alternis, lineari- v. oblongo-acutis, integerrimis v. serrutis, capitulis subglobosis, masculis corymbosis, parvis, femineis in axillis ramorum sterilium breviter pedunculatis, duplo majoribus, corollis utriusque sexus flavis.*

Heterothalamus Lessing *in Linnaea V. 145. VI. 505. Synops. 295.* DC. *Prodr. V. 216.*

DIVISIO II. ASTEREAE DC. *Prodr. V. 217.* Capitula heterogama, radiata. Receptaculum epaleatum, nunc nudum, nunc alveolatum v. fimbrilliferum.

SUBDIVISIO I. EUASTEREAE DC. *Prodr. V. 217.* Ligulae uniseriales. Achenia compresso-plana. Pappus radii et disci conformis, pilosus, uni-pluriserialis.

2296. Mairia *DC.* Capitulum multiflorum, heterogamum, floribus radii uniseriatis, ligulatis, femineis, disci tubulosis, hermaphroditis v. ovario efucto masculis. Involucri bi-quadriserialis squamae imbricatae, margine membranaceae. Receptaculum nudum, subalveolatum. Corollae radii ligulatae, ligula elliptica, apice tridentata, disci tubulosae, limbo quinquedentato. Antherae ecaudatae. Achenia plano-compressa, erostria, glabra v. parce pilosa. Pappus in radio et disco conformis, uniserialis, setis plumosis. — *Herbae rhizomate suffrutescente v. suffrutices, e Capite bonae spei; foliis alternis, oblongo-obovatis aut linearibus, rigidulis, integerrimis v. dentatis, ramis caulibusve apice nudis, capitula solitaria gerentibus, floribus disci luteis, radii albis.*

Mairia DC. *Prodr. V. 217.*

a. PTEROPAPPUS *Less.* Flores radii filamentis sterilibus interdum instructi, disci hermaphroditi. — *Herbae rhizomate sublignoso.*

Pteropappus Asteris sect. Lessing *Synops. 166.* Mairia Nees *Ast. 248.* Arnicae sp. Thunb. Loddig. *Bot. Cab. t. 901.* Gerberae sp. Bot. Reg. *t. 855.*

b. ZYRPHELIS *Cass.* Flores radii absque filamentis sterilibus, disci stylo rudimentario masculi. — *Acaules v. fruticosi caulescentes.*

Zyrphelis Cassini *in Annal. sc. nat. XVII. 420. Dict. sc. nat. LX. 597.* Nees *Ast. 259.* Zyrphelis Elphegeae sect. Less.

2297. Felicia *DC.* Capitulum multiflorum, heterogamum, floribus radii uniseriatis, ligulatis, femineis, disci tubulosis, hermaphroditis v. interdum ovario efocto masculis. **Involucri** bi-quadriserialis squamae imbricatae, angustae, adpressae. **Receptaculum** nudum, areolatum. **Corollae radii** ligulatae, ligula elliptica, apice tridentata, **disci** tubulosae, limbo quinquedentato. **Antherae** ecaudatae. **Achenia** compressa, glabra v. pubescentia. **Pappus** in radio et disco conformis, uniserialis, brevis, caducus, setis filiformibus, flexuosis, serrulatis. — *Herbae v. frutices capenses; caulibus ramosis, foliis alternis, angustis, crassiusculis, ramis monocephalis saepe fastigiatis, disco luteo, radio albo v. caeruleo.*

Felicia DC. *Prodr. V.* 218.

a. HEBECARPAEA *DC.* Achenia pilosiuscula v. subhirtella.

Hebecarpaea DC. *Prodr. V. 219.* Felicia Cassini *in Bullet. soc. philomat. 1818. p. 165. Dict. sc. nat. XXXVII. 464. et 490. LVI 172.* Nees *Ast. 207.* Polylepis sect. Asteris Lessing *Synops. 173.* excl. sp. Asteris sp. Linn. Bot. Mag. *t. 33.*

b. ANHEBECARPAEA *DC.* Achenia glaberrima.

Anhebecarpaea DC. *Prodr. V. 221.* Polyarrhena Cassini *ll. cc.* Nees *Ast. 205.* Polyarrhena Elphegeae sect. Lessing *Synops. 184.* Feliciae sp. Nees. Polylepidis sp. Less. Asteris sp. Linn. Andr. *Bot. Reposit. t. 93.* Bot. Mag. *t. 884.*

2298. Munychia *CASS.* **Capitulum** multiflorum, heterogamum, floribus radii uniseriatis, ligulatis, femineis, disci tubulosis, hermaphroditis v. abortu masculis. **Involucri** subtriseriati squamae imbricatae, adpressae. **Receptaculum** nudum. **Corollae radii** ligulatae, ligula brevi, **disci** tubulosae, limbo quinquedentato. **Antherae** ecaudatae. **Stigmata** filiformia, elongata. **Achenia** subcompressa, hirtella. **Pappus** in radio et disco conformis, setis pilosis, subserrulatis, uniserialibus, brevibus, caducis. — *Herbae capenses, diffuse ramosae, pilosiusculae; foliis oppositis, petiolatis, ovatis, papyraceis, parce et grosse dentatis, pedunculis terminalibus et axillaribus, aphyllis, elongatis, capitulis solitariis, disco flavo, radio albo, acheniis nigricantibus, pappo candidissimo.*

Munychia Cassini *in Dict. sc. nat. XXXVII. 462. et 483.* DC. *Prodr. V.* 222. Feliciae subgen. Asteris Lessing *Synops. 181.* non Alior. Feliciae sp. Cassini *op. cit. XXV. 97.* Asteris sp. Linn. et Thunb. Cineraria hirsuta Vent. *Malm. t. 95.*

2299. Agathea *CASS.* **Capitulum** multiflorum, heterogamum, floribus radii uniseriatis, ligulatis, femineis, disci tubulosis, hermaphroditis v. abortu masculis. **Involucri** campanulati, uni-biseriati squamae adpressae, complicato-carinatae, subherbaceo-rigidulae. **Receptaculum** planum, nudum, vix alveolatum. **Corollae radii** ligulatae, ligula lineari-lanceolata, integerrima v. minutissime tridentata, **disci** tubulosae, limbo quinquedentato. **Antherae** ecaudatae. **Achenia** plano-compressa, nervo tumidulo marginata, pilis rigidis scabra, rarissime laevia, sterilia glabra. **Pappus** in disco et radio conformis, setis caducis v. persistentibus, serrato-scabris. — *Herbae v. suffrutices, e Capite bonae spei; foliis omnibus v. saltem infimis oppositis, integerrimis v. parce dentatis, hispidulis aut rarius glabris, pedunculis nudis, monocephalis, disco luteo, radio caeruleo.*

Agathaea Cassini *in Bulletin soc. philomat. 1815. p. 175. Dict. I. suppl. 77. XIII. 116. XXXVII. 463. et 489.* DC. *Prodr. V. 223.*

a. DETRIDIUM *Nees.* Flores disci steriles. Pappus e setis 5—6.

Detridium Nees *Ast. 255.* Detrioides Elphegeae sect Lessing *Synops. 182.*

b. DETRIS *Adans.* Flores disci plerique fertiles Pappus setis 10—15.

Detris Adanson *Fam. II. 131.* Agathaea Nees *Ast. 257.* Detris Asteris sect. Lessing *Synops. 168.* Cinerariae et Asteris sp. Linn. et Auct. Miller *Ic. t. 76. f. 2.*

2300. Bellidiastrum *MICHEL.* **Capitulum** multiflorum, heterogamum, floribus radii uni-biseriatis, ligulatis, femineis, disci tubulosis, hermaphroditis. **Involucri** subcampanulati, uni-biseriati squamae lineares, acutae, subfoliaceae. **Receptaculum** conicum, nudum, punctatum. **Corollae radii** ligulatae, ligula oblongo-elliptica, tridentata, **disci** tubulosae, limbo quinquedentato. **Antherae** ecaudatae. **Achenia** oblonga, subcompressa, hispidula. **Pappus** in disco et radio conformis, uni-biserialis, setis numerosis, flexuosis, scabris. — *Herbae in Europa monticolae; trunco abbreviato, radiciformi, foliis radicalibus petiolatis, obovato-oblongis, dentatis, scapo folia superante, monocephalo, radio albo v. rubescente, disco flavo.*

Bellidiastrum Micheli *Nov. gen. t. 29.* Cassini *in Dict. sc. nat. IV. suppl. 70. XXXVII. 494.* DC. *Prodr. V. 226.* non Vaill. nec Less. Margarita Gaudin *Flor. Helv. V. 335.* Doronicum Bellidiastrum Linn. Jacq. *Flor. Austr. t. 400.* Arnicae sp. Hall. Asteris sp. Scopoli, Less.

2301. Aster *NEES.* **Capitulum** multiflorum, heterogamum, floribus radii uniseriatis, ligulatis, femineis, disci tubulosis, hermaphroditis. **Involucri** pluriserialis squamae laxe imbricatae, apice plus minus herbaceae, interdum foliaceae. **Receptaculum** planum, alveolatum, alveolorum marginibus plus minus dentatis. **Corollae radii** ligulatae, ligula oblongo-elliptica, tridentata v. integerrima, **disci** tubulosae, limbo quinquedentato. **Antherae** ecaudatae. **Achenia** compressa. **Pappus** in disco et radio conformis, pluriserialis, pilosus, persistens, setis scabridis, subinaequilongis. — *Herbae perennes, caulescentes, rarius suffruticosae v. scapigerae, in America boreali copiosissime, parcius in Asia boreali, Europa media et America australi provenientes; foliis alternis, simplicibus, integerrimis v. dentatis, capitulis solitariis v. plurimis, corymbosis aut paniculatis, disco flavo, demum interdum purpurascente, radio albo, caeruleo v. purpureo.*

Aster Nees *Ast. 10.* Lindl. *msc.* DC. *Prodr. V. 226.* Amellus Adanson *Fam. II. 125.* non Linn. Asteris species Linn. et Auct.

a. ALPIGENI Nees *Ast. 24.* Involucri squamae herbaceae, angustae, subaequilongae. Receptaculum nudum, scrobiculatum. Stigmata brevia, triangularia. Achenia saepius hirta. Pappus pauciserialis. Caules mono- v. oligocephali, saepius hirsuti. Capitula majuscula. DC. *Prodr. V.* (Oritrophium sectio Asteris Kunth *in Humb. et Bonpl. Nov. gen. et sp. IV. 91. t. 332. et 332.* bis. Asteris sp. Jacq. *Flor. Austr. t. 88.*)

b. AMELLI Nees *Ast. 39.* Involucri squamae ciliatae, squarrosae, exteriores herbaceae, interiores totae v. apice membranaceae, coloratae. Receptaculum alveolatum, alveolorum marginibus lacero-dentatis. Stigmata apice lanceolata. Achenia hirta v. rarius glabra. Caules rigidi, corymbosi v. racemosi. Folia scabrida, subintegerrima. Capitula ampla. DC. *Prodr. V. 229.* (Gmelin *Sibir. t. 80. f. 1.* Jacq. *Flor. Austr. t. 425.* Bot. Reg. *t. 183. 273. 340. 1527.* Bot. Mag. *t. 2942.*)

c. GENUINI Nees *Ast. 52.* Involucri squamae imbricatae, laxae, margine plus minus membranaceae, parte membranacea basim versus latiore, in arctius imbricatis totam basim occupante. Receptaculum alveolatum, alveolorum marginibus dentatis. Achenia glabra v. puberula. Pappus pluriserialis. Caulis altior, composite corymbosus, racemosus v. paniculatus. DC. *Prodr.*

V. 233. — (Bot. Reg. *t.* 1500. 1509. 1527. 1571. 1597. 1619. 1656. Bot. Mag. *t.* 2995. Loddig. *Bot. Cab. t.* 1636. Colla *Hort. Ripul. t.* 12. Symphyotrichum Nees *Ast.* 135.)

2302. Tripolium *NEES.* Capitulum multiflorum, heterogamum, floribus radii unirarissime biseriatis, ligulatis, femineis, disci tubulosis, hermaphroditis. Involucri squamae secus pedunculum bracteoliformes, sensim imbricatae v. subbiseriatae, interiores longiores, laeves. Receptaculum alveolatum, alveolorum marginibus dentatis. Corollae radii ligulatae, ligula lineari-lanceolata, tridentata, disci tubulosae, limbo quinquedentato. Achenia oblonga, compressa, glabra v. sparsim pilosa, basi setulis cincta. Pappus in disco et radio conformis, pluriserialis, simplex, setis tenuibus, remote denticulatis. — *Herbae subcarnosae, perennes, in paludosis, salsuginosis Europae et Americae totius, imprimis borealis crescentes, glabrae v. ad margines foliorum scabrae; foliis alternis, angustis, integerrimis v. subserratis, capitulis corymbosis, disco flavo, radio albo v. caeruleo.*

Tripolium Nees *Ast.* 152. Lindl. *msc.* DC. *Prodr. V.* 253. Aster Adanson *Fam. II.* 124.

a. TRIPOLIA VERA DC. *l. c.* Involucri subbiserialis squamae omnes obtusae, exteriores breviores. (Asteris sp. Linn. *Flor. dan. t.* 615. E. B. *t.* 87. Jacq. *Hort. Vindob. t.* 8.)

b. OXYTRIPOLIA DC. *l. c.* Involucri pluriserialis squamae imbricatae, interiores v. omnes acuminatae.

2303. Galatella *CASS.* Capitulum multiflorum, heterogamum, floribus radii uniseriatis, ligulatis, neutris, disci tubulosis, hermaphroditis. Involucrum disco brevius, squamis imbricatis, inappendiculatis, exterioribus saepe trinerviis. Receptaculum alveolatum, alveolorum marginibus dentatis. Corollae radii ligulatae, ligula lanceolata, integerrima, disci tubulosae, limbo quinquedentato. Achenia dense hirsuta v. strigoso-sericea. Pappus pluriserialis, setis filiformibus, rigidis, scabridis. — *Herbae perennes, in America et Asia boreali obviae, in Europa rarae; caule simplici, apice corymboso, foliis alternis, integerrimis, oblongis v. linearibus, omnibus basi saltim trinerviis, sessilibus, saepe punctatis, punctis imprimis epigenis, impressis, subglandulosis, disco flavo, radii ligulis distantibus, caeruleis, purpurascentibus v. albidis.*

Galatella Cassini *in Dict. sc. nat. XXXVII.* 463. *et* 488. Nees *Ast.* 158. Lindl. *msc.* DC. *Prodr. V.* 254. Galatea Cassini *in Dict. sc. nat. XVIII.* 56. *Bullet. Soc. philomat.* 1818. *p.* 165. Lessing *Synops.* 187. Asteris sp. Linn. et Auct. Cav. *Ic. t.* 232. Walast. et Kit. *Pl. Hung. t.* 30. 109. Ledebour *Ic. t.* 161.

2304. Turczaninowia *DC.* Capitulum pluriflorum, heterogamum, floribus radii 7—8 uniseriatis, ligulatis, femineis, disci totidem tubulosis, hermaphroditis v. nonnullis abortu masculis. Involucri subbiserialis squamae lineares, obtusiusculae, disco multo breviores. Receptaculum alveolatum. Corollae radii ligulatae, ligula integra, apice obliqua, disci tubulosae, limbo quinquedentato. Antherae ecaudatae. Stigmata radii elongata, disci brevia, inclusa. Achenia compressa, glabra, colorata. Pappus in disco et radio conformis, uniserialis, setosus, setis sericeis, subscabris. — *Herba perennis, in paludosis Dahuriae reperta, simplex, erecta, basi glabra, apice fastigiato-corymbosa, pubescenti-scabrida; foliis alternis, lineari-lanceolatis, integerrimis, acutis, subuninerviis, corymbo composito, fastigiato, polycephalo, disco flavo, radio albo.*

Turczaninowia DC. *Prodr. V* 258.

2305. Calimeris *CASS.* Capitulum multiflorum, heterogamum, floribus radii uniseriatis, ligulatis, femineis, disci tubulosis, hermaphroditis. Involucri bi-quadriserialis squamae subaequales, herbaceae, margine membranaceae, laxe imbricatae. Receptaculum convexum v. conicum, alveolatum, alveolis subquadratis, ad angulos obtuse dentatis. Corollae radii ligulatae, ligula lineari-lanceolata, integerrima, disci tubulosae, limbo quinquedentato. Antherae ecaudatae. Stigmata apice conico-lanceolata, angustiora. Achenia compressa, marginata, hirta. Pappus in disco et radio conformis, subuniserialis, setaceus, inaequalis, scaber. — *Herbae perennes, in Asia media et boreali indigenae; caule angulato, apice corymboso, foliis alternis, integerrimis v. inciso-dentatis, disco flavo, radio albo v. caeruleo.*

Calimeris Cassini *in Dict. sc. nat. XXIV.* 324. *XXXVII.* 464. *et* 491. (sub Kalimeri) Nees *Ast.* 225. DC *Prodr. V.* 258.

2306. Euryblopsis *DC.* Capitulum pluriflorum, heterogamum, floribus radii uniseriatis, ligulatis, femineis, disci tubulosis, hermaphroditis. Involucri pauciserialis squamae imbricatae, lineares, acuminatae. Receptaculum angustum, alveolatum. Corollae radii ligulatae, ligula ...... disci tubulosae, limbo quinquedentato. Antherae ..... Stigmata ..... Achenia elongata, compressa, basi angustata, hispidula. Pappus in disco et radio conformis, uniserialis, multisetus, setis scabridis, acuminatis. — *Herba in Novae Hollandiae ora boreali-orientali ab A. Cunninghamio reperta, glabra, multicaulis; rhizomate crasso, lignoso, caulibus tenuibus, virgatis, parce foliosis, demum frutescentibus, foliis alternis, integerrimis, radicalibus lineari-oblongis, obtusis, caulinis linearibus, subacutis, capitulis ad apices caulium solitariis.*

Euryblopsis DC. *Prodr. V.* 260.

2307. Podocoma *CASS.* Capitulum pluriflorum, heterogamum, floribus radii uni-biseriatis (?) ligulatis, femineis, disci tubulosis, hermaphroditis. Involucrum irregulariter imbricatum, disco brevius. Receptaculum planum, nudum. Corollae radii ligulatae, ligula lineari, disci tubulosae, limbo quinquedentato. Antherae ...... Stigmata ...... Achenia oblonga, compressa, rostrata. Pappus in disco et radio conformis, pilosus, pluriserialis. — *Herbae bonarienses, non satis notae, perennes, multicaules; foliis infimis obovatis, dentatis, pubescentibus, caulinis sparsis, oblongo-lanceolatis, capitulis ramulos terminantibus subcorymbosis, disco flavo, radio albo, pappo rufo.*

Podocoma Cassini *in Bullet. soc. philomat.* 1817. *p.* 137. *Dict. sc. nat. XXXVII.* 462. *et* 484. *XLVIII.* 60. Lessing *Synops.* 187. DC. *Prodr. V.* 261. Erigerontis sp. Poiret.

2308. Asteropsis *LESS.* Capitulum multiflorum, heterogamum, floribus radii uniseriatis, ligulatis, femineis, disci tubulosis, hermaphroditis. Involucrum pauciseriale ...... Receptaculum epaleatum ...... Corollae radii ligulatae, ... disci tubulosae ...... Antherae ...... Stigmata ...... Achenia breviter rostrata ...... Pappus in disco et radio conformis, uniserialis, pilosus. — *Herba brasiliensis, vix nota; foliis alternis, integerrimis, capitulis solitariis.*

Asteropsis Lessing *Synops.* 188. DC. *Prodr. V.* 260.

2309. Arctogeron *DC.* Capitulum multiflorum, heterogamum, floribus radii uniseriatis, ligulatis, femineis, disci tubulosis, hermaphroditis. Involucri triserialis squamae imbricatae, adpressae, lanceolatae, acuminatae, carina virides et puberulae, margine albae, scariosae. Receptaculum angustum, planum, subalveolatum. Corollae radii ligulatae, ligula ovali-oblonga, tridentata, involucro duplo longiore, disci tubulosae, limbo quinquedentato. Antherae ecaudatae. Stigmata disci et radii crassa, brevia. Achenia oblonga, subcompressa, sericeo-villosissima. Pappus in disco et radio conformis, simplex, pluriserialis, persistens, setis subinaequalibus, scabris. — *Herba sibirica, Armeriae facie; rhizomate frutescente, caudiciformi, brevi, multicipite, foliis radicalibus confertis, lineari-subulatis, margine scabro-ciliolatis, caeterum glabris, rigidis, erectis, scapo vix folia superante, hirsuto, monocephalo, disco flavo, radio albo.*

Arctogeron DC. *Prodr. V.* 261. Erigeron gramineum Linn. Lam. *t.* 681. *f.* 4

2310. Sericocarpus *NEES.* Capitulum pauciflorum, heterogamum, floribus radii uniseriatis, ligulatis, femineis, disci tubulosis, hermaphroditis. Involucri multiserialis, ovati v. oblongi squamae imbricatae, latae, basi cartilagineae, enerves, apice herbaceae. Receptaculum alveolatum, alveolorum marginibus saepe lacero-ciliatis. Corollae radii ligulatae, ligula oblonga, latiuscula, subintegerrima, disci tubulosae, limbo quinquedentato. Antherae ecaudatae. Stigmata filiformi-subulata, apice calloso-hirta. Achenia obpyramidata, brevia, dense sericeo-strigosa. Pappus in disco et radio conformis, simplex, pauciserialis, rigidus, scaber. — *Herbae boreali-americanae, perennes; caule apice corymboso, foliis alternis, basi attenuatis, integerrimis, impunctatis, capitulis ad apices ramorum uggregatis, disco flavo, radio albo.*

Sericocarpus Nees *Ast.* 148. DC. *Prodr. V.* 261. Asteris sect. I. Elliot *Carolin. II.* 340. Conyzae sp. Linn.

2311. Machaeranthera *NEES.* Capitulum multiflorum, heterogamum, floribus radii uniseriatis, ligulatis, femineis, disci tubulosis, hermaphroditis. Involucri pluriserialis squamae imbricatae, herbaceae, margine pallidae, apice patulae. Receptaculum nudum (?). Corollae radii ligulatae, ligula lineari, trinervi, apice bidentata, disci tubulosae, limbo quinquedentato. Antherae exsertae, ecaudatae, appendice terminali, cultriformi. Stigmata disci appendice lineari, elongato, sterili. Achenia conica, compressa, strigoso-scabra, pilis pappum exteriorem simulantibus. Pappus pilosus, inaequalis, scaber. — *Herba perennis, in hortis Mexici culta, pilis capitatis pubescens, facie Anthemidis; foliis alternis, pinnatifidis, lobis dentatis, capitulis terminalibus, solitariis, ramo apice nudo pedunculiformi, disco flavo, radio albo v. in planta sicca purpurascente.*

Machaeranthera Nees *Ast.* 224. DC. *Prodr. V.* 262. Aster tanacetifolius Humb. et Bonpl.

2312. Tetramolopium *NEES.* Capitulum multiflorum, heterogamum, floribus radii uniseriatis, ligulatis, femineis, disci tubulosis, hermaphroditis v. neutris (?). Involucri pauciserialis squamae imbricatae, angustae. Receptaculum nudum, punctatum. Corollae radii ligulatae, ligula anguste lineari, disci tubulosae, limbo quinquedentato. Antherae ecaudatae. Stigmata subulata, papilloso-hirta. Achenia quadrinervia, radii compressa, cuneiformia, disci lineari-tetragona. Pappus in disco et radio conformis, uniserialis, setis capillaribus serrulato-scabris. — *Herba sandwicensis, Globulariae habitu; foliis confertis, spathulatis, integerrimis, pubescenti-scabris, margine setuloso-ciliatis, ramis apice nudis, monocephalis, radio albo, disco luteo.*

Tetramolopium Nees *Ast.* 202. excl. sp. DC. *Prodr. V.* 262. excl. sect. 2. Aster tenerrimus Lessing.

2313. Henricia *CASS.* Capitulum multiflorum, heterogamum, floribus radii paucis, uniseriatis, ligulatis, femineis, disci tubulosis, hermaphroditis. Involucri hemisphaerici, biserialis, discum aequantis squamae adpressae, aequilongae, exteriores foliaceae, ovali-acutae, interiores scariosae, obtusae. Receptaculum convexum, nudum. Corollae radii ligulatae, ligula, ... disci tubulosae, limbo quinquedentato. Antherae ...... Stigmata ...... Achenia cylindracea, pilosiuscula. Pappus in disco et radio conformis, setosus, scabridus. — *Suffrutex madagascariensis, ramosus, non satis notus; foliis alternis, breviter petiolatis, ovato-lanceolatis, serratis, rigidis, utrinque setuloso-scabris, corymbo aphyllo, oligocephalo, pedicellis pilosis, involucris subhispidis, disco flavo, radio albo.*

Henricia Cassini *in Bullet. soc. philomat.* 1817. *p.* 11. 1818. *p.* 123. *Dict. sc. nat.* XX. 567. XXXVII. 491. Nees *Ast.* 219. DC. *Prodr. V.* 262.

2314. Döllingeria *NEES.* Capitulum multiflorum, heterogamum, floribus radii paucis, ligulatis, femineis, disci tubulosis, hermaphroditis. Involucri campanulati, disco brevioris squamae pluriseriatae, imbricatae. Receptaculum planum, subalveolatum. Corollae radii ligulatae, ligula late elliptica, emarginata, disci tubulosae, limbo quinquedentato. Antherae ecaudatae. Stigmata disci brevia, obtusa, extus subhispida. Achenia angulata. Pappus in disco et radio conformis, pilosus, setis scabridis, aliis filiformibus, aliis apice incrassato-clavellatis. — *Herbae in Japonia et China indigenae, rhizocarpicae, habitu Asterum; foliis alternis, serratis v. integerrimis, radio albo, disco luteo.*

Döllingeria Nees *Ast.* 177. excl. sp. pl. DC. *Prodr. V.* 263. Aster scaber Thunb.

2315. Heleastrum *DC.* Capitulum multiflorum, heterogamum, floribus radii ligulatis, femineis, disci tubulosis, hermaphroditis. Involucri campanulati, disco brevioris squamae pluriseriatae, laxe imbricatae, acuminatae, apice foliaceae, squarrosae. Receptaculum alveolatum, alveolorum marginibus exsertis, acute dentatis. Corollae radii ligulatae, ligula oblongo-elliptica, disci tubulosae, limbo quinquedentato. Stigmata elongata, acuminatissima, dorso hispida. Achenia oblonga, angulata, utrinque attenuata, glabra. Pappus in disco et radio conformis, biserialis, setis aequilongis, aliis filiformibus, aliis apice subclavellato-ensatis. — *Herbae boreali-americanae, perennes; caulibus simplicissimis, foliis alternis, elongatis, acuminatis, integerrimis, radio albo v. caeruleo, disco flavo.*

Heleastrum DC. *Prodr. V.* 263. Döllingeriae sp. Nees. Asteris sp. Auct.

2316. Biotia *DC.* Capitulum multiflorum, heterogamum, floribus radii ligulatis, femineis, disci tubulosis, hermaphroditis. Involucri ovati, pluriserialis squamae arcte imbricatae, adpressae, non appendiculatae, interiores sensim longiores, angustiores. Receptaculum alveolatum, alveolorum marginibus obtuse dentatis. Corollae radii ligulatae, ligula lanceolata, bidentata v. integerrima, disci tubulosae, limbo quinquedentato. Antherae ecaudatae. Stigmata disci hispida, acuminata, retorta. Achenia elongata, tricostata, glabra v. pubescenti-scabrida. Pappus in disco et radio conformis, setis rigidulis, filiformibus, scabridis, subinaequalibus. — *Herbae boreali-americanae, rhizocarpicae, Asteris facie; caulibus erectis, apice corymbosis, foliis alternis, serratis, radicalibus amplis, petiolatis, caulinis alato-petiolatis, ovatis v. oblongis, radio pallido, disco flavo.*

Biotia DC. *Prodr. V.* 264. Eurybiae genuinae Nees *Ast.* 137. Eurybiae sp. Cass. *in Dict. sc. nat. XXXVII.* Asteris sp. Auct. Bot. Reg. *t.* 1532.

2317. Eurybia *CASS.* Capitulum pluriflorum, heterogamum, floribus radii ligulatis, femineis, disci tubulosis, hermaphroditis. Involucri oblongi, pluriserialis squamae imbricatae, chartaceo-membranaceae. Receptaculum parvum, planum v. subconvexum, alveolatum. Corollae radii ligulatae, ligula lineari-lanceolata, subintegerrima, disci tubulosae, limbo quinquedentato. Antherae ecandatae. Stigmata radii elongata, erecta, obtusa, vix hispidula. Achenia obovata v. oblongo-cylindracea, striato-angulata v. angulato-alata, glabra v. apice puberula. Pappus in disco et radio conformis, uniserialis, setis imprimis ad apicem scabris, aequalibus, interdum superne incrassatis. — *Frutices Novae Hollandiae et Novae Zeelandiae; foliis alternis v. rarissime oppositis, coriaceis, petiolatis v. sessilibus, integerrimis, dentatis aut sinuatis, saepe subtus tomentosis, radio albo, violaceo v. carneo, disco flavo.*

Eurybia Cassini *in Bullet. soc. philomat. 1818. p.* 166. *Dict. sc. nat. XVI.* 486. DC. *Prodr. V.* 265.

a. BRACHYGLOSSA *DC.* Ligulae stigmatibus breviores.

Brachyglossa DC. *Prodr. V.* 265.

b. ARGOPHYLLAEA *DC.* Ligulae stigmata longe superantes. Achenia subcylindracea.

Argophyllaea DC. *Prodr. V.* 266. Eurybiae heteroclitae Nees *Ast.* 144. Asteris sp. Labillard *Nov. Holl. t.* 201—203. Bot. Mag. *t.* 1509. 1563.

c. SPONGOTRICHUM *Nees.* Ligulae stigmatibus longiores. Achenia conoideo-tetragona, scabra.

Spongotrichum Nees *Ast.* 176. DC. *Prodr. V.* 269. Asteris sp. Labillard. *Nov. Holl. t.* 197—200.

SUBDIVISIO II. DIPLOPAPPEAE DC. *Prodr. V.* 271. Radius uniserialis. Pappus in disco et radio conformis, duplex, exterior squamosus, interior pilosus.

2318. Olearia *MÖNCH.* Capitulum multiflorum, heterogamum, floribus radii uniseriatis, ligulatis, femineis, disci tubulosis, hermaphroditis. Involucri imbricati squamae primum adpressae, demum patentes. Receptaculum alveolatum, planum, pedunculi apice cavo, obconico. Corollae radii ligulatae, disci tubulosae, quinquedentatae. Stamina radii abortiva, disci filamentis brevissimis. Stigmata disci cochleariformia. Achenia cylindraceo-tetragona, villosa. Pappus in disco et radio conformis, duplex, exterior brevis, paleaceo-setosus, interior setosus, longus, scaber. — *Frutices Novae Hollandiae, Eurybiae facie; foliis alternis, petiolatis, ovatis, repandis v. obtuse dentatis aut integerrimis, supra sparse villosis, subtus ramisque dense tomentosis, pedunculis ad apices ramorum solitariis v. paucis, rigidis, monocephalis, disco flavo, radio albo v. carnea.*

Olearia Mönch *Meth. suppl.* 254. Nees *Ast.* 184. DC. *Prodr. V.* 271. Haxtonia Hort. Diplostephia eurybioidea Nees *Ast.* 193. Diplopappi sp. Lessing. Asteris sp. Labillard. *Nov. Holl. t.* 195. 196. Schrader *Sert. Hannov. t.* 24. Andr. *Bot. Reposit. t.* 61.

2319. Diplostephium *CASS.* Capitulum multiflorum, heterogamum, floribus radii uniseriatis, ligulatis, femineis, disci tubulosis, hermaphroditis. Involucri subcylindracei, disco brevioris squamae pauciseriatae, imbricatae, adpressae, coriaceae, margine membranaceae. Receptaculum planum, alveolatum, alveolorum marginibus dentatis. Corollae radii ligulatae, disci tubulosae, limbo quinquedentato. Antherae inclusae. Stigmata subulata, hispida. Achenia elongata, angulata, hispidula. Pappus in disco et radio conformis, duplex, exterior setulosus, brevis, interior elongatus, filiformis aut apice clavellatus, scaber. — *Herbae perennes v. frutices Americani, Asterum habitu; foliis alternis, disco flavo, radio albo v. caeruleo.*

Diplostephium Cassini *Dict. sc. nat. XXXVII.* 486. DC. *Prodr. V.* 272.

a. EUDIPLOSTEPHIUM *DC.* Pappi interioris setae apice clavellatae. — *Herbae boreali-americanae, rhizocarpicae.*

Eudiplostephium DC. *Prodr. V.* 272. Döllingeriae sp. Nees. Asteris sp. Auct. Bot. Reg. *t.* 1517. Bot. Mag. *t.* 2707.

b. AMPHISTEPHIUM *DC.* Pappi interioris setae filiformes. — *Frutices mexicani, foliis linearibus.*

Amphistephium DC. *Prodr. V.* 273. Diplostephium Kunth *in Humb. et Bonpl. Nov. gen. et sp. IV.* 97. *t.* 335.

2320. Callistephus *CASS.* Capitulum multiflorum, heterogamum, floribus radii uniseriatis, ligulatis, femineis, disci tubulosis, hermaphroditis. Involucri bracteis foliaceis brevibus cincti squamae tri-quadriseriales, patentes, ciliatae, obtusae. Receptaculum latum, subconvexum, breviter alveolatum. Corollae radii ligulatae, ligula late lanceolata, disci tubulosae, hermaphroditae. Antherae ecaudatae. Stigmata disci apice ovata. Achenia obovato-cuneiformia, compressa. Pappus in disco et radio conformis, duplex, uterque uniserialis, exterior paleaceo-setaceus, setis in coronam subconcretis, interior setis longis, filiformibus, scabris, deciduis. — *Herba chinensis, annua, erecta, ramosa; foliis alternis sessilibus, grosse dentatis, subciliatis, ramis elongatis, monocephalis, capitulis amplis, in planta passim culta floribus aut omnibus ligulatis v. omnibus tubuloso-ampliatis plenis, disco flavo, ligulis tubulisve ampliatis omnes serici cyanicae colores ludentibus.*

Callistephus Cassini *in Dict. sc. nat. XXXVII.* 464. *et* 491. Nees *Ast.* 221. DC. *Prodr. V.* 274. Callistemma Cassini *in Bullet. soc. philomat. 1817. p.* 38. *Dict. sc. nat. VI. suppl.* 45. *Opusc. phyt. t.* 7. Aster chinensis Linn. Diplopappi sp. Lessing. — ?Polon DC. *in Guillem. Archiv. Bot. II.* 514. *et in Wight Contrib.* 10.

2321. Diplopappus *DC.* Capitulum multiflorum, heterogamum, floribus radii uniseriatis, ligulatis, femineis, disci tubulosis, hermaphroditis. Involucri pluriserialis squamae imbricatae. Receptaculum planum, subfoveolatum. Corollae radii ligulatae, disci tubulosae, limbo regulariter quinquedentato. Antherae ecaudatae. Stigmata ..... Achenia oblonga, compressa. Pappus in disco et radio conformis, duplex, scabridus, exterior brevis, setulosus, interior longus, setosus. — *Herbae v. frutices capenses, indici, caucasici, boreali-americani, habitu vario, charactere artificiali in genus conjuncti.*

Diplopappus DC. *Prodr. V. 275.* Diplopappi sp. Cassini *in Dict. sc. nat. XIII. 308.* Lessing *Synops. 163.* Diplostephii sp. Nees.

a. PEDUNCULARES *DC. l. c.* Involucri imbricati squamae adpressae, linea dorsali elevata, glandulis 1—2 secus lineam donatis, margine subscariosis. — *Frutices capenses; foliis integerrimis, uninerviis, glanduloso-punctatis, glabris.*

Diplostephia peduncularia Nees *Ast. 193.* Asteris sp. Linn. Jacq. *Fragm. t. 5. f. 4.* Vent. *Malm. t. 82.* Bot. Mag. *t. 2286. 2718.*

b. CALIMERIDEI *DC. l. c.* Involucri pauciserialis squamae vix imbricatae, eglandulosae. — *Herbae capenses, indicae, caucasicae; foliis latis, saepius trinerviis, integerrimis v. dentatis.*

Asteris et Galatellae sp. Nees.

c. AMELLOIDEI *DC. l. c.* Involucri pluriserialis squamae laxe imbricatae, eglandulosae v. glandulosae. — *Suffrutices boreali-americani; foliis linearibus, rigidulis, ciliato-scabris, capitulis subcorymbosis.*

Diplostephia amelloidea Nees *Ast. 199.* Asteris sp. Linn. et Auct. Bot. Reg. *t. 1693.* Bot. Mag. *t. 3382.* Loddig. *Bot. Cab. t. 6.*

Huc, suspicante cl. Decandolle, referendum fortassis genus non satis notum:

ASTEROSPERMA Lessing *Synops. 389.* Capitulum radiatum. Stigmata disci cono brevi, pube adscendente obesso superati. Achenia exalata, erostria, plano-compressa, bicostata. Pappus conformis, biserialis, serie exteriore brevi, interiore longa. — *Fruticulus capensis, ramosissimus, Asteri hyssopifolio similis, hirsuto-canescens; foliis sparsis, linearibus ramis superne aphyllis, monocephalis, disco luteo, radio caeruleo.*

2322. Rhinactina *LESS.* Capitulum multiflorum, heterogamum, floribus radii uniseriatis, ligulatis, femineis, disci tubuloso-bilabiatis, hermaphroditis. Involucri late campanulati squamae subtriseriales, imbricatae, membranaceae. Receptaculum ...... Corollae radii ligulatae, ligula oblongo-elliptica, tridentata, disci tubulosae, limbo a tubo vix distincto, bilabiato, labiis fastigiatis, exteriore quadridentato, interiore angusto, integerrimo. Antherae ecaudatae. Stigmata acutiuscula. Achenia compressiuscula, villosa. Pappus in disco et radio conformis, duplex, serrato-scabridus, serie exteriore brevi, interiore longiore, clavata. — *Herbae sibiricae; rhizomate lignoso perenne; foliis glaucescentibus, pilis brevissimis hirtellis, radicalibus obovatis, in petiolum attenuatis, obtusis v. submucronatis, caulinis alternis, paucis, caule simplici monocephalo, v. parce ramoso oligocephalo, disco flavo, radio caeruleo.*

Rhinactina Lessing *in Linnaea VI. 119. Synops. 162.* DC. *Prodr. V. 278.* Aster obovatus Ledebour *Ic. t. 492.*

2323. Noticastrum *DC.* Capitulum multiflorum, heterogamum, floribus radii uniseriatis, ligulatis, femineis, disci tubulosis, ovario efoeto neutris. Involucri triserialis squamae lineares, acuminatae, extimae breves, intermediae coloratae et intimae subscariosae disco fere longiores. Receptaculum planum, alveolatum. Corollae radii ligulatae, ligula lineari, integerrima, disci tubulosae, limbo aequaliter quinquedentato. Antherae ecaudatae. Stigmata disci et radii elongata, subulata, dorso hispida. Achenia oblongo-linearia, pube sericea villosa, sessilia, subrostrata, radii fertilia, compressa, nervoso-striata, disci angusta, sterilia. Pappus pluriserialis, persistens, setis rigidulis, scabris, extimis paullo brevioribus. — *Herba chilensis, puberulo-glandulosa, rhizomate frutescente perennis: caulibus subsimplicibus, teretibus, adscendentibus, foliis radicalibus in petiolum attenuatis, caulinis sessilibus, subsemiamplexicaulibus, lanceolatis, mucrone calloso apiculatis, integerrimis, capitulis paucis ad apices ramorum solitariis, subcorymbosis, disco flavo, radii ligulis rubentibus, disco duplo longioribus, junioribus convolutis.*

Noticastrum DC. *Prodr. V. 279.*

*

2324. Distasis *DC.* Capitulum multiflorum, heterogamum, floribus radii uniseriatis, ligulatis, femineis, disci tubulosis, hermaphroditis. Involucri bi-triserialis squamae subaequales, lineares, acutae. Receptaculum angustum, breviter alveolatum. Corollae radii ligulatae, ligula .... disci tubulosae, limbo quinquedentato. Antherae ...... Stigmata ..... Achenia subcompressa, hirtella. Pappus duplex, exterioris paleis quatuor v. quinque ovali-oblongis, brevibus, interioris setis totidem piliformibus, scabris. — *Herba mexicana, ut videtur annua, ramosissima, puberula; foliis caulinis alternis, sessilibus, linearibus, obtusis, integerrimis, basi attenuatis, capitulis ramos terminantibus solitariis, laxe paniculato-corymbosis, disco flavo, radio albo.* — *Affinitas obscura.*

Distasis DC. *Prodr. V. 279.*

SUBDIVISIO III. ERIGEREAE DC. *Prodr. V. 279.* Radius pluriserialis. Pappus pilosus, uni-bi-pluriserialis, serie externa aequali v. subbreviore.

2325. Melanodendron *DC.* Capitulum multiflorum, heterogamum, floribus radii triquinqueseriatis, ligulatis, femineis, disci tubulosis, hermaphroditis. Involucri pluriserialis squamae imbricatae, lanceolatae, acuminatae, disco subbreviores. Receptaculum planum, tenuiter alveolatum. Corollae radii ligulatae, ligula angusta, disci tubulosae, limbo quinquedentato. Antherae ecaudatae. Stigmata exserta. Achenia conformia, compresso-tetragona, erostria, glabra. Pappus uniserialis, setis scabridis. — *Arbor insulae St. Helenae maxima, glabra; foliis alternis, oblongis, basi attenuatis, integerrimis, obtusis, coriaceis, obscure viridibus, capitulis numerosis, pedicellatis, corymbum amplum formantibus, floribus albis.*

Melanodendron DC. *Prodr. V. 280.* Solidago integrifolia Roxb.

2326. Leptocoma *LESS.* Capitulum multiflorum, heterogamum, floribus radii pluriseriatis, ligulatis, femineis, disci tubulosis, paucis, hermaphroditis. Involucri campanulati, subbiserialis squamae ellipticae, acutae. Receptaculum planum, brevissime fimbrilliferum. Corollae radii ligulatae, ligula minima, integerrima, disci tubulosae, limbo quinquedentato (?). Antherae ...... Styli radii bifidi, ligulas aequantes, disci breves inclusi. Achenia plano-compressa, glaberrima, costa marginata, disco epigyno parvo, calloso, radii rostrata, disci erostria. Pappus e setis 2—4, tenuissimis, flexuosis, deciduis. — *Herba nepalensis, erecta, rigidula, vix puberula; foliis alternis, brevissime petiolatis, elliptico-lanceolatis, utrinque acuminatis, integerrimis v. obiter calloso-serrulatis, triplinerviis, supra sparse puberulis, subtus pallidioribus, glanduloso-punctatis, ad nervos pubescentibus, pedunculis axillaribus distantibus, monocephalis, junioribus brevibus reflexis, adultis longioribus, patentibus, racemum foliaceum rigidum terminalem, sed ab apice versus basim florentem formantibus, floribus albis, parvis.*

Leptocoma Lessing *in Linnaea VI. 130. Synops. 188.* Nees *Ast. 220.* DC. *Prodr. V. 280.* Lavenia rigida Wallich.

2327. Vittadinia *A. RICH.* Capitulum multiflorum, heterogamum, floribus radii uni- (?) bi-triseriatis, ligulatis, femineis, disci tubulosis, hermaphroditis v. styli abortu masculis. Involucri subbiseriati squamae subaequales, lineares, margine scariosae. Corollae radii ligulatae, disci tubulosae, cylindricae, limbo quinquedentato. Antherae ecaudatae. Stigmata ...... Achenia elongata, basi attenuato-substipitata, teretiuscula, striata. Pappus uniserialis, setis confertissimis, scabridis. — *Herbae perennes, in Nova Zeelandia et Nova Hollandia indigenae, erectae v. diffusae; foliis alternis, dentato-lobatis, rariusve integris, ramis apice monocephalis, disco flavo, radio albo v. purpureo, pappo rufo.*

Vittadinia A. Richard *Flor. Nov. Zeel. 250.* DC. *Prodr. V. 280.* Brachycomes sp. Gaudich.

2328. Fullartonia *DC.* Capitulum multiflorum, heterogamum, floribus radii pluriseriatis, ligulatis, femineis, disci tubulosis, masculis. Involucri polyphylli, bracteis foliaceis cincti, squamae uni-biseriatae, lineares, acuminatae. Receptaculum nudum. Corollae radii ligulatae, ligula angusta, disci tubulosae, limbo quinquedentato. Antherae ecaudatae. Stylus radii stigmatibus duobus, glabris, disci indivisus, apice capitatus, truncatus, subbarbatus. Achenia teretiuscula, erostria, radii glabra, calva, disci pilosula, papposa. Pappus in disco uniserialis, scaber, rufus. — *Herba in India boreali-occidentali indigena, erecta, superne pilis sparsis, apice glandulosis hispidula; foliis alternis, semiamplexicaulibus, ovalibus, superioribus oblongis, grosse dentatis, capitulis ad apices caulium et ramorum axillarium solitariis, floribus pallide flavis.*

Fullartonia DC. *Prodr. V. 281.*

2329. Polyactidium *DC.* Capitulum multiflorum, heterogamum, floribus radii plurimis, subbiseriatis, ligulatis, femineis, disci tubulosis, hermaphroditis. Involucri campanulati, bi-triseriati squamae lineares, subaequales. Receptaculum planum, nudum, minutissime punctulatum. Corollae radii ligulatae, ligula angustissima, disci tubulosae, limbo quinquedentato. Antherae ecaudatae. Stigmata ..... Achenia in disco et radio conformia, compressa, disco epigyno minuto. Pappus duplex, exterior brevissimus, coroniformis, dentatus, setulis subadpressis, interioris setis paucis, elongatis, scabris. — *Herba mexicana, striata, hispidula; foliis alternis, pinnatifidis, laciniis linearibus, dentatis, supremis indivisis, integerrimis, capitulis corymboso-paniculatis, disco flavo, radio pallide caeruleo v. albo.*

Polyactidium DC. *Prodr. V. 281.* Polyactis Lessing *Synops. 188.* Stenactis Cassini *in Dict. sc. nat. L. 483. excl. sp.* Erigeron delphinifolium Willd. *Hort. Berol. t. 90.*

2330. Heterochaeta *DC.* Capitulum multiflorum, heterogamum, floribus radii pluriseriatis, ligulatis, femineis, disci tubulosis, hermaphroditis. Involucri bi-triserialis squamae acuminatae, subaequales. Receptaculum nudum, punctulatum. Corollae radii ligulatae, ligula lineari, disci tubulosae, limbo quinquedentato. Antherae ...... Stigmata ...... Achenia in disco et radio conformia, puberula, compressa. Pappus conformis, duplex, exterior brevis, paleaceus, interior setiformis, scaber, longus. — *Herbae indicae, fortussis etiam americanae, pilosae, villosae v. canescentes; foliis alternis, sessilibus v. petiolatis, capitulis terminalibus, solitariis disco flavo, ligulis albis v. purpurascentibus.*

Heterochaeta DC. *Prodr. V. 282.* — ? Erigeron gnaphalioides Kunth *in Humb. et Bonpl. Nov. gen. et sp. t. 331.*

2331. Therogeron *DC.* Capitulum multiflorum, heterogamum, floribus radii pluriseriatis, ligulatis, femineis, disci tubulosis, hermaphroditis. Involucri pluriseriati squamae lineares, acutae, subaequales. Receptaculum nudum, foveolato-punctatum. Corollae radii ligulatae, ligula lineari, disci tubulosae, limbo quinquedentato. Antherae ecaudatae. Achenia in disco et radio conformia, compressa, erostria. Pappus radii uniserialis, pilosus, disci duplex, exterioris paleis subquinis, brevibus, lanceolatis, acutis, interioris setis quinis septenis elongatis. — *Suffrutices Novae Hollandiae interioris, erecti, ramosi, glabri; foliis alternis, lineari-lanceolatis, acutis v. obtusis, integerrimis v. paucidentatis, capitulis ramos terminantibus solitariis, disco flavo, radio albo.*

Therogeron DC. *Prodr. V. 283.*

2332. Erigeron *DC.* Capitulum multiflorum, heterogamum, floribus radii pluriseriatis, ligulatis, femineis, disci tubulosis, nunc omnibus hermaphroditis, nunc exterioribus femineis, centralibus hermaphroditis v. masculis. Involucri pluriseriati squamae lineares, imbricatae. Receptaculum nudum, foveolato-punctatum. Corollae radii ligulatae, ligula lineari, disci tubulosae, limbo truncato-integerrimo v. subquinquedentato. Antherae ecaudatae. Achenia in disco et radio conformia, compressa, erostria. Pappus conformis, uniserialis, pilosus, scaber. — *Herbae v. rarius frutices, in America frequentissime provenientes, in veteris orbis temperatis multo rariores; foliis alternis, integerrimis, dentatis v. lobatis, capitulis subhemisphaericis, disco flavo, radio albo, caeruleo aut purpurascente, rarissime ochroleuco.*

Erigeron Linn. *gen. n. 951. excl. sp.* Lessing *Synops. 190.* DC. *Prodr. V. 283.*

a. EUERIGERON *DC.* Ligulae radii disco longiores v. subaequales. Pappi setae usque ad basim distinctae.
Euerigeron DC. *Prodr. V. 283.* Erigeron Cassini *in Dict. sc. nat. XV. 181. XXXVII. 462. et 482.* (Fl. dan. *t. 292.* Bot. Mag. *t. 2321. 2402. 2923.* Bot. Reg. *t. 10. 1577.* Labillard. *Nov. Holl. t. 193.* Jacq. *Hort. Schönbr. t. 303.*) — Leptostelma Don *in Sweet. Fl. Gard. II. t. 38.* monente cl. Decandolle receptaculo alveolato-fimbrillifero vix satis differt.

b. TRIMORPHAEA *Cass.* Flores feminei plurimi, extimi uni-triseriales angustissime ligulati, interiores corolla tubulosa, angustissima, truncata, centrales hermaphroditi corollae tubulosae limbo quinquedentato.
Trimorphaea Cassini *in Dict. sc. nat. XXXVII. 462. et 482. LV. 348.* DC. *Prodr. V. 290.* (Schkuhr. *t. 241.* Fl. dan. *t. 874.* E. B. *t. 464. 1158.* Ledebour *Ic. t. 31.*)

c. PTERIGERON *DC. Prodr. V. 293.* Ligulae pluriseriales, disco longiores, femineae. Flores centrales pauci, tubulosi, quinquedentati, hermaphroditi v. stylo indiviso abortientes, masculi (?). Corollae tubulosae, fauce haud dilatata. Antherae connatae, ecaudatae. Pappus scaber, rigidulus. Receptaculum alveolatum. Habitus fere Conyzarum decurrentium. Sectio dubia. *DC. l. c.*

d. ELEUTHEROGERON DC. *Prodr. V. 293.* Ligulae pluriseriales, disco longiores, femineae. Flores centrales pauci, hermaphroditi, tubo tereti, fauce dilatata campanulata, quinquedentata. Antherae liberae (ecaudatae). Styli rami subforcipati, acuti, hispiduli. Receptaculum punctatum. Achenia villosa, pappo barbellulato. Folia breviter decurrentia. *DC. l. c.*

2333. Rhynchospermum *REINW.* Capitulum multiflorum, heterogamum, floribus radii bi-triseriatis, ligulatis, femineis, disci tubulosis, hermaphroditis. Involucri hemisphaerici squamae numerosae, imbricatae, adpressae. Receptaculum subconvexum, scrobiculatum. Corollae radii ligulatae, ligula vix disco longiore, disci tubulosae, limbo quinquedentato. Antherae ecaudatae. Stigmata oblonga, brevia. Achenia in disco et radio conformia, compressa, glabra, basi attenuata, apice breviter rostrata. Pappus uniserialis, setosus, setis apice tortilibus s. inflexis. — *Herba javanica, perennis, glabriuscula; caule tereti, ramis alternis verticillatis, foliis alternis, lanceolatis, utrinque attenuatis, subpetiolatis, remote serrulatis, minutissime scabris, capitulis ex axillis foliorum longo-pedunculatis, summis nudis, subterminalibus.*

Rhynchospermum Reinwardt *ex Blume Bijdr. 902.* DC. *Prodr. V. 296.*

2334. Microgyne *LESS.* Capitulum multiflorum, heterogamum, floribus radii pluriseriatis, femineis, disci hermaphroditis, tubulosis. Involucrum ...... Receptaculum ...... Corollae radii ...... disci regulares. Antherae ...... Stigmata ...... Achenia erostria. Pappus in disco et radio conformis, pluriserialis. — *Herba brasiliensis, vix nota, annua, ramosa, canescens; foliis alternis, trifurcatis, laciniis linearibus, capitulis solitariis, ramos superne aphyllos terminantibus, pappo rufescente.*

Microgyne Lessing *Synops. 190.* DC. *Prodr. V. 296.* non Cass.

SUBDIVISIO IV. HETEROPAPPEAE DC. *Prodr. V. 297.* Radius uniserialis. Pappus in radio et disco diversiformis.

2335. Simblocline *DC.* Capitulum multiflorum, heterogamum, floribus radii uniseriatis, ligulatis, femineis, disci tubulosis, hermaphroditis v. abortu masculis. Involucri pluriserialis squamae exteriores breviores tomentosae, imbricatae, interiores discum superantes glabrae, squarrosae. Receptaculum alveolatum, alveolis elevatis, dentatis, subfimbrilliferis. Corollae radii ligulatae, ligula lineari, elongata, disci tubulosae, limbo quinquedentato. Antherae ecaudatae. Achenia radii oblonga, subcompressa, subglanduloso-pilosa, disci tenuia, sterilia. Pappus radii uniserialis, setosus, scabridus, disci biserialis, uterque setiformis, exterior brevis, interioris setae pappo radii conformes. — *Frutex peruvianus; foliis oblongo-lanceolatis, integerrimis, superne glabris, atro-viridibus, subtus ramulisque infescenti-tomentosis, capitulis pedicellatis, laxe corymbosis, floribus ex sicco purpurascentibus, ligulis numerosis.*

Simblocline DC. *Prodr. V. 297.*

2336. Heteropappus *LESS.* Capitulum multiflorum, heterogamum, floribus radii uniseriatis, ligulatis, femineis, disci tubulosis, hermaphroditis. Involucri biseriati squamae acuminatae patentes. Receptaculum ...... Corollae radii ligulatae, ligula oblongo-elliptica, disci tubulosae, limbo campanulato, quinquedentato. Antherae ecaudatae. Achenia planocompressa, hispidula, erostria. Pappus uniserialis, radii coroniformis, disci pilosus. — *Herba japonica, erecta, ramosa, hispida; foliis alternis, inferioribus oblongo-obovatis, crenatis, superioribus lanceolatis, capitulis terminalibus solitariis, parvis, radio albo.*

Heteropappus Lessing *Synops. 189.* DC. *Prodr. V. 297.* Aster hispidus Thunb. Banks *Ic. Kämpf. t. 29.* Calimeris hispida Nees.

2337. Phalacroloma *CASS.* Capitulum multiflorum, heterogamum, floribus radii uniseriatis, ligulatis, femineis, disci tubulosis, hermaphroditis. Involucri cylindraceo-campanulati, bi-triserialis squamae imbricatae. Receptaculum planiusculum, nudum. Corollae radii ligulatae, disci tubulosae, limbo quinquedentato. Antherae ecaudatae. Achenia compressa, erostria. Pappus radii uniserialis, coroniformis, disci biserialis, exterior radiali conformis, interioris setis plurimis, longis, scabris. — *Herba perennis, boreali-americana, erecta, superne ramosa; foliis alternis, remotis, sessilibus, oblongis v. linearibus, integerrimis, hispidulis, capitulis laxe paniculatis, disco radioque flavo.*

Phalacroloma Cassini *in Dict. sc. nat. XXXIX. 404.* excl. sp. Lessing *Synops. 188.* DC. *Prodr. V. 297.* Erigeron carolinianum Linn. (Dillen. *Elth. II. f. 394.*)

2338. Minuria *DC.* Capitulum multiflorum, heterogamum, floribus radii uniseriatis, ligulatis, femineis, disci tubulosis, styli abortu masculis. Involucri pauciserialis squamae imbricatae, lineares, acuminatae, margine scariosae. Receptaculum planum, nudum. Corollae radii ligulatae, ligula lineari, disci tubulosae, limbo quinquedentato. Antherae ecaudatae. Achenia disci subturbinata, sericeo-villosissima, radii gracilia, inania. Pappus radii uniserialis, setiformis, setis plurimis, scabris, achenii pilis summis seriem exteriorem, breviorem simulantibus, disci e paleis brevibus connatis, setis paucis, longis, scabris immixtis. — *Suffrutices Novae Hollandiae interioris, erecti, glabri, ramosissimi; foliis alternis, acerosis v. linearibus, acutis, integerrimis, ramis apice plus minus denudato-monocephalis, radio albo.*

Minuria DC. *Prodr. V. 298.*

2339. Stenactis *NEES.* Capitulum multiflorum, heterogamum, floribus radii uniseriatis, ligulatis, femineis, disci tubulosis, hermaphroditis. Involucri bi-triserialis squamae imbricatae, angustae. Receptaculum planum v. convexum, nudum, punctulatum. Corollae radii ligulatae, ligula angusta, disci tubulosae, limbo quinquedentato. Antherae ecaudatae. Achenia oblonga, compressa. Pappus radii uniserialis, setaceus, deciduus, disci duplex, exterior brevissimus, interior radiali conformis. — *Herbae erectae, ramosae, in America boreali et tropica, nec non in India boreali spontaneae, una ex America boreali in Europam transfuga; foliis alternis, dentatis, capitulis ad apices ramorum solitariis, disco luteo, radio albo v. pallide violaceo.*

Stenactis Nees *Ast. 273.* Lessing *Synops. 189.* Diplopappi, Phalacrolomatis et Stenactidis sp. Cass. Aster annuus et vernus Linn. *Flor. dan. t. 486.*

2340. Gymnostephium *LESS.* Capitulum multiflorum, heterogamum, floribus radii uniseriatis, ligulatis, femineis, disci tubulosis, abortu masculis. Involucri subtriserialis squamae imbricatae. Receptaculum nudum, areolatum. Corollae radii ligulatae, ligula elliptica, disci tubulosae, limbo quinquedentato. Antherae ecaudatae. Achenia radii plano-compressa, erostria, subpilosa, **disci** linearia, incana. **Pappus disci** obsoletus, paucisetus, setis plumoso-serratis, **radii** nullus.—*Herbae capenses, ramosae; foliis alternis, linearibus, integerrimis, capitulis pedunculatis, solitariis, parvis, disco luteo, radio caeruleo, involucri squamis saepius glandulis oblongis ut in Tagete notatis.*

Gymnostephium Lessing *Synops. 185.* Nees *Ast. 253.* DC. *Prodr. V. 300.*

2341. Charieis *CASS.* **Capitulum** multiflorum, heterogamum, floribus radii uniseriatis, ligulatis, femineis, disci tubulosis, hermaphroditis. **Involucri** campanulati, biserialis squamae exteriores planae, interiores complicato-carinatae. **Receptaculum** alveolatum, alveolarum marginibus subdentatis. **Corollae radii** ligulatae, ligula lineari v. oblonga, **disci** tubulosae, limbo quinquedentato. **Antherae** ecaudatae. **Stigmata** disci apice trapezoideo-depresso dorso puberula. **Achenia** obovato-cuneiformia, compressa, nervo calloso marginata, in paginis subenervia, hirtella, radii saepe inania. **Pappus disci** uniserialis, setis capillaribus, plumosis, **radii** nullus v. unisetus. — *Herba capensis, annua; foliis infimis oppositis, reliquis alternis, oblongis lanceolatisve, basi trinerviis, ramisque subhirtellis, pedunculis terminalibus aphyllis, capitulis primum subflavis, demum caerulescentibus, disco radioque saepius discoloribus.*

Charieis Cassini *in Bullet. soc. philomat. 1817. p. 68. et 1821. p. 12. Dict. sc. nat. VIII. 191. XXIV. 369. XXXVII. 463. et 489.* Lessing *Synops. 389.* Nees *Ast. 268.* DC. *Prodr. V. 300.* Kaulfussia Nees *Hor. phys. berol. 53. t. 11.*

2342. Chaetopappa *DC.* **Capitulum** multiflorum, heterogamum, floribus radii uniseriatis, ligulatis, femineis, disci tubulosis, hermaphroditis. **Involucri** squamae laxe imbricatae, apice scariosae, acuminatae. **Receptaculum** angustum, nudum. **Corollae radii** ligulatae, **disci** tubulosae, limbo quinquedentato. **Antherae** ······· **Achenia** teretiuscula. **Pappus** duplex v. subduplex, exterioris paleae latae, hyalinae, in disco breves, in radio longae, interioris setae subquinae, rigidae, scabrae. — *Herba boreali-americana, annua, pusilla, ramosa v. simplex, pubescenti-scabra, foliis radicalibus obovato-spathulatis, in petiolum attenuatis, caulinis alternis, linearibus v. lineari-spathulatis, integerrimis, ramis apice nudis, monocephalis, involucris glabris, nitentibus, disco flavo, radio albo, demum subpurpurascente.*

Chaetopappa DC. *Prodr. V. 301.* Chaetophora Nuttall *msc.* non Alior.

2343. Boltonia *HERIT.* **Capitulum** multiflorum, heterogamum, floribus radii uniseriatis, ligulatis, femineis, disci tubulosis, hermaphroditis. **Involucri** biserialis squamae discum aequantes, adpressae, margine membranaceae. **Receptaculum** hemisphaericum, alveolatum. **Corollae radii** ligulatae, ligula angusta, disci tubulosae, limbo quinquedentato. **Antherae** ecaudatae. **Achenia** plano-compressa, calloso-marginata, glabra v. hispidula. **Pappus** brevissimus, setulosus, subaequalis v. in disco setis duabus elongatis, subulatis, crassioribus. — *Herbae boreali-americanae, annuae, erectae, ramosae, Asterum facie; foliis alternis, patentibus, lanceolatis, glaucescentibus, laevibus, margine scabris, integerrimis v. inferioribus dentatis, capitulis laxe corymbosis, disco luteo, radio albo v. pallide purpurascente.*

Boltonia Heritier *Sert. angl. 27.* Cassini *in Dict. sc. nat. XXXVII. 404. et 491.* Bot. Mag. *t. 2381. 2554.* Lessing *Synops. 188.* Nees *Ast. 234.* DC. *Prodr. V. 301.* Madea Solander *msc.* Matricariae sp. Linn.

2344. Sommerfeltia *LESS.* **Capitulum** multiflorum, heterogamum, floribus radii uniseriatis, ligulatis, femineis, disci tubulosis, masculis. **Involucrum** imbricatum. **Receptaculum** epaleatum. **Corollae radii** ligulatae, **disci** regulares. **Antherae** ······ **Achenia** erostria. **Pappus** pilosus, **radii** pluri-, **disci** uniserialis. — *Fruticulus brasiliensis, vix notus; foliis confertis, pinnatisectis, rigidis, glabris, segmentis filiformi-subulatis, spinescentibus, capitulis solitariis, ramos superne aphyllos terminantibus.*

Sommerfeltia Lessing *Synops. 189.* DC. *Prodr. V. 302.*

SUBDIVISIO V. BELLIEAE DC. *Prodr. V. 302.* **Radius** uniserialis. **Pappus** squamellatus.

2345. Calotis *R. BR.* **Capitulum** multiflorum, heterogamum, floribus radii uniseriatis, ligulatis, femineis, disci tubulosis, masculis. **Involucri** bi-triserialis squamae aequales, distinctae, discum aequantes. **Receptaculum** convexum, epaleatum, scrobiculatum. **Corollae radii** ligulatae, **disci** tubulosae, limbo quinquedentato. **Antherae** ecaudatae. **Stigmata** gracilia, divergentia. **Achenia** verticaliter compressa, cuneata. **Pappus** in disco et radio conformis, paleis duabus auriculaeformibus aristisque 1—3 glochidatis. — *Herbae Novae-Hollandiae ramosae, pilosiusculae; foliis alternis, inciso-dentatis, capitulis ramos apice aphyllos terminantibus solitariis, disco flavo, radio caeruleo.*

Calotis R. Brown *in Bot. Reg. t. 504.* Loddig *Bot. Cab. t. 825.* DC. *Prodr. V. 302.*

2346. Asteromaea *BLUME.* **Capitulum** multiflorum, heterogamum, floribus radii uniseriatis, ligulatis, femineis, disci tubulosis, hermaphroditis. **Involucri** biseriati squamae subaequales, margine membranaceae, apice herbaceae. **Corollae radii** ligulatae, disci tubulosae, limbo quinquedentato. **Antherae** ecaudatae. **Stigmata** disci apice lanceolata. **Achenia** compressiuscula, quadricostata, basi attenuata, subpuberulo-glandulosa. **Pappus** in disco et radio conformis, paleaceus, uniserialis, paleis basi subcoalitis, apice setaceo-multifidis. — *Herba annua, in hortis Indiae culta, Asteris habitu, erecta, glabriuscula; foliis alternis, caulinis ovali-oblongis, sessilibus, utrinque angustatis, integerrimis v. obiter serratis, rameis obovatis, capitulis ad apices ramorum solitariis, radio albo v. caeruleo, disco luteo.*

Asteromaea Blume *Bijdr. 901.* Nees *Ast. 232.* Lessing *Synops. 191.* DC. *Prodr. V. 302.* Aster indicus Linn.

2347. Bellium *LINN.* **Capitulum** multiflorum, heterogamum, floribus radii uniseriatis, ligulatis, femineis, disci tubulosis, hermaphroditis. **Involucri** uni-biseriati squamae oblongae. **Receptaculum** ovoideo-conicum, nudum. **Corollae radii** ligulatae, **disci** tubulosae, limbo quadri- v. rarius quinquedentato. **Antherae** ecaudatae. **Stigmata** subforcipata. **Achenia** compressa, obovalia, subpuberula. **Pappus** in disco et radio conformis, squamis subquinis, membranaceis, truncatis, setisque totidem cum squamis alternantibus. — *Herbae mediterraneae, annuae v. perennes; foliis subradicalibus, obovatis, integerrimis v. interdum dentatis, pedunculis scapiformibus, monocephalis, capitulorum disco luteo, radio albo.*

Bellium Linn. *Mant. 157.* Lam. *t. 684.* DC. *Flor. fr. IV. 923.* Viviani *Fragm. t. 10. f. 1.* Cassini *Dict. sc. nat.*

IV. Suppl. 41. et XXXVII. 454. Lessing *Synops. 191.* DC. *Prodr. V. 303.* Bellidis sp. Tournef. Doronici sp. Desf. *Flor. Atl. t. 235. f. 1.* Pectidis sp Linn. Schreber *Nov. Act. Upsal. I. t. 5. f. 2.*

SUBDIVISIO VI. BELLIDEAE DC. *Prodr. V. 304.* Radius uniserialis, rarissime biserialis. Pappus coroniformis v. nullus.

2348. Bellis *LINN.* Capitulum multiflorum, heterogamum, floribus radii uniseriatis, ligulatis, femineis, disci tubulosis, hermaphroditis. Involucri campanulati, uni-biseriati squamae foliaceae, obtusae, aequales. Receptaculum conicum, nudum. Corollae radii ligulatae, disci tubulosae, limbo quadri-quinquedentato. Antherae ecaudatae. Achenia compressa, obovata, hispidula. Pappus nullus — *Herbae europeae, in America boreali rarae, annuae v. perennes, caulescentes v. acaules; foliis omnibus radicalibus v. caulinis alternis, oblongis v. obovatis, plerumque dentatis, in petiolum attenuatis, disco luteo, ligulis albis, extus roseis v. subviolaceis, primum in globum conniventibus.*

Bellis Linn. *gen. n. 962.* Gärtn. *II. 419. t. 168.* Cassini *in Dict. sc. nat. XXXVII. 493.* Lessing *Synops. 192.* DC. *Prodr. V. 304.*

a. KYBERIA Necker *elem. n. 81.* Annuae, caulescentes. (Viviani *Fragm. t. 10. f. 2.*)

b. BELLIS Necker *elem. n. 82.* Perennes, subacaules. (Fl. dan. *t. 502.* E. B. *t. 424.* Schkuhr *t. 251.* Cyrillo *Neap. II. t. 4.*)

2349. Brachycome *CASS.* Capitulum multiflorum, heterogamum, floribus radii uniseriatis, ligulatis, femineis, disci tubulosis, hermaphroditis. Involucri campanulati squamae pauciseriales, margine membranaceae. Receptaculum conicum, subalveolatum. Corollae radii ligulatae, disci tubulosae, limbo quinquedentato. Antherae ecaudatae. Achenia plano-compressa, erostria. Pappus brevissimus, setoso-coroniformis. — *Herbae Novae-Hollandiae perennes, erectae; foliis alternis, glabris, parce dentatis, pinnatilobatis v. trifidis, capitulis solitariis ramos apice aphyllos terminantibus, disco luteo, radio albo.*

Brachycome Cassini *in Dict. sc. nat. XXXVII. 464. et 491.* Lessing *Synops. 192.* excl. sp. DC. *Prodr. V. 305.* Brachyscome Cassini *in Bullet. soc. philomat. 1816. p. 199. Dict. sc. nat. V. suppl. 63.* Bellidis sp. Labillard. *Nov. Holl. t. 206. 207.*

2350. Paquerina *CASS.* Capitulum multiflorum, heterogamum, floribus radii uniseriatis, ligulatis, femineis, disci tubulosis, hermaphroditis. Involucri campanulati squamae subuniseriales. Receptaculum conicum, breviter paleaceo-fimbrilliferum. Corollae radii ligulatae, disci tubulosae, limbo quinquedentato. Antherae ecaudatae. Achenia plano-compressa, erostria, margine crassiusculo, basi receptaculi scrobiculis immersa. Pappus nullus. — *Herba Novae-Hollandiae austro-occidentalis, glabra, gracilis, simplex v. ramosa; foliis alternis, lineari-oblongis, integerrimis, basi attenuatis, ramis foliosis apice monocephalis.*

Paquerina Cassini *in Dict. sc. nat. XXXVII. 464. et 492.* Lessing *Synops. 192.* DC. *Prodr. V. 306.* Bellis graminea Labillard *Nov. Holl. t. 204.*

2351. Lagenophora *CASS.* Capitulum multiflorum, heterogamum, floribus radii uniseriatis, ligulatis, femineis, disci tubulosis, hermaphroditis v. masculis. Involucri subbiseriati, discum aequantis squamae acutae, basi coriaceae, adpressae, apice submembranaceae. Receptaculum planum, nudum. Corollae radii ligulatae, disci tubulosae, limbo quinquefido. Antherae ecaudatae, subliberae. Achenia radii plano-compressa, oblonga, rostro colliformi, disci abortiva. Pappus nullus. — *Herbae perennes, graciles, in Nova-Hollandia et Nova-Zeelandia, nec non in America antarctica indigenae; foliis radicalibus obovatis, in petiolum angustatis, dentatis, scapo squamato, monocephalo, capitulorum disco luteo, radio albo v. purpureo.*

Lagenophora Cassini *in Bullet. soc. philomat. 1818. p. 34.* Lessing *in Linnaea VI. 131. Synops. 193.* Pöppig et Endl. *Nov. gen. et sp. t. 26.* DC. *Prodr. V. 307.* Lagenifera Cassini *in Bullet. soc. philomat. 1816. p. 199.* Microcalia A. Richard *Flor. Nov. Zeel. 231. t. 30.* Calendulae sp. Forst. Thouars *Flor. Agnanat. t. 9.* Bellidis sp. Labillard. *Nov. Holland. t. 205.* Asteris sp. Commers. Lam. *t. 681. f. 4.*

2352. Ixauchenus *CASS.* Capitulum multiflorum, heterogamum, floribus radii biseriatis, ligulatis, femineis, disci tubulosis, hermaphroditis v. abortu masculis. Involucri subhemisphaerici, discum aequantis squamae pluriseriatae, laxe adpressae, foliaceae. Receptaculum nudum, latum, planum. Corollae radii ligulatae, ligula elongata, disci tubulosae, limbo quinquefido. Antherae ..... Achenia ovali-oblonga, compressa, glabra, in collum brevem glutinosum attenuata. Pappus nullus. — *Herba Novae Hollandiae, non satis nota, glabra; caule basi foliato, caeterum aphyllo, scapiformi, monocephalo, foliis subradicalibus, alternis, semiamplexicaulibus, sublyratis, valde inaequalibus, disco flavo, radio albo.*

Ixauchenus Cassini *in Dict. sc. nat. LVI. 176.* DC. *Prodr. V. 308.* Ixiauchenus Lessing *Synops. 193.*

2353. Myriactis *LESS.* Capitulum multiflorum, heterogamum, floribus radii bi-pluriseriatis, ligulatis, femineis, disci tubulosis, hermaphroditis. Involucri uni-biseriati squamae lineares, acutae. Receptaculum convexum v. planum, alveolatum. Corollae radii ligulatae, ligula late-elliptica, integerrima, disci tubulosae, limbo quinquefido. Antherae ecaudatae. Achenia plano-compressa, glabra, erostria v. apice subattenuata, superne glandulifera. Pappus nullus. — *Herbae indicae, erectae, subdichotome ramosae foliis alternis, ovatis v. lanceolatis, dentato-serratis, supra scabriusculis, pedunculis elongatis, monocephalis, subpaniculatis, capitulis globosis, albis v. flavescentibus.*

Myriactis Lessing *in Linnaea VI. 127. Synops. 193.* DC. *Prodr. V. 308.*

a. DISTICHACTIS. Radius subbiseriatis. Achenia apice subattenuata. — *Indiae australis et insulae Javae indigenae.*

Myriactis sect. I. DC. *l. c.* Bellidis sp. Blum.

b. MYRIACTIS. Radius multiserialis. Achenia omnino erostria. — *Species nepalenses et persicae.*

Myriactis Lessing *in Linnaea VI. t. 2. fig. F.* Myriactis sect. 2. DC. *l. c.* Botryadenia Fisch. et Mey. Index Sem. hort. petropolit.

2354. Garuleum *CASS.* Capitulum multiflorum, heterogamum, floribus radii uniseriatis, ligulatis, femineis, disci tubulosis, ovario effoeto masculis. Involucri squamae biseriales. Receptaculum convexum, nudum. Corollae radii ligulatae, ligula longa, angusta, disci tubulosae, limbo quinquefido. Antherae ecaudatae. Achenia radii obovato-oblonga, tri-quadricostata, erostria, sicco-coriacea, pericarpio tenui, rugoso-aspero, disci abortiva, plano-compressa, laevia. Pappus nullus. — *Herbae capenses, suffrutes-*

centes, erectae; glabrae v. subviscido-pubescentes; foliis alternis, pinnatisectis, lobis plus minus dentatis v. incisis, capitulis terminalibus pedunculatis, radio caeruleo, disco luteo, corollis basi puberulis.

Garuleum Cassini *Dict. sc. nat. XVIII. 162. XXX. 324.* Lessing *Synops. 194.* excl. synon. Tourn. DC. *Prodr. V. 309.* Osteospermum pinnatifidum Thunb. Heritier *Stirp. nov. t. 6.* O. caeruleum Ait. Jacq. *Ic. rar. t. 179.*

2355. Keerlia *DC.* Capitulum multiflorum, heterogamum, floribus radii uni-biseriatis, ligulatis, femineis, disci tubulosis, hermaphroditis v. abortu masculis. Involucri late campanulati, imbricati squamae pluriseriales, lanceolatae, acuminatae, margine submembranaceae. Receptaculum planum, nudum. Corollae radii ligulatae, ligula anguste lineari, disci tubulosae, tubo brevi, limbo quinquefido. Antherae ······· Achenia glabra, obpyramidata v. cylindracea, saepius longitudinaliter sulcata. Pappus paleis pluribus brevissimis, acutis, basi in coronam minutissimam subconcretis. — *Herbae mexicanae, glabrae v pube brevi velutino-villosulae, erectae, parce ramosae; foliis alternis, oblongis v. cuneatis, sessilibus v. semiamplexicaulibus, integerrimis aut apice dentatis, ramis apice nudis, monocephalis, floribus albis aut flavis.*

Keerlia DC. *Prodr. V. 309.* ? Brachycome xanthocomoides Less.

2356. Aphanostephus *DC.* Capitulum multiflorum, heterogamum, floribus radii uniseriatis, ligulatis, femineis, disci tubulosis, hermaphroditis. Involucri biseriati squamae lanceolatae, acuminatae, margine membranaceae. Receptaculum conico-convexum, nudum. Corollae radii ligulatae, disci tubulosae, limbo quinquefido. Antherae ····· Achenia teretia, striatula. Pappus coroniformis, parvus, integer. — *Herba mexicana, erecta, ramosissima, pubescens; foliis alternis, sessilibus, inciso-dentatis v. sublobatis, ramis apice nudis, monocephalis, ligulis albis, involucro duplo longioribus, disco flavo.*

Aphanostephus DC. *Prodr. V. 310.*

DIVISIO III. CHRYSOCOMEAE DC. *Prodr. V. 310.* Receptaculum epaleatum, nudum, alveolatum v. fimbrilliferum. Capitula lutea, homogama, corollis omnibus tubulosis, hermaphroditis; v. heterogama, floribus radii ligulatis femineis v. neutris, disco homochromis.

SUBDIVISIO I. GYMNOSPERMEAE DC. *Prodr. V. 310.* Pappus nullus.

2357. Xanthocoma *H. B. K.* Capitulum multiflorum, heterogamum, floribus radii uniseriatis, ligulatis, femineis, disci tubulosis, hermaphroditis. Involucri campanulati squamae basi imbricatae, apice subfoliaceae, laxiusculae. Receptaculum vix convexum, subfoveolatum. Corollae radii ligulatae, ligulis discum duplo superantibus, disci tubulosae, limbo quinquefido. Antherae ecaudatae. Achenia compressa, Pappus nullus. — *Herba mexicana, caespitosa, glabra; foliis alternis, linearibus, integerrimis, capitulis terminalibus solitariis, corollis omnibus flavis.*

Xanthocoma Kunth *in Humb. et Bonpl. Nov. gen. et sp. IV. 311. t. 112.* Lessing *Synops. 192.* DC. *Prodr. V. 310.*

2358. Xerothamnus *DC.* Capitulum multiflorum, monoicum (?), floribus radii uniseriatis, ligulatis, femineis, disci tubulosis, sterilibus. Involucri imbricati squamae lanceolato-subulatae, rigidulae, apice subdivergentes. Receptaculum nudum, areolatum. Corollae radii ligulatae, ligula revoluta, quadrinervi, disci tubulosae, tubo brevi, angustissimo, limbi cylindrici quinquedentati dentibus erectis, acutis. Antherae ecaudatae. Achenia radii subtrigona, dorso convexo curvato, areola terminali ad mediam lateris interioris longitudinem, disci abortiva, recta, obovata, mucrone brevi superata. Pappus nullus. — *Suffrutex capensis semipedalis, erectus, rigidulus, ramosus, Stypheliae facie, affinitatis obscurae; foliis alternis, confertis, subtriquetris, acutis, dorso versus apicem et margine muricato-scabris, siccis, patulo-squarrosis, pedunculis versus apices ramorum solitariis v. paucis, remote pauci-squamatis, monocephalis, floribus luteis.*

Xerothamnus DC. *Prodr. V. 311.*

2359. Anaglypha *DC.* Capitulum multiflorum, heterogamum, floribus radii uniseriatis, ligulatis, femineis, disci tubulosis, hermaphroditis. Involucri biseriati squamae aequales, disco paullo longiores, acuminatissimae. Receptaculum planum, alveolatum. Corollae radii ligulatae, ligula quadrinervi, disci tubulosae, tubo hirsutulo, limbo quinquefido. Antherae ······ Achenia obovata, puberula. Pappus nullus. — *Suffrutex capensis, caule et praesertim ramorum apicibus pube brevi conferta glanduloso-subvelutinis; foliis alternis, linearibus, apice recurvis, acuminatis, utrinque sulcato-striatis, ciliis rigidis, margine et versus apicem in nervis scaberrimis, capitulis parvis, terminalibus, solitariis, floribus disci et radii flavis.*

Anaglypha DC. *Prodr. V. 311.*

2360. Gymnosperma *LESS.* Capitulum pauciflorum, subheterogamum, floribus radii subquinis uniseriatis, ligulatis, femineis, quandoque nullis, disci ternis v. denis tubulosis, hermaphroditis v. masculis. Involucri oblongi squamae imbricatae, adpressae, scarioso-coriaceae. Receptaculum nudum, angustum. Corollae radii ligulatae, ligula angustissima, minima, disci tubulosae, limbo quinquefido. Antherae ecaudatae. Achenia subcompressa, erostria, omnino calva. Pappus nullus. — *Suffrutices mexicani et brasilienses, glabri, erecti, corymboso-ramosi; foliis alternis v. oppositis, sessilibus, integerrimis, oblongis v. linearibus, acutis, punctatis, saepe glutinosis, capitulis oblongis, ad apices ramulorum ternis v. aggregatis, saepius corymboso-fastigiatis, floribus luteis.*

Gymnosperma Lessing *Synops. 194.* DC. *Prodr. V. 311.* Sellоa Spreng. *Pugill. 36.* Bot. Reg. *t. 462.* Nuttall *in Sillim. Journ. 1822. p. 300.* non H. B. K.

SUBDIVISIO II. ACHYRIDEAE DC. *Prodr. V. 312.* Pappus multipaleaceus.

2361. Brachyris *NUTT.* Capitulum pluriflorum, heterogamum, floribus radii quinis v. denis uniseriatis, ligulatis, femineis, disci ternis denisve, tubulosis, hermaphroditis. Involucri ovati v. cylindracei squamae arcte imbricatae. Receptaculum nudum. Corollae radii ligulatae, disci tubulosae, limbo quinquefido. Antherae ecaudatae. Achenia obconica, erostria. Pappus paleis quinis-octonis, oblongis, persistentibus. — *Herbae in America occidentali, boreali et australi indigenae, rhizocarpicae v. suffruticosae, erectae, glabrae; foliis alternis, linearibus sive lanceolatis, integerrimis, capitulis solitariis v. ternis, ad apices ramulorum corymbosis, involucri squamis pallidis, apice macula viridi notatis, corollis luteis.*

Brachyris Nuttall *gen. II. 163.* Lessing *Synops. 191.* DC. *Prodr. V. 312.* Brachyachyris Sprengel *Syst. III. 574.*

a. EUBRACHYRIS *DC.* Flores disci numero floribus radii aequales v. pauciores. Pappus acheniorum disci et radii conformis.

Eubrachyris DC. *Prodr. V. 312.* Hook. *Ic. t. 142. 147.*

b. AMPHIACHYRIS *DC.* Flores disci floribus radii plures. Achenia radii pappo brevissimo v. nullo.

Amphiachyris DC. *Prodr. V. 313.* Brachyris dracunculoides DC. *Not. pl. hort. Genev. VII. t. 1.*

2362. Hemiachyris *DC.* Capitulum pluriflorum, heterogamum, floribus radii subquinis, ligulatis, femineis, disci septenis v. octonis tubulosis, hermaphroditis. Involucri ovati squamae oblongae, adpresse imbricatae. Receptaculum nudum. Corollae radii ligulatae, disci tubulosae, limbo quinquefido. Antherae .... Achenia obovato-teretiuscula, villosula. Pappus radii nullus, disci squamellis ovatis, acutiusculis, brevibus. — *Herba suffruticosa texana, erecta, ramosissima, glabra; ramis junioribus sulcato-angulatis, adultis teretibus, foliis alternis, linearibus, integerrimis, uninerviis, summis fere subulatis, capitulis parvis, ramos terminantibus, solitariis, floribus luteis.*

Hemiachyris DC. *Prodr. V. 313.*

2363. Lepidophyllum *CASS.* Capitulum pluriflorum, heterogamum, floribus radii binis v. ternis, ligulatis, femineis, disci quaternis v. senis, tubulosis, hermaphroditis. Involucri oblongo-cylindracei squamae paucae, obtusae, imbricatae. Receptaculum parvum, nudum. Corollae radii ligulatae, disci tubulosae, limbo quinquefido. Antherae ecaudatae. Achenia oblonga, striata. Pappus disci et radii conformis, uniserialis, setis paleaceis confertis, inaequalibus, margine subfimbriatis. — *Frutex magellanicus ramosus, glaber; foliis oppositis, quadrifariam imbricatis, ovato-subtrigonis, coriaceis, parvis, integerrimis, capitulis ramos terminantibus sessilibus, solitariis, corollis flavis.*

Lepidophyllum Cassini *in Bullet. soc. philomat. 1816. p. 199. Dict. sc. nat. XXVI. 36.* Lessing *Synops. 191.* DC. *Prodr. V. 314.* Conyza cupressiformis Lam. *t. 697. f. 3.*

2364. Grindelia *WILLD.* Capitulum multiflorum, heterogamum, floribus radii uniseriatis, ligulatis, femineis, rarissime nullis, disci tubulosis, hermaphroditis. Involucri basi hemisphaerici squamae pluriseriales, imbricatae. Receptaculum foveolatum. Corollae radii ligulatae, disci tubulosae, limbo quinquefido. Antherae ecaudatae. Achenia obovata v. subangulata, glabra. Pappus disci et radii conformis, pauciaristatus, deciduus, aristis crassis, rigidis. — *Suffrutices v. herbae americanae, imprimis mexicanae, ad apices imprimis glutinosae; foliis alternis, integerrimis v. saepius serratis, radicalibus plerumque spathulatis, caulinis sessilibus v. semiamplexicaulibus, capitulis ad apices ramorum solitariis, floribus flavis.*

Grindelia Willdenow *in Berl. Magaz. 1807. p. 261.* Dunal *in Mém. Mus. V. 48. t. 1—3.* Bot. Reg. *t. 248. 781.* DC. *Prodr. V. 314.* Demetria Lagasca *Nov. gen. 30.* Donia R. Brown *in Ait. Hort. kew. II. 5. 82.* Bot. Mag. *t. 1706.* Grindelia et Aurelia Cassini *in Dict. sc. nat. XXXVII. 468.* Grindelia et Donia excl. sp. Lessing *Synops. 163. 199.* Asteris sp. Cavanill. *Ic. t. 168.*

SUBDIVISIO III. HETEROTHECEAE DC. *Prodr. V. 316.* Flores radii uniseriales. Pappus disci et radii diversus.

2365. Heterotheca *CASS.* Capitulum multiflorum, heterogamum, floribus radii uniseriatis, ligulatis, femineis, disci tubulosis, hermaphroditis. Involucri pauciseriati squamae imbricatae, lineares, adpressae, apice patulae. Receptaculum planum, alveolatum. Corollae radii ligulatae, disci tubulosae, limbo quinquefido. Antherae ecaudatae. Stigmata radii teretiuscula, glabra, disci apice lanceolata, hispida. Achenia radii oblonga, laevia, disci cuneiformia, villosa. Pappus radii nullus v. simplex, paucisetus, disci duplex, uterque setosus, exterioris setis brevissimis, interioris longis, subscabris. — *Herbae mexicanae et boreali-americanae, erectae, paniculatim ramosae, villosae v. pilosae; foliis caulinis sessilibus, integerrimis v. rarius dentatis, floribus flavis, pappi serie exteriore alba, interiore rufa.*

Heterotheca Cassini *in Bullet. soc. philomat. 1817. p. 137. Dict. sc. nat. XXI. 130. XL. 460.* DC. *Prodr. V. 316.*

a. CHAETACTIS *DC.* Achenia radii pappo simplici, pauciseto.

Chaetactis DC. *l. c.*

b. GYMNACTIS *DC.* Achenia radii pappo omnino nullo.

Gymnactis DC. *l. c.* Heterotheca Cassini *ll. cc.* Calycium Elliot *Carolin. II. 339.* non Allor. Diplocoma Don *in Sweet Fl. Gard. I. t. 246.* Lessing *in Linnaea V. 144. t. 2. f. 17.* Doronici sp. Link et Otto *Abbild. t. 22.*

SUBDIVISIO IV. PSIADIEAE DC. *Prodr. V. 317.* Flores radii pluriseriales. Pappus in disco et radio conformis, saepius uniserialis, v. setis in biseriali similibus.

2366. Erato *DC.* Capitulum multiflorum, heterogamum, floribus radii pluriseriatis, ligulatis, femineis, disci tubulosis, hermaphroditis. Involucri imbricati squamae lanceolatae, exteriores rigidule ciliatae, interiores paulo longiores, nudiusculae. Receptaculum planum, nudum. Corollae radii ligulatae, secus tubum brevissime puberulae, ligula angusta, disci tubulosae, fauce dilatata, limbi quinquedentati dentibus apice rigide pilosis. Antherae ecaudatae. Achenia tetragona, glabra. Pappus radii et disci conformis, uniserialis, setiformis, subscaber. — *Herba orinocensis erecta, Polymniae facie; caule glabro, tetragono, foliis oppositis, adultis supra glabris, subtus secus nervos adpresse puberulis, petiolis basi late auriculatis, auriculis in vaginam connatis, lamina late ovato-acuminata, grosse inciso-dentata, basi quinque-septemnervia, capitulis in corymbum terminalem compositum, densum dispositis, floribus flavis, disci intensius coloratis.*

Erato DC. *Prodr. V. 317.*

2367. Woodvillea *DC.* Capitulum multiflorum, heterogamum, floribus radii subtriseriatis, ligulatis, neutris, disci tubulosis, hermaphroditis. Involucri campanulati squamae bi-triseriales, lineari-oblongae, aequales. Receptaculum nudum. Corollae radii ligulatae, tubo longo, hispido, ligula lineari, disci tubulosae, limbo quinquedentato. Antherae ecaudatae.

Achenia villosa, radii linearia, sterilia, disci oblonga, compressa. Pappus pluriserialis, setis tenuissimis, subscabris, aequalibus. — *Herba californica, spithamea, Calendulae facie, glanduloso-villosa, caule adscendente, tereti, foliis alternis, oblongis, basi attenuatis, sessilibus, obtusis, integerrimis, triveniis, capitulis terminalibus.*

Woodvillea DC. *Prodr. V. 318.*

2368. Psiadia *JACQ.* Capitulum multiflorum, heterogamum, facie disciforme, floribus radii pluriseriatis, brevissime ligulatis, femineis, disci paucis, tubulosis, hermaphroditis v. abortu masculis, interdum nullis. Involucri imbricati squamae pauciseriales, margine subscariosae. Receptaculum subalveolatum. Corollae radii ligulatae, ligula brevissima, integerrima, disci tubulosae, limbo quinquefido. Antherae ecaudatae Achenia oblonga, glabra. Pappus uniserialis, coroniformis, setosus, scabriusculus. — *Frutices mauritiani et madagascarienses, juniores vix non semper glutinosi v. viscosi; foliis alternis, petiolatis, oblongis, integerrimis v. grosse dentatis, corymbis terminalibus compositis, polycephalis, subaphyllis.*

Psiadia Jacquin *Hort. schönbr. II. 13.* Lessing *Synops. 190.* DC. *Prodr. V. 318.* Psiadia et Elphegea Cassini *in Dict. sc. nat. XLIII. 503.* Thouarsia Vent. *msc.* Allix et Glutinaria Commers. *msc.* Conyzae et Baccharidis sp. Lam.

a. GLUTINARIA DC. *Prodr. V. 318.* Frutices mauritiani, glutinosi, foliis glandulosis, saepius triplinerviis, floribus flavis, radii plurimis, pluriserialibus, brevissime ligulatis. — Jacq. *op. cit. t. 152.* Solidago viscosa Schrader *Sert. hannov. t. 6.* Baccharis viscosa Lam. *Journ. I. t. 3.*

b. GLANDULARIA DC. *Prodr. V. 320.* Herba madagascariensis, non glutinosa, foliis sessilibus, paucinerviis, subtus minute glanduliferis, pedunculis axillaribus, floribus purpurascentibus, radii paucis, uniseriatis, ligula oblonga. — Conyza madagascariensis Lam.

2369. Frivaldia. Capitulum multiflorum, heterogamum, floribus radii pluriseriatis, minutissime ligulatis, femineis, disci paucis, tubulosis, abortu masculis. Involucri imbricati squamae lanceolato-lineares, subscariosae, erectae. Receptaculum nudum. Corollae radii ligulatae, ligula lineari pappo breviore, disci tubulosae, limbo tri-quinquefido. Antherae ecaudatae. Achenia oblonga, compressa (?), glabra. Pappus pilosus, uniserialis. — *Frutices indici et africani, interdum arborescentes, saepius erecti, nonnunquam subvolubiles, glabriusculi, apice ramosi; foliis petiolatis, ovatis, acuminatis, integerrimis v. subserratis, subtus pubescentibus et glandulosis, adultis subglabratis, corymbis terminalibus aphyllis, fastigiatis, divaricatis, floribus luteis, pappo rufo.*

Microglossa DC. *Prodr. V. 320.* non Ornitholog. Conyzae sp. Wallich, Bojer.

2370. Nidorella *CASS.* Capitulum multiflorum, heterogamum, floribus radii uni-bipluriseriatis, minutissime ligulatis, femineis, disci tubulosis, hermaphroditis, centralibus interdum sterilibus. Involucri campanulati squamae adpresse imbricatae. Receptaculum alveolatum. Corollae radii ligulatae, ligula minima, disci tubulosae, limbo quinquefido. Antherae ecaudatae. Achenia oblonga, teretiuscula v. subcompressa, glabra v. minute puberula. Pappus uniserialis, setis subscabridis, basi in annulum subconnatis. — *Herbae v. suffrutices capenses, species una arabica; caulibus erectis, foliis alternis, capitulis corymbosis v. solitariis, corollis omnibus flavis, disci interdum pallidioribus.*

Nidorella Cassini *in Dict. sc. nat. XXXII. 459. et 460. LVI. 166.* DC. *Prodr. V. 321.* Erigerontis sp. Linn. et Auct.

2371. Homochroma *DC.* Capitulum multiflorum, heterogamum, floribus radii uniseriatis, ligulatis, femineis, disci tubulosis, ovario efoeto masculis. Involucri bi-triseriati squamae lineares, acuminatae, adpressae. Receptaculum convexum, subfoveolatum. Corollae radii ligulatae, disci tubulosae, limbo quinquefido. Antherae ecaudatae. Achenia radii plano-compressa, obovata, villosa, disci filiformia, glabra. Pappus uniserialis, setosus, setis radii circiter quindenis, disci subdenis, omnibus imprimis ad apicem plumosis. — *Frutex capensis, ramosus, hirtellus; ramis foliosis, apice nudis, monocephalis, glanduloso-hispidulis, foliis alternis, sessilibus, oblongo-linearibus, integerrimis, ciliatis, capitulis flavis.*

Homochroma DC. *Prodr. V. 324.*

2372. Neja *D. DON.* Capitulum multiflorum, heterogamum, floribus radii uni-triseriatis, ligulatis, femineis, disci tubulosis, hermaphroditis. Involucri late hemisphaerici squamae triseriales, imbricatae, lineari-subulatae. Receptaculum planum, favosum. Corollae radii ligulatae, ligula angusta, disci tubulosae, limbo quinquefido. Antherae ecaudatae. Achenia lineari-oblonga, compressa, sericeo-villosa. Pappus duplex, exterior brevis, anguste paleaceus, interior longior, pilosus, scaber. — *Suffrutices mexicani et brasilienses, pilis longis, sparsis, patulis hispidi; foliis sparsis, linearibus, subacerosis, calloso-mucronatis, integerrimis, ramis foliosis v. apice nudis, monocephalis, involucris hirtis, corollis omnibus flavis.*

Neja D. Don *in Sweet Fl. Gard. II. n. 78.* DC. *Prodr. V. 325.*

a. PODONEJA DC. *l. c.* Ligulae pluriseriales. Receptaculum vix favulosum. Corollae papilloso-pilosae. — Capitula longe pedunculata. Folia impunctata. — Don *op. cit. t. 78.* Loddig *Bot. Cab. t. 1814.*

b. PHYLLONEJA DC. *l. c.* Ligulae pluriseriales. Receptaculum alveolatum. Corollae glabrae. — Capitula sessilia. Folia punctata.

c. MONOGYRIA DC. *l. c.* Ligulae uniseriales. Receptaculum . . . Corollae glabrae. — Capitula ad apicem rami foliati v. nudi solitaria. Folia impunctata.

SUBDIVISIO V. CHRYSOPSIDEAE DC. *Prodr. V. 326.* Flores radii uniseriales, rarissime bi-triseriales. Pappus duplex, exterior brevis, subpaleaceus, interior setosus.

2373. Chrysopsis *NUTT.* Capitulum multiflorum, heterogamum, floribus radii uniseriatis, ligulatis, femineis, disci tubulosis, hermaphroditis. Involucri imbricati squamae lineares, acuminatae. Receptaculum planum, subalveolatum. Corollae radii ligulatae, disci tubulosae, limbo quinquefido. Antherae ecaudatae. Achenia obovata, compressa. Pappus in disco et radio conformis, duplex, exterior brevis, subpaleaceus, interior setiformis, elongatus, scaber. — *Herbae boreali-americanae, rhizocarpicae, saepius ramosae, villosae; foliis alternis, integerrimis v. dentatis, capitulis ramos terminantibus, solitariis, floribus omnibus luteis.*

Chrysopsis Elliott *Carolin. II. 333.* excl. sp. DC. *Prodr. V. 326.* Chrysopsis sectio Inulae Nuttall *gen. II. 150.* Diplogon Rafin. *in New York Monthl. Magaz. 1818.* Diplopappi sp. Less. Inulae sp. Pursh.

2374. Fresenia *DC.* Capitulum multiflorum, homogamum. Involucri subtriserialis squamae imbricatae, lineares, margine submembranaceae, dorso glandulis uni-triseriatis notatae. Receptaculum angustum, areolatum. Corollae tubulosae, glabrae, fauce haud ampliata, limbo quinquedentato. Antherae ecaudatae. Achenia compressa, erostria, sericeo-villosa. Pappus duplex, exterior brevis, paleiformis, interior setaceus, scabridus, longus. — *Suffrutices capenses, glabri; ramis oppositis, apice nudis, monocephalis, foliis oppositis, linearibus, acutis, fere subulatis, integerrimis, saepe in axillis fasciculatis, corollis pallide flavis.*

Fresenia DC. *Prodr. V. 328.*

SUBDIVISIO VI. SOLIDAGINEAE DC. *Prodr. V. 328.* Capitula discoidea v. radiata, radio uniseriali. Achenia plerisque angulata seu teretiuscula, nec compressa. Pappus disci et radii conformis, uniserialis, pilosus.

2375. Bigelowia *DC.* Capitulum triquinqueflorum, homogamum, v. flore unico ligulato heterogamum. Involucri oblongi squamae paucae, imbricatae, erectae. Receptaculum angustum, squama setacea, basi latiuscula, achenia aequante, inter flores centrali. Corollae tubulosae, glabrae, limbo quinquefido. Antherae ecaudatae. Achenia oblonga, subangulosa, pubescenti-villosa. Pappus uniserialis, pilosus, rigidus, scaber. — *Herbae perennes, boreali-americanae; foliis alternis, integerrimis, caulinis oblongis v. linearibus, capitulis corymbosis, floribus flavis.*

Bigelowia DC. *Prodr. V. 329.* non Alior. Chrysocomae sp. americanae Auct.

2376. Solidago *LINN.* Capitulum pluri-multiflorum, heterogamum, floribus radii uniseriatis, quinis-quindenis, saepe distantibus, ligulatis, femineis, disci tubulosis, hermaphroditis. Involucri ut plurimum oblongi squamae plurimae, adpresse imbricatae. Receptaculum epaleatum, nunc omnino nudum, nunc alveolatum v. fimbrilliferum. Corollae radii ligulatae, disci tubulosae, limbo quinquefido. Antherae ecaudatae. Achenia teretiuscula, multicostata. Pappus uniserialis, pilosus, scabridus. — *Herbae in America boreali copiosissime provenientes, in Europa et Asia rarae, basi saepius suffruticosae; foliis alternis, integerrimis v. serratis, racemis terminalibus v. axillaribus, erectis, patentibus v. reflexis, pedicellis secundis, cymas scorpioideas formantibus v. vere racemosis, radio concolore, rarissime discolore.*

Solidago Linn. *gen. n. 955.* Gärtn. *II. 447. t. 170.* DC. *Prodr. V. 330.* Virga-Aurea Tournefort *inst. 483.* Doria Adanson *Fam. II. 124.*

a. VIRGAUREA *DC.* Involucri imbricati squamae liberae. Receptaculum nudum v. alveolatum, haud fimbrilliferum. Flores radii pauciores quam disci. — *Racemi simplices v. paniculati, haud corymbosi, capitulis ad apices pedicellorum solitariis.*

Virgaurea DC. *l. c.* Solidago Nuttall *gen. II. 159.* Cassini *in Dict. sc. nat. XXXVII. 459. et 472.* Lessing *Synops. 163*

b. EUTHAMIA DC. *Nutt.* Involucri imbricati squamae subadglutinatae. Receptaculum fimbrilliferum. Flores radii floribus disci numerosiores. — *Capitula ad apices ramulorum sessilia, in corymbum disposita.*

Euthamia Nuttall *gen. II. 162.* Cassini *in Dict. sc. nat. XXXVII. 471.* Chrysocomae sp. Linn.

2377. Amphirhapis *DC.* Capitulum multiflorum, heterogamum, floribus radii uniseriatis, denis-vicenis, ligulatis, femineis, disci tubulosis, hermaphroditis. Involucri pauciseriati squamae exappendiculatae, imbricatae. Receptaculum alveolatum. Corollae radii ligulatae, ligula angusta, disci tubulosae, limbo quinquefido. Antherae ecaudatae. Achenia lineari-oblonga, subcompressa, villosa v. pubescentia, villis ad basim pappi calyculum exteriorem, pilosum saepius simulantibus. Pappus uniserialis pilosus, scabridus. — *Herbae indicae, inter Asteres et Solidagines ambiguae; foliis alternis, denticulatis, capitulis corymbosis, floribus omnibus luteis.*

Amphirhapis DC. *Prodr. V. 343.* Solidaginis et Asteris sp. Wallich.

2378. Commidendrum *BURCH.* Capitulum multiflorum, heterogamum, floribus radii uniseriatis, ligulatis, femineis, disci tubulosis, hermaphroditis. Involucri pauciseriati squamae lineares, acuminatae, imbricatae. Receptaculum nudum. Corollae radii ligulatae, disci tubulosae, limbo quinquefido. Antherae ecaudatae, appendiculatae. Achenia compresso-plana, erostria, glabra. Pappus uniserialis, pilosus, scaber. — *Arbusculae gummiferae, in insula St. Helenae indigenae; ramis foliorum cicatricibus crassis, callosis notatis, foliis alternis, obovato- v. lanceolato-cuneatis, integerrimis v. denticulatis, utrinque glabris v. subtus tomentosis, pedunculis corymbosis, polycephalis, ex axillis supremis v. apice ramorum ortis, floribus albis.*

Commidendrum Burchell ex DC. *Prodr. V. 344.* Conyzae et Solidaginis sp. Roxb.

2379. Steiractis *DC.* Capitulum multiflorum, heterogamum, floribus radii uniseriatis, ligulatis, neutris, disci tubulosis, hermaphroditis. Involucri cylindracei, imbricati squamae pluriseriales, lineares, margine membranaceae, interiores longiores. Receptaculum parvum, nudum. Corollae radii ligulatae, disci tubulosae, limbo quinquefido. Antherae ecaudatae. Achenia teretiuscula, pilosa. Pappus uniserialis, fimbriato-pilosus. — *Frutex arborescens Novae-Zeelandiae, non satis notus; foliis alternis, petiolatis, ovali-orbiculatis, glabris, repandis, subtus albido-purpureis, capitulis paniculatis.*

Steiractis DC. *Prodr. V. 345.* Solidago arborescens Forst. A. Richard *Fl. Nov. Zeel. 252.*

2380. Rochonia *DC.* Capitulum multiflorum, heterogamum, floribus radii uniseriatis, ligulatis, neutris, disci tubulosis, hermaphroditis. Involucri imbricati squamae subscariosae, lineares, uninerviae. Receptaculum alveolato-fimbrilliferum. Corollae radii ligulatae, disci tubulosae, limbo quinquefido. Antherae ecaudatae. Achenia teretiuscula, subvillosa. Pappus uniserialis, setosus, subscaber. — *Frutices madagascarienses; ramulis foliisque subtus canescentibus, foliis alternis, sessilibus, coriaceis, integerrimis, uninerviis, capitulis paucis v. solitariis ramulos terminantibus, floribus omnibus flavis.*

Rochonia DC. *Prodr. V. 345.* Conyzae sp. Bojer.

2381. Haplopappus *CASS.* Capitulum multiflorum, heterogamum, floribus radii uniseriatis, ligulatis, femineis, rarissime nullis, disci tubulosis, hermaphroditis. Involucri imbricati squamae lineares, acutae. Receptaculum planiusculum, foveolatum s. alveolato-subfimbrilliferum. Corollae radii ligulatae, disci tubulosae, limbo quinquefido. **Antherae** ecaudatae. **Achenia** oblonga, teretiuscula v. turbinata, dense sericea aut rarius glabra. **Pappus** setosus, uni-pluriserialis, setis conformibus, subinaequilongis. — *Herbae perennes v. suffrutices, per omnem Americae continentem, in australi extratropico copiosius provenientes; foliis alternis, integerrimis v. dentatis, capitulis terminalibus, floribus radii concoloribus v. rarissime discoloribus, albis seu purpurascentibus.*

Aplopappus Cassini *in Dict. sc. nat. LVI. 169.* DC. *Prodr. V. 345.* Diplopappus Lessing *in Linnaea VI. 110. Synops. 163.*

a. LEIACHENIUM *DC.* Achenia glaberrima, elongata.
Leiachenium DC. *Prodr. V. 346* — ?Hoorebekia Cornelissen *in Mussche Hort. gandav. 1817. p. 120. c. ic.*

b. BLEPHARODON *DC.* Achenia sericeo-villosissima, brevia, turbinata.
Blepharodon DC. *Prodr. V. 346.* — ?Sideranthus Fraser.

c. EUAPLOPPUS *DC.* Achenia sericeo-villosa, elongata.
Euaplopappus DC. *Prodr. V. 347.* Diplopappi sp. Lessing. Pöpp. Grindeliae sp. Bertero.

d. LEUCOPSIS *DC.* Achenia villosa v. hirsuta, elongata. Pappus radii corollis disci longior.
Leucopsis DC. *Prodr. V. 348.*

e. PYROCHAETA *DC.* Achenia radii abortiva, pappi setis paucissimis; disci turbinata, sericeo-villosissima, pappo multiseto, scabro, rigidulo.
Pyrochaeta DC. *Prodr. V. 349.*

f. INULOPSIS *DC.* Corollae radii plurimae, ligulis linearibus. Achenia villosa, brevia, teretiuscula. Pappus?
Inulopsis DC. *Prodr. V. 349.*

g. HAPLODISCUS *DC.* Capitulum discoideum. Achenia villosa. Pappus . . . .
Aplodiscus DC. *Prodr. V. 350.*

2382. Pyrrocoma *HOOK.* **Capitulum** multiflorum, homogamum, discoideum. **Involucri** squamae plures, laxe imbricatae, plus minus squarrosae. **Receptaculum** epaleatum. **Corollae** tubulosae, fauce haud ampliata, limbi quinquedentati dentibus brevibus, erectis. **Antherae** ecaudatae, subinclusae. **Achenia** oblonga, teretiuscula, glabra. **Pappus** uniserialis, setis scabris, fulvis. — *Herbae perennes v. suffrutescentes, in America boreali et australi extratropica indigenae, simplices, erectae; foliis alternis, lanceolatis v. oblongis, coriaceis, subpubescentibus, parce dentato- v. spinoso-serratis, saepe punctatis, floribus luteis.*

Pyrrocoma Hooker *Flor. Bor. Amer. I. 306.* DC. *Prodr. V. 350.*

a. EUPYRROCOMA *DC.* Involucri squamae squarrosae, apice subrecurvae. Folia punctata. — *Herbae borealiamericanae.*
Eupyrrocoma DC. *l. c.* (Hooker *op. cit. t. 107.*)

b. CHROMOCHAETA. *DC.* Involucri squamae adpresse imbricatae, haud squarrosae. Folia impunctata. — *Suffrutices chilenses.*
Chromochaeta DC. *l. c.*

2383. Lessingia *CHAM.* **Capitulum** multiflorum, homogamum, radiatiforme, floribus omnibus tubulosis, radii majoribus. **Involucrum** imbricatum. **Receptaculum** nudum. **Corollae** tubulosae, **radii** majores, obconicae, profunde quinquelobae, **disci** cylindrico-tubulosae, limbo quinquedentato. **Antherae** ecaudatae, inclusae. **Achenia** compressa, erostria, sericeo-villosa. **Pappus** uniserialis, setis rufis, scabridis, rigidulis. — *Herba californica, procumbens, ramosa, adulta glabrata; foliis alternis, crassiusculis, infimis pinnatifidis, superioribus apice dentatis, capitulis solitariis, terminalibus et ramorum elongatione aluribus, floribus flavis.*

Lessingia Chamisso *in Linnaea IV. 203. t 2. f. 2.* Lessing *Synops. 388.* Cassini *Opusc. phytolog. III. 96.* DC. *Prodr. V. 351.*

2384. Linosyris *LOBEL.* **Capitulum** multiflorum, homogamum, discoideum. **Involucri** pauciserialis squamae imbricatae. **Receptaculum** planum, alveolatum, alveolarum marginibus carnosis, dentatis. **Corollae** tubulosae, limbo profunde quinquefido. **Antherae** ecaudatae, exsertae. **Achenia** oblonga, compressa, sericea, erostria. **Pappus** pilosus, biserialis, setis scabris. — *Herbae perennes, erectae, in Europa imprimis mediterranea et Asia boreali indigenae; foliis alternis, confertis, linearibus v. oblongis, subintegerrimis, capitulis ad apices ramorum solitariis, saepe corymbum formantibus, floribus luteis.*

Linosyris Lobel. *Histor. 223.* DC. *Prodr. V. 351.* Crinitaria Lessing *Synops. 195.* Crinitaria et Linosyris Cassini *in Dict. sc. nat. XXXVII. 475. 476.* Crinita Mönch *Method. 578.* excl. sp. Chrysocomae sp. Linn. Schkuhr *t. 238.* Waldst. et Kitaibel *Pl. Hung. t. 58.* Delile *Aegypt. t. 46. f. 2.*

2385. Chrysocoma *CASS.* **Capitulum** multiflorum, homogamum, discoideum. **Involucri** campanulati, floribus brevioris squamae oblongo-lanceolatae, imbricatae. **Receptaculum** nudum, subalveolatum. **Corollae** tubulosae, limbo quinquefido. **Antherae** ecaudatae, exsertae. **Achenia** lateraliter plano-compressa, vix hispidula, erostria. **Pappus** setaceo-pilosus, uniserialis. — *Frutices capenses; foliis alternis, linearibus, saepius integerrimis, ramis apice plus minus denudatis, monocephalis, capitulis subglobosis, floribus luteis.*

Chrysocoma Cassini *in Dict. sc. nat. XXXVII. 477.* Lessing *Synops. 193.* DC. *Prodr. V. 353.* Chrysocomae sp. Thunb. Linn.

2386. Pteronia *LINN.* **Capitulum** homogamum, discoideum, saepius multiflorum, rarius tri- v. uniflorum. **Involucri** pluriserialis squamae imbricatae, adpressae. **Receptaculum** alveolatum, alveolorum marginibus parum prominulis, v. plus minus in fimbrillas productis. **Corollae** tubulosae, limbo quinquefido. **Antherae** ecaudatae. **Achenia** compressa v. turbinata, glabra aut villosa, apice interdum in collum brevem attenuata. **Pappus** multiserialis, setaceo-paleaceus, setis crassiusculis, dense et breviter barbellatis, liberis v. basi in cupulam concretis. — *Fruticuli capenses, rigidi, ramosi; foliis alternis v. saepius oppositis, integerrimis v. rarissime subdentatis, glabris v. hirsutis, saepe ciliatis, capitulis terminalibus, solitariis v. corymbosis, floribus luteis aut rarius purpureis.*

Pteronia Linn. *gen. n. 937.* Thunberg *Flor. cap. 629.* DC. *Prodr. V. 356.*

a. SCEPINIA DC. *Prodr. V. 356.* Capitulum multi- v. pauciflorum. Receptaculum alveolatum, breviter fimbrilliferum. Achenia teretia v. subcompressa, villosa, apice minime in collum attenuata. Pappi paleae basi distinctae. — *Folia alterna v. opposita.*
Scepinia Necker *elem. n. 140.* Cassini *in Dict. sc. nat. XXXVII. 475. XLVIII. 44.* Pteronia et Henanthus Lessing *Synops. 195.* (Gärtn. *t. 167. f. 2.*)

b. PACHYDERRIS DC. *Prodr. V. 360.* Capitulum multiflorum. Receptaculum alveolatum. Achenia compressa (exteriora saepe trigona) sub pappo in collum brevem crassum, glabrum, villis occultatum attenuata. Pappi paleae basi distinctae. — *Folia opposita, rarius alterna.*
Pachyderris Cassini *in Dict. sc. nat. LVI. p. 170.* Lessing *Synops. 196.*

c. PTEROPHORUS DC. *Prodr. V. 364.* Capitulum multiflorum. Receptaculum fimbrilliferum. Achenia plano-compressa, glaberrima, erostria. Pappus subuniserialis, setis basi in annulum concretis. — *Folia sparsa, linearia, capitula solitaria in ramis fere ad apicem foliosis.*

Pterophorus Vaillant *in Act. Academ. Paris. 1719. p. 289.* Cassini *in Dict. sc. nat. XXXVII. 474.* Lessing *Synops. 193.* Pterophora Necker *elem. n. 139.* (Lam. *t. 667. f. 1.*)

DIVISIO IV. SOLENOGYNEAE DC. *Prodr. V. 365.* Capitulum discoideum, heterogamum, floribus radii pauciseriatis, tubulosis v. vix ligulatis, tenuissimis, subtridentatis, femineis; disci hermaphroditis, quinquedentatis.

2387. Duhaldea *DC.* Capitulum multiflorum, discoideum, heterogamum, floribus tubulosis, radii paucis femineis, disci pluribus, hermaphroditis. Involucri ovati, imbricati squamae triseriales, lineares, exteriores dorso subtomentosae, interiores glabrae, discum subaequantes. Receptaculum planum, nudum. Corollae tubulosae, radii minimae, disci fauce longa, limbo quinquedentato. Antherae ecaudatae. Achenia linearia v. teretiuscula, villosa. Pappus uniserialis, setis subrigidulis, acutis, scabris. — *Suffrutex sinensis, ramosus; ramulis subcorymbosis, conferte villosis, teretibus, adultis glabratis, foliis alternis, superioribus subsessilibus, ellipticis, obtuse mucronulatis, penninerviis, integerrimis v. parce calloso-denticulatis, supra sparse pilosis, subtus sericeo-canis, capitulis in apice ramulorum axillarium confertis, breviter pedicellatis, floribus flavis.*

Duhaldea DC. *Prodr. V. 366.*

2388. Microtrichia *DC.* Capitulum multiflorum, discoideum, heterogamum, floribus tubulosis, radii uni-biseriatis femineis, disci hermaphroditis. Involucrum uni-biseriale disco brevius. Receptaculum globosum, nudum. Corollae tubulosae, radii minimae, disci quinquedentatae. Antherae ...... Achenia sessilia, turbinata, erostria, glabriuscula. Pappus disci uniserialis, pilosus, brevissimus, radii conformis v. nullus. — *Suffrutex senegambicus, diffuse ramosissimus, cinereo-hirsutus; foliis alternis, sessilibus, oblongis, basi subcuneata integerrimis, apice latiori grosse dentatis, acutiusculis, floribus flavis.*

Microtrichia DC. *Prodr. V. 366.*

2389. Nolletia *CASS.* Capitulum multiflorum, discoideum, heterogamum, floribus tubulosis, radii uniseriatis femineis, disci hermaphroditis. Involucri bi-triseriati squamae imbricatae, lineares, acuminatae, floribus vix breviores, demum reflexae. Receptaculum planum, nudum. Corollae tubulosae, radii filiformes, disci limbo quinquedentato. Antherae ecaudatae. Achenia compresso-plana, erostria. Pappus uniserialis, setis corollas subaequantibus, scabris. — *Frutex mauritanicus, ramosissimus; foliis alternis, linearibus, integerrimis, utrinque strigilloso-subvillosis, ramis apice breviter denudatis, monocephalis, floribus flavis.*

Nolletia Cassini *in Dict. sc. nat. XXXVII. 479.* Lessing *Synops. 187.* DC. *Prodr. V. 366.* Conyza chrysocomoides Desfont. *Flor. atl. t. 232.*

2390. Sarcanthemum *CASS.* Capitulum multiflorum, heterogamum, floribus radii uniseriatis, subligulatis, femineis, disci tubulosis, hermaphroditis. Involucrum hemisphaericum, imbricatum, floribus paullo brevius. Receptaculum planum, paleaceo-fimbrilliferum. Corollae tubo inferne crasso, ampliato, radii in ligulam minimam productae, disci limbo quinquedentato. Antherae ecaudatae. Achenia radii compresso-obovata, pappo brevi, coroniformi, squamato, disci abortiva, ad callum basilarem reducta, pappo uniseriali, setoso-paleaceo, irregulari. — *Frutex mauritianus, glaber; foliis alternis, anguste oblongo-lanceolatis, basi attenuatis, apice serratis, obscure triplinerviis, corymbo composito terminali, capitulis ad apices pedunculorum confertis, subsessilibus, floribus flavis.*

Sarcanthemum Cassini *in Bullet. soc. philomat. 1818. p. 74. Dict. sc. nat. XLVII. 349.* Lessing *Synops. 191.* DC. *Prodr. V. 367.* Conyza Coronopus Lam.

2391. Leptothamnus *DC.* Capitulum multiflorum, discoideum, heterogamum, floribus tubulosis, radii uniseriatis, femineis, disci (stylo indiviso?) hermaphroditis. Involucri subtriserialis squamae floribus paulo breviores, imbricatae, acuminatae. Receptaculum planum, epaleatum, vix subalveolatum. Corollae tubulosae, radii filiformes, truncatae, disci limbo quinquedentato. Antherae ecaudatae. Achenia radii gracilia, glabra, disci obovato-oblonga, pubescenti-villosa. Pappus pilosus, deciduus, radii uniserialis, disci aequaliter biserialis v. saltim copiosior. — *Suffrutex capensis, erectus, gracilis, ramosus; foliis sparsis, erecto-adpressis, lineari-subulatis, nervo subtus prominente, rigide ciliolatis, ramis apice breviter aphyllis, monocephalis, hispido-scabris, involucris monocephalis, corollis e flavo purpurascentibus.*

Leptothamnus DC. *Prodr. V. 367.*

2392. Solenogyne *CASS.* Capitulum multiflorum, radiatiforme, heterogamum, floribus tubulosis, radii pluriseriatis, femineis, disci subdenis, ovarii abortu masculis. Involucri subhemisphaerici, flores aequantis squamae subtriseriales, inaequales, obtusae, subimbricatae, adpressae. Corollae tubulosae, radii tri- disci quinquedentatae. Antherae ecaudatae. Achenia oblongo-obovata, compressa, erostria, apice tuberculo terminata. Pappus nullus. — *Herba Novae-Hollandiae, parva, Bellii facie, basi foliata, caeterum aphylla; foliis alternis, inaequalibus, spathulatis, apice dentatis, caulibus filiformibus, scaposis, monocephalis, capitulis parvis, floribus luteis* (?).

Solenogyne Cassini *in Dict. sc. nat. LVI. 175.* Lessing *Synops. 193.* DC. *Prodr. V. 367.*

SUBTRIBUS II. BACCHARIDEAE Lessing *Synops 200.* Capitula heterogama v. dioica, nunquam radiata, floribus omnibus tubulosis, femineis in ambitu filiformibus. Receptaculum epaleatum. Antherae ecaudatae. — *Folia alterna.*

DIVISIO I. CONYZEAE Lessing *Synops. 200.* Capitula heterogama, monoica.

SUBDIVISIO I. SPHAERANTHEAE DC. *Prodr. V. 368.* Capitula in glomerulos sphaericos congesta, ad bractearum axillas sessilia. — *Species omnes gerontogaeae.*

2393. Blepharispermum *WIGHT.* Capitula plurima, in glomerulum globosum coacervata, biflora, flore altero femineo, altero masculo. Involucrum commune glomeruli bracteae foliaceae v. membranaceae, proprium capituli squamae subbinae breves, ovatae. **Receptaculum** angustissimum, palea lineari cuivis flori adjecta, altera sub flore femineo plana, altera sub masculo conduplicata. **Corollae** tubulosae, floris feminei tri-, masculi quinquedentatae. **Antherae** apice appendiculatae, basi ecaudatae. **Stylus** floris feminei brevis, inclusus, apice vix bifidus, infra emarginaturam subtumidulus, puberulus. **Achenium** floris **feminei** obovato-oblongum, obcompressissimum, subtetragonum, angulis duobus nerviformibus lateribusque glaberrimis, duobus marginalibus longe ciliatis; floris **masculi** sterile, elongatum, gracile, glabrum. **Pappus** achenii feminei e paleis tribus v. quinque scariosis, acuminatissimis, masculi nullus. — *Suffrutices indici, glaberrimi; ramis teretibus, gracilibus, foliis alternis, ovatis v. ovalibus, integerrimis, penninerviis, glomerulis ramos terminantibus.*

Blepharispermum Wight *Contribut. 11.* DC. *Prodr. V. 368.*

2394. Athroisma *DC.* **Capitula** plurima, in glomerulum ovatum conferta, bracteis concavis interstincta, pluriflora, heterogama, floribus tubulosis, exterioribus quaternis v. quinis femineis, interioribus paucis masculis. **Involucrum** commune glomeruli nullum, partialia capitulorum oligophylla, bracteis paleiformibus vix distincta. **Receptaculum** nudum. **Corollae** tubulosae, **femineae** tenues, quadri-quinquedentatae, **masculae** apice latiores, quinquedentatae. **Antherae** ...... **Stylus** in floribus femineis apice bifidus, glabriusculus. **Achenia** nigra, obcompresso-ovalia, hinc plana, illinc convexa, ad angulum marginalem apice ciliata, caeterum glabra. **Pappus** parcus, villum referens, subsetosus. — *Herba indica, basi suffruticosa, erecta, ramosa, parce subpuberula; foliis alternis, petiolatis, lyrato-pinnatipartitis, lobis oblongis, obtusis, dentatis, glomerulo terminali, subsessili, stramineo.*

Athroisma DC. *in Guillem. Archiv. Bot. II. 516. Prodr. V. 368.*

2395. Sphaeranthus *VAILL.* **Capitula** plurima, in glomerulum subglobosum dense aggregata, bracteis interstincta, pluriflora, heterogama, floribus tubulosis, exterioribus femineis pluriseriatis, centralibus stylo imperfecto masculis. **Involucrum** commune glomeruli varium, partialia capitulorum uni-bi-triseriata, polyphylla. **Receptaculum** nudum. **Corollae** tubulosae, **femineae** indurato-dilatatae, saepe tridentatae, **masculae** quinquedentatae. **Antherae** ecaudatae. **Stylus** in floribus femineis bifidus, in centralibus indivisus. **Achenia** erostria, pilosiuscula v. glabra. **Pappus** nullus. — *Herbae inter tropicos veteris orbis obviae; foliis alternis, longe secus caulem decurrentibus, pedunculis alatis v. apiceris, monocephalis, glomerulis densis, corollis violaceis.*

Sphaeranthus Vaillant *in Act. Academ. Paris. 1719. p. 289.* Linn. *gen. n. 998.* Gärtn. *II. 413.* Cassini *in Dict. sc. nat. L. 208.* Lessing *Synops. 201.* DC. *Prodr. V. 369.*

a. EUSPHAERANTHUS *DC.* **Glomeruli** axis solida. **Capitulorum** bracteae omnes lineares, molles, floribus subaequales, exteriores commune glomeruli involucrum haud constituentes. — *Species indicae.*

Eusphaeranthus DC. *Prodr. V. 369.* (Lam. *t. 718. f. 1.?*)

b. CUSPIDELLA *DC.* **Glomeruli** axis solida. **Capitulorum** bracteae acuminato-pungentes, exteriores commune glomeruli involucrum distincte formantes, interiores flores vix aequantes. — *Species africanae.*

Cuspidella DC. *Prodr. V. 370.*

c. POLYCEPHALOS *DC.* **Glomeruli** axis solida v. cavo-lacunosa. **Capitulorum** bracteae ovato-lanceolatae, cuspidatae, rigidae, floribus longiores, exteriores commune glomeruli involucrum haud formantes. — *Species asiaticae, africanae, australasicae.*

Polycephalos DC. *l. c.* Polycephalos Forskael *Aegypt. 154.* Oligolepis Cassini *in Dict. sc. nat. L. 212.* (Lam. *t. 718. f.* 2. Gärtn. *t. 164.*)

SUBDIVISIO II. GRANGEINEAE DC. *Prodr. V. 371.* **Capitula** heterogama, monoica, in glomerulum haud congesta. **Pappus** nullus v. subnullus.

2396. Dichrocephala *DC.* **Capitulum** multiflorum, heterogamum, floribus omnibus tubulosis, marginalibus multiserialibus, femineis, centralibus paucis, abortu masculis. **Involucri** subuniserialis, expansi squamae ovatae, subaequales. **Receptaculum** conicum, nudum. **Corollae** tubulosae, marginis cylindricae, obsolete triquadridentatae, centrales fauce campanulata, limbo quadridentato. **Antherae** ecaudatae. **Stylus** inclusus. **Achenia** compressa, erostria; marginalia **pappo** nullo, centralia abortiva, **pappo** unibiseto, brevissimo. — *Herbae annuae, per Africam australem et Asiam dispersae, hirsutiusculae v. subglabrae, ramosae, adscendentes v. erectae; foliis alternis, dentatis, cuneatis aut petiolatis, petiolo nudo v. appendiculato, capitulis globosis, parvis, in racemos v. paniculas dispositis, pedicellis propriis nudis brevioribus.*

Dichrocephala DC. *in Guillem. Archiv. Bot. II. 517.* Wight *Contribut. 11.* DC. *Prodr. V. 371.* Centipeda Lessing *Synops. 200.* non Loureir. Cotulae sp. Roxb. Blume. Grangeae sp. Lam. *t. 699. f. 1.* Ethuliae sp. Sehkuhr *t. 235.*

2397. Grangea *ADANS.* **Capitulum** multiflorum, heterogamum, floribus omnibus tubulosis, radii bi-pluriseriatis, femineis, disci hermaphroditis. **Involucri** biseriati squamae oblongae, obtusae. **Receptaculum** hemisphaericum, nudum. **Corollae** tubulosae, femineae angustissimae, tridentatae, hermaphroditae quinquedentatae. **Antherae** ecaudatae. **Stylus** radii bifidus, disci indivisus. **Achenia** obovata, lateraliter subcompressa, apice truncata v. in rostrum cupulatim expansum producta. **Pappus** brevissimus, piloso-dentatus, cupulae margini insidens. — *Herbae annuae, in Asia tropica et Africa indigenae, plus minus villosae; foliis alternis, semiamplexicaulibus, sinuato-pinnatifidis, lobis obtusis, capitulis solitariis, subglobosis, in pedunculis oppositifoliis v. terminalibus.*

Grangea Adanson *Fam. II. 121.* DC. *Prodr. V. 372.*

a. CRASSICOLLA DC. *l. c.* **Flores** radii pluriseriales. **Rostrum** achenii prominens, albidum, cellulosum, semine fere crassius. — *Herba Indiae australis.*

Grangea Adans. *l. c.* Cassini *in Dict. sc. nat. XIX. 304.* Lessing *Synops. 201.* Artemisia maderaspatana Linn.

b. LEPTODERRIS DC. *l. c.* **Flores** radii pluriseriales. **Rostrum** achenii compressi, ovalis, utrinque attenuati, gracile, in cupulam expansum. — *Herba aegyptiaca.*

Tanacetum aegyptiacum Jacq. *Hort. Vindob. III. t. 88.* (Lam. *t. 699. f. 3.*)

c. PYRARDA DC. *l. c.* **Flores** radii biseriales. **Achenium** apice truncatum, rostro calloso, vix conspicuo v. nullo. — *Herbae senegambicae.*

Pyrarda Cassini *in Dict. sc. nat. XLI. 120.* Lessing *Synops. 202.* non Adans.

2398. Cyathocline *CASS.* **Capitulum** multiflorum, heterogamum, floribus omnibus tubulosis, marginalibus multiseriatis, femineis, centralibus plurimis, masculis. Involucrum pluriseriale, discum subaequans. Receptaculum nudum, supra involucri basim elevatum, cupuliforme. Corollae tubulosae, femineae tenuissimae, limbo parvo, tridentato, masculae tubo obconico, limbo quinquedentato. Antherae ..... Stylus ..... Achenia glabra, oblonga, utrinque attenuata, rostro brevi, pellucido. Pappus nullus. — *Herbae indicae, erectae, ramosae, viscoso-puberulae, odoratae; foliis alternis, pinnatipartitis, lobis obovatis linearibusve dentatis, dentibus lobulisve secus rhachim immixtis, caulinis basi in auriculas dentatas, magnitudine varias dilatatis, capitulis parvis, subglobosis, albidis, in racemos corymbosos, nudos, terminales dispositis.*

Cyathocline Cassini *in Annal. sc. nat. 1829. p. 34. Dict. sc. nat. LX. 581. et 595.* Lessing *Synops. 202.* DC. *Prodr. V. 373.* Tanacetum viscosum Wallich.

2399. Lestadia *KUNTH.* Capitulum multiflorum, heterogamum, floribus omnibus tubulosis, marginalibus pluriseriatis, femineis, centralibus masculis. Involucrum imbricatum. Receptaculum planum, nudum. Corollae tubulosae, limbo quinquedentato, femineae tenuiores. Antherae ...... Stylus .... Achenia oblonga, rostrata. Pappus nullus. — *Fruticulus austro-americanus, quadripollicaris, ramosissimus; foliis confertis, linearibus, hirsutis, capitulis solitariis ramos superne aphyllos terminantibus.*

Lestadia Kunth *in Lessing Synops. 203.* DC. *Prodr. V. 374.*

*

2400. Gymnarrhena *DESF.* Capitulum multiflorum, heterogamum, floribus omnibus tubulosis, marginalibus multiseriatis, femineis, centralibus denis duodenisve, ovario effoeto masculis. Involucri uniserialis squamae paucae, v. iis deficientibus bracteae foliaceae binae v. solitariae. Receptaculum convexum, in ambitu paleas flores femineos primum involventes, demum increscentes, in centro fimbrillas, floribus interjectas gerens. Corollae tubulosae, femineae basi incrassatae, demum increscentes, tri-quadridentatae, masculae fauce dilatata, limbo quadridentato. Antherae ecaudatae. Stylus floris feminei bifidus, ramis longis, gracilibus, semiteretibus, masculorum simplex, subclavellatus, acutus, grosse papillosus. Achenia in ambitu villosa, oblonga, in centro teretia, glabra, inania. Pappus acheniorum perfectorum pluriserialis, setosus, scaber, abortivorum uniserialis, setis quinis senisve, basi inter se connatis. — *Herba persica, annua, humilis, ramosa; foliis alternis, paucis, confertis, oblongis, capitulum bracteantibus, floribus flavidis.*

Gymnarrhena Desfont. *in Mém. Mus. IV. 1. t. 1.* Cassini *in Dict. sc. nat. XXI. 111. XXIII. 566.* Lessing *Synops. 419.* DC. *Prodr. V. 374.* Gymnarhena Steudel *Nomencl.*

SUBDIVISIO III. EUCONYZEAE DC. *Prodr. V. 375.* Capitula in glomerum haud congesta. Pappus pilosus, unibiserialis.

2401. Thespis *DC.* Capitulum multiflorum, heterogamum, floribus omnibus tubulosis, marginalibus multiseriatis, femineis, centralibus paucis, masculis. Involucri pluriserialis squamae oblongae, acutae, disco subbreviores. Receptaculum planum, nudum, punctulatum. Corollae tubulosae, femineae tenuissimae, subconicae, stylum includentes, masculae tubo brevissimo, limbo campanulato, quinquedentato. Antherae ecaudatae, inclusae. Achenia compressa, glabra. Pappus achenio brevior, setis 7—8, crassiusculis, barbellatis. — *Herbae indicae, annuae, erectae, ramosae, glabrae; caule tereti, foliis alternis, oblongis, basi angustatis, apice dentatis, pedunculis axillaribus et terminalibus, capitulis paucis, parvis, subcorymboso-congestis, floribus flavidis, pappo juniore albo, demum subrufescente.*

Thespis DC. *in Guillemin Archiv. Bot. II. 517. Prodr. V. 375.* Cotulae sp. Wallich.

2402. Karelinia *LESS.* Capitulum multiflorum, heterogamum, floribus omnibus tubulosis, marginalibus multiseriatis, femineis, centralibus octonis-denis, hermaphroditis. Involucri cylindrici squamae ovato-lanceolatae, rigidae, adpressae. Receptaculum planum, nudum. Corollae femineae filiformes, truncatae, hermaphroditae tubulosae, quinquefidae. Antherae ecaudatae. Stylus in floribus femineis gracilis, glaber, stigmatibus divergentibus, elongatis, in hermaphroditis inclusus, longe hispidulus, lobis brevibus, erectis. Achenia cylindracea, erostria. Pappus in femineis uniserialis, setis tenuissimis, capillaribus, elongatis, in hermaphroditis pluriserialis, setis apice barbellatis. — *Herba caspica, perennis, erecta, ramosa, glabra; foliis sessilibus, oblongolanceolatis, integerrimis, margine subscabris, capitulis corymbosis, cylindricis, floribus purpurascentibus.*

Karelinia Lessing *msc. ex DC. Prodr. V. 375.* Serratula caspia Pallas *Voy. II. t. 13.*

2403. Berthelotia *DC.* Capitulum multiflorum, heterogamum, floribus omnibus tubulosis, marginalibus pluriseriatis, femineis, disci paucis, hermaphroditis v. ovario effoeto masculis. Involucri ovati, pluriserialis squamae imbricatae, adpressae, exteriores latae, breves, obtusae, intimae lineares, discum aequantes, acutae, scariosae. Receptaculum planum, nudum, punctatum. Corollae tubulosae, marginales tenuissimae, bi-tridenticulatae, disci majores, limbo quinquedentato. Antherae ecaudatae. Stylus in floribus femineis gracilis, glaber, exsertus, bifidus, in hermaphroditis papillosus, subinclusus, stigmatibus abbreviatis, papilloso-hispidis. Achenia sessilia, teretiuscula, glabra, erostria. Pappus uniserialis, marginis setis tenuissimis, vix scabridis, basi subdistinctis, centri setis rigidis, basi subpaleaceis, concretis, apice barbellato-scabris. — *Fruticulus in India orientali et in Senegambia observatus, erectus, ramosus, pube brevissima, subadpressa molliter canescens; foliis alternis, sessilibus, lanceolatis, mucronatis, rigidulis, integerrimis v. interdum acute serratis, nervosis, capitulis oblongis, ad apices ramorum dense corymbosis, floribus purpurascentibus.*

Berthelotia DC. *Prodr. V. 376.* Conyzae sp. Wallich, Perrotet.

2404. Laennecia *CASS.* Capitulum multiflorum, heterogamum, floribus omnibus tubulosis, marginalibus pluriseriatis, femineis, centralibus hermaphroditis. Involucri campanulati squamae imbricatae, lineares, apice subulato-acuminatae, coloratae, glabrae. Receptaculum nudum, punctulatum. Corollae tubulosae, marginales tenuissimae, bi-tridentatae, centrales majores, quinquedentatae. Antherae ecaudatae. Achenia oblongo-obovata, compressa, villosa, erostria. Pappus conformis, biserialis, setosus, serie exteriore brevi, multiseta, interiore longa, pilosa. — *Herbae americanae tropicae, lunutae, habitu gnaphalioideo; foliis alternis, oblongolinearibus, dentatis v. incisis, capitulis ad apices ramulorum axillarium saepius solitariis.*

Laennecia Cassini *in Dict. sc. nat. XXV. 91. XXXVII. 462. et 482.* Lessing *Synops. 203.* DC. *Prodr. V. 376.* Conyza gnaphalioides Kunth *in Humb. et Bonpl. Nov. gen. et sp. t. 327.*

2405. Conyza *LESS.* Capitulum multiflorum, heterogamum, floribus omnibus tubulosis, marginalibus multiseriatis, femineis, centralibus paucis, hermaphroditis v. masculis. Involucri squamae pluriseriales. Receptaculum epaleatum, punctulatum v. fimbrilliferum, planum v. convexum. Corollae tubulosae, marginis filiformes, truncatae v. brevissime bi-tridentatae, centri majores, limbo quinquedentato. Antherae ecaudatae. Achenia compresso-plana, plerumque glabra, basi attenuata, erostria. Pappus uniserialis, setis filiformibus, vix scabris. — *Herbae in regionibus tropicis et temperatis totius orbis provenientes, in America rariores; caulibus erectis, ramosis, teretibus, foliis alternis, variis, integris v. varie incisis, semiamplexicaulibus, capitulis pedunculatis, corymbosis v. subpaniculatis, floribus flavis, pappo rufo v. rufescente.*

Conyza Lessing *Synops. 203.* DC. *Prodr. V. 377.* Conyzae sp. Linn.

a. ANDRYALOIDES *DC.* Receptaculum alveolare, alveolorum marginibus integris. Achenia pappum manifeste scabrum aequantia v. subsuperantia. — *Herba indica, subacaulis, lanato-tomentosa, scapis monocephalis.*

Andryaloides DC. *Prodr. V. 377.*

b. DIMORPHANTHES *Cass.* Receptaculum planum, nudum v. brevissime alveolato-subfimbrilliferum. Achenia pappo setiformi multo breviora.

Dimorphanthes Cassini *in Dict. sc. nat. XIII. 254. XXV. 93. XXXVII. 461. et 481.* DC. *Prodr. V. 377.* Eschenbachia Mönch *Meth. 573.* Erigerontis sp. Linn. Jacq. *Hort. Vindob. I. t. 79. III. t. 19.* (Kunth *in Humb. et Bonpl. Nov. gen. et sp. t. 336.* Ledebour *Ic. t. 100.*)

c. TUBIFERA *DC.* Receptaculum fimbrilliferum, fimbrillis elongatis, aequalibus. Achenia pappo setiformi multo breviora. — *Species mauritiana.*

Tubifera DC. *Prodr. V. 386.* C. laurifolia Lam.

d. FIMBRILLARIA *Cass.* Receptaculum fimbrilliferum, fimbrillis centri longioribus, saepe setiformibus. Achenia pappo setiformi multo breviora. — *Species capenses.*

Fimbrillaria Cassini *in Dict. sc. nat. XVII. 54.* DC. *Prodr. V. 387.* Erigerontis sp. Linn.

2406. Phagnalon *CASS.* Capitulum multiflorum, heterogamum, floribus omnibus tubulosis, marginalibus pluriseriatis, femineis v. ovario efoeto neutris, centralibus hermaphroditis. Involucri imbricati squamae plus minus scariosae. Receptaculum planum, nudum. Corollae tubulosae, marginis tenuissime filiformes, centrales ampliores, limbo quinquedentato. Antherae ecaudatae. Achenia teretiuscula, adpresse villosa, erostria. Pappus conformis, uniserialis, piloso-setaceus, setis paucis, subscabris. — *Fruticuli mediterranei et canarienses; ramis teretibus, tomentosis, foliis sparsis, linearibus v. lanceolatis, integerrimis v. subdentatis, subtus tomentosis, saepe marginibus revolutis, capitulis ramos ut plurimum apice aphyllos terminantibus, plerumque solitariis, ebracteatis, floribus luteis v. lutescentibus.*

Phagnalon Cassini *in Bullet. soc. philomat. 1819. p. 174. Dict. sc. nat. XIX. 118. XXIII. 561. XXXIX. 400.* Lessing *Synops. 402.* DC. *Prodr. V. 397.* Conyzae et Gnaphalii sp. Linn. et Auct.

2407. Chionolaena *DC.* Capitulum multiflorum, heterogamum, floribus omnibus tubulosis, marginalibus pluriseriatis, femineis, disci paucis, ovario efoeto masculis. Involucri pluriserialis squamae lineares, siccae, albae, glabrae, demum deciduae. Receptaculum nudum, punctatum, post involucri lapsum persistens. Corollae tubulosae, marginales tenuissimae, truncatae v. bidentatae, centrales ampliores, quinquedentatae. Antherae ecaudatae. Achenia teretiuscula, gracilia, villosa, erostria. Pappus uniserialis, setosus. — *Suffrutex brasiliensis, arboris imaginem minutam referens; trunco nudo, ramis foliosis, apice sericeo-canis, mox glabris, foliis alternis, confertis, patulis, linearibus, acutis, supra glabris, subtus sericeo-canis, enerviis, capitulis ramos terminantibus solitariis, sessilibus.*

Chionolaena DC. *Prodr. V. 397.*

2408. Elachothamnos *DC.* Capitulum multiflorum, heterogamum, floribus omnibus tubulosis, marginalibus pluriseriatis, femineis (?), centralibus paucioribus, hermaphroditis. Involucri tri-quadriseriati squamae imbricatae, lineares, acutae. Receptaculum nudum. Corollae tubulosae, marginis tenuissime filiformes, centri ampliores, limbo quinquedentato. Antherae ... Achenia teretiuscula. Pappus marginis pluriserialis, setosus, setis conformibus, centri biserialis, squamellis exterioribus paleaceis, acutis, interioribus paucioribus, setiformibus. — *Frutex Novae-Hollandiae, Mesembryanthemi facie, bipedalis, erectus, ramosus, glaber; foliis sparsis, teretiusculis, carnosis, integerrimis, acutis, erectis, ramis apice squamellatis, monocephalis.*

Elachothamnus DC. *Prodr. V. 398.*

SUBDIVISIO IV. EUBACCHARIDEAE DC. *Prodr. V. 398.* Capitula dioica.

2409. Polypappus *LESS.* Capitula dioica, homogama, floribus tubulosis. Involucri campanulati squamae imbricatae. Rhachis plana, nuda. Corollae tubulosae, femineae filiformes, masculae ampliores, quinquedentatae. Antherae ...... Stylus ...... Achenia teretiuscula. Pappus femineis et masculis floribus conformis, pluriserialis, setis plurimis, apice clavellatis. — *Fruticuli brasilienses et mexicani; ramulis pubescentibus, demum glabratis, foliis alternis, sessilibus, oblongo-subcuneatis, triplinerviis, capitulis ramos terminantibus solitariis, majusculis, floribus purpurascentibus.*

Polypappus Lessing *in Linnaea IV. 314. VI. 149. Synops. 204.* DC. *Prodr. V. 398.*

2410. Baccharis *LINN.* Capitula dioica, homogama, floribus tubulosis. Involucri subhemisphaerici v. oblongi squamae pluriseriales, imbricatae. Receptaculum nudum, v. rarissime subpaleaceum. Masc. Corollae tubulosae, fauce dilatata, limbo quinquefido. Antherae exsertae, ecaudatae. Stylus plus minus imperfectus. Achenia efoeta. Pappus pilosus, uniserialis, saepius tortuosus v. subplumoso penicillatus, involucrum subaequans. Fem. Corollae filiformes, subtruncatae. Antherae omnino nullae. Stylus bifidus, exsertus. Achenia sulcato-costata, v. rarius teretia. Pappus uni-pluriserialis, setis apice attenuatis, involucro longioribus. — *Herbae v. saepius frutices, interdum arborescentes, per omnem Americam, frequentius inter tropicos provenientes, saepius glabri et resinoso-viscosi, interdum villosi; fo-*

liis alternis v. rarissime oppositis, plerumque utrinque in nervulum v. alam decurrentibus, integerrimis v. dentatis, capitulis varie dispositis, floribus saepissime albis.

Baccharis Linn. *gen. n. 949.* excl. sp. Lam. *t. 698.* L. C. Richard *in Michaux Flor. Bor. Amer. II. 125.* Duhamel *Arbr. ed. II. t. 60.* Kunth *in Humb. et Bonpl. Nov. gen. et sp. 322—325.* R. Brown *in Linn. Transact. XII. 115.* DC. *Prodr. V. 398.* Molina Ruiz et Pav. *Prodr. III. t. 24.* Baccharis et Sergilus Gartn. *II. 409. t. 174.* Baccharis et Molina Lessing *Synops. 204. 205.* Baccharis Cassini *in Dict. sc. nat. XVII. 3.* Sergilus Cass. *op. cit. XXVI. 431.* Pingraea Cass. *op. cit. XLI. 58.* Tursenia Cass. *op. cit. XXXVII. 480.* Arrhenachne Cass. *op. cit. LII. 253.*—Stephananthus Lehmann *Index sem. hort. Hamb. 1826. p. 18.*

SUBTRIBUS III. TARCHONANTHEAE Lessing *Synops. 205.* Capitula dioica v. heterogama, nunquam radiata, floribus omnibus tubulosis, marginalibus pluriseriatis, tenuissimis, femineis; centralibus paucioribus, majoribus, hermaphroditis v. masculis. Antherae ecaudatae. — *Folia alterna.*

DIVISIO I. EUTARCHONANTHEAE DC. *Prodr. V. 429.* Capitula dioica.

2411. Brachylaena *R. BR.* Capitula multiflora, dioica, homogama, floribus tubulosis. Involucri imbricati squamae siccae, corollis breviores. Receptaculum angustum, nudum. Masc. Corollae tubulosae, limbo inaequaliter quinquedentato. Antherae connatae, basi bisetae. Stylus filiformis, simplex. Ovarium effoetum, hispidum. Pappus paucisetus. Fem. Corollae ut in maribus, sed angustiores. Antherae liberae, efoetae. Stylus apice breviter bifidus, stigmatibus latis. Achenia glanduloso-pubescentia. Pappus biserialis, setis scabridis. — *Frutices v. arbusculae capenses; foliis alternis, breviter petiolatis, coriaceis, integerrimis v. dentatis, utrinque glabris v. subtus tomentosis, capitulis in racemos subpaniculatos dispositis, corollis luteis.*

Brachylaena R. Brown *in Linn. Transact. XII. 115.* Lessing *Synops. 208.* DC. *Prodr. V. 429.* Oligocarpha Cassini *in Dict. sc. nat. XXXVI. 21.* Baccharidis sp. Linn. Tarchonanthis sp. Thunb. Willd.

2412. Tarchonanthus *LINN.* Capitula saepius multiflora, dioica, homogama, floribus tubulosis. Masc. Involucri squamae quinque, uniseriales, ad medium coalitae. Receptaculum epaleatum, hirsutum. Corollae tubuloso-campanulatae, quinquedentatae, extus viscoso-hirsutae, intus glabrae. Antherae in tubum coalitae, exsertae, breviter appendiculatae, basi longe bisetae, filamentis glabris. Ovarium abortivum. Nectarium amplum, callosum, apice concavum, ovarium intra corollam liberum mentiens. Stylus filiformis, apice obsolete bilobus. Fem. Involucri biserialis squamae plurimae, distinctae. Receptaculum et corollae ut in masculis. Stamina abortiva. Nectarium nullum. Stylus exsertus, apice bilobus, lobis arcuato-revolutis. Achenia lanato-hirsutissima. Pappus nullus. — *Arbusculae capenses; foliis alternis, petiolatis, coriaceis, supra reticulato-areolatis, demum glabris, subtus tomentosis, capitulis terminalibus paniculatis v. rarius ad axillas solitariis.*

Tarchonanthus Linn. *gen. n. 301.* Gärtn. *II. 392.* Cassini *in Dict. sc. nat. LII. 245.* Lessing *Synops. 208.* DC. *Prodr. V. 431.* non Vaill.

a. EUTARCHONANTHUS *DC.* Capitula feminea tri-quinqueflora, involucri squamis late ovatis. Achenia hirsutissima. — *Folia indivisa.*

Eutarchonanthus DC. *Prodr. V. 431.* (Lam. *t. 671.* Gärtn. *t. 166.*)

b. HENOTOGYNA *DC.* Capitula feminea uniflora, involucri squamis linearibus. Achenia parce hirsuta. — *Folia cuneata, basi subsinuata, apice obtuse trifida, lobo medio minore.*

Henotogyna DC. *Prodr. V. 432.*

DIVISIO II. PLUCHEINEAE DC. *Prodr. V. 432.* Capitula heterogama v. monoica.

2413. Blumea *DC.* Capitulum multiflorum, heterogamum, floribus omnibus tubulosis, marginalibus pluriseriatis, femineis, centralibus paucis, masculis. Involucri pauciserialis squamae subimbricatae, lineares, acuminatae. Receptaculum planum, omnino nudum, v. interdum tenuissime fimbrilliferum, hirsutum. Corollae tubulosae, femineae tenuissime filiformes, truncatae v. obsolete bi-tridentatae, masculae cylindricae, fauce aequali v. vix dilatata, limbo quinquedentato. Antherae basi tenuissime caudatae. Achenia teretiuscula. Pappus uniserialis, setis capillaribus, vix subscabris. — *Herbae v. suffrutices, inter tropicos Asiae copiosissime provenientes, in Africa rarae; foliis alternis caulibusque saepissime villosis, capitulis paniculatis v. laxe corymbosis, floribus flavis v. purpurascentibus.*

Blumea DC. *in Guillem. Archiv. Bot. II. 514.* DC. *Prodr. V. 432.* non Alior. Erigeron Don *nepal. 171.* non Linn. Conyzae sp. Blume, Wallich.

2414. Pluchea *CASS.* Capitulum multiflorum, heterogamum, floribus omnibus tubulosis, marginalibus pluriseriatis, femineis, centralibus paucis, hermaphrodito-sterilibus v. masculis. Involucri pluriserialis squamae imbricatae, ovatae. Receptaculum planum, nudum v. hirsuto-fimbrilliferum. Corollae tubulosae, femineae tenuissime filiformes, truncatae v. obsolete bi-tridentatae, masculae ampliores, limbo quinquedentato. Antherae bicaudatae. Achenia cylindracea v. sulcato-angulata. Pappus uniserialis, setis filiformibus, vix scabris. — *Herbae v. suffrutices, in America, Asia et Africa calidiore provenientes; foliis alternis, variis, saepe pubescenti-glandulosis, capitulis pedicellatis, corymbosis.*

Pluchea Cassini *in Bullet. soc. philomat. 1817. p. 31.* DC. *Prodr. V. 449.*

a. STYLIMNUS *DC. Prodr. V. 450.* Receptaculum nudum.

Stylimnus et Gymnema Rafin. *Journ. Phys. p. 100. et Ann. nat. p. 15.* Leptogyne Elliot *Carolin. II. 322.* non Less. Pluchea et Chlaenobolus Cassini *in Dict. sc. nat. XLII. 1.* Baccharidis et Conyzae sp. Linn. et Auct. Jacq. *Ic. rar. t. 585.* Kunth *in Humb. et Bonpl. Nov. gen. et sp. t. 328.* —? Placus Loureiro *Flor. cochinch. II. 606.*

b. HEBEPHORA DC. *Prodr. V. 453.* Receptaculum hirsutum.

2415. Pterocaulon *ELL.* Capitulum multiflorum, heterogamum, floribus omnibus tubulosis, marginalibus pluriseriatis, femineis, centralibus paucis, masculis. Involucri oblongi, pluriserialis squamae imbricatae, adpressae v. apice subsquarrosae, caducissimae. Receptaculum planum, tenuissime fimbrillifero-hirsutum, rarius nudum. Corollae tubulosae, femineae filiformes, tridentatae, masculae ampliores, quinquedentatae. Antherae basi subulato-bicaudatae. Achenia angulata, adpresse pilosa. Pappus pluriserialis, setis filiformibus, aequalibus, involucro longioribus. — *Herbae interdum basi suffruticosae, in America boreali calidiore et tropica provenientes; rhizomate tuberoso, saepe lignoso, caule* *tomentoso, sexfariam foliaceo-alato, foliis alternis, lanceolatis, integerrimis v. denticulatis, supra glabris v. junioribus araneosis, sublus tomentosis, utrinque in caulis alas productis, capitulis sessilibus glomeratis, in spicas v. thyrsos spicatos dispositis.*

Pterocaulon Elliot *Carolin. II. 323.* DC. *Prodr. V. 453.* Chlaenobolus Cassini *in Dict. sc. nat. XLIX. 337.* Plucheae sp. Less.

a. CHLAENOBOLUS DC. *l. c.* Receptaculum hirsutum. — Conyzae sp. Linn. Swartz.

b. PTEROCAULOPSIS DC. *l. c.* Receptaculum nudum.

2416. Monenteles *LABILL.* Capitulum pluriflorum, heterogamum, floribus omnibus tubulosis, marginalibus bi-triseriatis, femineis, centralibus paucissimis v. unico hermaphrodito, interdum ovario effoeto masculo. Involucri oblongi squamae biseriatae, subaequales, persistentes. Receptaculum planum, angustum, nudum. Corollae tubulosae, femineae filiformes, apice subdentatae, hermaphroditae cylindricae, extus subglandulosae, limbo quinquedentato. Antherae basi subulato-bicaudatae. Achenia oblonga, subcompressa, parce villosa. Pappus uniserialis, setis filiformibus, ima basi subconcretis, involucrum vix superantibus. — *Herbae habitu gnaphalioideo, in Asiae tropicae insulis indigenae; foliis oblongis v. lanceolatis, denticulatis, utrinque secus caulem in alas longas integerrimas decurrentibus, capitulis sessilibus, ad axillas foliorum floralium fasciculatis, spicas interruptas formantibus.*

Monenteles Labillard. *Nov. Caled. t. 43. 44.* Cassini *in Dict. sc. nat. LIII. 236.* DC. *Prodr. V. 455.* Tessariae sp. Lessing.

2417. Tessaria *RUIZ et PAV.* Capitulum multiflorum, heterogamum, floribus omnibus tubulosis, marginalibus pluriseriatis, femineis, centralibus paucis v. unico hermaphrodito, nunc ovario efoeto masculo. Involucri oblongi squamae imbricatae, scariosae, exteriores breves, ciliatae, persistentes, interiores elongatae, acutae, integerrimae, deciduae. Receptaculum tenuiter fimbrilliferum, hirsutum. Corollae femineae filiformes, truncatae v. bi-tridentatae, centrales majores, apice dilatatae, quinquefidae. Antherae basi brevissime caudatae. Achenia brevia, teretiuscula, glabra. Pappus uniserialis, setis filiformibus. — *Frutices Americae australis; foliis ramulisque adpresse cano-villosis, foliis alternis, ovali-oblongis v. lanceolatis, integerrimis v. dentatis, corymbis terminalibus ramosis, corollis centri purpureis, marginis pallidioribus.*

Tessaria Ruiz et Pav. *Prodr. 112. t. 24.* Cassini *in Dict. sc. nat. LIII. 233.* DC. *Prodr. V. 456.* Gynheteria Willd. *in Berl. Magaz. 1807. p. 140.* Gyneteria Spreng. *Neue Entdeck. II. 135.* Gynheteria et Tessariae sp. Lessing *Synops. 207. 208.* — ? Phalacromesum Cassini *in Dict. sc. nat. LIII. 235. LVII. 339. LX. 586.*

2418. Monarrhenus *CASS.* Capitula pluriflora, heterogama, floribus omnibus tubulosis, marginalibus subbiseriatis, femineis, centrali unico hermaphrodito v. ovario efoeto masculo. Involucri campanulati, floribus paullo brevioris squamae oblongae, obtusae, apice subtomentosae. Receptaculum planum, parvum, nudum. Corollae tubulosae, femineae filiformes, tri-quadrilobae, mascula cylindrica, extus subglandulosa, limbo quinquedentato. Antherae apice longe appendiculatae, basi breviter caudatae. Achenia oblongo-cylindracea, superne subhispidula, callo basilari, crasso. Pappus uniserialis, setis scabris. — *Frutices mauritiani; foliis alternis, linearibus v. sublanceolatis, integerrimis, supra scabridis, subtus tomentosis v. sericeis, capitulis ad apices pedunculorum confertis, subsessilibus, corymbum compositum formantibus, floribus luteis.*

Monarrhenus Cassini *in Bullet. soc. philomat. 1817. p. 44. Dict. sc. nat. XXXII. 433. LIII. 236.* DC. *Prodr. V. 457.* Mahometa DC. *msc. 1802.* Conyzae sp. Lam. Tessariae sp. Lessing.

2419. Cylindrocline *CASS.* Capitulum pluriflorum, spiciforme, heterogamum, floribus inferioribus femineis, terminalibus paucis, stylo abortivo masculis. Involucrum oblongum, squamis secus receptaculum spicaeforme, apice subconcavum imbricatis, oblongis, inferioribus sterilibus, ad dorsum apice tomentosis, superioribus fimbriato-ciliatis, in axilla floriferis. Corollae tubulosae, femineae filiformes, masculae quinquedentatae. Achenia oblongo-cylindracea, basi attenuata, subarcuata, octocostata, pilosiuscula. Pappus uniserialis, paleis axi corneis, pectinato-barbellatis. — *Fruticulus mauritianus; ramis basi glabratis, inter folia dense et longe sericeo-hirsutis, foliis ad apices ramorum confertis, rosulatis, integerrimis, ovalibus, basi attenuatis, supra ad basim sericeo-hirsutis, ad apicem breviter strigilloso-scabris, subtus albo-tomentosis, corymbo composito, conferto, ramis longe sericeo hirsutis, aphyllis, folia vix aequantibus, floribus caeruleis.*

Cylindrocline Cassini *in Bullet. soc. philomat. 1817. p. 11. Dict. sc. nat. XII. 318.* Lessing *Synops. 207.* DC. *Prodr. V. 458.* Lepidopogon Tausch *in Flora 1829. p. 37. 1831. p. 224.* Conyza hirsuta Commers.

2420. Evax *GÄRTN.* Capitulum subspicaeforme, multiflorum, heterogamum, floribus omnibus tubulosis, inferioribus multiseriatis, femineis, supremis paucis, masculis. Involucri uniserialis squamae adpressae, scariosae, ovales, aristato-acuminatae. Receptaculum elongatum, subulatum, inferne inter flores femineos paleolis scariosis, acuminatis obsessum, superne inter flores masculos nudum. Corollae tubulosae, femineae graciliores, limbo quadricrenato. Antherae ... Achenia obcompressa, obovalia, glabra. Pappus nullus. — *Herbae in Europa australi et in Oriente indigenae, nuper etiam in America boreali repertae, pusillae, subacaules, cano-tomentosae; foliis alternis, integerrimis, circa capitulorum glomerulum rosulatis, capitulis plurimis, confertis, subumbellatis, medio majore.*

Evax Gärtn. *II. 393.* DC. *Prodr. V. 458.* Filago Willd. *sp. III. 2387.* Cassini *in Dict. sc. nat. XVII. 2.* Gnaphalium Vaillant *in Act. Academ. Paris. 1719. p. 314.* Filaginis sp. Linn. Micropodis sp. Desfont.

a. EUEVAX DC. *l. c.* Involucri squamae et receptaculi paleae planae, scariosae, abrupte aristato-acuminatae. — *Capitula dense umbellata, bracteis foliaceis haud distincta, foliis floralibus circa umbellam radiantibus.* — (Gärtn. *t. 165.* Lam. *t. 694.* Cavanill. *Ic. t. 36.*)

b. PSEUDEVAX DC. *l. c.* Involucri squamae exteriores lanatae, interiores receptaculi paleae oblongae, chartaceae, obtusae. — *Capitula sparsa v. congesta, bracteis foliaceis intermixtis, foliis floralibus inordinate glomerulum cingentibus.* — (Delile Aegypt. *t. 47. f. 2.*)

2421. Micropsis *DC.* Capitulum pluriflorum, heterogamum, floribus omnibus tubulosis, marginalibus bi-triseriatis, femineis, centralibus subternis, masculis. Involucri bi-triserialis squamae apice membranaceae, oblongae, subacutae, glabrae. Receptaculum angustum, nudum. Corollae tubulosae ...... Antherae ...... Achenia oblonga, villosa. Pappus parvus, squamellosus. — *Herba chilensis, Micropodis facie, non satis nota, multicaulis, vix pollicem longa; foliis alternis, obovatis, adpresse cano-villosis, integerrimis,* *obtusis, mucronatis, superioribus congestis, subverticillatis, in axillis capitula parva, sessilia foventibus.*

Micropsis DC. *Prodr. V. 460.*

2421. Micropus *LINN.* Capitulum pluriflorum, heterogamum, floribus marginalibus quinis-septenis uniseriatis, femineis, centralibus totidem masculis. Involucri biseriati squamae interiores flores et fructus radii involventes. Receptaculum angustum, nudum. Corollae tubulosae, femineae filiformes, masculae quinquedentatae. Antherae inclusae. Achenia lateraliter compressa, obovata, involucri squamis interioribus inclusa, cum iisdem decidua. Pappus nullus. — *Herbae in Europa imprimis meridionali, et in America occidentali indigenae, pusillae, lanato-tomentosae; foliis alternis, integerrimis, capitulis glomeratis.*

Micropus Linn. *gen. n. 996.* Gärtn. *II. 386.* Cassini *in Dict. sc. nat. XXXI. 39.* Lessing *Synops. 205.* DC. *Prodr. V. 460.* Gnaphalodes Tournefort *Inst. 439.*

a. ACANTHOLAENA DC. *l. c.* Involucri squamae interiores achenia involventes, dorso rigide aculeato-echinatae. — (Gärtn. *t. 164.* Cavanill. *Ic. t. 36.* Lam. *t. 694. f. 1.*)

b. BOMBYCILAENA *DC. l. c.* Involucri squamae achenia involventes, inermes, lanatae. (Lam. *t. 694. f. 2.*)

2422. Epaltes *CASS.* Capitulum multiflorum, heterogamum, floribus omnibus tubulosis, marginalibus pluriseriatis, femineis, centralibus paucioribus, ovario effoeto masculis. Involucri campanulati squamae bi-pluriseriales, imbricatae. Receptaculum convexum, nudum. Corollae femineae tenuissime filiformes, limbo subintegerrimo, masculae obconicae, quinquedentatae, extus parce glandulosae. Antherae inclusae. Achenia obovato-subangulata, glabra, centralia abortiva. Pappus nullus. — *Herbae annuae, ramosae, in India orientali, Nova Hollandia et America tropica observatae; foliis alternis, oblongis v. obovatis, integerrimis v. vix dentatis, sessilibus aut decurrentibus, pedunculis oppositifoliis, capitulis solitariis v. geminis pedicellatis, subpaniculatis.*

Epaltes Cassini *in Bullet. soc. philomat. 1818. p. 139. Dict. sc. nat. XV. 6. XXXVII. 339.* Lessing *Synops. 206.* DC. *Prodr. V. 461.* Ethulia Gärtn. *II. 389. t. 164.* non Cass. Ethuliae sp. Linn.

*

2423. Denekia *THUNB.* Capitulum multiflorum, heterogamum, floribus radii pluriseriatis, bilabiatis, femineis, disci tubulosis, hermaphroditis. Involucri campanulati squamae biseriales, disco subaequales. Receptaculum planum, nudum. Corollae radii bilabiatae, labiis exiguis, aequalibus, integerrimis, disci tubulosae, limbo quinquedentato. Antherae ..... Achenia sessilia, erostria. Pappus radii nullus, disci paleaceus, palea una majore, apice palmatisecta, reliquis brevioribus, integerrimis. — *Herbae capenses, erectae, debiles; foliis alternis, semiamplexicaulibus, oblongis, undulatis, subtus araneosotomentosis, supra glabris, mucrone apiculatis, omnibus integerrimis v. superioribus sinuato-dentatis, capitulis paniculato-corymbosis, subconfertis, parvis, floribus albis, involucris glanduloso-hirtellis.*

Denekia Thunberg *Flor. cap. 665.* Willd. *sp. III 1912.* Cassini *in Dict. sc. nat. XIII. 65.* Lessing *Synops. 206.* DC. *Prodr. V. 462.*

*

2424. Dipterocome *FISCH. et MEY.* Capitulum pauciflorum, heterogamum, floribus radii bilabiatis, uniseriatis, femineis, disci tubulosis, masculis. Involucrum subimbricatum. Receptaculum ...... Corollae radii infundibuliformi-subbilabiatae, disci tubuloso-filiformes, quinquedentatae. Antherae ecaudatae. Stylus glaber, stigmatibus teretiusculis, patentibus, glandulosis, glabris. Achenia radii cylindracea, curvata, bicornia, cornubus recurvatis, ramosis, disci effoeta. Pappus setaceus, disci brevissimus. — *Herba persica, annua, affinitatis valde dubiae, minuta, subglabra; foliis oppositis v. alternis, subsessilibus, linearibus, integerrimis, capitulis axillaribus, sessilibus.*

Dipterocome Fischer et Meyer *Index Sem. hort. Petropolit. 1835. I. 26.*

SUBTRIBUS IV. INULEAE Cassini *in Annal. sc. nat. 1829. 20.*

Capitula nunquam dioica, rarius homogama discoidea, plerumque heterogama, floribus radii femineis ligulatis, ligulis disco concoloribus. Antherae caudatae. Receptaculum epaleatum, rarissime paleatum. — *Folia alterna. Omnes gerontogeae.*

DIVISIO I. EUINULEAE DC. *Prodr. V. 463.*

Capitula pluri-multiflora, haud in glomerulum concreta.

2425. Rhanterium *DESF.* Capitulum multiflorum, heterogamum, floribus radii uniseriatis, ligulatis, femineis, disci tubulosis, hermaphroditis. Involucri ovati squamae basi concavae, imbricatae, apice in appendicem rigidam, uncinato-reflexam productae. Receptaculum paleaceum, paleis et involucri squamis interioribus flores amplectentibus. Corollae radii ligulatae, disci tubulosae, limbo quinquedentato. Antherae apice acute appendiculatae, basi caudatae. Achenia ovali-subpentagona, glabra, erostria. Pappus radii nullus, disci e paleis quinque caducis, basi integerrimis, apice utrinque dense barbellatis. — *Suffrutex mauritanicus, rigidus, parce foliosus; ramis tomentosis, apice monocephalis, foliis alternis, lanceolatis, argute serratis, glabriusculis, floribus luteis.*

Rhanterium Desfont. *Flor. Atlant. II. 291. t. 240.* Cassini *in Dict. sc. nat. XLV. 312.* Lessing *Synops. 199.* DC. *Prodr. V. 463.*

2426. Inula *GÄRTN.* Capitulum multiflorum, heterogamum, floribus radii uniseriatis, ligulatis v. subtubulosis, femineis v. abortu sterilibus, disci tubulosis, hermaphroditis. Involucri pluriseriati squamae imbricatae. Receptaculum planum v. subconvexum, nudum. Corollae radii ligulatae v. subtubulosae, trifidae, disci tubulosae, limbo quinquedentato. Antherae basi bisetae. Achenia teretiuscula v. tetragona. Pappus disci et radii conformis, uniserialis, setis capillaribus, subscabris. — *Herbae perennes, rarius biennes v. annuae, in Europa et Asia media indigenae; foliis alternis, saepe amplexicaulibus, indivisis, integerrimis v. serratis, capitulis ad apices pedunculorum solitariis, saepe corymbosis, flavis.*

Inula Gärtner *II. 449.* Lessing *Synops. 198.* DC. *Prodr. V. 463.* Inulae et Conyzae sp. Linn.

a. CORVISARTIA *DC. Prodr. V. 463.* Involucri squamae exteriores late ovatae, foliaceae, interiores obovato-spathulatae, obtusae. Flores radii ligulati. Achenia glaberrima, tetragona v. teretiuscula.

Corvisartia Merat *Flor. Paris. edit. II. 2. 261.* Cassini *in Dict. sc. nat. X. 572.* Inula Helenium Linn. *Flor. dan. t. 728.* Gärtn. *t. 170.*

b. BUBONIUM *DC. Prodr. V. 464.* Involucri squamae lineares v. lanceolatae, apice appendiculo parvo foliaceo auctae, exteriores subbreviores. Flores radii ligulati. Achenia teretiuscula.

Enula Duby *Bot. gall. 1. 267.* Inulae sp. Linn. Jacq. *Flor. Austr. t. 134. 162. 358. Append. 19. Hort. Vindob. III. t. 51.* Schkuhr *t. 247.* Flor. dan. *t. 413. 780.* Bot. Mag. *t. 1907.* Bot. Reg. *t. 334.* Reichenb. *Ic. crit. t. 346.* Conyzae sp. Linn. Flor. dan. *t. 622.* E. B. *t. 1195.*

c. CAPPA *DC. Prodr. V. 469.* Involucri squamae multiseriales, obtusiusculae, regulariter imbricatae, exteriores brevissimae, interiores sensim longiores. Flores radii (uniseriales) subtubulosi, bi-tridentati v. brevissime ligulati. Achenia teretiuscula. — *Suffrutices indici.*

Conyza Don *nepal. 176.*

d. LIMBARDA *DC. Prodr. V. 470.* Involucri squamae pauciseriales, omnino exappendiculatae, adpressae, acuminatae, interiores paullo longiores. Flores radii ligulati. Achenia teretiuscula, villosa.

Limbarda Adanson *Fam. II. 125.* Cassini *in Dict. sc. nat. XXIII. 565. XXVI. 437.* Inulae sp. Linn. E. B. *t. 68.* Erigerontis sp. Linn. Jacq. *Hort. Vind. t. 165.*

2427. Schizogyne *CASS.* Capitulum multiflorum, heterogamum, floribus omnibus tubulosis, marginalibus paucis, uniseriatis, femineis, centralibus hermaphroditis. Involucri oblongo-obconici squamae imbricatae, colorato-scariosae, oblongae, acutae, serrulatae, ciliolatae, glabrae. Receptaculum nudum, angustum. Corollae tubulosae, marginales tenues, bidentatae, centrales ampliores, quinquedentatae. Antherae basi breviter bisetae. Achenia oblongo-cylindracea, glabriuscula. Pappus uniserialis, setosus, scabridus. — *Frutex canariensis ramosissimus; foliis alternis, sessilibus, linearibus, integerrimis, corymbis terminalibus subpaniculatis, polycephalis, pedicellis squamulosis, involucris citrinis, floribus intensius luteis.*

Schizogyne Cassini *in Dict. sc. nat. LVI. 23.* Lessing *Synops. 123.* DC. *Prodr. V. 473.* Conyza sericea Ait. Chrysocoma sericea Linn. f.

2428. Varthemia *DC.* Capitulum multiflorum, homogamum, floribus omnibus tubulosis. Involucri obovati, imbricati squamae adpressae, acutiusculae, interiores sensim longiores, intimae discum aequantes. Receptaculum alveolatum. Corollae tubulosae, limbo quinquedentato. Antherae basi bisetae. Stigmata brevia, inclusa. Achenia oblonga, compressa, pubescentia. Pappus uniserialis, setis subscabridis. — *Suffrutex persicus, erectus, ramosissimus, glaberrimus, foliis paucis, sparsis, linearibus v. oblongo-linearibus, integerrimis, patulo-deflexis, capitulis ad apices ramorum solitariis, floribus luteis.*

Varthemia DC. *Prodr. V. 473.*

2429. Vicoa *CASS.* Capitulum multiflorum, heterogamum, floribus radii uniseriatis, ligulatis, femineis, disci tubulosis, hermaphroditis. Involucri imbricati squamae lineari-subulatae. Receptaculum epaleatum, areolatum, planoconvexum. Corollae radii ligulatae, ligula angusta, disci tubulosae, limbo quinquedentato. Antherae basi setoso-appendiculatae. Achenia erostria. Pappus radii nullus, disci capillaris, uniserialis. — *Herbae indicae, annuae, erectae, ramosae; foliis alternis, sagittato-auriculatis, semiamplexicaulibus, lanceolatis v. linearibus, integerrimis v. parce dentatis, ramis parce foliosis, apice monocephalis, floribus flavis.*

Vicoa Cassini *in Annal. sc. nat. 1829. p. 33. Dict. sc. nat. LX. 594.* Lessing *Synops. 199.* Inulae sp. Linn. Wallich.

2430. Pentanema *CASS.* Capitulum multiflorum, heterogamum, floribus radii uniseriatis, ligulatis, femineis, disci tubulosis, hermaphroditis. Involucri subglobosi squamae lineares, imbricatae, villis longis, mollibus hispidae. Receptaculum epaleatum, subconvexum. Corollae radii ligulatae, ligula angusta, puberula, tridentata, disci tubulosae, limbo quinquedentato. Antherae ...... Achenia erostria, hispidula. Pappus in disco et radio conformis, setis quinque, capillaribus. — *Herba orientalis, annua, erecta, gracilis, molliter hispida; ramis divaricatis, rubentibus, foliis alternis, obovatis v. oblongis, obtusis, integerrimis, membranaceis, parce villosis, capitulis oppositifoliis, pedunculatis, subglobosis, floribus flavis.*

Pentanema Cassini *in Bullet. soc. philomat. 1818. p. 75. Dict. sc. nat. XXIII. 555. XXXVIII. 373.* Lessing *Synops. 198.* DC. *Prodr. V. 474.*

2431. Francoeuria *CASS.* Capitulum multiflorum, heterogamum, floribus radii uniseriatis, ligulatis, femineis, disci tubulosis, hermaphroditis. Involucri campanulati squamae imbricatae, lineari-subulatae. Receptaculum planum, nudum. Corollae radii ligulatae, ligula brevi, disci tubulosae, limbo quadridentato. Antherae basi setoso-appendiculatae. Achenia erostria. Pappus in disco et radio conformis, caducus, setis uniseriatis, inferne subscabris, superne barbellato-subplumosis, basi conferruminatis in annulum brevissimum, setulis paleolisve minimis coronatum. — *Suffrutex parvus, erectus, ad ostia Nili, Gambi et Gangis observatus; foliis alternis, semiamplexicaulibus, oblongis, dentatis, ramis teretibus, monocephalis, floribus flavis.*

Francoeuria Cassini *in Dict. sc. nat. XXXIV. 44. XXXVIII. 374.* Lessing *Synops. 198.* DC. *Prodr. V. 475.* Duchesnia Cassini *in Dict. sc. nat. XIII. 545.* Aster crispus Forsk. Inula crispa Delile *Aegypt. t. 45. f. 2.*

2432. Iphiona *DC.* Capitulum multiflorum, homogamum, floribus omnibus tubulosis, hermaphroditis. Involucri obovato-oblongi squamae imbricatae, adpressae, acuminatae v. ovales, mucronatae. Receptaculum angustum, alveolatum. Corollae tubo nullo, fauce longa, cylindrica, limbo quinquedentato. Antherae basi breviter setoso-caudatae. Achenia subcylindracea, striato-sulcata, parce hispida. Pappus rigidus, multiserialis, subscaber, setis exterioribus brevioribus, intimis sensim longioribus, corollam aequantibus. — *Fruticuli aegyptiaci, ramosissimi, glabri; foliis paucis, sparsis, subulatis, rigidis, pungentibus, basi biauriculatis, capitulis solitariis ramos apice subnudos terminantibus, floribus luteis, pappo rufescente.*

Iphiona DC. *Prodr. V. 475.* Iphionae sp. Cassini. Chrysocomae sp. Forsk. Delile *Aegypt. t. 46. f. 3.* Conyzae et Staehelinae sp. Auct.

2433. Jasonia *DC.* Capitulum multiflorum, homogamum, floribus omnibus tubulosis, hermaphroditis; v. heterogamum, floribus radii uniseriatis, ligulatis, femineis. Involucri imbricati, discum aequantis squamae lineares, acutae. Receptaculum planum, nudum, subalveolatum. Corollae omnes tubulosae, quinquedentatae, v. radii ligulatae. Antherae basi setis caudatae. Achenia villosa, oblongo-cylindracea, basi attenuata. Pappus biserialis, setis filiformibus, barbellatis, exterioribus brevissimis, interioribus corollam aequantibus. — *Herbae v. suffrutices humiles, in regione mediterranea et in insulis Canariis provenientes, saepius pilosi v. glandulosi, ramosi; ramis patentibus, apice monocephalis, foliis alternis, sessilibus, oblongis v. linearibus, integerrimis aut dentatis, floribus luteis.*

Jasonia DC. *Prodr. V. 476.*

a. CHILIADENUS *Cass.* Capitula discoidea, homogama. Achenia basi villosa, apice glandulosa. Pappus interior multisetus. — *Caules herbacei.*

Chiliadenus Cassini *in Dict. sc. nat. XXXIV. 34.* Myriadenus Cassini *Op. cit. XXIII. 365.* non Desv. Orsinia Bertoloni *in Giornale delle scienze Bologn. 1829. I. 362.* Erigeron glutinosum Linn. Inula saxatilis Lam.

b. EUJASONIA *DC.* Capitula radiata v. subdiscoidea. Achenia teretiuscula, undique villosa. Pappus interior multisetus. — *Caules herbacei v. suffruticosi.*

Eujasonia DC. *Prodr. V. 476.* Jasonia Cassini *in Dict. sc. nat. XXIV. 200.* Erigeron siculum et E. tuberosum Linn. Inulae sp. Auct. Lam. *t. 680. f. 3.*

c. ALLAGOPAPPUS *Cass.* Capitula discoidea, homogama. Achenia angulata, ad angulos villosa. Pappus uterque paucisetus, setis filiformibus, scabris. — *Caules fruticosi, folia glandulosa.*

Allagopappus Cassini *in Dict. sc. nat. LVI. 21.* Lessing *Synops. 197.* Conyza canariensis Willd. Chrysocoma dichotoma Jacq. *Ic. rar. t. 171.*

d. DONIOIDES *DC.* Capitula radiata. Achenia subangulata, hispida. Pappi interioris setae paucae, crassae, ciliato-scabrae, exterioris plures, brevissimae.

Donioides DC. *Prodr. V. 477.* Buphthalmum laevigatum Broussonet. Donia canariensis Lessing.

2434. Pulicaria *GÄRTN.* Capitulum multiflorum, heterogamum, floribus radii uniseriatis, ligulatis v. anguste tubulosis, femineis, disci tubulosis, hermaphroditis. Involucri laxe imbricati, pauciseriati squamae lineares. Receptaculum planiusculum, areolatum, nudum. Corollae radii ligulatae v. anguste tubulosae, bi-trifidae, disci tubulosae, limbo quinquedentato. Antherae basi setis caudatae. Achenia teretiuscula, puberula, erostria. Pappus in disco et radio conformis, biserialis, serie exteriore coroniformi, dentata, brevissima, interioris setis denis v. vicenis, scabridis. — *Herbae ut plurimum europeae, paucae africanae et indicae, plerumque loca uliginosa incolentes, villosae, odoratae, erectae, ramosae; foliis alternis, cordato-sagittatis, lanceolatis, integerrimis v. dentatis, pedunculis apice monocephalis, floribus flavis.*

Pulicaria Gärtn. *II. 461.* DC. *Prodr. V. 477.* Inulae sp. Linn. et Auct.

a. PULICARIA *Cass.* Flores radii anguste ligulati. Achenia puberula.

Pulicaria Cassini *in Dict. sc. nat. XXIII. 565. XLIV. 93.* Lessing *Synops. 197.* Inulae sp. Linn. Flor. dan. *t. 410. 613.* E. B. *t. 1115. 1196.* (Gärtn. *t. 173.*)

b. TUBILIUM *Cass.* Flores radii tri-quinquefidi, saepe antheris efoetis donati. Achenia glabriuscula.

Tubilium Cassini *in Bullet. soc. philomat. 1817. p. 153. Dict. sc. nat. XXIII. 565. LVI. 19.* Lessing *Synops. 197.*

2435. Strabonia *DC.* Capitulum multiflorum, heterogamum, floribus radii uniseriatis, subligulatis, femineis, disci tubulosis, hermaphroditis. Involucri pauciseriati squamae lineares, disco dimidio breviores. Receptaculum planum, nudum. Corollae radii subligulato-difformes, minimae, disci tubulosae, limbo quinquedentato. Antherae basi bisetae. Achenia compressa, villosa, apice obtusa, basi subangustata. Pappus collo vix manifesto ab achenii apice distinctus, duplex, exterior brevissimus, subcoroniformis, dentatus, interioris setis pluribus, uniseriatis, dense et crasse barbellatis. — *Herba persica, multicaulis, erecta, dense albo-lanuginosa, pedicellis et involucris subglabratis v. pubescentibus; foliis obovato-spathulatis, obtusissimis, semiamplexicaulibus, undulatis, capitulis ad apices ramorum solitariis, floribus flavis.*

Strabonia DC. *Prodr. V. 481.* Inula gnaphalodes Vent. *Cels. t. 75.*

2436. Pegolettia *CASS.* Capitulum multiflorum, homogamum, floribus omnibus tubulosis, hermaphroditis. Involucri bi-triseriati squamae imbricatae, lineari-subulatae, floribus breviores. Receptaculum epaleatum, punctatum, planum. Corollae tubulosae, quinquefidae, subringentes. Antherae basi longe bicaudatae. Achenia cylindracea, sulcata, subangulata, erostria. Pappus biserialis, paleis seriei exterioris brevibus, interioribus elongatis, filiformibus, barbellatis, fere plumosis. — *Fruticuli v. herbae capenses et senegambicae; foliis alternis, ellipticis v. linearibus, punctatis, capitulis ad apices ramorum solitariis, floribus flavis.*

Pegolettia Cassini *in Dict. sc. nat. XXXVIII. 230.* Lessing *Synops. 200.*

2437. Geigeria *GRIESS.* Capitulum multiflorum, heterogamum, floribus radii uniseriatis, ligulatis, femineis, disci tubulosis, hermaphroditis. Involucri imbricati squamae exteriores laxae, bracteaeformes, foliaceae, interiores adpressae. Receptaculum conicum, epaleatum, piloso-fimbrilliferum. Corollae tubulosae, limbo regulariter quinquedentato. Antherae .... Achenia subtrigona, erostria, basi attenuata, pilosa. Pappus biserialis, paleis octonis v. duodenis obovatis, obtusis. — *Herba capensis, humilis; rhizomate lignoso, simplici, caule brevissimo, subdichotomo, foliis linearibus, confertis, integerrimis, capitulis fasciculatis sessilibus, floribus luteis.*

Geigeria Griesselich *in Linnaea V. 411.* DC. *Prodr. V. 482.* Geigera Lessing *Synops. 199.* Zeyheria Spreng. *f. Suppl. 92.* Dizonium Willd. *msc.*

SUBDIVISIO II. CAESULIEAE DC.

Prodr. V. 482. Capitula uniflora, in glomerulum aggregata, involucro proprio bivalvi, demum cum achenio concreto.

2438. Caesulia *ROXB.* Capitula plurima, uniflora, in glomerulum aggregata. Involucrum commune glomeruli folia floralia 2—3, orbiculata, colorata, bracteolis paucis, parvis adjectis, propria capitulorum bivalvia, valvis membranaceis, carinatis, basi inter se et demum cum fructu concretis. Receptaculum punctiforme. Corollae tubulosae, fauce ovata, limbi quinquelobi lobis patulis. Antherae rigidae, basi setis laevibus caudatae. Achenium compressum, valvis involucri acretis, pappum bipartitum simulantibus bialatum. Pappus nullus. — *Herba indica, glabra, adscendens; foliis alternis, lanceolato-linearibus, remote serratis, ramulis floriferis axillaribus brevissimis, floribus pallide violaceis v. albis, a centro ad peripheriam glomeruli evolutis.*

Caesulia Roxb. *Corom. I. 64. t. 93.* Andr. *Bot. Reposit. t. 431.* Cassini *in Dict. sc. nat. VI. Suppl. 4.* R. Brown *in Linn. Transact. XII. 94.* Lessing *Synops. 200.* DC. *Prodr. V. 482*

SUBTRIBUS V. BUPHTHALMEAE Lessing *Synops.* **209.** Capitula rarissime homogama, saepissime heterogama, floribus radii ligulatis rariusve tubulosis. Receptaculum totum paleatum. Antherae longe v. brevissime caudatae, interdum ecaudatae. Pappus coroniformis, lacerus v. piloso-dentatus. — *Folia alterna.*

2439. Buphthalmum *NECK.* Capitulum multiflorum, heterogamum, floribus radii uniseriatis, ligulatis, femineis, disci tubulosis, hermaphroditis. Involucri pauciseriati squamae longe acuminatae. Receptaculum totum paleatum, paleis discum aequantibus. Corollae radii ligulatae, disci tubulosae, tubo tereti, basi angustato, limbo quinquefido. Achenia radii triquetra, anguste trialata, disci plano-compressa, margine interiore unialata. Pappus in radio et disco conformis, scariosus, coroniformis, piloso-dentatus.—*Herbae perennes, glabriusculae, in Europa indigenae; foliis alternis, lanceolatis, subintegerrimis, capitulis terminalibus, solitariis.*

Buphthalmum Necker *elem. n. 34.* Cassini *in Dict. sc. nat. XXXIV. 276.* Lessing *Synops. 209.* DC. *Prodr. V. 483.* Buphthalmi sp. Linn. Jacq. *Flor. Austr. t. 370.* Schkuhr *t. 257.* Bustiae sp. Adanson. Asteroidis sp. Tournef.

2440. Telekia *BAUMG.* Capitulum multiflorum, heterogamum, floribus radii uniseriatis, ligulatis, femineis, disci tubulosis, hermaphroditis. Involucri pauciseriati squamae mucronatae v. acuminatae. Receptaculum totum paleatum, paleis discum aequantibus. Corollae radii longe ligulatae, disci tubulosae, tubo inferne angustato, limbo quinquefido. Antherae basi caudis elongatis. Achenia conformia, linearia, elongata, multicostata, triquetro obcompressa, aptera. Pappus in disco et radio conformis, coroniformis, subcartilagineus, dentatus. — *Herbae in Europa orientali indigenae, erectae, puberulae; foliis alternis, cordatis, amplexicaulibus v. petiolatis, serratis, capitulis terminalibus, solitariis.*

Telekia Baumgartn. *Flor. Transylv. III. 149.* excl. charact. Lessing *Synops. 209.* DC. *Prodr. V. 485.* Molpadia Cassini *in Bullet. soc. philomat. 1818. p. 166. Dict. sc. nat. XXXII. 400.* Buphthalmi sp. Linn. Waldst. et Kitaib. *Pl. Hung. t. 113.* Reichenb. *Ic. crit. t. 349.* Asteroidis sp. Tournef.

2441. Asteriscus *MÖNCH.* Capitulum multiflorum, heterogamum, floribus radii uniseriatis, ligulatis, femineis, disci tubulosis, hermaphroditis. Involucri pluriseriati squamae exteriores foliaceae, inermes, obtusae, disco multo longiores. Receptaculum totum paleatum, paleis discum aequantibus. Corollae radii ligulatae, tubo brevi basi biauriculato, ligula cuneiformi apice tridentata, disci tubulosae, tubo inferne incrassato, exalato, limbo quinquefido. Antherae basi longe caudatae. Achenia conformia, triquetro-obcompressa, aptera. Pappus in disco et radio conformis, coroniformis, irregulariter dentatus. — *Herbae basi suffruticosae, ramosae, plus minus hirsutae, in regione mediterranea imprimis occidentali indigenae; foliis alternis, obovatis, oblongis v. linearibus, integerrimis, capitulis terminalibus, demum saepius lateralibus, floribus flavis.*

Asteriscus Mönch *Method. 592.* Lessing *Synops. 209.* DC. *Prodr. V. 486.* Nauplius Cassini *in Dict. sc. nat. XXXIV. 272.* Buphthalmi sp. Linn. Gärtn. *t. 169.* Schkuhr *t. 257.* Vahl *Symb. t. 19.* Bot. Mag. *t. 1836.* Asterisci sp. Tournef. Asteroidis sp. Vaill.

2442. Pallenis *CASS.* Capitulum multiflorum, heterogamum, floribus radii biseriatis, ligulatis, femineis, disci tubulosis, hermaphroditis. Involucri pluriseriati squamae exteriores foliaceae, patentes, apice spinosae. Receptaculum totum paleatum, paleis discum aequantibus. Corollae radii ligulatae, tubo crasso, bialato, ligula angusta, apice tridentata, disci tubulosae, tubo crasso, hinc marginato-alato, limbo quinquefido. Antherae caudatae. Achenia radii obcompressa, orbiculata, alata, disci subtriquetra, villosiuscula. Pappus denticulato-ciliaris, radii dimidiatus, externus, disci integer, coroniformis. — *Herba mediterranea, annua; caule erecto, hirsuto, foliis obovato- aut oblongo-lanceolatis, integerrimis, capitulis terminalibus, solitariis.*

Pallenis Cassini *in Dict. sc. nat. XXXVII. 275.* Lessing *Synops. 210.* DC. *Prodr. V. 487.* Athalmum Necker *elem. n. 35.* Buphthalmum spinosum Linn. Schkuhr *t. 257.*

2443. Anvillea *DC.* Capitulum multiflorum, homogamum, floribus omnibus tubulosis, hermaphroditis. Involucri campanulati squamae exteriores foliaceae, spathulatae, patulae, interiores biseriatae, adpressae, imbricatae. Receptaculum totum paleaceum. Corollae tubulosae, tubo tereti, limbo quinquedentato. Antherae ecaudatae. Achenia conformia, tetragona. Pappus coroniformis, durus, brevis, integerrimus. — *Herba persica, erecta, v. multicaulis, diffusa, ad summitates velutino-canescens, ad basim fruticosa; foliis alternis, obovatis spathulatisve, basi attenuatis, grosse et obtuse dentatis, capitulis sessilibus terminalibus, v. ramis sub iisdem ortis lateralibus, floribus aureis.*

Anvillea DC. *Prodr. V. 487.* Buphthalmi sp. Delile *in Laborde voy. t. 4.* Vent. *Cels. t. 25.*

2444. Cervana *FORSK.* Capitulum multiflorum, heterogamum, floribus omnibus tubulosis, marginalibus pluriseriatis, femineis, centralibus hermaphroditis. Involucrum campanulato-hemisphaericum, subbiseriale, bracteis foliaceis cinctum. Receptaculum convexum, totum paleatum. Corollae tubulosae, femineae graciles, tridentatae, hermaphroditorum tubo ampliore, limbo quinquedentato. Antherae ecaudatae. Achenia conformia, oblongo-obovata, bicostata, compressa, callo apicali annulari, brevissime rostrata. Pappus coroniformis brevissimus, piloso-dentatus. — *Herbae v. fruticuli aegyptiaci, hirsuti; foliis alternis, subsemiamplexicaulibus, grosse dentatis v. inciso-pinnatifidis, capitulis cymosis, floribus luteis.*

Cervana Forskaël *Aegypt. 153.* Cassini *in Dict. sc. nat. VIII. 22.* Lessing *Synops. 202.* DC. *Prodr. V. 488.* Buphthalmum pratense Vahl, Delile *Flor. Aegypt. t. 46. f. 6.*

SUBTRIBUS VI. ECLIPTEAE Lessing *Synops.* **210.** Capitula heterogama, floribus radii ligulatis. Receptaculum paleatum. Antherae ecaudatae. Pappus nullus v. aristatus, nunquam setosus. — *Folia opposita.*

2445. Borrichia *ADANS.* Capitulum multiflorum, heterogamum, floribus radii uniseriatis, ligulatis, femineis, disci tubulosis, hermaphroditis. Involucri hemisphaerici squamae imbricatae, exteriores foliaceae, acutae, interiores obtusissimae, margine membranaceae. Receptaculum planum, paleis lanceolatis obsitum. Corollae radii ligulatae, disci tubulosae, fauce subdilatata, limbo quinquefido. Antherae ecaudatae nigricantes. Achenia radii cuneata, compresso-angulata, corticata, disci subdifformia. Pappus radii coroniformis, brevissimus, dentatus, disci nullus. — *Frutices v. suffrutices, in America tropica littorei; foliis oppositis, oblongis, coriaceis, utrinque mediante ligula triangulari adpressa subconnatis, cupitulis terminalibus pedicellatis, floribus luteis.*

Borrichia Adanson *Fam. II. 130.* DC. *Prodr. V. 488.* Diomedea Cassini *in Bullet. soc. philomat. 1815. p. 175. 1817. p. 70. Dict. sc. nat. XIII. 283.* Kunth *in Humb. et Bonpl. nov. gen. et sp. IV. 212.* Lessing *Synops. 240.* non Ornitholog. — ? Odontospermum Necker *elem. n. 36.* Buphthalmi sp. Linn.

2446. Eclipta *LINN.* Capitulum multiflorum, heterogamum, floribus radii uniseriatis, ligulatis, femineis, disci tubulosis, hermaphroditis. Involucri biseriati squamae ovato-lanceolatae, acuminatae. Receptaculum e plano convexum, paleis lineari-filiformibus, apice ciliatis, achenia aequantibus. Corollae radii ligulatae, ligula brevissima, angusta, disci tubulosae, limbo quadridentato. Antherae ecaudatae. Achenia radii triquetra, disci compressa, ad latera muricato-tuberculosa, apice mutica v. brevissime uni-tridenticulata, juniora ad apicem puberula. Pappus nullus. — *Herbae in regionibus tropicis subtropicisque totius orbis provenientes, in America frequentius obviae, ramosae, erectae v. prostratae, plus minus scabrae aut hirsutae; foliis oppositis, penninerviis, integerrimis v. serratis, pedunculis axillaribus, solitariis, geminis v. ternis, monocephalis, floribus albis.*

Eclipta Linn. *mant. 157.* Gärtn. *II. 441.* Cassini *in Dict. sc. nat. XIV. 231. XLVI. 399. et 410.* Lessing *Synops. 212.* DC. *Prodr. V. 489.*

a. EUECLIPTA *DC. l. c.* Achenia omnia muricato-tuberculosa, calva aut vix aristulata, radii triquetra, disci subcompressa, oblonga.

Ecliptae sp. Auct. Gärtn. *t. 169.* Micrelium Forskaël *Aegypt. 158.* Eupatoriophalacron Vaillant *in Act. Academ. Paris. 1720. p. 324.* excl. sp.

b. PLATECLIPTA *DC. l. c.* Achenia laevia v. partim muricata, aristis 2—3 coronata, lateraliter in alam latam complanata, radii subtrigona, disci compressissima, subrotunda.

2447. Blainvillea *CASS.* Capitulum pauciflorum, heterogamum, floribus radii paucis, uniseriatis, ligulatis, femineis, disci pluribus tubulosis, hermaphroditis. Involucri ovato-cylindracei, uni-biseriati squamae erectae, exteriores ovali-oblongae, foliaceae, interiores paleiformes. Receptaculum angustum, planum, paleis flores amplectentibus concavis, submembranaceis, apice dentatis. Corollae radii ligulatae, ligula brevi, lata, tridentata, subirregulari, disci tubulosae, limbo quinquedentato. Antherae ecaudatae. Achenia radii triquetra, glabriuscula, ad angulos hispidula, disci lateraliter compressa. Pappus aristatus, radii aristae tres, persistentes, rigidae, ciliatae, disci geminae, rarius ternae v. quaternae. — *Herbae erectae, scabrae v. hirsutae, inter tropicos Asiae, Africae et Americae observatae; foliis oppositis, petiolatis, ovato-rhombeis v. lanceolatis, triplinerviis, dentatis, pedunculis ex axillis foliorum v. ramorum solitariis v. pluribus, nudis, monocephalis, floribus albis.*

Blainvillea Cassini *in Journ. Phys. 1823. 216. Dict. sc. nat. XXIX. 493. XLVII. 90. LIX. 138.* Lessing *Synops. 212.* DC. *Prodr. V. 492.* Ucacea Cassini *in Dict. sc. nat. XXVII. 9.* excl. synon. Ecliptae sp. Linn. Verbesinae sp. Roxb. Wallich.

2448. Salmea *DC.* Capitulum multiflorum, homogamum, floribus omnibus tubulosis, hermaphroditis. Involucrum imbricatum. Receptaculum conicum, paleatum, paleis convolutis, flores amplectentibus. Corollae tubulosae, fauce vix dilatata, limbi quinquelobi, lobis revolutis. Antherae sagittatae. Achenia obcompressa, linearia, aptera, marginibus ciliatis. Pappi aristae geminae, angulis achenii continuae, persistentes. — *Frutices erecti v. scandentes, americani, imprimis antillani, affinitatis obscurae; ramis teretibus, foliis oppositis, petiolatis, ovatis, acutis, penninerviis, dentatis v. subintegerrimis, capitulis paniculato-corymbosis, floribus albidis.*

Salmea DC. *Catalog. hort. Monsp. 1813. p. 140. Prodr. V. 493.* R. Brown *in Linn. Transact. XIII. 112.* Cassini *in Dict. sc. nat. XLVII. 87.* Lessing *Synops. 212.* non Alior. Hopkirkia Spreng. *Nov. Prov. 23.* Jacq. f. *Eclog. t. 139.* Bidentis sp. Linn. Bot. Mag. *t. 2062.*

2449. Dahlia *CAVAN.* Capitulum multiflorum, heterogamum, floribus radii uniseriatis, ligulatis, femineis v. neutris, disci tubulosis, hermaphroditis. Involucrum duplex, exterioris squamae foliaceae subquinae, uniseriatae, patulae v. reflexae, interioris duodenae v. vicenae subbiseriatae, longae, apice membranaceae, basi crassiusculae et inter se coalitae. Receptaculi plani paleae membranaceae, oblongae, indivisae. Corollae radii ligulatae, disci tubulosae, quinquedentatae. Antherae appendiculatae, ecaudatae. Achenia conformia. oblongo-obovata, obcompressa, apice obsolete bicornia. Pappus nullus. — *Herbae mexicanae, elatae, anno 1790 a Sessè, Moçino et Cervantesio in Europam introductae, ob habitum eleganter spectabilem, et florum autumnalium, coloribus speciosissimis mire in hortis ludentium admirandam pulchritudinem, solerter ab adonistis e radicibus fasciculatis multiplicatae, etiam botanicis gratae, omnibus partibus glabrae; foliis oppositis, pinnatipartitis v. rarius bipinnatipartitis, segmentis ovalis, acutis, serratis, ramis elongatis, apice nudis, monocephalis, capitulis amplis, versicoloribus, facile et delicate plenis, disco luteo, radio purpureo, roseo, albo v flavo.*

Dahlia Cavanilles *Ic. I. 57. t. 80. et 265. 266.* Thouin *in Annal. Mus. III. t. 3.* Salisbury *Parad. t. 18. 19.* Bot. Mag. *t. 767.* DC. *Prodr. V. 494.* Georgina Willd. *sp. III. 2124. Hort Berol. t. 93—96.* DC. *in Annal. Mus. XV. 367.* Cassini *in Dict. sc. nat. LIX. 320. 325.* Lessing *Synops. 211.* Georgia Spreng. *Syst. III. 363.* excl. sp.

2450. Leptocarpha *DC.* Capitulum multiflorum, heterogamum, floribus radii uniseriatis, ligulatis, neutris, disci tubulosis, hermaphroditis. Involucri biseriati squamae aequales, lanceolato-lineares. Receptaculi subconvexi paleae paucae, lineares, angustissimae, deciduae. Corollae radii ligulatae, disci tubulosae, tubo cylindrico, extus puberulo, fauce vix dilatata, limbo quinquedentato. Antherae ecaudatae, fuscae. Achenia compressa, obovata, membranacea, pubescenti-subglandulosa. Pappi aristae duae, breves, tenues, achenii angulis continuae. — *Suffrutex chilensis, a Pöppigio repertus, erectus, glabriusculus; foliis inferioribus oppositis, superioribus alternis, membranaceis, penninerviis, petiolatis, ovato-lanceolatis, dentato-serratis, basi obtusis, apice acuminatis, capitulis pedicellatis, paucis, subcorymbosis, floribus luteis.*

Leptocarpha DC. *Prodr. V. 495.*

2451. Siegesbeckia *LINN.* Capitulum multiflorum, heterogamum, floribus radii uniseriatis, ligulatis, v. difformibus femineis, disci tubulosis, hermaphroditis. Involucri biseriati squamae exteriores quinque, lineari-spathulatae, patentes, pilis capitatis glandulosae, interiores achenia radii semiinvolventes, erectae, dorso piloso-glandulosae. Receptaculi plani paleae ovali-oblongae, achenia involventes. Antherae ecaudatae. Corollae radii ligulatae, ligula plana v. irregulari, bi-tridentata, disci tubulosae, quinquefidae, pentandrae, v. trifidae, triandrae. Achenia conformia, obovato-oblonga, subtetragona, introrsum subarcuata. Pappus nullus. — *Herbae inter tropicos totius mundi, in regione caucasica, America australi temperata et in Nova-Hollandia observatae, erectae, dichotomae, superne glanduloso-pilosae; foliis oppositis, saepius in petiolum angustatis, ovato-triangularibus, grosse dentatis, subvillosis v. pilosis, pedunculis ex alis ramorum monocephalis, subcorymbosis, floribus luteis.*

Siegesbeckia Linn. *Hort. Cliffort. 412.* Heritier *Stirp. 37.* Gärtn. *II. 424.* Lessing *Synops. 211.* DC. *Prodr. V. 495.*

a. PENTAMERANTHES *DC. l. c.* Flores radii ligula plana, disci quinquedentati, pentandri. Achenia areola sive collo brevissimo, integerrimo asperata, aut subcalva.

Siegesbeckia Mönch *Method. 566.* Cassini in *Dict. sc. nat. XLIX. 114. LIX. 237.* (Linn. *Hort. Cliffort. t. 23.* Cavanill. *Ic. t. 253.* Bot. Reg. *t. 1061.*)

b. TRIMERANTHES *DC. l. c.* Flores radii ligula brevi, difformi, bi-tridentata, disci tridentatae, triandrae. Achenia collo terminali plane destituta.

Trimeranthes Cassini *in Dict. sc. nat. XLIX. 114. LIX. 237.* Schkuhria Mönch *Method. 566.* (Heritier *Stirp. nov. t. 19.*)

2452. Sabazia *CASS.* Capitulum multiflorum, heterogamum, floribus radii uniseriatis, ligulatis, femineis, disci tubulosis, hermaphroditis. Involucri subglobosi squamae septem v. octo, biseriatae. Receptaculi conici paleae lineares v. setiformes, glabrae, achenia subsuperantes, intimae ad apicem receptaculi persistentes. Corollae extus pilosae, radii ligulatae, ligula cuneata, grosse tridentata, sexnervi, disci tubulosae, limbo quinquedentato. Achenia conformia, pentagona, striata, cuneata, apice mutica. Pappus nullus. — *Herbae Americanae tropicae, ramosae; foliis oppositis, petiolatis, oblongis, dentatis, glabris, pedunculis alaribus et terminalibus, elongatis, monocephalis, radio albido, extus purpurascente, disco luteo.*

Sabazia Cassini *in Dict. sc. nat. XLVI. 480. LV. 264 et 273.* Lessing *Synops. 211.* DC. *Prodr. V. 496.*

a. ECLIPTOIDES. Receptaculum conicum. Achenia glabra.

Eclipta humilis Kunth *in Humb. et Bonpl. Nov. gen. et sp. t. 394.*

b. VIBORGIOIDES. Receptaculum convexum. Achenia hispidula.

Viborgia urticaefolia Kunth *Op. cit. t. 389.*

2453. Cryphiospermum *PALIS.* Capitulum multiflorum, heterogamum, floribus intra receptaculi paleas complicatas omnino inclusis, radii pluriseriatis, ligulatis, femineis, disci tubulosis, stigmate imperfecto masculis. Involucri tetraphylli squamae foliaceae, duae oppositae majores. Receptaculi hemisphaerici paleae coriaceae, subglandulosae, apice pilos articulatos paucos gerentes. Corollae basi latiores, corneae, apice angustatae, limbo brevissimo in floribus radii subligulato, tri-quadridentato, in disco campanulato, quinquedentato. Antherae ...... Stigmata brevia, extus arcuata, obtusa. Achenia obcompressa, basi attenuata, erostria, receptaculi paleis inclusa. Pappus nullus. — *Herba Africae tropicae incola, aquatica, glabra, oppositifolia, dichotoma, procumbens, Enhydrae facie; foliis oblongis, remotis, integerrimis v. subserratis, capitulis axillaribus solitariis, sessilibus.*

Cryphiospermum Palisot *Flor. Owar. II. 24. t. 74.* (descript. excl.) Cassini *in Dict. sc. nat. XII. 78.* Lessing *Synops. 210.* DC. *Prodr. V. 497.* Wahlenbergia Schumacher *in Act. soc. Hafn. 1829. 161.* non Alior.

TRIBUS IV. SENECIONIDEAE Lessing *Synops. 218.* Styli apice cylindracei, in floribus hermaphroditis superne bifidi, rami longiusculi, lineares, apice penicillati v. truncati, nunc ultra penicillum in conum brevem aut appendiculam elongatam, angustam et hispidam producti. Glandularum stigmaticarum series latiusculae et prominulae, usque ad penicillum seu coni v. appendicis originem productae. Corollae disci regulares, pellucidae. Pollen globosum, echinulatum.

SUBTRIBUS I. MELAMPODINEAE DC. *Prodr. V. 500.* Flores omnes unisexuales, in diversis v. iisdem stirpibus, in iisdem v. in distinctis capitulis. Receptaculum vix non semper paleatum. Antherae ecaudatae. Pappus nullus v. subcoroniformis aut aristatus, nunquam setosus. Stigmata pilis collectoribus saepissime deficientibus, interdum deformati v. apice barbati.

DIVISIO I. EUXENIEAE DC. *Prodr. V. 501.* Capitula dioica, discoidea, multiflora. Achenia ecorticata.

2454. Euxenia *CHAM.* Capitula multiflora, dioica, homogama, globosa, floribus omnibus tubulosis. Involucri uniseriati, patuli, demum reflexi squamae decem, liberae, aequales, v. duae oppositae majores. Receptaculi convexi paleae oblongae, obtusae, deciduae. Corollae tubo angusto, fauce campanulata, extus hirsuta et glandulosa, limbo quinquedentato. Antherae ecaudatae, nigricantes, leviter cohaerentes, in floribus femineis efoetae, liberae. Stigmata crassa, obtusa, exserta, in floribus masculis abbreviata, inclusa, dorso hispidula. Achenia obpyramidata, tetragona, glabra v. circa areolam apicis minutissime pilosa. Pappus nullus v. brevissimus, auriculiformis. — *Frutices chilenses, dichotome ramosissimi; ramis teretibus, junioribus adpresse pubescentibus, foliis oppositis, breve petiolatis, ovatis v. ovali-lanceolatis, triplinerviis, acutis, serratis, utrinque scabriusculis, pedunculis e dichotomiis solitariis v. pluribus, monocephalis, floribus flavis.*

Euxenia Chamisso *in Hor. phys. Berol. 75. t. 16.* Cassini *in Dict. sc. nat. XXXV. 446. L. 472.* Lessing *Synops. 216.* DC. *Prodr. V. 501.* Ogiera Spreng. *syst. III. 674.* non Cass. Podanthus Lagasca *Nov. gen. 24.* Cassini *in Dict. sc. nat. XLVI. 404.* Lessing *Synops. 419.* non Haw.

2455. Petrobium *R. BR.* Capitula pluriflora, dioica, homogama, floribus omnibus tubulosis. Involucri campanulati squamae paucae, biseriatae, ovali-oblongae, glabrae, floribus breviores. Receptaculi convexiusculi paleae involucri squamas referentes inter flores. Corollae tubo brevi, tereti, limbi quadripartiti lobis ovali-oblongis. Antherae exsertae, appendiculatae, in floribus femineis effoetae, distinctae. Stigmata acuta, recurva, in floribus masculis hispidula. Achenia linearia, compressa, medio utrinque nervigera, sparse hirtella. Pappus biaristatus, aristis erectis, strigulosis, subciliatis, nervis achenii continuis, interdum arista tertia accessoria. — *Arbor triorgyalis, in insula St. Helenae indigena; ramulis alternis, foliis oppositis, petiolatis, late obovalibus, apice serratis, supra glabris, subtus sparse puberulis, paniculae terminalis oligocephalae ramis oppositis, capitulis longe pedicellatis, erectis, albidis.*

Petrobium R. Brown *in Linn. Transact. XII. 113.* DC. *Prodr. V. 501.* Laxmannia Forst. *gen. t. 47.* Drimyphyllum Burchell *msc.* Spilanthi sp. Forster *in Comment. Götting. IX. 66.*

2456. Astemma *LESS.* Capitula pluriflora, dioica, homogama, floribus omnibus tubulosis. Involucri tubuloso-campanulati squamae lineares, obtusae, subimbricatae. Receptaculi paleae membranaceae, ciliatae, involucri squamas referentes. Corollae tubulosae, limbi quinquedentati dentibus revolutis. Antherae ...... Stigmata ...... Achenia linearia, breviter stipitata et rostrata. Pappus nullus. — *Arbor quitensis, vix nata; ramis angulatis, puberulis, foliis alternis, subtriplinerviis, subdenticulatis, panicula terminali ramosissima, fastigiata, foliata.*

Astemma Lessing *Synops. 210.* DC. *Prodr. V. 502.* Monactis dubia Kunth *in Humb. et Bonpl. Nov. gen. et sp. IV. 287.*

DIVISIO II. MILLERIEAE DC. *Prodr. V. 502.* Capitula monoica, pauciflora, heterogama, floribus femineis paucis, ligulatis v. trifidis. Receptaculum saepius epaleatum.

2457. Elvira *DC.* Capitulum biflorum, flore altero masculo, altero femineo. Involucrum di-tetraphyllum, foliolis duobus oppositis, altero majore orbiculato, basi subcordato, crenato, altero minore, tertio quartoque dum adsunt oblongis, acutis. Receptaculum minimum, nudum. Masc. Corollae tubulosae, limbo quinquefido. Antherae inclusae. Stylus abortivus, breviter bifidus. Fem. Corolla subligulata, tubo longo, ligula brevi, integerrima. Stylus apice bifidus. Achenium plano-compressum, ovale, involucro immutato tectum, nec inclusum. Pappus nullus. — *Herba americana tropica, annua, trichotoma; foliis oppositis, petiolatis, ovatis v. oblongis, acuminatis, triplinerviis, serrulatis, pubescenti-subscabridis, pedicellis in axillis supremis aggregatis, monocephalis, subumbellatis.*

Elvira DC. *Prodr. V. 502.* Elvira et Meratia Cassini *in Dict. sc. nat. XXX. 65 et 67.* Delilia Spreng. *in Bullet. soc. philomat. 1823. p. 54. t. 1.* non Kunth. Eugamelia Flor. Mexic. *inedit.* Milleria biflora Linn. *Hort. Cliffort. t. 25.* Gärtn. *II. 423. t. 168.* Lam. *t. 710.*

2458. Milleria *CASS.* Capitula pauciflora, heterogama, flore unico ligulato, femineo, tubulosis paucis, masculis. Involucrum tri-pentaphyllum, foliolo uno majore, cucullato. Receptaculum parvum, nudum. Masc. Corollae tubulosae, limbo quinquedentato. Antherae subexsertae. Fem. Corolla ligulata, ligula profunde trifida. Stylus apice bifidus. Achenium nitidum, plano-compressum, areola laterali, involucro demum carnoso-indurato, irregulariter gibbo inclusum. Pappus nullus. — *Herbae americanae tropicae, annuae, trichotomae, subvillosae; foliis oppositis, petiolatis, ovato-rhombeis, tenere membranaceis, triplinerviis, dentatis, auriculis stipulaeformibus utrinque inter folia ovatis, saepe reflexis, pedunculis terminalibus dichotomis, pedicellis e dichotomiis et apice ramorum monocephalis, corollis luteis.*

Milleria Cassini *in Dict. sc. nat. XXX. 67. LIX. 233.* Lessing *Synops. 215.* DC. *Prodr. V. 503.* Milleria quinqueflora Linn. Gärtn. *II. 423. t. 168. f. 5.* Lam. *t. 710. f. 2.* M. dichotoma Cavanill. *Ic. t. 82.*

2459. Riencourtia *CASS.* Capitula quadri-septemflora, discoideo-heterogama, floribus omnibus tubulosis, unico femineo, reliquis masculis. Involucri oblongi, disco brevioris squamae octonae, biseriatae, aequales, adpressae, coriaceae. Receptaculum parvum, nudum. Masc. Corollae tubus brevis, faux ampla, limbus quadriquinquedentatus, dentibus apice fasciculato-pilosis. Antherae nigricantes. Stylus indivisus, exsertus. Fem. Corollae cylindricae, limbus tridentatus. Stylus bifidus. Achenium obcompressum, ovale v. orbiculatum. Pappus nullus. — *Herbae guianenses, erectae, ramosae; foliis oppositis, petiolatis, lanceolatis, trinerviis, pilosis, subdentatis, capitulis spicatis v. ad apicem rami superne aphylli glomeratis.*

Riencourtia Cassini *in Bullet. soc. philomat. 1818. p. 76. Dict. sc. nat. XLV. 406.* Lessing *Synops. 215.* DC. *Prodr. V. 503.* Tetrantha Poiteau *msc.*

2460. Latreillea *DC.* Capitula multiflora, heterogama, floribus omnibus tubulosis, marginalibus paucis femineis, centralibus masculis. Involucri uni-triseriati squamae exteriores (bracteae) breves, interiores majores, concavae. Receptaculi subspicaeformis paleae lateovales, suborbiculatae, ciliatae, inter flores sitae. Corollae tubulosae, marginales tubo brevi, extus pilis articulatis vestito, limbo truncato, centrales glabrae, limbo quinquefido. Antherae concretae, ecaudatae. Stylus bifidus, stigmatibus crassis, glabris, acuminatis, intus sulcatis, in floribus masculis simplex, inclusus. Achenia marginis grossa, obcompressa, glabra, centralia abortiva. Pappus nullus. — *Herbae brasilienses; rhizomate lignoso, caule herbaceo, basi striato, glabro, apice puberulo v. hispido, foliis oppositis, sessilibus, oblongis, subtus glabris, superne hirtellis, corymbo breviter trifida, hirto, capitulis circiter tribus v. quinque ovatis, lupulaceis.*

Latreillea DC. *Prodr. V. 504.*

2461. Ichthyothere *MART.* Capitula multiflora, heterogama, floribus omnibus tubulosis, marginalibus subquinis, femineis, reliquis masculis. Involucrum minimum, cupuliforme, persistens. Receptaculi paleae singulos flores stipantes. Corollae tubulosae, marginalium limbus in fimbrias tenuissimas laciniatus, centralium quinquefidus. Antherae intus denticulo auctae. Stylus bifidus. Achenia intra receptaculi paleas extimas, increscentes obovata. Pappus nullus. — *Herba brasiliensis, perennis, pisces inebrians; foliis oppositis, argute serratis, petiolis breviter vaginantibus, capitulis terminalibus pedunculatis, aggregatis, rhachi post grossificationem per dichotomiam excrescente, involucris tunc increscentibus.*

Ichthyothere Martius *Arzneipfl. 27.* DC. *Prodr. V. 504.*

2462. Clibadium *LINN.* Capitulum multiflorum, heterogamum, floribus omnibus tubulosis, marginalibus paucis, uniseriatis, femineis, centralibus hermaphrodito-masculis. Involucri ovati squamae conniventes, ovatae, concavae, interiores saepe achenia marginis in parte concava semifoventes. Receptaculi plani discus nudus, ambitus involucri squamis interdum biseriatis paleatus. Corollae tubulosae, limbo quinquefido. Stylus bifidus, stigmatibus divaricatis, subrevolutis, glabriusculis, obtusis, in floribus masculis indivisus, apice clavatus, hispidulus. Achenia grossa, obovata, intus obcompressa, extus convexa, apice pilis articulatis villosa, disci abortiva, gracilia, linearia, villosissima. Pappus nullus. — *Herbae v. suffrutices americani tropici; ramis teretibus, saepius subvillosis, foliis oppositis, petiolatis, ovatis v. lanceolatis, serratis, plerumque asperis, capitulis parvis, ovatis, albidis, in paniculam saepius corymboso-fastigiatam dispositis.*

Clibadium Linn. *Mant.* 161. DC. *Prodr.* V. 505.

a. EUCLIBADIUM *DC.* Achenia drupacea, succo viscoso scatentia, radii uniserialia. Paleae receptaculi nullae.

Euclibadium DC. *l. c.* Clibadium Linn. *l. c.* Cassini *in Dict. sc. nat.* IX. 398. XXIX. 176. *et* 181. LIX. 324.

b. OSWALDA *Cass.* Achenia sicca, villosa, radii uniserialia, obcompressa, obovata, dorso convexa, disci gracilia, linearia, apice hispida. Paleae receptaculi nullae.

Oswalda Cassini *in Dict. sc. nat.* LIX. 319 *et* 322. Lessing *Synops.* 215. DC. *Prodr. l. c.* Baillieria Aublet *guian.* II. 805. *t.* 317. Trixis Swartz *Flor. Ind. occid.* 115. pro parte.

c. TRIXIDIUM *DC.* Achenia sicca, apice villosa, radii biseriata, exteriora squamis, interiora paleis squamas aemulantibus extus semiinvoluta, disci abortiva, epaleata.

Trixidium DC. *Prodr.* V. 506. Baillieria Cassini *in Dict. sc. nat.* LIX. 324. Lessing *Synops.* 215. non Aubl. Trixis rosea Swartz.

2463. Unxia *LINN.* Capitulum pluriflorum, heterogamum, floribus radii subquinis, ligulatis, femineis, disci totidem tubulosis, masculis. Involucri subglobosi squamae quinque, ovatae. Receptaculum nudum. Corollae radii ligulatae, ligula parva, ovata, disci tubulosae, limbo quinquedentato. Antherae ecaudatae. Stylus ······· Achenia ovata, dura, compressa, laevissima, areola laterali. Pappus nullus. — *Herbae guianenses, dichotomae, Camphoram redolentes; foliis oppositis, oblongo-obovatis, acuminatis, basi rotundatis, quinquenerviis, villosis, capitulis axillaribus breviter pedunculatis.*

Unxia Linn. fil. *Suppl.* 56. Jussieu *gen.* 186. Lessing *Synops.* 220. DC. *Prodr.* V. 507.

2464. Hapalus *DC.* Capitulum pluriflorum, heterogamum, floribus radii paucis, uniseriatis, ligulatis, femineis, disci pluribus, tubulosis, masculis. Involucri uniseriati squamae quinque v. septem, ovatae. Receptaculum angustum, nudum. Corollae radii ligulatae, ligula ovali-oblonga, integerrima, disci tubulosae, tubo tereti, fauce campanulata, limbo quinquedentato. Antherae ······· Stylus in floribus femineis bifidus, stigmatibus teretibus, extrorsum arcuatis. Achenia oblonga, erostria, sulcato-angulata, glandulosa, brevia, crassa, velutino-hirtella, disco epigyno superata. — *Herba chilensis, tenella, annua, erecta, glabra, versus apicem subvillosa; foliis alternis, semiamplexicaulibus, basi lineari-petioliformi integris, apice pinnatipartitis, lobis oppositis linearibus, integerrimis, ramis apice pedicelliformibus, monocephalis, corollis flavis.*

Hapalus DC. *Prodr.* V. 508. Unxia anthemifolia Bertero *msc.*

2465. Pronacron *CASS.* Capitulum multiflorum, heterogamum, floribus radii quinis, uniseriatis, ligulatis, femineis, disci subduodenis, tubulosis, masculis. Involucri subglobosi, discum aequantis squamae septem, biseriatae, duae exteriores majores, rotundatae, villosae, quinque interiores membranaceae, glabrae. Receptaculi plani paleae paucae, inaequales, subulatae. Corollae radii ligulatae, tubo glanduloso, ligula elliptica, subintegerrima, disci tubulosae, limbo quinquedentato. Antherae ····· Stylus ···· Achenia radii lateraliter plano-compressa, lenticularia, crassa, truncata, laevia, disci efoeta, gracilia. Pappus nullus. — *Herba guianensis, annua, ramosissima, villosa; foliis oppositis, lanceolatis, subdentatis, capitulis terminalibus pedunculatis, floribus flavis.*

Pronacron Cassini *in Dict. sc. nat.* XLIII. 370. Lessing *Synops.* 214. DC. *Prodr.* V. 508.

2466. Aiolotheca *DC.* Capitulum multiflorum, heterogamum, floribus radii paucis, uniseriatis, ligulatis, femineis, disci pluribus, tubulosis, femineis. Involucri biseriati squamae exteriores oblongae, erectae, octonae v. denae, disco breviores, interiores paleas achenia radii semiincludentes referentes. Receptaculi parvi, convexi paleae membranaceae, cuneatae, apice dentatae, acutae, achenia involventes. Corollae radii ligulatae, ligula brevi, obtusa, tridentata, disci tubulosae, limbo quinquedentato. Antherae····· Stylus····· Achenia radii villosa, subtrigona, villis subcoronata, intra involucri squamas interiores et paleas receptaculi exteriores inclusa, disci gracilia, efoeta, calva. Pappus nullus. — *Herba mexicana, incana, apice corymboso-ramosa; caule tereti, basi glabrato, foliis alternis, sessilibus, oblongis, obtusis, sinuatis, capitulis corymboso-fastigiatis, floribus luteis.*

Aiolotheca DC. *Prod.* V. 508.

2467. Trigonospermum *LESS.* Capitulum pluriflorum, minutum, heterogamum, floribus radii tribus, ligulatis, femineis, disci pluribus, tubulosis, hermaphroditis. Involucri hexa-octophylli squamae lineares, acutae, uninerves, alternae majores, orbiculatae. Receptaculi paleae scariosae, difformes, exteriores majores, erosae, interiores lineares. Corollae radii ligulatae, ligula parva, profunde tri-quadriloba, disci tubulosae, limbo quinquedentato. Antherae ····· Stylus radii bifidus, disci indivisus, inclusus, abortivus. Achenia radii laevissima, lucida, involucri squama interiore et receptaculi palea exteriore cincta, disci nulla. Pappus nullus. — *Herba mexicana, annua, erecta, dichotoma; foliis oppositis, triplinerviis, rhombeo-ovatis, breviter acuminatis, ad basim petioli cuneato-decurrentibus, utrinque hirsutiusculis, capitulis cymoso-paniculatis, ramis glanduloso-hirsutis, floribus luteis.*

Trigonospermum Lessing *Synops.* 214. *in Linnaea* IX. 267. DC. *Prodr.* V. 508.

2468. Xenismia *DC.* Capitulum pluriflorum, heterogamum, floribus radii quinis-septenis, ligulatis, femineis, disci denis v. duodenis tubulosis, masculis. Involucri uniseriati squamae oblongae. Receptaculum epaleatum. Corollae radii ligulatae, ligula obtusa, basi ciliata, disci tubulosae, limbo quinquefido. Antherae

...... Stylus ...... Achenia radii crassa, glabra, aculeis rigidis, crassis undique echinata, disci nulla. Pappus nullus. — *Herba capensis, annua, subpuberula, erecta, multicaulis; foliis alternis, oblongo-cuneatis, basi angustatis, apice dentatis, capitulis ad ramorum apices pedicellatis, solitariis, parvulis.*

Xenismia DC. *Prodr. V. 509.*

2469. Scolospermum *LESS.* Capitulum pluriflorum, heterogamum, floribus radii uniseriatis, ligulatis, femineis, disci tubulosis, masculis. Involucri triseriati squamae in seriebus duabus exterioribus septenae, subaequales. Receptaculi paleae breviter reclinato-acuminatae, superne ciliatae. Corollae radii ligulatae, ligula late ovali, disci obconico-tubulosae, limbi quinquedentati dentibus extus hirsutiusculis. Antherae obtuse appendiculatae, basi ecaudatae. Stylus radii bifidus, disci indivisus, exsertus, teretiuscule clavatus, apice hirsutiusculus. Achenia triquetra, versus apicem tuberculata, receptaculi paleis intimis, capsulatim inclusa; embryonis conformis cotyledonibus conduplicatis. Pappus nullus. — *Herba mexicana, erecta, dichotoma, Baltimorae facie; foliis oppositis, petiolatis, ovato-lanceolatis, acuminatis, serratis, triplinerviis, capitulis in alis dichotomiarum terminalibusque, pedunculatis, floribus luteis.*

Scolospermum Lessing *in Linnaea V. 152. t. 2. f. 19—31. Synops. 219.* DC. *Prodr. V. 509.*

2470. Baltimora *LINN.* Capitulum pluriflorum, heterogamum, floribus radii quinque, ligulatis, femineis, disci tubulosis, masculis. Involucri biseriati squamae lanceolatae, adpressae, exteriores foliaceae. Receptaculi plani paleae amplectentes, membranaceae, apice ciliato-fimbriatae. Corollae radii ligulatae, disci tubulosae, extus hirsutiusculae, limbo quinquedentato. Antherae ecaudatae. Achenia radii juniora subtrigona, obcompressa, pappo coroniformi, dentato, deciduo, adulta trigona, laevia, omnino calva, disci abortiva, elongata, compressa, papulosa. — *Herbae mexicanae, erectae, annuae; caule obtuse tetragono, scabriusculo, foliis oppositis, petiolatis, ovatis, acutis, serratis, trinerviis, subscabridis, capitulis alaribus pedicellatis v. rarius in iisdem individuis oppositifoliis, floribus pallide flavis.*

Baltimora Linn. *Mant. 288.* Gärtn. *II. 443. t. 169.* Schkuhr *t. 261.* Lam. *t. 709.* Fougerouxia DC. *Prodr. V. 509.* Niebuhria Scop. *Introduct. 134.* Baltimora et Fougeria Mönch *Method. 592. et Suppl. 243.* Cassini *in Dict. sc. nat. XXVII. 283. XLVI. 399. et 412.*

2471. Chrysogonum *LINN.* Capitulum multiflorum, heterogamum, floribus radii subquinis, uniseriatis, ligulatis, femineis, disci tubulosis, hermaphroditis. Involucri pentaphylli foliola oblonga, radium subaequantia. Receptaculi plani squamae lineares, obtusae. Corollae radii ligulatae, disci tubulosae, glabriusculae, tubo brevissimo, limbi quinquedentati dentibus obtusis. Achenia radii obcompressa, vix subtrigona, glabra, disci abortiva, linearia, elongata. Pappus in radio et disco conformis, coroniformis, persistens, dentatus. — *Herbae perennes, boreali-americanae, humiles, hirsutae, multicaules, stoloniferae; foliis caulinis oppositis, petiolatis, ovatis, crenatis, capitulis solitariis breviter pedunculatis, floribus luteis.*

Chrysogonum Linn. *gen. n. 988.* Gärtn. *II. 436.* Lessing *Synops. 220.* DC. *Prodr. V. 510.*

a. CHRYSOGONUM *Cass.* Pappus coroniformis, ad latus interius fissus, apice crenatus.

Chrysogonum Cass. *in Dict. sc. nat. XLVIII. 543.* Ch. virginianum Linn. Gärtn. *t. 174. f. 8.* Lam. *t. 713. f. 6.*

b. DIOTOSTEPHUS *Cass.* Pappus biauritus.

Diotostephus Cassini *Op. cit. XLVIII. 543.* Ch. virginianum Michaux, Lam. *t. 713. f. a.*

DIVISIO III. SILPHIEAE DC. *Prodr. V. 510.* Capitula multiflora, heterogama, floribus radii ligulatis, disci tubulosis. Receptaculi paleae v. squamae nunquam cum acheniis concretae. Achenia ecorticata, calva v. biaristata.

2472. Guardiola *H. et B.* Capitulum pluriflorum, heterogamum, floribus radii ternis v. quinis, ligulatis, heterochrois, femineis, disci subduodenis, tubulosis, masculis. Involucri triphylli squamae ovales, erectae. Receptaculum planum, angustum, paleaceum. Corollae radii ligulatae, tubo longo, basi hispido, ligula brevi, tridentata, disci tubulosae, tubo elongato, glabro, limbo quinquedentato. Antherae nigricantes. Stylus ...... Achenia radii obcompressa, laevia, disci abortiva. Pappus nullus. — *Herba mexicana, glabra, trichotoma; foliis oppositis, longe petiolatis, ovato-lanceolatis, acuminatis, serratis, basi subcuneatis, capitulis ternis, pedicellatis, corymbosis, terminalibus, disco flavo, radio albo.*

Guardiola Humb. et Bonpl. *Pl. aequinoct. I. 144. t. 41. Nov. gen. et sp. IV. 247.* Cassini *in Dict. sc. nat. XX. 12. LIX. 319.* Lessing *Synops. 419.* DC. *Prodr. V. 511.* Guandiola Ste.

2473. Hidalgoa *LESS.* Capitulum multiflorum, heterogamum, floribus radii quinis, ligulatis, femineis, disci tubulosis, abortu masculis. Involucri cylindraceo-campanulati, disco brevioris squamae biseriatae, integerrimae, obtusae. Receptaculi plani paleae membranaceae, lineares. Corollae radii ligulatae, disci tubulosae, limbo quinquedentato. Stylus radii bifidus, stigmatibus semilanceolatis, disci indivisus, clavatus. Achenia disci linearia, radii valde compressa, laevia, elliptica, anguste bialata. Pappus aristato-bicornis, aristis achenii alas continuantibus. — *Herba mexicana, scandens; foliis alternis, petiolatis, pedati- v. ternatisectis, segmentis lateralibus plus minus bilobis, capitulis terminalibus solitariis, longe pedunculatis, floribus aurantiaceis.*

Hidalgoa Lessing *in Linnaea VI. 406. Synops. 213.* DC. *Prodr. V. 511.* non Llav. et Lexarz.

2474. Silphium *LINN.* Capitulum multiflorum, heterogamum, floribus radii uniseriatis, ligulatis, femineis, disci tubulosis, marginalibus hermaphroditis, centralibus styli abortu masculis. Involucri campanulati squamae imbricatae, basi adpressae, strictae, apice foliaceae, laxae. Receptaculum subconvexum, paleaceum. Corollae radii ligulatae, disci tubulosae, tubo brevissimo, fauce cylindracea, limbi quinquedentati dentibus superne puberulo-hirtis. Stylus radii bifidus, disci indivisus, apice hispidus. Achenia radii plano-obcompressa, bialata, apice emarginata. Pappi dentes v. aristae duae, nunc liberae, nunc cum achenii alis utrinque concretae. — *Herbae boreali-americanae, ut plurimum elatae, nonnunquam gummiferae; caule tereti v. tetragono, foliis alternis, verticillatis v. oppositis, basi saepius connatis, capitulis pedicellatis, floribus luteis.*

Silphium Linn. *gen. n. 1334.* Cassini *in Dict. sc. nat. LIX. 319.* Lessing *Synops. 213.* DC. *Prodr. V. 511.*

a. SILPHIA TERETICAULIA DC. *l. c.* Caulis teres v. obsolete hexagonus. Folia alterna v. ternato-verticillata. Achenia apice biaristata v. bidentata. — Gärtner *t. 171.* Jacq. *Hort. Vindob. I. t. 43.* Jacq. f. *Eclog. t. 90.* Bot. Mag. *t. 3355.*

b. SILPHIA TETRAGONA DC. *l. c.* Caulis tetragonus, apice interdum teretiusculus. Folia opposita, superiora saepe connata. Achenia aristis cum ala omnino connatis. — Bot. Mag. *t. 3354.*

2475. Polymnia *LINN.* Capitulum multiflorum, heterogamum, floribus radii uniseriatis, ligulatis, femineis, disci tubulosis, hermaphroditis, styli abortu masculis. Involucri duplicis squamae exteriores quinque, magnae, foliaceae, patulae, ovato-lanceolatae, interiores plures, exterioribus breviores, sed disco longiores, adpressae, achenia amplectentes. Receptaculum planum, paleaceum. Corollae radii ligulatae, disci tubulosae, limbo quinquefido. Stylus disci superne pubescens, apice bifidus. Achenia glabra, radii obovata, crassa, subcompressa, laevia, aptera, disci abortiva, teretia. Pappus nullus. — *Herbae erectae, americanae; foliis alternis v oppositis, asperis, semiamplexicaulibus, capitulis subcorymbosis, luteis, disco saepe fusco-purpurascente.*

Polymnia Linn. *gen. n. 987.* Gärtn. *II. 429.* Lessing *Synops. 213.* DC. *Prodr. V. 514.*

a. UVEDALIA DC. *l. c.* Ligulae elongatae, involucrum superantes.

Polymnia Necker *elem. n. 58.* Lam. *t. 711.* Cassini *in Dict. sc. nat. LIX. 246.*

b. ALYMNIA DC. *l. c.* Ligulae obovatae v. lineares, involucro breviores.

Alymnia Necker *elem. n. 57.* Polymniastrum Lam. *t. 711.* Cassini *l. c.*

2476. Espeletia *MUT.* Capitulum multiflorum, heterogamum, floribus radii plurimis, uniseriatis, ligulatis, femineis, disci tubulosis, abortu masculis. Involucri campanulati squamae plurimae, imbricatae. Receptaculi planiusculi paleae membranaceae, obtusae. Corollae radii ligulatae, disci tubulosae, limbo quinquedentato. Antherae exsertae, breviter caudatae? Stylus radii bifidus, gracilis, disci indivisus. Achenia radii obovata, angulata, disci abortiva (?). — *Herbae in Andium regione frigida perennantes, dense lanato-tomentosae, resinosae; foliis oppositis, integerrimis, capitulis ramos terminantibus corymbosis, floribus luteis.*

Espeletia Mutis *in Humb. et Bonpl. Pl. aequinoct. II. 11. t. 70—72.* Kunth *in Humb. et Bonpl. Nov. gen. et sp. IV. 280.* DC. *Prodr. V. 516.*

2477. Berlandiera *DC.* Capitulum multiflorum, heterogamum floribus radii uniseriatis, ligulatis, femineis, disci exterioribus uniseriatis, tubulosis, masculis, centralibus filiformibus, abortivis. Involucri triseriati, foliacei squamae exteriores subternae, oblongae, mediae quaternae v. quinae majores, obovatae, acutiusculae, intimae senae v. octonae maximae, subrhombeae, subdentatae. Receptaculi turbinati, obconici paleae foliaceae, exteriores ad basim squamarum involucri intimarum geminatae, cucullatae, apice dilatatae, obtusae, interiores in margine et disco receptaculi minores, cuculliformes, flores abortivos foventes v. vacuae. Corollae radii ligulatae, disci tubulosae, limbo quinquedentato. Antherae ..... Stylus ...... Achenia radii obcompressa, obovato-orbiculata, coriacea, aptera. Pappus brevissimus, subaristatus. — *Suffrutex texanus; ramis teretibus, hirsutis, foliis alternis, sessilibus, cordatis, ovato-sublanceolatis, crenatis, supra strigilloso-villosis, subtus villoso-canescentibus, capitulis ad apices ramorum ternis v. quinis, longe pedunculatis, corymbosis, involucris et receptaculi paleis pubescentibus, floribus flavis.*

Berlandiera DC. *Prodr. V. 517.*

DIVISIO IV. MELAMPODIEAE DC. *Prodr. V. 517.* Capitula monoica, heterogama, floribus radii pluribus, ligulatis. Receptaculum paleaceum. Achenia corticata, i. e. cum receptaculi paleis concreta. Pappus nullus.

2478. Melampodium *LINN.* Capitulum multiflorum, heterogamum, floribus radii quinis v. denis, uniseriatis, ligulatis, femineis, disci tubulosis, masculis. Involucrum duplex, exterioris squamae quinque, rarius tres, planae, patulae, interiores tot quot flores radii, eosdem involventes. Receptaculi convexo- v. subulato-conici paleae diaphanae, deciduae. Corollae radii ligulatae, disci tubulosae, limbo quinquefido. Achenia disci abortiva, radii obovata, subcurvata, laevia, involucri squamis interioribus plus minus inclusa, externe tuberculosa v. rugulosa. Pappus nullus. — *Herbae v. suffrutices americani; caulibus dichotomis, foliis oppositis, pedunculis inter dichotomias monocephalis, floribus omnibus flavis v. radio rarius albo.*

Melampodium Linn. *gen. n. 989.* R. Brown *in Linn. Transact. XII. 104.* Kunth *in Humb. et Bonpl. Nov. gen. et sp. IV. 272.* Lessing *Synops. 217.* DC. *Prodr. V. 517.*

a. EUMELAMPODIUM *DC.* Involucri squamae interiores achenia radii involventes extus tuberculosae v. muricatae, nervoso-costulatae, superne in cucullum truncatum desinentes, v. in aristam uncinatam productae.

Eumelampodium DC. *l. c.* Melampodium Linn. *l. c.* Gärtn. *II. 436. t. 169.* Cassini *in Dict. sc. nat. LIX. 237.*

b. ZARABELLIA *Cass.* Involucri squamae interiores achenia radii involventes rugosae v. tuberculatae, superne truncatae v. in mucrones dentesve 1—3, antice subhiantes, et achenii apicem denudatum monstrantes productae.

Zarabellia Cassini *in Dict. sc. nat. LIX. 240.* DC. *Prodr. l. c.* Dysodium L. C. Richard *in Pers. Ench. II. 489.* Colla *in Act. Taurin. 1827. p. 323.* Alcinae sp. Lagasca, Jacq. f. *Elog. t. 78.* Melampodii sp. Kunth *Op. cit. t. 399.* Reichenb. *Ic. exot. t. 42.*

c. ALCINA *Cav.* Involucri squamae interiores achenia radii involventes ovali-oblongae, laeves, apice tubercula minima, 2—4 gerentes, inter tubercula foramine minimo aperta. Achenia striata.

Alcina Cavanill. *Ic. I. 10. t. 15.* Cassini *in Dict. sc. nat. LXIX. 242.* DC. *l. c.* Camutia Bonat. — ? Hidalgoa Llav. et Lexarz. *Nov. veget. I. 15.* non Less.

2479. Acanthospermum *SCHRANK.* Capitulum pluriflorum, heterogamum, floribus radii uniseriatis, ligulatis, femineis, disci tubulosis, hermaphroditis. Involucri uniseriati squamae quinque, ellipticae, concavae. Receptaculi plani paleae exteriores ovaria radii involventes, extus aculeis herbaceis uncinatis muricatae, interiores flores masculos stipantes concavae, apice dentatae. Corollae radii ligulatae, ligula cucullata, disci tubulosae, limbo quinquedentato. Antherae ecaudatae, appendiculatae. Styli bifidi, stigmatibus recurvatis, apice glabris. Achenia disci abortiva, radii paleis aculeatis arcte involuta, compressa, obtusa, basi subattenuata. Pappus nullus. — *Herbae americanae, humiles, ramosae, diffusae, trichotomae; foliis oppositis, subtus* *punctatis, capitulis parvulis, ad apices v. in dichotomiis ramorum solitariis, corollis luteis.*

Acanthospermum Schrank *Hort. monac. II. t. 53.* DC. *Prodr. V. 521.* Centrospermum Kunth *in Humb. et Bonpl. Nov. gen. et sp. IV. 271.* Cassini *in Dict. sc. nat. LIX. 235. et 244.* Lessing *Synops. 217.* Echinodium Poiret *msc.* Melampodii sp. Linn. R. Brown.

a. XANTHIOIDES DC. *l. c.* Receptaculi paleae exteriores achenia radii involventes longitudinaliter sulcato-striatae, secus nervulos aculeatae, apice obtusae.

Melampodium australe Linn. (Kunth *Op. cit. t. 397.*)

b. CERATOLAENA DC. *l. c.* Receptaculi paleae exteriores achenia radii involventes exsulca, apice elongato-bicornia.

Melampodium humile Swartz. Moris *in Act. Academ. Taurin. XXXVI. 193.*

DIVISIO V. AMBROSIEAE DC. *Prodr. V. 522.* Capitula sexu distincta, monoica. **Involucra saepius gamophylla, mascula multiflora, feminea uni-pauciflora. Corollae tubulosae, breviter quinquedentatae, in floribus femineis saepius nullae. Antherae ecaudatae, approximatae nec revera connatae. Achenia calva.**

2480. Xanthium *TOURNEF.* Capitula heterocephala, monoica. Masc. Involucri subglobosi, multiflori squamae liberae, uniseriatae. Receptaculum cylindraceum, paleatum. Corollae clavato-tubulosae, pilosiusculae, limbo breviter quinquelobo. Staminum filamenta corollae vix adnata; antherae liberae, ecaudatae. Stigmata 2, concreta. Fem. Involucrum ovatum, gamophyllum, biflorum, hamato-aculeatum, rostris 1—2 superatum. Corollae filiformi-tubulosae. Stamina nulla. Stigmata 2, linearia, divergentia, ad latera papillifera. Achenia compressa, involucri demum indurati, bilocularis, loculis inclusa. — *Herbae annuae, ramosae, in ruderatis climatis temperati et calidi totius orbis obviae; foliis alternis, incisis, capitulis irregulariter glomerato-spicatis, spica terminali, superne mascula, inferne feminea.*

Xanthium Tournefort *inst. t. 252.* Linn. *gen. n. 1056.* Gärtn. *II. 418.* Cassini *in Dict. sc. nat. XXV. 195.* Lessing *Synops. 219.* DC. *Prodr. V. 522.*

a. EUXANTHIUM DC. *l. c.* Involucri fructiferi rostra duo, apice plus minus uncinato-incurvata, rarius recta. — *Spinae ad basim foliorum nullae. Folia cordata, in sinu cuneata, triloba, dentata.* (Schkuhr *t. 291.* Gärtn. *t. 164.* Cavanill. *Ic. t. 221.* Lam. *t. 665. f. 1.* Flor. dan. *t. 970.* E. B. *t. 2544.* Reichenb. *Icon. t. 323.* Flor. Flum. X. *t. 23.*)

b. ACANTHOXANTHIUM DC. *l. c.* Involucri fructiferi rostrum saepius unicum, semper rectum. — *Spinae ad basim foliorum validae. Folia basi cuneata, nunquam cordata.* (Lam. *t. 665. f. 2.* Flor. Flum. X. *t. 24.*)

2481. Franseria *CAV.* Capitula heterocephala, monoica. Masc. Involucrum hemisphaericum, gamophyllum, octo-duodecim dentatum, multiflorum. Receptaculum planiusculum, paleis filiformibus inter flores. Corollae tubulosae, quadrifidae. Stamina imae corollae inserta, tubo vix adnata; antherae liberae. Ovarii rudimentum. Fem. Involucrum ovatum, extus aculeatum, apice in cornua 3—4 cava desinens, uniflorum, v. intus in loculos 3—4 unifloros divisum. Corolla nulla v. stylo adpressissima. Antherae nullae. Stylus filiformis, inter involucri cornua exsertus, bifidus, stigmatum apice obtuso. Achenia calva, in involucri loculis nidulantia. — *Suffrutices v. herbae americanae; foliis alternis, grosse dentato lobatis, uni-bipinnatisectis, capitulis spicatis, masculis superioribus, femineis inferioribus, saepe aggregato-spiculatis.*

Franseria Cavanilles *Ic. II. 78.* Willdenow *Spec. IV. 378.* Cassini *in Dict. sc. nat. XVII. 364.* Lessing *Synops. 219.* DC. *Prodr. V. 524.*

a. XANTHIOPSIS DC. *l. c.* Involucra fructigera aculeis mollibus, uncinatis hispida. — (Cavanill. *Ic. t. 200.* Willd. *Hort. Berol. t. 2.*)

b. CENTROLAENA DC. *l. c.* Involucra fructigera aculeis spinescentibus echinata. — (Lessing *in Linnaea VI. 507.*)

2482. Ambrosia *TOURNEF.* Capitula heterocephala, monoica. Masc. Involucra distincta, pluriflora, squamis uniseriatis, plus minus in cupulam connatis. Receptaculum nudum. Corolla tubulosa, brevis, limbo quinquedentato. Staminum filamenta brevissima, distincta, antherae liberae. Ovarii rudimentum. Fem. Involucra uniflora, gamophylla, aggregata, involucro communi libero cincta, bracteolis interpositis distincta. Corolla nulla. Stamina nulla. Stigmata elongato-filiformia, exserta. Achenium involucro persistente angulato, rostrato v. in cornua excrescente inclusum. — *Herbae v. suffrutices, in regionibus mediterraneis, in Asia et Africa tropica parce provenientes, in America imprimis tropica copiose crescentes; foliis inferioribus oppositis, superioribus alternis, pinnatilobatis v. trilobatis, rarius indivisis, ramis in spicam, basi compositam femineam, apice simplicem masculam desinentibus.*

Ambrosia Tournef. *inst. t. 252.* Linn. *gen. n. 1057.* Gärtn. *II. 417. t. 164.* Lam. *t. 765. f. 1.* Cassini *in Dict. sc. nat. XXV. 203.* Lessing *Synops. 219.*

DIVISIO VI. IVEAE DC. *Prodr. V. 527.* Capitula heterogama, discoidea. **Corollae omnes tubulosae, interdum in floribus femineis nullae. Antherae liberae, approximatae. Styli in floribus masculis apice incrassati, in floribus femineis bipartiti v. simplices, elongati, fere subulati, hispiduli.**

2483. Pinillosia *OSSA.* Capitulum heterogamum, quadriflorum, floribus duobus masculis, tubulosis, cum totidem femineis, apetalis alternantibus. Involucri tetraphylli, extus bracteolis duabus linearibus brevibus stipati squamae cruciatim oppositae, trinerves, basi subconcretae. Receptaculum planum, epaleatum (?). Flores masculi ante involucri squamas minores siti. Corolla tubulosa, tubo tereti, fauce aperta, limbi quinquelobi lobis ovatis, papilloso-puberis. Antherae exsertae, ovato-oblongae, utrinque obtusae, approximatae, liberae. Ovarium abortivum. Stylus antheras paullo superans, apice bilobus, incrassatus, glaber. Flores feminei ante involucri squamas majores siti. Corolla nulla. Styli rami ad basim fere distincti, elongati, graciles, apice subhispidi. Achenia obovata, subcuneata, juniora praeter apicem mucroniformem instructa pappo quadriaristato, aristis crassis, retrorsum aculeolatis, apice capitellatis, adulta quadricornuta, cornubus conicis, nudis, patulis. Embryonis crassi cotyledones obovatae, extus convexae. — *Herba antillana, elegans, repens, glaberrima, Linnaeam parvulam quasi referens; foliis oppositis, orbiculatis, longe petiolatis, integerrimis, pedunculis axillaribus petiolos superantibus monocephalis, floribus albis.*

Pinillosia Ossa *ex DC. Prodr. V. 529.*

2484. Tetranthus *SWARTZ.* Capitulum heterogamum, quadriflorum, floribus omnibus tubulosis, masculis duobus cum totidem femineis alternantibus. Involucri tetraphylli, extus bracteolis quatuor v. quinque linearibus, ciliatis, acutis stipati squamae ovales, obtusae, duae exteriores paullo majores. Receptaculi plani paleae convolutae, amplectentes. Flores masculi ante involucri squamas minores siti. Corollae tubo gracili, fauce infundibuliformi, limbi quinquelobi, lobis oblongis, subpuberulis, subinaequalibus. Antherae oblongae, apice breviter mucronatae, approximatae nec concretae. Flores feminei ante involucri squamas majores. Corollae tubulosae, limbo quinquedentato. Stigmata longa, gracilia, exserta, apice divergentia, hispidula. Achenia oblonga, substriata, receptaculi paleis involuta. Pappus brevis, coroniformis, ciliolatus. — *Herbae domingenses, repentes; foliis oppositis, petiolatis, ovatis, mucronulatis, pedunculis axillaribus nudis, folia superantibus, monocephalis, floribus albidis.*

Tetranthus Swartz *Prodr.* 116. *Flor. Ind. occid. III.* 1885. *t.* 27. Cassini *in Dict. sc. nat. LVII.* 343. Lessing *Synops.* 420. DC. *Prodr. V.* 528.

2485. Iva *LINN.* Capitulum heterogamum, multiflorum, floribus omnibus tubulosis, marginalibus paucis, uniseriatis, femineis, disci pluribus masculis. Involucrum saepius tri-tetraphyllum, campanulatum, squamis ovatis, subuniseriatis, basi plus minus connatis, rarius imbricatum, squamis pluribus, tri-quadriseriatis. Receptaculi plani paleae lineares v. lineari-spathulatae. Flores masculi centrales. Corollae tubulosae, obconicae, limbi quinquedentati dentibus revolutis. Antherae exsertae, muticae, distinctae. Stigmata brevia, incrassata. Achenia abortiva. Flores feminei marginales, uniseriati. Corollae tubulosae v. campanulatae, limbo quinquedentato. Achenia obcompressa, mutica. Pappus nullus. — *Herbae v. frutices, in America, imprimis boreali provenientes; foliis oppositis v. superioribus alternis, trinerviis, integerrimis v. serratis, capitulis in foliorum superiorum axillis solitariis v. ternatis, breviter pedicellatis, deflexis, semiglobosis, racemos terminales, foliatos formantibus, corollis albidis, antheris luteis.*

Iva Linn. *gen. n.* 1059. Gärtn. *II.* 394. *t.* 164. Schmiedel *Ic. t.* 16. Cassini *in Dict. sc. nat. XXIV.* 43. *LIX.* 176. Lessing *Synops.* 219. Hooker *Flor. Bor. Amer. t.* 106. DC. *Prodr V.* 529. Denira Adans. *Fam. II.* 118.

2486. Euphrosyne *DC.* Capitulum heterogamum, multiflorum, floribus marginalibus uniseriatis, apetalis, femineis, disci tubulosis, masculis, centrali abortivo filiformi, apice penicillato. Involucri uni-biseriati squamae obovatae, margine submembranaceae, patentes. Receptaculi planiusculi paleae obovatae, membranaceae, exteriores majores, intimae multo minores. Flores masculi. Corollae tubulosae, brevissimae, limbo quinquedentato. Antherae distinctae. Fem. Corolla nulla. Stigmata teretia, glabra, obtusa. Achenia obcompressa, margine calloso cincta, laevia, inter involucri squamas et paleas receptaculi exteriores sita, mutica. Pappus nullus. — *Herba mexicana, erecta, glabra, habitu inter Ambrosiam et Parthenium ambigens; foliis alternis, petiolatis, pinnatipartitis, lobis oblongis, pinnatilobatis, sinuatis, lobulis secus rhachin parvis, sinuato-dentatis, capitulis breviter pedicellatis, paniculam ramosissimam formantibus, floribus albidis.*

Euphrosyne DC. *Prodr. V.* 530.

DIVISIO VII. PARTHENIEAE DC. *Prodr. V.* 530. Capitula heterogama, floribus radii uniseriatis, ligulatis, femineis, ligulis subcoriaceis, persistentibus v. sero deciduis, disci tubulosis, quinquedentatis, masculis. Receptaculum saepius paleatum. Achenia radii obcompressa, margine calloso cincta v. rarius trigona.

2487. Coniothele *DC.* Capitulum multiflorum, heterogamum, floribus radii septenis v. denis uniseriatis, ligulatis, femineis, disci pluribus, tubulosis, masculis. Involucri campanulati squamae septem v. decem, subuniseriales, oblongae. Receptaculum convexum, epaleatum. Corollae radii ligulatae, disci tubulosae, fauce ampliata, limbo quinquedentato. Antherae ...... Stigmata ..... Achenia disci nulla, radii teretia, papillis minutis confertis pulverulento-velutina. Pappus nullus. — *Herba californica, tenella, annua, erecta, glabra, subsimplex; foliis alternis, pinnatipartitis, rhachi lobisque bi-trijugis, remotis, linearibus, capitulis terminalibus pedicellatis, solitariis.*

Coniothele DC. *Prodr. V.* 531.

2488. Leptosyne *DC.* Capitulum multiflorum, heterogamum, floribus radii uniseriatis (?), ligulatis, femineis, disci tubulosis, abortu masculis. Involucri biseriati squamae exteriores paucae, lineares, foliaceae, discum subsuperantes, interiores ellipticae, vix acutae, submembranaceae, disco aequales. Receptaculi paleae membranaceae, lanceolatae, persistentes. Corollae radii ligulatae, ligula late ovato-subrotunda, disci tubulosae, fauce obconica, basi subbarbellata, limbo quinquedentato. Antherae ecaudatae. Stylus bifidus, radii vix exsertus, obtusus, disci inclusus, ramis cono hispido, brevi, lato capitellatis. Achenia (immatura) obcompressa, margine subalata, glabra. Pappus nullus v. minimus, coroniformis. — *Herba californica, annua, tenuis, glabra; radice simplici, gracili, foliis subradicalibus erectis, angustissime linearibus, aliis integerrimis, aliis lobis parvis linearibus pinnatipartitis, caule tereti, gracili, nudo, monocephalo, folia triplo v. quadruplo superante, floribus flavis.*

Leptosyne DC. *Prodr. V.* 531.

2489. Parthenium *LINN.* Capitulum multiflorum, heterogamum, floribus radii quinque, uniseriatis, ligulatis, femineis, disci pluribus, tubulosis, styli abortu masculis. Involucri hemisphaerici squamae biseriatae, exteriores ovatae, interiores suborbiculares. Receptaculi conici v. cylindracei paleae semiamplectentes, membranaceae, apice latiores. Corollae radii ligulatae, ligula obcordata brevi, disci tubulosae, limbo quinquedentato. Stamina imo corollae tubo inserta, antherae juniores vix cohaerentes. Stylus disci indivisus, radii bifidus, stigmatibus semiteretibus, obtusis. Achenia obcompressa, laevia, margine calloso, utrinque basi squamis contiguis adhaerente, et demum ab ovario secedente cincta. Pappus bisquamellatus, squamellis aristaeformibus v. suborbicularis. — *Herbae v. suffrutices hirsuto-canescentes, in America cis aequatorem indigeni; foliis alternis, capitulis fastigiato-paniculatis, albidis.*

Parthenium Linn. *gen. n.* 1058. Gärtn. *II.* 429. Cassini *in Dict. sc. nat. XXXVIII.* 14. Lessing *Synops.* 319. DC. *Prodr. V.* 531. Partheniastrum Nissol *in Act.*

Academ. Paris. 1711. Hysterophorus Vaillant *in Act. Academ. Paris. 1720. p. 335.* Trichospermum Palisot *msc.*

a. PARTHENIASTRUM DC. *l. c.* Pappi squamellae tenues, brevissimae v. nullae. — *Folia integra.* (Gärtn. *t. 168.* Willd. *Hort. Berol. t. 4.*)

b. PARTHENICHAETA DC. *l. c.* Pappus biaristatus, aristis longis, rigidis. — *Folia obtuse sinuato-pinnatifida.* (Humb. Bonpl. et Kunth *Nov. gen. et sp. t. 391.*)

c. ARGYROCHAETA DC. *l. c.* Pappi squamellae ovali-oblongae, obtusae, membranaceae. — *Folia bipinnatipartita.* — Argyrochaeta Cavanill. *Ic. IV. 54. t. 378.* Villanova Ortega *Decad. 48. t. 6.*

2490. Mendezia *DC.* Capitulum multiflorum, heterogamum, floribus radii paucis, uniseriatis, ligulatis, femineis, disci tubulosis, ovario efoeto masculis. Involucri imbricati squamae paucae, bi-triseriales, ovales, obtusae. Receptaculi parvi, conici paleae membranaceae, oblongae, complicatae. Corollae radii ligulatae, tarde deciduae, ligula elliptica, disci tubulosae, tenues, glaberrimae, limbo quinquedentato. Stigmata disci summo apice hirtella. Achenia disci compressa, abortiva, radii obcompresso-plana, elliptico-cuneata, apice emarginata, breviter biaristata, utrinque glabra, margine subtuberculata, tuberculis fasciculato-pilosis. — *Herba mexicana, annua, trichotoma; foliis oppositis, oblongo-linearibus, integerrimis, puberulis, capitulis terminalibus, solitariis, disco intense croceo, radio pallido.*

Mendezia DC. *Prodr. V. 532.*

2491. Tragoceras *LESS.* Capitulum pluriflorum, heterogamum, floribus radii senis-octonis ligulatis, femineis, disci quinis-senis tubulosis, masculis. Involucri ovati squamae quinque v. septem, imbricatae, membranaceae, obtusae. Receptaculum minutum, paleatum. Corollae radii ligulatae, disci tubulosae, limbo quinquedentato. Stigmata capillacea, patentia. Achenia disci abortiva, radii oblongo-obovata, apice truncata, corolla persistente, magna coronata. Pappus nullus. — *Herbae mexicanae, annuae, humiles, graciles, ramosissimae; foliis oppositis, integerrimis, capitulis solitariis, ramos superne aphyllos terminantibus.*

Tragoceras Lessing *Synops. 220.* DC. *Prodr. V. 533.* Tragoceros Kunth *in Humb. et Bonpl. Nov. gen. et sp. IV. 248.*

a. EUTRAGOCERAS DC. *l. c.* Achenia radii ecostata. (Kunth *Op. cit. t. 365.*)

b. SKIRHOGLYPHIS DC. *l. c.* Achenia radii costis tribus callosis, media minore, lateralibus crenato-tuberculatis.

SUBTRIBUS II. HELIANTHEAE Lessing *Synops. 221.* Capitula saepius heterogama, floribus radii ligulatis, femineis, disci hermaphroditis, rarius discoidea, homogama, floribus omnibus tubulosis, nunquam monoica v. dioica. Corollae floris hermaphroditi lobis crassis, saepius superne papillosis. Antherae nigricantes, ecaudatae. Stigmata floris hermaphroditi divergentia, nunc truncata, apice penicillata, nunc saepius cono acuto v. appendiculo lineari terminata. Achenia saepius tetragona, nunc teretia aut obcompressa. Pappus nullus, v. coroniformis, aristatus aut partim paleaceus, nunquam nec omnino setosus, nec omnino paleaceus. — *Folia saepius opposita.*

DIVISIO I. HELIOPSIDEAE DC. *Prodr. V. 534.* Capitula heterogama, floribus radii femineis, rarius homogama, discoidea. Achenia saepius crasse corticata, cortice (calycis tubo) a pericarpio solubili v. arcte eidem adhaerente, obovata, angulata v. compressa, nunquam obcompressa. Pappus nullus v. coroniformis, aut setis paucis, rigidulis, irregularibus constans.

2492. Philactis *SCHRAD.* Capitulum multiflorum, heterogamum, floribus radii uniseriatis, octonis v. denis, ligulatis, femineis, disci tubulosis, ovario efoeto masculis. Involucri campanulati, imbricati squamae biseriales, adpressae. Receptaculum elongato-conicum, suborbiculatum, paleis oblongis, acutis, complicatis. Corollae radii ligulatae, cum ovario continuae, oblongae, amplae, obtuse tridentatae, disci tubulosae, extus parce glandulosae, limbo quinquedentato. Antherae ecaudatae. Stigmata radii exserta, disci saepius inclusa, ramis cono brevi superatis. Achenia radii trigona, obpyramidata, glabra, extus ligula persistente, intus arista crassa, acuta, subciliata coronata, disci compresso-subtetragona, efoeta (?), aristis quatuor, cruciatim inaequalibus, scabris, ex angulis ortis, basi subconcretis superata. — *Herba mexicana, basi suffruticosa, dichotoma; ramis teretibus, junioribus villosis, foliis oppositis, petiolatis, late ovatis, acuminatis, triplinerviis, serrulatis, utrinque adpresso villosis, pedicellis inter dichotomias ortis, apice monocephalis, foliis brevioribus, ligulis flavis, demum rufescentibus, disco luteo.*

Philactis Schrader *Index Sem. Hort. Götting. 1831.* DC. *Prodr. V. 534.*

2493. Zinnia *LINN.* Capitulum multiflorum, heterogamum, floribus radii uniseriatis, ligulatis, femineis, disci tubulosis, hermaphroditis. Involucri imbricati squamae ovato-rotundae, nigro-marginatae. Receptaculi conici v. cylindracei paleae oblongae, complicatae, flores disci involventes. Corollae radii ligulatae, ligula obovata v. oblonga, coriacea, reticulata, cum achenii apice continua, persistente, disci tubulosae, super ovarium articulatae, tubo extus velutino, limbo quinquedentato. Antherae ecaudatae. Stigmata exserta. Achenia corticata, membranacea, subulata, radii subtrigona, calva, disci exteriora subtrigona, interiora compresso-plana, apice ex angulo interiore uniaristata v. biaristata, arista interiore longiore, v. bidentata aut mutica. — *Herbae mexicanae et austro-americanae, annuae; ramis foliisque tri-quinquenerviis, integerrimis, oppositis, capitulis ramos terminantibus solitariis, speciosis, diu persistentibus.*

Zinnia Linn. *gen. n. 974.* Gärtn. *II. 439.* Cassini *in Dict. sc. nat. LIX 315.* Don *in Linn. Transact. XVI. 155.* Lessing *Synops. 224.* DC. *Prodr. V. 534.*

a. EUZINNIA. Paleae receptaculi integerrimae, obtusae. Achenia disci intus uniaristata, rarius aristis binis, exteriore brevissima superata. — Linn. f. *Decad. t. 12.* Jacq. *Ic. rar. t. 590.* Cavanill. *Ic. t. 251.* Gärtn. *t. 172.* Andr. *Bot. Reposit. t. 189.* Lejica Hill *Exot. 29.* Crassina Scepin. *Dissert.*

b. PSEUDOZINNIA. Paleae receptaculi integerrimae, acutae. Achenia disci apice biaristata, bidentata v. mutica. — (Bot. Mag. *t. 2123.*)

c. CALOZINNIA. Paleae receptaculi acuminatae, apice serrato-cristatae. Achenia disci mutica v. subbidentata. — (Jacq. *Ic. rar. t. 589.* Cavanill. *Ic. t. 81.* Andr. *Bot. Reposit. t. 55* Bot. Mag. *t. 527.*)

2494. Helieta *CASS.* Capitulum multiflorum, heterogamum, floribus radii uniseriatis, ligulatis, femineis, disci tubulosis, hermaphroditis. Involucri campanulati, biseriati, disco longioris squamae exteriores quinque spathulatae, apice foliaceae, interiores minores, oblongae. Receptaculi convexi paleae flores disci amplectentes. Corollae radii ligulatae, ligula fere ad basim fissa, disci campanulatae, tubo nullo, limbo quinquedentato. Antherae subdistinctae, nigricantes, ecaudatae, appendice terminali grosse tuberculata. Stigmata exserta. Achenia omnia conformia, erostria, compressa, obovato-oblonga, superne hispidula, utrinque margine calloso cincta. Pappus coroniformis, brevis, cartilagineus, dentatus. — *Frutex sarmentosus, incertae originis, in horto parisino cultus; ramis teretibus, junioribus hispidulis, foliis oppositis, subconnatis, ovalibus, obtusis, remote subdentatis, crassiusculis, lucidis, pedicellis solitariis, terminalibus et axillaribus, floribus luteis.*

Helieta Cassini *in Bullet. soc. philomat. 1818. p. 167. Dict. sc. nat. XX. 461. XLVI. 399. et 406.* DC. *Prodr. V. 537.* non Lessing.

2495. Alarçonia *DC.* Capitulum multiflorum, heterogamum, floribus radii uniseriatis, ligulatis, femineis, disci tubulosis, hermaphroditis. Involucri campanulati, bi-triseriati squamae laxe foliaceae, hirsutae, oblongae, disco aequales v. longiores, intimae minores, receptaculi paleas simulantes. Receptaculi plani paleae flores subaequantes et semiamplectentes. Corollae radii ligulatae, ligula ampla, apice tridentata, disci tubulosae, tubo brevi, coriaceo, fauce cylindrica, longa, quinquenervi, limbi quinquedentati dentibus vix extus apice subbarbatis. Stigmata radii glabra, disci longa, densissime hispida, acuta, exserta, revoluta. Achenia conformia, crassa, elongata. Pappus coroniformis, quinquedentatus v. truncatus, aut in aristam elongatam productus. — *Herbae californicae, perennes, villosae, spectabiles, Inulae Helenii facie; foliis alternis, oblongis aut elliptico-oblongis, inferioribus basi attenuatis, superioribusque semiamplexicaulibus integerrimis, capitulis terminalibus, solitariis, amplis.*

Alarçonia DC. *Prodr. V. 537.*

a. EUALARCONIA. Involucri squamae disco longiores. Achenia glabra, dentibus 5 lanceolatis, acutis, sericeo-ciliatis, crassis coronata. — A. helenioides DC. *l. c.*

b. TRACHINGA. Involucri squamae disco aequales. Achenia apice villosa, truncata v. in aristam setosam, scabram, elongatam producta. — A. angustifolia DC. *l. c.*

2496. Wedelia *JACQ.* Capitulum multiflorum, heterogamum, floribus radii uniseriatis, ligulatis, femineis, disci tubulosis, hermaphroditis. Involucri bi-triseriati squamae exteriores foliaceae, intimae membranaceae. Receptaculum convexum, paleatum. Corollae radii ligulatae, ligula late ovata, disci tubulosae, limbo quinquedentato. Antherae ecaudatae. Stigmata disci cono superata. Achenia obovata v. compressa, erostria. Pappus coroniformis v. calyciformis, saepius substipitatus, e squamellis concretis, dentatis ciliatisque constans. — *Suffrutices v. herbae, ut plurimum americanae, in Asia et Australasia rarae; foliis oppositis, breviter petiolatis, serratis rariusve trifidis, pedicellis terminalibus saepius solitariis, plerumque e ramorum dichotomia, rarius e foliorum axillis ortis, floribus luteis.*

Wedelia Jacq. *Amer. 217.* L. C. Richard *in Persoon Ench. II. 490.* DC. *Prodr. V. 538.* non Adans. Wedeliae sp. Lessing.

a. CYATHOPHORA *DC.* Achenia omnia aptera, apice calyculum dentatum gerentia, nec in tubercula callosa producta.

Cyathophora DC. *Prodr. V. 538.* Wedelia, Stemmodontia et? Trichostemma Cassini *in Dict. sc. nat. XLVI. 407—409.* Trichostephus Cassini *Op. cit. LX. 618.* Trichostephium Cassini *Op. phytolog. III. 59.* Silphii, Buphthalmi et Verbesinae sp. Linn. Cavanill. *Ic. t. 167.* (Bot. Reg. *t. 543.* Kunth *in Humb. et Bonpl. Nov. gen. et sp. t. 471.*)

b. CALLOPHORA *DC.* Achenia omnia aptera, apice producta in tubercula duo callosa, obtusa, inter quae pappus brevissimus, coroniformis, subserrulato-ciliatus sedet.

Callophora DC. *Prodr. V. 542.*

c. ACTINOPTERA *DC.* Achenia radii ala angusta, non membranacea marginata, disci aptera, omnia in pappum cyathiformem membranaceum, obliquum, dentatum producta.

Actinoptera DC. *Prodr. V. 543.* Wedelia helianthoides Kunth *Op. cit. t. 372.*

d. ? AGLOSSA *DC.* Capitulum homogamum, discoideum. Involucrum uniseriale, pentaphyllum. Achenia ad angulos tuberculosa. — Verosimiliter sui generis.

Aglossa DC. *Prodr. V. 543.* Wedelia discoidea Schlechtend.

2497. Jägeria *H. B. K.* Capitulum multiflorum, heterogamum, floribus radii uniseriatis, ligulatis, femineis, disci tubulosis, hermaphroditis. Involucri campanulati, oligophylli squamae aequales, florum femineorum basim et demum achenia involventes. Receptaculi parvi, conici paleae carinatae, diaphanae, persistentes. Corollae radii ligulatae, disci tubulosae, limbo quinquedentato. Stigmata recurvata. Achenia compressa, tri-tetragona, oblonga, laevia, disco epigyno minuto. Pappus nullus v. minimus, coroniformis. — *Herbae americanae tropicae, annuae, erectae, pilosiusculae, simplices v. ramosae; ramis foliisque oppositis, subsessilibus aut breviter petiolatis, ovalibus, subserratis, capitulis parvis, pedicellatis.*

Jägeria Kunth *in Humb. et Bonpl. Nov. gen. et sp. IV. 277. t. 400.* Cassini *in Dict. sc. nat. XXIV. 125.* Lessing *Synops. 223.* DC. *Prodr. V. 543.*

2498. Lipotriche *R. BR* Capitulum multiflorum, heterogamum, floribus radii uniseriatis, ligulatis, femineis, disci tubulosis, hermaphroditis. Involucri squamae biseriatim imbricatae, subaequales. Receptaculi convexi paleae foliaceae, distinctae. Corollae radii ligulatae, tridentatae, disci tubulosae, quinquedentatae. Stigmata appendice acuta, hispidula. Achenia subuniformia, turbinata. Pappus setaceus, caducus, setis octo v. decem uniseriatis, denticulatis. — *Herbae africanae tropicae; foliis oppositis, indivisis, pedunculis terminalibus ternis, floribus flavis.*

Lipotriche R. Brown *in Linn. Transact. XII. 118. in not.* DC. *Prodr. V. 544.* non Lessing.

2499. Melanthera *ROHR.* Capitulum multiflorum, homogamum, floribus omnibus tubulosis. Involucri biseriati squamae aequales, disco breviores. Receptaculi convexi paleae persistentes, flores amplectentes. Corollae tubo brevi, limbi quinquefidi lobis supra papillosis. Stigmata ..... Achenia compressa, subtetragona, basi incrassata, apice truncata. Pappus setosus, setis binis-denis, rigidulis, caducis, irregulariter dispositis. — *Herbae americanae tropicae, interdum suffrutescentes, ramosae; caulibus tetragonis, foliis oppositis, rarius ternato-verticillatis, petiolatis, triplinerviis, ovato-deltoideis v. trilobis, dentato-serratis, scabris v. subcanescentibus, capi-*

tulis terminalibus longe pedunculatis, solitariis v. ternis, corollis albis, antheris nigricantibus.

Melanthera Rohr *in Kiobenh. nat. hist. Selskab. Skrift. I. 213.* Cassini *in Journ. Phys. XCVI. 207. Dict. sc. nat. XXIX. 483. LIX. 158.* DC. *Prodr. V. 544.* Melanthera Richard *in Michaux Flor. Bor. Amer. II. 106.* R. Brown *in Linn. Transact. XIV. 117.* Lessing *Synops. 221.* Amellus P. Browne *Jam. 317.* Bidentis sp. Linn. Caleae sp. Jacq. *Ic. rar. t. 583.*

2500. Ogiera *CASS.* Capitulum suboctoflorum, homogamum, floribus omnibus tubulosis. Involucri biseriati squamae subdenae, exteriores foliaceae, majores, interiores paleas referentes. Receptaculum parvum, planum, paleatum. Corollae tubulosae, limbo quinquedentato. Stigmata in appendicem hispidam producta. Achenia oblonga, gracilia, subtetragona, apice in collum brevissimum attenuata. Pappus nullus. — *Herbae in America tropica cis aequatorem observatae, piloso-hispidae; foliis oppositis, petiolatis, ovalibus, subdentatis, triplinerviis, subtus plus minus glandulosis, capitulis parvis, pedicellatis, floribus luteis.*

Ogiera Cassini *in Dict. sc. nat. XXXV. 443. XLIII. 371. Opusc. phytolog. III. 61.* DC. *Prodr. V. 546.* Chalarium Poiteau *msc.* Wedeliae sp. Lessing.

2501. Monactis *H. B. K.* Capitulum quinque-undecimflorum, heterogamum, flore radii unico, ligulato, femineo, disci pluribus, tubulosis, hermaphroditis. Involucri cylindracei, subimbricati squamae lanceolato-lineares. Receptaculi plani paleae squamas involucri referentes, carinatae. Corollae radii ligulatae, disci tubulosae, limbo quinquedentato. Stigmata disci exserta, revoluta. Achenia compressa, breviter rostrata et stipitata, glabra. Pappus nullus. — *Arbor Americae aequinoctialis, glabriuscula; ramis angulatis, subflexuosis, foliis alternis, petiolatis, ovato-oblongis, subdenticulatis, triplinerviis, panicula terminali ramosissima, foliata, floribus flavis, involucri squamis et receptaculi paleis demum spiraliter tortis.*

Monactis Kunth *in Humb. et Bonpl. Nov. gen. et sp. IV. 286. t. 403.* excl. sp. Lessing *Synops. 211.* DC. *Prodr. V. 546.*

2502. Wollastonia *DC.* Capitulum multiflorum, heterogamum, floribus radii uniseriatis, ligulatis, femineis, disci tubulosis, hermaphroditis. Involucri bi-triseriati squamae exteriores oblongae, foliaceae, internae minores, membranaceae. Receptaculum planum v. convexum, paleatum. Corollae supra ovarium articulatae, radii ligulatae, disci tubulosae, limbo quinquedentato. Stigmata disci cono superata. Achenia crassa, obovata, turbinata v. compressa, apice umbilicata. Pappus nullus v. aristaeformis, arista solitaria v. quinis, tenuibus, rigidulis, deciduis. — *Suffrutices v. rarius herbae, in India orientali, Moluccis et Australasia indigenae, Wedeliae facie, saepius hispidae; foliis oppositis, breviter petiolatis, ovatis, acutis, triplinerviis, dentatis, pedicellis ad apices ramorum saepius ternis, monocephalis.*

Wollastonia DC. *ex Decaisne in Nouv. Annal. Mus. III. 414.* DC. *Prodr. V. 546.* excl. §. 2. Wedeliae sp. Lessing. Buphthalmi sp. Forst.

2503. Tilesia *F. W. MEY.* Capitulum multiflorum, homogamum, floribus omnibus tubulosis, v. heterogamum, floribus radii uniseriatis, ligulatis, femineis, disci tubulosis, hermaphroditis. Involucri imbricati squamae bi-triseriatae, coriaceae, ovatae, apice squarrosae. Receptaculi hemisphaerici paleae involucri squamas referentes, amplectentes. Corollae radii ligulatae, bifidae, disci tubulosae, quinquedentatae. Stigmata setacea, plumosa. Achenia obpyramidata, tetragona, immarginata, cortice separabili. Pappus nullus. — *Herba guianensis, scandens, scabra; foliis oppositis, petiolatis, ovatis, crenato-serratis, utrinque scaberrimis, capitulis ad apices ramorum solitariis v. ternis, congestis, corollis croceis.*

Tilesia C. W. Meyer *Flor. Essequeb. 252.* DC. *Prodr. V. 549.*

2504. Pascalia *ORTEG.* Capitulum multiflorum, heterogamum, floribus radii uniseriatis, ligulatis, femineis, disci tubulosis, hermaphroditis. Involucri discum aequantis squamae subbiseriatae, lineares, subfoliaceae. Receptaculi convexi paleae lanceolatae, semiamplectentes. Corollae radii ligulatae, disci tubulosae, limbo quinquedentato. Stigmata .... Achenia matura carnosa, drupacea, radii triquetra, involucri squamis haud inclusa, disci tetraquetra, obovata, paleis receptaculi semiinvoluta. Pappus coroniformis, brevissimus, irregulariter dentatus. — *Herba chilensis, scabriuscula, parce ramosa, Pini strobilos redolens; foliis oppositis, lineari-lanceolatis, subtriplinerviis, integerrimis, inferioribus irregulariter dentatis, capitulis terminalibus, solitariis, corollis luteis.*

Pascalia Ortega *Decad. IV. 39. t. 4.* Willdenow *Sp. III. 2228.* Cassini *in Dict. sc. nat. XLVI. 406.* Lessing *Synops. 223.* DC. *Prodr. V. 549.*

2505. Rumfordia *DC.* Capitulum multiflorum, heterogamum, floribus radii subdenis, uniseriatis, ligulatis, femineis, disci tubulosis, hermaphroditis. Involucri duplicis squamae exteriores quinque, patulae, foliaceae, ovali-oblongae, disco breviores, interiores subdenae, complicatae, ovatae, mucronatae, dorso glanduloso-puberae, achenia radii involventes. Receptaculi plano-convexi paleae squamas involucri interiores referentes. Corollae basi puberae, super ovarium articulatae, radii ligulatae, disci tubulosae, limbo quinquedentato. Styli radii longi, apice bifidi, glabriusculi, disci exserti, stigmatibus semiteretibus, apice puberulis, cono brevissimo superatis. Achenia radii et disci conformia, obovato-compressa, glabra. Pappus nullus. — *Frutex mexicanus, glaber; ramis teretibus, foliis oppositis, amplis, sessilibus, late ovalibus, basi attenuatis, apice breviter acuminatis, ad quartam suae longitudinis partem triplinerviis, basi integerrimis, apice serrulatis, capitulis pedicellatis, corollis radii pallide flavis, disco obscurius luteo.*

Rumfordia DC. *Prodr. V. 549.*

2506. Heliopsis *PERS.* Capitulum multiflorum, heterogamum, floribus radii uniseriatis, ligulatis, femineis, disci tubulosis, hermaphroditis. Involucri bi-pluriseriati squamae exteriores saepius foliaceae, interiores subimbricatae. Receptaculi conici paleae oblongo-lanceolatae, achenia amplectentes. Corollae radii ligulatae, disci tubulosae, limbo quinquedentato. Achenia angulato-compressa, glabra, disco epigyno parvo. Pappus nullus. — *Herbae americanae perennes, erectae; foliis oppositis, dentatis, capitulis solitariis, pedunculatis, floribus flavis.*

Heliopsis Persoon *Ench. II. 473.* Dunal *in Mem. Mus. V. 54.* Lessing *Synops. 223.* DC. *Prodr. V. 550.* — ? Helepta Rafin. *Nov gen. 1825. p. 3.*

a. EUHELIOPSIS DC. *l. c.* Involucrum bi-triseriale. Corollae omnes glabrae, radii super ovarium articulatae. Achenia laevia — *Herbae boreali-americanae; foliis serratis.*

Heliopsis Cassini *in Dict. sc. nat. XXIV. 333.* Dunal *Op. cit. t. 4.* Bot. Mag. *t. 3372.* Bot. Reg. *t. 592.* Buphthalmum helianthoides Linn. Herit. *Stirp. t. 45.*

b. KALLIAS DC. *l. c.* Involucrum bi-quadriseriale, imbricatum. Corollae omnes glabrae, radii ovario continuae; persistentes. Achenia subdrupacea, rugosa. — *Herbae austro-americanae; foliis serratis.*

Kallias Cassini *in Dict. sc. nat. XXIV. 326. XLVI. 406.* Anthemis buphthalmoides Jacq. *Hort. Schönbr. t. 151.*

c. BALSAMORHIZA DC. *l. c.* Capitula fere Helianthi. Achenia compresso-tetragona, calva. Radix crassa, balsamifera. — *Folia radicalia petiolata, pinnatilobata.*

Balsamorhiza Hooker *Flor. Bor. Amer. I. 310.*

2507. Guizotia *CASS.* Capitulum multiflorum, heterogamum, floribus radii uniseriatis, ligulatis, disci tubulosis, hermaphroditis. Involucri biseriati squamae exteriores quinque, late ovatae, foliaceae, interiores superantes. Receptaculum conicum, paleis oblongo-lanceolatis, achenia amplectentibus. Corollae super ovarium articulatae, ima basi et ad medium tubi pilis crassis, subarticulatis annulatae, radii ligulatae, disci tubulosae, limbo quinquedentato. Achenia angulato-compressa, laevia, disco epigyno minuto. Pappus nullus. — *Herba annua, in India orientali et Abyssinia ob semina oleifera culta; foliis semiamplexicaulibus, subcordato- v. ovato-lanceolatis, remote serratis, subscabridis.*

Guizotia Cassini *in Bullet. soc philomat. 1821. p. 187. Dict. sc. nat. LIX. 247.* DC. *Prodr. V. 551. Not. Plant. rar. Hort. Genev. VII. t. 2. 3.* Ramtilla DC. *in Wight Contribut. 18.* Polymnia abyssinica Linn. f. Verbesina sativa Roxb. Bot. Mag. *t. 1017.*

2508. Tetragonotheca *DILLEN.* Capitulum multiflorum, heterogamum, floribus radii uniseriatis, ligulatis, femineis, disci tubulosis, hermaphroditis. Involucrum duplex, exterioris squamae quatuor, maximae, late ovatae, acuminatae, basi in cupulam tetragonam concretae, interiores octo, ovali-lanceolatae, parvae, achenia radii semiamplectentes. Receptaculi convexo-conici paleae membranaceae, lanceolatae, acuminatae. Corollae super ovarium articulatae, secus tubum hispidae, radii ligulatae, ligula lata, multinervi, disci tubulosae, limbi quinquedentati dentibus erectis. Stigmata exserta, hispida. Achenia in disco et radio conformia, obovata, vix angulata, crassa, laevia, areola terminali latiuscula, nectario elevato. Pappus nullus. — *Herba boreali-americana, annua; caule tereti, hirtello, ramis foliisque oppositis, dentatis, parce villosis, pedunculis terminalibus monocephalis, capitulis amplis, floribus luteis.*

Tetragonotheca Dillenius *Eltham 378.* Linn. *gen. n. 976.* Herit. *Stirp. 177.* Cassini *in Dict. sc. nat. LIX. 319.* Lessing *Synops. 420.* DC. *Prodr. V. 552.* Polymnia Tetragonotheca Linn. Silphium Tetragonotheca Gärtn. *II. t. 171. f. 2.*

2509. Ferdinanda *LAGASC.* Capitulum multiflorum, heterogamum, floribus radii uniseriatis, ligulatis, femineis, disci tubulosis, hermaphroditis. Involucri hemisphaerici, disco brevioris squamae bi-triseriatae, adpressae. Receptaculi conici paleae oblongae, submembranaceae, amplectentes. Corollae radii ligulatae, disci tubulosae, limbo quinquedentato. Stigmata puberulo-hirta, cono brevi superata. Achenia radii obconica, angulata, disci oblonga, compressa, subquadricostata. Pappus radii e squamellis binis-quinis coroniformis, minimus, interdum obsoletus, disci nullus. — *Frutices mexicani; foliis alternis, ovatis v. oblongis, basi attenuatis, apice obtusis, integerrimis v. crenatis, triplinerviis, supra pubescentibus v. scabris, subtus argenteo-velutinis v. pubescentibus, corymbo terminali ramoso, polycephalo, foliis floralibus coloratis, floribus luteis.*

Ferdinanda Lagasca *Nov. gen. et sp. 31.* Cassini *in Dict. sc. nat. XX. 429. XLVI. 404.* Lessing *Synops. 224.* DC. *Prodr. V. 552.*

2510. Chrysophania *KUNTH.* Capitulum multiflorum, heterogamum, floribus radii uniseriatis, ligulatis, femineis, disci tubulosis, hermaphroditis. Involucrum subuniseriale. Receptaculi conici paleae oblongo-ellipticae, obtusae, multinerves. Corollae radii ligulatae, ligula parva, rotunda, disci tubulosae, basi obsolete puberulae, limbo quinquedentato. Stigmata puberula, cono brevi terminata. Achenia in disco et radio conformia, quadrangula v. subcompressa, quadricostata, disco epigyno parvo. Pappus nullus. — *Fruticulus mexicanus, dichotomus; foliis alternis, ellipticis, grosse inaequaliter crenatis, petiolatis, secus petiolum obsolete decurrentibus, supra canescentibus, subtus incanis, panicula terminali fastigiata, parce ramosa, capitulis luteis.*

Chrysophania Kunth *in Lessing Synops. 224.* DC. *Prodr. V. 553.*

2511. Zaluzania *PERS.* Capitulum multiflorum, heterogamum, floribus radii quinis-septenis, uniseriatis, ligulatis, femineis, disci tubulosis, hermaphroditis. Involucri biseriati, patuli squamae sericeae, interiores breviores, cuneatae, trilobae. Receptaculi conici paleae membranaceae, amplectentes, cuneatae, apice trilobae, involucri squamas interiores referentes. Corollae radii ligulatae, ligula ovali, disci tubulosae, hispidae, tubo fauci aequali, basi achenium obtegente. Stigmata puberula, cono brevi terminata. Achenia radii subtrigona, hispida, disci compressa, glabra, laevia, exangulata. Pappus nullus. — *Herba mexicana, perennis, basi suffruticosa, ramosa, villoso-tomentosa; foliis infimis oppositis, reliquis alternis, petiolatis, pinnatipartitis, lobis paucis, obtuse sinuato-repandis, saepius trilobis, capitulis pedicellatis, corymbosis, laxe subpaniculatis, floribus luteis.*

Zaluzania Persoon *Ench. II. 473.* Cassini *in Dict. sc. nat. LVI. 232.* Lessing *Synops. 224.* excl. sp. DC. *Prodr. V. 553.* Anthemis triloba *Orteg.*

2512. Chiliophyllum *DC.* Capitulum multiflorum, heterogamum, floribus radii biquadriseriatis, ligulatis, femineis v. abortu neutris, disci tubulosis, hermaphroditis. Involucrum biseriale, squamellis plurimis, linearibus, inter squamas majores et flores radii sitis. Receptaculi convexi paleae acuminatae, achenia superantes. Corollae radii ligulatae, ligula angusta, saepius bifida, irregulari, disci tubulosae, ima basi barbellatae, limbo quinquedentato. Stylus radii profunde bifidus, stigmatibus hirtellis, disci inclusus, brevissime bifidus, stigmatibus truncatis, apice subbarbatis. Achenia compressa, glabra, incurva et cuneata. Pappus nullus. — *Herba mexicana, perennis, parce pilosa; foliis alternis, bitripinnatipartitis, lobis inaequalibus, linearibus, acutis, ramis nudis, apice monocephalis, capitulis globosis, luteis.*

Chiliophyllum DC. *Prodr. V. 554.* Hybridella Cassini *in Dict. sc. nat. XXII. 86.* Anthemis globosa Ortega, Jacquin. *Hort. Schönbr. t. 371.*

Heliopsideis adnumeratur genus a cl. Lindley Introduct. edit. II. p. 443. paucis indicatum:

SCALESIA *Arnott msc.* Capitulum homogamum. Involucrum biseriale. Antherae nigricantes, exsertae, ecaudatae, alis cordato-oblongis. Stylus Tagetis. Achenia compressa, obcordata, omnino calva, conformia, glabra, disco epigyno inconspicuo. — Frutex in insulis Gallipagos repertus; foliis alternis, lineari-lanceolatis, utrinque angustatis, supra scabriusculis, subtus pubescentibus, integerrimis, capitulis axillaribus, breve pedunculatis, basi intrusis. — Nonne capitulum sphalmate homogamum vocatur, quia achenia conformia dicuntur?

DIVISIO II. RUDBECKIEAE Lessing

Synops. 225. Capitula heterogama, floribus radii ligulatis, neutris. Achenia erostria, calva v. pappo coroniformi superata.

2513. Echinacea *MÖNCH.* Capitulum multiflorum, heterogamum, floribus radii uniseriatis, ligulatis, neutris, disci tubulosis, hermaphroditis. Involucri triseriati squamae lanceolatae, ciliatae. Receptaculi ovati paleae rigidae, superne cartilagineae, flores disci superantes. Corollae radii ligulatae, ligula elongata, bi-tridentata, disci tubulosae, tubo subnullo, fauce nuda, limbi quinquefidi laciniis erectis. Staminum filamenta imae corollae inserta. Stigmata appendiculis semilanceolatis superata. Achenia tetragona, obpyramidata, crassa. Pappus irregulariter lacerus, subcoroniformis, deciduus. — *Herbae boreali-americanae, perennes; foliis radicalibus petiolatis, caulinis alternis, sessilibus, integerrimis v. serratis, ramis superne nudis, monocephalis, capitulis amplis, ligulis purpureis, uni-bipollicaribus, disco obscure virescente.*

Echinacea Mönch *Method. 591.* Cassini *in Dict. sc. nat. XXXV. 274. XLVI. 397. et 400.* Lessing *Synops. 225.* DC. *Prodr. V. 554.* Brauneria Necker *elem. n. 301.* Bobartia Petiver *Herb. 473.* non Linn. Helichroa Rafinesque *Nov. gen. n. 35.* Rudbeckiae sp. Linn. Schkuhr *t. 259.* Bot. Mag. *t. 2.* Sweet *Fl. Gard. t. 4.* Coreopsidis sp. Cavanill. *Ic. t. 268.*

2514. Rudbeckia *LINN.* Capitulum multiflorum, heterogamum, floribus radii uniseriatis, ligulatis, neutris, disci hermaphroditis, tubulosis. Involucri biseriati squamae foliaceae, patentes. Receptaculi conici paleae acutae, planae v. naviculares. Corollae radii ligulatae, genitalium rudimento nullo, disci tubulosae, tubo brevi, limbo quinquedentato. Stigmata cono brevissimo superata. Achenia tetragona, obpyramidata, areola laterali, disco epigyno nullo. Pappus brevissimus, coroniformis, irregulariter dentatus v. nullus. — *Herbae boreali-americanae, ut plurimum perennes, hispido-scabrae, ramosae; foliis alternis, aliis pinnatilobatis, aliis dentatis v. integerrimis, ramis nudis, elongatis, monocephalis, ligulis luteis, disco fusco-violaceo.*

Rudbeckia *Linn. gen. n. 980.* excl. sp. Gärtn. *II. 435. t. 172.* Bot. Mag. *t. 1996.* Bot. Reg. *t. 525.* Cassini *in Dict. sc. nat. XLVI. 398.* Lessing *Synops. 226.* Sweet *Fl. Gard. II. t. 87.* Obeliscotheca Vaillant *in Act. Academ. Paris. 1720. p. 329.* Heliophthalmum Rafin. *Flor. Ludovic. 72.*

2515. Dracopis *CASS.* Capitulum multiflorum, heterogamum, floribus radii uniseriatis, ligulatis, neutris, disci tubulosis, hermaphroditis. Involucri biseriati squamae exteriores senae-octonae, lineares, patulae, interiores parvae, adpressae. Receptaculi conici paleae involucri squamas interiores referentes. Corollae radii ligulatae, disci tubulosae, tubo subcylindraceo, limbi quinquedentati dentibus reflexis. Stigmata appendice lineari superata. Achenia teretia, basi attenuata, areola laterali. Pappus coroniformis, brevissimus, integerrimus. — *Herba boreali-americana, annua, glabra, ramosa; caule ramisque striato-sulcatis, foliis alternis, cordato-amplexicaulibus, laevibus, integerrimis, acutis, capitulis terminalibus, solitariis, radio flavo, disco luteo.*

Dracopis Cassini *in Dict. sc. nat. XXXV. 273. XLVI. 400.* Lessing *Synops. 226.* DC. *Prodr. V. 558.* Rudbeckia amplexicaulis Vahl *in Act. soc. h. n. Hafn. II. t. 4.* Schkuhr *t. 259.* R. amplexifolia Jacq. *Ic. rar. III. t. 592.* R. perfoliata Cavanill. *Ic. t. 252.*

2516. Obeliscaria *CASS.* Capitulum multiflorum, heterogamum, floribus radii uniseriatis, ligulatis, neutris, disci tubulosis, hermaphroditis. Involucri uni-biseriati squamae exteriores paucae, lineares, patulae, interiores parvae, obtusae, a receptaculi paleis vix distinctae. Receptaculi elongato-spicaeformis paleae complicatae, apice hirsutae, achenia disci amplectentes. Corollae radii ligulatae, disci tubulosae, limbo quinquedentato. Stigmata brevia, in appendicem semilanceolatam, parce barbellatam producta. Achenia radii trigona, hispida, abortiva, disci bilateraliter compressa, ovalia, antice margine subulata, v. apice unidentata. Pappus nullus. — *Herbae boreali-americanae, erectae, glabriusculae; caule striato-sulcato, foliis alternis v. irregulariter subverticillatis, pinnatisectis, petiolo striato, lobis indivisis v. pinnatisectis, ramis apice longe denudatis, monocephalis, ligulis flavis v. croceis, disci cylindrici floribus plurimis, minutis, fuscis.*

Obeliscaria Cassini *in Dict. sc. nat. XLVI. 401.* DC. *Prodr. V. 558.* Lepachys Lessing *Synops. 225.*

a. LEPACHYS *DC. l. c.* Involucri biseriati series interior brevissima. Ligulae angustae. Achenia antice subulata, apice calva.

Lepachys Rafinesque *in Journ. Phys. LXXXIX. p. 100.* Rudbeckia pinnata Ventenat *Cels. t. 71.* Smith *Exot. Bot. I. t. 38.* Bot. Mag. *t. 2310.*

b. RATIBIDA *DC. l. c.* Involucrum uniseriale. Ligulae elongatae, angustae. Achenia antice subulata, apice calva.

Ratibida Rafinesque *l. c.* Rudbeckia columnaris Pursh. Bot. Mag. *t. 1601.*

c. MONODONTA *DC. l. c.* Involucri biseriati series interior brevissima. Ligulae obovatae. Achenia exalata, ad marginem interiorem apice unidentata.

2517. Andrieuxia *DC.* Capitulum multiflorum, heterogamum, floribus radii subvicenis, uniseriatis, ligulatis, femineis, sterilibus, disci tubulosis, hermaphroditis. Involucri biseriati squamae oblongae, foliaceae, vix acutae, apice patentes. Receptaculi convexi paleae membranaceae, acutae, subconvolutae, flosculos semiinvolventes. Corollae radii ligulatae, subcoriaceae, cum ovario continuae, disci cylindraceae, glabrae, limbo quinquedentato. Stylus radii profunde bifidus, glaber, disci stigmata subrevoluta, apice summo barbata aut cono brevissimo superata. Achenia trigona, radii abortiva, pubescentia, disci angustiora, glabra. Pappus nullus. — *Herba mexicana, erecta, parce ramosa; caule angulato, hinc inde subserratim piloso-hirsuto, basi glabro, foliis oppositis, petiolatis, ovatis, acutis, serratis, pubescentibus, caulis apice pedunculiformi, monocephalo, sub capitulo obconico, velutino, floribus luteis.*

Andrieuxia DC. *Prodr. V. 559.*

2518. Anomostephium *DC.* Capitulum multiflorum, heterogamum, floribus radii uniseriatis, ligulatis, neutris, disci tubulosis, hermaphroditis. Involucri campanulati, pluriseriati v. subuniseriati, disco brevioris v. subaequalis squamae exteriores ovatae, acutae, foliaceae, laxe erectae, interiores oblongae, membranaceae, obtusae, exterioribus angustiores, sed aequilongae. Receptaculi plani paleae membranaceae, apice rufae, subrotundae, caeterum convolutae et achenia involventes. Corollae radii ligulatae, tubo gracili, longo, ligula ovali, disci tubulosae, tubo brevi, fauce longa, campanulata. Antherae exsertae. Stigmata puberula, radii obtusa, disci cono acutissimo superata. Achenia lineari-subtetragona, gracilia, radii glabra, apice breviter bicornia, disci adpresse villosa, pappo irregulari, coroniformi superata. — *Herbae in Brasilia et in Antillis observatae, basi suffruticosae, erectae; caule subsimplici, hispido, tereti, foliis oppositis, sessilibus, utrinque sparse et adpresse piloso-scabris, capitulis ad apices caulis et ramorum paucis, subsolitariis, pedicellatis, corollis luteis, antheris nigricantibus.*

Anomostephium DC. *Prodr. V. 560.*

2519. Aspilia *THOUAR.* Capitulum multiflorum, heterogamum, floribus radii quinisdenis, uniseriatis, ligulatis, neutris, disci tubulosis, hermaphroditis. Involucri biseriati squamae oblongae, discum aequantes. Receptaculi planiusculi paleae oblongae, complicatae, achenia includentes, apice acuminatae. Corollae radii ligulatae, ligula apice denticulata, disci tubulosae, limbo quinquedentato. Stigmata cono brevi superata. Achenia conformia, linearia, adpresse villosa. Pappus coroniformis, dentato-ciliatus. — *Herbae madagascarienses, procumbentes; caulibus gracilibus, puberulis, foliis oppositis, subsessilibus, lanceolatis, integerrimis v. subdentatis, supra sparse, subtus ad nervos setoso-scabris, capitulis e dichotomiis longe pedicellatis, solitariis, floribus flavis.*

Aspilia Thouars *Gen. madagasc. 40.* Cassini *in Dict. sc. nat. Suppl. III. 57.* DC. *Prodr. V. 561.*

2520. Gymnopsis *DC.* Capitulum multiflorum, heterogamum, floribus radii uniseriatis, ligulatis, neutris, disci tubulosis, hermaphroditis. Involucri biseriati squamae exteriores subfoliaceae. Receptaculum planum, convexum v. subconicum, paleatum. Corollae radii ligulatae, disci tubulosae, limbo quinquedentato. Stigmata disci appendiculata. Achenia sicca. Pappus coroniformis, brevissimus, dentatus. — *Herbae v. suffrutices, in America tropica provenientes; foliis oppositis, petiolatis, tri- v. triplinerviis, dentatis, capitulis pedicellatis, floribus radii et disci concoloribus.*

Gymnopsis DC. *Prodr. V. 561.* Hooker *Ic. t. 145.* Gymnolomia Kunth *in Humb. et Bonpl. Nov. gen. et sp. IV. 127. t. 373.* non Ker — ? Aldama Llave et Lexarz. *Nov. Veget. I. 14.* Lessing *Synops. 227.*

2521. Wulffia *NECK.* Capitulum multiflorum, saepius heterogamum, floribus radii uniseriatis, ligulatis, neutris, rarius homogamum, floribus omnibus tubulosis, hermaphroditis. Involucri subhemisphaerici squamae laxe imbricatae, sublanceolatae. Receptaculi subconvexi paleae lanceolatae, subcarinatae v. planae, persistentes. Corollae radii ligulatae, disci tubulosae, limbo quinquedentato. Stigmata cono superata. Achenia radii abortiva, disci crassa, hebetate tetragona, plus minus carnosa, obtusa, apice umbilicata, calva, glabra v. superne velutino-villosa. Pappus nullus. — *Herbae Americam tropicam incolentes; caulibus erectis v. subsarmentosis, saepius scabro-asperis, ut plurimum maculatis, foliis oppositis, petiolatis, late ovalis, acuminatis, serratis, subtriplinerviis, capitulis pedicellatis, terminalibus v. axillaribus, saepe ternis, post anthesin subglobosis, floribus flavis.*

Wulffia Necker *elem. n. 66.* Cassini *in Dict. sc. nat. XLVI. 398. et 403.* DC. *Prodr. V. 563.* Chakiatella Cassini *in Dict. sc. nat. XLIII. 37. et XLVI. 402.* Chylodia Richard ex Cassini *in Journ. Phys. 1823. 214.* non R. Br. Gymnolomia Ker *in Bot. Reg. t. 662.* Lessing *Synops. 227.* non Kunth. Cordisperma Polteau *msc.* Coreopsis baccata Linn. f.

2522. Montagnaea *DC.* Capitulum multiflorum, heterogamum, floribus radii quinis v. denis, uniseriatis, ligulatis, neutris, disci tubulosis, hermaphroditis. Involucri biseriati squamae exteriores quinque oblongae, patulae, interiores subdenae, paleas receptaculi referentes. Receptaculi convexi paleae basi latae, apice spinoso-mucronatae, achenia plus minus involventes. Corollae radii ligulatae, disci tubulosae, limbo quinquedentato. Stigmata cono brevi v. longiusculo superata. Achenia radii abortiva, disci subcompressa, obovata, cuneata, calva, nectario interdum prominulo. Pappus nullus. — *Suffrutices v. frutices americani, potissimum mexicani; ramis teretibus, apice saepius hirsutis, foliis oppositis, petiolatis, ovatis v cordatis, serratis aut lobatis, saepius subtus subtomentosis, capitulis corymbosis, radio albo v. interdum ut videtur roseo, disco albido.*

Montagnaea DC. *Prodr. V. 564.* Eriocoma Kunth *in Humb. et Bonpl. Nov. gen. et sp. IV. 267.* Cassini *in Dict. sc. nat. XV 193.* Lessing *Synops. 226.* non Nutt. Montanoa Llav. et Lexarz. *Nov. Veget. II. 11.* Lessing *Synops. 420.* Eriocarpha Cassini *in Dict. sc. nat. LIX. 236.* Pristleya Flor. mexic. *inedit.*

a. ERIOCARPHAE *DC. l. c.* Flores radii quinque. Paleae hirsutissimae. — Kunth *Op. cit. t. 396.* Sweet *Fl. Gard. II. t. 44.*

b. ACANTHOCARPHAE *DC. l. c.* Flores radii circiter decem. Paleae parce villosae, evidentius mucronatae, demum spinescentes.

2523. Sclerocarpus *JACQ. F.* Capitulum multiflorum, heterogamum, floribus radii tribus, ante involucri squamas interiores sitis, minimis, neutris, disci octonis v. denis, tubulosis, hermaphroditis, centralibus saepe abortivis. Involucrum duplex, exterioris squamae foliaceae, subpetiolatae, majores, interioris tres minores, distantes. Receptaculi parvi, convexi paleae flores disci involventes, iisdem breviores. Corollae radii ligulatae, ligula irregulari, disci tubulosae, pubescentes, persistentes, limbo quinquedentato. Antherae vix connatae, apice in appendicem subulatam productae. Stigmata subulata, hispida. Achenia radii abortiva, tenuissima, disci obovata, laevia, intra paleam curvato-subcomplicatam, induratam, intus hiantem, apice in collum contractam inclusa. Pappus nullus. — *Herba africana tropica, erecta; caule scabro, tereti, imprimis apice ramoso, foliis alternis, petiolatis, ovalis, acuminatis, serratis, triplinerviis, supra villosis, scabris, subtus puberulis, capitulis ad apices ramulorum solitariis, subsessilibus, floribus flavis.*

Sclerocarpus Jacq. fil. *in Act. Helv. IX. 34. t. 2. f. 1.* Jacq. *Ic. rar. t. 176.* Cassini *in Dict. sc. nat. XLVIII. 148.* DC. *Prodr. V. 566.*

2524. Encelia *ADANS.* Capitulum multiflorum, heterogamum, floribus radii uniseriatis, ligulatis, neutris, disci tubulosis, hermaphroditis. Involucri biseriati, discum aequantis squamae subimbricatae. **Receptaculi** plani paleae membranaceae, naviculares. **Corollae radii** ligulatae, **disci** tubulosae, limbo quinquedentato. **Stigmata** cono superata. **Achenia** plano-compressa, margine albo-lanata, emarginata, villosa. **Pappus** nullus. — *Suffrutices americano-tropici, ramosi, plus minus canescentes; foliis alternis, petiolatis, ovatis v. oblongis, tri- v. triplinerviis, integerrimis aut repandis, capitulis paucis, pedicellatis, paniculatis, floribus flavis.*

Encelia Adanson *Fam. II.* 128. Cavanill. *Ic. t.* 61. 210. Bot. Reg. *t.* 909. Cassini *in Dict. sc. nat. XIV.* 447. *LIX.* 139. Lessing *Synops.* 227. DC. *Prodr. V.* 566. Pallasia Heritier *msc.* Aiton *Hort. kew. 1. 3.* 253. Willd. *sp. III.* 2260. Coreopsis limensis Jacq. *Ic. rar. t.* 594.

2525. Philoglossa *DC.* **Capitulum** multiflorum, heterogamum, floribus radii plurimis, uni-bi- (?) seriatis, ligulatis, neutris, disci tubulosis, hermaphroditis. **Involucri** quadri-quinqueseriati squamae exteriores inter se alternae, biseriatae, lanceolatae, foliaceae, ciliatae, interiores triseriatae, membranaceae, albidae, glabrae, lanceolatae. **Receptaculi** plani paleae lineari-subulatae, scabridae, caducissimae. **Corollae radii** ligulatae, ligula angustissima, hirta, **disci** tubulosae, tubo brevi, limbi profunde quinquelobi lobis acuminatis. **Antherae** nigricantes. **Stylus** apice subbifidus, longe hispidus. **Achenia** obovata, laevia, areola terminali minima. **Pappus** nullus. — *Herba limensis, verosimiliter annua, villoso-hispida; caule adscendente, foliis ovalibus v. obovatis, basi cuneatis, sessilibus, tenuissime triplinerviis, integerrimis v. subdentatis, pedicellis filiformibus, hispidis, axillaribus et terminalibus monocephalis, demum folia superantibus, floribus luteis.*

Philoglossa DC. *Prodr. V.* 567.

2526. Chrysostemma *LESS.* **Capitulum** multiflorum, heterogamum, floribus radii uniseriatis, ligulatis, neutris, disci hermaphroditis, tubulosis. **Involucri** biseriati squamae foliaceae, basi coadunatae, exteriores paucae, parvae, lineares, patentes, interiores erectae, ovali-oblongae, margine subscariosae. **Receptaculi** plani paleae lineares, angustissimae, fere filiformes. **Corollae radii** ligulatae, **disci** tubulosae, limbo quinquedentato. **Stigmata** cono superata, pube reversa. **Achenia** plano-obcompressa, obovato-elliptica, angulis albido-alata, glaberrima, apice emarginata, disco epigyno minuto. **Pappus** coroniformis, lacerus. — *Herba boreali-americana, erecta, nitida; foliis oppositis, petiolatis, infimis subpeduto-pinnatifidis, superioribus trisectis, segmentis lanceolatis, integerrimis, pedunculis subgeminis, monocephalis, capitulorum radio luteo, disco brunneo.*

Chrysostemma Lessing *Synops.* 227. DC. *Prodr. V.* 567. Coreopsis tripteris Linn. Anacis sp. Schrank.

2527. Calliopsis *REICHENB.* **Capitulum** multiflorum, heterogamum, floribus radii uniseriatis, ligulatis, neutris, disci tubulosis, hermaphroditis. **Involucri** biseriati squamae exteriores breves, squarrosae, interiores majores, erectae, coadunatae. **Receptaculi** plani paleae lineares, deciduae, floribus breviores. **Corollae radii** ligulatae, ligula grosse tri-quinquedentata, **disci** tubulosae, limbo quinquedentato. **Stigmata** truncata, apice penicillata. **Achenia** obcompressa, incurva, truncata, disco epigyno minuto. **Pappus** nullus. — *Herbae boreali-americanae, elegantes, glabrae; foliis oppositis, uni-bipinnatisectis, lobis integris, capitulis ramos terminantibus, radio luteo, basi fusco-purpureo, maculato, disco luteo v. subpurpureo.*

Calliopsis Reichenbach *Magaz. t.* 70. Cassini *in Dict. sc. nat. LIX.* 321. Lessing *Synops.* 228. DC. *Prodr. V.* 568. Diplosastra Tausch *Hort. Canal. fasc.* 1. Coreopsis tinctoria Nutt. Bot. Mag. *t.* 2512. Bot. Reg. *t.* 846. 1376.

PERAMIBUS Rafinesque *Ann. nat. I.* 14. Cassini *in Dict. sc. nat. XXXVIII.* 416. DC. *Prodr. V.* 568. Coreopsis acuta Pursh. genus boreali-americanum, vix notum, a Coreopside acheniis triangularibus, laevibus, nudis differre dicitur.

DIVISIO III. COREOPSIDEAE Lessing *Synops.* 228. **Capitula** heterogama, floribus radii neutris. **Achenia** erostria. **Pappus** nunc ex aristis binis-quaternis, nunc ex aristis et squamellis constans.

2528. Agarista *DC.* **Capitulum** multiflorum, heterogamum, floribus radii uniseriatis, ligulatis, neutris, disci hermaphroditis, tubulosis. **Involucri** campanulati, duplicis squamae acutae, exteriores quatuor late ovatae, basi subconcretae, interiores octo, ovali-oblongae, duplo fere longiores, submembranaceae. **Receptaculi** plani paleae lineari-lanceolatae, subhyalinae, acheniorum lateri exteriori applicitae, simul deciduae. **Corollae radii** ligulatae, ligula obovato-truncata, multinervi, **disci** tubulosae, limbo quinquedentato. **Stigmata** cono superata. **Achenia** obcompressa, **radii** ovalia, inania, glabra, **disci** oblonga, sub palea glabra, margine utroque et facie interiore villosissima. **Pappus radii** nullus, **disci** bisquamellatus, squamellis elongatis, membranaceis, corolla parum brevioribus, ex angulis achenii ortis. — *Herba californica, annua, erecta, glaberrima, Calliopsidis v. Coreopsidis facie; caule tereti, ramoso, foliis alternis, multifidis, rhachi lobisque linearibus elongatis, ramis apice nudis, monocephalis, capitulis erectis, aureis.*

Agarista DC. *Prodr. V.* 569.

2529. Coreopsis *LINN.* **Capitulum** multiflorum, heterogamum, floribus radii suboctonis, ligulatis, neutris, disci hermaphroditis, tubulosis. **Involucrum** duplex, utrumque suboctophyllum, ima basi coadunatum, exterioris squamis foliaceis, angustioribus, subpatulis, interioribus latioribus, submembranaceis. **Receptaculi** plani paleae persistentes. **Corollae radii** ligulatae, **disci** tubulosae, limbo quinquedentato. **Stigmata** apice hispida, cono superata. **Achenia** obcompresso-plana, rarius incurva, margine plus minus alata, apice bidentata v. biaristata, **aristis** laevibus v. sursum ciliato-serratis. — *Herbae boreali-americanae, interdum suffrutescentes, ut plurimum glabrae; foliis oppositis, rariusve alternis, indivisis v. partitis, pedunculis monocephalis, solitariis v. corymbosis, capitulorum disco luteo, radio concolore v. rarius albo.*

Coreopsis Linn. *gen. n.* 981. Schkuhr *t.* 260. 6. Bot. Mag. *t.* 156. 3474. Sweet *Fl. Gard. II. t.* 175. Lessing *Synops.* 228. DC. *Prodr. V.* 569. Coreopsoides Mönch *method.* 594. Acispermum Neker *elem. n.* 64. Leachea Cassini *in Dict. sc. nat. X.* 419. *XXV.* 388. *LIX.* 320. 321. Chrysomelea Tausch *Hort. Canal. fasc.* 1. Anacis sp. Schrank.

2530. Actinomeris *NUTT.* **Capitulum** multiflorum, heterogamum, floribus radii uniseriatis, paucis, ligulatis, neutris, disci tubulosis, hermaphroditis. **Involucri** uni-triseriati squamae subinaequales, foliaceae, acuminatae. **Recep-**

taculi convexi paleae acheniorum marginem amplectentes. Corollae radii ligulatae, disci tubulosae, limbo quinquedentato. Stigmata appendiculata, acuta. Achenia bilateraliter plano-compressa, anguste alata, aristis binis, triquetris, sublaevibus coronata. — *Herbae boreali-americanae, scabrae, biennes v. perennes; caule erecto, ramoso, tereti, foliis longe decurrentibus alato, foliis alternis, rariusve suboppositis, ovatis v. lanceolatis, serratis, capitulis corymbosis, corollis flavis, radio interdum pallidiore.*

Actinomeris Nuttall *Gen. II. 131.* Lessing *Synops.* 228. DC. *Prodr. V. 575.* Ridan Adanson *Fam. II. 130.* Pterophyton Cassini *Bullet. soc. philomat. 1818. p. 76. Dict. sc. nat. XLIV. 48. LIX. 139.* Actimeris Rafinesque 1820. Coreopsidis sp. Linn. Jacq. *Hort. Vind. t. 110.* Cavanill. *Ic. t. 260.*

2531. Armania *BERTER.* Capitulum multiflorum, heterogamum, floribus radii uniseriatis, ligulatis, neutris, disci hermaphroditis, tubulosis. Involucri triseriati squamae imbricatae, adpressae. Receptaculum planum, epaleatum. Corollae radii ligulatae, disci tubulosae, tubo brevi, fauce lato-cylindrica, limbo quinquedentato. Stigmata brevia, truncata, apice barbata, exappendiculata. Achenia obcompressa, elliptica, cartilaginea, adpresse pubescentia, setis duabus rigidis, antice scabris coronata. — *Frutex austro-americanus, adpresse villosus; ramis teretibus, foliis alternis, petiolatis, ovatis, acuminatis, subcrenatis, penninerviis, capitulis terminalibus paucis, pedicellatis, floribus luteis.*

Armania Bertero *msc. ex DC. Prodr. V. 576.*

2532. Oyedaea *DC.* Capitulum multiflorum, heterogamum, floribus radii uniseriatis, ligulatis, neutris, disci tubulosis, hermaphroditis. Involucri triseriati squamae subaequales, foliaceae. Receptaculum planum, paleis complicatis, mucronatis, acuminatis, coriaceo-subscariosis. Corollae radii ligulatae, disci tubulosae, tubo gracili, fauce cylindrica, limbi quinquedentati dentibus erectis, extus puberulis. Stigmata gracilia, appendice hispida. Achenia radii abortiva, linearia, pappo bi-triaristato, aristellisque minimis superata, disci compressa, alata, subcuneata, apice hinc saepe gibba, pappo vario, ex aristis duabus elongatis, caducis, aliisque pluribus, brevibus constante. — *Frutices americani tropici, Verbesinae facie; ramis teretibus, adpresse villoso-subhirtis, foliis oppositis, in petiolum attenuatis, ovatis, acuminatis, dentatis, supra sparse villosis, subtus villoso-subcanescentibus aut tomentosis, inferioribus grosse triplinerviis, summis subpenninerviis, capitulis pedunculatis, corymbosis, floribus luteis.*

Oyedaea DC. *Prodr. V. 576.*

2533. Simsia *PERS.* Capitulum multiflorum, heterogamum, floribus radii uniseriatis, paucis (quinis-duodenis) ligulatis, neutris, disci tubulosis, hermaphroditis. Involucri bi-triseriati squamae erectae, lineares, subaequales. Receptaculi plani paleae membranaceae, complicatae. Corollae radii ligulatae, disci tubulosae, limbo quinquedentato. Stigmata appendiculata. Achenia plano-compressa, glabriuscula, exalata, aristis duabus superata. — *Herbae mexicanae, ut plurimum hispidae; foliis inferioribus oppositis, superioribus alternis, trinerviis, petiolatis v. sessilibus, saepe basi auriculato-amplexicaulibus, capitulis pedicellatis, laxe corymbosis, floribus luteis.*

Simsia Persoon *Ench. II. 478.* Cassini *in Dict. sc. nat. LIX. 136.* DC. *Prodr. V. 577.* non R. Br. Ximenesiae sp. Kunth *in Humb. et Bonpl. Nov. gen. et sp. t. 389.* Lessing. Coreopsidis sp. Cavanill. *Ic. t. 77.*

2534. Viguiera *H. B. K.* Capitulum multiflorum, heterogamum, floribus radii uniseriatis, ligulatis, neutris, disci tubulosis, hermaphroditis. Involucri semiglobosi squamae uni-biseriatae, subaequales, in appendicem foliaceam productae. Receptaculi plani paleae persistentes, achenia amplectentes. Corollae radii ligulatae, disci tubulosae, limbo quinquedentato. Stigmata exserta, subulata, hispida. Achenia compressa, obovato-cuneata, pubescentia, squamellis quatuor ovatis, obtusis, aristisque duabus ex angulis ortis coronata. — *Herbae ramosae, in America calidiore trans aequatorem indigenae; caulibus glabris v. rarius villosis, foliis oppositis v. alternis, petiolatis, triplinerviis, ovato-lanceolatis, superne scabris, capitulis pedicellatis, laxe paniculato-corymbosis, floribus luteis.*

Viguiera Kunth *in Humb. et Bonpl. Nov. gen. et sp. IV. 224. t. 379.* DC. *Prodr. V. 579.* Viguiera Lessing *Synops. 578.* Helianthi sp. Cavanill. *Ic. t. 220.*

2535. Leighia *CASS.* Capitulum multiflorum, heterogamum, floribus radii uniseriatis, ligulatis, neutris, disci tubulosis, hermaphroditis. Involucri imbricati squamae oblongae, in appendicem foliaceam, patulo-squarrosam productae. Receptaculi convexi paleae lanceolatae, achenia amplectentes. Corollae radii ligulatae, disci tubulosae, tubo brevi, fauce ampla, cylindracea, limbo quinquedentato. Stigmata appendiculata. Achenia compressa, hispidula, squamellis duabus aristaeformibus, ex angulis achenii ortis, et quatuor intermediis ovalibus, brevibus, denticulatis coronata. — *Herbae v. suffrutices, in America tropica provenientes; foliis alternis v. oppositis, capitulis Helianthi, sed minoribus.*

Leighia Cassini *in Dict. sc. nat. XXV. 435.* DC. *Prodr. V. 580.* Helianthi sp. Cavan. *Ic. t. 218.* Bot. Reg. *t. 523.* Kunth *in Humb. et Bonpl. Nov. gen. et sp. t. 377.*

2536. Harpalium *CASS.* Capitulum multiflorum, heterogamum, floribus radii uniseriatis, ligulatis, neutris, disci tubulosis, hermaphroditis. Involucri imbricati squamae ovatae, inappendiculatae, obtusae. Receptaculi convexi paleae oblongae, achenia amplectentes. Corollae radii ligulatae, disci tubulosae, tubo brevi, fauce ampla, cylindracea, limbo quinquedentato. Stigmata appendiculata. Achenia compressa, parce villosa, squamellis duabus aristaeformibus ex angulis achenii ortis, et quatuor brevibus, obtusis, intermediis coronata. — *Herbae perennes, in America boreali et tropica observatae; foliis alternis v. oppositis, facie Helianthi.*

Harpalium Cassini *in Dict. sc. nat. XX. 299. XXV. 437.* DC. *Prodr. V. 583.* Helianthi sectio Lessing.

a. EUHARPALIUM *DC. l. c.* Achenia radii calva.

b. HARPALIZIA *DC. l. c.* Achenia radii pappo coronaeformi, amplo, dentato superata.

2537. Tithonia *DESFONT.* Capitulum multiflorum, heterogamum, floribus radii uniseriatis, ligulatis, neutris, disci tubulosis, hermaphroditis. Involucri bi-triseriati squamae ovatae, basi intus striatae, subcallosae, apice foliaceo-appendiculatae, obtusae. Receptaculi convexi paleae lanceolatae, membranaceae, achenia plus minus amplectentes. Corollae radii ligulatae, disci tubulosae, tubo brevissimo, fauce inflata, multinervi, limbo quinquedentato. Stigmata exserta, subulata, hispida, revoluta. **Achenia** radii obcompressa v. triquetra, **pappo** brevissimo, parco, **disci** subtetragona, compressa, laevia, **pappo** uniseriali, squamellis pluribus denticulatis, setisque interdum solitariis v. geminis, ex fructus angulis majoribus coronata. — *Herbae mexicanae, perennes; foliis alternis, triplinerviis, serratis, ramis apice pedunculiformibus, monocephalis, subnudis, corollis flavis v. croceis.*

Tithonia Desfont. *in Jussieu gen. 189. Annal. Mus. I. 46. t. 4.* Bot. Reg. *t. 591.* Cassini *in Dict. sc. nat. XXXV. 277. LIV. 454. LIX. 147.* Lessing *Synops. 229.* DC. *Prodr. V. 584.* Helianthi sp. Jacq. *Hort. Schönbr. t. 375.* Bot. Mag. *1519.* Cavanill. *Ic. t. 219.*

2538. Helianthus *LINN.* **Capitulum** multiflorum, heterogamum, floribus radii uniseriatis, ligulatis, neutris, disci tubulosis, hermaphroditis. **Involucri** irregulariter imbricati squamae exteriores foliaceae, acutae, appendiculatae, laxiusculae, intimae minores, paleiformes. **Receptaculi** plani v. convexi paleae semiamplectentes, oblongae, acutae. **Corollae radii** ligulatae, **disci** tubulosae, tubo brevi, fauce ampla, cylindracea, limbo quinquedentato. **Stigmata** appendiculata. **Achenia** lateraliter compressa v. subtetragona, parce villosa v. glabra, **squamellis** duabus aristaeformibus, angulis achenii continuis, rarissime quaternis, conformibus, duabus tunc ex angulis lateralibus ortis. — *Herbae annuae v. perennes, interdum suffrutescentes, in America boreali, rarius inter tropicos indigenae, ut plurimum scabrae v. villosae; foliis oppositis, superioribus interdum alternis, integerrimis v. dentatis, saepius triplinerviis, capitulis amplis, solitariis v. interdum corymbosis, radio luteo v. subaurantiaco, disco luteo v. fusco.*

Helianthus Linn. *gen. n. 979.* excl. sp. Schkuhr *t. 258.* Jacq. *Hort. Vindob. t. 161. 162.* Willd. *Hort. Berol. t. 70.* Cavanill. *Ic. t. 272.* Bot. Mag. *t. 227. 2020. 2778.* Bot. Reg. *t. 508. 524. 1265.* Sweet *Fl. Gard. II. t. 75.* Humb. et Bonpl. *Nov. gen. et sp. t. 376.* Cassini *in Dict. sc. nat. XX. 351. LIX. 140.* Chrysis Renealm. *84. t. 83.* Corona Solis Tournef. *inst. 489.* Vocasan Adanson *Fam. II. 130.* Discomela Rafinesque *Nov. gen. 1825. p. 3.*

2539. Flourensia *DC.* **Capitulum** multiflorum, homogamum v. heterogamum, floribus radii uniseriatis, ligulatis, neutris v. femineis imperfectis, disci tubulosis, hermaphroditis. **Involucri** bi-triseriati squamae oblongae, subaequales. **Receptaculi** subconvexi paleae complicatae, deciduae, flore breviores. **Corollae radii** ligulatae, **disci** tubulosae, tubo brevi, fauce vix dilatata, limbo quinquedentato. **Stigmata** exserta, elongata, fere linguiformia, obtusa, extus parce hispida. **Achenia** compressa, basi attenuata, villosissima. **Pappi** aristae quatuor, membranaceae, lineari-subulatae, ciliato-fimbriatae, duae laterales minores, interdum obsoletae — *Suffrutices v. frutices, in America australi extratropica et in temperatis Mexici observati, glaberrimi, saepius glutinosi, nonnunquam resiniferi; foliis alternis, sessilibus, oblongo-lanceolatis, coriaceis, plerumque penninerviis, reticulatis, pedunculis axillaribus et terminalibus corymbosis, floribus luteis.*

Flourensia DC. *Prodr. V. 592.* Diomedeae sp. Bertero, Colla *in Act. Academ. Taurin. XXXVIII. t. 31.* Helianthi sp. Molina, Pöppig.

DIVISIO IV. BIDENTIDEAE Lessing *Synops. 229.* **Capitula** heterogama, floribus radii ligulatis, neutris, rarissime homogama, discoidea. **Achenia** rostrata, plerumque in aristas 1—4, saepissime retrorsum aculeatas producta, rarius calva.

2540. Campylotheca *CASS.* **Capitulum** multiflorum, heterogamum, floribus radii uniseriatis, ligulatis, neutris, disci hermaphroditis, tubulosis. **Involucri** squamae pauciseriatae, oblongo-ellipticae, demum reflexae. **Receptaculum** planum, paleatum. **Corollae radii** ligulatae, ligula multinervi, **disci** tubulosae, tubo brevi, fauce longissima, decemnervi, limbo quinquedentato. **Achenia** elongata, subcontorta v. curva, subtetragono-obcompressa, angustissime alata, alis apice in **mucrones** minimos, saepe deciduos v. fere obsoletos abeuntibus. — *Frutices sandwicenses, erecti, trichotomi; foliis oppositis, ternatim biternatimve sectis, segmentis ovato lanceolatis, integerrimis v. dentatis, capitulis pedicellatis, luteis.*

Campylotheca Cassini *in Dict. sc. nat. LI. 475.* Lessing *in Linnaea VI. 508. Synops. 230.* DC. *Prodr. V. 593.* Bidentis sp. Gaudich. *ad Freyc. t. 85.*

2541. Bidens *LINN.* **Capitulum** homogamum, discoideum, nunc heterogamum, floribus radii uniseriatis, ligulatis, neutris, disci tubulosis, hermaphroditis. **Involucri** biseriati squamae exteriores interioribus conformes v. dissimiles. **Receptaculum** planiusculum, paleatum. **Corollae radii** ligulatae, **disci** tubulosae, limbo quinquedentato. **Stigmata** cono brevi superata. **Achenia** plus minus obcompressa, aculeata, rostro ab achenio vix diverso superata, in aristas binas-quinas retrorsum piloso-scabras producta.— *Herbae cosmopolitae, in America copiosae, ut plurimum annuae; caule tetragono v. tereti, saepius opposite ramoso, foliis oppositis, supremis interdum alternis, indivisis, partitis v. sectis, lobis incisis v. serratis, capitulis plerumque flavis, rarius radio albo, rarissime corollis omnibus purpureis.*

Bidens Linn. *gen. n. 932.* Gärtn. *II. 412. t. 167.* Lessing *Synops. 230.* DC. *Prodr. V. 593.* Bidens et Kerneria Mönch *Method. 569. et 595.* Cassini *in Dict. sc. nat. XXIV. 397. 402. LI. 473. LIX. 321. 328. 329.* Pluridens et Edwardsia Necker *elem. n. 156. 157.* Ceratocephalus Vaillant *in Act. Academ. Paris. 1720. p. 325.*

a. PLATYCARPAEA *DC. Prodr. V. 594.* **Capitula** discoidea lutea, v. radiata, ligulis flavis v. interdum albis. **Achenia** ovalia v. obovato-cuneiformia, obcompresso-plana, setulis omnibus v. saltim superioribus retrorsis ad margines ciliata, ima basi vix in areolam dilatata. — *Folia saepissime indivisa, rarius dissecta.* (Schkuhr *t. 234.* Flor. dan. *t. 312. 461.* E. B. *t. 1113. 1114.*)

b. PSILOCARPAEA *DC. Prodr. V. 596.* **Capitula** discoidea, flava v. saepius radiata, radio plerumque flavo, interdum albo. **Achenia** lineari-tetragona, glabra v. margine sursum ciliata, basi vix in areolam subdilatata. — *Folia saepissime dissecta, rarius indivisa.* (Cavanill. *Ic. t. 13. 219.* Humb. et Bonpl. *Nov. gen. et sp. t. 381.* Jacq. f. *Eclog. t. 54.* Bot. Mag. *t. 3155.* Bot. Reg. *t. 684.* Coreopsidis sp. Jacq. *Hort. Schönbr. t. 375.* Bot. Mag. *t. 2059.* Cosmeae sp. Bot. Mag. *t. 1689.*)

c. DISCOPODA *DC.* **Capitula** radiata, radio discoque purpureis. **Achenia** lineari-subtetragona, utrinque attenuata, inferne in areolam orbicularem, obliquam dilatata. **Aristae** patulae. — *Folia pinnatisecta.*

2542. Cosmos *CAVAN.* **Capitulum** multiflorum, heterogamum, floribus radii uniseriatis, ligulatis, neutris, disci tubulosis, hermaphroditis. **Involucrum** duplex, utriusque squamae octo v. decem, basi plus minus concretae, apice acuminatae. **Receptaculi** plani paleae membranaceae, in filum elongatum productae. **Co-**

rollae radii ligulatae, disci tubulosae, limbo quinquedentato. Antherae appendice scariosa, cordata superatae. Stigmata apice incrassata, hispida, in conum subulatum producta. Achenia tetragona, exalata, rostrata, interdum stipitata, aristis binis-quaternis retrorsum piloso-scabris, deciduis superata. — *Herbae americano-tropicae, annuae, elatae, ramosae, glabrae v. parce pilosulae; foliis bipinnatisectis, lobis linearibus, lanceolatis, saepius integerrimis, capitulis ad apices ramorum longe denudatorum solitariis, disco intense luteo, radio versicolore.*

Cosmos Cavanill. *Ic. I.* 9. *t.* 14. 79. Kunth *in Humb. et Bonpl. Nov. gen. et sp. IV.* 239. *t.* 382. Cassini *in Dict. sc. nat. XI.* 4. DC. *Prodr. V.* 606. Cosmea Willdenow *sp. III.* 2250. Lessing *Synops.* 230. Cosmus Pers. *Ench. II.* 477. Coreopsidis sp. Jacq. *Ic. rar. t.* 595.

2543. Adenolepis *LESS.* Capitulum pluriflorum, heterogamum, floribus radii circiter quatuor, ligulatis, neutris, disci tubulosis, hermaphroditis. Involucri cylindracei discum aequantis squamae biseriatae, lineares, interiores foliaceae, glandula magna terminatae. Receptaculum planum, paleatum. Corollae radii ligulatae, ligula subelliptica, emarginata, disci tubulosae, limbi basi inflati dentibus quinque revolutis. Antherae exsertae, ecaudatae. Achenia conformia, subtriangulato-obcompressa, exalata, breviter rostrata v. apice attenuata, calva, disci nonnulla interdum linearia, sterilia. — *Herba sandwicensis, annua, gracilis, parvula, apice puberula; foliis oppositis, petiolatis, ternatisectis v. superioribus sessilibus, trilobis, capitulis terminalibus, solitariis, parvis, luteis.*

Adenolepis Lessing *in Linnaea VI.* 510. *t.* 6. *f.* 6—10. *Synops.* 230. DC. *Prodr. V.* 607.

DIVISIO V. VERBESINEAE Lessing *Synops.* 230. Capitula heterogama, floribus radii ligulatis, femineis; rarius homogama, discoidea. Achenia cortice tenui, fere semper compressa v. obcompressa, rarius trisulcata v. trigona, nunc calva, nunc in aristas rigidas, numero angulorum producta, rarissime pappo vaginaeformi v. setis rigidulis, fragilibus superata.

2544. Lasianthaea *DC.* Capitulum multiflorum, heterogamum, floribus radii uniseriatis, ligulatis, femineis, disci hermaphroditis, tubulosis. Involucri campanulati squamae pluriseriales, imbricatae, ovatae, obtusae, exteriores ciliatae. Receptaculi plani paleae membranaceae, complicatae. Corollae radii ligulatae, disci tubulosae, tubo longo, limbi quinquelobi lobis superne pube crassa hirsutissimis. Antherae appendice lineari-lanceolata superatae. Stigmata disci apice summo barbata, exappendiculata. Achenia glabra, radii triquetra, trialata, triaristata, disci compressa, bialata et triaristata, aristis omnium basi alato dilatatis. — *Frutex mexicanus, di-trichotomus; ramis teretibus, puberulo-asperis, foliis oppositis, breviter petiolatis, ovatis, sublanceolatis, vix dentatis, supra sparse strigilloso-puberulis, subtus subvelutino-villosis, reticulato-nervosis, capitulis ad apices ramorum circiter quinque, breviter pedicellatis, umbellatis, crassis, floribus luteis.*

Lasianthaea DC. *Prodr. V.* 607. Lasianthus Zuccarini *msc.*

2545. Perymenium *SCHRAD.* Capitulum multiflorum, heterogamum, floribus radii uniseriatis, ligulatis, femineis, disci hermaphroditis, tubulosis. Involucri ovati v. campanulati squamae imbricatae, ovatae, obtusae v. subacutae. Receptaculi planiusculi paleae membranaceae, complicatae. Corollae radii ligulatae, disci tubulosae, limbo quinquedentato. Stigmata disci breviter appendiculata, seu cono terminata. Achenia subconformia, subcompressa v. marginalia obcompressa, mutica v. apice subemarginata, exaristata. Pappus uniseriatus, setis octo v. decem, rigidulis, fragilibus, inaequalibus. — *Suffrutices v. frutices mexicani, setulis adpressis scabridi; foliis oppositis, plus minus petiolatis v. triplinerviis, ovatis v. oblongis, dentatis, capitulis pedicellatis, solitariis v. corymbosis, floribus croceo-flavis.*

Perymenium Schrader *Index Sem. hort. Gött.* 1830. DC. *Prodr. V.* 608. Schistocarpha Lessing *in Linnaea VI.* 387. *Synops.* 387.

2546. Psathurochaeta *DC.* Capitulum multiflorum, heterogamum, floribus radii uniseriatis, ligulatis, femineis, disci tubulosis, hermaphroditis. Involucri disco brevioris squamae uni-biseriatae, aequales. Receptaculi convexi paleae lanceolato-lineares, acuminatae. Corollae radii ligulatae, disci tubulosae, limbi quinquedentati lobis puberulis. Stigmata disci cono elongato-acuminato, hispido terminata. Achenia brevia, acuta, tetragona, subcompressa. Pappus disci setis octonis-denis, inaequalibus, fragilibus, deciduis, radii paucioribus, brevioribus. — *Herba capensis, Verbesinae facie; caule teretiusculo, sexsulco, foliis oppositis, petiolatis, utrinque scabris, trinerviis, saepius trilobis, lobo medio longiore, longius acuminato, pedunculis ad apices ramorum alternis, subternis, monocephalis, nudis, corollis intense flavis.*

Psathurochaeta DC. *Prodr. V.* 609.

2547. Lipochaeta *DC.* Capitulum multiflorum, heterogamum, floribus radii uniseriatis, ligulatis, femineis, disci tubulosis, hermaphroditis. Involucri ovati v. campanulati squamae bi-triseriatae, ovales, adpressae. Receptaculi planiusculi paleae membranaceae, complicatae. Corollae radii ligulatae, disci tubulosae, limbo quinquedentato. Stigmata disci apice appendiculata. Achenia radii triquetra, vix subulata, angulis saepius tribus in aristas persistentes productis, dentibus setiformibus, paucis interjectis; disci compressa, uni-biaristata, ad latus interius subulata. — *Herbae perennes v. suffrutices, in terris mexicanis et in insulis Sandwicensibus provenientes; foliis oppositis, breviter petiolatis v. sessilibus, ovato-lanceolatis, subserratis, triplinerviis, capitulis pedicellatis, solitariis v. corymbosis, floribus luteis.*

Lipochaeta DC. *Prodr. V.* 610. Lipotriche Lessing *Synops* 231. *Linnaea VI.* 510. non R. Brown. — ? Zexmenia Llav. et Lexarz. *Nov. veget. I.* 13. Verbesinae sp. Gaudich.

2548. Diplothrix *DC.* Capitulum multiflorum, heterogamum, floribus radii subquinis, uniseriatis, ligulatis, femineis, disci tubulosis, hermaphroditis. Involucri ovati squamae imbricatae, ovatae. Receptaculi plani paleae complicatae, flores involventes. Corollae radii ligulatae, ovario continuae, persistentes, ligula ovata, disci tubulosae, limbo quinquedentato. Stigmata cono superata. Achenia radii obcompressa v. triquetra, calva sive denticulis minimis superata, disci compressa, exteriora subcalva, centralia biaristata. — *Suffrutices mexicani, ramosissimi; foliis oppositis, confertis, acerosis, acutis, integerrimis, vix subpuberulis, uninerviis, marginibus subcallosis, capitulis ad apices ramorum solitariis, breviter pedicellatis.*

Diplothrix DC. *Prodr. V. 611.*

2549. Selloa *H. B. K.* Capitulum multiflorum, heterogamum, floribus radii denis-quindenis, uniseriatis, ligulatis, femineis, disci hermaphroditis, tubulosis. Involucri bi-triseriati squamae denae-quindenae, exteriores ovato-ellipticae, interiores oblongae, acutae. Receptaculi convexi paleae lineari-setiformes. Corollae radii ligulatae, ligula novemnervi, apice triloba, disci tubulosae, limbo quinquedentato. Stigmata cono superata. Achenia cuneata, pentagona, laevia, setulis tribus hispidulis, caducis, corollae tubo adpressis superata. — *Herbae mexicanae; caule basi folioso, apice longe denudato, subscapiformi, mono- v. rarius tricephalo, foliis oppositis, petiolatis, ovato-ellipticis, subintegerrimis, triplinerviis, glabris.*

Sellea Kunth *in Humb. et Bonpl. Nov. gen. et sp. IV. 265. t. 395.* Cassini *in Dict. sc. nat. LV. 273.* Lessing *Synops. 231.* DC. *Prodr. V. 612.* non Spreng. Feaea Spreng. *syst. III. 581.*

2550. Verbesina *LESS.* Capitulum multiflorum, plerumque heterogamum, floribus radii ligulatis, femineis, rarius homogamum, floribus omnibus tubulosis, hermaphroditis. Involucri bi-pluriseriati squamae aequales v. imbricatae. Receptaculi plani v. convexiusculi paleae plus minus complicatae, flores amplectentes. Corollae radii ligulatae, disci tubulosae, limbo quinquedentato. Stigmata appendiculata. Achenia erostria, plano-compressa, ad angulos alata, in aristas binas, rigidas desinentia. — *Herbae v. suffrutices, in America imprimis tropica crescentes; foliis oppositis v. alternis, petiolatis aut sessilibus v. decurrentibus, dentatis pinnatilobisve, capitulis pedicellatis, solitariis v. corymbosis, floribus luteis rariusve albidis, disci interdum flavis, radii albis.*

Verbesina Lessing *Synops. 231.* DC. *Prodr. V. 612.* Verbesinae et Siegesbeckiae sp. Linn. Verbesina et Locheria Necker *elem. n. 61 et 71.*

a. VERBESINARIA *DC. Prodr. V. 612.* Capitula heterogama, floribus radii uniseriatis, ligulatis. Achenii aristae rectae, saepissime binae aequales, una interdum breviore v. plane deficiente.

Verbesina Cassini *in Dict. sc. nat. LIX. 142.* Cavanill. *Ic. t. 100. 214. 275.* Jacq. *Ic. rar. t. 175. Hort. Schönbr. t. 305.* Colla *Hort. Ripul. t. 31.* Link et Otto *Abbild. t. 49.* Wedeliae sp. Hooker *Bot. Mag. t. 3381.* Pallasiae sp. Humb. et Bonpl. *Plant. aequinoct. t. 111.* Siegesbeckia Gronov. *Virgin. 128.* Phactusa Gärtn. *II. 465. t. 169.*

b. HAMULIUM *DC. Prodr. V. 617.* Capitula heterogama, floribus radii subbiseriatis, ligulatis. Achenii aristae binae inaequilongae, altera minore recta, altera majore apice uncinata.

Hamulium Cassini *in Dict. sc. nat. XX. 260.* Verbesina alata Linn. Bot. Mag. *t. 1716.*

c. PLATYPTERIS *DC. Prodr. V. 617.* Capitula homogama, discoidea.

Platypteris Kunth *in Humb. et Bonpl. Nov. gen. et sp. IV. 200.* Cassini *in Dict. sc. nat. L. 359.* Bidens crocata Cavan. *Ic. t. 99.* Spilanthes crocata Sims *in Bot. Mag. t. 1627.*

2551. Ditrichum *CASS.* Capitulum pluriflorum, homogamum, floribus omnibus tubulosis, hermaphroditis. Involucri biseriati, cylindracei, floribus longioris squamae exteriores brevissimae, laxae, interiores longae, erectae, coriaceae, acuminatae. Receptaculi plani paleae in appendicem subulatam productae. Corollae tubulosae, extus pilosae, limbo quinquedentato. Achenia compressa, obovata, glabra. Pappus biaristatus, aristis ex angulis ortis, crassis, subbarbulatis. — *Herba ut videtur americana, elata; caule tereti, pubescente, foliis alternis, sessilibus, subdecurrentibus, oblongo-lanceolatis, irregulariter sinuato-lobatis, scabris, fere pedalibus, capitulis paniculato-corymbosis, floribus flavis.*

Ditrichum Cassini *in Bullet. soc. philomat. 1817. p. 33. Dict. sc. nat. XIII. 272.* DC. *Prodr. V. 619.* Spilanthi sp. Less.

2552. Micractis *DC.* Capitulum multiflorum, heterogamum, floribus radii minutissime ligulatis, femineis, disci tubulosis, hermaphroditis, centralibus fortassis sterilibus. Involucri uniseriati squamae oblongae, subconcavae, dorso subpuberulae. Receptaculi plani paleae complicato-concavae, glabrae, achenia semiinvolventes. Corollae radii ligulatae, ligula brevissima, integra, concava, disci tubulosae, limbo quadridentato. Antherae quadricaudatae. Stylus radii exsertus, disci inclusus. Achenia tetragono-compressa, fere obovata, glabra omnino calva. — *Herba madagascariensis, obscurae affinitatis, annua, erecta, minutissime puberula; foliis oppositis, oblongis, acutis, vix subcrenatis, scabris, superioribus integerrimis, capitulis ad apices ramorum ternis, congestis, breviter stipitatis, floribus minutissimis, flavis.*

Micractis DC. *Prodr. V. 619.*

2553. Spilanthes *JACQ.* Capitulum multiflorum, nunc heterogamum, floribus radii ligulatis, femineis, disci tubulosis, hermaphroditis, nunc homogamum, floribus omnibus tubulosis, hermaphroditis. Involucri biseriati, adpressi, disco brevioris squamae exteriores subfoliaceae, interiores submembranaceae, complicatae. Receptaculi convexi v. conici paleae complicatae. Corollae radii ligulatae, disci tubulosae, limbo quadri-quinquedentato. Antherae nigricantes. Stigmata disci apice truncata et penicillata. Achenia erostria, disci compressa, ad latera ciliata, exaristata, radii dum adsunt triquetra v. obcompressa, apice emarginata, in aristulas duas, piliformes desinentia. — *Herbae ut plurimum annuae, rarius perennes v. suffruticulosae, inter tropicos totius orbis, imprimis Americae obviae, gustu plerumque fervidae et salivariae, dichotomae v. vage ramosae; foliis oppositis, subintegerrimis, pedunculis terminalibus v. e dichotomiis ortis, erectis, monocephalis, capitulis ovatis v. conicis, floribus flavis v. rarius albis, radio concolore v. rarius discolore.*

Spilanthes Jacq. *Amer. 212.* Schreber *gen. 1266.* DC. *Prodr. V. 620.* Spilanthus Linn. *mant. II. 167.* Lessing *Synops. 232.* Pyrethrum Medicus *Act. Academ. Palat. III. 237.* Ceruchis Gärtner *msc.*

a. ACMELLA *DC. Prodr. V. 620.* Capitula radiata, ligulis basi hispidis. Achenia radii saepius trigona, triaristata seu rarius calva, v. angulo interiore nudo biaristata, v. angulo interiore obliterato fere obcompressa.

Acmella Richard *in Persoon ench. II. 472.* Cassini *in Dict. sc. nat. XXIV. 331.* Athronia Necker *elem. n. 59.*

b. SALIVARIA *DC. Prodr. V. 624.* Capitula discoidea. Achenia omnia conformia, compressa.

Spilanthes Jacq. *Amer. t. 126. Hort. Vindob. t. 135. Ic. rar. t. 584.* Heritier *Stirp. t. 4.* Kunth *in Humb.*

et Bonpl. Nov. gen. et sp. t. 370. Bidentis sp. Lam. *t. 668.*

2554. Dunantia *DC.* Capitulum multiflorum, homogamum, floribus omnibus tubulosis, hermaphroditis. Involucri uniseriati squamae adpressae, lanceolatae v. oblongae. Receptaculi elongati paleae exteriores involucri squamis similimae, interiores sensim tenuiores, submembranaceae. Corollae tubulosae, limbo quinquedentato. Stigmata exserta, in appendicem filiformem, hispidam longe producta. Achenia tetragona, gracilia, erostria, glabra, calva. — *Herbae mexicanae, perennes; caule erecto, tereti, pubescente, ramis saepius oppositis, subdivaricatis, apice nudis, foliis oppositis, brevissime petiolatis, lanceolatis, basi acutis, triplinerviis, pubescentibus, integerrimis, capitulis ovatis, ad apices ramorum solitariis, binis v. ternis, lateralibus ubi adsunt subsessilibus.*

Dunantia DC. *Prodr. V. 626.*

2555. Ximenesia *CAVAN.* Capitulum multiflorum, heterogamum, floribus radii uniseriatis, ligulatis, femineis, disci hermaphroditis, tubulosis. Involucri biseriati, discum subsuperantis squamae foliaceae, patulae, angustae, acutae, subaequales. Receptaculi plano-subconici paleae membranaceae, lanceolatae, amplectentes. Corollae tubo hispido, radii ligulatae, disci limbo quinquedentato. Stigmata disci apice appendiculata. Achenia radii plano-compressa, alata, apice profunde emarginata, subpilosa, biaristata, aristis cum lateribus alarum subconcretis. — *Herbae annuae, ut plurimum mexicanae, plus minus canescentes; foliis oppositis v. alternis, in petiolum saepius subalatum et basi auriculatum attenuatis, cordatis, ovatis v. oblongis, dentatis, capitulis laxe et irregulariter corymbosis, floribus luteis.*

Ximenesia Cavanill. *Ic. II. 60. t. 178.* DC. *Prodr. V. 627.*

2556. Sanvitalia *GUALT.* Capitulum multiflorum, heterogamum, floribus radii uniseriatis, ligulatis, femineis, disci hermaphroditis, tubulosis. Involucri bi-triseriati squamae adpressae, subimbricatae, interiores paullo longiores, disco aequales. Receptaculi conici v. convexi paleae oblongae, semiamplectentes. Corollae radii ligulatae, persistentes, disci tubulosae, piliferae, super ovarium articulatae, limbo quinquedentato. Stigmata cono superata. Achenia radii grossa, triquetra, laevia, aristis tribus crassis, laevibus, conicis, divergentibus coronata, disci compressa, biformia, exteriora muricata, fere calva, interiora alata, ciliata, aristellis duabus minimis superata. — *Herbae mexicanae, annuae, trichotomae, saepius villosae; foliis oppositis, ovatis, integerrimis, triplinerviis, in petiolum ciliatum attenuatis, capitulis terminalibus, solitariis, inter folia bractealia sessilibus, disco convexo-conico, atropurpureo, radio luteo.*

Sanvitalia Gualter *in Lamarck Journ. Hist. nat. II. 176. t. 33. Illustr. t. 686.* Cavanill. *Ic. t. 351.* Cassini *in Dict. sc. nat. XLVII. 294.* Lessing *Synops. 232.* DC. *Prodr. V. 628.* Lorentea Ortega *Decad. IV. 42. t. 5.* non Less.

2557. Anaitis *DC.* Capitulum multiflorum, heterogamum, floribus radii ligulatis, femineis, disci hermaphroditis, tubulosis. Involucri campanulati, bi-triseriati squamae imbricatae, obtusae. Receptaculi convexi paleae deciduae, complicatae, calloso-acuminatae. Corollae radii ligulatae, persistentes, ligula multistriata, disci tubulosae, ... Stigmata radii brevissime exserta, disci ...... Achenia glabra, minutissime et parce muriculata, radii trigona, rostrata, calva, disci plano-compressa, subulata, emarginata v. bidentata. — *Suffruticulus acapulcensis, non satis notus; ramis teretibus, divaricatis, junioribus pubescentibus, foliis oppositis, oblongis, basi attenuatis, integerrimis, pubescentibus, ramis apice longe aphyllis, monocephalis, floribus radii luteis, disci subfuscis.*

Anaitis DC. *Prodr. V. 629.*

2558. Oligogyne *DC.* Capitulum pluriflorum, heterogamum, flore radii unico v. quinis, ligulatis, femineis, disci senis-octonis, tubulosis, hermaphroditis. Involucri uniseriati, erecti squamae quinque, ovali-oblongae, foliaceae. Receptaculi plani paleae lineari-lanceolatae, planae. Corollae radii ligulatae, disci tubulosae, limbo quinquedentato. Stigmata disci exserta, hispida. Achenia obcompressa v. teretiuscula, submuriculata, glabra, aristis duabus v. quatuor conicis, rigidis superata. — *Herbae mexicanae et brasilienses, Sanvitaliae habitu, diffusae, puberulae; foliis oppositis, petiolatis, ovatis, serratis, subtriplinerviis, pedicellis axillaribus monocephalis, capitulis parvis, floribus flavis.*

Oligogyne DC. *Prodr. V. 629.*

2559. Synedrella *GÄRTN.* Capitulum pluriflorum, heterogamum, floribus radii suboctonis, subbiseriatis, ligulatis, femineis, disci totidem hermaphroditis, tubulosis. Involucri oblongi, oligophylli squamae erectae. Receptaculum parvum, planum, paleatum. Corollae radii ligulatae, disci tubulosae, limbo quinquedentato. Achenia radii obcompressa, ovalia, biaristata v. mutica, margine alata, alis laciniatis, disci linearia, subtriquetra, integra, bi-triaristata. — *Herba antillana, erecta, dichotoma; caule tereti, glabriusculo, foliis oppositis, petiolatis, ovalibus, utrinque attenuatis, integerrimis, parce villosis, capitulis in ramorum et foliorum superiorum axillis sessilibus, subglomeratis, floribus luteis.*

Synedrella Gärtner *II. 456. t. 171.* Richard *in Persoon Ench. II. 472.* Cassini *in Dict. sc. nat. LI. 470.* Lessing *Synops. 233.* DC. *Prodr. V. 629.* Verbesina nodiflora Linn. (Sloane *Jam. t. 154.*)

2560. Calyptocarpus *LESS.* Capitulum multiflorum, heterogamum, floribus radii uniseriatis, ligulatis, femineis, disci hermaphroditis, tubulosis. Involucrum pentaphyllum. Receptaculum paleatum. Corollae radii ligulatae, disci tubulosae, limbo quinquedentato. Stigmata ...... Achenia conformia, erostria, planoobcompressa, biaristata, interrupte et anguste alata. — *Herba mexicana, gracilis, dichotoma, annua, procumbens; foliis decussatis, petiolatis, scabris, dentatis, capitulis solitariis, luteis, brevissime radiatis, pedunculatis, terminalibus, demum alaribus.*

Calyptocarpus Lessing *Synops. 221. Linnaea V. 269.* DC. *Prodr. V. 629.*

2561. Electra *DC.* Capitulum pluriflorum, heterogamum, floribus radii subquinis, ligulatis, femineis, disci octonis-denis, tubulosis, hermaphroditis. Involucri duplicis squamae exteriores quinque, lineares, distantes, interiores totidem inter se et cum exterioribus fere concretae. Receptaculi angusti, plani paleae oblongo-lineares, coloratae, persistentes, flores subsuperantes. Corollae radii ligulatae, disci tubulosae, glabrae, abrupte in faucem dilatatae, limbo quinquedentato. Stigmata radii glabra, disci cono hispido terminata. Achenia obcompresso-plana, elliptico-oblonga, utrinque subangustata, apice obtuse truncata, glaberrima, calva. — *Fruticulus mexicanus, glaber, erectus; ramis junioribus tetragonis, adultis teretibus, foliis oppositis, in petiolum brevem angustatis, oblongo-lanceolatis, acuminatis, grosse serratis, penninerviis, capitulis pedicellatis, saepius ternis, corymbosis, ovali-oblongis, corollis et receptaculi paleis luteis.*

Electra DC. *Prodr. V. 630.*

2562. Chrysanthellum *RICH.* Capitulum pluriflorum, heterogamum, floribus radii uniseriatis, ligulatis, femineis, disci tubulosis, hermaphroditis. Involucri biseriati squamae exteriores quinque, paullo breviores, erectae, interiores decem, coloratae. Receptaculi plani paleae lineares. Corollae radii ligulatae, ligula lineari, bidentata, disci tubulosae, limbo quinquedentato. Stigmata disci in appendicem hispidam producta. Achenia calva, oblonga, truncata, emarginata v. utrinque ala minima, crassa, cartilaginea aucta. — *Herbae annuae, glabrae, parvulae, in Antillis, Senegambia et India orientali observatae; foliis radicalibus petiolatis, ovalibus, basi cuneatis, caulinis superioribus sessilibus, oblongo-linearibus, apice tridentatis, ramulis subnudis, apice monocephalis, capitulis parvis, floribus luteis.*

Chrysanthellum Richard *in Persoon Ench. II. 471.* Cassini *in Dict. sc. nat. IX. 150.* Lessing *Synops. 234.* DC. *Prodr. V. 630.* Chrysanthellina Cassini *in Dict. sc. nat. XXV. 390.* Sebastiania Bertoloni *Opusc. 1822. p. 37.* non Spreng. Collaea Sprengel *Syst. III. 622.* Anthemidis, Bidentis et Verbesinae sp. Linn.

2563. Neuractis *CASS.* Capitulum pluriflorum, heterogamum, floribus radii tribus, ligulatis, femineis, disci tubulosis, hermaphroditis. Involucri biseriati, disco multo brevioris squamae oblongae, exteriores breviores. Receptaculi plani, centro nudi, paleae marginales oblongo-lineares, planae. Corollae radii ligulatae, ligula ampla, ultra medium trifida, disci tubulosae, limbo quinquedentato. Stigmata disci exserta, revoluta, in appendicem longissimam gracilem desinentia. Achenia obcompressa (?), oblonga, glabra, in collum breviter producta. Pappus nullus v. margo incompletus, dentatus. — *Herba javanica, glabra, diffuse ramosa; foliis alternis, petiolatis, bipinnatilobatis, lobis oblongis, integerrimis, mucronatis, capitulis pedicellatis, solitariis, corollis flavis, ligulis fusco-lineatis.*

Neuractis Cassini *in Dict. sc. nat. XXXIV. 496.* Lessing *Synops. 232.* DC. *Prodr. V. 631.*

2564. Glossocardia *CASS.* Capitulum pluriflorum, heterogamum, floribus radii duobus v. unico, (interdum nullo) ligulatis, femineis, disci tubulosis, hermaphroditis. Involucri oblongi squamae paucae, subimbricatae, exteriores brevissimae. Receptaculi angustissimi paleae inter flores plurimae, membranaceae, deciduae. Corollae radii ligulatae, disci tubulosae, limbo quadridentato. Stigmata disci appendiculata. Achenia disci plano-obcompressa, angulis quatuor villosissima, subbialata, aristis binis rigidis, laevibus, angulis lateralibus continuis. — *Herba Indiae orientalis, annua, multicaulis, diffusa, edulis, odore et sapore Foeniculi; foliis alternis, linearilobis, capitulis solitariis, pedunculos breves, nudos terminantibus, floribus flavis.*

Glossocardia Cassini *in Dict. sc. nat. XIX. 62.* Lessing *Synops. 233.* Verbesina Boswallea Linn.

2565. Heterospermum *WILLD.* Capitulum pluriflorum, heterogamum, floribus radii ternis v. solitariis, ligulatis, femineis, disci quinis-quindenisve, tubulosis, hermaphroditis. Involucri duplicis squamae paucae, erectae, oblongae, exteriores ciliatae. Receptaculi angusti paleae oblongo-lineares, planae, obtusae. Corollae radii ligulatae, disci tubulosae, limbo quinquedentato. Stigmata appendiculata. Achenia obcompressa, glabra, alis incrassatis cincta, difformia, radii ovalia, erostria, calva, disci lineari-oblonga, rostrata, biaristata, aristis retrorsum aculeolatis. — *Herbae americanae tropicae, annuae, opposite ramosae; caulibus glabris, bifariam pilosis, foliis oppositis, dentatis, lobatis v. pinnatipartitis, glabris, pedunculis alaribus terminalibusque gracilibus, monocephalis, floribus flavis.*

Heterospermum Willdenow *sp. III. 2129.* Kunth *in Humb. et Bonpl. Nov. gen. et sp. IV. 245. t. 383. 384.* Cassini *in Dict. sc. nat. XXI. 128.* Lessing *Synops. 233.* DC. *Prodr. V. 632.* Heterosperma Cavanill. *Ic. III. 34. t. 267.*

2566. Glossogyne *CASS.* Capitulum multiflorum, heterogamum, floribus radii uniseriatis, ligulatis, femineis, disci tubulosis, hermaphroditis. Involucri biseriati squamae breves, adpressae. Receptaculum planum, demum convexum, paleolatum. Corollae radii ligulatae, disci tubulosae, limbo quinquedentato. Stigmata disci elongata, hirta. Achenia linearia, angulata, aristis duabus retrorsum setosis. — *Herbae in Australasia tropica et in India orientali indigenae, erectae, basi interdum suffruticosae, dichotomae, nunc fruticosae, pedunculis plurimis, nudis, simplicibus; foliis alternis, ad collum confertis, brevibus, pinnatipartitis, lobis linearibus, acutis, integerrimis, summis paucis, parvis, linearibus, indivisis, capitulis erectis, ebracteatis, floribus luteis.*

Glossogyne Cassini *in Dict. sc. nat. LI. 475.* DC. *Prodr. V. 632.* non Less. Bidentis sp. Wallich, Labillard. *Nov. Caled. t. 45.*

2567. Delucia *DC.* Capitulum multiflorum, heterogamum, floribus radii uniseriatis, ligulatis, femineis, disci tubulosis, hermaphroditis. Involucri duplicis, subaequalis squamae lineari-lanceolatae, erectae, exteriores foliaceae, interiores coloratae. Corollae radii ligulatae, disci tubulosae, limbo quinquedentato. Stigmata cono superata. Achenia conformia, obcompressa, linearia, aristis tribus, retrorsum hispidis superata. — *Herba mexicana, subsimplex, vix pedalis, glabra; foliis oppositis, petiolatis, trisectis, segmentis ovalis, utrinque acutis, grosse dentato-serratis, capitulis solitariis, longe pedunculatis, floribus luteis.*

Delucia DC. *Prodr. V. 632.*

2568. Narvalina *CASS.* Capitulum pluriflorum, heterogamum, floribus radii ternis v. solitariis, ligulatis, femineis, disci suboctonis, tubulosis, hermaphroditis. Involucri biseriati squamae exteriores subternae, foliaceae, acutae, interiores quinque, longiores, disco breviores, oblongae, erectae, apice coloratae. Receptaculi plani paleae squamas interiores referentes. Corollae radii ligulatae, disci tubulosae, limbo quinquedentato. Stigmata ... Achenia obcompressa, ovalia, ampla, late marginata, ciliata. Pappus caducus, biaristatus, aristis crassis, fragilibus, coloratis, triquetro-subalatis, secus angulos spinuloso-strigosis. — *Frutex domingensis, non satis notus, glaberrimus; foliis oppositis, breve petio-*

latis, obovatis, serratis, coriaceis, capitulis corymbosis, floribus luteis.

Narvalina Cassini *in Dict. sc. nat. XXXVIII. 17. LIX. 320.* Lessing *Synops. 234.* DC. *Prodr. V. 633.* Needhamia Cassini *in Dict. sc. nat. XXXIV. 335.*

2569. Thelesperma *LESS.* Capitulum multiflorum, homogamum, floribus omnibus tubulosis. Involucrum biseriatum, utriusque squamae suboctonae, exteriores breves, lanceolatae, subdistinctae, interiores campanulato-concretae, striatae. Receptaculi plani paleae oblongae, medio nervigerae, marginibus late albo-membranaceis. Corollae tubulosae, limbo quinquedentato. Stigmata appendiculata. Achenia obcompresso-teretiuscula, erostria. Pappus biaristatus, aristis oppositis, retrorsum fimbriatis, trigono-conduplicatis, subulatis, persistentibus. — *Herba brasiliensis, perennis, bipedalis, glabra; caule tereti, opposite ramoso, rigido, foliis oppositis, biternatim v. bipinnatim-sectis, lobis linearibus elongatis, acutis, integerrimis, capitulis ramos apice nudos terminantibus, involucris glandulosis, corollis obscure luteis.*

Thelesperma Lessing *in Linnaea VI. 511. Synops. 234.* DC. *Prodr. V. 633.*

2570. Isostigma *LESS.* Capitulum multiflorum, heterogamum, floribus radii uniseriatis, ligulatis, femineis, disci hermaphroditis, tubulosis. Involucri campanulati, bi-triseriati squamae liberae, exteriores breviores, angustiores. Receptaculum planum, paleatum. Corollae radii ligulatae, ligula oblonga, disci tubulosae, limbo quinquedentato. Stigmata in disco et radio conformia, in appendicem lineari-filiformem, longissimam, hispidam producta. Achenia linearia, striata, plano-obcompressa, subalata, in rostrum achenio simile producta, alis in mucrones vel aristas duas, laeves, divergentes desinentibus. — *Herbae brasilienses, perennes, glaberrimae; rhizomate lignoso, subhorizontali, foliis ad collum conferte alternis, linearibus, integris v. saepius biternatim v. bipinnatim sectis, segmentis filiformibus integerrimis, caule erecto, simplicissimo, nudo v. parce squamato, monocephalo, capitulo magno, sordide fusco.*

Isostigma Lessing *in Linnaea VI. 513. Synops. 235.* DC. *Prodr. V. 634.*

SUBTRIBUS III. FLAVERIEAE Lessing *Synops. 233.* Capitula varia, nunc uni-pauciflora, dense aggregata, heterogama (flore unico femineo, reliquis hermaphroditis) homogamis mixta, nunc multiflora, floribus femineis pluriseriatis, reliquis masculis. Receptacula in capitulis paucifloris nuda, in multifloris paleata. Stigmata floris hermaphroditi saepissime exappendiculata. Achenia calva, exalata, teretiuscula, basi longe attenuata. — *Herbae glabriusculae, in America tropica indigenae; foliis oppositis, tri- v. multiplinerviis, floribus flavis.*

2571. Flaveria *JUSS.* Capitula pauciflora, fasciculato-conglomerata, nunc homogama, nunc heterogama, flore unico ligulato, femineo, reliquis tubulosis, hermaphroditis. Involucri oblongi, tri-tetraphylli squamae conniventes, aequilongae, extima major, subconcava. Receptaculum parvum, epaleatum. Corollae femineae ligulatae, hermaphroditae tubulosae, limbo quinquedentato. Stigmata exappendiculata. Achenia oblonga, calva, striata, glabra. — *Herbae annuae, austro-americanae, glabrae v. juxta ramos parce puberulae; foliis oppositis, sessilibus, interdum basi attenuatis, dentatis v. integerrimis, saepius trinerviis, capitulis secus ramos unilateralibus, plus minus in cymas v. glomerulos confertis, floribus luteis.*

Flaveria Jussieu *gen. 186.* Cassini *in Dict. sc. nat. XVII. 127.* Bot. Mag. *t. 2400.* Lessing *Synops. 233.* DC. *Prodr. V. 635.* Vermifuga Ruiz et Pav. *Prodr. t. 24. Syst. 210.* Milleriae sp. Cavanill. *Ic. t. 4. 223.*

2572. Broteroa *DC.* Capitula in glomerulum ovatum dense spicato-conferta, sessilia, alia biflora, heterogama v. homogama, alia uniflora, feminea v. hermaphrodita. Involucri squamae nunc solitariae, concavae, amplae, nunc binae v. ternae, aliae amplae concavae, aliae parvae. Receptaculum punctiforme, nudum. Corollae femineae filiformes, subligulatae (?), masculae tubulosae, extus pilis articulatis, confertis hispidae, limbo quinquefido. Stigmata in floribus hermaphroditis exappendiculata. Achenia obcompressa, obovato-oblonga, glabra, calva, floris feminei majora. — *Herba caracasana, glabra, parce divaricato-ramosa; foliis oppositis, sessilibus, ovali-lanceolatis, acuminatis, trinerviis, integerrimis aut serratis v. subrepandis, glomerulis ad apices ramorum v. in axillis superioribus paucis, subumbellatis, floribus flavis.*

Broteroa DC. *Prodr. V. 635.* Brotera Sprengel *in Schrader Journ. 1800. II. 186. t. 5.* excl. synon. Persoon *Ench. II. 498.* Cassini *in Dict. sc. nat. XXXIV. 304. LIX. 236,* non alior. Nauenburgia Willdenow *sp. III. 2393.* Hoffmansegg *Verz. 237.* Lessing *Synops. 232.* non Mönch. Flaveriae sp. Lagasc.

2573. Clairvillea *DC.* Capitula fasciculato-capitata, pluriflora, heterogama, floribus radii subquinis, uniseriatis, ligulatis, femineis, disci totidem tubulosis, hermaphroditis. Involucri ovati squamae ovales, arcte imbricatae. Receptaculi angusti margo paleis oblongo-linearibus onustus, discus epaleatus. Corollae radii ligulatae, disci tubulosae, limbo quinquedentato. Stigmata disci appendiculata, hispidula. Achenia ovata, glabra, calva. — *Frutex peruvianus; ramis teretibus, junioribus albo-tomentosis, adultis glabris, foliis oppositis, connato-vaginantibus, ovato-lanceolatis, acuminatis, serratis, serraturis distantibus calloso-spinellosis, supra quinquenerviis, junioribus araneosis, adultis rugosis, glabriusculis, subtus dense albo-tomentosis, capitulis subsessilibus, in glomerulum ovatum, terminalem dense aggregatis, centralibus praecocioribus.*

Clairvillea DC. *Prodr. V. 636.*

2574. Enhydra *LOUREIR.* Capitulum multiflorum, heterogamum, floribus singulis palea receptaculi involutis, exterioribus pluriseriatis, ligulatis, femineis, centralibus tubulosis, hermaphrodito-masculis. Involucri tetraphylli squamae foliaceae, duae oppositae majores. Receptaculi parvi, planiusculi paleae complicatae, conniventes, coriaceae, apice hirtellae. Corollae radii tubo filiformi, limbo subligulato, tri-quadrifido, disci obconicae, limbo infundibuliformi, quinquefido. Stigmata exserta, revoluta, apice hispidula. Achenia obcompressa, erostria, calva, paleis omnino involuta. — *Herbae aquaticae, radicantes, oppositifoliae, in Asia et America tropica indigenae; foliis oblongis, interdum biauriculatis, capitulis ad axillas superiores solitariis, floribus albis.*

Euhydra Loureiro *Flor. cochinch. II. 624.* DC. *Prodr. V. 636.* Meyera Schreber *gen. n. 1318.* Lessing *Synops. 236.* Ruiz et Pav. *Prodr. 109. f. 24.* Euhydra, Meyera et Sobrya Persoon *Ench. II. 498.* Hingcha Roxburgh *Flor. ind. III.* Tetractis Reinwardt *in Blume Bijdr. 892.* Phyllinema Blume *msc.* Meyerae sp. R. Brown. Euhydrae sp. Cass.

SUBTRIBUS IV. TAGETINEAE Cassini *Opusc. III. 54.* Capitula multiflora, nunc heterogama, floribus radii femineis, plerumque ligulatis, nunc homogama, discoidea. Involucrum nunc uniseriale, squamis plus minus concretis, nunc pluriseriale, squamis exterioribus bracteiformibus, liberis, interioribus concretis. Receptaculum planum, epaleatum. Achenia erostria, striata, elongata, basi attenuata. Pappus ex aristis, squamellis v. setis constans. — *Herbae ut plurimum annuae, rarius suffruticosae, omnes Americanae, glandulis pellucidis, grossis in omnibus partibus foliaceis instructae, saepius odoriferae, foliis oppositis v. alternis.*

DIVISIO I. TAGETEAE DC. *Prodr. V. 638.* Capitula saepius heterogama, radiata. Involucri squamae saltim interiores omnino inter se connatae. Corollae disci regulariter quinquedentatae. Stigmata cono superata. Pappus inaequalis, uni-biserialis, ex aristis v. squamellis constans.

2575. Adenophyllum *PERS.* Capitulum multiflorum, heterogamum, floribus radii ligulatis, femineis, disci tubulosis, hermaphroditis. Involucrum gamophyllum, squamis linearibus, concretis, apice in aristam subulatam, basi uniglandulosam productis, bracteis subuniseriatis, aristato-subulatis, basi uniglandulosis cinctum. Receptaculum alveolatum v. fimbrilliferum. Corollae radii ligulatae, disci tubulosae, limbo quinquedentato. Achenia elongata. Pappus duplex, exterioris paleae breves, truncatae, interiores elongatae, apice acute trifidae. — *Herbae mexicanae, Tagetis facie; foliis inferioribus oppositis, superioribus alternis, omnibus pinnatisectis, segmentis ovatis v. fere linearibus, aristato-dentatis, rhachi hinc inde inter segmenta aristas gerente, pedunculis monocephalis, sub capitulo incrassatis, corollis croceis v. coccineis, disci dilutioribus, interdum monstrose sex-octofidis, stylo tunc tripartito.*

Adenophyllum Persoon *Ench. II. 458.* DC. *Prodr. V. 638.* Willdenowa Cavanilles *Ic. t. 89.* Lam. *t. 685.* non Thunb. Schlechtendalia Willd. *sp. III. 2125.* non alior. Dyssodiae sp. Lagasc. Tagetis sp. Less.

2576. Lebetina *CASS.* Capitulum multiflorum, heterogamum, floribus radii ligulatis, femineis, disci tubulosis, hermaphroditis. Involucrum cylindraceo-campanulatum, squamis subvicenis, uniseriatis, inferne connatis, apice varie liberis, cinctum bracteis uni-biseriatis, pinnatipartitis, lobis apice subulato-piliformibus. Receptaculum convexum, fimbrilliferum. Corollae radii ligulatae, disci tubulosae, limbo quinquedentato. Achenia cylindracea, minutissime pubescentia. Pappus duplex, exterioris paleae decem, oblongae, integerrimae, interioris setae totidem, basi paleaceo-cuneatae, apice ramoso-pinnatae, filiformes. — *Herba erecta, ramosa, glabra, Tagetis facie; foliis alternis, pinnatipartitis, lobis serratis, serraturis in pilum longum desinentibus, ramis apice subnudis, foliis supremis paucis bracteaeformibus, monocephalis, corollis flavo-aurantiacis.*

Lebetina Cassini *in Dict. sc. nat. XXV. 394. LIX. 68.* DC. *Prodr. V. 639.* Boebera Lessing *Synops. 237.* non Willd. Dyssodia Willdenow *enum. 900.* non Cav.

2577. Dysodia *CAV.* Capitulum multiflorum, heterogamum, floribus radii ligulatis, femineis, disci tubulosis, hermaphroditis, rarius homogamum, discoideum. Involucrum squamis uniseriatis, plus minus inter se connatis, rarius nudum, plerumque bracteolis uni-biseriatis calyculatum. Receptaculum planum, brevissime hirsuto-fimbrilliferum v. subalveolatum. Corollae radii ligulatae, disci tubulosae, limbo quinquedentato. Stigmata cono puberulo superata. Achenia elongata, tetragono-compressa. Pappus uniserialis, paleis ima basi integerrimis, in pilos setaceos, scabros aut palmatim fissis. — *Herbae mexicanae, Tagetis facie; foliis oppositis v. rarius alternis, indivisis v. saepius pinnatipartitis, serraturis acutis, v. in pilos attenuatis.*

Dysodia DC. *Prodr. V. 639.* non Lour. Dyssodia Cavanilles *Annal. sc. nat. VI. 334.* Cassini *in Dict. sc. nat. XXV. 396. LIX. 61.* Lessing *Synops. 388.* Boebera Willdenow *sp. III. 2125.* Cassini *in Dict. sc. nat. V. Suppl. 2.* non Less.

a. EUDYSODIA *DC. l. c.* Involucrum bracteatum, bracteis pinnatipartitis, lobis in pilos abeuntibus. Receptaculum dense hirsuto-fimbrilliferum. — *Folia alterna, pinnatisecta.*

Dysodia porophylla *Lagasc.* Pteroniae sp. Cavanill. *Ic. t. 225.*

b. BOEBERA *DC. l. c.* Involucrum bracteatum, bracteis oblongis linearibusve, indivisis. Receptaculum brevissime fimbrilliferum v. subnudum. — *Folia opposita, pinnatisecta.*

Boebera Willd. *l. c.* Lindl. *in Bot. Reg. t. 1602.* Asteris sp. Cavanill. *Ic. t. 212.* Tagetis sp. Vent. *Cels. t. 36.*

c. BOEBERIOIDES *DC. l. c.* Involucrum bracteatum, bracteis ovatis, acutis, subserratis. Receptaculum . . . . . . — *Folia opposita, indivisa.*

d. GYMNOLAENA *DC. l. c.* Involucrum ebracteatum, omnino nudum. Receptaculum subalveolatum. — *Folia opposita, indivisa.*

e. ACIPHYLLA *DC. l. c.* Involucrum nudum, inter folia suprema acerosa, subbracteiformia sessile. Receptaculum minute alveolatum. — *Folia opposita, integerrima. Habitus a genere alienus.*

2578. Clomenocoma *CASS.* Capitulum multiflorum, heterogamum, floribus radii uniseriatis, ligulatis, femineis, disci tubulosis, hermaphroditis. Involucri imbricati squamae lineares, dorso versus apicem glandula grossa instructae. Receptaculum tenuiter fimbrilliferum. Corollae radii ligulatae, disci tubulosae, limbo quinquedentato. Stigmata . . . . Achenia elongata, multistriata, glabriuscula. Pappus squamellis decem, uniseriatis, basi varie connatis, superne lineari-setiformibus. — *Herbae austro-americanae, subdubiae, Tagetis facie; foliis oppositis, pinnatisectis, capitulis terminalibus, pedunculatis, solitariis, floribus aurantiacis.*

Clomenocoma Cassini *in Dict. sc. nat. IX. 416. LIX. 61. 66.* DC. *Prodr. V. 641.* Bartolina Adanson *Fam. II. 24.* non R. Brown. Asteris sp. Linn. Houston *Reliq. t. 18.* — ? Cavanill. *Ic. t. 212.*

2579. Hymenatherum *CASS.* Capitulum multiflorum, heterogamum, floribus radii subdenis, uniseriatis, ligulatis, femineis, disci tubulosis, hermaphroditis. Involucrum turbinatum, campanulatum, disco brevius, squamis decem

v. quatuordecim, uniseriatis, connatis, grosse glandulosis. Receptaculum planum, omnino nudum. Corollae radii ligulatae, ligula ovali, superne velutina, disci tubulosae, limbo inaequaliter quinquedentato. Stigmata elongata. Achenia gracilia, striata. Pappi paleae decem v. rarius quinque, subuniseriatae, inferne indivisae, membranaceae, nunc superne trifidae, lobis v. omnibus rigidulis, aristatis, scabris, v. lateralibus membranaceis, medio aristato, nunc alterne trifidae, aristatae, alternae oblongae, membranaceae. — *Herbae mexicanae v. chilenses, annuae, diffusae; caulibus angulatis, foliis inferioribus oppositis, superioribus alternis, omnibus pinnatisectis, capitulis ramos terminantibus, luteis.*

Hymenatherum Cassini *in Bullet. soc. philomat. 1817. p. 76. et 1818. p. 21. Dict. sc. nat. XXII. 313.* Lessing *Synops. 236.* DC. *Prodr. V. 641.*

2580. Tagetes *TOURNEF.* Capitulum multiflorum, heterogamum, rarissime subdiscoideum, plerumque radiatum, floribus radii ligulatis, femineis, disci tubulosis, hermaphroditis. Involucri squamae uniseriatae, in cupulam campanulatam v. cylindraceam, apice dentatam concretae. Receptaculum subalveolatum. Corollae radii ligulatae, ligula ut plurimum bilabiata, disci tubulosae, limbo quinquedentato. Stigmata elongata. Achenia elongata, basi attenuata, compresso-tetragona. Pappus simplex, paleis inaequalibus, aliis obtusis, subconcretis, aliis aristatis, elongatis, liberis. — *Herbae americanae, annuae, saepius foetidae v. rarius suaveolentes, glandulis foliorum subrotundis, pellucidis, involucri linearibus, foliis oppositis v. alternis, indivisis, serratis v. pinnatisectis, segmentis integerrimis v. serratis, capitulis solitariis v. fasciculatis, plus minus longe pedicellatis, corollis croceis v. flavis.*

Tagetes Tournefort *inst. 488. t. 278.* Linn. *gen. n. 964.* Gärtn. *II. 434. t. 172.* Cavanill. *Ic. t. 169. 264. 352.* Humb. et Bonpl. *Plant. aequinoct. t. 73.* Schrank *Hort. monac. t. 54.* Jacq. f. *Eclog. t. 80.* Bot. Mag. *t. 150.* Sweet *Fl. Gard. I. t. 151. II. t 35.* Lessing *Synops. 236.* DC. *Prodr. V. 642.* Tagetes, Diglossus et Enalcida Cassini *in Dict. sc. nat. LIX. 62. 69—70.*

2581. Thymophylla *LAGASC.* Capitulum multiflorum, homogamum, discoideum. Involucri campanulati, apice dentati squamae concretae. Receptaculum nudum. Corollae .... Stigmata .... Achenia .... Pappi paleae quinque, uniseriatae, truncatae, breves. — *Suffrutex mexicanus; ramis foliisque oppositis, confertis, subsetaceis, minutissimis, pedunculis terminalibus, monocephalis, mono-diphyllis, villosulis, involucro extus pulvereo-tomentoso achenia aequante, corollis atro-purpureis.*

Thymophylla Lagasca *Hort. Madrit. 25.* DC. *Prodr. V. 647.*

DIVISIO II. POROPHYLLEAE DC. *Prodr. V. 647.* Capitulum homogamum, discoideum. Involucri squamae liberae v. vix basi connatae. Corollae disci inaequaliter fissae, subbilabiatae. Stigmata in appendicem subulatam producta. Pappus setosus, pluriserialis.

2582. Porophyllum *VAILL.* Capitulum multiflorum, homogamum. Involucri uniseriati squamae quinque, rarius novem v. duodecim, oblongo-lineares, juniores basi subconnatae. Receptaculum nudum, punctatum. Corollae tubulosae, limbo regulariter quinquedentato v. rarius dente unico profundiore bilabiato. Stigmata exserta, seriebus stigmaticis intus binis, apice acuto, undique hispido. Achenia elongata, angulata, saepissime scabra, apice plus minus in rostrum attenuata. Pappus pluriserialis, pilosus, scaber. — *Herbae v. suffrutices, in America tropica et in India orientali provenientes; foliis alternis v. rarius oppositis, saepius glaucis, ovatis v. oblongis, integerrimis v. dentatis, ut plurimum glandulis pellucidis, amplis, oblongis notatis, pedicellis elongatis, monocephalis, involucris saepe caeruleo v. purpureo coloratis, glaucescentibus, corollis sordide purpureis.*

Porophyllum Vaillant *in Act. Academ. Paris. 1719. p. 407.* Linn. *Hort. Cliffort. 494.* Adans. *II. 122.* Cassini *in Dict. sc. nat. XLIII. 56.* DC. *Prodr. V. 647.* Kleinia Jacq. *Amer. 215.* Willd. *sp. III. 1738.* Lessing *Synops. 196.* non Juss.

a. EUPOROPHYLLUM DC. *Prodr. V. 648.* Involucri squamae quinque. — *Folia plerumque poris notata. — Americanae.*

α. Tsinoma Hernand. *Mexic. 434. f. 3.* Capitula cylindracea, elongata. Involucri squamae mucrone calloso apiculatae. Corollae regulariter quinquedentatae. Achenia evidentius rostrata. — Cacaliae sp. Linn. Cav. *Ic. t. 222.* Kleiniae sp. Jacq. *Amer. t. 127.* Kunth *in Humb. et Bonpl. Nov. gen. et sp. t. 356.*

β. Hunteria Flor. *Mexic. inedit.* Capitula ovali-oblonga, brevia. Involucri squamae obtusae, margine scariosae. Corollae lobo uno profundiore subbilabiatae. Achenia apice vix attenuata. — Kleiniae sp. Kunth. Martius *Amoen. Monac. t. 15.* Loddig. *Bot. Cab. t. 1561.*

b. CUSIMBUA DC. *Prodr. V. 650.* Involucri squamae novem v. duodecim. — *Folia poris glandulosis destituta? — Species indicae.*

Cacaliae sp. Don, Willd. Kleiniae sp. Lessing.

c. KUGAIA DC. *Prodr. V. 650.* Involucri calyculati squamae ...... — *Folia pinnatifida.*

Senecio japonicus Thunb. Kleinia japonica Lessing.

SUBTRIBUS V. HELENIEAE Cassini *Opusc. III. 36.* Capitula saepius heterogama, floribus radii uniseriatis, femineis v. neutris, ligulatis v. interdum ampliato-tubulosis, reliquis hermaphroditis, rarius homogama, nunquam dioica. Involucri squamae liberae v. rarius connatae, uni-pluriseriales. Receptaculum nudum v. paleatum. Antherae saepe nigricantes, basi subproductae, neque tamen caudatae, articulo antherifero tereti. Stigmata nunc apice truncata, nunc cono v. appendice superne piloso superata. Achenia erostria. Pappus multipaleaceus, squamellis planis, distinctis, uniseriatis, scariosis, obtusis sive acuminatis, rarissime abortu nullis v. in vaginulam connatis. — *Folia plerumque alterna, rarius opposita.*

DIVISIO I. GAILLARDIEAE DC. *Prodr. V. 651.* Pappi paleae membranaceae, saepissime integerrimae. Receptaculum epaleatum, nudum sive alveolatum fimbrilliferumve. — *Americanae.*

SUBDIVISIO I. EUGAILLARDIEAE DC. *Prodr. V. 651.* Flores radii ligulati, neutri.

2583. Gaillardia *FOUG.* Capitulum multiflorum, heterogamum, floribus radii uniseriatis, ligulatis, neutris, disci tubulosis, hermaphroditis. Involucri squamae bi-triseriatae, appendice foliacea, discum superante auctae. Receptaculum convexum, fimbrilliferum. Corollae radii ligulatae, ligula multinervi, glandulosa, apice palmato-trifida, disci tubulosae, tubo brevi, limbo pilis articulatis hispido, quinquefido. Stigmata in appendicem longum, subulatam, hispidam desinentia. Achenia oblonga, villosa. Pappi paleae uninerves, in aristam longe acuminatae. — *Herbae boreali-americanae, erectae, pilosiusculae; foliis alternis, superioribus integerrimis, sessilibus v. semiamplexicaulibus, ramis longe denudatis, monocephalis, capitulorum disco fusco v. flavo, ligulis flavis v. basi croceis.*

Gaillardia Foug. *in Mém. Academ. Paris. 1786. p. 1.* Cassini *in Dict. sc. nat. XVIII. 17. LV. 264.* DC. *Prodr. V. 651.* Bot. Mag. *t. 1602. 2368. 2940. 3368. 3551.* Bot. Reg. *t. 1186.* Galardia Lam. *Illustr. t. 708.* Lessing *Synops. 237.* Colonnea Buchoz *Icon. t. 126.* Virgilia Heritier *msc.* non alior. Galordia Reuschel *Nomencl. 251.*

2584. Balduina *NUTT.* Capitulum multiflorum, heterogamum, floribus radii uniseriatis, ligulatis, neutris, disci tubulosis, hermaphroditis. Involucrum imbricato-campanulatum. Receptaculum convexum, alveolato-fimbrilliferum. Corollae radii ligulatae, ligula apice tridentata v. trifida, disci tubulosae, basi corneae, extus glanduliferae, limbo quadri-quinquedentato. Antherae basi breviter bisetosae. Stigmata inclusa, apice vix appendiculata. Achenia receptaculi foveolis immersa, obconica, sericea. Pappi paleae membranaceae, breves. — *Herbae boreali-americanae, perennes, glabriusculae; caule tereti, simplici v. ramoso, ramis apice nudis, monocephalis, foliis alternis, sessilibus, integerrimis, corollis flavis.*

Balduina Nuttall *gen. II. 175.* Elliott *Carol. II. 447.* Lessing *Synops. 238.* DC. *Prodr. V. 652.*

a. BALDUINA *Elliott l. c.* Involucrum pluriseriale. Pappi achenium aequantis paleae biseriatae, interiores acutae, exteriores subfimbriatae.

b. ACTINOSPERMUM *Elliott l. c.* Involucrum biseriale. Pappi paleae duodecim v. quatuordecim, in cupulam patentem dispositae, breves, obtusae.

2585. Leptopoda *NUTT.* Capitulum multiflorum, heterogamum, floribus radii circiter vicenis, ligulatis, neutris, disci tubulosis, hermaphroditis. Involucri biseriati squamae exteriores lineari-subulatae, interiores sublanceolatae. Receptaculum convexum, nudum. Corollae radii ligulatae, ligula trifida, disci tubulosae, limbo tri-quinquedentato. Stigmata brevia, exappendiculata. Achenia subcylindracea. Pappi paleae suboctonae, membranaceae, breves, fimbriatae, in aristam haud productae. — *Herbae boreali-americanae, erectae, simplices, monocephalae; foliis alternis, lineari-lanceolatis, subdentatis, capitulis terminalibus, solitariis, floribus flavis.*

Leptopoda Nuttall *gen. II. 174.* Elliott *Carolin. II. 445.* Cassini *in Dict. sc. nat. XXVI. 79. LV. 264. 272.* Lessing *Synops. 238.* DC. *Prodr. V. 653.*

SUBDIVISIO II. EUHELENIEAE DC.

Prodr. V. 653. Flores radii nulli, v. ligulati feminei.

2586. Gutierrezia *LAGASC.* Capitulum pluriflorum, heterogamum, floribus radii ternis, ligulatis, femineis, disci quinis, tubulosis, hermaphroditis. Involucri imbricati squamae apice reflexae. Receptaculum favosum, dentato-paleaceum. Corollae radii ligulatae, disci tubulosae, limbo ...... Stigmata ...... Achenia ...... Pappus paleaceus, polyphyllus. — *Planta mexicana, vix nota, suffruticosa, glabra, resinosa; foliis sparsis, sessilibus, linearibus, acutis, integerrimis, corymbo terminali, oligocephalo.*

Gutierrezia Lagasca *Elench. hort. Madrit. 30.*

2587. Achyropappus *H. B. K.* Capitulum multiflorum, heterogamum, floribus radii ternis v. quinis, ligulatis, femineis, disci tubulosis, hermaphroditis. Involucri uniseriati squamae quinque, ovales, obtusissimae. Receptaculum parvum, alveolatum, nudum. Corollae radii ligulatae, disci tubulosae, quinquefidae, pappo vix longiores. Stigmata breviter appendiculata. Achenia lineari-cuneata, tri-tetragona. Pappi paleae senae-octonae, membranaceae, obovato-muticae. — *Herbae mexicanae, annuae, erectae, vix puberulae; foliis oppositis v. superioribus alternis, multipartitis, lobis pinnatipartitis, oblongis v. linearibus, obtusis, capitulis longe pedicellatis, laxissime corymbosis, corollis omnibus flavis. — Genus vix a sequente distinctum.*

Achyropappus Kunth *in Humb. et Bonpl. Nov. gen. et sp. IV. 257. t. 390.* Link et Otto *Abbild. t. 30.* DC. *Prodr. V. 564.* non Bieberst. Achyropappi sectio Lessing *Synops. 239.* Chamaestephanum Willdenow *in Berl. Magaz. 1807. p. 140.* Schkuhriae sp. Nees.

2588. Schkuhria *ROTH.* Capitulum pluriflorum, heterogamum, floribus radii binis v. solitariis, ligulatis, femineis, disci quinis-octonis, tubulosis, hermaphroditis. Involucri uniseriati squamae subquinae, obovatae, apice membranaceo-coloratae. Receptaculum parvum, nudum. Corollae radii ligulatae, disci tubulosae, breves, limbo quadri-quinquedentato. Stigmata breviter appendiculata. Achenia tetragona, basi attenuata. Pappi paleae octo, quatuor achenii angulis continuae acuminato-aristatae, quatuor alternae, iisdem conformes v. breviores et obtusiores, margine subfimbriatae. — *Herbae mexicanae et peruanae, annuae, ramosissimae, glabrae; foliis alternis tri- v. pinnatisectis, segmentis linearibus, tenuissimis, integerrimis, capitulis ovatis, solitariis, longe pedunculatis, floribus luteis.*

Schkuhria Roth *Catalect. I. 116.* Schkuhr *t. 250. b.* Cassini *in Dict. sc. nat XLVIII. 87. LV. 263.* Lessing *Synops. 239.* DC. *Prodr. V. 654.* non Mönch. Tetracarpum Mönch. *Suppl. 241.* Mieria Llav. et Lexarz. *Nov. Veget. II. 9.* non Link. Pectidis sp. Lamarck *Journ. hist. nat. II. t. 31.*

2589. Florestina *CASS.* Capitulum homogamum, discoideum. Involucri uniseriati squamae octo, floribus breviores, oblongae, obtusae. Receptaculum parvum, planum, subalveolatum. Corollae tubulosae, tubo brevi, limbi quinquelobi lobis inaequalibus, papilloso-hirtellis. Stigmata in appendicem subulatam, hirtam producta. Achenia subtetragona, oblonga. Pappi paleae octo v. duodecim, uniseriatae, scariosae, suborbiculatae, nervo saltim basi opaco. — *Herbae mexicanae, Steviae facie, pube adpressa, brevissima canescentes; foliis alternis, pedatipartitis v. indivisis, capitulis laxe corymbosis v. subpaniculatis, corollis albidis v. purpurascentibus.*

Florestina Cassini *in Bullet. soc. philomat. 1815. p. 175. Dict. sc. nat. XVII. 155. LV. 286. Opusc. I. 197. t. 8.* DC. *Prodr. V. 655.* Lepidopappus *Flor. mex. inedit.* Hymenopappi sectio Lagasc. Achyropappi sectio Lessing. Stevia pedata Cavanill. *Ic. t. 356.*

2590. Actinolepis *DC.* Capitulum multiflorum, heterogamum, floribus radii ternis v. quinis, ligulatis, femineis, disci tubulosis, hermaphroditis, stylo abortivo masculis. Involucri ovato-oblongi, bracteis foliaceis paucis cincti squamae paucae, obtusae, adpressae, dorso molliter tomentosae. Receptaculum angustum, nudum. Corollae radii ligulatae, ligula lata, brevi, bi-tridentata; disci tubulosae, tubo tereti, fauce dilatata, limbo quinquedentato. Stylus radii bifidus, exsertus, disci simplex, apice capitellatus v. subnullus. Achenia oblonga, subangulata, radii pubescentia, disci glabra. Pappus radii e squamellis subquinis, scariosis, acuminatis, disci nullus. — *Herba californica, annua, tenella, multicaulis; caulibus apice araneosis, foliis oppositis, parvis, late obovatis, basi cuneatis, integerrimis, apice obtusissimo quinquedentatis, capitulis in axillis supremis approximatis, solitariis, subcongestis, parvis, floribus flavis.*

Actinolepis DC. *Prodr. V. 655.*

2591. Bahia *DC.* Capitulum multiflorum, heterogamum, floribus radii quinis-denis, ligulatis, femineis, disci tubulosis, hermaphroditis. Involucri ovati v. campanulati squamae adpressae, uni-biseriatae. Receptaculum epaleatum, nudum v. parce alveolato-fimbrilliferum. Corollae radii ligulatae, disci tubulosae, extus glanduloso-subsetosae, limbo quinquedentato. Stigmata obtusa, exappendiculata. Achenia turbinato- v. lineari-tetragona, ut plurimum glabra. Pappi paleae quatuor v. octo, ovales aut oblongae, obtusiusculae, membranaceae. — *Herbae v. suffrutices in America, imprimis boreali-occidentali provenientes; foliis oppositis v. alternis, integris partitisve, supra glabris aut araneosis, subtus tomentosis, pedunculis nunc elongatis, monocephalis, nunc corymbosis, corollis luteis.*

Bahia DC. *Prodr. V. 656.* Bahia et Eriophyllum Lagasca *Elench. hort. Madrit. 28. et 30.* Lindley *in Bot. Reg. t. 1167.* Lessing *Synops. 238.* Trichophyllum Nuttall *gen. II. 166.* non Ren. Phialis Spreng. *gen. n. 631.* Helenii sp. Spreng.

2592. Hymenopappus *HERIT.* Capitulum multiflorum, homogamum. Involucri bi-triseriati squamae elliptico-oblongae, obtusissimae, interiores interdum majores, petaloideae. Receptaculum parvum, nudum, faveolatum. Corollae tubo basi dilatato, extus glanduloso-setigero, limbo campanulato, quinquefido. Antherae exsertae. Stigmata apice breviter appendiculata. Achenia turbinata, striata, basi attenuata, subpedicellata, matura subtetragona. Pappi paleae duodecim ad sedecim, uniseriatae, membranaceae, breves, elliptico-oblongae, obtusae. — *Herbae carolinianae, perennes; caule sulcato-angulato, ramoso, inferne glabro, superne tomentoso v. velutino, foliis alternis, pinnatipartitis, lobis saepe incisis v. multifidis, capitulis corymbosis, pedicellatis, involucri squamis interioribus et corollis albidis.*

Hymenopappus Heritier *Dissert. inedit.* Cassini *in Dict. sc. nat. LV. 266. et 279.* Lessing *Synops. 238.* DC. *Prodr. V. 658.* Rothia Lamarck *in Journ. h. n. I. 16. t. 1. Illustr. t. 667.*

2593. Chaenactis *DC.* Capitulum multiflorum, homogamum, radiatiforme. Involucri campanulati squamae circiter viginti, uni-biseriatae, lineares, acutiusculae. Receptaculum epaleatum, alveolatum. Corollae radii amplae, basi tubulosae, sursum subbilabiatae v. subpalmatae, disci regulares, tubo glabro, limbi obtuse quinquedentati lobis hirsutulis. Stigmata disci hispida, cono obtuso, brevi superata. Achenia lineari-tetragona, basi attenuata, subpedicellata, adpresse pubescenti-villosa. Pappi paleae quinque v. sex, membranaceae, radii breves, obtusae, disci longiores, subacutae, tubi corollini dimidiam longitudinem aequantes. — *Herbae californicae, erectae; foliis alternis, pinnatipartitis, lobis linearibus, integris, ramis apice nudis, monocephalis, floribus luteis.*

Chaenactis DC. *Prodr. V. 659.*

2594. Polypteris *NUTT.* Capitulum multiflorum, homogamum. Involucri squamae biseriatae, foliaceae, ovali-lanceolatae, breviter acuminatae, primum erectae, demum reflexae. Receptaculum hemisphaericum, omnino nudum. Corollae tubo brevi, fauce ampla, inflata, limbi quinquelobi lobis subulatis, hirtellis. Stigmata in appendicem linearem, hirtam longe producta. Achenia turbinata, sericeo-villosa. Pappi paleae novem, membranaceae, achenium subsuperantes, basi attenuatae, valide uninerves, nervo in aristam longam, rigidam producto. — *Herba boreali-americana, erecta, ramosa, pubescenti-scabra; foliis alternis, integerrimis, oblongo-linearibus, sessilibus, capitulis ramos terminantibus solitariis, corollis fuscis v. pallide flavis, achenii setis et pappi paleis fuscescentibus.*

Polypteris Nuttall *gen. II. 139.* Elliott *Carolin. II. 313.* DC. *Prodr. V. 659.*

2595. Espejoa *DC.* Capitulum septemflorum, homogamum. Involucri octophylli squamae quadriseriatim oppositae, late ovatae, imbricatae, apice mucronatae. Receptaculum alveolatum. Corollae tubulosae, glabrae, limbo quinquefido. Stigmata obtusa, parce puberula. Achenia obcompresso-cuneata, confertissime rufo-sericeo-villosa, disco epigyno lato, orbiculari. Pappi paleae subsedenae, uniseriatae, membranaceae, ovali-oblongae, uninerves, mucronatae, corollam subaequantes, basi achenii villis cinctae. — *Herba mexicana, glabriuscula, erecta, dichotoma, caule subangulato, versus apicem pilosiusculo, foliis oppositis, ovali-oblongis, sessilibus, integerrimis, pedunculis axillaribus monocephalis, floribus flavo-subpurpurascentibus.*

Espejoa DC. *Prodr. V. 660.*

2596. Cercostylos *LESS.* Capitulum multiflorum, homogamum. Involucri campanulati squamae biseriatae, longe acuminatae. Receptaculum convexum, epaleatum, dense paleaceo-fimbrilliferum. Corollae tubulosae, limbo quinquedentato. Stigmata appendice lineari, angustissima. Achenia turbinata, villosa. Pappi paleae decem, uninerves, apice lacerae, in aristulam acuminatae. — *Herba brasiliensis, basi lignescens; foliis alternis, sessilibus decurrentibusque, integerrimis, pilosiusculo-canescentibus, capitulis solitariis, caulem ramosque elongatos, superne aphyllos terminantibus, floribus luteis.*

Cercostylos Lessing *Synops. 239.* DC. *Prodr. V. 660.* Polypteris Lessing *in Linnaea VI. 518.* non Nutt.

2597. Hopkirkia *DC.* Capitulum triflorum, homogamum. Involucri oblongi, tetra-pentaphylli, basi bracteolis minimis duabus v. tribus stipati squamae ovato-oblongae, subscariosae. Receptaculum angustum, nudum. Corollae tubulosae, pappo breviores, limbo inaequaliter quadri-quinquedentato. Stigmata brevia, apice capitellata. Achenia tetragona, basi attenuata, substipitata. Pappi squamellae octo, scariosae, medio uninerves, apice subtrifidae, nervo in aristulam producto. — *Herba mexicana, glabra, adscendens, ramosa; foliis alternis, pinnatipartitis, lobis uni-bijugis cum impari, anguste linearibus, elongatis, integerrimis, capitulis terminalibus, pedicellatis, solitariis, parvis, floribus luteis.*

Hopkirkia DC. *Prodr. V. 660.* non Spreng.

2598. Hymenoxys *CASS.* Capitulum multiflorum, homogamum, discoideum v. heterogamum, floribus radii octo v. decem, ligulatis, femineis, disci hermaphroditis, tubulosis. Involucri biseriati squamae rigidulae, adpressae, interiores longiores. Receptaculum conicum, epaleatum, alveolatum, glandulis parvis subonustum. Corollae radii dum adsunt ligulatae, disci tubulosae, limbo quinquedentato. Stigmata disci apice truncato-barbellata. Achenia conformia, turbinata, villis sericeis, erectis villosissima. Pappi paleae quinque v. octo, inaequales, membranaceae, ovali-lanceolatae, aristato-acuminatae, erectae. — *Herbae in America tropica indigenae, erectae, ramosae, glabriusculae; foliis alternis rariusve in eodem caule oppositis, in lobos lineares multipartitis, ramis apice nudis, pedunculiformibus, monocephalis, floribus luteis.*

Hymenoxys Cassini *in Dict. sc. nat. LV. 278.* DC. *Prodr. V. 661.*

a. EUHYMENOXYS *DC. l. c.* Capitula homogama, discoidea.

b. OXYPAPPUS *DC. l. c.* Capitula heterogama, radiata. — Cephalophorae sectio Lessing *Synops. 240.* Actineae sp. Kunth *in Humb. et Bonpl. Nov. gen. et sp. t. 411.*

2599. Cephalophora *CAV.* Capitulum sphaericum, multiflorum, homogamum v. heterogamum, floribus radii ligulatis, disci tubulosis, femineis. Involucri biseriati squamae reflexae, lineari-lanceolatae, flosculis aequales v. breviores. Receptaculum nudum v. foveolare. Corollae radii dum adsunt ligulatae, ligula tridentata, disci tubulosae, extus hispidulae, tubo brevissimo, fauce obovoidea, limbo quinquedentato, connivente, subcalloso. Stigmata exserta, patulo-revoluta, apice hispidula, exappendiculata. Achenia turbinato-tetragona, pilis squamosis, adpressis tecta. Pappi paleae quinae-octonae, membranaceae, margine erosae, apice apiculatae. — *Herbae v. suffrutices chilenses, erecti, glauci; caule striato, ramoso, brevissime puberulo, foliis alternis, oblongolinearibus, acutis, capitulis ramulos nudiasculos terminantibus sphaericis, corollis flavis, apice fuscis, floribus exterioribus interdum cum involucri squamis interioribus mixtis.*

Cephalophora Cavanill. *Ic. VI. 79.* DC. *Prodr. V. 661.* Cephalophorae sectio 1 et 2. Less. *Synops. 240.*

a. EUCEPHALOPHORA *DC. l. c.* Capitulum homogamum.

Graemia Hooker *Exot. Flor. II. t. 189.* Santalinoides Poquill, Feuillé *Observ. III. t. 45. f. 2.* (Cavanill. *Ic. t. 599.*)

b. ACTINELLA *DC. l. c.* Capitulum heterogamum, floribus radii ligulatis, femineis.

Actinella Persoon *Ench. II. 469.* Actinea Jussieu *in Annal. Mus. II. 426. t. 61. f. 2.* Actinea et Dugaldea Cassini *in Dict. sc. nat. LV. 270.*

2600. Jaumea *PERS.* Capitulum multiflorum, homogamum, discoideum. Involucri lati, patentis squamae subrotundae, triseriatim imbricatae. Receptaculum nudum. Corollae tubulosae, limbo quinquedentato. Antherae ecaudatae, apice in appendicem ovato-lanceolatam productae. Stigmata obsolete papillosa, cono brevi terminata. Achenia teretiuscula, costis minimis longitudinalibus notata. Pappi squamellae octonae-denae, breves, inaequales, denticulatae, acutae. — *Suffrutex bonariensis, glaber; foliis oppositis, connatis, linearibus, integerrimis, carnosis, capitulis terminalibus, solitariis, natantibus.*

Jaumea Persoon *Ench. II. 397.* DC. *Prodr. V. 663.* Kleinia Jussieu *in Annal. Mus. II. 424. t. 61. f. 1.*

2601. Burriella *DC.* Capitulum multiflorum, heterogamum, floribus radii ligulatis, femineis, disci plurimis, tubulosis, hermaphroditis v. abortu sterilibus. Involucri patentim campanulati squamae ovales, acuminatae, disco paullo longiores, uni-biseriatae, subalternae, aequales. Receptaculum epaleatum. Corollae radii ligulatae, ligula obovata, disci tubulosae, quinquelobae, lobis extus tenue barbellatis. Stigmata cono brevi terminata. Achenia gracilia, lineari-subtetragona, radii fere obcompressa. Pappus radii longe bi-triaristatus, disci paleis ternis v. quaternis lanceolato-aristatis, corollam subaequantibus. — *Herbae californicae, annuae, graciles, parce puberulae v. glabrae, erectae, subsimplices; foliis oppositis, linearibus, longis, integerrimis, capitulis caulem ramosque apice nudos terminantibus, floribus aureis.*

Burrielia DC. *Prodr. V. 663.*

2602. Picradenia *HOOK.* Capitulum multiflorum, heterogamum, floribus radii octonisdenis, ligulatis, femineis, disci hermaphroditis, tubulosis. Involucri subhemisphaerici squamae imbricatae, exteriores basi subcoadunatae. Receptaculum conicum, nudum. Corollae radii ligulatae, ligula obovato-oblonga, grosse tridentata, disci tubulosae, extus glandulosae, limbo quinquedentato. Stigmata breviuscula, inclusa, apice incrassata, dorso hirsuta. Achenia oblonga, villosa. Pappi paleae sex v. septem, erectae, ovatae, acuminatissimae, nudae, membranaceae. — *Herba boreali-americana, radice crassa; foliis alternis, lineari-filiformibus, rigidis, pinnatifidis, glanduloso- et pellucido-punctatis, capitulis terminalibus flavis, glandulis corollarum disci amarissimis.*

Picradenia Hooker *Flor. Bor. Amer. I. 317. t. 108.* DC. *Prodr. V. 665.*

2603. Helenium *LINN.* Capitulum multiflorum, heterogamum, floribus radii uniseriatis, ligulatis v. tubulosis irregularibus, femineis, disci tubulosis, hermaphroditis. Involucri biseriati squamae exteriores plurimae, foliaceae, elongatae, sublineares, reflexae v. patentissimae, interiores pauciores, breviores, acuminatae, receptaculi paleas simulantes, sed extra flores sitae. Receptaculum convexum, globosum v. oblongum, nudum. Corollae radii ligulatae v. tubulosae, irregulariter tri-quinquefidae, disci tubulosae, brevissimae, quadri-quinquedentatae. Stigmata obtusa, exappendiculata. Achenia turbinato-obovata, multifariam villosa. Pappi paleae quinque v. sex, membranaceae, plus minus apiculatae. — *Herbae boreali-americanae et mexicanae, glabrae v. pubescentes; foliis alternis, decurrentibus, subtus punctatis, integerrimis, dentatis v. subpinnatifidis, capitulis ad apices caulis et ramorum solitariis, corollis luteis, extus pubecrulis.*

Helenium Linn. *gen. n. 961.* DC. *Prodr. V. 665.* Helenia Linn. *Hort. Cliffort. 418.* Mönch *Method. 589.* Gärtn. *II. 438.*

a. HELENIA *DC. l. c.* Receptaculum convexum v. globosum. Corollae disci quinquedentatae. Pappi paleae aristatae v. distincte apiculatae.

Helenium Cassini *in Dict. sc. nat. LV.* 262. Lessing *Synops.* 240. Helenia Linn. Gärtn. *t.* 169. Schkuhr *t.* 250. Lam. *Journ. hist. nat. II. t.* 35. Bot. Mag. *t.* 2994.

b. TETRODUS *DC. l. c.* Receptaculum ovatum v. oblongum. Corollae disci quadridentatae. Pappi paleae breves.

Tetrodus Cassini *in Dict. sc. nat. LV.* 262. Lessing *Synops.* 240. Mesodetra Rafin. *Flor. Ludov.* 141. Rudbeckiae sp. Jacq. *Ic. rar. t.* 593. Helenii sp. Labillard. *Act. soc. h. n. Paris. I. t.* 4. Bot. Reg. *t.* 598.

2604. Amblyolepis *DC.* Capitulum multiflorum, heterogamum, floribus radii uniseriatis, ligulatis, femineis, disci tubulosis, hermaphroditis. Involucri biseriati squamae exteriores sex v septem ovatae, acutae, foliaceae, adpressae. disco aequales, interiores obovato-rotundae, obtusissimae, hyalinae, enerves. Receptaculum planiusculum, alveolatum. Corollae radii ligulatae, apice trifidae, disci tubulosae, tubo brevi, fauce ampla, limbi lobis quinque lanceolatis, calloso-apiculatis, nervo marginatis. Antherae longe et acute appendiculatae. Stigmata exappendiculata. Achenia turbinata, adpresse villosissima. Pappi paleae quinque, uniseriales, enerves, corollae tubum aequantes. — *Herba mexicana, erecta, annua, simplex, secus caulem et margines foliorum et squamarum involucri pilis longis ciliato-pilosa; foliis alternis, semiamplexicaulibus, haud decurrentibus, ovali-lanceolatis, subintegerrimis, capitulis terminalibus, solitariis, flavis.*

Amblyolepis DC. *Prodr. V.* 667.

2605. Rosilla *LESS.* Capitulum heterogamum, floribus radii ligulatis, femineis .... Involucri cylindracei squamae scariosae, exteriores sublineares. Receptaculum epaleatum. Corollae .... Stigmata appendiculata. Achenia obcompressa, basim versus angustata. Pappi paleae plumoso-fimbriatae. — *Herba mexicana, annua, vix nota, floribus luteis.*

Rosilla Lessing *Synops.* 245. DC. *Prodr. V.* 668.

2606. Hecubaea *DC.* Capitulum multiflorum, heterogamum, floribus radii uniseriatis, ligulatis, femineis, disci tubulosis, hermaphroditis. Involucri biseriati squamae exteriores foliaceae, patulae, radium aequantes, interiores breviores, lineares, discum subsuperantes. Receptaculum planiusculum, nudum. Corollae radii ligulatae, tri-quinquefidae, disci tubulosae, limbo quinquelobo. Stigmata truncata, subcapitata, hispidula. Achenia angulata, glabra, glandulosa. Pappus nullus. — *Herba mexicana, glabra, pedalis, simplex, caule tereti, ad medium folioso, apice nudo, pedunculiformi, monocephalo, pedunculo sub capitulo obconico, fusco-subvilloso, foliis alternis, decurrentibus, oblongo lanceolatis acuminatis, integerrimis, ligulis flavis, disco fusco-purpurascente.*

Hecubaea DC. *Prodr. V.* 665.

2607. Baeria *FISCH. et MEY.* Capitulum multiflorum, heterogamum, floribus radii uniseriatis, ligulatis, femineis, disci hermaphroditis, tubulosis. Involucri biseriati squamae subdenae, aequales, planae, late-ovatae, erecto-patulae. Receptaculum conicum, nudum. Corollae radii ligulatae, disci tubulosae, limbo quinquedentato. Stigmata cono superata. Achenia conformia, fusiformia, compresso-subtetragona, laevia, glabra, obtusa, areola parva, terminali. Pappus nullus. — *Herba Californiae, annua, gracilis, erecta, ramosa, pilis simplicibus adspersa, subglabra, ramis elongatis, apice nudis, foliis oppositis, sessilibus, linearibus, integerrimis, capitulis terminalibus, solitariis, floribus aureis.*

Baeria Fischer et Meyer *Index sem. hort. Petropolit. II. 1835. p.* 29.

2608. Callichroa *FISCH. et MEY.* Capitulum multiflorum, heterogamum, floribus radii uni-biseriatis, ligulatis, femineis, disci tubulosis, hermaphroditis. Involucri biseriati squamae vicenae erectae, achenia radii obtegentes. Receptaculum planum, pubescens, ambitu squamosum. Corollae radii ligulatae, ligula apice bi-trifida, disci tubulosae, limbo quinquedentato. Stigmata .... Achenia fusiformia, subcompressa, apice truncata, radii glabra, disci pubescentia. Pappus radii nullus, disci setis numerosis, uniseriatis, serrulato-scabris, persistentibus. — *Herba californica, annua, gracilis, ramosa, pilis simplicibus, albis, elongatis et pube brevi canescens; foliis plerumque alternis, linearibus, integerrimis v. paucidentatis, floribus flavis.*

Callichroa Fischer et Meyer *Index II. Sem. hort. Petropolit. 1835. p.* 31.

2609. Lasthenia *LINDL.* Capitulum multiflorum, heterogamum, floribus radii uniseriatis, ligulatis, femineis, disci tubulosis, hermaphroditis. Involucrum campanulatum, gamophyllum, quindecimdentatum. Receptaculum conicum, papillosum. Corollae radii ligulatae, disci tubulosae, limbo quinquedentato. Stigmata cono superata. Achenia conformia, compressa, adpresse pubescentia, apice mucronata. Pappus nullus. — *Herba Californiae, annua, erecta, tenuissime pubescens; foliis oppositis, linearibus, subintegerrimis, capitulis solitariis ramos apice nudos terminantibus.*

Lasthenia Lindley *in Bot. Reg. t.* 1780. non Cass. Lastheniae sp. DC.

*

2610. Rancagua *PÖPP. et ENDL.* Capitulum pluriflorum, homogamum. Involucrum gamophyllum, campanulatum, quinque-octodentatum, dentibus acutis, ciliatis. Receptaculum conicum, papillosum. Corollae tubulosae, fauce inflata, limbo quinquedentato. Stigmata cono brevi superata. Achenia compressa, adpresse pubescentia, areola basilari cava, cornea. Pappi paleae decem, bi-trifidae v. inciso-serratae, persistentes. — *Herbae chilenses, uliginosae, erectae v. procumbentes, parce ramosae; foliis oppositis, linearibus, integerrimis, ramis monocephalis, sub capitulo inverse conicis, cavis.*

Rancagua Pöppig et Endl. *Nov. gen. et sp. I.* 15. *t.* 24. 25. Lasthenia Cassini *Opusc. phyt. III.* 88. non Lindl. Lastheniae sp. DC.

**

2611. Argyroxiphium *DC.* Capitulum multiflorum, heterogamum, floribus radii uniseriatis, ligulatis, femineis, disci hermaphroditis, tubulosis. Involucri campanulati squamae bi-triseriatae, lanceolato-lineares, subaequales, disco paullo breviores. Receptaculum nudum, planum. Corollae radii ligulatae, ligula obovato-cuneata, apice lata, incisa, disci tubulosae, limbo tridentato. Antherae ecaudatae, apice appendiculatae. Stigmata divergenti revoluta, subfiliformia, disci apice pilosiuscula. Achenia elongata, glabra, compressa, ad angulos duos vix subciliata, latere uno v. altero nervo sive angulo subexserto instructa. Pappus persistens, uniserialis, paleaceus, radii auricularis, ad latus exterius situs, acuminatus, integer, disci paleis binisquinis irregularibus, serratis, subfoliaceis, rigidis. — *Herba sandwicensis, Tussilaginis v. Cinerariae textura; foliis aliis e basi subrigida elongatis, subensiformibus, integerrimis, villis sericeis, adpressis, copiosissimis argenteis, aliis basi tenerioribus, virescentibus, pube glandulosa instructis, pedunculis fere ex axillis foliorum ortis, solitariis, subglanduloso-hirtis, subaphyllis, monocephalis, involucris hirtis, foliis supremis textura similibus, capitulis subglobosis, nutantibus.*

Argyroxiphium DC. *Prodr. V.* 668.

DIVISIO II. GALINSOGEAE DC. *Prodr. V.* 668. Involucri squamae planiusculae, achenia radii haud involventes. Receptaculum paleatum. Pappus uniserialis, e paleis integris v. plumosis constans, rarissime nullus.

SUBDIVISIO I. EUGALINSOGEAE DC. *Prodr. V.* 668. Flores radii dum adsunt ligulati, feminei. Pappi squamellae planiusculae, nec aestivato-contortae.

2612. Lemmatium *DC.* Capitulum sex-septemflorum, heterogamum, floribus radii circiter tribus, ligulatis, femineis, disci tribus v. quatuor tubulosis, hermaphroditis. Involucri cylindracei squamae imbricatae, oblongae, exteriores subfoliaceae, interiores membranaceae. Receptaculum angustum, paleis convolutis, lineari-oblongis, flores involventibus et aequantibus. Corollae radii ligulatae, disci tubulosae, limbi quinquefidi lobis longiusculis, acutis, glabris. Stigmata exappendiculata. Achenia trigonoprismatica, ad angulos villosa. Pappus membranaceus, vaginans, apice dentatus, corollae faucem aequans. — *Frutex brasiliensis; caule dense et breviter hirsuto, tereti v. obtuse angulato, foliis oppositis, sessilibus, suborbiculatis, basi cordatis, crenato-dentatis, coriaceis, supra puberulis, subtus tri- v. quintuplinerviis, reticulatis, villoso-scabris, capitulis subsessilibus, in corymbum amplum, valde compositum, fastigiatum dispositis, bracteis aliquot foliaceis interstinctis, floribus luteis.*

Lemmatium DC. *Prodr. V.* 669. Caleacte Lessing *in Linnaea V.* 158. *Synops.* 248. non R. Br.

2613. Calydermos *LAGASC.* Capitulum multiflorum, homogamum. Involucri oblongi, imbricati squamae subscariosae, obtusissimae. Receptaculum angustum, conicum, paleis linearibus, acutis. Corollae tubulosae, quinquefidae. Stigmata cono terminata. Achenia tetra-pentagona, pilosa. Pappi paleae uniseriatae, lineares, obtusae, uninerves v. nullae. — *Herbae mexicanae, humiles, erectae, scabrae v. pilosae, ramosae; foliis oppositis, sessilibus, ovatis v. ellipticoacuminatis, grosse serratis, trinerviis, ramis longe aphyllis, apice breviter trifidis, capitula fasciculato-corymbosa gerentibus, involucris flavescentibus, floribus luteis.*

Calydermos Lagasca *Nov. gen.* 24. DC. *Prodr. V.* 669. Caleae sp. Kunth.

a. EUCALYDERMOS *DC. l. c.* Pappus nullus.

Calydermos Cassini *in Dict. sc. nat. LV.* 265. Lessing *Synops.* 225. (? Caleae peduncularis var. epapposa Kunth *in Humb. et Bonpl. Nov. gen. et sp. t.* 408. *f.* 5.)

b. CALEBRACHYS *DC. l. c.* Pappi paleae 10—12.

Calebrachys Cassini *in Dict. sc. nat. LV.* 277. Lessing *Synops.* 241. Calea peduncularis Kunth *Op. cit. t.* 408, *excl. f.* 5.

2614. Meyeria *DC.* Capitulum multiflorum, heterogamum, floribus radii uniseriatis, ligulatis, femineis, disci hermaphroditis, tubulosis. Involucri campanulati v. ovati squamae pluriseriales, adpresse imbricatae, ovatae. Receptaculi planiusculi paleae apice saepe tridentatae, complicatae, flosculos amplectentes. Corollae radii ligulatae, disci tubulosae, limbo quinquedentato. Stigmata cono terminata. Achenia prismatica, villosa. Pappi squamellae plurimae, uniseriales, oblongae v. ellipticae, obtusae, membranaceae. — *Frutices v. suffrutices brasilienses; foliis oppositis, sessilibus v. brevissime petiolatis, integerrimis v. grosse et obtuse crenatis, capitulis solitariis v. rarius corymbosis, floribus luteis.*

Meyeria DC. *Prodr. V.* 670. non Schreb.

a. HOLOPHYLLAEA *DC. l. c.* Capitula terminalia, solitaria. Involucrum campanulatum. — *Folia integerrima.*

b. GLYPHIPHYLLAEA *DC. l. c.* Capitula in corymbum oligocephalum conferta. Involucrum ovatum, laxum. — *Folia grosse et obtuse crenata.*

2615. Callilepis *DC.* Capitulum multiflorum, heterogamum, floribus radii plurimis, uniseriatis, ligulatis, femineis, disci hermaphroditis, tubulosis. Involucri campanulati squamae pluriseriales, lanceolatae, subaequales. Receptaculi plani paleae coriaceo-scariosae, complicatae, acuminatae, flores includentes. Corollae radii ligulatae, ligula plana, disci tubulosae, limbo quinquedentato. Stigmata cono brevi terminata. Achenia glabra, radii trigono-compressa, disci plano-compressa. Pappi squamellae tres scariosae, acuminatae, inaequales, persistentes, adjecta in disco hinc inde una alterave minima. — *Suffrutices in regione capensi-orientali indigeni, erecti, pedales; caulibus e basi plurimis v. solitariis, ramis apice monocephalis, foliis inferioribus oppositis, superioribus alternis, lanceolatis, acuminatis, integerrimis v. subserratis, capitulorum diametro pollicari.*

Callilepis DC. *Prodr. V.* 671.

2616. Calea *R. BR.* Capitulum pauci-multiflorum, homogamum v. heterogamum, floribus radii ligulatis, femineis, disci tubulosis, hermaphroditis. Involucri ovati v. campanulati squamae imbricatae, saepius obtusae, siccae. Receptaculum plus minus conicum, paleatum. Corollae radii dum adsunt ligulatae, disci tubulosae, limbo quinquedentato. Stigmata disci exappendiculata. Achenia teretia v. compressa, angulata. Pappi paleae quinae-vicenae, saepius subdenae, lineari-lanceolatae, scariosae, acuminatae, uninerves, subaequales. — *Frutices riariusve herbae, in America tropica provenientes; foliis oppositis v. rarissime ternis, saepius trinerviis, scabris, integerrimis v. dentatis, capitulis terminalibus v. axillaribus, floribus luteis.*

Calea Lessing *Synops.* 241. DC. *Prodr. V.* 671. Caleae sp. Linn. et Auct.

a. AMPHICALEA *DC. l. c.* Capitulum quadriflorum, discoideum. Receptaculum epaleatum.

b. DISCOCALEA *DC. l. c.* Capitulum multiflorum, discoideum.

Calea R. Brown *in Linn. Transact. XIII.* 109. Cassini *in Dict. sc. nat. LV.* 265. (Kunth *in Humb. et Bonpl. Nov. gen. et sp. t.* 406. 407.)

c. CALEACTE *DC. l. c.* Capitulum multiflorum, radiatum, ligulis 5—10. Involucri squamae siccae, exteriores bracteiformes nullae.

Caleacte R. Brown *l. c.* Cassini *l. c.* non Lessing. Mocinna Lagasc. *Nov. gen.* 31.

d. LEONTOPHTHALMUM Lessing *Synops.* 241. Capitulum multiflorum, radiatum, ligulis 15—25. Involucrum basi bracteis foliaceis, puberis cinctum.

Leontophthalmum Willdenow *in Berl. Magaz.* 1807. *p.* 140. Kunth *in Humb. et Bonpl. Nov. gen. et sp.* IV. 296. *t.* 409. Cassini *in Dict. sc. nat.* XXV. 471. LV. 265.

2617. Allocarpus *H. B. K.* Capitulum multiflorum, heterogamum, floribus radii subquinis, ligulatis, femineis, disci tubulosis, hermaphroditis. Involucri hemisphaerici squamae subdenae, laxe imbricatae, scarioso-membranaceae. Receptaculi planiusculi paleae lanceolatae, persistentes, scariosae. Corollae radii ligulatae, disci tubulosae, limbo quinquedentato. Stigmata exappendiculata. Achenia radii cuneata, compressa, disci cuneato-cylindrica. Pappus radii nullus, disci multipaleaceus, paleis uniseriatis, acuminatis, pectinatis. — *Herbae americanae tropicae, erectae, ramosae; foliis oppositis, breviter petiolatis, tripli-quintuplinerviis, ovalibus, utrinque acuminatis, integerrimis, villosis, capitulis pedicellatis, flavis v. sordide albis.*

Allocarpus Kunth *in Humb. et Bonpl. Nov. gen. et sp.* IV. 291. *t.* 405. Cassini *in Dict. sc. nat.* LV. 265. Lessing *Synops.* 242. Alloispermum Willdenow *in Berlin. Magaz.* 1807. *p.* 139.

2618. Vargasia *DC.* Capitulum multiflorum, heterogamum, floribus radii paucis, uniseriatis, ligulatis, femineis, inter involucri squamas interiores et receptaculi paleas exteriores occultatis, disci tubulosis, hermaphroditis. Involucri hemisphaerici squamae subbiseriales, ovales, mucronulatae. Receptaculi convexi paleae membranaceae, angustissimae, exteriores majores. Corollae radii ligulatae, ligula brevi, obovata, apice tridentata, disci tubulosae, limbo quinquedentato. Stylus brevis, inclusus; stigmata cono brevi terminata? Achenia basi attenuata, subpuberula, radii obcompressa, inter involucri squamas interiores et paleas receptaculi exteriores inclusa, disci subtrigona. Pappi paleae variae, radii setiformes, parvae, disci quinque, ovatae, erectae, serrato-ciliatae, acutae, corolla triplo longiores. — *Herba caracasana, erecta, annua, gracilis, parce dichotome ramosa, sparse hispida; foliis oppositis, brevissime petiolatis, ovatis, acuminatis, dentato-serratis, pedunculis e dichotomiis monocephalis, ebracteatis, capitulis subglobosis, involucro glabro, floribus pallide purpurascentibus.*

Vargasia DC. *Prodr.* V. 676.

2619. Galinsoga *RUIZ et PAV.* Capitulum pluriflorum, heterogamum, floribus radii quaternis v. quinis, ligulatis, femineis, disci hermaphroditis, tubulosis. Involucri pentaphylli squamae uniseriatae, ovatae, margine hyalinae. Receptaculi conici paleae lineari-lanceolatae, acutae, integrae v. trifidae. Corollae radii ligulatae, ligula suborbiculata, disci tubulosae, limbo quinquedentato. Stigmata acuta, vix appendiculata. Achenia angulata, adpresse hispidula. Pappi uniseriati paleae oblongae, breves, plumoso-fimbriatae. — *Herbae in America tropica et australi extratropica provenientes, annuae, trichotomae, ramosissimae; foliis oppositis, ovatis, triplinerviis, serratis, pedunculis axillaribus et terminalibus, mono-tricephalis, capitulis parvis, disco luteo, radio flavo.*

Galinsoga Ruiz et Pav. *Prodr.* 110. *t.* 24. Cavanill. *Ic. t.* 281. excl. reliq. Cassini *in Dict. sc. nat.* XVIII. 96. DC. *Prodr.* V. 677. Galinsogaea Zuccarini *in Flora* 1821. *p.* 612. Wiborgia Roth *Catalect.* II. 112. Lessing *Synops.* 215. non alior.

2620. Sogalgina *CASS.* Capitulum multiflorum, heterogamum, floribus radii uniseriatis, bilabiatis, femineis, disci tubulosis, hermaphroditis. Involucri hemisphaerici, pauciseriati squamae submembranaceae, ovales, obtusissimae. Receptaculi convexi paleae ovali-acuminatae, flores amplectentes. Corollae radii bilabiatae, labio exteriore amplo, apice dentato, interioris lobulis duobus linearibus, discretis v. connatis, disci tubulosae, tubo brevi, fauce cylindrica, limbo quinquedentato. Stigmata in appendicem filiformem longe producta. Achenia teretiuscula. Pappi paleae uniseriatae, conformes, pinnatipartitae v. plumoso-fimbriatae. — *Herbae mexicanae, annuae, trichotomae, pilosiusculae v. glabrae; foliis oppositis, lateraliter incisis, capitulis terminalibus, pedunculatis, floribus luteis.*

Sogalgina Cassini *in Bullet. soc. philomat.* 1818. *p.* 31. *Dict. sc. nat.* XLIX. 397. LV. 265. DC. *Prodr.* V. 678. Galinsogea et Sogalgina Lessing *Synops.* 245. Galinsogeae sp. Cavanill. *Ic. t.* 282. Kunth *in Humb. et Bonpl. Nov. gen. et sp. t.* 386. Sogaligna Steud.

2621. Ptilostephium *H. B. K.* Capitulum multiflorum, homogamum, floribus omnibus tubulosis, exteriorum limbo subirregulari. Involucri campanulati squamae paucae, imbricatae, margine scariosae. Receptaculi plani paleae oblongo-lineares, scariosae. Corollae tubulosae, centrales tubo brevissimo, fauce tumidiore, elongata, limbo regulariter quinquedentato, marginales majores, inaequaliter quinquelobae, lobis exterioribus majoribus. Stigmata breviter appendiculata. Achenia villosa, basi attenuata. Pappi uniseriati paleae quindenae-vicenae, ciliato-plumosae. — *Herbae mexicanae, annuae, trichotomae, pilosiusculae; foliis oppositis, irregulariter palmati- v. pinnatilobatis, lobis linearibus, acutis, capitulis longe pedunculatis, floribus luteis.*

Ptilostephium Kunth *in Humb. et Bonpl. Nov. gen. et sp.* IV. 255. DC. *Prodr.* V. 679.

a. CARPHOSTEPHIUM *Cass.* Involucri squamae exteriores plurimae, emarginatae. Pappi squamae membranaceae, ciliato-fimbriatae.

Carphostephium Cassini *in Dict. sc. nat.* XLIV. 62. Lessing *Synops.* 246. (Kunth *Op. cit. t.* 388.)

b. PTILOSTEPHIUM *Cass.* Involucri squamae exteriores obtusae v. mucronatae. Pappi paleae medio nervigerae, margine plumosae.

Ptilostephium Cassini *l. c.* Lessing *l. c.* (Kunth *Op. cit. t.* 387.)

2622. Tridax *LINN.* Capitulum multiflorum, heterogamum, floribus radii ligulatis, femineis, disci tubulosis, hermaphroditis. Involucri ovati squamae laxe imbricatae, exteriores sex v. octo ovales, foliaceae, dorso villosae, interiores membranaceae, glaberrimae, paleas referentes sed latiores. Receptaculi paleae lanceolato-lineares. Corollae radii ligulatae, ligula ovata, triloba-ta, disci tubulosae, limbo quinquedentato. Stigmata appendice filiformi terminata. Achenia villosa, disci obpyramidata, radii obovata, obcompressa. Pappi uniseriati paleae quindecim v. sedecim, pinnatisectae, radii minores. — *Herba in America tropica cis aequatorem indigena, procumbens, hirsuta, ramosa; foliis oppositis, petiolatis, ovatis, inciso-dentatis, ramis apice nudis, elongatis, monocephalis, floribus disci luteis, radii pallide flavis.*

Tridax Linn. *Hort. cliffort. 418. Gen. n. 972.* R. Brown *in Linn. Transact. XII. 103.* Lessing *Synops. 246.* DC. *Prodr. V. 679.*

2623. Blepharipappus *HOOK.* Capitulum multiflorum, heterogamum, floribus radii paucis, ligulatis, femineis, disci tubulosis, hermaphroditis. Involucri uniseriati squamae aequales, oblongae v. ellipticae. Receptaculum paleatum. Corollae radii ligulatae, ligula latecuneata, profunde trifida, disci tubulosae, limbo quinquedentato, apice longe piloso. Stigmata disci linearia, longe recurva, glanduloso-pubescentia, radii brevissima. Achenia clavata. Pappi paleae circiter octo, lineari-acuminatae, fimbriatae, ciliatae. — *Herbae boreali-americanae, annuae, ramosae; foliis alternis, linearibus, integerrimis, capitulis terminalibus, solitariis, disco flavo, radio albo.*

Blepharipappus Hooker *Flor. Bor. Amer. I. 316.* DC. *Prodr. V. 679.*

2624. Marschallia *SCHREB.* Capitulum multiflorum, homogamum. Involucri unibiseriati squamae lineari-lanceolatae, discum aequantes. Receptaculi convexi paleae lineares, acutae. Corollae tubulosae, extus hirsutae, limbo quinquedentato. Stigmata exappendiculata. Achenia turbinato-subpentagona, pubescentia v. villosa. Pappi paleae quinque, enerves, ellipticae, acuminatae, integerrimae. — *Herbae boreali-americanae, perennes; foliis alternis, integerrimis, capitulis terminalibus, solitariis, purpurascentibus, scabiosaeformibus.*

Marschallia Schreber *gen. n. 1762.* Cassini *in Dict. sc. nat. LV. 263.* Lessing *Synops. 241.* DC. *Prodr. V. 680.* Persoonia Michaux *Flor. Bor. Amer. II. 104. t. 43.* non Smith. Trattinickia Persoon *Ench. II. 403.* non Willd. Athanasia Walter *Carolin. 201.* non Linn. Phyteumopsis Jussieu *msc.*

2625. Dubautia *GAUDICH.* Capitulum octo-decemflorum, homogamum. Involucri campanulati squamae circiter octo, liberae, uniseriatae, sibi mutuo incumbentes. Receptaculum ..... Corollae tubulosae, limbo quinquedentato. Antherae ecaudatae, breviter appendiculatae. Stigmata dilatata, acuta, ciliata. Achenia hirsuta, oblonga v. obpyramidata, areola terminali. Pappi paleae uniseriatae, angustae, ciliato-plumosae. — *Suffrutices sandwicenses; ramis teretibus, strigilloso-pilosis, apice foliosis, inferne cicatrisato-annulatis, foliis oppositis, sessilibus, rigidis, subparallele venosis, dentatis, capitulis in racemos paniculatos aggregatis.*

Dubautia Gaudichaud *ad Freyc. 468. t. 84.* Hooker et Arnott *ad Beech. 88.* Lessing *Synops. 247.* DC. *Prodr. V. 680.*

SUBDIVISIO II. SPHENOGYNEAE DC. *Prodr. V. 681.* Flores radii ligulati, neutri. Pappi paleae obovatae, obtusissimae, contorto-convolutae.

2626. Sphenogyne *R. BR.* Capitulum multiflorum, heterogamum, floribus radii uniseriatis, ligulatis, neutris, disci tubulosis, hermaphroditis. Involucri campanulati, multiseriati squamae imbricatae, interiores majores, apice ample scariosae. Receptaculi paleae scariosae, flores amplectentes, saepius apice truncatae. Corollae radii ligulatae, disci tubulosae, limbo quinquedentato. Antherae ecaudatae, appendice terminali subcordiformi. Stigmata apice truncata, fere cuneata. Achenia cylindracea, inferne vix angustata, pilis mollibus, e basi ortis cincta. Pappi uniseriati paleae obovatae v. cuneatae, obtusae, juniores pellucidae, spiraliter contortae, adultae opacae, lacteae. — *Herbae v. suffrutices capenses, Anthemidis facie; foliis alternis, saepius pinnatilobis, rarius trifidis v. integerrimis, ramis apice pedunculiformibus nudis, monocephalis, corollis flavis aut apice fuscis, ligulis interdum subtus rubris.*

Sphenogyne R. Brown *in Ait. Hort. Kew. II. 5. p. 142.* Cassini *in Dict. sc. nat. L. 204.* Lessing *Synops. 242.* DC. *Prodr. V. 681.* Oligaerion Cassini *Op. cit. II. 75. XXIX. 187.* Thelythamnos Spreng. fil. *Suppl. 25.* Spermophylla Necker *elem. I. 2.* excl. sp. Arctotidis sp. Linn. et Auct. Ursiniae sp. Lam.

a. THELYTHAMNOS *DC. l. c.* Involucri squamae exteriores absque margine scarioso manifesto.

α. Anthemoides Lessing *Synops. 242.* Species annuae. Arctotidis sp. Linn. Jacq. *Hort. Schönbr. t. 156.* Bot. Mag. *t. 544.*

β. Thelythamnos Lessing *Synops. 243.* Species perennes v. suffrutescentes. Arctotidis sp. Linn.

b. XEROLEPIS *DC. l. c.* Involucri squamae omnes margine late scariosae. — *Herbae perennes v. frutices.*

Xerolepis Lessing *Synops. 244.* Arctotidis sp. Linn. Jacq. *Hort. Schönbr. t. 155.*

2627. Ursinia *GÄRTN.* Capitulum multiflorum, heterogamum, floribus radii uniseriatis, ligulatis, neutris, disci tubulosis, hermaphroditis. Involucri campanulati, multiseriati squamae imbricatae, interiores majores, pleraeque apice in appendicem scariosam productae. Receptaculi paleae scariosae, flores amplectentes. Corollae radii ligulatae, disci tubulosae, limbo quinquedentato. Antherae ecaudatae, apice appendiculatae. Stigmata apice truncata. Achenia obovato-turbinata, basi distincte attenuata, glaberrima, nervulis quinque minimis subcostata. Pappus duplex, exterioris paleae quinque, amplae, obovatae, lacteae, spiraliter aestivato-contortae, interioris fila totidem, concoloria, angustissima, ima basi subconcreta. — *Herbae v. frutices capenses; foliis alternis, uni- v. bipinnatisectis, ramis apice nudis, monocephalis.*

Ursinia Gärtner *II. 462. t. 172.* Lessing *Synops. 244.* DC. *Prodr. V. 688.* Arctotidis sp. Auct.

DIVISIO III. MADIEAE DC. *Prodr. V. 691.* Involucri squamae uni-biseriales, convolutae v. complicatae, achenia radii includentes. Receptaculum margine v. fere totum paleatum. Achenia radii semper calva, disci pappo paleaceo donata v. interdum calva, fertilia v. sterilia. — *Folia alterna, flores flavi.*

2628. Madia *MOLIN.* Capitulum multiflorum, heterogamum, floribus radii denis v. duodenis, uniseriatis, ligulatis, femineis, disci tubulosis, hermaphroditis. Involucri subglobosi squamae uniseriatae, dorso carinatae, complicatae, achenia radii involventes. Receptaculi plani, centro nudi paleae inter radium et discum uni-biseriatae, subconnatae. Corollae radii ligulatae, ligula basi glabra vix involucro longiore, interdum monstrose ample et irregulariter tubulosae, disci regulariter tubulosae, limbo quinquedentato. Stigmata disci apice pilis rigidis, erectis onusta. Achenia conformia, compressa, recta, basi attenuata, glabra, utrinque in medio nervo longitudinali aucta, ideo tetra-pentagona. Pappus nullus. — *Herba chilensis, annua, erecta, villosa, apice glanduloso pilosa; foliis infimis oppo-*

sitis, superioribus alternis, semiamplexicaulibus, oblongis, integerrimis, capitulis breviter pedicellatis, in racemum dispositis, foliis parvis, saepius bracteatis, corollis luteis, seminibus oleosis.

Madia Molina *Chil. 113.* Cavanill. *Ic. II. 50. t. 298.* Jacq. *Hort. Schönbr. t. 302.* DC. *Mém. soc. h. n. Génèv. VII. 277. Prodr. V. 691.* Madia et Biotia Cassini in *Dict. sc. nat. XXXIV. 308.*

2629. Madaria *DC.* Capitulum multiflorum, heterogamum, floribus radii denis v. duodenis, uniseriatis, ligulatis, femineis, disci tubulosis, ovario efoeto masculis. Involucri subglobosi, uniseriati, torulosi squamae complicatae, achenia radii omnino involventes. Receptaculi subconvexi, centro epaleati, dense et breviter fimbrillifero-hirsuti paleae inter radium et discum uni-biseriatae Corollae basi puberulo-hirtellae, radii ligulatae, involucro duplo longiores, disci tubulosae, limbo quinquedentato. Stigmata apice hispidula. Achenia radii compressa, nervis utroque latere aucta, subtetra-pentagona, basi rostello incurvulo donata, disci omnino abortiva Pappus nullus. — *Herbae californicae, annuae, erectae, villosae, saepe glanduloso-pilosae; foliis oppositis, sessilibus, lanceolatis v. linearibus, integerrimis, capitulis laxe corymbosis, longius pedicellatis, ebracteatis, floribus flavis.*

Madaria DC. *in Mém. soc. h. n. Génèv. VII. 280. Prodr. V. 691.* Bot. Mag. *t. 3548.* Madia elegans Don *in Bot. Reg. t. 1458.*

2630. Hemizonia *DC.* Capitulum multiflorum, heterogamum, floribus radii uniseriatis, ligulatis, femineis, disci tubulosis, ovario efoeto masculis Involucri uniseriati squamae concavae, achenia radii involventes. Receptaculum planum, paleatum v disco nudum, paleis inter radium et discum uniseriatis. Corollae glabrae, radii ligulatae, involucro paullo longiores, disci tubulosae, limbo quinquedentato. Stigmata obtusiuscula. Achenia radii obovata, fere obcompressa, extus convexa, intus plana, glabra, disci nulla. Pappus nullus. — *Herbae californicae, erectae, ramosae, basi suffruticosae, pilosiusculae, interdum glanduliferae; foliis alternis, confertis, lanceolatis v. linearibus, integerrimis v. serratis, capitulis terminalibus, solitariis v. paucis, bracteis foliaceis, plurimis cinctis.*

Hemizonia DC. *Prodr. V. 692.*

a. MADARIOIDES *DC. l. c.* Receptaculi discus nudus, planus, punctatus, paleae inter radium et discum uniseriatae.

b. OLOCARPHA *DC. l. c.* Receptaculum totum paleatum.

2631. Tollatia. Capitulum multiflorum, heterogamum, floribus radii denis v. duodenis, uniseriatis, ligulatis, femineis, disci tubulosis, hermaphroditis, centralibus plurimis abortivis. Involucri squamae uniseriatae, basi rigide ciliatae, convolutae, achenia radii omnino involventes, superne in appendicem linearem, foliaceum productae. Receptaculum totum paleis membranaceis inter flores onustum. Corollae radii ligulatae, ligula basi pubescente, apice grosse dentata, disci tubulosae, tubo obcompresso, limbo quinquelobo, pubescente. Antherae nigricantes. Stigmata disci in appendicem hispidam, acutissimam producta. Achenia obcompressa, obovato-oblonga, glabra, centralia saepe abortiva. — *Herba californica, annua, erecta; caule tereti, purpurascente, glabro, foliis alternis, pinnatifidis, lobis quinque-octojugis, integerrimis, ciliatis, capitulis ramulos apice nudiusculos, hirsutos terminantibus, bracteis paucis, ciliatis, floribus flavis.*

Oxyura DC. *Prodr. V. 693.*

2632. Hartmannia *DC.* Capitulum pluri-multiflorum, heterogamum, floribus radii uniseriatis, ligulatis, femineis, disci tubulosis, hermaphroditis. Involucri extus bracteis aliquot linearibus cincti squamae oblongo-lanceolatae, acutae, convolutae, flores radii semiamplectentes. Receptaculum totum paleatum, paleis involucri squamas referentibus sed planiusculis. Corollae radii ligulatae, ligula apice grosse dentata, disci tubulosae, limbo quinquedentato vix puberulo. Antherae nigricantes. Stigmata disci cono acuto superata. Achenia radii tri-tetragona, obovata, subpedicellata, dorso subconvexa, areola terminali obliqua, introrsa, interdum papilloso-exserta, disci ovali-oblonga, obcompressa. Pappus radii nullus, disci paleaceus, paleis quinque membranaceis, enerviis, obtusis, corolla dimidio brevioribus, rarissime deficientibus. — *Herbae californicae, erectae; caule simplici, apice corymboso-ramoso, pilis patulis hispido, foliis alternis, infimis nonnunquam oppositis, sessilibus, lineari-oblongis, pinnatifidis v. serratis, pubescentibus, capitulis ad apices ramorum corymbosis v. fasciculatis, floribus flavis.*

Hartmannia DC. *Prodr. V. 693.*

2633. Madaroglossa *DC.* Capitulum multiflorum, heterogamum, floribus radii uniseriatis, ligulatis, femineis, disci hermaphroditis, tubulosis. Involucri uniseriati squamae acuminatae, basi convolutae. Receptaculum paleis lineari-lanceolatis, submembranaceis onustum. Corollae radii ligulatae, disci tubulosae, limbo breviter quinquedentato. Stigmata disci inclusa. Achenia radii linearia, basi attenuata, disci lineari-clavata. Pappus radii nullus, disci ex aristis octonis-denis, basi ciliato-plumosis, apice scabris. — *Herbae californicae, erectae, piloso-scabrae; caule tereti, foliis alternis, sessilibus, oblongis, acutis, inciso-dentatis v. integerrimis, capitulis ramulos terminantibus subcorymbosis, floribus flavis.*

Madaroglossa DC. *Prodr. V. 694.*

2634. Calycadenia *DC.* Capitulum multiflorum, heterogamum, floribus radii ternis v. quinis, tubuloso-irregularibus, femineis, disci tubulosis, regularibus, ovario efoeto masculis. Involucri bracteolati, uni biseriati squamae basi concavae, achenia radii semi-includentes. Receptaculi medio nudi paleae inter radium et discum uniseriatae. Corollae radii irregulariter ampliatae, introrsum fissae, disci tubulosae, limbo quinquedentato. Stigmata .... Achenia radii trigona, subobcompressa, glabra, disci linearia, abortiva. Pappus nullus. — *Herbae californicae, erectae, strictae; caule tereti, simplici, foliis inferioribus oppositis, superioribus alternis, rigidis, linearibus, margine revolutis, integerrimis, ramulorum confertis, apice glandulam Calycium referentem gerentibus, capitulis in ramulorum apice solitariis v. in caulis apice congestis, floribus luteis.*

Calycadenia DC. *Prodr. V. 695.*

SUBTRIBUS VI. ANTHEMIDEAE Cassini *Opusc. III. 61.* DC. *Prodr. VI. 1.* Capitula monoica, rarius homogama, plerumque heterogama, floribus radii uni-pluriseriatis, femineis v. rarissime neutris, ligulatis, tubulosis v. interdum bilabiatis, disci tubulosis, quadri-quinquedentatis, hermaphroditis v. rarius masculis. Antherae ecaudatae. Stigmata apice barbata v. truncata, rarissime cono superata. Achenia angulata, teretia, v. in radio plano-obcompressa. Pappus nullus v. parvus, coroniformis, rarius auriculaeformis. — *Folia saepissime alterna. Species, paucis exceptis, gerontogeae.*

DIVISIO I. EUANTHEMIDEAE DC. *Prodr. VI. 1.* Capitula radiata, rarius discoidea, floribus radii uniseriatis, ligulatis, femineis rariusve neutris, disci hermaphroditis. Receptaculum paleatum.

2635. Oederia *DC.* Capitula in glomerulum bracteatum umbellatim aggregata, cylindracea, heterogama, floribus radii paucis, ligulatis, in ambitu glomeruli elongatis, disci tubulosis, hermaphroditis. Involucri pauciseriati squamae scariosae, adpressae. Receptaculi angusti paleae scariosae. Corollae radii ligulatae, disci tubulosae, quinquedentatae. Antherae ecaudatae, appendice truncato. Stigmata disci exappendiculata. Achenia exalata, angulato-cylindracea, glabra, pappo brevi, scarioso, coronaeformi v. paleaceo-piloso. — *Frutices capenses; foliis oppositis aut rarius ternis v. spiralibus, imbricatis, approximatis, integerrimis, margine scabris, glomerulis terminalibus, foliis florulibus bracteaeformibus latioribus cinctis, pseudo-radiatis, ramulis saepe inter capitula nascentibus, floribus luteis.*

Oederia DC. *Prodr. VI. 1.* Oedera Linn. *gen. n. 1325.* Gärtn. *II. 464.* Cassini *in Dict. sc. nat. XXXV. 400.* Lessing *Synops. 247.*

a. EUOEDERIA DC. *Prodr. VI. 2.* Capitula inter bracteas sessilia. Ligulae 5—8 exteriores elongatae, glomerulum radiatum mentientes. Pappus brevissimus, radii et disci conformis. (Lam. *t. 720.* Gärtn. *t. 172.*)

b. ERIOPODA DC. *Prodr. VI. 2.* Capitula inter bracteas pedunculo brevi insidentia. Involucri squamae exteriores brevissimae. Ligulae brevissimae, capitulum fere discoideum sistentes. Pappus radii brevissimus v. nullus, disci membranaceus, apice dentatus, corollae tubo longior.

2636. Eumorphia *DC.* Capitulum multiflorum, heterogamum, floribus radii uniseriatis, ligulatis, femineis, disci hermaphroditis, tubulosis. Involucrum imbricatum. Receptaculi convexi paleae flores involventes. Corollae radii ligulatae, disci tubulosae, quinquedentatae, eglandulosae, basi super ovarii appendicem dilatatae. Antherae ecaudatae. Stigmata disci divergentia, breviter exserta, obtusa, radii longiora, acuta. Achenia glabra, prismatica, tri quadriangulata, corollae basi quasi operculata. Pappus nullus. — *Frutex capensis, glaber, ramis superne puberulis; foliis oppositis, linearibus, brevibus, obtusis, dorso sulcatis, erectis, in axillis saepe gemmuliferis, capitulis ad apices ramorum ternis, breviter pedicellatis, floribus radii albis, dorso purpurascentibus, disci luteis.*

Eumorphia DC. *Prodr. VI. 2.*

2637. Aganippea *DC.* Capitulum multiflorum, heterogamum, floribus radii uniseriatis, ligulatis, femineis, disci hermaphroditis, tubulosis. Involucri biseriati squamae exteriores subquindecim, lanceolatae, basi subconnatae, interiores tot quot flores radii membranaceae, breves, paleas referentes, achenia radii involventes. Receptaculi plani paleae membranaceae, achenia involventes. Corollae radii ligulatae, disci tubulosae, limbo quinquedentato. Antherae ecaudatae. Stigmata cono brevi superata. Achenia oblonga, erostria, exteriora imprimis paleis involuta. Pappus nullus. — *Herbae mexicanae, erectae v. adscendentes; foliis oppositis, dentatis v. integerrimis, pedicellis monocephalis, nudis, ex axillis supremis ortis, floribus radii albis, subtus roseis, disci flavis.*

Aganippea *Flor. Mexic. inedit.* ex DC. *Prodr. VI. 3.*

2638. Epallage *DC.* Capitulum multiflorum, heterogamum, floribus radii uniseriatis, ligulatis, femineis, disci hermaphroditis, tubulosis. Involucri bi-triseriati squamae oblongae, erectae. Receptaculi angusti, planiusculi paleae lanceolatae, rigidae, mucronato-spinescentes, demum deciduae. Corollae radii ligulatae, tubo longo, tereti, ligula angusta, integra v. breviter tridentata; disci tubulosae, teretiusculae, limbo quinquedentato. Antherae ecaudatae, eglandulosae. Stigmata exappendiculata. Achenia conformia, erostria, angulato-sulcata, oblonga v. subturbinata, paleis semiinvoluta. Pappus coroniformis, brevis, denticulatus v. subinteger. — *Suffrutices v. herbae madagascarienses; foliis alternis, petiolatis, integerrimis v. dentatis aut incisis, capitulis terminalibus, pedicellatis, flavis.*

Epallage DC. *Prodr. VI. 3.* Anthemidis sp. Bojer. Heliciae sp. Lessing.

2639. Anthemis *DC.* Capitulum multiflorum, heterogamum, floribus radii uniseriatis, ligulatis, femineis, rarius subtubulosis v. nullis, disci tubulosis, hermaphroditis. Involucri squamae imbricatae, pauciseriatae. Receptaculum convexum, oblongum v. conicum, paleis membranaceis onustum. Corollae radii ligulatae, disci tubulosae, limbo quinquedentato. Antherae ecaudatae. Stigmata exappendiculata. Achenia teretiuscula v. obtusissime tetragona, striata v. laevia. Pappus nunc nullus, nunc membrana brevissima, integra v. dimidiata, nunc auriculaeformis, introrsum lateralis. — *Herbae rarius basi suffrutescentes, ramosae, in Europa et Asia temperata indigenae, in regione mediterranea orientali imprimis copiosae, odoratae; foliis uni-bipinnatipartitis, lobis varie incisis, ramis apice aphyllis, monocephalis, capitulis ebracteatis, radio saepius albo, rarius flavo, rarissime nullo, pappi forma in eodem saepius capitulo varia.*

Anthemis DC. *Flor. fr. 498.* excl. sp. *Prodr. VI. 4.* Anthemidis sp. Linn.

a. CHAMAEMELUM *DC. l. c.* Capitula radiata. Pappus nullus.

Chamaemelum Cassini *in Dict. sc. nat. XIX. 279.* Lessing *Synops. 248.* (E. B. *t. 602. 980.* Fl. dan. *t. 1179.* — Marcelia Cassini *Op. cit. XXXIV. 107.* quae Anacyclus aureus Linn. ligulis brevissimis, stylum nempe haud superantibus, vix alia nota differt.

b. EUANTHEMIS *DC. l. c.* Capitula radiata v. rarissime discoidea. Pappus coronula circularis v. unilateralis.

Anthemis Cassini *Op. cit. XXIX. 179. 185 XXXIV. 105.* Lessing *Synops. 248.* Jacq. *Fl. austr. t. 444.* E. B. *t. 1472. 1370.* Schkuhr *t. 254.* Vahl *Symb. II. t. 46.* Desfont. *Fl. atl. t. 239.* Delile *Fl. aegypt. t. 45. f. 1. t. 37. f. 3.* Tenore *Fl. neap. t. 82.* Gussone *Pl. rar. t. 60.* Bot. Reg. *t. 527.*

2640. Maruta *CASS.* Capitulum multiflorum, heterogamum, floribus radii ligulatis, absque genitalium rudimento neutris, disci tubulosis, hermaphroditis. Involucri hemisphaerici, squamae pauciseriatae, disco breviores. **Receptaculum** conicum v. convexum, totum v. apice tantum inter flores paleatum. **Corollae** tubo plano-obcompresso, bialato, basi exappendiculato; **radii** ovario sterili continuae, ligula oblonga; **disci** cum ovario articulatae, limbo quinquedentato. **Antherae** ecaudatae. **Stigmata** exappendiculata. **Achenia** costata, glabra, disco epigyno parvo, areola terminali. **Pappus** nullus. — *Herbae annuae, europeae, in Americam transfugae, foetidae, ramosae, glabriusculae v. parce pilosae; foliis alternis, tripinnatisectis, lobis lineari-subulatis, ramis apice denudatis, monocephalis, radio albo, saepe deflexo.*

Maruta Cassini *in Dict. sc. nat. XXIX* 174. Lessing *Synops.* 248. DC. *Prodr. VI.* 13. Anthemis Cotula Linn. Fl. dan. *t.* 1179. Schkuhr *t.* 254.

2641. Lugoa *DC.* **Capitulum** multiflorum, heterogamum, floribus radii uniseriatis, ligulatis, femineis, disci tubulosis, hermaphroditis. **Involucri** pauciseriati squamae imbricatae. **Receptaculum** convexum, paleis inter flores onustum. **Corollae radii** ligulatae, **disci** tubulosae, limbo quinquedentato. **Antherae**... **Stigmata** exappendiculata. **Achenia** anguste obpyramidata, tri-tetra-pentagona, angulis nerviformibus, sulcis totidem fuscis separatis. **Pappi** dentes tot quot anguli achenii, iisdem continui, submembranacei.— *Suffrutex canariensis; foliis alternis, pinnatilobatis, supra scabris, subtus velutinis, lobis oblongis, obtusis et obtuse lobatis, marginibus revolutis, inflorescentia corymbosa, pedunculis nempe quinque v. sex subracemosis, ad apicem caulis ortis, radio albo.*

Lugoa DC. *Prodr. VI.* 14. Anthemis fruticosa Chr. Smith. A. revoluta Link.

2642. Lyonnetia *CASS.* **Capitulum** multiflorum, homogamum, discoideum. **Involucri** campanulati squamae pauciseriatae, imbricatae. **Receptaculum** conicum v. convexum, paleatum. **Corollae** tubo plano-obcompresso, bialato, basi exappendiculato, limbo quinquedentato. **Antherae** ecaudatae. **Stigmata** exappendiculata. **Achenia** teretia, sulcata, obovata, exalata, conformia. **Pappus** auricularis, introrsum lateralis. — *Herbae pusillae, in maris mediterranei ora orientali et insulis indigenae; foliis alternis, varie pinnatipartitis, caulibus apice nudis, monocephalis, capitulis luteis.*

Lyonnetia Cassini *in Dict. sc. nat. XXXIV.* 106. Lessing *Synops.* 259. DC. *Prodr. VI.* 14. Anacycli sp. Linn. Desfont. *in Annal. Mus. XI. t.* 22. Cotulae et Santolinae sp. Auct.

2643. Anacyclus *PERS.* **Capitulum** multiflorum, heterogamum, floribus radii ligulatis subligulatisve, rarissime tubulosis, femineo-sterilibus, disci tubulosis, hermaphroditis. **Involucri** subcampanulati squamae pauciseriatae, disco breviores. **Receptaculum** conicum v. convexum, paleatum. **Corollae** tubo obcompresso, bialato, exappendiculato; **radii** ligulatae, **disci** limbo calloso quinquedentato. **Antherae** ecaudatae. **Stigmata** disci exappendiculata. **Achenia** plano-obcompressa, alis latis, integerrimis marginata. **Pappus** brevis, irregularis, denticulatus, introrsum lateralis, alis continuus. — *Herbae mediterraneae; foliis alternis, pinnatilobatis, pedunculis monocephalis, raro corymbosis, ligulis nunc albis, nunc fere nullis.*

Anacyclus Persoon *Ench. II.* 464. Cassini *in Dict. sc. nat. XXXIV.* 103. DC. *Prodr. VI.* 15. Anacycli et Anthemidis sp. Linn. Cotulae sp. Tournef.

a. PYRETHRARIA DC. *op. cit. VI.* 15. Capitula ample radiata, ligulis albis v. subtus purpureis. Corollae disci lobis quinque aequalibus. — *Species perennes.* Anthemis Pyrethrum Linn. Lam. *t.* 683. *f.* 4.

b. DIORTHODON DC. *op. cit. VI.* 16. Capitula ample radiata, rarius subdiscoidea. Corollae disci, imprimis centrales biaristatae; nempe lobis duobus longioribus, magis callosis, erectis. — *Species annuae, pedunculis demum cavis.* — (Lam. *t.* 700. *f.* 1.)

c. HIORTHIA Neck. *elem. n.* 176. DC. *op. cit. VI.* 17. Flores radii feminei, minutissime ligulati, fere tubulosi. Corollae disci lobis quinque aequalibus. — *Herba perennis, multicaulis.* — Anacyclus orientalis Linn.

2644. Cyrtolepis *LESS.* **Capitulum** multiflorum, homogamum, discoideum. **Involucri** campanulati squamae uniseriatae, subrotundo-obovatae, curvilineo-acuminatae. **Receptaculum** convexum, paleatum. **Corollae** tubulosae, tubo tereti, gracili, limbo campanulato, quinquedentato. **Antherae** ecaudatae. **Stigmata** exappendiculata. **Achenia** plano-obcompressa, bialata, alis lacero-dentatis. **Pappus** brevis, coroniformis, fissus, cum alis confluens. — *Herbae aegyptiacae, annuae, parvulae; foliis alternis, bipinnatipartitis, lobis linearibus, capitulis flavis.*

Cyrtolepis Lessing *in Linnaea VI.* 166. *Synops.* 258. DC. *Prodr. VI.* 17. Tanacetum monanthos Linn. et Anacyclus alexandrinus Willd. Delile *Fl. aegypt. t.* 48. *f.* 3.

2645. Ormenis *CASS.* **Capitulum** multiflorum, heterogamum, floribus radii uniseriatis, ligulatis, femineo-sterilibus, disci tubulosis, hermaphroditis. **Involucrum** subhemisphaericum, uni-biseriatum, disco sub anthesi aequale, dein brevius. **Receptaculi** ampli, cylindraceoconici paleae carinatae, acutae, achenia a tergo involventes. **Corollae radii** tubo obcompresso, basi bicalcarato, cum ovario continuo, ligula oblonga; **disci** tubo compresso, intus alato, ala super achenium in calcar producta, limbo quinquedentato. **Antherae** ecaudatae. **Stigmata** disci exappendiculata. **Achenia** exalata, teretiuscula, hinc palea receptaculi, illinc calcare corollino obtecta. — *Herba europaea, Anthemidis facie, annua, ramosa; foliis sessilibus, alternis, pinnatifidis, rhachi lata, lobulis integris subdentatisve, brevibus, ramis superne aphyllis, monocephalis, ligulis albis, basi flavescentibus.*

Ormenis Cassini *in Dict. sc. nat. XXXVI.* 355. Lessing *Synops.* 249. DC. *Prodr. VI.* 18. Anthemis mixta Linn. et A. coronopifolia Willd.

2646. Cladanthus *CASS.* **Capitulum** multiflorum, heterogamum, floribus radii uniseriatis, ligulatis, styli abortu et ovario efoeto neutris, disci tubulosis, hermaphroditis. **Involucri** uniseriati squamae ovatae, apice scariosae. **Receptaculi** conici paleae tot quot flores, membranaceae, acutae, fimbrillis filiformibus iis aequalibus intermixtis. **Corollae radii** ligulatae, tubo obcompresso, imae squamae inserto; **disci** tubo tereti, basi ampliata ovarium obtegente, limbi quinquedentati dentibus callosis. **Antherae** ecaudatae. **Stigmata** disci exappendiculata. **Achenia** compressa, exalata, glabra. **Pappus** nullus. — *Herba mauritanica, annua, ramosissima, glabra; ramis infra capitula ortis, foliis alternis, pinnatipartitis, lobis linearibus, trifidis, capitulis ad ramorum axillas et apices sessilibus, solitariis, bracteatis, floribus luteis.*

Cladanthus Cassini *in Bullet. soc. philomat. 1816. p. 153. Dict. sc. nat. IX. 342. Opusc. I. t. 9.* Lessing *Synops. 249.* DC. *Prodr. VI. 18.* Anthemis arabica Linn. Smith *Spicileg. t. 16.*

2647. Lepidophorum *NECK.* Capitulum multiflorum, heterogamum, floribus radii uniseriatis, ligulatis, neutris v. interdum femineis, disci tubulosis, hermaphroditis, quandoque unisexualibus. Involucri late campanulati, pluriseriati squamae imbricatae, subrotundae, apice fusco-scariosae. Receptaculum convexum, paleis inter flores acuminato-aristatis, sub anthesi corollas superantibus. Corollae radii ligulatae, disci tubulosae, tubo basi aequali, limbo quinquedentato. Antherae ecaudatae, appendiculatae, inclusae. Stylus intra tubum antherarum inclusus. Stigmata brevissima, truncata, vix barbata. Achenia glabra, tetragona, erostria. Pappus radii paleae quatuor, quarum duae acuminatissimae; disci conformis v. saepissime nullus. — *Herba lusitanica, glabra, simplex, monocephala; foliis alternis, crenato dentatis, sessilibus, radicalibus spathulatis, caulinis oblongis, capitulis luteis.*

Lepidophorum Necker *elem. n. 22.* DC. *Prodr. VI. 19.* Anthemis repanda Linn. Brotero *Phytogr. t. 27.*

2648. Ptarmica *TOURNEF.* Capitulum multiflorum, heterogamum, floribus radii uniseriatis, quinis-vicenis, ligulatis, femineis, disci tubulosis, hermaphroditis. Involucri campanulati squamae margine fusco-scariosae. Receptaculum latum, planum v. vix convexum, paleatum. Corollae radii ligulatae, ligula plana, expansa, involucro multo longiore; disci tubo obcompresso, limbo quinquedentato. Antherae ecaudatae. Stigmata exappendiculata. Achenia obcompressa, exteriora margine saepius subalata. Pappus nullus. — *Herbae in Europa indigenae, in Sibiria rarae; foliis serratis v. pinnatis aut pinnatipartitis, lobis interdum incisis, radio albo, disco albido v. ochroleuco.*

Ptarmica Tournefort *inst. t. 283.* excl. sp. Necker *elem. n. 26.* DC. *Prodr. VI. 19.* Anthemidis sp. Linn. Jacq. *Fl. austr. App. t. 30.* Tenore *neap. t. 81.* Achilleae sp. Linn. Jacq. *Fl. austr. t. 76. 77. App. t. 33.* Allioni *Fl. pedemont. t. 9. f. 3.* Flor. dan. *t. 643.* Waldst. et Kit. *Pl. Hung. t. 2.*

2649. Achillea *NECK.* Capitulum multiflorum, heterogamum, floribus radii quaternis-senis, ligulatis, femineis, disci tubulosis, hermaphroditis. Involucri ovato-oblongi squamae imbricatae, rarissime margine fusco. Receptaculi angusti, nunc planiusculi, nunc (in eadem specie) elongati, rhachidiformis paleae oblongae, hyalinae. Corollae radii ligulatae, ligula abbreviata, saepe difformi, rarius nulla; disci tubo obcompresso, limbo quinquedentato. Antherae ecaudatae. Stigmata exappendiculata. Achenia oblonga, glabra, obcompressa, exalata, subnerviformi-marginata. Pappus nullus. — *Herbae perennes, pleraeque in Europa, paucae in Asia et America boreali v. in Africa mediterranea nascentes; foliis alternis, variis, capitulis corymbosis, radio albo, purpureo, flavo v. ochroleuco.*

Achillea Necker *elem. n. 25.* DC. *Prodr. VI. 24.* Achilleae sp. Linn. Schkuhr *t. 255.* Jacq. *Collect. 1. t. 21.* Allioni *Fl. pedemont. t. 53. f. 1. 2.* Flor. dan. *t. 737.* E. B. *t. 758. 2531. 2532.* Waldst. et Kitaibel *Pl. Hung. t. 66. 80.* Jacq. f. *Eclog. t. 4. 88.* Labillard. *Syr. dec. III. t. 9.* Ventenat *Cels. t. 53. 95.* Tenore *Fl. neap. t. 83.*

2650. Diotis *DESFONT.* Capitulum multiflorum, homogamum, discoideum. Involucri campanulati squamae oblongae, imbricatae, adpressae. Receptaculum planum, paleatum. Corollae tubo plano-obcompresso, bialato, basi obtuse bicalcarato, calcaribus supra ovarium productis, limbo quinquedentato. Antherae ecaudatae. Stigmata exappendiculata. Achenia angulata, exalata. Pappus nullus. — *Herba erecta, tomento denso candida, in Europae littore occidentali et mediterraneo crescens; foliis alternis, semiamplexicaulibus, ovalibus v. oblongis, obtusis, capitulis ad apices ramulorum foliatorum solitariis, corymbum formantibus, floribus luteis.*

Diotis Desfont. *Fl. atl. II. 261.* Cassini *in Dict. sc. nat. XIII. 293. XXIX. 179. et 185.* DC. *Prodr. VI. 34.* non Schreb. Gnaphalium Tournefort *inst. 261.* Gärtn. *II. 301. t. 165.* non Linn. Otanthus Link *Flor. Portug. II. 364.* Lessing *Synops. 239.* Athanasiae et Filaginis sp. Linn. Santolinae sp. Lam.

2651. Santolina *TOURNEF.* Capitulum multiflorum, homogamum v. heterogamum, floribus radii subligulatis, abortu femineis, disci tubulosis, hermaphroditis. Involucri saepius campanulati squamae imbricatae, adpressae. Receptaculi convexo-hemisphaerici paleae oblongae, subamplexantes. Corollae radii subligulatae; disci tubulosae, saepius inferne in annulum v. cucullum ovarii verticem cingentem productae. Antherae ecaudatae. Stigmata exappendiculata. Achenia oblonga, subtetragona, glaberrima. Pappus nullus. — *Suffrutices v. rarius herbae, in regionibus mediterraneis crescentes, aromatici; ramis apice plerumque nudis, monocephalis, foliis alternis, margine dentato-tuberculatis v. pinnatilobatis, capitulis ebracteatis, floribus flavis v. rarius albidis.*

Santolina Tournefort *inst. 260.* Linn. *gen. n. 342.* Gärtner *II. 398.* Cassini *in Dict. sc. nat. XLVII. 298.* DC. *Prodr. VI. 35.*

a. CHAMAECYPARISSUS DC. *op. cit. VI. 35.* Capitulum globosum v. hemisphaericum. Corollae tubus basi supra ovarii verticem plus minus productus. — Gärtn. *t. 165.* Lam. *t. 671. f. 3. 4.* Smith *Exot. Bot. II. t. 62.* Viviani *Fragm. t. 1.* Gussone *Plant. rar. t. 58.*)

b. BABOUNYA DC. *op. cit. VI. 36.* Capitulum ovatum. Corollae tubus gracilis, basi supra ovarium haud productus. — (Delile *Fl. aegypt. t. 42. f. 3.* Lam. *t. 671. f. 5.*)

2652. Nablonium *CASS.* Capitulum multiflorum, homogamum. Involucri hemisphaerici, floribus brevioris squamae bi-triseriatae, aequales, adpressae, exteriores ovales, intimae apice bi-trifidae, lobis subulatis. Receptaculi planiusculi paleae apice trifidae. Corollae tubulosae, basi supra ovarium articulatae, limbo quinquefido. Antherae ecaudatae. Stigmata truncata. Achenia obcompressa, lata, nitida, apice producta in cornua duo rigida, spinescentia, intus canaliculata, divergentia. — *Herba Novae-Hollandiae meridionalis, pusilla, gracilis, saepe stolonifera; caule ima basi foliato, simplicissimo, monocephalo, superne squamato, foliis glabris v. tomentosis, lanceolatis, petiolatis, integerrimis.*

Nablonium Cassini *in Dict. sc. nat. XXXIV. 101.* Lessing *Synops. 239.* DC. *Prodr. VI. 37.*

2653. Lasiospermum *LAGASC.* Capitulum multiflorum, heterogamum, floribus radii femineis, nunc tubulosis, minimis, nunc ligulatis, disci hermaphroditis, tubulosis. Involucri late campanulati squamae imbricatae, disco subbreviores. Receptaculum latum, paleatum. Corollae radii ligulatae, exsertae v. tubulosae, minimae; disci tubulosae, limbo quinque dentato. Antherae ecaudatae. Stigmata exappendiculata. Achenia exalata, juniora hirsuta, adulta lana densissima involuta. Pappus nullus. — *Herbae v. suffrutices capenses, glabri; foliis alternis, varie pinnatisectis, lobis linearibus, ramis superne longe aphyllis, capitulo solitario terminatis, floribus disci flavis, ligulis dum adsunt albis.*

Lasiospermum Lagasc. *nov. gen. et sp. 31.* Cassini *in Dict. sc. nat. XXV. 304.* Treviran. *in N. A. N. C. XIII. t. 205.* Lessing *Synops. 250.* DC. *Prodr. VI. 37.* non Raf. nec Fisch.

a. EULASIOSPERMUM DC. *Prodr. VI. 38.* Capitulum discoideum, floribus radii tubulosis, minimis.

Lasiospermum Lagasc. *l. c.* Santolina erecta Lam. *t. 671. f. 4.* S. eriosperma Pers. Schrank *Hort. Monac. t. 67.*

b. LANIPILA DC. *Prodr. VI. 38.* Capitulum radiatum, ligulis femineis exsertis.

Lanipila Burchell *Trav. I. 259.* Mataxa Spreng. *Syst. IV. 303.* Lidbeckiae sp. Thunb. Lancisiae sp. Pers.

DIVISIO II. CHRYSANTHEMEAE DC. *Prodr. VI. 38.* Capitula radiata, floribus radii uniseriatis, ligulatis, femineis v. rarius neutris, disci hermaphroditis. Receptaculum epaleatum.

2654. Steiroglossa *DC.* Capitulum multiflorum, heterogamum, floribus radii uniseriatis, ligulatis, neutris, disci tubulosis, hermaphroditis. Involucri uni-biseriati squamae discum aequantes. Receptaculum convexum, epaleatum. Corollae radii ligulatae, ab ovario facile secedentes; disci tubulosae, limbo quadri-quinquedentato. Antherae ecaudatae. Stigmata exappendiculata. Achenia radii abortiva, disci obpyramidata, glabra. Pappus nullus v. multipaleaceus, brevis. — *Herbae Novae-Hollandiae, dubiae affinitatis, glabrae, caulescentes, ramosae, v. scapiformes simplices; foliis alternis, pinnatipartitis, lobis integerrimis, capitulis pedicellatis, ligulis caeruleis.*

Steiroglossa DC. *Prodr. VI. 38.*

2655. Lidbeckia *BERG.* Capitulum multiflorum, heterogamum, floribus radii uniseriatis, ligulatis, neutris, disci tubulosis, hermaphroditis. Involucri bi-triseriati squamae discum aequantes. Receptaculum planiusculum, epaleatum, fimbrillis filiformibus, paucis. Corollae radii ligulatae, ovario sterili continuae; disci tubulosae, limbo quadridentato. Antherae ecaudatae. Stigmata exappendiculata. Achenia radii abortiva, disci costata, glabra, nectario cylindraceo superata. Pappus nullus. — *Herbae capenses, basi suffrutescentes, Chrysanthemi fere facie; foliis alternis, pinnatilobatis, lobis lineari-lanceolatis, integerrimis, ramis apice parce foliosis, monocephalis, floribus radii albis, disci luteis.*

Lidbeckia Bergius *Fl. cap. 307. t. 5. f. 9.* Cassini *in Dict. sc. nat. XXVI. 275.* Lessing *Synops. 250.* DC. *Prodr. VI. 39.* Lancisiae sp. Lam. *t. 701. f. 2. 3.* Cotulae sp. Linn.

2656. Gamolepis *LESS.* Capitulum multiflorum, heterogamum, floribus radii uniseriatis, ligulatis, femineis, disci tubulosis, hermaphroditis. Involucri squamae plurimae, uniseriatae, ultra medium inter se concretae. Receptaculum convexum, nudum. Corollae radii ligulatae, disci tubulosae, limbo quinquedentato. Antherae ecaudatae. Stigmata disci cono superata. Achenia conformia, exalata, glabra, areola terminali Pappus nullus. — *Frutices rariusve herbae, in Capite bonae spei indigeni, glabriusculi; foliis alternis, varie pinnatisectis, rarius integris, plerumque coriaceis, ramis apice denudatis, elongatis, pedunculiformibus, monocephalis, floribus luteis.*

Gamolepis Lessing *Synops. 251.* DC. *Prodr. VI. 41.*

a. PSILOTHONNA E. Meyer *ex DC. l. c.* Involucri cylindracei squamae paullo ultra medium concretae. — *Herba annua.* — Othonna Tagetes Linn.

b. PSILOSTEUM *DC. l. c.* Involucri campanulato-rotati squamae vix ad medium concretae. — *Caules fruticosi.* — Othonnae sp. Linn. Thunb.

2657. Psilothamnus *DC.* Capitulum multiflorum, heterogamum, floribus radii uniseriatis, ligulatis, femineis, disci tubulosis, hermaphroditis. Involucri uniseriati squamae decem lanceolatae, liberae, persistentes. Receptaculum convexo-conicum, alveolatum, alveolis oblongis, margine exsertis, subscariosis. Corollae radii uni-biligulatae, disci tubulosae, limbo quinquedentato. Antherae ecaudatae. Stigmata divergentia, reflexa, apice capitellato-hispidula. Achenia ovato-teretiuscula, rugosa v. hinc inde subcristulata, disco epigyno majusculo. Pappus nullus. — *Suffrutices capenses, trichotome ramosi, rigidi, tenues; foliis sparsis, parvis, subulatis v. acerosis, pedunculis monocephalis, aphyllis, gracilibus, erectis, longis, glabris, inter trichotomias ortis, capitulis parvis, luteis.*

Psilothamnus DC. *Prodr. VI. 41.* Jacquemontia Belanger *Voy. t. s. n.* non Choisy.

2658. Coinogyne *LESS.* Capitulum multiflorum, heterogamum, floribus radii uniseriatis, ligulatis, femineis, disci tubulosis, hermaphroditis. Involucri pauciseriati squamae adpressae, multinerves, obtusissimae. Receptaculum conicum, nudum. Corollae radii ligulatae, ligula brevi; disci tubulosae, limbo quinquedentato. Antherae ecaudatae. Stigmata cono superata. Achenia oblonga, multicostata, glaberrima, areola laterali, colloque basilari, semilunari. — *Herba californica, multicaulis, glabra, facie fere Porophylli fruticosi; foliis oppositis, carnosis, ligulatis, integerrimis, capitulis terminalibus, solitariis.*

Coinogyne Lessing *in Linnaea VI. 520. t. 6. f. c. Synops. 261.* DC. *Prodr. VI. 41.*

2659. Egletes *LESS.* Capitulum multiflorum, heterogamum, floribus radii uniseriatis, ligulatis, femineis, disci tubulosis, hermaphroditis. Involucri hemisphaerici squamae pauciseriatae, lanceolatae, imbricatae. Receptaculum convexum, nudum. Corollae radii ligulatae, disci tubulosae, limbo tri-quinquedentato. Antherae ecaudatae. Stigmata cono superata. Achenia subturbinata, exalata. Pappus coroniformis, brevissimus, crassus, callosus, subintegerrimus v. subdentatus. — *Herbae americanae tropicae, Matricariae fere facie, plus minus hirsutae, saepius prostratae; caulibus dichotomis, foliis alternis, dentato-pinnatifidis, semiamplexicaulibus, capitulis solitariis, lateralibus v. oppositifoliis, pedicellatis, disco flavo, radio albo v. albido.*

Egletes Lessing *Synops. 252.* DC. *Prodr. VI. 52.* Egletes et Xerobius Cassini *in Bullet. soc. philomat. 1817. 153. Dict. sc. nat. XIV. 263. LIX. 128.* Eyselia Reichenb. *Ic. exot. t. 232.* Matricariae sp. Swartz. Pyrethri sp. Willd.

2660. Venegasia *DC.* Capitulum multiflorum, heterogamum, floribus radii uniseriatis, ligulatis, femineis, disci tubulosis, hermaphroditis. Involucri campanulati, pluriseriati squamae exteriores circiter quinque, cordatae, acutae, subfoliaceae, mediae subdenae, ovato-orbiculatae, obtusissimae, subcoloratae, intimae circiter quindenae, minimae, lanceolatae. Receptaculum planum, nudum. Corollae radii ligulatae, disci tubulosae, tubo glanduloso-piloso, basi quasi ciliato et supra ovarium stellatim subexpanso, fere operculiformi, limbo quinquedentato. Antherae ecaudatae. Stigmata conulo brevi terminata. Achenia angulata, subcylindracea, muricata, erostria. Pappus nullus. — *Herba californica, a basi ramosa, erecta, glabriuscula; ramis teretibus, foliis alternis, petiolatis, late ovatis, acutis, dentatis, basi fere truncatis, capitulis pedunculatis, cernuis, floribus flavis.*

Venegasia DC. *Prodr. VI. 43.*

2661. Leucopsidium *DC.* Capitulum multiflorum, heterogamum, floribus radii tricenis v. quadragenis, ligulatis, femineis, disci tubulosis, hermaphroditis. Involucri squamae imbricatae, ovato-lanceolatae, margine membranaceae, apice calloso-subsphacelatae. Receptaculum convexum, demum subhemisphaericum. Corollae radii ligulatae, disci tubulosae, tubo tereti, demum basi indurato, calloso, limbo quinquedentato. Antherae ecaudatae. Stigmata cono brevi superata. Achenia, imprimis radii subcompressa, omnia sulcata, glabra. Pappus disci et radii conformis, coroniformis, brevissimus, regulariter multipartitus. — *Herba boreali-americana, Leucanthemi facie, pube brevissima, conferta, molli subvelutina, erecta, ramosa; foliis alternis, radicalibus oblongis, basi attenuatis, obtuse et parce sinuato-dentatis, caulinis semiamplexicaulibus, lanceolatis, integris, mucronulatis, ramis apice nudis, monocephalis, involucris albidis, subvillosis, disco luteo, ligulis albis, rubore parco suffusis.*

Leucopsidium DC. *Prodr. VI. 43.*

2662. Xanthocephalum *WILLD.* Capitulum multiflorum, heterogamum, floribus radii uniseriatis, ligulatis, femineis, disci tubulosis, hermaphroditis. Involucri campanulati squamae pauciseriatae, imbricatae. Receptaculum subconvexum, nudum. Corollae radii ligulatae, ligula lineari-oblonga, disci tubulosae, limbo quinquedentato. Antherae ecaudatae. Stigmata cono superata. Achenia conformia, compressa, glabra. Pappus coroniformis, brevissimus, membranaceus, irregulariter lacero-dentatus. — *Herbae mexicanae, basi suffruticulosae, multicaules, glabrae; ramis teretibus, foliis alternis, linearibus v. lanceolatis, inciso-dentatis, capitulis terminalibus, solitariis, breviter pedicellatis, disco radioque flavis.*

Xanthocephalum Willdenow *in Berl. Magaz. I. 140.* Lessing *Synops. 252.* DC. *Prodr. VI. 43.* Pyrethrum Bonplandianum Kunth.

2663. Phymaspermum *LESS.* Capitulum multiflorum, heterogamum, floribus radii neutris, difformibus, ligulatis v filiformibus, disci tubulosis, hermaphroditis. Involucrum campanulatum, arcte imbricatum. Receptaculum planum, nudum. Corollae radii ligulatae v. filiformes, disci tubulosae, teretes, limbo quinquedentato. Antherae.... Stigmata.... Achenia obovata, papillosa. Pappus nullus. — *Fruticulus capensis, ramosissimus; foliis sparsis, sessilibus, coriaceis, linearibus, margine revolutis, integerrimis, demum nitidis, capitulis parvis, solitariis, terminalibus, involucri squamis tomentosis, obtusis, mucronatis, radio albo.*

Phymaspermum Lessing *Synops. 253.* DC. *Prodr. VI. 44.* Osteospermum junceum Thunb.

2664. Hisutsua *DC.* Capitulum multiflorum, heterogamum, floribus radii uniseriatis, ligulatis, femineis, disci tubulosis, hermaphroditis. Involucri bi-triseriati, imbricati squamae subaequales, subfoliaceae, vix acutae. Receptaculum convexum, nudum. Corollae radii ligulatae, ligulae lineares, integerrimae, hinc inde subtus glandulosae; disci tubulosae, parce pubescentes, limbo quinquedentato. Antherae.... Stigmata.... Achenia radii triquetra, disci obcompressa, ovalia. Pappus nullus. — *Herba cantoniensis, caespitosa, erecta, pube minima scabrida, Boltoniae facie; foliis lanceolatis, inferioribus serratis, superioribus integerrimis, radio caeruleo, disco luteo.*

Hisutsua DC. *Prodr. VI. 44.* Matricaria cantoniensis Loureir.

2665. Brachanthemum *DC.* Capitulum multiflorum, heterogamum, floribus radii quinis v. senis, ligulatis, femineis, disci tubulosis, hermaphroditis. Involucri imbricati, pauciseriati squamae interiores obtusissimae, margine lato, hyalino cinctae. Receptaculum subconvexum, alveolatum. Corollae radii ligulatae, ligula brevi, obovata, obtuse tridentata, disci tubulosae, tubo teretiusculo, limbi dentibus quinque profundis, reflexis. Antherae ecaudatae. Stigmata exappendiculata. Achenia conformia, subtrigona, disco epigyno parvo. Pappus nullus. — *Fruticulus altaicus, basi decumbens, ramosissimus; foliis alternis, carnosulis, incano-subsericeis, trifidis, lobis integerrimis, mucronatis, capitulis terminalibus, conferte subcorymbosis, floribus disci radiique aureis.*

Brachanthemum DC. *Prodr. VI. 44.* Chrysanthemum fruticulosum Ledebour *Ic. t. 495.*

2666. Nananthea *DC.* Capitulum decem-quindecimflorum, floribus radii uniseriatis, ligulatis, femineis, disci tubulosis, hermaphroditis. Involucri octo-enneaphylli squamae subuniseriatae, ovales, apice et margine membranaceae. Receptaculum angustum, nudum. Corollae radii ligulatae, disci tubulosae, obconicae, quadrifidae. Antherae ecaudatae. Stigmata crassiuscula, oblonga, ebarbata. Achenia ovalia, subcompressa, glabra. Pappus nullus. — *Herba perpusilla in insulis maris ligurici vegetans, glabra, e basi ramosa, caespitosa, saepe radicans; foliis alternis, petiolatis, pinnatipartitis, lobis utrinque duobus v. tribus cum impari, oblongis, obtusis, integerrimis, pedunculis capillaribus monocephalis, folia vix superantibus, capitulis minimis, involucri squamis margine albis, floribus radii albis, disco luteo.*

Nananthea DC. *Prodr. VI. 45.* Chrysanthemum perpusillum Loiseleur *in Desvaux Journ. bot. 1809. II. 369. t. 13. f. 3. Not. 128. t. 4. f. 3. Flor. Gall. t. 27.*

2667. Leucanthemum *TOURNEF.* Capitulum multiflorum, heterogamum, floribus radii uniseriatis, ligulatis, femineis v. rarissime neutris, disci tubulosis, hermaphroditis. Involucri late campanulati squamae imbricatae, margine subscariosae. **Receptaculum** planum v. convexum, nudum. **Corollae radii** ligulatae, **disci** tubulosae, tubo carnoso, plano-obcompresso, subbialato, limbo quinquedentato. **Antherae** ecaudatae. **Stigmata** exappendiculata. **Achenia** conformia, exalata, teretiuscula, striata, disco epigyno magno terminata. **Pappus disci** nullus, **radii** nullus v. auriculaeformis. — *Herbae perennes, in Europa media et mediterranea copiose provenientes, in Asia et America arctica rarissimae; foliis alternis, dentatis v. pinnatilobatis, capitulis ad apices caulis et ramorum solitariis, disco flavo, ligulis albis v. subrubentibus.*

Leucanthemum Tournefort *inst. 492.* excl. sp. DC. *Prodr. VI. 45.* Chrysanthemum et Phalacrodiscus Lessing *Synops. 253.* Chrysanthemi sp. Linn.

a. PHALACROGLOSSUM DC. *Prodr. VI. 45.* Flores radii feminei. Achenia omnia epapposa.

Chrysanthemum Lessing *l. c.* E. B. *t. 601.* Fl. dan. *t. 994.* Schkuhr *Handb. t. 253.* Waldst. et Kitaibel *Pl. Hung. t. 236.*

b. PHALACRODISCUS DC. *Prodr. VI. 47.* Flores radii feminei. Achenia disci epapposa, radii pappo coroniformi, saepius unilaterali superata.

Phalacrodiscus Lessing *l. c.* Chrysanthemi sp. Linn. Jacq. *Observ. IV. t. 91—93.*

c. ENUCHOGLOSSUM DC. *Prodr. VI. 48.* Flores radii neutri. Achenia disci epapposa, radii efoeta, pappo unilaterali superata.

Chrysanthemum pectinatum Linn. et Ch. paludosum Desf.

d. PHALACROCARPUM DC. *Prodr. VI. 49.* Flores radii feminei fertiles, disci masculi steriles. Achenia omnia epapposa.

Chrysanthemum anomalum Lagasc.

2668. Adenachaena *DC.* **Capitulum** multiflorum, heterogamum, floribus radii uniseriatis, ligulatis, femineis, disci hermaphroditis. **Involucri** bi-triseriati squamae disco breviores, subaequales, lineari-lanceolatae, intimae obtusiusculae. **Receptaculum** plano-convexum, demum interdum subglobosum, minute papillosum. **Corollae radii** ligulatae, **disci** tubulosae, tubo teretiusculo, limbo quadri-quinquefido. **Antherae** ecandatae. **Stigmata** exappendiculata. **Achenia** conformia, teretia, obtusa, granulis glandulosis obtecta. **Pappus** nullus. — *Suffruticuli capenses, erecti, ramosi, glabri; foliis alternis, rigidulis, trifidis v. utrinque dente grosso notatis, rarius apice nudis, monocephalis, capitulis fere Matricariae, radio albo, reflexo.*

Adenachaena DC. *Prodr. VI. 49.*

a. Leucanthemoides *DC. l. c.* Capitula multiflora, floribus disci circiter triginta, flavis. Receptaculum convexum. Achenia vix striata. — *Folia acuta, acute triloba.*

b. EUMORPHOIDES *DC. l. c.* Capitula pauciflora, floribus disci circiter duodecim v. quindecim, flavis v. purpureis, antheris flavis. Achenia manifeste striata — *Folia obtusiuscula, pauca, obtuse triloba.*

2669. Matricaria *LINN.* **Capitulum** multiflorum, heterogamum, floribus radii uniseriatis, ligulatis, femineis, rarissime nullis, disci hermaphroditis, tubulosis. **Involucri** imbricati, pauciseriati squamae subaequales. **Receptaculum** amplum, ovato-conicum, nudum. **Corollae radii** ligulatae, **disci** tubulosae, tubo teretiusculo, limbo quadri-quinquedentato. **Antherae** ecaudatae. **Stigmata** exappendiculata. **Achenia** conformia, exalata, angulata, disco epigyno magno. **Pappus** nullus v. brevis, coroniformis. — *Herbae annuae, in Europa, in Asia media et America boreali, nec non in Capite bonae spei indigenae, glabrae, ramosae; foliis alternis, multipartitis, lobis lineari-setaceis, ramis apice nudis, monocephalis, subcorymbosis, radii floribus albis, disci luteis.*

Matricaria Linn. *gen. n. 967.* DC. *Prodr. VI. 50.*

a. ANACTIDEA *DC. Prodr. VI. 50.* Capitula discoidea. Corollae quadridentatae. Pappus nullus v. marginiformis, integer, vix conspicuus. — *Herba californica.*

b. SPHAEROCLINIUM *DC. Prodr. VI. 50.* Capitula radiata. Corollae disci quadridentatae. Stylus basi bulbosus. Achenia epapposa, margine calloso superata, exteriora obcompressa, interiora tetragona. Receptaculum globosum. — *Herba capensis.*

c. CHAMAEMELA *DC. Prodr. VI. 50.* Capitula radiata. Corollae disci quadridentatae, radii ligulatae, stylo minimo subneutrae. Achenia omnia pappo coroniformi v. auriculari superata. Receptaculum ovato-globosum. — *Herbae capenses.*

d. PSEUDO-CHAMOMILLA *DC. Prodr. VI. 51.* Capitula radiata. Corollae disci quinquedentatae. Achenia omnino epapposa. — *Herbae orientales.*

e. CHAMOMILLA *DC. Prodr. VI. 51.* Capitula radiata. Corollae disci quinquedentatae. Achenia pappo coroniformi superata. — *Herbae europeae et asiaticae.* (Schkuhr *t. 253.* Curt. *Fl. Lond. V. t. 63.* Fl. dan. *t. 696.* Hayne *Arzneigew. t. 4.*)

2670. Pyrethrum *GÄRTN.* **Capitulum** multiflorum, heterogamum, floribus radii uniseriatis, ligulatis, femineis, rarissime nullis, disci tubulosis, hermaphroditis. **Involucri** campanulati squamae imbricatae, margine scariosae. **Receptaculum** convexum, nudum, v. planum, interdum paleolatum. **Corollae radii** ligulatae, **disci** tubulosae, tubo saepius obcompresso, bialato, rarius tereti, limbo quinquedentato. **Antherae** ecaudatae. **Stigmata disci** exappendiculata. **Achenia** conformia, exalata, angulata. **Pappus** coroniformis, saepius dentatus, interdum auriculaeformis, achenii diametro. — *Herbae ut plurimum perennes, rarius frutescentes, interdum annuae, per veteris orbis regiones temperatas sparsae, in Europa copiosiores; foliis alternis, dentatis v. varie lobatis, capitulis solitariis v. corymbosis, disco flavo v. rarissime albido, radio albo v. saepius flavo.*

Pyrethrum Gärtn. *II. 430.* Smith *Fl. brit. III. 900.* DC. *Prodr. VI. 53.* Pyrethrum et Gymnocline Cass. Less. Chrysanthemi sp. Linn.

a. LEUCOGLOSSA *DC.* Ligulae albae, rarius roseae, elongatae. Discus flavus. Receptaculum semper nudum.

Leucoglossa DC. *Prodr. VI. 53.* Chrysanthemi sp. Linn. Jacq. *Fl. Austr. t. 379. Observ. IV. t. 90.* Allioni *Fl. pedemont. t. 37. f. 1.* Desfont. *Fl. atl. t. 217.* Vent. *Cels. t. 43.* Loisl. *Fl. gall. t. 18.* Visiani *Dalmat. t. 8.* Matricariae sp. Linn. Fl. dan. *t. 674.* (E. B. *t. 979.* Bieberst. *Pl. ross. II. t. 78.* Reichenb. *Hort. bot. t. 36.* Tenore *Fl. Neap. t. 80.* Heyne *Arzneigew. VI. t. 20.* Ledebour *Ic. t. 84.* Bot. Mag. *t. 2706.* Bot. Reg. *t. 1084.*)

b. GYMNOCLINES *DC.* Ligulae albae v. flavae, paucae, breves, subdifformes, rarius nullae. Receptaculum semper nudum, subangustum, planum.

Gymnoclines DC. *Prodr. VI. 58.* Gymnocline Cassini *in Dict. sc. nat. XX. 121.* Lessing *Synops. 255.* Chrysanthemi sp. Waldst. et Kitaibel *Pl. Hung. t. 94.* Achilleae sp. Desf. Lam.

c. XANTHOGLOSSA *DC.* Ligulae elongatae, plurimae, flavae. Receptaculum omnino nudum.

Xanthoglossa DC. *Prodr. VI. 60.* Coleostephus Cassini *in Dict. sc. nat. XLI. 43.* Chysanthemi sp. Auct. Jacq. *Observ. IV. t. 94.* Desfont. *Fl. atl. t. 235. f. 2.* Viviani *Fl. Lybic. t. 10. f. 4.* (Labillard. *Syr. Dec. III. t. 8.*)

d. TRIDACTYLINA *DC.* Ligulae flavae, steriles, corollae disci tubo obcompresso. Achenia disci trigona, pappo coroniformi superata, radii abbreviata.

Tridactylina DC. *Prodr. VI. 61.*

e. DENDRANTHEMA *DC.* Involucra scariosa. Capitula facillime omnino v. partim, ligulis multiplicatis plena, bracteolis scariosis in receptaculo tunc inter ligulas sparsis. — *Caules fruticosi.*

Dendranthema DC. *Prodr. VI. 62.* Chrysanthemum indicum Auct. Bot. Mag. *t. 327. 2042.* Bot. Reg. *t. 4. 455. 616.* Sabine *in Horticult. Transact. IV. t. 12—14.*

f. BALSAMITAE *DC.* Capitulum nunc homogamum, discoideum, nunc radiatum, ligulis femineis, corollis disci teretibus, quinquedentatis. Pappus brevissimus, subdentatus, undique aequalis, nec unilateralis

Balsamitae DC. *Prodr. VI. 62.* Balsamitae sp. Desf. Chrysanthemum Balsamita Linn. Jacq. *Observ. IV. t. 89.* Tanacetum Balsamita Linn.

2671. Chrysanthemum *DC.* Capitulum multiflorum, heterogamum, floribus radii uniseriatis, ligulatis, femineis, rarissime nullis, disci tubulosis, hermaphroditis. Involucri campanulati squamae imbricatae, margine scariosae. Receptaculum nudum. Corollae radii ligulatae, disci tubulosae, tubo tereti v. obcompresso, bialato, limbo quadri- v. quinquedentato. Antherae ecaudatae. Stigmata exappendiculata. Achenia radii triquetra v. trialata, angulis alisve duabus lateralibus, tertia introrsa, disci ala brevi introrsum exserta. Pappus nullus v. coroniformis. — *Herbae v. frutices, per regiones temperatas veteris orbis dispersi; foliis alternis, habitu vario.*

Chrysanthemum DC. *Prodr. VI. 63.* non Cass. et Less. Ismelia, Pinardia et Glebionis Cassini *in Dict. sc. nat. XLI. 38.* Ismelia et Pinardia Lessing *Synops. 225.*

a. GLEBIONIS DC. *Prodr. VI. 64.* Achenia radii trigona, aptera v. brevissime alata, disci turbinata v. subcompressa, striato-costata, ala brevi apice interdum dentiformi donata. Pappus nullus. — *Herbae annuae, Europam et Asiam incolentes, capitulis flavis, radio interdum ochroleuco.*

Glebionis Cassini *in Dict. sc. nat. XLI. 38.* Chrysanthemi sp. Linn. E. B. *t. 540.* Curtis *Flor. Lond. t. 60.* Lam. *t. 678. f. 6.* Pyrethri sp. Roxb. Bot. Mag. *t. 1521.* Pinardiae sp. Less.

b. PINARDIA DC. *Prodr. VI. 64.* Achenia radii trialata, apice trispinosa, disci unialata, apice unispinosa. Pappus nullus. — *Herba hispanica, annua, capitulis flavis.*

Pinardia Cassini *in Dict. sc. nat. XLI. 39.* Centrospermum Spreng. *Nov. Prov. 19.* non Kunth. Heteranthemis Schott *in Isis 1818. p. 821.* Centrachaena Schott *msc.* Chrysanthemum viscosum Desfont.

c. ISMELIA DC. *Prodr. VI. 65.* Achenia radii ample trialata, disci compressissima, angulis lateralibus vix nerviformibus, interno in alam amplam, dorsali in alam mediocrem productis. Pappus coroniformis, dentatus. — *Herba mauritanica, annua, ramosa, foliis multifidis, subcarnosis, ligulis albis, basi flavis, disco atropurpureo.*

Ismelia Cassini *in Dict. sc. nat. XLI. 40.* Chr. carinatum Schousb. *Maroco. t. 6.* Chr. versicolor Andr. *Bot. Reposit. t. 109.*

d. ISMELIOIDES DC. *Prodr. VI. 65.* Achenia radii trialata, disci tetraquetra, angulo interiori late alato, lateralibus et dorsali anguste alatis. Pappus brevis, coroniformis. Corollae disci quadridentatae. — *Suffrutices capenses; foliis crassiusculis, lobatis, ligulis albis v. flavis.*

Ismelia Lessing *Synops. 255.* Pinardia Lessing *in Linnaea VI. 168.* Arctotidis et Chrysanthemi sp. Thunb.

e. SPERMOPTERA DC. *Prodr. VI. 65.* Achenia radii et disci obcompressissima, utrinque ample alata. Pappus coroniformis, amplus. Corollae disci quinquedentatae. — *Suffrutex capensis, verisimiliter e genere eliminandus.*

f. MAYARSA DC. *Prodr. VI. 65.* Achenia radii ample trialata, disci subcompressa, angulo interno breviter alata. Pappus coroniformis, subdentatus v. nullus. — *Frutices canarienses et madeirenses, foliis pinnatilobatis, capitulis fere Leucanthemi, ligulis albis.* Ismeliae sp. Sweet *Fl. Gard. II. t. 342.*

2672. Dimorphotheca *VAILL.* Capitulum multiflorum, heterogamum, floribus radii ligulatis, femineis, disci tubulosis, exterioribus hermaphroditis, intimis abortivis, masculis. Involucri uniseriati squamae lineares, acuminatae. Receptaculi plani, demum convexi paleae nullae v. paucae, deciduae. Corollae radii ligulatae, disci tubulosae, quinquedentatae, ad lobos extus appendiculatae. Antherae ecaudatae. Stigmata radii longa, glabra, disci brevia, arcuata, apice rotundata, margine glandulifera, extus pilosa. Achenia recta, radii exalata, obconica, subtriquetra, tuberculata, disci plano-compressa, bialata, alis semine latioribus, margine incrassatis. Pappus nullus. — *Herbae v. suffrutices capenses; foliis alternis, plus minus scabridis, capitulis terminalibus, solitariis, disco luteo v. fusco, radii ligulis supra albis, subtus purpureis v. utrinque luteis.*

Dimorphotheca Vaillant *in Act. Acad. Paris. 1720. p. 279.* Mönch *Method. 585.* DC. *Prodr. VI. 70.*

a. METEORINA DC. *Prodr. VI. 70.* Flores disci exteriores hermaphroditi, fertiles, interiores masculi, steriles. Achenia disci margine laevia. — *Herbae annuae, caule ramoso.*

Meteorina Cassini *in Dict. sc. nat. XXX. 320.* Gattenhofia Necker *elem. n. 76.* Cardispermum Traut. *Act. Acad. Paris. 1724. p. 279.* Calendula pluvialis et C. hybrida Linn. Schkuhr *t. 264.* Miller *Ic. t. 75. f. 1. t. 79. f. 2.* Sweet *Fl. Gard. I. t. 39.* Dimorphotheca annua Less.

b. LESTIBODEA DC. *Prodr. VI. 71.* Flores disci exteriores hermaphroditi, fertiles, intimi masculi steriles. Achenia disci margine scabra. — *Herbae perennes, caule subnudo v. folioso.*

Lestibodea Necker *elem. n. 77.* Dimorphotheca perennis Less. Calendulae sp. Linn. Jacq. *Hort. Schönbr. t. 153.* Miller *Ic. t. 76. f. 1.* Bot. Mag. *t. 1981.* Bot. Reg. *t. 289.*

c. BLAXIUM DC. *Prodr. VI. 71.* Flores disci omnes steriles masculi, corollis ad lobos appendiculatis. — *Suffrutices, caulibus ramosis, foliosis.*

Blaxium Cassini *in Dict. sc. nat. XXX. 328.* Calendula fruticosa Linn. Miller. *Ic. t. 283.*

d. OSTEOSPERMOIDES DC. *Prodr. VI. 71.* Flores disci omnes steriles. Achenia radii ovali-oblonga, trigona, laevia v. apice summo subtuberculata, disci angusta, plano-obcompressa, inania. — *Suffrutices, foliis lanceolato-linearibus, acutis, integerrimis v. denticulatis.*

e. CASTALIS DC. *Prodr. VI. 72.* Flores disci fertiles, (intimi interdum steriles) tubo brevissimo, lobis exappendiculatis. Achenia radii trigona, interrupte et crasse trialata, tuberculosa, disci obovata, plana, laevia, bialata. — *Suffrutices, radio flavo v. aurantiaco, disco concolore.*

Castalis Cassini *in Dict. sc. nat. XXX. 332. Opusc. II. 80.* Lessing *Synops. 257.* non Salisb. Calendulae sp. Thunb. Vent. *Malm. t. 20.* Andr. *Bot. Reposit. t. 412.* Arctotidis sp. Bot. Mag. *t. 1343.*

f. RUTIDOCARPAEA DC. *Prodr. VI. 72.* Flores disci steriles. Achenia radii compresso-trigona, transversim rugosa, disci plano-compressa, exteriora majora, margine callosa, interiora augusta, pellucida. — *Suffrutex foliis bipinnatipartitis, radio purpurascente.*

g. ARNOLDIA DC. *Prodr. VI. 73.* Flores disci bisexuales, sed plerique ovario efoeto steriles. Achenia radii trigona, laevia, disci plano-compressa. — *Frutex glaber; foliis inciso-subirjatis, floribus radii et disci concoloribus, flavis.*

Arnoldia Cassini *in Dict. sc. nat. XXX. 330.* Lessing *Synops. 257.* Calendula chrysanthemifolia Vent. *Malm. t. 56.* Bot. Reg. *t. 40.* Bot. Mag. *t. 2218.*

h. TRIPLOCARPAEA DC. *Prodr. VI. 73.* Flores disci exteriores fertiles, intimi steriles. Achenia trimorpha, radii trigona, tuberculata, angulis interrupte lobatis, disci exteriora plano-compressa, fertilia, obovata, calloso-alata, intima oblonga, sterilia, pellucida.

2673. Acanthotheca *DC.* Capitulum multiflorum, heterogamum, floribus radii uniseriatis, ligulatis, femineis, disci tubulosis, ovario efoeto masculis. Involucri uniseriati squamae lineares, acuminatae, disco longiores. Receptaculum planum, nudum. Corollae radii ligulatae, ligula basi ciliato-hispida, disci tubulosae, limbo quinquedentato. Antherae ecaudatae. Stylus radii bifidus, glabriusculus, disci indivisus, apice capitato-hispidulus. Achenia radii trigona, ad angulos et praesertim versus apicem aculeis crassis, pungentibus onusta, disci omnino abortiva. Pappus nullus. — *Herbae capenses, annuae, puberulo glandulosae v. rarius glabrae; foliis alternis, integris v. pinnatisectis, floribus flavis, ligulis saepe basi fusco-maculatis.*

Acanthotheca DC. *Prodr. VI. 73.*

2674. Monolopia *DC.* Capitulum multiflorum, heterogamum, floribus radii uniseriatis, ligulatis, femineis, disci tubulosis, masculis? Involucri uniseriati squamae octo v. decem, ad medium concretae. Receptaculum convexum v. subconicum, epaleatum. Corollae radii ligulatae, interdum bilabiatae, disci tubulosae, tubo tenui, hispidulo, fauce dilatata, limbo quinquedentato. Antherae ecaudatae. Stigmata cono brevi superata. Achenia glabra, radii obcompressa v. subtrigona, disci compressa. Pappus nullus. — *Herbae californicae, annuae, erectae, albo-tomentosae; foliis alternis, oblongo-linearibus, integris v. parce dentatis seu lobulatis, capitulis ad apicem caulis et ramorum terminalibus, ebracteatis, floribus luteis.*

Monolopia DC. *Prodr. VI. 74.*

2675. Steirodiscus *LESS.* Capitulum multiflorum, heterogamum, floribus radii uniseriatis, ligulatis, femineis, disci tubulosis, ovario efoeto masculis. Involucrum ventricosum, polyphyllum. Receptaculum nudum. Corollae radii ligulatae, disci tubulosae, tubo tereti, limbo quinquedentato. Antherae ecaudatae. Stigmata disci (?) cono brevi superata. Achenia exalata, linearia, glabra, disci semper sterilia. Pappus nullus. — *Herba capensis, erecta, annua; foliis uni-bipinnatisectis, segmentis linearibus, capitulis terminalibus, luteis, radio circiter quinquefloro, revoluto.*

Steirodiscus Lessing *Synops. 251.* DC. *Prodr. VI. 74.* Cineraria capillacea Thunb.

2676. Schistostephium *KREBS.* Capitulum multiflorum, heterogamum, floribus radii ligulatis, femineis, disci ······ Involucrum ······ Receptaculum epaleatum. Corollae radii ligulatae, ligula obsoleta, profunde trifida, tubo brevissimo, fisso, disci ······· Antherae ······· Stigmata conformia. Achenia radii exalata, longe hirsuto-villosa, disci sterilia, glabra. Pappus nullus. — *Fruticulus capensis, non satis notus; facie foliisque Pentziae flabelliformis, capitulis luteis, parvis, discoideis, fastigiato-paniculatis.*

Schistostephium Krebs *ex Lessing Synops. 251.* DC. *Prodr. VI. 74.*

2677. Chlamysperma *LESS.* Capitulum subsexflorum, heterogamum, floribus radii tribus, femineis, ligulatis, disci tubulosis, hermaphroditis. Involucri campanulati squamae quinque, uniseriales. Receptaculum minutum, nudum. Corollae radii ligulatae, disci tubulosae, teretes, quinquedentatae. Antherae ecaudatae. Stigmata exappendiculata. Achenia radii tuberculata, intus alis duabus oppositis, latis, margine valde incrassatis aucta; disci scabra, triquetra, aptera. Pappus nullus. — *Herba mexicana, pubescens; foliis oppositis, deltoideo-ovatis, grosse serratis, capitulis parvis, terminalibus et alaribus, flavis.*

Chlamysperma Lessing *Synops. 256.* DC. *Prodr. VI. 75.* Unxia pratensis Kunth *in Humb. et Bonpl. Nov. gen. et sp. t. 401.*

2678. Villanova *LAGASC.* Capitulum pauciflorum, heterogamum, floribus radii quinisdenis, ligulatis, femineis, disci tubulosis, hermaphroditis. Involucri campanulati squamae paucae, uniseriatae. Receptaculum planum, nudum. Corollae radii ligulatae, ligula obovata, apice dentata, disci tubulosae, teretes, limbo quinquedentato. Antherae ecaudatae. Stigmata disci cono superata. Achenia obpyramidata, exalata, punctata, glabra, disco epigyno minuto. Pappus nullus. — *Herbae americanae tropicae; foliis oppositis v. alternis, pilosis, profunde crenatis v. pinnatifidis, capitulis terminalibus et alaribus, radio albo v. disco flavo concolore.*

Villanova Lagasca *Nov. gen. et sp. 21.* Lessing *Synops. 256.* DC. *Prodr. VI. 75.* Unxia anemonaefolia Kunth *in Humb. et Bonpl. Nov. gen. et sp. t. 402.*

2679. Brachymeris *DC.* Capitulum octo-sedecimflorum, homogamum. Involucri campanulato-ovati squamae imbricatae, adpressae, ovali-oblongae. Receptaculum nudum. Corollae extus pubescentes, tubo brevi, limbo quinquefido. Antherae ecaudatae. Stylus filiformis, stigmatibus vix exsertis, apice summo barbellatis. Achenia tereti-subcompressa, striata, erostria, tenuissime puberulo-scabrida. Pappus nullus. — *Frutex capensis, ramosus, subcinereus, ramis striatis fere Ephedram referentibus; foliis sparsis, parvis, oblongis, obtusis, integerrimis, utrinque adpresse pubescenti-villosis, capitulis ex axillis supremis brevissime pedicellatis, in racemum oligocephalum subconfertis.*

Brachymeris DC. *Prodr. VI. 76.* Brachystylis E. Meyer *in Herb. Dreg.*

2680. Jacosta *E. MEY.* Capitulum pluriflorum, heterogamum, floribus radii binis v. unico, ligulatis, femineis, disci duodecim v. quindecim tubulosis, hermaphroditis. Involucri bitriseriati, imbricati squamae interiores apice subscariosae, ciliolatae. Receptaculum nudum. Corollae radii ligulatae, disci tubulosae, limbo quinquedentato. Antherae ····· Stigmata exappendiculata. Achenia teretiuscula, costis obtusis octo v. decem striata, glanduloso-subscabrida, apice truncato subcrenulata. Pappus nullus. — *Suffrutex capensis, glaber, multicaulis; ramis erectis, apice laxe corymbosis, foliis lineari-subulatis, erectis, integerrimis, superne remotioribus, capitulis pedicellatis, obovato-oblongis, luteis.*

Jacosta E. Meyer *in Herb. Dreg.* Oligoglossa DC. *Prodr. VI. 76.*

DIVISIO III. COTULEAE Lessing *Synops. 260.* Capitula homogama v. heterogama, disco semper hermaphrodito, floribus radii uni-pluriseriatis. Receptaculum epaleatum.

2681. Lapeyrousia *THUNB.* Capitulum multiflorum, discoideum, homogamum. Involucri campanulati squamae 2—3, inter se subaequales, disco longiores. Receptaculum planum, epaleatum. Corollae tubo obcompresso, bialato, limbi brevis, tri-quadrilobi lobis subcallosis. Antherae ecaudatae. Stigmata exappendiculata. Achenia subtetragono-obcompressa, exalata, erostria. Pappus nullus. — *Suffrutices capenses, parce ramosi; foliis sparsis, lanceolatis, sessilibus, mucrone calloso acuminatis, integerrimis, utrinque sericeo-tomentosis, pedunculis brevibus, monocephalis, subumbellatis, floribus flavis.*

Lapeyrousia Thunberg *Fl. Cap. 700.* Cassini *in Dict. sc. nat. XXV. 251.* Lessing *Synops. 260.* non Pourr. Peyrousea DC. *Prodr. VI. 76.* Cotulae et Osmitis sp. Linn. f.

2682. Otochlamys *DC.* Capitulum multiflorum, discoideum, heterogamum, floribus radii paucis, femineis, disci hermaphroditis (?), centralibus sterilibus. Involucrum duplex, utrumque pentaphyllum, exterioris squamae laxiusculae, rufae, ovato-subrotundae, interiores scarioso stramineae, subrotundae, disco aequales, flores arcte cingentes. Receptaculum planum, epaleatum, echinis callosis, grosse ovatis exasperatum. Corollae tubo obcompresso, late bialato, basi dilatato, deorsum producto in auriculam achenium omnino vestientem, limbo in floribus femineis nullo, in hermaphroditis quadridentato. Antherae .... Stylus radii bifidus, disci .... Achenia obovata, obcompressa, laevia. Pappus nullus. — *Herba capensis, annua, bipollicaris, simplex, erecta, glabriuscula; radice exili, foliis oppositis, lineari-subulatis, erectis, integerrimis, capitulo terminali, breviter pedunculato, globoso, flavo.*

Otochlamys DC. *Prodr. VI. 77.*

2683. Cotula *GÄRTN.* Capitulum multiflorum, discoideum, heterogamum, floribus radii uniseriatis, apetalis, femineis, disci tubulosis, hermaphroditis. Involucrum .... Receptaculum planum, epaleatum, post acheniorum lapsum plus minus distincte papillosum. Corollae radii nullae, disci tubulosae, tubo plano-obcompresso, saepe basi breviter bicalcarato, limbo quadricrenato. Antherae ecaudatae. Stigmata exappendiculata. Achenia plano-obcompressa, marginata, glabra, radii stipitata, disci saepius sessilia, angustiora. Pappus nullus. — *Herbae annuae, specie una mediterranea et altera cosmopolita exceptis, omnes e Capite bonae spei ortae, parvae, ramosae; foliis dentato-incisis v. pinnati- aut bipinnatipartitis, lobis angustis, ramis apice aphyllis, pedunculiformibus, monocephalis, capitulis parvis, flavis.*

Cotula Gärtner *II. 388. t. 165.* Cassini *in Dict. sc. nat. XXVI. 283.* Lessing *Synops. 260.* DC. *Prodr. VI. 77.* Ananthocyclus Vaillant *in Act. Academ. Paris. 1719. p. 289.* Lancisia Adanson *Fam. II. 126.* Baldingeria Necker *elem. n. 138.* Cotulae sp. Linn. *Fl. dan. t. 341.* Lam. *t. 700.*

2684. Strongylosperma *LESS.* Capitulum multiflorum, heterogamum, floribus radii pluriseriatis, ligulatis, femineis, disci tubulosis, centralibus abortivis. Involucri campanulati squamae pauciseriatae. Receptaculum planum, nudum. Corollae radii ligulatae, tubo gracili, cum ovario continuo, persistente, ligula angustissima, tubo breviore, disci tubulosae, teretes, limbo quadricrenato. Achenia obcompressa, radii rotundata, bialata, alis callosis, disci obovata, exalata. Pappus nullus. — *Herbae Novae Hollandiae, Cotulae v. Ceniae habitu; foliis pinnatilobatis, ramis apice longe aphyllis, monocephalis, capitulis luteis.*

Strongylosperma Lessing *Synops. 261.*

2685. Cenia *COMMERS.* Capitulum multiflorum, rarius homogamum, saepius heterogamum, floribus radii uniseriatis, ligulatis v. bilabiatis, femineis, disci tubulosis, hermaphroditis. Involucri squamae latae, biseriatae. Receptaculum convexum, nudum, supra pedunculum apice turbinatum, vacuum. Corollae radii ligulatae v. bilabiatae, labio exteriore ligulaeformi, interiore multo minore, tridentato, disci tubulosae, teretes, quadridentatae. Achenia exalata, obcompressa, orbicularia, bicostata, costis marginalibus. Pappus nullus. — *Herbae capenses, pusillae; foliis alternis, bipinnatipartitis, lobis linearibus, ramis longe aphyllis, monocephalis, apice turbinato-inflatis, nervoso-striatis.*

Cenia Commers. *ex Jussieu gen. 183.* Cassini *in Dict. sc. nat. VII. 367. XXVI. 283.* DC. *Prodr. VI. 82.* Cotula Vaillant *in Act. Academ. Paris. 1719. p. 288.* Cotulae sp. Linn.

a. DISCOCENIA DC. *Prodr. VI. 83.* Corollae radii tubulosae. — Cotula nudicaulis Thunb.

b. ACTINOCENIA DC. *Prodr. VI. 82.* Corollae radii ligulatae v. bialatae. — Lancisia Gärtner *II. 422.* Lam. *t. 701. f. 1.* Lidbeckiae sp. Thunb.

2686. Homalotes *DC.* Capitulum multiflorum, discoideum, heterogamum, floribus radii uniseriatis, femineis, disci hermaphroditis. Involucri campanulati, pauciseriati squamae adpressae, acuminatae. Receptaculum convexum, nudum. Corollae tubulosae, radii plano-obcompressae, bialatae, tricrenatae, disci teretes, quinquedentatae. Antherae ..... Stigmata ..... Achenia conformia, exalata, tetragona. Pappus coroniformis, repandus. — *Herba californica, Santolinae tomentosae facie; caule tereti, ramoso, foliis alternis, breve petiolatis, bipinnatisectis, capitulis solitariis v. corymbosis.*

Homalotes DC. *Prodr. VI. 83.* Omalanthus Lessing *Synops. 260.* non Adr. Juss.

DIVISIO IV. ATHANASIEAE Lessing *Synops. 262.* DC. *Prodr. VI. 84.* Capitula homogama, corollis omnibus tubulosis, teretibus. Receptaculum paleatum. Achenia angulata v. teretia, nunquam obcompressa. Pappus nunc nullus, nunc minute squamellatus, v. e pilis simplici serie cellularum formatis constans.

2687. Lonas *ADANS.* Capitulum multiflorum, homogamum. Involucri campanulati squamae imbricatae. Receptaculum conico-angulatum, paleatum. Corollae tubulosae, teretes, limbo quinquedentato. Antherae ecaudatae. Stigmata exappendiculata. Achenia angulata, exalata, apice hinc inde glandulosa. Pappus oblique coroniformis, membranaceus, parvus, integer. — *Herba mediterranea, annua, glabra; foliis alternis, pinnatipartitis, lobis acuminatis, capitulis* *ad apices ramorum cymoso-umbellatis, v. in ramis lateralibus subsolitariis, floribus luteis.*

Lonas Adanson *Fam. II. 118.* Gärtn. *II. 396. t. 165.* Cassini *in Dict. sc. nat. XXVII. 166.* Lessing *Synops. 263.* DC. *Prodr. VI. 84.* Athanasia annua Linn. et Achillea inodora Linn.

2688. Gonospermum *LESS.* Capitulum multiflorum, discoideum, homogamum. Involucri oblongi v. ovati squamae pauciseriatae. Receptaculum planum, epaleatum. Corollae tubulosae, teretes, limbo quinquedentato. Antherae ecaudatae. Stigmata exappendiculata. Achenia exalata, quadri-quinquecostata. Pappi paleae minutae, semilanceolatae. — *Frutices canarienses, Tanaceti facie; foliis alternis, membranaceis, pinnatipartitis, lobis dentato-incisis, junioribus pubescentibus v. subtomentosis, adultis glabris, capitulis in corymbos terminales dispositis, floribus luteis.*

Gonospermum Lessing *Synops. 263.* DC. *Prodr. VI. 84.* Hymenolepidis sp. Cass. Tanaceti sp. Auct.

2689. Metagnanthus. Capitulum pauciflorum, discoideum, homogamum. Involucri oblongi squamae paucae, imbricatae, adpressae, exteriores breviores, interiores discum haud aequantes. Receptaculum planum, angustum, paleatum. Corollae tubulosae, teretes, limbo quinquedentato. Antherae ecaudatae. Stigmata exappendiculata. Achenia cylindracea, sulcata, exalata. Pappi paleae minutae, acutae. — *Fruticuli capenses, Athanasiae facie; foliis pinnatisectis, lobis linearibus, integerrimis, corymbis decompositis, polycephalis, involucris glabris, floribus luteis.*

Hymenolepis Cassini *in Dict. sc. nat. XXII. 315.* (nec *XXXIII. 61.*) Lessing *Synops. 263.* DC. *Prodr. VI. 85.* non Kaulf.

a. MICRORHACHIS DC. *l. c.* Receptaculum planum, angustum. Capitula oblonga, tri-septemflora. — *Frutices, foliis pinnatipartitis.* — Athanasia parviflora Linn. Jacq. *Hort. Schönbr. t. 149.*

b. ? PLANORHACHIS DC. *l. c.* Receptaculum planiusculum. Capitula obovata, circiter quindecimflora. Achenia subangulata. Pappi paleae parvae, apice inciso-serratae, subinaequales. — *Herbae integrifoliae.*

c. ? COENORHACHIS DC. *l. c.* Receptaculum conicum, cavum. Capitula multiflora, ovato-globosa. Achenia angulis octosulcata. Pappi paleae octo, breves, distinctae, obtusae v. hinc inde piliformes. — *Herbae integrifoliae.*

2690. Holophyllum *LESS.* Capitulum multiflorum, discoideum, homogamum. Involucri campanulati squamae exteriores foliaceae, interioribus et disco aequilongae. Receptaculum planum, paleatum. Corollae tubulosae, tubo tereti, limbo quinquedentato. Antherae ecaudatae. Stigmata exappendiculata. Achenia pentagona, angulis alatis, aequalibus, integerrimis. Pappus pilosus, fragilis, deciduus, pilorum cellulis uniseriatis. — *Fruticuli capenses, plus minus imprimis apice villosi, rariusve glabri; foliis sparsis, confertis, punctatis, sessilibus, ovalibus v. oblongis, integerrimis rariusve hinc inde dentutis, capitulis ovato-globosis, inter folia ad apicem caulis subsessilibus glomeratis v. interdum solitariis, floribus luteis.*

Holophyllum Lessing *Synops. 262.* DC. *Prodr. VI. 86.* Pristocarpha E. Meyer *in Herb. Dreg.* Athanasiae sp. Linn. Cavanill. *Ic. t. 3.*

2691. Athanasia *CASS.* Capitulum multiflorum, discoideum, homogamum. Involucri squamae siccae, arcte imbricatae, exteriores breviores. Receptaculum planum, paleatum. Corollae tubulosae, teretes, limbo quinquedentato. Antherae ecaudatae. Stigmata exappendiculata. Achenia teretia, exalata. Pappus pilosus, brevis, caducus, fragilis, pilorum cellulis uniseriatis. — *Fruticuli capenses; foliis sparsis, integerrimis, dentatis v. lobatis, capitulis corymbosis, oblongo-ovatis v. globosis, saepius ebracteatis, floribus luteis.*

Athanasia Cassini *in Dict. sc. nat. XXII. 315. XXVII. 168. XXIX. 179.* Lessing *Synops. 262.* DC. *Prodr. VI. 86.* Athanasiae sp. Linn. Thunb. Miller *Ic. t. 227. f. 2.* Jacq. *Hort. Schönbr. t. 148.*

2692. Saintmorysia. Capitulum pauci-multiflorum, discoideum, homogamum. Involucri squamae siccae, imbricatae, interiores longiores, disco breviores. Receptaculum planum, paleatum. Corollae tubulosae, teretes, limbo quinquedentato. Antherae ecaudatae. Stigmata exappendiculata. Achenia teretia, sulcata, exalata. Pappus nullus. — *Fruticuli capenses, Athanasiae facie, a quibus solo pappi defectu differunt, charactere fortassis nimis artificiali ab iisdem separatae.*

Morysia Cassini *in Dict. sc. nat. XXXIII. 59.* Lessing *Synops. 263.* DC. *Prodr. VI. 90.*

a. ATHANASIOIDES DC. *l. c.* Capitula ovali-oblonga, novem-duodecimflora. — Athanasiae et Tanaceti sp. Linn. Thunb.

b. STILPNOIDES DC. *l. c.* Capitula ovato-globosa, vigintiquinque-quadragintiflora.

DIVISIO V. ARTEMISIEAE Lessing *Synops. 263.* DC. *Prodr. VI. 92.* Capitula discoidea, homogama v. heterogama, floribus radii interdum femineis, uni-pluriseriatis, disci hermaphroditis, corolla tereti, styloque bifido donatis. Achenia exalata, nunquam (?) plano-obcompressa. Receptaculum epaleatum.

2693. Stilpnophytum *LESS.* Capitulum multiflorum, discoideum, homogamum. Involucri campanulati, imbricati squamae disco breviores. Receptaculum planum, nudum. Corollae tubulosae, teretes, limbo quadri-quinquefido. Antherae ecaudatae. Stigmata exappendiculata. Achenia cylindracea, sulcato-angulata, recta. Pappus nullus. — *Fruticuli capenses, ramosi, glabri, nitidi; foliis linearibus, integerrimis, sparsis v. oppositis, capitulis in corymbum compositum dispositis, floribus luteis.*

Stilpnophytum Lessing *Synops. 264.* DC. *Prodr. VI. 92.*

a. EUSTILPNOPHYTUM DC. *l. c.* Capitula globosa, triginti-quadragintiflora. Achenia exteriora oblongo-cylindracea, obtuse quinquesulcata, centralia gracillima, sterilia. — Tanaceti sp. Thunb.

b. MESOSTEIRUS DC. *l. c.* Capitula ovata, quindecim-vigintiflora. Achenia exteriora acute pentagona, centralia gracillima, sterilia.

2694. Artemisia *LINN.* Capitulum pluri-multiflorum, homogamum v. heterogamum, floribus radii uniseriatis, femineis, disci hermaphroditis v. ovario efoeto masculis. Involucri imbricati squamae siccae, margine scariosae. Receptaculum planiusculum v. convexum, epaleatum, nudum v. hirsuto-fimbrilliferum. Corollae tubulosae, teretes, radii tridentatae, disci quinquedentatae. Antherae ecaudatae. Stigmata disci elongata, exserta, radii saepius abortiva, inclusa. Achenia obovata, disco epigyno minuto. Pappus nullus. — *Herbae v. suffrutices, in hemisphaerae borealis regionibus temperatis copiosi, ob qualitates aromatico-amaras cele-*

brati; foliis alternis, varie pinnatilobatis, capitulis ut plurimum parvis, inconspicuis, spicatis v. racemosis, spicis racemisve saepissime in paniculam dispositis, corollis luteis v. purpureis.

Artemisia Linn. *gen. n. 945.* Besser *Monograph. inedit.* DC. *Prodr. VI. 93.* Artimisia Roxburgh *Flor. Ind. III. 417.*

a. DRACUNCULUS *Bess.* Capitulum heterogamum, floribus radii uniseriatis, femineis, disci bisexualibus, ovario efoeto. Receptaculum nudum.

Dracunculus Besser *in Bullet. soc. h. n. Mosc. VIII. 1—97.* DC. *Prodr. VI. 93.* Oligosporus Cassini *in Bullet. soc. philomat. 1817. p. 33. Dict. sc. nat. XXXVI. 25.* Lessing *Synops. 264.* (Allioni *Flor. pedemont. t. 9. f. 1.* Fl. dan. *t. 1175. 1585.* E. B. *t. 338.* Waldst. et Kitaibel *Pl. Hung. t. 65.* Delile *Fl. aegypt. t. 43. f. 1.* Ledebour *Ic. t. 473. 475.*)

b. SERIPHIDIUM *Bess.* Capitulum homogamum. Receptaculum nudum.

Seriphidium Besser *in Bullet. soc. h. n. Mosc. I. 222.* DC. *Prodr. VI. 100.* Seriphida Lessing *Synops. 264.* (Asso *Fl. Arrag. t. 8. f. 1.* E. B. *t. 1001. 1706. 2426.* Waldst. et Kitaibel *Pl. Hung. t. 75.* Delile *Fl. aegypt. t. 43. f. 2.* Sieber *in N. A. N. C. XIII. t. 43.* Ledebour *Fl. Alt. t. 478.*)

c. ABROTANUM *Tournef.* Capitulum heterogamum, floribus radii femineis, disci hermaphroditis, omnibus fertilibus. Receptaculum nudum.

Abrotanum C. Bauh. *Pin. 136.* Besser *in Nouv. Mém. soc. h. n. Mosc. III.* DC. *Prodr. VI. 105.* Artemisia Cassini. Lessing *ll. cc.* (Allioni *Fl. pedemont. t. 60. f. 3. t. 70. f. 2.* E. B. *t. 978.* Jacq. *Fl. austr. t. 99. 100. App. t. 34. Ic. rar. t. 172. Hort. Schönbr. t. 467.* Desfont. *Corollar. t. 36.* Reichenb. *Ic. exot. t. 4. 5. Plant. crit. t. 310.* Rochel *Banat. t. 73.* Ledebour *Ic. t. 174. 452. 467. 469. 472.*)

d. ABSINTHIUM *Tournef.* Capitulum subglobosum, floribus radii femineis, disci hermaphroditis, omnibus fertilibus. Receptaculum pilosum.

Absinthium Tournefort *inst. 260.* Gärtn. *II. 393. t. 164.* DC. *Fl. fr. IV. 189.* Besser *in Bullet. soc. h. n. Mosc. VIII. 225.* Lessing *Synops. 264.* DC. *Prodr. VI. 120.* (Jacq. *Collect. II. t. 7.* E. B. *t. 1230.* Ledebour *Ic. t. 458. 459. 462. 463. 465. 466.*)

2695. Crossostephium *LESS.* Capitulum multiflorum, discoideum, heterogamum, floribus radii pluriseriatis, femineis, disci hermaphroditis, fertilibus. Involucrum campanulatum, pluriseriatum. Receptaculum conicum, nudum. Corollae radii filiformes, basi ampliatae, ore vix denticulatae, disci cylindricae, amplae, limbo quinquedentato. Antherae ······· Stigmata ······· Achenia conformia, angulata, exalata. Pappi paleae complures, minutae, semilanceolatae, inaequales. — *Frutex albo tomentosus, in Munilla et circa Cantonem Sinarum observatus, Artemisiae chinensis facie; foliis alternis, firmis, inferioribus cuneatis, apice trilobatis, capitulis globosis, racemosis, luteis.*

Crossostephium Lessing *in Linnaea VI. 220. Synops. 266.* DC. *Prodr. VI. 127.* Artemisia chinensis Vahl, non Linn.

2696. Tanacetum *LINN.* Capitulum multiflorum, discoideum, homogamum v. heterogamum, floribus radii uniseriatis, femineis, disci hermaphroditis, sterilibus. Involucrum campanulatum, imbricatum. Receptaculum convexum, nudum. Corollae tubulosae, radii tri-quadridentatae, disci quadri-quinquedentatae. Antherae ecaudatae. Stigmata exappendiculata. Achenia conformia, sessilia, angulata, glabra, disco epigyno magno. Pappus nunc nullus, nunc membranaceus, coroniformis, integer v. aequaliter dentatus, v. subinaequalis, extrorsum subunilateralis. — *Herbae v. suffrutices, per totum orbem dispersi in Europa et in Asia media imprimis copiosi; foliis alternis, varie dissectis, capitulis solitariis v. corymbosis, subglobosis, luteis.*

Tanacetum Linn. *gen. n. 944.* excl. sp. Gärtn. *II. 395.* Lessing *Synops. 264.* DC. *Prodr. VI. 127.*

a. EUTANACETUM DC. *Prodr. VI. 128.* Capitulum heterogamum, floribus radii tridentatis, disci quinquedentatis. — *Herbae europeae, asiaticae et boreali-americanae, foliis uni-bipinnatipartitis.*

Tanacetum Necker *elem. n. 160.* Tanaceti sectio IV. Lessing *Synops. 265.* (Gärtn. *t. 165.* Lam. *t. 696. f. 1.* Ledebour *Ic. t. 38.*)

b. PSANACETUM DC. *Prodr. VI. 130.* Capitulum homogamum, floribus omnibus quadridentatis v. saepius quinquedentatis. — *Herbae europeae et asiaticae.*

Psanacetum Necker *elem. n. 161.* Lessing *Synops. 265.* (Miller *Ic. t. 227. f. 1.*)

c. MATRICARIOIDES DC. *Prodr. VI. 131.* Capitulum homogamum, floribus omnibus quadridentatis. Receptaculum conicum. — *Herba arctica.*

Matricarioides Lessing *Synops. 265.* T. pauciflorum Richardson.

d. BROCCHIA DC. *Prodr. VI. 131.* Capitulum homogamum v. rarius heterogamum, floribus omnibus quadridentatis. Achenia radii angulata v. compressa, nec obcompressa. — *Species capenses et boreali-africanae.*

Brocchia Visiani *Pl. Aegypt. 35.* Cotulae sp. Thunb. Less. Delile *Fl. Aegypt. t. 41. f. 4.*

e. HIPPIOIDES DC. *Prodr. VI. 134.* Capitulum heterogamum, floribus disci quadridentatis, minimis. Achenia radii obcompressa. — *Species capenses, sui verisimiliter generis.*

2697. Plagius *HERIT.* Capitulum multiflorum, homogamum, discoideum. Involucrum campanulatum, imbricatum. Receptaculum latum, planum, nudum. Corollae membranaceae, tubulosae, teretes, limbo quinquedentato. Antherae ecaudatae. Stigmata exappendiculata. Achenia conformia, angulata, callo basilari crasso elongato-stipitata. Pappus membranaceus, auricularis, achenio brevior, ad latus interius productus, ad latus exterius plus minus incisus. — *Herbae mediterraneae, perennes v. basi suffrutescentes, Chrysanthemi facie, sed capitulis discoideis facile distinguendae; foliis alternis, obovatis, dentatis, ad basim caulis confertioribus, capitulis solitariis magnis, v. paucis corymbosis, paullo minoribus.*

Plagius Heritier *msc.* DC. *Prodr. VI. 135.* Balsamita Lessing *Synops. 263.* Balsamitae sp. Desfont. *in Act. soc. h. n. Paris. 1791. t. 1.* et Auct. Cotulae sp. Linn. Jacq. *Observ. IV. t. 81.* Chrysanthemi sp. Linn. Allioni *Flor. pedemont. t. 11. f. 1.* Chrysocomae sp. Jacq. *Hort. Schönbr. t. 363.*

2698. Adenosolen *DC.* Capitulum multiflorum, homogamum. Involucri subtriseriati squamae imbricatae. Receptaculum convexum, nudum v. rarissime uni-bipaleatum. Corollae tubo glandulifero, basi dilatato, cum ovario arcte cohaerente, fauce dilatata, campanulata, limbo quinquefido. Antherae ecaudatae, exsertae steriles, subinclusae fertiles. Stigmata exserta, apice capitellata. Achenia teretia, glabra. Pappus nullus. — *Suffrutex capensis, ramosus, glaber; foliis alternis, sessilibus, lineari-subulatis, acuminatis, integerrimis, capitulis ad apices ramorum paucis, pedicellatis, subcorymbosis.*

Adenosolen DC. *Prodr. VI. 136.*

2699. Marasmodes *DC.* Capitulum pluriflorum, homogamum. Involucri ovati, imbricati squamae exteriores apice scarioso-appendiculatae. Receptaculum angustum, nudum. Corollae tubo brevi, limbo quinquedentato. An therae ecaudatae. **Stigmata** exserta, apice capitellata. **Achenia** teretia, erostria. **Pappi** paleae plures, distinctae, membranaceae, obtusae. — *Suffrutices capenses, rigidi, ramosi, divaricati, glabri; foliis alternis, sessilibus, crassiusculis, siccis, ericoideis, apice submucronatis, capitulis saepius ad apices ramorum sessilibus aggregatis, floribus flavis.*

Marasmodes DC. *Prodr. VI. 136.*

2700. Pentzia *THUNB.* **Capitulum** multiflorum, homogamum. **Involucri** obovati, discum aequantis squamae imbricatae, margine scariosae. **Receptaculum** angustum, planum, demum convexum, parce fimbrilliferum. **Corollae** tubo tereti, limbo quinquefido. **Antherae** ecaudatae. **Stigmata** exappendiculata. **Achenia** sessilia, angulata, exalata. **Pappus** membranaceus, breviter tubulosus, irregulariter lacerus, exteriore latere sinu incisus, hinc quasi introrsum auriculaeformis. — *Fruticuli capenses, rigidi, ramosissimi, plus minus incani; foliis alternis, confertis, varie incisis aut dentatis, capitulis terminalibus luteis, solitariis v. corymbosis.*

Pentzia Thunberg *Prodr. 145.* Willdenow *sp. III. 108.* Cassini *in Dict. sc. nat. XXXVIII. 386.* Lessing *Synops. 266.* DC. *Prodr. VI. 136.*

a. OOMORPHAEA DC. *Prodr. VI. 136.* **Capitula** ovata, in corymbum umbellatum disposita. **Involucri** squamae omnes hyalinae, subrufescentes, obtusae. — Gnaphalii sp. Linn. Tanaceti sp. Heritier *Sert. t. 21.*

b. EREMOCEPHALA DC. *Prodr. VI. 137.* **Capitula** campanulata v. subglobosa, ad apices ramorum solitaria. **Involucri** squamae saltim exteriores non scariosae. — Cotulae, Osteospermi et Chrysanthemi sp. Thunb.

2701. Chlamydophora *EHRENB.* **Capitulum** multiflorum, homogamum. **Involucri** campanulati, bi-triseriati squamae imbricatae. **Receptaculum** conicum, nudum. **Corollae** tubulosae, tubo demum incrassato, limbo tubo angustiore et breviore, quadri-quinquedentato. **Antherae** .... **Stigmata** .... **Achenia** sessilia, oblique cylindracea, nervulis albis striata. **Pappus** membranaceus, corolla longior, achenio fere major, auriculaeformis, ad latus exterius sinu profundo incisus. — *Herba aegyptiaca, annua, glabra, erecta; foliis linearibus, carnosis, saepius apice tridentatis, capitulis ramos terminantibus solitariis, flavis.*

Chlamydophora Ehrenberg *ex Lessing Synops. 255.* DC. *Prodr. VI. 138.* Balsamita tridentata Delile *Flor. aegypt. t. 47. f. 1.*

2702. Myriogyne *LESS.* **Capitulum** multiflorum, heterogamum, discoideum, floribus marginalibus uniseriatis, femineis, centralibus paucis, hermaphroditis. **Involucrum** expansum, subcampanulatum, floribus brevius, squamis subbiseriatis, ovatis, aequalibus. **Corollae** tubulosae, **femineae** limbo subintegerrimo, **hermaphroditae** tubo brevissimo, limbo campanulato, quadridentato. **Antherae** ecaudatae. **Stigmata** exappendiculata. **Achenia** conformia, angulata, exalata. **Pappus** nullus. — *Herbae ramosissimae, acres, sternutatoriae, per regiones extratropicas hemisphaerae australis et inter tropicos Asiae et Oceaniae dispersae; foliis alternis, confertis, oblongo-ovatis, apice dentatis, capitulis globosis, parvis, primum terminalibus, demum lateralibus, oppositifoliis, floribus luteis.*

Myriogyne Lessing *in Linnaea VI. 219. Synops. 266.* DC. *Prodr. 139.* Cotulae sp. Forst. Pöpp. Grangeae sp. Poir. Dichrocephalae sp. Herit.

2703. Sphaeromorphaea *DC.* **Capitulum** multiflorum, heterogamum, discoideum, floribus marginalibus multiseriatis, femineis, centralibus paucis hermaphroditis. **Involucri** campanulati, floribus paullo longioris squamae bi-triseriatae, obtusae, apice conniventes. **Receptaculum** planum, nudum. **Corollae** **femineae** tubuloso-conicae, apice vix dentatae, **hermaphroditae** tereti-tubulosae, limbo quadridentato. **Antherae** ecaudatae. **Stylus** basi bulbosus; **stigmata** exappendiculata. **Achenia** conformia, cylindracea. **Pappus** nullus. — *Herbae in Asia tropica et in Nova-Hollandia extratropica indigenae, acres, decumbentes v. prostrato-radicantes, glabrae v. lanuginosae; foliis alternis, obovato-cuneatis, dentatis, in petiolum plus minus angustatis, capitulis globoso-depressis, axillaribus, solitariis v. geminis, brevissime pedicellatis v. sessilibus.*

Sphaeromorphaea DC. *Prodr. VI. 140.* Artemisia minima Linn. Burm. *Ind. t. 58. f. 3.*

2704. Machlis *DC.* **Capitulum** multiflorum, heterogamum, discoideum, floribus marginalibus multiseriatis, femineis, apetalis (?), centralibus pluribus tubulosis, masculis v. hermaphroditis (?) **Involucri** biseriati squamae ovales, apice membranaceae, subincurvae, disco paullo longiores. **Receptaculum** latum, planum, nudum, punctulatum. **Corollae** **femineae** nullae, (an fortassis minimae?) **masculae** tubulosae, limbo obconico, quadridentato. **Antherae** .... **Stylus** floribus femineis brevis, nudus (?) bifidus; **stigmata** apice subbarbata. **Achenia** teretia, subangulata, subglandulosa, **radii** apice bidentata, **disci** apice truncata. **Pappus** nullus. — *Herba indica, annua, multicaulis, erecta, ramosa, glabra, ad summitates ramorum villosa; foliis alternis, pinnatim multifidis, lobis linearibus, acute mucronatis, capitulis solitariis, pedicellatis, axillaribus terminalibusque, subconvexis, floribus ut videtur fulvis.*

Machlis DC. *Prodr. VI. 140.* Cotula hemisphaerica Wallich, Artemisia hemisphaerica Roxb.

DIVISIO VI. HIPPIEAE Lessing *Synops. 267.* DC. *Prodr. VI. 141.* **Capitula** heterogama, floribus marginalibus femineis, centralibus masculis. **Stylus** disci simplex clavatus, apice truncatus.

2705. Abrotanella *CASS.* **Capitulum** subquinqueflorum, heterogamum, floribus tribus exterioribus femineis, interioribus duobus styli abortu masculis. **Involucrum** pentaphyllum, uniseriale. **Receptaculum** nudum. **Corollae** omnes tubulosae, **femineae** cum ovario articulatae, tridentatae; **masculae** quadri-quinquedentatae. **Antherae** ecaudatae. **Stylus** masculus indivisus, **femineus** bifidus; **stigmatibus** brevibus, divergentibus. **Achenia** compressiuscula. **Pappus** nullus. — *Herba macloviana caespitosa, musciformis, glaberrima; foliis alternis, imbricatim confertis, coriaceo-carnosis, emarginatis, capitulis terminalibus, parvis, solitariis, sessilibus.*

Abrotanella Lessing *in Dict. sc. nat. XXXVI. 27. Opusc. phyt. II. 42.* Lessing *Synops. 267.* Oligosporus emarginatus Cassini *ex Gaudich. in Annal. sc. nat. V. 104. t. 3. f. 4.*

2706. Leptinella *CASS.* **Capitulum** quindecim-trigintiflorum, heterogamum, floribus radii femineis, ligulatis, disci tubulosis, masculis. Involucri hemisphaerici, bi-triseriati squamae circiter decem, orbiculatae, adpressae. Receptaculum planum v. subconicum, nudum. Corollae radii ligulatae, tubo longo, ligula minima, v. irregulariter tubulosae; disci tubulosae, grosse quadridentatae. Stylus disci indivisus, apice rotundatus, truncatus; radii bifidus; stigmatibus latis, brevibus, divergentibus. Achenia radii obcompressa, obovata, bicostata, glabra, disci abortiva. Pappus nullus. — *Herbae americanae, tenues; foliis alternis, confertis, pinnatifidis, lobis integris v. lobatis, capitulis terminalibus, in ramis superne aphyllis solitariis, parvis, flavis.*

Leptinella Cassini *in Bullet. soc. philomat. 1822. p. 127. Dict. sc. nat. XXVI. 67.* Lessing *Synops. 268.* DC. *Prodr. VI. 141.* — ? Hippiae sp. Kunth.

2707. Plagiocheilus *ARNOTT.* Capitulum multiflorum, heterogamum, floribus radii uniseriatis, irregularibus, femineis, disci regularibus, masculis. Involucri floribus brevioris, bitriseriati squamae obovato-oblongae. Receptaculum hemisphaericum. Corollae radii lobis inaequalibus, integerrimis, interiore minore; disci tubo brevi, limbo quadridentato. Antherae .... Stigmata .... Achenia radii compressa, oblonga, erostria; disci abortiva. Pappus nullus. — *Herbae austro-americanae; foliis alternis, pinnatisectis, segmentis incisis lobulatisve, capitulis pedicellatis, nudis.*

Plagiocheilus Arnott *msc. ex DC. Prodr. VI. 142.*

2708. Soliva *RUIZ et PAV.* Capitulum multiflorum, heterogamum, floribus radii pluriseriatis, apetalis v. filiformibus femineis, disci paucis, tubulosis, femineis. Involucri campanulati squamae quinque v. decem, uniseriatae. Receptaculum planum, nudum. Corollae radii nullae v. filiformes, tenuissimae, persistentes; disci tubulosae, limbo tri-sexdentato. Antherae ecaudatae. Stylus masculus simplex, apice late orbiculatus, truncatus; femineus persistens, rigidus, apice vix bifidus. Achenia radii obcompressa, mucronata, margine alata v. callosa. Pappus nullus. — *Herbae in America tropica et australi temperata indigenae, etiam in Lusitania observatae, parvae, erectae v. prostratae; foliis petiolatis, impari-pinnatisectis, lobis integerrimis v. pinnatipartitis aut multifidis, capitulis sessilibus v. pedunculatis.*

Soliva Ruiz et Pavon *Prodr. 113. t. 24.* R. Brown *in Linn. Transact. XII. 101.* Lessing *Synops. 268.* DC. *Prodr. VI. 142.* Gymnostyles Jussieu *in Annal. Mus. IV. 260. t. 61.* Cassini *in Dict. sc. nat. XX. 153.* Solivaea Cassini *in Dict. sc. nat. XXIX. 177.* Soliva et Gymnostyles Persoon *Ench. II. 491. 497.* Hippiae sp. Linn. Brotero.

2709. Hippia *LINN.* Capitulum multiflorum, heterogamum, discoideum, floribus radii uniseriatis, filiformibus, femineis, disci tubulosis, masculis. Involucri subuniseriati squamae ellipticae, margine scariosae. Receptaculum parvum, convexum, epaleatum. Corollae radii filiformes; disci tubulosae, quinquedentatae. Antherae ecaudatae. Stylus ..... Achenia radii subrotunda, plano-obcompressa, margine bicostata v. bialata; disci abortiva. Pappus nullus. — *Herbae v. frutices capenses, odoreanthemideo; foliis alternis, saepius pinnatilobatis, rarius integerrimis, capitulis corymbosis, parvis, luteis.*

Hippia Linn. *gen. n. 1324.* Gärtner *II. 390. t. 164.* Cassini *in Dict. sc. nat. XXI. 268.* Tanaceti sp. Linn. Berg.

DIVISIO VII. ERIOCEPHALEAE Lessing *Synops. 268.* DC. *Prodr. VI. 145.* Capitula multiflora, heterogama, floribus radii paucis, ligulatis v. tubulosis, femineis; disci tubulosis, stylo simplici, clavato-truncato masculis. Achenia obcompressa, exalata. Pappus nullus. Receptaculum paleatum. — *Frutices capenses.*

2710. Eriocephalus *LINN.* Capitulum multiflorum, heterogamum, floribus radii ligulatis v. subtubulosis, femineis, disci tubulosis, masculis. Involucrum duplex, exterioris campanulati squamae quatuor v. quinque, ovatae, liberae, interioris plures, inter se concretae, extus lanigerae. Receptaculum paleatum. Corollae radii ligulatae, ligula obovata, apice dentata, v. subtubulosae, limbo integro, oblique truncato; disci tubulosae, limbo quinquedentato. Antherae ecaudatae. Stylus radii bifidus; disci simplicissimus, clavato-truncatus. Achenia radii obcompressa, exalata; disci abortiva. Pappus nullus. — *Frutices capenses, ramosissimi; foliis alternis v. oppositis, linearibus, crassiusculis, nunc indivisis, nunc apice trifidis, saepius sericeo-villosis, pubescentibus, rarius glabris, capitulis pedicellatis, nunc racemosis, nunc umbellatis, nunc solitariis, subglobosis, post anthesim lana albida v. rufescente dense vestitis.*

Eriocephalus Linn. *gen. n. 815.* Gärtner *II. 428.* Lessing *Synops. 268.* DC. *Prodr. VI. 145.* non Vaill.

a. PHAENOGYNE DC. *Prodr. VI. 145.* Corollae radii stylo et involucro longiores, ligulatae, obovatae v. cuneatae, apice obtuse tridentatae.

Eriocephalus et Monochlaena Cassini *in Dict. sc. nat. XV. 188. et L. 491.* (Gärtn. *t. 168.* Lamarck *t. 717.*)

b. CRYPTOGYNE DC. *Prodr. VI. 147.* Corollae radii stylo breviores, intra involucrum subocultati, tubulosi, apice subintegri aut oblique truncati v. subligulati.

Cryptogyne, Microgyne, Brachygyne, Selenogyne, Siphogyne v. Stenogyne Cassini *in Dict. sc. nat. L. 493.*

SUBTRIBUS VII. GNAPHALIEAE Lessing *Synops. 269.* DC. *Prodr. VI. 149.* Capitula homogama sive heterogama, multi-pauciflora, rarius uniflora. Corollae tubulosae, quinquedentatae, florum femineorum filiformes, rarissime ligulatae. Antherae caudatae. Stylus floris hermaphroditi ramis exappendiculatis, masculorum saepe indivisus. Pappus pilosus v. setaceus, rarissime nullus. — *Herbae v. suffrutices, potissimum gerontogei, foliis ut plurimum alternis.*

DIVISIO I. ANGIANTHEAE DC. *Prodr. VI. 149.* Capitula uni-pauciflora, in glomerulum involucro generali cinctum dense aggregata.

2711. Styloncerus *LABILLARD.* Capitula pauciflora, homogama? Involucri flores superantis squamae elliptico-oblongae, obtusae. Receptaculum nudum? Corollae tubulosae, basi dilatatae, limbi quinquedentati dentibus brevibus, erectis. Antherae ecaudatae? Stylus basi valde incrassatus. Achenia obconica, papillosa. Pappus coroniformis, e paleis quinque basi concretis, a medio serrato-fimbriatis, acuminatis, extus fortassis membranula annulari minima stipatis. — *Herba Novae-Hollandiae austro-occidentalis, pusilla, prostrata, in vivo recognoscenda; foliis sparsis, linearibus, integerrimis, glabris, capitulis in glomerulum ovato-globosum, terminalem dense aggregatis.*

Styloncerus Labillard *Nov. Holland. II. 57. t. 209.* (sphalmate Siloxerus) Cassini *in Dict. sc. nat. XXIII. 563.* Lessing *Synops. 269.* DC. *Prodr. VI. 149.* Ogcerostylus Cassini *in Dict. sc. nat. XXIII. 563. XLIX. 221.*

2712. Hyalolepis *DC.* Capitula uniflora, in glomerum dense aggregata, involucri communis multiseriati squamis ovato-lanceolatis, integris v. apice bifidis, nervo opaco, ceterum hyalinis. Receptaculum commune nudum. Involucra partialia supra receptaculum sessilia, monophylla, (fortassis e squamis tribus concretis) teretia, basi indurata. Corolla filiformis, apice subclavellata, tri-quinquedentata. Antherae···· Stigmata apice subbarbellata. Achenium teres, elongatum, sericeo-subpubescens. Pappus seta filiformis, corolla parum brevior. — *Herba Novae-Hollandiae, pygmaea; caulibus e collo plurimis, brevissimis, foliis fere radicalibus, lineari-subulatis, integerrimis, basi dilatato-amplexicaulibus, glomerulo inter folia ad apicem cujusque cauliculi sessili, albido, basibus foliorum et involucri generalis laxe et parce lanuginosis.*

Hyalolepis DC. *Prodr. VI. 149.*

2713. Phyllocalymma *BENTH.* Capitula biflora, homogama, in glomerulum subglobosum aggregata, involucri communis squamis herbaceis, linearibus, glomerulo longioribus. Receptaculum commune nudum. Involucra partialia pleiophylla, oblongo-cuneata, scariosa, exappendiculata. Antherae ······ Stylus inclusus ····· Achenia clavato-linearia, hirsuta. Pappi paleae subquinae, basi ovatae, in setam corollam subaequantem, laevem v. scabram productae. — *Herba Novae-Hollandiae austro-occidentalis pusilla, ramosissima, superne albo-tomentosa; foliis linearibus, basi amplexicaulibus, integerrimis, glomerulis lateralibus et terminalibus subglobosis.*

Phyllocalymma Bentham *in Enum. plant. Hügel. p. 61.*

2714. Angianthus *WENDL.* Capitula biflora, homogama, in glomerulum spicaeformem, ovato-cylindraceum dense conferta, involucri communis squamis quatuor ovatis, albido-tomentosis, glomerulo multo brevioribus. Receptaculum angustissimum, tomentosum. Involucra partialia tetraphylla, squamis ovatis, scariosis, duabus planis, duabus alternis convolutis, flores singulos involventibus. Corollae tubulosae, quinquedentatae. Antherae caudatae. Stigmata exserta, truncata, divergentia, apice pilosa. Achenia oblonga, glabra. Pappus biaristatus, aristis basi membranaceo-dilatatis, serratis, apice plumoso-penicillatis. — *Herba Novae-Hollandiae annua, tota cano-tomentosa; foliis alternis, oblongo-spathulatis, enerviis, integerrimis, capitulis ad apicem ramorum in spicam ovatam, involucri communis foliolis albis tomentosis quadribracteatam confertis, involucris partialibus et corollis aureis.*

Angianthus Wendland *Collect. II. 31. t. 48.* R. Brown *in Linn. Transact. XII. 103.* DC. *Prodr. VI. 150.* Cassinia R. Brown *in Aiton Hort. Kew. 2. V. 184.* Cassini *in Dict. sc. nat. VII. 229.* nec alib. Hirnelia Cassini *in Bullet. soc. philomat. 1820, Dict. sc. nat. XXI. 199. XXIII. 308.* Lessing *Synops. 269.*

2715. Skirrhophorus *DC.* Capitula biflora, homogama, in glomerulum ovatum dense conferta, involucri communis biseriati squamis exterioribus lanatis, interioribus longioribus scariosis, glomerulo brevioribus. Receptaculum commune papillosum. Involucra partialia sessilia, squamis subhyalinis, oblongis, deciduis. Corollae tubulosae, minutae, tubo basi in tuberculum skirrhosum, subrugulosum et ovario latiorem dilatato, limbi quinquedentati dentibus reflexis. Antherae ···· Stigmata brevia, apice capitellata. Achenia glabra, oblonga, basi attenuata. Pappus nullus. — *Herba Novae-Hollandiae australis, suffruticulosa, ramosissima, dense tomentosa; foliis alternis, linearibus, integerrimis, crassiusculis, glomerulis ramulos terminantibus ovatis, involucri communis bracteis exterioribus lanatis, interioribus capitulisque flavo-scariosis.*

Skirrhophorus DC. *Prodr. VI. 150.*

2716. Myriocephalus *BENTH.* Capitula quadri-quinqueflora, homogama, in glomerulum depresso-subglobosum densissime aggregata, involucri communis polyphylli squamis linearibus, dorso lanatis, appendice scariosa, ovata radiantibus. Receptacula nuda. Involucri partialis squamae paucae, scariosae, minute appendiculatae. Corollae tubulosae, tubo brevi, basi aequali, limbo quinquedentato. Antherae ····· Stigmata exserta, brevia, apice subincrassata. Achenia linearia, glabra. Pappus nullus. — *Suffruticulus Novae Hollandiae austro-occidentalis; caule erecto, glabro v. apice puberulo, foliis alternis, linearibus, integerrimis, basi amplexicaulibus, utrinque viridibus, fere glabris, glomerulis terminalibus.*

Myriocephalus Bentham *in Enumerat. plant. Hügel. p. 61.*

2717. Gnephosis *CASS.* Capitula uni-quadriflora, homogama, intra bracteas scariosas, inferne cuneatas, superne obtusas, subdentatas, in spicam ovatam dispositas solitaria. Involucri proprii octophylli squamae biseriatae, exteriores persistentes, membranaceae, superne coloratae, interiores longae, caducae, appendicula radiante superatae. Receptaculum angustissimum, nudum. Corollae tubulosae, graciles, limbo obconico, quinquefido. Antherae ······ Stigmata ······ Achenia obovata, brevissima, laevia. Pappus coroniformis, brevissimus, lacerus, caducissimus. — *Herba Novae-Hollandiae australis, annua, glaberrima, ramosa; ramis gracilibus, flexuosis, saepe nudis, foliis paucissimis, alternis, linearibus, scabridis, integerrimis, capitulis ad apices ramorum in spicam obovatam glomeratis, bracteis scariosis, flavescentibus interstinctis.*

Gnephosis Cassini *in Bullet. soc. philomat. 1820. p. 43. Dict. sc. nat. XIX. 127.* Lessing *Synops. 270.* DC. *Prodr. VI. 151.*

2718. Calocephalus *R. BR.* Capitula triflora, homogama, in glomerulum globosum, exinvolucratum dense aggregata. Involucri squamae floribus sublongiores, apice obtusae, scariosae. Receptaculum nudum. Corollae tubulosae, quinquedentatae. Antherae ······ Stigmata ······ Achenia obovoidea, sessilia v. pedicellulata. Pappi uniseriati setae paucae, apice plumoso-penicillatae. — *Herbae Novae-Hollandiae orientalis, erectae, parce ramosae, graciles, tomentoso-canescentes; foliis oppositis, basi in* *vaginam brevissimam connatis, linearibus, integerrimis, glomerulis terminalibus.*

Calocephalus R. Brown *in Linn. Transact. XII. 100.* Cassini *in Dict. sc. nat. XXIII. 563.* Lessing *Synops. 271.* Brongniart *ad Duperr. t. 60.* DC. *Prodr. VI. 151.*

2719. Cylindrosorus *BENTH.* Capitula biflora, homogama, in glomerulum oblongo-cylindricum dense aggregata. Involucri communis biseriati squamae paucae, lineares, scariosae, exteriores brevissimae, interiores glomerulum subaequantes. Receptaculum nudum. Involucra propria squamis paucis, oblongo-cuneatis, scariosis, exappendiculatis. Corollae tubulosae, limbo quinquefido. Antherae caudatae. Stigmata inclusa, brevissima. Achenia linearia, glabra. Pappi paleae paucae, basi ovatae, in setam corollam subaequantem, supra medium breviter plumosam productae. — *Herba Novae-Hollandiae erecta, ramosa, laxe tomentosa; foliis alternis, linearibus, semiamplexicaulibus, glomerulis terminalibus, oblongo-cylindraceis, involucri proprii squamis apice citrinis.*

Cylindrosorus Bentham *in Enumerat. plant. Hügel. p. 62.* DC. *Prodr. VI. 152.*

2720. Leucophyta *R. BR.* Capitula triflora, homogama, in glomerulum globosum, bracteis interstinctum aggregata. Involucri communis foliola uniseriata. Receptacula nuda. Involucri proprii squamae subdenae, submembranaceae, obovato-oblongae, flores aequantes. Corollae tubulosae, quinquedentatae. Antherae basi bisetae. Stigmata ...... Achenia pedicellata, obovoidea, glandulosa. Pappi uniseriati setae longae, a basi ad apicem plumosae. — *Herba Novae-Hollandiae austro-orientalis, suffruticulosa, ramosa, tota tomento adpresso incana; foliis alternis, sessilibus, linearibus, erectis, glomerulis terminalibus, rhachi conica, corollis flavis.*

Leucophyta R. Brown *in Linn. Transact. XII. 106.* Cassini *in Dict. sc. nat. XXVI. 158.* Lessing *Synops. 271.* DC. *Prodr. VI. 152.*

2721. Craspedia *FORST.* Capitula quinqueflora, homogama, in glomerulum subrotundum, bracteis sub singulis capitulis sitis cinctum aggregata, receptaculo communi cylindraceo, lanato insidentia, substipitata. Involucri proprii squamae membranaceae, hyalinae, ellipticae, floribus aequales. Receptaculum angustum, margine paleis hyalinis, integris onustum. Corollae tubulosae, late quinquedentatae. Antherae basi bisetae. Stigmata inclusa. Achenia oblonga, villosa. Pappi uniseriati setae filiformes, plumosae. — *Herbae perennes, Novae-Hollandiae et Novae-Zeelandiae incolae; foliis in parte caulis inferiore confertis, alternis, lanceolato-linearibus, integerrimis, caule erecto, subnudo, apice monocephalo, floribus sulphureis.*

Craspedia Forster *Prodr. 326.* R. Brown *in Linn. Transact. XII. 105.* Cassini *in Dict. sc. nat. XI. 353.* Lessing *Synops. 271.* Bot. Reg. *t. 1908.* Bot. Mag. *t. 3415.* DC. *Prodr. VI. 152.* Richea Labillard. *Voy. I. 187. t. 16.* Cassini *in Dict. sc. nat. XXIII. 503.* non alior. Cartodium Solander *msc.*

2722. Pycnosorus *BENTH.* Capitula pauciflora, heterogama, flore uno neutro, reliquis hermaphroditis, in glomerulum globosum, exinvolucratum dense conferta. Involucri proprii squamae paucae. Receptaculum paleis inter flores involucri squamas referentibus. Corollae tubulosae, limbi quinquedentati dentibus erectis. Antherae ...... Stigmata ...... Achenia pilosa. Pappus floris neutri setae paucae, apice plumosae, hermaphroditorum plurimae, inferne subdilatatae et a basi plumosae. — *Fruticulus Novae-Hollandiae, erectus, albo-lanatus; foliis alternis, oblongo-linearibus, pedunculis longis, rigidis, nudis.*

Pycnosorus Bentham *in Enumerat. plant. Hügel. p. 63. in not.* DC. *Prodr. VI. 153.*

DIVISIO II. CASSINIEAE Lessing *Synops. 271.* DC. *Prodr. VI. 153.* Capitula haud glomerata. Receptaculum totum v. margine paleatum.

2723. Ammobium *R. BR.* Capitulum multiflorum, homogamum. Involucri hemisphaerici, flores aequantis squamae imbricatae, coriaceae, margine membranaceae, appendice scariosa, lata, concava, patente terminatae. Receptaculum latum, conicum, paleis oblongis, subconcavis, apice denticulatis, acuminatis inter flores. Corollae tubulosae, tubo carnoso, virescente, limbo quinquelobo. Antherae basi bisetae. Stigmata exserta, arcuata, apice pilosa. Achenia obcompresso-tetragona, apice quadridentata, dentibus duobus majoribus in setulam v. aristam productis. — *Herba Novae-Hollandiae orientalis, erecta, ramosa, villoso-canescens; foliis radicalibus oblongis, longe in petiolum attenuatis, caulinis in alam secus caulem decurrentibus, capitulis ad apices ramorum solitariis, involucris albis, floribus flavis.*

Ammobium R. Brown *in Bot. Mag. t. 2459.* Cassini *in Dict. sc. nat. XLVI. 524.* Gaudichaud *ad Freycinet. 467. t. 90.* Lessing *Synops. 377.* DC. *Prodr. VI. 153.*

2724. Ixodia *R. BR.* Capitulum multiflorum, homogamum. Involucrum cylindraceo-campanulatum, floribus longius, squamis basi adpressis, coriaceis, in appendicem petaloideam, scarioso-albam, obovatam, patentem productis. Receptaculum conicum, paleis flores subsuperantibus, involucri squamas referentibus, basi latis, denticulatis, fructum involventibus, apice oblongis, albo-coloratis. Corollae tubulosae, quinquedentatae, extus glandulis stipitatis obsitae. Antherae bisetae. Stigmata apice truncata, papillosa. Achenia oblongo-cylindracea, papilloso-pilosa. Pappus nullus. — *Suffrutex Novae-Hollandiae orientalis, glaberrimus, viscoso-virens; foliis alternis, linearibus, crassis, acutiusculis, integerrimis v subdentatis, uninerviis, glanduloso-punctatis, capitulis corymbosis, involucris albis, radiantibus, floribus flavis.*

Ixodia R. Brown *in Aiton Hort. Kew. 12. IV. 517.* Bot. Mag. *t. 1534.* Cassini *in Dict. sc. nat. XXIV. 56.* Lessing *Synops. 272.* DC. *Prodr. VI. 153.* non Solander.

2725. Rhynea *DC.* Capitulum multiflorum, heterogamum, floribus radii quinis, filiformibus, femineis, disci circiter quindecim, tubulosis, hermaphroditis. Involucri imbricati squamae exteriores pubescentes, obtusae, interiores in appendicem oblongam, patulam, obtusam, albam productae. Receptaculi paleae lineares, deciduae. Corollae femineae filiformes, hermaphroditae tubulosae, limbo quinquedentato. Antherae basi breviter bisetae. Stigmata truncata. Achenia obovato-oblonga, erostria, minute puberula. Pappi uniseriati setae vix scabridae. — *Suffrutex capensis, erectus, ramosus; ramis foliisque subtus tomento albido, adpressissimo tenaci canis, foliis alternis, sessilibus, decurrentibus, lanceolatis, apiculatis, uninerviis, superne glabris, pallidis, corymbo compo-*

sito, subpaniculato, foliis parvis interstincto, involucri squamis interioribus et paleis apice albis.

Rhynea DC. *Prodr. VI. 154.*

2726. Cassinia *R. BR.* Capitulum pauciflorum, homogamum, floribus omnibus hermaphroditis, tubulosis, rarius heterogamum, floribus paucissimis femineis, angustioribus in ambitu. Involucrum imbricatum, scariosum. Receptaculi paleae distinctae, intimas involucri squamas referentes. Corollae tubulosae, limbo quinquedentato. Antherae inclusae, basi bisetae. Stigmata apice obtusa, subtruncata, hispidula. Achenia obovata, erostria. Pappi uni-biseriati setae plurimae, filiformes v. apice penicillatae. — *Suffrutices, in Nova-Hollandia orientali et in Nova-Zeelandia indigeni; foliis sparsis, saepius linearibus, rarius oblongis v. lanceolatis, integerrimis, margine saepe revolutis, corymbosis v. paniculatis, terminalibus, involucris hemisphaericis, oblongis v. turbinatis.*

Cassinia R. Brown *in Linn. Transact. XII. 126.* (non Hort. Kew.) Cassini *in Dict. sc. nat. XXXIV. 504.* Lessing *Synops. 272.* excl. Angiantho.

a. GLOSSOPHYLLA DC. *Prodr. VI. 155.* Involucrum squamis intimis apice patulis breviter radians. Pappus persistens. — *Suffrutices ramosissimi.*

Cassinia Cassini *in Dict. sc. nat. LVI. 219.* Cassiniae sect. I. R. Brown *l. c.* Craspediae sp. Forst.

b. ANACTILAENA DC. *Prodr. VI. 155.* Involucrum connivens, squamis coriaceo-scariosis. Pappus deciduus. — *Frutices.*

Chromochiton et Achromolaena Cassini *in Dict. sc. nat. LVI. 220.* Cassiniae sectio II. R. Brown *l. c.* Caleae sp. Labillard. *Nov. Holl. t. 185.* (Bot. Reg. *t. 764.*)

DIVISIO III. HELICHRYSEAE Lessing *Synops. 272.* DC. *Prodr. VI. 157.* Capitula haud glomerata. Receptaculum epaleatum, nudum v. fimbrilliferum.

2727. Humea *SMITH.* Capitulum tri-quadriflorum, homogamum. Involucri cylindracei, imbricati squamae oblongae, margine late scariosae, infimae secus pedicellum minores, bracteiformes. Receptaculum angustissimum, nudum. Corolla tubulosa, quinquedentata. Antherae basi bisetae. Stigmata ····· Achenia erostria, glandulosa, glabra. Pappus nullus. — *Herba Novae-Hollandiae orientalis, biennis, resinoso-odorata, erecta, biorgyalis, parce ramosa; foliis alternis, auriculato-amplexicaulibus, ovali-lanceolatis, acuminatis, sparse pilosis, paniculae amplae ramis dependentibus, involucris purpureis v. roseis, corollis purpureis.*

Humea Smith *exot. Bot. I. t. 1.* Cassini *in Dict. sc. nat. XXII. 39.* Lessing *Synops. 272.* DC. *Prodr. VI. 157.* Calomeria Venten. *Malm. t. 73.* Agathomeris Delaune *Jard. Bot. 1805.* Oxypheria Hortulanor. Razumovia Spreng. *msc.* non Syst.

OBSERVATIO. Hoc loco collocatur a cl. De-Candolle genus a Lessingio inter Angiantheas pone Gnephosim paucis verbis indicatum, nobis plane dubium:

CROSSOLEPIS Lessing *Synops. 270.* „Capitulum „circiter decemflorum. Rhachis ebracteolata. Pappus „nullus. — *Herba Novae-Hollandiae, annua, gracillima, lana mox evanida vestita; foliis angustissime „linearibus, foliolis involucri vix biserialibus, floribus „parum brevioribus, scariosis, fimbriato-laceris.*" — Genus etiam ex alterius speciei capitulis bifloris donatae, a cl. Bentham *Enumerat. pl. Hügel. p. 61.* huc relatae, fortassis tamen minime congeneris specimine admodum manco haud stabiliendum, verisimiliter cum aliquo praecedentium coadunandum.

2728. Quinetia *CASS.* Capitulum bi-triflorum, homogamum. Involucrum cylindraceum, tetraphyllum, achenia vix superans, squamis linearibus, alternis planis, alternis concavis. Receptaculum angustum, nudum. Corollae tubulosae, ad faucem haud ampliatae, limbo tri-quadridentato. Antherae inclusae, appendice terminali acuta, caudis subnullis. Stigmata exserta, elongata, divergentia, subpiliformia, glabra, in appendicem brevem, diaphanam desinentia. Achenia teretiuscula, in stipitem subsericeum attenuata, apice subsericea, caeterum glabra. Pappi paleae quinae-octonae, uniseriatae, persistentes, basi membranaceae, ovatae, in aristam longam, subscabridam productae. — *Herba Novae-Hollandiae austro-occidentalis, annua, erecta, pusilla, tenella, simplicissima, glabra; foliis obovatis, mucronatis, integerrimis, longe petiolatis, petiolo basi dilatato, amplexicauli, capitulis ad axillas foliorum solitariis, breviter stipitatis, secus cauliculos racemoso-spicatis*

Quinetia Cassini *in Dict. sc. nat. LX. 579. et 590.* DC. *Prodr. VI. 158.*

2729. Rytidosis *DC.* Capitulum multiflorum, homogamum. Involucri bi-triseriati squamae scarioso-hyalinae, transversim rugosae, serrato-ciliatae, breviter unguiculatae. Receptaculum alveolatum. Corollae tubulosae, quinquedentatae. Antherae ······ Stigmata brevia, cono superata. Achenia ······ areola basi disciformi. Pappi squamellae quinque, paleaceae, ovatae. — *Herba Novae-Hollandiae orientalis, araneoso-canescens, Helichrysi facie; foliis alternis, sessilibus, linearibus, calloso-acuminatis, ramis paucis, nudis, apice monocephalis, involucris flavis.*

Rytidosis DC. *Prodr. VI. 159.*

2730. Rhodanthe *LINDL.* Capitulum multiflorum, homogamum. Involucri turbinati, imbricati squamae membranaceae, ovatae, acutae, extimae secus pedicellum bracteiformes argenteae, mediae adpressae, intimae stellatim patentes, roseae Receptaculum nudum. Corollae tubulosae, quinquefidae. Antherae ······ Stigmata ····· Achenia erostria, lanata. Pappi uniseriati setae distinctae, plumosae. — *Herba Novae-Hollandiae austro-occidentalis, erecta, annua, ramosa, glabra; foliis alternis, amplexicaulibus, obtusis, integerrimis, capitulis terminalibus, solitariis, elegantissimis.*

Rhodanthe Lindley *in Bot. Reg. t. 1703.* Hooker *in Bot. Mag. t. 3483.* D. Don *in Sweet Fl. Gard. II. t. 295.* DC. *Prodr. VI. 159.*

2731. Podotheca *CASS.* Capitulum multiflorum, homogamum. Involucrum floribus aequale, cylindraceum, squamis subimbricatis, lineari-acuminatis, subfoliaceis. Receptaculum epaleatum. Corollae tubulosae, graciles, quinquedentatae. Antherae basi bisetae. Stigmata longa, apice obtusa. Achenia subcylindracea, hispida, areola laterali, stipiti gracili e centro alveolorum orto insidens. Pappi paleae quinque, longissimae, uniseriatae, basi concretae, longe plumosae. — *Herba Novae-Hollandiae austro-occidentalis, annua, glabra; foliis alternis, amplexicaulibus, lineari-semilanceolatis, integerrimis acuminatis, capitulis solitariis, ramos aphyllos terminantibus, involucris subaraneosis, floribus flavescentibus.*

Podotheca Cassini *in Dict. sc. nat. XXIII. 561. 569.* Lessing *Synops. 273.* DC *Prodr. VI. 159.* Podosperma

Labillard. *Nov. Holl. II. 35. t. 117.* non alior. Phaenopoda Cassini *in Dict. sc. nat. XLII. 84.*

2732. Leptorhynchus *LESS.* Capitulum multiflorum, homogamum. Involucri multiseriati squamae imbricatae, adpressae, acuminatae, siccae, apice scariosae. Receptaculum planum, nudum. Corollae tubulosae, quinquedentatae. Antherae basi bisetae. Stigmata apice capitellata. Achenia compressa, subpappulosa, gracilia, apice in rostrum continuum, breve v. elongatum desinentia, areola terminali. Pappi setae denae-duodenae, uniseriatae, basi subconcretae, serrato-scabrae. — *Herbae Novae-Hollandiae graciles, adscendentes; foliis alternis, sessilibus, oblongo-linearibus, margine plus minus revolutis, integerrimis, capitulis solitariis, ramos aphyllos terminantibus v. subcorymbosis, involucris subtomentosis, corollis flavis.*

Leptorhynchus Lessing *Synops. 273.* DC. *Prodr. VI. 159.* Viraya Gaudich. *ad Freyc. 466.* Morna Lindley *in Bot. Reg. n. 1941. 1944.* Rhytidanthe Bentham *in Enumerat. plant. Hügel. 63.*

a. APHANORHYNCHUS Lessing *Synops. 273.* Achenia breviter rostrata. Capitula in ramis solitaria. Chrysocoma squamata Labillard. *Nov. Holl. t. 184.*

b. MORNA Lindley *in Bot. Reg. t. 1941.* Achenia longe rostrata. Capitula corymbosa. — Viraya Gaudich. *Op. cit. t. 89.* Rhytidanthe Bentham *l. c.*

2733. Millotia *CASS.* Capitulum multiflorum, homogamum. Involucri oblongo-cylindracei squamae octo v. decem, uniseriatae, apice acuminato-subulatae. Receptaculum planum, nudum. Corollae tubulosae, quadridentatae. Antherae basi bisetae. Stigmata glabra, appendice conica, minima superata. Achenia oblonga, compressa, scabra, rostro tenui, longo. Pappus uniserialis, pilosus, tenuis, scaber, corolla longior. — *Herba Novae-Hollandiae austro-occidentalis, annua, tenuis, erecta, tomento arachnoideo inducta; foliis alternis, tenuissimis, acutis, integerrimis, capitulis terminalibus solitariis, corollis flavis, pappo rufescente.*

Millotia Cassini *in Annal. sc. nat. XVII. 416. Dict. sc. nat. LX. 592.* Lessing *Synops. 273.* DC. *Prodr. VI. 161.*

2734. Ixiolaena *BENTH.* Capitulum multiflorum, homogamum. Involucri cylindracei squamae plurimae, virides, margine scariosae, erectae, apice lamina parva, petaloidea radiantes. Receptaculum alveolatum, breviter fimbrillliferum. Corollae tubulosae, breviter quadri-quinquedentatae. Antherae basi bisetae. Stigmata apice penicillata. Achenia glandulae insidentia, teretiuscula, hispidula, erostria. Pappi setae plurimae, scabrae. — *Herba Novae-Hollandiae austro-occidentalis, erecta, dura, ramosa, laxe lanata, viscosissima; foliis inferioribus oblongo-spathulatis, in petiolum attenuatis, superioribus lineari-spathulatis, subdecurrentibus, capitulis in ramis ternis v. quaternis, viscoso-pubescentibus, squamarum involucri marginibus niveis.*

Ixiolaena Bentham *in Enumerat. plant. Hügel. p. 66.*

2735. Panaetia *CASS.* Capitulum multiflorum, heterogamum, floribus tubulosis, radii paucis femineis, disci hermaphroditis. Involucri hemisphaerici, flores aequantis squamae imbricatae, intermediae petiolatae, appendice lata, scariosa, fimbriato-dentata, extimae ad appendicem redactae. Corollae tubulosae, radii limbo tripartito, lobis linearibus; disci longe tubulosae, quinquefidae. Antherae ..... Stigmata ..... Achenia conformia, oblonga, erostria. Pappi setae tenuissimae, superne plumosae, radii binae, disci tres v. quatuor. — *Herba Novae-Hollandiae austro-occidentalis, annua, parvula, erecta, gracilis; caule sparsim piloso, apice in ramos monocephalos diviso, foliis alternis, sessilibus, oblongis, acutis, integerrimis, subtus albido-tomentosis, capitulis solitariis, luteis.*

Panaetia Cassini *in Annal. sc. nat. XVI. 417. Dict. sc. nat. LX. 580. 593.* Lessing *Synops. 273.* DC. *Prodr. VI. 162.*

2736. Podolepis *LABILLARD.* Capitulum multiflorum, heterogamum, floribus radii ligulatis v. irregulariter tubulosis, femineis, disci regularibus, hermaphroditis. Involucri campanulati squamae multiseriatae, extimae sessiles, scarioso-diaphanae, intimae ungue lineari angusto stipitatae. Receptaculum paleatum. Corollae radii ligulatae, integrae v. vix denticulatae, v. irregulariter tubulosae, profunde tri-quinquefidae; disci regulares, quinquedentatae. Antherae basi bisetae. Stigmata glabra, apice capitellata. Achenia oblonga, subpapillosa, apice vix attenuata, areola laterali v. subterminali. Pappi setae uniseriatae, pilosae, scabro-serratae, basi in annulum subconcretae. — *Herbae Novae-Hollandiae, erectae, parce ramosae; foliis alternis, sessilibus, subdecurrentibus, oblongo-linearibus, acuminatis, integerrimis, capitulis terminalibus, solitariis.*

Podolepis Labillard. *Nov. Holl. II. 57.* R. Brown *in Aiton Hort. Kew. 2. V. 82.* Cassini *in Dict. sc. nat. XLII. 62.* Lessing *Synops. 367.* DC. *Prodr. VI. 162.*

a. SCALIA *Sims.* Flores radii ligulati v. difformes, incisuris 3—5, irregularibus, profundis. Pappi setae basi in tubulum brevem connexae. Involucri squamae stipite eglanduloso. — *Flores lutei.*

Scalia Sims *in Bot. Mag. t. 956.* DC. *l. c.* (Labillard. *Op. cit. t. 28.*)

b. STYLOLEPIS *Lehm.* Flores radii ligulati, integri v. vix denticulati. Pappi setae basi vix connatae. Involucri squamae stipite glandulifero. — *Flores violacei.*

Stylolepis Lehmann *Catalog. sem. hort. Hamburg. 1828. p. 17.* DC. *l. c.* (Bot. Mag. *t. 2904.* Sweet *Fl. Gard. t. 285.*)

a. DORATOLEPIS *Benth.* Flores radii subtubulosi. Pappi setae basi vix connatae. Involucri squamae stipite glanduloso. Acheniorum areola subterminalis.

Doratolepis Bentham *in Enumerat. plant. Hügel. p. 64.* DC. *l. c.*

2737. Swammerdamia *DC.* Capitulum multiflorum, heterogamum, discoideum, floribus marginis paucissimis femineis, disci hermaphroditis. Involucri squamae imbricatae, lineari-oblongae, obtusae, ochraceo-subscariosae. Receptaculum angustum, nudum. Corollae femineae subtridentatae, hermaphroditae quinquefidae. Antherae subexsertae, basi breviter caudatae. Stigmata apice capitellata, feminea exserta, hermaphroditorum demum reflexa. Achenia teretiuscula, callo basilari, crasso. Pappus conformis, uniserialis, setis apice clavellatis. — *Suffrutex insulae Diemen; ramulis angulatis, foliis alternis, obovato-cuneatis, brevissime subpetiolatis, obtusis, integerrimis, uninerviis, coriaceis, subtus subcandicantibus, capitulis in paniculas breves, oligocephalas, bracteolatas, ramos terminantes dispositis, floribus pallidis.*

Swammerdamia DC. *Prodr. VI. 164.*

2738. Ozothamnus *R. BR.* Capitulum pauci-pluriflorum, homogamum. Involucri imbricati squamae scariosae, saepius obtusae, intimae saepe coloratae. **Receptaculum** epaleatum, alveolatum v. saepius omnino nudum. **Corollae** tubulosae, quinquedentatae. **Antherae** basi bisetae. **Stigmata** apice subincrassata. **Achenia** obovata. **Pappi** uniseriati setae filiformes, scabrae, barba apicis longiore facie prima subclavatae. — *Frutices Novae-Hollandiae et insulae Diemen; foliis alternis, confertis, sessilibus, coriaceis, saepius elongatis, margine revolutis, subtus tomentosis, corymbis terminalibus compositis, involucris albis v. subferrugineis, corollis luteis, pappo albo.*

Ozothamnus R. Brown *in Linn. Transact. XII.* 125. DC. *Prodr. VI.* 164.

a. FAUSTULA DC. *l. c.* Capitulum submultiflorum. Receptaculum epaleatum, alveolato-fimbrilliferum. Involucrum floribus aequale, imbricatum, squamis adpressis, lanatis, appendice scariosa, glabra. Achenia obovoidea, pilis longis, nitidis, apice bifidis onusta.

Faustula Cassini *in Dict. sc. nat. XVI.* 251. Chrysocoma reticulata Labillard. *Nov. Holl. t.* 183.

b. PETALOLEPIS DC. *l. c.* Capitulum pauciflorum. Receptaculum angustum, nudum. Involucrum imbricatum, scariosum, floribus paullo longius, squamis intimis apice coloratis, obtusis, radiantibus.

Petalolepis Cassini *in Bullet. soc. philom.* 1817. *p.* 138. *Dict. sc. nat. XXIII.* 562. *XXIX.* 194. non Lessing. Eupatorii sp. Labillard. *Nov. Holl. t.* 180. 181. Chrysocomae sp. Labillard. *Op. cit. t.* 182.

c. EUOZOTHAMNUS DC. *l. c.* Capitulum pauciflorum. Receptaculum angustum, nudum. Involucri subglobosi squamae apice conniventes.

Ozothamnus Cassini *in Dict. sc. nat. XXIII.* 562. *XXXIX.* 196.

2739. Eriosphaera *LESS.* Capitulum decem-vigintiflorum, homogamum. **Involucri** pauciseriati, tomento densissimo involuti squamae lineares, integrae. **Corollae** tubulosae, teretes, glabrae, limbo quinquedentato. **Antherae** basi bisetae. **Stigmata** apice subincrassata. **Achenia** obovato-subangulata, minute papulosa. **Pappi** piliformis, caducissimi setae apice longius barbellatae fere dolabriformes. — *Herbae capenses, suffruticosae, dense lanatae; foliis obovatis v. spathulato-oblongis, planis, obtusis, submucronatis, capitulis congestis, lana intermixta obvallatis, corollis luteis.*

Eriosphaera Lessing *Synops.* 270. DC. *Prodr. VI.* 166. Gnaphalium Oculus Cati Linn. f.

2740. Leontonyx *CASS.* Capitulum viginti-trigintiflorum, discoideum, homogamum v. heterogamum, floribus marginalibus paucis, femineis, reliquis hermaphroditis. **Involucri** ovato-cylindracei, imbricati squamae exteriores tomentoso-lanatae, interiores elongatae, sicco-membranaceae, rigidae, uncinato- v. spiraliter flexae, coloratae. **Receptaculum** planum, nudum. **Corollae** tubulosae, limbo quinquedentato. **Antherae** basi bisetae. **Stigmata** ..... **Achenia** sessilia, erostria, scabra, areola terminali. **Pappus** biseriatus, capillaris, tenuissimus, corollam aequans. — *Fruticuli sive herbae capenses, humiles, lanato-tomentosae; foliis alternis, sessilibus, basi angustatis, membranaceis, capitulis ad apices ramorum glomeratis.*

Leontonyx Cassini *in Dict. sc. nat. XXV.* 466. Lessing *Synops.* 325. DC. *Prodr. VI.* 167. Spiralepis Don *in Mém. Wern. soc. V.* 551. Gnaphalii sp. Linn. Jacq. *Fragm. t.* 3. *f.* 4.

2741. Helichrysum *DC.* Capitulum multiflorum, homogamum v. heterogamum, floribus marginalibus uniseriatis, saepe paucissimis, gracilibus, femineis, reliquis hermaphroditis. **Involucri** imbricati squamae scariosae, interiores conniventes v. radiantes. **Receptaculum** planum, epaleatum, nunc nudum v. areolatum, nunc fimbrilliferum. **Corollae** tubulosae, femineae fere filiformes, limbo quinquedentato. **Antherae** basi bisetae. **Stigmata** exserta, apice vix incrassata. **Achenia** sessilia, erostria, areola terminali. **Pappi** uniseriati setae subscabrae v. apice barbatae, nunc liberae, nunc basi aequaliter concretae, nunc inaequaliter subcoadunatae v. ramosae. — *Herbae v. suffrutices gerontogei, imprimis capenses; foliis alternis, involucris albis, purpureis v. flavis, corollis luteis v. purpureis.*

Helichrysum DC. *Prodr. VI.* 169. Helichrysum et Lepicline Cassini *in Dict. sc. nat. XX.* 449. *XXVI.* 49. Helichrysi subgenera 1—3, 5, 9, Lessing *Synops.* 274—324. Helichrysi sp. Vaillant et Auct. Gnaphalii sp. Linn.

a. EUHELICHRYSUM DC. *Prodr. VI.* 169. Receptaculum nudum. Pappi setae subscabrae.

Helichrysum Gärtner *II.* 404. Cassini *in Dict. sc. nat. XX.* 449. Don *Mém. Wern. soc. V.* 17. Lessing *Synops.* 274. Anaxeton Gärtn. *II.* 406. *t.* 166. Lam. *t.* 692. Argyrocome Gärtn. *II.* 410. *t.* 167. Lam. *t.* 693. Gnaphalii sp. Auct. Andr. *Bot. Reposit. t.* 489. Bot. Mag. *t.* 1987. 2328. Bot. Reg. *t.* 243. Xeranthemi sp. Jacq. *Ic. rar. t.* 173. Labillard. *Syr. Dec. II. t.* 4. Andr. *Bot. Reposit. t.* 387. Vent. *Malm. II. t.* 2. Bot. Mag. *t.* 414. Astelmatis sp. Bot. Reg. *t.* 726. (Labillard. *Nov. Holl. t.* 190, 192. Bot. Mag. *t.* 1773. 1814.)

b. BLEPHAROLEPIS DC. *Prodr. VI.* 193. Receptaculum nudum. Pappi setae per totam longitudinem scabrae v. apice barbatae.

Gnaphalii sp. Labillard. *Nov. Holl. t.* 187. 188. Bot. Reg. *t.* 240. (Labillard. *Op. cit. t.* 191.)

c. TAXOSTICHE DC. *Prodr. VI.* 196. Receptaculum fimbrilliferum v. areolatum. Pappi setae scabrae.

Pentataxis Don *in Mém. Wern. soc. V.* 550.

d. LEPICLINE DC. *Prodr. VI.* 197. Receptaculum paleaceo-fimbrilliferum. Pappi setae scabrae.

Lepicline Cassini *in Bullet. soc. philomat.* 1818. *p.* 31. *Dict. sc. nat. XXVI.* 49. Lepicline et Ereciphyllum Lessing *Synops.* 296 *et* 312. Euchloris Don *in Mém. Wern. soc. V.* 548.

e. CHIONOSTEMMA DC. *Prodr. VI.* 209. Receptaculi fimbrillae paleaceae liberae, ovaria superantes. Pappi paleae basi varie inter se concretae, scabrae, apice vix crassiores.

Leucostemma Don *in Mém. Wern. soc. V.* 540. non Benth. — Lessing *Synops.* 314. Xeranthemi sp. Linn. Andr. *Bot. Reposit. t.* 384.

2742. Helipterum *DC.* Capitulum multiflorum, discoideum, homogamum, floribus omnibus hermaphroditis, rarissime floribus centralibus abortivis heterogamum. **Involucri** imbricati squamae scariosae, interiores conniventes v. radiantes. **Receptaculum** nudum v. alveolatum sive fimbrilliferum. **Corollae** tubulosae, limbo quinquedentato. **Antherae** basi bisetae. **Stigmata** exserta, obtusiuscula. **Achenia** sessilia, erostria, areola terminali. **Pappi** setae uniseriatae, plumosae, liberae v. basi connatae. — *Herbae v. suffrutices, in Capite bonae spei et in Nova-Hollandia indigeni; facie Helichrysi, involucris albis v. flavis.*

Helipterum DC. *Prodr. VI.* 211. Argyrocome Gärtner *II.* 410. quoad charact. excl. sp. nec alior. Helichrysi sp. Auct.

a. ASTELMA DC. *Prodr. VI.* 211. Capitula homogama. Involucrum imbricatum, connivens v. radians. Receptaculum convexum, alveolatum. Antherarum setae plumosae. Stigmata lineari-ligulata, obtusa. Pappus radiis plumosis, basi connatis. — *Capenses.*

Astelma Lessing *Synops.* 315. Argyrocome Schrank *in Act. Academ. Monac. VIII.* 146. non Cass.

Damironia Cassini *in Dict. sc. nat. LVI. 224. LX. 588.* Astelmatis sp. R. Brown *in Bot. Reg. t. 532.* Don *in Mém. Wern. soc. V. 542,* Xeranthemi sp. Linn. Andr. *Bot. Reposit. t. 51.* Gnaphalii sp. Linn. Bot. Mag. *t. 300.* Helichrysi sp. Willd. Andr. *Bot. Reposit. t. 262.*

b. SYNCARPHA DC. *Prodr. VI. 213.* Capitula homogama. Involucri ovati squamae imbricatae, apice in ligulam membranaceam, triangularem, acuminatam, reflexam productae. Receptaculum planum, alveolatum, alveolis ovaria subsuperantibus, e fimbrillis coriaceis, inter se connatis. Antherarum caudae barbatae. Stigmata longa, extus arcuata. Achenia papillosa. — *Capenses.*

Syncarpha DC. *in Annal. Mus. XVI. 225. t. 5. f. 13.* Cassini *in Dict. sc. nat. LI. 462.* — Lessing *Synops. 321* — ? Roccardiae sp. Necker *elem. n. 132.* — Stachelina gnaphaloides Linn. Gnaphalium modestum Hooker in Bot. Mag. *t. 2710.*

c. EDMONDIA DC. *Prodr. VI. 214.* Capitula homogama. Involucri campanulati squamae imbricatae, scariosae, radiantes. Receptaculum planiusculum, fimbrillis paleaceis v. setiformibus, deciduis persistentibusve, liberis nec in alveolos concretis. Antherarum setae plumosae. Pappus dense et breviter barbellatus. — *Capenses.*

Edmondia Cassini *in Dict. sc. nat. XIV. 252.* — Lessing *Synops. 321.* Aphelexis Don *in Mém. Wern. soc. V. 546.* non Boj. Xeranthemum Necker *elem. n. 150.* Xeranthemi sp. Linn. Andr. *Bot. Reposit. t. 242, 279. 652.* Bot. Mag. *t. 425.* Helichrysi sp. Willd. Loddig. *Bot. Cab. t. 59. 1954.*

d. LEUCOCHRYSUM DC. *Prodr. VI. 215.* Capitula homogama. Involucri squamae stipitatae, ad apicem stipitis lanato-ciliatae. Receptaculum nudum. Achenia glabra. Pappus plumosus. — *Suffrutices australasici.*

e. LEIOCHRYSUM DC. *Prodr. VI. 216.* Capitula homogama. Involucri squamae basi hyalinae, haud ciliatae nec angustatae. Receptaculum nudum. Achenia puberula. — *Herbae australasicae, annuae, glabrae.*

f. SERICOPHORUM DC. *Prodr. VI. 216.* Capitula floribus marginalibus fertilibus, centralibus interdum abortivis heterogama. Involucri imbricati, scariosi squamae intimae elongatae, petaloideae, coloratae, ciliatae. Antherarum setae imberbes. Achenia adpresse sericea, villis superioribus pappum exteriorem calyculiformem mentientibus. Pappi setae dense plumosae. — *Herbae v. suffrutices australasici.*

Helichrysum Gaudichaud *ad Freyc. 465. t. 87. 88.*

2743. Aphelexis *BOJ.* Capitulum homogamum, pauci-multiflorum. Involucri pauciseriati squamae disco longiores, basi virescenti-fuscae, in appendicem lineari-lanceolatam productae. Receptaculum vix alveolatum. Corollae tubulosae, limbo quinquedentato. Antherae basi breviter bisetae. Stigmata .... Achenia sessilia, erostria, areola terminali. Pappi setae filiformes, apice summo paucibarbellatae, basi distinctae v. subconcretae. — *Fruticuli madagascarienses, ericoidei; capitulis terminalibus, solitariis v. pluribus.*

Aphelexis Bojer msc. *ex DC. Prodr. VI. 217.* Freemania Bojer *msc.*

2744. Stenocline *DC.* Capitulum uni-quinqueflorum, homogamum, oblongum. Involucri squamae paucae, erectae, oblongae, haud imbricatae. Receptaculum angustissimum, nudum. Corollae tubulosae, quinquedentatae. Antherae basi bisetae. Stigmata obtusa. Achenia oblonga. Pappus uniserialis, setis filiformibus v. sublamellatis. — *Herbae v. suffrutices, madagascarienses et brasilienses; foliis alternis, lanceolatis v. linearibus, capitulis ut plurimum ternato-fasciculatis, fasciculis in corymbum compositum dispositis, involucris albis v. subflavescentibus.*

Stenocline DC. *Prodr. VI. 218.*

a. TRICEPHALUM DC. *l. c.* Capitula uni-triflora. Involucri squamae interiores subscariosae. Achenia oblonga. Pappus pilosus. — *Herbae madagascarienses; foliis oblongis v. lanceolatis, capitulis parvis, albido-subflavidis, ad apices ramulorum corymbi compositi ternis, sessilibus, ovalibus s. obovatis, bracteis extus subinvolutis v. nudis.*

b. EUSTENOCLINE DC. *l. c.* Capitula tri-quadriflora. Involucri squamae oblongae, erectae, subaequales, obtusiusculae. Achenia oblonga v. obovata. Pappi setae superne plano-lamellatae, subciliatae. — *Herbae madagascarienses, erectae; foliis linearibus v. lanceolatis, capitulis confertis, subglomerato-corymbosis, involucris niveis.*

c. ? CHIONOLEPIS DC. *l. c.* Capitula quadri-quinqueflora. Involucri squamae oblongae, niveae, haud vere imbricatae. Achenia oblonga. Pappus pilosus. — *Herba brasiliensis; caule tomentoso, foliis lanceolatis, supra glabris, subtus tomentosis, capitulis corymbi compositi fasciculato-congestis, bracteis capitulis proximis involucri squamas referentibus.*

2745. Achyrocline *DC.* Capitulum subquinqueflorum, tenue, cylindricum, heterogamum, floribus exterioribus tribus v. quatuor femineis, intimis duobus v. unico hermaphroditis. Involucri imbricati squamae scariosae. Corollae tubulosae, quinquedentatae. Antherae basi bisetae. Stigmata obtusa. Achenia oblonga. Pappus uniserialis, scabridus. — *Suffrutices americani tropici; foliis alternis, sessilibus v. decurrentibus, linearibus v. oblongo-lanceolatis, saepius tomentosis, capitulis in corymbum compositum dispositis, involucris flavescentibus v. rufis.*

Achyrocline DC. *Prodr. VI. 219.* Gnaphalii sp. sectio 1. Kunth *in Humb. et Bonpl. Nov. gen. et sp. t. 329.*

2746. Gnaphalium *DON.* Capitulum multiflorum, heterogamum, discoideum, floribus marginis uni-pluriseriatis, tenuissimis, femineis, centralibus hermaphroditis. Involucri ovati, discum aequantis squamae imbricatae, adpressae, subhyalinae. Receptaculum planum, nudum. Corollae femineae tenuissimae, hermaphroditae tubulosae, limbo quinquedentato. Antherae basi bisetae. Stigmata obtusa. Achenia teretia v. teretiuscula, rarius obcompressa, subpapillosa. Pappus conformis, uniseriatus, setis filiformibus, vix scabridis. — *Herbae rarissime suffrutescentes, plus minus lanatae v. tomentosae, per totum orbem dispersae, in America et in Capite bonae spei ut videtur frequentiores; foliis sessilibus v. decurrentibus, saepissime mollibus, capitulis in glomerulos terminales v. axillares, fasciculatos, corymbosos v. spicatos dispositis, involucri squamis albidis, rufis, purpureis v. flavis.*

Gnaphalium Don *in Mém. Wern. soc. V. 563.* Gnaphalii sect. Lessing *Synops. 328.* Gnaphalium et Omalotheca DC. *Prodr. VI. 221. et 245.*

a. EUGNAPHALIUM DC. *Prodr. VI. 222.* Flores feminei pluriseriales. Achenia teretiuscula.

Gnaphalium Cassini *in Dict. sc. nat. XIX. 119.* (Fl. dan. *t. 254. 859. 1229.* E. B. *t. 923. 1194.* Delile *Fl. aegypt. t. 44. f. 1. 2.* Schrank *Hort. Monac. t. 84.*)

b. EUCHITON DC. *Prodr. VI. 235.* Flores feminei pluriseriales. Achenia subcompressa.

Euchiton Cassini *in Dict. sc. nat. LVI. 214.* (Labillard. *Nov. Holl. t. 189.* Bot. Mag. *t. 2582.*)

c. HOMALOTHECA. Flores feminei uniseriales. Achenia obcompressa, obovoidea.

Omalotheca Cassini *in Dict. sc. nat. LVI. 218.* DC. *Prodr. VI. 245.* Gnaphalium supinum Vill. E. B. *t. 1193.*

2747. Cladochaeta *DC.* Capitulum multiflorum, homogamum. Involucri cylindracei squamae obtusae, dorso velutinae, margine scariosae, intimae discum aequantes. **Receptaculum** planum, brevissime fimbrilliferum. **Corollae** tubulosae, quinquedentatae. **Antherae** basi bisetae. **Stigmata** apice hispidula. **Achenia** teretiuscula. **Pappi** setae uniseriatae, basi in fasciculos seorsim deciduos concretae. — *Herba caucasica, gracilis, niveo tomentosa; foliis alternis, sessilibus, oblongis, obtusis, enerviis, integerrimis, summis linearibus, corymbo terminali polycephalo, capitulis breviter pedicellatis.*

Cladochaeta DC. *Prodr. VI. 245.* Gnaphalium candidissimum Bieberst.

2748. Pteropogon *DC.* **Capitulum** pauciflorum, heterogamum, floribus omnibus tubulosis, exterioribus duobus femineis, centralibus duobus v. tribus ovario efoeto masculis. **Involucri** oblongi squamae septenae-octonae, oblongae, glabrae, scariosae, conniventes, intimae paullo longiores. **Receptaculum** angustum, epaleatum. **Corollae** tubulosae, quinquedentatae. **Antherae** ······ **Stigmata** ······ **Achenia** exteriora obovata, tecta villis sericeis confertissimis, superioribus achenio longioribus, pappum exteriorem simulantibus, interiora abortiva. **Pappi** uniseriati setae paucae, dense et conferte plumosae. — *Herba Novae-Hollandiae orientalis interioris; caulibus e collo pluribus, erectis, tenuibus, apice pubescentibus, foliis infimis oppositis, reliquis alternis, lineari-subulatis, acutis, sessilibus, superioribus araneoso-pubescentibus, capitulis in corymbum terminalem, foliis cinctum confertis, sessilibus, involucri squamis exterioribus fuscis, intimis apice lacteis.*

Pteropogon DC. *Prodr. VI. 245.*

2749. Lasiopogon *CASS.* **Capitulum** multiflorum, heterogamum, floribus omnibus tubulosis, marginalibus uni-pauciseriatis, femineis, centralibus hermaphroditis. **Involucri** bracteis foliaceis stipati squamae uni-biseriatae, apice subhyalinae, disco paullo longiores. **Receptaculum** planum, nudum. **Corollae** tubulosae, femineae tenuissimae, hermaphroditae ampliores, quadri-quinquedentatae. **Antherae** basi bisetae. **Stigmata** obtusiuscula. **Achenia** obovalia, subcompressa, glabra. **Pappi** uniseriati setae longissime plumosae. — *Herbae in Africa boreali et australi indigenae, diffuso-ramosissimae, caespitosae, pusillae, annuae; foliis sparsis, anguste spathulatis v. linearibus, capitulis confertis, glomeratis.*

Lasiopogon Cassini *in Bullet. soc. philomat. 1818. p. 75. Dict. sc. nat. XXV. 302.* DC. *Prodr. VI. 246* Gnaphalii sectio 3. Lessing *Synops. 332.* Gnaphalium muscoides Desfont. *Flor. atl. t. 231.*

2750. Amphidoxa *DC.* **Capitulum** multiflorum, heterogamum, floribus omnibus tubulosis, marginalibus pluriseriatis femineis, centralibus hermaphroditis. **Involucri** campanulati squamae imbricatae, exteriores adpressae, hyalino-rufescentes, interiores in appendicem albam, ovalem, obtusam productae, parce radiantes. **Receptaculum** planum, nudum. **Corollae** femineae tenuissimae, hermaphroditae, amplius tubulosae, quinquedentatae. **Antherae** basi bisetae. **Stigmata** ······ **Achenia** oblonga. **Pappus** radii nullus, **disci** setosus, setis quinis-senis caducissimis, apice barbellatis, subclavellatis. — *Herba capensis, ramosa, basi indurata, apice lanata; foliis alternis, sessilibus, oblongis, apice obovatis, mucrone calloso superatis, complicatis, subundulatis, utrinque lanato-sericeis, capitulis ad apices ramorum subcongestis, breviter pedicellatis.*

Amphidoxa DC. *Prodr. VI. 246.*

2751. Demidium *DC.* **Capitulum** multiflorum, heterogamum, floribus marginalibus pluriseriatis, filiformibus, femineis, disci tubulosis, masculis. **Involucri** campanulati squamae uniseriatae. **Receptaculum** planum, nudum. **Corollae** femineae filiformes, masculae tubulosae, quinquedentatae. **Antherae** ···· **Stigmata** ····· **Achenia radii** oblonga, tetragono-teretiuscula, pilis minimis submuriculata; **disci** gracilia abortiva. **Pappus** nullus. — *Herba madagascariensis, humillima, multicaulis, molliter hirsutula, Filaginis gallicae facie; foliis alternis, linearibus, acutiusculis, capitulis parvis, fuscis, in axillis superioribus v. in apice ramorum subsessilibus, parce aggregatis.*

Demidium DC. *Prodr. VI. 246.*

2752. Filago *TOURNEF.* **Capitulum** multiflorum, heterogamum, **receptaculo** elongato-filiformi, vix apice dilatato, **involucri** squamis imbricatis, nec a receptaculi paleis distinctis, exterioribus dorso lanatis, reliquis scariosis. **Flores** intra receptaculi paleas axillares, solitarii, feminei, terminales plurimi, exteriores feminei, centrales hermaphroditi v. abortu masculi. **Corollae** femineae filiformes, apice vix dentatae, hermaphroditae tubulosae, quadri-quinquedentatae. **Antherae** caudatae. **Stigmata** obtusiuscula. **Achenia** teretia, subpapillosa. **Pappus** florum centralium setis filiformibus, marginalium nullus v. dissimilis. — *Herbae europeae, annuae, plus minusve tomentosae, saepius ramosae; foliis alternis, integerrimis, capitulis in axillis foliorum v. ad apices ramorum aggregatis.*

Filago Tournefort *inst. 259.* Vaillant *in Act. Academ. Paris. 1719. p. 296.* Linn. *sp. 1311.* excl. *sp. 1. et 7.* Gärtner *II. 404.* Mönch *Method. 576.* DC. *Prodr. VI. 247.* non Cass. et Less. Gnaphalii sp. Auct.

a. GIFOLA DC. *Prodr. VI. 247.* **Capitula** subpentagona. **Flores** feminei inter squamas quintuplici ordine dispositas siti. **Pappus** florum extimorum nullus, terminalium tam femineorum quam hermaphroditorum uniserialis. — *Capitula in glomerulum globosum coacervata.*

Gifola Cassini *in Bullet. soc. philomat. 1819. p. 143. Dict. sc. nat. XVIII. 531.* Lessing *Synops. 433.* Impia Dodon. *Pempt. 67.* Bluff et Fingerh. *Flor. germ. II. 342.* Gnaphalii sectio 2. Reichenb. *Flor. germ. II. 223.* (Gärtner *t. 166.* Gussone *Plant. rar. t. 69.*)

b. OGLIFA DC. *Prodr. VI. 248.* **Capitula** pyramidata v. ovoidea. **Flores** feminei exteriores uni-biseriales, inter squamas involucri dispositi. **Pappus** florum exteriorum caducissimus, uniserialis, centralium tam femineorum quam hermaphroditorum pluriserialis. — *Capitula aggregata, subspicata v. fasciculata, rarius solitaria.*

Oglifa Lessing *Synops. 333.* Oglifa et Logfia Cassini *in Bullet. soc. philomat. 1819. p. 143.* Achariterium et Xerotium Bluff et Fingerh. *Flor. germ. II. 343. et 345.* Gnaphalii sectio 1. Reichenb. *Flor. germ. II. 222.* Gnaphalii sp. Flor. dan. *t. 1275.* E. B. *t. 1157. 2369.*

2753. Metalasia *R. BR.* **Capitulum** pauciflorum, homogamum. **Involucri** pauciseriati squamae imbricatae, intimae longiores, apice saepe dilatatae, coloratae. **Receptaculum** totum nudum. **Corollae** tubulosae, limbo quinquedentato. **Antherae** basi bisetae. **Stigmata** obtusiuscula. **Achenia** juniora utrinque basi in stipitem, apice in rostrum attenuata, pellucida, matura subsessilia et erostria, semper glabra. **Pap-**

pus uniserialis, paucisetus, setis seorsim deciduis, apice incrassatis, subdenticulatis. — *Frutices capenses, erecti; ramis teretibus, saepe tomentosis, ad capitula usque aequaliter foliatis, foliis spursis, sessilibus, coriaceis, linearibus v. oblongis, supra marginibus involutis concavis, subtus convexis, nitidis, glabris, plerisque spiraliter tortis, capitulis cylindricis, in glomerulos corymbosos aggregatis, involucri squamis interioribus albis, purpureis v. rarius flavis, corollis purpureis v. albidis.*

Metalasia R. Brown *in Linn. Transact. XII.* 124. Don *in Mem. Werner. Soc. V.* 556. Lessing *Synops.* 334. excl. sp. Endoleuca et Metalasia Cassini *in Dict. sc. nat. XIV.* 474. *XXX.* 222. Helichrysi sect. Lessing *in Linnaea VI.* 223. Gnaphalii sp. Linn. Thunb.

2754. Erythropogon *DC.* Capitulum pluriflorum, homogamum. Involucri ovato-turbinati squamae pluriseriales, imbricatae, lineari-lanceolatae, appendice scariosa, colorata subradiantes. Receptaculum planum, nudum. Corollae tubulosae limbo quinquedentato. Antherae basi bisetae. Stigmata obtusiuscula. Achenia etiam juniora, sessilia, erostria, glabra. Pappi uniseriati setae scabrae, apice haud incrassatae. — *Suffrutices capenses; foliis alternis, coriaceis, parvis, mucronatis, supra cano-tomentosis, subtus glabris, enerviis, capitulis tribus ad septem, pedicellatis, umbellatis, involucrorum appendicibus et corollis purpurascentibus v. albis, pappo intense purpureo.*

Erythropogon DC. *Prodr. VI.* 254. Metalasiae sp. Don. Xeranthemi sp. Lam. Argyrocomes sp. Lam. *t.* 693. *f.* 3.

2755. Lachnospermum *WILLD.* Capitulum multiflorum, homogamum. Involucri turbinati squamae imbricatae, adpressae, ovales, acumine subpungente, erectiusculo. Receptaculi ambitus paleis paucis, linearibus onustus. Corollae tubulosae, quinquedentatae. Antherae caudatae. Stigmata apice penicillata. Achenia oblonga, angulata, juniora ad angulos tantum villosa, demum tota fere hirsuta. Pappus biserialis, setis pilosis, corollam paullo superantibus. — *Frutex capensis; ramis divaricatis, rigidis, tomentosis, foliis parvis, ad axillas fasciculatis, tereliusculis, obtusis, tomento supra obductis, ut in Metalasia tortilibus, sed brevioribus, capitulis terminalibus, solitariis, rarius geminatis v. ternis, breve pedunculatis.*

Lachnospermum Willdenow *Sp. III.* 1787. Cassini *in Dict. sc. nat. XXV.* 51. Lessing *Synops.* 342. DC. *Prodr. VI.* 255. Carpholoma Don *in Mem. Werner. Soc. V.* 555. Stachelinae sp. Thunb. Serratulae sp. Poir.

2756. Pachyrhynchus *DC.* Capitulum decemflorum, homogamum. Involucri tereti-oblongi, bracteis brevibus foliaceis, villosocanis stipati squamae elongatae, scariosae, nitidae, glabrae, lineares, acutae, demum patulae. Receptaculum planum, nudum. Corollae tubulosae, limbo quinquedentato. Antherae .... Stigmata .... Achenia sessilia, ovata, villosissima, rostro glabro, crasso superata. Pappus piloso-setaceus, setis vix scabris, pluriserialibus, corolla longioribus. — *Suffrutex capensis, ramosus, erectus, totus capitulis exceptis villoso-tomentosus, canescens; foliis sessilibus, lanceolatis v. oblongis, calloso-apiculatis, integerrimis, confertiusculis, subimbricatis, involucris stramineis.*

Pachyrhynchus DC. *Prodr. VI.* 255.

2757. Elytropappus *CASS.* Capitulum bi-octoflorum, homogamum. Involucri squamae oblongae, pauciseriales, mucronatae v. acuminatae. Receptaculum planum, nudum. Corollae tubulosae, limbo quinquedentato. Antherae caudatae. Stigmata apice penicillata. Achenia sessilia, erostria. Pappi setae plures, basi in annulum deciduum connatae, margine coroniformi, brevi, subintegerrimo calyculatae, infra nudae, apice plumosae. — *Fruticuli capenses, ramosissimi, erecti; foliis sparsis, saepe spiraliter tortis, pilis glandulosis plus minus exasperatis, intus semper tomento persistente vestitis, marginibus plus minus inflexis, capitulis ad axillas foliorum superiorum sessilibus v. subsessilibus, solitariis v. paucissimis, spicato-racemosis.*

Elytropappus Cassini *in Bullet. soc. philom.* 1816. *p.* 199. *Dict. sc. nat. XIV.* 376. Lessing *Synops.* 342. DC. *Prodr. VI.* 256. Gnaphalii, Stoebes et Seriphii sp. Auct.

2758. Disparago *GÄRTN.* Capitulum biflorum, heterogamum, flore altero ligulato, femineo v. neutro, altero tubuloso, hermaphrodito. Involucri oblongi squamae pauciseriales, sublineares, mucronatae, scariosae, glabrae. Receptaculum angustum, nudum v. inter flores paleolatum. Corollae ligulatae, tubo longo, ligula brevi ovali, integerrima v. bidentata, tubulosa, limbo quinquedentato. Antherae brevissime bicaudatae. Stigmata obtusa. Achenia oblonga, erostria. Pappus quinque-multisetus, setis basi coriaceis, nudis, apice plumosis, rarius basi margine coroniformi cinctus, florum ligulatorum saepe depauperatus v. nullus. — *Fruticuli capenses, ericoidei; foliis spiraliter dispositis, saepe tortis, confertis, sessilibus, lineari-subulatis, acuminato-mucronatis, intus et saepius utrinque tomentosis, capitulis in glomerulum terminalem subrotundum, bractealum dense aggregatis, corollis purpureis v. albis.*

Disparago Gärtner *II.* 463. Cassini *in Dict. sc. nat. XIII.* 348. *XXIII.* 563. *XXXIV.* 42. DC. *Prodr. VI.* 257. Wigaudia Necker *elem. n.* 172. non Kunth.

a. DISPARELLA DC. *l. c.* Receptaculi squamae v. paleae inter flores plures. Flos ligulatus femineus. Achenia glabra. Pappus conformis, quinquesetus, submarginatus.
   Disparago Gärtner *t.* 173. Lessing *Synops.* 362.

b. LEIACHENA DC. *l. c.* Receptaculum nudum. Flos ligulatus neuter. Achenia glaberrima. Pappus floris hermaphroditi quinquesetus, neutri nullus.

c. STEIROCOMA DC. *l. c.* Receptaculum nudum. Flos ligulatus neuter. Achenia tomentosa. Pappus floris hermaphroditi multi- (15—20) setus, basi nudus, neutri depauperatus, quadri-quinquesetus.

d. STEIROSTILPNA DC. *l. c.* Receptaculum nudum. Flos ligulatus neuter. Achenia tomentosa, villis pappi basim circumdantibus. Pappus floris hermaphroditi multi- (15—20) setus, neutri nullus.
   Wigandia Lessing *Synops.* 362.

2759. Amphiglossa *DC.* Capitulum tri-multiflorum, homogamum v. heterogamum, floribus radii paucis, ligulatis, femineis, disci tubulosis, hermaphroditis. Involucri cylindracei squamae imbricatae. Receptaculum nudum. Corollae radii ligulatae, ligula angustissima, discum saepius haud superante; disci tubulosae, limbo quinquedentato. Antherae ...... Stigmata ..... Achenia sessilia, erostria, glabra. Pappus conformis, uniserialis, deciduus, basi margine brevissimo cinctus, setis a basi ad apicem longe et confertim plumosis. — *Suffrutices capenses, ramosissimi, erecti v. decumbentes; ramis interdum spinescentibus, glabriusculis, foliis sparsis, confertis, coriaceis, extus convexis, glaberrimis, laevibus, intus subconcavis, albo-tomentosis, capitulis parvis, ramos terminantibus, supra ultima folia sessilibus.*

Amphiglossa DC. *Prodr. VI. 258.*

a. AGLOSSA DC. *l. c.* Capitula tri-quinqueflora, homogama.

b. LEPTOGLOSSA DC. *l. c.* Capitula sex-duodecimflora, heterogama, floribus radii duobus v. tribus, minutissime ligulatis, discum haud superantibus.

c. PHAENOGLOSSA DC. *l. c.* Capitula novemflora, floribus radii tribus, ligulatis, revolutis, discum superantibus.

DIVISIO IV. SERIPHIEAE DC. *Prodr. VI. 259.* Capitula uniflora, libera v. in glomerulum, involucro generali nunquam tamen cinctum, aggregata.

2760. Stoebe *LESS.* Capitulum uniflorum. Involucri squamae oblongae, imbricatae, sicco-membranaceae, florem aequantes. Receptaculum punctiforme. Corolla tubulosa, limbo quinquedentato. Antherae basi bisetae. Stigmata apice solo penicillata. Achenium oblongum v. cylindricum. Pappi extus margine coroniformi brevissimo, persistente stipati paleae plurimae, longae, uniseriales, basi annulatae, inferne nudae, apice plumosae. — *Fruticuli capenses; ramis teretibus, foliis confertis, spiraliter dispositis saepiusque spiraliter tortis, concavis, subulatis, junioribus imprimis supra tomentosis, adultis glabratis, capitulis in glomerulos densos, subglobosos v. spiciformes collectis.*

Stoebe Lessing *Synops. 345.* DC. *Prodr. VI. 259.* Stoebes et Seriphii sp. Auct.

a. EUSTOEBE Cassini *in Dict. sc. nat. LI. 60.* Achenia oblonga, subteretia v. subtetragona, glabra v. brevissime tomentosa, nunquam in angulis dentato-serrata. — *Capitula in glomerulum globosum v. oblongum dense congesta.*

b. ALOPECUROIDES DC. *Prodr. VI. 260.* Achenia cylindracea, sulcata, glabra, eminentiis apice argute serratis. Pappi setae basi magis distinctae. — *Glomeruli longe spicati.*

2761. Seriphium *LESS.* Capitulum uniflorum. Involucri squamae imbricatae, interiores longiores, sicco-membranaceae. Receptaculum punctiforme. Corolla tubulosa, limbo quinquedentato. Antherae basi bisetae. Stigmata apice solo penicillata. Achenium oblongum v. cylindricum. Pappi uniserialis paleae basi subconcretae v. liberae, inferne nudae, apice pilosae, margo exterior nullus. — *Fruticuli, unico borbonico excepto capenses, Stoebes facie; foliis sparsis, sessilibus, junioribus supra, rarius utrinque tomentosis.*

Seriphium Lessing *Synops. 349.* DC. *Prodr. VI. 261.* Seriphii et Stoebes sp. Auct.

a. EREMANTHIS DC. *l. c.* Capitula ad apicem ramulorum solitaria, nec congesta. Pappi paleae basi subconcretae et annulatae. — *Species borbonica.*

Eremanthis Cassini *in Dict. sc. nat. LI. 63.* sub Stoebe.

b. EUSERIPHIUM DC. *l. c.* Capitula in glomerulum subspicatum v. globosum congesta. Pappi paleae basi vix concretae. — *Species capenses.*

Pleurocephalum et Acrocephalum Cassini *in Dict. sc. nat. XLVIII. 509. 510.* Lessing *Synops. 350. 351.* (Gärtn. *t. 157. f. 2.*)

2762. Perotriche *CASS.* Capitulum uniflorum. Involucri pauciseriati squamae oblongae, mucronatae, adpressae. Receptaculum nudum. Corolla tubulosa, limbo quinquedentato. Antherae basi bisetae. Stigmata apice solo penicillata. Achenium cylindraceum, glabrum. Pappus nullus. — *Fruticulus capensis; foliis sparsis, rigidis, confertis, linearibus, acuminatis, spiraliter tortis, supra tomentosis, capitulis in glomerulum, Pisi mole, bracteis parvis stipatum aggregatis.*

Perotriche Cassini *in Bullet. soc. philomat. 1818. p. 75. Dict. sc. nat. XXXVIII. 525.* Lessing *Synops. 353.* DC. *Prodr. VI. 264.* Gymnachaena Reichenb. *in Sieber Herb. cap. n. 23.*

DIVISIO V. ANTENNARIEAE Lessing *Synops. 353.* DC. *Prodr. VI. 264.* Capitula haud in glomerulum aggregata, multiflora, dioica v. subdioica, seu monoico-heterogama, floribus masculis stylum simplicissimum, apice clavato-truncatum gerentibus. Receptaculum epaleatum v. margine tantum paleatum.

2763. Trichogyne *LESS.* Capitulum pluriflorum, heterogamum, floribus inter involucri squamas intimas et receptaculi paleas paucis, filiformibus, femineis, centralibus pluribus tubulosis, masculis. Involucri pauciserialis squamae laxe imbricatae. Receptaculum margine paleolatum, caetera nudum. Corollae femineae filiformes, masculae tubulosae, basi attenuatae, limbo quinquedentato. Antherae basi bisetae. Stylus marium simplicissimus, apice subdilatatus, puberulus, feminarum apice bifidus. Achenia sessilia, erostria, centralia abortiva. Pappus feminarum nullus, marium uniserialis, setis capillaribus, apice plumosis. — *Suffrutices capenses humiles, v. herbae mediterraneae; ramis alternis, undique foliatis, foliis sessilibus, sparsis, membranaceis, tenuibus, muticis, saepe inflexis v. involutis, supra dense tomentosis, subtus glabrioribus, capitulis terminalibus glomerato- v. spicato-congestis, rarius axillaribus verticillatis.*

Trichogyne Lessing *in Linnaea VI. 231.* DC. *Prodr. VI. 264.* Stoebes, Seriphii et Gnaphalii sp. Auct.

a. EUTRICHOGYNE DC. *l. c.* Flores pauci, feminei 1—4. — *Caulis fruticosus.*

Trichogyne Lessing *Synops. 359.*

b. IFLOGA DC. *l. c.* Flores 6—12, feminei 4—6. — *Caules herbacei.*

Ifloga Cassini *in Dict. sc. nat. XXXVII. 13.* Lessing *Synops. 333.* Gnaphalii sp. Desfont. Labillard. *Syr. Dec. IV. t. 2. f. 1.* Fresenius *in Mus. Senkenberg. t. 4. f. 1.*

2764. Phaenocoma *DON.* Capitulum multiflorum, heterogamum, floribus omnibus tubulosis, marginalibus uniseriatis femineis, centralibus masculis. Involucri imbricati squamae basi lanatae, exteriores breves, adpressae, acuminatae, intimae in appendicem scariosam, coloratam, radiantem productae. Receptaculum totum epaleatum. Corollae tubulosae, limbo quinquedentato. Antherae ...... Stylus marium clavatus, indivisus, feminarum apice breviter bifidus. Achenia glabra, centralia abortiva. Pappus uniserialis, setosus, scaber, corollam aequans, feminarum setis varie coalitis ramosus, marium clavatus. — *Fruticulus capensis, ramosissimus; ramis tomentosis, abbreviatis, ramulis axillaribus elongatis, foliis caulinis et ramorum acuminatis, rigidis, deciduis, ramulorum granuliformibus, obtusis, confertis, supra tomentosis, capitulis terminalibus, solitariis.*

Phaenocoma Don *in Mem. Werner. soc. V. 554.* Lessing *Synops. 358.* DC. *Prodr. VI. 266.* Xeranthemum proliferum Linn. Helichrysum proliferum Willd. Bot. Mag. *t. 2365.* Bot. Reg. *t. 21.* Andr. *Bot. Reposit. t. 374.*

2765. Petalacte *DON.* Capitulum decem-vigintiflorum, heterogamum, floribus omnibus tubulosis, marginalibus intra receptaculi paleas paucissimis femineis, reliquis masculis. Involucri imbricati squamae exteriores scariosae, fuscae, acutae, interiores scarioso-petaloideae, coloratae, obtusae. Receptaculum margine paleatum, centro nudum. Corollae tubulosae, limbo quinquedentato. Antherae basi bisetae. Stylus marium simplicissimus, clavatus, feminarum breviter bifidus. Achenia glabra, centralia abortiva. Pappus uniserialis, capillaris, tenuis, marium apice subplumosus v. clavatus. — *Fruticuli capenses, erecti, lanati; foliis sparsis, sessilibus, coriaceis, capitulis in glomerulos breve pedunculatos et corymbosos dispositis, involucri extus pube rufa lanati lamina petaloidea alba, corollis purpureis.*

Petalacte Don *in Mem. Werner. soc. V. 553.* DC. *Prodr. VI. 267.* Petalolepis Lessing *Synops. 357.* non Cass.

a. EUPETALACTE DC. *l. c.* Involucri squamae exteriores basi in stipitem attenuatae. Pappi setae apice subplumosae. — Gnaphalium coronatum Linn.

b. AMPHILASIA DC. *l. c.* Involucri squamae basi fere latiores. Pappi setae apice incrassato-clavatae.

2766. Anaxeton *CASS.* Capitulum pauciflorum, heterogamum, floribus omnibus tubulosis, uno alterove femineo, reliquis masculis. Involucri squamae multiseriatae, siccae, laxe imbricatae, intimae unguiculatae, spathulatae, lamina subrotunda, nivea, radiante. Receptaculum planum, totum epaleatum, lanato-tomentosum. Corollae tubulosae, limbo quinquedentato. Antherae basi bisetae. Stylus marium simplicissimus, feminarum apice breviter bifidus. Achenia receptaculi lana involuta. Pappus paucisetus, setis capillaribus corolla brevioribus, scabris v. breviter plumosis. — *Fruticuli capenses, flexuoso-erecti, ramis teretibus, sub floribus parcius foliosis; foliis alternis, coriaceis, integerrimis, sessilibus, mucronulatis, nervo unico supra impresso-sulciformi, margine revolutis, capitulis in corymbum dense confertis, cylindraceis.*

Anaxeton Cassini *in Dict. sc. nat. XXVI. 53. XXXIV.* Lessing *Synops. 225.* non alib. DC. *Prodr. VI. 267.* Anaxeti sp. Gärtn. excl. sp. Lam. *t. 692. f. 2.* Gnaphalii sp. Linn. Thunb.

2767. Antennaria *R. BR.* Capitula multiflora, dioica v. subdioica. Involucri imbricati squamae apice coloratae v. subscariosae. Receptaculum convexum, alveolatum. Corollae tubulosae, femineae filiformes, limbo quinquedentato. Antherae semiexsertae, basi bisetae. Stylus feminarum apice bifidus, marium simplex v. vix bifidus, abortivus. Achenia teretiuscula. Pappus uniserialis, setis feminarum filiformibus, marium apice clavatis. — *Herbae perennes v. interdum suffrutescentes, in hemisphaerae borealis temperatis et frigidis obviae, inter tropicos Asiae rarae; foliis alternis, integerrimis, subtus tomentosis, capitulis corymbosis, involucris albis, roseis v. rufo tinctis, nunquam flavis, corollis flavescentibus.*

Antennaria R. Brown *in Linn. Transact. XII. 122.* Lessing *Synops. 353.* D. Don *in Mem. Werner. soc. V. 560.* DC. *Prodr. VI. 269.* non Link. Antennariae sp. Gärtn. Gnaphalii sp. Linn. Elichrysi sp. Tournef.

a. CATIPES DC. *l. c.* Capitula omnino dioica. Pappus florum sterilium evidenter clavatus. — *Caules e collo plurimi, caespitosi, alii surculosi, foliosi, diffusi, alii erecti, simplices, floridi. Individua feminea masculis frequentiora.* — Gnaphalii sp. Linn. Reichenb. *Pl. crit. t. 750.* E. B. *t. 267.* Wahlenb. *Fl. carpath. t. 3.* Disynanthus Rafinesq. *msc.* (Gärtner *t. 167. f. 3.*)

b. MARGARIPES DC. *l. c.* Capitula dioica, mascula saepe flosculos paucos neutros in ambitu gerentia. Pappus florum sterilium obscure clavatus. — *Caules erecti, basi simplices, apice summo corymboso-ramosi. Individua mascula femineis frequentiora.* — Gnaphalii sp. Linn. Wallich. E. B. *t. 2018.* (Bot. Mag. *t. 2468.* Bot. Reg. *t. 605.*)

2768. Anaphalis *DC.* Capitulum multiflorum, heterogamum, floribus radii filiformibus, pauci-pluriseriatis, femineis, disci tubulosis, hermaphrodito-sterilibus. Involucri imbricati squamae niveo-scariosae, lanceolatae, radiantes, exteriores sessiles, mediae longiores, fusco-stipitatae, intimae angustae, brevissimae, paleiformes. Receptaculum subconvexum, alveolatum. Corollae radii filiformes, disci tubulosae, quinquedentatae. Antherae semiexsertae, basi bisetae. Stylus radii longe exsertus, bifidus, disci indivisus, obtusus. Achenia glabra, subobcompressa. Pappus conformis, uniserialis, setis a basi ad apicem scabris, filiformibus. — *Herbae asiaticae, alpicolae, cano-lanatae v. tomentosae; caulibus simplicibus, plerumque monocephalis, foliis oblongis v. linearibus, superioribus apice scariosis v. mucronatis.*

Anaphalis DC. *Prodr. VI. 271.* Gnaphalii sp. Wallich. Helichrysi sp. Don.

2769. Leontopodium *R. BR.* Capitulum multiflorum, heterogamum, floribus radii uni-pluriseriatis, filiformibus, femineis, disci tubulosis, hermaphrodito-sterilibus. Involucri imbricati squamae adpressae, extus lanatae. Receptaculum convexum, foveolatum. Corollae radii filiformes, tri-quadridenticulatae, disci infundibuliformi-tubulosae, limbo quinquedentato. Antherae basi caudatae. Stylus radii bifidus, disci indivisus, apice clavatus. Achenia cylindracea, compressa. Pappus uniserialis, setis basi subconcretis, radii filiformibus, barbellatis, disci saepius apice incrassatis. — *Herbae in Europa et Asia alpicolae, lanato-tomentosae, caule florente simplici; foliis alternis, oblongis v. infimis obovatis, integerrimis, capitulis ad apicem caulis umbellato-corymbosis, corymbi capitulo centrali sessili, ebracteato, praecociore, radio uniseriali, lateralibus brevissime petiolatis, radio pluriseriali donatis, singulis bractea lanata, foliacea subtensis, glomerulo ideo foliis floralibus radiantibus cincto.*

Leontopodium R. Brown *in Linn. Transact. XII. 124.* Cassini *in Bullet. soc. philomat. 1819. p. 144. Dict. sc. nat. XXV. 473.* Lessing *Synops. 334.* Don *in Mem. Werner. soc. V. 561.* DC. *Prodr. VI. 275.* Gnaphalii sp. Jacq. *Fl. austr. t. 80.* Reichenb. *Pl. crit. t. 961.* Filaginis sp. Linn. Antennariae sp. Gärtn.

DIVISIO VI. LEYSSEREAE Lessing *Synops. 336.* DC. *Prodr. VI. 276.* Capitula multiflora, radiata, ligulis femineis. Receptaculum epaleatum. Pappus nunquam coroniformis, squamellis aliis paleiformibus, aliis setiformibus. — *Frutices capenses.*

2770. Athrixia *KER.* Capitulum multiflorum, heterogamum, floribus radii uniseriatis, ligulatis, femineis, disci tubulosis, hermaphroditis. Involucri turbinato-campanulati squamae plurimae, imbricatae, apice aristato-acuminatae, recurvae. Receptaculum nudum. Corollae radii uni-biligulatae, disci tubulosae, limbo quinquedentato. Antherae caudatae. Stigmata exappendiculata. Achenia oblonga, sessilia, erostria, ima basi nuda v. pilis fasciculatis stipata, caeterum glabra. Pappus uniserialis, setis filiformibus, subscabris, v. setis cum paleis apice serratis alternantibus. — *Suffrutices capenses et madagascarienses, Asteris v. Vernoniae habitu; foliis alternis, longe decurrentibus, plerisque linearibus, mucronatis, rigidis, margine revolutis, subtus tomentosis, supra spinelloso-scabris, capitulis terminalibus, solitariis, radio patente, purpureo v. lilacino aut albido, disco luteo.*

Athrixia Ker *in Bot. Reg. n. 681.* Lessing *Synops. 364.* excl. sect. 1. DC. *Prodr. VI. 276.* Asteris sp. Linn. Thunb.

a. EUATHRIXIA DC. *l. c.* Pappus totus e setis scabris constans.

Athrixia Lessing *Synops. 365.* (Bot. Reg. *t. 681.*)

b. PSEUDATHRIXIA DC. *l. c.* Pappi paleae breves, apice subserratae, cum setis longis subscabris alternantes.

Asteropsis Lessing *Synops. 366.* non *188.*

2771. Antithrixia *DC.* Capitulum multiflorum, heterogamum, floribus radii uniseriatis, ligulatis, femineis, disci tubulosis, hermaphroditis. Involucri imbricati squamae lineari-oblongae, apice scariosae, obtusae. Receptaculum nudum. Corollae radii ligulatae, planae, disci tubulosae, cylindricae, limbo quinquedentato. Antherae caudatae. Stigmata exappendiculata. Achenia teretiuscula, glabra, stipite pubescente, brevi, calloso, apice subrostrata. Pappus uniserialis, setis rigidis, subscabris, plurimis, basi inter se subconcretis. — *Fruticulus capensis; ramis junioribus araneosis, mox glabris, foliis oppositis, linearibus, brevibus, superne tomentosis, subtus glabriusculis, convexis, saepe gemmuliferis, capitulis terminalibus, solitariis, flavis.*

Antithrixia DC. *Prodr. VI. 277.*

2772. Leyssera *LINN.* Capitulum multiflorum, heterogamum, floribus radii uniseriatis, ligulatis, ovario efoeto neutris, disci tubulosis, hermaphroditis. Involucri imbricati squamae exteriores breviores. Receptaculum epaleatum, subfimbrilliferum. Corollae radii ligulatae, ligula brevissima v. discum superante, disci tubulosae, limbo quinquedentato. Antherae caudatae. Stigmata exappendiculata. Achenia sessilia, breviter rostrata, areola terminali. Pappus uniserialis, setis radii brevibus, inter se conformibus, disci longis, plumosis, cum paleis alternantibus. — *Suffrutices v. herbae, in Africa australi et boreali obvenientes; ramis gracilibus, apice nudis, monocephalis, foliis sparsis, sessilibus, linearibus, saepe in axillis fasciculatis, floribus luteis.*

Leyssera Linn. *sp. 1249.* Lessing *Synops. 367.* DC. *Prodr. VI. 278.*

a. ASTEROPTERUS DC. *l. c.* Involucri squamae intimae intus ad basim non replicatae nec achenia foventes. Ligulae disco et involucro longiores. Pappus disci setis a basi plumosis. — *Suffrutices capenses.*

Asteropterus Vaillant *in Act. Acad. Paris. 1720. p. 720.* Gärtn. *II. 460. t. 173.* Callicornia Burmann *Prodr. cap. 24.* Leyssera Cassini *in Dict. sc. nat. XXVI. 185.* (Jacq. *Ic. rar. t. 588.*)

b. LONGCHAMPIA DC. *l. c.* Involucri squamae intimae basi haud replicatae. Ligulae minimae, disco aequales. Pappus disci setis apice tantum plumosis. — *Herba mauritanica, annua.*

Longchampia Willdenow *in Berlin. Magaz. VI. p. 160.* Leptophytus Cassini *in Dict. sc. nat. XXVI. 77.* Gnaphalium leysseroides Desfont.

c. LEPTOPHYTA DC. *Prodr. VI. 279.* Involucri squamae intimae intus ad basim replicatae, achenia arcte foventes. Pappus radii paleis quinque oblongis, subdentatis, disci paleis quinque obtusis, setisque totidem apice plumosis.

2773. Pterothrix *DC.* Capitulum nunc quinqueflorum homogamum, nunc decemflorum heterogamum, floribus radii tribus v. quatuor ligulatis, femineis. Involucri cylindrici squamae imbricatae, exteriores acuminatae, interiores in appendicem subscariosam, oblongam, acutam, erectam productae. Receptaculum angustum, nudum. Corollae radii breviter ligulatae, disci tubulosae, cylindricae, quinquedentatae. Antherae caudatae. Stigmata exappendiculata. Achenia oblonga, sessilia, erostria, glabra. Pappi setae subdenae, uniseriales, usque ad basim distinctissimae, valde plumosae, caducae. — *Suffrutices capenses, Relhaniae facie; ramis usque ad upicem foliosis, interdum in spinam nudam desinentibus, foliis sparsis, confertis, semipatentibus, coriaceis, involuto-subcomplicatis, supra sulcato-concavis, subtomentosis, subtus convexis, glabris, capitulis parvis, ad apices ramulorum solitariis v. glomeratis, supra folia sessilibus.*

Pterothrix DC. *Prodr. VI. 280.*

a. RELHANIOIDES DC. *l. c.* Capitulum quinqueflorum, homogamum.

b. LUCILIOIDES DC. *l. c.* Capitulum decemflorum, heterogamum, radiatum.

Lucilioides Athrixiae sect. Lessing *Synops. 364.* Relhania tomentosa Thunb.

2774. Rosenia *THUNB.* Capitulum multiflorum, heterogamum, floribus radii ligulatis, femineis (?), disci tubulosis, hermaphroditis. Involucri cylindraceo-campanulati squamae imbricatae, margine scariosae, exteriores ovatae, acutae, intimae oblongae, emarginatae. Receptaculum totum paleolatum, paleis conduplicatis, scariosis. Corollae radii ligulatae, disci tubulosae, limbi quinquedentati dentibus erectis. Antherae caudatae. Stigmata exappendiculata. Achenia sessilia, erostria, glabra, radii triquetra, tricostata, disci cylindracea, sulcata. Pappus disci biseriatus, squamellis exterioribus brevibus, linearibus, intimis binis setaceis longis, radii simplex, ut disci interior. — *Frutices capenses, ramosissimi; foliis decussatis, oblongo-obovatis, obtusis, confertis, uninerviis, subtus tomentosis, demum glabris, punctato-scabris, supra albo-tomentosis, floribus luteis.*

Rosenia Thunberg *Fl. cap. 692.* Lessing *Synops. 369.* DC. *Prodr. VI. 280.* excl. sp. 2.

DIVISIO VII. RELHANIEAE Lessing *Synops. 370.* DC. *Prodr. VI. 280.* Capitula multi- (rarius 3—5) flora, homogama v. radiata, ligulis femineis v. neutris. Receptaculum nudum, fimbrilliferum v. paleatum. Achenia erostria v. rostrata. Pappus nullus, v. e squamellis distinctis v. basi plus minus connatis, coroniformis v. multipaleaceus. — *Fruticuli capenses; foliis alternis v. oppositis, interdum dentatis.*

2775. Carpesium *LINN.* Capitulum multiflorum, heterogamum, floribus radii pluriseriatis, femineis, disci tubulosis, hermaphroditis. Involucri squamae pluriseriatae, imbricatae. Receptaculum planum, nudum. Corollae radii ligulatae, disci tubulosae, quinquedentatae. Antherae caudatae. Stigmata teretiuscula, obtusa, glabriuscula, saepius exserta. Achenia elongata, striata, glabra, rostrata, rostro et basi glandulis papulaeformibus obsita, areola terminali cupulaeformi. Pappus nullus. — *Herbae erectae,* *ramosae, in Europa rarissimae, in Asia meridionali obviae; foliis alternis, petiolatis, ovatis v. oblongis, saepius dentatis, capitulis ad apices ramorum solitariis, v. lateralibus subracemosis, floribus flavis.*

Carpesium Linn. *Act. Upsal. 1741. 81. Gen. n. 948.* Gärtner *II. 387.* Cassini *in Dict. sc. nat. VII. 146.* Lessing *Synops. 371.* DC. *Prodr. VI. 281.* Conyzoides Tournef. *in Act. Academ. Paris. 1706. p. 237.*

a. CONYZOIDES DC. *l. c.* Involucri squamae exteriores foliaceae, plus minus reflexae. Capitula bracteis foliaceis, amplis, patulo-reflexis stipata. — (Jacq. *Fl. austr. t. 204.* Schkuhr *t. 244.* Lam. *t. 696. f. 1.* Gärtn. *t. 164.*)

b. ABROTANOIDES DC. *l. c.* Involucri squamae omnes erectae, adpressae. Capitula ebracteata, ad axillas foliorum floralium breviter pedicellata. — (Lam. *t. 696. f. 2.*)

2776. Amblyocarpum *FISCH. et MEY.* Capitulum multiflorum, heterogamum, floribus radii uniseriatis, ligulatis, femineis, disci tubulosis, hermaphroditis. Involucri imbricati squamae bi-triseriatae, exteriores foliaceae. Receptaculum hemisphaericum, nudum, punctatum. Corollae radii ligulatae, ligula lineari, disci tubulosae, quinquedentatae. Antherae caudatae. Stigmata ..... Achenia subfusiformia, quinquangularia, erostria, obtusa. Pappus nullus. — *Herba caspica, annua v. biennis, Pulicariae vulgaris facie, glabra; foliis sparsis, capitulis in apice caulis et ramorum solitariis, floribus flavis.*

Amblyocarpum Fischer et Meyer *Index sem. hort. Petropolit. III. 1837. p. 30.*

2777. Syncephalum *DC.* Capitulum triflorum, homogamum, floribus omnibus tubulosis. Involucri oblongi squamae septem v. octo, oblongae, acuminatae, scarioso-diaphanae. Receptaculum angustissimum, nudum. Corollae tubulosae, quinquedentatae, lobis extus ad apicem glandulosis. Antherae caudatae? Stylus tenuis, inclusus, ramis brevibus, approximatis. Achenia oblongo-pyramidata, erostria, glabra. Pappus nullus. — *Suffrutex madagascariensis, pedalis, Relhaniae facie; ramis teretibus, subtrichotomis, foliis conferte alternis, ovalibus, sessilibus, subcrenulatis, coriaceis, erecto-subpatentibus, ramis floriferis corymbum compositum, fastigiatum formantibus, capitulis in axillis foliorum extremorum a caulinis parum diversorum sessilibus, floribus flavis.*

Syncephalum DC. *Prodr. VI. 282.*

2778. Oligodora *DC.* Capitulum quinqueflorum, homogamum, floribus omnibus tubulosis. Involucri subtrigoni squamae imbricatae, adpressae, intimae margine replicatae, achenia exteriora foventes. Receptaculum angustum, paleaceo-fimbrilliferum, paleis complicatis, achenia quasi intra loculos foventibus. Corollae tubulosae, quinquefidae. Antherae caudatae? Stigmata inclusa, obtusa, apice pilosa. Achenia cylindracea, laevia. Pappi squamellae quinque, ovatae, breves, ciliato-dentatae. — *Suffrutex capensis, erectus, ramosus, glaber; foliis alternis, crassiusculis, sessilibus, dentatis, dentibus utrinque duobus v. tribus et terminali mucronulatis, capitulis ad apices ramulorum brevissime pedicellatis, corymbulosis, squamis sive bracteis secus pedicellum brevibus, acutis, subpatentibus, corollis albidis.*

Oligodora DC. *Prodr. VI. 282.*

2779. Nestlera *SPRENG.* Capitulum multiflorum, heterogamum, floribus radii uniseriatis, ligulatis, femineis, disci tubulosis, hermaphroditis. Involucri imbricati squamae adpressae, interiores longiores, membranaceo-scariosae. Receptaculum epaleatum, alveolatum. Corollae radii ligulatae, disci tubulosae, quinquedentatae. Antherae ecaudatae. Stigmata inclusa, obtusa. Achenia conformia, erostria. Pappus coroniformis, dentatus. — *Herbae v. suffrutices capenses, humiles; foliis alternis v. oppositis, sublinearibus, integris, capitulis aliis terminalibus, aliis in dichotomiis ramorum sessilibus.*

Nestlera Sprengel *Syst. III. 589.* Lessing *Synops. 372.* DC. *Prodr. VI. 283.*

a. STEPHANOPAPPUS DC. *l. c.* Involucri squamae acuminatae. Achenia elongata, longitudinaliter sulcata, subtetragona. — *Herbae.*

Stephanopappus Lessing *in Linnaea VI. 234.* Columellea Jacq. *Hort. Schönbr. III. 28. t. 301.* non alior.

b. STRONGYLOLEPIS DC. *l. c.* Involucri squamae apice scariosae, stramineae, obtusissimae. Achenia hinc inde subpuberula, longitudinaliter sulcata. — *Suffrutices humillimi.*

Relhaniae et Pteroniae sp. Auct.

2780. Polychaetia *LESS.* Capitulum multiflorum, heterogamum, floribus radii paucis, ligulatis, femineis, disci hermaphroditis, tubulosis. Involucri ovati, arcte imbricati squamae intimae apice breviter et acute appendiculatae. Receptaculum fimbrilliferum, fimbrillis alveolos, achenia saepius superantes constituentibus, nunc apice fissis, nunc ad basim in setas plurimas multipartitis. Corollae radii anguste ligulatae, ad basim ligulae secus margines glanduloso-punctatae, disci tubulosae, quinquefidae, lobis extus glanduloso-pilosiusculis. Antherae caudatae? basi barbatae, apice longe appendiculatae. Stigmata radii elongata, disci subadglutinata, vix apice libera. Achenia setis adpressis, sericeis plus minus villosa, exteriora angulata. Pappus paleaceus, uniserialis, paleis nunc ad basim fere liberis, nunc in tubulum apice dentatum concretis. — *Herbae capenses, basi suffruticulosae, glaberrimae, erectae v. subadscendentes; ramis angulatis, foliis sparsis, sessilibus, oblongo-linearibus, integerrimis, mucronatis, uninerviis, nunc utrinque impresso-punctatis, nunc utrinque tomentosis, capitulis ovatis, ad apices ramorum solitariis v. cymosis, ramorum infra capitulum elongatione cauli arcte continua axillaribus v. lateralibus, floribus flavis.*

Polychaetia Lessing *Synops. 371.* DC. *Prodr. VI. 285.*

a. STICTOPHYLLA DC. *l. c.* Folia glabra, utrinque glanduloso-punctata.

b. EUPOLYCHAETIA DC. *l. c.* Folia superne, rarius utrinque cano-tomentosa.

2781. Relhania *HERIT.* Capitulum multiflorum, heterogamum, floribus radii uniseriatis, ligulatis, femineis, disci tubulosis, hermaphroditis. Involucri ovati v. cylindracei squamae imbricatae. Receptaculum planum, paleolatum. Corollae radii ligulatae, disci tubulosae, limbo quinquedentato. Antherae caudatae. Stigmata radii exserta, disci abbreviata, inclusa. Achenia conformia, linearia, erostria. Pappus coroniformis, brevissime dentatus. — *Fruticuli capenses, erecti, ramosi; foliis sparsis, sessilibus integerrimis, capitulis terminalibus, solitariis v. corymbosis, floribus luteis.*

Relhania Heritier *Sert. 22.* excl. sp. Lessing *Synops. 374.* DC. *Prodr. VI. 286.* non Gmel. Relhaniae sectio 1. Cassini *in Dict. sc. nat. XLIV. 29.* Relhaniae sp. Herit. Thunb. Willd.

a. METALASIOIDES DC. *l. c.* Capitula ovata v. campanulata, solitaria. — *Folia superne tomento denso persistente inducta, subtus laxe velutina.*

Relhaniae sectio I. Lessing *l.c.* Leysserae sp. Linn. Gärtn. *t. 172. f. 9.*

b. PSILOPHYLLUM DC. *l. c.* Capitula cylindracea, cymoso-corymbosa. — *Folia glaberrima v. vix pubescentia, enervia v. uninervia, excavato-punctata.*

Psilophyllum Lessing *Synops. 376.*

2782. Eclopes *GÄRTN.* Capitulum multiflorum, saepius heterogamum, floribus radii ligulatis, femineis, rarius discoideum, homogamum. Involucri imbricati squamae multiseriales, obtusae, scariosae, aridae. Receptaculum planum, paleolatum. Corollae radii ligulatae, disci tubulosae, quinquedentatae. Antherae caudatae. Stigmata obtusa. Achenia conformia, erostria, nunquam obcompressa. Pappus multipaleaceus, brevis. — *Fruticuli capenses, erecti, ramosi; foliis alternis v. oppositis, sessilibus, integerrimis, capitulis terminalibus solitariis v. corymbosis, sessilibus aut pedicellatis, floribus luteis.*

Eclopes Gärtner *II. 440.* Lessing *Synops. 378.* DC. *Prodr. VI. 287.* Relhaniae sect. 2. Cassini *in Dict. sc. nat. XLV. 30.*

a. EUECLOPES DC. *l. c.* Involucrum disco brevius v. vix aequale. Capitula radiata v. discoidea, parvula, solitaria v. corymboso-pedicellata aut sessilia.

Eclopes Lessing *Synops. 378.* Athanasiae sp. Linn. (Gärtn. *t. 169.*)

b. ODONTOPHYLLUM DC. *l. c.* Achenia triquetra, bialata, alis radii ciliatis.

Odontophyllum Lessing *Synops. 379.* Athanasia uniflora Linn.

c. RIGIOPHYLLUM DC. *l. c.* Involucrum floribus disci longius. Capitula radiata, terminalia, solitaria, sessilia, majuscula.

Rigiophyllum Lessing *Synops. 380.* Relhaniae sp. Herit. Bot. Reg. *t. 587.*

2783. Rhynchopsidium *DC.* Capitulum multiflorum, heterogamum, floribus radii uniseriatis, ligulatis, femineis, disci tubulosis, hermaphroditis, intimis abortivis. Involucrum arcte imbricatum. Receptaculi plani paleae scariosae, acuminatae, amplexiflorae. Corollae radii ligulatae, disci tubulosae, tubo apice puberulo, limbo quinquedentato. Antherae ecaudatae. Stigmata obtusa. Achenia brevirostria, elongata, teretia, pilis adpressis villosa, intima saepius abortiva, glabra. Pappus multipaleaceus, brevissimus. — *Herbae capenses, annuae, graciles; foliis alternis, sessilibus, linearibus, integerrimis, pilis capitatis obsessis, capitulis terminalibus, interdum ramulorum evolutione demum lateralibus, saepius sessilibus, floribus luteis.*

Rhynchopsidium DC. *in Mém. soc. h. n. Genèv. V. 283. t. 4. Prodr. VI. 290.* Nanophytum Eclopis sectio Lessing *Synops. 382.* Rhynchocarpus Lessing *Synops. 382.* Relhaniae sp. Thunb. Athanasiae sp. Linn.

2784. Osmites *CASS.* Capitulum multiflorum, heterogamum, floribus radii ligulatis, femineis v. rarius neutris, disci tubulosis, hermaphroditis. Involucri campanulati squamae pluriseriales, subaequales. Receptaculum planum, epaleolatum. Corollae radii ligulatae, disci tubulosae, quinquedentatae. Antherae caudatae. Stigmata obtusa. Achenia sessilia, erostria, glabra v. puberula, subtetragono-obcompressa. Pappus multipaleaceus. — *Fruticuli capenses; foliis alternis, confertis, sessilibus, ovalibus, obovatis, lanceolatis v. linearibus, serratis, punctato-glandulosis, capitulis ad apices ramorum solitariis, disco luteo, ligulis albis, crassiusculis.*

Osmites Cassini *in Dict. sc. nat. XXXVII. 5.* DC. *Prodr. VI. 290.* Bellidiastrum Vaillant *in Act. Acad. Paris. 1720. p. 316.* non Michel. Osmites sp. Linn. Thunb.

a. EUOSMITES DC. *l. c.* Corollae radii ligulatae neutrae. Pappus brevis.

Osmites Lessing *Synops. 383.*

b. BELLIDIOPSIS DC. *l. c.* Corollae radii ligulatae femineae. Pappus brevis.

Bellidiastrum Lessing *Synops. 383.* (Gärtner *174. f. 3.*)

c. SPANOTRICHUM DC. *l. c.* Corollae radii ligulatae, femineae. Pappi paleae inaequales, nonnullae in setam elongatae.

Spanotrichum E. Meyer *msc.*

2785. Osmitopsis *CASS.* Capitulum multiflorum, heterogamum, floribus radii ligulatis, neutris, disci tubulosis, hermaphroditis. Involucri campanulati, pluriseriati squamae imbricatae. Receptaculum planum, epaleolatum. Corollae radii ligulatae, disci tubulosae, basi dilatatae, quinquedentatae. Antherae caudatae. Stigmata obtusa. Achenia conformia, areola terminali margine calloso cincta. Pappus nullus. — *Suffrutex capensis, Camphoram redolens; foliis confertis, punctatis, capitulis sessilibus.*

Osmitopsis Cassini *in Dict. sc. nat. XXXVII. 5.* Lessing *Synops. 386.* DC. *Prodr. VI. 292.* Osmites camphorina et Osmites astericoides Linn. Gärtn. *t. 174.*

SUBTRIBUS VIII. SENECIONEAE

Cassini *Opusc. III. 69.* DC. *Prodr. VI. 292.* Capitula homogama v. saepius heterogama, nunquam dioica, discoidea v. radiata, ligulis saepissime uniseriatis. Receptaculum plerumque epaleatum. Antherae ecaudatae. Achenia pappo piloso v. setaceo coronata, exteriora interdum calva. — *Folia alterna.*

DIVISIO I. NEUROLAENEAE Lessing

Synops. 387. DC. *Prodr. VI. 292.* Receptaculum paleatum.

2786. Neurolaena *R. BR.* Capitulum multiflorum, homogamum, floribus omnibus tubulosis. Involucri imbricati squamae oblongae, trinerves, obtusae, subfoliaceae. Receptaculi planiusculi paleae involucri squamas referentes. Corollae tubulosae, limbo quinquedentato. Antherae inclusae, ecaudatae. Stigmata recurva, cono brevi superata. Achenia puberula, tereti-subturbinata, erostria, stipitulo calloso, subobliquo, cavo insidentia. Pappi uniserialis setae rigidulae, scabrae, persistentes. — *Suffrutex antillanus, ramosus, subpuberulus; foliis alternis, ovato-lanceolatis, denticulatis, utrinque acuminatis, inferioribus subtrilobis, superioribus indivisis, ramis in corymbos congestos, compositos desinentibus, corollis albidis.*

Neurolaena R. Brown *in Linn. Transact. XII. 120.* DC. *Prodr. VI. 292.* Neurochlaena Lessing *Synops. 388.* Calea Gärtner *II. 408. t. 174.* non Linn. Conyza lobata Linn.

DIVISIO II. ERECHTITEAE DC. *Prodr.*

VI. 293. Receptaculum nudum v. alveolato-fimbrilliferum. Capitula discoidea, heterogama, floribus radii tubulosis femineis, v. subdioicum, floribus femineis etiam tubulosis.

2787. Faujasia *CASS.* Capitulum multiflorum, discoideum, subhomogamum, floribus omnibus tubulosis v. exterioribus staminum abortu femineis. Involucri subcylindracei, bracteolis parvis calyculati squamae decem v. duodecim, uniseriales, lineares, acutae. Receptaculum planiusculum, nudum. Corollae tubulosae, tubo basi dilatato, ovario latiore, limbo quinquedentato. Antherae ecaudatae. Stigmata truncata (?). Achenia oblongo-cylindracea, striata, glabra. Pappi setae quatuor filiformes, subscabrae, elongatae. — *Frutex mauritianus, glaber; foliis spiraliter dispositis, confertis, erectis, lineari-subulatis, acutis, rigidulis, dorso convexis, striatis, corymbi conferti pedunculis plurimis, mono-oligocephalis, bracteolatis, floribus flavis.*

Faujasia Cassini *in Bullet. soc. philomat. 1819. p. 80. Dict. sc. nat. XVI. 247. XLVIII. 457.* Lessing *Synops. 249.* DC. *Prodr. VI. 293.* Conyza pinifolia Bory.

2788. Eriothrix *LESS.* Capitulum multiflorum, subhomogamum, floribus marginalibus nonnullis femineis. Involucri subhemisphaerici, unipluriserialis squamae folia omnino referentes. Receptaculum planum, nudum. Corollae tubulosae, basi aequales, quinquedentatae, exteriores subfiliformes. Antherae ecaudatae. Stigmata truncata. Achenia cylindracea, gracilia, striata. Pappi pluriserialis setae filiformes, crispato-flexuosae, subbarbellatae. — *Suffrutex mauritianus, glaber, rigidus, ramosissimus, Lycopodii v. Juniperi facie; foliis subulatis, acutis, dorso triangularibus, erectis, usque ad apices ramorum imbricatis, capitulis sessilibus, terminalibus, pappo demum exserto globum hirsutum referentibus, floribus luteis.*

Eriothrix Lessing *Synops. 394.* DC. *Prodr. VI. 293.* Eriotrix Cassini *in Bullet. soc. philomat. 1817. p. 32. Dict. sc. nat. XV. 200.* Conyza lycopodioides Lam. *t. 697. f. 2.*

2789. Stilpnogyne *DC.* Capitulum septem-octoflorum, heterogamum, discoideum, floribus marginalibus tribus femineis, centralibus quatuor v. quinque hermaphroditis. Involucri uniseriati squamae quinque v. septem, disco aequales. Receptaculum angustum, nudum. Corollae tubulosae, femineae hermaphroditae, tri-quinquedentatae. Antherae ...... Stigmata florum hermaphroditorum brevia, apice summo barbellata, femineorum longiora, teretiuscula, subpuberula. Achenia oblonga, utrinque subattenuata, globulis rotundatis, subglandulosis punctata, florum femineorum calva, hermaphroditorum pappo uniseriali, multiseto, scabrido, corollam fere superante coronata. — *Herba capensis, annua, glabra, demissa; foliis alternis, petiolatis, quinque-septemlobis, lobis ovatis, obtusis v. acutis, caulis ramosi ramis in pedicellos nudos, monocephalos, caule longiores divisis, involucris oblongis, corollis flavis.*

Stilpnogyne DC. *Prodr. VI. 294.*

2790. Erechtites *RAF.* Capitulum multiflorum, heterogamum, discoideum, floribus marginalibus multi-pauciseriatis, femineis tenuissimis, centralibus hermaphroditis. Involucri cylindracei squamae uniseriatae, lineares, acutae. Receptaculum nudum, subpapillosum, haud fimbrilliferum. Corollae femineae tenuissimae, subtri-quinquedentatae, hermaphroditae ampliores, quadri-quinquedentatae. Antherae ecaudatae. Stigmata cono sursum puberulo terminata. Achenia oblonga, striata, apice subattenuata, saepius scabrida. Pappi pluriseriati setae tenuissime capillares, vix scabrae. — *Herbae americanae et australasicae, erectae, annuae, glabrae, scabridae v. subtomentosae; foliis alternis, lanceolatis, integerrimis v. dentatis, rarius pinnatifidis, corymbi terminalis compositi pedicellis saepius bracteolatis, corollis flavis v. albidis.*

Erechtites Rafinesque *Ludov. 65.* DC. *Prodr. VI. 294.* Neoceis Cassini *in Bullet. soc. philom. 1820. p. 90. Dict. sc. nat. XXXIV. 386.* Erechtites et Crassocephali sp. Lessing *Synops. 393.* Senecionis sp. Linn. Labillard.

a. NEOCEIS DC. *l. c.* Achenia oblonga, apice nec attenuata, nec margine calloso superata. — *Species americanae.*

Neoceis Cassini *l. c.* Erechtites Rafinesq. *l. c.* Senecionis sp. Auct. Bory *in Annal. gen. sc. phys. I. t. 12.* Reichenb. *Ic. exot. t. 85.*

b. MICRODERRIS DC. *l. c.* Achenia rostrata, rostrumque tenue puberula. — *Species Novae-Hollandiae.*

Senecionis sp. Labillard. *Nov. Holl. t. 194.*

c. TYLODISCUS DC. *l. c.* Achenia erostria, apice vix attenuata, superne in marginem callosum, prominulum, pappigerum dilatata. — *Species Novae-Hollandiae et Novae-Zeelandiae.*

Senecionis sp. A. Richard *Sert. Astrolab. t. 94.*

d. ? PLAGIOTOME DC. *l. c.* Corollae radii integrae, oblique truncatae, in ligulam minimam, stylo breviorem desinentes. — *Species Novae-Hollandiae et Novae-Zeelandiae.*

Senecionis sp. A. Richard. *Sert. Astrolab. t. 36.*

2791. Cremocephalum *CASS.* Capitulum multiflorum, heterogamum, discoideum, floribus marginalibus pauci- v. interdum uniseriatis, femineis, centralibus hermaphroditis. Involucrum polyphyllum, uniseriale, disco paullo brevius, squamellis calyculatum. Receptaculum fimbrilliferum, cum involucri basi demum incrassatum. Corollae tubulosae, femineae angustiores, tridentatae, hermaphroditae quinquedentatae. Antherae ecaudatae. Stigmata cono brevi, hispidulo superata. Achenia teretiuscula, decemcostata, glabriuscula. Pappus pilosus, mollis, pluriserialis. — *Herba in India orientali et in Africae australis insulis indigena, erecta, ramosa, subpubescens; foliis alternis, ellipticis, basi attenuatis et saepius incisis, apice dentatis, acutis, ramis elongatis, nudis, monocephalis, capitulis cernuis, purpureis.*

Cremocephalum Cassini *in Dict. sc. XXXIV. 390.* DC. *Prodr. VI. 297.* Crassocephalum Mönch *Method. 516.* Crassocephali sp. Less. Senecio cernuus Linn. S. rubens Jacq. *Hort. Vindob. III. t. 98.*

DIVISIO III. EUSENECIONEAE DC. *Prodr. VI. 298.* Capitulum homogamum, discoideum, v. heterogamum, radiatum, ligulis femineis v. rarissime neutris. Receptaculum nudum v. alveolato-fimbrilliferum. Cotyledones planae.

2792. Gynura *CASS.* Capitulum multiflorum, homogamum. Involucri cylindracei, basi squamulis subulatis calyculati squamae uniseriatae, lineares, ad margines, praeter apicem acutum membranaceae. Receptaculum planum, alveolatum, alveolorum marginibus nunc brevissimis, nunc in fimbrillas elevatis. Corollae tubulosae, tubo basi corneo, limbo quinquedentato. Antherae ecaudatae. Stigmata in appendicem longam, hispidam, saepius exsertam producta. Achenia teretiuscula, striata, erostria. Pappi multiseriati setae filiformes, vix barbellulatae. — *Herbae perennes, basi interdum suffrutescentes, in Asia tropica et in Africae australis in-*

sulis indigenae; foliis alternis, integris, dentatis v. pinnatilobatis, capitulis corymbosis.

Gynura Cassini *in Dict. sc. nat. XXXIV. 391. XLVIII 448. et 458.* DC. *Prodr. VI. 298.* Crassocephali sp. Linn. Senecionis et Cacaliae sp. Auct. Salisbury *Parad. t. 23.* Bot. Reg. *t. 110.*

2793. Emilia *CASS.* Capitulum multiflorum, homogamum. Involucri ovato-cylindracei, ecalyculati squamae lineares, uniseriatae, post anthesin reflexae. Receptaculum planum, vix alveolatum. Corollae tubulosae, quinquelobae, lobis linearibus, elongatis. Antherae ecaudatae. Stigmata cono brevi hispido terminata. Achenia oblonga, pentagona, angulis ciliato-hispidis. Pappi pluriseriati setae filiformes, vix barbellulatae. — *Herbae annuae, ramosae, in India orientali et in Africae australis insulis indigenae; foliis infimis saepius obovatis, petiolatis, caulinis cordato-sagittatis, semiamplexicaulibus, capitulis paucis, subcorymbosis, pedicellatis, floribus croceis, purpureis v. citrinis.*

Emilia Cassini in *Dict. sc. nat. XIV. 405. XXXIV. 393. XLVIII. 449. 461.* DC. *Prodr. VI. 301.* Crassocephali sp. Lessing. Cacaliae sp. Auct. Bot. Mag. *t. 564.*

2794. Brachystephium *LESS.* Capitulum multiflorum, heterogamum, floribus radii uniseriatis, ligulatis, femineis, disci tubulosis, hermaphroditis. Involucri campanulati squamae pauciseriatae, ovales, subaequales. Receptaculum nudum, subfoveolatum. Corollae radii longe ligulatae, disci tubulosae, quinquedentatae. Antherae ecaudatae. Stigmata disci cono longiusculo, pube sursum decrescente obsesso superata. Achenia conformia, exalata, tetraquetra, ad angulos duos oppositos ciliata. Pappus setaceus, uniserialis, brevissimus, aequalis. — *Herbae Novae-Hollandiae; foliis alternis, lanceolatis, integris v. pinnatifidis, capitulis terminalibus, solitariis, ebracteatis, radio albo, disco luteo.*

Brachystephium Lessing *Synops. 388.* DC. *Prodr. VI. 303.* Pyrethrum diversifolium Graham. Hooker *Exot. Bot. t. 215.* Lindl. *Bot. Reg. 1026.*

2795. Oligothrix *CASS.* Capitulum multiflorum, heterogamum, floribus radii quinis, ligulatis, femineis, disci tubulosis, hermaphroditis. Involucri campanulati, ecalyculati squamae duodenae-quindenae, uniseriatae, basi concretae. Receptaculum planum, nudum. Corollae radii ligulatae, disci tubulosae, limbo quinquedentato. Antherae ecaudatae, exsertae, stylum includentes. Stigmata .... Achenia obtuse pentagona, erostria, imprimis secus angulos papuloso-scabra. Pappus circiter quinquesetus, caducissimus, setis subcrispis, barbellatis. — *Herba capensis, annua, saepius multicaulis, glaberrima; caulibus erectis, teretibus, laxe dichotomo-corymbosis, foliis caulinis obtuse auriculato-amplexicaulibus, lanceolatis, apice dentatis, floribus flavis.*

Oligothrix DC. *Prodr. VI. 304.*

2796. Mesogramma *DC.* Capitulum multiflorum, heterogamum, floribus radii uniseriatis, ligulatis, femineis, disci tubulosis, hermaphroditis. Involucri uniseriati, basi squamula una alterave aucti squamae circiter viginti, acuminatae, discum subaequantes. Receptaculum planum, nudum. Corollae radii ligulatae, ligula revoluta, disci tubulosae, quinquedentatae, dente nervo medio validiore percursu. Antherae ecaudatae. Stigmata inclusa, apice barbata. Achenia juniora compressa, adulta pentagona, secus angulos ciliata, rostro brevissimo, setis crassis, brevibus, pappum exteriorem simulantibus onusto. Pappus uniserialis, setiformis, tenuissimus, deciduus, radii pauci- disci multisetus. — *Herba capensis, basi suffruticosa, ramosa, glabra; caulibus teretibus, foliis alternis, petiolatis, pinnatipartitis, lobis lanceolatis, dentatis, ramis apice in pedicellos quinos-septenos elongatos, subsquamellatos, monocephalos, subcorymbosos divisis, corollis pallide flavis, nervis opacis, subrubentibus.*

Mesogramma DC. *Prodr. VI. 304.*

2797. Cineraria *LESS.* Capitulum multiflorum, rarius homogamum, discoideum, plerumque heterogamum, floribus radii ligulatis, femineis, disci tubulosis, hermaphroditis. Involucri subcalyculati squamae uniseriatae, margine scariosae. Receptaculum planum, nudum. Corollae radii dum adsunt ligulatae, disci tubulosae, limbo quinquedentato. Antherae ecaudatae. Stigmata disci cono brevissimo, pube adscendente superato obsessa. Achenia plano-obcompressa, erostria, saepius, exteriora saltem margine alata. Pappus conformis, uni-pluriserialis, capillaris, aequalis, caducus. — *Herbae v. suffruticuli capenses; foliis alternis, variis, capitulis luteis.*

Cineraria Lessing *Synops. 390.* DC. *Prodr. VI. 305.* Xenocarpus Cassini *in Dict. sc. nat. LIX. 108.* Cinerariae sp. capenses. Linn.

2798. Senecillis *GÄRTN.* Capitulum multiflorum, heterogamum, floribus radii subduodenis, ligulatis, femineis, disci tubulosis, hermaphroditis. Involucri cylindrici squamae uniseriales, aequales, demum stellato-patentes. Receptaculum planum, nudum, foveolatum. Antherae ecaudatae. Stigmata disci cono brevi hispidulo superata. Achenia oblonga, sulcata, angulata, glaberrima. Pappi brevissimi, uniseriati paleae margine aculeato-plumosae, vix faucem corollae aequantes. — *Herba perennis, glabra, glauca, in campis Sibiriae et Podoliae indigena; caule simplici, apice racemoso, foliis inferioribus late ovatis, in petiolum alatum angustatis, caulinis subcordato-amplexicaulibus, oblongo-ellipticis, floribus flavis.*

Senecillis Gärtner *II. 453. t. 173.* Lessing *Synops. 420.* DC. *Prodr. VI. 313.* Cineraria glauca Linn. Solidaginis sp. Gmelin *Sibir. II. t. 74.*

2799. Ligularia *CASS.* Capitulum multiflorum, heterogamum, floribus radii uniseriatis, ligulatis v. bilabiatis, staminibus effoetis v. nullis femineis, disci tubulosis, hermaphroditis. Involucrum campanulatum, subuniseriale. Receptaculum planum, nudum. Corollae radii ligulatae v. bilabiatae, disci tubulosae, quinquedentatae. Antherae ecaudatae. Stigmata disci obtusa, pube longe descendente utrinque obsessa, cono brevissimo superata. Achenia erostria, sulcata, teretiuscula, exalata, haud ciliata. Pappus pluriserialis, pilosus, conformis. — *Herbae perennes, in Asia media et India boreali copiose provenientes, in Europa orientali et media rarae; foliis alternis, variis, capitulis amplis, flavis, in racemum thyrsumve dispositis aut solitariis, longe pedunculatis.*

Ligularia Cassini *in Bullet. soc. philomat. 1816. p. 198. Dict. sc. nat. LXVI. 401.* Lessing *Synops. 390.* DC. *Prodr. VI. 313.* Royle *Himalay. t. 60. f. 2.* Hoppea Reichenb. *Hort. Bot. 8. t. 10.* non alior. Cinerariae sp. Auct. Waldst. et Kitaibel *Plant. Hung. t. 16.* Lapeyr. *Pyren. t. 5.* Bot. Reg. *t. 812.* Ledebour *Ic. t. 157. 354. 367.*

2800. Arnica *LINN.* Capitulum multiflorum, heterogamum, floribus radii uniseriatis, ligulatis, staminibus nullis v. interdum efoetis femineis, disci tubulosis, hermaphroditis. Involucri campanulati, biseriati squamae lineari-lanceolatae, aequales. Receptaculum fimbrilliferum, pilosiusculum. Corollae radii ligulatae, disci tubulosae, tubo hirto, limbo quinquedentato. Antherae ecaudatae. Stigmata disci longa, pube descendente obsessa, truncata v. cono brevi superata. Achenia subcylindracea, utrinque attenuata, subcostata, hirsutiuscula. Pappus uniserialis, pilis confertis, rigidulis, barbellato-scabris. — *Herbae in hemisphaerae borealis regionibus frigidiusculis crescentes, perennes, subhirsutae; foliis oppositis, integerrimis, capitulis ad apices caulium et ramorum oppositorum solitariis, magnis, luteis.*

Arnica Linn. *gen. n.* 958. excl. sp. Gärtner *II. t.* 173. Schkuhr *t.* 248. Fl. dan. *t.* 63. 1524. Cassini *in Dict. sc. nat. LI.* 459. Lessing *in Linnaea VI.* 253. *Synops.* 390. DC. *Prodr. VI.* 316.

2801. Aronicum *NECK.* Capitulum multiflorum, heterogamum, floribus radii uniserialis, ligulatis, femineis, disci tubulosis, hermaphroditis. Involucri pauciseriati squamae lineares, acuminatae, subaequales. Receptaculum subconvexum, epaleatum. Corollae radii ligulatae, disci tubulosae, limbo quinquedentato. Antherae ecaudatae. Stigmata disci truncata, apice solo penicillata, radii brevia, obtusa. Achenia erostria, exalata, oblongo-turbinata, sulcata. Pappus setosus, disci pluriserialis, radii subuniserialis. — *Herbae in Europa media et in Asia centrali alpicolae, habitu et foliis alternis Doronici.*

Aronicum Necker *elem. n.* 49. Reichenbach *Flor. excurs. II.* 233. DC. *Prodr. VI.* 319. Grammarthron Cassini *in Bullet. soc. philomat.* 1817. *p.* 32. *Dict. sc. nat. XIX.* 294. Arnicae sp. Linn. Jacq. *Flor. austr. t.* 82. 349. *Ic. rar. t.* 586. Loisleur *Flor. gall. t.* 20.

2802. Doronicum *LINN.* Capitulum multiflorum, heterogamum, floribus radii uniserialis, ligulatis, staminibus nullis v. efoetis femineis, disci tubulosis, hermaphroditis. Involucri pauciseriati squamae lineares, acuminatae, subaequales. Receptaculum subconvexum, epaleatum. Corollae radii ligulatae, disci tubulosae, limbo quinquedentato. Antherae ecaudatae. Stigmata disci truncata, apice solo penicillata, radii brevia, obtusa. Achenia oblongo-turbinata, sulcata, erostria, exalata. Pappus radii nullus v. rarissime uni-trisetus, disci setosus, pluriserialis. — *Herbae europeae et caucasicae, subhirsutae v. glabrae; rhizomate saepius tuberoso v. repente, foliis alternis, radicalibus petiolatis, caulinis alternis, plus minus amplexicaulibus, capitulis solitariis v. pluribus pedunculatis, floribus flavis.*

Doronicum Linn. *gen. n.* 959. Gärtner *II. t.* 173. Cassini *in Dict. sc. nat. XIII.* 454. Lessing *Synops.* 390. DC. *Prodr. VI.* 320.

a. EUDORONICUM DC. *l. c.* Involucrum pauciseriale. Pappus albidus. — *Folia radicalia cordata v. ovata.* — (Schkuhr *t.* 249. Jacq. *Flor. austr. t.* 130. 350. E. B. 2654. Hayne *Arzneigew. VI. t.* 21. 22. Tenore *Flor. Neapolit. t.* 79. Bot. Mag. *t.* 3143.)

b. CHROMOCHAETA DC. *l. c.* Involucrum subuniseriatum, demum reflexum. Pappus intense cinnamomeorufus. — *Folia linearia.* — Aster odontophyllus Wall. *msc.*

2803. Werneria *H. B. K.* Capitulum multiflorum, heterogamum, floribus radii uniserialis, ligulatis, femineis, disci hermaphroditis, tubulosis. Involucri campanulati, ecalyculati squamae ligularum numero uniseriatae, plus minus inter se concretae. Receptaculum nudum. Corollae radii ligulatae, disci tubulosae, quinquedentatae. Antherae inclusae, ecaudatae. Stigmata apice truncata, penicillata. Achenia turbinata, erostria, villosa. Pappus pluriserialis, setaceus, subscaber, longus. — *Herbae in America aequinoctiali alpicolae, caespitosae, humiles; foliis subradicalibus confertis, lineari-oblongis, integerrimis, coriaceis, subenerviis, glabris, basi subvaginante lanatis, capitulis solitariis, breviter pedunculatis, disco luteo, radio concolore v. albo.*

Werneria Humb. Bonpl. et Kunth *Nov. gen. et sp. IV.* 191. *t.* 368. 369. Lessing *Synops.* 393. DC. *Prodr. VI.* 323. Oresigonia Willd. *msc.* Oribasia Flor. mexic. *inedit.* Euryopis sp. americ. Cass.

2804. Culcitium *HUMB. et BONPL.* Capitulum multiflorum, homogamum, floribus omnibus tubulosis. Involucri campanulati, nudi v. bracteolis paucis stipati squamae biseriales. Receptaculum latissimum, planum, foveolis tetrapentagonis regulariter areolatum. Corollae tubulosae, fauce longa, tereti, limbo quinquedentato. Staminum articulus superior elongatus, antherae ecaudatae. Stylus basi bulbosus; stigmata apice subgloboso-capitata, hispidula. Achenia teretiuscula, striata, glaberrima, erostria, apice in marginem subdilatata. Pappus e margine ortus, pluriserialis, setiformis, subscabridus. — *Herbae in America aequinoctiali et australi alpicolae, tomentoso-lanatae; caule simplici monocephalo, rarius ramoso oligocephalo, foliis alternis, integris, capitulis amplis, luteis.*

Culcitium Humb. et Bonpl. *Plant. aequinoct. II. t.* 66. 67. Kunth *in Humb. et Bonpl. Nov. gen. et sp. IV.* 170. *t.* 362. 363. Cassini *in Dict. sc. nat. XVIII.* 210. Lessing *Synops.* 393. DC. *Prodr. VI.* 324. Oresigonia Schlechtend. *msc.*

2805. Gynoxys *CASS.* Capitulum multiflorum, heterogamum, floribus radii uniseriatis, ligulatis, femineis, disci tubulosis, hermaphroditis. Involucrum uniseriale, saepius bracteolis paucis subcalyculatum, disco brevius. Receptaculum planum, alveolatum. Corollae radii ligulatae, disci tubulosae, limbo quinquedentato. Antherae ecaudatae. Stigmata disci in conum hispidum, elongatum, acutissimum producta, deorsum saepe hispidula. Achenia teretiuscula, erostria, exalata. Pappus conformis, pilosus, pluriserialis. — *Plantae in America aequinoctiali indigenae, aliae arborescentes, oppositifoliae, aliae scandentes, alternifoliae; foliis petiolatis, capitulis corymbosis, flavis.*

Gynoxys Cassini *in Dict. sc. nat. XLVIII.* 455. Lessing *Synops.* 390. DC. *Prodr. VI.* 325.

2806. Cacalia *DC.* Capitulum pluriflorum, homogamum, floribus omnibus tubulosis. Involucrum uniseriale, penta-polyphyllum, bracteolis paucis basi subcalyculatum. Receptaculum epaleatum. Corollae tubulosae, limbo quinquedentato. Antherae ecaudatae. Stigmata cono brevi, basi subhispidulo terminata. Achenia oblonga, erostria, glabra. Pappus uniserialis, multisetus, setis rigidulis, scabridis. — *Herbae perennes, in America cis aequatorem, in Asia media et Africa australi indigenae; foliis alternis, saepius petiolatis, dentatis v. lobatis, capitulis paniculatis v. corymbosis, corollis albidis, roseis v. ochroleucis.*

Cacalia DC. *Prodr. VI.* 327. Cacaliae sp. et Pericalia Cassini *in Dict. sc. nat. XLVIII.* 459.

a. EUCACALIA DC. *l. c.* Receptaculum planum, nudum. — *Species asiaticae et americanae, floribus al-*

bis v. albidis. (Kunth *in Humb. et Bonpl. Nov. gen. et sp. t. 360.*)

b. CONOPHORA DC. *l. c.* Receptaculum medio in conum angustum, sterilem productum. — *Species boreali-americanae.*

? c. AULACOPHORA DC. *l. c.* Involucrum ecalyculatum, deca-dodecaphyllum. Receptaculum fimbrillife-rum, conicum, undique floriferum v. planiusculum. — *Species mauritianae et madagascarienses, dubiae affinitatis, corollis flavis, antheris lilacinis.*

? d. CISSAMPELOPSIS DC. *l. c.* Capitula decemflora, antherae longe exsertae, stigmata cono brevi, acuto superata. — *Suffrutices capenses v. javanici, scandentes, flocoso-araneosi, foliis alternis, petiolatis, orbiculatis.*

2807. Psacalium *DC.* Capitulum pluri-multiflorum, homogamum, floribus omnibus tubulosis. Involucri ample bibracteati v. calyculati squamae octonae-sedenae, disco breviores. Receptaculum planiusculum, nudum. Corollae tubulosae, quinquedentatae. Antherae ecaudatae. Stigmata elongata, praeter nervos marginales medio uninervia. Achenia striata, erostria, glabra. Pappus uniserialis, pilosus. — *Herbae v. frutices in America aequinoctiali indigeni, habitu vario.*

Psacalium DC. *Prodr. VI. 334.*

a. PSACALIUM *Cass.* Herbae foliis peltatis

Psacalium Cassini *in Dict. sc. nat. XLVIII. 461.* Cacalia peltata Kunth *in Humb. et Bonpl. Nov. gen. et sp. t. 361.*

b. PENTACALIA *Cass.* Frutices, interdum arborescentes, foliis haud peltatis.

Pentacalia Cassini *in Dict. sc. nat. XLVIII. 461.* Cacaliae sp. Kunth *Op. cit. t. 358. 359.*

2808. Lopholaena *DC.* Capitulum multiflorum, discoideum, subheterogamum, floribus marginalibus antheris abortivis interdum femineis, centralibus styli abortu nonnunquam masculis. Involucri pentaphylli squamae liberae, foliaceae, dorso cristam longitudinalem exserentes, margine late alatae. Receptaculum alveolatum. Corollae tubulosae, tubo tereti, centralium indurato, integro, marginalium interdum ad latus interius longitudinaliter fisso, limbo quinquefido. Staminum articulus antherifer longus, crassus, antherae ecaudatae. Stigmata elongata, inferne intus biseriatim stigmatosa, dorso puberula, apice in appendicem elongatam, undique hispidam, vix acutam producta. Achenia angulata, erostria, glabriuscula, ad angulos ciliata, centralium nonnulla abortiva, compressa. Pappus multiserialis, setosus, vix scaber. — *Suffrutex capensis, erectus, glaber; foliis alternis, sessilibus, basi utrinque in nervos tenues subdecurrentibus, elliptico- v. oblongo-lanceolatis, obtusis, integerrimis, trinerviis, subcoriaceis, ramis foliosis, monocephalis, in corymbum dispositis, corollis pallide flavis.*

Lopholaena DC. *Prodr. VI. 335.*

2809. Kleinia *LINN.* Capitulum multiflorum, discoideum, homogamum v. rarissime heterogamum. Involucrum bracteolis parvis calyculatum v. rarissime nudum, uniseriale, polyphyllum. Receptaculum planum, nudum. Corollae tubulosae, limbo quinquedentato. Antherae ecaudatae. Stigmata cono brevi, basi ciliato terminata. Achenia erostria. Pappus setosus, subscaber, pluriserialis. — *Frutices africani, carnosi, interdum subacaules, saepius glauci; ramis teretibus v. angulatis, cicatrisatis, foliis alternis, saepius integerrimis, floribus albis v. saepius flavis.*

Kleinia Linn. *Hort. cliffort. 395.* Haworth *Plant. succul. 313.* DC. *Prodr. VI. 336.* non alior. Cacalia Cassini *in Dict. sc. nat. XLVIII. 459.* Lessing *Synops. 395.* non alior. Cacalianthemum Dillen. *Hort. eltham. I. 54.* Cacaliae sp. Linn.

a. CACALIANTHEMUM DC. *l. c.* Capitulum homogamum, floribus omnibus hermaphroditis. — Cacaliae sp. Linn. Gärtn. *t. 166. f. 1.* Jacq. *Ic. rar. t. 68.* DC. *Pl. gr. t. 12. 18. 42. 90.*

b. ERECHTITOIDES DC. *l. c.* Capitulum heterogamum, discoideum, floribus radii uniseriatis, femineis, filiformi-tubulosis, bi-tridentatis v. oblique truncatis, ligulam minutissimam monstrantibus. — Cacalia acaulis Linn. f.

2810. Acleia *DC.* Capitulum multiflorum, homogamum, floribus omnibus tubulosis. Involucrum uniseriale, cylindraceo-globosum, squamulis paucissimis ad apicem pedicelli substipatum. Receptaculum planum, nudum. Corollae tubulosae, limbo quinquedentato. Antherae ecaudatae. Stigmata .... Achenia laevia, plano-compressa, apice in collum breve urceolum disciformem sustinens dilatata. Pappus pilosus, subdenticulatus, deciduus. — *Herba aegyptiaca, annua, ramosa, erecta, glabra; foliis inferioribus petiolatis, ovalibus, crenatis, caulinis amplexicaulibus, inciso-dentatis, capitulis paucis, laxe corymbosis, corollis luteis, demum fusco-violaceis.*

Acleia DC. *Prodr. VI. 340.* Senecio Belbeysius Delile *Flor. aegypt. t. 45. f. 3.*

2811. Senecio *LESS.* Capitulum multiflorum, homogamum, discoideum, v. heterogamum, floribus radii uniseriatis, ligulatis, femineis, disci tubulosis, hermaphroditis. Involucri nunc nudi, nunc squamellis accessoriis calyculati squamae uniseriatae, saepius apice sphacelatae, margine subscariosae, dorso plerumque binervatae. Receptaculum epaleatum, nudum v. alveolatum. Corollae radii ligulatae, disci tubulosae, limbo quinquedentato. Antherae ecaudatae. Stigmata disci truncata, apice solo penicillata. Achenia teretiuscula v. sulcato-angulata, erostria, exalata. Pappus pilosus, pluriserialis, caducus, setis rectis, subaequalibus, tenuissimis, vix scabris. — *Genus totius regni vegetabilis ut videtur vastissimum, nondum rite quo ad subdivisiones stabilitum, speciebus herbaceis v. fruticosis polymorphis, per totum orbem obviis, plerisque endemicis, foliis alternis, capitulis solitariis, corymbosis v. paniculatis, corollis disci plerumque luteis, rarissime purpureis, nunquam nisi in stirpibus cultis albis, ligulis flavis, rarissime purpurascentibus v. albis.*

Senecio Lessing *Synops. 391.* DC. *Prodr. VI. 340.* Senecio, Cacaliae et Cinerariae sp. Linn. Senecio et Anecio Necker *elem. n. 174 et 58.* Senecio et Jacobaea Tournef. *inst. 456. 485.* Jacobaea, Senecio et Doriae sp. Thunb. Jacobaea, Obaejaca, Endorus, Aetheolaena, Carderina, Dorobaea, Synarthrum, Sclerobasis, Pithosillum, Aspelina, Senecio, Scrobicaria et Cineraria Cassini *Opusc. phyt. III. 70. 71. Dict. sc. nat. XLVIII. 454. st.* Senecio et Roldana Llav. et Lexarz. Senecio et Pericallis D. Don.

I. CAUCASICI DC. *Prodr. VI. 341.* Species in Europa, Africa mediterranea, Oriente et Sibiria sponte nascentes.

a. Obaejacae DC. *Prodr. VI. 341.* Ligulae nullae tunc flores radii interdum feminei, v. ligulae brevissimae, revolutae, involucrum vix superantes. Achenia teretiuscula, striata, saepius puberula. Pappus corollas disci subaequans. — *Herbae annuae, involucris ovato-cylindraceis, calyculatis, floribus luteis.*

* Senecio Cass. Ligulae nullae. — Senecio Vaill. Adans. Gärtn. *II. t. 166.* Cassini *in Dict. sc. nat. XLVIII. 454.* Seneciotypus Dumort. *Flor. belg. 65.* (Jacq. *Hort. Vindob. I. t. 3.* Flor. dan. *t. 513.* E. B. *t. 747.*)

** Obaejaca Cass. Ligulae minimae, revolutae. — Obaejaca Cassini *in Dict. sc. nat. XXIV. 113. XXXV. 270. XLVIII. 448.* (Fl. dan. *t. 869. 1230.* E. B. *t. 32. 748. 2515.* Tenore *Flor. neap. II. t. 78.*)

b. Obaejacoideae DC. *Prodr. VI. 343.* Capitula radiata, ligulis planis, exsertis. — *Herbae annuae, involucro calyculato, floribus luteis.* — (Vahl *Symb. II. t. 45.* E. B. *t. 600.* Waldst. et Kitaibel *Plant. Hung. t. 24.* Desfont. *Fl. atl. t. 233.* Dufour *in Annal. sc. nat. V. t. 11.* Viviani *Fl. lybic. t. 11. f. 3.* Ledebour *Ic. t. 493.* Cinerariae sp. Cavanill. *Ic. t. 33. f. 3.* Ortega *Decad. t. 10. f. 2.*)

c. Ecalyculati DC. *Prodr. VI. 347.* Capitula radiata. — *Herbae perennes, involucro ecalyculato, floribus luteis, foliis varie pinnatilobatis v. dentatis, glabriusculis.* — (Hooker *Fl. Bor. Amer. t. 112.* Cinerariae sp. Jacq. *Fl. austr. t. 167. 177.*)

d. Jacobaea DC. *Prodr. VI. 348.* Capitula radiata. — *Herbae perennes, involucro calyculato, foliis pinnati- v. bipinnatilobis, glabris v. glabriusculis.* — (Jacq. *Fl. austr. t. 79.* Desfont. *Flor. atl. t. 234.* Vahl *Symb. I. t. 18.* Fl. dan. *t. 784.* E. B. *t. 574. 1130. 1131.* Waldst. et Kitaibel *Pl. Hung. t. 128.* Jacobaea Gärtn. *t. 170. f. 1.* Herbichia Zawadzky *Flor. Galic. 198.*)

e. Sarracenici DC. *Prodr. VI. 352.* Capitula plerumque radiata. — *Herbae perennes, involucro calyculato, floribus luteis, foliis integris v. dentatis, glabriusculis.* — (Jacq. *Fl. austr. t. 184—186.* Fl. dan. *t. 385.* E. B. *t. 650. 2211.* Waldst. et Kitaibel *Pl. Hung. t. 210.* Farobaea Schrank ex Colla *Hort. Ripul. Append. IV. 19. t. 9.*)

f. Fruticulosi DC. *Prodr. VI. 354.* Capitula radiata. — *Caules fruticosi, foliis integerrimis v. dentatis, glabriusculis, floribus luteis.* (Forskal *Ic. t. 19.*)

g. Incani DC. *Prodr. VI. 355.* Capitula radiata, ligulis 5—12, planis. Pappus disci tubum corollae superans. — *Herbae perennes v. suffrutices; foliis tomento denso utrinque v. subtus canis, varie pinnatilobatis, lobis obtusis, capitulis flavis, corymbosis v. rarissime solitariis.* (Allioni *Flor. pedemont. t. 17. f. 3. t. 38. f. 3.*)

h. Crociserides DC. *Prodr. VI. 357.* Capitula radiata, ligulis planis. Achenia glaberrima. Pappus disci corollam aequans. — *Herbae perennes, involucro bracteolis paucis calyculato, foliis integerrimis v. parce dentatis, capitulis solitariis v. paucis, longe pedicellatis, flavis.* — (Jacq. *Flor. austr. append. t. 45.* Hooker *Fl. Bor. Amer. t. 113.* Cinerariae sp. Ledebour *Ic. t. 94.* Cinerariae sectio Crociseris Reichenb. *Flor. excurs. 242.*)

i. Tephroserides DC. *Prodr. VI. 359.* Capitula radiata, ligulis 15—20, rarius nullis. Achenia glabra v. pubescentia, angulato-subcostata, costis aequalibus, parum exsertis. Pappus parcior. — *Herbae perennes, caule simplici, corymbis oligo-polycephalis, simplicibus, nunc subracemosis, nunc umbellatis, involucro polyphyllo, ecalyculato, ligulis flavis v. aurantiaceis.* (Cinerariae sp. Jacq. *Fl. austr. t. 178. 179. 181.* Trattinick *Archiv. t. 48.* Waldst. et Kitaibel *Plant. Hung. t. 239.* Bot. Mag. *t. 2262.* Cinerariae sectio Tephroseris Reichenb. *Fl. excurs. 241.*)

k. Heloserides DC. *Prodr. VI. 362.* Capitula radiata, ligulis circiter 20. Achenia glabra, multicostata, costis subinaequalibus, angustis, exsertis. Pappus multisetus. — *Herbae biennes, subhirsutae, involucro ecalyculato, esphacelato, polyphyllo, corymbis subcompositis, ligulis pallide flavis.* — (Cinerariae sp. Linn. Fl. dan. *t. 753.* E. B. *t. 151.* Schkuhr *t. 246. a.* Cinerariae sectio Heloseris Reichenb. *Fl. excurs. II. 241.* Cinerariae sectio Eriopappus Dumort. *Fl. Belg. 65.*)

II. CHINENSES DC. *Prodr. VI. 363.* Species in China media et australi, nec non in Japonia sponte nascentes. — Tussilaginis sp. Linn. Banks *Ic. Kämpff. t. 27. 28.*

III. INDICI DC. *Prodr. VI. 364.* In Indiae continente et insulis indigeni.

IV. AUSTRALASICI DC. *Prodr. VI. 370.* In Nova-Hollandia et insulis vicinis crescentes. — (A. Richard *Sert. Astrolab. t. 37. 38.*)

V. SANDWICENSES DC. *Prodr. VI. 375.* In insulis Sandwicensibus habitantes.

VI. MAURITIANI DC. *Prodr. VI. 375.* In insulis Mauritii et Borboniae nascentes. — (Lam. *t. 676. f. 6. 7.*)

Hubertia Bory *Voy. t. 14. f. 1. t. 14. bis.* Pithosillum Cassini *in Dict. sc. nat. XLI. 165.* Synarthrum Cassini *Op. cit. XLVIII. 455. LI. 457.*

VII. MADAGASCARIENSES DC. *Prodr. VI. 376.* In insula Madagascar spontanei.

VIII. CAPENSES DC. *Prodr. VI. 379.* In Africa australi extratropica indigeni.

a. Annui DC. *Prodr. VI. 371.* Capitula radiata, lutea. — *Caules herbacei. Radices annuae. Folia varia.* — (Jacq. *Collect. V. t. 6. f. 2. Fragm. t. 1. f. 3.*)

b. Gymnorhizi DC. *Prodr. VI. 383.* Capitula radiata, lutea v. discoidea. — *Species perennes. Caules herbacei, nudiusculi, ad collum non lanuginosi, folia nec decurrentia nec subtus dense tomentosa.*

c. Lasiorhizi DC. *Prodr. VI. 387.* Capitula radiata, lutea v. discoidea. — *Herbae perennes, collo lanuginoso.*

d. Decurrentes DC. *Prodr. VI. 388.* Capitula radiata, lutea. — *Herbae perennes, foliis caulinis decurrentibus.*

e. Verbascini DC. *Prodr. VI. 389.* Capitula radiata, lutea. — *Species perennes, caulibus herbaceis foliisque utrinque plus minus incano-tomentosis.* — (Jacq. *Hort. Schönbr. t. 150.*)

f. Hypoleuci DC. *Prodr. VI. 389.* Capitula radiata, lutea, v. discoidea. — *Caules suffruticosi, folia linearia v. lanceolata, integra v. hinc inde sublobata, margine saepe revoluta, subtus (rarius etiam supra) plus minus tomentosa.*

g. Rigidi DC. *Prodr. VI. 392.* Capitula radiata, lutea. — *Caules plus minus saltim ad basim fruticosi, foliosi. Folia ovata v. lato-lanceolata, grosse dentata.* — (Jacq. *Hort. Schönbr. t. 304. Collect. V. t. 6. f. 1.* Sclerobasis Cass. *in Dict. sc. nat. XLVIII. 455.*)

h. Serratuloidei DC. *Prodr. VI. 394.* Capitula radiata, lutea. — *Caules suffruticosi, foliosi. Folia lyrato-pinnatisecta, lobis lateralibus parvis, integris, oblongo-linearibus, terminali maximo, dentato.*

i. Leptolobi DC. *Prodr. VI. 395.* Capitula radiata, lutea v. discoidea. — *Caules fruticulosi. Folia pinnatiloba, lobis angustis.* — (Cacaliae sp. Jacq. *Ic. rar. t. 581.*)

k. Carderini DC. *Prodr. VI. 397.* Capitula radiata v. discoidea, lutea, ad basim involucri squamellis pluriserialibus, subimbricatis instructa. (Heritier *Stirp. t. 5.* Jacq. *Ic. rar. t. 180.* Carderina Cassini *in Dict. sc. nat. XXXV. 272.*)

l. Pinifolii DC. *Prodr. VI. 399.* Capitula radiata v. discoidea, lutea. — *Caules fruticosi, folia acerosa, integerrima, glaberrima.*

m. Leptophylli DC. *Prodr. VI. 399.* Capitula radiata v. discoidea, lutea. — *Caules suffruticosi. Folia linearia v. oblongo-linearia, integerrima v. dentata, aut vix hinc inde sublobata, glabra v. hirtella, nunquam tomentosa.* (Jacq. *Ic. rar. t. 587.*)

n. Kleinioidei DC. *Prodr. VI. 401.* Capitula radiata, lutea. — *Caules fruticoso-subcarnosi, folia carnosa, glabra, integerrima, rarius lateraliter inciso-dentata.*

o. Glaberrimi DC. *Prodr. VI. 403.* Capitula radiata v. discoidea, lutea. — *Suffrutices v. saepius herbae glaberrimae, volubiles v. erectae. Folia plerumque petiolata, saepius tri-quinquelobata, palmato-angulata.*

p. Erythraei DC. *Prodr. VI. 405.* Flores omnes v. saltim radii purpurei, rarius variantes albi. (Jacq. *Ic. rar. t. 580.* Andr. *Bot. Reposit. t. 291.* Bot. Mag. *t. 238.* Bot. Reg. *t. 41. 901.*)

IX. CANARIENSES DC. *Prodr. VI. 409.* In insulis Canariis, Azoricis et Madera crescentes.

a. Pericallides DC. *Prodr. VI. 409.* Involucrum uniseriale, polyphyllum, ecalyculatum. Ligulae plures, planae. — *Frutices v. herbae canarienses et madeirenses; foliis caulinis petiolatis, palmatinerviis, angulato-lobatis, basi cordatis, saepe subtus tomentosis, ad basim petioli non raro aurito-stipulatis, capitulis tomentosis, pedicellis bracteoligeris, floribus pur-*

pureis, albis v. rarius flavis. — (Cinerariae sp. Heritier Jacq. *Collect. III. t. 19. f. 3.* Vent. *Malm. t. 99. 101.* Jacq. f. *Eclog. t. 105.* Bot. Mag. *t. 53. 1786.*)

b. Bethencourtii DC. *Prodr. VI. 411.* Involucrum pentaphyllum, oblongum. Flores 7—8, ligulati 2—3, tubulosi 4—5. — *Caules fruticosi, folia longe cuneata, apice incisa, glabra.* — Bethencourtia Choisy *in Buch Canar. 148.* non St. Hilaire. Cineraria palmensis Nees *in Hor. phys. berolin. t. 22.*

X. CARIBAEI DC. *Prodr. VI. 411.* Frutices in insulis caribaeis spontanei. — Cinerariae sp. Swartz. Bot. Mag. *t. 2647.* Gynoxys sp. Less.

XI. PATAGONICI DC. *Prodr. VI. 412.* In Patagonia, insulis Maclovianis et terra Magellanica vegetantes. — Cacaliae sp. Vahl *Symb. III. t. 71.* Cinerariae sp. Lam. *t. 675. f. 4.* Smith *Exot. Bot. II. t. 65.*

XII. CHILENSES DC. *Prodr. VI. 413.* Species in agro Chilensi spontanei. — Danaa Colla *in Mém. Academ. Taurin. XXXVIII. t. 28.* Heterolepis Bertero *msc.* Adenotrichia Lindley *in Bot. Reg. t. 1190.*

XIII. BRASILIENSES DC. *Prodr. VI. 418.* In Brasilia, imprimis meridionali, et in Bonaria spontanei.

XIV. PERUVIANI DC. *Prodr. VI. 420.* In Peruvia, Bolivia et Columbia crescentes. — Cacaliae sp. Kunth *in Humb. et Bonpl. Nov. gen. et sp. t. 357.* Senecionis sp. Kunth *Op. cit. t. 364.* Staehelinae sp. Linn. Smith *Ic. inedit. III. t. 71.* Scrobicaria Cassini *in Dict. sc. nat. XLVIII. 456.* Aetheolaena Cassini *Op. cit. XLVIII. 453.* Dorobaea Cassini *l. c.*

XV. MEXICANI DC. *Prodr. VI. 426.* In terris Mexici, California et Louisiana australiore indigeni. — (Kunth *in Humb. et Bonpl. Nov. gen. et sp. t. 365.* Hooker *in Bot. Mag. t. 3487.* Cinerariae sp. Cavanill. *Ic. t. 244.* DC. *Hort. Genev. t. 7.* Schrank *Hort. Monac. t. 95.* Colla *Hort. Ripul. App. 2. t. 12.* Roldana Llav. et Lexarz. *Nov. Veget. II. 10.*

XVI. BOREALI-AMERICANI DC. *Prodr. VI. 431.* In America boreali, exclusis provinciis australioribus et California crescentes. — (Hooker *Flor. Bor. Amer. t. 114.—116.*)

2812. Brachyrhynchos *LESS.* Capitulum multiflorum, homogamum, discoideum, v. heterogamum, floribus radii uniseriatis, ligulatis, femineis, disci tubulosis, hermaphroditis. Involucrum uniseriale, squamellis paucis calyculatum. Receptaculum planum, nudum. Corollae radii ligulatae, disci tubulosae, limbo quinquedentato. Antherae ecaudatae. Stigmata apice summo puberula. Achenia elongata, striata v. angulata, exteriora subcompressa, apice in rostrum breve producta. Pappus pluriserialis, setis piliformibus, ima basi subconcretis. — *Herbae capenses habitu vario, fortassis vix rite in genus consociatae v. non satis a Senecione diversae.*

Brachyrhynchos Lessing *Synops. 392.* DC. *Prodr. VI. 437.* Cinerariae sp. Auct.

a. EUBRACHYRHYNCHOS DC. *l. c.* Capitula radiata 12—15flora, ligulis 5, oblongis. Achenia striata, laevia, glabra. — *Rami aphylli, flores lutei, capitula parce calyculata.*

b. TRACHYCARPUS DC. *l. c.* Capitula radiata v. discoidea. Achenia papillis piliformibus v. pilis brevibus plus minus aspera. — *Herbae perennes, ad collum saepe subtuberosae, glabrae v. araneoso-lanatae; foliis petiolatis, nunc pinnatisectis sublyratis, nunc ovato-cordatis, inciso-dentatis, pedunculis elongatis, monocephalis, squamellis longis, subulatis instructis, involucro ecalyculato.*

2813. Madaractis *DC.* Capitulum multiflorum, heterogamum, floribus radii uniseriatis, ligulatis, stylo nullo v. rudimentario neutris, disci tubulosis, hermaphroditis. Involucri polyphylli, squamellis paucis calyculati squamae uniseriales. Receptaculum planum, nudum. Corollae radii ligulatae, disci tubulosae, limbo quinquedentato. Antherae ecaudatae. Stigmata disci apice truncato-penicillata. Achenia radii cylindrica, disci breviora. Pappus radii nullus v. paucisetus, disci pluriserialis, pilosus. — *Herbae indicae, saepe basi suffruticulosae, plerumque pubero-scabrae, Senecionum habitu; foliis alternis, dentatis v. pinnatifidis, capitulis solitariis v. corymbosis, longe pedicellatis, floribus luteis.*

Madaractis DC. *Prodr. VI. 439.*

2814. Tetradymia *DC.* Capitulum quadriflorum, homogamum. Involucri tetraphylli squamae biseriales, cruciatim oppositae, ovali-oblongae. Receptaculum angustum, nudum. Corollae tubulosae, quinquefidae, lobis linearibus. Antherae ecaudatae. Stigmata teretiuscula, apice capitellata. Achenia erostria, villosa. Pappus pluriserialis, deciduus, setis rigidulis, dense et longiuscule serratis. — *Herba in America boreali-occidentali indigena, tomentoso-cana; caule tereti, folioso, foliis alternis, sessilibus, linearibus, integerrimis, mucrone rigidulo terminatis, capitulis quinis-octonis pedicellatis, in racemum terminalem confertis, floribus luteis.*

Tetradymia DC. *Prodr. VI. 440.*

2815. Raillarda *GAUDICH.* Capitulum quadri-sexflorum, homogamum. Involucrum cylindraceum, tetra-pentaphyllum, floribus aequale, basi bibracteolatum v. nudum. Receptaculum angustum, nudum. Corollae tubulosae, tubo obconico, limbo quinquedentato. Staminum filamenta superne incrassata, antherae ecaudatae. Stigmata arcuato-divergentia, plana v. semifiliformia, acuminata, ciliata, exserta. Achenia tereti-angulata, turbinata v. basi attenuata, hirsuta v. glabra. Pappus uniserialis, plumosus, setis basi subcorneis. — *Frutices Sandwicenses; ramulis teretibus, ternatis, foliis alternis v. ternato-verticillatis, linearibus v. lanceolatis, integerrimis, subcoriaceis, nitidis, capitulis in racemum v. corymbum paniculatum dispositis, involucris extus subscabris, floribus luteis, pappo rufescente.*

Raillarda Gaudichaud *ad Freyc. 469. t. 83.*

2816. Bedfordia *DC.* Capitulum multiflorum, homogamum. Involucri ovati, basi bracteolis binis v. ternis subulatis stipati squamae imbricatae, aequales, distinctae, bi-triseriales. Receptaculum favosum, alveolorum marginibus dentatis. Corollae tubulosae, tubo gracili, limbo abrupte dilatato, quinquepartito. Antherae ecaudatae, apice appendiculatae. Stylus basi bulbosus; stigmata linearia, arcuata, obtusa, apice hispidula, dorso subpapillosa. Achenia glabra, tereti-angulata, apice margine dilatato. Pappus uniserialis, pilosus, setis basi scabridis, apice longius barbellatis. — *Frutices Novae-Hollandiae; ramis teretibus, junioribus tomentosis, foliis alternis, saliciformibus, subintegerrimis, lanceolatis v. linearibus, coriaceis, supra glabris, subtus tomentosis, capitulis ad axillas solitariis v. breviter racemoso-corymbosis, floribus luteis.*

Bedfordia DC. *in Guillem. Archiv. Bot. II. 332. Prodr. VI. 441.* Cacaliae sp. Labillard. *Nov. Holl. t. 178. 179.* Lindl. *in Bot. Reg. t. 923.*

2817. Notonia *DC.* Capitulum multiflorum, homogamum. Involucrum cylindricum, uniseriale, floribus brevius, ecalyculatum, bracteolis nullis v. serius pedicellum paucissimis instructum. Receptaculum planum, alveolatum, alveolorum marginibus productis fimbrillifero. Corollae tubulosae, quinquedentatae. Stigmata in conum brevem, hispidum producta. Achenia teretia, multistriata, glabra. Pappus multiserialis, setis filiformibus, hinc inde barbellatis. — *Suffrutices* *indici*, *carnosi, glabri, Kleiniae facie; ramis teretibus, cicatrisatis, foliis oblongis v. obovatis, planis, subcarnosis, integerrimis, corymbis paucifloris, capitulis majusculis.*

Notonia DC. *in Guillem. Archiv. Bot. II. 514. Prodr. VI. 441*. non Wight et Arn. Cacaliae sp. Wallich.

2818. Lachanodes *DC.* Capitulum pluriflorum, homogamum, floribus omnibus tubulosis, v. rarius heterogamum, floribus radii uniseriatis, ligulatis, femineis, disci tubulosis, hermaphroditis. Involucrum uniseriale, squamis quinis-septenis, margine submembranaceis, erectis, bracteolis ad apicem pedicelli minimis, paucis subcalyculatum. Receptaculum angustum, epaleatum, alveolare. Corollae radii dum adsunt ligulatae, ligula obovata, disci tubulosae, tubo basi corneo, conico, incrassato, lobis quinque, lanceolato-linearibus, medio uninerviis. Antherae ecaudatae. Stylus basi bulbosus; stigmata longa, revoluta, lineari-filiformia, hermaphroditorum apice in conum brevem subpuberulum desinentia. Achenia oblonga, glabra, sessilia, erostria, demum striata. Pappus pilosus, pluriserialis, subaequalis, tubo corollae brevior, subscaber. — *Arbores* *insulae St. Helenae*, *cortice crasso, ligno tenero, albo; foliis alternis, breviter petiolatis, penninerviis, dentatis, ovali-lanceolatis, capitulis in corymbum compositum dispositis, floribus albis.*

Lachanodes DC. *in Guillem. Archiv. Bot. II. 332. Prodr. VI. 442.*

a. EULACHANODES. Capitula pauciflora, homogama. — Mikania arborea Roxb.

b. PLADAROXYLON. Capitula pluriflora, heterogama, radiata. — Solidago Leucadendron Willd.

2819. Euryops *CASS.* Capitulum multiflorum, heterogamum, floribus radii uniseriatis, ligulatis, femineis, disci tubulosis, hermaphroditis. Involucri uniseriati squamae marginibus plus minus concretae, per aestivationem valvatae. Receptaculum convexum, nudum, alveolatum. Corollae radii ligulatae, disci tubulosae, limbo quinquedentato. Antherae ecaudatae. Stigmata hermaphroditorum truncata, apice solo penicillata. Achenia teretiuscula, erostria, exalata. Pappus pluriserialis, setaceus, caducus, flexuosus, pilis exterioribus saepe deorsum flexis. — *Frutices* *capenses*, *ramosi; foliis alternis, sparsis, plus minus coriaceis, varie sectis v. integris, pedunculis nudis, monocephalis, solitariis v. approximato-corymbosis, floribus luteis.*

Euryops DC. *in Bullet. soc. philomot. 1818. p. 140. Dict. sc. nat. XVI. 49.* (excl. Werneria). Lessing *Synops. 393.* ?Hertia Necker *elem. n. 11.* non Less. Enantiotrichum E. Meyer *in Herb. Dreg.* Othonnae sp. Linn. Thunb. Jacq. *Hort. Schönbr. t. 239. 242. 308.* Bot. Mag. *t. 306.* Bot. Reg. *t. 108.* Loddig. Bot. Cab. *t. 728. 1698.*

DIVISIO IV. BALBISIEAE DC. *Prodr. VI. 447.* Capitulum homogamum discoideum, v. radiatum subdioicum. Receptaculum nudum. Cotyledones involutae. — *Frutices insulae St. Juan Fernandez.*

2820. Balbisia *DC.* Capitulum triflorum, homogamum. Involucri triphylli, cylindrici, basi bracteolis paucis, minimis subcalyculati squamae erectae, glabrae, apice summo albo-ciliatae. Receptaculum angustum, nudum. Corollae tubulosae, coriaceae, quinquelobae, lobis erectis, linearibus, subconvolutis. Antherae liberae, ecaudatae, appendiculatae. Stylus crassus, durus, exsertus, stigmatibus crassis, revoluto-divaricatis, sulco medio exaratis, vix apice summo puberulis. Achenia elongata, compresso-teretiuscula, subangulata, pube rufa, adpressa, apice pappi basim cingente inducta. Pappus candidissimus, subuniserialis, inaequalis, pilosus, scabridus, corollae longitudine. Embryonis cotyledones involutae. — *Frutex speciosus*, *in insula St. Juan Fernandez indigenus*, *resinifer; ramis teretibus, cicatricibus notatis, foliis sparsis, spiraliter dispositis, lineari-lanceolatis, basi attenuatis, sessilibus, integerrimis, apice summo serratis, uninerviis, coriaceis, panicula terminali, ramosissima, myriocephala, floribus flavis, fortassis dioicis, nempe femineis tantum ut videtur observatis.*

Balbisia DC. *in Guillem. Archiv. Bot. II. 333. Prodr. VI. 447.* Decaisne *in Nouv. Annal. sc. nat. I. 26. t. 1. f. A.* non alior. Ingenhouzia Bertero *msc.* non alior.

2821. Robinsonia *DC.* Capitula multiflora, abortu dioica. Involucri campanulati v. ovati, basi interdum bracteolati squamae uniseriatae, plus minus coalitae v. subliberae, saepius apice summo barbatae. Receptaculum planum, nudum. Flor. masc. Corollae membranaceae, tubulosae, quinquedentatae. Antherae concretae, inclusae. Pollen echinatum. Stigmata cono piloso-papilloso terminata. Achenia efoeta. Flor. fem. Corollae coriaceae, radii uniseriatae, breviter ligulatae, integrae v. tridentatae, disci tubulosae, quinquedentatae. Stamina inclusa, antheris liberis, exappendiculatis, polline laevi. Stylus basi bulbosus; stigmata crassa, brevia, truncata, glabra, supra sulco notata. Achenia teretia v. costata. Pappus uniserialis, setis nunc liberis, nunc in vaginam concretis. Embryonis cotyledones saepius involutae, interdum fere planae. — *Arbores* *insulae St. Juan Fernandez* *biorgyales, resiniflua; foliis alternis, lanceolatis, indivisis, subcoriaceis, floribus flavis.*

Robinsonia DC. *in Guillem. Archiv. Bot. II. 333. Prodr. VI. 447.* Decaisne *in Nouv. Annal. sc. nat. I. 27.* non Schreb.

a. SYMPHYOCHAETA DC. *l. c.* Involucri squamae fere ad apicem concretae. Ligulae brevissimae. Pappi setae fere ad mediam longitudinem in vaginam membranaceo-rigidulam concretae. — (Decaisne *l. c. t. 1. f. 13.*)

b. ELEUTHEROCHAETA DC. *l. c.* Involucri squamae fere ad apicem concretae. Ligulae brevissimae. Pappi setae liberae. — (Decaisne *l. c. t. 1. f. C.*)

c. ELEUTHEROLEPIS DC. *l. c.* Involucri squamae liberae. Ligulae majusculae. Pappi setae liberae.

TRIBUS V. CYNAREAE Lessing *Synops. 4.* Styli hermaphroditorum superne nodoso-incrassati et saepe ad nodum penicillati, ramis concretis v. liberis, extus puberulis. Glandularum stigmaticarum series haud prominulae, usque ramorum apicem pertingentes, ibique confluentes. Corollae pellucidae, regulares v. subregulares, marginales rarissime ligulatae. Pollen globosum, echinulatum, rarius ellipticum, laeve. Receptaculum nudum v. alveolato-fimbrilliferum.

SUBTRIBUS I. CALENDULACEAE DC. *Prodr. VI. 451.* Capitula multiflora, heterogamo-monoica, floribus radii ligulatis, femineis, disci tubulosis, quinquedentatis, ovario efocto masculis. Involucrum uni-panciseriali. Receptaculum nudum, alveolatum, rarissime setulosum. Antherae disci basi brevissime caudatae. Corollae fere omnes basi barbatae. Stylus radii bifidus, stigmatibus elongatis, disci subindivisus, nodulosus, pilorum zona barbatus, superne conicus, bifidus, stigmatibus valde approximatis seu concretis. Achenia radii fertilia, saepe difformia, disci plerumque abortiva. — *Herbae v. suffrutices, omnes in veteri orbe indigeni, plus minus glandulosi et odore gravi donati.*

DIVISIO I. CALENDULEAE Lessing *Synops. 89.* DC. *Prodr. VI. 451.* Capitula multiflora, heterogama, floribus radii uni-triseriatis, ligulatis, femineis, disci tubulosis, ovario efoeto sterilibus. Involucri uni-biseriati squamae liberae. Antherae breviter caudatae. Achenia radii fertilia, rostrata, epapposa, saepius curva, inter se formis disparia.

2822. Calendula *NECK.* Capitulum multiflorum, heterogamum, floribus radii bi-triseriatis, ligulatis, femineis, disci tubulosis, masculis. Involucri pauciseriati squamae distinctae. Receptaculum planum, nudum. Corollae basi hispidulae, radii ligulatae, disci tubulosae. Antherae breves, caudatae, subulatae. Stylus in conum nodosum, hispidulum, apice bifidum desinens, radii brevis, stigmatibus longis, gracilibus, inferne glabris, superne glandulosis. Ovaria radii arcuata, disci abortiva. Achenia disci nulla, radii bi-triseriata, heteromorpha, nempe exteriora plus minus in rostrum elongata, media apice truncata, dorso echinata, plus minus incurva, lateribus in membranam integram, concavam v. planam, inciso-dentatam productis, intima annularia v. incurva, dorso muricata, omnia, sed imprimis intima fertilia. Pappus nullus. — *Herbae annuae v. perennanti-suffruticosae, in regione mediterranea indigenae, pube subglandulosa consitae, graveolentes; foliis oblongis v. obovatis, integris v. sinuato-dentatis, capitulis terminalibus, solitariis, ebracteatis, erectis, corollis flavo-croceis v. flavis.*

Calendula Necker *elem. n. 75.* Cassini *Opusc. phyt. II. 75. Dict. sc. nat. XXX. 327.* Lessing *Synops. 90.* DC. *Prodr. VI. 461.* Calendulae sp. Linn. Gärtn. *t. 168.* Schkuhr *t. 265.* Cavanill. *Ic. t. 3.* Desfont. *Fl. atl. t. 245.* Viviani *Fl. lybic. t. 20. f. 2. t. 26. f. 2.* Bot. Mag. *t. 3204.* Caltha Vaillant *in Act. Academ. Paris. 1720. p. 288.* Mönch *Method. 585.*

2823. Oligocarpus *LESS.* Capitulum multiflorum, heterogamum, floribus radii uniseriatis, ligulatis, femineis, disci tubulosis, masculis. Involucri uniseriati squamae acuminatae. Receptaculum nudum. Corollae radii ligulatae, disci tubulosae, limbo quinquedentato. Antherae caudatae. Stigmata ...... Achenia disci abortiva, radii sessilia, recta, subtrigona, squamellosa v. transverse rugosa, omnino exalata v. parcissime alata, rostrata, rostro nunc urceolato, cavo, nunc solido, brevissimo v. in iisdem saepe capitulis elongato, laevi, coroniformi. Pappus nullus. — *Herbae capenses, basi suffruticulosae, multicaules, puberulae v. araneoso-tomentosae; foliis alternis, sessilibus, oblongis v. lanceolatis, paucidentatis, capitulis solitariis pedicellatis, minutis, luteis.*

Oligocarpus Lessing *Synops. 90.* DC. *Prodr. VI. 455.* Osteospermum calendulaceum Linn. fil.

2824. Tripteris *LESS.* Capitulum multiflorum, heterogamum, floribus radii uniseriatis, ligulatis, femineis, disci tubulosis, ovario efoeto hermaphrodito-masculis. Involucri uni-biseriati squamae liberae, saepius margine scariosae. Receptaculum nudum, planum, demum subconvexum. Corollae radii ligulatae, disci tubulosae, limbo quinquedentato. Antherae basi bisetae. Stylus radii bifidus, disci indivisus. Achenia disci abortiva, radii trigona, angulis in alas saepe inaequales productis, lateralibus laevibus v. echinatis, recta, substipitata, rostrata, rostro cavo, membrana hyalina, fenestraeformi clauso, interdum teretia, elongata, aptera, rostro solido. Pappus nullus. — *Herbae v. suffrutices capenses, unicus arabicus, saepius glanduloso-scabridi, Calendulam redolentes; foliis alternis v. oppositis, incisis, dentatis v. integerrimis, capitulis ramos terminantibus, radio flavo, albido v. purpurascente, disco luteo.*

Tripteris Lessing *in Linnaea VI. 95. Synops. 90.* Calendulae sp. Auct. Jacq. *Ic. rar. t. 596.*

DIVISIO II. OSTEOSPERMEAE DC. *Prodr. VI. 459.* Capitula multiflora, heterogama, floribus radii uniseriatis, ligulatis, femineis, disci tubulosis, ovario efoeto hermaphrodito-masculis. Involucri pauciseriati squamae liberae. Antherae breviter caudatae. Achenia disci abortiva, saepius teretia, radii fertilia, forma varia, semper erostria, epapposa.

2825. Osteospermum *LINN.* Capitulum multiflorum, heterogamum, floribus radii uniseriatis, ligulatis, femineis, disci tubulosis, hermaphrodito-sterilibus. Involucri pauciseriati squamae liberae. Receptaculum nudum v. rarius setiferum. Corollae radii ligulatae, disci tubulosae, limbo quinquedentato. Achenia disci abortiva, radii baccata v. nucleata, crassa v. durissima, glabra, erostria, teretia, laevia v. trigona, transversim rugosa. Pappus nullus. — *Fruticuli v. suffrutices capenses; foliis integerrimis, dentatis v. pinnatifidis, capitulis luteis.*

Osteospermum Linn. *gen. n. 992.* Jacq. *Hort. Schönbr. t. 377.* Berkh. *Comp. t. 1. a. f. 7.* Lam. *t. 714.* Lessing *Synops. 89.* DC. *Prodr. VI. 459.* Chrysanthemoides Tournef. *in Act. Academ. Paris. 1705. p. 237.* Dillen. *Nov. gen. 151. t. 9.* Mönch *Method. 485.* excl. sp. Osteospermum et Eriocline Cassini *in Dict. sc. nat. XV. 191. XXX. 333.*

DIVISIO III. OTHONNEAE Lessing *Synops. 88.* DC. *Prodr. VI. 468.* Capitula multiflora, heterogama, floribus marginalibus ligulatis v. tubulosis, femineis, centralibus tubulosis, quinquedentatis (v. bilabiatis?), stylo abortivo masculis. Involucri uni-pauciseriati squamae liberae v. plus minus inter se concretae. Antherae caudatae. Achenia papposa, pappo setoso, radii saepius multiseriali, disci uniseriali v. nullo.

2826. Heteractis *DC.* Capitulum multiflorum, heterogamum, floribus radii subbiseriatis, aliis ligulatis, neutris, aliis tubulosis, femineis, disci aeque tubulosis, masculis. Involucri biseriati squamae aequales, lineares, marginibus subconvolutae, acutae. Receptaculum convexum, alveolatum. Corollae radii aliae anguste ligulatae, aliae discique tubulosae, quinquedentatae. Achenia disci linearia, glabra, abortiva, radii plano-compressa, ligularum oblonga, glabra, efoeta, tubulorum obovata, glandulis parvis muriculata. Pappus omnium conformis, uniserialis, setosus, setis paucis, scabridis, caducissimis. — *Suffrutex capensis, glaber; caule tereti, ramoso, erecto, foliis sparsis, sessilibus, linearibus, acuminatis, basi rigide ciliatis, integerrimis, subfalcatis, pedunculis parce puberulo-glandulosis, monocephalis, subnudis, in corymbum dispositis, floribus pallide flavis, ligulis parvis, subpurpurascentibus.*

Heteractis DC. *Prodr. VI. 468.*

2827. Gymnodiscus *LESS.* Capitulum pluriflorum, heterogamum, floribus radii quinis-septenis, ligulatis, femineis, disci tubulosis, hermaphroditis. Involucri squamae quinque v. novem, ovatae, basi concretae. Receptaculum nudum. Corollae radii breviter ligulatae, disci tubulosae, limbo quinquedentato. Achenia glaberrima, obovata v. ovata, laevia. Pappus radii uniserialis, setosus, disci nullus. — *Herbae capenses, glabrae, annuae, simplices, ima basi tantum foliatae, graciles, Capsellam bursam v. Androsacem septemtrionalem habitu simulantes; foliis obovatis, lyratis v. linearibus, integerrimis, capitulis parvis, corymboso-paniculatis, floribus luteis.*

Gymnodiscus Lessing *in Linnaea VI. 95. Synops. 89.* Othonna capillaris Linn. f.

2828. Othonna *LINN.* Capitulum multiflorum, heterogamum, floribus radii uniseriatis, ligulatis v. truncatis, femineis, disci tubulosis, stylo imperfecto masculis. Involucri uniseriati squamae lateribus inter se plus minus concretae, aestivatione valvatae. Receptaculum convexum v. subconicum, foveolatum, interdum pilosiusculum. Corollae radii ligulatae v. tubulosae, truncatae, involucro breviores, disci tubulosae, limbo quinquedentato. Achenia radii fertilia, ovalia, hirta v. glabra, papillosa, disci abortiva, cylindracea, glabriuscula. Pappus pilosus, radii multiserialis, densus, disci uniserialis, depauperatus. — *Frutices v. herbae capenses; foliis variæ incisis aut integris, carnosis v. membranaceis, capitulis ad apices pedunculorum solitariis, flavis v. rarissime cyaneis.*

Othonna Linn. *gen. n. 993.* Cassini *in Dict. sc. nat. LVIII. 462.* Aristotela Adanson *Fam. II. 125.* non alior. Calthoides B. Juss.

a. DORIA *Less.* Capitula discoidea, floribus femineis tubulosis, truncatis, involucro brevioribus.

Doria Lessing *in Linnaea VI. 94. Synops. 89.* DC. *Prodr. VI. 469.* non Dill. (Jacq. *Hort. Schönbr. t. 238. 376.*)

b. EUOTHONNA. Capitula radiata, floribus femineis ligulatis.

Othonna Lessing *Synops. 88.* DC. *Prodr. VI. 473.* (Jacq. *Hort. Schönbr. t. 240. 241.* Bot. Mag. *t. 168. 1312. 1979.* Bot. Reg. *t. 266.* Cacaliae sp. Thunb. DC. *Pl. gr. t. 48.*)

? c. HERTIA *Less.* Capitula radiata, floribus femineis, ligulatis v. bilabiatis, floribus disci bilabiatis! labio exteriore tridenticulato, interiore profunde bifido. — *An status monstrosus?*

Hertia Lessing *in Linnaea VI. 94. Synops. 88.* DC. *Prodr. VI. 483.* non Neck. Othonna crassifolia Linn.

2829. Ruckeria *DC.* Capitulum multiflorum, heterogamum, floribus radii ligulatis, femineis, disci tubulosis, styli abortu masculis. Involucri uniseriati squamae acutae, vix ima basi subconcretae v. liberae. Receptaculum subconvexum v. areolatum. Corollae radii ligulatae, disci tubulosae, limbo quinquedentato. Stylus disci indivisus, inclusus, apice hispidus. Achenia radii oblonga, teretiuscula, disci tenuia, abortiva, pubescenti-velutina. Pappus subconformis, pluriserialis, caducus, setis flexuosis, barbatis, demum lanuginem copiosam referentibus. — *Herbae capenses, perennes; caulibus e collo frutescente pluribus, brevibus, basi foliosis, pedunculis scapiformibus elongatis, monocephalis, foliis crasso-coriaceis, pube rigida albentibus, uni-bipinnatipartitis, lobis planis v. teretiusculis, acutis, floribus flavis, ligulis intense striatis.*

Ruckeria DC. *Prodr. VI. 483.*

SUBTRIBUS II. ARCTOTIDEAE Cassini *Opusc. II. 47.* DC. *Prodr. VI. 484.* Capitula multiflora, nunc homogama, discoidea, nunc heterogama, radiata, floribus radii uniseriatis, ligulatis, femineis v. neutris, disci tubulosis, hermaphroditis, centralibus interdum pressione sterilibus. Involucri squamae inermes v. spinosae. Receptaculum epaleatum. Antherae breviter caudatae. Stylus disci superne nodosus, pilis verticillatis instructus, lobis concretis, extus minutissime hispidis, apice summo liberis, obtusis. Achenia erostria, turbinata, areola terminali instructa, saepius villosa, calva v. papposa. Pappus margine prominulo haud cinctus, squamellis late paleaceis v. rarius subsetiformibus. — *Herbae v. suffrutices, unico australasico excepto capenses.*

DIVISIO I. ARCTOTEAE DC. *Prodr. VI. 484.* Involucri squamae omnes inermes, inter se distinctae. Capitula radiata, ligulis femineis v. rarius neutris. Achenia plerumque alata.

2830. Arctotis *GÄRTN.* Capitulum multiflorum, heterogamum, floribus radii uniseriatis, ligulatis, femineis, disci tubulosis, hermaphroditis, intimis interdum abortu sterilibus. Involucri campanulati squamae multiseriales, liberae, exteriores parvae, subfoliaceae, interiores longiores, apice obtusae, scarioso-membranaceae. Receptaculum alveolatum, fimbrilliferum. Corollae radii ligulatae, disci tubulosae, limbo quinquedentato. Staminum filamenta, laevia. Achenia stipitata, basi villosa, ovata, dorso trialata, alis lateralibus margine inflexis, integris v. dentatis, intermedia recta, angustiore. Pappus biserialis, paleaceus, paleis seriei interioris saepius octo, aestivatione spiraliter dispositis. — *Herbae capenses, inermes, subacaules v. caulescentes; foliis alternis, petiolatis, membranaceis, nervis primariis supra planis, capitulis pedunculatis, solitariis.*

Arctotis Gärtner *II. 439.* R. Brown *Hort. Kew. II. 5. 169.* Lessing *Synops. 15.* DC. *Prodr. VI. 484.* Arctotheca Vaillant *in Act. Academ. Paris. 1720. p. 330.* Arctotis, Odontoptera et Stegonotus Cassini *in Dict. sc. nat. XXV. 270. XXIX. 456. XXXV. 396.* Arctotidis sp. Linn. et Auct.

a. EUARCTOTIS DC. *Prodr. VI. 485.* Achenia longe et dense ad basim villosa, alis dentatis. (Jacq. *Hort. Schönbr. t. 158—162. 165—177. 307. 378—382.* Jacq. f. *Eclog. t. 51. 52.* Bot. Mag. *t. 2182.* Bot. Reg. *t. 32.*)

b. PSEUDARCTOTIS DC. *Prodr. VI. 485.* Achenia undique minute pubescentia. (Jacq. *Hort. Schönbr. t. 163. 164.*)

2831. Cymbonotus *CASS.* Capitulum multiflorum, heterogamum, floribus radii plurimis, ligulatis, femineis, disci tubulosis, hermaphroditis. Involucri hemisphaerici squamae multiseriales, imbricatae. Receptaculum alveolatum, alveolis margine subfimbrilliferis. Corollae radii ligulatae, disci tubulosae, limbo quinquedentato. Staminum filamenta laevia. Achenia glabra, subhemisphaerica, dorso bialata, alis inflexis, margine subcrenatis. — *Herba Novae-Hollandiae, acaulis; foliis petiolatis, ovalibus, subspathulatis, remote denticulatis, subtus albo-lanatis, scapis pluribus monocephalis, petiolis brevioribus.*

Cymbonotus Cassini *in Dict. sc. nat. XXXV. 397. Opusc. phyt. II. 65.* Gaudich. *ad Freyc. 462. t. 86.* Lessing *Synops. 28.* DC. *Prodr. VI. 491.*

2832. Venidium *LESS.* Capitulum multiflorum, heterogamum, floribus radii uniseriatis, ligulatis, femineis, disci tubulosis, hermaphroditis. Involucri campanulati squamae pluriseriales, exteriores angustae, subfoliaceae, interiores scariosae, obtusae. Receptaculum alveolatum, saepius nudum. Corollae radii ligulatae, disci tubulosae, limbo quinquedentato. Staminum filamenta laevia. Achenia glabra, dorso trialata, alis lateralibus margine inflexis, intermedia recta latioribus. Pappus nullus v. dimidiatus, dorsalis, quadrisquamellatus. — *Herbae capenses, Arctotidis habitu, glabriusculae v. plerumque plus minus tomentosae.*

Venidium Lessing *in Linnaea VI. 91. t. 2. f. d. Synops. 29.* DC. *Prodr. VI. 491.* Cleitria Schrader *Index sem. hort. Gotting. 1831.* Arctotidis sp. Linn. Thunb. Jacq. *Hort. Schönbr. t. 168.* Osteospermi sp. Linn. Thunb.

2833. Haplocarpha *LESS.* Capitulum multiflorum, heterogamum, floribus radii uniseriatis, ligulatis, femineis, disci tubulosis, hermaphroditis, centralibus saepius abortu masculis. Involucri campanulati squamae multiseriales, imbricatae, exteriores acuminatae, interiores margine scariosae. Corollae radii ligulatae, disci tubulosae, limbo quinquedentato. Staminum filamenta scabra. Achenia exalata, turbinata, villosa. Pappus uniserialis, paleaceus, paleis tenerrimis, diaphanis. — *Herba capensis, perennis, acaulis; rhizomate ad collum crasso, foliis radicalibus breviter petiolatis, oblongo-obovatis, tri-quinquenerviis, subintegerrimis, supra scabridis, subtus tomentosis, scapis monocephalis, foliis duplo v. triplo longioribus, nudis, tomentosis, pilosiusculis, floribus flavis.*

Haplocarpha Lessing *in Linnaea VI. 90. t. 1. f. a. Synops. 36.* DC. *Prodr. VI. 495.* Arctotis lanata Thunb.

2834. Landtia *LESS.* Capitulum multiflorum, heterogamum, floribus radii uniseriatis, ligulatis, femineis, disci tubulosis, hermaphroditis. Involucri squamae pauciseriatae, multinerves, exteriores acuminatae, squarrosae, interiores siccae, obtusae. Receptaculum planum, nudum. Corollae radii ligulatae, disci tubulosae, limbo quinquedentato. Staminum filamenta laevia. Achenia exalata, prismatico-tetragona, sulcata, ima basi hirsuta. Pappus uniserialis, paleaceus, paleis tenerrimis, diaphanis. — *Herbae capenses, perennes; rhizomate ad collum crassiusculo, foliis radicalibus petiolatis, oblongo-ellipticis, penninerviis, subtus niveo-tomentosis, scapis monocephalis, foliis brevioribus, floribus luteis.*

Landtia Lessing *Synops. 37.* DC. *Prodr. VI. 494.* Perdicii sp. Thunb.

2835. Arctotheca *WENDL.* Capitulum multiflorum, heterogamum, floribus radii uniseriatis, ligulatis, neutris, disci tubulosis, hermaphroditis. Involucri campanulati squamae pluriseriales, exteriores lineares, foliaceae, interiores majores, scariosae, obtusissimae. Receptaculum fimbrilliferum. Corollae radii ligulatae, disci tubulosae, limbo quinquedentato. Staminum filamenta papillosa. Achenia exalata, ovata, subtetragona. Pappus nullus. — *Herba capensis, repens, perennis; caule albo-tomentoso, foliis petiolatis, lyrato-pinnatifidis, supra scabriusculis v. glabris, subtus albo-tomentosis, pedunculis axillaribus, monocephalis, folio paullo longioribus, floribus flavis.*

Arctotheca Wendland *Hort. Herrnh. 8. t. 6.* R. Brown *Hort. Kew. II. 5. 141.* Cassini *in Dict. sc. nat. II. Suppl. 116. XXIX. 454.* Lessing *Synops. 35.* DC. *Prodr. VI. 495.* non Vaill. Arctotis repens Jacq. *Hort. Schönbr. t. 306.*

2836. Cryptostemma *R. BR.* Capitulum multiflorum, heterogamum, floribus radii uniseriatis, ligulatis, neutris, disci tubulosis, hermaphroditis. Involucri squamae pluriseriales, liberae, interiores apice membranaceae, obtusae. Receptaculum alveolatum. Corollae radii ligulatae, saepe difformes, palmatipartitae v. biligulatae, disci tubulosae, quinquedentatae. Staminum filamenta scabra. Achenia exalata, densissime lanata. Pappus uniserialis, paleaceus, scariosus, lana achenii absconditus. — *Herbae capenses, annuae, acaules v. caulescentes, plus minus cano-tomentosae; foliis pinnatilobatis, lyratis v. rarius indivisis, capitulis vix Asteris alpini magnitudine, disco nigricante, radio flavescente.*

Cryptostemma R. Brown *in Ait. Hort. Kew. II. 5. 141.* Cassini *in Dict. sc. nat. XII. 125.* Lessing *Synops. 38.* Bot. Mag. *t. 2252.* DC. *Prodr. VI. 495.* Cynotis Hoffmansegg *Verz. 1826. p. 99.* Arctotidis sp. Linn. Thunb. Jacq. *Hort. Schönbr. t. 157.*

2837. Microstephium *LESS.* Capitulum multiflorum, heterogamum, floribus radii uniseriatis, ligulatis, neutris, disci tubulosis, hermaphroditis. Involucri campanulati squamae pluriseriatae, imbricatae. Receptaculum obiter alveolatum. Corollae radii ligulatae, disci tubulosae, limbo quinquedentato. Staminum filamenta scabra. Achenia exalata, tomentosa. Pappus uniserialis, coroniformis, crenatus, basi callosus, apice membranaceus, demum introversus. — *Herba capensis, ramosa, niveo-tomentosa, inermis, reptans; foliis longe petiolatis, ovato-orbiculatis, subrepandis, pedunculis petiolos aequantibus, monocephalis.*

Microstephium Lessing *in Linnaea VI. 92. t. 2. f. e. Synops. 35.* Osteospermum niveum Linn. f.

2838. Heterolepis *CASS.* Capitulum multiflorum, heterogamum, floribus radii biligulatis, femineis, disci tubulosis, hermaphroditis, centralibus abortu masculis. Involucri squamae liberae, bi-triseriatae, exteriores lanceolatae, acuminatae, extus subtomentosae, interiores longiores, ovales, apice membranaceae, obtusae, subfimbriatae. Corollae basi hispidulae, radii biligulatae ligula exteriore ampla, quadrinervi, interiore minima, cirrhiformi, disci tubulosae, limbo regulariter quinquelobo. Staminum filamenta laevia, etiam in floribus radii obvia, antherae radii nullae, disci breviter caudatae. Stylus laevis, radii profundius bifidus v. interdum trifidus. Achenia breviter cylindracea, villosissima. Pappi setae biseriatae, quindenae-vicenae, crassae, dense barbellatae, inaequales, interiores longiores. — *Suffrutices capenses; ramis junioribus tomentosis, foliis confertis, sessilibus, linearibus, rigidulis, supra glabris, subtus tomentosis, marginibus revolutis, vix subdentatis, capitulis terminalibus, solitariis, floribus luteis.*

Heterolepis Cassini *in Bullet. soc. philomat. 1820. p. 26. Dict. sc. nat. XXI. 120. Opusc. II. 50.* Lessing *Synops. 58.* DC. *Prodr. VI. 496.* Heteromorpha Cassini *in Bullet. soc. philomat. 1817. p. 12.* Oedera aliena Linn. f. Jacq. *Hort. Schönbr. t. 154. Fragm. t. 2. f. 9.* Arnica inuloides Vahl. Leyssera arctotoides Thunb.

DIVISIO II. GORTERIEAE Cassini *Opusc. III. 53.* DC. *Prodr. VI. 497.* Involucri squamae saltim exteriores et mediae in spinam productae, saepius lateraliter dentato-spinosae, basi plus minus inter se concretae. Capitula radiata v. discoidea, ligulis dum adsunt semper neutris.

2839. Stephanocoma *LESS.* Capitulum multiflorum, homogamum, discoideum, v. heterogamum, floribus radii uniseriatis, ligulatis, neutris, disci tubulosis, hermaphroditis. Involucri squamae multiseriales, pleraeque basi concretae, ciliis spinulosis, uniseriatis. Corollae radii dum adsunt ligulatae, disci tubulosae, quinquedentatae. Staminum filamenta laevia. Achenia exalata, nitida. Pappus uniserialis, coroniformis, irregulariter crenatus. — *Herbae capenses; foliis decurrentibus, pinnatifidis, spinoso-dentatis, floribus luteis.*

Stephanocoma Lessing *Synops. 58.* DC. *Prodr. VI. 497.*

a. CARDUOIDES Lessing *l. c.* Capitula discoidea. Receptaculum fimbrillis elongatis, rigidis. — Stobaea decurrens Thunb.

b. BERKHEYOIDES Lessing *l. c.* Capitula radiata. Receptaculum leviter alveolatum. — Rohria decurrens Thunb.

2840. Cullumia *R. BR.* Capitulum multiflorum, heterogamum, floribus radii uniseriatis, ligulatis, neutris, disci tubulosis, hermaphroditis. Involucri pluriseriati squamae basibus inter se concretae, exteriores pectinato-spinulosae, foliis similes, interiores integrae v. subfimbriatae, apice spinescentes. Receptaculum alveolato-favosum, alveolorum marginibus elevatis, achenia includentibus, apice setigeris. Corollae radii ligulatae, disci tubulosae, limbo quinquedentato. Achenia angulata, glabra, plura abortiva. Pappus nullus. — *Fruticuli capenses, erecti, ramosi, spinosi; ramis usque ad apicem dense foliosis, foliis sparsis, sessilibus v. decurrentibus, ciliis spinosis, distantibus instructis, caeterum integerrimis, capitulis terminalibus, solitariis, floribus luteis.*

Cullumia R. Brown *in Aiton Hort. Kew. II. 5. 137.* Cassini *in Dict. sc. nat. XII. 213.* Lessing *Synops. 81.* DC. *Prodr. VI. 497.* Gorteriae sp. Linn. Jacq. *Hort. Schönbr. t. 371.* Berkheyae sp. Willd. Schrank *Hort. Mon. t. 97.*

2841. Gorteria *GÄRTN.* Capitulum multiflorum, heterogamum, floribus radii uniseriatis, ligulatis, neutris, disci tubulosis, marginalibus paucis antheris efoetis fomineis, reliquis stylo imperfecto masculis. Involucri squamae pluriseriales, in tubum urceolatum, demum clausum concretae, apice lineari-subulatae, liberae, demum squarrosae. Receptaculum brevissime alveolatum v. nudum. Corollae radii ligulatae, disci tubulosae, acutissime quinquedentatae. Staminum filamenta laevia. Achenia obovato-triquetra, basi attenuata, apice barbata, caeterum glabriuscula, cortice externo membranaceo, a fructu facile secedente. Pappus coroniformis, brevis. — *Herbae capenses, annuae, radice involucrum nuciforme ad collum retinente; foliis alternis, oblongis, integerrimis v. dentatis, superne setoso-scabris, subtus cano-tomentosis, uninerviis, capitulis ramos terminantibus, solitariis v. approximatis, corymbosis, corollis luteis, ligulis subtus purpurascentibus v. virescentibus.*

Gorteria Gärtner *II. 427. t. 171.* R. Brown *in Aiton Hort. Kew. II. 5. 140.* Cassini *in Dict. sc. nat. XIX. 231. XXX. 453.* Lessing *Synops. 31.* DC. *Prodr. VI. 500.* non Lam. Personaria Lamarck *t. 716.* Gorteriae sp. Linn. Jacq. *Collect. IV. t. 21. f. 1.*

2842. Hirpicium *CASS.* Capitulum multiflorum, heterogamum, floribus radii uniseriatis, ligulatis, neutris, disci tubulosis, hermaphroditis. Involucri squamae basibus concretae, multiseriales. Receptaculum leviter alveolatum. Corollae radii ligulatae, disci tubulosae, limbo quinquedentato. Staminum filamenta laevia. Achenia exalata, longe lanata. Pappus uniserialis, coroniformis, in setas divisus. — *Fruticuli capenses, ramosissimi, erecti; foliis sessilibus, linearibus, subcoriaceis, capitulis terminalibus, solitariis.*

Hirpicium Cassini *in Bullet. soc. philomat. 1820. p. 27. Dict. sc. nat. XXI. 238. XXIX. 448. 450.* Lessing *Synops. 83.* DC. *Prodr. VI. 502.* Gorteria integrifolia Thunberg *in Act. soc. Hafn. IV. t. 2. f. 2.* et Oedera alienata Thunb.

2843. Didelta *LESS.* Capitulum multiflorum, homogamum, discoideum, v. heterogamum, floribus radii uniseriatis, ligulatis, neutris, disci tubulosis, hermaphroditis. Involucri squamae biseriatae, basi concretae, seriebus valde inaequalibus, nunc extimis, nunc vero intimis majoribus. Receptaculum alveolatum, alveolorum marginibus rigide fimbrilliferis. Corollae radii ligulatae, disci tubulosae, limbo quinquedentato. Staminum filamenta laevia. Achenia exalata. Pappus uniserialis, paleaceus, paleis acuminatis, fimbriato-plumosis. — *Suffrutices v. herbae capenses; foliis oppositis v. alternis, integris v. sinuato-dentatis, inermibus v. spinulosis, capitulis terminalibus, pedunculatis, solitariis, floribus luteis.*

Didelta Lessing *Synops. 59.* DC. *Prodr. VI. 503.*

a. CHORISTEA DC. *l. c.* Involucri segmenta extima amplissima, rotundato-ovata. Receptaculi alveolae parum profundae. — *Caules fruticosi.*

Choristea Thunb. *Prodr. 163.* Didelta Heritier *Stirp. 55. t. 28.* Wendland *Observ. t. 4. f. 32.* Favonium Gärtner *II. 431. t. 174.* Cassini *in Dict. sc. nat. XVI. 295.* Didelta et Favonium Cassini *in Dict. sc. nat. XXXIX. 448.* Breteuillia Buchoz.

b. CUSPIDIA DC. *l. c.* Involucri segmenta intima maxima. Receptaculi alveolae profundae. — *Caules herbacei, radices capitulum annotinum, ut in Gorteriis ad collum retinentes.*

Cuspidia v. Aspidalis Gärtner *II. 454. t. 171.* Cassini *in Bullet. soc. philomat. 1820. p. 171. Dict. sc. nat. XII. 251. XXIX. 448.* Gorteria cernua Linn. f.

2844. Berkheya *EHRH.* Capitulum multiflorum, heterogamum, floribus radii uniseriatis, ligulatis, neutris, disci tubulosis, hermaphroditis. Involucri multiseriati squamae liberae v. basi vix inter se concretae, apice spinescentes. Receptaculum alveolatum. Corollae radii ligulatae, disci tubulosae, limbo quinquedentato. Staminum filamenta laevia. Achenia sericeo-villosa v. rarius glabra. Pappus biserialis, paleis fimbriatis, oblongis, longe acuminatis. — *Herbae v. frutices capenses; foliis alternis, plus minus ciliato- v. dentato-spinosis, capitulis terminalibus, solitariis, floribus luteis.*

Berkheya Ehrhart *Beitr. III. 137.* Willd. *sp. III. 2269.* Lessing *Synops. 69.* DC. *Prodr. VI. 504.* Berkheya et Evopis Cassini *in Dict. sc. nat. XXIX. 448.* Crocodilodes Adanson *Fam. II. 141.* non Vaill. Basteria Houttuyn *Pflanz. Syst. II. t. 34.* non Mill. Agriphyllum Jussieu *Gen. 190.* Rohria Vahl et Thunb. *in Act. soc. h. n. Hafn. III. 97. IV. 1.* Gorteria Lam. *Illustr. n. 702.* Zarabellia Necker *Elem. n. 14.* non Cass. Gorteriae sp. Linn.

a. EVOPIS DC. *l. c.* Involucri squamae siccae, liberae, sibi invicem adpressae, margine subintegerrimae, inermes. — *Herba perennis, foliis alternis, ad basim confertis, superne remotiusculis.*

Evopis Cassini *in Bullet. soc. philom. 1818. p. 32. Dict. sc. nat. XVI. 65. Opusc. II. 49. et 56.* Gorteria herbacea Linn. f. Rohria cynarodes Thunberg et Vahl *in Act. soc. h. n. Hafn. I. t. 8.*

b. AGRIPHYLLUM DC. *l. c.* Involucri squamae basi vix subcohaerentes, margine spinoso-ciliatae, exteriores foliaceae, interiores rigidae, scariosae, subcoloratae. — — *Herbae perennes, simplices v. parce ramosae, alternifoliae.*

Agriphyllum Lessing *Synops. 70.* Gorteriae sp. Linn. f. Rohriae sp. Thunb. et Vahl *Op. cit. I. t. 7. 9. II. t. 6. III. t. 8.* Carthami sp. Burmann.

c. BASTERIA DC. *l. c.* Involucri squamae foliaceae, squarrosae. Achenia saepius subglabrata. — *Frutices ramosi, foliis alternis, profunde pinnatifidis.*

Basteria Lessing *Synops. 73.* Rohriae sp. Thunberg et Vahl *Op. cit. III. t. 13.*

d. EUBERKHEYA DC. *l. c.* Involucri squamae foliaceae, squarrosae, basibus concretae, dentato-lobatae, dentibus spinosis. Achenia sericeo-villosa. Pappi squamellae paleaceae, breves, submembranaceae, ciliato fimbriatae, acutae. — *Frutices ramosi, foliis alternis v. oppositis, indivisis, spinoso-serratis, spina terminatis.*

Berkheya Lessing *Synops. 76.* Gorteriae sp. Linn. Jacq. *Ic. rar. t. 591.* Rohriae sp. Vahl *Op. cit. II. t. 7. III. t. 10—12.* Carthami sp. Lam. Apulejae sp. Gärtn. (Bot. Mag. *t. 1844.*)

e. TRICHODES DC. *l. c.* Involucri squamae foliaceae, squarrosae, dentato-lobatae, dentibus spinosis. Achenia villosa. Pappi squamellae setiformes, elongatae, scabrae. — *Frutices, foliis alternis, indivisis v. pinnatifidis, dentibus v. lobis in spinas productis.*

Gorteria spinosa Linn. f. Basteria aculeata Houttuyn *Pflanz. Syst. II. t. 34. f. 2.*

f. TRICHOCOMA DC. *l. c.* Involucri squamae adpressae, nec squarrosae, ciliatae v. ciliato-spinosae. Capitula interdum discoïdea. Achenia parce villosa. Pappi squamellae lineares, acuminatae, ovario longiores, setiformes, margine scabrae. — *Herbae basi fruticosae, Cardui facie; foliis saepius scabris, superne setoso-hispidis.*

2845. Gazania *GÄRTN.* Capitulum multiflorum, heterogamum, floribus radii uniseriatis, ligulatis, neutris, disci tubulosis, hermaphroditis. Involucri squamae bi-multiseriales, basibus inter se concretae, urceolum apice lobatum constituentes. Receptaculum alveolatum, alveolis brevibus. Corollae radii ligulatae, disci tubulosae, limbo quinquedentato. Staminum filamenta laevia. Achenia villosissima, exalata. Pappi biseriati paleae tenerrimae, saepe scariosae, denticulatae, saepius pilis achenii absconditae. — *Herbae capenses, basi interdum suffrutescentes, rarius annuae; foliis nunc ad collum congestis, nunc per caulem sparsis, in eadem stirpe indivisis et pinnatilobis, pedunculis nudis, monocephalis, prope collum v. in axillis ramorum ortis, capitulis saepius amplis, speciosis, ligulis flavis v. aurantiaccis, saepius ad basim nigro-maculatis.*

Gazania Gärtner *II. 451.* Mönch *Suppl. 209.* R. Brown *in Aiton Hort. Kew. II. 15. p. 140.* Lessing *Synops. 41.* DC. *Prodr. VI. 508.* Mussinia Willd. *Sp. III. 2263.* Moehnia Necker *elem. n. 13.* Melanchrysum et Gazania Cassini *in Dict. sc. nat. XXIX. 441. XVIII. 243. Opusc. II. 48. 52.* Gorteriae sp. Linn.

a. MELANCHRYSUM DC. *l. c.* Pappi squamellae parvae, inter villos ovarii elongatos absconditae. — *Species pleraeque perennes, foliis subradicalibus.*

α. Brachylaenae DC. *l. c.* Involucrum campanulatum, brevissimum, tubo subnullo, squamis ima basi concretis, a basi involucri subliberis.

β. Oocephalae DC. *l. c.* Involucrum ovale v. campanulatum, basi obtusum, squamis ad medium v. ultra medium in tubum concretis. — Gorteriae sp. Auct. Thunb. *in Act. soc. h. n. Hafn. IV. t. 5.* Andr. *Bot. Reposit. t. 523.* Bot. Mag. *t. 90.* (Bot. Reg. *t. 35.*)

γ. Intrusae DC. *l. c.* Involucrum obovatum v. cylindraceum, basi truncatum v. intrusum, squamis ad medium v. ultra medium in tubum concretis. — Gorteriae sp. Linn. f. Thunb. *Op. cit. IV. t. 1.* (Bot. Mag. *t. 2270.*)

b. LEPTOMORPHA DC. *l. c.* Pappi squamellae elongatae, scariosae, villos ovarii longe superantes. — *Herbae annuae.*

3846. Stobaea *THUNB.* Capitulum multiflorum, homogamum, discoideum, v. heterogamum, floribus radii uniseriatis, ligulatis, neutris, disci tubulosis, hermaphroditis. Involucri pluriseriati squamae basi concretae, in spinam acuminatae, margine spinulas aliquot gerentes. Receptaculum alveolatum, alveolis elongatis, achenia foventibus, apice in lacinias setiformes fissis. Corollae radii ligulatae, disci tubulosae, limbo quinquedentato. Staminum filamenta laevia. Achenia obpyramidata v. turbinata, glabra, puberula v. villosa. Pappi squamellae uni-biseriales, aequales v. alternae angustiores, ovales, obtusae, apice denticulatae. — *Herbae v. rarius suffrutices capenses, Carduacearum habitu; foliis alternis v. rarissime oppositis, plus minus pinnatifido-lobatis, margine ciliato-spinellosis, lobulis in spinam productis, caulinis sessilibus v. decurrentibus, capitulis ramos terminantibus, floribus luteis v. rarissime purpureis.*

Stobaea Thunberg *Prodr. 2. Fl. cap. 620.* Lessing *in Linnaea VI. 109.* DC. *Prodr. VI. 514.* Stobaea et Apuleia Lessing *Synops. 63. et 65.* Apuleia Gärtn. *II. 439. t. 171. f. 1.* non Mart. — ? Arelina Necker *elem. n. 149.*

SUBTRIBUS III. ECHINOPSIDEAE

Lessing *Synops. 13.* DC. *Prodr. VI. 522.* Capitula uniflora, in glomerulum globosum, foliolis plurimis involucratum, capitulum multiflorum referentem aggregata, supra receptaculum commune globosum articulata, sessilia. Involucri proprii squamae multiseriales, inter se et cum ovario concretae. Flores omnes hermaphroditi. Corollae tubo tereti, abrupte ad faucem inflato, limbo inaequaliter quinquelobo. Stigmata laevia, nuda. Achenium sericeo-villosum. Pappi setae breves, liberae v. in coronam plus minus connatae. — *Species in hemisphaera boreali veteris orbis indigenae.*

2847. Echinops *LINN.* Capitula uniflora, plurima, supra receptaculum globosum, nudum aggregata, summa praecociora, involucri communis squamis paucis, parvis, reflexis. Involucrum proprium polyphyllum, persistens, triplex, foliolis exterioribus brevioribus, piliformibus, scariosis, penicillum constituentibus, mediis vix longioribus, subspathulatis, breve acuminatis, intimis elongatis, lineari-acuminatis, carinatis. Corollae tubulosae, tubo brevissimo, limbo inaequaliter quinquefido. Staminum filamenta glabra, usque ad originem laciniarum corollae concreta, antherae ecaudatae v. basi subbarbatae. Stigmata libera, arcuato-divergentia. Achenia cylindracea, sericeo-villosa. Pappus brevissimus, subcoronaeformis, pilis fimbriatis. — *Herbae gerontogeae boreales, erectae, ramosae, spinulosae; foliis uni-bi-tripinnatipartitis, lobis dentibusque apice spinescentibus, glomerulis sphaericis, caeruleis v. albidis, capitulis areola cornea, circulari super receptaculum insertis.*

Echinops Linn. *gen. n. 999.* A. Richard. *in Dict. class. VI. 38.* Lessing *Synops. 13.* Trautwetter. *de Echinope genere capita duo, Mitav. 1833. 4.* DC. *Prodr. VI. 522.* Echinopus Tournef. *inst. 463.* Cassini *Tabl. synopt. 10.* Echinanthus Necker *elem. n. 166.*

a. TERMA. Pappus coroniformis, setis in cupulam sub integerrimam coalitis. Involucri squamae omnes distinctae. — (Schkuhr *t. 268.* Bot. Mag. Trautw. *Echinop. f. 1.*)

b. RITRO. Pappi setae basi conferruminatae, apice distinctae, cupulam fimbriatam formantes.

α. Sphaerocephali. Involucri squamae omnes distinctae. — (Miller *Ic. t. 130.* Jacq. f. *Eclog. t. 9.* Bot. Reg. *t. 356.* Reichenb. *Pl. crit. t. 450.* Rochel *Pl. Banat. t. 39.* Trautw. *Echinop. f. 3. 6. 9.*)

β. Horridi. Involucri squamae interiores circiter ad medium longitudinem in tubum concretae. — (Royle *Himalay t. 5. 6. f. 1.*)

c. PSECTRA. Pappi setae a basi liberae. Involucri squamae omnes liberae. — E. strigosus Linn.

2848. Acantholepis *LESS.* Capitula uniflora, in glomerulum, foliis apice et margine remote spinosis cinctum aggregata. Involucrum proprium compressum, pluriseriale, squamis margine fimbriato-plumosis, apice spinosis. Corollae tubulosae, quinquefidae. Antherae breviter caudatae, caudis laceris. Stylus brevissime bifidus. Achenium villosum, obovato-oblongum. Pappus uniserialis, brevissimus, paleaceus, paleis fimbriatis, ellipticis. — *Herba persica, annua, pusilla; radice simplici, caule erecto v. adscendente, lanato, foliis lanceolato-ellipticis, spina terminatis, subtus imprimis tomentosis, summis sparse spinoso-ciliatis.*

Acantholepis Lessing *in Linnaea VI. 88. Synops. 13.* DC. *Prodr. VI. 527.*

SUBTRIBUS IV. CARDOPATEAE Lessing *Synops. 14.* DC. *Prodr. VI. 527.* Capitula pauciflora, homogama. Involucri cylindracei squamae exteriores v. bracteae pinnatifido-spinosae, interiores integrae, subpungenti-mucronatae. Corollae palmato-quinquefidae. Antherae caudatae, caudis retrorsum hirtis. Achenia rostrata, villosa, areola terminali. Pappus uniserialis, paleaceus, longus, basi margine prominulo haud cinctus, paleis integris.

2849. Cardopatium *JUSS.* Capitulum submultiflorum, homogamum, aequaliflorum. Involucri oblongi foliola imbricata, pauciseriata, coriacea, exteriora margine spinosa, apice in appendicem subulatam, spinosam subrecurvam producta, interiora subscariosa, apice denticulata et spinescentia. Receptaculum angustum, fimbrillatum. Corollae palmato-quinquefidae, tubo basi gibbo, subcorneo, lobis apice induratis. Staminum filamenta glabra, antherae appendice terminali acuta caudisque duabus longis, retrorsum hirtis. Stigmata brevissima, obtusa. Achenium subovoideum, basi attenuatum, apice in collum productum, sericeo-villosum. Pappi squamellae octonae-denae, uniseriatae, inaequales, subdentatae, colli longitudine. — *Herba perennis, in regione mediterranea orientali indigena, ramoso-corymbosa, spinosissima; foliis pinnatipartitis, lobis inciso-pinnatifidis et inciso-spinosis, capitulis plurimis, floribus caeruleis.*

Cardopatium Jussieu *in Annal. Mus. VI. 324.* Cassini *in Dict. sc. nat. VII. 93. XLVII. 505.* DC. *Prodr. VI. 527.* Cardopatum Persoon *Ench. II. 500.* Lessing *Synops. 14.* Brotera Willdenow *Sp. III. 2399.* non alior. Chamaeleon C. Bauhin *Pin. 380.* Echinops corymbosus et Carthamus corymbosus Linn.

SUBTRIBUS V. XERANTHEMEAE Lessing *Synops. 14.* DC. *Prodr. VI. 528.* Capitula multiflora, heterogama, discoidea, floribus marginalibus femineis, reliquis hermaphroditis. Involucrum multiseriale, scariosum, radians, squamis distinctis, paleaceis. Receptaculum paleatum. Corollae hermaphroditae quinquedentatae, femineae tridentatae v. bilabiatae. Achenia turbinata, hermaphroditorum villosa, feminarum glabra, disco epigyno magno, areola terminali. Pappus margine prominulo haud cinctus, paleis longis, semilanceolatis, paucis, integris.

2850. Xeranthemum *TOURNEF.* Capitulum multiflorum, heterogamum, subaequaliflorum, floribus marginalibus paucis femineis, reliquis hermaphroditis. Involucrum imbricatum, multiseriale, scariosum, squamis interioribus saepe longioribus, radiantibus. Receptaculi paleae scariosae, tripartitae. Corollae hermaphroditorum aequaliter quinquedentatae, interne coriaceae, feminarum bilabiatae, labio exteriore longiore bitridentato, interiore breviore bipartito. Staminum filamenta corollae haud adnata, glabra, antherae lineares, bicaudatae. Stigmata hermaphroditorum demum libera, feminarum brevissima. Achenia exalata, pilis sericeis tecta. Pappus paleaceus persistens, feminarum rarior. — *Herbae annuae, in Europa australi et orientali, nec non in Asia contermina indigenae, Helichrysi facie, erectae, ramosae, inermes; foliis linearibus v. oblongis, integerrimis, margine revolutis, subtus tomentosis, capitulis terminalibus, solitariis, involucris corollisque albidis v. pallide roseis.*

Xeranthemum Tournefort *inst. 284.* Gärtn. *II. 390. t. 165.* Schkuhr *t. 243.* Jacq. *Flor. austr. t. 388.* Schrank *in Act. Academ. Monac. VIII. 146.* Don *in Mém. Werner. soc. V. 538.* Gay *in Mém. soc. h. n. Paris. III. 357. t. 7.* Reichenb. *Pl. crit. t. 640. 641.* Fischer et Meyer *in Nouv. Mém. soc. h. n. Mosqu. IV. 333.* DC. *Prodr. VI. 528.* Xeranthemum et Xeroloma Cassini *in Dict. sc. nat. LIX. 112. et 120.* Harlsonia Necker *elem. n. 151.* non alior. Xeranthemi sp. Linn.

2851. Chardinia *DESF.* Capitulum multiflorum, heterogamum, aequaliflorum, floribus marginalibus paucissimis femineis, reliquis hermaphroditis. Involucri imbricati squamae membranaceae, interiores longiores, haud radiantes. Receptaculi plani paleae membranaceae, exteriores longiores, abrupte acuminatae, interiores breviores, angustae, bipartitae. Corollae tubulosae, hermaphroditae basi crassa, conica, limbo quinquedentato, femineae cylindraceae, tridentatae. Staminum filamenta glabra, tubo adnata, superne monadelpha, antherae auriculis subnullis. Stigmata primum erecta, demum divergentia. Achenia hermaphroditorum compressa, aptera, striata, feminarum compressissima, intus unicostata, margine alata, costa alisque saepe in cornua productis. Pappi hermaphroditorum squamulae subdenae, uniseriatae, scariosae, persistentes, feminarum unica v. subternae, v. interdum nullae. — *Herba orientalis, annua, Xeranthemi facie.*

Chardinia Desfont. *in Mem. Mus. III. 454. t. 21.* Gay *in Mém. soc. h. n. Paris. III. 365. t. 8.* Cassini *in Dict. sc. nat. LIX. 124.* Don *in Mem. Werner. soc. V. 539* Lessing *Synops. 16.* Fischer et Meyer *in Nouv. Mém. soc. h. n. Mosq. IV. 341.* DC. *Prodr. VI. 531.* Xeranthemum annuum p. Linn.

2852. Siebera *GAY.* Capitulum multiflorum, heterogamum, aequaliflorum, floribus marginalibus paucissimis, femineis, reliquis hermaphroditis. Involucri imbricati foliola scariosa, ovata, in spinam producta, interiora longiora, flosculos superantia. Receptaculi paleae subulatae. Corollae tubulosae, hermaphroditae quinquedentatae, femineae bilabiatae, labiis inaequalibus, bilobatis. Stamina ...... Stylus hermaphroditorum inclusus, feminarum exsertus. Achenia .. Pappi squamulae quinque, corollam superantes, apice subulatae, scabrae. — *Herba orientalis annua, habitu Xeranthemi; caule a basi ramosissimo, capitulis terminalibus v. ad collum sessilibus.*

Siebera Gay *in Mém. soc. h. n. Paris. III. 343.* Cassini *in Dict. sc. nat. LIX. 125.* DC. *Prodr. VI. 531.* non alior. Xeranthemum pungens Lam. *t. 692. f. 2.*

SUBTRIBUS VI. CARLINEAE Cassini *Tabl. 5.* DC. *Prodr. VI. 531.* Capitula multiflora, homogama v. heterogama, nunquam dioica. Involucri multiseriati squamae distinctae, saepe spinosae. Corollae hermaphroditae quinquefidae, femineae v. neutrae varie difformes, omnes saepius extus subrecurvae. Staminum filamenta libera, nuda, laevia. Antherae basi caudatae, caudis saepius longis, barbatis, subconnexis. Achenia saepius villosa. Pappus uni-biserialis, plumosus v. pilosus, nunquam paleaceus, pilis interdum varie concretis, prima fronte ramosis.

2853. Saussurea *DC.* Capitulum multiflorum, homogamum, aequaliflorum. Involucri multiseriati, saepius imbricati squamae muticae v. apice appendiculatae. Receptaculum planum, fimbrilliferum v. paleatum, paleis liberis v. cohaerentibus, persistentibus, rarissime nudum. Corollae tubo gracili, fauce ventricosa, limbo quinquefido. Staminum filamenta glabra. Antherae apice longe et acute appendiculatae, basi bisetae, setis ciliatis v. villoso-lanatis. Stigmata stylo continua, longa, apice divergentia. Achenia glabra. Pappus duplex, exterior subfiliformis, scaber, plerumque persistens, interioris setae longe plumosae, basi in annulum deciduum subconcretae. — *Herbae in Europa alpicolae, in Sibiria australiore copiosissime obviae, in India boreali rarae, habitu vario; foliis alternis, integris, v. in eadem stirpe incisis aut pinnatifidis, capitulis saepius corymbos caules ramosque terminantes formantibus, corollis purpureis v. atro-violaceis.*

Saussurea DC. *in Annal. Mus. XVI. 197. Prodr. VI. 531.* Ledebour *Ic. I. 14.* Lessing *in Linnaea VI. 87.* Heterotrichum Bieberst. *Suppl. 551.* non DC. Benuetia Gray *Brit. pl. II. 440.* Lagurostemon et Saussurea Cassini *in Dict. sc. nat. LIII. 466. XLVII. 494.* Lessing *Synops. 11. 12.* Saussurea et Cyathidium Royle *Himalay. 251.* Serratulae sp. Linn.

a. LAGUROSTEMON DC. *l. c.* Involucri squamae omnes foliaceae, inappendiculatae. Antherarum caudae lanatae. Pappus biserialis, dispar.

Cyathidium Cass. *in Dict. sc. nat. LIII. 466.* Lagurostemon Wydler *in Linnaea V. 425.* Less. *Synops. 11.*

α. Cyathidium *Lindl.* Involucri turbinati squamae laxae. — Cyathidium Lindley *in Royle Himalay. 251. t. 56. f. 2.* Lagurostemon C. A. Meyer *msc.* Serratulae sp. Jacq. *Fl. austr. t. 440.* (Ledebour *Ic. t. 59.*)

β. Laguranth[illegible]a C. A. Meyer *msc.* Involucri cylindrici squamae imbricatae. (Ledebour *Ic. t. 75—78. 80.*)

b. BENEDICTIA DC. *l. c.* Involucri squamae exappendiculatae. Antherarum caudae ciliatae v. rarius fere glabrae.

Saussurea Cassini *in Dict. sc. nat. XLVII. 494.* Eusaussurea C. A. Meyer *msc.* (DC. *in Annal. Mus. XVI. t. 10.* Ledebour *Ic. t. 60—62. 69—74.*) Serratulae sp. Linn.

c. THEODOREA DC. *l. c.* Involucri squamae apice appendiculatae. Antherarum caudae ciliatae.

Theodorea Cassini *in Dict. sc. nat. LIII. 453.* (DC. *in Annal. Mus. XVI. t. 13.* Ledebour *Ic. t. 63—68.*) Serratulae sp. Lion. Bot. Mag. *t. 2589.*

2854. Haplotaxis *DC.* Capitulum multiflorum, homogamum, aequaliflorum. Involucri multiseriati squamae imbricatae. Receptaculum fimbrilliferum v. paleatum. Corollae tubo gracili, fauce ventricosa, limbo quinquefido. Staminum filamenta glabra. Antherae apice appendiculatae, basi bicaudatae, caudis ciliato-villosis v. subnudis. Stigmata stylo continua, apice divergentia. Achenia glabra. Pappus uniserialis, plumosus, setis basi in annulum plus minus concretis, achenii margine circulari cinctis. — *Herbae in Indiae orientalis montibus indigenae, in Sibiria rarissimae, Cirsii v. Serratulae habitu.*

Haplotaxis DC. *in Guillem. Archiv. Bot. II. 330. Prodr. VI. 538.* Eriostemon Lessing *Synops. 12.* non alior. Frolovia Ledebour *msc.* Saussureae, Centaureae et Cnici sp. Don, Wallich, Ledebour.

a. FROLOVIA Ledeb. *msc.* Caules monocephali. — Saussureae sp. Wall. Ledebour *Ic. t. 352.*

b. CIRSIOIDES DC. *l. c.* Capitula plurima, laxe corymbosa. — ? Hemisteptia Bunge *in Fisch. et Mey. Index sem. hort. Petropolit. II. 1835. p. 38.*

c. ERIOCORYNE Wall. *msc.* Capitula corymboso-conferta, bracteata. — Saussureae sp. Wallich *Pl. As. rar. t. 138.* (Royle *Himalay t. 59. f. 1.*)

2855. Dolomiaea *DC.* Capitulum multiflorum, homogamum, aequaliflorum. Involucri ovati squamae pluriseriales, imbricatae, lanceolatae, acuminatae, erectae, inermes. Receptaculum planum, fimbrillis in alveolos cohaerentibus. Corollae tubo gracili, basi subdilatato, limbi quinquelobi lobis linearibus, aequalibus. Staminum filamenta glabra. Antherae apice appendiculatae, basi caudatae, caudis incurvo tortis, ciliatis. **Stylus** apice subincrassatus, villosus. **Stigmata** apice libera, teretiuscula. **Achenia** glabra, subtetragona. **Pappus** longus, rufescenti-violaceus, setis plurimis, scabris, basi in annulum ab achenio solubilem concretis. — *Herba nepalensis, inermis, humilis; foliis radicalibus pinnatipartitis, lobis oblongis, obtuse inciso-sinuatis, dentatis, subtus cano-tomentosis, capitulis e caule brevissimo ortis, breve pedunculatis, axillaribus, in caput irregulare, foliis intermixtum aggregatis, corollis purpureis, pollicem longis.*

Dolomiaea DC. *in Guillem. Archiv. bot. II. 330. Prodr. VI. 542.* Royle *Himalay.* 251. *t.* 57.

2856. Arctium *LAM.* **Capitulum** multiflorum, homogamum, aequaliflorum. **Involucri** campanulati squamae pluriseriales, subaequales, lineares, apice subulatae. **Receptaculum** alveolatum, alveolis subfimbrillatis. **Corollae** tubo vix ad faucem dilatato, limbo breviter quinquefido. **Staminum** filamenta glabra, **antherae** basi bicaudatae. **Stylus** ad apicem vix incrassatus; **stigmata** brevia, divergentia, obtusa. **Achenia** glaberrima, angulato-compressa, areola terminali destituta. **Pappus** pluriserialis, persistens, setis scabridis, saepe spiraliter incurvis. — *Herba in schistosis Galliae meridionalis crescens, subacaulis, undique lanuginosa; foliis rosulatis, petiolatis, ovatis, crenato-dentatis, capitulo solitario, breviter pedunculato, corollis albido-ochroleucis, foliis radicalibus post germinationem infra cotyledones lateraliter ortis.*

Arctium Lamarck *Fl. fr. II. 70. Illustr. t. 664.* Jussieu *gen.* 172. Lessing *Synops.* 11. DC. *Prodr. VI.* 542. non Linn. Arctio Lam. *Dict. I.* 235. Arctiou Cassini *in Dict. sc. nat. XLI.* 311. *L.* 443. Villarsia Guettard *Mém. min. I.* 170. *t.* 19. Bernardia Villars *Delphin. II.* 27. *t.* 22. non Brongn. Onopordon rotundifolium Allioni *Pedemont. t.* 38. *f.* 1.

2857. Stechmannia *DC.* **Capitulum** pluriflorum, homogamum, aequaliflorum. **Involucri** cylindracei squamae imbricatae, adpressae, in spinam productae, inferiorum spinis patulis, superiorum erectis. **Receptaculum** ...... **Corollae** tubo ad faucem vix dilatato, limbo inaequaliter quinquelobo. **Staminum** filamenta glabra, **antherae** appendicula terminali coriacea, caudis longis, vix apice incisis. **Stigmata** libera. **Achenia** glabra, obovata. **Pappi** pluriserialis setae lineares, plumosae, exteriores breviores, omnes distinctae. — *Suffrutex libanoticus, humilis, multicaulis, ramosus; caulibus tomentoso-lanatis, foliis linearibus, margine revolutis, integerrimis, capitulis terminalibus, ebracteatis, corollis fere Arctii.*

Stechmannia DC. *Prodr. VI.* 543.

2858. Staehelina *DC.* **Capitulum** pluriflorum, homogamum, aequaliflorum. **Involucri** cylindracei squamae imbricatae, adpressae. **Receptaculi** plani paleae angustae, persistentes, basi vix subconcretae. **Corollae** tubo limbo quinquefido nunc breviore, nunc longiore. **Staminum** filamenta glabra, **antherae** apice longe appendiculatae, basi bicaudatae, caudis plus minus barbatis v. laceris. **Stylus** apice tumido-barbellatus; **stigmata** basi concreta, apice libera, obtusa. **Achenia** oblonga, apice areolata. **Pappus** uniserialis, pilis quaternatim quinatimve basi in fasciculos ramosos concretis. — *Suffrutices mediterranei; foliis alternis, subtus plerumque canis v. sericeis, capitulis terminalibus.*

Staehelina DC. *in Annal. Mus. XVI.* 192. *Prodr. VI.* 543. Lessing *Synops.* 5. Staehelinae sp. Linn. *gen. ed.* 1764. *n.* 938. nec edit. 1742.

a. STAEHELINA *Cass.* **Achenia** glabra. **Pappi** setae laeves.

Staehelina Cassini *in Dict. sc. nat. XLVII.* 439. Serratulae sp. Lam. *t.* 666. *f.* 4.

b. HIRTELLINA *Cass.* **Ovarium** villosum. **Pappi** setae scabrae.

Hirtellina Cassini *in Dict. sc. nat. L.* 441. (Labillard. *Syr. Dec. IV. t.* 1. DC. *in Annal. Mus. XVI. t.* 1. *f.* 30.) Serratulae sp. Lam. *t.* 666. *f.* 3.

c. BARBELLINA *Cass.* **Ovarium** glabrum. **Pappi** setae scabridae v. barbellatae.

Barbellina Cassini *in Dict. sc. nat. L.* 440. (Schreber *Decad. I. t.* 1. DC. *Op. cit. t.* 1. *f.* 29.)

2859. Carlina *TOURNEF.* **Capitulum** multiflorum, homogamum, aequaliflorum. **Involucri** squamae exteriores foliaceae, dentato-spinosae, patentes, intimae elongatae, radiantes, scariosae, coloratae. **Receptaculi** plani fimbrillae basi concretae, alveoliformes, apice inaequaliter multifidae. **Corollae** tubulosae, glabrae, quinquefidae. **Staminum** filamenta glabra, **antherae** apice longe appendiculatae, basi bicaudatae, caudis plumosis. **Achenia** oblongo-cylindracea, pilis sericeis, biapiculatis, adpressis vestita. **Pappus** uniserialis, lamellis basi ternatim quaternatimve concretis, caeterum plumosis. — *Herbae spinosae, durae, in Europa media nec non in tota regione mediterranea obviae, habitu vario.*

Carlina Tournefort *inst.* 285. Linn. *gen. n.* 929. Gärtner *II.* 384. DC. *Prodr. VI.* 545.

a. HERACANTHA DC. *l. c.* **Involucrum** duplex, squamis exterioribus foliaceis et interioribus radiantibus coloratis contiguis, nullis aliis intermixtis. — *Herbae acaules v. caulescentes, monocephalae.*

Heracantha Tabaernaemont. *Kräuterb.* 398. Carlina Cassini *in Dict. sc. nat. VII.* 108. Lessing *Synops.* 12. *subgen.* 1. E. B. *t.* 1144. Schkuhr *t.* 232. *f.* 2.

b. MITINA DC. *l. c.* **Involucrum** triplex, squamis extimis foliaceis ab intimis radiantibus serie intermedia distinctis. — *Herbae caulescentes, pleiocephalae.*

Mitina Adanson *Fam. II.* 116. Cassini *in Dict. sc. nat. XLVII.* 498. et 507. Lessing *Synops.* 12. (Gärtn. *II. t.* 163. *f.* 1. Schkuhr *t.* 232. *f.* 1. Desfont. *Fl. atl. t.* 221. Reichenb. *Pl. crit. t.* 761.)

c. CHAMAELEON DC. *l. c.* **Involucri** duplicis squamae exteriores foliaceae, dentato-spinosae, interiores vix longiores, lanceolato-lineares, integerrimae, apice acuminatae, submembranaceae, nec radiantes, nec coloratae. — *Herbae subacaules, caespitosae, monocephalae.*

Chamaeleon Cassini *in Dict. sc. nat. XLVII.* 509. *L.* 59. Atractylis sp. Linn. Cavanill. *Ic. t.* 228. Desfont. *Fl. atl. t.* 226. Acarnae sp. Willd.

d. CARLOWIZIA DC. *l. c.* **Involucrum** hemisphaericum, imbricatum, squamis intimis apice scariosis, breviter radiantibus, extus cinctum foliis patulis, indivisis, serrato-spinosis. — *Frutices canarienses; caulibus junioribus tomentoso-albidis, foliis coriaceis, indivisis, oblongis v. linearibus, serraturis spinescentibus, capitulis terminalibus, corollis ochroleucis.*

Carlowizia Mönch *Method.* 225.

2860. Atractylis *LINN.* **Capitulum** multiflorum, nunc homogamum, aequaliflorum v. radiatiforme, nunc heterogamum, radio neutro, disco hermaphrodito. **Involucrum** duplex, exterioris foliola conferta, dentato-spinosa, interioris squamae adpressae, integrae, membranaceae v. scariosae. **Receptaculi** plani fimbrillae basi in alveolas concretae, apice multifidae. **Corollae** disci tubulosae, regulariter quinquefidae, radii conformes v. falso-ligulatae seu palmatae, quinquelobae. **Staminum** filamenta glabra, **antherae** apice appendiculatae, basi bicaudatae, caudis barbatis. **Stigmata** fere omnino concreta. **Achenia** tecta villis sericeis, copiosis, summis quasi pappi basim involucrantibus. **Pappus** uni-biserialis, setis basi coriaceis, subconcretis, nudis, apice plumosis. — *Herbae mediterraneae et orientales, durae, spinosae, Carlinam v. Cirsium habitu referentes; foliis alternis, dentatis v. pinnatifidis, capitulis terminalibus.*

Atractylis Linn. *gen. n. 930.* excl. sp. DC. *in Annal. Mus. XVI. 157. Prodr. VI. 549.* non Vaill. Crocodilodes Vaillant *in Act. Academ. Paris. 1718. p. 172.* non Adans.

a. CHALCEIOS *DC.* Capitulum homogamum, aequaliflorum. Involucrum duplex, exterioris erecti squamae foliaceae, pinnatipartitae, lobis spinosis, interioris squamae membranaceae, oblongae, obtusae, non radiantes. Corollae quinquefidae, subregulares. Antherarum appendices acutae, caudae longae, subintegerrimae. Achenia oblonga, sericeo villosissima, villis supremis pappum breviter calyculantibus, nec tamen cum eo concretis. Pappus uniserialis, setis plumosis, basi corneis, concretis. — *Herbae caulescentes, simplices, mono-oligocephaleae.*

Chalceios DC. *Prodr. VI. 549.*

b. ACARNA *Cass.* Capitulum homogamum, aequaliflorum. Involucrum duplex, exterioris squamae foliaceae, dentato-spinosae, fere pectinatae, interiores aequantes v. superantes, interioris imbricati squamae lineares, adpressae, acuminatae, intimae longiores, apice scarioso-appendiculatae, vix tamen radiantes. Corollae quinquefidae, subregulares. Antherarum appendices acuminatae. Achenia obovata, sericeo-villosissima, villis supremis pappi basim calyculantibus. Pappus uniserialis, plumosus. — *Herbae caulescentes; foliis linearibus v. oblongis, subtus tomentosis, margine ciliato-spinosis, involucri exterioris spinis ramosis, corollis purpurascentibus.*

Acarna Cassini *in Dict. sc. nat. L. 57.* A. cancellata Allion. Cirsellium cancellatum Gärtner *II. 454. t. 163. f. 2.* Lam. *t. 662. f. 1.* Carthamus cancellatus Lam.

c. ANACTIS *Cass.* Capitulum homogamum, aequaliflorum. Involucrum duplex, exterioris squamae foliaceae, spinoso-dentatae, interioris brevioris squamae adpressae, ovatae, truncatae, nervo medio in spinam producto. Antherarum appendix terminalis acuminata. Pappus uniserialis, setis basi corneis, nudis, apice plumosis. — *Herbae durae, caulescentes, foliis sessilibus.*

Anactis Cassini *in Dict. sc. nat. L. 56.* Acarna caespitosa Desfont. *Fl. Atlant. t. 225.*

d. CIRSELLIUM *DC.* Capitulum homogamum, inaequaliflorum, subradiatiforme. Involucrum duplex, exterioris squamae foliaceae, dentato-spinosae, interioris brevioris squamae adpressae, ovatae, truncatae, nervo medio in spinam producto. Corollae exteriores hermaphroditae, palmatae, ligulam simulantes. Antherarum appendix terminalis acuminata. Pappus uniserialis, setis basi nudis, apice plumosis. — *Herbae caulescentes, durae, oligocephalae.*

Cirsellium DC. *Prodr. VI. 550.* Atractylis Cassini *in Dict. sc. nat. XLVII. 510. L. 55.* Atractylis humilis Linn. Cavanill. *Ic. t. 54.* Lam. *t. 660.* Cirsellium humile Gärtn. *II. 455.*

e. SPADACTIS *Cass.* Capitulum heterogamum, radiatum, ligulis neutris, disco hermaphrodito. Involucrum duplex, exterioris squamae subuniseriatae, foliaceae, dentato-spinosae, capitulo longiores, interioris squamae imbricatae, adpressae, ellipticae, acutae, apice subspinescentes. Corollae disci regulares, quinquefidae, antheris in appendicem acutam productis, radii ligulae elongatae, quinquefidae, genitalibus subabortivis. Pappus disci uni-triserialis, setis plumosis, radii imperfectus. — *Herbae caulescentes, durae, ramosae; foliis pinnatifido-dentatis, spinosis.*

Spadactis Cassini *in Dict. sc. nat. XLVII. 510. L. 51.* Atractylis flava Desfont. *Fl. Atlant. t. 262.*

2861. Thevenotia *DC.* Capitulum multiflorum, homogamum, aequaliflorum. Involucri ovati, inter folia bracteiformia sessilis squamae multiseriales, adpressae, imbricatae, exteriores breviores, interiores sensim longiores, lineares, enerves, obtusae, spinula longa, erecta apiculatae, intimae subscariosae, haud radiantes. Receptaculum planum, fimbrillis basi in urceolos coalitis. Corollae tubulosae, quinquefidae, lobis angustis, aequalibus. Staminum filamenta glabra, antherarum caudae barbato-plumosae. Stylus indivisus. Achenia dense et adpresse sericeo-villosa. Pappus uniserialis, setis basi subcorneis, superne longe plumosis. — *Herba persica, annua, canotomentosa; foliis infimis obovatis, spinoso-subdentatis, floralibus sublyratis, brevissime petiolatis, lobis dentibusque validius spinosis, capitulis ad axillas bractearum sessilibus, involucri appendicibus spinosis, squamarum exteriorum flavidis, interiorum fuscis, corollis ochroleucis.*

Thevenotia DC. *Prodr. VI. 551.*

2862. Cousinia *CASS.* Capitulum multiflorum, homogamum, aequaliflorum. Involucri squamae imbricatae, coriaceae, spinosae. Receptaculi plani fimbrillae setosae, liberae. Corollae tubulosae, glabrae, limbo quinquefido tubum superante. Staminum filamenta glabra, antherarum appendices terminales longae, corneae, caudae barbato-plumosae. Stigmata libera, extus cum styli parte superiore pubescentia. Achenia subcompressa, subpentagona, glabra, firma, areola subobliqua. Pappus brevis, serrulato-scaber, caducus, uniserialis, interdum subnullus, margine circa pappum elevato v. obsoleto. — *Herbae in Asia media copiose obviae, perennes v. biennes, ramosae, tortuosae, Cardui facie; foliis plus minus decurrentibus, sinuato-dentatis, dentibus spinosis, capitulis ternis.*

Cousinia Cassini *in Dict. sc. nat. XLVII. 53.* C. A. Meyer *Enumerat. plant. Caucas. 230.* Belanger *Voy. Bot. Ic.* DC. *Prodr. VI. 552.* Cardui, Onobromatis et Carthami sp. Auct.

2863. Aneathia *DC.* Capitulum multiflorum, homogamum, aequaliflorum. Involucri ovato-globosi squamae imbricatae, exteriores et mediae spinosae, intimae scariosae, coloratae. Receptaculum paleaceo fimbrilliferum. Corollae tubulosae, limbo oblique quinquefido. Staminum filamenta glabra, antherarum caudae penicillatae. Achenia glaberrima, oblonga, angulata, longitudinaliter striata, areola laterali, margine crenato. Pappus subbiserialis, setis basi in annulum deciduum conferruminatis, aequalibus, plumosis. — *Herba altaica, rupicola; caulibus ramosis, ramis villoso-tomentosis, monocephalis, foliis lanceolato-linearibus, subtus villoso-tomentosis, supra glabris, subintegerrimis, hinc inde ad latera spinulas geminatas gerentibus, involucri squamis spinosis, patulo-recurvis, intimis rectis, purpurascentibus.*

Aneathia DC. *in Guillem. Archiv. Bot. II. 331.* Cirsium igniarium Spreng. Ledebour *Ic. t. 477.*

2864. Anchera *DC.* Capitulum multiflorum, homogamum, aequaliflorum. Involucri ovati squamae arcte imbricatae, mucrone calloso, uncinato, rigido terminatae. Receptaculum longe fimbrilliferum. Corollae tubo brevissimo, fauce longa, cylindracea, lobis quinque erectis. Staminum filamenta glabra, antherae basi bicaudatae. Achenia glabra, compressa, margine bidentato superata, areola basilari. Pappus subuniserialis, setis paucis, rigidis, vix denticulatis, caducissimis. — *Herba persica, erecta, bipedalis, glaberrima; radice longe cylindracea, foliis radicalibus sub anthesi evanidis, caulinis pinnatipartitis, rhachi lobisque linearibus margine revolutis, integer-*

rimis, mucronatis, capitulis in paniculam laxam subnudam dispositis, corollis flavidis.

Auchera DC. *Prodr. VI. 557.*

SUBTRIBUS VII. CENTAURIEAE DC. *Prodr. VI. 557.* Capitula heterogama, radiatiformia. Involucri squamae imbricatae, varie appendiculatae, rarius exappendiculatae. Flores radii saepissime neutri, corolla ampliata, irregulariter quinquefida, discum saepius superante. Staminum filamenta distincta, saepius papillosa. Achenia saepius compressa, rarius cylindracea, plerumque areola antice laterali notata. Pappus rarissime deficiens, pilosus v. paleaceus, saepius multiserialis, nunquam plumosus.

2865. Amberboa *PERS.* Capitulum multiflorum, homogamum v. heterogamum, radiatiforme, floribus marginalibus neutris, disci hermaphroditis. Involucri squamae varie appendiculatae v. rarius exappendiculatae, muticae v. interdum spinescentes. Receptaculum setosum. Corollae tubulosae, quinquefidae, marginales ampliatae, subirregulares, disco saepius longiores. Staminum filamenta puberula v. papillosa. Achenia compressa v. turbinato-tetragona, areola laterali v. basilari. Pappus paleaceus, paleis oblongis v. obovatis, basi attenuatis, omnibus subhomogeneis, rarissime minimus vel nullus. — *Herbae mediterraneae et orientales, habitu Centaurearum, a quibus pappo paleaceo diversae.*

Amberboa Persoon *Encheir. II. 481.* excl. sp. DC. *Prodr. VI. 558.* Amberboi Isnard *in Act. Academ. Paris. 1719, t. 10.* Adans. *Fam. II. 117.* Chryseis et Amberboa Lessing *Synops. 6. et 8.*

A. CHRYSEIDEAE DC. *Prodr. VI. 558.* Involucri squamae exappendiculatae v. appendice haud pectinato-ciliata auctae.

α. GONIOCAULON DC. *Prodr. VI. 558.* Involucri cylindracei squamae adpressae, imbricatae, acutae, coriaceae, margine membranaceae. Flosculi pauci, omnes aequales, hermaphroditi. Staminum filamenta hirta, antherae appendice longa, cornea terminatae. Stigmata distincta. Pappus longus, paleis multiseriatis imbricatis, scariosis, lineari-oblongis, interioribus longioribus, basi angustatis. — *Species indicae.*

Goniocaulon Cassini *in Bullet soc. philomat. 1817, p. 34. 1818. p. 184. Dict. sc. nat. XIX. 201 XLIV. 39.*

β. CYANOPSIS DC. *Prodr. VI. 558.* Involucri ovati squamae lanceolatae, integerrimae, productae in appendicem subdecurrentem, membranaceam, acutam, exteriorum saepe patulam, spiniformem, interiorum subscariosam, erectam. Stigmata concreta. Achenia villosa, costata. Pappi paleae oblongae, basi angustatae, apice serrulatae, exteriores breviores, intimae longiores. — *Herbae annuae, capitulis longe pedunculatis, radio caeruleo v. purpureo, disco croceo v. pallido.*

Cyanopsis et Volutarella Cassini *in Dict. sc. nat. XLIV. 39.*

1. Cyanastrum DC. *Prodr. VI. 558.* Involucri subhemisphaerici squamae exteriores et mediae in appendicem longam, patulam, subspinescentem productae. Corollae radii longissimae. Achenia inter costas transverse rugosa. Pappi series 6. — Cyanopis et Cyanastrum Cassini *in Dict. sc. nat. LVI. 39.* Centaurea muricata Linn.

2. Lacellia DC. *Prodr. VI. 559.* Involucri oblongi squamae apice nigro-sphacelatae, exteriorum appendice brevi, inermi, saepe patula. Corollae radii mediocres, saepe discolores. Achenia inter costas transversim rugosa. Pappi series 3—4. — Lacellia Viviani *Flor. Lybic. 22. f. 2.* Centaurea erupinoides Desfont. DC. *in Annal. Mus. XVI. t. 5. f. 2.* Volutarellae sp. Cass.

3. Volutaria DC. *Prodr. VI. 559.* Involucri obovati squamae apice et margine membranaceae, acutae, exteriorum appendice erecta. Corollae radii mediocres, disci saepe ad apicem tubi villosae, lobis glabris, introrsum volutis. Achenia vix costata, nec transversim rugosa. Pappi series . . . . — Volutaria Cassini *in Dict. sc. nat. XXXIX. 500.* Volutarella Cassini *Op. cit. XLIV. 39.* Centaurea Lippii Linn. Schkuhr *t. 261.*

γ. CHRYSEIS DC. *Prodr. VI. 559.* Involucri ovato-globosi squamae inermes, obtusae, exappendiculatae v. intimae apice scarioso-membranaceae. Antherae basi calcaratae. Styli apice liberi. Achenia villosa, hilo laterali. Pappus nullus, v. simplex pluriserialis, paleis interioribus apice dilatatis, subdentatis. — *Herbae orientales, annuae, erectae, ramosae, floribus odoratis.*

Chryseis Cassini *in Dict. sc. nat. IX. 154. XLIV. 39.* Centaurea moschata Linn. Schkuhr *t. 261.*

δ. PARARHYSIS DC. *l. c.* Involucri ovati squamae adpressae, basi interdum uni-bidentatae, appendice subspiniformi, lineari subulata, glaberrima, subintegerrima, patula. Corollae radii paucae, tenues, trifidae, disco breviores. Stigmata concreta. Achenii areola basilaris. Pappus disci multiserialis, paleis exterioribus linearibus, obtusis, interioribus fere setiformibus, subciliatis. — *Herba persica, perennis v. biennis, radice fusiformi.*

B. AMBLYOPSIDEAE DC. *Prodr. VI. 560.* Involucri squamae appendice pectinato-ciliata.

α. PHAEOPAPPUS DC. *Prodr. VI. 560.* Involucri ovati squamae adpressae, imbricatae, exteriores et mediae in appendicem non decurrentem, erectam, ciliatam expansae, ciliis nunc palmatim, nunc pinnatim dispositis, lobo medio plus minus spinescente. Corollae radii discum haud superantes. Stigmata concreta. Achenia glabra. Pappus extimus brevis, paleaceus, imbricatus, albus, medius et intimus setis subfiliformibus, rufis, subaequalibus, intimis haud distinctis. — Flores lutei. — Psephellus Fisch. et Mey. *msc.* Centaurea Balsamita Don *in Sweet Fl. Gard. II. t. 355.* non Lam.

β. AMBLYOPOGON DC. *Prodr. VI. 561.* Involucri ovalis squamae imbricatae, breves, in appendicem amplam, scariosam, ovato-lanceolatam, margine pectinato-ciliatam, apice aristatam expansae. Corollae radii discum haud superantes. Antherae basi submuticae. Stigmata concreta. Achenia areola basilari. Pappus simplex, paleaceus, paleis apice dilatatis, denticulatis. — Amblyopogon Fischer et Meyer *msc.*

γ. XANTHOPSIS DC. *Prodr. VI. 561.* Involucri ovati squamae extimae et mediae breves, in appendicem membranaceam, ovato-lanceolatam, acuminatam, pectinato-ciliatam, laxe imbricatam expansae, intimae lineares, acutae, vix ciliatae. Corollae radii discum non superantes, hermaphroditae, sed fortassis steriles. Stigmata connata. Achenia compressa, dorso gibba, glaberrima. Pappus disci brevissimus, paleis obtusis, subserratis, basi angustatis. — Flores lutei, involucra flavescentia, pauciflora. — Psephelli sp. Fischer et C. A. Meyer.

2866. Zoegea *LINN.* Capitulum multiflorum, heterogamum, radiatiforme. Involucri ovati squamae exteriores in appendicem scariosam, adpressam, profunde pectinato ciliatam productae, intimae longiores, scariosae, lineari-lanceolatae, integerrimae, apice summo serrato-incisae. Receptaculum setosum. Corollae radii neutrae, magnae, irregulares, subligulatae, disci regulares, quinquefidae, hermaphroditae. Staminum filamenta laevia, glabra, antherae caudatae. Achenia compressa, areola laterali. Pappi paleae exteriores membranaceae, imbricatae, obtusae, mediae pilosae, longissimae, intimae pilosae, brevissimae. — *Herbae orientales, erectae, annuae, ramosae; foliis infimis petiolatis, lyratis, lobo terminali majore oblongo, subdentato, superioribus linearibus, integerrimis, mucronatis, involucri squa-*

mis interioribus fere radium simulantibus, floribus croceo-fulvis.

Zoegea Linn. *Mant.* 15. Heritier *Stirp. t.* 29. Jacq. *Ic. rar. t.* 77. Cassini *in Dict. sc. nat. XLIV.* 36. *LX.* 560. Lessing *Synops.* 7. DC. *Prodr. VI.* 562. Centaurea calendulacea Lam.

2867. Microlonchus *DC.* Capitulum multiflorum, heterogamum, radiatiforme. Involucri ovati squamae adpressae, coriaceae, apice productae in appendicem spiniformem, nunc brevem, reflexam, deciduam, nunc longam, duram, erecto-patulam, persistentem. Receptaculum setosum. Corollae radii neutrae, plus minus ampliatae, subligulatae, disci regulares, quinquefidae, hermaphroditae. Staminum filamenta papillosa, antherae ecaudatae. Achenia compressa, areola laterali. Pappus duplex, interioris paleae latae, vel in squamam unilateralem, apice subacuminatam, pappum exteriorem subsuperantem concretae. — *Herbae perennes, mediterraneae, orientales et indicae, glabrae v. glabriusculae; ramis floridis apice aphyllis, monocephalis, corollis nunc purpureis v. variantibus albis, nunc flavidis.*

Microlonchus DC. *Prodr. VI.* 562. Mantisalca s. Microlonchus Cassini *in Bullet. soc. philomat.* 1818. *p.* 142. *Dict. sc. nat. XXIX.* 80.

a. MANTISALCA Cass. *l. c.* Involucri squamae in mucronem spinulosum v. spinam productae. Flores radii magis ampliati, purpurei v. albi. Pappi paleae interiores setas exteriores aequantes. — Centaurea salmantica Linn. Jacq. *Hort. Vindob. I.* 64. Schkuhr *t.* 261.

b. URALEPIS DC. *l. c.* Involucri squamae inermes, in appendicem scariosam, subrotundam productae. Corollae radii vix ampliatae, flavescentes. Pappi squamellae interiores exterioribus breviores.

2868. Tricholepis *DC.* Capitulum multiflorum, homogamum. Involucri hemisphaerici squamae imbricatae, numerosissimae, lineari-setaceae, apice criniformes, subrecurvae, inermes. Receptaculi fimbrillae in setas tenuissimas fissae. Corollae tubulosae, quinquefidae, subregulares. Staminum filamenta papilloso-pilosiuscula, antherae apice acute appendiculatae, caudis parvis, sublaceris. Stigmata plus minus divergentia. Achenia oblonga, areola laterali, apice margine circulari coronata. Pappi setae nunc dense scabrae, multiseriales, basi in annulum deciduum concretae, nunc distinctae, nunc interdum nullae. — *Herbae indicae, glabriusculae, inermes; foliis sessilibus, indivisis, lanceolatis v. oblongis, serratis, capitulis ebracteatis, corollis ochroleucis v. pallide rubentibus.*

Tricholepis DC. *in Guillem. Archiv. Bot. II.* 331. *Prodr. VI.* 563. Achyropappus Bieberst. *msc.*

a. EUTRICHOLEPIS. Pappi setae basi in annulum deciduum concretae.

b. OCHANOPAPPUS. Pappi setae paleaceae, margine scabro-ciliolatae, in annulum concretae. — Folia punctata. (Hook. *Bot. Mag. Compan. I. t.* 4.)

c. ANAPHALANTIAS. Pappus nullus.

2869. Tomanthea *DC.* Capitulum multiflorum, heterogamum. Involucri ovati squamae adpressae, appendice ampla, orbiculata, rigide membranacea, ad margines longe ciliata, apice in spinam tenuem, ciliis vix longiorem producta. Receptaculum fimbrilliferum. Corollae radii trifidae, steriles, discum vix aequantes, disci quinquefidae, post anthesim infra faucem transverse marcescentes et secedentes, tubo inter pappi setas persistente. Staminum filamenta papillosa, brevia, contorta, antherae appendice terminali cornea, caudis nullis. Stigmata concreta. Achenia cylindraceo-subpentagona, glaberrima, areola basilari, apice extra pappi originem in marginem orbiculatum, brevissimum dilatata. Pappus radii paucisetus, disci multiserialis, setis exterioribus brevioribus, paleaceis, linearibus, obtusiusculis, caeteris rigidis, elongatis, omnibus integerrimis. — *Herba perennis, persica, subacaulis; foliis canescentibus, pinnatipartitis, petiolo et rhachi marginatis, lobis oblongo-lanceolatis, integerrimis, summis oblongo-lanceolatis, integerrimis, capitulis terminalibus, sessilibus, corollis pallide purpurascentibus, pappo violaceo.*

Tomanthea DC. *Prodr. VI.* 564.

2870. Crupina *CASS.* Capitulum pauciflorum, heterogamum. Involucri ovati squamae lanceolatae, adpressae, acutae, inermes, integerrimae, exappendiculatae. Receptaculum setosum. Corollae marginales neutrae, tri-quinquefidae, reliquae hermaphroditae, quinquefidae, ad apicem tubi barbatae. Staminum filamenta papillosa, antherae ecaudatae. Achenia crassa, ovato-teretia, sericea, areola basilari, umbone terminali elevato, concavo, crasso, corollae basi persistente cincto. Pappus radii nullus, disci triplex, exterioris paleis brevibus, imbricatis, medii setis longis, rigidis, intimi paleis denis, brevibus, ovalibus, subtridentatis. — *Herba mediterranea, annua, erecta, simplex v. parce ramosa, glabra; foliis pinnatipartitis, lobis linearibus, distantibus, denticulatis, inferioribus pinnatilobatis, capitulis oblongis, glabris, nudis.*

Crupina Cassini *in Dict. sc. nat. XLIV.* 39. *L.* 239. Lessing *Synops.* 7. DC. *Prodr. VI.* 565. Centaurea Crupina Linn. Crupinae sp. DC. *in Annal. Mus. XVI. t.* 1. *f.* 1.

2871. Centaurea *LESS.* Capitulum multiflorum, heterogamum, plerumque radiatiforme. Involucri squamae imbricatae, exappendiculatae v. varie appendiculatae, muticae v. spinosae. Corollae radii ut plurimum steriles, ampliatae, quinquefidae, rarius discum non superantes v. hermaphroditae. Staminum filamenta papillosa, antherae ecaudatae. Achenia compressa, areola prope basim antice laterali. Pappi setae subfiliformes, scabrae, saepissime multiseriatae, intimae minores, subconniventes, rarius exteriores aequantes v. superantes. — *Herbae in veteris orbis hemisphaera boreali ingenti formarum numero degentes, in America rarae, nonnullae late a mortalibus agricolis diffusae, nunc cosmopolitae.*

Centaurea Lessing *Synops.* 7. DC. *Prodr. VI.* 565. Centaureae sp. Linn. Centaurieae prototypae Cassini *Tabl.* 7. excl. pauc. Crocodilium, Calcitrapa, Cyanus et Centaurium DC. *in Annal. Mus. XVI. t.* 5. Calcitrapa, Centaurea et Cyanus Baumgartn. *Flor. Transylv. II.* 69—81. Cyanus, Phrygia, Hypophoestum, Polyacantha et Leucantha Gray *Brit. pl. II.* 441—444.

I. HAPLOLEPIDEAE DC. *Prodr. VI.* 565. Involucri squamae aut appendiculatae, aut appendice scariosa, non ciliata, raro breviter spinulosa donatae.

a. HYALEA DC. *Prodr. VI.* 565. Involucri oblongi squamae imbricatae, apice et ad marginem in parte superiore hyalino-membranaceae, obtusae, muticae, intimae longiores. Flores radii pauci, steriles. Achenia glabra. Pappus duplex, exterioris setae longae, tenues, subscabrae, interioris paleae octo, breviores, oblongae, basi subattenuatae, apice setoso-scabrae. — *Flores purpurei.* — (Ledebour *Ic. t.* 39.)

b. CENTAURIUM DC. *Prodr. VI.* 566. Involucri ovato-globosi squamae late ovatae, adpressae, obtusae, inermes, apice imprimis interiores membranaceae. Achenia glabra. Pappus duplex, exterioris paleae extimae breves, sensim elongatae, setiformes, interiores breves, distinctae. — *Herbae erectae, glabrae, simplices v. ra-*

mosae, capitulis ad apicem caulis superne nudi v. ramorum aphyllorum solitariis, corollis luteis v. rarius fuscis.

Centaurium Cassini *in Dict. sc. nat. XLIV. 39*, non Pers. (Desfont. *Flor. atl. t. 241.* Brotero *Phytogr. lusit. t. 3.*)

c. MICROLOPHUS DC. *Prodr. VI. 567.* Involucri ovato-conici v. ovato-oblongi squamae adpressae, imbricatae, coriaceae, integerrimae, mediae acutae v. mucrone brevissimo, recto, spinuloso, saepius deciduo, interdum utrinque uni-bidentato v. palmatim quinque-septemaristato superatae, intimae lineares, apice et paullo etiam margine scarioso-membranaceae. Corollae radii steriles, bi-trifidae, discum non superantes. Achenia ovalia, compressa, glabra. Pappus duplex, interioris paleae breves, liberae. — *Herbae, foliis caulinis decurrentibus, indivisis, corollis flavis.*

Microlophus et Piptoceras Cassini *in Dict. sc. nat. XLIV. 37. L. 248. et 469. LIV. 487. et 490.* Serratulae sp. Linn. Lam. *t. 666. f. 2.* (Vent. *Cels. t. 80.* Nees *Hor. phys. berol. t. 25. 26.*)

d. CHARTOLEPIS DC. *Prodr. VI. 568.* Involucri ovoidei squamae adpressae, productae in appendicem non decurrentem, suborbiculatam, scariosam, margine subintegerrimam, apice fissam, ligulam subulatam proferentem. Corollae marginales neutrae, disco fere breviores. Pappus duplex, setis intimis paucis, brevibus. — *Flores lutei.*

Chartolepis Cassini *in Dict. sc. nat. XLIV. 36. LIV. 492.* (Bot. Mag. *t. 62. 1248.*)

e. PHALOLEPIS DC. *Prodr. VI. 568.* Involucri ovati v. globosi squamae in appendicem non decurrentem, subrotundam, margine late scariosam, apice in aristam mucroniformem desinentem productae. Flores radii neutri, disco vix v. paullo majores. Pappus duplex, rarius nullus. — *Flores purpurei v. rarius albi.*

Phalolepis Cassini *in Dict. sc. nat. L. 248.* Callicephalus C. A. Meyer *Enumerat. plant. Cauc. 66.* (Tenore *Flor. neap. t. 84.*)

II. JACEINEAE DC. *Prodr. VI. 570.* Involucri squamae mediae apice in appendicem scariosam, ciliato-serratam, non v. vix decurrentem productae.

f. JACEA DC. *Prodr. VI. 570.* Involucri ovato-globosi squamae inferiores appendice ciliata, basi dilatata, superiores appendice suborbiculata, scariosa, sublacera. Flores radii nunc steriles, discum superantes, nunc omnes hermaphroditi, aequales. Pappus nullus v. subnullus. — *Herbae ramosae, floribus purpurascentibus v. rarius albis.*

Jacea Cassini *in Dict. sc. nat. XXIV. 88.* Jacea et Platylophus Cassini *Op. cit. XIV. 36.*

α. Jacea Cassini *Op. cit. XLIV. 36.* Corollae radii steriles, discum superantes. — (Fl. dan. *t. 519.* Reichenb. *Pl. crit. t. 963.*)

β. Platylophus Cassini *Op. cit. XLIV. 36.* Corollae omnes hermaphroditae, aequales. — Centaurea nigra Linn. Fl. dan. *t. 906.* E. B. *t. 278.* Reichenbach *Pl. crit. t. 985.*

g. PTEROLOPHUS DC. *Prodr. VI. 571.* Involucri ovato-globosi squamae imbricatae, dorso striatae, appendice saepius fusco-maculata, non v. vix decurrente, margine ad basim utrinque ala scariosa membranacea aucta, supra longe pinnato-ciliata, apice apiculo inermi v. spinoso terminatae. Pappus nullus v. brevis. — *Flores pallide purpurei v. flavo mixti.*

α. Eupterolophus DC. *l. c.* Pterolophus Cassini *in Dict. sc. nat. XLIV. 34. L. 249.* Pappus nullus. Involucri squamae exteriores et mediae appendice basi scarioso-alata, apice ciliata. — Centaurea spinulosa Rochel *Plant. Banat. t. 36. f. 76.*

β. Jaceoides DC. *l. c.* Pappus brevis. Involucri squamae externae appendice omnino pectinato-ciliata, internae appendice basi scarioso-alata, apice ciliata. — Centaurea mutabilis St. Amand *in Mem. Mus. I. t. 24.*

h. LEPTERANTHUS DC. *Prodr. VI. 572.* Involucri squamae mediae et exteriores productae in appendicem linearem non decurrentem, profunde pectinato-ciliatam, rigidam, siccitate recurvam, humiditate erectam, barbellis distantibus gracilibus, intimae apice scariosae, subdentatae. Achenia oblonga, areola laterali. Pappus duplex, brevissimus v. subnullus. — *Flores purpureo-violacei, albo variantes, nunquam flavi.*

Lepteranthus DC. *in Annal. Mus. XVI. 158.* Cassini *in Dict. sc. nat. XXVI. 65.* Lepteranthi sp. Necker. Stenolophus Cassini *Op. cit. XLIV. 36. L. 499.* excl. sect. 3. Phrygiae sp. Pers. (Flor. dan. *t. 520.* Reichenb. *Plant. crit. t. 362. 372. 374. 375. 376. 642. 964.*)

i. AETHEOPAPPUS DC. *Prodr. VI. 574.* Involucri ovato-globosi squamae extimae ab ipsa basi scariosae, ovato-lanceolatae, irregulariter ciliato-lacerae, mediae ovales, pluristriatae, immarginatae, in appendicem scariosam, ovato-lanceolatam, ciliato-pinnatam productae, intimae oblongae, appendice concava apice ciliata. Corollae radii disco longiores. Achenia glabra. Pappus radii subnullus, disci simplex, setis filiformibus, basi barbellatis, distantibus, hirtellis. — *Flores purpurei, capitula ebracteata.*

Aetheopappus Cassini *in Dict. sc. nat. L. 250. LI. 53.* Centaurea pulcherrima Willd. Reichenb. *Plant. crit. t. 716.*

k. STIZOLOPHUS DC. *Prodr. VI. 574.* Involucri ovati squamae imbricatae, coriaceae, apice in appendicem scarioso-subcoriaceam, lanceolatam, aristato-acuminatam, pectinato-ciliatam productae. Corollae radii staminibus castratis donatae, tubo subtorto, discum non superantes. Achenia glabra. Pappus radii saepius nullus, disci duplex. — *Herbae glabrae, ramosae; caulibus albis, foliis caulinis sessilibus, integris, capitulis terminalibus, ebracteatis.*

Stizolophus Cassini *in Dict. sc. nat. XLIV. 36. LI. 49.* Centaurea Balsamita Lam. et C. coronopifolia Lam.

l. PLECTOCEPHALUS DC. *Prodr. VI. 575.* Involucri subglobosi squamae exteriores in appendicem scarioso-coriaceam, pectinato-ciliatam productae, intimae longiores, apice scariosae. Corollae radii discum longe superantes. Acheniorum areola subterminalis. Pappi setae homogeneae, scabrae, rigidae, caducae, subuniseriales. — *Species americanae.*

Plectocephalus D. Don *in Sweet Fl. Gard. II. t. 51.* (Colla *Hort. Ripul. t. 6. Mem. Academ. Turin. XXXVIII. t. 22.*)

m. PSEPHELLUS DC. *Prodr. VI. 575.* Involucri subglobosi squamae exteriores et mediae apice in appendicem lanceolatam v. subrotundam, pectinato-ciliatam productae, interiores appendice ovali erosa v. subintegra. Corollae radii subregulariter quinquefidae, discum superantes. Achenia glabriuscula. Pappus in radio et disco conformis, rufescens, scabridus, setulis globulisque paucis saepe intermixtis multiserialis, uniformis, serie intima vix dissimili. — *Corollae purpureae, involucra glabra.*

Psephellus et Heterolophus Cassini *in Dict. sc. nat. XLIII. 488. L. 250.* (Gmelin *Sibir. II. t. 42. f. 2.*)

n. CHEIROLOPHUS DC. *Prodr. VI. 577.* Involucri ovati squamae adpressae, coriaceae, margine membranaceae, integrae, apice in appendicem scariosam, saepius palmato-ciliatam productae. Corollae radii staminibus castratis donatae, discum haud superantes. Achenia glabra, areola vix obliqua. Pappus radii nullus, disci setis multiserialibus filiformibus, vix barbellatis, interioribus nullis. — *Herbae suffruticosae, mediterraneo-occidentales et canarienses, ramosae, glabriusculae, capitulis ebracteatis, floribus purpureis v. albis.*

Cheirolophus Cassini *in Dict. sc. nat. L. 250. LI. 55.*

III. CYANEAE DC. *Prodr. VI. 577.* Involucri squamarum mediarum appendix plus minus scariosa, secus squamam decurrens, rarius in spinam simplicem desinens.

o. MELANOLOMA DC. *Prodr. VI. 577.* Involucri ovati squamae lanceolatae, membrana nigra, suberosa marginatae, apice in appendicem coriaceam, pinnatisectam, recurvam, lobis distantibus productae. Corollae radii disco longiores. Pappus radii nullus, disci duplex, interior minimus.

Melanoloma Cassini *in Dict. sc. nat. XXIX. 472. XLIV. 37. L. 252.* (Miller *Ic. t. 152.* Reichenb. *Plant. crit. t. 373.*)

p. CYANUS DC. *Prodr. VI. 578.* Involucri ovati v. subglobosi squamae usque ad apicem margine serrato-membranaceo, ciliato cinctae. Corollae radii discum superantes. Stigmata libera. Pappus duplex, mediocris v. brevis. — *Capitula ebracteata.*

Cyanus Cassini *in Dict. sc. nat. XLIV. 37. L. 241.* (Bulliard *Herb. t. 221.* Jacq. *Fl. austr. t. 371.* Waldst. et Kitaibel *Plant. Hung. t. 178. 219.* Bot. Mag. *t. 77.*)

q. ODONTOLOPHUS DC. *Prodr. VI. 579.* Involucri oblongi squamae arcte adpressae, angustissime albo-marginatae, appendice ovata, membranacea, ciliato-denticulata, adpressa terminatae. Flores radii discum superantes. Achenia pubescentia. Pappus radii nullus, disci paleis numerosissimis, imbricatis, crassiusculis, dense et breviter barbellatis.

Odontolophus Cassini *in Dict. sc. nat. L. 252.* Centaurea trinervia Steph.

r. LOPHOLOMA DC. *Prodr. VI. 580.* Involucri ovati v. subglobosi squamae adpressae, appendice decurrente, coriaceo-membranacea, fusca v. nigra, dentato-ciliata, inermi apiculatae. Pappus duplex, interior brevis. — *Flores purpurei, rarissime albi.*

Lopholoma Cassini *in Dict. sc. nat. XLIV. 37.* (E. B. *t. 56.* Fl. dan. *t. 1231.* Jacq. *Hort. Vindob. I. t. 92.* Waldst. et Kitaibel *Plant. Hung. t. 195.* Reichenb. *Plant. crit. t. 414. 956.*)

s. SPILACRON DC. *Prodr. VI. 581.* Involucri oblongi squamae imbricatae, adpressae, appendice subdecurrente membranacea, breviter ciliata, inermi, intimae longiores, obtusae, non dilatatae. Pappi paleae subsetosae, multiseriales, aequales v. interiores paullo longiores.

Spilacron Cassini *in Dict. sc. nat. L. 238.* C. wolgensis DC.

t. ACROLOPHUS DC. *Prodr. VI. 581.* Involucri ovati squamae imbricatae, appendice terminali breviter decurrente, margine plus minus ciliata, apice acuta, inermi v. subspinosa. Pappus brevis, rarius nullus, rarissime achenium longitudine aequans — *Flores purpurascentes, rarius albi v. albido-flavescentes, rarissime flavi.*

Acrolophus Cassini *in Dict. sc. nat. L. 253.*

α. Pterolophoides DC. *l. c.* Appendices basi membrana scariosa, irregulari, parce decurrente auctae, apice ciliatae. — (Reichenb. *Plant. crit. t. 811.* Gussone *Plant. rar. t. 61.*)

β. Acrolophoides DC. *l. c.* Appendices ciliatae, breviter decurrentes, membrana non sensim auctae. — (Reichenb. *Plant. crit. t. 443.* Cavanill. *Ic. t. 320.*)

γ. Acrocentroides DC. *l. c.* Appendices subdecurrentes, utrinque ciliatae, in spinam duriusculam, distinctissimam productae. — (Bot. Mag. *t. 2493.*)

u. ACROCENTRON DC. *Prodr. VI. 586.* Involucri ovati squamae adpressae, margine ad apicem membranaceae, ciliatae, medio productae in spinam rigidam, basi ciliato-spinulosam, caeterum nudam, intimae appendice scariosa, ciliato-serrata, saepius suborbiculata.

Acrocentron Cassini *in Dict. sc. nat. XLIV. 37. L. 253.*

α. Lopholomoides DC. *l. c.* Involucri squamae coriaceae, plus minus subspinoso-acuminatae, nec tamen spina vera terminatae. — *Flores flavi v. igneo-atropurpurei.* — (Waldst. et Kitaibel *Plant. Hung. t. 116.* Reichenb. *Plant. crit. t. 445. 447.*)

β. Euacrocentron DC. *l. c.* Involucri squamae spina vera, rigida terminatae. — (Desfont. *Flor. atl. t. 243.* Bot. Mag. *t. 494.*)

v. HYMENOCENTRON DC. *Prodr. VI. 591.* Involucri squamae adpressae, appendice subdecurrente scariosa, palmato-lacera, squamarum exteriorum medio in spinulam producta, mediarum medio callosa et spina abortiva donata, intimarum subrotunda, saepe inflato-tumida. Corollae radii discum superantes. Pappus acheniorum radii abortivorum nullus, disci duplex, interior minimus.

Hymenocentron Cassini *in Dict. sc. nat. XLIV. 37. LV. 351.*

w. CROCODYLIUM DC. *Prodr. VI. 591.* Involucri ovato-globosi squamae imbricatae, coriaceae, margine late scariosae, appendice ovato-lanceolata marginatae, in spinam simplicissimam productae. Corollae radii ampliatae, disco longiores. Achenia sericeo-villosa. Pappus duplex, exterioris paleae imbricatae, intimis longioribus, setosis, interior brevis, connivens, paleis oblongis v. linearibus. — *Corollae purpureae.*

Crocodylium Vaillant *in Academ. Paris. 1718. p. 161.* Cassini *in Dict. sc. nat. XII. 19.* (Vent. *Malm. t. 9.*)

IV. CALCITRAPEAE DC. *Prodr. VI. 592.* Squamarum involucri appendix cornea, pungens, apice spinis pinnatilobatis donata.

x. VERUTINA DC. *Prodr. VI. 592.* Involucri subglobosi squamae imbricatae, mediae ovatae, productae in spinam patulam, longissimam, corneam, medio lateraliter utrinque spinulis 1—2 auctam, intimae oblongae, muticae. Corollae radii discum nonsuperantes. Achenia oblonga, compressa, pubescentia, areola laterali. Pappus duplex, interior vix ab exteriore distinctus. — *Corollae luteae.*

Verutina Cassini *in Dict. sc. nat. XLIV. 38.* Centaurea Verutum Linn. Jacq. *Ic. rar. I. t. 178.*

y. MESOCENTRON DC. *Prodr. VI. 592.* Involucri ovati squamae imbricatae, coriaceae, mediae ovatae, productae in appendicem spinosam, longam, utrinque in parte inferiore spinulis lateralibus 2—3 distantibus pinnatim onustam, apice nudam, interiores oblongae, spina simplici v. nulla. Corollae radii tri-quadrifidae, disco breviores. Achenia compressa, areola laterali. Pappus duplex, exterior rigidus, multiserialis, interior brevis, regularis, connivens. — *Corollae luteae v. rarissime purpureae.*

Mesocentron et Triplocentron Cassini *in Dict. sc. nat. XLIV. 38. LVI. 348. 349.* (E. B. *t. 243.* Delile *Fl. aegypt. t. 49. f. 1.*)

z. CORETHROPSIS DC. *Prodr. VI. 596.* Involucri squamae exteriores et mediae in spinam nunc simplicem, nunc basi utrinque spinula auctam productae, interiores inermes. Corollae radii discum non superantes. Pappus pluriserialis, subconformis. — *Suffrutices orientales, scoparii, ramosissimi; foliis caulinis parvis, sessilibus, linearibus, integerrimis, corollis purpurascentibus.*

aa. CALCITRAPA DC. *Prodr. VI. 596.* Involucri squamae mediae in spinam basi spinulis pinnatam productae, intimae apice scariosae. Corollae radii disco aequales v. longiores. Achenia glabriuscula, areola laterali. Pappus nullus v. brevis, rarius setoso-elongatus. — *Corollae purpureae.*

Calcitrapa Cassini *in Dict. sc. nat. XLIV. 38.* (E. B. *t. 125.* Delile *Flor. aegypt. t. 49. f. 3.* DC. *Ic. plant. Gall. rar. t. 23.*)

V. SERIDIEAE DC. *Prodr. VI. 598.* Involucri squamae adpressae, imbricatae, apice in appendicem corneam, palmato-spinosam productae.

Calcitrapeae Serideae Cassini *Tabl. 8.* Seridia Jussieu *gen. 173.* Podia Necker *elem. n. 127.* Calcitrapoides Vaill. *in Act. Acad. Paris. 1718. p. 167.*

bb. PHILOSTIZUS DC. *Prodr. VI. 598.* Involucri ovato-globosi squamae exteriores et mediae in appendicem patulam, spinosissimam productae, spina terminali majore, rigida, lateralibus utrinque 3—4 brevioribus, patulis, 5—6 aliis, supra appendicis paginam erectis, subfasciculatis. Stigmata concreta. Achenia tenuissime pubescentia. Pappus radii nullus, disci duplex.

Philostizus Cassini *in Dict. sc. nat. XXXIX. 498. XLIV. 38. XLVIII. 500.* Centaurea ferox Desfont. *Flor. atlant. t. 242.*

cc. SERIDIA DC. *Prodr. VI. 598.* Involucri subglobosi squamae in appendicem palmato spinosam productae, spinis 3—11, saepius 5 divergentibus. Achenia saepius glabra. Corollae radii discum superantes. Stigmata concreta. Pappus duplex. — *Corollae purpurascentes, disci interdum albidae*

Seridiae sp. Cassini *in Dict. sc. nat. XLIV. 38. XLVIII. 498.* (Viviani *Flor. Lybic. t. 24. f. 3.* Bot. Mag. *t. 2551.*)

dd. PECTINASTRUM DC. *Prodr. VI. 600.* Involucri ovoidei squamae adpressae, productae in appendicem coriaceo corneam, erectam, orbiculatam, pectinato-spinosam, spinis 5—7 subaequalibus, parallelis v. vix divergentibus. — *Corollae purpureae.*

Pectinastrum Cassini *in Dict. sc. nat. XXXIV. 38. XLVIII. 500.* Centaurea napifolia Linn.

ee. SERIDIOIDES DC. *Prodr. VI. 600.* Involucri oblongi squamae apice productae in appendicem parvam, palmato-spinosam, spinis 3—5 vix divergentibus. Corollae aequales. Stigmata brevia, libera, divergentia. — *Corollae pallide flavae.*

Centaurea glomerata Vahl. C. prolifera Vent. *Cels. t. 16.* C. contracta Viviani *Flor. Lybic. t. 24. f. 1.*

ff. ALOPHIUM DC. *Prodr. VI. 601.* Involucri ovati squamae adpressae, exteriores ovales, spinula minima simplici, mediae spinulis 3 erectis, intimae oblongae, obtusae. apice scariosae. Corollae disci glabrae, radii vix ampliatae steriles. Achenia disci pubescentia, radii glabra. Pappus radii nullus, disci brevis, paleis exterioribus oblongis, brevibus, mediis linearibus denticulatis, intimis filiformibus, brevioribus.

Alophium Cassini *in Dict. sc. nat. LIV. 493.*

2872. Cnicus *VAILL.* Capitulum multiflorum, heterogamum, aequaliflorum. Involucri bracteati, ovati squamae adpressae, coriaceae, in appendicem longam, duram, spinosam, pinnatam productae, spinis lateralibus conicis distantibus. Receptaculi plani setae confertae, achenia aequantes. Corollae tubulosae, quinquefidae, marginales steriles, disco subaequales, tenues. Antherae ecaudatae. Achenia longitudinaliter et regulariter striata, glabra, areola lata, prope basim laterali. Pappus triplex, exterior margo fructus brevissimus, corneus, crenatus, interior setae decem, rigidae, longae, intimus setae totidem breves, exterioribus alternae. — *Herba in regione mediterranea orientali indigena, nunc per omnem Europam australiorem diffusa, etiam in Americam transvecta, annua. ramosa, villoso-sublanuginosa; foliis amplexicaulibus, subdecurrentibus, semipinnatifidis, capitulis terminalibus involucrato-bracteatis, corollis flavis.*

Cnicus Vaillant *in Act. Academ. Paris. 1718. p. 163.* Gärtner *II. 383. t. 162.* DC. *in Annal. Mus. XVI. 158. t. 1. f. 23.* Cassini *in Dict. sc. nat. IX. 457. XLIV. 37. L. 254.* DC. *Prodr. VI. 606.* non Linn. Carbeni Adanson *Fam. II. 116.* Carduus benedictus Auct.

2873. Tetramorphaea *DC.* Capitulum multiflorum, heterogamum, aequaliflorum. Involucri subglobosi, foliis spinisque intermixtis irregularis squamae exteriores breves, appendice non decurrente foliacea, oblonga, pectinato-serrata, apice breviter mucronato-spinulosa auctae, mediae integerrimae, breves, productae in spinam terminalem longam, duram, patulam, supra sulco notatam, interiores lanceolatae, apice spinescentes, intimae lineares, apice scariosae, obtusae. Receptaculum ...... Flores radii neutri discum non superantes, disci hermaphroditi. Staminum filamenta laevia, glabra, antherae coriaceae, in tubum laevem, duriusculum concretae. Stylus indivisus. Achenia .... — *Herba persica, non satis nota, et fructu incognito etiam quo ad affinitatem dubia, ramosa; caule albo, hispidulo, foliis infimis petiolatis, lyratis, subdentatis, caulinis et rameis sessilibus, cordatis, margine cartilagineo, pectinato-serrato, floribus purpurascentibus.*

Tetramorphaea DC. *in Guillem. Archiv. Bot. II. 331. Prodr. VI. 609.*

SUBTRITUS VIII. CARTHAMEAE DC. *Prodr. VI. 609.* Capitula multiflora, homogama, rarissime floribus marginalibus paucis sterilibus heterogama. Involucri squamae multiseriales, saepius spinosae, externae bracteiformes, foliaceae. Corollae quinquefidae, extus curvae, subinaequaliter fissae. Staminum filamenta saepius fasciculatim v. sparse pilosa. Achenia glaberrima, tetragona, areola laterali. Pappus nullus v. multiserialis, paleaceus v. rarius pilosus, scaber.

2874. Kentrophyllum *NECK.* Capitulum homogamum, multi- et aequaliflorum. Involucri ovati squamae exteriores foliaceae, pinnatilobatae, spinosae, interiores oblongae, vix subdentatae, acuminato-subspinosae. Receptaculum crassum, fimbrillatum. Corollae regulares, quinquefidae, marginales nonnunquam paucissimae, filiformes, steriles. Staminum filamenta medio pilorum fasciculo hispida, antherarum appendix terminalis obtusa. Stigmata concreta. Achenia crassa, obovato-subtetragona, glabra, rugulosa, apice denticulato-crenata, areola obliqua. Pappus florum marginalium nullus v. subnullus, reliquorum paleae exteriores margine ciliatae, obtusae, imbricatae, sensim longiores et acutiores, multiseriales, intimae saepius brevissimae, uniseriales, truncatae, dentatae. — *Herbae in Europa australiore et regione mediterranea indigenae, erectae, ramosae; foliis alternis, semiamplexicaulibus, ovato-lanceolatis, inciso-dentatis, apice incisuris dentibusque in spinam validam productis, capitulis terminalibus, corollis flavis, albidis v. purpureis.*

Kentrophyllum Necker *elem n. 155.* DC. *in Annal. Mus. XVI. 158.* Cass. *in Dict. sc. nat. XXIV. 381.* Lessing *Synops. 7.* DC. *Prodr. VI. 610.* Hohenwarta West *in Flora 1820. p. 1.* Cassini *Op. cit. XXI. 273.* Heracantha Link *Flor. portug. II. 205.* Atractylis Vaillant *in Act. Academ. Paris. 1718. p. 170.* Gärtner *II. 381. t. 161.* non Link. Carthamus Berkh. *Comp. t. 1. A. f. 8.* Carthami sp. Linn.

a. ATRAXYLE DC. *l. c.* Involucri foliola interiora lanceolata, subintegerrima, non dilatata. Pappi series intima exterioribus multo brevior, apice truncata. — *Species herbaceae.* — Carthami sp. Linn. Bot. Mag. t. 2142.

b. ODONTOGNATHIA DC. *l. c.* Involucri squamae mediae et interiores apice dilatatae in appendicem ciliato-serratam. Pappi paleae exteriores breves, obtusae, ceterae sensim longiores, acuminatae, series intima deficiens v. exteriores superans. — *Herba annua.* — Carthamus dentatus Vahl *Symb. t. 17.*

c. THAMNACANTHA DC. *l. c.* Involucri squamae interiores lanceolatae, integerrimae, apice non dilatatae. Pappi series intima a caeteris vix distincta, paleolae omnium angustae, ciliatae, fere setiformes. — *Frutices, floribus flavis.* — Carthamus arborescens Linn. (Bot. Mag. *t. 3302.*) et C. mareoticus Delile *Flor. aegypt. t. 48. f. 1.*

2875. Carthamus *TOURNEF.* Capitulum homogamum, multi- et aequaliflorum. Involucri squamae exteriores foliaceae, patulae, mediae erectae, ovales, apice in appendicem ovatam, margine spinulosam expansae, intimae oblongae, integrae, acuminato-pungentes. Receptaculi plani fimbrillae lineares, confertae. Corollae quinquefidae, regulares, subglabrae, tubo supra discum expanso. Staminum filamenta glabriuscula, antherae appendice terminali obtusa. Stigmata vix distincta. Achenia obovato-tetragona, glabra, laevissima. Pappus nullus. — *Herbae orientales, annuae, ramosae; foliis glabris, lanceolatis, serrato-ciliatis spinosisve, corollis croceis, Croci veri in usu tinctorio succedaneis.*

Carthamus Tournefort *inst. 258.* Adanson *Fam. II. 116.* Gärtner *II. 375. t. 161.* Schkuhr *t. 233.* Lam. *t. 661. f. 3.* Cassini *in Dict. sc. nat. XXIV. 38.* Lessing *Synops. 8.* DC. *Prodr. VI. 611.* Carthami sp. Linn.

2876. Onobroma *DC.* Capitulum multiflorum, heterogamum, floribus marginalibus neutris, subradiantibus. Involucri ovati squamae exteriores lateraliter spinoso-dentatae, omnes in spinam acuminatae. Receptaculum fimbrilliferum. Corollae tubulosae, aequaliter quinquefidae, marginales disco paullo longiores. Staminum filamenta glabra, antherae apice appendiculatae. Stigmata subconcreta. Achenia subtetragona, glabra. Pappus radii nullus, disci multiserialis, paleolis linearibus, margine scabridis, exterioribus brevioribus. — *Herbae orientales, annuae, erectae, spinosae; foliis semiamplexicaulibus, dentato-spinosis, capitulis terminalibus, solitariis, flavis.*

Onobroma DC. *Prodr. VI. 613.* non alior. Carthamus flavescens Willd.

2877. Carduncellus *ADANS.* Capitulum homogamum, multi- et aequaliflorum. Involucri squamae exteriores appendiculatae, foliaceae, spinosae, interiores imbricatae, erectae, intimae oblongae, apice scariosae, subdentatae, obtusae. Receptaculi fimbrillae subulatae, breves. Corollae quinquefidae, subregulares. Staminum filamenta medio pilorum torque instructa, pilis imbricato-concretis submonadelpha, antherae apice appendiculatae. Stigmata summo apice libera. Achenia tetragona, glabra, areola terminali margine subdentata, basilari subobliqua. Pappus multiserialis, achenio longior, interdum tubum corollae aequans, setis basi in annulum subconcretis, inaequalibus, subcrispis, barbellatis, barbellis longiusculis, distantibus. — *Herbae mediterraneae, perennes, acaules v. caulescentes, monocephalae; foliis pinnatilobatis, serratis, serraturis plus minus spinosis, capitulis ovatis, floribus caeruleis, rarissime albo-variantibus.*

Carduncellus Adanson *Fam. II. 116.* DC. *Fl. fr. III. 72. Annal. Mus. XVI. 154. Prodr. VI. 614.* Lessing *Synops. 5.* Carthami sp. Linn. Cavanill. *Ic. t. 128.* Desfont. *Flor. atlant. t. 228. 229.* Bot. Mag. *t. 2293.* Onobromatis sp. Gärtner *t. 100.*

SUBTRIBUS IX. SILYBEAE Lessing *Synops. 10.* DC. *Prodr. VI. 615.* Capitula multiflora. Involucri squamae multiseriales, apice spinosae. Flores omnes hermaphroditi, aequales, v. marginales neutri, ampliores. Staminum filamenta monadelpha, antherae ecaudatae. Achenia glabra, compressa. Pappus multiserialis, pilosus v. plumosus. — *Folia albo-maculata.*

2878. Silybum *VAILL.* Capitulum homogamum, multi- et aequaliflorum. Involucri ovoidei squamae foliaceae, exteriores dilatatae in appendicem ovatam, longe spinoso-acuminatam, in parte rotundata spinoso-serratam, interiores lanceolatae, integerrimae. Receptaculum carnosum, fimbrilliferum. Corollae inaequaliter quinquefidae, obringentes, limbo tubo dimidio breviore. Staminum filamenta monadelpha, papillosa, antherarum appendices breves. Achenia compressa, glabra, areola exacte basilari lata, terminali annulum corneum pappiferum gerente. Pappus multiserialis, setis breviter barbellatis. — *Herba mediterranea, nunc per orbem diffusa, annua, erecta, ramosa; foliis amplexicaulibus, sinuato-spinosis, albo pictis, utrinque glabris, capitulis terminalibus, corollis purpureis.*

Silybum Vaillant *in Act. Academ. Paris. 1718 p. 172.* Gärtner *II. 378. t. 168.* DC. *in Annal. Mus. XVI. 155.* Cassini *in Dict. sc. nat. XLI. 326.* Lessing *Synops. 10.* DC. *Prodr. VI. 616.* Carduus Marianus Linn. E. B. *t. 976.*

2879. Galactites *MÖNCH.* Capitulum multiflorum, heterogamum, floribus disci hermaphroditis, radii neutris, ampliatis, radiantibus. Involucri ovati squamae imbricatae, adpressae, apice spinescentes. Receptaculi plani fimbrillae tenuissimae, paucae, deciduae. Corollae disci aequaliter quinquefidae, radii majores, subobringentes. Staminum filamenta monadelpha, papillulosa, antherarum appendix terminalis uncinata. Stylus apice indivisus. Achenia glabra, areola basilari haud obliqua, terminali subcornea. Pappi setae plumosae, basi in annulum a fructu separabilem concretae. — *Herba mediterranea, lactescens, ramosa, Cirsii habitu; caule, ramis foliisque subtus tomentosis, supra glabris, albo-maculatis, pinnatifidis, lobis spinosis, corollis purpureis, roseis v. albis.*

Galactites Mönch *Method. 558.* DC. *Fl. fr. III. 110. Annal. Mus. XVI. 195. t. 9.* Cassini *in Dict. sc. nat. XVIII. 34. XLI. 334.* Lessing *Synops. 11.* DC. *Prodr. VI. 616.* Centaurea Galactites Linn.

2880. Tyrimnus *CASS.* Capitulum multi- et aequaliflorum, floribus marginalibus saepius neutris heterogamum. Involucri ovati squamae imbricatae, lanceolatae, spinula recta appendiculatae. Receptaculum fimbrilliferum. Corollae tubo brevi, limbo quinquefido, obringente, laciniis apice subcorneis, obtusiusculis, margine sub lente denticulatis. Staminum filamenta monadelpha, apice glaberrima, basi subpilosiuscula, antherarum appendix terminalis lineari-subulata. Achenia oblonga, compressa, glabra, nitida, areola basilari subobliqua, terminali annulo cartilagineo cincta, nectario indurato, persistente. Pappus multiserialis, setis filiformibus, basi annulatis, apice subscabris. — *Herba mediterranea, erecta, simplex v. ramosa; caule arachnoideo, ramis elongatis, tomentosis, foliis oblongo-lanceolatis, sinuatis v. subpinnatifidis, decurrentibus, supra albo-maculatis, subtus plus minus tomentosis, margine alisque dentato-spinosis, capitulis erectis, corollis purpureis v. albis, loborum apicibus purpurascentibus.*

Tyrimnus Cassini *in Bullet. soc. philomat. 1818. p. 168. Dict. sc. nat. XLI. 335.* Lessing *Synops. 11.* DC. *Prodr. VI. 617.* Carduus leucographus Linn. Jacq. *Hort. Vindob. III. t. 23.* Allioni *Pedemont. t. 73.* Gärtner *t. 162.*

SUBTRIBUS X. CARDUINEAE DC. *Prodr. VI. 617.* Capitula homogama, multi- et aequaliflora, floribus interdum dioicis. Involucri multiseriati squamae liberae, saepius apice spinosae. Corollae quinquefidae, extus arcuatae, lobis exterioribus paullo profundius incisis. Staminum filamenta distincta, pilosa, papillosa v. rarius glabra, antherae ecaudatae v. brevicaudatae. Achenia glaberrima, erostria, areola terminali. Pappus pilosus v. plumosus, setis saepius basi in annulum concretis, nunquam tamen achenii margine prominulo cinctis.

2881. Onopordon *VAILL.* Capitulum homogamum, multi- et aequaliflorum. Involucri ovato-globosi squamae imbricatae, coriaceae, in appendicem lanceolatam, apice spinescentem productae. Receptaculum carnosum, alveolatum, alveolis membranaceis, sinuato-dentatis. Corollae quinquefidae, obringentes, ad basim limbi incrassatae. Staminum filamenta glabriuscula, antherae appendice lineari-subulata, caudis brevibus. Stigmata fere ad apicem concreta. Achenia obovato-compressa, tetragona, transverse rugosa. Pappi squamellae pluriseriales, basi in annulum corneum concretae, filiformes, barbellulatae v. barbato-plumosae. — *Herbae in Europa et in Asia media obviae, saepius durae, magnae, ramosae, rarius acaules; caulibus saepe foliis decurrentibus spinoso-dentatis alatis, foliis pinnatilobatis, dentatis, dentibus lobisque valide spinescentibus, capitulis magnis, spinosis, corollis purpureis v. rarius albo-variantibus.*

Onopordon Vaillant *in Act. Academ. Paris. 1718. p. 152.* Linn. *gen. n. 927.* Gärtner *II. 376. t. 161.* Schkuhr *t. 230.* Jacq. *Hort. Vindob. t. 148. 149.* Fl. dan. *t. 909.* E. B. *t. 977.* Cavanill. *Ic. t. 88.* Schultes *Observ. 197.* DC. *in Annal. Mus. XVI. 184.* Cassini *in Dict. sc. nat. XLI. 311. 329.* Bot. Mag. *t. 3299.* DC. *Prodr. VI. 617.* Acanos Adanson *Fam. II. 116.*

2882. Cynara *VAILL.* Capitulum homogamum, multi- et aequaliflorum. Involucri ovati squamae imbricatae, coriaceae, in appendicem lanceolatam, apice spinescentem productae. Receptaculum planum, fimbrillatum. Corollae quinquefidae, obringentes, limbi basi incrassati, dimidiam tubi longitudinem aequantis laciniis valde inaequalibus. Staminum filamenta papillosa, antherae appendice obtusissima. Stigmata concreta. Achenia obovato-compressa, tetragona, dura, glabra, areola lata, subobliqua. Pappus pluriserialis, plumosus, setis basi inter se liberis, annulo deciduo adhaerentibus. — *Herbae mediterraneae, perennes, spinosae; foliis plerumque pinnatilobatis, nunquam decurrentibus, capitulis amplis, receptaculo carnoso, in specie culta eduli, sapido, corollis caeruleo-violaceis.*

Cynara Vaillant *in Act. Academ. Paris. 1718. p. 155.* Linn. *gen. n. 928.* excl. sp. Schkuhr *t. 231.* Bot. Mag. *t. 2862. 3241.* DC. *Prodr. VI. 620.* Cinara Tournef. *inst. 253.* Jussieu *gen. 173.* Cassini *in Dict. sc. nat. XLI. 328.* Cardui sp. Linn.

2883. Spanioptilon *LESS.* Capitulum heterogamum, multi- et aequaliflorum. Involucri squamae siccae, pungenti-mucronatae. Receptaculum ...... Corollae ...... Staminum filamenta papillosa, antherae .... Achenia erostria, glaberrima, areola terminali. Pappus uniserialis, paleaceo-setaceus. — *Herba japonica, non satis nota, basi lignosa, erecta, glabra; foliis confertis, linearibus, spinoso-dentatis, capitulis nutantibus.*

Spanioptilon Lessing *Synops. 10.* DC. *Prodr. VI. 621.* Carduus linearis Thunb.

2884. Carduus *GÄRTN.* Capitulum homogamum, multi- et aequaliflorum. Involucri squamae imbricatae, lanceolatae v. lineares, margine haud scariosae, saepius apice spinosae v. acuminatae. Receptaculum fimbrilliferum. Corollae tubo brevi, fauce oblonga, limbo quinquefido, obringente. Staminum filamenta libera, pilosa, antherae ecaudatae, appendice lineari-subulata. Stigmata concreta. Achenia oblonga, compressa, glabra, areola terminali subcarnosa, basilari vix subobliqua. Pappus multiserialis, setis filiformibus, scabris, basi in annulum a fructu secedentem concretis. — *Herbae in Europa et in regione mediterranea obviae, in Asia media rarae, erectae, simplices, monocephalae, v. in ramos monocephalos divisae; foliis caulinis decurrentibus, pinnatilobatis v. indivisis, capitulis subglobosis v. oblongis, erectis aut demum nutantibus, corollis purpureis v. rarius albo variantibus.*

Carduus Gärtner *II. 377. t. 162.* DC. *in Annal. Mus. XVI. 155.* Cassini *in Dict. sc. nat. XLI. 314. 336.* DC. *Prodr. VI. 621.* Cardui sp. Linn. Jacq. *Fl. austr. t. 89. 249. 348. Hort. Vindob. I. t. 44. II. t. 92. Ic. rar. t. 166.* Flor. dan. *t. 621. 653.* E. B. *t. 112. 412. 973.* Waldst. et Kitaibel *Plant. Hung. t. 83. 232. 267.* Reichenb. *Plant. crit. t. 426.* Carduus et Clomion Adanson *Fam. II. 116.*

2885. Clavena *DC.* Capitulum homogamum, multi- et aequaliflorum. Involucri squamae imbricatae, saepius apice spinosae, omnes margine late scariosae. Receptaculum fimbrilliferum. Corollae subregulariter quinquefidae. Staminum filamenta libera, hirsutissima, antherae ecaudatae, appendice subulata. Achenia oblonga, compressa, glabra, areola terminali. Pappi setae plurimae, multiseriales, barbellatae, apice in clavulam serrulato-ciliatam dilatatae. — *Herbae canarienses, simplicicaules, araneosae, foliis decurrentibus, dentato-spinosissimis alatae, habitu Carduorum, a quibus involucri squamis margine scariosis, et pappi setis clavatis facile distinguuntur.*

Clavena DC. *Prodr. VI. 633.* non Necker. Carduus clavulatus Link.

2886. Picnomon *LOBEL.* Capitulum homogamum, multi- et aequaliflorum. Involucri ovato-conici, bracteis foliaceis, flores subsuperantibus cincti squamae imbricatae, adpressae, in appendicem subulatam, pinnato-spinulosam, reflexam desinentes, intimae exappendiculatae. Corollae subregulariter quinquefidae. Staminum filamenta libera, hirsuta, antherae ecaudatae, appendice subulata. Stigmata libera, divergentia. Achenia oblonga, compressa, ecostata, nectario stipitato, quinqueradiato. Pappus multiserialis, longus, plumosus, setis basi in annulum conferruminatis. — *Herba mediterranea, annua, Kentrophylli habitu; foliis decurrentibus, lineari-lanceolatis, tomentoso-canis, dentatis, spinosis et spinuloso-ciliatis, summis capitula involucrantibus, floribus purpurascentibus.*

Picnomon Lobel *Ic. III. t. 14. f. 2.* Adanson *Fam. II. 116.* Cassini *in Dict. sc. nat. XXV. 225. XXVII. 184. XL. 187. XLI. 313. et 331.* Lessing *Synops. 9.* DC. *Prodr. VI. 634.* Acarna Vaillant *in Act. Academ. Paris. 1718. p. 163.* non Willd. Picnocomon Dalechamp *1456.* C. A. Meyer non Link. Cnicus Acarna Linn. Cavanill. *Ic. t. 53.*

2887. Cirsium *TOURNEF.* Capitulum homogamum, multi- et aequaliflorum, floribus hermaphroditis v. dioicis. Involucri squamae imbricatae, apice plus minus spinosae. Receptaculum fimbrilliferum. Corollae tubo brevi, fauce oblonga, limbo quinquefido Staminum filamenta libera, saepe pilosiuscula, antherae ecaudatae, appendice lineari-subulata. Stigmata concreta. Achenia oblonga, compressa, glabra, membranacea, ecostata, areola terminali subcarnosa. Pappus multiserialis, setis basi in annulum deciduum concretis, plumosis, apice saepius subdenticulatis v. subclavellatis. — *Herbae in Europa, in Asia media et in America boreali indigenae, Cardui habitu; foliis decurrentibus v. sessilibus, variis, saepius spinosis, floribus purpureis v. ochroleucis.*

Cirsium Tournefort *inst. 255.* Gärtner *II. 383.* excl. *fig.* DC. *Fl. fr. IV. 110. Annal. Mus. XVI. 155 Prodr. VI. 634.* non Less. Cnicus Schreber *gen. n. 1255.* Willd. *sp. III. 1662.* excl. sp. Breea et Cardui sp. Lessing *Synops. 9.* Lophiolepis, Eriolepis, Onotrophe et Cirsium Cassini. Cnici et Cardui sp. Linn.

a. LOPHIOLEPIS DC. *Prodr. VI. 634.* Involucri ovato-globosi, ebracteati v. vix bracteati squamae imbricatae, adpressae, in appendicem lineari-subulatam, apice spinosam et margine spinuloso-serratam desinentes. Flores marginales, saepius masculi, subabortivi. — *Capitula magna, subrotunda. Species pleraeque caucasico-tauricae.*

Lophiolepis Cassini *in Dict. sc. nat. XLI. 313.* Lophiolepidis sp. Cassini *Op. cit. XXVII. 180.*

b. ERIOLEPIS DC. *Prodr. VI. 635.* Involucri ovati v. globosi squamae imbricatae, in appendicem subulatam, spinosam, integerrimam desinentes. Flores omnes hermaphroditi. — Folia superne scabra, subtus tomentosa, sessilia v. rarius decurrentia. — *Species plurimae e regione mediterranea et Asia media, paucae indicae, nonnullae mexicanae et boreali-americanae.*

Eriolepis Cassini *in Dict. sc. nat. XXXV. 172. XXXVI. 146. XLI. 313. et 331. L. 470.* Lophiolepidis sp. Cassini *Op. cit. XXVII. 183.* Epitrachys DC. *in Duby Bot. gall. I. 286.* Eriocephali sp. Vaill. Cardui sp. Linn. Jacq. *Flor. austr. t. 171.* Allioni *Flor. pedemont. t. 50.* Fl. dan. *t. 1173.* E. B. *t. 107. 386.* Desfont. *Flor. atlant. t. 221.* Cnici sp. Auct. Humb. Bonpl. et Kunth *Nov. gen. et sp. t. 310.* Reichenb. *Plant. crit. t. 359.*

c. ORTHOCENTRUM DC. *Prodr. VI. 641.* Involucri ovati squamae ovali-oblongae, saepe molliter ciliatae, imbricato-adpressae, apice saepissime in spinam subulatam, rectam productae. Corollae subaequaliter quinquefidae. Staminum filamenta glabra. Pappus rufescens. — *Herbae mediterraneae, foliis decurrentibus spinosis.*

Orthocentrum Cassini *in Dict. sc. nat. XXVII. 184. XXXV. 173. XXXVI. 480.* Cardui sp. Linn.

d. CORYNOTRICHUM DC. *Prodr. VI. 642.* Involucri semiglobosi squamae imbricatae, adpressae, lanceolatae, in spinam rectam productae, intimae elongatae, apice longe scariosae, acuminatae. Pappi setae rufescentes, plumosae, apice in clavulam minimam dilatatae. — *Herbae nepalenses et californicae, foliis sessilibus v. vix decurrentibus, floribus purpureis.*

e. CEPHALONOPLOS DC. *Prodr. VI. 643.* Capitula abortu dioica. Involucri ovati squamae imbricatae, lanceolatae, adpressae, exteriores apice subspinosae, intimae apice subscariosae, inermes. Staminum filamenta subscabra. — *Herbae europeae et asiaticae, radice repente; foliis sessilibus vix subdecurrentibus, plus minus pinnatifidis, ciliato-spinosis, floribus sordide et pallide purpureo-lilacinis.*

Cephalonoplos Necker *elem. n. 118.* Cirsium Cassini *in Dict. sc. nat. XXVII. 185. XXXV. 178. XLI. 332.* Breeae sp. Lessing *Synops. 9.* Serratula arvensis Linn. Fl. dan. *t. 644.* E. B. *t. 975.*

f. ONOTROPHE DC. *Prodr. VI. 644.* Involucri ovati v. globosi squamae aut mucronatae v. spinula inermi, brevi terminatae, intimae semper inermes. Corollae subregulariter quinquefidae. Staminum filamenta pilosiuscula. — *Species per hemisphaeram borealem diffusae, plurimae hybridae.*

Onotrophe Cassini *in Dict. sc. nat. XXXVI. 145.* Cardui sp. Linn. Jacq. *Flor. austr. t. 5. 42. 43. 90. 310. Hort. Vindob. III. t. 5.* Cnici sp. Willd. Waldst. et Kitaibel *Plant. Hung. t. 161.* Cnici sp. Auct.

2888. Erythrolaena *SWEET.* Capitulum homogamum, multi- et aequaliflorum. Involucri conici squamae lanceolatae, acuminatae, exteriores foliaceae, dentato-spinulosae, reflexae, intimae erectae, coloratae, elongatae, integerrimae. Receptaculum convexum, piloso-fimbrilliferum. Corollae quinquefidae, regulares, laciniis apice incrassatis, tubo brevioribus. Staminum filamenta glanduloso-pilosa, antherae basi bisetae. Stylus longissime exsertus, stigmatibus sublibcris, approximatis. Achenia obtusissime tetragona, glabra. Pappus plumosus. — *Herba mexicana, ramosa; foliis sessilibus, pinnatifidis, spinuloso dentatis, atro viridibus, subpubescentibus, involucris pollicaribus, croceo-rubris, capitulis solitariis, ramulos terminantibus.*

Erythrolaena Sweet *Fl. Gard. II. t. 134.* DC. *Prodr. VI. 657.* Carduus polychroos Lessing.

2889. Chamaepeuce *ALPIN.* Capitulum homogamum, multi- et aequaliflorum. Involucri ovati squamae multiseriales, imbricatae, basi adpressae, in appendicem integerrimam, lanceolatam, acuminatam, plus minus pungentem productae. Receptaculum fimbrilliferum. Corollae quinquefidae, subaequales v. ringentes. Staminum filamenta plumosa v. hirsuta, antherarum appendices oblongae, acutae, caudae longae, lacerae. Stigmata concreta, vix apice summo libera. Achenia obovata, vix subcompressa, basi attenuata, ecostata, laevia, cortice duro. Pappi setae plumosae, uni-bi-pluriseriales, basi in annulum subcorneum, demum deciduum concretae. — *Herbae v. suffrutices, in regione mediterranea et taurico-caucasica provenientes; foliis alternis, spinoso-dentatis, sessilibus v. rarius decurrentibus, capitulis terminalibus v. in axillis subsessilibus, corollis purpureis, saepissime albo-variantibus.*

Chamaepeuce Prosp. Alpin. *Exot. 77.* DC. *Prodr. VI. 657.* Cirsium et Ptilostemon Lessing *Synops. 9. et 5.* Ptilostemon, Lamyra et Platyrhaphium Less. Cardui, Cnici et Stachelinae sp. Auct.

a. PTILOSTEMON DC. *Prodr. VI. 657.* Involucri squamae in appendicem angustam, vix ab ipsa squama distinctam productae. Corollae obringentes. Staminum filamenta eleganter plumosa. — *Suffrutices, ramis tomentosis, apice oligocephalis; foliis sessilibus, plus minus confertis, longis, linearibus, margine revolutis, subtus tomentosis, integerrimis, v. utrinque ima basi uni-bidentatis.*

Ptilostemon Cassini *in Dict. sc. nat. XXXV. 137. XLIV. 58.* Lessing *Synops. 5.* Stachelina Chamaepeuce Linn. Cardui sp. Cyrillo *Pl. rar. I. t. 9.*

b. LAMYRA DC. *Prodr. VI. 658.* Involucri squamae in appendicem spinosam, lanceolatam, intus basi plus minus tumidam v. tuberculosam productae. Corollae subaequales. Staminum filamenta hirsuta. — *Herbae annuae v. perennes, interdum suffrutescentes; foliis sessilibus rariusve decurrentibus, plus minus spinoso-dentatis, margine planis v. vix revolutis.*

Lamyra Cassini *in Dict. sc. nat. XXXV. 173.* Lamyrae sp. Cassini *Op. cit. XXV. 218.* Cirsii sp. Lessing *Synops. 9.* Cardui sp. Linn.

c. PLATYRHAPHIUM DC. *Prodr. VI. 659.* Involucri squamae in appendicem spinosam, lato-lanceolatam, intus basi subtumidam, patulam v. erectam productae. Corollae obringentes. Staminum filamenta hirsuta. — *Herbae ut videtur biennes, caulibus ramosis, tomentosis; foliis sessilibus, subtus tomentosis, incisis v. pinnatifidis, spinis validis, geminatis ternisve instructis, capitulis terminalibus.*

Platyrhaphium Cassini *in Dict. sc. nat. XXXV. 173. XLI. 305.* Lamyrae sp. Cassini *Op. cit. XXV. 218.* Cirsii sp. Lessing *l. c.* Desfont. *Corollar. t. 35.* Cardui sp. Jacq. *Hort. Schönbr. t. 145.* Labillard. *Syr. II. t. 3.*

2890. Notobasis *CASS.* Capitulum multi- et aequaliflorum, heterogamum, floribus marginalibus ovario efoeto masculis. Involucri ovato-globosi, bracteis spinosis, pinnatipartitis cincti squamae coriaceae, adpressae, apice nervo medio in appendicem subtriquetram, spinosam, patulam productae. Receptaculi paleae lineares, liberae. Corollae obringentes. Staminum filamenta hirsuta, antherae ecaudatae, appendicibus acutis. Achenia marginalia efoeta, centralia glaberrima, compressa, cicatrice dorsali lineari inserta, ideo incurva, caeterum subcornea. Pappus acheniorum centralium annularis, setis longe plumosis, biserialibus, marginalium paucisetus, setis haud plumosis, vix denticulatis. — *Herba mediterranea annua; caule hispidulo, foliis amplexi-*

caulibus, oblongis, dentato-spinosis, albo-venosis, summis pinnatipartitis, lobis validius spinosis, nervis albis, crassioribus, capitulis terminalibus et ad axillas sessilibus, corollis purpureis v. albo variantibus.

Notobasis Cassini *in Dict. sc. nat. XXV. 225. XXXV. 170.* DC. *Prodr. VI. 660.* Carduus syriacus Linn. Cirsium syriacum Gärtner *t. 163.* Cnicus syriacus Willd. Schkuhr *t. 229.*

2891. Echenais *CASS.* Capitulum homogamum, multi- et aequaliflorum. Involucri hemisphaerici squamae imbricatae, oblongae, apice in appendicem scariosam, sublaceram, spinescentem, exteriorum lanceolatam, interiorum orbiculatam expansae. Receptaculi fimbrillae liberae. Corollae quinquefidae, obringentes, limbo tubum duplo superante. Staminum filamenta libera, piloso-asperula, antherarum appendices terminales acutae, caudae breves, membranaceae, sublacerae. Stigmata fere ad apicem concreta. Achenia obovato-compressa, glabra, multistriata. Pappus biserialis, plumosus, setis exterioribus brevioribus, interioribus apice in clavulam planam v. discum membranaceum subdilatatis. — *Herba caucasica, erecta, ramosa, Cardui facie; foliis pinnatifidis, dentatis, lobis dentibusque spinescentibus, capitulis nucis Juglandis magnitudine, nutantibus, corollis albidis.*

Echenais Cassini *in Bullet. soc. philom. 1818. p. 33. 1820. p. 4. Dict. sc. nat. XIV. 170. XXV. 226.* DC. *Plant. rar. Jard. Génèv. t. 22. Prodr. VI. 660.* Carlina Echinus Bieberst.

2892. Lappa *TOURNEF.* Capitulum homogamum, multi- et aequaliflorum. Involucri globosi squamae coriaceae, imbricatae, basi adpressae, superne subulatae, apice corneo uncinato-inflexae. Receptaculi subcarnosi, plani fimbrillae rigidae, subulatae. Corollae quinquefidae, regulares, tubo decemnervi. Staminum filamenta libera, papillosa, antherarum appendices terminales filiformes, caudae subulatae. Achenia oblonga, lateraliter compressa, glabra, transverse rugosa, areola basilari vix obliqua. Pappus brevis, pluriseriatus, pilis in annulum haud concretis, caducis, filiformibus, scabris. — *Herbae in Europae et Asiae ruderatis crescentes, ramosae; foliis petiolatis, cordatis, subundulatis, subtus plus minus tomentosis, capitulis terminalibus subcorymbosis v. solitariis, corollis purpureis v. albo variantibus, involucro aequalibus.*

Lappa Tournefort *inst. 156.* Jussieu *gen. 173.* Gärtner *II. 379. t. 162.* Lam. *t. 665.* DC. *in Annal. Mus. XVI. 154.* Cassini *in Dict. sc. nat. XXV. 256. XLI. 310. et 324.* Lessing *Synops. 8.* DC. *Prodr. VI. 661.* Arctium Lappa Linn. Schkuhr *t. 227.*

SUBTRIBUS XI. SERRATULEAE

Synops. 6. DC. *Prodr. VI. 662.* Capitula multiflora. Involucri multiseriati squamae distinctae, vix spinescentes. Flores omnes hermaphroditi v. dioici, rarius pauci in ambitu capituli feminei. Corollae quinquefidae, extrorsum arcuatae. Staminum filamenta papillosa v. pilosa. Antherae caudatae v. ecaudatae. Achenia glabra. Pappus uni- v. saepius multiserialis, pilosus v. plumosus, margine achenii annulari cinctus.

2893. Acroptilon *CASS.* Capitulum homogamum, pluri- et aequaliflorum. Involucri ovati squamae imbricatae, exteriores et mediae subrotundae, concavae, margine et apice late scariosae, membranaceae, intimae lineari-lanceolatae, margine scariosae, apice ciliatae, fere plumosae. Receptaculi fimbrillae confertae, lineares. Corollae glabrae, quinquefidae, subregulares. Staminum filamenta glabriuscula, antherarum appendices terminales obtusae, basilares membranaceae. Stigmata apice tantum libera, extrorsum arcuata. Achenia obovato-oblonga, glabra, areola exacte basilari. Pappus albus, pluriserialis, caducus, setis dense barbellatis, intimis quinque reliquas duplo superantibus. — *Herbae ramosae, caucasicae et orientales, Centaureae fere facie; radice repente, caule subangulato, foliis alternis, oblongo-linearibus, margine subscabris, inferioribus saepe sinuatis, caeteris serrutis v. integerrimis, apice mucronulatis, capitulis ovato-oblongis, corollis purpurascentibus.*

Acroptilon Cassini *in Dict. sc. nat. L. 464.* DC. *Prodr. VI. 662.* Centaurea Picris Pallas.

2894. Rhaponticum *DC.* Capitulum homogamum, multi- et aequaliflorum. Involucri squamae multiseriales, adpressae, in appendicem totam v. margine scariosam, integram, dentatam, acuminatam v. rotundatam desinentes. Receptaculum fimbrillis linearibus onustum. Corollae quinquefidae, subregulares. Staminum filamenta papillosa, antherarum appendices terminales obtusae. Achenia oblonga, bilateraliter compressa, glabra, areola basilari valde obliqua. Pappus rufescens, multiserialis, setis rigidis, scabris, exterioribus sensim decurrentibus. — *Herbae in Europa australiore et in regione taurico-caucasica indigenae, perennes, monocephalae v. oligocephalae; foliis indivisis v. varie pinnatilobatis, saepius subtus cano-tomentosis, capitulis magnis, subglobosis, corollis purpureis.*

Rhaponticum DC. *Prodr. VI. 663.* Hookia Necker *elem. n. 122.* Centaurium Haller *Helv. I. 69.* Rhapontici et Serratulae sp. DC. *in Annal. Mus. XVI. 184. 188.* Rhaponticum, Stemmacantha et Cestrinus Cassini *in Dict. sc. nat. XLI. 309. et 320. L. 460.* Rhapontici sectio 3. Lessing *Synops. 6.* Rhacomae sp. Adans. Serratulae sp. Gärtn. Centaureae, Cnici et Cynarae sp. Linn.

a. STEMMACANTHA DC. *l. c.* Involucri squamae in appendicem longam, acuminatissimam, margine tantum scariosam desinentes. Achenia margine subdentato circa basim pappi coronata.

Stemmacantha Cassini *l. l. c. c.* Cnicus centauroides Linn. et Carduus atriplicifolius Treviran. Reichenb. *Hort. bot. t. 18.*

b. EURHAPONTICUM DC. *l. c.* Involucri squamae exteriores in appendicem amplam, oblongam v. subrotundam, omnino scariosam, subintegram v. demum disrupto-laceram desinentes, interiores angustiores lineari-lanceolatae, acuminatissimae.

Rhaponticum DC. *in Annal. Mus. XVI. 168.* Cassini *in Dict. sc. nat. XLI. 309.* Poiret *in Dict. sc. nat. XLV. 315.* Cnici sp. Linn.

c. CESTRINUS DC. *l. c.* Involucri squamae oblongae, apice summo in appendicem ovalem, scariosam, laceram expansae.

Cestrinus Cassini *in Dict. sc. nat. VIII. 24.* Cynara acaulis Linn. Desfont. *Flor. atlant. t. 223.*

d. CESTRINOIDES DC. *l. c.* Involucri squamae ovali-oblongae, in appendicem lanceolatam, acuminatam, chartaceo-subscariosam, integerrimam desinentes.

2895. Leuzea *DC.* Capitulum homogamum, multi- et aequaliflorum. Involucri squamae imbricatae, multiseriales, apice in appendicem scariosam expansae. Receptaculi fimbrillae lineares. Corollae quinquefidae, subregulares. Staminum filamenta papillosa, antherarum appendices terminales obtusae, caudae breves. Stigmata apice libera. Achenia oblonga, bilateraliter compressa, glabra, areola basilari subobliqua. Pappus longus, pluriserialis, plumosus, setis basi in annulum concretis, interioribus sublamellatis, ciliatis. — *Herbae mediterraneae, orientales, sibiricae et australasicae, tomentosae, saepius monocephalae; foliis in eadem stirpe saepius variis, pinnatilobatis, capitulis ovato-globosis, terminalibus, corollis purpureis.*

Leuzea DC. *Fl. fr. 4. 109. Annal. Mus. XVI. 203.* DC. *Prodr. VI. 665.* Leuzea et Fornicium Cassini *in Dict. sc. nat. XVII. 249. XXVI. 179. XLI. 319. L. 464.* Rhapontici sect. 1. Lessing *Synops. 6.* Rhaeomae sp. Adans. Centaureae sp. Linn.

a. RHACOMA DC. *l. c.* Involucri squamae in appendicem orbiculatam, subconcavam, saepe demum irregulariter fissam expansae, intimae longae, angustae, appendice lanceolata. Achenia subtuberculata, margine haud manifesto.

Leuzea Cassini *in Dict. sc. nat. L. 320.* Centaurea conifera Linn. (DC. *in Annal. Mus. XVI. t. 10.* Gaudich. *ad Freyc. t. 92.*)

b. FORNICIUM DC. *l. c.* Involucri squamae in appendicem integram, lanceolatam v. subulatam, planam expansae. Achenia laevia, margine manifesto, crenato coronata.

Fornicium Cassini *in Dict. sc. nat. XVII. 249.* Malacocephalus Tausch *in Flora 1820. p. 481.*

c. CYNAROIDES DC. *l. c.* Involucri squamae in appendicem scariosam, ovatam, acuminatam expansae. Achenia striata, margine crenato coronata.

Cynara pusilla Labillard. *Syr. Dec. III. t. 7.*

2896. Alfredia *DC.* Capitulum homogamum, multi- et aequaliflorum. Involucri hemisphaerici squamae scariosae, oblongae, appendiculatae, exteriores lacerae, apice spinescentes, intimae apice orbiculatae, concavae. Receptaculi fimbrillae liberae. Corollae quinquefidae, regulares, limbo tubum duplo superante. Staminum filamenta libera, subaspera, antherae appendice terminali longa, acuta, caudis longis, subplumosis. Stigmata fere ad apicem concreta. Achenia obovato-compressa, multistriata. Pappus biserialis, longus, setis barbellulatis, exterioribus brevioribus. — *Herba sibirica, perennis, erecta, ramosa; foliis subtus niveo-tomentosis, margine spinulosis, inferioribus cordatis, petiolo marginato, superioribus sessilibus, semiamplexicaulibus, capitulis cernuis, corollis flavescentibus.*

Alfredia Cassini *in Bullet. soc. philom. 1815. p. 175. Journ. Phys. 1816. p. 145. Dict. sc. nat. I. Suppl. 115. XXI. 422. XLI. 311. et 324.* Reichenb. *Plant. crit. t. 448.* DC. *Prodr. VI. 666.* Rhapontici sect. 5. Lessing *Synops. 6.* Cnicus cernuus Linn. Silybum cernuum Gärtner *t. 162.*

2897. Serratula *DC.* Capitulum multiflorum, saepius homogamum, interdum abortu unisexuale v. margine femineum. Involucri subovati squamae imbricatae, exteriores breviores, acutae, muticae v. in spinulam subinermem desinentes, interiores longiores, apice plus minus scarioso-membranaceae. Receptaculum fimbrilliferum. Corollae quinquefidae, subregulares. Staminum filamenta papillosa, antherae apice obtuse appendiculatae, ecaudatae. Stigmata divergentia. Achenia oblonga, compressa, glabra, laevia, hilo subobliquo. Pappus pilis multiserialibus, rigidulis, scabridis, subrufescentibus, inaequalibus, exterioribus brevioribus, seorsim deciduis, nec tamen basi annulatis. — *Herbae in Europa et in Asia media indigenae, inermes v. subinermes, monopolycephalae, glabrae v. subscabrae aut tomentosae; corollis purpureis v. albo variantibus.*

Serratula DC. *Prodr. VI. 667.* Serratulae sect. 1. DC. *in Annal. Mus. XVI. 184.* Serratulae et Centaureae sp. Linn. Klausea, Mastrucium et Serratula excl. sp. Cassini *in Dict. sc. nat. XXXV. 173. XLI. 310. L. 468.* Serratula et Rhapontici sect. 2. Lessing *Synops. 4. et 6.*

a. SARRETA DC. *l. c.* Capitula sexu uno castrato dioica.

Serratula Cassini et Lessing *l. l. c. c.* Serratula tinctoria Linn. Fl. dan. *t. 281.* E. B. *t. 38.* Schkuhr *Handb. t. 234.*

b. MASTRUCIUM DC. *l. c.* Flores radii pauci feminei, discum superantes, tri-quadrifidi, stamina castrata gerentes.

Mastrucium Cassini *in Dict. sc. nat. XXXV. 173.* Pereuphora Hoffmausegg *Verz. 174.* Rhapontici sect. 2. Lessing *l. c.* Centaurea coronata Linn.

c. KLASEA DC. *l. c.* Flores aequales, omnes hermaphroditi et papposi.

Klasea Cassini *l. c.* Rhapontici sect. 1. Lessing *l. c.* Centaureae sp. Linn. Cardui sp. Cavanill. *Ic. t. 46. 83. 165. 226.* Waldst. et Kitaibel *Plant. Hung. t. 11.* (Desfont. *Flor. atl. t. 219.* Ledebour *Ic. t. 32.* Bot. Mag. *t. 1871.*)

d. OLIGOCHAETA *DC.* Flores omnes hermaphroditi, marginales saepe pappo destituti, pappus omnium paucisetus, setis vix scabris.

Serratula divaricata Fisch. et Meyer.

2898. Jurinea *CASS.* Capitulum multiflorum, homogamum. Involucri subglobosi, obovati v. cylindracei squamae saepius inermes, imbricatae, squarroso-patulae v. adpressae. Receptaculi fimbrillae in setas lineares partitae. Corollae involucro longiores, quinquefidae, obringentes. Staminum filamenta subpapillosa, antherae apice obtuse appendiculatae, basi bicaudatae, caudis apice tantum incisis. Stigmata distincta. Achenia obpyramidata, tetragona, areola apicular demum in umbonem ambitu pappigerum, deciduum excrescente. Pappus intra marginem minutissimum, calyciformem ortus, paleis paucise-riatis, subinaequalibus, crassis, regulariter et conferte barbellatis. — *Herbae in regione mediterranea, taurico-caucasica et in Oriente indigenae, plerumque perennes, acaules v. caulescentes, simplices v. ramosae; foliis variis, semper subtus cano-tomentosis, rarius vage pubescentibus, floribus purpureis.*

Jurinea Cassini *in Bullet. soc. philom. 1821. p. 140. Dict. sc. nat. XXIV. 287. XLI. 321.* Lessing *Synops. 45.* DC. *Prodr. VI. 673.* Serratulae sect. 2. DC. *in Annal. Mus. XVI. 185.* Serratulae sp. Auct. Desfont. *Flor. atlant. t. 220.* Bieberst. *Plant. ross. I. t. 39.* Steven *in Linn. Transact. XI. t. 37. 38.* Cardui sp. Linn. Jacq. *Fl. austr. t. 18.* Don *in Sweet Fl. Gard. II. t. 103.*

SUBORDO II. LABIATIFLORAE. Flores hermaphroditi plerumque bilabiati, unisexuales ligulati v. bilabiati.

TRIBUS VI. MUTISIACEAE Lessing *Synops. 92.* Capitula uni-multiflora, homogama v. heterogama, aequaliflora v. inaequaliflora, floribus marginalibus uni-pluriseriatis, femineis v. neutris, rarissime dioica. Receptaculum epaleatum, nudum v. piloso-fimbrilliferum, rarius alveolatum. Corollae saepissime plus minus crassae et impellucidae, marginales bilabiatae v. ligulatae, rarissime filiformes, centrales saepissime bilabiatae, rarius subregulares v. regulares, laciniis longis divergentibus. Antherae caudatae v. rarius ecaudatae, alis longis. Stylus hermaphroditorum superne cylindraceus v. subnodosus, stigmatibus saepius obtusis v. truncatis, subtus valde convexis, superne pube minuta, aequali, rarius nulla vestitis. — *Species pleraeque in America trans aequatorem, extratropicam frequentius indigenae, in America cis aequatorem, et in Capite bonae spei, in India boreali et Asia media rarissimae, alibi non visae.*

SUBTRIBUS I. MUTISIEAE Lessing *Synops. 93.* Capitula homogama v. heterogama, floribus femineis uniseriatis, reliquis hermaphroditis. Corollae staminigerae bilabiatae v. regulariter quinquefidae, laciniis longis, revolutis. Stylus saepissime crassus, stigmata obtusa v. acuta, extus convexa, hermaphroditorum brevia, extus cum styli parte superiore puberula, v. longiora et tunc glaberrima. — *Arbores v. frutices, rarius herbae superne aphyllae.*

DIVISIO I. GERBEREAE DC. *msc.* Antherae ecaudatae.

2899. Schlechtendalia *LESS.* Capitulum homogamum, multi- et aequaliflorum. Involucri campanulato-turbinati, multiseriati foliola multinervia, exteriora subfoliacea, mucronato-acuminata, subpungentia, intima coriacea, linearia. Receptaculum paleaceo-fimbrilliferum. Corollae coriaceae, sericeo-villosae, palmato-quinquefidae, laciniis tubum brevissimum longe superantibus. Staminum filamenta plana, distincta, antherarum alae breves, integrae, obtusae, caudae nullae. Achenia turbinata, erostria, longe denseque villosa. Pappi paleae latae, subuninerves, subintegerrimae, longe acuminatae, inaequales. — *Herba rhizocarpica, pulcherrima, in Brasilia meridionali indigena, plus minus villosa; caule simplici, ima basi dense, caeterum sparse foliato, foliis Luzulae albidae, coriaceis, linearibus, integerrimis, capitulis caulem ramosque terminantibus, involucris stramineis, corollis aurantiaceis.*

Schlechtendalia Lessing *in Linnaea V. 242. t. 3. f. 50—55. Synops. 93.* non alior.

2900. Diacantha *LESS.* Capitulum homogamum, multi- et aequaliflorum. Involucri ovato-cylindracei, disco brevioris squamae multiseriatae, arcte imbricatae, coriaceae, uninerves, exteriores breviter mucronato-spinosae, interiores elongatae. Receptaculum piloso-fimbrilliferum. Corollae membranaceae, extus villosae, bilabiatae, labio exteriore ligulaeformi quadridentato, interiore filiformi, breviore, torto. Staminum filamenta plana, in tubum connata, antherarum alae breves, integrae, obtusae, caudae nullae. Achenia turbinata, dense villosa, nectario alveolari. Pappus plumosus, uniserialis, paleis aequalibus, basi connatis. — *Arbor quitensis; ramis tetragonis, spinis ad basim ramulorum geminis, foliis confertis, obovato-oblongis, integerrimis, utrinque tenuissime pubescentibus, capitulis terminalibus, solitariis, sessilibus.*

Diacantha Lessing *in Linnaea V. 243. t. 3. f. 56. 57.* Barnadesia arborea Kunth.

2901. Barnadesia *LINN. F.* Capitulum homogamum, multi- et inaequaliflorum, heterocarpum. Involucri turbinati, radio brevioris foliola multiseriata, imbricata, coriacea, uninervia, interiora teneriora, linearia, elongata. Receptaculum piloso-fimbrilliferum. Corollae membranaceae, bilabiatae, ad tubi apicem villosae, radii uniseriatae, tubo gracili, longo, limbi bilabiati labio exteriore longiore, quadrifido, quinquenervi, interiore angustissimo binervi, disci paucae (1—3) tubo brevissimo, amplo, limbi labiis subaequilongis. Staminum filamenta glabra, plana, radii connata v. distincta?, disci distincta, antherarum alae breves, integrae, obtusae, caudae nullae. Achenia turbinata, densissime sericeo-villosa, oblonga, angusta, disci breviora, crassiora. Pappus uniserialis, paleis radii setaceis, gracilibus, plumosis, disci corneis, rigidis, integerrimis. — *Frutices v. arbusculae Americae meridionalis; ramis alternis, basi bispinosis, adultis aphyllis, annotinis abbreviatis, folia alterna, integerrima, plana, glabra v. pilosa, oblongo-obovata, basi longe cuneata, aculeis geminis deciduis suffulta, subfasciculatim conferta gerentibus, capitulis solitariis sessilibus v. pluribus, corymbosis, corollis atro-purpureis.*

Barnadesia Linn. fil. *Suppl. 348.* Humb. et Bonpl. *Plant. aequinoct. II. 176.* Don *in Linn. Transact. XVI. 273.* Lessing *in Linnaea V. 244. t. 3. f. 58—62. Synops. 94.* —? Bacazia Ruiz et Pav. *Prodr. 105.* Lagasca *Amen. nat. I. 41.* Diacantha Lagasca *Amen. nat. I. 41.*

a. EUBARNADESIA. Flosculi disci subterni. Filamenta radii connata. — (Humb. et Bonpl. *Plant. aequinoct. t. 138.*)

b. BACAZIA. Flosculus disci unicus. Filamenta radii connata. — Bacazia Ruiz et Pav. *Prodr. t. 22.*

c. PENTHEA. Flosculus disci unicus. Filamenta omnia libera. — Barnadesia (*Penthea*) laxa Don *l. c.*

2902. Dasyphyllum *H. B. K.* Capitulum homogamum, multi- et aequaliflorum. Involucri ovato-hemisphaerici squamae multiseriatae, arcte imbricatae, subaequales, pungentes. Receptaculum piloso-fimbrilliferum. Corollae regulares, tubo brevi, limbi quinquefidi laciniis linearibus, aequalibus, patentibus. Staminum filamenta filiformia, libera, antherarum alae breves, obtusae, integrae, caudae nullae. Stylus indivisus. Achenia oblonga, compressa, sericeo-hirsuta. Pappus uniserialis, plumosus. — *Arbuscula quitensis; ramis sparsis, spinosissimis, spinis geminis, foliis conferte alternis, subsessilibus, elliptico-oblongis, coriaceis, integerrimis, utrinque sericeo-hirsutis, pungentibus, capitulis terminalibus, sessilibus, congestis.*

Dasyphyllum Kunth *in Humb. et Bonpl. Nov. gen. et sp. IV. 17. t. 308.*

2903. Nardophyllum *HOOK. et ARN.* Capitulum homogamum, pauciflorum. Involucrum involucratum (?), foliolis scariosis, acuminatis. Receptaculum epaleatum. Corollae tubulosae, regulares. Staminum filamenta laevia, glabra, antherae ecaudatae. Achenia sericeo-villosa. Pappus pluriserialis, subplumosus. — *Frutices chilenses, vix noti; ramis junioribus albo-tomentosis, foliis linearibus, rigidis, margine revolutis, capitulis terminalibus, solitariis.*

Nardophyllum Hooker et Arnott *in Compan. Bot. Mag. II. 44.* Gochnatia revoluta Don *msc.*

2904. Fulcaldea *POIR.* Capitulum uniflorum. Involucri cylindracei foliola coriacea, obsolete plurinervia, exteriora mucronata, intima longiora, flore breviora acuminata, inermia, superne ciliata. Receptaculum punctiforme. Corolla coriacea, limbo a tubo haud distincto inaequaliter quinquefido, lacinia una profundiore, extus torta. Staminum filamenta glabra, distincta, antherarum alae breves, integrae, caudae nullae. Achenium cylindraceum, oblongum, sericeo-villosum. Pappus uniserialis, plumosus, aequalis, paleis angustis, acuminatis, flavescentibus. — *Frutices andicoli; foliis alternis, petiolatis, integerrimis, capitulis terminalibus, aggregatis.*

Fulcaldea Poiret *Dict. V. 375. t. 982.* Lessing *in Linnaea V. 247. t. 3. f 63—65. Synops. 95.* Turpinia Humb. et Bonpl. *Plant. aequinoct. I. 113. t. 33.* Voigtia Sprengel *Syst. III. 673.* Dolichostylis Cassini *in Dict. sc. nat. LVI. 139.*

OBSERVATIO. Arrowsmithia *DC.* a cl. Lindley *Introduct. edit. 2. 262.* post Fulcaldeam collocata, nobis proh dolor! penitus incognita est.

2905. Gerbera *BURM.* Capitulum heterogamum, multi- et aequaliflorum, radiatiforme. Involucri pluriseriati, discum aequantis squamae plurinervos, adpressae, interiores longiores margineque scariosae. Receptaculum piloso-fimbrilliferum. Corollae bilabiatae, glabrae, labiis in radio exteriore ligulaeformi tridentato, interioris bipartiti laciniis angustissimis, cirrhiformibus, in disco aequilongis, exteriore latiore tridentato, interiore bifido. Staminum filamenta glabra, teretia, distincta, antherae radii nullae, disci alis lanceolatis, laceris. Achenia compressa, rostrata, paucicostata, sparse papulosa, nectario alveolari. Pappi biseriati paleae setaceae, serratae, aequales. — *Herbae capenses, pulcherrimae, rhizomate repente perennantes; caule unico v. pluribus, erectis sive adscendentibus, teretibus, striatis, simplicissimis, ima tantum basi foliatis, caeterum aphyllis, foliis petiolatis, confertis, petiolis intus canaliculatis, basi ampla imum caulem amplexante lana longa, sericea cinctis.*

Gerbera Burm *Afr. 155.* Cassini *in Bullet. soc. philomat. 1817. p. 34. Dict sc. nat. XVIII. 459. Opusc. phyt. II. 98.* Lessing *in Linnaea V. 290. Synops. 118.* Aphyllocaulon Lagasc. *Amen. nat. I. 36.*

a. GERBERA Lessing *l. l. c. c.* Involucrum campanulatum, floribus radii multo brevius, foliolis coriaceis. — *Folia coriacea, adulta supra nitida.* — Arnicae sp. Linn. Burm. *Afr. t. 56. f. 1. 2.* Lam. *t. 679. f. 3.* Doronici sp. Auct.

b. PILOSELLOIDES Lessing *l. l. c. c.* Involucrum turbinatum, radio paullo longius, foliolis herbaceis. — *Folia membranacea, supra hirsuto-pilosa, caules graciles, nudi, nutantes, pappus rufescens.* — Arnicae sp. Linn. Thunb. (Lessing *in Linnaea V. t. 4. f. 115. 116. 118. 119.*)

OBSERVATIO. Oreoseris DC. *ex Lindl. introduct. edit. 2. p. 262.* hoc loco collocanda, nobis penitus incognita.

2906. Berniera *DC.* Capitulum homogamum, multi- et aequaliflorum, discoideum. Involucri turbinato-campanulati, multiseriati squamae multinerves, punctatae, intimae margine scariosae. Receptaculum .... Corollae bilabiatae, pilosiusculae, labiis aequilongis, exteriore tridentato, interiore angustiore, bipartito, revoluto. Staminum filamenta ...... antherarum alae longae .... Achenia rostrata? Pappus multiserialis, setoso-paleaceus .... — *Herba nepalensis, perennis, non satis nota; caule tereti, simplicissimo, uni bipedali, laxe lanato-tomentoso, ima tantum basi foliato, caeterum aphyllo, esquamato, foliis ad basim caulis confertis, subdeltoideis, profunde hastato-sagittatis, acuminatis, remote et obsolete mucronulato-denticulatis, subtus tomento albo, tenero vestitis, nervis prominentibus glabris, petiolis longis, striatis, basi valde dilatata imum caulem amplectentibus, capitulo terminali solitario, primum nutante, demum erecto.*

Berniera DC. *msc.* ex Lindley *Introduct. edit. II. p. 262.* Isanthus Onoseridis sect. Lessing *in Linnaea V. 338. t. 4. f. 125. Synops. 119.* Chaptalia maxima Don.

2907. Lasiopus *CASS.* Capitulum heterogamum, multi- et aequaliflorum, radiatiforme, floribus marginalibus femineis biseriatis, seriei exterioris longioribus, disci hermaphroditis. Involucri turbinati, multiseriati, floribus longioris squamae lineari-lanceolatae, acuminatae, purpureae, extus lanatae. Receptaculum ...... Corollae bilabiatae, labiis hermaphroditorum aequilongis, exteriore tridentato, interiore bipartito, laciniis apice gibbis, feminarum inaequalibus, exteriore ligulaeformi tridentato, stylum superante, interiore bipartito. Staminum filamenta distincta, plana, glabra, antherae alis truncatis, in floribus femineis nullae v. efoetae. Achenia rostrata. Pappus pluriserialis, angustissime paleaceus, serrulatus, aequalis. — *Herba capensis, perennis; omnibus partibus praeter involucrum et genitalia Gerberae piloselloidi simillima.*

Lasiopus Cassini *in Bullet. soc. philomat. 1817. p. 152. Dict. sc. nat. XXV. 298.* Lessing *in Linnaea V. 352. Synops. 121.*

DIVISIO II. EUMUTISIEAE DC. *msc.*

Antherae caudatae.

2908. Flotovia *SPRENG.* Capitulum homogamum, multi- et aequaliflorum, discoideum. Involucri campanulato-turbinati, pluriseriati, flores aequantis squamae coriaceae, multinerves, mucronatae, intimae inermes, demum squarroso-reflexae. Receptaculum angustum, planum, piloso fimbrilliferum. Corollae coriaceae, palmatae v. inaequaliter profunde quinquefidae, laciniis acutis, apice extus barbatis. Staminum filamenta distincta, plana, glabra, antherae breviter caudatae, alis apice bifidis, brevibus. Stylus glaber. Achenia obconico-cylindracea, brevia, erostria, hirsuta. Pappus uniserialis, paleaceus, persistens, paleis angustissimis, longis, acuminatis, plumosis, aequalibus. — *Arbores v. frutices brasilienses et chilenses, aculeati; aculeis ad basim petiolorum geminis, stipularibus, ramis alternis, divaricatis, striatis, teretiusculis, lenticellis petiolorumque delapsorum cicatricibus notatis, foliis conferte alternis, petiolatis, triplinerviis, reticulato venosis, integerrimis, petiolis supra canaliculatis, cum ramis articulatis.*

Flotovia Sprengel *Syst. III. 359.* Lessing *in Linnaea V. 248. t. 3. f. 66—68. 95. Synops. 95.* Pöppig et Endlicher *Nov. gen. et sp. I. 20. t. 32.* Erinesa Chuquiragae sect. Don *in Linn. Transact. XVI. 288.* — Piptocarpha Hooker et Arnott *in Comp. Bot. Mag. I. 110.* Reperiuntur in plerisque F. diacanthoides et aliarum etiam specierum brasiliensium ineditarum capitulis, acheniis fertilibus admixta ovaria efoeta, fertilibus nunc pressim adhaerentia, nunc plus minus distincta, receptaculi „paleas angustissime „lineares, superne plumoso-ciliatas," quales in Piptocarphis suis clarissimi auctores describunt, simulantes.

2909. Seris *LESS.* Capitula multiflora, homogama, discoidea, v. heterogama, radio uniseriato femineo, disco hermaphrodito. Involucri pluriseriati, flores aequantis squamae coriaceae, lineares, acuminatae, adpressae, interiores longiores. Receptaculum nudum. Corollae extus imprimis inferne sparsim pilosae, hermaphroditorum regulares, limbi quinquefidi laciniis revolutis, apice gibbis, linearibus, tubo brevioribus, feminarum ligulatae v. bilabiatae. Staminum filamenta distincta, plana, laevia, antherae caudis laceris, alis brevibus mucronato-acuminatis, in floribus femineis abortivae. Stylus glaber. Achenia oblongo-cylindracea, villosa, erostria, nectario alveolari. Pappus uniserialis, paleaceus, paleis angustissime linearibus, serratis, longis, aequalibus. — *Herbae brasilienses, perennes; caulibus erectis, simplicibus, teretibus, lanato-tomentosis, foliis alternis, inferioribus petiolatis, superioribus sessilibus v. nullis, omnibus coriaceis, integerrimis, penninerviis, reticulato-venosis, subtus punctatis.*

Seris Lessing *in Linnaea V. 253. Synops. 99.* non Willd.

a. ACTINOSERIS. Capitula radiata, involucro subhemisphaerico, pauciseriali. — Onoseris brevifolia Don. (Lessing *in Linnaea V. t. 3. f. 76—81.*)

b. DISCOSERIS. Capitula discoidea, involucro turbinato-campanulato, pluriseriali.

2910. Lycoseris *CASS.* Capitulum multiflorum, heterogamum, radio uniseriato, femineo, disco hermaphrodito. Involucri multiseriati, floribus brevioris squamae coriaceae, oblongae, acuminatae, adpressae, interiores longiores. Receptaculum ..... Corollae glabrae, hermaphroditorum subregulares, quinquefidae, laciniis reflexis tubo brevioribus, feminarum ligulatae, ligula truncata, tridentata, tubum brevissimum longe superante. Staminum filamenta distincta, laevia, plana, antherae caudis integris, alis longiusculis, obtuse lanceolatis, in floribus femineis abortivae. Stylus radii glaber, disci superne hispidus. Achenia conformia, erostria .... Pappus uniserialis, paleis angustissimis, longe acuminatis, serratis, longis, aequalibus. — *Herbae Novo-Granatenses, basi suffruticosae; foliis alternis, breve petiolatis, subcoriaceis, reticulato venosis, integerrimis, supra nitidis, capitulis solitariis, purpureis.*

Lycoseris Cassini *Opusc. phyt. II. 96. et 112.* excl. sp. Lessing *in Linnaea V. 255. t. 3. f. 82. 83. 85. Synops. 98.* Onoseridis sp. Willd. Atractylis sp. Smith *Ic. inedit. II. t. 66.* —? Diazeuxis Don *in Linn. Transact. XVI. 259.* Lessing *Synops. 97.* Langsdorfia Willd *msc.*

2911. Centroclinium *DON.* Capitulum multiflorum, heterogamum, radio uniseriato, femineo, disco hermaphrodito. Involucri subglobosi v. cylindracei, multiseriati squamae coriaceae, lanceolato-acuminatae, adpressae, interiores longiores. Receptaculum planum, spinuloso-fimbrilliferum. Corollae glabrae, disci subregulariter quinquefidae, laciniis reflexis, tubo brevioribus, radii bilabiatae, labio exteriore ligulaeformi, tridentato, interiore breviore, bifido, laciniis filiformibus, revolutis. Staminum filamenta distincta, glandulosa, plana, antherae caudis integris, alis obtuse lanceolatis, in floribus femineis effoetae. Stylus radii glaber, disci superne papillosus. Achenia conformia, pentagona, erostria, demum glabrata. Pappus pluriserialis, deciduus, setaceus, setis exterioribus brevioribus, piliformibus, interioribus apice dilatato-complanatis, denticulatis. — *Suffrutices peruviani; ramis teretibus, foliis alternis, breve petiolatis, supra demum glabratis, subtus niveo-tomentosis, integerrimis v. grosse dentatis, capitulis terminalibus longe pedunculatis.*

Centroclinium Don *in Linn. Transact. XVI. 254.* Hooker *Bot. Mag. t. 3114. 3115.* Hipposeridis sp. Cassini *Opusc. phyt. II. 97.* Onoseridis sp. Lessing *Synops. 119.*

2912. Chaetachlaena *DON.* Capitulum multiflorum, heterogamum, radio uniseriato, femineo, disco hermaphrodito. Involucri hemisphaerici squamae pluriseriatae, imbricatae, lanceolatae, apice in setam longam, recurvato-patentem productae. Receptaculum favosum, dentato-scabrum. Corollae glabrae, disci tubulosae, tubo infra medium angustato, fauce cylindrica, limbi subaequaliter quinquedentati dentibus linearibus, obtusis, radii ligulatae, ligula apice triloba, tubum brevissimum longe superante. Staminum filamenta ...... antherae caudis setiformibus, alis lineari-lanceolatis, acutiusculis, in floribus femineis rudimentariae. Stylus radii indivisus, clavatus, disci emarginatus. Achenia conformia, cuneato-oblonga, erostria, pilosiuscula. Pappus pluriserialis, persistens, setaceus, setis exterioribus brevissimis, piliformibus, interioribus compressis, rigidis, serrulatis. — *Herba peruviana, annua, Cryptostemmatis calendulacei habitu, caulibus decumbentibus, simplicibus v. ramosis; foliis alternis, membranaceis, petiolatis, ovatis, sinuato-dentatis v. sublyratis, dentibus inaequalibus, mucronatis, subtus dense lanatis, radicalibus longius petiolatis, capitulis solitariis, pedunculos filiformes, adsurgentes, lanuginosos, squamula unica setacea munitos terminantibus.*

Chaetachlaena Don *in Linn. Transact. XVI. 256.*

2913. Chuquiraga *JUSS.* Capitulum homogamum, multi- et aequaliflorum, discoideum. Involucri campanulato-turbinati, flores aequantis, pluriseriati squamae coriaceae, uninerves, acutae, exteriores mucronatae. Receptaculum planum, piloso-fimbrilliferum. Corollae coriaceae, villosae, inaequaliter profunde quinquefidae, laciniis acutis, basi intus barbatis. Staminum filamenta distincta, plana, glabra, antherae caudis laceris, alis lanceolatis, obtusiusculis, integris. Stylus superne hispido-pubescens. Achenia turbinata, erostria, hirsuta. Pappus uniserialis, paleaceus, persistens, paleis angustissimis, longis, acuminatis, plumosis, aequalibus, basi coadunatis. — *Fruticuli, in America australi tropica et extratropica alpicoli, ramosissimi; foliis confertis, sessilibus, coriaceis, lucidis, margine incrassato integerrimis, plerumque glabris, pungenti-mucronatis, capitulis solitariis, magnis, speciosis, ramos usque ad apicem foliis dense tectos terminantibus, involucri foliolis pilis flavescentibus longe denseque ciliatis, exterioribus fuscis, interioribus aureis, corollis atropurpureis.*

Chuquiraga Jussieu *gen. 178.* Humb. et Bonpl. *Plant. aequinoct. I. 151. t. 43.* Lam. *t. 691.* Lessing *in Linnaea V. 258. t. 3. f. 84. 86. Synops. 96.* Johannia Willdenow *Sp. III. 1705.*

2914. Spadonia *LESS.* Capitula dioica, pauciflora, homogama. Involucri campanulato-turbinati v. subcylindracei squamae pluriseriales, imbricatae, coriaceae, plurinerves, acutae. Receptaculum planum, nudum. Corollae membranaceae, glabrae, quinquefidae, regulares, laciniis tubo multo longioribus, apice gibbis. Staminum filamenta ...... antherae caudis integris, alis ellipticis, acuminato-mucronatis. Stylus glaberrimus. Achenia cylindracea, erostria, hirsuta. Pappus biserialis, setaceus. — *Frutices brasilienses, non satis noti; foliis alternis, petiolatis, integris, subtus tomentosis, capitulis paucifloris, minusculis, aggregatis.*

Spadonia Lessing *Synops. 99.*

2915. Gochnatia *H. B. K.* Capitula pluri-multiflora, homogama, discoidea, v. heterogama, floribus marginalibus abortu femineis, disci hermaphroditis. Involucri turbinati, campanulati v. cylindracei squamae multiseriales, coriaceae, plurinerves, imbricatae. Receptaculum planum, nudum. Corollae glabrae, hermaphroditorum regulares, limbo a tubo vix distincto, quinquefido, feminarum bilabiatae, labio exteriore ligulaeformi, apice tridenticulato, interiore bipartito. Staminum filamenta distincta, laevia, antherarum caudae longae, integrae v. lacerae, alae ellipticae, breves, mucronulato-acuminatae. Stylus glaber. Achenia cylindracea, erostria villosa. Pappus pluriserialis, longus, inaequalis, setaceo-paleaceus, paleis apice paullo latioribus, profundius serratis v. breviter plumosis. — *Frutices v. herbae, in America australi crescentes; caulibus teretibus, foliis alternis, reticulato-venosis, subtus involucrisque tomentosis.*

Gochnatia Kunth *in Humb. et Bonpl. Nov. gen. et sp. IV. 20.* Lessing *in Linnaea V. 260. Synops. 102.* excl. sp.

a. EUGOCHNATIA. Capitula homogama, solitaria v. aggregata. — *Frutices austro-americani.*

Gochnatia Lessing *Synops. 102.*

α. Cyclolepis *Don.* Capitula solitaria, multiflora. Antherarum caudae lacerae.

Cyclolepis Don *in Edinb. philosoph. Mag. April. 1832. p. 392. et in Compan. Bot. Mag. I. 109.*

β. Anastraphia *Don.* Capitula solitaria, multiflora. Antherarum caudae integrae.

Anastraphia Don *in Linn. Transact. XVI. 295.* (Kunth *Op. cit. t. 309.*)

γ. Pentaphorus *Don.* Capitula aggregata, pauciflora. Antherarum caudae integrae.

Pentaphorus Don *in Linn. Transact. XVI. 296. Compan. Bot. Mag. II. 108.*

b. HEDRAIOPHYLLUM Less. Capitula heterogama. Antherarum caudae lacerae. — *Herbae brasilienses.*

Hedraiophyllum Lessing *Synops. 103.*

2916. Augusta *LEANDR.* Capitulum multiflorum, homogamum, discoideum. Involucri turbinati, floribus multo brevioris squamae arcte imbricatae, coriaceae, multinerves, obtusae. Receptaculum planiusculum, nudum. Corollae subcoriaceae, glabrae, regulares, limbi quinquefidi, tubo multo brevioris laciniis revolutis. Staminum filamenta distincta, glabra, plana, antherae longe exsertae, caudis elongatis, integris, alis oblongis, acuminatis, brevibus. Stylus glaber. Achenia lanceolata, breviter rostrata, obsolete costata, glabra. Pappus multiserialis, paleaceus, longus, paleis angustis, linearibus, inaequalibus, serratis, apice parum crassioribus. — *Frutices in Brasilia tropica indigeni; foliis conferte alternis, petiolatis, integerrimis, glabris, nitidis, capitulis solitariis, magnis, speciosissimis, v. paniculato-confertis, parvis.*

Augusta Leandro de Sacramento *in Münchner Denkschrift. VII. 235. t. 14. f. 1. 2.* Stifftia Mikan *Delect. I. t. 1.* Cassini *in Dict. sc. nat. XLI. 9.* Lessing *in Linnaea V. 263. t. 3. f. 91. 92. 94. 111. Synops. 103.* Sanhilaria Leandro *msc.* Mocina DC. *msc.*

2917. Mutisia *LINN. F.* Capitulum multiflorum, heterogamum, inaequaliflorum, radiatum. Involucri floribus brevioris squamae multiseriatae, imbricatae, integerrimae, planae, interiores longiores. Receptaculum planum, nudum. Corollae radii ligulato-bilabiatae, labio exteriore ligulaeformi, integerrimo v. obsolete tridentato, interiore minimo, bifido, disci tubulosae, limbo a tubo haud distincto, bilabiato, labio altero bi- altero trimero, utroque revoluto. Staminum filamenta distincta, papillosa, plana, antherae disci exsertae, longissime caudatae, alis obtusiuscule acuminatis, longis, radii abortivae. Stylus glaber. Achenia rostrata, costata, glabra. Pappus biserialis, paleis angustis, linearibus, aequalibus, longis, plumosis, basi in annulum cohaerentibus, simul caducis. — *Frutices in America australi, tropica et extratropica indigeni, speciosi, habitu vario; ramis foliisque alternis, capitulis solitariis, magnis, pulcherrimis.*

Mutisia Linn. fil. *Suppl. 57.* Ruiz et Pavon *Prodr. 107.* Lessing *in Linnaea V. 265. Synops. 103.*

a. EUMUTISIA Lessing *l. c.* Involucri foliola exappendiculata, adpressa, obtusa v. acuta. — *Species peruvianae, scandentes; foliis pinnatisectis, in cirrhum ramosum desinentibus, segmentis integerrimis.* — (Humb. et Bonpl. *Plant. aequinoct. t. 50.* Cavanill. *Ic. t. 491. 492.*)

b. MUTISIASTRUM Lessing *l. c.* Involucri foliola exteriora foliacea, squarrosa, acuminata. — *Species brasilienses; foliis pinnatisectis in cirrhum ramosum desinentibus, segmentis integerrimis, membranaceis.* — (Lessing *in Linnaea V. t. 4. f. 99. 100. 102.* Bot. Mag. *t. 2705.*)

c. GUARIRUMA Lessing *l. c.* Involucri foliola extima foliacea, acuminata, squarrosa. — *Species peruvianae et chilenses; foliis pinnatifidis v. dentatis, in cirrhum desinentibus v. ecirrhosis.* — Guariruma Cassini *Opusc. phytolog. II. 109.* Cavanill. *Ic. t. 493. 495. 498. 499.* Hooker *Bot. Miscell. t. 4. 5. 7.* Pöppig et Endl. *Nov. gen. et sp. t. 27—29.*)

d. HOLOPHYLLUM Lessing *l. c.* Involucri foliola exteriora foliacea, acuminata, squarrosa. — *Species chilenses, foliis integerrimis.* (Cavanill. *Ic. t. 409. 490.* Hooker *Op. cit. t 6.* Pöppig et Endl. *Op. cit. t. 30. 31.* Lessing *in Linnaea V. f. 87. 93.*)

e. HAPLOPHYLLUM Lessing *l. c.* Involucri foliola exappendiculata, adpressa, obtusa v. acuta. — *Species chilenses, foliis integerrimis.* — Aplophyllum Cassini *Opusc. phytolog. II. 107.* (Cavanill. *Ic. t. 497. 500.* Hooker *Op. cit. t. 8. 9.*)

2918. Proustia *LAGASC.* Capitulum subquinqueflorum, homogamum, discoideum. Involucri turbinati, floribus multo brevioris squamae coriaceae, adpressae, obtusissimae, extimae minimae. Receptaculum planum, piloso-fimbrilliferum. Corollae glabrae, bilabiatae, labiis aequilongis, revolutis, exteriore latiore apice tridentato et interiore bifido, v. exteriore quadridentato, interiore indiviso, integro. Staminum filamenta distincta, glabra, plana, antherarum caudae lacerae, longae, alae breves, lanceolatae. Stylus superne hispido-puberulus. Achenia oblonga, teretiuscula v. trigona, erostria, pilosa, callo apicali. Pappus biserialis, aequalis, paleaceus, paleis angustissime linearibus, apice paullum incrassatis et profundius serratis. — *Arbusculae chilenses et peruvianae; foliis alternis, petiolatis, coriaceis, integerrimis v. denticulatis, capitulis paniculatis.*

Proustia Lagasca *Amen. nat. I. 33.* DC. *in Annal. Mus. XIX. 67. et 70.* Cassini *in Dict. sc. nat. LV. 395.* Don *in Linn. Transact. XVI. 198.* Lessing *in Linnaea V. 289. Synops. 110*

a. EUPROUSTIA. Achenia pilosa. Pappus coloratus. — *Flores thyrsoidei, purpurei.* (DC. *Op. cit. t. 13.*)

b. LEUCORYPHE. Achenia papilloso-scabra, teretiuscula. Pappus albus. — *Flores fasciculato-corymbosi, albi.*

c. HARMODIA. Achenia cuneato trigona, villosa. Pappus fusco-purpureus. — *Flores laxe spicati, rosei.* — Harmodia Don *Op. cit. XVI. 202.*

2919. Hyalis *DON.* Capitulum subquinqueflorum, homogamum, discoideum. Involucri pluriseriati squamae adpresse imbricatae. Receptaculum fimbrillis callosis, brevibus sub singulo achenio instructum. Corollae bilabiatae, labio exteriore maximo, ligulaeformi, tridentato, interioris profunde bipartiti laciniis linerari-acuminatis, revolutis. Staminum filamenta distincta, glabra, plana, antherarum caudae plumoso-lacerae, alae lanceolatae, acuminatae. Stylus glaberrimus. Achenia ovato-oblonga, ventricosa, erostria, decemcostata. Pappus triserialis, inaequalis, paleis angustissime linearibus, versus apicem profundius dentatis, ima basi subconnatis. — *Herba patagonica, perennis, multicaulis, tota pube copiosa, implexa argentea; radice repente, caulibus erectis, simplicibus, angulatis, circiter pedalibus, foliis sessilibus, lanceolato-linearibus, acuminatis, integerrimis, nervosis, basi attenuatis, subtripollicaribus, capitulis terminalibus, oblongis, paniculato-corymbosis, corollis pappoque albis.*

Hyalis Don *ex Hooker Compan. Bot. Mag. I. 108.*

2920. Brachyclados *DON.* Capitulum heterogamum, radiatum, radio femineo, disco hermaphrodito. Involucri pentaphylli, basi bracteolati foliola ovato-lanceolata, acuminata, carinata. Receptaculum nudum. Corollae glabrae, bilabiatae, labiis in disco aequilongis, exteriore tridentato, interiore bifido, revolutis, in radio exteriore ligulaeformi, interiore bifido, laciniis linearibus, revolutis. Staminum filamenta distincta, laevia, antherae caudis plumosis, alis ...... Stylus glaber. Achenia cuneato-pentagona, erostria, dense papillosa. Pappus pluriserialis, persistens, capillaris, scaber, cinereus. — *Frutex patagonicus, rigidus, ramosissimus; foliis fasciculatis, linearibus, mucronatis, margine revolutis, integerrimis, capitulis terminalibus, solitariis, pedunculatis.*

Brachyclados Don *in Hooker Bot. Mag. Compan. I. 106.*

2921. Chaetanthera *RUIZ et PAV.* Capitulum pluriflorum, heterogamum, radiatum, radio femineo, disco hermaphrodito. Involucrum campanulatum, pluriseriatum, foliolis omnibus siccis, adpressis, v. exterioribus foliaceis, patentibus. Receptaculum nudum. Corollae glabrae, limbo a tubo vix distincto, bilabiato, labiis in disco fastigiatis, exteriore tridentato, in radio inaequalibus, exteriore ligulaeformi amplo, apice tridentato, interiore cirrhiformi, indiviso v. bifido, interdum obsoleto. Staminum filamenta distincta, laevia, plana, antherarum caudae lacerae, alae obtusae, oblongo-ellipticae. Stylus superne hispidulo-pubescens. Achenia turbinata, oblonga, erostria, papulosa. Pappus pluriserialis, setaceo paleaceus, serratus, longus, subaequalis. — *Herbae chilenses, humiles; foliis sessilibus, membranaceis, uninerviis, aveniis, integerrimis, dentatis v. rarissime pinnatifidis, capitulis terminalibus, solitariis, luteis.*

Chaetanthera Ruiz et Pav. *Prodr.* 106. DC. *in Annal. Mus. XIX. 63.* Lagasca *Amen. nat. I. 37.* Cassini *in Dict. sc. nat. VIII. 53.* Lessing *in Linnaea V. 282. Synops. 111.*

a. BICHENIA *Don.* Involucri foliola omnia sicca. — *Folia radicalia pinnatifida, subtus tomentosa, caulina nulla.*

Bichenia Don *in Linn. Transact. XVI. 237.*

b. CHERINA *Cass.* Involucri foliola fere omnia sicca, extima minima, interiora sensim majora. — *Folia linearia, integerrima v. denticulata.*

Cherina Cassini *in Dict. sc. nat. VIII. 456.* Enthrixia Don *in Linn. Transact. XVI. 259. test.* Hooker et Arnott *in Compan. Bot. Mag. I. 104.* Chaetantherae sect. Liniphyllum Lessing *Synops. 112.*

c. EUCHAETANTHERA. Involucri foliola extima foliacea, patentia, interioribus longiora. — *Folia linearia v. obovato-linearia.*

Chaetantherae sect. 3. Lessing *Synops. 113.* Proselia Don *in Linn. Transact. XVI. 235.*

d. PRIONOTOPHYLLUM *Less.* Involucri foliola extima foliacea, patentia, interioribus longiora. — *Folia spathulata, serrata.*

Prionotophyllum Chaetantherae sect. 4. Lessing *Synops. 115.*

e. TYLLOMA *Don.* Involucri foliola extima foliis caulinis similium. — *Folia spathulata, margine incrassato integerrima.*

Tylloma Don *in Linn. Transact. XVI. 230.*

2922. Pachylaena *DON.* Capitulum multiflorum, heterogamum, radiatum, radio femineo, disco hermaphrodito. Involucri subglobosi, multiseriati foliola coriacea, oblonga, adpressa, interiora longiora radiantia. Receptaculum nudum. Corollae glabrae, bilabiatae, labiis in disco aequilongis, revolutis, exteriore tridentato, interiore bifido, in radio inaequalibus, exteriore ligulaeformi, elongato, interioris bipartiti laciniis setaceis. Staminum filamenta distincta, laevia, plana, antherarum caudae lacerae, alae lineari-mucronulatae. Stylus glaberrimus. Achenia cuneata, erostria, glabra. Pappus paleaceus ...... — *Herba chilensis, caespitosa, prostrata, multicaulis, glauca; caulibus teretibus, rubicundis, foliis alternis, petiolatis, late ovatis, obtusis, eroso-denticulatis, coriaceis, glaberrimis, subtus purpurascentibus, petiolis longis, dilatatis, complanatis, capitulo terminali, solitario, magno, floribus albis.*

Pachylaena Don *in Bot. Mag. Compan. I. 106.*

2923. Trichocline *CASS.* Capitulum multiflorum, heterogamum, radiatum, radio femineo, disco hermaphrodito. Involucri campanulati, pluriseriati foliola plana, exteriora foliacea, longiora, patentia, interiora membranacea, linearia, erecta. Receptaculum piloso-fimbrilliferum. Corollae glabrae, limbo a tubo haud distincto, bilabiato, labiis in disco aequilongis, exteriore latiore tridentato, interiore bidentato, in radio inaequalibus, exteriore ligulaeformi amplo, apice truncato, tridentato, interiore spiraliter torto, bifido v. indiviso. Staminum filamenta distincta, plana, papillosa, antherarum caudae longae, lacerae, alae obtusiusculae, breves. Stylus superne puberulus. Achenia turbinata, erostria, papulosa. Pappus multiserialis, setoso-paleaceus, serratus, longus, subaequalis. — *Herbae brasilienses, rhizomate perennantes; caulibus pluribus, simplicissimis, ima basi conferte foliatis, caeterum nudis v. squama una alterave instructis, capitulo terminali solitario, corollis croceis.*

Trichocline Cassini *in Dict. sc. nat. LV. 216.* Lessing *in Linnaea V. 286. t. 4. f. 113. 114. Synops. 117.* Doronici sp. Lam. *t. 679. f. 3.* Chaptaliae sp. Don.

2924. Amblysperma *BENTH.* Capitulum multiflorum, heterogamum, radiatum, radio femineo, disco hermaphrodito. Involucri campanulati, pluriseriati squamae imbricatae, lato-lanceolatae, interiores longiores. Receptaculum planum, subalveolatum. Corollae glabrae, disci tubulosae, limbo quinquefido, laciniis duabus interioribus altius connatis, radii ligulato-bilabiatae, labio exteriore amplo, oblongo-lineari, apice breviter trifido, interiore brevi, subulato, profunde bifido. Staminum filamenta distincta, laevia, plana, antherarum caudae glabrae, alae breves. Stylus superne puberulus. Achenia turbinata, obtusissima, papulosa. Pappus multiserialis, setoso-paleaceus, subscaber, longus, subaequalis. — *Herba Novae-Hollandiae austro-occidentalis, scapigera; foliis radicalibus longiuscule petiolatis, oblongis, sinuato-dentatis, sublobatis, membranaceis, supra glabris, subtus laxe albo-lanatis, scapo uno-bipedali erecto, imprimis versus apicem laxe albo-lanato, squamis subfoliaceis remote vestito, capitulo solitario magno, terminali.*

Amblysperma Bentham *in Enumer. plant. Hügel. 67.*

2925. Onoseris *DC.* Capitulum multiflorum, heterogamum, radiatum, radio femineo, disco hermaphrodito. Involucri turbinato-campanulati, pluriseriati foliola sicca, lineari-acuminata, margine scariosa. Receptaculum nudum. Corollae glabrae, limbo a tubo haud distincto, bilabiato, labiis in disco aequilongis, exteriore tri- interiore bifido, utroque revoluto, in radio inaequalibus, exteriore ligulaeformi, amplo, interioris bifidi laciniis angustis, spiraliter tortis. Staminum filamenta distincta, plana, papillosa, antherarum caudae filiformes, integrae, alae acuminatae. Achenia angulata, multicostata, rostro crassiusculo terminata. Pappus multiserialis, setoso-paleaceus, serratus, valde inaequalis. — *Herbae Novo-granatenses, perennes, ima basi foliatae; foliis confertis, membranaceis, reticulato-venosis, petiolatis, serratis v. lyrato-pinnatifidis, scapis simplicissimis v. rarius subramosis, remote squamosis, capitulis terminalibus solitariis, magnis.*

Onoseris DC. *in Annal. Mus. XII. 65. f. 4.* Kunth *in Humb. et Bonpl. Nov. gen. et sp. t. 304. 305.* Onoseridis sectio Onoseris et Cladoseris Lessing *in Linnaea V. t. 4. f. 120. 121. 126. 127.* Onoseridis et Hipposeridis sp. Cassini *Opusc. phyt. II. 97.* Atractylidis sp. Linn. Smith *Ic. inedit. t. 65.*

2926. Isotypus. *H. B. K.* Capitulum multiflorum, homogamum, discoideum. Involucrum campanulato-turbinatum, floribus brevius, squamis laxe imbricatis, lanceolato-linearibus, membranaceis, margine scariosis, interioribus sensim longioribus. Receptaculum piloso-fimbrilliferum. Corollae glabrae, limbo a tubo multo longiore haud distincto, aequaliter quinquefido. Staminum filamenta distincta, laevia, antherarum caudae filiformes, alae acutiusculae. Stylus glaber. Achenia pilosa, lineari-pentagona, costata, rostrata, rostro crassiusculo, nectario alveolari, areola terminali. Pappus pluriserialis, setoso-paleaceus, longus, aequalis, serratus. — *Herba Americae tropicae, facie Onoseridis purpureae; foliis radicalibus pinnatifido-lyratis, subtus argenteo-lanatis, scapo corymboso-ramoso, pedicellis bracteis squamaeformibus, adpressis dense obsitis, floribus roseis.*

Isotypus Kunth *in Humb. et Bonpl. Nov. gen. et sp. IV. 9. t. 307.* Lessing *in Linnaea V. 348. t. 3. f. 89. 90. t. 4. 96—98.* Seris Willdenow *in Berl. Magaz. 1807. p. 139.*

2927. Oldenburgia *LESS.* Capitulum homogamum, inaequaliflorum, radiatum. Involucri foliola inermia, plana, interiora longiora, acuminata. Receptaculum ...... Corollae glabrae, limbo a tubo haud distincto, disci regulares quinquefidae, laciniis apice gibbis, v. aequaliter bilabiatae, lobis semper tubo longioribus, radii inaequaliter bilabiatae, labio exteriore ligulaeformi, amplo, interiore breviore bifido v. bidentato. Staminum filamenta distincta, laevia, plana, antherarum caudae integrae, basi subtruncatae, alae ovato-oblongae, breviter acuminatae. Stylus glaber. Achenia turbinata, brevia, erostria, villosa. Pappus paleaceus, breviter plumosus, paleis aequalibus, longis, angustissime linearibus, acuminatis. — *Fruticulus capensis, Vernoniae villosissimae facie; foliis conferte alternis, oblongo-linearibus, obtusis, coriaceis, margine revolutis, integerrimis, subtus tomentosis, capitulis terminalibus magnis, solitariis, inter folia sessilibus.*

Oldenburgia Lessing *in Linnaea V. 252. t. 3. f. 69—75. Synops. 99.*

2928. Leucomeris *DON.* Capitulum quadriflorum, homogamum. Involucri cylindraceo-turbinati, floribus multo brevioris squamae pluriseriatae, arcte imbricatae, ovato-oblongae, interiores longiores. Receptaculum scrobiculatum. Corollae glabrae, limbi a tubo multo longiore haud distincti, quinquefidi laciniis revolutis. Staminum filamenta distincta, laevia, plana, antherarum caudae retrorsum plumosae, alae acuminatae. Stylus glaber. Achenia oblongo-obconica, erostria, dense et longe villosa. Pappus pluriserialis, setaceus, setis longis, subplumosis. — *Frutex nepalensis; ramis junioribus tomentosis, foliis alternis, petiolatis, oblongo-obovatis, acutis, integerrimis, supra laevibus, lucidis, subtus subfloccoso-tomentosis, capitulis in fasciculos terminales, convexos, polycephalos aggregatis.*

Leucomeris Don *Nepal. 169.* Gochnatiae sectio Leucomeris Lessing *Synops. 103.*

AINSLIAEA DC. quae Liatris latifolia Don. *Nep. 169.* ex cl. Lindley *Introduct. edit. II. p. 262.* post Leucomerim collocanda, nobis prorsus est incognita.

2929. Myripnois *BUNGE.* Capitula dioica, subquinqueflora. Involucrum uniseriale, pentaphyllum, foliolis oblongis, obtusis, aequalibus, trinerviis. Receptaculum parvum, nudum. Masc. Corollae bilabiatae, labii superioris bipartiti lobis bifidis, inferiore integro, lobis omnibus demum revolutis. Antherae basi bisetae, in tubum subcurvatum cohaerentes. Ovarii rudimentum. Fem. Corollae bilabiatae, labio exteriore quadrifido, interiore indiviso, laciniis linearibus, demum revolutis. Staminum filamenta sterilia, libera. Stylus inclusus; stigma infundibuliforme, bilamellatum. Achenia lineari-oblonga, villosa. Pappus pilosus, scaber. — *Frutex bipedalis in China boreali rupicola; ramis virgatis, foliis oblongis, integerrimis, acutis, viscidulis, fragrantibus, floribus e gemmis ortis, solitariis, subpraecocibus, masculis albis, femineis purpureis.*

Myripnois Bunge *Enum. pl. Chin. boreal. 38.*

2930. Dicoma *CASS.* Capitulum multiflorum, homogamum, discoideum, v. heterogamum, radiatum, radio neutro, disco hermaphrodito. Involucri campanulati, discum subaequantis foliola coriacea, sicca, rigida, lucida, obsolete multinervia, pungenti-acuminata. Receptaculum paleaceo-fimbrilliferum, fimbrillis basi in alveolos subconnatis. Corollae pilis crassis, brevibus obsitae, radii bilabiatae, disci regulares, limbi distincti, quinquepartiti laciniis tubo longioribus. Staminum filamenta distincta, plana, glabra, antherarum caudae lacerae, laciniis piliformibus, sursum spectantibus, alis oblongo-ellipticis, acuminatis. Stylus apice hispidulus. Achenia turbinata, brevia, erostria, longe villosa. **Pappus** bi-multiserialis, paleaceus, paleis inaequalibus, corollam subaequantibus. — *Fruticuli v. suffrutices capenses et senegambici, dichotomi; foliis alternis, aveniis, capitulis solitariis, ramos teretes, fere ad apicem aequaliter foliatos terminantibus.*

Dicoma Cassini *in Bullet. soc. philomat.* 1818. *p.* 47. *Dict. sc. nat. XIII.* 194. *XLVII.* 503. Lessing *in Linnaea V.* 276. *Synops.* 109.

a. LEUCOPHYTON *Less.* Capitula homogama, discoidea. Achenia decemcostata, basi imprimis villosa, costis versus apicem magis prominentibus. Pappus biserialis, paleis auguste linearibus, interioribus basi utrinque ala scariosa auctis. — *Suffrutices capenses et senegambici; foliis oblongo-obovatis, niveo-tomentosis.*

Leucophyton Lessing *Synops.* 109. Dicoma Cassini *l. c.*

b. RHIGIOTHAMNUS *Less.* Capitula heterogama, radiata. Achenia ecostata, undique villosissima. Pappus multiserialis, paleis angustissimis, conformibus. — *Frutex capensis, rigidus; foliis spathulatis, integerrimis, supra glabris, subtus albo-tomentosis.*

Rhigiothamnus Lessing *Synops.* 109.

c. MACLEDIUM *Less.* Capitula homogama, discoidea. Achenia ecostata, undique villosissima. Pappus pluriserialis, paleis latis, acuminatis. — *Frutices capenses; foliis subintegerrimis.*

Macledium Cassini *in Dict. sc. nat. XXXV.* 39. Nitelium Cassini *Op. cit. XXXV.* 12. Elichrysum spinosum Thunb. Xeranthemum spinosum Linn. Burmann *Afric. t.* 67. *f.* 3.

2931. Printzia *CASS.* **Capitulum** multiflorum, heterogamum, radiatum, radio femineo, disco hermaphrodito. **Involucri** campanulati, tomentoso-viscidi, floribus brevioris foliola basi conduplicata, semilanceolata, interiora paullo breviora. **Receptaculum** nudum v. leviter alveolatum. **Corollae radii** bilabiato-ligulatae, labio exteriore amplo, ligulaeformi, interiore brevissimo v. obsoleto, **disci** regulares quinquefidae, laciniis tubo brevioribus, revolutis. **Staminum** filamenta distincta, plana, glabra, **antherae disci** exsertae, caudatae, alis brevibus, **radii** obsoletae. **Stylus** puberulus. **Achenia** villosa, cylindracea, erostria. **Pappus** pluriserialis, setoso paleaceus, longus. — *Frutices capenses; foliis alternis, confertis, sessilibus, membranaceis, integerrimis, mucronatis, tomento supra plus minusve obsoleto, subtus persistente vestitis, capitulis solitariis, ramos usque ad apicem dense foliatos terminantibus.*

Printzia Cassini *in Dict. sc. nat. XLIII.* 324. Lessing *in Linnaea V.* 274. *Synops.* 108. Inula caerulea Linn. et I. aromatica Linn.

2932. Perdicium *LAGASC.* **Capitulum** heterogamum, multi- et aequaliflorum, discoideum, floribus marginalibus uniseriatis, femineis, reliquis hermaphroditis. **Involucri** cylindracei squamae foliaceae, multiplinerves, acuminatae, interiores majores. **Receptaculum** breviter paleaceo-fimbrilliferum, fimbrillis in areolas superficiales connatis. **Corollae** bilabiatae, labiis in disco aequilongis nunc, exteriore bidentato et interiore trifido, nunc interiore bipartito et exteriore tridentato, in radio inaequalibus, exteriore ligulaeformi, apice tridentato, interiore bipartito. **Staminum** filamenta distincta, plana, glabra, **antherae** caudatae, alis obtusis, in radio nullae. **Stylus** apice pilosulus. **Achenia** papulosa, obcompressa, multicostata, erostria, callo apicali annuliformi pappi basim cingente, nectario alveolari. **Pappus** multiserialis pilosus, scaber, demum involucro longior, cum callo annulari caducus. — *Herba capensis, perennis, humilis, simplicissima, demum glabrata, ima basi foliata; foliis membranaceis, runcinatis, floribus albis.*

Perdicium Lagasca *Amenit. nat. I.* 39. DC. *in Annal. Mus. XIX.* 66. Cassini *in Dict. sc. nat. LV.* 393. Lessing *in Linnaea V.* 348. *Synops.* 120. Pardisium Burmann *Flor. cap.* 26. P. semifloscularc Linn. P. Taraxaci Vahl *in Act. soc. h. n. Hafn. I.* 9. *t.* 1.

2933. Anandria *SIEGESB.* **Capitulum** heterogamum, multi- et aequaliflorum, discoideum, floribus marginalibus uniseriatis, femineis, reliquis hermaphroditis. **Involucri** turbinati v. subconici squamae foliaceae, pauciseriatae, interiores majores. **Receptaculum** nudum. **Corollae** glabrae, bilabiatae, limbo haud inflato, labiis in hermaphroditis aequalibus, exteriore in femineis majore. **Staminum** filamenta distincta, plana, glabra, **antherae** caudatae, alis obtusis, in radio nullae. **Stylus** apice puberulus. **Achenia** pilosa, rostrata, rostro lato, areola terminali. **Pappus** pluriserialis, capillaris, scaber, longus, subaequalis. — *Herbae sibiricae, perennes; caulibus teretibus, erectis, simplicissimis, nonnisi ima basi foliatis, foliis membranaceis, obovato-oblongis, sinuato- v. lyrato-dentatis, subtus plus minus tomentosis, capitulo terminali solitario, parvo.*

Anandria Siegesbeck *in Linn. Amoen. acad. I.* 161. Lessing *in Linnaea V.* 346. *t.* 3. *f.* 88. *t.* 4. 101. 103—110. *Synops.* 120. Leibnitzia Cassini *in Dict. sc. nat. XXV.* 420. Tussilaginis sp. Linn. *Hort. Upsal. t.* 3. Gmelin *Sibir. t.* 67. *f.* 2. *t.* 68. *f.* 1. Perdicii sp. R. Brown.

SUBTRIBUS II. LERIEAE Lessing

Synops. 120. **Capitula** multiflora, heterogama, floribus marginalibus uni-pluriseriatis, femineis, reliquis masculis v. hermaphroditis. **Corollae radii** bilabiatae v. ligulatae, **disci** bilabiatae v. regulariter quinquedentatae. **Antherae** caudatae. **Stylus** tenuior; **stigmatibus** aequalibus, truncatis, extus superne aequaliter puberulis. — *Herbae tomentosae, scapigerae, foliis membranaceis, capitulo terminali solitario, inconspicuo.*

2934. Chaptalia *VENT.* **Capitulum** multiflorum, heterogamum, radiatum, radio biseriato femineo, disco masculo. **Involucri** campanulati, discum aequantis foliola linearia, acuminata, uninervia, extus albo-tomentosa. **Receptaculum** nudum. **Corollae radii** ligulatae, ligulis seriei exterioris involucro styloque longioribus, seriei interioris utroque brevioribus, **disci** bilabiatae, labiis aequilongis, exteriore profunde tridentato, interiore bipartito, laciniis apice gibbis. **Staminum** filamenta pubescentia, **antherae** caudatae, alis obtusis, radii nullae. **Stylus** conformis, basi attenuatus, **ovariis disci** inanibus. **Achenia** glabra, multicostata, rostrata, rostro valido. **Pappus** biserialis, capillaris, longus, aequalis. — *Herbae perennes, in America boreali et australi, nec non in India orientali observatae; caulibus simplicissimis, nonnisi ima basi foliatis, foliis conferte alternis, spathulato-oblongis, mucronulato-dentatis, subtus albo-tomentosis, capitulo terminali, solitario.*

Chaptalia Venten. *Cels. t.* 61. DC. *in Annal. Mus. XIX.* 66. Cassini *in Dict. sc. nat. VIII.* 161. *XXVI.* 401. Lessing *in Linnaea V.* 351. *Synops.* 121. Royle *Himalaj. t.* 30. Tussilaginis sp. Linn. Michaux.

2935. Leria *DC.* Capitulum multiflorum, heterogamum, radiatum, radio pluriseriali, femineo, disco hermaphrodito. Involucri campanulato-cylindracei, disco paullo longioris foliola linearia, acuminata, uninervia, extus albo-tomentosa. Receptaculum nudum. Corollae radii ligulatae, ligulis seriei extimae stylo pappoque longioribus, apice tridenticulatis, interiorum fere obsoletis, brevioribus, disci bilabiatae, labiis aequilongis, exteriore tridentato, interiore bipartito, laciniis apice gibbis. Staminum filamenta glabra, antherae caudatae, alis obtusis v. truncatis, radii nullae. Stylus basi aequalis. Achenia sparse papulosa, elliptico-lanceolata, quinquecostata, rostrata, rostro longissimo, filiformi. Pappus capillaris, pluriserialis, brevis v. mediocris. — *Herbae in Antillis et Americae continente intratropico vulgatae, acaules; foliis radicalibus spathulato-oblongis, integerrimis v. sinuato-lyratis, subtus albo-tomentosis, scapis nutantibus.*

Leria DC. *in Annal. Mus. XIX. 68.* excl. sp. Cassini *in Dict. sc. nat. XXVI. 101.* Lessing *in Linnaea V. 353. Synops. 121.* Tussilaginis sp. Linn. et Auct.

2936. Lieberkuhnia *CASS.* Capitulum multiflorum, heterogamum, radiatum, radio biseriato, femineo, disco masculo. Involucri turbinati, radium aequantis foliola lineari-acuminata, trinervia, margine scariosa. Receptaculum obsolete alveolatum. Corollae radii ligulatae, ligulis seriei exterioris lineari-ellipticis, stylo tuboque longioribus, interioris multo brevioribus obsoletis, disci bilabiatae, labiis fastigiatis, exteriore trifido, interiore bipartito. Staminum filamenta glabra, antherae caudatae, alis obtusis, in radio nullae. Stylus basi attenuatus, ovariis disci inanibus. Achenia basi ima papulosa, quinquecostata, rostrata, rostro tenui, filiformi. Pappus capillaris, pluriserialis, brevis, aequalis. — *Herba montevidensis, pusilla, scapigera, Hieracii Pilosellae habitu; foliis radicalibus oblongo-obovatis, basi in petiolos planos angustatis, margine dentato-runcinatis v. subintegerrimis, scapis pluribus, basi squamosis, caeterum aphyllis, filiformibus, flexuosis, niveo-tomentosis, capitulo solitario terminatis.*

Lieberkuhnia Cassini *in Dict. sc. nat. XXVI. 286.* Lessing *in Linnaea V. 355. Synops. 122.* Perdicium piloselloides Vahl *in Act. soc. h. n. Hafn. II. 38. t. 5.*

2937. Oxydon *LESS.* Capitulum multiflorum, heterogamum, radiatum, radio biseriato, femineo, disco masculo. Involucri turbinati, flores superantis foliola lineari-lanceolata. Receptaculum nudum. Corollae radii ligulatae, ligulis seriei exterioris obovato-linearibus, involucro stylisque longioribus, seriei interioris brevioribus, fere obsoletis, disci regulares, limbo tubo parum ampliore, quinquedentato. Staminum filamenta glabra, antherae caudatae, alis obtusis, superne rigido ciliatis, in radio nullae. Stylus basi attenuatus. Achenia glabra, quinquecostata, rostrata, rostro longissimo, filiformi. Pappus capillaris, pluriserialis, brevis, aequalis. — *Herba Novo-Granatensis, andicola, gracilis, parvula; foliis radicalibus petiolatis, obovatis, runcinato-dentatis, subtus niveo-tomentosis, scapo simplicissimo, remote squamoso, capitulo solitario terminato.*

Oxydon Lessing *in Linnaea V. 357. Synops. 122.* Chaptalia runcinata Kunth *in Humb. et Bonpl. Nov. gen. et sp. t. 303.* Loxodontis sp. Cass.

2938. Loxodon *CASS.* Capitulum multiflorum, heterogamum, discoideum, floribus marginalibus pluriseriatis, femineis, reliquis hermaphroditis. Involucri turbinato-campanulati, floribus longioris foliola oblongo-ovata, obtusa, multinervia, margine anguste scariosa, glabra. Receptaculum nudum. Corollae femineae ligulatae, ligulis brevissimis, serierum interiorum sensim decrescentibus, hermaphroditae regulares, limbo quinquedentato. Staminum filamenta glabra, antherae caudatae, alis obtusis, in floribus marginalibus nullae. Stylus basi aequalis. Achenia papuloso-pilosa, oblongo-obovata, erostria. Pappus capillaris, multiserialis, longus, inaequalis. — *Herba in America australi extratropica indigena; foliis radicalibus oblongo-obovatis, plus minus sinuato-dentatis, subtus albo-tomentosis, scapo simplicissimo, brevissimo, capitulo solitario terminato.*

Loxodon Cassini *in Dict. sc. nat. XXVII. 254.* excl. sp. Lessing *in Linnaea V. 358. Synops. 122.* Leria exscapa DC.

2939. Chevreulia *CASS.* Capitulum multiflorum, heterogamum, discoideum, floribus marginalibus pluriseriatis, femineis, centralibus hermaphroditis. Involucri primum cylindraceo-oblongi, demum turbinati, flores aequantis foliola ovata, lucida, uninervia, margine scariosa, interiora multo longiora. Receptaculum nudum. Corollae tenues, femineae ligulatae, ligula angustissima, apice dentata, tubo multo breviore, masculae regulares, limbo quinquedentato. Staminum filamenta glabra, antherae caudatae, alis obtusis, in floribus marginalibus nullae. Stylus basi attenuatus. Achenia puberula, obcompressiuscula, bicostata, costis angularibus, rostro longo, filiformi. Pappus capillaris, uniserialis, corollam aequans. — *Herbae aguanatica et brasiliensis, pusillae, ramosae; foliis oppositis, confertis, semiamplexicaulibus, sublinearibus, integerrimis, subtus albo-tomentosis, capitulis parvis, ramos filiformes, superne aphyllos terminantibus.*

Chevreulia Cassini *in Dict. sc. nat. VIII. 516.* Lessing *in Linnaea V. 360. Synops. 122.* Xeranthemum caespitosum Thouars *Flor. aguanat. t. 8.*

SUBTRIBUS III. FACELIDEAE Lessing *Synops. 123.*

Capitula multiflora, heterogama, floribus marginalibus uni-pluriseriatis, femineis, centralibus paucis, hermaphroditis v. neutris. Corollae radii uniseriati obsolete ligulatae, pluriseriati filiformes, disci regulariter quinquedentatae. Antherae caudatae. Stylus tenerrimus, stigmatibus truncatis, inclusis, extus superne puberulis. — *Herbae gnaphaliodeae, tomentosae, humiles, capitulis inconspicuis, oblongis, caulem ramosque usque ad summum apicem dense foliatos terminantibus, solitariis v. spicatis.*

2940. Lucilia *CASS.* Capitulum multiflorum, heterogamum, brevissime radiatum, radio uniseriali, femineo, disco hermaphrodito. Involucri radium aequantis foliola exteriora ovata, scariosa, interiora lineari-elongata, membranacea, margine scariosa. Receptaculum nudum. Corollae radii ligulatae, ligula angustissime lineari, apice dentata, tubo breviore et angustiore, disci longe tubulosae, limbo brevi, quinquedentato. Antherae caudatae, alis ellipticis, obtusis. Achenia dense villosa, obovata, obcompressiuscula, erostria, areola terminali. Pappus setaceo-capillaris, uniserialis, setis longis, aequalibus, basi inter se conferruminatis ramosus. — *Herbae Brasiliae meridionalis; cauliculis ex eodem rhizomate plurimis, tomentosis v. subvillosis, foliis alternis, sessilibus, confertis, membranaceis, linearibus v. sublinearibus, integerrimis, planis, uninerviis, aveniis, utrinque incanis, capitulis terminalibus, solitariis v. simpliciter breviterque spicatis.*

Lucilia Cassini *in Dict. sc. nat. XXVII. 263.* Lessing *in Linnaea V. 362. t. 4. f. 128—132. Synops. 123.*

2941. Oligandra *LESS.* Capitulum multiflorum, heterogamum, discoideum, floribus marginalibus pluriseriatis, femineis, centralibus paucis, masculis. Involucri cylindracei foliola scarioso-nitida, exteriora breviora. Receptaculum nudum. Corollae glaberrimae, graciles, filiformes, femineae stylo breviores, masculae crassiores. Antherae ..... Achenia villosissima, ovoidea, erostria. Pappus biserialis, serie exteriore ramosa et setacea, interiore pilosa. — *Fruticuli brasilienses, humiles; caulibus tomentosis, foliis alternis, confertis, nunc membranaceis, oblongo-ellipticis, erecto-patentibus, nunc parvis, triangularibus, adpresse imbricatis, supra argenteo- subtus niveo-tomentosis, capitulis terminalibus, solitariis v. in apice caulium spicatim aggregatis.*

Oligandra Lessing *Synops. 103.*

2942. Facelis *CASS.* Capitulum multiflorum, heterogamum, discoideum, floribus marginalibus pluriseriatis, femineis, centralibus paucis, hermaphroditis. Involucri flores aequantis squamae exteriores ovatae, scariosae, interiores lineares, membranaceae, margine scarioso cinctae. Receptaculum nudum. Corollae glabrae, graciles, femineae breves, masculae paullo crassiores, longiores, limbo brevissime quinquedentato. Antherae caudatae, alis ovato-lanceolatis. Achenia villosissima, ovoidea, erostria. Pappus uniserialis, plumosus. — *Herba Brasiliae meridionalis; caulibus erectis v. adscendentibus, simplicibus v. ramosissimis, lanato-tomentosis, foliis alternis, confertis, sessilibus, membranaceis, flaccidis, obovato-lineuribus, integerrimis, apice obtusis v. retusis, saepius obsolete tricrenatis, utrinque tomentosis, capitulis in spicam terminalem, confertam approximatis.*

Facelis Cassini *in Dict. sc. nat. XVI. 104.* Lessing *in Linnaea V. 364. t. 4. f. 133—135. Synops. 125.* Gnaphalium retusum Lam.

TRIBUS VII. NASSAUVIACEAE Lessing *Synops. 396.*

Capitula pauci-multiflora, homogama v. rarissime subheterogama, aequaliflora, radiatiformia, nunquam dioica. Receptaculum saepissime epaleatum, rarius totum v. margine tantum paleatum. Corollae tenerae, pellucidae, bilabiatae, labiis apice revolutis, exteriore multo majore ligulaeformi, tridentato v. rarius trifido, interiore bidentato v. bipartito. Antherae caudatae, alis oblongis, latis. Stylus aequalis, nec nodoso-incrassatus, stigmatibus linearibus, longiusculis, truncatis, apice solo penicillatis. — *Species omnes americanae, paucissimae inter tropicum cis aequatorem provenientes, longe plurimae in regione extratropica australi indigenae.*

SUBTRIBUS I. POLYACHYRIDEAE.

Capitula biflora, homogama?

2943. Polyachyrus *LAGASC.* Capitula biflora, homogama, subheterocarpa, flore altero achenio minore pappoque breviore donato prius evoluto, in glomerulos subglobosos congesta. Involucri tri-pentaphylli foliola membranacea, inermia, floribus breviora, extimum saepius basi glandulosum. Receptaculi bracteola unica, involucri foliolis simillima, florem serius evolutum amplectens. Corollae conformes, bilabiatae, labiis subaequilongis, exteriore latiore tridentato, interiore bifido. Antherae caudatae, in flore serius evoluto inclusae. Achenia erostria, pilosa, floris praecocioris brevius, efoetum (?) Pappi uniseriati paleae plurimae, angustissime lineares, subplumosae, floris praecocioris longiores, rariores et inaequales. — *Herbae chilenses, basi foliatae, superne aphyllae et obsolete tomentosae; foliis alternis, basi auriculato-semiamplexicaulibus, pinnatisectis, laciniis divergentibus, capitulis plurimis, dense glomeratis, cum lana intermixta in glomerulos subglobosos, ramos superne aphyllos terminantes confertis.*

Polyachyrus Lagasca *Amen. nat. I. 37.* DC. *in Annal. Mus. XVI. 68.* Lessing *in Linnaea V. 8. t. 1. f. 6. 9—14. Synops. 400.* Don *in Linn. Transact. XVI. 230.* Pöppig et Endlicher *Nov. gen. et sp. I. 14. t. 23.* Bridgesia Hooker *in Bot. Miscell. II. 222. t. 92.* Diaphoranthus Meyen *Reise I. 406.* Cephaloseris Pöppig *msc.*

SUBTRIBUS II. NASSAVIEAE Lessing *Synops. 396.*

Capitula subquinqueflora. Involucri foliola subbiseriata, interiora amplexiflora. Receptaculum epaleatum.

2944. Nassavia *COMMERS.* Capitulum quadri-quinqueflorum, homogamum. Involucri subbiseriati, flores subaequantis foliola membranacea, apice subspinescentia, exteriora breviora. Receptaculum epaleatum, nudum. Corollae glabrae, bilabiatae, labio exteriore tri- interiore bidentato. Antherae caudatae. Achenia erostria, oblongo-obovata, compressa, glabra. Pappus uniserialis, paleaceus, paleis quatuor v. quinque, anguste linearibus, planis, serratis, caducissimis. — *Herbae perennes, caespitosae, ramosae, Americam australem extratropicam frigidam incolentes; foliis imbricatim confertis, integerrimis v. inciso-dentatis, parvis, capitulis in spicam terminalem subglobosam, foliis intermixtam confertis.*

Nassavia Commerson *ex Jussieu Gen. 197.* Lam. *t. 721.* DC. *in Annal. Mus. XIX. 67.* Cassini *Opusc. phytolog. II. 176.* Lessing *in Linnaea V. 4. t. 1. f. 8. Synops. 399.* Pöppig et Endlicher *Nov. gen. et sp. t. 21. 22.* Brongniart *ad Duperr. t. 56.* Nassovia Pers. *Ench. II. 499.*

2945. Mastigophorus *CASS.* Capitulum quinqueflorum, homogamum. Involucri floribus brevioris foliola subquina, uniseriata, aequalia, coriacea, rigida, spina brevi terminata. Receptaculum epaleatum, nudum. Corollae glabrae, bilabiatae, labio exteriore tri- interiore bidentato. Antherae caudatae. Achenia erostria, turbinata, glabra. Pappus biserialis, paleis duodenis-quindenis, obovato-lanceolatis, planis, apice fimbriatis, inferne longe attenuatis. — *Herba in insulis Maclovianis indigena, diffusa, ramosissima, subglaberrima; foliis imbricatim confertis, amplexicaulibus, coriaceis, ciliatis, integerrimis tecta, capitulis terminalibus, solitariis, sessilibus.*

Mastigophorus Cassini *Opusc. phytolog. II. 178. Annal. sc. nat. V. p 103. t. 3. f. 5.* Lessing *in Linnaea V. 2. t. 1. f. 1—3. Synops. 396.* Nassavia Gaudichaudii Cass.

2946. Triachne *CASS.* Capitulum quinqueflorum, homogamum. Involucri biseriati foliola interiora quina, mucronata, exteriora breviora, mutica. Receptaculum epaleatum, nudum. Corollae glabrae, bilabiatae, labio exteriore tri- interiore bidentato. Antherae caudatae. Achenia erostria, obovata, glabra. Pappi longissimi paleae tres v. quinque latae, oblongo-obovatae, basi angustatae, canaliculatae, glabrae, medio crasso-coriaceae, margine scariosae. — *Planta magellanica, bipollicaris, lignescens, diffusa, ramosissima, tota foliis imbricatim confertis, semiamplexicaulibus, inferne ciliato-dentatis, superne coriaceis, integerrimis tecta, capitulis terminalibus, glomeratis.*

Triachne Cassini *in Bullet. soc. philomat. 1817. p. 11. 1818. p. 48. Dict. sc. nat. LV. 181. Opusc. II. 176.* Lessing *Synops. 397.*

2947. Triptilion *RUIZ et PAV.* Capitulum quinqueflorum, homogamum. Involucri biseriati, floribus brevioris foliola decem, carinata, spinula terminata, exteriora patentia, coriacea, interiora erecta, margine scariosa. Receptaculum epaleatum, piloso-fimbrilliferum. Corollae bilabiatae, labio exteriore multo latiore tridentato, interiore bidentato v. bifido. Antherae caudatae. Achenia erostria, obpyramidata, costato-tri-tetraquetra, pilosa v. glaberrima. Pappi uniseriati, longi paleae ternae-quinae, latae, subconduplicatae, apice recurvo longe fimbriatae v. ciliatae, intus saepius pilosae. — *Herbae chilenses, erectae, humiles; foliis rigide membranaceis, alternis, sessilibus, varie pinnatifidis, lobis spinescentibus, superioribus semiamplexicaulibus, capitulis fasciculatis v. glomeratis, caerulescentibus.*

Triptilion Ruiz et Pav. *Prodr. 102.* DC. *in Annal. Mus. XIX. 67.* Kunth *in Humb. et Bonpl. Nov. gen. et sp. IV. 362.* Cassini *Opusc. II. 174.* Don *in Linn. Transact. XVI. 220.* Lessing *in Linnaea V. 3. Synops. 397.* Nassaviae sect. 2. et 3. Don *in Edinb. new philosoph. Magaz. 1832. Apr. p. 399.*

a. EUTRIPTILION. Receptaculum villosum. Achenia glaberrima, pappi paleis tribus.

Triptilion Ruiz et Pav. *Op. cit. t. 22.* DC. *Op. cit. t. 3. f. 3.* Lessing *in Linnaea V. t. 1. f. 4. 57.* Bot. Mag. *t. 853.* Nassaviae sectio 3. Don *in Edinb. new. philos. Magaz. 1832. Apr. p. 399.* Triptilii sect. 1. et 2. Don *in Linn. Transact. XVI. 220. et 222.*

b. ACANTHOPHYLLUM. Receptaculum subvillosum. Achenia villosissima, pappi paleis tribus v. quinque.

Acanthophyllum Hook. et Arnott *in Bot. Mag. Compan. I. 37.* Nassaviae sectio 2. Don *in Edinb. new philosoph. Magaz. 1832. Apr. p. 399.* Triptilii sectio 3. Don *in Linn. Transact. XVI. 223.*

2948. Panargyrum *LAGASC.* Capitulum quinqueflorum, homogamum. Involucri biseriati, floribus brevioris foliola subdena, carinata, spinula terminata, exteriora patentia, coriacea, interiora erecta, longiora, margine scariosa. Receptaculum epaleatum, nudum. Corollae bilabiatae, labio exteriore multo latiore tridentato, interiore bifido, revoluto. Antherae caudatae. Achenia erostria, oblonga, glaberrima. Pappi uni-biseriati, longi paleae plurimae, subpersistentes, angustissime lineares, acuminatae, serrulatae. — *Fruticuli chilenses, Triptilii habitu; foliis alternis, aridis, aculeato-pinnatifidis, capitulis solitariis v. fasciculatis.*

Panargyrum Lagasca *ex DC. in Annal. Mus. XIX. 67.* Don *in Edinb. new. philosoph Magaz. 1832. Apr. p. 390.* Pentanthus Lessing *Synops. 397.*

a. PIPTOSTEMMA *Don.* Pappus uniserialis. — Piptostemma Don *l. c.* Pentanthus Lessing *l. c.* Nassavia aculeata Pöppig et Endlicher *Nov. gen. et sp. t. 20.*

b. PANARGYRUM *Don.* Pappus biserialis. — Panargyri sect. 1. Don *l. c.*

2949. Caloptilium *LAGASC.* Capitulum quinqueflorum, homogamum. Involucri biseriati serie quavis pentaphylla, foliolis exterioribus angustissime linearibus, interioribus ovatis. Receptaculum minimum, nudum. Corollae bilabiatae, labio exteriore majore, tridentato, interiore bifido. Antherae caudatae. Achenia erostria. Pappus longus, plumosus. — *Herba chilensis, pygmaea, Nassaviae nivalis habitu; foliis undique imbricatis, coriaceis tecta, capitulis glomeratis, glomerulis sessilibus.*

Caloptilium Lagasca *Amen. nat. I. 402.* Lessing *Synops. 400.* Sphaerocephalus Lagasca *ex DC. in Annal. Mus. XIX. 67.* Portalesia Meyen *Reise I. 316.*

SUBTRIBUS III. TRIXIDEAE Lessing *Synops. 400.* Capitula quinque-multiflora. Involucri foliola bi-pluriseriata. Receptaculum epaleatum v. paleatum.

2950. Pamphalea *LAGASC.* Capitulum pluriflorum, homogamum, aequaliflorum. Involucrum campanulatum, uniseriale, floribus brevius, basi saepius foliolis carinatis, truncatis, denticulatis, margine scariosis auctum. Receptaculum planum, totum epaleatum, minutissime fimbrilliferum. Corollae pilis brevissimis, carnosis obsitae, bilabiatae, labiis revolutis, exteriore ampliore, apice tricrenulato, interiore bidentato. Antherarum caudae integrae, alae obtusiusculae, longae. Achenia erostria, obcompresso-tetraquetra, costata, obovata, papillosa, callo basilari, disco epigyno parvo, areola terminali. Pappus nullus. — *Herbae brasilienses, paludosae, lucidae, fragiles, glaberrimae v. asperae; foliis infimis petiolatis, petiolis dilatatis caulem amplectentibus, superioribus sessilibus, omnibus teneris, reticulato-venosis, caulibus dichotome ramosis, capitulis solitariis parvis, ramos elongatos, divergentes terminantibus.*

Pamphalea Lagasca *Amen. nat. I. 34.* Cassini *in Bullet. soc. philomat. 1819. p. 111. in Dict. sc. nat. XXXVII. 345.* Lessing *in Linnaea V. 6. t. 1. f. 15—17. Synops. 6.* Ceratolepis Cassini *msc.*

2951. Cephalopappus *NEES et MART.* Capitulum pluriflorum, homogamum, aequaliflorum. Involucri hemisphaerici, floribus brevioris foliola triseriata, oblonga, obtusa, exteriora breviora. Receptaculum planum, totum epaleatum, minutissime papillosum. Corollae pilosae, bilabiatae, labio exteriore erecto, tridentato, interiore patente, bifido. Antherarum caudae integrae alae obtusae. Achenia rostrata, lanceolata, disco epigyno capitiformi magno, areola terminali. Pappus nullus. — *Herba brasiliensis, subacaulis; foliis radicalibus ovato-oblongis, acutis, dentatis, subtus sublanatis, scapis elongatis, dicephalis, rufo-lanuginosis.*

Cephalopappus Nees et Martius *in Nov. Act. N. C. XII. 5. t. 1.*[a]

2952. Pleocarphus *DON.* Capitulum pluriflorum, homogamum. Involucri imbricati squamae triseriatae, squamis membranaceis, lanceolatis, acuminatis, interioribus sensim longioribus. Receptaculi plani paleae rigidae, carinatae, margine scariosae, lanceolatae, acutae vel truncatae. Corollae glabrae, bilabiatae, labiis revolutis, exteriore latiore, ligulaeformi, tridentato, interiore bifido. Antherarum alae lanceolatae, obtusae, caudae integrae. Achenia erostria, anguste pentagona, papilloso-scabra. Pappus biserialis, capillaris, scaber. — *Frutex chilensis; foliis alternis, linearibus, sessilibus ramisque undique glandulis pedicellatis obsessis, primariis basi alia, stipulas geminas mentientia, sublunata, persistentia gerentibus, capitulis paniculatis, luteis, pappo cinereo.*

Pleocarphus Don *in Linn. Transact. XVI. 228.* Lessing *Synops. 417.*

2953. Pentanthus *HOOK. et ARN.* Capitulum quinqueflorum, homogamum. Involucri cylindracei, uniseriati squamae quinque, floribus oppositae, oblongae, obtusae, basi callosae, margine interiore scariosae. Receptaculum epaleatum, nudum. Corollae bilabiatae, labio exteriore trifido, interiore profunde bifido. Antherae ecaudatae. Achenia erostria, glabra, callo basilari. Pappus pluriserialis, setosus, scaber. — *Suffrutex peruvianus, ramosissimus, Jungiae habitu; caule ramisque glaberrimis, subglaucis, foliis alternis, longe petiolatis, exstipulatis, cordato-subrotundis, quinqueangulato- v. septangulato-lobatis, hinc inde apiculato-dentatis, supra glabris, reticulato-venosis, subtus subpubescentibus, ramis floriferis axillaribus, apice corymbosis, corollis albis, pappo sordide fulvo.*

Pentanthus Hooker et Arnott *in Bot. Mag. Compan. I. 32. in not.* non Less.

2954. Jungia *LINN. F.* Capitulum multiflorum, homogamum, radiatiforme. Involucri campanulati, polyphylli, flores subaequantis squamae foliaceae, biseriatae, exteriores inaequales, planae, patentes, interiores longiores, erectae, aequales, margine scariosae, amplexiflorae. Receptaculum planum, paleis membranaceis, oblongis, achenia amplexantibus. Corollae glabrae, bilabiatae, labio exteriore majore, tridentato, florum marginalium ligulaeformi, interiore bifido. Antherarum alae lanceolatae, longae, caudae integrae. Achenia breviter rostrata, oblonga, hispido-pubescentia, multicostata, disco epigyno magno, nectario styliformi, callo basilari, areola terminali. Pappi uniserialis paleae angustissime lineares, plumosae, aequales. — *Herbae v. suffrutices, in America australi crescentes, plus minus pubescentes; foliis alternis, longe petiolatis, tri-quintuplinerviis, subrotundis, quinque-septemlobis, petiolis saepissime basi stipulis geminis, sessilibus, foliis simillimis, sed multo minoribus instructis, capitulis varie paniculatis v. racemosis.*

Jungia Linn. f. *Suppl. 58.* Lagasca *Amen. nat. I. 36.* DC. *in Annal. Mus. XIX. 67.* Cassini *in Dict. sc. nat. XXIV. 283.* Lessing *in Linnaea V. 35. Synops. 407.* Trinacte Gärtn. *II. 415.* Rhinactina Willdenow *in Berl. Magaz. 1807. p. 139.* — Dumerilia Lagasca *ex DC. in Annal. Mus. XIX. 64. t. 15. 16.* Cassini *Op. cit. XIII. 553.* Martrasia Lagasc. *Amen. nat. I. 36.* Cassini *Op. cit. XXIX. 294. Opusc. II. 152.*

2955. Moscharia *RUIZ et PAV.* Capitulum multiflorum, radiatiforme, heterocarpum. Involucri uniseriati, campanulati, floribus brevioris squamae foliaceae sex, ovatae, acuminatae, concavae. Receptaculi plani, centro subalveolati paleae membranaceae, extimae conduplicatae, obliquae, subpenninerviae, reliquae plus minus planae, lineari-lanceolatae, uninerves. Corollae tenerrimae, sparsim pilosae, bilabiatae, labio exteriore apice tridenticulato, marginalium ligulaeformi, interiore bifido. Antherarum alae lanceolatae, longae, caudae integrae. Achenia interiora sterilia, calva, seriei extimae fertilia, receptaculi paleis omnino involuta, compressa, obovata, obliqua, breviter rostrata, rostro inaequali extrorsum gibbo, callo basilari, disco epigyno magno. Pappus uniserialis, paleaceus, plumosus, brevis, aequalis. — *Herba chilensis, annua, superne in paniculam dichotomam divisa; foliis alternis, amplexicaulibus, pilosiusculis, pinnatisectis, inferioribus confertis.*

Moscharia Ruiz et Pavon *Prodr. 103.* Lessing *in Linnaea V. 39. t. 1. f. 39—49. Synops. 417.* Moschifera Molina. — Mosigia Spreng. *syst. III. 661.* Gastrocarpha Don *in Linn. Transact. XVI. 232.* Sweet *Fl. Gard. II. t. 229.*

2956. Leukeria *LAGASC.* Capitulum pluriflorum, homogamum, radiatiforme. Involucri campanulati, flores subaequantis squamae biseriatae, membranaceae, exteriores acutae. Receptaculi plani, centro nudi paleae marginales uniseriales, scariosae, late ellipticae, mucronatae, serrulatae. Corollae glabrae, bilabiatae, labio exteriore latiore, florum marginalium ligulaeformi, tridentato, interiorum bifido. Antherarum caudae lanceolatae, obtusae, alae integrae. Achenia erostria, turbinata, hirsuta. Pappus uniserialis, breviter plumosus. — *Herbae chilenses, erectae, annuae; caulibus teretiusculis, foliis alternis, inferne confertis, tenere membranaceis, pinnatifidis, superioribus subintegris, omnibus tomento, supra tenero et fugaci, subtus persistente albo vestitis, capitulis paniculatis.*

Leuceria Lagasca *Amen. nat. I. 32.* DC. *in Annal. Mus. XIX. 66.* Leuchaeria Lessing *Synops. 401.* Martrasia Spreng. *Gen. n. 3110.* non Lagasca. Leuceriae sect. 1. Don *in Linn. Transact. XVI. 243.* Leuchaeriae sect. Euleuchaeria Hook. et Arnott *in Bot. Mag. Compan. I. 35.* Trixidis sp. Hooker *Exot. Flor. t. 101.*

2957. Lasiorrhiza *LAGASC.* Capitulum homogamum, multi- et aequaliflorum. Involucri subbiseriati, floribus brevioris foliola aequalia, membranacea, plana, adpressa. Receptaculum planum, totum epaleatum. Corollae glabrae, bilabiatae, labiis revolutis, exteriore ampliore, ligulaeformi, tridentato, interiore bidentato. Antherarum caudae integrae, alae longae, obtusiusculae. Achenia erostria, papillosa, basi attenuata, disco epigyno magno, areola terminali. Pappus uniserialis, plumosus, longus, aequalis, anguste paleaceus, paleis linearibus. — *Herbae magellanicae et chilenses, simplices, superne subaphyllae; foliis alternis, membranaceis, inferioribus plerumque pinnatifidis v. pinnatisectis, capitulis purpurascentibus.*

Lasiorrhiza Lagasca *Amen. nat. I. 32.* Cassini *Opusc. phytolog. II. 152. 158. Dict. sc. nat. VIII. 46. XLIII. 50.* Lessing *in Linnaea V. 10. t. 1. f. 21. 23—26. Synops. 404.* Chabraea DC. *in Annal. Mus. XIX. 65.* Bertolonia DC. *Op. cit. t. 14.* Frageria DC. *msc.* Perdicii sp. Vahl *in Act. soc. h. n. Hafn. I. 9. t. 3.* Leuceriae sectio Cassiopea Don *in Edinb. new. philosoph. Magaz. 1832. Apr. p. 389.*

2958. Ptilurus *DON.* Capitulum homogamum, multi- et aequaliflorum. Involucri biseriati foliola subaequalia, ovato-lanceolata, apice membranaceo acuminato-radiata. Receptaculum planum, totum epaleatum. Corollae bilabiatae, labio exteriore ampliore ligulaeformi, tridentato, interiore bifido, demum revoluto. Antherarum alae lineari-lanceolatae, acutae, caudae integrae. Achenia breviter rostrata, elliptico-oblonga, compressa, papilloso-glandulosa, disco epigyno parvo. Pappus biserialis, plumosus, paleis basi dilatata imbricatis, deciduis. — *Herba peruviana, perennis, humilis, caespitosa, Dauci v. Athamanthae facie, setulis erectis, glanduliferis, confertis obsessa; foliis supradecompositis, petiolis vaginantibus, capitulis magnis, albis, ternis, brevissime pedunculatis, involucris lanatis.*

Ptilurus Don *in Linn. Transact. XVI. 218.*

2959. Dumerilia *LESS.* Capitulum quinqueflorum, homogamum, subaequaliflorum. Involucri cylindracei, floribus brevioris squamae imbricatae, triseriatae, coriaceae, adpressae, planae, interiores sensim longiores. Receptaculum totum epaleatum. Corollae glabrae, bilabiatae, labiis florum marginalium aequilongis, exteriore latiore tridentato, interiore bifido. Antherarum alae breves, caudae integrae. Achenia papillosa, rostrata, areola terminali, disco epigyno magno, nectario styliformi. Pappus uniserialis, paleaceus, longus, aequalis, paleis linearibus, serrulatis. — *Frutex mexicanus, inermis; foliis rigido-membranaceis, alternis, confertis, scabris, inferioribus amplis, rotundis, semiamplexicaulibus, profunde cordatis, dentatis, capitulis fasciculato-corymbosis, albidis.*

Dumerilia Lessing *in Linnaea V. 13. t. 1. f. 27. Synops. 407.* non Lagasc. DC. Proustia mexicana Don.

2960. Trixis *P. BR.* Capitulum multiflorum, homogamum, radiatiforme. Involucri teretis, floribus brevioris squamae uni-biseriatae, laxe imbricatae, planae, interiores longiores. Receptaculum epaleatum, nudum v. saepius piloso-fimbrilliferum. Corollae pilosae, bilabiatae, labio exteriore latiore ligulaeformi, tridentato, interiore bifido v. bidentato, revoluto. Antherarum alae longae, caudae integrae. Achenia breviter rostrata, multicostata, hispido-pubescentia, teretiuscula, oblongo-ovata v. ovato-lanceolata, disco epigyno magno, nectario styliformi, callo basilari, areola terminali. Pappus bi-pluriserialis, piliformi-paleaceus, subaequalis, serratus v. subplumosus. — *Herbae v. frutices, erecti v. volubiles, in India orientali et in Americae australis ora orientali crescentes; foliis alternis, membranaceis, penninerviis, capitulis laxe paniculatis v. corymbosis, albis v. luteis.*

Trixis P. Browne *Jam. 312.* Lagasca *Amen. nat. I. 35.* DC. *in Annal. Mus. XIX. 66.* Lessing *in Linnaea V. 24. Synops. 413.*

a. CLEANTHES. Receptaculum nudum. — Herbae simplices, superne aphyllae.

Cleanthes Don *in Linn. Transact. XVI. 195.* Perdicii sp. Linn. (Lessing *in Linnaea V. t. I. f. 31—36.* ?Platycheilus Pereziae sect. Lessing *in Linnaea V. 22. Synops. 413* Platycheilus Cassini *Opusc phytolog. II. 153. et 162.* Holocheilus Cassini *in Bullet. soc. philomat. 1818. p. 73. Dict. sc. nat. XXI. 306.*)

b. EUTRIXIS. Receptaculum piloso-fimbrilliferum. — Herbae v. frutices.

α. Oligophyllon Lessing *Synops. 413.* — Herbae simplices, superne aphyllae.

β. Polyphyllon Lessing *Synops. 413.* — Herbae usque ad inflorescentiam dense foliatae.

γ. Prionanthes Schrank *Hort. monac. II. t. 51.* Frutices ramosi. — Tenoria Bertero *msc.* Peridicii sp. Linn. Lam. *t. 677.* Gärtn. *II. 450. t. 150. f. 9.* Kunth *in Humb. et Bonpl. Nov. gen. et sp. t. 355.* Bot. Mag. *t. 2765.*

δ.? Alcithoë Don *Op. cit. t. 191.* Frutices. Involucri foliola quinque exteriora ampla, bracteiformia.

2961. Dolichlasium *LAGASC.* Capitulum multiflorum, homogamum, disciforme. Involucri oblongi, laxe imbricati squamae biseriatae, acuminatae, interiores longiores. Receptaculum epaleatum, nudum. Corollae bilabiatae, labiis subaequilongis, tubo triplo brevioribus, exteriore tridentato, interiore bifido, revoluto. Antherarum alae lanceolatae, breves, caudae integrae. Achenia rostrata, hirsuta, rostro brevi, glabro glandulis pedicellatis obsito, disco epigyno magno, areola terminali. Pappus uniserialis, paleis linearibus, apice breviter plumosis. — *Herba peruviana, perennis, conferte glandulosa; caulibus erectis, teretiusculis, flexuosis, monocephalis, foliis alternis, petiolatis, pinnatisectis, lobis ovato-oblongis, mucronatis, subintegerrimis, rigidis, terminali majore plerumque trilobo, capitulo magno, albo.*

Dolichlasium Lagasca *Amen. nat. I. 33.* DC. *in Annal. Mus. XIX. 66.* Don *ex Hook. et Arnott in Bot. Mag. Compan. I. 34.*

2962. Perezia *LAGASC.* Capitulum pluriflorum, homogamum, radiatiforme. Involucri teretis, floribus brevioris foliola pluriseriata, interiora longiora. Receptaculum epaleatum, nudum v. piloso-fimbrilliferum. Corollae glabrae, bilabiatae, labio exteriore latiore, tridenticulato, florum marginalium ligulaeforme, interioris bifidi laciniis filiformibus, spiraliter tortis. Antherarum alae longae, caudae integrae. Achenia erostria, piloso villosa, disco epigyno magno, areola terminali. Pappus bi-pluriserialis, piliformi paleaceus, serratus, longus, subaequalis, flavidus. — *Herbae austro-americanae, annuae v. perennes; caulibus erectis, teretibus, striatis, foliis alternis, glabris v. subglabris, inferioribus petiolatis, confertis, petiolis striatis, planis, basi dilatata caulem amplexantibus, superioribus sessilibus, minoribus, saepissime varioribus.*

Perezia Lagasca *Amen. nat. I. 29.* Lessing *in Linnaea V. 14. Synops. 408.* non DC. — Chaetanthera Humb. et Bonpl. *Plant. aequinoct. t. 135. 136.* non Ruiz et Pav. Homoianthus Bonpl. *msc.* Homanthis Kunth *in Humb. et Bonpl. Nov. gen. et sp. II. 357.* Clarionea et Homoianthus DC. *Prodr. inedit.*

a. CLARIONEA *DC.* Receptaculum nudum.

α. Euclarionea. Involucri pauciseriati foliola foliaque caulina pinnatisecta, inermia. Petioli foliis longiores v. aequales. Flores sulphurei. — Caules simplicissimi. — *Herba magellanica.*

Clarionea DC. *in Annal. Mus. XIX. 65.* Pereziae sect. 5. Perezia Lessing *in Linnaea V. 23. Synops. 413.* Perdicium magellanicum Linn. Forst. Vahl *in Act. soc. h. n. Hafn. I. t. 4.*

β. Drozia *Cass.* Involucri multiseriati foliola spinoso-mucronata, exteriora spinoso-dentata, foliacea, patentia. Folia dentata v. pinnatifida, spinoso ciliata. Capitula solitaria. Flores caerulei. — *Herbae peruvianae et chilenses.*

Drozia Cassini *in Dict. sc. nat. XXI. 413. Opusc. phyt. II. 171.* Pereziae sect. Drozia Lessing *Synops. 410.* Chaetanthera pungens Bonpl. *Plant. aequinoct. t. 127.*

γ. Stenophyllum *Less.* Involucri campanulati, multiseriati foliola spinoso-mucronata, exteriora squarrosa, spinoso-dentata. Folia linearia, integerrima, margine revoluta, spinoso-ciliata. Capitula solitaria. Flores caerulei. — *Herbae chilenses et magellanicae.*

Pereziae sect. 3. Stenophyllum Lessing *Synops. 412.* Perdicium recurvatum Vahl *Op. cit. t. 7.* Clarioneae sp. Cassini *Opusc. phyt. II. 166.*

b. HOMOIANTHUS *DC.* Receptaculum piloso-fimbrilliferum.

δ. Asteroseris. Involucri pauciseriati foliola foliaque integerrima, inermia. Petioli foliis longiores.

Flores sulphurei. **Caules** simplicissimi. — *Herba magellanica.*

Clarionea Pereziae sect. Lessing *in Linnaea V. 22. Synops. 413.* **Clarioneae sp.** Cassini *Opusc. phyt. II. 166.* **Perdicium lactucoides** Vahl *Op. cit. t. 5.*

ε. **Scolymanthus** *Willd.* **Involucri** pauciseriati; foliola mucronato-spinosa, integerrima. **Folia** spinoso-ciliata, membranacea, penninervia. **Caulis** simplex, in inflorescentiam dichotomam divisus. **Corollae** caeruleae. — *Herbae peruanae, brasilienses et chilenses.*

Scolymanthus Willdenow *msc.* **Homoianthus** DC. *in Annal. Mus. XIX. 65.* **Homoeanthus** sect. 1. **Pereziae** Lessing *in Linnaea V. 15. Synops. 408.* **Homoianthus et Clarioneae sp.** Cassini *l. c.* **Chaetantherae sp.** Humb. et Bonpl. *Plant. aequinoct. t. 135.* **Perdicii sp.** Vahl *Op. cit. t. 6.*

OBSERVATIO. **Pereziae** species a cl. Llave et Lexarz. *Nov. veget. I. 25.* indicatae, nobis incognitae, fide cl. Lindley *Introduct. II. p. 263.* genus **Perezia** DC. constituunt.

2963. Acourtia *DON.* **Capitulum** multiflorum, homogamum, radiatiforme. **Involucri** turbinati, pluriseriati squamae imbricatae, lanceolatae, mucronatae, adpressae, deciduae. **Receptaculum** epaleatum, scrobiculatum. **Corollae** bilabiatae, labio exteriore latiore, ligulaeformi, obtuse tridentato, interiore bipartito, revoluto. **Antherarum** alae lineari-lanceolatae, acutae, caudae integrae. **Achenia** erostria (?) teretiuscula, undique papilloso-scabra, disco epigyno parum dilatato, planiusculo. **Pappus** uniserialis, setis apice penicillatis, deciduis. — *Fruticulus mexicanus, sesquipedalis v. tripedalis, erectus, rigidus, paniculatim ramosus, glaucescens, Serratulae facie; ramis sulcatis, glabris, viridibus v. sanguinolentis, foliis alternis, amplexicaulibus, cordato-oblongis v. subspathulatis, spinuloso-serratis, cartilagineo-rigidis, laevibus, reticulato-venosis, summis minoribus, saepius integerrimis, capitulis in apice ramorum corymboso-glomeratis, involucris saepius sanguineo-coloratis, floribus purpureis, pappo niveo.*

Acourtia Don *in Linn. Transact. XVI. 203.*

*

2964. Calopappus *MEYEN.* **Capitulum** sexflorum, homogamum. **Involucri** campanulato-cylindracei, polyphylli foliola exteriora ovata, apice attenuata, dentata, acutissima, interiora lanceolata, acuta, glabra, rigida **Receptaculum** squamosum. **Corollae** bilabiatae, labio exteriore apice tridentato, interiore bifido, revoluto. **Antherae** caudatae, exsertae. **Achenia** ...... **Pappus** biserialis, paleaceus, paleis longis, latis, lucidis, serratis. — *Planta chilensis, andicola; caule procumbente, ramosissimo, omnino folioso; foliis dense imbricatis, acerosis, acutis, basi semiamplexicaulibus, glabris, rigidis, capitulis terminalibus, solitariis, floribus sanguineis, pappum et involucri folia aequantibus.*

Calopappus Meyen *Reise I. 315.*

OBSERVATIO. **Cadiscus** *E. Mey.* et **Pogonura** DC. genera a cl. Lindley *Introduct. edit. II. p. 263.* illud in capite, hoc ad calcem Trixidearum commemorata, mihi incognita sunt.

SUBORDO III. LIGULIFLORAE. Flores omnes hermaphroditi, ligulati.

TRIBUS VIII. CICHORACEAE *Juss. gen. 168.*

Capitula homogama, radiatiformia, aequaliflora, homocarpa v. heterocarpa, nunquam dioica. **Corollae** omnes ligulatae, quinquedentatae, quinquenerves. **Stylus** superne cylindraceus, superne **stigmataque** plus minus longa, obtusiuscula aequaliter pubescens, glandularum stigmaticarum series ante medios ramos desinentes, nuspiam confluentes. — *Herbae lactescentes, rarius suffrutices, rarissime arborescentes, in hemisphaerae borealis temperatis copiosiores.*

SUBTRIBUS I. SCOLYMEAE Lessing *Synops. 126.*

Receptaculum paleatum. **Pappus** coroniformis v. paleaceus.

2965. Scolymus *CASS.* **Capitulum** multiflorum, homocarpum. **Involucrum** imbricatum, spinosum, bracteatum. **Receptaculi** plani paleae carinatae, acheniis angustiores. **Corollae** ligulatae. **Achenia** brevissime rostrata, libera. **Pappus** brevis, coroniformis. — *Herba mediterranea, perennis; foliis alternis, margine cartilagineo cinctis, spinoso-dentatis, ala aequaliter spinosa per caulem decurrentibus, capitulis in caule ramisque terminalibus, subternis.*

Scolymus Cassini *in Dict. sc. nat. XXV. 60. XXXIV. 86.* Lessing *Synops. 126.* **Scolymus maculatus** Desfont. **S. gymnospermus** Gärtn. *t. 157. f. 4.*

2966. Myscolus *CASS.* **Capitulum** multiflorum, homocarpum. **Involucrum** imbricatum, spinosum, bracteatum. **Receptaculi** subglobosi paleae membranaceae, obovatae, marginibus introflexis conduplicatae, achenia includentes. **Corollae** ligulatae. **Achenia** erostria, receptaculi paleis capsulatim inclusa et partim connata. **Pappi** paleae binae, angulares, aequales, longae, una alterave minore accedente, omnes caducissimae. — *Herbae mediterraneae, perennes, Scolymi facie; foliis ala deorsum attenuata decurrentibus, caule subracemoso, capitulis axillaribus, solitariis v. congestis.*

Myscolus Cassini *in Dict. sc. nat. XXV. 60. XXXIV. 83.* **Scolymus hispanicus** et **Sc. grandiflorus** Desfont. *Flor. atlant. t. 218.* **Sc. angiospermus** Gärtn. *t. 157. f. 5.* **Sc. maculatus** Schkuhr *t. 127.*

SUBTRIBUS II. LAMPSANEAE Lessing *Synops. 127.*

Receptaculum epaleatum. **Pappus** nullus.

2967. Lampsana *VAILL.* **Capitulum** multiflorum, homocarpum. **Involucrum** simplici serie octo-decemphyllum, basi squamis brevibus calyculatum, fructiferum haud mutatum, erectum. **Receptaculum** planum, epaleatum, punctatum. **Corollae** ligulatae. **Achenia** erostria, compressa, striata, decidua. **Pappus** nullus. — *Herbae europeae, annuae, tenerae, glabrae, caulescentes; foliis inferioribus lyratis, superioribus dentatis, capitulis parvis, luteis.*

Lampsana Vaillant *in Act. Acad. Paris. 1721. p. 180.* Juss. *gen. 168.* Cassini *in Dict. sc. nat. XXV. 209.* Lessing *Synops 126.* **Lapsana** Tournef. *inst. 272.* Gärtn. *II. 354. t. 157.* **Lapsana communis** sp. Linn. Fl. dan. *t. 500.* Schkuhr *t. 225.*

2968. Soldevilla *LAGASC.* **Capitulum** multiflorum, homocarpum. **Involucri** basi ventricosi squamae lineares, uniseriatae, inferne connatae, apice demum conniventes. **Receptaculum** epaleatum, alveolato-fimbrilliferum. **Corollae** ligulatae. **Achenia** uniformia, oblonga, striata. **Pappus** nullus — *Herba hispanica, annua, humilis, pilis ramosis hispido-setosa; foliis integris, pedunculis clavatis, capitulis aureis.*

Soldevilla Lagasca ex Don *in Edinb. new philosoph. Journal 1829. p. 310.* Lessing *Synops. 127.* Hispidella Barnades *in Lam. Dict. III. p. 134.* Cassini *in Dict. sc. nat. XXI. 248.*

2969. Apogon *ELLIOTT.* Capitulum pauciflorum, homocarpum. Involucrum duplici serie octophyllum. Receptaculum planum, epaleatum, nudum. Corollae ligulatae. Achenia uniformia, lanceolata, sulcata, transversim striata. Pappus nullus. — *Herba caroliniana annua, glauca, glabra; foliis sessilibus, integris, capitulis terminalibus, umbellatis.*

Apogon Elliott *Carolin. II. 267.*

2970. Rhagodiolus *TOURNEF.* Capitulum pauciflorum, subhomocarpum. Involucrum simplici serie penta-octophyllum, basi squamis brevibus calyculatum, floriferum erectum, fructiferum patens. Receptaculum angustissimum, epaleatum, nudum. Corollae ligulatae. Achenia erostria, arcuata, exteriora involucri foliolis involuta, et cum iisdem patentim persistentia, interiora breviora, decidua. Pappus nullus. — *Herbae mediterraneae, tenerae, annuae; foliis alternis, sessilibus, lyratis v. integris, oblongis, denticulatis, basi attenuatis, capitulis parvis, luteis.*

Rhagodiolus Tournefort *inst. 272.* Gärtn. *II. 354. t. 157.* Cassini *in Dict. sc. nat. XLV. 302.* Lessing *Synops. 127.* Lapsana edulis et Lapsana stellata Linn. Schkuhr *t. 225.*

2971. Kölpinia *PALL.* Capitulum pauciflorum, homocarpum. Involucrum simplici serie subpentaphyllum, basi squamis brevibus calyculatum, floriferum erectum, fructiferum patens. Receptaculum angustissimum, epaleatum, nudum. Achenia uniformia, erostria, apice incurva, latere exteriore spinosa, patentissima. Pappus nullus. — *Herba daurica; foliis lineari-lanceolatis, integerrimis, capitulis lateralibus pedunculatis, solitariis.*

Kölpinia Pallas *Reise III. 755. t. L. l. f. 2.* Lessing *Synops. 127.* Lapsana Kölpinia Linn.

SUBTRIBUS III. HYOSERIDEAE Lessing *Synops. 127.* Receptaculum epaleatum. Pappus coroniformis v. paleaceus, paleis integris, latiusculis, saepissime brevibus.

2972. Arnoseris *GÄRTN.* Capitulum multiflorum, homocarpum. Involucrum simplici serie polyphyllum, basi squamis brevibus calyculatum, fructiferum torulosum, globose connivens. Receptaculum planum, epaleatum, foveolato-punctatum. Corollae ligulatae. Achenia erostria, obpyramidata, sulcato-angulata. Pappus brevissime coroniformis, coriaceus, integerrimus. — *Herba europaea, annua, scapigera; foliis radicalibus obovato-oblongis, dentatis, scapis mono-tricephalis, pedunculis superne clavato-incrassatis, fistulosis, capitulis luteis.*

Arnoseris Gärtner *II. 355. t. 157.* Cassini *in Dict. sc. nat. II. 135.* Lessing *Synops. 127.* Hyoseris minima Linn. Schkuhr *t. 224.*

2973. Hedypnois *TOURNEF.* Capitulum multiflorum, subhomocarpum. Involucri simplici serie octo-decaphylli, basi squamis brevibus calyculati foliola achenia marginalia involventia. Receptaculum planum, epaleatum, excavato-punctatum. Corollae ligulatae. Achenia conformia, rostrata, teretiuscula, incurva. Pappus biformis, acheniis exterioribus coroniformis, dentatus, interioribus biseriatim multipaleaceus, paleis longissime acuminatis, interioribus brevioribus. — *Herbae mediterraneae, annuae, diffuse ramosae, hirsutae; foliis alternis, radicalibus sinuato-dentatis, capitulis solitariis, luteis, ramos superne aphyllos, clavato-incrassatos terminantibus.*

Hedypnois Tournefort *inst. 271.* Hyoseris Gärtner *II. 372. t. 160.* Lessing *Synops. 127.* H. cretica Schkuhr *t. 224.*

2974. Hyoseris *LINN.* Capitulum multiflorum, heterocarpum. Involucri simplici serie octo-decaphylli, basi squamis brevibus calyculati foliola achenia marginalia involventia. Receptaculum planum, epaleatum, excavato-punctatum. Achenia rostrata, biformia, extima involucri foliolis involuta, teretia, suberosa, interiora membranaceo-alata. Pappus biserialis, paleaceus, acheniis exterioribus copiosior, angustior, inaequalis, interioribus rarior, brevis, paleis longissime acuminatis. — *Herbae mediterraneae, annuae, glabriusculae, scapigerae; foliis radicalibus runcinato-pinnatifidis, scapo monocephalo, superne clavato-incrassato, capitulo luteo.*

Hyoseris Linn. *gen. n. 916.* excl. sp. Hedypnois Gärtn. *II. 372. t. 160.* Lessing *Synops. 128.* Achyrastrum Necker *elem. n. 104.*

2975. Aposeris *NECK.* Capitulum multiflorum, subhomocarpum. Involucri simplici serie octo decaphylli, basi squamis brevibus calyculati foliola achenia marginalia involventia. Receptaculum planum, epaleatum, excavato-punctatum. Corollae ligulatae. Achenia conformia, rostrata, alata, obcompressa. Pappus biformis, acheniis marginalibus brevissimus, aequalis, reliquis submediocris, paleis longissime acuminatis, interioribus quinis, exterioribus pluribus, angustioribus, inaequalibus. — *Herbae in Europa media et mediterranea indigenae, scapigerae; foliis radicalibus runcinatis, scapis apice incrassatis, capitulis parvis, luteis.*

Aposeris Necker *elem. n. 105.* Cassini *in Dict. sc. nat. XLVIII. 427.* Lessing *Synops. 128.* Hyoseris foetida Linn. Waldst. et Kitaibel *Plant. Hung. t. 49.* Hyoseris lucida Linn.

2976. Catananche *TOURNEF.* Capitulum multiflorum, homocarpum. Involucri squamae scariosae, nitidae multiseriatim laxe imbricatae, interiores majores. Receptaculum planum v. subconvexum, epaleatum, conferte setosum. Corollae ligulatae. Achenia uniformia, erostria, turbinata. Pappus conformis, paleaceus, paleis quinque, longissime acuminatis, aequalibus, denticulatis. — *Herbae mediterraneae, annuae, glabrae v. incano-villosae, inferne foliosae, superne aphyllae; foliis lineari-lanceolatis nervosis, integerrimis v. apice incisis aut basi pinnatifidis, pedunculis nudis v. squamis scariosis involucri folia extima referentibus conspersis, capitulis magnis caeruleis, v. parvis luteis.*

Catananche Tournefort *inst. 271.* Linn. *gen. n. 290.* excl. sp. Gärtner *II. 356. t. 157.* Schkuhr *t. 226.* Cassini *in Dict. sc. nat. VII. 265.* Lessing *Synops. 128.*

2977. Acanthophyton *LESS.* Capitulum subsexflorum, homocarpum. Involucri cylindracei, imbricati squamae subaequales. Receptaculum planiusculum, epaleatum. Corollae ligulatae. Achenia uniformia, erostria, turbinata, transversim rugulosa. Pappi uniformis, brevissimi, multipaleacei, basi margine achenii prominulo cincti paleae ellipticae, obtusae, remotiusculae. — *Herba mediterranea,* *biennis; foliis alternis, runcinato-dentatis, caule dichotomo, ramis divaricatis, nudis, spinescentibus, capitulis axillaribus, solitariis, luteis.*

Acanthophyton Lessing *Synops. 128.* Cichorium spinosum Linn.

2978. Cichorium *TOURNEF.* Capitulum multiflorum, homocarpum. Involucri cylindrici, biseriati squamae exteriores breviores, adpressae, interiores basi subconnatae, demum patentes. Receptaculum planiusculum, epaleatum, foveolatum v. setosum. Corollae ligulatae. Achenia conformia, erostria, turbinata. Pappi uniformis, brevissimi, aequalis, biseriati paleae ellipticae, obtusae. — *Herbae in Europa media et in regionibus mediterraneis indigenae; foliis denticulatis v. runcinatis, capitulis axillaribus, glomeratis, sessilibus v. pedunculatis, caeruleis v. luteis.*

Cichorium Tournefort *inst. 272.* Linn. *gen. n. 387.* Gärtner *II. 357. t. 157.* Schkuhr *t. 226.* Flor. dan. *t. 907.* Lessing *Synops. 129.*

2979. Tolpis *ADANS.* Capitulum multiflorum, subhomocarpum. Involucrum biseriatim polyphyllum, aequale, squamis setaceis, demum falcato-patentibus calyculatum. Receptaculum planum, epaleatum, alveolatum, alveolorum marginibus denticulatis. Corollae ligulatae. Achenia uniformia, erostria, turbinata, striata. Pappus biformis, in acheniis marginalibus subpaleaceus, brevissimus, paleis uniseriatis, basi in annulum connatis, in acheniis centralibus coroniformis, brevissimus, crenulatus, setas duas v. quatuor longissimas exserens. — *Herba mediterranea, annua, diffusa, dichotome ramosa; foliis alternis, lanceolatis, inferioribus dentatis, pedunculis monocephalis, superne incrassatis, fistulosis, capitulis speciosis, floribus marginalibus luteis, centralibus atro-violaceis.*

Tolpis Adanson *Fam. II. 112.* Gärtner *II. 371. t. 180.* Lam. *t. 651.* Bivona-Bernardi *Tolpid. t. 3.* excl. reliq. Lessing *Synops. 129.* Drepania Jussieu *gen. 169.* Desfont. *Flor. atlant. II. 239.* Swertia Ludew. Chatelania Necker *elem. n. 96.* Crepis barbata Linn.

2980. Schmidtia *MÖNCH.* Capitulum multiflorum, homocarpum. Involucri biseriatim polyphylli squamae lineares, exteriores breviores, adpressae v. laxiusculae, subpatentes. Receptaculum planum, epaleatum, alveolatum, alveolorum marginibus denticulatis. Corollae ligulatae. Achenia uniformia, erostria, turbinata. Pappus uniformis, uniserialis, inaequalis, setaceus, setis basi valde dilatatis, subcallosis, superne scabris, aliis minimis interjectis. — *Herbae perennes, ramosae, v. fruticuli in regionibus mediterraneis provenientes; foliis alternis, lanceolatis, dentatis, pedunculis monocephalis, superne vix incrassatis, involucris farinoso-incanis, capitulis luteis.*

Schmidtia Mönch *Method. suppl. 1802.* Cassini *in Dict. sc nat. XLVIII. 433.* Lessing *Synops. 129.* Aethionia Don *in Edinb. philosoph. Journ. 1829. p. 309.* Polychaetia Tausch non Cass. Hieracii sp. Willd. Tolpidis sp. Bivona-Bernardi *Tolpid. t. 1. 2.* Schrank *Hort. Monac. t. 46.* Crepidis sp. DC. Desfont.

2981. Krigia *SCHREB.* Capitulum multiflorum, homocarpum. Involucri squamae subdenae, uniseriatae, aequales, erectae. Receptaculum planiusculum, epaleatum, foveolatum. Corollae ligulatae. Achenia conformia, erostria, turbinata. Pappus conformis, biserialis, serie exteriore coroniformi, brevi, interiore quinque-pluriseta, longa. — *Herbae boreali-americanae, annuae, glaucae, glabrae v. glanduloso-pilosae, basi foliatae, superne nudae, simplicissimae v. dichotomae; foliis runcinatis v. integris, capitulis terminalibus, solitariis.*

Krigia Schreber *gen. n. 1244.* Nuttall *gen. II. 126.* Reichenb. *Ic. exot. I. t. 87.* Lessing *Synops. 129.* Hyoseris virginica sp. Linn.

2982. Troximon *GÄRTN.* Capitulum multiflorum, homocarpum. Involucri polyphylli squamae biseriales, exteriores breviores. Receptaculum planiusculum, epaleatum, foveolatum. Corollae ligulatae. Achenia uniformia, erostria, quadrangula. Pappus uniformis, multiserialis, inaequalis, serie extima brevissima, persistente, multipaleacea, interioribus piliformibus, caducis. — *Herbae perennes, boreali-americanae, glaucae, glaberrimae, obligocephalae; foliis alternis, infimis lyratis, superioribus amplexicaulibus, integerrimis, capitulis terminalibus, luteis.*

Troximon Gärtner *II. 360.* excl. sp. non Nutt. Don. Cynthia Don *in Edinb. new philos. Journ. 1829. p. 309.* Adopogon Necker *elem. n. 101.* Luthera C. H. Schultz *in Linnaea X. 256.*

2983. Microseris *DON.* Capitulum multiflorum, homocarpum. Involucri polyphylli squamae biseriatae, exteriores breviores. Receptaculum planum, epaleatum, foveolatum. Corollae ligulatae. Achenia uniformia, erostria, turbinata. Pappus uniformis, uniserialis, squamis membranaceis, apice emarginatis, seta longissima serrato-subplumosa terminatis. — *Herba chilensis, tenella, scapigera; foliis radicalibus runcinato-pinnatifidis, scapis simplicissimis, monocephalis, capitulis ante anthesim nutantibus, luteis.*

Microseris Don *in Edinb. philosoph. Magaz. XI. 388.* Hooker *Bot. Mag. Compan. II. 30.* Lepidonema Fischer et Meyer *Index sem. Hort. Petropolit. 1835. p. 31.* Fichtea C. H. Schultz *in Linnaea X. 255.*

SUBTRIBUS IV. HYPOCHAERIDEAE

Lessing *Synops. 130.* Receptaculum paleatum. Pappus paleaceus, paleis angustissime semilanceolatis, interioribus v. in acheniis interioribus plumoso-pinnatisectis.

2984. Oreophila *DON.* Capitulum multiflorum, homocarpum. Involucri polyphylli squamae pluriseriatim imbricatae. Receptaculi plani paleae membranaceae, setaceo acuminatae. Corollae ligulatae. Achenia uniformia, erostria, compressa. Pappus uniformis, uniserialis, paleis plumosis, inaequalibus, basi crassiore persistentibus. — *Herba peruviana, andicola, acaulis, exscapa; radice fusiformi, foliis rosulatis, petiolatis, linearibus, coriaceis, sinuato-dentatis, supra glabris, subtus pilosis, flore inter folia solitario, sessili, magno, aureo.*

Oreophila Don *in Linn. Transact. XVI. 178.* — ? Hypochaeris sessiliflora Kunth.

2985. Hypochaeris *LINN.* Capitulum multiflorum, heterocarpum. Involucri polyphylli squamae pluriseriatim imbricatae. Receptaculi plani paleae membranaceae, lineari-acuminatae. Corollae ligulatae. Achenia biformia, striata, scabra, rostrata, rostro marginalium brevissimo, centralium elongato, setiformi. Pappus uniformis, biserialis, serie exteriore breviore subsetacea, interiore plumosa. — *Herbae annuae, glabriusculae, in Europa et in Capite bonae spei indigenae, dichotomae, basi tantum foliatae; foliis alternis, oblongis v. lanceolatis, sinuato-*

dentatis v. subintegerrimis, capitulis terminalibus, luteis.

Hypochaeris Linn. *gen. n. 918.* excl. sp. pl. Gärtner *II. 374. t. 160.* Lessing *Synops. 130.* Seriola Cassini *in Dict. sc. nat. XLVIII. 504.* non Linn. Hypochaeris glabra Linn. Schkuhr *t. 225.* Flor. dan. *t. 424.* E. B. *t. 575.* H. grandiflora Ledebour *Ic. t. 440.*

2986. Achyrophorus *SCOP.* Capitulum multiflorum, homocarpum. Involucri polyphylli squamae pluriseriatim imbricatae. Receptaculi convexiusculi paleae membranaceae, lineari-acuminatae. Corollae ligulatae. Achenia conformia, rostrata, striata, scabra, rostro elongato, setiformi. Pappus uniformis, biserialis, serie exteriore breviore subsetacea, interiore plumosa. — *Herbae perennes, in Europa et Asia media indigenae, hirsutae v. scabrae, simplices v. ramosae, basi tantum foliatae; foliis oblongis, sinuato-dentatis v. runcinatis, capitulis terminalibus solitariis, luteis.*

Achyrophorus Scopoli *Flor. carniol. II. n. 967.* Gärtn. *II. 370. t. 159.* Lessing *Synops. 130.* Porcellites partim Cassini *in Dict. sc. nat. XLIII. 42.* Hypochaeridis sp. Linn. Schkuhr *t. 225.* Fl. dan. *t. 149. 150.* E. B. *t. 225. 831.* Jacq. *Ic. rar. t. 165.* Scorzonerae sp. Jacq. *Op. cit. t. 106.*

2987. Seriola *GÄRTN.* Capitulum multiflorum, homocarpum. Involucri polyphylli squamae uniseriales, aequales. Receptaculi convexi paleae membranaceae, lineari-lanceolatae. Corollae ligulatae. Achenia conformia, rostrata, striata, scabra, rostro setiformi. Pappus uniformis, uniserialis, paleis angustissime semilineari-lanceolatis, plumosis, plumulis persistentibus v. caducis. — *Herbae mediterraneae, chilenses et brasilienses, annuae, dichotomae, plus minus hirsutae; foliis sinuato-dentatis v. runcinatis, capitulis terminalibus, solitariis, luteis.*

Seriola Linn. *gen. n. 917.* Gärtn. *II. 370. t. 159.* Schkuhr *t. 224.* Rodigia Sprengel *Syst. III. 654.* Piptopogon Cassini *in Dict. sc. nat. XLVIII. 507.* Agenora Don *in Edinb. new philosoph. Journ. 1829. p. 310.* Porcellites partim Cassini *in Dict. sc. nat. XLIII. 42.* Porcellitis sp. Lessing *in Linnaea VI. 102.*

2988. Robertia *DC.* Capitulum multiflorum, homocarpum. Involucri polyphylli squamae uniseriales, aequales. Receptaculi convexiusculi paleae membranaceae, lineari-lanceolatae. Corollae ligulatae. Achenia conformia, rostrata, teretia, laeviuscula, rostro brevi, vix ab achenio distincto. Pappus uniformis, uniserialis, paleis angustissime semilanceolato-linearibus, apice plumosis. — *Herba mediterranea, glabra, acaulis; foliis radicalibus runcinatis, scapo monocephalo, capitulo luteo.*

Robertia DC. *Fl. fr. V. 453.* Lessing *Synops. 131.* Seriola taraxacoides Loisl. S. uniflora Bivon.

SUBTRIBUS V. SCORZONEREAE Lessing *Synops. 131.* Receptaculum epaleatum. Pappus paleaceus, paleis angustissime semilanceolatis, saltim interioribus v. acheniorum centralium plumosis, rarissime omnibus scabris.

2989. Thrincia *ROTH.* Capitulum multiflorum, subhomocarpum. Involucri squamae pluriseriatim imbricatae. Receptaculum planum, epaleatum, favosum. Corollae ligulatae. Achenia conformia, rostrata, rostro brevi, continuo. Pappus biformis, acheniorum marginalium brevis, coroniformis, dentatus, centralium pluriserialis, plumosus, paleis basi latioribus, scariosis, plumulis tandem deciduis. — *Herbae in Europa media et in regionibus mediterraneis indigenae, scapiferae; radice fibrosa v. napiformi, foliis oblongo-obovatis, integris, scapis monocephalis, capitulis luteis.*

Thrincia Roth *Catalect. I. 97.* Lessing *Synops. 131.* Reichenb. *Plant. crit. f. 990—995.* Colobium Roth. Leontodontis sp. Linn. Curtis *Flor. Lond. II. t. 160.* Apargiae sp. Schkuhr *t. 220.* Hedypnois sp. E. B. *t. 550.* Streckera Schultz *in Flora 1834. p. 483.*

2990. Leontodon *LINN.* Capitulum multiflorum, homocarpum. Involucri polyphylli squamae pluriseriatim imbricatae. Receptaculum convexiusculum, epaleatum, punctatum v. scrobiculatum. Corollae ligulatae. Achenia uniformia, teretia, transversim rugulosa, sensim in rostrum breve, continuum attenuata. Pappus conformis, uniserialis v. biserialis, plumosus, paleis basi scarioso-dilatatis, aequalibus, v. exterioribus piliformibus nudis. — *Herbae in Europa et Asia media indigenae, etiam in America observatae, scapigerae; foliis radicalibus oblongo-obovatis, dentatis v. pinnatifidis aut saepius runcinatis, scapis simplicissimis, monocephalis, capitulis luteis.*

Leontodon Linn. *gen. n. 912.* excl. sp. pl. Koch *Flor. germ. 418.* Apargia Willd. *sp. III. n. 1408.* excl. sp.

a. VIREA *Adans.* Pappi series exterior piliformis, scabra, interior plumosa, paleis basi scarioso-dilatatis, serratis.

Virea Adanson *Fam. II. 112.* Gärtn. *II. 365. t. 159.* Leontodon Jussieu *gen. 170.* Lessing *Synops. 131.* Taraxaconoides Vaillant *in Act. Academ. Paris. 1721. p. 170.* Autodon Necker *elem. n. 107.* Leontodontis sp. Linn. Jacq. *Fl. austr. t. 93. 164.* Apargiae sp. Willd. Schkuhr *t. 220. excl. f. 2.*

b. APARGIA *Less.* Pappi series utraque plumosa, interioris paleae basi serrulatae.

Apargia Lessing *Synops. 132.* Hieracium incanum Linn. Jacq. *Fl. austr. t. 287.*

c. ASTEROTHRIX *Cass.* Pappi series utraque plumosa, paleis a basi aequaliter plumosis, exterioribus brevioribus.

Asterothrix Cassini *in Dict. sc. nat. XLVIII. 434.* Apargia crispa Willd. A. aspera Waldst. et Kitaibel *Plant. Hung. t. 110.* — ? Fidelia Schultz in *Flora 1834. p. 481.*

d. OPORINIA *Don.* Pappus uniserialis, plumosus, paleis basi scarioso-dilatatis.

Oporinia Don *in Edinb. new philosoph. Journ. 1829. p. 309.* Lessing *Synops. 132.* Scorzoneroides Mönch *Method. 549.* Leontodon autumnalis Linn. Apargia autumnalis Willd. Schkuhr *t. 220.*

2991. Millina *CASS.* Capitulum multiflorum, homocarpum. Involucri subuniserialis foliola conduplicata. Receptaculum planum, epaleatum, foveolatum. Corollae ligulatae. Achenia uniformia, rostrata, transverse striata, rostro longo, gracili, ab achenio distincto. Pappus uniformis, uniserialis, setaceo-paleaceus, plumosus. — *Herba incertae originis, soli Cassinio nota; caule basi ima foliato, simplicissimo, monocephalo, adscendente, squamis subulatis obsesso, apice inflato, foliis runcinatis, pilis simplicibus adspersis, capitulo luteo.*

Millina Cassini *in Dict. sc. nat. XXXI. 90.* Lessing *Synops. 132.*

2992. Geropogon *LINN.* Capitulum pauciflorum, subhomocarpum. Involucri uniseriati foliola aequalia, basi connata, floribus longiora. Receptaculum planum, epaleatum, setosum. Corollae ligulatae. Achenia uniformia, rostrata, rostro continuo, longo. Pappus biformis, acheniis exterioribus uniserialis, quinquepaleatus, paleis semilanceolatis, serrulatis, interioribus pluriserialis, plumosus. — *Herba mediterra-*

nea, ramosa, glabriuscula, Tragopogonis facie; foliis alternis, gramineis, integerrimis, capitulis terminalibus, solitariis, roseis.

Geropogon Linn. *gen. n. 904.* Schkuhr *t. 231.* Jacq. *Hort. Schönbr. t. 33.* Gärtner *II. 374. t. 160.* Lessing *Synops. 132.*

2993. Podospermum *DC.* Capitulum multiflorum, homocarpum. Involucri pluriseriatim imbricati foliola margine scariosa. Receptaculum convexiusculum, papillosum. Corollae ligulatae. Achenia uniformia, erostria, superne aequalia, callo basilari, inflato, achenium subaequante stipitata. Pappus uniformis, uniserialis, plumosus. — *Herbae in Europa media et in regionibus mediterraneis indigenae, glabrae; foliis alternis, pinnatifidis, capitulis terminalibus, solitariis, octangularibus, floribus luteis, marginalibus involucrum superantibus v. vix subaequantibus.*

Podospermum DC. *Fl. fr. IV. 61.* Podosperma Lessing *Synops. 133.* Reichardia Roth *Beiträge. 35.* non Nov. sp. Mönch *Method. 545.* Scorzonera laciniata Linn. Jacq. *Fl. austr. t. 356.* Schkuhr *t. 215.* Gärtn. *t. 159.*

2994. Urospermum *JUSS.* Capitulum pluriflorum, homocarpum. Involucri octophylli foliola uniseriata, basi connata. Receptaculum convexiusculum, epaleatum, foveolatum. Corollae ligulatae. Achenia uniformia, sessilia, rostrata, muricata, rostro longo, inani, basi inflato, intus septo transversali ab embryone separato. Pappus uniformis, uniserialis, plumosus, plumulis liberis. — *Herbae mediterraneae, annuae, dichotomae, glabrae; foliis alternis, semiamplexicaulibus, plus minus pinnatifidis, capitulis longe pedunculatis, luteis.*

Urospermum. Jussieu *gen. 170.* Desfont. *Catalog 90.* Lessing *Synops. 133.* Arnopogon Willdenow *Sp. III. 1496.* excl. sp. Tragopogon picroides et Tr. Dalechampii Linn. Gärtner *t. 159.* Schkuhr *t. 159.*

2995. Tragopogon *LINN.* Capitulum pluriflorum, homocarpum. Involucri octododecaphylli foliola uniseriata, basi connata. Receptaculum convexiusculum, epaleatum, nudum v. fimbrilliferum. Corollae ligulatae. Achenia uniformia, rostrata, sessilia, muricata, rostro continuo, longo. Pappus uniformis, pluriserialis, plumosus, paleis subcorneis, nonnullis longioribus, apice nudis, plumulis intertextis. — *Herbae in Europa et Asia temperata indigenae, erectae, simplices v. ramosae, aequaliter foliatae; foliis alternis, lineari-semilunceolatis, integerrimis, semiamplexicaulibus, capitulis terminalibus, solitariis, luteis v. purpurascentibus.*

Tragopogon Linn. *gen. n. 905.* excl. sp. Gärtn. *II. 366. t. 159.* excl. *fig. 2. 3.* Schkuhr *t. 214.* excl. fig. Jacq. *Fl. austr. t. 29. Ic. rar. t. 159.* E. B. *t. 434. 638.* Fl. dan. *t. 424. 797. 906.* Waldst. et Kitaibel *Plant. Hung. t. 112.* Lessing *Synops. 133.*

2996. Hymenonema *CASS.* Capitulum multiflorum, homocarpum. Involucri polyphylli squamae pluriseriatim imbricatae. Receptaculum planiusculum, epaleatum, nudum. Corollae ligulatae. Achenia uniformia, erostria, turbinata. Pappi uniformis paleae decem, subuniseriales, aequales, basi scarioso-dilatatae, superne plumosae. — *Herbae perennes, in regione mediterranea orientali indigenae, simplices, basi tantum foliatae; foliis oblongis, varie pinnatifidis, saepe asperis, capitulis terminalibus, magnis, speciosis, luteis.*

Hymenonema Cassini *in Dict. sc. nat. XXII. 31.* Lessing *Synops. 134.* Catananche graeca Linn. Scorzonera aspera Desfont.

2997. Scorzonera *LINN.* Capitulum multiflorum, homocarpum. Involucri polyphylli squamae pluriseriatim imbricatae, margine plerumque scariosae. Receptaculum convexiusculum, epaleatum, papillosum. Corollae ligulatae. Achenia uniformia, erostria, glabra v. villosa, callo basilari areolam lateralem cingente brevissimo. Pappus uniformis, pluriserialis, plumosus, paleis nonnullis interioribus longioribus, apice nudis, plumulis intertextis. — *Herbae perennes, in Europa imprimis australiore, et in Asia media indigenae, nonnullae etiam ob radices quibusdam in opsoniis gratas cultae, simplices v. dichotome ramosae, basi tantum v. aequaliter foliatae; foliis semiamplexicaulibus, lanceolatis, integerrimis, capitulis terminalibus solitariis, luteis v. purpurascentibus.*

Scorzonera Linn. *gen. n. 906.* excl. sp. DC. *Fl. fr. IV. 59.* Lessing *Synops. 134.* excl. sect. 2. Koch *Fl. germ. 423.*

a. SCORZONERA *Cass.* Achenia glabra. — Scorzonera Cassini *in Dict. sc. nat. XXV. 65. 264.* (Gärtn. *t. 159.* excl. fig. super. Jacq. *Fl. austr. t. 35. 36. 305.* Fl. dan. *t. 816. 1653.* Lapeyr. *Pyren. t. 156.* Waldst. et Kitaibel *Plant. Hung. t. 121.*)

b. LASIOSPORA *Cass.* Achenia villosa. — Lasiospora Cassini *in Dict. sc. nat. XXV. 306.* Lasiospermum Fischer *Index Hort. Gorenk. 1812. p. 34.* Scorzonerae sp. Bieberst. — ? Fleischeria Steudel et Hochst. *msc.*

2998. Galasia *CASS.* Capitulum multiflorum, homocarpum. Involucri polyphylli squamae pluriseriatim imbricatae. Receptaculum convexiusculum, epaleatum, papillosum. Corollae ligulatae. Achenia uniformia, erostria, sessilia, muricata. Pappus uniformis, pluriserialis, scaber, paleis exterioribus piliformibus, intimis lanceolato-dilatatis, intus intricato-villosis. — *Herba in Europa orientali indigena, multicaulis, adscendens, ramosa; foliis alternis, amplexicaulibus, linearibus, carinatis, villosis, capitulis terminalibus, solitariis, floribus vix involucro longioribus, subtus purpurascentibus.*

Galasia Cassini *in Dict. sc. nat. XVIII. 285. XLII. 81.* Koch *Fl. germ. 426.* Scorzonerae sect. 2. Lessing *Synops. 134.* Scorzonera villosa Scop. *Carniol. t. 46.* Sc. angustifolia Waldst. et Kitaibel *Plant. Hung. t. 122.*

2999. Picris *LINN.* Capitulum multiflorum, homocarpum. Involucri polyphylli squamae imbricatae, extimae patentes. Receptaculum planum, epaleatum, alveolatum. Corollae ligulatae. Achenia uniformia, transversim rugosa, sensim in rostrum brevissimum attenuata v. apice constricta. Pappus uniformis, biserialis, deciduus, paleis basi in annulum connatis, exterioribus paucioribus, piliformibus, interioribus basi latioribus, plumosis. — *Herbae in Europa, regione mediterranea et Asia media indigenae, ramosae, hispidae; foliis alternis, integris v. pinnatifidis, capitulis terminalibus, solitariis, luteis.*

Picris Linn. *gen. n. 907.* excl. sp. Gärtner *II. 366. t. 159.* Schkuhr *t. 216.* excl. fig. sup. Fl. dan. *t. 216.* DC. *Plant. Gall. rar. t. 20.* Lessing *Synops. 134.* — Medicusia Mönch *Method. 536.* Crepis rhagodioloides Linn. Jacq. *Hort. Schönbr. t. 144.* — Spitzelia Schultz *in Flora 1833. p. 723.* — Deckera Schultz *Ibid. 1834. p. 478.*

3000. Helminthia *JUSS.* Capitulum multiflorum, homocarpum. Involucri duplicis foliola exteriora quinque, cordata, latiora, patentia, interiora octo, erecto-conniventia. Receptaculum planum, epaleatum, papillosum. Corollae ligulatae. Achenia uniformia, rostrata, plano-obcompressa, elliptica, transversim rugulosa, apice laevi rotundata, rostro longo, gracili, fragilissimo superata. Pappus uniformis, pluriserialis, plumosus, persistens. — *Herba annua, hispidissima, dichotome ramosa, in Europa australi et in Anglia indigena; foliis alternis, semiamplexicaulibus, oblongis, repando-dentatis, capitulis terminalibus, solitariis, luteis.*

Helminthia Jussieu *gen. 170.* Gärtner *II. 268. t. 159.* Lam. *t. 648.* Helminthotheca Vaillant *in Act. Acad. Paris. 1721. p. 205.* Picris echioides Linn. Curt. *Fl. Lond. I. t. 172.* Schkuhr *t. 172.*

3001. Kalbfussia *SCHULTZ.* Capitulum multiflorum, heterocarpum. Involucri polyphylli squamae subimbricatae, adpressae, exteriores breviores. Receptaculum convexiusculum, epaleatum, alveolatum. Corollae ligulatae. Achenia biformia, erostria, exteriora breviora, involucri squamis intimis semiinclusa, scabra, interiora substipitata, transversim tuberculata, pappigera. Pappus in acheniis marginalibus nullus, centralibus uniserialis, plumosus, persistens. — *Herba atlantica, annua; foliis radicalibus pinnatifidis, caule ramoso, capitulis terminalibus, solitariis, luteis.*

Kalbfussia Schultz *in Flora 1833. p. 723.*

SUBTRIBUS VI. LACTUCEAE Lessing *Synops. 135.* Receptaculum epaleatum v. rarissime paleatum. Pappus piliformis, plerumque inaequalis, argenteus, mollissimus, fugax, nunquam plumosus, pilis exactissime linearibus, nec basi manifeste complanatis v. dilatatis.

3002. Pieridium *DESFONT.* Capitulum multiflorum, homocarpum. Involucri urceolati squamae pluriseriatim imbricatae, margine scariosae. Receptaculum planum, epaleatum, foveolatum. Corollae ligulatae. Achenia uniformia, erostria, tetragono-prismatica, transversim tuberculata, summo apice subcontracta. Pappus uniformis, pluriserialis, pilosus. — *Herbae in Europa media et in regione mediterranea indigenae, dichotome-ramosae; foliis alternis, amplexicaulibus, inferioribus sinuato-pinnatifidis, capitulis terminalibus, solitariis, luteis, pedunculis clavatis.*

Pieridium Desfont. *Flor. atlant. II. t. 221.* Lessing *Synops. 140.* Sonchus picroides Allioni *Pedemont. t. 16. f. 1.* Gärtn. *t. 158.* Scorzonera tingitana Linn. Schkuhr *t. 275.*

3003. Sonchus *LINN.* Capitulum multiflorum, homocarpum. Involucri squamae pluriseriatim imbricatae. Receptaculum planum, epaleatum, foveolatum. Corollae ligulatae. Achenia uniformia, erostria, plano-compressa, transversim rugulosa, apice truncata. Pappus uniformis, pluriserialis, pilosus, setis basi fasciculatim connatis. — *Herbae cosmopolitae, polymorphae, saepius hirsutae; foliis alternis, pinnatifidis, capitulis aggregatis, luteis.*

Sonchus Linn. *gen. n. 908.* excl. sp. Cassini *in Dict. sc. nat. XXV. 151. Synops. 140.* Fl. dan. *t. 606. 843. 1109.* E. B *t. 674. 843. 935.* Hayne *Arzneigew. t. 48.* Reichenb. *Hort. bot. t. 139.* Ledebour *Ic. t. 87* —? Launea Cassini *in Dict. sc nat. XXV. 321.*

3004. Trachodes *DON.* Capitulum multiflorum, homocarpum. Involucri polyphylli squamae pluriseriatim imbricatae. Receptaculum planum, epaleatum, laeve. Corollae ligulatae. Achenia uniformia, erostria, fusiformia, transversim rugosa. Pappus uniformis, triserialis, pilosus, pilis omnibus distinctis, intimis nonnihil crassioribus. — *Herba mexicana, biennis, viridi-caerulescens; caule paniculatim ramoso, tereti, aculeis minutissimis scabro, basi purpureo-maculato, foliis radicalibus spathulatis, sinuato-runcinatis, spinuloso-denticulatis, caulinis amplexicaulibus, lobatis, floribus paniculatis, citrinis.*

Trachodes Don *in Linn. Transact. XVI. 182.*

3005. Prenanthes *GÄRTN.* Capitulum quinque-decemflorum, homocarpum, floribus uni-biseriatis. Involucrum cylindraceum, pentaphyllum, squamulis brevibus calyculatum. Receptaculum epaleatum, foveolatum. Corollae ligulatae. Achenia uniformia, erostria, teretia, prismatica v. compressa, laevia. Pappus uniformis, pluriserialis, pilosus, pilis intimis interdum scabris. — *Herbae v. frutices in Europa media et mediterranea, in Asia temperata et America boreali indigeni; foliis alternis, pinnatifidis v. integris, capitulis terminalibus, solitariis.*

Prenanthes Gärtner *II. 358.* Linn. excl. sp. Lessing *Synops. 137.*

a. EUPRENANTHES. Capitula 5flora. Achenia prismatica. Pappi albi pili omnes conformes. — *Herbae europeae; foliis oblongo-lanceolatis. amplexicaulibus, basi cordatis, denticulatis, capitulis paniculatis, purpureis.*

Prenanthes purpurea Linn. Jacq. *Fl. austr. t. 307.* Gärtn. *t. 157.*

b. NABALUS *Cass.* Capitula 5—10flora. Achenia subcylindracea, striata. Pappus coloratus, scaber — *Herbae boreali-americanae; foliis alternis, amplis, plerumque petiolatis, integris, sinuatis v. pinnatifidis.*

Nabalus Cassini *in Dict. sc. nat. XLIII. 281.* Hooker *Flor. bor. Amer. 293. t. 102.* Harpalyce Don *in Edinb. new philosoph. Journ. 1829. p. 308.* (Willdenow *Hort. berol. t. 25.* Pursh *Fl. Bor. Amer. t. 24.* Bot. Mag. *t. 1079.*)

c. LYGODESMIA *Don.* Capitula 5flora. Achenia linearia, compressa, sulcata. Pappus coloratus, denticulato-scaber. — *Suffrutices v. herbae, in America boreali et in regione mediterranea orientali provenientes; foliis abortivis, squamaeformibus.*

Lygodesmia Don *in Edinb. new philosoph. Journ. 1829. p. 311.* Hooker *Fl. Bor. Amer. 295. t. 103.* (Labillard. *Syr. Decad. III. t. 2.*)

c. ATALANTHUS *Don.* Capitula 10flora. Achenia linearia, compressa, sulcata. Pappi nivei pili inaequales. — *Suffrutices mediterranei et canarienses, ramosissimi; foliis pinnatifidis.*

Atalanthus Don *in Edinb. new philosoph. Journ. VI. 311.* Prenanthes pinnata Linn. P. spinosa Vahl.

3006. Chorisma *DON.* Capitulum pauciflorum, homocarpum, floribus bi-triseriatis. Involucrum octophyllum, basi squamulis aliquot ovalibus calyculatum. Receptaculum epaleatum. Corollae ligulatae. Achenia uniformia, brevissima, rostrata, subfusiformia, compressa, sulcata Pappus uniformis, pilosus, pluriserialis. — *Herba in America arctica indigena, sarmentosa, repens; caulibus filiformibus, ad articulos radicantibus, foliis remotis petiolatis, profunde tripartitis, capitulis solitariis, pedunculatis, pallide caeruleis.*

Chorisma Don *in Edinb. new philosoph. Journ. VI. 308.* Prenanthes repens Linn.

3007. Phoenixopus *KOCH* Capitulum quinqueflorum, homocarpum, floribus uniseriatis. Involucrum suboctophyllum, foliolis exterioribus brevioribus subimbricatum, v. brevissimis calyculatum. Receptaculum epaleatum, obsolete scrobiculatum. Corollae ligulatae. Achenia uniformia, rostrata, plano-compressa, rostro filiformi. Pappus uniformis, pluriserialis, setosus. — *Herbae in Europa, Asia et America boreali indigenae; foliis amplexicaulibus, decurrentibus, lyrato- v. sinuato-pinnatifidis, capitulis paniculatis, luteis.*

Phoenixopus Koch *Fl. germ. 430.* Phoenixopus et Mycelis Cassini *in Dict. sc. nat. XXXIII. 483.* Phoenixopus et Lactucae sp. Lessing.

a. PHOENIXOPUS Cass. *l. c.* Involucrum subimbricatum, fusiforme. Acheniorum rostrum breve. — Prenanthes viminea Linn. Jacq. *Flor. austr. t. 9.*

b. MYCELIS Cass. *l. c.* Involucrum calyculatum, demum contortum. Acheniorum rostrum longum. — Prenanthes muralis Linn. Schkuhr *t. 218.* Fl. dan. *t. 509.* E. B. *t. 457.* Ledebour *Ic. t. 152. 498.* Cicerbitae sp. Wallr. Lactucae sp. Lessing.

3008. Lactuca *LINN.* Capitulum pauciflorum, homocarpum, floribus bi-triseriatis. Involucri oblongo-cylindracei squamae pluriseriatim imbricatae. Receptaculum planum, epaleatum, scrobiculatum. Corollae ligulatae. Achenia uniformia, rostrata, plano-obcompressa, rostro filiformi. Pappus uniserialis, pilosus, margine tenui, plus minus prominulo, laevi v. brevissime setuloso cinctus. — *Herbae per Europam, regiones mediterraneas, Asiam mediam et Americam borealem divulgatae; foliis inferioribus runcinato- v. sinuato-pinnatifidis, superioribus saepius integerrimis, basi plerumque sagittatis, carina v. margine aculeatis, capitulis luteis v. interdum caeruleis.*

Lactuca Linn. *gen. n. 909.* Gärtner *II. 361. t. 158.* excl. sp. Lessing *Synops. 135.*

a. SCARIOLA. Achenium striis elevatis utrinque plurimis. Flores flavi. — Lactucae genuinae Koch *Fl. germ. 431.* Schkuhr *t. 217.* Jacq. *Fl. austr. t. 250.* E. B. *t. 268.* Flor. dan. *t. 1227.* Waldst. et Kitaibel *Plant. Hung. t. 1. 48.* Hayne *Arzneigew. t. 46. 47.* — ? Rhabdotheca Cassini *in Dict. sc. nat. XLVIII. 424.*

b. CYANOSERIS. Achenium utrinque linea unica elevata. Flores caerulei. — Cyanoseris Koch *l. c.* Lactuca perennis Linn. L. undulata Ledebour *Ic. t. 129.*

3009. Chondrilla *TOURNEF.* Capitulum pluriflorum, homocarpum, floribus subbiseriatis. Involucrum cylindraceum, subdecaphyllum, squamis brevibus calyculatum. Receptaculum planum, epaleatum, excavato-punctatum. Corollae ligulatae. Achenia uniformia, rostrata, teretia, apice muriculata, rostro piliformi fragili, basi denticulorum coronula cincto. Pappus uniformis, pluriserialis, pilosus. — *Herbae biennes v. perennes, in Europa media et in regionibus mediterraneis, nec non in terris mexicanis indigenae, dichotome ramosae, virgatae; foliis infimis runcinatis, superioribus integris, capitulis lateralibus solitariis v. pluribus, rarius terminalibus, inconspicuis, luteis.*

Chondrilla Tournefort *inst. t. 268.* Linn. *gen. n. 910.* Cassini *IX. 64.* Lessing *Synops. 135.* Don *in Linn. Transact. XVI. 179.*

a. EUCHONDRILLA. Involucri calyculus adpressus, foliolis aequalibus. Flores pauci, subbiseriati. — *Herbae gerontogeae, biennes, caulibus ramosis, multifloris.* — Jacq. *Fl. austr. t. 427.* Gärtn. *II. 362. t. 158.* Schkuhr *t. 218.* Fl. dan. *t. 1652.* Ledebour *Ic. t. 37.*

b. CRINISSA. Involucri calyculus patentissimus, squamis lineari-setaceis, inaequalibus. Flores plurimi. — *Herbae mexicanae, perennes, caulibus nudiusculis, subunifloris.* — Crinissa Don *l. c.*

3010. Taraxacum *JUSS.* Capitulum multiflorum, homocarpum. Involucri oblongi squamae imbricatae, interiores aequales erectae, extimae breves patentes, omnes tandem reflexae. Receptaculum planum, demum pulvinatum, epaleatum, excavato-punctatum. Corollae ligulatae. Achenia uniformia, rostrata, subcompressa, superne squamoso-muricata, abrupte in rostrum filiforme contracta. Pappus uniformis, pluriserialis, pilosus. — *Herbae perennes, nemini non notae, in Europa et Asia temperata vulgares; foliis omnibus radicalibus polymorphis, integerrimis v. runcinato-pinnatifidis, scapis monocephalis, fistulosis, capitulis luteis.*

Taraxacum Jussieu *gen. 169.* DC. *Fl. fr. IV. 45.* Lessing *Synops. 135.* Leontodon Adanson *Fam. II. 112.* Gärtner *II. 363. t. 158.* Leontodontis sp. Linn. Schkuhr *t. 219.* Fl. dan. *t. 754. 1708.* Waldst. et Kitaibel *Plant. Hung. t. 114. 115.* Ledebour *Ic. t. 33. 34. 132. 497.*

3011. Willemetia *NECK.* Capitulum multiflorum, homocarpum. Involucri polyphylli squamae imbricatae, exteriores breviores. Receptaculum planum, epaleatum, excavato-punctatum. Corollae ligulatae. Achenia uniformia, rostrata, teretia v. angulata, coronula rostri elongati, filiformis, fragilis basim cingente. Pappus uniformis, pilosus, uniserialis. — *Herba in Europa media alpicola, perennis, spithamea, simplex; foliis radicalibus oblongo-obovatis, dentatis, glabris, caulinis lineari-lanceolatis, caule angulato, oligocephalo, inferne scabro, pedunculis involucrisque hispidis, floribus luteis.*

Willemetia Necker *elem. n. 90.* Cassini *in Dict. sc. nat. LIX. 228.* Monnier *Hierac. 80.* Lessing *Synops. 136.* Calycosorus Schmidt. Wibelia Hoppe. Peltidium Zollikofer *in Nat. Anz. 1820.* Zollikofera Nees *Compend. Fl. germ. II. 306.* Hieracium stipitatum Jacq. *Fl. austr. t. 293.*

3012. Ixeris *CASS.* Capitulum multiflorum, homocarpum. Involucri biseriati foliola exteriora quinque, minima. Receptaculum epaleatum. Corollae ligulatae. Achenia uniformia, rostrata, deremalata, teretia, rostro ovario breviore, laevi. Pappus uniformis, pluriserialis (?) pilosus. — *Herba nepalensis, erecta, subglaberrima; caule ramoso, foliato, foliis semiamplexicaulibus, lineari-subulatis, capitulis flavis, irregulariter corymbosis.*

Ixeris Cassini *in Bullet. soc. philomat. 1821. p. 173. Dict. sc. nat. XXIV. 49.* Lessing *Synops. 136.*

3013. Zacyntha *TOURNEF.* Capitulum pauciflorum, homocarpum. Involucri demum carnosi, angulato-torosi squamae interiores conduplicatae, arcte conniventes, exteriores membranaceae, patentes. Receptaculum planum, epaleatum. Corollae ligulatae. Achenia subuniformia, exteriora involucri squamis inclusa subincurva, brevissime rostrata, plano-compressa, exalata. Pappus uniformis, pilosus, uniserialis, scaber. — *Herba mediterranea, dichotoma, glabra; foliis inferioribus runcinatis, ramis junceis, capitulis terminalibus et lateralibus sessilibus, luteis.*

Zacyntha Tournef. *inst. 269.* Gärtner *II. 358. t. 157.* Cassini *in Dict. sc. nat. LIX. 228.* Lessing *Synops. 138.* Lapsana Zacyntha Linn.

3014. Nemauchenes *CASS.* Capitulum multiflorum, heterocarpum. Involucrum campanulatum, uniseriatum, basi squamis brevibus calyculatum. Receptaculum planum, epaleatum, foveolatum. Corollae ligulatae. Achenia biformia, erostria, extima involucri foliolis involuta, pubescentia, intus unialata, ala ultra discum epigynum in cornu producta, interiora subcylindracea, spinuloso-exasperata. Pappus uniformis, pilosus, pluriserialis, inaequalis, gracilis. — *Herbae orientales erectae, ramosae, longe pilosae; foliis alternis, semiamplexicaulibus, cordatis v. sagittatis, irregulariter dentatis, capitulis parvis, corymboso-paniculatis, luteis.*

Nemauchenes Cassini *in Dict. sc. nat. XXXIV. 362.* Lessing *Synops. 138.* Crepis aspera Linn.

3015. Gatyona *CASS.* Capitulum pauciflorum, heterocarpum. Involucrum demum globoso-connivens, uniseriatum, basi squamis brevibus calyculatum. Receptaculum convexiusculum, epaleatum, alveolatum. Corollae ligulatae. Achenia biformia, brevissime rostrata, extima trigono-compressa, margine interiore alata, reliqua fusiformia, sulcata, scabra. Pappus uniformis, pilosus, pluriserialis, scaber. — *Herba Europae australis, erecta, ramosa; foliis inferioribus runcinato-lyratis, caulinis amplexicaulibus, oblongis, basi incisis, auriculatis, pedunculis elongatis, apice parum incrassatis, involucris farinoso-tomentosis, floribus flavis, subtus aurantiaceis.*

Gatyona Cassini *in Dict. sc. nat. XVIII. 162. XXV. 62.* Lessing *Synops. 138.* Crepis Dioscoridis Linn. Schkuhr *t. 222.* DC. *Ic. plant. Gall. rar. t. 18.*

3016. Lomatolepis *CASS.* Capitulum multiflorum, homocarpum. Involucri polyphylli squamae adpressae, margine late scariosae. Receptaculum planum, epaleatum, alveolatum. Corollae ligulatae. Achenia uniformia, brevissime rostrata, glabra, complanata, quadrisulcata, bialata, alis oppositis, rostro vix manifesto. Pappus uniformis, pilosus, multiserialis. — *Herba aegyptiaca, ima basi foliata; foliis runcinatis, caule superne paniculato, capitulis luteis.*

Lomatolepis Cassini *in Dict. sc. nat. XLVIII. 422.* excl. sp. Lessing *Synops. 138.* Chondrilla capitata Sieber. Sonchus capitatus Linn.

3017. Ammoseris *LESS* Capitulum multiflorum, homocarpum. Involucri polyphylli squamae adpressae, margine scariosae. Receptaculum planum, epaleatum, alveolatum Corollae ligulatae. Achenia uniformia, brevissime rostrata, glabra, angulata, quinquecostata, costis callosis, subaequalibus, crassiusculis, rostro vix manifesto. Pappus uniformis, pilosus, multiserialis. — *Herba aegyptiaca, decumbens, diffusa, glaberrima; foliis runcinatis, paniculae dichotomae ramis divaricatis, capitulis luteis.*

Microrhynchus Lessing *Synops. 139.* non Zoolog. Chondrilla nudicaulis Linn. Lomatolepidis sp. Cass.

3018. Trochoseris *PÖPP. et ENDL.* Capitulum multiflorum, homocarpum. Involucri campanulati squamae imbricatae, exteriores squarrosae. Receptaculum planum, epaleatum, alveolatum. Corollae ligulatae. Achenia uniformia, rostrata, glabra, oblonge elliptica, plano-obcompressa, multicostata, costis suberoso-callosis, rostro longo, gracili, areola intus laterali. Pappus uniformis, pilosus, pluriserialis. — *Herba chilensis, pusilla, multicaulis, villoso-canescens; foliis radicalibus oblongis, pinnatifidis, hirsuto-villosis, caulibus simplicissimis, monocephalis, capitulis majusculis, luteis.*

Trochoseris Pöppig et Endl. *msc.* Macrorhynchus Lessing *Synops. 139,* non Zoolog.

3019. Lagoseris *BIEBERST.* Capitulum multiflorum, heterocarpum. Involucri campanulati, calyculati squamae uniseriatae, margine membranaceae. Receptaculum planum, paleaceo-fimbrilliferum. Corollae ligulatae. Achenia biformia, marginalia dorso convexa v. subcarinata, carinis filiformibus, obtusis v. membranaceo-alatis, centralia linearia, teretia, rostrata. Pappus capillaris, acheniorum marginalium parcus, caducissimus, centralium pluriserialis, persistens. — *Herbae in Europa australiore, in Asia mediterranea et in regione taurico-caucasica indigenae, basi foliatae, superne aphyllae; foliis pinnatifidis, capitulis paucis v. plurimis, luteis.*

Lagoseris Bieberst. *Flor. III. 538.* Lessing *Synops. 139.* Koch *Fl. germ. 435.* Pterotheca Cassini *in Dict. sc. nat. XXV. 62. XLIV. 56.*

a. PTEROTHECA *Cass.* Achenia marginalia latere interiore tri-quinquealata, centralia omnia glaberrima.

Pterotheca Cassini *l. c.* Andryala nemausensis Villars *Delph. t. 26.*

b. TRICHOCREPIS *Visian.* Achenia marginalia latere interiore tricarinata, carinis filiformibus, obtusis, centralium extima muricata, interiora subtilissime scabra.

Trichocrepis Visiani *Stirp. Dalmat. 18. t. 7.* Crepinia Reichenb. *Fl. excurs. 269. n. 1786.* in not. Lagoseris bifida Koch. Intybellia Cassini *in Dict. sc. nat. XXV. 124.* Myoseris Link *Handb. II. 798.*

3020. Pachylepis *LESS.* Capitulum multiflorum, heterocarpum. Involucri polyphylli squamae subimbricatae, rigidae, subcarinatae. Receptaculum planum, paleaceum. Corollae ligulatae. Achenia biformia, gibberoso-incurva, breviter rostrata, compressiuscula, marginalia calva, truncata, extus striata, intus unialata, interiora pappigera, longitudinaliter et transversim striata. Pappus acheniorum marginalium nullus, centralium pluriserialis, pilosus, subdenticulatus. — *Herba boreali-americana, erecta; foliis sessilibus, lanceolatis, serratis, capitulis luteis, subumbellatis.*

Pachylepis Lessing *Synops. 139.* Sclerolepis Monnier *Hierac. 81. t. 4. d.* Hieracium Kalmii Linn.

3021. Barkhausia *MÖNCH.* Capitulum multiflorum, homocarpum. Involucri pluriseriati squamae exteriores breves, laxae, interiores aequales, rectae. Receptaculum planum; piloso-fimbrilliferum. Corollae ligulatae. Achenia subuniformia, rostrata, exalata, transversim rugulosa, rostro exteriorum saepius brevi, interiorum longo, gracillimo, subulato. Pappus uniformis, pilosus, pluriserialis. — *Herbae in Europa et Asia media, et in regionibus mediterraneis obviae, in America australi extratropica rarae, Crepidum, a quibus vix diversae, habitu, capitulis luteis v. purpurascentibus.*

Barkhausia Mönch *Method. 536.* Griesselich *in Linnaea V. 417.* Lessing *Synops. 136.* Borkhausia Böhmer 43. Hostin Mönch *Method. Suppl. 1802.* Crepidis sp. Linn. et Auct. Gärtn. *t. 158.* E. B. *t. 406.* Ledebour *Ic. t. 36.* — Paleya Cassini *in Dict. sc. nat. XXXIX. 393.* Crepis albida Villars *Delph. t. 33.* Picridii sp. DC. — Deloderium Cassini *in Dict. sc. nat. XLVIII. 434.*

3022. Crepis *LINN.* Capitulum pauci-multiflorum, homocarpum, floribus uni-multiseriatis. Involucrum polyphyllum, imbricatum v. squamulis plurimis calyculatum. Receptaculum epaleatum, punctato-foveolatum. Corollae ligulatae. Achenia uniformia, exalata, teretia, striata, sensim in rostrum breve attenuata. Pappus uniformis, pilosus, pluriserialis. — *Herbae in temperatis utriusque hemisphaerii obviae, utplurimum annuae; foliis plerumque pinnatifidis, capitulis parvis, luteis.*

Crepis Linn. *gen. n. 914.* excl. sp. Lessing *Synops. 136.* Koch *Fl. germ. 437.* excl. sect. 2. et 4.

A. EUCREPIS. Achenia 10—13 striata.

Crepis sect. 1. Koch *l. c.*

1. Intybus. Scapus aphyllus, apice polycephalus. Capitula parva. Involucrum calyculo brevi, adpresso.

Intybus Fries *Novit. edit. 2. p. 244.* excl. sp. Intybellia Monnier *Hierac. 78. excl. sp.* Geracii sp. Reichenb. Hieracii sp. Linn. Jacq. *Ic. rar. t. 578.*

2. Aetheorhiza. Scapus aphyllus v. basi subfoliatus, apice monocephalus, simplex v. basi ramo uno alterove folio suffulto, apice monocephalo auctus. Capitula majora. Involucrum hirtum.

Aetheorhiza Cassini *in Dict. sc. nat. XLVIII. 425.* Leontodon bulbosum Linn. — Calliopea Don *in Edinb. new philosoph. Journ. VI. 309.* Leontodon aureum Linn. Jacq. *Fl. austr. t. 297.* — Hieracium alpestre Jacq. *Fl. austr. t. 191.* — ? Troximon Don *in Edinb new philosoph. Journ. VI. 309.* Tr. glaucus Pursh. Tr. cuspidatus Pursh. Agoseris Rafinesq. *in Journ. Phys.*

3. Berinia. Caulis foliatus, apice corymbosus.

Berinia Brignoli. Andryala chondrilloides Scopoli *Carniol. t. 52.* — Brachyderea Cassini *in Dict. sc. nat. XXVII. 4.* Crepis rigida Waldst. et Kitaibel *Plant. Hung. t. 19.* — Phaecasium Cassini *in Dict. sc. nat. XXXIX. 387.* Sclerophyllum Gaudin *Helv. 48.* Crepis pulchra Linn. — Crepis Cassini *in Dict. sc. nat. XI. 395.* Crepis tectorum L. Cr. biennis L. Cr. virens L. Schkuhr *t. 222.* Fl. dan. *t. 501.* E. B. *t. 149. 1111.* Waldst. et Kitaibel *Plant. Hung. t. 220.*

B. HOMALOCLINE. Achenia 20 striata.

Omalocline Cassini *in Dict. sc. nat. XLVIII. 425.* Monnier *Hierac. 78.* Hieracii sp. Linn. Waldst. et Kitaibel *Plant. Hung. t. 218.* Crepidis sp. Waldst. et Kitaibel *t. 70.*

SUBTRIBUS VII. HIERACIEAE Lessing *Synops. 140.* **Receptaculum** paleatum v. epaleatum. **Pappus** piliformis, rigidiusculus, fragillimus, demum saepe sordidus v. flavescens, nunquam plumosus, pilis exactissime linearibus, basi aequalibus.

3023. Rothia *SCHREB.* **Capitulum** multiflorum, heterogamum. **Involucri** polyphylli squamae uniseriatae. **Receptaculum** planum, margine paleatum, centro fimbrilliferum. **Corollae** ligulatae. **Achenia** uniformia, erostria, cylindrica, striata, marginalia receptaculi paleis involuta, calva, centralia pappigera. **Pappus** setaceus, multiserialis. — *Herbae in Europa australi indigenae; foliis integris v pinnatifidis, capitulis terminalibus, solitariis v. corymbosis.*

Rothia Schreber *gen. n. 1241.* Gärtner *II. 371. t. 174.* Schkuhr *t. 223.* Cassini *in Dict. sc. nat. XLVI 311.* Lessing *Synops. 141.* Voigtia Roth *in Usteri Annal. 1790. X. 17.* Andryalae sp. Linn.

3024. Heteracia *FISCH. et MEY.* **Capitulum** multiflorum, heterocarpum. **Involucrum** octopartitum, basi squamosum. **Receptaculum** planum, epaleatum. **Corollae** ligulatae. **Achenia** biformia, abrupte rostrata, exteriora compresso-tetragona, suberoso-corticata, calva, interiora teretiuscula, pappigera. **Pappus** setaceus, pluriserialis, setis serrulato-scabris. — *Herba annua, in Asiae rossicae salsis indigena, non satis nota, dubie huc relata, humilis, glabra, ramosa; foliis sagittatis, runcinatis, capitulis flavis*

Heteracia Fischer et Meyer *Index Semin. hort. Petropolit. 1835. p. 31.*

3025. Andryala *LINN.* **Capitulum** multiflorum, homocarpum. **Involucri** polyphylli squamae biseriatae. **Receptaculum** epaleatum, alveolorum marginibus longe fimbrilliferis. **Corollae** ligulatae. **Achenia** uniformia, erostria, omnia pappigera. **Pappus** setaceus, pluriserialis, setis ima basi connatis, simul deciduis. — *Herbae in Europa austro-orientali et in insulis Canariis indigenae, dichotome ramosae, piloso-incanae; foliis integris v. pinnatifidis, semiamplexicaulibus, capitulis terminalibus, luteis.*

Andryala Linn. *gen. n. 915.* excl. sp. Gärtner *II. 361. t. 158.* Schkuhr *t. 223.* Cassini *in Dict. sc. nat. II. 130.* Lessing *Synops. 141.* Eriophorus Vaillant.

3026. Hieracium *TOURNEF.* **Capitulum** multiflorum, homocarpum. **Involucri** polyphylli squamae imbricatae, inaequales. **Receptaculum** epaleatum, villosum v. alveolatum. **Corollae** ligulatae. **Achenia** uniformia, erostria, striata v. subprismatica. **Pappus** uniformis, setaceus, uniserialis, achenii margine brevissimo annulari, crenulato cinctus. — *Herbae perennes, polymorphae, in temperatis totius orbis repertae, in hemisphaera boreali, inprimis in alpestribus copiosae, pilis dentatis, glandulosis v. stellatis obsessae, caulescentes v. scapigerae; capitulis luteis v. rarius aurantiaceis.*

Hieracium Tournefort *inst. 267.* Linn. *gen. n. 913.* excl. sp. Gärtner *II. 360. t. 158.* Monnier *Hierac. 80.* Cassini *in Dict. sc. nat. XXI. 136.* Don *in Linn. Transact. XVI. 175.* Lessing *Synops. 143.* Jacq. *Fl. austr. t. 8. 189. 286. 410. Ic. rar. t. 163.* Fl. dan. *t. 27. 680. 1110—1113.* E. B. *t. 349. 1093. 2079. 2332. 2379. 2383.* Waldst. et Kitaibel *Plant. Hung. t. 85. 127. 145. 193. 209. 216. 217. 273.* Reichenb. *Plant. crit. icc.* Ledebour *Ic. t. 380. 456. 461.* — Miegia et Plaucia Necker *elem. n. 88. 89.*

3027. Aracium *NECK.* **Capitulum** multiflorum, homocarpum. **Involucri** polyphylli squamae subuniseriales, lineares, acuminatae. **Receptaculum** epaleatum, alveolatum. **Corollae** ligulatae. **Achenia** uniformia, rostrata, teretia, striata, rostro achenio breviore. **Pappus** uniformis, setaceus, uniserialis, achenii margine accessorio nullo. — *Herbae europeae, perennes, apice aphyllae; foliis inferioribus pinnatifidis, capitulis terminalibus paucis, luteis.*

Aracium Necker *elem. n. 87.* Lessing *Synops. 141.* Hieracium paludosum Linn. Schkuhr *t. 221.* Fl. dan. *t. 928.* E. B. *t. 1094.* H. chondrilloides Jacq. *Fl. austr. t. 429.* Aracii et Soyerae sp. Monnier. Geracii sp. Reichenb. — Stenotheca Monnier *Hierac. 71.* H. mariaaum L. H. venosum L.

3028. Mulgedium *CASS.* **Capitulum** multiflorum, homocarpum. **Involucri** polyphylli squamae imbricatae. **Receptaculum** epaleatum, alveolatum. **Corollae** ligulatae. **Achenia** uniformia, rostrata, plano compressa, rostro brevissimo. **Pappus** uniformis, setaceus, pluriserialis, rostri margine brevissimo, setuloso cinctus. — *Herbae perennes, in hemisphaerae borealis alpestribus et frigidiusculis crescentes; foliis integris v runcinatis, capitulis corymbosis, caeruleis.*

Mulgedium Cassini *in Dict. sc. nat. XXXIII. 296. XLVIII. 426.* Lessing *Synops. 142.* Royle *Himalay. t. 61.* Agathyrsus Don *in Edinb. new philosoph. Journ. VI. 310.* Sonchus alpinus Linn. Fl. dan. *t. 182.* S. sibiricus Linn. S. azureus Ledebour *Ic. t. 694.* Aracii sp. Monnier.

3029. Soyeria *MONN.* **Capitulum** multiflorum, homocarpum. **Involucri** bi-triseriati squamae lineares, exteriores minores et patentes. **Receptaculum** epaleatum, alveolato-fimbrilliferum. **Corollae** ligulatae. **Achenia** uniformia, rostrata, ancipiti-compressa, rostro achenio breviore. **Pappus** uniformis, setaceus, pluriserialis. — *Herbae europeae et boreali-asiaticae; foliis superioribus semiamplexicaulibus, sinuato-dentatis, capitulis magnis, corymbosis, luteis.*

Soyeria Monnier *Hierac. 74.* Lessing *Synops. 142.* Catonia Mönch *Method. 535.* Lapeaune Lapeyr. *Pyren. 478.* excl. sp. Hapalostephium Don *in Edinb. new philosoph. Journ. VI. 307.* Hieracii et Crepidis sp. Linn. et Auct. Jacq. *Fl. austr. t. 190.*

3030. Picrosia *DON.* **Capitulum** multiflorum, homocarpum. **Involucri** cylindracei squamae uniseriatae, margine undulato-scariosae. **Receptaculum** planum, epaleatum, nudum. **Corollae** ligulatae. **Achenia** uniformia, rostrata, rostro achenio longiore. **Pappus** uniformis, setaceus, pluriserialis. — *Herba chilensis, laevis, glauca; caule erecto, parce ramoso, foliis lanceolatis, integerrimis v. remote dentatis, radicalibus basi angustatis, caulinis semiamplexicaulibus, capitulis rumos terminantibus, solitariis, luteis.*

Picrosia Don *in Linn. Transact. XVI. 183.* Lessing *Synops. 143.* Tragopogon fritillarioides Lessing *in Linnaea VI. 101.*

3031. Pinaropappus *LESS.* **Capitulum** multiflorum, homocarpum. **Involucri** polyphylli squamae imbricatae, margine apicali latissime scariosae. **Receptaculum** planum, paleatum. **Corollae** ligulatae. **Achenia** uniformia, rostrata, sulcata, laevia, achenio rostro longiore. **Pappus** uniformis, setaceus, pluriserialis. — *Herba mexicana, erecta, glauca, glaberrima, superne aphylla; foliis inferioribus pinnatifido-dentatis, capitulis terminalibus, solitariis, roseis.*

Pinaropappus Lessing *Synops. 143.* Achyrophorus roseus Lessing *in Linnaea V. 134.*

*

3032. Dendroseris *DON.* **Capitulum** multiflorum, homocarpum. **Involucri** campanulati, polyphylli squamae imbricatae. **Receptaculum** concavum v. planum, alveolatum, alveolorum marginibus nudis v. lacero-fimbrilliferis. **Corollae** ligulatae. **Achenia** uniformia, erostria, basi et apice emarginata, alato-trigona v. compressa. **Pappus** uniformis, multisetus, setis inaequalibus, scabriusculis — *Arbores insulae S. Juan Fernandes, decem-viginti pedales, divaricato-ramosissimae v. rarius inferne subsimplices; ligno in aliis durissimo, gravi, in aliis fragili, cortice laevi, inciso lac glutinosum effundente, foliis alternis, nunc integerrimis, nunc varie lobatis v bipinnatis, chartaceis, petiolatis, petiolis limbo decurrente saepe alatis, rarius subnullis, supremis sessilibus, sensim in bracteas transeuntibus, bracteis florum minimis, setaceis, nunc subfoliaceis v. membranaceis, paniculis terminalibus ramosissimis, interdum divaricatis, e foliorum confertorum congerie erectis, corollis albis v. rarius croceo-fulvis.*

Dendroseris Don *in Edinb. new philosoph. Journ. VI. 388.* Hooker *in Bot. Mag. Compan. I. 39.* Rea Bertero *ex Decaisne in Guillem. Archiv. bot. I. 513. t. 9. 10.*

APPENDIX. GENERA PENITUS DUBIA.

1. APATANTHUS Viviani *Flor. Lybic. 54. t. 7. f. 3.* **Capitulum** multiflorum, heterogamum, floribus radii ligulatis, femineis, disci hermaphroditis, tubulosis. **Involucri** cylindrici, setis nigricantibus tecti squamae septem, lineares, intus concavae. **Receptaculi** paleae lineares, acutae. **Corollae radii** ligulatae, ligula linearī, truncata, quadridentata, **disci** tubulosae, tubo basi filiformi, supra medium ampliato, limbo truncato, obsolete denticulato. **Achenia** conformia, linearia, erostria. **Pappus** pilosus. — *Herba cyrenaica, annua; foliis omnibus radicalibus, obovatis, in petiolum angustatis, integerrimis, utrinque pilis setulosis conspersis, scapo monocephalo, versus apicem conferte setuloso, setulis in involucrum transeuntibus.*

2. ABASOLOA Llav. et Lexarz. *Nov. veget. I. 11.* **Capitulum** multiflorum, heterogamum, floribus femineis triseriatis, ligulato-capillaribus, disci tubulosis, quadridentatis, hermaphroditis. **Involucri** biseriati squamae aequales. **Receptaculi** plani paleae lineares, acutae, ciliato-serratae. **Achenia** tetragono-rhomboidea, apicis centro papilla umbilicata. **Pappus** nullus. — *Herba? mexicana, tripedalis, ramosissima, dichotoma; foliis oppositis, lineari-lanceolatis, asperulis, remote dentatis, capitulis solitariis, e dichotomiis longe pedunculatis.*

3. ALLENDEA Llav. et Lexarz. *Nov. veget. I. 10.* **Capitulum** multiflorum, heterogamum, floribus femineis multiseriatis, ligulato filiformibus, hermaphroditis paucis, tubulosis, limbi quinquefidi laciniis revolutis. **Involucri** imbricati squamae acutae. **Receptaculi** convexi paleae minutae, apice subaristatae, centrales longiores. **Achenia** . . . . . **Pappus** pilosus, uniformis. — *Herba mexicana, virgata, ramulis striato-teretibus, tomentoso-sericeis; foliis oppositis, connatis, late lanceolatis, in petiolum brevem decurrentibus, saepius inaequilateris, supra late viridibus, subtus trinerviis, tomento argenteo sericeis, una alterave papilla denticulatis, capitulis corymbosis, flavescentibus.*

4. GALEANA Llav. et Lexarz. *Nov. veget. 12.* **Capitulum** pauciflorum, heterogamum, floribus radii tribus, brevissime ligulatis, bifidis, femineis, disci circiter quinque tubulosis, quinquedentatis, hermaphroditis. **Involucri** pentaphylli foliola aequalia, carinata. **Receptaculum** nudum. **Achenia radii** concava, margine subdentato, **disci** prismatica. **Pappus** nullus. — *Herba mexicana, caule procumbente, striato, dichotome ramoso; foliis oppositis, breviter petiolatis, ut plurimum glabris, succulentis, hastatis v. sagittatis, capitulis e ramorum dichotomiis solitariis, longe pedunculatis et in summitate ramorum breviter racemosis.*

5. ROSALESIA Llav. et Lexarz. *Nov. veget. 9.* **Capitulum** multiflorum, homogamum, discoideum. **Involucri** floribus brevioris, biseriatim imbricati foliola apice revoluta, glanduloso-viscosa. **Receptaculum** nudum. **Corollae** tubulosae, tubo filiformi, ore constricto, limbo brevissime quinquedentato. **Antherae** in fundo corollae. **Stigmata** elongata, clavata, divaricata. **Achenia** cylindracea, striata, villosa. **Pappus** villosus. — *Frutex mexicanus, biorgyalis, virgato-ramosus; ramis junioribus striatis, pubescentibus, florigeris superne viscosis, foliis oppositis, ovato-subcordatis, petiolatis, supra asperis, subtus subtomentosis, crenato-serratis, capitulis in corymbos axillares et terminales dispositis.*

OBSERVATIO. Genera **Gomezia** *Llav.* et **Osteiza** *Llav.* a clariss. Lindley *Introduct. edit. II. p. 264.* commemorata, nobis prorsus ignota sunt.

6. MNESITEON Rafin. *Ludov. 67.* **Capitulum** radiatum, floribus hermaphroditis quadrifidis, tetrandris. **Involucri** turbinati, quadrifidi laciniae radiatae, foliaceae, radio longiores. **Receptaculum** nudum. **Achenia** compressa, alata, membranacea, apice margine crasso coronata. **Pappus**? . . . . . . — *Plantae boreali-americanae, scabrae v. pubescentes; foliis alternis, linearibus, integerrimis, v. oppositis, serratis.*

7. MICROSPERMUM Lagasca *Nov. gen. 25.* **Capitulum** multiflorum, homogamum, radiatiforme, floribus marginalibus majoribus subbilabiatis. **Involucrum** . . **Receptaculum** . . . . . **Pappi** dentes brevissimi et aristae 2—3, elongatae. — *Herba mexicana; foliis oppositis.*

8. PLATZIA Ruiz et Pav. *Prodr. 104.* **Capitulum** multiflorum, homogamum, radiatiforme, floribus marginalibus bilabiatis, labio exteriore maximo, tridentato, interiore bipartito, laciniis linearibus, revolutis, centrales infundibuliformes, quinquefidi. **Involucri** ovati foliola plurima, lanceolata, erecta. **Receptaculum** nudum. **Pappus** pilosus.

9. PLACUS Loureir. *Cochinch. 606.* Capitulum multiflorum, heterogamum, discoideum, floribus marginalibus plurimis femineis, centralibus paucis hermaphroditis. Involucri obturbinati, imbricati squamae lineares, tenues, erectae. Receptaculum convexum, nudum. Corollae hermaphroditae tubulosae, quinquefidae, femineae piliformes, truncatae. Achenia oblonga, marginis tenuiora. Pappus pilosus. — *Herbae cochinchinenses, erectae, ramosae; foliis ovatis, serratis, acuminatis, glabris, v. obtusis, utrinque tomentosis, capitulis luteis v. violaceis, paniculatis.*

10. GALOPHTHALMUM Nees et Mart. *in N. A. N. C. XII. 7. t. 2.* Capitulum pauciflorum, heterogamum, floribus radii unilateralibus, subternis, ligulatis, femineis, disci tubulosis, hermaphroditis. Involucri cylindracei, biseriatim octophylli squamae aequales, interiores membranaceae. Receptaculum nudum, punctatum. Achenia compresso-tetragona, obconica. Pappi spinae 2—4, breves, divergentes, e latiori basi acutissimae. — *Herba brasiliensis; caule flaccido, procumbente, sparsim hispidulo, foliis subquaternis, longe petiolatis, petiolis basi dilatata subconnatis, obtuse serratis, utrinque tuberculoso-setosis, capitulis parvis luteis, e dichotomiis breviter pedunculatis v. in axillis superioribus sessilibus.*

11. DAMATRIS Cassini *in Dict. sc. nat. XII. 472.* Capitulum multiflorum, heterogamum, floribus radii uniseriatis, ligulatis, femineis, disci tubulosis, masculis. Involucri hemisphaerici squamae imbricatae, exteriores appendice foliacea, interiores scariosa auctae. Receptaculi convexiusculi paleae inter radium et discum uniseriatae, flores femineos amplectentes. Corollae radii ligulatae, disci tubulosae, limbi quinquelobi lobis callo triangulari, nigricante terminatis. Achenia disci abortiva, radii cylindracea, rufo-pilosa. Pappi achenio longioris squamellulae biseriatae, inaequales, paleiformes, latae, obovales, membranaceo-scariosae. — *Herba capensis, annua; caule brevissimo, pedunculis scapiformibus, monocephalis, foliis alternis, semiamplexicaulibus, lineari-lanceolatis, sinuatis, tomentosis, subtus albidis, floribus flavis.*

12. DIMEROSTEMMA Cassini *in Dict. sc. nat. XIII. 253.* Capitulum multiflorum, homogamum, discoideum. Involucri subglobosi squamae pauciseriatae, inaequales, exteriores majores bracteiformes, ovales, dentatae, interiores oblongae, integerrimae. Receptaculi planiusculi paleae oblongae, acutae, apice subspinescentes, achenia amplexantes. Achenia linearia. Pappi paleolae duae coriaceae, magnae, semilanceolatae, basi connatae, saepius irregulariter incisae. — *Herba brasiliensis villosa; foliis alternis, breve petiolatis, dentato-crenulatis, subtriplinerviis, capitulis flavis, terminalibus, solitariis.*

13. GLYPHIA Cassini *in Dict. sc. nat. XIX. 108.* Capitulum multiflorum, heterogamum, floribus radii uniseriatis, ligulatis, femineis, disci tubulosis, hermaphroditis. Involucri squamae biseriales, imbricatae, submembranaceae. Receptaculum planum, fimbrilliferum, fimbrillis brevibus, inter se connatis, subulatis, membranaceis. Achenia oblonga, subcylindracea, striata, hispidula, callo basilari cartilagineo. Pappi longi squamellae plurimae, inaequales, filiformes, barbellulatae. — *Planta madagascariensis, glaberrima; caule lignoso, flexuoso, fortassis volubili, foliis alternis, subsessilibus, ovato-acuminatis, integerrimis, membranaceis, pellucido-glandulosis, capitulis in ramis terminalibus, paniculatis.*

14. GÜNTHERIA Spreng. *Syst. III. 356.* Involucrum monophyllum, multipartitum, multiflorum. Receptaculum paleaceum, paleis fissis, aristatis. Pappus paleaceus, paleis corollae tubum involventibus — *Herba brasiliensis cubitalis, monocephala, pubescens; foliis alternis, oblongis, utrinque attenuatis, integerrimis, floribus flavis.*

OBSERVATIO. Genera Aganippea *Flor. mex.* et Trimetra *Flor. mex.* a cl. Lindley *Introduct. edit. II. p. 264.* commemorata, penitus ignota manent.

Ordo CXXI. Calycereae.

CALYCEREAE R. Brown *in Linn. Transact. XII. 132—142.* L. C. Richard *in Mem. Mus. VI. 77.* Bartling *Ord. nat. 133.* DC. *Prodr. V. 1.* BOOPIDEAE Cassini *in Journ. Phys. 1818. p. 113. Opusc. phytolog. II. 344.*

Herbae annuae v. perennes, rarius suffrutescentes, succo aqueo, rarissime scapigerae, plerumque caulescentes, caule ramisque teretibus v. angulatis. Folia alterna, sessilia, integra, integerrima v. dentata, saepius pinnatifida, exstipulata.

Flores hermaphroditi, v. ovarii et styli structura imperfecta unisexuales, in capitulum multiflorum, terminale, v. rami axillaris in caulem succrescentis elongatione oppositifolium, supra receptaculum rarissime planum, plerumque subglobosum v. convexo-conicum, foliolis uni-pluriseriatis involucratum collecti, sessiles.

Capituli nunc flores omnes fertiles, nunc steriles, ovario efoeto donati, fertilibus mixti, vel in receptaculo conico inferiores (marginales) perfecti, mediantibus calycibus inter se connati, superiores (centrales) steriles, distincti.

Involucri foliola plura, uni-biseriata, libera v. basi plus minus inter se connata.

Receptaculum commune paleis inordinate floribus intermixtis, in nonnullis fere obsoletis, rarissime in alveolos concretis obsessum.

Calyx tubo cum ovario connato, limbo supero, quinquepartito, laciniis plerumque plus minus inter se inaequalibus, in floribus sterilibus ut plurimum squamaeformibus, brevissimis, in fertilibus plus minus elongatis, acutis, maturitate induratis, coniformibus, persistentibus.

Corolla disco epigyno inserta, gamopetala, regularis, tubo elongato, gracili, recto, limbo campanulato v. infundibuliformi, tubo multo breviore, ampliore, quinquefido v. rarius quadrifido, laciniis linearibus, nervo medio duobusque submarginalibus instructis, per aestivationem valvatis.

Stamina quinque, corollae laciniis alterna, imo tubo inserta, filamenta juxta totam longitudinem tubi corollini arctissime eidem adnata, ad faucem a tubo distincta, monadelpha, per totam longitudinem in tubum connata v. apicibus brevissime distincta. Antherae introrsae, biloculares, erectae, lineares, exappendiculatae, basibus inter se in tubum connatae, apicibus distinctae, connectivo filamentis continuo, filiformi, loculis parallelis, longitudinaliter dehiscentibus.

Ovarium inferum, uniloculare, uniovulatum. Ovulum apici loculi appensum, anatropum. Discus epigynus conoideus, styli corollaeque basim connectens, intra tubum corollae in laminam tenuissimam, ad faucem in areolas quinque glandulares tumentem productus. Stylus terminalis, simplex, exsertus, apice clavato-incrassatus, glaberrimus. Stigma terminale subcapitatum, integerrimum, glandulosum.

Achenia limbo calycis saepius aucto, rigescente v. spinescente, et corolla emarcida coronata, libera v. in globum echinatum coadunata, epicarpio (calycis tubo) crasso, fungoso-coriaceo v. sublignoso, ab endocarpio (pericarpio proprio) solubili.

Semen unicum, inversum, testa membranacea, rhaphe lineari et chalaza apicali notata. Albumen carnosum.

Embryo orthotropus, axilis, albumine parum brevior, cylindricus. Cotyledones oblongae, obtusae, plano-accumbentes, radicula umbilicum spectante, supera plus minus brevioribus. Plumula inconspicua.

Boopideae a Compositis semine inverso albuminoso, a Dipsaceis staminibus synantheris et corollae loborum nervatione distinctissimae, in America australi extratropica parvo adhucdum specierum numero observatae fuerunt, in Brasilia tropica et in Antillis rarissimae.

3033. Gamocarpha *DC.* Capituli multiflori flores omnes fertiles. Involucri biseriati squamae foliaceae, exteriores quinque v. sex basi ad medium connatae, interiores totidem alternae, liberae. Receptaculi planiusculi fimbrillae acutae, in alveolos concretae. Flores distincti. Calyx tubo brevi, cylindrico, cum ovario connato, limbo supero, brevissime quadri-quinquedentato. Corolla supera, tubo brevi, fauce inflata, limbo campanulato, quadri-quinquefido. Stamina quatuor v. quinque, fauci corollae inserta, inclusa; filamenta basi monadelpha, apice libera, antherae inferne in tubum connatae, superne distinctae, muticae. Ovarium calycis tubo connatum, uniloculare. Ovulum unicum, apici loculi appensum, anatropum. Stylus exsertus, indivisus, apice clavato-incrassatus; stigma terminale, subcapitatum. Achenia ..... — *Herba pusilla, Valerianae Saliuncae habitu, in andibus Antucensibus Chili australis degens; foliis radicalibus confertis, obovato-ellipticis, in petiolum attenuatis, integerrimis, glaberrimis, scapis monocephalis.*

Gamocarpha DC. *Prodr. V. 2.* Boopis alpina Pöppig et Endlich. *Nov. gen. et sp. t. 33.*

3034. Boopis *JUSS.* Capituli multiflori flores omnes fertiles v. fertiles sterilibus mixti. Involucri demum patentis squamae septenae-octonae, basibus membranaceo-dilatatis, denticulatis connatae, apice lineari-acuminatae. Receptaculum convexiusculum, parvum, paleis spathulaeformibus onustum. Flores distincti. Calyx tubo obconico, angulato, cum ovario connato, limbi superi quinquepartiti laciniis brevibus, lanceolatis, integris v. inciso-dentatis. Corolla supera, tubo filiformi longo, fauce subaequali, limbo campanulato, quinquefido. Stamina quinque, fauci corollae inserta, inclusa; filamenta monadelpha, apice brevissime distincta, antherae basi in tubum connatae, superne distinctae, muticae. Ovarium calycis tubo connatum, uniloculare. Ovulum unicum, apici loculi appensum, anatropum. Stylus exsertus, indivisus, apice clavato-incrassatus; stigma terminale, subcapitatum. Achenia turbinato-prismatica, calycis limbo et corolla persistente superata. Semen inversum. Embryo in axi albuminis carnosi orthotropus, radicula supera. — *Herbae chilenses et bonarienses, perennes, humiles, puberulae, ramosae; foliis alternis, sessilibus, patentiusculis, profunde pectinato-pinnatifidis, laciniis linearibus, integerrimis, capitulis terminalibus, hemisphaericis.*

Boopis Jussieu *in Annal. Mus. II. 350. t. 58. f. 2.* Cassini *in Journ. Phys. 1818. p. 114. Opusc. phytolog. II. 355.* L. C. Richard *in Mem. Mus. VI. 78. t. 11.* Pöppig et Endlicher *Nov. gen. et sp. t. 34.* DC. *Prodr. V. 2.*

3035. Calycera *CAVANILL.* Capituli multiflori flores fertiles sterilibus mixti. Involucri demum patentis squamae foliaceae quinae-septenae, basi vix connatae, inaequales. Receptaculum subglobosum, paleis tenuissimis, setaceo-subulatis onustum. Flores distincti. Calycis tubus oblongo-turbinatus, angulatus, limbi superi, quinquefidi laciniae in aliis floribus brevissimae squamiformes, ovales, obtusae, in aliis elongato-corniformes, induratae, acuminatae. Corolla supera, tubo filiformi, longo, fauce abruptim inflata, limbo campanulato, quinquefido. Stamina quinque, fauci corollae inserta, inclusa; filamenta basi monadelpha, apice libera, antherae inferne in tubum connatae, superne distinctae, muticae. Ovarium calycis tubo connatum, uniloculare. Ovulum unicum, apici loculi appensum, anatropum. Stylus exsertus, indivisus, apice clavato-incrassatus; stigma terminale, subcapitatum. Achenia turbinato-pentagona, calycis limbo in aliis floribus brevissimo, squamaeformi, in aliis elongato, corniformi et corolla persistente superata. Semen inversum. Embryo in axi albuminis carnosi orthotropus, radicula supera. — *Herbae chilenses, perennes, glaberrimae v. subpilosae; foliis alternis, pinnatifido-dentatis, capitulis terminalibus, solitariis.*

Calycera Cavanilles *Ic. IV. 34. t. 358.* (sphalmate Calicera) Cassini *in Dict. sc. nat. VI. Suppl. 36. Journ. Phys. 1818. p. 113. Opusc. phytolog. II. 353.* L. C. Richard *in Mem. Mus. II. 77. t. 10.* DC. *Prodr. V. 2.* Scabiosa sympaganthera Ruiz et Pav. *Flor. peruv. t. 76. f. a.*

3036. Acicarpha *JUSS.* Capituli multiflori flores marginales (inferiores) hermaphroditi, centrales (superiores) ovario efoeto masculi. Involucri patentis squamae foliaceae quinque, spathulatae, basi plus minus inter se et cum receptaculo connatae v. liberae. Receptaculum conicum, paleis inter flores vix manifestis. Flores fertiles calycibus inter se connati, superiores steriles distincti. Calyx tubo brevi, obconico-pentagono, cum ovario connato, in floribus sterilibus subnullo, limbi superi quinquefidi lobis inaequalibus, acuminatis, demum spinescentibus. Corolla supera, tubo filiformi, longo, fauce subinflata, limbo infundibuliformi, quadri-quinquefido. Stamina quatuor v. quinque, fauci corollae inserta, inclusa; filamenta juxta totam longitudinem monadelpha, antherae inferne in tubum connatae, apice distinctae, muticae. Ovarium calycis tubo connatum, uniloculare. Ovulum unicum, apici loculi appensum, anatropum. Stylus exsertus, indivisus, apice clavato-incrassatus; stigma terminale, subcapitatum. Achenia in globum, calycum laciniis demum conico-spinescentibus echinatum conferruminata. Semen inversum. Embryo in axi albuminis carnosi orthotropus, radicula supera. — *Herbae v. suffrutices, brasilienses et bonarienses; foliis alternis, spathulatis v. ob-*

longo-cuneatis, integerrimis v. sinuato-dentatis, capitulis oppositifoliis.

Acicarpha Jussieu *in Annal. Mus. IV. 347. t. 58. f. 1.* Cassini *in Dict. sc. nat. I. Suppl. 32.* L. C. Richard *in Mem. Mus. VI. 77. t. 11. 12* Lessing *in Linnaea VI. 527.* DC. *Prodr. V. 3.* Cryptocarpha R. Brown *in Linn. Transact. XII. 131.* Cassini *in Dict. sc. nat. XII. 85 Opusc. phytolog. II. 357.* non Radd. Sommea Bory *in Annal. gener. sc. phys. VI. 92. t. 87.* Acanthosperma Arrabo *Flor. Flumin. VIII. t. 152.* Echinolema Jacq. f. *msc.*

Classis XXXII. Campanulinae.

Herbae v. frutices, rarius arbores. Folia alterna v. opposita. Stipulae nullae. Flores hermaphroditi, inflorescentia varia. Calyx tubo cum ovario connato, limbo supero, rarius liber, corollae tubo tunc saepius cum ovario connato. Corolla perigyna v. rarissime hypogyna, regularis v. irregularis. Stamina cum corolla inserta, ab ejusdem tubo vix non semper distincta. Ovarium rarius uniloculare, plerumque pluriloculare. Ovula rarissime definita, e basi erecta, saepissime in placentis e loculorum angulo centrali plurima, adscendentia, anatropa. Fructus capsularis, baccatus v. nucamentaceus, mono-polyspermus. Semina albuminosa, rarissime exalbuminosa. Embryo intrarius, orthotropus, radicula infera.

Ordo CXXII. Brunoniaceae.

BRUNONIACEAE R. Brown *in Edinb. new philosoph. Magaz. 1832. Sept.* Lindley *Introduct. edit. II. p. 266.*

Herbae Novae-Hollandiae, perennes, subacaules, Scabiosae facie, pubescentes, pilis simplicibus, eglandulosis. Folia radicalia conferta, integerrima, spathulata. Scapi ex eadem radice plures, simplicissimi, erecti, monocephali.

Flores hermaphroditi, regulares, in capitulum hemisphaericum, lobatum, involucratum congesti, lobis bractea foliacea, foliis involucrantibus simili subtensis, singuli bracteolis quatuor verticillatis, membranaceis, et quinta parum dissimili distincti.

Calyx tubo brevi, turbinato, extus puberulo v. villoso, ab ovario distincto, limbi quinquefidi laciniis tubo longioribus, subulato-setiformibus, plumosis, apice simplicibus v. glandula colorata terminatis, sub anthesi erectis, demum patulis.

Corolla hypogyna, gamopetala, infundibuliformis, azurea, marcescens, tubo calycis lacinias aequante, demum fissili, limbi quinquefidi laciniis spathulatis, patentibus, duabus superioribus paullo profundius distinctis.

Stamina quinque, hypogyna, inclusa. Filamenta ovarii stipitulo brevissimo inserta, plana, linearia, distincta. Antherae oblongae, lineares, biloculares, in tubum stylo pervium cohaerentes, loculi introrsi, paralleli, longitudinaliter dehiscentes. Pollinis granula sphaerica.

Ovarium liberum, stipitulo brevissimo, nonnisi demum manifesto impositum, uniloculare. Ovulum unicum, basilare, anatropum. Stylus terminalis, simplex, crassiusculus, exsertus, superne piloso-hispidus. Stigma cuneiforme, carnosum, retusum, indusio aequaliter bifido, ore nudo inclusum.

Utriculus monospermus, inclusus tubo aucto et indurato calycis superne patuli, laciniis plumosis.

Semen erectum, ovatum, testa simplici. Albumen nullum.

Embryo orthotropus; cotyledonibus plano-convexis, radicula brevissima, plumula obsoleta.

Brunoniaceae, unico adhuc dum genere comprehensae, a reliquis Campanulinis ovario libero, staminum insertione hypogyna, et albuminis defectu differunt, Goodeniaceis propter peculiare stigmatis indusium proxime accedentes.

3037. Brunonia *SMITH.* Flores capitati, involucrati, singuli quadribracteati. Calyx tubo brevissimo, limbi quinquefidi laciniis plumosis. Corolla hypogyna, infundibuliformis, limbi quinquepartiti laciniis duabus superioribus profundius distinctis. Stamina quinque, hypogyna; filamenta distincta, antherae connatae. Ovarium uniloculare. Ovulum unicum, basilare, anatropum. Stylus simplex; stigmatis indusium bivalve. Utriculus monospermus, calycis tubo indurato, superne patulo, laciniis plumosis inclusus. Semen erectum. Embryonis exalbuminosi radicula brevissima, infera. — *Herbae Novae-Hollandiae perennes, scapigerae, pubescentes; foliis radicalibus confertis, spathulatis, integerrimis, scapis simplicissimis, monocephalis.*

Brunonia Smith *in Linn. Transact. X. 367. t. 28. 29.* R. Brown *Prodr. 589. Linn. Transact. XII. 132.* Ferd. Bauer *Illustr. Plant. t. 10. Bot. Reg. t. 1833.* Guillemin *Ic. lithogr. t. 15.*

Ordo CXXIII. Goodeniaceae.

GOODENOVIAE R. Brown *in Flinders Voy. II. 559. Prodr. 573.* GOODENOVIEAE Bartling *Ord. nat. 147.* GOODENOVIACEAE et SCAEVOLACEAE Lindley *Introduct. edit. II. p. 241. 242.*

Herbae v. suffrutices, succo aqueo, caule erecto v. rarissime volubili, tereti v. irregulariter angulato, interdum nudo scapiformi, nunc aequaliter foliato, pube dum adest simplici v. rarius glandulosa, aut interdum stellata. Folia sparsa, nonnunquam omnia radicalia congesta, extipulata, simplicia, saepius indivisa, integerrima v. saepius dentata, rarius lobata.

Flores hermaphroditi, irregulares, flavi, caerulei v. purpurascentes, rarissime rubicundi, axillares v. terminales, varie dispositi.

Calyx tubulosus, tubo cum ovario connato, v. rarissime ab eodem distincto; limbus superus, interdum obsoletus, plerumque manifestus, quinquefidus, laciniis subaequalibus; rarius calyx liber, triphyllus v. pentaphyllus, foliolis subaequalibus, ima basi cohaerentibus.

Corolla gamopetala, plus minus irregularis, decidua v. marcescenti persistens, imo calyci libero, vel summo tubi cum ovario connati margini inserta; tubus postice fissus v. quinquepartibilis, dum calyx liber ab eodem plane distinctus, sed ovario adnatus, limbus quinquepartitus, laciniis plus minus inaequalibus, uni-bilabiatim dispositis, laciniarum disco lanceolato, plano, saepe pubescente, marginibus (alis) plus minus latis, texturae tenerioris, elevatis, aestivatione induplicatis, raro obsoletis v. nullis.

Stamina 5, epigyna, a corolla et stylo libera, illius laciniis alterna. Filamenta filiformia, distincta v. interdum apice cohaerentia. Antherae distinctae v. in tubulum leviter cohaerentes, erectae, lineares, biloculares, introrsae, loculis longitudinaliter dehiscentibus. Pollinis granula simplicia v. rarissime e granulis quaternis composita.

Ovarium inferum, v. calyci superum et corollae inferum, nunc uniloculare, nunc saepius septo incompleto v. completo subbiloculare v. biloculare, rarius septo secundario quadriloculare. Ovula nunc in loculis solitaria, rarissime intra ovarium uniloculare gemina collateralia, e basi erecta, nunc plurima, utrinque in placentis dissepimentum occupantibus imbricatim adscendentia, anatropa. Glandula epigyna inter stamina duo anteriora, saepissime deficiens. Stylus unus, rarissime duo, ima basi connati, simplex v. interdum trifidus. Stigma carnosum, indivisum v. bilobum, indusio (disci epigyni cum stylo connati margine libero) submembranaceo, cyathiformi, integro v. bilabiato, labiis horizontalibus v. verticalibus, cinctum.

Fructus nunc drupaceus v. nucamentaceus cum seminibus definitis, nunc capsularis cum seminibus indefinitis, plus minus complete bilocularis v. interdum quadrilocularis, septifrago bivalvis, valvis dissepimento parallelis v. contrariis, nunc iisdem bifidis quadrivalvis.

Semina erecta, solitaria, v. adscendentia, imbricata; testa saepius crassiuscula, interdum nucamentacea, in capsularibus plerumque margine v. ala membranacea cincta. Albumen carnosum, semini conforme.

Embryo in axi albuminis orthotropus, ejusdem fere longitudine; cotyledonibus mediocribus, saepe foliaceis, radicula umbilico proxima, infera, plumula inconspicua.

Goodeniaceae maxima copia in Nova-Hollandia inter et extra tropicos indigenae, rarius in Capite bonae spei gignuntur, una species per Australasiae et Americae littora antarctica divulgata, paucissimae inter tropicos Asiae, Oceaniae et Americae reperiuntur.

Affinitate proximae sunt Lobeliaceis, a quibus tum habitu in plurimis peculiari, tum indusii stigmatici fabrica, tum corollae aestivatione et tubo ejus postice fisso facillime distinguuntur.

TRIBUS I. SCAEVOLEAE R. Brown *Prodr. 582.* Fructus drupaceus v. nucamentaceus. Semina definita.

3038. Scaevola *LINN.* Calyx tubo ovato v. subgloboso, cum ovario connato, limbi superi, quinquefidi laciniis aequalibus, interdum obsoletis. Corolla supera, tubo hinc longitudinaliter fisso, genitalia exserente, limbi inde secundi, quinquepartiti laciniis alatis, conformibus, aestivatione induplicatis. Stamina 5, cum corolla inserta, filamenta et antherae apice interdum barbatae liberae. Ovarium inferum, biloculare, rarius quadriloculare v. uniloculare. Ovula in loculis solitaria, in ovario uniloculari interdum bina collateralia, e basi erecta, anatropa. Stylus simplex; stigmatis indusium imberbe. Drupa baccata v. exsucca, calycis limbo coronata v. nuda, umbilicata, uni-quadrilocularis. Semina in loculis solitaria, erecta. Embryo intra albumen tenue carnosum rectus; cotyledonibus carnosis, radicula brevissima, infera. — *Suffrutices v. herbae inter tropicos veteris orbis, in insulis Oceani et Novae-Hollandiae littoribus vulgares, in Antillis rarae; foliis alternis v. rarissime oppositis, integris, saepissime dentatis, pube dum adest simplici, floribus axillaribus v. in spicam foliatam dispositis, calycibus basi bibracteolatis, corollis albis, caeruleis v. rarissime lutescentibus, alis laciniarum basi, rarius juxta totam longitudinem fimbriatis, fimbriis apice flocoso-ramosis, tubo intus villoso, ad faucem saepe ramentifero.*

Scaevola Linn. *gen. n. 224.* Jussieu *gen. 165.* R. Brown *Prodr. 582.* Lobelia Plumier *gen. t. 31.* Gärtner *I. 119.*

a. SARCOCARPA Don *Syst. III. 727.* Drupa baccata, bilocularis, disperma. — *Frutices littorei, foliis alternis, ad axillas barbatis, pedunculis axillaribus trifloris, rarius unifloris.* — Cerbera Loureir. *Flor. cochinch. 168.* non Linn. Glypha Loureiro *msc.* Lobeliae sp. Plumier. Catesby *Carolin. t. 79.* Gärtn. *t. 25.* (Jussieu *in Annal. Mus. XVIII. t. 1. f. 4.* Labillard. *Nov. Caledon. t. 42.* Gaudich. *ad Freycinet t. 81. 82.* Bot. Mag. *t. 2732.*)

b. XEROCARPA Don *Syst. III. 728.* Drupa saepius exsucca, uni-quadrilocularis, mono-tetrasperma. — *Frutices v. herbae Novae-Hollandiae, spica florum terminali v. axillari, bracteis foliaceis, bracteolis persistentibus,* — Goodeniae sp. Smith *Bot. Mag. t. 287.* Andr. *Bot. Reposit. t. 22.* (Cavanill. *Ic. t. 509.* Labillard. *Nov. Holl. t. 78—80.*)

c. POGONANTHERA Don *Syst. III. 729.* Drupa exsucca, disperma (?). Antherae barbatae. Calyx longitudine ovarii. — *Herbae Novae-Hollandiae, pedunculis axillaribus elongatis, unifloris, apice diphyllis.* — Scaevola hispida Cavanill. *Ic. t. 510.* Goodenia ramosissima Smith *Nov. Holl. t. 5.*

d. CROSSOTOMA Don *Syst. III. 730.* Drupa . . . . . . Calyx obsoletus. Corolla alis laciniarum longitudinaliter fimbriatis. — *Frutex Novae-Hollandiae meridionalis, sui versimiliter generis, pedunculis axillaribus unifloris, bracteolis deciduis.* — Pogonetes Lindley *Introduct. edit. II. p. 242.* absque charact. Scaevola spinescens R. Brown.

3039. Diaspasis *R. BR.* Calyx tubo brevi cum ovarii basi connato, limbi semisuperi, quinquefidi laciniis aequalibus. Corolla supera, subregularis, hypocraterimorpha, tubo quinquepartito, genitalia includente, limbi laciniis late alatis, duabus superioribus paullo dissimilibus, aestivatione induplicatis. Stamina 5, cum corolla inserta; filamenta et antherae imberbes libera. Ovarium semiinferum, uniloculare. Ovula gemina, collateralia, e basi erecta, anatropa. Stylus simplex; stigmatis indusium semibivalve, imberbe. Nux corticata, monosperma. Semen erectum. Embryo ...... — *Herba in Novae-Hollandiae ora austro-occidentali observata, subramosa, glabriuscula, pube rara, simplici; foliis alternis, teretiusculis, pedunculis axillaribus unifloris, apice diphyllis, flore cernuo, corollae unguibus basi arctius connatis, superne pube brevissima, capitata connexis.*

Diaspasis R. Brown *Prodr. 587.*

3040. Dampiera *R. BR.* Calyx tubo cum ovario connato, limbi superi, quinquefidi laciniis aequalibus, saepe obsoletis. Corolla supera, bilabiata, tubo hinc fisso, laciniis alatis, labii superioris margine interiore auriculatis, omnibus aestivatione, unguibus etiam per anthesim induplicatis. Stamina 5, cum corolla inserta; filamenta libera, antherae arcte in tubum cohaerentes. Ovarium inferum, uniloculare. Ovulum unicum, e basi erectum, anatropum. Stylus simplex; stigmatis indusium imberbe. Nux corticata, monosperma. Semen erectum. Embryo .. — *Suffrutices v. herbae perennes Novae-Hollandiae, aridae, pubescentes, pilis saepius biformibus, aliis longioribus plerumque ramulosis, subplumosis, aliis brevioribus, stellatis; foliis alternis, indivisis, subdentatis, coriaceis, floribus axillaribus v. terminalibus, solitariis v. subspicatis, bracteis parvis v. nullis, corollis caeruleis v. purpureis, laminis extus hirsutissimis.*

Dampiera R. Brown *Prodr. 587.* Jussieu *in Annal. Mus. XVIII. 18. t. 2. f. 1. 2.*

TRIBUS II. GOODENIEAE. Fructus capsularis. Semina indefinita.

3041. Cyphia *BERG.* Calyx tubo turbinato, cum ovario connato, limbi superi, quinquepartiti laciniis subaequalibus. Corolla supera, pentapetala, petalorum unguibus in tubum postice apertum, antice aequalem v. gibbum conniventibus rariusve subconnatis, laminis subaequalibus, bilabiatim patentibus, angustissime alatis, aestivatione induplicatis. Stamina 5, cum corolla inserta; filamenta pilosa, superne sub anthesi cohaerentia, demum discreta, antherae liberae. Ovarium inferum, biloculare. Ovula plurima ...... Stylus simplex; stigmatis indusium brevissimum, barbatum. Capsula bilocularis, polysperma. — *Herbae capenses, erectae v. volubiles; radice in pluribus tuberosa, foliis rarius omnibus radicalibus integris, caulinis alternis, plerumque digitatis v. lobatis, floribus terminalibus, spicatis v. racemosis.*

Cyphia Bergius *Fl. cap. 173.* Jussieu *gen. 165.* Presl *in E. Meyer Comment. Pl. Afr. austr. 292.* Lobeliae sp. Linn.

a. EUCYPHIA Presl *l. c.* Corollae bilabiatae, basi gibbae petala libera. (Bot. Reg. *t. 625.*)

b. ISOMERIA Presl. *l. c.* Corollae bilabiatae, basi aequalis petala libera.

c. CYPHIELLA Presl. *l. c.* Corolla gamopetala, hypocraterimorpha, tubo cylindrico, incurvo, demum hinc inde irregulariter fisso, limbo patente, aequali.

3042. Selliera *CAVANILL.* Calyx tubo cum ovario connato, limbi superi, quinquepartiti laciniis aequalibus. Corolla supera, quinquefida, aequalis, postice fissa, laciniis unilabiatis, apteris, aestivatione valvatis. Stamina 5, cum corolla inserta; filamenta et antherae liberae. Ovarium inferum, vertice subexsertum, biloculare. Ovula plurima, adscendentim imbricata, anatropa. Stylus simplex; stigmatis indusium horizontaliter bilabiatum, imberbe. Capsula bilocularis, carnosa, indehiscens. Semina plurima, adscendentim imbricata, compressa, membranaceo-marginata. Embryo .... — *Herba pusilla, glabra, in littoribus Novae-Hollandiae et Americae australis extratropicae observata; caule lignescente, prostrato, radicante, foliis ad nodos congestis, spathulato-lanceolatis, carnosis, integerrimis, pedunculis axillaribus unifloris, bibracteatis.*

Selliera Cavanilles *in Anales de cienc. nat. I. 41. t. 5. Ic. V. 49. t. 474. f. 2.* Goodenia repens Labillard. *Nov. Holland. t. 76.* R. Brown *Prodr. 579.*

3043. Goodenia *SMITH.* Calyx tubo cum ovario connato, limbi superi, quinquepartiti laciniis aequalibus. Corolla supera, aequalis v. antice in gibber nectariferum producta, postice fissa, limbi quinquefidi, uni-bilabiati laciniis alatis, aestivatione induplicatis. Stamina 5, cum corolla inserta; filamenta et antherae liberae. Ovarium inferum, vertice breviter exsertum, biloculare v. septo abbreviato subuniloculare, rarius septo secundario quadriloculare. Ovula plurima, adscendentim imbricata, anatropa. Stylus simplex; stigmatis indusium horizontaliter v. verticaliter bilabiatum, barbatum. Capsula bi-quadrilocularis, septifrago-bivalvis, valvis integris v. demum bifidis. Semina plurima, adscendentim imbricata, compressa, membranaceo-marginata. Embryo in axi albuminis carnosi orthotropus; cotyledonibus foliaceis, radicula umbilico proxima, infera. — *Herbae in Nova Hollandia indigenae, plerumque caulescentes, nonnullae etiam suffrutescentes; foliis alternis, integerrimis, dentatis v. incisis, floribus axillaribus v. terminalibus, pedicellis bibracteatis v. ebracteatis, corollis saepius flavis, nunc caeruleis v. purpurascentibus, antheris ante anthesim leviter cohaerentibus, imberbibus v. rarissime apice subbarbatis, capsulae figura varia.*

Goodenia Smith *in Linn. Transact. II. 347.* excl. sp. Labillard. *Nov. Holl. I. 52.* R. Brown *Prodr. 575.* excl. *sect. 5.*

a. OCHROSANTHUS Don *Syst. III. 724.* Corolla bilabiata, flava. Stigmatis indusium horizontaliter bilabiatum. Capsula bilocularis v. dissepimento abbreviato unilocularis. (Cavanilles *Ic. t. 506—508.* Labillard. *Nov. Holl. t. 75.* Andr. *Bot. Reposit. t. 68.* Venten. *Cels. t. 3.* Bot. Mag. *t. 890. 1137.* Loddig. *Bot. Cab. t. 1032.*)

b. TETRATHYLAX Don *Syst. III. 725.* Corolla bilabiata, flava. Stigmatis indusium horizontaliter bilabiatum. Capsula quadrilocularis. — G. quadrilocularis R. Brown *l. c.*

c. PORPHYRANTHUS Don *Syst. III. 725.* Corolla bilabiata, caerulea v. purpurea. Stigmatis indusium horizontaliter bilabiatum. Capsula bilocularis v. semibilocularis. — Goodeniae sect. III. R. Brown *l. c.*

d. MONOCHILA Don *Syst. III. 725.* Corolla unilabiata. Stigmatis indusium verticaliter bilabiatum. Capsula bilocularis. — Goodeniae sect. IV. R. Brown *l. c.*

3044. Calogyne *R. BR.* Calyx tubo ovato, cum ovario connato, limbi superi, quinquefidi laciniis aequalibus. Corolla supera, postice fissa, limbi quinquepartiti, bilabiati laciniis subaequalibus, alatis, aestivatione induplicatis. Stamina 5, cum corolla inserta; filamenta filiformia et antherae liberae. Ovarium inferum, vertice breviter exsertum, dissepimento abbreviato incomplete biloculare. Ovula plurima, juxta dissepimentum utrinque adscendentim imbricata, anatropa. Stylus linearis, apice trifidus, lobo medio erecto, lateralibus longioribus deflexis; stigmatum indusia horizontaliter subbilabiata. Glandula epigyna inter stamina duo anteriora. Capsula incomplete bilocularis, septifrago-bivalvis. Semina pauca, adscendentim imbricata, compressa. Embryo ...... — *Herba pilosa, annua, in Nova-Hollandia tropica indigena, sicca Anthoxanthi odore; foliis alternis, dentatis v. incisis, florulibus basi auriculatis, pedunculis axillaribus, unifloris, ebracteatis, fructiferis reflexis.*

Calogyne R. Brown *Prodr. 579.*

3045. Distylis *GAUDICH.* Calyx tubo ovato, cum ovario connato, limbi superi, quinquepartiti laciniis aequalibus. Corolla supera, tubo hinc longitudinaliter fisso, limbo inde secundo, quinquepartito, laciniis aequalibus, alatis, aestivatione induplicatis. Stamina 5, cum corolla inserta; filamenta et antherae liberae. Ovarium inferum, dissepimento abbreviato incomplete biloculare. Ovula juxta dissepimentum utrinque adscendentim imbricata, anatropa. Styli 2, ima basi connati, convergentes; stigmatum indusia integra, barbata. Capsula incomplete bilocularis, septifrago-bivalvis. Semina plura, adscendentim imbricata, compressa, membranaceo-marginata. Embryo .... — *Herba Novae-Hollandiae occidentalis, annua, multicaulis, pilosa; foliis radicalibus confertis, pinnatifido-incisis, caulinis remote alternis, dentatis, floribus axillaribus solitariis, longe pedunculatis, racemosis, ebracteatis, flavis.*

Distylis Gaudichaud *ad Freycinet 460. t. 80.*

3046. Euthales *R. BR.* Calyx tubulosus, tubo libero, limbi quinquefidi laciniis inaequalibus. Corolla calycis basi inserta, tubo inferne ovario adnato, a calyce distincto, superne hinc fisso, limbi quinquepartiti, bilabiati laciniis aequalibus, alatis, aestivatione induplicatis. Stamina 5, epigyna; filamenta filiformia et antherae liberae. Ovarium calyci superum, corollae inferum, dissepimento abbreviato incomplete biloculare. Ovula plura, juxta dissepimentum utrinque adscendentim imbricata, anatropa. Stylus simplex; stigmatis indusium horizontaliter bilabiatum. Capsula basi bilocularis, quadrivalvis, valvis septum nudantibus. Semina pauca, adscendentim imbricata, compressa. Embryo ..... — *Herba in Nova-Hollandia meridionali indigena; foliis radicalibus spathulatis, subdentatis, pubescentibus, caulibus adscendentibus, dichotomis, pedunculis unifloris, strictis.*

Euthales R. Brown *Prodr. 435.* Velleja trinervis Labillard. *Nov. Holl. t. 77.* Goodenia tenella Andrews *Bot. Reposit. t. 466.* Bot. Mag. *t. 1137.*

3047. Velleja *SMITH.* Calyx tri-pentaphyllus, liber, foliolis inaequalibus. Corolla calycis basi inserta, tubo inferne basi ovarii adnato, antice gibbo v. calcarato, apice hinc fisso, limbi quinquefidi, bilabiati laciniis subaequalibus, alatis, aestivatione induplicatis. Stamina 5, epigyna; filamenta et antherae liberae. Ovarium calyci superum, corollae semiinferum, dissepimento abbreviato incomplete biloculare. Ovula juxta dissepimentum utrinque adscendentia, imbricata, anatropa. Stylus simplex, tetragonus; stigmatis indusium maximum, cyathiforme v. verticaliter bilabiatum. Glandula epigyna inter stamina duo anteriora. Capsula basi bilocularis, bivalvis, valvis septum nudantibus, demum bipartitis. Semina adscendentim imbricata, compressa. Embryo ...... — *Herbae acaules, in Nova-Hollandia indigenae; foliis radicalibus subspathulatis, saepius dentatis v. lyratis, scapis dichotomis, axillis plerisque floriferis, bracteis oppositis, foliaceis, quandoque maximis, interdum connatis, calycis foliolo postico latiore, basi saepe dentato, corolla flava.*

Velleja Smith *in Linn. Transact. IV. 217.* R. Brown *Prodr. 580.*

a. MENOCERAS R. Brown *l. c.* Calyx pentaphyllus. Corolla basi calcarata, calcare persistente. — (Bot. Reg. *t. 971.* Guillem. *Ic. lithogr. t. 4.*)

b. VELLEJAE VERAE R. Brown *l. c.* Calyx triphyllus. Corolla basi hinc gibbosiuscula. — (Bot. Reg. *t. 551.* Jussieu *in Annal. Mus. XVIII. t. 1. f. 5.* Hooker *Exot. Flor. t. 24.*)

3048. Lechenaultia *R. BR.* Calyx tubo oblongo v. lineari, cum ovario connato, limbi superi, quinquefidi laciniis aequalibus. Corolla supera, tubulosa, postice fissa, limbi quinquepartiti laciniis subaequalibus, conniventibus, v. inaequalibus, uni-bilabiatis, labii superioris connatis v. distinctis, omnibus alatis, aestivatione induplicatis. Stamina 5, cum corolla inserta; filamenta libera, antherae sub anthesi cohaerentes. Ovarium inferum, biloculare. Ovula juxta dissepimentum utrinque biseriata ...... Stylus simplex; stigma in fundo indusii horizontaliter bilabiati obsoletum. Capsula prismatica, bilocularis, quadrivalvis, valvis oppositis medio septiferis. Semina cubica v. cylindracea, nucamentacea. Embryo ..... — *Fruticuli ericoidei, in Nova-Hollandia indigeni, rarius herbae; foliis angustis, integerrimis, floribus axillaribus v. terminalibus, subsolitariis, rubris, pollinis granulis e sphaerulis quatuor coalitis compositis.*

Lechenaultia R. Brown *Prodr. 581.*

a. LATOURIA. Capsula tardius valvata, valvis collo coarctato cohaerentibus. Semina cylindracea. — *Herba Novae-Hollandiae tropicae; foliis alternis, compresso-filiformibus, floribus oppositifoliis.* — L. filiformis. R. Br.

b. LECHENAULTIA. Capsula valvata. Semina cubica. — *Fruticuli ericoidei, in Novae-Hollandiae ora meridionali indigeni, floribus axillaribus v. terminalibus.* — (Bot. Reg. *t. 916.* Bot. Mag. *t. 2600.* Sweet *Flor. australas. t. 26. 46.*)

3049. Anthotium *R. BR.* Calyx tubo cum ovario connato, limbi superi, quinquepartiti laciniis subaequalibus. Corolla supera, hinc fissa, quinquepartibilis, bilabiata, unguibus margine inflexis, laciniis exalatis, aestivatione valvatis, duabus superioribus margine interiore auriculatis. Stamina 5, cum corolla inserta; filamenta libera, antherae sub anthesi cohaerentes. Ovarium inferum, biloculare. Ovula ...... Stylus simplex; stigmatis indusium verticaliter bilabiatum, imberbe. Capsula ..... — *Herba in Novae-Hollandiae ora meridionali reperta, humilis, acaulis, glabra; foliis radicalibus teretiusculis, basi parum dilatatis, scapis pluribus, patulis, indivisis, floribus fasciculatim congestis, subviolaceis, bracteis subtendentibus foliaceis, pollinis granulis simplicibus.*

Anthotium R. Brown *Prodr. 582.*

*

3030. Pentaphragma *WALL.* Calyx tubo ovato, basi cum ovario connato, superne libero, processubus quinque septiformibus ovario adhaerente, limbi semisuperi, quinquelobi lobis aequalibus, obtusis. Corolla summo calycis tubo inserta, rotata, tubo brevissimo, limbi quinquefidi lobis oblongis, cum calycis laciniis alternantibus. Stamina 5, septis ovarium cum calycis tubo jungentibus inserta, ejusdem lobis opposita; filamenta brevia, antherae lineares. Ovarium inferum, tri-quadriloculare. Ovula in placentis e loculorum angulo centrali prominulis plurima ..... Stylus brevis, crassus; stigma in fundo indusii carnosi, trilobi concavum. Capsula oblonga, triquadrilocularis ...... Semina plurima ...... — *Herba indica, non satis nota, et dubiae admodum affinitatis; caulibus procumbentibus, villosis, villis fasciculatis, foliis alternis, petiolatis, semicordatis, inaequilateris, acutis, grosse subspinescenti serratis, subtus villosis, adultis supra glabratis, exstipulatis, pedunculis axillaribus v. supraaxillaribus, floribus secundis, in spica recurva distiche subsessilibus, bracteis cuneiformibus, obtusis.*

Pentaphragma Wallich *Catalog. n. 1313.* Phyteuma begoniaefolium Roxburgh *Hort. bengal. 85.* Wallich *in Roxb. Fl. ind. II. 108.* Jack *in Malay. Miscell. ex Hooker Bot. Miscell. I. 276. t. 57.*

Ordo CXXIV. Lobeliaceae.

CAMPANULACEAE §. 2. R. Brown *Prodr. 562.* LOBELIACEAE exclusis Stylideis et Goodenieis, Jussieu *in Annal. Mus. XVIII. 1.* LOBELIACEAE Bartling *Ord. nat. 150.* Don *Syst. III. 797.* Lindley *Introduct. edit. II. p. 235.* C. B. Presl. *Prodromus Monographiae Lobeliacearum, Pragae, 1836. 8.*

Herbae annuae v. perennes, saepe suffrutescentes, rarius frutices v. arbores, plerumque lactescentes, caule ramisque teretibus v. irregulariter angulatis. Folia alterna, radicalia saepe conferta, simplicia, integra v. laciniata aut pinnatipartita, plerumque dentata v. serrata, rarius integerrima. Stipulae nullae.

Flores hermaphroditi v. rarissime dioici, plus minus irregulares, rarissime regulares, racemosi v. spicati, rarius corymbosi v. subcapitati, nunc axillares, solitarii, sessiles v. pedicellati, pedicellis nudis v. bibracteolatis.

Calyx tubo vario, cum ovario v. toto v. ejusdem basi connato, rarius supra ovarii verticem adnatum producto, limbo supero v. semisupero, quinquefido, subregulari v. laciniis duabus inferioribus minoribus, persistente v. deciduo.

Corolla summo calycis tubo inserta, e petalis quinque, cum limbi calycini laciniis alternantibus, rarissime omnibus distinctis et aequalibus regularis, plerumque iisdem varie inter se connatis irregularis, nempe nunc petalis duobus inferioribus liberis et tribus superioribus in unicum apice trilobum cohaerentibus ad speciem tripetalo-bilabiata, nunc petalis inferioribus inter se distinctis et cum superioribus cohaerentibus unilabiata, v. petalis omnibus in tubum coalitis tubulosa, tubo integro, v. petalis duobus inferioribus plus minusve inter se distinctis antice (pedicelli torsione postice) interdum fere usque ad basim fisso, limbi quinquefidi laciniis inaequalibus v. subaequalibus, saepissime bilabiatis, aestivatione valvatis.

Stamina quinque, cum corolla mediante annulo, interdum in discum epigynum effuso inserta, calycis lobis opposita. Filamenta ima basi plerumque distincta, superne in cylindrum stylo pervium, liberum v. basi corollae adhaerentem, rarissime hinc eidem adnatum coalita. Antherae in cylindrum, apice saepissime incurvum connatae, introrsae, biloculares, loculis appositis, longitudinaliter dehiscentibus, nunc omnes conformes, nudae v. apice aut rarius etiam basi barbatae, nunc tres superiores nudae, duae inferiores apice barbatae v. in mucronem setasve productae. Pollinis granula ovoidea.

Ovarium inferum v. vertice plus minus exserto semisuperum, rarissime ima tantum basi cum ovario connatum et fere totum liberum, e carpidiis duobus v. rarius tribus conflatum, nunc bi- v. triloculare, placentis dissepimento utrinque adnatis v. loculorum angulo insertis; nunc septo incompleto margine placentifero, v. septo nullo, placentisque duabus parietalibus, carpidiorum duorum nervo medio adnatis, carpidio tertio minore sterili, uniloculare. Ovula plurima, sessilia, plerumque horizontalia, anatropa. Stylus terminalis simplex, inclusus v. rarius ultra antherarum tubum breviter exsertus. Stigma rarius indivisum, plerumque emarginatum v. divaricato-bilobum, lobis pilorum annulo cinctis.

Fructus baccatus, carnosus v. siccinsculus, indehiscens, bilocularis, v. capsularis, nunc bi-trilocularis, apice loculicido, interdum ultra verticem exsertum bi-trivalvis, nunc unilocularis, juxta totam longitudinem trivalvis, valvis duabus medio placentiferis, tertioque minore sterili revolutis, v. basi et apice cohaerentibus, rarissime operculo apicis dehiscens.

Semina plurima, parvula, testa laevi v. scrobiculata, umbilico basilari, excavato-orbiculari, rhaphe obsoleta. Albumen carnosum.

Embryo in axi albuminis orthotropus, ejusdem fere longitudine; cotyledonibus obtusis, radicula umbilico proxima, saepissime centripeta, plumula inconspicua.

Lobeliaceae ab affinibus Campanulaceis corollae irregularitate et staminum symphysia, a Goodeniaceis laciniarum corollae aestivatione et indusii stigmatis defectu, a Stylideis staminibus cum stylo haud connatis facillime distinguendae, in regionibus tropicis subtropicisque totius orbis magno numero generantur, in America tropica et in regionibus subtropicis hemisphaerae australis, videlicet in Capite bonae spei et Nova-Hollandia imprimis copiosae, parcius in hemisphaerae borealis regionibus temperatis vegetant, versus Oceani atlantici oras paullo frequentiores. Insulae Sandwicenses generum arborescentium copia superbiunt.

Lobeliaceae plurimae suspectae, nonnullae acriter venenatae, aliquibus qualitates antisyphiliticae et anthelminthicae tribuuntur.

Ordinis in tribus divisionem classicam, a cl. Presl ex ovarii et fructus indole propositam totam recepi, in circumscribendis et nominandis generibus a sententia hujus auctoris paullo recendum esse putavi.

TRIBUS I. CLINTONIEAE Presl *Monogr. 43.* Ovarium uniloculare, placenta in dissepimento incompleto late diffusa, v. placentis duabus parietalibus. Capsula unilocularis, operculo apicis v. valvulis tribus, quarum duae medio placentiferae, dehiscens.

3051. Grammatotheca *PRESL.* Calyx tubo lineari-triquetro, cum ovario connato, limbo supero, quinquepartito. Corolla summo calycis tubo inserta, tubulosa, tubo apice hinc longitudinaliter fisso, limbi quinquefidi, bilabiati lobis inferioribus tribus majoribus pendulis. Stamina 5, cum corolla inserta; filamenta et antherae apice barbatae in tubum connatae. Ovarium inferum, uniloculare. Ovula in placentis duabus parietalibus, linearibus plurima, anatropa. Stylus inclusus; stigma bilobum, lobis demum exsertis, divaricatis. Capsula lineari-triquetra, unilocularis, trivalvis, valvis basi et apice cohaerentibus, duabus medio placentiferis. Semina plurima, minima ...... — *Herbae capenses tenellae; caulibus ramosis, diffusis, foliis alternis, linearibus, dentatis v. serrulatis, apice callosis, floribus axillaribus, solitariis, sessilibus.*

Grammatotheca Presl *Monogr. 43.* Clintoniae sp. Cham.

3052. Clintonia *DOUGL.* Calyx tubo lineari-triquetro, contorto, cum ovario connato, limbo supero, quinquepartito. Corolla summo calycis tubo inserta, tubo brevissimo, limbi bilabiati labio inferiore cuneato-trilobo, superiore erecto, bipartito. Stamina 5, cum corolla inserta; filamenta et antherae, quarum duae inferiores apice setigerae, in tubum connatae. Ovarium inferum, uniloculare. Ovula in placentis duabus parietalibus, linearibus plurima, anatropa. Stylus inclusus; stigma exsertum, conicum, barba pillosa cinctum. Capsula lineari-triquetra, unilocularis, trivalvis, valvis linearibus, revolutis, duabus medio placentiferis. Semina plurima, minima ...... — *Herbae annuae, procumbentes, in America occidentali extratropica, boreali et australi observatae; foliis sessilibus, anguste lanceolatis, integerrimis, floribus axillaribus, solitariis, sessilibus.*

Clintonia Douglas *in Bot. Reg. t. 1241.* Don *Syst. III. 717.* Presl *Monogr. 45.* absq. charact.

3053. Lysipomia *H. B. K.* Calyx tubo turbinato v. obconico, quinquenervi, cum ovario connato, limbo supero, quinquepartito, subbilabiato. Corolla summo calycis tubo inserta, infundibuliformis, tubo integro, ad faucem inflato, limbi bilabiati labio inferiore trifido, superiore bipartito, erecto. Stamina 5, cum corolla inserta; filamenta et antherae, quarum duae inferiores apice setigerae, in tubum connatae. Ovarium inferum, vertice brevissime exsertum, uniloculare. Ovula juxta placentam unicam parietalem bi-triseriata, anatropa, adscendentia (?) Stylus inclusus; stigma exsertum, bilobum, lobis rotundatis, pubescenti-ciliatis. Capsula unilocularis, operculo umbonato aperta. Semina plura, minima, umbilico basilari, orbiculari. Embryo in axi albuminis carnosi orthotropus; radicula umbilicum spectante, infera? — *Herbulae andicolae, acaules v. caulescentes, caespitosae, Montiae v. Arctiae facie; foliis alternis, linearibus aut spathulatis, integerrimis, rigidis et caespitoso-congestis, v. subcarnosis et remotis, floribus parvulis, axillaribus, solitariis, pedunculatis, albis.*

Lysipomia Kunth *in Humb. et Bonpl. Nov. gen. et sp. III. 319. t. 266. f. 2.* (excl. f. 1.) *t. 267. f. 1. 2.* Don *Syst. III. 716.* Presl *Monogr. 45.* absq. charact.

3054. Hypsela *PRESL.* Calyx tubo subgloboso, enervi, cum ovario connato, limbo supero, quinquepartito, aequali. Corolla summo calycis tubo inserta, infundibuliformis, tubo integro, ad faucem inflato, limbi bilabiati labio inferiore trifido, superiore bipartito. Stamina 5, cum corolla inserta; filamenta et antherae, quarum duae inferiores apice setigerae, in tubum connatae. Ovarium inferum ...... Stylus inclusus; stigma exsertum, bilobum, lobis demum divaricatis, orbiculatis. Capsula semibilocularis, operculo umbonato dehiscens, dissepimento incompleto, basi et apice inserto, margine libero, plano, undique placenta tenui obtecto. Semina ...... — *Herbula andicola, repens, Violae palustris facie; foliis alternis, orbiculato-reniformibus, emarginatis, subcarnosis, floribus axillaribus, solitariis, pedunculatis, albis.*

Hypsela Presl *Monogr. 45.* Lysipomiae sp. Kunth *in Humb. et Bonpl. Nov. gen. et sp. t. 266. f. 1.*

TRIBUS II. LOBELIEAE Presl *Monogr. 9.* Ovarium bi-triloculare, placentis dissepimento longitudinaliter adnatis. Capsula bi-trilocularis, loculicido-bi-trivalvis.

3055. Metzleria *PRESL.* Calyx tubo hemisphaerico, cum ovario connato, limbo supero, quinquefido. Corolla summo calycis tubo inserta, pentapetala, regularis, petalis aequalibus, lanceolatis, patentibus. Stamina 5, cum corolla inserta; filamenta filiformia, libera, antherae in tubum apice leviter incurvum connatae, duae inferiores apice setuloso-aristatae. Ovarium inferum, apice breviter exsertum, biloculare. Ovula in placentis dissepimento utrinque adnatis plurima ...... Stylus ...... Capsula bilocularis, apice breviter exserto loculicido-bivalvis. Semina ...... *Herbae capenses; caule decumbente, radicante, foliis alternis, confertis, ovato-spathulatis, in caulem decurrentibus, in petiolum brevem angustatis, integerrimis v. calloso-dentatis, pedicellis axillaribus solitariis, unifloris.*

Metzleria Presl *Monogr. 9.* Lobelia depressa Linn.

3056. Dobrowskya *PRESL.* Calyx tubo hemisphaerico v. turbinato, cum ovario connatu, limbo supero, quinquepartito. Corolla summo calycis tubo inserta, bilabiata, petalis duobus superioribus distinctis, unguiculatis, inferioribus in unicum trifidum cohaerentibus. Stamina 5, cum corolla inserta; filamenta et antherae basi et apice barbatae, in tubum connatae. Ovarium inferum, biloculare. Ovula in placentis carnosulis, dissepimento utrinque longitudinaliter adnatis plurima, horizontalia, anatropa. Stylus per staminis tubum exsertus; stigmata 2, linearia, demum spiraliter revoluta. Capsula bilocularis, loculicido-bivalvis. Semina plurima, minima. Embryo in axi albuminis carnosi orthotropus; radicula umbilico proxima, centripeta. — *Herbae capenses, annuae v. perennes; foliis alternis, oppositis aut quinato verticillatis, linearibus v. oblongo-lanceolatis, integerrimis v dentatis, scabris, pedunculis terminalibus scapiformibus, v. axillaribus solitariis, unifloris, floribus caeruleis.*

Dobrowskya Presl *Monogr.* 10. Lobelia unidentata Aiton. Bot. Mag. *t.* 1484. Parastranthi sp. Don.

3057. Monopsis *SALISB.* Calyx tubo obconico v. hemisphaerico, cum ovario connato, limbo supero, quinquefido. Corolla summo calycis tubo inserta, gamopetala, tubo hinc juxta totam longitudinem fisso, limbi quinquefidi laciniis subaequalibus. Stamina 5, cum corolla inserta; filamenta et antherae imberbes (?) in tubum connatae. Ovarium inferum, biloculare. Ovula in placentis carnosulis, dissepimento utrinque adnatis plurima ..... Stylus inclusus; stigma indivisum, barbatum. Capsula bilocularis, loculicido-bivalvis. Semina plurima, minima ...... — *Herbae perennes, in Capite bonae spei et in NovaHollandia tropica observatae; caulibus debilibus, foliis alternis, linearibus, dentatis rariusve integerrimis, floribus hermaphroditis v. interdum dioicis, axillaribus solitariis longe pedicellatis, v. terminalibus corymbosis.*

Monopsis Salisbury *in Transact. Hortic. soc. II. excl. sp.* Presl *Monogr.* 10. absque charact.

a. EUMONOPSIS. Corollae limbus rotatus, lobis ovatis, obtusis. Flores hermaphroditi axillares, longe pedicellati.
Monopsis Salisb. *l. c.* Don *Syst. III.* 717. Specularia Solander *msc.* Lobelia Speculum Andr. *Bot. Reposit. t.* 664. Bot. Mag. *t.* 1499.

b. HOLOSTIGMA. Corollae limbus dimidiatus, lobis linearibus. Flores dioici v. hermaphroditi, terminales, corymbosi, teminei axillares, solitarii.
Holostigma Don *Syst. III.* 716. Lobelia dioica R. Brown et L. corymbosa Graham *in Bot. Mag. t.* 2693.

3058. Lobelia *LINN.* Calyx tubo obconico, turbinato v. hemisphaerico, cum ovario connato, limbo supero, quinquefido. Corolla summo calycis tubo inserta, tubulosa, tubo hinc apice fisso, limbi quinquefidi, uni-bilabiati laciniis tribus inferioribus pendulis, duabus superioribus pendulis v. cum inferioribus conniventibus. Stamina 5, cum corolla inserta; filamenta et antherae, omnes v. saltim duae inferiores barbatae, in tubum connatae. Ovarium inferum, vertice brevissime exsertum, bi-triloculare. Ovula in placentis carnosulis, dissepimento utrinque adnatis v. e loculorum angulo centrali porrectis plurima, anatropa. Stylus inclusus; stigma demum exsertum, bilobum, lobis divaricatis, orbiculatis, subtus pilorum annulo cinctis. Capsula bi-trilocularis, ultra verticem exsertum loculicido-bi-trivalvis. Semina plurima, minima, scrobiculata. Embryo in axi albuminis carnosi orthotropus, cotyledonibus brevissimis, obtusis, radicula umbilico proxima, centripeta. — *Herbae perennes v. rarius annuae, in regionibus tropicis subtropicisque totius orbis observatae, in America aequinoctiali imprimis copiosae, in Europa media rarissimae, habitu et inflorescentia admodum variae.*

Lobelia Linn. *gen. n.* 1006. excl. sp. pl. non Plum. nec Presl. Rapuntium Tournef. *inst.* 51. Gärtn. *I.* 151. Presl *Monogr.* 11.

a. XANTHOMERIA Presl *Monogr.* 11. Flores sessiles bibracteolati, axillares, capitati v. spicati. Calycis tubus cylindraceus v. obconicus. Corolla flava. Capsula bilocularis. — Parastranthi sp. Don. (Bot. Mag. *t.* 1319. 1692.)

b. STENOTIUM Presl *Monogr.* 12. Flores pedicellati, racemosi. Calycis tubus obconicus, linearis v. oblongus v. turbinatus. Corolla caerulea v. alba. Capsula bilocularis. — (Jacq. *Hort. Schönbr. t.* 178. Cavanill. *Ic. t.* 512. *f.* 2. Curtis *Flor. Lond. VI. t* 63. Hooker *Exot. Flor. t.* 44. Labillard. *Nov. Holl. t.* 73. Bot. Mag. *t* 514. 901. 2277. 3292. Bot. Reg. *t.* 773. 1896. 2014. Pohl *Plant. bras. t.* 165. Wallich *Plant. As. rar. t.* 152.)

c. DORTMANNA Rudbeck *Act. Upsal.* 1720. *p.* 97. *t.* 2. Flores racemosi. Calycis tubus lineari-obconicus. Corolla caerulea. Capsula trilocularis. — Don *Syst. III.* 715. Lobelia Dortmanna Linn.

d. SPHAERANGIUM Presl *Monogr.* 19. Flores pedicellati, racemosi. Calycis tubus hemisphaericus. Corolla alba, caerulea v. rubra. Capsula bi-trilocularis. — (Cavanill. *Ic. t.* 511. *f.* 2. *t.* 518. 521—523. Willdenow *Hort. berol. t.* 30. 85. 86. Bonpl. *Malm. t.* 7. Bot. Mag. *t.* 320. 614. 2137. 2251. 2277. 3292. 3550. 3600. Sweet *Fl. Gard. I. t.* 99. Pohl *Plant. Bras. t.* 166. 167.) — Tupa Don *Syst. III.* 700. (Cavanill. *Ic. t.* 516. Bot. Mag. *t.* 1325. 2550. 3207. Bot. Reg. *t.* 973. 1325. 1612.) — Tylomium Presl *Monogr.* 31. cujus typi Lob. conglobata Sieb. et Lam. L. robusta Grah. *in Bot. Mag. t.* 3133. et L. assurgens Linn. „calycis tubo in summo apice demum annulum callosum, persistentem, margine liberum „gerente, tubo stamineo deciduo, seminibus ovali-sub„globosis, umbilico oblique excavato, foveaeformi" differre dicitur.

3059. Siphocampylus *POHL.* Calyx tubo obconico, turbinato v. hemisphaerico, cum ovario connato, limbo supero, quinquefido. Corolla summo calycis tubo inserta, tubulosa, tubo integro, incurvo v. rarius recto, limbi quinquefidi, bilabiati laciniis subaequalibus v. duabus superioribus paullo longioribus. Stamina 5, cum corolla inserta; filamenta et antherae, quarum duae inferiores v. omnes apice barbatae v. mucronatae connata. Ovarium inferum, vertice breviter exsertum, biloculare. Ovula in placentis carnosulis, dissepimento utrinque longitudinaliter adnatis plurima, anatropa. Stylus inclusus; stigma exsertum, bilobum, lobis divaricatis, orbiculatis. Capsula bilocularis, vertice exserto loculicido bivalvis. Semina plurima, minima, scrobiculata. Embryo in axi albuminis carnosi orthotropus, radicula umbilico proxima, centripeta. — *Suffrutices americani tropici; foliis alternis v. oppositis, petiolatis, serratis, floribus axillaribus, solitariis, pedicellatis, rarius in racemum v. corymbum approximatis, rubris.*

Siphocampylus Pohl *Plant. Brasil. II.* 104. *t.* 169—177. Lobelia Presl *Monogr.* 33. Lobeliae sp. Linn. Smith *Ic. inedit. I. t.* 22. Cavanill. *Ic. t.* 512. *f.* 1. *t.* 513. 514. 519. Presl *Symb. t.* 40. Kunth *in Humb. et Bonpl. Nov. gen. et sp. t.* 268—271.

OBSERVATIO. Canonanthus Don *Syst. III.* 718. Lobelia campanulata Cavanill. *Ic. t.* 517. genus e manca Cavanillesii icone et descriptione insufficiente exstructum, a Siphocampylo corolla regulari campanulata, vix alia nota differre videtur.

3060. Laurentia *NECK.* Calyx tubo ovato, cum ovario connato, limbo supero, quinquefido. Corolla summo calycis tubo inserta, tubulosa, tubo recto, integro, limbi quinquefidi laciniis subaequalibus v. bilabiatis, erectis v. patentibus. Stamina 5, cum corolla inserta, filamenta et antherae, quarum duae superiores apice barbatae v. mucronatae, in tubum connatae. Ovarium inferum, vertice brevissime exsertum, biloculare. Ovula in placentis oblongis, dissepimento utrinque adnatis plurima, anatropa Stylus brevissime exsertus; stigma bilobum, lobis divaricatis, orbiculatis. Capsula bilocularis, vertice exserto loculicido-bivalvis. Semina plurima, minima, scrobiculata. Embryo in axi albuminis carnosi orthotropus, radicula umbilico proxima, centripeta. — *Herbae ut plurimum annuae, acaules, scapigerae, v. caulescentes, plerumque prostratae, in regione mediterranea, Capite bonae spei et Nova-Hollandia extratropica indigenae; foliis radicalibus confertis, caulinis dum adsunt alternis, parvis, scapis racemoso-paucifloris, floribus in caulescentibus axillaribus, solitariis, plerumque longe pedunculatis, corollis caeruleis, roseis v. albis.*

Laurentia Necker *elem. n. 224.*

a. SOLENOPSIS Presl *Monogr. 32.* Corollae bilabiatae laciniae inferiores altius inter se connatae. — Lobeliae sp. Linn. Sibthorp *Fl. graec. t. 221.* Presl *Symb. t. 20.* Bot. Mag. *t. 2077. 2590.*

b. ENCHYSIA Presl *Monogr. 40.* Corollae infundibuliformis laciniae erectae, subaequales. — Lobelia erinoides Linn.

c. ISOTOMA R. Brown *Prodr. 565.* Corollae hypocraterimorphae laciniae patentes, subaequales. — Bot. Reg. *t. 964.* Bot. Mag. *t. 3075.*

d. HIPPOBROMA Don *Syst. III. 717.* Lobelia longiflora Jacq. *Amer. pict. t. 200. Hort. Vindob. I. t. 27.* Bot. Reg. *t. 1200*, habitu et corollae tubo longissimo magis recedit, sed ovarium et fructus a nobis plane ignorantur.

3061. Byrsanthes *PRESL.* Calyx tubo ima basi ovario adnato, limbo quinquepartito. Corolla calycis tubo inserta, infundibuliformis, coriacea, tubo integro, limbi quinquepartiti laciniis erectis, aequalibus. Stamina 5, cum corolla inserta; filamenta et antherae, omnes v. duae inferiores apice barbatae, in tubum connata. Ovarium basi adnatum, biloculare. Ovula in placentis bilobis, dissepimento utrinque adnatis cristaeformibus plurima ...... Stylus inclusus; stigma bilobum, lobis exsertis, divaricatis, orbiculatis, subtus pilorum annulo interrupto cinctis. Capsula ...... — *Frutices andicoli, niveo-tomentosi, vix noti; foliis integerrimis, pedicellis axillaribus folio longioribus.*

Byrsanthes Presl *Monogr. 41.* Lobelia nivea Willd.

*

3062. Heterotoma *ZUCCAR.* Calyx tubo hemisphaerico, cum ovario connato, limbo supero bilabiato, labii superioris apice trifidi laciniis erectis, inferioris horizontaliter producti, apice bifidi laciniis inflexis. Corolla summo calyci inserta, tubulosa, tubo basi valde inaequaliter dilatato et in calycis labio inferiore ad lacinias usque in calcaris speciem extenso, sursum cylindrico, quinquefido, tandem longitudinaliter fisso. Stamina 5, cum corolla inserta, filamenta et antherae, quarum duae inferiores apice barbatae, connatae. Ovarium inferum, biloculare. Ovula plurima ...... Stylus simplex; stigma emarginato-bilobum ..... Fructus ..... — *Herba mexicana, circiter tripedalis; foliis alternis, petiolatis, e basi rotundata ovatis, oblique acuminatis, inaequaliter dense dentatis, utrinque pubescentibus, floribus in racemos terminales simplices, multifloros dispositis, magnis, purpureis.*

Heterotoma Zuccarini *in Flora 1832. Beiblätt. p. 100.* Myopsia Presl *Monogr. 8.* ex quo „stigma annulo inaequaliter multipartito, erecto, indusiiformi cinctum, bilobum, „lobis demum exsertis, divaricatis, orbiculatis," quod in specimine Zuccariniano nequaquam video.

TRIBUS III. DELISSEACEAE Presl *Monogr. 46.* Ovarium biloculare, placentis dissepimento utrinque adnatis. Fructus bilocularis, indehiscens, siccus v. baccatus.

3063. Pratia *GAUDICH.* Calyx tubo hemisphaerico v. obconico, cum ovario connato, limbo supero, quinquedentato v. quinquefido. Corolla summo calycis tubo inserta, gamopetala, tubo hinc fisso, limbi quinquefidi laciniis aequalibus v. bilabiatis. Stamina 5, cum corolla inserta; filamenta et antherae, quarum duae inferiores apice setigerae, in tubum connatae. Ovarium inferum, biloculare. Ovula in placentis subglobosis, dissepimento utrinque adnatis plurima, anatropa. Stylus inclusus; stigma emarginato-bilobum, subexsertum. Bacca subglobosa, calycis limbo coronata, bilocularis. Semina plurima, ovata. Embryo in axi albuminis carnosi orthotropus, radicula umbilico proxima, centripeta. — *Herbae pusillae, in America australi intra et extra tropicos, nec non in Nepalia observatae; caulibus repentibus, radicantibus, foliis alternis, petiolatis, cordato-orbiculatis, crassiusculis, pedicellis axillaribus solitariis, unifloris.*

Pratia Gaudich. *ad Freyc. 456.* Lindley *in Bot. Reg. n. 1373.*

a. BERNONIA. Calycis laciniae subulatae. Corollae limbus bilabiatus, labii superioris bifidi laciniae lineares, labium inferius trilobum. — *Herba nepalensis.* (Lindl. *in Bot. Reg. t. 1373.* Lobelia begoniaefolia Wallich.)

b. EUPRATIA. Calycis dentes breves, acuti. Corollae limbus aequaliter quinquefidus. — *Herbae chilenses et brasilienses.* (Gaudich. *ad Freyc. t. 79.*)

3064. Delissea *GAUDICH.* Calyx tubo hemisphaerico, cum ovario connato, limbo supero, brevissime quinquedentato. Corolla summo calycis tubo inserta, tubulosa, tubo integro, limbi bilabiati labio superiore bifido, laciniis erectis, inferiore trilobo, patente. Stamina 5, cum corolla inserta; filamenta et antherae, quarum duae inferiores apice barbatae, in tubum liberum connatae. Ovarium inferum, biloculare. Ovula in placentis carnosis, dissepimento utrinque adnatis plurima, anatropa. Stylus brevissime exsertus; stigma bilobum, pilis cinctum. Bacca subglobosa, calycis limbo coronata, bilocularis. Semina plurima ...... — *Frutices v. arbusculae sandwicenses, lactescentes; foliis alternis, integris v. pinnatifidis, racemis axillaribus erectis, folio brevioribus, pedicellis basi unibracteatis, floribus albido-roseis.*

Delissea Gaudichaud *ad Freyc. 457. t. 76—78.*

3065. Cyanea *GAUDICH.* Calyx tubo ovato, decemsulcato, cum ovario connato, limbi superi, quinquepartiti laciniis foliaceis, oblongis, margine reflexis, undulato-crispis. Corolla summo calycis tubo inserta, tubulosa, tubo integro, limbi quinquefidi laciniis subaequalibus, duabus superioribus erectis, inferioribus patentiusculis. Stamina 5, cum corolla inserta; filamenta et antherae apice omnes barbatae in tubum liberum connatae. Ovarium inferum, biloculare. Ovula in placentis carnosis, emarginato-bilobis, dissepimento utrinque adnatis plurima, anatropa. Stylus inclusus; stigma orbiculatum, annulo piloso cinctum. Bacca sulcato-decagona, calycis limbo foliaceo coronata, bilocularis. Semina plurima ...... — *Arbor sandwicensis, lactescens; ramis ramulisque tuberculoso-aculeatis, foliis alter-*

nis, pinnatipartitis, lobis serratis, racemis axillaribus strictiusculis, pedicellis basi unibracteatis, floribus cyaneis.

Cyanea Gaudichaud *ad Freyc. 457. t. 75.*

3066. Macrochilus *PRESL.* Calyx tubo obconico, cum ovario connato, limbi superi, quinquepartiti laciniis foliaceis, oblongis, margine imbricatis. Corolla summo calycis tubo inserta, tubulosa, tubo elongato, hamato-incurvo, superne hinc fisso, limbi quinquefidi, unilabiati laciniis aequalibus, linearibus, conniventibus, pendulis. Stamina 5, cum corolla inserta; filamenta et antherae, quarum duae inferiores apice longe barbatae, in tubum liberum connatae. Ovarium inferum, biloculare. Ovula ...... Stylus brevissime exsertus; stigma bilobum. Fructus ...... — *Arbor sandwicensis, palmaeformis, trunco stricto, biorgyali, comam foliorum et pedunculorum extollente; foliis glabris, oblongo-obovatis, acuminatis, undulatis, denticulatis, pedunculis tomentosis, folio longioribus, nutantibus, multi-bracteatis, florum adscendentium capitulo globoso, compacto, bracteis dense imbricato terminatis.*

Macrochilus Presl *Monogr. 47.* Lobelia superba Chamisso *in Linnaea VIII. 223.*

3067. Rollandia *GAUDICH.* Calyx tubo ovato, cum ovario connato, limbi superi, quinquepartiti laciniis brevibus, obtusis. Corolla summo calycis tubo inserta, tubulosa, tubo compresso, arcuato, integro, limbi quinquefidi laciniis subaequalibus, superioribus in inferiora patentia conniventibus Stamina 5, cum corolla inserta; filamenta et antherae, quarum duae inferiores apice barbatae, in tubum basi corollae postice connatum coalita. Ovarium inferum, biloculare. Ovula plurima ...... Stylus inclusus; stigma bilobum, pilis cinctum. Capsula baccata, calycis limbo coronata, bilocularis, indehiscens. Semina plurima ...... — *Frutices sandwicenses; foliis alternis, integris, racemis axillaribus paucifloris, erectis, folio brevioribus, pedicellis basi unibracteatis, floribus albidis.*

Rollandia Gaudichaud *ad Freyc. 458. t. 74.*

3068. Clermontia *GAUDICH.* Calyx coloratus, inferne cum ovario connatus, tubo arcuato, longe supra ovarium producto, apice quinquefido, corollam aequante, demum circumscisse deciduo. Corolla calycis tubo pone ovarii verticem inserta, tubulosa, tubo compresso, integro, limbi quinquefidi laciniis subaequalibus, duabus superioribus erectis, inferioribus patentibus. Stamina 5, cum corolla inserta; filamenta et antherae, quarum duae inferiores apice barbatae, in tubum liberum coalitae. Ovarium inferum, biloculare. Ovula in placentis carnosis, bilobis, dissepimento utrinque adnatis plurima, anatropa. Stylus brevissime exsertus; stigma bilobum, pilis cinctum Capsula baccata, umbilicata, bilocularis, indehiscens. Semina plurima ...... — *Frutices v. arbores lactescentes, in insulis sandwicensibus indigeni; foliis alternis, serratis, racemis axillaribus, folio brevioribus, pedicellis basi unibracteatis, floribus speciosis, albidis v. roseo-violaceis.*

Clermontia Gaudichaud *ad Freyc. 459. t. 71–73.*

3069. Centropogon *PRESL.* Calyx tubo subgloboso, cum ovario connato, limbi superi, quinquefidi laciniis subulatis, patentibus. Corolla summo calycis tubo inserta, tubo cylindraceo, medio incurvo, integro, limbi quinquefidi laciniis falcato-galeatis, inferioribus patentibus. Stamina 5, inter corollam et annulum perigynum carnosum, quinquedentatum, persistentem inserta; filamenta et antherae, quarum duae inferiores aculeo ovato-triangulari, cartilagineo, solitario terminatae, in tubum liberum coalitae. Ovarium inferum, biloculare. Ovula in placentis magnis, carnosis, dissepimento utrinque adnatis, medio cristatis plurima ...... Stylus inclusus; stigma exsertum, bilobum. Bacca globosa, bilocularis, pericarpio tenui, placentis carnosis. Semina plurima ...... — *Suffrutices Americae tropicae; foliis alternis integris, serratis, floribus axillaribus solitariis, longe pedunculatis.*

Centropogon Presl *Monogr. 48.* Lobelia surinamensis Linn. Bonpl. *Navarr. t. 39.* Andr. *Bot. Reposit. t. 502.* Bot. Mag. *t. 225.* L. hirta Cavanill. *Ic. t. 520.* Lobeliae sp. Humb. et Bonpl.

3070. Trimeris *PRESL.* Calyx tubo anguste turbinato, cum ovario connato, limbi superi, quinquefidi laciniis nervo medio crasso donatis. Corolla summo calycis tubo inserta, petalis duobus superioribus linearibus liberis, inferioribus in labium trilobum, erectum connatis. Stamina 5, cum corolla inserta; filamenta et antherae, quarum duae inferiores apice barbatae, in tubum connatae. Ovarium inferum, biloculare. Ovula ...... Stylus inclusus; stigma bilobum, lobis demum exsertis, divaricatis, orbiculatis. Fructus indehiscens. — *Frutex insulae St. Helenae; foliis alternis, oblongis, racemis axillaribus.*

Trimeris Presl *Monogr. 46.* Lobelia scaevolaefolia Roxb.

Ordo CXXV. Campanulaceae.

CAMPANULAE partim Adanson *Fam. II. 132.* CAMPANULACEAE excl. plur. Jussieu *gen. 164. Annal. Mus. XVIII. 1.* CAMPANULACEAE sect. 1. R. Brown *Prodr. 559.* CAMPANULEAE Alph. DC. *Monographie des Campanulees. Paris, 1830. 4.* CAMPANULACEAE Bartling *Ord. nat. 151.* Lindley *Introduct. edit. II. p. 237.*

Herbae annuae v. perennes, saepissime lactescentes, rarius suffrutices, caule ramisque teretibus v. irregulariter angulatis. Folia alterna v. interdum opposita, sessilia v. in petiolum, plerumque plus minus marginatum angustata, simplicia, integra v. nonnunquam lobata, rarius integerrima, plerumque dentata v. crenata, radicalia saepe a caulinis diversa, plerumque majora et longius petiolata. Stipulae nullae.

Flores hermaphroditi, regulares, axillares v. terminales, racemosi, spicati v. glomerati, interdum paniculati, plerumque nudi, rarissime involucro libero v. cum calycis tubo connato cincti, ut plurimum caerulei v. albi, rarius purpurei v. lutei.

Calyx tubo cum ovario v. cum ejus basi connato, limbo supero v. semisupero, persistente, plerumque quinquefido, rarius tri-sex- v. octofido, rarissime truncato, lobis margine planis v. inflexis, in lobulum sinum obtegentem decurrentibus, per aestivationem valvatis.

Corolla gamopetala, annulo inter summum calycis tubum et ovarium protruso, rarius in discum epigynum efuso, rarissime inter androecium et stylum in tubulum nectariferum styli basim vaginantem producto, inserta, marcescens v. rarius decidua, campanulata v. tubulosa, limbo plus minus profunde partito, laciniis numero loborum calycis, iisque alternis, aestivatione valvatis, sub anthesi erectis v. patentibus, interdum apice in tubum cohaerentibus.

Stamina cum corolla inserta, rarissime ejusdem basi subadhaerentia, ejusdem lobis numero aequalia et alterna, rarissime pauciora, inclusa v. interdum subexserta. Filamenta aequilonga, libera, basi rarissime aequalia, plerumque inferne plus minus membranaceo-dilatata, ciliata, conniventia v. subcohaerentia, apice attenuato-filiformia. Antherae introrsae, filamentis breviores v. interdum longiores, biloculares, basi insertae, liberae v. in tubum stylo pervium cohaerentes, loculis oppositis, parallelis, contiguis v. rarissime connectivo interposito, in cuspidem excurrente subdiscretis, longitudinaliter ante anthesim dehiscentibus. Pollen sphaericum, papillosum.

Ovarium cum calycis tubo connatum, inferum v. semiinferum, bi-octoloculare, loculi, dum calycis lobis numero congrui, iisdem oppositi v. alterni. Ovula in placentis dissepimento ovarii bilocularis adnatis, v. ex angulo interiori loculorum ovarii plurilocularis prominulis, plus minus carnosis, integris v. bilobis plurima, plerumque horizontalia, anatropa. Stylus terminalis, simplex, inclusus v. exsertus, in alabastro pilis pollen colligentibus, in series tot quot antherarum loculi dispositis, cito caducis hirsutus. Stigma nudum, rarissime capitatum, plerumque in lobos numero loculorum ovarii divisum, lobis in alabastro erectis, conglutinatis, dorso pilosis, per anthesim divergentibus, recurvatis, glabris.

Capsula bi-octolocularis, polysperma, nunc vertice subexserto loculicide dehiscens, pedicello tunc plerumque erecto, nunc tota infera, loculis prope basim v. medio, aut pone calycis limbum poro v. valvula parietali, sursum revoluta apertis, rarissime fissuris plurimis transversis dehiscens, pedunculo tunc plerumque reflexo.

Semina plurima, minima, loculorum angulo centrali affixa, ovoidea v. angulata, interdum compressa, saepe aspera, rhaphe et chalaza apicali vix manifestis.

Embryo in axi albuminis carnosi orthotropus, ejusdem fere longitudine, subcylindricus; cotyledonibus brevissimis, obtusis, radicula umbilico proxima, plerumque centripeta.

Campanulaceae a Lobeliaceis proxime affinibus praeter notas leviores, floribus regularibus et polline sphaerico distinctae, frequentissime in hemisphaera boreali veteris orbis proveniunt, inter 36°—37° L. B. imprimis copiosae, in hemisphaera australi in regione capensi obviae, inter tropicos rarae. Campanuleae omnes hemisphaeram borealem incolunt, Wahlenbergieae frequentius trans aequatorem habitant. Succo turgent plurimae lacteo, acri sed innocuo. Radices et folia juniora nonnullarum inter obsonia eduntur.

TRIBUS I. WAHLENBERGIEAE. Capsula apice dehiscens. — *Genera in hemisphaera australi frequentius obvia.*

SUBTRIBUS I. JASIONEAE. Antherae connatae. Capsula apice valvatim dehiscens.

3071. Jasione *LINN.* Calyx tubo cum ovario connato, limbo supero, quinquefido. Corolla summo calycis tubo inserta, profunde quinquepartita. Stamina 5, cum corolla inserta; filamentis tenuibus, liberis, antheris basi in tubum cohaerentibus, apice distinctis. Ovarium inferum, biloculare. Ovula in placentis prope basim loculorum centralibus plurima, anatropa. Stylus a medio ad apicem dense serie pilosus; stigmata 2, brevia. Capsula sphaeroidea v. ovoidea, bilocularis, apice brevissime bivalvis, foramine lato hians. Semina plurima, minima, nitida. Embryo in axi albuminis carnosi orthotropus; cotyledonibus brevissimis, radicula umbilico proxima, centripeta. — *Herbae annuae v. saepius perennes, humiles, lactescentes, Scabiosae facie, in Europa imprimis austro-occidentali provenientes; foliis radicalibus interdum rosulato-congestis, caulinis alternis, angustis, integerrimis v. sinuatis, floribus parvulis, in capitula terminalia bracteato-involucrata congestis, inflorescentia in quovis capitulo centripeta.*

Jasione Linn. *gen. n. 1005.* Jussieu *gen. 166.* Lam. *t. 724.* Gärtn. *I. 149. t. 30.* Flor. dan. *t. 319.* E. B. *t. 882.* Cavanill. *Ic. t. 148.* Bot. Mag. *t. 2198.* Bot. Reg. *t. 585.* Alph. DC. *Camp. 101.* Ovilla Adanson *Fam. II. 134.* Aphyllanthes Dalechamp *Hist. 864.*

SUBTRIBUS II. LIGHFOOTIEAE. Antherae distinctae. Capsula apice valvatim dehiscens.

3072. Lightfootia *HERIT.* Calyx tubo cum ovarii basi connato, limbo semisupero, quinquefido. Corolla summo calycis tubo inserta, quinquepartita v. interdum quinquefida. Stamina 5, cum corolla inserta; filamentis basi dilatata ciliatis antherisque caducis liberis. Ovarium semiinferum, tri- v. quinqueloculare, loculis lobis calycinis oppositis. Ovula in placentis prope basim loculorum centralibus plurima, anatropa. Stylus imberbis; stigmata loculorum numero brevia, filiformia. Capsula pyramidata, tri-quinquelocularis, apice loculicide tri-quinquevalvis. Semina plurima, ovoideo-trigona, minima. Embryo in axi albuminis carnosi orthotropus; cotyledonibus brevissimis, radicula umbilico proxima, centripeta. — *Suffrutices v. rarius herbae perennes,* *specie unica madagascariensi excepta capenses; foliis alternis v. interdum oppositis, linearibus, integerrimis v. denticulatis, floribus ut plurimum racemosis, breve pedunculatis.*

Lightfootia Heritier *Sert. angl.* 3. *t.* 4. 5. Smith *Exot. Bot. II. t.* 69. Loddig. *Bot. Cab. t.* 1038. Alph. DC. *Camp.* 107. *t.* 3. *f. B.* Campanulae sp. Thunberg *in Mem. Academ. Petropolit. IV. t.* 5. *f.* 1. *t.* 6. *f.* 1. *t.* 7. *f.* 2. 3.

3073. Cephalostigma *ALPH. DC.* Calyx tubo cum ovario connato, limbo supero v. semisupero, quinquefido. Corolla summo calycis tubo inserta, quinquepartita. Stamina 5, cum corolla inserta; filamentis basi dilatatis antherisque liberis. Ovarium inferum v. semiinferum, bi-triloculare. Ovula plurima ...... Stylus filiformis; stigma simplex, capitatum, pilosum. Capsula bi-trilocularis, apice loculicido-bi-trivalvis. Semina plurima, ovoideo-triquetra, minima. Embryo ...... — *Herbae in Senegambia et in regno Birmanico observatae; foliis alternis, linearibus v. lanceolatis ovatisve, floribus racemosis v. paniculatis.*

Cephalostigma Alph. DC. *Camp.* 117.

a. EUCEPHALOSTIGMA. Stylus lacinias corollae subsuperans. Capsula bilocularis, infera. — *Herbae senegambicae; floribus racemosis v. paniculatis.*

b. TRITAMBIDIUM. Stylus lacinias corollae vix aequans. Capsula trilocularis, semisupera. — *Herba birmanica; floribus laxe paniculatis.*

3074. Campanumaea *BLUM.* Involucrum quinquepartitum, liberum v. cum basi calycis connatum. Calyx tubo hemisphaerico, cum ovario connato, limbo truncato. Corolla summo calycis tubo inserta, quinquepartita v. quinquefida. Stamina 5, cum corolla inserta, involucri lobis opposita; filamentis basi sublatioribus antherisque liberis. Ovarium inferum, triloculare. Ovula in placentis e loculorum angulo centrali plurima ...... Stylus inclusus; stigmata 3, ovata, crassa. Capsula globosa, trilocularis, umbilico lato, plano, quinquangulari, multivalvis? Semina plurima, ovoideo-cylindrica, leviter punctata. Embryo ...... — *Herbae javanicae et indicae, glaberrimae, lactescentes; radicibus tuberosis, caule ramisque teretibus, foliis oppositis, petiolatis, ovato-cordatis v. oblongo-linearibus, subintegerrimis v. serrulatis, subtus glaucescentibus, floribus solitariis, sparsis v. subcorymbosis.*

Campanumaea Blume *Bijdr.* 726. Alph. DC. *Camp.* 118. Codonopseos sectio II. Alph. DC. *Op. cit.* 122.

3075. Codonopsis *WALL.* Calyx tubo hemisphaerico, cum ovario connato, limbo semisupero, quinquelobo. Corolla summo calycis tubo inserta, carnosula, campanulata, apice quinqueloba. Stamina 5, cum corolla inserta; filamentis basi sublatioribus antherisque liberis. Ovarium inferum, triloculare. Ovula in placentis ex angulo centrali loculorum plurima, anatropa. Stylus inclusus; stigmata 3, ovata, crassa. Capsula hemisphaerica, trilocularis, apice acuto loculicido-trivalvis. Semina plurima, ovoideo-cylindrica. Embryo in axi albuminis carnosi orthotropus; cotyledonibus brevissimis, radicula umbilico proxima, centripeta. — *Herbae in India septemtrionali monticolae, saepius glaberrimae; caulibus e caudice lignoso adscendentibus, plerumque volubilibus, foliis alternis v. oppositis, petiolatis, crenatis, subtus glaucescentibus v. incanis, floribus axillaribus terminalibusque pedunculatis, luteo- v. caeruleo-virescentibus v. purpureis.*

Codonopsis Wallich *in Roxburgh Flor. Ind. II.* 103. Alph. DC. *Camp.* 120. Royle *Himalay. t.* 62. *f.* 2. Glossocomia Don *Nep.* 158.

3076. Canarina *JUSS.* Calyx tubo obconico, cum ovario connato, limbo supero, sexfido. Corolla annulo perigyno inserta, campanulata, maxima, apice sexloba. Stamina 6, cum corolla inserta; filamentis basi crassioribus antherisque liberis. Ovarium inferum, sexloculare, loculis lobis calycinis oppositis. Ovula in placentis e loculorum angulo centrali bilobis plurima, anatropa. Stylus inclusus, superne pilis duodecimseriatis hispidus; stigmata 6, demum stellato-patentia. Capsula obovato-hexagona, sexlocularis, apice retuso loculicido-sexvalvis. Semina plurima, minuta, angulata. Embryo ...... — *Herba canariensis, tri-quadripedalis, glaberrima, glauca; radice fusiformi-tuberosa, succo lacteo scatente, caule adscendente, ramoso, ad foliorum originem incrassato-subarticulato, foliis oppositis v. rarius ternatis, petiolatis, hastato-subcordatis, irregulariter dentatis, supra nitidis, subtus pallidioribus, pedunculis unifloris, solitariis, ramos axillares foliosos terminantibus, nutantibus, corollis carnosulis, luteo-purpurascentibus.*

Canarina Jussieu *gen.* 164. Lam. *t.* 259. Gärtn. *f. III.* 163. *t.* 121. Bot. Mag. *t.* 444. Alph. DC. *Camp.* 123. *t.* 4. *f.* 6. Canaria Linn. *Mant.* 148. Pernettya Scopoli *Introduct.* 150.

3077. Platycodon *ALPH. DC.* Calyx tubo obconico v. turbinato, cum ovario connato, limbo supero, quinquefido. Corolla summo calycis tubo inserta, maxima, infundibuliformis, apice quinqueloba. Stamina 5, cum corolla inserta; filamentis basi latioribus antherisque liberis. Ovarium inferum, quinqueloculare, loculis lobis calycinis alternis. Ovula in placentis e loculorum angulo centrali plurima, anatropa. Stylus basi incrassatus, apice pilosus; stigmata 3 v. 5, stellato-patentia. Capsula ovoidea, tri-quinquelocularis, apice loculicido-tri-quinquevalvis. Semina plurima, ovoidea, nitida. Embryo in axi albuminis carnosi orthotropus; cotyledonibus brevissimis, radicula umbilico proxima, centripeta. — *Herbae perennes, glaucescentes, in Asia boreali indigenae, etiam in regione mediterranea observatae; foliis alternis v. suboppositis, sessilibus, ovato- v. lineari-lanceolatis, serratis, subtus pallidioribus, superioribus minoribus, floribus paucis, terminalibus, solitariis, pedunculatis.*

Platycodon Alph. DC. *Camp.* 125. Campanula grandiflora Jacq. *Hort. Vindob. III. t.* 2. Bot. Mag. *t.* 252.

3078. Microcodon *ALPH. DC.* Calyx tubo sphaerico, cum ovarii basi connato, hispidissimo, limbo semisupero, quinquefido. Corolla summo calycis tubo inserta, minima, cylindracea, apice quinqueloba, persistens. Stamina 5, cum corolla inserta; filamentis tenuissimis, basi aequalibus antherisque liberis. Ovarium semiinferum, quinqueloculare, loculis lobis calycinis alternis. Ovula in placentis prope basim loculorum centralibus plurima, anatropa. Stylus filiformis, inclusus; stigmata 5, brevia. Capsula sphaeroidea, hispidissima, apice loculicido-quinquevalvis. Semina plurima, minima, ovoidea, nitida. Embryo in axi albuminis carnosi orthotropus; cotyledonibus brevissimis, radicula umbilico proxima, centripeta. — *Herbae capenses, annuae, humiles; foliis alternis v. suboppositis, anguste-lanceolatis, parvis, sessilibus, superioribus paullo lon-*

gioribus,] *floribus terminalibus* | *brevissime pedicellatis.*

Microcodon Alph. DC. *Camp. 127. t. 19.*

3079. Wahlenbergia *SCHRAD.* Calyx tubo ovoideo v. obconico, cum ovario connato, limbo semisupero, tri-quinquefido. Corolla summo calycis tubo inserta, campanulata, apice v. interdum usque ad medium tri-quinqueloba. Stamina 3—5, cum corolla inserta; filamentis basi subdilatatis antherisque liberis. Ovarium semiinferum, bi-tri- v. quinqueloculare, loculis lobis calycinis oppositis. Ovula in placentis e loculorum angulo centrali plurima, anatropa. Stylus inclusus, superne pilosus; stigmata 2—5, brevia, patula. Capsula ovoideo-oblonga v. subsphaerica, bi-tri-quinquelocularis, apice valvis loculicidis dehiscens. — *Herbae ut plurimum annuae, rarius perennes, interdum suffrutescentes; in hemisphaerae borealis regionibus extratropicis rarae, in hemisphaera australi, imprimis in Capite bonae spei obviae; foliis alternis v. interdum oppositis, saepius in inferiore caulis parte congestis, floribus ut plurimum longe pedunculatis, pedicellis floriferis nutantibus, fructiferis erectis.*

Wahlenbergia Schrader *in Comment. Götting. VI.123.* Alph. DC. *Camp. 129.* Campanulae sectio Codonia Sprengl *Syst. I. 735.*

a. EDRAIANTHA *Alph. DC.* Flores pentameri. Fructus bi-trimerus. Semina ovata, plana. — *Herbae perennes, humiles, in Europa australi indigenae; foliis alternis, angustis, radicalibus confertissimis, caulinis subamplexicaulibus, floribus sessilibus, saepius capitatis.*

Edraiantha Alph. DC. *Camp. 130.* Campanulae sp. Sibthorp *Flor. graec. t. 206.* Waldst. et Kitaibel *Pl. Hung. t. 154. 155.* Portenschlag *Dalmat. Ic.*

b. AIKINIA *Salisb.* Flores pentameri. Fructus tripentamerus. Semina ovoidea. — *Herbae plerumque annuae, in Capite bonae spei, Australasia et India orientali indigenae, in Europa occidentali rarissimae; foliis alternis v. rarius oppositis, angustis, floribus plus minus longe pedunculatis et pedicellatis.*

Aikinia Salisbury *ex Alph. DC. Op. cit. 135.* Schultesia Roth *Enumerat. 1.* Campanulae sectio Campanopsis R. Brown *Prodr. 561.* Campanulae sp. Thunberg *in Act. Academ. Petropolit. IV. t. 6. f. 3. t. 5. f. 3. 4. t. 7. f. 1. 4.* Venten. *Malm. t. 12.* Bot. Mag. *t. 691. 782.* Wallich *in Asiat. Reisearch. XII. 571. c. ic.* Hooker *Flor. Lond. t. 93.* Roellae sp. Andr. *Bot. Reposit. t. 238.* — (Alph. DC. *Op. cit. t. 15. 16. 18. 19. f. 1.*)

c. CERVICINA *Del.* Flores tri-tetrameri. Fructus dimerus. Semina triquetra, una extremitate acuta, altera truncata. — *Herba humilis, annua, Aegyptum et Senegambiam incolens; foliis alternis, sessilibus, angustis, floribus breve pedicellatis.*

Cervicina Delile *Flor. aegypt. 7. t. 5. f. 2.* Alph. DC. *Op. cit. 156.*

d. LOBELIOIDES *Alph. DC.* Flores tri-pentameri. Fructus dimerus. Semina ovoidea, nitida. — *Herba tenuis, annua, Madeiram, Canarias et Novam Hollandiam incolens; foliis alternis, sessilibus, floribus longe pedunculatis.*

Lobelioides Alph. DC. *Op. cit. 157. t. 17.* Campanula lobelioides Linn.

e. LINARIOIDES *Alph. DC.* Flores pentameri. Fructus dimerus. Semina lenticularia, nitida. — *Herba in America australi extratropica indigena, perennis; foliis alternis, sessilibus, angustis, floribus longe pedicellatis.*

Linarioides Alph. DC. *Op. cit. 158.* Campanula filiformis Ruiz et Pav. *Flor. peruv. t. 200. f. c.*

f. NESOPHILA *Alph. DC.* Flores pentameri. Fructus bi-trimerus. Semina ovata, plana. — *Suffrutices, insulas St. Helenae, Ascensionis et S. Juan Fernandez incolentes; foliis alternis, sessilibus, firmis, latis, argute serratis, floribus pedunculatis.*

Nesophila Alph. DC. *Op. cit. 160.*

SUBTRIBUS III. PRISMATOCARPEAE. Capsula elongata, apice rupta v. poro dehiscens.

3080. Prismatocarpus *ALPH. DC.* Calyx tubo cylindraceo, elongato, cum ovario connato, limbo supero, quinquelobo. Corolla summo calycis tubo inserta, infundibuliformis, apice quinqueloba. Stamina 5, cum corolla inserta; filamentis basi latissimis, apice filiformibus antherisque liberis. Ovarium inferum, biloculare. Ovula in placentis dissepimentum totum occupantibus plurima, pendula, anatropa. Stylus brevis, basi persistente; stigmata 2, brevia. Capsula elongata, prismatica v. cylindracea, bilocularis, ab apice versus basim quinquefariam rupta. Semina ovoideo-subcompressa, obtusa, punctata. Embryo in axi albuminis carnosi orthotropus; cotyledonibus brevissimis, radicula umbilico proxima, supera. — *Herbae sublignosae v. suffrutices capenses; foliis alternis, sessilibus, angustis, ciliatis v. integerrimis v. dentato-serratis, floribus in axilla folii v. bracteae sessilibus, solitariis v. approximatis, rarissime subpaniculatis.*

Prismatocarpus Alph. DC. *Camp. 164. t. 20.* non Heritier. Prismatocarpi sp. Heritier *Sert. angl. t. 3.* Campanulae sp. Aiton, Thunb. Bot. Mag. *t. 2733.*

3081. Roella *LINN.* Calyx tubo cylindraceo, cum ovario connato, limbo supero, quinquefido. Corolla summo calycis tubo inserta, infundibuliformis v. tubulosa, apice quinqueloba. Stamina 5, cum corolla inserta; filamentis basi latis, apice filiformibus antherisque liberis. Ovarium inferum, biloculare. Ovula in placentis juxta totum dissepimentum plurima, pendula, anatropa. Stylus brevis, basi persistente; stigmata 2, brevia. Capsula cylindracea, bilocularis, styli basi demum operculatim secedente foramine lato aperta. Semina plurima, angulosa, scabra, crassa. Embryo filiformis, in axi albuminis carnosi orthotropus; cotyledonibus brevissimis, radicula umbilico proxima, supera. — *Plantae capenses, suffruticosae v. rarius herbaceae, perennes; foliis alternis, plurimis, per caulem ramosque sparsis, rigidis, saepius angustis, dentatis v. serratis, ut plurimum ciliatis, floribus sessilibus, terminalibus v. interdum axillaribus.*

Roella Linn. *Hort. cliffort. 492. t. 35. Gen. n. 219.* Gärtn. *I. 154. t. 31.* Lam. *t. 123.* Heritier *Sert. t. 6.* Bot. Mag. *t. 378.* Alph. DC. *Camp. 172.* Aculeosa Plucknet *Almag. 8. t. 252. f. 4.* Campanulae sp. Thunb.

TRIBUS II. CAMPANULEAE. Capsula latere v. basi poris dehiscens.

3082. Phyteuma *LINN.* Calyx tubo ovoideo v. obconico, cum ovario connato, limbo supero, quinquefido. Corolla summo calycis tubo inserta, quinquepartita, laciniis linearibus, apice diu v. pertinaciter in tubum stylo pervium cohaerentibus. Stamina 5, cum corolla inserta; filamentis basi latioribus antherisque longis liberis. Ovarium inferum, bi-triloculare. Ovula in placentis e loculorum angulo centrali plurima, anatropa. Stylus filiformis, apice pilosus; stigmata 2—3, filiformia, brevia. Capsula ovoidea, bi-trilocularis, loculis basi v. prope medium rimula parietali longitudinali valvatim apertis. **Semina** plurima, ovoidea v. subcompressa, interdum nitida. **Embryo** in axi albuminis carnosi orthotropus; **cotyledonibus** brevissimis, divaricatis, **radicula** umbilico proxima, centripeta. — *Herbae perennes, in Europa temperata et in Asia finitima indigenae; foliis alternis, radicalibus petiolatis, majoribus, caulinis saepius sessilibus, floribus sessilibus v. brevissime pedicellatis, subspicatis v. capitatis.*

Phyteuma Linn. *gen. n. 292.* Gärtn. *I. 149.* Alph. DC. *Camp. 180.* Rapunculus Tournef. *Inst. 113.* Rapuntium Lobel. *Hist. 178.*

a. PHYSOPLEXIS. Corollae laciniae apice connatae. Staminum filamenta basi vix dilatata. Stigmata 2. Capsula bilocularis. — *Flores brevissime pedicellati, laxe fasciculati.* — Phyteuma comosum Linn. Jacq. *Flor. austr. t. 80.*

b. RAPUNCULUS. Corollae laciniae apice demum distinctae. Staminum filamenta basi dilatata. Stigmata 2—3. Capsula bi-trilocularis. — *Flores sessiles v. brevissime pedicellati, laxe spicati v. dense approximati.* — (Gärtn. *t. 30.* Schkuhr *t. 39.* Lam. *t. 124.* Jacq. *Flor. austr. t. 437. Ic. rar. t. 333.* Sibthorp *Flor. graec. t. 217—219.* Willdenow *Phytogr. I. t. 4. f. 2.* Waldst. et Kitaibel *Plant. Hung. t. 14.* Hooker *Flor. Lond. t. 56.* Gussone *Plant. rar. t. 19.* Reichenb. *Icon. crit. t. 249. 250. 348. 363—365.* Bot. Mag. *t. 1015. 1466. 1797. 2066. 2145. 2272. 1347.*)

3083. Petromarula *ALPH. DC.* **Calyx** tubo ovoideo, cum ovario connato, limbo supero, quinquefido. **Corolla** summo calycis tubo inserta, quinquepartita, lobis linearibus, demum reflexis. **Stamina 5**, cum corolla inserta; filamentis basi dilatatis antherisque brevibus, liberis. **Ovarium** inferum, triloculare. **Ovula** in placentis e loculorum angulo centrali plurima, anatropa. **Stylus** cylindricus, glaberrimus; **stigma** crasse capitatum, indivisum, pilosiusculum. **Capsula** sphaeroideo-trigona, trilocularis, loculis prope medium foramine parietali apertis. **Semina** plurima, minima ...... — *Herba cretica, rupicola; foliis radicalibus petiolatis, ovatis, acutis, demum petiolo lobis lateralibus aucto pinnatis, caulinis paucis, alternis, serrato-laciniatis v. irregulariter pinnatis, demum in bracteas lanceolatas, serratas transeuntibus, floribus in racemum elongatum, multiflorum dispositis, caeruleis v. albidis, capsulis erectis.*

Petromarula Alph. DC. *Camp. 209.* Phyteuma pinnatum Ventenant *Cels. t. 52.* Sibthorp *Flor. graec. t. 226.* Reichenb. *Hort. Bot. t. 137.*

3084. Michauxia *HERIT.* **Calyx** tubo obconico, cum ovario connato, limbo supero, octofido, laciniis in lobos reflexos, sinus obtegentes decurrentibus. **Corolla** summo calycis tubo inserta, octopartita, laciniis lanceolatis, demum reflexis. **Stamina 8**, cum corolla inserta; filamentis membranaceis, ovato-acuminatis antherisque liberis. **Ovarium** inferum, octoloculare, loculis lobis calycinis oppositis. **Stylus** brevis, sedena serie pilosus; **stigmata 8**, filiformia, brevia. **Ovula** in placentis carnosis, e loculorum angulo centrali peltatis plurima, anatropa. **Capsula** turbinata, octocostata, octolocularis, loculis prope basim valvula parietali sursum revoluta dehiscentibus. **Semina** plurima, minima ...... — *Herbae orientales, biennes, glabrae v. pilosae; foliis radicalibus petiolatis, irregulariter lobatis, caulinis alternis, subamplexicauli sessilibus, grosse lobatis, floribus paniculatis fructibusque nutantibus.*

Michauxia Heritier *Monograph. inedit.* Lam. *t. 295.* Gärtn. *f. III. 162. t. 211.* Bot. Mag. *t. 219.* Venten. *Cels. t. 81.* Alph. DC. *Camp. 211. t. 4. f. c.* Bot. Mag. *t. 3128.* Mindium Adanson *Fam. II. 134.* Jussieu *gen. 164.*

3085. Campanula *LINN.* **Calyx** tubo ovoideo v. subsphaerico, cum ovario connato, limbo supero, quinquefido, laciniis margine planis v. in lobos sinus obtegentes decurrentibus. **Corolla** summo calycis tubo inserta, plus minus campanulata, apice quinqueloba v. quinquefida. **Stamina 5**, cum corolla inserta; filamentis basi late membranaceis antherisque liberis. **Ovarium** inferum, tri- v. quinqueloculare, loculis lobis calycinis oppositis. **Ovula** in placentis e loculorum angulo centrali plurima, anatropa. **Stylus** pilis mox deciduis tectus; **stigmata** 3—5, filiformia. **Capsula** ovata v. turbinata, tri-quinquelocularis, loculis prope basim v. apicem valvula parietali sursum dehiscentibus. **Semina** plurima, plerumque ovata, complanata, rarius ovoidea et minima. **Embryo** in axi albuminis carnosi orthotropus; **cotyledonibus** brevissimis, **radicula** umbilico proxima, centripeta. — *Herbae perennes v. annuae, nunc humiles et caespitosae, nunc erectae, elatae, multiflorae, per omnes hemisphaerae borealis regiones temperatas et frigidiusculas diffusae, pratisque et lucubus miro decori; foliis radicalibus saepissime majoribus, longiusque petiolatis et obtusioribus, caulinis alternis, variis, floribus plerumque pedunculatis, racemosis, rarius spicatis v. glomeratis, saepe majusculis, caeruleis v. in eadem specie interdum candidis.*

Campanula Linn. *gen. n. 290.* Gärtn. *I. 153.* Alph. DC. *Camp. 213.*

a. MEDIUM Alph. DC. *Op. cit. 214.* Calycis sinus loborum appendicibus retroflexis obtecti. Capsula tri-quinquelocularis, loculis valvula prope basim parietali dehiscentibus.

Medium Tournef. *inst. I. 109.* Marianthemum Schrank *msc.* Rapuntium Chevalier *Flor. Paris. II. 526.* (Jacq. *Flor. austr. t. 118. 200. Observ. II. t. 37.* Sibthorp *Flor. graec. t. 208—213.* Waldst. et Kitaibel *Plant. Hung. t. 64. 258.* Desfont. *Flor. atl. t. 51. Annal. Mus. XI. t. 15—17.* Labillard. *Syr. Dec. V. t. 4.* Bieberst. *Plant. ross. t. 209.* Vent. *Cels. t. 18.* Andr. *Bot. Reposit. t. 385.* Salisb. *Parad. t. 26.* Bot. Reg. *t. 237.* Bot. Mag. *t. 404. 659. 811. 912. 957. 1258. 1723. 2019.* Reichenb. *Ic. crit. t. 441.* Alph. DC. *Op. cit. t. 9. 10. 11. f. 1.*)

b. EUCODON Alph. DC. *Op. cit. 214.* Calycis sinus lobis margine planis nudi. Capsula trilocularis, loculis valvula prope apicem parietali dehiscentibus.

Campanulae sp. Jacq. *Flor. austr. t. 285. 411. Ic. rar. t. 334. Hort. Vindob. t. 57.* Flor. dan. *t. 373. 782. 787. 1026. 1086. 1326. 1327. 1328. 1512.* Sibthorp *Flor. graec. t. 203—207.* Waldst. et Kitaibel *Plant. Hung. t. 136. 263.* Brotero *Phytogr. t. 18. 20.* Desfont. *Flor. atl. t. 50.* Link et Hoffmannsegg *Flor. Portug. II. t. 79.* Labillard. *Syr. Dec. II. t. 6. V. t. 3. 5.* Bieberst. *Plant. ross. t. 10. 42.* Tenore *Flor. Neap. t. 15—18.* Hooker *Flor. Lond. t. 51.* Nees *Amoen. bot. II. t. 4.* Bot. Reg. *t. 211. 620.* Bot. Mag. *t. 1257. 1973. 2492. 2649.* Reichenb. *Ic. crit. t. 77. et seq.* Alph. DC. *Op. cit. t. 11. f. a. t. 12. f. 6. t. 13 f. 6.* — Roucela Dumortier *Comment. bot. 14.* (Sibthorp *Flor. graec. t. 214. 215.*)

3086. Specularia *HEIST.* **Calyx** tubo elongato prismatico v. longe obconico, cum ovario connato, limbo supero, quinquelobo. **Corolla** summo calycis tubo inserta, rotata, quinqueloba. **Stamina 5**, cum corolla inserta; filamentis membranaceis, pilosis, antherisque longioribus liberis. **Ovarium** inferum, triloculare. **Ovula** plurima ...... **Stylus** inclusus, dena serie pilosus; **stigmata 3**, filiformia. **Capsula** longe prismatica, trilocularis, loculis prope apicem v. supra medium valvula parietali, sursum revoluta dehiscentibus. **Semina** plurima, ovoidea v. lenticularia, subcompressa, nitidissima. **Embryo** ..... — *Herbae annuae, humiles, in Europa mediter-*

ranea imprimis indigenae, una per omnem Americam diffusa; foliis alternis, inferioribus subdissimilibus, floribus axillaribus et terminalibus sessilibus, erectis, corollis caeruleis, roseis v. ex albo et caesio variegatis, sole splendente in rotam expansis.

Specularia Heister *gen. 8.* Alph. DC. *Camp. 344.* Prismatocarpus Heritier *Sert. 2.* excl. sp. capensibus, non Alph. DC.

a. APENULA *Neck.* Calycis tubus elongato-prismaticus, angulosus. Capsula prope apicem versus calycis limbum dehiscens. Semina ovoidea. — *Folia ovato-oblonga v. lanceolata, subintegerrima, sessilia v. petiolata. Species in veteri orbe indigenae.*

Apenula Necker *elem. n. 397.* Legouzia Durand *Flor. Bourg. II. 26.* Prismatocarpi sp. Heritier, Tenore *Flor. Neap. t. 20.* Campanulae sp. Linn. Sibthorp. *Flor. graec. t. 216.* Desfont. *in Annal. Mus. XI. t. 18.* Bot. Reg. *t. 56.* Bot. Mag. *t. 102.*

b. DYSMICODON. Calycis tubus longe obconicus, laevis. Capsula versus mediam partem dehiscens. Semina sublenticularia. — *Folia ovato-rotundata, amplexicaulia, crenato-dentata. Species americana.*

Campanulae sp. Linn. Ruiz et Pav. *Flor. peruv. t. 200. f. 6.* Kunth *in Humb. et Bonpl. Nov. gen. et sp. t. 265.*

3087. Trachelium *LINN.* Calyx tubo ovoideo, cum ovario connato, limbi superi, quinquefidi lobis subulatis, erectis. Corolla summo calycis tubo inserta, hypocraterimorpha, tubo longo, angustissimo, limbo quinquelobo. Stamina 5, cum corolla inserta; filamentis filiformibus, basi aequalibus, antherisque liberis. Ovarium inferum, triloculare. Ovula in placentis e loculorum angulo centrali peltatis plurima, anatropa. Stylus filiformis, exsertus, apice incrassato inordinate pilosus; stigmata 3, minima, obtusa. Capsula sphaeroideo-trigona, trilocularis, loculis valvula prope basim parietali dehiscentibus. Semina plurima, ovoidea, minima, spadicea, nitida. Embryo in axi albuminis carnosi orthotropus; cotyledonibus brevissimis, obtusis, radicula umbilico proxima, centripeta. — *Herba perennis, in regione mediterranea occidentali indigena; caule erecto, glaberrimo, simplici, foliis alternis, petiolatis, ovato-acutis, grosse serratis, subtus pallidioribus, corymbo terminali multifloro, floribus violaceis.*

Trachelium Linn. *gen. n. 293.* Gärtner *I. 155. t. 31.* Lamarck *t. 126.* Schkuhr *t. 40.* Alph. DC. *Camp. 354.*

3088. Adenophora *FISCH.* Calyx tubo ovato v. hemisphaerico, cum ovario connato, limbo supero, quinquefido. Corolla summo calycis tubo inserta, campanulata v. infundibuliformis, apice quinqueloba. Stamina 5, cum corolla inserta; filamentis basi membranacea, dilatata arcte conniventibus, apice filiformi antherisque discretis. Ovarium inferum, triloculare. Ovula in placentis e loculorum angulo centrali plurima, anatropa. Tubulus epigynus cylindricus, nectarifer, styli basim vaginans. Stylus saepius exsertus, apice dena serie pilosus, mox glaber; stigmata 3, linearia. Capsula ovoidea v. subsphaerica, trilocularis, loculis prope basim valvula parietali dehiscentibus. Semina plurima, ovata, plus minus complanata. Embryo in axi albuminis carnosi orthotropus; cotyledonibus brevissimis, obtusis, radicula umbilico proxima, centripeta. — *Herbae perennes v. interdum fortassis biennes, una specie excepta in Europa orientali indigena, Sibiriam, Dahuriam et Chinam borealem incolentes, Campanularum facie; radice saepius eduli, caule erecto, foliis alternis v. rarius subverticillatis, radicalibus petiolatis, rotundatis, caulinis saepius sessilibus, superioribus angustioribus, brevioribus, floribus racemosis v. paniculatis, terminalibus et axillaribus, pedicellatis, nutantibus.*

Adenophora Fischer *in Act. Mosqu. VI. 165.* Reichenb. *Ic. crit. t. 480.* Alph. DC. *Camp. 351. t. 1. f. 6. t. 6.* Flörkea Sprengel *Anleit. II. 523.* non alior. Campanulae sp. Linn. Jacq. *Hort. Schönbr. t. 333.* Waldst. et Kitaibel *Plant. Hung. t. 247.* Bot. Reg. *t. 149.*

3089. Symphyandra *ALPH. DC.* Calyx tubo obconico, cum ovario connato, limbo supero, quinquefido, laciniis margine planis v. in lobos sinus obtegentes decurrentibus. Corolla summo calycis tubo inserta, campanulata v. infundibuliformis, saepius velutina, apice quinqueloba. Stamina 5, cum corolla inserta; filamentis basi dilatata membranaceis, ciliatis, liberis, antheris in tubum longum, cylindricum, stylo pervium, apice quinquedentatum connatis. Ovarium inferum, triloculare. Ovula in placentis e loculorum angulo centrali plurima, anatropa. Stylus cylindricus, pilosus; stigmata 3, filiformia. Capsula sphaeroidea, trilocularis, loculis prope basim valvula parietali dehiscentibus. Semina plurima, ovata, plus minus complanata, nitida. Embryo in axi albuminis carnosi orthotropus; cotyledonibus brevissimis, obtusissimis, radicula umbilico proxima, centripeta. — *Herbae perennes, herbaceae v. sublignosae, in insula Creta et in regione caucasica observatae; foliis alternis, petiolatis, cordatis, crenato-dentatis, inferioribus petiolatis et majoribus, floribus terminalibus et axillaribus, pedicellatis, saepius racemosis.*

Symphyandra Alph. DC. *Camp. 365.* Campanulae sp. Sieber, Stev.

a. MELANOCALYX. Calycis sinus nudi. Corolla glabra. — *Herba glabra, cretica.* (Alph. DC. *Op. cit. t. 8.*)

b. SERICODON. Calycis sinus appendicibus obtecti. Corolla velutina. — *Herbae pilosae, caucasicae.* (Sweet *Fl. Gard. II. t. 66.*)

3090. Musschia *DUMORT.* Calyx tubo obconico, decemnervi, cum ovario connato, limbi superi, quinquefidi laciniis erectis. Corolla summo calycis tubo inserta, profunde quinquefida, laciniis lineari-lanceolatis, patentibus. Stamina 5, cum corolla inserta; filamentis basi sublatioribus antherisque apice connectivo excurrente cuspidatis liberis. Ovarium inferum, quinqueloculare, loculis lobis calycinis alternis. Ovula in placentis e loculorum angulo centrali bilobis plurima, anatropa. Stylus cylindricus, glaber; stigmata 5, linearia, stellato-patentia. Capsula obconica, decemnervis, quinquelocularis, loculis fissuris plurimis parietalibus, transversis dehiscentibus. Semina plurima, minima, ovoidea, nitida. Embryo in axi albuminis carnosi orthotropus; cotyledonibus brevissimis, obtusis, radicula umbilico proxima, centripeta. — *Suffrutex canariensis, sempervirens, lactescens; caudice pedali, erecto, cicatrisato, nudo, subcarnoso, superne comoso-foliato, ramis floriferis e foliorum coma pyramidatim paniculatis, annuis, foliis alternatim confertis, maximis, ovato-lanceolatis, duplicato- v. triplicato-serratis, laete virentibus, nitidis, firmis, floribus plurimis pyramidatim racemosis, aureis.*

Musschia Dumortier *Comment. bot. 28.* Alph. DC. *Camp. 368. t. 4. f. a.* Campanula aurea Linn. Venten. *Malm. t. 116.* Jacq. *Hort. Schönbr. t. 472.* Bot. Reg. *t. 57.*

*

3091. Merciera *ALPH. DC.* Calyx tubo ovoideo, cum ovario connato, limbo supero, quinquefida. Corolla summo calycis tubo inserta, longe tubulosa, tubo angustissimo, limbo quinquelobo. Stamina 5, cum corolla inserta; filamentis tenuissime filiformibus, basi aequalibus antherisque multoties brevioribus liberis. Ovarium inferum, uniloculare? Ovula 4, basilaria? ..... Stylus filiformis, saepius exsertus, glaber; stigmata 2, brevissima. Capsula indehiscens? ..... — *Suffrutices capenses, Roellae ciliatae habitu, propter ovarii et fructus fabricam nondum rite perspectam quoad affinitatem veram, et locum in ordine dubii; caule erecto, ramoso, ramis valde foliosis, sublignosis, puberulis, rubescentibus, foliis sessilibus, alternis, confertis, linearibus, subulatis, plus minus ciliatis, rigidis, floribus axillaribus, solitariis, sessilibus, spicam foliosam, deorsum florentem constituentibus, calycis tubo hispidissimo, limbi lobis lanceolatis, acutis, glabriusculis, corolla longissime tubulosa, fere Trachelii.*

Merciera Alph. DC. *Camp. 369. t. 5.*

* PONGATIEAE.

3092. Pongatium *JUSS.* Calyx tubo obpyramidato, cum ovario connato, limbi superi, persistentis, quinquepartiti lobis obtusis, carinatis, conniventibus. Corolla supera, brevissime tubulosa, quinquefida, lobis margine auriculato-inflexis. Antherae 5, subrotundae, intra tubum corollae sessiles, laciniarum marginibus inflexis velatae, biloculares, loculis longitudinaliter dehiscentibus. Ovarium inferum, biloculare. Ovula in placentis cylindricis, ex apice dissepimenti pedicellatis, descendentibus plurima, anatropa. Stylus brevissimus; stigma obsolete bilobum, glabrum. Capsula membranacea, calycis limbo coronata, bilocularis, operculo apicis dehiscens. Semina plurima, minutissima, teretiuscula. Embryo in axi albuminis parci, carnosi cylindricus; cotyledonibus brevissimis, obtusis, radicula umbilicum attingente. — *Herba indica, dubiae affinitatis, paludosa, glabra; foliis alternis, angustis, integerrimis, stipulis nullis, floribus in capitulum terminale subcylindricum dense congestis, sessilibus, basi bibracteolatis.*

Pongatium Jussieu *gen. 423.* Lindley *Introd. edit. II. p. 239.* Sphenoclea Gärtner *I. 113. t. 24.* Gärtnera Retz *Observ. t. VI. 15.* Rapinia Loureir. *Flor. cochinch. t. 156.* Pongati Rheede *Malab. II. t. 24.*

Ordo CXXVI. Stylideae.

STYLIDEAE R. Brown *Gen. Rem. 561. Prodr. 565.* Jussieu *in Annal. Mus. XVIII. 7.* Bartling *Ord. nat. 148.* STYLIDIACEAE Lindley *Introduct edit. II. p. 240.*

Herbae annuae v. perennes, interdum suffrutescentes, succo aqueo. Caules saepe abbreviati, scapos exserentes, ramique teretes v. irregulariter angulati, pube dum adest simplici, glanduloso-capitata v. acuta. Folia sparsa rariusve verticillata, radicalia in scapigeris conferta, simplicia, integra, saepius integerrima, marginibus nudis v. ciliatis.

Flores hermaphroditi, asymetrici, spicati, racemosi v. corymbosi, interdum solitarii, et tunc terminales, rarius axillares, pedicellis saepius tribracteatis.

Calycis tubus cum ovario connatus, nunc ovato-oblongus v. sphaericus, basi interdum hinc gibbus, nunc linearis, elongatus, teres v. compressus, apice aequalis v. in collum contractus, limbus superus, persistens, rarissime regularis, sexfidus, plerumque irregularis, bilabiato-pentamerus, labio inferiore bidentato v. bifido, superiore tridentato v. trifido.

Corolla summo calycis tubo inserta, gamopetala, rarissime tubo campanulato et limbo sexfido regularis, plerumque irregularis, tubo brevissimo, fauce nuda v. denticulis glandulisve coronata, limbi quinquefidi laciniis quatuor majoribus patentibus, geminatim approximatis v. rarius cohaerentibus, contiguis saepe minoribus, quinta infima (antica), torsione tubi mox laterali (labello), dissimili, minore, tubo continua v. interdum cum eodem articulata, articulo irritabili, patente v. deflexa.

Stamina 2, epigyna, parallela. Filamenta cum stylo longitudinaliter in columnam arcte connata, columna cylindrica v. linearis, erecta et continua, v. duplici flexura, quarum inferior subtus irritabilis, reclinata, plerumque longe exserta et a tubo corollae libera, rarius brevis, basi tubo pone labellum adnata. Antherae juxta columnae apicem duae, stigmati incumbentes, simplices v. didymae, loculis demum divaricatis, longitudinaliter dehiscentibus. Pollen globosum, simplex, quandoque angulatum. Stigma obtusum, indivisum, inter antheras occultatum, v. bifidum, lobis capillaribus, apice capitato-glandulosis.

Ovarium inferum, dissepimento limbi calycini labiis parallelo completo bilocularis, v. dissepimento abbreviato semibilocularis, loculis aequalibus v. antico interdum angustiore. Ovula in placentis dissepimenti centro utrinque adnatis plurima, adscendentia, anatropa. Glandula epigyna una antica v. duae oppositae.

Capsula formis inter sphaericam et linearem, teretem v. compressam variis bilocularis, v. septo abbreviato aut interdum sub maturitate a valvularum marginibus introflexis soluto unilocularis, septifrago-bivalvis, v. rarius loculo altero minore, interdum effoeto, indehiscente, altero (postico) majore fertili, rima longitudinali loculicide aperta.

Semina axi dissepimenti adnata, sessilia v. breviter stipitata, adscendentia, minima, subglobosa, laevia v. longitudinaliter sulcata.

Embryo (in unica specie observatus) in basi albuminis carnoso-oleosi, prope umbilicum minimus, indivisus (?).

Stylideae insolita staminum cum stylo symphysi distinctissimae, et cum nullo plantarum ordine facile confundendae, in Nova-Hollandia, imprimis extratropica gignuntur, in Nova-Zeelandia, Moluccis et Indiae continente rarae, in America antarctica rarissimae.

3093. Stylidium *SWARTZ.* Calyx tubo sphaerico, oblongo v. lineari, cum ovario connato, limbo supero, bilabiato, labio inferiore bidentato v. bifido, superiore tridentato v. trifido. Corolla summo calycis tubo inserta, gamopetala, irregularis, tubo brevissimo, fauce nuda v. denticulis glandulisve coronata, limbi quinquefidi laciniis quatuor conformibus, patentibus, geminatim approximatis v. rarius cohaerentibus, contiguis saepe minoribus, quinta infima (labello) dissimili minore, patente v. deflexa, simplici v. basi utrinque lacinula appendiculata. Columna genitalium epigyna, linearis, labello longior, duplici flexura, exteriore subtus irritabili reclinata; antherae duae, bilobae, lobis verticalibus, subpatentibus, demum divaricatissimis, longitudinaliter dehiscentibus. Stigma inter antheras obtusum, indivisum. Ovarium inferum, biloculare v. septo incompleto semibiloculare, glandula epigyna antica, rarius obsoleta. Ovula in placentis dissepimenti axi utrinque adnatis plurima, adscendentia, anatropa. Capsula bilocularis v. semibilocularis, septifrago-bivalvis, nunc loculo altero minore interdum efoeto indehiscente, altero majore loculicide fisso. Semina plurima, erecta, ovata v. subglobosa. Embryo in basi albuminis carnoso-oleosi minimus. — *Herbae scapigerae v. caulescentes, interdum suffrutescentes, in Nova-Hollandia copiosae, in Moluccis et Indiae continente admodum rarae; foliis radicalibus confertis, in petiolum nonnunquam angustatis, caulinis sparsis v. verticillatis, saepe minoribus, bracteaeformibus, rarius apice cirrhosis v. basi solutis, floribus racemosis, spicatis v. corymbosis, rarius subsolitariis.*

Stylidium Swartz *in Berl. Magaz. I. 47. t. 1. 2.* Labillard. *Nov. Holland. II. 63.* R. Brown *Prodr. 566.* Jussieu *in Annal. Mus. XVIII. 7.* Ventenatia Smith *Exot. Bot. II. 13.* Candollea Labillard. *in Annal. Mus. VI. 414.*

a. TOLYPANGIUM. Capsula ventricosa, subovata, interdum sphaerica v. oblonga. — Ventenatia Smith *Op. cit. t. 66. 67.* Candollea Labillard. *Op. cit. t. 64.* (Labillard. *Nov. Holl. t. 213—217.* Salisbury *Parad. t. 77.* Bot. Reg. *t. 90. 550.* Bot. Mag. *t. 2249. 3136. 3194.* Richard *in Annal. Mus. XVIII. t. 3.* Hooker *Exot. Flor. t. 53.* Link et Otto *Ic. rar. t. 26.* Ferd. Bauer *Illustr. t. 14. t. 15. f. 1.*)

b. NITRANGIUM. Capsula linearis v. lineari-lanceolata. — Andersonia König *msc.* (Bot. Reg. *t. 914. 1459.* Ferd. Bauer *Illustr. t. 15. f. 2.*)

3094. Levenhookia *R. BR.* Calyx tubo ovato, basi antice gibbo, limbo supero, bilabiato, labio inferiore bifido, superiore trifido. Corolla summo calycis tubo inserta, gamopetala, irregularis, tubo brevissimo, fauce nuda, limbi quinquefidi laciniis quatuor conformibus, patentibus, geminatim approximatis, contiguis paullo minoribus, quinta infima (labello) dissimili minore, cum tubo articulata, articulo irritabili, lamina fornicata, basi utrinque lacinula deflexa appendiculata. Columna genitalium epigyna, labello brevior, erecta, basi tubi corollini laterali pone labellum adnata; antherae duae, bilobae, lobis uno super alterum divaricatis, longitudinaliter dehiscentibus. Stigma retro antheras bifidum, laciniis capillaribus, apice glandulosis. Ovarium inferum, septo abbreviato uniloculare, glandula epigyna nulla. Ovula in placentis septo utrinque adnatis pauca, adscendentia, ... Capsula unilocularis, septifrago-bivalvis. Semina pauca, erecta, subglobosa. — *Herbae Novae-Hollandiae meridionalis, pusillae, Rhodiolae facie; foliis alternis, petiolatis, ramorum summis confertis, floribus fasciculatis interstinctis.*

Levenhookia R. Brown *Prodr. 572.* Ferd. Bauer *Illustr. t. 15. f. 3.*

3095. Forstera *LINN.* Calyx tubo ovato v. obconico, cum ovario connato, limbo supero, sexfido, laciniis aequalibus, nonnullis interdum obsoletis v. tubo demissius adnatis (?). Corolla summo calycis tubo inserta, gamopetala, regularis, tubo campanulato, fauce nuda, limbi sexfidi laciniis aequalibus, patentibus. Columna genitalium epigyna, cylindrica, recta, exserta. Antherae duae, simplices, parallelae, longitudinaliter dehiscentes. Stigma retro antheras bilobum (?). Ovarium inferum, biloculare, glandulis epigynis duabus oppositis. Ovula in placentis dissepimenti axi utrinque adnatis plura, adscendentia ...... Fructus ..... — *Fruticuli demissi, in Nova-Zeelandia australi et in America antarctica observati, non satis noti; foliis densissime imbricatis, floribus terminalibus solitariis, sessilibus v. longe pedunculatis, nonnullis antherarum abortu fortassis femineis.*

Forstera Linnée *Nov. Act. Upsal. III. 184.* Swartz *in Schraders Journ. 1799. p. 31.*

a. PHYLLACHNE *Forst.* Flores in apice ramorum solitarii sessiles, foliis floralibus calyce longioribus, laciniis calycinis saepius obsoletis?

Phyllachne Forst. *Char. gen. 58.* Lamarck *Journ. h. n. I. 190. t. 1.* Jussieu *in Annal. Mus. XVIII. t. 2. f. 3.* Stibas Commers. *msc.*

b. FORSTERA *Linn. f.* Flores in apice ramorum solitarii, longe pedunculati, pedunculis pone calycem breviter pauci-bracteolatis.

Forstera Linn. *Nov. Act. Upsal. III. t. 9.* Swartz *Op. cit. t. 1. 2. f. 2.*

Classis XXXIII. Caprifolia.

Arbores v. frutices, rarius herbae, succo aqueo. Folia opposita v. verticillata, simplicia, integra, saepissime integerrima. Stipulae variae v. rarius nullae. Flores hermaphroditi aut rarius per abortum unisexuales. Calyx cum ovario connatus. Corolla supera, gamopetala, plerumque regularis. Stamina corollae inserta, ejusdem lobis alterna, et numero aequalia, rarissime pauciora. Ovarium inferum, bi-pluriloculare. Ovula in loculis solitaria v. plurima, situ varia, directione amphitropa v. anatropa. Fructus capsularis, baccatus v. drupaceus. Semina in loculis solitaria v. plurima. Embryo intra albumen carnosum v. cartilagineo-corneum homotropus, saepissime foliaceus.

Ordo CXXVII. Rubiaceae.

RUBIACEAE Jussieu *gen. 196. Annal. Mus. X. 313. Mem. Mus. VI. 365. Dict. sc. nat. XLVI. 385.* A. Richard *in Mem. soc. h. n. Paris. V. 81. ss.* DC. *Prodr. IV. 341.* LYGODYSODEACEAE et RUBIACEAE Bartling *Ord. nat. 207. 208.* CINCHONACEAE, LYGODYSODEACEAE et STELLATAE s. GALIACEAE Lindley *Introduct. edit. II. p. 243. 247. 249.*

Arbores v. frutices, rarius herbae, caule ramisque teretibus v. saepius tetragonis, nodoso-articulatis. Folia simplicia, integerrima, margine nerviformi aucta, sessilia v. petiolata, opposita v. rarissime verticillata, bistipulata. **Stipulae** variae, nunc inter se et a foliis omnino distinctae, nunc inter se liberae sed foliis adnatae, nunc contiguae diversorum foliorum inter se plus minus connatae (interpetiolares integrae v. bifidae), nunc ejusdem folii inter se concretae (intrafoliaceae), nunc omnes inter se coadunatae (intrafoliaceae vaginantes), nunc basi connatae et apice multisetae v. in ligulas foliis omnino consimiles expansae, folia verticillata, gemmae axillaris defectu a foliis veris distinguenda, simulantes.

Flores hermaphroditi v. rarissime abortu unisexuales, regulares v. interdum subirregulares, varie dispositi, saepius cymosi v. paniculati, nunc capitati, inter se distincti v. basi connati.

Calyx tubo cum ovario connato, forma vario, limbo supero v. semisupero, tubuloso v. partito, nunc integerrimo truncato, nunc bisexfido v. dentato, in fructu persistente v. deciduo aut obsoleto.

Corolla summo calycis tubo inserta, gamopetala, e petalis 4—6, varie inter se coalitis, rotata, infundibuliformis, hypocraterimorpha v. campanulata, intus glabra v. ad faucem saepius pilosa, limbo quadri-sexfido, regulari v. interdum vix subirregulari, lobis aestivatione valvatis v. contorto-imbricatis.

Stamina corollae tubo, plerumque ad faucem, rarius demissius v. prope basim inserta, ejusdem lobis numero aequalia et alterna, rarissime (in Opercularieis) pauciora, exserta v. inclusa. **Filamenta** filiformia v. subulata, saepius brevissima v. subnulla, libera v. rarissime inter se coalita. **Antherae** introrsae, biloculares, erectae v. incumbentes, loculis appositis v. parallelis, longitudinaliter dehiscentibus, distinctae v. rarissime coalitae.

Ovarium inferum, e carpidiis duobus v. pluribus conflatum, rarissime e carpidio unico constans, **disco** epigyno carnoso, vario, urceolari v. pulviniformi, nunc obsoleto coronatum. **Ovula** nunc in loculis solitaria, e basi erecta v. ex apice pendula, aut saepius medio angulo centrali peltatim inserta, rarius gemina collateralia v. fortassis etiam superposita, nunc in placentis e loculorum angulo centrali plurima, adscendentia, pendula v. subhorizontalia, v. peltatim inserta, anatropa v. amphitropa. **Stylus** simplex; **stigma** bifidum v. interdum loculorum numero plurifidum, lobis distinctis v. inter se cohaerentibus.

Fructus capsularis, baccatus v. drupaceus, apice nudus, umbilicatus v. saepius calycis limbo persistente coronatus, bi-plurilocularis, rarissime abortu unilocularis, loculis mono-polyspermis, indehiscens v. varie apertus.

Semina situ varia, erecta, inversa, horizontalia v. peltata, dum solitaria saepius dorso convexa et facie plana, dum plura plerumque compressa et membranaceo-marginata, **testa** laevi v. rugosa. **Albumen** dense carnosum, cartilagineum v. corneum, rarissime parcum v. subnullum, solidum v. interdum testae plicis subruminatum.

Embryo orthotropus v. homotropus, rectus v. curvatus, nunc in axi albuminis v. subdorsalis, fere seminis longitudine, nunc in basi albuminis brevissimus. **Cotyledones** nunc semicylindricae angustae, nunc latae, saepissime foliaceae. **Radicula** plus minus longa, teres v. interdum incrassata, umbilico proxima v. parallela, directione supera v. saepius infera.

Rubiaceae ob stirpium plurimarum insignes virtutes, radicum nempe in aliis tinctorias, in aliis emeticas, purgativas et diureticas, corticis febrifugas, albuminisque in quibusdam praeclare tonicas, oeconomis medicisque imprimis celebratissimae, maximo numero in regionibus intertropicis utriusque hemisphaerii gignuntur, in America imprimis copiosae et nobiles, extra tropicos, imprimis polyspermae rarae.

SUBORDO I. COFFEACEAE. **Ovula** in loculis solitaria v. rarissime gemina. **Fructus** loculi monospermi v. rarissime dispermi.

TRIBUS I. OPERCULARIAE Jussieu *in Annal. Mus. IV. 418. X. 328.* **Flores** hermaphroditi, plures inter se in capitulum concreti. **Corollae** tubulosae, tri-quinquefidae. **Stamina** 1—5, imo corollae tubo inserta. **Ovaria** unilocularia, uniovulata, ovulo erecto, anatropo. **Stylus** brevissimus; **stigmata** 2, elongato-filiformia. **Fructus** connati, demum dehiscentes. — ***Herbae v. suffrutices australasici; foliis oppositis, stipulis utrinque binis, distinctis v. connatis, floribus in capitula pauciflora, pedicellata et umbellata, v. sessilia et in capitulum generale coadunata collectis.***

3096. Pomax *SOLAND.* **Capitula** triflora, flores tubis calycinis inter se connatis, calycem communem, turbinato-campanulatum, tubo costato, limbo supero, breviter et obtuse septemdecemlobo formantibus, axi centrali triquetra inter flores transeunte in discum epigynum communem planum effuso. **Corollae** disco epigyno impositae, tubulosae, limbi breviter tri-quinquefidi lobis erectis. **Stamina** 1—5, imo corollae tubo inserta, exserta v. rarius inclusa; **filamenta** filiformia, **antherae** lineares, erectae. **Ovaria** intra calycis communis tubum coadunata, unilocularia, uniovulata. **Ovula** e basi loculorum erecta, anatropa. **Stylus** brevissimus; **stigmata** 2, elongato-filiformia, hispidula, crure altero saepius breviore v. interdum obsoleto. **Syncarpium** coriaceum, calycis communis limbo coronatum, triloculare, trispermum, disco epigyno cum axi centrali operculatim secedentibus aperta. Semina erecta, oblonga, granulata. Embryo in axi albuminis dense carnosi orthotropus; cotyledonibus foliaceis, radicula cylindrica, infera — *Herbae Novae-Hollandiae, annuae v. suffrutescentes; foliis oppositis, utrinque stipula subfoliiformi stipatis, pedunculis terminalibus umbellatis, monocephalis, basi foliis floralibus geminis stipulisque subquaternis involucratis.*

Pomax Solander *ex Gärtner I. 112.* A. Richard *in Mem. soc. h. n. Paris. V. 145. t. 13. f. 1.* DC. *Prodr. IV. 615.* Opereulariae umbellatae Gärtner *t. 24.* Lam. *t. 58. f. 1.* Jussieu *in Mem. Mus. IV. 426.*

3097. Opercularia *A. RICH.* Capitula multiflora, flores tubis calycinis circa axim centralem connati, limbis distinctis, bi-quinquepartitis, laciniis erectis, subcarnosis, cornuformibus, persistentibus. Corollae superae, subinfundibuliformicampanulatae, limbo breviter tri-quinquefido. Stamina 1—5, imo corollae tubo inserta, exserta; filamenta filiformia, antherae lineares, erectae. Ovaria infera, unilocularia, uniovulata. Ovula e basi erecta, anatropa. Stylus brevissimus; stigmata 2, elongato-filiformia, hispida. Capsulae in syncarpium limbis calycinis echinatum coalitae, uniloculares, monospermae, bivalves, valvis exterioribus patentibus, interioribus cum axi communi coalitis, simul deciduis. Semina erecta, dorso convexiuscula, facie plana, laevia. Embryo in axi albuminis dense carnosi orthotropus; cotyledonibus foliaceis, radicula cylindrica, infera. — *Herbae Novae-Hollandiae, basi suffruticulosae, diffusae; foliis oppositis, basi stipulis integris v. bifidis junctis, capitulis globosis, terminalibus v. in ramorum dichotomiis ortis, pedunculatis v. subsessilibus, involucratis involucellatisque.*

Opercularia A. Richard *in Mem. soc. h. n. Paris. V. 144. t. 13. f. 2.* DC. *Prodr. IV. 615.* Rubioides Solander *msc.* Cryptospermum Young *in Linn. Transact. III. 30. t. 5.* Operculariae capitatae Gärtner *t. 24.* Jussieu *in Mem. Mus. IV. 427. t. 70. 71.* Labillard. *Nov. Holl. t. 46—48.*

TRIBUS II. STELLATAE Chamiss. et Schlechtend. *in Linnaea III. 220.* Flores hermaphroditi v. interdum diclines. Corollae rotatae v. infundibuliformes, plerumque quadrifidae, lobis per aestivationem valvatis. Ovaria bilocularia, loculis uniovulatis. Styli duo, distincti v. plus minus coaliti; stigmata capitata. Carpidia sicca v. rarius baccata, secedentia, indehiscentia, monosperma. Albumen corneum. — *Herbae v. suffrutices; radicibus saepissime rubentibus; foliis oppositis, in axilla gemmam foventibus, stipulis foliiformibus utrinque solitariis, duabus v. tribus, gemmis axillaribus destitutis, verticillum foliorum mentientibus. Species pleraeque regiones temperatas et frigidiusculas utriusque hemisphaerii incolunt, in regione mediterranea praeprimis copiosae, aliquae extremum septemtrionem petunt, usque ad 70° L. B. observatae. Paucae inter tropicos repertae fuerunt.*

3098. Vaillantia *DC.* Flores terni, medio hermaphrodito, lateralibus masculis, pedicellis concreti. Masc. Calyx obsoletus. Corolla trifida, laciniis erectiusculis. Stamina 3, inclusa. Hermaphr. Calyx tubo subgloboso, cum ovario connato, limbo supero, irregulariter rigide multidentato. Corolla supera, rotata quadrifida. Stamina 4, corollae tubo inserta, subexserta; filamenta filiformia, antherae erectae. Ovarium inferum, biloculare. Ovula in loculis solitaria, amphitropa. Styli duo distincti; stigmata capitata. Fructus floribus tribus concretis tricornis, cornubus lateralibus sterilibus, intermedio seminifero, dispermo v. abortu monospermo. Semen peltato-curvatum. Embryo intra albumen cartilagineum homotropus; cotyledonibus foliaceis, radicula elongata — *Herbae annuae, ramosae, in Europa australi indigenae; caulibus tetragonis, foliis oppositis, ovalibus, cum stipulis utrinque solitariis verticillum tetraphyllum constituentibus, floribus ex quavis axilla tribus, pedicellis fere ad apicem connatis, parvis, albis seu flavidis.*

Vaillantia DC. *Fl. fr. IV. 266. Prodr. IV. 613.* A. Richard *in Mem. soc. h. n. Paris. V. 134. t. 11. f. 2.* Valantia Tournef. *in Act. Academ. Paris. 1705. p. 234.* Michell *Gen. 13. t. 7.* Mönch *Method. 639.* Valantia muralis Linn. et V. hispida Linn.

3099. Callipeltis *STEV.* Flores omnes hermaphroditi. Calyx tubo oblongo, cum ovario connato, limbo obsoleto. Corolla supera, campanulata, limbi lobis quatuor, brevissimis, obtusis. Stamina 4, corollae tubo inserta, inclusa; filamenta brevissima, antherae erectae. Ovarium inferum, biloculare, loculo altero efoeto, altero uniovulato, ovulo amphitropo. Stylus bifidus; stigmata capitata. Fructus loculo altero abortivo unilocularis, monospermus, oblongus, supra axim incurvus. Semen a pericarpio haud distinctum, incurvum. Embryo intra albumen cartilagineum homotropus, curvatus; cotyledonibus foliaceis, radicula elongata, infera. — *Herba in Oriente et in Hispania observata, annua, erecta, ramosissima, gracilis, glabra; foliis oppositis, oblongis, cum stipulis conformibus verticillum tetraphyllum constituentibus, floribus minimis ex axilla singula tribus, breve pedicellatis, verticillis ideo sexfloris, bractea ampla, membranacea, fructum apice hispidum cuculli instar includente.*

Callipeltis Steven *Observ. pl. ross. 69.* DC. *Prodr. IV. 613.* Cucullaria Buxbaum *Cent. I. 13. t. 19. f. 2.* non alior. Valantia Cucullaria Linn. Lam. *t. 843. f. 2.*

3100. Galium *LINN.* Calyx tubo ovato-subgloboso v. oblongo, cum ovario connato, limbo supero, integerrimo, obsoleto. Corolla supera, rotato-stellata, quadrifida v. rarius trifida. Stamina 4, v. rarius 3, corollae tubo inserta, exserta; filamenta filiformia, antherae erectae. Ovarium inferum, biloculare. Ovula in loculis solitaria, amphitropa. Styli 2, breves, ima basi connati; stigmata capitata. Fructus globoso-didymus, siccus v. subcarnosus, tuberculosus v. hispidus, bilocularis, dicoccus, coccis dorso convexis, facie planis, indehiscentibus, monospermis. Semina a pericarpio haud distincta, erecta. Embryo intra albumen corneum subcurvatus; cotyledonibus foliaceis, radicula elongata, infera. — *Herbae annuae v. perennes, rarius basi suffruticosae, cosmopolitae, inter tropicos rarae; foliis oppositis, cum stipulis foliiformibus verticillatis, floribus axillaribus terminalibusque subpaniculatis.*

Galium Scopoli *Carn. edit. 2. 1. 94.* A. Richard *in Mem. soc. h. n. Paris. V. 133.* Galium et Valantiae sp. Linn. Galium, Aparine et Aspera Mönch *Method. 484. 640.* Galium, Eyselia et Aparine Necker *elem. n. 332. 333. 335.* Galium, Aparine et Cruciata Tournef. *inst. 39* Galium et Rubiae sect. 2. et 3. DC. *Prodr. IV. 593.*

a. ASPERA Mönch *Method. 641.* Flores hermaphroditi. Fructus oblongi, hispidi, coccis angustis, elongatis. — *Herbae annuae, verticillis tetraphyllis v. rarius hexaphyllis, inflorescentia laterali.* — Sherardiae sp. Linn.

b. EUAPARINE DC. *l. c.* Flores hermaphroditi v. rarius polygami. Fructus didymo-globosi, granulati v. hispidi. — *Herbae annuae, caulibus scabris, verticillis tetra-octophyllis, inflorescentia axillari.* — (Cavan. *Ic. t. 191. f. 1.* Sibthorp *Fl. graec. t. 133—135.* E. B. *t. 816. 1641. 2173.* Waldst. et Kitaibel *Plant. Hung. t. 202.* DC. *Ic. plant. Gall. rar. t. 26.*)

c. LEIAPARINE DC. *l. c.* Flores hermaphroditi, albi. Fructus glabri. — *Herbae annuae, verticillis tetra-octophyllis, inflorescentia cymoso-paniculata.* — (Sibthorp *Fl. graec. t. 126.* DC. *Ic. plant. Gall. rar. t. 24.*)

d. XANTHAPARINE DC. *l. c.* Flores hermaphroditi, lutei. Fructus glabri. — *Herbae annuae, verticillis tetra-octophyllis, inflorescentia cymoso-paniculata.* — (Desfont. *Flor. atlant. t. 40.*)

e. CRUCIATA Tournef. *inst. 115.* DC. *l. c.* Flores polygami, lutei, masculi hermaphroditis mixti. Fructus glabriusculi v. pilosi. — *Herbae annuae, verticillis tetraphyllis.* — Valentiae sp. Linn. Lam. *t. 843. f. 1.* (E. B. *t. 143.*)

f. MASCHALIGALIUM DC. *l. c.* Flores polygami, ochroleuci. — *Herbae perennes, verticillis tetraphyllis, inflorescentia axillari.* — (Sibthorp *t. 125.* Valantiae sp. Waldst. et Kitaibel *Plant. Hung. t. 32.*)

g. ERICOGALIUM DC. *l. c.* Flores hermaphroditi, lutei. — *Herbae perennes v. suffrutescentes, americanae, verticillis tetra-hexaphyllis, inflorescentia axillari.*

h. XANTHOGALIUM DC. *l. c.* Flores hermaphroditi, lutei. — *Herbae perennes, verticillis hexa-decaphyllis, inflorescentia paniculata.* — (Flor. dan. *t. 1146.*)

i. ERYTHROGALIUM DC. *l. c.* Flores hermaphroditi, purpurei. Fructus glabri. — *Herbae perennes, verticillis hexaphyllis, inflorescentia cymoso-paniculata.* — (Nocca et Balbis *Flor. ticin. t. 3. 4.*)

k. COCCOGALIUM DC. *l. c.* Flores hermaphroditi, longe pedunculati. Fructus granulati. — *Herbae perennes, verticillis tetraphyllis.*

l. TRICHOGALIUM DC. *l. c.* Flores hermaphroditi, albi v. rarius lutei. Fructus hispidi. — *Herbae perennes, verticillis tetra-decaphyllis, inflorescentia cymoso-paniculata.* — (Sibthorp *Flor. graec. t. 136.* Flor. dan. *t. 1024.* E. B. *t. 105.* Willd. *Hort. berol. t. 66.* Kunth *in Humb. et Bonpl. Nov. gen. et sp. t. 278.*)

m. PLATYGALIUM DC. *l. c.* Flores hermaphroditi, albi, rarissime purpurei v. subochroleuci. Fructus glabri. — *Herbae perennes, verticillis tetraphyllis, foliis latis, inflorescentia cymoso-paniculata.* — (Valantiae sp. Lam. *t. 843. f. 3.*)

n. LEIOGALIUM DC. *l. c.* Flores hermaphroditi, albi. Fructus glabri. — *Herbae perennes, verticillis hexa-decaphyllis, rarissime tetra-pentaphyllis, inflorescentia cymoso-paniculata.* — (Jacq. *Fl. austr. t. 80.* Cavanill. *Ic. t. 206. f. 1.* Flor. dan. *t. 48. 423. 425. 609.* E. B. *t. 74. 1623. 1857. 1972. 2206.* Sibthorp *Fl. graec. t. 127—130.* DC. *Ic. plant. Gall. rar. t. 25.*)

o. RELBUNIUM. Flores hermaphroditi. Fructus subcarnosi. Pedunculi axillares apice gerentes bracteas quatuor verticillatas, involucrum constituentes, flores intra involucrum solitarii v. terni, sessiles v. pedicellati. — *Herbae perennes, diffusae v. prostratae, omnes americanae.* — (Rubiae sp. DC. Kunth *Op. cit. t. 280.*)

3101. Rubia *TOURNEF.* Calyx tubo ovato-globoso, cum ovario connato, limbo supero, integerrimo v. plane obsoleto. Corolla supera, subcampanulata v. rotata, quinquepartita. Stamina 5, corollae tubo inserta, subexserta; filamenta brevia, antherae erectae. Ovarium inferum, biloculare. Ovula in loculis solitaria, amphitropa. Styli 2, breves, ima basi connati; stigmata capitata. Bacca didymo-subglobosa, succosa, bilocularis, rarius loculo altero abortivo unilocularis, laevis. Semina in loculis solitaria, erecta, a pericarpio haud distincta, dorso convexa, facie plana. Embryo intra albumen corneum subcurvatus; cotyledonibus foliaceis, radicula elongata, infera. — *Herbae perennes v. suffrutescentes, saepius hispidae, gerontogeae extratropicae, interdum basi suffrutescentes; foliis oppositis stipulisque foliiformibus plerumque verticillum constituentibus, floribus varie dispositis, axillaribus v. terminalibus.*

Rubia Tournefort *inst. 113.* Linn. *gen. n. 127.* Lam. *t. 60.* Schkuhr *t. 23.* Gärtn. f. *III. 85. t. 195.* Jacq. *Ic. rar. t. 25.* Cavanill. *Ic. t. 195.* Tenore *Flor. neap. t. 10.* Link et Hoffmansegg *Fl. portug. t. 85.* A. Richard *in Mem. soc. h. n. Paris. V. 132.*

3102. Crucianella *LINN.* Calyx tubo ovato, cum ovario connato, limbo distincto nullo. Corolla supera, infundibuliformis, tubo elongato, limbi quadri-quinquelobi lobis saepius in appendicem setaceam, inflexam productis. Antherae 4—5, inclusae, intra corollae faucem subsessiles, lineares. Ovarium inferum, biloculare. Ovula in loculis solitaria, amphitropa. Stylus apice bifidus, inclusus; stigmata capitata. Fructus subglobosus, siccus, vertice nudus, bilocularis, dicoccus, coccis dorso convexis, facie planis, indehiscentibus, monospermis. Semina a pericarpio haud distincta, erecta. Embryo intra albumen corneum rectus; cotyledonibus foliaceis, radicula elongata, infera. — *Herbae basi suffrutescentes, in Europa et Asia temperata, non ultra 45° L. B. obviae; foliis oppositis, lanceolatis v. linearibus, stipulis utrinque conformibus, solitariis v. pluribus adjectis, florum spicis nunc elongatis, subcontinuis, nunc capitatis, nunc floribus fasciculatis, pedunculatis interruptis, calycibus unibracteatis bibracteolatisque, bractea bracteolisque calycem superantibus, calyculum exteriorem simulantibus.*

Crucianella Linn. *gen. n. 126.* Gärtner *I. 111. t. 24.* Lam. *t. 61.* Smith *exot. Bot. t. 109.* Sibthorp *Fl. graec. t. 139.* Bieberst. *Plant. ross. II. t. 65.* Labillard. *Syr. Dec. I. t. 3.* Trinius *in Mem. Petrop. 1818. t. 11. 12.* Jussieu *in Mem. Mus. VI. 370.* Reichenb. *Plant. crit. t. 262.* A. Richard *in Mem. soc. h. n. Paris. V. 131.* DC. *Prodr. IV. 586.* Rubeola Mönch *Method. 525.* Laxmannia *S. G. Gmelin.*

3103. Asperula *LINN.* Calyx tubo ovato-didymo, cum ovario connato, limbo supero, brevissime quadridentato, deciduo v. obsoleto. Corolla supera, infundibuliformis v. rarius campanulata, fauce nuda, limbo quadrifido, rarissime trifido. Stamina 4, corollae tubo inserta, subexserta; filamenta filiformia, antherae oblongae, erectae. Ovarium inferum, biloculare. Ovula in loculis solitaria, amphitropa. Styli 2, ima basi v. fere ad apicem concreti; stigmata capitata. Fructus globoso-didymus, siccus v. vix subcarnosus, vertice nudus, bilocularis, dicoccus, coccis dorso convexis, facie planis, indehiscentibus, monospermis. Semina a pericarpio haud distincta, erecta. Embryo intra albumen corneum subincurvus; cotyledonibus foliaceis, radicula elongata, infera. — *Herbae v. suffrutices gerontogei boreales, imprimis mediterranei; foliis oppositis, supremis estipulatis, inferioribus eum stipulis conformibus utrinque solitariis, binis v. trinis verticillum tetra-octophyllum formantibus, floribus terminalibus v. axillaribus fasciculatis.*

Asperula Linn. *gen. n. 121.* Lam. *t. 61.* Jacq. *Flor. austr. t. 84.* Gärtner f. *III. 89. t. 95.* Fl. dan. *t. 562.* E. B. *t. 33.* Waldst. et Kitaibel *Plant. Hung. t. 150.* Vent. *Cels. t. 60.* Sibthorp *Fl. graec. t. 117—124.* Tenore *Flor. neap. t. 9.* Bot. Mag. *t. 2146.* Ledebour *Ic. t. 301.* Reichenb. *Plant. crit. t. 93.* A. Richard *in Mem. soc. h. n. Paris. V. 130. t. 11. f. 1.* DC. *Prodr. IV. 581.*

3104. Sherardia *DILLEN.* Calyx tubo ovato, cum ovario connato, limbo supero, quadrisexdentato, persistente. Corolla supera, infundibuliformis, tubo tereti, limbo quadrifido. Stamina 4, corollae tubo inserta, exserta; filamenta capillaria, antherae ovoideae, erectae. Ovarium inferum, biloculare. Ovula in loculis solitaria, amphitropa. Stylus apice bifidus; stigmata capitata. Fructus globoso-didymus, siccus, calycis limbo coronatus, bilocularis, dicoccus, coccis dorso convexis, facie planis, indehiscentibus, monospermis. Semina a pericarpio haud distincta, erecta. Embryo intra albumen corneum subincurvus; cotyledonibus foliaceis, radicula elongata, infera. — *Herba annua, in agris Europae et Tauriae passim obvia; foliis oppositis, lanceolatis, acutis, scabris, cum stipulis plane conformibus utrinque solitariis verticillum tetraphyllum formantibus, floribus terminalibus parvis, caeruleis v. roseis, intra involucrum verticillatum sessilibus.*

Sherardia Dillenius *Gen.* 3. Linn. *gen. n.* 120. Gärtner *I.* 110. *t.* 24. Schkuhr *t.* 22. Curtis *Flor. Lond.* *V. t.* 13. Flor. dan. *t.* 439. A. Richard *in Mem. soc. h. n. Paris. V.* 129. DC. *Prodr. IV.* 581. Dillenia Heister *hort. Helmstad.* 435. Aparines sp. Tournef.

TRIBUS III. ANTHOSPERMEAE Chamiss. et Schlechtend. *in Linnaea III.* 309. Corollae quadrifidae, rotatae, lobi aestivatione valvati. Ovaria bilocularia, loculis uniovulatis. Styli duo distincti; stigmata elongata, hispida. Fructus dicoccus, coccis monospermis, indehiscentibus, Albumen carnosum v. subcorneum. — *Suffrutices v. herbae; foliis oppositis v. verticillatis, mediantibus stipulis parvis uni-tridentatis, petiolo utrinque subadnexis, floribus saepius dioicis. — Anthospermeae pleraeque capenses, Phyllis in insulis Canariis, Coprosma genus ad Coffeeas transitum faciens, in Australasia habitant.*

3105. Anthospermum *LINN.* Flores dioici, rarius polygami v. hermaphroditi. Calyx tubo obovato, cum ovario connato, limbo supero, minimo, quadri-quinquedentato. Corolla supera, in floribus masculis et hermaphroditis rotata, tubo brevissimo, limbi tri-quinquepartiti lobis ovato-oblongis, aestivatione valvatis, sub anthesi revolutis; in floribus femineis minutissima, subcampanulata, limbi breviter quadrifidi laciniis erectis. Stamina 3—5, imo corollae tubo inserta, exserta; filamenta filiformia, antherae oblongae, erectae. Ovarium inferum, biloculare, disco epigyno subcarnoso. Ovula in loculis solitaria, e basi erecta, anatropa. Styli 2, elongato-filiformes, ima basi vix coaliti, undique hirsuti v. patentim-pilosi, stigmatosi. Fructus ovatus, apice denticulatus, crustaceus, bilocularis, dicoccus, coccis dorso convexis, facie planis, indehiscentibus, monospermis. Semina erecta. Embryo intra albumen cartilagineum excentricus, subdorsalis, orthotropus; cotyledonibus foliaceis, radicula elongata, infera. — *Suffrutices v. herbae capenses; caulibus ramosis, foliis oppositis v. verticillatis, mediante stipula interposita, in dentem brevem producta connatis, floribus axillaribus sessilibus, verticillatis v. oppositis, rarius paniculatis, ad basim ovarii bi-tribracteolatis.*

Anthospermum Linn. *gen. n.* 1164. Jussieu *gen.* 197. Gärtner f. *III.* 87. *t.* 195. Cruse *Rubiac. Cap.* 7. *tab.* 1. *f.* 1. 2. *Linnaea VI.* 4. A. Richard *in Mem. soc. h. n. Paris. V.* 138. *t.* 12. *f.* 1. Tournefortia Pouteder. *Epist.* 11. Ambraria Heister *hort. Helmstad.* 435. non Cruse.

3106. Ambraria *CRUSE.* Flores dioici. Calyx tubo in masculis brevissimo, in femineis obovato, cum ovario connato, limbo supero, brevissime quadri-quinquedentato, persistente. Corolla supera, in floribus masculis rotata, quadri-quinquepartita, tubo brevissimo, lobis ovato-oblongis, aestivatione valvatis, sub anthesi revolutis; in floribus femineis minutissima, subcampanulata, laciniis erectis. Stamina 4—5, imo corollae tubo inserta, exserta; filamenta filiformia, antherae oblongae, erectae. Ovarium inferum, disco epigyno subcarnoso, quadriloculare, loculis duobus vacuis, duobus oppositis ovuliferis. Ovula solitaria, e basi erecta, anatropa. Styli 2, elongato-filiformes, ima basi vix coaliti, undique hirsuti v. patentim pilosi, stigmatosi. Fructus ovatus, crustaceus, calycis limbo obsoleto coronatus, indehiscens, loculis duobus sterilibus in cavitatem centralem amplam coalitis, duobus oppositis monospermis. Semina erecta. Embryo intra albumen cartilagineum orthotropus; cotyledonibus foliaceis, radicula elongata, infera. — *Suffrutices capenses; foliis ternato-verticillatis, angustis, mediante stipula dentiformi interposita connatis, floribus axillaribus, sessilibus.*

Ambraria Cruse *Rubiac. Cap.* 16. *t.* 1. *f.* 3. 4. *Linnaea VI.* 5. A. Richard *in Mem. soc. h. n. Paris. V.* 139. *t.* 12. *f.* 2. DC. *Prodr. IV.* 580. Nenax Gärtn. *I.* 166. *t.* 32. Cliffortiae sp. Linn.

3107. Galopina *THUNB.* Calyx tubo obovato, a dorso compressiusculo, cum ovario connato, limbo supero, aequali, minutissimo v. obsoleto. Corolla supera, rotata, profunde quadripartita, tubo subnullo, lobis lineari-lanceolatis, obtusis, aestivatione valvatis, sub anthesi reflexis. Stamina 4, imo corollae tubo inserta, exserta; filamenta filiformia, antherae oblongae, erectae. Ovarium inferum, biloculare, disco epigyno carnoso. Ovula in loculis solitaria, e basi erecta, anatropa. Styli 2, elongato-filiformes, ima basi vix coaliti, undique hirsuti v. patentim pilosi, stigmatosi. Fructus obovato-didymus, apice nudus, subcrustaceus, bilocularis, dicoccus, coccis dorso convexis, gyroso-verrucosis, facie planis, indehiscentibus, monospermis. Semina erecta. Embryo intra albumen cartilagineum orthotropus; cotyledonibus foliaceis, radicula elongata, infera. — *Herba capensis, glabra, Circeae facie; caule tereti, lineis e foliis decurrentibus biangulato, foliis oppositis, ovato-lanceolatis, acuminatis, stipulis trifurcatis, floribus parvis, in paniculam terminalem, laxam dispositis.*

Galopina Thunberg *Dissert. nov. gen. I.* 3. Jussieu *in Mem. Mus. VI.* 371. Cruse *Rubiac. Cap.* 18. A. Richard *in Mem. soc. h. n. Paris. V.* 140. Anthospermum Galopina Thunb. *Prodr.* 32. Phyllis Galopina Cruse *in Linnaea VI.* 20. — Oxyspermum Eckloп et Zeyher *Enumerat.* 364.

3108. Phyllis *LINN.* Flores hermaphrodito-polygami. Calyx tubo obovato, a dorso compresso, cum ovario connato, limbi superi, bilobi laciniis inaequalibus, deciduis. Corolla supera, subrotata, quinquepartita, tubo brevi, lobis lineari-lanceolatis, aestivatione valvatis, sub anthesi patentiusculis. Stamina 5, imo corollae tubo inserta, exserta; filamenta filiformia, antherae oblongae, erectae. Ovarium inferum, biloculare, disco epigyno carnoso. Ovula in loculis solitaria, e basi erecta, anatropa. Styli 2, elongato-filiformes, ima basi coaliti, undique hirsuti, stigmatosi. Fructus obovatus, compressiusculus, apice obsolete bidentatus, bilocularis, dicoccus, coccis dorso convexiusculis, laevibus, facie planis, indehiscentibus, monospermis. Semina erecta, compressa. Embryo in axi albuminis cartilaginei orthotropus; cotyledonibus foliaceis, cordatis, radicula elongata, infera. — *Suffrutices canarienses; foliis oppositis v. ternatim aut quaternatim verticillatis, acuminatis, stipulis membranaceis, petiolis adnatis, in setas plurimas filiformes productis, floribus parvis, albo-virescentibus, in paniculam terminalem, compositam dispositis.*

Phyllis Linn. *gen. n. 328.* Gärtner *I. 123. t. 25.* Jussieu *in Mem. Mus. VI. 370.* A. Richard *in Mem. soc. h. n. Paris. V. 140. t. 12. f. 3.* DC. *Prodr. IV. 578.* Nobula Adanson *Fam. II. 145.* Bupleuroides Boerh.

3109. Coprosma *FORST.* Flores hermaphrodito-polygami. Calyx tubo ovato, cum ovario connato, limbo supero, brevissimo, quadrisexdentato. Corolla supera, subcampanulata, tubo brevi, ventricoso, fauce nuda, limbo quadrinovemlobo, patente. Stamina 4—9, imo corollae tubo inserta, longe exserta; filamenta filiformia, antherae oblongae, erectae. Ovarium inferum, bi-triloculare, disco epigyno carnoso. Ovula in loculis solitaria, e basi erecta, anatropa. Styli 2, elongato-filiformes, ima basi coaliti, undique piloso-stigmatosi. Bacca ovata, umbilicata, pulposa, nuculis 2—3 evalvibus, monospermis. Semina erecta, dorso convexa, facie plana. Embryo in axi albuminis dense carnosi orthotropus; cotyledonibus foliaceis, radicula elongata, infera. — *Frutices v. arbusculae, in Nova-Zeelandia et Nova-Hollandia indigeni; foliis oppositis, stipulis petiolaribus utrinque solitariis, persistentibus, floribus terminalibus v axillaribus, solitariis aut in eodem pedunculo paucis, basi bibracteolatis.*

Coprosma Forster *gen. 69.* Lam. *t. 186. et 854.* Labillard. *Nov. Holl. t. 95.* Jussieu *in Mem. Mus. VI. 381.* Gärtn. f. *III. 17. t. 182.* (alabastrum floris masc. et antherae.) A. Richard *in Mem. soc. h. n. Paris. V. 137.* DC. *Prodr. IV. 578.* Endlich. *Prodr. Fl. Norfolk. 61.*

TRIBUS IV. SPERMACOCEAE Chamisso et Schlechtend. *in Linnaea III. 309.* Corollae saepissime quadrifidae lobi per aestivationem valvati. Ovaria bi-quadrilocularia, loculis uniovulatis, rarissime biovulatis. Stigma bilamellatum. Carpidia sicca v. parce carnosa, secedentia, indehiscentia v. varie dehiscentia, monosperma, rarissime disperma. Albumen carnoso-subcorneum. — *Herbae v. frutices; foliis oppositis, vagina stipulari petiolos nectente apice saepe setoso-lacera, floribus in cymis trichotomis, saepe in capitula interdum depauperata contractis. — Spermacoceae per regiones tropicas totius orbis et extratropicas calidiores dispersae, in America aequinoctiali abundantius gignuntur. Cephalantheae in India orientali frequentius habitant, et paucissimae Americam, a Brasiliae plagis australioribus ad Canadam incolunt, Putoriearum partes octavae quinque in India orientali vivunt, unica species per regionem mediterraneum et Orientem diffusa, altera in insulis Caribaeis reperta, sed Euspermacocearum duae fere tertiae in America calidiore generantur, reliquae in Asia et Africa observatae fuerunt.*

SUBTRIBUS I. PUTORIEAE DC. *Prodr. IV. 575.* Fructus subcarnosi, haud bipartibiles.

3110. Putoria *PERS.* Calyx tubo ovato, cum ovario connato, limbo supero, breve tubuloso, minute quadridentato. Corolla summo calycis tubo inserta, hypocraterimorpha, tubo longo, tereti, fauce glabra, limbi quadrilobi lobis acutiusculis, patulis. Stamina 4, corollae tubo prope apicem inserta; filamenta brevia, antherae lineares. Ovarium inferum, biloculare. Ovula in loculis solitaria ..... Stylus simplex; stigma bifidum. Bacca subexsucca, ovato-oblonga, umbilicata, bilocularis. Semina in loculis solitaria, oblonga ...... Embryo ...... — *Frutex mediterraneus, rigidus, ramosissimus; ramis velutino-pubescentibus, foliis oppositis, oblongo-linearibus, obtusis, contritis foetentibus, stipulis utrinque solitariis, floribus ad apices ramorum fasciculatis, sessilibus, purpureis.*

Putoria Persoon *Ench. I. 524.* A. Richard *in Mem. soc. h. n. Paris. V. 160.* DC. *Prodr. IV. 577.* Asperula calabrica Linn. f. Heritier *Stirp. t. 32.* Pavetta foetidissima Cyrill. *Neap. t. 1.* Ernodea montana Sibthorp *Flor. graec. t. 143.*

3111. Plocama *AIT.* Calyx tubo ovato-globoso, cum ovario connato, limbo supero, brevissimo, sinuato-quinquedentato. Corolla summo calycis tubo inserta, campanulato-infundibuliformis, fauce nuda, limbi quinque-sexlobi laciniis erectiusculis. Stamina 5—6, corollae fauci inserta; filamenta nulla, antherae lineares. Ovarium inferum, bi-triloculare. Ovula in loculis solitaria, erecta, anatropa. Bacca calycis limbo coronata, apice minute areolata, bi-trilocularis, endocarpio tenuissime membranaceo. Semina in loculis solitaria, erecta, dorso convexa, facie excavata, longitudinaliter rimata. Embryo intra albumen parcum, cartilagineum subdorsalis, orthotropus; cotyledonibus planis, radicula clavata, subincurva, infera. — *Suffrutex canariensis, ramosissimus, glaber; ramis teretibus, gracilibus, virgatis, foliis oppositis, lineari-filiformibus, stipulis cum petiolis connatis, membranaceis, brevibus, obtuse dentatis, floribus ad axillas supremas et in apicibus ramorum solitariis v. ternis, breve pedunculatis, albidis.*

Plocama Alton *Hort. kew. ed. 1. p. 292.* Gärtn. f. *III. 96. t. 196.* Jussieu *in Mem Mus. VI. 371.* A. Richard *in Mem. soc. h. n. Paris. V. 161.* DC. *Prodr. V. 577.* Placoma Persoon *Ench. I. 210.* Bartlingia Reichenb. *in Flora 1824. p. 241. Ic. exot. t. 11.* non Brong. Plocama et Bartlingia Spreng. *Syst. I. n. 815. 793.* Plocama et Placoma Gmelin *Syst. I. p. 296. 390.*

3112. Scyphiphora *GÄRTN. F.* Calyx tubo ovato, cum ovario connato, limbo supero, breviter tubulato, subintegerrimo. Corolla summo calycis tubo inserta, infundibuliformis, tubo intus hirsuto, limbi quadrifidi laciniis lanceolatis, patentibus. Stamina 4, corollae fauci inserta, exserta; filamenta subulata, antherae lineares, introrsum incumbentes. Ovarium inferum, biloculare. Ovula in loculis solitaria, infra apicem peltatim affixa, amphitropa. Stylus simplex; stigma bifidum, lobis approximatis. Drupa baccata, octosulcata, calycis limbo coronata, dipyrena, pyrenis osseis, dorso sulcato-angulatis, facie planis. **Semina** intra pyrenas solitaria, oblongo reniformia; umbilico supra medium ventrali. **Embryo** in axi albuminis carnosi homotropus, subincurvus; **cotyledonibus** oblongis, **radicula** conico-teretiuscula, infera. — *Frutex in maritimis Moluccarum proveniens; foliis oppositis, obovulibus, aveniis, floribus axillaribus, subcorymbosis.*

Scyphiphora Gärtner f. *III. 91. t. 193.* Blume *Bijdr. 957.* A. Richard *in Mem. soc. h. n. Paris. V. 180. t. 4. f. 1.* DC. *Prodr. IV. 577.*

3113. Hydrophylax *LINN. F.* **Calyx** tubo ovato, angulato, cum ovario connato, limbi superi, quadripartiti, persistentis dentibus acutis, erectis. **Corolla** supera, subcarnosa, infundibuliformi-campanulata, tubo intus annulato-piloso, limbo quadrifido. **Stamina** 4, corollae fauci inserta, exserta; **filamenta** brevissima, **antherae** lineares, erectae. **Ovarium** inferum, biloculare, disco epigyno carnoso. **Ovula** in loculis solitaria, peltatim affixa, amphitropa. **Stylus** filiformis, simplex; **stigma** obtusum, obsolete bilobum. **Bacca** suberosa, oblonga, acute quadrangula, calycis limbo coronata, bilocularis. **Semina** in loculis solitaria, oblonga, dorso convexa, facie bisulca adnata. **Embryo** intra albumen cartilagineum subdorsalis, rectus; **cotyledonibus** lanceolatis, foliaceis, **radicula** teretiuscula, longa, infera. — *Herba in arenosis maritimis Indiae orientalis repens, glabra; ramis adscendentibus, teretiusculis, foliis oppositis, obovato-oblongis, carnosis, stipulis petiolos in vaginam cupularem integerrimam v. dentatam combinantibus, floribus axillaribus sessilibus, solitariis v. subbinis, pallide lilacinis.*

Hydrophylax Linn. f. *Suppl. 126.* Lam. *t. 76. f. 1.* Roxburgh *Pl. Corom. t. 223.* DC. *Prodr. IV. 576.* Wight et Arnott *Prodr. Flor. Pen. Ind. I. 441.* Sarissus Gärtner *I. 118. t. 25.*

3114. Cuncea *HAMILT.* **Calyx** tubo cum ovario connato, limbo supero, minimo, quadridentato. **Corolla** supera tubo brevi, fauce villis clausa, limbi quadrifidi laciniis rotundatis. **Antherae** 4, lineares, sessiles, inclusae. **Ovarium** inferum, biloculare. **Ovula** ...... **Stylus** simplex; **stigma** bifidum, exsertum. **Bacca** calycis limbo coronata, bilocularis. **Semina** in loculis solitaria. — *Herba nepalensis perennis, erecta, ramosa; caule tereti, subtomentoso, foliis oppositis, petiolatis, nervosis, utrinque pubescentibus, inferioribus ellipticis, superioribus lanceolatis, mucronatis, stipulis tripartitis, lobis setaceis, cymis terminalibus compositis, multifloris, floribus parvis, luteis.*

Cuncea Hamilton *in Don Prodr. 135.* A. Richard *in Mem. soc. h. n. Paris. V. 157.* DC. *Prodr. IV. 576.*

3115. Ernodea *SWARTZ.* **Calyx** tubo ovato, tereti, cum ovario connato, limbi superi, quadri-sexpartiti laciniis oblongo-linearibus, acutis, erectis, persistentibus. **Corolla** supera, hypocraterimorpha, tubo tereti-subtetragono, fauce nuda, limbi quadri-sexfidi laciniis lineari-lanceolatis, revolutis. **Stamina** 4—6, infra faucem corollae inserta; **filamenta** linearia, **antherae** lanceolatae, erectae. **Ovarium** inferum, biloculare, disco epigyno carnoso. **Ovula** in loculis solitaria, peltatim affixa, amphitropa. **Stylus** simplex, staminibus longior; **stigma** incrassatum, emarginato-bilobum. **Drupa** baccata, subrotunda, calycis limbo coronata, bisulca, dipyrena, pyrenis cartilagineis, dorso convexis, facie sulcatis, bipartibilibus. **Semina** in loculis solitaria, oblonga, peltatim affixa. **Embryo** in axi albuminis cartilaginei rectus; **cotyledonibus** cordatis, foliaceis, **radicula** conica, infera. — *Suffrutex littoralis antillanus, decumbens, diffusus; foliis oppositis, subsessilibus, lanceolatis v. ellipticis, stipulis vaginantibus, multipartitis, basi connatis, floribus axillaribus solitariis, sessilibus, pallide lutescentibus, baccis luteis.*

Ernodea Swartz *Prodr. 29. Flor. Ind. occid. I. 223. t. 4.* Schreber *gen. n. 1718.* Vahl *Symb. II. 28.* Jussieu *in Mem. Mus. VI. 373.* Gärtn. f. *III. 94. t. 196.* A. Richard *in Mem. soc. h. n. Paris. V. 156. t. 15. f. 2.* DC. *Prodr. IV. 575.*

3116. Wiegmannia *MEYEN.* **Calyx** tubo hemisphaerico, octocostato, cum ovario connato, limbi superi, quadrifidi laciniis majusculis, foliaceis, sinu sejunctis. **Corolla** supera, infundibuliformis, tubo intus glabro, limbi quadrilobi lobis aestivatione valvatis. **Stamina** 4, corollae infra faucem inserta, inclusa; **filamenta** brevissima, subnulla, **antherae** ovatae, erectae. **Ovarium** inferum, biloculare, disco epigyno carnoso. **Ovula** in loculis solitaria, peltata, amphitropa, micropyle infera. **Stylus** filiformis, inclusus; **stigma** bifidum, lobis linearibus. **Bacca** subglobosa, octocostata, calycis limbo foliaceo coronata, bilocularis. **Semina** in loculis solitaria, peltata ...... — *Suffrutex sandwicensis, glaber; foliis oppositis, elliptico-lanceolatis, in petiolum subangustatis, acuminatis, stipulis triangularibus, integerrimis, summis cymae multiflorae contractae radios involucrantibus, subcordatis, calycibusque glaucis, corollis purpureis.*

Wiegmannia Meyen *Reise II. 139.*

3117. Serissa *COMMERS.* **Calyx** tubo obovato, cum ovario connato, limbo supero, quinquefido v. rarius quadrifido, lobis brevibus, dentibus nonnullis interdum interjectis. **Corolla** supera, infundibuliformis, tubo interdum hirsuto, limbo quinquelobo v. rarius quadrilobo, lobis aestivatione induplicatis, apice interdum brevissime trifidis. **Stamina** 5—6, corollae fauci inserta; **filamenta** brevissima, subnulla, **antherae** lineares, exsertae. **Ovarium** inferum, biloculare, disco epigyno carnoso. **Ovula** in loculis solitaria, peltatim affixa, micropyle infera. **Stylus** filiformis, inclusus; **stigma** bifidum, lobis linearibus. **Bacca** subglobosa, calycis limbo coronata, bilocularis. **Semina** in loculis solitaria. ...... — *Frutex indicus, glaber; ramis novellis puberulis, foliis oppositis, subsessilibus, in axillis saepe fasciculatis, tritis foetentibus, stipulis cum petiolis connatis, margine ciliato-fimbriatis, floribus subfasciculatis, terminalibus, subsessilibus, albis.*

Serissa Commers. *in Jussieu gen. 209. Mem. Mus. VI. 395.* Lam. *t. 151. f. 3.* Blume *Bijdr. 969.* A. Richard *in Mem. soc. h. n. Paris. V. 161.* DC. *Prodr. IV. 575.* Dysoda Loureiro *Fl. cochinch. I. 181.* Buchozia Heritier *Dissert. inedit.* Lycium sp. Thunb. Bot. Mag. *t. 361.*

SUBTRIBUS II. EUSPERMACOCEAE DC. *Prodr. IV. 540.* Fructus sicci, bi-tri-quadripartibiles.

3118. Democritea *DC.* **Flores** ..... **Fructus** calycis tubo turbinato, subangulato et pericarpio membranaceo, inter se connatis, demum ruptis constans, limbi quinquelobi lobis acutis, rigidulis coronatus, junior bilocularis (?) demum septo evanido unilocularis, dispermus. **Semina** intra pericarpium libera, dorso convexa, facie plana. **Embryo** in axi albuminis carnosi rectus; **radicula** infera — *Frutex chinensis, flore ignoto maximopere dubius, Serissae habitu, a qua fructu abunde diferre videtur; ramis teretibus, albidis, junioribus subpuberulis, foliis oppositis, vaginis brevibus cum petiolis subconnatis, trisetis, rigidis, floribus ad apices ramulorum fasciculatis.*

Democritea DC. *Prodr. IV. 540.*

3119. Octodon *THONN.* **Calyx** tubo clavato-obovato, cum ovario connato, limbi superi dentibus octo, brevissimis, obtusis. **Corolla** supera, campanulata, quadrifida, lobis acutis, intus pilis apice glandulosis adspersa. **Stamina** 4, imo corollae tubo inserta; **filamenta** ...... **antherae** ...... **Ovarium** inferum, biloculare. **Ovula** ...... **Stylus** simplex; **stigma** globulosum, obsolete bifidum. **Capsula** turbinata, obsolete tetragona, bilocularis, septicido-dicocca, coccis intus semibifidis, monospermis. **Semina** oblonga ...... — *Herba guineensis, erecta, pedalis, ramosa, glabra; caule tetragono, foliis oppositis, filiformibus, elongatis, acutis, stipulis vaginantibus, utrinque breviter tri-quinquesetis, florum capitulis terminalibus, paucis, verticillatis, subrotundis, subaequalibus.*

Octodon Thonning *ex Schumach. in Act. soc. h. n. Hafn. III. 94.* DC. *Prodr. IV. 540.*

3120. Borreria *MEY.* **Calyx** tubo ovato, cum ovario connato, limbo supero, in dentes laciniasve duas aut quatuor persistentes partito. **Corolla** supera, hypocraterimorpha v. infundibuliformis, tubo intus nudo v. ad faucem piloso, limbo quadrilobo. **Stamina** 4, corollae fauci v. tubo demissius inserta, exserta v. inclusa; **filamenta** subulata, **antherae** ovatae v. lineares, erectae. **Ovarium** inferum, biloculare, disco epigyno carnoso. **Ovula** in loculis solitaria, peltata, amphitropa. **Stylus** simplex; **stigma** bifidum v. indivisum. **Capsula** calycis limbo coronata, bilocularis, ab apice septicido-dehiscens, dissepimento libero nullo, coccis intus aequaliter rima longitudinali apertis, monospermis. **Semina** ovato-oblonga, dorso convexa, facie plana, sulco longitudinali. **Embryo** in axi albuminis dense carnosi rectus; **cotyledonibus** foliaceis, **radicula** infera. — *Herbae v. suffrutices, in America calidiore obvii, inter tropicos Asiae et Africae rari; caule ramisque saepe tetragonis, foliis oppositis v. axillaribus novellis fasciculatis, pseudoverticillatis, stipulis cum petiolis connatis, plus minus vaginantibus, utrinque multifido-setoso-fimbriatis, floribus in axillis v. ad apices ramulorum verticillato-capitatis, rarius cymosis v. corymbosis, parvis, albis aut caeruleis.*

Borreria Meyer *Essequeb. 79.* Cham. et Schlechtend. *in Linnaea III. 310.* Spreng. *N. Entdeck. II. 144* DC. *Prodr. IV. 540.* non Achar. Bigelowia Spreng. *Syst. I. 394.* non alior. Chlorophytum Pohl *msc.* — ? Gruhlmannia Necker *elem. n. 338.* Spermacoces sp. Auct. Aublet *Guian. t. 28. f. 6. 7.* Ruiz et Pav. *Flor. peruv. t. 91.* St. Hilaire *Plant. usuell. Bras. t. 12. 13.*

3121. Spermacoce *LINN* **Calyx** tubo ovato v. turbinato, cum ovario connato, limbo supero, in dentes duos v. quatuor, interdum accessoriis nonnullis partito, persistente v. demum obliterato. **Corolla** supera, hypocraterimorpha v. infundibuliformis, tubo intus nudo v. ad faucem piloso, limbo quadrilobo. **Stamina** 4, corollae fauci v. tubo demissius inserta, exserta v. inclusa; **filamenta** subulata, **antherae** ovatae v. lineares, erectae. **Ovarium** inferum, biloculare, disco epigyno carnoso. **Ovula** in loculis solitaria, peltata, amphitropa. **Stylus** simplex; **stigma** bifidum v. indivisum. **Capsula** calycis limbo saepius obliterato coronata, bilocularis, ab apice dehiscens, cocco altero septo adnato clauso, altero septo rupto aperto, ambobus ab apice bipartibilibus, monospermis. **Semina** ovato-oblonga, dorso convexa, facie plana, sulco longitudinali. **Embryo** in axi albuminis dense carnosi rectus; **cotyledonibus** foliaceis, **radicula** infera. — *Herbae v. suffrutices, inter tropicos totius orbis provenientes; caule ramisque saepe tetragonis, foliis oppositis, stipulis cum petiolis connatis vaginantibus, in setas plurimas fimbriato-fissis, floribus axillaribus sessilibus, confertis v. semiverticillatis, parvis, albis v. caeruleis.*

Spermacoce Linn. *gen. n. 119.* excl. sp. Gärtner *I. t. 25.* Lam. *t. 62. f. 2.* Jacq. *Hort. Schönbr. t. 322.* Meyer *Essequeb. 79.* Cham. et Schlechtend. *in Linnaea III. 355.* DC. *Prodr. IV. 552.* Spermacoce, Covelia et Chenocarpus Necker *elem. n. 337—339* — ? Tardavel Adans. *Fam. II. 145.*

3122. Hexasepalum *BARTL.* **Calyx** tubo oblongo-obpyramidato, cum ovario connato, limbi superi sexpartiti lobis, angustis, subaequalibus, acutis, persistentibus. **Corolla** supera, campanulato-infundibuliformis, tubo obconico, intus nudo, limbi quadrifidi lobis lanceolatis, acutis. **Stamina** 4, corollae infra faucem inserta, breviter exserta; **filamenta** subulata, **antherae** oblongae, erectae. **Ovarium** inferum, biloculare, disco epigyno carnoso. **Ovula** ...... **Stylus** simplex; **stigma** obsolete bilobum. **Capsula** oblonga, costata, calycis limbo coronata, septicido-bipartibilis, coccis septo clausis, monospermis. **Semina.** ...... — *Frutex mexicanus, adscendens, ramosissimus, glaber; ramis compressis, diffusis, flexuosis, foliis oppositis, elongato linearibus, acutis, vix margine scabris, stipulis vaginantibus, in setas plurimas, vaginae aequales, ciliis brevissimis intermixtas fissis, floribus axillaribus solitariis, sessilibus, inter contribules maximis.*

Hexasepalum Bartling *ex DC. Prodr. IV. 561.*

3123. Diodia *LINN.* **Calyx** tubo ovato v. obovato, nervoso, cum ovario connato, limbo supero, persistente, bifido v. quadrifido, laciniis aequalibus v. alternis inaequalibus, rarius pluribus. **Corolla** supera, infundibuliformis, tubo intus hirsuto, limbi quadrilobi laciniis lanceolatis, acutis. **Stamina** 4, summae corollae fauci inserta; **filamenta** subulata, **antherae** lineares, versatiles. **Ovarium** inferum, biloculare, disco epigyno carnoso. **Ovula** in loculis solitaria, peltata, amphitropa **Stylus** plus minus bifidus; **stigmata** subcapitata. **Capsula** calycis limbo coronata, bilocularis, axi nulla inter coccos disjunctos, indehiscentes, monospermos. **Semina** ovato-oblonga, dorso convexa, facie plana, sulco longitudinali. **Embryo** in axi albuminis dense carnosi rectus; **cotyledonibus** foliaceis, **radicula** elongata, infera. — *Herbae v. suffrutices, omnes, specie unica africana tropica, in America calidiore crescentes; caule ramisque teretibus v. tetragonis, foliis oppositis v. fasciculis axillaribus accedentibus spurie verticillatis, floribus parvis, albis, varie dispositis.*

Diodia Linn. *gen. n. 122.* Gärtner *I. t. 121.* Meyer *Essequeb. 81.* Chamiss. et Schlechtend. *in Linnaea III. 341* excl. sect. 2. DC. *Prodr. IV. 561.*

a. EUDIODIA DC. *Prodr. IV. 561.* **Capsula** crustacea v. subcarnosa, coccis indehiscentibus. — *Flores axil-*

lares sessiles, oppositi v. utrinque duo v. plurimi verticillati. — (Jacq. *Ic. rar. 1. t. 29.* Lam. *t. 63.* Gärtner *t. 25.*)

b. DASYCEPHALA DC. *Prodr. IV. 565.* Capsula membranacea, coccis demum intus dehiscentibus. — *Flores capitati.*

3124. Triodon *DC.* Calyx tubo turbinato, cum ovario connato, limbo supero, persistente, bi-quadridentato, denticulis nonnullis interdum accessoriis. Corolla supera, infundibuliformis, tubo brevi, intus hirsuto, limbi quadrifidi laciniis lanceolatis. Stamina 4, summae corollae fauci inserta, exserta; filamenta subulata, antherae lineares, versatiles. Ovarium inferum, biloculare, disco epigyno carnoso. Ovula in loculis solitaria, peltata, amphitropa. Stylus simplex; stigma bifidum, laciniis linearibus. Capsula chartacea, calycis limbo coronata, bilocularis, bipartibilis, axi persistente cum nervis duabus spermaphoris tridentem formante inter coccos disjunctos, indehiscentes, monospermos. Semina oblonga, dorso convexa, facie plana, sulco longitudinali. Embryo in axi albuminis dense carnosi rectus; cotyledonibus foliaceis, radicula elongata, infera. — *Frutices brasilienses, ramosissimi, glabriusculi; foliis oppositis v. spurie verticillatis, oblongis v. linearibus, floralibus minimis, floribus ad apices ramulorum axillaribus v. terminalibus, spicatis fasciculatisve, parvis.*

Triodon DC. *Prodr. IV. 566.* Diodiae sectio 2. Chamiss. et Schlechtend. *in Linnaea III. 343.*

3125. Crusea *CHAM. et SCHLECHTEND.* Calyx tubo ovato-didymo, cum ovario connato, limbi superi, basi supra ovarium constricti, quadrifidi laciniis lineari-subulatis, elongatis, hirtis, denticulis minimis interjectis. Corolla supera, hypocraterimorpha, tubo longo, apice obconico, fauce intus nulla, limbi quadrilobi laciniis lanceolatis, acutis. Stamina 4, summae corollae fauci inserta, exserta; filamenta subulata, antherae lineares, versatiles. Ovarium inferum, biloculare, disco epigyno carnoso. Ovula ...... Stylus simplex; stigma bifidum, laciniis linearibus Capsula coriacea, didyma, bipartibilis, axi persistente plano membranaceo, calycis limbum retinente, inter coccos sejunctos, indehiscentes, monospermos. Semina ...... — *Herbae mexicanae, basi suffruticulosae, erectae v. adscendentes; foliis oppositis, ovato-lanceolatis, stipulis vaginantibus, ciliato-setosis, floribus terminalibus capitato-umbellatis, involucratis, rubris.*

Crusea Chamisso et Schlechtend. *in Linnaea V. 165.* DC. *Prodr. IV. 566.* non A. Rich. Spermacoce rubra Jacq. *Hort. Schönbr. t. 256.* S. strigosa Bot. Mag. *t. 1558.*

3126. Richardsonia *KUNTH.* Calyx tubo subgloboso, cum ovario connato, limbi superi, basi supra ovarium constricti, quadri-septempartiti, dentibus subaequalibus, accessoriis nullis interjectis. Corolla supera, infundibuliformis, tubo obconico, intus nudo, limbi patuli, tri-quinquelobi laciniis lanceolatis, acutis. Stamina 3—5, summae corollae fauci inserta, exserta; filamenta lineari-subulata, antherae ovatae, versatiles. Ovarium inferum, tri-quadriloculare, disco epigyno obsoleto. Ovula in loculis solitaria, peltata, amphitropa. Stylus simplex; stigma tri-quadrifidum, lobis crassiusculis, subclavatis. Capsula membranacea, calyce demum circumscisse deciduo nuda, triquadripartibilis, axi distincta nulla, coccis indehiscentibus, monospermis. Semina oblonga, dorso convexa, facie plana, longitudinaliter bisulca. Embryo in axi albuminis dense carnosi rectus; cotyledonibus foliaceis, radicula elongata, infera. — *Herbae in America tropica indigenae, decumbentes, diffusae, hispidae v. villosae; radice subsimplici, sublignosa, crasse corticata, transversim rugosa, in plerisque emetica, foliis oppositis, ovatis, mediante stipula multiseta combinatis, floribus ad apices ramorum capitatis, capitulis foliis summis quadribracteato-involucratis.*

Richardsonia Kunth *in Humb. et Bonpl. Nov. gen. et sp. III. t. 350.* St. Hilaire *Plant. usuell. t. 7. 8.* Martius *Mat. Medic. t. 9.* A. Richard *in Mem. soc. h. n. Paris. V. 154. t. 11. f. 3.* DC. *Prodr. IV. 566.* non Neck. Richardia Linn. *gen. n. 439.* Gärtn. *I. 123. t. 25.* non Kunth. Schiedea Bartling *msc.*

3127. Mitracarpum *ZUCCAR.* Calyx tubo cum ovario connato, limbi superi, quadridentati, persistentis dentibus duobus saepissime majoribus, duobus minimis, interdum obsoletis. Corolla supera, hypocraterimorpha, tubo tereti, intus prope basim pilorum annulo, fauce nuda, limbi quadrifidi laciniis patentibus, obtusis. Stamina 4, corollae fauci inserta, exserta v. inclusa; filamenta filiformia, antherae ovatae, erectae. Ovarium inferum, biloculare, disco epigyno carnoso. Stylus simplex; stigma bifidum. Capsula membranacea, calycis limbo persistente coronata, bilocularis, infra medium circumscissa. Semina in loculis solitaria, dissepimenti parti persistenti affixa, dorso convexa, facie plana, sulco longitudinali. Embryo in axi albuminis carnosi rectus; cotyledonibus foliaceis, radicula elongata, infera. — *Herbae v. suffrutices, Spermacoces facie, in America tropica, rarius in insulis Philippinis et Mariannis, rarissime in Senegambia crescentes; foliis oppositis, stipulis breviter cum petiolis connatis, in setas plurimas solutis, floribus in capitulo basi tetraphyllo dense verticillatis, albis.*

Mitracarpum Zuccarini *in Schultes Mantiss. III. 210.* Chamiss. et Schlechtend. *in Linnaea III. 358. t. 3. f. 1. 2.* A. Richard *in Mem. soc. h. n. Paris. V. 131. t. 14. f. 4.* DC. *Prodr. IV. 571.* Crusea Chamiss. *msc.* Schizangium Bartling *msc.* Staurospermum Thonning *et Schumach. in Act. soc. h. n. Hafn. III. 93.* Spermacoces sp. Jacq. *Ic. rar. t. 308.*

3128. Perama *AUBL.* Calyx tubo turbinato, brevissimo, cum ovario connato, limbi superi, bipartiti laciniis anticis elongatis, foliaceis, posticis nullis. Corolla supera, infundibuliformis, fauce villosa, tubo intus squamulis tribus, minimis aucto, limbi tri-quadrifidi laciniis subovatis, acutis. Stamina 3—4, summo corollae tubo inserta, subexserta; filamenta brevissima, antherae lineares, basi barbatae. Ovarium inferum, triloculare. Ovula in loculis solitaria, amphitropa. Stylus capillaris; stigma bidentatum. Capsula obpyramidata, membranacea, calycis limbo persistente coronata, trilocularis, supra medium circumscissa. Semina in loculis solitaria, dissepimenti parti persistenti affixa, triquetra. Embryo in axi albuminis carnosi rectus, subcylindricus; cotyledonibus brevissimis, radicula elongata, infera. — *Herbae americanae tropicae, annuae, simplices v. ramosae, hispidulae; caule ramisque teretibus, foliis oppositis v. ternatis, sessilibus, ovato-oblongis v. linearibus, basi connatis, margine stipulari angustissimo, fere obsoleto, floribus in capitulum terminale globosum v. cylindricum, nudum v. foliis superioribus bracteatum congestis, parvulis.*

Perama Aublet *Guian. I. 54. t. 18.* St. Hilaire *Voyage Distr. Diam. II. 419.* Mattuschkea Schreber *Gen. n. 1717.* Kunth *in Humb. et Bonpl. Nov. gen. et sp. II. 271.*

3129. Staelia *CHAM.* Calyx tubo ovato, cum ovario connato, limbi superi, persistentis dentibus duobus subulatis, accessoriis subnullis. Corolla summo calycis tubo inserta, infundibuliformis, tubo gracili, intus nudo, limbi quadrilobi lobis erectiusculis, acutis. Stamina 4, fauci corollae inserta, exserta; filamenta filiformia, antherae lineares, versatiles. Ovarium inferum, biloculare, disco epigyno obsoleto. Ovula in loculis solitaria, peltata, amphitropa. Capsula membranacea, bilocularis, bivalvis, valvulis concavis, dente calycino superatis, linea declivi a dissepimento integro persistente circumscisse solutis. Semina in loculis solitaria, dissepimento affixa, dorso convexa, facie plana sulco longitudinali. Embryo in axi albuminis carnosi rectus; cotyledonibus foliaceis, radicula elongata, infera. — *Herbae brasilienses; caule tereti, foliis oppositis, linearibus, glabris, axillaribus fasciculatis, stipulis membranaceis, angustis, multisetis v. acute trilobis, capitulis axillaribus sessilibus, verticillatis, et terminalibus globosis.*

Staelia Chamisso *in Linnaea III. 364. t. 3. f. 3.* DC. *Prodr. IV. 573.*

3130. Tessiera *DC.* Calyx tubo ovato, cum ovario connato, limbi superi, quadrilobi, persistentis lobis subaequalibus, accessoriis nullis. Corolla supera, infundibuliformis, fauce glabra, limbo quadrilobo. Stamina 4, corollae fauci inserta, brevissime exserta; filamenta filiformia, antherae lineares, incumbentes. Ovarium inferum, biloculare, disco epigyno obsoleto. Ovula in loculis solitaria, peltata, amphitropa. Stylus simplex; stigma obsolete bilobum. Capsula membranacea, bilocularis, septifrago-bivalvis, valvis concavis, dentibus calycinis coronatis, seorsum deciduis, septum ovale seminigerum denudantibus. Semina in loculis solitaria, medio dissepimento affixa, dorso convexa, facie plana. Embryo .... — *Herbae americanae tropicae, lana vel tomento praeter corollas tectae; foliis oppositis, lineato-nervosis, mediante stipula multiseta combinatis, floribus axillaribus, sessilibus, paucis, verticillatis, bracteolatis.*

Tessiera DC. *Prodr. IV. 574.*

3131. Psyllocarpus *MART.* Calyx tubo turbinato, cum ovario connato, limbi superi, persistentis dentibus octo, sex brevissimis, duobus oppositis linearibus, elongatis. Corolla supera, infundibuliformis, tubo ad faucem barbato, limbi quadrilobi lobis acutiusculis. Antherae 4, intra tubum corollae sessiles. Ovarium inferum, biloculare, disco epigyno obsoleto. Ovula in loculis solitaria, amphitropa. Stylus brevis, simplex; stigma emarginato-bilobum. Capsula membranacea, dentibus calycinis coronata, a dorso compressa, bilocularis, septifrago-bivalvis, valvis concaviusculis, dissepimentum planum parallelum nudantibus. Semina in loculis solitaria, ovalia v. orbiculata, compressissima, membranaceo-marginata, dissepimento peltatim affixa. Embryo in axi albuminis carnosi tenuis, rectus; cotyledonibus orbiculatis, foliaceis, radicula cylindrica, infera. — *Frutices brasilienses, humiles; ramis virgatis, tetragonis, foliis oppositis, lineari-filiformibus, mediante stipula ciliato-setosa combinatis, axillaribus fasciculatis, saepius spurie verticillatis, floribus axillaribus et terminalibus caeruleis.*

Psyllocarpus Martius et Zuccar. *Nov. gen. et sp. I. 44. t. 28.* DC. *Prodr. IV. 570.* Diodois Pohl *in Flora 1825. p. 183.*

3132. Gaillonia *A. RICH.* Calyx tubo ovato, cum ovario connato, limbi superi, acute quinque-septemdentati dentibus inaequalibus, acutis. Corolla supera, infundibuliformis, tubo tereti, intus nudo, limbi quinque-septemlobi lobis oblongis. Stamina 5—7, corollae fauci inserta, subexserta; filamenta filiformia, antherae ovatae, erectae. Ovarium inferum, biloculare, disco epigyno carnoso. Ovula in loculis solitaria, e basi erecta, anatropa. Stylus filiformis, apice incrassatus; stigma bilobum. Capsula ovata, membranacea, apice denudata, dicocca, coccis indehiscentibus, monospermis. Semina erecta, convexa, facie plana. Embryo in axi albuminis carnosi orthotropus; cotyledonibus foliaceis, radicula elongata, infera. — *Herbae persicae, durae, opposite ramosae, totae etiam in corollis pube tenui subvelutinae; foliis oppositis, linearibus, apice calloso-mucronatis, utrinque gerentibus stipulas binas, nunc breves stipuliformes, nunc longiores foliaceas, floribus aliis in ramorum dichotomia sessilibus, solitariis, nudis, aliis in apice ramorum inter folia duo suprema sessilibus, Asperulae facie.*

Gaillonia A. Richard *in Mem. soc. h. n. Paris. V. 153. t. 15. f. 3.* DC. *Prodr. IV. 574.*

3133. Otiophora *ZUCC.* Calyx tubo ovato-globoso, cum ovario connato, limbi superi, inaequaliter quinquedentati dente infimo valde elongato, foliaceo, lateralibus brevioribus, summis abbreviatis, setaceis. Corolla supera, hypocraterimorpha, tubo filiformi, intus nudo, limbi quadrifidi laciniis lineari-lanceolatis. Stamina 4, corollae tubo infra faucem inserta, exserta; filamenta filiformia, antherae ellipticae, erectae. Ovarium inferum, biloculare, disco epigyno obsoleto. Ovula in loculis solitaria, e basi erecta, anatropa. Stylus filiformis; stigma bifidum, lobis linearibus, elongatis. Capsula membranacea, calycis limbo persistente coronata, bilocularis, dicocca, coccis indehiscentibus, monospermis. Semina erecta, elliptica, compressa. Embryo in axi albuminis carnosi orthotropus; cotyledonibus suborbiculatis, foliaceis, radicula elongata, infera. — *Frutex madagascariensis, setoso-hispidus; foliis oppositis, sessilibus, stipulis setaceo-laciniatis, floribus spicatis, geminis, ebracteatis.*

Otiophora Zuccarini *Nov. Plant. fasc. I. p. 316.*

3134. Knoxia *LINN.* Calyx tubo ovato, subcostato, cum ovario connato, limbi superi dentibus quatuor, valde inaequalibus, persistentibus, demum conniventibus. Corolla supera, hypocraterimorpha, tubo tereti, fauce saepius barbata, limbi quadrilobi lobis lanceolatis. Stamina 4, corollae fauci inserta; filamenta subnulla, antherae inclusae. Ovarium inferum, biloculare, disco epigyno carnoso. Ovula in loculis solitaria, apici apensa, anatropa. Stylus simplex, exsertus; stigma bilobum. Capsula membranacea, calycis limbo coronata, bilocularis, dicocca, coccis basi primum ab axi filiformi persistente solutis, demum divaricatis, indehiscentibus, monospermis. Semina inversa, ovato-triquetra. Embryo in axi albuminis carnosi orthotropus; cotyledonibus foliaceis, radicula elongata, supera. — *Herbae v. suffrutices indici; caule tereti v. tetragono, foliis oppositis v. fasciculis axillaribus pseudo verticillatis, stipulis integerrimis v. pau-*

ciscis, petiolorum bases jungentibus, cymis terminalibus, sessilibus v. pedunculatis, ramis post anthesim elongato-spiciformibus.

Knoxia Linn. *gen. n. 123.* Gärtner *I. 121 t. 25.* (rad. situ male descript.) Lam. *t. 59.* A. Richard *in Mem. soc. h. n. Paris. V. 152. t. 15. f. 1.* Wallich *Plant. asiat. rar. t. 32.* DC. *Prodr. IV. 569.*

3135. Machaonia *HUMB. et BONPL.* Calyx tubo obovato, cum ovario connato, limbo supero, breviter quinquefido. Corolla supera, infundibuliformis, tubo brevi, fauce villosa, limbo quinquefido. Stamina 5, corollae fauci inserta; filamenta filiformia, antherae subcordatae, erectae. Ovarium inferum, biloculare, disco epigyno carnoso. Ovula in loculis solitaria, apici appensa, anatropa. Stylus simplex; stigma bipartitum. Capsula oblongo-cuneata, subtetragona, calycis limbo coronata, bilocularis, dicocca, coccis indehiscentibus, lignoso coriaceis, trigonis, demum infra apicem ex axi lineari persistente pendulis, monospermis. Semina inversa, ovato-triquetra. Embryo in axi albuminis carnosi orthotropus; cotyledonibus foliaceis, radicula elongata, supera. — *Frutices v. arbores in America tropica provenientes; foliis oppositis, petiolatis, acuminatis, stipulis interpetiolaribus utrinque solitariis, paniculis terminalibus, subcorymbosis, floribus albis, magnitudine florum Asperulae.*

Machaonia Humb. et Bonpl. *Plant. aequinoct. I. 101. t. 29.* Kunth *in Humb. et Bonpl. Nov. gen. et sp. III. 350.* Jussieu *in Mem. Mus. VI. 382.* Chamisso et Schlechtend. *in Linnaea IV. 2.* A. Richard *in Mem. soc. h. n. Paris. V. 161.* DC. *Prodr. IV. 574.*

*

3136. Deppea *CHAM. et SCHLECHT.* Calyx tubo hemisphaerico, cum ovario connato, limbo supero, breviter quadridentato. Corolla supera, subrotata, quadrifida, lobis erectiusculis. Stamina 4, corollae tubo inserta; filamenta brevissima, subulata, antherae lineares, exsertae. Ovarium inferum, vertice breviter exsertum, biloculare. Ovula in loculis solitaria, peltata, amphitropa, micropyle supera. Stylus filiformis; stigma indivisum, subclavatum. Capsula membranacea, ellipsoidea, dentibus calycinis coronata, bilocularis, loculicido-bivalvis. Semina in loculis solitaria, peltata. Embryo ..... — *Fruticulus mexicanus, Hedyotidum habitu; radice, ligno et cortice interiore rubentibus, foliis oppositis, petiolatis, ellipticis, utrinque acuminatis, supra et margine subpilosis, stipulis triangularibus, subdeciduis, cymis axillaribus et terminalibus pedunculatis, tri-quadriradiatis, floribus flavis.*

Deppea Chamisso et Schlechtend. *in Linnaea V. 167.* DC. *Prodr. IV. 618.* Endlicher *Atakt. 25. t. 24.*

**

3137. Cruckshanksia *HOOK. et ARN.* Calyx tubo globoso-subdidymo, cum ovario connato, limbi superi, tetraphylli foliolis longe petiolatis, cordato-subrotundis, papyraceis, reticulatis, petiolis basi auriculato-bistipulatis. Corolla supera, hypocraterimorpha, extus pubescens, tubo elongato intus fauceque glabro, limbi quinquefidi laciniis patentibus. Stamina 5, corollae fauci inserta, breviter exserta; filamenta compressa, utrinque angustata, antherae oblongae, erectae. Ovarium inferum, biloculare. Ovula in loculis gemina, collateralia, peltatim adscendentia, amphitropa. Stylus filiformis; stigma bifidum, lobis linearibus. Capsula membranacea, globoso-didyma, calycis foliolis coronata, bilocularis, bivalvis, valvis cymbiformibus a septo membranaceo solutis, demum bifidis. Semina in loculis gemina, collateralia, arcuata, ad umbilicum ventralem excavata. Embryo intra albumen corneum arcuatus, teres; cotyledonibus brevissimis, radicula elongata, infera. — *Herba chilensis, perennis, hispidulo-pubescens; caulibus herbaceis, adscendentibus, teretibus, flexuosis, ramosis, foliis oppositis, obovato-lanceolatis, acutis, in petiolum angustatis, stipulis intrapetiolaribus late subulatis, discretis v. plus minus coadunatis, floribus terminalibus capitato-umbellatis, involucrato-bracteatis, flavis.*

Cruckshanksia Hooker et Arnott *in Bot. Miscell. III. 361.* Rotheria Meyen *Reise I. 402.*

SUBTRIBUS III. CEPHALANTHEAE DC. *Prodr. IV. 538.* Flores et fructus supra receptaculum globosum dense aggregati, sessiles. Fructus bi-quadripartibilis.

3138. Cephalanthus *LINN.* Calyx tubo obpyramidato, cum ovario connato, limbo supero, angulato, quadridentato. Corolla supera, tubulosa, gracilis, limbi quadrifidi lobis erectiusculis. Stamina 4, summo corollae tubo inserta, subinclusa; filamenta filiformia, antherae cordatae, erectae. Ovarium inferum, bi-quadriloculare. Ovula in loculis solitaria, apici appensa, anatropa. Stylus simplex, longe exsertus; stigma capitatum. Fructus coriaceus, obpyramidatus, calycis limbo coronatus, bi-quadrilocularis, a basi bi-quadripartibilis, loculis indehiscentibus, monospermis, duobus in fructu tetramero saepissime inanibus. Semina inversa, oblongo-triquetra, epiphysi ad umbilicum callosa. Embryo in axi albuminis subcartilaginei orthotropus; cotyledonibus oblongis, foliaceis, radicula brevi, supera. — *Frutices americani; ramis teretibus, foliis oppositis v. ternatis, stipulis brevibus, distinctis v. subconcretis, pedunculis ex axillis supremis et ex apice ramorum nudis, capitulis globosis, floribus supra receptaculum piligerum sessilibus, dense aggregatis sed distinctis, ochroleucis.*

Cephalanthus Linn. *gen. n. 113.* Gärtn. *II. 41. t. 86.* Lam. *t. 59.* Schkuhr *t. 5. 6. t. 21.* Duhamel *Arbr. t. 54.* Humb. et Bonpl. *Plant. aequinoct. t. 98* Jussieu *in Mem. Mus. VI. 402.* Barton *Flor. medic. t. 91.* A. Richard *in Mem. soc. h. n. Paris. V. 155.* DC. *Prodr. IV. 538.* Platanocephalus Vaillant *in Act. Acad. Paris. 1722. 191.*

TRIBUS V. PSYCHOTRIEAE. Flores hermaphroditi, varie dispositi, interdum capitati, involucrati, nunquam tamen connati. Corollae tubulosae, lobis per aestivationem valvatis. Ovarium biloculare, loculis uniovulatis. Fructus baccatus, bilocularis, dipyrenus, pyrenis osseis v. crustaceis, monospermis, nunc abortu unilocularis, monopyrenus. Semina dorso convexa, facie plana et medio sulco longitudinali exarata, rarius depressa. Albumen corneum. — *Arbores v. frutices, rarissime herbae; foliis oppositis, stipulis interpetiolaribus geminis, connatis v. distinctis.* — *Psychotrieae in America calidiore copiosissime generantur, a Chili ad Floridam observatae. Multae in India orientali degunt. pauciores in Senegambia et Africae australis insulis rigent, paucae Austra-*

lasiam, paucissimae Caput bonae spei et Arabiam felicem inhabitant.

SUBTRIBUS I. CEPHAELIDEAE DC. *Prodr. IV. 532.* Flores capitato-fasciculati, involucrato-bracteati.

3139. Geophila *DON.* Calyx tubo obovato, cum ovario connato, limbi superi, quinquepartiti laciniis linearibus, patentibus. Corolla supera, tubulosa, fauce pilosa, limbi quinquelobi lobis ovatis, subrecurvis. Stamina 5, corollae infra faucem inserta; filamenta subnulla, antherae lineares, erectae. Ovarium inferum, biloculare, disco epigyno depresso. Ovula in loculis solitaria, e basi dissepimenti adscendentia, anatropa. Stylus simplex; stigma bifidum. Bacca ovoidea, costata, calycis limbo coronata, bilocularis, loculis monospermis. Semina erecta ...... — *Herbae perennes, depressae, repentes, in America tropica rariusque in India orientali indigenae, Violae fere facie; foliis oppositis, petiolatis, cordatis, stipulis utrinque solitariis, indivisis, pedunculo e supremi folii axilla solitario, apice plurifloro, floribus umbellato-subsessilibus, bracteis flore brevioribus involucratis.*

Geophila Don *Prodr. nepal. 136.* DC. *Prodr. IV. 537.* Psychotriae sp. Linn. Jacq. *Amer. t. 46.* Tussac *Fl. Antill. t. 8.* Ruiz et Pavon *Fl. peruv. t. 211. f. 6. c.*

3140. Cephaëlis *SWARTZ.* Calyx tubo obovato, cum ovario connato, limbo supero, brevissimo, quadri-quinquedentato. Corolla supera, infundibuliformis, fauce nuda v. villosa, limbi quadri-quinquelobi lobis brevibus, obtusiusculis. Stamina 4—5, corollae infra faucem inserta, inclusa; filamenta brevissima, antherae lineares, incumbentes. Ovarium inferum, biloculare, disco epigyno depresso. Ovula in loculis solitaria, e basi dissepimenti adscendentia, anatropa. Stylus simplex, inclusus v. subexsertus; stigma bifidum. Bacca obovato-oblonga, succulenta v. subsicca, calycis vestigio coronata, dipyrena, pyrenis osseis, costatis, monospermis. Semina erecta. Embryo in axi albuminis cornei orthotropus; cotyledonibus foliaceis, radicula cylindrica, infera. — *Herbae suffrutescentes v. frutices, in America calidiore crescentes, ob radices emeticas celebratae; foliis oppositis, petiolatis ovalibus, acutis, stipulis utrinque geminis, liberis v. in unicam bifidam v. bidentatam concretis, capitulis terminalibus v. axillaribus, sessilibus aut pedunculatis, bracteis binis-octonis cruciatim oppositis involucratis, floribus in capitulo bracteolis interstinctis.*

Cephaëlis Swartz *Prodr. 45. Fl. Ind. occid. 435. t. 10.* A. Richard *in Mem. soc. h. n. Paris. V. 172.* DC. *Prodr. IV. 532.* Cephaleis Vahl *Eclog. I. 19.* Callicocca Schreber *gen. 316.* Ipecacuanha Arruda *Dissert. 44.* Tapogomea et Evea Aublet *Guian. I. 100. et 157.* Jussieu *gen. 258.* Cephaëlis et Evea Jussieu *in Mem. Mus. VI. 402. excl. synon.*

a. CALLICOCCA DC. *l. c.* Capitula bracteis distinctis, ovatis v. oblongis, erecto-adpressis involucrata. — Tapogomeae sp. Aublet *Guian. t. 60. 62. 63.* Evea Aublet *t. 39.* Lam. *t. 59.* Schraderae sp. Rudge *Guian. t. 85.* Morindae sp. Jacq. *Amer. t. 35.* — (Rudge *Guian. t. 43. 44.* Martius *Mat. medic. t. 1.* St. Hilaire *Plant. us. Brasil. t. 6.* Hooker *ad Beechey t. 13.*)

b. TAPOGOMEA DC. *l. c.* Capitula bracteis duabus connatis, magnis, patentibus, coloratis involucrata. — Aublet *Op. cit. t. 61.*

3141. Carapichea *AUBL.* Calyx tubo obovato, cum ovario connato, limbo supero, brevissimo, quinquedentato. Corolla supera, infundibuliformis, fauce villosa, limbi quinquelobi lobis brevibus, obtusis. Stamina 5, corollae infra faucem inserta, exserta; filamenta filiformia, antherae lineares, incumbentes. Ovarium inferum, biloculare, disco epigyno depresso. Ovula in loculis solitaria, e basi dissepimenti adscendentia, anatropa. Stylus simplex, exsertus; stigma bifidum. Bacca exsucca, sulcato angulata, calycis limbo obsoleto coronata, dipyrena, bipartibilis, pyrenis osseis, laevibus, monospermis. Semina erecta .... — *Frutices guianenses, glabri, fortassis a Cephaëlide haud satis distincti; ramulis subnodosis; foliis oppositis, ovali-acuminatis, petiolatis, stipulis utrinque geminis, in unicam bidentatam connatis, capitulis e supremis axillis breve pedunculatis, nutantibus, bracteis quatuor acutis cinctis, corollis albis.*

Carapichea Aublet *Guian. I. 167. t. 68.* DC. *Prodr. IV. 536.* Eurothia Necker *elem. n. 349.* Cephaëlidis sp. Willd. Juss. A. Richard.

3142. Patabea *AUBL.* Calyx tubo obovato-globoso, cum ovario connato, limbo supero, brevissimo, integerrimo v. obsolete quadri-sexdentato. Corolla supera, tubo brevi, tereti, limbi quadri-sexlobi lobis oblongis, patulis. Antherae 4—6 lineares, intra faucem corollae sessiles. Ovarium inferum, biloculare. Ovula in loculis solitaria, erecta? ..... Stylus simplex; stigma obtuse bifidum. Bacca globosa, calyce subclauso coronata, laevis, bilocularis, disperma. Semina ...... — *Frutices guianenses, glabri; foliis oppositis, breve petiolatis, ovalibus ovatisve, acuminatis, stipulis e basi lata subulatis, floribus in axillis foliorum v. in apice ramorum capitato-confertis, bracteis quatuor, cruciatim oppositis, parvis stipatis.*

Patabea Aublet *Guian. I. 111. t. 43.* Jussieu *gen. 208. Mem. Mus. VI. 401.* excl. synon. Lam. *t. 63.* Kunth *in Humb. et Bonpl. Nov. gen. et sp. III. 375.* DC. *Prodr. IV. 537.* Cephaëlidis sp. Willd. Spreng.

3143. Salzmannia *DC.* Calyx tubo ovali cum ovario connato, limbo supero, cupulari, obtusissime quadridentato v. sinuato. Corolla supera, tubo brevi, limbi quadrilobi lobis oblongis. Stamina 4, corollae fauci (?) inserta; filamenta brevissima, antherae lineares, elongatae. Ovarium ...... Stylus indivisus aut lobis concretis. Bacca exsucca, calycis limbo coronata, adulta abortu unilocularis, compressa, ovalis, monosperma. Semen compressum. — *Frutex brasiliensis, glaberrimus, non satis notus et dubiae etiam affinitatis; ramulis junioribus subtetragonis, adultis teretiusculis, foliis oppositis, ovatis, breve petiolatis, supra nitidissimis et quasi vernicosis, stipulis truncatis, brevissimis, pedunculis axillaribus oppositis, capitulum densum, decem-duodecimflorum, bracteis foliaceis binis-quaternis involucratum gerentibus, floribus intra bracteas sessilibus, albis.*

Salzmannia DC. *Prodr. IV. 617.*

3144. Suteria *DC.* Calyx tubo brevissimo, ovato, cum ovario connato, limbo supero, longissime tubuloso, angulato, apice inaequaliter quinquedentato. Corolla supera, hypocraterimorpha, tubo tereti, fauce nuda, limbi quinquefidi lobis ovali-oblongis. Antherae 5, intra faucem corollae sessiles, oblongae, erectae. Ovarium inferum, biloculare, disco epigyno carnoso, pulviniformi. Ovula in loculis solitaria, e basi erecta, anatropa. Stylus simplex, exsertus; stigma bilamellatum, obtusum. Fructus ....

— *Frutex brasiliensis, glaberrimus, nitidus; foliis oppositis, subsessilibus, oblongo-lanceolatis, stipulis ovatis, deciduis, capitulis axillaribus, subsessilibus, subsexfloris, bracteis foliaceis, ovatis involucratis, bracteolis inter flores linearibus, corollis albis, fere Jasmini.*

Suteria DC. *Prodr. IV. 536.* Cephaëlis calycina Lindley *Collect. t. 21.*

SUBTRIBUS II. COFFEEAE DC. *Prodr. IV. 472.* Flores distincti, haud involucrati.

3145. Chasalia *COMMERS.* Calyx tubo ovato, cum ovario connato, limbo supero, integerrimo v. apice quinquedentato, dentibus linearibus, demum auctis. Corolla supera, tubo elongato, tereti, aequali, fauce nuda, limbi quinquelobi lobis brevibus, acutiusculis, erectis v. patulis, saepe callosis. Antherae 5, lineares, in medio v. summo tubo peltatim sessiles, inclusae v. ad faucem subexsertae. Ovarium inferum, biloculare, disco epigyno carnoso, pulviniformi. Ovula in loculis solitaria, e basi erecta, anatropa. Stylus simplex; stigma bifidum, lobis linearibus. Bacca ovata, calycis limbo demum aucto coronata, subcostata, dipyrena, pyrenis coriaceis v. subcorneis, dorso convexis, crista longitudinali versus basim productiore notatis, monospermis. Semina erecta, sectione transversali lunata. Embryo in basi albuminis cornei orthotropus, linearis; cotyledonibus subfoliaceis, radicula cylindrica, infera. — *Frutices borbonici, glabri; foliis oppositis v. ternato-verticillatis, stipulis ovatis, indivisis v. in vaginam quadrifidam concretis, floribus ad apices ramorum congestis, sessilibus, v. paniculato-corymbosis.*

Chasalia Commerson *ex Jussieu in Mem. Mus. VI. 379.* A. Richard *in Mem. soc. h. n. Paris. V. 166. t. 16. f. 1.* DC. *Prodr. IV. 531.*

3146. Palicourea *AUBL.* Calyx tubo ovato, cum ovario connato, limbi superi, breviter quinquedentati, dentibus subinaequalibus. Corolla supera, tubulosa, subcylindrica, basi hinc gibba v. curvula, intus infra medium barbata, limbi brevissime quinquefidi lobis erectis. Stamina 5, corollae tubo inserta, inclusa v. exserta; filamenta filiformia, antherae lineares, incumbentes. Ovarium inferum, biloculare, disco epigyno carnoso, pulviniformi. Ovula in loculis solitaria, e basi dissepimenti adscendentia, anatropa. Stylus simplex; stigma breviter bifidum. Bacca carnosa, costata, calycis limbo coronata, dipyrena, pyrenis dorso convexo quinquecostatis, facie planis, monospermis. Semina erecta, cavitati conformia. Embryo brevissimus, in basi albuminis cornei orthotropus; cotyledonibus subfoliaceis, radicula cylindrica, infera. — *Frutices in America tropica indigeni, plerumque glabri; foliis oppositis v. rarius verticillatis, saepius amplis, stipulis diversimode connexis, paniculis terminalibus, nunc elongatis, nunc thyrsoideis, nunc cymosis, sessilibus v. saepius pedunculatis, corollis luteis v. albis.*

Palicourea Aublet *Guian. I. 173. t. 66.* Kunth *in Humb. et Bonpl. Nov. gen. et sp. III. 367. t. 285.* Rudge *Guian. t. 42.* St. Hilaire *Plant. remarq. Brasil. t. 22.* A. Richard *in Mem. soc. h. n. Paris. V. 174.* DC. *Prodr. IV. 524.* Galvania Vandelli *in Römer Script. 89. t. 6. f. 7.* Stephanium Schreber *gen. n. 308.* Colladonia Spreng. *Syst. I. 757.* Psychotriae sp. Jussieu, Swartz, Lam. *t. 161. f. 3.* Ruiz et Pavon. *Flor. peruv. t. 201. f. a. t. 203. f. a. b. t. 204. f. a. b. t. 206. f. b. t. 212. f. b. t. 213. f. a. b.*

3147. Psychotria *LINN.* Calyx tubo ovato, cum ovario connato, limbo supero, brevi, subintegro v. quinquelobo aut quinquedentato. Corolla supera, infundibuliformi-tubulosa, tubo tereti, basi aequali, fauce glabra v. barbata, limbi quinquefidi v. rarius quadrifidi lobis patentibus v. recurvis, aestivatione valvatis. Stamina 4–5, corollae tubo inserta, inclusa v. rarius subexserta; filamenta filiformia, brevia, antherae lineares, incumbentes. Ovarium inferum, biloculare, disco epigyno carnoso, pulviniformi. Ovula in loculis solitaria, e basi dissepimenti adscendentia, anatropa. Stylus simplex; stigma bifidum. Bacca carnosa, calycis limbo coronata, costata v. laevis, dipyrena, pyrenis dorso convexo costatis v. rarius laevibus, facie planis, monospermis. Semina erecta, cavitati conformia. Embryo brevis, in basi albuminis cartilaginei orthotropus; cotyledonibus foliaceis, lanceolatis, radicula cylindrica, infera. — *Arbusculae v. frutices, rarius herbae perennes, inter tropicos totius mundi, imprimis tamen Americae crescentes; foliis oppositis, petiolatis, stipulis varie connexis, pedunculis rarius axillaribus, plerumque terminalibus, floribus paniculatis v. corymbosis.*

Psychotria Linn. *gen. n. 229.* Jacq. *Amer. t. 174. f. 22. Hort. Schönbr. t. 260.* Gärtner *I. 120. t. 25.* Ruiz et Pav. *Flor. peruv. t. 202. f. a. t. 205. f. a. t. 206. f. a. b. t. 207. f. a b. t. 208. f. a. t. 209. f. a. b. t. 210. f. a. b. t. 212. f. b.* Humb. et Bonpl. *Plant. aequinoct. II. 142. t. 126.* Kunth *in Humb. et Bonpl. Nov. gen. et sp. III. 354. t. 282. 284. 288.* Bot. Reg. *t. 607.* Labillard. *Nov. Caledon. t. 47.* St. Hilaire *Plant. remarq. Brasil. t. 21. f. a.* A. Richard *in Mem. soc. h. n. Paris. V. 171. excl. sp.* DC. *Prodr. IV. 504. excl. sp.* Wight et Arnott *Prodr. Flor. Penins. Ind. or. I. 432.* Psychotrophum P. Browne *Jam. 160.* Myrtiphyllum P. Browne *Jam. 152.*

3148. Ronabea *AUBL.* Calyx tubo brevissimo, ovato, cum ovario connato, limbo supero, minimo, quinquedentato, in fructu obsoleto. Corolla supera, infundibuliformis, tubo tereti, fauce nuda, limbi quinquefidi laciniis lanceolatis, patentibus. Stamina 5, medio tubo inserta, inclusa; filamenta filiformia, brevissima, antherae oblongae, erectae? Ovarium inferum, biloculare. Ovula ...... Stylus simplex; stigma bilamellatum. Bacca ovata, umbilicata, laevis, dipyrena, pyrenis dorso convexo laevibus, facie planis, monospermis. Semina .... — *Frutices guianenses, glabri, non satis noti, fortassis a Psychotria non distincti; foliis oppositis, ovalibus, acutis, breve petiolatis, stipulis utrinque solitariis, acutis, pedunculis axillaribus apice bisexfloris, petiolo brevioribus, floribus parvis, albis, basi bibracteolatis.*

Ronabea Aublet *Guian. I. 154. t. 59.* Lam. *t. 166.* Jussieu *gen. 205. Mem. Mus. VI. 380.* A. Richard *in Mem. soc. h. n. Paris. V. 170.* DC. *Prodr. IV. 503.* Viscoides Jacq. *Amer. 75. t. 51. f. 1.*

3149. Mapouria *A. RICH.* Calyx tubo ovato, cum ovario connato, limbo supero, brevissime quinquedentato, in fructu obsoleto. Corolla supera, brevis, subcampanulata, fauce pilis erectis, densis obturata, limbi quinquepartiti laciniis reflexo-patentibus. Stamina 5, fauci corollae inserta, exserta; filamenta filiformia, antherae ovato-cordatae, erectae. Ovarium inferum, biloculare, disco epigyno carnoso, pulviniformi. Stylus simplex; stigma bilamellatum, obtusum. Ovula in loculis solitaria, e basi dissepimenti adscendentia, anatropa. Bacca ovoidea, subcarnosa, umbilicata, dipyrena, pyrenis osseis, dorso convexis, costatis, facie planis, monospermis. Semina erecta, cavitati conformia. Embryo brevis, in basi albuminis cartilaginei orthotropus; cotyledonibus lanceolatis, foliaceis, radicula cylindrica, infera. — *Frutices v. arbores, in Guiana et in Antillis crescentes; foliis oppositis, stipulis interpetiolaribus integris, subcaducis, floribus in racemum terminalem saepius cymosum dispositis.*

Mapouria A. Richard *in Mem. soc. h. n. Paris. V.* 173. Mapouria Aublet *Guian. I.* 175. *t.* 67. et Simira Aublet *Op. cit. I.* 170. *t.* 65.

3150. Antherura *LOUREIR.* Calyx tubo cum ovario connato, limbo supero, brevi, acute quadridentato. Corolla supera, rotata, quinquepartita, laciniis acutis. Stamina 5, corollae inserta; filamenta brevissima, antherae sagittatae, apice in eandam longam, reflexam productae. Ovarium ...... Stylus subulatus, corolla longior; stigma simplex. Bacca corticosa, decemsulcata, dipyrena, pyrenis monospermis. Semina ...... — *Arbuscula cochinchinensis et moluccana, vix nota, glabra; ramis diffusis, foliis oppositis, breve petiolatis, ovato-lanceolatis, stipulis ...... paniculis terminalibus erectis, laxis, corollis albis, filamentis rubris, bacca ovata, fusco-rubra.*

Antherura Loureiro *Flor. cochinch. I.* 144. DC. *Prodr. IV.* 503. Caryophyllaster ruber Rumph. *Amboin. III. t.* 136. Psychotriae sp. Willd. Juss.

3151. Rudgea *SALISB.* Calyx tubo ovato-globoso, cum ovario connato, limbi superi, quinquepartiti laciniis acutis. Corolla supera, subinfundibuliformis, tubo elongato, gracili, fauce nuda, limbi quinquepartiti laciniis reflexo-patentibus, angustis, basi subconcavis, apice triquetris, abruptim deflexis. Stamina 5, corollae fauci inserta, inclusa; filamenta brevissima, antherae oblongae, erectae. Ovarium inferum, biloculare. Ovula ...... — Stylus simplex; stigma bilamellatum. Bacca? bilocularis, disperma .... — *Arbores v. frutices guianenses; ramulis petiolisque cinereo-pubescentibus, foliis oppositis, petiolatis, magnis, glabriusculis, stipulis interpetiolaribus magnis, ovatis, fimbriatis, deciduis, paniculae terminales, densae, bracteolatae, ramulis oppositis, floribus in sicco nigricantibus.*

Rudgea Salisbury *in Linn. Transact. VIII.* 327. *t.* 18. 19. Jussieu *in Mem. Mus. VI.* 381. A. Richard *in Mem. soc. h. n. Paris. V.* 169. DC. *Prodr. IV.* 503.

3152. Coffea *LINN.* Calyx tubo ovato, globoso v. turbinato, limbo supero, brevi, quadriquinquedentato. Corolla supera, infundibuliformi-tubulosa, limbi patentis, quadri-quinquepartiti lobis oblongis, aestivatione contortis. Stamina 4—5, summo v. medio tubo inserta, exserta v. inclusa; filamenta filiformia, antherae oblongae, erectae. Ovarium inferum, biloculare, disco epigyno pulviniformi v. urceolari. Ovula in loculis solitaria, dissepimento inserta, amphitropa. Stylus simplex; stigma bipartitum, lobis revolutis v. rarius cohaerentibus. Bacca umbilicata, nuda v. calycis limbo coronata, dipyrena, pyrenis chartaceo-membranaceis, dorso convexo laevibus, facie planis, sulco exaratis, monospermis. Semina cavitati conformia, dorso convexa, faciei marginibus arcte involutis. Embryo in basi albuminis cornei dorsalis, erectus, brevis; cotyledonibus cordatis v. oblongis, foliaceis, radicula cylindrica, infera. — *Arbusculae v. frutices, inter tropicos totius orbis indigenae; foliis oppositis, breve petiolatis, stipulis interpetiolaribus, inflorescentia varia.*

Coffea Linn. *gen. n.* 230. Gärtner *I.* 118. Jussieu *in Mem. Mus. VI.* 379. DC. *Prodr. IV.* 498.

a. COFFE DC. *l. c.* Flores plerumque quinquefidi, rarius quadrifidi, nonnunquam per excessum sex-septemfidi. Calycis limbus brevissimus, post anthesim haud mutatus, fere semper demum evanidus. Corollae faux nuda. Stigma bifidum. Bacca ovata v. globosa. Seminum margo interior manifestius involutus. — *Arbores v. frutices gerontogei et americani, stipulis utrinque solitariis, indivisis, integerrimis, haud ciliatis.*

Coffe Rai *Hist. plant. II.* 1691. Jussieu *in Act. Academ. Paris.* 1713. *t.* 7. Coffea A. Richard *in Mem. soc. h. n. Paris. V.* 168. *t.* 16. *f.* 2. — (Lam. *t.* 160. Gärtner *t.* 25. Bot. Mag. *t.* 1303. Tussac *Flor. Antill. t.* 18. — ? Aublet *Guian. t.* 57. 58. Ruiz et Pavon *Flor. peruv. t.* 214. *f. a.*

b. HORNIA DC. *l. c.* Flores pentameri. Calycis limbus post anthesim excrescens, baccam collo coronans, denticulis evanidis. Corollae faux nuda. Stigma bifidum. Bacca ovata v. globosa, saepius abortu monosperma. — *Frutices peruviani, inflorescentia axillari v. terminali, stipulis utrinque solitariis, integerrimis, haud ciliatis.* — (Ruiz et Pavon *Flor. peruv. t.* 214. *f. b. t.* 215. *f. a. b.*)

c. PANCRASIA DC. *l. c.* Flores pentameri. Calycis limbi vestigia supra baccam persistentia. Corollae faux barbata. Stigma bifidum Bacca subglobosa. — *Frutices peruviani, glabri, racemis v. corymbis terminalibus, stipulis saepius ciliato- v. fimbriato-dentatis, nunc bidentatis.* — (Ruiz et Pavon *t.* 216—218. Kunth *in Humb. et Bonpl. Nov. gen. et sp. t.* 286.)

d. STRAUSSIA DC. *l. c.* Flores tetra-hexameri. Calycis tubus turbinatus, limbi vestigia in fructu persistentia. Corollae faux nuda v. barbata. Stigma bifidum. Bacca globosa v. ovalis, saepius abortu monosperma. — *Frutices sandwicenses et manillenses, cymis terminalibus, stipulis ovalis, deciduis, cicatricis margine inferiore ciliato.*

3153. Strempelia *A. RICH.* Calyx tubo obovato-globoso, cum ovario connato, limbo supero, campanulato-tubuloso, quadri-quinquedentato, persistente. Corolla supera, tubulosa, tubo tereti, fauce nuda, limbi quadri-quinquepartiti laciniis lanceolatis, acutis, patentibus. Stamina 4—5, medio corollae tubo inserta, inclusa; filamenta filiformia, basi breviter pilosa, antherae lineares, erectae. Ovarium inferum, biloculare. Ovula in loculis solitaria, e basi erecta, anatropa. Stylus simplex; stigma bifidum, laciniis linearibus. Bacca ovoidea, striata, limbo calycino coronata, dipyrena, pyrenis osseis, dorso convexo laevibus, facie plana medio unisulcis, monospermis. Semina erecta, cavitati conformia. Embryo intra albumen cartilagineum orthotropus, subteres; cotyledonibus brevissimis, radicula infera. — *Frutex guianensis; foliis oppositis, ellipticis, stipulis fimbriatis, floribus in pedunculo terminali umbellulatis, flabellato-serrulatis.*

Strempelia A. Richard *in Mem. soc. h. n. Paris. V.* 180. *t.* 18. *f.* 3. DC. *Prodr. IV.* 498.

3154. Faramea *A. RICH.* Calyx tubo turbinato-globoso, cum ovario connato, limbo supero, brevissime subtubuloso, integerrimo v. quadridentato. Corolla supera, tubulosa, tubo brevi, tereti, fauce nuda, subinflata, limbi quadrifidi lobis oblongis linearibusve, acutis, aestivatione contortis, sub anthesi patentibus, tubo longioribus. Stamina 4, corollae summo tubo inserta, inclusa; filamenta brevissima, antherae oblongae, apices subexserentes. Ovarium inferum, biloculare v. dissepimento interdum evanido uniloculare, disco epigyno carnoso, pyramidali v. depresso. Ovula in loculis solitaria, v. in ovario uniloculari

3165. Saldinia *A. RICH.* Calyx tubo cum ovario connato, limbo supero, brevi, subcampanulato, obsolete repando. Corolla supera, tubo brevi, fauce pilosa, limbi quadripartiti lobis oblongis, acutis, patentibus. Stamina 4, corollae fauce inserta, vix exserta; antherae oblongae, subsessiles. Ovarium ..... Stylus ..... Fructus parvulus, ovoideo-compressus, limbo calycino umbilicatus, drupaceus, abortu unilocularis, monospermus. Semen erectum, oblongum. Embryo in axi albuminis carnoso-oleosi subteres; radicula infera. — *Frutex? madagascariensis; foliis oppositis, breve petiolutis, elliptico-acuminatis, acutis, coriaceis, glabris, stipulis subulatis, acutis, floribus parvulis, quaternis v. enis, in axillis congestis, subsessilibus.*

Saldinia A. Richard *in Mem. soc. h. n. Paris. V.* 206. DC. *Prodr. IV.* 483.

3166. Margaris *DC.* Calyx tubo globoso, cum ovario connato, limbi superi, persistentis, semiquinquefidi dentibus acutiusculis. Corolla supera, infundibuliformis, tubo obconico, apice obtuse quinquedentato v. breviter quinquelobo. Stamina 5, medio corollae tubo inserta; filamenta corolla breviora, antherae ovatae. Ovarium ...... Stigma capitatum, indivisum v. subbilobum. Bacca globosa, calycis limbo coronata, bilocularis, disperma. Semina semi-ovata, hinc acuta. ...... — *Frutices mexicani; ramis gracilibus, foliis oppositis, ovatis, glabris, parvulis, fere Myrti communis, stipulis parvis, utrinque solitariis, pedicellis axillaribus, oppositis, brevibus, unifloris, floribus albis, saepius secundis, sub calyce bibracteolatis, baccis albis.*

Margaris DC. *Prodr. IV.* 483. Deselles Flor. mexic. *inedit.*

3167. Chiococca *P. BROWN.* Calyx tubo ovato, cum ovario connato, limbi superi, persistentis dentibus quinque, acutis. Corolla supera, infundibuliformis, tubo obconico, fauce nuda, limbi quinquefidi laciniis patulis. Stamina 5, imo corollae tubo inserta, inclusa; filamenta barbata, antherae lineares, erectae. Ovarium inferum, biloculare, disco epigyno carnoso. Ovula in loculis solitaria, apici appensa, anatropa. Stylus simplex; stigma clavatum, indivisum v. obsolete bilobum. Bacca subdidymo-compressa, dentibus calycinis coronata, dipyrena, pyrenis chartaceis, compressis, monospermis. Semina inversa, cavitati conformia. Embryo in axi albuminis carnosi orthotropus; radicula elongata, supera. — *Frutices americani tropici, saepius scandentes; radice emetica alexiteria, foliis oppositis, ovatis v. oblongis, acutis, glabris, stipulis basi lata acuminatis, persistentibus, racemis axillaribus oppositis, simplicibus v. paniculatis, floribus pedicellatis, ex albo flavidis.*

Chiococca P. Browne *Jam.* 174. Linn. *gen. n.* 231. Gärtner *I.* 125. *t.* 26. Hooker *Exot. Flor. t.* 93. Martius *Mat. Medic. Brasil. t.* 5. 6. Nees *Plant. offic. Suppl. I. t.* 20. 21. A. Richard *in Mem. soc. h. n. Paris. V.* 186. DC. *Prodr. IV.* 482. excl. sect. 2.

3168. Tertrea *DC.* Calyx tubo ovato, cum ovario connato, limbi superi, persistentis, quinquepartiti laciniis erectis, ovalibus, obtusis, ciliatis. Corolla supera, brevis, infundibuliformis, fauce longe pilosa, limbi quadrifidi lobis brevibus, obtusis, subpatentibus. Stamina 4, summo corollae tubo inserta, exserta; filamenta brevia, antherae oblongae, erectae. Ovarium inferum, biloculare, disco epigyno carnoso. Ovula in loculis solitaria, apici appensa, anatropa. Stylus simplex, inclusus; stigma breviter bifidum, lobis obtusis. Bacca oblongo-compressa, bisulca, calycis limbo coronata, dipyrena, pyrenis chartaceis, compressis, monospermis. Semina inversa, cavitati conformia. Embryo ...... — *Frutex martinicensis; ramulis saepius apice spinescentibus, foliis oppositis, breviter petiolatis, ovalibus, acutis, membranaceis, glabris, stipulis interpetiolaribus acuminatis, floribus parvis, in racemo terminali opposite ramoso.*

Tertrea DC. *Prodr. IV.* 481. Schiedea A. Richard *in Mem. soc. h. n. Paris. V.* 186.

3169. Declieuxia *H. B. K.* Calyx tubo obovato, cum ovario connato, limbo supero, persistente, quadrifido. Corolla supera, infundibuliformis, fauce barbata, limbi breviter quadrifidi lobis reflexo-patentibus. Stamina 4, corollae fauci inserta; filamenta filiformia, antherae lineares, versatiles. Ovarium inferum, biloculare. Ovula in loculis solitaria, medio dissepimento inserta, amphitropa? Stylus simplex, inclusus; stigma bifidum. Bacca subexsucca, calycis limbo coronata, didyma, compressa, dipyrena, pyrenis chartaceo-compressis, monospermis. Semina lenticularia ..... Embryo ...... — *Suffrutices v. rarius herbae, in America tropica crescentes; caulibus erectis, junioribus tetragonis, foliis oppositis v. verticillatis, subsessilibus, stipulis interpetiolaribus parvis, corymbis terminalibus tripartitis, bracteatis, dichotome ramosis, floribus albis, alaribus v. sessilibus pedunculatis, bibracteolatis.*

Declieuxia Kunth *in Humboldt et Bonpl. Nov. gen. et sp. III.* 352. *t.* 281. Martius et Zuccarin. *in Römer et Schult. Mantiss. III.* 111. Chamisso et Schlechtend. *in Linnaea IV.* 4. A. Richard *in Mem. soc. h. n. Paris. V.* 193. DC. *Prodr. IV.* 479. Psyllocarpus Pohl *msc.* non Mart. — Anne genus non obstante fructu subbaccato ad Spermacoceas referendum?

3170. Eumachia *DC.* Calyx tubo obovato, cum ovario connato, limbo supero parvo, quadridentato, deciduo. Corolla supera, infundibuliformis, tubo brevi, fauce nuda, limbi quadripartiti lobis rotundatis, reflexo-patentibus. Stamina 4, imo corollae tubo inserta, inclusa; filamenta brevia, antherae oblongae. Ovarium ...... Stylus simplex; stigma bifidum, lobis longiusculis, acutis. Bacca globosa, apice nuda, bilocularis, loculis monospermis. Semina dorso convexa, umbilico ventrali, meniscoideo. Albumen cartilagineum. Embryo ...... — *Arbor in insulis Namoka observata, glabra; ramis teretibus, foliis oppositis, petiolatis, laevibus, oblongo-lanceolatis, cymis terminalibus axillaribusque trifidis, corollis incarnatis.*

Eumachia DC. *Prodr. IV.* 478. Petesia carnea Forst. Gärtner f. *III.* 66. *t.* 192.

3171. Siderodendron *SCHREB.* Calyx tubo subgloboso-tetragono, cum ovario connato, limbo supero, subnullo v. quadridentato. Corolla supera, tubo longo, tereti, fauce subinflata, intus glabra, limbi quadrifidi lobis ovalibus, obtusis, patentibus. Antherae 4, ad faucem corollae sessiles, subexsertae, ovatae. Ovarium inferum, biloculare, disco epigyno carnoso. Ovula in loculis solitaria, medio dissepimento inserta, amphitropa. Stylus simplex; stigma bifidum. Bacca sicca, subglobosa, apice nuda, bilocularis, loculis monospermis. Semina dorso convexa, umbilico ventrali, late orbiculari, concavo. Embryo intra albumen cartilagineum subdorsalis, rectiusculus; cotyledonibus foliaceis, cordatis, radicula longiuscula, infra. — *Arbores Americam tropicam cis aequatorem incolentes; ligno duro, ramis teretibus, junioribus pedicellisque tetragonis, foliis oppositis, petiolatis, ovali-oblongis, acutis, subcoriaceis, stipulis utrinque solitariis, breve apiculatis, pedunculis axillaribus trifidis v. trichotomis, floribus extus roseis, intus albis.*

Siderodendron Schreber *gen. n. 691.* Vahl *Eclog. I. 10.* Jussieu *in Mem. Mus. VI. 374.* A. Richard *in Mem. soc. h. n. Paris. V. 183. t. 16. f. 3.* DC. *Prodr. IV. 478.* Sideroxyloides Jacquin *Amer. 19. t. 175. f. 9.*

3172. Nescidia *A. RICH.* Calyx tubo cum ovario connato, limbo supero, subnullo, integerrimo. Corolla supera, tubo brevi, fauce nuda, limbi quinquefidi lobis incumbentibus. Stamina 5, corollae fauci inserta, inclusa; filamenta brevissima, antherae lineares, acutae. Ovarium inferum, biloculare. Ovula in loculis solitaria, medio dissepimento inserta ..... Stylus brevis; stigmata duo, linearia, acuta, facie interiore coalita. Fructus ...... — *Frutex mauritianus, glaberrimus; foliis oppositis, petiolatis, myrtoideis, coriaceis, vix acutis, stipulis brevibus, interpetiolaribus, floribus axillaribus solitariis, basi calyculo bidentato cinctis.*

Nescidia A. Richard *in Mem. soc. h. n. Paris. V. 192.* DC. *Prodr. IV. 477.*

3173. Plectronia *LINN.* Calyx tubo obovato-oblongo, cum ovario connato, limbo supero, quinquedentato, dentibus brevissimis, acutiusculis. Corolla supera, subinfundibuliformis, tubo brevi, fauce barbata, limbi quinquepartiti laciniis acutis, reflexis. Stamina 5, corollae fauci inserta, subexserta; filamenta brevissima, antherae erectae. Ovarium inferum, biloculare, loculo altero saepe minore. Ovula in loculis solitaria, medio dissepimento inserta, amphitropa. Stylus simplex; stigma lamellis binis approximatis subcapitatum. Bacca sicca, apice nuda, emarginata, obovato-oblonga, compressa, didyma, dipyrena, v. abortu monopyrena, pyrenis coriaceis, monospermis, altera saepius effoeta. Semina ..... — *Arbusculae capenses et africanae tropicae; ramis oppositis, subspinosis, foliis oppositis, petiolatis, ellipticis, utrinque acutis, subcoriaceis, subtus pallidis, stipulis utrinque solitariis, apiculatis, pedunculis axillaribus brevibus, solitariis, racemosis v. corymbosis, pedicellis gracilibus.*

Plectronia Linn. *mant. 6.* Lam. *t. 146.* Cruse *Rubiac. cap. 21. t. 2.* A. Richard *in Mem. soc. h. n. Paris. V. 189.* DC. *Prodr. IV. 475.* non N. Burm. nec Loureir.

3174. Psilostoma *KLOTSCH.* Calyx tubo obovato, cum ovario connato, limbo supero, brevi, persistente, quinquedentato, dentibus acutiusculis, patentissimis. Corolla supera, subcampanulata, tubo brevi, angulato, fauce nuda, limbi quinquepartiti laciniis lanceolatis, acutis, reflexis. Stamina 5, corollae fauci inserta, subexserta; filamenta brevissima, antherae ovatae, erectae. Ovarium inferum, biloculare, loculo altero saepius minore. Ovula in loculis solitaria, medio dissepimento inserta, amphitropa. Stylus simplex; stigma lamellis binis approximatis subcapitatum. Bacca exsucca, dentibus calycinis coronata, oblonga, compressiuscula, bilocularis, loculo altero monospermo. Semen inversum. Embryo intra albumen corneum orthotropus; cotyledonibus subfoliaceis, radicula elongata, supera. — *Frutex capensis, opposite spinosus, a Plectroniis vix nisi corollae fauce nuda, et limbo calycino in fructu persistente diversus; ramis teretibus, glabris, ramulis divergentibus, pube brevi, stellata dense tectis, foliis oppositis, subcoriaceis, ovatis, subtus pallidis, stipulis interpetiolaribus utrinque solitariis, apiculatis, floribus axillaribus, longe pedunculatis.*

Psilostoma Klotsch *in Ecklon et Zeyher Enumerat. 362.*

3175. Canthium *LINN.* Calyx tubo ovato, cum ovario connato, limbo supero, brevi, persistente, quadri-quinquedentato. Corolla supera, tubo brevi, fauce barbata, limbi quadri-quinquefidi lobis patentibus. Antherae 4—5, ad faucem corollae subsessiles, vix exsertae. Ovarium inferum, biloculare. Ovula in loculis solitaria, medio dissepimento inserta, amphitropa. Stylus simplex; stigma indivisum, crassum, ovato-globosum v. mitraeforme, rarius apice bilobum. Bacca globosa v. didyma, carnosa, dentibus calycinis coronata, v. iisdem obsoletis umbilicata, laevis v. transversim rugosa, bilocularis, v. abortu unilocularis, loculis monospermis. Semina inversa, incurva. Embryo intra albumen dense carnosum homotropus, subarcuatus; cotyledonibus subfoliaceis, radicula elongata, supera. — *Frutices asiatici et africani; ramulis spinosis v. inermibus, foliis oppositis, petiolatis, coriaceis, stipulis interpetiolaribus utrinque solitariis, pedunculis axillaribus brevibus, plurifloris.*

Canthium Lam. *dict. I. 602.* Jussieu *gen. 204. Mem. Mus. VI. 380.* Gärtner *f. III. 93.* Blume *Bijdr. 699.* Wight et Arnott *Prodr. Fl. Penins. Ind. or. I. 425.* Psydrax Gärtner *I. 125.* Canthium et Psydrax DC. *Prodr. IV. 473. et 476.*

a. EUCANTHIUM DC. *l. c.* Bacca limbo calycino coronata, laevis, bilocularis. (Cavanill. *Ic. t. 436.* Gärtner *t. 196.* Roxburgh *Corom. t. 51.*)

b. PLEUROGASTER DC. *l. c.* Bacca abortu unilocularis, cicatrice florali ad basim fructus rejecta.

c. PSYDRAX Gärtner *t. 26.* Bacca limbo calycino obsoleto umbilicata, rugoso-tuberculata, bilocularis.

3176. Diplospora *DC.* Calyx tubo obovato, cum ovario connato, limbo supero, brevissime campanulato, breviter quadridentato. Corolla supera, tubo lato, fauce pilosa, limbi quadrifidi lobis tubum subsuperantibus, patentibus, carnosis. Antherae 4, ad faucem corollae sessiles, semiexsertae. Ovarium inferum, biloculare. Ovula in loculis gemina, collateralia, adscendentia. Stylus brevis; stigma bifidum. Fructus ...... — *Frutex chinensis, glaber, fructu incognito magnopere quoad affinitatem dubius; ramis tetragonis, foliis oppositis, petiolatis, oblongo-lanceolatis, utrinque acuminatis, stipulis interpetiolaribus utrinque solitariis, persistentibus, ovatis, acuminatis, floribus axillaribus congestis, subsessilibus, basi bracteolis concretis calyculatis, e flavo pallide virescentibus.*

Diplospora DC. *Prodr. IV. 477.* Canthium dubium Lindley *in Bot. Reg. t. 1026.*

3177. Marquisia *A. RICH.* Calyx tubo ovato, cum ovario connato, limbo supero, brevi, acute quinquepartito. Corolla supera, tubo brevi, fauce nuda, limbi quinquefidi lobis oblongis, obtusiusculis, tubo longioribus, patulis. Antherae 5, ad faucem corollae sessiles, ovatae. Ovarium ...... Stylus filiformis, tubi longitudine; stigma quadri-sexfidum. Bacca ovata, carnosa, calycis limbo coronata, bilocularis, loculis monospermis. **Semina** erecta, dorso convexa, facie plana, sulcata. **Embryo** ...... — *Frutex Novae-Hollandiae australis, non satis notus, glaber; ramulis spinosis, foliis oppositis, subpetiolatis, lanceolatis, utrinque attenuatis, parvis, stipulis utrinque solitariis, petiolis adnexis, pedicellis axillaribus solitariis, unifloris, deflexis, e vagina fissa erumpentibus, floribus parvis, bractea calyciformi quadrifida stipatis.*

Marquisia A. Richard *in Mem. soc. h. n. Paris. V. 192.* DC. *Prodr. IV. 477.*

3178. Damnacanthus *GÄRTN. FIL.* **Flos** ..... **Bacca** globosa, calycis limbo supero parvo, quinquedentato coronata, bilocularis, disperma. **Semina** e basi loculorum erecta. **Embryo** in basi albuminis cartilagineo-carnosi minimus; **radicula** brevi, infera. — *Frutex indicus, vix notus; spinis oppositis.*

Damnacanthus Gärtner f. *III. 18. t. 182.* DC. *Prodr. IV. 473.* —? Oxyacantha javanica Rumph. *Amboin. VII. t. 19. f. 3.*

3179. Amaracarpus *BLUM.* **Calyx** tubo ovali, cum ovario connato, limbo supero, quadrifido, inaequali. **Corolla** supera, infundibuliformis, fauce villosa, limbo profunde quadrifido. **Stamina** 4, fauci corollae inserta. **Ovarium** inferum ..... **Stylus** simplex; **stigma** bilobum. **Drupa** baccata, calycis limbo coronata, dipyrena, pyrenis osseis, dorso sulcatis, monospermis. **Semina** .... — *Frutex javanicus, parvus, ramosus; ramulis pubescentibus, foliis oppositis, breviter petiolatis, lanceolatis, supra glabris, subtus pallidioribus et in venis subpubescentibus, stipulis basi connatis, apice bifidis, deciduis, floribus parvis, in axillis foliorum solitariis, rarius terminalibus, sessilibus, basi bracteatis.*

Amaracarpus Blume *Bijdr. 954.* A. Richard *in Mem. soc. h. n. Paris. V. 198.* DC. *Prodr. V. 472.*

TRIBUS VI. PAEDERIEAE DC. *Prodr. IV. 470.*

Flores hermaphroditi. **Corollae** lobi per aestivationem plicati. **Ovarium** biloculare, loculis uniovulatis. **Stylus** simplex. **Fructus** indehiscens, siccus v. subcarnosus, dicoccus, calyce facile a fructu solubili, **coccis** compressis, saepe marginatis, monospermis, ex axi filiformi pendulis. **Semina** erecta. **Albumen** carnosum, quandoque fere nullum. — *Suffrutices v. frutices scandentes, foliis oppositis, stipulis interpetiolaribus.* — *Paederieae Indiam orientalem potissimum inhabitant, paucissimae Americam tropicam incolunt.*

3180. Paederia *LINN.* **Calyx** tubo ovato, cum ovario connato, limbo supero, parvo, persistente, quinque- v. rarius quadridentato. **Corolla** supera, infundibuliformis, campanulata, intus hirsuta, limbi quinque- v. rarius quadrifidi lobis aestivatione plicatis. **Antherae** 5 v. 4, oblongae, in medio corollae tubo sessiles, interdum abortivae. **Ovarium** inferum, biloculare. **Ovula** in loculis solitaria, e basi erecta, anatropa. **Stylus** simplex, inclusus; **stigma** bifidum. **Bacca** ovato-globosa, calycis limbo coronata, dicocca, cortice demum fragili, coccis dorso convexis, facie planis, membranaceo-marginatis, monospermis. **Semina** erecta. **Embryo** in axi albuminis carnosi orthotropus; **cotyledonibus** planis, foliaceis, maximis, **radicula** brevi, tereti, infera. — *Frutices indici, sarmentosi v. rarius erecti; foliis oppositis, petiolatis, lanceolatis, ovalis v. cordatis, acutis, stipulis interpetiolaribus utrinque solitariis, pedunculis axillaribus et terminalibus ramosis, subcorymbosis, floribus parvis, alterius sexus abortu saepius dioicis.*

Paederia Linne *Mant. 7.* Jussieu *gen. 205.* excl. Danaide. *Mem. Mus. VI. 381.* Lam. *t. 166. f. 1.* Gärtner f. *III. 84. t. 195.* Wallich *Plant. As. rar. t. 165.* A. Richard *in Mem. soc. h. n. Paris. V. 471.* DC. *Prodr. IV. 471.* Hondbessen Adanson *Fam. II. 158.*

3181. Lecontea *A. RICH.* **Calyx** tubo obovato, cum ovario connato, limbi superi, quinquepartiti laciniis subulatis, persistentibus. **Corolla** supera, subinfundibuliformis, tubo longiusculo, tereti, fauce nuda, limbo quinquepartito. **Stamina** 5, corollae fauci inserta; **filamenta** brevissima, **antherae** oblongae, subexsertae. **Ovarium** inferum, biloculare, disco epigyno depresso. **Ovula** in loculis solitaria, e basi erecta, anatropa. **Stylus** simplex; **stigmata** 2, linearia, recurvata. **Fructus** compressus, calycis limbo coronatus, dicoccus, epicarpio membranaceo-coriaceo, e basi rupto, coccos compressos, monospermos, ex apice axeos centralis filiformis pendulos obtegente. **Semina** erecta. **Embryo** in axi albuminis carnosi orthotropus; **cotyledonibus** compressis, obtusis, foliaceis, **radicula** parva, tereti, infera. — *Suffrutices madagascarienses, scandentes; foliis oppositis, petiolatis, tomentosis, stipulis interpetiolaribus utrinque solitariis, floribus subsessilibus, spicatis, spicis in apice pedunculi communis axillaris fasciculatis, nunc longis erectis, nunc brevibus recurvis.*

Lecontea A. Richard *in Mem. soc. h. n. Paris. V. 195. t. 20. f. 1. 2.* DC. *Prodr. V. 470.*

3182. Lygodysodea *RUIZ et PAV.* **Calyx** tubo ovato-subgloboso, cum ovario connato, limbi superi, quinquedentati dentibus acutis, persistentibus. **Corolla** supera, subinfundibuliformis, tubo calycinos dentes longe superante, fauce hirsuta, limbi quinquefidi lobis revolutis. **Antherae** 5, intra corollae tubum sessiles, oblongae, inclusae. **Ovarium** inferum, biloculare, disco epipyno depresso. **Ovula** in loculis solitaria, e basi erecta, anatropa. **Stylus** simplex; **stigmata** 2, gracilia, exserta. **Fructus** ovalis, compressus, calycinis dentibus coronatus, dicoccus, cortice crustaceo, fragili, a basi quadrifariam rupto, coccis lenticularibus, margine nerviformi cinctis, ex axi centrali filiformi bifida pendulis. **Semina** erecta. **Embryo** subexalbuminosus, orthotropus; **cotyledonibus** magnis, cordatis, planis, foliaceis, **radicula** brevi, tereti infera. — *Frutices peruani et mexicani, scandentes, glabriusculi; caulibus teretibus v. compressis, foliis oppositis, petiolatis, cordatis v. ovatis, acuminatis, stipulis brevissimis, subtruncatis, petiolos jungentibus, paniculis paucifloris, laxis, ramulos axillares, paucifolios terminantibus, v. axillaribus, foliosis.*

Lygodysodea Ruiz et Pavon *Prodr. 3. t. 5. Flor. Peruv. II. 48. t. 188.* Bartling *Ord. nat. 208.* DC. *Prodr. IV. 470.* Disodea Persoon *Ench. I. 210.* Jussieu *in Mem. Mus. VI. 381.*

TRIBUS VII. GUETTARDEAE Kunth *in Humb. et Bonpl. Nov. gen. et sp. III. 419.*

Flores hermaphroditi. **Corollae** lobi per

aestivationem saepissime contorti. Ovarium bi-multiloculare, loculis uniovulatis. Fructus drupaceus, di-polypyrenus. Semina saepissime teretia, elongata. Albumen carnosum. — *Arbusculae v. frutices, foliis oppositis v. rarius ternis, stipulis interpetiolaribus solitariis.* — *Guettardeae inter tropicos totius orbis obviae, in veteri continente paullo copiosiores, in regionibus extratropicis borealibus Americae rarissimae.*

SUBTRIBUS I. MORINDEAE DC. *Prodr. IV. 446.* Flores fructusque dense in capitulum aggregati, connati.

3183. Morinda *VAILL.* Flores in capitulum globosum conferti, saepissime mediantibus tubis calycinis connati. Calyx tubo obovato v. obpyramidato, cum ovario connato, limbo supero, brevi, obsolete dentato. Corolla supera, infundibuliformis, tubo subtereti, limbo quinquelobo v. rarissime quadrilobo, patente. Stamina 5 v. 4, tubo corollae inserta, inclusa v. rarissime exserta; filamenta brevia, antherae erectae. Ovarium inferum, bi-quadriloculare. Ovula in loculis solitaria, e basi erecta, anatropa. Stylus filiformis, exsertus v. interdum inclusus; stigma bifidum, rarius indivisum. Baccae di-tetrapyrenae, pressione mutua angulatae, saepius in syncarpium carnosum, calycum vestigiis areolatum concretae, pyrenis monospermis. Semina erecta, rhaphe interdum fungosa. Embryo in axi albuminis carnosi orthotropus; cotyledonibus semicylindricis, radicula tereti, infera. — *Frutices v. arbusculae, inter tropicos totius orbis crescentes; foliis oppositis rariusve ternatim v. quaternatim verticillatis, stipulis intrafoliaceis, saepius obtusis, membranaceis, pedunculis axillaribus v. terminalibus, simplicibus aut ramosis, floribus supra receptaculum subglobosum, nudum sessilibus, dense aggregatis.*

Morinda Vaillant *in Act. Acad. Paris. 1722. p. 275.* Linn. *gen. n. 235.* Jussieu *gen. 209. Mem. Mus. VI. 402.* Gärtner *I. 144.* A. Richard *in Mem. soc. h. n. Paris. V. 211.* DC. *Prodr. IV. 446.*

a. ROIOC Plumier *gen. 11. t. 26.* Flores pentameri, pentandri. Stigma bifidum. Baccae di-tetrapyrenae. — (Gärtner *t. 29.* Jacq. *Hort. Vindob. t. 16.* Roxburgh *Corom. t. 237.*)

b. PADAVARA Rheede *Malab. VII. 51. t. 27.* Flores tetrameri, tetrandri. Stigma bifidum. Bacca tetrapyrena. (Bot. Mag. *t. 3351.*)

c. PHYLLIRAEASTRUM DC. *Prodr. IV. 449.* Flores tetrameri, tetrandri. Stigma clavatum, indivisum. Bacca tetrapyrena. — Morinda phylliraeoides Labillard. *Nov. Caledon. t. 49.*)

d.? CHRYSORHIZA DC. *Prodr. IV. 450.* Flores pentameri, pentandri. Bacca bilocularis, loculis dispermis. Capitula oppositifolia. — Morinda chrysorhiza Schumach.

SUBTRIBUS II. EUGUETTARDEAE DC. *Prodr. IV. 450.* Flores distincti.

3184. Myrmecodia *JACK.* Calyx tubo ovato, cum ovario connato, limbo supero, tubuloso, integerrimo. Corolla supera, infundibuliformis, fauce pilis squamulisve clausa, limbi quadrifidi lobis erectis, obtusis. Stamina 4, corollae fauci inserta, inclusa; filamenta brevissima, antherae ovatae, erectae. Ovarium inferum ...... disco epigyno carnoso. Ovula ..... Stylus simplex; stigma bifidum, lobis incisis. Drupa baccata, calycis limbo annulari coronata, tetrapyrena, pyrenis chartaceis, triquetris, monospermis. Semina erecta. Embryo in axi albuminis carnosi orthotropus; radicula incrassata, infera. — *Frutices moluccani, pseudo parasitici; basi tuberosa, inermi v. aculeis seriatis obsessa, foliis oppositis, confertis, petiolatis, glabris, stipulis peltatis, ciliatis, floribus axillaribus, sessilibus.*

Myrmecodia Jack *in Linn. Transact. XIV. 122.* Blume *Bijdr. 1001.* A. Richard *in Mem. soc. h. n. Paris. V. 224.* excl. sp. Gaudichaud *ad Freyc. t. 95. 96.* DC. *Prodr. IV. 450.* Nidus germinans Rumph. *Amboin. VI. 199. t. 55. f. 2.* Lasiostomatis sp. Spreng.

3185. Hydnophytum *JACK.* Calyx tubo ovato, cum ovario connato, limbo supero, brevi, integerrimo. Corolla supera, tubo brevi, intus hirsuto, limbo plano, quadrilobo. Stamina 4, corollae fauci inserta; filamenta brevissima, antherae erectae. Ovarium inferum, biloculare, disco epigyno carnoso. Ovula in loculis solitaria ..... Stylus filiformis; stigma bilobum. Bacca succosa, dipyrena, pyrenis coriaceis, dorso convexis, facie planis, monospermis. Semina erecta. Embryo in axi albuminis rectus; radicula incrassata, infera. — *Frutices moluccani, pseudo-parasitici, basi tuberosa, cava, a Formicis habitata; foliis oppositis, breve petiolatis, ovalibus, stipulis parvis, linearibus, floribus axillaribus, parvis, albis.*

Hydnophytum Jack *in Linn. Transact. XIV. 124.* Blume *Bijdr. 955.* DC. *Prodr. II. 450.* Nidus germinans formicarum nigrarum Rumph. *Amboin. VI. 119. t. 55. f. 1.* Lasiostomatis sp. Spreng. Myrmecodiae sp. A. Rich.

3186. Hypobathrum *BLUM.* Calyx tubo cum ovario connato, limbo supero, parvo, quadridentato. Corolla supera, parva, subcampanulata, fauce villosa, limbo patente, quadrifido. Stamina 4, corollae fauci inserta; filamenta brevissima. Ovarium inferum ..... disco epigyno styli basim cingente. Stylus brevis; stigma bifidum. Drupa calycis limbo coronata, bilocularis, loculis dipyrenis, pyrenis coriaceis, oblique sibi incumbentibus, superne affixis, monospermis. Semina ..... Embryo intra albumen inversus. — *Frutex javanicus, Coffeae habitu; ramis divaricatis, foliis oppositis, distichis, floribus in receptaculis axillaribus, hemisphaericis, sessilibus, dense confertis, umbellatis, sessilibus, bracteatis, fructibus pedicellatis.*

Hypobathrum Blume *Bijdr. 1007.* A. Richard *in Mem. soc. h. n. Paris. V. 198.* DC. *Prodr. V. 431.*

3187. Nertera *BANKS.* Calyx tubo ovato, cum ovario connato, limbo supero, minimo, quadridentato. Corolla supera, infundibuliformi-subcampanulata, intus glabra, quadriloba. Stamina 4, imo corollae tubo inserta, subexserta; filamenta filiformia, libera, antherae subrotundae. Ovarium inferum ...... Ovula ...... Stylus filiformis; stigmata 2, hirsuta. Bacca subrotunda, umbilicata, di-tetrapyrena, pyrenis coriaceis, monospermis. Semina erecta, dorso convexa, facie plana, sulcata. Embryo in axi albuminis cornei rectus; cotyledonibus brevissimis, radicula teretiuscula, infera. — *Herba in hemisphaerae australis regionibus tropicis et extratropicis obvia, repens; foliis oppositis, petiolatis, ovalibus, carnosulis, sti-*

pulis minimis, floribus terminalibus sessilibus, solitariis, albis, baccis rubris.

Nertera Banks *ex Gärtner I. 124. t. 26.* Jussieu *in Mem. Mus. VI. 373.* A. Richard *in Mem. soc. h. n. Paris. V. 219.* DC. *Prodr. IV. 451.* Nerteria Smith *Ic. inedit. II. 28. t. 28.* Gomezia Mutis *in Linn. f. Suppl. 17.* Ruiz et Pavon *Flor. Peruv. t. 90.* Erythrodanum Thouars *Flor. Aguanat. 41. t. 10. 11.*

3188. Mitchella *LINN.* Calyces saepius bini inter se cohaerentes, tubo ovato-globoso, cum ovario connato, limbo supero, quadridentato. Corolla supera, infundibuliformis, tubo tereti, fauce limbique lobis quatuor patentibus, intus hirtis. Stamina 4; filamenta corollae tubo usque ad faucem adnata, antherae ovatae, vix exsertae. Ovarium inferum, quadriloculare. Ovula in loculis solitaria, e basi erecta, anatropa. Stylus filiformis; stigmata 4, inclusa. Bacca subglobosa, calycis limbo coronata, tetrapyrena, v. saepissime baccae geminatim connatae, octopyrenae, pyrenis corneis, monospermis. Semina compressiuscula, erecta. Embryo in basi albuminis subcartilaginei minimus, subglobosus; cotyledonibus brevissimis, radicula incrassata, infera. — *Herbae boreali-americanae, Nerteriae facie, glabrae, repentes; foliis oppositis, petiolatis v. subrotundis, stipulis utrinque solitariis, minimis, floribus axillaribus v. terminalibus, nunc geminis ad apicem pedunculi concretis, nunc solitariis, sessilibus.*

Mitchella Linn. *gen. n. 134.* Jussieu *gen. 205. Mem. Mus. VI. 373.* Lam. *t. 63.* Gärtner f. *III. 70. t. 192.* A. Richard *in Mem. soc. h. n. Paris. V. 220.* DC. *Prodr. IV. 452.* Chamaedaphne Mitchell *gen. 17.* non Buxb.

3189. Baumannia *DC.* Calyx tubo ovato-globoso, cum ovario connato, limbo supero, brevi, quadrilobo. Corolla supera, infundibuliformis, tubo tereti, fauce limbique lobis quatuor patentibus, intus hirtis. Stamina 4; filamenta corollae tubo usque ad faucem adnata, antherae ovatae, inclusae. Ovarium inferum, quinqueloculare, disco epigyno urceolari. Ovula in loculis solitaria. Stylus filiformis, exsertus; stigmata 5, linearia, revoluta. Fructus ..... — *Suffrutex ut videtur asiaticus, dichotome ramosissimus, glaber; foliis oppositis, ovatis, mucronatis, stipulis spinescentibus, floribus axillaribus, subsessilibus, geminis, albis.*

Baumannia DC. *in Mem. soc. phys. Genev. IV. 583. t. 1.*

3190. Mephitidia *REINW.* Calyx tubo cum ovario connato, limbo supero, tri-sexpartito v. dentato. Corolla supera, infundibuliformis, regulariter quadri-sexfida, plerumque hirsuta. Stamina 4—6, corollae fauci inserta; filamenta brevissima, antherae lineares, exsertae v. inclusae. Ovarium inferum ...... Ovula ...... Stigmata 4—9, linearia, crassa. Drupa calycis limbo coronata, tetra-enneapyrena, pyrenis coriaceis, triquetris, monospermis. Semina ...... — *Frutices v. suffrutices indici, saepissime foetidi; floribus confertis v. dense capitatis, axillaribus aut terminalibus, bracteatis, drupis plerumque cyaneis.*

Mephitidia Reinwardt *msc.* DC. *Prodr. IV. 452.* Lasianthus Jack *in Linn. Transact. XIV. 125.* Blume *Bijdr. 995.* A. Richard *in Mem. soc. h. n. Paris. V. 210.* non Linn.

3191. Vangueria *COMMERS.* Calyx tubo brevi, obovato, cum ovario connato, limbo supero, minimo, quinquedentato, patente. Corolla supera, campanulato-globosa, quinquefida, ad faucem hirsuta, lobis ovatis v. lanceolatis, acutis, recurvis. Stamina 5, corollae fauci inserta, vix exserta; filamenta brevissima, antherae oblongae, erectae. Ovarium inferum, quinqueloculare. Ovula in loculis solitaria, anguli centralis medio inserta, amphitropa. Stylus filiformis, corollae longitudine; stigma exsertum, mitraeforme, pentagonum. Bacca succulenta, apice nuda, areolą quinquesinuosa notata, pentapyrena, pyrenis osseis, basi obtusis, apice acutis, monospermis. Semina oblonga, umbilico ventrali medio anguli interioris pyrenae affixa. Embryo in axi albuminis carnosi magnus, rectus; cotyledonibus oblongis, plano-convexis, radicula brevi, obtuse cordata, compressa, supera. — *Arbusculae madagascarienses, indicae et capenses; foliis oppositis, petiolatis, stipulis utrinque solitariis, lanceolatis, cymis ramosis, subpaniculatis, axillaribus v. infra folia e cicatribus annotinis ortis, corollis virescenti-albidis, baccis pomiformibus, nonnullarum specierum edulibus.*

Vangueria Commerson *in Jussieu gen. 206. Mem. Mus. VI. 396.* Lam. *t. 159.* Gärtner *III. 75. t. 193.* Jacquin *Hort. Schönbr. t. 44.* A. Richard *in Mem. soc. h. n. Paris. V. 217.* DC. *Prodr. IV. 454.* Wight et Arnott *Prodr. Flor. Penins. Ind. orient. I. 421.* Vangulera Persoon *Ench. I. 459.* Vavanga Rohr *in Act. soc. h. n. Hafn. II. 1. p. 208. t. 7.* Meynia Link *Jahrb. I. 3. p. 32. ex Schlechtend. in Linnaea IV. 516.*

3192. Guettarda *VENT.* Calyx tubo ovato v. globoso, cum ovario connato, limbo supero, tubuloso, persistente v. deciduo, truncato v. irregulariter subdentato. Corolla supera, hypocraterimorpha, tubo cylindrico, fauce nuda, limbi quadri-novemfidi lobis ovali-oblongis. Antherae 4—9, intra corollae faucem sessiles, inclusae. Ovarium inferum, quadri-novemloculare. Ovula in loculis solitaria, e basi erecta, anatropa. Stylus simplex; stigma capitatum v. rarius bilobum. Drupa ovata v. subglobosa, limbo calycino coronata v. apice nuda, putamine osseo, obtuse quadri-novem-angulato, quadri-novemloculari, loculis monospermis. Semina e basi loculorum erecta, teretiuscula. Embryo .... — *Frutices v. arbusculae, inter tropicos Americae copiose, rarius in Asia crescentes; foliis oppositis, ovatis v. lanceolatis, rarius cordatis, stipulis lanceolatis, deciduis, rarissime vaginantibus, truncatis, pedunculis axillaribus bifidis, rarius bis bifidis, floribus in dichotomiis solitariis, sessilibus, secus ramos unilateralibus.*

Guettarda Ventenat *Choix n. 1.* A. Richard *in Mem. soc. h. n. Paris. V. 201.* DC. *Prodr. V. 455.*

a. CADAMBA *Sonner.* Calycis limbus post anthesim deciduus. Drupae nucleus loculis gnomonice curvatis.

Cadamba Sonnerat *Voy. II. 228. t. 128.* Rava Pou Rheede *Malabar. IV. t. 47. 48.* (Lam. *t. 154. f. 2.*)

b. GUETTARDARIA *DC.* Calycis limbus saepius persistens, truncatus v. irregulariter subdentatus. Corollae extus sericeae lobi plani. Drupae loculi recti.

Guettardaria DC. *l. c.* Halesia P. Browne *Jam. 205.* Matthiola Plumier *edit. Burm. t. 173. f. 2.* Linn. *gen. n. 1231.* Edechi Löffling *It. 259. 271.* Dicrobotryon Willdenow *ex Schultes syst. V. 221.* Laugeria Jacquin *Amer. t. 177. f. 21.* (Lam. *t. 154. f. 1. 3. 4.* Vent. *Choix t. 1.*)

c. ULLOBUS *DC.* Calycis limbus brevis, fere ad basim quinquepartitus, persistens. Corollae extus sericeae lobi margine crispi. Drupae nucleus loculis rectis.

Ullobus DC. *l. c.* Laugeria Ruiz et Pavon *Flor. peruv. II. 22. t. 145.* (Vahl *Eclog. I. t. 6.*)

d. LAUGERIA *Vahl.* Calycis limbus truncatus v. dentatus. Corollae glabrae lobi plani. Drupae nucleus loculis rectis.

Laugeria Vahl *Eclog. I. 26. t. 10. f. 6.* Vivlania Rafinesque *Specch. I. 117.* Terebraria Sessé *msc.*

3193. Malanea *AUBL.* Calyx tubo brevissimo, cum ovario connato, limbo supero, brevi, quadridentato. Corolla supera, parva, subrotata, tubo brevissimo, limbo quadrilobo, patente. Stamina 4, corollae fauci inserta, exserta; filamenta filiformi-subulata, antherae subrotundae. Ovarium inferum, biloculare. Ovula in loculis solitaria, apici appensa, anatropa. Stylus simplex; stigma bifidum. Drupa sicca, tennis, ovata, limbo calycis coronata, nucleo biloculari. Semina in loculis solitaria, inversa, oblongo-linearia, teretia. Embryo ..... — *Frutex guianensis, sarmentosus, subscandens; foliis oppositis, petiolatis, ovatis, acutis, stipulis interpetiolaribus ovalibus, obtusis, deciduis, pedunculis axillaribus folio multo brevioribus, racemoso-paniculatis, ramis oppositis, inferioribus longioribus, floribus parvis, secus ramos sessilibus, caerulescentibus.*

Malanea Aublet *Guian. I. 106. t. 41.* Lam. *t. 66. f. 2.* Jussieu *in Mem. Mus. VI. 376.* DC. *Prodr. IV. 459.* Cuninghamia Schreber *gen. n. 1720.*

3194. Antirhoea *COMMERS.* Calyx tubo ovato v. oblongo, cum ovario connato, limbo supero, persistente, brevi, campanulato, quadridentato. Corolla supera, subinfundibuliformis, tubo tereti, fauce nuda, limbi quadrifidi lobis tubo brevioribus, subacutis. Antherae 4, ad faucem corollae subsessiles, oblongae, inclusae. Ovarium inferum, biloculare. Ovula in loculis solitaria, apici appensa, anatropa. Stylus simplex; stigma bifidum. Drupa subbaccata, ovata v. oblonga, calycis limbo coronata, nucleo biloculari. Semina in loculis solitaria, oblongo-teretia, inversa. Embryo ...... — *Arbusculae mauritianae; foliis oppositis v. ternatis, petiolatis, oblongis v. obovatis, glabris, in axillis venarum saepe glanduloso-pilosis, stipulis interpetiolaribus acutis, deciduis, pedunculis axillaribus folio brevioribus, bifidis, floribus secus ramos unilateralibus, sessilibus, parvis, albidis, interdum abortu dioicis.*

Antirhoea Commerson *ex Jussieu gen. 204. Mem. Mus. VI. 377.* DC. *Prodr. IV. 459.* Malaneae sp. Lam. *t. 66. f. 1.* A. Richard. Cunninghamiae sp. Schreber. Willd. — ? Neuropora Commers.

3195. Stenostomum *GÄRTN. FIL.* Calyx tubo obovato, cum ovario connato, limbo supero, persistente, parvo, quinquedentato, dentibus demum conniventibus, subinaequalibus. Corolla supera, infundibuliformis, tubo superne subampliato, fauce nuda, limbi quinquelobi lobis lanceolatis, obtusiusculis. Stamina 5, corollae fauci inserta, subinclusa; filamenta brevissima, antherae oblongae, erectae. Ovarium inferum, biloculare. Ovula in loculis solitaria, apici appensa, anatropa. Stylus simplex; stigma obtuse bilobum. Drupa ovato-oblonga, calycis limbo connivente coronata, nucleo lignoso, biloculari. Semina in loculis solitaria, inversa, clavata. Embryo in centro albuminis carnosi minimus; cotyledonibus ovatis, compressis, radicula brevissima, supera. — *Arbusculae antillanae; foliis oppositis, breve petiolatis, ovalibus v. oblongis, stipulis demum deciduis, pedunculis axillaribus in cymam bifidam divisis, floribus parvis, albidis, centrali lateralibusque secus cymae ramos secundis, sessilibus.*

Stenostomum Gärtner f. *III. 69.* DC. *Prodr. IV. 460.* Sturmia Gärtn. *t. 192.* Stenostemum Jussieu *in Mem. Mus. VI 377.* Malaneae sp. A. Richard *in Mem. soc. h. n. Paris. V. 202.* Laugeriae sp. Swartz, Vahl *Symb. t. 57.*

3196. Sacconia. Calyx tubo obovato, cum ovario connato, limbo supero, persistente, repando-quinquedentato. Corolla supera, subinfundibuliformis, tubo brevi, fauce nuda, limbi quinquelobi lobis planiusculis, obtusis. Stamina 5, corollae tubo inserta, exserta; filamenta filiformia, antherae lineares, incumbentes. Ovarium inferum, biloculare, disco epigyno carnoso. Ovula in loculis solitaria, apici appensa. Stylus simplex; stigma bilobum, lobis brevissimis, obtusis. Drupa olivaeformis, subcarnosa, calycis limbo coronata, siccatione leviter sulcata, nucleo osseo, biloculari. Semina in loculis solitaria, inversa, subteretia. Embryo ...... — *Arbor insulae Tortosa, glabra; foliis oppositis, petiolatis, coriaceis, basi vagina stipulari integerrima junctis, cyma terminali pedunculata, floribus albis.*

Crusea A. Richard *in Mem. soc. h. n. Paris. V. 204. t. 19. f. 1.* non alior. Chione DC. *Prodr. IV. 461.* non Zoolog. Psychotria megalosperma Vahl *Eclog. III. t. 21.*

3197. Timonius *RUMPH.* Calyx tubo ovato, cum ovario connato, limbo supero, persistente, tubuloso, truncato, bi-sexdentato. Corolla supera, hypocraterimorpha, tubo superne angustato, fauce nuda, limbi quadri-sexpartiti lobis ovalibus, obtusis, patentibus. Antherae 4—6, ad faucem corollae sessiles, oblongo-cordiformes, inclusae. Ovarium inferum, indefinite multiloculare, disco epigyno annulari. Ovula in loculis solitaria ..... Stylus simplex; stigmata 2, exserta, digitato-quinquefida, lobis linearibus. Drupa globosa, laevis, limbo calycino coronata, polypyrena, pyrenis distinctis, osseis, monospermis. Semina inversa, linearia. Embryo in axi albuminis carnosi teres; cotyledonibus brevissimis, radicula longa, crassa, supera. — *Arbores moluccanae et oceanicae, glabrae; foliis oppositis, petiolatis, stipulis interpetiolaribus acutis, integris, pedunculis axillaribus folio brevioribus, apice trifloris, flore medio sessili, lateralibus pedicellatis, singulis basi bractea cupuliformi, biloba, persistente cinctis.*

Timonius Rumph *Amboin. III. 216. t. 140.* DC. *Prodr. IV. 461.* Bobea Gaudichaud *ad Freyc. t. 93.* Bobaea A. Richard *in Mem. soc. h. n. Paris. V. 215.* Burneya Chamisso et Schlechtend. *in Linnaea IV. 188.* Erithalis Forst. *Prodr. n. 101.* non Linn.

3198. Eupyrena *WIGHT et ARN.* Calyx tubo obovato, cum ovario connato, limbi superi, persistentis, brevis dentibus quatuor, triangulari-acuminatis. Corolla supera, infundibuliformis, extus hirsuta, tubo tenui, limbo quadrifido. Antherae 4, lineares, corollae fauci medio dorso insertae, inclusae. Ovarium inferum, sex-duodecimloculare. Ovula in loculis solitaria, e basi erecta, anatropa? Stylus filiformis, tubo corollae brevior; stigma simplicissimum. Drupa globosa, calycis limbo coronata, sulcata, hexa-dodecapyrena, pyrenis distinctis, osseis, subincurvis, monospermis. Semina cylindrica, erecta. Albumen carnosum. Embryo ...... — *Arbusculae v. frutices Indiae orientalis; foliis oppositis, breve petiolatis, stipulis e basi lata acuminatis, pedunculis juxta ramulorum apices axillaribus, oppositis, bifidis v. bis bifidis, floribus secus ramulos sessilibus, secundis, bracteis solitariis, angustis stipatis.*

Eupyrena Wight et Arnott *Prodr. Flor. Penins. Ind. orient. I. 422.* Pyrostria Roxburgh *Flor. ind. I. 430.* non Commers.

3199. Santia *WIGHT et ARN.* Calyx tubo obovato, cum ovario connato, limbi superi, persistentis, brevis dentibus quinque subulatis, duobus approximatis v. basi connatis. Corolla supera, hypocraterimorpha, tubo brevissimo, fauce villosa, limbi quinquefidi lobis oblongis, tubo multo longioribus, patentibus. Stamina 5, corollae fauci inserta, exserta; filamenta brevissima, antherae oblongae. Ovarium inferum, tri- v. rarissime quadriloculare, disco epigyno crasso, carnoso. Ovula in loculis solitaria, e basi erecta, anatropa? Stylus pilosus, superne incrassatus; stigma capitatum, tri-quadrilobum. Drupa subglobosa, calycis limbo coronata, tri-tetrapyrena, pyrenis osseis, rugosis, oblongis, subincurvis, monospermis. Semina erecta, teretiuscula, subincurva. Embryo in axi albuminis carnoso-gelatinosi cylindricus; radicula infera? — *Frutex indicus; ramis junioribus pilosis, foliis oppositis, breve petiolatis, elliptico-oblongis, acuminatis, supra glabris, subtus ad nervos hirsutis, nervis utrinque venis copiosis transversis, imprimis supra prominentibus, stipulis triangulari-acuminatis, brevibus, caducis, cicatricem annularem, pilosam relinquentibus, pedunculis axillaribus brevibus, apice tri-quadrifloris, calyce et interdum etiam corolla pilis rigidulis conspersa.*

Santia Wight et Arnott *Prodr. Flor. Penins. Ind. orient. I. 422.*

3200. Psathyra *COMMERS.* Calyx tubo ovato, cum ovario connato, limbo supero, persistente, campanulato, quinque-sexdentato. Corolla supera, infundibuliformis, tubo brevi, intus barbato, limbi quinque-sexlobi lobis acutis, aestivatione valvatis, sub anthesi patentibus. Antherae 5, ad faucem corollae sessiles. Ovarium inferum, quinque-sexloculare. Ovula in loculis solitaria, e basi erecta, anatropa. Stylus simplex; stigma quinque- v. sexlamellatum. Drupa subglobosa, calycis limbo coronata, penta-hexapyrena, pyrenis osseis, monospermis. Semina erecta. Albumen carnosum. Embryo ······ — *Arbusculae mauritianae, glabrae; ramis nodosis, fragilibus, foliis oppositis, petiolatis, lanceolatis, laevibus, stipulis ovatis, caducis, cicatrice elevata petiolos coadunante, pedunculis e foliorum supremorum axillis laxe paniculatis, folio brevioribus.*

Psathura Commers. *in Jussieu gen. 206. Mem. Mus. VI. 396.* Lam. *t. 260.* Gärtner f. *III. 82. t. 194.* A. Richard *in Mem. soc. h. n. Paris. V. 214.* DC. *Prodr. IV. 462.* Chiocoinaea Commers. *msc.* Psatura Poiret *Dict. VI. 587.* Psathyra Sprengel *Syst. II. 127.*

3201. Hamiltonia *ROXB.* Calyx tubo ovato, cum ovario connato, limbi superi, quinquepartiti, persistentis laciniis subulatis. Corolla supera, infundibuliformis, tubo longo, recto, limbi quinquefidi lobis oblongis. Stamina 5, corollae fauci inserta, inclusa; filamenta brevissima, antherae erectae. Ovarium inferum, quinqueloculare. Ovula in loculis solitaria, e basi erecta, anatropa. Stylus simplex; stigma quinquefidum, laciniis acutis. Capsula calycis lobis coronata, unilocularis, pentapyrena, apice dehiscens, pyrenis triquetris, monospermis. Semina erecta, epidermide laxa, reticulata. Embryo intra albumen parcum orthotropus; cotyledonibus cordatis, foliaceis, radicula oblonga, infera. — *Frutices indici; foliis oppositis, breve petiolatis, lanceolatis, stipulis brevibus, e basi lata acutis, adpressis, floribus fasciculatis v. umbellatis, suaveolentibus.*

Hamiltonia Roxburgh *Flor. Ind. II. 223.* DC. *Prodr. IV. 462.* Spermadyction Roxburgh *Plant. Corom. III. 32. t. 236.* Bot. Reg. *t. 348. 1235.*

3202. Leptodermis *WALL.* Calyx tubo cum ovario connato, involucro calyciformi diphyllo constricto, limbi superi, brevis, persistentis lobis quinque, rotundatis, adpressis. Corolla supera, infundibuliformis, papilloso-scabra, tubo tereti, intus piloso, limbi lobis quinque, ovatis, cuspidatis, aestivatione involuto-valvatis. Stamina 5, corollae prope faucem inserta, inclusa; filamenta brevissima, antherae erectae. Ovarium inferum, quinqueloculare. Ovula in loculis solitaria, ······ Stylus filiformis; stigma quinquefidum. Fructus oblongus, quinquelocularis? quinquevalvis? pentaspermus. Semina ······· — *Frutex nepalensis, distinctissimus, sed non satis notus; ramulis decussatis, tetragonis, foliis oppositis, lanceolatis, attenuato-acutis, breve petiolatis, membranaceis, villosis, stipulis petiolos aequantibus villosis, acutis, adpressis, persistentibus, floribus ad apices ramorum ternatim sessilibus, inodoris, albis.*

Leptodermis Wallich *in Roxburgh Flor. Ind. II. 191.* A. Richard *in Mem. soc. h. n. Paris. V. 221.* DC. *Prodr. IV. 462.* Hamiltonia fruticosa Don *Nepal. 137.*

3203. Myonima *COMMERS.* Calyx tubo globoso, cum ovario connato, limbo supero, minimo, obtuse octodentato. Corolla supera, tubo brevi, limbo obtuse quadripartito. Stamina 4, corollae fauci inserta, exserta; filamenta brevia, antherae oblongae, erectae. Ovarium inferum, quadriloculare. Ovula in loculis solitaria, medio angulo centrali inserta, amphitropa. Stylus simplex; stigmata 4, linearia, brevia, crassiuscula, approximata v. cohaerentia. Bacca globosa, apice nuda, tetrapyrena, pyrenis carni adhaerentibus, monospermis. Semina umbilico ventrali meniscoideo. Embryo intra albumen carnosum dorsalis, arcuatus; cotyledonibus cordatis, obtusis, radicula teretiuscula, infera. — *Frutices v. arbusculae mauritianae, glabrae; foliis oppositis, petiolatis, coriaceis, stipulis parvis, acutissimis, deciduis, pedunculis axillaribus et terminalibus folio brevioribus.*

Myonima Commerson *in Jussieu gen. 206. Mem. Mus. VI. 397.* Lam. *t. 68.* Gärtner f. *III. 86. t. 195.* A. Richard *in Mem. soc. h. n. Paris. V. 211.* DC. *Prodr. IV. 493.*

3204. Pyrostria *COMMERS.* Calyx tubo obovato, cum ovario connato, limbo supero, minimo, obsolete quadri-quinquedentato. Corolla supera, subcampanulata, patens, quadri-quinquefida, fauce tomentosa, lobis lanceolatis, acutis. Stamina 4—5, corollae infra faucem inserta, semiexserta; filamenta subnulla, antherae subcordiformes, erectae. Ovarium inferum, quadri-octoloculare. Ovula in loculis solitaria, apici appensa, anatropa. Stylus apice incrassatus; stigma bifidum, lobis approximatis. Drupa pyriformis, subsuberosa, striata, apice nudo umbilicata, tetra-octopyrena, pyrenis osseis, angulo interiore coalitis, monospermis. Semina inversa. Embryo in axi albuminis carnosi orthotropus; radicula supera. — *Arbores v. arbusculae mauritianae, glabrae; foliis oppositis, breve petiolatis, stipulis lanceolatis, acuminatis, petiolo fere longioribus, pedunculis axillaribus uni-trifloris, floribus bracteis duabus oppositis involucratis.*

Pyrostria Commerson *in Jussieu gen. 206. Mem. Mus. VI. 397.* Lam. *t. 65.* A. Richard *in Mem. soc. h. n. Paris. V. 216.* DC. *Prodr. IV. 464.*

3205. Octavia *DC.* Calyx tubo globoso, cum ovario connato, limbo supero, subnullo, truncato. Corolla ...... Stamina ...... Ovarium ...... disco carnoso, lucido, persistente, medio perforato. Stylus ...... Drupa globosa, carnosa, laevis, apice nuda, octopyrena, pyrenis verticillatis, monospermis. Semina ...... Albumen ..... — *Frutex guianensis, glaber; foliis oppositis, petiolatis, ovalibus, longe acuminatis, membranaceis, superne lucidis, stipulis ovato-oblongis, acuminatis, erectis, petiolo multo brevioribus, tarde deciduis, floribus in axillis superioribus v. in apice ramulorum sessilibus, solitariis, ebracteatis.*

Octavia DC. *Prodr. IV.* 464.

3206. Lithosanthes *BLUM.* Calyx tubo cum ovario connato, limbo supero, minimo, quadridentato. Corolla supera, globosa, fauce villosa, limbo brevi, patente, quadrifido. Stamina 4, corollae infra faucem inserta, inclusa; filamenta brevissima, antherae lineares. Ovarium inferum, quadriloculare, disco epigyno carnoso, a stylo perforato. Ovula in loculis solitaria, erecta? Stylus inclusus; stigma subclavatum, apice quadridentatum. Drupa succulenta, obovata, umbonata, inflata, unilocularis, subtetrapyrena, pyrenis crustaceis, basi axi centrali incompletae affixis, monospermis. Semina erecta, incurva? Embryo in axi albuminis incurvus; radicula infera. — *Frutex javanicus, Ferneliae facie; foliis oppositis, subsessilibus, trapeziformibus, parvis, pedunculis axillaribus filiformibus, apice bifloris.*

Lithosanthes Blume *in Flora 1825. p. 189. Bijdr.* 994. A. Richard *in Mem. soc. h. n. Paris. V.* 213. DC. *Prodr. IV.* 465.

3207. Erithalis *P. BROWN.* Calyx tubo ovato, cum ovario connato, limbo supero, persistente, brevi, subtruncato, obsolete quinque-decemdentato. Corolla supera, tubo subnullo rotata, quinque-decempartita, lobis lineari-oblongis, patentibus. Stamina 5—10, imae corollae inserta; filamenta subulata, antherae lineares. Ovarium inferum, quinque-decemloculare. Ovula in loculis solitaria, ex apice pendula, anatropa. Stylus simplex; stigma bilamellatum, lamellis approximatis, adglutinatis. Drupa globosa, sulcata, calycis limbo annulari coronata, penta-decapyrena, pyrenis distinctis, osseis, monospermis. Semina e funiculo pendula, compressiuscula. Embryo in basi albuminis carnosi minimus; cotyledonibus brevissimis, radicula incrassata, supera. — *Frutices antillani, glabri; foliis oppositis, petiolatis, stipulis latis, brevibus, mucronatis, vaginantibus, persistentibus, pedunculis axillaribus paniculatis, folium subsuperantibus.*

Erithalis P. Browne *Jam.* 165. *t.* 17. *f.* 3. Linne *gen. n.* 238. Jacquin *Amer. t.* 173. *f.* 23. Jussieu *gen.* 206. *Mem. Mus. VI.* 396. Lam. *t.* 159. Gärtn. *I.* 129. *t.* 26. A. Richard *in Mem. soc. h. n. Paris. V.* 213. DC. *Prodr. IV.* 465. Herrera Adanson *Fam. II.* 158. non Ruiz et Pav.

3208. Retiniphyllum *HUMB. et BONPL.* Calyx tubo subgloboso, cum ovario connato, limbi superi, persistentis, tubuloso-campanulati, quinquefidi lobis acutis. Corolla supera, hypocraterimorpha, tubo tereti, limbi quinquelobi lobis linearibus, obtusis, patentibus. Stamina 5, corollae fauci inserta, longe exserta; filamenta subulato-filiformia, antherae oblongae, erectae. Ovarium inferum, quinqueloculare. Ovula .... Stylus exsertus; stigma indivisum, incrassatum. Drupa globosa, sulcata, calycis limbo coronata, pentapyrena, pyrenis osseis, monospermis. Semina ...... — *Arbuscula glabra, resinosa, in umbrosis Orinocci ripis observata; foliis oppositis, coriaceis, obovatis, obtusis v. emarginatis, basi cuneatis, subtus pubescentibus, stipulis vaginantibus, spicis ad apices ramorum axillaribus, pedunculatis, secundifloris, floribus bracteatis, carneis.*

Retiniphyllum Humb. et Bonpl. *Plant. aequinoct. I.* 86. *t.* 25. Kunth *in Humb. et Bonpl. Nov. gen. et sp. III.* 421. A. Richard *in Mem. soc. h. n. Paris. V.* 208. DC. *Prodr. IV.* 466.

3209. Nonatelia *AUBL.* Calyx tubo ovato, cum ovario connato, limbo supero, persistente, quinquedentato. Corolla supera, infundibuliformis, tubo longo, fauce nuda, limbo quadri-quinquepartito. Antherae 4—5, intra corollae faucem sessiles, oblongae, dorso affixae. Ovarium inferum, quadri-quinqueloculare, disco epigyno carnoso, depresso. Ovula in loculis solitaria, medio anguli centralis inserta, amphitropa. Stylus simplex; stigma bifidum, lobis obtusis, approximatis v. cohaerentibus. Drupa globoso-depressa, calycis limbo coronata, sulcata, tetra-pentapyrena, pyrenis distinctis, osseis, compressis, monospermis. Semina compressa, incurva, umbilico ventrali subfungoso. Embryo in axi albuminis dense carnosi homotropus, teretiusculus; radicula infera. — *Frutices v. arbusculae guianenses; foliis oppositis, stipulis interpetiolaribus, saepius basi in vaginam connatis, floribus terminalibus racemosis, spicatis v. conglomeratis, saepius basi squamatis, albidis.*

Nonatelia Aublet *Guian. I.* 182. *t.* 72. excl. reliq. A. Richard *in Mem. soc. h. n. Paris. V.* 206. *t.* 19. DC. *Prodr. IV.* 466. excl. sp. Oribasia Schreber *gen. n.* 307.

3210. Gynochtodes *BLUM.* Calyx tubo cum ovario connato, limbo supero, brevi, integerrimo. Corolla supera, quadri-quinquepartita, intus villosa, laciniis inferne conniventibus, superne patentibus, ad apicem ungue inflexo instructis. Stamina 4—5, imae corollae inserta, inclusa. Ovarium inferum ..... Stylus ..... stigma bifidum, verrucosum. Drupa carnosa, globosa, umbilicata, tetrapyrena, pyrenis triquetris, chartaceis, monospermis. Semina ...... Embryo intra albumen; radicula infera. — *Frutex javanicus, scandens, glaber; foliis oppositis, oblongo ovalibus, acutis, coriaceis, stipulis utrinque binis, approximatis, erectis, persistentibus, demum marcescentibus, floribus axillaribus, confertis.*

Gynochtodes Blume *Bijdr.* 993. A. Richard *in Mem. soc. h. n. Paris. V.* 208. DC. *Prodr. IV.* 477.

3211. Coelospermum *BLUM.* Calyx tubo cum ovario connato, limbo supero, urceolato, integerrimo, deciduo. Corolla supera, tubo brevi, limbi quadri-quinquefidi lobis oblongo-linearibus, patentibus. Stamina 4—5, corollae fauci inserta; filamenta exserta, antherae longe lineares, incumbentes. Ovarium inferum quadriloculare, disco epigyno styli basim vaginante. Stylus simplex; stigma bifidum, exsertum. Drupa globosa, umbilicata, tetrapyrena, pyrenis chartaceis, dorso gibbis, facie concavis, monospermis. Semina ...... Embryo intra albumen; radicula infera. — *Frutices javanici, scandentes, glabri; ramis teretibus, foliis oppositis, petiolatis, stipulis latis, brevibus, truncatis, corymbis v. umbellis axillaribus simplicibus, v. terminalibus compositis.*

Coelospermum Blume *Bijdr. 994.* A. Richard *in Mem. soc. h. n. Paris. V. 209.* DC. *Prodr. IV. 468.*

3212. Ancylanthus *DESFONT.* Calyx tubo cum ovario connato, limbi superi, quinquepartiti laciniis lanceolatis. Corolla supera, tubulosa, subincurva, tubo ad basim intus pilorum annulo cincto, fauce ampliata, nuda, limbi inaequaliter quinquefidi lobis duobus superioribus longioribus, omnibus erectis, apice calloso-subulatis. Antherae 5, ovatae, intra faucem corollae sessiles. Ovarium inferum, quinqueloculare. Ovula in loculis solitaria, medio anguli centralis inserta, amphitropa? Stylus simplex, corollae longitudine; stigma crassum, teres, basi apiceque truncatum, hinc obsolete quinquelobum, illinc ad insertionem styli exstinctoriiforme. Fructus ...... — *Frutex angolensis; ramulis villosis, foliis oppositis, breve petiolatis, ellipticis, obtusis, puberulis, subtus reticulatis, stipulis coriaceis, acutis, basi vaginantibus, floribus axillaribus breve pedicellatis, solitariis v. ternis, bracteolatis, patentibus v. nutantibus, hirsutis.*

Ancylanthus Desfontaines *in Mem. Mus. IV. 5. t. 2.* Jussieu *in Mem. Mus. VI. 396.* A. Richard *in Mem. soc. h. n. Paris. V. 209.* DC. *Prodr. IV. 468.*

3213. Hylacium *PALIS.* Calyx tubo brevi, hemisphaerico, cum ovario connato, limbo supero, quinquedentato. Corolla supera, infundibuliformis, tubo longo, limbi quinquefidi lobis rotundatis, reflexis. Antherae 5, intra faucem corollae sessiles. Ovarium inferum ...... Ovula ..... Stylus basi crassus, quinquesulcatus; stigma cylindricum, basi et apice truncatum, quinquesulcatum. Drupa sicca, nucleo biloculari, compresso, rugoso, loculis monospermis. Semina ...... — *Frutex owariensis, pessime descriptus; foliis oppositis, breve petiolatis, ovato-oblongis, utrinque attenuatis, glabris, stipulis ......, corymbi terminalis pedicellis bi-trifloris, floribus albis.*

Hylacium Palisot *Flor. Owar. 83. t. 113.* DC. *Prodr. IV. 619.* Psychotriae sp. Jussieu *in Mem. Mus. VI. 379.*

3214. Phallaria *SCHUMACH.* Calyx tubo globoso v. turbinato, cum ovario connato, limbo supero, acute quinquedentato. Corolla supera, tubulosa, quinquefida, laciniis acutis, patulis v. reflexis. Antherae 5, ad faucem corollae sessiles, ovales. Ovarium inferum, dispermum. Stylus filiformis; stigma phalliforme. Fructus ..... — *Frutices guineenses, glabri, pessime descripti; ramis teretibus, inermibus v. spinosis, foliis oppositis, subpetiolatis, ovato-ellipticis, stipulis interpetiolaribus, acuminatis, pedunculis axillaribus.*

Phallaria Schumacher *in Act. soc. h. n. Hafn. III. 132.* DC. *Prodr. IV. 619.*

3215. Cuviera *DC.* Calyx tubo brevi, cum ovario connato, limbi superi, quinquepartiti lobis linearibus, acutis, foliaceis, patulis, tubo triplo longioribus. Corolla supera, campanulata, quinquefida, lobis linearibus, acutissimis, indurato-spinescentibus. Stamina 5, corollae fauci inserta, inclusa; filamenta brevissima, antherae ovatae, erectae. Ovarium inferum, quinqueloculare, disco epigyno obsoleto. Ovula in loculis solitaria. Stylus simplex; stigma magnum, dilatatum, marginibus reflexis exstinctoriiforme, obtusum, pentagonum. Bacca quinquelocularis, loculis monospermis. Semina ..... — *Frutex glaber, in Africae ora tropica occidentali indigenus; ramis divergentibus, foliis oppositis, subsessilibus, ovali-oblongis, acutis, stipulis in vaginam brevem, bidentatam connatis, panicula terminali corymbosa, corollae tubo intus membrana separabili instructo.*

Cuviera DC. *in Annal. Mus. IX. 222. t. 15.* Jussieu *in Mem. Mus. VI. 396.* A. Richard *in Mem. soc. h. n. Paris. V. 210.* DC. *Prodr. IV. 468.*

3216. Dondisia *DC.* Calyx tubo turbinato, cum ovario connato, limbo supero, brevissimo, vix quinquedentato. Corolla supera, tubo brevi, lato, intus pilis rigidis, scariosis, retrorsis, uniseriatis vestito, limbi quinquefidi lobis acuminatis, aestivatione valvatis, sub anthesi patulis. Stamina 5, corollae fauci inserta; filamenta brevia, tenuia, antherae ...... Ovarium inferum, uniloculare? Ovula plurima? ..... Stylus filiformis, medio tumidus et hispidus; stigma ovatum, basi truncatum, subexstinctoriiforme. Fructus ...... — *Frutex indicus, glaber; ramulis tenuibus, foliis oppositis, brevissime petiolatis, oblongis, acuminatis, basi acutis, stipulis acutis, brevibus, deciduis, racemulis tri-quadrifloris, brevibus, axillaribus, v. ex ramulis brevissimis axillaribus ortis, bracteolatis, foliis multo brevioribus.*

Dondisia DC. *Prodr. IV. 469.* non allor.

3217. Stigmanthus *LOUREIR.* Calyx tubo brevi, cum ovario connato, limbi superi, quinquepartiti laciniis filiformibus. Corolla supera, infundibuliformis, tubo longo, limbi quinquefidi lobis ovato-oblongis, patentibus. Stamina 5; filamenta brevissima, antherae reflexae. Ovarium ...... Stylus filiformis, corolla longior; stigma ovatum, sulcatum, maximum. Bacca exsucca, tuberculosa, compressa, unilocularis. Semina plurima, ossea. — *Frutex cochinchinensis, scandens; foliis lanceolatis, glabris, cymis amplis, axillaribus et terminalibus.*

Stigmanthus Loureiro *Flor. cochinch. I. 181.* Jussieu *in Mem. Mus. VI. 390.* DC. *Prodr. IV. 469.* Stigmatanthus Römer Schult. *Syst. V. p. 15.*

*

3218. Strumpfia *JACQ.* Calyx tubo ovato, cum ovario connato, limbi superi, campanulati, ultra medium quinquefidi lobis acutis, erectis. Corolla supera, subcampanulata, profunde quinquepartita, tubo vix ullo, lobis erectiusculis, lanceolatis, apice subreflexis. Stamina 5, imo corollae tubo inserta; filamenta brevissima, connata, antherae quinqueloculares, loculis tribus extrorsis, duobus introrsis regularibus, in tubum ovoideo-oblongum, stylo pervium, apice quinquedentatum coalitis. Ovarium inferum, biloculare. Ovula in loculis solitaria, e basi erecta, anatropa. Stylus simplex, antherarum longitudine; stigma breviter bifidum, lobis erectis, obtusis. Drupa pisiformis, umbilicata, nucleo globoso, biloculari, rarius abortu uniloculari. Semina in loculis solitaria, erecta. Albumen carnosum. Embryo ...... — *Suffrutex antillanus maritimus, in ordine valde anomalus, etiam quoad locum subdubius; caule brevi, quasi articulato, trichotomo, foliis ternato-verticillatis, carnosis, linearibus, obtusis, margine revolutis, stipulis interpetiolaribus, floribus minimis, in racemos axillares, breves, subsimplices dispositis, bracteis duabus oppositis sub singulo flore.*

Strumpfia Jacquin *Amer. 218.* Lam. *t. 731.* A. Richard *in Mem. soc. h. n. Paris. V. 218. t. 19. f. 3.* DC. *Prodr. IV. 469.* Strumphia Persoon *Ench. II. 211.*

**

3219. Epithinia *JACK.* Calyx tubo subcylindrico, cum ovario connato, limbo supero, membranaceo, urceolato, integerrimo v. obsolete quadridentato. Corolla supera, hypocraterimorpha, tubo calycis limbum duplo v. triplo superante, intus piloso, limbi quadrifidi lobis ovatis, recurvatis, aestivatione imbricato-subcontortis. Stamina 4, exserta; antherae lineares, acutae. Ovarium inferum, biloculare. Ovula in loculis gemina, superposita, superius ex apice loculi pendulum, inferius ...... Stylus filiformis, glaber; stigma bifidum, lobis linearibus, divaricatis. Bacca oblongo-clavata, compressiuscula, octosulcata, limbo calycis coronata, dipyrena, pyrenis lignosis, distinctis v. in unam cohaerentibus, dispermis v. abortu monospermis. Semina lineari-oblonga, superposita. Embryo intra albumen tenue, carnosum magnus; cotyledonibus oblongis, planiusculis, radicula supera. — *Frutex indicus, glaber; ramis junioribus apice gummiferis, foliis oppositis, petiolatis, obovatis, obtusis, subcarnosis, enerviis, stipulis adpressis, connato-vaginantibus, truncatis, cymis supraxillaribus, pedunculo horizontali, bifido, petiolo breviore, floribus albidis.*

Epithinia Jack *in Malay. Miscell. I. n. 2. p. 12.* DC. *Prodr. IV. 477.* Wight et Arnott *Prodr. Flor. Penins. Ind. orient. I. 423.*

TRIBUS VIII. CORDIEREAE A. Richard *in Mem. soc. h. n. Paris. V. 107. et 222.* Flores hermaphroditi v. monoici, axillares glomerati, v. terminales involucrati. Ovarium bi-quinqueloculare, loculis uni-biovulatis. Fructus baccatus, bi-plurilocularis. Albumen carnosum. — *Frutices, foliis oppositis, stipulis latiusculis junctis, a Guettardeis fructu loculos veros nec pyrenas gerente distincti, sed alterius generis fructus ignotus, et major fortassis cum Diplospora inter Coffeeas affinitas. Fortassis tamen expulsa Tricalysia, revocatis pluribus generibus supra inter Guettardeas recensitis, tribus stabilienda.*

3220. Cordiera *A. RICH.* Flores unisexuales, in diversis ramis. Masc. Calyx cupuliformis, solidus, limbo integro. Corolla hypocraterimorpha, tubo longo, versus apicem sensim attenuato, subincurvo, coriaceo, nitente, quasi corneo, fauce angustissima, nuda, limbi plani, quadri-quinquepartiti, stellatim patentis lobis oblongo-acutis. Antherae 4—5, oblongae, in medio corollae tubo sessiles. Styli rudimentum e fundo calycis. Fem. Calyx tubo subgloboso, cum ovario connato, limbo supero, brevissimo, integro. Corolla supera, hypocraterimorpha, tubo recto, apice vix attenuato, limbo quadri-quinquepartito, patente. Stamina parva, abortiva. Ovarium inferum, quadri-quinqueloculare, disco epigyno medio depresso. Ovula in loculis solitaria, medio anguli centralis inserta, amphitropa. Stylus simplex; stigmata 4—5, subulata. Bacca carnosa, depresso-globosa, umbilicata, quadri-quinquelocularis. Semina in loculis solitaria, umbilico ventrali, lineari. Embryo in axi albuminis carnosi rectus; cotyledonibus subcordatis, foliaceis, radicula infera. — *Frutex guianensis, dumosus, quadri quinquepedalis; foliis oppositis, elliptico-acuminatis, glabris, mediantibus stipulis acutissimis basi inter se subcoalitis, floribus candidis in ramulis terminalibus, masculis ternis, sessilibus, bracteis quatuor squamaeformibus cinctis, femineis solitariis, quadribracteatis.*

Cordiera A. Richard *in Mem. soc. h. n. Paris. V. 230. t. 10. f. 2.* DC. *Prodr. IV. 445.*

3221. Tricalysia *A. RICH.* Calyx basi calyculo duplici, utroque quadridentato munitus, tubo cum ovario connato, limbo supero, subampliato, quinque-sexdentato. Corolla supera, tubo brevi, fauce nuda, limbi quinque-sexpartiti laciniis angustis, patulis. Stamina 5—6, corollae fauci inserta, exserta; filamenta brevia, antherae lineares. Ovarium inferum, biloculare. Ovula in loculis gemina, collateralia, facie interna medio dissepimento inserta. ...... Stigmata 2, linearia, brevia, subrecurva, exserta. Fructus ...... — *Frutex angolensis, non satis notus; foliis oppositis, basi sensim angustatis, mediantibus stipulis latis, acuminatis conjunctis, floribus subsessilibus, in axilla foliorum conglomeratis, pubescentibus.*

Tricalysia A. Richard *in Mem. soc. h. n. Paris. V. 224.* DC. *Prodr. IV. 443.*

SUBORDO II. CINCHONACEAE. Fructus loculi polyspermi.

TRIBUS IX. HAMELIEAE DC. *Prodr. IV. 438.* Fructus baccatus, multilocularis, loculis polyspermis. Semina albumine carnoso.

3222. Evosmia *HUMB. et BONPL.* Calyx tubo ovato, cum ovario connato, limbo supero, brevissimo, quadridentato. Corolla supera, subrotata, ultra medium quadrifida. Stamina 4, corollae fauci inserta, subexserta v. inclusa; filamenta brevissima, antherae ovatae. Ovarium inferum, quadriloculare. Ovula in placentis e loculorum angulo centrali plurima, horizontalia, anatropa. Stylus filiformis; stigma incrassatum v. quadrilobum. Bacca ovata, calycis limbo coronata, quadrilocularis. Semina in loculis plurima, minima, lucida, punctata. Embryo in axi albuminis carnosi orthotropus; cotyledonibus brevissimis, radicula crassa, centripeta. — *Frutices v. arbusculae in America tropica crescentes; foliis oppositis, petiolatis, ovalibus, utrinque acutis, membranaceis, stipulis brevibus, ovatis, acutis, deciduis, racemis ex axillis inferioribus geminis v. ternis, pedicellis elongatis, capillaribus, floribus rubris, baccis junioribus odoratis.*

Evosmia Humb. et Bonpl. *Plant. aequinoct. II. 165. t. 134.* Kunth *in Humb. et Bonpl. Nov. gen. et sp. III. 418.* Jussieu *in Mem. Mus. VI. 398.* A. Richard *in Mem. soc. h. n. Paris. V. 232.* DC. *Prodr. IV. 438.* Evosma Willdenow *mss.* Ohigginsia aggregata Ruiz et Pav. *Flor. peruv. t. 83. f. 6.*

3223. Tepesia *GÄRTN. FIL.* Calyx tubo oblongo, cum ovario connato, limbo supero, quadridentato, dentibus carinatis; duobus oppositis exterioribus majoribus erectis, duobus minoribus conniventibus. Corolla ...... Stamina ...... Ovarium inferum ..... Bacca oblonga, calycis limbo coronata, quadrilocularis. Semina in loculis plurima, in pulpa nidulantia, minuta, angulata, punctata. Embryo in axi albuminis carnosi orthotropus; cotyledonibus brevissimis, radicula crassa, umbilico proxima. — *Frutex* *chilensis, excepto fructu ignotus, fortassis ab Evosmia non satis distinctus.*

Tepesia Gärtner f. *III. 72. t. 192.* DC. *Prodr. IV. 438.*

3224. Sabicea *AUBL.* Calyx tubo oblongo v. turbinato, cum ovario connato, limbo supero, persistente, quadri-quinquepartito. Corolla supera, hypocraterimorpha, tubo longo, gracili, fauce hirsuta, limbi quadri-quinquepartiti lobis acutis. Stamina 4—5, corollae fauci v. tubo infra faucem inserta, inclusa v. subexserta; filamenta brevissima, antherae lineares, incumbentes. Ovarium inferum, quadri-quinqueloculare, urceolo epigyno carnoso. Ovula in placentis e loculorum angulo centrali plurima ...... Stylus filiformis; stigmata 4—5, filiformia v. subclavata, patentia. Bacca subglobosa, calycis limbo coronata, quadri-quinquelocularis. Semina in loculis plurima, minuta, angulata. Embryo ...... — *Frutices v. suffrutices americani tropici, scandentes; foliis oppositis, breve petiolatis, ovalibus, acutis, stipulis utrinque solitariis, persistentibus, floribus axillaribus, fasciculatis, sessilibus, v. corymbosis, breve pedunculatis, albis, corollis pilosis.*

Sabicea Aublet *Guian. I. 192. t. 75. 76.* Lam. *t. 165.* Jussieu *in Mem. Mus. VI. 400.* A. Richard *in Mem. soc. h. n. Paris. V. 227.* DC. *Prodr. IV. 439.* Schwenkfelda Schreber *gen. n. 306.* Schwenkfeldia Willdenow *sp. I. 982.*

3225. Holostyla *DC.* Calyx tubo ovato, cum ovario connato, limbo supero, brevissimo, quinquedentato. Corolla supera, subrotata, tubo brevi, intus piloso, limbi quinquefidi lobis lineari-lanceolatis, margine inflexis. Stamina 4, corollae fauci inserta; filamenta brevissima, antherae lineares, exsertae. Ovarium quadriloculare, urceolo epigyno carnoso. Ovula in loculis plurima ..... Stylus filiformis; stigma clavatum, indivisum. Bacca glabra, calycis limbo et urceolo epigyno coronata, quadrilocularis. Semina in loculis plurima, minuta, elliptica, in pulpa nidulantia. Embryo ...... — *Frutex Novae-Caledoniae, inermis, glaber; foliis oppositis, breve petiolatis, obovato-oblongis, coriaceis, stipulis latis, brevibus, acuminatis, floribus in corymbum terminalem subthyrsoideum dispositis.*

Holostyla DC. *Prodr. IV. 440.* Stylocoryna Labillard. *Nov. Caled. 47. t. 48.* —? Gardenia corymbosa Reichenb. *Ic. exot. t. 106.*

3226. Axanthes *BLUM.* Flores hermaphroditi v. abortu dioici. Calyx tubo cum ovario connato, limbo supero, urceolato, subintegerrimo. Corolla supera, rotata, tubo brevi, cylindrico, fauce fasciculis quinque villorum instructa, limbi quinquefidi lobis patentibus. Stamina 5, fauci corollae inserta, vix exserta. Ovarium inferum, quinqueloculare, disco epigyno sulcato. Ovula in loculis plurima ...... Stylus simplex; stigma quinquelobum, lobis primum conniventibus. Bacca globosa, calycis limbo coronata, quinquelocularis, placentis carnosis. Semina in loculis plurima, minuta, depresso-punctata. — *Frutices v. arbores javanicae; foliis oppositis, floribus axillaribus subcapitatis, cymosis v. rarius corymbosis.*

Axanthes Blume *Bijdr. 1002.* DC. *Prodr. IV. 440.* Maschalanthe Blume *Flor. Jav. Praef. VII.* Wallichia Reinwardt *in Flora 1825. p. 107.* non alior.

3227. Urophyllum *JACK et WALL.* Calyx tubo ovato, cum ovario connato, limbo supero, brevi, campanulato, subquinquefido. Corolla supera, infundibuliformis, fauce barbata, limbi quinquepartiti lobis ovatis, aestivatione valvatis. Stamina 5, corollae fauci inserta; filamenta brevia, antherae lineares, incumbentes. Ovarium inferum, quinqueloculare, disco epigyno glanduloso. Ovula in loculis plurima ...... Stylus simplex; stigma crassum, quinquelobum. Bacca globosa, calycis limbo coronata, minuta, lucida, poris pentagonis notata. — *Frutices in India australiore indigeni, erecti; foliis oppositis, breve petiolatis, oblongo-lanceolatis, in acumen longissimum angustatis, stipulis oblongis, acutis, deciduis, pedunculis axillaribus brevibus, flores verticillato-capitatos gerentibus, bracteis plurimis, acutis, capitulum involucrantibus, floribus virescentibus*

Urophyllum Jack et Wallich *in Roxburgh Flor. Ind. II. 184.* Wallichia Roxburgh *msc.* non alior.

3228. Hamelia *JACQ.* Calyx tubo ovali, cum ovario connato, limbo supero, brevi, quinquelobo, lobis erectis, acutis. Corolla supera, tubulosa, tubo subpentagono, fauce nuda, limbi breviter quinquelobi lobis aequalibus, vix patentibus. Stamina 5, medio corollae tubo inserta, inclusa; filamenta filiformia, antherae oblongo-lineares. Ovarium inferum, quinqueloculare, disco epigyno conico. Ovula in placentis e loculorum angulo centrali bilobis plurima, horizontalia, anatropa. Stylus simplex; stigma indivisum, obtusum, subpentagonum. Bacca ovalis, quinquesulcata, calycis limbo coronata, quinquelocularis, dissepimentis membranaceis. Semina in loculis plurima, minima, compressa, areolata. Embryo in axi albuminis carnosi orthotropus; cotyledonibus obtusis, radicula tereti, umbilico proxima, centripeta. — *Frutices Americae tropicae; foliis oppositis v. ternatim aut quaternatim verticillatis, petiolatis, ovali-oblongis, utrinque angustatis, stipulis utrinque solitariis, lanceolato-subulatis, cymis di-trichotomis, in corymbum v. paniculam saepius terminalem dispositis, bracteis minimis, floribus croceo-rubentibus.*

Hamelia Jacq. *Amer. 71. t. 50. Ic. rar. t. 335.* Gärtner f. *III. 63. t. 191. 196.* Smith *Exot. Bot. t. 24.* Ruiz et Pavon *Flor. peruv. t. 221. f. a. et b.* Heritier *Sert. t. 7.* Salisbury *Parad. t. 55.* Bot. Reg. *t. 1195.* A. Richard *in Mem. soc. h. n. Paris. V. 227.* DC. *Prodr. IV. 441.* Duhamelia Persoon *Ench. I. 203.* Tangaraca Adanson *Fam. II. 147.* Lonicera Plumier *Gen. 17. t. 33.*

3229. Alibertia *A. RICH.* Flores abortu incomplete unisexuales. Calyx tubo subgloboso, cum ovario connato, limbo supero, tubuloso, quinquedentato. Corolla supera, tubulosa, tubo tereti, fauce nuda, limbi quinquepartiti, patentis laciniis ovali-acutis. Antherae 5, in corollae fauce sessiles, lineares, inclusae. Ovarium inferum, quinqueloculare. Ovula in loculis plurima, horizontalia, anatropa. Stylus simplex; stigma in floribus masculis indivisum, acutum, femineis profunde quinquefidum, laciniis linearibus. Bacca globoso-depressa, subcorticata, calycis limbo persistente coronata, quinquelocularis. Semina in loculis plurima, compressa, pulpa tenui involuta. Embryo in axi albuminis carnosi orthotropus; cotyledonibus brevibus, obtusis, radicula tereti, umbilico proxima, centripeta. — *Arbuscula guianensis; foliis oppositis, oblongo-acuminatis, coriaceis, stipulis subconnatis, integerrimis, acutis, floribus ramos terminantibus solitariis, v. pluribus fasciculatis, subsessilibus.*

Alibertia A. Richard *in Mem. soc. h. n. Paris. V. 234. t. 21. f. 1.* DC. *Prodr. IV. 443.* Melanopsidium

Poiteau *msc.* Genipella L. C. Richard *msc.* Genipa edulis L. C. Richard.

3230. Schradera *VAHL.* Calyx tubo obovato, cum ovario connato, limbo supero, truncato v. subdenticulato. Corolla supera, infundibuliformis, tubo tereti, fauce pilosa, subdilatata, limbi quinque-octofidi lobis patentibus, carina incrassatis, interdum intus denticulo calloso, retrorso auctis. Antherae 5—8, lineares, intra faucem corollae sessiles, apicibus subexsertis. Ovarium inferum, bi quadriloculare. Ovula in loculis plurima. Stylus brevis; stigma bi-quadrifidum. Bacca pisiformis, tri-tetraquetra, calycis limbo coronata, bi-quadrilocularis. Semina in loculis plurima, minutissima, in pulpa nidulantia. Embryo ...... — *Frutices Americae tropicae pseudoparasitici, radicantes, glabri; foliis oppositis, petiolatis, ovalibus v. lanceolatis, coriaceis, stipulis ovali-oblongis, caducis, ad basim pedunculorum diutius persistentibus, bracteiformibus, pedunculis terminalibus solitariis v. rarius pluribus, petiolo longioribus, floribus capitatis, involucro e bracteis duabus connatis orbiculato, lobato v. subintegro.*

Schradera Vahl *Eclog. I. 35. t. 5.* Jussieu *in Mem. Mus. VI. 403.* A. Richard *in Mem. soc. h. n. Paris. V. 229.* DC. *Prodr. IV. 443.* Fuchsia Swartz *Prodr. 62.* Urceolaria Willdenow *in Coth. Disposit. p. 10.* non alior.

3231. Brignolia *DC.* Calyx tubo subsemigloboso, cum ovario connato, limbi superi, quadridentati dentibus duobus oppositis majoribus. Corolla supera, tubo brevi, fauce limbique tubum superantis, sexlobi lobis lineari-oblongis, obtusiusculis, intus hirsutissimis. Stamina 6, tubo corollae inserta, inclusa; filamenta brevissima, antherae lineares. Ovarium inferum ...... Stylus filiformis; stigma capitatum, indivisum. Fructus carnosus, globosus, calycis limbo coronatus. Semina plurima ...... — *Frutex v. arbor insulae Trinitatis; ramis teretibus, villosis, foliis oppositis, petiolatis, ovali-oblongis, basi obtusis, apice acuminatis, ad nervos puberulis, ceterum glabris, stipulis utrinque binis, lanceolatis, acuminatis, in unicam interpetiolarem primum coadunatis, mox a basi ad apicem disjunctis, corymbo terminali pedunculato, rhachi brevi, hirsuta, ramis confertis, puberulis, trichotomis, bracteis ciliatis, floribus in dichotomiis et ad apicem pedicellorum sessilibus.*

Brignolia DC. *Prodr. IV. 444.*

3232. Patima *AUBLET.* Calyx tubo ovato, cum ovario connato, limbo supero, tubuloso, laxo, subpentagono, brevissime quinquesinuato. Corolla supera, tubulosa, tubo tereti, fauce subdilatata limbique quinquepartiti laciniis longissime acuminatis, intus dense sericeis. Stamina 5, corollae fauci inserta, inclusa; filamenta brevissima, antherae ovato-oblongae, erectae. Ovarium inferum, quinqueloculare, disco epigyno carnoso. Ovula in loculis plurima ...... Stylus simplex; stigma brevissime bilobum. Bacca subglobosa, calycis limbo coronata, quinquelocularis, placentis carnosis, bilobis. Semina in loculis plurima, minutissima. Embryo ..... — *Suffrutex guianensis, glaber, erectus; ramis teretibus, foliis oppositis, petiolatis, ovato-oblongis, utrinque angustatis, stipulis solitariis, brevibus, latis, acutis, persistentibus, pedunculis axillaribus, uni-paucifloris.*

Patima Aublet *Guian. I. 196. t. 77.* Jussieu *in Mem. Mus. VI. 401.* A. Richard *in Mem. soc. h. n. Paris. V. 230. t. 25. f. 2.* DC. *Prodr. IV. 444.*

3233. Polyphragmon *DESFONT.* Calyx tubo ovato, cum ovario connato, limbo supero, brevi, integerrimo v. quinquedentato. Corolla supera, hypocraterimorpha, tubo tereti, limbi decempartiti lobis elliptico-oblongis. Antherae 10, lineares, in medio corollae tubo sessiles. Ovarium inferum ...... Stylus incrassatus, longitudinaliter sulcatus; stigmata 6—7, acuta. Bacca globosa, calycis limbo coronata, decem-vigintilocularis. Semina oblonga, in quovis loculo plura, uniseriata, deorsum imbricata, septulis transversis distincta. Embryo ..... — *Frutex timorensis; foliis oppositis v. ovali-lanceolatis, utrinque acuminatis, subtus adpresse sericeis, stipulis deciduis, pedunculis axillaribus brevibus, unifloris, calycibus corollisque setosis.*

Polyphragmon Desfont. *in Mem. Mus. VI. 6. t. 2. et 2 bis.* Jussieu *in Mem. Mus. VI. 399.* A. Richard *in Mem. soc. h. n. Paris. V. 231.* DC. *Prodr. IV. 445.* Erithalis uniflora Gärtner f. *III. 93. t. 196.*

TRIBUS X. ISERTIEAE A. Richard *in Mem. soc. h. n. Paris. V. 235.* Drupa pleiopyrena, pyrenis polyspermis. — *Frutices v. herbae archipelagum indicum et Americam tropicam, pari fere specierum numero incolentes; foliis oppositis, stipulis interpetiolaribus.*

3234. Isertia *SCHREB.* Calyx tubo subgloboso, cum ovario connato, limbo supero, brevi, persistente, quadri-sexdentato. Corolla supera, longe tubulosa, tubo medio angustato, limbi sexlobi lobis brevibus, erectis, obtusis, intus lanuginosis, sinubus in cristas exsertis. Antherae 6, oblongae, intra corollae faucem sessiles, inclusae. Ovarium inferum, sexloculare, disco epigyno carnoso. Ovula in loculis plurima, placentis ex angulo centrali prominulis inserta, horizontalia, anatropa. Stylus simplex; stigmata 6, linearia, erecto-stellata. Bacca globosa, calycis limbo coronata, hexapyrena, pyrenis triquetris, fragilibus, polyspermis. Semina subglobosa, basi truncata. Embryo in axi albuminis carnosi orthotropus; cotyledonibus semicylindricis, radicula tereti, centripeta. — *Arbusculae guianenses et mexicanae; foliis oppositis, breve petiolatis, ovalibus, utrinque acuminatis, subtus velutino-villosis, stipulis utrinque geminis, subulato-lanceolatis, thyrso terminali multifloro, spicaeformi v. paniculaeformi, pedunculis oppositis, floribus coccineis.*

Isertia Schreber *gen. n. 602.* Vahl *Eclog. 27. t. 15.* Gärtn. f. *III. 60. t. 191.* Kunth *in Humb. et Bonpl. Nov. gen. et sp. III. 415.* Jussieu *in Mem. Mus. VI. 390.* A. Richard *in Mem. soc. h. n. Paris. V. 233. t. 21. f. 2.* DC. *Prodr. IV. 437.* Guettardae sp. Aublet *Guian. t. 123.* Lam. *t. 259.* Phosanthus Rafinesque *in Annal. gen. sc. phys. VI. 82.*

3235. Gonzalea *PERS.* Calyx tubo subgloboso, cum ovario connato, limbo supero, persistente, quadridentato v. quadripartito. Corolla supera, infundibuliformis v. hypocraterimorpha, tubo cylindrico, longo, fauce pubescente v. hirsuta, limbi quadrifidi lobis brevibus, ovatis. Stamina 4, corollae fauci inserta, inclusa; filamenta brevissima, antherae lineares. Ovarium inferum, bi-quadriloculare. Ovula in loculis plurima ...... Stylus filiformis; stigma bi quadripartitum, lobis patentibus v. in globum cohaerentibus. Drupa globosa, calycis limbo coronata, di-tetrapyrena, pyrenis osseis v.

chartaceis, polyspermis. Semina minuta, angulata, punctata. Embryo ...... — *Frutices in America tropica cis aequatorem et in Peruvia indigeni; ramis teretibus, villosis, foliis oppositis, petiolatis, ovali-lanceolatis, acuminatis, stipulis utrinque solitariis v. geminis, spicis terminalibus v. ex axillis supremis elongatis, villosis, floribus subsecundis, solitariis v. fasciculatis.*

Gonzalea Persoon *Ench. I. 132.* Jussieu *in Mem. Mus. VI. 400.* A. Richard *in Mem. soc. h. n. Paris. V. 236.* DC. *Prodr. IV. 436.*

a. GONZALAGUNIA Ruiz et Pav. *Prodr. 12. t. 13.* Bacca carnosa, tetrapyrena, pyrenis osseis. — *Stipulae utrinque binae.* — (Ruiz et Pav. *Flor. peruv. I. 56. t. 86. Suppl. Quinolog. 84. t. 1. f. a.*)

b. LYGISTOIDES DC. *Prodr. IV. 436.* Bacca subexsucca, di-tri-tetrapyrena, pyrenis chartaceis. — *Stipulae utrinque solitariae.* — Buena Cavanill. *Anal. cien. nat. II. 279. Ic. VI. 50. t. 571.* non Pohl. Lygisti sp. Lam. Coccocypseli sp. Kunth. (Humb. et Bonpl. *Plant. aequinoct. t. 64.*)

3236. Anthocephalus *A. RICH.* Calyx tubo cum ovario connato, limbo supero, persistente, quinquepartito. Corolla supera, longe tubulosa, limbo quinquepartito. Stamina 5, inclusa. Ovarium inferum, quadriloculare. Ovula ...... Stylus longe exsertus; stigma bilobum, lobis approximatis. Fructus limbo calycino coronatus, tetracoccus, coccis ovoideis, coriaceis, extus parce carnosis, basi truncatis, indehiscentibus, tetra-pentaspermis. Semina .... *Arbuscula chinensis; foliis oppositis, stipulis interpetiolaribus solitariis, floribus terminalibus in globum densum, supra receptaculum commune sphaericum dispositis, subpedicellatis.*

Anthocephalus A. Richard *in Mem. soc. h. n. Paris. V. 237.* Cephalanthus chinensis Lam.

3237. Metabolus *BLUM.* Calyx tubo obovato-subgloboso, cum ovario connato, limbo supero, quadri- v. rarius quinquefido aut partito. Corolla supera, infundibuliformis, limbo quadri-quinquefido v. partito. Stamina 4—5, corollae fauci inserta ..... Ovarium inferum, bi-quadriloculare. Ovula in loculis plurima .... Stylus filiformis; stigma incrassatum, bi-quadrilobum. Bacca exsucca, calycis limbo coronata, partibilis, di-tetracocca, coccis polyspermis. Semina angulata, placentis prominulis affixa. Embryo ..... — *Herbae suffruticosae, javanicae et manillenses; caule tetragono, foliis oppositis, parallele venosis, stipulis geminatis, incisis, floribus verticillatis v. capitatis, axillaribus.*

Metabolus Blume *Bijdr. 990.* A. Richard *in Mem. soc. h. n. Paris. V. 237.* DC. *Prodr. IV. 435.* Sclerococcus Bartling *msc.*

TRIBUS XI. HEDYOTIDEAE Cham. et Schlechtend.

in Linnaea IV. 150. Fructus capsularis, bilocularis, loculicido-dehiscens, rarius indehiscens. Semina plurima, aptera. Albumen carnosum. — *Frutices v. herbae, foliis oppositis, stipulis interpetiolaribus.*

SUBTRIBUS I. HEDYOTEAE DC.

Prodr. IV. 419. Stipulae utrinque cum petiolis in vaginam integerrimam, v. saepius in setas plures desinentem connatae. — *Hedyoteae in Indiae terra continente et insulis magno numero crescunt, pauciores Americam tropicam, Africam tropicam et australem extratropicam, nec non Oceani pacifici insulas inhabitant. Paucissimae in America boreali repertae, nonnullae per regiones tropicas totius orbis divulgatae.*

3238. Dentella *FORST.* Calyx tubo subgloboso, hispido, cum ovario connato, limbi superi, quinquefidi laciniis lanceolatis, acutis. Corolla supera, infundibuliformis, tubo calycem superante, fauce inflata, limbi quinquefidi, patentis laciniis medio utrinque acute unidentatis. Stamina 5, corollae tubo paullo supra basim inserta, inclusa; filamenta brevissima, antherae oblongae, erectae. Ovarium inferum, biloculare. Ovula in placentis carnosis, dissepimento utrinque adnatis plurima, horizontalia, anatropa. Stylus brevis; stigma bifidum, lobis crassis, obtusis, subcohaerentibus. Bacca exsucca, hispida, calycis lobis conniventibus coronata, bilocularis, indehiscens. Semina in loculis plurima, parva, cuneata. — *Herbae in India et Oceania tropica indigenae, paludosae, annuae, caespitosae, repentes; caulibus filiformibus, glabris, foliis oppositis, breve petiolatis, oblongis, basi ciliatis, stipulis petiolorum bases jungentibus acutis, inciso-serratis, pedicellis axillaribus solitariis, unifloris, floribus parvis, albis.*

Dentella Forster *Char. gen. 26. t. 13.* Lam. *t. 118.* Jussieu *in Mem. Mus. VI. 385.* Chamisso et Schlechtend. *in Linnaea III. 150.* A. Richard *in Mem. soc. h. n. Paris. V. 270.* DC. *Prodr. IV. 418.* Wight et Arnott *Prodr. Flor. Penins. Ind. orient. 405.* Lippaya Endlicher *Atakt. 13. t. 13.* Oldenlandiae sp. Linn. Hedyotidis sp. Lam.

3239. Gonotheca *BLUM.* Calyx tubo ovato, tetraptero, cum ovario connato, limbo supero, tubuloso, amplo, quadridentato. Corolla supera, tubulosa, tubo calycis limbum vix superante, basi inflato, fauce villosa, limbi quadrifidi lobis patentibus, carinatis. Antherae 3—4, ovatae, ad basim tubi corollini sessiles. Ovarium inferum, biloculare. Ovula in placentis dissepimento utrinque adnatis plurima, horizontalia, anatropa. Stylus subnullus; stigmata 2, linearia, obtusa. Capsula membranacea, compressa, utrinque ala duplici in pedicellum decurrente marginata, limbo calycis late tubuloso coronata, bilocularis, inter stylos dehiscens. Semina plurima, ovata, scrobiculata. Embryo in axi albuminis carnosi orthotropus; cotyledonibus semicylindricis, obtusis, radicula tereti, umbilico proxima, centripeta. — *Herba moluccana, erecta, glabra; caule quadrangulari, divaricato, foliis oppositis, lanceolatis, subsessilibus, stipulis inciso-dentatis, cymis axillaribus et terminalibus pedunculatis, paucifloris.*

Gonotheca Blume *in DC. Prodr. IV. 429.* Endlicher *Atakt. 23. t. 22.*

3240. Hedyotis *LAM.* Calyx tubo ovato v. globoso, cum ovario v. ejus basi connato, limbo supero, persistente, quadrifido, denticulis interdum interjectis. Corolla supera, infundibuliformis v. rotata, quadrifida, laciniis aestivatione imbricatis. Stamina 4, corollae fauci inserta, exserta v. inclusa; filamenta filiformia, brevissima v. subnulla, antherae oblongae v. sublineares. Ovarium inferum v. vertice plus minus exserto semisuperum, biloculare, disco epigyno tenui. Ovula in placentis dissepimento utrinque adnatis plurima v. pauca, horizontalia, anatropa. Stylus filiformis; stigma bifidum, lobis obtusis, divaricatis v. subcohaerentibus. Capsula ovata, obovata v. subglobosa, calycis limbo coronata, bilocularis, vertice plus minus complete loculicido-dehiscens, valvis saepius demum septicido-bifidis. Semina in loculis plurima, rarius pauca v. subsolitaria, angulata, reticulato-punctata. Embryo in axi albuminis carnosi orthotropus; cotyledonibus semicylindricis, obtusis, radicula umbilico proxima, centripeta. — *Herbae v. suffrutices inter tropicos totius orbis provenientes, in America boreali rari; caule tetragono v. tereti, ramis saepius compressis, foliis oppositis, stipulis petiolos connectentibus plurisetis v. rarius integerrimis, inflorescentia varia.*

Hedyotis Lamarck *Dict. t. 62.* A. Richard *in Mem. soc. h. n. Paris. V. 266.* Wight et Arnott *Prodr. Flor. Penins. Ind. orient. I. 405.*

a. DIPLOPHRAGMA Wight et Arnott *Op. cit. I. 406.* Calycis quadripartiti laciniae sinu obtuso-sejunctae. Corolla infundibuliformis, tubo limbum calycis paullo superante, fauce dilatata limbique lobis oblongis, tubum subaequantibus, margine pilosis. Stamina exserta; antherae oblongo-lineares. Ovarium vertice breviter exsertum. Capsula apice loculicido-dehiscens, demum usque ad basim septicido-dicocca. Semina plurima, minuta, angulata. — *Suffrutices v. frutices indici; stipulis ovatis, acutis, margine denticulato-setosis, floribus in paniculas v. thyrsos terminales, v. e supremis foliis axillares dispositis, rarius in capitula terminalia v. axillaria, sessilia collectis.*

Hedyotidis sp. *DC.*

b. MACRANDRIA *Wight et Arnott.* Calycis quadripartiti laciniae oblongo-lanceolatae, recurvatae, sinubus subrotundatis sejunctae. Corolla late infundibuliformis, chartacea, tubo brevissimo, dimidiam limbi calycini longitudinem vix aequante, limbi quadrifidi laciniis linearibus. Stamina longe exserta; antherae oblongo-lineares. Ovarium vertice breviter exserto conferte setosum. Capsula apice septicido-dicocca, coccis crustaceis, intus apertis. Semina plurima, minima. — *Suffrutex chinensis, molliter pubescens; foliis supra scabris, stipulis truncatis, brevibus, setoso-ciliatis, floribus breviter pedicellatis, in corymbos terminales, capituliformes, pedunculatos confertis.*

Macrandria Wight et Arnott *Op. cit. I. 406. in not.* Hedyotis macrostemma Hook. et Arn. *ad Beechey 192.*

c. DIMETIA *Wight et Arnott.* Calycis quadridentati dentes carinati, rigidi, erecti, in fructu distantes, sinu rotundato disjuncti. Corolla late infundibuliformis, chartacea, tubo brevissimo, fauce limbique laciniis linearibus, tubum superantibus margine barbatis. Stamina longe exserta; filamenta filiformia, antherae oblongae. Ovarium vertice breviter exserto pubescens, turbinatum, subquadrangulum. Capsula coriacea, non ultra verticem breviter exsertum, compressum, loculicido dehiscens. Semina plurima. — *Herbae suffruticosae, scandentes, indicae, glabrae v. molliter pubescentes; stipulis in vaginam brevem, laxam, utrinque in cuspidem productam connatis, floribus breviter pedicellatis, corymbosis.*

Dimetia Wight et Arnott *Op. cit. I. 406. in not.* Hedyotidis sp. Roxburgh, Wall.

d. ANOTIS *DC.* Calycis quadripartiti v. quadridentati lobi v. dentes in fructu erecti v. recurvi, distantes, sinu acuto. Corolla infundibuliformis v. hypocraterimorpha, fauce glabra v. pilosa, limbi lobis ovatis, tubo brevioribus. Stamina exserta; filamenta brevia, antherae oblongo-lineares. Ovarium inferum v. semisuperum. Capsula coriacea v. suberustacea, plus minus complete loculicido-bivalvis. Semina plurima v. pauca. — *Herbae v. suffrutices; stipulis indivisis v. multisetis, floribus terminalibus, solitariis v. laxe corymbosis.*

Anotis DC. *Prodr. IV. 431.* Wight et Arnott *Op. cit. I. 431.*

α. Didymotoce. Ovarium inferum. Capsula semiorbicularis, apice libero emarginata, usque ad basim loculicido dehiscens. Semina in loculis gemina, superposita, adscendentia. — *Herba indica adscendens; foliis ovalibus, obtusis v. acutis, breve petiolatis, pedunculis dichotomis.* — H. Rheedii Wight et Arnott. (Rheede *Malab. 10. t. 25.*)

β. Ambloma. Ovarium inferum. Capsula suborbicularis, compressissima, bisulca, apice brevissime libero loculicido-dehiscens. Semina in loculis gemina, lenticularia, superposita, superius adscendens, inferius pendulum, alterum plerumque abortivum. — *Herba indica, diffusa, pilosa; foliis ovalibus, breve petiolatis, floribus in capitula axillaria et terminalia, sessilia collectis.* — H. Wightiana Wall.

γ. Eurhaphe. Ovarium inferum. Capsula vix compressa, vertice breviter exserto loculicido-dehiscens. Semina in loculis pauca v. solitaria, dorso convexa, facie plana, rhaphe percursa. — *Herbae indicae, procumbentes.*

δ. Panetos Rafinesq. *in Ann. gen. sc. phys. V. 227.* Ovarium semisuperum. Capsula loculicido-bivalvis. Semina pauca. — *Herbae americanae, anagallideae v. suffrutices prostrati aut repentes; foliis ovato-rotundatis v. oblongo-lanceolatis, floribus axillaribus v. terminalibus, solitariis v. in corymbum trichotomum dispositis.*

Houstonia Linn. *gen. n. 124.* Poiretia Gmelin *syst. 263.* Hedyotidis sp. Kunth *in Humb. et Bonpl. Nov. gen. et sp. t. 289.* Amphiotis et Panetos Anotidis sect. DC. *Prodr. IV. 433.*

ε. Ereicotis DC. *Prodr. IV. 433.* Ovarium inferum. Capsula ultra medium loculicido-bivalvis. — *Herbae v. saepius suffrutices ericoidei, in America tropica indigeni; foliis oppositis, linearibus, mucronatis.*

Hedyotidis sp. Ruiz et Pavon *Flor. peruv. t. 87. f. a. b. c. t. 88. f. a.* Cavanill. *Ic. t. 373. f. 1. 2.*

e. EUHEDYOTIS *Wight et Arn.* Calycis quadripartiti laciniae in fructu patentes, sinu angusto separatae. Corolla breviter tubulosa, tubo vix limbum calycis aequante, fauce pilosa. Stamina exserta; filamenta brevia, antherae ovatae. Ovarium inferum. Capsula subglobosa, nucumentacea, vertice breviter exserto styli basi persistente mucronata, indehiscens? Semina pauca. — *Suffrutices indici; ramis procumbentibus, divaricatis, foliis venoso-lineatis, stipulis uni-plurisetis, floribus axillaribus, corymbosis v. capitatis, pedunculatis v. sessilibus.*

Euhedyotis Wight et Arnott *Op. cit. I. 411.* Hedyotis Linn. *gen. n. 118.*

f. SCLEROMITRION *Wight et Arnott.* Calycis quadridentati dentes in fructu erecti, sinu angustissimo acuto sejuncti. Corolla tubulosa, tubo brevissimo, limbum calycis subaequante, fauce pilosa. Stamina exserta; filamenta brevia, antherae ovatae v. rotundatae. Ovarium inferum. Capsula subglobosa, vertice brevissime exserto rimula loculicida dehiscens. Semina pauca v. plurima. — *Herbae saepius suffrutescentes, amphigeae; stipulis multisetis, floribus axillaribus, subsessilibus, rarius in corymbos dichotomos, foliosos dispositis.*

Scleromitrion Wight et Arnott *Op. cit. I. 412.* Hedyotis Roxburgh *Flor. Ind. I. 368.* Chamisso et Schlechtend. *in Linnaea IV. 153.* DC. *Prodr. IV. 419.* Hedyotidis sp. Auct. (A. Richard *Sert. Astrol. t. 23.*)

g. OLDENLANDIA *Linn.* Calycis quadridentati v. quadrifidi lobi v. dentes in fructu erecti, sinu lato sejuncti. Corolla breviter tubulosa, infundibuliformis v. subrotata, fauce glabra v. villosa. Stamina exserta; filamenta brevia, antherae ovatae v. orbiculatae. Ovarium inferum. Capsula ovato-subglobosa, apice breviter exserto rimula loculicida aperta. Semina plurima. — *Herbae gerontogeae, alsinoideae, rarissime fruticulosae; foliis oppositis, mediante stipula uni-pauciseta coadunatis, pedunculis axillaribus v. terminalibus, uni bi-multifloris, saepius elongatis, gracilibus.*

Oldenlandia Linn. *gen. n. 154.* Roxburgh *Flor. Ind. I. 444. Plant. Corom. t. 3.* DC. *Prodr. IV. 424.* non Smith nec Roth. Gerontogea Chamisso et Schlechtend. *in Linnaea IV. 154.* Hedyotis et Oldenlandia Gärtn. *I. 147. 148. t. 30.* Oldenlandia et Listeria Necker *elem. n. 345. 342.* Listeria Rafinesque *in Annal. gen. sc. phys. VI. 81.* non R. Br. Hedyotidis sp. Auct. Cavanill. *Ic. t. 573. 574.* Gaudichaud *ad Freyc. t. 94.*

h. KOHAUTIA *Cham. et Schlecht.* Calycis quadridentati dentes acuti, sinu tandem latissimo sejuncti. Corolla hypocraterimorpha, tubo longo, tereti, lobis ovali-lanceolatis, saepe mucrone cuspidatis. Antherae intra faucem corollae sessiles, inclusae. Ovarium inferum. Capsula subglobosa, membranacea, loculicido-dehiscens. Semina plurima. — *Herbae indicae et africanae, erectae, virgatae, ramosae, Asperulae facie; foliis linearibus v. lineari-lanceolatis, stipulis uni-plurisetis, cymis terminalibus, corymbosis v. laxe subspicatis.*

Kohautia Chamisso et Schlechtend. *in Linnaea IV. 156.* DC. *Prodr. IV. 429.* Endlicher *Atakt. 24. t. 23.* Royle *Himalaj. t. 53.* Knoxiae et Hedyotidis sp. Auct.

i. KADUA *Cham. et Schlecht.* Calycis tubus hemisphaericus, limbus quadrifidus v. quadridentatus. Corolla coriacea, hypocraterimorpha, intus glabra, tubo longo, limbo quadrifido. Antherae lineares, intra faucem corollae subsessiles, inclusae. Ovarium semiinferum. Capsula globosa v. breve ellipsoidea, calyci exsucco v. carnoso semiadnata, vertice exserto loculicide hians. Semina plurima. — *Suffrutices sandwicenses, glabri; foliis oppositis, stipulis utrinque solitariis, acutis, integris, floribus terminalibus cymosis, v. axillaribus solitariis, pedunculatis.*

Kadua Chamisso *in Linnaea IV. 157.* DC. *Prodr. IV. 430.*

k. RHACHICALLIS *DC.* Calyx tubo hemisphaerico, limbi dentes quatuor, denticulo uno v. tribus inter lobos singulos interjectis. Corolla tubo longo, tereti, fauce glabra, limbi lobis brevibus, patentibus, obtusis. Antherae intra faucem corollae sessiles, inclusae. Ovarium inferum. Capsula subdidyma, loculicido-bivalvis, valvis dentibus calycinis coronatis. Semina plurima. — *Suffrutices americani tropici, rupestres, Passerinae facie; foliis oblongis, carnosis, margine revolutis, sessilibus, stipulis connatis, integerrimis v. tridentatis, floribus solitariis, sessilibus.*

Rhachicallis DC. *Prodr. IV. 433.* Hedyotidis sp. Swartz, Kunth.

l. LUCYA *DC.* Calycis tubus hemisphaericus, limbi dentes quatuor bifidi, persistentes. Corollae tubus brevissimus, limbus brevissime quadrilobus, lobis obtusis. Stamina corolla breviora. Capsula globoso-didyma, loculicido- et semiseptlcido-dehiscens, unde apice quadrivalvis. Semina pauca. — *Herba antillana, pusilla, Peplidis facie; radice fibrosa, fibris interdum tuberosis, caule brevi, glabro, foliis subsessilibus, cordato-ovatis, subtus pubescentibus, summis subquaternis, floribus axillaribus et subterminalibus, solitariis, brevissime pedicellatis, albis, parvis.*

Lucya DC. *Prodr. IV. 434.* Dunalia Sprengel *Pugill. 1. 25.* Hedyotis tuberosa Swartz *Observ. bot. t. 1. f. 2.* Peplis tetrandra Linn. Jacq. *Amer. t. 180. f. 29.*

*

3241. Polypremum *LINN.* Calyx tubo brevissimo, imo ovario adnato, limbi quadripartiti lobis subulatis. Corolla summo calycis tubo inserta, tubo brevissimo, fauce barbata, limbi quadripartiti lobis ovalibus. Stamina 4, corollae tubo inserta, inclusa; filamenta subnulla, antherae ovatae. Ovarium imo calyci adhaerens, caetera liberum, biloculare. Ovula in placentis basi dissepimenti utrinque insertis, adscendentibus plurima ...... Stylus filiformis; stigma indivisum. Capsula ovata, compressa, calyce stipata, loculicido bivalvis. Semina plurima, minutissima, angulata, diaphana. Embryo in axi albuminis carnosi rectus ...... — *Herba borcali americana, glabra, Buffoniae v. Galii habitu, dubiae affinitatis; foliis oppositis, lineari-subulatis, mediante vagina stipulari subintegerrima basibus connatis, corymbis terminalibus dichotomis, cymosis, floribus parvis, in dichotomiis et apice ramulorum sessilibus, bracteis duabus v. quatuor stipatis, corollis albis.*

Polypremum Linn. *in Act. Academ. Upsal. 1741. t. 78. Gen. 137.* Gärtner *I. 294. t. 62.* Lam. *t. 71.* Jussieu *in Annal. Mus. V. 255. Mem. Mus. VI. 382.* DC. *Prodr. IV. 435.*

SUBTRIBUS II. RONDELETIEAE DC. *Prodr. IV. 401.* Stipulae utrinque binae, distinctae v. connatae, haud tamen vaginantes nec setosae. — *Rondeletieae pari fere specierum numero Americam aequinoctionalem et Indiam orientalem incolunt, paucissimae in Africa tropica, Madagascaria et Australasia hucdum observatae fuerunt.*

3242. Tula *ADANS.* Calyx tubo cum ovario connato, limbo supero, quinquedentato. Corolla supera, tubo oblongo, limbo quinquefido, obtuso, dentato-crispato. Antherae inclusae. Ovarium ...... Capsula bilocularis, loculis polyspermis. — *Herba peruana, annua, procumbens, ramulosa, quasi caespitosa, soli Feuilleo nota, Nerteriae facie, a qua fortassis, etsi loculi fructus polyspermi dicantur, non diversa.*

Tula Adanson *Fam. II. 500.* Jussieu *in Mem. Mus. VI. 385.* Römer et Schult. *Syst. IV. XXV.* DC. *Prodr. IV. 418.*

3243. Spiradiclis *BLUM.* Calyx tubo oblongo-turbinato, cum ovario connato, limbo supero, persistente, quinquedentato. Corolla supera, tubo brevi, limbo quinquepartito, patente. Stamina 5, corollae tubo inserta, inclusa. Ovarium inferum, biloculare, disco epigyno quadriglanduloso. Ovula in loculis plurima. Stylus simplex; stigma bilobum. Capsula oblonga, calycis limbo coronata, bilocularis, bivalvis, valvis bipartitis, demum intortis. Semina plurima, angulata. ...... — *Herba javanica, Nerteriae facie, caespitosa; foliis oppositis, ovatis, subundulatis, glabris, spica terminali v. axillari pauciflora, floribus unibracteatis, secundis, parvis.*

Spiradiclis Blume *Bijdr. 975.* A. Richard *in Mem. soc. h. n. Paris. V. 288.* DC. *Prodr. IV. 418.*

3244. Argostemma *WALL.* Calyx tubo brevi, obconico, cum ovario connato, limbi superi, tri-quadri-quinquefidi lobis acutis, persistentibus. Corolla supera, rotata, tri-quadri-quinquefida, patens. Stamina 3—5, corollae fauci inserta, exserta; filamenta filiformia, antherae magnae, lanceolato-oblongae, arcte conniventes, loculis apice rimula brevi, obliqua dehiscentibus. Ovarium inferum, biloculare, disco epigyno carnoso, operculiformi. Ovula in placentis convexis, dissepimento utrinque adnatis plurima. Stylus simplex; stigma globosum, indivisum. Capsula calycis limbo et disco operculiformi coronata, bilocularis, vertice radiatim fatiscens. Semina plurima, angulata. — *Herbae indicae, humiles, pube brevi hirsutae; foliis oppositis, petiolatis, altero saepius minore, rarius quaternatim verticillatis, pedunculis terminalibus aut subaxillaribus, apice flores plurimos, fasciculato-umbellatos gerentibus, rarius unifloris, floribus albis.*

Argostemma Wallich *in Roxburgh Flor. Indic. II. 324. Plant. As. rar. t. 185.* Blume *in DC. Prodr. IV. 417.* Pomangium Reinwardt *msc.*

3245. Ophiorrhiza *LINN.* Calyx tubo brevi, turbinato, cum ovario connato, limbo supero, quinquefido, persistente. Corolla supera, infundibuliformis, tubo amplo, calycis limbum superante, fauce barbata, limbi quinquefidi lobis brevibus, ovatis, obtusis. **Stamina** 5, corollae tubo inserta, inclusa; **filamenta** brevia, **antherae** lanceolatae, erectae. **Ovarium** inferum, biloculare, disco epigyno carnoso. **Ovula** in placentis cylindricis, liberis, e basi loculorum erectis plurima, anatropa. **Stylus** brevissimus, inclusus; **stigma** bilobum. **Capsula** lata, compressa, bilobo-mitraeformis, limbo calycino coronata, bilocularis, vertice rimula loculicida dehiscens. **Semina** plurima, minima, subhexagona. **Embryo** in axi albuminis dense carnosi orthotropus, cylindricus; **radicula** umbilico contigua. — *Herbae indicae, perennes, humiles; foliis oppositis, petiolatis, membranaceis, saepius magnitudine inaequalibus, stipulis utrinque geminis, minimis, pedunculis axillaribus et terminalibus solitariis, apice cymosis, ramulis subumbellulis, floribus secus ramulos unilateralibus, sessilibus.*

Ophiorrhiza Linn. *Flor. Zeylan.* 402. Gärtner *I*. 264. *t.* 55. A. Richard *in Mem. soc. h. n. Paris. I.* 67. *t.* 2. *V.* 269. Blume *Bijdr.* 976. Gaudich. *ad Freyc. t.* 97. DC. *Prodr. IV.* 415. Ophiorrhizae sp. Linn. *gen. n.* 210.

3246. Lipostoma *DON.* **Calyx** tubo ovato, angulato, cum ovario connato, limbi superi, quadripartiti laciniis linearibus, erectis, deciduis. **Corolla** supera, subcampanulata, tubo prope faucem barbato, limbi quadrifidi lobis ovatis, patulis. **Stamina** 4, corollae tubo inserta, inclusa; **filamenta** filiformia, **antherae** lineares, versatiles. **Ovarium** inferum, biloculare, apice brevissime exsertum, disco epigyno planiusculo. **Ovula** in placentis subglobosis, e dissepimenti basi pedicellatis plurima .... **Stylus** filiformis; **stigma** bifidum, lobis subulatis. **Capsula** globosa, bilocularis, operculo apicis dehiscens. **Semina** plurima, minuta, angulata, scabra. **Embryo** in axi albuminis subcornei rectus; **cotyledonibus** oblongis, plano-convexis, **radicula** cylindrica, infera. — *Herbae brasilienses, diffusae, pilosae; foliis oppositis, petiolatis, ovatis, stipulis interpetiolaribus subulatis, floribus in pedunculo axillari, solitario dense capitatis, bracteolatis, corollis caeruleis.*

Lipostoma Don *in Edinb. new. philosoph. Magaz.* 1830. *Jan. p.* 168. Hedyotis campanuliflora Hooker *in Bot. Mag. t.* 2840. Coccocypseli sp. *DC.*

3247. Virecta *DC.* **Calyx** tubo brevi, ovato, cum ovario connato, limbi superi, quinquefidi lobis lineari-setaceis. **Corolla** supera, infundibuliformis, tubo obconico, limbum calycis aequante, fauce nuda, limbi quinquefidi lobis lineari-oblongis, ciliatis. **Stamina** 5, corollae fauci inserta, longe exserta; **filamenta** filiformia, **antherae** lineares, basi bifidae, versatiles. **Ovarium** inferum, biloculare. **Ovula** in loculis plurima ...... **Stylus** filiformis, staminum longitudine; **stigma** indivisum, vix incrassatum. **Capsula** subglobosa, limbo calycis tandem deciduo nuda, bilocularis, loculicido-bivalvis. **Semina** plurima, tetra-pentagona, submuriculata. — *Herbae africanae tropicae, molliter hispidae, opposite ramosae; foliis oppositis, ovali-oblongis, stipulis utrinque binis, lanceolatis, floribus albis, dense cymoso-corymbosis, ramulis post anthesim elongatis.*

Virecta DC. *Prodr. IV.* 414. Phyteumoides Smeathman *msc.* Virectae sp. Smith.

3248. Sipanea *AUBL.* **Calyx** tubo turbinato, cum ovario connato, limbi superi, persistentis, quinquepartiti lobis lanceolato-subulatis. **Corolla** supera, infundibuliformis, tubo tereti, limbum calycis longe superante, fauce barbata, limbi quinquepartiti lobis ovatis. **Antherae** 5, lineares, intra faucem corollae sessiles, inclusae. **Ovarium** inferum, biloculare. **Ovula** in placentis carnosis, semiglobosis, dissepimento medio utrinque adnatis plurima, anatropa. **Stylus** simplex, inclusus; **stigma** bifidum, lobis acutis. **Capsula** subglobosa, limbo calycis coronata, bilocularis, loculicido-bivalvis. **Semina** plurima, angulata, reticulata. **Embryo** in axi albuminis carnosi orthotropus, cylindricus; **radicula** umbilicum spectante. — *Herbae annuae v. perennes, in Americae tropica indigenae, laete virentes; foliis oppositis, ovatis, stipulis utrinque solitariis, linearibus, acuminatis, floribus axillaribus v. terminalibus.*

Sipanea Aublet *Guian. I.* 147. *t.* 56. Kunth *in Humb. et Bonpl. Nov. gen. et sp. III.* 397. A. Richard *in Mem. soc. h. n. Paris. V* 275. DC. *Prodr. IV.* 414. Endlicher *Atakt.* 7. *t.* 7. Virecta Linn. f. *Suppl.* 17. Vahl *Eclog. II.* 11. Gärtner f. *III.* 31. *t.* 184. Ptychodea Willd. *msc.*

3249. Carphalea *JUSS.* **Calyx** tubo turbinato, cum ovario connato, limbi superi, quadripartiti lobis amplis, ovali-oblongis, subspathulatis, scariosis, persistentibus. **Corolla** supera, tubo longo, filiformi, fauce ventricosa, intus hirta, limbi quadripartiti lobis oblongis, acutis. **Antherae** 4, oblongae, intra corollae faucem subsessiles, inclusae. **Ovarium** inferum, biloculare. **Ovula** plurima .... **Stylus** filiformis; **stigma** bifidum? **Capsula** bilocularis, limbo calycis coronata, loculicido-bivalvis, valvis medio semiseptiferis. **Semina** plurima ...... — *Frutex madagascariensis, Serissae habitu, non satis notus et propter semina ignota quo ad locum in ordine subdubius, aridus, glaber, hyssopifolius; foliis oppositis, sessilibus, linearibus, acutis, stipulis ....., floribus terminalibus, corymbosis.*

Carphalea Jussieu *gen.* 198. *Mem. Mus. VI.* 383. Lam. *t.* 59. A. Richard *in Mem soc. h. n. Paris. V.* 274. DC. *Prodr. IV.* 413.

3250. Xanthophytum *BLUM.* **Calyx** tubo ovato, cum ovario connato, limbo supero, persistente, quadri-quinquefido. **Corolla** supera, infundibuliformis, tubo brevi, fauce villosa, limbo quadri-quinquefido, patente. **Stamina** 4—5, corollae fauci inserta; **filamenta** conniventia, **antherae** ..... **Ovarium** inferum biloculare, disco epigyno carnoso, styli basim cingente. **Ovula** in placentis dissepimento medio utrinque affixis plurima. **Stylus** subclavatus; **stigma** crassum, bilobum. **Drupa** didyma, calycis limbo coronata, bilocularis, dicocca, coccis indehiscentibus. **Semina** plurima, minuta, angulata .... — *Suffrutices javanici, glabri v. rufo-villosi; foliis oppositis, oblongis, stipulis utrinque binis, subulatis, basi connatis, spicis axillaribus et terminalibus, interrupte glomeratis, nutantibus, v. pedunculis axillaribus, trichotomis, multifloris.*

Xanthophytum Blume *Bijdr.* 989. A. Richard *in Mem. soc. h. n. Paris. V.* 275. DC. *Prodr. V.* 413.

3251. Greenia *WIGHT et ARN.* **Calyx** tubo globoso, cum ovario connato, limbi quadripartiti, persistentis laciniis erectis. **Corolla** supera, infundibuliformis, pubescens, fauce glabra, limbi quadrifidi lobis anguste ovatis, acutis, aestivatione contortis. **Antherae** 4, lineares, intra faucem corollae peltatim sessiles, apicibus brevissime exsertis. **Ovarium** inferum, biloculare, disco epigyno crasso, carnoso. **Ovula** in placentis hemisphaericis, medio dissepimento utrinque insertis plurima ..... **Stylus** filiformis, subexsertus; **stigma** bifidum, laciniis linearibus, recurvis. **Capsula** calycis limbo coronata, bilocularis, dicocca, coccis apice dorso fissis, demum a calycis tubo solutis. **Semina** plurima, minuta, angulata ...... — *Frutices indici; foliis oppositis, acuminatis, basi angustatis, stipulis magnis, membranaceis, linguaeformibus, corymbis terminalibus, divaricato-trichotomis, ramis hirsutis, pedunculis dichotomis, floribus albis, juxta ramulos introrsum secundis, sessilibus, approximatis, singulis bractea subuluta stipatis, calycibus brevissime setulosis.*

Greenia Wight et Arnott *Prodr. Flor. Penins. Ind. Orient. I. 401.* Rondeletia spicata Wallich. Wendlandiae sp. DC.

3252. Wendlandia *BARTL.* **Calyx** tubo subgloboso, saepius striato, cum ovario connato, limbo supero, persistente, brevissime quinquedentato. **Corolla** supera, tubo tereti, fauce ampliata, glabra, limbi quinquefidi lobis oblongis v. lanceolatis, acutis v. obtusis, aestivatione imbricato-subcontortis. **Stamina** 5, summo corollae tubo inserta, exserta; **filamenta** brevia, **antherae** lineares, versatiles. **Ovarium** inferum, biloculare, disco epigyno carnoso. **Ovula** in placentis hemisphaericis, dissepimento utrinque insertis plurima ...... **Stylus** filiformis, exsertus; **stigma** bifidum, lobis lato-ovalibus, crassiusculis. **Capsula** globosa, calycis limbo coronata, bilocularis, apice loculicido-bivalvis. **Semina** plurima, minuta ..... — *Arbores v. frutices, in India orientali crescentes; foliis oppositis, coriaceis, ovalibus v. lanceolatis, petiolatis, stipulis utrinque solitariis, e basi lata acuminatis, paniculis terminalibus, thyrsoideis, multifloris, floribus albis, parvis.*

Wendlandia Bartling *msc.* DC. *Prodr. IV. 411.* Wight et Arnott *Prodr. Flor. Penins. Ind. orient. I. 402.* Rondeletiae sp. Roxb. et Wallich.

3253. Adenosacme *WALL.* **Calyx** tubo ovato, cum ovario connato, limbi superi, quinquefidi, persistentis laciniis lanceolatis, margine utrinque et interdum etiam apice glandula globosa stipatis. **Corolla** supera, infundibuliformis, tubo cylindrico, extus puberulo, intus villoso, fauce subampliata, nuda, limbi quinquefidi, patentis laciniis angusto-ovatis, acutis, aestivatione valvatis. **Stamina** 5, imo corollae tubo inserta, inclusa; **filamenta** brevissima, **antherae** oblongae. **Ovarium** inferum, biloculare. **Ovula** in placentis carnosis, dissepimento utrinque insertis plurima ...... **Stylus** filiformis; **stigma** bifidum, lobis linearibus, erectis. **Capsula** ovata, limbo calycis recurvato coronata, bilocularis, apice rimula loculicida dehiscens. **Semina** plurima, minuta ..... — *Frutex nepalensis; ramis laxis, epidermide secedente; foliis oppositis, elliptico-oblongis, acuminatis, basi acutis, subtus villosis, stipulis lanceolatis, basi bidentatis, panicula dichotoma, laevi, bracteis glandulosis, corollis amplis, flavis.*

Adenosacme Wallich *Catalog. n. 6280—6282.* Rondeletia longifolia Wallich *in Roxburgh Flor. Ind. or. II. 138.* Wendlandiae sp. DC.

3254. Rondeletia *BLUM.* **Calyx** tubo subgloboso, cum ovario connato, limbi superi, persistentis, quadri-quinquefidi laciniis oblongo-linearibus, acutis. **Corolla** supera, infundibuliformis, tubo cylindrico, fauce subampliata, limbi quadri-quinquefidi, patentis lobis ovatis, obtusis, aestivatione imbricatis. **Antherae** 4—5, intra faucem corollae sessiles, inclusae. **Ovarium** inferum, biloculare. **Ovula** in placentis dissepimento utrinque insertis plurima, anatropa. **Stylus** filiformis; **stigma** bifidum, lobis obtusis. **Capsula** globosa, calycis limbo coronata, bilocularis, apice rimula loculicida aperta, rarius juxta totam longitudinem loculicido-v. septicido-bivalvis, valvis apice demum bifidis. **Semina** minuta, plurima, v. ovulorum abortu pauca. **Embryo** ...... — *Frutices v. arbusculae, in America tropica indigenae, verisimiliter in plura genera divellendae; foliis oppositis, petiolatis v. sessilibus, stipulis utrinque solitariis, deltoideis v. lanceolato-linearibus, integerrimis, interdum intus hirsutis, pedunculis axillaribus saepius trichotomis, v. in paniculam corymbosam terminalem dispositis, rarius tri- v. interdum unifloris.*

Rondeletia Plumier *Gen. 15. t. 12.* Jacq. *Amer. t. 42.* Lam. *t. 162.* Vahl *Symb. III. t. 54.* Gärtner f. *III. 38. t. 184.* Kunth *in Humb. et Bonpl. Nov. gen. et sp. t. 290. 291.* A. Richard *in Mem. soc. h. n. Paris. V. 271.* DC. *Prodr. IV. 406.* Petesia P. Browne *Jam. 143. t. 2.* non alior. Lightfootia Schreber *gen. n. 303.* non Herit. Willdenowia Gmelin *Syst. 362.* non Thunb. Arachnimorpha Desvaux *in Hamilton Prodr. Flor. Ind. occid. 28.*

3255. Spallanzania *DC.* **Calyx** tubo obpyramidato, cum ovario connato, limbi superi, quinquepartiti, persistentis lobis foliaceis, linearibus, distantibus, acutis, erectis, tubo longioribus. **Corolla** supera, infundibuliformis, tubo tereti, gracili, calycis limbum superante, fauce nuda, limbi quinquefidi lobis ovalibus, patentibus. **Stamina** 5, corollae fauci inserta, exserta; **filamenta** filiformia, **antherae** oblongae. **Ovarium** inferum, biloculare. **Ovula** in placentis dissepimento utrinque insertis plurima .... **Stylus** filiformis; **stigma** bifidum, laciniis linearibus, elongatis. **Capsula** ovato-globosa, calycis limbo coronata, bilocularis, apice loculicido-bivalvis valvis demum bifidis. **Semina** plurima, ovata, rugoso-tuberculata. **Embryo** ..... — *Arbor madagascariensis, glabra; ramulis teretibus, apice compressis, foliis oppositis, petiolatis, obovatis, coriaceis, stipulis utrinque solitariis, ovatis, apice breviter bifidis, corymbi terminalis multiflori ramis angulatis, basi bracteatis.*

Spallanzania DC. *Prodr. IV. 406.* non alior.

3256. Isidorea *A. RICH.* **Calyx** tubo turbinato-pentagono, cum ovario connato, limbi superi, quinquepartiti, persistentis laciniis erectis, carinatis, lanceolato-subulatis. **Corolla** supera, tubulosa, tubo pentagono, fauce nuda, limbi brevissime quinquefidi lobis triangularibus, acutis, patentibus. **Stamina** 5, imo corollae tubo inserta; **filamenta** filiformia, tubum aequantia, basi villosa, in tubum brevissimum connata, **antherae** oblongae, erectae. **Ovarium** inferum, biloculare, disco epigyno carnoso. **Ovula** in placentis dissepimento utrinque adnatis plurima, horizontalia, anatropa. **Stylus** filiformis, subexsertus; **stigma** breviter bilobum, lobis obtusis. **Capsula** subgloboso-pentagona, calycis limbo coronata, bilocularis, dicocca, coccis facie demum bifidis. **Semina** plurima, polyedra, basi membranula cupulaeformi lacera cincta. — *Frutex antillanus, rigidus, Ernodeae facie; foliis oppositis, linearibus, rigidis, margine revolutis, stipulis junioribus integris, subulatis, demum bifidis, floribus subterminalibus, solitariis, subsessilibus, interdum hexameris.*

Isidorea A. Richard *in Mem. soc. h. n. Paris. V. 284. t. 25. f. 1.* DC. *Prodr. IV. 405?* Ernodeae sp. Lam. Poir.

3257. Bikkia *REINW.* Calyx tubo turbinato-oblongo, cum ovario connato, costis octo filiformibus, limbi superi, quadripartiti laciniis lineari-lanceolatis. Corolla supera, clavato-tetragona, limbo quadripartito. Stamina 4, corollae tubo prope basim inserta; filamenta filiformia, antherae elongato-lineares, erectae. Ovarium inferum, biloculare. Ovula in placentis dissepimento utrinque insertis, anguste bilobis plurima ..... Stylus simplex, inclusus; stigma ..... Capsula ovata, apice dehiscens, calyce soluto demum denudato, bilocularis, valvularum marginibus involutis fere quadrilocularis. Semina plurima, minima, compressa, cristis membranaceis secus marginem echinata. Albumen carnosum. Embryo ..... — *Arbuscula moluccana, glabra; foliis oppositis, obovatis, obtusiusculis, basi cuneata petiolulis, praeter nervum medium subaveniis, stipulis brevibus, truncatis, concretis, vaginantibus, pedicellis axillaribus solitariis, unifloris, nudis, floribus albis.*

Bikkia Reinwardt *in Blume Bijdr. 1017.* DC. *Mem. Umbellif. 10. Prodr. IV. 405.* A. Richard *in Mem. soc. h. n. Paris. V. 230.* Cormigonus Rafinesque *in Annal. gen. sc. phys. VI. 83.* Portlandia tetrandra Forst. Hoffmannia Amicorum Spreng.

3258. Portlandia *P. BR.* Calyx tubo obovato, cum ovario connato, quinquenervi, limbi superi, persistentis, quinquefidi lobis oblongis, foliaceis, magnis. Corolla supera, maxima, pentagono-infundibuliformis, fauce ampliata, nuda, limbi quinquefidi lobis obtusis. Stamina 5, imae corollae fauci inserta; filamenta filiformia, antherae lineares, semiexsertae. Ovarium inferum, biloculare. Ovula in placentis e dissepimento utrinque porrectis plurima, horizontalia, anatropa. Stylus filiformis, subexsertus; stigma indivisum, haud incrassatum. Capsula obovata, costato-pentagona, apice retusa, calycis limbo patente coronata, apice loculicido bivalvis. Semina plurima, elliptica, compressa, punctato-scabra, umbilico carnoso-incrassato. Embryo in axi albuminis carnosi orthotropus; cotyledonibus semicylindricis, obtusis, radicula tereti, umbilico proxima, centripeta. — *Arbuscula antillana, glabra; foliis oppositis, breve petiolatis, lanceolato-ellipticis, nitidis, stipulis latis, triangularibus, pedunculis axillaribus, brevibus, uni-trifloris, floribus albidis, maximis.*

Portlandia P. Browne *Jam. 164.* Linn. *gen. n. 227.* Jacq. *Amer. t. 44.* Gärtner *I. 153. t. 31.* Smith *Ic. pict. I. t. 6.* Bot. Mag. *t. 286.* A. Richard *in Mem. soc. h. n. Paris. V. 286.* DC. *Prodr. IV. 404.*

3259. Schreibersia *POHL.* Calyx tubo oblongo, cum ovario connato, decemnervi, limbi quinquefidi laciniis acuminatis, erectis. Corolla supera, infundibuliformis, magna, tubo e basi angusta sursum ampliato, subincurvo, limbi quinquefidi laciniis oblongis, acutis, patentibus. Antherae 5, oblongae, inter limbi corollini lacinias sessiles, subreflexae. Ovarium inferum, biloculare. Ovula in placentis e dissepimento utrinque porrectis plurima, horizontalia, anatropa. Stylus filiformis, basi hirsutus; stigma bifidum, lobis crassiusculis, obtusis. Capsula oblonga, decemnervis, limbo calycis coronata, bilocularis, loculicido-bivalvis, valvis demum e calycis tubo solutis, denudatis, plus minus profunde bifidis. Semina plurima, tetragona. Embryo ..... — *Arbores v. frutices brasilienses, glabri; foliis oppositis, oblongis, acutis, coriaceis, stipulis e basi lata cuspidatis, deciduis, pedunculis axillaribus uni-trifloris, basi bibracteolatis, floribus purpureis, speciosis.*

Schreibersia Pohl *in Flora 1825. p. 183.* Augusta Pohl *Plant. Brasil. II. 1. t. 101—105.* non Leandr. Augustea DC. *Prodr. IV. 404.*

3260. Chimarrhis *JACQ.* Calyx tubo obovato v. turbinato, cum ovario connato, limbo subnullo, integerrimo. Corolla supera, tubo brevi, limbi quinquefidi, patentis lobis extus medio hirsutis. Stamina 5, summo corollae tubo inserta; filamenta basi hirsuta, antherae ovales. Ovarium ..... Stylus ..... Capsula obovata v. turbinata, calycis limbo marginali coronata, ligneo-coriacea, bilocularis, usque ad basim bivalvis, valvis semibifidis. Semina plurima, pendula ..... — *Arbores Americae tropicae, glabrae, non satis notae, vix hujus loci; foliis oppositis, breve petiolatis, stipulis interpetiolaribus utrinque solitariis, corymbis v. cymis terminalibus, floribus albis.*

Chimarrhis Jacq. *Amer. t. 61.* Jussieu *gen. 204. Mem. Mus. VI. 381.* DC. *Prodr. IV. 403.* Macrocnemi sp. A. Richard.

3261. Macrocnemum *P. BR.* Calyx tubo turbinato, cum ovario connato, limbo supero, persistente, brevi, quinquedentato. Corolla supera, tubulosa, tubo pentagono, fauce ampliata, nuda, limbi quinquefidi lobis ovatis, acutis, suberectis. Stamina 5, imo corollae tubo inserta, inclusa; filamenta filiformia, libera, supra medium hirsuta, antherae oblongae, incumbentes. Ovarium inferum, biloculare. Ovula in placentis dissepimento utrinque adnatis plurima ..... Stylus filiformis; stigma bilobum, lobis obtusis. Capsula turbinata, limbo calycis coronata, bilocularis, bivalvis, valvulis lateribus externe dehiscentibus? Semina plurima, imbricata, acuta ..... — *Arbuscula jamaicensis, glabra; foliis oppositis, approximatis, oblongis, breve acuminatis, stipulis utrinque solitariis, pedunculis terminalibus et subaxillaribus solitariis, superne trichotomo-corymbosis, floribus majusculis, luteo-virescentibus.*

Macrocnemum P. Browne *Jam. 165.* Linn. *Amoen. V. 413.* Swartz *Observ. 68. t. 3. f. 1.* Jussieu *in Mem. Mus. VI. 386.* DC. *Prodr. IV. 402.*

3262. Condaminea *DC.* Calyx tubo cyathiformi-campanulato, cum ovario connato, limbo supero, quinquecrenato v. quinquedentato, circumscisse deciduo. Corolla supera, infundibuliformis, tubo brevi, subcurvato, fauce dilatata, limbi quinquepartiti lobis ovatis, acutis, patentibus, apice incrassatis. Stamina 5, corollae tubo supra medium v. prope faucem inserta; filamenta filiformia, inclusa, antherae oblongo-lineares, basi bifidae, subexsertae. Ovarium inferum, biloculare. Ovula plurima ..... Stylus filiformis; stigma bilobum. Capsula turbinata, compressa, truncata, umbilicata, bilocularis, loculicido-bivalvis. Semina plurima, minima, cuneiformia, aptera. — *Frutices peruani; foliis oppositis, breve petiolatis, amplis, stipulis intrafoliaceis, bipartitis, acuminatis, adpressis, saepe connatis, corymbis v. racemis terminalibus multifloris.*

Condaminea DC. *Prodr. IV. 402.* Macrocnemi sp. Ruiz et Pav. *Flor. peruv. t. 188. f. a. t. 189. 190. f. b.* Kunth, A. Rich.

TRIBUS XII. CINCHONEAE. Fructus capsularis, bilocularis. Semina alata.

SUBTRIBUS I. EUCINCHONEAE. Flores distincti, pedicellati.

3263. Calycophyllum *DC.* Calyx tubo ovato-oblongo, cum ovario connato, limbo supero, truncato v. obtuse quinquedentato, dente uno in folium petiolatum, membranaceum, coloratum expanso. Corolla supera, campanulata v. breviter infundibuliformis, limbo quinquepartito. Stamina 5, corollae fauci inserta; filamenta filiformia, limbum aequantia, antherae ovales, exsertae. Ovarium inferum, biloculare. Ovula in placentis linearibus, dissepimento utrinque adnatis plurima ...... Stylus brevis; stigmata 2, filiformia, reflexa. Capsula bilocularis, apice dehiscens ...... Semina plurima, oblonga, imbricata, membranacea, subalata. Embryo ..... — *Arbusculae antillanae, glabriusculae; foliis oppositis, petiolatis, membranaceis, supra glabris, subtus ad venas villosis, stipulis brevibus, latis, deciduis, floribus corymbosis, axillaribus et terminalibus, pedunculis trichotomis, compressis.*

Calycophyllum DC. *Prodr. IV. 367.* Macrocnemi sp. Vahl *Symb. II. 38. t. 29. 30.*

3264. Pinkneya *L. C. RICH.* Calyx tubo oblongo-turbinato, cum ovario connato, limbi superi, quinquepartiti, erecti lobis quatuor oblongis, quinto in folium coloratum, amplum expanso. Corolla supera, infundibuliformis, tubo cylindraceo, limbi quinquepartiti lobis oblongis, recurvo-patentibus. Stamina 5, imo corollae tubo inserta; filamenta setacea, exserta, antherae oblongae, incumbentes. Ovarium inferum, biloculare. Ovula in placentis bilobis, dissepimento utrinque insertis biseriata, horizontalia, anatropa. Stylus filiformis; stigma obtuse bilobum. Capsula subgloboso-didyma, vertice nuda, bilocularis, loculicido-bivalvis. Semina in loculis plurima, biseriata, horizontalia, compressa, incumbentia, epidermide laxa, membranacea, ad umbilicum emarginata. Embryo in axi albuminis carnosi orthotropus; cotyledonibus foliaceis, radicula conica, umbilico proxima, centripeta. — *Arbuscula caroliniana, ramosa; foliis oppositis, ovalibus, utrinque angustatis, subtus ramisque subtomentosis, stipulis deciduis, floribus majusculis, pubescentibus, pallidis, in supremis foliorum axillis fasciculatis.*

Pinkneya L. C. Richard *in Michaux Flor. bor. Amer. I. 103. t. 13.* Gärtner f. *III. 80. t. 194.* A. Richard *in Mem. soc. h. n. Paris. V. 277.* DC. *Prodr. IV. 366.* Pinknea Persoon *Ench. I. 197.*

3265. Bouvardia *SALISB.* Calyx tubo subgloboso, cum ovario connato, limbi superi, quadripartiti lobis lineari-subulatis, dentibus interdum interjectis. Corolla supera, infundibuliformi-tubulosa, elongata, extus velutino-papillosa, intus glabra v. barbata, fauce nuda, limbo quadripartito, patente, brevi. Stamina 4; filamenta brevissima v. subnulla, antherae lineares, inclusae. Ovarium inferum, vertice subexsertum, biloculare. Ovula in placentis orbicularibus, dissepimento utrinque insertis plurima, amphitropa. Stylus filiformis; stigma bilamellatum, exsertum. Capsula membranacea, globoso-compressa, bilocularis, apice septifrago-bivalvis. Semina plurima, compressa, peltata, imbricata, ala membranacea cincta. Embryo ..... — *Frutices mexicani; foliis oppositis v. verticillatis, stipulis angustis, acutis, petiolis utrinque adnatis, pedunculis terminalibus, trifloris v. trichotomis, corymbosis.*

Bouvardia Salisbury *Parad. II. 88. t. 88.* Kunth *in Humb. et Bonpl. Nov. gen. et sp. III. 383.* Jussieu *in Mem. Mus. VI. 383.* Bot. Reg. *t. 107. 245.* A. Richard *in Mem. soc. h. n. Paris. V. 271. t. 23. f. 3.* excl. sp. DC. *Prodr. IV. 365.* Houstonia Andr. *Bot. Reposit. t. 106.* Christima Rafinesque *in Annal. gen. sc. phys. V. 224.* Aeginetia Cavanill. *Ic. VI. 51. t. 572.* non Linn. Ixorae sp. Jacq. *Hort. Schönbr. t. 257.*

3266. Manettia *MUTIS.* Calyx tubo turbinato, cum ovario connato, limbi superi, quadri-quinquepartiti lobis lineari-lanceolatis, accessoriis dentibus totidem saepius inter lobos. Corolla supera, infundibuliformis, tubo tereti v. tetra-pentagono, fauce ampliata, pilosa, limbi brevissime quadri-quinquefidi lobis obtusis, patentibus v. revolutis. Stamina 4 v. 5, corollae fauci inserta; filamenta filiformia, subexserta, antherae ovatae, incumbentes. Ovarium inferum, biloculare. Ovula plurima, placentis cylindricis, e basi dissepimenti utrinque adscendentibus undique inserta, amphitropa. Stylus filiformis; stigma obtuse bilobum, subexsertum. Capsula membranacea, calycis limbo coronata, bilocularis, septicido-bivalvis. Semina plurima, compressa, peltata, imbricata, ala membranacea cincta. Embryo in axi albuminis carnosi orthotropus; cotyledonibus ovatis, subfoliaceis, radicula cylindrica, infera. — *Herbae v. suffrutices volubiles, in America tropica crescentes; ramis gracilibus, foliis oppositis, brevissime petiolatis v. subsessilibus, ovato-oblongis v. subcordatis, stipulis latis, brevibus, acutis, saepius cum petiolorum basi subconcretis, pedunculis axillaribus, uni-multifloris, nudis v. medio bibracteolatis.*

Manettia Mutis *in Linn. Mantiss. 556.* Schreber *gen. n. 181.* Ruiz et Pavon *Flor. peruv. t. 89. 90. f. a.* Kunth *in Humb. et Bonpl. Nov. gen. et sp. III. 387.* Martius *Mat. Medic. Brasil. t. 7.* Bot. Reg. *t. 693. 1866.* DC. *Prodr. IV. 362.* non Adans. Nacibea Aublet *Guian. I. 96. t. 37.* Gärtner f. *III. 102. t. 197.* Jussieu *in Mem. Mus. VI. 384.* excl. synon. Bouvardiae sp. et Conotrichia A. Richard *in Mem. soc. h. n. Paris. V. 277. t. 24. f. 1.* Lygistum P. Browne *Jam. 142.* Lam. *t. 67. f. 2.*

3267. Danais *COMMERS.* Flores abortu dioici. Calyx tubo brevi, obovato, cum ovario connato, limbo supero, brevissimo, quinquedentato. Corolla supera, infundibuliformis, tubo gracili, fauce villosa, limbo quinquepartito. Stamina 5, corollae fauci inserta, marium exserta, feminarum inclusa, abortiva. Ovarium inferum, biloculare. Ovula in placentis dissepimento utrinque adnatis plurima, amphitropa. Stylus simplex; stigma bifidum, laciniis linearibus, exsertis, in floribus masculis inclusis. Capsula subglobosa, limbo calycis coronata, coriaceo-chartacea, bilocularis, loculicido-bivalvis. Semina plurima, peltata, compressa, imbricata, ala membranacea cincta. Embryo ...... — *Frutices mauritiani, scandentes, glabri; radicibus succo aurantiaco scatentibus, foliis oppositis, oblongis v. ovatis, stipulis utrinque solitariis, latis, brevissimis, pedunculis axillaribus, corymbosis, multifloris, ramulis oppositis, floribus aurantiaceis, fragrantibus, interdum hexameris.*

Danais Commerson *ex Venten. Tabl. II. 584.* Jussieu *Mem. Mus. VI. 385.* Gärtner f. *III. 83. t. 195.* A. Richard *in Mem. soc. h. n. Paris. V. 274.* DC. *Prodr. IV. 361.* Paederiae sp. Jussieu *gen. 204.* Lam. *t. 166. f. 2.*

3268. Alseis *SCHOTT.* Flores abortu monoici. Calyx tubo obconico, cum ovario connato, limbi superi, quinquepartiti laciniis lanceolatis. Corolla supera, subcampanulata, brevis, limbo late quinquedentato, erecto. Sta-

Stamina 5, imo corollae tubo inserta, exserta, in femineis inclusa; **filamenta** subulata, basi pilosa, **antherae** ovatae, erectae. **Ovarium** inferum, biloculare. **Ovula** in placentis dissepimento utrinque longitudinaliter adnatis plurima, pendula, imbricata, marginata, anatropa? **Stylus** simplex, basi pilosus, exsertus; **stigma** bifidum, laciniis linearibus, patentibus. **Fructus** .. — *Arbuscula brasiliensis; foliis oppositis, breve petiolatis, ovato-acuminatis, venosis, utrinque pilosiusculis, stipulis late triangularibus, brevissimis, spicis terminalibus et e summis foliorum alis ramosis, floribus confertis, sessilibus, inferioribus hermaphroditis, superioribus femineis, corollis ochroleucis, pilosis.*

Alseis Schott *in Sprengel Cur. post.* 404. DC. *Prodr. IV.* 620. Endlicher *Atakt. t.* 33.

3269. Exostemma *L. C. RICH.* **Calyx** tubo ovato, cum ovario connato, limbo supero, quinquedentato. **Corolla** supera, infundibuliformis, tubo tereti, limbi quinquefidi laciniis linearibus, patentibus v. revolutis. **Stamina** 5, imo corollae tubo inserta, longe exserta; **filamenta** filiformia, libera v. tubo ad faucem usque adnata, **antherae** lineares, erectae. **Ovarium** inferum, biloculare. **Ovula** in placentis linearibus, dissepimento utrinque insertis plurima, pendula, anatropa. **Stylus** elongato-filiformis, apice subclavatus; **stigma** indivisum, subunilaterale v. breviter bilobum. **Capsula** coriacea, calycis limbo coronata v. demum subnuda, bilocularis, septicido-bivalvis, valvis integris v. demum bifidis. **Semina** plurima, e placenta demum libera pendula, imbricata, compressa, ala membranacea, angusta, ad umbilicum emarginata cincta. **Embryo** in axi albuminis carnosi orthotropus; **cotyledonibus** ovatis, subfoliaceis, **radicula** tereti, elongata, umbilico proxima, supera. — *Arbores v. frutices, in America tropica indigeni, plerumque glabri; foliis oppositis, ovalibus v. lanceolatis, breve petiolatis, stipulis utrinque solitariis, pedunculis axillaribus v. terminalibus, floribus candidis v. rubentibus.*

Exostemma L. C. Richard *in Humb. et Bonpl. Plant. aequinoct. I.* 151. St. Hilaire *Plant. usuell. Bras.* 3. A. Richard *in Mem. soc. h. n. Paris. V.* 280. DC. *Prodr. IV.* 358.

a. PITONIA DC. *l. c.* Calycis limbus usque ad basim in dentes longitudine varios divisus. Corollae glabrae, tubus laciniis longior. Stigma indivisum. — *Species antillanae, cortice febrifugo, subemetico.* — Cinchonae sp. Jacq. *Amer. t.* 179. *f.* 65. *Observ* 2. *t.* 17. Gärtner *t.* 33. *f. infer.* Lambert *Cinch. t.* 4. 6—9. 12. (A. Richard *in Mem. soc. h. n. Paris. V. t.* 24.)

b. BRACHYANTHEMUM DC. *l. c.* Calycis limbus usque ad basim in dentes divisus. Corollae tubus laciniis brevior v. vix aequalis. Stigma indivisum v. subbilobum. — *Species peruanae, manillenses et oceanicae.* — Cinchonae sp. Forst. Cavanill. *Ic. t* 329. Lambert *Cinch. t.* 5. Portlandiae sp. Ruiz et Pav. *Flor. peruv. t.* 190. *f. a.* (Humb. et Bonpl. *Plant. aequinoct. t.* 78.)

3270. Hymenodyction *WALLICH.* **Calyx** tubo ovato, cum ovario connato, limbo supero, quinquedentato. **Corolla** supera, infundibuliformis, fauce nuda, limbi quinquefidi lobis aestivatione plicatis, sub anthesi erectis. **Stamina** 5, fauci corollae inserta, inclusa; **filamenta** brevissima, **antherae** oblongae, erectae. **Ovarium** inferum, biloculare. **Ovula** in placentis linearibus, dissepimento utrinque insertis plurima, adscendentim imbricata. **Stylus** simplex, longe exsertus; **stigma** clavato-capitatum, sublobatum. **Capsula** coriaceo-lignosa, apice nuda, bilocularis, loculicido-bivalvis. **Semina** plurima, in placenta demum libera adscendentim imbricata, compressa, ala membranacea, reticulata, ad umbilicum bifida cincta. **Embryo** in axi albuminis carnosi rectus; **cotyledonibus** cordatis, **radicula** tereti, infera. — *Arbores indicae, umbrosae; ramulis compressis, foliis oppositis, petiolatis, coriaceis, stipulis interpetiolaribus solitariis, glanduloso-ciliatis, deciduis, floribus parvis, inconspicuis, virescentibus, pubescentibus, fasciculatis, in racemos pedunculatos, paniculum terminalem formantes dispositis, bracteis sub racemis longe petiolatis, lanceolatis, aridis, convexis, venosis.*

Hymenodyction Wallich *in Roxburgh Flor. Ind. II.* 148. *Tent. Flor. nepal. I.* 31. *t.* 22. *Plant. As. rar. t.* 168. DC. *Prodr. IV.* 358. Don *in Linn. Transact. XVII.* 142. Cinchonae sp. Roxburgh *Plant. Corom. t.* 106.

3271. Luculia *SWEET.* **Calyx** tubo turbinato, cum ovario connato, limbi superi, quinquepartiti laciniis lineari-subulatis, aequalibus, deciduis. **Corolla** supera, hypocraterimorpha, tubo ad faucem vix ampliato, limbi quinquefidi laciniis aestivatione valvatis, sub anthesi patentibus, obovatis, obtusissimis. **Antherae** 5, lineares, ad corollae faucem subsessiles, subinclusae. **Ovarium** inferum, biloculare. **Ovula** in placentis linearibus, dissepimento utrinque insertis plurima, adscendentim imbricata. **Stylus** simplex; **stigmata** 2, carnosa. **Capsula** obovato-oblonga, apice nuda, bilocularis, septicido-bivalvis. **Semina** plurima, in placenta demum libera adscendentim imbricata, compressa, ala membranacea, dentata, ad basim angustata cincta. **Embryo** .... — *Arbuscula nepalensis; ramis teretibus, pubescentibus, foliis oppositis, ellipticis, breve acuminatis, petiolatis, supra glabris, subtus ad nervos villosis, stipulis utrinque solitariis, e basi lata acuminatis, petiolos superantibus, corymbi terminalis multiflori ramulis oppositis, ultimis apice trifloris, corollis roseis, carnosulis.*

Luculia Sweet *Fl. Gard. I. t.* 145. DC. *Prodr. IV.* 357. Don *in Linn. Transact. XVII.* 143. Cinchona gratissima Wallich *Tent. Flor. nepal. t.* 21. Mussaenda Luculia Hamilt.

3272. Lasionema *DON.* **Calyx** tubo obovato, cum ovario connato, limbo supero, persistente, brevissime quinquedentato. **Corolla** supera, tubo brevi, limbi quinquefidi laciniis aestivatione imbricatis, sub anthesi patentibus, oblongis, obtusis. **Stamina** 5, corollae tubo infra faucem inserta, subexserta; **filamenta** filiformia, medio barbata, **antherae** oblongae, incumbentes, basi bifidae. **Ovarium** inferum, biloculare. **Ovula** in placentis dissepimento utrinque insertis plurima, peltata. **Stylus** simplex; **stigma** bifidum, lobis obtusis. **Capsula** bilocularis, calycis limbo coronata, loculicido-dehiscens, septo integro. **Semina** plurima, peltata, membranaceo-marginata. **Embryo** ...... — *Arbor peruana, Cinchonae facie, floribus paniculatis.*

Lasionema Don *in Linn. Transact. XVII.* 142. Cinchona rosea Ruiz et Pav. *Flor. peruv. t.* 199. — ? Exostemmatis sectio III. Pseudostemma DC. *Prodr. IV.* 358. (St. Hilaire *Plant. usuell. Bras. t.* 3.)

3273. Remijia *DC.* **Calyx** tubo obovato, cum ovario connato, limbo supero, persistente, quinquefido. **Corolla** supera, infundibuliformis, tubo tereti, limbi quinquepartiti laciniis aestivatione valvatis, sub anthesi patentibus, linearibus, acutis. **Stamina** 5, medio corollae tubo inserta, inclusa; **filamenta** brevia, inaequilonga, **antherae** lineares, erectae. **Ovarium** inferum, biloculare. Ovula in placentis linearibus, carnosis, dissepimento utrinque insertis plurima, adscendentim imbricata. Stylus simplex; stigmata 2, linearia, inclusa. Capsula ovata, calycis limbo coronata, bilocularis, ab apice ad basim septicido-bivalvis, valvis demum bifidis. Semina in placentis demum liberis plurima, adscendentim imbricata, compressa, peltata, ala membranacea, integra, basi emarginata cincta. Embryo in axi albuminis carnosi rectus; cotyledonibus brevissimis, subcordatis, radicula tereti, infera. — *Frutices brasilienses, graciles, vix ramosi, a Cinchonis vix nisi habitu, inflorescentia et capsulae valvis demum bifidis, nec viribus diversi; foliis oppositis v. ternatis, oblongis v. ovatis, coriaceis, superne profunde sulcatis, marginibus revolutis, subtus ramulisque nonnullis villoso-ferrugineis, stipulis lanceolatis, basi connatis, deciduis, racemis axillaribus elongatis, interruptis, florum fasciculis oppositis, corollis extus tomentosis.*

Remijia DC. *in Biblioth. Univ. Genev. 1829. II. 185.* DC. *Prodr. IV. 357.* Macrocnemum Vellozo *in Vandelli Fl. bras. 14.* non Linn. Cinchonae sp. St. Hilaire *Plant. us. Bras. t. 2.*

3274. Cinchona *LINN.* Calyx tubo turbinato, cum ovario connato, limbo supero, quinquefido, persistente. Corolla supera, tubo tereti, limbi quinquefidi lobis per aestivationem valvatis, sub anthesi patentibus, oblongis. Stamina 5, medio corollae tubo inserta, inclusa; filamenta brevissima, aequalia, antherae lineari-oblongae, erectae, subexsertae. Ovarium inferum, biloculare. Ovula in placentis linearibus, dissepimento utrinque insertis plurima, adscendentim imbricata. Stylus simplex; stigma breviter bifidum, subclavatum. Capsula ovata v. oblonga, calycis limbo coronata, bilocularis, a basi ad apicem, rarius ab apice ad basim septicido-bivalvis. Semina plurima, in placentis demum liberis adscendentim imbricata, compressa, ala membranacea, apice latiore, dentata, basi angustata, emarginata cincta. Embryo in axi albuminis carnosi rectus; cotyledonibus subcordatis, radicula tereti, infera. — *Arbores v. arbusculae peruanae et brasilienses, ob corticis qualitates febrifugas quam in contribulibus nobiliores celebratissimae; foliis oppositis, breve petiolatis, margine planis, stipulis ovatis v. oblongis, foliaceis, liberis, deciduis, floribus paniculato-corymbosis, terminalibus, albis v. roseo-purpurascentibus.*

Cinchona Linn. *gen. n. 227.* excl. sp. Humb. et Bonpl. *Plant. aequinoct. I. 33.* Lambert *Cinch. Lond. 1797. 4.* Ruiz, *Quinologia, Madrid, 1792, 4.* DC. *in Biblioth. univ. Genev. 1829. II. 144. Prodr. IV. 351.* Don *in Linn. Transact. XVII. 140.* Kinkina Adanson *II. 147.*

a. QUINQUINA. Capsula a basi ad apicem dehiscens. — (Gärtn. *t. 33. fig. sup.* Ruiz et Pavon *Flor. peruv. t. 193—195. 197. 198. 223. 224.* Humb. et Bonpl. *Plant. aequinoct. t. 10. 19. 39. 47.*)

b. CASCARILLA. Capsula ab apice ad basim dehiscens. — (Vahl *in Act. soc. h. n. Hafn. I. t. 3.* Ruiz et Pav. *t. 196. 225.*)

3275. Cosmibuena *RUIZ et PAV.* Calyx tubo oblongo, cum ovario connato, limbo supero, campanulato, quinque-sexdentato, deciduo. Corolla supera, infundibuliformis, tubo tereti v. ad faucem subdilatato, limbi quinque-sexpartiti lobis aestivatione imbricatis, sub anthesi patentibus, ovali-oblongis. Antherae 5—6, ad faucem corollae subsessiles, oblongo-lineares, subexsertae. Ovarium inferum, biloculare. Ovula plurima, placentis latis, carpidiorum marginibus e dissepimento introflexis utrinque adnatis inserta, adscendentim imbricata, amphitropa, micropyle infera. Stylus simplex; stigma bifidum. Capsula oblonga, teretiuscula, apice nuda, bilocularis, ab apice ad basim septicido-bivalvis, carpidiis demum e calyce solutis. Semina plurima, in placentis maximis, demum a dissepimento solutis peltata, adscendentim imbricata, compressa, ala membranacea, apice lacera, basi emarginata cincta. Embryo ..... — *Arbores peruanae et brasilienses, glabriusculae; foliis ovatis, coriaceis, breve petiolatis, stipulis ovalibus, amplis, obtusis, erectis, deciduis, floribus terminalibus, cymosis v. paniculatis, albis v. ochroleucis.*

Cosmibuena Ruiz et Pavon *Flor. peruv. III. 3. t. 226.* Don *in Linn. Transact. XVII. 141.* Buena Pohl *Plant. Brasil. I. 8. t. 8.* DC. *Prodr. IV. 356.* non Cav. Cinchonae sp. Ruiz et Pav. *Fl. peruv. t. 198.*

3276. Hymenopogon *WALL.* Calyx tubo obovato, cum ovario connato, limbo supero, quinquepartito, persistente. Corolla supera, hypocraterimorpha, tubo elongato, ad faucem subinflato, limbo quinquepartito. Antherae 5, intra faucem corollae sessiles, inclusae. Ovarium inferum, biloculare. Ovula plurima, in placentis linearibus, dissepimento utrinque insertis adscendentim imbricata. Stylus simplex; stigma oblongum, bilobum, lobis linearibus. Capsula oblongo-clavata, decemnervis, calycis limbo coronata, bilocularis, apice septicido incomplete bivalvis, valvis demum superne medio bifidis. Semina plurima, in placentis angustissime linearibus, demum liberis imbricata, compressa, linearia, utrinque membranaceo-appendiculata. Embryo ..... — *Frutex indicus, super arbores pseudo-parasiticus, parvus, incurvus; foliis oppositis, approximatis, acuminatis, membranaceis, superne pubescentibus, subtus villosis, stipulis membranaceis, ovatis, acutis, ciliatis, persistentibus, corymbis subterminalibus trichotomis, bracteatis, floribus longissimis, inodoris, pubescentibus.*

Hymenopogon Wallich *in Roxburgh Flor. Ind. II. 156.* DC. *Prodr. IV. 351.* non Palis.

3277. Hillia *JACQ.* Calyx basi involucello di-tetraphyllo cinctus, tubo obovato, cum ovario connato, limbi superi, bi-quadripartiti laciniis angustis, acutis, persistentibus. Corolla supera, hypocraterimorpha, tubo elongato, tereti, ad faucem inflato, limbi quadri-sexpartiti lobis patentibus, planis, ovalibus. Antherae 4—6, intra corollae faucem sessiles, inclusae. Ovarium inferum, biloculare. Ovula in placentis dissepimenta utrinque insertis plurima, adscendentia, anatropa. Stylus filiformis, simplex; stigma crassum, bifidum. Capsula elongata, calycis limbo coronata, bilocularis, loculicido-bivalvis. Semina in placentis septum marginantibus plurima, adscendentim imbricata, compressiuscula, testa laxa, apice in caudam penicilliformem fatiscente, basi attenuata, nucleo centrali. Embryo in axi albuminis parci, carnosi orthotropus; cotyledonibus ovatis, plano-convexis, radicula brevi, crassa, infera. — *Frutices v. suffrutices, in America tropica indigeni, parvi, glabri, saepius super arborum truncos pseudo-parasitici; foliis oppositis, obovatis, lacte virentibus, subcarnosis, stipulis ovalibus, membranaceo-foliaceis, deciduis, summis floris terminalis solitarii involucellum constituentibus, corollis longissimis, capsulis folliculiformibus.*

Hillia Jacquin *Amer. 96. t. 66.* Linn. *gen. n. 444.* Lam. *t. 257.* Swartz *Observ. t. 5. f. 1. Flor. Ind. occid. I. 11.*

Gärtner f. *III.* 97. *t.* 197. Jussieu *in Mem. Mus. VI.* 388. A. Richard *in Mem. soc. h. n. Paris. V.* 287. DC. *Prodr. IV.* 350. Ferreira Vandelli *in Römer Script.* 98. *t.* 6.

3278. Coutarea *AUBL.* Calyx tubo turbinato-oblongo, cum ovario connato, limbi superi, sexpartiti laciniis subulatis, deciduis. Corolla supera, magna, infundibuliformis, tubo brevi, fauce obconica, ventricosa, nuda, limbi breviter sexlobi lobis aestivatione induplicatis, sub anthesi patentiusculis, obtusis. Stamina 6, corollae tubo inserta, exserta; filamenta filiformia, antherae lineares, erectae. Ovarium inferum, biloculare. Ovula in placentis orbicularibus, medio dissepimento utrinque insertis plurima, horizontalia, anatropa. Stylus filiformis; stigma indivisum, sulcatum. Capsula coriaceo-chartacea, obovata, compressa, costata, bilocularis, loculicido-bivalvis, valvis semibifidis. Semina in placentis dissepimento demum libero utrinque insertis plurima, horizontalia, a latere compressa, reniformia, ala membranacea lata, ad umbilicum excisa cincta. Embryo in axi albuminis carnosi orthotropus; cotyledonibus cordatis, planis, radicula elongata, tereti, umbilico proxima, centripeta. — *Arbores in America tropica orientali indigenae; foliis oppositis, breve petiolatis, ovatis, acuminatis, stipulis latis, brevibus, acutis, pedunculis axillaribus et terminalibus saepius trifidis, floribus albidis, interdum heptameris.*

Coutarea Aublet *Guian. I.* 314. *t.* 122. Lam. *t.* 157. Jussieu *gen.* 202. *in Mem. Mus. VI.* 388. Gärtner f. *III.* 79. *t.* 194. A. Richard *in Mem. Mus. soc. h. n. Paris. V.* 287. DC. *Prodr. IV.* 350. Portlandiae sp. Jacq. *Amer. t.* 182. *f.* 20.

3279. Stevensia *POIT.* Calyx involucello brevissimo, inaequaliter quadrilobo cinctus, tubo subgloboso, cum ovario connato, limbi superi, bipartiti lobis acutis, deciduis. Corolla supera, hypocraterimorpha, tubo brevi, limbi sex-septempartiti lobis patentibus, obtusis. Antherae 6—7, ovato-lanceolatae, intra faucem corollae sessiles, inclusae. Ovarium inferum, biloculare. Ovula in placentis hemisphaericis, medio dissepimento utrinque insertis plurima, horizontalia, anatropa. Stylus filiformis, inclusus; stigma bilamellatum. Capsula globosa, apice areolata, areola pubescente, dicocca, coccis osseis, dorso fissis, facie basi mediantibus placentis cohaerentes. Semina plurima, elliptica, compressa, horizontaliter imbricata, margine membranaceo, angustissimo, apice latiore, denticulato, basi attenuato cincta. Embryo in axi albuminis carnosi orthotropus; cotyledonibus ovatis, subfoliaceis, radicula obtuse conica, umbilico proxima, centripeta. — *Frutex domingensis, ramosissimus; ramulis resinosis, foliis oppositis, ovalibus, subtus albidis, tenuiter reticulatis, stipulis in vaginam brevem concretis, floribus axillaribus, solitariis, albis, breve pedicellatis, bracteis quatuor in involucellum concretis cinctis.*

Stevensia Poiteau *in Annal. Mus. IV.* 235. *t.* 60. Gärtner f. *III.* 99. *t.* 197. Jussieu *in Mem. Mus. VI.* 389. A. Richard *in Mem. soc. h. n. Paris. V.* 285. DC. *Prodr. IV.* 349. non Neck.

SUBTRIBUS II. NAUCLEEAE DC. *Prodr. IV.* 343. Flores capitati, supra receptaculum globosum aggregati.

3280. Nauclea *LINN.* Flores supra receptaculum commune globosum aggregati, sessiles v. pedicellati, bracteolis interstincti. Calyx tubo oblongo, cum ovario connato, limbo supero, brevi, truncato v. quinquepartito, lobis linearibus. Corolla supera, infundibuliformis, tubo gracili, fauce nuda, limbi quinquefidi lobis aestivatione valvatis, sub anthesi patentibus, ovali-oblongis. Stamina 5, corollae fauci inserta, inclusa v. subexserta; filamenta brevissima v. subnulla, antherae oblongae, erectae. Ovarium inferum, biloculare. Ovula in placentis oblongis, dissepimento utrinque insertis pauca v. plurima, amphitropa. Stylus filiformis, exsertus; stigma oblongum v. ovatum, tumidum, indivisum. Capsulae nunc sessiles, inter se distinctae v. connatae, nunc pedicellatae, biloculares, dicoccae, coccis ex axi filiformi pendulis, apice elastice bivalvibus. Semina plurima v. subdefinita, ovata, parva, excentrice peltatim inserta, membranaceo-marginata, apice setaceo attenuata. Embryo in axi albuminis carnosi rectus; cotyledonibus ellipticis, radicula oblonga, supera. — *Arbores v. frutices scandentes, inter tropicos totius orbis crescentes; foliis oppositis v. verticillatis, petiolatis v. sessilibus, coriaceis, stipulis interpetiolaribus, capitulis globosis, pedunculatis, axillaribus aut terminalibus.*

Nauclea Linn. *gen. n.* 223. Gärtner *I.* 151.

a. PLATANOCARPUM. Flores supra receptaculum commune sessiles, calycis lobis brevibus acutis v. subnullis, deciduis. Capsulae connatae, polyspermae. — *Arbores indicae, inermes.*

Naucleae sectio Nauclearia §. 1. DC. *Prodr. IV.* 343.

b. NAUCLEARIA. Flores supra receptaculum commune sessiles, calycis lobis brevibus acutis v. subnullis, deciduis. Capsulae distinctae, polyspermae. — *Arbores v. frutices inermes, in Asia et rarius in Africa tropica crescentes.*

Naucleae sectio Nauclearia §. 2. DC. *Prodr. IV.* 344. Baucalus Rumph. *Amboin. III.* 55. *f.* 1. Lam. *t.* 153. *f.* 1. Gärtn. *t.* 30. Roxb. *Plant. Corom. t.* 82. —? Acrodryon Spreng. *Syst. I.* 384.

c. PENTACORYNA. Flores supra receptaculum commune subsessiles, calycis lobis elongato-clavatis, deciduis. Capsulae distinctae, oligospermae. — *Arbores indicae, inermes.*

Naucleae sectio Pentacoryna DC. *Prodr. IV.* 346. (Roxb. *Plant. Corom. t.* 54.)

d. UNCARIA. Flores supra receptaculum commune laxe aggregati, calycis tubuloso-urceolati lobis brevibus, persistentibus. Capsulae pedicellatae, polyspermae. — *Frutices scandentes, in Asia et America tropica indigeni, pedunculis senescentibus v. inferioribus sterilibus in spinam axillarem compressam, uncinatam conversis.*

Uncaria Schreber *gen. n.* 311. Wallich *in Roxburgh Flor. Ind. orient. II.* 125. *Plant. As. rar. t.* 170. DC. *Prodr. IV.* 347. Delessert *Ic. select. III. t.* 81. non Burch. Agylophora Necker *elem. n.* 252. Ourouparia Aublet *Guian. I.* 177. (Hunter *in Linn. Transact. IX. t.* 22. Nees *Plant. offic. Suppl. I. t.* 7.)

e. ADINA. Flores supra receptaculum commune confertim sessiles, calycis limbo campanulato, quinquepartito, persistente. Capsulae distinctae, loculis di-tetraspermis. — *Suffrutices chinenses, inermes.*

Adina Salisbury *Parad. t.* 115. Jussieu *in Mem. Mus. VI.* 403. (Bot. Reg. *t.* 895. Bot. Mag. *t.* 2613.)

TRIBUS XIII. GARDENIEAE A. Richard *in Mem. soc. h. n. Paris. V.* 108. Fructus baccatus, bi- v. abortu unilocularis, loculis polyspermis. Semina aptera. Albumen carnosum. — *Arbores v. frutices; stipulis interpetiolaribus.*

SUBTRIBUS I. SARCOCEPHALEAE DC. *Prodr. IV. 367.* Flores in receptaculo communi sessiles, in capitulum bracteatum collecti, fructibus inter se concretis v. distinctis.

3281. Sarcocephalus *AFZEL.* Flores super receptaculum sessiles, cum illo et inter se tubis calycinis in massam carnosam arcte concreti Calycum limbi margines brevissimi, superi. Corollae infundibuliformes, quinque-sexfidae. Antherae 5—6, intra faucem corollae sessiles. Ovaria infera. ····· Styli exserti; stigmata oblongo-capitata, indivisa. Baccae uniloculares (?), in massam calycum limbis acrolatam concretae. Semina parva, subreniformia. Embryo ···· — *Frutex scandens, in Africa tropica occidentali observatus; foliis oppositis, breve petiolatis, ovalibus, supra nitidis, subtus ad venarum axillus pubescentibus, stipulis utrinque solitariis, triangularibus, indivisis, basi subconcretis, capitulis terminalibus, breve pedunculatis v. sessilibus, floribus subroseis, syncarpiis Persicae magnitudine, edulibus.*

Sarcocephalus Afzelius *msc.* Sabine *in Horticult. Transact. V. 442. t. 18.* Lindley *Ibid. VII. 56.* A. Richard *in Mem. soc. h. n. Paris. V. 281.* DC. *Prodr. IV. 367* Cephalina Thonning *ex Schumach. in Act. soc. h. n. hafn. III. 125.*

3282. Zuccarinia *BLUM.* Flores supra receptaculum hemisphaericum aggregati, sessiles, bracteati. Calyx tubo ovali, cum ovario connato, limbo supero, quinquedentato. Corolla supera, tubulosa, tubo brevi, limbo quinquelobo, erecto. Antherae 5, lineares, corollae tubo insertae, inclusae. Ovarium inferum, biloculare, disco epigyno depresso. Ovula ······ Stylus simplex; stigma bifidum, vix exsertum. Bacca ovalis, stipitata, calycis limbo coronata, bilocularis. Semina in loculis plurima, biseriata, compressa, testa fibrosa Embryo albuminosus; radicula centripeta. — *Arbor javanica, pulchra; ramulis compressis, foliis distichis, elliptico-oblongis, ultrapedalibus, acuminatis, undulatis, glabris, stipulis geminatis, carinatis, capitulis pedunculatis, axillaribus, solitariis.*

Zuccarinia Blume *Bijdr. 1006.* A. Richard *in Mem. soc. h. n. Paris. V. 262.* DC. *Prodr. IV. 368.*

3283. Lucianea *DC.* Flores in capitulum dense concreti. Calycum margines superi, integri. Corollae superae, infundibuliformes, intus dense villosae, quadripartitae. Stamina quatuor, corolla breviora; filamenta brevia, antherae lineares. Ovaria ······ Stylus simplex; stigma bifidum. Baccae concretae, biloculares. Semina in loculis plurima, angulata. Embryo ······ — *Frutex nitidus, glaber; subdichotomus; foliis oppositis, petiolatis, ovatis, acuminatis, coriaceis, laevibus, stipulis interpetiolaribus, brevibus, pedunculis axillaribus, oppositis, v. terminalibus subumbellatis, capitulis paucifloris.*

Lucianea DC. *Prodr. IV. 368.* Morinda polysperma Jack.

3284. Canephora *JUSS.* Flores in apice pedunculi dilatati aggregati, sessiles, involucro brevi cincti, squamis distincti. Calyx tubo obovato, cum ovario connato, limbi superi, quinque-sexdentati dentibus lanceolato-triangularibus, subobtusis, subconcavis. Corolla supera, subcampanulata, limbo quinque-sexlobo, erecto. Antherae 5—6, subexsertae. Ovarium inferum, biloculare. Ovula in loculis plurima, compressa, imbricata, placentae centrali fungosae inserta. Stylus simplex; stigma oblongum, bipartitum. Baccae coriaceae, dense in capitulum congestae, biloculares. Semina in loculis abortu gemina, pendula. Embryo . . . . — *Frutices madagascarienses, glabri; foliis oppositis, ellipticis, coriaceis, glabris, stipulis utrinque solitariis, triangularibus, acutis, pedunculis axillaribus, solitariis.*

Canephora Jussieu *gen. 208. Mem. Mus. VI. 401.* Lam. *t. 151. f. 1. excl. f. 2.* A. Richard *in Mem. soc. h. n. Paris. V. 261.* DC. *Prodr. IV. 617.* Cephalidium A. Richard *Op. cit. 280.*

3285. Breonia *A. RICH.* Flores in capitulum globosum collecti, involucro spathaeformi, hinc fisso, apice longe rostrato, deciduo. Calyx tubo cum ovario connato, limbi superi, quinquepartiti laciniis truncatis, subcuneatis. Corolla supera, tubulosa, tubo tereti, limbi quinquepartiti, patentis lobis planis, ovali-lanceolatis. Stamina 5, corollae fauci inserta, semiexserta. Ovarium inferum, biloculare. Ovula in loculis septem v. octo, placentae membranaceae, subcordiformis, utrinque ex apice dissepimenti pendulae faciei externae inserta. Stylus simplex, longissime exsertus; stigma oblongum, bipartitum, laciniis approximatis. Fructus subcrustaceus, bilocularis, indehiscens. Semina plurima . . . . . — *Arbor madagascariensis; foliis oppositis, amplissimis, stipulis connatis, capitulis axillaribus solitariis, longe pedunculatis.*

Breonia A. Richard *in Mem. soc. h. n. Paris. V. 290.* DC. *Prodr. IV. 620.*

SUBTRIBUS II. EUGARDENIEAE DC. *Prodr. IV. 368.* Flores in capitulum haud collecti.

3286. Catesbaea *LINN.* Calyx tubo obovato, cum ovario connato, limbo supero, quadridentato v. quadripartito, persistente. Corolla supera, infundibuliformis, tubo elongato, ad faucem sensim dilatato, limbo quadrilobo. Stamina 4, imo corollae tubo inserta; filamenta filiformia, antherae lineares, exsertae. Ovarium inferum, biloculare. Ovula plurima, in placentis dissepimenti apici utrinque affixis biseriatim pendula, anatropa. Stylus filiformis, inclusus; stigma bidentatum. Bacca globosa v. oblonga, calycis limbo coronata, bilocularis. Semina in loculis plurima, biseriatim imbricata, pendula, compresso-squamaeformia. Embryo intra albumen carnosum minimus; radicula umbilico proxima, supera. — *Frutices antillani glabri; spinis supraaxillaribus, simplicibus, foliis oppositis, parvis, ovalibus, saepe fasciculatis, stipulis utrinque solitariis, deciduis, pedicellis axillaribus, unifloris, floribus albidis.*

Catesbaea Linn. *gen. n. 130.* Jussieu *gen. 199. Mem. Mus. VI. 393.* Lam. *t. 67.* Vahl *Eclog. t. 10. f. 1.* Gärtner f. *III. 67. t 192.* Bot. Mag. *t. 131.* Bot. Reg. *t. 858.* A. Richard *in Mem. soc. h. n. Paris. V. 256.* DC. *Prodr. IV. 400.*

3287. Hoffmannia *SWARTZ.* Calyx tubo oblongo-tetragono, cum ovario connato, limbi superi, quadridentati dentibus erectis, acutis. Corolla supera, hypocraterimorpha, tubo brevissimo, limbi quadripartiti lobis lanceolatis. Antherae 4, in fauce corollae sessiles, lineares, acutae, erecto-conniventes. Ovarium inferum, biloculare. Ovula in loculis plurima ····· Stylus simplex; stigma obtusum, vix emarginatum. Capsula baccata, calycis limbo coronata, bilocularis. Semina plurima, minuta, subrotunda. Embryo ...... — *Herba jamaicensis, monticola, basi suffruticosa, ramosa; ramis hirsutis, foliis oppositis, ovato-acuminatis, supra punctato-asperis, subtus hirsutis, stipulis brevissimis, acutis, pedunculis axillaribus petiolos superantibus, multifloris, corollae tubo rubro, lobis basi sanguineo-striatis, apice luteis, baccis coccineis.*

Hoffmannia Swartz *Prodr. 30. Flor. Ind. occid. I. 241. t. 1.* Schreber *gen. n. 1719.* Jussieu *Mem. Mus. VI. 383.* A. Richard *in Mem. soc. h. n. Paris. V. 259.* DC. *Prodr. IV. 400.*

3288. Higginsia *PERS.* Calyx tubo brevi, obovato, cum ovario connato, limbo supero, persistente, ad basim quadridentato. Corolla supera, infundibuliformi subcampanulata, tubo brevi, fauce nuda, limbo quadripartito, patente. Stamina medio corollae tubo inserta, inclusa; filamenta brevia, antherae ovatae, erectae. Ovarium inferum, biloculare. Ovula in placentis septo utrinque adnatis plurima ..... Stylus brevis; stigma bifidum, exsertum. Bacca calycis limbo coronata, oblonga, subtetragona, bisulca, bilocularis. Semina plurima, parva .... — *Suffrutices peruani, tri-quadripedales; ramis hebetate tetragonis, foliis oppositis v. verticillatis, obovatis v. oblongis, acutis, stipulis utrinque solitariis, parvis, acutis, deciduis, pedunculis axillaribus racemosis, pedicellis brevibus, unilateralibus, corollis rubentibus.*

Higginsia Persoon *Ench. I. 133.* A. Richard *in Mem. soc. h. n. Paris. V. 255.* DC. *Prodr. IV. 399.* O-Higginsia Ruiz et Pavon *Flor. peruv. I. 55. t. 85. f. a. b.* excl. sp. Evosmiae sp. Spreng. Nacibeae sp. Juss.

3289. Petunga *DC.* Calyx tubo ovato, cum ovario connato, limbo supero, persistente, quadridentato. Corolla supera, infundibuliformis, tubo brevi, obconico, fauce villosissima, limbo quadripartito. Stamina 4, corollae tubo inserta; filamenta brevia, antherae subexsertae. Ovarium inferum, biloculare. Ovula ..... Stylus filiformis, villosus; stigma subexsertum, bidentatum. Bacca globosa, depresso-umbilicata, bilocularis. Semina in loculis 2—4, squamiformia, pendula. Embryo intra albumen cartilagineum rectus; cotyledonibus linearibus, radicula supera. — *Frutices indici, inermes, erecti, glabri; ramis decussatis, horizontali bus, foliis oppositis, oblongis, utrinque attenuatis, stipulis longis, acuminatis, deciduis, spicis axillaribus, solitariis v. geminis, simplicibus, multifloris, folio brevioribus, bracteis brevibus, unifloris, floribus distichis v. tetrastichis, secus rhachin sessilibus, ex albo virescentibus.*

Petunga DC. *Prodr. IV. 398.* Higginsia Blume *Bijdr. 988.* non Pers. Randia racemosa Roxb. — ? Spicillaria A. Richard *in Mem. soc. h. n. Paris. V. 232.*

3290. Fernelia *COMMERS.* Calyx tubo obovato, cum ovario connato, limbi superi, persistentis, quadrifidi lobis apice subulatis. Corolla supera, parva, tubo brevi, fauce nuda, limbo quadrilobo, patente. Stamina 4, corollae tubo inserta, inclusa v. semiexserta; filamenta filiformia, antherae ovatae, erectae. Ovarium inferum, biloculare, dissepimento incompleto, basi semilunari-fenestrato. Ovula in placentis dissepimenti parti superiori integrae, et marginibus utrinque adnatis plurima, horizontalia, anatropa. Stylus simplex; stigma bifidum. Bacca calycis limbo coronata, dissepimento incompleto semibilocularis. Semina plurima, subcompressa, rugosa. Embryo in basi albuminis cartilaginei subdorsalis, rectus; cotyledonibus planis, subrotundis, radicula crassiuscula, umbilico parallela, centripeta. — *Arbusculae mauritianae, ramosissimae, glabrae, Buxi facie; foliis oppositis, obovatis, rigidulis, stipulis utrinque solitariis, brevibus, acutis, pedicellis axillaribus brevissimis, bracteolatis, unifloris.*

Fernelia Commerson *ex Jussieu gen. 199. Mem. Mus. VI. 393.* Lam. *t. 67. f. 1* Gärtner f. *III. 61. t. 191. et 197.* A. Richard *in Mem. soc. h. n. Paris. V. 257.* DC. *Prodr. IV. 398.*

3291. Coccocypselum *SWARTZ.* Calyx tubo ovato, cum ovario connato, limbi superi, quadripartiti, persistentis laciniis angustis. Corolla supera, infundibuliformis, fauce glabra, limbo quadripartito. Stamina 4, corollae tubo inserta, inclusa; filamenta brevissima, antherae oblongo-cordiformes. Ovarium inferum, biloculare. Ovula in placentis dissepimento utrinque adnatis plurima, horizontalia, anatropa. Stylus simplex; stigma bifidum. Bacca ovata, calycis limbo coronata, bilocularis. Semina plurima, lenticulari-angulata. Embryo .... — *Herbae americanae tropicae, repentes; foliis oppositis, breve petiolatis, stipulis utrinque solitariis, subulatis, pedunculis axillaribus, alternis, solitariis, capitulo paucifloro, breve involucrato terminatis, corollis baccisque caeruleis v. purpureis.*

Coccocypselum Swartz *Flor. Ind. occid. I. 245.* Kunth *in Humb. et Bonpl. Nov. gen. et sp. III. 403.* Chamisso et Schlechtend. *in Linnaea IV. 138.* A. Richard *in Mem. soc. h. n. Paris. V. 250.* DC. *Prodr. IV. 396.* Coccocypselum et Sicelium P. Browne *Jam. 144.* Tontanea Aublet *Guian. I. 108. t. 408.* Coccocypselum et Tontanea Jussieu *in Mem. Mus. VI. 394.* Coccocypselum et Bellardia Schreber *gen. n. 1721 et 1723.* Condalia Ruiz et Pavon *Prodr. II. t. 2.* non Cav.

3292. Petesia *BARTL.* Calyx tubo subgloboso, cum ovario connato, limbo supero, brevi, quadri quinquedentato, deciduo. Corolla supera, infundibuliformis, fauce nuda, limbo aequali, quadri-quinquefido. Stamina 4—5, corollae tubo inserta, inclusa; filamenta subnulla, antherae oblongae, erectae. Ovarium inferum, biloculare. Ovula ..... Stylus simplex; stigma bifidum. Bacca subglobosa, apice nuda, bilocularis. Semina plurima, subangulata, crustacea .... — *Arbores v. frutices mexicani et luzonenses; foliis oppositis v. ternis, breve petiolatis, saepe coriaceis, stipulis interpetiolaribus utrinque solitariis, indivisis, pedunculis axillaribus folio brevioribus, cymam corymbosam, paucifloram gerentibus.*

Petesia Bartling *ex DC. Prodr. IV. 395.* non Gärtn. an P. Browne, Jacq.?

3293. Stylocoryne *CAV.* Calyx tubo turbinato, cum ovario connato, limbo supero, quinquedentato v. quinquepartito, persistente. Corolla supera, infundibuliformis v. hypocraterimorpha, fauce glabra, limbi quinquepartiti lobis patentibus v. recurvis. Stamina 5, corollae fauci inserta; filamenta brevissima v. subnulla, antherae longe lineares, exsertae. Ovarium inferum, biloculare. Ovula in placentis parvis, medio dissepimento utrinque insertis gemina v. plura, amphitropa. Stylus filiformis, exsertus; stigma incrassatum, clavatum v. fusiforme, indivisum. Bacca globosa, calycis limbo coronata, bilocularis, pleiosperma, v. rarissime abortu unilocularis, monosperma. Semina pauca v. plurima, angulata, umbilico ventrali rugoso. **Embryo** in albumine subcartilaginea subdorsalis; **cotyledonibus** foliaceis, parvis, **radicula** cylindrica, in diversis infera, centrifuga v. centripeta. — *Arbores v. frutices* **indici**, *inermes; foliis oppositis, petiolatis, oblongo-lanceolatis, stipulis intrafoliaceis, latis, breve acuminatis corymbis v. cymis terminalibus, axillaribus aut oppositifoliis, floribus albis, fragrantibus.*

Stylocoryne Cavanil. *Ic. IV. 45.* A. Richard *in Mem. soc. h. n. Paris. V. 248.* Wight et Arnott *Prodr. Flor. Penins. Ind. or. I. 400.*

a. STYLOCORYNE *DC.* **Calycis** limbus breve tubulosus, quinquedentatus. **Semina** plurima. **Embryo** dimidio albumine longior.

Stylocoryne Cavanill. *Op. cit. t. 368.* Gärtner f. *III. 100. t. 197.* Blume *Bijdr. 982.* DC. *Prodr. IV. 377.* Wahlenbergia Blume *Cat. hort. Buitenzorg. 14.*

b. CUPIA *DC.* **Calycis** limbus quinquepartitus. **Semina** pauca. **Embryo** dimidio albumine brevior.

Cupia DC. *Prodr. IV. 393.* excl. sp. Cupi Rheede *Malab. II. 37.* Adanson *Fam. II. 158.* Chomelia Linn. *gen. edit. 1737. n. 167.* non Jacq. Webera Schreber *gen. n. 1733.* excl. charact. Gärtner f. *III. 71. t. 192.* Roxburgh *Flor. Ind. II. 533.* Bot. Reg. *t. 126.* non Hedw. Canthii sectio Cupia Römer et Schultes *Syst. IV. 306.* Zamaria Rafinesque *in Annal. gen. sc. phys. VI. 85.* Tarenna Gärtner *I. 139. t. 28.* DC. *Prodr. IV. 395.*

3294. Pouchetia *A. RICH.* **Calyx** tubo ovato, cum ovario connato, limbo supero, parvo, quinquedentato, persistente. **Corolla** supera, tubo brevi, obconico, fauce glabra, limbi lobis quinque, ovali-oblongis, per aestivationem contortis. **Antherae** 5, lineares, intra corollae tubum sessiles. **Ovarium** inferum, biloculare. **Ovula** . . . . . **Stylus** filiformis; **stigmata** 2, linearia, acuta, subdivergentia, vix exserta. **Bacca** obovata, exsucca, calycis dentibus conniventibus coronata, bilocularis. **Semina** in loculis 4—6, pressione difformia, oblonga, pube adpressa sericea. **Albumen** carnosum. **Embryo** . . . . . — *Frutex* **africanus tropicus**, *glaber; ramis teretiusculis, foliis oppositis, breve petiolatis, ovatis, acuminatis, stipulis utrinque solitariis, ovatis, breve cuspidatis, pedunculis oppositis axillaribus, supremis foliis sensim minoribus in bracteas mutatis in paniculam dispositis, floribus parvis, glabris.*

Pouchetia A. Richard *in Mem. soc. h. n. Paris. V. 251.* DC. *Prodr. IV. 393.*

3295. Bertiera *AUBL.* **Calyx** tubo subgloboso, cum ovario connato, limbo supero, brevissimo, quinquedentato, persistente. **Corolla** supera, infundibuliformis, tubo tereti, fauce glabra, limbi quinquepartiti laciniis patentibus, ovalibus, acutis. **Antherae** 5, oblongae, intra corollae faucem sessiles, inclusae. **Ovarium** inferum, biloculare. **Ovula** in placentis medio dissepimento utrinque insertis plurima, horizontalia, amphitropa v. anatropa. **Stylus** simplex; **stigma** bilamellatum, lamellis acutis. **Bacca** subexsucca, subglobosa, calycis limbo coronata, bilocularis. **Semina** plurima, angulata, muricata. **Embryo** intra albumen carnosum rectus v. arcuatus; **radicula** vaga. — *Frutices* **americani tropici, borbonici et indici**; *foliis oppositis, petiolatis, ovali-oblongis, acuminatis, villosis, stipulis utrinque solitariis, basi concretis, acuminatis, thyrsis terminalibus racemoso-paniculatis, bracteolatis, floribus parvis, albidis.*

Bertiera Aublet *Guian. I. 180.* Gärtner f. *III. 192. t. 73.* Jussieu *in Mem. Mus. VI. 390.* A. Richard *in Mem. soc. h. n. Paris. V. 243.* DC. *Prodr. IV. 391.*

a. BERTIERA *Aubl.* **Fructus** saepius striatus, dentibus calycinis erecto-conniventibus, subulatis coronatus. **Embryonis** radicula umbilico proxima. — *Species guianenses, inflorescentia terminali.* — Bertiera Aublet *Op. cit. t. 69.* Lam. *t. 165.* Gärtn. f. *t. 192. f. 7.* A. Richard *Op. cit. t. 23. f. 1.*

b. ZALUZANIA *Commers.* **Fructus** laevis, dentibus calycinis patentibus aut erectis, nec conniventibus coronatus. **Embryonis** radicula ab umbilico remota. — *Species borbonicae, inflorescentia racemoso-thyrsoidea, terminali.* — Zaluzania Commers. *msc.* (Gärtn. f. *t. 192. f. 6.*)

c. MYCETIA *Reinw.* **Fructus** intus crustaceus, dentibus calycinis patentibus coronatus. — *Species javanicae, racemulis axillaribus subcorymbosis.* — Myeetia Reinwardt *msc.* Bertiera Blume *Bijdr. 987.*

3296. Pomatium *GÄRTN. FIL.* **Calyx** tubo subgloboso, cum ovario connato, limbo supero, obtuse et breviter quinquedentato. **Corolla** supera, parva, tubo tereti, limbo quinquepartito. **Antherae** 5, intra faucem corollae sessiles, inclusae. **Ovarium** inferum, biloculare, disco epigyno urceolari. **Ovula** in placentis tumidulis, dissepimento utrinque insertis plurima, horizontalia, anatropa. **Stylus** simplex; **stigma** bifidum, laciniis oblongis. **Bacca** globosa, didyma, subsicca, calycis vestigio eroso et disco urceolari coronata, bilocularis. **Semina** plurima, angulata. **Embryo** in axi albuminis carnosi orthotropus; **cotyledonibus** planis, ovatis, **radicula** crassiuscula, umbilico proxima, centripeta. — *Frutex* **africanus tropicus**; *ramis teretibus, junioribus hispidis, adultis glabratis, foliis oppositis, subsessilibus, oblongo-lanceolatis, acuminatis, stipulis foliaceis, utrinque solitariis, oblongis, acuminatis, basi concretis, pollicaribus, thyrso spicaeformi terminali.*

Pomatium Gärtner f. *III. 252. t. 225.* DC. *Prodr. IV. 391.* Bertierae sp. A. Rich.

3297. Hippotis *RUIZ et PAV.* **Calyx** tubo obovato, cum ovario connato, limbo supero, spathaeformi, apice hinc fisso, inde in auriculam, mucrone acuminatam producto. **Corolla** supera, infundibuliformis, tubo subincurvo, limbo obtuse quinquelobo. **Stamina** 5, medio corollae tubo inserta, inclusa; **filamenta** brevissima, **antherae** ovatae, erectae. **Ovarium** inferum, biloculare, disco epigyno urceolari, quinquecrenato. **Ovula** in loculis plurima . . . . . **Stylus** simplex; **stigma** bilobum, lobis adpressis. **Bacca** ovata, calycis limbo coronata, bilocularis. **Semina** plurima, minuta . . . . . — *Frutex* **peruanus**, *inermis, villosus; foliis oppositis, petiolatis, ovato-oblongis, acuminatis, stipulis utrinque solitariis, ovatis, acutis, extus villosis, caducis, pedunculis axillaribus, vix dimidium folium aequantibus, apice trifloris, corollis et baccis villosis, purpureo-rubris.*

Hippotis Ruiz et Pavon *Prodr. 33. Flor. peruv. II. 55. t. 201.* Jussieu *in Mem. Mus. VI. 393.* A. Richard *in Mem. soc. h. n. Paris. V. 255.* DC. *Prodr. IV. 391.*

3298. Helospora *JACK.* **Calyx** tubo globoso tetragono, cum ovario connato, limbo supero, subcampanulato, quadridentato, persistente. **Corolla** supera, tubulosa, limbo calycino multo longior, fauce nuda, limbi lobis quatuor, per aestivationem valvatis, sub anthesi patentibus, oblongis. **Antherae** 4, lineares, intra corollae tubum sessiles, inclusae. **Ovarium** inferum, ... **Stylus** quadrisulcus; **stigma** quadrifidum, lobis brevibus, patentibus. **Bacca** tetragona, calycis limbo coronata, unilocularis. **Semina** plurima, duplici serie cruciatim disposita, nidulantia, linearia, parum incurva. Embryo ...... — *Arbuscula sumatrensis, glabra, non satis nota; foliis oppositis, breve petiolatis, ovato-lanceolatis, stipulis deciduis, intus ciliorum seriem gerentibus, pedunculis axillaribus unifloris, folio brevioribus, calycibus basi bibracteolatis, corollis flavescentibus.*

Helospora Jack *in Linn. Transact. XIV. 127. t. 4. f. 3.*

3299. Menestoria *DC.* Calyx tubo globoso, cum ovario connato, limbi superi, quinquepartiti laciniis linearibus, fere subulatis, distantibus, deciduis. Corolla supera, infundibuliformis, tubo longo, tereti, fauce nudiuscula, limbi quinquefidi lobis ovalibus, acutis, brevibus. Antherae 5, oblongae, intra corollae tubum sessiles. Ovarium inferum, biloculare. Ovula in placentis septo utrinque adnatis plurima .... Stylus filiformis, inclusus; stigma bifidum, lobis linearibus. Bacca subexsucca, calycis limbo deciduo apice areolata, bilocularis. Semina plurima, minima ...... — *Frutices nepalenses, inermes; foliis oppositis, stipulis utrinque solitariis, demum deciduis, corymbis terminalibus.*

Menestoria DC. *Prodr. IV. 390.* Gardeniae sp. Don.

3300. Heinsia *DC.* Calyx tubo obovato, cum ovario connato, limbi superi, quinquepartiti lobis foliaceis, oblongis, persistentibus. Corolla supera, hypocraterimorpha, tubo tereti, limbo calycino longiore, intus hirsutissimo, limbi lobis quinque, ovalibus, undulatis. Antherae 5, lineares, acutae, in apice tubi corollini sessiles, inclusae, faucis pilis occultatae. Ovarium inferum, biloculare. Ovula in placentis crassis, carnosis, dissepimento utrinque adnatis plurima. Fructus globosus, calycis limbo coronatus, siccus, durus, indehiscens, bilocularis. Semina plurima, in placentarum superficie nidulantia ...... — *Arbuscula africana tropica, ramosissima, inermis, sed ramulis persistentibus, spinas simulantibus horrida; foliis oppositis, breve petiolatis, ovali oblongis, acuminatis, stipulis utrinque binis, minimis, acutis, floribus ad apicem ramorum tribus v. quatuor subracemosis, pedicellatis, albis.*

Heinsia DC. *Prodr. IV. 390.*

3301. Chapelieria *A. RICH.* Calyx tubo cum ovario connato, limbi superi, quinquepartiti laciniis erectis, acutis, persistentibus. Corolla supera, tubulosa, tubo gracili, fauce villosa, limbi quinquepartiti laciniis subobliquis, patentibus, lanceolato-acutis. Antherae 5, medio corollae tubo insertae, subsessiles. Ovarium inferum, biloculare. Ovula plurima ...... — Stylus simplex, brevis, inclusus; stigma bipartitum, lobis approximato-coalitis. Fructus ovoideus, coriaceo-carnosus, limbo calycino ampliato, erecto coronatus, bilocularis. Semina plurima, distincta, subpolyedra, adpresse aureo-sericea. Embryo in axi albuminis cornei orthotropus, linearis, teres. — *Frutex madagascariensis foliis oppositis, coriaceis, elliptico-acutis, glaberrimis, stipulis interpetiolaribus, integris, caducis floribus in axilla foliorum congestis, breviter pedicellatis.*

Chapelieria A. Richard *in Mem. soc. h. n. Paris. V. 252.* DC. *Prodr. IV. 389.*

3302. Griffithia *WIGHT et ARN.* Calyx tubo obovato, brevi, cum ovario connato, limbo supero, campanulato, quinquedentato, deciduo. Corolla supera, infundibuliformis, fauce villosa, limbi quinquefidi laciniis aestivatione subcontortis, sub anthesi patentibus, oblongis, acutis, tubo longioribus. Stamina 5, corollae fauci inserta; filamenta subnulla, antherae elongato-lineares, acutae, dorso affixae. Ovarium inferum, biloculare, disco epigyno crasso, carnoso. Ovula in loculis plura ...... Stylus filiformis; stigma exsertum, indivisum, fusiforme, striatum. Bacca globosa, limbi calycini cicatrice areolata, bilocularis. Semina in loculis 8—10, angulata, mucilagine involuta. Embryo albuminis cartilaginei longitudine ...... — *Frutex indicus, glaber, inermis v. saepius spinis oppositis armatus; foliis oppositis, petiolatis, obovatis v. oblongis, basi cuneatis, coriaceis, subtus ad nervorum axillas glandulis perforatis instructis, stipulis interpetiolaribus utrinque solitariis, e basi ovata cuspidatis, deciduis, florum corymbis terminalibus umbellatis, pedicellis basi bibracteatis, corollis albis, baccis rubris.*

Griffithia Wight et Arnott *Prodr. Flor. Penins. Ind. orient. I. 399.* Gardenia fragrans Roxburgh *Plant. Corom. t. 197.* Stylocoryne Paudani DC.

3303. Hyptianthera *WIGHT et ARN.* Calyx tubo brevi, obovato, cum ovario connato, limbi superi, profunde quinquefidi laciniis oblongis, acuminatis, persistentibus. Corolla supera, rotata, tubo brevissimo, intus piloso, limbi quinquepartiti laciniis aestivatione contortis, sub anthesi patentibus. Antherae 5, oblongae, summo tubo corollae peltatim insertae, apicibus exsertis. Ovarium inferum, biloculare, disco epigyno carnoso, crasso. Ovula in singulis loculis circiter sex, pendula ... Stylus brevissimus; stigmatis incrassati, bipartiti lobi approximati. Bacca globosa, calycis limbo coronata, bilocularis. Semina in loculis biseriatim pendula, pauca. Embryo — *Frutex indicus, inermis, glaber; foliis oppositis, breve petiolatis, oblongo-lanceolatis, acuminatis, basi cuneatis, stipulis interpetiolaribus utrinque solitariis, integris, triangularibus, acuminatis, rigidis, adpressis, floribus bracteatis, parvis, in fasciculos subglobosos, in foliorum axillis sessiles collectis.*

Hyptianthera Wight et Arnott *Prodr. Flor. Penins. Ind. or. I. 399.*

3304. Randia *HOUST.* Calyx tubo obovato, cum ovario connato, limbo supero, quinquefido v. quinquedentato, persistente. Corolla supera, hypocraterimorpha, tubo brevi v. longo, limbo quinquepartito. Antherae 5, intra corollae faucem sessiles, oblongo-lineares, inclusae. Ovarium inferum, biloculare, disco epigyno carnoso. Ovula in placentis dissepimento utrinque adnatis plurima, deorsum imbricata ...... Stylus brevis; stigma crassum, bilobum, glabrum. Bacca calycis limbo coronata, subsicca, corticosa, bilocularis. Semina in loculis plura, in pulpa nidulantia, crassiuscula, angulata. Embryo intra albumen cartilagineum rectus; cotyledonibus subfoliaceis, radicula longiuscula, tereti, vaga. — *Arbusculae v. frutices, inter tropicos amphigei, ramosissimi; spinis axillaribus oppositis v. subverticillatis, foliis oppositis, sessilibus v. breve petiolatis, stipulis interpetiolaribus utrinque solitariis, floribus axillaribus, plerumque solitariis et sessilibus.*

Randia Houston *in Linn. Hort. cliffort. 485. Gen. n. 211.* Jussieu *in Mem. Mus. VI. 392.* DC. *Prodr. IV. 384.* excl. sp. Wight et Arnott *Prodr. Flor. Penins. Ind. or. I. 346.*

a. OXYCEROS DC. *l. c.* Corollae faux haud dilatata. — *Frutices spinosi.*

Oxyceros Loureiro *Flor. cochinch. 186.* Gardenia Gärtn. *I. 480.* Ceriscus Gärtn. *I. 140. t. 28.* Gardeniae sp. Roxburgh *Plant. Corom. t. 135. 136.* Kunth *in Humb. et Bonpl. Nov. gen. et sp. t. 293.* Bot. Mag. *t. 1841.* Mussaendae sp. Jacq. *Amer. t. 149.* (Ruiz et Pav. *Flor. Peruv. t. 120. f. 6.* Lam. *t. 156. f. 1. et 4.*)

b. EUCLINIA DC. *l. c.* Corollae tubus ad faucem saepius ampliatus, obconicus. — *Frutices inermes.*

Euclinia Salisbury *Parad. t. 93.* Rothmannia Salisb. *Op. cit. t. 65.* (Gardeniae sp. Ruiz et Pav. *Op. cit. t. 219.* Mussaendae sp. Jacq. *Amer. t. 48.*)

3305. Gardenia *ELLIS.* Calyx tubo ovato, laevi v. costato, cum ovario connato, limbo supero, tubuloso, truncato, dentato, fisso v. partito. Corolla supera, infundibuliformis v. hypocraterimorpha, tubo calycem longe superante, fauce glabra, limbi quinque-novempartiti laciniis aestivatione contortis, sub anthesi patentibus. Antherae 5—9, lineares, ad faucem corollae sessiles, subexsertae. Ovarium inferum, dissepimentis 2—5 ad axim deliquescentibus uniloculare. Ovula in placentis dissepimentis insertis plurima, horizontalia ...... Stylus simplex; stigma clavatum, bidentatum v. bifidum, lobis incrassatis, erectis. Bacca carnosa, calycis limbo coronata, intus chartacea v. nucleata, incomplete bi-quinquelocularis. Semina plurima, minuta, placentis parietalibus carnosis immersa. Embryo in axi albuminis carnosi rectus; cotyledonibus foliaceis, radicula tereti, vaga. — *Arbores v. frutices, inermes v. spinescentes, inter tropicos Asiae et Africae, nec non in Capite bonae spei crescentes; foliis oppositis rariusve verticillatis, ovalibus, stipulis interpetiolaribus integris, floribus axillaribus v. terminalibus, plerumque solitariis, albis, demum flavescentibus, saepius odoratis.*

Gardenia Ellis *in Linn. gen. n. 296.* Gärtner f. *III. 79.* Blume *Bijdr. 1014.* DC. *Prodr. IV. 379.*

a. GARDENIA. Calycis tubus laciniis decurrentibus costatus. Corollae tubus cylindraceus.

Gardenia Ellis *in philosoph. Transact. LI. t. 23.* Solander *Ibid. LII. t. 20.* Miller *Ic. t. 180.* Andr. *Bot. Reposit. t. 491.* Bot. Reg. *t. 73. 449.* Gärtner f. *t. 194.*

b. KUMBAYA. Calycis tubus laevis, limbus aequaliter dentatus v. partitus, rarius truncatus. Corollae tubus cylindraceus.

Gardeniae sp. Roxburgh *Corom. t. 134.* Bot. Mag. *t. 1904.* Gärtner f. *t. 193.*

c. PIRINGA. Calycis tubus laevis, limbus tubulosus, costatus, quinque-sexfidus, lateraliter fissus. Corollae tubus cylindraceus.

Piringa Jussieu *in Mem. Mus. VI. 399.* Thunbergia Montin *in Act. Holm. 1773. t. 11.* Sahlbergia Necker *elem. n. 418.* Bergkias Sonnerat *Voy. t. 17. 18. Journ. phys. III. 299. t. 3.* Chaqueplria Gmelin *Syst. 651.* (Bot. Mag. *t. 1004.* Salisbury *Parad. t. 46.*)

d. ROTHMANNIA. Calycis tubus costatus v. laciniis decurrentibus angulatus. Corollae tubus fauce dilatata obconicus.

Rothmannia Thunberg *in Act. Holm. 1776. p. 65. c. ic.* (Bot. Mag. *t. 690.*)

3306. Genipa *BLUM.* Calyx tubo ovato, laevi, cum ovario connato, limbo supero, tubuloso, truncato v. subdentato. Corolla supera, hypocraterimorpha, tubo calycis limbum haud superante, fauce glabra, limbi quinque-sexpartiti laciniis ovatis, acutis, tubo corollae longioribus. Antherae 5—6, lineares, ad faucem corollae sessiles, exsertae. Ovarium inferum, biloculare. Ovula in placentis dissepimento utrinque adnatis plurima, amphitropa. Stylus simplex; stigma indivisum, clavatum, obtusum. Bacca utrinque attenuata, calycis limbo coronata, corticata, pulposa. Semina plurima, in pulpa nidulantia. Embryo intra albumen cartilagineum obliquus; cotyledonibus foliaceis, radicula tereti, vaga. — *Arbores Americae tropicae; foliis oppositis, ovalibus v. oblongis, stipulis interpetiolaribus ovatis, acuminatis, deciduis, floribus axillaribus v. terminalibus, solitariis aut paucis, albis, demum flavidis.*

Genipa Plumier *Cat. 20.* Linn. *gen. n. 240.* Jussieu *gen. 201. Mem. Mus. VI. 391.* Gärtner f. *III. 53. t. 190.* Ruiz et Pav. *Flor. Peruv. t. 220. f. a.* A. Richard *in Mem. soc. h. n. Paris. V. 244. t. 22.* DC. *Prodr. IV. 378.* Presl *Symb. t. 160.* Duroia Linn. f. *Suppl. 30.* Gardeniae sp. Swartz.

3307. Oxyanthus *DC.* Calyx tubo obovato, cum ovario connato, limbo supero, urceolato, acute quinquedentato. Corolla supera, hypocraterimorpha, tubo gracili, longissimo, fauce aequali, glabra, limbi quinquepartiti, regularis laciniis oblongis, acuminatis. Antherae 5, lineares, acuminatae, corollae fauci insertae, exsertae. Ovarium inferum, biloculare, disco epigyno carnoso. Ovula in placentis dissepimento utrinque adnatis plurima. Stylus filiformis, exsertus; stigma clavatum, brevissime bilobum. Bacca bilocularis ...... — *Frutices Africae tropicae; foliis oppositis, breve petiolatis, ellipticis, acuminatis, stipulis oblongo-triangularibus, subfoliaceis, demum deciduis, pedunculis axillaribus racemoso-corymbosis, corollis semipedalibus.*

Oxyanthus DC. *in Annal. Mus. IX. 218.* Jussieu *in Mem. Mus. VI. 390.* Lindley *Collect. t. 13.* Bot. Mag. *t. 1992.* DC. *Prodr. IV. 376.* Gardeniae sp. Andr. *Bot. Reposit. t. 183.*

3308. Posoqueria *AUBL.* Calyx tubo obovato, cum ovario connato, limbo supero, brevi, quinquedentato. Corolla supera, infundibuliformis, tubo tereti, longissimo, fauce vix dilatata, villosa, limbi quinquepartiti laciniis patentibus, obtusis, subaequalibus, alabastro hinc gibbo. Stamina 5, corollae fauci inserta, exserta; filamenta filiformia, brevissima, apice infracto-geniculata, antherae oblongae, acutae. Ovarium inferum, biloculare, disco epigyno carnoso. Ovula in placentis dissepimento utrinque adnatis plurima .... Stylus filiformis, inclusus; stigma brevissime bifidum, lobis gracilibus. Bacca ovata, calycis limbo coronata, succulenta, bilocularis. Semina plurima .... — *Frutices v. arbusculae, guianenses et antillanae, glabrae; ramis teretiusculis, foliis oppositis, breve petiolatis, coriaceis, stipulis oblongo-triangularibus, demum deciduis, floribus terminalibus, albis, longissimis, corollis nutantibus.*

Posoqueria Aublet *Guian. I. 134. t. 51.* Jussieu *in Mem. Mus. VI. 389.* DC. *Prodr. IV. 375.* non Alior. Cyrtanthus Schreber *gen. n. 302.* non Ait. Kyrtanthus Gmelin *Syst. 362.* Solena Willdenow *Sp. I. 961.* Rudge *Guian. t. 40. 41.* Posoria Rafinesque *in Annal. gen. sc. phys. VI. 80.* Tocoyenae sp. A. Rich.

3309. Tocoyena *AUBL.* Calyx tubo turbinato, cum ovario connato, limbo supero, brevissime tubuloso, quinquedentato. Corolla supera, infundibuliformis, tubo filiformi, longissimo, fauce dilatata, nuda, limbi quinquepartiti laciniis brevibus, obtusis. Antherae 5, ad faucem corollae brevissime exsertae, ovatae, acutae. Ovarium inferum, biloculare. Ovula in placentis dissepimento utrinque insertis plurima ..... Stylus filiformis, apice fusiformi pilosus; stigma clavatum, bilamellatum. Bacca subcarnosa, calycis limbo coronata, bilocularis. Semina plurima, rotundato-ovata, in pulpa molli nidulantia. — *Frutices v. suffrutices inermes, in America tropica indigeni; foliis oppositis, breve petiolatis, stipulis triangularibus v. ovatis, floribus terminalibus corymbosis.*

Tocoyena Aublet *Guian. I. 131. t. 50.* Jussieu *in Mem. Mus. VI. 390.* Kunth *in Humb. et Bonpl. Nov. gen. et sp. III. 411.* DC. *Prodr. IV. 374.* Ucriana Willdenow *Sp. I. 961.*

3310. Gynopachys *BLUM.* Calyx tubo turbinato, cum ovario connato, limbo supero, urceolato, subintegerrimo, deciduo. Corolla supera, tubo brevi, fauce setosa, limbo quinquepartito, patente. Stamina 5, corollae fauci inserta; filamenta brevia, antherae lineares, incumbentes, exsertae. Ovarium inferum, biloculare. Ovula ····· Stylus brevis; stigma crassum, subbilobum, exsertum. Bacca globosa, umbilicata, calycis basi circulari coronata, bilocularis. Semina in placentis carnosis, membranaceo-stipitatis, transversim lamellatis plurima, compressa. Embryo ····· — *Frutices javanici, scandentes; foliis distichis, stipulis interpetiolaribus indivisis v. geminis, subconcretis, floribus ex axillis dense corymbosis v. subcorymbosis, unilateralibus.*

Gynopachys Blume *in Flora 1825. p. 134. Bijdr. 933.* DC. *Prodr. IV. 374.*

3311. Cassupa *HUMB. et BONPL.* Calyx tubo globoso, cum ovario connato, limbo supero, brevissimo, integerrimo. Corolla supera, tubulosa, extus rugosa, fauce villosa, limbi sexpartiti, brevis lobis acutiusculis, vix patentibus. Antherae 6, oblongae, intra corollae faucem subsessiles, villis occultatae. Ovarium inferum, biloculare. Ovula in placentis medio dissepimento utrinque insertis plurima ····· Stylus inclusus; stigma bifidum, gracile. Bacca subglobosa, calycis limbo brevissimo coronata, bilocularis. Semina plurima, minima. Embryo ···· — *Arbor Americae tropicae; foliis oppositis, longe petiolatis, obovato-oblongis, coriaceis, subtomentosis, pedalibus, stipulis lanceolatis, persistentibus, thyrsis terminalibus paniculatis, oppositifloris, bracteolis sub flore duabus v. tribus, interdum calyci adnatis, corollis uni-bipollicaribus, pallide rubris.*

Cassupa Humb. et Bonpl. *Plant. aequinoct. I. 43. t. 12.* Kunth *in Humb. et Bonpl. Nov. gen. et sp. III. 412.* Jussieu *in Mem. Mus. VI. 389.* A. Richard *in Mem. soc. h. n. Paris. V. 250.* DC. *Prodr. IV. 373.*

3312. Kutchubaea *FISCH.* Calyx tubo turbinato, cum ovario connato, limbo supero, tubuloso, ovarium superante, truncato. Corolla supera, tubo cylindrico, calycis limbum longe superante, fauce villosa, limbi octopartiti laciniis lanceolatis, acuminatis, aestivatione contortis. Antherae 8, oblongae, acutae, inter villos faucis sessiles. Ovarium inferum ······ Stylus filiformis; stigma grossum, clavatum, lobis duobus applicitis, extus convexis, hirsutis, intus planis, glabris. Fructus ····· — *Arbor guineensis glabra; ramulis teretibus, foliis oppositis, breve petiolatis, obovatis, obtusis, stipulis ovatis, latis, brevibus, breve concretis, persistentibus, interdum bifidis, floribus terminalibus, subcorymbosis, pedicellatis, ebracteatis, amplis, corollis basi purpureis, apice pallidis, tripollicaribus, coriaceis.*

Kutchubaea Fischer *ex DC. Prodr. IV. 373.*

3313. Mussaenda *LINN.* Calyx tubo oblongo-turbinato, cum ovario connato, limbi superi, quinquepartiti, demum decidui lobis erectis, acutis, uno exteriorum interdum producto in folium petiolatum, amplum, reticulato-venosum, coloratum. Corolla supera, infundibuliformis, fauce villosa, limbo quinquepartito. Antherae 5, intra corollae faucem sessiles, lineares, inclusae v. subexsertae. Ovarium inferum, biloculare. Ovula in placentis e medio dissepimento utrinque stipitatis, revoluto-bilobis plurima, horizontalia, anatropa. Bacca subglobosa, apice denudata, bilocularis. Semina plurima, parva, lenticulari-compressa, scabrida. Embryo in basi albuminis dense carnosi minimus; radicula crassa, umbilico proxima, centripeta. — *Arbusculae v. frutices, inter tropicos veteris orbis indigeni, in America rari; foliis oppositis, petiolatis, ovatis, villosis v. glabris, stipulis utrinque binis, liberis v. basi concretis, acuminatis, floribus terminalibus, corymbosis, bracteis sub pedicellis et corymbi ramis parvis.*

Mussaenda Linn. *gen. n. 241.* Gärtner *I. 140.* Jussieu *in Mem. Mus. VI. 386.* Hamilt. *in Linn. Transact. XIV. 198. et 203.* A. Richard *in Mem. soc. h. n. Paris. V. 370.* DC. *Prodr. IV. 370.* Wight et Arnott *Prodr. Flor. Penins. Ind. or. I. 393.*

a. BELILLA DC. *l. c.* Calycis lobus unus in folium maximum, petiolatum, venoso-reticulatum, bracteiforme productus.

Belilla Rheede *Malab. II. 27. t. 17.* Macrocnemi sp. Jacq. *Hort. Schönbr. t. 43.* (Lam. *t. 157. f. 1.* Gärtn. *t. 28.* Bot. Mag. *t. 2099.* Wallich *Plant. As. rar. t. 180.*) — M. luteola Delile *in Caillaud Voy. 65. t. 1. f. 1.* quae Manettia lanceolata Vahl, a cl. DC. huc relata, genus Neurocarpaea R. Brown *ad Salt. 64.* et *in Tuckey Cong. 448.* constituit, quod quo charactere stabiliatur, botanici hactenus ignorant.

b. LANDIA DC. *l. c.* Calycis lobi omnes aequales v. vix inaequales, nec in lobum expansi, decidui. — *Folia opposita.*

Landia Commers. msc. (Lam. *t. 157. f. 2.*)

c. CAANTHE DC. *l. c.* Calycis lobi omnes aequales, lineares v. setacei, persistentes. — *Species madagascarienses, vix congeneres; foliis ternato-verticillatis, stipulis basi latis, apice acutis, adpressis, coriaceis.*

3314. Amaioua *AUBL.* Calyx tubo ovato, cum ovario connato, limbo supero, tubuloso, tereti, sexdentato, demum deciduo. Corolla supera, hypocraterimorpha, tubo tereti, calycis limbum superante, limbi sexpartiti, patentis lobis oblongis. Antherae 6, lineares, intra corollae faucem sessiles. Ovarium inferum, bi-triloculare. Ovula in loculis plurima, biseriata, horizontalia, anatropa. Stylus simplex; stigma clavatum, indivisum. Bacca obovato-oblonga, corticata, apice areolata, bi-trilocularis. Semina in loculis biseriata, depresso-plana, suborbiculata, septulis membranaceis horizontalibus distincta. Embryo ······ — *Arbores v. frutices, in America tropica indigeni; foliis oppositis v. ternatis, breviter petiolatis, nervosis, glabris, stipulis oblongis, deciduis, floribus ad apicem ramorum corymbosis, subsessilibus.*

Amaioua Aublet *Guian. Suppl. 13. t. 375.* DC. *in Annal. Mus. IX. 218.* Desfont *in Mem. Mus. VI. 11. t. 4—6.* Jussieu *Ibid. VI. 391.* Kunth *in Humb. et Bonpl. Nov. gen. et sp. t. 294.* A. Richard *in Mem. soc. h. n. Paris. V. 249.* DC. *Prodr. IV. 369.* Hexactina Willd. *msc.* — ? Ehrenbergia Spreng. *Syst. n. 1318.*

3315. Burchellia *R. BR.* Calyx tubo obovato, cum ovario connato, limbo supero, tubuloso, ultra medium quinquefido, persistente.

Corolla supera, clavato-infundibuliformis, fauce nuda, limbi quinquefidi lobis abbreviatis, aestivatione imbricato-contortis. Stamina 5, supra medium tubo corollae inserta, inclusa; filamenta subnulla, antherae lineares. Ovarium inferum, biloculare, disco epigyno carnoso. Ovula in placentis dissepimento utrinque adnatis plurima, anatropa. Stylus filiformis; stigma exsertum, clavatum, indivisum, bisulcum. Bacca subglobosa, calycis limbo coronata, bilocularis. Semina plurima, angulata. Embryo in axi albuminis cartilaginei orthotropus, dimidia ejusdem longitudine; radicula ad umbilicum directa, centripeta. — *Frutices capenses; foliis oppositis, breve petiolatis, ovatis, acutis, basi subcordatis, stipulis interpetiolaribus e basi lata cuspidatis, deciduis, floribus ad apices ramorum capitatis, supra receptaculum villosum sessilibus, bracteolis minimis distinctis, foliorum pari ultimo subinvolucratis, coccineis.*

Burchellia R. Brown *in Bot. Reg. t. 466. 891.* Bot. Mag. *t. 2339.* A. Richard *in Mem. soc. h. n. Paris. V. 260.* DC. *Prodr. IV. 368.* Bubalina Rafinesque *in Annal. gen. sc. phys. VI. 86.* Lonicera bubalina Linn. Cannephora capitata Lam. *t. 151. f. 2.*

GENERA DUBIAE TRIBUS.

3316. Sommera *SCHLECHT.* Calyx tubo cum ovario connato, limbi superi, quinquefidi laciniis magnis, persistentibus. Corolla supera, tubo calycis limbum haud superante, subcampanulato-cylindraceo, utrinque, imprimis intus praeter basim nudam villoso, limbi quinquefidi laciniis brevibus, aestivatione valvatis, sub anthesi margine revolutis. Antherae 5, anguste ellipticae, in medio corollae tubo sessiles, inclusae. Ovarium inferum, biloculare. Ovula in placentis dissepimento utrinque insertis plurima. Stylus simplex; stigma bifidum, laciniis linearibus, acutis, erectis. Bacca (?) calycis limbo coronata, bilocularis. Semina plurima. — *Arbuscula mexicana; foliis oppositis, petiolatis, stipulis interpetiolaribus, elongatis, integerrimis, deciduis, cymis axillaribus, tri-quinquefloris, pedicellis bibracteolatis.*

Sommera Schlechtend. *in Linnaea IX. 602.*

*

3317. Scepseothamnus *CHAM.* Flores polygamo-dioici, Masc. Calyx tubo brevissimo, cum ovarii rudimento connato, limbo supero, truncato. Corolla supera, hypocraterimorpha, tubo brevi, paullulum inflato, fauce villosa, limbi quinquefidi laciniis late ovatis, brevibus. Antherae 5, lineares, intra corollae faucem sessiles, inclusae. Ovarii rudimentum inferum. Stylus inclusus, apice attenuato pilosus; stigmate obsoleto. Fem. v. Hermaph. Calyx et corolla maris. Ovarium inferum, biloculare. Ovula in loculis solitaria, dorso convexa, facie plana, medio dissepimento peltatim inserta. ...... Stylus teres, brevis; stigma crassum, prismatico obtuse pentagonum, nigrum. Fructus ...... — *Frutices brasilienses, inermes, ramosissimi; ramulis compressis foliisque oppositis, stipulis interpetiolaribus integris, parvis, floribus masculis in apicibus ramulorum, saepius ternis, sessilibus, fenineis solitariis.*

Scepseothamnus Chamisso *in Linnaea IX. 248.*

3318. Gardeniola *CHAM.* Flores polygamo-dioici. Masc. Calyx tubo brevissimo, cum ovarii rudimento connato, limbo supero, truncato. Corolla supera, hypocraterimorpha, tubo brevi, paullulum inflato, fauce villosa, limbi quadrifidi laciniis late ovatis, brevibus. Antherae 4, lineares, intra corollae faucem sessiles, inclusae. Ovarii rudimentum inferum Stylus inclusus, apice attenuato pilosus; stigmate obsoleto Fem. v. Hermaphr. Flos .... Bacca globosa, umbilicata, bilocularis. Semina in loculis 3—5, arillata (?) ovoidea, angulata, nitida, acie umbilico lineari. Embryo in cavo axili albuminis subcornei, violaceo-nigrescentis parvus, umbilico proximus; radicula umbilicum spectante. — *Frutex brasiliensis, inermis, ramosissimus; ramulis compressis foliisque oppositis, stipulis interpetiolaribus, parvis, integris, parum conspicuis, floribus masculis in apice ramulorum tribus v. quinque sessilibus, baccis totidem pedicellatis, Pisi mole, nigris.*

Gardeniola Chamisso *in Linnaea IX. 247.*

3319. Thiloodoxa *CHAM.* Flores polygamo-dioici. Masc. Calyx tubo cum ovarii rudimento connato, limbo supero, truncato v. obsolete dentato. Corolla supera, hypocraterimorpha, fauce villosa, limbo quinquepartito. Antherae 5, lineares, intra corollae tubum sessiles, inclusae. Ovarii rudimentum inferum. Stylus simplex, teres, apice attenuato glaber; stigma obsoletum. Fem. Calyx tubo globoso, subcostato, cum ovario connato, limbo supero. Corolla ..... Ovarium inferum, triloculare. Ovula in loculis gemina, angulo interiori affixa, alterum saepius abortivum. Stylus teres, brevis; stigma crassum, prismaticum, obtuse pentagonum, nigrum. Bacca globosa, umbilicata, pulposa, trilocularis v. abortu unilocularis. Semina in loculis solitaria, arillata (?) triquetro-subglobosa, irregularia, basi acutiora, nigra, umbilico punctiformi, vix conspicuo. Embryo in axi albuminis cornei, violaceo-nigrescentis intensius coloratus; radicula exserta, tereti, crassiore, umbilico proxima. — *Arbores brasilienses; foliis oppositis, breviter petiolatis, stipulis membranaceis interpetiolaribus, triangularibus, acutis, in vaginam arcte adpressam connatis, ramulis supraaxillaribus, floribus terminalibus, sessilibus.*

Thileodoxa Chamisso *in Linnaea IX. 251.*

*

3320. Anisomeris *PRESL.* Calyx tubo obovato, cum ovario connato, limbi superi, quadripartiti laciniis patentibus, valde inaequalibus. Corolla supera, hypocraterimorpha, tubo gracili, limbi quadrifidi laciniis ovatis, acutis, aestivatione valvatis. Antherae 4, lineares, in fauce corollae sessiles, subexsertae. Ovarium inferum, biloculare. Ovula ...... Stylus filiformis, exsertus; stigma bifidum, lobis patentibus, obtusis. Drupa calycis limbo coronata, bilocularis, loculis monospermis, altero minore saepius vacuo. Semina ..... — *Arbor v. frutex brasiliensis; ramis oppositis, divaricatis, altero ramulisque spinescentibus; foliis oppositis, breve petiolatis, ovali-acuminatis, coriaceis, stipulis interpetiolaribus, integris, ovatis, floribus in pedunculo axillari capitatis, involucro diphyllo minuto suffultis, albis.*

Anisomeris Presl *Symb. II. 5. t. 54.* Cl. auctor semina linearia, teretia, pendula, embryonem vero in axi albuminis erectum dicit.

*

3321. Psilobium *JACK.* Calyx tubo cum ovario connato, limbo supero, quinquepartito, patente. Corolla supera, tubo brevi, limbo quinquepartito, lobis aestivatione valvatis. Stamina 5, basi corollae inserta. Ovarium inferum, biloculare .... Stylus simplex; stigma clavatum, decemalatum, exsertum. Fructus cylindricus, siliquaeformis, calycis limbo persistente coronatus, bilocularis. Semina in loculis plurima, axi biseriatim inserta. — *Frutices indici; caulibus obtuse tetragonis, foliis oppositis, petiolatis, lanceolatis, stipulis latis, carinatis, floribus axillaribus, bracteatis.*

Psilobium Jack *in Malay. Misc. II. ex Roxburgh Flor. Ind. edit. Wall. II.* 320. *et ex Hooker Comp. Bot. Mag. I.* 255.

3322. Platymerium *BARTL.* Calyx tubo brevi, cum ovario connato, limbo supero, rotato, quinque-v. rarius quadripartito, lobis planis, obtusis. Corolla supera, infundibuliformis, coriacea, tubo brevi, intus lanato, limbo quinque-v. rarius quadripartito, lobis planis, obtusis, per aestivationem dextrorsum contortis. Antherae 4—5, lineares, intra tubum corollae sessiles. Ovarium inferum, biloculare, disco epigyno tectum. Ovula ..... Stylus clavatus, spiraliter decemcostatus. Fructus ...... — *Frutex manillensis, vix notus, Psilobio ex auctore affinis; ramulis gracilibus, teretibus, foliis oppositis, breve petiolatis, coriaceis, lanceolatis, acuminatis, subtus ramulisque pubescentibus, floribus in axillis plurimis, glomeratis, breve pedicellatis, calycibus cano-tomentosis.*

Platymerium Bartling *msc. ex DC. Prodr. IV.* 619.

*

3323. Lecananthus *JACK.* Calyx tubo cum ovario connato, limbo supero, campanulato, dilatato, colorato, irregulariter diviso. Corolla supera, tubo brevi, limbi quinquefidi lobis per aestivationem valvatis. Antherae 5, magnae, corollae tubo insertae. Ovarium inferum, biloculare. Ovula in placentis semicylindricis plurima. Stylus bifidus; stigmata linearia. Fructus ...... — *Frutex indicus, radicans; caule tetragono, angulis duobus magis exsertis, foliis oppositis, breve petiolatis, stipulis ligulatis, floribus pallide rubescentibus, in capitula terminalia, involucrata dense aggregatis.*

Lecananthus Jack *in Malay. Misc. II. ex Wallich in Roxburgh Flor. Ind. II.* 319. *et ex Hooker Bot. Mag. Comp. I.* 254. A. Richard *in Mem. soc. h. n. Paris. V.* 293. DC. *Prodr. IV.* 620.

*

3324. Morelia *A. RICH.* Calyx tubo cum ovario connato, limbo supero, marginali, erecto, subintegerrimo. Corolla supera, tubo brevi, limbi quinquepartiti laciniis lanceolatis, aestivatione imbricatis, sub anthesi patulis. Stamina 5, corollae fauci inserta, exserta; antherae lineares. Ovarium inferum, quadri-quinqueloculare. Ovula in loculis 3—4, loculorum angulo centrali affixa. Stylus simplex, apice incrassato-fusiformis; stigma bifidum, lobis approximatis. Fructus carnosus, collo calyce brevi coronatus, quadri-quinquelocularis. Semina in loculis duo v. tria ..... — *Frutex senegambicus, glaber, Baconiae facie; ramis teretibus, cinereis, foliis oppositis, ellipticis, coriaceis, stipulis interpetiolaribus deciduis, floribus axillaribus racemosis, racemo subtrichotomo.*

Morelia A. Richard *in Mem. soc. h. n. Paris. V.* 232. DC. *Prodr. IV.* 617.

*

3325. Neurocalyx *HOOK.* Calyx tubo obconico-pentagono, cum ovario connato, limbi superi, quinquepartiti laciniis ovato-lanceolatis, foliaceis, nervosis, persistentibus. Corolla supera, rotata, quinquepartita, calycis limbo multo brevior. Antherae 5, magnae, in fauce corollae sessiles, in tubum pyramidalem stylo pervium coalitae. Ovarium inferum, quinqueloculare, disco epigyno orbiculari tectum. Ovula plurima. Stylus simplex; stigma indivisum. Fructus .... — *Herba zeylanica; caule simplici, abbreviato, foliis ad basim caulis congestis, lanceolatis, acuminatis, membranaceis, basi longe attenuatis, stipulis multifidis, racemis axillaribus, folio brevioribus.*

Neurocalyx Hooker *Ic. t.* 174.

*

3326. Emmeorhiza *POHL.* Calyx tubo turbinato, cum ovario connato, limbo supero, quadridentato, persistente. Corolla supera, rotata, fauce barbata, limbi quadrifidi lobis obtusiusculis, patentibus. Stamina 4, corollae fauci inserta, exserta; filamenta filiformia, antherae lineares. Ovarium inferum, vertice brevissime exsertum, biloculare. Ovula in loculis solitaria, placentae ellipticae, tenuissimae, membranaceae, e medio dissepimento utrinque peltatae inserta, amphitropa. Stylus filiformis, exsertus; stigma bifidum, lobis clavatis. Capsula oblonga, calycis limbo coronata, bilocularis, ab apice septicido dicocca, dissepimento libero nullo, coccis intus aequaliter rima longitudinali dehiscentibus. Semina ovata, compressiuscula, placentae membranaceae simul deciduae centro peltatim inserta, ejusdem marginibus, imprimis basi et apice quasi alata. Embryo ...... — *Suffrutex brasiliensis, volubilis, fortassis Borreriae nimis affinis, a Cinchonaceis certissime longe alienus; ramis oppositis, ancipitibus, foliis oppositis, breve petiolatis, lanceolatis, acutis, stipulis basi vaginantibus, apice multisetis, floribus terminalibus, parvis, paniculato-corymbosis, in umbellas multifloras aggregatis, distincte pedicellatis.*

Emmeorhiza Pohl *in Flora* 1825. *p.* 183. Endlichera Presl *Symb. I.* 73. *t.* 49.

*

3327. Alberta *E. MEY.* Calyx tubo turbinato, cum ovario connato, decemcostato, limbi superi, quinquefidi laciniis tribus acutis, duabus oppositis majoribus obtusis, in fructu ampliatis. Corolla supera, clavato-infundibuliformis, tubo incurvo, fauce nuda, limbi quinquefidi lobis brevissimis, erectis, imbricatis. Stamina 5, corollae tubo supra medium inserta; antherae subsessiles, inclusae. Ovarium inferum, biloculare. Ovula in loculis solitaria, apici appensa, anatropa. Stylus subfusiformis, exsertus; stigma attenuatum, brevissime bifidum. Fructus ovato-oblongus, sulcato-decemcostatus, calycis laciniis duabus oppositis foliaceo-dilatatis, membranaceis, reticulato-venosis, coloratis coronatus, bilocularis ...... Semina ...... — *Arbor* (?) *capensis; foliis oppositis, subsessilibus oblongis, obtusis, coriaceis, glabris, stipulis in vaginam laxam, truncatam, subciliatam concretis, paniculis terminalibus corymbosis, corollis pollicaribus, sordide purpureis, sericeo-pubescentibus.*

Alberta E. Meyer *msc. in Drege Herb. cap.*

*

3328. Melanopsidium *CELS.* Calyx tubo cum ovario connato, limbo supero, quinque-septempartito. Corolla supera, hypocraterimorpha, tubo intus barbato-setoso, limbo quinque-septempartito. Antherae 5—7, corollae tubo insertae. Ovarium inferum, ... disco epigyno urceolari. Stylus simplex; stigma quadrifidum. Drupa abortu monosperma ..... — *Frutex incertae originis, glabriusculus; foliis oppositis, petiolutis, ellipticis, acutiusculis, petiolo nervis subtus marginibusque villosis, stipulis ad nodum quemvis solitariis, quatuor nempe concretis in vaginam hinc fissam, apice denticulatam, juniorem pubescentem, adultam subfuscam, basi circulariter deciduam.*

Melanopsidium Hort. Cels. *non Poit.* Vivianía Colla *in Annal. soc. Linn. Paris. IV. 25. t. 2.* non alior. Billiottia DC. *Prodr. IV. 618.* non Coll. nec R. Br.

*

3329. Jackia *WALL.* Calyx tubo ovato, cum ovario connato, limbo supero, unilaterali, apice trifido. Corolla supera, infundibuliformis, tubo filiformi, limbi campanulati, quinquepartiti lobis lanceolatis, aestivatione valvatis. Antherae 5, ad faucem corollae sessiles, semiexsertae, filiformes. Ovarium inferum ...... Stylus corolla duplo longior, medio pilosus; stigma bilobum. Capsula(?) alis tribus unilateralibus, amplis coronata, unilocularis, monosperma ...... — *Arbor Indiae australis excelsa; foliis oppositis, breve petiolatis, elliptico-obovatis, cuspidatis, subtus ramulisque ferrugineo-villosis, stipulis connato-vaginantibus, fimbriatis, paniculae pendulae, villosae spiculis subdichotomis, pedunculis compressis, bracteis connatis, floribus albis.*

Jackia Wallich *in Roxburgh Flor. ind. II. 312. Plant. As. rar. t. 293.* A. Richard *in Mem. soc. h. n. Paris. V. 199.* DC. *Prodr. IV. 612.* non Blum. Zuccarinia Sprengel *Syst. c. p. n. 50.* non Blum.

*

3330. Himatanthus *WILLD.* Calyx tubo turbinato, cum ovario connato, limbi superi, laxi, persistentis, quinquepartiti laciniis ovatis, acuminatis, duabus paullo minoribus. Corolla supera, infundibuliformis, tubo calycem longe superante, superne parum dilatato, limbi quinquefidi laciniis oblongis. Stamina 5, imo corollae tubo inserta; filamenta brevissima, capillaria, antherae lineares, erectae, tubo breviores. Ovarium inferum, biloculare. Ovula in loculis solitaria ...... Stylus truncato-clavatus; stigma subulatum. Fructus ...... — *Arbor brasiliensis, in provincia Para Sueuba dicta; foliis elliptico-lanceolatis, petiolatis, integerrimis, glabris, floribus spicatis, sessilibus, ante anthesim bractea magna, decidua involucratis.*

Himatanthus Wildenow *msc.* ex Römer et Schultes *syst. V. 13.*

*

3331. Aidia *LOUREIR.* Calyx tubo cum ovario connato, limbo supero, quinquedentato, erecto. Corolla supera, hypocraterimorpha, fauce lanata, limbi quinquepartiti laciniis lanceolatis. Antherae 5, lineares, corollae incisuris insertae. Ovarium inferum ..... Stylus stamina aequans; stigma ovato-oblongum. Bacca ovata, umbilicata, monosperma ...... — *Arbor cochinchinensis, magna, ligno albo, gravi, durabili; ramis patentibus, foliis oppositis, lanceolatis, integerrimis, glabris, stipulis? ..... racemis axillaribus, brevibus, laxis, floribus albis.*

Aidia Loureiro *Flor. cochinch. I. 177.*

GENERA VIX NOTA.

1. SICKINGIA *WILLD.* Calyx quinquedentatus, persistens. Corolla campanulata, quinquedentata, dentibus oblongis. Filamenta 5, medio tubo inserta, antherae lineares, exsertae. Stigma 1. Capsula lignosa, bivalvis. Semina alata. — *Arbores caracasanae; foliis oppositis, profunde et remote dentatis, floribus terminalibus, trichotomis, paniculatis, odoratis.*

Sickingia Willdenow *in nov. act. nat. cur. III. 445.* Schrader *Journ. 1800. II. 291.* Jussieu *in Mem. Mus. VI. 387.* DC. *Prodr. IV. 621.*

2. STIPULARIA *PALIS.* Calyx parvus, tubulosus, ore quinquedentato. Corolla tubulosa, gracilis. Stamina 5? — *Planta ovariensis; caule quadrangulo, foliis oppositis, petiolatis, ovalibus, apice acutis, basi acuminatis, glabris, supra obscure viridibus, subtus flavidis, tactu mollibus, stipulis interpetiolaribus amplis, late ovatis, acutis, glabris, capitulis axillaribus subsessilibus, involucro magno, calyciformi, quinquedentato, villoso, floribus pallide flavis.*

Stipularia Palisot *Flor. Owar. II. 26. t. 75.* DC. *Prodr. IV. 619.*

3. BENZONIA *SCHUMACH.* Calyx tubo globoso, limbo minimo, quinquedentato, dentibus erectis. Corolla tubulosa, coriacea, quinquefida, laciniis concavis, cyathiformibus. Antherae triquetrae, ad faucem sessiles. Stylus filiformis; stigma ovato-globosum, acutiusculum, sulcis 6—7 longitudinalibus. — *Frutex guineensis; ramis teretibus, superne pilis basi papillosis obsitis, foliis oppositis, ovato-oblongis, acuminatis, glabris, pedunculis axillaribus dichotomis, corymbosis pedicellisque bifidis hirsutis.*

Benzonia Schumach. *in Nov. act. soc. h. n. Hafn. III. 333.* DC. *Prodr. IV. 620.*

OBSERVATIO. Genera Myrionaeuron R. Br. *in Wall. cat. n. 6225.* Neurocarpaea R. Br. (Cfr. *supr. n. 3313.*) Pleotheca Wallich. *catalog. n. 6215.* Egeria Neraud *apud Gaudich. ad Freyc. p. 28.* et Meretricia Neraud. *l. c.* penitus ignota nobis sunt.

Ordo CXXVIII. Lonicereae.

CAPRIFOLIA sect. 1. 3. Jussieu *gen. 210.* CAPRIFOLIACEAE A. Richard *in Dict. class. III. 172.* DC. *Prodr. IV. 321.* Lindley *Introduct. edit. 2. p. 247.* CAPRIFOLIACEAE et SAMBUCEAE Kunth *in Humb. et Bonpl. Nov. gen. et sp. III. 424.* CAPRIFOLIACEAE et VIBURNEAE Bartling *ord. nat. 213 214.* (Coll. R. Brown *in Clarke Abel Voy. Chin. 376.* et *in Wallich Pl. As. rar. I. 15.*)

Suffrutices v. frutices, interdum volubiles, rarius herbae perennes, ramis teretibus, nodosis, succo aqueo, medulla in nonnullis valida. Folia opposita, nunc sessilia, interdum connata, saepius petiolata, simplicia, penninervia, integra, integerrima v. crenata aut serrata, rarius incisa v. palmatiloba, v. impari-pinnatisecta. Stipulae nullae, earum loco interdum appendices ad basim petiolorum ciliiformes v. glandulares.

Flores hermaphroditi, regulares v. subirregulares, varie dispositi, nunc in pedunculis axillaribus aut terminalibus solitarii v. gemini, interdum connati, v. plures, capitati, involucrati, nunc breviter spicati v. in axillis foliorum glomerati, verticillati, nunc in cymas terminales compositas dispositi, exteriores cymae interdum steriles, ampliati, radiantes, pedicellis uni-bibracteatis.

Calyx tubo cum ovario connato, limbo supero, quinquefido v. quinquedentato, persistente v. deciduo.

Corolla epigyna, gamopetala, tubulosa v. infundibuliformis, rarius rotata; limbo quinquefido, laciniis aequalibus regulari, v. interdum inaequalibus ringente, per aestivationem imbricatis.

Stamina corollae tubo inserta, eiusque laciniis numero aequalia et alterna, rarissime unius defectu pauciora, exserta v. inclusa. Filamenta filiformia, aequalia v. in androecio tetramero didynama. Antherae introrsae, biloculares, oblongo-lineares, incumbentes, versatiles, loculi appositi, longitudinaliter dehiscentes. Pollinis granula laevia, globosa v. oblonga.

Ovarium inferum, bi-quinqueloculare, disco epigyno carnoso, v. vertice breviter exserto, nudo. Ovula in loculis nunc solitaria, ex apice anguli centralis, v. plurima ex angulo interiore biseriata, in ovario pluriloculari saepius in uno loculo solitaria et fertilia, dum in reliquis plura et abortiva, rarius omnium loculorum plurima, omnia v. pleraque fertilia, semper pendula, in generibus corolla rotata donatis extrorsum anatropa, in generibus corolla tubulosa instructis introrsum anatropa. Stylus terminalis, nunc filiformis, simplex, inclusus v. exsertus, stigmate subcapitato, indiviso v. brevissime bilobo; nunc brevissimus v. subnullus, stigmatibus 3—5, sessilibus, obtusis v. acutiusculis.

Fructus baccatus, calycis limbo coronatus v. vertice nudus, pulposo-succosus v. coriaceus, siccus, nunc plurilocularis, nunc septis demum evanidis unilocularis, loculis mono-polyspermis, v. interdum loculo uno monospermo, reliquis ovula plura sterilia gerentibus.

Semina inversa, testa crustacea, dura v. interdum ossea, rhaphe dorsali v. ventrali.

Embryo in axi albuminis carnosi, plus minus densi orthotropus, nunc brevissimus, nunc fere albuminis longitudinem aequans. Cotyledones semicylindricae, brevissimae et obtusae, v. lineares. Radicula cylindrica, umbilico proxima, supera.

Lonicereae a Rubiaceis vix nisi stipularum defectu diversae, in hemisphaerae borealis regionibus temperatis maxima copia gignuntur, inter tropicos rarae. Sambuci species perpaucae in Nova-Hollandia et America australi extratropica observatae fuerunt.

Ordo verisimiliter iterum dividendus, Lonicereis veris magis Rubiaceis arcte conterminis, a Loranthaceis staminum situ cum corollae lobis alternante certe longius alienis, Sambucineis habitu, corollae forma, styli stigmatisque figura et rhapheos situ bene distinctis, ad ordines eleutheropetalos, Corneas imprimis Araliaceasque magis accedentibus.

Baccae Lonicerarum et Sambucorum nonnullorum edules, flores fragrantes, in quibusdam sudorifici, folia nonnullarum foetida, omnium fere drastica, purgativa, cortex plurimarum adstringens.

SUBORDO I. LONICEREAE VERAE

R. Brown *in Wallich Plant. As. rar. I. 15.* Corolla tubulosa, limbo regulari v. irregulari. Stylus filiformis. Seminum rhaphe extrorsa.

3332. Linnaea *GRONOV.* Calyx tubo ovato-subgloboso, cum ovario connato, limbi superi, quinquepartiti laciniis lanceolato-subulatis, deciduis. Corolla supera, turbinata, subcampanulata, limbo subaequaliter quinquelobo. Stamina 4, corollae tubo prope basim inserta, didynama, inclusa. Ovarium inferum, triloculare, loculis duobus pluriovulatis, abortientibus, tertio uniovulato, fertili. Ovula ex angulo centrali loculorum pendula, anatropa. Stylus subexsertus; stigma capitato-subglobosum. Bacca apice nuda, ovato-globosa, inaequilatera, coriacea, trilocularis, loculis duobus minoribus, sterilibus, tertio fertili, monospermo. Semen inversum. Embryo in axi albuminis carnosi, mollis brevissimus, orthotropus; cotyledonibus obtusis, radicula umbilico proxima, supera. — *Herbula borealis, amphigea, sempervirens, repens, subvillosa; surculis ascendentibus, apice nudis, bifloris, foliis oppositis, petiolatis, ovalibus, subdentatis, floribus ex albido roseis, nutantibus, bracteolis sub flore geminis, calyculum simulantibus.*

Linnaea Gronovius *in Linn. gen. n. 774.* Jussieu *gen. 211.* Schkuhr *t. 176.* Flor. dan. *t. 3.* E. B. *t. 433.* Wahlenberg *Flor. Lapp. 170. t. IX. f. 3.* Hooker *Flor. Lond. Ic.* DC. *Prodr. IV. 340.* Obolaria Siegesbeck *Prim. 79.*

3333. Abelia *R. Br.* Calyx tubo cum ovario connato, lineari-oblongo, compressiusculo, hinc uninervi inde quinquenervi, apice in collum subangustato, limbi superi, quinquepartiti laciniis foliaceis, spathulato-oblongis, persistentibus. Corolla supera, infundibuliformis, limbi quinquefidi, patentis laciniis ovatis, obtusis, subaequalibus. Stamina 4, corollae tubo inserta, subdidynama, inclusa v. breviter exserta. Ovarium inferum, triloculare, loculis duobus pluriovulatis, abortientibus, tertio uniovulato fertili. Ovula angulo centrali loculorum inserta, sterilium uniseriata, inferiora pendula, supremum adscendens, loculi fertilis pendulum, anatropum. Stylus subexsertus; stigma depresso-capitatum, indivisum. Bacca coriacea, exsucca, calycis limbo coronata, trilocularis, loculis duobus sterilibus minoribus, tertio fertili monospermo. Semen inversum, subcylindricum. Embryo in axi albuminis carnosi brevis, orthotropus; cotyledonibus obtusis, radicula umbilico proxima, supera. — *Frutices chinenses et indici, decumbentes v. erecti, debiles, glabri; foliis oppositis, petiolatis, dentato-crenatis, pedunculis modo axillaribus trichotomis v.*

trifidis, modo terminalibus indivisis, involucro uni-bi-multifloro, foliolis sex v. pluribus.

Abelia R. Brown *in Clarke Abel Voy. Chin.* 376. c. ic. et *in Wallich Plant. As. rar. I.* 14. *t.* 15. DC. *Prodr. IV.* 339.

3334. Symphoricarpus *DILLEN.* Calyx tubo globoso, cum ovario connato, limbo supero, quadri-quinquedentato, persistente. Corolla supera, infundibuliformis, limbi quadri-quinquelobi lobis subaequalibus, obtusis. Stamina 4—5, corollae tubo prope faucem inserta, inclusa, aequalia. Ovarium inferum, quadriloculare, loculis duobus pluriovulatis sterilibus, duobus oppositis uniovulatis, fertilibus. Ovula ex apice anguli centralis loculorum pendula, anatropa. Stylus inclusus; stigma depresso-capitatum, indivisum. Bacca subglobosa, succosa, calycis limbo coronata, quadriloculàris, loculis duobus filiformibus, vacuis, duobus oppositis monospermis. Semina inversa, ossea. Embryo in axi albuminis carnosi brevissimus, orthotropus; cotyledonibus obtusis, radicula umbilico proxima, supera. — *Frutices boreali-americani et mexicani, erecti, dumosi, opposite ramosissimi; foliis oppositis, brevissime petiolatis, ovalibus, integerrimis, pedunculis axillaribus brevibus, uni-multifloris, floribus parvis, brevissime pedicellatis, bibracteolatis, albis v. roseis.*

Symphoricarpus Dillen. *Hort. eltham.* 371. Jussieu *gen.* 211. Mönch *Method.* 502. Kunth *in Humb. et Bonpl. Nov. gen. et sp. III.* 424. *t.* 295. 296. DC. *Prodr. IV.* 338. Symphoricarpa Necker *elem. n.* 220. Symphoria Persoon *Ench. I.* 214. Bot. Mag. *t.* 2211. Anisanthus Willdenow *msc.* Röm. et Schult. *Syst. V.* 223. Lonicerae sp. Linn.

3335. Leycestria *WALL.* Calyx tubo ovato-subgloboso, cum ovario connato, limbi superi, quinquepartiti lobis linearibus, subinaequalibus, persistentibus. Corolla supera, infundibuliformis, tubo basi hinc gibbo, limbi campanulato-quinquepartiti lobis ovatis, subaequalibus. Stamina 5, corollae tubo inserta, breviter exserta. Ovarium inferum, quinqueloculare, loculis pluriovulatis. Ovula in loculorum angulo centrali biseriatim pendula, anatropa. Stylus breviter exsertus; stigma capitatum, indivisum. Bacca subglobosa, succosa, calycis limbo coronata, quinquelocularis, polysperma. Semina in loculis biseriata, ovata, pendula v. subhorizontalia. Embryo in axi albuminis carnosi brevissimus, orthotropus; cotyledonibus semicylindricis, radicula umbilico proxima, supera. — *Frutex nepalensis, elegantissimus; ramis elongatis, teretibus, e gemma squamosa ortis, foliis oppositis, petiolatis, ovato-lanceolatis, acuminatis, brevibus, petiolo piloso, floribus sessilibus, fasciculatis, subverticillatis, racemum terminalem brevem formantibus, bracteis latis, foliaceis, purpureis, pubescentibus, basi subconnatis, corollis ex albo purpurascentibus, baccis intense purpureis.*

Leycestria Wallich *in Roxburgh Flor. Ind. or. II.* 181. *Plant. As. rar. t.* 180. DC. *Prodr. IV.* 338.

3336. Diervilla *TOURNEF.* Calyx tubo cum ovario connato, oblongo, apice in collum angustato, limbi superi, quinquefidi laciniis lineari subulatis, deciduis. Corolla supera, infundibuliformis, limbi quinquefidi, patentiusculi laciniis acutiusculis, subaequalibus. Stamina 5, corollae tubo inserta, subexserta. Ovarium inferum, biloculare, disco epigyno carnoso, calycis collum replente. Ovula in loculis plurima, juxta dissepimentum utrinque biseriatim pendula, anatropa. Stylus subexsertus; stigma capitatum, indivisum. Bacca coriacea, sicca, oblonga, acuta, apice nuda, bilocularis, polysperma. Semina biseriatim pendula, ovata. Embryo in axi albuminis carnosi brevis, orthotropus; cotyledonibus semicylindricis, obtusis, radicula umbilico proxima, supera. — *Frutices erecti, in Americae boreali et Japonia indigeni; foliis oppositis, breve petiolatis, ovatis, acuminatis, argute serratis, pedunculis axillaribus bibracteatis, saepius dichotomis, bi-tri-quadrifloris.*

Diervilla Tournefort *in Act. Academ. Paris.* 1706. *t.* 7. *f.* 1. Linn. *Hort. cliffort.* 63. *t.* 7. Jussieu *gen.* 211. Duhamel *Arbr. I. t.* 87. Lonicerae sp. Linn. — Weigela Thunberg *Flor. japon.* 6. *t.* 16. et *Linn. Transact. II.* 331. *Act. Holm.* 1780. *p.* 137. *t.* 5. Lam. *t.* 105. Weigelia Persoon *Ench. I.* 176. teste R. Brown *in Wallich Plant. As. rar. I.* 15.

3337. Lonicera *DESFONT.* Calyx tubo ovato v. subgloboso, cum ovario connato, limbo supero, brevi, quinquedentato, persistente v. deciduo. Corolla supera, tubulosa campanulata v. infundibuliformis, tubo aequali v. basi hinc gibbo, limbo quinquefido, regulari v. ringente. Stamina 5, corollae tubo inserta, exserta v. inclusa. Ovarium inferum, tri-biloculare. Ovula in loculis plura, ex angulo centrali pendula, anatropa. Stylus filiformis; stigma capitatum. Bacca carnosa, trilocularis v. dissepimentis demum obliteratis unilocularis, oligosperma. Semina inversa, crustacea. Embryo in axi albuminis carnosi brevis, orthotropus; cotyledonibus ellipticis, radicula umbilico proxima, supera. — *Frutices erecti v. scandentes, in hemisphaerae borealis regionibus extratropicis temperatis et calidioribus obvii, inter tropicos Asiae et Americae rari; foliis oppositis, petiolatis v. sessilibus, interdum connatis, integris v. in eadem specie subruncinatis, floribus axillaribus varie dispositis.*

Lonicera Desfont. *Flor. Atl. I.* 183. DC. *Prodr. IV.* 330. Lonicerae sp. Linn. Caprifolium et Xylosteum Juss. *gen.* 212. Xylosteon, Caprifolium, Chamaecerasus et Periclymenum Tournef. *inst. t.* 378. 379. Caprifolium et Lonicera Röm. et Schult. *Syst.* 5. *p. XIX.* Lonicera et Xylosteum Torrey *Flor. unit. stat. I.* 242. *ss.*

A. CAPRIFOLIUM *Juss.* Baccae solitariae, calycis limbo coronatae, dissepimentis obliteratis uniloculares. — *Caules scandentes, folia saepius connata, flores capitato-verticillati.*

Caprifolium Jussieu *gen.* 212. Römer et Schult. *l. c.* DC. *l. c.* Lonicera Torrey *l. c.*

α. Caprifolium Tournef. *inst.* 608. Flores ringentes. (E. B. *t.* 799. 800. Jacq. *Fl. austr. t.* 357. Bot. Mag. *t.* 640. 1318. Bot. Reg. *t.* 1457. 1761. Hook. *Exot. Flor. t.* 27.)

β. Periclymenum Tournef. *inst.* 608. Flores subregulares. (Bot. Mag. *t.* 781. Bot. Reg. *t.* 781. Kunth *in Humb. et Bonpl. Nov. gen. et sp. t.* 298.)

B. XYLOSTEON *Juss.* Baccae geminae, distinctae v. connatae, calycis limbo deciduo apice nudae, bi-triloculares. — *Caules erecti v. scandentes, folia nunquam connata, pedicelli axillares, apice bibracteati, biflori.*

Xylosteum Jussieu *gen.* 212. DC. *l. c.* Lonicera Röm. et Schult. *l. c.* Xylosteon et Chamaecerasus Tournef. *inst.* 609. Xylosteum et Isika Adans. *Fam. II.* 501. Cobaea Necker *elem. n.* 219.

a. NINTOOA DC. *l. c.* Ovaria et baccae omnino distinctae. — *Caules scandentes.*

Nintooa Sweet *Hort. Brit. edit. II. p.* 258. (Desfont. *Flor. Atl. t.* 52. Bot. Reg. *t.* 70. 712. 1232. Andr. *Bot. Reposit. t.* 583. Bot. Mag. *t.* 3316.)

b. Chamaecerasus DC. *l. c.* Baccae liberae v. saepius basi inter se subconcretae, apice divergentes. Corollae basi aequales v. vix gibbae. — *Caules erecti, dumosi.* — (Jacq. *Fl. austr. t. 314. Ic. rar. t. 37.* Gartn. *t. 27. f. 6. a.* E. B. *t 916.* Bot. Reg. *t. 31.* Bot. Mag. *t. 2469.* Royle *Himalay. t. 53.*)

c. Cuphantha DC. *l. c.* Baccae liberae v. concretae. Corollae basi hinc manifeste gibbae. — *Caules erecti v. demissi, nunquam scandentes.* — (Kunth *in Humb. et Bonpl. Nov. gen. et sp. t. 297.* Bot. Reg. *t. 1179.* Hooker *Flor. Bor. Amer. t. 100.*)

d. Isika DC. *l. c.* Baccae in unicam biumbilicatam omnino concretae. — *Caules erecti, dumosi.* — Isika Adans. *l. c.* Isica Mönch *Method. 504.* (Jacq. *Fl. austr. t. 17. 274.* Gärtn. *t. 27. f. 6. b.* Bieberst. *Ross. I. t. 13.* Bot. Mag. *t. 1965.*)

3338. Triosteum *LINN.* Calyx tubo ovato, cum ovario connato, limbi superi, quinquepartiti lobis lineari-lanceolatis, foliaceis, persistentibus. Corolla supera, calyce paullo longior, tubulosa, tubo basi gibbo, limbi subaequaliter quinquelobi lobis obtusis. Stamina 5, corollae tubo inserta, aequalia, inclusa. Ovarium inferum, triloculare, rarissime quinqueloculare. Ovula in loculis solitaria, ex apice anguli centralis pendula, anatropa. Stylus inclusus; stigma oblongo-incrassatum, indivisum. Bacca coriacea, obovato-triquetra, calycis limbo foliaceo coronata, tri-quinquelocularis. Semina in loculis solitaria, inversa, elliptica, ossea. Embryo in axi albuminis carnosi minimus, orthotropus; cotyledonibus obtusis, radicula umbilico proxima, supera. — *Herbae perennes v. suffrutices, in America boreali et in Asiae mediae montibus crescentes; foliis oppositis, basi subconnatis, subsessilibus v. brevissime petiolatis, floribus axillaribus, sessilibus v. brevissime pedicellatis, solitariis v. confertis, rarius subterminalibus, racemosis.*

Triosteum Linne *gen. n. 234.* Gärtner *I. 129. t. 26.* Schkuhr *t. 41.* Lam. *t. 150.* Bigelow *Med. bot. t. 9.* Sweet *Fl. Gard II. t. 45.* Wallich *in Roxburgh Flor. Ind. or. II. 180.* DC. *Prod. IV. 329.*

GENUS DUBIUM.

3339. Calysphyrum *BUNG.* Calyx tubo cum ovario connato, lineari pentagono, decemstriato, limbi superi, subcampanulati, profunde quinquefidi laciniis lanceolatis, subaequalibus, acutis, erectis, deciduis. Corolla supera, infundibuliformis, tubo calycis lacinias aequante, fauce ampliata, glabra, limbi ampli, quinquepartiti, patuli laciniis rotundatis, aestivatione imbricatis, quinta paullo minore. Stamina 5, imo corollae tubo inserta; filamenta ······ antherae lineari oblongae. Ovarium inferum, biloculare. Ovula in placentis medio dissepimento utrinque adnatis plurima, biseriatim pendula, compressa ···· Stylus filiformis, exsertus; stigma peltatum. Fructus ······ — *Frutex e China boreali relatus; foliis oppositis, subsessilibus, oblongis, acuminatis, dentatis, floribus in ramis terminalibus binis v. quaternis, sessilibus, corollis purpureis, Rhododendri daurici fere forma et magnitudine.*

Calysphyrum Bunge *Enumerat. plant. Chin. boreal.* 34. — Genus a cl. auctore dubie inter Rubiaceas collocatum, eodem monente Lobeliaceis fortassis adnumerandum, nobis ob folia dentata et stipulas nullas, saltim in descriptione non commemoratas, et ob stamina libera ab utroque ordine alienum, hoc potius loco enumerandum videtur, Diervillae fortassis nimis affine.

SUBORDO II. SAMBUCEAE Kunth *in Humb. et Bonpl. Nov. gen. et sp. III. 381.* Corolla regularis, rotata v. breviter tubulosa. Stigmata tria, sessilia. Seminum rhaphe introrsa.

3340. Viburnum *LINN.* Calyx tubo ovato, cum ovario connato, limbo supero, parvo, quinquefido, persistente. Corolla supera, rotata, campanulata v. breve tubulosa, quinquefida, patens. Stamina 5, corollae tubo inserta, exserta, aequalia. Ovarium inferum, triloculare. Ovula in loculis solitaria, ex apice anguli centralis pendula, anatropa. Stigmata 3, sessilia, obtusa. Bacca ovata v. globosa, calycis limbo coronata, abortu unilocularis, monosperma. Semen inversum; testa crustacea, dura. Embryo in axi albuminis dense carnosi brevissimus; cotyledonibus obtusis, radicula umbilico proxima, supera. — *Frutices erecti, in regionibus temperatis hemisphaerae borealis, in America et India montana copiosius obvii, inter tropicos Asiae et Americae rari; foliis oppositis, petiolatis, serratis v. incisis, rarius integerrimis, plerumque pubescentibus v. villosis, interdum glaberrimis, corymbis terminalibus, floribus albis v. subroseis.*

Viburnum Linn. *gen. n. 370.* Jussieu *gen. 214.* Schkuhr *t. 81.* Gärtner *I. 133.* DC. *Prodr. IV. 323.* Opulus, Viburnum et Tinus Tournefort *inst. 607.* Viburnum et Opulus Mönch *Method. 505.*

a. SOLENOTINUS DC. *l. c.* Corymbi flores omnes fertiles, aequales. Corollae obconicae v. cylindraceo-tubulosae. Semen ovali-oblongum. — Lonicera mongolica Pallas *Flor. ross. I. t. 38. et. t. 58.*

b. LENTAGO DC. *l. c.* Corymbi flores omnes fertiles, aequales. Corollae rotatae v. vix subcampaniformes. Semen ovale.

Viburnum Mönch *Method. 505.* Viburnum et Tinus Tournef. *l. c.* Borkhaus. *in Römer Arch. I. 20.* (Jacq. *Flor. austr. t. 341. Hort. Vindob. I. t. 36.* Bot. Mag. *t. 38. 2082.* Bot. Reg. *t. 376. 456. 1650.* Wallich *Pl. As. rar. t. 61. 160.*)

c. OPULUS DC. *l. c.* Corymbi flores exteriores steriles, multo majores, radiantes. Corollae rotatae. Semen obcordatum.

Opulus Tournef. *l. c.* Mönch *l. c.* (Gärtn. *t. 27.* E. B. *t. 332.* Fl. dan. *t. 661.*)

3341. Sambucus *TOURNEF.* Calyx tubo ovato-subgloboso, cum ovario connato, limbo supero, parvo, quinquefido, demum obsoleto. Corolla supera, rotato-urceolaris, quinquefida. Stamina 5, corollae tubo inserta, aequalia. Ovarium inferum, tri-quinqueloculare. Ovula in loculis solitaria, ex apice anguli centralis pendula, anatropa. Stigmata 3—5, sessilia, obtusa. Bacca subglobosa, calycini limbi rudimento coronata, pulposa, dissepimentis obliteratis unilocularis, tri-pentasperma. Semina e funiculis filiformibus in axi baccae combinatis pendula, oblonga, hebetate triquetra; testa crustacea, dura. Embryo in axi albuminis carnosi orthotropus, ejusdem fere longitudine; cotyledonibus linearibus, radicula umbilico proxima, supera. — *Herbae perennes, graveolentes, v. frutices arborescentes, per regiones temperatas et calidas totius orbis sparsi; foliis oppositis, impari-pinnatisectis, segmentis dentatis v. pinnatisectis aut laciniatis, basi bistipulatis v. biglandulosis, floribus corymbosis terminalibus, corymbis planis v. in thyrsum dispositis, corollis albis v. rubentibus.*

Sambucus Tournefort *instit. t. 376.* Linn. *gen. n. 372.* Jussieu *gen. 214.* Gärtner *I. 137. t. 27.* Lam. *t. 211.* Schkuhr *t. 83.* Miller *Ic. t. 226.* E. B. *t. 475. 476.* Jacq.

Ic. rar. I. t. 59. DC. *Prodr. IV. 321.* Phyteuma Loureiro *Flor. cochinch. 172.*

GENERA VIX NOTA.

1. VALENTIANA Rafin. *Specc. 1. 87.* Calyx tubo cum ovario connato, limbo supero, octofido. Corolla supera, tubulosa, limbo quinquefido, subaequali. Stamina 4, corollae inserta, subaequalia. Ovarium ..... Stylus filiformis; stigma bilobum. Fructus bilocularis? — *Frutex abyssinicus, volubilis, ex auctore Linnaeae affinis, sed vix notus, fortassis commentitius; foliis oppositis, petiolatis, subsagittatis, subserratis, acutis, floribus axillaribus, solitariis, bibracteatis, bracteis cordatis, extus alatis.*

2. KARPATON Rafin. *Flor. Ludow. 78.* Calyx tubo cum ovario connato, limbo supero, quadridentato. Corolla supera, tubulosa, quadrifida, bilabiata. Stamina 2, antheris bilobis, lobis remotis. Ovarium .... Stylus sub corollae labio superiore; stigma simplex. Capsula calycis limbo coronata, unilocularis (?), tetrasperma. — *Planta ludoviciana, Diervillae ex auctore affinis; caule herbaceo (?) anguloso, ramis fastigiatis, foliis oppositis, sessilibus oblongis, hastatis, basi inaequaliter dentatis, acuminatis, glabris, floribus verticillatis, sessilibus, parvis.*

Classis XXXIV. Contortae.

Arbores, frutices v. herbae, succo aqueo v. saepius lacteo. Folia opposita v. interdum verticillata, rarissime subalterna, simplicia v. interdum pinnata, plerumque integerrima. Stipulae saepissime nullae, rarius vaginales v. liberae. Flores ut plurimum hermaphroditi. Calyx liber. Corolla hypogyna, gamopetala, regularis. Stamina corollae inserta, ejusdem lobis numero aequalia, nunc pauciora. Ovarium dimerum. Ovula solitaria v. plurima, amphitropa v. anatropa. Fructus capsularis, follicularis, baccatus v. rarius drupaceus. Semina solitaria v. plurima. Embryo intra albumen homotropus, nunc exalbuminosus, cotyledonibus saepius foliaceis.

Ordo CXXIX. *Jasmineae.*

JASMINEAE R. Brown *Prodr. 520.* Bartling *Ord. nat. 216.* JASMINACEAE Lindley *Introduct. edit. II. p. 308.*

Arbusculae v. frutices, saepius volubiles. Folia opposita, plerumque composita, ternata v. imparipinnata, nunc simplicia, petiolo in plerisque cum lamina articulato, integerrima v. rarius incisa. Stipulae nullae.

Flores hermaphroditi, regulares, axillares v. terminales, pedunculis trichotomis, subtrifloris, v. repetito tri-dichotomis, multifloris.

Calyx liber, gamophyllus, quinque-octofidus v. dentatus, persistens.

Corolla hypogyna, hypocraterimorpha, tubo tereti, limbi quinque-octofidi lobis aequalibus, lateraliter incumbentibus, aestivatione imbricatis et tortis.

Stamina 2, corollae tubo inserta et inclusa. Filamenta brevissima v. subnulla. Antherae biloculares, basi fixae, loculis oppositis, parallelis, rima longitudinali dehiscentibus.

Ovarium liberum, absque disco cingente, ovatum v. subdidymum, biloculare. Ovula in loculis solitaria, v. rarissime gemina collateralia, ex ima dissepimenti basi adscendentia, anatropa. Stylus terminalis, brevissimus; stigma indivisum v. bilobum aut bifidum.

Fructus nunc bacca didyma, disperma, v. lobo altero abortiente monosperma, nunc capsula obcordata, septicido-bipartibilis v. interdum circumscissa.

Semina in loculis solitaria, v. rarissime gemina collateralia, e basi erecta, subcompressa; testa coriacea v. reticulato-cribrosa, arillaeformi, endopleura plerumque tumidula.

Albumen initio copiosum, sub maturitate penitus consumtum, v. ad laminam tenuissimam redactum.

Embryo orthotropus; cotyledonibus plano-convexis, carnosis, radicula brevi, infera. Plumula vix conspicua.

Jasmineae ob florum formam et miram odoris suavitatem celeberrimae, in regionibus tropicis subtropicisque veteris orbis indigenae, in America rarissimae, Oleineis proxime affines, ovulorum situ, seminis structura et corollae aestivatione distinctae, Contortarum hinc seriem incipiunt, inde Verbenaceis Ebenaceisque conterminae.

3342. Jasminum *TOURNEF.* Calyx tubulosus, quinque-octo-dentatus v. partitus, persistens. Corolla hypogyna, hypocraterimorpha, tubo elongato, limbi quinque-octopartiti laciniis aestivatione contorto-imbricatis, sub anthesi patentibus. Stamina 2, corollae tubo inserta, inclusa. Ovarium biloculare. Ovula in loculis solitaria, e basi dissepimenti adscendentia, anatropa. Stylus brevis; stigma bilobum v. bifidum. Bacca didyma, disperma, v. lobo altero saepius abortiente monosperma. Semina erecta, compressiuscula; testa coriacea v. reticulato-cribrosa, endopleura tumida. Embryo exalbuminosus, orthotropus; cotyledonibus plano convexis, carnosis, radicula brevi, infera. — *Frutices erecti v. saepius volubiles, inter tropicos veteris orbis, in regione mediterranea, Africa australi et Australasia extratropica indigeni; foliis oppositis, ternatis v. imparipinnatis, nunc integerrimis, petiolo articulato, floribus corymbosis, plerumque suaveolentibus.*

Jasminum Tournefort *inst. 368.* Linn. *gen. n. 17.* Gärtner *I. 196. t. 42.* Jacquin *Hort. Schönbr. t. 321. 490.* Smith *exot. Bot. t. 118.* Andrews *Bot. Reposit. t. 127. 497.* R. Brown *Prodr. 721.* Bot. Reg. *t. 1. 98. 91. 178. 264. 250. 436. 521. 690. 918. 1296. 2013.* Bot. Mag. *t. 31. 285. 461. 980. 1785.* Labillard. *Nov. Caledon. t. 27.* Wallich *Plant. As. rar. t. 274. 275.* Jasminum et Mogorium Jussieu *gen. n. 106.*

3343. Nyctanthes *LINN.* Calyx tubulosus, obsolete quinquedentatus. Corolla hypogyna, hypocraterimorpha, limbi quinque-octopartiti laciniis aestivatione oblique tortis, sub anthesi patentibus. Stamina 2, corollae tubo inserta, inclusa. Ovarium biloculare. Ovula in loculis solitaria, e basi dissepimenti adscendentia, anatropa. Stylus brevis; stigma capitatum. Capsula chartacea, obcordata, compressa, septicido-bipartibilis, loculis monospermis. Semina erecta, compressiuscula; testa coriacea, endopleura tumida. Embryo exalbuminosus, orthotropus; cotyledonibus foliaceis, ellipticis, radicula brevi, infera. — *Frutex in Asia tropica indigenus; ramulis tetragonis, foliis oppositis, petiolatis, ovatis v. ovato-oblongis, acuminatis, basi subcordatis, scabris, umbellis axillaribus et terminalibus, involucratis.*

Nyctanthes Linn. *gen. n. 16.* excl. sp. Bot. Reg. *t. 399.* Blume *Bijdr. 680.* Scabrita Linn. *Mant. 37.* Gärtner *II. 265. t. 138.* Parilium Gärtner *I. 234. t. 51.*

3344. Menodora *HUMB. et BONPL.* Calyx subcampanulatus, quinque-octopartitus, persistens. Corolla hypogyna, infundibuliformis, tubo abbreviato, limbi quinque-octopartiti lobis aestivatione contorto-imbricatis, sub anthesi erectiusculis. Stamina 2, corollae tubo inserta, inclusa v. subexserta. Ovarium obcordatum, biloculare. Ovula in loculis gemina, collateralia, e basi dissepimenti adscendentia, anatropa. Stylus filiformis; stigma capitatum, obsolete bilobum. Capsula cartilaginea, didyma, bilocularis, circumscissa, loculis dispermis. Semina erecta, trigona; testa spongioso-reticulata, laxa. Embryo exalbuminosus; cotyledonibus planoconvexis, crassiusculis, radicula brevi, infera. — *Suffrutices v. frutices, in America orientali a provincia cisplatina ad Texas sparsim observati; ramulis tetragonis, foliis oppositis, subsessilibus, glabriusculis v. piloso-scabris, integerrimis v. in eadem stirpe interdum trisectis, floribus axillaribus terminalibusque solitariis, pedunculatis.*

Menodora Humb. et Bonpl. *Plant. aequinoct. II. 98. t. 110.* Kunth *in Humb. et Bonpl. nov. gen. et sp. VII. 199.* Bolivaria Chamisso. et Schlechtend. *in Linnaea I 207. t. 4. f. 1.* Calyptrospermum Dietrich *spec. I. 226.*

GENUS DUBIUM.

3345. Chondrospermum *WALL.* Calyx urceolatus, acute quadridentatus. Corolla hypogyna, infundibuliformis, carnosula, tubo calycem superante, limbi quadripartiti, tubo longioris laciniis lineari-clavatis, aestivatione valvatis, sub anthesi patentibus. Stamina 2, corollae tubo supra basim inserta, inclusa. Ovarium ovatum, biloculare. Ovula in loculis solitaria, e basi erecta ..... Stigmata 2, sessilia, acuta. Fructus ..... — *Frutex indicus, scandens; ramis tetragonis, foliis oppositis, petiolatis, ovalibus, acuminatis, trinerviis, reticulato-venosis, glaucis, paniculis terminalibus et axillaribus, ramosis, brachiatis.*

Chondrospermum Wallich *Catalog. n. 2837.* Chionanthus smilacifolia Wallich *in Roxburgh Flor. ind. I. 108.*

Ordo CXXX. Oleaceae.

OLEINEAE Hoffmansegge et Link *Flor. Portug. I. 385.* R. Brown. *Prodr. 522.* Bartling *Ord. nat. 217.* OLEACEAE Lindley *Introduct. edit. II. p. 307.* Jasminearum genera Juss.

Arbores v. frutices, ramis oppositis, nodosis, ramulis tetragonis v. compressis. Folia opposita, petiolata, simplicia, integra, petiolo cum lamina haud articulato, rarius impari-pinnata, foliolis integerrimis v. serratis. Stipulae nullae.

Flores hermaphroditi v. interdum abortu unisexuales, racemosi v. trichotome paniculati, nunc pedicellis abbreviatis subfasciculati, pedicellis oppositis, unibracteatis.

Calyx gamophyllus, quadridentatus v. divisus, persistens, rarissime nullus.

Corolla hypogyna, e petalis quatuor, nunc mediantibus staminibus basi cohaerentibus, quasi tetrapetala, nunc perfecte gamopetala, infundibuliformis v. subcampanulata, limbi quadripartiti lobis per aestivationem valvatis. rarissime nulla.

Stamina 2, hypogyna, filamentis corollae tubo adhaerentibus. Antherae biloculares, dorso affixae, loculis oppositis, longitudinaliter dehiscentibus.

Ovarium liberum, biloculare, absque disco cingente. Ovula in loculis ut plurimum gemina collateralia, ex apice dissepimenti utrinque pendula, rarius terna collateralia, lateralibus abortivis, nunc biseriatim plura. Stylus brevissimus. Stigma indivisum v. bifidum.

Fructus varius, nunc drupaceus, abortu saepius unilocularis, monospermus, nunc baccatus v. capsularis indehiscens, superne in alam membranaceam productus, nunc capsularis loculicido-bivalvis.

Semina in loculis ut plurimum abortu solitaria, rarius gemina, rarissime plura, semper pendula, saepissime compressa, interdum ala membranacea cincta.

Embryo in axi albuminis dense carnosi v. subcornei rectus, ejusdem fere longitudine; cotyledonibus foliaceis, radicula tereti, supera.

Oleaceae, quarum nonnullae ob lignum durabile, aliae ob druparum putamen oleo scatens et fructus edules, nonnullae ob florum elegantiam et odorem inter mortales celebratae, in temperatis calidioribus veteris orbis maximo numero gignuntur, inter tropicos rariores, in America aequinoctiali rarissimae. Fraxini in America boreali abundant.

Ordinis diagnosis a Jasmineis facilis, sed affinitas subdubia. Corollae elementa in pluribus subdistincta transitum ad ordines polypetalos indigitant.

SUBORDO I. OLEINEAE. Fructus drupaceus v. baccatus.

3346. Chionanthus *LINN.* Calyx abbreviatus, quadripartitus. Corolla hypogyna, infundibuliformis, tubo brevissimo, limbi quadripartiti laciniis linearibus, elongatis. Stamina 2 v. 4, corollae tubo inserta, inclusa. Ovarium biloculare. Ovula in loculis gemina, collateralia, ex apice septi pendula. Stylus brevissimus; stigma emarginato-bilobum. Drupa baccata, abortu monosperma, putamine osseo, sulcato-striato, uniloculari. Semen inversum. Embryo exalbuminosus; cotyledonibus plano-convexis, crassis, radicula brevissima, supera. — *Arbores v. frutices, in America boreali et tropica, nec non in Asia calidiore indigeni; ramulis superne compressis, foliis oppositis, simplicibus, integris, racemis simplicibus v. compositis, terminalibus v. axillaribus, floribus luteis.*

Chionanthus Linn. *gen. n. 21.* excl. sp. Vahl *Enumerat. I. 44.* Watson *Dendrolog. t. 1.* R. Brown *Prodr. 523.*

3347. Linociera *SWARTZ.* Calyx minimus, quadrifidus. Corolla hypogyna, tetrapetala, petala linearia, elongata, basi mediantibus staminibus per paria connexa. Stamina 2 v. rarissime 4, petalorum bases jungentia, inclusa. Ovarium biloculare. Ovula in loculis gemina, collateralia, ex apice septi pendula. Stylus brevissimus; stigma emarginato-bilobum. Drupa baccata, abortu monosperma, putamine tenui, sulcato-striato, uniloculari. Semen inversum. Embryo exalbuminosus; cotyledonibus plano-convexis, crassis, radicula brevissima, supera. — *Arbores v. frutices in America et Asia tropica indigeni; foliis oppositis, simplicibus, integris, floribus in pedunculo terminali v. axillari, racemosis aut glomeratis, albis, luteis v. rarius purpureis.*

Linociera Swartz *Flor. Ind. occid. I. 94. t. 2.* Vahl *Enumerat. I. 46.* Gärtner f. *III. 192. t. 245.* R. Brown *Prodr. 523.* Pohl *Plant. Brasil. II. 97. t. 164.* Thouinia Swartz *Prodr. p. 15.* non Alior. Mayepea Aublet *Guian. I. 81. t. 31.* Ceranthus Schreber *gen. n. 27.* Chionanthi sp. Linn. Jacq. *Collect. II. t. 6. f. 1.* Gärtner *I. 189. t. 39.*

3348. Noronhia *STADTM.* Calyx minimus, quadrifidus, persistens. Corolla hypogyna, globulosa, crassa, profunde quadrifida. Antherae 2, imo corollae tubo insertae, subsessiles. Ovarium biloculare. Ovula in loculis gemina, collateralia, ex apice septi pendula. Stigma subsessile, truncato-capitatum. Drupa baccata, abortu monosperma, putamine osseo, semibiloculari. Semen inversum. Embryo exalbuminosus; cotyledonibus plano-convexis, crassis, radicula brevissima, supera. — *Arbuscula madagascariensis et mauritiana; foliis oppositis, chartaceis, integerrimis, petiolis brevibus, lignosis, crassis, floribus axillaribus, racemosis, ochroleucis.*

Noronhia Stadtmann *ex Thouars Gen. madagasc. n. 24.* Bojer *in Hooker Bot. Miscell. II. 167. t. 88.* Binia Noronh. *msc.* Olea emarginata Lam. *t. 8. f. 2.*

3349. Olea *LINN.* Calyx abbreviato-tubulosus, quadridentatus. Corolla hypogyna, breviter campanulata, limbo quadrifido v. quadripartito, plano, rarissime nulla. Stamina 2, imo corollae tubo inserta, exserta, in apetalis hypogyna. Ovarium biloculare. Ovula in loculis gemina, collateralia, ex apice septi pendula. Stylus brevissimus; stigma bifidum, laciniis integris v. emarginatis. Drupa baccata, abortu mono-disperma, putamine osseo v. chartaceo-fragili, uni-biloculari. Semina inversa. Embryo in axi albuminis carnosi v. subfarinacei rectus, ejusdem fere longitudine; cotyledonibus foliaceis, radicula supera. — *Arbores v. frutices, in Europa mediterranea, Asia tropica, Capite bonae spei et Australasia extratropica, rarissime in America boreali crescentes, ob florum fragrantiam, drupae carnem gustui gratam et putamen oleo scatens, inde a generis humani incunabulis celebres; foliis oppositis, integerrimis, coriaceis, floribus axillaribus, fasciculatis, racemosis paniculatisve.*

Olea R. Brown *Prodr. 523.*

a. GYMNELAEA. Corolla nulla. Stamina hypogyna. Drupae putamen osseum. Albumen subcarnosum.

Gymnelaea Endlicher *Prodr. Flor. Norfolk. 156.* Olea apetala Vahl. non Alior.

b. OLEASTER. Corolla limbo quadrifido. Stamina corollae basi inserta. Drupae putamen osseum. Albumen subcarnosum.

Olea *Tournefort inst. 370.* Linn. *gen. n. 20.* Schkuhr *t. 75.* Gärtner *II. 75. t. 93.* Jacq. *Hort. Schönbr. t. 2. 251.* Sibthorp *Flor. graec. t. 3.* Michaux *Arbr. III. t. 6.* Bot. Mag. *t. 1552. 3069.* Bot. Reg. *t. 613.* Royle *Himalay. t. 65.*

c. PHILLYRAEA. Corolla limbo quadripartito. Stamina corollae basi inserta. Drupae putamen chartaceum, fragile. Albumen subfarinaceum.

Phillyraea *Tournefort inst. 367.* Linn. *gen. n. 19.* Gärtner *II. 71 t. 92.* Sibthorp *Flor. graec. t. 2.* Link. *Jahrb. I. 174.* Osmanthus Loureiro *Flor. cochinch. 35.*

3350. Notelaea *VENT.* Calyx quadrifidus. Corolla hypogyna, tetrapetala, petala ovata, fornicato-concava, basi mediantibus staminibus per paria connexa. Stamina 2, petalorum bases jungentia, inclusa. Ovarium biloculare. Ovula in loculis gemina, collateralia, ex apice septi pendula. Stylus subnullus; stigma emarginato-bilobum v. indivisum. Drupa baccata, abortu monosperma, putamine chartaceo, nervoso, uniloculari, bipartibili. Semen inversum. Embryo in axi albuminis dense carnosi rectus, ejusdem fere longitudine; cotyledonibus foliaceis, ellipticis, radicula brevi, supera. — *Arbusculae v. frutices Novae-Hollandiae, Oleae habitu; foliis oppositis, ovatis v. lineari-lanceolatis, integerrimis.*

Notelaea Ventenat *Choix t. 25.* R. Brown *Prodr. 523.* Rhysospermum Gärtner f. *III. 232. t. 224.* Olea apetala Andrews *Bot. Reposit. t. 315.*

3351. Stereoderma *BLUM.* Calyx obsolete quadridentatus. Corolla hypogyna, globosa, coriacea, limbo semiquadrifido. Stamina 2, corollae supra basim inserta, inclusa. Ovarium biloculare. Ovula in loculis gemina, collateralia, ex apice septi pendula. Stigma subsessile, obtusum. Bacca exsucca, abortu monosperma. Semen inversum. Embryo in axi albuminis carnosi rectus; cotyledonibus ...... radicula supera. — *Arbor javanica; foliis oppositis, breviter petiolatis, oblongo-lanceolatis, acuminatis, basi acutiusculis, integerrimis, glabris, subvenosis, paniculis terminalibus brachiatis, foliorum longitudine.*

Stereoderma Blume *Flor. Jav. Praefat. VII.* Pachyderma Blume *Bijdr. 682.*

3352. Ligustrum *TOURNEF.* Calyx abbreviato-tubulosus, quadridentatus, deciduus. Corolla hypogyna, infundibuliformis, tubo calycem superante, limbo quadripartito. Stamina 2, corollae tubo inserta, inclusa. Ovarium biloculare. Ovula in loculis gemina, collateralia, ex apice septi pendula. Stylus brevissimus; stigma bifidum, obtusum. Bacca globosa, bilocularis, loculis dispermis v. abortu monospermis. Semina inversa, ovata v. angulata. Embryo in axi albuminis subcartilaginei rectus, ejusdem fere longitudine; cotyledonibus subfoliaceis, ovato-lanceolatis, radicula teretiuscula, supera. — *Frutices v. arbusculae in Europa media et boreali, nec non in Asia orientali temperata crescentes; foliis oppositis, petiolatis, ovato-oblongis v. lanceolatis, integerrimis, glaberrimis rariusve subtus villosis, floribus terminalibus, paniculatis v. thyrsoideis.*

Ligustrum Tournefort *inst. 367.* Linn. *gen. n. 18.* Schkuhr *t. 2.* Gärtner *II. 72. t. 92.* Flor dan. *t. 1141.* E. B. *764.* Bot. Mag. *t. 2565. 2921.* Wallich *Plant. As. rar. t. 271.*

SUBORDO II. FRAXINEAE. Fructus capsularis, indehiscens samaroideus v. septicido-bivalvis, loculis mono-pleiospermis.

3353. Fraxinus *TOURNEF.* Flores polygami. Calyx quadripartitus v. nullus. Corolla hypogyna, quadripartita v. nulla. Stamina 2, hypogyna. Ovarium biloculare. Ovula in loculis tria, collateralia, e funiculi dissepimento utrinque adnati, in apice loculi liberi, nutantis, trifurci cruribus pendula, intermedium fertile, lateralia abortiva. Stigma subsessile, bifidum. Capsula coriacea, ovato-oblonga, compressa, superne in alam foliaceam expansa, bilocularis v. abortu unilocularis, indehiscens. Semina in loculis solitaria, ex apice funiculi pendula, ovulis abortivis stipata. Embryo in axi albuminis carnosi rectus, ejusdem fere longitudine; cotyledonibus subfoliaceis, radicula tereti, supera. — *Arbores saepius excelsae, rarius frutices, in America boreali copiose, parcius in Europa et Asia media et mediterranea, rarissime in India boreali crescentes; foliis oppositis, simplicibus v. impari-pinnatis, foliolis oppositis, dentatis v. serratis.*

Fraxinus Tournefort *inst. 343.* Linn. *gen. n. 1164.* Gärtner *I. 222.*

a. BUMELIOIDES. Flores calyce et corolla destituti. (Schkuhr *t. 375.* Flor. dan. *t. 969.* Gärtner *t. 49. f. 1.*)
b. MELIOIDES. Flores calyculati, corolla destituti. (Schkuhr *t. 375.* Michaux *Arbr. t. III. t. 8—13.* Gärtner *t. 49. f. 2.*)
c. ORNUS. Flores calyce et corolla instructi. — Ornus Persoon *Synops I. 9.* (Sibthorp. *Flor. graec. t. 4.* Wallich *Plant. As. rar. t. 277.*)

3354. Fontanesia *LABILL.* Calyx abbreviato-tubulosus, quadripartitus, persistens. Corolla hypogyna, tetrapetala, petala obovata, per paria basi mediantibus staminibus connexa. Stamina 2, petalorum bases jungentia, filamentis setaceis, corolla longioribus. Ovarium bi-triloculare. Ovula in loculis gemina, collateralia, ex apice dissepimenti pendula. Stylus brevis; stigma bifidum, laciniis filiformibus. Capsula chartacea, obovata, utrinque emarginata, stigmatibus superata, compressa, bi-trilocularis, margine membranaceo anguste bi-trialata, indehiscens. Semina in loculis solitaria, inversa. Embryo in axi albuminis carnosi orthotropus, ejusdem fere longitudine; cotyledonibus plano-convexis, obtusiusculis, radicula tereti, supera. — *Frutex syriacus, opposite ramosus; foliis oppositis, breve petiolatis, lanceolatis, integerrimis, margine ciliatis, scabris, pedunculis axillaribus racemoso-cymosis, folio brevioribus, floribus albis.*

Fontanesia Labillard. *Syr. Decad. I. 1. t. 1.* Lam. *t. 22.* Duham. *Arbr. edit. nov. t. 5.* Gärtner *t. III. 193. t. 215.* Turpin *Atlas IV. t. 37.*

3355. Syringa *LINN.* Calyx abbreviato-tubulosus, quadridentatus, persistens. Corolla hypogyna, infundibuliformis, tubo calycem longe superante, limbi quadripartiti laciniis aestivatione valvatis. Stamina 2, corollae tubo inserta, inclusa. Ovarium biloculare. Ovula in loculis gemina, collateralia, ex apice septi pendula. Stylus filiformis, inclusus; stigma crassiusculum, bifidum. Capsula ovato-lanceolata, compressiuscula, coriacea, bilocularis, loculicido-bivalvis, valvis navicularibus, medio septiferis. Semina in loculis gemina, pendula, compressiuscula, ala membranacea, angusta cincta. Embryo in axi albuminis carnosi, tenuis rectus, ejusdem longitudine; cotyledonibus foliaceis, radicula tereti, supera. — *Frutices v. arbusculae, in Asia media et occidentali sponte nascentes, jam per Europam omnem diffusi, gratissimo regionibus nostris decori; foliis oppositis, petiolatis, cordatis v. ovato-lanceolatis, integerrimis, glaberrimis v. subtus villosis, florum thyrso terminali, corollis lilacinis v. albo-variantibus, suaveodoris.*

Syringa Linn. *gen. n. 22.* Schkuhr *t. 2.* Gärtner *I. 224. t. 49.* Bot. Mag. *t. 783. 486. 3278.* Bot. Reg. *t. 1733.* Reichenb. *Iconogr. t. 780.* Royle *Himalay. t. 65.* Lilac Tournef. *inst. 601. t. 372.* Juss. *gen. 105.*

3356. Forsythia *VAHL.* Calyx brevissime campanulatus, quadripartitus, deciduus. Corolla hypogyna, subcampanulata, quadripartita, tubo brevissimo, lobis aestivatione contortis. Stamina 2, imo corollae tubo inserta, inclusa. Ovarium biloculare. Ovula in loculis plurima, e placentis medio dissepimento utrinque insertis pluriseriatim pendula. Stylus brevis; stigma capitato-bilobum. Capsula ovata, compressiuscula, sublignosa, corticata, bilocularis, loculicido-bivalvis, valvis planiusculis, medio septiferis. Semina in loculis pauca, pendula, compressa; testa membranacea hinc in alam angustam, inde in marginem angustissimam expansa. Embryo in axi albuminis carnosi, parci rectus; cotyledonibus foliaceis, radicula brevi, cylindrica, supera. — *Frutex chinensis, in Japonum hortis passim cultus; ramis oppositis, saepius pendulis, gemmis perulatis, foliiferis a floriferis distinctis, foliis oppositis, ternis v. quaternis, simplicibus, serratis, integris v. ternato-pinnatisectis, floribus praecocibus, e quavis gemma solitariis, luteis, rubro-striatis.*

Forsythia Vahl. *Enumerat. I. 39.* Bunge *Enumerat. Plant. Chin. boreal. 42.* Zuccarini *in Siebold Flor. Japon. I. 11. t. 3.* Syringa suspensa Thunberg.

GENUS DUBIUM.

3357. Tetrapilus *LOUREIR.* Flores dioici. Calyx campanulatus, minimus, quadrifidus, laciniis acutis, persistens. Corolla campanulata, tubo brevi, quadrisulco, limbi quadrifidi laciniis plicato-cucullatis. Stamina 2; filamenta crassa, brevia, antherae ovatae, biloculares, erectae. Ovarium ovatum ...... Stylus brevissimus, crassus; stigma crassiusculum, bifidum. Bacca ovata, bilocularis. Semina subrotunda, pauca. — *Arbuscula cochinchinensis; ramis patentibus, brachiatis, foliis oppositis, ovato-lanceolatis, subserratis, incurvis, glabris, racemis axillaribus brevibus, floribus parvis, albis.*

Tetrapilus Loureiro *Flor. cochinch. 750.*

3358. Myxopyrum *BLUM.* Calyx parvus, quadrifidus, persistens. Corolla globosa, coriacea, intus plicata, limbo quadrifido. Stamina 2, medio corollae tubo inserta, inclusa. Ovarium biloculare. Ovula in loculis 3 .... Stigma crassum, sessile, latere angulatum, superne bicuspidatum. Drupa coriacea, uni-bilocularis, nucleis 1—4, angulatis, monospermis, mucilagine obvolutis. Embryo intra albumen corneum erectus. — *Frutex javanicus, scandens, Noronhiae ex cl. auctore maxime affinis; ramulis tetragonis, foliis oppositis, elliptico-oblongis, superne interdum serratis, trinerviis, glabris, floribus paniculatis, axillaribus lateralibusve.*

Myxopyrum Blume *Bijdr. 683.*

Ordo CXXXI. Loganiaceae.

LOGANEAE R. Brown *in Flinders Voy. II. 564. Tuckey Congo 448.* Martius *Nov. Gen. et sp. II. 133.* POTALIEAE Martius *Op. cit. II. 91. et 133.* STRYCHNEAE DC. *Theorie elem. 217.* STRYCHNACEAE Blume *Bijdr. 1018.* LOGANIACEAE, POTALIACEAE et APOCYNEARUM pars Lindley *Introduct. edit. II. p. 306.*

Arbores v. frutices, rarissime herbae, succo aqueo. Folia opposita, petiolata, simplicia, integerrima, petiolis basi, nisi stipulae adsint, in marginem brevissimum amplexicaulem, interdum fere obsoletum combinatis. Stipulae variae, nunc petiolis utrinque adnatae, nunc interpetiolares liberae v. in vaginam coalitae, quandoque axillares, dorso petioli basi adnatae.

Flores hermaphroditi, regulares, interdum anisomeri, axillares, solitarii, racemosi v. corymbosi, nunc terminales corymbosi aut paniculati.

Calyx liber, gamophyllus, lobis aestivatione valvatis, v. tetra-pentaphyllus, foliolis imbricatis, interdum squamis multiseriatis tectus.

Corolla hypogyna, gamopetala, rotata, campanulata v. infundibuliformis, limbo quadri-quinque-v. decemfido, laciniis aestivatione convolutivis v. valvatis.

Stamina corollae tubo v. fauci inserta, inclusa v. saepius exserta, ejusdem lobis numero aequalia, in flore tetra-pentamero iisdem alterna, in decamero opposita. Filamenta filiformia v. subulata. Antherae biloculares, erectae v. incumbentes, loculis longitudinaliter dehiscentibus.

Ovarium liberum, biloculare, v. rarissime carpidiorum marginibus involutis quadriloculare. Ovula in placentis dissepimento utrinque adnatis v. e basi adscendentibus plurima, rarissime in loculis solitaria, peltatim inserta, directione amphitropa, rarissime e basi loculorum erecta, anatropa,

Stylus filiformis, simplex. Stigma capitatum v. peltatum, indivisum v. obsolete bilobum, rarissime bifidum.

Fructus varius, nunc capsularis, bilocularis, septicido-bivalvis, carpidiis intus placentas liberas v. adnatas retinentibus, v. septifrago-apertus, carpidiorum marginibus introflexis a placenta persistente solutis et cum valvulis deciduis, nunc baccatus, bilocularis, seminibus placentae adhaerentibus, in pulpa nidulantibus, rarissime dipyrenus, pyrenis chartaceis, indehiscentibus, monospermis.

Semina plurima, rarissime solitaria, peltatim inserta, plus minus compressa, saepius alata, interdum solitaria et e basi loculorum erecta. Albumen varium, carnosum, cartilagineum v. subcorneum.

Embryo in axi v. in basi albuminis rectus, umbilico ventrali parallelus, v. rarissime orthotropus umbilico basilari. Cotyledones plano-convexae v. foliaceae. Radicula cylindrica, saepissime infera v. vaga.

Loganiaceae, quales a nobis Potalia et Strychno Loganiae et Usteriae adjectis considerantur, sistunt plantarum ordinem, e generibus naturali necessitudine conjunctis, sed multiplici affinitate aliis ordinibus conterminis conflatum, et in plures tribus, totidem fere Rubiacearum sectionibus analogas abeuntem. Diagnosis ab Apocyneis absoluta dari nequit, tum ob limites utriusque ordinis vacillantes, tum ob characterum omnium in tanta generum diversitate inconstantiam. Loganieae, quo nomine genera corollae aestivatione convolutiva donata in subordinem colligimus, stipularum in plerisque praesentia, et flore in nonnullis anisomerio ab auctoribus distinguuntur, a Rubiaceis ovario libero solum diversae; sed superioris characteris vim stipularum in nonnulis Loganiae speciebus defectus infringit, posterioris pondus debilitant flores in plurimis generibus isomeri, calyx multiplici serie imbricatus cum corollae aestivatione valvata in Antonia, et loborum corollae et staminum numerus in Polyphragmo genuina Rubiacearum stirpe. Strychneae corollae aestivatione valvata donatae, ob genus stipulis manifestis donatum, et aliud calycis elementis cum corollae partibus haud congruis a Loganieis difficulter avellandae, succi lactei defectu optime ab Apocyneis baccatis distinguerentur, nisi eadem succi qualitas in nonnullis Apocyneis dubia, certe etiam quibusdam Echitis speciebus deesset, ut taceam Strychni speciebus americanis corticem succo croceo tragidum a nonnullis auctoribus tribui. Neque corollae aestivatio charactere constanti ab Apocyneis easdem segregat, cum etiam in Lyonsia genuino Apocynearum genere, capsulae oeconomia mirum in modum Loganiae accedente, corollae lobi marginibus sese haud contingant. Calycis foliolorum porro multiplex series, quali Antonia est insignis, in Apocynearum generibus pluribus squamulis inter calycem et corollam sitis abunde indicatur. Optime adhuc definietur ordo stipularum praesentia, quae ubi desunt corollae aestivatio valvata et succi qualitas aquea accedunt. Cortex in pluribus amarus, in aliis inspidus. Semina in quibusdam insigniter venenata.

Genera per regiones tropicas Asiae, Africae et Americae, nec non per Novam Hollandiam extratropicam dispersa sunt.

SUBORDO I. STRYCHNEAE. Corollae aestivatio valvata.

TRIBUS I. EUSTRYCHNEAE. Bacca bilocularis, polysperma. Semina peltata, aptera.

3359. Strychnos *LINN.* Calyx quadri-quinquefidus, laciniis imbricatis. Corolla hypogyna, tubulosa, fauce nuda v. barbata, limbi quadri-quinquefidi laciniis aestivatione valvatis, sub anthesi patentibus. Stamina 4—5, corollae fauci inserta; filamenta brevissima, antherae subexsertae. Ovarium biloculare Ovula in placentis carnosulis, dissepimento utrinque adnatis plurima, amphitropa, micropyle infera. Stylus filiformis; stigma capitatum, indivisum. Bacca corticata, unilocularis, polysperma v. abortu monosperma. Semina in pulpa nidulantia, discoideo-compressa, umbilico ventrali. Embryo in basi albuminis cartilaginei, subbilamellati subexcentricus, rectus, brevis; cotyledonibus foliaceis, radicula tereti, vaga. — *Arbores v. frutices scandentes, inter tropicos Asiae et Americae crescentes; foliis oppositis, breve petiolatis, integerrimis, nervosis, petiolis basi connatis, altero saepius abortivo, ex axilla ramulum simplicem, cirrhiformem exserente, floribus cymoso-corymbosis rariusve paniculatis, axillaribus et terminalibus, virescenti-albidis, saepius fragrantissimis.*

Strychnos Linn. *gen. n.* Roxburgh *Plant. Corom. t. 4. 5.* Leschenault *in Annal. Mus. XVI. t. 23.* Colebrook. *in Linn. Transact. XII. t. 15.* St. Hilaire *Plant. us. brasil. 1. t. 1.* Blume *Bijdr. 109. Rumphia I. 66. t. 24. 25.* Rouhamon Aublet *Guian. I. 93. t. 36.* Lasiostoma Schreber *gen. n. 180.* Kaniram Thouars *in Dict. sc. nat. et in* Desvaux Journ. bot. 1808. p. 247.

3360. Ignatia *LINN. F.* Calyx campanulatus, quinquedentatus. Corolla hypogyna, infundibuliformis, tubo filiformi, elongato, limbi quinquepartiti laciniis oblongis, obtusis, aestivatione valvatis. Stamina 5, imo corollae tubo inserta, inclusa; filamenta filiformia, antherae conniventes. Ovarium ovatum ..... Stylus filiformis; stigma bipartitum, laciniis filiformibus. Drupa lignosa, unilocularis. Semina plurima, angulata, umbilico ventrali. Embryo in axi albuminis cartilaginei rectus, ejusdem fere longitudine; cotyledonibus plano-convexis, radicula cylindrica, vaga. — *Frutex manilensis; ramis longis, teretibus, glaberrimis, sarmentis scandentibus, foliis oppositis, petiolatis, ovatis, integerrimis, acutis, venosis, paniculis axillaribus parvis, pedunculis tri-quinquefloris, floribus longissimis, nutantibus, albis, odore Jasmini.*

Ignatia Linn. f. *suppl. 20.* Camelli *in Philosoph. Transact. XX. t. 1.* Ignatiana Loureiro *Flor. cochinch. 155.*

TRIBUS II. GARDNERIEAE. Bacca bilocularis, disperma. Semina peltata, aptera.

3361. Gardneria *WALL.* Calyx turbinatus, quadri-quinquefidus, persistens. Corolla hypogyna, subrotata, quadri-quinquefida, fauce nuda, laciniis aestivatione valvatis. Stamina 4—5, corollae fauci inserta; filamenta subnulla, antherae conniventes, liberae v. in tubum cohaerentes. Ovarium biloculare. Ovula in loculis solitaria, medio dissepimento inserta, amphitropa. Stylus filiformis, inclusus; stigma obsolete bilobum. Bacca carnosa, bilocularis. Semina in loculis solitaria, dorso convexa, facie plana, umbilico ventrali. Embryo in axi albuminis cornei leviter incurvus; cotyledonibus lanceolatis, foliaceis, radicula cylindrica, infera. — *Frutices nepalenses, scandentes, glaberrimi; foliis oppositis, petiolatis, lanceolatis, acuminatis, integerrimis, petiolis basi dilatata in marginem amplexicaulem angustissimum commissis, ciliis axillaribus, floribus ex axillis foliorum solitariis v. corymbosis.*

Gardneria Wallich *in Roxburgh Flor. indic. I. 400. II. 318. Plant. Asiat. rar. t. 231. 281.*

TRIBUS III. ANTONIEAE. Capsula bilocularis, bipartibilis, disperma. Semina peltata, alata.

3362. Antonia *POHL.* Calyx pentaphyllus, squamis confermibus, pluriseriatim imbricatis tectus. Corolla hypogyna, infundibuliformis, fauce pilosa, limbi quinquefidi laciniis aestivatione valvatis, sub anthesi revolutis. Stamina 5, corollae fauci inserta, exserta. Ovarium biloculare. Ovulum in quovis loculo unicum, centro placentae e basi loculi adnato-stipitatae, in laminam orbicularem, peltatam, liberam, inferne subtus lobulo spongioso auctam expansae insertum, amphitropum. Stylus filiformis, exsertus; stigma brevissime bilobum. Capsula oblonga, coriacea, bilocularis, septicido-bipartibilis. Semina in loculis solitaria, umbilico ventrali placentae peltatae inserta, oblonga, plano-compressa, basi et apice in alam membranaceam producta. Embryo in axi albuminis carnosi rectus; cotyledonibus rotundatis, subfoliaceis, radicula cylindrica, infera. — *Arbusculae brasilienses et guianenses, glabrae v. pilosae; foliis oppositis, ovatis, integerrimis, brevissime petiolatis, petiolis basi dilatatis, in marginem brevissimum stipularem commissis, corymbis terminalibus trichotomis, floribus albidis.*

Antonia Pohl *Plant. brasil. II. 14. t. 109.* Hooker *Ic. t. 64.*

TRIBUS IV. LABORDIEAE. Capsula trilocularis, polysperma. Semina ....

3363. Labordia *GAUDICH.* Calyx campanulatus, quinquefidus, laciniis lanceolatis, subinaequalibus. Corolla hypogyna, infundibuliformis, basi ventricosa, limbi quinquefidi laciniis lanceolatis, aestivatione valvatis, sub anthesi patulis, intus fauceque villosulis. Stamina 5, corollae fauci inserta, inclusa; filamenta brevissima, antherae cordatae, erectae. Ovarium trigonum, triloculare. Ovula in placentis carnosis, oblongis, loculorum angulo centrali insertis plurima .... Stylus brevis, crassus; stigma triangulari-conicum, pubescens. Capsula? trilocularis, polysperma. .... — *Frutex sandwicensis, glaber; ramis oppositis, teretibus, foliis oppositis, petiolatis, integerrimis, stipulis axillaribus, dorso petioli basi adnatis, floribus terminalibus pedunculatis, umbellatis, pedunculis medio bibracteatis, bracteis linearibus, calycibus flavido-virescentibus, corollis flavido-albis.*

Labordia Gaudichaud *ad Freycinet 449. t. 60.*

SUBORDO II. LOGANIEAE. Corollae aestivatio convolutiva.

TRIBUS V. EULOGANIEAE. Capsula bilocularis, polysperma. Semina peltata, aptera.

3364. Logania *R. BR.* Calyx quinquepartitus. Corolla hypogyna, subcampanulata, fauce villosiuscula, limbi quinquepartiti laciniis aestivatione convolutivis. Stamina 5, corollae tubo v. fauci inserta, subinclusa v. exserta. Ovarium biloculare. Ovula in placentis septo utrinque adnatis plurima, amphitropa. Stylus simplex; stigma clavato-capitatum, indivisum. Capsula coriacea v. sublignosa, bilocularis, septicido-bipartibilis. Semina in placentis intra coccos sutura ventrali demum apertas liberis plurima, minima, peltata, aptera. Embryo in axi albuminis carnosi rectus, radicula infera. — *Frutices v. herbae Novae-Hollandiae; foliis oppositis, integerrimis, stipulis in vaginam intrapetiolarem connatis, v. distinctis, interpetiolaribus lateralibusve, nunc plane nullis, floribus terminalibus v. axillaribus, opposite-corymbosis v. racemosis, nunc solitariis, corollis albis interdum venosis.*

Logania R. Brown *Prodr. 454.* Euosma Andrews *Bot. Reposit. 520.*

a. LOGANIAE VERAE. Br. *l. c.* Calyx obtusus. Stamina medio corollae tubo inserta, inclusa. — *Frutices vaginula stipulari intrapetiolari.* — Exacum vaginale Labillard. *Nov.-Holl. t. 51.*

b. EUOSMA R. Br. *l. c.* Calyx obtusus. Stamina medio corollae tubo inserta, inclusa. — *Frutices stipulis setaceis, lateralibus, distinctis v. nullis.* (Andrews *Bot. Reposit. t. 520.*)

c. STOMANDRA R. Br. *l. c.* Calyx acutus. Stamina corollae fauci inserta, semiexserta. — *Herbae v. suffrutices, stipulis interpetiolaribus v. nullis.*

3365. Geniostoma *FORST.* Calyx turbinatus, quinquefidus. Corolla hypogyna, urceolato-infundibuliformis, intus villosa, limbi quinquefidi lobis aestivatione convolutis. Stamina 5, corollae fauci inserta, exserta. Ovarium biloculare. Ovula in placentis angustis, dissepimenti axim constituentibus plurima, amphitropa? Stylus brevis; stigma sulcatum, didymum. Capsula coriacea, bilocularis, septicido-bivalvis, valvis deciduis, margine introflexo angusto. Semina in placenta centrali duplici connata, post valvarum lapsum persistente plurima, angulosa. Embryo .... — *Frutices in Moluccis et Nova-Zeelandia indigeni; foliis oppositis, petiolatis, integerrimis, stipulis in vaginulam intrapetiolarem commissis, floribus axillaribus, corymbosis.*

Geniostoma Forster *Char. gen. t. 12.* R. Brown *Prodr. 445.* in not. Anasser Jussieu *gen. 150.* non Rumph. — ? Haemospermum Reinwardt *in Blume Bijdr. 1018.*

TRIBUS VI. USTERIEAE. Capsula bilocularis, bipartibilis, polysperma. Semina peltata, alata.

3366. Usteria *WILLD.* Calyx brevis, quadrifidus, lacinia antica majore, petaliformi, persistens. Corolla hypogyna, hypocraterimorpha, tubo basi ampliato, intus villoso, limbi quadripartiti laciniis anticis paullo majoribus, divergentibus. Stamen unicum, corollae tubo insertum, inclusum. Ovarium biloculare. Ovula in placentis cylindricis, e basi loculorum erectis plurima, amphitropa. Stylus brevis, inclusus; stigma bifidum. Capsula coriacea, ovato-oblonga, compressiuscula, bilocularis, septicido-bipartibilis. Semina in placentis cylindricis, intra coccos sutura ventrali tandem apertos liberis plurima, peltata, compressa, imbricata, margine membranaceo cincta. Embryo intra albumen carnosum, tenue rectus; cotyledonibus suborbiculatis, foliaceis, radicula brevi, infera. — *Frutex guineensis, ramosus; foliis oppositis, petiolatis, ovalibus, breve acuminatis, glabris, margine stipulari inter petiolos obsoleto, paniculae terminalis ramulis pubescentibus.*

Usteria Willdenow *in Beobachtung. der Gesellsch. natf. Fr. Berl. 1692. IV. p. 51. t. 2.* Afzelius *Gen. guin. 1.* Konig *in Annal. of Bot. I. 263. t. 7. f. 5.* Monodynamis Gmelin *Syst. I. 10.*

TRIBUS VII. POTALIEAE. Bacca bilocularis, polysperma. Semina peltata, aptera.

3367. Fagraea *THUNB.* Calyx quinquepartitus, basi bibracteolatus, laciniis obtusis, imbricatis. Corolla hypogyna, infundibuliformis, tubo superne ampliato, limbi quinquefidi lobis obliquis, aestivatione subcontorto-imbricatis, sub anthesi patentibus. Stamina 5, medio corollae tubo inserta, ejusque lobis alterna, exserta; filamenta filiformia, antherae incumbentes. Ovarium disco annulari cinctum, biloculare, dissepimenti marginibus utrinque in placentam bilobam involutis, v. carpidiorum marginibus axim haud attingentibus, placentisque subparietalibus uniloculare. Ovula plurima, peltata, amphitropa. Stylus filiformis; stigma peltatum, indivisum. Bacca ovalis, corticata, placentis pulposis centralibus v. subparietalibus bilocularis v. subunilocularis. Semina plurima, minuta, placentae foveolis peltatim immersa, crustacea. Embryo intra albumen corneum minutus; cotyledonibus brevissimis, obtusis, radicula vaga. — *Arbores Asiae tropicae; foliis oppositis, petiolatis, oblongis v. ovatis, integerrimis, petiolis basi dilatatis, in vaginam stipularem integram v. auriculato-bilobam commissis, floribus terminalibus corymbosis.*

Fagraea Thunberg *in Act. Holm. 1782. p. 125. t. 4.* Lam. *t. 167. f. 2.* Wallich *in Roxburgh Flor. Indic. II. 31. Plant. As. rar. t. 229.* Blume *Bijdr. 1020. Rumphia II. t. 72—81.* absq. text. Cyrtophyllum Reinwardt *in Blume Bijdr. 1022.* Willughbeiae sp. Spreng.

3368. Pierophloeus *BLUM.* Calyx quinquepartitus, laciniis imbricatis. Corolla hypogyna, tubo brevi, limbo quinquepartito, aestivatione imbricato. Stamina 5, imae corollae inserta, brevia. Ovarium .... Stylus brevis; stigma obtusum, emarginatum. Bacca bilocularis, crustacea, polysperma. Semina plurima, minuta, angulata, reticulata, placentis carnosis, ex introflexis dissepimentorum marginibus in utroque loculis geminatis inserta. Albumen cartilagineum. — *Frutex javanicus, non satis notus, vix hujus loci, et fortassis nisi corollae aestivatio revera imbricata, prope Strychnon collocandus; cortice amaro, foliis oppositis, oblongis, coriaceis,* *subvenosis, glaberrimis, corymbo terminali, trichotomo.*

Plerophloeus Blume *Bijdr.* 1019.

3369. Potalia *AUBL.* Calyx quadripartitus, urceolatus, lobis rotundatis, imbricatis, interioribus minoribus. Corolla hypogyna, tubuloso-campanulata, tubo subcylindrico, limbi decemfidi laciniis subcontorto-imbricatis, erectis. Stamina 10, tubo corollae inserta, ejusdem lobis opposita, inclusa; filamenta subulata, brevia, antherae lineares, erectae. Ovarium disco annulari cinctum, biloculare. Ovula in placentis carnosis, dissepimenti basi utrinque adnatis plurima, amphitropa. Stylus filiformis; stigma peltatum, obsolete quinquelobum. Bacca turbinata, mollis, bilocularis. Semina placentis carnosis, dissepimenti basim utrinque occupantibus immersa, plurima, angulata; testa crustacea, areolata, umbilico ventrali. Embryo in axi albuminis cartilaginei rectus, ejusdem fere longitudine; cotyledonibus brevissimis, obtusis, radicula conica, infera. — *Frutices Americae tropicae, subsimplices; foliis oppositis, decussatis, elongato-obovatis, petiolatis, petiolorum basibus dilatatis in vaginam intrapetiolarem commissis, panicula terminali corymbosa, squamato-bracteata.*

Potalia Aublet *Guian.* II. 394. t. 151. Lam. t. 348. Martius *Nov. gen. et sp.* II. 89. t. 170. Nicandra Schreber *gen.* n. 714. non alior.

OBSERVATIO. Genus Potaliae proximum sistit arbor guineensis: Anthocleista Afzelius *msc. ex R. Brown in Tuckey Cong.* 449, calyce quadrifido, corolla et androecio decamero cum Potalia conveniens, fructu e carpidiis duobus quadriloculari diversum.

TRIBUS VIII. GAERTNEREAE. Bacca dicocca, coccis monospermis. Semina e basi erecta.

3370. Gärtnera *LAM.* Calyx basi bibracteolatus, abbreviato-campanulatus, quinquedentatus, persistens. Corolla hypogyna, infundibuliformis, limbi quinquefidi laciniis aestivatione convolutis, sub anthesi patentibus. Stamina 5, corollae fauci inserta, inclusa; filamenta brevissima v. subnulla, antherae oblongae, erectae. Ovarium biloculare. Ovula in loculis solitaria, e placenta minima, basi dissepimenti utrinque adnata erecta, anatropa. Stylus filiformis, exsertus; stigma bifidum, laciniis setaceis, patentibus. Bacca sicca, dipyrena, pyrenis chartaceis, dorso convexis, facie planis, monospermis. Semina erecta, umbilico prope basim ventrali. Embryo in basi albuminis cartilaginei orthotropus, rectiusculus; cotyledonibus e basi tumida subulatis, radicula turbinata, umbilico contigua, infera. — *Arbores madagascarienses et mauritianae; foliis oppositis, petiolatis, coriaceis, oblongis, integerrimis, stipulis vaginantibus, cylindricis, integerrimis v. apice filamentosis, floribus terminalibus, paniculatis v. corymbosis.*

Gärtnera Lamarck *Illustr.* n. 506. t. 167. Gärtner f. III. 58. t. 191. Andersonia Willdenow *msc.* — Sykesia Arnott *in N. A. N. C.* XVIII. 351.

3371. Pagamea *AUBL.* Calyx brevis, turbinatus, quadridentatus, persistens. Corolla hypogyna, urceolata, intus villosa, limbo quadrifido. Stamina 4, corollae fauci inserta, inclusa. Ovarium biloculare. Ovula .... Stylus bifidus, laciniis filiformibus. Bacca carnosa, dipyrena, pyrenis osseis, dorso convexis, facie planis, dispermis v. abortu monospermis. Semina ...... — *Frutex guianensis, vix notus, ramosus; foliis oppositis, petiolatis, lanceolatis, integerrimis, glabris, stipulis in vaginam intrafoliaceam laxam connatis, floribus oppositis, laxe spicatis, axillaribus et terminalibus.*

Pagamea Aublet *Guian.* I. 112. t. 44.

OBSERVATIO. Tribum inter Loganieas distinctam sistere videtur genus ineditum africanum tropicum, a cl. R. Brown *in Tuckey Congo* 448. commemoratum, seminibus erectis et fructu capsulari, forma et dehiscentia Bursariae simillimo insigne.

Ordo CXXXII. Apocynaceae.

APOCYNEARUM pars Jussieu *gen.* 143. *Annal. Mus.* V. 261. XV. 345. APOCYNEAE R. Brown *Prodr.* 465. *Mem. Werner. soc.* I. 59. Bartling *Ord. nat.* 203. excl. pl. VINCEAE Apocynearum sect. DC. et Duby Bot. *gall.* 324. APOCYNACEAE Lindley *Introduct. edit.* II. p. 299.

Arbores interdum excelsae, v. frutices saepius volubiles, rarius herbae perennes, succo in plerisque lacteo, nonnunquam copioso, caule ramisque teretibus v. tetragonis, saepius nodoso-articulatis. Folia plerumque opposita, rarius ternatim v. quaternatim verticillata, rarissime sparsa, simplicia, integra et integerrima, glabra v. pubescentia.

Stipulae nullae v. interdum interpetiolares, rudimentariae, glanduliformes v. ciliformes.

Flores hermaphroditi, regulares, saepius speciosi, terminales v. interpetiolares, cymosi v. subcorymbosi, rarius solitarii axillares, albi, rosei, purpurei v. flavi, rarius caerulei.

Calyx liber, quinquefidus v. quinquepartitus, rarissime quadrifidus, plerumque parvus, rarius foliaceus, saepius intus squamularum v. ciliorum serie auctus.

Corolla hypogyna, decidua, gamopetala, infundibuliformis v. hypocraterimorpha, tubo fauceque nudis, v. saepius squamulis numero variis, integris v. partitis auctis, limbo quinquefido v. quinquepartito aut rarissime quadripartito, laciniis saepissime obliquis, inaequilateris, per aestivationem contortis v. rarissime valvatis.

Stamina 5, rarissime 4, corollae tubo v. fauci inserta, inclusa v. exserta. Filamenta saepius brevissima v. subnulla, interdum superne dilatata. Antherae introrsae, biloculares, ovatae, saepius acuminatae v. interdum mucronatae, nunc sagittatae, loculis juxta totam longitudinem polliniferis, v. appendicibus basilaribus effoetis, liberae, erectae v. conniventes, nunc marginibus inter se paullulum, medio stigmati pertinacius cohaerentes, longitudinaliter dehiscentes. Pollen granulosum, stigmati immediate applicitum.

Ovarium e carpidiis duobus, distinctis vel connatis, simplex biloculare, v. duplex, placentis ad carpidiorum suturam ventralem; rarissime simplex uniloculare, placentis ad suturas parietalibus. Ovula rarissime solitaria, plerumque indefinita, amphitropa v. anatropa. Stylus unicus, superne plerumque incrassatus, saepissime in discum stigmati suppositum expansus. Stigma bifidum v. rarius indivisum.

Fructus varius, saepissime follicularis, folliculis binis v. alterius abortu unico; rarius capsularis, bilocularis, nempe e folliculis binis ad axim cohaerentibus conflatus, nunc drupaceus v. baccatus, mono - polyspermus, rarissime capsularis unilocularis, bivalvis.

Semina varia, saepissime compressa, margine nunc aequalia v. ala membranacea cincta, umbilico ventrali v. basilari et tunc plerumque coma sericea retrorsa cincto, rarissime ad extremitatem umbilico oppositam comosa. Albumen carnosum v. cartilagineum, interdum parcissimum v. nullum.

Embryo intra albumen rectus, saepissime foliaceus; cotyledonibus planis v. rarissime convolutis, radicula situ et directione varia.

Apocynaceae mediantibus generibus baccatis et drupaceis Rubiaceis, Oleineis et Loganiaceis proximae, per genera fructu folliculari seminibusque comosis donata Asclepiadeis arcte conterminae, et vix nisi pollinis indole diversae, maximo numero inter tropicos utriusque orbis generantur, in Asia trans aequatorem paullo copiosiores, in regionibus extratropicis calidioribus temperatisque rarae.

Succus plurimarum venenatus, aliarum innocuus. Fructus generum baccatorum plurium edulis, nonnullorum semina perniciosissime virulenta. Lac aliarum gummi elasticum praebet.

Genera baccata et drupacea (quarum fructus in hortis et museis passim desiderantur) denuo sub incudem revocanda, plura ab auctoribus obiter descripta, verisimiliter olim coadunanda v. aliter collocanda.

SUBORDO I. CARISSEAE. Ovarium unum, biloculare, placentis dissepimento insertis, v. uniloculare, placentis ad suturam parietalibus. Fructus baccatus v. rarissime capsularis.

3372. Carissa *LINN.* Calyx quinquepartitus. Corolla hypogyna, infundibuliformis v. hypocraterimorpha, limbo quinquepartito, fauce nuda v. villis clausa. Stamina 5, medio corollae tubo inserta, inclusa. Ovarium biloculare. Ovula in placentis dissepimento utrinque adnatis pauca, amphitropa. Stylus filiformis; stigma e basi dilatata bifidum. Bacca bilocularis, oligosperma, rarius abortu monosperma. Semina peltata, compressa. Embryo in axi albuminis subcornei rectus; cotyledonibus cordatis, foliaceis, radicula cylindrica, supera. — *Frutices lactescentes, in Asia et Australasia tropica, nec non in Africa australi indigeni; foliis oppositis, setulis interpetiolaribus, pedunculis axillaribus v. terminalibus multifloris, sterilibus passim spinescentibus.*

Carissa Linn. *gen. n. 1251.* Lam. *t. 118.* Correa *in Annal. Mus. VIII. t. 32. f. 2.* Roxburgh *Corom. t. 77.* R. Brown *Prodr. 468.* Wight in Hooker *Comp. Bot. Mag. t. 13.* Arduina Linn. *gen. n. 1250.* Miller *Ic. II. t. 300.* — Antura Forsk. *Descript. 63.* (Delile *ad Cail. t. 2. f. 1.*)

3373. Hancornia *GOMEZ.* Calyx quinquepartitus. Corolla hypogyna, hypocraterimorpha, tubo angusto, superne ventricoso, intus villoso, limbi quinquefidi laciniis patentibus. Stamina 5, medio corollae tubo inserta, inclusa; filamenta brevissima, antherae cuspidatae, conniventes. Ovarium biloculare. Ovula in placentis dissepimento utrinque adnatis plurima, amphitropa. Stylus filiformis; stigma conicum, apice bicuspidatum. Bacca carnosa, ovata, unilocularis. Semina plurima, in pulpa nidulantia, ovata, compressa, umbilico ventrali. Embryo intra albumen subcorneum rectus ...... — *Arbores brasilienses; foliis oppositis, ellipticis, costatis, glabris v. pubescentibus, floribus suaveolentibus, fructu eduli.*

Hancornia Gomez *Act. Ullisipon. 1812. III. p. 51.* Mangaiba Marcgrav. *Brasil. t. 122.* Piso *Brasil. t. 76.*

3374. Ambelania *AUBL.* Calyx quinquepartitus. Corolla hypogyna, hypocraterimorpha, tubo cylindrico, superne angustato, fauce nuda, limbi quinquepartiti laciniis obliquis, undulatis. Stamina 5, imo corollae tubo inserta, inclusa; antherae sagittatae, subsessiles. Ovarium biloculare. Ovula plurima, dissepimento utrinque inserta .... Stylus tetragonus; stigma basi orbiculatae impositum, ovatum, apice bicuspidatum. Bacca coriacea, ovata, bilocularis. Semina plurima, dissepimento gracili inserta, lato-compressa, aspera ..... — *Arbuscula guianensis, non satis nota; foliis oppositis, saepissime inaequalibus, pedunculis axillaribus v. terminalibus, tri - quadrifloris, unibracteatis.*

Ambelania Aublet *Guian. I. 265. t. 104.* Jussieu *gen. 148.* Lam. *t. 169.* Willughbeia Schreb. *n. 417.*

3375. Pacouria *AUBL.* Calyx subquinquepartitus, persistens. Corolla hypogyna, infundibuliformis, tubo brevi, limbi quinquepartiti laciniis obliquis, undulatis. Stamina 5, imo corollae tubo inserta, inclusa; antherae cuspidatae, subsessiles. Ovarium ..... Stylus tetragonus; stigma e basi dilatata bicuspidatum. Bacca carnosa, unilocularis ..... Semina plurima, in pulpa nidulantia, magna, angulata, subossea ...... — *Frutex guianensis, vix notus, lactescens; ramis sarmentosis, nodosis, foliis ad nodos oppositis, floribus racemosis, albidis, pedunculo longo, cirrhi instar volubili.*

Pacouria Aublet *Guian. I. 297. t. 105.* Juss. *gen. 148.* Willughbeiae sp. Auct.

3376. Collophora *MART.* Calyx quinquefidus. Corolla hypogyna, tubuloso - hypocraterimorpha, fauce nuda, limbo quinquefido. Stamina 5, corollae tubo inserta; filamenta brevia ...... Ovarium ...... Stylus filiformis; stigma cylindricum, apiculatum. Bacca globosa, unilocularis. Semina plurima, oblonga, compressa, in pulpa nidulantia, epidermide molli, hyalina ...... — *Arbor brasiliensis, vix nota, succo lacteo spisso scatens; foliis oppositis, floribus corymbosis.*

Collophora Martius *in Buchner Repertor. der Pharmac. 1828.*

3377. Landolphia *PALIS.* Calyx penta-hexaphyllus, foliolis subimbricatis, coriaceis, interioribus minoribus. Corolla hypogyna, tubulosa, fauce villis clausa, limbi quinquefidi laciniis obliquis. Stamina 5, corollae tubo infra faucem inserta, inclusa; antherae sagittatae, subsessiles. Ovarium decemstriatum .... Stylus apice incrassatus; stigma subbifidum. Bacca carnosa, subglobosa, apice compressa, unilocularis. Semina pauca, ovata, compressa. — *Frutex owariensis, vix notus; ramis teretibus, foliis oppositis, petiolatis, ovato-lanceolatis, acutis, floribus terminalibus paniculato-corymbosis, brevissime pedicellatis.*

Landolphia Palisot *Flor. owar. I. 54. t. 34.*

3378. Melodinus *FORST.* Calyx quinquepartitus. Corolla hypogyna, hypocraterimorpha, tubo cylindrico, fauce squamulis quinque bifidis v. vicenis biseriatis clausa, limbi quinquefidi laciniis obtusis, obliquis. Stamina 5, medio corollae tubo inserta, inclusa; antherae oblongae, acutae, subsessiles. Ovarium conicum, biloculare. Ovula in placentis septo utrinque adnatis plurima, amphitropa. Stylus brevis; stigma incrassato-conicum, apice brevissime bicuspidatum. Bacca carnosa, globosa, intus pulposa. Semina plurima, nidulantia, compressa, umbilico ventrali. Embryo in axi albuminis carnosi rectus; cotyledonibus oblongis, subfoliaceis, radicula cylindrica, vaga. — *Frutices in Asia tropica et in Oceani australis insulis extratropicis indigeni, sarmentosi; foliis oppositis, breve petiolatis, glaberrimis, nitidis, cymis axillaribus.*

Melodinus Forst. *char. gen. 19.* Bot. Reg. *t. 834.* Bot. Mag. *t. 2527.* Labillard *Nov. Caled. t. 33.* Blume *Bijdr. 1026.*

3379. Couma *AUBL.* Calyx quinquepartitus. Corolla hypogyna, subinfundibuliformis, tubo cylindrico, medio subinflato, fauce pilis adpressis subclausa, limbi quinquefidi laciniis angustis, subobliquis, patulo deflexis. Stamina 5, medio corollae tubo inserta, inclusa; filamenta brevissima, antherae cordato-sagittatae. Ovarium globoso-depressum, striatum, uniloculare. Ovula in placentis duabus parietalibus plurima, minima. Stylus subulatus; stigma oblongum, bipartitum, basi appendice squamaeformi obtuso cinctum. Bacca globosa, carnosa, unilocularis. Semina tria ad quinque, in pulpa nidulantia, orbiculato-oblonga, planiuscula ...... — *Arbor guianensis, non satis nota, succo lacteo scatens; ramis erectis, ramulis subtetragonis, foliis ternato-verticillatis, glabris, atro-viridibus, subtus pallidis, in petiolum brevem, membranaceum, canaliculatum attenuatis, floribus roseis, in paniculis axillaribus ramosis, pedicellis articulatis, subtrigonis, basi tribracteolatis, fructu eduli.*

Couma Aublet *Guian. suppl. 39. t. 392.* A. Richard *in Annal. sc. nat. I. 56.* Cerbera triphylla Rudge *Guian. t. 48.*

3380. Chilocarpus *BLUM.* Calyx quinquepartitus. Corolla hypogyna, hypocraterimorpha, tubo medio incrassato, limbi quinquefidi laciniis obliquis. Stamina 5, medio corollae tubo inserta; antherae subsessiles, inclusae, sagittatae. Ovarium ...... Stylus .....; stigma capitatum, antheris incinsum. Capsula corticata, unilocularis, pulpa granulari repleta, demum latere dehiscens. Semina plurima, compressa, altero latere convoluto-sulcata, membranis e capsulae parietibus oriundis obvoluta. Embryonis intra albumen corneum recti cotyledones foliaceae, radicula .... — *Plantae javanicae, fruticosae (?), scandentes; foliis oppositis, venosis, cymis axillaribus.*

Chilocarpus Blume *Bijdr. 1025.*

3381. Willughbeia *ROXB.* Calyx quinquepartitus. Corolla hypogyna, hypocraterimorpha, tubo medio incrassato, fauce nuda, limbi quinquefidi laciniis obliquis. Stamina 5, corollae tubo inserta, inclusa; antherae ovatae. Ovarium uniloculare. Ovula in placentis duabus parietalibus plurima .... Stylus didymus; stigma obtusum. Bacca corticata, pulposa, pseudo-bilocularis. Semina plurima, seriata. Embryo exalbuminosus; cotyledonibus plano-convexis, radicula brevissima, plumula conspicua. — *Frutices indici, scandentes, saepius cirrhiferi; foliis oppositis, venosis, pedunculis axillaribus cymosis, fructu eduli.*

Willughbeia Roxburgh *Plant. Corom. III. 77. t. 280.* Blume *Bijdr. 1023.* non Scop. Ancylocladus Wallich *Plant. As. rar. III. 45. t. 272.*

3382. Leuconotis *JACK.* Calyx quadripartitus. Corolla hypogyna, tubulosa, tubo superne angustato, fauce nuda, limbi quadrifidi laciniis ovatis. Stamina 4, imo corollae tubo inserta, inclusa; filamenta brevia, antherae sagittato-lineares. Ovarium biloculare. Ovula in loculis 2 ...... Stylus brevis; stigma annulatum, apice conico. Bacca ovata, carnosa, abortu mono-trisperma. Semina elliptico-oblonga. Embryo exalbuminosus; cotyledonibus plano-convexis, radicula retracta, supera. — *Frutex sumatranus, lactescens; foliis oppositis, petiolatis, oblongis, acuminatis, basi rotundatis, supra nitidis, floribus axillaribus, dichotome corymbosis.*

Leuconotis Jack *in Linn. Transact. XIV. 121. t. 1. f. 2.*

*

3383. Allamanda *LINN.* Calyx quinquepartitus. Corolla hypogyna, infundibuliformis, tubo cylindrico, fauce squamis quinque ciliatis aucta, limbi campanulati, ampli, quinquefidi laciniis obtusis, subinaequalibus. Stamina 5, corollae fauci inserta, inclusa; antherae sagittatae, subsessiles, conniventes. Ovarium uniloculare, compressum. Ovula in placenta marginali ambiente plurima, e funiculis longiusculis pendula. Capsula coriacea, subrotundo-elliptica, lenticulari-compressa, echinata, unilocularis, longitudinaliter bivalvis. Semina plurima, funiculo umbilico ventrali inserto, e valvularum marginibus pendula, deorsum imbricata, compressiuscula, ala membranacea late cincta. Embryo intra albumen parcum, cartilagineum rectus; cotyledonibus foliaceis, ovato-cordatis, radicula lineari-acuminata, centrifuga. — *Frutices v. suffrutices Americae tropicae, erecti v. scandentes; foliis verticillatis, pedunculis terminalibus et interpetiolaribus multifloris, floribus speciosis, luteis.*

Allamanda Linn. *Mant. 214.* Jussieu *gen. 148.* Lam. *t. 171.* Gärtner *I. 293. t. 61. f. 4.* Schrader et Wendl. *Sert. Hannover. t. 22.* Bot. Mag. *t. 338.* Kunth *in Humb. et Bonpl. Nov. gen. et sp. III. 229.* Pohl *Plant. Brasil. I. 70. t. 57–59.* Orelia Aublet *Guian. I. 271. t. 106.*

SUBORDO II. OPHIOXYLEAE. Ovarium duplex. Fructus drupacens.

3384. Vallesia *RUIZ et PAV.* Calyx quinquepartitus, persistens. Corolla hypogyna, hypocraterimorpha, fauce subinflata, pilosa, limbi quinquefidi laciniis obliquis. Stamina 5, corollae fauci inserta, inclusa; filamenta brevissima, antherae ovato-acuminatae. Ovaria 2. Ovula ..... Stylus unus, filiformis; stigma sub clavatum. Drupae 2, altera saepissime abortiens, putamine coriaceo, sulcato, demum reticulatim solubili. Semen unicum, erectum (?), sulcatum, apice tuberculato-crispatum. Embryo intra albumen tenue, carnosum rectus; cotyledonibus plano-convexis, carnosis, radicula tereti, crassa, infera. — *Arbusculae v. frutices Americae tropicae; foliis alternis, petiolatis, ovatis v. oblongis, saepissime conduplicatis, pedunculis oppositifoliis, dichotomis, multifloris, floribus albis.*

Vallesia Ruiz et Pavon *Prodr. t. 5. Flor. Peruv. II. 26. t. 151.* Kunth *in Humb. et Bonpl. Nov. gen. et sp. III. 233. t. 241.* — ? Rauwolfiae sp. Cavanill. *Ic. t. 297.*

3385. Ophioxylon *LINN.* Calyx quinquefidus, persistens. Corolla hypogyna, infundibuliformis, tubo longo, medio incrassato, limbi quinquefidi laciniis patentibus, obliquis. Stamina 5, medio corollae tubo inserta; antherae subsessiles. Ovarium didymum. Ovula intra lobos solitaria, pendula ..... Stylus filiformis, inclusus; stigma capitatum. Drupae baccatae geminae v. abortu solitariae, nucleo rugoso, monospermo. Semina inversa, compressiuscula. Embryo in axi albuminis carnosi, mollis subcurvatus; cotyledonibus foliaceis, orbiculatis, radicula teretiuscula, supera. — *Fruticulus indicus; foliis ternatim v. quaternatim verticillatis, cuneato-oblongis, acutis, glabris, subtus pallidioribus, cymis axillaribus, longe pedunculatis, densifloris.*

Ophioxylon Linn. *gen. n. 1142.* Jussieu *gen. 149.* Gärtner *II. 129. t. 109.* Wendl. *in Römer Archiv I. 53. t. 7. f. 2.* Jacq. *Hort. Schönbr. t. 380.* Bot. Mag. *t. 784.* Blume *Bijdr. 1034.*

3386. Tanghinia *THOUARS.* Calyx quinquepartitus, patens. Corolla hypogyna, hypocraterimorpha, fauce squamulis 5 fornicatis, staminibus oppositis clausa, tubo glandulis totidem staminibus subjectis aucto, limbi quinquefidi laciniis obliquis, patentim-reflexis. Stamina 5, corollae fauci inserta, inclusa; antherae cordatae, subsessiles, stigmati incumbentes. Ovarium bilobum, lobis didymis ...... Ovula ...... Stylus filiformis; stigma depresso-capitatum, apice bituberculatum. Drupae 2, altera plerumque abortiente, putamine fibroso, semibivalvi. Semen unicum; testa fibris endocarpio adhaerens. Embryo intra endopleuram tumidam exalbuminosus; cotyledonibus carnosis, plano-convexis, radicula brevi, supera. — *Arbor madagascariensis, trigintapedalis; foliis sparsis, ad apices ramulorum approximatis, oblongis, acutis, coriaceis, nitidis, paniculis terminalibus subcorymbosis, pedicellis carnosis, basi articulatis, bracteatis, floribus roseis, drupis luteis, rubro-striatis, veneno perniciosissimo scatentibus.*

Tanghinia Thouars *Gen. madagasc. n. 31.* Bojer *in Hooker Bot. Misc. III. 290. t. 110.* Cerbera Tanghin Hooker *in Bot. Mag. t. 2968.*

3387. Thevetia *LINN.* Calyx quinquepartitus, patens. Corolla hypogyna, infundibuliformis, fauce ampla, intus quinquedentata, limbi quinquefidi laciniis obtusis, obliquis. Stamina 5, corollae tubo inserta, inclusa; antherae subsessiles, conniventes. Ovarium depresso-didymum, biloculare. Ovula .... Stylus filiformis; stigma lamellato-bilobum. Annulus hypogynus carnosus. Drupa depresso-conica, subbiloba, putamine lignoso, quadrivalvi (?). Semina in loculis solitaria, placentae lamellari, loculos bipartienti hinc adnata. Embryo exalbuminosus. — *Arbores Americae tropicae, quo ad intimam fructus structuram non satis notae; foliis alternis, saepius confertis, ovatis v. elongato-linearibus, floribus cymosis.*

Thevetia Linn. *gen. edit. 1. n. 177.* Jussieu *in Annal. Mus. XV. 346.* Cerbera *Juss. gen. 149.* Ahouai Tournef. *inst. t. 434.* Cerberae sp. Linn. Lam. *t. 170.* Ruiz et Pav. *Flor. Peruv. t. 127.* Andrews Bot. *Reposit. t. 231.* Jacq. *Amer. t. 34.*

3388. Cerbera *LINN.* Calyx quinquepartitus, patens. Corolla hypogyna, infundibuliformis, fauce quinquedentata, limbi quinquefidi lobis obliquis. Stamina 5, corollae tubo superne inserta, inclusa; antherae subsessiles, mucronatae, stigmati incumbentes. Ovarium didymum, biloculare. Ovula in loculis gemina v. quaterna, placentae plano-compressae, dissepimentum bipartienti utrinque adnata, amphitropa. Stylus filiformis; stigma discoideum, margine inferne crenulatum, superne convexum et emarginatum. Drupae 2, distinctae, altera saepius abortiente, putamine fibroso, semibivalvi, placenta lamellari, basifixa, mobili, loculum bipartiente. Semina abortu solitaria, placentae adnata. Embryo exalbuminosus; cotyledonibus plano-convexis, radicula brevi, supera. — *Arbores Asiae tropicae; foliis sparsis, cuneato-oblongis, acutis, glabris, floribus terminalibus, corymbosis.*

Cerbera Linn. *gen. edit. 1. n. 178.* Gärtner *II. 192. t. 123. 124.* Blume *Bijdr. 1031.* Manghas Burmann *Zeylan. 150. t. 70. f. 1.* Odollam Rheede *Malab. I. 71. t. 39.*

3389. Ochrosia *JUSS.* Calyx quinquepartitus. Corolla hypogyna, infundibuliformis, tubo medio ventricoso, fauce nuda, limbi quinquefidi laciniis obliquis. Stamina 5, medio corollae tubo inserta, inclusa; antherae subsessiles, ovato lanceolatae. Ovaria 2 ...... Ovula ...... Stylus unicus; stigma bicuspidatum. Drupae 2, folliculiformes, oblongae, subtriquetrae, quadriloculares, loculis duobus centralibus vacuis, lateralibus mono-dispermis. Semina oblonga, planiuscula ..... — *Frutices v. arbusculae, in insula Borbonia et in Nova-Caledonia observatae, non satis notae; foliis ternatim v. quaternatim verticillatis, corymbis terminalibus et axillaribus, corollis ochroleucis.*

Ochrosia Jussieu *gen. 145.* Labillard. *Nov. Caledon. t. 30.* Eschscholtz *in Mem. Academ. St. Petersb. X. 281.* Ophioxylon Persoon *Ench. 1. 266.* Diderota Commers. *msc.*

3390. Kopsia *BLUM.* Calyx quinquedentatus, persistens. Corolla hypogyna, hypocraterimorpha, tubo superne ventricoso, fauce coarctata, villosa, limbi quinquefidi laciniis patentibus v. reflexis. Stamina 5, corollae tubo inserta, inclusa. Ovarium ...... Stylus filiformis, inclusus; stigma oblongum, indivisum, superne pubescens. Drupae 2, altera saepissime abortiente, intus dissepimento incompleto divisae, monospermae. Semen ...... — Embryo exalbuminosus, inversus. — *Arbores v. frutices javanicae, lactescentes, charactere parum a Cerbera di-*

versae; foliis oppositis, cymis pedunculatis, terminalibus v. alaribus, bracteolatis.

Kopsia Blume *Bijdr. 1030.*

3391. Rauwolfia *PLUM.* Calyx quinquedentatus, persistens. Corolla hypogyna, infundibuliformis, tubo brevi, fauce barbata, limbi quinquefidi laciniis obliquis. Stamina 5, corollae tubo inserta, exserta v. inclusa. Ovarium bilobum. Ovula in loculis gemina (?). Stylus brevis; stigma emarginatum. Annulus hypogynus, ovarii basim cingens. Drupa subglobosa, didyma, dipyrena, pyrenis distinctis v. axi cohaerentibus, septo secundario, e media axi protenso incomplete bilocellatis, monospermis. Semina inversa, conduplicata, extremitate inferiori reflexa. Embryo intra albumen carnosum, molle homotropus; cotyledonibus foliaceis, sursum recurvatis, radicula compressiuscula, longa, supera. — *Frutices americani tropici; foliis oppositis v. ternatim quaternatimve verticillatis, floribus corymbosis, saepius terminalibus.*

Rauwolfia Plumier *gen. t. 40.* Linn. *gen. n. 293.* Jussieu *gen. 148.* Jacq. *Amer. 47. Observ II. t. 35.* Gärtner *I. 242. t. 52.* Cavanill. *Ic. t. 526.* Ruiz et Pav. *Flor. Peruv. t. 102.*

3392. Condylocarpon *DESFONT.* Calyx quinquepartitus, persistens. Corolla ...... Stamina ...... Ovarium ...... Folliculi 2, elongati, compressi, evalves, articulati, lomentis duobus v. quatuor, demum secedentibus, monospermis. Semina inversa, lineari-elongata, sulco ventrali septulo membranaceo inserta. Embryo in axi albuminis carnosi rectus; cotyledonibus subulatis, radicula filiformi, supera. — *Frutex v. arbor guianensis; foliis ternato-verticillatis, elliptico-lanceolatis, glaberrimis, nitidis, corymbis laxis, axillaribus et terminalibus.*

Condylocarpon Desfont. *in Mem. Mus. VIII. 119. t. 11.*

3393. Alyxia *BANKS.* Calyx quinquefidus. Corolla hypogyna, hypocraterimorpha, fauce esquamata, nuda v. barbata, limbi quinquefidi laciniis obliquis. Stamina 5, corollae fauci inserta, inclusa; antherae ovatae, subsessiles. Ovaria 2, ovulis ad suturam ventralem introflexam paucis, superpositis. Styli subcohaerentes; stigma obtusum, nudum v. rarius barbatum. Drupae 2, altera saepius abortiente, pedicellatae, simplices monospermae, v. catenatim compositae lomentiformes, putamine dissepimento e sutura prominulo semibiloculari. Semina sulco ventrali dissepimento commissu bipartita. Embryo in axi solida albuminis cornei, ruminato-lobulati rectus v. curvatus; cotyledonibus oblongis, obtusis, radicula infera. — *Arbusculae v. frutices, glabri, lactescentes, in Asia tropica et in Australasia extratropica crescentes; foliis verticillatis v. rarius oppositis, coriaceis, compactis, sempervirentibus, floribus axillaribus v. terminalibus, quandoque spicatis, albis, saepe suaveolentibus.*

Alyxia Banks *ex R. Brown Prodr 469.* Blume *Bijdr. 1030.* Cunningh. *in Bot. Mag. t. 3312. 3313.* Gynopogon Forst. *Char. 36. t. 18.* Labillard. *Nov. Caled. t. 34.*

SUBORDO III. EUAPOCYNEAE. Ovarium duplex. Fructus follicularis, folliculis interdum carnosis, pulposis.

TRIBUS I. PLUMERIEAE. Semina ecomosa, saepissime peltata.

3394. Hunteria *ROXB.* Calyx quinquepartitus. Corolla hypogyna, infundibuliformis, tubo basi et apice subdilatato, fauce nuda, limbi quinquepartiti laciniis obliquis. Stamina 5, summo corollae tubo inserta, inclusa; antherae ovatae, subsessiles. Ovarium bilobum. Ovula intra lobos gemina, subbasilaria. Stylus filiformis; stigma ovatum, apice bicuspidatum. Annulus hypogynus carnosus. Baccae 2, distinctae, subpedicellatae, ovatae, dispermae. Semina .... — *Frutex bengalensis; foliis oppositis, breve petiolatis, oblongo-lanceolatis, obtusis, floribus terminalibus corymbosis, albis, parvis.*

Hunteria Roxburgh *Flor. ind. edit. Wall. II. 531.*

3395. Urceola *ROXB.* Calyx quinquedentatus. Corolla hypogyna, urceolaris, fauce coarctata, nuda, limbo quinquedentato. Stamina 5, imo corollae tubo inserta, inclusa; antherae sagittatae, subsessiles. Ovaria 2.... Ovula .... Stylus unus; stigma ovatum, margine annulari. Annulus hypogynus ovaria includens. Folliculi coriacei, subglobosi, compressiusculi, semibivalves. Semina plurima, reniformia, pulpae carnosae immersa. — *Frutex Asiae tropicae, scandens, lacte spisso scatens; foliis oppositis, oblongis, scabriusculis, paniculis terminalibus ramosissimis, floribus minutis, corollis sordide virescentibus, extus pilosis.*

Urceola Roxburgh *in Asiat. Research. V. 169. c. ic.*

3396. Tabernaemontana *LINN.* Calyx quinquepartitus, lobis basi intus glandula auctis, persistens. Corolla hypogyna, hypocraterimorpha, fauce nuda, limbi quinquepartiti laciniis obliquis. Stamina 5, medio corollae tubo inserta, inclusa; antherae sagittatae, subsessiles. Ovaria 2, ovulis ad suturam plurimis. Stylus unus, filiformis, stigma e basi dilatata bifidum. Squamulae hypogynae nullae. Folliculi 2, oblongi v. subglobosi, carnosi, pulposi, divaricati v. adpressi, abortu saepe solitarii, demum fatiscentes. Semina plurima, intra pulpam cellulosam nidulantia, compressiuscula, angulata. Embryo in axi albuminis carnosi rectus; cotyledonibus foliaceis, radicula cylindrica, vaga. — *Arbusculae in America et Asia tropica indigenae; foliis oppositis, stipulis interpetiolaribus, infra adnatis, apice solutis, cymis subdichotomis.*

Tabernaemontana Linn. *gen. n. 298.* Juss. *gen.* Jacq. *Amer. t. 31. 175. 181. Ic. rar. t. 52. 320.* Lam. *t. 171.* Aubl. *Guian. t. 103* Ruiz et Pav. *Flor. Peruv. t. 143. 144.* Bot. Reg *t. 1064. 1084. 1273.* R. Brown *Prodr. 467.* Blume *Bijdr. 1027.* Rejouia Gaudichaud *ad Freyc. 450. t. 61.* — ? Pandaca Thouars *Gen. madagasc. n. 33.*

3397. Voacanga *THOUARS.* Calyx quinquefidus, persistens. Corolla hypogyna, subinfundibuliformis, tubo ad faucem nudam ventricoso, limbi quinquefidi laciniis obliquis. Stamina 5, corollae fauci inserta, semiexserta; antherae sagittatae, conniventes. Ovaria 2, ovulis ad suturam ventralem plurimis. Stylus unus, superne in cupulam, appendicibus binis retrorsum hamatis auctam incrassatus; stigma bilobum. Annulus hypogynus integer. Folliculi 2, baccati, corticati. Semina plurima, ovoidea, in pulpa nidulantia .... — *Arbores madagascarienses et capenses; foliis oppositis, stipulis interpetiolaribus, floribus cymosis.*

Voacanga Thouars *Gen. madagasc. n. 32.* E. Meyer *Comment. plant. Afric. austr. 189.*

3398. Orchipeda *BLUM.* Calyx tubulosus, obtuse quinquefidus, deciduus. Corolla hypogyna, subinfundibuliformis, tubo medio inflato, fauce intus annulo tumido semiclausa, limbo quinquelobo, patente. Stamina 5, corollae tubo inserta, inclusa; antherae sagittatae, stigmati cohaerentes. Ovaria 2, ovulis ad suturam ventralem plurimis. Stylus unicus; stigma conicum, pentagonum, apice bicrenulatum. Annulus hypogynus, ovaria cingens. Drupae 2, carnosae, globosae, uniloculares, intus pulposae, demum latere fatiscentes. Semina plurima, rugosa, altero latere convoluto-biloba. Embryonis intra albumen carnosum recti cotyledones foliaceae. — *Arbor javanica; foliis oppositis, oblongis, glabris, pedunculis axillaribus v. terminalibus bifidis, paucifloris.*

Orchipeda Blume *Bijdr. 1026.*

3399. Aspidosperma *MART. et ZUCC.* Calyx quinquepartitus. Corolla hypogyna, subinfundibuliformis, tubo basi ventricoso, fauce nuda, limbi quinquefidi laciniis lanceolatis, obliquis. Stamina 5, medio corollae tubo inserta, inclusa; antherae ovatae, subsessiles. Ovaria 2, ovulis ad suturam in funiculis longiusculis plurimis. Stylus unus, cylindricus; stigma clavato-incrassatum, apice umbonatum, nudum v. barbatum. Squamulae hypogynae nullae. Folliculi 2, altero plerumque abortiente, lignosi, obovati, compressi, semibivalves. Semina plurima, imbricata, suborbiculata, compressa, funiculo longo umbilico ventrali affixa, ala membranacea, radiato-striata cincta. Embryo exalbuminosus; cotyledonibus planis, orbiculatis, basi emarginatis, radicula brevi, suturam spectante. — *Arbores brasilienses; ramis patentibus, saepe squarrosis v. refractis, cortice interdum suberoso, foliis sparsis, sessilibus v. petiolatis, ovatis, floribus terminalibus, cymosis.*

Aspidosperma Martius et Zuccarini *Nov. gen. et sp. I. 57. t. 34—36.*

3400. Plumeria *LINN.* Calyx quinquefidus. Corolla hypogyna, infundibuliformis, tubo tenui, tereti, fauce nuda, limbi quinquepartiti laciniis obliquis. Stamina 5, imo corollae tubo inserta, inclusa; antherae conniventes. Ovaria 2, ovulis ad suturam ventralem plurimis. Stylus brevis; stigma incrassatum, apice emarginatum. Annulus hypogynus carnosus. Folliculi ventricosi, teretes, demum deflexi. Semina plurima, compressa, hinc membranaceo-alata. Embryo ...... — *Arbores v. arbusculae Americae tropicae; foliis alternis, magnis, floribus terminalibus corymbosis, speciosis, incarnatis, roseis, albis v. lutescentibus.*

Plumeria Linn. *gen. n. 296.* Jussieu *gen. 145.* Jacq. *Amer. t. 174.* Ruiz et Pavon *Flor. peruv. t. 137—141.* Bot. Mag. *t. 279.*

3401. Cameraria *PLUM.* Calyx quinquefidus. Corolla hypogyna, hypocraterimorpha, tubo basi et apice inflato, fauce nuda, limbi quinquefidi laciniis obliquis. Stamina 5, summo corollae tubo inserta, inclusa; antherae subsessiles, acuminatae, in filum productae, conniventes. Ovaria 2, basi utrinque gibba, ovulis ad suturam ventralem plurimis. Stylus unus, brevis; stigma capitatum, bilobum. Folliculi divaricati, basi utrinque inflato-gibbosa quasi trilobi, lobo intermedio majore. Semina plurima, compressa, apice membranaceo-alata. Embryo ...... — *Arbores v. frutices Americae tropicae; foliis oppositis, saepius costatis, floribus axillaribus et terminalibus, corymbosis.*

Cameraria Plumier *gen. t. 20.* Linn. *gen. n. 297.* Jussieu *gen. 145.* Aublet *Guian. t. 102.* Jacq. *Amer. t. 182.* Lam. *t. 173.* Andrews *Bot. Reposit. t. 715.*

3402. Gonioma *E. MEY.* Calyx quinquefidus. Corolla hypogyna, hypocraterimorpha, tubo intus hirsuto, superne angulato, limbi quinquefidi laciniis subcordatis, aestivatione obliquis. Stamina 5, medio corollae tubo inserta, inclusa; antherae subsessiles, sagittatae, conniventes. Ovaria ...... Stylus ...... Folliculi 2, teretiusculi, patentes. Semina pendula, imbricata, ala oblonga, reticulata cincta. Embryo intra albumen brevis, bicruris ...... — *Frutex capensis, non satis notus; foliis oppositis v. ad apices ramulorum ternatis, cymis terminalibus, floribus parvis, corollis coriaceis, luteolis.*

Gonioma E. Meyer *Comment. plant. Afr. austr. 188.*

3403. Rhazya *DECAISN.* Calyx quinquepartitus. Corolla hypogyna, hypocraterimorpha, tubo intus piloso, ad faucem contracto, limbi quinquefidi laciniis aequilateris. Stamina 5, medio corollae tubo inserta, inclusa; antherae ovatae, obtusae, liberae. Ovaria 2, ovulis ad suturam ventralem plurimis. Stylus filiformis; stigma rotundato-depressum, appendiculo conoideo, bifido. Folliculi lineari-teretes, erecti, laeves. Semina plurima, oblonga, basi et apice mutua pressione membranacea ...... — *Fruticulus in Arabia felici et in Asia finitima observatus, Daphnes Laureolae habitu; foliis alternis, lineari-oblongis, acutis, subpungentibus, utrinque glaberrimis, corymbis ad apicem ramulorum axillaribus et terminalibus, pedunculatis, floribus subsessilibus, basi bracteolatis, albis, suaveolentibus, vix semipollicaribus.*

Rhazya Decaisne *in Nouv. Annal. sc. nat. IV. 80.*

3404. Amsonia *WALT.* Calyx quinquefidus. Corolla hypogyna, infundibuliformis, tubo cylindrico, fauce dense barbata, limbi quinquefidi laciniis subobliquis. Stamina 5, medio corollae tubo inserta, inclusa; antherae ovatae, obtusae. Ovaria 2, ovulis ad suturam ventralem plurimis. Stylus simplex; stigma peltatum. Folliculi teretes, erecti. Semina plurima, subcylindrica, utrinque truncata, umbilico ventrali. Embryo ..... — *Herba perennis, boreali-americana; foliis oppositis, ovali-lanceolatis v. linearibus, venosis, glabris v. pubescentibus, floribus terminalibus corymbosis.*

Amsonia Walter *Flor. Carolin. 98.* L. C. Richard *in Michaux Flor. Bor. Amer. I. 121.* Bot. Reg. *t. 151.* Tabernaemontanae sp. Linn. Vent. *Choix. t. 29.*

3405. Vinca *LINN.* Calyx quinquefidus. Corolla hypogyna, infundibuliformis, fauce ampliata, membrana annulari quinqueplicata coronata, limbi quinquefidi laciniis obtusis. Stamina 5, medio corollae tubo inserta, inclusa; filamenta basi geniculata, apice dilatata, antherae stigmati incumbentes, apice membrana barbata terminatae. Ovaria 2, ovulis ad suturam ventralem plurimis. Stylus filiformis, superne incrassatus, in discum nudum dilatatus; stigma fimbriato-pentagonum. Glandulae 2, hypogynae, ovariis alternae, obtusae. Folliculi teretes, marginibus introflexis semibiloculares. Semina plurima, ovato-oblonga, tuberculata, umbilico ventrali. Embryo intra albuminis crassi, carnosi extremitatem superiorem minimus; cotyledonibus brevissimis, radicula supera. — *Fruticuli v. herbae decumbentes, sarmentosae, in Europa media et* *australi indigenae; foliis oppositis, pedunculis axillaribus solitariis, unifloris, floribus caeruleis.*

Vinca Linn. *gen. n. 293.* excl. sp. Gärtner *II. 172. t. 117.* Schkuhr *t. 51.* E. B. *t. 514. 917.* Waldst. et Kitaibel *Plant. Hung. t. 9.* Bot. Mag. *t. 2002.* Bot. Reg. *t. 301.* Pervinca Tournef. *Inst. 45.* Dumort. *Fam. p. 26.*

3406. Lochnera *REICHENB.* Calyx quinquefidus. Corolla hypogyna, hypocraterimorpha, fauce contracta, membrana annulari ciliata, obsoleta, limbi quinquefidi laciniis obliquis. Stamina 5, summo corollae tubo inserta, inclusa; filamenta brevissima, filiformia, antherae stigmati incumbentes, apice simplices. Ovaria 2, ovulis ad suturam ventralem plurimis. Stylus filiformis, superne in discum subtus vaginula membranacea auctum dilatatus; stigma obtuse pentagonum Glandulae 2, hypogynae, lanceolatae, ovariis alternae et aequales. Folliculi teretes. Semina plurima, subcylindrica, utrinque truncata, umbilico ventrali. Embryo ...... — *Suffrutex erectus, inter tropicos Asiae et Americae obvius; foliis oppositis, petiolatis, petiolis basi bisetis, floribus axillaribus sessilibus, geminis v. pluribus, roseis.*

Lochnera Reichenbach *Consp. n. 2353. b.* Vinca Dumort. *Fam. p. 26.* Vinca rosea Linn. Medicus *Beobacht. 83.* Bot. Mag. *t. 186.*

*

3407. Plectaneia *THOUARS.* Calyx urceolaris. Corolla tubo brevi, ventricoso, limbo contorto atque coarctato. Stamina 5; antherae sessiles, sagittatae. Ovarium unicum ..... Stylus brevis; stigma capitatum. Capsula siliquaeformis, subtetragona, longissima, e duobus folliculis connatis bilocularis, marginibus introflexis seminiferis, maturitate dehiscentibus. Semina marginibus affixa, funiculo tenui, compressa, alata. Embryo intra albumen tenue rectus; cotyledonibus planis. — *Frutex madagascariensis, lactescens; foliis oppositis, floribus parvis, corymbosis.*

Plectaneia Thouars *Gen. madagasc. n. 36.*

TRIBUS II. ALSTONIEAE. Folliculi coriacei. Semina peltata, ciliata, ciliis elongatis utraque extremitate comosa.

3408. Alstonia *R. BR.* Calyx quinquefidus. Corolla hypogyna, hypocraterimorpha, fauce tuboque esquamatis, limbi quinquefidi laciniis obliquis. Stamina 5, medio corollae tubo inserta, inclusa; antherae subsessiles, lanceolatae, liberae. Ovaria 2, ovulis ad suturam ventralem plurimis. Stylus unus, filiformis, apice dilatato; stigma subconicum. Squamulae hypogynae nullae. Folliculi teretes, elongati. Semina plurima, peltata, linearia, compressa, ciliata, ciliis utrinsque extremitatis elongatis comosa. Embryo ..... — *Arbores, saepius procerae, lactescentes, in Asia et Oceania tropica indigenae; foliis oppositis v. verticillatis, costatis, glabris, cymis terminalibus paniculatis, floribus ut plurimum albis.*

Alstonia R. Brown *in Mem. Werner. Soc. I. 28. t. 32.* Labillard. *Nov. Caled. t. 32.* Echitis sp. Linn. Forst.

TRIBUS III. ECHITEAE. Foliculi coriacei v. membranacei, distincti v. rarius in capsulam connati. Semina ad umbilicum comosa.

3409. Echites *P. BROWN.* Calyx quinquepartitus. Corolla hypogyna, hypocraterimorpha v. infundibuliformis, fauce tuboque esquamatis, limbi quinquepartiti laciniis inaequilateris. Stamina 5, corollae tubo v. fauci inserta, inclusa; antherae sagittatae, medio stigmati cohaerentes, appendicibus polline destitutis. Ovaria 2, ovulis ad suturam ventralem plurimis. Stylus unus, filiformis; stigma pentagonum, apice conico. Squamulae hypogynae 5, liberae v. rarius connatae. Folliculi graciles. Semina plurima, ad umbilicum comosa. — *Frutices saepius volubiles, rarius suffrutices erecti, plerumque lactescentes, in America et Asia tropica crescentes; foliis oppositis, ciliis in nonnullis interpetiolaribus glandulosis, floribus ut plurimum speciosis, albis, luteis v. purpureis.*

Echites P. Browne *Jam. 181. t. 10. f. 2.* Linn. *gen. n. 295.* excl. sp. pl. Jacq. *Amer. t. 21. 23. 26—28. Ic. rar. t. 53.* Ruiz et Pavon *Flor. Peruv. t. 131. f. 6. t. 134. f. a. t. 136.* R. Brown *in Mem. Werner Soc. I. 59.* Desfont. *in Mem. Mus. V. 274. t. 20.* Bot. Mag. *t. 1064. 1919.* Bot. Reg. *t. 1664. 1774.* Wallich *Plant. As. rar. t. 49.*

3410. Ichnocarpus *R. BR.* Calyx quinquefidus. Corolla hypogyna, hypocraterimorpha, fauce tuboque esquamatis, limbi quinquefidi laciniis dimidiatis. Stamina 5, corollae tubo inserta, inclusa; antherae sagittatae, a stigmate distinctae. Ovaria 2, ovulis ad suturam ventralem plurimis. Stylus unus; stigma ovatum, acuminatum. Filamenta 5, hypogyna, staminibus alterna. Folliculi graciles, polyspermi. Semina plurima, ad umbilicum comosa. — *Frutex indicus, ramosus; foliis oppositis, panicula terminali, brachiata, floribus parvis.*

Ichnocarpus R. Brown *in Mem. Werner. soc. I. 61.* Apocynum frutescens Burmann *Thesaur. Zeylan. t. 12. f. 1.*

3411. Beaumontia *WALL.* Calyx pentaphyllus, patens, foliolis latis. Corolla hypogyna, campanulato-ventricosa, maxima, fauce tuboque esquamatis, limbi breviter quinquefidi laciniis subaequilateris. Stamina 5, summo corollae tubo inserta; antherae subexsertae, sagittatae, circa stigma cohaerentes, appendicibus polline destitutis. Ovarium biloculare, ovulis juxta axim utrinque plurimis. Stylus unus; stigma crasso-fusiforme, apice bicuspidatum. Annulus hypogynus quinquelobus, lobis cum staminibus alternantibus. Folliculi maximi, ad axim cohaerentes, polyspermi. Semina plurima, ad umbilicum comosa. — *Frutex indicus, scandens; ramulis pubescentibus, foliis oppositis, petiolatis, oblongis, obtusis, integerrimis, corymbis terminalibus v. axillaribus, multifloris.*

Beaumontia Wallich *Tent. Flor. Nepal. I. 15. t. 17.* Bot. Reg. *t. 901.* Bot. Mag. *t. 3213.* Echites grandiflora Roxburgh *Plant. Corom. t. 281.*

3412. Holarrhena *R. BR.* Calyx quinquepartitus, laciniis subulatis. Corolla hypogyna, hypocraterimorpha, fauce tuboque esquamatis, limbi quinquefidi lobis subaequilateris. Stamina 5, imo corollae tubo inserta, inclusa; antherae a stigmate liberae, lanceolatae, integrae, longitudinaliter polliniferae. Ovaria 2, ovulis ad suturam ventralem plurimis. Stylus unus; stigma cylindraceum. Squamae hypogynae nullae. Folliculi graciles, polyspermi. Semina plurima, ad umbilicum comosa. — *Frutices indici, erecti, glabri; foliis oppositis, petiolatis, membranaceis, integerrimis cymis terminalibus et lateralibus.*

Holarrhena R. Brown *in Mem. Werner. soc. I. 62.* Carissa mitis Vahl *Symb. III. t. 59.*

3413. Pachypodium *LINDL.* Calyx quinquepartitus, laciniis acutis. Corolla hypogyna, hypocraterimorpha v. subinfundibuliformis, fauce tuboque esquamatis, limbi quinquepartiti lobis aequilateris. Stamina 5, medio corollae tubo inserta, inclusa; antherae a stigmate liberae, sagittatae, appendicibus polline destitutis, subsessiles. Ovaria 2, ovulis ad suturam ventralem plurimis. Stylus unus; stigma oblongum, basi annulato-incrassatum. Squamae hypogynae nullae. Folliculi ovati, compressiusculi, polyspermi. Semina plurima, ad umbilicum comosa. — *Frutex capensis; caudice basi sphaerico, tuberoso, laevi, ramis teretibus, succulentis, foliis sparsis, sessilibus, oblongis, obtusis, carnosis, subtus tomentosis, spinis infrapetiolaribus bi-trilobis, subulatis, planis, floribus axillaribus et terminalibus subaggregatis, breve pedunculatis.*

Pachypodium Lindley *in Bot. Reg. t. 1321.* Belonites E. Meyer *Comment. plant. Afr. austr. 187.* Echites succulenta Thunberg *in Nov. Act. Academ. Petropolit. XIV. 505. t. 9. f. 2.* et Echites bispinosa Thunb.

OBSERVATIO. Pachypodio fortassis affine v. congener: Nerium obesum Forsk. *Descript. 205.* Vahl *Symb. II. 45.* a. cl. R. Brown e Nerii genere exclusum:

ADENIUM Röm. et Schult. *Syst. IV. p. XXXV.* „Calyx „quinquepartitus, laciniis lanceolatis. Corollae tubus in„ferne angustatus, dein ampliatus, pubescens, intus lineis „quinque longitudinalibus, villosis, limbi laciniis rotundatis. „Staminum filamenta brevissima, superne in tubi parte „angustiore, antherae sagittatae, superne cum stigmate „cohaerentes, apice seta pilosa longitudine corollae. Ova„ria 2, globosa. Stylus unicus, longitudine antherarum. „Stigma capitatum, apice bidentatum, lateribus quinque„dentatum." — *Planta arabica, indigenis Aden dicta; caudice molli, bulbum epigaeum referente, capitis humani mole, ramis lignosis, foliis sparsis, ad apices ramorum approximatis, oblongis, basi angustioribus, mucronatis, subtus villoso-tomentosis, setis axillaribus rigidis, corymbis terminalibus multifloris.*

3414. Isonema *R. BR.* Calycis quinquefidi foliola basi intus squamula duplici aucta. Corolla hypogyna, hypocraterimorpha, fauce tuboque cylindraceo, intus medio barbato esquamatis, limbo quinquepartito. Stamina 5, corollae fauci inserta, exserta; filamenta apice simplicia, antherae sagittatae, medio stigmati cohaerentes. Ovaria 2, ovulis ad suturam ventralem plurimis. Stylus unus, filiformis; stigma incrassatum, obtusum. Squamae hypogynae nullae. Folliculi ...... — *Frutex Africae tropicae, erectus (?) oppositifolius, pilosus; panicula terminali brachiata, floribus corymbosis, semiuncialibus.*

Isonema R. Brown *in Mem. Werner. soc. I. 63.*

3415. Thenardia *H. B. K.* Calyx quinquepartitus. Corolla hypogyna, rotata, tubo subnullo fauceque esquamatis, limbi quinquefidi lobis inaequilateris. Stamina 5, corollae tubo inserta, exserta; filamenta basibus membranaceis cohaerentia, apice filiformi, antherae sagittatae, medio stigmati cohaerentes. Ovaria 2, ovulis ad suturam ventralem plurimis. Stylus unus, filiformis; stigma pentagonum, tuberculo clavato terminatum. Squamulae quinque hypogynae, liberae. Folliculi ..... — *Frutex mexicanus, volubilis, glaber; foliis oppositis, ovato-oblongis, acuminatis, pedunculis interpetiolaribus, elongatis, subtrichotome ramosis, floribus umbellato-congestis, longe pedicellatis, bracteatis, facie florum Solani tuberosi, corollis virescenti albis.*

Thenardia Kunth *in Humb. et Bonpl. Nov. gen. et sp. III. 209. t. 240.*

3416. Vallaris *N. L. BURM.* Calyx quinquepartitus. Corolla hypogyna, hypocraterimorpha, fauce tuboque esquamatis, limbi quinquefidi lobis obtusis. Stamina 5, corollae fauci inserta, exserta; filamenta brevissima, apice extus gibbere carnoso, antherae sagittatae, medio stigmati cohaerentes. Ovarium biloculare, ovulis juxta axim utrinque plurimis. Stylus filiformis; stigma conico-ovatum. Squamae quinque hypogynae, basi connatae, apicibus ciliatis. Folliculi ...... — *Frutices indici, volubiles, oppositifolii; pedunculis interpetiolaribus, dichotomis, floribus corymbosis, suaveolentibus.*

Vallaris N. L. Burmann *Ind. 51.* R. Brown *in Mem. Werner. soc. I. 63.* Hooker *Ic. t. 133.* Emericia Römer et Schultes *Syst. IV. 401.* — ?Flos pergulanus Rumph *Amboin. V. 51. t. 29. f. 2.* Houttuyn *Syst. III. t. 20. f. 1.* Pergulariae sp. Linn. Peltanthera Roth *Nov. sp. 132.*

3417. Parsonsia *R. BR.* Calyx quinquepartitus. Corolla hypogyna, infundibuliformis, fauce tuboque esquamatis, limbi quinquepartiti, recurvi laciniis aequilateris. Stamina 5, medio v. imo corollae tubo inserta, exserta; filamenta filiformia, antherae sagittatae, medio stigmati cohaerentes, appendicibus polline destitutis. Ovaria 2, v. unicum biloculare, ovulis ad suturam ventralem v. juxta axim utrinque plurimis. Stylus unicus; stigma incrassatum. Squamae quinque hypogynae, distinctae v. connatae. Folliculi 2, distincti v. axi cohaerentes. Semina plurima, ad umbilicum comosa. — *Frutices volubiles, in America et Australasia tropica indigeni; foliis oppositis, floribus cymosis v. racemosis, racemis saepe compositis, terminalibus v. interpetiolaribus, parvis.*

Parsonsia R. Brown *in Mem. Werner. soc. I. 64. Prodr. 465.*

a. FORSTERONIA *G. F. W. Meyer.* Ovaria 2. Folliculi distincti. — *Species americanae.*

Forsteronia G. F. W. Meyer *Essequeb. 133.* Echitis sp. *Amer. t. 29. 30. Edit. pict. t. 36. 37.*

b. PARSONSIAE VERAE. Ovarium biloculare. Folliculi cohaerentes. — *Species australasicae.*

Periploca capsularis Forst.

3418. Ecdysanthera *HOOK. et ARN.* Calyx quinquepartitus. Corolla hypogyna, subcampanulata, fauce tuboque esquamatis, limbi quinquefidi, patentis laciniis aequilateris, aestivatione contortis. Stamina 5, medio corollae tubo inserta, subinclusa; filamenta brevissima, antherae sagittatae, medio stigmati cohaerentes, appendicibus polline destitutis. Ovaria 2, ... Stylus unicus; stigma conico-capitatum, acutum. Annulus hypogynus carnosus, ovariorum basim cingens. Folliculi ...... — *Frutex cantoniensis, ut videtur erectus; foliis oppositis, longiuscule petiolatis, ellipticis, acutis, glabris, paniculis axillaribus elongatis, laxe cymosis, floribus parvis, roseis.*

Ecdysanthera Hook. et Arnott *ad Beechey 198. t. 42.*

3419. Heligme *BLUM.* Calyx quinquefidus. Corolla hypogyna, rotata, tubo brevi ventricoso fauceque esquamatis, limbi quinquefidi laciniis obliquis. Stamina 5, corollae tubo inserta, exserta; filamenta stylo spiraliter circumvoluta, antherae sagittatae, stigmati cohaerentes.

Ovarium biloculare; ovulis juxta axim utrinque plurimis. Stylus unus; stigma clavatum. Squamae hypogynae quinque. Folliculi cohaerentes, placentis adnatis. Semina plurima, ad umbilicum comosa. — *Frutex javanicus, volubilis; foliis oppositis, ovato-ellipticis, glabris, corymbis axillaribus, dichotomis.*

Heligme Blume *Flor. Jav. Praef. VII.* Helygia Blume *Bijdr. 1043.*

3420. Lyonsia *R. BR.* Calyx quinquefidus. Corolla hypogyna, infundibuliformis, fauce tuboque esquamatis, limbi quinquepartiti, recurvi laciniis aequilateris, aestivatione valvatis. Stamina 5, medio corollae tubo inserta, exserta; filamenta filiformia, antherae sagittatae, medio stigmati cohaerentes, appendicibus polline destitutis. Ovarium biloculare; ovulis juxta axim utrinque plurimis. Stylus filiformis, apice dilatatus; stigma subconicum. Squamae quinque hypogynae, connatae. Capsula cylindracea, bilocularis, valvis folliculiformibus, dissepimento parallelo libero, utrinque seminifero. Semina plurima, ad umbilicum comosa. — *Frutex Novae-Hollandiae extratropicae, volubilis; foliis oppositis, cymis terminalibus trichotomis, floribus e minoribus, limbo barbato.*

Lyonsia R. Brown *in Mem. Werner. soc. I. 66. Prodr. 466.*

3421. Pottsia *HOOK. et ARN.* Calyx quinquefidus. Corolla hypogyna, infundibuliformis, fauce tuboque esquamatis, limbi quinquepartiti, recurvi laciniis aequilateris, aestivatione valvatis. Stamina 5, corollae fauci inserta, exserta; filamenta filiformia, brevia, antherae sagittatae, medio stigmati cohaerentes, appendicibus polline destitutis. Ovaria 2, ... Stylus e basi crassiore attenuatus; stigma subglobosum, pentagonum, acutum. Folliculi ..... — *Frutex chinensis, erectus, Lyonsiae ut videtur nimis affinis; ramis puberulis, foliis oppositis, glabris, petiolatis, ovalibus, basi subcordatis, cymis axillaribus et terminalibus longe pedunculatis, trichotomis, laxis, paucifloris, floribus parvis.*

Pottsia Hooker et Arnott *ad Beech. 198. t. 43.*

3422. Apocynum *LINN.* Calyx quinquefidus. Corolla hypogyna, campanulata, quinquefida, tubo intus denticulis quinque acutis, inclusis, limbi lobis oppositis, fauce nuda. Stamina 5, imo corollae tubo inserta, inclusa; filamenta brevissima, antherae sagittatae, medio stigmati cohaerentes, appendicibus polline destitutis. Ovaria 2; ovulis ad suturam ventralem plurimis. Styli subnulli; stigma dilatatum, apice conico. Squamae quinque hypogynae. Folliculi graciles, distincti. Semina plurima, ad umbilicum comosa. — *Herbae perennes, erectae, in America et Asia boreali, rarissime in Europa australi crescentes; foliis oppositis, membranaceis, glabris, floribus cymosis.*

Apocynum Linn. *gen. n. 302.* excl. sp. Schkuhr *t. 53.* Lam. *t. 176. f. 1.* Jacq. *Hort. Vindob. III. t. 66.* Bot. Mag. *t. 280.* R. Brown *in Mem. Werner. soc. I. 67.*

3423. Ectadium *E. MEY.* Calyx quinquefidus. Corolla hypogyna, hypocraterimorpha, limbi quinquefidi laciniis subaequilateris, tubo intus processibus quinque lanceolatis, compressis, inclusis, laciniis alternis. Stamina 5, imo corollae tubo inserta, inclusa; antherae medio stigmati cohaerentes, extus sursum dense hirsutae. Ovaria 2; ovulis ad suturam ventralem plurimis. Stylus unus; stigma peltatum. Squamulae hypogynae? ...... Folliculi graciles, divaricati. Semina plurima, ad umbilicum comosa. — *Suffrutex capensis; ramis erectis, virgatis, junioribus cano-puberulis, foliis oppositis, anguste linearibus, rigidis, subpungentibus, cymis in ramulis axillaribus abbreviatis, paucifloris, cano-pubescentibus, floribus parvis, luteis.*

Ectadium E. Meyer *Comment. plant. Afr. austr. 186.*

3424. Cryptolepis *R. BR.* Calyx quinquefidus. Corolla hypogyna, infundibuliformis, quinquefida, tubo intus squamulis quinque obtusis, inclusis, limbi laciniis alternantibus, fauce nuda. Stamina 5, imo corollae tubo inserta, inclusa; antherae sagittatae. Ovaria 2; ovulis ad suturam ventralem plurimis. Stylus nullus; stigma dilatatum, apiculo conico. Squamulae quinque, hypogynae. Folliculi ...... — *Frutex Indiae orientalis, volubilis; foliis oppositis, paginis discoloribus, inferiore venosa, corymbis interpetiolaribus, subsessilibus, brevissimis.*

Cryptolepis R. Brown *in Mem. Werner soc. I. 69.*

3425. Prestonia *R. BR.* Calyx quinquefidus, laciniis basi intus squamula instructis. Corolla hypogyna, hypocraterimorpha, limbo quinquepartito, fauce coronata tubulo annulari indiviso, squamisque quinque interioribus cum limbi laciniis alternantibus. Stamina 5, corollae tubo inserta; antherae semiexsertae, sagittatae, medio stigmati adhaerentes, appendicibus polline destitutis. Ovaria 2; ovulis ad suturam ventralem plurimis. Stylus unus, filiformis, apice dilatato; stigma turbinatum, apiculo angusto. Urceolus hypogynus, gamophyllus v. quinquefidus. Folliculi ..... — *Frutices americani tropici, volubiles, tomentosi; foliis oppositis, corymbis interpetiolaribus congestis, calyce foliaceo.*

Prestonia R. Brown *in Mem. Werner. soc. I. 69.* Kunth *in Humb. et Bonpl. Nov. gen. et sp. III. 221. t. 242.*

3426. Balfouria *R. BR.* Calyx quinquepartitus, intus foliolis decem stipatus. Corolla hypogyna, infundibuliformis, limbi quinquefidi laciniis rectis, aequilateris, fauce tubulo crenulato coronata. Stamina 5, corollae fauci inserta, semiexserta; antherae sagittatae, mucronatae, medio stigmati cohaerentes. Ovarium biloculare; ovulis juxta axim utrinque plurimis. Stylus unus, filiformis, apice dilatato; stigma angulatum. Squamulae hypogynae nullae. Folliculi ...... — *Arbor Novae-Hollandiae tropicae, biorgyalis; foliis oppositis, lanceolato-linearibus, falcatis, denticulis interpetiolaribus, cymis lateralibus terminalibusque, trifidis.*

Balfouria R. Brown *in Mem. Werner. soc. I. 70. Prodr. 467.*

3427. Nerium *R. BR.* Calyx quinquepartitus, intus denticulis auctus. Corolla hypogyna, hypocraterimorpha, limbi quinquefidi laciniis tortis, inaequilateris, ecaudatis, fauce foliolis lacero-multifidis coronata. Stamina 5, medio corollae tubo inserta, inclusa; antherae sagittatae, aristatae, medio stigmati cohaerentes. Ovaria 2; ovulis ad suturam ventralem plurimis. Stylus unus, filiformis, apice dilatato; stigma obtusum. Squamulae hypogynae nullae. Folliculi cylindracei. Semina plurima, ad umbilicum comosa. — *Frutices Indiae orientalis, erecti, glabri; foliis ternis, elongatis, coriaceis, venis numerosis parallelis, corymbis terminalibus.*

Nerium R. Brown *in Mem. Werner. soc. I. 71.* Nerii sp. Linn. Schkuhr *t. 53.* Duham. *Arbr. II. t. 12.*

3428. Strophanthus *DC.* Calyx quinquepartitus. Corolla hypogyna, infundibuliformis, limbi quinquefidi laciniis caudatis, fauce squamulis decem indivisis coronata. Stamina 5, medio corollae tubo inserta, inclusa; antherae sagittatae, aristatae v. mucronatae. Ovaria 2; ovulis ad suturam ventralem plurimis. Stylus unus, filiformis, apice dilatato; stigma subcylindraceum. Squamulae quinque, hypogynae. Folliculi divaricati, obtusi. Semina plurima, ad umbilicum comosa. — *Frutices sarmentosi, in Africa et Asia tropica indigeni; foliis oppositis, floribus terminalibus, glomeratis.*

Strophanthus DC. *in Bullet. soc. philomat. III. 122. t. 8.* Desfont. *in Annal. Mus. 1. 410. t. 27.* R. Brown *in Mem. Werner. soc. I. 72.* Bot. Reg. *t. 469.* Reichenb. *Hort. Bot. t. 159.* Blume *Bijdr. 1044.* Echites caudata Linn.

TRIBUS IV. WRIGHTIEAE. Semina ad extremitatem umbilico oppositam comosa.

3429. Wrightia *R.BR.* Calyx quinquepartitus, intus squamis quinque v. decem auctus. Corolla hypogyna, hypocraterimorpha, limbo quinquepartito, patente, fauce squamis decem, divisis coronata. Stamina 5, corollae fauci inserta, exserta; antherae sagittatae, medio stigmati cohaerentes. Ovaria 2, cohaerentia; ovulis ad suturam ventralem plurimis. Stylus filiformis, subclavatus; stigma obtusum, emarginatum. Folliculi distincti v. cohaerentes, placentis adnatis. Semina plurima, ad extremitatem umbilico oppositam comosa. Embryo exalbuminosus; cotyledonibus longitudinaliter involutis, radicula umbilico proxima, supera. — *Frutices v. arbusculae erectae, in Asia et Nova-Hollandia tropica crescentes; foliis oppositis, corymbis subterminalibus, floribus albis.*

Wrightia R. Brown *in Mem. Werner. soc. I. 73. Prodr. 467.* Blume *Bijdr. 1045* Wallich *Plant. As. rar. t. 146.* Bot. Reg. *t. 933.* Nerium Gärtner *II. 172. t. 117.* Nerium zeylanicum Linn.

3430. Kixia *BLUM.* Calyx quinquepartitus. Corolla hypogyna, subinfundibuliformis, tubo medio coarctato, fauce nuda, limbo campanulato, quinquepartito, torto. Stamina 5, corollae fauci inserta, exserta; antherae cuspidatae, dorso callosae, medio stigmati cohaerentes. Ovaria 2, annulo carnoso cincta; ovulis ad suturam ventralem plurimis. Stylus filiformis; stigma clavatum. Folliculi distincti, elongati. Semina plurima, ad extremitatem umbilico oppositam coma stipitata. Embryo exalbuminosus; cotyledonibus longitudinaliter involutis, radicula umbilico proxima, supera. — *Arbor javanica, pulchra; foliis oppositis, ovalibus, utrinque acutiusculis, supra glabris, subtus pallidioribus puberulisque, floribus axillaribus fasciculatis, magnis, albido-flavescentibus.*

Kixia Blume *Flor. Iav. Praef. p. VII.* Hasseltia Blume *Bijdr. 1045.* non alior.

GENERA DUBIA.

1. ALAFIA *THOUAR.* Calyx parvus, quinquelobus. Corolla tubulosa, ventricosa, limbo quinquepartito, contorto, laciniis hinc integris, inde plicato-sinuatis. Stamina 5, filamenta brevia, infra antheras acutas, distinctas sed conniventes pistillo alligata. Ovaria 2. Stylus filiformis, appendicibus quinque filamentis adnatus; stigma capitatum, acuminatum, inter antheras inclusum. Fructus . . . . — *Frutex madagascariensis, debilis, scandens; foliis oppositis, floribus terminalibus, numerosis, purpurascentibus.*

Alafia Thouars *Gen. madagasc. n. 34.*

2. SYSTREPHA *BURCH.* Calyx pentaphyllus, foliolis subulatis. Corolla tubulosa, basi globoso-inflata, tubo cylindrico, nigro-purpureo punctato, limbi quinquefidi laciniis longissimis, erectis, elegantissime in formam coronae imperialis contortis. Nectaria 5, bifida, erecta, linearia, obtusa. Filamenta 5, nectariis longiora, apice conniventia, germen orbiculatum depressum tegentia; antherae ad basim filamentorum. Stylus et stigma inconspicua. — *Herba capensis; radice fasciculata, tuberibus fusiformibus, succulentis, albis, caule volubili, filiformi, pedunculo axillari bifloro.*

Systrepha Burchell *Travels I. 546.* Lindley *Introduct. edit. II. p. 443.*

3. ANABATA *WILLD.* Calyx campanulatus, brevissime quinquedentatus. Corolla campanulata, limbo quinquefido, laciniis lanceolatis, acuminatis, patentibus. Antherae 5, intra tubum corollae sessiles. Ovarium . . . . Stylus exsertus; stigma simplex. Capsula tetragona, stylo persistente coronata, valvis placentiferis. — *Frutex orinocensis, scandens; foliis oppositis, floribus albis, Jasminum spirantibus.*

Anabata Willdenow *msc.* Sprengel *Gen. pl. n. 742.* Sulzeria Römer et Schult. *syst. IV. XX.* Rauwolfia oppositifolia Sprengel *N. E. III. 33.*

4. DISSOLENA *LOUREIR.* Calyx tubulosus, quinquefidus, laciniis subulatis, erectis. Corolla infundibuliformis, tubo longo, inferne crassiore, pentagono, superne cylindrico, limbo quinquefido, patente. Stamina 5, inferiori tubi corollini parti inserta; filamenta capillaria, brevia, antherae ovatae, erectae. Ovarium ovatum. Stylus filiformis, staminibus brevior; stigma subovatum, crassum, scabrum. Drupa parva, ovata, nuce compressa, scabra, nucleo simplici. — *Arbuscula cantoniensis; ramis patentibus, foliis inferioribus oppositis, summis ternatim quaternatimve verticillatis, racemis subdivisis, terminalibus, floribus albis, drupulis nigris, glabris.*

Dissolena Loureiro *Flor. cochinch. 171.*

5. VAHEA *LAM.* Calyx minimus, quinquefidus. Corolla infundibuliformis, tubo elongato, basi ventricoso, limbi quinquefidi laciniis tortis. Stamina 5, medio corollae tubo inserta; filamenta brevissima, antherae sagittatae. Ovarium ovatum, acutum. Stylus subulatus; stigma in disco orbiculari carnoso bicuspidatum. . . . . . — *Arbor madagascariensis, an frutex? ramis glabris, teretibus, foliis oppositis, petiolatis, coriaceis, subellipticis, nervosis, floribus terminalibus cymosis, ochroleucis, pedicellis bracteolatis.*

Vahea Lam. *t. 169.* Poiret *suppl. V. 409.*

OBSERVATIO. Genera Cercocoma Wallich *Catalog. n. 1623.* Cryptolobus Wallich ex Lindl. *introduct. edit. II. p. 302.* et Syringosma Zuccar. *ex Reichenb. consp. n. 3526.* nobis ignota sunt.

Ordo CXXXIII. Asclepiadeae.

APOCYNEARUM pars Jussieu *gen. 143.* ASCLEPIADEAE Jacquin *Miscellan. austr. I. 1. 35. De genitalibus Asclepiadum controversis Vindobon. 1811. 8.* Jussieu *in Annal. Mus. V. 261. XV. 345* R. Brown *in Mem. Werner. societ. I. 12. Prodr. 458. Observations on the organs and mode of fecundation in Orchideae. London. Octob. 1831. Supplementary Observations. July 1833. Linn. Transact. XXI. 685—745. t. 34—36. Verm. Schrift. V. 117—193.* C. L. Treviranus, *Zeitschrift für Physiolog. II. 236—241.* Brongniart *in Annal. sc. nat. XXIV. 113—130.* Ehrenberg *in Linnaea IV. 94. Ueber das Pollen der Asclepiadeen. Berlin, 1831. 4.* Bartling *Ord. nat. 201.* Wight et Arnott *Contribut. 77. ss.* E. Meyer *Comment. Plant. Afric. austr. 193.* ASCLEPIADEACEAE Lindley *Introduct. edit. II. p. 302.*

FRUTICES v. rarius HERBAE, saepissime volubiles, plerumque lactescentes, caule ramisque teretibus, nodoso-subarticulatis, rarius carnosis.

FOLIA opposita, rarius verticillata v. alterna, in succulentis saepe abortiva v. rudimentaria, nonnullarum in ascidia conversa, petiolata, simplicia, integerrima. Stipulae nullae, earum loco interdum setae interpetiolares.

FLORES hermaphroditi, regulares, in pedunculis interpetiolaribus v. rarius axillaribus varie dispositi, saepissime umbellati v. fasciculati, rarius cymosi v. racemosi, rarissime solitarii.

CALYX quinquepartitus v. quinquefidus, ut plurimum parvus, rarissime corollam superans, laciniis per aestivationem imbricatis.

COROLLA hypogyna, gamopetala, decidua, quinquepartita v. quinquefida, campanulata, urceolata, hypocraterimorpha v. saepius rotata, laciniis cum calycis lobis alternantibus, per aestivationem contorto-imbricatis v. rarissime valvatis, interdum denticulo interjecto separatis, tubo intus fauceque interdum squamulis aucto.

STAMINA quinque, imae corollae inserta, ejusque lobis alterna. Filamenta complanata, rarissime libera, plerumque in tubum connata. Tubus stamineus postice rarissime nudus, plerumque foliorum varie efformatorum, distinctorum v. connatorum corona auctus. Antherae extrorsae, biloculares, saepissime connectivi processu membranaceo apiculatae, rarius apice pilosae v. omnino nudae, in tubum coalitae v. rarissime subdistinctae v. distinctae; loculi appositi, paralleli, interdum septo longitudinali bilocellati, rima longitudinali v. apicali, rarius transversa ante anthesim dehiscentes. Bursae polliniferae (*pollinia*) in singulis loculis singulae, membranaceae, sutura cartilaginea clausae, pollinis granula fusiformia, materia oleosa involuta, e sutura provenientia includentes, loculorum contiguorum ad diversas antheras pertinentium, per paria stigmatis processubus glandulosis apice v. latere affixae, erectae v. transversae sive pendulae; rarius pollinis massae ebursiculatae, granulosae, e granulis quatuor compositae, solitarie v. quaternatim stigmatis glandulis adplicitae.

OVARIA duo follicularia, sessilia v. pedicellata, distincta v. interdum primitus ima basi subcohaerentia. Ovula in placentis nerviformibus, ad suturam ventralem sitis plurima, pluriseriata, pendula, anatropa. Styli duo, ovariis continui, plerumque brevissimi, arcte approximati. Stigma stylis duobus commune, dilatato-pentagonum, rarissime lacero multifidum, apice muticum v. rostratum, indivisum v. bifidum, rarissime multifidum, angulis baseos cum antheris alternantibus, corpusculis plicaeformibus, cartilagineis, bursas polliniferas arcte retinentibus, v. glandula pollinis massas glandulosas affigente auctis.

FOLLICULI erecti v. patentes aut divaricati, saepius ovario altero abortivo solitarii, laeves v. spinis innocuis echinati, sutura dehiscentes, placenta simul soluta, libera.

SEMINA plurima, compressa, deorsum imbricata; testa membranacea, ut plurimum cartilagineo-marginata, margine prope umbilicum in comam sericeam, fructus verticem spectantem, rarissime deficientem soluto. Albumen tenue, carnosum, rarissime nullum.

EMBRYO orthotropus, axilis. Cotyledones planae, foliaceae. Radicula umbilico proxima, fructus verticem spectans. Plumula inconspicua.

Asclepiadeae arctissime Apocyneis affines, singulari plane genitalium fabrica, et miris fructificationis phaenomenis, iterum iterumque scrutandis ab omnibus plantarum ordinibus distinctissimae, et solis fortassis Orchideis analogae sunt.

Frequentissime proveniunt in regionibus tropico circulo inclusis v. vicinis, in novo continente in hemisphaera boreali, in veteri in australi frequentiores, inter 59° L. B. et 58° L. A. inclusae.

Plurimarum radices emeticae, diaphoreticae. Succus proprius acris v. amarus, mitis tamen nec venenatus, Calotropeos inspissatus antisyphiliticus.

Genera nimis fortassis nuper multiplicata, serie artificiali e corollae forma et coronae stamineae indole, per tribus ut videtur satis naturales, disposita sunt.

SUBORDO I. PERIPLOCEAE R. Brown *in Mem. Werner. soc. I. 56.* Filamenta subdistincta v. omnino libera. Antherae uniquadriloculares. Pollinis massae 5—20, granulosae, solitariae v. quaternatim apicibus dilatatis corpusculorum stigmatis applicitae. — *Omnes gerontogeae, ut plurimum tropicae, paucae mediterraneae.*

3431. Cryptostegia *R. BR.* Calyx quinquepartitus, laciniis elongatis, lanceolatis, margine undulatis. Corolla campanulato-infundibuliformis, quinquefida, tubo intus squamulis 5 inclusis, angustis, bipartitis, antheris oppositis, easque tegentibus. Stamina 5, imo corollae tubo inserta, inclusa; filamenta brevissima, distincta, antherae muticae, basi stigmatis margini adhaerentes. Pollinia solitaria, granulosa, stigmatis glandulis 5 spathulatis, angulatis applicita. Styli distincti; stigma globoso-conicum, apice obsolete bicuspidatum. Folliculi divaricatissimi, acute triquetri, apice obtuse attenuato, incurvo. Semina ad umbilicum comosa. — *Frutex Indiae orientalis, volubilis, glaber; foliis oppositis,* *breve petiolatis, ellipticis, obtuse acuminatis, utrinque nitidis, subtus minute fusco-reticulatis, corymbis terminalibus, trichotomis, floribus magnis, speciosis, rubellis, corollae aestivatione contorta.*

Cryptostegia R. Brown *in Bot. Reg. t. 435.* Wight et Arnott *Contribut. 65.* Nerium grandiflorum Roxb.

3432. Finlaysonia *WALL.* Calyx quinquepartitus. Corolla rotata, quinquefida, fauce tuberculis 5, staminibus oppositis, aristatis, aristis capillaribus, erectis, apice uncinatis. Stamina 5, corollae fauci inserta, exserta; filamenta distincta, antherae apiculo late ovato terminatae, imberbes, basi medio stigmatis adglutinatae. Pollinia 20, granulosa, stigmatis appendiculis dilatatis quaternatim applicita. Stigma magnum, ovatum, basi pentagonum. Folliculi divaricatissimi, ventricoso-ovati, apice uncinato-rostrati, laeves. Semina ...... — *Frutex indicus, volubilis, carnosus, glaber; foliis oppositis, petiolatis, obovatis, obtusissimis v. retusis, corymbis multifloris, majusculis, folio brevioribus, fructiferis valde elongatis, floribus parvis, corollae extus glabrae laciniis ovato-rotundatis, intus hinc nudis, inde albido-villosis.*

Finlaysonia Wallich *Plant. As. rar. II. 48. t. 162.* Wight et Arnott *Contribut. 65.*

3433. Periploca *LINN.* Calyx quinquepartitus. Corolla rotata, quinquefida, fauce tuberculis 5, staminibus oppositis, aristatis, aristis carnosis, erectis, apice uncinatis. Stamina 5, corollae fauci inserta, exserta; filamenta distincta, antherae apiculo acuto terminatae, dorso barbatae, basi medio stigmatis adglutinatae. Pollinia solitaria, granulosa, apicibus dilatatis glandularum stigmatis applicita. Stigma obtuse pentagonum, muticum. Folliculi cylindracei, divaricatissimi, laeves. Semina plurima, ad umbilicum comosa. — *Frutices in regionibus mediterraneis et in Africa tropica indigeni, saepius volubiles, glabri; foliis oppositis, nitidis, floribus interpetiolaribus subcorymbosis.*

Periploca Linn. *gen. n. 300.* excl. sp. R. Brown *in Mem. Werner. soc. I. 58.* Cavanill. *Ic. t. 217.* Labillard. *Syr. Decad. II. t. 7.* Bot. Reg. *t. 803.*

3434. Streptocaulon *WIGHT et ARN.* Calyx quinquepartitus. Corolla rotata, quinquefida, fauce squamis 5 brevibus, staminibus oppositis, aristatis, aristis flexuoso-erectis, filiformibus, apice rectis. Stamina 5, corollae tubo inserta, exserta; filamenta distincta, antherae apice simplices, imberbes, basi margini stigmatis cohaerentes. Pollinia solitaria, granulosa, apicibus dilatatis glandularum stigmatis applicita. Stigma obtuse pentagonum, muticum. Folliculi cylindracei, divaricatissimi, laeves. Semina plurima, ad umbilicum comosa. — *Plantae indicae, volubiles v. rarissime decumbentes, saepius pubescentes v. tomentosae, rarius glabrae; foliis oppositis, cymis interpetiolaribus, saepius patentibus et ramosissimis, floribus parvis.*

Streptocaulon Wight et Arnott *Contribut. 64.*

3435. Gymnanthera *R. BR.* Calyx quinquefidus. Corolla hypocraterimorpha, fauce squamis 5 staminibus oppositis, aristatis, limbo quinquefido. Stamina 5, corollae fauci inserta, exserta; filamenta distincta, antherae acuminatae, imberbes. Pollinia 20, granulosa, apicibus dilatatis glandularum stigmatis quaternatim applicita. Stigma apiculo bifido. Folliculi cylindracei, divaricati, laeves. Semina plurima, ad umbilicum comosa, exalbuminosa. — *Frutex Novae-Hollandiae tropicae, volubilis, glaberrimus; foliis oppositis, nitidis, pedunculis lateralibus subdichotomis, floribus albo-virescentibus, imberbibus, squamis quinque incisis, intus sub sinubus calycis insertis.*

Gymnanthera R. Brown *in Mem. Werner. soc. I. 58. Prodr. 464.*

3436. Decalepis *WIGHT et ARN.* Calyx quinquefidus. Corolla subrotata, quinquepartita, fauce squamis 5, oblongo-ovalibus, planis, muticis, staminibus oppositis, tubo intus ad basim squamis totidem linearibus, obtusis, iisdem alternis. Stamina 5, corollae fauci inserta, exserta; filamenta distincta, squamis faucis ad medium cohaerentia, antherae appendiculo subdilatato terminatae, imberbes, basi margini stigmatis adglutinatae. Pollinia solitaria, granulosa, apicibus dilatatis glandularum stigmatis applicita. Stigma muticum. Folliculi ...... — *Frutex indicus, volubilis? glabriusculus; foliis oppositis, obtuse ovalibus, acuminatis, cymis parvis, longiuscule pedunculatis, foliis brevioribus, ramis racemiformibus, floribus parvis, corollae limbo intus villoso.*

Decalepis Wight et Arnott *Contribut. 64.*

3437. Brachylepis *WIGHT et ARN.* Calyx quinquefidus. Corolla subcampanulata, quinquefida, fauce squamis 5, brevibus, truncatis, planis, muticis, staminibus oppositis, tubo brevi intus annulo lato, carnoso, adnato penitus vestito. Stamina 5, summae corollae fauci inserta, exserta; filamenta brevissima, lata, distincta, antherae apice simplices, imberbes, basi margini stigmatis adglutinatae. Pollinia 20, granulosa, apicibus dilatatis glandularum stigmatis quaternatim applicita. Stigma muticum. Folliculi cylindracei, divaricatissimi, laeves. Semina ...... — *Frutex indicus, volubilis; ramulis pubescentibus, foliis oppositis, ovalibus, abrupte acuminatis, junioribus subpubescentibus, adultis glabris, supra nitidis, subtus parallele nervosis, cymis interpetiolaribus parvis, tomentosis, foliis brevioribus, floribus parvis, congestis, corollae extus hirsutae, intus glabrae segmentis patentiusculis.*

Brachylepis Wight et Arnott *Contribut. 63.*

3438. Hemidesmus *R. BR.* Calyx quinquefidus. Corolla rotata, quinquefida, squamis 5, sub sinubus muticis. Stamina 5, corollae tubo inserta, exserta; filamenta basi connata, superne distincta, antherae inter se cohaerentes, a stigmate liberae, imberbes, apice simplices. Pollinia 20, granulosa, appendicibus reniformibus glandularum stigmatis quaternatim applicita. Stigma planiusculum, muticum. Folliculi cylindracei, divaricatissimi, laeves. Semina plurima, ad umbilicum comosa. — *Frutices indici, volubiles, glabri; foliis oppositis, supra nitidis, cymis interpetiolaribus, floribus parvulis, corollis carnoso-coriaceis.*

Hemidesmus R. Brown *in Mem. Werner. soc. I. 56.* Wight et Arnott *Contribut. 62.* Periploca indica Linn.

PERIPLOCEAE DUBIAE.

3439. Lepistoma *BLUM.* Calyx turbinatus, quinquedentatus. Corolla rotata, tubo medio inflato, intus squamis 5, carnosis, genitalibus acumbentibus, limbo quinquepartito, obliquo.

Antherae 5, tubo corollae supra basim insertae, inclusae, ovatae, dorso pubescentes, stigmati incumbentes. **Pedicelli polliniferi** 10, lineares, cornei, extus longitudinaliter dehiscentes, erecti, basi corpusculis suffulti, **stigmatis** sulcis appliciti. **Pollen** granulosum. **Ovarium** didymum. **Stylus** unus, crassus; **stigma** pentagonum, sulcis quinque exaratum. **Folliculi** ...... — *Frutex javanicus, volubilis; foliis oppositis, elliptico-oblongis, acutiusculis, venosis, glabris, subtus pallidioribus, pedunculis interpetiolaribus, bifidis.*

Lepistoma Blume *Flor. Jav. praefat. VII.* Leposma Blume *Bijdr. 1048.*

3440. Phyllanthera *BLUM.* **Calyx** parvus, quinquefidus. **Corolla** profunde quinquepartita, carnosa, basi intus discoidea, tubo fauceque esquamatis. **Stamina** 5 ......; **filamenta** erecta, distincta, **antherae** conniventes, dorso nudae, apice foliaceo-dilatatae. **Pedicelli polliniferi** 5, clavati, erecti, extus dehiscentes, basi corpusculis suffulti, stigmati incumbentes. **Pollen** granulosum. **Ovarium** didymum. **Stylus** unus, basi bisulcatus. **Stigma** capitatum, muticum. **Folliculi** ...... — *Frutex javanicus, volubilis; foliis oppositis, lanceolatis, glabris, tenuissime transverse venosis, pedunculis axillaribus, solitariis, bifidis.*

Phyllanthera Blume *Bijdr. 1048.*

SUBORDO II. SECAMONEAE. **Filamenta** connata. **Antherae** quadriloculares. **Pollinia** 20, laevia, quaternatim (ad duas antheras pertinentes) apici corpusculorum exsulcorum stigmatis applicita. — *Frutices indici et africani.*

3441. Secamone *R. BR.* **Calyx** quinquefidus. **Corolla** rotata, quinquefida. **Columna** genitalium exserta. **Corona** staminea pentaphylla, foliolis lateraliter compressis, margine longitudinali affixis, aversis, simplicibus. **Pollinia** 20, laevia, erecta, apicibus corpusculorum stigmatis exsulcorum quaternatim affixa. **Stigma** apice coarctato. **Folliculi** laeves. **Semina** plurima, ad umbilicum comosa. — *Frutices erecti v. volubiles, glabri, in India orientali, in Nova Hollandia tropica et in Africa tropica crescentes; foliis oppositis, cymis interpetiolaribus, dichotomis, floribus minutis.*

Secamone R. Brown *in Mem. Werner. soc. I. 55. Prodr. 464.* Blume *Bijdr. 1049.* Wight et Arnott *Contribut. 60.* Periploca Secamone Linn. et Periploca emetica Retz, Willdenow *Phytogr. I. 6 t. 5. f. 3.*

3442. Toxocarpus *WIGHT et ARN.* **Calyx** quinquefidus. **Corolla** rotata, quinquefida. **Columna** genitalium exserta. **Corona** staminea pentaphylla, foliolis dorso planiusculis, intus lacinula auctis. **Pollinia** 20, laevia, erecta, apicibus corpusculorum stigmatis exsulcorum quaternatim affixa. **Stigma** rostratum, rarius apiculatum, indivisum. **Folliculi** laeves, divaricati. **Semina** plurima, ad umbilicum comosa. — *Frutices indici, volubiles; foliis oppositis, corymbis interpetiolaribus, saepius oppositis, dichotomis, patentibus, multifloris.*

Toxocarpus Wight et Arnott *Contribut. 61.*

3443. Goniostemma *WIGHT et ARN.* **Calyx** quinquefidus. **Corolla** rotata, quinquepartita. **Columna** genitalium exserta. **Corona** staminea gamophyllo-tubulosa, quinquangulata, quinqueloba, columnae basi adhaerens. **Pollinia** 20, laevia, erecta, apicibus corpusculorum stigmatis exsulcorum quaternatim affixa. **Stigma** rostratum. **Folliculi** ...... — *Frutex indicus, volubilis; cortice verruculoso, foliis oppositis, oblongo-ellipticis, basi et apice acuminatis, utrinque glabris, supra nitidis, cymis interpetiolaribus, paniculaeformibus, laxis, multifloris, corollae laciniis ligulatis, intus medio pubescentibus, superne glabris.*

Goniostemma Wight et Arnott *Contribut. 62.*

SUBORDO III. ASCLEPIADEAE VERAE. R. Brown *in Mem. Werner. soc. I. 21.* **Filamenta** connata. **Antherae** biloculares. **Pollinia** 10, per paria stigmatis processubus sulco longitudinali bipartitis affixa.

TRIBUS I. CYNANCHEAE. **Pollinia** pendula, apice v. supera medium lateris affixa. — *Per totum orbem sparsae, in regionibus tropicis subtropicis veteris orbis paullo frequentiores.*

§. 1. *ASTEPHANEAE. Corona staminea nulla. Corolla tubo fauceque esquamata.*

3444. Hybanthera *ENDL.* **Calyx** quinquefidus. **Corolla** rotata, quinquefida, tubo brevissimo fauceque esquamatis. **Corona** staminea nulla. **Antherae** dorso gibbosae, appendice membranacea terminatae. **Pollinia** ventricosa, apice attenuato affixa, pendula. **Stigma** muticum. **Folliculi** ...... — *Suffrutex insulae Norfolk, volubilis, glaber; foliis oppositis, petiolatis, ovato-oblongis, subcoriaceis, basi biglandulosis, umbellis interpetiolaribus, racemosis.*

Hybanthera Endlicher *Prodr. Flor. Norfolk. 59 Ic. t. 75.*

3445. Astephanus *R. BR.* **Calyx** quinquefidus. **Corolla** campanulata, limbo quinquepartito, fauce tuboque esquamatis. **Corona** staminea nulla. **Antherae** appendice membranacea terminatae. **Pollinia** apice attenuato affixa, pendula. **Stigma** muticum v. caudatum. **Folliculi** ...... — *Plantae capenses, volubiles; foliis oppositis, umbellis interpetiolaribus, floribus parvis.*

Astephanus R. Brown *in Mem. Werner. soc. I. 54.* Apocyni sp. Thunb.

3446. Haemax *E. MEY.* **Calyx** quinquefidus. **Corolla** urceolata, limbo brevissime quinquefido, tubo fauceque retrorsum hispida esquamatis. **Corona** staminea nulla. **Antherae** appendice membranacea terminatae. **Pollinia** apice attenuato affixa, pendula. **Stigma** conoideum, obtusum. **Folliculus** abortu solitarius, gracilis, laevis. **Semina** plurima, ad umbilicum comosa. — *Fruticuli capenses; ramis spinescentibus, foliis oppositis, cordatis, minutis, caducis.*

Haemax E. Meyer *Comment. plant. Afric. austr. 228.* Astephani sp. R. Brown.

§. 2. *METASTELMEAE. Corona staminea nulla. Corolla tubo fauceve squamis instructa.*

3447. Microloma *R. BR.* **Calyx** quinquefidus. **Corolla** urceolata, limbo quinquefido fauce nuda, tubo angulato, medio intus squamis 5 inclusis, sub sinubus insertis, totidem fasciculis villorum alternantibus. Corona staminea nulla. Antherae appendice membranacea terminatae, sagittatae. Pollinia compressa, apice affixa, pendula. Stigma apiculatum. Folliculi ...... — *Suffrutices capenses, volubiles; foliis oppositis, linearibus, glabris, v. sagittatis, subtomentosis, umbellis interpetiolaribus, calycibus interdum corolla longioribus.*

Microloma R. Brown *in Mem. Werner. soc. I. 53.* Ceropegiae sp. Linn. Jacq. *Hort. Schönbr. t. 38.* Lam. *t. 179.*

3448. Parapodium *E. MEY.* Calyx quinquefidus. Corolla subcampanulata, quinquepartita, ad faucem coronata squamis 5, rotundatis ante sinus positis, utrinque in tubum brevissimum decurrentibus. Corona staminea nulla. Antherae appendice membranacea terminatae. Pollinia compressa, apice attenuato affixa, pendula. Stigma pyramidale, quinquesulcatum, apice obtuso. Folliculi .... — *Herba capensis, erecta, glabra; foliis oppositis, lanceolato-oblongis, acutiusculis, subcoriaceis, costatis, umbellis interpetiolaribus, floribus sordide violaceis.*

Parapodium E. Meyer *Comment. plant. Afr. austr. 221.*

3449. Metastelma *R. BR.* Calyx quinquefidus. Corolla subcampanulata, quinquepartita, fauce coronata dentibus 5 exsertis, ante sinus positis, in tubum decurrentibus. Corona staminea nulla. Antherae appendice membranacea terminatae. Pollinia compressa, apice attenuato affixa, pendula. Stigma muticum. Folliculi ...... — *Herba antillana, perennis, volubilis, glabra; foliis oppositis, ellipticis, mucronatis, umbellis interpetiolaribus, subsessilibus, floribus parvis.*

Metastelma R. Brown *in Mem. Werner. soc. I. 53.* Cynanchum parviflorum Swartz. Periploca Plumier *Ic. 215. f. 1.*

3450. Schubertia *MART. et ZUCC.* Calyx quinquepartitus. Corolla infundibuliformis, limbo quinquefido, tubo basi globoso, medio squamis 5 lanceolatis, conniventibus, inclusis, decurrentibus, per callos quinque antheris adhaerentibus aucto. Antherae appendice membranacea terminatae. Pollinia compressa, apice attenuato affixa, pendula. Stigma muticum. Folliculi ... — *Frutices Americae tropicae, volubiles, hirsuti; foliis oppositis, petiolatis, cordatis, floribus umbellatis, subcarnosis, intus saepius barbatis.*

Schubertia Martius et Zucc. *Nov. gen. et sp. I. 55. t. 33.* Cynanchum longiflorum Jacq. *Amer. edit. pict. t. 85.* — An huc Pentaphragma Zuccarini *ex Reichenb. Consp. n. 3447.*

3451. Tweedia *HOOK. et ARN.* Calyx quinquefidus. Corolla campanulata, quinquefida, fauce coronata squamis 5 carnosis, retusis v. bifidis, ante sinus positis, exsertis. Corona staminea nulla. Antherae appendice membranacea terminatae. Pollinia ventricosa, apice attenuato affixa, pendula. Stigma elongato-acuminatum, bipartitum. Folliculi ...... — *Suffrutex chilensis, volubilis; foliis oppositis, subcoriaceis, oblongis, acutissimis, glabris, basi cordatis, ciliatis, umbellis interpetiolaribus, floribus majusculis, speciosis, corollis extus hirsutis, intus glabris.*

Tweedia Hooker et Arnott *Journ. of Bot. I. 261.* Bot. Mag. *t. 3630.*

3452. Lachnostoma *H. B. K.* Calyx quinquepartitus. Corolla subhypocraterimorpha, quinquefida, fauce barbata coronata squamis 5 lunato-bilobis, ante sinus positis, exsertis. Corona staminea nulla. Antherae appendice membranacea terminatae. Pollinia ventricosa, apice attenuato affixa, pendula. Stigma muticum. Folliculi ..... — *Suffrutex Americae tropicae, volubilis; ramis ferrugineo-hirsutis, foliis oppositis, elliptico-oblongis, membranaceis, utrinque pilosis, racemis interpetiolaribus, floribus geminis, umbellato-approximatis.*

Lachnostoma Kunth *in Humb. et Bonpl. Nov. gen. et sp. III. 198. t. 232.*

3453. Macroscepis *H. B. K.* Calyx quinquefidus, corollam superans, basi bracteatus. Corolla tubo globoso-ventricoso, limbo quinquefido, fauce coronata squamis 5 subcucullatis, ante sinus positis, inclusis. Corona staminea nulla. Antherae appendice membranacea terminatae. Pollinia ventricosa, compressa, apice affixa, pendula. Stigma depressum, muticum. Folliculi ..... — *Suffrutex Americae tropicae; caule volubili, ramis foliisque oppositis, obovatis, cordatis, hirsuto-pilosis, pedunculis interpetiolaribus bifloris, floribus pedicellatis, pedicellis involucrato-bracteolatis.*

Macroscepis Kunth *in Humb. et Bonpl. Nov. gen. et sp. III. 200. t. 233.*

3454. Pantasachme *WALL.* Calyx quinquefidus. Corolla subrotata, profunde quinquefida, laciniis anguste linearibus, aestivatione valvatis, fauce coronata squamulis 5, ante sinus positis. Corona staminea nulla. Antherae liberae, apice simplices v. acuminatae. Pollinia pendula, supra medium affixa, apice coarctato pellucido. Stigma muticum v. apiculatum. Folliculi ...... — *Herbae indicae, erectae, graciles, subramosae; foliis oppositis, lanceolatis, membranaceis, planis, umbellis paucifloris, subsessilibus.*

Pantasachme Wallich *ex Wight et Arnott Contrib. 60.*

§. 3. *DITASSEAE. Corona staminea composita, seriebus 2—3 insertione distinctis.*

3455. Eustegia *R. BR.* Calyx quinquefidus. Corolla rotata, quinquepartita. Corona triplex, singula pentaphylla, extima fauci inserta, limbi laciniis opposita, reliquae antheris oppositae, foliolis mediae tripartitis, intimae indivisis. Antherae appendice membranacea terminatae. Pollinia apice attenuato affixa, pendula. Stigma submuticum. Folliculi .... — *Herbae capenses, humiles, decumbentes; foliis oppositis, lineari-filiformibus, subhastatis, floribus subumbellatis.*

Eustegia R. Brown *Mem. Werner. soc. I. 51.* Sprengel *N. E. I. t. 1. f. 5—10.* Apocyni sp. Thunberg *in Act. Academ. Petropolit. XIV. t. 9. f. 1.*

3456. Sarcostemma *R. BR.* Calyx quinquepartitus. Corolla rotata, quinquepartita. Corona staminea duplex, exterior cyathiformis v. annularis, crenata, interior summo filamentorum tubo inserta, pentaphylla, exteriorem superans, foliolis carnosis. Antherae appendice membranacea terminatae. Pollinia apice attenuato affixa, pendula. Stigma apiculatum v. muticum. Folliculi graciles, laeves. Semina plurima, ad umbilicum comosa. — *Frutices volubiles v. decumbentes, inter tropicos totius orbis et in Africa extratropica observati; caulibus articulatis, aphyllis, v. foliis oppositis, distantibus instructis, floribus umbellatis, lateralibus v. terminalibus.*

Sarcostemma R. Brown *in Mem. Werner. soc. I. 50.* Kunth *in Humb. et Bonpl. Nov. gen. et sp. III. 194. t. 229.* Wight et Arnott *Contribut. 59.* Cynanchi sp. Jacq. *Amer. t. 60. f. 2. Edit. pict. t. 87.* — ? Delile *Flor. aegypt. t. 20. f. 3.*

3457. Philibertia *H. B. K.* Calyx quinquepartitus. Corolla urceolato-rotata, sinuato-quinqueloba, lobis acutis, denticulis totidem interjectis. Corona staminea duplex, exterior in fundo corollae annuliformis, carnosa, integra, undulata, interior summo filamentorum tubo inserta, pentaphylla, exteriorem superans, foliolis carnosis. Antherae appendice membranacea terminatae. Pollinia clavato-cylindracea, infra apicem affixa, pendula. Stigma biapiculatum. Folliculi .... — *Frutices Americae tropicae, volubiles; foliis oppositis, cordatis, umbellis interpetiolaribus, multifloris.*

Philibertia Kunth *in Humb. et Bonpl. Nov. gen. et sp. III. 195. t. 230.* Hooker et Arnott *Journ. of Bot. I. 290. Bot. Mag. t. 3616.* — Corona exterior in speciebus brasiliensibus saltim satis manifesta.

3458. Doemia *R. BR.* Calyx quinquefidus. Corolla rotata, quinquepartita, tubo brevi. Corona staminea duplex, exterior brevis, decempartita, laciniis alternis nanis, interior pentaphylla, foliolis basi solutis, apice subulatis. Antherae appendice membranacea terminatae. Pollinia compressa, apice affixa, pendula. Stigma muticum. Folliculi ramentacei. Semina plurima, ad umbilicum comosa. — *Suffrutices volubiles, in India orientali et in Africa tropica indigeni; foliis oppositis, cordatis, floribus umbellatis.*

Doemia R. Brown *in Mem. Werner. soc. I. 50.* Wight et Arnott *Contribut. 59.* Dimia Sprengel *Syst. I. 526.* Cynanchi sp. Forsk. Jacq. *Ic. rar. t. 54.* Andrews *Bot. Reposit. t. 562.* Palisot *Flor. Owar. t. 56.* Pergulariae sp. Lam. *t. 176.*

3459. Ditassa *R. BR.* Calyx quinquepartitus. Corolla subrotata, quinquepartita. Corona staminea duplex, exterior quinquepartita, laciniis acuminatis, interior pentaphylla, exteriori antherisque opposita. Antherae appendice membranacea terminatae. Pollinia ventricosa, infra apicem attenuatum affixa, pendula. Stigma apiculo obtuso. Folliculi teretiusculi. Semina plurima, ad umbilicum comosa. — *Suffrutices brasilienses, erecti v. volubiles; foliis oppositis, sessilibus v. breviter petiolatis, umbellis lateralibus, floribus ut plurimum minutis.*

Ditassa R. Brown *in Mem. Werner. soc. I. 49.* Martius *Nov. gen. et sp. I. 50. t. 31. 32.*

§. 4. *CYNOCTONEAE. Corona staminea simplex, gamophylla.*

3460. Holostemma *R. BR.* Calyx quinquepartitus. Corolla subrotata, quinquefida. Corona staminea imo filamentorum tubo inserta, simplex, annularis, obsolete quinqueloba. Antherae appendice membranacea terminatae. Pollinia compressa, apice attenuato affixa, pendula. Stigma muticum. Folliculi ventricosi, laeves. Semina plurima, ad umbilicum comosa. — *Frutices indici, volubiles, glabri; foliis oppositis, latis, umbellis interpetiolaribus, breviter pedunculatis, floribus speciosis.*

Holostemma R. Brown *in Mem. Werner. soc. I. 42.* Wight et Arnott *Contribut. 55.* Royle *Himalay. t. 66.*

3461. Cynanchum *LINN.* Calyx quinquepartitus. Corolla subrotata, quinquepartita. Corona staminea tubulosa, columnam includens, ore quinque-decemfido, laciniis 5 interioribus antheris exterioribusque oppositis et parallelis. Antherae appendice membranacea terminatae. Pollinia ventricosa, infra apicem attenuatum inserta, pendula. Stigma apiculo semibifido. Folliculi cylindracei, divaricati. Semina plurima, ad umbilicum comosa. — *Herbae mediterraneae, volubiles; foliis oppositis, cordatis, umbellis interpetiolaribus.*

Cynanchum Linn. *gen. n. 301.* excl. sp. Gärtner *II. 171. t. 117. f. 3.* Jacquin *Miscell. I. t. 1. Ic. rar. t. 340.* Cavanill. *Ic. t. 60.* Sibthorp *Flor. graec. t. 250. 251.* Cynanchi sect. I. R. Brown *in Mem. Werner. soc. I. 44.*

3462. Endotropis. Calyx quinquepartitus. Corolla subrotata, quinquepartita. Corona staminea tubulosa, columnam includens, ore quinque-decemfido, carinis decem interioribus simplicibus v. supra in lacinulas productis. Antherae appendice membranacea terminatae. Pollinia ventricosa, infra apicem attenuatum inserta, pendula. Stigma apiculo emarginato. Folliculi ventricosi, angulati, patentes. Semina plurima, ad umbilicum comosa. — *Frutices Novae-Hollandiae et Indiae orientalis volubiles; foliis oppositis, cordatis, umbellis interpetiolaribus.*

Cynanchi sectio II. R. Brown *in Mem. Werner. soc I. 45.* Periploeae sp. Retz. Willd. *Phytogr. I. t. 5. f. 3.*

3463. Schizoglossum *E. MEY.* Calyx quinquepartitus. Corolla subrotata, quinquepartita. Corona staminea quinquepartita, sinubus nudis v. lacinula minutissima interjecta auctis, laciniis intus e basi processum adversum, ligulatum v. bicrurem, stigmati incumbentem exserentibus. Antherae appendice membranacea terminatae. Pollinia ventricosa, infra apicem attenuatum affixa, pendula. Stigma muticum. Folliculi abortu solitarii, rostrati, spinis innocuis echinati. — *Herbae capenses; caule erecto, pubescente, foliis oppositis, pedunculis interpetiolaribus, floribus umbellatis.*

Schizoglossum E. Meyer *Comment. plant. Afr. austr. 218.*

3464. Cynoctonum *E. MEY.* Calyx quinquepartitus. Corolla subrotata, quinquepartita. Corona staminea tubulosa, simplex, ore quinque-decemfido, laciniis carinisve interioribus nullis. Antherae appendice membranacea terminatae. Pollinia obclavata, apice attenuato inserta, pendula. Stigma apiculo bifido. Folliculi graciles, laeves, reflexi. Semina plurima, ad umbilicum comosa. — *Herbae capenses, volubiles; foliis oppositis, subcordatis, umbellis interpetiolaribus.*

Cynoctonum E. Meyer *Comment. plant. Afr. austr. 215.* Cynanchi sect. III. R. Brown *in Mem. Werner. soc. I. 46.* Cynanchi sp. Linn. Andrews *Bot. Reposit. t. 557.* Jacq. *Miscell. t. 1. f. 3.* — Cynanchum roseum R. Brown *l. c.* quod Asclepias daurica Willd. Cynanchi sect. IV., a cl. Meyer dubie huc relata, genus videtur sistere diversum stigmatis apiculo integro, caule erecto, foliisque lanceolato linearibus.

3465. Vincetoxicum *MÖNCH.* Calyx quinquepartitus. Corolla subrotata, quinquepartita. Corona staminea scutelliformis, carnosa, quinque-decemloba, intus simplex. Antherae appendice membranacea terminatae. Pollinia ventricosa, infra apicem attenuatum affixa, pendula. Stigma apiculo brevissimo, integro. Folliculi ventricosi, laeves, patentes. Semina plurima, ad umbilicum comosa. — *Herbae in Europa australi et boreali usque ad 59° 40′ indigenae; caule* *erecto v. superne volubili, foliis oppositis, umbellis interpetiolaribus.*

Vincetoxicum Mönch. *Method. 317.* Cynanchi sect. V. R. Brown *in Mem. Werner. soc I. 47.* Asclepiadis sp. Linn. Schkuhr *t. 54. 55.* Flor. Dan. *t. 849.*

3466. Cordylogyne *E. MEY.* Calyx quinquefidus. Corolla subrotata, quinquefida, patens. Corona staminea quinquepartita, laciniis antheris oppositis, oblongis, obtusis, intus carinatis. Antherae appendice membranacea terminatae. Pollinia apice attenuato affixa, pendula. Stigma longe rostratum, apice clavatum, compressum. Folliculi abortu solitarii, graciles, laeves, erecti. Semina plurima, ad umbilicum comosa. — *Herba capensis, multicaulis, glabriuscula; caulibus simpliciusculis, erectis, virgatis, foliis oppositis, angustissime linearibus, erectis, margine revolutis, umbellis terminalibus et axillaribus longe pedunculatis, subglobosis, floribus luteo-virentibus.*

Cordylogyne E. Meyer *Comment. plant. Afric. austr. 218.*

3467. Solenostemma *HAYN.* Calyx quinquepartitus. Corolla rotata, quinquefida. Corona staminea quinquepartita, laciniis antheris oppositis, obtusis, carinato-complicatis. Antherae appendice membranacea terminatae. Pollinia apice attenuato affixa, pendula. Stigma muticum. Folliculi abortu solitarii, ventricosi, laeves. Semina plurima, ad umbilicum comosa. — *Suffrutex in Africa boreali indigenus, erectus; foliis oppositis, ovalibus, umbellis axillaribus multifloris.*

Solenostemma Hayne *Arzneigew. IX. t. 38.* Cynanchum Arghel Delile *Aegypt. t. 20. f. 2.* Fr. Nees *Plant. officin. suppl. I. t. 13.*

3468. Glossostephanus *E. MEY.* Calyx quinquefidus. Corolla subrotata, quinquepartita. Corona staminea imo filamentorum tubo adnata, profunde quinquepartita, laciniis antheris oppositis, oblongo-lanceolatis, apiculatis, planis. Antherae appendice membranacea terminatae. Pollinia apice attenuato affixa, pendula. Stigma pyramidatum, emarginatum. Folliculi ... — *Herba capensis, volubilis, glabra; foliis oppositis, lineari-lanceolatis, margine revolutis, umbellis terminalibus lateralibusque, floribus albis.*

Glossostephanus E. Meyer *Comment. plant. Afr. austr. 217.* Apocynum lineare Thunb.

3469. Metaplexis *R. BR.* Calyx quinquepartitus. Corolla subrotata, quinquepartita. Corona staminea quinquepartita, laciniis nanis, cucullatis, cum antheris alternantibus. Pollinia ventricosa, latere affixa, pendula. Stigma rostro elongato, indiviso. Folliculi ...... — *Frutex Chinae borealis, volubilis, glaber; foliis oppositis, cordatis, racemis interpetiolaribus, pedunculatis, corollae limbo barbato.*

Metaplexis R. Brown *in Mem. Werner. soc. I. 48* — ? Urostelma Bunge *Enumerat. plant. Chin. bor. 44.*

*

3470. Rhyssolobium *E. MEY.* Calyx quinquefidus. Corolla urceolata, quinquefida, ad faucem pilosa. Corona staminea summo filamentorum tubo inserta, brevissime quinquesinuata, carnosa. Antherae appendice membranacea terminatae. Pollinia apice affixa? pendula. Stigma depressum. Folliculi breves, turgidi, corticosi, demum rugoso-sulcati. Semina plurima, marginata, ad umbilicum comosa. — *Fruticulus capensis, spithameus, ramosissimus, rigidus, pubescenti-canus; foliis superioribus oppositis, inferioribus fasciculatis, crassiusculis, margine revolutis, obtusis, subsessilibus, floribus axillaribus paucis, brevissime pedunculatis, minimis.*

Rhyssolobium E. Meyer *Comment. plant. Afric. austr. 217.*

§. 5. *CALOTROPIDEAE. Corona staminea simplex pentaphylla. Corolla subcampanulata.*

3471. Kanahia *R. BR.* Calyx quinquefidus. Corolla campanulata, limbo quinquepartito. Columna genitalium semiinclusa. Corona staminea summo tubo filamentorum imposita, pentaphylla, foliolis e basi incrassata subulatis, indivisis. Antherae appendice membranacea terminatae. Pollinia ventricosa, apice affixa, pendula. Stigma muticum. Folliculi graciles, striati. Semina plurima, ad umbilicum comosa. — *Frutex arabicus, erectus; foliis oppositis, planis, lanceolato-ellipticis, acutis, pedunculis interpetiolaribus, apice fasciculatim multifloris, pedicellis imbricatis, basi unibracteatis.*

Kanahia R. Brown *in Mem. Werner soc. I. 39.* Asclepias laniflora Vahl *Symb. I. t. 7.* Cailliaud *Meroë t. 64.*

3472. Raphistemma *WALL* Calyx quinquefidus. Corolla campanulata, limbo quinquepartito. Columna genitalium exserta. Corona staminea pentaphylla, foliolis elongatis, compressis. Antherae appendice membranacea terminatae. Pollinia sub apice affixa, pendula. Stigma obtuse conicum. Folliculi saepius solitarii, subventricosi. Semina plurima, ad umbilicum comosa. — *Frutex indicus, volubilis, glaber; foliis oppositis, majusculis, cordatis, floribus corymbosis, albidis.*

Raphistemma Wallich *Plant. As. rar. II. 50. t. 163.* Wight et Arnott *Contribut. 54.*

3473. Seutera *REICHENB.* Calyx quinquepartitus. Corolla campanulata, quinquepartita. Corona staminea pentaphylla, foliolis planis, obtusis. Antherae appendice membranacea terminatae. Pollinia apice affixa, pendula. Stigma conicum, bifidum. Folliculi laeves. Semina plurima, ad umbilicum comosa. — *Herba boreali-americana, littoralis, volubilis; foliis oppositis, sessilibus, linearibus, subcarnosis, margine revolutis, umbellis interpetiolaribus, paucifloris.*

Seutera Reichenbach *Consp. n. 3438.* Lyonia Elliott *Carolin. I. 316.* non Nutt. Ceropegia palustris Pursh.

3474. Sonninia *REICHENB* Calyx quinquepartitus. Corolla tubo brevi, urceolato, limbo quinquepartito. Corona staminea pentaphylla, foliolis obtusis, squamula interiore auctis. Antherae appendice membranacea terminatae. Pollinia ventricosa, juxta apicem affixa, pendula. Stigma rostro elongato, indiviso. Folliculi ...... — *Planta chilensis, volubilis, ramosa, glaberrima; foliis oppositis, oblongo-lanceolatis, margine revolutis, subtus pallidis, corymbis paucifloris, foliis subbrevioribus, floribus majusculis, corollae laciniis acuminatis, supra pubescentibus.*

Sonninia Reichenbach *Conspect. 151.* Diplolepis R. Brown *in Mem. Werner. soc. I. 42.* Hook. et Arnott *Journ. of Bot. I. 290.* non Zoolog.

3475. Oxypetalum *R. BR.* Calyx quinquepartitus. Corolla tubo brevi, ventricoso, limbi quinquepartiti laciniis ligulatis. Corona staminea pentaphylla, foliolis subrotundis, obtusis v. truncatis, carnosis, intus simplicibus. Antherae appendice membranacea terminatae. Pollinia linearia, processuum demum adscendentium curvaturae affixa, pendula. Stigma acumine elongato, bipartito. Folliculi oblongi, compressiusculi, laeves. Semina plurima, ad umbilicum comosa. — *Suffrutices Americae tropicae volubiles, v. herbae erectae; foliis oppositis, floribus interpetiolaribus, solitariis v. corymbosis, suaveolentibus.*

Oxypetalum R. Brown *in Mem. Werner. soc. I. 41.* Kunth *in Humb. et Bonpl. Nov. gen. sp. III. 197. t. 231.* Martius et Zuccarini *Nov. gen et sp. I. 47. t. 29. 30.* Gothofreda Vent. *Choix 36. t. 60.*

3476. Schistogyne *HOOK. et ARN.* Calyx quinquepartitus. Corolla rotato-campanulata, limbi quinquepartiti laciniis elongato-acuminatis. Corona staminea pentaphylla, foliolis oblongis, obtusis, membranaceis, intus simplicibus. Pollinia ventricosa, ovata, infra apicem affixa, pendula. Stigma subseptempartitum, laciniis subulato-filiformibus. Folliculi ...... — *Fruticulus Brasiliae australis, volubilis, glaber; foliis oppositis, ovato-oblongis, acutis, basi subcordatis, corymbis interpetiolaribus, umbellatis, pedunculo foliis breviore.*

Schistogyne Hooker et Arnott *Journ. of Bot. I. 292.*

3477. Physianthus *MART. et ZUCCAR.* Calyx quinquepartitus. Corolla campanulata, tubo basi ventricoso-inflato, limbo quinquefido, connivente. Corona staminea pentaphylla, foliolis tubo stamineo insertis, dorso corollae adnatis, sursum liberis, cucullatis. Antherae appendice membranacea terminatae. Pollinia compresso-clavata, processubus deflexis affixa, pendula. Stigma biapiculatum. Folliculi ...... — *Herbae Americae tropicae volubiles; foliis oppositis, pedunculis interpetiolaribus, cymosis.*

Physianthus Martius et Zuccarini *Nov. gen. et sp. I. 50. t. 32.* Bot. Mag. *t. 3201.* Bot. Reg. *t. 1759.* — Arauja Brotero *in Linn. Transact. XII. 62. t. 4. 5.* cui ex auctore: „folliculi patentes, subovales, coriaceo-fungosi, placenta multilamellata et semina plurima, ad umbilicum comosa" juxta descriptionem distingui nequit.

3478. Calotropis *R. BR.* Calyx quinquepartitus. Corolla subcampanulata, tubo angulato, angulis intus saccatis, limbo quinquepartito. Corona staminea pentaphylla, foliolis carinaeformibus, tubo filamentorum longitudinaliter adnatis, basi recurva. Antherae appendice membranacea terminatae. Pollinia compressa, apice attenuato affixa, pendula. Stigma muticum. Folliculi ventricosi, laeves. Semina plurima, ad umbilicum comosa. — *Frutices in India orientali et Persia indigeni, erecti, glabri; foliis oppositis, latis, umbellis interpetiolaribus, floribus speciosis.*

Calotropis R. Brown *in Mem. Werner. soc. I. 39.* Fr. Hamilt. *in Linn. Transact. XIV. 248.* Wight et Arnott *Contribut. 53.* Asclepias gigantea Ait. Andrews *Bot. Reposit. t. 271.* Bot. Reg. *t. 58.*

§. 6. *EUASCLEPIEAE. Corona staminea simplex, pentaphylla. Corolla subrotata.*

3479. Pentatropis *R. BR.* Calyx quinquepartitus. Corolla rotata, quinquefida. Corona staminea pentaphylla, foliolis antheris oppositis, tubo stamineo verticaliter adnatis, aversis, apice solutis. Antherae appendice membranacea terminatae. Pollinia ventricosa, infra apicem affixa, pendula. Stigma muticum. Folliculi laeves, obsolete trigoni, hinc planiusculi. Semina plurima, ad umbilicum comosa. — *Suffrutices volubiles, in Asia et Africa tropica indigeni; foliis oppositis, subcarnosis, planis, umbellis interpetiolaribus.*

Pentatropis R. Brown *in Salt Abyssin. LXIV.* Wight et Arnott *Contribut. 52.* Asclepias microphylla Roxb.

3480. Iphisia *WIGHT et ARN.* Calyx quinquepartitus. Corolla rotata, quinquefida. Corona staminea pentaphylla, foliolis carnosis, apice abruptim angustatis. Antherae appendice membranacea terminatae. Pollinia ventricosa, apice inserta, e processuum adscendentium, filiformium apicibus pendula. Stigma muticum. Folliculi rostrati, laeves. Semina plurima, ad umbilicum comosa. — *Herbae v. suffrutices Indiae orientalis, erecti v. volubiles; foliis oppositis, umbellis interpetiolaribus, simplicibus, aggregatis v. ad flexuras pedunculi subsessilibus.*

Iphisia Wight et Arnott *Contribut. 52.*

3481. Oxystelma *R. BR.* Calyx quinquepartitus. Corolla subrotata, quinquefida. Corona staminea pentaphylla, foliolis acutis, integris. Antherae appendice membranacea terminatae. Pollinia compressa, apice attenuato affixa, pendula. Stigma muticum. Folliculi laeves. Semina plurima, ad umbilicum comosa. — *Suffrutices Indiae orientalis, volubiles, glabri; foliis oppositis, racemis v. umbellis interpetiolaribus.*

Oxystelma R. Brown *in Mem. Werner. soc. I. 40. Prodr. 462.* Wight et Arnott *Contribut. 54.* Periploca esculenta Linn. Roxburgh *Plant. Corom. t. 11.*

3482. Brachylepis *HOOK et ARN.* Calyx quinquepartitus. Corolla rotata, quinquefida. Corona staminea pentaphylla, foliolis brevissimis, obtusis, integris. Antherae appendice membranacea terminatae. Pollinia clavato-cylindracea, apice affixa, pendula. Stigma elongatum, subfiliforme, apice bifidum. Folliculi ..... — *Frutex peruanus, subvolubilis, pubescens; foliis oppositis, membranaceis, cordatis, pedunculis axillaribus, corymbosis.*

Brachylepis Hooker et Arnott *Journ. of Bot. 290.*

3483. Enslenia *NUTT.* Calyx quinquepartitus. Corolla subrotata, quinquepartita. Corona staminea pentaphylla, foliolis planis, bifidis, laciniis acuminatis. Antherae appendice membranacea terminatae. Pollinia cylindrica, infra apicem attenuatum affixa, pendula. Stigma conicum, subbilamellatum. Folliculi cylindrici, laeves. Semina plurima, ad umbilicum comosa. — *Herba boreali-americana, volubilis; foliis oppositis, cordato-ovatis, acuminatis, corymbis axillaribus, multifloris.*

Enslenia Nuttall *Gen. amer. I. 165.* Ampelanus Rafinesque *in Amer. Monthl. Mag. 1819.*

3484. Gomphocarpus *R. BR.* Calyx quinquefidus. Corolla quinquepartita, reflexa. Corona staminea pentaphylla, foliolis cucullatis, intus simplicibus, basi plerumque utrinque unidentatis. Antherae appendice membranacea terminatae. Pollinia compressa, apice attenuato affixa, pendula. Stigma depressum, muticum. Folliculi abortu plerumque solitarii, ventricosi, spinis innocuis echinati. Semina plurima, ad umbilicum comosa. — *Frutices v. suffrutices* *capenses, erecti; foliis oppositis, margine saepius revolutis, umbellis interpetiolaribus, multifloris.*

Gomphocarpus R. Brown *in Mem. Werner. soc. I. 38.* Bot. Mag. *t. 1628.* Reichenb. *Magaz. t. 28.* Asclepiadis sp. Linn. Jacq. *Hort. Schönbr. t. 50.* Vahl *Symbol. I. t. 8.*

3485. Lagarinthus *E. MEY.* Calyx quinquefidus. Corolla quinquepartita, subrotata, ad margines undulata. Corona staminea pentaphylla, foliolis cucullatis, intus simplicibus. Antherae appendice membranacea terminatae. Pollinia compressa, apice attenuato affixa, pendula. Stigma depressum, muticum. Folliculi abortu plerumque solitarii, graciles, laeves, basi turgiduli, rostrati. Semina plurima, ad umbilicum comosa. — *Herbae v. suffrutices capenses, erecti v. adscendentes, graciles; foliis oppositis, angustis, margine saepe revolutis, umbellis interpetiolaribus, multifloris.*

Lagarinthus E. Meyer *Comment. plant. Afr. austr. 202.*

3486. Pachycarpus *E MEY.* Calyx quinquefidus. Corolla quinquefida patens, v. rarius quinquepartita reflexa. Corona staminea pentaphylla, foliolis cucullatis, intus simplicibus. Antherae appendice membranacea terminatae. Pollinia obclavata, apice compresso affixa, pendula. Stigma depressum, muticum. Folliculi abortu solitarii, ventricosi v. turgidi, septemcostati, parietibus spongioso-incrassatis, laevibus? Semina plurima, ad umbilicum comosa. — *Herbae capenses, basi suffrutescentes; foliis latioribus, duriusculis, floribus nonnunquam maximis, maculatis v. subluridis.*

Pachycarpus E. Meyer *Comment. plant. Afr. austr. 209.* Xysmalobium grandiflorum R. Br.

3487. Xysmalobium *R. BR.* Calyx quinquepartitus. Corolla quinquefida, laciniis intus dense papilloso-barbatis. Corona staminea simplici serie decempartita, laciniis quinque antheris oppositis carnosis, subrotundis, intus simplicibus, totidem alternis, nanis. Antherae appendice membranacea terminatae. Pollinia compressa, apice affixa, pendula. Stigma muticum. Folliculi abortu solitarii, ventricosi, ramentis plumosis tecti. Semina plurima, ad umbilicum comosa. — *Frutices capenses, erecti; foliis oppositis, umbellis interpetiolaribus, majusculis.*

Xysmalobium R. Brown *in Mem. Werner soc. I. 39.* excl. sp. E. Meyer *Comment. plant. Afr. austr. 215.* Asclepiadis sp. Linn. Thunb. Commelyn *Ic. rar. t. 16.*

3488. Acerates *ELLIOTT.* Calyx quinquepartitus. Corolla quinquepartita, reflexa. Corona staminea pentaphylla, foliolis brevissimis, concavis, integris. Antherae appendice membranacea terminatae. Pollinia compressa, apice attenuato affixa, pendula. Stigma muticum. Folliculi cylindrici, laeves. Semina plurima, ad umbilicum comosa. — *Herba boreali-americana, erecta v. decumbens, pubescens; foliis alternis, lineari-lanceolatis, sessilibus, umbellis interpetiolaribus, erectis.*

Acerates Elliott *Flor. Carolin. I. 316.* Asclepias longifolia Michx.

3489. Podostigma *ELLIOTT.* Calyx quinquepartitus. Corolla subrotata, quinquepartita. Corona staminea pentaphylla, foliolis carinaeformibus, inflexis, apice intus septo versus basim deliquescente bilocellatis. Antherae appendice membranacea terminatae. Pollinia apice longe attenuata, pendula. Stigma muticum. Folliculi cylindrici, laeves. Semina plurima, ad umbilicum comosa. — *Herbae boreali-americanae, erectae; foliis oppositis, umbellis terminalibus et interpetiolaribus.*

Podostigma Elliott *Flor. Carolin. I. 326.* Stylandra Nuttall *Gen. Amer. I. 170* — ? Anantherix Nuttall *Op. cit. I. 169.*

3490. Asclepias *LINN.* Calyx quinquepartitus. Corolla quinquepartita, reflexa. Corona staminea pentaphylla, foliolis cucullatis, e fundo processum corniformem aversum exserentibus. Antherae appendice membranacea terminatae. Pollinia compressa, apice attenuato affixa, pendula. Stigma depressum, muticum. Folliculi laeves. Semina plurima, ad umbilicum comosa. — *Herbae boreali-americanae et tropicae; foliis oppositis, alternis verticillatisve, umbellis interpetiolaribus v. rarissime terminalibus.*

Asclepias Linn. *gen. n. 303.* excl. sp. R. Brown *in Mem. Werner. soc. I. 37.* (Jacq. *Observ. I. t. 33. Ic. rar. t. 345. Hort. Vindob. t. 107.* Jacq. f. *Eclog. t. 28.* Cavanill. *Ic. t. 57. 58.* Bot. Mag. *t. 1181. 1182.* Bot. Reg. *t. 76. 81. 250.* Kunth *in Humb. et Bonpl. Nov. gen. et sp. III. 289. t. 227.* Turpin *Atl. III. t. 58. 59.*)

3491. Otaria *KUNTH.* Calyx quinquepartitus. Corolla quinquepartita, reflexa. Corona staminea pentaphylla, foliolis cucullatis, e fundo processum corniformem aversum exserentibus, basi interiore biauriculatis. Antherae appendice membranacea terminatae. Pollinia compressa, apice attenuato affixa, pendula. Stigma depressum, muticum. Folliculi ..... — *Herba mexicana, erecta; ramis tomentoso-pubescentibus, foliis oppositis, oblongis, acutis, glabris, umbellis interpetiolaribus, multifloris.*

Otaria Kunth *in Humb. et Bonpl. Nov. gen. et sp. III. 191.* in not. Asclepias auriculata Kunth *Op. cit. t. 228.*

3492. Pentarrhinum *E. MEY.* Calyx quinquepartitus. Corolla quinquepartita, reflexa. Corona staminea pentaphylla, foliolis subcuneatis, truncatis, complicatis, processum aversum, rostratum exserentibus. Antherae appendice membranacea terminatae. Pollinia oblongo-teretia, apice obtuso affixa, pendula. Stigma depressum, muticum. Folliculi abortu solitarii, turgidi, spinis innocuis, uncinatis echinati. Semina plurima, ad umbilicum comosa. — *Suffrutex capensis, volubilis, glaber; foliis oppositis, cordatis, acuminatis, umbellis axillaribus, pedunculatis, alternis.*

Pentarrhinum E. Meyer *Comment. plant. Afric. austr. 200.*

3493. Aspidoglossum *E. MEY.* Calyx quinquepartitus. Corolla quinquepartita, subrotata. Corona staminea pentaphylla, foliolis e lata basi attenuato-subulatis, duplicatis, seu processu conformi adverso auctis. Antherae appendice membranacea terminatae. Pollinia compressa, apice attenuato affixa, pendula. Stigma depressum, muticum. Folliculi ...... — *Herbae capenses, erectae, angustifoliae; pedunculis axillaribus alternis, fasciculatis, nutantibus.*

Aspidoglossum E. Meyer *Comment. plant. Afric. austr. 200.*

TRIBUS. II. GONOLOBEAE. Pollinis massae transversae, extremitate exteriori affixae, sub stigmate occultatae. — *Americae* *borealis et tropicae, nec non Capitis bonae spei indigenae.*

3494. Dregea *E. MEY.* Calyx quinquepartitus. Corolla tubo urceolato, limbo rotato, quinquepartito. Corona staminea quinquepartita, laciniis ovalibus, obtusissimis. Antherae appendice membranacea terminatae, transversim dehiscentes. Pollinia transversa, extremitate exteriori affixa. Stigma conicum, subbilobum. Folliculi divaricati, pyramidales, laeves, tetrapteri, alis superne angustatis. Semina plurima, ad umbilicum comosa. — *Suffrutex capensis, volubilis; foliis oppositis, petiolatis, ovatis, obtusis, glabris, umbellis axillaribus, oppositis, pedunculatis, multifloris, floribus minutis, pallide badiis.*

Dregea E. Meyer *Comment. plant. Afr. austr. 199.*

3495. Gonolobus *L. C. RICH.* Calyx quinquepartitus. Corolla subrotata, quinquepartita. Corona staminea scutelliformis, lobata. Antherae appendice membranacea terminatae, transversim dehiscentes. Pollinia transversa, extremitate exteriori affixa. Stigma depresso-planiusculum. Folliculi patentes, ventricosi, subcostati. Semina plurima, ad umbilicum comosa. — *Suffrutices volubiles, in America boreali et tropica crescentes; foliis oppositis, latiusculis, umbellis interpetiolaribus.*

Gonolobus L. C. Richard *in Michaux Flor. bor. Amer. I. 119.* R. Brown *in Mem. Werner. soc. I. 35.* Kunth *in Humb. et Bonpl. Nov. gen. et sp. III. 207. t. 238. 209.* Barton *Flor. Bor. Amer. t. 99.* Bot. Mag. *t. 2799.* Bot. Reg. *t. 252. 931. 1053. 1126.* Gonolobium Pursh. *Flor. Amer. septentr. I. 179.* Cynanchi sp. Linn. Jacq. *Amer. t. 54—60.* Cavanill. *Ic. t. 7. 21. 159. 310.* Bot. Mag. *t. 1273.* Andrews *Bot. Reposit. t. 313.*

3496. Matelea *AUBL.* Calyx quinquepartitus. Corolla rotata, quinquepartita. Corona staminea scutelliformis, lobata. Antherae appendice membranacea terminatae, transversim dehiscentes. Pollinia transversa, extremitate exteriori affixa. Stigma depresso-planiusculum. Folliculi ventricosi, costati. Semina plurima, calva. — *Frutex guianensis, erectus; foliis oppositis, basi supra biglandulosis, floribus lateralibus, racemosis.*

Matelea Aublet *Guian. I. 278. t. 109.* R. Brown *in Mem. Werner. societ. I. 36.* Hosten Willdenow *Spec. I. 1274.*

TRIBUS III. PERGULARIEAE. Pollinia erecta v. conniventia, stigmati incumbentia, basi v. infra medium latere affixa. — *In regionibus tropicis subtropicisque veteris orbis copiosae, in America rarissimae.*

SUBTRIBUS I. HOYEAE. Antherae appendice membranacea terminatae.

§. 1. *SARCOLOBEAE. Corona staminea nulla.*

3497. Sarcolobus *R. BR.* Calyx quinquepartitus. Corolla subrotata, quinquefida, fauce nuda. Corona staminea nulla. Antherae appendice membranacea terminatae. Pollinia basi affixa, erecta. Stigma muticum. Folliculi abortu subsolitarii, ventricosi, carnosi v. coriacei. Semina plurima, marginata, umbilico nudo. — *Frutices indici, volubiles, glabri; foliis oppositis, latiusculis, coriaceo-carnosis, floribus interpetiolaribus, umbellatis v. corymbosis.*

Sarcolobus R. Brown *in Mem. Werner. soc. I. 35.* Wallich *in Asiat. Research. XII. 567. t. 4. 5.* Wight et Arnott *Contribut. 47.*

3498. Gymnema *R. BR.* Calyx quinquepartitus. Corolla suburceolata, quinquefida, fauce squamulis v. denticulis quinque sinubus insertis coronata, rarius nuda. Corona staminea nulla. Antherae appendice membranacea terminatae. Pollinia basi affixa, erecta. Stigma muticum. Folliculi graciles, laeves. Semina plurima, marginata, ad umbilicum comosa. — *Frutices v. suffrutices indici, saepius volubiles; foliis oppositis, membranaceis, planis, umbellis interpetiolaribus, cymaeformibus.*

Gymnema R. Brown *in Mem. Werner. soc. I. 33.* Wight et Arnott *Contribut. 44.*

a. EUGYMNEMA. Corollae tubus latus pilosus, fauce denticulis v. squamulis 5 decurrentibus coronata. — Asclepias lactifera Linn. Periploca sylvestris Willd. *Phytogr. t. 5. f. 3.*

b. BIDARIA. Corollae faux lineis 5 pilosis decurrentibus. — Asclepias tingens Roxburgh *Plant. Corom. t. 239.*

c. GONGRONEMA. Corolla ventricosa, fauce edentula, tubo intus nudo. Filamenta saepius tuberculo carnoso ad basim instructa. Pollinia compressa, spathulata. Flores laxe corymbosi v. umbellati. — Gymnema nepalense Wallich *Flor. nepal. t. 38.*

§. 2. *TYLOPHOREAE. Corona staminea pentaphylla.*

3499. Belostemma *WALL.* Calyx quinquepartitus. Corolla rotata, quinquefida. Corona staminea pentaphylla, foliolis lineari-oblongis, carnosis, tubi staminei medio verticaliter affixis, aversis, patentibus. Antherae appendice membranacea terminatae. Pollinia globosa, subadscendentia, v. transversim sub stigmatis margine dilatato sita. Stigma muticum. Folliculi .... — *Suffrutex nepalensis, volubilis, laxe pubescens; foliis oppositis, cordato-ovatis, subacuminatis, umbellis simplicibus, paucifloris, folio brevioribus, floribus parvis.*

Belostemma Wallich *ex Wight et Arnott Contribut. 52.*

3500. Tylophora *R. BR.* Calyx quinquepartitus. Corolla rotata, quinquefida. Corona staminea pentaphylla, foliolis depressis, carnosis, angulo interiore simplici, edentulo. Antherae appendice membranacea terminatae. Pollinia basi affixa, erecta, marginibus simplicibus. Stigma muticum. Folliculi laeves. Semina plurima, ad umbilicum comosa. — *Herbae v. suffrutices volubiles, in Asia, Africa et Nova-Hollandia tropica crescentes; foliis oppositis, membranaceis, umbellis interpetiolaribus, floribus saepius minutis.*

Tylophora R. Brown *in Mem. Werner soc. I. 28.* Colebr. *in Linn. Transact. XII. t. 16.*

3501. Hoya *R. BR.* Calyx quinquepartitus. Corolla rotata, quinquefida. Corona staminea pentaphylla, foliolis depressis, carnosis, angulo interiore in dentem antherae incumbentem producto. Antherae appendice membranacea terminatae. Pollinia basi affixa, conniventia, compressa. Stigma muticum v. subapiculatum. Folliculi laeves. Semina plurima, ad umbilicum comosa. — *Suffrutices in Asia et Nova-Hollandia tropica indigeni, volubiles v. decumbentes,* *saepe radicantes; foliis oppositis, carnosis v. membranaceis, umbellis interpetiolaribus, multifloris.*

Hoya R. Brown *in Mem. Werner. soc. I. 26. Prodr. 459.* Wight et Arnott *Contribut. 35.* Schollia Jacq. fil. *Eclog. 2.* Sperlingia Vahl *in Act. soc. Hafn. VI. 112.* Asclepiadis sp. Linn.

a. HOYAE VERAE. Coronae stamineae foliola subtus sulcata. — *Caules volubiles v. decumbentes, folia carnosa.* (Bot. Mag. *t. 788.* Bot. Reg. *t. 951.* Wallich *Plant. As. rar. t. 75.* Jacq. fil. *Eclog. t. 2.*)

b. WATTAHAKA. Coronae stamineae foliola subtus exsulca. — *Caulis volubilis, folia membranacea.* (Wight *in Hook. Miscell. Suppl. t. 1.* Asclepias volubilis Linn.)

3502. Pterostelma *WIGHT.* Calyx quinquepartitus. Corolla rotata, quinquefida. Corona staminea pentaphylla, foliolis membranaceis, lateribus reflexis, conniventibus, angulo interiore in dentem subulatum, erectum producto. Antherae appendice membranacea terminatae. Pollinia dorso corpusculi basi inserta, approximata, erecta. Stigma apiculatum. Folliculi ..... — *Frutex indicus, volubilis an decumbens? foliis oppositis, oblongis, acuminatis, carnosis, floribus majusculis, corollae laciniis lineari lanceolatis, tubo piloso, coronae foliolis latiusculis, marginibus arcte reflexis Papilionis sedentis alas simulantibus.*

Pterostelma Wight *Contribut. 39.*

3503. Physostelma *WIGHT.* Calyx quinquepartitus. Corolla rotata, patens, repande quinquedentata. Corona staminea pentaphylla, foliolis inflatis, antheris oppositis. Filamenta bipartita, cruribus vicinis diversorum staminum in filamenta antheris alterna, corpusculis stigmatis opposita connatis. Antherae appendice membranacea terminatae. Pollinia subcylindracea, basi affixa, erecta. Stigma depressum. Folliculi ...... — *Frutex indicus, volubilis; foliis oppositis, ovato-lanceolatis, acuminatis, carnosis, glabris, umbellis interpetiolaribus, longiuscule pedunculatis, paucifloris, floribus magnis.*

Physostelma Wight *Contribut. 39.*

3504. Tenaris *E. MEY.* Calyx quinquepartitus. Corolla subrotata, quinquepartita, laciniis anguste spathulatis. Corona staminea quinquepartita, laciniis ovatis, apice bidentatis. Antherae appendice membranacea terminatae. Pollinia basi affixa, erecta. Stigma .... Folliculi graciles, laeves, erecti. Semina plurima, ad umbilicum comosa. — *Herba capensis; radice tuberosa, caule subsimplici, virgato, caerulescente, foliis oppositis, angustissime linearibus, planis, cymis terminalibus, parvis.*

Tenaris E. Meyer *Comment. plant. Afr. austr. 198.*

3505. Heterostemma *WIGHT et ARN.* Calyx quinquepartitus. Corolla rotata, quinquepartita. Corona staminea pentaphylla, foliolis dilatatis, intus processu auctis. Antherae appendice membranacea terminatae. Pollinia erecta, obsolete tetragona, margine hinc pellucido. Stigma ..... Folliculi laeves. Semina plurima, ad umbilicum comosa. — *Frutices indici, volubiles; foliis oppositis, supra versus basim glandula minuta instructis, umbellis parvis, interpetiolaribus, breve pedunculatis.*

Heterostemma Wight et Arnott *Contribut. 42.*

3506. Cosmostigma *WIGHT.* Calyx quinquefidus. Corolla rotata, quinquepartita. Corona staminea pentaphylla, foliolis compressis, bifidis. Antherae ventricosae, appendice membranacea terminatae. Pollinia erecta, appendiculo stigmatis longo, pendulo basi affixa. Stigma muticum, ala angusta, flexuosa, repanda coronatum. Folliculi magni, oblongo-lineares, obtusi, laeves. Semina plurima, ad umbilicum comosa. — *Frutices indici, volubiles; foliis oppositis, membranaceis, corymbis saepius geminatis, longe pedunculatis, floribus parvis.*

Cosmostigma Wight *Contribut. 41.* Asclepias racemosa Roxb.

3507. Marsdenia *R. BR.* Calyx quinquepartitus. Corolla urceolata, quinquefida, nunc subrotata. Corona staminea pentaphylla, foliolis compressis, indivisis, intus simplicibus. Antherae appendice membranacea terminatae. Stigma muticum v. rostratum. Pollinia basi affixa, erecta. Folliculi laeves. Semina plurima, ad umbilicum comosa. — *Suffrutices volubiles v. rarius erecti, in India orientali et Nova-Hollandia, rarius in America meridionali crescentes; foliis oppositis, latiusculis, planis, cymis v. thyrsis interpetiolaribus.*

Marsdenia R. Brown *in Mem. Werner. soc. I. 29. Prodr. 460.*

a. MARSDENIAE VERAE R. Brown *l. c.* Stigma muticum. (Rudge *in Linn. Transact. X. t. 21. f. 21.* Gullemin *Ic. lithograph. t. 9.* Bot. Reg. *t. 489.* Bot. Mag. *t. 3289.*)

b. NEPHRANDRA R. Brown *l. c.* Stigma rostratum. — Cynanchum erectum Linn. Jacq. *Hort. Vindob. t. 38.* a cl. Brown huc relatum, eodem monente verisimiliter sui generis. — M. tenacissima Wight et Arn. *Contribut. 41.* quae Asclepias tenacissima Roxburgh *Plant. Corom. t. 240.* coronae stamineae foliolis latis, apice truncatis, subintegris v. bifurcatis diversa videtur. M. Calesiana Wight *l. c.* coronae stamineae foliolis profunde bifidis, lobo uno longiore antherae incumbente, altero breviore versus basim carinaeformi diversissima. An M. clausa R. Brown reversa congener?

3508. Dischidia *R. BR.* Calyx quinquepartitus. Corolla urceolata, quinquefida. Corona staminea pentaphylla, foliolis bifidis, lobis patentibus, apice recurvis. Antherae appendice membranacea terminatae. Pollinia basi affixa, erecta. Stigma muticum. Folliculi laeves. Semina plurima, ad umbilicum comosa. — *Herbae in Asia et Australasia tropica indigenae, in arboribus parasiticae; caule ad genicula inferiora radicante, foliis oppositis, crassis, carnosis, interdum in ascidia conversis, floribus parvis, subumbellatis.*

Dischidia R. Brown *in Mem. Werner. soc. I. 32. Prodr. 461.* Colebr. *in Linn. Transact. XII. t. 15.* Wallich *Plant. As. rar. II. 35. t. 142.* Hooker *in Bot. Mag. t. 2914.* Decaisne *in Nouv. Annal. Mus. III. 377. t. 17.* Wight et Arnott *Contribut. 43.* Colyris Vahl *in Act. soc. h. n. Hafn. VI. 111.* — Conchophyllum Blume *Bijdr. 1060.* Nummularia lactea Rumph *Amboin. V. 470. t. 176. f. 1.* Pustula arborum Rumph *l. c. t. 175. f. 3.*

3509. Leptostemma *BLUM.* Calyx quinquedentatus. Corolla tubulosa, fauce constricta, nuda sive squamulis v. fasciculis villorum clausa, limbo semiquinquefido. Corona staminea pentaphylla, foliolis cordatis v. sagittatis, indivisis. Antherae appendice membranacea terminatae. Pollinia basi affixa, erecta. Stigma muticum. Folliculi laeves. Semina plurima, ad umbilicum comosa. — *Herbae javanicae, in arboribus radicantes; foliis oppositis v. verticillatis, carnosis, floribus umbellatis.*

Leptostemma Blume *Bijdr. 1057.*

3510. Stephanotis *THOUARS.* Calyx quinquepartitus. Corolla hypocraterimorpha, fauce nuda, limbo quinquepartito. Corona staminea pentaphylla, foliolis ovatis v. lanceolatis, indivisis. Antherae appendice membranacea terminatae. Pollinia basi affixa, erecta. Stigma conicum, acutum. Folliculi laeves. Semina plurima, ad umbilicum comosa. — *Frutices madagascarienses, volubiles; foliis oppositis, coriaceis, laevissimis, floribus ternatis v umbellatis, pedunculis interpetiolaribus.*

Stephanotis Thouars *Gen. madagasc. n. 35.* Brongniart *in Nouv. Annal. sc. nat. VII. 30.* Delessert *Ic. select. III. t. 82—83.* Isaura Commers. *ex Poiret Suppl. III. 185.*

3511. Pergularia *LINN.* Calyx quinquepartitus. Corolla hypocraterimorpha, tubo urceolato, fauce hirsuta, limbo quinquefido. Corona staminea pentaphylla, foliolis compressis, apice indivisis, intus lacinula auctis. Antherae appendice membranacea terminatae. Pollinia basi affixa, erecta. Stigma muticum. Folliculi ventricosi, laeves. Semina plurima, ad umbilicum comosa. — *Herbae volubiles, incertae originis, in India et China ob flores suaveolentes cultae; foliis oppositis, membranaceis, latiusculis, cymis interpetiolaribus, floribus flavescentibus.*

Pergularia Linn. *gen. n. 1253.* excl. sp. R. Brown *in Mem. Werner. soc. I. 31.* Smith *Ic. pict. t. 16.* Andrews *Bot. Reposit. t. 185.* Bot. Mag. *t. 755.* Bot. Reg. *t. 412.*

3512. Baxtera *REICHENB.* Calyx quinquepartitus. Corolla urceolata, fauce nuda, limbo quinquefido, erecto. Corona staminea pentaphylla, foliolis carnosis, intus dente auctis. Antherae appendice membranacea terminatae. Pollinia basi affixa, erecta. Stigma ...... Folliculi ...... — *Frutex brasiliensis, erectus, non satis notus; foliis oppositis, cordato-ellipticis, coriaceis, umbella terminali, floribus rubicundis.*

Baxtera Reichenb. *consp. n. 3454.* Harrisonia Hook. *in Bot. Mag. t. 2699.* non alior.

SUBTRIBUS II. STAPELIEAE. Antherae apice simplices.

§. 1. *LEPTADENIEAE.* *Corona staminea nulla.*

3513. Orthanthera *WIGHT.* Calyx quinquepartitus. Corolla urceolata, tubo subventricoso, fauce nuda, limbo quinquefido, aestivatione valvato. Corona staminea nulla. Antherae liberae, erectae, apice simplices, acutae. Pollinia basi affixa, erecta, apice coarctato, pellucido. Stigma apiculatum. Folliculi ..... — *Frutex hindostanicus, aphyllus, tomento impalpabili tectus; umbellis breve pedunculatis, pauciflorís.*

Orthanthera Wight *Contribut. 48.* Royle *Himalay. t. 66.*

3514. Leptadenia *R. BR.* Calyx quinquepartitus. Corolla subrotata, quinquefida, tubo brevi, fauce squamis quinque, cum limbi quinquefidi laciniis aestivatione valvatis alternantibus coronata. Corona staminea nulla. Antherae liberae, erectae, apice simplices, acutae. Pollinia basi affixa, erecta, apice coarctato, pellucido. Stigma muticum v. rarius apiculatum. Folliculi laeves. Semina plurima, ad umbilicum comosa. — *Frutices volubiles, in India orientali et in Africa tropica et boreali indigeni, tomento cinereo impalpabili pulverei; foliis oppositis, planis, umbellis interpetiolaribus, interdum cymosis.*

Leptadenia R. Brown *in Mem. Werner. soc. I. 34.* Wight et Arnott *Contribut. 47.*

§. 2. *CEROPEGIEAE. Tubus stamineus extus appendiculatus.*

3515. Fischeria *DC.* Calyx quinquepartitus. Corolla rotata, quinquepartita, lobis undulato-crispis. Columna genitalium exserta. Corona staminea gamophylla, carnosa, truncata, basi annulo nectarifero cincta. Antherae apice simplici, uncinato, intus replicato. Pollinia medio lateri inserta, stigmati incumbentia. Stigma muticum. Folliculi 2 ..... — *Frutex scandens, incertae originis et dubiae affinitatis; ramis tenellis foliisque oppositis, pube tenuissima molliter velutinis, floribus e flavo virescentibus.*

Fischeria DC. *Catalog. Hort. Monsp. 1813. p. 112.* Römer et Schultes *Syst. VI. 50.*

3516. Microstemma *R. BR.* Calyx quinquepartitus. Corolla rotata, quinquepartita. Columna genitalium exserta. Corona staminea quinqueloba, lobis carnosis, cum antheris alternantibus. Antherae apice simplices. Pollinia medio lateri inserta, stigmati incumbentia. Stigma muticum. Folliculi graciles, laeves. Semina plurima, ad umbilicum comosa. — *Herba Novae-Hollandiae tropicae, erecta, glabra; radice tuberosa, caule inferne simplici, foliis minutis, superne ramoso, foliis oppositis, linearibus, umbellis lateralibus et terminalibus subsessilibus, corollis nigro-purpureis, intus barbatis.*

Microstemma R. Brown *in Mem. Werner. soc. I. 25. Prodr. 459.*

3517. Brachystelma *R. BR.* Calyx quinquepartitus. Corolla campanulata, quinquefida, ampla, sinubus angulatis. Columna genitalium inclusa. Corona staminea quinquefida, lobis antheris oppositis, simplicibus. Antherae apice simplices. Pollinia basi affixa, erecta. Stigma muticum. Folliculi graciles, laeves. Semina plurima, ad umbilicum comosa. — *Suffrutices capenses; radice tuberosa, foliis oppositis, membranaceis, pedunculis axillaribus aggregatis.*

Brachystelma R. Brown *in Bot. Mag. t. 2343. 3016.* Bot. Reg. *t. 722. 1113.* E. Meyer *Comment. plant. Afr. austr. 195.*

3518. Sisyranthus *E. MEY.* Calyx quinquepartitus. Corolla campanulata, quinquefida, sinubus angulatis. Columna genitalium inclusa. Corona staminea quinquefida, laciniis ovatis, intus sub apice apiculatis, apiculo verrucaeformi. Antherae apice simplices. Pollinia basi affixa, erecta. Stigma depressum. Folliculi graciles, laeves. Semina ...... — *Herba capensis, glaberrima; caule simpliciusculo, gracili, virgato, foliis oppositis, angustissime linearibus, carinatis, strictis, ima basi semiamplexicaulibus, umbellis axillaribus pedunculatis, paucifloris, corollae extus rugulosae, flavescenti-viridis fauce subcontracta, limbi laciniis erectis, intus strigilloso-barbatis, barbis in tubum decurrentibus.*

Sisyranthus E. Meyer *Comment. plant. Afric. austr. 197.*

3519. Ceropegia *LINN.* Calyx quinquepartitus. Corolla e basi ventricosa infundibuliformis, limbi quinquefidi laciniis ligulatis, apice cohaerentibus. Columna genitalium inclusa. Corona staminea quinque-quindecimloba, lobis unibiseriatis, interioribus antheris oppositis, ligulatis. Antherae apice simplices. Pollinia basi affixa, erecta. Stigma muticum. Folliculi cylindracei, laeves. Semina plurima, ad umbilicum comosa. — *Herbae v. suffrutices Indiae orientalis, volubiles; radice tuberosa, foliis oppositis, umbellis interpetiolaribus, pauci- multifloris.*

Ceropegia Linn. *gen. n. 299.* R. Brown *in Mem. Werner. soc. I. 21.* Roxburgh *Plant. Corom. t. 7—10.* Wallich *Plant. As. rar. t. 73. 193. 187.* Bot. Mag. *t. 3015. 3267. 3330. 3301.* Bot. Reg. *t. 626. 1706.* Link et Otto *Ic. rar. t. 18.* Wight *in Hook. Bot. Misc. Append. t. 2. Contribut. 30.* Royle *Himalay. t. 66.*

3520. Eriopetalum *WIGHT.* Calyx quinquepartitus. Corolla subcampanulata, quinquefida, laciniis anguste linearibus, sinu lato. Columna genitalium vix exserta. Corona staminea quindecimloba, lobis quinque interioribus antheris oppositis et incumbentibus, exterioribus decem per paria approximatis, interiorum dorso adhaerentibus. Antherae apice simplices. Pollinia juxta basim affixa, erecta, stigmati incumbentia, margine hinc pellucido. Stigma muticum. Folliculi graciles, laeves. Semina plurima, ad umbilicum comosa. — *Herbae indicae, erectae, subramosae; caulibus teretibus, foliis minutis, squamaeformibus, adpressis, floribus parvis, umbellatis, umbellis lateralibus v. terminalibus, sessilibus, corollae laciniis tubo longioribus, intus saepius dense villosis v. lanatis.*

Eriopetalum Wight *Contribut. 35.*

3521. Bucerosia *WIGHT* et *ARN.* Calyx quinquepartitus. Corolla subcampanulata, quinquefida, laciniis late triangularibus, sinu acuto. Columna genitalium subinclusa. Corona staminea quindecimloba, lobis quinque interioribus antheris oppositis et incumbentibus, exterioribus decem per paria approximatis, erectis v. apice subincurvis, interiorum dorso adhaerentibus. Antherae apice simplices. Pollinia erecta, tetragona, margine pellucido. Stigma muticum. Folliculi laeves, teretes, rostrati. Semina plurima, ad umbilicum comosa. — *Plantae indicae, carnosae, aphyllae, erectae, tetragonae; angulis dentatis, floribus plurimis, terminalibus, umbellatis.*

Bucerosia Wight et Arnott *Contribut. 34.* Stapelia umbellata Roxburgh *Plant. Corom. t. 241.* Caralluma crenulata Wallich *Plant. As. rar. t. 7.*

3522. Hutchinia *WIGHT* et *ARN.* Calyx quinquepartitus. Corolla subcampanulata, quinquefida. Columna genitalium subinclusa. Corona staminea vigintiloba, laciniis biseriatis, interioribus quinque antheris oppositis et incumbentibus, exterioribus alternis, ternatim approximatis, lateralibus intermedio majoribus. Antherae apice simplices. Pollinia basi affixa, erecta, margine hinc pellucido. Stigma ...... Folliculi ..... — *Plantae indicae, carnosae, aphyllae, erectae, tetragonae, ramosae; angulis dentatis, floribus terminalibus plurimis, subumbellatis, corolla intus pilosa.*

Hutchinia Wight et Arnott *Contribut. 34.*

3523. Caralluma *R. BR.* Calyx quinquepartitus. Corolla rotata, profunde quinquefida. Columna genitalium exserta. Corona staminea simplici serie decemloba, lobis quinque antheris oppositis carnosis, iisdem incumbentibus, alternis ligulatis, bipartitis. Antherae apice simplices. Pollinia basi affixa, erecta, tetragona, margine hinc pellucido. Stigma muticum. Folliculi graciles, laeves. Semina plurima, ad umbilicum comosa. — *Herbae indicae, carnosae, aphyllae; caulibus erectis, tetragonis, secus angulos dentatis, pedunculis e dentium summorum axillis solitariis, unifloris.*

Caralluma R. Brown *in Mem. Werner. soc. I. 25.* Wallich *Plant. As. rar. t. 8.* Wight et Arnott *Contribut. 33.* Stapelia adscendens Roxburgh *Plant. Corom. t. 30.*

3524. Stapelia *LINN.* Calyx quinquepartitus. Corolla rotata, quinquefida, carnosa. Columna genitalium exserta. Corona staminea duplex, exterioris foliolis v. laciniis integris v. partitis, interioris corniculiformibus, simplicibus v. bifidis. Antherae apice simplices. Pollinia basi affixa, erecta, margine hinc cartilagineo pellucido. Stigma muticum. Folliculi subcylindracei, laeves. Semina plurima, ad umbilicum comosa. — *Plantae capenses, aphyllae, carnosae, angulatae, saepissime tuberculatae, floribus ut plurimum speciosis, sed odore nauseoso, stercorario.*

Stapelia R. Brown *in Mem. Werner. soc. I. 23.* Stapeliae sp. Linn. Masson, *Stapeliae novae. Londini, 1796. fol.* Jacquin, *Stapeliae cultae. Vindob. 1806. 4.*

a. STAPELTONIA. Corona staminea exterior quinquepartita, laciniis indivisis, interioris corniculis simplicibus v. bipartitis. Stapelia Haworth *Synops. succul. 15.* (Masson *Stapel. t. 11—13. 17—19. 39.* Jacq. *Stapel. t. 47—59.* Bot. Mag. *t. 536. 585. 1240. 1890.* Bot. Reg. *t. 756.*

b. GONOSTEMON Haworth *Op. cit. 27.* Corona staminea exterior pentaphylla, foliolis ligulaeformibus, interioris corniculis simplicibus uncinatis. — Jacq. *Op. cit. t. 20—23.* Wendl. *Collect. t. 51.* Bot. Mag. *t. 1007. 2037.*

c. PODANTHES Haworth *Op. cit. 32.* Corona staminea exterior quinquepartita, laciniis emarginatis, interioris corniculis brevissimis, simplicibus, infractis. — Masson *Op. cit. t. 8. 9. 34. 36.* Jacq. *Op. cit. t. 18. 19.* Bot. Mag. *t. 786.*

d. TRIDENTEA Haworth *Op. cit. 34.* Corona staminea exterior quinquepartita, laciniis tridentiformibus, interioris corniculis bifidis, ramulo interiore longiore. — Masson *Op. cit. t. 15. 16.* Jacq. *Op. cit. 24—28.* Bot. Mag. *t. 1234. 1839.*

e. TROMOTRICHE Haworth *Op. cit. 36.* Corona staminea exterior quinquepartita, laciniis horizontalibus, emarginatis v. serratis, interioris corniculis bifidis, ramulo interiore longiore clavato. — Masson *Op. cit. t. 1.* Jacq. *Op. cit. t. 44—46.*

f. CARUNCULARIA Haworth *Op. cit. 334.* Corona staminea exterior pentaphylla, foliolis patulis, emarginatis, interioris corniculis bifidis, torosis, clavatis, carunculatis. — Masson *Op. cit. t. 21. 37.* Jacq. *Op. cit. t. 60—63.* Bot. Mag. *t. 793.*

g. ORBEA Haworth *Op. cit. 37.* Corona staminea exterior pentaphylla, foliolis patulis, bi-tridentatis, interioris corniculis bifidis, ramo interiore longiore, clavato. — Masson *Op. cit. t 38.* Jacq. *Op. cit. t. 29—43.* Bot. Mag. *1169. 1676. 1833.* Bot. Reg. *t. 755.*

h. OBESIA Haworth *Op. cit. 42.* Corona staminea exterior gamophylla scutiformis, interioris corniculi bifidi, ramo exteriore patulo, interiore in stigma incumbente. — Masson *Op. cit. t. 38.* Jacq. *Op. cit. t. 29—43.* Bot. Mag. *t. 26. 1196. 1676. 1833.* Bot. Reg. *t. 755.*

i. DUVALIA Haworth *Op. cit. 44.* Corollae laciniae replicatae, faux in orbiculum solidum elevata. Corona staminea exterior gamophylla, scutiformis, interior corniculis simplicibus, stigmati incumbentibus. — Masson *Op. cit. t. 29.* Jacq. *Op. cit. t. 10—15.* Bot. Mag. *t. 1184. 1397.*

PECTINARIA Haworth suppl. (Masson *Op. cit. t. 30.*) et HOODIA Sweet *Hort. brit. 395.* (Masson *Op. cit. t. 40.*) quo charactere distinguantur, nescio.

DESMIDORCHIS Ehrenb. *in Linnaea. IV. 94.* quae Stapelia quadrangula Forsk. utriculis polliniis fasciculatis, membrana inclusis insigne genus, descriptum nondum est.

3525. Apteranthes *MIK.* Calyx quinquepartitus. Corolla rotata, quinquefida. Columna genitalium exserta. Corona staminea simplex, quinqueloba, lobis subtriangularibus planis, sub truncatis, stigmati incumbentibus. Antherae apice simplices. Pollinia basi affixa, erecta, margine hinc cartilagineo-pellucido. Stigma muticum. Folliculi ...... — *Herba Stapeliae habitu, in insula Lampedusa nostris diebus a Gussoneo detecta; floribus umbellatis, parvis, inodoris.*

Apteranthes Mikan *in N. A. N. C. XVII. 594. t. 41.*

3526. Piaranthus *R. BR.* Calyx quinquepartitus. Corolla campanulata, quinquefida, carnosa. Columna genitalium inclusa. Corona staminea simplex, pentaphylla, foliolis dorso dentatis. Antherae apice simplices. Pollinia basi affixa, erecta, margine hinc cartilagineo-pellucido. Stigma muticum. Folliculi ..... — *Herbae capenses, Stapeliarum habitu, a quibus corona staminea simplici diversae.*

Piaranthus R. Brown *in Mem. Werner. soc. I. 23.* Stapeliae sp. Masson *Stapel. t. 23. 24. 31. 32. 35.* Bot. Mag. *t. 1648.*

3527. Heurnia *R. BR.* Calyx quinquepartitus. Corolla campanulata, limbo decemfido, laciniis alternis nanis, dentiformibus. Columna genitalium inclusa. Corona staminea duplex, exterior quinquefida, laciniis bifidis, interior pentaphylla, foliolis e basi gibbosa subulatis, indivisis, laciniis exterioribus alternantibus. Antherae apice simplices. Pollinia basi affixa, erecta, margine hinc cartilagineo pellucido. Stigma muticum. Folliculi cylindracei, laeves. Semina plurima, ad umbilicum comosa. — *Herbae capenses, Stapeliarum habitu.*

Heurnia R. Brown *in Mem. Werner. soc. I. 23.* Stapeliae sp. Masson *Stap. t. 2. 5. 7.* Jacq. *Stap. t. 1—9.* Bot. Mag. *t. 806. 1227. 1661. 1662.*

Ordo CXXXIV. Gentianeae.

GENTIANEAE Jussieu *gen. 141.* R. Brown *Prodr. 449.* Martius *Nov. gen. et sp. II. 132.* Bartling *Ord. nat. 199.* Griesebach, *Observationes quaedam de Gentianearum familiae characteribus. Berolini, 1836. 8.* GENTIANACEAE Lindley *Introduct. edit. II. p. 296.*

HERBAE annuae v. perennes, rarius suffrutescentes, rarissime FRUTICES, interdum volubiles, ut plurimum glabrae, rarissime pube, interdum glandulosa v. viscidula conspersae, caule ramisque teretibus, compressis v. interdum tetragonis, succo in omnibus aqueo.

Folia opposita v. interdum verticillata, rarissime alterna, radicalia saepius congesta, omnia simplicia, integerrima (in Menyanthearum subordine ternata, saepius dentata), plerumque nervosa, sessilia v. in petiolum attenuata. Stipulae nullae.

FLORES hermaphroditi, regulares, rarissime irregulares, terminales v. axillares, solitarii v. fasciculati, nunc corymbosi, racemosi v. cymosi.

Calyx liber, persistens, e foliolis quatuor v. quinque, rarius sex-octo, liberis v. plus minus connatis compositus, foliolis aestivatione valvatis v. contortis, planis v. carinatis, angulatus v. interdum alatus, rarissime foliolorum suturis in alas productis.

Corolla hypogyna, decidua v. marcescenti persistens, nunc supra capsulam contorta, petalis numero foliolorum calycis iisque alternis composita, gamopetala, infundibuliformis v. hypocraterimorpha, fauce nuda v. annulo subtilissimo, fimbriato instructa, laciniis basi nudis v. foveolis glanduliferis, solitariis v. geminis, nudis, ciliatis v. squamula propria tectis, rarius in calcar fundo glanduliferum productis, rarissime extus glandula instructis, aestivatione dextrorsum contortis v. in subordine Menyanthearum induplicativis.

STAMINA corollae tubo v. fauci inserta, ejusdem lobis numero aequalia et alterna, exserta v. inclusa. Filamenta plerisque filiformia, libera, aequalia v. subinaequalia, rarissime basi dilatata et in annulum connata, interdum basi dilatata et distincta, utrinque in dentem producta.

Antherae introrsae, biloculares, forma variae, erectae v. incumbentes, connectivo brevi v. loculos superante, apice poro gemino v. rimulis brevibus, saepius juxta totam longitudinem dehiscentes, post anthesim immutatae v. spiraliter convolutae aut involutae.

OVARIUM e carpidiis duobus conflatum, carpidiorum marginibus valvatim connatis v. parum introflexis uniloculare, nunc iisdem intus longius productis semibiloculare, v. intus discretis pseudo-quadriloculare, v. placentam centralem attingentibus complete biloculare. Placentae suturales solitariae v. geminae, plus minus distinctae, nunc carpidiorum parietibus adnatae, rarius centrales solitariae, maturitate saepius solutae. Ovula plurima, pluriseriata, horizontalia, anatropa.

Stylus terminalis, ovario continuus, nunc brevissimus v. nullus. Stigma bifidum v. bilamellatum, rarius indivisum, rarissime per suturas decurrens.

CAPSULA unilocularis v. plus minus complete bilocularis, bivalvis, valvis margine placentiferis, v. placentis demum solutis liberis, rarissime epicarpio carnoso subindehiscens v. maceratione tandem apertum.

Semina plurima, rarissime subdefinita, minima, globosa v. angulata; testa areolata, nunc compressa, margine membranaceo cincta.

Albumen carnosum copiosum, nunc cavum seminis explens nunc minus.

EMBRYO in basi albuminis orthotropus, minimus. Cotyledones subdiscretae v. cohaerentes. Radicula umbilico proxima, in plerisque centrifuga.

Gentianeae ab Apocyneis arcte affinibus habitu, fructus structura et succo aqueo optime distinctae, per totum terrarum orbem diffusae, et e nullo climate omnino exules, in hemisphaerae borealis montibus et alpibus, in subtropicis hemisphaerae australis, et in regionibus Americae aequinoctialis situ supra mare elato temperatioribus maximo numero gignuntur. Omnes et nonnullae insigniter amarae, magni in medicina usus. In recensendis generibus, paucis exceptis cl. Griesebach, cujus monographia ordinis a botanicis expectatur, secutus sum.

SUBORDO I. GENTIANEAE VERAE.

Corollae laciniae aestivatione dextrorsum contortae. Albumen cavum seminis explens.

TRIBUS I. CHIRONIEAE.

Capsula unilocularis v. plus minus complete bilocularis, placentis suturalibus.

3528. Gentiana *LINN.* Calyx quadri-decemfidus v. partitus, rarissime dimidiato-spathaceus. Corolla hypogyna, infundibuliformis, campanulata v. rotata, fauce nuda v. barbato-fimbriata, limbo quadri-quinquefido, rarius decemfido, laciniis alternis nanis. Stamina 4 v. 5, corollae tubo inserta; filamenta basi aequalia, antherae erectae, immutatae, longitudinaliter dehiscentes. Ovarium uniloculare. Ovula juxta suturas plurima. Stylus brevissimus v. nullus; stigma bipartitum, obtusum. Capsula unilocularis, bivalvis. Semina plurima, minima, compressa, saepius margine membranaceo cincta. — *Herbae perennes, habitu vario, in Europa et Asia imprimis alpestri magna formarum copia obviae, in America boreali et in summis Andium jugis rarae, in regionibus antarcticis rarissimae.*

GENTIANA Linn. *gen. n. 319 excl. pl.* Gärtn. *II. 149. t. 115.* Frölich, *Dissert. de Gentiana, Erlangae, 1796. 8.* Bunge *in Mem. soc. h. n. Mosq. VII. 209.* Griesebach *Observat. 14.* Asterias, Eurythalea, Ericala, Thylacites, Cyanea, Dasystephanus, Tetrorhiza Renealm. *sp.* Asterias, Coilantha, Dasystephana, Ciminalis, Ericoila, Eurythalia, Gentiana et Gentianella Borkhausen *in Römer Archiv. I. 25.* Pneumonanthe, Hippion, Gentiana et Chironia partim Schmidt *Flor. bohem. II. 18—35.*

a. ASTERIAS *Renealm.* Corolla rotata, fauce nuda. — Asterias Renealm. *t. 63.* Borkhausen *in Römer Arch. I. 25.* Bunge *in Mem. soc. h. n. Mosq. VII. 209.* (G. lutea L. Mill. *Ic. t. 139.* G. hybrida DC.) — ? Henricea Lemaire-Lisencourt *in Bullet. soc. Philomat. 1824. p. 171.* G. Chirayta Roxb. *ex Flemming in Asiat. Research. XI. 167.* Wallich *Plant. As. rar. t. 152.*

b. COELANTHA Frölich *Op. cit. 15.* Corolla campanulata, fauce nuda. — Coelantha Bunge *Op. cit. 210.* — Coilantha Borkh. *Op. cit. t. 25.* G. purpurea L. *Flor. dan. t. 50.* Andrews *Bot. Reposit. t. 117.* — — G. biloba DC. *Ic. plant. Gall. rar. t. 15.* — Pneumonanthe Borkh. *l. c.* G. pannonica Scop. Jacq. *Flor. austr. t. 136.* — Dasystephana Renealm. *t. 68.* Borkh. *Op. cit. I. 27.* G. punctata L. Jacq. *Flor. austr. App. t. 28.* G. campanulata Jacq. *l. c. t. 29.* G. Gebleri Bunge *Op. cit. t. 8 f. 1.* G. decumbens L. G. adscendens Pallas *Flor. Ross. II. s. 94.* Bot. Mag. *t. 705 723.* G. daurica Fischer *in Mem. soc. h. n. Mosq. III. t. 12.* G. algida Pallas *Op. cit. II. t. 93* G. frigida Hänk. Frölich Gent. *t. 1.* G. Romanzowii Bunge *Op. cit. t. 11. f. 1.* G. gelida Bieberst. G. septemfida Pallas *Op. cit. II. t. 92.* G. triflora Pallas *Op. cit. II. t. 93. f. 1.* G. angustifolia Michx. — Cuttera Rafinesque *in N. York Medic. Reposit. II. Hex. V. 350.* G. Saponaria L. Bot. Mag. *t. 1039.* G. ochroleuca Frölich Bot. Mag. *t. 1551.*

c. PNEUMONANTHE *Bung.* Corolla infundibuliformis, fauce nuda. — Pneumonanthe Bunge *Op. cit. 220.* — Dasycephala Borkh. *l. c.* G. asclepiadea L. Jacq. *Flor. austr. t. 328.* Bot. Mag. *t. 1078.* — Ciminalis Borkh. *Op. cit. I. 26.* Thylacites Renealm. *t. 68.* — G. Pneumonanthe L. *Fl. dan. t. 269.* Bot. Mag. *t. 1101.* — G. montana Forst. *in Act. Stokholm. 1777. t. 5.* G. saxosa Forst. G. contorta Royle *Himalay. t. 68. f. 3.*

d. CROSSOCEPHALUM Frölich *Op. cit. 109.* Corolla hypocraterimorpha, fauce nuda, limbi quadrifidi laciniis ciliatis. — Crossopetalum Roth. Bunge *Op. cit. p. 222.* Urananthe Gaudin *Flor. Helvet.* Denckea Rafinesque *l. c.* Gentianella Borkh. *Op. cit. I. 24.* G. ciliata L. Jacq. *Fl. austr. 113.* G. barbata Fröl. Bot. Mag. *t. 693.* Bunge *Op. cit. t. 9. f. 1.* G. crinita Fröl. Bot. Mag. *t. 2031.* Andrews *Bot. Reposit. t. 501.* G. detonsa Rottb. G. serrata Gunn. *Flor. dan. t. 317.* G. brachypetala Bunge *Op. cit. t. 11 f. 3.*

e. ERICALA *Renealm.* Corolla hypocraterimorpha, fauce nuda, limbo quinquefido. — Calathinnae Frölich *Op. cit. 57.* Röm. et Schult. *syst. VI. 152.* Bunge *Op. cit. 226.* Ericala Renealm. *t. 68.* Hippion Schmidt *in Röm. Archiv. l. c.* Ciminalis Borkh. *l. c.* G. acaulis L. Jacq. *Flor. austr. t. 136.* Ericoila Borkh. *l. c.* G. alpina Villars *Delph. t. 10.* G. pumila L. Jacq. *Flor. austr. t. 302.* G. carpathica Waldst. et Kit. G. bavarica L. G. imbricata Fröl. G. prostrata Hänke *in Jacq. Collect. II. t. 17. f. 2.* G. brachyphylla Vill. G. verna L. E. B. *t. 493.* G. aestiva Schult. G. angulosa Bieberst. *Plant. Ross. t. 47.* G. utriculosa L. Waldst. et Kit. *Plant. Hung. t. 206.* G. nivalis L. *Flor. dan. t. 17.* E. B. *t. 896.* G. azurea Bunge *Op. cit. t. 10. f. 3.*

f. CHONDROPHYLLUM *Bung.* Corolla hypocraterimorpha, fauce nuda, limbo subdecemfido. Chondrophyllae Bunge *Op. cit. 237.* Hippion Schmidt *l. c.* Ericoila Borkh. *l. c.* G. altaica Pallas *Op. cit. t. 97.* G. pyrenaica L. Waldst. et Kitaib. *Plant. Hung. t 207.* G. nutans Bunge *Op. cit. t. 11. f. 2.* G. squarrosa Ledeb. Bunge *Op. cit. t. 9. f. 3.* G. humilis Stev. G. aquatica L. Bunge *Op. cit. t. 9. f. 6.* G. sedifolia Kunth *in Humb. et Bonpl. Nov. gen. et sp. t. 225.* — ? G. Kurroo Royle *Himalay. t. 68. f. 2.*

g. ERITHALIA *Bung.* Corolla tubulosa, fauce nuda. — Erithalia Bunge *Op. cit. 237.* Hippion Schmidt *l. c.* Tetrorhiza Renealm. *t. 73.* Ericoila et Dasystephana Borkh. *l. c.* G. macrophylla Pallas *Op. cit. t. 96.* Bot Mag. *t. 1414.* G. cruciata Linn. Jacq. *Flor. austr. t. 372.* G. glauca Pallas *Op. cit. t. 93.* C. aurea L. *Flor dan t. 344.* G. quinqueflora Lam. G. unalaccensis Bunge. *Op. cit. t. 9. f. 2.* G. umbellata Bieberst. G. setiflora Bunge *Op. cit. t. 9. f. 4.*

h. ENDOTRICHE Frölich *Op. cit. 87.* Corollae faux barbata. — Endotriche Bunge *Op. cit. 245.* Eurythalia et Cyanea Renealm. *t. 68.* Eurythalia et Ericoila Borkh. *l. c.* Hippion Schmidt *Op. cit. t. 2. f. 4. t. 3. f. 5—13.* G. amarella L. *Flor. dan. t. 328.* G. campestris L. *Flor. dan. t. 367.* G. auriculata Pallas *Op. cit. t. 92.* G. caucasica Pallas G. Biebersteinii Bunge *Op. cit. t. 10. f. 1.* G. pratensis Fröl. G. uliginosa Willd. G. plebeia Cham. Bunge *Op. cit. t. 9. f. 5.* G. glacialis Vill. G. borealis Bunge *Op. cit. t. 9. f. 2.* G. dichotoma Pallas G. nana Wulf. *in Jacq. Miscell. I. t. 18. f. 3.* G. acuta Michx. — ? G. coronata Royle *Himalay. t. 68. f. 1.*

i. OREOPHYLAX. Corolla infundibuliformis quinquefida, fauce barbata v. imberbi. — *Species austro-americanae.* Kunth *in Humb. et Bonpl. Nov. gen. et sp. t. 120—124.*

3529. Pleurogyne *ESCHSCH.* Calyx quadri-quinquepartitus. Corolla hypogyna, rotata, quadri-quinquefida, fauce squamoso-fimbriata, laciniis basi eglandulosis. Stamina 4—5, corollae fauci inserta; filamenta basi aequalia, antherae immutatae. Ovarium uniloculare. Ovula juxta suturas plurima. Stigmata 2, carpidiorum suturis juxta totam longitudinem adnata Capsula unilocularis, bivalvis. Semina plurima, immarginata. — *Herbae in Europa et Asia arctica, nec non in summis Europae mediae alpibus indigenae; caulibus ramosis, foliis oppositis, ovatis v. lanceolatis, obtusis, pedunculis elongatis, nudis.*

Pleurogyne Eschscholtz *in Linnaea I. 187.* Griesebach *Observ. 31.* Lomatogonium Alex. Braun *in Flora 1830. p. 221.* Reichenb. *Flor. excurs. 421.* Gentianae sect. Trochantha Bunge *in Mem. soc. h. n. Mosqu. VII. 253.* Swertia carinthiaca Wulf. *in Jacq. Misc. II. 53. t. 6.* S. rotata L. Pallas *Flor. ross. II. t. 89. f. 3.* S. sulcata Rottb. (*Flor. dan. t. 343.*) Gentianae sp. Frölich.

3530. Swertia *LINN.* Calyx quinquepartitus. Corolla hypogyna, rotata, quinquefida, faucis corona nulla, laciniis basi foveolis geminis glanduliferis, margine fimbriatis. Stamina 5, corollae fauci inserta; filamenta basi aequalia, antherae immutatae. Ovarium uniloculare. Ovula juxta suturas plurima. Stigma terminale, sessile, emarginato-reniforme. Capsula unilocularis, bivalvis. Semina plurima, compressa, membranaceo-marginata. — *Herbae perennes, in Europa et Asia media, nec non in India boreali monticolae; foliorum radicalium vaginis alternis, caulinis oppositis.*

Swertia Linn. *gen. n. 321.* excl. sp. Jacq. *Flor. austr. t. 243.* Schkuhr *t. 58.* Gärtner *II. 160. t. 160.* (situ embryonis perperam depicto.) Reichenb. *Iconogr. t. 419.* Royle *Himalay t. 67.* Griesebach *Observ. 32.*

3531. Anagallidium *GRIESEB.* Calyx quadripartitus. Corolla hypogyna, rotata, quadrifida, faucis corona tenuissima, fimbriata, laciniis basi foveolis geminis glanduliferis, squamulis haud fimbriatis tectis. Stamina 4, corollae fauci inserta; filamenta basi aequalia, antherae immutatae. Ovarium uniloculare. Ovula juxta suturas plurima. Stylus terminalis, brevis; stigma emarginato-bilobum. Capsula unilocularis, bivalvis. Semina plurima, compressa, marginata. — *Herba Asiae mediae, perennis; caule dichotomo, ramosissimo, foliis oppositis, ovatis, obtusis, radicalibus longe petiolatis, caulinis subsessilibus, pedunculis unifloris.*

Anagallidium Griesebach *Observ. 32.* Swertia dichotoma Pallas *Flor. Ross. II. t. 91. f. 3.*

3532. Ophelia *DON.* Calyx quadri-quinquepartitus. Corolla hypogyna, rotata, quadri-quinquefida, corona nulla, laciniis basi foveola nuda, glandulifera. Stamina 4 v. 5, corollae fauci inserta; filamenta basi dilatata submonadelpha, antherae immutatae. Ovarium uniloculare. Ovula juxta suturas plurima. Stigma terminale, sessile, bilobum. Capsula unilocularis. Semina plurima ..... — *Herbae indicae, erectae, ramosae; foliis oppositis, nervosis.*

Ophelia Don *in Philosoph. Magaz. 1836. VIII. 77.* absq. charact. Griesebach *Observ. 31.* Swertia paniculata Wallich *Plant. As. rar. t. 205.*

3533. Agathodes *DON.* Calyx quadripartitus Corolla hypogyna, marcescens, rotata, quadrifida, corona nulla, laciniis basi foveola glandulifera, squamula fimbriata tecta. Stamina 4, corollae fauci inserta; filamenta basi aequalia, antherae immutatae. Ovarium uniloculare. Ovula in placentis suturalibus spongiosis plurima. Stigma terminale, sessile, bilobum. Capsula subconica, unilocularis, bivalvis. Semina plurima, minima. — *Herba indica; caule tetragono, foliis oppositis, lineari-lanceolatis, trinerviis, floribus paniculatis.*

Agathodes Griesebach *Observ. 32.* an Don *in Philosoph. Magaz. 1836. VIII. 77?* Swertia angustifolia Wallich *Plant. As. rar. t. 204.*

3534. Frasera *WALT.* Calyx quadripartitus. Corolla hypogyna, decidua, rotata, quadrifida, corona nulla, laciniis medio foveola glandulifera, squamula fimbriata tecta. Stamina 4, corollae fauci inserta; filamenta basi aequalia, antherae immutatae. Ovarium uniloculare. Ovula in placentis suturalibus plurima. Stigma terminale, bilobum, lobis in suturas subdecurrentibus. Capsula compressa, unilocularis, bivalvis. Semina pauca, compressa, late membranaceo-marginata. — *Herba boreali-americana, biennis; caule orgyali ramisque tetragonis, foliis oppositis verticillatisque, oblongis, pedunculis axillaribus unifloris.*

Frasera Walter *Carolin. 87.* L. C. Richard *in Michaux Flor. Bor. Amer. I. 97.* Gärtn. f. *III. 233. t. 224.* Nuttall *Gen. I. 120.* Griesebach *Observ. 32.*

3535. Halenia *BORKH.* Calyx quadripartitus. Corolla hypogyna, subrotata, quadrifida, corona nulla, laciniis basi in calcar fundo glanduliferum productis. Stamina 4, corollae fauci inserta; filamenta basi aequalia, antherae immutatae. Ovarium uniloculare. Ovula in placentis suturalibus plurima. Stigma terminale, bilobum. Capsula compressa, unilocularis, bivalvis. Semina plurima, minima. — *Herba sibirica, subramosa; caule tetragono, foliis oppositis, ovato-lanceolatis, trinerviis, pedunculis axillaribus et terminalibus, filiformibus, unifloris, nutantibus.*

Halenia Borkhausen *in Römer Archiv. I. 25.* Griesebach *Observ. 33.* Swertia corniculata Linn. Pallas *Flor. ross. II. t. 90. f. 1.*

3536. Chironia *LINN.* Calyx quinquefidus, laciniis subcarinatis. Corolla hypogyna, tubo brevi, marcescente, limbi quinquefidi, subcampanulati laciniis deciduis. Stamina 5, corollae fauci inserta; filamenta brevia, declinata, antherae rectae v. subrecurvatae, apice poro gemino dehiscentes. Ovarium valvularum marginibus introflexis semibiloculare. Ovula juxta introflexos valvularum margines plurima. Stylus terminalis, a staminibus divergens, apice incurvus; stigma obconicum. Capsula semibilocularis, exocarpio subcarnoso, endocarpio membranaceo incomplete bivalvis. Semina plurima, minima. — *Herbae v. suffrutices capenses; ramis alternis, foliis oppositis, lineari-lanceolatis, nervosis, floribus terminalibus, paniculatis.*

Chironia Linn. *gen. n. 255.* Gärtner *II. 150.* Thunberg *in Linn. Transact. VII. 248. excl. Ch. frutescente.* E. Meyer *Comment. plant. Afr. austr. 177.*

a. HIPPOCHIRON. Corollae faux coarctata. Capsula oblonga. — *Herbae perennes.* (Thunb. *Op. cit. VII. t. 12. f. 3.*)

b. EUCHIRONIA. Corollae faux aequalis. Capsula oblonga v. ovata. — *Suffrutices.* (Lam. *t. 108. f. 2. 3.* Thunb. *Op. cit. VII. t. 12. f. 2.* Bot. Mag. *t. 511.*)

c. ROESLINIA Mönch *Method. suppl. 211.* Corollae faux coarctata. Capsula subglobosa, vix dehiscens. — Suffrutex. — Ch. baccifera L. Bot. Mag. *t. 233.* Gärtner *t. 114.*

3537. Plocandra *E. MEY.* Calyx quinquefidus, laciniis carinatis. Corolla hypogyna, tubo brevi, basi incrassato, marcescente, limbi quinquepartiti, subcampanulati laciniis deciduis. Stamina 5, corollae tubo inserta; filamenta declinata, basi complanata, antherae contortae, longitudinaliter dehiscentes. Ovarium valvularum marginibus introflexis semibiloculare. Ovula juxta introflexos valvularum margines plurima. Stylus terminalis, a staminibus divergens, apice incurvus; stigma bilobum, lobis conniventibus. Capsula oblonga, semibilocularis, bivalvis. Semina plurima, minima. — *Herbae capenses, suffrutescentes, inferne simplices, superne paniculatim ramosae; ramis foliisque oppositis, floribus paniculatis.*

Ploenndra E. Meyer *Comment. plant. Afric. austr. t. 181.*

3538. Orphium *E. MEY.* Calyx quinquefidus, laciniis planis. Discus hypogynus crenatus inter calycem et corollam. Corolla hypogyna, marcescens, rotata, quinquepartita. Stamina 5, corollae tubo inserta; filamenta declinata, basi complanata, antherae contortae, longitudinaliter dehiscentes. Ovarium valvularum marginibus introflexis semibiloculare. Ovula juxta valvularum margines introflexos plurima. Stylus terminalis, a staminibus divergens, apice incurvus; stigma bilobum, lobis conniventibus. Capsula oblonga, semibilocularis, bivalvis. Semina plurima, minima. — *Suffrutices capenses; ramis alternis, foliis oppositis, subtomentoso-pubescentibus, floribus paniculatis.*

Orphium E. Meyer *Comment. plant. Afr. austr. t. 181.* Chironia frutescens Linn. Bot. Mag. *t. 37. 818.* Vent. *Cels. t. 31.*

3539. Exacum *LINN.* Calyx quadrifidus, laciniis planis. Corolla hypogyna, subrotata, quadrifida, marcescens. Stamina 4, corollae tubo inserta; filamenta basi aequalia, antherae apice poro gemino v. rimulis brevibus dehiscentes, immutatae. Ovarium valvularum marginibus introflexis biloculare. Ovula in placentis medio dissepimento utrinque adnatis plurima. Stylus terminalis, declinatus; stigma indivisum. Capsula bilocularis, septicido-bivalvis, placentis demum liberis. Semina plurima, minima. — *Herbae Asiae tropicae; foliis oppositis, trinerviis, floribus terminalibus et axillaribus.*

Exacum Linn. *gen. n. 141.* excl. sp. R. Brown *Prodr. 452. in not.* Wallich *Plant. As. rar. t. 276.* Griesebach *Observ. 34.*

3540. Voyra *AUBL.* Calyx quinquefidus. Corolla hypogyna, hypocraterimorpha, marcescens, tubo basi tumido, demum fisso, limbi quinquefidi laciniis patentibus. Stamina 5, summo corollae tubo inserta, inclusa; filamenta brevissima, antherae longitudinaliter dehiscentes, immutatae. Ovarium valvularum marginibus introflexis semibiloculare. Ovula juxta valvularum margines introflexos plurima. Stylus terminalis, filiformis; stigma depresso-capitatum. Capsula semibilocularis, bivalvis. Semina plurima, minima, testa utrinque membranaceo-acuminata scobiformia. — *Herbae Americae tropicae, in truncis arborum vetustarum parasiticae; foliis oppositis, minutis, squamaeformibus quasi aphyllae, floribus terminalibus, solitariis v. paniculatis, calycibus nudis v. bracteolatis.*

Voyra Aublet *Guian. I. 209.* Griesebach *Observ. 33.* Vohiria Jussieu *gen. 141.* Hooker *Bot. Miscell. I. 46.* Lita Schreber *gen. n. 1734.* Humboldtia Necker *Elem. n. 630.*

a. VOHIRIA. Calyx basi squamulis tribus calyculatus. Capsula valvulis ab apice ad basim dehiscentibus. (Aublet *Op. cit. t. 83.*)

b. LEIPHAIMOS. Calyx basi nudus. Capsula valvulis medio dehiscentibus, apice unitis fenestrata. Leiphaimos Schlechtend. *in Linnaea VI. 387.* Gentiana aphylla Jacq. *Amer. t. 60. f. 3.* (Hooker *Op. cit. t. 25.*)

3541. Cicendia *ADANS.* Calyx subcampanulatus, quadri-quinquedentatus v. partitus. Corolla hypogyna, infundibuliformis, demum supra capsulam torta, tubo brevi, ventricoso, limbo quadri-quinquefido. Stamina 4—5, corollae tubo inserta; filamenta basi aequalia, antherae immutatae, longitudinaliter dehiscentes. Ovarium uniloculare v. valvularum marginibus introflexis semibiloculare. Ovula in placentis suturalibus plurima. Stylus terminalis, rectus; stigma capitatum, indivisum. Capsula unilocularis v. semibilocularis, bivalvis. Semina plurima, minima. — *Herbae in Europa media et australi indigenae, ramosae; foliis oppositis, oblongis, nervosis, v. filiformibus, floribus terminalibus paniculatis, v. axillaribus glomeratis.*

Cicendia Adanson *Fam. II. 503.* Reichenbach *Flor. excurs. 420.* Griesebach *Observ. 34.* Gentianae sp. Linn. Exaci sp. Smith.

a. MICROCALA. Flores terminales, tetrameri. Capsula unilocularis.

Microcala Link et Hoffmannsegge *Flor. Portug. I. 359.* Franquevillia Gray *brit. Plant. II. 338.* Gentiana filiformis Linn. *Flor. dan. t. 324.* Exacum filiforme Smith. E. B. *t. 235.* Hooker *Flor. Lond. 86.*

b. HIPPOCENTAUREA. Flores terminales, tetrameri. Capsula semibilocularis.

Hippocentaurea Schultes *Oesterr. Flor. I. 390.* Exacum pusillum DC. *Ic. plant. Gall. rar. t. 16.*

c. SLEVOGTIA. Flores axillares glomerati, pentameri. Capsula unilocularis.

Slevogtia Reichenb. *consp. n. 3492.* Hippion Spreng. *Syst. n. 640.* excl. sp. Exacum viscosum Smith *Ic. pict. III. t. 18.*

3542. Centaurella *L. C. RICH.* Calyx quadrifidus. Corolla hypogyna, subinfundibuliformis, marcescens, tubo brevi, limbo quadripartito. Stamina 4, corollae tubo inserta; filamenta basi aequalia, antherae immutatae, longitudinaliter dehiscentes. Ovarium uniloculare, apice attenuato subconicum. Ovula in placentis suturalibus plurima. Stigma sessile, bilobum. Capsula unilocularis, bivalvis. Semina plurima, minima. — *Herbae boreali-americanae, annuae; foliis oppositis, subulatis, minimis, floribus terminalibus.*

Centaurella L. C. Richard *in Michaux Flor. Bor. Amer. I. 98. t. 12.* Pursh *Flor. Bor. Amer. I. 100.* Nuttall *Gen. I. 101.* Griesebach *Observat. 34.* Bartonia Muhlenberg *ex Willd. in Berlin. Verhandl. naturf. Fr. III. 444.* Bartonia et Centaurium Persoon *Encheir. I. 137. 142.* Andrewsia Sprengel *Syst. n. 448.*

3543. Erythraea *RENEALM.* Calyx tubulosus, carinato-angulatus, quinquefidus. Corolla hypogyna, infundibuliformis, demum supra capsulam torta, tubo cylindrico, limbo quinquepartito. Stamina 5, corollae tubo inserta; filamenta basi aequalia, antherae longitudinaliter dehiscentes, demum spirales. Ovarium uniloculare, v. valvularum marginibus introflexis semibiloculare. Ovula juxta introflexos valvularum margines plurima. Stylus terminalis, rectus; stigmata 2, subrotunda. Capsula linearis, unilocularis v. semibilocularis, bivalvis. Semina plurima, minima. — *Herbae cosmopolitae, simplices v. ramosae; foliis oppositis, sessilibus, floribus corymbosis v. paniculatis.*

Erythraea Renealm. *Sp. 77. t. 76.* Borkhausen *in Römer Archiv. I. 28.* L. C. Richard *in Persoon Ench. I. 283.* R. Brown *Prodr. 451.* G. L. E. Schmidt *Dissert. de Erythraea, Berolini, 1828. 8.* Reichenbach *Flor. excurs. 422.* Griesebach *Observ. 34.* Gentianae sp. Linn. Chironiae sp. Smith.

a. ERYTHRAEA Reichenb. *l. c.* Corolla persicina. Stigmata late ovata v. rotundata, stylo breviora. Capsula unilocularis. — Waldst. et Kitaibel *Plant. rar. Hung. t. 259. 275.* Link et Hoffmann. *Flor. portug. t. 67. 68.* E. B. *t. 417. 458.* Sibthorp *Flor. graec. t. 238.*

b. XANTHEA Reichenb. *l. c.* Corolla lutea. Stigmata lineari-oblonga, stylo longiora. Capsula semibilocularis. (Sibthorp *Flor. graec. t. 237.* Cavanill. *Ic. t. 269. f. 1.*)

3544. Canscora *LAM.* Calyx tubulosus, quadridentatus. Corolla hypogyna, subinfundibuliformis, decidua v. marcescens, limbo bilabiato, labio superiore bilobo, inferiore emarginato. Stamina 4, corollae tubo v. fauci inserta, superiora saepius castrata, infimum longius; filamenta inaequalia, antherae immutatae, longitudinaliter dehiscentes Ovarium uniloculare. Ovula in placentis suturalibus, spongiosis plurima. Stylus terminalis, rectus; stigma bilamellatum. Capsula unilocularis, bivalvis. Semina plurima, minima. — *Herbae indicae, annuae, simplices v. diffusae; foliis oppositis, nervosis, floribus subpaniculatis.*

Canscora Lamarck *Dict. I. 602.* Griesebach *Observ. 35.* Pladera Solander *msc. ex Roxburgh Flor. ind. I. 416.* Bot. Mag. *t. 3066.* Wight *in Hooker Bot. Miscell. Append. t. 25.* Hoppea Willdenow *in Berl. Verhandl. naturf. Fr. III. 435.* Hayne *Term. bot. t. 30. f. 3.* Vahl *Enumerat. I. 3.* Gentianae et Exaci sp. Linn.

3545. Orthostemon *R. BR.* Calyx tubulosus, quadridentatus. Corolla hypogyna, subinfundibuliformis, limbo brevi quadrifido, marcescens. Stamina 4, corollae tubo inserta, exserta; filamenta aequalia, antherae strictae, longitudinaliter dehiscentes. Ovarium uniloculare. Ovula in placentis suturalibus plurima. Stylus rectus. Stigmata 2, subrotunda. Capsula unilocularis, bivalvis. Semina plurima, minima. — *Herbae in Asia et Australasia tropica indigenae, flaccidae, ramosae; foliis oppositis, latiusculis, nervosis, floribus terminalibus.*

Orthostemon R. Brown *Prodr. 451.*

3546. Sabbatia *ADANS.* Calyx quinque-duodecimpartitus, laciniis linearibus lanceolatisve. Corolla hypogyna, subrotata, quinque-duodecimpartita, decidua. Stamina 5—16, corollae tubo inserta; filamenta aequalia, antherae demum revolutae, longitudinaliter dehiscentes. Ovarium uniloculare. Ovula in placentis suturalibus plurima. Stylus filiformis; stigmata 2, linearia, demum spiralia. Capsula unilocularis, bivalvis. Semina plurima, minima. — *Herbae boreali-americanae, annuae v. perennes; foliis oppositis, nervosis, floribus terminalibus, corymbosis.*

Sabbatia Adanson *Fam. II. 503.* Salisbury *Parad. Lond. t. 32* Pursh *Flor. Bor. Amer. I. 138.* Nuttall *Gen. I. 134.* Griesebach *Observ. 35.* (Chironiae sp. Michaux.)

3547. Chlora *LINN.* Calyx sex-octopartitus, laciniis linearibus. Corolla hypogyna, subhypocraterimorpha, tubo ventricoso, limbo sex-octofido, deciduo. Stamina 6—8, corollae fauci inserta; filamenta aequalia, antherae immutatae, longitudinaliter dehiscentes. Ovarium uniloculare. Ovula in placentis suturalibus spongiosis plurima. Stylus apice bifidus; stigmata oblonga, obtusa. Capsula unilocularis, bivalvis. Semina plurima, minima. — *Herbae annuae, in Europa media et australi indigenae; foliis oppositis, nervosis, sessilibus v. connato-perfoliatis, floribus terminalibus, corymbosis v. solitariis.*

Chlora Linn. *gen. n. 1258.* Lam. *t. 296.* Schkuhr *t. 106.* E. B. *t. 60.* Gärtn. f. *III. 110. t. 198.* Reichenb. *Plant. crit. t. 349—351.* Griesebach *Observ. 35.*

3548. Callopisma *MART.* Calyx campanulatus, quadripartitus, laciniis carinatis. Corolla hypogyna, hypocraterimorpha, marcescens, tubo aequali, cylindrico, limbo quadripartito. Stamina 4, summo corollae tubo inserta; filamenta basi aequalia, antherae exsertae, strictae, apice poro duplici dehiscentes. Ovarium uniloculare. Ovula in placentis suturalibus plurima. Stylus filiformis; stigma exsertum, bilobum. Capsula unilocularis, valvularum marginibus introflexis, intus discretis semiquadrilocularis, bivalvis. Semina plurima. — *Herbae brasilienses, campestres, subsimplices, glaberrimae; caule stricto, tereti, foliis oppositis, decussatis, sessilibus v. perfoliatis, margine pellucido cinctis, subtrinerviis, inflorescentia terminali paniculato-thyrsoidea, pedunculis opposite bracteatis, corollis roseis v. albis.*

Callopisma Martius *Nov. gen. et sp. II. 107. t. 193. 184.* Dejanira Chamisso et Schlechtend. *in Linnaea I. 95.* Griesebach *Observ. 35.*

3549. Schultesia *MART.* Calyx tubulosus, quadrifidus, quadrialatus, alis in lacinias subulatas, erectas desinentibus. Corolla hypogyna, infundibuliformis, marcescens, tubo aequali, limbo quadrifido. Stamina 4, imo corollae tubo inserta, inclusa; filamenta basi aequalia, antherae erectae, immutatae, longitudinaliter dehiscentes. Ovarium uniloculare. Ovula in placentis suturalibus plurima. Stylus filiformis; stigma bilamellatum. Capsula unilocularis, bivalvis. Semina plurima. — *Herbae brasilienses, pratenses, tenerae, glabrae; caule tetragono, simplici v. dichotomo, foliis oppositis, decussatis, sessilibus, lanceolatis v. linearibus, floribus terminalibus v. in dichotomiis alaribus, solitariis, roseis v. flavis.*

Schultesia Martius *Nov. gen. et sp. II. 103. t. 180—182.* Griesebach *Observ. 35.*

3550. Lisianthus *P. BROWNE.* Calyx campanulatus, quinquefidus, laciniis erectis, margine membranaceo tenerioribus. Corolla hypogyna, infundibuliformis, marcescens, tubo hinc inaequali v. ventricoso, limbo quinquefido. Stamina 5, imo corollae tubo inserta, inclusa v. limbum aequantia; filamenta basi aequalia, saepissime inaequilonga, antherae incumbentes, plerumque apice demum revolutae, longitudinaliter dehiscentes. Ovarium valvularum marginibus introflexis plus minus complete biloculare. Ovula in placentis valvularum margines occupantibus plurima. Stylus filiformis; stigma bilamellatum. Capsula valvularum marginibus placentiferis introflexis bilocularis v. semibilocularis, bivalvis. Semina plurima. — *Herbae v. suffrutices Americae tropicae, erecti, glabri; caule tetragono, simplici v. superne ramoso, foliis oppositis, decussatis, breve petiolatis v. sessilibus, petiolis saepius in vaginam brevissimam commissis, saepe marginatis, tri-quinquenerviis, floribus axillaribus v. terminalibus, racemosis, racemis bifidis cum flore alari, v. dichotomis aut paniculatis, corollis purpureis, rubicundis, caeruleis v. luteo-viridibus.*

Lisianthus P. Browne *Jam. 137. t. 9.* Aublet *Guian. t. 79—82.* Jacq. *Ic. rar. t. 83.* Lam. *t. 107.* Ruiz et Pavon *Flor. Peruv. t. 122—127.* Gärtn. f. *III. 23. t. 183.* Martius *Nov. gen. et sp. II. 92. t. 171—178.* Bot. Reg. *t. 880.* Bot. Mag. *t. 3626.* Hooker *Ic. t. 195. 196.* Griesebach *Observ. 36.*

3551. Irlbachia *MART.* Calyx campanulatus, quinquefidus, laciniis erectis, margine membranaceo tenerioribus. Corolla hypogyna, infundibuliformis, decidua, tubo aequali, limbi quinquefidi laciniis apice utrinque glandulis pedicellatis tomentosis. Stamina medio corollae tubo inserta, limbum aequantia; filamenta basi aequalia, antherae erectae, apice demum revolutae, longitudinaliter dehiscentes. Ovarium biloculare. Ovula in placentis suturalibus plurima. Stylus filiformis; stigma bicrure, cruribus cylindricis. Capsula bilocularis, septicido-bivalvis, placentis in valvularum marginibus introflexis geminatis. Semina plurima. — *Herba brasiliensis, erecta, glabra; caule tetragono, fistuloso, foliis oppositis, decussatis, petiolatis, triplinerviis v. quintuplinerviis, floribus in panicula dichotoma alternis, caeruleis.*

Irlbachia Martius *Nov. gen. et sp. II. 101. t. 179.* Griesebach *Observ. 36.*

3552. Helia *MART.* Calyx campanulatus, quinquepartitus, laciniis erectis, margine membranaceo tenerioribus. Corolla hypogyna, hypocraterimorpha, marcescens, tubo cylindrico, medio inflato v. inaequali, limbo subobliquo, quinquepartito. Stamina 5, corollae tubo supra basi inserta, inclusa; filamenta basi subdilatata, antherae erectae, immutatae, longitudinaliter dehiscentes. Ovarium biloculare. Ovula in placentis cylindricis, medio dissepimento utrinque adnatis plurima. Stylus filiformis; stigma bicrure, cruribus cylindricis. Capsula bilocularis, septicido-bivalvis, placentis ad valvularum margines introflexos utrinque solitariis. Semina plurima. — *Herbae Americae tropicae, campestres v. paludosae, glaberrimae; caule simplicissimo, tereti, fistuloso, foliis oppositis, decussatis, sessilibus, basi subconnatis, marginatis, nervo medio excurrente, lateralibus evanidis, floribus ochroleucis v. virentibus, in panicula terminali, pauciflora coarctatis, bracteatis.*

Helia Martius *Nov. gen. et sp. II. 123. t. 191.* Griesebach *Observ. 36.* Lisianthi sp. Auct.

3553. Coutoubea *AUBL.* Calyx bracteis calyculiformibus suffultus, campanulatus, quadripartitus. Corolla hypogyna, hypocraterimorpha, tubo cylindrico, aequali, limbo quadripartito, marcescens. Stamina 4, corollae tubo supra medium inserta, exserta; filamenta basi dilatata, bidentata, antherae erectae, immutatae, longitudinaliter dehiscentes. Ovarium valvularum marginibus introflexis semibiloculare. Ovula in placentis valvularum marginibus introflexis adnatis plurima. Stylus filiformis, subdeflexus; stigma bilamellatum. Capsula bilocularis, septicido-bivalvis. Semina plurima, minima. — *Herbae v. suffrutices Americae tropicae, erecti v. rarius volubiles; foliis oppositis, sessilibus, uninerviis, floribus in spicis v. racemis terminalibus v. lateralibus densis v. laxis, tribracteatis, albis.*

Coutoubea Aublet *Guian. I. 72. t. 27. 28.* Griesebach *Observ. 36.* Cutubea Martius *Nov. gen. et sp. II. 110. t. 185.* Picrium Schreber *gen. n. 1726.*

3554. Prepusa *MART.* Calyx laxe campanulatus, coloratus, sexfidus, ad suturas alatus. Corolla hypogyna, tubo brevi, cylindrico, limbo campanulato sexfido, decidua. Discus hypogynus carnosus, corollae tubo adnatus, persistens. Stamina 6, corollae fauci inserta; filamenta aequalia, antherae erectae, immutatae, longitudinaliter dehiscentes. Ovarium uniloculare. Ovula in placentis suturalibus plurima. Stylus filiformis, rectus; stigma bilamellatum. Capsula unilocularis, bivalvis. Semina plurima, minima. — *Frutex brasiliensis; ramis erectis, fastigiatis, foliis decussatis, superne congestis, racemis terminalibus foliosis, floribus speciosis, luteis.*

Prepusa Martius *Nov. gen. et sp. II. 120. t. 190.*

3555. Tachia *AUBL.* Calyx tubulosus, quinquangularis, quinquedentatus. Corolla hypogyna, infundibuliformis, fauce ampliata, limbo quinquefido, decidua. Stamina 5, imo corollae tubo inserta, exserta; filamenta basi aequalia, antherae erectae, immutatae, longitudinaliter dehiscentes. Discus hypogynus carnosus, imo corollae tubo adnatus. Ovarium valvularum marginibus introflexis semibiloculare. Ovula in placentis ad introflexos valvularum margines plurima. Stylus filiformis, rectus; stigma bilamellatum. Capsula valvularum marginibus introflexis, demum discretis subquadrilocularis. Semina plurima, minima. — *Arbusculae et frutices Americae tropicae; foliis oppositis, petiolatis, petiolis basi in vaginam commissis, floribus axillaribus, lateralibus et terminalibus, flavescentibus, majusculis, speciosis.*

Tachia Aublet *Guian. I. 15. t. 29.* Martius *Nov. gen. et sp. II. 118. t. 189.* Griesebach *Observ. 33.* Myrmecia Schreber *gen. n. 177.*

*

3556. Crawfurdia *WALL.* Calyx tubulosus, quinquedentatus. Corolla hypogyna, marcescens, tubulosa v. campanulata, limbo quinquefido, v. decemfido laciniis alternis nanis. Stamina 5, imo corollae tubo inserta; filamenta dilatata, antherae erectae. Ovarium uniloculare. Ovula in placentis suturalibus plurima. Stylus terminalis, rectus; stigma bifidum, lobis oblongis, recurvis. Discus hypogynus quinquelobus. Capsula stipitata, clavata, compressa, unilocularis, bivalvis. Semina plurima, verticalia, imbricata, membranaceo-marginata, hinc biloba. — *Herbae nepalenses, volubiles, glaberrimae; ramis elongatis, gracillimis, foliis oppositis, trinerviis, floribus axillaribus, solitariis v. fasciculatis, magnis, speciosis, dilute caeruleis.*

Crawfurdia Wallich *Tent. Flor. Nepal. I. 63. t. 47. 48.* Griesebach *Observ. 33.*

TRIBUS II. SEBAEEAE. Capsula valvularum marginibus introflexis, placentam centralem unicam, demum liberam prehendentibus bilocularis.

3557. Belmontia *E. MEY.* Calyx quinquepartitus, laciniis dorso alatis v. carinatis. Corolla hypogyna, infundibuliformis, tubo subcylindrico, limbo quinquepartito, marcescens. Stamina 5, corollae tubo inserta, inclusa; antherae apice glandulosae, longitudinaliter dehiscentes, immutatae. Ovarium valvularum marginibus introflexis, placentam centralem prehendentibus biloculare. Ovula plurima. Stigmata 2, sessilia, clavato-semiteretia, conniventia. Capsula bilocularis, septicido-bivalvis, placenta centrali demum libera, quadripartibili. Semina plurima, minima. — *Herbae capenses, Erythreae faciе; foliis oppositis, subcordato-ovatis, floribus subcorymbosis, luteis.*

Belmontia E. Meyer *Comment. plant. Afric. austr. 183.* Sebaeae sp. R. Brown. Exaeum cordatum Linn. (Seba *Mus. I. t. 22. f. 7.*)

3558. Sebaea *R. BR.* Calyx quadri-quinquepartitus, laciniis dorso carinatis. Corolla hypogyna, infundibuliformis, tubo cylindrico, limbo quadri-quinquepartito, marcescens. Stamina 4—5, corollae tubo inserta, exserta; antherae apice glandulosae, longitudinaliter dehiscentes, demum recurvatae. Ovarium valvularum marginibus introflexis, placentam centralem prehendentibus biloculare. Ovula plurima. Stylus filiformis; stigmata 2, subglobosa. Capsula bilocularis, septicido-bivalvis, placenta centrali libera. — *Herbae in Capite bonae spei et in Nova-Hollandia extratropica indigenae; foliis oppositis, sessilibus v. decurrentibus, floribus corymbosis, luteis.*

Sebaea Solander ex R. Brown *Prodr. 451.* excl. sp. Griesebach *Observ. 37.* E. Meyer *Comment. plant. Afr. austr. 182.* Exaci sp. Linn. Lam. *t. 80. f. 2.* Labillard. *Nov. Holl. t. 52.*

3559. Lagenias *E. MEY.* Calyx quinquepartitus, laciniis dorso subcarinatis. Corolla hypogyna, tubo subampullaceo, limbo quinquepartito, marcescens. Stamina 5, corollae tubo inserta, inclusa; antherae hastatae, apice unibasi biglandulosae, immutatae, longitudinaliter dehiscentes. Ovarium valvularum marginibus introflexis, placentam centralem prehendentibus biloculare. Ovula plurima. Stylus filiformis. Stigma suborbiculatum. Capsula bilocularis, septicido-bivalvis, placenta centrali demum libera. Semina plurima, minima. — *Herba capensis, perpusilla; foliis radicalibus congestis, caulinis oppositis, floribus subcorymbosis.*

Lagenias E. Meyer *Comment. plant. Afr. austr. 186.* Sebaea pusilla Eckton.

3560. Schübleria *MART.* Calyx quinquepartitus, laciniis dorso subcarinatis. Corolla hypogyna, tubulosa, limbo quinquefido, decidua. Stamina 5, imo corollae tubo inserta, inclusa; antherae apice simplices v. apiculatae, immutatae, longitudinaliter dehiscentes. Ovarium valvularum marginibus introflexis, placentam centralem prehendentibus biloculare. Ovula plurima. Stylus filiformis; stigma capitatum, indivisum. Capsula bilocularis, septicido-bivalvis, placenta centrali demum libera, bipartibili. Semina plurima, minima. — *Herbae brasilienses, annuae; foliis oppositis verticillatisque, sessilibus, floribus laxe paniculatis, roseis v. flavis.*

Schübleria Martius *Nov. gen. et sp. II. 113. t. 186—188.* Curtia Chamisso et Schlechtend. *in Linnaea VIII. 13.* Thurnheissera Pohl *msc.*

3561. Exadenus *GRIESEB.* Calyx quadripartitus. Corolla hypogyna, subrotata, quadrifida, marcescens, laciniis basi extus glandula sessili v. pedicellata instructis. Stamina 4, corollae tubo inserta; filamenta aequalia, antherae immutatae, longitudinaliter dehiscentes. Ovarium valvularum marginibus introflexis, placentam centralem prehendentibus biloculare. Ovula plurima. Stigma sessile, bilobum, lobis obtusis. Capsula bilocularis, apice septicido-bivalvis. Semina plurima, minima. — *Herbae americanae tropicae, alpicolae; foliis oppositis, lanceolatis, floribus axillaribus et terminalibus, sessilibus v. paniculato-spicatis, geminis.*

Exadenus Griesebach *Observ. 36.* Swertia brevicornis Kunth, et Swertia parviflora Kunth.

GENERA DUBIA.

3562. Henicostemma *BLUM.* Calyx tubulosus, inaequaliter quinquefidus. Corolla infundibuliformis, quinquefida, aequalis. Stamina 5, inclusa; filamenta dilatato-fornicata. Stylus staminibus brevior; stigma capitatum, subemarginatum. Capsula oblonga, unilocularis, bivalvis, valvis margine utrinque inflexis seminiferis. Semina plurima, scrobiculata. — *Herba javanica, fortassis Cicendiae subgeneri Hippion adscribenda; foliis oppositis, amplexicaulibus, lineari-lanceolatis, capitulis axillaribus.*

Henicostemma Blume *Bijdr. 848*

*

3563. Tripterospermum *BLUM.* Calyx tubulosus, quinquefidus. Corolla tubulosa, limbo quinquefido. Stamina 5, inclusa; antherae sagittatae. Ovarium pedicellatum, basi urceolo brevi cinctum. Stylus filiformis; stigma bifidum, lobis revolutis. Bacca carnosa, unilocularis, placentis tribus, parietalibus. Semina plurima, cristata. Embryonis radicula centrifuga. — *Herba javanica, volubilis, Crawfurdiae fortassis affinis; foliis oppositis, ovatis, acutis, trinerviis, integerrimis, glabris, pedunculis axillaribus unifloris, medio bibracteatis.*

Tripterospermum Blume *Bijdr. 849.*

OBSERVATIO. Mieraea Miers *Trav. in Chili II. 529.* Gentianeis adnumerata, prorsus ignota manet.

SUBORDO II. MENYANTHEAE.

Corollae aestivatio induplicativa. Albumen cavo seminis minus.

3564. Menyanthes *LINN.* Calyx quinquepartitus. Corolla hypogyna, infundibuliformis, quinquefida, laciniis in disco longitudinaliter barbatis, marginibus induplicatis simplicibus. Stamina 5, corollae tubo inserta; filamenta aequalia, antherae basi bilobae. Ovarium uniloculare. Ovula juxta nervum medium valvularum uniseriata. Stylus filiformis; stigma bilobum. Glandulae hypogynae nullae. Capsula unilocularis, juxta valvularum suturam ruptilis, valvulis medio seminiferis. Semina plurima, minima. — *Herba in Europa media et in America boreali indigena, paludosa; caudice repente articulato, foliis alternis, longe petiolatis, basi vagina auriculata instructis, ternatis, foliolis ovalibus, scapo axillari, simplici, racemo abbreviato, bracteato.*

Menyanthes Linn. *gen. n. 202.* excl. sp. Schkuhr *t. 35.* Flor. dan. *t. 541.* E. B. *t. 495.* Gärtn. f. *III. 112. t. 198.* Menonanthes Haller *Helvet. n. 633.*

3565. Villarsia *VENT.* Calyx quinquepartitus. Corolla hypogyna, subrotata, limbo patente, quinquepartito, laciniis disco plano, basi barbato v. squamulato, marginibus adscendentibus, aestivatione inflexis. Stamina 5, corollae tubo inserta; filamenta aequalia, antherae cordatae. Ovarium uniloculare. Ovula in placentis suturalibus pluriseriata. Stylus terminalis; stigma bilobum, lobis dentatis. Glandulae hypogynae 5, staminibus alternae. Capsula unilocularis, nunc evalvis, nunc bivalvis, valvis medio seminiferis, tandem bifidis. Semina plurima v. subdefinita. — *Herbae natantes v. paludosae, in Europa media et in America boreali admodum rarae, in Capite bonae spei, Nova-Hollandia et Asia tropica frequentius obviae; foliis alternis rariusve oppositis, petiolis basi dilatata semivaginantibus, integerrimis v. dentatis, subtus plerumque punctatis, floribus v. subumbellatis axillaribus, v. paniculatis terminalibus, corollis saepius flavis, laciniarum marginibus fimbriatis v. integerrimis.*

Villarsia Ventenat *Choix 9.* R. Brown *Prodr. 456.*

a. NYMPHEANTHE *Reichenb.* Capsula bivalvis, valvis bifidis. — Nymphaeanthe Reichenbach *Flor excurs. 420. in not.* Villarsia Griesebach *Observ. 37.* Renealmia Houttuyn *Pfl. Syst. VI. 319. t. 47. f. 1.* Trachysperma Rafinesque *in N. York. Medic. Reposit. II. Hex. V. 356.* — Cumada Jones *in Asiat. Research. IV. 240.* Menyanthis sp. Linn. Roxburgh *Plant. Corom. t. 105.* Hooker *Bot. Miscell. t. 24.* (Vent. *Choix t. 9.* Bot. Mag. *t. 658. 1029.* Wight *in Hook. Misc. Append. t. 30. Journ. of Bot. t. 123.*)

b. LIMNANTHEMUM *Gmel.* Capsula evalvis, maceratione tandem aperta. — Limnanthemum S. P. Gmelin *Act. Academ. Petropolit. 1769. XV. 567. t. 17. f. 2.* Griesebach *Observ. 37.* Nymphoides *Tournef. inst. 67.* Waldschmidia Wigger. *Primit. 20.* Schweyckherta C. C. Gmelin *Flor. Bad. I. 447.* Villarsia Reichenbach *Consp. n. 3475.* Menyanthis sp. Linn. Flor. dan. *t. 339.* E. B. *t. 217.* Gärtn. *t. 114.* Hooker *Flor. Lond. t. 164.* Bot. Mag. *t. 1328.*

GENERA GENTIANEIS AFFINIA.

3566. Mitrasacme *LABILL.* Calyx angulatus, quadrifidus, rarius bifidus. Corolla hypogyna, tubo angulato, limbo quadripartito, aequali, decidua. Stamina 4, corollae fauci inserta, inclusa v. rarius exserta; filamenta filiformia, aequalia, antherae sagittatae, extrorsae, biloculares, longitudinaliter dehiscentes. Ovarium valvularum marginibus introflexis biloculare. Ovula in placentis juxta introflexos valvularum margines plurima, anatropa. Stylus basi bifidus, apice simplex; stigma indivisum v. bilobum. Capsula bilocularis, inter styli divisuras dehiscens. Semina plurima, minima. — *Herbae in Nova-Hollandia, imprimis tropica, rarius in Moluccis et in Indiae continente crescentes; foliis oppositis, nunc confertissimis radicalibus, caulinis nullis, nunc connatis, floribus terminalibus umbellatis, rarius axillaribus solitariis.*

Mitrasacme Labillard. *Nov. Holland. I. 36.* Mitrasacme sive Mitragyne R. Brown *Prodr. 452.*

a. ANISOMITRA. Calyx bifidus. Stamina medio corollae tubo inserta, inclusa. Stylus jam sub anthesi basi bifidus. Stigma bilobum.

b. MITRAGYNE. Calyx quadrifidus. Stamina medio corollae tubo inserta, inclusa. Stylus jam sub anthesi basi bifidus. Stigma bilobum. (Labillard. *Op. cit. t. 39.*)

c. HOLOMITRIUM. Calyx quadrifidus. Stamina medio corollae tubo inserta, inclusa. Stylus sub anthesi basi indivisus. Stigma integrum.

d. DICHELOMITRIUM. Calyx plicatus, lobis concavis. Stamina corollae fauci inserta, exserta. Capsula demum semibivalvis.

3567. Mitreola *LINN.* Calyx quinquepartitus. Corolla hypogyna, tubo urceolato, limbo quinquepartito, aequali, decidua. Stamina 5, corollae tubo inserta, inclusa; filamenta brevissima, antherae introrsae, biloculares. Ovarium valvularum marginibus introflexis biloculare. Ovula juxta valvularum margines introflexos plurima. Stylus terminalis, brevis; stigma indivisum. Capsula bilocularis, apice septicido-dehiscens, valvulis stylo indiviso junctis. Semina plurima, minima. — *Herba perennis, in America tropica et boreali calidiore indigena; foliis oppositis, floribus spicato-corymbosis, minimis.*

Mitreola Linn. *Hort. Cliff. 492.* R. Brown *Prodr. 450. in not.* A. Richard *in Mem. soc. h. n. Paris. I. t. 3.* Cynoctonum Gmelin *Syst. 443.* Ophiorhiza Mitreola Linn.

Ordo CXXXV. Spigeliaceae.

SPIGELIACEAE Martius *Nov. gen. et sp. II. 132.* Lindley *Introduct. edit. II. p. 298.*

Herbae v. suffrutices, radicibus fibrosis, caule ramisque teretibus v. obtuse tetragonis. Folia opposita v. verticillata, subsessilia, integerrima, mediante petioli brevissimi basi dilatata, stipuliformi connata.

Flores hermaphroditi, regulares, in spicis secundis, interdum revolutis, rosei v. purpurei.

Calyx liber, persistens, brevissimus, campanulatus, quinquefidus, laciniis angustis, erectis, per aestivationem imbricatis.

Corolla hypogyna, infundibuliformis, membranacea, decidua, tubo longo, intra calycem subpentagono, sursum tereti v. quinquesulco, sensim ampliato, nervis quinque percurso, limbo quinquefido, inter lobos triangulares, per aestivationem valvatos interdum plicato.

Stamina 5, medio v. summo corollae tubo inserta, ejusdem lobis alterna, aequalia, inclusa v. rarius exserta. Filamenta erecta, subulata v. filiformia. Antherae introrsae, biloculares, basifixae, loculi appositi, basi sagittato-discreti, longitudinaliter dehiscentes. Pollen subtrigonum, angulis papillas diaphanas exserens.

Ovarium liberum, subglobosum v. compresso-suboblongum, basi calloso-incrassatum, e carpidiis duobus, marginibus in dissepimenta introflexis biloculare. Placentae e basi loculorum stipitatae, carnosae, subbilobae. Ovula sex ad quindecim, placentae foveolis immersa, excentrice peltata, micropyle infera. Stylus terminalis, cylindricus, rectus, superne infra stigma articulatus. Stigma terminale, horizontale v. nonnihil obliquum, circumscriptione ellipticum, concavum v. convexum, margine saepe ciliatum.

Capsula coriaceo-membranacea, didyma, compressa, dicocca, cocci subglobosi, marginibus introflexis dissepimentum duplicatum praebentibus, inferne e basi callosa elastice circumscissi, vertice transversim medio bivalves, basi cupuliformi persistente, placentis solutis, deciduis.

SEMINA in loculis pauca, foveolis baseos placentae immersa, subcuneata, angulata, vertice planiusculo, areolato-scabra, umbilico prope basim laterali. Albumen subcorneum.

EMBRYO in basi albuminis prope umbilicum axilis, minimus; cotyledonibus vix conspicuis, radicula infera.

SPIGELIACEAE genere unico americano tropico et subtropico comprehensae, a Gentianeis, quibuscum olim consociatae, distinguuntur stipularum praesentia, corollae aestivatione valvata, styli et capsulae structurae, nec non seminum numero, quibus simul notis etiam a Scrophularineis, quarum fructus quodammodo aemulantur, recedunt, a Rubiaceis vix nisi ovario libero, a Loganieis plerisque fructus structura, et ab Euloganieis corollae etiam aestivatione diversae.

Radices plurimum specierum catharcticae, anthelminthicae et narcoticae.

3568. Spigelia *LINN.* Calyx quinquepartitus, persistens. Corolla hypogyna, infundibuliformis, limbi quinquefidi laciniis aestivatione valvatis. Stamina 5, medio v. summo corollae tubo inserta, inclusa v. rarius exserta. Ovarium biloculare. Ovula in placentis basilaribus stipitatis plura, amphitropa. Stylus terminalis, infra stigma subcapitatum v. concavum articulatus. Capsula didyma, dicocca, basi circumscissa, coccis bivalvibus. Semina pauca, cuneata, umbilico prope basim laterali. Embryo in basi albuminis cornei minimus, rectus. — *Suffrutices v. herbae, in America tropica et boreali calidiore crescentes; foliis oppositis, mediante petioli basi dilatata stipuliformi connatis, floribus terminalibus, spicatis, secundis.*

Spigelia Linn. *gen. n. 209.* Lam. *t. 107.* Gärtner *t. III, 113. t. 198.* Kunth in Humb. et Bonpl. *Nov. gen. et sp. III. 184. t. 226.* Martius *Nov. gen. et sp. II. 124. t. 192—194.* Bot. Mag. *t. 80. 202. 2359.* Arapabaca Plumier *Gen. t. 31.* Canala Pohl *Plant. Brasil. II. 62. t. 142.* (placentis perperam pro seminibus descriptis.)

Classis XXXV. Nuculiferae.

Herbae, frutices v. arbores, succo aqueo. Folia opposita, alterna v. verticillata, simplicia. Stipulae nullae. Flores hermaphroditi. Calyx liber. Corolla hypogyna, gamopetala, regularis v. limbo irregulari, bilabiato. Stamina corollae tubo inserta, ejusdem lobis numero aequalia v. saepius pauciora. Ovarium monomerum v. saepius tetramerum. Ovula in loculis solitaria v. rarissime pauca, erecta v. inversa, anatropa v. amphitropa. Fructus nucamentaceus lobis distinctis v. tandem discretis, axi centrali saepius nullo, rarissime utriculiformis. Embryo intra albumen homotropus v. exalbuminosus.

Ordo CXXXVI. Labiatae.

VERTICILLATAE Linn. *Ord. nat. 42.* LABIATAE Jussieu *Gen. 110.* R. Brown *Prodr. 499.* Mirbel *in Annal Mus. XV. 213.* Bartling *Ord. nat. 180.* Bentham, *Labiatarum genera et species. Lond. 1832—1836. 8.* LABIATAE v. LAMIACEAE Lindley *Introduct. edit. II. p. 275.*

HERBAE, SUFFRUTICES V. FRUTICES, nunquam arborescentes; ramis oppositis v. verticillatis, saepissime tetragonis. Folia opposita v. verticillata, simplicia, integra v. divisa, reticulato-paucinervia. Stipulae nullae.

FLORES hermaphroditi, irregulares, in cymas duas axillares, oppositas, dichotomas (verticillastros) unilaterales, centrifuge florentes dispositi, cymae varie digestae, interdum ad florem solitarium redactae, inflorescentiam polymorpham constituentes.

CALYX liber, gamophyllus, persistens, nunc regularis, quinquedentatus, nunc irregularis, obliquus, incurvus, v. dentibus inaequalibus et varie inter se coalitis bilabiatus, dente supremo interdum excluso v. squamaeformi.

COROLLA hypogyna, gamopetala, decidua, irregularis, tubo vario, limbo quadri-quinquelobo, subcampanulato, bilabiato v. obliquo, lobis aestivatione imbricatis, lacinia infima intima, lateralibus tecta, supremis extimis.

STAMINA tubo corollae inserta, ejusdem lobis alterna, adscendentia, erecta, divaricata v. declinata, duo inferiora semper fertilia, duo superiora nunc omnino abortiva v. sterilia, nunc perfecta, inferioribus breviora, subaequalia v. interdum longiora, supremum omnino abortivum v. rarissime in floribus monstrosis rudimentarium. Filamenta filiformia, nuda v. basi barbata, sive appendiculo dentiformi instructa. Antherae normales biloculares, loculis basi connectivo insertis, parallelis v. apice divergentibus divaricatisve, rima longitudinali dehiscentibus, nunc discretis, connectivo incrassato v. elongato-filiformi remotis, nunc contiguis v. in unum coalitis, infimo nonnunquam, superiore rarius casso v. abortivo, valvulis aut connectivo interdum barbatis v. appendiculato-calcaratis. Annulus intra tubum corollae sub staminum insertione, nunc completus e fasciculis pilorum v. squamis cum staminibus alternantibus, nunc incompletus v. omnino obsoletus.

OVARIUM quadriloculare, quadrilobum, gynophoro crasso, subcarnoso, disciformi, v. in lobulos glandulaeformes, loculis alternos, aequales v. inaequales expanso insidens, lobis aequaliter distinctis v. geminatim magis cohaerentibus. Ovula intra lobos solitaria, e basi loculi erecta. Stylus inter lobos insertus, eorundem bases connectens, ut plurimum deciduus, saepissime apice bifidus, lobis subaequalibus v. superiore multo minore, rarissime integer, subclavatus. Stigmata in styli lobis terminalia v. subterminalia, saepius inconspicua.

Achenia quatuor v. abortu pauciora, calyce immutato v. rarius aucto, interdum subbaccato inclusa, epicarpio nunc tenui, membranaceo, nunc duro, incrassato v. carnoso.

Semina intra lobos solitaria, erecta.

Embryo intra albumen parcissimum carnosum orthotropus. Cotyledones rectae v. apice recurvae, interdum axi florali contrariae. Radicula brevissima, infera.

Labiatae hinc Verbenaceis proximae, inde ad Borragineas arcta affinitate accedentes, per totum fere terrarum orbem dispersae sunt, in hemisphaerae borealis regionibus extratropicis calidioribus, imprimis in regione mediterranea, nec non in elatioribus zonae tropicae jugis temperatis maximo numero vigentes, in regionibus arcticis et alpibus ventosis, aeque ac in regionibus intertropicis aestu ferventibus rarae.

Folia et calyces in plurimis, in quibusdam etiam caules et corollae glandulis parvis, globosis, oleo aethereo aromatico repletis tecta. Plures amarae v. aromaticae, multiplici usu medico et culinario inter mortales celebratae.

In disponendis et circumscribendis generibus ordinis monographiam classicam, ab amicissimo Bentham elaboratam, et nulli botanicorum ignotam secutus sum.

TRIBUS I. OCIMOIDEAE Benth. *Labiat.* 1. Stamina declinata. Corolla subbilabiata, lobis quatuor superioribus planis subaequalibus, binisve supremis coalitis, infimo declinato, plerumque difformi, plano v. saepius concavo, cymbaeformi v. saccato. Antherae defloratae saepissime patelliformes.

SUBTRIBUS I. MOSCHOSMEAE. Corollae laciniae subaequilongae, infima angustior, declinata, subplana. — *Tropicae amphigeae.*

3569. Ocimum *LINN.* Calyx ovatus v. campanulatus, quinquedentatus, dentis supremi ovati marginibus membranaceis decurrentibus alatus, demum deflexus, fauce intus nuda v. pilosa. Corolla tubo calyce subbreviore, intus exannulato, fauce saepius campanulata, limbi bilabiati labio superiore quadrifido, inferiore vix longiore declinato, integerrimo, subplano. Stamina 4, declinata, inferiora longiora; filamenta libera, superiora basi dente v. pilorum fasciculo appendiculata, rarius nuda, antherae ovato-reniformes, loculis confluentibus. Stylus apice breviter bifidus, lobis subaequalibus, subulatis v. complanatis; stigmata terminalia minuta v. marginalia. Achenia 4, laevia. — *Herbae v. suffrutices, in regionibus tropicis Asiae copiosissime provenientes, in America et Africa tropica et subtropica rariores; verticillastris sexfloris, rarissime subdecemfloris, interrupte spicatis v. racemosis, racemis simplicibus v. basi subramosis, rarius thyrsoideo-paniculatis.*

Ocimum Linn. *gen. n.* 732 excl. sp. Benth *Labiat.* 1.

a. OCIMODON *Benth.* Filamenta superiora basi denticulo aucta. — *Verticillastri saepissime sexflori. Pedicelli reflexi, calyce fructifero saepe breviores.*

Ocimodon Benth. *Op. cit.* 3. (Jacq. *Hort. Vindob.* t. 12. 86. *Ic. rar.* t. 495. Herit. *Stirp.* t. 43. Palis. *Fl. Owar.* t. 94. Bot. Mag. t. 2352.)

b. HIEROCIMUM *Benth.* Filamenta superiora basi fasciculo pilorum aucta. — *Verticillastri sexflori, racemos laxos, graciles formantes. Pedicelli patentes, calyces nutantes.*

Hierocimum Benth. *Op. cit.* 11. (Burmann *Thesaur. Zeylan.* t. 80. f. 2.)

c. GYMNOCIMUM *Benth.* Filamenta omnia basi nuda. — *Verticillastri sexflori, v. rarius decemflori. Pedicelli calyce breviores.*

Gymnocimum Benth. *Op. cit.* 12.

3570. Geniosporum *WALL.* Calyx ovato-tubulosus, margine membranaceus, inaequaliter subquinquedentatus, dente supremo haud decurrente, lateralibus cum supremo et infimis invicem saepe connatis, fructifer suberectus v. declinatus, basi interdum transversim rugosus, fauce intus nuda. Corolla tubo calyce subbreviore, fauce campanulata, limbi subbilabiati labio superiore quadrifido, inferiore vix longiore declinato, integerrimo, subplano. Stamina 4, declinata, inferiora longiora; filamenta libera, edentula, antherae ovato-reniformes, loculis confluentibus. Stylus apice breviter bifidus, lobis saepius complanato-dilatatis; stigmata submarginalia. Achenia laevia v. minutissime rugulosa. — *Herbae annuae v. perennes, basi saepius procumbentes, in India orientali et in Africa tropica observatae; verticillastris multifloris, laxe spicato-racemosis, racemis subsimplicibus, foliis floralibus basi saepius cartilagineis, albis v. flavescentibus, floribus parvis.*

Geniosporum Wallich *msc.* Benth. *Labiat.* 19.

a. GENIOSPORUM *Benth.* Calycis dentes duo infimi distincti.

Geniosporum Benth. *l. c.* Ocymi sp. Linn. et Auct. (Burmann *Thesaur. Zeylan.* t. 70. f. 2.)

b. PLATOSTOMA *Palis.* Calycis dentes in labia duo integra coaliti.

Platostoma Palisot *Flor. Owar.* II. 61. t. 95. f. 2. Benth. *Op. cit.* 22.

3571. Mesona *BLUM.* Calyx bilabiatus, labio superiore diviso, inferiore minimo, demum inflexo. Corollae labium superius fornicatum, inferius longius, indivisum. Stamina 4, didynama, declinata, breviora basi appendiculata. Antherae uniloculares, imberbes. — *Herba javanica, inodora; foliis ovato-oblongis, dentatis, rugosis, pilosiusculis, floribus dense verticillato-spicatis, verticillis bracteatis, pedicellis fasciculatis.*

Mesona Blume *Bijdr.* 838. Benth. *Labiat.* 22.

3572. Acrocephalus *BENTH.* Calyx sub anthesi ovatus, fructifer elongatus, tubulosus, basi gibbus, bilabiatus, labio superiore subintegro, plano, inferiore integro v. quadridentato, fauce intus nuda. Corolla calycem subaequans, limbi subbilabiati labio superiore quadridentato, inferiore integro, lobis omnibus subaequalibus. Stamina 4, declinata, inferiora longiora; filamenta libera, edentula, antherae ovato-reniformes, loculis subconfluentibus. Stylus apice breviter bifidus, lobo inferiore subdilatato, complanato; stigmata submarginalia. Achenia glabra, laevia. — *Herbae indicae et madagascarienses; caule foliisque piloso-hirsutis v. subglabris, floribus parvis, in capitula subglobosa terminalia dense imbricatis.*

Acrocephalus Benth. *Labiat.* 23. Ocymum capitellatum Linn.

3573. Moschosma *REICHENB.* Calyx ovatus, quinquedentatus, dentis supremi majoris marginibus non decurrentibus, inferioribus subaequalibus, demum declinatus, fauce intus nuda. Corolla tubo calyce incluso, limbi subbilabiati labio superiore breviter quadrifido, inferiore integerrimo, subplano, lobis omnibus subaequalibus. Stamina 4, declinata, inferiora longiora; filamenta libera, edentula, antherae ovato-reniformes, loculis confluentibus. Stylus apice clavato-capitatus, brevissime bifidus; stigmata minuta. Achenia ovato-compressa, laevia. — *Herbae annuae, graciles, glabrae v. hispidulae, in India orientali et Africa tropica observatae; verticillastris paucifloris, subsecundis, laxe racemosis, racemis axillaribus, subpaniculatis.*

Moschosma Reichenbach *Consp. p.* 171. Benth. *Labiat.* 24. Lumnitzera Jacq. f. *Eclog. II. inedit.* Ocymum polystachyum Linn. Murray *Comment. Götting. III. t.* 3.

3574. Orthosiphon *BENTH.* Calyx ovato-tubulosus, quinquedentatus, dentis superioris ovato-membranacei marginibus decurrentibus alatus, demum deflexus, fauce intus nuda. Corolla tubo exserto, recto v. incurvo, fauce aequali v. rarius inflata, limbi bilabiati labio superiore tri-quadrifido, inferiore integerrimo, concavo. Stamina 4, declinata, inclusa v. exserta, inferiora longiora; filamenta libera, edentula, antherae ovato-reniformes, loculis confluentibus. Stylus apice clavato capitatus, subinteger v. breviter emarginatus; stigmata in emarginatura subconfluentia, minuta v. incrassato-capitata. Achenia minutissime punctulato rugosa. — *Herbae perennes v. suffrutices, in India orientali obvii, in America tropica rarissimi; racemis simplicibus, saepius elongatis, rarissime ovato spiciformibus, verticillastris sexfloris, distantibus, laxis, foliis floralibus bracteaeformibus ovatis, acuminatis, reflexis, pedicellis saepius brevioribus, pedicellis fructiferis recurvis.*

Orthosiphon Benth. *Labiat.* 25. Plectranthi et Ocymi sp. Auct.

SUBTRIBUS II. PLECTRANTHEAE. Corollae lacinia infima elongata, concava. — Tropicae gerontogeae.

3575. Plectranthus *HERIT.* Calyx campanulatus, quinquedentatus, dentibus aequalibus v. supremo majore, fructifer auctus, nunc declinatus, rectus, incurvus v. inflatus, dentibus aequalibus v. varie bilabiatis, nunc erectus, tubulosus v. campanulatus, aequaliter quinquedentatus. Corolla tubo exserto, basi supra gibbo v. calcarato, dein declinato, defracto v. subrecto, fauce aequali v. rarius inflata, limbi bilabiati labio superiore tri-quadrifido, inferiore integro, saepius longiore, concavo. Stamina 4, declinata, inferiora longiora; filamenta libera, edentula, antherae ovato-reniformes, loculis confluentibus v. rarius subdistinctis v. divaricatis. Stylus apice breviter bifidus, lobis subaequalibus, subulatis; stigmata minuta, terminalia. Achenia laevia. — *Herbae, suffrutices v. frutices, inter tropicos Asiae, Africae et Novae-Hollandiae reperti; verticillastris laxis, saepius cymosis, multifloris, laxe racemosis v. paniculatis.*

Plectranthus Herit. *Stirp. I.* 85. Benth. *Labiat.* 29. Germanea Lam. *Dict. II.* 682. — ? Dentidia Loureir. *Fl. cochinch.* 448.

a. GERMANEA *Benth.* Calyx fructifer declinatus, dente supremo ovato, quatuor inferioribus lanceolatis. Corolla basi supra calcarata. — *Frutex capensis; floribus paniculatis.*

Germanea Benth. *Op. cit.* 32. (Herit. *Stirp. t.* 41.)

b. COLEOIDES *Benth.* Calyx fructifer declinatus, dente supremo ovato, inferioribus angustioribus subaequalibus, v. infimis longioribus, basi subconnatis. Corolla basi supra gibba, nec calcarata, declinata. — *Herbae v. frutices, floribus racemosis v. subpaniculatis.*

Coleoides Benth. *Op. cit.* 32. Ocymi sp. Linn. et Auct. (Herit. *Op. cit. t.* 42. Willd. *Hort. berol. t.* 65. Bot. Mag. *t.* 2460. Bot. Reg. *t.* 1098.)

c. HETEROCYLIX *Benth.* Calyx fructifer declinatus, bilabiatus, labiis subintegerrimis, subaequalibus. Corolla basi supra gibba, nec calcarata, defracta. — *Herba africana tropica; floribus racemosis.*

Heterocylix Benth. *Op. cit.* 39. Ocymum monostachyum Palis. *Flor. Owar. t.* 95. *f.* 1.

d. MELISSOIDES *Benth.* Calyx fructifer declinatus, bilabiatus, labio superiore tridentato. Corolla basi supra calcarata. — *Herba indica; cymis axillaribus, paucifloris.*

Melissoides Benth. *Op. cit.* 39.

e. ISODON *Schrad.* Calyx fructifer declinatus, dentibus omnibus aequalibus, v. in labia 2, superius tri- inferius bidentatum divisus. Corolla basi supra gibba, nec calcarata, declinata v. defracta. — *Herbae v. suffrutices; floribus paniculatis v. rarius racemosis.*

Isodon Schrader *msc.* Benth. *Op. cit.* 40.

f. PYRAMIDIUM *Benth.* Calyx fructifer erectus, tubulosus, aequaliter quinquedentatus. Corolla basi supra gibba, nec calcarata, defracta. — *Herba indica; floribus pyramidato-paniculatis.*

Pyramidium Benth. *Op. cit.* 44. Plectranthus ternifolius Don.

g. AMETHYSTOIDES *Benth.* Calyx fructifer erectus, campanulatus, aequaliter quinquedentatus. Corolla basi supra gibba, nec calcarata, defracta. — *Herba chinensis; floribus laxe paniculatis.*

Amethystoides Benth. *Op. cit.* 45.

3576. Coleus *LOUREIR.* Calyx ovato-campanulatus, quinquedentatus, dentis supremi ovati, membranacei marginibus interdum decurrentibus, inferioribus angustioribus, omnibus acutis v. lateralibus ovato-truncatis, infimis saepe inter se connatis, fructifer erectus v. saepius declinatus aut reflexus, fauce intus nuda v. hispida. Corolla tubo exserto, defracto, fauce inflata v. aequali, limbi bilabiati labio superiore abbreviato, obtuse tri-quadrifido, inferiore integro, elongato, concavo, saepius cymbaeformi, genitalia involvente. Stamina 4, declinata, inferiora longiora; filamenta edentula, basi in tubulum stylum vaginantem connexa, antherae ovato-reniformes, loculis confluentibus. Stylus apice subulatus, aequaliter bifidus; stigmata subterminalia. Achenia compresso-subglobosa, laevia. — *Herbae indicae, annuae v. perennes, interdum suffrutescentes; verticillastris sexfloris v. saepius multifloris, densissime v. laxe cymiformibus, pedunculo utriusque cymae ramisve utrinque binis plus minus elongatis, foliis floralibus bracteaeformibus, ante anthesim ad apicem racemorum plus minusve comosis, demum deciduis v. subpersistentibus, reflexis.*

Coleus Loureiro *Flor. cochinch.* 452. Benth. *Labiat.* 47.

a. CALCEOLUS *Benth.* Calyx fructifer reflexus, fauce intus villosa. — *Verticillastri sex-decemflori.*

Calceolus Benth. *Op. cit. 49.* Plectranthi et Ocymi sp. Auct. Bot. Mag. *t. 2036. 2318.* Bot. Reg. *t. 594.*

b. AROMARIA *Benth.* Calyx fructifer vix declinatus, fauce intus nuda. — *Verticillastri densi, subglobosi, multiflori.*

Aromaria Benth. *Op. cit. 51.* (Bot. Reg. *t. 1520.*)

c. SOLENOSTEMON *Schum.* Calyx fructifer declinatus, fauce intus nuda. — *Verticillastri laxi, multiflori.*

Solenostemon Schumacher *in Act. soc. h. n. Hafn. IV. 45.* Benth. *Op. cit. 52.* Mitsa Chap. *ex Bojer msc.* Ocymi sp. Linn. et Auct. Bot. Mag. *t. 1446.* Plectranti sp. R. Brown. Blume.

3577. Anisochilus *WALL.* Calyx ovatus, suberectus, bilabiatus, labio superiore integro, post anthesim inferiori truncato integerrimo v. brevissime quadridentato incumbente clausus. Corolla tubo exserto, defracto, fauce subinflata, limbi bilabiati labio superiore abbreviato, obtuse tri-quadrifido, inferiore integro, elongato, concavo. Stamina 4, declinata, inferiora longiora; filamenta libera, edentula, antherae ovato-reniformes, loculis confluentibus. Stylus apice subulatus, aequaliter bifidus; stigmata subterminalia. Achenia laevia. — *Herbae indicae, annuae v. perennes; verticillastris in spicas oblongas, cylindricas dense imbricatis, foliis floralibus bracteaeformibus, imbricatis.*

Anisochilus Wallich *Pl. As. rar. II. 18.* Benth. *Labiat. 59.* Plectranthi sp. Roxb. Lavandula carnosa Linn. *Amoen. X. 56. t. 3.*

3578. Aeolanthus *MART.* Calyx ovato-campanulatus, dentibus obsoletis, fauce intus nuda, fructifer clausus, basi circumscissus. Corolla tubo exserto, extra calycem decurvo, fauce dilatata, limbi bilabiati labio superiore lato, obtuse quadridentato, inferiore integro, longiore, concavo. Stamina 4, declinata, inferiora longiora; filamenta libera, edentula, antherae ovato-reniformes, loculis confluentibus. Stylus apice breviter bifidus, lobis subulatis; stigmata minuta, subterminalia. Achenia dorso concava, intus bifacialia. — *Herbae annuae, in planitiebus Caffrorum spontaneae, in hortis Sinarum in Brasilia exulum cultae, tenuissime pubescentes; foliis obovatis, obsolete dentatis v. integerrimis, floribus secus cymarum ramos distichis, secundis, suaveolentibus.*

Aeolanthus Martius *Amoen. monac. 4. t. 2.* Benth. *Labiat. 61.* Orolanthus E. Meyer *Comment. plant. Afr. austr. 230.* sphalmate. — ? Hypothronia Schrank *in Syllog. pl. II. 85.*

3579. Pycnostachys *HOOK.* Calyx ovatus, subaequalis, dentibus quinque subulato-spinosis, fauce intus nuda. Corolla tubo exserto, defracto, fauce subinflata, limbi bilabiati labio superiore quadridentato, inferiore integro, concavo. Stamina 4, declinata, inferiora longiora; filamenta libera, edentula, antherae ovato-reniformes, loculis confluentibus. Stylus apice subulatus, brevissime et aequaliter bifidus; stigmata minuta, subterminalia. Achenia subglobosa, laevia. — *Herbae madagascarienses, capenses et abyssinicae; foliis lanceolatis, remote serratis, verticillastris in spicas simplices, densas approximatis.*

Pycnostachys Hooker *Exot. Flor. II. t. 202.* Benth. *Labiat. 62.* Echinostachys E. Meyer *Comment. plant. Afr. austr. 243.*

SUBTRIBUS III. HYPTIDEAE. Corollae lacinia infima substipitata, transverse subcallosa, deinde saccata, per anthesim abrupte dejecta. — Pleraeque americanae.

3580. Syncolostemon *E. MEY.* Calyx inflato-tubulosus, aequalis v. subincurvus, dentibus quinque aequalibus v. inferioribus longioribus. Corolla tubo recto, exserto, limbi bilabiati labio superiore quadridentato, inferiore integro, concavo. Stamina 4, declinata, inferiora longiora; filamenta inter se libera, edentula, corollae tubo adnata, antherae oblongae, loculis confluentibus. Stylus brevissime bifidus. Achenia .... — *Frutices capenses; foliis oppositis, parvis, subcoriaceis, ad axillas saepius fasciculatis, racemis terminalibus, simplicibus v. ramosis, foliis floralibus bracteaeformibus, deciduis, calycibus saepe coloratis.*

Syncolostemon Benth. *in E. Meyer Comment. plant. Afr. austr. 230.*

3581. Peltodon *POHL.* Calyx campanulatus, aequaliter quinquedentatus, dentibus erectis, subulatis, in appendicem peltatam subconcavam desinentibus, fauce barbata, fructifer auctus, membranaceus, subinflatus. Corolla tubo recto, fauce subinflata, dentes calycinos subaequante, limbi subbilabiati labio superiore bifido, patente, inferioris longioris declinati lobis lateralibus patentibus, oblongis, medio substipitato, basi angustato, transversim calloso, dein oblongo, saccato, acuto, integerrimo, per anthesim abrupte dejecto. Stamina 4, declinata, inferiora longiora; filamenta libera, edentula, antherae ovato-reniformes, loculis subconfluentibus. Stylus apice breviter bifidus; stigmata terminalia v. submarginalia. — *Herbae in Brasilia interiore monticolae; floribus capitatis, involucrato-bracteatis.*

Peltodon Pohl *Plant. Brasil. I. 66. t. 54—56.* Benth. *Labiat. 62.*

3582. Marsypianthes *MART.* Calyx campanulatus, basi angustatus, aequaliter quinquedentatus, dentibus lanceolatis, erecto-patentibus, fauce intus nuda. Corolla tubo recto, fauce vix inflata, dentes calycinos aequante, limbi subbilabiati labio superiore bifido et inferioris trifidi lobis lateralibus ovatis, erecto-patentibus, subaequalibus, infimo saccato, basi substipitato, apice acuminato, per anthesim abrupte dejecto. Stamina 4, declinata, inferiora longiora; filamenta libera, edentula, antherae ovato-reniformes, loculis subconfluentibus. Stylus apice breviter bifidus, lobis subcomplanatis; stigmata submarginalia. Achenia ovoidea, compressa, intus concavo-cymbiformia, margine membranaceo involuto, fimbriato. — *Herba americana tropica, annua, procumbens, villosa, floribus capitatis.*

Marsypianthes Martius *msc. ex Benth. Labiat. 64.* Hyptidis sp. Willd. Poiteau *in Annal. du Mus. VII. t. 27. f. 4. t. 31. f. 1.*

3583. Hyptis *JACQ.* Calyx ovatus v. tubulosus, ore recto v. obliquo, limbi subaequaliter quinquedentati dentibus acutis v. subulato aristatis. Corolla tubo calycem subaequante, limbo subbilabiato, labii superioris lobis quatuor, integerrimis, planis, omnibus distinctis, labio inferiore indiviso, per anthesim abrupte deflexo, saccato, ad basim contracto-subarticulato. Stamina 4, declinata; filamenta libera, edentula, antherae ovato-reniformes, loculis confluentibus. Stylus apice subaequaliter bifidus, lobis subulatis; stigmatibus loborum faciem internam omnem occupantibus. Achenia ovoidea, oblonga

v. compressa, laevia v. rugosa, rarissime ala plana, membranacea marginata. — *Herbae v. suffrutices, habitu et inflorescentia multiformes, in America tropica, imprimis trans aequatorem copiosissime provenientes, extra tropicos rarissimae, nonnullae per regiones calidiores veteris orbis diffusae.*

Hyptis Jacq. *Collect. I. 101.* Benth. *Labiat. 64.*

a. GYMNEIA Benth. *Labiat. 77.* Bracteae numerosae, adpressae, subulatae. Verticillastri multiflori, spicati v. globosi, remoti. Calyces fructiferi apice recurvi.

b. SPICARIA Benth. *Op. cit. 78.* Bracteae numerosae, adpressae. Verticillastri multiflori, spicati v. inferiores subremoti. Calyces fructiferi recti. — Nepeta maxima Sloane *Jamaic. t. 108. f. 1.*

c. APODOTES Benth. *Op. cit. 79.* Bracteae numerosae, adpressae. Capitula subdistincta, sessilia. Verticillastri omnes remoti. Calyces fructiferi recti.

d. PLAGIOTIS Benth. *Op. cit. 80.* Bracteae numerosae, adpressae, ovatae. Capitula pedunculata, globosa, dense multiflora. Calyx fructifer basi inflatus, ore incurvo, dentibus ovatis, inaequalibus.

e. CYRTA Benth. *Op. cit. 81.* Bracteae numerosae, adpressae, subulatae. Capitula pedunculata, globosa, dense multiflora. Calyx fructifer apice recurvus, dentibus subulatis. — (Poiteau *in Annal. Mus. VII. t. 28. f. 2.*)

f. CYANOCEPHALUS Pohl *msc.* Bracteae numerosae, adpressae, subulatae. Capitula pedunculata, globosa, dense multiflora. Receptaculum subnudum. Calyx fructifer turbinato-tubulosus, basi glaber, dentibus subulatis, rectis, molliter villosissimis. — Benth. *Op. cit. 84.*

g. ERIOSPHAERIA Benth. *Op. cit. 88.* Bracteae numerosae, adpressae, lanceolatae v. lineares. Capitula plerumque breviter pedunculata, semiglobosa, dense multiflora. Receptaculum villosum v. lanatum. Calyx campanulatus, rectus, apice lanato-villosissimus, dentibus brevibus, rectis.

h. OOCEPHALUS Benth. *Op. cit. 94.* Bracteae numerosae, adpressae, ovatae. Capitula pedunculata, ovoidea, dense pauciflora. Calyx campanulatus, rectus, dentibus subulatis, mollissime villosis, tubo longioribus.

i. TRICHOSPHAERIA Benth. *Op. cit. 95.* Bracteae numerosae, adpressae, subulatae. Capitula pedunculata, globosa, dense multiflora. Calyx campanulatus, rectus, dentibus plumosis, filiformibus, tubo multoties longioribus.

k. XANTIOPHAEA Mart. *msc.* Bracteae numerosae, adpressae, subulatae v. lineares. Capitula longe pedunculata, globosa, dense multiflora. Calyx turbinato-campanulatus, fructifer medio v. basi inflatus, ore contracto, dentibus rigidis, subulatis. — Benth. *Op. cit. 97.*

l. CEPHALOHYPTIS Benth. *Op. cit. 98.* Bracteae numerosae, adpressae. Capitula pedunculata v. rarius subsessilia, semiglobosa, demum globosa, dense multiflora. Receptaculum nudum v. rarius lanatum. Calyx campanulatus v. tubulosus, glaber v. villosus, nunquam lanatus. — (Jacq. *Ic. rar. t. 144.* Poiteau *in Annal. Mus. VII. t. 27. f. 1. 2.*)

m. POLYDESMIA Benth. *Op. cit. 114.* Bracteae numerosae, adpressae v. lanceolatae. Capitula subsessilia v. pedunculata, racemoso-paniculata. Calyx fructifer nunc ore elongato, truncato, dentibus setaceis, strictis v. obsoletis, nunc tubuloso-campanulatus, dentibus lanceolatis.

n. MESOSPHAERIA Benth. *Op. cit. 122.* Bracteae minutae v. subulatae, laxae. Capitula laxe pauciflora, pedunculata, paniculata. Calyx oblique campanulatus, ore truncato, dentibus setaceis, strictis, fauce intus plus minus pilosa. — Ballotae sp. Linn. Jacq. *Hort. Vindob. III. t. 42.* (Poiteau *in Annal. Mus. VII. t. 29. f. 2.*)

o. PECTINARIA Benth. *Op. cit. 127.* Bracteae laxae, setaceae. Cymae fructiferae elongatae, pectinatae, paniculatae. Calyx fructifer tubulosus, ore truncato, dentibus setaceis, strictis, fauce intus villosa. — Bractera Spreng. *in Linn. Transact. VI. 151. t. 4.* Nepeta pectinata Linn.

p. MINTHIDIUM Benth. *Op. cit. 128.* Bracteae minutae v. laxae, setaceae. Flores in verticillastris axillaribus sessiles v. breviter pedicellati. Calyx fructifer fauce intus nuda. — (Jacq. *Ic. rar. t. 113.* Poiteau *in Annal. Mus. VII. t. 31. f. 2.*)

q. BUDDLEIOIDES Benth. *Op. cit. 132.* Bracteae minutae. Cymae pedunculatae, subcapitatae, multiflorae, paniculatae. Calyx tubulosus, dentibus abbreviatis, fauce intus nuda.

r. UMBELLARIA Benth. *Op. cit. 133.* Bracteae minutae. Cymae axillares, pedunculatae, umbellaeformes, pluriflorae. Calyx tubulosus, dentibus lanceolatis v. subulatis, fauce intus nuda.

s. SIAGONARRHEN Mart. *msc.* Bracteae setaceae, minutae v. laxae. Cymae regulariter dichotomae, racemosae v. rarius difformes, in paniculam elongatam, coarctatam dispositae. Calyx tubuloso-campanulatus, incurvus, ore obliquo, dentibus lanceolatis, fauce intus nuda. Benth. *Op. cit. 133.*

t. HYPENIA Mart. *msc.* Bracteae minutae v. laxae, setaceae. Flores subsolitarii, in paniculam laxe ramosissimam v. rarius coarctatam, glaberrimam, glaucam dispositi. Calyx tubuloso-campanulatus, subaequalis, dentibus lanceolatis, acutis v. rarius obtusis, fauce intus nuda. — Benth. *Op. cit. 136.*

3584. Eriope *HUMB. et BONPL.* Calyx turbinatus, florifer patens, aequaliter quinquedentatus, fructifer nutans, auctus, dentibus tribus superioribus membranaceo-dilatatis, duobus inferioribus vix mutatis bilabiatus, fauce intus lana alba, densa clausus. Corolla declinata, tubo subexserto, fauce valde dilatata, limbi bilabiati lobis quatuor superioribus oblongis, subaequalibus, intermediis erectis, lateralibus patentibus, infimo abrupte dejecto, saccato, apice acuminato-subbidentato. Stamina 4, declinata, inferiora longiora; filamenta basi dense villosa, antherae ovato-reniformes, loculis confluentibus. Stylus apice subaequaliter bifidus; stigmata subconfluentia. Achenia oblonga, subcompressa, laevia. — *Suffrutices fruticesve, rarius herbae perennes, in Brasilia indigenae; floribus secus axim racemi laxi, simplicis v. paniculato-ramosi solitariis, oppositis, foliis floralibus minutis, bracteaeformibus, per anthesim deciduis, bracteolis sub calyce duabus, minutissimis.*

Eriope Humb. et Bonpl. *msc. ex Benth. Labiat. 142.*

SUBTRIBUS IV. LAVANDULEAE. Corolla bilabiata, labio superiore bilobo, inferiore trilobo. Stamina corollae tubo inclusa. — Genus mediterraneum.

3585. Lavandula *LINN.* Calyx ovato-tubulosus, subaequalis, uni-tri- rarius quindecimnervius, breviter quinquedentatus, dentibus quatuor inferioribus subaequalibus v. duobus infimis angustioribus, supremo lateralibus parum latiore, v. apice in appendicem dilatatam producto. Corolla tubo exserto, fauce dilatata, limbi oblique bilabiati labio superiore bilobo, inferiore trilobo, lobis omnibus subaequalibus, patentibus. Stamina 4, declinata, inferiora longiora; filamenta glabra, libera, edentula, antherae ovato-reniformes, confluentes, uniloculares. Stylus apice breviter bifidus, lobis complanatis; stigmata marginalia. Achenia glabra, laevia, disci squamis quatuor concavis postice adnata. — *Herbae perennes, suffrutices v. fruticuli, in regione mediterranea copiose provenientes, specie una in India orientali observata; caule basi folioso, apice saepe nudo, bracteis utrinque uni- quinquefloris, op-*

positis v. varius alternis, floribus in spicis terminalibus simplicibus v. basi ramosis, approximatis, bracteolis parvis setaceis v. nullis.

Lavandula Linn. *gen. n. 711.* Gingins de Lassaraz, *Histoire naturelle des Lavandes. Génève, 1826. 8.* Benth. *Labiat. 146.* Stoechas Tournef. *inst. 201.* Fabricia Adanson *Fam. II. 188.*

a. STOECHAS Benth. *Labiat. 147.* Bracteae tri-quinqueflorae, in spicam densam imbricatae, superiores steriles, comosae. Calycis dens supremus dilatato-appendiculatus. — *Fruticuli; foliis integerrimis v. pinnato-dentatis.* (Sibthorp *Flor. graec. t. 549.* Heritier *Sert. t. 21.* Link et Hoffmans. *Flor. portug. t. 4.* Bot. Mag. *t. 400.*)

b. SPICA Benth. *Labiat. 148.* Bracteae tri-quinqueflorae, in spicam laxam approximatae, superiores calyce breviores, fertiles. Calycis dens supremus dilatato-appendiculatus. — *Fruticuli; ramis superne nudis, foliis integerrimis.*

c. PTEROSTOECHAS Ging. *Lav. 158.* Bracteae uniflorae, in spicam laxam dispositae, superiores aeque fertiles. Calyx tredecimnervis, subbilabiatus, labio superiore tridentato, dente medio latiore non appendiculato, inferiore bidentato. — *Herbae perennes v. basi sublignosae; foliis dentatis v. inciso-multifidis.* (Benth. *Labiat. 149.* Jacq. *Ic. rar. t. 106.* Bot. Mag. *t. 401.* Mirbel *in Annal. Mus. XV. t. 5. f. 5.* Delile *Flor. aegypt. t. 32. f. 1.*)

d. CHAETOSTACHYS Benth. *Labiat. 151.* Bracteae uniflorae, alternae, in spicam laxiusculam, ramosam dispositae, superiores haud comosae. Calyx quindecimnervis, subaequaliter quinquedentatus. — *Herba perennis, indica; foliis inciso-multifidis.* Lavendula multifida *Burm.*

TRIBUS II. MENTHOIDEAE Benth. *Labiat. 152.* Stamina distantia, recta v. divergentia, nec per paria approximata. Corolla subcampanulata v. infundibuliformis, tubo calyce breviore v. vix longiore, limbi quadri-quinquefidi lobis subaequalibus.

SUBTRIBUS I. POGOSTEMEAE. Antherae terminales, confluentim uniloculares. Stamina subdeclinata. — *Genera gerontogea, subtropica.*

3586. Pogostemon *DESFONT.* Calyx ovato-campanulatus, quinquedentatus, aequalis, fauce nuda. Corolla tubo incluso, limbi quadrifidi, subbilabiati labio superiore trifido, inferiore indiviso, lobis omnibus integerrimis, subaequalibus, patentibus. Stamina 4, exserta, recta v. subdeclinata; filamenta nuda v. medio barbata, antherae terminales, uniloculares. Stylus apice subaequaliter bifidus, lobis subulatis; stigmata minuta, terminalia. Achenia laevia. — *Herbae indicae; foliis oppositis, petiolatis, integris, dentatis v. subincisis, verticillastris multifloris, aequalibus v. secundis, nunc glomerato-spicatis, bracteolatis, nunc laxe racemosis.*

Pogostemon Desfont. *in Mem. Mus. II. 154. t. 6.* Benth. *Labiat. 152.* Bot. Mag. *t. 3238.*

3587. Dysophylla *BLUM.* Calyx ovato-campanulatus, quinquedentatus, aequalis, fauce nuda. Corolla tubo incluso, limbi quadrifidi, subaequalis lobo supremo integerrimo v. emarginato, infimo subpatente. Stamina 4, exserta, recta v. vix declinata; filamenta medio barbata, antherae terminales, uniloculares, rima transversali dehiscentes. Stylus apice subaequaliter bifidus, lobis subulatis; stigmata minuta, terminalia. Achenia laevia. — *Herbae indicae; foliis oppositis v. verticillatis, verticillastris multifloris, in spicas terminales dense approximatis v. imbricatis.*

Dysophylla Blume *Bijdr. 826.* Benth. *Labiat. 156.* Choteckia Opitz et Corda *in Flora 1830. l. 33.* Menthae sp. Linn. Roxb. *Bot. Mag. t. 2907.*

SUBTRIBUS II. ELSHOLTZIEAE. Antherae versatiles, loculis divaricatis, demum confluentibus. Stamina interdum subadscendentia. — *Gerontogeae subtropicae.*

3588. Elsholtzia *WILLD.* Calyx ovatus v. campanulatus, quinquedentatus, aequalis, fauce nuda, fructifer saepe elongatus. Corolla tubo calycem aequante v. rarius breviter superante, limbi breviter quadrifidi, subbilabiati labio superiore erectiusculo, subconcavo, emarginato, inferiore trilobo patente. Stamina 4, saepius exserta, distantia, inferiora longiora; filamenta nuda, antherarum loculi divergentes v. divaricati, demum confluentes. Stylus apice subaequaliter bifidus, lobis subulatis; stigmata subterminalia. Achenia laeviuscula, ovoidea. — *Herbae v. suffrutices, in India orientali et in insula Java indigeni, in Asia media rarissimi; foliis oppositis, verticillastris multifloris, in spicas laxas, graciles teretesque v. dense imbricatas dispositis, spicis saepius numerosis, paniculatis, floribus minutis.*

Elsholtzia Willdenow *in Usteri Magaz. II. 5.* Benth. *Labiat. 160.*

a. APHANOCHILUS *Benth.* Antherarum loculi divergentes v. divaricati, demum confluentes. — *Spicae saepius laxae, paniculatae, aequales v. subsecundae. bracteis lanceolatis v. subulatis, nunc dense imbricatae, aequales, bracteolis ovatis v. lanceolatis.*

Aphanochilus Benth. *in Wallich Pl. As. rar. I. 28. t. 33. 34. Labiat. 161.* Menthae sp. DC. *Pl. rar. hort. Genev. t. 8.* Perillae sp. Don.

b. CYCLOSTEGIA *Benth.* Antherae ovatae, loculis confluentibus. — *Spica dense imbricata, bracteis connatis, membranaceis, venosis, imbricatis, cyathiformibus, margine ciliatis.*

Cyclostegia Benth. *Labiat. 163.*

c. ELSHOLTZIA *Willd.* Antherarum loculi lineares. divaricati. — *Spicae paniculatae, secundae, bracteis late ovatis.*

Elsholtzia Willd. *Op. cit. t. 1.* Bot. Mag. *t. 2560.* Benth. *Labiat. 164.* Menthae sp. Cavanill. *Ic. t. 360. f. 1.* Lepechin *in Act. Academ. Petropolit. I. t. 8.*

3589. Tetradenia *BENTH.* Calyx campanulatus, quinquedentatus, dente supremo latiore, fauce nuda. Corolla tubo incluso, limbi campanulati, quinquefidi lobis subaequalibus. Stamina 4, aequalia, distantia; filamenta nuda, antherarum loculi confluentes, valvulis reflexis. Ovarii lobi sub disci glandulis quatuor aequalibus reconditi. Stylus apice breviter bifidus; stigmata ...... Achenia ...... — *Suffrutex madagascariensis, tomentosus; foliis petiolatis, ovatis, crenatis, verticillastris in spiculas plurimas, racemoso-paniculatas dispositis.*

Tetradenia Benth. *in Bot. Reg. n. 1300. Labiat. 164.* non Nees.

SUBTRIBUS III. MENTHEAE. Antherae biloculares, loculis parallelis.

3590. Colebrookia *SMITH.* Calyx campanulatus, aequalis, quinquepartitus, laciniis plumosis, demum papposis, tubo cum acheniis maturis coalescente. Corolla tubo calycem aequante, limbi brevissimi, subaequaliter quadrifidi lobo superiore emarginato. Stamina 4, aequalia, distantia; filamenta brevissima, antherae subsessiles, biloculares, loculis parallelis. Ovarii discus aequalis, eglandulosus. Stylus profunde bifidus, lobis subulatis, prope apicem stigmatiferis. Achenia oblonga, subtriquetra, apice villosa. — *Frutices indici, rufo tomentosi; ramis foliisque oppositis v. ternato-verticillatis, spiculis pedunculatis, paniculatis, verticillastrorum cymis distinctis, capituliformibus, sessilibus, bracteis basi connatis involucratis.*

Colebrookia Smith *Exot. Bot. II. t. 111.* Roxburgh *Corom. t. 243.* Benth. *Labiat. 165.*

3591. Perilla *LINN.* Calyx campanulatus, quinquefidus, subaequalis, fauce nuda, demum nutans, bilabiatus, labio superiore dilatato, trifido, dente medio minore, inferiore bifido. Corolla tubo calycem subaequante, limbo brevissime quinquefido, subaequali. Stamina 4, subaequalia, distantia, erecta, corollam subaequantia; filamenta nuda, antherae biloculares, loculis parallelis, demum divergentibus v. subdivaricatis. Stylus profunde bifidus; stigmata terminalia. Achenia sicca, laevia. — *Herba indica, pilosa; foliis oppositis, longe petiolatis, ovatis, acuminatis, grosse serratis, floribus in spicas axillares terminalesque secundas dispositis.*

Perilla Linn. *gen. n. 578* Benth. *Labiat. 166.* Melissa maxima Arduino *Specim. II. t. 13.*

3592. Isanthus *L. C. RICH.* Calyx campanulatus, aequalis, decemnervis, profunde quinquedentatus, fauce nuda. Corolla calycem vix superans, tubo brevi, recto, limbi campanulati lobis quinque aequalibus, rotundatis, patentibus. Stamina 4, subaequalia, distantia, erecta, corollam subaequantia; filamenta nuda, antherae biloculares, loculis parallelis v. demum divergentibus. Stylus apice breviter bifidus, lobis subulatis; stigmata terminalia. Achenia sicca, obovata, reticulata, lacunoso-rugosa. — *Herba annua, boreali-americana, pubescenti-viscida; foliis oppositis, breviter petiolatis, oblongo-ellipticis, integerrimis v. subsinuatis, trinerviis, pedunculis solitariis, axillaribus, folio brevioribus, unifloris, prope apicem saepe bibracteolatis.*

Isanthus L. C Richard *in Michaux Flor. Bor. Amer. II. 3. t. 30.* Benth. *Labiat. 166.*

3593. Preslia *OPITZ.* Calyx ovatus, aequalis, quadridentatus, dentibus aristatis, fauce intus subvillosa. Corolla tubo incluso, limbi quadripartiti lobis aequalibus, integris. Stamina 4, breviter exserta, aequalia, distantia, erecta; filamenta glabra, antherae biloculares, loculis parallelis. Stylus apice bifidus, lobis subaequalibus; stigmata terminalia. Achenia oblonga, sicca, laevia. — *Herba in uliginosis Europae australioris crescens, prostrata, dura, glabra; foliis oppositis, sessilibus, lineari-lanceolatis, obtusis, integerrimis, punctatis, axillaribus subfasciculatis, floralibus conformibus, summis sterilibus, verticillastris multifloris, densis, distantibus, folio subbrevioribus, bracteis subfoliaceis, ovato-lanceolatis, basi in involucrum palmatifidum connatis.*

Preslia Opitz *in Flora 1824. p. 322.* Fresenius *in Syllog. Plant. II. 238.* Benth. *Labiat. 167.* Mentha cervina Linn.

3594. Mentha *LINN.* Calyx campanulatus v. tubulosus, quinquedentatus, aequalis v. subbilabiatus, fauce intus nuda v. villosa. Corolla tubo incluso, limbi campanulati, quadrifidi lacinia superiore latiore, subintegra v. emarginata. Stamina 4, aequalia, erecta, distantia; filamenta glabra, antherae biloculares, loculis parallelis. Stylus breviter bifidus; stigmata terminalia. Achenia sicca, laevia. — *Herbae saepius aromaticae, per omnem Europam et Asiam mediam magna formarum inconstantia luxuriantes, et a mortalibus per orbem terrarum disseminatae, in America aequinoctiali, Capite bonae spei et India orientali sponte rarissimae; verticillastris saepius multifloris, nunc omnibus remotis, ex axillis foliorum caulinis conformium, nunc in spicas terminales approximatis, foliis floralibus superioribus bracteaeformibus.*

Mentha Linn. *gen. n. 291.* Sole, *Menthae Britanicae Bath. 1798. fol.* Smith *E. B. f. 446. 449. 686. 687. 1025. 1026. 2118. 2120. 2415. 2424. Ic. inedit. t. 38.* Jacq. *Flor. austr. t. 430. Ic. rar. III. t. 87.* Fl. dan. *t. 484. 638. 1676.* Flor. neap. *t. 35. 56. 156. 157.* Hook. *Fl. Lond. t. 166.* Wahlenb. *Fl. Lapp. t. 10* Benth. *Labiat. 168.* — Audibertia Benth. *in Bot. Reg. n. 1228. non alib.*

3595. Lycopus *LINN.* Calyx campanulatus, aequalis, quadri-quinquedentatus, fauce intus nuda. Corolla calycem vix excedens, campanulata, aequalis, quadrifida. Stamina superiora nulla, vel duo sterilia, filiformia, capitellata, corolla breviora, inferiora duo subexserta, fertilia, distantia; filamenta nuda, antherae biloculares, loculis parallelis, subdistinctis. Stylus apice subaequaliter bifidus; stigmata terminalia, minuta. Achenia sicca, laevia, margine calloso-incrassato, trigona, apice truncata, basi attenuata. — *Herbae paludosae v. uliginosae, per omnem Europam, Asiam et Americam borealem diffusae, etiam in Nova-Hollandia observatae; foliis oppositis, acute dentatis v. pinnatifidis, floralibus conformibus, flores multo superantibus, verticillastris densis, saepius multifloris, bracteis interioribus minutis, exterioribus in verticillastris inferioribus quandoque calyces excedentibus, floribus parvis, sessilibus.*

Lycopus Linn. *gen. n. 15.* E. B. *t. 1105.* Fl. dan. *t. 1081.* Sibthorp *Fl. graec. t. 12.* Benth. *Labiat. 184.*

SUBTRIBUS IV. MERIANDREAE. Antherarum loculi disjuncti, connectivo filiformi.

3596. Meriandra *BENTH* Calyx ovatus, bilabiatus, labio superiore concavo, integro v. brevissime tridentato, inferiore bifido, fauce nuda. Corolla tubo calycem aequante, limbi subaequaliter quadrifidi lobis planis, superiore integro v. emarginato. Stamina fertilia plerumque duo inferiora, erecta, distantia, superiora abortiva, v. rarius uno alterove fertili inferioribus conformi; filamenta glabra, antherae biloculares, loculis disjunctis, stipitatis, aequalibus, pendulis, connectivo lineari, brevi, ad medium cum filamento articulato, utrinque erecto. Stylus apice subaequaliter bifidus; stigmata terminalia. — *Frutices indici, camphorati; floribus racemosis v. spicato-paniculatis.*

Meriandra Benth. *Labiat. 188.* Salvia benghalensis Roxb.

TRIBUS III. MONARDEAE Benth. *Labiat. 190.* Corolla bilabiata. Stamina 2 fertilia, inferiora, adscendentia. Antherae nunc biloculares, loculis contiguis v. connectivo lineari sejunctis, loculo altero saepius casso.

SUBTRIBUS I. SALVIEAE. Connectivum filiforme, cum filamento articulatum.

3597. Salvia *LINN.* Calyx ovatus, tubulosus v. campanulatus, bilabiatus, labio superiore integro v. tridentato, inferiore bifido, fauce nuda. Corolla tubo incluso v. exserto, vario, limbi bilabiati labio superiore integro v. breviter emarginato, inferiore trilobo, lobo medio plerumque latiore, saepius emarginato. Stamina superiora nulla v. rudimentaria, clavaeformia, inferiora duo fertilia, prope faucem tubi inserta; filamenta subhorizontalia v. rarius erecta, apice cum anthera articulata v. supra articulationem breviter producta, rarissime subcontinua, antherae dimidiatae, connectivo elongato antice adscendente loculum polliniferum gerente, postice deflexo loculo efoeto v. nullo. Ovarii discus antice glandulifer, glandula lobos subaequante. Stylus adscendens, apice bifidus, lobis aequalibus v. inaequalibus; stigmata terminalia v. per lobos decurrentia. Achenia ovoideo-triquetra, sicca, glabra, plerumque laevissima. — *Suffrutices v. herbae, per totum terrarum orbem diffusae, inter tropicos imprimis Americae copiosissime provenientes, habitu et inflorescentia varia.*

Salvia Linn. *gen. n. 39.* Etlinger, *Dissertatio de Salvia Erlang. 1777. 4.* Benth. *Labiat. 190.* Horminum, Sclaraea et Aethiopis Tournefort.

a. EUSPHACE *Benth.* Calyx campanulatus, labio superiore tridentato, inferiore hispido, dentibus omnibus acutis, demum vix auctis. Corollae tubus amplus, subexsertus, intus piloso-annulatus, labium superius erectum, inferioris lobi laterales reflexo-patentes, medius latus, emarginato-bifidus, laciniis subreflexis. Antherarum connectiva postice porrecta, loculum difformem, cassum v. rarius subpolliniferum gerentia, extremitate subconnexa. — *Herbae v. saepius suffrutices regionis mediterraneae; foliis integris v. pinnatisectis.*

Eusphace Benth. *Op. cit. 207.* (Sibthorp *Flor. graec. t. 17. 18.* Jacq. *Hort. Schönbr. t. 195.* Jacq. f. *Eclog. t. 36.* DC. *Plant. rar. Genev. t. 3.* Sweet *Fl. Gard. t. 169.* Bot. Mag. *t. 1429.*)

b. HYMENOSPHACE *Benth.* Calyx campanulatus, labio superiore bi-trifido, inferiore bifido, lobis omnibus subaequalibus, demum membranaceo-dilatatis, venosis. Corollae tubus amplus, intus piloso-annulatus, labium superius subfalcatum, compressum, inferioris lobi laterales patentes. Antherarum connectiva postice porrecta, loculum difformem, cassum gerentia, extremitatibus subconnexa. — *Suffrutices v. rarius herbae, saepius incanae, in regione mediterranea et in Capite Bonae Spei indigenae.*

Hymenosphace Benth. *Op. cit. 214.* Schraderia Mönch *Method. 378.* (Miller *Ic. t. 225.* Sibthorp *Fl. graec. t. 15. 16.* Bot. Mag. *t. 182.*)

c. DRYMOSPHACE *Benth.* Calyx tubulosus v. campanulatus, labio superiore subintegro, truncato v. rarissime tridentato. Corollae tubus exsertus, intus piloso-annulatus, labium superius falcato-compressum, inferioris lobi laterales patentes. Antherarum connectiva postice porrecta, loculum difformem, cassum gerentia, extremitatibus subconnexa. — *Herbae europeae et asiaticae, virides, subglutinosae; foliis ut plurimum amplis, hastato-cordatis, floribus plerumque flavis, rarius caeruleis.*

Drymosphace Benth. *Op. cit. 218.* (Sweet *Flor. Gard. II. t. 140.*)

d. HORMINUM *Benth.* Calyx tubulosus, labio superiore truncato, subtridentato. Corolla tubus sub fauce ampliatus v. ventricosus, intus exannulatus, labium superius rectum, concavum v. falcatum, compressum, inferioris lobi laterales oblongi, erecti, subtorti, intermedius rotundatus, patens. Antherarum connectiva postice deflexa, abrupte dilatata, extremitatibus callosis connexa. — *Herbae mediterraneae.*

Horminum Benth. *Op. cit. 220.* (Sibthorp *Flor. graec. t. 19—21.* Desfont. *Fl. Atl. t. 1.* Jacq. f. *Eclog. t. 15.* Bot. Mag. *t. 988.*)

e. AETHIOPIS *Benth.* Calyx campanulatus v. tubulosus, labio superiore tridentato, dentibus erectis, medio saepe minimo. Corollae tubus sub fauce ampliatus v. ventricosus, intus exannulatus, labium superius falcatum, compressum, inferioris lobi laterales oblongi, suberecti, subtorti, intermedius patens, rotundatus, plerumque concavus, emarginatus, crenulatus. Antherarum connectiva postice deflexa, abrupte dilatata, extremitatibus callosis connexa. — *Herbae saepius albo-lanatae, in regione mediterranea orientali et in Asiae mediae montibus indigenae; foliis floralibus persistentibus, erectis, verticillastros amplectentibus v. rarius pedunculo vix longioribus, panicula-ramosa, rarissime subsimplici.*

Aethiopis Benth. *Op. cit. 222.* Stenarrhena Don *Nep. 111.* (Sibthorp *Fl. graec. t. 25—27.* Jacq. *Fl. austr. t. 211. Hort. Schönbr. t. 6. Hort. Vindob. I. t. 78. Ic. rar. t. 7.* Cavanill. *Ic. t. 558.* Vent. *Cels. t. 59.* Link et Hoffmans. *Fl. portug. t. 20.* Jacq. f. *Eclog. t. 16.* Wallich *Pl. As. rar. t. 116.* Bot. Mag. *t. 295. 2320.* Bot. Reg. *t. 1003.*)

f. PLETHIOSPHACE *Benth.* Calyx ovatus, labio superiore supra concavo, bisulcato, tridentato, dentibus brevissimis, conniventibus, inferius bifidum, lobis acutis. Corollae tubus sub fauce ampliatus v. ventricosus, intus exannulatus, labium superius concavum v. falcato-compressum, inferioris lobi laterales oblongi, suberecti, subtorti, intermedius patens, rotundatus, plerumque concavus, emarginatus, crenulatus. Antherarum connectiva postice deflexa, abrupta, extremitatibus callosis connata. — *Herbae in regione mediterranea, Europa orientali et Asia boreali, nec non in Capite bonae spei indigenae; foliis saepius croso-dentatis v. incisis, racemis elongatis, simplicibus v. virgato-paniculatis.*

Plethiosphace Benth. *Op. cit. 230.* (Sibthorp *Fl. graec. t. 22.* Jacq. *Fl. austr. t. 112. 212. Hort. Schönbr. t. 7. Hort. Vindob. I. t. 37. Ic. rar. t. 5.* Desfont. *Fl. atl. t. 2. 3.* Link et Hoffmanns. *Fl. portug. t. 19.* Waldst. et Kitaibel *Plant. Hung. t. 62.* Jacq. f. *Eclog. t. 38.* Bot. Mag. *t. 1774. 2436.* Bot. Reg. *t. 1019.*)

g. MICROSPHACE *Benth.* Calyx ovatus, labio superiore integro, inferiore bidentato. Corolla minima, tubo incluso, intus exannulato, labiis brevissimis, superiore erecto, inferioris lobis lateralibus patentibus. Antherarum connectiva postice deflexa, linearia, longitudinaliter connata. Styli lobus inferior complanato-dilatatus, rotundatus. — *Herbae americanae tropicae, procumbentes.*

Microsphace Benth. *Op. cit. 244.* (Ruiz et Pavon *Fl. peruv. t. 39. f. a.*)

h. CALOSPHACE *Benth.* Calyx ovatus, tubulosus v. campanulatus, labio superiore integro v. breviter tridentato. Corollae tubus exsertus v. inclusus, intus exannulatus, interdum prope basim dentibus duobus auctus, labium superius rectum, concavum, integrum v. saepius breviter emarginatum, inferioris lobi patentes. Antherarum connectiva postice deflexa, linearia, longitudinaliter connata. Styli lobus inferior subulatus. — *Herbae, suffrutices v. frutices, in America tropica indigeni, habitu vario; foliis integris, serratis, crenatis v. rarius integerrimis.*

Calosphace Benth. *Op. cit. 245.* Jungia Mönch *Method. 378.* (Ruiz et Pavon *Fl. peruv. t. 36. 34.* Kunth *in Humb. et Bonpl. Nov. gen. et sp. t. 138—158.* Pohl *Plant. Brasil. t. 189—196.* Cavanill. *Ic. t. 23. 27. 105. 166. 317. 320. 454. 455.* Smith *Ic. t. 26. 27.* Jacq. *Hort. Schönbr. t. 252. 255. 318. 319. 381. Ic. rar. t. 3. 22.* Jacq. f. *Eclog. t. 13. 47.* Vent. *Cels. t. 80.* Bot. Mag. *t. 376. 808. 1249. 1728. 2872.* Bot. Reg. *t. 347. 359. 1356. 1370. 1429. 1554.*)

i. ECHINOSPHACE *Benth.* Calyx ovatus, labio superiore tridentato, inferiore breviore bifido, dentibus omnibus spinosis. Corollae tubus intus piloso annulatus, labium superius rectum, emarginato-bifidum, inferioris lobi laterales parvi, intermedius maximus, lacero-fimbriatus. Antherarum connectiva medio affixa, remota, postice subporrecta, loculum subconformem, polliniferum gerentia. — *Herba californica; foliis floralibus et bracteis imbricatis, spinosis, floribus in verticillastris densissimis, multifloris glomeratis.*

Echinosphace Benth. *Op. cit. 302.*

k. PYCNOSPHACE *Benth.* Calyx ovatus, labio superiore tridentato, inferiore bifido, dentibus omnibus subulatis. Corollae tubus intus piloso-annulatus, labium superius rectum, inferioris lobus medius integer v. emarginatus. Antherarum connectiva medio affixa, postice remota, porrecta, loculum subconformem, polliniferum gerentia. — *Herba californica; foliis floralibus et bracteis imbricatis, muticis, floribus in verticillastris multifloris densissime glomeratis.*

Pycnosphace Benth. *Op. cit. 302.* —? Leonia Llave et Lexarz. *Nov. veget. II. 6.*

l. HETEROSPHACE *Benth.* Calyx tubulosus, labio superiore truncato, tridentato. Corollae tubus intus piloso-annulatus, labium superius breve, rectum, inferioris lobi laterales parvi, subpatentes. Antherarum connectiva medio affixa, postice porrecta, loculum subconformem, polliniferum gerentia. — *Herbae mediterraneae africanae, asiaticae et boreali-americanae; foliis floralibus deciduis, floribus racemosis, verticillastris laxis, paucifloris, calycibus saepe coloratis.*

Heterosphace Benth. *Op. cit. 303.* (Jacq. *Hort. Schönbr. t. 8. Hort. Vindob. III. t. 92. Ic. rar. t. 6.* Thunb. *Fl. japon. t. 5.*)

m. NOTIOSPHACE *Benth.* Calyx ovatus, labio superiore integro v. brevissime tridentato, dentibus conniventibus, inferiore bifido. Corolla minima, tubo incluso, labio superiore recto, inferiore subpatente. Antherarum connectiva medio affixa, postice remota, porrecta, loculum subconformem, fertilem gerentia. — *Herbae in Asia et Australasia tropica, nec non in Africa boreali-orientali observatae; foliis floralibus bracteisque minutis.*

Notiosphace Benth. *Op. cit. 309.* (Jacq. *Hort. Vindob. II. t. 108.* Viviani *Flor. lybic. t. 16. f. 1.*)

n. GYMNOSPHACE *Benth.* Calyx ovato-tubulosus, labio superiore integro, recurvo, inferiore bifido. Corolla tubo brevi, amplo, intus annulato (?) labia brevia, superius erectum, inferioris lobi patentes. Antherarum connectiva filamentis rectis subcontinua, postice remota, deflexa, filiformia, erecta. — *Herba nepalensis, caespitosa.*

Gymnosphace Benth *Op. cit. 310.*

o. HEMISPHACE *Benth.* Calyx tubulosus, labio superiore truncato, tridentato, inferiore bifido. Corollae tubus intus piloso-annulatus, labium superius erecto-patens, fornicatum, inferioris lobis patentibus. Antherarum connectiva filamentis rectis subcontinua, postice remota, brevissime producta, deflexa, acuta. — *Herbae habitu Heterosphacium, in regione mediterranea orientali indigenae.*

Hemisphace Benth. *Op. cit. 310.* (Jacq. *Hort. Vindob. II. t. 152.*)

3598. Audibertia *BENTH.* Calyx ovatus, bilabiatus, labio superiore concavo, integro v. breviter tridentato, inferiore bifido, fauce nuda. Corolla tubo calycem aequante v. exserto, limbo bilabiato, labii superioris bifidi lobis patentibus, inferioris trifidi lateralibus ovatis v. oblongis, patulis, medio latissimo, emarginato. Stamina duo inferiora fertilia, adscendentia, saepius exserta, superiorum rudimenta minima, clavaeformia v. nulla; antherae dimidiatae, connectivo lineari, cum filamento articulato, adscendente, apice loculum linearem gerente, postice haud producto v. brevissime acuminato. Stylus breviter subulato-bifidus. Achenia triquetra, glabra. — *Herbae californicae v. suffrutices villosi; racemo simplici v. composito.*

Audibertia Benth. *in Bot. Reg. t. 1469. Labiat. 312.*

SUBTRIBUS II. ROSMARINEAE. Connectiva parva. Stamina 2 fertilia.

3599. Rosmarinus *LINN.* Calyx ovato-campanulatus, bilabiatus, labio superiore integro, inferiore bifido, fauce nuda. Corolla tubo exserto, intus glabro, exannulato, fauce subinflata, limbi bilabiati labiis subaequalibus, superiore erecto, emarginato, inferioris patentis, trifidi lobis lateralibus oblongis, erectis, subtortis, medio maximo, concavo, dependente. Stamina 2, inferiora fertilia, adscendentia, e labio superiore exserta, superiorum rudimenta nulla; filamenta ad faucem corollae inserta, prope basim dente brevi aucta, antherae lineares, subbiloculares, loculis divaricatis, confluentibus, margine connatae. Stylus apice bifidus, lobo superiore brevissimo; stigmata terminalia, minuta. Achenia sicca, laevia. — *Frutex tristis, in regione mediterranea rupicola; foliis oppositis, linearibus, integerrimis, margine revolutis, subtus canescentibus, floribus in racemis axillaribus paucis, approximatis, subsessilibus, corolla alba v. pallide caeruleo-purpurea.*

Rosmarinus Linn. *gen. n. 38.* Sibthorp *Fl. graec. t. 14.* Benth. *Labiat. 314.*

3600. Monarda *LINN.* Calyx tubulosus, elongatus, quindecimnervis, subaequalis, quinquedentatus, fauce villosa v. rarius subnuda. Corolla tubo exserto v. incluso, intus glabro v. pubescente, fauce subdilatata, limbi bilabiati labiis linearibus v. oblongis, subaequalibus, superiore erecto, integro v. emarginato, inferioris patentis, apice breviter trifidi lobis lateralibus ovatis, obtusis, medio angustiore, oblongo, retuso, v. emarginato. Stamina 2 inferiora fertilia, adscendentia, e labio superiore corollae saepius exserta, superiorum rudimenta subnulla; filamenta ad faucem corollae inserta, edentula, antherae lineares, subbiloculares, loculis divaricatis, confluentibus, margine connatae. Stylus apice subaequaliter bifidus; stigmata terminalia, minuta. Achenia sicca, laevia. — *Herbae boreali-americanae; foliis integris, plerumque dentatis v. crenatis, floribus in verticillastros paucos densissime glomeratis, bracteis suffultis.*

Monarda Linn. *gen. n. 37.* excl. sp. Benth. *Labiat. 315.*

a. EUMONARDA Benth. *Labiat. 726.* Stamina longe exserta. — (Pursh *Fl. Bor. Amer. t. 1.* Reichenb. *Ic. exot. t. 170. 171. 182.* Hooker *Exot. Flor. t. 130.* Bot. Mag. *t. 145. 546. 2513. 2958. 3310.* Sweet *Fl. gard. I. t. 98. II. t. 166.*)

b. CHEILYCTIS Benth. *Labiat. 726.* Stamina corollae labium superius aequantia v. breviora. — Cheilyctis Rafinesque *in Journ. Phys. LXXXIX. 99.* Coryanthus Nuttall *in Americ. Philosoph. Transact. V. 186.*

3601. Blephilia *RAFIN.* Calyx ovato-tubulosus, tredecimnervis, bilabiatus, labii superioris tridentati dentibus aristatis, inferioris bidentati muticis v. breviter aristatis, fauce nuda. Corolla tubo subexserto, intus glabro, fauce dilatata, limbi bilabiati labiis subaequalibus, superiore erecto, integro, inferioris patentis, trifidi lobis lateralibus ovato-rotundatis, medio angustiore oblongo, retuso, emarginato. Stamina 2 inferiora fertilia, adscendentia, e labio superiore corollae exserta, superiorum rudimenta filiformia, parva v. nulla; filamenta ad faucem corollae inserta, edentula, antherae lineares, subbiloculares, loculis divaricatis, confluentibus, margine connatae. Stylus apice subaequaliter bifidus; stigmata terminalia, minuta. Achenia sicca, laevia. — *Herbae boreali-americanae, habitu Monardae, floribus fere Zizyphorae; verticillastris plurimis, globosis, supremis in spicam subapproximatis.*

Blephilia Rafin. *in Journ. Phys. LXXXIX. 98.* Benth. *Labiat. 319.* Monarda ciliata Linn. et Auct.

3602. Zizyphora *LINN.* Calyx tubulosus, elongatus, tredecimnervis, bilabiatus, labii superioris tri-inferioris bidentati dentibus muticis, fauce villosa. Corolla tubo vix exserto, intus glabro, fauce dilatata, limbi labiis subaequalibus, superiore erecto, integro, inferioris patentis, trifidi lobis rotundatis, medio longiore, emarginato. Stamina 2 inferiora fertilia, sub labio superiore adscendentia, eidem aequalia v. longiora, superiorum rudimenta subnulla; filamenta fauci corollae inserta, edentula, antherae lineares, subbiloculares, loculis divaricatis, confluentibus, margine subconnatae. Styli apice bifidi lobus superior brevissimus; stigmata terminalia, minuta. Achenia sicca, laevia. — *Herbae v. suffrutices, in Europa australi et in Asia media provenientes; foliis oppositis, integerrimis v. minute paucidentatis, subtus lineatis, floralibus subconformibus, nunc latioribus, nunc angustioribus, verticillastris paucifloris, in apicibus ramorum saepius approximatis, pedicellis brevibus, complanatis, erectis.*

Zizyphora Linn. *gen n. 36.* Sibthorp *Fl. graec. t. 13.* Rudolph. *in Mem. Academ. Petropolit. II. t. 10—12.* Bot. Mag. *t. 906. 1093.* Benth. *Labiat. 320.*

SUBTRIBUS III. HORMINEAE. Connectiva parva. Stamina 4 fertilia.

3603. Horminum *LINN.* Calyx campanulatus, tredecimnervis, bilabiatus, labio superiore tridentato, inferiore bifido. Corolla tubo exserto, intus piloso-annulato, fauce elongata, ampliata, limbi subbilabiati labio superiore truncato-emarginato, inferioris trilobi laciniis brevibus, latis, rotundatis. Stamina 4 fertilia, adscendentia, inferiora longiora; filamenta nuda, antherae per paria cohaerentes, lineares, biloculares, loculis divaricatis. Stylus apice breviter bifidus, lobis subulatis; stigmata terminalia, minuta. Achenia laeviuscula. — *Herba in Europae mediae subalpinis perennans; foliis fere omnibus radicalibus, petiolatis, ovatis, profunde crenatis, basi truncatis v. subcordatis, glabris, utrinque viridibus, caulibus floriferis erectis, floralibus bracteaeformibus, brevibus, verticillastris distantibus, subsexfloris, secundis, floribus nutantibus, purpureo violaceis.*

Horminum Benth. *Labiat. 727.* Horminum pyrenaicum Linn. Sweet *Fl. Gard. I. t. 252.* Melissa pyrenaica Jacq. *Hort. Vindob. t. 183.*

TRIBUS IV. SATUREINEAE. Calyx quinquedentatus, aequalis v. bilabiatus, labio superiore tridentato, inferiore bifido. Corollae tubus calycem vix aequans, limbus subbilabiatus, labio superiore integro v. bifido, inferiore trifido. Stamina distantia, recta, divergentia, aequalia v. postica breviora aut abortiva.

SUBTRIBUS I. ORIGANEAE. Calyx 10—13nervis. Stamina 4 fertilia.

3604. Bystropogon *HERIT.* Calyx campanulatus v. tubulosus, decem- v. tredecimnervis, aequalis, quinquedentatus, fauce villosa. Corolla tubo incluso, limbo subbilabiato, labio superiore suberecto, bifido, inferiore patente, trifido, lobis omnibus planis, integris. Stamina 4, erecta, distantia, corolla breviora, inferiora superioribus longiora; filamenta glabra, antherae biloculares, loculis parallelis. Ovarii discus aequalis, eglandulosus. Stylus apice breviter bifidus, lobis subaequalibus, linearibus subincrassatis, obtusis; stigmata terminalia. Achenia sicca, laevia. — *Frutices canarienses et austro-americani; floribus parvis, cymosis, v. dense spicatis, bracteis lanceolato-subulatis.*

Bystropogon Heritier *Sert. 19.* excl. sp. Benth. *Labiat. 324.*

a. BYSTROPOGON Benth. *l. c.* Calyx campanulatus, decemnervis. Flores cymosi, cymae dichotomae, corymbosae v. laxe paniculatae. — *Canarienses.* (Heritier *Op. cit. t. 22. 23.* Menthae sp. Linn.)

b. MINTOSTACHYS Benth. *l. c.* Calyx tubulosus, tredecimnervis. Verticillastri densi, spicati. — *Peruviani.*

3605. Pycnanthemum *BENTH.* Calyx ovatus v. tubulosus, subtredecimnervis, quinquedentatus, dentibus subaequalibus, rectis v. tribus superioribus basi in labium coalitis. Corolla tubo calycem aequante, limbi subbilabiati labio superiore recto, plano, integro v. brevissime emarginato, inferioris plani, trifidi lobis omnibus ovatis, obtusis. Stamina 4, subaequalia v. inferiora parum longiora, recta, divergentia, exserta v. inclusa; filamenta glabra, antherae biloculares, loculis parallelis. Stylus apice subaequaliter bifidus, lobis subulatis; stigmata terminalia. Achenia sicca, laevia v. minute punctato-rugosa. — *Herbae boreali-americanae, perennes, rigidae, saepe canescentes, apice corymboso-paniculatae; verticillastris paucis, densis, multifloris, bracteatis, saepe capitula terminalia formantibus, corollis albidis v. purpurascentibus, labio inferiore plerumque purpureo-maculato.*

Pycnanthemum Benth. *Labiat. 326.*

a. TULLIA Benth. *l. c.* Calyx saepe bilabiatus, dentibus subulato-aristatis. — *Verticillastri saepius laxi, folia plerumque petiolata.*

Pycnanthemum L. C. Richard *in Michaux Flor. Bor. Amer. II. 7. t. 33.* excl. sp. Tullia Leavenworth *in Silliman's Journ. XX. 343. t. 5.*

b. BRACHYSTEMUM Benth. *l. c.* Calycis dentes breves, aequales, mutici. — *Verticillastri parvi, terminales, plerumque capituliformes, rarius laxiusculi, subpaniculati. Folia plerumque sessilia.*

Brachystemum L. C. Richard *Op. cit. II. 6. t. 31. 32.* Koellia Mönch *Method. 406.*

3606. Monardella *BENTH.* Calyx ovato-tubulosus, saepe elongatus, decem- v. tredecimnervis, quinquedentatus, dentibus brevibus, subaequalibus, rectis, fauce nuda. Corolla tubo calycem aequante v. breviter exserto, fauce glabra, limbi subbilabiati labio superiore bifido, inferioris trifidi lobis omnibus oblongis linearibusve, planis, subaequalibus. Stamina 4, subaequalia v. inferiora longiora, recta, divergentia, exserta; filamenta nuda, antherae biloculares, loculis parallelis, demum divergentibus v. divaricatis. Stylus apice brevissime bifidus; stigmata terminalia, minuta. Achenia sicca, laevia. — *Herbae* *boreali-americanae, perennes, verticillastris magnis, subglobosis, terminalibus, solitariis, bracteis latis suffultis.*

Monardella Benth. *Labiat. 331.* Pycnanthemum Monardella Michaux *Flor. Bor. Amer. t. 34.*

3607. Amaracus *MÖNCH.* Calyx ovato-campanulatus, basi tredecimnervis, limbi labio superiore elongato, integro, erecto, inferiore truncato, subnullo v. brevissime bidentato, fauce nuda. Corolla tubo exserto, limbi bilabiati labio superiore erecto, emarginato, subplano, inferioris patentis, trifidi lobis subaequalibus, integris. Stamina 4, erecta, adscendentia, vix distantia, inferiora longiora; filamenta glabra, antherae biloculares, loculis distinctis, divergentibus v. divaricatis. Styli apice bifidi lobus superior brevior; stigmata terminalia, minuta. Achenia ...... — *Suffrutices cretici, glabri v. densissime lanati; foliis integerrimis, floribus in spiculas oblongas aggregatis, bracteis orbiculatis, membranaceis, coloratis, laxe imbricatis, calyce multo longioribus, corollae tubum aequantibus.*

Amaracus Mönch *Method. suppl.* Benth. *Labiat. 333.* Origani sp. Linn. Sibthorp *Fl. graec. t. 569.* Bot. Mag. *t. 298.*

3608. Origanum *LINN.* Calyx ovato-tubulosus, decem- v. tredecimnervis, striatus, dentibus quinque aequalibus v. tribus superioribus parum longioribus, fauce villosa. Corolla tubo calycem aequante v. vix superante, limbi subbilabiati labio superiore suberecto, emarginato, inferioris patentis, trifidi lobis subaequalibus. Stamina 4, exserta, distantia, inferiora paullo longiora; filamenta glabra, antherae biloculares, loculis parallelis. Stylus apice subaequaliter bifidus; stigmata terminalia, minuta. Achenia sicca, laeviuscula. — *Herbae v. suffrutices, in regione mediterranea obvii, in Europa et Asia media, nec non in montibus Indiae superioris parce provenientes; foliis integerrimis v. subdentatis, floribus in spiculas cylindricas oblongasve aggregatis, bracteis coloratis, laxiuscule imbricatis, calyces obtegentibus.*

Origanum Linn. *gen. n. 726.* excl. sp. Benth. *Labiat. 334.* Sibthorp *Fl. graec. t. 570. 571.* Link et Hoffmans. *Fl. portug. t. 9.*

3609. Majorana *MÖNCH.* Calyx basi brevissime campanulatus, limbo antice fisso, superne complanato-dilatato, integerrimo, orbiculato, margine basi subtus implicato, fauce nuda. Corolla tubo calycem aequante, limbi subbilabiati labio superiore suberecto, emarginato, inferioris patentis, trifidi lobis subaequalibus. Stamina 4, exserta, distantia, inferiora longiora; filamenta glabra, antherae biloculares, loculis parallelis, divergentibus v. demum divaricatis. Stylus apice subaequaliter bifidus; stigmata terminalia, minuta. Achenia sicca, laevia. — *Herbae perennes v. suffrutices, saepe tomentoso-villosi, in regione mediterranea indigeni, etiam in Indiae alpibus observati; foliis integerrimis v. dentatis, floribus in spiculas breves, tetragonas aggregatis, bracteis orbiculatis, villosis, haud coloratis, calyces aequantibus, arcte imbricatis.*

Majorana Mönch *Method. 406.* Benth. *Labiat. 328.* Origani sp. Linn. Sibthorp *Fl. graec. t. 572. 573.* Bot. Mag. *t. 2605.*

3610. Thymus *LINN.* Calyx ovatus, tredecimnervis, bilabiatus, labio superiore tridentato, inferiore bifido, laciniis ciliatis, subulatis, fauce villosa. Corolla tubo incluso, intus nudo, limbi bilabiati labio superiore recto, emarginato, subplano, inferioris patentis, trifidi lobis aequalibus v. medio longiore. Stamina 4, exserta v. rarius inclusa, recta, distantia, aequalia v. inferiora longiora; filamenta glabra, antherae biloculares, loculis parallelis v. demum divergentibus. Stylus apice subaequaliter bifidus, lobis subulatis; stigmata terminalia, minuta. Achenia sicca, laeviuscula. — *Suffrutices v. fruticuli saepe canescentes, per omnem Europam, regionem mediterraneam, et Asiam temperatam obvii; foliis parvis, integerrimis, venosis, margine saepe revolutis, verticillastris paucifloris, nunc omnibus remotis, nunc in spiculas laxas, densas v. imbricatas aggregatis, bracteis minutis, floribus purpurascentibus v. rarius albis.*

Thymus Linn. *gen. n. 727.* excl. sp. Benth. *Labiat. 340.*

a. MASTICHINIA Benth. *l. c.* Calycis dentes omnes subulati.

b. SERPYLLUM Benth. *l. c.* Calycis dentes superiores lanceolati. — *Folia floralia caulinis subconcolora.* — (Sibthorp *Fl. graec. t. 574—578.* Link et Hoffmans. *Fl. portug. t. 75—18.* Waldst. et Kitaibel *Pl. Hung. t. 71. 147.* Bot. Mag. *t. 2666.* Satureiae sp. Sibthorp *Fl. graec. t. 544.*)

c. PSEUDOTHYMBRA Benth. *l. c.* Calycis dentes superiores lanceolati. — *Folia floralia magna, colorata, membranacea.* — Thymbra ciliata Desfont. *Fl. atlant. t. 122.* et Thymus cephalotes Linn.

3611. Satureia *LINN.* Calyx campanulatus, decemnervis, aequalis, quinquedentatus v. obscure bilabiatus, fauce nuda v. parce villosa. Corolla tubo calycem aequante, limbi bilabiati labio superiore erecto, plano, integro v. emarginato, inferioris patentis, trifidi lobis planis, subaequalibus. Stamina 4, suberecta, divergentia, inferiora longiora, exserta; filamenta glabra, antherae biloculares, loculis parallelis v. divergentibus. Stylus apice subaequaliter bifidus, lobis subulatis; stigmata terminalia, minuta. Achenia sicca, laeviuscula. — *Herbae v. suffrutices, in Europa imprimis mediterranea et in America boreali indigeni; foliis parvis, integerrimis, axillaribus saepe fasciculatis, verticillastris nunc paucifloris, bracteis tunc brevibus v. nullis, nunc multifloris v. in capitulum aggregatis, bracteatis.*

Satureia Linn. *gen. n. 707.* Benth. *Labiat. 351.*

a. SATUREIA Benth. *l. c.* Verticillastri pauciflori. Bracteae parvae v. nullae. — (Jacq. *Ic. rar. t. 494.* Sibthorp *Fl. graec. t. 543. 545.*)

b. TRAGORIGANUM Benth. *l. c.* Verticillastri dense globosi, multiflori, remoti, bracteis suffulti. Calyx tubum corollae subaequans. — (Sibthorp *Fl. graec. t. 541.*)

c. PYCNOTHYMUS Benth. *l. c.* Verticillastri in capitulum oblongum aggregati, bracteis suffulti. Calyx minutus.

SUBTRIBUS II. HYSSOPEAE.

Calyx quindecim nervis. Stamina 4 fertilia.

3612. Hyssopus *LINN.* Calyx tubulosus, quindecimnervis, limbi subobliqui dentibus quinque aequalibus, fauce nuda. Corolla tubo calycem aequante, limbi bilabiati labio superiore erecto, plano, emarginato, inferioris patentis, trifidi lobo medio majore. Stamina 4, exserta, divergentia, inferiora longiora; filamenta glabra, antherae biloculares, loculis linearibus, divaricatis. Stylus apice subaequaliter bifidus, lobis subulatis; stigmata terminalia. Achenia ovoideo-triquetra, laeviuscula. — *Suffrutex notissimus,* *per Europam et Asiam mediam diffusus; ramis virgatis, foliis oppositis, sessilibus, oblongo-lanceolatis, margine revolutis, utrinque viridibus, verticillastris multifloris, secundis, in spicam terminalem approximatis, foliis floralibus conformibus, bracteis lineari-lanceolatis, calyces subaequantibus.*

Hyssopus Linn. *gen. n. 709.* Jacq. *Fl. austr. t. 302.* Benth. *Labiat. 356.*

SUBTRIBUS III. CUNILEAE. Stamina 2 inferiora fertilia.

3613. Collinsonia *LINN.* Calyx fructifer declinatus, ovatus, subdecemnervis, bilabiatus, labio superiore truncato, planiusculo, tridentato, inferiore bifido, fauce subnuda. Corolla subcampanulata, tubo breviter exserto, fauce ampliata, limbi subbilabiati lobis quatuor superioribus subaequalibus, inferiore saepius longiore, declinato, subplano, dentato v. fimbriato-lacero. Stamina 4, divaricata, longe exserta, superiora subbreviora v. interdum ananthera; filamenta nuda, antherae biloculares, loculis divaricatis, saepe confluentibus. Stylus apice subaequaliter bifidus; stigmata terminalia, minuta. Achenia sicca, laevia. — *Herbae boreali-americanae, graveolentes; foliis caulinis magnis, floralibus parvis, bracteaeformibus, floribus pedicellatis, solitariis, in racemos simplices v. saepius paniculato-ramosos dispositis, calycibus sub anthesi minutis, demum valde auctis, corollis flavis v. flavo-purpurascentibus.*

Collinsonia Linn. *gen. n. 17. Hort. Cliffort. t. 5.* Benth. *Labiat. 357.* Bot. Mag. *t. 1213.*

3614. Cunila *LINN.* Calyx subtredecimnervis, ovato-tubulosus, aequalis, quinquedentatus, fauce villosa. Corolla tubo calycem aequante, intus nudo, limbi bilabiati labio superiore erecto, subplano, saepius emarginato, inferioris patentis, trifidi lobis subaequalibus, integris vel medio parum majore, emarginato. Stamina 2 inferiora fertilia, erecta, exserta, distantia, superiorum rudimenta nulla; filamenta glabra, edentula, antherae biloculares, loculis parallelis v. demum divaricatis. Stylus apice breviter bifidus, lobis subaequalibus, subulatis, apice minute stigmatiferis, v. inferiore longiore, subcomplanato, margine stigmatoso. Achenia sicca, laevia. — *Herbae, suffrutices v. fruticuli, in America boreali et tropica indigeni; verticillastris nunc laxissime corymbosis, nunc axillaribus, paucifloris, foliis multo brevioribus, nunc dense multifloris, in spicas v. capitula terminalia approximatis, floribus parvis, albis v. purpurascentibus, corollis saepius intus villosis, labio inferiore punctato.*

Cunila Linn. *gen. n. 35.* excl. sp. Benth. *Labiat. 360.*

TRIBUS V. MELLISSINAE Benth. *Labiat. 365.* Calyx quinquedentatus, plerumque bilabiatus, rarius aequalis, decem- v. tredecimnervis. Corollae tubus plerumque exsertus, limbi bilabiati labio superiore integro v. bifido, inferiore trilobo. Stamina adscendentia, superiora breviora, interdum abortiva.

3615. Hedeoma *PERS.* Calyx ovato-tubulosus, basi infra subgibbus, tredecimstriatus, bilabiatus, labio superiore tridentato v. subtrifido, inferiore bifido, fauce villosa. Corolla tubo calycem aequante v. breviter exserto, limbi bilabiati labio superiore erecto, integro, emarginato v. subbifido, plano, inferioris patentis, trifidi lobis subaequalibus, v. medio parum latiore, integro v. emarginato. Stamina 2 inferiora fertilia, adscendentia, superiorum rudimenta brevia, subulata, capitata v. saepius nulla; filamenta nuda, antherae biloculares, loculis divergentibus v. divaricatis. Stylus apice breviter bifidus, lobis subaequalibus v. inferiore elongato, subcomplanato, apice et margine stigmatifero, superiorem brevissimum basi involvente. Achenia sicca, laevia. — *Herbae v. suffrutices, in America tropica et boreali, nec non in Asiae mediae montibus provenientes; foliis parvis, integerrimis v. subdentatis, verticillastris axillaribus laxis, paucifloris, in racemos terminales subapproximatis.*

Hedeoma Persoon *Synops. II. 134.* Benth. *Labiat. 365.* Cunilae sp. Linn.

a. MOSLA Hamilt. *msc.* Calyx ovatus, labio superiore patente, subplano, breviter tridentato. — *Herbae foliis dentatis.*

b. Hedeoma Benth. *l. c.* Calyx tubulosus, teres, dentibus omnibus lanceolatis. — *Suffrutices foliis integerrimis.*

3616. Micromeria *BENTH.* Calyx tubulosus, tredecim- v. rarius subquindecimstriatus, quinquedentatus, dentibus subaequalibus, rectis v. vix subbilabiatis, fauce saepius villosa. Corolla tubo aequali, recto, intus nudo, calyce plerumque breviore, limbi bilabiati labio superiore erecto, subplano, integro v. emarginato, inferioris lobis planis, subaequalibus v medio latiore, integro v. emarginato. Stamina 4, inferiora longiora, adscendentia, apice per paria approximata v. rarius subdivergentia; filamenta edentula, antherae liberae, biloculares, connectivo saepe incrassato, loculis distinctis, parallelis, divergentibus v. demum divaricatis. Styli apice bifidi lobi nunc aequales, subulati, stigmatibus terminalibus, minutis, nunc superior brevissimus, inferior elongatus, recurvus, complanatus, margine stigmatosus. Achenia sicca, laevia. — *Herbae v. suffrutices, in temperatis calidioribus totius orbis terrarum, parcius in America tropica vegetantes; verticillastris axillaribus v. spicatis, rarius cymaeformibus subpaniculatis, floribus plerumque parvis, purpurascentibus v. albis.*

Micromeria Benth. *Labiat. 368.*

a. HESPEROTHYMUS *Benth.* Flores in pedicellis axillaribus utrinque solitariis v. ternis, calyce longioribus, pedunculo communi nullo v. rarius elongato. — *Herbae boreali-americanae et mexicanae; foliis saepe crenatis.*

Hesperothymus Benth. *Op. cit. 371.* Hedeomatis sp. Nutt. Thymi sp. Swartz, Kunth.

b. PIPERELLA *Presl.* Flores subsessiles v. in capitulis sessilibus pedunculatisque glomerati, pedicelli subnulli v. calyce breviores, verticillastri axillares v. subspicati. — *Suffrutices v. rarius herbae, in regione mediterranea et Australasia tropica indigenae, in America tropica rarae; foliis integerrimis, venosis, saepe duris, foliis floralibus caulinis subconformibus.*

Piperella Presl. *Fl. sicul. XXXVI.* Benth. *Op. cit. 373.* Xenopoma Willd. *in Berl. Magaz. V. 339.* Colla *Hort. ripul. 147. t. 25.* Zygis Desvaux *in Hamilt. Prodr. Flor. Ind. occid. 46.* Satureiae sp Linn. Sibthorp *Fl. graec. t. 540. 542.* Desfont. *Fl. atl. t. 121.* Tenore *Fl. neap. t. 151.* Gussone *Pl. rar. t. 42.* Thymi sp. Desfont. *Fl. atl. t. 129.* Waldst. et Kitaibel *Plant. Hung. t. 156.*

c. PSEUDOMELISSA *Benth.* Verticillastrorum cymae elongatae, pedunculatae, subdichotomae. — *Herbae europeae; foliis saepe dentatis.*

Pseudomelissa Benth. *Op. cit. 382.* Melissae sp. Linn. Waldst. et Kitaibel *Plant. Hung. t. 262.* Rochel *Banat. t. 22. f. 8.* Nepetae sp. Cavanill. *Ic. t. 376.* Bieberst. *Plant. Ross I. t. 28.*

3617. Melissa *BENTH.* Calyx tubulosus, tredecimnervis, saepius striatus, bilabiatus, labio superiore saepius patente, tridentato, inferiore bifido, fauce nuda v. villosa. Corolla tubo recto v. incurvo-adscendente, intus nudo, saepius exserto, fauce plerumque inflata, limbi bilabiati labio superiore erecto, subplano, integro v. emarginato, inferioris patentis, trilobi lobis planis, medio saepius latiore, integro v. emarginato. Stamina 4, inferiora longiora, adscendentia, apice per paria approximata v. rarissime distantia, superiora interdum sterilia; filamenta edentula, antherae biloculares, connectivo saepe incrassato, loculis distinctis, parallelis, divergentibus v. demum divaricatis. Styli apice bifidi lobi nunc aequales, subulati, stigmatibus minutis terminati, nunc inferior elongatus, recurvus, complanatus, margine stigmatosus. Achenia sicca, laevia. — *Herbae v. suffrutices, in Europa imprimis mediterranea et Asia media indigeni, in America boreali et India orientali parcissime crescentes; inflorescentia varia, floribus albidis, purpurascentibus v. flavis.*

Melissa Benth. *Labiat. 383.* Melissa, Clinopodium et Thymi sp. Linn. Calamintha et Melissa Koch Synops. 559. 561. Benth. *in litt.*

a. CALAMINTHA Mönch. *Method. 408.* Calyx subteres, striatus, basi vix gibbus, fauce villosa. Racemi laxi, subsecundi. Verticillastrorum cymae utrinque pedunculatae, dichotomae. — Benth. *Op. cit. 386.* Thymi sp. Linn. Sibthorp *Fl. graec. t. 577.* E. B. *t. 1414. 1676.*

b. CALOMELISSA Benth. *Op. cit. 388.* Calyx striatus, fauce villosa. Verticillastri multiflori, subaequales, condensati. Bracteae ovatae v. oblongae. — Thymi sp. Michaux, Bot. Mag. *t. 997.*

c. ACINOS Mönch *Method. 407.* Calyx basi infra gibbus, subteres, profunde striatus, fauce villosa. Verticillastri subsexflori, pedicellis erectis, brevibus, rigidis. — Benth. *Op. cit. 384.* Thymi sp. Linn. Jacq. *Observ. t. 87.* Sibthorp *Fl. graec. t. 573.* E. B. *t. 411.* Bieberst. *Plant. ross. I. t. 38.* Bot. Mag. *t. 2152.*

d. CLINOPODIUM Linn. *gen. n. 725.* Calyx basi infra gibbus v. subaequalis, fauce nuda v. parum villosa. Verticillastri multiflori v. laxe pauciflori, aequales, pedunculo communi subnullo, pedicellis filiformibus nec complanatis. Bracteae subulatae, minutae v. calycem aequantes. — Benth. *Op. cit. 391.* E. B. *t. 1401.* Labillard. *Syr. IV. t. 9.* Thymi sp. Ledebour *Ic. t. 438.*

e. MELIPHYLLUM Benth. *Op. cit. 393.* Calyx basi vix gibbus, patens, labio superiore glabriusculo, fauce nuda v. pilis raris villosa. Corolla alba v. flavescens, tubo recurvo, adscendente. Verticillastri pauciflori, laxiusculi, secundi. Bracteae paucae, saepius ovatae. — Melissa Koch *l. c.* Benth. *in litt.* Sibthorp *Fl. graec. t. 579.*

f. MACROMELISSA Benth. *Op. cit. 394.* Calyx fauce patentissima, subnuda, labiis profundis, divaricatis. Corolla elongata, purpurascens, tubo dilatato. Stamina apice subdistantia. Verticillastri laxissimi, saepius pauciflori, cymis subumbellaeformibus, pedunculis elongatis, vix dichotomis. — Melissa grandiflora Linn.

g. HETEROMELYSSON Benth. *Op. cit. 395.* Calyx elongatus, basi haud gibbus, vix bilabiatus, dentibus setaceis, rectis, fauce subnuda. Corolla elongata, purpurea, tubo subrecto. Verticillastri irregulares, pauci- v. multiflori, subsecundi, in ramos foliatos saepe abeuntes. Bracteae subfoliaceae. Thymi sp. Don.

3618. Gardoquia *RUIZ et PAV.* Calyx tubulosus, tredecimnervis, subincurvus, ore aequali v. obliquo, dentibus brevibus, rectis, subaequalibus v. subbilabiatus. Corolla tubo longe exserto, recto v. incurvo, intus nudo, limbi bilabiati labio superiore erecto, subplano, emarginato, inferioris subpatentis, trilobi lobis planis, medio latiore. Stamina 4, inferiora longiora, laxe adscendentia, apice subdistantia, superiora interdum sterilia; filamenta edentula, antherae biloculares, loculis distinctis, parallelis v. subdivergentibus. Styli apice bifidi lobi subaequales; stigmata terminalia, minuta. Achenia sicca, laevia. — *Suffrutices v. frutices peruani et chilenses, in America boreali rarissimi, ramosissimi, foliosi, saepe procumbentes; floribus speciosis, plerumque coccineis.*

Gardoquia Ruiz et Pavon *Prodr. 148. Flor. peruv. t. 493—495.* Benth. *Labiat. 397.* Bot. Reg. *t. 1747.* Rizoa Cavanill. *Anal. cienc. nat. III. 133. t. 29. Ic. VI. 50. t. 578.* Cunilae sp. Hook. *Exot. Flor. t. 163.*

3619. Glechon *SPRENG.* Calyx ovatus v. tubulosus, tredecimnervis, quinquedentatus, dentibus aequalibus v. subbilabiatis, duobus inferioribus saepe longioribus. Corolla tubo calycem aequante, intus nudo, limbi bilabiati labio superiore emarginato v. semibifido, falcato, fornicato v. galeato, erecto v. inferius incumbente, inferioris patentis, trilobi lobis planis, integerrimis, lateralibus latioribus, basi labio superiori saepe adhaerentibus. Stamina 2 inferiora fertilia, sub labio superiore adscendentia v. inter ejusdem lobos breviter exserta, superiorum rudimenta nulla; filamenta glabra, antherae biloculares, loculis linearibus, parallelis, divergentibus v. demum divaricatis. Stylus apice bifidus, lobo superiore brevissimo, inferiore elongato, complanato, margine stigmatoso. Achenia oblonga, laevia, sicca. — *Suffrutices v. fruticuli brasilienses, saepe canescentes; foliis plerumque parvis, floralibus conformibus v. raro minoribus, bracteaeformibus, verticillastris axillaribus bi-sexfloris, interdum versus ramorum apices breviter racemosis, corollis flavescentibus, carneis v. caeruleis.*

Glechon Sprengel *Syst. IV. 227.* Benth. *Labiat. 405.*

3620. Keithia *BENTH.* Calyx tubulosus, subtredecimnervis, striatus, ore aequali v. obliquo, quinquedentato, dentibus subaequalibus, fauce nuda v. villosa. Corolla tubo exserto, limbi bilabiati labio superiore erecto, emarginato, plano, inferioris patentis, trifidi lobis planis, subaequalibus. Stamina 2 inferiora fertilia, adscendentia, superiorum vestigia nulla; filamenta glabra, antherae biloculares, connectivo crasso, loculis distinctis, divaricatis. Styli apice bifidi lobi subaequales, v. inferior longior, complanatus, margine stigmatosus, superioris basim involvens. Achenia sicca, ovoidea. — *Herbae, suffrutices v. frutices brasilienses; verticillastris axillaribus v. in spicas terminales approximatis, corollis plerumque coccineis.*

Keithia Benth. *Labiat. 409.*

a. ERIOTHYMUS Benth. *Op. cit. 410.* Calycis faux villosa. Corollae labium superius bifidum. Cymae axillares, pedunculatae, pauciflorae. — *Frutex, ramis divaricatis, foliosis.*

b. KEITHIA Benth. *Op. cit. 410.* Calycis faux nuda. Corollae labium superius emarginatum. Verticillastri axillares, pauciflori. — *Suffrutices, ramis herbaceis, elongatis, procumbentibus.*

c. RHABDOCAULON Benth. *Op. cit. 411.* Calycis acute dentati faux villosissima. Corollae labium superius emarginatum. Verticillastri in spicas terminales approximati. — *Suffrutices v. herbae, ramis erectis, virgatis, basi foliosis, apice longe denudatis.*

d. GYMNOCYLIX Benth. *Op. cit. 412.* Calycis obtuse dentati faux nuda. Corollae labium superius emarginatum. Verticillastri pauciflori, distincti, subracemosi. — *Herba, ramis erectis, strictis, subnudis.*

3621. Thymbra *LINN.* Calyx oblongus, supra deplanatus, bilabiatus, labio superiore tridentato, erecto, inferiore bifido, fauce villosa. Corolla tubo subexserto, limbi bilabiati labio superiore erecto, emarginato, subplano, inferioris patentis, trifidi lobis planis, intermedio parum majore. Stamina 4, sub labio superiore adscendentia, inferiora longiora; filamenta glabra, antherae per paria approximatae, biloculares, loculis distinctis, parallelis. Stylus apice breviter bifidus, lobis subulatis; stigmata terminalia, minuta. Achenia sicca, laevia. — *Suffrutex in regione mediterranea orientali indigenus, durus, rigidus, procumbens; ramis adscendentibus, foliis linearibus, rigidis, uninerviis, planis v. complicatis, ciliatis, verticillastris multifloris, in spicam basi nonnunquam interruptam approximatis.*

Thymbra Linn. *gen. n.* 708. Sibthorp *Fl. graec. t.* 546. Benth. *Labiat.* 413.

3622. Dicerandra *BENTH.* Calyx tubulosus, subtredecimnervis, striatus, bilabiatus, labio superiore patente, integerrimo v. breviter tridentato, inferiore bifido, fauce pilosa. Corolla tubo exserto, recto, intus nudo, limbi bilabiati labio superiore erecto, subplano, vix emarginato, inferiore patente, trifido. Stamina 4, adscendentia, approximata, inferiora longiora; filamenta glabra, antherae biloculares, loculis divaricatis, apice aequaliter calcaratis, calcare recto, acuto, loculum aequante. Stylus villosus, apice bifidus, lobis subulatis, aequalibus; stigmata terminalia, minuta. Achenia sicca, laevia. — *Suffrutex carolinianus, Hyssopi officinalis habitu; caulibus erectis, virgatis, pubescentibus, foliis sessilibus, anguste linearibus, integerrimis, glabris, axillaribus fasciculatis, verticillastris subsexfloris, in apice ramorum approximatis, pedicellis brevibus, bracteis setaceis, minutis.*

Dicerandra Benth. *Labiat.* 413. Ceranthera Elliott *Carolin. II.* 93. non Palis.

3623. Pogogyne *BENTH.* Calyx campanulatus, subquindecimnervis, striatus, quinquedentatus, dentibus duobus inferioribus superiores duplo superantibus. Corolla tubo exserto, intus ad faucem piloso, limbi bilabiati labio superiore erecto, subplano, integro, inferioris patentis, trifidi lobis planis, integris. Stamina 4, adscendentia, apice approximata, inferiora longiora; filamenta glabra, antherae biloculares, loculis parallelis, distinctis, muticis. Stylus villosus, apice bifidus, lobis aequalibus, subulatis; stigmata terminalia. — *Herbae californicae; foliis petiolatis, oblongis, integerrimis v. superioribus dentatis, glabris, verticillis ad apices ramorum dense spicatis, foliis floralibus, bracteis calycibusque pilis longis, albidis ciliatis.*

Pogogyne Benth. *Labiat.* 414.

TRIBUS VI. SCUTELLARINEAE Benth. *Labiat.* 416. Calyx bilabiatus, labio superiore truncato integro, v. subtridentato. Corolla tubo exserto, adscendente, intus annulato v. nudo. Stamina 4, sub labio superiore adscendentia, inferiora longiora.

3624. Prunella *LINN.* Calyx tubuloso-campanulatus, irregulariter subdecemnervis, reticulato-venosus, supra planus, bilabiatus, labio superiore lato, truncato, breviter tridentato, inferioris semibifidi laciniis lanceolatis, fauce nuda. Corollae tubus amplus, subexsertus, adscendens, intus prope basim piloso- v. squamuloso-annulatus, sub fauce subtus inflatus, ad faucem contractus, limbi bilabiati labium superius erectum, galeatum, supra subcarinatum, integrum, inferius dependens, lobis lateralibus oblongis, deflexis, intermedio rotundato, concavo, crenulato. Stamina 4, adscendentia, inferiora longiora; filamenta basi edentula, glabra, apice, praesertim superiora breviter bidentata, dente inferiore antherifero, antherae sub labio superiore per paria approximatae, liberae, biloculares, loculis distinctis, divaricatis. Stylus glaber, apice bifidus, lobis subulatis; stigmata terminalia. Achenia oblonga, sicca, laevia. — *Herbae cosmopolitae; foliis integris v. inciso-pinnatifidis, floralibus bracteaeformibus, orbiculatis, persistentibus, imbricatis, verticillastris subsexfloris, dense spicatis.*

Prunella Linn. *gen. n.* 735. Benth. *Labiat.* 417. Reichenb. *Plant. crit. t.* 238. 239. 243. 588. Brunella Mönch *Method.* 414. Kunth *in Humb. et Bonpl. Nov. gen. et sp. t.* 162. Arthr. Hamilton *Monogr. ex Seringe Bullet. bot. I.* 153. *ss. c. ic.*

3625. Cleonia *LINN.* Calyx campanulatus, decemnervis, oblique bilabiatus, labio superiore lato, breviter tridentato, inferiore bifido, sinubus pilosis. Corollae tubus tenuis, exsertus, adscendens, intus nudus, fauce parum dilatata, limbi bilabiati labium superius erectum, galeatum, carinatum, integrum, inferioris breve dependentis, trilobi lobis lateralibus oblongis, suberectis, lobo intermedio patente, emarginato-bifido. Stamina 4, adscendentia, inferiora longiora; filamenta basi edentula, glabra, apice breviter bifurca, dente superiore subulato, inferiore subcomplanato, antherifero, antherae per paria approximatae, biloculares, loculis divaricatis. Stylus apice breviter quadrifidus, lobis subaequalibus, subulatis; stigmata terminalia, minuta. Achenia magna, orbiculata, subcompressa. — *Herba in regione mediterranea occidentali indigena, habitu Prunellae laciniatae; caule herbaceo, annuo, basi ramoso, foliis sessilibus, oblongo-lanceolatis v. linearibus, obtusis, profunde dentatis v. semipinnatifidis, rugosis, subhispidis, floralibus minoribus aristatis, verticillastris sexfloris, in spicam laxam approximatis.*

Cleonia Linn. *gen. n.* 736. Benth. *Labiat.* 419. Prunella intermedia Reichenb. *Pl. crit. t.* 205. non Brot.

3626. Scutellaria *LINN.* Calyx campanulatus, bilabiatus, post anthesim clausus, demum usque ad basim fissus, labiis integris, superioris demum decidui lobo medio in squamam dorsalem dilatatam, concavam rejecto, inferiore persistente. Corolla tubo longo, exserto, intus nudo, recto v. saepius extra calycem recurvo-adscendente, superne in faucem dilatato, limbi bilabiati labio superiore galeato, apice integro v. emarginato, inferioris patentim-dilatati, convexi, apice emarginati lobis lateralibus nunc liberis patentibus, nunc cum labio superiore, rarissime cum inferiore coalitis. Stamina 4, sub labio superiore adscendentia, inferiora longiora; filamenta edentula, antherae per paria approximatae, ciliatae, staminum inferiorum dimidiatae, superiorum biloculares, cordatae, loculis subdivaricatis, dorso oppositis. Stylus apice bifidus, labio superiore brevissimo, inferiore apice stigmatifero. Achenia sicca, tuberculosa, glabra v. tomento adpresso pubescentia. — *Herbae annuae v. perennes, rarius frutescentes, in extratropicis, rarius inter tropicos totius orbis indigenae, e regione capensi exules, inflorescentia varia.*

Scutellaria Linn. *gen. n. 734.* Arth. Hamilton *Monograph. in Seringe Bullet. bot. t. 48. c. icc.* Benth. *Labiat. 419.* Cassida Tournef. *inst. 84.* Mönch *Method. 413.*

a. LUPULINARIA A. Hamilt. *l. c. 11.* Flores tetragono-spicati v. subracemosi, vix secundi. Folia floralia saepius membranacea. Benth. *Op. cit. 423.* (Sibth. *Fl. graec. t. 580.* Waldst. et Kitaibel. *Pl. Hung. t. 137.* Reichenb. *Pl. crit. t. 8.* Ledebour *Ic. t. 123.* Bot. Mag. *t. 635.* Bot. Reg. *t. 1460. 1493.*)

b. HETERANTHESIA Benth. *Op. cit. 425.* Flores racemosi, secundi, omnes v. saltim superiores sparsi nec oppositi. Folia floralia parva, herbacea. — (Venten. *Choix. t. 39.*)

c. STACHYMACRIS A. Hamilt. *Op. cit. 17.* Flores racemosi, secundi, oppositi. Folia floralia herbacea, parva, a caulinis diversa. Benth. *Op. cit. 428.* (Sibth. *Fl. graec. t. 581—583.* Labillard. *Syr. IV. t. 6.* Waldst. et Kitaibel *Pl. Hung. t. 125.* Reichenb. *Pl. crit. t. 488.* Bot. Reposit. *t. 494.*)

d. GALERICULARIA A. Hamilt. *Op. cit. 31.* Flores oppositi, axillares, secundi v. supremi subracemosi. Folia floralia herbacea, caulinis conformia v. superiora sensim minora. Benth. *Op. cit. 436.* (E. B. *t. 523. 524.* Jacq. *Observ. t. 29.* Hooker *Exot. Fl. t. 106.*)

e. MASCHALOSTACHYS *Benth. Op. cit. 443.* Flores oppositi, secundi, plerumque in racemos axillares terminalesque dispositi. Folia floralia herbacea, inferiora caulinis conformia. (A. Hamilt. *Op. cit. t. 2. f. 1.*)

3627. Perilomia *H. B. K.* Calyx campanulatus, bilabiatus, post anthesim clausus, demum usque ad basin fissus, labiis integris, superioris demum decidui lobo intermedio in squamam dorsalem rejecto, inferiore persistente. Corolla tubo longe exserto, recurvo adscendente, intus nudo, fauce subdilatata, limbi brevis, subbilabiati labio superiore suberecto, emarginato-bifido, inferioris trifidi lobis lateralibus brevibus, subpatentibus, medio majore, patente, emarginato. Stamina 4, adscendentia, inferiora longiora; filamenta edentula, antherae per paria approximatae, glabrae (?), staminum inferiorum dimidiatae, superiorum biloculares. Stylus apice bifidus, lobo superiore brevissimo, inferiore apice stigmatoso. Discus ovarii crassus, latere inferiore saepe dente auctus. Achenia sicca, margine membranaceo-alata. — *Herbae v. frutices peruani; foliis petiolatis, ovatis, crenatis, floralibus subconformibus, floribus axillaribus, solitariis.*

Perilomia Kunth *in Humb. et Bonpl. Nov. gen. et sp. II. 327. t. 157.* Benth. *Labiat. 443.*

TRIBUS VII. PROSTANTHEREAE

Benth. *Labiat. 447.* Calyx campanulatus, bilabiatus v. aequalis, quinquedentatus. Corolla tubo brevi, amplo, fauce lata, limbo bilabiato. Stamina 4, corolla breviora, inferiora nonnunquam abortiva, dum adsunt superioribus longiora. Achenia coriacea, rugosa, stylo subpersistente. — *Frutices australasici.*

3628. Chilodia *R. BR.* Calyx campanulatus, tubo brevi, tredecimstriato, bilabiatus, labio superiore integerrimo, inferiore emarginato, fauce nuda. Corolla tubo amplo, brevi, limbi campanulato-subbilabiati labio superiore erecto, subplano, emarginato-bifido, inferioris trifidi lobo medio majore bifido, omnibus planis, patentibus. Stamina 4, subaequalia, corollae tubo breviora; filamenta glabra, antherae biloculares, loculis parallelis, glabris, muticis. Stylus apice breviter bifidus, lobis subaequalibus; stigmata terminalia. Achenia …… — *Frutex Novae-Hollandiae orientalis; ramis glabris v. tenuiter pubescentibus, foliis sessilibus, linearibus, lanceolatis, acutis, coriaceis, margine subrevolutis, utrinque viridibus, floralibus conformibus, pedicellis axillaribus unifloris, sub calyce setaceo-bibracteatis.*

Chilodia R. Brown *Prodr. 507.* Benth. *Labiat. 447.*

3629. Cryphia *R. BR.* Calyx bibracteolatus, bilabiatus, clausus, labiis integris, aequalibus. Corolla inclusa, tubo recto, limbi ringentis, bilabiati labio superiore galeato, brevissimo, inferioris trifidi lacinia medio parum majore. Stamina 4, subaequalia, inclusa; filamenta glabra, antherae biloculares, loculis parallelis, glabris, muticis. Stylus apice breviter bifidus, lobis subaequalibus; stigmata terminalia. Achenia …… — *Fruticuli in Novae-Hollandiae ora australi indigeni, glandulosi, graveolentes; foliis Serpylli parvis, integris, pedunculis axillaribus, solitariis, unifloris.*

Cryphia R. Brown *Prodr. 508.* Benth. *Labiat. 448.* Bot. Mag. *t. 3405.*

3630. Prostranthera *LABILLARD.* Calyx campanulatus, bilabiatus, tubo brevi, tredecimstriato, labiis integris, subaequalibus, fructiferis clausis, fauce nuda. Corolla tubo brevi, amplo, fauce campanulata, limbi bilabiati labio superiore erecto, subplano, emarginato-bifido, inferioris patentis, trilobi lobo medio majore, integro v. bifido. Stamina 4, adscendentia, inferiora sublongiora; filamenta glabra, antherae omnes approximatae, biloculares, loculis parallelis, connectivo subtus calcarato. Stylus apice breviter bifidus, lobis subaequalibus; stigmata terminalia. Achenia nucamentacea, subbaccata, demum coriacea, reticulato-rugosa. — *Frutices Novae-Hollandiae, glandulis sessilibus conspersi, graveolentes; foliis ovatis, oblongis v. linearibus, integerrimis v. crenatis, floribus nunc racemosis, terminalibus, foliis floralibus caducis, nunc in axillis foliorum caulinis conformium solitariis, bracteis sub calyce parvis.*

Prostranthera Labillard. *Nov. Holl. II. 18. t. 157.* R. Brown *Prodr. 508.* Benth. *Labiat. 448.* Bot. Reposit. *t. 641.* Bot. Mag. *t. 2434.* Bot. Reg. *t. 143. 1072.*

3631. Hemiandra *R. BR.* Calyx campanulatus, bilabiatus, basi striatus, labiis planis, fructiferis clausis, superiore erecto, integro, mucronato, inferiore semibifido. Corolla tubo brevi, amplo, fauce campanulata, limbi bilabiati labio superiore bifido, inferioris trifidi lacinia intermedia emarginato-bifida, omnibus planis. Stamina 4, laxe adscendentia, inferiora longiora; filamenta glabra, antherae dimidiatae, loculo fertili adscendente, sterili tenui, descendente. Stylus apice subaequaliter bifidus, lobis subulatis; stigmata terminalia. Achenia obovoideo-subtriquetra, inter se et cum stylo connata, apice reticulata. — *Suffrutices v. fruticuli, in Nova-Hollandia austro-occidentali indigeni, erecti v. decumbentes; foliis lanceolatis v. linearibus, rigidis, integerrimis, pungentibus, uni-quinquenerviis, pedunculis axillaribus unifloris, solitariis, foliis floralibus caulinis subconformibus.*

Hemiandra R. Brown *Prodr. 502.* Benth. *Labiat. 556.* et in Hügel *Bot. Arch. t. 4.*

3632. Hemigenia *R. BR.* Calyx subcampanulatus, profunde quinquefidus, aequalis. Corolla tubo brevi, intus nudo v. barbato, fauce subinflata, limbi bilabiati labio superiore subfornicato, bifido, inferioris patentis, trifidi lacinia media subbifida, omnibus planis. Stamina 4, subadscendentia, inferiora longiora; filamenta glabra, antherae approximatae, loculo altero adscendente pollinifero, altero descendente difformi, efoeto, staminum superiorum subbarbato. Stylus apice brevissime bifidus, lobis subulatis, subaequalibus. Achenia reticulato-rugosa. — *Fruticuli australasici; foliis sessilibus, confertis, lineari-subteretibus, acutis, floralibus conformibus, pedicellis axillaribus solitariis, unifloris.*

Hemigenia R. Brown *Prodr. 502.* Benth. *Labiat. 457.*

3633. Westringia *SMITH.* Calyx campanulatus, decemnervis, aequalis, quinquedentatus, fauce nuda. Corolla tubo brevi, intus nudo, fauce ampliata, limbi bilabiati labio superiore plano, subbifido, subpatente, inferioris patentis, trifidi lobo medio subbifido. Stamina 4, erecta, distantia, tubo corollae inclusa; filamenta glabra, superiora fertilia, antheris dimidiatis, unilocularibus, glabris, inferiora sterilia, antheris bipartitis, lobis linearibus, dependentibus, efoetis. Stylus apice subaequaliter bifidus, lobis subulatis; stigmata terminalia. Achenia coriacea, reticulato-rugosa. — *Frutices Novae-Hollandiae; foliis perennantibus, ternatim v. quaternatim verticillatis, integerrimis, floralibus conformibus, in axillis unifloris, floribus ternatim verticillatis, distantibus v. in racemum brevem terminalem approximatis, bracteis minutis, calyci adpressis.*

Westringia Smith *Tracts. 277. t. 3.* R. Brown *Prodr. 501.* Benth. *Labiat. 457.* Bot. Reposit. *t. 421.* Bot. Mag. *t. 3307. 3308.* Bot. Reg. *t. 1481.*

3634. Microcorys *R. BR.* Calyx campanulatus, subdecemnervis, aequalis, quinquedentatus, fauce nuda. Corolla tubo calycem aequante, intus nudo, fauce ampliata, limbi subbilabiati labio superiore subplano, emarginato-bifido, erecto-patente, inferiore patente, trifido. Stamina 4, erecta, distantia, tubo corollae inclusa; filamenta glabra, superiora fertilia, antheris dimidiatis, unilocularibus, barbatis, inferiora sterilia, antheris bipartitis, lobis linearibus, dependentibus, efoetis. Stylus apice subaequaliter bifidus, lobis subulatis; stigmata terminalia. Achenia ovoidea, apice villosa. — *Frutices Westringiae habitu, in Novae-Hollandiae ora meridionali indigeni; foliis ternatim verticillatis, floribus parvis, in axillis foliorum floralium caulinis conformium solitariis, cum iisdem ternato-verticillatis.*

Microcorys R. Brown *Prodr. 502.* Benth. *Labiat. 460.*

TRIBUS VIII. NEPETEAE Benth. *Labiat. 462.* Calyx aequalis v. obliquus, subbilabiatus, dentibus superibus majoribus. Corolla inclusa v. exserta, fauce plerumque inflata, labio superiore subfornicato, inferiore patente. Stamina 4, didynama, inferiora longiora, adscendentia v. divergentia.

3635. Lophanthus *BENTH.* Calyx tubulosus, quindecimnervis, subincurvus, ore obliquo, quinquedentato, dentibus superioribus sublongioribus. Corolla tubo calycem aequante, intus nudo, limbi bilabiati labio superiore suberecto, emarginato-bifido, inferioris subpatentis, trifidi lobo medio lato, crenato. Stamina 4, distantia v. divaricata, inferiora breviora; filamenta nuda, antherae biloculares, loculis parallelis v. demum subdivergentibus. Stylus apice breviter bifidus, lobis subaequalibus, subulatis; stigmata terminalia. Achenia sicca, laevia. — *Herbae in America boreali et in Sibiria orientali indigenae; verticillastris in spicas terminales approximatis, v. cymis axillaribus laxe paucifloris.*

Lophanthus Benth. *in Bot. Reg. n. 1282. Labiat. 463.* non Forst.

a. CHIASTANDRA *Benth.* Stamina superiora declinata, inferiora adscendentia. — *Verticillastri in spicam terminalem aggregati.* — Vleckia Rafin. *in N. Y. medic. Reposit. II. Hex. V. 350.* Hyssopi sp. bor. americ. Linn. Jacq. *Hort. Vindob. 1. t. 69.* (Bot. Reg. *t. 1282.*)

b. RESUPINARIA *Benth.* Flores subresupinati. Stamina inferiora subrecta, superiora adscendentia. — *Cymae axillares laxae, pedunculatae, pauciflorae.*

Resupinaria Benth. *Op. cit. 464.* Hyssopus Lophanthus Linn. Jacq. *Hort. Vindob. II. t. 182.*

3636. Nepeta *BENTH.* Calyx tubulosus, tredecim-quindecimnervis, plerumque incurvus, ore oblique quinquedentato, rarius ovatus, rectus, ore dentibusque aequalibus. Corolla tubo basi tenui, incluso v. exserto, intus nudo, fauce ampliata, limbi bilabiati labio superiore recto, subconcavo, emarginato v. bifido, inferioris patentis, trifidi lobo medio maximo, nunc subbifido laciniis reflexo-patentibus, nunc integro, concavo, crenulato. Stamina 4, adscendentia, inferiora breviora; filamenta nuda, antherae saepius per paria approximatae, biloculares, loculis divergentibus, demum divaricatis. Stylus apice subaequaliter bifidus, lobis subulatis; stigmata terminalia. Achenia sicca, laevia, nuda. — *Herbae in Europa et Asia temperata indigenae, in regione mediterranea orientali et tauricocaucasica imprimis copiosae, habitu vario.*

Nepeta Benth. *Labiat. 464.* Nepeta et Glechoma Linn. *gen. n. 710. 714.* Cataria Mönch *Method. 388.*

a. SCHIZONEPETA Benth. *Op. cit. 468.* Calyx tubulosus, rectus v. saepius incurvus, ore aequali v. obliquo. Stamina subexserta, laxe adscendentia. — *Verticillastri conferti, supremi in spicam terminalem, subinterruptam approximati, cymis omnibus sessilibus. Bracteae variae. Folia dissecta v. lobata.* — Saussurea Mönch *Method. 388.* (Gmelin *Sibir. III. t. 53.* Pallas *Act. Petropolit. 1779. t. 12.* Cavanill. *Ic. t. 49.* Reichenb. *Pl. crit. t. 530.*)

b. PYCNONEPETA Benth. *Op. cit. 469.* Calyx tubulosus, rectus v. incurvus, ore aequali v. obliquo. — *Verticillastri conferti, supremi v. omnes in spicam terminalem aggregati, cymis omnibus sessilibus. Bracteae saltem exteriores imbricatae, calycem aequantes.* (Jacq. *Observ. t. 75.* Desfont. *Fl. atl. t. 123. 124.* Reichenb. *Pl. crit. t. 439. 440.*)

c. STEGIONEPETA Benth. *Op. cit. 474.* Calyx nunc elongatus, incurvus, ore obliquo, dentibus lanceolatis subulatisve, superioribus majoribus, nunc fere rectus, dentibus subaequalibus. Corolla tubo vix v. breviter exserto, fauce inflata. — *Cymae in verticillastros multiflores condensatae, inferiores saepe pedunculatae, superiores subspicatae. Racemi simplices v. rarius ramosi. Bracteae calycem subaequantes v. superantes.* — (Jacq. *Hort. Vindob. II. t. 112.* Sibthorp *Fl. graec. t. 548.* Reichenb. *Pl. crit. t. 403.*)

d. CATARIA Benth. *Op. cit. 476.* Calyx elongatus, incurvus, ore obliquo, rarius subrecto, dentibus lanceolatis, superioribus plerumque majoribus. Corolla tubo breviter exserto, fauce inflata. — *Cymae in verticillastris plerumque multifloris condensatae, inferiores pedunculatae. Racemi simplices v. paniculati. Bracteae calyce breviores, plerumque brevissimae.* — (Reichenb.

Plant. orit. t. 261. 279. 305 585. 587. Ledebour *Ic.* t 412. Desfont. *Corollar.* t. 23. Bot. Mag. t. 932.)

e. MACRONEPETA Benth. *Op. cit.* 482. Calyx elongatus, ore obliquo, dentibus lanceolatis v. ovatis, superioribus sublatioribus. Corolla tubo tenui, longe exserto, fauce inflata. — *Cymae pedunculatae, pauciflorae, racemi terminales, laxissimi, subramosi. Folia floralia superiora v. omnia bracteaeformia.* Dracocephali sp. Linn. Pallas *Fl. ross.* t. 13. Bot. Mag. t. 2185. (Venten. *Cels.* t. 66.)

f. GLECHOMA Linn. *gen.* n. 743. Calyx tubulosus, subincurvus, ore obliquo, dentibus lanceolatis, aristatis, superioribus productioribus. Corolla exserta, tubo extra calycem dilatato. — *Herba repens; verticillastris axillaribus paucifloris, foliis floralibus caulinis conformibus.* Benth. *Labiat.* 484. Hook. *Fl. Lond. II.* t. 16. Waldst. et Kitaibel *Pl. Hung.* t. 119. Chamaeclema Mönch *Method.* 287.

g. ORTHONEPETA Benth. *Op. cit.* 485. Calyx ovato-tubulosus, subrectus, dentibus subaequalibus, subulatis, rigidis nec pungentibus. Corolla exserta. — *Herbae elatae; foliis subsessilibus. Florum cymae densae, breviter pedunculatae. Verticillastri distantes, racemosi. Racemi simplices v. saepius paniculato-racemosi.* (Jacq. *Flor. austr.* t. 24. 129.)

h. OXYONEPETA Benth. *Op. cit.* 486. Calyx tubulosus, subrectus, dentibus subaequalibus, subulatis, subpungentibus. Corolla dentes calycinos aequans v. vix superans. — *Herbae humiles; foliis plerumque petiolatis, floribus distinctis v. ad apices ramorum glomeratis, corymboso-paniculatis.* (Ledebour *Ic.* t. 124.)

3637. Marmoritis *BENTH.* Calyx tubuloso-campanulatus, tredecim quindecimnervis, profunde quinquedentatus, dentibus aequalibus, acutis. Corolla calyce brevior, labio superiore bifido, inferioris trifidi lobis lateralibus erectis, medio patente, lato, crenulato. Stamina 4, adscendentia, inferiora breviora; filamenta nuda, antherae biloculares, loculis parallelis. Stylus breviter bifidus, lobis subaequalibus, subulatis; stigmata terminalia. Achenia sicca, laevia, nuda. — *Herba himalayensis, pusilla; ramis procumbentibus, tomentoso-villosis, apice dense foliosis, foliis petiolatis, reniformibus, crenatis, rugosis, utrinque tomento albo laxiusculo lanatis, verticillastris paucifloris, in foliorum superiorum axillis secundis.*

Marmoritis Benth. *in Hooker Bot. Miscell. III.* 377. *Labiat.* 489.

3638. Dracocephalum *LINN.* Calyx tubulosus, tredecim-quindecimnervis, rectus v. rarius incurvus, ore recto v. obliquo, quinquedentato, dente supremo latiore, saepius maximo, interdum tribus superioribus in labium coalitis. Corolla tubo basi tenui, incluso v. saepius exserto, fauce amplissima, limbi bilabiati labio superiore erecto, subconcavo, emarginato, inferioris patentis, trifidi lobo medio maximo, subbifido. Stamina 4, adscendentia, inferiora breviora; filamenta nuda, antherae per paria approximatae, biloculares, loculis divaricatis. Stylus apice subaequaliter bifidus, lobis subulatis; stigmata terminalia. Achenia sicca, laevia, nuda. — *Herbae perennes, in Europa, imprimis orientali et in Asia boreali obviae, in America boreali rarissimae; verticillastris plurifloris, axillaribus v. in spicam terminalem approximatis, bracteis saepe foliaceis, aristato-dentatis, corollis saepius amplis, caeruleis v. purpurascentibus, rarius albidis v. fortassis etiam flavescentibus.*

Dracocephalum Linn. *gen.* n. 729. Benth. *Labiat.* 490. Moldavica et Zornia Mönch *Method.* 410. Ruyschiana Miller *Dict.*

a. KEIMADRACON Benth. *Op. cit.* 492. Caules procumbentes, ramosissimi. Folia suborbiculata, inciso-crenata v. subpalmato-pinnatifida. Flores capitato-v. oblongo-spicati. Antherae glabrae. — (Ledebour *Ic.* t. 445.)

b. CALODRACON Benth. *Op. cit.* 494. Caules basi crassi. Rami floriferi erecti, paucifoliati. Folia subradicalia, longe petiolata, crenata. Verticillastri capitato-v. oblongo-spicati. Antherae glabrae. — (Desfont. *Corollar.* t. 26. Reichenb. *Ic. exot.* t. 96. Bot. Mag. t. 1009.)

c. CRYPTODRACON Benth. *Op. cit.* 495. Caules erecti, ramosi, foliosi. Verticillastri capitato-spicati. Antherae glabrae. — D. parviflorum Nuttall.

d. MOLDAVICA Benth. *Op. cit.* 496. Caules erecti v. adscendentes, foliosi. Verticillastri distantes, subracemosi. Antherae glabrae. — (Bot. Mag. t. 1084. Bot. Reg. t. 841. Sweet *Fl. Gard. I.* t. 28.)

e. RUYSCHIANA Benth. *Op. cit.* 499. Caules erecti, foliosi. Verticillastri subinterrupte spicati. Antherae villosae. — Sweet *Fl. Gard. I.* t. 47.)

3639. Cedronella *MÖNCH.* Calyx tubulosus v. campanulatus, subquindecimnervis, ore subaequali v. obliquo, quinquedentato. Corolla tubo exserto, intus nudo, fauce dilatata, limbi bilabiati labio superiore recto, subplano, emarginato-bifido, inferioris trifidi lobo medio maximo. Stamina 4, adscendentia, inferiora breviora; filamenta nuda, antherae biloculares, loculis parallelis. Stylus apice subaequaliter bifidus, lobis subulatis; stigmata terminalia. Achenia sicca, laevia. — *Herbae in America boreali et Mexico, fortassis etiam in insulis Canariis indigenae; verticillastris in spicam v. racemum terminalem approximatis, foliis floralibus bracteaeformibus, bracteis parvis, setaceis.*

Cedronella Mönch *Method.* 411. Dracocephali sp. Linn. Humb. et Bonpl. *Nov. gen. et sp.* t. 160.

TRIBUS IX. STACHYDEAE Benth.

Labiat. 503. Calyx irregulariter venosus v. quinque-decemnervis, aequalis, obliquus v. rarius subbilabiatus, tri-decemdentatus. Corollae tubus inclusus v. exsertus, intus saepe annulatus, limbi bilabiati labio superiore galeato v. plano, integro v. emarginato, inferiore varie trifido. Stamina 4, adscendentia, superiora breviora, omnia fertilia v. inferiorum antherae interdum dimidiatae v. efoetae.

SUBTRIBUS I. MELITTEAE.

Calyx post anthesim inflatus v. bi-quadrilobus. Corolla longe exserta.

3640. Melittis *LINN.* Calyx campanulatus, membranaceus, irregulariter venosus, subbilabiatus, labio superiore lato, rotundato, obsolete bilobo v. breviter bi-tridentato, inferioris bifidi lobis rotundatis. Corolla tubo amplo, exserto, exannulato, limbi bilabiati labio superiore orbiculato, integro, subconcavo, patente, inferiore trilobo, patulo. Stamina 4, adscendentia, inferiora longiora; filamenta exappendiculata, antherae per paria approximatae, biloculares, loculis distinctis, divergentibus. Stylus apice breviter bifidus, lobis ovatis; stigmata terminalia. Achenia sicca, laevia v. tenuissime reticulata. — *Herba in Europa media et australi indigena, hirsutiuscula; foliis breve petiolatis, ovatis, crenatis, basi cordatis v. rotundatis, rugosis, floralibus con-*

formibus, verticillastris subsexfloris, axillaribus, bracteis subnullis, corollis magnis, rubris v. roseo-albis.

Melittis Linn. *gen. n. 731.* Jacq. *Fl. austr. t. 26.* E. B. *t. 636. 577.* Hooker *Fl. Lond. ic.* Reichenb. *Pl. crit. t. 241. 242.* Benth. *Labiat. 503.*

3641. Physostegia *BENTH.* Calyx tubuloso-campanulatus, mox inflato-campanulatus, obsolete subdecemnervis, subaequaliter quinquedentatus, v. truncatus, subintegerrimus. Corolla tubo longe exserto, intus exannulato, fauce inflata, limbi bilabiati labio superiore suberecto, subconcavo, integro v. emarginato, inferioris patentis, trifidi lobis rotundatis, medio majore, emarginato. Stamina 4, sub labio superiore adscendentia, inferiora paullo longiora; filamenta edentula, antherae approximatae, biloculares, loculis parallelis, distinctis, nudis. Stylus apice subaequaliter bifidus, lobis subulatis; stigmata terminalia. Achenia sicca, laevia. — *Herbae boreali-americanae, glaberrimae v. tenuissime pubescentes; foliis sessilibus, lanceolatis, acutis, argute serratis, racemo terminali simplici v. subpaniculato-ramoso, corollis purpureis, speciosis.*

Physostegia Benth. *Labiat. 504.* Bot. Mag. *t. 3386. 3494.* Dracocephalum virginianum Linn. et variet. Bot. Mag. *t. 214. 567.* Vent. *Cels. t. 44,* Sweet *Fl. Gard. I. t. 93.*

3642. Macbridea *ELLIOTT.* Calyx campanulatus, membranaceus, irregulariter venosus, trilobus, lobo superiore oblongo, inferioribus rotundatis. Corolla tubo longe exserto, intus exannulato, fauce inflata, limbi bilabiati labio superiore erecto, integro, subconcavo, inferioris paullo brevioris, patentis, trilobi lobis rotundatis, medio latiore. Stamina 4, sub labio superiore adscendentia, inferiora longiora; filamenta edentula, antherae per paria approximatae, biloculares, loculis divaricatis. Stylus apice brevissime bifidus; stigmata ...... Achenia ...... — *Herba caroliniana, erecta, glabra; foliis petiolatis, oblongo-ellipticis, obtusiusculis, obscure serratis v. sinuatis, basi rotundatis v. cuneatis, tenuibus, vix venosis, utrinque glaberrimis, v. supra parce pilosis, floralibus sessilibus, integerrimis, vix calycem aequantibus, verticillastris ad apicem ramorum paucis, subsexfloris, bracteis nullis, corollis subsesquipollicaribus.*

Macbridea Elliott *Carolin. II. 86.* Benth. *Labiat. 505.* Thymbra caroliniana Walt.

3643. Synandra *NUTT.* Calyx inflato-campanulatus, membranaceus, irregulariter venosus, dentibus quatuor, subaequalibus. Corolla tubo longe exserto, superne fauceque dilatato, intus exannulato, limbi bilabiati labio superiore erecto, subconcavo, integro, inferioris patentis, trifidi lobis ovatis, medio latiore, emarginato. Stamina 4, adscendentia, inferiora longiora; filamenta edentula, hirsuta, antherae per paria approximatae, glabrae, biloculares, loculis distinctis, divaricatis, superiorum loculis supremis connatis, obtusis, cassis, reliquis omnibus acutis, fertilibus. Stylus apice bifidus, lobo superiore brevissimo, inferiore longiore, fere a basi stigmatifero. Achenia sicca, magna, subinflato-compressa, laevia. — *Herba boreali-americana, Lamii facie, hispidula; foliis ovatis, acuminatis, crenatis, verticillastris paucis, distantibus, bifloris.*

Synandra Nuttall *Gen. II. 29.* Lamium hispidulum Michx.

SUBTRIBUS II. LAMIEAE. Calyx quinquedentatus, limbo haud dilatato. Corolla subplana v. fornicata. Stamina e tubo exserta.

3644. Wiedemannia *FISCH. et MEY.* Calyx tubuloso-campanulatus, bilabiatus, labio superiore indiviso, lanceolato, inferiore porrecto, quadrifido, demum complicato faucem nudam recludente. Corolla tubo exserto, basi annulato, fauce dilatata, limbi bilabiati labio superiore fornicato, integro, inferioris trifidi lobis lateralibus dentiformibus. Stamina 4, adscendentia, inferiora longiora; filamenta edentula, antherae per paria approximatae, biloculares, loculis demum divaricatis. Stylus apice subaequaliter bifidus, lobis acutis. Achenia sicca, trigona, laevia. — *Herba annua, in Asia minore nuper reperta, Lamii purpurei facie, calycis structura singularis; foliis oppositis, subrugosis, inferioribus petiolatis, ovatis, acutiusculis, dentatis, superioribus sessilibus, basi cuneatis, acutis, inciso-serratis, verticillastris axillaribus, distantibus, subcapitatis, bracteatis, corollis intense sordido-purpureis, galea villis violaceis dense barbata.*

Wiedemannia Fischer et Meyer *Index Sem. hort. Petropolit. IV. 1837. p. 52.*

3645. Lamium *LINN.* Calyx tubuloso-campanulatus, subquinquenervis, ore aequali v. saepius obliquo, dentibus quinque subaequalibus v. superioribus longioribus, apice subulatis. Corolla tubo incluso v. saepius exserto, intus nudo v. piloso-annulato, fauce dilatata, limbi bilabiati labio superiore ovato v. oblongo, subfornicato v. galeato, basi angustato, inferioris trifidi lobis lateralibus ad margines faucis truncatis v. rarius oblongis, appendicula dentiformi auctis v. muticis, medio lato, emarginato, basi contracto, substipitato. Stamina 4, adscendentia, inferiora longiora; filamenta edentula, antherae per paria approximatae, biloculares, loculis demum divaricatis, oblongis, hirsutis v. nudis. Stylus apice bifidus, lobis subaequalibus, apice stigmatiferis. Achenia sicca, triquetra, acutangula, apice truncata, laevia v. minute tuberculoso-rugosa. — *Herbae in Europa, imprimis australi et in Asia media indigenae, basi decumbentes; foliis infimis longe petiolatis, parvis, caulinis mediis majoribus, basi saepius cordatis, rugosis, plerumque duplicato- v. inciso-dentatis, floralibus subconformibus, superioribus minoribus, brevius petiolatis, omnibus calyces superantibus, verticillastris densis, axillaribus, inferioribus v. omnibus remotis, superioribus saepe approximatis, bracteis paucis, calyce brevioribus, subulatis v. rarius lanceolatis, corollis rubris, purpurascentibus, albis v. flavis.*

Lamium Linn. *gen. n. 716.* Benth. *Labiat. 507.*

a. ORVALA *Linn.* Corollae tubus rectus, intus transverse annulatus, faux amplissima, galea ovata. Antherae glabrae.

Orvala Linn. *gen. n. 808.* (Bot. Mag. *t. 172.*)

b. LAMIOPSIS *Dumort.* Corollae tubus rectus, intus nudus v. transversim piloso-annulatus, faux amplissima. Antherae hirsutae.

Lamiopsis Dumort. *Fl. Belg. 45.* Erianthera Benth. in Hook. *Bot. Misc. III. 380.* Galeobdolon Mönch *Method. 393.* Pollichia Willd. *Fl. Berol. 198.* (Smith *Exot. Bot. I. t. 48.* E. B. *t. 769. 770. 1933.* Sibthorp *Fl. graec. t. 557.* Tenore *Fl. neap. t. 153. f. 2.* Reichenb. *Pl. crit. t. 223. 224. 707. 708. 721.*)

c. LAMIOTYPUS *Dumort.* Corollae tubus intus transversim annulatus, sub annulo contractus, supra porrectus, faux parum dilatata. Antherae hirsutae. Lamiotypus Dumort. *Fl. Belg. 45.* (E. B. *t. 768. 2550.*

Sibthorp *Fl. graec. t. 556.* Reichenb. *Pl. crit. t. 215 — 217.*)

d. GALEOBDOLON *Huds.* Corollae tubus intus oblique annulatus, sub annulo contractus, supra annulum dilatatus, subventricosus, subrecurvo-porrectus, faux parum dilatata, galea longa, basi longe angustata. Antherae glabrae. Galeobdolon Hudson *Fl. angl. 285.* Hooker *Fl. Lond. II. t. 16.* E. B. *t. 787.* Pollichia Pers. *in Usteri Ann. Bot. XIV. 39.* Cardiaca Lam. *Fl. fr. II. 384.* part. Galeopsidis sp. Linn. Leonuri sp. Scop. (Sibthorp *Fl. gr. t. 555.* Tenore *Fl. neap. t. 52.* Reichenb. *Pl. crit. t. 706.*)

3646. Lagochilus *BUNG.* Calyx tubuloso-campanulatus, subquinquenervis, ore aequali v. obliquo, dentibus 5 subaequalibus v. superioribus longioribus, apice subspinosis. Corolla tubo subexserto, intus annulato, limbi bilabiati labio superiore oblongo, apice bifido, inferioris trifidi lobis lateralibus brevibus, erectis, acutis, intermedio patente, late bifido. Stamina 4, adscendentia, inferiora longiora; filamenta edentula, antherae per paria approximatae, loculis parallelis v. divergentibus, margine ciliato-hirsutis. Stylus apice bifidus, lobis subaequalibus, subulatis, apice stigmatosis. Achenia sicca, triquetra, apice truncata, angulis acutis. — *Herbae in Asia media indigenae, glaberrimae, rigidae; foliis oppositis, inciso-lobatis, lobis subspinescentibus, verticillastris axillaribus, paucifloris, bracteis subulatis, subspinosis.*

Lagochilus Bunge ex Benth. *Labiat. 641.* Yermolofia Belanger *Voy. Ind. Bot. ic.*

3647. Leonurus *LINN.* Calyx turbinatus, quinquenervis, subaequalis, oris truncati dentibus quinque, apice subulatis, subspinosis, demum patentibus. Corolla tubo incluso v. rarius exserto, intus nudo v. oblique annulato, limbi bilabiati labio superiore oblongo, integerrimo, nunc subplano, basi angustato, nunc fornicato, inferioris patentis, trifidi lobis lateralibus oblongis, medio obcordato. Stamina 4, adscendentia, inferiora longiora; filamenta edentula, antherae per paria approximatae, biloculares, loculis parallelis transversalibus, rarius divergentibus, valvulis nudis. Stylus apice subaequaliter bifidus, lobis subulatis, rarius brevibus, obtusis; stigmata terminalia. Achenia sicca, laevia, triquetra, acutangula, apice truncata. — *Herbae in Europa et Asia media et boreali indigenae; foliis oppositis, plerumque inciso lobatis, inferioribus rotundatis, floralibus angustioribus, omnibus flores longe superantibus, verticillastris axillaribus, densis, distinctis, bracteis subulatis.*

Leonurus Linn. *gen. n. 722.* Benth. *Labiat. 517.*

a. CARDIACA Mönch *Method. 401.* Corolla tubo intus oblique annulato, supra annulum subventricoso, labio superiore subplano, basi angustato, inferioris patentissimi lobo medio integro. — Benth. *Labiat. 518.* (E. B. *t. 286.* Reichenb. *Pl. crit. t. 338.* Ledeb. *Ic. t. 179*).

b. CHAITURUS Mönch *Method. 401.* Corolla tubo recto, intus nudo, labio superiore subfornicato, inferioris erectiusculi lobis subaequalibus, intermedio subintegro. Stamina tubo vix longiora, antherarum loculis divergentibus. Flores minuti. — Benth. *Labiat. 520.* (L. Marrubiastrum Linn. Jacq. *Fl. austr. t. 403.*)

c. PANZERIA Mönch *Method. 402.* Corolla tubo recto, intus nudo, labio superiore fornicato, inferioris erectiusculi lobo medio saepius patente, obcordato v. bifido. Stamina e tubo exserta. — Benth. *Labiat. 520.* (E. B. *t. 94.* Reichenb. *Pl. crit. t. 337. 736.*)

3648. Galeopsis *LINN.* Calyx tubuloso-campanulatus, subquinquenervis, ore subaequali, dentibus quinque subaequalibus v. superioribus longioribus, apice subspinescentibus. Corolla tubo exserto, recto, intus nudo, fauce dilatata, limbi bilabiati labio superiore ovato, integro, fornicato, inferioris patentis, trifidi lobis lateralibus ovatis, medio obcordato v. subbifido, palato supra ad sinus loborum dente elevato aucto. Stamina 4, adscendentia, inferiora longiora; filamenta edentula, antherae biloculares, loculis oppositis, transversim bivalvibus, valvula interiore rotundata, margine ciliata, exteriore majore, nuda. Stylus apice subaequaliter bifidus, lobis subulatis; stigmata terminalia. Achenia sicca, subrotundo-compressa, obsolete reticulata. — *Herbae annuae, in omni Europa et Asia media indigenae, in Americam borealem transfugae, divaricato-ramosae, e basi decumbente adscendentes v. erectae; foliis floralibus caulinis conformibus, verticillastris pluri-multifloris, distinctis, floribus rubris v. ochroleucis v. ex hisce coloribus variegatis.*

Galeopsis Linn. *gen. n. 171.* E. B. *t. 207. 669. 884. 2353.* Reichenb. *Iconogr. t. 46. 48. 57. 677.* Benth. *Labiat. 522.* Tetrahit Mönch *Method. 395.*

3649. Anisomeles *R. BR.* Calyx ovato-tubulosus, suberectus, aequalis, quinquedentatus. Corolla tubo calycem aequante, intus piloso-annulato, limbi bilabiati labio superiore oblongo, erecto, inferioris trilobi, majoris, patentis lobis lateralibus ovatis, obtusis, medio emarginato-subbifido. Stamina 4, adscendentia, exserta, inferiora longiora; filamenta edentula, antherae per paria approximatae, staminum longiorum dimidiatae, inferiorum biloculares, loculis parallelis, transversis. Stylus apice bifidus, laciniis subaequalibus. Achenia sicca, laevia. — *Herbae v. suffrutices, in Nova-Hollandia et in Asia tropica indigenae, habitu Eriostachydum; verticillastris nunc dense multifloris, floribus racemosis, nunc laxissimis, e cymis longe pedunculatis constantibus, nunc axillaribus, paucifloris, floribus purpurascentibus.*

Anisomeles R. Brown *Prodr. 503.* Bot. Mag. *t. 2071.* Jacq. fil. *Eclog. t. 86.* Hooker *Bot. Miscell. t. 19. Journ. of Bot. t. 127.* Benth. *Labiat. 701.* Nepetae et Ballotae sp. Linn. Ajugae sp. Roxb.

3650. Stachys *BENTH.* Calyx tubuloso-campanulatus, quinque-v. decemnervis, limbo aequali v. obliquo, quinquedentato, dentibus aequalibus v. superioribus majoribus, rarius basi in labium coalitis. Corolla tubo cylindraceo, aequali, incluso v. exserto, intus transversim piloso-annulato v. nudo, superne saepe incurvo, fauce haud dilatata, limbi bilabiati labio superiore erecto v. subpatente, saepius subfornicato, integro v. vix emarginato, rarius elongato, subplano, emarginato-bifido, inferioris trilobi, saepius longioris, patentis lobo medio maximo, integro v. emarginato. Stamina 4, adscendentia, inferiora longiora, deflorata saepe ad latera faucis dejecta; filamenta nuda, antherae approximatae, biloculares, loculis distinctis, parallelis, divergentibus v. divaricatis. Stylus apice bifidus, lobis subaequalibus, subulatis, apice stigmatosis. Achenia sicca, obtusa, nec truncata. — *Herbae, suffrutices v. frutices, fere in toto orbe, Nova-Hollandia excepta crescentes; habitu vario, verticillastris bi-multifloris, saepius in racemos terminales, subsimplices dispositis.*

Stachys Benth. *Labiat. 525.* Stachys et Betonica Linn. *gen. n. 718. 719.*

a. ALOPECUROS Benth. *Op. cit. 531.* Herba perennis, in Europa media et australi indigena, villosa, viridis; verticillastris fasciculato-multifloris, in spicam subinterruptam approximatis, bracteis exterioribus calycem subaequantibus, corollae flavescentis tubo incluso, antherarum loculis parallelis.

Betonica Alopecuros Linn. Jacq. *Fl. austr. t. 78.* Reichenb. *Iconogr. t. 719.*

b. BETONICA Benth. *Op. cit. 532.* Herbae perennes, in regione mediterranea et caucasica indigenae, piloso-pubescentes v. villosae; verticillastris fasciculato-multifloris, in spicam interruptam approximatis, bracteis saltem exterioribus calycem aequantibus, corollis purpurascentibus v. rarius ochroleucis, tubo saepius exserto, antherarum loculis subparallelis.

Betonicae sp. Linn. Flor. dan. *t. 726.* E. B. *1142.* Bot. Mag. *t. 700. 2125.* Reichenb. *Iconogr. t. 710—715.*

c. ERIOSTACHYS Benth. *Op. cit. 534.* Herbae biennes v. perennes, molliter villosae v. lanatae, in Europa media, regione mediterranea, caucasica nec non in India boreali crescentes; verticillastris multifloris, bracteis saltem exterioribus calycem aequantibus v. vix dimidio brevioribus.

Eriostachys Reichenb. *Flor. excurs. 319.* part. Eriostomum Link et Hofmansegg. *Flor. portug. 66.* (Jacquin *Flor. austr. t. 319. Ic. rar. t. 107.* Russel *Alepp. II. t. 10.* Flor. dan. *t. 684.* E. B *t. 829.* Willdenow *Hort. berol. t. 60.* Sibthorp *Flor. graec. t. 558. 560.* Waldst. et Kitaibel *Plant. Hung. t. 134.* Lapeyr. *Pyren. t. 8.* Tenore *Flor. Neapolit. t. 53.* Bot. Mag. *t. 1289.* Sweet *Fl. Gard. I. t. 100.* Reichenb. *Iconogr. t. 949. 950.*)

d. CALOSTACHYS Benth. *Op. cit. 539.* Herbae perennes, glabrae v. villosae, in America boreali-occidentali, Mexico, Asia arctica et in Capite bonae spei indigenae; caulibus saepe ad angulos obverse pilosis v. aculeatis, verticillastris subsexfloris, bracteis minutis, dentibus calycinis acutissimis v. subspinescentibus, corollis coccineis v. purpureis, tubo longe exserto, antherarum loculis divergentibus v. divaricatis. — (Jacq. *Hort. Schönbr. t. 284.* Andrews *Bot. Reposit. t. 310.* Bot. Mag. *t. 666.*)

e. STACHYOTYPUS Benth. *Op. cit. 541.* Herbae cosmopolitae, annuae v. perennes, piloso-hispidae v. glabratae, rarius lanatae; verticillastris plerumque subsexfloris, rarius bi- quadri- v. decem-quindecimfloris, bracteis minutis, calycibus saepius subspinescentibus, corollis purpurascentibus, rubris v. roseo-albis, nunquam ochroleucis, tubo incluso v. breviter exserto.

Stachydotypus Dumortier *Flor. belg. 45.* Campanistrum et Eriostachyos sp. Reichenb. *Flor. excurs. 318.* Trixago et Stachys Link et Hoffmans. *Flor. portug. 66.* (Jacq. *Ic. rar. t. 108. Observ. t. 77.* Flor. dan. *t. 587.* E. B. *t. 416. 1154. 1675. 2089.* Bot. Reg. *t. 1080. 1538.* Reichenb. *Iconogr. t. 232. 646. 967.*)

f. OLISIA Benth. *Op. cit. 553.* Herbae europeae et mediterraneae, annuae v. perennes, glabrae, pubescentes v. pilosae, nunquam lanatae; foliis ovatis, verticillastris subsexfloris, bracteis minutis, calycibus saepius subspinescentibus, nonnunquam bilabiatis, corollis ochroleucis.

Olisiae sp. Dumortier *Flor. Belgic. 45.* Tetrahitum et Stachydis sp. Link et Hoffmans. *Flor. portug. 66.* Galeopsidis et Betonicae sp. Linn. (Jacq. *Flor. austr. t. 360. Hort. Vindob. I. t. 70.* Reichenb. *Ic. exot. t. 40. Iconogr. t. 484.*)

g. CHAMAESIDERITIS Benth. *Op. cit. 556.* Herbae perennes, in Europa media et in regione mediterranea spontaneae, glabrae v. pilosae, nunquam lanatae; foliis oblongis, lanceolatis v. linearibus, verticillastris bi-sexfloris, bracteis minutis, calycibus aequalibus, subspinescentibus, corollis ochroleucis v. purpureis.

Chamaesideritis Reichenb. *Fl. excurs. 318.* (Jacq. *Flor. austr. t. 359.* Desfont. *Flor. atl. t. 126.* Bot. Mag. *t. 1959.* Reichenb. *Ic. exot. t. 28. Iconogr. t. 58.* Sweet *Fl. Gard. II. t. 180.*)

h. AMBLEIA Benth. *Op. cit. 558.* Suffrutices v. frutices in Capite bonae spei, Aegypto et Syria indigeni, tomentosi, rarius glabrati, nec pilosi; verticillastris bisexfloris, rarius subdecemfloris, bracteis parvis v. paucis, calycibus tomentosis v. lanatis, dentibus mollibus, muticis.

Aspasia E. Meyer *msc.* (Lam. *t. 509. f. 3.* Jacq. *Ic. rar. t. 493.* Labillard. *Syr. Dec. III. t. 5.* Bot. Reg. *t. 1697.*)

i. ZIETENIA Benth. *Op. cit. 563.* Suffrutices mediterranei et caucasici, pilis mollibus albis lanati v. glabrati; bracteis parvis v. paucis, verticillastris bi-sexfloris, calycibus lanatis v. glabris, dentibus subulatis, saepissime spinosis.

Zietenia Gleditsch *in Act. Academ. Berolin. 1766. p. 3.* Sideritis calycantha Bieberst. Reichenb. *Iconogr. t. 15.*

3651. Sphacele *BENTH.* Calyx campanulatus, fructifer saepius ampliatus, irregulariter subdecemnervis, reticulato-venosus, ore aequali, intus nudo, profunde quinquedentato, dentibus subaequalibus v. vix subbilabiatis. Corolla tubo amplo, incluso v. exserto, basi intus piloso-annulato, limbi brevis, vix bilabiati lobis lato-rotundatis, erecto-patentibus, supremo subbifido, lateralibus integris, infimo majore, emarginato. Stamina 4, adscendentia, subaequalia v. inferiora longiora; filamenta glabra, nuda, antherae subapproximatae, biloculares, loculis linearibus, distinctis, divergentibus. Stylus apice bifidus, lobis subaequalibus, subulatis, apice stigmatosis. Achenia sicca, laevia. — *Suffrutices v. frutices, in America occidentali a California ad Chili observati; foliis oppositis, bullato-rugosis, subtus saepe canescentibus, floralibus bracteaeformibus v. rarius caulinis subconformibus, verticillastris bi-sexfloris, racemis terminalibus, simplicibus v. ramosis.*

Sphacele Benth. *Labiat. 567.* Bot. Mag. *t. 2993.* Phytoxys Molina *Chili 309.* Sideritidis sp. Humb. et Bonpl. Stachydis sp. Lindl. *in Bot. Reg. t. 1226.*

3652. Cuminia *COLLA.* Calyx campanulatus, decemnervis, ore aequali, profunde quinquedentatus, dentibus aequalibus. Corolla tubo exserto, basi tenui, superne ventricoso, intus piloso-annulato, limbi brevis, vix bilabiati lobis erecto-patentibus, supremo late-rotundato, subbifido, lateralibus oblongis, intermedio integro aequalibus. Stamina 4, erecta, distantia, superiora longiora; filamenta basi villosa, antherae biloculares, loculis divaricatis. Achenia sicca, laevia. — *Frutex insulae St. Juan Fernandez, humilis, Bystropogonis punctati habitu; foliis serratis, supra viridibus, glabris, subtus vix tomentosis, cymis pedunculatis, corymbosis.*

Cuminia Colla *in Mem. di Torino XXXVIII. 139. t. 47.* Benth. *in litt.* Bystropogon erianthus Benth. *Labiat. 727.*

3653. Lepechinia *WILLD.* Calyx inflato-campanulatus, reticulato-venosus, apice truncatus, subbilabiatus, labio superiore bidentato, inferioris tridentati dentibus omnibus aristatis, fauce intus nuda. Corolla calycem aequans, tubo intus nudo, limbi bilabiati labio superiore recto, subplano, emarginato, inferioris trifidi lobis planis, integris, subpatentibus. Stamina 4, adscendentia, inferiora longiora; filamenta glabra, antherae approximatae, loculis subparallelis. Stylus glaber, apice bifidus, lobis subaequalibus. Achenia sicca, laevia, nigra. — *Herbae mexicanae; foliis oppositis, ovatis v. subcordatis, crenatis, verticillastris plurifloris, remotis v. spicatis, floribus parvis, flavescentibus.*

Lepechinia Willdenow *Hort. berol. I. 21 t. 12.* Bot. Reg. *t. 192.* Benth. *Labiat. 415.*

SUBTRIBUS III. MARRUBIEAE. Stamina corollae tubo inclusa.

3654. Craniotome *REICHENB.* Calyx ovatus, aequalis, demum subglobosus, quinquedentatus, fauce coarctata, intus villosa. Corolla tubo exserto, limbi bilabiati labio superiore brevissimo, concavo, integro, inferiore longiore, patente, trifido, laciniis lateralibus brevibus. Stamina 4, adscendentia, inferiora longiora, corolla breviora. Stylus apice bifidus, lobis subaequalibus; stigmatibus minutis. Achenia sicca, laevia. — *Herba nepalensis, erecta, ramosa; ramis gracilibus, patentim pilosis, foliis oppositis, petiolatis, ovatis, acuminatis, basi cordato-crenatis, utrinque piloso-hispidis, floralibus superioribus minoribus, supremis minutis, bracteaeformibus, cymis laxis, multifloris, pedunculatis, racemosis, racemis gracilibus, paniculatis, floribus minutis, eleganter roseo-albo et purpureo-variegatis.*

Craniotome Reichenb. *Ic. exot. I. 39. t. 54.* Benth. *Labiat. 704.* Nepeta versicolor Trevirau.

3655. Sideritis *LINN.* Calyx tubulosus, quinque-decemnervis, dentibus quinque erectis, subspinosis, nunc aequalibus, nunc supremo latissimo v. tribus superioribus basi in labium subconnatis. Corolla tubo incluso, intus nudo v. annulato, limbi bilabiati labio superiore erecto, subplano, integro v. emarginato-bifido, inferiore patente, trifido, lobo medio latiore, saepius emarginato. Stamina 4, tubo corollae inclusa, superiora brevissima, antheris bilocularibus, loculis divaricatis; inferiora longiora, antheris dimidiatis, cassis v. difformibus, rarissime superioribus conformibus. Stylus apice bifidus, lobo superiore tereti, truncato, apice stigmatoso, inferiore dilatato, basi superiorem amplectente, apice et margine stigmatoso. Achenia sicca, obtusa. — *Herbae, suffrutices v. frutices, in Europa media, regione mediterranea, Asia temperata et in insulis Canariis crescentes; verticillastris sex-multifloris, axillaribus, racemosis v. spicatis, foliis floralibus nunc caulinis subconformibus, superioribus minutis, nunc bracteaeformibus, dilatatis, flores amplectentibus, margine integerrimis v. spinoso-dentatis, corollis parvis, saepius flavescentibus.*

Sideritis Linn. *gen. n. 712.* Benth. *Labiat. 571.*

a. MARRUBIASTRUM Benth. *Op. cit. 573.* Frutices canarienses, molliter lanati, saepe nivei; foliis floralibus herbaceis, integerrimis v. crenatis, infimis subconformibus sed multo brevioribus, supremis minutis.

Marrubiastrum Mönch *Method. 391.* (Jacquin *Hort. Vindob. III. t. 30.*)

b. EMPEDOCLEA Benth. *Op. cit. 514.* Herbae perennes v. suffrutices, basi lanati, in regione mediterranea crescentes; foliis floralibus integerrimis, flores sessiles amplectentibus.

Empedoclea Rafinesque *Caratt. 78.* Navicularia Fabricius. (Sibthorp *Flor. graec. t. 550.* Bieberst. *Plant. ross. I. t. 39.* Vent. *Cels. t. 98.* Labillard. *Syr. Dec. IV. t. 8.* Reichenb. *Ic. exot. t. 58. Iconogr. t. 384.*

c. EUSIDERITIS Benth. *Op. cit. 577.* Suffrutices mediterranei, imprimis hispanici, villosi v. pilis mollibus sublanati, rarius glabrati; foliis floralibus bracteaeformibus, sessilibus, latissime cordatis, flores amplectentibus, venoso-reticulatis, margine spinoso-dentatis, calycinis dentibus aequalibus, spinosis, corolla dentes calycinos parum superante. — (Cavanill. *Ic. t. 46. 165 180. 209. 301. 304.*)

d. HESIODIA Benth. *Op. cit. 582.* Herbae annuae, in Europa media et mediterranea indigenae, virides, pilis mollibus sublanatae; foliis floralibus caulinis subconformibus sed minoribus, subdentatis, dentibus muticis, calycinis dentibus nunc omnibus subaequalibus, tribus superioribus basi subconnexis, nunc dente supremo maximo, inferioribus multo angustioribus, inter se aequalibus, corolla dentibus calycinis plerumque breviore.

Hesiodia, Burgsdorffia et Marrubiastri sp. Mönch *Method. 391. 392.* (Murray *in Nov. Comment. Götting. 1778. t. 4.* Jacquin *Flor. austr. t. 434.* Cavanill. *Ic. t. 187.* Sibthorp *Flor. graec. t. 551. 552.*)

3656. Acrotome *BENTH.* Calyx tubuloso-campanulatus, decemnervis, oblique quinquedentatus. Corolla tubo vix exserto, limbi bilabiati labio superiore erecto, integro, subfornicato, inferiore patente, trifido, lobo medio latiore. Stamina 4, intra tubum corollae inclusa. Stylus inclusus, apice bifidus, lobo superiore truncato, apice stigmatifero, inferiore dilatato, basi superiorem amplectente, apice et marginibus stigmatoso. Achenia sicca, acute triquetra, apice truncata. — *Suffrutex capensis; foliis parvis, apice dentatis, floralibus subconformibus, verticillastris axillaribus distantibus, paucifloris, bracteis parvis.*

Acrotome Benth. *in litt. 11. Mai. 1838.*

3657. Marrubium *LINN.* Calyx tubulosus, quinque-decemnervis, subaequalis, dentibus quinque v. decem acutis, aequalibus, erectis v. demum patentibus. Corolla tubo incluso, intus nudo v. subannulato, limbi bilabiati labio superiore erecto, subplano v. concavo, integro v. breviter bifido, inferiore patente, trifido, lobo medio latiore, saepius emarginato. Stamina 4, intra tubum corollae inclusa, inferiora longiora; antherae conformes, biloculares, loculis divaricatis, subconfluentibus. Stylus apice bifidus, lobis brevibus, obtusis, apice stigmatiferis. Achenia sicca, apice obtusa, nec truncata. — *Herbae perennes, in Europa media, regione mediterranea et Asia temperata indigenae, nonnullae late per orbem terrarum diffusae, saepius tomentosae v. lanatae; foliis oppositis, rugosis, rarius basi cordatis, saepe incisis, floralibus conformibus, flores excedentibus, verticillastris axillaribus plerumque multifloris, bracteis subulatis calycem subaequantibus, rarius brevissimis v. subnullis.*

Marrubium Linn. *gen. n. 721.* Benth. *Labiat. 585.*

a. LAGOPSIS Benth. *Op. cit. 586.* Calycis dentes quinque. Corollae tubus exannulatus, labium superius integrum. — *Folia rotundata, inciso-pinnatifida.*

Lagopsis Bunge *msc.* Moluccellae sp. Steph. Ledebour *Ic. t. 150.*

b. MARRUBIUM Benth. *Op. cit. 587.* Calycis dentes quinque v. decem. Corollae tubus subannulatus, labium superius emarginatum v. bifidum. — *Folia rotundata v. ovata, crenata v. rarius incisa.* — (Jacq. *For. austr. t. 160.* Sibthorp *Fl. graec. t. 561.* Reichenb. *Iconogr. t. 270. 288. 299. 300. 312. 313.* Tenore *Flor. neap. t. 154.*)

SUBTRIBUS IV. BALLOTEAE. Calycis limbus dilatatus v. sex-decemdentatus, nunc ore truncato inter dentes submembranaceo, v. latissime membranaceo-campanulatus. Corollae labium superius saepe compresso-galeatum. Stamina corollae tubo exserta.

3658. Ballota *LINN.* Calyx subinfundibuliformis, tubo decemnervi, dentibus quinque v. viginti, basi dilatatis v. in limbum orbiculatum, patentem connatis. Corolla tubo subincluso, intus transversim piloso, annulato, limbi bilabiati labio superiore erecto, oblongo, subconcavo, apice emarginato, inferiore patente, trifido, lobo medio emarginato. Stamina 4, adscendentia, inferiora longiora; antherae e tubo corollae exsertae, per paria approximatae, biloculares, loculis demum divaricatis, subdistinctis. Stylus apice bifidus, lobis subulatis, apice stigmatosis. Achenia sicca, apice obtusa, nec truncata. — *Herbae perennes, in Europa et in regione mediterranea copiosae, in Capite bonae spei rarissimae, hirsutae, lanatae v. tomentosae; foliis rugosis, basi saepius cordatis, integerrimis v. crenatis, nunquam incisis, floralibus subconformibus, verticillastris axillaribus, plerumque multifloris, bracteis copiosis, oblongis, subulatis, spiniformibus v. interdum brevissimis.*

Ballota Linn. *gen. n. 720.* Benth. *Labiat. 592.* Marrubii et Molucellae sp. Linn.

a. BERINGERIA Benth. *Op. cit. 594.* Calycis limbus 6—20dentatus v. crenatus. — *Bracteae oblongae v. subulatae, molles.*

Beringeria Necker *Elem. n. 489.* Pseudodictamnus Mönch *Method. 399.* Marrubii sp. Linn. Sibthorp *Flor. graec. t. 562.* Bivona *Manip. II. t. 1.*

b. BALLOTA Benth. *Op. cit. 597.* Calycis limbus 5dentatus. — *Bracteae lineari-subulatae, molles.* — (Reichenb. *Iconogr. t. 773. 776.*)

c. ACANTHOPRASIUM Benth. *Op. cit. 598.* Calycis limbus 5—10dentatus. — *Bracteae subulatae, rigidae, spiniformes.*

Molucellae sp. Linn. Burm. *Flor. indic. t. 38. f. 2.* Sibthorp *Flor. graec. t. 586.*

3659. Lasiocorys *BENTH.* Calyx subcampanulatus, aequalis, decemnervis, dentibus quinque ovatis, sinubus rarissime dentibus minutis auctis. Corolla tubo incluso, intus annulato, limbi bilabiati labio superiore integro, concavo, erecto, extus hirsutissimo, inferiore patente, vix longiore, trifido, lacinia media subaequilata, emarginata. Stamina 4, adscendentia, inferiora longiora; filamenta basi nuda, antherae sub labio superiore per paria approximatae, biloculares, loculis divaricatis. Stylus apice bifidus, lobis subulatis, inferiore breviore v. brevissimo, versus apicem stigmatoso. Achenia sicca, triquetra, apice obtusa. — *Frutices capenses et abyssinici, candido-tomentosi v. pubescentes; foliis in ramis subfasciculatis, oblongis v. cuneiformibus, integerrimis v. apice dentatis, verticillastris bi-multifloris.*

Lasiocorys Benth. *Labiat. 600.*

3660. Roylea *WALL.* Calyx basi tubulosus, decemnervis, limbi quinquefidi laciniis erectis, oblongis, membranaceis, reticulato-venosis, aequalibus. Corolla calyce brevior, tubo incluso, intus annulato, limbi bilabiati labio superiore erecto, integro, fornicato, inferiore patente, trifido, lobo medio integro. Stamina 4, sub labio superiore adscendentia, inferiora longiora; antherae per paria approximatae, biloculares, loculis divaricatis, demum subconfluentibus. Stylus apice bifidus, lobis subaequalibus, subulatis, apice stigmatosis. Achenia sicca, apice obtusa. — *Frutex indicus, ramosissimus, cinereo-tomentosus; foliis oppositis, petiolatis, ovatis, obtusis, parce pilosis, supra viridibus, subtus incanis, floralibus sensim minoribus, verticillastris laxe sex-decemfloris, cymis breviter pedunculatis, pedicellis brevissimis, bracteis parvis, subulatis.*

Roylea Wallich *Plant. As. rar. I. 57. t. 74.* Benth. *Labiat. 601.* Ballota cinerea Don.

3661. Otostegia *BENTH.* Calyx basi tubulosus, decemnervis, limbi subbilabiatim membranaceo-producti labio superiore brevi, integro v. triangulato, inferiore maximo, ovato, obtuso. Corolla tubo incluso, intus annulato, limbi bilabiati labio superiore oblongo, concavo, integro, erecto, extus hirsutissimo, inferiore patente, trifido, lobo medio latiore, emarginato. Stamina 4, adscendentia, inferiora longiora; filamenta basi nuda, antherae sub labio superiore per paria approximatae, biloculares, loculis divaricatis. Stylus apice bifidus, lobis subaequalibus, subulatis, apice stigmatosis. Achenia sicca, apice obtusa. — *Frutices arabici et abyssinici; foliis oblongis, integerrimis v. ovatis, dentatis, verticillastris laxe plurifloris.*

Otostegia Benth. *Labiat. 601.* Molucellae sp. R. Br. Phlomis moluccoides Vahl *Symb. I. t. 14.*

3662. Leucas *R. BR.* Calyx tubulosus v. tubuloso-campanulatus, striatus, apice rectus v. incurvus, ore aequali v. oblique supra et infra producto, octo-decemdentato. Corolla tubo incluso, intus annulato v. nudo, limbi bilabiati labio superiore concavo, erecto, integro v. rarius emarginato, extus hirsutissimo, inferioris longioris, patentis, trifidi lacinia media maxima. Stamina 4, adscendentia, inferiora longiora; filamenta basi nuda, antherae sub labio superiore per paria approximatae, subbiloculares, loculis divaricatis, confluentibus. Stylus apice bifidus, lobo superiore brevissimo, inferiore subulato, versus apicem stigmatoso. Achenia sicca, triquetra, apice obtusa. — *Herbae v. suffrutices, in Asia et Africa tropica, rarius in Oceani pacifici insulis crescentes; foliis integerrimis v. saepius dentatis, floralibus subconformibus, verticillastris nunc paucifloris, nunc dense multifloris, corollis saepius albis, rarius purpurascentibus.*

Leucas R. Brown *Prodr. 504.* Benth. *Labiat. 602.*

a. HEMISTOMA Benth. *Op. cit. 605.* Calyx tubulosus, ore obliquo, latere inferiore producto, supra fisso. — *Verticillastri globosi, multiflori, bracteae numerosae, calycem aequantes.*

Hemistoma Ehrenb. *msc.* Phlomis indica Linn.

b. LOXOSTOMA Benth. *Op. cit. 606.* Calyx tubulosus, ore obliquo, latere inferiore productiore. — *Verticillastri pauciflori, bracteae minutae.*

c. ORTHOLEUCAS Benth. *Op. cit. 606.* Calyx tubulosus v. subcampanulatus, striatus, ore aequali v. vix obliquo, fauce subnuda, dentibus decem erectis, subulatis v. brevissimis, setaceis — *Verticillastri laxiusculi, saepe pauciflori, bracteae minutae v. paucae, setaceae, rarissime calyces subaequantes.* — (Desfont. *in Mem. Mus. XI. t. 3.*)

d. ASTRODON Benth. *Op. cit. 611.* Calyx tubulosus, ore aequali, fauce saepius villosissima, dentibus decem demum plerumque stellato-patentibus. — *Verticillastri saepius globosi, multiflori, solitarii v. pauci, supremi nunc capitati, bracteae calycibus vix breviores.* (Desfont. *l. c. t. 1. 2.*)

e. PLAGIOSTOMA Benth. *Op. cit. 614.* Calyx turbinatus v. tubulosus, ore obliquo supra productiore. — *Verticillastri saepius globosi, multiflori, solitarii v. pauci, supremi nunc capitati, bracteae calycibus aequales v. paullo breviores.* Phlomidis sp. Jacq. *Ic. rar. t. 110. 111.* (Desfont. *l. c. t. 4.*)

3663. Leonotis *PERS.* Calyx ovato-tubulosus, decemnervis, apice incurvus, ore obliquo, subdecemdentato, dente supremo majore. Corolla tubo saepius exserto, intus nudo v. incomplete annulato, limbi bilabiati labio superiore concavo, erecto, elongato, integro, inferioris brevis, patentis, trifidi lacinia media vix majore. Stamina 4, adscendentia, inferiora longiora; filamenta basi nuda, antherae sub labio superiore per paria approximatae, biloculares, loculis divaricatis, acutis. Stylus apice bifidus, lobo superiore brevissimo. Achenia sicca, apice obtusa. — *Herbae v. frutices capenses et guineenses; verticillastris multifloris, saepius densissimis, bracteis numerosis, lineari-subulatis, corollis speciosis, coccineis v. flavescentibus.*

Leonotis Persoon *Ench. II. 127.* R. Brown *Prodr. 504.* in not. Bot. Reg. *t. 281. 1850.* Benth. *Labiat. 618.* Leonurus Tournef. *inst. 87.* Mönch *Method. 400.* Phlomidis sp. Linn. Bot. Mag. *t. 478.*

3664. Phlomis *LINN.* Calyx tubulosus, quinque- v. decemstriatus, saepius plicatus, ore aequali, truncato v. tridentato. Corolla tubo incluso v. vix exserto, intus saepius annulato, limbi bilabiati labio superiore galeato, carinato, compresso, lato, integro v. emarginato, incumbente v. suberecto, inferiore patente, trifido. Stamina 4, adscendentia, inferiora longiora; filamenta nuda, superiora adnata, basi saepissime in appendiculum producta, antherae sub galea per paria approximatae, subbiloculares, loculis divaricatis, obtusis, confluentibus. Stylus apice bifidus, lobo superiore brevissimo, v. rarius inferioris subulati, apice stigmatosi dimidium aequante. Achenia sicca, triquetra, apice obtusa, glabra v. pubescentia. — *Herbae v. suffrutices, in regione mediterranea et Asia temperata crescentes, virides v. floccoso-lanati; foliis rugosis, verticillastris plurifloris, axillaribus, bracteis suffultis v. rarius nudis, corollis luteis v. purpureis, rarius albis.*

Phlomis Linn. *gen. n. 723.* excl. sp. R. Brown *Prodr. 504.* in not. Benth. *Labiat. 620.*

a. EUPHLOMIS Benth. *Op. cit. 621.* Corolla galea maxima, incumbente, labii inferioris laciniis lateralibus parvis, ovato- v. lanceolato-appendiculatis, intermedia maxima, latissima, rotundata, saepius emarginata v. bifida. — *Herbae v. suffrutices floccoso-lanati. Flores lutei v. purpurei.* (Jacq. *Hort. Schönbr. t. 359.* Sibthorp *Flor. graec. t. 563. 564.* Desfont. *Fl. Atlant. t. 127. Mem. Mus. XI. t. 5.* Cavanill. *Ic. t. 247.* Labillard. *Syr. Dec. III. t. 10.* Tenore *Flor. neap. t. 75.* Bot. Mag. *t. 999. 1843. 1819. 2449. 2542.* Royle *Himalay. t. 75.*)

b. PHLOMIDOPSIS Benth. *Op. cit. 631.* Corolla galea suberecta, pilosa, intus et margine pilis longis barbata, labii inferioris lobo medio vix lateralibus majore. — *Herbae virides, floribus purpurascentibus v. albis.*

Phlomoides Mönch *Method. 403.* Phlomidopsis Link *Handb. 479.* (Bot. Mag. *t. 1555.* Ledebour *Ic. t. 364.*)

3665. Notochaete *BENTH.* Calyx tubulosus, apice membranaceus, breviter quinquedentatus, nervis quinque sub apice calycis in aristas subulatas, rigidas, uncinato-revolutas productis. Corolla tubo incluso, exannulato, limbi bilabiati labio superiore galeato, pilosissimo, inferiore patente, subaequaliter trifido. Stamina 4, adscendentia, inferiora longiora; filamenta basi nuda, antherae per paria approximatae, biloculares, loculis demum divaricatis. Stylus apice bifidus, lobis brevibus, aequalibus. Achenia sicca, apice truncata, nuda. — *Herba nepalensis; caule erecto, ramoso, tetragono, brevissime pubescente, foliis oppositis, longe petiolatis, ovatis, acuminatis, serrato-crenatis, utrinque viridibus, glabriusculis, junioribus subtus tomentosis, verticillastris axillaribus remotis, globosis, dense multifloris, lappaceis, bracteis subulatis, rigidis ut dentes calycini apice uncinato-revolutis, corollas parvas superantibus.*

Notochaete Benth. *Labiat. 635.*

3666. Eremostachys *BUNG.* Calyx ample tubulosus, subcampanulatus v. infundibuliformis, dentibus quinque spinosis, v. limbo maximo membranaceo mucroniformibus. Corolla tubo incluso, intus annulato v. nudo, limbi bilabiati hiantis labio superiore elongato, galeato, subcompresso, basi attenuato, extus pubescente, intus margineque barbato, inferioris patentis, trifidi lobis omnibus rotundatis, medio latiore. Stamina 4, adscendentia, inferiora longiora; filamenta superiora in appendiculam obtusam v. fimbriatam incrassata, antherae per paria approximatae, biloculares, loculis divaricatis. Stylus apice bifidus, lobis subulatis, aequalibus v. superiore vix dimidio breviore. Achenia sicca, apice densissime pilosa. — *Herbae in Asia media indigenae, subramosae; foliis radicalibus caulinis amplioribus, integris v. dissectis, verticillastris multifloris, saepe ad apices caulis v. ramorum approximatis, bracteis adpressis, corollis saepius ochroleucis.*

Eremostachys Bunge *in Ledebour Flor. alt. II. 414. Ic. t. 122. 437.* Benth. *Labiat. 636.* Belanger *Voy. Bot. Ic.* Royle *Himalay. t. 74.* Phlomis laciniata Linn. Sweet *Fl. Gard. 1. t. 24.*

3667. Eriophyton *BENTH.* Calyx membranaceus, ample campanulatus, aequalis, quinquedentatus, dentibus subspinosis. Corolla tubo incluso, limbi bilabiati labio superiore maximo, galeato, compresso, incumbente, inferioris parvi, trifidi lobis rotundatis. Stamina 4, adscendentia, inferiora longiora; filamenta superiora basi incrassato-appendiculata, antherae per paria approximatae, biloculares, loculis divaricatis. Stylus apice bifidus, lobis subaequalibus, subulatis, apice stigmatosis. Achenia sicca, nuda. — *Herba indica, simplex, lana longissima, alba, laxa obtecta; foliis infimis parvis, superioribus et floralibus rhomboideis v. orbicularibus, basi subcuneatis, sessilibus, crenatis, mollissimis, bracteis nullis, verticillastris sexfloris.*

Eriophyton Benth. *Labiat. 638.*

3668. Molucella *LINN.* Calyx basi oblique campanulatus, striatus, limbo amplo, dilatato, reticulato-venoso, quinque-decemdentato, dentibus mucronatis v. spinosis. Corolla tubo incluso, intus oblique annulato, limbi bilabiati labio superiore erecto, integro v. emarginato bifido, inferioris trifidi lobis lateralibus erectiusculis, medio patente, lato, obcordato. Stamina 4, adscendentia, inferiora longiora; filamenta basi nuda, antherae in apice filamenti lateraliter pedicellatae, biloculares, loculis subdistinctis, divaricatis. Stylus apice bifidus, lobis subaequalibus, apice stigmatosis. Achenia sicca, acute triquetra, apice truncata. — *Herbae orientali-mediterraneae, annuae, glaberrimae; foliis oppositis, petiolatis, profunde crenatis v. incisis, floralibus conformibus, verticillastris axillaribus plurifloris, bracteis subulatis, spinosis.*

Molucella Linn. *gen. n. 724.* excl. sp. Benth. *Labiat. 639.* Molucca Tournef. *inst. 88.*

a. MOLUCCA. Calycis limbus maximus, membranaceus, subpentagonus, brevissime quinquedentatus, dentibus mucronatis.

M. laevis Linn. Sibthorp *Flor. graec. t. 566.* Bot. Mag. *t. 43. 1825.*

b. CHASMONE. Calycis limbus brevis, coriaceus, subbilabiatus, octo-decemdentatus, dentibus spinosis.

Chasmone Presl *Flor. sicul. XXXVII.* Bot. Reg. *t. 1294.* M. spinosa Linn. Sibthorp *Fl. graec. t. 567.*

3669. Hymenocrater *FISCH. et MEY.* Calyx tubo brevi, tredecimnervi, limbo maximo, membranaceo, patente, quinquefido, lobis ovatis. Corolla tubo exserto, limbi subbilabiati labio superiore bipartito, inferioris tripartiti lacinia media majore, emarginata. Stamina inclusa, sub labio superiore adscendentia, inferiora longiora, antherae biloculares, loculis divaricatis. Stylus apice bifidus, lobis subaequalibus. Achenia sicca, subovata, glabra, tuberculata. — *Fruticulus persicus, humilis, glaber; foliis Nepetae pannonicae viscidulis, bitumen redolentibus, verticillastris quinque-septemfloris, confertis, foliis floralibus oblongis, subintegerrimis, corollis violaceis, lineis albis pictis.*

Hymenocrater Fischer et Meyer *Index Sem. Hort. Petropolit. II. 1835. p. 39.*

3670. Holmskioldia *RETZ.* Calyx tubo brevissimo, limbo maximo, subrotato-campanulato, membranaceo-venoso, subintegerrimo. Corolla tubo elongato-incurvo, intus nudo, fauce subdilatata, limbi subbilabiati labio superiore bifido, laciniis erecto-patentibus, inferioris trifidi laciniis lateralibus parvis, reflexis, media ovata, patente. Stamina 4, exserta, adscendentia, inferiora longiora; filamenta superiora dilatata, antherae biloculares, loculis parallelis. Stylus subindivisus v. lobo superiore brevissimo, apice minute stigmatosus. Achenia rugosa, per paria cohaerentia, subcarnosa. — *Frutex indicus; ramis divaricatis, tetragonis, glabris, saepe tuberculatis, foliis oppositis, petiolatis, ovatis, acuminatis, subintegerrimis, glabris, venosis, verticillastris bi-quadrifloris, racemulos axillares, petiolo vix longiores formantibus, calyce sanguineo, corolla rubra.*

Holmskioldia Retz *Observ. VI. 31.* Benth. *Labiat. 642.* Hastingia Smith *Exot. Bot. II. t. 80.* Platunium Jussieu *in Annal. Mus. VII. 76.*

3671. Achyrospermum *BLUM.* Calyx amplus, subbilabiatus, labio superiore erecto, trifido, inferiore parum breviore, patente, bifido. Corolla calyce longior, limbi bilabiati labio superiore abbreviato, erecto, emarginato, inferioris semitrifidi lobo intermedio majore, concavo. Stamina 4, subaequalia, adscendentia; filamenta nuda, antherae loculis confluentibus uniloculares. Stylus brevissime bifidus. Achenia dorso et apice paleis membranaceis coronata. — *Herbae vel suffrutices javanici et madagascarienses; foliis oppositis dentatis, molliter pubescentibus, verticillastris in spicam terminalem aggregatis.*

Achyrospermum Blume *Bijdr. 840.* Bentham *Labiat. 643.* Siphotoxys Bojer *msc.* Lamprostachys Bojer *msc.*

3672. Colquhounia *WALL.* Calyx tubuloso-campanulatus, decemnervis, subincurvus, subaequaliter quinquedentatus, fauce intus nuda. Corolla tubo exserto, incurvo, intus nudo, fauce dilatata, limbi bilabiati labio superiore erecto, integro, subplano, inferioris subpatentis, trilobi lobis brevibus, ovatis, integris. Stamina 4, adscendentia, inferiora longiora; filamenta basi nuda, antherae approximatae, biloculares, loculis demum divaricatis. Stylus apice bifidus, lobis subaequalibus, subulatis, apice stigmatosis. Achenia oblonga, sicca, laevia, apice membranaceo-producta. — *Frutices nepalenses, volubiles, saepe tomentosi; foliis oppositis, petiolatis, ovatis, acuminatis, crenatis, supra atroviridibus, junioribus subtus incano-tomentosis, verticillastris laxis, axillaribus v. in spicam terminalem approximatis, bracteis minutis, corollis coccineis.*

Colquhounia Wallich *in Linn. Transact. XIII. 608. Tent. Flor. nepal. t. 6. Plant. As. rar. t. 267. 268.* Benth. *Labiat. 644.*

TRIBUS X. PRASIEAE Benth. *Labiat. 646.* Calyx subaequalis. Corolla bilabiata. Stamina 4, adscendentia, inferiora longiora. Achenia subbaccata.

3673. Gomphostemma *WALL.* Calyx ovato-campanulatus v. tubulosus, subaequalis, quinquedentatus, intus fauce nuda. Corolla tubo recto, saepius exserto, intus exannulato, supra medium inflato, limbi bilabiati labiis subaequalibus, superiore erecto, integro, fornicato, inferiore patente, trifido. Stamina 4, sub labio superiore adscendentia, inferiora longiora, antherae per paria approximatae, biloculares, loculis parallelis, transversis. Stylus apice bifidus, lobis subaequalibus, subulatis, stigmatibus minutis. Achenia carnosa. — *Herbae indicae, perennes; caulibus saepius erectis, simplicibus, nunc basi procumbentibus, radicantibus, foliis saepius amplis, crassis, villosis v. tomentosis, floribus majusculis, verticillastris nunc spicatis, nunc axillaribus, remotis.*

Gomphostemma Wallich *Plant. As. rar. II. 12.* Benth. *Labiat. 646.*

3674. Phyllostegia *BENTH.* Calyx campanulatus, ovatus v. tubulosus, decemnervis, subaequalis, nunc quinquefidus, lobis ovatis, foliaceis, nunc breviter quinquedentatus. Corolla tubo calycem superante, nunc longe exserto, saepius incurvo, intus exannulato, fauce subaequali, limbi bilabiati labio superiore subpatente, integro, subplano, inferioris longioris, patentis, trifidi lobis ovatis, medio majore integro. Stamina 4, sub labio superiore adscendentia; antherae biloculares, loculis divergentibus v. demum divaricatis. Stylus apice clavatus, subinteger v. breviter bifidus, lobis clavatis, divaricatis v. arcuatis, stigmata terminalia, saepe incrassata, capitata. Achenia carnosa. — *Herbae sandvicenses, erectae v. adscendentes, subsimplices; foliis oppositis, petiolatis, ovatis, saepius dentatis, verticillastris sex-decemfloris, in racemum, laxum terminalem dispositis v. infimis axillaribus, foliis floralibus superioribus parvis, bracteaeformibus, bracteis parvis, subulatis v. subnullis.*

Phyllostegia Benth. *Labiat. 650.* Prasii sp. Gaudichaud *ad Freycin. t. 64. 65.*

3675. Stenogyne *BENTH.* Calyx ovato-campanulatus, decemnervis, subaequalis v. oblique bilabiatus, nunc quinquefidus, lobis ovatis, foliaceis, nunc quinquedentatus, dentibus tribus superioribus minus profunde distinctis. Corolla tubo calycem superante, incurvo, intus piloso-annulato, fauce dilatata, limbi bilabiati labio superiore erecto, emarginato, inferioris patentis, trifidi laciniis subaequalibus, integris. Stamina 4, sub labio superiore adscendentia; antherae biloculares, loculis demum divaricatis. Stylus apice bifidus, lobis subaequalibus, stigmatibus minutis. Achenia carnosa. — *Herbae sandwicenses, ramosae, procumbentes, adscendentes v. erectae; ramis divaricatis, subscandenti-*

bus (?), foliis saepius coriaceis, crenatis, verticillastris subsexfloris, axillaribus, distantibus v. ad apices ramorum approximatis, foliis floralibus caulinis conformibus, bracteis parvis, subulatis v. subnullis.

Stenogyne Benth. *Labiat.* 654.

3676. Prasium *LINN.* Calyx campanulatus, decemnervis, irregulariter bilabiatus, labio superiore breviter trifido, inferiore profundius bifido, laciniis omnibus foliaceis, ovatis. Corolla tubo incluso, intus pilis squamosis annulato, limbi subaequaliter bilabiati labio superiore ovato, integro, inferioris trifidi lacinia intermedia majore integra. Stamina 4, sub labio superiore adscendentia, antherae biloculares, loculis demum divaricatis. Stylus apice bifidus, lobis subaequalibus, stigmatibus minutis. — *Suffrutex mediterraneus, divaricato-ramosus; ramis herbaceis, junioribus hispidulis, foliis petiolatis, ovatis, acutis, serrato-crenatis, floralibus conformibus, verticillastris bifloris, distantibus, axillaribus, bracteis minutis v. nullis, corollis albidis v. pallide purpureis.*

Prasium Linn. *gen. n.* 302. Benth. *Labiat.* 655.

TRIBUS XI. AJUGOIDEAE Benth. *Labiat.* 657. Corollae labium superius nunc brevissimum, nunc fissum, laciniis abbreviatis, rarissime erectum, fornicatum, inferius elongatum. Stamina 2—4, adscendentia, saepissime exserta, labio opposita. Achenia plus minus reticulato-rugosa.

3677. Amethystea *LINN.* Calyx subglobosus, campanulatus, erectus, aequalis, quinquedentatus. Corolla tubo calyce breviore, intus exannulato, limbi declinati lobis quatuor superioribus subaequalibus, brevibus, inferiore majore. Stamina 2 inferiora, adscendentia, inter corollae lacinias supremas exserta, superiorum rudimenta minuta, filiformia, antherae biloculares, loculis demum divaricatis, subconfluentibus. Stylus apice breviter bifidus, lobis subaequalibus. Achenia reticulato-rugosa. — *Herba annua, per Asiam mediam latissime diffusa, erecta, ramosa, glabra, saepe caerulescens; foliis oppositis, petiolatis, tri-quinquepartitis, segmentis oblongo-lanceolatis, inciso-dentatis, floralibus minoribus, supremis minutis, cymis pedunculatis, laxis, racemoso-paniculatis, bracteis minimis, calycibus caerulescentibus, glaberrimis, corollis vix calycem superantibus, caeruleis.*

Amethystea Linn. *gen. n.* 15. Benth. *Labiat.* 657.

3678. Trichostemma *LINN.* Calyx nunc campanulatus, subaequalis, profunde quinquefidus, nunc depresso-campanulatus, obliquus, resupinatus, dentibus tribus superioribus elongatis, connatis, duobus inferioribus brevissimis. Corolla tubo tenui, saepius exserto, intus exannulato, limbi subaequaliter quinquefidi laciniis oblongis, declinatis. Stamina 4, inferiora longiora, longissime exserta; filamenta interdum submonadelpha, antherae subbiloculares, loculis divergentibus v. divaricatis. Stylus apice bifidus, lobis subulatis; stigmatibus minutissimis. — *Herbae boreali-americanae; foliis integerrimis, inflorescentia axillari v. racemosa.*

Trichostemma Linn. *gen. n.* 300. Benth. *Labiat.* 658.

a. STREPTOPODIUM Benth. *Op. cit.* 658. Calyx valde obliquus, pedicelli torsione resupinatus. — *Pedicelli solitarii, oppositi, uniflori.* (Lam. *t.* 515. Barton *Flor. medic. t.* 98.)

b. ORTHOPODIUM Benth. *Op. cit.* 659. Calyx rectus, aequalis. — *Cymae multiflorae.*

3679. Teucrium *LINN.* Calyx tubulosus v. campanulatus, rarius inflatus, quinquedentatus, dentibus aequalibus v. supremo saepius latiore. Corolla tubo brevi, intus exannulato, limbi laciniis quatuor superioribus subaequalibus v. supremis latioribus longioribusve, nunc oblongis declinatis, nunc brevissimis suberectis, infima maxima, rotundata v. oblonga, saepius concava. Stamina 4, inter lacinias supremas exserta, inferiora longiora, antherarum loculi confluentes. Stylus apice bifidus, lobis subaequalibus; stigmatibus minutis. Achenia plus minusve rugosa. — *Herbae v. frutices, per totum fere terrarum orbem crescentes, habitu et inflorescentia varia.*

Teucrium Linn. *gen. n.* 706. excl. sp. Benth. *Labiat.* 660. Chamaedrys, Scorodonia, Scordium et Polium Tournef. *inst.* 97. Mönch *Method.* 401.

a. LEUCOSCEPTRUM Benth. *Op. cit.* 663. Calyx turbinatus, incurvus, dentibus subaequalibus. Corolla incurva, reflexa, laciniis superioribus brevissimis, latis, truncatis, erectis. — *Frutex indicus, cano-tomentosus; verticillastris multifloris, dense spicatis.*

Leucosceptrum Smith *Exot. Bot.* 113. *t.* 116.

b. TEUCROPSIS Benth. *Op. cit.* 664. Calyx campanulatus, declinatus, dente supremo latiore, patente. Corolla extus tomentosa, laciniis superioribus brevissimis, latis, truncatis, erectis v. vix declinatis. — *Frutices canarienses, incani; verticillastris bifloris, axillaribus, v. in racemos terminales dispositis.*

Teucropsis Gingins *msc.* (Heritier *Stirp. t.* 49. Jacq. *Collect. I. t.* 17. *f.* 2. Bot. Mag. *t.* 1114.)

c. TEUCRIS Benth. *Op. cit.* 665. Calyx campanulatus, erectus, aequalis, quinquedentatus v. quinquefidus. Corollae laciniae quatuor superiores oblongae, declinatae, infima oblonga, concava. Achenia reticulato-rugosa, glabra v. rarius villosissima. — *Herbae, suffrutices v. frutices cosmopoliti; foliis integerrimis incisisve, rarissime crenatis, pedunculis axillaribus oppositis, unifloris v. laxe cymosis, plurifloris.* (Sibthorp *Flor. graec. t.* 527. 529. Jacq. *Amer. t.* 183. *f.* 74. *Observ. II. t.* 30. Bot. Reg. *t.* 1255.)

d. PYCNOBOTRYS Benth. *Op. cit.* 671. Calyx inflato- v. tubuloso-campanulatus, declinatus, dentibus subaequalibus v. supremis latioribus. Corollae laciniae supremae brevissimae, latae, truncatae, vix declinatae, laterales parvae, oblongae, declinatae, infima lata, concava. Achenia rugosa, glabra. — *Herbae v. frutices villosi v. glabri, nunquam incani; verticillastris quadri-multifloris, in spicam simplicem v. ramosam condensatis.*

e. STACHYOBOTRYS Benth. *Op. cit.* 672. Calyx campanulatus, declinatus, dentibus superioribus, imprimis supremo latioribus, rarius subaequalibus. Corollae laciniae superiores oblongae, declinatae, infima oblonga, concava. Achenia valde reticulato-rugosa, glabra. — *Herbae perennes, adscendentes v. erectae, parum ramosae; verticillastris sex-multifloris, in spicam simplicem, teretem, terminalem dispositis.* (Sibthorp *Flor. graec. t.* 531. Bot. Mag. *t.* 2013. Desfont. *Flor. atlant. t.* 120.)

f. SCORODONIA Benth. *Op. cit.* 614. Calyx campanulatus, declinatus, dentibus superioribus, imprimis supremo latioribus. Corollae laciniae superiores oblongae, declinatae. Achenia parva, subglobosa, rugosa v. sublaevia. — *Herbae perennes, europeae et asiaticae, adscendentes v. erectae, ramosae; verticillastris bifloris, secundis, in racemos terminales, saepius ramosos dispositis.* (Jacq. *Hort. Vindob. I. t.* 94. *III. t.* 41. E. B. *t.* 1543. Link et Hoffmansegge *Flor. portug. t.* 2.)

g. SCORDIUM Benth. *Op. cit. 678.* Calyx tubulosus, declinatus, basi infra gibbus, dentibus quinque subaequalibus v. supremo latiore. Corollae laciniae superiores oblongae, declinatae. Achenia valde v. vix rugosa. — *Herbae annuae v. perennes, mediterraneae; verticillastris bi-sexfloris, distantibus, axillaribus, foliis floralibus caulinis conformibus.* (E. B. *t. 826.* Sibthorp *Flor. graec. t. 539.* Desfont. *Flor. atlant. t. 117.* Link et Hoffmansegg *Flor. portug. t. 3.*)

h. CHAMAEDRYS Benth. *Op. cit. 680.* Calyx tubuloso-campanulatus, declinatus, basi obliquus, dentibus quinque subaequalibus v. superioribus vix latioribus. Corollae laciniae superiores oblongae, declinatae. Achenia reticulata, leviter rugosa. — *Suffrutices v. fruticuli, in Europa media et in regionibus mediterraneis indigeni, erecti v. adscendentes; verticillastris bi-sexfloris, distinctis, in racemum terminalem, laxum dispositis.* — (Desfont. *in Annal. Mus. X. t. 22. Flor. atlant. t. 118.* E. B. *t. 580.* Sibthorp *Flor. graec. t. 530. 532. 533.*)

i. POLIUM Benth. *Op. cit. 684.* Calyx tubuloso-campanulatus, subdeclinatus, basi obliquus, dentibus quinque subaequalibus v. superioribus vix latioribus. Corollae laciniae superiores oblongae, declinatae, laterales minutae. Achenia rugosissima. — *Herbae perennes v. suffrutices, in Europa media et in regionibus mediterraneis crescentes; caulibus basi saepius procumbentibus, ramosissimis, ramis floriferis adscendentibus, verticillastris paucis, in capitula subglobosa, terminalia condensatis.* — (Cavanill. *Ic. t. 117. 119. 121. f. 1. t. 198.* Sibthorp *Flor. graec. t. 534. 538.*)

3680. Ajuga *LINN.* Calyx ovato v. globoso-campanulatus, subaequalis, quinquedentatus. Corolla tubo incluso v. exserto, intus saepius piloso-annulato, recto v. spiraliter semitorto, limbi bilabiati labio superiore brevi, saepius brevissimo, emarginato, inferiore elongato, patente, trifido, laciniis lateralibus oblongis, intermedia latiore, emarginata v. bifida. Stamina 4, adscendentia, e labio superiore saepissime exserta, inferiora longiora; antherae subbiloculares, loculis divergentibus v. divaricatis, demum confluentibus. Stylus apice bifidus, lobis subaequalibus; stigmatibus minutis. Achenia reticulato-rugosa. — *Herbae gerontogeae et australasicae, annuae, perennes v. basi suffruticosae, saepe procumbentes v. adscendentes, interdum stoloniferae; verticillastris bi-multifloris, densis, nunc omnibus axillaribus, foliis floralibus caulinis conformibus, nunc superioribus approximatis, spicatis, foliis floralibus minoribus v. difformibus.*

Ajuga Linn. *gen. n. 705.* Benth. *Labiat. 690.* Bugula et Chamaepitys Tournef. *inst. 98.*

a. BUGULA Benth. *Op. cit. 692.* Verticillastri sex- v. saepius multiflori. Corollae saepius caeruleae, roseae, purpurascentes v. albidae, nunquam flavae. — (E. B. *t. 477. 489. 1270.*)

b. CHAMAEPITYS Benth. *Op. cit. 697.* Verticillastri bi-rarissime subquadriflori. Corollae roseae v. flavae, labio superiore brevissimo, truncato. — Phleboanthe Tausch *in Flora 1828. p. 323.* Teucrii sp. Linn. et Auct. Waldst. et Kitaibel *Plant. rar. Hung. t. 16.* (E. B. *t. 77.* Sibthorp. *Flor. graec. t. 542. 526.*)

c. PSEUDANISOMELES Benth. *Op. cit. 700.* Verticillastri bi-sexflori. Corollae labium superius inferiore vix triplo brevius. — *Species australasicae.*

3681. Cymaria *BENTH.* Calyx subglobosus, subdecemnervis, aequalis, quinquedentatus, fauce coarctata, nuda. Corolla tubo subexserto, recto, limbi bilabiati labiis subaequalibus, superiore erecto, integro, fornicato, inferiore patente, trifido, lacinia intermedia integra. Stamina 4, sub labio superiore adscendentia, inferiora longiora, antherae biloculares, loculis demum divaricatis. Stylus apice bifidus, lobo superiore minuto, stigmata minuta. Achenia sicca, rugosa. — *Frutices indici; ramis tomentosis, foliisque crenatis subtus canescentibus, floribus parvis, cymosis, cymis racemosis.*

Cymaria Benth. *Labiat. 705.* Deless. *Ic. select. III. t. 86.*

GENUS DUBIUM.

3682. Hoslundia *VAHL.* Calyx tubulosus, striatus, quinquedentatus. Corolla tubo exserto, fauce compressa, limbi bilabiati labio superiore erecto, ovato, gibbo, inferiore trifido, recurvo. Stamina 4, quorum duo minima, sterilia, antherae reniformes. Stylus apice bifidus. Achenia calyce baccato, decangulo, apice dentibus umbilicato inclusa. — *Frutices guineenses et senegambici, ramosi, villoso-pubescentes; foliis oppositis, serratis, basi et apice integerrimis.*

Hoslundia Vahl *Enumerat. I. 212.* Palisot *Flor. Owar. I. 53. t. 32.* Benth. *Labiat. 706.*

Ordo CXXXVII. Verbenaceae.

VITICES Jussieu *Gen. 106.* VERBENACEAE Jussieu *in Annal. Mus. VII. 63.* R. Brown *Prodr. 510.* Bartling *Ord. nat. 179.* Lindley *Introduct. edit. II. p. 277.*

HERBAE v. saepius FRUTICES, interdum ARBORES excelsae; caule ramisque plerumque tetragonis. Folia opposita, rarius alterna, interdum verticillata, nunc simplicia, integra, incisa, rarius integerrima, plerumque dentata v. crenata, nunc interdum composita, digitata v. impari-pinnata, petiolo in plerisque basi dilatato, semiamplexicauli. Stipulae nullae.

FLORES hermaphroditi, irregulares v. rarius subregulares v. regulares, axillares v. terminales, rarius solitarii, plerumque spicati, capitati, racemosi v. saepissime cymosi, unibracteati.

CALYX liber, persistens, gamophyllus, tubulosus, limbo partito v. dentato, aequali v. inaequali.

COROLLA hypogyna, gamopetala, tubulosa, limbo quadri-quinquefido, plerumque plus minus inaequali, bilabiato, rarius aequali.

STAMINA tubo v. fauci corollae inserta, ejusque laciniis alterna, rarissime omnia perfecta, posticum plerumque deficiens, didynama, duo superiora saepius castrata. Filamenta filiformia, plerisque brevissima, paucis elongata, simplicia, v. rarissime squamuloso-appendiculata. Antherae biloculares, erectae v. incumbentes, loculis parallelis, contiguis v. subdistinctis aut divaricatis, longitudinaliter dehiscentibus.

OVARIUM e carpidiis duobus v. quatuor conflatum, carpidiorum marginibus nunc dissepimenta primaria praebentibus bi-quadriloculare, nunc iisdem in dissepimenta cavitatem bipartientia introflexis quadri-octoloculare. Ovula in loculis solitaria v. gemina, collateralia, nunc e basi erecta, anatropa, nunc saepius adscendentim amphitropa, micropyle semper infera, puncto insertionis plerumque infra medium sito, situm erectum mentientia. Stylus terminalis, simplex; stigma indivisum, subcapitatum vel subobliquum, nunc bifidum.

Fructus drupaceus v. baccatus, drupae mono-di-tetrapyrenae, pyrenae uni-biloculares, saepius epicarpio ad maturitatem evanescente sponte secedentes; baccae bi-quadriloculares, v. abortu interdum uniloculares.

Semina in loculis solitaria, situm erectum monstrantia. Albumen nullum v. parcum, subcarnosum.

Embryo rectus; cotyledonibus applicitis, germinatione foliaceis, radicula utplurimum brevi, infera.

Verbenaceae a Labiatis ovulorum insertione, ovarii et fructus fabrica, a Selagineis antheris bilocularibus, radiculae situ infero, a Stilbineis albuminis et embryonis proportione et corollae aestivatione, a Myoporineis ovulorum situ et radiculae directione diversae, maximo numero inter tropicos utriusque orbis generantur, imprimis in America copiosae. Paucae in regionibus temperatis et calidioribus extratropicis vivunt, in Asia media et boreali imprimis rarae. Regiones frigidas et alpium juga fugiunt.

Generum per tribus dispositio hoc loco tentata subartificialis.

TRIBUS I. LIPPIEAE. Fructus drupaceus, maturitate in elementa carpica secedens.

3683. Buchia *H.B.K.* Calyx bipartitus, laciniis acuminatis, carinato-concavis. Corolla hypogyna, basi extus pilis seriatis cincta, subinfundibuliformis, tubo cylindraceo, limbi quadripartiti laciniis aequalibus, erectiusculis. Stamina 4, corollae fauci inserta, inclusa. Ovarium depresso-globosum, acumine triplici terminatum, triloculare, loculis uniovulatis? Stylus filiformis; stigma tripartitum, laciniis capillaribus. Fructus calyce aucto inclusus, tricuspidatus, depresso-globosus, membranaceus, laevis, trilocularis. Semina in loculis solitaria. Embryo... — *Herba orinocensis, erecta; foliis oppositis, breve petiolatis, elliptico-oblongis, integerrimis, nervosis, pedunculis terminalibus pluribus, polystachyis, spicis sessilibus, oblongo-cylindraceis, fasciculatim confertis, floribus minutis, dense imbricatis, ebracteatis? albidis.*

Buchia Kunth *in Humb. et Bonpl. Nov. gen. et sp. II. 269. t. 132.*

3684. Lippia *LINN.* Calyx tubulosus v. compressus, bi-quinquedentatus, demum bivalvis. Corolla hypogyna, tubo sursum ampliato, limbi bilabiati, plani labio superiore emarginato-bilobo, inferiore trifido. Stamina 4, corollae tubo inserta, inclusa, didynama, omnia fertilia. Ovarium biloculare, loculis uniovulatis. Stylus terminalis; stigma oblique capitatum v. lineare, sublaterale. Drupa sicca, calyce demum saepius bivalvi tecta, bilocularis, bipartibilis. Semina in loculis solitaria. Embryonis exalbuminosi radicula infera. — *Herbae, suffrutices v. frutices, inter tropicos Americae copiose crescentes, in veteris orbis regionibus tropicis et extratropicis calidioribus rari, erecti, procumbentes v. repentes; foliis oppositis, simplicibus v. rarissime ternatis, saepissime serratis v. crenatis, interdum integerrimis, floribus in capitula axillaria, pedunculata, solitaria, verticillata v. paniculata, rarissime terminalia collectis, interdum in spicas axillares dispositis, bracteatis, saepissime albidis.*

Lippia Linn. *gen. n. 781.* L. C. Richard *in Michaux Flor. bor. Amer. II. 15.* Kunth *Synops. II. 52.*

a. ZAPANIA *JUSS.* Calyx compressus, laciniis carinatis v. alatis. Flores capitati.

Zapania Jussieu *in Annal. Mus. VII. 75.* R. Brown *Prodr. 514.* Platonia Rafinesque *in N. York medic. Reposit. 2. Hexad. V. 350.* Bertolonia Rafinesque *in Desvaux Journ. Bot. IV. 177.* Lippia, Ridella et Dipterocalyx Chamisso *in Linnaea VII. 224. 225. t. 7. f. c. d.* Blairiae sp. Gärtner *t. 56. f. 2. 3.* Verbenae sp. Linn. Heritier *Stirp. I. t. 12.* (Jacq. f. *Eclog. t. 85.* Gärtner *t. 56.*)

b. ALOYSIA *ORTEG.* Calyx quinquedentatus. Flores spicati. Folia ternata v. simplicia.

Aloysia Ortega. Verbenae sp. Linn. Heritier *Stirp. I. t. 11.*

3685. Verbena *LINN.* Calyx tubulosus, quadri-quinquedentatus. Corolla hypogyna, tubo cylindrico, recto v. incurvo, limbo quinquefido plus minus inaequali. Stamina 4, corollae tubo inserta, inclusa, didynama, omnia fertilia v. duo superiora ananthera. Ovarium bi- v. quadrilocuulare, loculis uniovulatis. Stylus terminalis; stigma subcapitatum. Drupa exsucca, bilocularis bipartibilis, v. quadrilocularis quadripartibilis. Semina in loculis solitaria. Embryonis exalbuminosi radicula infera. — *Herbae v. suffrutices, per regiones calidiores et temperatas totius orbis diffusi, in America meridionali imprimis copiosi, in Asia media rarissimi, erecti, procumbentes v. adscendentes; foliis oppositis, rigidis, saepissime serratis v. incisis, spicis axillaribus v. terminalibus solitariis, glomeratis v. paniculatis, floribus sessilibus, bracteatis, varie coloratis.*

Verbena Linn. *gen. n. 23.* excl. sp. St. Hilaire *Plant. us. Bras. n. 40.*

a. STACHYTARPHETA. Ovarium biloculare. Drupa bilocularis, bipartibilis. Stamina duo superiora ananthera. — *Flores saepissime rhacheos carnosae excavationibus semiimmersi.*

Stachytarpheta Vahl *Enumerat. I. 206.* Kunth *Synops. II. 62.* Bot. Mag. *t. 976. 1848. 1860.* Cymburus Salisbury *Parad. t. 53.* Abena Necker *Elem. n. 461.* (Jacq. *Observ. IV. t. 85. 86. Ic. rar. t. 207. 208. Hort. Schönbr. t. 5.* Vahl *Eclog. II. t. 11.* Ruiz et Pavon *Flor. Peruv. t. 34.* Andrews *Bot. Reposit. t. 435.* Vent. *Malm. t. 36.* St. Hilaire *Plant. us. t. 39.*)

b. BOUCHEA. Ovarium biloculare. Drupa bipartibilis. Stamina omnia fertilia. — *Spicae haud carnosae.*

Bouchea Chamisso *in Linnaea VII. 252.* Verbena Pseudo-Gervao St. Hilaire *Plant. us. bras. t. 40.*

c. MELASANTHUS. Ovarium biloculare. Drupa bilocularis, bipartibilis. Stamina duo superiora ananthera. — *Spicae haud carnosae.*

Melasanthus Pohl *Plant. brasil. I. 75. t. 60. 65.*

d. VERBENAE VERAE. Ovarium quadriloculare. Drupa quadrilocularis, quadripartibilis. Stamina omnia fertilia, vel duo superiora interdum abortiva. — *Spicae haud carnosae.*

Verbena Jussieu *in Annal. Mus. VII. 75.* Kunth *Synops. II. 57.* E. B. *t. 769.* Sibthorp *Flor. graec. t. 554.* Mirbel *in Annal. Mus. XV. t. 14. f. 1—5.* Ruiz et Pavon *Flor. Peruv. t. 33.* Humb. et Bonpl. *Nov. gen. et sp. t. 133—137.* Vent. *Cels. t. 53.* Hooker *Bot. Miscell. t. 46—48.* Bot. Mag. *t. 308. 1976. 2200. 2010. 3127. 3333.* Bot. Reg. *t. 1102. 1184. 1748. 1766. 1955.* Sweet *Fl. Gard. t. 202. 295. II. t. 9. 41.* Glandularia Gmelin *syst. 920.* Billardiera Mönch *Method. 369.* (V. Aubletia Jacq. *Hort. Vindob. II. t. 176.*)

3686. Monochilus *FISCH. et MEY.* Calyx bilabiatus, labio superiore bi-, inferiore tridentato. Corolla hypogyna, tubulosa, limbo antice fisso, unilabiato, quinquefido, lobis lateralibus replicatis. Stamina 4, subaequalia, fertilia, erecta. Ovarium quadriloculare, loculis uniovulatis. Stylus terminalis; stigma punctiforme. Drupa subbaccata, quadrilocularis, quadripartibilis. Semina in loculis solitaria, erecta. Embryo.... — *Herba brasiliensis, humilis; radice repente, carnosa, caule abbreviato, foliis confertis, magnis, oppositis, ovatis, serratis, pubescentibus, subtus purpurascentibus, Gloxiniae foliis simillimis, racemis axillaribus et terminalibus bracteatis, pedicellis medio bibracteolatis, corollis albidis, fructibus nigrescentibus.*

Monochilus Fischer et Meyer *Index Sem. hort. Petropolit. 1835. I. p. 34.*

3687. Chascanum *E. MEY.* Calyx tubulosus, quinquedentatus, demum latere longitudinaliter fissus. Corolla hypogyna, tubo cylindraceo, elongato, limbo quinquefido, subbilabiato. Stamina 4, corollae tubo inserta, inclusa, didynama. Ovarium quadriloculare, loculis uniovulatis. Stylus terminalis; stigma emarginatum. Drupa exsucca, abortu bilocularis, dimidiato-subquadrangula, foveolis insculpta, mericarpio alteri abortivo, squamaeformi latere inferne adhaerens. Semina in loculis solitaria. Embryonis exalbuminosi radicula infera. — *Herbae capenses, basi suffrutescentes, perennantes; foliis oppositis, dentatis v. incisis, floribus spicatis.*

Chascanum E. Meyer *Comment. plant. Afr. austr. 275.* Buchnera cernua Linn. Houttuyn *Syst. II. t. 58. f. 2.*

3688. Casselia *NEES et MART.* Calyx tubulosus, quinquefidus, demum longitudinaliter fissus. Corolla hypogyna, tubo brevi, infundibuliformi, limbi quinquefidi laciniis posticis minoribus. Stamina 4, corollae tubo inserta, inclusa, didynama. Ovarium biloculare, loculis biovulatis. Stylus terminalis; stigma capitatum, hinc concavum. Drupa submembranacea, bilocularis, axi hians, tandem bipartibilis. Semina in loculis solitaria. Embryonis exalbuminosi radicula infera. *Fruticuli brasilienses, humiles; foliis oppositis, petiolatis, integerrimis v. serratis, racemis axillaribus, paucifloris.*

Casselia Nees et Martius *in N. A. N. C. XI. 73. t. 6.*

3689. Dipyrena *HOOK.* Calyx tubulosus, quinquedentatus, dente antico longiore, demum latere longitudinaliter fissus. Corolla hypogyna, infundibuliformis, tubo elongato, superne ampliato, limbo quinquefido, inaequali. Stamina 4, corollae tubo superne inserta, inclusa, didynama. Ovarium quadriloculare, loculis uniovulatis. Stylus terminalis, subexsertus; stigma dilatatum, subobliquum. Drupa quadrilocularis, bipartibilis. Semina in loculis solitaria. Embryonis exalbuminosi radicula infera. — *Frutex andicola, glaberrimus, erectus, virgatus, habitu verbenae asperae; ramis subspinescentibus, foliis alternis v. in ramis junioribus fasciculatis, parvis, oblongo-spathulatis, crassiusculis, subcarnosis, uninerviis, sessilibus, floribus in spicam terminalem, laxiusculam digestis, bracteatis, odoratis.*

Dipyrena Hooker *Bot. Miscell. I. 365.* Wilsonia Hooker *Op. cit. I. 172. t. 49.* non R. Br.

3690. Priva *ADANS.* Calyx tubuloso-ventricosus, quinquedentatus. Corolla hypogyna, tubo cylindraceo, limbo quinquefido, plano, subinaequali. Stamina 4, corollae tubo inserta, inclusa, didynama. Ovarium quadriloculare, loculis uniovulatis. Stylus terminalis; stigma indivisum, laterale. Drupa calyce inflato inclusa, quadrilocularis, bipartibilis. Semina in loculis solitaria. Embryonis exalbuminosi radicula infera. — *Herbae hispido-scabridae, subdichotomae, in America tropica et subtropica obviae, in Asia et Africa rarae; foliis oppositis, integerrimis v. crenatis aut subserratis, spicis terminalibus et axillaribus, floribus subsessilibus, bracteatis, calycibus fructiferis hispidis v. villosis, reflexis.*

Priva Adanson *Fam. II. 505.* Jussieu *in Annal. Mus. VII. 75.* Kunth *Synops. II. 61.* Blairia Houston *277.* Gärtner *t. 56. f. 1.* excl. reliq. Phryma Linn. *gen. n. 738.* Leptostachya Mitchell *gen. n. 9.* Castelia Cavanilles *in Anal. cienc. nat. III. 134. t. 30. Ic. t. 583.* Tortula Roxburgh *in Willd. sp. III. 359.* Streptium Roxburgh *Plant. Corom. II. 25. t. 146. Flor. ind. III. 90.* Hooker *Journ. of Bot. t. 180.*

3691. Chloanthes *R. BR.* Calyx campanulatus, quinquefidus, aequalis. Corolla hypogyna, tubulosa, fauce ampliata, limbi ringentis labio superiore bifido, inferioris tripartiti lobo medio longiore. Stamina 4, corollae tubo inserta, exserta, didynama. Ovarium sexloculare, loculis duobus intermediis efoetis, lateralibus utrinque duobus uniovulatis. Stylus filiformis; stigma bifidum, acutum. Drupa exsucca, dipyrena, pyrenis trilocularibus, loculo intermedio sterili, farcto. Semina in loculis solitaria, erecta. Embryonis subalbuminosi radicula infera. — *Suffrutices Novae Hollandiae orientalis extratropicae, pubescentes; foliis oppositis, decurrentibus, linearibus, bullatis, pedunculis axillaribus, solitariis, unifloris, bibracteatis, calycis laciniis subfoliaceis, marginibus recurvis, corollis ochroleucis, siccitate virescentibus, pyrenis ventre bullato.*

Chloanthes R. Brown *Prodr. 513.* Ferd. Bauer *Illustr. Plant. Nov. Holl. t. 4.*

*

3692. Caryopteris *BUNG.* Calyx campanulatus, quinquefidus, demum auctus. Corolla hypogyna, tubo superne ampliato, fauce villis clausa, limbi bilabiati labio superiore abbreviato, bipartito, inferioris trifidi lobis lateralibus oblongis, acutis, medio dilatato, subcucullato, fimbriato-multifido. Stamina 4, corollae tubo inserta, exserta, didynama. Ovarium quadriloculare, loculis uniovulatis. Stylus terminalis; stigma bipartitum. Caryopses intra calycem ampliatum quatuor, margine membranaceo cinctae, monospermae. Semina erecta, loculo dimidio breviora. Embryo.... — *Suffrutex mongolicus, leviter fragrans; foliis subintegerrimis, incanis, paniculis axillaribus oppositis v. alternis terminalibusque, floribus amoene cyaneis.*

Caryopteris Bunge *Plant. mongolico-chin. Dec. I. Casan. 1835.*

*

3693. Peronema *JACK.* Calyx quinquepartitus, laciniis erectis, acutis. Corolla hypogyna, tubo brevi, limbi irregulariter quinquelobi laciniis secundis. Stamina 4, corollae tubo inserta, duo superiora exserta, fertilia, duo inferiora inclusa, sterilia. Ovarium quadriloculare, loculis uniovulatis. Stylus terminalis, exsertus; stigma simplex, refractum. Drupa sicca, villosa, quadrilocularis, quadripartibilis. Semina in loculis solitaria .... — *Arbor sumatrensis; foliis oppositis, impari-pinnatis, foliolis lanceolatis, integerrimis, subtus canescentibus, reticulato-venosis, petiolo alato, panicula terminali, opposite corymbosa.*

Peronema Jack *in Malay. Miscell. II. n. 7. p. 46. ex Hooker Compan. Bot. Mag. I. 152.*

TRIBUS II. LANTANEAE. Fructus drupaceus, indehiscens.

3694. Spielmannia *MEDIC.* Calyx quinquepartitus, persistens, laciniis linearibus. Corolla hypogyna, hypocraterimorpha, tubo basi subgloboso, fauce villis clausa, limbo quinquefido, subaequali, patente. Stamina 4, corollae tubo inserta, inclusa, didynama. Ovarium biloculare, loculis biovulatis. Stylus brevis, persistens; stigma uncinatum. Drupa globosa, monopyrena, putamine solido, biloculari v. abortu uniloculari. Semina in loculis solitaria v. gemina. Embryonis exalbuminosi radicula infera. — *Fruticulus capensis; foliis oppositis, ovato-oblongis, acutis, serratis, subdecurrentibus, hirsutiusculis, floribus axillaribus solitariis, sessilibus.*

Spielmannia Medicus *in Act. Academ. Theodor. Palat. III. t. 10.* Bot. Mag. *t. 1899.* Oftia Adanson *Fam. II. 199.* Lantana africana Linn.

3695. Lantana *LINN.* Calyx brevissime tubulosus, obsolete quadri-quinquedentatus. Corolla hypogyna, tubo calycem longe superante, incurvo, medio subinflato, limbo quadrifido, patente, inaequali. Stamina 4, corollae tubo inserta, inclusa, didynama. Ovarium biloculare, loculis uniovulatis (?) Stylus filiformis; stigma obtusum v. uncinato-refractum. Drupa baccata, monopyrena, putamine biloculari, basi perforato, v. dipyrena, pyrenis unilocularibus. Semina in loculis solitaria. Embryonis exalbuminosi radicula infera. — *Frutices v. rarius herbae, in America tropica copiose, rarissime in India crescentes, inermes v. aculeati; ramis angulatis, foliis simplicibus, oppositis v. saepius ternatis, crenato-serratis, plerumque rugosis, rigidis, capitulis axillaribus pedunculatis, floribus bracteatis, bracteis exterioribus involucrantibus, corollis violaceis, aurantiaceis, flavis v. albis.*

Lantana Linn. *gen. n. 763.* Jussieu *gen. 109.* Gärtner *I. 276.* Kunth *Synops. II. 49.* Chamisso *in Linnaea VII. 122.*

a. CAMARA Chamiss. *l. c. t. 7. f. a.* Drupa monopyrena, putamine basi perforato, biloculari. (Gärtner *t. 56.*

b. COLLIOREAS Chamiss. *l. c. t. 7. f. 6.* Drupa dipyrena, pyrenis unilocularibus, monospermis. (Jacq. *Hort. Schönbr. t. 285. 360.* Bot. Mag. *t. 2981.*)

3696. Tamonea *AUBL.* Calyx tubulosus, quinquefidus, laciniis patentibus, acuminatis. Corolla hypogyna, tubulosa, limbi bilabiati labio superiore integro v. emarginato, inferioris trifidi lobis lateralibus minoribus. Stamina 4, corollae tubo inserta, inclusa, didynama, minora saepius anantherа, filamenta medio squamula appendiculata. Ovarium quadriloculare, loculis uniovulatis. Stylus terminalis; stigma quadrifidum. Drupa baccata, calyce cincta, apice mutica v. patentim quadrispinosa, monopyrena, putamine axi perforato, quadriloculari. Semina in loculis solitaria. Embryonis exalbuminosi radicula infera. — *Herbae Americae tropicae, suffruticosae, erectae, ramosae; ramis tetragonis, foliis oppositis, serratis, superioribus interdum subpinnatifidis, spicis axillaribus, floribus alternis, pedicellatis, bracteatis, albidis v. caeruleis, drupis maturis nigris.*

Tamonea Aublet *Guian. II. 660. t. 268.* Jussieu *Gen. 109.* Gärtner *f. III. t. 213.* Kunth *Synops. II. 65.* Ghinia Schreber *gen. n. 42.* Swartz *Flor. Ind. occid. II. 1087. t. 21.* Leptocarpus Willdenow *msc. ex Link Jahrb. I. 3. p. 51.*

3697. Hosta *JACQ.* Calyx campanulatus, quadridentatus. Corolla hypogyna, resupinata, labio superiore trilobo, lobis subaequalibus, inferiore emarginato. Stamina 4, corollae tubo inserta, inclusa, didynama, duo minora anantherа. Ovarium quadriloculare, loculis uniovulatis. Stylus terminalis; stigma bifidum. Drupa baccata, monopyrena, putamine basi perforato, quadriloculari. Semina in loculis solitaria. Embryonis subalbuminosi radicula infera. — *Frutices Americae tropicae; ramis tetragonis foliisque oppositis, simplicibus, integerrimis v. serratis, subtus canescentibus, paniculae terminalis ramis oppositis, dichotomis, corollis violaceis.*

Hosta Jacquin *Hort. Schönbr. I. 60. t. 114.* R. Brown *Prodr. 211.* in not. Bot. Reg. *t. 1204.* Hostana Persoon *Encheir. II. 143.* Cornutia Gärtner *f. III. 172. t. 213.* non Plumier.

3698. Pyrostoma *C. F. W. MEY.* Calyx tubulosus, limbo ampliato, quinquelobo. Corolla hypogyna, resupinata, tubo subventricoso, limbi bilabiati labio superiore tripartito, lacinia media subrotunda, lateralibus oblongis, inferiore bifido. Stamina 4, corollae tubo supra basim inserta, exserta, didynama. Ovarium··· Stylus filiformis; stigma bifidum. Fructus··· *Arbor an frutex? essequeboensis, vix notus; foliis oppositis, ternatis, foliolis integerrimis, utrinque glabris, corymbis terminalibus paucifloris, corollis sericeo-villosis.*

Pyrostoma G. F. W. Meyer *Essequeb. 219*

3699. Wallrothia *ROTH.* Calyx campanulatus, quinquedentatus. Corolla hypogyna, resupinata, labio superiore trilobo, lobis lateralibus reflexis, medio cucullato, majore, inferiore bilobo. Stamina 4, corollae tubo inserta, exserta, didynama, declinata. Ovarium quadriloculare, loculis uniovulatis. Stylus terminalis; stigma bifidum. Drupa baccata, monopyrena, putamine quadriloculari v. abortu uniloculari. Semina in loculis solitaria. Embryonis exalbuminosi radicula infera. — *Arbores indicae; foliis ternatis, subtus tomentosis thyrsoque terminali, v. foliis quinatis, utrinque glaberrimis, panicula axillari, dichotoma.*

Wallrothia Roth *Nov. spec. 317.* Vitex Leucoxylon Linn. — Genus recognoscendum, species valde heterogeneas complectitur.

3700. Vitex *LINN.* Calyx brevis, quinquedentatus. Corolla hypogyna, bilabiata, labio superiore bifido, inferioris trifidi lacinia media majore. Stamina 4, corollae tubo inserta, subexserta, didynama, adscendentia. Ovarium quadriloculare, loculis uniovulatis. Stylus terminalis; stigma bifidum. Drupa baccata, monopyrena, putamine quadriloculari. Semina in loculis solitaria. Embryonis exalbuminosi radicula infera. — *Frutices, interdum arborescentes, inter tropicos veteris orbis obvii, in regione mediter-*

ranca rarissimi, in America aequinoctiali rari; foliis compositis, ternatis, digitatis v. pinnatis, raro simplicibus, pedunculis dichotomis, terminalibus v. axillaribus, saepe paniculatis.

Vitex Linn. *gen. n. 790.* Jussieu *gen. 107.* Gärtner *I. 269.* R. Brown *Prodr. 511.* Kunth *in Humb. et Bonpl. Nov. gen. et sp. II. 245.* Chamisso *in Linnaea VII. 107.*

a. AGNUS CASTUS. Cymae terminales, paniculatae. — *Species omnes gerontogeae.* — Schkuhr *t. 177.* Sibthorp *Flor. graec. t. 609.* Bot. Mag. *t. 364. 2187.* Wallich *Plant. As. rar. t. 226.*)

b. LIMIA. Cymae axillares, saepe longe pedunculatae, interdum contractae, subcapitatae. — Limia Vandell. *in Römer Script. 126. t. 7. f. 21.* Nephrandra Cothen *Disposit. 8.* (Vahl *Eclog. II. t. 18.*) —? Chrysomallum Thouars *Gen. Madagasc. n. 25.*

3701. Premna *LINN.* Calyx cyathiformi-campanulatus, quinquedentatus. Corolla hypogyna, tubulosa, limbi bilabiati, patentis labio superiore semibilobo, inferioris tripartiti lobis subaequalibus. Stamina 4, corollae tubo inserta, exserta, didynama, aequidistantia. Ovarium quadriloculare, loculis uniovulatis. Drupa pisiformis, monopyrena, putamine axi perforato, quadriloculari v. abortu bi-triloculari. Semina in loculis solitaria. Embryonis exalbuminosi radicula infera. — *Arbusculae v. frutices, in Asia et Nova-Hollandia tropica crescentes; foliis oppositis, stirpis junioris quandoque serratis, adultae integerrimis, saepe olidis, cymis terminalibus paniculatis, brachiatis, ramis dichotomis, floribus parvis, albicantibus.*

Premna Linn. *gen. n. 1316.* Jussieu *Gen. 107.* Gärtner *I. 269. t. 56.* R. Brown *Prodr. 512.* Roxburgh *Flor. indic. III. 75.* Blume *Bijdr. 815.* Cornutia N. L. Burmann *Flor. indic. t. 41.* non Plum. Gumira littorea et Folium hircinum Rumph *Amboin. III. t. 133. 134.*

3702. Pityrodia *R. BR.* Calyx campanulatus, quinquefidus, aequalis. Corolla hypogyna, infundibuliformis, subregularis, limbi labio superiore semibilobo, inferiore tripartito, aequali. Stamina 4, corollae tubo inserta, exserta, subdidynama. Ovarium quadriloculare, loculis uniovulatis. Stylus filiformis; stigma bifidum. Drupa apice exsucco semibaccata, monopyrena, putamine basi perforato, quadriloculari. Semina in loculis solitaria. Embryonis subalbuminosi radicula infera. — *Frutex Novae-Hollandiae tropicae, pube stellari squamulosa, furfuracea tectus; foliis oppositis, simplicibus, lanceolatis, integris, rugosis, graveolentibus, sapore fere Menthae, pedunculis axillaribus, oppositis, congesto-multifloris, floribus albis.*

Pityrodia R. Brown *Prodr. 513.*

*

3703. Tectonia *LINN. FIL.* Calyx campanulatus, quinquefidus, demum inflatus. Corolla hypogyna, infundibuliformis, tubo brevi, limbo quinquefido, aequali, patente. Stamina 5, corollae tubo inserta, exserta, subaequalia. Ovarium quadriloculare, loculis uniovulatis. Stylus terminalis; stigma bifidum. Drupa monopyrena, hirsuta, spongioso-suberosa, calyce vesiculoso-inflato, ore coarctato inclusa, putamine axi perforato, quadriloculari. Semina in loculis solitaria. Embryonis exalbuminosi radicula infera. — *Arbores indicae, excelsae, ob lignum leve, durabile celebratae; ramulis tetragonis, foliis oppositis v. ternatis, breve petiolatis, amplis, ovato-oblongis, integerrimis, asperis, paniculis terminalibus, floribus albidis.*

Tectonia Linn. fil. *suppl. 151.* Gärtner *I. 274. t. 57.* Roxburgh *Plant. Corom. I. 10. t. 6.* Wallich *Plant. As. rar. t. 294.* Theka Rheede *Malab. IV. 57. t. 27.* Jussieu *Gen. 108.* Jatus Rumph *Amboin. III. 34. t. 18.*

*

3704. Gmelina *LINN.* Calyx brevis, quadri-quinquedentatus. Corolla hypogyna, oblique campanulata, limbi quadrifidi lobo supremo fornicato, infimo bilobo, lateralibus rotundatis. Stamina 4, corollae tubo inserta, exserta, didynama. Ovarium biloculare, loculis uniovulatis. Stylus filiformis; stigma inaequaliter bifidum. Drupa baccata, monopyrena, putamine basi perforato, biloculari. Semina in loculis solitaria. Embryonis exalbuminosi radicula infera. — *Frutices v. arbores, interdum vastae in India orientali crescentes; ramulis saepius spinescentibus, foliis oppositis, integris v. lobatis, floribus terminalibus, paniculatis v. racemosis, bracteatis, speciosis.*

Gmelina Linn. *gen. n. 763.* Gärtner *I. 268. t. 56.* Roxburgh *Plant. Corom. t. 32. Flor. ind. III. 82.* Blume *Bijdr. 814.*

*

3705. Petitia *JACQ.* Calyx campanulatus, quadridentatus. Corolla hypogyna, infundibuliformis, tubo calycem superante, limbo quadripartito, aequali. Stamina 4, corollae tubo inserta, exserta, aequalia. Ovarium biloculare, loculis uniovulatis? Stylus terminalis; stigma simplex. Drupa baccata, monopyrena, putamine basi perforato, biloculari. Semina in loculis solitaria. Embryonis exalbuminosi radicula infera. — *Arbuscula in America tropica indigena; ramis tetragonis foliisque oppositis, simplicibus, integerrimis, paniculis axillaribus, oppositis,*

Petitia Jacquin *Amer. t. 182. f. 6.* Kunth *in Humb. et Bonpl. Nov. gen. et sp. II. 248.*

*

3706. Citharexylon *LINN.* Calyx campanulatus, brevissime quinquedentatus. Corolla hypogyna, tubo calycem superante, fauce barbata v. rarius nuda, limbo quinquepartito, subaequali, patente. Stamina 4 v. 5, corollae infra faucem inserta, inclusa, subaequalia. Ovarium quadriloculare, loculis uniovulatis. Stylus terminalis; stigma subcapitatum. Drupa baccata, dipyrena, pyrenis osseis, bilocularibus. Semina in loculis solitaria. Embryonis exalbuminosi radicula infera. — *Arbores v. frutices Americae tropicae; ramulis saepius spinescentibus, foliis oppositis, simplicibus, integerrimis v. serratis, floribus axillaribus et terminalibus, laxe spicatis.*

Citharexylon Linn. *gen. n. 760.* P. Browne *Jam. t. 28. f. 2.* Gärtner *I. t. 56.* Jacq. *Hort. Schönbr. t. 417. Ic. rar. t. 118. 501.* Vent. *Cels. t. 47.* Kunth *in Humb. et Bonpl. Nov. gen. et sp. II. 256.* Don *in Edinb. new philosoph. Journ. Octob. 1830. p. 237.* Rauwolfia Ruiz et Pavon *Flor. peruv. II. 26. t. 152.* — Pöppigia Bertero *ex Bullet. sc. nat. 1830. p. 109.* (Hooker *ad Beechey t. 11.*)

*

3707. Volkameria *LINN.* Calyx campanulatus, quinquefidus. Corolla hypogyna, tubo cylindraceo, limbi quinquefidi laciniis subsecundis. Stamina 4, summo corollae tubo inserta, exserta, didynama. Ovarium quadriloculare, loculis uniovulatis. Stylus filiformis; stigma bifidum. Drupa baccata, dipyrena, pyrenis osseis, bilocularibus. Semina in loculis solitaria. Embryonis exalbuminosi radicula infera. — *Arbuscula antillana; ramulis spinescentibus, foliis oppositis, oblongis, acutis, integerrimis, corymbis axillaribus, trichotomis.*

Volkameria Linn. *spec.* 889. excl. pl. Jacq. *Amer.* 185. *t.* 117. Gärtner *I.* 267. *t.* 56. Duglassia Ammann *Herb.* 576.

3708. Clerodendron *R. BROWN.* Calyx campanulatus, quinquefidus v. quinquedentatus. Corolla hypogyna, tubo cylindraceo, saepius elongato, limbi quinquepartiti laciniis aequalibus. Stamina 4, summo corollae tubo inserta, longe exserta, didynama, secunda. Ovarium quadriloculare, loculis uniovulatis. Stylus filiformis; stigma bifidum, acutum. Drupa baccata, tetrapyrena, calyce immutato v. saepius ampliato cincta, pyrenis distinctis, unilocularibus. Semina in loculis solitaria. Embryonis exalbuminosi radicula infera. — *Arbores v. frutices, inter tropicos veteris orbis copiose, in America parce crescentes; foliis oppositis, simplicibus, indivisis v. lobatis, petiolorum basi persistente, corymbis terminalibus et axillaribus trichotomis.*

Clerodendron R. Brown *Prodr* 510. Kunth *Synops. II.* 39. Clerodendrum Linn. *gen. n.* 798. Gärtner *I.* 271. *t.* 57. Palisot *Flor. Owar. t.* 32. 62. Bot. Mag. *t.* 1805. 2536. 2952. Bot. Reg. *t.* 406. 629. 649. 945. 1035. 1307. *II. t.* 41. Wallich *Plant. As. rar. t.* 215. Volkameria Linn. *gen. n.* 788. excl. sp. Burmann *Flor. ind. t.* 44. 45. Jacq. *Collect. suppl. t.* 4. 5. *Ic. rar. t.* 590. Siphonanthus Linn. *gen. n.* 129. Lam. *t.* 79. Ovieda Linn. *gen. n.* 787. Gärtner *I.* 272. *t.* 57. Burmann *Flor. Ind. t.* 43. Valdia Plumier *Gen.* 14. *Ic. t.* 250. Agricola Schrank *in Regensb. Denkschr.* 1808. *p.* 98. — Torreya Sprengel *Neue Entdeck. II.* 121. ita volente generis conditore, supra inter Nyctagineas dubias, in observatione ad Tricyclam Cav. (n. 2007.) commemorata, monente cl. Walker-Arnott *in Jardine Journ. of nat. sc. I.* 130, est genuina Clerodendri generis species.

*

3709. Duranta *LINN.* Calyx campanulato-tubulosus, quinquedentatus. Corolla hypogyna, subhypocraterimorpha, tubo calycem superante, incurvo, limbo quinquefido, patente, inaequali. Stamina 4, corollae tubo inserta, inclusa, didynama. Ovarium.... Stylus terminalis; stigma capitatum, subobliquum. Drupa baccata, calyce apice constricto inclusa, tetrapyrena, pyrenis bilocularibus. Semina in loculis. Embryonis exalbuminosi radicula infera. — *Frutices Americae tropicae, inermes v. rarius spinis axillaribus armati; foliis oppositis v. ternatis, simplicibus, floribus laxe spicatis, bracteatis, spicis axillaribus et terminalibus, saepius paniculatis, corollis violaceo-caeruleis.*

Duranta Linn. *gen. n.* 186. Jacq. *Amer.* 186. *t.* 176. *f.* 76. *Ic. rar. t.* 502. Gärtner *I.* 272. *t.* 57. Bot. Reg. *t.* 244. Kunth *in Humb. et Bonpl. Nov. gen. et sp. II.* 253. Ellisia P. Browne *Jam. t.* 29. *f.* 1. Castorea Plumier *Ic.* 79.

*

3710. Petraea *HOUST.* Calyx campanulatus, fauce denticulis quinque, reflexis, cum limbi quinquepartiti maximi laciniis oblongo-lanceolatis, scariosis, saepe coloratis alternantibus. Corolla hypogyna, calyce brevior, tubo brevissimo, limbo quinquefido, subaequali, patente. Stamina 4, corollae tubo inserta, inclusa, didynama. Ovarium biloculare. Ovula .... Stylus terminalis, brevis; stigma capitatum. Pericarpium coriaceum, calycis tubo inclusum, biloculare, dispermum. Semina erecta.... — *Arbores v. frutices scandentes, in America tropica indigeni; foliis oppositis, simplicibus, integerrimis v. subserratis, saepius glaberrimis, nitidis, racemis axillaribus et terminalibus simplicibus, pedicellis suboppositis, bracteatis.*

Petraea Houston *Reliq. t.* 11. Linn. *gen. n.* 764. Jacq. *Amer. t.* 114. Gärtner *II.* 471. *t.* 177. Bot. Mag. *t.* 628. Kunth *in Humb. et Bonpl. Nov. gen. et sp. II.* 282.

TRIBUS III. AEGIPHILEAE. Fructus baccatus.

3711. Amasonia *LINN.* Calyx campanulatus, semiquinquefidus. Corolla hypogyna, tubulosa, fauce constricta, limbo quinquefido, subaequali. Stamina 4, imo corollae tubo inserta, exserta, didynama. Ovarium quadriloculare, loculis uniovulatis. Stylus terminalis; stigma bipartitum. Bacca unilocularis, di-tetrasperma. Semina erecta, ossea. Embryo .... — *Arbores, frutices v. herbae, in America tropica cis aequatorem indigenae; foliis alternis, serratis, floribus terminalibus spicatis, bracteatis, bracteis magnis, coloratis, corollis luteis.*

Amasonia Linn. fil. *Suppl.* 294. Vahl *Eclog. II.* 51. Kunth *in Humb. et Bonpl. Nov. gen. et sp. II.* 253. Taligalea Aublet *Guian. II.* 625. *t.* 252.

3712. Callicarpa *LINN.* Calyx campanulatus, quadrifidus, aequalis. Corolla hypogyna, subcampanulata, quadrifida, regularis. Stamina 4, corollae tubo inserta, exserta, aequalia. Ovarium quadriloculare, loculis uniovulatis. Stylus filiformis; stigma capitatum. Bacca unilocularis, tetrasperma v. abortu di-trisperma. Semina erecta, subossea. Embryonis subalbuminosi radicula infera. — *Frutices in Asia et Nova Hollandia tropica, rarius in America calidiore cis aequatorem crescentes, pube ramosa v. stellari furfuracei; foliis oppositis, simplicibus, cymis axillaribus, dichotomis, floribus parvis, albis v. purpurascentibus.*

Callicarpa Linn. *gen. n.* 135. Jussieu *gen.* 107. Lam. *t.* 69. Gärtner *II.* 80. *t.* 94. R. Brown *Prodr.* 513. Roxburgh *Flor. Ind. edit. Wallich I.* 405. Bot. Reg. *t.* 846. 883. Hooker *Exot. Flor. t.* 133. Burchardia Duhamel *Arb. I. III. t.* 44. Johnsonia Catesby *Carolin. II.* 47. *t.* 47. Sphondylococcum Mitchel *in Ephemerid. N. C. VIII.* 216. Porphyra Loureiro *Flor. cochinch. I.* 78.

3713. Aegiphila *JACQ.* Calyx campanulatus v. turbinatus, quadridentatus. Corolla hypogyna, infundibuliformis v. hypocraterimorpha, tubo calyce multo longiore, limbo quadripartito, aequali. Stamina 4, corollae tubo inserta, exserta, aequalia. Ovarium quadriloculare, loculis uniovulatis. Stylus terminalis, bifidus. Bacca quadrilocularis v. abortu bilocularis. Semina in loculis solitaria .... — *Arbores v. frutices Americae tropicae; foliis oppositis, simplicibus, corymbis axillaribus et terminalibus dichotomis, paniculatis, corollis flavis v. albis.*

Aegiphila Jacq. *Amer. edit. pict. t.* 16. *Observ. II.* 3. *t.* 29. Lam. *t.* 70. Vahl *Eclog. I. t.* 10. Ruiz et Pavon *Flor. peruv. t.* 76. Kunth *in Humb. et Bonpl. Nov. gen. et sp. II.* 249. *t.* 130. 131. Manabea Aublet *Guian. I.* 62. *t.* 23. 25. Omphalococca Willdenow *ex Römer et Schult.*

Mantiss. III. 10. (coll. Kunth *in Abhandl. Berlin. Academ. 1831. p. 214.*)

3714. Cornutia *PLUM.* Calyx turbinatus, quadridentatus. Corolla hypogyna, hypocraterimorpha, limbo quadripartito, inaequali. Stamina 4, corollae tubo inserta, exserta, didynama. Ovarium quadriloculare, loculis uniovulatis. Stylus terminalis, bifidus. Bacca abortu unilocularis, monosperma. Semen reniforme.... — *Arbuscula caribaea; ramulis tetragonis, foliis oppositis, ovatis, integerrimis, subtus canescentibus, panicula terminali elongata, pyramidata.*

Cornutia Plumier *Gen. 32. Ic. 106. f. 1.* Linn. *Hort. Cliffort. 319.* Lam. *t. 541.* Agnanthus Vaillant *in Act. Academ. Paris. 1722. p. 273.*

*

3715. Congea *ROXB.* Involucrum tri-hexaphyllum, pluriflorum. Calyx tubulosus, quinquedentatus. Corolla hypogyna, tubo calycem superante, limbi bilabiati labio superiore elongato, erecto, bifido, inferiore patente, trilobo. Stamina 4—5, corollae fauci inserta, longe exserta, didynama. Ovarium biloculare, loculis septo secundario, incompleto bilocellatis. Ovula in loculis gemina, collateralia, septo secundario utrinque adnata. Stylus filiformis; stigma bifidum. Bacca abortu monosperma. Semen erectum. Embryonis exalbuminosi radicula infera. — *Frutices indici, scandentes; foliis oppositis, simplicibus, integerrimis, tomentosis, paniculis axillaribus et terminalibus, floribus intra involucrum subfoliaceum sessilibus.*

Congea Roxburgh *Plant. Corom. III. 90. t. 293.* Roscoea Roxburgh *Flor. ind. III. 54.* Sphenodesme Jack *ex Hook. Bot. Miscell. I. 285.*

3716. Symphorema *ROXB.* Involucrum sex-octophyllum, pluriflorum. Calyx campanulatus, sex-octodentatus. Corolla hypogyna, tubulosa, limbi sex-octopartiti laciniis linearibus, reflexis. Stamina 6—8, summo corollae tubo inserta, exserta, aequalia. Ovarium ..... Stylus terminalis, elongatus; stigma bifidum. Caryopsis monosperma, calyce inclusa ...... — *Frutex indicus, scandens; foliis oppositis, simplicibus, integerrimis, tomentosis, pedunculis axillaribus et terminalibus fasciculatis, floribus intra involucra foliacea, demum membranacea sessilibus.*

Symphorema Roxburgh *Plant. Corom. II. 46. t. 186. Flor. ind. II. 262.*

GENERA DUBIA.

3718. Geunsia *BLUME.* Calyx turbinatus, obsolete quinquedentatus. Corolla hypogyna, tubo cylindrico, limbo quinquefido, revoluto. Stamina 4, imo corollae tubo inserta, exserta; antherae superne poris geminis dehiscentes. Ovarium ...... Stigma subpeltatum. Drupa baccata, umbilicata, putamine quadriloculari, loculis bipartibilibus, monospermis. — *Planta javanica; foliis oppositis v. alternis, ovato-oblongis, acuminatissimis, subtus reticulatis et farinoso-subtomentosis, cymis axillaribus, dichotomis, divaricatis.*

Geunsia Blume *Bijdr. 819.*

*

3719. Quoya *GAUDICH.* Calyx subturbinatus, bilabiatus, labio superiore trilobo, inferiore bifido. Corolla hypogyna, turbinato-campanulata, limbo quinquelobo, bilabiato, lobis quatuor acutiusculis, lateralibus minoribus, infimo maximo, subrotundo, concavo. Stamina 4, medio corollae tubo inserta, exserta, didynama; antherae biloculares, loculis oppositis, parallelis, basi calcaratis, calcaribus inferne connatis. Ovarium obovatum, emarginatum, quadriloculare, bipartibile. Ovula in loculis solitaria, angulo centrali loculorum inserta, adscendentim amphitropa. Stylus terminalis, filiformis, erectus; stigma incrassatum, apice bilobum. Fructus ...... — *Suffrutices Novae Hollandiae occidentalis, tomentosi, pilis stellulatis v. ramulosis; ramulis teretibus, foliis oppositis, sessilibus, obovato-cuneatis, crenatis, rugulosis, umbellis axillaribus, pedunculatis, simplicibus, paucifloris, bracteatis, floribus pedicellatis, caerulescentibus.*

Quoya Gaudichaud *ad Freyc. 453. t. 66.*

*

3720. Mastacanthus. Calyx quinquefidus, laciniis acutis, erectis, aequalibus, fructiferis conniventibus. Corolla ringens, tubo calycem aequante, limbo quinquefido, labii superioris laciniis quatuor ovatis, erectis, subaequalibus, labio inferiore magno, patente, incurvo, fimbria longa capillari terminato. Stamina 4, didynama, duo longiora exserta; antherae subrotundae. Ovarium subglobosum, quadrisulcum. Stylus bifidus, staminibus brevior; stigmata simplicia. Achenia (?) 4, subrotunda. — *Frutex cantoniensis, pedalis, lignosus, graveolens; ramis adscendentibus, paucis, foliis oppositis, ovato-oblongis, obtusis, serratis, basi integerrimis, lineatis, tomentosis, petiolis brevibus, floribus axillaribus, verticillis fastigiatis, corollis albis.*

Barbula Loureiro *Flor. cochinch. 464.*

OBSERVATIO I. Chilianthum Burchell *Trav. I. 94.* qui Scoparia arborea Thunb. ab omnibus auctoribus inter Verbenaceas relatum, a Nuxia Commers. (*vid. infra nr. 3972. inter Scrophularineas*) non differre, et semina quatuor huic stirpi, placentis nempe pro seminibus descriptis, perperam tribui, monuit cl. Bentham.

OBSERVATIO II. Genera Hymenopyramis Wallich *Cat. n. 774.* Glossocarya Wallich *l. c. n. 741.* et Cochranea Miers *Travels in Chili II. 529.* ab auctoribus ad Verbenaceas relata, nobis penitus ignota sunt.

VERBENACEIS AFFINES.

* AVICENNIEAE.

3722. Avicennia *LINN.* Calyx quadripartitus, aequalis, squamis imbricatis tectus. Corolla hypogyna, tubo brevi, campanulato, limbi quadrifidi, patentis lacinia postica paullo latiore. Stamina 4, corollae tubo inserta, breviter exserta, subdidynama. Ovarium biloculare. Ovula in loculis gemina, collateralia, ex apice axeos compresso-tetragonae amphitrope pendula, micropyle infera. Fructus coriaceus, abortu unilocularis, monospermus, bivalvis. Semen intra pericarpium germinans. Embryo erectus, exalbuminosus; cotyledones latissimae, crassae, basi bilobae, conduplicatae, radicula infera barbata, plumula diphylla, scapo imposita. — *Arbores littorales, in regionibus tropicis subtropicisque totius orbis cum Rhizophoris crescentes; radicibus late repentibus, saepe super terram undique arcuatim expansis, e limo turiones erectos, copiosos, nudos, asparagiformes exscrentibus, foliis oppositis, integerrimis, coriaceis, persistentibus, pedunculis terminalibus et e summis alis ternis, confertim multifloris, corollis subcoriaceis.*

Avicennia Linn. *gen. n.* 1237. Jussieu *Gen.* 108. Jacq. *Amer. t.* 112. Palis. *Flor. Owar. t.* 47. R. Brown *Prodr.* 518. Wallich *Plant. As. rar. III.* 44. *t.* 271. Halodendrum Thouars *Gen. Madagasc. n.* 26. Sceura Forsk. *Aegypt.* 37. Oepata Rheede *Malab. IV.* 59. *t.* 45 Mangium album Rumph *Amboin. III.* 115. *t.* 76. Rack Bruce *It. t.* 34. Ovula ex observatione cl. Brown pendula, micropyle in libera eorundem extremitate sita, deorsum spectante, cujus elongatione absque ulla ovuli inversione v. reclinatione semen in fructu erectum evadit. Ceterum Avicennia se habet ad Verbenaceas sicut Aegiceras ad Myrsineas.

Ordo CXXXVIII. Stilbineae.

STILBINEAE Kunth *Handb. der Bot.* 393. *Abhandl. der Berlin. Academ.* 1831. *p.* 201. *ss.* E. Meyer *Comment. plant. Afr. austr.* 278. STILBACEAE Lindley *Introduct. edit. II. p.* 280.

Fruticuli capenses, ericoidei; ramis alternis, ramulis verticillatis. **Folia** verticillata, conferta, subacicularia, subtus bisulcata, integerrima, coriacea, rigida, basi articulata. **Stipulae** nulla.

Flores hermaphroditi v. abortu interdum dioici, regulares, in summis ramis dense spicati, tribracteati, rhachi persistente, acuta, foveolata, villosa.

Calyx coriaceus, persistens, tubuloso-campanulatus, quinquefidus v. quinquepartitus, laciniis aequalibus, duabus inferioribus profundius distinctis, aestivatione induplicato-valvatis.

Corolla hypogyna, gamopetala, tubo infundibuliformi, fauce barbata, limbi quinquepartiti, patentis, subbilabiati, rarius quadripartiti, subaequalis laciniis aestivatione simpliciter v. induplicato-valvatis.

Stamina 4—5, summo corollae tubo inserta, exserta, ejusdem lobis alterna, quintum posticum castratum v. plane deficiens. **Filamenta** libera, filiformia, subaequalia. **Antherae** oblongae, introrsae, biloculares, dorso supra basim affixae; loculi oppositi, paralleli v. basi plus minus divaricati, longitudinaliter dehiscentes.

Ovarium liberum, biloculare. **Ovula** in loculis solitaria, e basi erecta, anatropa. **Stylus** terminalis, filiformis, rectus; **stigma** simplex, emarginatum. **Discus** hypogynus nullus.

Capsula bilocularis, disperma, apice quadrifariam dehiscens, v. utriculus abortu monospermus.

Semina erecta; **testa** laxe cellulosa.

Embryo in axi albuminis dense carnosi orthotropus, brevis; **cotyledones** vix discretae, **radicula** infera.

Stilbineae a Verbenaceis calycis et corollae aestivatione, nec non embryonis et albuminis proportionibus optime distinctae, a Globularineis et Selagineis ovulorum situ erecto facillime distinguuntur.

3723. Campylostachys *KUNTH.* **Calyx** quinquepartitus, laciniis anticis profundius distinctis. **Corolla** hypogyna, infundibuliformis, fauce barbata, limbi quadri- v. quinquepartiti laciniis subcoriaceis, trinerviis. **Stamina** 4, summo corollae tubo inserta, exserta, aequalia. **Ovarium** biloculare. **Ovula** in loculis solitaria, e basi erecta, anatropa. **Stylus** terminalis, filiformis; **stigma** emarginatum. **Capsula** bilocularis, subglobosa, tenuis, apice quadrifariam dehiscens. **Semina** in loculis solitaria, erecta. **Embryo** in axi albuminis dense carnosi brevis, orthotropus, radicula infera. — *Frutices capenses; foliis quaternis, linearibus, rigide coriaceis, integerrimis, spica terminali densa, cernua, v. brevissima, erectiuscula.*

Campylostachys Kunth *in Abhandl. Berlin. Academ.* 1831. *p.* 206. E. Meyer *Comment. plant. Afr. austr.* 287. Stilbe cernua Thunb.

3724. Stilbe *BERG.* **Calyx** tubuloso-campanulatus, quinquefidus. **Corolla** hypogyna, tubo infundibuliformi, fauce barbata, limbi quinquepartiti, subbilabiati laciniis tenuissime membranaceis, duabus posticis altius connatis. **Stamina** 5, summo corollae tubo inserta, exserta, posticum anantherum. **Ovarium** biloculare, loculo altero minore. **Ovula** in loculis solitaria, e basi erecta, anatropa. **Stylus** terminalis, filiformis; **stigma** emarginatum. **Utriculus** tenuis, subturbinatus, quinquecostatus, monospermus. **Semen** erectum. **Embryo** in axi albuminis densc carnosi brevis, orthotropus, radicula infera. — *Frutices capenses; foliis quaternis v. octonis, angustis, confertis, integerrimis, coriaceo-rigidis, floribus terminalibus densc spicatis.*

Stilbe Bergius *Flor. cap.* 30. *t.* 4. *f.* 6. Lam. *t.* 656. Kunth *in Abhandl. Berl. Academ* 1831. *p.* 206. E. Meyer *Comment. plant. Afr. austr.* 270. Lühea W. Schmidt *in Usteri Annal.* X. 115. Nupa Petiver *Sicc.* 246.

Ordo CXXXIX. Globularieae.

GLOBULARIEAE DC. *Flor. fr. III.* 427. Bartling *Ord. nat.* 127. excl. Stilbineis. Cambessedes *in Annal. sc. nat. IX.* 15. GLOBULARIACEAE Lindley *Introduct. edit. II. p.* 268.

Frutices v. suffrutices humiles, rarius **herbae** perennes; ramis teretibus, contiguis. **Folia** simplicia, integra, alterna, ad basim ramorum aggregata, superiora magis remota, minora, in ramis lignosis sparsa, spathulata, in petiolum marginatum angustata, subtriplinervia, apice saepius tridentata, marcescentia. Stipulae nullae.

Flores hermaphroditi, irregulares, densissime supra receptaculum commune convexum, paleatum capitato-aggregati, capitulis terminalibus solitariis v. rarissime congestis, interdum axillaribus pedunculatis, involucro polyphyllo, pluriseriato, floribus breviore cinctis.

Calyx herbaceus, gamophyllus, tubo demum tetragono, fauce pilis clausa v. rarissime nuda, limbi quinquefidi laciniis aequalibus v. rarius bilabiatis, labio superiore trifido, inferiore bifido.

Corolla hypogyna, gamopetala, tubo cylindrico, aequali, limbo bilabiato, labio superiore minore, saepissime bipartito, interdum bifido v. indiviso, rarissime minimo, inconspicuo, inferiore longiore, tripartito, trifido v. tridentato.

Stamina 4, summo corollae tubo inserta, ejusdem laciniis alterna, quinto inter labii superioris lobos deficiente. Filamenta filiformia, exserta, superiora paullo breviora, in alabastro apice leviter incurva. Antherae reniformes, incumbentes, in alabastro biloculares, loculis sub anthesi confluentibus longitudinaliter univalves.

Ovarium liberum, uniloculare. Ovulum unicum, ex apice loculi pendulum, anatropum. Stylus terminalis, simplex, exsertus; stigma simplex v. brevissime emarginato-bifidum.

Caryopsis calyce recondita, styli basi persistente mucronata.

Semen inversum.

Embryo in axi albuminis carnosi orthotropus, ejusdem fere longitudine; cotyledonibus ovatis, obtusis, radicula umbilico proxima, supera.

Globularieae unico genere comprehensae, inter Stilbineas et Selagineas mediae, illinc ad Dipsaceas et Calycereas accedentes, Europam temperatam, imprimis austro-occidentalem inhabitant.

3725. Globularia *LINN.* Calyx quinquefidus, aequalis v. bilabiatus. Corolla hypogyna, tubulosa, limbi bilabiati labio superiore bi- inferiore trifido. Stamina 4, summo corollae tubo inserta. Ovarium liberum, uniloculare. Ovulum unicum, pendulum, anatropum. Stylus terminalis; stigma simplex v. emarginatum. Caryopsis monosperma. Semen inversum. Embryo in axi albuminis carnosi orthotropus; radicula supera. — *Herbae perennes, frutices v. suffrutices; foliis alternis, integris, spathulatis, apice saepius tridentatis, floribus supra receptaculum paleaceum aggregato-capitatis, capitulis terminalibus, solitariis v. interdum congestis, rarissime axillaribus, pedunculatis, involucro polyphyllo cinctis.*

Globularia Linn. *gen. n. 112.* Schkuhr *t. 21.* Cambessedes *in Annal. sc. nat. IX. 22. t. 40. 41.* Globularia et Alypum Tournefort *Inst. 265.* Globularia et Abolaria Adanson *Fam. II. 208.*

Ordo CXL. Selagineae.

SELAGINEAE Jussieu *in Annal. Mus. VII. 71.* L. C. Richard *in Persoon. Encheir. II. 146.* Choisy *in Mem. soc. h. n. Genev. II. 2 71. ss.* Bartling *Ord. nat. 177.* E. Meyer *Comment. plant. Afr. austr. 245.* SELAGINACEAE Lindley *Introduct. edit. II. p. 279.*

Fruticuli v. rarius herbae, omnes capenses. Folia alterna v. infima subopposita, nunc fasciculata, simplicia, integra, incisa v. dentata aut etiam integerrima, sessilia v. in petiolum angustata. Stipulae nullae.

Flores hermaphroditi, ut plurimum irregulares, in spicas terminales dispositi, approximati, unibracteati, rarius paniculato-corymbosi.

Calyx liber, persistens, gamophyllus, spathaeformis v. tubulosus, tri-quinquedentatus v. tri-quinquepartitus, interdum diphyllus.

Corolla hypogyna, gamopetala, decidua, tubo brevi v. longo, integro v. hinc longitudinaliter fisso, limbo quadri-quinquelobo, nunc plus minus irregulari, uni-bilabiato, nunc subregulari, patente.

Stamina 4, corollae tubo inserta, ejusdem laciniis alterna, quintum posticum deficiens, rarius etiam duo antica penitus abortiva, didynama, inclusa v. exserta. Filamenta libera, filiformia, saepe brevissima. Antherae uniloculares, medio dorso affixae, erectae v. incumbentes, rimula longitudinali dehiscentes.

Ovarium biloculare. Ovula in loculis solitaria, apici cavitatis appensa, anatropa. Stylus terminalis, simplex; stigma indivisum, subcapitatum.

Achenia duo, monosperma, cohaerentia v. ad maturitatem secedentia, aequalia v. inaequalia, alterum minus aeque fertile v. saepius sterile, laminaeforme, fertili adplicitum, nunc plane abortivum, loculo in fertilibus centrali v. parieti internae admoto, mesocarpio suberoso, solido v. loculis duobus loculum seminiferum utrinque comitantibus inflatis hiante.

Semen in loculo unicum, inversum; testa subcoriacea, chalaza apicali rhapheque longitudinali manifestis. Albumen carnosum.

Embryo in axi albuminis orthotropus, ejusdem fere longitudine, teres; cotyledones semicylindricae, radicula umbilico proxima, supera.

Selagineae habitu, antheris unilocularibus, seminis situ et radiculae directione a reliquis ordinibus nuculiferis nullo negotio distinguuntur.

3726. Polycenia *CHOIS.* Calyx spathaeformis, antice fissus. Corolla hypogyna, tubo brevissimo, limbo antice fisso unilabiato, apice quadrilobo. Stamina 4, labii marginibus inserta, didynama; filamenta brevissima, antherae uniloculares. Ovarium biloculare, loculis utrinque canale filiformi, inani stipatis. Ovula in loculis solitaria, apici appensa, anatropa. Stylus terminalis, simplex; stigma subclavatum. Achenia duo, inter se aequalia, tandem secedentia, pseudo-trilocularia, loculis duobus lateralibus majoribus, inflatis, vacuis, intermedio monospermo. Semina inversa. Embryo intra albumen parcum, carnosum orthotropus; cotyledonibus semicylindricis, radicula tereti, supera. — *Herbae v. fruticuli capenses; foliis alternis, linearibus v. lanceolatis, nunc cordatis, sessilibus v. decurrentibus, integerrimis v. denticulatis aut apice incisis, spicis terminalibus.*

Polycenia Choisy *in Mem. soc. h. n. Genev. II.* 91. *t.* 2. E. Meyer *Comment. plant. Afr. austr.* 245. Hebenstreitiae sp. Linn.

3727. Hebenstreitia *LINN.* Calyx spathaeformis, antice fissus. Corolla hypogyna, tubo brevissimo, limbo antice fisso, unilabiato, apice quadrilobo. Stamina 4, labii marginibus inserta, didynama; filamenta filiformia, antherae uniloculares. Ovarium biloculare. Ovula in loculis solitaria, apici appensa, anatropa. Stylus terminalis, simplex; stigma subclavatum. Achenia duo inaequalia, secedentia, unilocularia, monosperma, anticum crassum, suberoso-farctum, posticum tenuissime compressum, antico incumbens, saepius efoetum, rarius semine multoties minori, aeque fertili. Semina inversa. Embryo intra albumen parcum, carnosum orthotropus; cotyledonibus semicylindricis, radicula tereti, supera. — *Herbae v. suffrutices capenses; foliis alternis, linearibus, integerrimis v. dentato-pinnatifidis, floribus terminalibus spicatis, bracteatis.*

Hebenstreitia Linn. *gen. n.* 770. excl. sp. Gärtner *I.* 138. *t.* 51. Lam. *t.* 521. Bot. Mag. *t.* 1970. Choisy *in Mem. soc. h. n. Genev. II.* 92. excl. sp. Reichenb. *Hort. bot. t.* 133. E. Meyer *Comment. plant. Afr. austr.* 246.

3728. Dischisma *CHOIS.* Calyx bipartitus, laciniis lateralibus. Corolla hypogyna, tubo brevi, limbo antice fisso, unilabiato, apice quadrilobo. Stamina 4, labii marginibus inserta, didynama; filamenta brevissima, antherae uniloculares. Ovarium biloculare. Ovula in loculis solitaria, apici appensa, anatropa. Stylus terminalis, simplex; stigma subclavatum. Achenia duo, subaequalia, suberoso-farcta, vix secedentia, unilocularia, monosperma. Semina inversa. Embryo intra albumen parcum, carnosum orthotropus; cotyledonibus semicylindricis, radicula tereti, supera. — *Herbae v. suffrutices capenses; foliis alternis v. suboppositis, linearibus, integerrimis v. dentatis, spicis terminalibus bracteatis, plus minus villosis.*

Dischisma Choisy *in Mem. soc. h. n. Genev. II.* 93. *t.* 1. *f.* 2. (pessim.) E. Meyer *Comment. plant. Afr. austr.* 250. Hebenstreitiae sp. Linn. Hamb.

3729. Agathelpis *CHOIS.* Calyx tubulosus, plicatus, quinquedentatus, antice ad medium bracteae adnatus. Corolla hypogyna, tubo longissimo, cylindrico, incurvo, limbo hypocraterimorpho, quinquepartito, aequali. Stamina 2, summo corollae tubo inserta, inclusa; filamenta brevissima, antherae uniloculares. Ovarium biloculare. Ovula in loculis solitaria, apici appensa, anatropa. Stylus terminalis, simplex; stigma acutum. Achenium abortu unicum, semiteres, suberoso-farctum, monospermum. Semen inversum. Embryo intra albumen parcum, carnosum orthotropus; cotyledonibus semicylindricis, radicula tereti, supera. — *Suffrutices capenses; foliis alternis, lineari-filiformibus, spicis terminalibus, bracteatis.*

Agathelpis Choisy *in Mem. soc. h. n. Genev. II.* 95. *t.* 1. *f.* 3. E. Meyer *Comment. plant. Afr. austr.* 252. Eranthemi sp. Linn.

3730. Microdon *CHOIS.* Calyx tubulosus, plicatus, quinquedentatus, liber v. antice ima basi bracteae adnatus. Corolla hypogyna, tubo infundibuliformi, limbi bilabiati labio superiore bifido, erectiusculo, inferioris tripartiti laciniis lateralibus divaricatis, intermedia patente. Stamina 4, corollae tubo inserta, didynama, duo longiora exserta; filamenta filiformia, antherae uniloculares. Ovarium biloculare. Ovula in loculis solitaria, apici appensa, anatropa. Stylus terminalis, simplex; stigma acutum. Achenium abortu unicum, semiteres, suberoso-farctum, monospermum. Semen inversum. Embryo intra albumen carnosum orthotropus; cotyledonibus semicylindricis, radicula tereti, supera. — *Suffrutices capenses; foliis alternis, ovatis, integerrimis, spicis terminalibus bracteatis, bracteis latis.*

Microdon Choisy *in Mem. soc. h. n. Genev. II.* 97. E. Meyer *Comment. plant. Afr. austr.* 253. Dalea Gärtner *I.* 235. *t.* 51. Selaginis sp. Linn. Lam. *t.* 521. *f.* 1. Bot. Mag. *t.* 186. Vent. *Malm. t.* 26.

3731. Selago *LINN.* Calyx subcampanulatus, trifidus v. quinquefidus aut dentatus, interdum antice fissus. Corolla hypogyna, tubo infundibuliformi v. cylindrico, limbo quinquefido, inaequaliter patente, laciniis posticis saepius altius cohaerentibus. Stamina 4, corollae tubo inserta, exserta v. inclusa, didynama; filamenta filiformia, antherae uniloculares. Ovarium biloculare. Ovula in loculis solitaria, apici appensa, anatropa. Stylus terminalis, simplex; stigma obtusum. Achenia duo, sponte secedentia, suberoso-farcta, monosperma. Semina inversa. Embryo intra albumen carnosum, parcum orthotropus; cotyledonibus semicylindricis, radicula tereti, supera. — *Herbae v. suffrutices capenses; foliis latiusculis v. acicularibus, alternis, oppositis v. fasciculatis, floribus terminalibus spicatis, bracteatis v. subcorymbosis.*

Selago Linn. *gen. n.* 769. excl. sp. Jussieu *gen.* 110. Gärtner *I.* 238. *t.* 51. Choisy *in Mem. soc. h. n. Genev. II.* 98. E. Meyer *Comment. plant. Afr. austr.* 254. Noltea Ecklon *msc.*

a. EUSELAGO. Calyx pentamerus, laciniis dentibusve subaequalibus v. duobus anticis paullo longioribus, interdum fere ad basim inter se distinctis. (Jacq. *Fragm. t.* 3. *f.* 1. Choisy *Op. cit. t.* 3. 4.)

b. MACRIA E. Meyer *Op. cit.* 268. Calyx trimerus, lacinia postica saepius minore, lateralibus integris v. apice obsolete bidentatis. (Choisy *Op. cit. t.* 5.)

3732. Walafridia *E. MEY.* Calyx subbilabiato-quadripartitus, lacinia antica paullo longiore. Corolla hypogyna, tubo cylindrico, incurvo, limbo subaequaliter quinquefido. Stamina 4, corollae tubo inserta, inclusa, didynama; filamenta brevissima, antherae uniloculares. Ovarium biloculare. Ovula in loculis solitaria, apici appensa, anatropa. Stylus terminalis, simplex; stigma clavatum, incurvum. Achenia duo, inter se aequalia, tandem secedentia, pseudo-trilocularia, loculis duobus lateralibus majoribus, inflatis, efoetis, intus hispidulis, intermedio parieti interiori admoto, monospermo. Semina inversa, curvato-subtriangula. Embryo .... — *Fruticulus capensis, pedalis; ramis erectis, subflexuosis, junioribus foliis decurrentibus angulosis, ad angulos hirtis, foliis ovatis, subcoriaceis, acutis et breviter acuminatis, basi subcordatis, spicis terminalibus, floribus sub anthesi subfastigiatis, tandem elongatis, cylindricis, bracteis lanceolato-acuminatis, calyce multo longioribus, corolla caerulea brevioribus.*

Walafridia E. Meyer *Comment. plant. Afr. austr.* 272.

Ordo CXLI. Myoporineae.

MYOPORINEAE R. Brown *Prodr.* 514. Bartling *Ord. nat.* 176. MYOPORACEAE Lindley *Introduct. edit. II p.* 279.

Frutices glabri, v. rarius subpubescentes. Folia alterna v. rarius opposita, simplicia, integra, integerrima v. serrata, novella saepius fucata, viscida, nunc glandulis resinosis conspersa. Stipulae nullae.

Flores axillares, solitarii, ebracteati, hermaphroditi, irregulares.

Calyx liber, quinquepartitus, persistens, fructifer immutatus, v. rarissime auctus, scariosus.

Corolla hypogyna, hypocraterimorpha, limbo subaequali, v. saepius ringens, bilabiata.

Stamina 4, corollae tubo inserta, ejusdem lobis alterna, quintum posticum nullum v. rudimentarium, exserta v. inclusa, didynama. Filamenta filiformia. Antherae biloculares, incumbentes, loculis longitudinaliter dehiscentibus.

Ovarium liberum, e carpidiis duobus compositum, nunc biloculare, nunc loculis septo secundario, interdum incompleto ab axi ad peripheriam protenso bipartitis quadriloculare v. semiquadriloculare. Ovula cujusvis carpidii duo collateralia, v. rarissime quatuor per paria imbricatim superposita, ex apice anguli centralis pendula, anatropa, hinc in ovarii bilocularis loculis gemina, in quadrilocularis loculis solitaria, rarissime in ovarii incomplete quadrilocularis locellis geminatim superposita. Stylus terminalis, simplex. Stigma indivisum, emarginatum v. rarissime bifidum. Discus hypogynus nullus.

Drupa baccata v. exsucca; putamine biloculari, loculis collateraliter dispermis, v. quadriloculare, loculis monospermis, nunc biloculare, loculis semibipartitis, per paria superposite-tetraspermis.

Semina inversa, teretiuscula v. oblonga; testa subcoriacea, chalaza apicali et rhaphe longitudinali notata. Albumen carnosum, parcum.

Embryo in axi albuminis orthotropus, ejusdem longitudine, teres. Cotyledones semicylindricae. Radicula umbilico proxima, supera.

Myoporineae in Nova Hollandia imprimis extratropica et in Oceani australis insulis obviae, in Antillis rarissimae, nec alibi visae, ovulorum inverso situ et radicula supera a Verbenaceis diversae, a Selagineis habitu et antheris bilocularibus facillime distinguuntur.

3733. Myoporum *BANKS et SOL.* Calyx quinquepartitus, fructifer haud mutatus v. parum auctus. Corolla hypogyna, subhypocraterimorpha, tubo brevi, amplo, limbo quinquelobo, subaequali. Stamina 4, corollae tubo inserta, exserta v. inclusa, didynama. Ovarium biloculare, loculis collateraliter biovulatis, v. quadriloculare, loculis uniovulatis. Ovula pendula, anatropa. Stylus terminalis; stigma obtusum. Drupa baccata, bilocularis v. quadrilocularis, tetrasperma, loculis monospermis v. dispermis. Semina inversa. Embryo in axi albuminis carnosi; radicula supera. — *Frutices in Nova Hollandia, imprimis extratropica obvii, in insulis Oceani rari; ramulis foliisque novellis saepe fucatis, viscidis, foliis alternis v. rarius oppositis, integerrimis, serratis, saepe pellucido-punctatis, pedunculis axillaribus fasciculatis, raro solitariis, unifloris, ebracteatis, floribus albis v. purpurascentibus, fauce sparsim barbata.*

Myoporum Banks et Soland. *ex Forst. Prodr.* 44. R. Brown *Prodr.* 215. Bot. Mag. *t.* 1691. 1830. Reichenb. *Ic. exot. t.* 2. 26. Pogonia Andrews *Bot. Reposit. t.* 283. Labillard. *Nov. Holl. t.* 83. Andrewsia Vent. *Malm.* 108.

3734. Pholidia *R. BR.* Calyx profunde quinquefidus, fructifer haud mutatus. Corolla hypogyna, infundibuliformis, tubo calycem superante, fauce ampliata, hinc gibbosa, limbi brevis, irregularis labio superiore bilobo, recurvo, inferiore tripartito, aequali, patulo. Stamina 4, corollae tubo inserta, inclusa, didynama; antherae barbatae. Ovarium quadriloculare, loculis uniovulatis. Ovula pendula, anatropa. Stylus terminalis; stigma capitatum, emarginatum. Drupa exsucca, putamine quadriloculari, tetraspermo. Semina inversa. Embryo intra albumen tenue teres; radicula supera. — *Frutex sparteus, in Nova Hollandia meridionali crescens; foliis oppositis, subulatis, pedunculis axillaribus solitariis, unifloris, ebracteatis, corollis caeruleis, extus squamulosis.*

Pholidia R. Brown *Prodr.* 517.

3735. Eremophila *R. BR.* Calyx quinquepartitus, fructifer mutatus, scariosus. Corolla ..... Stamina 4, didynama. Ovarium ...... stigma indivisum. Drupa exsucca, pu tamine quadriloculari, tetraspermo. **Semina** inversa. ..... — *Frutices spartei, in Nova Hollandia meridionali indigeni; foliis sparsis v. oppositis, semiteretibus, pedunculis axillaribus, solitariis, unifloris, ebracteatis.*

Eremophila R. Brown *Prodr. 518.*

3736. Stenochilus *R. BR.* **Calyx** quinquepartitus, fructifer haud mutatus. **Corolla** hypogyna, ringens, tubo basi ventricoso, limbi labio superiore erecto, semiquadrifido, inferiore indiviso, angusto, deflexo. **Stamina** 4, corollae tubo inserta, exserta, didynama. **Ovarium** quadriloculare, loculis uniovulatis. **Ovula** pendula, anatropa. **Stylus** terminalis; **stigma** obtusum, indivisum. **Drupa** baccata, quadrilocularis v. abortu bilocularis, tetrasperma v. disperma. **Semina** inversa. **Embryo** ..... — *Frutices in Nova Hollandia meridionali indigeni, glabriusculi v. tomento tenuissimo cinerascentes; foliis alternis, saepius integerrimis, aveniis, pedunculis axillaribus solitariis, unifloris, ebracteatis, floribus purpureis v. flavicantibus.*

Stenochilus R. Brown *Prodr. 517.* Bot. Mag. *t. 2930.* Bot. Reg. *t. 572. 647.*

3737. Bontia *PLUM.* **Calyx** quinquepartitus, fructifer haud mutatus. **Corolla** hypogyna, ringens, tubo elongato, limbi labio superiore erecto, emarginato, inferiore revoluto, semitrifido. **Stamina** 4, corollae tubo inserta, exserta, didynama. **Ovarium** biloculare, loculis septo secundario incompleto semibipartitis, quadriovulatis. **Ovula** per paria imbricatim superposita, pendula, anatropa. **Stylus** terminalis; **stigma** bifidum, obtusum. **Drupa** baccata, putamine biloculari, loculis semibipartitis, tetraspermis. **Semina** inversa, subincurva. **Embryo** in axi albuminis carnosi, parci orthotropus, subcylindricus; **radicula** supera. — *Frutex antillanus; foliis alternis, lanceolatis, subintegerrimis, glabris, pedunculis axillaribus, solitariis, unifloris, ebracteatis, corollis luteis, labio inferiore longitudinaliter purpureo-barbato.*

Bontia Plumier *gen. t. 23.* Dillen. *Elth. t. 49. f. 57.* Linn. *gen. n. 791.* Jussieu *gen. 127.* Lam. *t. 546.* Gärtner f. *III. 168. t. 219.*

OBSERVATIO. Spartothamni A. Cunningh. *in Loudon Hort. brit. Suppl. 600.* characterem e speciminibus defloratis, a generis auctore meeum humanissime communicatis eruere nequeo, ceterum genus Eremophilae et Pholidiae propinquum videtur.

Ordo CXLII. Cordiaceae.

CORDIACEAE R. Brown *Prodr. 492.* Martius *Nov. gen. et sp. II. 138.* Link *Handb. I. 569.* Lindley *Introduct. edit. II. p. 272.*

Arbores v. frutices. **Folia** alterna, simplicia, integerrima v. incisa, rigide coriacea, scabra. **Stipulae** nullae.

Flores hermaphroditi v. interdum abortu diclines, terminales, paniculati v. corymbosi, nunc spicati, spica saepius contracta capitati, ebracteati.

Calyx liber, persistens, post anthesin plerumque plus minus auctus, nunc tubulosus, quinque-v. rarius quadridentatus, dentibus saepius setaceis, tubo laevi v. striato-nervoso, nunc quadri-quinquepartitus.

Corolla hypogyna, infundibuliformi-tubulosa v. campanulata, tubo calycem aequante v. superante, saepius carnosulo, fauce nuda v. pilosa, limbi quinquefidi, rarius quadrifidi, interdum septemfidi laciniis aestivatione imbricato-convolutis, sub anthesi patentibus v. erectis.

Stamina corollae tubo inserta, ejusque laciniis numero aequalia et alterna, rarissime plura, exserta v. inclusa. **Filamenta** filiformia v. subulata. **Antherae** incumbentes, biloculares, loculis longitudinaliter dehiscentibus.

Ovarium liberum, quadri-octoloculare. **Ovula** in loculis solitaria, apici cavitatis appensa, anatropa. **Stylus** terminalis, apice dichotomus v. bis dichotomus. **Stigmata** quatuor v. octo.

Drupa baccata, monopyrena; putamine osseo, quadri-octoloculari, v. abortu tri-uniloculari.

Semina in loculis solitaria, inversa. **Testa** membranacea, rhaphe manifesta, adnata v. soluta. **Albumen** nullum.

Embryo orthotropus. **Cotyledones** crassae, carnosae, secus longitudinem plicatae, plicis plurimis, contiguis. **Radicula** brevis, supera.

Cordiaceae inter tropicos totius orbis obviae, cotyledonibus plicatis inter plantas gamopetalas drupiferas distinctissimae, hac nota ad Convolvulaceas aliquatenus accedere videntur, a quibus revera distinctissimae, et seminum exalbuminosorum situ inverso facillime distinguendae.

Erycibe nuper huc relata, longius distat. Drupae caro in nonnullis succulenta, mucilaginosa, emolliens.

3738. Cordia *R. BR.* **Calyx** tubulosus, quinque-v. rarius quadridentatus, laevis v. decemstriatus. **Corolla** hypogyna, infundibuliformitubulosa v. campanulata, fauce pilosa v. glabra, limbo quinquefido, rarius quadri-septemfido. **Stamina** tubo corollae inserta, ejusque lobis numero aequalia, raro plura. **Ovarium** quadriloculare. **Ovula** in loculis solitaria, pendula, anatropa. **Stylus** terminalis, dichotomus; **stigmata** 4. **Drupa** baccata, monopyrena, putamine scrobiculato quadriloculari, v. abortu uni-triloculari, loculis monospermis. **Semina** inversa; testa membranacea, rhaphe filiformi, soluta. **Embryo** exalbuminosus, orthotropus; **cotyledonibus** crassis, secundum longitudinem plicatis, **radicula** brevi, supera. — *Arbores v. frutices, inter tropicos totius orbis crescentes, plerique quoad fructus structuram ignoti; foliis integerrimis v. incisis, inflorescentia terminali, paniculata, corymbosa v. spicata, ebracteata.*

Cordia R. Brown *Prodr. 498.* Cordia et Varronia Linn. *gen. n. 258. et 256.* Sebestena Gärtner *I. 364. t. 76.* Cerdana Ruiz et Pavon *Flor. Peruv. II. 47. t. 148.*

a. GERASCANTHUS. Calyx decemstriatus. Flores corymbosi v. paniculati.

Gerascanthus P. Browne *Jam. 170. t. 29. f. 3.* Cerdana Ruiz et Pavon *Flor. Peruv. t. 184.*

b. SEBESTENA. Calyx laevis.

α. Myxa. Flores cymoso-paniculati. (Roxb. *Plant. Corom. t. 58.* Delile *Flor. Aegypt. t. 19. 20.* Andrews *Bot. Reposit. t. 157.*)

β. Varronia. Flores glomerati, capitati v. spicati. — Desvaux *Journ. Bot. I. 257. t. 9. 10.* (Kunth in Humb. et Bonpl. *Nov. gen. et sp. t. 207.*)

GENERA DUBIA.

3739. Sacellium *HUMB. et BONPL.* Calyx persistens, fructifer auctus, inflatus, oblongo-ellipticus, membranaceus, reticulato-nervosus, ore quinquedentato, clauso. Corolla ..... Stamina ..... Drupa in fundo calycis brevissime stipitata, stylo subulato rostrata, e basi compressiuscula superne tetragona, subquadriloba, nucleo sexloculari, loculis quatuor superioribus osseis, monospermis, duobus inferioribus maximis, vacuis, fragilibus. Semina inversa, ovato-pyramidata, triangularia. Embryonis exalbuminosi cotyledones secundum longitudinem plicatae; radicula subconica, supera. — *Arbor peruana andicola, procera, inermis; foliis alternis, integris, exstipulatis, pedunculis supraaxillaribus et terminalibus, ramosis, multifloris, in paniculas dispositis, floribus polygamis.*

Sacellium Humboldt et Bonpl. *Plant. aequinoct. I. 47. t. 13.* Kunth *in Annal. sc. nat. II. 80. Synops. IV. 228.*

*

3740. Cordiopsis *DESV.* Calyx urceolatus, setaceo-quinquedentatus. Corolla hypogyna, tubulosa, tubo elongato, limbo patente, subquinquelobo. Stamina 5, corollae tubo inserta, inclusa. Ovarium ..... Stylus columnaris; stigmata 8. Drupa subangulata, octolocularis, loculis monospermis. Semina .... — *Frutex antillanus; foliis alternis, ovatis, acutis, longe petiolatis, grosse dentatis, utrinque rugoso-pubescentibus, pedunculis longis, apice bifidis, floribus subcymosis.*

Cordiopsis Desvaux *in Hamilt. Prodr. Flor. Ind. occid. 23.* — ? Varronia mirabiloides Jacq.

*

3741. Patagonula *LINN.* Calyx minimus, quadri-quinquepartitus, mox excrescens. Corolla hypogyna, rotata, tubo brevissimo, limbi quadri-quinquefidi laciniis ellipticis, acutis. Stamina 4—5, corollae fauci inserta. Ovarium ..... Stylus terminalis, dichotomus; stigmata 4. Drupa subglobosa, exsucca, monopyrena, putamine uniloculari. Semen .... — *Frutex Americae meridionalis, ramosissimus; foliis alternis, subcuneatis, versus apicem subserratis, inflorescentia paniculata, ebracteata, floribus parvulis, laciniis calycinis sub grossificatione pollicaribus.*

Patagonula Linn. *gen. n. 208.* Lam. *t. 96.* Chamisso *in Linnaea IV. 492.* Patagonica Dillen *Eltham. 304. t. 226. f. 293.*

*

3742. Menais *LINN.* Calyx triphyllus v. tripartitus, persistens, foliolis laxis, concavis. Corolla hypocraterimorpha, tubo calycem excedente, limbo plano, quinquepartito. Antherae 5, subulatae, in fauce corollae sessiles. Ovarium ...... Stylus simplex; stigmata 2, oblonga. Bacca globosa, quadrilocularis, loculis monospermis. Semina ovata, acuta. — *Frutex Americae meridionalis; caule tereti, villoso, foliis alternis, ovatis, integris, asperis.*

Menais Löffling *II. 306.* Linn. *gen. n. 239.*

Ordo CXLIII. Asperifoliae.

ASPERIFOLIAE Linn. *Praelect. edit. Gieseke 489.* excl. gen. Lehmann *Plantae e familia Asperifoliarum nuciferae. Berolini, 1818. 4. Icones et descriptiones novarum v. minus cognitarum stirpium. Hamburgi, 1821—1823. fol. fasc. 1—5.* Martius *Consp. 118.* BORRAGINEAE Jussieu *gen. 143.* excl. gen. R. Brown *Prodr. 492.* Bartling *Ord. nat. 196.* Don *in Edinb. new philosoph. Journ. XIII. 239.* BORRAGINEAE et HELIOTROPICEAE Schrader *in Comment. Gótting. IV. 157.* ARGUZIEAE et BORRAGINEAE Link *Handb. I. 569. 571.* EHRETIACEAE, HELIOTROPICEAE et ASPERIFOLIEAE Martius *Nov. gen. et sp. II. 136.* EHRETIACEAE et BORRAGINACEAE Lindley *Introduct. edit. II. p. 273. 274.*

Herbae, frutices v. arbores, succo aqueo, ut plurimum plus minus setosae v. pilis simplicibus aut interdum stellatis hispidae. Caules ramique teretes v. angulati.

Folia sparsa v. interdum subopposita aut ternata, simplicia, integra, saepius integerrima, venosa. Stipulae nullae.

Flores hermaphroditi, v. interdum antheris efoetis diclines, regulares v. nonnunquam irregulares, nunc axillares, solitarii, nunc saepius paniculati v. corymbosi, saepissime in spicas v. racemos terminales, plerumque ebracteatos, secundos, apice ante anthesim circinatim revolutos dispositi.

Calyx liber, persistens, fructifer saepius auctus, gamophyllus, quinquefidus v. quinquepartitus, interdum quadrifidus, herbaceus v. rarissime petaloideo-coloratus.

Corolla hypogyna, gamopetala, decidua, infundibuliformi-tubulosa, subcampanulata v. rotata, limbo quinquedentato v. quinquefido, regulari v. interdum bilabiato, laciniis per aestivationem imbricatis, fauce nuda v. pilosa, laevi v. plicato intrursa, nunc fasciculis pilorum, squamis v. fornicibus integris v. bilobis, limbi laciniis oppositis v. rarissime cum iisdem alternantibus instructa et saepissime clausa.

Stamina 5, corollae tubo v. fauci inserta, ejusdem laciniis alterna, exserta v. inclusa, faucis squamis dum adsunt interjecta v. alternatim subjecta, rarissime earundem dorso imposita. Filamenta filiformia v. subulata, aequalia v. interdum inaequilonga, simplicia v. rarissime dorso basi appendiculata. Antherae introrsae, biloculares, incumbentes v. erectae, liberae v. interdum villis dorsalibus aut apicibus in acumina subulata desinentibus cohaerentes, loculis longitudinaliter dehiscentibus.

Ovarium e carpidiis quatuor, distinctis v. plus minus inter se cohaerentibus quadrilobum v. quadriloculare, carpidiis gynobasi v. columnae centrali styligerae adnatis. Ovula in loculis solitaria, apici v. medio anguli centralis appensa, anatropa. Stylus terminalis, v. inter ovarii lobos transiens, indivisus v. apice interdum bifidus. Stigma simplex v. bifidum.

Drupa di-tetrapyrena, pyrenis uni-bilocularibus varie secedentibus, v. Nuces quatuor, distinctae aut rarissime per paria cohaerentes, basi sua plana v. impressa et annulo interdum tumido cincta receptaculo insertae, v. styli basi adnatae, monospermae.

Semina in loculis solitaria, inversa, recta v. plus minus arcuata. Albumen nullum v. parcum, lamelliforme, carnosum.

Embryo orthotropus v. homotrope curvatus, albumine dum adest inclusus. Cotyledones per germinationem foliaceae. Radicula supera, recta v. descendens.

Asperifoliae Verbenaceis Labiatisque proximae, sed radiculae situ supero ab iisdem facillime distinguendae. Borragineae in temperatis extratropicis totius orbis obviae, maximo numero in regione mediterranea et Asia media generantur, Ehretiaceae majori numero inter tropicos habitant, extra tropicos rarissimae.

Qualitates emollientes, mucilaginosae in nonnullis laudatae. Radices in quibusdam tinctoriae. Genera denuo sub incudem revocanda.

SUBORDO I. EHRETIACEAE. Stylus terminalis.

TRIBUS I. TOURNEFORTIEAE. Semina albuminosa.

3743. Ehretia *LINN.* Calyx profunde quinquefidus. Corolla hypogyna, infundibuliformis, limbo quinquepartito. Stamina 5, corollae tubo inserta, exserta v. subexserta. Ovarium quadriloculare. Ovula in loculis solitaria, pendula. Stylus semibifidus; stigmata acuta v. obtusa. Drupa baccata, dipyrena, pyrenis bilocularibus, loculis monospermis, v. tetrapyrena, pyrenis bilocularibus, loculo majori vacuo. Semina inversa. Embryo in axi albuminis parci rectus v. homotrope arcuatus; cotyledonibus brevissimis, radicula supera. — *Frutices v. arbores, inter tropicos totius orbis observati, olim in plura genera dispescendi, sed nondum satis noti; foliis alternis, oppositis v. ternatis, integerrimis v. serratis, floribus terminalibus aut axillaribus, paniculatis v. corymbosis.*

Ehretia Linn. *gen. n. 257.* Roxburgh *Plant. Corom. t. 55—57.* R. Brown *Prodr. 497.* Kunth *in Humb. et Bonpl. Nov. gen. et sp. III. 65. t. 208. 209.* Bot. Reg. *t. 1097.* — ? Carmona Cavanill. *in Anal. cienc. nat. I. 38. t. 3. Ic. t. 438.*

3744. Rhabdia *MART.* Calyx quinquepartitus. Corolla hypogyna, campanulata, limbo quinquefido. Stamina 5, imo corollae tubo inserta, inclusa. Ovarium quadriloculare. Ovula in loculis solitaria, pendula. Stylus terminalis, simplex; stigma bilobum. Drupa baccata, tetrapyrena, pyrenis chartaceis, unilocularibus, monospermis. Semina inversa. Embryo in axi albuminis carnosi, parci rectus; cotyledonibus brevissimis, radicula supera. — *Frutex brasiliensis, ramosus; ramis virgatis, pubescenti-hirtis, foliis alternis, sessilibus, lanceolatis, obtusis, margine undulatis, subtus pubescenti-hirtulis, floribus axillaribus, v. in corymbis paucifloris, bracteatis.*

Rhabdia Martius *Nov. gen. et sp. II. 136. t. 195.*

3745. Grabowskya *SCHLECHT.* Calyx campanulatus, quinquedentatus. Corolla hypogyna, infundibuliformis, tubo brevi, limbi quinquepartiti, patentis v. reflexi laciniis aestivatione contorto-imbricatis. Stamina 5, corollae tubo prope basim inserta, exserta; filamenta medio villosa, antherae biloculares, ovatae, incumbentes, longitudinaliter dehiscentes. Ovarium quadriloculare. Ovula in loculis solitaria, medio angulo centrali inserta, amphitropa? Stylus terminalis, simplex; stigma capitatum. Drupa baccata, calyce suffulta, dipyrena, pyrenis lignosis, bilocularibus, loculis monospermis. Semina dorso convexa, facie plana. Embryo intra albumen carnosum hamato-curvatus; cotyledonibus semicylindricis, radicula supera (?) — *Frutex brasiliensis, ramosissimus, spinis axillaribus horridus, Lycii habitu, dubiae affinitatis, Ehretiis fortassis tamen quam Solanaceis, a quibus fructu plane abhorret propinquior, sed revera quoad seminis interiorem fabricam non satis notus; foliis alternis, obovatis, integerrimis, floribus oppositifoliis solitariis v. in summis ramis paniculatis.*

Grabowskya Schlechtend. *in Linnaea VII. 72.* Lindley *in Bot. Reg. t. 1985.* Lycium boerhaviaefolium Linn. L. heterophyllum Murray *in Comment. Götting. 1783. p. 6. t. 2.* Ehretia halimifolia Heritier *Stirp. I. 45. t. 83.*

3746. Beurreria *JACQ.* Calyx campanulatus, subbilabiatus, quinquedentatus. Corolla hypogyna, infundibuliformis, limbo quinquepartito. Stamina 5, corollae tubo inserta, subexserta. Ovarium quadri-octoloculare. Ovula in loculis solitaria, ex medio anguli centralis anatrope pendula. Stylus terminalis, bifidus v. indivisus; stigmata subcapitata. Drupa di-tetrapyrena, pyrenis bilocularibus, loculis monospermis. Semina inversa. Embryo in axi albuminis carnosi rectus; cotyledonibus brevissimis, radicula supera. — *Arbusculae v. frutices, in America tropica cis aequatorem crescentes; foliis alternis, integerrimis, corymbis subterminalibus, floribus albis.*

Beurreria Jacquin *Amer. 44. t. 173. f. 17. Observ. II. 2. t. 26.* Gärtner f. *III. 170. t. 212.* (embryonis situ perperam descripto.) Kunth *in Humb. et Bonpl. Nov. gen. et sp. III. 67.* Bourreria P. Browne *Jam. 168. t. 15. f. 2.*

3747. Tournefortia *R. BR.* Calyx quinquepartitus. Corolla hypogyna, hypocraterimorpha v. subrotata, limbi plicato-quinquefidi lobis obtusis v. acutis. Stamina 5, medio corollae tubo inserta, inclusa. Ovarium quadriloculare. Ovula in loculis solitaria, pendula. Stylus terminalis, interdum nullus; stigma peltatum, subconicum, indivisum v. bifidum. Drupa baccata, dipyrena, pyrenis bilocularibus, inter loculos v. dorso perforatis, loculis monospermis. Semina inversa. Embryo in axi albuminis carnosi rectus; cotyledonibus ovatis, radicula supera. — *Frutices volubiles v. erecti, inter tropicos totius orbis, in insulis Canariis et in Tauria crescentes; foliis alternis, integerrimis, scabris v. tomentosis, spicis secundis, ebracteatis, apice revolutis, saepius cymosis.*

Tournefortia R. Brown *Prodr. 496.* Römer et Schultes *Syst. IV. 533.* Tournefortiae sect. Pittonia Kunth *in Humb. et Bonpl. Nov. gen. et sp. III. 80. t. 203.* Tournefortia et Messerschmidtia Linn. *gen. n. 192. et 1245.* Gärtner *t. 76. f. 2.* (situ embryonis perperam picto) *et t. 109.* Arguzia Ammann *Ruth. 38.* Pittonia Plumier *Ic. t. 230.* Tournefortiae sp. Jacq. *Ic. rar. t. 31.* Ruiz et Pavon *Flor. Peruv. t. 149. b. t. 150. a.* Vent. *Choix t. 3.* Bot. Reg. *t. 464.* Bot. Mag. *t. 3096.* Heliotropii sp. Jacq. *Amer. t. 173. f. 11.* Ruiz et Pavon *Flor. Peruv. t. 110. f. 2.*

3748. Messerschmidtia *RÖM. et SCHULT.* Calyx quinquepartitus. Corolla hypogyna, hypocraterimorpha, limbi quinquepartiti laciniis linearibus. Stamina 5, medio corollae tubo inserta, inclusa. Ovarium quadriloculare. Ovula ..... Stylus subnullus; stigma peltatum, subconicum. Drupa tetradyma, tetrapyrena, quadripartibilis, abortu mono-dipyrena, pyrenis unilocularibus, monospermis. Semina arcuata. Embryo subexalbuminosus, homotropus; cotyledonibus per dorsum, radicula per ventrem loculi descendente, infera. — *Frutices americani tropici, volubiles; foliis alternis, integerrimis, scabris v. tomentosis, spicis secundis, apice revolutis, ebracteatis.*

Messerschmidtia Römer et Schultes *Syst. VI. 541.* non Linn. Tournefortiae sect. Messerschmidtia Kunth *in Humb. et Bonpl. Nov. gen. et sp. III. 78. t. 201. 202.* Pittonia Plumier *Ic. 209.* Tournefortiae sp. Linn. Swartz. Ruiz et Pavon *Flor. Peruv. t. 148. 149. a. 150. b.* Vent. *Choix t. 2.* Gärtner *t. 76. f. 1.*

3749. Coldenia *LINN.* Calyx quinquepartitus. Corolla hypogyna, infundibuliformis, fauce ampliata, nuda, limbi quinquefidi laciniis aequalibus, patulis. Stamina 5, corollae tubo inserta, inclusa. Ovarium quadriloculare. Ovula in loculis solitaria, pendula. Stylus terminalis, simplex; stigma bifidum. Drupa exsucca, tetradyma, tetrapyrena, quadripartibilis, pyrenis rostratis, angulo centrali cohaerentibus, unilocularibus, monospermis. Semina inversa. Embryo in axi albuminis carnosi rectus; cotyledonibus tenuissime foliaceis, conduplicatis, radicula brevissima, supera. — *Herbae v. suffrutices in Asia tropica et in Peruvia crescentes; foliis alternis, integerrimis, lineatis, v. grosse serratis, plicatis, floribus axillaribus, solitariis v. congestis.*

Coldenia Linn. *gen. n. 173.* Gärtner *I. 329.* Lehmann *in Berlin. Magaz. VIII. 91. Asperifol. I. 7.*

a. COLDENIA *Linn.* Flores axillares, subsolitarii. Folia cuneiformia, petiolata, grosse serrata, plicata. Drupa rugosa. — *Herba zeylanica.* (Lam. *t. 98.* Gärtner *t. 68.*)

b. TIQUILIA *Pers.* Flores axillares, congesti. Folia lanceolata, basi attenuata, lineata. Drupa laevis. — *Suffrutex peruanus.* — Tiquilia Persoon *Encheir. I. 157.* Lithospermum dichotomum Ruiz et Pavon *Flor. peruv. t. 111.*

TRIBUS II. HELIOTROPEAE. Semina exalbuminosa.

3750. Schleidenia. Calyx quinquepartitus, inaequalis. Corolla hypogyna, infundibuliformis, fauce squamulis quinque villosis, limbo quinquefido, dentibus interjectis introrsum conniventibus. Stamina 5, corollae tubo inserta, inclusa, antherae conniventes, apicibus barbatis subcohaerentes. Ovarium quadriloculare. Ovula in loculis solitaria, pendula. Stylus terminalis, brevissimus; stigma conicum, bidentatum, disco annulari insidens. Drupa exsucca, quadripartibilis, pyrenis unilocularibus, monospermis. Semina inversa. Embryo exalbuminosus; cotyledonibus foliaceis, medio complicatis, radicula brevissima, supera, descendente. — *Herbae brasilienses, saepius prostratae; foliis alternis, parvulis, floribus spicatis, luteis v. albis.*

Preslea Martius *Nov. gen. et sp. II. 73. t. 164.* St. Hilaire *Voy. Distr. Diam. II. 434.* non Opitz.

3751. Heliotropium *LINN.* Calyx quinquepartitus. Corolla hypogyna, hypocraterimorpha, fauce edentula, nuda v. barbata, limbo quinquefido, sinubus plicatis, simplicibus v. dente instructis. Stamina 5, corollae tubo inserta, inclusa. Ovarium quadriloculare. Ovula in loculis solitaria, pendula. Stylus terminalis, brevissimus; stigma peltatum. Drupa exsucca, tetrapyrena, quadripartibilis, pyrenis unilocularibus, monospermis, triquetris, angulo centrali carinatis. Semina inversa. Embryo exalbuminosus, rectus v. homotrope arcuatus; cotyledonibus carnosis, radicula tereti, supera. — *Herbae v. suffrutices, inter tropicos et in regionibus subtropicis totius orbis magno specierum numero luxuriantes, in temperatis rarius crescentes; foliis alternis v. interdum suboppositis ternatisve, saepissime hispidis, integerrimis, spicis terminalibus et lateralibus, solitariis v. conjugatis, novellis saepius spiraliter revolutis.*

Heliotropium Linn. *gen. n. 179.* Gärtner *I. 329.* R. Brown *Prodr. 492.* Lehmann *Asperifol. I. 19.*

a. ORTHOSTACHYS R. Brown *l. c.* Spicae solitariae, bracteis suboppositifloris, foliaceis, novellae haud spirales. Corollae faux barbata. Embryo homotrope arcuatus.

b. HELIOTROPIA VERA R. Brown *l. c.* Spicae conjugatae v. dichotomae, ebracteatae, novellae spiraliter revolutae. Corollae faux imberbis. Embryo rectus. (Gärtner *t. 68.* Schkuhr *t. 29.* Jacq. *Flor. austr. t. 207.* Desfont. *Flor. atlant. t. 41.* Sibthorp *Flor. graec. t. 157.* Bonpl. *Malmais. t. 32.* Ruiz et Pavon *Flor. Peruv. t. 107—111.* Humb. et Bonpl. *Nov. gen. et sp. t. 204. 206.* Bot. Mag. *t. 141. 1909.*)

3752. Tiaridium *LEHM.* Calyx quinquefidus. Corolla hypogyna, hypocraterimorpha, tubo angulato, fauce nuda, quinqueradiata, limbo quinquelobo, undulato. Stamina 5, corollae tubo inserta, inclusa. Ovarium quadriloculare. Ovula in loculis solitaria, pendula. Stylus terminalis, simplex; stigma capitatum. Nux biloba, lobis bilocularibus, v. quadrilocularibus bipartibilibus, segmentorum loculo ventrali vacuo. Semina inversa. Embryo exalbuminosus, rectus; cotyledonibus carnosis, radicula tereti, supera. — *Herbae v. suffrutices, inter tropicos Asiae et Americae crescentes; foliis alternis, spicis lateralibus et terminalibus, solitariis v. geminatis, novellis spiraliter revolutis.*

Tiaridium Lehmann *Asperifol. I. 13.*

a. HIERANTHEMUM. Nux biloba, bipartibilis, lobi biloculares, loculi angulo dorsali hinc cohaerentes. T. elongatum Lehm. (Chamiss. *in Linnaea IV. t. 5. f. 1.* et Heliotropium tiarioides Chamisso *Op. cit. t. 5. f. 3.*)

b. EUTIARIDIUM. Nux profunde biloba, lobi quadriloculares, bipartibiles, segmentorum loculis ventralibus vacuis. — Heliotropium indicum Linn. Bot. Mag. *t. 1837.*

SUBORDO II. BORRAGINEAE. Stylus inter lobos ovarii transiens.

TRIBUS I. ANCHUSEAE. Nuces receptaculo affixae. Semina exalbuminosa.

3753. Cerinthe *LINN.* Calyx pentaphyllus, foliolis inaequalibus. Corolla hypogyna, subcylindrica, fauce nuda, inflata, limbo quinquedentato. Stamina 5, corollae tubo inserta, inclusa; antherae sagittatae, basi lobis connexae. Ovarium bilobum, lobis bilocularibus. Stylus simplex; stigma emarginatum. Nuces 2, biloculares, areola basilari semicirculari, plana receptaculo affixae. — *Herbae in Europa media et australi indigenae, glaucescentes, piloso-strigosae v. laeviusculae; foliis alternis, integerrimis v, denticulato-ciliatis, racemis terminalibus foliosis.*

Cerinthe Linn. *gen. n. 186.* Gärtner *I. 321.*

a. CERANTHE Reichenb. *Flor. excurs. 339.* Corollae limbus inciso-quinquefidus. Staminum filamenta subnulla. Nuculae loculi alterius abortu submonospermae. — (Jacq. *Flor. austr. t. 124.* Reichenb. *Iconogr. t. 481. 482. 685.*)

b. CERINTHE Reichenb. *Flor. excurs. 340.* Corollae limbus subtruncatus, dentibus quinque brevissimis, subreflexis. Staminum filamenta antheras subaequantia. Nuculae biloculares, dispermae. (Gärtner *t. 67.* Sibthorp *Flor. graec. t. 170. 171.* Reichenb. *Iconogr. t. 981—984.*)

3754. Onosma *LINN.* Calyx quinquepartitus. Corolla hypogyna, tubuloso-campanulata, fauce nuda, limbo obtuse quinquedentato. Stamina 5, corollae tubo inserta, inclusa; antherae sagittatae, basi lobis connexae. Ovarium quadrilobum. Stylus simplex, inclusus; stigma emarginatum. Nuces 4, distinctae, ovatae, lapideae, areola basilari plana receptaculo affixae. — *Herbae in regione mediterranea, Oriente et Asia media obviae, pilis stellatis v. simplicibus hispidae; racemis terminalibus.*

Onosma Linn. *gen. n. 188.* Gärtner *I. 325. t. 67.* Schkuhr *t. 31.* Lehmann *in Nov. Comment. Hafn. 1808. t. 1. 2. Asperifol. II. 358. Ic. t. 9—14.* Jacq. *Flor. austr. t. 275.* Sibthorp *Flor. graec. t. 172—174.* Desfont. *Flor. atlant. t. 43.* Labillard. *Syr. Decad. III. t. 5. 5.* Waldstein et Kitaibel *Plant. rar. Hung. t. 173. 279.* Ledebour *Ic. t. 24. 196. 288. 280.* Eichwald *Plant. Caucas. t. 3.* Reichenb. *Iconogr. t. 360.*

3755. Onosmodium *L. C. RICH.* Calyx quinquepartitus. Corolla hypogyna, subcampanulata, fauce nuda, limbi ventricosi, semiquinquefidi laciniis erecto-conniventibus. Stamina 5, corollae tubo inserta, inclusa; antherae sagittatae, distinctae. Ovarium quadrilobum. Stylus simplex, longe exsertus; stigma indivisum. Nuces 4, distinctae, turbinatae, areola basilari plana receptaculo affixae. — *Herbae boreali-americanae, hispidae, molliter villosae; foliis alternis, sessilibus, integerrimis, nervosis, racemo terminali folioso.*

Onosmodium L. C. Richard *in Michaux Flor. Bor. Amer. I. 132. t. 15.* Osmodium Rafinesque *in N. York Medic. Reposit. II. Hex. v. 350.* Purshia Sprengel *in Lehmann Asperifol. II. 382.* Lithospermum virginianum Linn.

3756. Moltkia *LEHM.* Calyx quinquepartitus. Corolla hypogyna, cylindrico-infundibuliformis, fauce nuda, limbo quinquefido, obtuso. Stamina 5, corollae tubo inserta, exserta; antherae oblongae, incumbentes. Ovarium quadrilobum. Stylus simplex; stigma obtusum. Nuces 4, distinctae, magnae, difformes, rugosae v. tuberculatae, areola basilari plana receptaculo affixae. — *Herbae orientales, canopilosae; foliis radicalibus petiolatis, caulinis alternis, sessilibus, spicis lateralibus simplicibus, terminalibus conjugatis, bracteatis.*

Moltkia Lehmann *in Act. Nat. scrut. Hallens. II. 2. p. 3. Asperifol. II. 339. Ic. t. 43. 44.* Onosmatis sp. Willd. Nonneae sp. Viviani *Flor. Libyc. t. 1. f. 3.*

3757. Echium *TOURNEF.* Calyx quinquepartitus. Corolla hypogyna, subcampanulata, fauce nuda, limbo oblique quinquelobo, inaequali. Stamina 5, corollae tubo inserta, exserta v. inclusa, inaequilonga, adscendentia. Ovarium quadrilobum. Stylus simplex; stigma bifidum. Nuces 4, distinctae, turbinatae, areola baseos triangulari, plana receptaculo affixae. — *Herbae v. suffrutices, in Europa media et mediterranea, nec non in Capite bonae spei obviae, inter tropicos utriusque orbis rarae, hispidae v. strigosae; floribus spicatis v. spicato-paniculatis, in spiculis secundis.*

Echium Tournefort *inst. 54.* Linn. *gen. n. 191.* Gärtner *I. 326. t. 67.* Lehmann *Asperifol. II. 398. Ic. t. 1—5. 16—28. 31—38. 49.* Jacq *Flor. austr. t. 3. et Suppl. t. 16. Ic. rar. t. 30. 312. Hort. Schönbr. t. 34. 35. Hort. Vindob. t. 45.* Jacq. fil. *Eclog. t. 41. 42. 63.* Venten. *Malmais. t. 71. 97.* Desfont. *Flor. atlant. t. 45. 46.* Sibthorp *Flor. graec. t. 179—183.* Bot. Reg. *t. 36.* Bot. Mag. *t. 1822.* Andrews *Bot. Reposit. t. 20. 134. 165.* St. Hilaire *Plant. us. Brasil. t. 25.*

3758. Echiochilon *DESFONT.* Calyx quadripartitus. Corolla hypogyna, tubo gracili, arcuato, fauce nuda, limbi bilabiati labio superiore bilobo, inferiore subtrilobo. Stamina 5, corollae tubo inserta, inclusa. Ovarium quadrilobum. Stylus simplex; stigma bifidum. Nuces 4, distinctae, tuberculatae, areola basilari plana receptaculo affixae. — *Frutex atlanticus, ramosus; foliis sparsis, linearibus, hispidis, inferioribus reflexis, superioribus adpressis, floribus axillaribus solitariis, sessilibus.*

Echiochilon Desfont. *Flor. atlant. I. 166. t. 47.* Lehmann *Asperifol. II. 477.*

3759. Pulmonaria *TOURNEF.* Calyx quinquefidus, prismatico-pentagonus, fructifer campanulatus. Corolla hypogyna, infundibuliformis, fauce pervia, pilorum penicillis quinque, limbo inciso-quinquefido. Stamina 5, corollae tubo inserta, inclusa. Ovarium quadrilobum. Stylus simplex; stigma emarginato-globosum. Nuces 4, distinctae, turbinatae, laeves, basi truncata receptaculo affixae. — *Herbae in Europa media et australi indigenae, hispidae v. pilosae; foliis radicalibus petiolatis, saepius maculatis, caulinis sessilibus, floribus terminalibus subcorymbosis.*

Pulmonaria Tournefort *inst. 55.* Linn. *gen. n. 184.* Schkuhr *t. 30.* Flor. dan. *t. 482.* E. B. *t. 118. 1628.* Lehmann *Asperifol. 2. 273.* Reichenb. *Iconogr. t. 501—506.* Bessera Schultes *Observ. 27.*

3760. Steenhammera *REICHENB.* Calyx quinquepartitus. Corolla hypogyna, tubo brevissimo, fauce nuda, limbo campanulato, repande quinquedentato. Stamina 5, corollae fauci inserta, inclusa. Ovarium quadrilobum. Stylus simplex; stigma obtusum. Nuces 4, distinctae, subdrupaceae, laeves, basi truncata receptaculo affixae. — *Herba littoralis arctica, glaberrima, glauca; caulibus ramosis, procumbenti-*

bus v. adscendentibus; foliis ovali spathulatis, carnosulis, inferioribus petiolatis, superioribus sessilibus, semiamplexicaulibus, floribus cymosis.

Steenhammera Reichenb. *Flor. excurs.* 337. Mertensia Roth *Catalect. I.* 54. non Willd. Casselia Dumortier *Comment. bot.* 21. non Nees et Mart. Pulmonaria maritima Linn. Flor. dan. *t.* 25. E. B. *t.* 368. Lithospermum maritimum Lehm.

3761. Lithospermum *TOURNEF.* Calyx quinquepartitus. Corolla hypogyna, infundibuliformis, fauce nuda, gibboso-impressa, plicata v. barbato-annulata, limbo quinquepartito. Stamina 5, corollae tubo inserta, inclusa. Ovarium quadrilobum. Stylus simplex; stigma bi-quadrifidum. Nuces 4, distinctae, osseae, laeves v. rugosae, basi truncata receptaculo affixae. — *Herbae v. suffrutices, in regionibus extratropicis imprimis calidioribus obviae, inter tropicos rarae, strigosae v. glabrae; foliis alternis, racemis bracteatis.*

Lithospermum Tournef. *inst.* 155. Linn. *gen. n.* 181. excl. sp.

a. RHYTISPERMUM Link *Handb. II.* 579. Corollae faux plicata. Nuces rugosae. — Aegonychion Gray *Arrangem. II.* 354. (Flor dan. *t.* 456. Jacq. *Ic rar. t.* 313. Sibthorp *Flor. graec. t.* 138.)

b. LITHOSPERMUM Link *l. c.* Corollae faux gibboso-impressa. Nuces laevissimae. (Schkuhr *t.* 29. Flor. dan. *t.* 1048. E. B. *t.* 134.)

c. BATSCHIA Gmelin *Syst.* 315. Corollae faux barbato-annulata, nuces laevissimae. — Cyphorima Rafinesque *in Journ. Phys. LXXXIX.* 98. (Michaux *Flor. Bor Amer. t.* 14.)

d. MARGAROSPERMUM Reichenb. *Flor. germ.* 337. Corollae faux laevis, nuces laevissimae. (Jacq *Flor. austr. t.* 14. Sibthorp *Flor. graec. t.* 161.) — ? Arnebia Forskael *Aegypt.* 62. 63. (Vahl *Symb. II. t.* 28.)

3762. Macromeria *DON.* Calyx quinquepartitus, laciniis linearibus, subinaequalibus. Corolla hypogyna, tubo elongato, fauce dilatata, nuda, limbi quinquepartiti laciniis oblongis, erectis. Stamina 5, corollae fauci inserta, longe exserta; filamenta filiformia, antherae oblongae, incumbentes. Ovarium quadrilobum. Stylus filiformis, exsertus; stigma simplex. Nuces ..... *Herbae mexicanae, strigosae; caule erecto, simplicissimo, foliis alternis, sessilibus, lanceolatis, nervosis, racemo terminali, paucifloro, bracteato.*

Macromeria Don *in Edinb. new philosoph. Journ. XIII.* 209.

3763. Craniospermum *LEHM.* Calyx oblongus, quinquepartitus. Corolla hypogyna, cylindrico-tubulosa, fauce nuda, limbo erecto, quinquedentato. Stamina 5, medio corollae tubo inserta, longe exserta; filamenta filiformia, antherae oblongae, incumbentes. Ovarium quadrilobum. Stylus filiformis; stigma capitatum. Nuces 4, hemisphaericae, basi perforata receptaculo affixae. — *Herba sibirica, dodrantalis, villosa; foliis alternis, spathulatis, racemis subcapitatis, floribus roseis.*

Craniospermum Lehmann *Asperifol. II.* 336. *Ic. t.* 30.

3764. Colsmannia *LEHM.* Calyx quinquepartitus, petaloideus, basi pentagonus. Corolla hypogyna, cylindrico-campanulata, fauce nuda, limbo obtuse quinquedentato. Stamina 5, corollae tubo inserta, inclusa, antherae sagittatae. Ovarium quadrilobum. Stylus simplex; stigma subcapitatum. Nuces 4, v. abortu geminae, ovato-triangulares, laeves, basi perforata, margine tumido cincta receptaculo affixae. — *Herba orientalis, dense flavo-pilosa; foliis alternis, obovato-lanceolatis, racemo terminali, brevi, bracteato, calyce corollam superante.*

Colsmannia Lehmann *in Berlin. Magaz. VIII.* 92. *t.* 1. *Asperifol. II.* 336.

3765. Nonnea *MEDIC.* Calyx quinquefidus, fructifer inflatus, campanulatus. Corolla hypogyna, infundibuliformis, fauce barbata, pervia, limbo quinquepartito. Stamina 5, corollae tubo inserta, inclusa. Ovarium quadrilobum. Stylus simplex; stigma subbifidum. Nuces 4, distinctae, rugosae, basi excavata, margine tumido cincta receptaculo affixae. — *Herbae in Europa et Asia media, nec non in regione mediterranea et oriente indigenae, pilosae; racemis terminalibus foliosis.*

Nonnea Medicus *Philosoph. Bot. I.* 31. Mönch *Method.* 420. *DC. Flor. franç. III.* 626. Echioides Desfont. *Flor. Atlant. I.* 163. Lycopsis Lehmann *Asperifol. II.* 252. excl. sp. Lycopsidis sp. Linn. Jacq. *Flor. austr. t.* 188. Gärtner *t.* 67.

3766. Meneghinia. Calyx quinquepartitus. Corolla hypogyna, infundibuliformis, tubo gracili, elongato, fauce nuda, limbo quinquelobo, patulo. Stamina 5, medio corollae tubo inserta, inclusa. Ovarium quadrilobum. Stylus filiformis, apice bifidus; stigmata 2, capitata. Nuces 4, distinctae, pyramidatae, basi perforata, margine tumido cincta receptaculo insertae. — *Herba aegyptiaca, dodrantalis, ramosissima, verrucoso-hispidissima; foliis alternis, lanceolatis, racemis terminalibus foliosis, corollis ochroleucis, calyce multoties longioribus.*

Dioclea Sprengel *Syst. I.* 856. *Gen. pl. n.* 622. non Kunth. Anchusa asperrima Delille. A. hispidissima Sieb. Lithospermum hispidissimum Lehmann *Ic. t.* 39.

3767. Lycopsis *LINN.* Calyx quinquepartitus. Corolla hypogyna, tubo incurvo, fauce fornicibus clausa, limbo quinquefido, obliquo. Stamina 5, corollae tubo inserta, inclusa. Ovarium quadrilobum. Stylus simplex; stigma indivisum. Nuces 4, distinctae, rugosae, basi excavata, margine tumido cincta receptaculo insertae. — *Herbae pilosae, in hemisphaerae borealis temperatis et calidioribus indigenae; racemis bracteatis v. superne nudis.*

Lyocopsis Linn. *gen. n.* 190. excl. sp. DC. *Flor. fr. III.* 643. Schkuhr *t.* 31. Flor. dan. *t.* 435. Sibthorp *Flor. graec. t.* 178. Anchusae sp. Lehm.

3768. Anchusa *LINN.* Calyx quinquefidus. Corolla hypogyna, infundibuliformis v. hypocraterimorpha, fauce fornicibus clausa, limbo quinquepartito. Stamina 5, corollae tubo inserta, inclusa. Ovarium quadrilobum. Stylus simplex; stigma indivisum. Nuces distinctae, rugosae, basi excavata, margine tumido cincta receptaculo insertae. — *Herbae in hemisphaerae borealis temperatis et calidioribus indigenae, in regione mediterranea imprimis copiosae, inter tropicos Asiae et Americae, nec non in Capite bonae spei rarae; floribus axillaribus solitariis v. racemosis, racemis bracteatis.*

Anchusa Linn. *gen. n.* 182. excl. sp. Lehmann *Asperifol. I.* 211. excl. sp. Buglossum Tournef. *inst.* 63.

a. BAPHORHIZA. Corollae fornices abbreviati, staminibus subjecti.

Baphorhiza Link *Handb. II.* 578. Alkanna Tausch *in Flora* 1824. *p.* 226. Nees *Plant. offic. Suppl. t.* 3. Oseampia Mönch *Method.* 420. Anchusa tinctoria Linn. Sibthorp *Flor. graec. t.* 166.

b. ANCHUSA. Corollae fornices prominuli, papillosi.

Anchusa Tausch *l. c.* (Sibthorp *Flor. graec. t. 164.* Reichenb. *Iconogr. t. 469—471.* Hooker *Flor. lond. t. 91.* Bot. Mag. *t. 1608. 1897. 2349.*)

c. BUGLOSSUM. Corollae fornices exserti, penicillati.

Buglossum Gärtner *t. 67.* Tausch *l. c.* (Sibthorp *Flor. graec. t. 163.* Reichenb. *Iconogr. t. 967.* Bot. Mag. *t. 2197.*)

d. BUGLOSSOIDES. Corollae fornices longe exserti, papillosi, fructus deflexi.

Buglossoides Tausch *l. c.* Asperuginis sp. Jacq. *Hort. Vindob. III. t. 21.* (Sibthorp *Flor. graec. t. 165.* Bot. Mag. *t. 2119.*)

3769. Plagiobothrys *FISCH. et MEY.* Calyx quinquepartitus. Corolla hypogyna, infundibuliformis, fauce plicis quinque intrusis clausa, limbo quinquefido. Stamina 5, corollae tubo inserta, inclusa. Ovarium quadrilobum. Stylus simplex; stigma capitato-bilobum. Nuces 4, distinctae, subconnatae, areola laterali semicirculari, perforata receptaculo hemisphaerico, elevato affixae. — *Herba chilensis, annua, hirta, Lithospermi arvensis facie; foliis sublinearibus, sparsis, racemis terminalibus conjugatis, subaphyllis.*

Plagiobothrys Fischer et Meyer *Index Sem. hort. Petropolit. 1835. II. p. 46.*

3770. Eritrichium *SCHRAD.* Calyx quinquepartitus. Corolla hypogyna, hypocraterimorpha, fauce fornicibus clausa, limbo quinquepartito, obtuso. Stamina 5, corollae tubo inserta, inclusa. Ovarium quadrilobum. Stylus simplex; stigma subcapitatum. Nuces 4, distinctae, triquetrae, antice planae, margine prominente aculeolato v. laevi cinctae, angulo postico obtuso, umbilico dorsali punctiformi receptaculo affixae. — *Herbulae in Europae mediae et australis jugis excelsis crescentes, villosae, caespitosae; racemis bracteatis, paucifloris, floribus lactissime cyaneis.*

Eritrichium Schrader *in Comment. Götting. IV. 189.* Myosotis nana Villars *Delph. t. 13.* M. terglouensis Hacquet *Plant. alp. carn. t. 2. f. 6.* Sturm *Flor. germ. 42.*

3771. Bothriospermum *BUNG.* Calyx quinquepartitus. Corolla hypogyna, hypocraterimorpha, tubo brevi, fauce squamulis quinque bifidis, limbo quinquepartito. Stamina 5, corollae tubo inserta, inclusa. Ovarium quadrilobum. Stylus simplex; stigma capitatum. Nuces 4, distinctae, reniformes, extus granulatae, umbilico dorsali umbonato receptaculo affixae. — *Herbae chinenses, annuae v. biennes, Myosotidis facie; floribus parvis, pedunculatis, pedunculis lateralibus extrafoliaceis.*

Bothriospermum Bunge *Enumerat. Plant. Chin. bor. 47.* Fischer et Meyer *Index sem. hort. Petropolit. 1835. II. 23.*

3772. Myosotis *LINN.* Calyx quinquepartitus. Corolla hypogyna, hypocraterimorpha, tubo brevi v. calycem superante, fauce fornicibus clausa, limbo quinquepartito, obtuso. Stamina 5, corollae tubo inserta, inclusa; antherae peltatae. Ovarium quadrilobum. Stylus simplex; stigma capitatum. Nuces 4, distinctae, laeves v. granulatae, rugulosae, umbilico basilari receptaculo affixae. — *Herbae notissimae, in regionibus extratropicis totius orbis obviae; racemis simplicibus, ebracteatis.*

Myosotis Linn. *gen. n. 180.* Jussieu *gen. n. 131.* excl. sp. R. Brown *Prodr. 494.* Lehmann *Asperifol. I. 78.* Sturm *Flor. Germ. 42.* E. B. *t. 480. 1973. 2558. 2559.* Ledebour *Ic. t. 215.* Echioides Mönch *Method. 416.* Anchusae sp. Royle *Himalay t. 73.*

3773. Exarrhena *R. BR.* Calyx quinquepartitus. Corolla hypogyna, hypocraterimorpha, tubo calycem superante, fauce fornicibus clausa, limbo quinquepartito, obtuso. Stamina 5, corollae tubo inserta, exserta; antherae peltatae. Ovarium quadrilobum. Stylus simplex; stigma subemarginatum. Nuces 4, distinctae, basi umbilicatae. — *Herba insulae Diemen, pilosa, Myosotidis facie; foliis decurrentibus, racemis conjugatis v. solitariis, ebracteatis, floribus albis, suaveolentibus.*

Exarrhena R. Brown *Prodr. 495.* Lehmann *Asperifol. I. 76.* A. Richard *Sert. Astrolab. t. 29.*

3774. Lobostemon *LEHM.* Calyx quinquepartitus. Corolla hypogyna, infundibuliformis, fauce fornicibus quinque lanceolatis, erectis, dorso staminigeris, limbi quinquefidi laciniis erecto-patentibus. Stamina 5, dorso fornicum faucis inserta, exserta; antherae subglobosae. Ovarium quadrilobum. Stylus filiformis; stigma simplex. Nuces 4, distinctae, turbinatae, basi imperforata receptaculo affixae. — *Frutex capensis, humilis, ramosus; foliis sparsis, elliptico-lanceolatis, obtusis, supra glabris, subtus calloso-strigosis, spicis terminalibus coarctatis, bracteatis.*

Lobostemon Lehmann *in Linnaea v. 378. t. 5. f. 1.*

3775. Stomotechium *LEHM.* Calyx quinquangularis, quinquefidus. Corolla hypogyna, tubulosa, fauce fornicibus quinque, subrotundis, carnosis, extus muricatis clausa, limbi quinquefidi laciniis obtusis. Stamina 5, medio corollae tubo inserta, inclusa. Ovarium quadrilobum. Stylus filiformis; stigma simplex. Nuces 4, distinctae, subrotundae, rugosae, umbilico basilari receptaculo affixae. — *Frutex capensis, Echii facie; foliis alternis, semiamplexicauli-sessilibus, papilloso-scabris, racemis terminalibus secundis, strictis, bracteatis.*

Stomotechium Lehmann *Asperifol. II. 396.*

3776. Symphytum *LINN.* Calyx quinquepartitus. Corolla hypogyna, cylindrico-campanulata, fauce fornicibus quinque subulatis, in conum conniventibus clausa, limbo quinquedentato. Stamina 5, corollae tubo inserta, inclusa, antherae acuminato-lanceolatae, cum fornicibus alternantes. Ovarium quadrilobum. Stylus simplex; stigma obtusum. Nuces 4, distinctae, ovatae, rugosae, basi perforata, margine tumido cincta receptaculo affixae. — *Herbae perennes, in Europa et Asia media indigenae; foliis alternis, sessilibus v. petiolatis, racemis terminalibus solitariis v. conjugatis.*

Symphytum Tournefort *inst. 56.* Linn. *gen. n. 185.* Schkuhr *t. 30.* Gärtner *I. 325. t. 67.* Jacq. *Flor. austr. t. 223.* Jacquin f. *Eclog. t. 81.* Waldstein et Kitaibel *Plant. rar. Hung. t. 7.* Flor. dan. *t. 664.* E. B. *t. 817.* Bot. Mag. *t. 929. 1912.* Reichenb. *Iconogr. t. 220.*

3777. Trachystemon *DON.* Calyx quinquefidus. Corolla hypogyna, tubulosa, fauce squamis quinque, abbreviatis, emarginatis v. subulatis, integris instructa, limbi quinquefidi laciniis linearibus, revolutis. Stamina 5, corollae fauci inserta, exserta; filamenta subulata, simplicia, antherae oblongae, incumbentes. Ovarium quadrilobum. Stylus filiformis; stigma simplex. Nuces 4, distinctae, basi excavata, margine tumido cincta receptaculo insertae. — *Herbae* *orientali-mediterraneae; foliis strigosis, floribus laxe racemosis, subsecundis, nutantibus.*

Trachystemon Don *in Edinb. new philosoph. Journ. XIII. 239.* Borrago orientalis et B. cretica Linn. Sibthorp. *Flor. graec. t. 175. 176.*

3778. Borrago *TOURNEF.* Calyx quinquepartitus. Corolla hypogyna, rotata, fauce squamis quinque emarginatis instructa, limbi quinquefidi laciniis ovatis, acuminatis, patentibus. Stamina 5, corollae fauci inserta, exserta; filamenta brevissima, dorso appendice cartilaginea, oblonga, erecta, antherae lanceolatae, acuminatae, in conum conniventes. Ovarium quadrilobum. Stylus filiformis; stigma simplex. Nuces 4, distinctae, basi excavata, margine tumido cincta receptaculo insertae. — *Herbae mediterraneae et orientales; foliis strigosis, floribus laxe racemosis, subsecundis.*

Borrago Tournefort *inst. t. 53.* excl. sp. Linn. *gen. n. 188.* excl. sp. Schkuhr *t. 31.* E. B. *t. 36.* Desfont. *Flor. atlant. t. 44.* Venten. *Cels. t. 100.* Bot. Mag. *t. 1798.*

TRIBUS II. CYNOGLOSSAE. Nuces styli basi adnatae. Semina exalbuminosa.

3779. Trichodesma *R. BR.* Calyx quinquepartitus. Corolla hypogyna, subrotata, fauce nuda, limbi quinquepartiti laciniis ovatis, mucronato-cuspidatis. Stamina 5, corollae fauci inserta; antherae subsessiles, exsertae, acuminibus subulatis, tortilibus in conum conniventes, villis dorsalibus bifariis cohaerentes. Ovarium quadrilobum. Stylus simplex; stigma obsolete emarginatum. Nuces 4, distinctae, styli baseos quadrangularis foveolis semiimmersae, juxta apicem adnatae. — *Herbae strigosae, gerontogeae tropicae et capenses; foliis alternis, semiamplexicauli - sessilibus v. petiolatis, racemis bracteatis.*

Trichodesma R. Brown *Prodr. 496.* Lehmann *Asperifol. t. 192.* Pollichia Medicus *Philosoph. bot. I. 32.* Cynoglossoides Isnard *Act. Academ. Paris. 1718 p. 325.* Borraginoides Boerhave *Lugd. Batav. I. 118.* Borraginis sp. Linn. et Auct.

a. CYNOGLOSSOIDES. Calycis laciniae simplices. (Jacq. *Ic. rar. t. 314.* Isnard *Op. cit. t. 11.*)

b. BORRAGINOIDES. Calycis laciniae basi auriculatae. (Isnard *Op. cit. t. 10.* Gärtner *t. 67.*)

3780. Omphalodes *TOURNEF.* Calyx quinquepartitus. Corolla hypogyna, rotata, fauce fornicibus clausa, limbo quinquelobo, obtuso. Stamina 5, corollae tubo inserta, inclusa. Ovarium quadrilobum. Stylus simplex; stigma obsolete emarginatum. Nuces 4, distinctae, depressae, margine membranaceo inflexo calathiformes, angulo dorsali styli basi adnatae. — *Herbae mediterraneae, in Europa sparsim obviae, pilosae; racemis simplicibus v. conjugatis, nudis v. bracteatis.*

Omphalodes Tournefort *inst. t. 58.* Mönch. *Method. 419.* Schrank *in Münchner Denkschrift. 1811. 220.* excl. sp. Link et Hoffmansegg. *Flor. portug. t. 25.* Lehmann *in Berlin. Magaz. VIII. 97. t. 2—4. Asperifol. I. 180.* Picotia Römer et Schultes *Syst. IV. 84.* Omphalium Roth. Cynoglossi sp. Linn. Gärtner *t. 67. f. 3.* Bot. Mag. *t. 7.* Labillard. *Syr. Dec. II. t. 2.*

3781. Rindera *PALL.* Calyx quinquepartitus. Corolla hypogyna, subinfundibuliformis, fauce nuda, limbi quinquepartiti laciniis linearibus. Antherae 5, in fauce corollae sessiles. Ovarium quadrilobum. Stylus simplex; stigma subcapitatum. Nuces 4, distinctae, compressae, margine membranaceo circumalatae, angulo dorsali styli basi pyramidali adnatae. — *Herba Asiae mediae; foliis inferioribus lanceolatis, superioribus ovatis, inflorescentia racemoso-corymbosa, dense cano-lanuginosa.*

Rindera Pallas *It. I. App. 486. t. F. f. 1. 2.* Ledebour *Flor. Alt. I. 193.* Cynoglossum Rindera Pallas *Flor. ross. II. t. 88.* C. laevigatum Gärtner *t. 67.*

3782. Mattia *SCHULT.* Calyx quinquepartitus. Corolla hypogyna, infundibuliformis, tubo pentagono, fauce fornicibus emarginatis clausa, limbi quinquefidi laciniis linearibus. Stamina 5, corollae infra faucem inserta, subexserta. Ovarium quadrilobum. Stylus simplex; stigma obsolete emarginatum. Nuces 4, distinctae, compressae, margine membranaceo circumalatae, angulo dorsali styli basi pyramidatae adnatae. — *Herba Europae austro-occidentalis, pedalis; foliis lineari lanceolatis, cano-pubescentibus, inflorescentia umbellato-corymbosa, albo-lanata.*

Mattia Schultes *Observ. 30.* excl. sp. *Syst. IV. 82.* Cynoglossum umbellatum Waldst. et Kitaibel *Plant. rar. Hung. t. 148.*

3783. Solenanthus *LEDEB.* Calyx quinquepartitus. Corolla hypogyna, tubulosa, tubo supra basim fornicibus quinque instructo, limbo quinquepartito. Stamina 5, corollae tubo supra basim inserta, exserta. Ovarium quadrilobum. Stylus subulatus; stigma simplex. Nuces 4, distinctae, depressae, echinatae, styli basi tetragonae affixae. — *Herba altaica, pilosa; foliis inferioribus petiolatis, superioribus sessilibus, subamplexicaulibus, racemis axillaribus, solitariis v. conjugatis, terminalibusque paniculatis, ebracteatis, unilateralibus, densis, ante anthesim et peracta florescentia spiraliter revolutis.*

Solenanthus Ledebour *Flor. alt. I. 193. Ic. t. 26.*

3784. Cynoglossum *LINN.* Calyx quinquepartitus. Corolla hypogyna, infundibuliformis, fauce fornicibus quinque clausa, limbi quinquefidi laciniis obtusis. Ovarium quadrilobum. Stylus simplex; stigma subcapitatum. Nuces 4, distinctae, depressae, echinatae, umbilico dorsali styli basi pyramidatae insertae. — *Herbae in extratropicis, primis hemisphaerae borealis obviae; racemis saepius ebracteatis, nunc bracteatis, bracteis interdum foliiformibus.*

Cynoglossum Linn. *gen. n. 183.* excl. sp. R. Brown *Prodr. 495.* Cynoglossi sect. 1. Lehmann *Asperifol. I. 134.* Schkuhr *t. 30.* Gärtner *t. 67. f. 2.* Flor. dan. *t. 1147.* E. B. *t. 921. 1642.* Jacq. *Hort. Schönbr. t. 489.* Desfont. *Flor. atlant. t. 42.* Link et Hoffmans. *Flor. portug. t. 24.* Bot. Mag. *t. 2431.* Reichenb. *Iconogr. t. 781.* Nees *Plant. offic. Suppl. II. t. 13. 14.*

3785. Asperugo *TOURNEF.* Calyx quinquefidus, fructifer auctus, compressus, lobis planis, parallelis, sinuatis. Corolla hypogyna, subinfundibuliformis, fauce fornicibus clausa, limbo quinquepartito. Stamina 5, corollae tubo inserta, inclusa. Ovarium quadrilobum. Stylus subulatus; stigma simplex. Nuces 4, distinctae, compressae, verruculosae, styli basi adnatae. — *Herba europaea; caulibus procumbentibus, angulatis, muricato-echinatis; foliis oblongo-lanceolatis, floribus axillaribus breviter pedunculatis, purpureo-caeruleis.*

Asperugo Tournef. *inst. 54.* Linn. *gen. n. 189.* Schkuhr *t. 31.* Flor. dan. *t. 552.* E. B. *t. 661.* Sibthorp *Flor. graec. t. 177.* Lehmann *Asperifol. I. 208.*

3786. Echinospermum *SWARTZ.* Calyx quinquefidus. Corolla hypogyna, hypocraterimorpha v. infundibuliformis, tubo brevi, fauce squamis instructa, limbo quinquepartito, obtuso. Stamina 5, corollae tubo inserta, inclusa. Ovarium quadrilobum. Stylus simplex; stigma subcapitatum. Nuces 4, distinctae, triquetrae, marginibus muricatae, angulo dorsali styli basi adnatae. — *Herbae villosae, Myosotidum facie, in temperatis hemisphaerae borealis et in America australi extratropica, rarius inter tropicos Asiae crescentes; racemis ebracteatis, fructibus tunc deflexis, v. racemis bracteatis, fructibus erectis.*

Echinospermum Swartz ex Lehmann *Asperifol. I.* 113. Sturm *Flor. germ. fasc.* 43. Ledebour *Ic. t.* 27—29. 180—183. 302. Eichwald *Plant. cauc. t.* 6. Lappula Mönch *Method.* 416. Rochelia Römer et Schult. *Syst. IV.* 645. non Reichenb. Myosotidis sp. Linn. Gärtner *t.* 68. Flor. dan. *t.* 692. 1568. Lehmann *in Act. soc. h. n. Hall. III.* 2. *t.* 1. *f.* 1. *t.* 2. Cynoglossi sp. Scop. Echioidis sp. Mönch.

GENUS ANOMALUM.

3787. Rochelia *REICHENB.* Calyx quinquepartitus. Corolla hypogyna, infundibuliformis, fauce fornicibus clausa, limbo quinquelobo. Stamina 5, corollae tubo inserta, inclusa. Ovarium biloculare, loculis uniovulatis. Stylus simplex; stigma obtusum. Nuces 2, laeves v. verrucosae, styli basi rostratae adnatae et inter se connatae. — *Herbae annuae v. biennes, in Europa australi et in Asia media indigenae, Echinospermi facie.*

Rochelia Reichenb. *in Flora* 1824. *p.* 243. *Flor. germ.* 346. *Iconogr. t.* 236. 237. Ledebour *Flor. alt. I.* 172. *Ic. t.* 244. Messerschmidia Asso *Arragon.* 162. *t.* 1. *f.* 2. non Linn. Lithospermum dispermum Linn. *Decad. I t.* 7.

OBSERVATIO. Amsinkia Lehmann *Catalog. sem. hort. Hamburg.* 1831. quae Benthamia Lindl. *msc.*, genus cotyledonibus quatuor insigne, et Ktenospermum Lehmann *Cat. cit.* 1837. nobis ignota.

Classis XXXVI. Tubiflorae.

Herbae, frutices v. arbores, succo in paucis lacteo. Folia alterna, rarius opposita, integra v. lobata aut pinnatipartita. Stipulae nullae. Calyx liber. Corolla hypogyna, gamopetala, regularis. Stamina corollae tubo inserta, ejusdem lobis numero aequalia et alterna. Ovarium di-tetra-pentamerum. Ovula in loculis rarius definita saepius plurima, erecta v. horizontalia, anatropa v. amphitropa. Fructus capsularis v. baccatus. Embryo intra albumen varium rectus v. saepius curvatus.

Ordo CXLIV. Convolvulaceae.

CONVOLVULI Jussieu *gen.* 133. excl. gen. *coll. Annal. Mus. V.* 257. *XV.* 339. CONVOLVULEAE Venten. *Tabl. II.* 394. R. Brown *Prodr.* 481. Bartling *Ord. nat.* 190. Choisy *in Mem. soc. h. n. Genev. VI.* 383. *VIII.* 43. Lindley *Introduct. edit. II. p.* 231.

Herbae v. suffrutices aut frutices, caule saepissime volubili, rarius erecto, interdum arboreo, succo in aliis aquoso, in pluribus lacteo. Folia alterna, sessilia v. petiolata, circumscriptione saepissime cordata, integra v. palmatiloba aut palmatisecta, rarius pinnatifida, marginibus semper integerrima. Stipulae nullae.

Flores hermaphroditi, regulares, axillares v. terminales, pedunculis simplicibus v. trichotomis, pedicellis saepissime bibracteolatis, bracteolis interdum calyci adstantibus, interdum post anthesim auctis.

Calyx pentaphyllus, foliolis aequalibus v. inaequalibus, uni-bi-triseriatis, persistentibus et saepius post anthesim auctis; rarissime gamophyllus, quinquefidus.

Corolla hypogyna, gamopetala, campanulata, infundibuliformis v. interdum subhypocraterimorpha, limbo quinquefido, plano v. saepissime quinqueplicato, subintegerrimo, aestivatione contorto, rarius imbricato, post anthesim saepe involuto.

Stamina 5, imo corollae tubo inserta, ejusdem lobis alterna, inclusa v. exserta. Filamenta aequilonga v. inaequilonga, basi saepissime ampliata et villosa, interdum in fornicem dilatata, apice filiformia. Antherae biloculares, erectae v. rarius incumbentes; loculis parallelis, longitudinaliter dehiscentibus, defloratae saepius spirales.

Ovarium basi annulo carnoso hypogyno cinctum, nunc gamocarpum, e carpidiis saepius duobus, rarius tribus v. quatuor valvatim connatis, marginibus dissepimenta e columna centrali efformata contigentibus bi-tri-quadriloculare, v. columna centrali incompleta aut in nonnullis plane evanida uniloculare; nunc apocarpum, carpidiis scilicet unilocularibus duobus distinctis, v. quaternis per paria connatis. Ovula in loculis solitaria v. gemina collateralia, in ovario uniloculari quaterna, e columnae centralis basi erecta, extrorsum anatropa, secundinae marginibus induplicatis. Stylus in ovariis apocarpis basilaris, in gamocarpis terminalis, nunc simplex, indivisus v. bifidus aut bipartitus, nunc duplex. Stigma simplex, acutum v. globosum, in stylo simplici saepissime bilobum, rarissime plurilobum.

Capsula uni-quadrilocularis, valvata, valvis columnam centralem, basi seminiferam nudantibus, nunc evalvis, epicarpio saepius transversim soluto, nunc baccata, indehiscens.

Semina ovulis saepissime pauciora, dorso plus minus convexa, erecta; testa coriacea v. membranacea, saepe villosa. Albumen parcum, mucilaginosum.

Embryo plus minus curvatus. Cotyledones foliaceae, conduplicato-corrugatae. Radicula umbilico proxima, infera.

Convolvulaceae habitu et characteribus distinctissimae, et cum nullo plantarum ordine facile confundendae, maximo numero inter tropicos utriusque orbis generantur, in America paullo copiosiores, versus polos, imprimis versus arcticum, numero minuuntur, in regionibus frigidis et in excelsis alpium jugis rarissimae. Nonnullae species latissime per orbem diffusae.

Radices plurium succo acri insigniter cathartico, et inter medicos celebratissimo scatent, aliarum cultura edules.

Genera ad ordinis calcem rejecta, totidem ordinum distinctorum typos sistunt.

SUBORDO I. DICHONDREAE. Ovaria apocarpa.

3788. Dichondra *FORST.* Calyx quinquepartitus. Corolla hypogyna, subrotata, limbo quinquepartito, plano. Stamina 5, corollae tubo inserta, inclusa. Ovaria 2, distincta, biovulata. Styli 2, basilares; stigmatibus capitatis. Utriculi duo, mono-dispermi. Semina erecta. Embryonis mucilaginoso-albuminosi cotyledones contortuplicatae, radicula subspiralis, infera. — *Herbae humiles, repentes, pubescentes, non lactescentes, in hemisphaerae australis regionibus extratropicis, in America tropica et boreali calidiore obviae; foliis reniformi-cordatis, petiolatis, integris, pedunculis axillaribus, unifloris, ebracteatis.*

Dichondra Forster *Char. gen.* 39. *t.* 20. Smith. *Ic. inedit. I. t.* 8. Swartz *Flor. Ind. occid. I.* 556. *t.* 10. Willdenow *Hort. Berolin. t.* 81. R. Brown *Prodr.* 490. Steripha Banks et Soland. *ex Gärtner I.* 81. *t.* 94. Demidofia Gmelin *Syst.* 458. Sibthorpiae sp. Linn.

3789. Falkia *LINN. F.* Calyx quinquefidus. Corolla hypogyna, infundibuliformis, limbo quinqueplicato. Stamina 5, corollae tubo inserta, inclusa. Ovaria 4, mediantibus stylis per paria connexa, uniovulata. Styli 2, basilares; stigmata capitata. Utriculi (?) 4, monospermi. Semina erecta. Embryo ...... — *Fruticulus capensis, decumbens, ramosus, glaber; succo aqueo, ramis filiformibus, repentibus, foliis petiolatis, cordato-spathulatis, integris, pedunculis axillaribus unifloris, ebracteatis.*

Falkia Linn f. *suppl.* 211. Thunberg *Dissert. Nov. gen. I.* 17. R. Brown *Prodr.* 490. *in not.* Andrews *Bot. Reposit. t.* 257.

SUBORDO II. CONVOLVULEAE. Ovaria gamocarpa.

3790. Wilsonia *R. BR.* Calyx urceolatus, pentagonus, quinquedentatus. Corolla hypogyna, infundibuliformis, aestivatione imbricata. Stamina ...... Ovarium uniloculare? biloculare? biovulatum. Capsula ... — *Suffrutex Novae-Hollandiae meridionalis, non satis notus, Cressae fere habitu, humilis, prostratus, ramosissimus, pubescens; foliis disticho-imbricatis, parvis, crassiusculis, sessilibus, floribus axillaribus sessilibus, solitariis, ebracteatis.*

Wilsonia R. Brown. *Prodr.* 490. Choisy *in Mem. soc. h. n. Genev. VI.* 496.

3791. Evolvulus *LINN.* Calyx pentaphyllus. Corolla hypogyna, infundibuliformi-campanulata v. subrotata. Stamina 5, imo corollae tubo inserta, exserta. Ovarium biloculare, loculis biovulatis. Styli duo bipartiti; stigmata simplicia. Capsula bilocularis. Semina 4, abortu interdum unicum, erecta. Embryonis curvati, mucilaginoso-albuminosi cotyledones corrugatae, radicula infera. — *Herbae prostratae v. repentes, rarius erectae, in regionibus tropicis subtropicisque totius orbis obviae; succo aqueo, foliis alternis, integris, pedunculis axillaribus uni-paucifloris, pedicellis bibracteolatis.*

Evolvulus Linn. *gen. n.* 382. Jacq. *Amer. edit. pict. t.* 260. *f.* 23. Lam. *t.* 216. Ruiz et Pav. *Flor. peruv. t* 232. 233. R. Brown *Prodr.* 498. Kunth *in Humb. et Bonpl. Nov. gen. t.* 215. Labillard. *Nov. Caled. t.* 29. Bot. Reg. *t.* 401. Moricand *Plant. Americ. t.* 33—37. Choisy *in Mem. soc. h. n. Genev. VI.* 496. *VIII.* 69. — Cladostyles Humb. et Bonpl. *Plant. aequinoct. I.* 202. *t.* 57. — Stylismus Rafinesq. *in Americ. Monthl. Magaz.* 1818.

3792. Cressa *LINN.* Calyx pentaphyllus. Corolla hypogyna, infundibuliformis, limbi quinquepartiti laciniis planis. Stamina 5, imo corollae tubo inserta, exserta. Ovarium biloculare, loculis biovulatis. Styli duo; stigmata capitata. Capsula abortu unilocularis, monosperma. Semen erectum. Embryonis curvati, mucilaginoso-albuminosi cotyledones corrugatae, radicula infera. — *Herbae humiles, pubescentes, in regione mediterranea et in Asia et America tropica sublittorales; succo aqueo, foliis sparsis, integerrimis, floribus in summis foliorum alis subspicatis, bibracteolatis.*

Cressa Linn. *gen. n.* 179. Sibthorp *Flor. graec. t.* 256. R. Brown *Prodr.* 489. Choisy *in Mem. soc. h. n. Genev. VI.* 495.

3793. Breweria *R. BR.* Calyx pentaphyllus. Corolla hypogyna, infundibuliformi-campanulata, limbo quinqueplicato. Stamina 5, imo corollae tubo inserta, inclusa. Ovarium biloculare, loculis biovulatis. Stylus semibifidus; stigmata capitata. Capsula bilocularis. Semina 4, erecta. Embryo ..... — *Herbae v. suffrutices, in Nova-Hollandia et Asia tropica, nec non in insula Madagascar crescentes, diffusi; succo aqueo, foliis alternis, integris, floribus axillaribus, solitariis.*

Breweria R. Brown *Prodr.* 487. Choisy *in Mem. soc. h. n. Genev. VI.* 493. *t.* 2. *f.* 14. Convolvuli sp. Roxb. Wallich.

3794. Dufourea *KUNTH.* Calyx pentaphyllus, foliolis duobus exterioribus maximis, involucrantibus, coloratis. Corolla hypogyna, infundibuliformis, limbo quinquepartito. Stamina 5, corollae tubo inserta, inclusa. Ovarium biloculare, loculis biovulatis. Stylus bipartitus; stigmata capitata. Capsula bilocularis. Semina 4, v. abortu pauciora, erecta. Embryo .... — *Suffrutices Americae tropicae, volubiles; foliis alternis, integris, pedunculis multifloris, axillaribus et terminalibus paniculatis, corollis albis.*

Dufourea Kunth *in Humb. et Bonpl. Nov. gen. et sp. III.* 113. *t.* 314. non Bory. Prevostea Choisy *in Annal. sc. nat. IV.* 496. *Mem. soc. h. n. Genev. VI.* 492. Detharding1a Nees et Mart. *in N. A. N. C. XI.* 80. Reinwardtia Spreng. *Syst. I.* 836. Calycobolus Willdenow *msc.*

3795. Bonamia *THOUAR.* Calyx pentaphyllus, fructifer haud mutatus. Corolla hypogyna, infundibuliformi-campanulata, limbo quinquepartito, plano. Stamina 5, medio corolla tubo inserta, subexserta. Ovarium biloculare, loculis biovulatis. Stylus bifidus, longe exsertus; stigmata capitata, sublobata. Capsula bilocularis. Semina abortu 2, erecta, arillo (?)

carnoso. Embryonis curvati, mucilaginoso-albuminosi cotyledones corrugatae, radicula infera. — *Frutex madagascariensis, erectus; foliis alternis, coriaceis, integerrimis, undulatis, floribus in paniculam terminalem, brevem, contractam dispositis.*

Bonamia Thouars *Hist. Veg. Afr. austr. 17. t. 6.*

3796. Neuropeltis *WALL.* Calyx pentaphyllus, immutatus. Corolla hypogyna, infundibuliformis, limbo quinquepartito, plano. Stamina 5, imo corollae tubo inserta, inclusa. Ovarium biloculare, loculis biovulatis. Styli duo, distincti; stigmata reniformia, carnosa. Capsula abortu unilocularis, monosperma, bractea florali, post anthesim dilatata, membranacea inclusa. Semen erectum. Embryonis curvati, mucilaginoso-albuminosi cotyledones corrugatae, radicula infera. — *Suffrutices Indiae orientalis, erecti; foliis alternis, ovatis v. lanceolatis, integris, racemis axillaribus plurifloris, pedicellis bractea decurrente, primum exigua, mox maxima instructis.*

Neuropeltis Wallich *in Roxburgh Flor. Ind. or. II. 43.* Choisy *in Mem. soc. h. n. Genev. VI. 491. t. 2. f. 12. 13.*

3797. Porana *BURM.* Calyx pentaphyllus, foliolis demum auctis, scariosis. Corolla hypogyna, campanulata v. infundibuliformis, limbo quinquepartito, plano. Stamina 5, imo corollae tubo inserta, inclusa. Ovarium uniloculare, bi-quadriovulatum. Stylus indivisus v. semibifidus; stigmata capitata. Capsula evalvis, unilocularis, abortu monosperma. Semen erectum. Embryonis curvati, mucilaginoso-albuminosi cotyledones corrugatae, radicula infera. — *Herbae v. suffrutices volubiles, inter tropicos Asiae et Africae crescentes; foliis alternis, ovatis v. cordatis, floribus paniculatis.*

Porana Burm. *Flor. Ind. 51.* Wallich *in Roxburgh Flor. Ind. or. II. 39.* Choisy *in Mem. soc. h. n. Genev. VI. 487.*

a. DINETUS. Calycis pentaphylli foliola duo exteriora immutata, tria interiora post anthesim aucta. Stylus simplex. — Dinetus Sweet *Hort. Lond. II. 289.* excl. sp. (Roxburgh *Plant. Corom. t. 235.*)

b. EUPORANA. Calycis pentaphylli foliola omnia post anthesim aucta. Stylus semibifidus. (Burm. *Op. cit. t. 21. f. 1.* Lam. *t. 186.* Palisot *Flor. Owar. I. t. 49.*)

3798. Duperreya *GAUDICH.* Calyx pentaphyllus, minute bibracteolatus, foliolis demum auctis, scariosis. Corolla hypogyna, subcampanulata, limbo quinqueplicato. Stamina 5, imo corollae tubo inserta, inclusa. Ovarium uniloculare? ..... Stylus simplex, exsertus; stigma crassum, trigono-subcordiforme. Capsula unilocularis, monosperma. Semen erectum. Embryonis curvati, mucilaginoso-albuminosi cotyledones corrugatae, radicula infera. — *Fruticulus Novae-Hollandiae austro-occidentalis, erectus; foliis alternis, linearibus, sericeis, pedunculis axillaribus, solitariis, unifloris, subracemosis, floribus caeruleis.*

Duperreya Gaudichaud *ad Freyc. 452. t. 63.*

3799. Palmia. Calyx pentaphyllus, immutatus, minute bibracteolatus. Corolla hypogyna, subcampanulata, limbo quinqueplicato. Stamina 5, imo corollae tubo inserta, inclusa. Ovarium uniloculare, quadriovulatum. Stylus simplex; stigma bilobum, lobis capitatis v. ovato-complanatis. Capsula unilocularis. Semina 4 v. abortu pauciora, erecta. Embryonis curvati, mucilaginoso-albuminosi cotyledones corrugatae, radicula infera. — *Herbae Indiae orientalis, volubiles; foliis alternis, cordatis, integris v. sinuato-angulatis, pedunculis axillaribus, uni-multifloris.*

Shuterela Choisy *in Mem. soc. h. n. Genev. VI. 485. t. 2. f. 11.* non Wight et Arn. et Skinneria Choisy *Op. cit. 487. t. 6.*

3800. Polymeria *R. BR.* Calyx pentaphyllus, foliolis aequalibus v. duobus exterioribus cordatis. Corolla hypogyna, infundibuliformis, limbo quinqueplicato. Stamina 5, imo corollae tubo inserta, inclusa. Stylus simplex; stigmata 4—6, acuta. Ovarium biloculare, loculis uniovulatis. Capsula abortu unilocularis, mono-disperma. Semina erecta. Embryonis curvati, mucilaginoso-albuminosi cotyledones corrugatae, radicula infera. — *Herbae Novae-Hollandiae tropicae, diffusae v. repentes; succo aqueo, foliis alternis, oblongis v. cordatis, integris, pedunculis axillaribus, bibracteolatis.*

Polymeria R. Brown *Prodr. 488.*

3801. Calystegia *R. BR.* Calyx pentaphyllus, bracteis duabus foliaceis inclusus. Corolla hypogyna, campanulata, quinqueplicata. Stamina 5, imo corollae tubo inserta, inclusa. Ovarium dissepimento ad apicem deliquescente incomplete biloculare, loculis biovulatis. Stylus simplex; stigmata 2, obtusa, teretia v. globosa. Capsula unilocularis. Semina 4, erecta. Embryonis curvati, mucilaginoso-albuminosi cotyledones corrugatae, radicula infera. — *Herbae lactescentes, glabrae, volubiles v. prostratae, in regionibus extratropicis totius orbis crescentes; foliis sagittatis v. reniformibus, pedunculis axillaribus, unifloris.*

Calystegia R. Brown *Prodr. 483.* Choisy *in Mem. soc. h. n. Genev. VI. 483.*

3802. Aniseia *CHOIS.* Calyx pentaphyllus, foliolis duobus exterioribus profundius insertis, in pedunculum subdecurrentibus. Corolla hypogyna, campanulata, limbo plicato-quinquelobo. Stamina 5, imo corollae tubo inserta, inclusa. Ovarium biloculare, loculis biovulatis. Stylus simplex; stigma capitato-bilobum. Capsula bilocularis. Semina 4, erecta. Embryonis curvati, mucilaginoso-albuminosi cotyledones corrugatae, radicula infera. — *Herbae v. suffrutices, repentes aut diffusi, rarius volubiles, in Asia et America tropica crescentes; foliis alternis, oblongo-linearibus, basi integris v. sagittatis, pedunculis axillaribus, unifloris, bracteatis.*

Aniseia Choisy *in Mem. soc. h. n. Genev. VI. 481. VIII. 65. t. 4.* Moricand *Plant. Americ. t. 38.* Convolvuli sp. Linn.

3803. Convolvulus *LINN.* Calyx pentaphyllus. Corolla hypogyna, campanulato-infundibuliformis, limbo quinqueplicato. Stamina 5, imo corollae tubo inserta, inclusa v. exserta, filamentis basi dilatatis. Ovarium biloculare loculis biovulatis, septulo inter ovula collateralia nullo. Stylus simplex; stigmata 2, tereti-filiformia, complanato-ovata v. capitato-globosa. Capsula bilocularis, bivalvis. Semina 4, erecta. Embryonis curvati, mucilaginoso-albuminosi cotyledones corrugatae, radicula infera. — *Herbae v. suffrutices, in temperatis calidisque totius orbis obvii, volubiles v. rarius erecti;*

foliis alternis, saepius cordatis v. sagittatis, integris v. lobatis.

Convolvulus Linn. *gen. n. 214.* excl. sp. Convolvulus et Ipomaea Jacq. *Collect. III. 303.* R. Brown *Prodr.* 482. 484. excl. sp. — Convolvulus, Jacquemontia. Ipomaea et Exogonium Choisy *in Mem. soc. h. n. Genev. VI. 404.*

a, CONVOLVULUS Choisy *Op. cit. VI. 477.* Stigmata lineari-cylindrica. Stamina inclusa. (Sibthorp *Flor. graec. t. 192.* Cav. *Ic. t. 48.* Bot. Mag. *t. 322 etc.*)

b, JACQUEMONTIA. Choisy *Op. cit. VI. 476. VIII. 61. t. 3.* Stigmata ovato complanata. Stamina inclusa. — Moricand *Plant. Americ. t. 27. 28.* (Jacq. *Ic. rar. t. 316.* Ruiz et Pavon *Flor. Peruv. t. 117. f. a.* Cavanill. *Ic. t. 481.* Bot. Mag. *t. 2151.* Bot. Reg. *t. 430.*)

c, IPOMAEA Choisy *Op. cit. VI. 393. et 444.* Stigmata capitato-globosa. Stamina inclusa. (Jacq. *Ic. rar. t. 317. Hort. Schönbr. t. 199.* Jacq. f. *Eclog. t. 89.* Bot. Reg. *t. 33. 86. 239. 279. 768.* Wallich *Plant. As. rar. t. 43. 155. 171.* Wight *in Hook. Bot. Miscell. Suppl. t. 38.*)

d, EXOGONIUM Choisy *Op. cit. VI. 443. VIII. 49. t. 1.* Stigmata capitato-globosa. Stamina exserta. — (Jacq. *Amer. t. 19. Observ. t. 20.* Cavanill. *Ic. t. 477.*)

3804. Lepistemon *BLUM.* Calyx pentaphyllus. Corolla hypogyna, tubulosa, tubo medio inflato, fauce coarctata, limbo plicato-quinquelobo, patente. Stamina 5, imo corollae tubo inserta, inclusa, filamentis basi in fornices super ovarium conniventes dilatatis. Ovarium biloculare, loculis biovulatis. Stylus simplex; stigma capitato-bilobum. Capsula bilocularis, bivalvis. Semina 4, erecta. Embryo .... — *Herba indica, pilosa; caule volubili, foliis alternis, cordato-ovatis, integerrimis v. trilobis, cymis axillaribus densifloris, petiolo brevioribus.*

Lepistemon Blume *Bijdr. 722.* Choisy *in Mem. soc. h. n. Genev. VI. 443. t. 2. f. 8.* (ubi ovarii bilocularis loculi perperam uniovulati dicuntur.) Convolvulus binectariferus Wall.

3805. Calonyction *CHOIS.* Calyx pentaphyllus. Corolla hypogyna, subhypocraterimorpha, tubo elongato, limbo amplo, patente, quinqueplicato. Stamina 5, imo corollae tubo inserta, exserta, filamentis basi dilatatis. Ovarium biloculare, loculis biovulatis, septulo inter ovula collateralia incompleto pseudo-quadriloculare. Stylus simplex; stigma capitato-bilobum. Capsula incomplete quadrilocularis, quadrivalvis. Semina 4, erecta. Embryonis curvati, mucilaginoso-albuminosi cotyledones corrugatae, radicula infera. — *Herbae volubiles, inter tropicos Asiae et Americae obviae; foliis alternis, cordatis, pedunculis axillaribus, uni trifloris, fructiferis incrassatis, floribus maximis, speciosis.*

Calonyction Choisy *in Mem. soc. h. n. Genev. VI. 441. t. 1 f. 4.* Bona Nox Rafinesque. Ipomaea bona nox Linn. Bot. Mag. *t. 752.* Convolvulus grandiflorus Jacq. *Hort. Vindob. III. t. 69.*

3806. Quamoclit *TOURNEF.* Calyx pentaphyllus. Corolla hypogyna, subhypocraterimorpha, limbo patente, plicato-quinquelobo. Stamina 5, imo corollae tubo inserta, exserta, filamentis basi dilatatis. Ovarium quadriloculare, loculis uniovulatis. Stylus simplex; stigma capitato-bilobum. Capsula quadrilocularis, quadrivalvis. Semina 4, erecta. Embryonis curvati, mucilaginoso-albuminosi cotyledones corrugatae, radicula infera. — *Herbae volubiles, in America et Asia tropica crescentes; foliis alternis, cordatis, integris, lobatis v. pinnatifidis, pedunculis axillaribus, uni-multifloris, floribus rubris.*

Quamoclit Tournef. *inst. 39.* Mönch *Method. 453.* Choisy *in Mem. soc. h. n. Genev. VI. 433. t. 1. f. 1.* Calboa Cavanill. *Ic. V. 51. t. 476.* Macrostema Persoon *Encheir. I. 185.* Exogonium Moc. et Sesse *msc.* non Chois. Mina et Morena Llav. et Lexarz. *Nov. veget. 3 et 5.* Convolvuli et Ipomaeae sp. Linn. et Auct. Bot. Mag. *t. 44.*

3807. Batatas *CHOIS.* Calyx pentaphyllus. Corolla hypogyna, campanulata, limbo patente, quinqueplicato. Stamina 5, imo corollae tubo inserta, inclusa, filamentis basi vix latioribus. Ovarium tri-quadriloculare, loculis uniovulatis. Stylus simplex; stigma capitato-bilobum. Capsula tri-quadrilocularis, tri-quadrivalvis. Semina 3—4, erecta. Embryonis curvati, mucilaginoso-albuminosi cotyledones corrugatae, radicula infera — *Herbae volubiles, inter tropicos totius orbis indigenae, in regione mediterranea rarae, nonnullae ob radices tuberosas edules, in quibusdam insigniter cathareticas, in regionibus subtropicis cultae; foliis alternis, integris v. lobatis, pedunculis axillaribus uni-multifloris.*

Batatas Choisy *in Mem. soc. h. n. Genev. VI. 435. t. 1. f. 2. VIII. 45.* Convolvuli et Ipomaeae sp. Auct. Operculina Silva do Manso. (Jacq. *Ic. rar. t. 319. Hort. Schönbr. t. 200.* Cyrill. *Plant. rar. I. t. 5.* Desfont. *in Annal. Mus. II. t. 40. 41.* Cavanill. *Ic. t. 323.* Bot. Reg. *t. 75. 342. 621.* Bot. Mag. *t. 1790.* Palisot. *Flor. Owar. t. 105.* Wight *in Hook. Bot. Miscell. Suppl. t. 7.* Nees *Plant. offic. Suppl. III. t. 13.*)

3808. Pharbitis *CHOIS.* Calyx pentaphyllus. Corolla hypogyna, campanulata v. infundibuliformis, limbo patente, quinqueplicato. Stamina 5, corollae tubo inserta, inclusa, filamentis basi dilatatis. Ovarium tri-quadriloculare, loculis biovulatis. Stylus simplex; stigma capitato-granulatum. Capsula tri-quadrilocularis, tri-quadrivalvis. Semina 6—8, erecta. Embryonis curvati, mucilaginoso-albuminosi cotyledones corrugatae, radicula infera. — *Herbae volubiles, inter tropicos totius orbis indigenae; foliis cordatis, integris v. lobatis, pedunculis axillaribus, uni-multifloris, corollis saepissime caeruleis, albo purpureoque variegatis.*

Pharbitis Choisy *in Mem. soc. h. n. Genev. VI. 438. t. 1. f. 3.* Bot. Reg. *t. 1988.* Convolvuloides Mönch *Method. 452.* Convolvuli et Ipomeae sp. Linn. et Auct. Jacq. *Ic. rar. t. 36.* Ruiz et Pavon *Flor. Peruv. t. 121. f. a.* Bot. Reg. *t. 85. 276.* Bot. Mag. *t. 113. 1105. 1682.*

3809. Rivea *CHOIS.* Calyx pentaphyllus. Corolla hypogyna, infundibuliformis v. tubulosa, limbo quinqueplicato. Stamina 5, corollae tubo inserta, inclusa. Ovarium quadriloculare, loculis uniovulatis. Stylus simplex; stigma capitatum v lamelliforme, bilobum. Bacca quadrilocularis. Semina 4 v. abortu pauciora Embryonis curvati, mucilaginoso-albuminosi cotyledones corrugatae, radicula infera. — *Suffrutices Asiae tropicae, volubiles; foliis alternis, latis, cordatis, subtus pubescentibus v. tomentosis, floribus axillaribus v. terminalibus magnis, speciosis.*

Rivea Choisy *in Mem. soc. h. n. Genev. VI. 407. t. 3.* Lettsomiae sp. Roxb. Convolvuli et Ipomaeae sp. Auct.

3810. Argyreia *LOUR.* Calyx pentaphyllus. Corolla hypogyna, campanulata, limbo quinqueplicato v. quinquefido Stamina 5, imo corollae tubo inserta, inclusa v. exserta. Ovarium biloculare, loculis biovulatis. Stylus simplex; stigma capitato-bilobum. Bacca bilocularis. Semina 4 v. abortu pauciora. Embryonis curvati, mucilaginoso-albuminosi cotyledones corrugatae, radicula infera. — *Suffrutices Asiae tropicae, volubiles; foliis alternis, saepissime cordatis, amplis, integris, tomentosis v. sericeo-candicantibus, pedunculis axillaribus et terminalibus, uni-multifloris, floribus magnis, speciosis*

Argyreia Loureiro *Flor. cochinch. I. 166.* Wallich *Plant. As. rar. t. 76.* Choisy *in Mem. soc. h. n. Genev. VI. 411.* Lettsomia Roxburgh *Flor. Ind. edit. Wallich II. 95.* excl. sp. Convolvuli et Ipomaeae sp. Auct.

a. SAMUDRA. Corollae limbus plicatus subinteger. Stamina inclusa.

Samudra Stogam Rheede *Malab. XI. 231. t. 61.* Convolvuli sp. Linn. Smith *Ic. pict. t. 17.* Ipomaeae sp. Gärtner *t. 178. f. 1.* Bot. Mag. *2170. 2446. 2628.* (Bot. Reg. *t. 661.* Hook. *Bot. Mag. Comp. t. 3.*)

b. EUARGYREIA. Corollae limbus quinquefidus. Stamina exserta. (Wallich *plant. As. rar. t. 76.*)

3811. Blinkworthia *CHOIS.* Calyx pentaphyllus, calyculato-tribracteatus. Corolla hypogyna, cylindrico-urceolata, obsolete quinquedentata. Stamina 5, imo corollae tubo inserta, inclusa. Ovarium biloculare, loculis dispermis. Stylus simplex; stigma capitato-bilobum. Bacca monosperma ..... — *Suffrutex indicus, erectus; caule tereti, villoso, foliis confertim alternis, linearibus, obtusis, mucronulatis, brevissime petiolatis, supra glabris, subtus subsericeis, pedunculis axillaribus, brevibus, unifloris.*

Blinkworthia Choisy *in Mem. soc. h. n. Genev. VI. 430. t. 4.*

3812. Humbertia *COMMERS.* Calyx pentaphyllus. Corolla hypogyna, urceolato-ventricosa, limbo subintegerrimo, quinqueplicato. Stamina 5, imo corollae tubo inserta, longe exserta. Ovarium biloculare, loculis biovulatis. Stylus simplex; stigma cavo-complanatum. Bacca lignosa, bilocularis. Semina 4. ... — *Arbor madagascariensis; foliis ramulorum confertim alternis, obovato-lanceolatis, emarginatis, pedunculis axillaribus, solitariis, unifloris, medio bibracteolatis.*

Humbertia Commers. *msc. ex Juss. gen. 133.* Lam. *t. 103.* Choisy *in Mem. soc. h. n. Genev. VI. 431.* Thouinia Smith *Ic. inedit. I. 7. t. 7.* Smithia Gmelin *Syst. 389.* Endrachium Juss. *gen. 133.* Endrach Flacourt *Madagasc. 137. f. 100.*

3813. Moorcroftia *CHOIS.* Calyx pentaphyllus. Corolla hypogyna, campanulata, limbo quinqueplicato. Stamina 5, imo corollae tubo inserta, inclusa. Ovarium ..... Stylus simplex; stigma ..... Bacca abortu unilocularis, raro bilocularis, monosperma. Semen .... — *Suffrutices pinangiani, volubiles; foliis alternis, petiolatis, integris, subtus sericeis, pedunculis axillaribus, multifloris.*

Moorcroftia Choisy *in Mem. soc. h. n. Genev. VI. 431. t. 5.*

3814. Maripa *AUBL.* Calyx pentaphyllus. Corolla hypogyna, infundibuliformis, limbo plicato-quinquelobo. Stamina 5, corollae tubo inserta, inclusa. Ovarium biloculare, loculis biovulatis Stylus simplex; stigma peltatum, decemsulcum. Fructus ... — *Frutex guianensis, sarmentosus; foliis alternis, petiolatis, ovatis, acutis, integerrimis, floribus terminalibus, paniculatis.*

Maripa Aublet *Guian. I. 230. t. 91.*

GENERA CONVOLVULACEIS AFFINIA.

* ERYCIBEAE.

3815. Erycibe *ROXB.* Calyx quinquefidus. Corolla hypogyna, infundibuliformis, limbi quinquefidi lobis bipartitis. Stamina 5, corollae tubo inserta, ejusdem lobis alterna, inclusa; filamenta brevissima, antherae pyramidatae, acutae. Ovarium uniloculare. Ovula 3—4, e basi erecta Stigma sessile, radiato-quinquelobum. Bacca monosperma. Semen erectum. Embryonis carnosi, mucilaginoso-albuminosi cotyledones contortuplicatae, radicula infera. — *Frutices indici, scandentes; foliis alternis, coriaceis, integerrimis, floribus axillaribus terminalibusve paniculatis.*

Erycibe Roxburgh *Plant. Corom. II. t. 154. Flor. Ind. edit. Wall. II. 284.* Choisy *in Nouv. Annal. sc. nat. I. 222.* Erimatalia Röm. et Schult. *Syst. V. p. XXVII.* Erimatali Rheede *Malab. VII. 73. t. 39.*

** CUSCUTEAE.

3816. Cuscuta *TOURNEF.* Calyx quinquefidus, raro quadrifidus. Corolla hypogyna, globoso-urceolata, intus nuda v. squamulis staminibus subjectis instructa, limbo quadri-quinquefido, marcescens. Stamina 4—5, medio corollae tubo inserta, inclusa. Ovarium biloculare. Ovula in loculis gemina, collateralia, e basi erecta. Stylus simplex v. bifidus; stigmata acuta v. capitata. Capsula bilocularis, circumscissa. Semina in loculis gemina, collateralia, erecta. Embryo filiformis, indivisus, circa albumen carnosum spiraliter convolutus, extremitate radiculari incrassata, infera. — *Herbae cosmopolitae, aphyllae, parasiticae, volubiles; floribus aggregatis, subcapitatis v. spicatis, unibracteatis.*

Cuscuta Tournefort *Inst. 422.* Linn. *gen. n. 170.* Gärtner *I. 297. t. 62.* R. Brown *Prodr. 491.* Ruiz et Pavon *Flor. Peruv. t. 105.* Hooker *Exot. Flor. t. 150.* Roxb. *Plant. Corom. t. 104.* Reichenb. *Iconogr. t. 495—500.* Cassuta v. Cassytha Gray *Arrangm. II. 345.* Grammica Loureiro *Flor. cochinch. 171.* — De germinatione et crescendi modo post Linn. sp. *180.* Adanson *Fam. II. 241.* Gouan *Monsp. 16.* et Mirbel *in Annal. Mus. XIII. 65.* cfr. imprimis Unger, *in Annal. Wiener Mus. II. 31.*

*** NOLANACEAE.

3817. Nolana *LINN.* Calyx campanulatus, quinquepartitus, persistens. Corolla hypogyna, infundibuliformis, limbo plicato, quinquedecemlobo. Stamina 5, corollae tubo inserta, exserta. Ovaria plura, disco hypogyno carnoso inserta, libera, uni-sexlocularia, loculis uniovulatis. Stylus basilaris, simplex; stigma capitatum. Drupae distinctae, carnosae, putamine osseo, uni-sexloculari. Semina in loculis solitaria, reniformia, lenticulari-compressa. Embryo filiformis, annularis, albumen carnosum cingens; cotyledonibus semiteretibus, incumbentibus, radicula infera. — *Herbae v. suffrutices Americae meridionalis, prostrati, subsuccosi, Convolvuli facie; foliis alternis, geminatis, integris, pedunculis extraaxillaribus.*

Nolana Linn. *gen. n. 193.* Gärtner *II. 242. t. 132.* Ruiz et Pavon *Flor. Peruv. t. 112. 113.* Bot. Reg. *t. 865.* Bot. Mag. *t. 731. 2604.* Walkeria Ehret *in Philosoph. Transact. LIII. t. 10.* Zwingera Hofer *in Act. Helvet. V. t. 1.* Teganium Schmidel *Analys. plant. 67. t. 18.* Neudorffia Adans. *Fam. II. 325.*

Ordo CXLV. Polemoniaceae.

POLEMONIA Jussieu *gen. 136. coll. Annal. Mus. V. 259. XV. 341.* POLEMONIACEAE Venten. *Tabl. II. 398.* Don *in Edinb. Philosoph. Journ. VII. 286.* Bartling *Ord. nat. 188.* Lindley *Introduct. edit. II. p. 232.* COBAEACEAE Don *in Edinb. philosoph. Journ. X. 111.*

Herbae v. rarius suffrutices v. frutices, succo aqueo. Folia alterna v. inferiora opposita, sessilia v. petiolata, simplicia, indivisa v. pinnatisecta v. bi - tripinnatifida, in aliis palmatiloba. Stipulae nullae.

Flores hermaphroditi, regulares v. vix subirregulares, rarius solitarii, plerumque paniculati v. corymbosi, saepe subcapitati, bracteis involucrati.

Calyx liber, gamophyllus, e foliolis quinque, rarius herbaceis, plerumque nervo viridi prominente, marginibus membranaceis, inter se plus minus connatis compositus, quinquedivisus, saepe prismaticus, interdum foliorum marginibus extrorsum induplicatim connatis quinquealatus.

Corolla hypogyna, infundibuliformi-tubulosa v. subhypocraterimorpha, limbo quinquepartito, lobis aequalibus v. paullo inaequalibus, planis, patentibus, aestivatione imbricatis.

Stamina 5, imo, medio v. summo corollae tubo inserta, ejusque lobis alterna, inclusa v. exserta. Filamenta aequilonga v. inaequalia, recta v. interdum adscendentia. Antherae biloculares, incumbentes, oblongae, subsagittatae v. ovatae, loculis parallelis, longitudinaliter dehiscentibus.

Discus hypogynus, carnosus, plus minus manifestus, ovarii basim cingens.

Ovarium ovatum, v. apice subtrilobum, triloculare, carpidiis tribus, medio septo angusto, columnae placentiferae trialatae angulis commisso, et marginibus valvatim connatis triloculare, rarissime carpidiis quinque et columna quinquealata quinqueloculare.

Ovula in loculis nunc solitaria, ex anguli centralis basi erecta, anatropa, nunc plura biseriata, adscendentim amphitropa. Stylus terminalis, simplex. Stigma bifidum v. rarissime quinquefidum, laciniis acutis, patentibus v. revolutis.

Capsula membranacea v. sublignosa, rarius subcarnosa, tri-v. rarissime quinquelocularis, interdum abortu uni bilocularis, loculicido tri-quinquevalvis, valvis medio septo angusto, interdum fere obsoleto, a columnae placentiferae angulis plus minus complete soluto instructis, eandem nudantibus, v. basi interdum cum ea pertinacius cohaerentibus, indivisis v. demum septicido-bifidis.

Semina nunc in loculis solitaria, erecta, nunc plura, biseriata, adscendentia, plano-convexa, angulata v. compressa; testa spongiosa, humectata mucilaginosa, in nonnullis vasis spiralibus scatens, in aliis undique v. superne in alam membranaceam producta, umbilico basilari v. ventrali. Albumen carnosum, plus minus carnosum.

Embryo rectus, axilis, albuminis longitudine. Cotyledones foliaceae. Radicula teretiuscula, brevis v. cotyledonibus longior, infera v. in paucis vaga.

Polemoniaceae Convolvulaceis proximae, sed embryonis structura et habitu facillime distinguendae, in America extratropica occidentali, tam boreali quam australi maximo numero generantur, in Peruvia et Mexico multo rariores, paucissimae in veteris orbis temperatis et frigidis vivunt.

Cobaea genuina nostri ordinis stirps, habitu et ovario, saltim in planta hortensi interdum pentamero, subanomala.

Cyananthus genus non satis notum, ovario pentamero, et fortassis corolla subperigyna differt.

3818. Caldasia *WILLD.* Calyx prismatico-tubulosus, quinquedentatus, fructifer scariosus, auctus. Corolla hypogyna, subinfundibuliformis, limbi quinquepartiti lobis cuneatis, emarginatis, subbilabiatim patentibus. Stamina 5, medio corollae tubo inserta, exserta, declinata, aequalia. Ovarium triloculare. Ovula in loculis solitaria, ex anguli centralis basi adscendentia, anatropa. Stylus terminalis, simplex; stigma trifidum. Capsula trilocularis, loculicido-trivalvis, valvis columnam septiferam nudantibus. Semina in loculis solitaria, e basi erecta, plano convexa; testa spongioso membranacea, facie interiore rhaphe percursa. Embryo in axi albuminis carnosi orthotropus; cotyledonibus subfoliaceis, radicula infera. — *Herba mexicana, annua, ramosissima, glanduloso pilosa; foliis alternis, crenato-serratis, pedunculis axillaribus, geminis, unifloris, ebracteatis, corollis violaceo-caeruleis.*

Caldasia Willdenow *Hort. berolin. I. 71. t. 71.* Kunth *in Humb. et Bonpl. Nov. gen. et sp. III. 166.* Don *in Edinb. philosoph. Journ. VII. 288.* Bonplandia Cavanill. *Anal. cienc. nat. II. 131. t. 10. Ic. VI. 21. t. 532.*

3819. Phlox *LINN.* Calyx campanulato-prismaticus, quinquefidus. Corolla hypogyna, hypocraterimorpha, tubo longo, limbo quinquepartito. Stamina 5, medio corollae tubo inserta, inclusa, inaequilonga. Ovarium ovatum, triloculare. Ovula in loculis solitaria, ex anguli centralis basi adscendentia, anatropa. Stylus terminalis, simplex; stigma trifidum. Capsula ovata, trilocularis, v. abortu uni - bilocularis, loculicido-trivalvis, valvis columnam septiferam nudantibus. Semina in loculis solitaria, e basi erecta plano - convexa; testa spongioso - membranacea facie interiore rhaphe percursa. **Embryo** in axi albuminis orthotropus; **cotyledonibus** subfoliaceis, **radicula** teretiuscula, infera. — *Herbae perennes, interdum suffrutescentes, erectae v. prostratae, in America boreali obviae, in Asia boreali rarae; foliis inferioribus oppositis, superioribus alternis, sessilibus, integerrimis, floribus terminalibus, paniculatis v. corymbosis, lilacinis v. roseis, rarius rubris, caeruleis v. albis.*

Phlox Linn. *gen. n. 214.* Schkuhr *t. 38.* Gärtner *t. 209. t. 61.* Jacq. *Hort. Vindob. II. t. 127.* Smith *Exot. Bot. II. t. 87.* Cavanill. *Ic. t. 527.* Don *in Edinb. philosoph. Journ. VII. 287. Bot. Mag. t. 163. 411. 413. 563. 1307. 1308. 1344.* Bot. Reg. *t. 1351. 1949.* — ? Dupratia Rafinesque *Flor. Ludov. 54.*

3820. Collomia *NUTT.* **Calyx** campanulatus, quinquefidus v. subquinquepartitus. **Corolla** hypogyna, hypocraterimorpha, tubo longo, limbo quinquepartito. **Stamina** 5, medio corollae tubo inserta, inclusa, inaequilonga. **Ovarium** obcordato-trilobum, triloculare. **Ovula** in loculis solitaria, angulo centrali inserta, anatropa. **Stylus** terminalis, simplex; **stigma** trifidum. **Capsula** obcordato-triloba, trilocularis, loculicido trivalvis, valvis columnam septiferam nudantibus. **Semina** in loculis solitaria, testa spongioso-membranacea, vasis spiralibus scatente, umbilico ventrali lineari. **Embryo** in axi albuminis carnosi orthotropus; **cotyledonibus** foliaceis, **radicula** teretiuscula, infera. — *Herbae in America occidentali, boreali et australi indigenae; foliis alternis, rariusve inferioribus oppositis, integris, inciso-dentatis v. interdum pinnatifidis, floribus terminalibus, dense capitatis, bracteis late ovatis, integerrimis suffultis.*

Collomia Nuttall *gen. I. 126.* Benth. *in Bot. Reg. n. 1622.* Bot. Mag. *t. 2893—2904. 3469.* Bot. Reg. *t. 1166. 1174. 1622.* Giliae sp. Bot. Mag. *t. 2924.* Phlox linearis et Ph. pinnata Cavanill. *Ic. t. 582.*

3821. Gilia *RUIZ et PAV.* **Calyx** tubulosus quinquefidus. **Corolla** hypogyna, infundibuliformis, tubo brevi v. longo, limbo quinquepartito. **Stamina** 5, corollae tubo supra medium v. prope faucem inserta, inclusa v. subexserta. **Ovarium** ovatum, triloculare. **Ovula** in loculorum angulo centrali biseriatim plura, amphitropa. **Stylus** terminalis, simplex; **stigma** trifidum. **Capsula** ovata, trilocularis, loculicido-trivalvis, valvis columnam septiferam nudantibus. **Semina** in loculis pauca, angulata, testa spongiosa, undique in alam angustissimam producta, umbilico ventrali. **Embryo** in axi albuminis carnosi rectus; **cotyledonibus** subfoliaceis, **radicula** teretiuscula, vaga. — *Herbae in America occidentali, boreali et australi indigenae; foliis alternis v. infimis oppositis, integerrimis, pinnatisectis v. palmatilobis, floribus solitariis v. aggregatis, involucrato bracteatis.*

Gilia Ruiz et Pavon *Flor. Peruv. II. 17.* Don *in Edinb. philosoph. Journ VII. 287.* Ipomopsis L. C. Richard *in Michaux Flor. Bor. Amer. I. 141.* Navarretia Ruiz et Pavon *Flor. Peruv. II. 8.* Hugelia, Linanthus, Leptosiphon, Fenzlia, Gilia et Aegochloa Bentham *in Bot. Reg. n. 1622.*

a. COLLOMIOIDES. **Calycis** semiquinquefidi laciniae subinaequales, lineares, subspinosae. **Corollae** tubus breviter exsertus, limbi laciniae oblongae, integerrimae. **Antherae** inclusae, subsagittatae. — *Herbae plus minus albo-lanatae; folia alterna, linearia, integra v. pinnatifida, flores dense corymboso-capitati, bracteis involuti.*

Hugelia Benth. *l. c.* Hooker *Ic. t. 200.* non Reichenb. nec R. BR.

b. LINANTHUS. **Calycis** membranacei, semiquinquefidi laciniae subulatae, recurvae. **Corollae** tubus brevis, limbi laciniae obovatae, apice crenulatae. **Antherae** inclusae, lineares. — *Herba glaberrima; foliis oppositis, palmatisectis, floribus in dichotomiis solitariis, subsessilibus, ebracteatis, versus apices ramorum plurimis approximatis.*

Linanthus Benth. *l. c.*

c. LEPTOSIPHON. **Calycis** semiquinquefidi sinus membranacei, laciniae lineari-subulatae. **Corollae** tubus longe exsertus, limbi laciniae ovales, integerrimae. **Antherae** inclusae, oblongae, basi sagittatae. — *Herbae apice pubescentes; foliis oppositis, palmatisectis, floribus corymboso-capitatis, dense imbricato-bracteatis.*

Leptosiphon Benth. *l. c.* Bot. Mag. *t. 3491. 3578.* Bot. Reg. *t. 1710. 1725.*

d. DIANTHOIDES. **Calycis** profunde quinquefidi sinus membranacei, laciniae lineares. **Corollae** tubus brevis, limbi laciniae obovatae, crenatae. **Antherae** subexsertae, ovatae, sagittatae. — *Herba pusilla, subsimplex; foliis oppositis, linearibus, integerrimis, floribus 1—3, pedunculatis.*

Fenzlia Benth. *l. c.* Hooker *Ic. t. 199.* non Endl. (Endl. *Atakt. t. 29.*)

e. DACTYLOPHYLLUM. **Calyx** quinquefidus, margine sinubusque membranaceis. **Corollae** tubus inclusus, limbi laciniae ovatae, integerrimae. **Antherae** inclusae, ovatae. — *Herbae; foliis inferioribus oppositis, omnibus palmatisectis, floribus solitariis, longe pedunculatis.*

Dactylophyllum, Giliae sect. Benth. *l. c.* (Endl. *Atakt. t. 28.*)

f. IPOMOPSIS. **Calyx** quinquefidus, margine sinubusque membranaceis. **Corollae** tubus elongatus, limbi laciniae ovatae, integerrimae. **Antherae** inclusae, ovatae. — *Herbae; foliis alternis, pinnatisectis v. pinnatifidis, floribus solitariis v. subglomeratis.*

Ipomopsis L. C. Richard *l. c.* Smith *Exot. Bot. I. t. 13.* Bot. Reg. *t. 1287.* Ipomeria Nuttall *gen. I. 124.* Brickellia Rafinesque *in N. York Medic. Reposit. II. Hex. V. 353.* Giliae sect. Ipomopsis Benth. *l. c.* (Bot. Reg. *t. 1619.*)

g. EUGILIA. **Calyx** quinquefidus, margine sinubusque membranaceis. **Corollae** tubus subinclusus, limbi laciniae ovatae, integerrimae. — *Herbae; foliis alternis, pinnatisectis v. pinnatifidis, floribus subsolitariis v. saepius glomeratis.*

Eugilia, Giliae sect. Benth. *l. c.* (Ruiz et Pav. *Flor. Peruv. t. 123.* Smith *Exot. Bot. I. t. 14.* Bot. Mag. *t. 2698. 2883. 2464.* Bot. Reg. *t. 1170. 1682. 1704.*)

h. NAVARRETIA. **Calycis** basi membranacei, quinquefidi laciniae inaequales, rigidae, integrae v. multifidae, spinosae. **Corollae** tubus subexsertus, limbi laciniae oblongae, integrae. **Antherae** inclusae v. exsertae, ovatae. — *Herbae plerumque glutinosae, foetidae; foliis pinnatisectis, segmentis incisis, acutissimis, floribus dense capitatis, bracteis incisis, multifidis, spinosis involucratis.*

Navarretia Ruiz et Pavon *Flor. Peruv. II. 8.* Aegochloa Benth. l. c. (Bot. Mag. *t. 2977.* DC. *in Mem. soc. h. n. Genev. VI. t. 5.*)

3822. Polemonium *TOURNEF.* **Calyx** urceolatus, quinquefidus. **Corolla** hypogyna, rotato-subcampanulata, quinquefida. **Stamina** 5, corollae tubo inserta, exserta, subaequalia, adscendentia; **filamentis** basi dilatatis, **antheris** incumbentibus. **Ovarium** triloculare. **Ovula** in loculorum angulo centrali biseriata, anatropa. **Stylus** terminalis, simplex; **stigma** trifidum. **Capsula** trilocularis, apice loculicido-trivalvis, valvis medio septiferis. **Semina** plurima, angulata, testa spongioso membranacea, umbilico ventrali. **Embryo** in axi albuminis carnosi rectus; **cotyledonibus** foliaceis, **radicula** teretiuscula, infera. — *Herbae in Europa et Asia media, in America boreali et in Me-*

xico indigenae; foliis alternis, pinnatisectis v. bipinnatisectis, floribus terminalibus, corymbosis, ebracteatis, caeruleis v. albis.

Polemonium Tournef. *inst. 61.* Linn. *gen. n. 217.* Schkuhr *t. 38.* Gärtner *I. 299. t. 62.* Don *in Edinb. Philosoph. Journ. VII. 287.* Bot. Mag. *t. 2979. 2800.* Bot. Reg. *t. 1303. 1304.* Ledebour *Ic. t. 20.*

3823. Hoitzia *JUSS.* Calyx tubulosu prismaticus, quinquefidus Corolla hypogyna, infundibuliformis, limbo quinquepartito, subaequali. Stamina 5, medio corollae tubo inserta, exserta, subaequalia. Ovarium triloculare. Ovula in loculorum angulo centrali pauca, amphitropa. Stylus terminalis, simplex; stigma trifidum. Capsula membranacea, trilocularis, apice loculicido-trivalvis, valvis medio septiferis. Semina intra loculos pauca, compressa, testa spongioso-membranacea, angustissime alata, umbilico prope basim ventrali. Embryo in axi albuminis parci, dense carnosi rectus; cotyledonibus subfoliaceis, radicula teretiuscula, infera. — *Suffrutices mexicani, rigidi, ramosi; ramis teretibus, pubescentibus v. villosis, foliis alternis, brevissime petiolatis, ovatis v. lanceolatis, mucronatis, argute serratis, hirsutis, floribus axillaribus solitariis v. geminis, pedicellatis, calycibus bracteis quinque lanceolatis, mucronatis, serrato-aculeatis munitis, corollis magnis, speciosis, coccineis v. violaceis.*

Hoitzia Jussieu *gen. 136.* Cavanill. *Ic. IV. 44. t. 365—367.* Kunth *in Humb. et Bonpl. Nov. gen. et sp. III. 162.* Don *in Edinb. philosoph. Journ. VII. 288.* Loeselia Linn. *gen. n. 167.* Gärtner *I. 295. t. 62.* Royena Houston *msc.*

3824. Cantua *JUSS.* Calyx tubulosus, quinquefidus. Corolla hypogyna, infundibuliformis, tubo longo, recto v. subincurvo, limbo quinquepartito, aequali. Stamina 5, corollae tubo prope basim inserta, exserta, aequalia. Ovarium triloculare. Ovula in loculorum angulo centrali plura, adscendentim amphitropa. Stylus terminalis, simplex; stigma trifidum. Capsula lignosa, trilocularis, loculicido-trivalvis, valvis medio septiferis. Semina in loculis pauca, adscendentia, compressa, testa spongioso-membranacea, apice in alam producta, umbilico prope basim ventrali. Embryo in axi albuminis carnosi rectus; cotyledonibus subfoliaceis, radicula tereti, infera. — *Frutices peruviani, erecti, ramosi; foliis alternis, saepius fasciculatis, petiolatis, ellipticis, acuminatis v. cuneato-oblongis, integerrimis v. serratis, rariusve sinuato-pinnatifidis, floribus terminalibus, subsolitariis v. saepius corymbosis, erectis v. nutantibus, corollis magnis, speciosis, albis, flavis v. purpureis.*

Cantua Jussieu *gen. 136. Annal. Mus. III. 117. t. 7. 8.* excl. C. ligustrifolia. Cavanill. *Ic. t. 363. 364.* Kunth *in Humb. et Bonpl. Nov. gen et sp. III. 161.* Don *in Edinb. philosoph. Journ. VII. 289.* Periphragmos Ruiz et Pavon *Flor. Peruv. II. 17. t. 131. et 133.* excl. P. foetido.

*

3825. Cobaea *CAV.* Calyx foliaceus, campanulatus, quinquangulatus, ad suturas quinquealatus. Corolla hypogyna, campanulata, limbi quinquelobi lobis late rotundatis, aequalibus. Stamina 5, imo corollae tubo inserta, exserta, aequalia; filamenta declinata, demum spiratim torta, antherae oblongae, incumbentes. Discus hypogynus carnosus, quinquangularis, quinquefoveolatus. Ovarium tri-v. rarius quinqueloculare. Ovula in loculorum angulo centrali plurima, biseriata, amphitropa. Stylus terminalis, simplex; stigma tri-quinquefidum. Capsula pyriformis, subcarnosa, tri-quinquelocularis, loculicido tri-quinquevalvis, valvis columnam centralem placentiferam, tri-pentagonam nudantibus. Semina in loculis pauca, biseriata, imbricatim adscendentia, suborbiculata, compressa, testa spongiosa, undique in alam membranaceam angustam producta, umbilico prope basim ventrali, lineari. Embryo intra albumen parcum, carnosum rectus; cotyledonibus late cordatis, obtusis, planis, radicula brevissima, infera. — *Frutex mexicanus, scandens; foliis alternis, sessilibus, paripinnatis, apice in cirrhum desinentibus, pedunculis axillaribus unifloris, medio bibracteolatis, floribus magnis, speciosis.*

Cobaea Cavanilles *Ic. I. 11. t. 16. 17. V. 69. t. 500.* Andrews *Bot. Reposit. t. 342.* Kunth *in Humb. et Bonpl. Nov. gen. et sp. III. 131.* Don *in Edinb. philosoph. Journ. VII. 111.*

*

3826. Cyananthus *WALL.* Calyx tubuloso-campanulatus, semiquinquefidus. Corolla perigyna (?), subinfundibuliformis, tubo amplo, limbo quinquefido. Stamina 5, imo corollae tubo inserta, ejusdem lobis alterna, inclusa; filamenta subulata, aequalia, libera, antherae ovatae, conniventes v. connatae. Ovarium quinqueloculare. Ovula in loculorum angulo centrali plurima .... Stylus terminalis, simplex; stigma quinquefidum. Capsula oblongo-conica, quinquelocularis, loculicido-quinquevalvis. Semina plurima, oblongo-linearia .... — *Herbae nepalenses, annuae, parum ramosae, procumbentes v. adscendentes; foliis alternis, ovato-oblongis, integerrimis v. serrulatis, v. cuneatis, inciso-lobatis, floribus paucis, solitariis, saepius terminalibus, calycibus nigro-villosis, corollis speciosis, caeruleis.*

Cyananthus Wallich *Catalog. n. 1472. 1473.* Bentham in Royle *Himalay. 304. t. 69.*

Ordo CXLVI. Hydrophylleae.

HYDROPHYLLEAE R. Brown *Prodr. 292. Bot. Reg. n. 242. Append. to Frankl. Narrat. 764.* Bartling *Ord. nat. 195.* Bentham *in Linn. Transact. XVII. 267. ss.*

Herbae americanae, succo aqueo, caule ramisque angulatis. Folia alterna v. infima opposita, palmati- v. pinnatisecta v. pinnatifida, rarius integra. Stipulae nullae.

Flores hermaphroditi, regulares, in racemos v. spicas unilaterales, scorpioideas, simplices v. dichotomas dispositi, rarius in pedunculis axillaribus solitarii.

Calyx gamophyllus, liber, profunde quinquefidus, persistens, laciniis per aestivationem imbricatis, sinubus saepius reflexo appendiculatis, fructifer interdum auctus.

Corolla annulo hypogyno, ovarii basim cingenti extus inserta, gamopetala, decidua v. rarius persistens, campanulata, subrotata v. rarissime infundibuliformis, tubo intus nudo v. saepissime squamulis ligularibus, staminibus interjectis, integris v. bifidis aucto, limbo breviter quinquelobo, lobis integris v. emarginatis, per aestivationem imbricatis.

Stamina quinque, imo corollae tubo inserta, ejusdem lobis alterna, inclusa v. exserta. Filamenta filiformia, libera, aequalia, saepe barbata, aestivatione inflexa. Antherae introrsae, biloculares, oblongae v. lineares, medio dorso affixae, versatiles; loculi oppositi, paralleli, basi discreti, juxta totam longitudinem dehiscentes.

Ovarium liberum, e carpidiis duobus valvatim connatis, placentis in semisepto medio carpellorum dorso adnato, anguste linearibus uniloculare; nunc iisdem maximis, carnosis, linea dorsali angusta adnatis, caeterum liberis, versus axim porrectis, et ibi contiguis pseudobiloculare. Ovula nunc in placentis linearibus utrinque solitaria, v. ad marginem exteriorem plurima v. subdefinita; nunc in interioribus placentarum late lamelliformium faciebus prope marginem gemina, diagonaliter opposita, iisdem faciei contiguae alterna, v. subdefinite plura, amphitropa, micropyle in plerisque vaga, in aliis supera. Stylus terminalis, elongatus, apice bifidus, crure singulo stigmate papilloso, subcapitato terminato.

Capsula globosa v. compressiuscula, membranacea v. rarius subbaccata, unilocularis v. incomplete bilocularis, valvis medio semisepta placentifera gerentibus, nunc placentis carnosis, sub maturitate a valvarum pariete solutis, liberis, capsulam interiorem simulantibus.

Semina ad interiorem semiseptorum marginem nunc utrinque solitaria, nunc undique juxta margines subdefinita v. plurima, nunc intra placentas capsulaeformes subquaterna, rarius plura, saepius abortu solitaria, angulato-subglobosa v. oblonge trigona. Testa crustacea, areolata, umbilico excentrico, in nonnullis subcarnoso. Albumen cartilagineum, copiosum.

Embryo intra albumen excentricus v. subaxilis, rectus, brevissimus v. dimidiam albuminis longitudinem aequans aut raro superans. Cotyledones breves, obtusae. Radicula cylindrica, ab umbilico remota, situ vago v. rarius supera.

Hydrophylleae in Americae borealis temperatis et frigidiusculis copiosae, in America australi extratropica rarae, inter tropicos rarissimae, Polemoniaceis Hydroleaceisque proximae, ab his stylo, albumine et ovulorum directione, ab illis etiam placentatione distinctae; ab Asperifoliis, quibuscum olim confusae, longius distant, sola inflorescentia et perpaucarum specierum facie aliquatenus similes.

3827. Hydrophyllum *TOURNEF.* Calyx quinquepartitus, sinubus nudis v. reflexo-appendiculatis. Corolla hypogyna, tubulosa, tubo intus squamulis quinque linearibus, dorso adnatis, apice marginibusque liberis, cum limbi quinquelobi lobis erectis alternantibus. Stamina 5, imo corollae tubo inserta, longe exserta. Ovarium uniloculare, placentis duabus carnosis maximis, linea dorsali parieti adnatis, caeterum liberis, facie interiore ovuliferis. Ovula 4, in cujusvis placentae facie gemina, diagonaliter opposita, iisdem faciei contiguae alterna, amphitropa. Stylus terminalis, simplex; stigma bifidum. Capsula membranacea, ovata, unilocularis, bivalvis, placentis demum liberis, capsulam interiorem simulantibus. Semina 4 v. abortu pauciora, angulato-subglobosa, areolata. Embryo intra albumen cartilagineum excentricus, rectus, minutus; cotyledonibus brevissimis, radicula crassiuscula, vaga. — *Herbae boreali-americanae, pilosae; foliis radicalibus plurimis, caulinis paucis, alternis, latis, pinnatim v. palmatisectis, racemis scorpioideo-dichotomis, ebracteatis.*

Hydrophyllum Tournefort *inst. 16.* Linn. *gen. n. 204.* Lamarck *t. 97.* Gärtner *II. 133. t. 110.* L. C. Richard *in Michaux Flor. bor. Amer. I. 133.* Turpin *Atlas Dict. sc. nat. IV. t. 46.* Bentham *in Linn. Transact. XVII. 272.* Bot. Reg. *t. 142. 331.* — Decemium Rafinesque *msc.* (H. appendiculatum Michx.)

3828. Ellisia *LINN.* Calyx quinquepartitus, sinubus nudis. Corolla hypogyna, subcampanulata, calyce minor, tubo intus nudo v. squamulis decem aucto, limbo quinquelobo, patente. Stamina 5, corollae tubo inserta, inclusa. Ovarium uniloculare, placentis duabus carnosis maximis, linea dorsali parieti adnatis, caeterum liberis, facie interiore ovuliferis. Ovula 4, in cujusvis placentae facie gemina, diagonaliter opposita, iisdem faciei contiguae alterna, amphitropa. Stylus terminalis, simplex; stigma bifidum. Capsula membranacea, ovata, unilocularis, bivalvis, placentis demum liberis, capsulam interiorem simulantibus. Semina 4 v. abortu pauciora, angulato-subglobosa, areolata. Embryo intra albumen cartilagineum excentricus, rectus, dimidio ejusdem longior; cotyledonibus brevissimis, radicula subcylindrica, vaga. — *Herbae boreali-americanae; foliis inferioribus oppositis, superioribus alternis, omnibus pinnatisectis, pedunculis inferioribus oppositifoliis, superioribus in racemum laxum, unilateralem, simplicem dispositis.*

Ellisia Linn. *gen. n. 143.* Lam. *t. 97.* Gärtner *t. III. 32. t. 184.* Nuttall *gen. I. 118.* Bentham *in Linn. Transact. XVIII. 273.* Nyctelaea Scopoli. *Introduct. n. 775.*

3829. Nemophila *BART.* Calyx quinquepartitus, sinubus reflexis, appendiculatis. Corolla hypogyna, subcampanulata, tubo intus nudo v. squamulis decem brevibus instructo, limbo quinquelobo, patente. Stamina 5, corollae tubo inserta, subinclusa. Ovarium uniloculare, placentis duabus carnosis, maximis, linea dorsali parieti adnatis, caeterum liberis, facie interiore ovuliferis. Ovula 4—12, in placentarum faciebus sparsa, ejusdem faciei dissita, iisdem contiguae alterna, amphitropa. Stylus terminalis, simplex; stigma bifidum. Capsula membranacea, ovata, unilocularis, placentis demum liberis, capsulam interiorem simulantibus. Semina abortu pauca v. saepius solitaria, angulato-subglobosa, areolata. Embryo in axi albuminis cartilaginei rectus, ejusdem fere longitudine; cotyledonibus ellipticis, radicula cylindrica, vaga. — *Herbae boreali-americanae, annuae, diffusae, fragi-*

les; foliis inferioribus oppositis, superioribus alternis, omnibus pinnatifidis, pedunculis nunc axillaribus, unifloris, nunc paucis, ad apices ramorum in racemos breves dispositis.

Nemophila Barton *Flor. bor. Amer. 61.* Nuttall *in Journ. Academ. sc. Philadelph. II. 179.* Bentham *in Linn. Transact. XVII. 274.* Bot. Mag. *t.* 2373. 3485. Bot. Reg. *t.* 140. 1601. 1713. 1940.

3830. Eutoca *R. BR.* Calyx quinquepartitus, sinubus nudis. Corolla hypogyna, subcampanulata, tubo intus nudo v. squamulis decem aucto, limbo quinquelobo, patente. Stamina 5, corollae tubo inserta, exserta. Ovarium uniloculare, placentis duabus parietalibus, linearibus. Ovula indefinite plurima, amphitropa. Stylus terminalis, simplex; stigma bifidum. Capsula membranacea, unilocularis, bivalvis, valvis medio placentiferis. Semina plurima, angulata, areolata. Embryo intra albumen cartilagineum rectus, dimidia ejusdem longitudine; cotyledonibus ellipticis, radicula cylindrica, vaga. — *Herbae boreali-americanae, annuae, saepius erectae, pubescentes, rarius diffusae v. divaricato-ramosae; foliis alternis, pinnatifidis v. rarius indivisis, floribus racemosis, dense sessilibus v. laxe pedunculatis, cymis unilateralibus, simplicibus v. dichotomis.*

Eutoca R. Brown *in Franklin Narrat. 764. t. 27.* Bentham *in Linn. Transact. XVII. 276.* Bot. Reg. *t.* 1180. Bot. Mag. *t.* 2985. 3003. Heteryta Rafinesque *in Journ. Phys. LXXXIX. 101.* Polemonium dubium Linn.

3831. Phacelia *JUSS.* Calyx quinquepartitus, sinubus nudis. Corolla hypogyna, subcampanulata, tubo intus squamulis decem instructo, limbo quinquelobo, erecto. Stamina 5, tubo corollae inserta, exserta. Ovarium dissepimento incompleto semibiloculare. Ovula 4, semisepti margini medio utrinque solitarie inserta, amphitropa. Stylus terminalis, simplex; stigma bifidum Capsula membranacea, ovata, incomplete bilocularis, loculicido-bivalvis, valvis semiseptiferis. Semina 4, oblonga, sulcata. Embryo in apice albuminis cartilaginei rectus, dimidio ejusdem longior; cotyledonibus ellipticis, radicula cylindrica, supera. — *Herbae in America boreali obviae, in Peruvia et Chili rarae, annuae v. perennes, erectae v. diffusae; foliis alternis, integerrimis, lobatis v. pinnatisectis, floribus racemosis, densis, sessilibus v. laxe pedunculatis, cymis unilateralibus, simplicibus v. dichotomis.*

Phacelia Jussieu *gen. 129.* L. C. Richard *in Michaux Flor. bor. Amer. I. 134. t. 16.* Jacq. f. *Eclog. t. 91.* Bot. Reg. *t. 1696.* Bentham *in Linn. Transact. XVII. 279.* Aldea Ruiz et Pavon *Flor. Peruv. II. 8. t. 14.* Endiplus Rafinesque *in Journ. Phys. LXXXIX. 99.* Hydrophylli sp. Lam.

3832. Emmenanthe *BENTH.* Calyx quinquepartitus, sinubus nudis. Corolla hypogyna, persistens! campanulata, tubo intus purpureo-maculato, basi squamis decem minutis instructo, limbo quinquelobo. Stamina 5, corollae tubo inserta, inclusa. Ovarium dissepimento fere completo subbiloculare. Ovula ad septi margines interiores utrinque plura. Capsula oblonga, compressa, semidissepimentis ad axim incrassatis pseudo-quadriloculare ...... — *Herba californica, erecta, ramosa, subviscoso-villosa; foliis alternis, pinnatifidis, semiamplexicaulibus, basi haud auriculatis, racemis plurimis, gracilibus, ante anthesim circinnatis, pedicellis tenuibus, floribus nutantibus.*

Emmenanthe Bentham *in Linn. Transact. XVII. 281.*

Ordo CXLVII. Hydroleaceae.

CONVOLVULORUM genera Jussieu *gen. 134. coll. Annal. Mus. V. 258. XV. 340.* HYDROLEACEAE R. Brown *Prodr. 482. et in Tuckey Congo 451.* Kunth *in Humb. et Bonpl Nov. gen. et sp. III. 125. Synops. II. 234.* Bartling *Ord. nat. 189.* Choisy *in Mem. soc. h. n. Genev. XI. 95—122. c. icc. et in Annal. sc. nat. XXX. 225.* Lindley *Introduct. edit. II. p. 234.*

Herbae annuae v. suffrutescentes, succo aqueo, caule ramisque teretibus, haud articulatis, rarius glabrae, saepissime pube glandulosa viscidae, v. interdum pilis urentibus hispidae, nonnullae spinis axillaribus armatae. Folia alterna, simplicia, integerrima v. dentata aut serrata, sessilia v. petiolata. Stipulae nullae.

Flores hermaphroditi, regulares, axillares, solitarii v. congesti, nunc terminales, corymbosi v. in spicas secundas, scorpioideas dispositi.

Calyx liber, persistens, herbaceus, profunde quinquefidus v. subpentaphyllus, foliolis sive laciniis saepius apice spathulato-dilatatis.

Corolla hypogyna, gamopetala, decidua, infundibuliformis, subcampanulata v. subrotata, limbi quinquelobi lobis per aestivationem imbricatis, sub anthesi patentibus.

Stamina 5, tubo corollae inserta, ejusdem lobis alterna, exserta v. inclusa. Filamenta filiformi-subulata, basi aequalia et saepissime pilosa, v. interdum basi fornicato-dilatata. Antherae incumbentes, biloculares, loculis parallelis, contiguis, longitudinaliter dehiscentibus.

Ovarium biloculare, v. dissepimentis e pariete centripetis, axim haud attingentibus incomplete biloculare, rarissime triloculare. Placentae nunc in quovis loculo solitariae, magnae, hemisphaericae, medio dissepimento adnatae, nunc geminae, juxta axim contiguae vel utrinque ad introflexos septi incompleti margines sitae. Ovula plurima, horizontalia v. pendula, anatropa. Styli duo terminales, distincti; stigmata truncata v. depresso-capitata.

Capsula bilocularis v. subbilocularis, nunc septifrago bivalvis, valvis dissepimentum placentiferum persistens nudantibus, nunc loculicido-bivalvis, valvis semiseptiferis, septulis utrinque v. ad margines introflexos placentiferis.

Semina plurima, minima, angulata, testa laxe membranacea, striata v. areolata. Albumen carnosum, parcum.

Embryo orthotropus, axilis. Cotyledones planae. Radicula conica, umbilico proxima, in fructu centripeta v. supera.

Hydroleaceae in America tropica et extratropica frequentius obviae, inter tropicos veteris orbis rariores, Hydrophylleis Polemoniaceisque proximae, inde ad Solanaceas, a quibus imprimis embryone recto diversae, accedunt, a Convolvulaceis distinctissimae.

Romanzoffia stylo simplici anomala. Codon, genus capense nuper huc relatum, rectius fortassis inter Solanaceas militabit.

3833. Hydrolea *LINN.* Calyx quinquepartitus. Corolla hypogyna, rotato campanulata, limbo quinquefido, patente. Stamina 5, corollae tubo inserta, subexserta; filamenta basi fornicato-dilatata, antherae sagittatae. Ovarium bi-v. interdum triloculare. Ovula in placentis hemisphaericis, medio dissepimento v. loculorum angulo centrali adnatis plurima, anatropa, horizontalia v. pendula. Styli duo v. tres distincti; stigmata depresso-capitata. Capsula bilocularis, septifrago-bivalvis, dissepimento placentifero tandem libero. Semina plurima, minima, striata. Embryo in axi albuminis dense carnosi orthotropus. — *Herbae suffruticosae, in America tropica et boreali calidiore obviae, in Asia et Africa tropica rarae, ut plurimum paludosae v. ripariae, inermes v. spinis axillaribus armatae, piloso-glutinosae; foliis alternis, integris, floribus axillaribus et terminalibus caeruleis.*

Hydrolea Linn. *gen. n. 318.* Gärtner *I. 263. t. 55.* Aublet *Guian. t. 110.* Cavanill. *Ic. t. 529. Bot. Reg. t. 506.* Kunth *in Humb. et Bonpl. Nov. gen. et sp. III. 125.* Choisy *in Mem. soc. h. n. Genev. VI. 107. t. 1. Annal. sc. nat. XXX. 236. t. 16. f. 1.* Steris Burmann *Flor. Ind. 73. t. 39. f. 3.* Linn. *Mant. 51.* Sagonea Aublet *Guian. I. 285. t. 111.* Reichelia Schreber *gen. 512.* Namae sp. Linn. *Flor. Zeylan. t. 8.* — ? Hydrolia Thouars *Gen. Madagasc. n. 29.*

3834. Wigandia *KUNTH.* Calyx quinquepartitus. Corolla hypogyna, infundibuliformis, limbo quinquepartito, patente. Stamina 5, corollae tubo inserta, exserta; filamenta basi aequalia, antherae sagittatae. Ovarium biloculare. Ovula in placentis oblongo-linearibus, dissepimenti axi utrinque geminatim adnatis plurima, horizontalia. Styli duo, distincti; stigmata subpeltato-depressa. Capsula bilocularis, loculicido-bivalvis, valvis semiseptiferis, septulis utrinque placentiferis. Semina plurima, minima, areolata. Embryo in axi albuminis carnosi orthotropus. — *Herbae mexicanae et peruanae, elatae, saepius suffruticosae, pilis urentibus hispidae, caeterum inermes; foliis radicalibus quandoque amplis, caulinis alternis, integris, spicis terminalibus paniculatis, secundis, floribus sessilibus, ebracteatis, violaceis, albis v. flavis.*

Wigandia Kunth *in Humb. et Bonpl. Nov. gen. et sp. III. 127.* Choisy *in Mem. soc. h. n. Genev. VI. 115. Annal. sc. nat. XXX. 245.* Hydroleae sp. Ruiz et Pavon *Flor. Peruv. t. 243. 244. f. a.*

3835. Nama *LINN.* Calyx quinquepartitus. Corolla hypogyna, infundibuliformi-tubulosa, limbo quinquefido, patente. Stamina 5, corollae tubo inserta, inclusa; filamenta basi aequalia, antherae reniformi-bilobae. Ovarium dissepimento incompleto semibiloculare. Ovula in placentis lineari-oblongis, dissepimenti incompleti marginibus introflexis utrinque adnatis plurima, anatropa, pendula. Styli duo, distincti; stigmata obtusa. Capsula incomplete bilocularis, loculicido-bivalvis, valvis medio semiseptiferis, septulis margine utroque placentiferis. Semina plurima, minima, areolata. Embryo in axi albuminis carnosi orthotropus. — *Herbae v. fruticuli, in America tropica et australi extratopica crescentes; caulibus caespitosis, diffusis, glanduloso-pilosis, foliis alternis, integris, floribus axillaribus terminalibusque congestis v. laxe cymosis, corollis violaceis v. albis.*

Nama Linn. *gen. n. 317.* Kunth *in Humb. et Bonpl. Nov. gen. et sp. III. 130. t. 218.* Choisy *in Mem. soc. h. n. Genev. VI. 111. t. 2. f. 1 2. Annal. sc. nat. XXX. 241. t. 16. f. 2.* Hydroleae sp. Ruiz et Pavon *Flor. Peruv. t. 244. f. b.*

*

3836. Romanzoffia *CHAM.* Calyx quinquepartitus. Corolla hypogyna, hypocraterimorpha, limbo quinquepartito, patente. Stamina 5, corollae tubo inserta, inclusa; filamenta basi aequalia, inaequilonga, antherae lineares, incumbentes. Ovarium dissepimento incompleto semibiloculare. Ovula in placentis linearibus, dissepimenti incompleti marginibus introflexis utrinque adnatis plurima, anatropa. Stylus terminalis, simplex; stigma capitatum. Capsula ovata, compressiuscula, incomplete bilocularis, loculicido-bivalvis, valvis medio semiseptiferis, septulis margine utroque placentiferis. Semina plurima, minima, areolata. Embryo in axi albuminis carnosi orthotropus. — *Herbae Americae arcticae, humiles, multicaules, erectae, carnosulae, pilis patentibus obsitae; foliis radicalibus longe petiolatis, petiolis basi dilatatis, caulem vaginantibus, reniformi-cordatis, sublobatis, caulinis paucis alternis, minoribus, racemo terminali, secundo, sub anthesi apice revoluto, fructifero stricto, elongato.*

Romanzoffia Chamisso *in Hor. Phys. berolin. 71. t. 14. Linnaea II. 607.* Choisy *in Mem. soc. h. n. Genev. VI. 118. t. 3. f. 1.* Bongard *in Mem. Academ. St. Petersb. n. s. II. t. 4.*

*

3837. Codon *ROYEN.* Calyx decemduodecimpartitus, laciniis subulatis, erectis, alternis minoribus. Corolla hypogyna, campanulata, tubo costato, basi toruloso, limbo decem-duodecimfido, lobis oblongis, obtusis, carinatis, aestivatione imbricatis, alternis minoribus. Stamina 10 v. 12, imo corollae tubo inserta; filamenta basi in fornices compresso-tetragonas dilatata, apice subulata, antherae incumbentes, biloculares, longitudinaliter dehiscentes. Ovarium biloculare, valvarum marginibus introflexis dissepimentum praebentibus, margine revoluto placentiferis. Ovula plurima ... Stylus terminalis, semibifidus; stigmata dentata. Capsula calyce persistente, connivente cincta, ovata, stylo mucronata, bilocularis, apice loculicido-bivalvis. Semina plurima, angulata, testa cartilaginea, dense papillosa. Embryo in axi albumini dense carnosi subarcuatus, filiformis; cotyledonibus brevissimis, radicula elongata. — *Herba capensis, annua, undique aculeis subulatis, albis consita; caule tereti, erecto, ramoso, foliis alternis, petiolatis, ovato oblongis, subrepandis, subcarnosis, subtus nervosis, utrinque setosis, subtus margine et ad costas aculeatis, floribus extraaxillaribus solitariis, v. in apice caulis subracemosis, bibracteatis, corollis magnis, albis, purpureo-variegatis.*

Codon Royen *ex Linn. gen. n. 1285.* Gärtner *II. 87. t. 95.* Andrews *Bot. Reposit. t. 325.* Don *in Edinb. new philosoph. Journ. XV. 54.*

Ordo CXLVIII. Solanaceae.

LURIDAE Linn. *Praelect. edit. Giseke 384.* excl. gen. SOLANEAE Jussieu *gen. 124. coll. Annal. Mus. V. 255.* R. Brown *Prodr. 443.* SOLANACEAE Bartling *Ord. nat. 193.* SOLANACEAE et CESTRACEAE Lindley *Introduct. edit. II. p. 293. 296.*

Herbae annuae v. perennes, aut suffrutescentes, nunc frutices v. arbores, succo aqueo, caule ramisque teretibus v. angulatis. Folia alterna, sessilia v. petiolata, simplicia, saepe sinuato-dentata, lobata v. pinnatisecta, nunc integerrima, floralia et ramea saepius geminatim juxtaposita. Stipulae nullae, vel interdum e gemmae axillaris foliis primariis spuriae.

Flores hermaphroditi, regulares, varie dispositi, saepe alares v. extraaxillares, pedicellis ebracteatis.

Calyx liber, gamophyllus, quinque- rarius quadri-sexfidus v. partitus, persistens v. rarissime supra basim persistentem circumscisse deciduus, fructifer saepe plus minus auctus.

Corolla hypogyna, gamopetala, rotata, campanulata, infundibuliformis v. hypocraterimorpha, limbo quinque- rarius quadri-sexfido v. dentato aut partito, lobis per aestivationem plicatis v. interdum induplicato valvatis, rarissime simpliciter applicitis.

Stamina 5, rarius 4 v. 6, corollae tubo inserta, ejusdem laciniis alterna, exserta v. inclusa. Filamenta filiformia v. e basi latiore attenuata, aequilonga v. inaequalia, simplicia v. rarissime antice aut utrinque dente aucta. Antherae introrsae, biloculares, erectae v. incumbentes, conniventes v. interdum apicibus connatae, loculi appositi, paralleli, basi discreti, longitudinaliter dehiscentes v. rarius poro apicis apertae.

Ovarium e carpidiis duobus, anticum et posticum ab axi floris latus occupantibus compositum, carpidiorum marginibus introflexis dissepimentum planum praebentibus biloculare, nunc septis secundariis a dissepimento primario procedentibus, apice deliquescentibus incomplete v. complete quadri-quinqueloculare, rarius carpidiorum numero per excessum aucto tri-quinqueloculare. Placentae dissepimento utrinque lato dorso adnatae v. linea dorsali insertae, in loculis solitariae, nunc utrinque geminae, parieti plus minus admotae, et septo secundario discretae, v. in angulo centrali sitae, lineares v. hemisphaericae. Ovula plurima, amphitropa. Stylus terminalis, simplex. Stigma indivisum, v. loculorum numero obsolete lobatum.

Fructus capsularis v. baccatus, bi- v. rarius plurilocularis. Capsulae nunc septicido bivalves, valvis margines introflexos a dissepimento placentifero solventibus, placentas coadunatas nudantibus, rarius easdem discretas inter margines longius introflexos retinentibus, indivisis v. plus minus bifidis, nunc evalves, infra apicem operculo circumscissae. Baccae pulposae v. exsuccae, coriaceae v. membranaceae, epicarpio in membranaceis nonnunquam irregulariter a septis persistentibus secedente.

Semina plurima, nunc plus minus reniformia, a latere compressa, nunc ovata v. oblonga, a dorso compressa, umbilico ventrali. Testa plerisque crustacea, saepe tuberculata, in nonnullis pulpa carpica pertinacius adhaerente obducta, rarius membranacea. Albumen carnosum, copiosum.

Embryo in seminibus a latere compressis intra albumen subperiphericus, arcuatus, hemicyclicus v. spiralis; cotyledonibus semicylindricis, radicula tereti, ad umbilicum tendente, vaga: in seminibus a dorso compressis axilis, rectus; cotyledonibus orbiculatis, subfoliaceis, radicula tereti, ab umbilico remota, infera.

Solanaceae a Scrofularineis nullo certo limite distinctae, sed florum forma regulari et staminum perfectorum numero quinario a plerisque facillime dignoscendae, maximo numero in regionibus tropicis, imprimis Americae vigent, versus polos rarescentes, e regionibus frigidis et alpibus exules.

Vires omnibus magis minusve insunt narcoticae, hinc in medicina laudatae, et in philtris celebres. Nonnullarum fructus cultura innoxii eduntur. Solani tuberosi ingentes usus et laudes.

TRIBUS I. NICOTIANEAE. Embryonis plus minus arcuati cotyledones semicylindricae. Capsula bilocularis, loculicido-bivalvis.

3838. Fabiana *RUIZ et PAV.* Calyx tubulosus, semiquinquefidus. Corolla hypogyna, infundibuliformis, tubo sensim ampliato, limbo plicato, breviter quinquelobo. Stamina 5, imo corollae tubo inserta, inclusa, inaequilonga, apice incurva; antheris longitudinaliter dehiscentibus. Ovarium biloculare, placentis dissepimento adnatis, multiovulatis. Stylus simplex, apice incurvus; stigma obliquum. Capsula calyce persistente inclusa, bilocularis, septicido-bivalvis, valvis apice bifidis, placentas coadunatas nudantibus. Semina plurima, subglobosa. Embryo intra albumen carnosum subperiphericus, arcuatus. — *Suffrutices austro-americani, viscosi v. resinosi; foliis alternis, sparsis v. imbricatis, pedunculis extraaxillaribus v. subaxillaribus, solitariis, unifloris.*

Fabiana Ruiz et Pavon *Flor. Peruv. II. 12. t. 122.* St Hilaire *Plant. remarq. Brasil. 220. t. 20.*

3839. Nierembergia *RUIZ et PAV.* Calyx tubulosus v. subcampanulatus, subinaequaliter quinquefidus. Corolla hypogyna, infundibuliformis, tubo gracili, elongato, limbo amplo, patente, subinaequaliter plicato-quinquelobo. Stamina 5, corollae fauci inserta, exserta, inaequilonga, libera et circum stylum conniventia, v. basibus plus minus connata; antheris longitudinaliter dehiscentibus, sub stigmate reconditis. Ovarium biloculare, placentis dorso dissepimento adnatis, multiovulatis. Stylus simplex; stigma reniforme, bilamellatum. Capsula calyce persistente tecta, bilocularis, septicido-bivalvis, valvis demum bipartitis, placentas coadunatas nudantibus. Semina plurima, triquetra. Embryo intra albumen carnosum rectus, axilis, v. arcuatus excentricus. — *Herbae v. suffrutices Americae australis, procumbentes v. repentes; foliis alternis, solitariis v. geminis, integerrimis, floribus extraaxillaribus v. oppositifoliis, solitariis, subsessilibus, albis.*

Nierembergia Ruiz et Pavon *Flor. Peruv. II. 13. t. 123.* Kunth *in Humb. et Bonpl. Nov. gen. et sp. III. 8 t. 198.* St. Hilaire *Plant. remarq. Brasil. 221. t. 21. f. a.* Bot. Mag. *t. 3108. 3370. 3371.* Bot. Reg. *t. 1649.*

3840. Petunia *JUSS.* Calyx quinquepartitus, laciniis spathulatis. Corolla hypogyna, infundibuliformis v. subhypocraterimorpha, tubo cylindraceo v. ventricoso, limbo patente, inaequaliter plicato-quinquelobo. Stamina 5, medio corollae tubo inserta, inaequilonga, inclusa. Ovarium biloculare, placentis linea dorsali dissepimento adnatis, multiovulatis. Stylus simplex; stigma capitatum, obsolete bilobum. Capsula bilocularis, septicido-bivalvis, valvis indivisis. Semina subsphaerica. Embryo in axi albuminis carnosi rectus v. arcuatus. — *Herbae austro-americanae, subviscosae; foliis alternis, integerrimis, floralibus geminis, pedunculis axillaribus solitariis, unifloris.*

Petunia Jussieu *in Annal. Mus. II. 215. t. 47.* Lindley *in Bot. Reg. t. 1626. 1931.* Bot. Mag. *t. 2552. 3556.* Salpiglossis sp. Hooker *in Bot. Mag. t. 3113.* Nicotianae sp. Lehm.

3841. Nicotiana *LINN.* Calyx tubuloso-campanulatus, semiquinquefidus. Corolla hypogyna, infundibuliformis v. hypocraterimorpha, limbo plicato-quinquelobo. Stamina 5, corollae tubo inserta, inclusa, aequilonga; antherae longitudinaliter dehiscentes. Ovarium biloculare, placentis linea dorsali dissepimento adnatis, multiovulatis. Stylus simplex; stigma capitatum. Capsula calyce persistente tecta, bilocularis, apice septicido-bivalvis, valvis demum bifidis, placentas discretas retinentibus. Semina plurima, minima. Embryo in axi albuminis carnosi leviter arcuatus. — *Herbae interdum suffrutescentes, saepissime glutinoso-pilosae, in America tropica copiosae, parcius in Asia orientali calidiore crescentes, plures ob fumi quem combustae spargunt, v. in pulverem contritae naribusque ingestae praebent illecebras cultae; foliis alternis, integerrimis, floribus terminalibus racemosis aut paniculatis, albidis, virescentibus v. purpurascentibus.*

Nicotiana Tournefort *inst. 41.* Linn. *gen. n. 248.* Schkuhr *t. 44.* Gärtner *I. 264. t. 55.* R. Brown *Prodr. 447.* Kunth *in Humb. et Bonpl. Nov. gen. et sp. III. 1.* Lehmann, *Historia Nicot. 1818. 4. c. icc.* excl. sp. Miller *Ic. t. 185.* Jacq. *Fragm. t. 56. 84.* Venten. *Malmais. t. 10.* Ruiz et Pavon *Flor. Peruv. t. 129.* excl. *f. a. t. 130.* Andrews *Bot. Reposit. t. 484.* Bot. Mag. *t. 673. 1778. 2221. 2484. 2555. 2785. 2837. 2919.* Bot. Reg. *t. 833. 1087. 1592.* Codylis Rafinesque *in Americ. Monthl. Magaz. 1819.* Tabacus Mönch *Method. 448.*

3842. Lehmannia *SPRENG.* Calyx tubuloso-campanulatus, inaequaliter bi-quinquefidus. Corolla hypogyna, infundibuliformis, tubo brevi, limbo campanulato, suboblique truncato, inaequaliter plicato-quinquedentato. Stamina 5, corollae tubo inserta, exserta, adscendentia; antherae longitudinaliter dehiscentes. Ovarium biloculare, placentis linea dorsali dissepimento adnatis, multiovulatis. Stylus simplex, exsertus; stigma capitatum. Capsula calyce persistente cincta, bilocularis, septicido-bivalvis, valvis indivisis, placentas discretas retinentibus. Semina plurima, minima. Embryo in axi albuminis carnosi subarcuatus. — *Suffrutex peruanus, subviscosus, apice ramosus; foliis alternis, decurrentibus, lanceolatis, acutis, integerrimis, subtus subtomentosis, venis purpureis, racemis terminalibus subsecundis, paniculatis, corollis sordide purpureis.*

Lehmannia Sprengel *Anleit. II. 458.* Nicotiana tomentosa Ruiz et Pavon *Flor. Peruv. t. 129. f. 1.*

3843. Nectouxia *H. B. K.* Calyx quinquepartitus, laciniis linearibus. Corolla hypogyna, hypocraterimorpha, faucis corona cyathiformi truncata, limbo patente, plicato quinquepartito. Stamina 5, summo corollae tubo inserta, inclusa; antherae longitudinaliter dehiscentes. Ovarium biloculare, placentis dissepimento adnatis, multiovulatis. Stylus simplex, inclusus; stigma subemarginatum. Fructus ...... — *Herba mexicana, foetida, erecta; foliis alternis, superioribus subgeminis, cordatis, integerrimis, pedunculis extraaxillaribus, solitariis, unifloris, corollis flavis.*

Nectouxia Kunth *in Humb. et Bonpl. Nov. gen. et sp. III. 10. t. 193.*

3844. Marckea *C. C. RICH.* Calyx tubulosus, prismatico-pentagonus. Corolla hypogyna, infundibuliformis, limbo patente, quinquepartito, laciniis obtusis, subaequalibus. Stamina 5, imo corollae tubo inserta, inclusa; filamenta filiformia, faucem aequantia; antherae oblongae, longitudinaliter dehiscentes. Ovarium oblongo-conicum, biloculare, placentis dissepimento adnatis, multiovulatis. Stylus simplex, filiformis; stigma oblongum, indivisum. Capsula oblonga, subcylindrica, bilocularis, bivalvis ..... Semina plurima. — *Frutex guianensis, non satis notus, scandens; ramis dependentibus, foliis alternis, petiolatis, ellipticis, acutis, integerrimis, subavenils, glabris, nitidis, racemis axillaribus longe pedunculatis, nutantibus, corollis coccineis.*

Marckea L. C. Richard *in Act. soc. h. n. Paris. 107.* A. Richard *in Dict. class. X. 168. c. ic.* Lamarckea Persoon *Encheir. I. 218.*

TRIBUS II. DATUREAE. Embryonis plus minus arcuati cotyledones semicylindricae. Capsula v. bacca incomplete quadrilocularis, dissepimento primario medio v. prope angulum parietalem utrinque placentifero.

3845. Datura *LINN.* Calyx tubulosus, saepe angulatus, apice quinquefidus v. hinc longitudinaliter fissus, supra basim peltatam, persistentem cirumscisse deciduus. Corolla hypogyna, infundibuliformis, limbo amplo, patente, plicato, quinque-decemdentato. Stamina 5, corollae tubo inserta, inclusa v. subexserta; antherae longitudinaliter dehiscentes. Ovarium incomplete quadriloculare, dissepimento altero supra medium deliquescente, altero completo, medio utrinque placentifero, placentis porrectis, multiovulatis. Stylus simplex; stigma bilamellatum. Capsula ovata v. subglobosa, muricata v. aculeata, rarius laevis, semiquadrilocularis, incomplete ad septa quadrivalvis. Semina plurima, reniformia. Embryo intra albumen carnosum subperiphericus, arcuatus. — *Herbae virosae, annuae v. perennes, nunc suffrutescentes v. arborescentes, in America et Asia tropica indigenae, una nunc per orbem diffusa, aliae in hortis cultae; foliis alternis, petiolatis, oblongis v. ovatis, saepius angulato-dentatis, floribus alaribus, solitariis, saepius magnis, albis, violaceis v. coccineis.*

Datura Linn. *gen. n. 246.* Kunth *in Humb. et Bonpl. Nov. gen. sp. III. 5.* Bernhardy *in Trommsdorf n. Journ. der Pharmac. XXVI. 146.* Stramonium Tournef. *inst. 34. 44.* Gärtner *II. 234.* Brugmansia Pers. *Encheir. I. 216.*

a. BRUGMANSIA Bernh. *l. c.* Calyx angulatus, apice quinquelobus. Stamina inclusa, antherae conglutinatae. Semina obsolete trigona. Brugmansia Pers. *l. c.* Bot. Reg. *t. 1739.* (Ruiz et Pavon *Flor. Peruv. t. 123.*)

b. STRAMONIUM Bernh. *l. c.* Calyx angulatus, apice quinquelobus. Corollae limbus acute quinquangulus. Stamina inclusa, antherae distinctae. Semina reniformia. (*Flor. dan. t. 430.* Jacq. *Hort. Vindob. III. t. 82.* Gärtner *t. 132.* Sweet *Fl. Gard. II. t. 83.*)

c. DUTRA Bernh. *l. c.* Calyx angulatus v. teres, apice quinquelobus. Corollae limbus quinque-decemdentatus. Stamina subexserta, antherae remotae. Semina reniformia. (Rumph *t. 243.*)

d. CERATOCAULIS Bernh. *l. c.* Calyx teretiusculus, hinc fissus. Corollae limbus decemdentatus. Stamina exserta, antherae contiguae. Semina subreniformia. (Jacq. *Hort. Schönbr. t. 309.* Bot. Reg. *t. 1031.* Bot. Mag. *t. 3352.*)

3846. Solandra *SWARTZ.* Calyx tubulosus, tri-quinquefidus, persistens. Corolla hypogyna, infundibuliformi-ventricosa, limbo plicato, quinquefido, lobis undulatis. Stamina 5, corollae tubo inserta, adscendentia, erecta; antherae longitudinaliter dehiscentes, versatiles. Ovarium incomplete quadriloculare, dissepimento altero supra medium deliquescente, altero completo, prope angulum parietalem utrinque placentifero, placentis porrectis, multiovulatis. Stylus simplex; stigma subcapitatum. Bacca calyce demum hinc fisso cincta, quadrilocularis, pulposa. Semina plurima, reniformia. Embryo intra albumen carnosum arcuatus. — *Frutices Americae tropicae, sarmentosi; foliis in apice ramulorum confertim alternis, obovato-oblongis, integerrimis, subcarnosis, floribus terminalibus, solitariis, maximis.*

Solandra Swartz *in Act. Holm. 1787. p. 300. t. 11. Flor. Ind. occid. I. 387. t. 9.* Jacquin *Hort. Schönbr. t. 45.* Salisbury *in Linn. Transact. VI. 100. t. 6.* Correa *in Annal. Mus. VIII. 389. t. 4.* Bot. Mag. *t. 1874. 1948.* Bot Reg. *t. 1551.* Link et Otto *Ic. select. t. 47.* Swartzia Gmelin *Syst. 360.*

TRIBUS III. HYOSCYAMEAE. Embryonis plus minus arcuati cotyledones semicylindricae. Capsula bilocularis, operculo circumscissa.

3847. Hyoscyamus *TOURNEF.* Calyx urceolatus, quinquedentatus. Corolla hypogyna, infundibuliformis, rarissime hinc fissa, limbo plicato, quinquelobo, lobis obtusis, inaequalibus. Stamina 5, imo corollae tubo inserta, inclusa v. exserta, declinata; antherae longitudinaliter dehiscentes. Ovarium biloculare, placentis linea dorsali dissepimento insertis, multiovulatis. Stylus simplex; stigma capitatum. Capsula calyce persistente, saepius aucto recondita, e basi ventricosa angustata, membranacea, bilocularis, apice circumscissa, operculo biloculari. Semina plurima, reniformia. Embryo intra albumen carnosum subperiphericus, arcuatus. — *Herbae in Europa et Asia media, et in tota regione mediterranea indigenae, saepius viscosae, olidae; foliis alternis, dentatis v. angulatis, floralibus saepius geminis, floribus axillaribus, solitariis, in plerisque secundis.*

Hyoscyamus Tournefort. *inst. 42.* Linn. *gen. n. 247.* Gärtner *I. 369. t. 76.* Flor. *dan. t. 1452.* E. B. *t. 591.* Sibthorp *Flor. graec. t. 230. 231.* Bot. Mag. *t. 852. 2394.* Bot. Reg. *t. 180.*

3848. Anisodus *LINK.* Calyx campanulatus, inaequaliter quinquefidus. Corolla hypogyna, campanulata, limbo plicato, quinquelobo, lobis obtusis, inaequalibus. Stamina 5, imo corollae tubo inserta, inclusa, recta; antherae longitudinaliter dehiscentes. Ovarium biloculare, placentis dissepimento adnatis, multiovulatis. Stylus simplex; stigma capitatum. Capsula calyce inflato, costato, connivente inclusa, subglobosa, coriaceo-subcarnosa, bilocularis, supra medium circumscissa, operculo mucronato, quadrivalvi. Semina plurima, reniformia. Embryo intra albumen carnosum periphericus, semicircularis. — *Herba nepalensis; radice fusiformi, crassa, foliis alternis, petiolatis, ovalibus, subrepandis, subtus subtomentosis, floralibus geminis, pedunculis axillaribus, solitariis, unifloris, nutantibus, corolla viridi-flava, demum purpurascente.*

Anisodus Link *Ic. select. p. 77.* Nees *in Linn. Transact. XVII. 72.* Whitleya Sweet *Fl. Gard. t. 125.* Nicandra anomala Link *Op. cit. t. 35.* Physalis stramonifolia Walb.

3849. Scopolia *JACQ.* Calyx campanulatus, quinquefidus, aequalis. Corolla hypogyna, cylindrico-campanulata, limbo plicato, quinquedentato. Stamina 5, imo corollae tubo inserta, inclusa, declinata; antherae longitudinaliter dehiscentes. Ovarium biloculare, placentis dissepimento adnatis, multiovulatis. Stylus simplex; stigma capitatum. Capsula calyce persistente basi stipata, subglobosa, coriaceo-subcarnosa, bilocularis, medio circumscissa, operculo uniloculari. Semina plurima. Embryo intra albumen carnosum periphericus, semicircularis. — *Herba in Europae orientalis subalpinis perennans, erecta, pedalis, di-trichotoma; foliis alternis, ovalibus, acutis, subrugosis, floralibus geminis, pedunculis axillaribus, solitariis, unifloris, filiformibus, nutantibus, corolla luride rufa, fundo flava.*

Scopolia Jacq. *Observ. I. 32. t. 20.* non allor. Scopolina Schultes *Fl. Oesterr. II. t. 844.* Hyoscyamus Scopolia Linn. Bot. Mag. *t. 1126.* Atropae sp. Scopoli.

TRIBUS IV. SOLANEAE. Embryonis plus minus arcuati cotyledones semicylindricae. Bacca bi-plurilocularis, placentis centralibus, rarissime capsula evalvis.

3850. Nicandra *ADANS.* Calyx quinquepartitus, pentagonus, laciniis sagittatis. Corolla hypogyna, campanulata, limbo plicato, subintegro. Stamina 5, imo corollae tubo inserta, subexserta; filamenta basibus dilatatis conniventia, antherae longitudinaliter dehiscentes. Ovarium tri-quadriloculare, placentis intra loculos solitariis, dissepimento prope angulum centralem insertis, multiovulatis. Stylus simplex; stigma subcapitatum. Capsula calyce vesicario pentagono inclusa, tri-quadrilocularis, evalvis, epicarpio demum secedente, dissepimenta placentifera nudante. Semina plurima, reniformia. Embryo intra albumen carnosum arcuatus. — *Herba peruana, nunc per regiones temperatas et calidas totius orbis diffusa; foliis alternis, superioribus geminis, sinuato-angulatis, pedunculis extraaxillaribus alaribusque, solitariis, unifloris.*

Nicandra Adanson *Fam. II. 219.* Jussieu *gen. 125.* Gärtner *II. 237. t. 131.* non Schreb. Calydermos Ruiz et Pavon *Flor. Peruv. II. 44.* Alkekengi Feuille *Observ. 724. t. 16.* Atropa physalodes Linn. Jacq. *Observ. IV. t. 98.*

3851. Physalis *LINN.* Calyx quinquefidus, demum increscens, saepissime vesiculoso inflatus. Corolla hypogyna, campanulato-rotata, plicata, limbo quinquesinuato. Stamina 5, imo corollae tubo inserta, inclusa; antherae conniventes, longitudinaliter dehiscentes. Ovarium biloculare, placentis subglobosis, dissepimento adnatis, multiovulatis. Stylus simplex; stigma capitatum. Bacca calyce inflato, connivente recondita, bilocularis. Semina plurima, reniformia. Embryo intra albumen carnosum subperiphericus, spiralis. — *Herbae annuae v. perennes et frutices, in Asia, Africa et America tropica copiosius erescentes, in America temperata rarae, una species in Europa media et boreali indigena, nonnullae late per orbem disseminatae; foliis alternis v. geminatis, integris v. lobatis, floribus extraalaribus solitariis v. confertis.*

Physalis Linn. *gen. n. 250.* Gärtner *II. 238. t. 131.* Jacq. *Hort. Vindob. II. t. 130. Ic. rar. t. 38. 39.* Fragm. *t. 85. f. a.* Jacq. f. *Eclog. t. 22. 23.* Sibthorp *Flor. graec. t. 223. 234.* Cavanill. *Ic. t. 103.* Herit. *Stirp. t. 22.* Andrews *Bot. Reposit. t. 175.* R. Brown *Prodr. 447.* Nees *in Linnaea VI. 431—483.* Alkekengi Tournef. *Inst. 64.* — Herschelia Bowdich *Madeir. p. 252,* absq. charact. v. synon. quae Ph. edulis Bot. Mag. *t. 1068.* corollae laciniis basi glanduloso maculatis non satis differt.

3852. Sarracha *RUIZ et PAV.* Calyx quinquefidus. Corolla hypogyna, rotata, tubo brevissimo, limbo plicato, quinquefido, reflexo. Stamina 5, corollae fauci inserta, longe exserta; antherae distantes, longitudinaliter dehiscentes. Ovarium biloculare, placentis septo adnatis, multiovulatis. Stylus simplex; stigma capitatum. Bacca calyci aucto imposita, bilocularis, v. septis obliteratis placentisque coadunatis unilocularis. Semina plurima, reniformia. — *Herbae peruanae, erectae v. procumbentes; foliis alternis v. geminis, pedunculis axillaribus solitariis v. confertis.*

Sarracha Ruiz et Pavon *Prodr. 31. t. 34. Flor. Peruv. t. 178—180.* Bellinia Römer et Schult. *Syst. IV. 687.* Atropae sp. Cavanill. *Ic. t. 72.* Jacq. *Hort. Schönbr. t. 492. 493.*

3853. Witheringia *HERIT.* Calyx quinquefidus. Corolla hypogyna, rotata, tubo brevi, limbo quadri-quinquefido, subvalvato. Stamina 4—5, corollae fauci inserta, exserta; antherae conniventes, longitudinaliter dehiscentes. Ovarium biloculare, placentis dissepimento adnatis, multiovulatis. Stylus simplex, filiformis v. obconicus; stigma simplex. Bacca bilocularis, polysperma. Semina plurima, reniformia. Embryo periphericus, spiralis, albumen carnosum includens. — *Herbae, frutices v. arbusculae, in America tropica trans aequatorem indigenae; foliis alternis v. geminatis, petiolatis, integris v. subsinuatis, pilosis, floribus alaribus v. extraaxillaribus, solitariis, racemosis v. subumbellatis.*

Witheringia Heritier *Sert. Angl. I. 33. t. 1.* Lam. *t. 82.* Dunal *Solan. 107. Synops. 1.* Kunth *in Humb. et Bonpl. Nov. gen. et sp. III. 13.* Bot. Mag. *t. 2768.* Martius *Nov. gen. et sp. III. 73. t. 227—229.* Cyathostyles Schott *msc.* Solani sp. Linn. Cav. *Ic. t. 359. f. 1.* Ruiz et Pav. *Flor. Peruv. t. 170. f. b. t. 171. f. a.*

3854. Capsicum *TOURNEF.* Calyx quinque-sexfidus. Corolla hypogyna, rotata, tubo brevissimo, limbo plicato, quinque-sexfido. Stamina 5—6, corollae fauci inserta, exserta; filamenta brevissima, antherae conniventes, longitudinaliter dehiscentes. Ovarium bi-tri-quadriloculare, placentis dissepimenti v. anguli centralis basi adnatis, multiovulatis. Stylus simplex, subclavatus; stigma obtusum, obsolete bi-trilobum. Bacca exsucca, polymorpha, incomplete bi-trilocularis, placentis septisque superne deliquescentibus. Semina plurima, reniformia. Embryo intra albumen carnosum periphericus, hemicyclicus. — *Herbae annuae, perennes v. frutescentes, in Asia et America tropica indigenae, ob baccas acriter aromaticas ubique cultae, polymorphae; foliis alternis, solitariis v. geminatis, integerrimis v. sinuatis, pedunculis extraaxillaribus et alaribus unifloris, solitariis, geminis v ternis, corollis sordide albis v. ochroleucis, baccis erectiusculis v. pendulis, ovatis, globosis v. oblongo-pyramidatis, multiformibus, aurantiaccis, coccineis v. purpureis.*

Capsicum Tournef. *Inst. 66.* Linn. *gen. n. 252.* Gärtner *II. 201. t. 132.* Fingerhut *Monographia generis Capsici. Düsseldorp. 1832. 4. c. ic.*

3855. Solanum *LINN.* Calyx quinque-decemfidus. Corolla hypogyna, rotata v. rarius campanulata, tubo brevi, limbo plicato, quinque-decemfido, rarius quadri-sexfido. Stamina 5, rarius 4 v 6, corollae fauci inserta, exserta; filamenta brevissima, antherae aequales v. interdum inaequales, conniventes, apice poris geminis dehiscentes. Ovarium bi- rarius tri-quadriloculare, placentis dissepimentis insertis, adnatis, multiovulatis. Stylus simplex; stigma obtusum. Bacca bi-, rarius tri-quadrilocularis. Semina plurima, subreniformia. Embryo periphericus, spiralis, albumen carnosum includens — *Herbae, suffrutices, frutices v. arbores, in regionibus tropicis et temperatis totius orbis crescentes, inermes v. aculeatae aut rarius spinosae, glabrae v. pilosae, pilis interdum stellatis; foliis alternis, solitariis aut geminis, integris v. varie partitis, floribus extraaxillaribus, lateralibus v. alaribus, rarius terminalibus, solitariis, geminis, umbellatis, fasciculatis, racemosis, cymosis, corymbosis aut rarissime paniculatis, corollis saepissime albis v. violaceis, rarius luteis.*

Solanum Tournefort *inst. 62.* Linn. *gen. n. 251.* excl. sp. Gärtner *II. 239. t. 131.* Dunal, *Histoire naturelle des Solanum. Montpelier, 1813. 4. p. 115. Solanorum synopsis. Monspelii, 1816. 8. p. 5.* — Melongena Tournef. *inst. 65.* — Pseudo-capsicum Mönch

Method. 476. — Dulcamara Mönch *Method. 514.* — Nycterium Venten. *Malmais. 85.* — Androcera Nuttal *gen. 1. 129.* Ceranthera Rafinesque *in Monthl. Reposit. 1819.* — Acquartia Jacquin *Amer. 15.* Bassovia Aublet *Guian. I. 217. t. 85.* Solani sp. *Lam. t. 115.* Flor. dan. *t. 167. 160.* Jacq. *Amer. t. 35. 36. 40. Edit. pict. t. 48—50. Hort. Vindob. I. t. 12—14. II. t. 113. Ic. rar. t. 40—46. 322—332. Hort. Schönbr. t. 42. 333. 334. 369. 370.* Aublet *Guian. I. t. 48.* Cavanill. *Ic. t. 236. 243. 245. 259. 308. 309. 359. 439. 524.* Ruiz et Pavon *Flor. Peruv. t. 158—177.* excl. nonnull. fig. Jussieu *in Annal. Mus. III. t. 9.* Kunth *in Humb. et Bonpl. Nov. gen. et sp. t. 195.* DC. *Hort. genev. t. 13.* St. Hilaire *Plant. us. Brasil. t. 21.* Hooker *Exot. Flor. t. 199.* Bot. Mag. *t. 349. 1801. 1921. 1928. 2173. 2547. 2568. 2618. 2697. 2708. 2739. 2888. 3385. 3672. 3684.* Bot. Reg. *t. 140. 177. 969. 1516. 1712.* Reichenb. *Iconogr. t. 963. 951. 993—997.* Flor. Flumin. *II. t. 98—133.*

3856. Lycopersicum *TOURNEF.* Calyx quinque-sexpartitus. Corolla hypogyna, rotata, tubo brevissimo, limbo plicato, quinque-sexfido. Stamina 5—6, corollae fauci inserta, exserta; filamenta brevissima, antherae oblongo-conicae, membrana apicis elongata connatae, intus longitudinaliter dehiscentes. Ovarium bi-triloculare, placentis dissepimento adnatis, multiovulatis. Stylus simplex; stigma obtusum, obsolete bilobum. Bacca bi-trilocularis. Semina plurima, reniformia, pulposo-villosa. Embryo intra albumen carnosum subperiphericus, arcuatus; cotyledonibus semicylindricis, radicula tereti, vaga. — *Herbae Americae tropicae, nunc ob fructus si condiuntur admodum sapidos, in hortis ubivis cultae, erectae v. procumbentes; foliis alternis, decompositis, impari-pinnatis, pedunculis extraaxillaribus multifloris, pedicellis sub flore articulatis, fructiferis reflexis, floribus in stirpe culta pluribus facile monstrose coalescentibus, corollam stylumque multifidum, antheras polyadelphas, baccam denique multilocularem, latam, torulosam praebentibus.*

Lycopersicum Tournef. *Inst. 93.* Mönch *Method. 515.* Dunal *Solan. 109. t. 3. Synops. 3.* Bot. Mag. *t. 2814.* Lycopersicum et Psolanum Necker *Elem. n. 707. 708.* Solani sp. Linn. Jacq. *Ic. rar. t. 329. Hort. Vindob. I. t. 11.*

3857. Atropa *LINN.* Calyx quinquepartitus. Corolla hypogyna, infundibuliformi-campanulata, limbo plicato, quinque-decemfido. Stamina 5, imo corollae tubo inserta, exserta v. subexserta; filamenta filiformia, antherae longitudinaliter dehiscentes. Ovarium biloculare, placentis linea dorsali dissepimento insertis, multiovulatis. Stylus simplex; stigma peltato-depressum. Bacca calyce patente suffulta, bilocularis. Semina plurima, subreniformia. Embryo intra albumen carnosum subperiphericus, arcuatus v. annularis. — *Frutices v. herbae caulescentes, in Europa media et in Peruvia crescentes; foliis alternis v. geminis, integerrimis, pedunculis extraaxillaribus, uni-bi-plurifloris, corollis violaceis v. virescentibus.*

Atropa Linn. *gen. n. 249.* excl. sp. Jussieu *gen. 125.* Schkuhr *t. 45.* Gärtner *II. 240. t. 131.* Jacq. *Flor. austr. t. 309.* Flor. dan. *t. 758.* Ruiz et Pavon *Flor. Peruv. t. 181.* Kunth *in Humb. et Bonpl. Nov. gen. et sp. III. 11. t. 196.* Hooker *Bot. Miscell. t. 37. Ic. t. 106. 107.* Pauquy *Dissert. de Belladona. Paris, 1824. 4.* Belladonna Tournefort *inst. 13.* excl. sp.

3858. Withania *PAUQ.* Calyx campanulatus, quinquedentatus. Corolla hypogyna, campanulata, limbo quinquepartito. Stamina 5, corollae tubo inserta, vix exserta; antherae longitudinaliter dehiscentes. Ovarium biloculare, placentis dissepimento adnatis, multiovulatis. Stylus simplex; stigma capitatum. Bacca calyce aucto, angulato cincta, bilocularis. Semina plurima, subreniformia. Embryo intra albumen carnosum subperiphericus. — *Fruticuli hispanici et canarienses; foliis alternis v. geminatis, ovatis, obtusis, v. oblongis, acuminatis, pedunculis extraaxillaribus, solitariis v. confertis.*

Withania Pauquy *Dissert. de Belladona. Paris, 1824. ex Ferrusac Bullet. sc. nat. V. 254.* Atropa frutescens L. et A. aristata Poir. Physalis suberosa Cavanill. *Ic. t. 102.*

3859. Mandragora *TOURNEF.* Calyx turbinatus, quinquefidus. Corolla hypogyna, campanulata, limbo plicato, quinquefido. Stamina 5, imo corollae tubo inserta, subexserta; filamenta e basi dilatata filiformia; antherae terminales, longitudinaliter dehiscentes. Ovarium biloculare, placentis dissepimento adnatis, multiovulatis. Stylus simplex; stigma subcapitatum. Bacca calyce parum aucto suffulta, dissepimento obliterato placentisque coadunatis unilocularis. Semina plurima, subreniformia. Embryo intra albumen carnosum subperiphericus, arcuatus; cotyledonibus semicylindricis, radicula tereti, vaga. — *Herbae perennes, in Europa australi indigenae, acaules; radice crassa, carnosa, saepe bifida, apud strigas sagasque celebri, foliis radicalibus confertis, ovatis, basi attenuatis, undulatis, integerrimis, saepe pedalibus, pedunculis radicalibus confertis, unifloris, apice incrassatis.*

Mandragora Tournef. *inst. 12.* Jussieu *gen. 125.* Gärtner *II. 236. t. 131.* Atropa Mandragora Linn. Sibthorp *Flor. graec. t. 232.*

3860. Himeranthus. Calyx quinquefidus. Corolla hypogyna, campanulata, limbo plicato, quinquepartito. Stamina 5, imo corollae tubo inserta, inclusa; filamenta ligulaeformia, spathulato-oblonga, linea dorsali tubo adnata, caeterum libera, antherae dorso filamento infra apicem insertae, longitudinaliter dehiscentes. Ovarium biloculare, placentis dissepimento adnatis, multiovulatis. Stylus simplex; stigma globosum, obsolete bi-sexlobum. Bacca calyce suffulta, bilocularis. Semina plurima, reniformia. Embryo intra albumen carnosum subperiphericus, arcuatus. — *Herba montevideensis, inferne radicans, superne adscendens; foliis alternis, lyrato-sinuatis, pedunculis extraaxillaribus, solitariis, unifloris.*

Jaborosa runcinata Link et Otto *Ic. select. t. 48:* an Lam?

3861. Jaborosa *JUSS.* Calyx quinquefidus. Corolla hypogyna, infundibuliformi-tubulosa, limbo plicato, quinquepartito. Stamina 5, corollae fauci inserta, inclusa; filamenta brevissima, antherae terminales, longitudinaliter dehiscentes. Ovarium bi-triloculare, placentis dissepimento insertis, multiovulatis. Stylus simplex, inclusus v. exsertus; stigma clavatum, obsolete tri-quinquelobum. Bacca calyce suffulta, bi-trilocularis. Semina plurima, subreniformia. Embryo ..... — *Herbae bonarienses, prostratae, radicantes v. adscendentes; foliis geminatis, integerrimis v. runcinatis, pedunculis extraaxillaribus, solitariis, unifloris.*

Jaborosa Jussieu *gen. 125.* Lam. *Dict. III. 189. t. 114.* Hooker *Bot. Miscell. I. 347. t. 71.* Bot. Mag. *t. 3489.*

3862. Juanulloa *RUIZ et PAV.* Calyx coloratus, ovatus, inflatus, quinquefidus. Corolla hypogyna, tubulosa, fauce coarctata, postice gibba, limbo minimo, quinquepartito, patente. Stamina 5, corollae tubo inserta, inclusa; filamenta basi villosa; antherae sagittatae, longitudinaliter dehiscentes. Ovarium biloculare, placentis dissepimento adnatis, multiovulatis. Bacca ovata, calyce inflato cincta, bilocularis. Semina plurima, oblongo-reniformia. Embryo .... — *Frutex peruanus, solis Ruiz et Pavon notus, vix hujus loci; foliis alternis, oblongis, acuminatis, integerrimis, racemis pendulis, dichotomis, floribus rubris.*

Juanulloa Ruiz et Pavon *Prodr.* 27. *t.* 4. *Flor. Peruv. II.* 47. *t.* 185. Ulloa *Pers. Ench. I.* 218.

3863. Lycium *LINN.* Calyx urceolatus, aequaliter quinquedentatus, v. irregulariter triquinquefidus. Corolla hypogyna, infundibuliformis v. tubulosa, limbo quinque-decemfido v. dentato, interdum plicato. Stamina 5, medio v. imo corollae tubo inserta, inclusa v. exserta; antherae longitudinaliter dehiscentes. Ovarium biloculare, placentis dissepimento adnatis, multiovulatis. Stylus simplex; stigma depresso-capitatum v. obsolete bilobum. Bacca calyce suffulta, bilocularis. Semina plurima, reniformia. Embryo intra albumen carnosum periphericus, hemicyclicus. — *Arbusculae v. frutices, in regione mediterranea et in America tropica transandina crescentes, plurimi quo ad seminis structuram nondum explorati, et fortassis olim e genere expellendi; foliis alternis, integerrimis, interdum fasciculatis, pedunculis extraaxillaribus aut terminalibus, solitariis, geminis v. umbellatis, rarius corymbosis, corollis albidis, flavescentibus, roseis, purpureis v. coccineis.*

Lycium Linn. *gen. n.* 262. Gärtner *II.* 242. Kunth *in Humb. et Bonpl. Nov. et gen. sp. III.* 50. Schlechtend. *in Linnaea VII.* 68.

a. EULYCIUM. Calyx urceolatus, irregulariter tri-sexfidus. Corolla infundibuliformis, limbo quinquefido, patente. Stamina exserta. — *Folia sparsa, flores extraaxillares, solitarii v. gemini.* (Gärtner *t.* 132. Schkuhr *t.* 46. Sibthorp *Flor. graec. t.* 236.)

b. LYCIOBATOS. Calyx urceolato-campanulatus, aequaliter quinquedentatus. Corolla infundibuliformis, limbo quinquefido, erecto. Stamina inclusa. — *Folia fasciculata, flores axillares, subsolitarii.* (Miller *Ic. t.* 171. *f.* 1.)

c. LYCIOTHAMNOS. Calyx urceolatus, inaequaliter quinquefidus v. quinquedentatus. Corolla tubulosa, limbo erecto, plicato, quinque-decemdentato. Stamina subinclusa. — *Folia sparsa, flores subaxillares v. terminales, fasciculato-umbellati.* (Humb. et Bonpl. *Plant. aequinoct. t.* 42.)

3864. Acnistus *SCHOTT.* Calyx campanulatus, quinquedentatus. Corolla hypogyna, infundibuliformis, tubo brevi e basi dilatato, limbo quinquepartito, patente v. reflexo, aestivatione imbricato. Stamina 5, corollae tubo supra basim inserta, exserta; filamenta simplicia, antherae longitudinaliter dehiscentes. Ovarium biloculare, placentis subglobosis, dissepimento adnatis, pluriovulatis. Stylus simplex; stigma capitatum, subconcavum. Bacca calyce cincta, bilocularis. Semina pauca, reniformia, compressa. Embryo ..... — *Frutices Americae tropicae; foliis alternis, integerrimis, floribus in axillis annotis fasciculatis, corollis albis, odoratis, baccis rubris.*

Acnistus Schott *in Wiener Zeitschr. IV.* 1180. *Linnaea* 1831. *Litterat. Bericht.* 54. Schlechtend. *in Linnaea VII.* 66. Atropa arborescens Linn. Cestrum cauliflorum Jacq. *Hort. Schönbr. t.* 325. — ? Lycii sp. Ruiz et Pavon *Flor. Peruv. t.* 182. 183.

TRIBUS V. CESTRINEAE. Embryonis recti cotyledones foliaceae, radicula infera. Bacca bilocularis.

3865. Cestrum *LINN.* Calyx campanulatus, quinquefidus. Corolla hypogyna, infundibuliformis, tubo elongato, superne ampliato, limbo quinquepartito, subplicato, patente v. revoluto. Stamina 5, medio corollae tubo inserta, inclusa; filamenta simplicia v. intus dente aucta, antherae longitudinaliter dehiscentes. Ovarium biloculare, placentis subglobosis, dissepimento adnatis, pauciovulatis. Stylus simplex; stigma subcapitatum, concavum v. obsolete bilobum. Bacca calyce cincta v. inclusa, bilocularis, v. dissepimento obliterato placentisque coadunatis unilocularis. Semina pauca, umbilico ventrali. Embryo in axi albuminis carnosi rectus v. retiusculus; cotyledonibus foliaceis, orbiculatis, radicula tereti, infera. — *Frutices Americae tropicae; foliis alternis, solitariis v. rarius geminis, integerrimis, gemmarum axillarium foliis extimis evolutis stipulas mentientibus, floribus racemosis, racemis bracteatis, axillaribus, elongatis v. abbreviatis, in corymbum, spicam v. fasciculum contractis, floribus saepe suaveolentibus, corollis luteis, baccis nigris v. nigro-caeruleis.*

Cestrum Linn. *gen. n.* 261. Gärtner *I.* 378. *t.* 77. Smith *Spicileg. t.* 2. Heritier *Stirp. t.* 34—36. Jacq. *Hort. Schönbr. t.* 324. 326—331. 452. Ruiz et Pavon *Flor. Peruv. t.* 154—157. Kunth *in Humb. et Bonpl. Nov. gen. et sp. III.* 56. *t.* 197. Schlechtend. *in Linnaea VII.* 54. Bot. Mag. *t.* 1729. 1770. 2929. 2974. Link et Otto *Ic. rar. t.* 6.

3866. Dunalia *H. B. K.* Calyx urceolatus, quinquedentatus. Corolla hypogyna, infundibuliformis, tubo elongato, subcylindraceo, limbo plicato, quinquefido. Stamina 5, corollae tubo inserta, inclusa; filamenta tripartita, laciniis capillaceis, intermedia antherifera, antherae longitudinaliter dehiscentes. Ovarium biloculare, placentis dissepimento adnatis, multiovulatis. Stylus simplex, exsertus; stigma emarginato-capitatum. Bacca globosa, calyce suffulta, bilocularis. Semina plurima, lenticularia. Embryo ...... — *Frutex novo-granatensis; foliis alternis, solitariis, subintegerrimis, subtus pilis stellatis flocoso-tomentosis, umbellis extraaxillaribus, sessilibus, corollis albidis.*

Dunalia Kunth *in Humb. et Bonpl. Nov. gen. et sp. III.* 55. *t.* 194. non Spreng. Dierbachia Spreng. *Syst. I.* 676.

3867. Habrothamnus. Calyx campanulatus, quinquedentatus. Corolla hypogyna, clavato-tubulosa, tubo longo, limbo quinquedentato, contracto. Stamina 5, medio corollae tubo inserta, inclusa; filamenta simplicia, antherae longitudinaliter dehiscentes. Ovarium biloculare, placentis oblongis, dissepimento adnatis, pluriovulatis. Stylus simplex; stigma capitatum, obsolete bilobum. Bacca calyce cincta, bilocularis. Semina pauca, angulata, umbilico ventrali. Embryo in axi albuminis carnosi rectus; cotyledonibus foliaceis, radicula tereti, infera. — *Frutices mexicani, glabri v. subtomentoso-pubescentes, pilis articulatis; foliis alternis, integerrimis, floribus inaequaliter cymosis, corollis baccisque rubris.*

Meyenia Schlechtend. *in Linnaea VIII.* 251. non Nees.

TRIBUS VI. VESTIEAE. Embryonis recti cotyledones foliaceae, radicula infera. Capsula bilocularis.

3868. Vestia *WILLD.* Calyx campanulatus, quinquedentatus. Corolla hypogyna, infundibuliformi-tubulosa, limbi quinquefidi, erecto-patentis laciniis ovatis, aestivatione induplicato-valvatis. Stamina 5, medio corollae tubo inserta, exserta; antherae longitudinaliter dehiscentes. Ovarium biloculare, placentis dissepimento adnatis, multiovulatis. Stylus simplex, exsertus; stigma incrassatum, indivisum. Capsula cylindracea, calyce stipata, bilocularis, loculicido-bivalvis, valvis demum bifidis, dissepimentum membranaceum medio placentiferum nudantibus. Semina plurima, oblonga, subcompressa, aptera, umbilico ventrali. Embryo in axi albuminis carnosi rectus; cotyledonibus orbiculatis, subfoliaceis, radicula tereti, infera. — *Frutex chilensis, erectus, ramosus, Cestri v. Lycii facie; foliis alternis, petiolatis, obovatis v. ellipticis, integerrimis, coriaceis, glabris, nitidis, floribus e summis alis solitariis, pedunculatis, nutantibus, magnis, corollis flavis.*

Vestia Willdenow *Enumerat. I. 208.* Don *in Edinb. philosoph. Journ. VII. 290.* Schlechtend. *in Linnaea VII. 53.* Periphragmos foetidus Ruiz et Pavon *Flor. Peruv. t. 132.* excl. capsula. Cantua ligustrifolia Juss.

3869. Sessaea *RUIZ et PAV.* Calyx tubulosus, quinquedentatus. Corolla hypogyna, infundibuliformi-tubulosa, limbi quinquefidi, erecto-patentis laciniis ovatis, aestivatione plicatis? Stamina 5, corollae tubo inserta, inclusa; antherae longitudinaliter dehiscentes. Ovarium biloculare ..... Stylus simplex; stigma inaequaliter bilobum. Capsula calyce stipata, cylindrica, subarcuata, bilocularis, bivalvis, valvis demum bifidis. Semina plurima, imbricata, oblonga, compressa, margine membranaceo cincta. Embryo ..... — *Arbores v. frutices peruani; foliis alternis, petiolatis, oblongis, basi cordatis, integerrimis, racemis terminalibus paniculatis.*

Sessaea Ruiz et Pavon *Prodr. 21. t. 23. Flor. Peruv. II. 9. t. 115. 116.*

GENERA DUBIA.

3870. Cotylanthera *BLUM.* Calyx campanulatus, quadrifidus, persistens. Corolla hypocraterimorpha, quadripartita, marcescens, laciniis aequalibus, patentibus. Stamina 4, aequalia; filamenta brevia, lata, antherae conniventes, apice poro unico dehiscentes. Ovarium ..... Stylus bisulcus; stigma capitatum, depressum. Capsula ovato-globosa, bilocularis, dissepimentis carnosis, utrinque inflexis. Semina plurima ..... — *Herba javanica, carnosa, inter minores, radicibus arborum innascens; scapo tereti, aphyllo, subramoso, hinc illinc stipulis parvis, geminatis instructo, pedicellis solitariis aut geminatis, medio bibracteatis, floribus dilute caerulescentibus.*

Cotylanthera Blume *Bijdr. 702.*

3871. Isanthera *NEES* Flores polygami. Hermaphr. Calyx quinquefidus. Corolla rotata, quinquefida, calyce brevior. Stamina 5, antherae uniloculares, rima verticali longitudinali (?) dehiscentes, connectivum semicirculare amplectentes. Ovarium e carpidiis duobus ad axim communem inflexis, dissepimentum bilamellatum, diagonaliter recurrens, margine ovuliferum constituentibus. Stylus ..... stigma truncatum. Capsula bilocularis, receptaculis quatuor, lamelliformibus. Semina plurima, parva. .... Fem. Corolla nulla. Staminum rudimenta tuberculiformia. Ovarium ut in hermaphroditis. — *Herba indica; caule erecto, medulla ampla farcto, cortice tenui, spongioso, candido, detergibili, dense ferrugineo-lanato, subtomentoso, pubescentia simplici, foliis alternis, obovato-cuneiformibus, acutis, in petiolum attenuatis, costato-penninerviis, laxis, supra viridibus, lanugine sparsa, subtus lanuginoso-albicantibus, floribus in foliorum axillis fasciculato-glomeratis, nutantibus, calycibus extus valde lanatis, corollis glabris.*

Isanthera Nees *in Linn. Transact. XVII. 82.*

OBSERVATIO. Cotylanthera et Isanthera, genera imperfectissime cognita, fortassis ad Cyrtandraceas pertinent.

*

3872. Dartus *LOUREIR.* Calyx quinquefidus, laciniis ovatis, membranaceis. Corolla hypogyna, tubo subgloboso, calycem superante, limbi quinquefidi laciniis ovatis, patentibus. Stamina 5, medio corollae tubo inserta, inclusa; filamenta filiformia, antherae incumbentes. Ovarium subglobosum, sulcatum. Stylus brevissimus; stigma quinquelobum. Bacca parva, globosa, excoriata, diaphana, unilocularis. Semina plurima, subrotunda, minima, inaequalia. — *Arbuscula indica, sexpedalis; radice aromatica, rubescente, ramis adscendentibus, flaccidis, foliis alternis, oblongo-ovatis, acuminatis, serratis, subtus tomentosis, mollibus, racemis axillaribus brevibus.*

Dartus Loureiro *Flor. cochinch. 152.* Perlarius alter Rumph *Amboin. VI. t. 57.*

*

3873. Doraena *THUNB.* Calyx quinquefidus, laciniis ovatis, concavis. Corolla hypogyna, subcylindrico-rotata; limbi quinquefidi laciniis ovatis, obtusis, erectis. Stamina 5, corollae tubo inserta, inclusa; filamenta subnulla, antherae oblongae, subtetragonae. Ovarium liberum, squamis quinque nectariferis coronatum ..... Stylus simplex; stigma truncatum, emarginatum. Bacca sicca, striata, squamulis nectariferis, stylo persistenti adpressis conice acuminata, unilocularis, placenta basilari libera, globosa, alveolata. Semina plurima, angulata, inverse pyramidata, testa membranacea, umbilico basilari. Embryo in axi albuminis carnosi orthotropus, teretiusculus; cotyledonibus brevissimis, radicula cylindrica, umbilicum respiciente. — *Arbuscula japonica; ramis alternis, divaricatis, teretibus, glabris, cinereis, foliis alternis, petiolatis, oblongis, acuminatis, remote et obsolete serratis, glabris, patentibus, racemis axillaribus brevissimis, floribus albis, minutis.*

Doraena Thunberg *Nov. gen. 59. Flor. japon. 6.* Gärtner f. *III. 27. t. 184.*

*

3874. Triguera *CAV.* Calyx quinquepartitus, persistens, laciniis inaequalibus, lanceolatis. Corolla hypogyna, tubo brevissimo, fauce ampliata, limbi plicati, quinquefidi, subbilabiati lobis rotundatis, labio superiore breviore, reflexo, inferiore ventricoso, erecto-patulo. Stamina 5, urceoli perigyni, membranacei, basi melliflui, quinquedentati dentibus extus inserta, subaequalia, inclusa; filamenta brevia, linearia, antherae magnae, oblongo sagittatae, compressae, in conum conniventes. Ovarium subglobosum, bisulcatum, urceolo staminigero cinctum et partim tectum. ..... Stylus subulato-filiformis; stigma subcapitatum. Drupa calyce inclusa, sicca, membranacea, scarioso-rugosa, quadrilocularis, receptaculo subrotundo-tetragono, dissepimentis loculorum membranaceis, tenuissimis, evanescentibus. Semina in loculis gemina, superposita, nucamentacea, subovato-compressa, asperula, nucleo subrotundo, compresso ..... — *Herbae hispanicae, annuae, narcoticae, muscum redolentes, Moradilla et Almizquena indigenis dictae, sed vix notae et obscurissime descriptae; foliis alternis, sessilibus v. decurrentibus, obovatis, sinuatis, villosis, v. ovato-lanceolatis, integerrimis, laevibus, pedunculis axillaribus solitariis, bifidis, bifloris, nutantibus.*

Triguera Cavanill. *Dissert. II. Append. I. Lam. t. 114.*

OBSERVATIO. Solanaceis adnumerari adhuc solet genus sequentibus circumscriptum:

STIGMATOCOCCA Willd. *in Schult. Mantiss. III. 3. 55.* Calyx quadrifidus, persistens, laciniis ovatis, erectiusculis. Corolla rotata, quadrifida, tubo brevi, laciniis ovalibus. Filamenta filiformia, antherae exsertae. Stylus subulatus; stigma simplex. Bacca globosa, monosperma. — *Planta brasiliensis; caule frutescente, ramoso, foliis alternis, oblongis, basi attenuatis, petiolatis, crenulatis, glabris, floribus terminalibus paniculatis, paniculae ramis cymosis.*

TUBIFLORAE INCERTAE SEDIS.

* DESFONTAINEAE.

3875. Desfontainea RUIZ et PAV. Calyx quinquepartitus, persistens, laciniis lanceolatis, erectis. Corolla hypogyna, tubulosa, subcartilaginea, tubo calycem duplo superante, nervoso, nervis per medias limbi patentis, aequaliter quinquepartiti lacinias ovatas, aestivatione imbricatas decurrentibus. Stamina 5, corollae fauci inserta, ejusdem laciniis alterna, inclusa; filamenta brevissima, complanata, antherae biloculares, lanceolatae, longitudinaliter dehiscentes. Ovarium globosum, uniloculare? placentis parietalibus quinque, septiformibus, latere utroque ovuliferis, margine interiore nudis. Ovula plurima, horizontalia, anatropa. Stylus terminalis, filiformis; stigma capitatum. Bacca globosa, unilocularis, placentis parietalibus. Semina plurima, angulata, testa coriacea, hinc rhaphe prominula, callosa, umbilicum basilarem chalazae apicali dilatatae jungente percursa. Embryo in basi albuminis dense carnosi, copiosi prope umbilicum minimus, subglobosus; cotyledonibus brevissimis, radicula crassa. — *Frutices peruani, inermes, non satis noti; ramis oppositis, foliis oppositis, petiolatis, coriaceis, spinoso-dentatis, amaris, petiolis cum ramo articulatis, floribus axillaribus et terminalibus solitariis, pedunculatis, pedunculis bibracteolatis, corollis coccineis, limbo luteis, baccis albis.*

Desfontainea Ruiz et Pavon *Prodr. 29. t. 5.* (situ staminum perperam exhibito.) *Flor. Peruv. II. 47. t. 186.* (mal.) Humb. et Bonpl. *Plant. aequinoct. t. 45.* Kunth *in Humb. et Bonpl. Nov. gen. et sp. VII. 274.* Don *in Edinb. n. philosoph. Journ. Octob. 1831 p. 274.* Hooker *Ic. 23.* Link a Persoon *Encheir. I. 219.*

** RETZIACEAE.

3876. Retzia THUNB. Calyx tubulosus, quinquefidus, laciniis lanceolatis, inaequalibus. Corolla hypogyna, tubulosa, tubo calyce multo longiore, limbi quinquepartiti laciniis brevibus, lanceolatis, aestivatione imbricatis, sub anthesi patentibus. Stamina 5, corollae fauci inserta, ejusque laciniis alterna; filamenta brevissima, antherae semiexsertae, biloculares, sagittatae, longitudinaliter dehiscentes. Ovarium biloculare. Ovula in loculis pauca, medio dissepimento inserta (?) Stylus terminalis, filiformis, simplex, subexsertus; stigma obsolete bilobum. Capsula compressa, bilocularis, bisulca, bivalvis ..... Semina subdefinita ..... Embryo intra albumen carnosum teretiusculus, rectus ..... — *Frutex capensis, non satis notus; ramis rigidis, foliis confertis, quaternatim verticillatis, lanceolato-linearibus, rigidis, margine revolutis, integerrimis, floribus in supremorum foliorum axillis solitariis, sessilibus, bracteis carinatis stipatis, inter folia fere absconditis.*

Retzia Thunberg *in Act. soc. Lund. I. 55. t. 1. f. 1.* Lam *t. 103.* R. Brown *Prodr. 482. in not.*

3877. Lonchostoma WIKSTR. Calyx pentaphyllus, bibracteolatus. Corolla hypogyna, tubulosa, tubo calyce multo longiore, limbi quinquepartiti laciniis lanceolatis. Stamina 5, corollae fauci inserta, ejusdem laciniis alterna, inclusa v. breviter exserta; filamenta brevissima, antherae biloculares, sagittatae, longitudinaliter dehiscentes. Ovarium biloculare, placenta lineari dissepimento utrinque adnata, pauciovulata, ovulis pendulis. Styli 2, terminales, subclavati v. filiformes, inclusi. Capsula bilocularis, dissepimento membranaceo, utrinque placentifero. ... Semina in quovis loculo 8—10 .... — *Frutices capenses, vix noti; foliis confertim alternis, subimbricatis, sessilibus, ovatis, integerrimis, coriaceis, extus hirsutis, floribus in summis foliorum axillis solitariis, sessilibus, spicam foliatam formantibus.*

Lonchostoma Wikström *in Act. Holm. 1818. p. 349. t. 10.* Gnidia pentandra Thunb.

Classis XXXVII. Personatae.

Herbae, frutices v. arbores, succo aqueo. Folia opposita, alterna v. verticillata, simplicia v. rarius composita, palmata v. pinnata, rarissime abortiva, squamaeformia. Stipulae nullae. Calyx liber v. cum ovarii basi connatus. Corolla hypogyna v. perigyna, gamopetala, rarius regularis, ut plurimum limbo irregulari, bilabiato. Stamina corollae tubo inserta, ejusdem lobis pauciora, rarissime aequalia. Ovarium dimerum, uniloculare. Ovula plurima, anatropa v. amphitropa. Fructus capsularis v. rarius baccatus. Embryo intra albumen homotropus v. exalbuminosus.

Ordo CXLIX. Scrophularinae.

PEDICULARES et SCROPHULARIAE Jussieu *gen. 99. 117.* RHINANTHOIDEAE et PERSONATAE Venten. *Tabl. II. 295. 351.* RHINANTHACEAE et PERSONATAE Jussieu *in Annal. Mus. V. 235. XIV. 394.* SCROPHULARINAE R. Brown *Prodr. 433.* Bartling *Ord. nat. 169.* Bentham, *Scrophularinearum Revisio in Bot. Reg. Juni, 1835. Scrophularineae indicae Londini, 1835. 8. et in Bot. Mag. Comp. I. 198. 356. II. 13. 53.* Don *in Edinb. new philosoph. Journ. XIX. 108.* SCROPHULARIACEAE Lindley *Introduct. edit. II. p. 288.*

Herbae v. suffrutices, rarius arbusculae, caule ramisque teretibus, enodibus, v. tetragonis, nodosis. Folia alterna, opposita v. verticillata, simplicia, integra v. incisa aut pinnatipartita, sessilia v. petiolata, nunc in caulem decurrentia. Stipulae nullae.

Flores hermaphroditi, regulares v. saepissime irregulares, axillares v. racemosi, rarius spicati, pedunculi oppositi v. alterni, nunc simplices, uniflori, nudi v. bracteolati, nunc multiflori, dichotome cymosi.

Calyx liber, persistens, penta-v. tetramerus, saepissime gamophyllus, foliolis nunc fere ad apicem, nunc ima basi tantum coalitis, nunc omnino liberis, aestivatione imbricatis, saepe inaequalibus, foliolo postico maximo, duobus anticis minoribus, duobus lateralibus omnium minimis.

Corolla hypogyna, gamopetala, pentamera, v. petalis duobus ad apicem usque coalitis specie tetramera, tubo brevi v. elongato, basi aequali v. saccato aut calcarato, limbo rarius aequaliter v. subaequaliter partito, explanato, saepissime recto, bilabiato, labio superiore bi- inferiore trilobo, lobis aestivatione imbricatis.

Stamina corollae tubo inserta, typice ejusdem lobis numero aequalia et alterna, abortu vix non semper pauciora, posticum omnino nullum v. rarius rudimentarium, rarissime fertile, sed semper brevius, duo lateralia inter se aequalia, antherifera, rarissime ananthera v. omnino deficientia, duo antica inter se aequalia, nunc antherifera, posticis aequalia v. saepius longiora, nunc ananthera v. plane deficientia. Filamenta simplicia v. basi appendice dentiformi aut filiformi aucta, recta v. basi declinata. Antherae biloculares, loculis parallelis v. divaricatis, saepe confluentibus v. dimidiatis uniloculares, longitudinaliter dehiscentes, saepissime per paria cohaerentes.

Ovarium liberum, e carpidiis duobus, anticum et posticum ab axi floris latus occupantibus, marginibus in dissepimenta, columnam v. laminam placentiferam attingentia introflexis biloculare, rarissime placentis ad margines axim haud attingentes sitis uniloculare. Ovula indefinita, anatropa, horizontalia, adscendentia v. pendula, rarissime subdefinita, amphitropa. Stylus terminalis, simplex v. rarius breviter bifidus; stigma simplex, integrum, emarginatum v. bifidum, saepe complanatum, rarius stylo apice diviso duplex.

Capsula rarissime baccata, bilocularis, interdum apice incomplete valvatim v. operculatim aperta, saepissime bivalvis, loculicide septicide v. septifrage dehiscens, valvis integris v. demum bifidis bipartitisve, dissepimento v. e marginibus valvarum introflexis duplicato, v. simplici integro valvis parallelo, nunc iisdem contrario bipartito, placentis centralibus coadunatis, septo adnatis v. tandem solutis.

Semina plurima v. rarissime definita, testa nunc solida, laevi v. saepius scrobiculata, interdum in alam expansa, nunc laxa, reticulata, solubili, umbilico basilari v. rarissime ventrali, rhaphe et chalaza obsoletis v. plus minus manifestis.

Embryo in axi albuminis carnosi v. cartilaginei saepissime orthotropus, interdum homotrope curvatus. Cotyledones brevissimae, obtusae, rarius subfoliaceae. Radicula teretiuscula, umbilico proxima, v. rarissime ab umbilico ventrali remota.

Scrophularineae e nullo climate v. solo exules, in temperatis calidioribus utriusque hemisphaerii maximo numero generantur, inter ipsos circulos tropicos aliquantulum rariores, in frigidis rarae.

Diagnosis ordinis a reliquis Personatis perquam facilis, sed generum nonnullorum a Solanaceis capsularibus discrimen admodum lubricum, e corollae aestivatione, staminum imminuto numero et ovulorum directione petendum.

Qualitates insunt plerisque acridae vel amarae.

In generibus distribuendis et circumscribendis dissertationes a cl. Bentham editas, notasque manuscriptas ab eodem benevole mecum communicatas secutus sum.

TRIBUS I. VERBASCEAE Benth. *Scroph. ind. 16.* Corolla tubo abbreviato v. subgloboso, limbo explanato, quadri-quinquefido v. bilabiato, non ringente. Stamina fertilia 2 v. 5, saepius declinata. Antherae approximatae v. cohaerentes, uniloculares v. subbiloculares, loculis divaricatis, confluentibus. Capsula septicide bivalvis, valvis saepe bifidis, placentas coadunatas nudantibus. Seminum testa solida.

3878. Verbascum *LINN.* Calyx quinquepartitus, subaequalis. Corolla hypogyna, tubo brevissimo, limbi subrotati, explanati, quinquepartiti laciniis subaequalibus v. antica majore. **Stamina** 5, corollae tubo inserta, exserta, declinata, antica longiora; **filamenta** omnium v. trium posticorum barbata; **antherae** adnatae v. medifixae, loculis confluentibus uniloculares. **Ovarium** biloculare, placentis dissepimento utrinque adnatis, multiovulatis. **Stylus** simplex, apice incrassatus; **stigma** indivisum v. bilamellatum. **Capsula** ovata v. globosa, bilocularis, septicide bivalvis, valvis apice bifidis, placentis septo adnatis. **Semina** plurima, lacunoso-rugosa. — *Herbae in Europa media et australi, nec non in Asia temperata indigenae, erectae, durae, tomento v. lana floccosae, rarius glabratae; foliis alternis, saepe decurrentibus, floribus fasciculatis v. rarius solitariis, in racemos simplices v. paniculato-ramosos dispositis, corollis flavis v. phoeniceis.*

Verbascum Tournef. *inst. 61.* Linn. *gen. n. 245.* Gärtner *I. 262. t. 55.* Schrader *Monogr. 1813—1823. 4.* Nees *in Linn. Transact. XVII. 79.* Benth. *Scrophularin. ind. 16. Revis. 1.* Nees jun. *Gen. plant. XVI. t. 19.* Jacq. *Flor. austr. t. 125.* Waldst. et Kitaibel *Plant. rar. Hung. t. 79. 197.* Link et Hofmans. *Flor. portug. t. 26. 28.* Sibthorp *Flor. graec. t. 224—229.* E. B. *t. 58. 59. 393. 487. 549. 550.* Flor. dan. *t. 586. 631. 1088. 1810. 1811.* Tenore *Flor. neap. t. 21—33.* Labillard. *Syr. Decad. IV. t. 5.* Bot. Mag. *t. 236. 885. 1037. 1226. 1777.* Reichenb. *Iconogr. t. 998.*

3879. Celsia *LINN.* **Calyx** quinquepartitus, subaequalis. **Corolla** hypogyna, tubo brevissimo, limbi subrotati, explanati, quinquepartiti laciniis subaequalibus v. antica majore. **Stamina** 4, corollae tubo inserta, didynama, exserta; **filamenta** barbata, antica longiora, omnia fertilia, **antherae** adnatae v. medifixae, loculis confluentibus uniloculares. **Ovarium** biloculare, placentis dissepimento utrinque adnatis, multiovulatis. **Stylus** simplex, apice incrassatus; **stigma** indivisum. **Capsula** subglobosa, septicide bivalvis, valvis apice bifidis, placentis septo adnatis. **Semina** plurima, lacunoso-rugosa. — *Herbae v. suffrutices, in regione mediterranea imprimis orientali, Asia media et in Emodi jugis crescentes; foliis alternis, inferioribus saepius lyrato-pinnatifidis, racemis terminalibus, subsimplicibus, pedunculis solitariis haud contortis, demum recurvis.*

Celsia Linn. *gen. n. 757.* Gärtner *I. 262. t. 55.* Benth. *Scrophularin. ind. 16.*

a. PSEUDOTHAPSUS Benth. *Op. cit. 5.* Stamina 2 longiora glabra, antheris oblongis, adnatis, breviora barbata, antheris medifixis, loculis confluentibus. — *Herbae.* — Ditaxia Rafin. *Somiolog. 13.* (Vent. *Cels. t. 27.* Bot. Mag. *t. 964.* Bot. Reg. *t. 438.*)

b. ARCTURUS Benth. *Op. cit. 5.* Stamina 2, omnia barbata v. longiora glabra, antheris omnibus medifixis, loculis confluentibus. — *Herbae.* (Lam. *t. 532.* Bot. Mag. *t. 1062.* Sibthorp *Flor. graec. t. 605.* Nees jun. *Gen. plant. XVI. t. 20.*)

c. NEFFLEA Benth. *Op. cit. 5.* Stamina omnia barbata, antheris terminalibus unilocularibus, valvulis duabus acutis dehiscentibus. — *Suffrutex.* — C. parviflora Decaisne *in Nouv. Annal. sc. nat. II. 251.* — Sui generis monente cl. Bentham, sed fructus ignotus.

3880. Alonsoa *RUIZ et PAV.* **Calyx** quinquepartitus, subaequalis. **Corolla** hypogyna, resupinata, tubo brevissimo, limbo subrotato, quinquefido, lobo antico superiore majore, omnibus rotundatis. **Stamina** 4, corollae tubo inserta, exserta, didynama, declinata, adscendentia; **antherae** biloculares, loculis divaricatis. **Ovarium** biloculare, placentis dissepimento utrinque adnatis, multiovulatis. **Stylus** filiformis, simplex; **stigma** subcapitatum. **Capsula** ovato-oblonga, acuta, bilocularis, apice septicide bivalvis, valvis indivisis, placentis septo adnatis. **Semina** plurima, lacunoso-rugosa. — *Herbae v. fruticuli, in Andibus Peruviae et in Chili crescentes; foliis oppositis v. ternatis, serratis v. interdum integerrimis, floribus axillaribus, subracemosis, pulcherrime miniatis, pedicelli torsione resupinatis.*

Alonsoa Ruiz et Pavon *Syst. Flor. Peruv. 152.* Benth. *Revis. 1. Scrophularin. ind. 5.* Hemimeris Kunth *in Humb. et Bonpl. Nov. gen. et sp. II. 376.* non Linn. Hemitomus Heritier *msc.* Hemimeris sp. americanae Auct. Celsiae sp. Jacq. *Ic. rar. t. 479.* Bot. Mag. *t. 210. 417.*

3881. Jovellana *RUIZ et PAV.* **Calyx** quadripartitus, laciniis subaequalibus. **Corolla** hypogyna, tubo brevissimo, limbi bilabiati labiis patentibus, superiore breviore concavo-carinato, inferiore concavo, subcalceiformi. **Stamina** 2, corollae tubo inserta, subexserta; **antherae** biloculares, loculis parallelis, adnatis. **Ovarium** biloculare, placentis dissepimento utrinque adnatis, multiovulatis. **Stylus** simplex; **stigma** peltato-subcapitatum. **Capsula** ovato-conica, bilocularis, septicide bivalvis, valvis bifidis, placentis ovato-conicis, dissepimento insertis. **Semina** plurima, striata. — *Herbae chilenses, acaules; foliis radicalibus confertis scapisque unifloris, v. caulescentes, foliis oppositis, duplicato-serratis, floribus corymbosis.*

Jovellana Ruiz et Pavon *Flor. Peruv. I. 12. t. 18.* Cavanill. *Ic. t. 453.* Benth. *Revis. 1.*

3882. Calceolaria *FEUILL.* **Calyx** quadripartitus, laciniis aequalibus v. postica latiore. **Corolla** hypogyna, tubo brevissimo, limbi bilabiati labio superiore abbreviato, truncato-rotundato, integro, inferiore maximo, porrecto, calceiformi, concavo. **Stamina** 2, corollae tubo inserta, vix exserta; **antherae** biloculares, loculis divaricatis, altero saepius sterili. **Ovarium** biloculare, placentis dissepimento utrinque insertis, multiovulatis. **Stylus** simplex; **stigma** acutiusculum. **Capsula** ovato-conica, bilocularis, septicide bivalvis, valvis bifidis, placentis transversim oblongis, dissepimento insertis. **Semina** plurima, striata. — *Herbae, suffrutices v. frutices, in Peruvia et Chili indigeni, acaules v. caulescentes; foliis oppositis v. ternatis, rarissime alternis, integerrimis, dentatis, crenatis v. serratis, nunc pinnatipartitis v. pinnatis, pedunculis uni-multifloris, alaribus, axillaribus v. terminalibus corymbosis, corollis flavis v. luteis, rarius albis v. purpurascentibus.*

Calceolaria Feuillé *Observ. III. t. 12.* Linn. *gen. n. 1288.* Gärtner *I. 296. t. 62.* Ruiz et Pavon *Flor. Peruv. t. 10—31.* Cavanill. *Ic. t. 442—452.* Kunth *in Humb. et Bonpl. Nov. gen. et sp. III. 379. t. 170. 171.* Bot. Mag. *t. 41. 348. 2103. 2418. 2523. 2775. 2805. 2874. 2876. 2897. 2915. 3036. 3094. 3214. 3255.* Bot. Reg. *t. 723. 744. 790. 1083. 1215. 1313. 1374. 1448. 1452. 1476. 1538. 1603. 1611. 1621. 1628. 1711. 1743.*

3883. Scrophularia *TOURNEF.* **Calyx** quinquefidus v. quinquepartitus, subaequalis. **Corolla** hypogyna, tubo ventricoso-subgloboso, limbo bilabiato, labio superiore longiore bilobo, inferioris trilobi lobis lateralibus erectis, intermedio majore, patente v. deflexo, omnibus brevibus, obtusis, planis. **Stamina** corollae tubo inserta, inclusa v. exserta, quatuor fertilia, didynama; **antheris** adnatis, confluenti-uniloculari-bus, quinto sterili, filamento adnato, anthera lamelliformi v. emarginato-spathulata, rarius nullo.

Ovarium disco annulari obliquo cinctum, biloculare, placentis medio dissepimento utrinque adnatis, multiovulatis. Stylus simplex, apice incrassatus; stigma emarginatum. Capsula subglobosa v. ovoidea, saepe acuminata, bilocularis, septicide bivalvis, valvis integris v. apice bifidis, placentis coadunatis, demum liberis. Semina plurima, rugosa. — *Herbae v. suffrutices, in temperatis et calidioribus extratropicis hemisphaerae borealis, copiosius in regione mediterranea, parce in America boreali crescentes, saepius foetentes; foliis oppositis v. interdum alternis, integris v. inciso-pinnatifidis, interdum pellucido-punctatis, inflorescentia thyrsoidea, pedunculis oppositis v. alternis, cymosis v. rarius unifloris.*

Scrophularia Tournef. *inst. 74.* Linn. *gen. n. 312.* Gärtner *I. 249. t. 55.* Wydler *in Mem. soc. h. n. Genev. IV. 121—170. c. icc.* Benth. *Scrophularin. ind. 17.* Nees jun. *Gen. plant. XVI. t. 3.* (Schkuhr *t. 173. 174* Jacq. *Hort. Schönbr. t. 209. 286.* E. B. *t. 567. 854. 1544. 2209.* Flor. dan. *t. 411. 507. 1167.* Willd. *Hort. Berolin. t. 55. 56.* Desfont. *Flor. atlant. t. 145.* Hooker *Flor. lond. t. 70.* Delile *Flor. aegypt. t. 33.* Waldst. et Kitaibel *Plant. rar. Hung. t. 73. 170. 214.* Sibthorp *Flor. graec. t. 579—604.* Ledebour *Ic. t. 121. 156.* Reichenb. *Iconogr. t. 98. 258. 728. 729.*)

TRIBUS II. HEMIMERIDEAE Benth. *in Comp. Bot. Mag. II. 13.* Calyx quinquefidus v. pentaphyllus. Corolla tubo brevissimo, limbo explanato, subrotato, bilabiato v. personato, late quadri-quinquelobo, basi saccato, bifossulato v. uni-bicalcarato. Stylus simplex; stigma parvum, subcapitatum. Capsula bivalvis, valvulis integris, bifidis v. bipartitis.

3884. Tylacantha *NEES et MART.* Calyx quinquepartitus. Corolla hypogyna, tubo brevi, fauce fornicata, limbi subbilabiati plani labio superiore obtusissimo, bilobo, inferioris trilobi lobo medio basi saccato, longiore, rotundato. Stamina 4, corollae tubo inserta, inclusa, didynama; antherae biloculares, loculis divergentibus. Ovarium biloculare, placentis dissepimento adnatis, multiovulatis. Stylus simplex; stigma capitatum. Capsula globosa, bilocularis, evalvis. Semina plurima, testa solida. — *Herba brasiliensis; caule tetragono, subpiloso, foliis oppositis, ovato-oblongis, apice serratis, floribus axillaribus solitariis, pedunculatis.*

Tylacantha Nees et Martius *in N. A. N. C. XI. 43.* Benth. *in Bot. Mag. Comp. II. 15.*

3885. Angelonia *HUMB. et BONPL.* Calyx quinquefidus v. quinquepartitus. Corolla hypogyna, tubo brevi, fauce fornicata, limbi subbilabiati plani labio superiore obtusissimo, bilobo, inferioris trilobi lobo medio basi saccato, longiore, rotundato. Stamina 4, corollae tubo inserta, inclusa, didynama; antherae biloculares, loculis divergentibus. Ovarium biloculare, placentis dissepimento adnatis, multiovulatis. Stylus simplex; stigma capitatum. Capsula subglobosa, bilocularis, loculicide bivalvis, valvis medio septiferis, integris, placentas coadunatas nudantibus. Semina plurima, testa laxa. — *Herbae austro-americanae, erectae v. procumbentes; foliis oppositis v. superioribus alternis, pedunculis unifloris, solitariis, axillaribus v. racemosis.*

Angelonia Humb. et Bonpl. *Plant. aequinoct. II. 92. t. 108.* Kunth *Synops. II. 132.* Bot. Reg. *t. 415.* Bot. Mag. *t. 2478.* Benth. *in Bot. Mag. Comp. II. 15.* Physidium Schrader *in Götting. gel. Anzeig. 1821. p. 714.* Schelveria Nees et Martius *in Flora 1821. p. 299. et 328.*

3886. Hemimeris *THUNB.* Calyx pentaphyllus. Corolla hypogyna, tubo brevissimo, limbi explanati, subbilabiati, quadrilobi lacinia suprema brevissime emarginata, basi bifossulata infimaque maximis, lateralibus brevissimis, latis, fauce appendicibus duabus dentiformibus genitalia cingentibus. Stamina 2, corollae fauci inserta, patentia; antherae uniloculares. Ovarium biloculare, placentis dissepimento adnatis, multiovulatis. Stylus simplex; stigma obtusum. Capsula subglobosa, bilocularis, septicide bivalvis, valvis saepius inaequalibus, demum bifidis, placentas coadunatas nudantibus. Semina plurima, testa solida. — *Herbae capenses, annuae, diffusae; foliis oppositis, dentatis v. incisis, floribus interdum fasciculatis, pedunculis axillaribus unifloris, inferioribus solitariis, supremis subfasciculatis, demum reflexis, corollis flavis.*

Hemimeris Thunb. *Nov. gen. 74.* Linn. f. *Suppl. 45.* Jussieu *gen. 120.* Gärtner f. *III. 21. t. 183.* Benth. *in Bot. Mag. Comp. II. 16.*

3887. Diascia *LINK.* Calyx pentaphyllus. Corolla hypogyna, tubo brevissimo, limbi explanati v. subconcavi, subbilabiati, quadrilobi labio superiore bifido, basi bisaccato v. bicalcarato, inferioris trifidi lobo medio integro v. emarginato lateralibusque latis, rotundatis, faucis glandula cordiformi, stamina deprimente. Stamina 4, corollae fauci inserta, declinata, didynama; filamenta superiorum basi circumflexa, inferiorum medio appendiculata, antherae uniloculares, saepissime circa stigma cohaerentes. Ovarium biloculare, placentis dissepimento adnatis, multiovulatis. Stylus simplex; stigma capitatum. Capsula subglobosa, ovoidea v. oblonga, teretiuscula, bilocularis, septicide bivalvis, valvis saepius inaequalibus, indivisis (?) placentas coadunatas nudantibus. — *Herbae capenses, annuae v. perennes; foliis inferioribus oppositis, superioribus subfasciculatis, pedicellis axillaribus racemosis v. fasciculatis, corollis coccineis.*

Diascia Link et Otto *Ic. select. t. 2.* Benth. *in Bot. Mag. Comp. II. 16.* Hemimeris sp. Auct.

3888. Nemesia *VENT.* Calyx pentaphyllus. Corolla hypogyna, tubo brevi, limbo personato, bilabiato, labio superiore quadrilobo, basi saccato v. calcarato, inferiore integro v. emarginato, palato convexo, fauce bicallosa. Stamina 4, corollae fauci inserta, declinata, didynama; filamenta superiora basi circumflexa, antherae uniloculares, saepius per paria cohaerentes. Ovarium biloculare, placentis septo adnatis, multiovulatis. Stylus simplex; stigma subcapitatum. Capsula compressa, bilocularis, septicide bivalvis, valvis indivisis, placentas coadunatas nudantibus, navicularibus, apice oblique truncatis, angulo exteriore acuto v. breviter cornuto, rarius rotundato. Semina plurima, compressa, ala membranacea cincta. — *Herbae capenses, annuae, rarius perennes v. suffrutices; foliis oppositis, dentatis v. incisis, floribus axillaribus solitariis, v. terminalibus racemosis.*

Nemesia Venten. *Malmais. t. 41.* Benth. *in Bot. Mag. Comp. II. 18.* Bot. Reg. *II. t. 39.* Antirrhini sp. Linn. Thunb.

3889. Diclis *BENTH.* Calyx pentaphyllus. Corolla hypogyna, tubo brevi, limbo personato, bilabiato, labio superiore bifido, basi calcarato, inferiore trifido. Stamina 4, corollae fauci inserta, declinata, didynama; filamenta superiora basi circumflexa, antherae uniloculares, per paria cohaerentes. Ovarium biloculare, placentis dissepimento adnatis. Stylus simplex; stigma capitatum. Capsula subglobosa, emarginata, bilocularis loculicide bivalvis, valvis integris v. vix fissis, medio septiferis, placentas coadunatas nudantibus. Semina pauca, ovoidea, striata. — *Herbae capenses et madagascarienses; caulibus repentibus, foliis oppositis, petiolatis, latis, dentatis, pedicellis axillaribus solitariis, unifloris.*

Diclis Benth. *in Bot. Mag. Comp. II. 23.*

TRIBUS III. ANTIRRHINEAE Chavannes *Monogr. Antirrhin. Par. 1833. 4.* Corolla tubulosa, limbo personato v. ringente, bilabiato, rarius aequali. Stamina 4, didynama. Antherae biloculares, per paria approximatae. Capsula bilocularis, dentibus v. operculis dehiscens, rarius plurivalvis, nunc irregulariter rupta. Seminum testa solida, v. laxa, arilliformis.

3890. Anarrhinum *DESFONT.* Calyx profunde quinquefidus. Corolla hypogyna, tubo subincurvo, basi aequali v. breviter calcarato, fauce pervia, limbo bilabiato, labii superioris lobis erectis, demum reflexis, inferioris patentibus, omnibus subaequalibus, plus minus emarginatis. Stamina corollae tubo inserta, inclusa, 4 fertilia subaequalia, quinto sterili brevissimo; antherae reniformes, uniloculares. Ovarium biloculare, placentis dissepimento adnatis, multiovulatis. Stylus simplex, superne incrassatus; stigma obtusum. Capsula chartacea, compresso-sphaerica, bilocularis, loculis aequalibus, sub apice poro oblongo, univalvulato dehiscentibus. Semina plurima, ovalia, minima, testa tuberculata v. muriculata. — *Herbae mediterraneae, biennes v. perennes; foliis radicalibus saepe rosulatis, caulinis oppositis, palmatipartitis v. apice dentatis, superioribus integerrimis, floribus parvis, nutantibus, in racemum spiciformem, virgatum, nutantem dispositis.*

Anarrhinum Desfont. *Flor. atlant. II. 51. t. 141. 142.* Link et Hoffmans. *Flor. Portug. t. 32. 33.* DC. *Fl. Fr. III. 594.* Chavannes *Antirrh. 175. t. 10.* Benth. *Revis. 1.* Nees jun. *Gen. plant. XVI t. 13.* Cardiotheca Ehrenb. *msc.* Antirrhini sp. Linn. —? Simbuleta Forsk. *Descript. 116.*

3891. Linaria *TOURNEF.* Calyx quinquepartitus. Corolla hypogyna, tubo brevi, inflato, basi calcarato, limbo personato, palato prominente v. interdum depresso et faucem non claudente, plus minus barbato, labii superioris lobis basi plicatis reflexis, inferioris patentibus, intermedio plerumque minore. Stamina corollae tubo inserta, inclusa, 4 fertilia subaequalia, quintum sterile brevissimum, interdum nullum; antherae oblongae, biloculares. Ovarium biloculare, placentis dissepimento adnatis, multiovulatis. Stylus simplex, apice incrassato v. bifido; stigma emarginatum v. bilobum. Capsula chartacea v. membranacea, ovata, compressiuscula, bilocularis, loculis subaequalibus v. antico minore, valvulis tribus v. quinque plus minus productis dehiscentibus, nunc apice valvula unica apertis v. operculo oblique circumscissis. Semina plurima, ovalia aut subprismatica, nunc compressa, discoidea, margine membranaceo cincta. — *Herbae in Europa media, regione mediterranea et Asia finitima magno numero crescentes, in India boreali et America temperata rarae, annuae v. perennes, rarius suffrutescentes; foliis alternis, verticillatis v. oppositis, integerrimis aut lobatis, floribus racemosis v. spicato-racemosis, rarius axillaribus, solitariis.*

Linaria Tournef. *Inst. 168.* excl. sp. Juss. *gen. 120.* DC. *Fl. Fr. III. 582.* Chavannes *Antirrhin. 91.* Benth. *Revis. 1. Scrophularin. ind. 19.* Elatine Dillen. *Nov. gen. 116. t. 6.* non Linn. Antirrhini sp. Linn.

a. CHENORRHINUM DC. *l. c.* excl. sp. Corolla palato plus minus depresso, labio superiore antice producto, calcare tubo breviore. Capsula chartacea, loculo postico saepius multo majore, apice univalvi, antico transversali, indehiscente v. rimula basin versus aperto. Semina truncata, sulcata, foveolata v. echinata. — *Herbae plerumque pilosae; foliis oppositis et alternis, integerrimis, floribus axillaribus v. laxe racemosis.* Antirrhini sp. Linn. Cavanill. *Ic. t. 114. 180.* (Desfont. *Flor. atlant. t. 139.* Chavannes *Op. cit. t. 3. f. 8. t. 6.*)

b. MICRORRHINUM. Corolla palato prominulo faucem haud claudente, labio superiore antice producto, calcare brevissimo. Capsula membranacea, loculis aequalibus, apice dentibus tribus dehiscentibus. Semina truncata, longitudinaliter sulcata. — *Herba ramosissima, pubescens; foliis inferioribus oppositis, superioribus alternis, integerrimis, floribus axillaribus, laxe racemosis.* Antirrhinum minus Linn. Flor dan. *t. 502.* E. B. *t. 2014.* Gärtner *t. 53. f. 1.*

c. CYMBALARIA Chavannes *Op. cit. 98. t. 5. f. 16.* Corolla palato faucem claudente, calcare obtuso, tubo multo breviore. Capsula chartacea, loculis apice sexvalvibus. Semina oblonga, rugosissima. — *Herbae perennes, rupicolae, hypogaeocarpae; foliis longe petiolatis, palminerviis, saepissime lobatis, floribus axillaribus, longe pedicellatis.* — Antirrhini sp. Linn. E. B. *t. 502.* Jacq. *Observ. II. t. 47.* Tenore *Flor. neap. II. t. 59. 159.* Bot. Mag. *t. 2941.*

d. ELATINOIDES Chavannes *Op. cit. 103. t. 5. f. 9. 10. 19—21.* Corolla palato faucem claudente, calcare tubum aequante. Capsula subsphaerica, loculis apice operculis obliquis circumscissis, v. ovata, loculis apice univalvulatis. Semina ovato-truncata v. rotundata, irregulariter foveolata v. granuloso-tuberculata. — *Herbae procumbentes, annuae v. suffrutescentes; foliis alternis, v. infimis interdum oppositis, saepius breve petiolatis, penninerviis, dentatis lobatisve, rarius integerrimis, floribus axillaribus, solitariis.* — Kickxia Dumort. *Flor. Belg. 35.* Elatines sp. Mönch. Cymbalariae sp. Baumg. Antirrhini sp. Linn. Flor. dan. *426. 913.* Jacq. *Hort. Vindob. I. t. 82.* Vahl *Symb. II. t. 37.* (Desfont. *Flor. atlant. t. 32.* Link et Hoffmans. *Flor. Portug. t. 34.* Bory *Pelopon. t. 21.* Reichenb. *Iconogr. t. 815.* Wallich *Plant. As. rar. t. 153.*)

e. LINARIASTRUM. Chavannes *Op. cit. 115. t. 5. f. 10—13. f. 28—37. t. 7.* Corolla palato faucem claudente, calcare tubum aequante v. superante. Capsula ovata v. sphaerica, loculis apice dentibus v. valvulis 4—10 dehiscentibus. Semina angulata v. discoidea, margine membranaceo ad umbilicum emarginato cincta. — *Herbae v. suffrutices; foliis sessilibus, alternis v. verticillatis, rarius oppositis, integerrimis, floribus terminalibus, racemosis, spicato-racemosis v. interdum subcapitatis.* — Antirrhini sp. Linn. Gärtner *t. 53. fig. super.* Flor. dan. *t. 982.* Jacq. *Flor. austr. t. 58. 244. Ic. rar. t. 116. 117. 499.* Cavanill. *Ic. t. 32. 33. 59. 179.* Sibthorp *Flor. graec. t. 587—596.* Venten. *Malmais. t. 11. 18.* Cels. *t. 49.* Bot. Mag. *t. 200. 207. 525.* (Desfont. *Flor. atlant. t. 134—138. 140.* Link et Hoffmans. *Fl. Portug. t. 36—49.* Jacq. f. *Eclog. t. 95.* DC. *Ic. Plant. Gall. rar. t. 11—14.* Ledebour *Ic. t. 91. 431.* Reichenb. *Iconogr. t. 421—425. 431—438. 813. 814.* Bot. Mag. *t. 2183. 3474.*)

3892. Antirrhinum *JUSS.* Calyx quinquepartitus, obliquus. Corolla hypogyna, tubo amplo, compressiusculo, basi saccato, intus antice biseriatim piloso, limbo personato, palato prominente faucem claudente barbato, labii superioris lobis deorsum productis, basi plicatis, reflexis, inferioribus patentibus, intermedio minore, concavo, erecto. Stamina corollae tubo inserta, inclusa, 4 fertilia didynama, quintum sterile brevissimum, interdum nullum; antherae oblongae, biloculares. Ovarium biloculare, placentis dissepimento adnatis, multiovulatis. Stylus simplex, e basi crassiore attenuatus, apice subinflexus; stigma breviter bilobum, lobo postico productiore. Capsula bilocularis, nunc subovata v. pyriformis, basi saepe obliqua, loculo postico apice poro unico multivalvulato, antico geminis collateralibus dehiscente, rarius globosa, membranacea, loculis singulis poro singulo apertis. Semina plurima, minima, oblongo-truncata, foveolata v. rugosa. — *Herbae in Europa australi et regione mediterranea indigenae, nunc in Indiam et Americam borealem transfugae, annuae, perennes v. rarius suffrutescentes; foliis inferioribus oppositis v. interdum ternatis, nunc penninerviis integerrimis, nunc palminerviis lobatisque, floribus racemosis v. axillaribus solitariis.*

Antirrhinum Jussieu *gen. 120.* Chavannes *Antirrhin. 79.* Benth. *Revis. 1. Scrophularia. ind. 20.* Orontium Persoon *Encheir. II. 158.* Antirrhinum et Asarina Tournef. *inst. 75. 76.* Antirrhini sp. Linn.

a. ASARINA Tournef. *l. c.* Chavannes *Op. cit. 80. t. 3. f. 12. t. 4.* Capsula membranacea, subglobosa, loculis singulis infra apicem poro singulo lato, irregulari apertis. — *Folia opposita, palminervia, lobata.* A. Asarina Linn.

b. ANTIRRHINASTRUM Chavannes *Op. cit. 81. t. 3. f. 15—17.* Capsula chartacea v. lignescens, fere inverse pyriformis, basi obliqua, loculo postico poro unico, antico geminis collateralibus infra apicem aperto. — *Folia inferiora opposita v. rarius ternata, superiora pleraque alterna, penninervia, integerrima.* (Gärtn. *t. 53. fig. infer.* E. B. *t. 129. 1155.* Link et Hoffmans. *Flor. Portug. t. 50. 51.*)

3893. Maurandia *ORTEG.* Calyx quinquepartitus. Corolla hypogyna, tubo obsolete tetragono, basi saccato, antice ventricoso, limbo personato, palato prominulo faucem claudente, v. biplicato in tubum decurrente, labii superioris lobis erectis, inferioris patentibus, omnibus subaequalibus, integris v. emarginatis. Stamina corollae tubo inserta, inclusa, 4 fertilia didynama, quintum sterile minimum; antherae oblongae, biloculares. Ovarium biloculare, placentis dissepimento adnatis, multiovulatis. Stylus simplex, subulatus; stigma obtusum, emarginatum. Capsula ovato-globosa, basi obliqua, compressiuscula, bilocularis, loculis apice valvulis quinque dehiscentibus. Semina plurima, subovata, truncata, tuberculata. — *Herbae mexicanae, rhizomate perennantes; ramis scandentibus, foliis alternis, longe petiolatis, petiolo volubili, lamina cordata, palmatinervia, floribus in axillis foliorum solitariis, longe pedunculatis, pedunculis volubilibus.*

Maurandia Ortega *Decad. II. 21.* Jacq. *Hort. Schönbr. III. 20. t. 288.* Willden. *Hort. Berol. t. 83.* Bot. Mag. *t. 460.* Bot. Reg. *t. 1108.* Chavannes *Antirrhin. 77. t. 2.* Benth. *Revis. 1.* Usteria Cavanill. *Ic. II. 15. t. 116.* Andrews *Bot. Reposit. t. 63.* non Willd.

3894. Galvezia *DOMB.* Calyx quinquepartitus. Corolla hypogyna, tubo subcylindrico, basi ventricoso, fauce nuda, limbo bilabiato, labii superioris lobis erectis, ovatis, inferioris patentibus, ovato-rotundatis, subaequalibus. Stamina 4, corollae tubo inserta, inclusa, didynama, quintum sterile nullum; antherae biloculares, reniformes. Ovarium biloculare, placentis dissepimento adnatis, multiovulatis. Stylus simplex, clavatus; stigma emarginatum. Capsula globoso-ventricosa, depressiuscula, bilocularis, loculis infra apicem foramine irregulari apertis. Semina plurima, minima, oblongo-truncata, longitudinaliter costata, foveolata. — *Suffrutex limensis; foliis oppositis et alternis, petiolatis, ovato-lanceolatis, penninerviis, integerrimis, floribus axillaribus solitariis, longe pedunculatis, pedunculis capillaribus, medio inflexis.*

Galvezia Dombey *ex Juss. gen. 119.* Benth. *Revis. 1.* non Ruiz et Pavon. Agassizia Chavannes *Antirrhin. 180. t. 11.* Dodartiae sp. Ruiz et Pav.

3895. Lophospermum *DON.* Calyx quinquepartitus, laciniis foliaceis, amplis, ovato-lanceolatis, basi subauriculatis. Corolla hypogyna, tubo campanulato, basi antice gibbo, intus biseriatim piloso, fauce dilatata, limbo bilabiato, labii superioris laciniis suberectis, ovatis, inferioris patentibus, intermedio minore. Stamina corollae tubo inserta, inclusa, 4 fertilia didynama, quintum sterile brevissimum; antherae biloculares, reniformes. Ovarium biloculare, placentis dissepimento adnatis, multiovulatis. Stylus simplex, subulatus; stigma bilamellatum. Capsula calyce tecta, membranacea, globosa, bilocularis, loculis infra apicem irregulariter rumpentibus. Semina plurima, ovato-truncata, tuberculata, subcompressa, margine membranaceo lato, reticulato, cristato, basi et apice emarginato cincta. — *Herbae mexicanae, rhizomate perennantes; ramis scandentibus, foliis alternis, petiolatis, cordatis, saepe lobatis, floribus axillaribus solitariis, longe pedunculatis, pedunculo volubili.*

Lophospermum Don *in Linn. Transact. XV. 349.* Sweet *Fl. Gard. II. t. 68.* Bot. Mag. *t. 3037. 3038. 3650.* Bot. Reg. *t. 1381.* Chavannes *Antirrhin. 75. t. 1.* Benth. *Revis. 1.*

3896. Rhodochiton *ZUCCAR.* Calyx membranaceus, coloratus, patentissime campanulatus, quinquefidus. Corolla hypogyna, tubo cylindrico, intus nudo, fauce dilatata, limbi bilabiati laciniis subaequalibus. Stamina corollae tubo inserta, inclusa, fertilia 4, subaequalia, quintum sterile brevissimum; antherae biloculares, reniformes. Ovarium biloculare, placentis dissepimento adnatis, multiovulatis. Stylus simplex, filiformis; stigma indivisum. Capsula calyce cincta, membranacea, basi obliqua, depresso-obovata, inflata, bilocularis, loculis infra apicem irregulariter ruptis. Semina plurima, ovato-truncata, tuberculata, compressa, margine membranaceo lato, reticulato, irregulariter lacero, basi et apice emarginato cincta. — *Suffrutex mexicanus volubilis; foliis alternis, petiolatis, cordatis, repando dentatis, floribus axillaribus longe pedunculatis, pedunculis petiolisque volubilibus.*

Rhodochiton Zuccarini *msc.* Benth. *Revis. 1.* Bot. Reg. *1755.* Bot. Mag. *t. 3367.* Lophospermum sanguineum Zuccarini *Plant. nov. I. 306. t. 13.*

OBSERVATIO. Gastromeria Don *in Edinb. new philosoph. Journ. 1835. XIX. 111.* inter Centrantheram *R. Br.* et Virgulariam nominatum, nullibi descriptum, a cl. Bentham *in Lindley Introduct. edit. II. p. 292. et Bot. Mag. Comp. II. 200.* dubitanter ad calcem Antirrhinearum collocatur.

GENUS ANOMALUM.

3897. Collinsia *NUTT.* Calyx campanulatus, quinquefidus, aequalis. Corolla hypogyna, personata, tubo postice gibbo, labio superiore erecto, bifido, inferioris trifidi lacinia media carinato-cucullata, stamina amplectente. Stamina 5, corollae tubo inserta, inclusa, quatuor fertilia, didynama, antheris bilocularibus, loculis parallelis, quintum rudimentarium, anantherum. Ovarium biloculare, placentis carnosis, dissepimento utrinque adnatis. Ovula in loculis gemina, oblique superposita, peltatim amphitropa. Stylus simplex; stigma minutum, aequaliter bilobum. Capsula membranacea, bilocularis, septifrage bivalvis, valvis apice bifidis, dissepimento placentifero parallelis. Semina in loculis gemina, oblique superposita, convexo-concava, testa coriacea, umbilico ventrali. Embryo in axi albuminis cornei rectus, ejusdem longitudine, respectu umbilici transversus; cotyledonibus planis, foliaceis, radicula tereti, vaga. — *Herbae annuae, in America boreali-occidentali indigenae, erectae v. procumbentes, ramosae; foliis oppositis v. ternatis, integerrimis v. dentato-incisis, pedunculis axillaribus unifloris, ebracteatis, oppositis verticillatisque.*

Collinsia Nuttall *in Journ. Academ. Philadelph. I. 190. t. 9.* Lindley *in Bot. Reg. t. 1082. 1107. 1734.* Bot. Mag. *t. 3488.*

TRIBUS IV. SALPIGLOSSIDEAE Benth. *Revis. 2.* Corolla tubo saepius elongato, limbo nunc bilabiato, nunc subaequaliter quinquelobo, plano. Stamina fertilia duo v. saepius quatuor, didynama, declinata, quintum sterile v. nullum; antherae subbiloculares, loculis apice confluentibus. Capsula bilocularis, septifrage bivalvis, valvis integris v. bifidis, dissepimento placentifero parallelis. Embryo rectus v. plus minus arcuatus. — Tribus a Solanaceis capsularibus corollae aestivatione imbricativa, et stamine quinto imperfecto caute distinguenda.

3898. Schizanthus *RUIZ et PAV.* Calyx quinquepartitus. Corolla hypogyna, resupinata, tubo brevissimo, limbo bilabiato, labio postico inferiore tripartito, lacinia media concava, emarginata, antico superiore quinquepartito, laciniis lateralibus bilobis, lobis integris v. incisis, intermedio obtuso v. emarginato, basi palato promi nulo. Stamina 4, corollae fauci inserta, exserta, cum labii inferioris lobo medio declinata, didynama, duo sterilia, minima, fertilium antherae biloculares, loculis divaricatis. Ovarium biloculare, placentis dissepimento utrinque adnatis, multiovulatis, ovulis anatropis. Stylus simplex; stigma obtusum, indivisum. Capsula ovata, bilocularis, septifrage bivalvis, valvis membranaceis, indivisis, dissepimento placentifero parallelis. Semina plurima, plus minus reniformia, rugosa. Embryo in axi albuminis dense carnosi homotrope arcuatus; cotyledonibus brevissimis, obtusis, radicula tereti, umbilico prope basim laterali proxima. — *Herbae chilenses, annuae, glanduloso-pilosae; foliis inferioribus oppositis, superioribus alternis, omnibus pinnatifidis, pedunculis oppositifoliis, unifloris, nunc racemum simplicem v. paniculam efformantibus.*

Schizanthus Ruiz et Pavon *Prodr. 3. t. 1. Flor. Peruv. t. 17.* Hooker *Exot. Flor. t. 73. 86.* Bot. Reg. *t. 725. 1344. 1562.* Bot. Mag. *t. 2404. 2521. 3044. 3045. 3070.*

3899. Salpiglossis *RUIZ et PAV.* Calyx campanulatus, quinquepartitus, laciniis subaequalibus. Corolla hypogyna, infundibuliformis, tubo superne ampliato, limbo quinquefido patente, laciniis subaequalibus, planis, emarginatis v. bifidis. Stamina 5, corollae tubo inserta, inclusa, quatuor fertilia didynama; antheris bilocularibus, loculis confluentibus, rimula unica transversali apertis, quintum minimum, anantherum. Ovarium biloculare, placentis dissepimento utrinque adnatis, multiovulatis, ovulis anatropis. Stylus simplex, apice incrassatus; stigma obsolete bilobum. Capsula ovata v. oblonga, bilocularis, septifrage bivalvis, valvis coriaceis, apice bifidis, dissepimento placentifero parallelis. Semina plurima, subreniformia. Embryo .... *Herbae chilenses, glanduloso-viscidae; foliis alternis, sinuato-pinnatifidis, floribus terminalibus paniculatis, bracteis linearibus, suboppositifloris.*

Salpiglossis Ruiz et Pavon *Prodr. 94. t. 19.* Hooker *Exot. Flor. t. 229.* Bot. Mag. *t. 2811. 3256. 3365.* Bot. Reg. *t. 1518.*

3900. Aptosimum *BURCH.* Calyx campanulatus, semiquinquefidus, bibracteolatus. Corolla hypogyna, tubi parte inclusa contracta, exserta ampla, limbi quinquefidi, subbilabiati laciniis subaequalibus, rotundatis, planis. Stamina 4, corollae tubo inserta, inclusa, didynama, declinata; antherae villosae, subbiloculares, loculis confluentibus, rima transversali unica apertis, staminum posticorum minores, saepius effoetae. Ovarium biloculare, placentis dissepimento utrinque insertis, multiovulatis. Stylus simplex; stigma brevissime bilobum. Capsula brevis, basi subglobosa, apice compressa, obcordata, venoso rugosa, dissepimento contrario basi placentifero, apice breviter loculicide et septicide dehiscens. Semina plurima, trigona, rugosa. — *Suffrutices capenses, rigidi, saepius prostrati v. densissime caespitosi; foliis alternis, confertis, integerrimis, petiolatis v. subsessilibus, nervo medio saepius valido, post laminae lapsum persistente, spinescente, floribus axillaribus, solitariis, sessilibus.*

Aptosimum Burchell *Travels I. 260.* Benth. *in Bot. Reg. t. 1882.* Ohlendorffia Lehmann *Index sem. Hort. Hamburg. 1835.*

3901. Peliostomum *BENTH.* Calyx quinquepartitus. Corolla hypogyna, tubo basi contracto, superne ampliato, limbi quinquefidi, subbilabiati laciniis subaequalibus, rotundatis, planis. Stamina 4, corollae tubo inserta, inclusa, declinata; antherae villosae, subbiloculares, loculis confluentibus, rima transversali unica apertis, staminum posticorum minores, saepius effoetae. Ovarium biloculare, placentis dissepimento utrinque adnatis, multiovulatis. Capsula ovato-oblonga, acuta, apice subcompressa, sulcata, bilocularis, loculicide bivalvis, valis bifidis bipartitisve. Semina ...... — *Herbae v. suffrutices capenses, rigidi, saepius viscosi; foliis alternis, integerrimis, floribus axillaribus v. racemosis, sessilibus v. breviter pedicellatis, pedicellis saepe bracteatis.*

Peliostomum Benth. *in Bot. Reg. n. 1882.*

3902. Anthocercis *LABILLARD.* Calyx campanulatus, quinquefidus. Corolla hypogyna, campanulata, tubo basi coarctato, limbo quinquepartito, aequali, patente. Stamina 4, imo corollae tubo inserta, inclusa, didynama, cum rudimento quinti; filamenta basi latiora, antherae ovatae, biloculares. Ovarium biloculare, placentis dissepimento utrinque adnatis, multiovulatis, ovulis anatropis. Stylus simplex; stigma capitatum, emarginatum. **Capsula** oblonga, bilocularis, septifrage bivalvis, valvis indivisis, columna placentifera libera. **Semina** plurima, basi incurva, reticulata. **Embryo** in axi albuminis carnosi; **cotyledonibus** brevissimis, obtusis, **radicula** tereti, basi homotrope incurva, umbilico basilari proxima. — *Frutices Novae Hollandiae meridionalis; foliis alternis, petiolo basive attenuata cum ramo articulatis, crassis, interdum glanduloso-punctatis, floribus axillaribus subsolitariis, pedunculo minute bracteato, ad articulum saepe solubili, corollis albis v. flavis, speciosis, tubo intus striato, limbo quandoque sex-octopartito.*

Anthocercis Labillard. *Nov. Holland. II. 19. t. 158.* R. Brown *Prodr. 448.* Bot. Reg. *t. 212. 1624.* Bot. Mag. *t. 2961.* Benth. *Revis. 2.*

3903. Browallia *LINN.* **Calyx** tubulosus, quinquedentatus, dentibus subinaequalibus. **Corolla** hypogyna, hypocraterimorpha, tubo calycem superante, superne inflato, limbo quinquepartito, plano, lobo postico paullo latiore, omnibus rotundatis, subemarginatis. **Stamina** 4, corollae tubo inserta, inclusa, didynama, postica longiora, apice arcuata, cuneato dilatata, **antherarum** loculis superpositis, loculo superiore minore; antica breviora antherarum loculis divaricatis, confluentibus, rima transversali apertis. **Ovarium** biloculare, placentis dissepimento utrinque adnatis, multiovulatis, **ovulis** anatropis. **Stylus** simplex; **stigma** subquadrilobum. **Capsula** ovata, bilocularis, septifrage bivalvis, valvis apice bifidis, dissepimento placentifero parallelis. **Semina** plurima, scrobiculata. **Embryo** in axi albuminis carnosi rectus; **cotyledonibus** semicylindricis, brevissimis, **radicula** tereti, umbilico basilari proxima. — *Herbae Americae tropicae, erectae, glabrae aut pubescentes v. viscosae; foliis alternis, petiolatis, ovatis, floribus extraaxillaribus v. terminalibus, caeruleis, violaceis v. rarius albis.*

Browallia Linn. *gen. n. 773.* Gärtner *I. 246. t. 53.* Bot. Mag. *t. 34. 1136.* Don *in Edinb. philosoph. Journ. 1829. VII. 87.* Benth. *Revis. 2.*

3904. Franciscea *POHL.* **Calyx** campanulatus, quinquedentatus, dentibus subaequalibus. **Corolla** hypogyna, hypocraterimorpha, tubo calycem superante, apice ampliato, incurvo, limbo quinquepartito, lobis subaequalibus, rotundatis, planis. **Stamina** 4, corollae tubo inserta, inclusa, didynama; **antherae** subbiloculares, loculis confluentibus, rima transversali unica apertis. **Ovarium** biloculare, placentis dissepimento utrinque adnatis, multiovulatis. **Stylus** simplex; **stigma** inaequaliter bilobum. **Capsula** subglobosa, bilocularis, septifrage bivalvis, valvis coriaceis, integris, dissepimento membranaceo, utrinque placentigero parallelis. **Semina** pauca, angulata. **Embryo** in axi albuminis carnosi vix arcuatus; **cotyledonibus** brevissimis, obtusis, radicula umbilico prope basim sublaterali proxima. — *Frutices brasilienses, erectiusculi; foliis alternis, oblongis, integerrimis, floribus axillaribus et terminalibus conferte racemosis v. rarius solitariis, corollis violaceis v. lilacinis.*

Franciscea Pohl *Plant. Brasil. I. 1. t. 1—7.* Bot. Mag. *t. 2829.* Benth. *Revis. 2.* Brunfelsiae sp. Don.

3905. Brunfelsia *PLUM.* **Calyx** campanulatus, quinquedentatus, dentibus subaequalibus. **Corollae** hypogyna, hypocraterimorpha, tubo elongato, apice aequali, recto, limbo quinquepartito, lobis subaequalibus, rotundatis, planis. **Stamina** 4, corollae tubo inserta, inclusa, didynama; **antherae** subbiloculares, loculis confluentibus, rima transversali unica apertis. **Ovarium** biloculare, placentis latis, dissepimento utrinque adnatis, multiovulatis, ovulis anatropis. **Stylus** simplex; **stigma** inaequaliter bilobum. **Capsula** globosa, subbaccata, bilocularis, septifrage bivalvis, placentis in massam globosam, liberam coalitis. **Semina** plurima, subarcuata, rugosa. **Embryo** in axi albuminis carnosi homotrope arcuatus; **cotyledonibus** brevissimis, **radicula** umbilico ad basim sublaterali proxima. — *Arbusculae in America tropica cis aequatorem indigenae; foliis alternis, oblongis, integerrimis, floribus axillaribus solitariis, v. terminalibus confertis.*

Brunfelsia Plumier *Ic. t. 65.* Linn. *gen. n. 260.* Swartz *Flor. Ind. occid. II. 1035.* Andrews *Bot. Reposit. t. 167.* Bot. Reg. *t. 128.* Gärtner f. *III. 167. t. 212.*

3906. Duboisia *R. BR.* **Calyx** bilabiatus, brevis. **Corolla** hypogyna, infundibuliformi-campanulata, limbo quinquepartito, subaequali. **Stamina** 5, imo corollae tubo inserta, inclusa, quatuor fertilia, didynama, quintum rudimentarium. **Ovarium** biloculare, placentis dissepimento utrinque adnatis, multiovulatis. **Stylus** simplex; **stigma** capitato-emarginatum. **Bacca** bilocularis. **Semina** plurima, subreniformia. **Embryo**.... — *Arbuscula Novae Hollandiae orientalis extratropicae, glabra, Myopori facie; foliis alternis, cum ramulo articulatis, integerrimis, paniculis axillaribus, ad divisuras bracteis caducis, floribus albis, tubo intus striato, baccis parvis, ovalibus, nigris.*

Duboisia R. Brown *Prodr. 448.*

3907. Diplanthera *BANKS et SOL.* **Calyx** trifidus, lacinia postica integra, lateralibus bifidis. **Corolla** hypogyna, bilabiata, fauce compressa, labio superiore obcordato, inferiore tripartito, lobis rotundatis. **Stamina** 4, imo corollae tubo inserta, exserta, subaequalia, adscendentia; **antherae** loculis distinctis, divaricatis, aestivatione juxta latera filamentorum reflexis. **Ovarium** biloculare, placentis dissepimento utrinque adnatis, multiovulatis. **Stylus** simplex, staminum directione; **stigma** bilamellatum. **Fructus**.... — *Arbor mediocris, in Nova Hollandia tropica observata; coma irregulari, diffusa, ramis teretibus, tomentosis, foliis quaternis, petiolatis, magnis, integris, basi superne biglandulosis, thyrsis terminalibus, subrotundis, depressis, pedunculis partialibus verticillatis, pedicellis trichotomis, floribus speciosis, calycibus semicoloratis, corollis flavis.*

Diplanthera Banks et Soland. *ex R. Brown Prodr. 448.*

TRIBUS V. DIGITALEAE Benth. *Revis. 2.* **Corolla** tubulosa, saepius ventricosa, limbo bilabiato. **Stamina** basi declinata, apice saepissime adscendentia, 4 fertilia didynama, quintum sterile v. nullum; antherae biloculares, loculis demum divaricatis, confluentibus. **Capsula** dura, septicide bivalvis, valvis bifidis v. bipartitis, dissepimento e valvarum marginibus introflexis duplicato, demum bipartibili, placentis adnatis v. tandem solutis.

3908. Chelone *LINN.* Calyx quinquepartitus. Corolla hypogyna, tubo postice convexo, limbi bilabiati labio superiore bilobo, lato, concavo, inferiore trilobo, basi barbato. Stamina corollae tubo inserta, quatuor fertilia didynama, exserta; antherae biloculares, loculis divaricatis, quintum anantherum. Ovarium biloculare, placentis dissepimento utrinque adnatis, multiovulatis. Stylus simplex; stigma obsolete bilobum. Capsula bilocularis, septicide bivalvis, placentis adnatis. Semina plurima, compressa, late membranaceo-marginata. — *Herbae boreali-americanae; foliis oppositis, serratis, floribus terminalibus, spicatis.*

Chelone *Linn. gen. n.* 748. Gärtner *l.* 256. *t.* 54. Bot. Mag. *t.* 1864. Bot. Reg. 175. 1211. 1737. Nuttall *gen. II.* 51. Benth. *Revis.* 2.

3909. Pentstemon *HERIT.* Calyx quinquepartitus. Corolla hypogyna, tubo teretiusculo, fauce subinflata, limbi bilabiati labio superiore emarginato-bilobo, inferiore trilobo, nudo v. basi barbato. Stamina corollae tubo inserta, quatuor fertilia didynama, exserta; antheris bilocularibus, loculis divaricatis, quintum anantherum. Ovarium biloculare, placentis dissepimento utrinque adnatis, multiovulatis. Stylus simplex; stigma obsolete bilobum. Capsula bilocularis, septicide bivalvis, placentis adnatis. Semina plurima, angulata, aptera. — *Herbae perennes, in America boreali et tropica trans aequatorem indigenae; foliis oppositis, integerrimis v. serratis, pedunculis axillaribus et terminalibus paucifloris, bracteatis, in racemos v. paniculas dispositis, corollis coccineis, purpurascentibus v. violaceis.*

Pentstemon Heritier *msc.* Lambert *in Linn. Transact.* X. *t.* 6. Nuttall *gen. II.* 51. Benth. *Revis.* 2. Bot. Mag. *t.* 1424. 1425. 1672. 1878. 2587. 2903. 2045. 2954. 3391. 3465. 3466. 3645. 3661. Bot. Reg. 1121. 1122. 1132. 1138. 1245. 1260. 1262. 1270. 1277. 1280. 1285. 1286. 1295. 1309. 1380. 1770. *II. t.* 3. Chelones *sp.* Cav. *Ic. t.* 29. Andrews *Bot. Reposit. t.* 40. Elmigera Reichenb. *Consp. n.* 3177. (Chelone barbata Cav. *Ic. t.* 242. Andrews *Bot. Reposit. t.* 34. Bot. Reg. *t.* 116.) Dasanthera Rafin. *in Journ. Phys.* LXXXIX. 99.

3910. Russelia *JACQ.* Calyx quinquepartitus, laciniis acuminato-subulatis, subaequalibus. Corolla hypogyna, tubulosa, superne ventricoso-ampliata, fauce barbata, limbo bilabiato, labio superiore emarginato-bilobo, inferiore tripartito, laciniis subaequalibus. Stamina 4, corollae tubo inserta, didynama, inclusa, declinata; antherae biloculares, loculis divaricatis. Ovarium biloculare, placentis dissepimento utrinque insertis, multiovulatis. Stylus simplex; stigma obtusum. Capsula subglobosa, attenuato-rostrata, bilocularis, septicide-bivalvis, valvis bifidis, placentis coadunatis, demum liberis. Semina plurima, minima, aptera. — *Herbae v. frutices, in Antillis et Mexico sponte crescentes; ramis angulatis, foliis oppositis v. ternatis verticillatisve, integris, corymbis axillaribus, floribus coccineis.*

Russelia Jacq. *Amer.* 176. *t.* 113. Bot. Mag. *t.* 1528. Kunth in Humboldt et Bonpl. *Nov. gen. et sp. III.* 358. Bot. Reg. *t.* 1773. Benth. *Revis.* 2.

3911. Phygelius *E. MEY.* Calyx pentaphyllus. Corolla hypogyna, tubulosa, tubo declinato, apice recurvo-adscendente, limbo brevi, quinquefido, subbilabiato, laciniis planis, muticis. Stamina 4, corollae tubo inserta, exserta, didynama, declinata; antherae biloculares, loculis parallelis, muticis, adnatis. Ovarium biloculare, placentis dissepimento utrinque adnatis, multiovulatis. Stylus simplex; stigma subincrassatum. Capsula ovata, obliqua, bilocularis. Semina plurima, aptera. — *Frutex capensis, praeter paniculae rhachin tenuiter pubescentem glaberrimus; foliis oppositis, petiolatis, ovatis, subcordatis, crenatis, crassiusculis, laevibus, paniculae pedalis laxae, secundae ramis tri-quinquefloris, bracteis ad basim ramorum et pedicellorum brevibus, pedicellis apice recurvis, calycibus nutantibus, corollis sesquipollicaribus speciosis, glaberrimis, capsula sesquipollicari, valde obliqua, submembranacea, bisulcata, glaucescente.*

Phygelius E. Meyer *ex Benth. in Bot. Mag. Compan. II.* 53.

3912. Colpias *E. MEY.* Calyx pentaphyllus. Corolla hypogyna, tubo brevi, amplo, basi saccato-declinato, apice adscendente, limbo quinquefido, subbilabiato, laciniis rotundatis, planis. Stamina 4, corollae tubo inserta, inclusa, didynama, declinata; antherae biloculares, loculis divaricatis, demum confluentibus. Ovarium biloculare, placentis dissepimento utrinque adnatis, multiovulatis. Stylus simplex, brevissime emarginatus; stigmatibus parvis. Capsula bilocularis, septicide bivalvis, valvis coriaceis, apice bifidis. Semina ...... — *Fruticulus capensis, divaricato-ramosissimus; ramis fragilibus, molliter pilosis, foliis oppositis, petiolatis, cordatis, semipollicaribus, acutis, inciso-dentatis v. palmatilobis, utrinque pilosis, pedunculis axillaribus, unifloris, folio longioribus, ebracteatis, corollis octo v. decem lineas longis, glaberrimis, capsula glabra, calycem aequante.*

Colpias E. Meyer *ex Benth in Bot. Mag. Compan. II.* 53.

3913. Ixianthes *E. MEY.* Calyx bilabiatus, labio superiore bi-tridentato, inferiore distincto, bipartito. Corolla hypogyna, tubo amplo, declinato, apice subadscendente, limbi quinquefidi laciniis planis. Stamina 4 (?) corollae tubo inserta, inclusa, didynama, adscendentia; antherae biloculares, loculis crassis, divaricatis. Ovarium biloculare, placentis dissepimento utrinque adnatis, multiovulatis. Stylus simplex; stigma brevissime emarginatum. Capsula ovata, acuta, bilocularis, septicide bivalvis, valvis coriaceis, apice subbifidis. Semina ..... — *Frutex capensis; ramis erectis, hirsutis, foliis confertis, quaternatim-quinatim verticillatis, subsessilibus, erectis, rigidis, lanceolatis, acutis, apice serratis, basi angustata integerrimis, coriaceis, glabris v. junioribus villosis, pedunculis axillaribus, unifloris, bibracteolatis, folio brevioribus, calycibus striatis, glabris, corollis decem lineas longis, valde obliquis, extus viscoso-villosis, capsulis semipollicaribus.*

Ixianthes E. Meyer *ex Benth. in Bot. Mag. Compan. II.* 53.

3914. Rehmannia *LIBOSCH.* Calyx campanulatus, quinquefidus. Corolla hypogyna, ringens, tubo superne ampliato, limbi bilabiato-quinquelobi lobis subaequalibus, duobus superioribus reflexis, inferioribus patentibus. Stamina 4, corollae tubo inserta, inclusa, didynama, recta; antherae biloculares, loculis subdivaricatis. Ovarium incomplete biloculare, septis incompletis margine utroque placentiferis, multiovulatis. Stylus simplex; stigma late bilamellatum. Capsula ovata, incomplete bilocularis, bivalvis, valvis medio septa placentifera gerentibus. Semina plurima, ovata, testa laxa, spongiosa, reticulata. — *Herba perennis, in China boreali indigena, piloso-glandulosa; foliis radicalibus ovatis oblongisve dentatis, caulinis alternis, saepius parvis v. interdum nullis, petiolis axillaribus, solitariis, unifloris, folium subaequantibus, bracteolis nullis.*

Rehmannia Liboschitz *ex Fischer Ind. sem. hort. Petropolit. 1835. I. 36.* Lindley *in Bot. Reg. t. 1960.* Hooker *Bot. Mag. t. 3653.* Digitalis glutinosa Gärtner *in Nov. Comment. Petropolit. XIV. 544. t. 20.*

3915. Digitalis* *TOURNEF.* Calyx quinquepartitus, subaequalis. Corolla hypogyna, subcampanulata v. infundibuliformis, ventricosa, limbi abbreviati labio superiore indiviso obtusissimo, v. bifido, inferioris trifidi lacinia intermedia aequali v. porrecta. Stamina 4, corollae tubo inserta, didynama, inclusa, declinata; antherae biloculares, loculis divaricatis. Ovarium biloculare, placentis dissepimento utrinque adnatis, bilobis, multiovulatis. Stylus simplex; stigma bilamellatum. Capsula ovata, bilocularis, septicide bivalvis, valvularum marginibus introflexis placentas coadunatas retinentibus. Semina plurima, rugosa. — *Herbae perennes, in Europa media et australi, necnon in Oriente indigenae, in insulis Canariis fruticosae; foliis alternis, integris, floribus terminalibus, spicatis v. racemosis.*

Digitalis Tournef. *inst. 73.* Linn. *gen. n. 758.* Gärtner *I. 247 t. 53.* Lindley, *Monographia. Lond. 1821. fol.* Nees jun. *Gen. plant. XVI. 4.*

a. Digitalis Lindley *l. c. t. 1—26.* Corollae labium superius multo brevius, ab inferiore imbricatum. — Species herbaceae. (Sibthorp *Flor. graec. t. 506. 507.* Reichenb. *Iconogr. t. 151—160. Bot. Reg. t. 1201.*)

b. Isoplexis Lindley *l. c. t. 27. 28.* Corollae labium superius inferiori aequale et aestivatione incumbens. — Species canarienses, fruticosae. (Smith *Exot. Bot. II. t. 73.* Heritier *Stirp. t. 24.* Bot. Reg. *t. 48.*)

3916. Paulownia *SIEBOLD et ZUCC.* Calyx coriaceus, campanulatus, quinquefidus. Corolla hypogyna, infundibuliformi-campanulata, limbo quinquefido, bilabiato, laciniis subaequalibus. Stamina 4, corollae tubo inserta, inclusa; antherae biloculares, loculis divaricatis. Ovarium biloculare, placentis linea dorsali dissepimento utrinque insertis, multiovulatis. Stylus simplex; stigma truncatum. Capsula ovata, lignosa, bilocularis, septicide bivalvis. Semina plurima, parva, costis cristatis, margine in alam membranaceam, pellucidam, apice emarginato-excisam expanso. — *Arbor japonica; ramis horizontalibus, tortuosis, foliis oppositis, petiolatis, cordatis, subtrilobis, integerrimis, subtus molliter villosis, floribus paniculatis, roseis, calycibus densissime ferrugineo-tomentosis.*

Paulownia Siebold et Zuccarini *Flor. Japon. 25. t. 10.* Bignonia tomentosa Thunb.

•

3917. Anastrabe *E. MEY.* Calyx campanulatus, semiquinquefidus. Corolla hypogyna, tubo brevi, limbi bilabiati labio superiore bifido, laciniis planis, inferiore maximo, declinato, saccato, apice breviter trifido. Stamina 4, corollae tubo inserta, didynama, declinata; antherae biloculares, loculis parallelis v. divergentibus. Ovarium biloculare, placentis dissepimento utrinque insertis, multiovulatis. Stylus simplex; stigma truncatum v. brevissime bifidum. Capsula oblonga, coriacea, bilocularis, septicide bivalvis, valvis demum bifidis. Semina pauca, testa membranacea, reticulata. — *Frutices capenses, Freyliniae v. Buddleae habitu? foliis oppositis, breviter petiolatis, oblongo-ellipticis, supra nitidis, glabris, subtus incanis, floribus in corymbos cymasve axillares terminalesque, foliis plerumque breviores dispositis, calycibus et corollis extus tomentosis.*

Anastrabe E. Meyer ex Benth. *in Bot. Mag. Compan. II. 54.*

TRIBUS VI. GRATIOLEAE Benth. *Scrophularin. ind. 20.* Corolla limbo bilabiato v. subaequali, laciniis subplanis? Stamina fertilia 2 v. 4, adscendentia; antherae biloculares, muticae. Capsula bilocularis, loculicide v. septicide aut septifrage bivalvis, valvis integris v. bifidis, dissepimento placentifero demum libero, rarius baccata. Semina aptera.

3918. Halleria *LINN.* Calyx late campanulatus, tri-quinquepartitus, lobis latis, foliaceis. Corolla hypogyna, tubulosa, fauce dilatata, limbi obliqui, quinquefidi lobis brevibus, latis, planis. Stamina 4, corollae tubo inserta, didynama, adscendentia, erecta; antherae biloculares, loculis parallelis, subbilobis, explanatis. Ovarium biloculare, placentis dissepimento utrinque adnatis, multiovulatis. Stylus simplex; stigma punctiforme. Bacca stylo superata, bilocularis. Semina plurima, compressa, punctata. — *Frutices capenses, glabri; foliis oppositis, sempervirentibus, ovatis, supra laevigatis, pedicellis axillaribus, solitariis v. fasciculatis, bibracteolatis, calycibus brevibus, subenerviis, laete virentibus, corollis rubentibus v. coccineis, nitidis.*

Halleria Linn. *gen. n. 761.* Lam. *t. 546.* Bot. Mag. *t. 1744.* Gärtner f. *III. 41. t. 185.* Benth. *Bot. Mag. Comp. II. 54.*

3919. Teedia *RUDOLPH.* Calyx quinquepartitus, laciniis linearibus. Corolla hypogyna, tubulosa, fauce barbata, limbi quinquefidi, subbilabiati laciniis planis. Stamina 4, corollae tubo inserta, didynama, inclusa; antherae biloculares, loculis parallelis. Ovarium biloculare, placentis dissepimento adnatis, multiovulatis. Stylus simplex, brevis; stigma capitatum. Bacca stylo superata, bilocularis. Semina plurima, oblonga. — *Frutices capenses; foliis oppositis, basi angustatis, caulem dilatato-amplectentibus, pedunculis axillaribus v. terminalibus trifloris.*

Teedia Rudolphi in Schrader *Journ. II. 289.* Bot. Reg. *t. 209. 214.* Benth. *Revis. 4. Bot. Mag. Com. pan. II. 54.* Borkhausenia Roth *Catalect. II. 56* Capraria lucida Ait.

3920. Freylinia *BENTH.* Calyx pentaphyllus, foliolis subemarginatis. Corolla hypogyna, tubulosa, limbi quinquelobi, subbilabiati laciniis planis. Stamina 4, corollae tubo inserta, inclusa, didynama; antherae biloculares, loculis parallelis, contiguis. Ovarium biloculare ..... Stylus simplex; stigma incrassato-capitatum. Capsula ovata v. oblonga, bilocularis, septicide bivalvis, valvis coriaceis, apice bifidis ..... Semina pauca? ..... — *Frutices capenses; foliis oppositis v. sparsis, integerrimis, coriaceis, nitidis, floribus in paniculas v. racemos terminales dispositis, bracteis ad basim ramorum paniculae et pedicellorum parvis.*

Freylinia Benth *in Bot. Mag. Compan. II. 55. an*

Colla? Capraria lanceolata Linn. Link et Otto *Ic. select. t. 4.*

OBSERVATIO. Stirpes a cl. Bentham *l. c.* Freylinlae nomine indicatas, et plantam a cl. Colla *Hort. Ripul. 56.* et in *Dissert. s. a.* Freylinleae nomine descriptam esse congeneres, merito dubitamus, cum huic „drupa tetrapyrena, „pyrenis dispermis" diserte tribuatur.

3921. Capraria *LINN.* Calyx quinquepartitus, aequalis. Corolla hypogyna, subcampanulata, tubo brevi, limbo quinquefido, subaequali. Stamina 4, corollae tubo inserta, inclusa, didynama; antherae biloculares, loculis parallelis, contiguis. Ovarium biloculare, placentis medio dissepimento utrinque insertis, multiovulatis. Stylus filiformis; stigma subbilobum. Capsula ovata, bilocularis, septicide bivalvis, valvis coriaceis, apice bifidis, placentis coadunatis, demum liberis. Semina plurima, scrobiculata. — *Herbae Americae tropicae; foliis alternis, oblongis, serratis, basi integerrima ciliatis, pedicellis axillaribus geminis, saepius elongatis.*

Capraria Linn. *gen. n. 168.* Jacq. *Amer. 182. t. 115.* Swartz *Observat. 239.* Gärtner *I. 250. t. 53.* Kunth *in Humb. et Bonpl. Nov. gen. et sp. II. 354.* Benth. *Revis. 3.*

3922. Xuarezia *RUIZ et PAV.* Calyx quinquepartitus, aequalis. Corolla hypogyna, subcampanulata, tubo brevissimo, limbo quinquepartito, aequali, patente. Stamina 5, corollae tubo inserta, omnia fertilia, aequalia, subexserta; antherae biloculares, sagittato-bilobae. Ovarium biloculare, placentis dissepimento utrinque insertis, multiovulatis. Stylus simplex, brevis; stigma bilamellatum. Capsula oblonga, obtusa, compressiuscula, bilocularis, septicide bivalvis, valvis coriaceis, bifidis, placentis coadunatis, demum liberis. Semina plurima, scrobiculata. — *Frutex peruanus; ramis foliisque alternis, serratis, pedicellis axillaribus, solitariis v. geminis.*

Xuarezia Ruiz et Pavon *Flor. Peruv. II. 13. t. 123. f. a.* Kunth *Synops. II. 117.* Capraria peruviana Feuillé *Observat. t. 48.*

3923. Pogostoma *SCHRAD.* Calyx profunde quinquepartitus, laciniis tribus latioribus, apice denticulatis. Corolla hypogyna, tubulosa, fauce barbata, limbi quinquefidi, bilabiati laciniis subaequalibus, planis. Stamina 4, corollae tubo inserta, didynama, inclusa; antherae biloculares, loculis divaricatis, confluentibus. Ovarium biloculare, placentis medio dissepimento utrinque insertis, multiovulatis. Stylus simplex; stigma depresso-capitatum. Capsula ovata, bilocularis, septicide bivalvis, valvis bifidis, placentis coadunatis, demum liberis. Semina plurima, scrobiculata. — *Herba mexicana; ramis hirsutis, foliis alternis, spathulato-obovatis, cuneatis, duplicato inciso-serratis, pilosiusculis, pedunculis axillaribus subsolitariis, abbreviatis, hirsutis.*

Pogostoma Schrader *Index semin. hort. Götting. 1831.* Capraria saxifragaefolia Schlechtend. in Linnaea *V. 105.*

3924. Pterostigma *BENTH.* Calyx quinquepartitus v. quinquefidus, lacinia postica majore. Corolla hypogyna, bilabiata, labio superiore emarginato, inferiore trilobo. Stamina 4, corollae tubo inserta, postica fertilia, antheris bilocularibus, loculis disjunctis, stipitatis; antica sterilia v. antheris dimidiatis. Ovarium biloculare, placentis medio dissepimento adnatis, multiovulatis. Stylus simplex; stigma subincrassatum, integrum, saepius utrinque ala membranacea cinctum. Capsula rostrata, bisulca, bilocularis, loculicide bivalvis, valvulis bifidis, dissepimento e marginibus introflexis duplicato, demum libero, placentis adnatis v. tandem solutis. Semina plurima, striata. — *Herbae indicae, durae, villosae, siccae saepius nigrescentes, odore aromatico Labiatarum; foliis oppositis, rugosis, crenulatis, floribus capitatis, racemosis, sparsis v. inferioribus oppositis, pedicellis brevibus, apice saepius bracteatis.*

Pterostigma Benth. *Scrophularin. ind. 20.* Hook. *ad Beechey 203. t. 45.* Spathestigma Hook. et Arn. *msc.*

3925. Lindenbergia *LINK et OTTO.* Calyx campanulatus, breviter quinquefidus, laciniis ovatis, saepe foliaceis. Corolla hypogyna, ringens, labio superiore emarginato, inferiore trilobo. Stamina 4, corollae tubo inserta, omnia fertilia, didynama, inclusa, postica breviora; antherae biloculares, per paria approximatae, liberae, loculis disjunctis, stipitatis, omnibus fertilibus. Ovarium biloculare, placentis medio dissepimento utrinque adnatis, multiovulatis. Stylus simplex; stigma subincrassatum, integrum, dilatatum. Capsula oblonga, bisulca, bilocularis, loculicide bivalvis, dissepimento e marginibus inflexis duplicato, demum libero, placentis adnatis v. tandem solutis. Semina plurima, striata. — *Herbae in Asia tropica et subtropica indigenae, ramosae, interdum scandentes v. divaricatae, villosae, siccatae saepe nigrescentes, inodorae; foliis oppositis, dentatis, floribus sessilibus, nunc axillaribus oppositis, nunc in racemos v. spicas interruptas, axillares et terminales dispositis.*

Lindenbergia Link et Otto *Ic. select. 95.* Benth. *Scrophularin. ind. 21. Revis. 2.* Bot. Reg. *1470.* Brachycoris Schrader *Catalog. Hort. Götting. 1830.* Bovea Decaisne *in Nouv. Annal. sc. nat. II. 253.* Stemodia ruderalis Vahl.

3926. Stemodia *LINN.* Calyx tubuloso-campanulatus, quinquepartitus, subaequalis. Corolla hypogyna, ringens, labio superiore emarginato, inferiore trilobo. Stamina 4, corollae tubo inserta, omnia fertilia, didynama, inclusa, postica breviora; antherae biloculares, per paria approximatae, liberae, loculis disjunctis, stipitatis, omnibus fertilibus. Ovarium biloculare, placentis medio dissepimento utrinque adnatis, multiovulatis. Stylus simplex; stigma integrum, subbilabiatum. Capsula oblonga v. subglobosa, bisulca, bilocularis, loculicide v. septicide bivalvis, valvis bifidis, dissepimento e marginibus inflexis duplicato, demum libero, placentis adnatis. Semina plurima, striata. — *Herbae v. suffrutices, in Asia et America tropica crescentes; foliis oppositis v. verticillatis, sessilibus v. breviter petiolatis, floribus axillaribus, v. superioribus in racemum v. capitulum approximatis.*

Stemodia Linn. *gen. n. 777.* St. Hilaire *Plant. remarq. Brasil. 216.* Chamisso *in Linnaea III. 4.* Benth. *Scrophularin. ind. 22. Revis. 2.*

a. MODESTIA Chamiss. *l. c.* Capsula loculicida. — *Species asiaticae.* Cybbanthera Hamilt. *in Don Nepal. 87.* (Roxburgh *Plant. corom. t. 176.*)

b. DIAMOSTE Chamiss. *l. c.* Capsula septicida. — *Species americanae.* (Kunth *in Humb. et Bonpl. Nov. gen. et sp. t. 175.* Reichenb. *Ic. exot. t. 1.*)

3927. Schistophragma *BENTH.* Calyx quinquepartitus. Corolla hypogyna, tubulosa, limbi bilabiati labio superiore breviter bifido, inferiore trifido, laciniis omnibus planis. Stamina 4, corollae tubo inserta, omnia fertilia, didynama, inclusa, postica breviora; antherae biloculares, per paria approximatae, liberae, loculis discretis, parallelis, omnibus fertilibus. Ovarium biloculare, placentis medio dissepimento utrinque adnatis, multiovulatis. Stylus simplex; stigma integrum, dilatatum. Capsula linearis, siliquaeformis, subcompressa, bisulca, bilocularis, septicide bivalvis, valvis navicularibus, indivisis, dissepimento placentifero, demum libero, apice bifido parallelis. Semina plurima, oblonga, laevia. — *Herbula mexicana, bipollicaris, ramosa; caulibus tetragonis, glabris v. ad angulos scabropubescentibus, foliis oppositis, pinnatisectis, segmentis linearibus subcuneatisve, integerrimis v. incisis, pedunculis axillaribus, brevibus, secundis, unifloris, ebracteatis, calycis vix duas lineas longi laciniis linearibus, rigidiusculis, acutis, scabris, subaequalibus, corolla calycem subduplo superante, glabra, capsula quinque lineas longa, tenui, acuta.*

Schistophragma Benth. *in litter. 9. Jul. 1838.*

3928. Erinus *LINN.* Calyx quinquepartitus, aequalis. Corolla hypogyna, hypocraterimorpha, limbo quinquepartito, lobis subaequalibus, patentibus, emarginatis. Stamina 4, corollae tubo inserta, omnia fertilia, didynama, inclusa, postica breviora; antherae loculis confluentibus uniloculares. Ovarium biloculare, placentis medio dissepimento utrinque adnatis, multiovulatis. Stylus subnullus; stigma subglobosum, utrinque ala dentiformi auctum. Capsula ovata, bilocularis, septicide bivalvis, valvis demum bifidis, dissepimento placentifero parallelis. Semina plurima, ovata, subrugosa. — *Herba palmaris, caespitosa, pilosa, in alpibus Europae mediae et australis perennans; foliis alternis, spathulatis, profunde serratis, racemis terminalibus, laxe corymbosis.*

Erinus Linn. *gen. n. 771.* excl. sp. Schkuhr *t. 176.* Bot. Mag. *t. 310.* Nees jun. *Gen. plant. XVI. t. 14.*

3929. Sutera *ROTH.* Calyx quinquepartitus, subaequalis. Corolla hypogyna, infundibuliformis, limbo quinquepartito, vix patente, laciniis brevibus, aequalibus, integris. Stamina 4, corollae tubo inserta, omnia fertilia, didynama, inclusa, postica breviora; antherae biloculares, loculis parallelis. Ovarium biloculare, placentis medio dissepimento utrinque adnatis, multiovulatis. Stylus simplex; stigma obtusum. Capsula bisulca, bilocularis, septicide bivalvis, valvis demum bifidis, placentis coadunatis, liberis. Semina plurima, laevia. — *Herbae in India orientali, Aegypto et America boreali indigenae, basi ramosissimae, diffusae; foliis oppositis, pinnatifidis, pedunculis axillaribus, solitariis, oppositis v. superioribus alternis, racemosis.*

Sutera Roth *Nov. sp. 291.* excl. spec. *in Bemerk. 172. descript.* Benth. *Scrophularin. ind. 42.* Leucospora Nuttall *in Annal. Lyc. New-York.* Caprariae sp. Nuttall, *Delile Aegypt. t. 32.*

3930. Dodartia *TOURNEF.* Calyx campanulatus, decagonus, quinquedentatus. Corolla hypogyna, bilabiata, labio superiore breviore emarginato, adscendente, inferiore longiore trifido, biseriatim barbato, lobis integris. Stamina 4, corollae tubo inserta, inclusa, didynama; filamenta simplicia, antherae biloculares, distinctae, subgloboso-didymae. Ovarium biloculare, placentis dissepimento utrinque adnatis, multiovulatis. Stylus simplex; stigma bilamellatum. Capsula subglobosa, bisulca, bilocularis, septifrage bivalvis, valvis indivisis, dissepimento placentifero parallelis. Semina plurima, angulata, laevia. — *Suffrutex ramosus, in Asia minore, regione taurico-caucasica et Sibiria orientali indigenus; caule ramisque tetragonis, foliis oppositis, linearibus, sessilibus, subdentatis, glabris, floribus racemoso-spicatis, purpureis.*

Dodartia Tournef. *It. III. 208. Instit. 478. Linn. gen. n. 780.* Gärtner *I. 245. t. 53.* Bot. Mag. *t. 2199.* Benth. *Revis. 2.*

3931. Mazus *LOUREIR.* Calyx campanulatus, quinquefidus, subaequalis. Corolla hypogyna, bilabiata, labio superiore tridentato v. bifido, inferiore longiore trifido, basi bigibboso, lobis integris. Stamina 4, corollae tubo inserta, inclusa, didynama; filamenta simplicia, antherae biloculares, per paria cohaerentes v. approximatae, loculis divergentibus v. divaricatis, demum confluentibus. Ovarium biloculare, placentis dissepimento utrinque adnatis, multiovulatis. Stylus simplex; stigma bilamellatum. Capsula bilocularis, loculicide bivalvis, valvis integris, medio septuliferis, dissepimento demum libero, placentifero contrariis. Semina plurima, striata. — *Herbae in Asia tropica, Japonia et insula Diemen observatae, humiles, saepe procumbentes v. repentes; foliis radicalibus confertis, petiolatis, grosse dentatis v. lobatis, ramorum sterilium oppositis, floralium perpaucis, alternis, racemis terminalibus unilateralibus v. scapis paucifloris, floribus alternis, pedicellis nudis v. basi aut medio uni-bibracteatis.*

Mazus Loureiro *Flor. cochinch. 385.* R. Brown *Prodr. 439.* Benth. *Scrophularin. ind. 26.* Hornemannia Reichenb. *Ic. exot. t. 37.* Willd. part.

3932. Limnophila *R. BR.* Calyx tubulosus, quinquefidus, aequalis. Corolla hypogyna, infundibuliformis, limbi subbilabiati labio superiore bilobo, inferiore trifido, lobis omnibus planis. Stamina 4, corollae tubo inserta, inclusa, didynama; filamenta simplicia, apice saepius abrupte incurva v. dilatata, antherae biloculares, per paria cohaerentes, loculis parallelis, distinctis. Ovarium biloculare, placentis dissepimento utrinque adnatis, multiovulatis. Stylus simplex; stigma oblique dilatatum, bilamellatum. Capsula bilocularis, bisulca, loculicide bivalvis, valvis demum bifidis, a placentis coadunatis tardius solutis. Semina plurima, rugosa. — *Herbae in Asia et Nova-Hollandia tropica indigenae, paludosae v. aquaticae; foliis oppositis, inferioribus submersis, profunde multipartitis, laciniis capillaceo-multifidis, emersis integris, dentatis v. incisis, saepe tripartitis et hinc facie prima verticillatis, floribus solitariis, oppositis, sessilibus v. pedicellatis, axillaribus v. racemosis, pedicellis nudis v. apice bibracteolatis.*

Limnophila R. Brown *Prodr. 442.* Gaudich. *ad. Freyc. t. 57.* Benth. *Scrophularin. ind. 25. Revis. 3.* Hydropityon Gärtner *f. III. 19. t. 183.* quoad herbam excl. flor. et fruct. Hottonia indica Linn. Cyrilla aquatica Roxburgh *Plant. Corom. t. 189.*

3933. Uvedalia *R. BR.* Calyx tubulosus, prismaticus, quinquedentatus. Corolla hypogyna, bilabiata, labio superiore bilobo, inferiore trifido, lacinia media parum dissimili, basi bigibbosa. Stamina 4, corollae tubo inserta, inclusa, didynama; filamenta simplicia, antherae biloculares, loculis divaricatis. Ovarium biloculare, placentis dissepimento utrinque adnatis, multiovulatis. Stylus simplex; stigma complanatum. Capsula bilocularis, loculicide bivalvis, valvis demum bifidis, marginibus inflexis a placentis coadunatis tardius solutis. Semina plurima .... — *Herba Novae-Hollandiae tropicae; foliis oppositis, linearibus, pedunculis axillaribus et terminalibus unifloris, ebracteatis, corollis caeruleis.*

Uvedalia R. Brown *Prodr. 440.*

3934. Diplacus *NUTT.* Calyx tubulosus, prismaticus, apice inaequaliter profunde quinquedentatus. Corolla hypogyna, bilabiato quinquefida, lobis subaequalibus, plerumque emarginatis. Stamina 4, corollae tubo inserta, inclusa, didynama; filamenta simplicia, antherae biloculares, loculis divaricatis. Ovarium biloculare, placentis dissepimento utrinque adnatis, multiovulatis. Stylus simplex; stigma bilamellatum. Capsula oblonga, bilocularis, loculicide bivalvis, valvis medio septiferis, placentas adnatas auferentibus. Semina plurima, minima, utrinque subulata. — *Suffrutices californici, Mimuli facie; foliis oppositis, sessilibus, integerrimis v. serratis, plerumque viscosis, pedunculis axillaribus, oppositis, unifloris, ebracteatis, corollis coccineis v. luteis.*

Diplacus Nuttall *in Bot. Mag. t. 3655. et in Jardine Annals of Nat. hist. I. 137.* Mimulus glutinosus Willd. Bot. Mag. *t. 354.*

3935. Mimulus *LINN.* Calyx tubulosus, prismaticus, quinquedentatus. Corolla hypogyna, bilabiata, labio superiore bilobo, inferiore trifido, basi saepius bigibboso, lobis subaequalibus. Stamina 4, corollae tubo inserta, inclusa, didynama; filamenta simplicia, antherae biloculares, loculis divaricatis, demum confluentibus. Ovarium biloculare, placentis dissepimento adnatis, multiovulatis. Stylus simplex; stigma bilamellatum. Capsula bilocularis, loculicide bivalvis, valvis integris, medio septiferis, placentae demum liberae contrariis. Semina plurima, minima, utrinque subulata. — *Herbae in America extratropica occidentali, boreali et australi, in Andibus Peruviae, India boreali et Nova-Hollandia indigenae, erectae v. procumbentes, glabrae v. rarius villosae; caule plerumque tetragono, foliis oppositis, dentatis v. rarius integerrimis, pedunculis axillaribus, oppositis, unifloris, ebracteatis, superioribus interdum racemosis, corollis coccineis, luteis, violaceis v. albis.*

Mimulus Linn. *gen. n. 783.* Gärtner *I. 245. t. 53* Bonpl. *Navarr. t. 60.* R. Brown *Prodr. 439.* Kunth *in Humb. et Bonpl. Nov. gen. et sp. II. 370.* excl. sp. Pursh *Flor. Bor. Amer. t. 20.* Bot. Mag. *t. 3353. 3560. 3563.* Bot. Reg. *t. 874. 1118. 1125. 1330. 1591.* Benth. *Scrophularin. ind. 27.*

3936. Leucocarpus *DON.* Calyx campanulatus, prismaticus, quinquedentatus. Corolla hypogyna, bilabiata, labio superiore breviore bilobo, inferiore trifido. Stamina 4, corollae tubo inserta, inclusa, didynama; filamenta simplicia, antherae biloculares, loculis divaricatis, demum confluentibus. Ovarium biloculare, placentis dissepimento utrinque adnatis, multiovulatis. Stylus simplex; stigma bilamellatum. Bacca globosa, stylo mucronata, succulenta, placentis carnosis. Semina plurima, ovali-oblonga, utrinque mucronata. — *Herba mexicana, erecta, annua; caule ramisque alato-quadrangulis, foliis oppositis, semiamplexicauli-sessilibus, lanceolatis, argute serratis, cymis axillaribus multifloris, floribus sulphureis, baccis albis.*

Leucocarpus Don *in Sweet Fl. Gard. II. t. 124.* Mimulus perfoliatus Bot. Mag. *t. 124.*

3937. Ellobum *BLUM.* Calyx quinquepartitus, aequalis. Corolla hypogyna, bilabiata, labio superiore retuso, inferiore triloba, majore, lobo intermedio angustiore. Stamina 4, corollae tubo inserta, didynama, exserta; filamenta simplicia, antherae biloculares, per paria cohaerentes. Ovarium ..... Stylus simplex; stigma obtusum, emarginatum. Capsula? siliquaeformis, subulata, bilocularis. Semina plurima. — *Herba javanica, radicans, pilosa; foliis oppositis, petiolatis, ovatis, serratis, racemis axillaribus paucifloris, pedicellis fructiferis recurvis.*

Ellobum Blume *Bijdr. 747.*

3938. Morgania *R. BR.* Calyx quinquepartitus, aequalis. Corolla hypogyna, bilabiata, labio superiore breviore bilobo, inferiore trifido, lobis subaequalibus, obcordatis. Stamina 4, corollae tubo inserta, inclusa, didynama; filamenta simplicia, antherae biloculares, loculis divaricatis, demum confluentibus. Ovarium biloculare, placentis dissepimento utrinque adnatis, multiovulatis. Stylus simplex; stigma bilamellatum. Capsula bilocularis, septifrage bivalvis, valvis margine inflexis, demum bifidis, dissepimento placentifero parallelis. Semina plurima, scrobiculata. — *Herbae Novae-Hollandiae tropicae; caule erecto, tetragono, foliis oppositis, linearibus, integerrimis v. dentatis, pedunculis axillaribus unifloris, apice bibracteolatis, floribus caeruleis.*

Morgania R. Brown *Prodr. 441.*

3939. Sphaerotheca *CHAM.* Calyx quinquepartitus, aequalis. Corolla hypogyna, bilabiata, labio superiore breviore bilobo, inferiore trifido, lobis subaequalibus, obtusis. Stamina 4, corollae tubo inserta, inclusa, didynama; filamenta simplicia, antherae biloculares, loculis parallelis. Ovarium biloculare, placentis dissepimento utrinque adnatis, multiovulatis. Stylus simplex; stigma bilamellatum. Capsula globosa, bilocularis, septifrage bivalvis, valvis margine planis, mox bifidis, dissepimento placentifero parallelis. Semina plurima, scrobiculata. — *Herba brasiliensis; caule erecto, tetragono, fistuloso, foliis oppositis, lanceolatis, argute cartilagineo-serratis, subpellucido punctatis, pedunculis axillaribus unifloris, apice bibracteolatis, floribus caeruleis.*

Sphaerotheca Chamisso *in Linnaea II. 606.*

3940. Herpestes *GÄRTN.* Calyx pentaphyllus, foliolo postico maximo, anticis angustioribus, lateralibus linearibus. Corolla hypogyna, subbilabiata, labio superiore emarginato v. bifido, rarius indiviso, inferiore trifido, laciniis omnibus planis, subaequalibus. Stamina 4, corollae tubo inserta, didynama, inclusa; filamenta simplicia, antherae biloculares, per paria approximatae, loculis divergentibus v. divaricatis, demum confluentibus. Ovarium biloculare, placentis dissepimento utrinque adnatis, multiovulatis. Stylus simplex; stigma emarginatum v. bilamellatum. Capsula bilocularis, septifrage bivalvis, valvis margine planis v. vix inflexis, integris v. demum bifidis, dissepimento placentifero parallelis. Semina plurima, scrobiculata. — *Herbae inter tropicos totius orbis, imprimis Americae obviae, repentes v. rarius erectae, glabrae v. villosae; foliis oppositis, integerrimis v. den-*

tatis; floribus axillaribus, sessilibus v. pedicellatis, solitariis v. glomeratis, pedicellis nudis v. uni-bibracteatis.

Herpestes R. Brown *Prodr. 443.* Benth. *Scrophularin. ind. 29 et Bot. Mag. Comp. II. 55.*

a. MATOUREA Benth. *in Bot. Mag. Comp. II. 56.* Corollae labium superius integrum v. emarginatum. Capsulae valvae integrae v. breviter bifidae, marginibus inflexis.

Matourea Aublet *Guian. I. 641. t. 259.* Chamisso *in Linnaea III. 20.* Mecardonia Martius *Nov. gen. et sp. III. 16. t. 208.* an Ruiz et Pav.?

b. CACONAPEA Benth. *in Bot. Mag. Comp. II. 57.* Corollae labium superius integrum v. breviter emarginatum. Capsula oblonga, acuta, valvis demum bifidis. Calycis foliola post anthesim vix aucta, posticum lanceolatum v. oblongum.

Caconapea et Ranaria Chamisso *in Linnaea VIII. 28—31.*

c. BRAMIA Benth. *in Bot. Mag. Comp. II. 57.* Corollae labium superius profunde emarginatum v. bifidum. Capsula subglobosa v. ovata, rarius oblonga, valvis bifidis. Calycis foliola post anthesim aucta, extimum saepe cordatum.

Bramia Lam. *Dict. I. 459. Mart. Nov. gen. et sp. III. 18. Amoen. Monac. t. 8.* Monniera P. Browne *Jam. I. 296. t. 28. f. 1.* Michaux *Flor. Bor. Amer. II. 22.* Gärtner f. *III. 187. t. 114.* Herpestes Gärtner f. *III. 186. t. 214.* Palis. *Flor. Owar. t. 112.* Martius *l. c.* Mella Vandelli *in Römer Script. 127. t. 7. f. 22.* Calytriplex Ruiz et Pavon *Syst. 164.* Heinzelmannia Necker *Elem. n. 575.*

3941. Curanga *JUSS.* Calyx tetraphyllus, foliolis duobus exterioribus multo majoribus cordatis, postico latiore, duobus interioribus lateralibus linearibus, inclusis. Corolla hypogyna, bilabiata, labio superiore emarginato, inferiore dilatato-trilobo. Stamina 4, corollae tubo inserta, inclusa, antica sterilia, apicibus clavatis, postica fertilia; filamentis simplicibus, antherarum loculis divergentibus. Ovarium biloculare, placentis dissepimento utrinque adnatis, multiovulatis. Stylus simplex; stigma spathulatum, inaequaliter bilamellatum. Capsula ovata, compressiuscula, bilocularis, septifrage bivalvis, valvis integris, dissepimento placentifero parallelis. Semina plurima, scrobiculata. — *Herba indica; caule inferne repente, tetragono; foliis oppositis, petiolatis, ovatis, crenatis, basi cuneatis, pedunculis axillaribus folio brevioribus, apice subracemosis, bi-quadrifloris, floribus pedunculatis.*

Curanga Jussieu *in Annal. Mus. IX. 319.* Blume *Bijdr. 746.* Caranga Vahl *Enumerat. I. 100.* Curania Römer et Schult. *Syst. I. 178.* Synphyllium Griffiths *in Madras Journ. of sc. I. ex Benth. in litt.* Gratiola amara Roxb. Serratula amara Rumph Amboin. *V. 459. t. 170. f. 1.*

3942. Achetaria *CHAM.* Calyx pentaphyllus, bibracteolatus. Corolla hypogyna, bilabiata, labio superiore breviore erecto, integro, inferiore trilobo. Stamina 2, corollae tubo antice inserta, inclusa; filamentis simplicibus, antherarum loculis parallelis, sterilia nulla. Ovarium biloculare, placentis dissepimento utrinque adnatis, multiovulatis. Stylus simplex; stigma emarginatum. Capsula bilocularis, septifrage bivalvis, valvis indivisis v. apice breviter bifidis, dissepimento placentifero parallelis. Semina plurima, minima. — *Herba brasiliensis, Melissae habitu, hirsutiuscula; caulibus tetragonis, foliis oppositis, breviter petiolatis, ovatis, acutis, crenulatis, pedicellis axillaribus solitariis unifloris, oppositis, corollis pubescentibus.*

Achetaria Chamisso *in Linnaea II. 567.*

3943. Beyrichia *CHAM.* Flores resupinati, tribracteati. Calyx pentaphyllus, foliolo antico (superiore) minimo, lateralibus postico (inferiore) majoribus. Corolla hypogyna, bilabiata, labiis indivisis, subaequalibus. Stamina 4, corollae tubo inserta, antica (superiora) fertilia, exserta; filamentis simplicibus, antherarum loculis divaricatis; postica (inferiora) sterilia, inclusa. Ovarium biloculare, placentis dissepimento utrinque adnatis, multiovulatis. Stylus simplex, apice incrassatus; stigma subcupuliforme. Capsula bilocularis, septicide bivalvis, valvis integris, placentis coadunatis demum liberis. Semina plurima, minima. — *Herba brasiliensis, pubescens; caule erecto, tetragono, foliis oppositis, breve petiolatis, ovatis, serratis, floralibus brevissimis, spica terminali foliosa, densa.*

Beyrichia Chamisso *in Linnaea III. 21.*

3944. Anticharis. Calyx ebracteolatus, quinquepartitus, aequalis. Corolla hypogyna, bilabiato-quinquefida, lobis subaequalibus, obtusis. Stamina 2, corollae tubo antice inserta, inclusa; filamentis brevissimis, antherarum loculis divaricatis, demum confluentibus. Ovarium biloculare, placentis dissepimento utrinque insertis, multiovulatis. Stylus simplex; stigma obtusum, emarginatum. Capsula pyramidata, bilocularis, loculicide bivalvis, valvis demum septicide bifidis, placentis coadunatis, liberis. — *Herba aegyptiaca, subsimplex, obsolete glanduloso-pubescens; foliis alternis, petiolatis, ellipticis, integerrimis, pedunculis axillaribus, solitariis, unifloris, petiolo brevioribus, infra medium minutissime unibracteatis.*

Capraria aegyptiaca *Steudel et Hochst. msc.*

3945. Hydrotriche *ZUCCAR.* Calyx ebracteolatus, quinquepartitus, aequalis. Corolla hypogyna, infundibuliformis, limbo quinquefido, patente, aequali. Stamina 2, corollae tubo postice inserta, inclusa; filamentis simplicibus, antherarum loculis divaricatis. Ovarium biloculare, placentis dissepimento utrinque adnatis, multiovulatis. Stylus simplex; stigma subinfundibuliformi-bilabiatum. Capsula bilocularis, loculicide bivalvis, valvis integris, medio septiferis, placentis coadunatis, liberis. — *Herba madagascariensis, aquatica; foliis inferioribus submersis, verticillatis, capillaceo-subulatis, setoso-serratis, superioribus oppositis, lanceolatis, obtusis, floribus in racemum pauciflorum dispositis.*

Hydrotriche Zuccarini *Plant. nov. fasc. I. 109.* Benth. *in Bot. Mag. Comp. II. 59.*

3946. Gratiola *R. BR.* Calyx quinquepartitus, bibracteolatus, aequalis. Corolla hypogyna, bilabiata, labio superiore emarginato v. bifido, inferiore trifido, aequali. Stamina 4, corollae tubo inserta, inclusa, antica sterilia longiora, subclavata, postica fertilia; antheris cohaerentibus, bilocularibus, loculis parallelis. Ovarium biloculare, placentis dissepimento utrinque adnatis, multiovulatis. Stylus simplex; stigma dilatatum, bilamellatum. Capsula bilocularis, loculicide bivalvis, valvis demum bifidis, dissepimento e marginibus introflexis soluto. Semina plurima, scrobiculata. — *Herbae perennes, uliginosae, in Europa media, America boreali et Nova-Hollandia extratropica indigenae; foliis oppositis, crenatis v. dentatis, pedunculis axillaribus solitariis, unifloris, oppositis v. alternis.*

Gratiola R. Brown *Prodr.* 435. Gratiolae sp. Linn. Gärtner *t.* 53. Flor. Dan. *t.* 363. Nees jun. *Gen. plant. XVI. t.* 6. Sophronanthe Benth. in Lindley *Introduct. edit. II. p.* 445. Nibora Rafinesq. *Flor. ludov.* 36.

3947. Dopatrium *HAMILT.* Calyx membranaceus, semiquinquefidus. Corolla hypogyna, limbo oblique quinquefido, subbilabiato, labio inferiore majore. Stamina 4, corollae tubo inserta, inclusa, antica sterilia, minima, postica fertilia; filamentis simplicibus, antheris cohaerentibus, bilocularibus, loculis parallelis. Ovarium biloculare, placentis dissepimento utrinque adnatis, multiovulatis. Stylus simplex; stigma dilatatum, bilamellatum. Capsula bilocularis, septifrage bivalvis, valvis demum bifidis, dissepimento placentifero parallelis. Semina plurima, minima. — *Herbae indicae, uliginosae, tenerae, glabrae; foliis oppositis, radicalibus et caulinis inferioribus paucis, obovatis, integerrimis, caulinis minutis, distantibus, pedicellis axillaribus solitariis, unifloris, oppositis v. alternis, corollis caeruleis.*

Dopatrium Hamilt. *ex Benth. Scrophularin. ind.* 30. Gratiolae sp. Retz. Willd. Roxburgh *Plant. Corom. t.* 129.

3948. Bonnaya *LINK et OTTO.* Calyx quinquepartitus, subaequalis. Corolla hypogyna, tubo exserto, limbi bilabiato-quinquefidi labio superiore breviore. Stamina 4, corollae tubo inserta, duo postica fertilia, inclusa; filamentis simplicibus, antheris cohaerentibus, antica sterilia, ad basim labii inferioris. Ovarium biloculare, placentis medio dissepimento utrinque adnatis, multiovulatis. Stylus simplex; stigma complanatum, bilamellatum. Capsula globosa, oblonga v. linearis, bilocularis, septifrage bivalvis, valvis membranaceis, integris, margine planis, dissepimento placentifero, demum libero parallelis. Semina plurima. — *Herbae indicae, tenerae, glabrae v. rarius pilosiusculae, repentes v. suberectae; foliis oppositis, integerrimis v. dentatis, floribus axillaribus oppositis v. abortu alternis, saepius pedicellatis, superioribus interdum racemosis.*

Bonnaya Link et Otto *Ic. select.* 25. Chamiss. et Schlecht. *in Linnaea II.* 568. Benth. *Scrophularin. ind.* 32. *Revis.* 1. Gratiolae sp. Linn. Roxburgh.

a. SILIQUOSAE Benth. *l. c.* Capsulae lineares, calyce multo longiores. Gratiolae sp. Roxburgh *Plant. Corom. t.* 154. 155. 179. (Link et Otto *Op. cit. t.* 9.)

b. BRACHYCARPAE Benth. *l. c.* Capsulae ovatae, calyce parum longiores. Gratiolae sp. Roxburgh *Op. cit. t.* 128.

c. SPHAEROCARPAE Benth. *l. c.* Capsulae subglobosae, calyce breviores. Gratiolae sp. Roxburgh *Op. cit. t.* 204.

3949. Microcarpaea *R. BR.* Calyx tubulosus, pentagonus, quinquefidus. Corolla hypogyna, tubo calycem aequante, limbi bilabiati labio superiore bilobo, inferiore trifido, laciniis omnibus planis. Stamina 2, corollae tubo postice inserta; filamentis basi gibbis, antheris approximatis, bilocularibus, loculis subparallelis, sterilia nulla. Ovarium ..... Capsula bilocularis, loculicide bivalvis, valvis integris, dissepimento placentifero, demum libero contrariis. — *Herba pusilla, muscosa, glabra, in India orientali et Nova-Hollandia tropica indigena; foliis oppositis, floribus axillaribus ebracteatis, minutis.*

Microcarpaea R. Brown *Prodr.* 435. non Benth.

3950. Peplidium *DELIL.* Calyx campanulatus, quinquedentatus. Corolla hypogyna, tubo calycem aequante, limbi quinquefidi, vix bilabiati laciniis omnibus planis, subaequalibus. Stamina 2, corollae tubo postice inserta; filamentis basi gibbis, subappendiculatis, incurvis, antheris approximatis, bilocularibus, loculis parallelis. Ovarium biloculare, placentis dissepimento utrinque adnatis, multiovulatis. Stylus simplex; stigma complanato-dilatatum, indivisum. Capsula globosa, bilocularis, apice irregulariter v. subseptifrage rupta. Semina plurima, minima. — *Herba in Asia et Africa calidiore littoralis, Peplidis habitu, repens, glabra; foliis oppositis, obovatis, integerrimis, floribus axillaribus oppositis, solitariis, brevissime pedunculatis.*

Peplidium Delile *Flor. Aegypt.* 148. *t.* 4. *f.* 2. Benth. *Scrophularin. ind.* 32. Microcarpaea cochleariifolia Smith. Hooker *Bot. Miscell. suppl. t.* 29. Hedyotis maritima Linn. *suppl.* 119.

3951. Micranthemum *L. C. RICH.* Calyx campanulatus, quadridentatus, antice fissus. Corolla hypogyna, tubo subgloboso, fauce contracta, limbi bilabiati labio superiore brevissimo, truncato, inferioris tripartiti lacinia media lineari-ligulata, incurva, apice crenata. Stamina 2, corollae tubo postice inserta, subexserta; filamentis medio appendice dentiformi auctis, antheris bilocularibus, loculis parallelis. Ovarium biloculare, placentis dissepimento utrinque adnatis, multiovulatis. Stylus simplex; stigma bilamellatum. Capsula bilocularis, septifrage bivalvis, valvis margine planis, dissepimento placentifero parallelis. Semina plurima, minima. — *Herbae boreali-americanae, perpusillae, paludosae, repentes, glabrae; foliis oppositis v. verticillatis, subellipticis, subsucculentis, floribus axillaribus solitariis, breviter pedunculatis, minutissimis.*

Micranthemum L. C. Richard *in Michaux Flor. Bor. Amer. I.* 10. Hemianthus Nuttall *in Journ. Academ. nat. sc. Philadelph. I.* 123. *t.* 6.

3952. Vandellia *LINN.* Calyx tubulosus v. campanulatus, subaequalis, quinquedentatus v. quinquepartitus. Corolla hypogyna, tubo exserto, limbi bilabiato-quinquefidi labio superiore breviore. Stamina 4, corollae tubo inserta, omnia fertilia, didynama, postica breviora, filamentis simplicibus; antica ad basim labii inferioris inserta, filamentis elongatis, arcuatis, basi appendice filiformi v. dentiformi auctis; antherae per paria cohaerentes, biloculares, loculis divergentibus v. divaricatis, apice confluentibus. Ovarium biloculare, placentis medio dissepimento utrinque adnatis, multiovulatis. Stylus simplex; stigma bilamellatum v. simplex. Capsula globosa, oblonga v. linearis, bilocularis, septifrage bivalvis, valvis membranaceis, integris, margine planis, dissepimento placentifero, demum libero parallelis. Semina plurima. — *Herbae indicae et americanae, glabrae v. pilosae, Bonnayis v. Toreniis similes; foliis oppositis, saepius dentatis, floribus axillaribus, oppositis v. fasciculatis, superioribus saepe racemosis.*

Vandellia Linn. *Mant.* 89. Gärtner f. *III.* 35. Vahl *Eclog. II.* 47. Chamisso *in Linnaea III.* 20. Benth. *Scrophularin. ind.* 35. *Revis.* 3. Tittmannia Reichenb. *Ic. exot. I.* 26. Hornemannia Link et Otto *Ic. select. I.* 9. Willd. part.

a. BRACHYCARPAE Benth. *l. c.* Capsula subglobosa v. ovato-oblonga, calyce brevior v. vix longior (Gärtn. f.

t. 184. Link et Otto *Op. cit. t. 3.* Reichenb. *Op. cit. t. 38.* Gratiolae sp. Roxburgh *Plant. Corom. t. 202.*

b. SILIQUOSAE Benth. *l. c.* Capsula oblongo-linearis, calyce longior.

3953. Torenia *LINN.* Calyx tubulosus, tubo angulato v. alato, limbo oblique quinquedentato v. bilabiato, labiis bi-tridentatis. Corolla hypogyna, ringens, labio superiore bifido, inferiore trifido, laciniis subplanis. Stamina 4, corollae tubo inserta, omnia fertilia, didynama, postica breviora, filamentis simplicibus; antica ad basim labii inferioris inserta, filamentis elongatis, arcuatis, basi appendice filiformi v. dentiformi auctis; antherae per paria cohaerentes v. approximatae, biloculares, loculis divergentibus v. divaricatis, apice confluentibus. Ovarium biloculare, placentis medio dissepimento utrinque adnatis, multiovulatis. Stylus simplex; stigma bilamellatum. Capsula oblonga, calyce brevior, septifrage bivalvis, valvis membranaceis, integris, margine planis, dissepimento placentifero, demum libero parallelis. Semina plurima. — *Herbae in Asia et Australasia tropica, nec non in Americae littoribus indigenae, racemosae, basi diffusae, glabrae v. villosae; foliis oppositis, saepius dentatis, floribus axillaribus, oppositis v. fasciculatis, interdum racemosis.*

Torenia Linn. *gen. n. 874.* Gärtner f. *III. 29. t. 184.* Roxburgh *Plant. Corom. II. 52. t. 161.* R. Brown *Prodr. 440.* Benth. *Scrophularin. ind. 38. Revis 3.* Nortenia Thouars *Gen. Madagasc. n. 27.* Chamisso *in Linnaea III. 18.*

3954. Achimenes *VAHL.* Calyx quinquepartitus, subaequalis. Corolla hypogyna, infundibuliformis v. campanulata, limbo quadrifido, subbilabiato, lacinia suprema latiore, tubo intus quadrisquamato. Stamina 4, corollae tubo inserta, omnia fertilia, didynama, postica breviora, filamentis simplicibus; antica ad basim labii inferioris inserta, filamentis elongatis, arcuatis, basi appendice obtuso brevi auctis; antherae per paria cohaerentes, biloculares, loculis divaricatis, conniventibus. Ovarium biloculare, placentis medio dissepimento utrinque insertis, multiovulatis. Stylus simplex; stigma bilamellatum. Capsula subglobosa, bilocularis, septifrage bivalvis, valvis membranaceis, integris, margine planis, dissepimento placentifero, demum libero parallelis. Semina plurima. — *Herbae indicae, glabrae, Sesami facie; foliis oppositis, subserratis, floribus in racemis terminalibus oppositis, breviter pedunculatis.*

Achimenes Vahl *Symbol. II. 71. non* P. Browne et Pers. Diceros Persoon *Encheirid. II. 164.* Artanema Don ex Benth. *Scrophularin. ind. 39. Revis. 3.* Columneae sp. Linn.

3955. Heteranthia *NEES et MART.* Calyx campanulatus, quinquefidus, subaequalis. Corolla hypogyna, infundibuliformi-campanulata, limbi bilabiati labio superiore breviore, oblongo, integro, inferiore concavo, trilobo, lobo medio majore, emarginato. Stamina 4, corollae tubo inserta, didynama, postica breviora; antherarum loculis aequalibus, parallelis, connectivo simplici; antica ad basim labii inferioris inserta, antheris stylum amplectentibus, connectivo postice glanduloso, loculis subinaequalibus. Ovarium biloculare, placentis medio dissepimento utrinque adnatis, multiovulatis. Stylus simplex; stigma indivisum, obtusum. Capsula ovata, compressiuscula, bilocularis, septifrage bivalvis, valvis membranaceis, integris, margine planis, dissepimento placentifero, demum libero parallelis. Semina plurima, rugosa. — *Herba brasiliensis, perennis, repens; ramis adscendentibus, foliis alternis, suborbiculatis, obtusis, integerrimis, in petiolum decurrentibus, racemo terminali subsimplici, secundo.*

Heteranthia Nees et Martius *in N. A. N. C. XI. 42. t. 3.* Benth. *Revis. 3.* Vrolickia Sprengel *Syst. III. 165.*

3956. Hydranthelium *KUNTH.* Calyx quadripartitus, laciniis duabus oppositis obtusis, trinerviis, duabus acutiusculis, uninerviis. Corolla hypogyna, infundibuliformis, limbo trifido, lobo uno duplo latiore, emarginato. Stamina 3, corollae fauci inserta, lobis alterna et breviora; antherae biloculares, oblongae. Ovarium biloculare, placentis medio dissepimento adnatis, multiovulatis. Stylus simplex; stigma bilobum. Capsula calyce cincta, ovato-subrotunda, mucronata, bilocularis, septifrage bivalvis, valvis membranaceis, indivisis, margine planis, dissepimento placentifero, demum libero parallelis. Semina plurima, cylindracea, subarcuata, striata. — *Herbulae Americae tropicae, natantes, ad ramificationes radicantes, Callitriches facie; foliis oppositis, integerrimis, nervosis, floribus axillaribus, solitariis, alternis, pedunculatis, ebracteatis, minutis, albis.*

Hydranthelium Kunth *in Humb. et Bonpl. Nov. gen. et sp. VII. 203. t. 646.* Willichia Mutis ex Linn. Mant. 558.

3957. Hyogeton. Calyx quinquepartitus, aequalis. Corolla hypogyna, tubo calycem aequante v. superante, labio superiore retuso, inferiore trifido, basi bicarinato. Stamina 4, corollae tubo inserta, inclusa, didynama; filamenta simplicia, antherae biloculares, per paria cohaerentes, loculis parallelis. Ovarium biloculare, placentis dissepimento utrinque adnatis, multiovulatis. Stylus simplex; stigma bilamellatum. Capsula bilocularis, septifrage bivalvis, valvis integris, margine planis, dissepimento placentifero parallelis. Semina plurima, minima. — *Herbae Novae Hollandiae tropicae, tenellae; foliis oppositis, in inferiore caulis parte subcongestis, superioribus remotis, floralibus minimis, pedunculis axillaribus et terminalibus ebracteatis, fructiferis deflexis, post capsulae dehiscentiam arrectis.*

Lindernia R. Brown *Prodr. 441.* non Allion.

3958. Lindernia *ALLION.* Calyx quinquepartitus, aequalis. Corolla hypogyna, calyce brevior, tubo ventricoso, fauce constricta, limbi bilabiati labio superiore brevi, bilobo, inferiore trilobo, lobo medio emarginato. Stamina 4, corollae tubo inserta, didynama, inclusa; filamentis brevissimis, simplicibus, antheris bilocularibus, loculis parallelis. Ovarium biloculare, placentis dissepimento mox obliterato insertis, multiovulatis. Stylus simplex; stigma bilobum. Capsula oblonga, unilocularis, bivalvis, valvis integris, columna placentifera fusiformi, libera. Semina plurima, minima, rugosa. — *Herba annua, in Europae mediae inundatis crescens, procumbens; foliis oppositis, ovato-oblongis, integerrimis, trinerviis, sessilibus, pedicellis axillaribus unifloris, ebracteatis.*

Lindernia Allion. *Pedemont. III. 178. t. 5.* Schkuhr *t. 175.* Gärtner *f. III. 34. t. 184.* Pyxidaria Lindern. *Alsat. I. 152. II. 267.* Capraria gratioloides Linn.

TRIBUS VII. BUCHNEREAE Benth. *Bot. Mag. Comp. I. 357.* Calyx quinquefidus

v. quinquedentatus. Corolla limbo quinquefido v. inaequaliter quadrifido, nunc bilabiato, laciniis omnibus planis. Stamina 4, adscendentia, didynama, rarius duo approximata; antherae uniloculares. Stylus simplex; stigma parvum, subcapitatum. Capsula bivalvis, valvis integris v. bifidis, rarissime carnosa, indehiscens.

SUBTRIBUS I. EUBUCHNEREAE. Capsula loculicida, bivalvis, valvulis integris.

3959. Striga *LOUR.* Calyx breviter tubulosus, quinque-quindecimcostatus, quinquedentatus v. semiquinquefidus, rarius quadridentatus. Corolla hypogyna, tubo tenui, medio v. supra medium infracto, limbi bilabiati labio superiore saepius breviore integro, emarginato v. bifido, inferiore trifido. Stamina 4, corollae tubo inserta, didynama, inclusa; antherae uniloculares. Ovarium biloculare, placentis septo adnatis, multiovulatis. Stylus simplex; stigma subclavatum. Capsula recta, bilocularis, loculicide elastice bivalvis, valvis subcoriaceis, integris, medio septiferis, placentas coadunatas nudantibus. Semina plurima, angulata. — *Herbae in Asia et Africa tropica indigenae, epigeae v. Orobanchearum more super radices parasiticae, scabrae, siccitate nigricantes; foliis infimis oppositis, superioribus alternis, nunc squamaeformibus, nunc linearibus, integerrimis v. paucidentatis, floralibus conformibus, sensim minoribus, floribus axillaribus solitariis, sessilibus, spicas terminales constituentibus, nudis v. minute bibracteolatis.*

Striga Loureiro *Flor. cochinch.* 127. Benth. *in Bot. Mag. Comp. I.* 361. Campuleia Thouars *Gen. madagasc. n.* 22. Buchnerae sp. Linn. et Auct.

a. OROBANCHOIDES. Calyx quinquecostatus. Corollae tubus supra medium infractus. — *Folia squamaeformia. Herba parasitica.* — Buchnera orobanchoides R. Brown. Endlicher *in Flor.* 1832. *t.* 2. (Bentham *Op. cit. t.* 19.)

b. EUPHRASIOIDES. Calyx quinquecostatus. Corollae tubus supra medium infractus. — *Folia linearia.* Buchnera asiatica Vahl.

c. EUSTRIGA. Calyx decem-quindecimcostatus. Corollae tubus supra medium infractus. — *Folia linearia.* — Campuleia coccinea Hooker *Exot. Flor. t.* 203.

d. CAMPULEIA. Calyx quinquecostatus. Corolla medio infracta. — *Folia linearia.* — Buchnera hermonthica Delile. *Flor. Aegypt. t.* 34.

3960. Buchnera *LINN.* Calyx breviter tubulosus, obsolete decemnervis, quinquedentatus. Corolla hypogyna, subhypocraterimorpha, tubo tenui, exserto, recto v. subincurvo, limbo patente, subaequaliter quinquefido, laciniis oblongis v. obovatis. Stamina 4, corollae tubo inserta, didynama, inclusa; antherae uniloculares. Ovarium biloculare, placentis dissepimento adnatis, multiovulatis. Stylus simplex; stigma subclavatum. Capsula recta, bilocularis, loculicide elastice bivalvis, valvis subcoriaceis, integris, medio septiferis, placentas coadunatas nudantibus. Semina plurima, angulata. — *Herbae perennes, in Asia, Africa et America tropica indigenae, scabrae, siccitate nigricantes; foliis inferioribus oppositis, infimis latioribus, saepe dentatis, superioribus angustioribus, remotis, plerumque integerrimis, floralibus bracteaeformibus, floribus solitariis, sessilibus, bibracteolatis, in spicam terminalem dispositis.*

Buchnera Linn. *gen. n.* 772. excl. sp. Gärtner *I.* 259. *t.* 55. Benth. *in Bot. Mag. Comp. I.* 365. Piripea Aublet *Guian. II.* 628. *t.* 253.

3961. Doratanthera *BENTH.* Calyx quinquepartitus. Corolla hypogyna, tubulosa, limbi patentis, subaequaliter quinquefidi laciniis brevibus, rotundatis, planis. Stamina 2, corollae tubo inserta, inclusa, sterilium rudimenta nulla; antherae approximatae, uniloculares, triangulari-semihastatae. Ovarium biloculare, placentis dissepimento adnatis, multiovulatis. Stylus simplex; stigma subclavatum. Capsula ovoidea, rostro recto, obtuso, bisulca, bilocularis, loculicide bivalvis, valvis apice fissis, placentas coadunatas nudantibus. Semina plurima, testa laxa, reticulata. — *Herba senegambica, annua, erecta, ramosa, pilis brevibus glandulosis hirta, siccitate nigrescens; foliis alternis, linearibus, uninerviis, integerrimis, floralibus conformibus, pedicellis axillaribus, filiformibus, solitariis, unifloris, secundis, calycibus basi bibracteolatis, glanduloso-hirtis, corollisque venosis.*

Doratanthera Benth. *in litt.* 7. *Jul.* 1838.

3962. Rhamphicarpa *BENTH.* Calyx campanulatus, quinquefidus. Corolla hypogyna, tubo tenui, longe exserto, limbo patente, subaequaliter quinquepartito, laciniis obovatis, planis. Stamina 4, corollae tubo inserta, didynama, inclusa; antherae uniloculares. Ovarium biloculare, placentis dissepimento adnatis, multiovulatis. Stylus simplex; stigma subclavatum. Capsula oblique mucronata, rostrata, bilocularis, loculicide-bivalvis, valvis coriaceis, integris, placentas coadunatas nudantibus. Semina plurima .... — *Herbae in Asia et Africa tropica, necnon in Capite bonae spei observatae, erectae, ramosae, glabrae, siccitate nigricantes; foliis inferioribus oppositis, superioribus alternis, angustis, integerrimis v. pinnatisectis, floribus breviter pedicellatis, racemosis, saepius ebracteatis.*

Rhamphicarpa Benth. *in Bot. Mag. Comp. I.* 368. Gerardia tubulosa Linn.

3963. Cycnium *E. MEY.* Calyx longe tubulosus, quinquefidus. Corolla hypogyna, tubo cylindrico, recto, limbo patente, subaequaliter quinquefido, laciniis ovatis, integris. Stamina 4, corollae tubo inserta, didynama, inclusa; antherae uniloculares. Ovarium biloculare, placentis dissepimento adnatis, multiovulatis. Stylus simplex; stigma subclavatum. Capsula carnosa, bilocularis, indehiscens? Semina ..... — *Herbae capenses, rigidae, scabrae, siccitate nigricantes; foliis oppositis v. superioribus alternis, grosse dentatis, floribus axillaribus solitariis v. racemosis, calycibus basi bibracteolatis.*

Cycnium E. Meyer *msc. ex* Benth. *Bot. Mag. Comp. I.* 368.

SUBTRIBUS II. MANULEAE. Capsula septicida, valvulis bifidis.

3964. Zaluzianskya *J. W. SCHM.* Calyx ovato-tubulosus, quinquedentatus, bilabiatus v. bipartitus. Corolla hypogyna, persistens, tubo elongato, basi demum fisso, fauce aequali, saepe hispida, limbo patente, subaequaliter quinquepartito, laciniis bifidis v. integris. Stamina 4, didynama, postica tubo inclusa, antheris oblongis, erectis; antica fauci inserta, antheris minoribus, transversis, saepe sterilibus, nunc omnino abortiva. Ovarium biloculare, placentis dissepimento adnatis, multiovulatis. Stylus simplex; stigma subclavatum. Capsula coriacea v. membranacea, bilocularis, septicide bivalvis, valvis apice bifidis, placentas coadunatas nudantibus. Semina plurima, scrobiculata. — *Herbae v. suffrutices capenses, plus minus viscosi, siccitate saepe nigricantes; foliis infimis oppositis, superioribus alternis, saepius paucidentatis, floralibus minoribus integris, calyci adpressis v. interdum adnatis, floribus sessilibus, interrupte v. dense spicatis.*

Zaluzianskya J. W. Schmidt *in Usteri Annal. X. 115.* Tausch *in Flora 1830. II. 552.* Nycterinia Don *in Sweet Fl. Gard. II. t. 239.* Benth. *in Bot. Mag. Comp. I. 369.* Erini sp. Linn. Thunb. Bot. Mag. *t. 2504.* Bot. Reg. *t. 748.*

3965. Polycarena *BENTH.* Calyx membranaceus, bilabiatus, fructifer bipartitus. Corolla hypogyna, persistens, tubo demum fisso, fauce latiore, limbo patente, subaequaliter quinquefido, laciniis integris. Stamina 4, corollae tubo prope faucem inserta, didynama; antherae uniloculares, conformes, exsertae. Ovarium biloculare, placentis dissepimento adnatis, multiovulatis. Stylus simplex; stigma subclavatum. Capsula membranacea, bilocularis, septicide bivalvis, valvis apice bifidis, placentas coadunatas nudantibus. Semina plurima, scrobiculata. — *Herbae capenses, annuae, pusillae, plerumque ramosissimae, plus minus viscosae, siccitate nigricantes; foliis oppositis, obovatis, oblongis v. linearibus, paucidentatis, spicis terminalibus, floriferis saepe capitatis, fructiferis interdum elongatis, floribus subsessilibus, foliis floralibus pedicello brevissimo adnatis.*

Polycarena Benth. *in Bot. Mag. Comp. I. 271.* Manulea plantaginea et capillaris Linn. Buchnera capensis Linn.

3966. Phyllopodium *BENTH.* Calyx subaequaliter quinquepartitus, laciniis basi margine membranaceo subconnatis. Corolla hypogyna, persistens, tubo calyce breviore, limbo patente, subaequaliter quinquefido, laciniis integris. Stamina 4, corollae tubo inserta, didynama, exserta; antherae uniloculares, conformes. Ovarium biloculare, placentis dissepimento adnatis, multiovulatis. Stylus simplex; stigma subclavatum. Capsula membranacea, bilocularis, septicide bivalvis, valvis apice bifidis, placentas coadunatas nudantibus. Semina plurima, scrobiculata. — *Herbae capenses, annuae, durae, basi plerumque procumbentes, rarius erectae, siccitate saepe nigricantes; foliis oppositis, obovatis, ovatis v. oblongis, inciso dentatis, floralibus pedicello brevissimo adnatis, floribus parvis, sessilibus, aurantiaceis v. saepius purpurascentibus aut caeruleis, spicis terminalibus saepe capitatis, fructiferis plus minus elongatis.*

Phyllopodium Benth. *in Bot. Mag. Comp. I. 372.* Manulea capitata, M. cuneifolia et M. heterophylla Linn.

3967. Sphenandra *BENTH.* Calyx quinquepartitus. Corolla hypogyna, subrotata, tubo brevissimo, limbi quinquepartiti laciniis subaequalibus, rotundatis. Stamina 4, corollae fauci inserta, adscendentia; antherae uniloculares, cuneatae, conformes. Ovarium biloculare, placentis dissepimento adnatis, multiovulatis. Stylus simplex; stigma obtusum. Capsula membranacea, bilocularis, septicide bivalvis, valvis apice bifidis, placentas coadunatas nudantibus. Semina plurima, scrobiculata. — *Suffrutex capensis, erectus, pedalis, viscoso-pubescens; foliis oppositis, lanceolatis, paucidentatis, floralibus pedicello multo brevioribus, liberis, ovatis, acutis, integerrimis.*

Sphenandra Benth. *in Bot. Mag. Comp. I. 373.* Buchnera viscosa Ait. Bot. Mag. *t. 217.*

3968. Chaenostoma *BENTH.* Calyx quinquepartitus. Corolla hypogyna, infundibuliformis v. hypocraterimorpha, rarius tubo brevissimo subcampanulata, fauce dilatata, limbo plano, subaequaliter quinquefido, laciniis obovatis v. rotundatis. Stamina 4, corollae tubo inserta, didynama; antherae uniloculares, conformes, faucem aequantes v. breviter exsertae. Ovarium biloculare, placentis dissepimento adnatis, multiovulatis. Stylus simplex; stigma subclavatum. Capsula membranacea, bilocularis, septicide bivalvis, valvis apice bifidis, placentas coadunatas nudantibus. — *Herbae v. suffrutices capenses; foliis oppositis, dentatis v. rarius integerrimis, floralibus conformibus v. bracteaeformibus, a pedicello liberis, floribus axillaribus v. racemosis, longiuscule pedunculatis, siccatione haud nigrescentibus, capsulis glabris.*

Chaenostoma Benth. *in Bot. Mag. Comp. I. 374.* Manulea integrifolia L. Manuleae sp. Thunb. M. oppositifolia Vent. *Malm. t. 15.* Buchnera aethiopica Linn. B. foetida Andrews *Bot. Reposit. t. 80.*

3969. Lyperia *BENTH.* Calyx quinquepartitus, laciniis linearibus, subfoliaceis. Corolla hypogyna, decidua, tubo elongato, viscoso, postice apice gibbo v. incurvo limbo patente, subaequaliter quinquefido, laciniis bilabiatis. Stamina 4, corollae tubo inserta, inclusa, didynama; antherae uniloculares, conformes. Ovarium biloculare, placentis dissepimento adnatis, multiovulatis. Stylus simplex; stigma subclavatum. Capsula membranacea, bilocularis, septicide bivalvis, valvis apice bifidis, placentas coadunatas nudantibus. Semina plurima, scrobiculata. — *Herbae, suffrutices v. fruticuli capenses; foliis inferioribus oppositis, superioribus alternis, integris, dentatis, inciso-pinnatifidis v. multifidis, ad axillas saepe fasciculatis, floribus sessilibus v. saepius pedicellatis, axillaribus, racemosis v. spicatis, corollis siccitate plerumque nigricantibus, capsulis plus minus viscosis.*

Lyperia Benth. *in Bot. Mag. Comp. I. 377.* Erini et Manuleae sp. Linn. et Auct. Buchnera pedunculata Andrews *Bot. Reposit. t. 84.*

3970. Manulea *LINN.* Calyx quinquepartitus, laciniis linearibus v. subulatis. Corolla hypogyna, decidua, tubo elongato, glabro v. tomentoso, limbo quinquepartito, aequali v. laciniis quatuor superioribus approximatis, omnibus integris v. bifidis. Stamina 4, corollae tubo inserta, didynama, inclusa; antherae uniloculares, conformes. Ovarium biloculare, placentis dissepimento adnatis, multiovulatis. Stylus simplex; stigma subclavatum. Capsula bilocularis, septicide-bivalvis, valvis apice bifidis, placentas coadunatas nudantibus. Semina plurima, scrobiculata. — *Herbae v. rarius suffrutices capenses; foliis saepe ad basim caulis approximatis, floralibus parvis, bracteaeformibus, floribus racemosis, racemis nunc simplicibus nudis v. minute bracteatis, nunc compositis, pedicellis multifloris, corollis saepe au-*

rantiaceis, siccitate haud nigricantibus, capsulis glabris.

Manulea Linn. *gen. n. 1264.* excl. sp. plurim. Gärtner *I. 258. t. 55.* Benth. *in Bot. Mag. Comp. I. 381.* Link et Otto *Ic. select. t. 2. 19.* Nemia Berg. *Flor. cap. 160.*

TRIBUS VIII. BUDDLEIEAE Benth. *Scrophularin. ind. 42.* Corolla tubo recto, limbo plano, patente, aequaliter quadrifido. Stamina 4, omnia fertilia, aequalia, antheris distantibus, bilocularibus. Capsula bilocularis, septicide-bivalvis.

3971. Buddleia *LINN.* Calyx campanulatus, brevis, quadridentatus v. quadrifidus, aequalis. Corolla hypogyna, campanulata v. tubulosa, limbo breviter quadrifido, aequali. Stamina 4, corollae tubo inserta, aequalia, inclusa; filamenta subnulla, antherae biloculares. Ovarium biloculare, placentis dissepimento utrinque adnatis, multiovulatis. Stylus simplex; stigma incrassatum, integrum. Capsula bilocularis, septicide bivalvis, valvis integris v. bifidis, placentis coadunatis, demum liberis. Semina plurima, minima, testa membranacea, utrinque relaxata. — *Frutices v. arbores in America tropica et australi, in India orientali et in Capite bonae spei indigeni, saepe tomentosi; foliis oppositis, integris, integerrimis v. dentatis, floribus saepissime sessilibus, glomeratis, glomerulis sessilibus v. pedunculatis, axillaribus v. in racemos simplices aut paniculatim ramosos dispositis.*

Buddleia Linn. *gen. n. 140.* Gärtner *I. 226. t. 49.* Lam. *t. 69.* Jacq. *Ic. rar. t. 307.* Ruiz et Pavon *Flor. Peruv. t. 80—83.* Bot. Mag. *t. 174. 2713. 2824. 2853.* Bot. Reg. *t. 1259.* Kunth in Humb. et Bonpl. *Nov. gen. et sp. II. 354. t. 182—187.* Benth. *Scrophularin. ind. 42. Bot. Mag. Comp. II. 60.*

3972. Nuxia *COMMERS.* Calyx campanulatus, brevis, quadridentatus v. quadrifidus, aequalis. Corolla hypogyna, brevissime campanulata, limbo quadripartito, patente, aequali. Stamina 4, corollae tubo inserta, exserta; filamenta filiformia, antherae biloculares. Ovarium biloculare, placentis dissepimento utrinque adnatis, multiovulatis. Stylus simplex; stigma incrassatum, integrum. Capsula bilocularis, septicide bivalvis, valvis integris subbifidisve, placentis coadunatis, demum liberis. Semina plurima, minima, testa membranacea, utrinque relaxata. — *Frutices capenses et madagascarienses, saepe tomentosi; foliis oppositis v. subverticillatis, integris, saepius dentatis, floribus saepius sessilibus, glomerulatis, glomerulis sessilibus pedunculatisve, plerumque in paniculas terminales dispositis.*

Nuxia Commerson *ex Lam. Illustr. t. 71.* Benth. *in Bot. Mag. Comp. II. 59.* Chilianthum Burchell *Travels I. 94.* a Nuxia non diferre, et loculos monospermos huic generi perperam tribui, monet cl. Bentham.

TRIBUS IX. VERONICEAE Benth. *Scrophularin. ind. 43.* Corolla rotata, infundibuliformis v. rarius irregulariter bilabiata. Stamina 4 aequalia, fertilia, v. saepius 2 postica, sterilium rudimentis nullis. Capsula bilocularis, loculicide bivalvis, valvis saepissime juxta dissepimentum bifidis, nunc septifrage bivalvis.

3973. Scoparia *LINN.* Calyx quadripartitus, aequalis. Corolla hypogyna, rotata, fauce pilosa, limbo quadripartito, aequali. Stamina 4, corollae fauci inserta, exserta, aequalia; antherae biloculares, loculis parallelis. Ovarium biloculare, placentis dissepimento utrinque insertis, multiovulatis. Stylus simplex; stigma obtusum. Capsula globosa, bilocularis, septifrage bivalvis, valvis indivisis, dissepimento placentifero parallelis. Semina plurima, scrobiculata. — *Suffrutex inter tropicos totius orbis obvius; foliis oppositis v. ternatim quaternatimve verticillatis, pedunculis axillaribus unifloris, subracemosis, floribus albis.*

Scoparia Linn. *gen. n. 143.* Jacq. *Amer. 17.* Gärtner *I. 251. t. 53.* Palisot *Flor. Owar. t. 115.* R. Brown *Prodr. 445.* Tupeicava Piso *Brasil. t. 108 f. 2.*

3974. Geochorda *CHAM et SCHLECHT.* Calyx quinquepartitus, aequalis. Corolla hypogyna, infundibuliformis, limbo quadripartito, subaequali. Stamina 4, corollae tubo inserta, breviter exserta, aequalia; antherae biloculares, loculis parallelis. Ovarium biloculare, placentis dissepimento utrinque insertis, multiovulatis. Stylus simplex; stigma subcapitatum. Capsula oblonga, acuminata, compressiuscula, bilocularis, loculicide bivalvis; valvis medio septiferis, columna placentifera libera. Semina plurima, minima. — *Herba Brasiliae meridionalis; radice sublignosa, caulibus prostratis, flagelliformibus, ad nodos radicantibus, foliis oppositis, ternatis quaternatisve, obovato-cuneatis, in petiolum angustatis, lobatis, lobis crenatis, pedunculis axillaribus, solitariis, filiformibus, unifloris, ebracteatis, folio brevioribus.*

Geochorda Chamisso et Schlechtend. *in Linnaea III. 11.*

3975. Sibthorpia *LINN.* Calyx quinque-octopartitus. Corollae hypogyna, subrotata, quinque-octofida, laciniis aequalibus. Stamina 4—8, corollae tubo inserta, inclusa; antherae biloculares, loculis parallelis, apice confluentibus. Ovarium biloculare, placentis dissepimento utrinque insertis, multiovulatis. Stylus simplex; stigma capitato depressum. Capsula orbiculata, subcompressa, bilocularis, loculicide bivalvis, valvis medio septa placentifera gerentibus. Semina plura. — *Herbae repentes, in Europa occidentali, insulis atlanticis et in America tropica cis aequatorem indigenae; foliis alternis, petiolatis, reniformibus, crenatis, pedunculis axillaribus solitariis v. pluribus, floribus carneis, violaceis v. flavis.*

Sibthorpia Kunth *in Humb. et Bonpl. Nov. gen. et sp. II. 390.* Sibthorpia et Disandra Linn. *gen. n. 775. et Suppl. 32.*

a. SIBTHORPIA *Linn.* Calyx quinquepartitus. Corolla quinquefida. Stamina 4. Semina teretia, umbilico basilari.—(E. B. *t. 649.* Gärtner *I. 261. t. 55.* Kunth. *op. cit. t. 176. 177.*)

b. DISANDRA *Linn.* Calyx quinque-octopartitus. Corolla quinque-octofida. Stamina 5—8. Semina navicularia, umbilico basilari. — (Gärtner *t. III. 46. t. 185.* Bot. Mag. *t. 218.*)

*

3976. Glossostigma *ARN.* Calyx brevis, campanulatus, tridentatus. Corolla hypogyna, infundibuliformis, tubo calycem aequante, limbi quinquefidi laciniis subaequalibus, planis. Stamina 2, imo corollae tubo inserta, subexserta; antherae approximatae, biloculares, loculis parallelis. Ovarium dissepimento columnam placentiferam utrinque contingente apice deliquescente incomplete biloculare, multiovulatum. Stylus simplex; stigma dilatatum, complanatum, linguaeforme. Capsula incomplete bilocularis, loculicide bivalvis, valvis medio septiferis, indivisis, columna placentifera libera. Semina plurima, rugosa. — *Herba indica, pusilla, repens, Limosellae facie; foliis oppositis, subfasciculatis, spathulatis, petiolo basi dilatato, semivaginante, scapis solitariis, unifloris, ebracteatis, folio paullo longioribus.*

Glossostigma Arnott *in N. A. N. C. XVIII.* 355. Benth. *in Bot. Mag. Comp. II.* 59. Microcarpaea Benth. *Scrophularin. ind.* 31. non R. Br. Microcarpaea spathulata Wight *in Hooker Bot. Miscell. II.* 101. *Suppl. t.* 4.

3977. Limosella *LINN.* Calyx brevis, quinquefidus. Corolla hypogyna, rotato-campanulata, tubo calycem aequante, limbi quinquefidi laciniis aequalibus, planis. Stamina 4, medio corollae tubo inserta, subexserta, didynama; antherae distantes, uniloculares. Ovarium placenta columnari carpidiorum margine vix intro flexo libera uniloculare, multiovulatum. Stylus simplex; stigma capitatum, truncatum. Capsula unilocularis, bivalvis, valvis margine planis, indivisis, columnae placentiferae parallelis. Semina plurima, longitudinaliter sulcata, transversim rugosa. — *Herba europaea, pusilla, inundata, reptans, radicans; foliis confertis, spathulatis, subcarnosis, petiolo basi dilatato, semivaginante, scapis aggregatis, unifloris, ebracteatis, folio brevioribus.*

Limosella Linn. *gen. n.* 776. Schkuhr *t.* 176. Hooker *Flor. Lond. t.* 62. Flor. Dan. *t.* 69. E. B. *t.* 357. Alsine Tournef. Plantaginella Vaill.

3978. Amphianthus *TORREY.* Calyx quinquepartitus, inaequalis. Corolla hypogyna, infundibuliformi-tubulosa, limbo quadrifido, subbilabiato, lobo inferiore paullo majore. Stamina 2, corollae tubo inserta, inclusa; antherae biloculares, loculis approximatis. Ovarium biloculare, compressum, placentis dissepimento utrinque insertis, multiovulatis. Stylus simplex; stigma breviter bifidum. Capsula obcordata, compressa, bilocularis, loculicide bivalvis, valvis indivisis, medio septiferis. Semina plurima, lineari-oblonga, laevia. — *Herba boreali-americana, pusilla; foliis radicalibus linearibus integris, congestis, floribus minutis, aliis inter folia sessilibus, aliis in apice scapi simplicis inter bracteas oppositas solitariis.*

Amphianthus Torrey *in Annal. Lyc. N. York. IV.* 82.

*

3979. Veronica *LINN.* Calyx quadri-quinquepartitus v. compressus. Corolla hypogyna, subrotata, tubo calyce breviore, limbi quadripartiti laciniis integerrimis, planis, postica majore. Stamina 2, ad basim laciniae corollinae posticae inserta, divergentia; antherae biloculares, loculis apice confluentibus. Ovarium biloculare, placentis dissepimento utrinque insertis, pauciovulatis. Stylus simplex; stigma indivisum, vix incrassatum. Capsula ovata v. obcordata, bilocularis, nunc loculicide bivalvis, valvis medio septa placentifera gerentibus, integris v. demum bifidis bipartitisve, nunc septifraga, valvulis dissepimento placentifero demum libero parallelis. Semina pauca, plano-convexa v. concavo-cupuliformia, umbilico prope basim laterali. — *Herbae, suffrutices v. frutices, in regionibus extratropicis temperatis et frigidis utriusque hemisphaerii crescentes; foliis oppositis v. verticillatis, rarius alternis, saepe dentatis v. incisis, inflorescentia axillari, racemosa v. spicata, floribus saepius caeruleis v. albis.*

Veronica Linn. *gen. n.* 25. Gärtner *I.* 257. *t.* 54. R. Brown. *Prodr.* 434. Duvau *in Annal. sc. nat. VIII. t.* 26. Benth. *Scrophularin. ind.* 44. Nees jun. *Gen. plant. XVI. t.* 17.

a. DIPLOPHYLLUM *Lehm.* Calycis diphylli foliola biloba, in fructu compressa. Semina navicularia. — Diplophyllum Lehmann *in Berliner Magazin VIII.* 4. 2. Veronica crista galli Steven *in Linn. Transact. VI. t.* 31.

b. COCHLIDIOSPERMUM *Reichenb.* Calyx quadripartitus, fructifer saepe compressus. Semina concavo-cupuliformia. — Cochlidiospermum Reichenb. *Flor. Germ.* 365. Omphalospora Besser *Volhyn.* 85. (*Flor. dan. t.* 428. 627. E. B. *t.* 26. 784. Sibthorp *Flor. graec. t.* 8—10. Reichenb. *Iconogr. f.* 404. 405. 430. 431. 440. 867.)

c. VERONICA *Reichenb.* Calyx quadri-quinquepartitus. Semina plano-convexa. — Hebe Juss. *gen.* 105. Aidelus Spreng. *Cur. post.* 17. (E. B. *t.* 2. 23. 623. 655. 673. 734. 765. 766. 781. 782. 1027. 1028. 1075. Flor. dan. *t.* 16. 52. 209. 248. 252. 342. 448. 492. 511. 515. 903. 1201. 1961. Waldst. et Kitaib. *Plant. rar. Hung. t.* 102. 245. Ledebour *Ic. t.* 126. 127. 208—211. 217. Endl. *in Annal. Wiener. Mus. I. t.* 14. Bot. Mag. *t.* 2210. 2975. 3683. Bot. Reg. *t.* 1930. Reichenb. *Op. cit.* 641. 645. 782. 783. 993—905.)

3980. Paederota *LINN.* Calyx quinquepartitus, aequalis. Corolla hypogyna, tubuloso-bilabiata, labio superiore erecto, integro v. emarginato, inferiore subpatente, trifido v. tripartito. Stamina 2, ad basim labii corollae postici inserta, exserta; antherae biloculares, loculis parallelis, apice confluentibus. Ovarium biloculare, placentis dissepimento utrinque insertis, multiovulatis. Stylus simplex; stigma capitato-bilobum. Capsula ovata, acuta, bilocularis, loculicide-bivalvis, valvis medio septa placentifera gerentibus, demum bifidis. Semina teretiuscula, umbilico basilari. — *Herbae in alpibus Europae, in Sibiria et America boreali perennantes; foliis oppositis, serratis, racemo terminali, floribus caeruleis v. luteis.*

Paederota Linn. *gen. n.* 26. Jacq. *Flor. austr. append. t.* 39. *Hort. Vindob. II. t.* 124. Sturm *Flor. Germ. fasc.* 6. Nees jun. *Gen. plant. XVI. t.* 18. Bonarota Micheli *Nov. gen.* 19. *t.* 15. Leptandra Nuttall *gen. I.* 7. Callistachya Rafinesque *in N. Y. Medic. Reposit. V.* 60. Eustachya Rafin. *in Journ Phys. LXXXIX.* 258. — Veronica virginica L. et V. sibirica Linn.

3981. Calorhabdos *BENTH.* Calyx quinquepartitus. Corolla hypogyna, tubulosa, tubo incurvo, limbo erecto, oblique bi-trifido, lobo inferiore minore. Stamina 2, corollae fauci ad latera labii superioris inserta, exserta; antherae biloculares, loculis parallelis, apice confluentibus. Ovarium biloculare, placentis dissepimento utrinque adnatis, multiovulatis. Stylus simplex; stigma vix incrassatum. Capsula bilocularis, loculicide bivalvis, valvis bipartitis. Semina plurima, margine membranaceo crispo cincta. — *Herba nepalensis, glabra, subsimplex, sesquipedalis v. bipedalis, foliis oblongo-lanceolatis, argute serratis, basi in petiolum brevem angustatis, spica semipedali, floribus sessilibus, glomeratis.*

Calorhabdos Benth. *Scrophularin. ind.* 44. Veronica Brunoniana Wallich.

3982. Wulfenia *JACQ.* Calyx quadri-quinquepartitus, subaequalis. Corolla hypogyna, tubulosa, tubo basi aequali v. postice subgibbo, limbo quadrifido subbilabiato, lacinia postica emarginata v. bifida, lateralibus integerrimis, antica aequali v. latiore crenata. **Stamina 2**, ad basim laciniae corollinae posticae inserta, inclusa; **antherae** biloculares, loculis demum divaricatis, confluentibus. **Ovarium** biloculare, placentis dissepimento utrinque insertis, multiovulatis. **Stylus** simplex, exsertus; **stigma** capitatum. **Capsula** ovata, obtusa, bilocularis, loculicide bivalvis, valvis medio septa placentifera gerentibus, demum bifidis. **Semina** plurima, navicularia, umbilico prope basim sublaterali. — *Herbae perennes, in alpibus Carinthiae et Indiae borealis, nec non in excelsioribus Americae boreali-occidentalis montibus observatae, subacaules; foliis radicalibus petiolatis, oblongis v. reniformibus, duplicato-crenatis, scapis nudis, multifloris, erectis, floribus unilateralibus, pendulis, in axillis bractearum solitariis, breviter pedunculatis.*

Wulfenia Jacq. *Miscell. II. 62. t. 8. f. 1. Ic. rar. t. 2.* Nees jun. *Gen. plant. XVI. t. 5.* Benth. *Scrophularin. ind. 46.*

3983. Campylanthus *ROTH.* **Calyx** quinquepartitus, inaequalis. **Corolla** hypogyna, infundibuliformis, tubo incurvo, limbo quinquefido aequali. **Stamina 2**, corollae tubo postice inserta, inclusa; **antherae** uniloculares, peltatae. (?) **Ovarium**...... **Stylus** simplex, apice incurvus; **stigma** incrassatum. **Capsula**..... — *Frutex insulae Teneriffa, vix notus; ramis teretibus, foliorum cicatricibus tuberculatis, foliis teretiusculis, filiformibus, carnosis, racemis in apicibus ramorum axillaribus, pubescentibus, pedunculis basi tribracteatis.*

Campylanthus Roth *Nov. sp. 4.* Eranthemum salsoloides Linn. f. *suppl. 82.* quod monente cl. R. Brown *Prodr. 434.* in not. genus Wulfeniae proximum, cui tamen a Rothio *„capsula trilocularis, quasi tricocca, columna centralis libera"* tribuuntur.

3984. Gymnandra *PALL.* **Calyx** spathaceus, hinc fissus v. bipartitus, laciniis integerrimis v. dentatis. **Corolla** hypogyna, tubulosa, limbo subbilabiato, labio superiore integro, emarginato v. bifido, inferiore bi-quadrifido, laciniis omnibus planis. **Stamina 2**, ad basim labii corollini postici inserta, exserta; **antherae** biloculares, loculis apice confluentibus. **Ovarium** biloculare, placentis dissepimento utrinque insertis, pauciovulatis. **Stylus** simplex; **stigma** truncatum v. incrassato-capitatum. **Capsula** bilocularis, apice loculicide bivalvis, valvis medio placentiferis, indivisis v. subbifidis. **Semina** in loculis solitaria v. pauca, oblonga, sulcata. — *Herbae in Asia media et boreali indigenae, erectae, glabrae, siccatione nigricantes; caulibus e collo pluribus, simplicibus, foliis radicalibus petiolatis, caulinis minoribus, supremis saepe squamaeformibus, floribus in axillis bractearum sessilibus, spicam terminalem formantibus.*

Gymnandra Pallas *It. III. 712. t. A. f. 1.* Willdenow *in Berl. Magaz. V. 389. t. 9. 10.* Chamisso et Schlecht. *in Linnaea II. 560.* Benth. *Scrophularin. ind. 46.* Royle *Himalay. t. 73.* Lagotis Gärtner *in Nov. Comment. Petropolit. XIV. 534. t. 18.*

3985. Picrorhiza *ROYLE.* **Calyx** campanulatus, quinquefidus, subaequalis. **Corolla** hypogyna, calyce brevior, campanulata, limbi quadrifidi laciniis subaequalibus, integris. **Stamina 4**, corollae fauci inserta, longe exserta, subaequalia, divergentia; **antherae** biloculares, loculis apice confluentibus. **Ovarium** biloculare, placentis dissepimento utrinque insertis, multiovulatis. **Stylus** simplex; **stigma** vix incrassatum. **Capsula** ovata, bilocularis, loculicide bivalvis, valvis medio septiferis, apice bifidis. **Semina** plurima, testa membranacea, vesiculoso-relaxata. — *Herba nepalensis, subacaulis; foliis radicalibus oblongis, basi in petiolum angustatis apice serrato-crenatis, glabris v. pilosiusculis, scapis erectis, bracteatis, floribus sessilibus, dense spicatis.*

Picrorhiza Royle *Himalay. t. 71.* Benth. *Scrophularin. ind. 47.* Veronica Lindleyana Wallich.

3986. Ourisia *COMMERS.* **Calyx** quinquepartitus, subaequalis v. bilabiatus. **Corolla** hypogyna, infundibuliformis, limbi quinquefidi laciniis aequalibus, obtusis. **Stamina 4**, corollae tubo inserta, inclusa, didynama, cum rudimento quinti; **antherae** reniformes, biloculares, loculis confluentibus. **Ovarium** biloculare, placentis dissepimento utrinque insertis, multiovulatis. **Stylus** simplex; **stigma** capitatum, emarginato-bilobum. **Capsula** bilocularis, loculicide bivalvis, valvis medio septiferis placentas auferentibus. **Semina** plurima, testa relaxata, reticulata. — *Herbae perennes v. suffruticuli, in America australi extratropica et in insula Diemen indigeni, repentes; foliis oppositis, pedunculis axillaribus et terminalibus solitariis v. corymbosis.*

Ourisia Commers. *ex Juss. gen. 100.* Gärtner *f. III. 44.* R. Brown *Prodr. 438.* Pöppig et Endlicher *Nov. gen. et sp. I. 2.*

a. OURISIA *Commers.* **Calyx** bilabiatus, labio superiore bidentato, inferiore trifido. **Corollae** limbus erectus, tubi medio parum ampliati et subcurvati vix sextam partem aequans. (Gärtner *l. 185.* Pöppig *op. cit. t. 4.*)

b. DICHROMA *Cav.* **Calyx** aequaliter quinquepartitus. **Corollae** limbus patens, tubi recti, cylindrici tertiam v. dimidiam partem aequans. — Dichroma Cavanill. *Anal. cienc. nat. III. 233. t. 32. Ic. VI. 59. t. 582.* (Pöppig *op. cit. t. 5—7.*)

*

3987. Hemiphragma *WALL.* **Calyx** quinquepartitus. **Corolla** hypogyna, tubulosa, limbo quinquefido, subbilabiato, laciniis anticis paullo latioribus. **Stamina 4**, corollae tubo inserta, subexserta, subaequalia; **antherae** biloculares, loculis parallelis. **Ovarium** dissepimento superne interrupto incomplete biloculare, marginibus liberis placentiferis multiovulatis. **Stylus** simplex; **stigma** indivisum, vix incrassatum. **Capsula** baccata, incomplete bilocularis, septifrage bivalvis, valvis demum bifidis, dissepimento apice bifido marginibus placentifero parallelis. **Semina** plurima, ovata, punctata. — *Herba nepalensis, procumbens; ramis flagelliformibus, foliis sessilibus dimorphis, caulinis oppositis, orbiculato-reniformibus, crenatis, pilosiusculis, ramulorum axillarium acerosis linearibus, integerrimis, ciliatis, floribus in axillis foliorum caulinorum et in apicibus ramulorum axillarium solitariis, subsessilibus, ebracteatis, corollis roseis, capsulis subglobosis, coccineis, lucidis.*

Hemiphragma Wallich *in Linn. Transact. XIII. 611. Flor. Nepal. 17. t. 8.* Benth. *Scrophularin. ind. 47.*

*

3988. Leucophyllum *HUMB. et BONPL.* **Calyx** quinquepartitus, aequalis. **Corolla** hypogyna, tubuloso-campanulata, limbo bilabiato, labio superiore bilobo, inferiore trifido, lacinia intermedia maculata. **Stamina 4**, corollae tubo inserta, inclusa, didynama; **antherae** bilobae, loculis divaricato-patulis. **Ovarium** biloculare, placentis dissepimento utrinque adnatis, multiovulatis. Stylus simplex; stigma indivisum. Fructus .... — *Frutex mexicanus, ramosissimus, densissime albo tomentosus; foliis alternis, petiolatis, ellipticis, integerrimis, floribus axillaribus solitariis, breviter pedunculatis, ebracteatis, calycibus incanis, corollis violaceis.*

Leucophyllum Humb. et Bonpl. *Plant. aequinoct. II. 95. t. 109. Nov. gen. et sp. II. 360.*

*

3989. Aragoa *H. B. K.* Calyx tetrapentaphyllus, aequalis. Corolla hypogyna, hypocraterimorpha, fauce nuda v. pilosa, limbo quadripartito, patente, aequali. Stamina 4, corollae fauci inserta, exserta, aequalia, patentia; antherae biloculares, cordato-reniformes, loculis demum confluentibus. Ovarium biloculare. Ovula in loculis quaterna, per paria superposita, amphitropa, adscendentia. Stylus simplex; stigma subglobosum. Capsula ovata, bilocularis, septifrage bivalvis, valvis bipartitis, dissepimento libero seminifero parallelis. Semina utrinque quaterna v. abortu pauciora, per paria superposita, plano-convexiuscula, adscendentim peltata, testa laxa, reticulata, in alam angustam ambientem expansa, umbilico supra basim ventrali. Embryo in axi albuminis dense carnosi rectus; cotyledonibus plano-convexis, carnosis, radicula brevi, crassa, infera. — *Frutices bogotenses ramosissimi; ramis oppositis, confertis, densissime foliosis, foliis octofariam imbricatis, ovato-deltoideis, linearibus, carnosis, integerrimis, floribus axillaribus solitariis, subsessilibus, calycibus imbricato-bracteatis, corollis albis.*

Aragoa Kunth *in Humb. et Bonpl. Nov. gen. et sp. III. 154. t. 216. 217.* Don *in Edinb. n. philosoph. Journ. XIX. 113.*

TRIBUS X. GERARDIEAE Benth. *Scrophularin. ind. 48.* Corolla campanulata, infundibuliformis v. tubulosa, limbo quinquefido, laciniis rotundatis, planis. Stamina 4, omnia fertilia, adscendentia. Antherae biloculares, loculis discretis, saepe acuminatis. Capsula bilocularis, loculicide v. septicide bivalvis, valvis indivisis v. bifidis. Semina nucleo saepissime intra testam laxam, reticulatam, arilliformem minimo.

3990. Escobedia *RUIZ et PAV.* Calyx longe tubulosus, pentagonus, apice quinquefidus, laciniis subpatentibus. Corolla hypogyna, infundibuliformis, tubo longo, tenui, limbo ample quinquelobo, patente. Stamina 4, corollae tubo inserta, didynama, inclusa; antherae omnes perfectae, loculis basi aristatis. Ovarium biloculare, placentis dissepimento utrinque adnatis, multiovulatis. Stylus simplex; stigma ligulatum, rugoso-undulatum. Capsula bilocularis, loculicide bivalvis. Semina .... — *Herbae peruanae et mexicanae; foliis oppositis, ovatis, oblongis v. linearibus, scabriusculis, dentatis, pedunculis axillaribus, solitariis, unifloris, bibracteolatis, floribus magnis, albis.*

Escobedia Ruiz et Pavon *Syst. 159.* Kunth *in Humb. et Bonpl. Nov. gen. et sp. II. 371. t. 174.* Schlechtend. *in Linnaea V. 108. VIII. 246.* Benth. *in Bot. Mag. Compan. I. 202.* Silvia Flor. Flum. *I. t. 149.* Büchnera grandiflora Linn.

3991. Physocalyx *POHL.* Calyx coloratus, ovato-ventricosus, ore angustato quinquedentatus. Corolla hypogyna, infundibuliformi-hypocraterimorpha, limbo subaequaliter quinquelobo. Stamina 4, corollae tubo inserta, didynama, inclusa; antherae omnes perfectae, loculis basi breviter aristatis. Ovarium biloculare, placentis dissepimento utrinque adnatis, multiovulatis. Stylus simplex; stigma subclavatum, indivisum. Capsula bilocularis, loculicide bivalvis, valvis medio septiferis. Semina plurima, linearia, compressa, testa reticulata. — *Frutices brasilienses, superne dense foliosi; foliis oppositis v. alternis, erectis, crassiusculis, integerrimis, pedunculis axillaribus unifloris, bibracteolatis, ad apices ramorum racemosis, calycibus corollisque splendide rubris.*

Physocalyx Pohl *Plant. Brasil. I. 65. t. 53.* Martius *Nov. gen. et sp. III. 1. t. 201. 202.* Benth. *in Bot. Mag. Compan. II. 202.*

3992. Melasma *BERG.* Calyx foliaceus, laxus, demum inflatus, apice quinquefidus. Corolla hypogyna, infundibuliformis, limbi quinquelobi lobis brevibus, latis. Stamina 4, corollae tubo inserta, didynama, inclusa; antherae omnes perfectae, loculis basi apiculatis. Ovarium biloculare, placentis dissepimento utrinque insertis, multiovulatis. Stylus simplex; stigma subclavatum. Capsula bilocularis, loculicide bivalvis, valvis medio septiferis. Semina plurima, cuneiformia, compressa, testa reticulata. — *Herbae mexicanae et capenses; foliis oppositis, scabris, pedunculis axillaribus, solitariis, unifloris, medio bibracteolatis, subracemosis.*

Melasma Bergius *Flor. cap. 162. t. 3. f. 4.* Gärtner *I. 260. t. 55.* Benth. *in Bot. Mag. Comp. II. 202.* Nigrina Linn. *Mant. 42.* non Thunb. Lyncea Cham. et Schlechtend. *in Linnaea V. 108. VIII. 24.*

3993. Esterhazya *MIK.* Calyx campanulatus, quinquedentatus. Corolla hypogyna, tubuloso-infundibuliformis, limbi quinquelobi lobis ovato-rotundatis, subaequalibus. Stamina 4, corollae tubo inserta, didynama, exserta; antherae omnes perfectae, loculis basi acutis, villosissimis. Ovarium biloculare, placentis dissepimento utrinque adnatis, multiovulatis. Stylus simplex; stigma subclavatum. Capsula bilocularis, loculicide bivalvis, valvis medio septiferis, demum bifidis. Semina plurima, angulata, testa reticulata. — *Frutices brasilienses, basi denudati, apice foliosi; foliis oppositis v. alternis, lanceolatis v. linearibus, integerrimis, floribus pedunculatis, versus apices ramorum breviter racemosis, pedunculis bracteatis.*

Esterhazya Mikan *Delect. t. 5.* Benth. *in Bot. Mag. Comp. II. 203.* Virgularia Martius *Nov. gen. et sp. III. 5. t. 203. 204.* excl. *t. 205.* non Ruiz et Pav. Lasiostemon Schott *msc.* Gerardiae sect. Dargeria Cham. et Schlechtend. *in Linnaea III. 16.*

3994. Macranthera *TORREY.* Calyx campanulatus, quinquefidus, laciniis tubo brevioribus v. longioribus. Corolla hypogyna, tubulosa, limbi quinquefidi laciniis brevibus, subaequalibus, patentibus. Stamina 4, corollae tubo inserta, longe exserta, subaequalia; antherae omnes perfectae, erectae. Ovarium biloculare, placentis dissepimento utrinque insertis, multiovulatis. Stylus simplex; stigma subclavatum. Capsula subglobosa, acuta, bilocularis, loculicide bivalvis, valvis medio septiferis. Semina plurima .... — *Herbae in Americae borealis provinciis australioribus indigenae; foliis oppositis, inciso-pinnatifidis, floribus racemosis, pedunculis ebracteatis.*

Macranthera Torrey *ex Benth. in Bot. Mag. Comp. II.* 203. Torrey *in Annal. Lyc. New York. IV.* 80. *t.* 4. Conradia Nuttall *in Journ. Academ. nat. sc. Philadelph. VII.* 88. *t.* 12.

3995. Seymeria *PURSH.* Calyx campanulatus, quinquefidus, laciniis linearibus, tubo longioribus. Corolla hypogyna, tubo brevi, limbi quinquefidi laciniis oblongis, demum rotato-patentibus. Stamina 5, corollae tubo inserta, subexserta; antherae omnes perfectae, erectae. Ovarium biloculare, placentis dissepimento utrinque insertis, multiovulatis. Stylus simplex; stigma attenuatum. Capsula basi globosa, bilocularis, loculicide bivalvis, valvis medio septiferis, demum bifidis. Semina plurima, minima, alata. — *Herbae boreali-americanae, pubescentes v. viscidulae; foliis oppositis, pinnatisectis, segmentis linearibus v. filiformibus, floribus parvis, subpaniculato-racemosis, luteis.*

Seymeria Pursh *Flor. Bor. Amer. II.* 737. Benth. *in Bot. Mag. Comp. II.* 203. Afzelia Gmelin *Syst.* 927.

3996. Gerardia *LINN.* Calyx campanulatus, quinquedentatus v. quinquefidus. Corolla hypogyna, campanulata v. ventricoso-tubulosa, limbi quinquefidi laciniis rotundatis, semipatentibus, integris v. rarissime bifidis. Stamina 4, corollae tubo inserta, inclusa, didynama v. rarius subaequalia; antherae nunc omnes perfectae, loculis aequalibus, nunc duae fertiles, duae minores efoetae. Ovarium biloculare, placentis dissepimento utrinque insertis, multiovulatis. Stylus simplex; stigma simplex, incrassatum, v. bilobum. Capsula acuta v. obtusa, erostris, bilocularis, loculicide bivalvis, valvis medio septiferis, indivisis v. rarissime bifidis. Semina plurima, testa laxa, reticulata. — *Herbae v. suffrutices in America tropica et extratropica, et in India orientali indigenae; foliis oppositis v. alternis, pinnatisectis v. pinnatifidis, raro integris, floribus solitariis, axillaribus, sessilibus v. pedunculatis, pedunculis saepius ebracteatis, corollis flavis v. roseo-purpureis.*

Gerardia Linn. *gen. n.* 747. Gärtner *f. III.* 185. *t.* 114. Benth. *in Bot. Mag. Compan. II.* 204. *excl. sect.* 6.

a. OTOPHYLLA Benth. *l. c.* Calyx profunde quinquefidus. Corolla purpurea, campanulata. Stamina didynama, antherae longiorum fertiles, breviorum minores, cassae. — *Herba boreali-americana; foliis basi auriculato-lobatis.* G. auriculata Michx.

b. CYRTOCODON Benth. *l. c.* Calyx profunde quinquefidus. Corolla flava, tubo saepius brevi, incurvo, antherae omnes fertiles, loculis muticis. — *Species boreali-americanae et mexicanae.*

c. PEDICULAROIDES Benth. *l. c.* Calyx semiquinquefidus. Corolla flava, tubuloso-campanulata. Stamina didynama, antherae omnes fertiles, loculis basi calcaratis. — *Herbae boreali-americanae, foliis latiusculis, saepius incisis.* — Pegesia Rafinesq. *Flor. ludov.* 48. Dasystoma Rafinesq. *in Journ. Phys. LXXXIX.* 99.

d. EUGERARDIA Benth. *l. c.* Calyx quinquedentatus, rarius semiquinquefidus. Corolla purpurea, campanulata, rarius ventricoso-tubulosa, antherae omnes fertiles, loculis subaequalibus, muticis. — *Herbae v. suffrutices, per omnem Americam, calidam et temperatam crescentes, foliis linearibus v. rarissime lanceolatis, integerrimis v. infimis interdum incisis.* — Virgularia Ruiz et Pav. *Syst.* 161. Martius *Nov. gen. et sp. t.* 208. (Barton *Flor. Amer. t.* 82. 97. Martius *Op. cit. t.* 206. 207.)

e. DARGERIA Benth. *l. c.* Calyx quinquedentatus. Corolla purpurea, laciniis emarginato-bifidis. Stamina didynama, antherae omnes fertiles, loculis aequalibus. — *Herba indica, foliis pinnatisectis, laciniis linearibus.*

3998. Sopubia *HAMILT.* Calyx campanulatus, quinquefidus. Corolla hypogyna, infundibuliformi-campanulata, limbi quinquefidi laciniis rotundatis, semipatentibus, integris. Stamina 4, corollae tubo inserta, inclusa, didynama; antherae omnes fertiles, biloculares, loculo altero erecto, pollinifero, altero minore divergente efoeto. Ovarium biloculare, placentis dissepimento utrinque insertis, multiovulatis. Stylus simplex; stigma incrassatum, obtusum. Capsula obtusa, bilocularis, loculicide bivalvis, valvis medio septiferis, bifidis bipartitisve. Semina plurima, testa laxa, reticulata. — *Herbae indicae; foliis oppositis, inferioribus inciso-pinnatifidis, superioribus integris, floribus solitariis axillaribus, breve pedunculatis, basi bracteolatis, corollis purpureo-roseis v. flavis.*

Sopubia Hamilton *ex Don Nep.* 88. Gerardiae sect. Sopubia Benth. *Scrophularin. ind.* 49. *Bot. Mag. Comp. I.* 211. *t.* 9.

3999. Harweya *HOOK.* Calyx inflato-campanulatus, semiquinquefidus, laciniis latis, margine sinubusque recurvis. Corolla hypogyna, ringens, tubo exserto, incurvo, fauce ampliata, compressa, limbi labio superiore erecto, bilobo, inferiore patente, trilobo, lobis obovatis, undulatis. Stamina 4, corollae tubo inserta, inclusa, didynama; antherae biloculares, loculis subparallelis, altero fertili, ovato, basi acuminato, altero sterili elongato-subulato. Ovarium biloculare, placentis dissepimento utrinque insertis, late bilobis, multiovulatis. Stylus simplex, subexsertus; stigma capitato-globosum. Capsula bilocularis, loculicide bivalvis, valvis medio septiferis, demum bifidis. Semina plurima, testa laxa, reticulata. — *Herbae capenses, parasiticae, orobanchoideo habitu, simplices v. ramosae, pilis glandulosis subviscidae; foliis oppositis, squamaeformibus, floribus e supremis squamarum axillis solitariis, oppositis, brevissime pedunculatis, calycibus basi bibracteolatis, corollis magnis, roseis.*

Harweya Hooker *Ic. t.* 118. Orobanches sp. Drege, Eckl.

4000. Glossostylis *CHAM.* Calyx campanulatus, quadri-quinquedentatus. Corolla hypogyna, oblique campanulata, limbo breviter bilabiatim quinquelobo, lobo inferiore majore. Stamina 5, corollae tubo inserta, inclusa, didynama; antherae biloculares, loculis parallelis, acutis. Ovarium biloculare, placentis dissepimento utrinque insertis, multiovulatis. Stylus simplex; stigma linguaeforme, incrassatum, recurvatum. Capsula obtusa v. emarginata, bilocularis, loculicide bivalvis, valvis medio septiferis, demum bifidis. Semina plurima, nucleo intra testam utrinque relaxatam, lineari-cuneatam, reticulatam minimo. — *Herbae in Brasilia, India orientali et Capite bonae spei indigenae, asperae, erectae, habitu fere Melampyri; foliis oppositis, sinuato-dentatis, floralibus basi latioribus, profundius dentatis, apice acuminatis, floribus subsessilibus, solitariis, alterne spicatis.*

Glossostylis Chamisso et Schlechtend. *in Linnaea II.* 22. Benth. *Scrophularin. ind.* 49. *Bot. Mag. Comp. I.* 211. Alectra Thunberg *Nov. gen.* 3. 83. — ? Starbia Thouar. *Gen. Madagasc.* 7.

4001. Phtheirospermum *BUNG.* Calyx campanulatus, quinquefidus. Corolla hypogyna, campanulato-ringens, labio superiore plano, bifido, lobis replicatis, inferiore paullo longiore trifido, fauce hiante. Stamina 4, corollae tubo inserta, didynama, rectiuscula; antherae liberae, loculis parallelis, mucronatis. Ovarium biloculare ...... Stylus simplex; stigma bilobum. Capsula rostrata, compressa, bilocularis, bivalvis ..... Semina plurima, oblonga, angulata, membrana reticulata, spongiosa involuta. — *Herba annua v. biennis, in China boreali indigena, habitu, foliis, calyce et capsula fere Pedicularidis palustris, corolla fere Mimuli, sordide rosea, fauce lineis duabus flavidis notata.*

Phtheirospermum Bunge *ex Fisch. et Meyer. Index sem. hort. Petropolit. 1835. I. p. 35.*

4002. Centranthera *R. BR.* Calyx compressus, hinc fissus, inde integer v. demum bi-trifidus. Corolla hypogyna, tubulosa v. infundibuliformis, limbo patente v. bilabiato, lobis quinque rotundatis, inferioribus majoribus. Stamina 4, corollae tubo inserta, inclusa; antherae per paria approximatae, biloculares, loculis parallelis, transversalibus, mucronatis v. calcaratis. Ovarium biloculare, placentis dissepimento utrinque adnatis, multiovulatis. Stylus simplex; stigma oblongum, incrassatum. Capsula ovoidea v. oblonga, bilocularis, loculicide bivalvis, valvis dissepimento placentifero, demum libero contrariis, integris v. bifidis. Semina plurima, testa relaxata, reticulata. — *Herbae in Asia et Nova-Hollandia tropica indigenae, erectae v. diffusae, rigidae, scabrae; foliis subsessilibus, oppositis, oblongis v. lanceolatis, integerrimis v. paucidentatis, floribus sessilibus, alternis v. inferioribus oppositis, saepius secundis, inferioribus remotis, superioribus interdum spicatis.*

Centranthera R. Brown *Prodr. 438.* Wallich *Plant. As. rar. I. 39. t. 45.* Benth. *Scrophularin. ind. 50.* Razumovia Sprengel *Syst. II. 812.* Gumteolis Hamilt. *msc.*

TRIBUS XI. RHINANTHEAE Benth. *Scrophularin. ind.* 50. Corollae limbus bilabiatus, labio superiore concavo, galeato v. lineari, integro v. emarginato, inferiore trifido. Stamina 4 v. rarius 2, adscendentia; antherae biloculares, loculis discretis, parallelis, saepe acuminatis. Capsula loculicide bivalvis, valvis medio septiferis, saepissime integris. Seminum testa solida, v. laxa arilliformis, nunc in alam expansa.

4003. Orthocarpus *NUTT.* Calyx tubulosus, v. campanulatus, quadrifidus, aequalis. Corolla hypogyna, personata, labio superiore minore compresso, marginibus reflexis, inferiore concavo, obsolete tridentato. Stamina 4, corollae tubo inserta, inclusa, didynama; antherae biloculares, loculis divaricatis, inaequalibus. Ovarium biloculare, placentis medio dissepimento utrinque insertis, multiovulatis. Stylus simplex; stigma vix incrassatum. Capsula ovato-elliptica, bilocularis, loculicide bivalvis, valvis medio septa placentifera gerentibus. Semina plurima, nucleo intra testam laxe membranaceam, reticulatam minimo. — *Herbae annuae, in America boreali-occidentali indigenae; foliis integris v. laciniatis, floribus solitariis, sessilibus.*

Orthocarpus Nuttall *Gen. II. 56.* Benth. *Scrophularin. ind. 12. in not.*

4004. Castilleja *MUT.* Calyx tubulosus, compressus, antice fissus, hinc bi-quadrifidus. Corolla hypogyna, ringens, tubo compresso, labio superiore lineari-canaliculato, integro, inferiore breviore, saepius brevissimo, tridentato v. trifido. Stamina 4, corollae tubo inserta, didynama, exserta; antherae biloculares, loculis divaricatis, inaequalibus. Ovarium biloculare, placentis medio dissepimento utrinque insertis, multiovulatis. Stylus simplex; stigma capitatum. Capsula ovata, compressa, bilocularis, loculicide bivalvis, valvis medio septa placentifera gerentibus. Semina plurima, nucleo intra testam laxe membranaceam, reticulatam minimo. — *Herbae, suffrutices v. frutices, per omnem Americam, nec non in Asia boreali-orientali crescentes; foliis alternis, integris v. trifidis, floralibus bracteiformibus, heteromorphis, coloratis, floribus axillaribus solitariis v. terminalibus spicatis, corollis albidis v. virescentibus.*

Castilleja Mutis *ex Linn. fil. Suppl. 293.* Smith *Ic. inedit. t. 39. 40.* Kunth *in Humb. et Bonpl. Nov. gen. et sp. II. 328. t. 163—165.* Bot. Reg. *t. 925. 1136.* Euchroma Nuttall *Gen. II. 54.* — ? Oncorhynchus Lehmann *Index Semin. Hort. Hamburg. 1832. n. 6.*

4005. Adenostegia *BENTH.* Calyx bifidus, laciniis acutis, integris, corollam subsuperantibus. Corolla hypogyna, bilabiata, labiis subaequalibus, superiore oblongo, galeato, erecto, breviter bifido. Stamina 4, corollae tubo inserta, inclusa, didynama; antherae biloculares, loculis disjunctis, altero medifixo, terminali, altero filamento infra affixo ...... Capsula bilocularis, loculicide bivalvis, valvis medio septa placentifera gerentibus. Semina .... — *Herba Novae Californiae rigida, tenuiter glanduloso-pubescens; foliis anguste linearibus, saepius trifidis, floribus ad apices ramorum paucis, capitatis, bracteis adpressis, trifidis, glandulosis, ciliatis, filamentis antherisque villosis.*

Adenostegia Benth. in Lindley *Introduct. edit. II. p. 445.*

4006. Triphysaria *FISCH. et MEY.* Calyx tubulosus, quadrifidus. Corolla hypogyna, ringens, tubo filiformi, labio superiore indiviso, subulato, inferioris tripartiti laciniis saccatis. Stamina 4, corollae tubo inserta, didynama; antherae uniloculares, lineares, muticae. Ovarium biloculare, placentis medio dissepimento utrinque adnatis, multiovulatis. Stylus simplex; stigma oblongum, bilobum. Capsula oblonga, bilocularis, loculicide bivalvis, valvis medio dissepimenta placentae centrali cohaerentia gerentibus. Semina plurima, oblonga, testa scrobiculata, nucleo arcte adhaerente. — *Herba californica, annua; foliis elongatis, ima basi dilatatis, semiamplexicaulibus, apice pinnatilobato-incisis, infimis saepe oppositis, superioribus alternis, floralibus vix calyce longioribus, floribus axillaribus, solitariis, sessilibus, corolla alba, demum rosea, tubo filiformi calycem duplo superante, labio superiore recto, subulato.*

Triphysaria Fischer et Meyer *Index sem. hort. Petropolit. II. 1835. p. 52.*

4007. Schwalbea *LINN.* Calyx ventricoso-tubulosus, striatus, oblique quadrifidus, lacinia postica brevissima, antica lateralibus longiore, latiore, emarginata. Corolla hypogyna, ringens, labio superiore fornicato, integro, inferiore trifido. Stamina 4, corollae tubo inserta, didynama, inclusa; antherae biloculares, loculis divaricatis, aequalibus. Ovarium biloculare, placentis medio dissepimento utrinque insertis, multiovulatis. Stylus simplex; stigma subincrassatum. Capsula bilocularis, septicide bivalvis, columna placentifera demum libera. Semina plurima, nucleo intra testam membranaceam laxam, reticulatam, alaeformem minimo. — *Herba in Americae borealis paludosis perennans, simplex, pubescens; foliis oppositis, ovato-oblongis, acutis, integerrimis, floribus terminalibus racemosis, atro-purpureis, calycibus basi bibracteolatis.*

Schwalbea Linn. *gen. n.* 744. Gärtner *I.* 259. *t.* 55. Nuttall *Gen. I.* 54.

4008. Lamourouxia *H. B. K.* Calyx campanulatus, subaequaliter quadrifidus. Corolla hypogyna, ringens, tubo compresso, labio superiore galeato, integro, inferioris angustioris, trilobi, plicati lobis subaequalibus. Stamina 4, corollae tubo inserta, didynama, antica exserta; antherae biloculares, reniformi-sagittatae, loculis basi saepissime mucronatis, staminum posticorum efoetae, interdum nullae. Ovarium compressum, biloculare, placentis medio dissepimento utrinque insertis, multiovulatis. Stylus simplex; stigma clavatum, indivisum. Capsula compressa, bilocularis, loculicide bivalvis, valvis medio septa placentifera gerentibus. Semina plurima, nucleo intra testam laxe membranaceam, reticulatam minimo. — *Herbae mexicanae et peruanae, erectae, ramosae; foliis oppositis, serratis v. pinnatifidis, floribus axillaribus, solitariis, oppositis, subspicatis, coccineis.*

Lamourouxia Kunth *in Humb. et Bonpl. Nov. gen. et sp. II.* 335. *t.* 167—169.

4009. Cymbaria *MESSERSCHM.* Calyx campanulatus, costatus, subaequaliter quinquefidus, laciniis linearibus, interdum minoribus interjectis. Corolla hypogyna, ringens, tubo superne inflato, labio superiore galeato, integro v. bifido, marginibus reflexo, inferiore trilobo, palato gibbo. Stamina 4, corollae tubo inserta, antica galeam aequantia, postica inclusa; antherae biloculares, sagittatae, loculis basi mucronatis, omnes fertiles. Ovarium biloculare, placentis medio dissepimento utrinque insertis, multiovulatis. Stylus simplex; stigma capitatum, indivisum. Capsula compressa, bilocularis, loculicide dehiscens, dissepimento utrinque placentifero contrario, indiviso, valvas connectente. Semina pauca, compressa, angulata, testa spongioso-membranacea, in marginem irregularem producta. — *Herbae sibiricae, humiles, basi suffruticosae, cano-villosae; caulibus teretibus, erectis, foliis oppositis, linearibus, lanceolatis, acuminatis, integerrimis, floribus axillaribus, solitariis, oppositis, subsessilibus, luteis, calycibus basi bibracteolatis.*

Cymbaria Messerschmid *ex Linn. Mant.* 417. Gärtner *I.* 252. Schlechtend. *in Hor. phys. Berolin.* 107.

a. CYMBOCHASMA. Calyx quinquefidus, dentibus interjectis nullis. Corollae labium superius rectum, integrum. Cymbaria borysthenica Pallas, Schlechtend. *Op. cit. t.* 21. *f.* 2.

b. EUCYMBA. Calyx quinquefidus, dentibus minoribus interjectis. Corollae labium superius bipartitum, marginibus reflexis. Cymbaria daurica Linn. Amman *Ruth. t.* 1. *f.* 2. Gärtner *t.* 53. Schlechtend. *Op. cit. f.* 1.

4010. Odontites *HALL.* Calyx campanulatus, subaequaliter quadrifidus. Corolla hypogyna, ringens, labio superiore galeato, compresso, emarginato, inferiore paullo breviore, tripartito, lobis aequalibus, integerrimis. Stamina 4, corollae tubo inserta, subexserta, didynama; antherae biloculares, loculis aequalibus, parallelis, basi mucronatis. Ovarium biloculare, placentis dissepimento utrinque adnatis, multiovulatis. Stylus simplex, exsertus; stigma obtusum. Capsula bilocularis, apice loculicide bivalvis, valvis medio septa placentifera gerentibus. Semina plurima, ovata, costata, rhaphe valida percursa. — *Herbae in Europa media et australi indigenae; foliis oppositis, sessilibus, lanceolatis, serratis, v. linearibus, integerrimis, floribus racemosis, rubentibus v. luteis.*

Odontites Haller *Helv.* 304. Persoon *Encheir. II.* 150. Nees jun. *Gen. plant. XVI t.* 8. Euphrasiae sp. Linn. Flor. dan. *t.* 625. Schkuhr *t.* 169. Jacq. *Flor. austr. t.* 398.

4011. Euphrasia *TOURNEF.* Calyx campanulatus, subaequaliter quadrifidus. Corolla hypogyna, ringens, labio superiore galeato, bifido, inferioris longioris laciniis emarginatis v. rarius integris. Stamina 4, corollae tubo inserta, inclusa v. exserta, didynama; antherae biloculares, loculis parallelis, mucronatis, loculi extimi inferiorum mucrone longiore. Ovarium biloculare, placentis dissepimento utrinque adnatis, multiovulatis. Stylus simplex, inclusus; stigma subcapitatum. Capsula bilocularis, loculicide bivalvis, valvis medio septa placentifera gerentibus, indivisis v. demum bifidis. Semina plurima, fusiformia, costata, rhaphe valida percursa. —*Herbae in temperatis extratropicis totius orbis obviae, in hemisphaera australi frequentiores; foliis oppositis v. rarius alternis, saepissime dentatis v. incisis, floralibus plerumque latioribus, floribus sessilibus, subsolitariis, in apice ramorum subspicatis.*

Euphrasia Linn. *gen. n.* 741. excl. sp. Gärtner *I. t.* 54. Schkuhr *t.* 169. R. Brown *Prodr.* 436. Kunth *in Humb. et Bonpl. Nov. gen. et sp. II.* 133. *t.* 166. Nees jun. *Gen. plant. XVI. t.* 7. Parentucellia Viviani *Flor. libyc.* 32. *t.* 21. *f.* 2.

4012. Siphonostegia *BENTH.* Calyx infundibuliformis, tubo elongato, limbo quadri-quinquepartito. Corolla hypogyna, labio superiore incurvo, inferioris brevioris laciniis integris. Stamina 4; antherae biloculares, loculis parallelis, basi acutis, muticis. Ovarium..... stigma incrassato-capitatum. Capsula oblonga, recta, valvulis integris ..... Semina ..... — *Herba ad Macao Sinarum lecta, erecta; ramis virgatis, tenuissime pubescentibus, foliis inferioribus oppositis, superioribus alternis, pinnatifidis, laciniis incisis, acutis, lanceolatis, floribus sparsis, subdistantibus, subsessilibus, in spicas interruptas v. racemos terminales dispositis.*

Siphonostegia Benth. *Scrophularin. ind.* 51. Hooker *ad Beechey* 203. *t.* 44. Prismatanthus Hook. et Arn. *msc.*

4013. Bartsia *LINN.* Calyx campanulatus v. tubulosus, subaequaliter quadrifidus. Corolla hypogyna, ringens, labio superiore galeato, compresso, integerrimo, inferiore trilobo, subaequali, laciniis integerrimis. Stamina 4, corollae tubo inserta, galea inclusa, didynama; antherae biloculares, loculis basi discretis, mucronatis. Ovarium biloculare, placentis medio dissepimento utrinque insertis, multiovulatis. Stylus simplex; stigma subcapitatum. Capsula ovata, turgidula, bilocularis, loculicide bivalvis, valvis medio septa placentifera gerentibus. Semina plurima, curvula, umbilico prope apicem subventrali pendula. — *Herbae simplices, annuae v. perennes, in Europa media et australi indigenae; foliis oppositis, sessilibus, serratis v. incisis, floribus axillaribus, solitariis, oppositis, sessilibus.*

Bartsia Linn. *gen. n. 739.* Benth. *Revis. 1.*

a. BARTSCHIA. Semina maiuscula, dorso convexo alis senis-octonis instructa. Bartsia Reichenb. *Flor. germ. 360.* Nees jun. *Gen. plant. XVI. t. 9.* B. alpina Linne, Schkuhr *t. 160.* E. B. t. *361.* Hooker *Flor. lond. t. 87.* Staehelina Haller *Helv. 312.*

b. TRIXAGO. Semina minima, laeviuscula. Trixago Steven *in Mem. soc. h. n. Mosqu. VI. 3.* Reichenb. *l. c.* Nees jun. *Op. cit. XVI. t. 10.* Lasiopera Link et Hoffmans. *Flor. Portug. t. 58.* Bellardia Allioni *Flor. Pedemont. I. 61.* Bartsiae Rhinanthi et Euphrasiae sp. Linn. E. B. *t. 1045.* Hooker *Flor. lond. t. 167.* Sibthorp *Flor. graec. t. 585. 586.*

4014. Bungea *C. A. MEY.* Calyx tubulosus, subaequaliter quadrifidus. Corolla hypogyna, ringens, labio superiore galeato, tridentato, inferioris longioris, trifidi laciniis lanceolatis. Stamina 4, corollae tubo inserta, inclusa, didynama; antherae biloculares, loculis basi discretis, mucronatis. Ovarium placentis medio dissepimento insertis, revolutis subquadriloculare. Stylus simplex; stigma subcapitatum. Capsula subquadrilocularis, apice bivalvis. Semina plurima, compressa, rugosa. — *Herba Asiae minoris; caule simplicissimo, subtomentoso, foliis oppositis, sessilibus, tripartitis, laciniis linearibus, pubescentibus, floribus oppositis, axillaribus, solitariis, sessilibus, calycibus basi bibracteolatis.*

Bungea C. A. Meyer *Verzeichn. caucas. Pflanz. 108.* Rhinanthus trifidus Vahl.

4015. Pedicularis. *TOURNEF.* Calyx subventricosus, inaequaliter quinquedentatus, nunc bilabiatus, labio superiore bidentato, v. integerrimo, inferiore tridentato. Corolla hypogyna, ringens, labio superiore galeato, obtuso v. rostrato, inferiore trifido, patente v. clauso. Stamina 4, corollae tubo inserta, didynama; antherae biloculares, loculis obtusis, acutis v. calcaratis. Ovarium biloculare, placentis dissepimento basi utrinque adnatis, multiovulatis. Stylus simplex; stigma capitatum. Capsula oblique rostrata v. rarius subglobosa, recta, bilocularis, loculicide bivalvis, valvis medio septa basi placentifera gerentibus. Semina ovata, angulata, rhaphe valida percursa, chalaza rostelliformi. — *Herbae in temperatis et frigidis, imprimis alpestribus hemisphaerae borealis obviae, saepius simplices; foliis alternis, oppositis v. verticillatis, inciso-dentatis v. pinnatifidis, floribus sessilibus, in spicas terminales densas v. interruptas dispositis.*

Pedicularis Tournef. *inst. 77.* Linn. *gen. n. 746.* Gärtner *I. 246. t. 53.* Steven *in Mem. soc. h. n. Mosq. VI. p. 1. 55. cum ico.* Benth. *Scrophularin. ind. 51.*

a. PEDICULARIS Reichenb. *Flor. germ. 361.* Corollae labium inferius deflexum. (Schkuhr *t. 171.* Jacq. *Flor. austr. t. 139. 140. 205. 206. 258. Ic. rar. t. 115. Collect. I. t. 14.* Flor. dan. *t. 225.* E. B. *t. 399. 400.* B. M. *2506.* Wall. *Plant. As. rar. 154.* Royle *Himalay. t. 72.* Reichenb. *Iconogr. t. 81. 514. 587.*) — ? Ensienia Rafin. *Flor. ludov. 35.*

b. PROSOPIA Reichenb. *Flor. germ. 363.* Corollae labium inferius inflexum, faucem claudens. (*Flor. dan. t. 26.*)

4016. Rhinanthus *BIEBERST.* Calyx bilabiatus, labio superiore galeato, brevissime bidentato, inferiore bipartito. Corolla hypogyna, ringens, labio superiore angustissime galeato, recto v. declinato, inferiore amplo, trilobo. Stamina 4, corollae tubo inserta, inclusa, didynama, longiora brevioribus spiratim circumvoluta; antherae biloculares, muticae. Ovarium biloculare, placentis linearibus, dissepimento utrinque adnatis, multiovulatis. Stylus simplex, a galea vaginatus; stigma capitatum. Capsula compressa, bilocularis, loculicide bivalvis, valvis medio septa placentifera gerentibus. Semina pauca, compressiuscula, ovata, umbilico infra apicem ventrali pendula. — *Herbae annuae, in Asia minore et regione taurico-caucasica indigenae; foliis oppositis, subsessilibus, ovato-lanceolatis, serratis, floribus axillaribus solitariis, pedunculatis, purpurascentibus.*

Rhinanthus Bieberst. *Flor. Taur. caucas. II. 68.* Steven *in Mem. soc. h. n. Mosqu. VI. 3.* Reichenb. *Icongr. t. 7.* Elephas Tournef. *It. t. 299.* Benth. *Revis. 6.*

4017. Alectorolophus *HALL.* Calyx membranaceus, compresso-ventricosus, inaequaliter quadridentatus. Corolla hypogyna, ringens, labio superiore galeato, compresso, apice bidentato, inferiore subaequali trifido. Stamina 4, corollae tubo inserta, didynama, sub galea inclusa; antherae horizontales, biloculares, villosae, muticae. Ovarium basi hinc glandula stipatum, compressum, biloculare, placentis linearibus dissepimento utrinque insertis, pauciovulatis. Stylus simplex, subexsertus; stigma subcapitatum. Capsula compressa, bilocularis, loculicide bivalvis, valvis medio septa placentifera gerentibus. Semina pauca, suborbiculata, compressa, membranaceo marginata, umbilico prope apicem marginali pendula. — *Herbae annuae, in Europa media et australi, nec non in Asia finitima indigenae; foliis oppositis, sessilibus, lanceolatis, serratis, floralibus ovatis, floribus axillaribus solitariis, sessilibus, luteis.*

Alectorolophus Hall. *Helv. 314.* Bieberst. *Flor. Taur. caucas. II. 68.* Steven *in Mem. soc. h. n. Mosq. VI. 3.* Reichenb. *Iconogr. f. 973—976.* Nees jun. *Gen. plant. XVI. t. 5.* Rhinanthus Benth. *Revis. 6.* Rhinanthus crista galli Linn. Schkuhr *t. 169.* Gärtner *t. 54.*

4018. Melampyrum *TOURNEF.* Calyx campanulatus, haud inflatus, bilabiato-quadrifidus v. quadridentatus. Corolla hypogyna, ringens v. subpersonata, labio superiore galeato, compresso, emarginato, marginibus reflexo, inferiore tridentato v. trifido, bigibboso. Stamina 4, corollae tubo inserta, inclusa, didynama; antherae biloculares, basi bifidae, loculis omnium v. staminum inferiorum basi mucronatis. Ovarium basi hinc glandula stipatum, biloculare, ovulis paucis, dissepimento utrinque affixis, semianatropis. Stylus simplex; stigma obtusum. Capsula ovata, acuminata, bilocularis, loculicide bivalvis, valvis medio septa prope basim seminifera gerentibus. Semina in loculis solitaria v. gemina, rhaphe filiformi, chalaza apicali carnosa, umbilico laterali. — *Herbae annuae, in Europa media et australi indigenae; foliis oppositis, lineari-lanceolatis, integerrimis, floralibus dentatis v. pinnatifidis, saepe coloratis, spicis terminalibus, imbricatis v. secundis, saepe comosis.*

Melampyrum Tournef. *inst. 78.* Linn. *gen. n. 742.* Gärtner *I. 244. t. 53.* Schkuhr *t. 170.* E. B. *t. 41. 53. 113. 804.* Flor. dan. *t. 145. 305. 911. 1104.* Hooker *Flor. lond. t. 63. 176.* Waldst. et Kitaibel. *Plant. rar. Hung. t. 86.* Nees jun. *Gen. plant. XVI. t. 16.*

*

4019. Tozzia *MICHEL.* Calyx quadri-quinquefidus. Corolla hypogyna, tubo cylindrico, subinflato, limbo aequaliter quinquelobo, bilabiatim patente. **Stamina** 4, corollae tubo inserta, didynama; **antherae** biloculares, loculis basi mucronatis. **Ovarium** biloculare, loculis biovulatis, ovulis amphitrope pendulis. **Stylus** simplex; **stigma** obtusum. **Fructus** subdrupaceus, abortu unilocularis, monospermus, subbivalvis. **Semen** ovatum, umbilico laterali, dissepimenti reliquiis strophiolato. **Embryo** in apice albuminis carnosi minimus; **radicula** supera. — *Herba in summis Europae mediae alpibus perennans, succosa, longe ramosa; foliis oppositis, sessilibus, ovatis, crenatis, racemis terminalibus brevibus, foliosis, corollae parvae, luteae labio rubro-punctato.*

Tozzia Micheli *Nov. gen. t. 16* Linn. *gen. n. 743.* Schkuhr *t. 171.* Jacq. *Flor. austr. t. 165.* Gärtner *f. III. 104. t. 198,* St. Hilaire *in Bullet. soc. philomat. Dec. 1826. p. 191.*

GENERA DUBIA.

4020. Gomara *RUIZ et PAV.* **Calyx** quinquepartitus, laciniis aequalibus. **Corolla** tubo curvato, basi ventricoso, medio constricto, limbi bilabiati labio superiore quadrilobo, inferiore concavo, appendice urceolata, membranacea. **Stamina** 4, didynama, brevia; **antherae** ovales. **Stylus** brevissimus, persistens; **stigma** capitatum. **Capsula** subtetragona, bilocularis, bivalvis, valvis bifidis. **Semina** plurima, oblonga. — *Arbor peruana; foliis oblongo-lanceolatis, apice denticulatis, floribus racemosis.*

Gomara Ruiz et Pav. *Syst. 162.*

*

4021. Sanchezia *RUIZ et PAV.* **Calyx** quinquepartitus. **Corolla** hypogyna, longe tubulosa, tubo superne subconstricto, limbi quinquepartiti laciniis revolutis, duabus posticis paullo brevioribus. **Stamina** 4, corollae tubo inserta, duo ananthera, inclusa, duo fertilia exserta; **antherae** biloculares, loculis basi discretis, aristatis. **Ovarium** biloculare, loculis multiovulatis. **Stylus** simplex; **stigma** bifidum. **Capsula** bilocularis, bivalvis. **Semina** plurima. — *Herbae peruanae, orgyales; caule tetragono, foliis oppositis, ovatis, crenatis, petiolis basi connatis, floralibus bracteaeformibus calycibusque coloratis, floribus subverticillatis, sessilibus, corollis luteis.*

Sanchezia Ruiz et Pavon *Prodr. 5. t. 32. Flor. Peruv. I. 7. t. 8.*

*

4022. Lafuentea *LAGASC.* **Calyx** quinquepartitus. **Corolla** bilabiata, labio superiore bifido, inferiore trifido. **Stamina** 4, didynama. **Capsula** bilocularis, polysperma. — *Suffrutex Hispaniae australis, glanduloso-viscosus, graveolens; foliis decussatis, reniformibus, crenatis, spicis axillaribus pedunculatis, solitariis.*

Lafuentea Lagasca. — Durieu Merat *Dissert. Paris, 1829. 8. c. ic.*

*

4023. Diceros *LOUREIR.* **Calyx** quinquepartitus, laciniis subulatis, erectis, subaequalibus, villosis. **Corolla** campanulata, tubo intus villoso, limbi quadripartiti laciniis cordatis, una majore. **Stamina** 4, didynama, tubo inhaerentia, filamenta subulata, pilosa; **antherae** profunde bifidae, divaricatae, bicornes. **Ovarium** subulatum, breve, quadrisulcum. **Stylus** corollae tubum aequans; **stigma** cochleariforme, inflexum. **Capsula** subovata, bilocularis, bivalvis. **Semina** plurima, rotunda, minima. — *Herba cochinchinensis, radice repente perennans; caule herbaceo, suberecto, tereti, villoso, foliis ternatim verticillatis, ovato-lanceolatis, serratis, carnosis, glabris, floribus axillaribus solitariis, pedunculis villosis.*

Diceros Loureiro *Flor. cochinch. 463.* non Pers.

OBSERVATIO. Adenostoma Blume *in Flora 1826. p. 680.* novum Scrophularinearum genus javanicum, nondum descriptum est. Palmstruckia Retz fil. a pluribus auctoribus inter Scrophularineas nominata, nobis incognita.

GENERA SCROPHULARINEIS AFFINIA.

4024. Ramondia *C. L. RICH.* **Calyx** quinquefidus. **Corolla** hypogyna, rotata, quinquepartita, lobis obtusis, subaequalibus, basi macula barbata. **Stamina** 5, corollae tubo inserta, conniventia; **filamenta** brevissima, **antherae** biloculares, cordatae, loculis oppositis, parallelis, longitudinaliter dehiscentibus, rimulae loculorum apice confluentes, porum mentientes. **Ovarium** carpidiorum marginibus introflexis revolutis, facie interiore multiovulatis uniloculare. **Stylus** simplex; **stigma** obtusum. **Capsula** unilocularis, septicide bivalvis. **Semina** in revolutis valvarum marginibus plurima, hispidula. — *Herba in alpibus Europae occidentalis perennans; foliis radicalibus congestis, breve petiolatis, ovatis, inciso-crenatis, rugosis, dense bruneo-hirsutis, scapo palmari nudo, corymbose bi-quadrifloro, corollis speciosis, lilacinis, fauce alba, flavo-maculata, antheris luteis.*

Ramondia L. C. Richard *ex Persoon Encheir. I. 216.* Myconia Lapeyrouse *Abreg. 115.* Chaixia Lapeyrouse *Supplem.* Verbascum Myconi Linn. Trew *Ehret. Plant. select. t. 57.* Bot. Mag. *t. 236.*

*

4025. Haberlea *FRIVALDSK.* **Calyx** quinquefidus. **Corolla** hypogyna, infundibuliformi-campanulata, limbi quinquefidi laciniis obtusis, duabus posticis paullo brevioribus. **Stamina** 4, imo corollae tubo inserta, inclusa, didynama; filamenta apice inflexa, **antherae** per paria cohaerentes, biloculares, loculis ovatis, divaricatis. **Ovarium** carpidiorum marginibus introflexis, margine multiovulatis uniloculare. **Stylus** simplex; **stigma** obtusum. **Capsula** unilocularis, septicide bivalvis. **Semina** in introflexis valvarum marginibus plurima, laevia. — *Herba perennis, in excelsioribus Rumeliae jugis crescens; foliis radicalibus congestis, ovato-oblongis, basi angustatis, crenatis, hirsutis, scapis palmaribus simplicibus, apice minute opposite bibracteatis, pedunculis subternis, brevibus, umbellatis, corollis speciosis, cyaneis.*

Haberlea Frivaldsky *in Act. soc. Hung. 1835. II. p. 249. t. 1.*

*

4026. Obolaria *LINN.* **Calyx** diphyllus, bracteiformis. **Corolla** hypogyna, campanulata, limbi quadrifidi laciniis subincisis. **Stamina** 4, inter corollae lobos inserta, subdidynama; **filamenta** filiformia, brevia, **antherae** subglobosae, biloculares. **Ovarium** uniloculare, placentis duabus parietalibus, multiovulatis. **Stylus** brevissimus; **stigma** bifidum. **Capsula** ovata, bilocularis, bivalvis, valvis medio placen-

Nelsonia R. Brown *Prodr. 480.* Nees *in Wallich Plant. As. rar. III. 79.* Justiciae sp. Roxb.

4033. Adenosma *R. BR.* Calyx quinquepartitus, lacinia postica majore v. aequali. Corolla hypogyna, ringens, labio superiore indiviso, inferiore trilobo, aequali. Stamina 4, corollae tubo inserta, didynama, inclusa; antherae approximatae, biloculares, loculis parallelis. Ovarium biloculare, loculis multiovulatis. Stylus simplex; stigma bilabiatum, bilobum. Capsula angusta, rostrata, bilocularis, polysperma, loculicide bivalvis, valvis medio septiferis. Semina retinaculis destituta. — *Herbae annuae, in Asia et Nova-Hollandia tropica indigenae, glandulis conspersae, Menthae odore; foliis oppositis, ovalibus v. oblongis, crenatis v. denticulatis, floribus in axillis foliorum superiorum minorum sessilibus, solitariis v. ternis, oppositis, spicam foliosam formantibus, calycibus bibracteolatis.*

Adenosma R. Brown *Prodr. 442.* Nees *in Wallich Plant. As. rar. III. 79.* Ruellia uliginosa Linn.

4034. Ebermeyera *NEES.* Calyx quinquepartitus, lacinia postica latiore, lateralibus angustioribus. Corolla hypogyna, infundibuliformis, limbo quinquefido, subaequali. Stamina 4, corollae tubo inserta, didynama, inclusa, omnia fertilia v. antica sterilia; antherae biloculares, loculis oblique transversis, divergentibus. Ovarium biloculare, loculis pluriovulatis. Stylus simplex; stigma compressum, bilamellatum, lamella superiore latiore, truncata v. bifida. Capsula oblonga, compressa, bilocularis, pleiosperma, loculicide bivalvis, valvis medio septiferis. Semina retinaculis destituta.—*Herbae indicae; foliis oppositis, petiolatis, oblongis v. ovatis, racemis terminalibus abbreviatis, spiciformibus, floribus alternis, in bractearum axillis solitariis, bibracteolatis, pedicellis basi cum bractea connatis.*

Ebermeyera Nees *in Wallich Plant. As. rar. III. 79.* Endlicher *Atakt. t. 28.*

4035. Erythracanthus *NEES.* Calyx profunde quinquepartitus, laciniis subaequalibus, ovatis, acuminatis. Corolla hypogyna, infundibuliformis, limbo quinquefido, aequali, obtuso Stamina 4, corollae tubo inserta, inclusa, didynama; antherae biloculares, loculis oblique divergentibus, muticis. Ovarium basi annulo constrictum, superne biloculare, loculis multiovulatis, ovulis horizontaliter patentibus, obtusis. Stylus simplex; stigma bilamellatum, lamellis angustis, superiore breviore, truncata. Capsula ..... — *Fruticulus penangianus; caule foliisque oppositis, oblongo-lanceolatis, pubescenti-scabris, subtus rubicundis, racemulo terminali composito, bracteis floribusque subalternis, bracteolisque exiguis, setaceis, subaequalibus, calyce brevioribus.*

Erythracanthus Nees *in Wallich Plant. As. rar. III. 80.*

4036. Gymnacanthus *NEES.* Calyx magnus, coriaceus, ultra medium quinquefidus. Corolla hypogyna, infundibuliformis, limbo quinquefido, aequali. Stamina 4, corollae tubo inserta, inclusa, didynama; antherae biloculares, sagittatae, loculis aequalibus. Ovarium basi annulo cinctum, biloculare, loculis quadriovulatis, ovulis depresso-subrotundis. Stylus simplex; stigma compresso-bilamellatum, spirale. Capsula ..... — *Planta mexicana, nondum descripta, floribus absque bracteis bracteolisque, e foliorum, in caulis et ramorum apicibus approximatorum axillis solitariis, oppositis, breve pedicellatis, pedicellis petiolisque basi connatis.*

Gymnacanthus Nees *in Lindley Introduct. edit. II. p. 444.*

TRIBUS III. ECHMATACANTHI Nees *in Wallich Plant. As. rar. III. 75.* Retinacula uncinata, seminibus subtensa.

SUBTRIBUS I. HYGROPHILEAE Nees *in Wallich Plant. As. rar. III. 75.* Corolla ringens. Stamina 4 v. 2; antherae biloculares, loculis parallelis, muticis. Capsula polysperma. Retinacula brevia.

4037. Hemiadelphis *NEES.* Calyx quinquefidus, laciniis inaequalibus. Corolla hypogyna, ringens, clausa, labio superiore bidentato, inferiore trifido. Stamina 2, corollae tubo inserta, inclusa; filamenta basi dilatata, supra medium dente setaceo instructa, antherae biloculares, loculis parallelis, muticis, demum contortis. Ovarium biloculare, loculis multiovulatis. Stylus simplex; stigma bilobum. Capsula lanceolata, compressa, bilocularis, polysperma, loculicide bivalvis, valvis medio septiferis. Semina retinaculis subtensa. — *Herba indica, repens, ramosissima; foliis oppositis, elliptico-oblongis, glabris, spicis terminalibus, hirtis, corollis parvis, pubescentibus.*

Hemiadelphis Nees *in Wallich Plant. As. rar. III. 80.* Justicia polysperma Roxb.

4038. Physichilus *NEES.* Calyx quinquepartitus, laciniis aequalibus, angustis. Corolla hypogyna, personata, labio superiore bifido, inferiore trifido, palato dense bullato. Stamina 4, corollae tubo inserta, inclusa, didynama, omnia fertilia, geminatim conjuncta; filamenta apice inflexa, antherae biloculares, supra basim affixae, lineari-oblongae, loculis parallelis, contiguis, staminum breviorum minoribus. Ovarium biloculare, loculis quadriovulatis. Stylus simplex; stigma indivisum, acutum. Capsula oblonga, bilocularis, octosperma, loculicide bivalvis, valvis medio septiferis. Semina orbiculata, compressa, retinaculis squamaeformibus subtensa. — *Herba indica, humilis, diffusa, ramosa; foliis oppositis, subsessilibus, oblongo-lanceolatis, auctis, integerrimis, hirsutis, floribus axillaribus, subsessilibus solitariis, spicam terminalem subsecundam formantibus, bracteolis calycem aequantibus.*

Physichilus Nees *in Bot. Mag. Comp. II. 310.*

4039. Hygrophila *R. BR.* Calyx tubulosus, semiquinquefidus. Corolla hypogyna, ringens, labio superiore bifido, inferiore trifido, medio convexo, ruguloso. Stamina 4, corollae tubo inserta, inclusa, didynama, omnia fertilia; antherae biloculares, loculis parallelis, acutis v. breviter mucronatis. Ovarium biloculare, loculis multiovulatis. Stylus simplex; stigma indivisum, subulatum, incurvum. Capsula angusta, teretiuscula, sexstriata, bilocularis, polysperma, loculicide bivalvis, valvis medio septiferis. Semina orbiculata, compressiuscula, retinaculis brevibus, obtusis subtensa. — *Herbae paludosae, caulescentes, in Asia et Nova-Hollandia tropica indigenae; foliis oppositis, lanceolatis v. oblongis, floribus axillaribus cymoso-glomeratis, versicillos integros v. dimidiatos formantibus,* *bracteis ciliatis, calycis demum quinquepartibilis laciniis hirtis v. barbatis.*

Hygrophila R. Brown *Prodr.* 479. Nees *in Wallich Plant. As. rar. III.* 80. Ruellia ringens L. R. salicifolia Vahl R. barbata Vahl.

4040. Nomaphila *BLUM.* Calyx quinquepartitus, inaequalis, lacinia postica majore. Corolla hypogyna, ringens, labio superiore fornicato, integro, inferiore trilobo, medio emarginato. Stamina 4, corollae tubo inserta, exserta, didynama, omnia fertilia; antherae biloculares, oblongae, loculis parallelis, aequalibus, muticis. Ovarium biloculare, loculis multiovulatis. Stylus simplex; stigma indivisum, acutum. Capsula angusta, teretiuscula, bilocularis, polysperma, loculicide bivalvis, valvis medio septiferis. Semina suborbiculata, compressa, retinaculis subtensa. — *Herbae javanicae et timorenses; foliis oppositis, floribus axillaribus, cymosis, bracteolis calycibusque glanduloso-pilosis.*

Nomaphila Blume *Bijdr.* 804. Decaisne *in Nouv. Annal. Mus. III.* 387.

SUBTRIBUS II. RUELLIEAE Nees *in Wallich Plant. As. rar. III.* 75. Corolla limbo aequali v. subbilabiato. Stamina 4 v. rarissime 2; antherae biloculares, loculis saepissime parallelis. Capsula di-tetra-polysperma.

4041. Dyschoriste *NEES.* Calyx tubulosus, semiquinquefidus, aequalis. Corolla hypogyna, infundibuliformis, limbo obliquo, quinquefido. Stamina 4, corollae tubo inserta, inclusa, didynama; antherae biloculares, loculis parallelis, aequalibus, basi mucronatis. Ovarium biloculare, loculis biovulatis. Stylus simplex; stigma obsolete bilobum. Capsula oblonga, obcompressiuscula, bilocularis, tetrasperma, apice loculicide bivalvis, valvis medio septiferis. Semina ovata, obtusa, pellicula crassa, mucilaginosa involuta. — *Fruticuli indici, diffusi v. repentes; foliis oppositis, obovatis v. cuneiformibus, retusis, floribus in ramulo axillari brevissimo terminalibus, solitariis, sessilibus, bracteolis duabus foliiformibus stipatis.*

Dyschoriste Nees *in Wallich Plant. As. rar. III.* 81. Ruellia littoralis Linn.

4042. Chaetacanthus *NEES.* Calyx profunde quinquefidus, laciniis longis, setaceis, rigidis. Corolla hypogyna, infundibuliformis, tubo hinc gibbo, limbo quinquefido. Stamina 2, corollae tubo inserta, inclusa; antherae biloculares, cordatae, loculis parallelis, muticis. Ovarium biloculare, loculis biovulatis. Stylus simplex; stigma bifidum. Capsula unguiculata, oblonga, depresso-tetragona, bilocularis, tetrasperma, loculicide bivalvis, valvis medio septiferis. Semina ..... — *Herba capensis; foliis oppositis, ovatis, glabris, floribus axillaribus, solitariis, sessilibus, bibracteolatis, bracteolis calycibusque longissime setaceis, demum rigescentibus.*

Chaetacanthus Nees *in Lindley Introduct. edit. II. p.* 445. Ruellia setigera Pers.

4043. Dipteracanthus *NEES.* Calyx profunde quinquefidus, aequalis. Corolla hypogyna, infundibuliformis, limbo quinquefido, subaequali. Stamina 4, corollae tubo inserta, inclusa, didynama; antherae biloculares, lineari-sagittatae, loculis parallelis, subaequalibus. Ovarium biloculare, loculis quadri-sexovulatis. Stylus simplex; stigma bilamellatum, basi nodulosum. Capsula unguiculata, subobcompressa, bilocularis, octo-dodecasperma, loculicide bivalvis, valvis medio septiferis. Semina orbiculata, compressa, margine tumido, discreto cincta, retinaculis uncinatis, praemorsis subtensa. — *Herbae indicae, repentes, hirsutae; foliis oppositis, ovatis v. ellipticis, floribus axillaribus, solitariis v. fasciculatis, sessilibus v. breve-pedunculatis, bracteis duabus foliaceis, petiolatis, calyci v. fasciculo subjectis.*

Dipteracanthus Nees *in Lindley Introduct. edit. II. p.* 444.

4044. Aphragmia *NEES.* Calyx quinquepartitus, laciniis inaequalibus, duabus angustioribus. Corolla hypogyna, infundibuliformis, limbo quinquefido, aequali, obtuso. Stamina 4, corollae tubo inserta, didynama, inclusa; antherae biloculares, loculis angustis, parallelis, aequalibus. Ovarium biloculare, loculis biovulatis. Stylus simplex; stigma bifidum. Capsula unguiculata, dissepimento incompleto subunilocularis, tetrasperma v. abortu disperma, loculicide bivalvis, valvis medio septiferis. Semina retinaculis suffulta. — *Herba mexicana; pedunculis axillaribus dichotomis, floribus in dichotomia sessilibus, bracteis divisionum foliaceis, foliis caulinis conformibus, bracteolis nullis.*

Aphragmia Nees *in Lindley Introduct. edit. II. p.* 444.

4045. Petalidium *NEES.* Calyx quinquepartitus, aequalis, bracteolis duabus valvatim inclusus. Corolla hypogyna, infundibuliformis, limbo quinquefido, aequali. Stamina 4, corollae tubo inserta, inclusa, didynama; antherae biloculares, oblongae, sagittatae, loculis parallelis, aequalibus, basi aristatis. Ovarium biloculare, loculis biovulatis. Stylus simplex; stigma bifidum, laciniis filiformibus. Capsula unguiculata, bilocularis, tetrasperma, loculicide bivalvis, valvis medio septiferis. Semina ovata, acuta, compressa, retinaculis uncinatis, subulatis subtensa. — *Frutex indicus, glaucescens; foliis oppositis, crenato-dentatis, floribus axillaribus, solitariis pedunculatis, v. in ramulo brevi fasciculatis, bracteolis magnis, corollis pollicaribus, extus glanduloso-pubescentibus, intus ad faucem hirsutis.*

Petalidium Nees *in Wallich Plant. As. rar. III.* 82. Ruellia barlerioides Roth.

4046. Calophanes *DON.* Calyx quinquepartitus, aequalis, laciniis setaceis, bracteolis duabus inclusus. Corolla hypogyna, infundibuliformis, limbo quinquefido, subaequali. Stamina 4, corollae tubo inserta, subexserta, didynama; antherae biloculares, oblongae, subsagittatae, loculis parallelis, aequalibus, basi aristatis. Ovarium biloculare, loculis biovulatis. Stylus simplex; stigma indivisum, acutum. Capsula teretiuscula, bilocularis, tetrasperma, loculicide bivalvis, valvis medio septiferis. Semina ovata, acuta, compressa, retinaculis uncinatis, subtensa. — *Herbae boreali-americanae, erectae, subsimplices; foliis oppositis, floribus axillaribus, solitariis, breve pedunculatis, corollis caeruleis, fauce maculata.*

Calophanes Don *in Sweet Fl. Gard. II.* 181. Ruellia oblongifolia Michx.

4047. Ruellia *LINN.* Calyx quinquepartitus, laciniis aequalibus v. subaequalibus. Corolla hypogyna, infundibuliformis, limbi quinquefidi, aequalis laciniis patentibus, obtusis. Stamina 4, corollae tubo inserta, didynama, inclusa; antherae oblongae, biloculares, loculis parallelis, aequalibus, muticis v. basi mucronulatis. Ovarium biloculare, loculis tri-quadriovulatis. Stylus simplex; stigma subulatum, dorso canaliculatum, basi denticulo auctum. Capsula oblongo-subquadrangularis, bilocularis, sex-octosperma, loculicide bivalvis, valvis medio septiferis. Semina retinaculis suffulta. — *Herbae in Asia tropica, nec non in Nova-Hollandia tropica et subtropica indigenae, caulescentes, pilosae; foliis oppositis, spicis axillaribus v. terminalibus, foliaceo-bracteatis, saepe in capitula contractis, bracteolis parvis v. nullis, floribus mediocribus.*

Ruellia Linn. *gen. n. 784.* excl. sp. R. Brown *Prodr. 477.* Nees *in Wallich Plant. As. rar. III. 83.*

4048. Phlebophyllum *NEES.* Calyx quadripartitus, lacinia postica bifida. Corolla hypogyna, infundibuliformis, limbi quinquefidi laciniis emarginatis, repandis. Stamina 2, corollae tubo inserta, inclusa; antherae biloculares, loculis parallelis, muticis. Ovarium biloculare, loculis biovulatis. Stylus simplex; stigma subulatum, indivisum. Capsula unguiculata, bilocularis, tetrasperma ..... — *Planta indica, fruticosa; caule humili; quadrangulari, foliis oppositis, ovalibus, undato-serratis, supra lineolatis, hirtis, subtus venoso-reticulatis, albo-tomentosis, spicis axillaribus pedunculatis, alternis, ovatis, bracteis imbricatis, laxis, bracteolis geminis, angustis, corollis luteis.*

Phlebophyllum Nees *in Wallich Plant. As. rar. III. 83.*

4049. Buteraea *NEES.* Calyx bipartitus, labio superiore breviore trifido, inferiore bifido v. bipartito. Corolla hypogyna, infundibuliformis, limbo subaequali, quinquefido, laciniis emarginatis. Stamina 4, corollae tubo inserta, didynama, inclusa; antherae biloculares, loculis parallelis, aequalibus, muticis. Ovarium biloculare, loculis biovulatis. Stylus simplex; stigma acutum. Capsula subunguiculata, tetragona, bilocularis, tetrasperma, loculicide bivalvis, dissepimento solubili. Semina subrotunda, compressa, retinaculis subtensa. — *Frutex indicus, ramosus; ramis novellis spicisque rufo hirsutis, foliis oppositis, petiolatis, inaequalibus, dentato-crenatis, spicis axillaribus imbricatis, bracteis oppositis, latis, venosis, bracteolis parvis, corollis semipollicaribus, pallide violaceis, tubo gracili, incurvo, limbo ventricoso-campanulato.*

Buteraea Nees *in Wallich Plant. As. rar. III. 84.* — ? Ruellia rufescens Roth.

4050. Adenacanthus *NEES.* Calyx tripartitus, lacinia postica trifida. Corolla hypogyna, infundibuliformis, limbo subaequali, quinquefido, laciniis obtusis. Stamina 4, corollae tubo inserta, inclusa, didynama; antherae biloculares, ovatae, magnae, loculis parallelis. Ovarium biloculare, loculis biovulatis, ovulis compressis. Stylus ..... — *Herba birmanica; caule erecto, nodoso, ramis oppositis, gracilibus, foliis oppositis, inaequalibus, breve petiolatis, oblongo-lanceolatis, acuminatis, repando-dentatis, glabris, utrinque glanduloso-punctatis, spica terminali pollicari, bracteis oppositis bracteolisque subconformibus, herbaceis.*

Adenacanthus Nees *in Wallich Plant. As. rar. III. 84.*

4051. Stephanophysum *POHL.* Calyx quinquepartitus, aequalis. Corolla hypogyna, infundibuliformis, tubo gracili, limbo inflato-campanulato, quinquefido, laciniis subaequalibus, obtusis. Stamina 4, corollae tubo inserta, subexserta, aequalia, basi per paria connatae; antherae biloculares, oblongae, loculis parallelis. Ovarium biloculare, loculis quadriovulatis. Stylus simplex; stigma bifidum, laciniis acutis. Capsula unguiculata, lanceolato-elliptica, bilocularis, loculicide bivalvis, valvis medio septiferis. Semina ovata, compressa, retinaculis uncinatis subtensa. — *Frutices brasilienses; foliis oppositis, oblongis, racemis axillaribus paucifloris paniculatis, bracteis bracteolisque exiguis, corollis rubicundis, speciosis.*

Stephanophysum Pohl *Plant. Brasil. II. 83. t. 155. 156.*

4052. Stenosiphonium *NEES.* Calyx aequalis, quinquefidus, marginibus membranaceis, demum quinquepartibilis. Corolla hypogyna, infundibuliformis, tubo gracillimo, limbo inflato-campanulato, quinquefido, laciniis aequalibus, obtusis. Stamina 4, corollae tubo inserta, inclusa, didynama; antherae biloculares, anguste lineares, loculis parallelis. Ovarium biloculare, loculis quadriovulatis. Stylus simplex; stigma dorso membranaceo-cristatum, apice subulatum. Capsula tetragono-columnaris, bilocularis, octosperma, loculicide bivalvis, valvis medio septiferis. Semina lenticularia, mucronata, laeviuscula, retinacula ..... — *Frutices indici; foliis oppositis, longe petiolatis, dentatis, spicis axillaribus et terminalibus, floribus oppositis, solitariis v. aggregatis, bracteis latiusculis, adpressis, rigidulis, bracteolis angustis, calyci consimilibus, corollis fauce maculatis.*

Stenosiphonium Nees *in Wallich Plant. As. rar. III. 84.*

4053. Strobilanthes *BLUM.* Calyx quinquepartitus, laciniis herbaceis. Corolla hypogyna, infundibuliformis, tubo sensim transeunte in limbum campanulatum, quinquefidum, laciniis aequalibus v. subaequalibus, obtusis v. emarginatis. Stamina 4, corollae tubo inserta, inclusa, didynama; antherae biloculares, loculis parallelis. Stylus simplex; stigma subulatum, incurvum v. involutum. Ovarium biloculare, loculis biovulatis. Capsula subunguiculata, tetragono-columnaris, bilocularis, tetrasperma, loculicide bivalvis, valvis medio septiferis v. dissepimento soluto. Semina discoidea, angulata, retinaculis uncinatis subtensa. — *Frutices v. rarius herbae, in Asia tropica crescentes; foliis oppositis, spicis axillaribus v. terminalibus, plus minus densis, bracteis foliaceis v. foliaceo-membranaceis, persistentibus v. caducis, bracteolis parvis v. rarius nullis, floribus majusculis, caeruleis v. albis.*

Strobilanthes Blume *Bijdr. 796.* Nees *in Wallich Plant. As. rar. III. 84.*

a. EUSTROBILANTHES Nees *l. c. t. 295.* Capsula sessilis.

b. PTERACANTHUS Nees *l. c.* Capsula unguiculata. — Ruellia alata Wallich *Op. cit. t. 31.*

c. SYMPAGIS Nees *l. c.* Stamina basi in membranam conflata, antherae breves, defloratae subquadratae, dipterae.

4054. Stenandrium *NEES.* Calyx quinquepartitus, aequalis. Corolla hypogyna, infundibuliformis, tubo cylindrico, limbo brevi, quinquefido, laciniis subaequalibus, oblongis, obtusis. Stamina 4, corollae tubo inserta, didynama, faucem subaequantia; antherae uniloculares, lineares, dorso et apice hirtae. Ovarium biloculare, loculis biovulatis. Stylus simplex; stigma acutum. Capsula oblonga, bilocularis, tetrasperma, loculicide bivalvis, valvis medio septiferis. Semina echinata, retinaculis suffulta. — *Herba brasiliensis, inflorescentia Strobilanthi.*

Stenandrium Nees *in Lindley Introduct. edit. II. p. 444.*

4055. Aechmanthera *NEES.* Calyx quinquepartitus, aequalis. Corolla hypogyna, infundibuliformis, limbi quinquefidi laciniis aequalibus. Stamina 4, corollae tubo inserta, inclusa; antherae biloculares, apice mucronatae, loculis parallelis. Ovarium biloculare, loculis quadriovulatis. Stylus simplex; stigma indivisum, dorso carinatum. Capsula tetragona, bilocularis, octosperma, loculicide bivalvis, valvis medio septiferis. Semina lenticularia, laevia, retinaculis acutis subtensa. — *Suffrutex indicus; caule ramisque novellis gossypino tomentosis, niveis, foliis oppositis, petiolatis, cordatis, crenato-dentatis, supra lineolatis, setoso-hirtis, subtus dense pubescentibus, incanis, capitulis bracteis bracteolisque subaequalibus cinctis, paniculato- v. corymboso-terminalibus.*

Aechmanthera Nees *in Wallich Plant. As. rar. III. 87.* Ruellia gossypina Wallich *Op. cit. t. 42.*

4056. Goldfussia *NEES.* Calyx quinquepartitus, subaequalis. Corolla hypogyna, infundibuliformis, limbi quinquefidi laciniis aequalibus, obtusis. Stamina 4, corollae tubo inserta, inclusa, didynama, inferiora saepe brevissima, reflexa; antherae nutantes, biloculares, loculis in connectivo uncinato-glanduloso obliquis, ovatis, membranaceis. Ovarium biloculare, loculis biovulatis. Stylus simplex; stigma subulatum, hinc crenatum. Capsula sexangularis, bilocularis, tetrasperma, loculicide bivalvis, dissepimento solubili. Semina discoidea, retinaculis subtensa. — *Frutices indici; foliis oppositis, penninerviis, floribus in capitulo paucis, bibracteolatis, bracteis deciduis, rarius spicatis, spica post bractearum delapsum elongata, capitulis pedunculatis, pedunculo simplici v. diviso.*

Goldfussia Nees *in Wallich Plant. As. rar. III. 87.* Bot. Mag. *t. 3404.* Ruelliae sp. Roxb. Hooker *Exot. Flor. t. 191.*

4057. Asystasia *BLUM.* Calyx quinquepartitus, aequalis. Corolla hypogyna, subinfundibuliformis, limbi quinquefidi laciniis subaequalibus, postica concaviuscula. Stamina 4, corollae tubo inserta, inclusa, didynama; filamenta basi per paria connata, antherae biloculares, loculis angustis, parallelis, basi callosis v. appendiculatis. Ovarium biloculare, loculis biovulatis. Stylus simplex; stigma capitatum, bilobum v. bidentatum. Capsula unguiculata, tetragona, bilocularis, tetrasperma, loculicide bivalvis, valvis medio septiferis. Semina discoidea, retinaculis subtensa. — *Herbae v. fruticuli debiles, in Asia tropica crescentes; foliis oppositis, racemis spiciformibus, secundis, axillaribus v. terminalibus, bracteis bracteolisque exiguis, aequalibus.*

Asystasia Blume *Bijdr. 796.* Nees *in Wallich Plant. As. rar. III. 89.* Ruelliae sp. Vahl, Roxb. Wallich *Op. cit. t. 83.*

4058. Echinacanthus *NEES.* Calyx profunde quinquefidus, aequalis. Corolla hypogyna, limbi quinquefidi laciniis aequalibus. Stamina 4, corollae tubo inserta, inclusa, didynama; filamenta basi per paria connata, antherae biloculares, sagittatae, oblongae, hirtae, loculis parallelis, basi calcaratis. Ovarium biloculare, loculis multiovulatis. Stylus simplex; stigma acutum. Capsula teretiuscula, bilocularis, polysperma, loculicide bivalvis, valvis medio septiferis. Semina cordato-subrotunda, retinaculis subulatis subtensa. — *Herba nepalensis, simplex, erecta; foliis oppositis, petiolatis, basi cuneiformibus, subdentatis, superioribus sensim minoribus, cymis bifidis cum flore alari, ramis sursum secundifloris, in paniculam terminalem dispositis, bracteis angustis, bracteolis nullis.*

Echinacanthus Nees *in Wallich Plant. As. rar. III. 90.* Ruellia attenuata Wall.

4059. Leptacanthus *NEES.* Calyx quinquepartitus, laciniis angustis, postica longiore, lateralibus brevioribus. Corolla hypogyna, infundibuliformis, limbi quinquefidi laciniis inaequalibus, duabus posticis majoribus, adscendentibus. Stamina 4, corollae tubo inserta, inclusa, didynama; antherae biloculares, cordatae, demum semiovales, loculis antrorsum parallele contiguis. Ovarium biloculare, quadriovulatum, ovulis orbiculatis, retinaculis crassis subtensis. Stylus ..... Capsula ..... — *Herba indica; caule erecto, subsimplici, foliis oppositis, petiolatis, oblongis, floralibus ovato-acuminatis, minimis, floribus in panicula terminali trichotoma, ex axillis foliorum floralium pedicellatis, secundis, ebracteatis, corollis pollicaribus, speciosis.*

Leptacanthus Nees *in Wallich Plant. As. rar. III. 90.* Ruellia rubicunda Wight.

SUBTRIBUS III. BARLERIEAE Nees *in Wallich Plant. As. rar. III. 75.* Calyx quadripartitus, laciniis antica et postica majoribus, lateralibus interioribus, nunc bilabiatus v. quinquepartitus. Corolla infundibuliformis v. bilabiata. Stamina 4, pare altero brevissimo; antherae biloculares. Capsula ditetrasperma.

4060. Asteracantha *NEES.* Calyx quadripartitus, lacinia postica paullo majore, antica bidentata. Corolla hypogyna, bilabiata, labio superiore bifido, inferiore trifido, basi bicalloso. Stamina 4, corollae tubo inserta, exserta, didynama; filamenta per paria connata, antherae biloculares, aequales, loculis parallelis, glabris, muticis. Ovarium biloculare, loculis quadriovulatis. Stylus simplex; stigma acuminatum. Capsula compressa, bilocularis, octosperma, loculicide bivalvis, valvis medio septiferis. Semina ovata, compressa, laevia, truncata, retinaculis parvis suffulta. — *Herba indica, annua; foliis oppositis, lanceolatis, hirsutis, serrato ciliatis, spinis interpetiolaribus utrinque ternis, subulatis, floribus axillaribus sessilibus, bracteatis bracteolatisque, corollis pollicaribus.*

Asteracantha Nees *in Wallich Plant. As. rar. III. 90.* Barleria longifolia Linn.

4061. Barleria *LINN.* Calyx tetraphyllus, foliolo postico et antico, interdum emarginato latioribus. Corolla hypogyna, infundibuliformis, tubo brevi v. elongato, limbo conice dilatato, quinquefido, lacinia postica breviore. Stamina 4, corollae tubo inserta, vix exserta, didynama; antherae biloculares, lineares, loculis parallelis, muticis, staminum breviorum saepe minores v. imperfectae. Ovarium biloculare, loculis biovulatis. Stylus simplex; stigma compresso-infundibuliforme, truncatum. Capsula subunguiculata, acuminato-conica, bilocularis, tetrasperma v. abortu disperma, loculicide bivalvis, valvis medio septiferis. Semina ovata, testa floccosa, retinaculis crassis, concavis subtensa. — *Herbae v. fruticuli, in Asia tropica crescentes; foliis oppositis, floribus axillaribus v. spicatis, bracteis latis v. angustis bracteolisque saepe ciliatis v. spinosis, corollis speciosis, caeruleis, albis v. lutescentibus, plus minus venosis.*

Barleria Linn. *gen.* 785. excl. sp. Vahl *Symb. t.* 16. Nees *in Wallich Plant. As. rar. III.* 91.

4062. Lophostachys *POHL.* Calyx quadripartitus, lacinia postica et antica, saepius bifida latioribus. Corolla hypogyna, tubulosa, bilabiata, labio superiore retuso, inferiore trifido. Stamina 4, corollae tubo inserta, exserta, didynama; antherae biloculares, oblongae, sagittatae, loculis parallelis, muticis. Ovarium biloculare, loculis biovulatis. Stylus simplex; stigma emarginatum. Capsula bilocularis, tetrasperma, loculicide bivalvis, valvis medio septiferis. Semina ovata, retinaculis subtensa. — *Suffrutices brasilienses; foliis oppositis, petiolatis, spicis in apice caulis aggregatis, secundis, compressis, bracteis dorsalibus distiche incumbentibus, latioribus, sterilibus, florigeris bracteolisque coloratis conformibus, subaequalibus, calyce colorato pallidiore brevioribus, corollis purpureis.*

Lophostachys Pohl. *Plant. Brasil. II.* 93. *t.* 161—163. Nees *in Wallich Plant. As. rar. III.* 94.

4063. Aetheilema *R. BR.* Calyx quinquepartitus, lacinia postica maxima, bracteiformi. Corolla hypogyna, bilabiata v. ringens, labio superiore bidentato v. bifido, inferiore trifido. Stamina 4, corollae tubo inserta, inclusa, didynama, per paria approximata; antherae biloculares, loculis parallelis, contiguis. Ovarium biloculare, loculis biovulatis. Stylus simplex; stigma acutum. Capsula membranacea, bilocularis, tetrasperma, loculicide bivalvis, dissepimenti segmentis demum sponte bipartibilibus. Semina compressa, retinaculis subtensa. — *Herbae in Asia et Africa tropica indigenae; foliis oppositis, spicis v. racemulis axillaribus foliosis, bracteis in axillis foliorum alternis, secundis, biquinquefloris, venosis, bracteolis nullis.*

Aetheilema R. Brown *Prodr.* 478. *in not.* Nees *in Wallich Plant. As. rar. III.* 94. Ruellia imbricata Vahl.

4064. Geissomeria *LINDL.* Calyx pentaphyllus, foliolis imbricatis, postico majore. Corolla hypogyna, infundibuliformis, limbo quinquepartito, lobis subaequalibus, obtusis, antico barbato. Stamina 4, corollae tubo inserta, subexserta, aequalia; antherae biloculares, loculis parallelis, aequalibus, muticis, apicibus barbatis cohaerentes. Ovarium unguiculatum, biloculare, loculis biovulatis. Stylus simplex; stigma infundibuliforme. Fructus ..... — *Herba brasiliensis; caule tetragono, foliis oppositis, spicis axillaribus terminalibusque, basi foliosis, dense imbricatis, bracteis nervosis, bracteolis subconformibus, brevioribus, corollis puniceis, velutinis, tubo longo, arcuato.*

Geissomeria Lindley *in Bot. Reg. t.* 1045.

4065. Lepidagathis *WILLD.* Calyx quadripartitus, lacinia postica maxima, antica minore bifida, lateralibus minimis. Corolla hypogyna, bilabiata, labio superiore integro, bidentato v. bifido, inferioreque trifido conformibus. Stamina 4, corollae tubo inserta, inclusa, didynama, per paria approximata; antherae biloculares, loculis parallelis, contiguis. Ovarium biloculare, loculis biovulatis. Stylus simplex; stigma acutum. Capsula membranacea, bilocularis, tetrasperma, loculicide bivalvis, valvis carina lignea septiferis, segmentis sponte haud bipartibilibus. Semina compressa, retinaculis subtensa. — *Herbae in Asia et Africa tropica, nec non in Antillis crescentes; foliis oppositis, spicis simplicibus v. glomerato-compositis, secundis, bracteis nervosis, unifloris, floribus bibracteolatis, corollis parvis.*

Lepidagathis Willdenow *Spec. III.* 400. R. Brown *Prodr.* 478. *in not.* Roxburgh *Plant. Corom. t.* 267. Nees *in Wallich Plant. As. rar. III.* 95. Delessert *Ic. select. IV. t.* 84. Ruellia fasciculata Vahl.

4066. Neuracanthus *NEES.* Calyx bipartitus, labio superiore trifido, inferiore bifido. Corolla hypogyna, bilabiata, subringens, labio superiore bidentato, inferiore profunde trifido. Stamina 4, corollae tubo inserta, inclusa, didynama; filamenta brevissima, antherae parvae, biloculares, loculis obliquis, ab apice filamenti pendulis, deorsum divergentibus, superiore cristato piloso, staminum breviorum inferiore minore, incompleto. Ovarium biloculare, loculis biovulatis. Stylus simplex; stigma laterale, oblongum. Capsula compresso-tetragona, bilocularis, tetrasperma, loculicide bivalvis, valvis medio septiferis. Semina ovato-subrotunda, compressa, laevia, retinaculis uncinatis subtensa. — *Frutex indicus, ramosus, scaber; foliis oppositis, elliptico-oblongis, cuspidatis, in petiolum angustatis, venoso-reticulatis, spicis axillaribus oppositis, sessilibus, inaequalibus, tetragonis, bracteis quadrifariam imbricatis, nervosis, bracteolis calyce duplo brevioribus, ciliatis, calycibus ciliato-plumosis, corollis parvis.*

Neuracanthus Nees *in Wallich Plant. As. rar. III.* 97. Ruellia tetragonostachya Wall.

4067. Corythacanthus *NEES.* Calyx bilabiatus, labiis aequalibus, integris. Corolla hypogyna, ringens, labio superiore integro, inferiore amplo, trilobo. Stamina 2, corollae tubo inserta; antherae biloculares, subsagittatae, loculis parallelis, subaequalibus. Ovarium biloculare, loculis biovulatis. Stylus .... Capsula bilocularis, tetrasperma ..... Semina compressa, retinaculis latis subtensa. — *Planta brasiliensis, non satis nota; pedunculis axillaribus furcatim paucifloris, bracteis divisionum exiguis, bracteolis nullis.*

Corythacanthus Nees *in Lindley Introduct. edit. II. p.* 444.

SUBTRIBUS IV. ACANTHEAE Nees *in Wallich Plant. As. rar. III.* 75. Calyx quadripartitus, laciniis antica et postica majoribus. **Corolla** unilabiata, basi cartilaginea. **Stamina** 4, subdidynama. **Capsula** di-tetrasperma.

4068. Blepharis *JUSS.* **Calyx** quadripartitus, laciniis postica et antica bidentata majoribus. **Corolla** hypogyna, unilabiata, labio antico, trifido, fauce cartilaginea, postice tridenticulata. **Stamina** 4, corollae basi inserta, subdidynama; superiorum **antherae** uniloculares, **filamento** adnatae, margine ciliato-barbatae, inferiorum oblique biloculares, in filamento obtuso laterales, substipitatae v. sessiles. **Ovarium** biloculare, loculis biovulatis. **Stylus** simplex; **stigma** bifidum. **Capsula** bilocularis, tetrasperma v. abortu disperma, loculicide bivalvis, valvis medio septiferis. **Semina** retinaculis subtensa. — *Herbae indicae, repentes, hispidae; foliis verticillatis, inaequalibus, mucronato-dentatis v. serrulatis, spicis imbricato-bracteatis, bracteis inferioribus vacuis, saepe aristato-ciliatis, flore terminali bibracteolato, bracteolis bracteisque conformibus v. difformibus.*

Blepharis Jussieu *gen. 103.* Nees *in Wallich Plant. As. rar. III. 97.* Acanthi sp. Linn. *Burm. Flor. ind. t. 42. f. 2.* Vahl.

4069. Dilivaria *JUSS.* **Calyx** quadripartitus, laciniis postica et antica paullo majoribus, basi callosis, omnibus integris. **Corolla** hypogyna, unilabiata, labio trilobo, palato convexo, incrassato, margine postico integerrimo v. tridenticulato. **Stamina** 4, corollae basi inserta, subdidynama; **filamenta** conformia, **antherae** omnes uniloculares, adnatae, barbato-ciliatae. **Ovarium** biloculare, loculis biovulatis. **Stylus** simplex; **stigma** bilobum. **Capsula** membranacea, compressa, bilocularis, tetrasperma, loculicide bivalvis, dissepimento ligneo, tandem soluto, apice dilatato, oblique truncato. **Semina** ovata, compressa, tuberculata, retinaculis crassis, obtusis, rectiusculis subtensa. — *Frutices Asiae tropicae; foliis oppositis, repando-spinosis v. subintegerrimis, spica aphylla, bracteis subimbricatis, bracteolis geminis, subconformibus, mediocribus v. nullis, floribus speciosis.*

Dilivaria Jussieu *gen. 103.* Nees *in Wallich Plant. As. rar. III. 98.* Acanthi sp. Linn. Vahl *Symb. II. t. 40.* R. Brown, Wallich *Plant. As. rar. t. 172.* —? Cheilopsis Moquin Tandon *in Annal. sc. nat. XXVII. 230.* Acanthus polystachius Delile *in Cailliaud Meroë t. 62.*

4070. Blepharacanthus *NEES.* **Calyx** quadripartitus, laciniis antica et postica oblongo-linearibus, majoribus. **Corolla** hypogyna, unilabiata, labio trilobo, basi interdum auriculato, margine postico integerrimo. **Stamina** 4, corollae basi inserta; **antherae** omnes uniloculares, barbato-ciliatae, staminum majorum adnatae, minorum in basi connectivi elongati, recti laterales, stipitatae. **Ovarium** biloculare, loculis biovulatis. **Stylus** simplex; **stigma** bifidum. **Capsula** .... — *Frutices capenses, Acanthi facie; spicis terminalibus, v. propter ramulos brevissimos ad speciem axillaribus, bracteis imbricatis, spinosis, bracteolis linearibus, oppositis.*

Blepharacanthus Nees *in Lindley Introduct. edit. II. p. 444.* Acanthi sp. Thunb.

4071. Acanthus *TOURNEF.* **Calyx** quadripartitus, lacinia postica et antica, apice bifida multo majoribus. **Corolla** hypogyna, unilabiata, labio trifido v. trilobo, basi interdum auriculato, margine postico integerrimo. **Stamina** 4, corollae basi inserta, subdidynama; **filamenta** inferiora apice inflexa, **antherae** omnes uniloculares, ciliatae, staminum superiorum erectae, inferiorum in filamenti unco transversae. **Ovarium** biloculare, loculis biovulatis. **Stylus** simplex; **stigma** bilobum. **Capsula** membranacea, bilocularis, compressa, tetrasperma, loculicide bivalvis, dissepimento ligneo, tandem soluto, apice dilatato, oblique truncato. **Semina** ovata, compressa, tuberculata, retinaculis crassis, obtusis, rectiusculis subtensa. — *Herbae v. suffrutices, in regione mediterranea et in Asia tropica crescentes; foliis oppositis, inciso- v. repando-dentatis, dentibus spinosis, spica terminali aphylla, bractea dentato-spinosa v. setaceo-ciliata, bracteolis geminis.*

Acanthus Tournef. *inst. 80.* Linn. *gen. n. 790.* excl. sp. Jussieu *gen. 103.* Gärtner *I. 253. t. 54.* Sibthorp *Flor. graec. t. 610. 611.* Nees *in Wallich Plant. As. rar. III. 98.*

4072. Acanthodium *DELILE.* **Calyx** quadripartitus, laciniis postica et antica multo majoribus. **Corolla** hypogyna, unilabiata, labio trilobo, margine postico integerrimo. **Stamina** 4, corollae basi inserta, didynama; **antherae** omnes uniloculares, ciliatae, ad basim connectivi elongati, recti laterales, stipitatae. **Ovarium** biloculare, loculis uniovulatis? **Stylus** simplex; **stigma** bilobum. **Capsula** bilocularis, disperma, loculicide bivalvis, valvis medio septiferis. **Semina** compressa, sursum pilosa, retinaculis uncinatis subtensa. — *Suffrutex aegyptiacus, humilis; foliis oppositis, ovatis, acutis, subsessilibus, dentato-spinosis, spicis quadrifariam imbricatis, rigidis, bracteis foliaceis spinosis, flores superantibus, bracteolis setaceis.*

Acanthodium Delile *Flor. aegypt. t. 33. f. 3.*

SUBTRIBUS V. JUSTICIEAE Nees *in Wallich Plant. As. rar. III.* 76. **Calyx** quinquefidus, rarius quadrifidus, lacinia postica saepe minore. **Corolla** bilabiata v. ringens, rarius regularis. **Stamina** 2, antheris bilocularibus; v. 4, antheris omnium v. staminum breviorum unilocularibus. **Capsula** tetrasperma, rarius pleiosperma.

DIVISIO I. APHELANDREAE Nees *l. c.* **Stamina** 2 v. rarius 4, antherarum loculis parallelis. **Capsula** sessilis, tetra-polysperma.

4073. Crossandra *SALISB.* **Calyx** quinquepartitus, laciniis latis, interioribus brevioribus. **Corolla** hypogyna, subhypocraterimorpha, limbi plani, quinquepartiti laciniis subsecundis. **Stamina** 4, corollae tubo inserta, inclusa, didynama; **antherae** uniloculares, hirtae, margine ciliatae. **Ovarium** biloculare, loculis biovulatis. **Stylus** simplex; **stigma** ..... **Capsula** bilocularis, tetrasperma, loculicide bivalvis, valvis medio septiferis. **Semina** ovata, retinaculis subtensa. — *Herbae indicae; foliis ternatim v. quaternatim verticillatis, integris, saepissime punctato-scabris, spica terminali tetragona, bracteis oppositis, latis, membranaceis, bracteolis angustis, membranaceis, corollis speciosis, rubris.*

Crossandra Salisbury *Parad. 12.* Bot. Reg. *t. 69.* Nees *in Wallich Plant. As. rar. III. 98.* Harrachia Jacq. f. *Eclog.*

t. 21. Justicia infundibuliformis Linn. Ruellia infundibuliformis Andrews *Bot. Reposit. t. 542.*

4074. Aphelandra *R. BR.* Calyx quinquepartitus, inaequalis. Corolla hypogyna, ringens, labio superiore subfornicato, bidentato, inferioris tripartiti laciniis lateralibus multo minoribus. Stamina 4, corollae tubo inserta, inclusa, didynama; antherae uniloculares, muticae. Ovarium biloculare, loculis biovulatis. Stylus simplex; stigma bifidum. Capsula teretiuscula, bilocularis, tetrasperma, loculicide bivalvis, valvis medio septiferis. Semina compressa, retinaculis subtensa. — *Frutices Americae tropicae; foliis oppositis, spicis axillaribus et terminalibus tetragonis, bracteis oppositis, submembranaceis, bracteolis angustis, corollis speciosis, rubicundis.*

Aphelandra R. Brown *Prodr. 475. in not.* Bot. Mag. *t. 1578.* Bot. Reg. *t. 1477.* Kunth *in Humb. et Bonpl. Nov. gen. et sp. II. 236.* Hooker *Ic. t. 113.* Synandra Schrad. *in Neuwied Reise II. 343.* Hemitome Nees *msc.* Justicia cristata Jacq. *Hort. Schönbr. t. 320.* J. pulcherrima Jacq. *Ic. rar. t. 204.*

4075. Endopogon *NEES.* Calyx quinquepartitus, aequalis. Corolla hypogyna, bilabiata, fauce inflata, labio superiore lato, bifido, intus in canalem utrinque barbatum decurrente, inferiore trifido. Stamina 2, corollae tubo inserta; antherae biloculares, loculis biovulatis. Stylus simplex; stigma bifidum. Capsula quadrangularis, suturis prominulis, dissepimento superne deliquescente incomplete bilocularis, tetrasperma, loculicide bivalvis, valvis medio septiferis. Semina compresso-lenticularia, retinaculis subtensa. — *Herbae indicae; foliis oppositis, dentatis v. crenatis, floribus spicatis, bracteis oppositis, latiusculis, imbricatis, bracteolis angustis, corollis speciosis.*

Endopogon Nees *in Wallich Plant. As. rar. III. 98.*

4076. Loxanthus *NEES.* Calyx quinquepartitus, aequalis, brevis Corolla hypogyna, coriacea, tubulosa, tubo incurvo, limbi oblique quinquelobi lacinia infima profundius distincta. Stamina corollae tubo inserta, duo fertilia; antheris bilocularibus, loculis aequalibus, parallelis, muticis, duo sterilia, brevissima, subulata, ananthera. Ovarium biloculare, loculis multiovulatis. Stylus simplex; stigma bifidum. Capsula bilocularis, polysperma, loculicide bivalvis, valvis medio septiferis. Semina retinaculis subtensa. — *Frutex indicus, speciosus; ramis tetragonis, foliis oppositis, oblongo-cuneiformibus, integerrimis, glabris, thyrso terminali, pedunculis bifidis, minute bracteolatis.*

Loxanthus Nees *in Wallich Plant. As. rar. III. 89.*

4077. Phlogacanthus *NEES.* Calyx quinquepartitus, aequalis. Corolla hypogyna, tubo trigono, labio superiore latiore et longiore bifido, inferiore trifido. Stamina 2, corollae tubo inserta, duo fertilia; antherae biloculares, loculis parallelis, contiguis, demum hastato-divergentibus, muticis, duo sterilia, brevissima, ananthera, quandoque nulla. Ovarium biloculare, loculis quadriovulatis. Stylus simplex; stigma bifidum. Capsula compressa, unguiculata, bilocularis, octosperma, loculicide bivalvis, valvis medio septiferis. Semina retinaculis subtensa. — *Fruticuli indici; foliis oppositis, supra minute papulosis, racemo terminali v. laterali, simplici v. trifido, spicaeformi, floribus verticillato-quaternis, bractea bracteolisque binis conformibus, angustis, elongatis, corollis speciosis, luteis v. fulvis.*

Phlogacanthus Nees *in Wallich Plant. As. rar. III. 99.* Justiciae sp. Roxb. Wallich *Op. cit. t. 28. 112.*

4078. Cryptophragmium *NEES.* Calyx quinquepartitus, aequalis. Corolla hypogyna, bilabiata v. ringens, tubo recto, labio superiore bifido, inferiore trifido. Stamina 2, corollae tubo inserta; antherae biloculares, loculis antice confluentibus. Ovarium biloculare, loculis multiovulatis. Stylus simplex; stigma bifidum. Capsula tetragona, bilocularis, polysperma, loculicide bivalvis, valvis medio septiferis. Semina retinaculis subtensa. — *Suffrutices indici; foliis oppositis, longe petiolatis, racemis v. spicis secundis aut glomerato-subverticillatis, bracteis bracteolisque parvis, subaequalibus.*

Cryptophragmium Nees *in Wallich Plant. As. rar. III. 100.* Bot. Mag. *t. 3208.* Justicia venusta Wallich *Op. cit. t. 66.*

Divisio II. GENDARUSSEAE Nees *l. c.* Stamina 2 v. rarissime 4, antherarum loculis parallelis v. divergentibus. Capsula unguiculata, tetrasperma.

4079. Rostellaria *NEES.* Calyx quadri-quinquepartitus, laciniis duabus superioribus saepe minoribus, quinta postica dum adest minima. Corolla hypogyna, bilabiata, labio superiore plano, truncato-bidentato, inferiore trilobo. Stamina 2, corollae tubo inserta; antherae biloculares, loculis in connectivo apice incrassato obliquis, inferiore basi sterili in rostrum producto, superiore minore. Ovarium biloculare, loculis biovulatis. Stylus simplex; stigma bifidum. Capsula bilocularis, tetrasperma, loculicide bivalvis, valvis medio septiferis. Semina retinaculis brevibus, lamelliformibus subtensa. — *Herbae indicae, annuae v. perennes, saepe procumbentes, hirsutae; foliis oppositis, spicis terminalibus v. axillaribus, floribus decussatim solitariis, bibracteatis, bracteis calycis laciniis similibus iisdemque alternis.*

Rostellaria Nees *in Wallich Plant. As. rar. III. 100.* Justiciae sp. Auct.

4080. Hemichoriste *WALL.* Calyx quinquepartitus, aequalis. Corolla hypogyna, ringens, labio superiore integro, inferiore trifido. Stamina 4, corollae tubo inserta, didynama; antherae longiorum biloculares, loculis connectivo dilatato discretis, divergentibus, basi calcaratis, breviorum uniloculares, basi calcaratae v. rudimentariae. Ovarium unguiculatum, biloculare, loculis biovulatis. Stylus simplex; stigma obtusum, bifidum. Capsula ...... — *Herba indica, erecta, stricta, glabra; caule tetragono, fistuloso, foliis oppositis, oblongis, integerrimis, laete virentibus, thyrso elongato, e cymis oppositis subverticillato, bracteis bracteolisque latiusculis, remotis.*

Hemichoriste Nees *in Wallich Plant. As. rar. III. 102.*

4081. Graptophyllum *NEES.* Calyx quinquepartitus, aequalis. Corolla hypogyna, ringens, labio superiore fornicato, recto, margine reflexo, inferiore trifido. Stamina 2, corollae tubo inserta; antherae biloculares, sagittatae, incurvae, loculis parallelis, aequalibus, muticis. Ovarium biloculare, loculis biovulatis. Stylus simplex; **stigma** bifidum. **Capsula** rostrata, bilocularis, tetrasperma, loculicide bivalvis, valvis medio septiferis. **Semina** retinaculis subtensa. — *Suffrutex indicus; foliis oppositis, oblongis v. ovatis, cuspidatis, glabris, pictis, racemis axillaribus in racemum terminalem collectis, bracteis bracteolisque ad basim pedunculorum parvis, corollis laete purpureis.*

Graptophyllum Nees *in Wallich Plant. As. rar. III. 102.* Justicia picta Linn. Bot. Mag. *t. 1870.* Bot. Reg. *t. 1227.*

4082. Beloperone *NEES.* **Calyx** quinquepartitus, tubo aequali, laciniis latiusculis. **Corolla** hypogyna, ringens, tubo recto, labio superiore concavo, inferiore trifido. **Stamina** 2, corollae tubo inserta; **antherae** biloculares, loculis muticis v. basi calcaratis, in connectivo semisagittato oblique divergentibus v. subcontigue superpositis. **Ovarium** biloculare, loculis biovulatis. **Stylus** simplex; **stigma** subulatum. **Capsula** unguiculata, bilocularis, tetrasperma, loculicide bivalvis, valvis medio septiferis. **Semina** discoidea, colorata, retinaculis subtensa. — *Herbae v. fruticuli, in Asia et America tropica crescentes; foliis oppositis, spicis axillaribus terminalibusque brevibus, secundis, floribus alternis, bracteis bracteolisque aequalibus, longis, angustis, corollis speciosis, coccineis.*

Beloperone Nees *in Wallich Plant. As. rar. III. 102.* Justicia oblongata Link et Otto *Ic. select. t. 34.* J. plumbaginifolia Jacq. f. *Eclog. t. 12.*

4083. Gendarussa *NEES.* **Calyx** quinquepartitus, aequalis. **Corolla** hypogyna, ringens, tubo brevi, labio superiore fornicato, inferiore trifido, subaequali. **Stamina** 4, corollae fauci inserta; **antherae** biloculares, loculis in connectivo rhombeo-lanceolato oblique superpositis, semiovatis, inferiore saepius calcarato. **Ovarium** biloculare, loculis biovulatis. **Stylus** simplex; **stigma** subulatum. **Capsula** unguiculata, bilocularis, tetrasperma, loculicide bivalvis, valvis medio septiferis. **Semina** retinaculis subtensa. — *Herbae v. frutices, interdum arborescentes, in Asia tropica et in Capite bonae spei, rarius in America tropica indigeni; foliis oppositis, floribus spicatis.*

Adhatoda et Gendarussa Nees *in Wallich Plant. As. rar. III. 102—103.*

a. ADHATODA Herm. *Parad. 643.* Bracteae magnae, persistentes, calyceın valvatim tegentes. Adhatoda Nees *l. c.* Justicia Adhatoda Linn. Bot. Mag. *t. 861.* et J. Betonica Linn.

b. GENDARUSSA Rumph *Amboin. IV. t. 28. 29.* Bracteae plerumque parvae, deciduae. Gendarussa Nees *l. c.* Justicia Gendarussa Linn. J. sp. Jacq. *Hort. Schönbr. t. 3.* Bot. Mag. *t. 2766.* Wallich *Op. cit. t. 93.* Jacq. f. *Eclog. t. 11.*

4084. Rhytiglossa *NEES.* **Calyx** quinquepartitus, aequalis. **Corolla** hypogyna, ringens, labio superiore fornicato, incurvo, inferioris trifidi palato rugoso. **Stamina** 2, corollae fauci inserta, loculis transversim superpositis, discretis, muticis. **Ovarium** biloculare, loculis biovulatis. **Stylus** simplex; **stigma** subulatum. **Capsula** unguiculata, bilocularis, tetrasperma, loculicide bivalvis, valvis medio septiferis. **Semina** retinaculis subtensa. — *Suffrutices capenses; foliis oppositis, spicis axillaribus et terminalibus, bracteis magnis, persistentibus, bracteolis parvis.*

Rhytiglossa Nees *in Lindley Introduct. edit. II. p. 444.*

4085. Leptostachya *NEES.* **Calyx** quinquepartitus, aequalis. **Corolla** hypogyna, ringens, tubo brevi, fauce inflata, labio superiore late fornicato, inferiore convexo, trifido. **Stamina** 2, corollae fauci inserta; **antherae** biloculares, loculis oblique superpositis, parallelis, muticis. **Ovarium** biloculare, loculis biovulatis. **Stylus** simplex; **stigma** bifidum. **Capsula** unguiculata, suturis planis, apice compressa, bilocularis, tetrasperma, loculicide bivalvis, valvis medio septiferis. **Semina** muricata, retinaculis apice bifidis subtensa. — *Fruticuli in Asia et America tropica crescentes; foliis oppositis, spicis gracillimis, e floribus distantibus, oppositis, glomeratis v. solitariis, parvis, superioribus nonnunquam secundis, bracteis bracteolisque parvis, conformibus.*

Leptostachya Nees *in Wallich Plant. As. rar. III. 105.* Justiciae sp. Jacq. *Amer. t. 3. Edit. pict. t. 14.* Kunth, Wallich.

4086. Gymnostachyum *NEES.* **Calyx** quinquepartitus, lacinia postica breviore. **Corolla** hypogyna, bilabiata, labio superiore angustiore bidentato, inferiore trifido. **Stamina** 2, corollae tubo inserta, inclusa; **antherae** biloculares, loculis aequalibus, parallele contiguis, basi mucronatis. **Ovarium** oblongum .... **Stylus** simplex; **stigma** bifidum, laciniis compressis. **Capsula** .... — *Herba indica; caule basi radicante, subtetragono, hirsuto, foliis oppositis, oblongis, costatis, supra pilosis, racemo spicaeformi, gracili, subsecundo, floribus dissitis, brevissime pedunculatis, bracteis exiguis, subulatis, suboppositis, altera sterili paullo inferiore, bracteolis nullis.*

Gymnostachyum Nees *in Wallich Plant. As. rar. III. 106.*

DIVISIO III. ERANTHEMEAE Nees *l. c.*

Stamina 2, **antherae** biloculares, loculis parallelis v. superpositis. **Capsula** longe unguiculata, di-tetrasperma.

4087. Eranthemum *R. BR.* **Calyx** quinquefidus, aequalis. **Corolla** hypogyna, hypocraterimorpha v. elongato-infundibuliformis, tubo gracili, longo, limbo quinquepartito, subaequali. **Stamina** 2, fertilia, corollae fauci inserta; **antheris** exsertis, bilocularibus, loculis parallelis, muticis, duo anantheria, inclusa. **Ovarium** biloculare, loculis biovulatis. **Stylus** simplex; **stigma** bifidum. **Capsula** unguiculata, bilocularis, tetrasperma, loculicide bivalvis, valvis medio septiferis. **Semina** discoidea, retinaculis subtensa. — *Herbae v. frutices gerontogei, tropici et subtropici, nec non in Antillis indigeni; foliis oppositis, floribus spicatis, dense v. laxe bracteatis, v. axillaribus, solitariis, bracteolis binis.*

Eranthemum R. Brown *Prodr. 476.* Nees *in Wallich Plant. As. rar. III. 106.* Justiciae sp. Linn. et Auct.

a. EURANTHEMUM. Spicae densae, bracteis subfoliaceis. — *Species Indiae orientalis.* Justiciae sp. Vahl. Bot. Mag. *t. 1358.* Ruelliae sp. Venten. *Cels. t. 46.* (Andrews *Bot. Reposit. t. 88.*)

b. PLANETANTHEMUM. Spicae v. fasciculi laxi, bracteis parvis, subulatis. — *Species in Asia, Africa et Nova-Hollandia tropica et subtropica crescentes.* Justiciae sp. Wallich *Op. cit. t. 92.* (Wallich *Op. cit. t. 21.* Bot. Reg. *t. 876*).

c. HESPERANTHEMUM. Pedunculi axillares, subuniflori. — *Frutices antillani spinosi.*

4088. Chameranthemum *NEES.* Calyx quinquefidus, aequalis. Corolla hypogyna, infundibuliformis, tubo gracili, longo, limbo quinquepartito, subaequali. Stamina 4, corollae fauci inserta, didynama, duo longiora subexserta; antheris bilocularibus, loculis parallelis, muticis, duo breviora inclusa, antheris unilocularibus, acutis. Ovarium biloculare, loculis biovulatis. Stylus simplex; stigma bifidum. Capsula unguiculata, bilocularis, tetrasperma, loculicide bivalvis, valvis medio septiferis. Semina retinaculis subtensa. — *Suffrutex brasiliensis; foliis oppositis, floribus laxe spicatis, bracteis bracteolisque parvis.*

Chameranthemum Nees *in Lindley Introduct. edit. II. p. 445.*

4089. Justicia *NEES.* Calyx quinquepartitus, aequalis. Corolla hypogyna, infundibuliformi-bilabiata, tubo longo, labio superiore angusto, reflexo, inferioris trifidi laciniis aequalibus. Stamina 2, corollae fauci inserta; antheris exsertis, bilocularibus, loculis parallelis, contiguis, basi subinaequalibus, muticis. Ovarium biloculare, loculis biovulatis. Stylus simplex; stigma bifidum. Capsula unguiculata, cuspidata, bilocularis, abortu disperma, loculicide bivalvis, valvis medio septiferis. Semina cordata, compressa, tuberculata, margine elevato cincta, retinaculis uncinatis subtensa. — *Frutices Asiae tropicae; foliis oppositis, spica terminali, bracteis herbaceis, latis, demum deciduis, floribus oppositis, solitariis, bracteolis parvis, subulatis.*

Justicia Nees *in Wallich Plant. As. rar. III. 108.* Justicia Ecbolium Linn. Bot. Mag. *t. 1847.*

4090. Rhinacanthus *NEES.* Calyx quinquepartitus, aequalis. Corolla hypogyna, hypocrateriformi-subbilabiata, tubo longo, gracili, labio superiore angusto, integro, inferioris tripartiti laciniis aequalibus. Stamina 2, corollae fauci inserta; antheris subexsertis, bilocularibus, loculis serie lineari superpositis, muticis. Ovarium biloculare, loculis biovulatis. Stylus simplex; stigma bifidum. Capsula unguiculata, clavata, bilocularis, tetrasperma v. abortu disperma, loculicide bivalvis, valvis medio septiferis. Semina ovata, biconvexa, retinaculis suffulta. — *Frutices indici; foliis oppositis, paniculis axillaribus in terminalem collectis, trichotomis, ramis bifidis, floribus circa apices ramulorum glomeratis, albis.*

Rhinacanthus Nees *in Wallich Plant. As. rar. III. 108.* Justicia nasuta Linn. J. calcarata Wallich *Op. cit. t. 113.*

TRIBUS VI. DICLIPTEREAE Nees *in Wallich Plant. As. rar. III. 76.* Calyx quinquepartitus, aequalis. Corolla bilabiata, saepe resupinata. Stamina 2 v. 4, antherae uni-biloculares. Capsula tetra-octosperma.

4091. Blechum *P. BR.* Calyx profunde quinquefidus, aequalis. Corolla hypogyna, infundibuliformis, tubo longo, limbi breviter quinquefidi lobis patulis, subaequalibus, rotundatis. Stamina 4, corollae tubo inserta, inclusa, didynama; antherae biloculares, ovales, loculis parallelis, muticis. Ovarium biloculare, loculis quadri-pluriovulatis. Stylus simplex; stigma bifidum. Capsula ovata, subventricosa, bilocularis, dissepimento completo, octo-pleiosperma, loculicide bivalvis, dissepimentis demum a valvularum dorso solutis. Semina suborbiculato-compressa, mucilaginosa, retinaculis subtensa. — *Herbae in America tropica et in Manillis crescentes; foliis oppositis, spicis subtetragonis, bracteis foliaceis, magnis, bracteolis geminis, parvis, corollis caeruleis.*

Blechum P. Browne *Jamaic. 261.* Jussieu *in Annal. Mus. IX. 260.* Kunth *in Humb. et Bonpl. Nov. gen. et sp. II. 238.* Nees *in Wallich Plant. As. rar. III. 109.*

4092. Rungia *NEES.* Calyx quinquepartitus, aequalis. Corolla hypogyna, bilabiata, labio superiore bidentato, inferiore trilobo, palato biplicato. Stamina 2, corollae fauci inserta; antherae exsertae, biloculares, loculis oblique superpositis, inferiore basi appendice orbiculata lamellari. Ovarium biloculare, loculis biovulatis. Stylus simplex; stigma bifidum. Capsula bilocularis, dissepimento membranaceo incompleto, tetrasperma, loculicide bivalvis, septis demum cum valvarum parietibus a carina persistente solutis. Semina compressa, concentrice rugosa, retinaculis subtensa. — *Herbae v. suffrutices Asiae et Americae tropicae; foliis oppositis, spica quadrifariam bracteata, bracteis margine membranaceis, serierum duarum superiorum vacuis, inferiorum unifloris, bracteolis oppositis, linearibus, calyce vix longioribus, calycis laciniis linearibus, ciliatis, membranaceis.*

Rungia Nees *in Wallich Plant. As. rar. III. 109.* Dicliptera e sect. 3. Jussieu *in Annal. Mus. IX. 268.* Justicia repens Linn. J. pectinata Roxburgh *Plant. Corom. t. 153.*

4093. Dicliptera *JUSS.* Calyx quinquepartitus, aequalis. Corolla hypogyna, resupinata, bilabiata, labio superiore (antico) integro v. bidentato, inferiore (postico) tridentato. Stamina 2, corollae tubo inserta; antheris bilocularibus, loculis altero pone alterum positis, semiovatis, muticis. Ovarium biloculare, loculis biovulatis. Stylus simplex; stigma bifidum. Capsula sessilis v. unguiculata, bilocularis, dissepimento incompleto, loculicide bivalvis, septis demum a dorso valvarum basi bifidarum solutis. Semina discoidea, retinaculis uncinatis suffulta. — *Herbae v. suffrutices Asiae et Americae tropicae; foliis oppositis, floribus in capitulis bracteatis sessilibus, capitulis bracteis pluriseriatis, exterioribus binis, oppositis, majoribus involucratis, in umbellas axillares terminalesque flabellatim dispositis.*

Dicliptera Jussieu *in Annal. Mus. IX. 267.* excl. sect. *3. et 4* Nees *in Wallich Plant. As. rar. III. 111.* Dianthera Solander ex R. Brown *Prodr. 476.* Diantherae sp. Ruiz et Pavon *Flor. Peruv. t. 14.* Justicia chinensis Vahl et Auct.

4094. Amphiscopia *NEES.* Calyx quinquepartitus, aequalis. Corolla hypogyna, ringens, labio superiore bifido, inferiore trifido. Stamina 2, corollae tubo inserta; antheris bilocularibus, loculis muticis, connectivi elongati crura terminantibus, altero sursum spectante. Ovarium biloculare, loculis biovulatis. Stylus simplex; stigma indivisum. Capsula unguiculata, bilocularis, tetrasperma ..... Semina retinaculis latis, truncatis subtensa. — *Fruticulus brasiliensis, e basi repente adscendens; foliis oppositis, oblongis, utrinque acuminatis, spicis ter-*

minalibus compositis, secundis, bracteatis, bracteis floralibus latis, pedicello brevissimo connatis, oppositis exiguis, bracteolis parvis.

Amphiscopia Nees *in Wallich Plant. As. rar. III. 112.*

4095. Peristrophe *NEES.* Calyx quinquedentatus v. quinquepartitus, aequalis. Corolla hypogyna, resupinata, tubo longo, limbi bilabiati labio superiore (antico) integro v. bidentato, inferiore (postico) tridentato. Stamina 2, corollae tubo inserta; antheris bilocularibus, loculis angustis, oblique altero pone alterum positis, diretione parallelis, muticis, demum contortis. Ovarium biloculare, loculis biovulatis. Stylus simplex; stigma bifidum. Capsula unguiculata, compressa, bilocularis, tetrasperma, loculicide bivalvis, valvis medio septiferis. Semina discoidea, retinaculis uncinatis subtensa. — *Herbae v. suffrutices Asiae tropicae; caule plerumque sexangulari, ad nodos carnoso, capitulis florum involucro bivalvi inclusis, in umbellas axillares et terminales, simplices v. compositas dispositis.*

Peristrophe Nees *in Wallich Plant. As. rar. III. 112.* Justicia tinctoria Roxb. J. speciosa Roxb. Bot. Mag. *t. 1722.* J. lanceolaria Roxb. J. bicalyculata Vahl. J. ligulata Lam. *t. 12. f. 2.* Cav. *Ic. t. 71.*

4096. Sautiera *DECAISN.* Calyx tubulosus, quinquefidus, subaequalis. Corolla hypogyna, infundibuliformi bilabiata, labio superiore fornicato-bilobo, inferiore trilobo. Stamina 4, corollae tubo inserta, exserta, didynama; filamenta basi in tubulum connata, antherae biloculares, loculis aequalibus, parallelis. Ovarium biloculare, loculis biovulatis. Stylus simplex; stigma bifidum. Capsula unguiculata, compressiuscula, bilocularis, tetrasperma, loculicide bivalvis, valvis medio septiferis. Semina discoidea, hirsuta, retinaculis uncinatis subtensa. — *Herba timorensis, suffruticosa; ramis teretibus, ad nodos incrassatis, foliis oppositis, cymis ad ramulorum apices axillaribus, subsessilibus, foliis delapsis spicam mentientibus, floribus majusculis.*

Sautiera Decaisne *in Nouv. Annal. Mus. III. 383.*

4097. Hypoestes *SOLAND.* Involucrum tetraphyllum v. quadrifidum, tri-uniflorum. Calyx quinquefidus v. quinquepartitus, aequalis. Corolla hypogyna, bilabiata, labio superiore angustiore, integro, inferiore trifido. Stamina 2, corollae fauci inserta, exserta; antheris unilocularibus, in connectivo angusto sublateralibus. Ovarium biloculare, loculis biovulatis. Stylus simplex; stigma bifidum. Capsula bilocularis, tetrasperma, loculicide bivalvis, valvis medio septiferis. Semina ovata, compressa, tuberculata, retinaculis subulatis subtensa. — *Herbae v. suffrutices Asiae tropicae; foliis oppositis, capitulis florum tri- v. abortu unifloris, involucris tetraphyllis, foliolis cruciatim oppositis, liberis v. basi connatis, in umbellulas simplices v. compositas dispositis.*

Hypoestes Soland ex R. Brown *Prodr. 474.* Nees *in Wallich Plant. As. rar. III. 114.* Justiciae sp. Linn. Vahl. Micranthus Wendl. *Obs. 39.* Phaylopsis Willd. *Sp. III. 42.*

4098. Rhaphidospora *NEES.* Calyx parvus, quinquefidus, aequalis. Corolla hypogyna, resupinata, bilabiata, tubo recurvo, labio superiore (antico) concavo, inferiore (postico) latiore, trifido. Stamina 2, corollae fauci inserta, exserta; antherae biloculares, loculis superpositis, superiore breviore, inferiore basi calcarato. Ovarium biloculare, loculis biovulatis. Stylus simplex; stigma bifidum. Capsula unguiculata, bilocularis, tetrasperma, loculicide bivalvis, valvis medio septiferis. Semina discoidea, echinato-hispida, retinaculis uncinatis subtensa. — *Herba indica, glabra, laxa; foliis oppositis, ovatis, longe acuminatis, obtusis, floribus ternato-capitatis, lateralium abortu solitariis, bracteis bracteolisque cinctis, corollis parvis.*

Rhaphidospora Nees *in Wallich Plant. As. rar. III. 115.* Justicia glabra König.

TRIBUS VII. ANDROGRAPHIDEAE Nees *in Wallich Plant. As. rar. III.* 77. Calyx quinquefidus. Corolla bilabiata v. ringens, saepius resupinata. Stamina 2 v. 4, antherae uniloculares v. biloculares, loculo inferiore barbato. Capsula sessilis, pleiosperma.

4099. Erianthera *NEES.* Calyx quinquepartitus, aequalis. Corolla hypogyna, bilabiata, labio superiore latiore, integro, inferiore bifido. Stamina 4, corollae tubo inserta, exserta; antherarum loculo superiore pollinifero, inferiore in barbam lanosam soluto. Ovarium biloculare, loculis tri-pluriovulatis. Stylus simplex; stigma capitatum, parvum. Capsula oblonga, depressa, bilocularis, hexa-pleiosperma, loculicide bivalvis, valvis medio septiferis. Semina angulata, retinaculis brevibus suffulta. — *Suffrutices indici, humiles; foliis oppositis, pedunculis axillaribus, uni-bifloris, floribus ebracteolatis.*

Erianthera Nees *in Wallich Plant. As. rar. III. 115.*

4100. Haplanthus *NEES.* Calyx quinquepartitus, aequalis. Corolla hypogyna, subinfundibuliformis, tubo incurvo, limbo quinquefido, subbilabiato. Stamina 2, corollae tubo inserta, inclusa; filamenta basi introrsum dilatata, antherae uniloculares, connectivo loculoque altero abortivo tomentosis. Ovarium biloculare, loculis multiovulatis. Stylus simplex; stigma acutum. Capsula linearis, depressa, bilocularis, polysperma, loculicide bivalvis, valvis medio septiferis. Semina parva, angulata, retinaculis suffulta. — *Herba indica, e basi procumbente adscendens, racemo terminali, tripartito, subspicato, bracteis bracteolisque parvis, subulatis.*

Haplanthus Nees *in Wallich Plant. As. rar. III. 115.*

4101. Andrographis *WALL.* Calyx quinquepartitus, aequalis, laciniis angustis. Corolla hypogyna, bilabiata, labio superiore integro v. bifido, inferiore trifido. Stamina 2, corollae tubo inserta; antherae biloculares, loculis parallelis, basi barbatis. Ovarium biloculare, loculis bi-multiovulatis. Stylus simplex; stigma acutum. Capsula ovalis v. lanceolata, depressa, bilocularis, tetra-polysperma, loculicide bivalvis, valvis medio septiferis. Semina ovalia, obtusa, teretiuscula, basi oblique truncata, alveolato-scrobiculata, retinaculis pedicellatis, dilatato squamaeformibus, deciduis suffulta. — *Herbae annuae v. perennes, interdum suffrutescentes, in Asia tropica indigenae; foliis oppositis, racemis axillaribus, gracilibus, simplicibus v. di-trichotomis, secundis, bracteis duabus oppositis, calyce brevioribus, bracteolis nullis.*

Andrographis Nees *in Wallich Plant. As. rar. III. 116.* Justicia paniculata Burm. J. echioides Linn.

GENERA DUBIA.

4102. Clistax *MART.* Calyx intra bracteolas geminas coriaceas, valviformes minimus, membranaceus, annularis. Corolla hypogyna, ringens, labio superiore concavo, subemarginato, inferiore trilobo. Stamina 2, corollae tubo inserta; antherae biloculares, loculis disjunctis. Ovarium biloculare, loculis biovulatis. Stylus simplex; stigma obsoletum. Capsula bilocularis .... Semina retinaculis subtensa? — *Herba brasiliensis, annua; foliis oppositis, petiolatis, cymis axillaribus paucifloris, pedicellis basi unibracteatis, medio bibracteolatis.*

Clistax Martius *Nov. gen. et sp. III. 26.*

*

4103. Staurogyne *WALL.* Calyx quinquepartitus, tribracteatus, laciniis aristato-acuminatis, inaequalibus. Corolla hypogyna, tubulosa, limbi breviter quinquelobi lobis obtusis, duobus inferioribus paullo minoribus. Stamina 4, corollae tubo prope basim inserta, didynama, inclusa; antherae biloculares, loculis retroflexis, parallelis, basi connectivo brevi clavato conjunctis, superne distinctis. Ovarium biloculare; ovula in placentis linearibus medio dissepimento utrinque insertis plurima, patentia. Stylus filiformis, simplex; stigma infundibuliforme, trilobum, lobis subulatis, patentibus. Fructus .... — *Herba indica; caule carnoso ramisque oppositis teretibus, foliis oppositis, oblongo- v. lineari-lanceolatis, petiolatis, integerrimis v. obsolete crenatis, subtus argenteo-nitentibus, racemo terminali subcapitato, puberulo.*

Staurogyne Wallich *Plant. As. rar. II. 80. t. 186.*

GENERA VIX NOTA.

BRILLANTAISIA Palis. *Flor. Owar. II. t. 100.* Calyx quinquepartitus, inaequalis. Corolla bilabiata, labio superiore fornicato, bidentato, inferiore tridentato, basi exteriore gibbo. Stamina 4, quorum duo longiora fertilia; antheris oblongis, basi bifidis, divergentibus, duo breviora antheris sterilibus. Stylus simplex; stigma bifidum. Capsula bilocularis, dissepimento adnato, loculis polyspermis. — *Planta Africae tropicae; caule erecto, quadrangulari, foliis oppositis, basi in petiolum alatum attenuatis, ovato-lanceolatis, acutissimis, dentatis, nervosis, floribus paniculatis, violaceis.*

BANJOLEA Bowdich *Madeir. 396.* Calyx quadrifidus unibracteatus. Corolla hypogyna, quadrifida, irregularis, lobis sinuatis. Stamina 2. Stylus unus, stigmate simplici. Capsula bilocularis, polysperma. — *Herba maderensis, hirsuta; foliis oppositis, ovatis, spicis axillaribus, imbricatis, corollis violaceis.*

Meissarrhena R. Brown *in Salt. Trav. LXIII.* genus nondum descriptum.

Ordo CLI. Bignoniaceae.

BIGNONIAE Jussieu *gen. 137.* excl. gen. *Annal. Mus. X. 342.* BIGNONIACEAE R. Brown *Prodr. 470.* Kunth *in Journ. Phys. LXXXVII. 444—454.* excl. gen. Bartling *Ord. nat. 185.* Lindley *Introduct. edit. II. p. 282.*

ARBORES V. FRUTICES, saepe volubiles v. scandentes, rarius HERBAE. Folia opposita, interdum ternatim verticillata, rarius alterna, simplicia, conjugata, ternata, digitata, simpliciter v. composite impari-pinnata, nunc abruptim pinnata, saepe petiolo in cirrhum simplicem aut ramosum producto, rarissime pinnatifida, plerumque integerrima. Stipulae nullae.

FLORES hermaphroditi, plerumque irregulares, saepius speciosi, terminales, rarius axillares v. alares, interdum oppositifolii, paniculato-racemosi v. spicati, rarius solitarii.

CALYX liber, gamophyllus, subcampanulatus v. spathaceus, corolla multo brevior, persistens aut deciduus, limbo rarius truncato, integerrimo, plerumque plus minus profunde quinquediviso, interdum bipartito v. bilabiato, rarissime bracteolis tubo adnatis duplici.

COROLLA hypogyna, gamopetala, decidua, campanulata, infundibuliformis v. tubulosa, tubo brevi, fauce ampla, ventricosa, palato saepius punctato v. maculato, limbo quadri- v. quinquediviso, rarius regulari, saepissime bilabiato, labio superiore plerumque breviore, bilobo v. lobis connatis integro, erecto v. reflexo, plano v. interdum fornicato, inferiore majore, rarissime minimo, trilobo, lobo medio plerumque majore, saepissime patente.

STAMINA corollae tubo inserta, ejusque lobis alterna, inclusa v. rarius exserta, rarissime omnia fertilia, plerumque quinto postico rudimentario v. interdum penitus supresso quatuor didynama, rarius lateralibus abortivis duo. Filamenta e basi plus minus lata augustata, filiformia. Antherae biloculares, loculis aequalibus, divaricatis, rarius parallelis, basi tantum discretis, longitudinaliter dehiscentibus.

OVARIUM annulo carnoso cinctum, e carpidiis duobus compositum, nunc carpidiorum marginibus planis, dissepimenti laminaeformis margini adnatis, v. dissepimenti marginibus mediis carpidiis insertis, eorumque marginibus valvatim connatis biloculare, nunc carpidiorum marginibus in dissepimentum introflexis, nervoque medio prominulo columnam centralem placentiferam contingentibus quadriloculare, rarius placentis carpidiorum nervo medio adnatis, marginibusque valvatim connatis uniloculare. Ovula plurima, dissepimenti marginibus v. paullo intra marginem utrinque inserta, horizontalia, rarissime pendula v. e dissepimenti basi adscendentia, anatropa. Stylus simplex; stigma bifidum v. bilamellatum, rarissime simplex.

CAPSULA coriacea v. lignosa, saepe compressa, siliquaeformis, nunc bilocularis, bivalvis, valvis planis v. rarissime navicularibus, dissepimento parallelis v. contrariis, rarius